Cálculo

Cálculo

Volume I

8ª edição

Ron Larson
The Pennsylvania State University
The Behrend College

Robert P. Hostetler
The Pennsylvania State University
The Behrend College

Bruce H. Edwards
University of Florida

Tradução e Revisão Técnica

Helena Maria de Ávila Castro
Leila Maria Vasconcellos Figueiredo
Antonio Carlos Brolezzi
Professores Doutores do Instituto de Matemática e Estatística da USP – IME USP

Orlando Stanley Juriaans
Professor Livre-Docente do Instituto de Matemática e Estatística da USP – IME USP

Ana Flora Pereira de Castro Humes
Professora Doutora da Escola de Engenharia Mauá – CEUN-IMT

Thiago Antonio Grandi de Tolosa
Professor Mestre da Escola de Engenharia Mauá

McGraw Hill

São Paulo Rio de Janeiro Lisboa Bangkock Bogotá Caracas
Cidade do México Cingapura Londres Madri Milão Montreal Nova Delhi
Santiago Seul Sydney Taipé Toronto

The McGraw·Hill Companies

Cálculo
Primeira edição
ISBN 85-86804-56-8

Av. Engenheiro Luís Carlos Berrini 1253 10º andar
São Paulo – SP CEP 04571-010

Publicado originalmente por Houghton Mifflin Company, Boston, Massachusetts, EUA.
Calculus, 8th edition, © 2006 de Hougthon Mifflin Company. Todos os direitos reservados.
ISBN da obra original: 061850298X

Diretor: Adilson Pereira
Editor: Giselia Costa
Preparação de Texto: Maria Regina Ribeiro Machado
Capa: Design de Ismael Logo Gil
Editoração Eletrônica: ERJ Composição Editorial e Artes Gráficas Ltda

Dados Internacionais de Catalogação na Publicação (CIP)
(Câmara Brasileira do Livro, SP, Brasil)

Larson, Ron
Cálculo, vol. 1 / Ron Larson, Robert P. Hostetler, Bruce H. Edwards; tradução e revisão técnica Helena Maria de Ávila Castro, Leila Maria Vasconcellos Figueiredo, Antonio Carlos Brolezzi, Orlando Stanley Juriaans, Ana Flora Pereira de Castro Humes, Thiago Antonio Grandi de Tolosa. – São Paulo: McGraw-Hill, 2006.

Título original: Calculus with analytic geometry
Biliografia.
ISBN 85-86804-56-8

1. Cálculo. 2. Cálculo – Problemas, exercícios etc. I. Hostetler, Robert P. II. Edwards, Bruce H. III. Título.

05-7425 CDD-515

Índice para catálogo sistemático:

1. Cálculo: Matemática 515

A McGraw-Hill tem forte compromisso com a qualidade e procura manter laços estreitos com seus leitores. Nosso principal objetivo é oferecer obras de qualidade a preços justos e um dos caminhos para atingir essa meta é ouvir o que os leitores têm a dizer. Portanto, se você tem dúvidas, críticas ou sugestões entre em contato conosco — preferencialmente por correio eletrônico (*mh_brasil@mcgraw-hill.com*) — e nos ajude a aprimorar nosso trabalho. Teremos prazer em conversar com você. Em Portugal use o endereço *serviço_clientes@mcgraw-hill.com.*

Impreso en Colombia - Printed in Colombia
Impreso por Quebecor World Bogotá S.A.

Sumário

Capítulo 6 Equações Diferenciais 399

Capítulo 7 Aplicações da Integral 441

Capítulo 8 Técnicas de Integração, Regra de L'Hôpital e Integrais Impróprias 512

Uma Palavra dos Autores

Bem vindo ao *Cálculo*. Esta edição em língua portuguesa é uma tradução da oitava edição original. A primeira edição deste livro foi publicada em 1973 — há mais de 30 anos — e muita coisa mudou desde então. Em cada edição temos escutado vocês, nossos leitores e usuários, e incorporado muitas de suas sugestões para o aperfeiçoamento do texto.

Um Texto Formado por Seus Usuários

Devido ao grande suporte e sugestões dos leitores, alunos e professores, *Cálculo* evoluiu muito e esta edição inclui ampliações importantes:

- Conjuntos abrangentes de exercícios contendo uma ampla variedade de problemas tais como exercícios para a construção de habilidades, aplicações, investigações, exercícios que desenvolvem o pensamento crítico e problemas teóricos.
- Aplicações ricas a problemas da vida real que ilustram primorosamente os diversos usos do cálculo.
- Muitas atividades e investigações com final aberto.
- Apresentação do texto clara e organizada, com anotações completas e páginas cuidadosamente planejadas.
- Compreensível, em duas cores, para melhor visualização dos gráficos.
- Texto cuidadosamente revisado e rigoroso matematicamente.
- A tecnologia é usada ou sugerida todo o tempo, tanto como uma ferramenta para resolver problemas, como uma ferramenta investigativa.
- O professor pode escolher a seqüência, quantidade de conteúdo, tamanho do programa e a melhor abordagem de ensino para ele e seus alunos.
- Referências à história do cálculo e aos matemáticos que o desenvolveram.

Ampliamos a utilidade de alguns recursos e tópicos, ao mesmo tempo que adicionamos outros, mas mantivemos tudo o que nossos colegas e os mais de dois milhões de alunos que usaram as edições anteriores deste livro nos disseram que funcionou bem para eles. *Cálculo* oferece uma cobertura compreensiva do material necessário para um curso de cálculo de dois, três ou quatro semestres, incluindo teorias cuidadosamente enunciadas e demonstrações.

Esperamos que você goste deste livro. Quaisquer comentários e sugestões para o aprimoramento contínuo são bem-vindos. Envie suas críticas e comentários para o endereço: *editorial_brasil@mcgraw-hill.com*.

Oferecemos aos professores e alunos um texto adequado pedagogicamente, matematicamente preciso e, ainda assim, compreensível.

Ron Larson Robert P. Hostetler Bruce H. Edwards

O Melhor de *Cálculo*

- ***Aberturas Intrigantes*** Cada capítulo inicia com uma aplicação à vida real dos conceitos apresentados, ilustrada com uma fotografia. A abertura introduz questões curiosas sobre a aplicação, que encorajam o aluno a considerar como os conceitos de cálculo se relacionam a situações da vida real e explica por que eles são importantes.
- ***Aberturas de Seções*** As seções começam com um esboço dos conceitos-chave abordados — um recurso prático para o professor planejar a aula e um guia de revisão para o estudante.
- ***Investigação*** Para alguns tópicos selecionados, Investigação oferece a oportunidade de descobrir conceitos de cálculo antes que eles sejam formalmente introduzidos no texto, ampliando assim a compreensão do aluno.
- ***Notas Históricas*** Intercaladas em todo o texto, as notas históricas ajudam alunos a perceber os fundamentos básicos do cálculo.
- ***Teoremas*** Todos os Teoremas e Definições estão destacados para ênfase e fácil referência. São dadas demonstrações de teoremas selecionados a fim de ampliar o entendimento do estudante.
- ***Dicas*** Localizadas em pontos estratégicos, as Dicas advertem os estudantes a como evitar erros comuns, direcionam a casos especiais e expandem os conceitos teóricos.
- ***Gráficos*** Numerosos gráficos em todo o livro aumentam a compreensão do aluno dos conceitos complexos do cálculo (especialmente em representações tridimensionais) e também em aplicações à vida real.
- ***Exemplos*** Para ser uma ferramenta eficiente de estudo e aprendizado, este livro contém numerosos Exemplos. As resoluções detalhadas (muitas com comentários na lateral para esclarecer os passos ou o método) são apresentadas graficamente, analiticamente e/ou numericamente, fornecendo aos estudantes oportunidades para a prática e melhor percepção dos conceitos do cálculo. Muitos Exemplos incorporam a análise de dados reais.
- ***Observações*** Observações acompanham muitos dos Teoremas, Definições e Exemplos proporcionando desenvolvimento adicional ou descrevendo generalizações.
- ***Exercícios*** O coração de todo texto de cálculo, os Exercícios proporcionam oportunidades para investigação, prática e compreensão. Os dois volumes deste livro contêm mais de 10.000 exercícios de Seções e de Revisão dos capítulos, cuidadosamente classificados em cada conjunto de necessidades, desde a construção da destreza até desafios. A grande variedade de tipos de problemas inclui redação, problemas conceituais, modelagem de dados reais e análise gráfica, decisão de verdadeiro/falso entre outros.
- ***P.S. Problemas Suplementares*** Um conjunto de problemas intrigantes e desafiadores proporcionam oportunidades para o estudante explorar mais profundamente os conceitos aprendidos.
- ***Tecnologia*** Em todo o livro, o uso de uma ferramenta gráfica ou de um sistema de manipulação algébrica é sugerido como apropriado tanto para a resolução de problemas como para investigação e descoberta. Por exemplo, os estudantes podem escolher uma ferramenta gráfica para executar cálculos complicados, para visualizar conceitos teóricos, para descobrir abordagens alternativas, ou para conferir resultados de outros métodos de solução. Entretanto, não é imprescindível que os alunos tenham acesso a ferramentas gráficas para usar este livro com eficiência. Além de descrever os benefícios do uso da tecnologia para aprender cálculo, o texto também alerta para a possibilidade de uso impróprio ou conclusões equivocadas.

- ***Destaques Adicionais*** Recursos adicionais de ensino e aprendizagem estão integrados em todo o texto, incluindo Projetos das Seções, referências a artigos e Questões Conceituais.

- ***Site na Internet*** O site deste livro, em inglês, contém recursos importantes que complementam o livro texto:

  - ❏ Muitos gráficos ampliados para download — no texto estão identificados com o símbolo .
  - ❏ Laboratórios com casos da vida real.
  - ❏ Imagens 3D interativas.
  - ❏ Apêndices adicionais que podem sem impressos ou lidos na tela.
  - ❏ Testes interativos (Ace practic tests).

Para acessar facilmente o site deste livro digite *http://www.college.hmco.com*, clique em *Students*. Digite *Calculus* na caixa *Jump to textbook sites* e clique em *Mathematics — Calculus Textbooks sites.* Da relação de livros de cálculo clique em *Calculus, Calculus I, Calculus II, Calculus of a Single Variable, Multivariable Calculus, 8e.* Pronto, agora navegue pela página e veja quais os recursos que mais lhe interessam. Não esqueça de testar as imagens tridimensionais e fazer download dos gráficos ampliados.

Recursos para o Professor

Há recursos adicionais para os professores que adotam este livro. Cadastre-se na McGraw-Hill para ter acesso a esses recursos: *mh_brasil@mcgraw-hill.com.*

Nota à Edição Brasileira

É com muita satisfação que apresentamos este livro aos alunos e professores brasileiros. Esta edição de *Cálculo* conseguiu estar adiante do seu tempo e ser um dos primeiros textos universitários com abordagem moderna e prática. Seus milhares de exercícios e exemplos da vida real, das mais diversas áreas de atuação do ser humano, fazem deste livro-texto uma ferramenta útil para o aluno tanto em sala de aula como para reforço e aprendizado invidual.

Apesar do material de apoio para este livro estar, neste momento, em inglês, acreditamos que será da mesma forma útil e enriquecedor, por isso optamos por manter as principais referências aos endereços e recursos on-line mencionados no livro. Entretanto, dada a natureza dinâmica da Internet, sabemos que os endereços dos sites podem sofrer alterações por diversos fatores. A McGraw-Hill Interamericana do Brasil não se responsabiliza por quaisquer alterações que possam ocorrer nos endereços ou referências citados no livro.

Oferecemos apoio e suporte a você, leitor. A McGraw-Hill tem forte compromisso com a qualidade e procura manter laços estreitos com seus leitores. Nosso principal objetivo é oferecer obras de qualidade a preços justos e um dos caminhos para atingir essa meta é ouvir o que os leitores têm a dizer. Portanto, se você tem dúvidas, críticas ou sugestões entre em contato conosco — preferencialmente por correio eletrônico:

mh_brasil@mcgraw-hill.com

e nos ajude a aprimorar nosso trabalho. Teremos prazer em conversar com você. Em Portugal use o endereço

servico_ clientes@ mcgraw-hill.com.

Para conhecer os nossos lançamentos e localizar livros da sua área de interesse visite o nosso site em *www.mcgraw-hill.com.br.* Para conhecer todo o catálogo de livros universitários da McGraw-Hill em inglês visite *http://www.mheducation.com* e clique em Higher Education.

Agradecimentos

Gostaríamos de agradecer a muitas pessoas que nos ajudaram em vários estágios deste projeto nos últimos 30 anos. Seu encorajamento, suas críticas e sugestões são de valor incalculável para nós.

Agradecimentos da Oitava Edição

James Pommersheim
Reed College

Kevin J. Leith
Albuquerque Community College

Andrew J. Guzo
Chatham High School, NJ

Mary J. Quadrini
East Greenwich High School, RI

Jim Burton
Vernon Verona Sherrill High School, NY

Guillermo Barberena III
South Hills High School, TX

Susan A. Natale
The Ursuline School, NY

Patrick Ward
Illinois Central College

Donna J. Gorton
Butler County Community College

Diane Zych
Erie Community College

Guy Hogan
Norfolk State University

Michael Frantz
University of La Verne

Darren Narayan
Rochester Institute of Technology

Stanley J. Brzezicki
Iroquois High School, PA

Leland E. Rogers
Pepperdine University

Paul Seeburger
Monroe Community College

Ashok Kumar
Valdosta State University

Alexander Arhangelskii
Ohio University

James Braselton
Georgia Southern University

Harvey Braverman
Middlesex County College

Jianzhong Su
University of Texas at Arlington

P.S. Crooke
Vanderbilt University

Stan Adamski
Owens Community College

Edith A. Silver
Mercer County Community College

Seth G. Armstrong
Southern Utah University

Desmond Stephens
Florida A&M University

Terence H. Perciante
Wheaton College

Linda A. Bolte
Eastern Washington University

Sudhir Goel
Valdosta State University

Donna Flint
South Dakota State University

Agradecimentos aos Colaboradores no Programa Tecnológico da Oitava Edição

John Gosselin
University of Georgia

Oiyin Pauline Chow
Harrisburg Area Community College

Murray Eisenberg
University of Massachusetts at Amherst

Douglas B. Meade
University of South Carolina

Tim Chappell
Penn Valley Community College

Howard Speier
Chandler-Gilbert Community College

Marcelle Bessman
Jacksonville University

Jim Ball
Indiana State University

Julie M. Clark
Hollins University

Teri Murphy
University of Oklahoma

Jim Dotzler
Nassau Community College

Arek Goetz
San Francisco State University

Shahryar Heydari
Piedmont College

Agradecimento aos Revisores das Edições Anteriores

Dennis Alber, *Palm Beach Junior College*; James Angelos, *Central Michigan University*; Raymond Badalian, *Los Angeles City College*; Kerry D. Bailey, *Laramie County Community College*; Harry L. Baldwin, Jr., *San Diego State City College*; Homer F. Bechtell, *University of New Hampshire*; Keith Bergeron, *United States Air Force Academy*; Norman Birenes, *University of Regina*; Brian Blank, *Washington State University*; Andrew A. Bulleri, *Howard Community College*; Christopher Butler, *Case Western Reserve University*; Dane R. Camp, *New Trier High School, IL*; Paula Castagna, *Fresno City College*; Jack Ceder, *University of California-Santa Barbara*; Charles L. Cope, *Morehouse College*; Barbara Cortzen, *DePaul University*; Jorge Cossio, *Miami-Dade Community College*; Jack Courtney, *Michigan State University*; James Daniels, *Palomar College*; Kathy Davis, *University of Texas*; Paul W. Davis, *Worcester Polytechnic Institute*; Luz M. DeAlba, *Drake University*; Nicolae Dinculeanu, *University of Florida*; Rosario Diprizio, *Oakton Community College*; Garret J. Etgen, *University of Houston*; Russell Euler, *Northwest Missouri State University*; Phillip A. Ferguson, *Fresno City College*; Li Fong, *Johnson County Community College*; Michael Frantz, *University of La Verne*; William R. Fuller, *Purdue University*; Dewey Furness, *Ricks College*; Javier Garza, *Tarleton State University*; K. Elayn Gay, *University of New Orleans*; Thomas M. Green, *Contra Costa College*; Ali Hajjafar, *University of Akron*; Ruth A. Hartman, *Black Hawk College*; Irvin Roy Hentzel, *Iowa State University*; Kathy Hoke, *University of Richmond*; Howard E. Holcomb, *Monroe Community College*; Eric R. Immel, *Georgia Institute of Technology*; Arnold J. Insel, *Illinois State University*; Elgin Honston, *Iowa State University*; Hikeaki Kaneko, *Old Dominion University*; Toni Kasper, *Borough of Manhattan Community College*; William J. Keane, *Boston College*; Timothy J. Kearns, *Boston College*; Ronnie Khuri, *University of Florida*; Frank T. Kocher, Jr., *Pennsylvania State University*; Robert Kowalczyk, *University of Massachusetts-Dartmouth*; Joseph F. Krebs, *Boston College*; David C. Lantz, *Colgate University*; Norbert Lerner, *State University of New York at Cortland*; Maita Levine, *University of Cincinnati*; Murray Lieb, *New Jersey Institute of Technology*; Beth Long, *Pellissippi State Technical College*; Ransom Van B. Lynch, *Phillips Exeter Academy*; Bennet Manvel, *Colorado State University*; Mauricio Marroquin, *Los Angeles Valley College*; Robert L. Maynard, *Tidewater Community College*; Robert McMaster, *John Abbott College*; Gordon Melrose, *Old Dominion University*; Darrell Minor, *Columbus State Community College*; Maurice Monahan, *South Dakota State University*; Michael Montaño, *Riverside Community College*; Philip Montgomery, *University of Kansas*; David C. Morency, *University of Vermont*; Gerald Mueller, *Columbus State Community College*; Duff A. Muir, *United States Air Force Academy*; Charlotte J. Newsom, *Tidewater Community College*; Terry J. Newton, *United States Air Force Academy*; Donna E. Nordstrom, *Pasadena City College*; Larry Norris, *North Carolina State University*; Robert A. Nowlan, *Southern Connecticut State University*; Luis Ortiz-Franco, *Chapman University*; Barbara L. Osofsky, *Rutgers University*; Judith A. Palagallo, *University of Akron*; Eleanor Palais, *Belmont High School*, MA; Wayne J. Peeples, *University of Texas*; Jorge A. Perez, *LaGuardia Community College*; Darrell J. Peterson, *Santa Monica College*; Donald Poulson, *Mesa Community College*; Lila Roberts, *Georgia Southern University*; Jean L. Rubin, *Purdue University*; John Santomas, *Villanova University*; Barry Sarnacki, *United States Air Force Academy*; N. James Schoonmaker, *University of Vermont*; George W. Schultz, *St. Petersburg Junior College*; Richard E. Shermoen, *Washburn University*; Thomas W. Shilgalis, *Illinois State University*; J. Philip Smith, *Southern Connecticut State University*; Lynn Smith, *Gloucester County College*; Frank Soler, *De Anza College*; Enid Steinbart, *University of New Orleans*; Michael Steuer, *Nassau Community College*; Mark Stevenson, *Oakland Community College*; Anthony Thomas, *University of Wisconsin-Platteville*; Lawrence A. Trivieri, *Mohawk Valley Community College*; John Tweed, *Old Dominion University*; Carol Urban, *College of DuPage*; Marjorie Valentine, *North Side ISD, San Antonio*; Robert J. Vojack, *Ridgewood High School, NJ*; Bert K. Waits, *The Ohio State University*; Florence A. Warfel, *University of Pittsburgh*; John R. Watret, *Embry-Riddle Aeronautical University*; Carroll G. Wells, *Western Kentucky University*; Charles Wheeler, *Montgomery College*; Jay Wiestling, *Palomar College*; Paul D. Zahn, *Borough of Manhattan Community College*; August J. Zarcone, *College of DuPage*

Gostaríamos de agradecer à equipe da Larson Texts, Inc., que nos deu suporte durante a preparação do manuscrito, nos ajudou com a arte, digitação e revisão do texto e seus suplementos.

Uma nota especial de agradecimento aos professores que responderam a nossa pesquisa e aos cerca de 2 milhões de estudantes que usaram as edições anteriores deste livro.

Em um nível mais pessoal, agradecemos às nossas esposas, Deanna Gilbert Larson, Eloise Hostetler e Consuelo Edwards por seu amor, paciência e apoio. Também queremos expressar um agradecimento especial para R. Scott O'Neil.

Se você tiver sugestões para melhorar este livro-texto, por favor sinta-se à vontade para escrever para nós. Em todos esses anos recebemos muitos comentários úteis tanto de professores como de alunos e valorizamos muito esses comentários.

Ron Larson

Robert P. Hostetler

Bruce H. Edwards

Preparação para o Cálculo

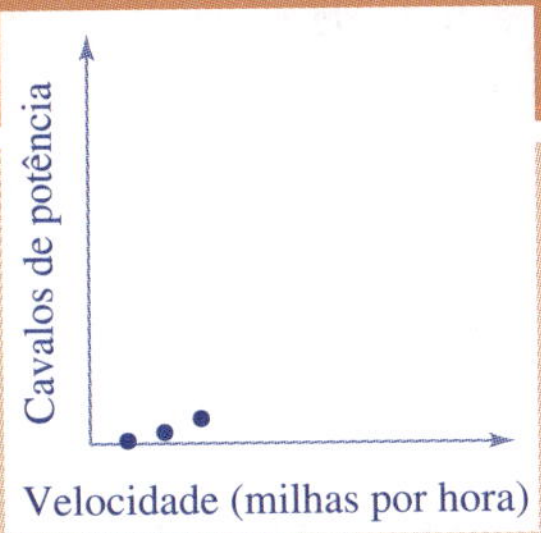

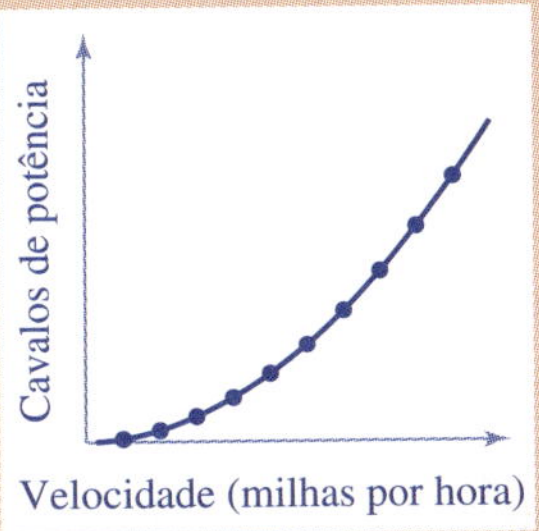

Modelos matemáticos são, com freqüência, utilizados para descrever um conjunto de dados. Estes modelos podem ser representados por muitos tipos diferentes de funções, tais como funções lineares, quadráticas, cúbicas, racionais e trigonométricas. No Capítulo P, você vai rever como encontrar, traçar o gráfico e comparar modelos matemáticos para diferentes conjuntos de dados.

As equipes da NASCAR projetam e constróem dois tipos de carros de corrida — um para corridas de curta distância e outro para pistas *super-speedway* (longa distância). Os carros de corrida para *super-speedway* são submetidos a extensos testes em túneis de vento como o que pode ser visto na foto. Carros para corridas de curta distância e para pistas *super-speedway* são projetados tanto para permitir maior força aerodinâmica para baixo quanto para reduzir a quantidade de arrasto no carro de corrida. Qual projeto você imagina que é usado em cada tipo de carro de corrida? Por quê?

Carol Anne Petrachenko/Corbis

Seção P.1 Gráficos e Modelos

- **Esboçar o gráfico de uma equação.**
- **Encontrar as intersecções de um gráfico com os eixos.**
- **Testar a simetria de um gráfico com relação a um eixo e à origem.**
- **Encontrar os pontos de intersecção de dois gráficos.**
- **Interpretar modelos matemáticos para dados da vida real.**

Arquivo de Fotos

RENÉ DESCARTES (1596-1650)

Descartes fez muitas contribuições para a filosofia, a ciência e a matemática. A idéia de representar pontos em um plano por meio de pares de números reais e representar curvas no plano por equações foi descrita por Descartes em seu livro *La Géométrie*, publicado em 1637.

O Gráfico de uma Equação

Em 1637, o matemático francês René Descartes revolucionou o estudo da matemática unindo seus dois maiores campos – álgebra e geometria. Com o plano coordenado de Descartes, os conceitos geométricos puderam ser formulados analiticamente e conceitos algébricos puderam ser visualizados graficamente. O poder desta abordagem é tal que, no período de um século, muito do cálculo pôde ser desenvolvido.

A mesma abordagem pode ser seguida no seu estudo do cálculo. Isto é, considerando o cálculo de múltiplas perspectivas — *graficamente*, *analiticamente* e *numericamente* — você poderá aumentar sua compreensão dos conceitos centrais.

Considere a equação $3x + y = 7$. O ponto (2,1) é uma **solução** da equação, pois a equação é satisfeita (é verdadeira) quando x é substituído por 2 e y é substituído por 1. Esta equação possui muitas outras soluções, como (1,4) e (0,7). Para encontrar outras soluções sistematicamente, resolva a equação original para y:

$y = 7 - 3x$ Método analítico

Então, construa uma **tabela** pela substituição de diversos valores em x:

x	0	1	2	3	4
y	7	4	1	-2	-5

Método numérico

Pela tabela, pode-se ver que $(0, 7)$, $(1, 4)$, $(2, 1)$, $(3, -2)$ e $(4, -5)$ são soluções da equação original $3x + y = 7$. Como muitas equações, esta possui um número infinito de soluções. O conjunto de todas as soluções é o **gráfico** de uma equação, como visto na Figura P.1.

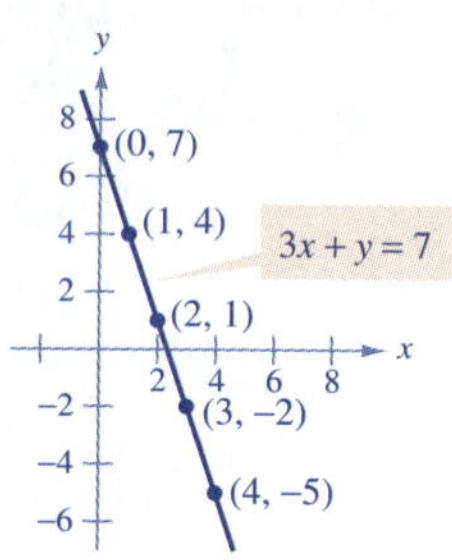

Método gráfico: $3x + y = 7$.
Figura P.1

OBSERVAÇÃO Mesmo que façamos referência ao desenho visto na Figura P.1 como o gráfico de $3x + y = 7$, ele na verdade representa apenas uma *porção* do gráfico. O gráfico completo se estenderia para além desta página.

Neste curso, você estudará muitas técnicas para traçar gráficos. A mais simples é a técnica de marcar pontos — isto é, você marca pontos até que a forma básica do gráfico torne-se aparente.

EXEMPLO 1 Esboçando um Gráfico Marcando Pontos

Desenhe o gráfico de $y = x^2 - 2$.

Solução Primeiro construa uma tabela. Então desenhe os pontos relacionados na tabela:

x	-2	-1	0	1	2	3
y	2	-1	-2	-1	2	7

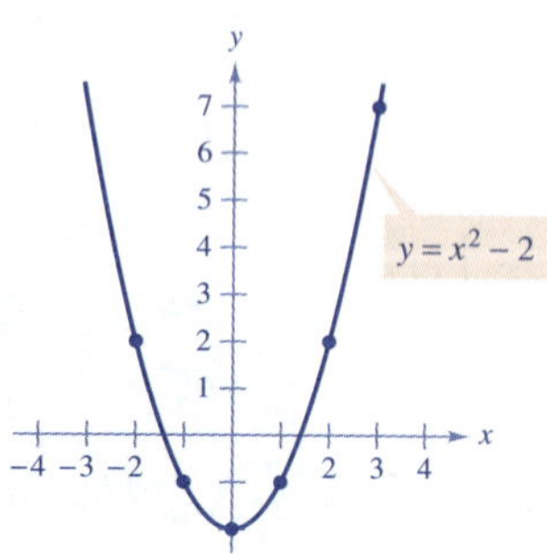

A parábola $y = x^2 - 2$.
Figura P.2

Finalmente, ligue os pontos com uma *curva suave*, como se vê na Figura P.2. Este gráfico é uma **parábola**. É uma das cônicas que serão estudadas no Volume 2.

Uma desvantagem da técnica de marcar pontos é que para ter uma boa idéia sobre a forma de um gráfico, você precisa marcar muitos pontos. Com apenas alguns pontos, você poderia facilmente errar o desenho do gráfico. Por exemplo, suponha que para fazer o gráfico de

$$y = \frac{1}{30}x(39 - 10x^2 + x^4)$$

você assinale apenas cinco pontos: $(-3, -3)$, $(-1, -1)$, $(0, 0)$, $(1, 1)$ e $(3, 3)$, como visto na Figura P.3(a). A partir destes cinco pontos, você poderia concluir que o gráfico é uma reta. Isso, no entanto, não é correto. Marcando diversos outros pontos, pode-se ver que o gráfico é mais complicado, como visto na Figura P.3(b).

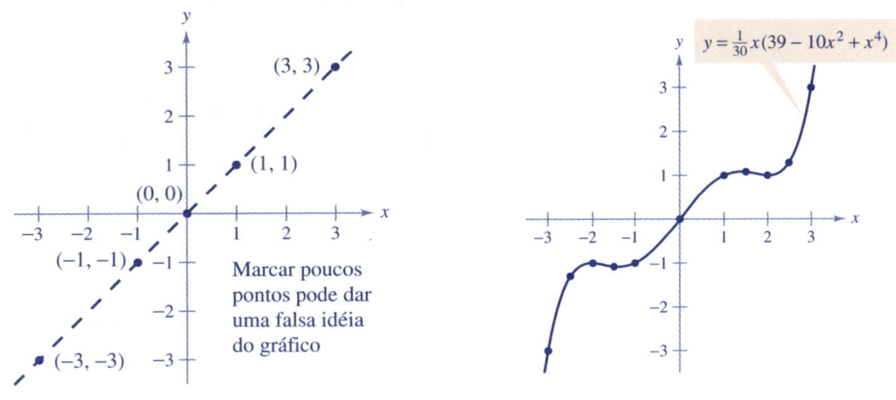

(a) **(b)**

Figura P.3

> **INVESTIGAÇÃO**
>
> ***Comparação entre os métodos gráfico e analítico*** Use uma ferramenta gráfica para desenhar o gráfico da equação. Em cada caso, encontre uma janela que mostre as características importantes do gráfico.
>
> **a.** $y = x^3 - 3x^2 + 2x + 5$
> **b.** $y = x^3 - 3x^2 + 2x + 25$
> **c.** $y = -x^3 - 3x^2 + 20x + 5$
> **d.** $y = 3x^3 - 40x^2 + 50x - 45$
> **e.** $y = -(x + 12)^3$
> **f.** $y = (x - 2)(x - 4)(x - 6)$
>
> Um método puramente gráfico para este problema envolveria uma simples estratégia do tipo "dê um palpite, confira e revise". Que tipo de coisas você acha que um método analítico implicaria? Por exemplo, o gráfico possui simetria? O gráfico possui voltas? Se sim, quais são?
>
> À medida que avançar nos Capítulos 1, 2 e 3 deste livro, você estudará muitas novas ferramentas analíticas que o auxiliarão a analisar gráficos de equações como essas.

TECNOLOGIA A tecnologia tornou mais fácil traçar gráficos. Mesmo com ela, no entanto, é possível errar gravemente o desenho de um gráfico. Por exemplo, cada uma das janelas da ferramenta gráfica na Figura P.4 mostra uma parte do gráfico de

$$y = x^3 - x^2 - 25.$$

Olhando para a tela da esquerda, você poderia deduzir que o gráfico é uma reta. Pela tela da direita, no entanto, você pode ver que o gráfico não é uma reta. Assim, seja como for que você esteja fazendo um gráfico, à mão ou utilizando uma ferramenta gráfica, deve ter em mente que "janelas de observação" diferentes podem produzir visões muito diferentes de um gráfico. Ao escolher a janela de observação, seu objetivo é mostrar uma vista do gráfico que se encaixe bem no contexto do problema.

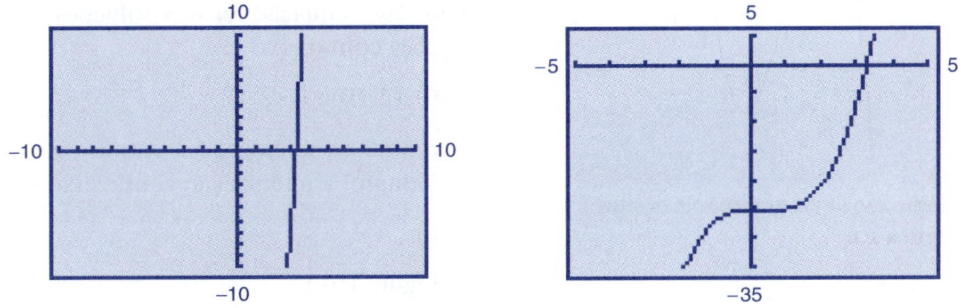

Telas de ferramenta gráfica de $y = x^3 - x^2 - 25$.
Figura P.4

OBSERVAÇÃO Neste livro, o termo *ferramenta gráfica* refere-se tanto a uma calculadora gráfica quanto a um programa gráfico para computador, como *Maple*, *Mathematica*, *Derive*, *Mathcad* ou *TI-89*.

Intersecções de um Gráfico

Duas categorias de pontos especialmente úteis para desenhar o gráfico de uma equação são aqueles que possuem a coordenada x ou a coordenada y iguais a zero. Tais pontos são chamados de **pontos de intersecção com o eixo**, porque são os pontos nos quais o gráfico intercepta os eixos x ou y. O ponto $(a, 0)$ é uma **intersecção com o eixo x** do gráfico de uma equação se é uma solução da equação. O ponto $(0, b)$ é uma **intersecção com o eixo y** do gráfico de uma equação se é uma solução da equação. Para encontrar intersecções com o eixo y de um gráfico, coloque x como zero e resolva a equação para y.

OBSERVAÇÃO Alguns textos consideram a intersecção com o eixo x como a coordenada x do ponto $(a, 0)$, em vez de considerar o ponto em si. A menos que seja necessário fazer uma distinção, usaremos o termo *intersecção com os eixos* para nos referirmos tanto ao ponto quanto à coordenada.

É possível que um gráfico não possua intersecções com os eixos, ou pode ter vários. Por exemplo, considere os quatro gráficos vistos na Figura P.5.

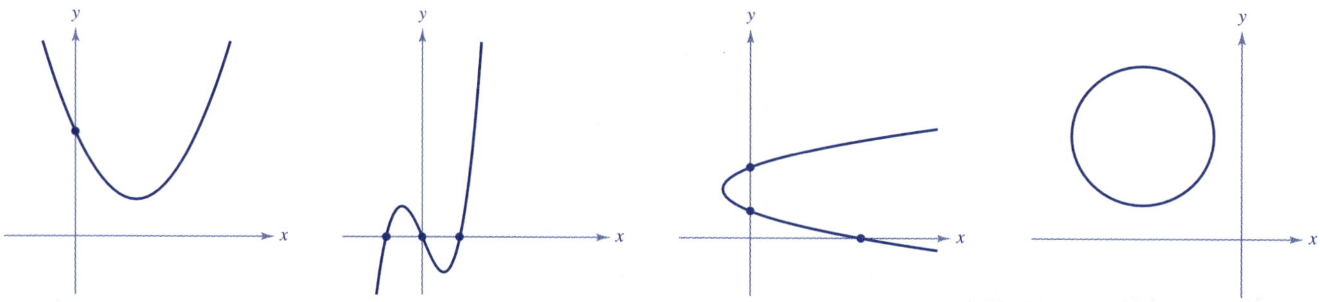

Nenhuma intersecção com o eixo x. Uma intersecção com o eixo y.

Três intersecções com o eixo x. Uma intersecção com o eixo y.

Uma intersecção com o eixo x. Duas intersecções com o eixo y.

Nenhuma intersecção.

Figura P.5

EXEMPLO 2 Obtendo as Intersecções com os Eixos x e y

Encontre as intersecções com os eixos x e y do gráfico de $y = x^3 - 4x$.

Solução Para encontrar as intersecções com o eixo x, faça y igual a zero e resolva para x.

$$x^3 - 4x = 0 \quad \text{Substitua } y \text{ por zero}$$

$$x(x - 2)(x + 2) = 0 \quad \text{Fatore}$$

$$x = 0, 2, \text{ ou } -2 \quad \text{Resolva para } x$$

Pelo fato desta equação ter três soluções, você pode concluir que o gráfico tem três intersecções com o eixo x:

$$(0, 0), (2, 0) \text{ e } (-2, 0). \quad \text{Intersecções com o eixo } x$$

Para encontrar as intersecções com o eixo y, faça x igual a zero. Isso faz com que $y = 0$. Portanto, a intersecção com o eixo y é

$$(0, 0). \quad \text{Intersecção com o eixo } y$$

(Veja a Figura P.6.)

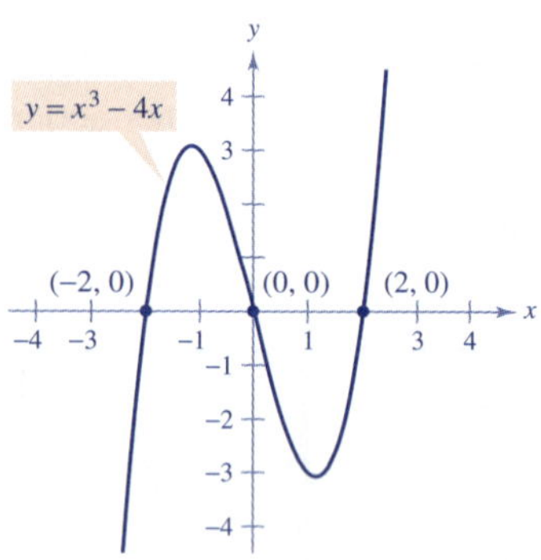

Intersecção de um gráfico com os eixos.
Figura P.6

TECNOLOGIA O Exemplo 2 utiliza um método analítico para encontrar intersecções. Quando um método analítico não é possível, você pode usar uma abordagem gráfica encontrando os pontos nos quais o gráfico intercepta os eixos. Utilize uma ferramenta gráfica para estimar as intersecções.

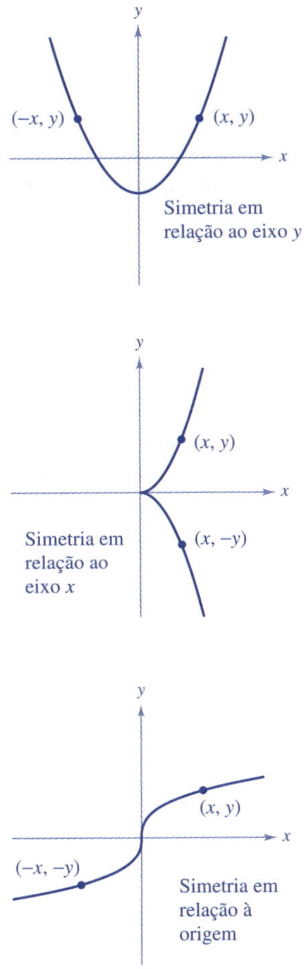

Figura P.7

Simetria de um Gráfico

Conhecer a simetria de um gráfico *antes* de traçá-lo é útil pois você precisa apenas de metade dos pontos para fazer o esboço. Os três tipos de simetria a seguir podem ser utilizados para desenhar gráficos de equações (veja a Figura P.7).

1. Um gráfico é **simétrico em relação ao eixo *y*** se, sempre que (x, y) for um ponto do gráfico, então $(-x, y)$ também será um ponto do gráfico. Isso significa que a parte do gráfico à esquerda do eixo y é um reflexo da parte à direita do eixo y.
2. Um gráfico é **simétrico em relação ao eixo *x*** se, sempre que (x, y) for um ponto do gráfico, então $(x, -y)$ também será um ponto do gráfico. Isso significa que a parte do gráfico acima do eixo x é um reflexo da parte abaixo do eixo x.
3. Um gráfico é **simétrico em relação à origem** se, sempre que (x, y) for um ponto do gráfico, então $(-x, -y)$ também será um ponto do gráfico. Isso significa que o gráfico é invariante por uma rotação de 180° ao redor da origem.

Testes de Simetria

1. O gráfico de uma equação em x e y é simétrico em relação ao eixo y se a substituição de x por $-x$ resulta em uma equação equivalente.
2. O gráfico de uma equação em x e y é simétrico em relação ao eixo x se a substituição de y por $-y$ resulta em uma equação equivalente.
3. O gráfico de uma equação em x e y é simétrico em relação à origem se a substituição de x por $-x$ e de y por $-y$ resulta em uma equação equivalente.

O gráfico de um polinômio possui simetria em relação ao eixo y se cada termo possui expoente zero (ou é constante). Por exemplo, o gráfico de

$$y = 2x^4 - x^2 + 2 \qquad \text{Simetria em relação ao eixo } y$$

possui simetria em relação ao eixo y. De forma análoga, o gráfico de um polinômio apresenta simetria em relação à origem, se todos os termos têm expoente ímpar, como ilustrado no Exemplo 3.

EXEMPLO 3 Teste para Simetria em Relação à Origem

Mostre que o gráfico de

$$y = 2x^3 - x$$

é simétrico em relação à origem.

Solução

$$y = 2x^3 - x \qquad \text{Escreva a equação original}$$
$$-y = 2(-x)^3 - (-x) \qquad \text{Substitua } x \text{ por } -x \text{ e } y \text{ por } -y$$
$$-y = -2x^3 + x \qquad \text{Simplifique}$$
$$y = 2x^3 - x \qquad \text{Equação equivalente}$$

Como as substituições geram uma equação equivalente, você pode concluir que o gráfico de $y = 2x^3 - x$ é simétrico em relação à origem, como se vê na Figura P.8.

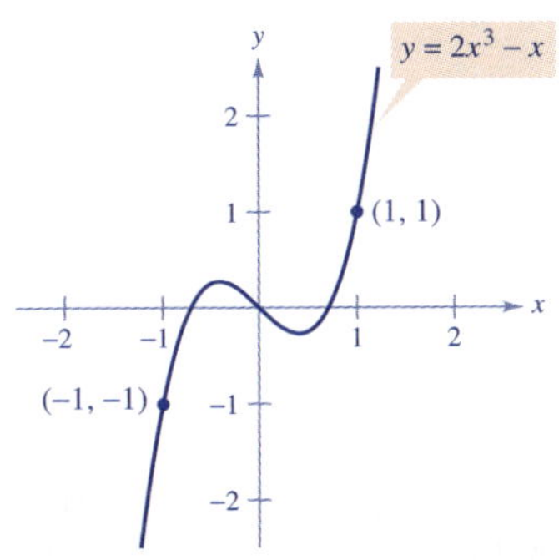

Simetria em relação à origem.
Figura P.8

EXEMPLO 4 Usando Intersecções e Simetria para Esboçar um Gráfico

Faça um esboço do gráfico de $x - y^2 = 1$.

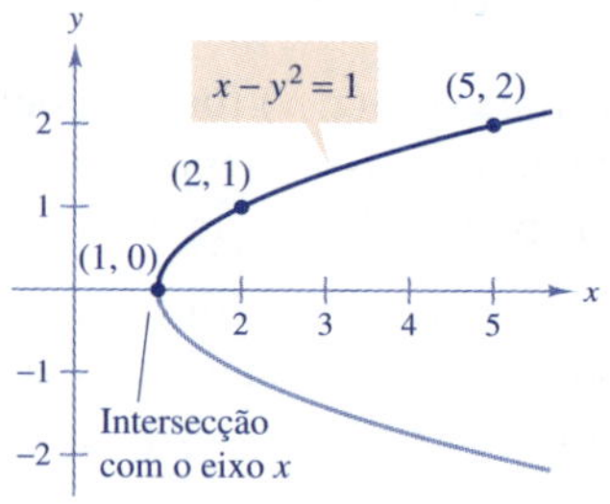

Figura P.9

Solução O gráfico é simétrico em relação ao eixo x pois, ao substituir y por $-y$, obtemos uma equação equivalente.

$$x - y^2 = 1 \quad \text{Escreva a equação original}$$
$$x - (-y)^2 = 1 \quad \text{Substitua } y \text{ por } -y$$
$$x - y^2 = 1 \quad \text{Equação equivalente}$$

Isso significa que a parte do gráfico abaixo do eixo x é uma imagem refletida da parte acima do eixo x. Para esboçar o gráfico, primeiro marque os pontos da intersecção com o eixo x e os pontos acima do eixo x. Então, espelhe o desenho em relação ao eixo x para obter o gráfico inteiro, como visto na Figura P.9.

TECNOLOGIA Ferramentas gráficas são projetadas de modo que desenhem mais facilmente gráficos de equações nas quais y é uma função de x (veja a Seção P.3 para uma definição de **função**). Para desenhar o gráfico de outros tipos de equações, você necessita dividir o gráfico em duas ou mais partes *ou* precisa usar modos gráficos diferentes. Por exemplo, para desenhar o gráfico da equação do Exemplo 4, você pode dividi-lo em duas partes.

$$y_1 = \sqrt{x - 1} \quad \text{Parte superior do gráfico}$$
$$y_2 = -\sqrt{x - 1} \quad \text{Parte inferior do gráfico}$$

Pontos de Intersecção

Um **ponto de intersecção** dos gráficos de duas equações é um ponto que satisfaz ambas as equações. Você pode encontrar pontos de intersecção de dois gráficos resolvendo suas equações simultaneamente.

EXEMPLO 5 Encontrando Pontos de Intersecção

Encontre todos os pontos de intersecção dos gráficos de $x^2 - y = 3$ e $x - y = 1$.

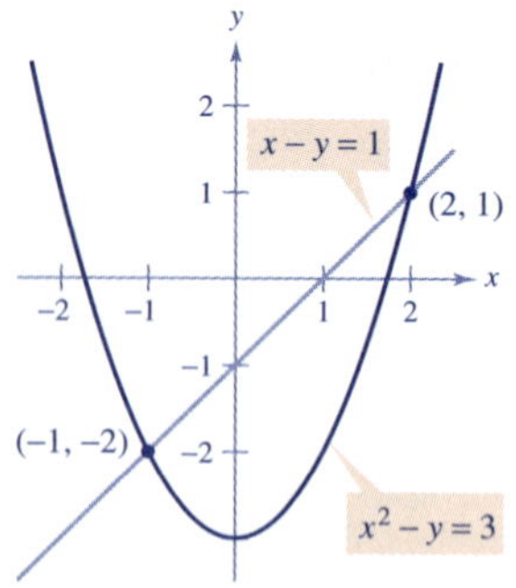

Dois pontos de intersecção.
Figura P.10

DICA Você pode conferir os pontos de intersecção do Exemplo 5 substituindo em *ambas* as equações ou utilizando a função *intersecção* de uma ferramenta gráfica.

Solução Comece fazendo um esboço dos gráficos de ambas as equações no mesmo sistema de coordenadas retangular, como visto na Figura P.10. Tendo feito isso, parece que os gráficos possuem dois pontos de intersecção. Você pode encontrar esses dois pontos, como a seguir.

$$y = x^2 - 3 \quad \text{Resolva a primeira equação em } y$$
$$y = x - 1 \quad \text{Resolva a segunda equação em } y$$
$$x^2 - 3 = x - 1 \quad \text{Iguale os valores de } y$$
$$x^2 - x - 2 = 0 \quad \text{Escreva na forma geral}$$
$$(x - 2)(x + 1) = 0 \quad \text{Fatore}$$
$$x = 2 \text{ ou } -1 \quad \text{Resolva em } x$$

Os valores correspondentes de y são obtidos substituindo $x = 2$ e $x = -1$ em qualquer das equações originais. Isso produz dois pontos de intersecção:

$$(2, 1) \text{ e } (-1, -2). \quad \text{Pontos de intersecção}$$

Modelos Matemáticos

Aplicações da matemática na vida real freqüentemente utilizam equações como modelos matemáticos. Ao desenvolver um modelo matemático para representar dados de verdade, você deve esforçar-se para atingir dois objetivos (freqüentemente conflitantes): precisão e simplicidade. Ou seja, você deseja que o modelo seja simples o suficiente para ser trabalhado, e também preciso o suficiente para produzir resultados significativos. A Seção P.4 irá explorar esses objetivos mais completamente.

Gavriel Jecan/Corbis

O Observatório Mauna Loa no Havaí vem medindo o aumento da concentração de dióxido de carbono na atmosfera da Terra desde 1958.

EXEMPLO 6 Comparando Dois Modelos Matemáticos

O Observatório Mauna Loa, no Havaí, registra a concentração y (em partes por milhão) de dióxido de carbono na atmosfera da Terra. Os registros de janeiro para vários anos são vistos na Figura P.11. Na edição de julho de 1990 da *Scientific American*, esses dados foram utilizados para prever o nível de dióxido de carbono na atmosfera da Terra no ano 2035, utilizando um modelo quadrático

$$y = 316{,}2 + 0{,}70t + 0{,}018t^2$$ Modelo quadrático para dados no período 1960-1990

onde $t = 0$ representa 1960, como visto na Figura P.11(a).

Os dados vistos na Figura P.11(b) representam os anos 1980 até 2002 e podem se modelados por

$$y = 306{,}3 + 1{,}56t$$ Modelo linear para dados no período 1980-2002

onde $t = 0$ representa 1960. Qual a previsão dada pelo artigo de 1990 da *Scientific American*? Com os novos dados para o período de 1990 a 2002, a previsão para o ano 2035 parece correta?

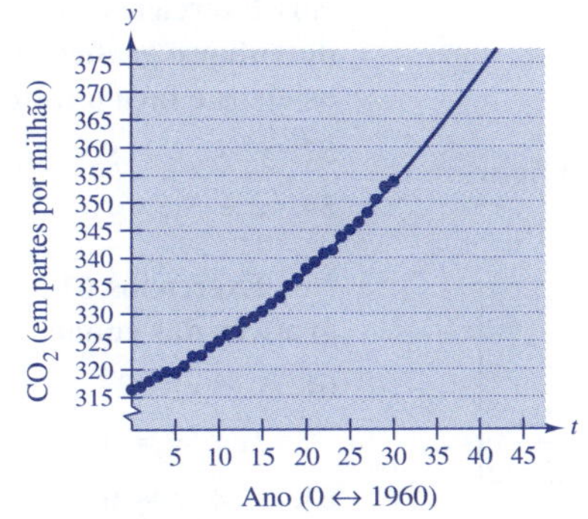

(a)

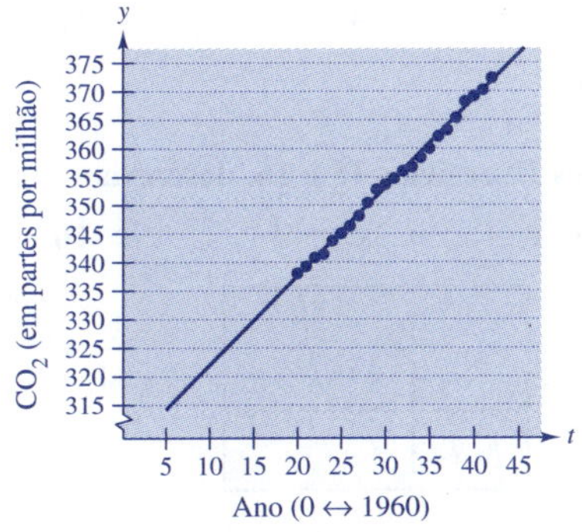

(b)

Figura P.11

Solução Para responder à primeira questão, substitua $t = 75$ (para 2035) no modelo quadrático:

$$y = 316{,}2 + 0{,}70(75) + 0{,}018(75)^2 = 469{,}95$$ Modelo quadrático

Assim, a previsão do artigo da *Scientific American* era de que a concentração de dióxido de carbono na atmosfera da Terra alcançaria aproximadamente 470 partes por milhão no ano 2035. Utilizando o modelo linear para os dados de 1980-2002, a previsão para o ano 2035 é

$$y = 306{,}3 + 1{,}56(75) = 423{,}3.$$ Modelo linear

Assim, com base no modelo linear para 1980-2002, parece que a previsão de 1990 era alta demais.

OBSERVAÇÃO Os modelos no Exemplo 6 foram desenvolvidos utilizando um procedimento chamado *método dos mínimos quadrados* (veja a Seção 13.9). Os modelos quadráticos e lineares possuem uma correlação dada por $r^2 = 0{,}997$ e $r^2 = 0{,}996$, respectivamente. Quanto mais próximo r^2 é de 1, "melhor" é o modelo.

Exercícios da Seção P.1

Nos Exercícios 1 a 4, associe a equação com o gráfico. [Os gráficos são identificados como (a), (b), (c) e (d).]

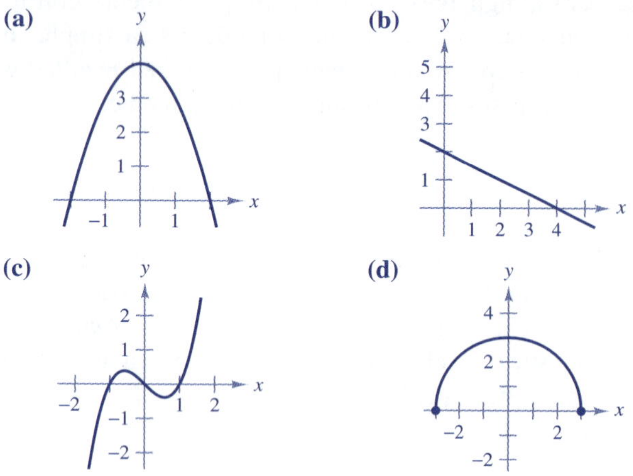

1. $y = -\frac{1}{2}x + 2$
2. $y = \sqrt{9 - x^2}$
3. $y = 4 - x^2$
4. $y = x^3 - x$

Nos Exercícios 5 a 14, esboce o gráfico da equação marcando os pontos.

5. $y = \frac{3}{2}x + 1$
6. $y = 6 - 2x$
7. $y = 4 - x^2$
8. $y = (x - 3)^2$
9. $y = |x + 2|$
10. $y = |x| - 1$
11. $y = \sqrt{x} - 4$
12. $y = \sqrt{x + 2}$
13. $y = \dfrac{2}{x}$
14. $y = \dfrac{1}{x - 1}$

Nos Exercícios 15 e 16, descreva a janela que gera a figura.

15. $y = x^3 - 3x^2 + 4$
16. $y = |x| + |x - 10|$

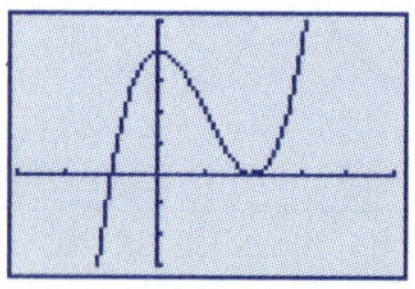

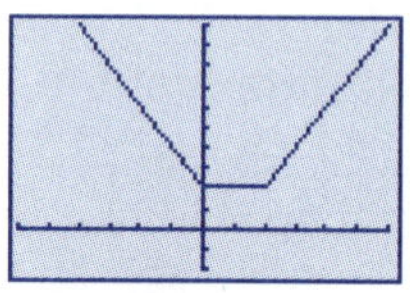

Nos Exercícios 17 e 18, use uma ferramenta gráfica para desenhar o gráfico da equação. Mova o cursor ao longo da curva para estimar os valores das coordenadas desconhecidas para cada ponto-solução aproximado em duas casas decimais.

17. $y = \sqrt{5 - x}$ (a) $(2, y)$ (b) $(x, 3)$
18. $y = x^5 - 5x$ (a) $(-0.5, y)$ (b) $(x, -4)$

Nos Exercícios 19 a 26, encontre todas as intersecções com os eixos.

19. $y = x^2 + x - 2$
20. $y^2 = x^3 - 4x$
21. $y = x^2\sqrt{25 - x^2}$
22. $y = (x - 1)\sqrt{x^2 + 1}$
23. $y = \dfrac{3(2 - \sqrt{x})}{x}$
24. $y = \dfrac{x^2 + 3x}{(3x + 1)^2}$
25. $x^2y - x^2 + 4y = 0$
26. $y = 2x - \sqrt{x^2 + 1}$

Nos Exercícios 27 a 38, teste a simetria em relação a cada eixo e à origem.

27. $y = x^2 - 2$
28. $y = x^2 - x$
29. $y^2 = x^3 - 4x$
30. $y = x^3 + x$
31. $xy = 4$
32. $xy^2 = -10$
33. $y = 4 - \sqrt{x + 3}$
34. $xy - \sqrt{4 - x^2} = 0$
35. $y = \dfrac{x}{x^2 + 1}$
36. $y = \dfrac{x^2}{x^2 + 1}$
37. $y = |x^3 + x|$
38. $|y| - x = 3$

Nos Exercícios 39 a 56, esboce o gráfico da equação. Identifique as intersecções com os eixos e faça o teste de simetria.

39. $y = -3x + 2$
40. $y = -\frac{1}{2}x + 2$
41. $y = \frac{1}{2}x - 4$
42. $y = \frac{2}{3}x + 1$
43. $y = 1 - x^2$
44. $y = x^2 + 3$
45. $y = (x + 3)^2$
46. $y = 2x^2 + x$
47. $y = x^3 + 2$
48. $y = x^3 - 4x$
49. $y = x\sqrt{x + 2}$
50. $y = \sqrt{9 - x^2}$
51. $x = y^3$
52. $x = y^2 - 4$
53. $y = \dfrac{1}{x}$
54. $y = \dfrac{10}{x^2 + 1}$
55. $y = 6 - |x|$
56. $y = |6 - x|$

Nos Exercícios 57 a 60, utilize uma ferramenta gráfica para desenhar o gráfico da equação. Identifique as intersecções com os eixos e faça o teste de simetria.

57. $y^2 - x = 9$
58. $x^2 + 4y^2 = 4$
59. $x + 3y^2 = 6$
60. $3x - 4y^2 = 8$

Nos Exercícios 61 a 68, encontre os pontos de intersecção dos gráficos das equações.

61. $x + y = 2$
    $2x - y = 1$
62. $2x - 3y = 13$
    $5x + 3y = 1$
63. $x^2 + y = 6$
    $x + y = 4$
64. $x = 3 - y^2$
    $y = x - 1$
65. $x^2 + y^2 = 5$
    $x - y = 1$
66. $x^2 + y^2 = 25$
    $2x + y = 10$
67. $y = x^3$
    $y = x$
68. $y = x^3 - 4x$
    $y = -(x + 2)$

Nos Exercícios 69 a 72, use uma ferramenta gráfica para encontrar os pontos de intersecção dos gráficos. Confira seus resultados analiticamente.

69. $y = x^3 - 2x^2 + x - 1$
    $y = -x^2 + 3x - 1$
70. $y = x^4 - 2x^2 + 1$
    $y = 1 - x^2$
71. $y = \sqrt{x + 6}$
    $y = \sqrt{-x^2 - 4x}$
72. $y = -|2x - 3| + 6$
    $y = 6 - x$

O símbolo indica um exercício no qual você é instruído a usar tecnologia, por meio de uma ferramenta gráfica ou um sistema de computador de álgebra simbólica. As soluções de outros exercícios também podem ser facilitadas pelo uso da tecnologia apropriada.

73. ***Modelando Dados*** A tabela mostra o Índice de Preços ao Consumidor (IPC) em alguns anos selecionados. (*Fonte*: *Bureau of Labor Statistics of U.S. Department of Labor.*)

Ano	1970	1975	1980	1985	1990	1995	2000
IPC	38,8	53,8	82,4	107,6	130,7	152,4	172,2

(a) Use os recursos de regressão de uma ferramenta gráfica para encontrar um modelo matemático na forma $y = at^2 + bt + c$ para os dados. No modelo, y representa o IPC e t representa os anos, com $t = 0$ correspondendo a 1970.

(b) Use uma ferramenta gráfica para marcar os pontos e desenhar o gráfico do modelo.

(c) Use o modelo para prever o IPC do ano 2010.

74. ***Modelando Dados*** A tabela mostra o número médio de acres por fazenda nos Estados Unidos, em alguns anos selecionados. (*Fonte*: *U.S. Department of Agriculture.*)

Ano	1950	1960	1970	1980	1990	2000
Área em Acres	213	297	374	426	460	434

(a) Use os recursos de regressão de uma ferramenta gráfica para encontrar um modelo matemático na forma $y = at^2 + bt + c$ para os dados. No modelo, y representa a média da área em acres e t representa os anos, com $t = 0$ correspondendo a 1950.

(b) Use uma ferramenta gráfica para marcar os pontos e desenhar o gráfico do modelo.

(c) Use o modelo para prever o número médio de acres por fazenda nos Estados Unidos no ano 2010.

75. ***Ponto de Equilíbrio*** Encontre o nível de vendas necessário para não ter prejuízo nem lucro ($R = C$), se o custo C para produzir x unidades é

$$C = 5{,}5\sqrt{x} + 10.000 \qquad \text{Equação do custo}$$

e a receita R pela venda de x unidades é

$$R = 3{,}29x. \qquad \text{Equação da receita}$$

76. ***Fio de Cobre*** A resistência y em ohms de 1000 pés de fio de cobre sólido a 77°F pode ser aproximada pelo modelo

$$y = \frac{10.770}{x^2} - 0{,}37, \qquad 5 \le x \le 100$$

onde x é o diâmetro do fio em mils (0,001 polegada). Use uma ferramenta gráfica para desenhar o gráfico do modelo. Se o diâmetro do fio for dobrado, aproximadamente por qual fator se altera a resistência?

Questões Conceituais

Nos Exercícios 77 e 78, escreva uma equação cujo gráfico possua a propriedade indicada. (Pode haver mais de uma resposta correta.)

77. O gráfico intercepta o eixo em $x = -2$, $x = 4$ e $x = 6$.

78. O gráfico intercepta o eixo em $x = -\frac{5}{2}$, $x = 2$ e $x = \frac{3}{2}$.

79. Cada tabela mostra pontos-solução para uma das seguintes equações:

(i) $y = kx + 5$ (ii) $y = x^2 + k$

(iii) $y = kx^{3/2}$ (iv) $xy = k$

Associe cada equação com a tabela correta e encontre k. Explique seu raciocínio.

(a)

x	1	4	9
y	3	24	81

(b)

x	1	4	9
y	7	13	23

(c)

x	1	4	9
y	36	9	4

(d)

x	1	4	9
y	−9	6	71

80. (a) Prove que, se um gráfico é simétrico em relação ao eixo x e ao eixo y, então é simétrico em relação à origem. Dê um exemplo que mostre que a recíproca não é verdadeira.

(b) Prove que, se um gráfico é simétrico em relação a um eixo e à origem, então é simétrico com respeito ao outro eixo.

Verdadeiro ou Falso? **Nos Exercícios 81 a 84, determine se a afirmação é verdadeira ou falsa. Se for falsa, explique por que ou dê um exemplo que mostre que é falsa.**

81. Se $(1, -2)$ é um ponto de um gráfico que é simétrico em relação ao eixo x, então $(-1, -2)$ é também um ponto do gráfico.

82. Se $(1, -2)$ é um ponto de um gráfico que é simétrico em relação ao eixo y, então $(-1, -2)$ é também um ponto do gráfico.

83. Se $b^2 - 4ac > 0$ e $a \neq 0$, então o gráfico de $y = ax^2 + bx + c$ tem duas intersecções com o eixo x.

84. Se $b^2 - 4ac = 0$ e $a \neq 0$, então o gráfico de $y = ax^2 + bx + c$ tem apenas uma intersecção com o eixo x.

Nos Exercícios 85 e 86, encontre uma equação do gráfico que consiste de todos os pontos (x, y) a uma dada distância da origem.

85. A distância da origem é duas vezes a distância do ponto $(0, 3)$.

86. A distância da origem é $K(K \neq 1)$ vezes a distância do ponto $(2, 0)$.

Seção P.2 Modelos Lineares e Taxas de Variação

- **Encontrar o coeficiente angular de uma reta que passe por dois pontos.**
- **Escrever a equação de uma reta com um dado ponto e coeficiente angular.**
- **Interpretar o coeficiente angular como uma razão ou como uma taxa em uma aplicação à vida real.**
- **Esboçar o gráfico de uma equação linear na forma coeficiente angular-intersecção com eixo.**
- **Escrever equações de retas que sejam paralelas ou perpendiculares a uma reta dada.**

O Coeficiente Angular de uma Reta

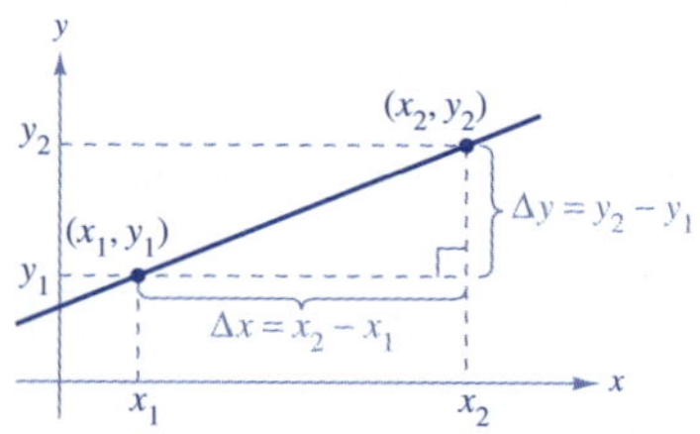

$\Delta y = y_2 - y_1 =$ variação em y.
$\Delta x = x_2 - x_1 =$ variação em x.
Figura P.12

O **coeficiente angular** de uma reta não vertical é a medida do número de unidades que a reta sobe (ou desce) verticalmente para cada unidade de deslocamento horizontal da esquerda para a direita. Considere os dois pontos (x_1, y_1) e (x_2, y_2) de uma reta na Figura P.12. Conforme você se desloca da esquerda para a direita ao longo dessa reta, uma variação vertical de

$$\Delta y = y_2 - y_1 \qquad \text{Variação em } y$$

unidades corresponde a uma variação horizontal de

$$\Delta x = x_2 - x_1 \qquad \text{Variação em } x$$

unidades. (Δ é a letra grega maiúscula *delta*, e o símbolo Δy e Δx são lidos "delta y" e "delta x".)

> **Definição do Coeficiente Angular de uma Reta**
>
> O **coeficiente angular** m de uma reta não vertical que passa por (x_1, y_1) e (x_2, y_2) é
>
> $$m = \frac{\Delta y}{\Delta x} = \frac{y_2 - y_1}{x_2 - x_1}, \qquad x_1 \neq x_2.$$
>
> O coeficiente angular não é definido para retas verticais.

OBSERVAÇÃO Ao usar a fórmula para o coeficiente angular, observe que

$$\frac{y_2 - y_1}{x_2 - x_1} = \frac{-(y_1 - y_2)}{-(x_1 - x_2)} = \frac{y_1 - y_2}{x_1 - x_2}$$

Assim, não importa em que ordem é feita a subtração, *contanto que* você seja consistente e ambas as "coordenadas subtraídas" venham do mesmo ponto.

A Figura P.13 mostra quatro retas: uma possui coeficiente angular positivo, uma tem coeficiente angular nulo, uma tem coeficiente angular negativo e uma tem coeficiente angular "indefinido". Em geral, quanto maior o valor absoluto do coeficiente angular de uma reta, mais íngreme ela é. Por exemplo, na Figura P.13, a reta com o coeficiente angular de -5 é mais íngreme que a reta com um coeficiente angular de $\frac{1}{5}$.

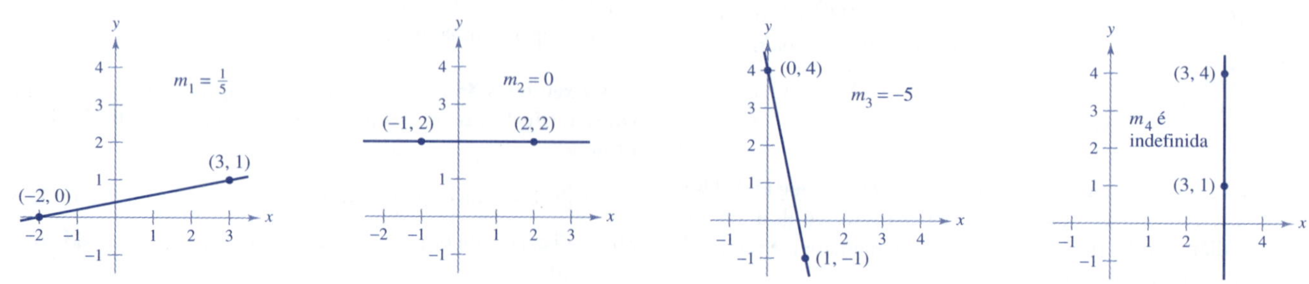

Se m é positivo, então a reta cresce da esquerda para a direita.

Se m é nulo, então a reta é horizontal.

Se m é negativo, então a reta decresce da esquerda para a direita.

Se m não é definido, então a reta é vertical.

Figura P.13

INVESTIGAÇÃO

Investigando Equações de Retas Use uma ferramenta gráfica para desenhar a equação linear. Que ponto é comum a todas as sete retas? Que valor na equação determina o coeficiente angular da reta?

a. $y - 4 = -2(x + 1)$

b. $y - 4 = -1(x + 1)$

c. $y - 4 = -\frac{1}{2}(x + 1)$

d. $y - 4 = 0(x + 1)$

e. $y - 4 = \frac{1}{2}(x + 1)$

f. $y - 4 = 1(x + 1)$

g. $y - 4 = 2(x + 1)$

Use seus resultados para escrever uma equação de uma reta passando por $(-1, 4)$ com um coeficiente angular de m.

Equações de Retas

Quaisquer dois pontos de uma reta não vertical podem ser utilizados para calcular seu coeficiente angular. Isso pode ser verificado a partir de triângulos semelhantes como visto na Figura P.14. (Lembre-se de que as razões dos lados correspondentes de triângulos semelhantes são iguais.)

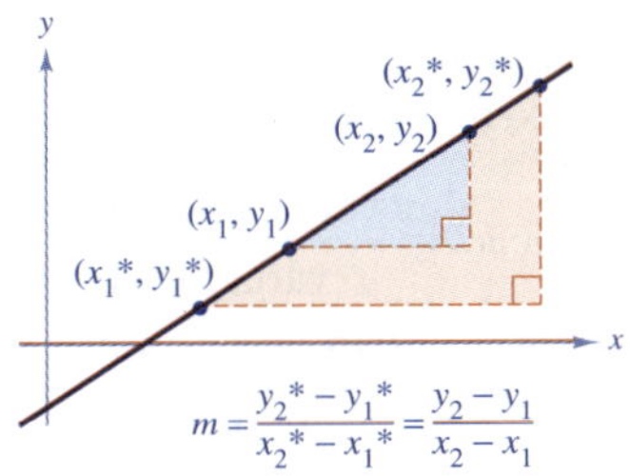

Quaisquer dois pontos de uma reta não vertical podem ser utilizados para determinar seu coeficiente angular.
Figura P.14

Você pode escrever uma equação de uma reta não vertical se conhecer o coeficiente angular da reta e as coordenadas de um ponto da reta. Suponha que o coeficiente angular seja m e que o ponto seja (x_1, y_1). Se (x, y) é qualquer outro ponto da reta, então:

$$\frac{y - y_1}{x - x_1} = m.$$

Essa equação, relacionando as duas variáveis x e y, pode ser reescrita na forma $y - y_1 = m(x - x_1)$, que é chamada de **equação ponto-coeficiente angular de uma reta**.

> **Equação Ponto-Coeficiente Angular de uma Reta**
>
> Uma equação da reta com coeficiente angular m passando pelo ponto (x_1, y_1) é dada por:
>
> $$y - y_1 = m(x - x_1).$$

EXEMPLO 1 Encontrando uma Equação de uma Reta

Encontre uma equação de uma reta que tem coeficiente angular 3 e passa pelo ponto $(1, -2)$.

Solução

$y - y_1 = m(x - x_1)$ — Forma ponto-coeficiente angular

$y - (-2) = 3(x - 1)$ — Substitua y_1 por -2, x_1 por 1 e m por 3

$y + 2 = 3x - 3$ — Simplifique

$y = 3x - 5$ — Resolva para y

(veja a Figura P.15.)

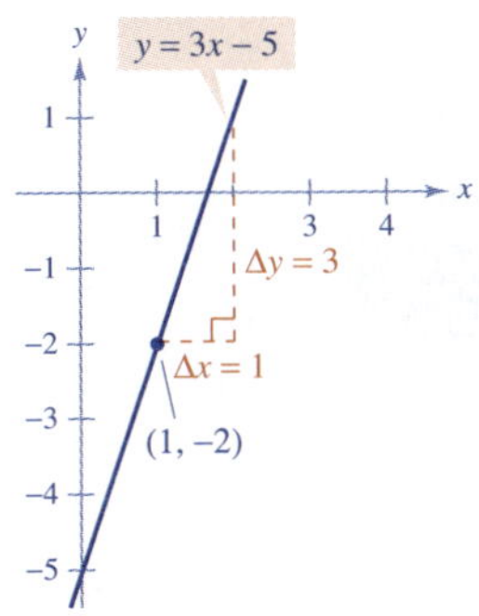

A reta com coeficiente angular 3 passando pelo ponto $(1, -2)$.
Figura P.15

OBSERVAÇÃO Lembre-se de que apenas retas não verticais possuem coeficiente angular. Conseqüentemente, retas verticais não podem ser escritas na forma ponto-coeficiente angular. Por exemplo, a equação da reta vertical passando pelo ponto $(1, -2)$ é $x = 1$.

Razões e Taxas de Variação

O coeficiente angular de uma reta pode ser interpretada como *razão* ou como *taxa*. Se os eixos x e y têm a mesma unidade de medida, o coeficiente angular não tem unidade e é uma **razão**. Se o eixo x e o eixo y têm diferentes unidades de medida, o coeficiente angular é uma taxa ou **taxa de variação**. Em seu estudo do cálculo, você encontrará aplicações envolvendo ambas as interpretações de inclinação.

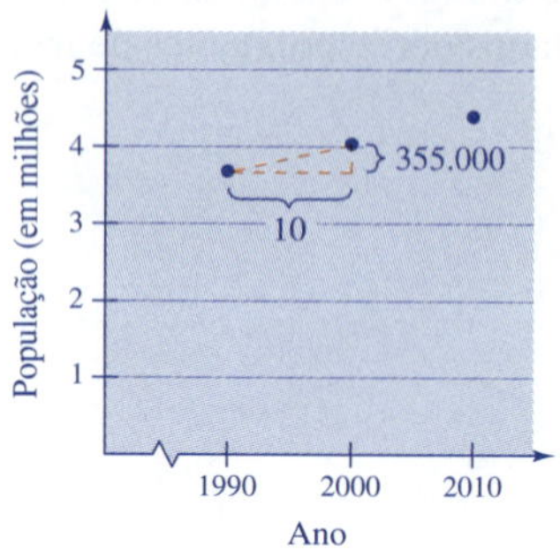

População do Kentucky em anos de Censo.
Figura P.16

EXEMPLO 2 Crescimento Populacional e Projetos de Engenharia

a. A população do Kentucky era de 3.687.000 em 1990 e 4.042.000 em 2000. Nesse período de 10 anos, a taxa média de variação da população foi

$$\begin{aligned}\text{Taxa de Variação} &= \frac{\text{variação da população}}{\text{variação em anos}} \\ &= \frac{4.042.000 - 3.687.000}{2000 - 1990} \\ &= 35.500 \text{ pessoas por ano.}\end{aligned}$$

Se a população do Kentucky continuasse a crescer na mesma taxa pelos próximos 10 anos, teria em 2010 uma população de 4.397.000 (veja a Figura P.16). (*Fonte*: *U.S. Census Bureau.*)

b. Em torneios de salto em esqui aquático, a rampa se eleva a uma altura de 6 pés em uma balsa que tem 21 pés de comprimento, como visto na Figura P.17. A inclinação da rampa de esqui é a razão entre sua altura (elevação) e o comprimento de sua base.

$$\begin{aligned}\text{Inclinação da rampa} &= \frac{\text{elevação}}{\text{base}} \\ &= \frac{6 \text{ pés}}{21 \text{ pés}} \\ &= \frac{2}{7}\end{aligned}$$

Elevação é a variação vertical
Base é a variação horizontal

Neste caso, observe que a inclinação é uma razão e não tem unidades.

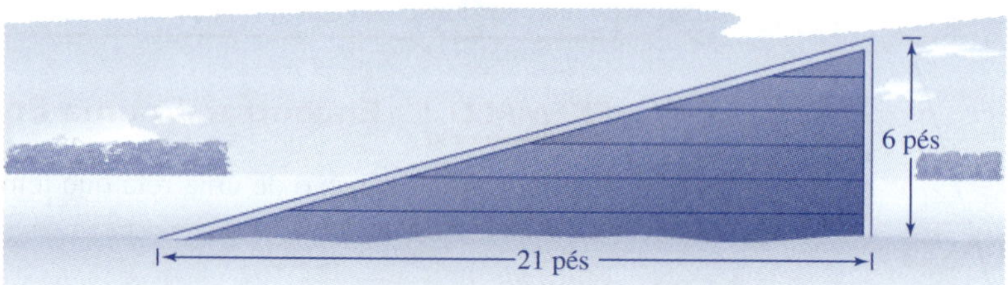

Dimensões de uma rampa de esqui aquático.
Figura P.17

A taxa de variação obtida no Exemplo 2(a) é uma **taxa de variação média**. Uma taxa de variação média é sempre calculada para um período. Neste caso, o intervalo é [1990, 2000]. No Capítulo 2 você estudará outro tipo de taxa de variação chamada de *taxa de variação instantânea*.

Modelos Gráficos Lineares

Muitos problemas em geometria analítica podem ser classificados em duas categorias básicas: (1) Dado um gráfico, qual a sua equação? e (2) Dada uma equação, qual o seu gráfico? A equação ponto-coeficiente angular de uma reta pode ser usada para resolver problemas da primeira categoria. No entanto, esta forma não é especialmente útil para resolver problemas da segunda categoria. A forma mais adequada para desenhar um gráfico de uma reta é a forma **coeficiente angular-intersecção** com o eixo y de uma equação de reta.

A Equação Coeficiente Angular-Intersecção com o Eixo y de uma Reta

O gráfico da equação linear

$$y = mx + b$$

é uma reta com o *coeficiente angular* m e a *intersecção* com o eixo y em (0, b).

EXEMPLO 3 Traçando Retas no Plano

Trace o gráfico da equação:

a. $y = 2x + 1$ **b.** $y = 2$ **c.** $3y + x - 6 = 0$

Solução

a. Como $b = 1$, a intersecção com o eixo y é (0, 1). Como o coeficiente angular é $m = 2$, você sabe que a reta cresce duas unidades para cada variação de uma unidade para a direita, como visto na Figura P.18(a).

b. Como $b = 2$, a intersecção com o eixo y é (0, 2). Como o coeficiente angular é $m = 0$, você sabe que a reta é horizontal, como visto na Figura P.18(b).

c. Comece escrevendo a equação na forma coeficiente angular-intersecção com o eixo y.

$$3y + x - 6 = 0 \quad \text{Escreva a equação original}$$
$$3y = -x + 6 \quad \text{Isole o termo em } y \text{ no lado esquerdo}$$
$$y = -\frac{1}{3}x + 2 \quad \text{Forma ponto-intersecção}$$

Desse modo, você pode ver que a intersecção com o eixo y é (0, 2) e que o coeficiente angular é $m = -\frac{1}{3}$. Isso significa que a reta decresce uma unidade para cada três unidades de deslocamento horizontal para a direita, como visto na Figura P.18(c).

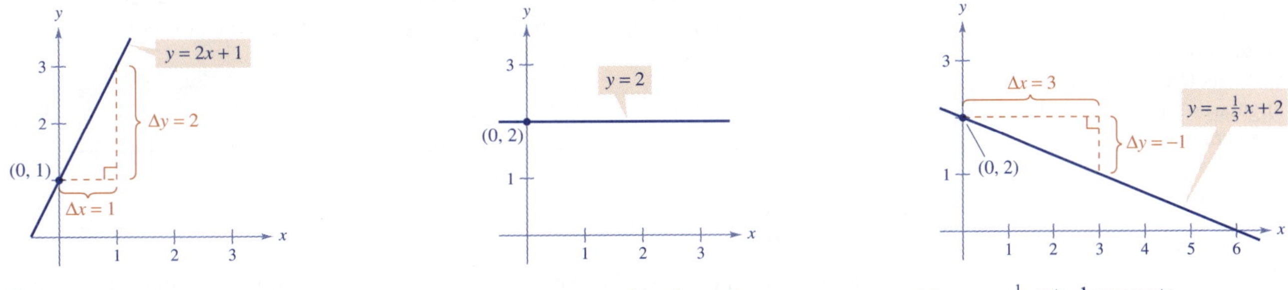

(a) $m = 2$; reta crescente. (b) $m = 0$; a reta é horizontal. (c) $m = -\frac{1}{3}$; reta decrescente.
Figura P.18

Como o coeficiente angular de uma reta vertical não é definida, sua equação não pode ser escrita na forma coeficiente angular-intersecção com o eixo y. No entanto, a equação de qualquer reta pode ser escrita na **forma geral**

$$Ax + By + C = 0 \quad \text{Forma geral de uma equação de reta}$$

onde A e B não são ambos nulos. Por exemplo, a reta vertical dada por $x = a$ pode ser representada pela forma geral $x - a = 0$.

Sumário de Equações de Retas

1. Forma geral: $Ax + By + C = 0, \quad (A, B \neq 0)$
2. Reta vertical: $x = a$
3. Reta horizontal: $y = b$
4. Forma ponto-coeficiente angular: $y - y_1 = m(x - x_1)$
5. Forma coeficiente angular-intersecção: $y = mx + b$

Retas Paralelas e Perpendiculares

O coeficiente angular de uma reta é uma ferramenta conveniente para determinar se duas retas são paralelas ou perpendiculares, como visto na Figura P.19. Especificamente, retas não verticais com o mesmo coeficiente angular são paralelas e retas não verticais cujos coeficientes angulares são recíprocos negativos são perpendiculares.

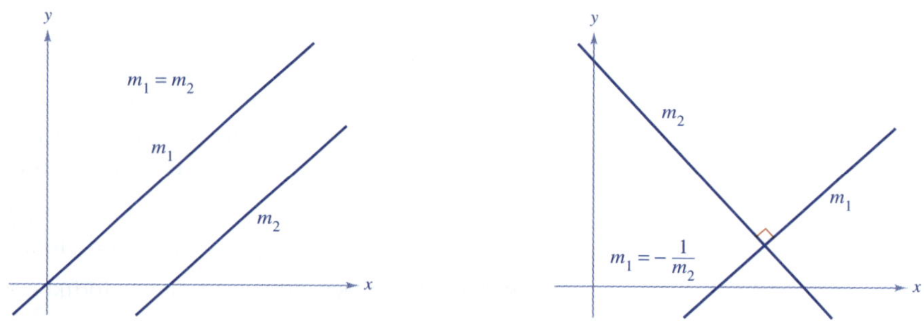

Retas paralelas

Retas perpendiculares

Figura P.19

DICA Em matemática, a frase "se e somente se" é um modo de afirmar duas implicações em uma sentença. Por exemplo, a primeira afirmação à direita poderia ser reescrita como as duas seguintes implicações:

a. Se duas retas distintas não verticais são paralelas, então seus coeficientes angulares são iguais.

b. Se duas retas distintas não verticais têm coeficientes angulares iguais, então elas são paralelas.

Retas Paralelas e Perpendiculares

1. Duas retas distintas não verticais são **paralelas** se e somente se seus coeficientes angulares forem iguais — isto é, se e somente se $m_1 = m_2$.
2. Duas retas não verticais são **perpendiculares** se e somente se seus coeficientes angulares forem recíprocos negativos entre si — isto é, se e somente se

$$m_1 = -\frac{1}{m_2}.$$

EXEMPLO 4 Encontrando Retas Paralelas e Perpendiculares

Encontre as formas gerais das equações das retas que passam pelo ponto $(2, -1)$ e são

a. paralelas à reta $2x - 3y = 5$ **b.** perpendicular à reta $2x - 3y = 5$

(veja a Figura P.20).

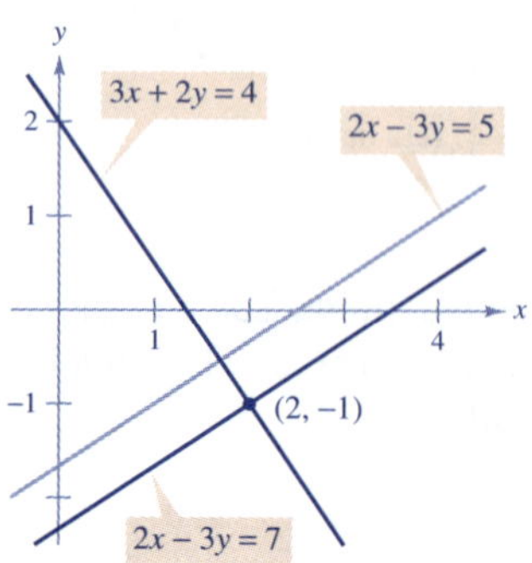

Retas paralelas e perpendiculares a $2x - 3y = 5$.

Figura P.20

Solução Escrevendo a equação linear $2x - 3y = 5$ na forma coeficiente angular-intersecção com o eixo y, $y = \frac{2}{3}x - \frac{5}{3}$, você pode ver que a reta dada tem um coeficiente angular de $m = \frac{2}{3}$.

a. A reta por $(2, -1)$ que é paralela à reta dada também tem um coeficiente angular de $\frac{2}{3}$.

$$y - y_1 = m(x - x_1) \qquad \text{Forma ponto-coeficiente angular}$$

$$y - (-1) = \tfrac{2}{3}(x - 2) \quad \text{Substitua}$$
$$3(y + 1) = 2(x - 2) \quad \text{Simplifique}$$
$$2x - 3y - 7 = 0 \quad \text{Forma geral}$$

Observe a semelhança com a equação original.

b. Usando a recíproca negativa do coeficiente angular da reta dada, você pode determinar que o coeficiente angular de uma reta perpendicular à reta dada é $-\frac{3}{2}$. Assim, a reta pelo ponto $(2, -1)$ que é perpendicular à reta dada tem a seguinte equação:

$$y - y_1 = m(x - x_1) \quad \text{Forma ponto-coeficiente angular}$$
$$y - (-1) = -\tfrac{3}{2}(x - 2) \quad \text{Substitua}$$
$$2(y + 1) = -3(x - 2) \quad \text{Simplifique}$$
$$3x + 2y - 4 = 0 \quad \text{Forma geral}$$

ARMADILHA TECNOLÓGICA O coeficiente angular de uma reta aparecerá distorcido se você usar escalas diferentes nos eixos x e y. Por exemplo, as telas de calculadoras gráficas nas Figuras P.21(a) e P.21(b) mostram ambas as retas dadas por $y = 2x$ e $y = -\frac{1}{2}x + 3$. Como estas retas têm inclinações que são recíprocas negativas, devem ser perpendiculares. Na Figura P.21(a), no entanto, as retas não parecem ser perpendiculares, porque a escala no eixo x não é a mesma no eixo y. Na Figura P.21(b), as retas parecem perpendiculares pois a escala no eixo x é a mesma no eixo y. Diz-se que esse tipo de janela está em uma *escala quadrada*.

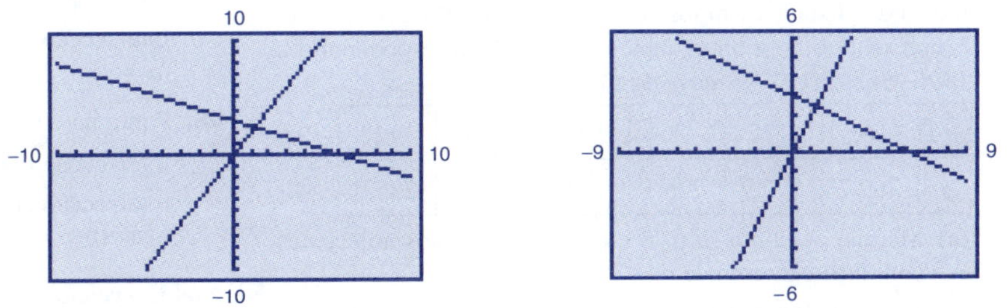

(a) A escala no eixo x não é a mesma escala no eixo y.
(b) A escala no eixo x é a mesma escala no eixo y.
Figura P.21

Exercícios da Seção P.2

Nos Exercícios 1 a 6, faça uma estimativa do coeficiente angular da reta a partir do gráfico. Para imprimir uma cópia ampliada do gráfico, veja o endereço *www.mathgraphs.com.*

1.

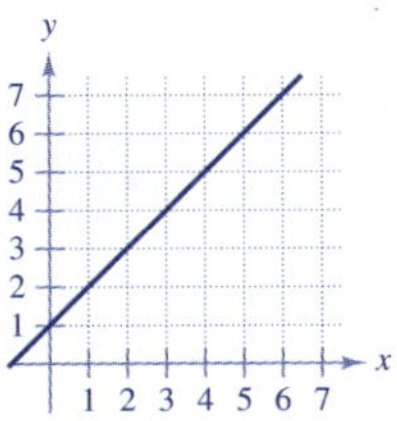

2.

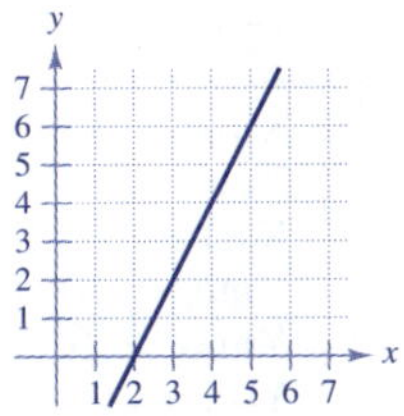

3.

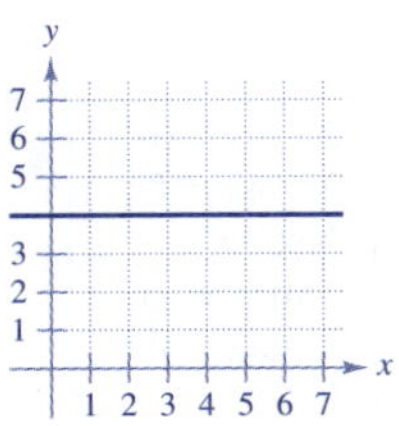

4.

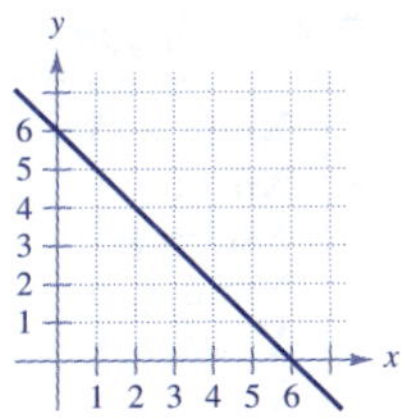

5.

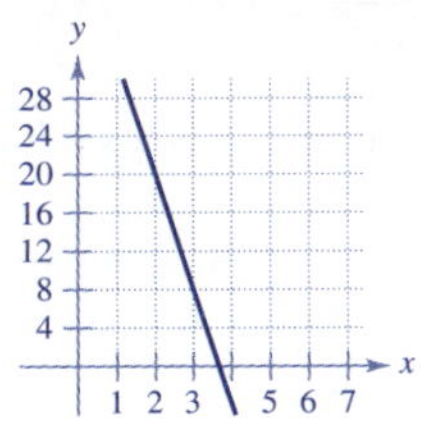

6.

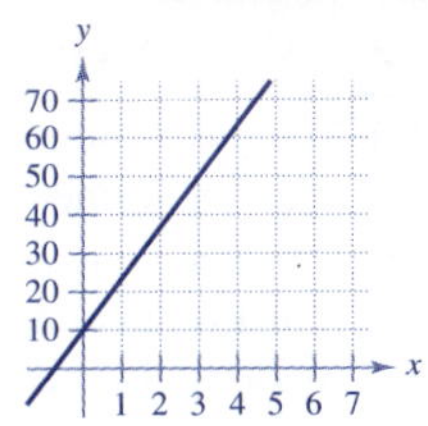

Nos Exercícios 7 e 8, esboce as retas que passam pelo ponto com o coeficiente angular indicado. Faça os esboços no mesmo sistema de eixos coordenados.

	Ponto	*Coeficientes angulares*			
7.	$(2, 3)$	(a) 1	(b) -2	(c) $-\frac{3}{2}$	(d) Indefinida
8.	$(-4, 1)$	(a) 3	(b) -3	(c) $\frac{1}{3}$	(d) 0

Nos Exercícios 9 a 14, marque o par de pontos e encontre o coeficiente angular da reta que passa por eles.

9. $(3, -4), (5, 2)$ **10.** $(1, 2), (-2, 4)$

11. (2, 1), (2, 5)

12. (3, −2), (4, −2)

13. $\left(-\frac{1}{2}, \frac{2}{3}\right), \left(-\frac{3}{4}, \frac{1}{6}\right)$

14. $\left(\frac{7}{8}, \frac{3}{4}\right), \left(\frac{5}{4}, -\frac{1}{4}\right)$

Nos Exercícios 15 a 18, use o ponto da reta e o coeficiente angular da reta para encontrar três pontos adicionais pelos quais passa a reta. (Há mais de uma resposta correta.)

	Ponto	*Coef. angular*		*Ponto*	*Coef. angular*
15.	(2, 1)	$m = 0$	**16.**	(−3, 4)	m indefinida
17.	(1, 7)	$m = -3$	**18.**	(−2, −2)	$m = 2$

19. ***Projetando uma Esteira*** Uma esteira móvel é construída para elevar-se 1 metro para cada 3 metros de deslocamento horizontal.

(a) Encontre a inclinação da esteira.

(b) Suponha que a esteira liga dois andares em uma fábrica. Encontre o comprimento da esteira se a distância vertical entre os andares é de 10 pés.

20. ***Taxa de Variação*** Cada um dos seguintes números é um coeficiente angular de uma reta representando a receita diária y em termos do tempo x em dias. Use o coeficiente angular para interpretar qualquer variação na receita diária para um acréscimo de um dia no tempo.

(a) $m = 400$ (b) $m = 100$ (c) $m = 0$

21. ***Modelando Dados*** A tabela mostra a população y (em milhões) dos Estados Unidos no período 1996-2001. A variável t representa o tempo em anos, com $t = 6$ correspondendo a 1996. (*Fonte*: *U. S. Bureau of the Census.*)

t	6	7	8	9	10	11
y	269,7	272,9	276,1	279,3	282,3	285,0

(a) Marque os pontos à mão e conecte os pontos adjacentes com um segmento de reta.

(b) Use o coeficiente angular do segmento de reta para determinar o ano em que a população aumentou menos rapidamente.

22. ***Modelando Dados*** A tabela mostra a taxa r (em milhas por hora) em que um veículo está viajando após t segundos.

t	5	10	15	20	25	30
r	57	74	85	84	61	43

(a) Marque os pontos à mão e conecte os pontos adjacentes com um segmento de reta.

(b) Use o coeficiente angular do segmento de reta para determinar o intervalo em que a taxa do veículo está variando mais rapidamente. Como a taxa variou?

Nos Exercícios 23 a 26, encontre o coeficiente angular e a intersecção com o eixo y (se possível) da reta.

23. $x + 5y = 20$

24. $6x - 5y = 15$

25. $x = 4$

26. $y = -1$

Nos Exercícios 27 a 32, encontre uma equação da reta que passa pelo ponto e tem a inclinação indicada. Esboce a reta.

	Ponto	*Coef. angular*		*Ponto*	*Coef. angular*
27.	(0, 3)	$m = \frac{3}{4}$	**28.**	(−1, 2)	m indefinida
29.	(0, 0)	$m = \frac{2}{3}$	**30.**	(0, 4)	$m = 0$
31.	(3, −2)	$m = 3$	**32.**	(−2, 4)	$m = -\frac{3}{5}$

Nos Exercícios 33 a 42, encontre uma equação da reta que passa pelos pontos e esboce a reta.

33. (0, 0), (2, 6)

34. (0, 0), (−1, 3)

35. (2, 1), (0, −3)

36. (−3, −4), (1, 4)

37. (2, 8), (5, 0)

38. (−3, 6), (1, 2)

39. (5, 1), (5, 8)

40. (1, −2), (3, −2)

41. $\left(\frac{1}{2}, \frac{7}{2}\right), \left(0, \frac{3}{4}\right)$

42. $\left(\frac{7}{8}, \frac{3}{4}\right), \left(\frac{5}{4}, -\frac{1}{4}\right)$

43. Encontre uma equação da reta vertical com a intersecção com o eixo x em 3.

44. Mostre que a reta com intersecções $(a, 0)$ e $(0, b)$ tem a seguinte equação:

$$\frac{x}{a} + \frac{y}{b} = 1, \qquad a \neq 0, b \neq 0$$

Nos Exercícios 45 a 48, use o resultado do Exercício 44 para escrever uma equação da reta.

45. Intersecção com o eixo x: (2, 0)
Intersecção com o eixo y: (0, 3)

46. Intersecção com o eixo x: $\left(-\frac{2}{3}, 0\right)$
Intersecção com o eixo$y$: (0, −2)

47. Ponto na curva: (1, 2)
Intersecção com o eixo x: $(a, 0)$
Intersecção com o eixo y: $(0, a)$
$(a \neq 0)$

48. Ponto na curva: (−3, 4)
Intersecção com o eixo x: $(a, 0)$
Intersecção com o eixo y: $(0, a)$
$(a \neq 0)$

Nos Exercícios 49 a 56, desenhe um gráfico da equação.

49. $y = -3$

50. $x = 4$

51. $y = -2x + 1$

52. $y = \frac{1}{3}x - 1$

53. $y - 2 = \frac{3}{2}(x - 1)$

54. $y - 1 = 3(x + 4)$

55. $2x - y - 3 = 0$

56. $x + 2y + 6 = 0$

Ajustando a Janela **Nos Exercícios 57 e 58, use uma ferramenta gráfica para desenhar os gráficos de ambas as retas em cada janela. Compare os gráficos. As retas parecem perpendiculares? São retas perpendiculares? Explique.**

57. $y = x + 6$, $y = -x + 2$

(a)
Xmín = -10
Xmáx = 10
Xscl = 1
Ymín = -10
Ymáx = 10
Yscl = 1

(b)
Xmín = -15
Xmáx = 15
Xscl = 1
Ymín = -10
Ymáx = 10
Yscl = 1

58. $y = 2x - 3$, $y = -\frac{1}{2}x + 1$

(a)
Xmín = -5
Xmáx = 5
Xscl = 1
Ymín = -5
Ymáx = 5
Yscl = 1

(b)
Xmín = -6
Xmáx = 6
Xscl = 1
Ymín = -4
Ymáx = 4
Yscl = 1

Nos Exercícios 59 a 64, escreva uma equação da reta que passa pelo ponto e que seja (a) paralela a uma reta dada e (b) perpendicular à reta dada.

	Ponto	*Reta*		*Ponto*	*Reta*
59.	$(2, 1)$	$4x - 2y = 3$	**60.**	$(-3, 2)$	$x + y = 7$
61.	$\left(\frac{3}{4}, \frac{7}{8}\right)$	$5x - 3y = 0$	**62.**	$(-6, 4)$	$3x + 4y = 7$
63.	$(2, 5)$	$x = 4$	**64.**	$(-1, 0)$	$y = -3$

Taxa de Variação **Nos Exercícios 65 a 68, é dado o valor em dólar de um produto em 2006 e a taxa pela qual é esperado que o produto varie durante os próximos 5 anos. Escreva uma equação linear que dê o valor em dólar *V* do produto em função do ano *t*. (Faça $t = 0$ representar 2000.)**

	Valor em 2006	*Taxa*
65.	\$2540	Aumento de \$125 por ano
66.	\$156	Aumento de \$4,50 por ano
67.	\$20.400	Diminuição de \$2000 por ano
68.	\$245.000	Diminuição de \$5600 por ano

Nos Exercícios 69 e 70, use uma ferramenta gráfica para desenhar as parábolas e encontrar seus pontos de intersecção. Encontre uma equação da reta que passa pelos pontos de intersecção e desenhe o gráfico da reta na mesma janela de visualização.

69. $y = x^2$
$y = 4x - x^2$

70. $y = x^2 - 4x + 3$
$y = -x^2 + 2x + 3$

Nos Exercícios 71 e 72, determine se os pontos são colineares. (Três pontos são colineares se pertencem à mesma reta.)

71. $(-2, 1), (-1, 0), (2, -2)$

72. $(0, 4), (7, -6), (-5, 11)$

Questões Conceituais

Nos Exercícios 73 a 75, encontre as coordenadas do ponto de intersecção dos segmentos dados. Explique seu raciocínio.

73.

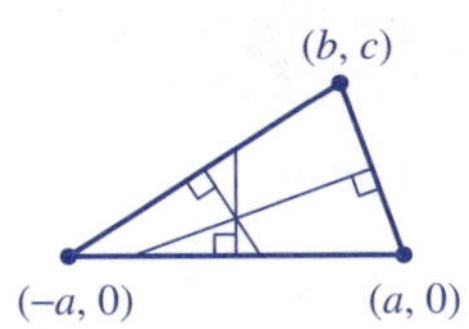

Mediatrizes

74.

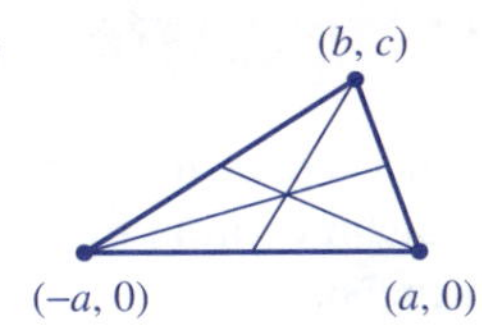

Medianas

75.

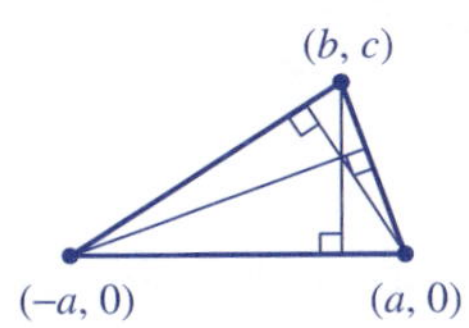

Alturas

76. Mostre que os pontos de intersecção dos Exercícios 73, 74 e 75 são colineares.

77. ***Conversão de Temperatura*** Encontre uma equação linear que expresse a relação entre a temperatura em graus Celsius C e graus Fahrenheit F. Use o fato de que a água congela a 0°C (32°F) e ferve a 100°C (212°F). Use a equação para converter 72°F em graus Celsius.

78. ***Gastos com Reembolso*** Uma companhia reembolsa seus representantes de vendas com \$150 por dia para alojamento e alimentação mais 34 centavos por milha percorrida. Escreva uma equação linear que forneça o custo diário C para a companhia em função de x, o número de milhas percorridas. Quanto custará para a empresa se um representante de vendas percorrer 137 milhas em um certo dia?

79. ***Escolha de Carreira*** Um funcionário tem duas opções de cargos em uma grande corporação. Um cargo paga \$12,50 por hora *mais* uma taxa adicional de \$0,75 por unidade produzida. O outro paga \$9,20 por hora *mais* uma taxa de \$1,30 por unidade.

(a) Encontre equações lineares para a remuneração horária W em função de x, o número de unidades produzidas por hora, para cada opção.

(b) Use uma ferramenta gráfica para desenhar as equações lineares e encontre o ponto de intersecção.

(c) Interprete o significado do ponto de intersecção dos gráficos da parte (b). Como você usaria esta informação para selecionar a opção correta se a meta fosse obter a maior remuneração horária?

80. ***Depreciação Linear*** Uma pequena empresa adquire uma peça de equipamento por \$875. Após 5 anos, o equipamento estará desatualizado, não possuindo mais valor.

(a) Escreva uma equação linear que forneça o valor y do equipamento em função do tempo x, $0 \leq x \leq 5$.

(b) Encontre o valor do equipamento quando $x = 2$.

(c) Faça uma estimativa (com precisão de duas casas decimais) do tempo necessário para que o valor do equipamento seja de \$200.

81. ***Aluguel de Apartamento*** Uma imobiliária administra um prédio de apartamentos com 50 unidades. Quando o aluguel é \$580 por mês, todas as 50 unidades são alugadas. No entanto, quando o aluguel é \$625, o número médio de unidades ocupadas cai para 47. Considere que a relação entre o aluguel mensal p e a demanda x seja linear. (*Observação*: O termo *demanda* se refere ao número de unidades ocupadas.)

(a) Escreva uma equação linear que forneça a demanda x em função do aluguel p.

(b) *Extrapolação linear* Use uma ferramenta gráfica para desenhar o gráfico da equação da demanda e use os recursos de "trace" para prever o número de unidades ocupadas se o aluguel fosse elevado para \$655.

(c) *Interpolação linear* Faça uma previsão do número de unidades ocupadas se o aluguel fosse diminuído para \$595. Verifique graficamente.

82. ***Modelando Dados*** Um professor aplica periodicamente testes valendo 20 pontos e provas valendo 100 pontos. As notas médias de seis alunos, dadas em forma de pares ordenados (x, y), onde x é a nota média de testes e y a nota média de provas, são $(18, 87)$, $(10, 55)$, $(19, 96)$, $(16, 79)$, $(13, 76)$ e $(15, 82)$.

(a) Use os recursos de regressão de uma ferramenta gráfica para encontrar a reta de regressão por mínimos quadrados para os dados.

(b) Use uma ferramenta gráfica para marcar os pontos e desenhar o gráfico da reta de regressão na mesma janela de visualização.

(c) Use a reta de regressão para fazer uma previsão da nota média de prova para um aluno com uma nota média de teste de 17.

(d) Interprete o significado do coeficiente angular da reta de regressão.

(e) O professor acrescenta 4 pontos à nota média de prova para todos na classe. Descreva as variações nas posições dos pontos marcados e a variação na equação da reta.

83. ***Reta Tangente*** Encontre uma equação da reta tangente ao círculo $x^2 + y^2 = 169$ no ponto (5, 12).

84. ***Reta Tangente*** Encontre uma equação da reta tangente ao círculo $(x - 1)^2 + (y - 1)^2 = 25$ no ponto (4, −3).

Distância **Nos Exercícios 85 a 90, encontre a distância entre o ponto e a reta, ou entre as retas, usando a fórmula para a distância entre o ponto (x_1, y_1) e a reta $Ax + By + C = 0$.**

$$\text{Distância} = \frac{|Ax_1 + By_1 + C|}{\sqrt{A^2 + B^2}}$$

85. Ponto: (0, 0)
Reta: $4x + 3y = 10$

86. Ponto: (2, 3)
Reta: $4x + 3y = 10$

87. Ponto: (−2, 1)
Reta: $x - y - 2 = 0$

88. Ponto: (6, 2)
Reta: $x = -1$

89. Reta: $x + y = 1$
Reta: $x + y = 5$

90. Reta: $3x - 4y = 1$
Reta: $3x - 4y = 10$

91. Mostre que a distância entre o ponto (x_1, y_1) e a reta $Ax + By + C = 0$ é

$$\text{Distância} = \frac{|Ax_1 + By_1 + C|}{\sqrt{A^2 + B^2}}.$$

92. Escreva a distância d entre o ponto (3, 1) e a reta $y = mx + 4$ em função de m. Use uma ferramenta gráfica para desenhar o gráfico da equação. Em que momento a distância é 0? Explique o resultado geometricamente.

93. Prove que as diagonais de um losango intersectam-se perpendicularmente (um losango é um quadrilátero com lados de mesmas medidas).

94. Demonstre que a figura formada ligando pontos médios de lados consecutivos de qualquer quadrilátero é um paralelogramo.

95. Prove que se os pontos (x_1, y_1) e (x_2, y_2) estão na mesma reta que (x_1^*, y_1^*) e (x_2^*, y_2^*), então

$$\frac{y_2^* - y_1^*}{x_2^* - x_1^*} = \frac{y_2 - y_1}{x_2 - x_1}.$$

Assuma que $x_1 \neq x_2$ e $x_1^* \neq x_2^*$.

96. Prove que se as inclinações de duas retas não verticais são recíprocas negativas entre si, então as retas são perpendiculares.

Verdadeiro ou Falso? **Nos Exercícios 97 e 98, determine se a afirmação é verdadeira ou falsa. Se for falsa, explique por que ou dê um exemplo mostrando que é falsa.**

97. As retas representadas por $ax + by = c_1$ e $bx - ay = c_2$ são perpendiculares. Assuma $a \neq 0$ e $b \neq 0$.

98. É possível que duas retas com coeficientes angulares positivos sejam perpendiculares entre si.

Seção P.3 Funções e seus Gráficos

- **Usar a notação de função para representar e avaliar uma função.**
- **Encontrar o domínio e a imagem de uma função.**
- **Esboçar o gráfico de uma função.**
- **Identificar diferentes tipos de transformações de funções.**
- **Classificar funções e reconhecer combinações entre funções.**

Funções e Notação de Função

Uma **relação** entre dois conjuntos X e Y é um conjunto de pares ordenados, cada um da forma (x, y), em que x é um elemento de X e y é um elemento de Y. Uma **função** de X em Y é uma relação entre X e Y que tem a propriedade de que todos os pares ordenados com o mesmo valor de x também tenham o mesmo valor de y. A variável x é a **variável independente**, e a variável y é a **variável dependente**.

Muitas situações da vida real podem ser modeladas por funções. Por exemplo, a área A de um círculo é uma função do raio r do círculo.

$$A = \pi r^2 \qquad \text{A é uma função de } r$$

Nesse caso, r é a variável independente e A é a variável dependente.

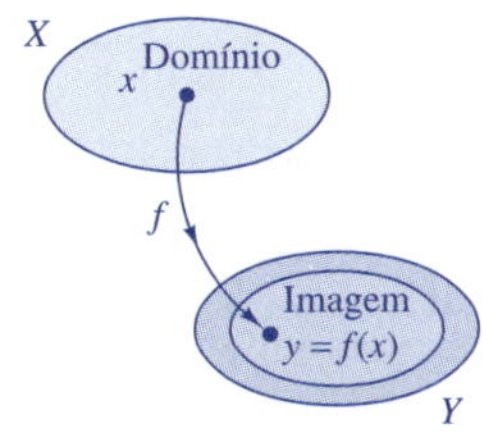

Uma função real f de uma variável real.
Figura P.22

Definição de uma Função Real de uma Variável Real

Sejam X e Y conjuntos de números reais. Uma **função real f de uma variável real x** de X em Y é uma correspondência que associa a cada número x em X exatamente um número y em Y.

O **domínio** de f é o conjunto X. O número y é a **imagem** de x por f e é representado por $f(x)$, que é chamado de **valor de f em x**. A **imagem** de f é um subconjunto de Y que consiste em todas as imagens dos números em X (veja a Figura P.22).

As funções podem ser apresentadas de vários modos. Neste livro, no entanto, nos concentraremos principalmente em funções que são dadas por equações envolvendo as variáveis dependentes e independentes. Por exemplo, a equação:

$$x^2 + 2y = 1 \qquad \text{Equação na forma implícita}$$

define y, a variável dependente, como uma função de x, a variável independente. Para **calcular o valor** dessa função (isto é, para encontrar o valor de y que corresponde a um dado valor de x), é conveniente isolar y no lado esquerdo da equação.

$$y = \frac{1}{2}(1 - x^2) \qquad \text{Equação na forma explícita}$$

Usando f como o nome da função, você pode escrever esta equação como

$$f(x) = \frac{1}{2}(1 - x^2) \qquad \text{Notação de função}$$

A equação original, $x^2 + 2y = 1$, define **implicitamente** y como uma função de x. Quando você resolve a equação para y, está escrevendo a equação na forma **explícita**.

A notação de função tem a vantagem de identificar claramente a variável dependente como $f(x)$ e, ao mesmo tempo, diz-nos que x é a variável independente e que a função é "f". O símbolo $f(x)$ é lido "f de x". A notação de função permite que sejamos menos prolixos. Em vez de perguntar "Qual é o valor de y que corresponde a $x = 3$?", você pode perguntar "Quanto é $f(3)$?"

Na equação que define uma função, o papel da variável x é simplesmente de guardadora de lugar. Por exemplo, a função dada por

$$f(x) = 2x^2 - 4x + 1$$

pode ser descrita na forma

$$f(\quad) = 2(\quad)^2 - 4(\quad) + 1$$

onde os parênteses são usados em vez de x. Para calcular o valor de $f(-2)$, simplesmente coloque -2 em cada conjunto de parênteses.

$$\begin{aligned} f(-2) &= 2(-2)^2 - 4(-2) + 1 && \text{Substitua } x \text{ por } -2 \\ &= 2(4) + 8 + 1 && \text{Simplifique} \\ &= 17 && \text{Simplifique} \end{aligned}$$

OBSERVAÇÃO Embora f seja freqüentemente usada como um nome de função conveniente, e x como a variável independente, você pode usar outros símbolos. Por exemplo, todas as equações abaixo definem a mesma função:

$$f(x) = x^2 - 4x + 7 \qquad \text{O nome da função é } f\text{, a variável independente é } x$$

$$f(t) = t^2 - 4t + 7 \qquad \text{O nome da função é } f\text{, a variável independente é } t$$

$$g(s) = s^2 - 4s + 7 \qquad \text{O nome da função é } g\text{, a variável independente é } s$$

NOTAÇÃO DE FUNÇÃO

A palavra *função* foi utilizada pela primeira vez por Gottfried Wilhelm Leibniz em 1694 como um termo que representava qualquer quantidade associada a uma curva, como as coordenadas de um ponto na curva ou a inclinação da curva. Quarenta anos mais tarde, Leonhard Euler utilizou a palavra "função" para descrever qualquer expressão contendo uma variável e algumas constantes. Ele introduziu a notação $y = f(x)$.

EXEMPLO 1 Calculando o Valor de uma Função

Para a função f definida por $f(x) = x^2 + 7$, calcule o valor da expressão.

a. $f(3a)$ **b.** $f(b - 1)$ **c.** $\dfrac{f(x + \Delta x) - f(x)}{\Delta x}$, $\Delta x \neq 0$

Solução

a. $f(3a) = (3a)^2 + 7$ — Substitua x por $3a$

$= 9a^2 + 7$ — Simplifique

b. $f(b - 1) = (b - 1)^2 + 7$ — Substitua x por $b - 1$

$= b^2 - 2b + 1 + 7$ — Abra o binomial

$= b^2 - 2b + 8$ — Simplifique

c.
$$\frac{f(x + \Delta x) - f(x)}{\Delta x} = \frac{[(x + \Delta x)^2 + 7] - (x^2 + 7)}{\Delta x}$$
$$= \frac{x^2 + 2x\Delta x + (\Delta x)^2 + 7 - x^2 - 7}{\Delta x}$$
$$= \frac{2x\Delta x + (\Delta x)^2}{\Delta x}$$
$$= \frac{\cancel{\Delta x}(2x + \Delta x)}{\cancel{\Delta x}}$$
$$= 2x + \Delta x, \qquad \Delta x \neq 0$$

DICA Em Cálculo, é importante identificar claramente o domínio de uma função ou expressão. Por exemplo, no Exemplo 1(c) as duas expressões

$$\frac{f(x + \Delta x) - f(x)}{\Delta x} \text{ e } 2x + \Delta x,$$
$\Delta x \neq 0$

são equivalentes, pois $\Delta x = 0$ é excluído do domínio da expressão. Sem explicitar a restrição do domínio, as duas expressões não seriam equivalentes.

OBSERVAÇÃO A expressão no Exemplo 1(c) é chamada de *quociente de diferença* e tem um especial significado em cálculo. Você aprenderá mais disso no Capítulo 2.

O Domínio e a Imagem de uma Função

O domínio de uma função pode ser descrito explicitamente, ou pode ser descrito *implicitamente* por uma equação utilizada para definir a função. O domínio implícito é o conjunto de todos os números reais para os quais a função é definida, enquanto um domínio definido explicitamente é aquele que é fornecido junto com a função. Por exemplo, a função dada por

$$f(x) = \frac{1}{x^2 - 4}, \qquad 4 \leq x \leq 5$$

tem um domínio definido explicitamente dado por $\{x\colon\ 4 \leq x \leq 5\}$. Por outro lado, a função dada por

$$g(x) = \frac{1}{x^2 - 4}$$

tem um domínio implícito que é o conjunto $\{x\colon\ x \neq \pm 2\}$.

EXEMPLO 2 Encontrando o Domínio e a Imagem de uma Função

a. O domínio da função

$$f(x) = \sqrt{x - 1}$$

é o conjunto de todos os valores de x para os quais $x - 1 \geq 0$, que é o intervalo $[1, \infty)$. Para encontrar a imagem observe que $f(x) = \sqrt{x - 1}$ nunca é negativa. Assim, a imagem é o intervalo $[0, \infty)$, como indicado na Figura P.23(b).

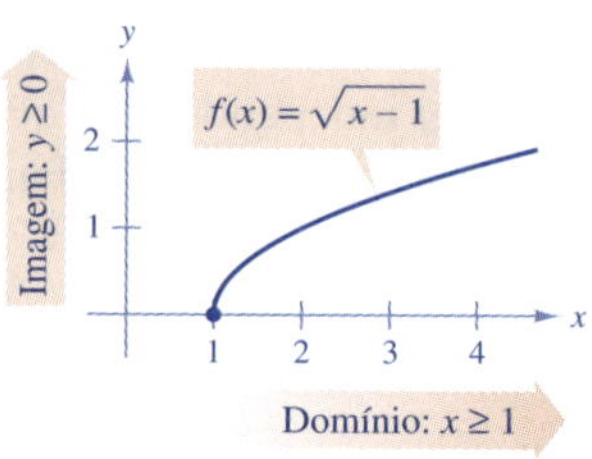

(a) O domínio de f é $[1, \infty)$ e a imagem é $[0, \infty)$.

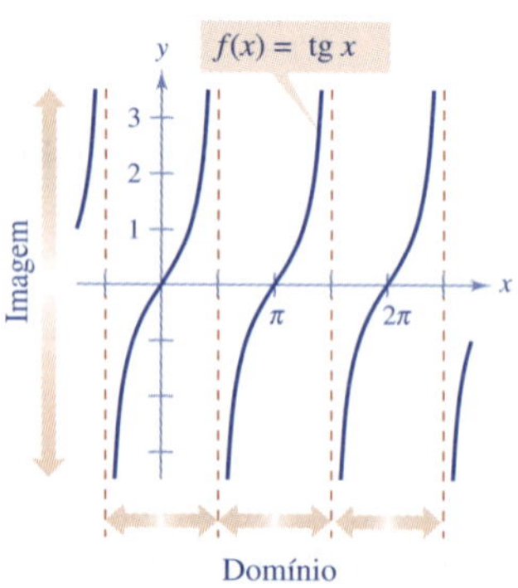

(b) O domínio de f é todo valor de x, tal que $x \neq \dfrac{\pi}{2} + n\pi$ e a imagem é $(-\infty, \infty)$.

Figura P.23

b. O domínio da função tangente, como visto na Figura P.23(b),

$$f(x) = \operatorname{tg} x$$

é o conjunto de todos os valores de x tais que:

$$x \neq \frac{\pi}{2} + n\pi, \qquad n \text{ inteiro.}$$ Domínio da função tangente

A imagem desta função é o conjunto de todos os números reais.

EXEMPLO 3 Uma Função Definida por Mais de uma Equação

Determine o domínio e a imagem da função:

$$f(x) = \begin{cases} 1 - x, & \text{se } x < 1 \\ \sqrt{x - 1}, & \text{se } x \geq 1 \end{cases}$$

Solução Como f é definida para $x < 1$ e $x \geq 1$, o domínio é o conjunto dos números reais. Na parte do domínio para o qual $x \geq 1$, a função comporta-se como no Exemplo 2(a). Para $x < 1$, os valores de $1 - x$ são positivos. Assim, a imagem da função é o intervalo $[0, \infty)$ (veja a Figura P.24).

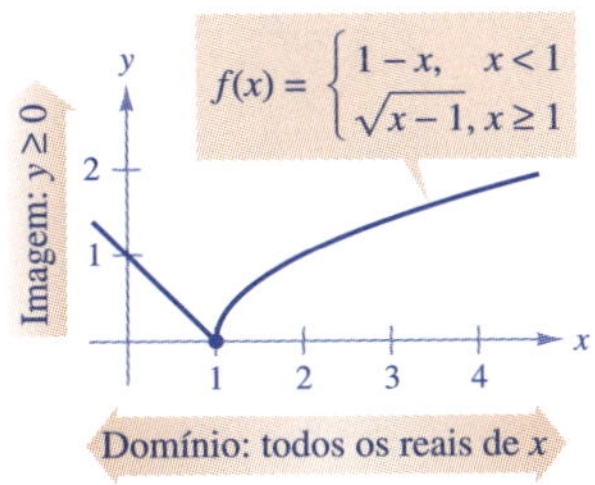

O domínio de f é $(-\infty, \infty)$ e a imagem é $[0, \infty)$.
Figura P.24

Uma função de X em Y é **injetora** se para cada valor de y na imagem corresponde exatamente um valor de x no domínio. Por exemplo, a função dada no Exemplo 2(a) é injetora, enquanto a função dada nos Exemplos 2(b) e 3 não são injetoras. A função de X em Y é chamada de **sobrejetora** se sua imagem consiste de todo o Y.

O Gráfico de uma Função

O gráfico da função $y = f(x)$ consiste de todos os pontos $(x, f(x))$, onde x está no domínio de f. Na Figura P.25, observe que

$$x = \text{distância direcionada do eixo } y$$
$$f(x) = \text{distância direcionada do eixo } x$$

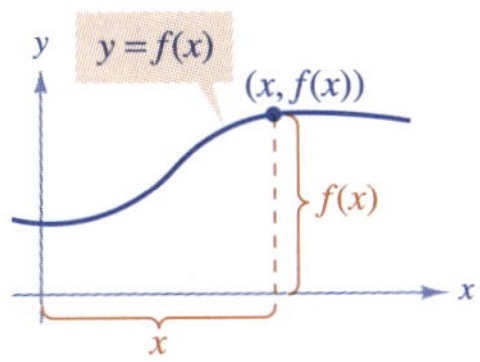

O gr áfico de uma fun ção.
Figura P.25

Uma reta vertical pode interceptar o gráfico de uma função de x no máximo *uma vez*. Essa observação possibilita um conveniente teste visual, chamado de **Teste da Vertical**, para funções de x. Isto é, um gráfico no plano coordenado é um gráfico de um função f se e somente se nenhuma reta vertical intercepta o gráfico em mais de um ponto. Por exemplo, na Figura P.26(a), você pode ver que o gráfico não define y como uma função de x, pois uma reta vertical interceptar o gráfico duas vezes, enquanto na Figura P.26(b) e (c), o gráfico realmente define y como função de x.

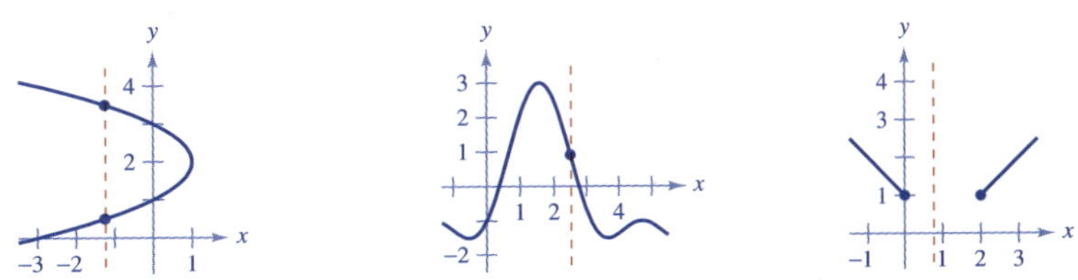

(a) Não é uma função de x. **(b)** É uma função de x. **(c)** É uma função de x.
Figura P.26

A Figura P.27 mostra o gráfico de oito funções básicas. Esperamos que você seja capaz de reconhecer estes gráficos.

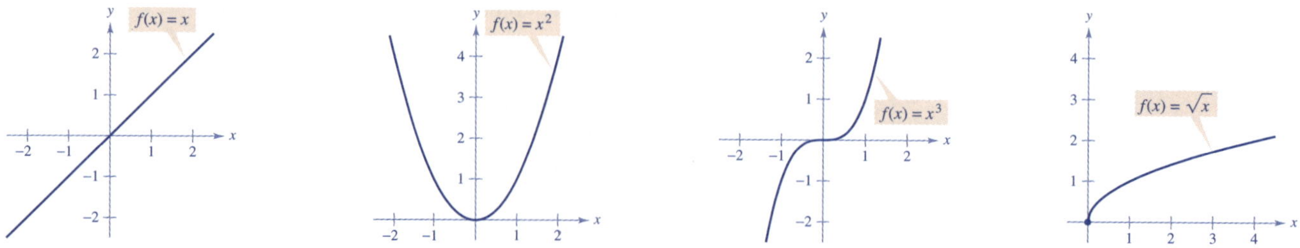

Função identidade | Função quadrática | Função cúbica | Função raiz quadrada

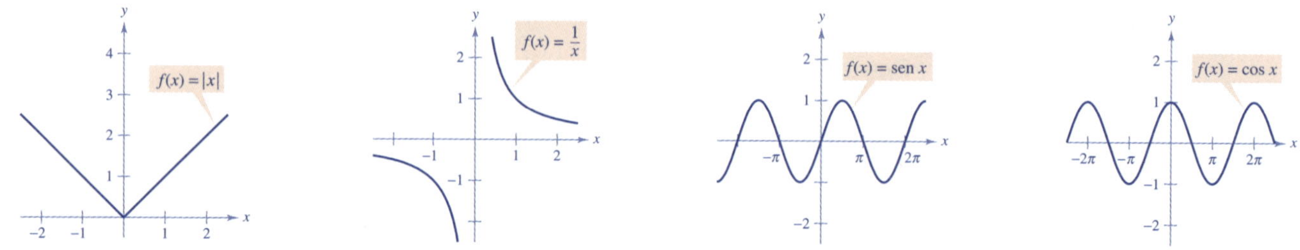

Função valor absoluto | Função racional | Função seno | Função cosseno

Os gráficos de oito funções básicas.
Figura P.27

Transformações de Funções

Algumas famílias de gráficos têm a mesma forma básica. Por exemplo, compare o gráfico de $y = x^2$ com os gráficos de quatro outras funções quadráticas vistas na Figura P.28.

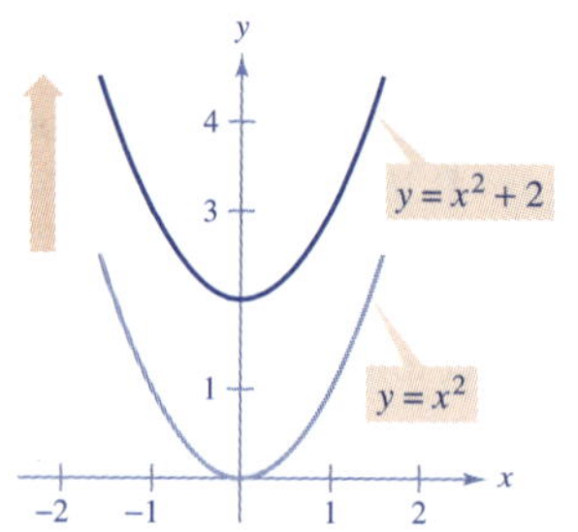

(a) Deslocamento vertical para cima.

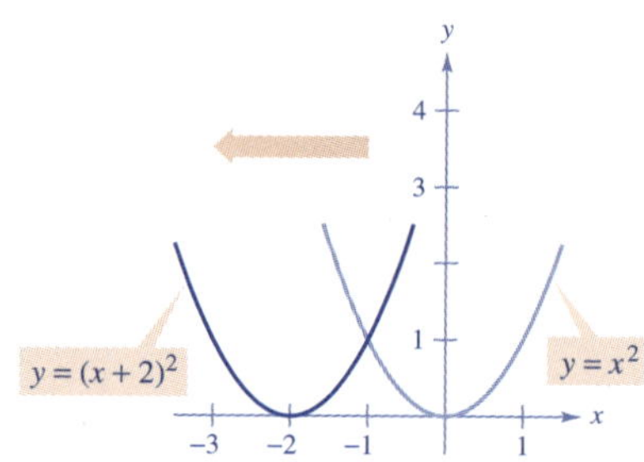

(b) Deslocamento horizontal para a esquerda.

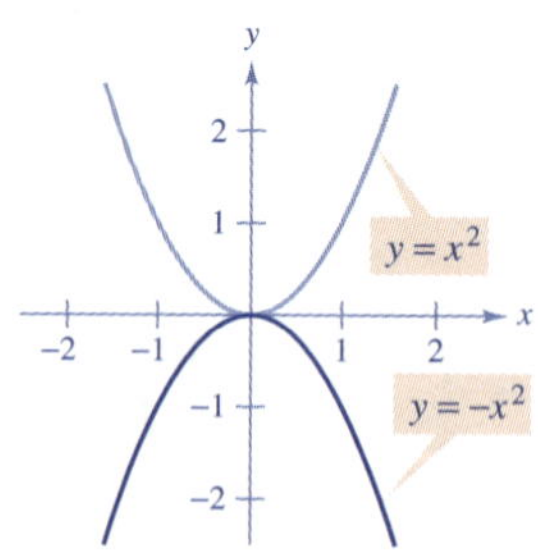

(c) Reflexão.

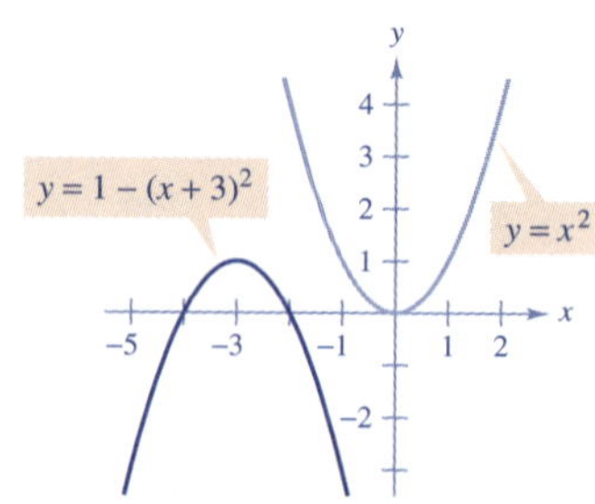

(d) Deslocamento para a esquerda, reflexão, e deslocamento para cima.

Figura P.28

Cada um dos gráficos na Figura P.28 é uma **transformação** do gráfico de $y = x^2$. Os três tipos básicos de transformações ilustrados por estes gráficos são deslocamentos verticais, deslocamentos horizontais e reflexões. A notação de função se presta bem para descrever transformações de gráficos no plano. Por exemplo, se $f(x) = x^2$

INVESTIGAÇÃO

Escrevendo Equações para Funções Cada uma das telas, ou janelas, da ferramenta gráfica abaixo mostra o gráfico de uma das oito funções básicas vistas acima. Cada janela também mostra uma transformação do gráfico. Descreva a transformação. Depois, use sua descrição para escrever uma equação para a transformação.

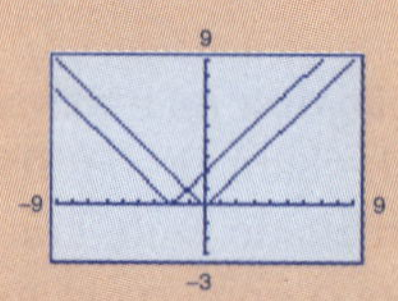

a.

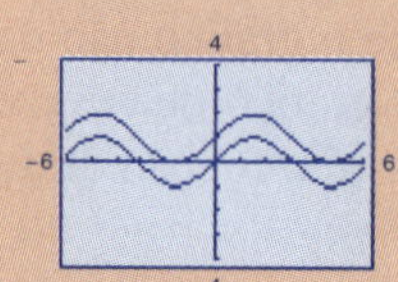

b.

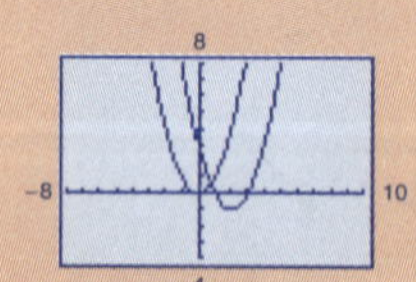

c.

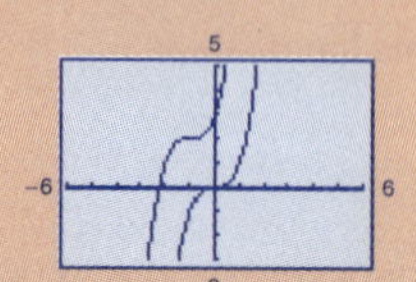

d.

é considerada a função original na Figura P.28, as transformações vistas podem ser representadas pelas seguintes equações:

$y = f(x) + 2$	Deslocamento vertical de 2 unidades para cima
$y = f(x + 2)$	Deslocamento horizontal de 2 unidades para a esquerda
$y = -f(x)$	Reflexão em torno do eixo x
$y = -f(x + 3) + 1$	Deslocamento de 3 unidades para a esquerda, reflexão em torno do eixo e deslocamento de 1 unidade para cima

Tipos Básicos de Transformações ($c > 0$)

Gráfico original:	$y = f(x)$
Deslocamento horizontal de c unidades para a **direita**:	$y = f(x - c)$
Deslocamento horizontal de c unidades para a **esquerda**:	$y = f(x + c)$
Deslocamento vertical de c unidades para **baixo**:	$y = f(x) - c$
Deslocamento vertical de c unidades para **cima**:	$y = f(x) + c$
Reflexão (em torno do eixo x):	$y = -f(x)$
Reflexão (em torno do eixo y):	$y = f(-x)$
Reflexão (em torno da origem):	$y = -f(-x)$

Classificações e Combinações de Funções

Bettmann/Corbis

LEONHARD EULER (1707-1783)

Além de ter feito contribuições importantes em quase todos os ramos da matemática, Euler foi um dos primeiros a aplicar o cálculo a problemas da vida real em física. Seus extensos escritos publicados incluíam tópicos como construção de navios, acústica, ótica, astronomia, mecânica e magnetismo.

A noção moderna de função deriva dos esforços de muitos matemáticos dos séculos XVII e XVIII. Particularmente notável foi Leonhard Euler, a quem devemos a notação da função $y = f(x)$. Ao final do século XVIII, matemáticos e cientistas concluíram que muitos fenômenos da vida real poderiam ser representados por modelos matemáticos obtidos em uma coleção de funções chamadas de **funções elementares**. Funções elementares dividem-se em três categorias:

1. Funções algébricas (polinomiais, radicais, racionais)
2. Funções trigonométricas (seno, cosseno, tangente e assim por diante)
3. Funções exponenciais e logarítmicas.

Outras funções não algébricas, como as funções trigonométricas inversas e as funções exponenciais e logarítmicas, serão introduzidas no Capítulo 5.

O tipo mais comum de função algébrica é a **função polinomial**

$$f(x) = a_n x^n + a_{n-1}x^{n-1} + \cdot \cdot \cdot + a_2 x^2 + a_1 x + a_0, \qquad a_n \neq 0$$

onde o inteiro positivo n é o **grau** da função polinomial. As constantes a_i são **coeficientes**, com a_n sendo o **coeficiente principal** e a_0 o **termo constante** da função polinomial. É prática comum utilizar notação subscrita para coeficientes de uma função polinomial geral, mas, para funções polinomiais de grau baixo, as seguintes formas mais simples são freqüentemente utilizadas:

Grau zero:	$f(x) = a$	Função constante
Primeiro grau:	$f(x) = ax + b$	Função linear
Segundo grau:	$f(x) = ax^2 + bx + c$	Função quadrática
Terceiro grau:	$f(x) = ax^3 + bx^2 + cx + d$	Função cúbica

PARA MAIS INFORMAÇÃO
Para saber mais sobre a história do conceito de função, veja o artigo "Evolution of the Function Concept: a Brief Survey", de Israel Kleiner, em *The College Mathematical Journal*; ou consulte-o no endereço *www.matharticles.com.*

Embora o gráfico de uma função polinomial não constante possa ter diversas voltas, com certeza o gráfico crescerá ou decrescerá sem limite conforme x se desloque para a direita ou para a esquerda. Se o gráfico de

$$f(x) = a_n x^n + a_{n-1}x^{n-1} + \cdot \cdot \cdot + a_2 x^2 + a_1 x + a_0$$

irá eventualmente para cima ou para baixo, pode ser determinado pelo grau da função (ímpar ou par) e pelo coeficiente dominante a_n, como indicado na Figura P.29. Observe que os trechos pontilhados dos gráficos indicam que o **Teste do Coeficiente Dominante** determina *apenas* o comportamento nas partes esquerda e direita do gráfico.

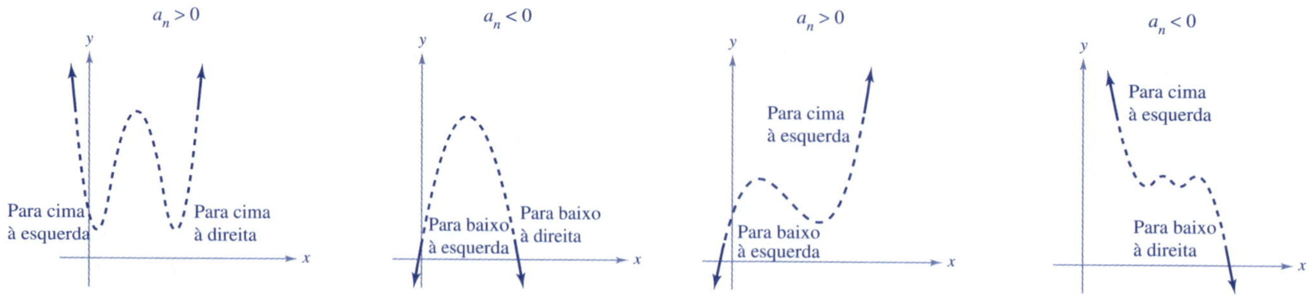

Gráficos de funções polinomiais de grau par

Gráficos de funções polinomiais de grau ímpar

O Teste do Coeficiente Dominante para funções polinomiais.
Figura P.29

Assim como um número racional pode ser escrito como quociente de dois inteiros, uma **função racional** pode ser escrita como o quociente de dois polinômios. Especificamente, uma função f é racional se tem a forma

$$f(x) = \frac{p(x)}{q(x)}, \quad q(x) \neq 0$$

onde $p(x)$ e $q(x)$ são polinômios.

Funções polinomiais e funções racionais são exemplos de **funções algébricas**. Uma função algébrica de x é aquela que pode ser expressa como um número finito de somas, diferenças, múltiplos, quocientes e radicais envolvendo x^n. Por exemplo, $f(x) = \sqrt{x+1}$ é algébrica. Funções que não são algébricas são **transcendentais**. Por exemplo, as funções trigonométricas são transcendentais.

Duas funções podem ser combinadas de várias formas para criar novas funções. Por exemplo, dados $f(x) = 2x - 3$ e $g(x) = x^2 + 1$, você pode formar as seguintes funções

$$(f + g)(x) = f(x) + g(x) = (2x - 3) + (x^2 + 1) \qquad \text{Soma}$$

$$(f - g)(x) = f(x) - g(x) = (2x - 3) - (x^2 + 1) \qquad \text{Diferença}$$

$$(fg)(x) = f(x)g(x) = (2x - 3)(x^2 + 1) \qquad \text{Produto}$$

$$(f/g)(x) = \frac{f(x)}{g(x)} = \frac{2x - 3}{x^2 + 1} \qquad \text{Quociente}$$

Você pode combinar duas funções ainda de outra forma, chamada de **composição**. A função resultante é chamada de **função composta**.

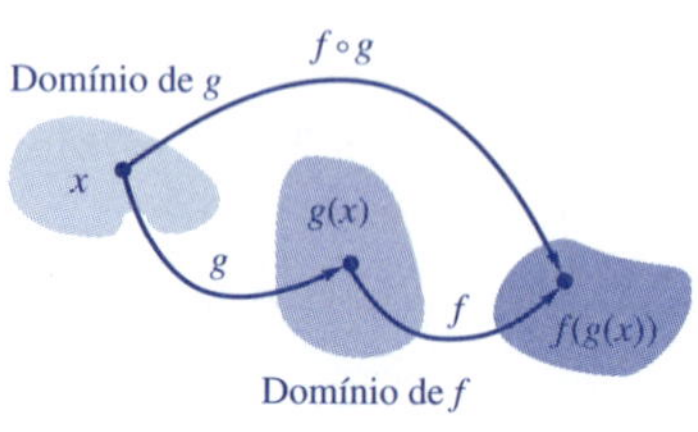

O domínio da função composta $f \circ g$.
Figura P.30

Definição de Função Composta

Sejam f e g funções. A função dada por $(f \circ g)(x) = f(g(x))$ é chamada de **composta** de f com g. O domínio de $f \circ g$ é o conjunto de todo x no domínio de g, tal que $g(x)$ esteja no domínio de f (veja a Figura P.30).

A função composta de f com g pode não ser igual à função composta de g com f.

EXEMPLO 4 Encontrando Funções Compostas

Dadas $f(x) = 2x - 3$ e $g(x) = \cos x$, encontre cada função composta:

a. $f \circ g$ **b.** $g \circ f$

Solução

a.
$$\begin{aligned}(f \circ g)(x) &= f(g(x)) && \text{Definição de } f \circ g\\ &= f(\cos x) && \text{Substitua } g(x) \text{ por } \cos x\\ &= 2(\cos x) - 3 && \text{Definição de } f(x)\\ &= 2\cos x - 3 && \text{Simplifique}\end{aligned}$$

b.
$$\begin{aligned}(g \circ f)(x) &= g(f(x)) && \text{Definição de } g \circ f\\ &= g(2x - 3) && \text{Substitua } f(x) \text{ por } 2x-3\\ &= \cos(2x - 3) && \text{Definição de } g(x)\end{aligned}$$

Observe que $(f \circ g)(x) \neq (g \circ f)(x)$.

INVESTIGAÇÃO

Use uma ferramenta gráfica para desenhar o gráfico da função. Determine se a função é *par*, *ímpar* ou *nenhum dos dois*.

$f(x) = x^2 - x^4$

$g(x) = 2x^3 + 1$

$h(x) = x^5 - 2x^3 + x$

$j(x) = 2 - x^6 - x^8$

$k(x) = x^5 - 2x^4 + x - 2$

$p(x) = x^9 + 3x^5 - x^3 + x$

Descreva uma forma de identificar uma função como ímpar ou par estudando a equação.

Na Seção P.1, uma intersecção com o eixo x de um gráfico foi definida como um ponto (a, 0) no qual o gráfico cruza o eixo x. Se o gráfico representa uma função f, o número a é um **zero** de f. Em outras palavras, *os zeros de uma função f são as soluções da equação $f(x) = 0$*. Por exemplo, a função $f(x) = x - 4$ tem um zero em $x = 4$ porque $f(4) = 0$.

Na Seção P.1 você também estudou diferentes tipos de simetria. Na terminologia das funções, uma função é **par** se seu gráfico é simétrico em relação ao eixo y, e é **ímpar** se seu gráfico é simétrico em relação à origem. O teste da simetria na Seção P.1 produz o teste seguinte para funções pares e ímpares.

Teste para Funções Pares e Ímpares

A função $y = f(x)$ é **par** se $f(-x) = f(x)$.

A função $y = f(x)$ é **ímpar** se $f(-x) = -f(x)$.

OBSERVAÇÃO Exceto para a função constante $f(x) = 0$, o gráfico de uma função de x não pode ter simetria com relação ao eixo x, pois então ela não passaria no Teste da Vertical para o gráfico da função.

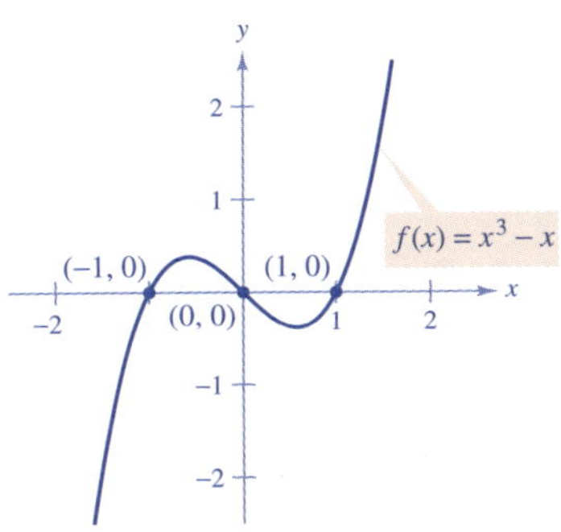

(a) Função ímpar.

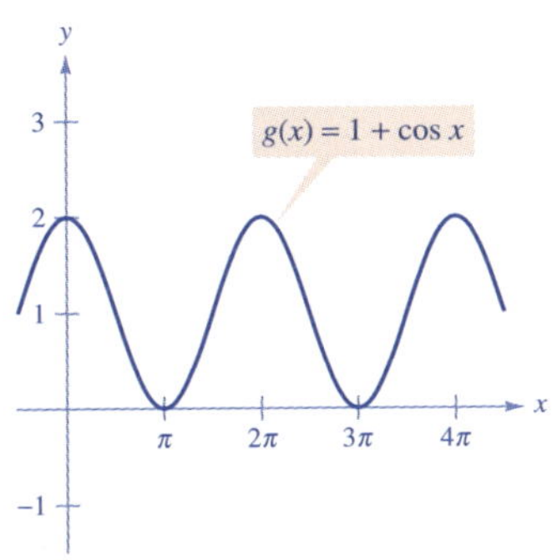

(b) Função par.

Figura P.31

EXEMPLO 5 Funções Pares e Ímpares e Zeros de Funções

Determine se cada função é par, ímpar, ou nenhum dos dois. Em seguida, encontre os zeros da função.

a. $f(x) = x^3 - x$ **b.** $g(x) = 1 + \cos x$

Solução

a. Essa função é ímpar, pois

$$f(-x) = (-x)^3 - (-x) = -x^3 + x = -(x^3 - x) = -f(x).$$

Os zeros de f podem ser encontrados como segue:

$$\begin{aligned}x^3 - x &= 0 && \text{Faça } f(x) = 0\\ x(x^2 - 1) = x(x-1)(x+1) &= 0 && \text{Fatore}\\ x &= 0, 1, -1 && \text{Zeros de } f\end{aligned}$$

Veja a Figura P.31(a).

b. Essa função é par, pois

$$g(-x) = 1 + \cos(-x) = 1 + \cos x = g(x).$$ $\cos(-x) = \cos(x)$

Os zeros de g podem ser encontrados como segue:

$1 + \cos x = 0$ — Faça $g(x) = 0$

$\cos x = -1$ — Subtraia 1 de cada lado

$x = (2n + 1)\pi$, n é um inteiro. — Zeros de g

Veja a Figura P.31(b).

OBSERVAÇÃO Cada função no Exemplo 5 é par ou ímpar. No entanto, algumas funções, como $f(x) = x^2 + x + 1$, não são nem pares nem ímpares.

Exercícios da Seção P.3

Nos Exercícios 1 e 2, use os gráficos de f e g para responder o seguinte:

(a) Identifique os domínios e imagens de f e g.

(b) Identifique $f(-2)$ e $g(3)$.

(c) Para que valor(es) de x temos $f(x) = g(x)$?

(d) Estime as soluções de $f(x) = 2$.

(e) Estime as soluções de $g(x) = 0$.

1.

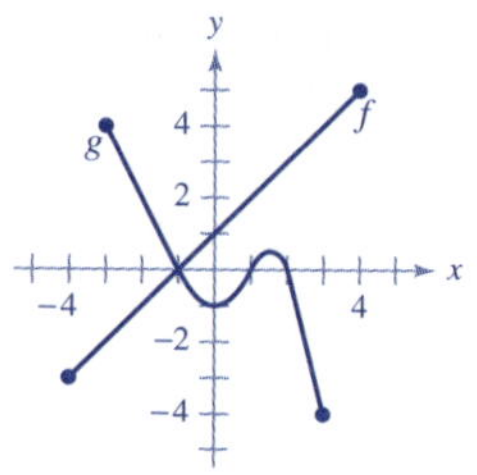

2.

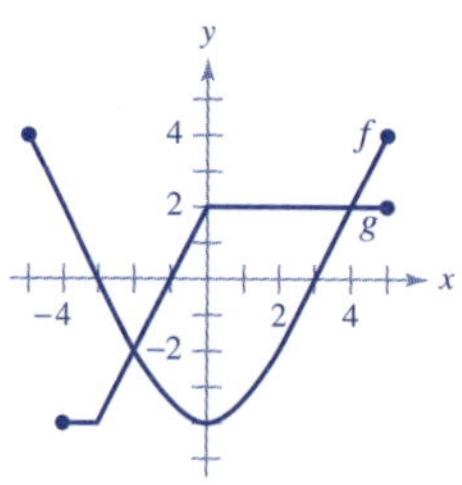

Nos Exercícios 3 a 12, calcule o valor (se possível) da função para os valores dados da variável independente. Simplifique os resultados.

3. $f(x) = 2x - 3$
(a) $f(0)$
(b) $f(-3)$
(c) $f(b)$
(d) $f(x - 1)$

4. $f(x) = \sqrt{x + 3}$
(a) $f(-2)$
(b) $f(6)$
(c) $f(-5)$
(d) $f(x + \Delta x)$

5. $g(x) = 3 - x^2$
(a) $g(0)$
(b) $g(\sqrt{3})$
(c) $g(-2)$
(d) $g(t - 1)$

6. $g(x) = x^2(x - 4)$
(a) $g(4)$
(b) $g(\frac{3}{2})$
(c) $g(c)$
(d) $g(t + 4)$

7. $f(x) = \cos 2x$
(a) $f(0)$
(b) $f(-\pi/4)$
(c) $f(\pi/3)$

8. $f(x) = \operatorname{sen} x$
(a) $f(\pi)$
(b) $f(5\pi/4)$
(c) $f(2\pi/3)$

9. $f(x) = x^3$
$$\frac{f(x + \Delta x) - f(x)}{\Delta x}$$

10. $f(x) = 3x - 1$
$$\frac{f(x) - f(1)}{x - 1}$$

11. $f(x) = \dfrac{1}{\sqrt{x - 1}}$
$$\frac{f(x) - f(2)}{x - 2}$$

12. $f(x) = x^3 - x$
$$\frac{f(x) - f(1)}{x - 1}$$

Nos Exercícios 13 a 18, encontre o domínio e a imagem da função.

13. $h(x) = -\sqrt{x + 3}$

14. $g(x) = x^2 - 5$

15. $f(t) = \sec \dfrac{\pi t}{4}$

16. $h(t) = \operatorname{cotg} t$

17. $f(x) = \dfrac{1}{x}$

18. $g(x) = \dfrac{2}{x - 1}$

Nos Exercícios 19 a 24, encontre o domínio da função.

19. $f(x) = \sqrt{x} + \sqrt{1 - x}$

20. $f(x) = \sqrt{x^2 - 3x + 2}$

21. $g(x) = \dfrac{2}{1 - \cos x}$

22. $h(x) = \dfrac{1}{\operatorname{sen} x - \frac{1}{2}}$

23. $f(x) = \dfrac{1}{|x + 3|}$

24. $g(x) = \dfrac{1}{|x^2 - 4|}$

Nos Exercícios 25 a 28, calcule o valor da função como indicado. Determine seu domínio e imagem.

25. $f(x) = \begin{cases} 2x + 1, & x < 0 \\ 2x + 2, & x \geq 0 \end{cases}$

(a) $f(-1)$ (b) $f(0)$ (c) $f(2)$ (d) $f(t^2 + 1)$

26. $f(x) = \begin{cases} x^2 + 2, & x \leq 1 \\ 2x^2 + 2, & x > 1 \end{cases}$

(a) $f(-2)$ (b) $f(0)$ (c) $f(1)$ (d) $f(s^2 + 2)$

27. $f(x) = \begin{cases} |x| + 1, & x < 1 \\ -x + 1, & x \geq 1 \end{cases}$

(a) $f(-3)$ (b) $f(1)$ (c) $f(3)$ (d) $f(b^2 + 1)$

28. $f(x) = \begin{cases} \sqrt{x + 4}, & x \leq 5 \\ (x - 5)^2, & x > 5 \end{cases}$

(a) $f(-3)$ (b) $f(0)$ (c) $f(5)$ (d) $f(10)$

Nos Exercícios 29 a 36, esboce o gráfico da função e encontre seu domínio e imagem. Use uma ferramenta gráfica para conferir seu gráfico.

29. $f(x) = 4 - x$

30. $g(x) = \dfrac{4}{x}$

31. $h(x) = \sqrt{x - 1}$

32. $f(x) = \frac{1}{2}x^3 + 2$

33. $f(x) = \sqrt{9 - x^2}$

34. $f(x) = x + \sqrt{4 - x^2}$

35. $g(t) = 2 \text{ sen } \pi t$

36. $h(\theta) = -5 \cos \dfrac{\theta}{2}$

Questões Conceituais

37. O gráfico da distância que um aluno percorre em 10 minutos indo para a escola é visto na figura. Dê uma descrição verbal das características da ida do aluno à escola.

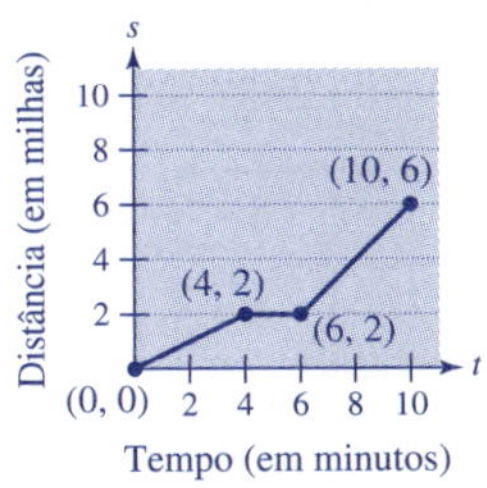

38. Um aluno que percorre 27 milhas para ir à faculdade percebe, após dirigir alguns minutos, que esqueceu o trabalho que tinha de entregar naquele dia. Dirigindo mais rápido que o usual, ele volta para casa, pega o trabalho, e uma vez mais se dirige à escola. Trace um possível gráfico da distância do aluno em relação à sua casa como uma função do tempo.

Nos Exercícios 39 a 42, use o Teste da Vertical para determinar se *y* é função de *x*. Para imprimir uma cópia ampliada dos gráficos, consulte *www.mathgraphs.com*.

39. $x - y^2 = 0$

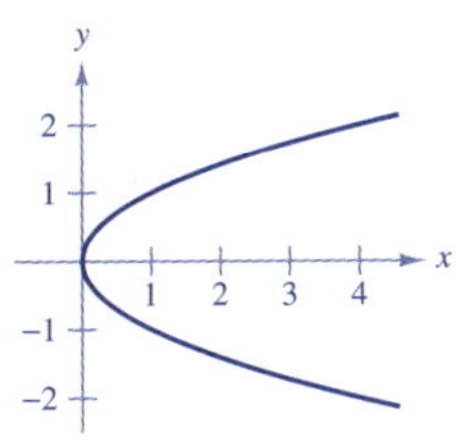

40. $\sqrt{x^2 - 4} - y = 0$

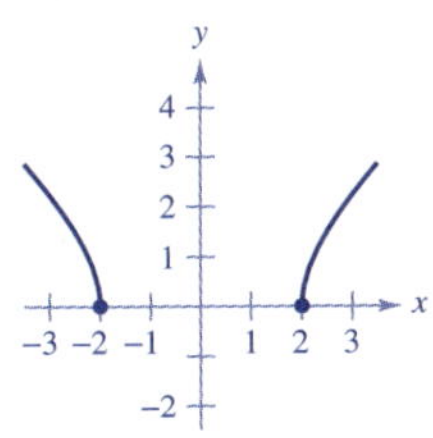

41. $y = \begin{cases} x + 1, & x \le 0 \\ -x + 2, & x > 0 \end{cases}$

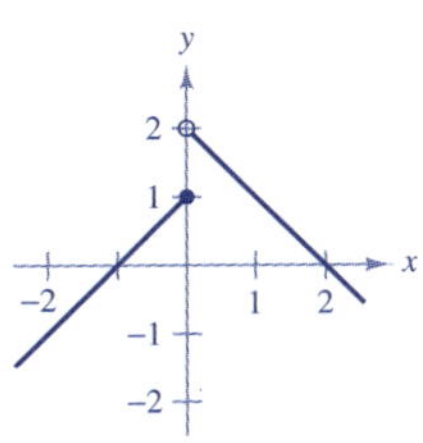

42. $x^2 + y^2 = 4$

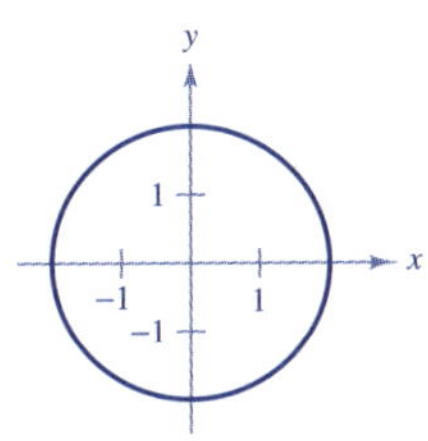

Nos Exercícios 43 a 46, determine se *y* é função de *x*.

43. $x^2 + y^2 = 4$

44. $x^2 + y = 4$

45. $y^2 = x^2 - 1$

46. $x^2y - x^2 + 4y = 0$

Nos Exercícios 47 a 52, use o gráfico de $y = f(x)$ para associar a função com seu gráfico.

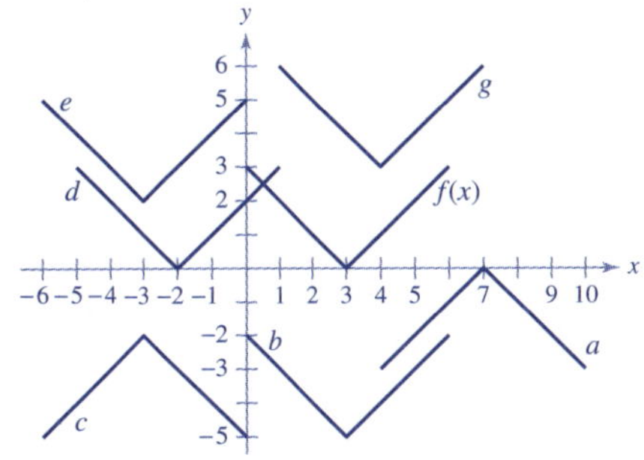

47. $y = f(x + 5)$

48. $y = f(x) - 5$

49. $y = -f(-x) - 2$

50. $y = -f(x - 4)$

51. $y = f(x + 6) + 2$

52. $y = f(x - 1) + 3$

53. Use o gráfico de f visto na figura para traçar o gráfico da função. Para imprimir uma cópia ampliada do gráfico, consulte *www.mathgraphs.com*.

(a) $f(x + 3)$ (b) $f(x - 1)$

(c) $f(x) + 2$ (d) $f(x) - 4$

(e) $3f(x)$ (f) $\frac{1}{4}f(x)$

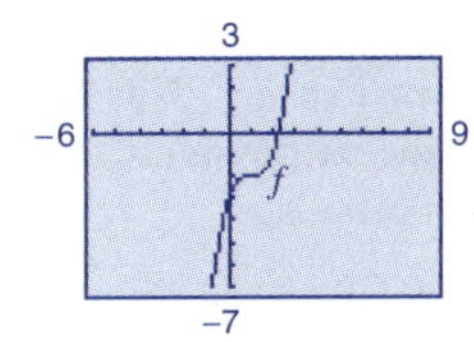

54. Use o gráfico de f visto na figura para traçar o gráfico da função. Para imprimir uma cópia ampliada do gráfico, consulte *www.mathgraphs.com*.

(a) $f(x - 4)$ (b) $f(x + 2)$

(c) $f(x) + 4$ (d) $f(x) - 1$

(e) $2f(x)$ (f) $\frac{1}{2}f(x)$

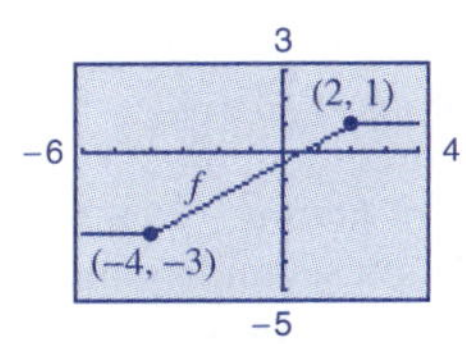

55. Use o gráfico de $f(x) = \sqrt{x}$ para esboçar o gráfico da função. Em cada caso, descreva a transformação.

(a) $y = \sqrt{x} + 2$ (b) $y = -\sqrt{x}$ (c) $y = \sqrt{x - 2}$

56. Especifique uma seqüência de transformações que produzirá cada gráfico de h a partir do gráfico da função $f(x) = \text{sen } x$.

(a) $h(x) = \text{sen}\left(x + \dfrac{\pi}{2}\right) + 1$ (b) $h(x) = -\text{sen}(x - 1)$

57. Dadas $f(x) = \sqrt{x}$ e $g(x) = x^2 - 1$, calcule o valor da expressão:

(a) $f(g(1))$ (b) $g(f(1))$ (c) $g(f(0))$

(d) $f(g(-4))$ (e) $f(g(x))$ (f) $g(f(x))$

58. Dadas $f(x) = \text{sen } x$ e $g(x) = \pi x$, calcule o valor da expressão:

(a) $f(g(2))$ (b) $f\left(g\left(\dfrac{1}{2}\right)\right)$ (c) $g(f(0))$

(d) $g\left(f\left(\dfrac{\pi}{4}\right)\right)$ (e) $f(g(x))$ (f) $g(f(x))$

Nos Exercícios 59 a 62, encontre as funções compostas $(f \circ g)$ e $(g \circ f)$. Qual é o domínio da função composta? As duas funções compostas são iguais?

59. $f(x) = x^2$
$g(x) = \sqrt{x}$

60. $f(x) = x^2 - 1$
$g(x) = \cos x$

61. $f(x) = \dfrac{3}{x}$
$g(x) = x^2 - 1$

62. $f(x) = \dfrac{1}{x}$
$g(x) = \sqrt{x+2}$

63. Use os gráficos de f e g para calcular o valor da expressão. Se o resultado for indefinido, explique por quê.

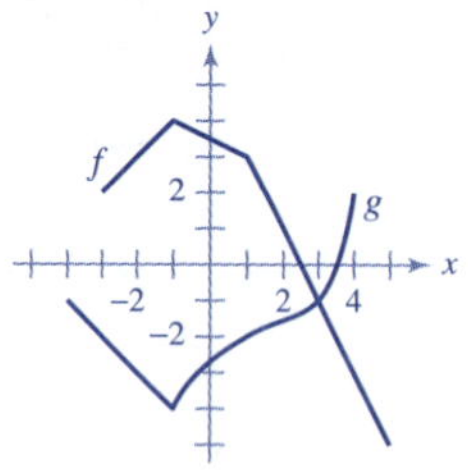

(a) $(f \circ g)(3)$ (b) $g(f(2))$
(c) $g(f(5))$ (d) $(f \circ g)(-3)$
(e) $(g \circ f)(-1)$ (f) $f(g(-1))$

64. ***Ondulações*** Uma pedra é jogada em um lago calmo, causando ondulações em forma de círculos concêntricos. O raio (em pés) do círculo mais externo é dado por $r(t) = 0{,}6t$, onde t é o tempo em segundos após a pedra bater na água. A área do círculo é dada pela função $A(r) = \pi r^2$. Encontre e interprete $(A \circ r)(t)$.

Para Pensar **Nos Exercícios 65 e 66, $F(x) = f \circ g \circ h$. Identifique as possíveis funções para f, g e h. (Há muitas respostas corretas.)**

65. $F(x) = \sqrt{2x - 2}$

66. $F(x) = -4\ \text{sen}(1 - x)$

Nos Exercícios 67 a 70, determine se a função é par, ímpar ou nenhum dos dois. Use uma ferramenta gráfica para conferir seu resultado.

67. $f(x) = x^2(4 - x^2)$

68. $f(x) = \sqrt[3]{x}$

69. $f(x) = x \cos x$

70. $f(x) = \text{sen}^2\, x$

Para Pensar **Nos Exercícios 71 e 72 encontre as coordenadas de um segundo ponto no gráfico da função f e se a função é (a) par e (b) ímpar.**

71. $\left(-\frac{3}{2}, 4\right)$

72. $(4, 9)$

73. Os gráficos de f, g e h são vistos na figura. Determine se cada função é par, ímpar ou nenhum dos dois.

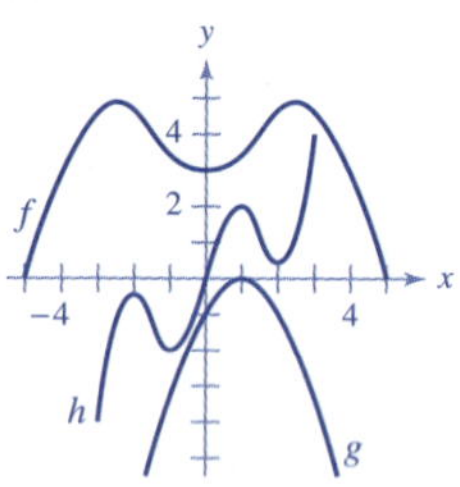

Figura do Exercício 73

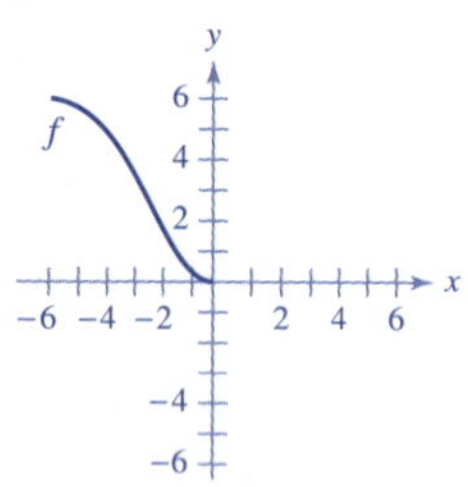

Figura do Exercício 74

74. O domínio da função f vista na figura é $-6 \le x \le 6$.

(a) Complete o gráfico de f dado que f é par.

(b) Complete o gráfico de f dado que f é ímpar.

Escrevendo Funções **Nos Exercícios 75 a 78, escreva uma equação para uma função que possui o gráfico dado.**

75. Segmento de reta conectando $(-4, 3)$ e $(0, -5)$.

76. Segmento de reta conectando $(1,2)$ e $(5,5)$.

77. A parte inferior da parábola $x + y^2 = 0$.

78. A parte inferior do círculo $x^2 + y^2 = 4$.

Modelando Dados **Nos Exercícios 79 a 82, associe os dados com uma função da seguinte lista:**

(i) $f(x) = cx$ **(ii)** $g(x) = cx^2$

(iii) $h(x) = c\sqrt{|x|}$ **(iv)** $r(x) = c/x$

Determine o valor da constante c para cada função, tal que a função esteja de acordo com os dados mostrados na tabela:

79.

x	-4	-1	0	1	4
y	-32	-2	0	-2	-32

80.

x	-4	-1	0	1	4
y	-1	$-\frac{1}{4}$	0	$\frac{1}{4}$	1

81.

x	-4	-1	0	1	4
y	-8	-32	Indef.	32	8

82.

x	-4	-1	0	1	4
y	6	3	0	3	6

83. ***Argumentação Gráfica*** Um termostato controlado eletronicamente está programado para abaixar a temperatura durante a noite automaticamente (veja a figura). A temperatura T em graus Celsius é dada em função de t, o tempo em horas, em um relógio de 24 horas.

(a) Estime o valor de $T(4)$ e $T(15)$.

(b) O termostato é reprogramado para obter uma temperatura $H(t) = T(t - 1)$. Como isso afeta a temperatura? Explique.

(c) O termostato é reprogramado para obter uma temperatura $H(t) = T(t) - 1$. Como isso afeta a temperatura? Explique.

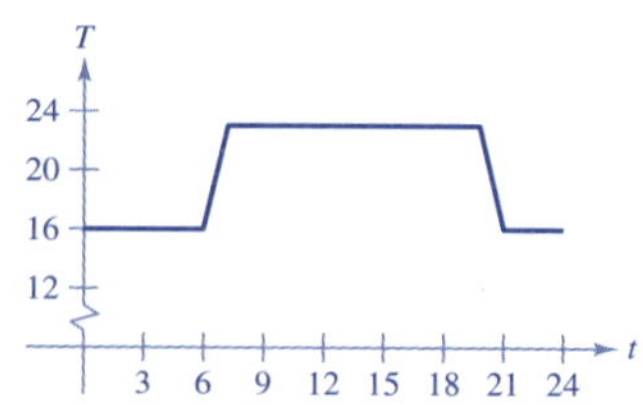

84. Água é derramada em um vaso de altura de 30 centímetros a uma taxa constante. O vaso é cheio após 5 segundos. Use esta informação e a forma do vaso (veja a figura na próxima página) para responder às perguntas a seguir, considerando que d é a profundidade da água em centímetros e t é o tempo em segundos.

(a) Explique por que d é uma função de t.

(b) Determine o domínio e a imagem da função.

(c) Esboce um possível gráfico da função.

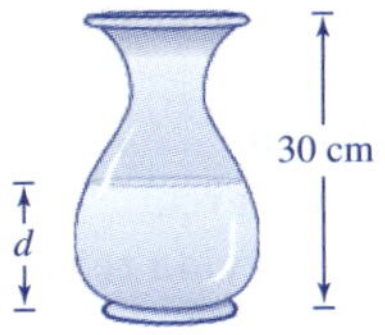

85. ***Modelando Dados*** A tabela mostra o número médio de acres por fazenda nos Estados Unidos em anos selecionados. (*Fonte: U.S. Depatment of Agriculture.*)

Ano	1950	1960	1970	1980	1990	2000
Área em Acres	213	297	374	426	460	434

(a) Marque os pontos dados num gráfico onde A é a área em acres e t é o tempo em anos, com $t = 0$ correspondendo a 1950. Esboce uma curva à mão livre que se aproxime dos dados.

(b) Use a curva da parte (a) para estimar o valor de $A(15)$.

86. ***Aerodinâmica de Automóveis*** A potência H em cavalos requerida para superar o arrasto do vento em um certo automóvel é aproximada por

$$H(x) = 0{,}002x^2 + 0{,}005x - 0{,}029 \qquad 10 \le x \le 100$$

onde x é a velocidade do carro em milhas por hora.

(a) Use uma ferramenta gráfica para desenhar o gráfico de H.

(b) Reescreva a função potência de modo que x represente a velocidade em quilômetros por hora. [Encontre $H(x/1.6)$.]

87. ***Para Pensar*** Escreva a função

$$f(x) = |x| + |x - 2|$$

sem usar sinais de valor absoluto.

88. ***Redação*** Use uma ferramenta gráfica para desenhar o gráfico das funções polinomiais $p_1(x) = x^3 - x + 1$ e $p_2(x) = x^3 - x$. Quantos zeros cada função tem? Existe uma polinomial cúbica que não tem zeros? Explique.

89. Prove que a função é ímpar.

$$f(x) = a_{2n+1}x^{2n+1} + \cdots + a_3x^3 + a_1x$$

90. Prove que a função é par.

$$f(x) = a_{2n}x^{2n} + a_{2n-2}x^{2n-2} + \cdots + a_2x^2 + a_0$$

91. Prove que o produto de duas funções pares (ou duas ímpares) é par.

92. Prove que o produto de uma função ímpar por uma função par é ímpar.

93. ***Volume*** Uma caixa aberta de volume máximo deve ser feita a partir de uma peça quadrada de material de 24 centímetros de lado cortando quadrados iguais nos cantos e dobrando os lados para cima (veja a figura).

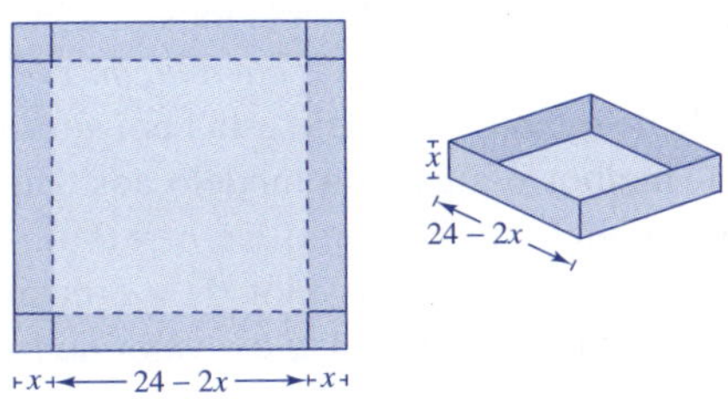

(a) Escreva o volume V como função de x, a medida do lado do quadrado nos cantos. Qual é o domínio da função?

(b) Use uma ferramenta gráfica para desenhar o gráfico da função volume e estimar as dimensões da caixa que produzem um volume máximo.

(c) Use a função *tabela* da ferramenta gráfica para conferir sua resposta na parte (b). (As primeiras duas colunas da tabela podem ser vistas abaixo.)

Altura, x	**Comprimento e largura**	**Volume, V**
1	$24 - 2(1)$	$1[24 - 2(1)]^2 = 484$
2	$24 - 2(2)$	$2[24 - 2(2)]^2 = 800$

94. ***Comprimento*** Um triângulo retângulo é formado no primeiro quadrante pelos eixos x e y e uma reta que passa pelo ponto (3,2) (veja a figura). Escreva o comprimento L da hipotenusa como uma função de x.

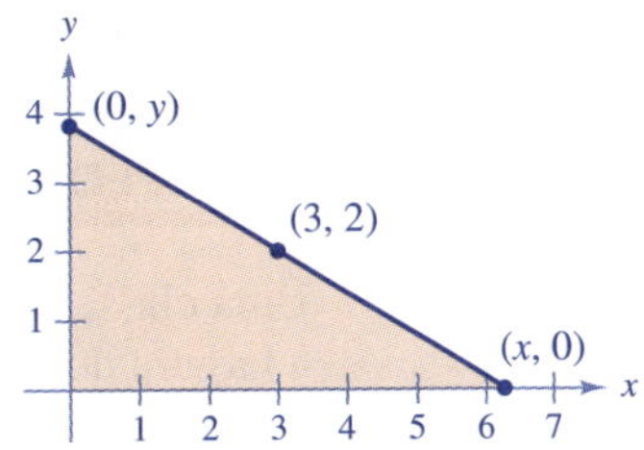

Verdadeiro ou Falso? **Nos Exercícios 95 a 98, determine se a afirmação é verdadeira ou falsa. Se for falsa, explique por que ou dê um exemplo mostreando que é falsa.**

95. Se $f(a) = f(b)$, então $a = b$.

96. Uma reta vertical pode interceptar o gráfico de uma função no máximo uma vez.

97. Se $f(x) = f(-x)$ para todo x no domínio de f, então o gráfico de f é simétrico em relação ao eixo y.

98. Se f é uma função, então $f(ax) = af(x)$.

Desafio Putnam[1]

99. Seja R a região formada pelos pontos (x, y) do plano cartesiano que satisfazem ambas $|x| - |y| \le 1$ e $|y| \le 1$. Esboce o gráfico da região R e encontre sua área.

100. Considere uma função polinomial $f(x)$ com coeficientes reais tendo a propriedade $f(g(x)) = g(f(x))$ para toda função polinomial $g(x)$ com coeficientes reais. Determine e prove a natureza de $f(x)$.

Esses problemas foram propostos pelo Commitee on the Putnam Prize Competition.

[1] A Competição do Prêmio Putnam é um torneio anual de matemática para alunos universitários americanos que teve início em 1938 em memória de William Lowell Putnam. Veja mais em <http://www.maa.org/qwards/putnam.html> (N. do T.).

Seção P.4

Ajustando Modelos aos Dados

- **Ajustar um modelo linear a um conjunto de dados da vida real.**
- **Ajustar um modelo quadrático a um conjunto de dados da vida real.**
- **Ajustar um modelo trigonométrico a um conjunto de dados da vida real.**

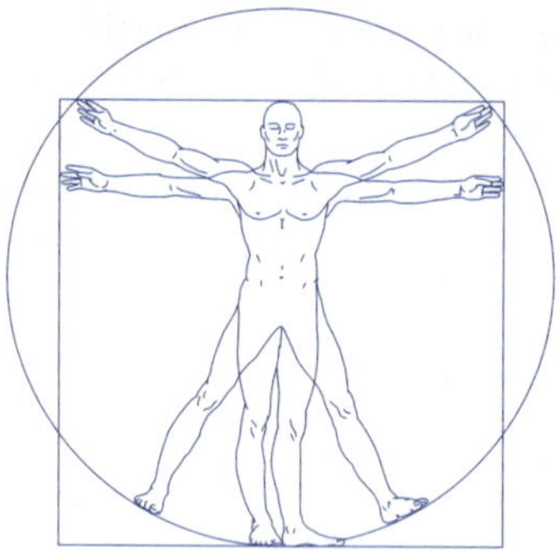

Um desenho de computação gráfica baseado no desenho de pena e tinta do famoso estudo de Leonardo da Vinci sobre as proporções humanas, *O Homem Vitruviano*.

Ajustando um Modelo Linear aos Dados

Uma premissa básica da ciência é que muito do mundo físico pode ser descrito matematicamente e que muitos fenômenos físicos são previsíveis. Essa visão científica foi parte da revolução científica que ocorreu na Europa no final do século XVI. Duas das primeiras publicações ligadas a essa revolução foram *Sobre as Revoluções das Esferas Celestes*, do astrônomo polonês Nicolau Copérnico e *Sobre a Estrutura do Corpo Humano*, do anatomista belga Andréa Vessalius. Cada um desses livros foi publicado em 1543, e cada um rompeu com a tradição anterior sugerindo o uso de um método científico em vez da confiança inquestionável na autoridade.

Uma técnica básica da ciência moderna é juntar dados e então descrever esses dados com um modelo matemático. Por exemplo, os dados no Exemplo 1 foram inspirados pelo famoso desenho de Leonardo da Vinci, no qual se indicava que fossem iguais a altura de uma pessoa e a largura dos seus braços.

EXEMPLO 1 Ajustando um Modelo Linear aos Dados

Uma classe de 28 pessoas reuniu os dados a seguir, que representam suas alturas x e a largura dos seus braços abertos y (arredondados para a polegada mais próxima).

$$(60, 61), (65, 65), (68, 67), (72, 73), (61, 62), (63, 63), (70, 71),$$
$$(75, 74), (71, 72), (62, 60), (65, 65), (66, 68), (62, 62), (72, 73),$$
$$(70, 70), (69, 68), (69, 70), (60, 61), (63, 63), (64, 64), (71, 71),$$
$$(68, 67), (69, 70), (70, 72), (65, 65), (64, 63), (71, 70), (67, 67)$$

Encontre um modelo linear para representar esses dados.

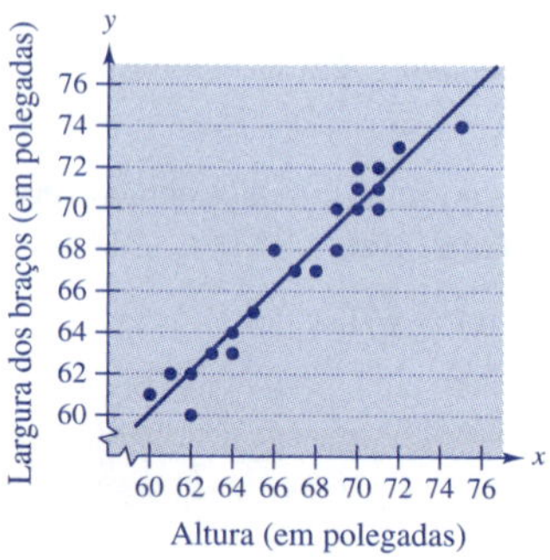

Modelo linear e dados.
Figura P.32

Solução Há diferentes formas de modelar esses dados com uma equação. O mais simples seria observar que x e y são aproximadamente os mesmos e apresentar o modelo como simplesmente $y = x$. Uma análise mais cuidadosa envolveria utilizar um procedimento estatístico chamado regressão linear. (Você estudará esse procedimento no Volume 2) A reta de regressão dos mínimos quadrados para esses dados é

$$y = 1{,}006x - 0{,}23. \qquad \text{Reta de regressão dos mínimos quadrados}$$

O gráfico do modelo e os dados são vistos na Figura P.32. A partir desse modelo, observa-se que a largura dos braços abertos de uma pessoa tende a ser aproximadamente a mesma de sua altura.

TECNOLOGIA Muitas calculadoras gráficas e científicas têm programas de regressão de mínimos quadrados. Você entra com os dados na calculadora e então executa o programa de regressão linear. O programa geralmente mostra a inclinação e o intercepto y da reta mais bem ajustada e o *coeficiente de correlação r*. O coeficiente de correlação fornece uma medida de quanto o modelo está bem ajustado aos dados. Quanto mais próximo está de 1, melhor o ajuste do modelo aos dados. Por exemplo, o coeficiente de correlação do modelo no Exemplo 1 é $r \approx 0{,}97$, que indica que o modelo tem um bom ajuste aos dados. Se o valor de r é positivo, as variáveis têm uma correlação positiva, como no Exemplo 1. Se o valor de r é negativo, as variáveis têm uma correlação negativa.

Ajustando um Modelo Quadrático aos Dados

Uma função que fornece a altura s de um objeto que cai em função do tempo t é chamada de função posição. Se a resistência do ar não é considerada, a posição do objeto que cai pode ser modelada por

$$s(t) = \frac{1}{2}gt^2 + v_0t + s_0$$

onde g é a aceleração da gravidade, v_0 é a velocidade inicial e s_0 é a altura inicial. O valor de g depende de onde o objeto é lançado. Na Terra, g é aproximadamente -32 pés por segundo por segundo, ou $-9{,}8$ metros por segundo por segundo.

Para descobrir o valor de g experimentalmente, você poderia registrar as alturas de um objeto que cai em diversos incrementos, como visto no Exemplo 2.

EXEMPLO 2 Ajustando um Modelo Quadrático aos Dados

Uma bola de basquete é jogada de uma altura de aproximadamente $5\frac{1}{4}$ pés. A altura da bola é registrada 23 vezes em intervalos de aproximadamente 0,02 segundo.[2] Os resultados são vistos na tabela seguinte.

Tempo	0,0	0,02	0,04	0,06	0,08	0,099996
Altura	5,23594	5,20353	5,16031	5,0991	5,02707	4,95146

Tempo	0,119996	0,139992	0,159988	0,179988	0,199984	0,219984
Altura	4,85062	4,74979	4,63096	4,50132	4,35728	4,19523

Tempo	0,23998	0,25993	0,27998	0,299976	0,319972	0,339961
Altura	4,02958	3,84593	3,65507	3,44981	3,23375	3,01048

Tempo	0,359961	0,379951	0,399941	0,419941	0,439941
Altura	2,76921	2,52074	2,25786	1,98058	1,63488

Encontre um modelo que se ajuste a esses dados. Depois use o modelo para prever o momento quando a bola tocará o solo.

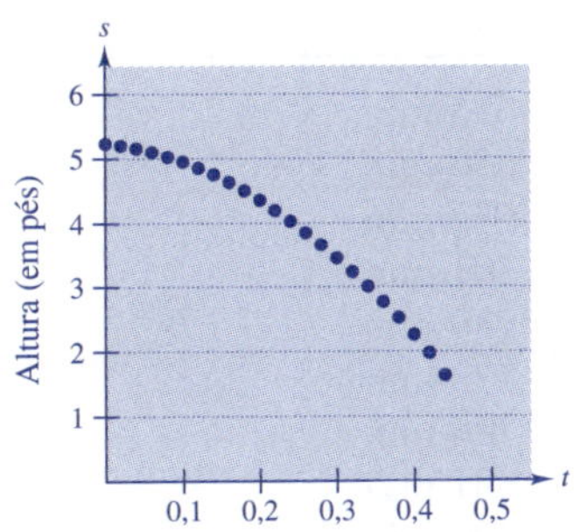

Nuvem de dispersão de dados.
Figura P.33

Solução Comece marcando uma nuvem de dispersão de dados, como visto na Figura P.33. Com esses pontos dispersos, pode-se ver que os dados parecem não ser lineares, mas poderiam ser quadráticos. Para verificar isso, entre com os dados em uma calculadora ou computador que tenha um programa de regressão linear. Você deveria obter o modelo

$$s = -15{,}45t^2 - 1{,}30t + 5{,}234. \quad \text{Regressão quadrática por mínimos quadrados}$$

Com esse modelo, você pode prever o momento em que a bola tocará o solo substituindo s por 0 e resolvendo em t a equação resultante.

$$0 = -15{,}45t^2 - 1{,}30t + 5{,}234 \quad \text{Faça } s = 0$$

$$t = \frac{1{,}30 \pm \sqrt{(-1{,}30)^2 - 4(-15{,}45)(5{,}234)}}{2(-15{,}45)} \quad \text{Fórmula quadrática}$$

$$t \approx 0{,}54 \quad \text{Escolha soluções positivas}$$

A solução é aproximadamente 0,54 segundo. Em outras palavras, a bola de basquete continuará a cair por mais aproximadamente 0,1 segundo antes de tocar o solo.

[2] Os dados foram registrados com um Sistema LBC (Laboratório Baseado em Calculadora) da *Texas Instruments*.

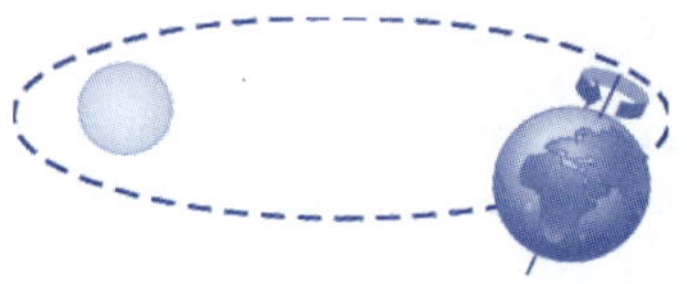

O plano da órbita da Terra ao redor do sol e seu eixo de rotação não são perpendiculares. Em vez disso, o eixo da Terra é inclinado em relação à sua órbita. O resultado é que a quantidade de luz do dia recebida pelas localidades na Terra varia com a época do ano, isto é, varia com a posição da Terra em sua órbita.

Ajustando um Modelo Trigonométrico aos Dados

O que é modelagem matemática? Essa é uma das questões feitas no livro *Guide to Mathematical Modelling*. Aqui está parte da resposta.[3]

1. Modelagem matemática consiste em aplicar suas habilidades matemáticas para obter respostas úteis para problemas reais.
2. Aprender a aplicar habilidades matemáticas é muito diferente de aprender a própria matemática.
3. Modelos são usados em uma ampla gama de aplicações, algumas das quais não parecem inicialmente ter natureza matemática.
4. Modelos geralmente permitem avaliação rápida e barata de alternativas, levando a soluções ótimas que de outra forma não seriam óbvias.
5. Não há regras exatas na modelagem matemática e não há respostas "corretas".
6. Modelagem somente pode ser aprendida *fazendo*.

EXEMPLO 3 Ajustando um Modelo Trigonométrico aos Dados

O número de horas de luz solar na Terra depende da latitude e da época do ano. Apresentamos aqui números de minutos de luz do dia em uma localidade de latitude 20° N, nos dias mais longos e mais curtos do ano: 21 de junho, 801 minutos; 22 de dezembro, 655 minutos. Use esses dados para escrever um modelo para a quantidade de luz do dia d (em minutos) em cada dia do ano, em uma localidade de latitude 20° N. Como você verificaria a precisão do seu modelo?

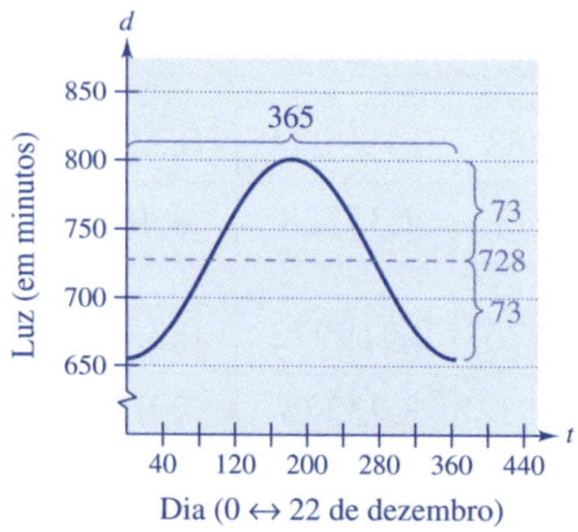

Gráfico do modelo.
Figura P.34

Solução Eis uma forma de criar um modelo. Você pode adotar a hipótese de que o modelo é uma função seno cujo período é 365 dias. Usando os dados fornecidos, pode-se concluir que a amplitude do gráfico é $(801 - 655)/2$, ou 73. Assim, um modelo possível é:

$$d = 728 - 73 \operatorname{sen}\left(\frac{2\pi t}{365} + \frac{\pi}{2}\right).$$

Nesse modelo, t representa o número de cada dia do ano, com 22 de dezembro representado por $t = 0$. Um gráfico desse modelo é visto na Figura P.34. Para conferir a precisão desse modelo, usamos um almanaque do tempo para encontrar os números de minutos de luz solar em diferentes dias do ano, na localidade de latitude 20° N.

Data	*Valor de t*	*Duração do dia solar real*	*Duração do dia solar dada pelo modelo*
Dez 22	0	655 min	655 min
Jan 1	10	657 min	656 min
Fev 1	41	676 min	672 min
Mar 1	69	705 min	701 min
Abr 1	100	740 min	739 min
Maio 1	130	772 min	773 min
Jun 1	161	796 min	796 min
Jun 21	181	801 min	801 min
Jul 1	191	799 min	800 min
Ago 1	222	782 min	785 min
Set 1	253	752 min	754 min
Out 1	283	718 min	716 min
Nov 1	314	685 min	681 min
Dez 1	344	661 min	660 min

Você pode observar que o modelo é bem preciso.

[3] Texto de Dilwyn Edwards e Make Hamson, *Guide to Mathematical Modeling* (Boca Raton: CRC Press, 1990). Usado com permissão dos autores.

Exercícios da Seção P.4

Nos Exercícios 1 a 4, uma nuvem de dispersão de dados é dada. Determine se os dados podem ser modelados por uma função linear, uma função quadrática ou uma função trigonométrica, ou se não parece haver relação entre *x* e y. Para imprimir uma cópia ampliada dos gráficos, consulte *www.mathgraphs.com.*

1.

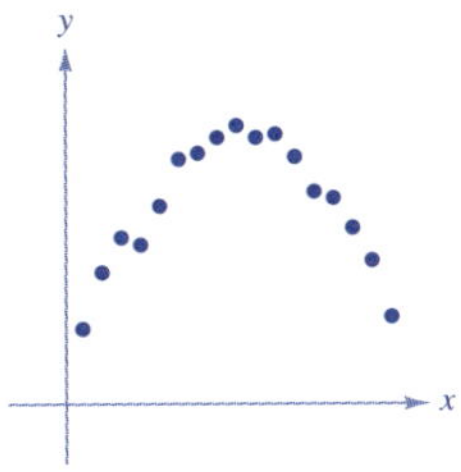

2.

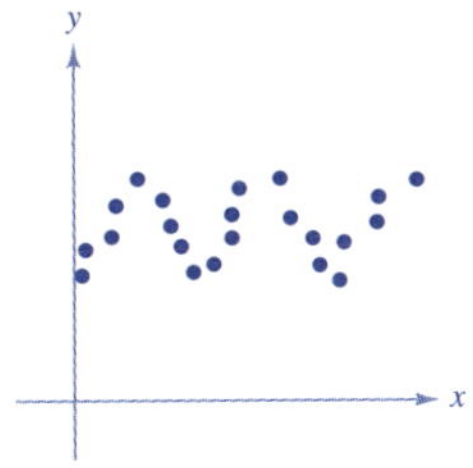

3.

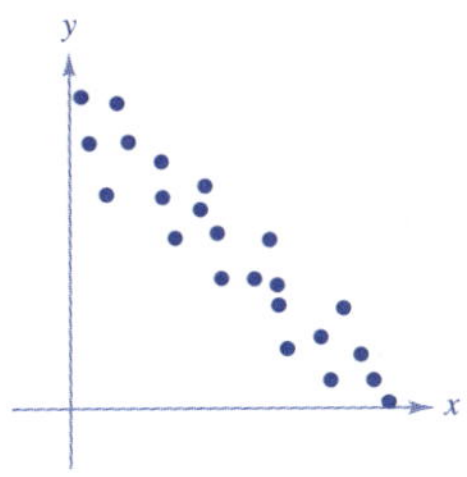

4.

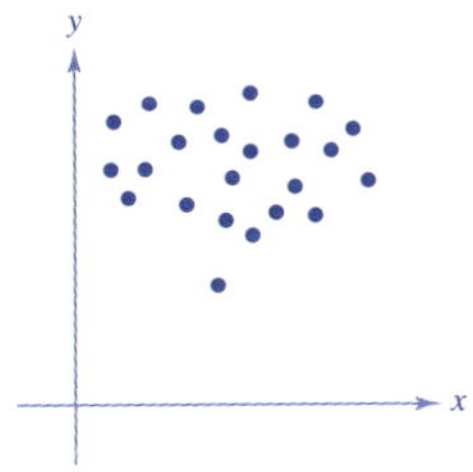

5. ***Carcinogênicos*** Cada par ordenado fornece o índice x de exposição a substância carcinogênica e a mortalidade y de câncer por 100.000 pessoas na população.

(3,50, 150,1), (3,58, 133,1), (4,42, 132,9),
(2,26, 116,7), (2,63, 140,7), (4,85, 165,5),
(12,65, 210,7), (7,42, 181,0), (9,35, 213,4)

(a) Marque os pontos correspondentes aos dados. Pelo gráfico, os dados parecem ser aproximadamente lineares?

(b) Encontre visualmente um modelo linear para os dados. Esboce o gráfico.

(c) Use o modelo para estimar y se $x = 3$.

6. ***Notas de Testes*** Os pares ordenados representam as notas em dois testes consecutivos de 15 questões cada para uma classe de 18 alunos.

(7, 13), (9, 7), (14, 14), (15, 15), (10, 15), (9, 7),
(14, 11), (14, 15), (8, 10), (15, 9), (10, 11), (9, 10),
(11, 14), (7, 14), (11, 10), (14, 11), (10, 15), (9, 6)

(a) Marque os pontos referentes aos dados. Pelo gráfico, a relação entre notas consecutivas parece ser aproximadamente linear?

(b) Se os dados parecem ser aproximadamente lineares, encontre um modelo linear para os dados. Se não, apresente algumas possíveis explicações.

7. ***Lei de Hooke*** A Lei de Hooke afirma que a força F requerida para comprimir ou esticar uma mola (dentro de seus limites elásticos) é proporcional à distância d que a mola é comprimida ou esticada a partir de seu comprimento original. Isto é, $F = kd$, onde k é a medida da rigidez da mola e é chamada *constante da mola*. A tabela mostra o alongamento d em centímetros de uma mola quando é aplicada uma força de F newtons.

F	20	40	60	80	100
d	1,4	2,5	4,0	5,3	6,6

(a) Use os recursos de regressão de uma ferramenta gráfica para encontrar um modelo linear para os dados.

(b) Use uma ferramenta gráfica para marcar os pontos referentes aos dados e desenhar o gráfico. Quanto o modelo está bem ajustado aos dados? Explique seu raciocínio.

(c) Use o modelo para estimar o alongamento da mola quando for aplicada uma força de 55 newtons.

8. ***Queda de Objeto*** Em uma experiência, os alunos mediram a velocidade s (em metros por segundo) da queda de um objeto t segundos depois que ele foi lançado. Os resultados são vistos na tabela.

t	0	1	2	3	4
s	0	11,0	19,4	29,2	39,4

(a) Use os recursos de regressão de uma ferramenta gráfica para encontrar um modelo linear para os dados.

(b) Use uma ferramenta gráfica para marcar os pontos referentes aos dados e desenhar o gráfico. Quanto o modelo está bem ajustado aos dados? Explique seu raciocínio.

(c) Use o modelo para estimar a velocidade do objeto após 2,5 segundos.

9. ***Consumo de Energia e Produto Interno Bruto*** Os dados mostram o consumo de energia per capita (em milhões de Btu[4]) e o produto interno bruto per capita (em milhares de dólares americanos) para diversos países em 2000. *(Fonte: U.S. Census Bureau.)*

Argentina	(73, 12,05)	Bangladesh	(4, 1,59)
Chile	(68, 9,1)	Egito	(32, 3,67)
Grécia	(126, 16,86)	Hong Kong	(118, 25,59)
Hungria	(105, 11,99)	Índia	(13, 2,34)
México	(63, 8,79)	Polônia	(95, 9)
Portugal	(108, 16,99)	Coréia do Sul	(167, 17,3)
Espanha	(137, 19,26)	Turquia	(47, 7,03)
Reino Unido	(166, 23,55)	Venezuela	(113, 5,74)

(a) Use os recursos regressão de uma ferramenta gráfica para encontrar um modelo linear para os dados. Qual o coeficiente de correlação dos dados?

(b) Use uma ferramenta gráfica para marcar os pontos referentes aos dados e desenhar o gráfico.

(c) Interprete o gráfico da parte (b). Use o gráfico para identificar os três países que mais destoam do modelo linear.

(d) Apague os dados dos três países identificados na parte (c). Ajuste o modelo linear para os dados restantes e encontre o coeficiente de correlação.

[4] Btu = British thermal unit. (N. do T.)

10. ***Dureza de Brinell*** Os dados mostram a dureza de Brinell H de 0,35 de aço de carbono quando endurecido e temperado à temperatura t (graus Fahrenheit). (*Fonte: Standard Handbook for Mechanical Engineers.*)

t	200	400	600	800	1000	1200
H	534	495	415	352	269	217

(a) Use os recursos de regressão de uma ferramenta gráfica para encontrar um modelo linear para os dados.

(b) Use uma ferramenta gráfica para marcar os pontos referentes aos dados e desenhar o gráfico. Quanto o modelo está bem ajustado aos dados? Explique seu raciocínio.

(c) Use o modelo para fazer uma estimativa da dureza quando t é 500°F.

11. ***Custos de Automóveis*** Os dados da tabela mostram os custos variáveis para operar um automóvel em vários anos recentes. As funções y_1, y_2 e y_3 representam os custos em centavos de dólar por milha de gasolina e óleo, manutenção e pneus, respectivamente. (*Fonte: American Automobile Manufacturers Association.*)

Ano	y_1	y_2	y_3
0	5,40	2,10	0,90
1	6,70	2,20	0,90
2	6,00	2,20	0,90
3	6,00	2,40	0,90
4	5,60	2,50	1,10
5	6,00	2,60	1,40
6	5,90	2,80	1,40
7	6,60	2,80	1,40

(a) Use os recursos de regressão de uma ferramenta gráfica para encontrar um modelo cúbico para y_1 e modelos lineares para y_2 e y_3.

(b) Use uma ferramenta gráfica para desenhar os gráficos de y_1, y_2, y_3 e $y_1 + y_2 + y_3$ na mesma janela de visualização. Use o modelo para estimar o custo variável total por milha no ano 12.

12. ***Resistência da Viga*** Alunos em um laboratório mediram a força S para quebrar uma viga de madeira de 2 polegadas de grossura, x polegadas de altura, e 12 polegadas de comprimento. Os resultados obtidos estão na tabela a seguir:

x	4	6	8	10	12
S	2.370	5.460	10.310	16.250	23.860

(a) Use os recursos de regressão de uma ferramenta gráfica para ajustar um modelo quadrático aos dados.

(b) Use uma ferramenta gráfica para marcar os pontos referentes aos dados e desenhar o gráfico.

(c) Use o modelo para fazer uma estimativa da força necessária quando $x = 2$.

13. ***Organizações de Prevenção de Doenças*** O gráfico de barras mostra os números N de pessoas (em milhões) que receberam cuidados de OPDs entre os anos de 1990 e 2002 (*Fonte: Centers for Disease Controls.*)

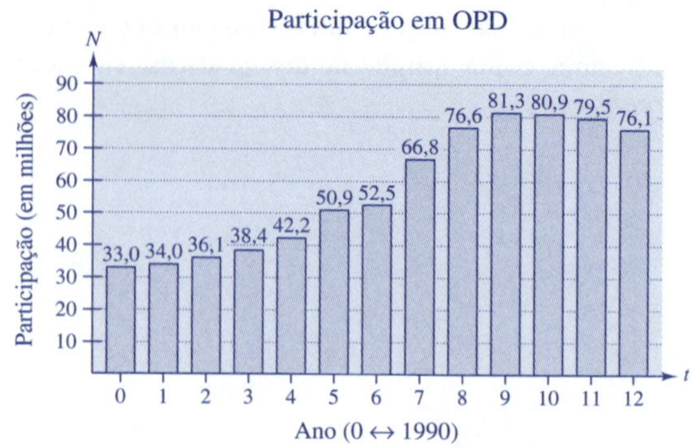

(a) Seja t o tempo em anos, com $t = 0$ correspondendo a 1990. Use o recurso de regressão de uma ferramenta gráfica para encontrar modelos lineares e cúbicos para os dados.

(b) Use uma ferramenta gráfica para desenhar os dados e os modelos linear e cúbico.

(c) Use o gráfico da parte (b) para determinar qual é o melhor modelo.

(d) Use uma ferramenta gráfica para encontrar e desenhar um modelo quadrático para os dados.

(e) Use os modelos lineares e cúbicos para fazer uma estimativa do número de pessoas que receberam cuidados de OPDs no ano de 2004.

(f) Use uma ferramenta gráfica para encontrar outros modelos para os dados. Quais modelos você acha que melhor representam os dados? Explique.

14. ***Desempenho do Carro*** O tempo t (em segundos) requerido para atingir a velocidade de x milhas por hora, a partir do repouso, para um Dodge Avenger é visto na tabela (*Fonte: Road & Track.*)

s	30	40	50	60	70	80	90
t	3,4	5,0	7,0	9,3	12,0	15,8	20,0

(a) Use os recursos de regressão de uma ferramenta gráfica para encontrar um modelo quadrático para os dados.

(b) Use uma ferramenta gráfica para marcar os pontos correspondentes aos dados e desenhar o gráfico do modelo.

(c) Use o gráfico da parte (b) para explicar por que o modelo não é apropriado para determinar o tempo requerido para atingir velocidades menores que 20 milhas por hora.

(d) Como o teste se inicia a partir do repouso, acrescente o ponto (0, 0) aos dados. Ajuste o modelo quadrático para os dados revistos e desenhe o gráfico do novo modelo.

(e) O modelo quadrático é mais preciso para modelar o comportamento do carro em baixa velocidade? Explique.

15. ***Desempenho do Carro*** Um motor V8 é conectado a um dinamômetro e a potência y em cavalos é medida em diferentes velocidades x do motor (em milhares de revoluções por minuto). Os resultados são vistos na tabela seguinte:

x	1	2	3	4	5	6
y	40	85	140	200	225	245

(a) Use os recursos de regressão de uma ferramenta gráfica para encontrar um modelo cúbico para os dados.

(b) Use uma ferramenta gráfica para marcar os pontos correspondentes aos dados e desenhar o gráfico do modelo.

(c) Use o modelo para fazer uma estimativa da potência em cavalos quando o motor está rodando a 4.500 revoluções por minuto.

16. ***Temperatura de Ebulição*** A tabela mostra as temperaturas T (°F) nas quais a água ferve a pressões selecionadas p (libras por polegada quadrada). (*Fonte*: *Standard Handbook for Mechanical Engineers.*)

p	5	10	14,696 (1 atmosfera)	20
T	162,24°	193,21°	212,00°	227,96°

p	30	40	60	80	100
T	250,33°	267,25°	292,71°	312,03°	327,81°

(a) Use os recursos de regressão de uma ferramenta gráfica para encontrar um modelo cúbico para os dados.

(b) Use uma ferramenta gráfica para marcar os pontos correspondentes aos dados e desenhar o gráfico do modelo.

(c) Use o gráfico para fazer uma estimativa da pressão requerida para o ponto de fervura da água ultrapassar 300°F.

(d) Explique por que o modelo não seria correto para pressões acima de 100 libras por polegada quadrada.

17. ***Movimento Harmônico*** O movimento de um peso oscilante suspenso por uma mola foi medido por um detector de movimentos. Os dados coletados e o deslocamento máximo (positivo e negativo) a partir do equilíbrio são vistos na figura. O deslocamento y é medido em centímetros e o tempo t é medido em segundos.

(a) y é função de t? Explique.

(b) Faça uma estimativa da amplitude e do período das oscilações.

(c) Encontre um modelo para os dados.

(d) Use uma ferramenta gráfica para desenhar o gráfico do modelo da parte (c). Compare o resultado com os dados da figura.

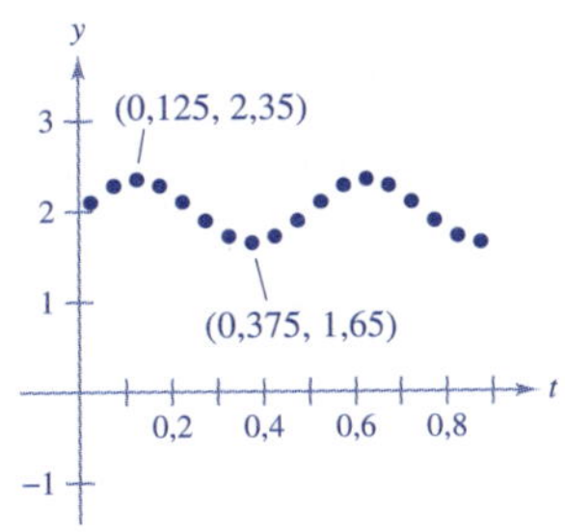

18. ***Temperatura*** A tabela mostra as temperaturas normais diárias em Honolulu (H) e Chicago (C) (em graus Fahrenheit) por mês t, com $t = 1$ correspondendo a janeiro (*Fonte*: *NOAA.*)

t	1	2	3	4	5	6
H	80,1	80,5	81,6	82,8	84,7	86,5
C	29,0	33,5	45,8	58,6	70,1	79,6

t	7	8	9	10	11	12
H	87,5	88,7	88,5	86,9	84,1	81,2
C	83,7	81,8	74,8	63,3	48,4	34,0

(a) Um modelo para Honolulu é

$$H(t) = 84{,}40 + 4{,}28 \operatorname{sen}\left(\frac{\pi t}{6} + 3{,}86\right).$$

Encontre um modelo para Chicago.

(b) Use uma ferramenta gráfica para desenhar os dados e o modelo para as temperaturas em Honolulu. Quanto o modelo está bem ajustado?

(c) Use uma ferramenta gráfica para desenhar os dados e o modelo para as temperaturas em Chicago. Quanto o modelo está bem ajustado?

(d) Use o modelo para fazer uma estimativa da temperatura média anual em cada cidade. Que tipo de modelo você utilizou? Explique.

(e) Qual é o período de cada modelo? É o que você esperava? Explique.

(f) Que cidade tem a maior variação de temperatura ao longo do ano? Que fator do modelo determina essa variabilidade? Explique.

Questões Conceituais

19. Pesquise dados da vida real em um jornal ou revista. Ajuste um modelo aos dados. O que seu modelo sugere sobre os dados?

20. Descreva uma possível situação da vida real para cada conjunto de dados. Depois, descreva como um modelo poderia ser usado na situação da vida real.

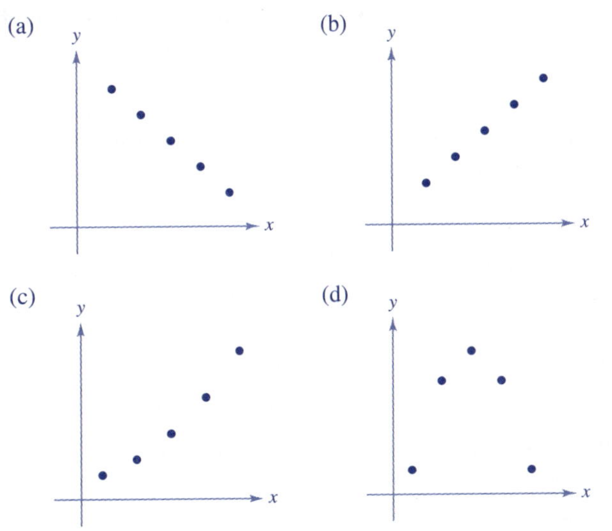

Exercícios de Revisão do Capítulo P

Nos Exercícios 1 a 4, encontre as intersecções (se existirem).

1. $y = 2x - 3$ **2.** $y = (x - 1)(x - 3)$

3. $y = \dfrac{x - 1}{x - 2}$ **4.** $xy = 4$

Nos Exercícios 5 e 6, verifique a simetria com relação a ambos os eixos e à origem.

5. $x^2y - x^2 + 4y = 0$ **6.** $y = x^4 - x^2 + 3$

Nos Exercícios 7 a 14, esboce o gráfico da equação.

7. $y = \frac{1}{2}(-x + 3)$ **8.** $4x - 2y = 6$

9. $-\frac{1}{3}x + \frac{5}{6}y = 1$ **10.** $0{,}02x + 0{,}15y = 0{,}25$

11. $y = 7 - 6x - x^2$ **12.** $y = 6x - x^2$

13. $y = \sqrt{5 - x}$ **14.** $y = |x - 4| - 4$

Nos Exercícios 15 e 16, descreva a janela de visualização da ferramenta gráfica que produz a figura.

15. $y = 4x^2 - 25$ **16.** $y = 8\sqrt[3]{x - 6}$

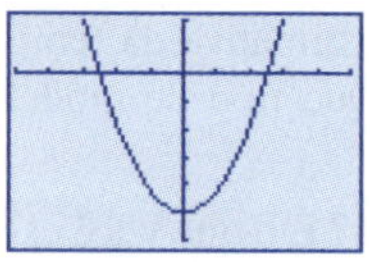

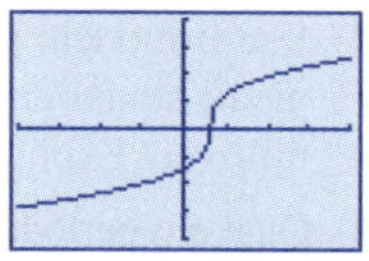

Nos Exercícios 17 e 18, use uma ferramenta gráfica para encontrar os pontos de intersecção dos gráficos das equações.

17. $3x - 4y = 8$
$x + y = 5$

18. $x - y + 1 = 0$
$y - x^2 = 7$

19. ***Para Pensar*** Escreva uma equação cujo gráfico tem intersecções com o eixo $x = -2$ e $x = 2$ e é simétrico com relação à origem.

20. ***Para Pensar*** Para que valores de k o gráfico de $y = kx^3$ passa pelo ponto dado?

(a) $(1, 4)$ (b) $(-2, 1)$ (c) $(0, 0)$ (d) $(-1, -1)$

Nos Exercícios 21 e 22, marque os pontos e encontre o coeficiente angular da reta que passa pelos pontos.

21. $\left(\frac{3}{2}, 1\right), \left(5, \frac{5}{2}\right)$ **22.** $(7, -1), (7, 12)$

Nos Exercícios 23 e 24, use o conceito do coeficiente angular para encontrar t, tal que os três pontos sejam colineares.

23. $(-2, 5), (0, t), (1, 1)$ **24.** $(-3, 3), (t, -1), (8, 6)$

Nos Exercícios 25 a 28, encontre uma equação da reta que passa pelo ponto com o coeficiente angular indicado. Faça um esboço da reta.

25. $(0, -5), \quad m = \frac{3}{2}$ **26.** $(-2, 6), \quad m = 0$

27. $(-3, 0), \quad m = -\frac{2}{3}$ **28.** $(5, 4), \quad m$ é indefinido

29. Encontre equações das retas que passam por $(-2, 4)$ e têm as seguintes características:

(a) Coeficiente angular de $\frac{7}{16}$

(b) Paralela à reta $5x - 3y = 3$

(c) Passando pela origem

(d) Paralela ao eixo y

30. Encontre equações das retas que passam por $(1, 3)$ e têm as seguintes características:

(a) Coeficiente angular de $-\frac{2}{3}$

(b) Perpendicular à reta $x + y = 0$

(c) Passando pelo ponto $(2, 4)$

(d) Paralela ao eixo x

31. ***Taxa de Variação*** O preço de compra de uma nova máquina é \$ 12.500, e seu valor decrescerá em \$ 850 por ano. Use essas informações para escrever uma equação linear que dê o valor V da máquina t anos após sua compra. Encontre o valor ao final de 3 anos.

32. ***Ponto de Equilíbrio*** Um contratador compra uma peça de equipamento por \$ 36.500 que demanda um custo médio de \$ 9,50 por hora para combustível e manutenção. O operador do equipamento recebe \$ 13,50 por hora, e os clientes pagam \$30 por hora.

(a) Escreva uma equação para o custo C de operação deste equipamento por t horas.

(b) Escreva uma equação para a receita R obtida em t horas de uso.

(c) Encontre o ponto de equilíbrio para esse equipamento encontrando o instante para o qual $R = C$.

Nos Exercícios 33 a 36, esboce o gráfico da equação e use o Teste da Vertical para determinar se a equação expressa y em função de x.

33. $x - y^2 = 0$ **34.** $x^2 - y = 0$

35. $y = x^2 - 2x$ **36.** $x = 9 - y^2$

37. Calcule o valor (se possível) da função $f(x) = 1/x$ nos valores específicos da variável independente, e simplifique os resultados.

(a) $f(0)$ (b) $\dfrac{f(1 + \Delta x) - f(1)}{\Delta x}$

38. Calcule o valor (se possível) da função em cada valor da variável independente.

$$f(x) = \begin{cases} x^2 + 2, & x < 0 \\ |x - 2|, & x \geq 0 \end{cases}$$

(a) $f(-4)$ (b) $f(0)$ (c) $f(1)$

39. Encontre o domínio e a imagem da função.

(a) $y = \sqrt{36 - x^2}$

(b) $y = \dfrac{7}{2x - 10}$

(c) $y = \begin{cases} x^2, & x < 0 \\ 2 - x, & x \geq 0 \end{cases}$

40. Dado $f(x) = 1 - x^2$ e $g(x) = 2x + 1$, calcule o valor de cada expressão.

(a) $f(x) - g(x)$ (b) $f(x)g(x)$ (c) $g(f(x))$

41. Esboce (no mesmo plano coordenado) os gráficos de f para $c = -2, 0$ e 2.

(a) $f(x) = x^3 + c$ (b) $f(x) = (x - c)^3$

(c) $f(x) = (x - 2)^3 + c$ (d) $f(x) = cx^3$

42. Use uma ferramenta gráfica para desenhar o gráfico de $f(x) = x^3 - 3x^2$. Use o gráfico para escrever uma fórmula para a função g vista na figura. Para imprimir uma cópia ampliada do gráfico, consulte *www.mathgraphs.com*.

(a)

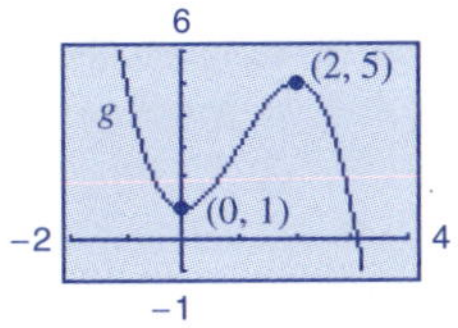

(b)

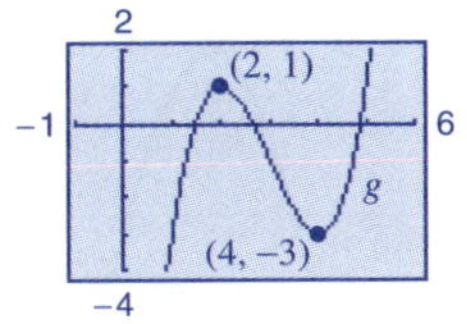

43. ***Conjectura***

(a) Use uma ferramenta gráfica para desenhar o gráfico das funções f, g e h na mesma janela de visualização. Escreva uma descrição de quaisquer semelhanças e diferenças que você observar entre os gráficos.

Potências ímpares: $f(x) = x$, $g(x) = x^3$, $h(x) = x^5$

Potências pares: $f(x) = x^2$, $g(x) = x^4$, $h(x) = x^6$

(b) Use o resultado da parte (a) para fazer uma conjectura sobre os gráficos das funções $y = x^7$ e $y = x^8$. Use uma ferramenta gráfica para conferir sua conjectura.

44. ***Para Pensar*** Use o resultado do Exercício 43 para imaginar a forma dos gráficos das funções f, g e h. Depois use uma ferramenta gráfica para desenhar a função e comparar os resultados com o que você tinha imaginado.

(a) $f(x) = x^2(x - 6)^2$

(b) $g(x) = x^3(x - 6)^2$

(c) $h(x) = x^3(x - 6)^3$

45. ***Área*** Um fio de 24 polegadas de comprimento deve ser cortado em quatro pedaços para formar um retângulo cujo lado menor seja de comprimento x.

(a) Escreva a área A do retângulo em função de x.

(b) Determine o domínio da função e use uma ferramenta gráfica para desenhar o gráfico da função no seu domínio.

(c) Use o gráfico da função para fazer uma estimativa da área máxima do retângulo. Faça uma conjectura sobre as dimensões que produzem uma área máxima.

46. ***Redação*** Os gráficos seguintes fornecem os lucros P para duas pequenas companhias sobre um período p de dois anos. Crie uma história para descrever o comportamento de cada função lucro para algum produto hipotético que a companhia produza.

(a)

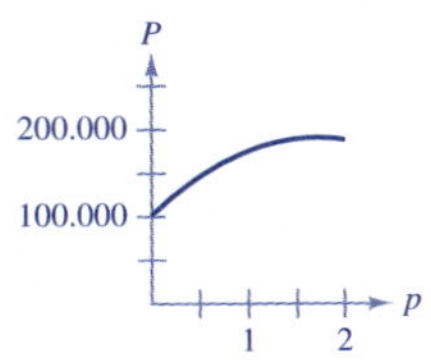

(b)

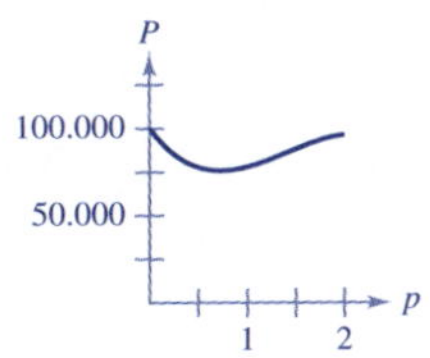

47. ***Para Pensar*** Qual é o grau mínimo de uma função polinomial cujo gráfico esteja próximo do gráfico dado? Que sinal deve ter o coeficiente principal?

(a)

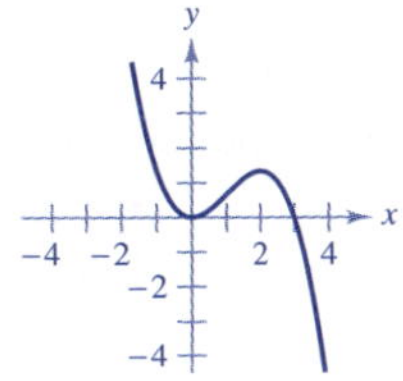

(b)

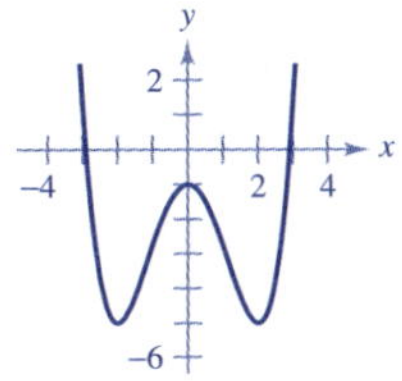

(c)

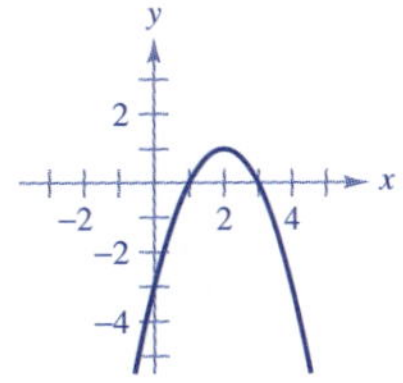

(d)

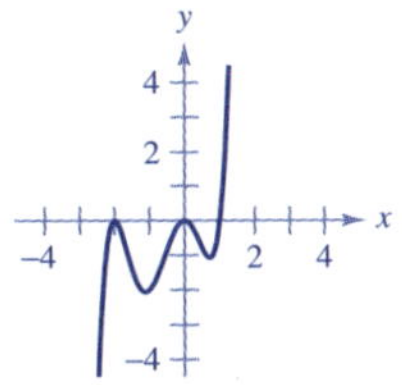

48. ***Teste de Estafa*** Uma peça de máquina foi testada sendo entortada x centímetros 10 vezes por minuto até o momento y (em horas) da falha. Os resultados foram registrados na tabela.

x	3	6	9	12	15	18	21	24	27	30
y	61	56	53	55	48	35	36	33	44	23

(a) Use o recurso de regressão de uma ferramenta gráfica para encontrar o modelo linear para os dados.

(b) Use uma ferramenta gráfica para marcar os pontos que se referem aos dados e desenhar o gráfico do modelo.

(c) Use o gráfico para determinar se pode haver um erro na realização de um dos testes ou na anotação dos resultados. Se isso ocorreu, elimine o ponto errado e encontre o modelo para os dados restantes.

49. ***Movimento Harmônico*** O movimento de um peso oscilante suspenso por uma mola foi medido por um detector de movimentos. Os dados coletados e o deslocamento máximo (positivo e negativo) a partir do equilíbrio são vistos na figura. O deslocamento y é medido em pés e o tempo t é medido em segundos.

(a) y é função de t? Explique.

(b) Faça uma estimativa da amplitude e do período das oscilações.

(c) Encontre um modelo para os dados.

(d) Use uma ferramenta gráfica para desenhar o gráfico do modelo da parte (c). Compare o resultado com os dados da figura.

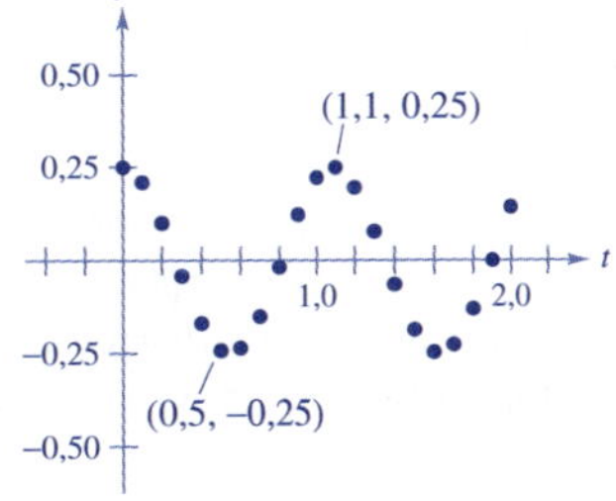

P.S. Problemas Suplementares

1. Considere o círculo $x^2 + y^2 - 6x - 8y = 0$, como visto na figura.

(a) Encontre o centro e o raio do círculo.

(b) Encontre uma equação da reta tangente ao círculo no ponto (0, 0).

(c) Encontre uma equação da reta tangente ao círculo no ponto (6, 0).

(d) Onde as duas retas tangentes se intersectam?

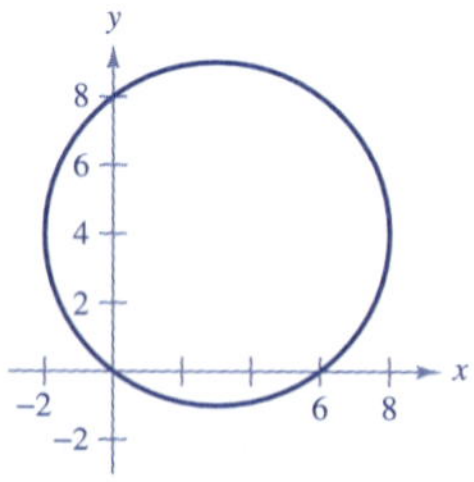

Figura do Exercício 1

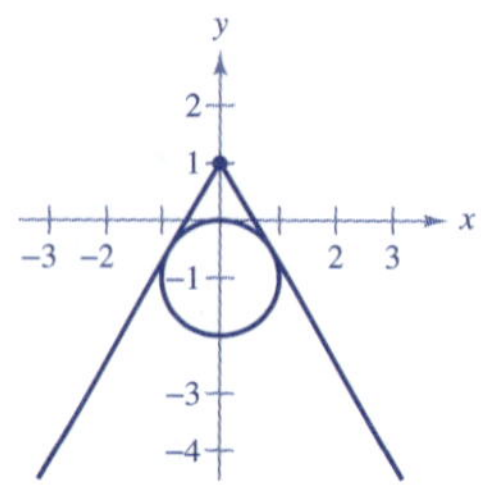

Figura do Exercício 2

2. Há duas retas tangentes ao círculo $x^2 + (y + 1)^2 = 1$ que passam pelo ponto (0, 1) (veja a figura). Encontre equações para essas duas retas considerando que cada tangente interceptar o círculo em *um único* ponto.

3. A função Heaviside $H(x)$ é amplamente usada em aplicações de engenharia.

$$H(x) = \begin{cases} 1, & x \geq 0 \\ 0, & x < 0 \end{cases}$$

Esboce à mão o gráfico da função de Heaviside e os gráficos das seguintes funções:

(a) $H(x) - 2$ (b) $H(x - 2)$ (c) $-H(x)$

(d) $H(-x)$ (e) $\frac{1}{2}H(x)$ (f) $-H(x - 2) + 2$

Institute of Electrical Engineers, Londres

Oliver Heaviside (1850-1925)

Heaviside foi um matemático e físico britânico que contribuiu para o campo da matemática aplicada, especialmente com aplicações de matemática à engenharia elétrica. A *função de Heaviside* é um tipo clássico de função "liga-desliga" que tem aplicações na eletricidade e na ciência da computação.

4. Considere o gráfico da função f visto abaixo. Use este gráfico para esboçar os gráficos das funções seguintes. Para imprimir uma cópia ampliada desses gráficos, consulte *www.mathgraphs.com.*

(a) $f(x + 1)$ (b) $f(x) + 1$ (c) $2f(x)$ (d) $f(-x)$

(e) $-f(x)$ (f) $|f(x)|$ (g) $f(|x|)$

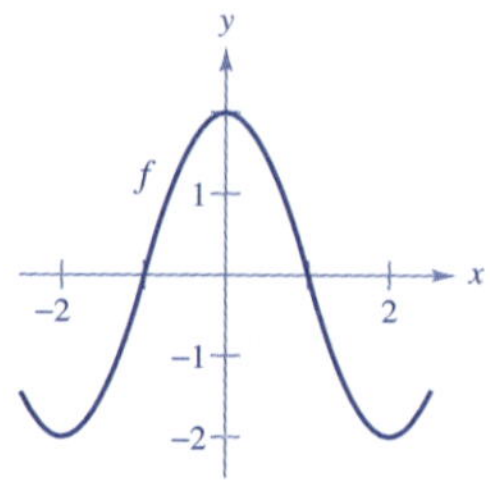

5. Um fazendeiro planeja cercar um pasto retangular adjacente a um rio. O fazendeiro possui 100 metros de cerca, e não é necessária cerca ao longo do rio (veja a figura).

(a) Escreva a área A do pasto em função de x, o comprimento do lado paralelo ao rio. Qual é o domínio de A?

(b) Desenhe os gráficos da função $A(x)$ e faça uma estimativa das dimensões que determinam a quantidade máxima de área para o pasto.

(c) Encontre as dimensões que determinam a quantidade máxima de área para o pasto completando o quadrado.

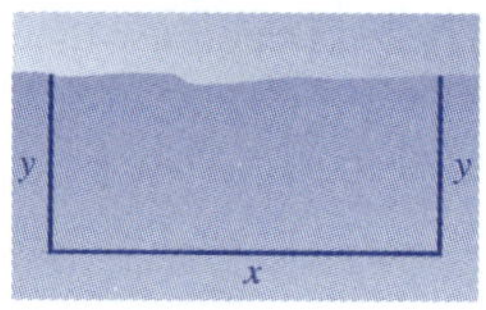

Figura do Exercício 5

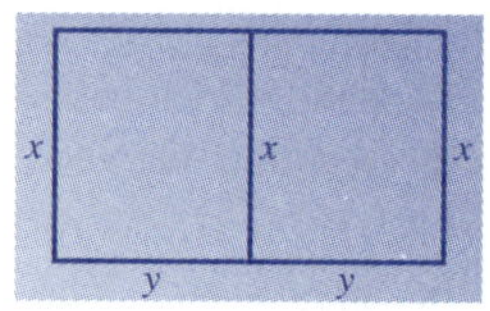

Figura do Exercício 6

6. Um fazendeiro tem 300 pés de cerca para cercar dois pastos adjacentes.

(a) Escreva a área A dos dois pastos em função de x (veja a figura). Qual é o domínio de A?

(b) Desenhe os gráficos da função área e faça uma estimativa das dimensões que determinam a quantidade máxima de área para os pastos.

(c) Encontre as dimensões que determinam a quantidade máxima de área para os pastos completando o quadrado.

7. Você está em um bote a 2 milhas do ponto mais próximo da costa. Você tem de ir para o ponto Q localizado 3 milhas abaixo na costa e 1 milha terra adentro (veja a figura). Você pode remar a 2 milhas por hora e andar a 4 milhas por hora. Escreva o tempo total T da viagem em função de x.

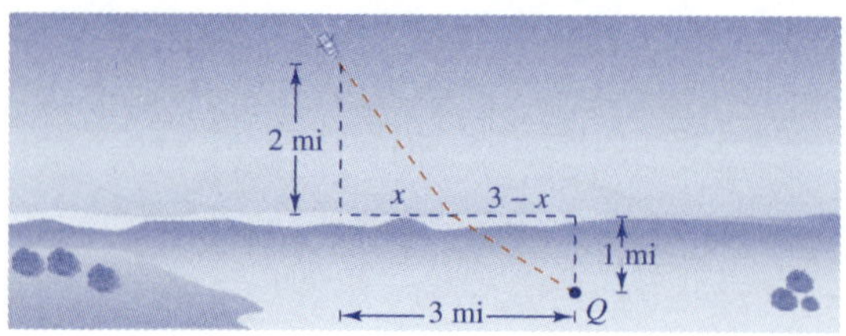

8. Você dirige para a praia à taxa de 120 quilômetros por hora. Na viagem de volta, você dirige a uma taxa de 60 quilômetros por hora. Qual sua velocidade média para a viagem toda? Explique seu raciocínio.

9. Um dos temas fundamentais do cálculo é encontrar a inclinação da reta tangente a uma curva em um dado ponto. Para ver como isso pode ser feito, considere o ponto (2, 4) no gráfico de $f(x) = x^2$.

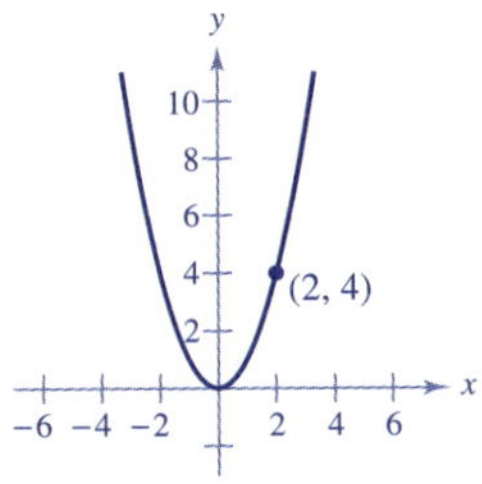

(a) Encontre a inclinação da reta que liga (2, 4) e (3, 9). A inclinação da reta tangente em (2, 4) é maior ou menor que esse número?

(b) Encontre a inclinação da reta que liga (2, 4) e (1, 1). A inclinação da reta tangente em (2, 4) é maior ou menor que esse número?

(c) Encontre a inclinação da reta que liga (2, 4) e (2,1; 4,41). A inclinação da reta tangente em (2, 4) é maior ou menor que esse número?

(d) Encontre a inclinação da reta que liga (2, 4) e $(2 + h, f(2 + h))$ em função do número não nulo h. Verifique que para $h = 1$, -1 e 0,1 você obtém as respostas para as partes (a)–(c) acima.

(e) Qual a inclinação da reta tangente em (2, 4)? Explique como você chegou à sua resposta.

10. Trace o gráfico da função $f(x) = \sqrt{x}$ e identifique o ponto (4, 2) no gráfico.

(a) Encontre a inclinação da reta que liga (4, 2) e (9, 3). A inclinação da reta tangente em (4, 2) é maior ou menor que esse número?

(b) Encontre a inclinação da reta que liga (4, 2) e (1, 1). A inclinação da reta tangente em (4, 2) é maior ou menor que esse número?

(c) Encontre a inclinação da reta que liga (4, 2) e (4,41; 2,1). A inclinação da reta tangente em (4, 2) é maior ou menor que esse número?

(d) Encontre a inclinação da reta que liga (4, 2) e $(4 + h, f(4 + h))$ em função do número não nulo h.

(e) Qual a inclinação da reta tangente em (4, 2)? Explique como você chegou à sua resposta.

11. Um grande salão tem dois alto-falantes que estão a 3 metros de distância um do outro. A intensidade I do som de um dos alto-falantes é duas vezes a do outro, como se vê na figura. (Para imprimir uma cópia ampliada do gráfico, consulte *www.mathgraphs.com.*) Suponha que o ouvinte esteja livre para se mover pelo salão e encontrar aquela posição que recebe quantidade de som igual de ambos os alto-falantes. Tal localização satisfaz a duas condições: (1) a intensidade do som na posição do ouvinte é diretamente proporcional ao nível do som de uma fonte, e (2) a intensidade do som é inversamente proporcional ao quadrado da distância da fonte.

(a) Encontre os pontos onde o eixo x recebe igual quantidade de som de ambos os alto-falantes.

(b) Encontre e desenhe o gráfico da equação de todas as localizações (x, y) onde se pode ficar e receber igual quantidade de som de ambos os alto-falantes.

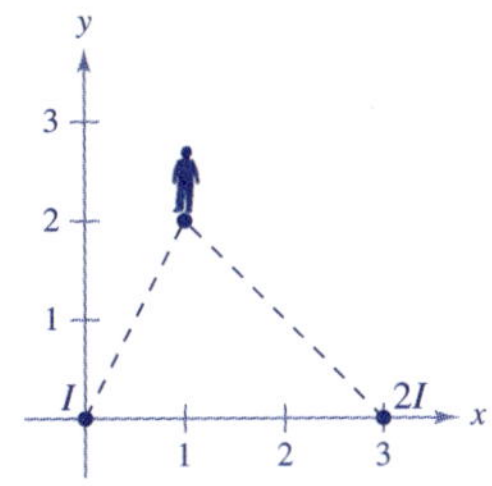

Figura do Exercício 11

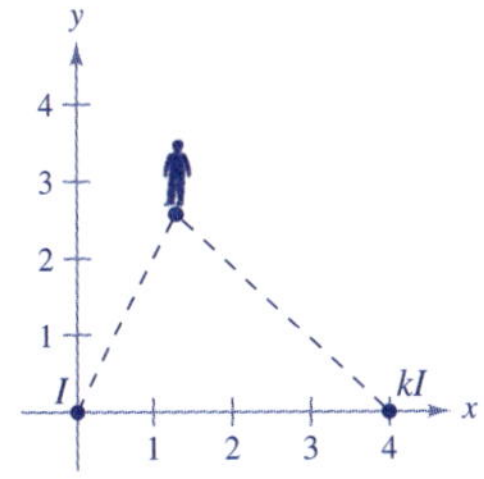

Figura do Exercício 12

12. Suponha que os alto-falantes do Exercício 11 estejam a 4 metros de distância um do outro e a intensidade do som de um dos alto-falantes é k vezes a do outro, como se vê na figura. (Para imprimir uma cópia ampliada do gráfico, consulte *www.mathgraphs.com.*)

(a) Encontre a equação de todas as localizações (x, y) onde se pode ficar e receber igual quantidade de som de ambos os alto-falantes.

(b) Desenhe o gráfico da equação no caso em que $k = 3$.

(c) Descreva o conjunto de localizações de mesmo som conforme k cresce.

13. Sejam d_1 e d_2 as distâncias de um ponto (x, y) aos pontos $(-1, 0)$ e $(1, 0)$, respectivamente, como visto na figura. Mostre que a equação do gráfico de todos os pontos (x, y) que satisfazem $d_1 d_2 = 1$ é $(x^2 + y^2)^2 = 2(x^2 - y^2)$. Esta curva é chamada de **lemniscata**. Desenhe a lemniscata e identifique três pontos no gráfico.

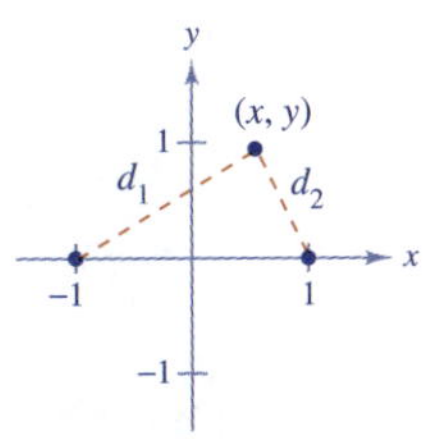

14. Seja $f(x) = \dfrac{1}{1 - x}$.

(a) Qual é o domínio e a imagem de f?

(b) Encontre uma composição $f(f(x))$. Qual é o domínio desta função?

(c) Encontre $f(f(f(x)))$. Qual é o domínio desta função?

(d) Desenhe o gráfico de $f(f(f(x)))$. É o gráfico de uma reta? Por quê?

1 Limites e Suas Propriedades

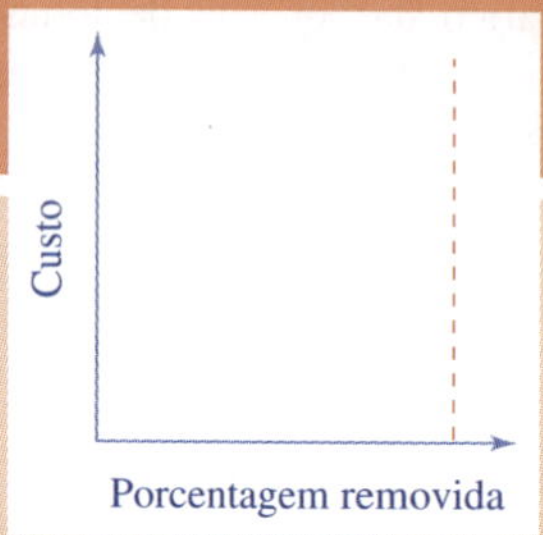

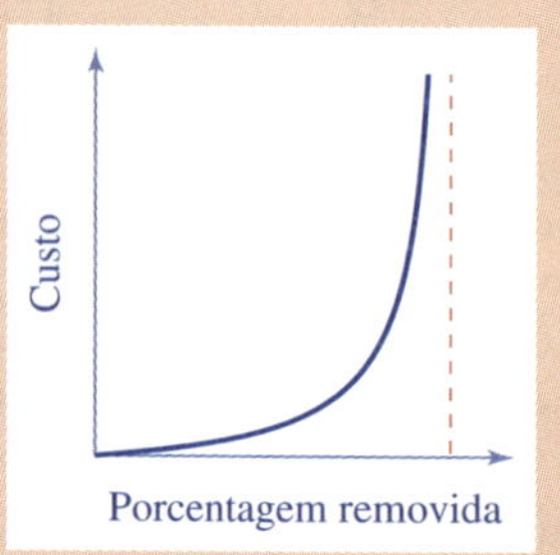

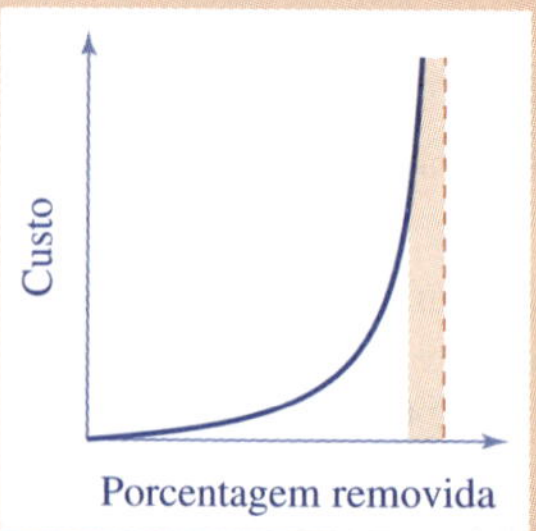

O processo de limite é um conceito fundamental do cálculo. Uma técnica que pode ser usada para fazer a estimativa de um limite é desenhar o gráfico da função e então determinar o comportamento do gráfico conforme a variável independente se aproxima de um valor específico. No Capítulo 1, você aprenderá como encontrar limites de funções analiticamente, graficamente e numericamente.

Algumas fábricas utilizam um filtro de poluição com catalisador de platina para remover poluentes de emissões de chaminé. Qual tarefa você acha que é mais cara para a fábrica realizar – remover os primeiros 90 por cento dos poluentes, ou remover os últimos 10 por cento? Por quê?

Jeremy Walker/Getty Images

Seção 1.1 Uma Introdução ao Cálculo

- **Entender o que é o cálculo e como ele se compara com o pré-cálculo.**
- **Entender que o problema da reta tangente é básico para o cálculo.**
- **Entender que o problema da área também é básico para o cálculo.**

DICA Conforme você avança neste curso, lembre-se de que aprender cálculo é apenas uma de suas metas. Sua meta mais importante é aprender como usar o cálculo para modelar e resolver problemas da vida real. Vejamos algumas estratégias de resolução de problemas que podem ser úteis para você.

- Certifique-se de ter entendido a questão. Quais são os dados? O que você deve encontrar?
- Esquematize um plano. Há muitas estratégias que você pode usar: procure um padrão, resolva um problema mais simples, trabalhe de trás para a frente, desenhe um diagrama, use tecnologias, ou alguma das outras inúmeras abordagens.
- Complete seu plano. Certifique-se de que respondeu à questão. Verbalize sua resposta. Por exemplo, em vez de escrever a resposta como $x = 4{,}6$, seria melhor escrever a resposta como "A área da região é 4,6 metros quadrados".
- Reveja seu raciocínio. Sua resposta faz sentido? Há uma forma de verificar se sua resposta é razoável?

The Mistress Fellows, Girton College, Cambridge

GRACE CHISHOLM YOUNG (1868-1944)

Grace Chisholm Young graduou-se em Matemática no Girton College em Cambridge, Inglaterra. Seus trabalhos iniciais foram publicados sob o nome de William Young, seu marido. Entre 1914 e 1916, Grace Young publicou um trabalho sobre os fundamentos do cálculo que lhe valeu o Prêmio Gamble do Girton College.

O Que É o Cálculo?

O cálculo é a matemática da mudança — velocidades e acelerações. O cálculo é também a matemática de retas tangentes, inclinações, áreas, volumes, comprimentos de arcos, centróides, curvaturas e uma variedade de outros conceitos que têm possibilitado a cientistas, engenheiros e economistas modelarem situações da vida real.

Embora a matemática do pré-cálculo também lide com velocidades, acelerações, retas tangentes, inclinações e assim por diante, há uma diferença fundamental entre a matemática do pré-cálculo e o cálculo. A matemática do pré-cálculo é mais estática, enquanto o cálculo é mais dinâmico. Vejamos alguns exemplos:

- Um objeto se movendo a uma velocidade constante pode ser analisado com a matemática do pré-cálculo. Para analisar a velocidade de um objeto acelerando, você precisa do cálculo.
- A inclinação de uma reta pode ser analisada com a matemática do pré-cálculo. Para analisar a inclinação de uma curva, você precisa do cálculo.
- Uma reta tangente a um círculo pode ser analisada com a matemática do pré-cálculo. Para analisar uma reta tangente a um gráfico em geral, você precisa do cálculo.
- A área de um retângulo pode ser analisada com a matemática do pré-cálculo. Para analisar a área sob uma curva qualquer, você precisa do cálculo.

Cada uma dessas situações envolve a mesma estratégia geral — a reformulação da matemática do pré-cálculo pelo uso do processo de limite. Assim, uma forma de responder à pergunta "O que é o cálculo?" é dizer que o cálculo é uma "máquina de limites" que envolve três estágios. O primeiro estágio é a matemática do pré-cálculo, tal como a inclinação de uma reta ou a área de um retângulo. O segundo estágio é o processo de limite, e o terceiro estágio é a formulação do cálculo, com derivadas ou integrais.

Matemática do pré-cálculo ⇒ Processo de limite ⇒ Cálculo

Alguns alunos tentam aprender cálculo como se ele fosse simplesmente uma coleção de novas fórmulas. É uma pena. Se você reduz o cálculo à memorização de fórmulas de diferenciação e integração, perderá uma boa parte de compreensão, autoconfiança e satisfação.

Nas duas páginas seguintes alguns conceitos familiares ao pré-cálculo são relacionados a suas contrapartidas do cálculo. Ao longo do texto, sua meta deveria ser a de aprender que as fórmulas e técnicas do pré-cálculo são utilizadas como tijolos que constroem as fórmulas e técnicas mais gerais do cálculo. Não se preocupe se você não está familiarizado com algumas das "velhas fórmulas" relacionadas nas duas páginas seguintes — você terá a oportunidade de revê-las todas.

Conforme for avançando no texto, volte repetidas vezes a essa discussão. Tente situar-se em relação aos três estágios envolvidos no estudo do cálculo. Por exemplo, os três primeiros capítulos se situam como segue:

Capítulo P: Preparação para o Cálculo	Pré-cálculo
Capítulo 1: Limites e suas Propriedades	Processo de limite
Capítulo 2: Diferenciação	Cálculo

Sem Cálculo		Com Cálculo Diferencial	
Valor de $f(x)$ quando $x = c$	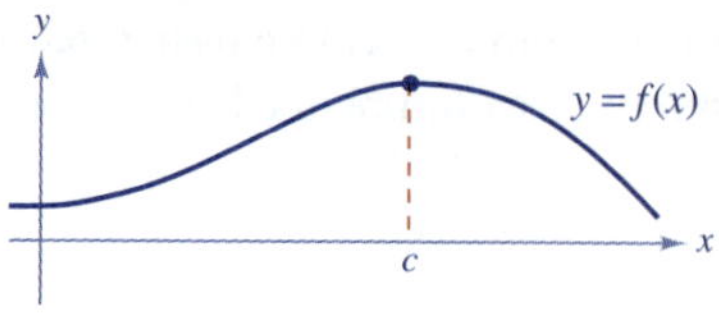	Limite de $f(x)$ quando x se aproxima de c	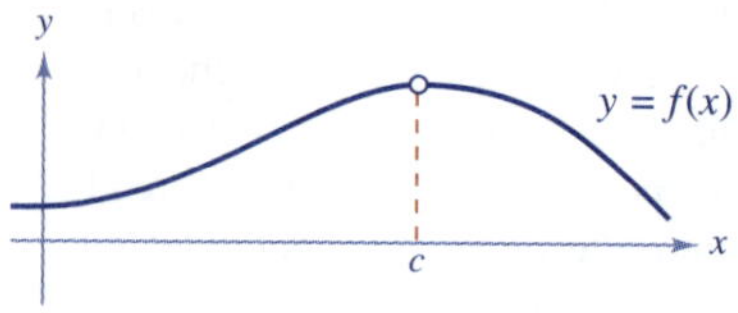
Inclinação de uma reta	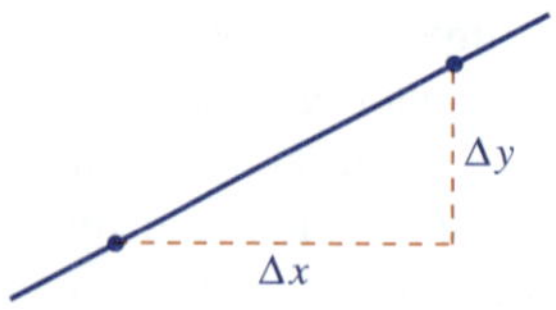	Inclinação de uma curva	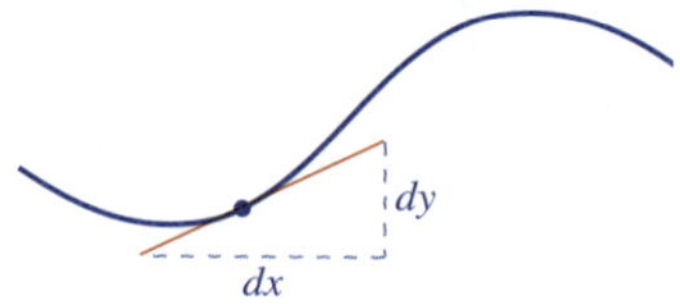
Reta secante a uma curva	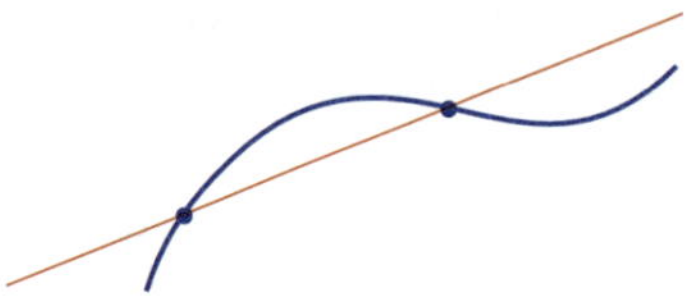	Reta tangente a uma curva	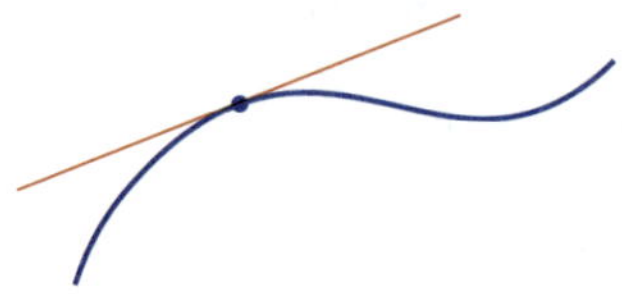
Taxa de variação média entre $t = a$ e $t = b$		Taxa de variação instantânea em $t = c$	
Curvatura de um círculo	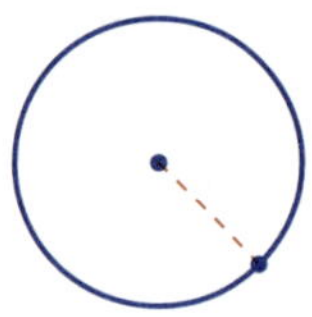	Curvatura de uma curva	
Altura da curva quando $x = c$	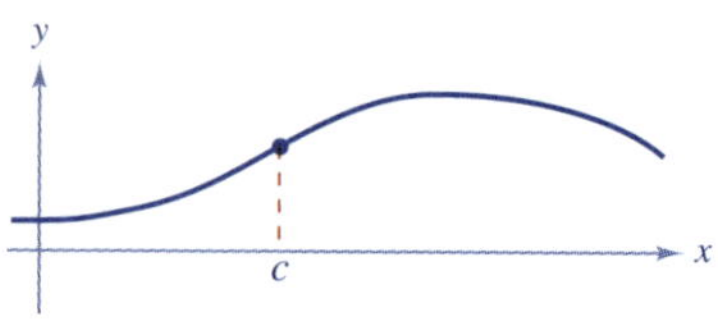	Altura máxima de uma curva em um intervalo	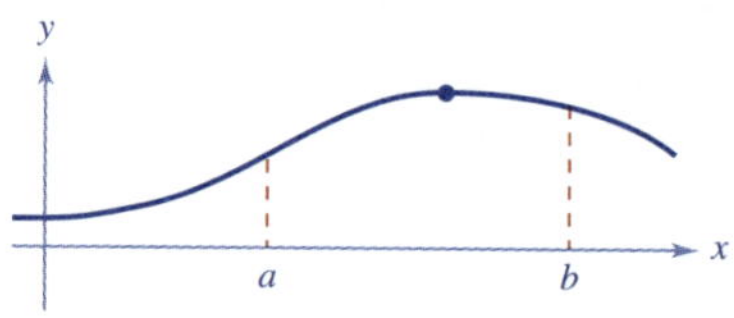
Plano tangente a uma esfera	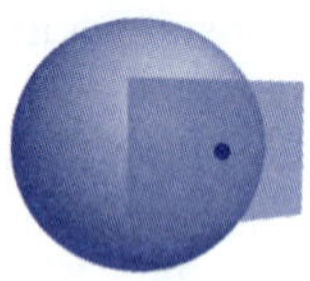	Plano tangente a uma superfície	
Direção do movimento ao longo de uma reta		Direção do movimento ao longo de uma curva	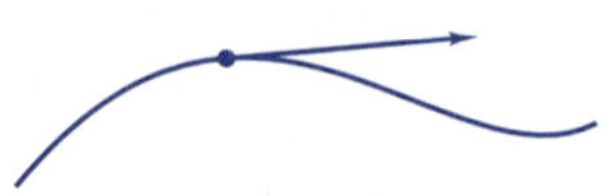

Sem Cálculo		Com Cálculo Diferencial	
Área de um retângulo		Área sob uma curva	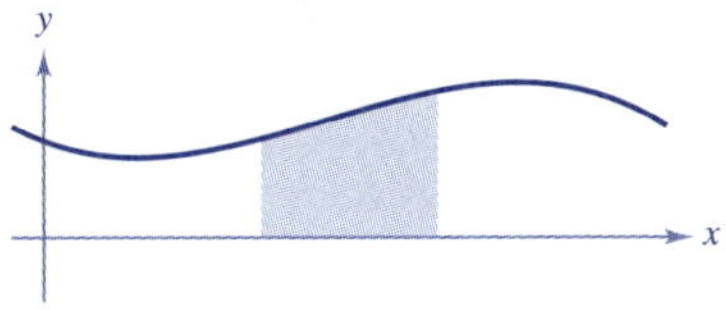
Trabalho realizado por uma força constante		Trabalho realizado por uma força variável	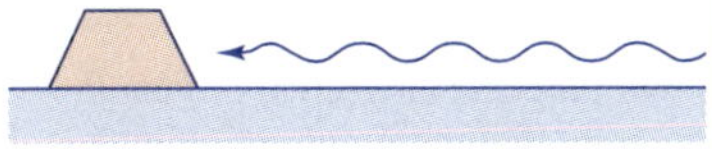
Centro de um retângulo	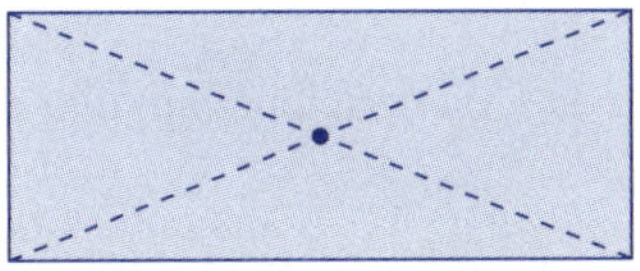	Centróide de uma região	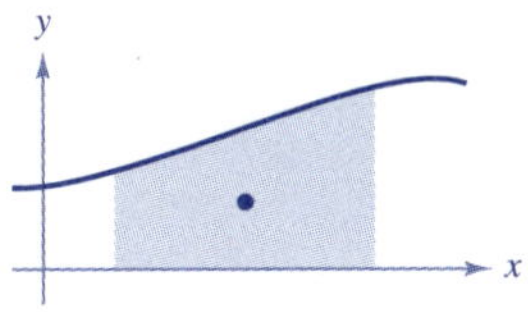
Comprimento de um segmento de reta	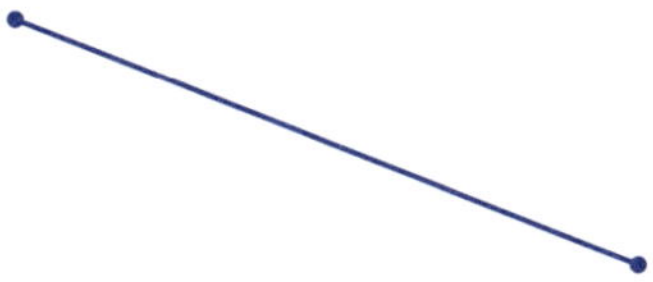	Comprimento de um arco	
Área da superfície de um cilindro		Área da superfície de um sólido de revolução	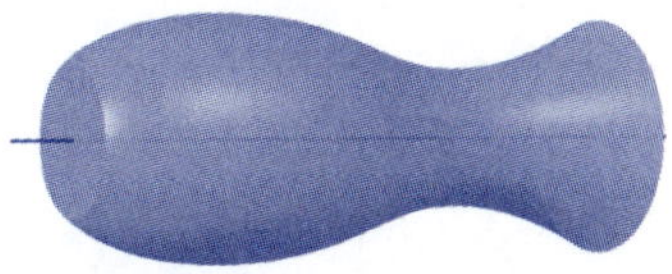
Massa de um sólido de densidade constante		Massa de um sólido de densidade variável	
Volume de um sólido regular		Volume de uma região sob uma superfície	
Soma de um número finito de termos	$a_1 + a_2 + \cdot \cdot \cdot + a_n = S$	Soma de um número infinito de termos	$a_1 + a_2 + a_3 + \cdot \cdot \cdot = S$

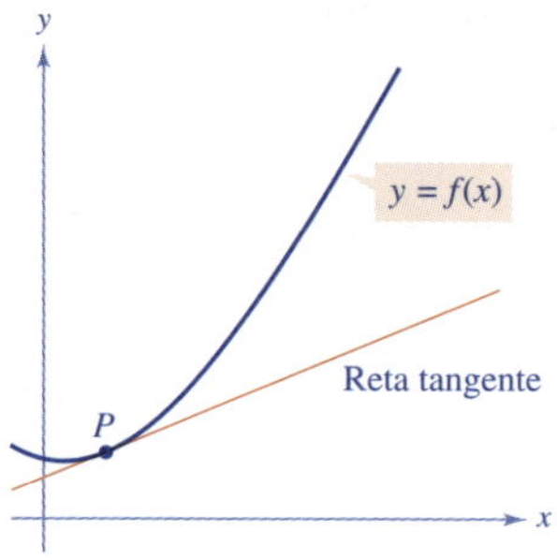

A reta tangente ao gráfico de *f* em *P*.
Figura 1.1

O Problema da Reta Tangente

A noção de limite é fundamental para estudar o cálculo. As seguintes descrições breves de dois problemas clássicos do cálculo — *o problema da reta tangente e o problema da área* — darão a você alguma idéia de como os limites são usados em cálculo.

No problema da reta tangente, dada uma função f e um ponto P em seu gráfico, pede-se que seja encontrada a equação da reta tangente ao gráfico no ponto P, como visto na Figura 1.1.

Exceto em casos envolvendo uma reta tangente vertical, o problema de encontrar a **reta tangente** no ponto P é equivalente a encontrar o *coeficiente angular* da reta tangente em P. Você pode se aproximar desse coeficiente angular usando uma reta pelo ponto de tangência e um segundo ponto na curva, como visto na Figura 1.2(a). Essa reta é chamada de **reta secante**. Se $P(c, f(c))$ é o ponto de tangência e

$$Q(c + \Delta x, f(c + \Delta x))$$

é o segundo ponto no gráfico de f, o coeficiente angular da reta secante por esses pontos é dado por

$$m_{sec} = \frac{f(c + \Delta x) - f(c)}{c + \Delta x - c} = \frac{f(c + \Delta x) - f(c)}{\Delta x}.$$

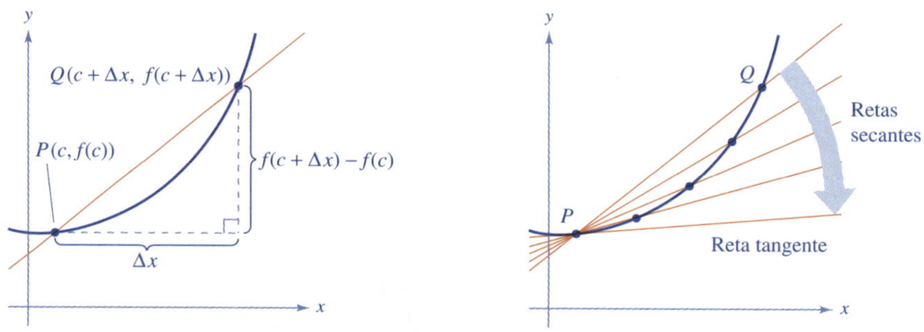

(a) A reta secante por $(c, f(c))$ e $(c + \Delta x, f(c + \Delta x))$.

(b) Conforme Q se aproxima de P, as retas secantes se aproximam da reta tangente.

Figura 1.2

Conforme o ponto Q se aproxima do ponto P, o coeficiente angular da reta secante se aproxima do coeficiente angular da reta tangente, como visto na Figura 1.2(b). Quando essa "posição limite" existir, o coeficiente angular da reta tangente é chamado de **limite** do coeficiente angular da reta secante. (Muito mais será dito sobre esse importante problema no Capítulo 2.)

INVESTIGAÇÃO

Os seguintes pontos estão no gráfico de $f(x) = x^2$:

$$Q_1(1{,}5, f(1{,}5)),\quad Q_2(1{,}1, f(1{,}1)),\quad Q_3(1{,}01, f(1{,}01)),$$
$$Q_4(1{,}001, f(1{,}001)),\quad Q_5(1{,}0001, f(1{,}0001))$$

Cada ponto sucessivo fica mais próximo do ponto $P(1, 1)$. Encontre o coeficiente angular da reta secante por Q_1 e P, Q_2 e P, e assim por diante. Desenhe essas retas secantes com uma ferramenta gráfica. A seguir use seus resultados para fazer uma estimativa do coeficiente angular da reta tangente ao gráfico de f no ponto P.

O Problema da Área

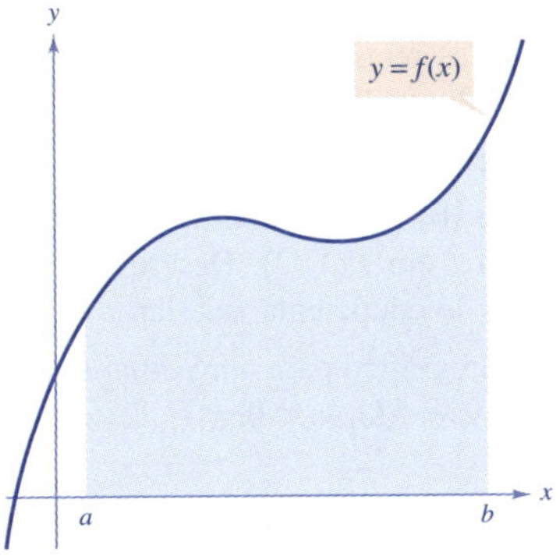

Área sob uma curva.
Figura 1.3

No problema da reta tangente, você viu como o processo de limite pode ser aplicado à inclinação de uma reta para achar a inclinação de uma curva geral. Um segundo problema clássico no cálculo é encontrar a área de uma região plana que é delimitada por gráficos de funções. Esse problema também pode ser resolvido pelo processo de limite. Nesse caso, o processo de limite é aplicado à área de um retângulo para encontrar a área de uma região geral.

Como um exemplo simples, considere a região delimitada pelo gráfico da função $y = f(x)$, o eixo x, e as retas verticais $x = a$ e $x = b$, como visto na Figura 1.3. Você pode aproximar a área da região com diversas regiões retangulares, como visto na Figura 1.4. Conforme você aumenta o número de retângulos, a aproximação tende a tornar-se cada vez melhor por causa da diminuição da área perdida pelos retângulos. Sua meta é determinar o limite da soma das áreas dos retângulos conforme o número de retângulos aumente indefinidamente.

Nota Histórica

Em um dos eventos mais espetaculares que aconteceu na matemática, foi descoberto que o problema da reta tangente e o problema da área eram estreitamente relacionados. Essa descoberta levou ao nascimento do cálculo. Você aprenderá sobre a relação entre esses dois problemas quando estudar o Teorema Fundamental do cálculo no Capítulo 4.

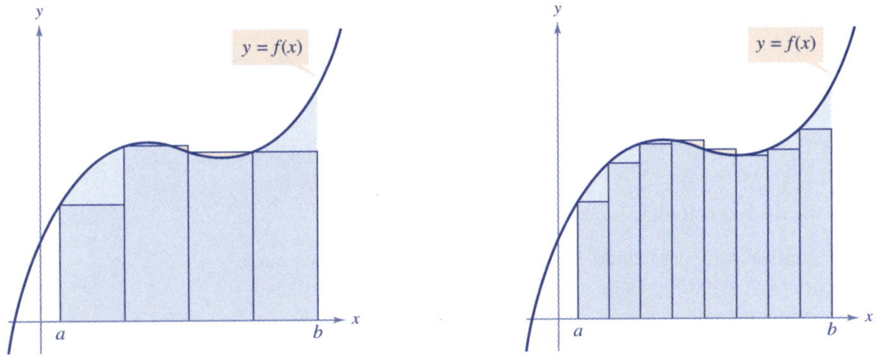

Aproximação usando quatro retângulos. Aproximação usando oito retângulos.
Figura 1.4

INVESTIGAÇÃO

Considere a região delimitada pelos gráficos de $f(x) = x^2$, $y = 0$, e $x = 1$, como visto na parte (a) da figura. A área da região pode ser aproximada por dois conjuntos de retângulos – um conjunto inscrito na região e o outro circunscrito à região, como visto nas partes (b) e (c). Encontre a soma das áreas de cada conjunto de retângulos. Em seguida, use seus resultados para fazer uma aproximação da área da região.

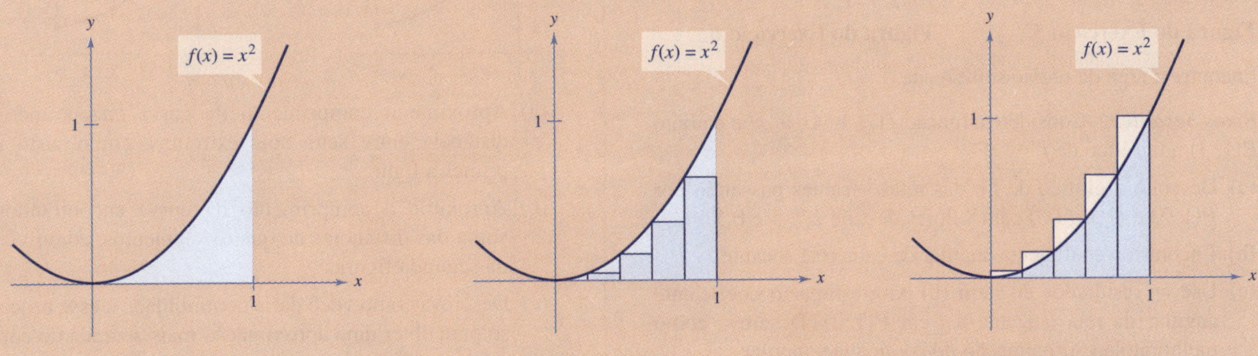

(a) Região delimitada. **(b)** Retângulos inscritos. **(c)** Retângulos circunscritos.

Exercícios da Seção 1.1

Nos Exercícios 1 a 6, decida se o problema pode ser resolvido usando pré-cálculo, ou se é necessário cálculo. Se o problema puder ser resolvido usando pré-cálculo, resolva-o. Se lhe parecer que o problema requer cálculo, explique seu raciocínio e use uma abordagem numérica ou gráfica para fazer uma estimativa da solução.

1. Encontre a distância percorrida em 15 segundos por um objeto que se desloca com velocidade constante de 20 pés por segundo.

2. Encontre a distância percorrida em 15 segundos por um objeto que se desloca com velocidade de $v(t) = 20 + 7 \cos t$ pés por segundo.

3. Um ciclista está passeando em um caminho modelado pela função $f(x) = 0{,}04(8x - x^2)$, onde x e $f(x)$ são medidos em milhas. Encontre a taxa de variação da elevação quando $x = 2$.

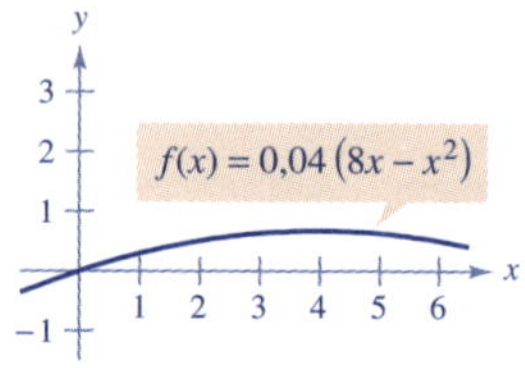

Figura do Exercício 3

4. Um ciclista está passeando em um caminho modelado pela função $f(x) = 0{,}08x$, onde x e $f(x)$ são medidos em milhas. Encontre a taxa de variação da elevação quando $x = 2$.

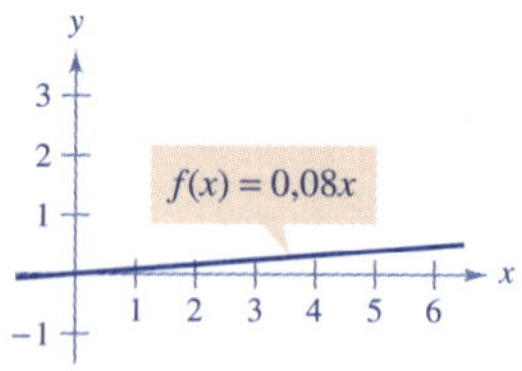

Figura do Exercício 4

5. Encontre a área da região sombreada.

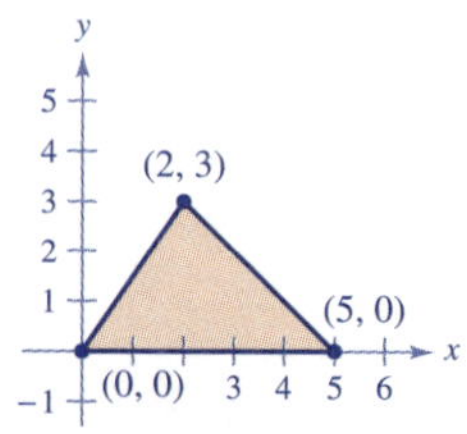

Figura do Exercício 5

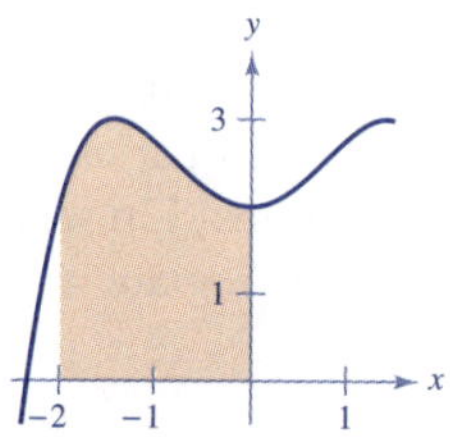

Figura do Exercício 6

6. Encontre a área da região sombreada.

7. ***Retas Secantes*** Considere a função $f(x) = 4x - x^2$ e o ponto $P(1, 3)$ no gráfico de f.

(a) Desenhe o gráfico de f e das retas secantes passando por $P(1, 3)$ e $Q(x, f(x))$ para valores de x de 2, 1,5 e 0,5.

(b) Encontre o coeficiente angular de cada reta secante.

(c) Use os resultados do item (b) para estimar o coeficiente angular da reta tangente a f em $P(1, 3)$. Descreva como melhorar sua aproximação do coeficiente angular.

8. ***Retas Secantes*** Considere a função $f(x) = \sqrt{x}$ e o ponto $P(4, 2)$ no gráfico de f.

(a) Desenhe o gráfico de f e das retas secantes passando por $P(4, 2)$ e $Q(x, f(x))$ para valores de x de 1, 3 e 5.

(b) Encontre o coeficiente angular de cada reta secante.

(c) Use os resultados do item (b) para estimar o coeficiente angular da reta tangente a f em $P(4, 2)$. Descreva como melhorar sua aproximação do coeficiente angular.

9. (a) Use os retângulos em cada gráfico para aproximar a área da região delimitada por $y = 5/x$, $y = 0$, $x = 1$ e $x = 5$.

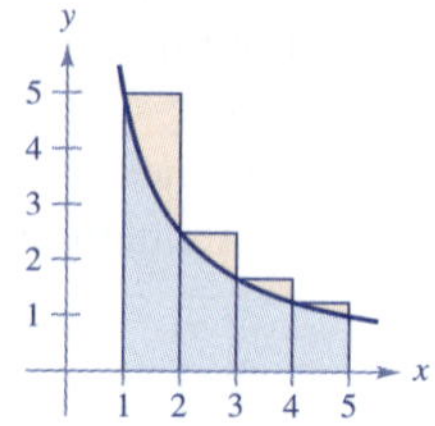

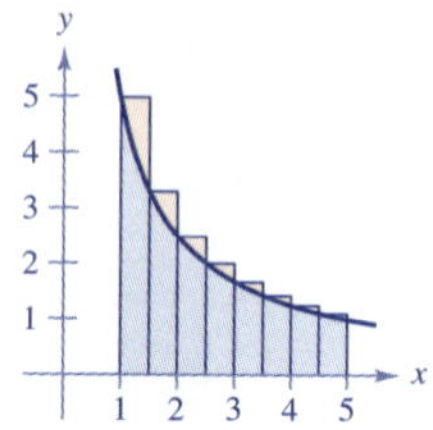

(b) Descreva como você daria continuidade a esse processo para obter uma aproximação mais acurada da área.

10. (a) Use os retângulos em cada gráfico para aproximar a área da região delimitada por $y = \text{sen}\, x$, $y = 0$, $x = 0$ e $x = \pi$.

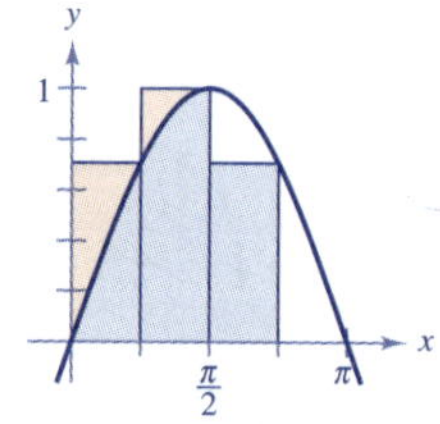

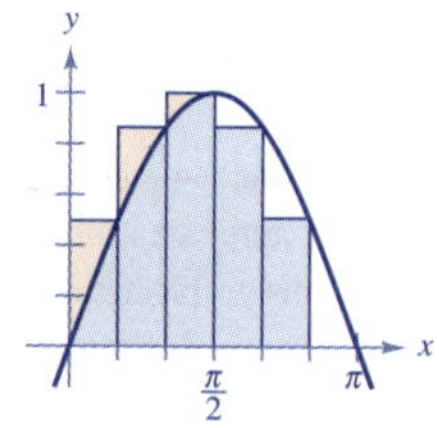

(b) Descreva como você daria continuidade a esse processo para obter uma aproximação mais acurada da área.

Questões Conceituais

11. Considere o comprimento do gráfico de $f(x) = 5/x$ de $(1, 5)$ até $(5, 1)$.

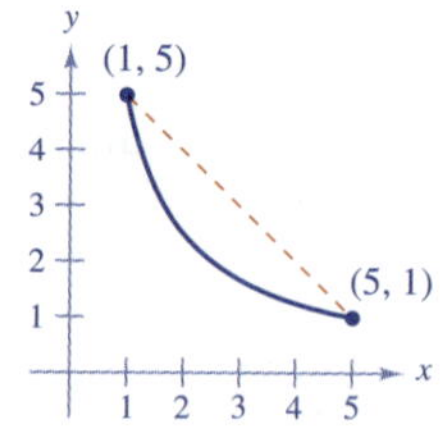

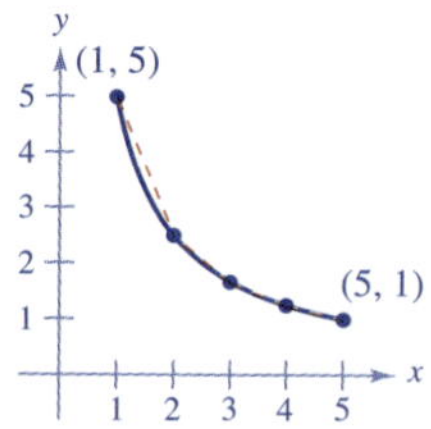

(a) Aproxime o comprimento da curva encontrando a distância entre seus dois extremos, como visto na primeira figura.

(b) Aproxime o comprimento da curva encontrando a soma das distâncias de quatro segmentos, como visto na segunda figura.

(c) Descreva como você daria continuidade a esse processo para obter uma aproximação mais acurada do comprimento da curva.

Seção 1.2

Encontrando Limites Graficamente e Numericamente

- **Estimar um limite usando uma abordagem numérica ou gráfica.**
- **Aprender as diferentes formas pelas quais um limite deixa de existir.**
- **Estudar e usar a definição formal de limite.**

Uma Introdução aos Limites

Suponha que lhe seja pedido para esboçar o gráfico da função f dada por

$$f(x) = \frac{x^3 - 1}{x - 1}, \qquad x \neq 1.$$

Para todos os valores exceto $x = 1$, você pode utilizar técnicas padrão de traçado de curvas. No entanto, em $x = 1$, não é claro o que acontecerá. Para ter uma idéia do comportamento do gráfico de f na proximidade de $x = 1$, você pode usar dois conjuntos de valores de x — um conjunto que se aproxime de 1 pela esquerda e outro que aproxime de 1 pela direita, como visto na tabela.

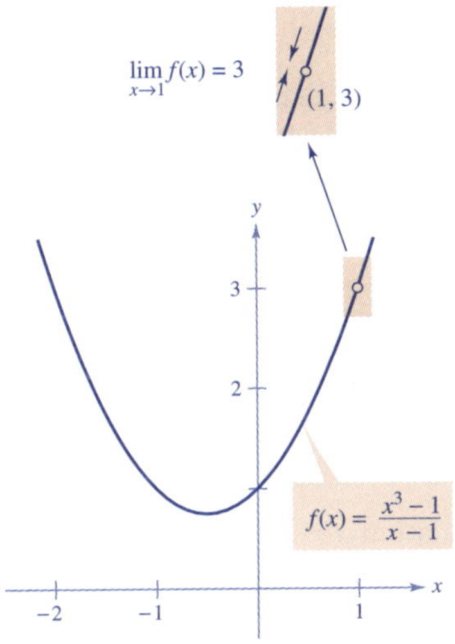

O limite de $f(x)$ para x tendendo a 1 é 3.
Figura 1.5

x tende a 1 pela esquerda → ← x tende a 1 pela direita

x	0,75	0,9	0,99	0,999	1	1,001	1,01	1,1	1,25
$f(x)$	2,313	2,710	2,970	2,997	?	3,003	3,030	3,310	3,813

$f(x)$ tende a 3 → ← $f(x)$ tende a 3

O gráfico de f é uma parábola que tem uma falha no ponto (1, 3), como visto na Figura 1.5. Embora x não possa ser igual a 1, você pode trazê-lo arbitrariamente próximo de 1, e como conseqüência $f(x)$ torna-se arbitrariamente próxima de 3. Usando a notação de limite, você pode escrever

$$\lim_{x\to1} f(x) = 3.$$

Isso é lido como "o limite de $f(x)$ para x tendendo a 1 é 3"

Essa discussão leva a uma descrição informal de limite. Se $f(x)$ torna-se arbitrariamente próxima de um único número L conforme x se aproxima de c por ambos os lados, o **limite** de $f(x)$, para x tendendo a c, é L. Esse limite é escrito como

$$\lim_{x\to c} f(x) = L.$$

INVESTIGAÇÃO

A discussão acima dá um exemplo de como você pode fazer a estimativa de um limite *numericamente* pela construção de uma tabela e *graficamente* pelo desenho de um gráfico. Faça uma estimativa do seguinte limite numericamente, completando a tabela:

$$\lim_{x\to2} \frac{x^2 - 3x + 2}{x - 2}$$

x	1,75	1,9	1,99	1,999	2	2,001	2,01	2,1	2,25
$f(x)$	?	?	?	?	?	?	?	?	?

Em seguida, use uma ferramenta gráfica para fazer uma estimativa do limite graficamente.

EXEMPLO 1 Estimando o Limite Numericamente

Calcule o valor da função $f(x) = x/\left(\sqrt{x+1} - 1\right)$ em diversos pontos na proximidade de $x = 0$ e use os resultados para fazer uma estimativa do limite

$$\lim_{x \to 0} \frac{x}{\sqrt{x+1} - 1}.$$

Solução A tabela lista os valores de $f(x)$ para diversos valores de x próximos de 0.

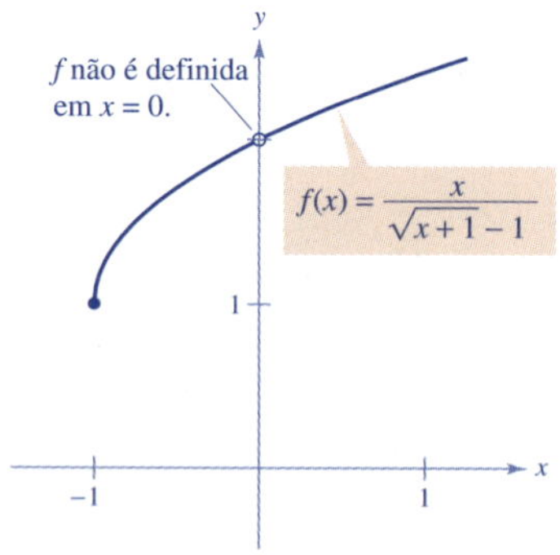

O limite de $f(x)$ quando x tende a 0 é 2.
Figura 1.6

x tende a 0 pela esquerda → ← x tende a 0 pela direita

x	−0,01	−0,001	−0,0001	0	0,0001	0,001	0,01
$f(x)$	1,99499	1,99950	1,99995	?	2,00005	2,00050	2,00499

$f(x)$ tende a 2 → ← $f(x)$ tende a 2

A partir dos resultados vistos na tabela, você pode fazer uma estimativa de que o valor do limite é 2. O gráfico de f (veja a Figura 1.6) reforça esse resultado.

No Exemplo 1, note que a função não é definida em $x = 0$ e ainda assim $f(x)$ parece se aproximar de um limite quando x se aproxima de 0. Isso ocorre freqüentemente, e é importante perceber que *a existência ou não-existência de $f(x)$ em $x = c$ não tem relação com a existência do limite de $f(x)$ quando x tende a c.*

EXEMPLO 2 Encontrando um Limite

Encontre o limite de $f(x)$ para x tendendo a 2 onde f é definida como

$$f(x) = \begin{cases} 1, & x \neq 2 \\ 0, & x = 2. \end{cases}$$

Solução Como $f(x) = 1$ para todo x exceto $x = 2$, você pode concluir que o limite é 1, como visto na Figura 1.7. Assim, você pode escrever

$$\lim_{x \to 2} f(x) = 1.$$

O fato de $f(2) = 0$ não tem relação com a existência ou valor do limite para x tendendo a 2. Por exemplo, se a função fosse definida como

$$f(x) = \begin{cases} 1, & x \neq 2 \\ 2, & x = 2 \end{cases}$$

o limite seria o mesmo.

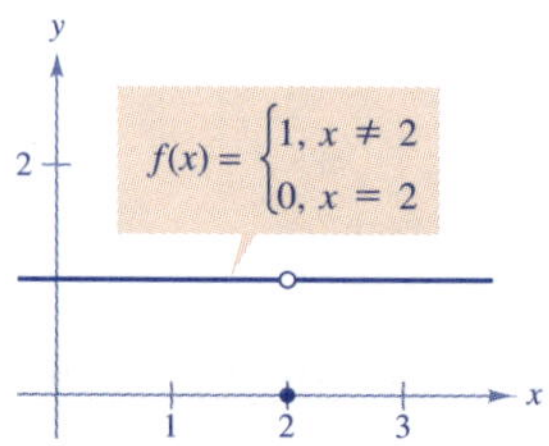

O limite de $f(x)$ para x tendendo a 2 é 1.
Figura 1.7

Até aqui nesta seção, você fez estimativas de limites numericamente e graficamente. Cada uma dessas abordagens gerou uma estimativa do limite. Na Seção 1.3, você irá estudar técnicas analíticas para encontrar o valor de limites. Ao longo desse curso, tente desenvolver o hábito de usar essa tríplice abordagem para resolver problemas.

1. Abordagem numérica — Construa uma tabela de valores
2. Abordagem gráfica — Desenhe um gráfico à mão ou usando tecnologia
3. Abordagem analítica — Use álgebra ou cáculo

Limites Que Não Existem

Nos próximos três exemplos você irá examinar alguns limites que não existem.

EXEMPLO 3 Comportamentos Diferentes à Direita e à Esquerda

Mostre que o limite não existe.

$$\lim_{x\to 0} \frac{|x|}{x}$$

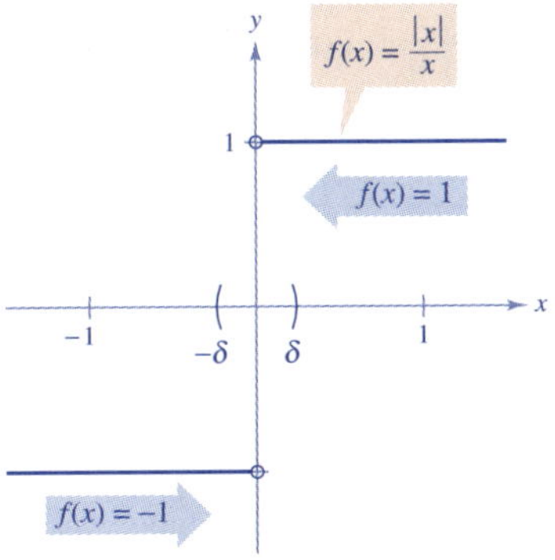

Não existe $\lim_{x\to 0} f(x)$.

Figura 1.8

Solução Considere o gráfico da função $f(x) = |x|/x$. A partir da Figura 1.8, você pode ver que, para valores positivos de x

$$\frac{|x|}{x} = 1, \qquad x > 0$$

e para valores negativos de x

$$\frac{|x|}{x} = -1, \qquad x < 0.$$

Isso significa que não importa quão perto x chegue de 0, sempre haverá valores positivos e negativos que produzem $f(x) = 1$ e $f(x) = -1$. Especificamente, se δ (a letra grega *delta* minúscula) é um número positivo, então para valores de x que satisfaçam à inequação $0 < |x| < \delta$, você pode classificar os valores de $|x|/x$ como visto abaixo.

$(-\delta, 0)$ — Valores negativos de x resultam em $|x|/x = -1$.

$(0, \delta)$ — Valores positivos de x resultam em $|x|/x = 1$.

Isso implica que o limite não existe.

EXEMPLO 4 Comportamento Ilimitado

Discuta a existência do limite

$$\lim_{x\to 0} \frac{1}{x^2}.$$

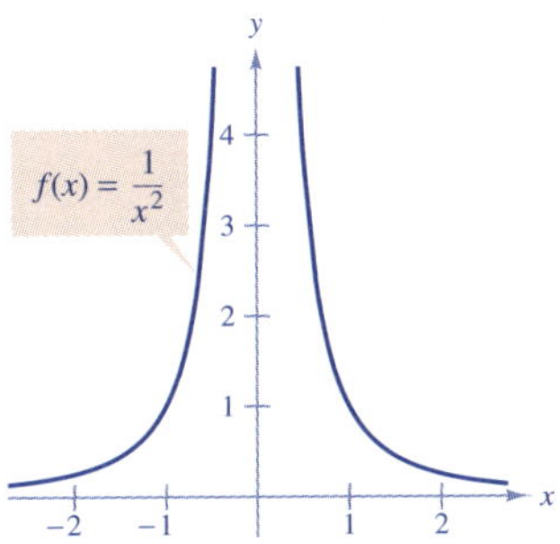

Não existe $\lim_{x\to 0} f(x)$.

Figura 1.9

Solução Seja $f(x) = 1/x^2$. Na Figura 1.9, você pode ver que quando x tende a 0 tanto pelo lado direito quanto pelo lado esquerdo, o valor de $f(x)$ aumenta sem limitação. Isso significa que ao escolher x próximo o suficiente de 0, você pode forçar $f(x)$ a ser tão grande quanto quiser. Por exemplo, $f(x)$ será maior que 100 se você escolher x que esteja a menos de $\frac{1}{10}$ de distância de 0. Isto é,

$$0 < |x| < \frac{1}{10} \quad \Rightarrow \quad f(x) = \frac{1}{x^2} > 100.$$

Da mesma forma, você pode forçar $f(x)$ a ser maior que 1.000.000 se fizer o seguinte:

$$0 < |x| < \frac{1}{1000} \quad \Rightarrow \quad f(x) = \frac{1}{x^2} > 1.000.000$$

Como $f(x)$ não está se aproximando de nenhum número real L quando x tende a 0, você pode concluir que o limite não existe.

EXEMPLO 5 Comportamento Oscilante

Discuta a existência do limite $\lim_{x\to 0} \operatorname{sen} \frac{1}{x}$.

Solução Seja $f(x) = \operatorname{sen}(1/x)$. Na Figura 1.10, você pode observar que quando x se aproxima de 0, $f(x)$ oscila entre -1 e 1. Assim, o limite não existe porque não importa quão pequeno você escolha δ, é possível escolher x_1 e x_2 a uma distância menor que δ unidades de 0 de modo que $\operatorname{sen}(1/x_1) = 1$ e $\operatorname{sen}(1/x_2) = -1$, como visto na tabela.

x	$2/\pi$	$2/3\pi$	$2/5\pi$	$2/7\pi$	$2/9\pi$	$2/11\pi$	$x \to 0$
sen (1/x)	1	-1	1	-1	1	-1	O limite não existe.

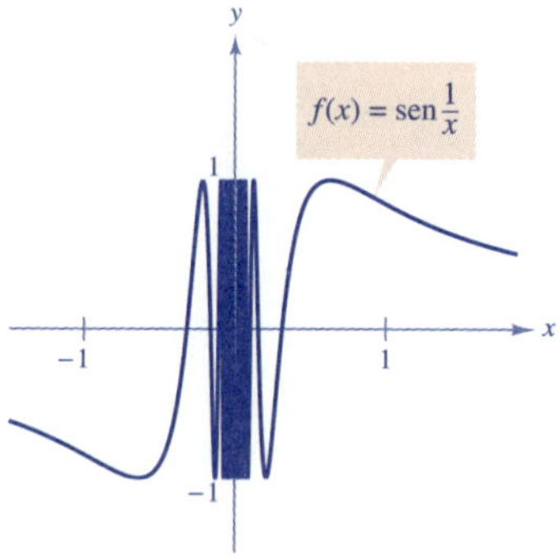

Não existe $\lim_{x\to 0} f(x)$.
Figura 1.10

Tipos Comuns de Comportamento Associados à Não-existência de um Limite

1. $f(x)$ se aproxima de números diferentes pelo lado direito e pelo lado esquerdo de c.
2. $f(x)$ aumenta ou diminui ilimitadamente quando x tende a c.
3. $f(x)$ oscila entre dois valores fixos quando x tende a c.

Há muitas outras funções interessantes que têm comportamento incomum no limite. Uma, citada freqüentemente, é a *função de Dirichlet*

$$f(x) = \begin{cases} 0, & \text{se } x \text{ é racional.} \\ 1, & \text{se } x \text{ é irracional.} \end{cases}$$

Como essa função *não tem limite* em nenhum número real c, ela *não é contínua* em nenhum número real c. Você estudará continuidade mais a fundo na Seção 1.4.

PETER GUSTAV DIRICHLET (1805-1859)

No desenvolvimento inicial do cálculo, a definição de função era muito mais restrita do que é hoje, e "funções" tais como a função de Dirichlet não seriam consideradas. A definição moderna de função foi dada pelo matemático alemão Peter Gustav Dirichlet.

ARMADILHA TECNOLÓGICA Quando você usa uma ferramenta gráfica para pesquisar o comportamento de uma função próximo do valor de x para o qual você está tentando obter o valor do limite, lembre-se de que nem sempre pode confiar nas figuras produzidas pela ferramenta gráfica. Se você usar uma ferramenta gráfica para desenhar a função do Exemplo 5 em um intervalo que contenha 0, provavelmente obterá um gráfico incorreto como o visto na Figura 1.11. A razão pela qual a ferramenta gráfica não pode mostrar o gráfico correto é que o gráfico tem infinitas oscilações em qualquer intervalo que contenha 0.

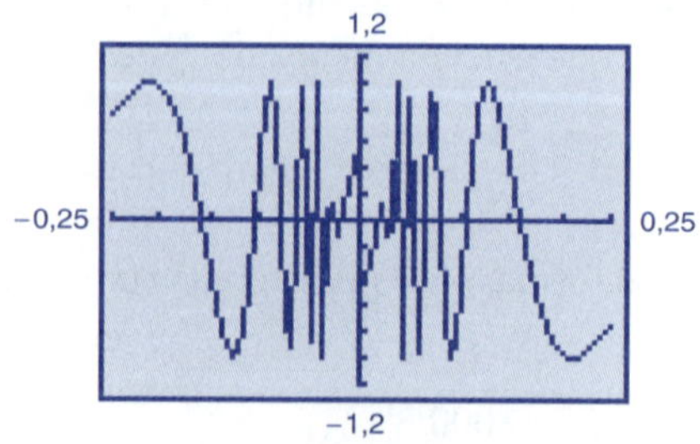

Gráfico incorreto de $f(x) = \operatorname{sen}(1/x)$.
Figura 1.11

Uma Definição Formal de Limite

Vamos examinar novamente a descrição informal de um limite. Se $f(x)$ torna-se arbitrariamente próxima de um único número L quando x tende a c por ambos os lados, então o limite de $f(x)$ quando x tende a c é L, escrito como

$$\lim_{x \to c} f(x) = L.$$

À primeira vista, essa descrição parece bastante técnica. Mesmo assim, é informal porque os significados exatos não foram ainda dados às duas sentenças

"$f(x)$ torna-se arbitrariamente próxima de L"

e

"x tende a c".

A primeira pessoa a dar significados matematicamente rigorosos para essas duas sentenças foi Augustin-Luis Cauchy. Sua **definição de limite** por ε-δ estabeleceu o padrão usado hoje em dia.

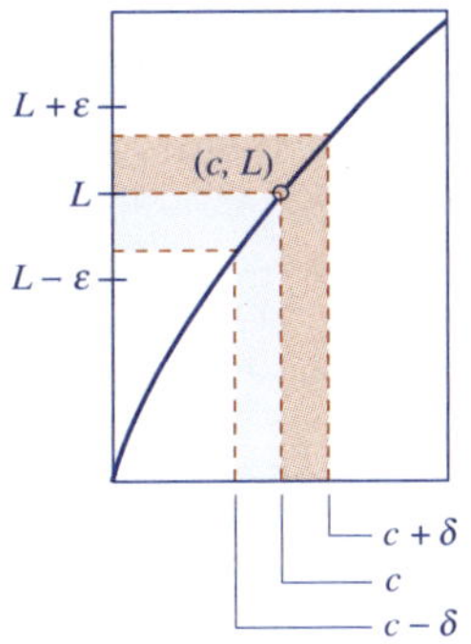

A definição ε-δ de limite de $f(x)$ para x tendendo a c.
Figura 1.12

Na Figura 1.12, ε (a letra grega *épsilon* minúscula) representa um número positivo (pequeno). Então a sentença "$f(x)$ torna-se arbitrariamente próxima de L" significa que o valor de $f(x)$ se encontra em um intervalo $(L - \varepsilon, L + \varepsilon)$. Usando valor absoluto, você pode escrever isso como

$$|f(x) - L| < \varepsilon.$$

Da mesma forma, a sentença "x tende a c" significa que existe um número positivo δ tal que x está situado ou no intervalo $(c - \delta, c)$ ou no intervalo $(c, c + \delta)$. Esse fato pode ser expresso de forma concisa pela dupla desigualdade

$$0 < |x - c| < \delta.$$

A primeira desigualdade

$$0 < |x - c| \qquad \text{A distância entre } x \text{ e } c \text{ é maior que } 0$$

expressa o fato de que $x \neq c$. A segunda desigualdade

$$|x - c| < \delta \qquad x \text{ está a menos de } \delta \text{ unidades de } c$$

afirma que x está a uma distância menor que δ de c.

Definição de Limite

Seja f uma função definida em um intervalo aberto contendo c (exceto possivelmente em c) e seja L um número real. A afirmação

$$\lim_{x \to c} f(x) = L$$

significa que para todo $\varepsilon > 0$ existe um $\delta > 0$ tal que se

$$0 < |x - c| < \delta, \quad \text{então} \quad |f(x) - L| < \varepsilon.$$

PARA MAIS INFORMAÇÃO
Para saber mais sobre a introdução do rigor no cálculo, veja o artigo "Who Gave You the Epsilon? Cauchy and the Origins of Rigorous Calculus", de Judith V. Grabiner, em *The American Mathematical Monthly*; ou consulte-o em *www.matharticles.com*.

OBSERVAÇÃO Ao longo de todo este texto, a expressão

$$\lim_{x \to c} f(x) = L$$

implica duas afirmações — o limite existe *e* o limite é L.

Algumas funções não têm limites para $x \to c$, mas aquelas que têm não podem ter dois limites diferentes para $x \to c$. Isto é, *se o limite de uma função existe, ele é único* (veja o Exercício 69).

Os próximos três exemplos deverão ajudar você a ter uma melhor compreensão da definição por ε-δ de limite.

EXEMPLO 6 Encontrando um δ para um Dado ε

Dado o limite

$$\lim_{x\to 3}(2x - 5) = 1$$

encontre δ tal que $|(2x - 5) - 1| < 0{,}01$ sempre que $0 < |x - 3| < \delta$.

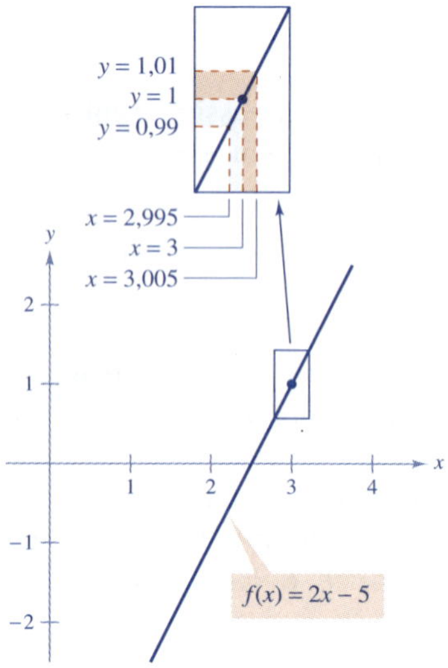

O limite de $f(x)$ para x tendendo a 3 é 1.
Figura 1.13

Solução Nesse problema, você está trabalhando com um valor dado de ε — especificamente, $\varepsilon = 0{,}01$. Para encontrar um δ apropriado, note que

$$|(2x - 5) - 1| = |2x - 6| = 2|x - 3|.$$

Devido ao fato da desigualdade $|(2x - 5) - 1| < 0{,}01$ ser equivalente a $2|x - 3| < 0{,}01$, você pode escolher $\delta = \frac{1}{2}(0{,}01) = 0{,}005$. Essa escolha funciona pois

$$0 < |x - 3| < 0{,}005$$

implica que

$$|(2x - 5) - 1| = 2|x - 3| < 2(0{,}005) = 0{,}01$$

como visto na Figura 1.13.

OBSERVAÇÃO No Exemplo 6, perceba que 0,005 é o *maior* valor de δ que irá garantir que $|(2x - 5) - 1| < 0{,}01$ sempre que $0 < |x - 3| < \delta$. Qualquer valor positivo *menor* de δ também serviria.

No Exemplo 6, você encontrou um valor de δ para um *dado* ε. Isto não prova a existência do limite. Para fazer isto, você deveria demonstrar que pode encontrar um δ para qualquer ε, como mostrado no próximo exemplo.

EXEMPLO 7 Usando a Definição ε-δ de Limite

Use a definição ε-δ de limite para provar que

$$\lim_{x\to 2}(3x - 2) = 4.$$

Solução Você deve mostrar que para cada $\varepsilon > 0$, existe um $\delta > 0$ tal que $|(3x - 2) - 4| < \varepsilon$ sempre que $0 < |x - 2| < \delta$. Pelo fato de sua escolha de δ depender de ε, você precisa estabelecer uma ligação entre os valores absolutos $|(3x - 2) - 4|$ e $|x - 2|$.

$$|(3x - 2) - 4| = |3x - 6| = 3|x - 2|$$

Assim, para um dado $\varepsilon > 0$, você pode escolher $\delta = \varepsilon/3$. Essa escolha funciona pois

$$0 < |x - 2| < \delta = \frac{\varepsilon}{3}$$

implica que

$$|(3x - 2) - 4| = 3|x - 2| < 3\left(\frac{\varepsilon}{3}\right) = \varepsilon$$

como visto na Figura 1.14.

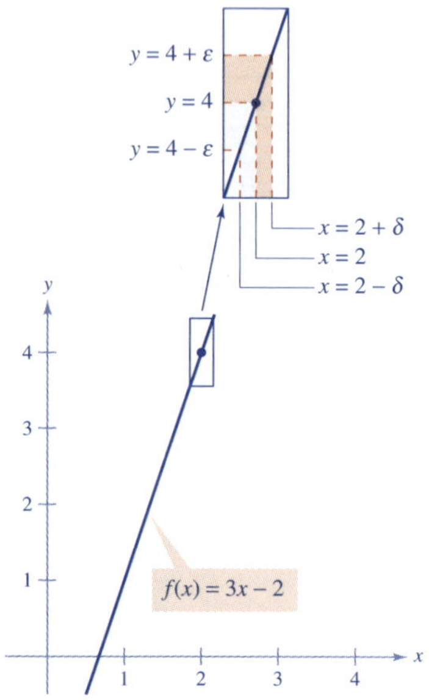

O limite de $f(x)$ para x tendendo a 2 é 4.
Figura 1.14

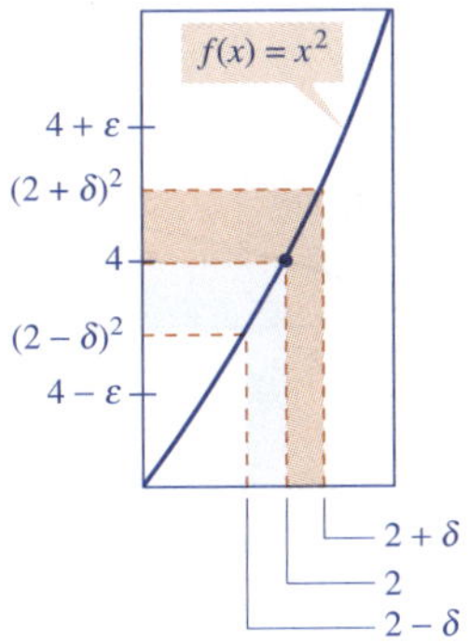

O limite de $f(x)$ para x tendendo a 2 é 4.
Figura 1.15

EXEMPLO 8 Usando a Definição ε-δ de Limite

Use a definição ε-δ de limite para provar que

$$\lim_{x \to 2} x^2 = 4.$$

Solução Você deve mostrar que para cada $\varepsilon > 0$, existe um $\delta > 0$ tal que

$$|x^2 - 4| < \varepsilon \text{ sempre que } 0 < |x - 2| < \delta.$$

Para encontrar um δ apropriado, comece escrevendo $|x^2 - 4| = |x - 2||x + 2|$. Para todo x no intervalo $(1, 3)$, você sabe que $|x + 2| < 5$. Assim, tomando δ como o mínimo entre $\varepsilon/5$ e 1, segue que, sempre que $0 < |x - 2| < \delta$, você tem

$$|x^2 - 4| = |x - 2||x + 2| < \left(\frac{\varepsilon}{5}\right)(5) = \varepsilon$$

como visto na Figura 1.15.

Ao longo deste capítulo você usará a definição ε-δ de limite fundamentalmente para provar teoremas sobre limites e para estabelecer a existência ou não existência de certos tipos de limites. Para *calcular* limites, você aprenderá técnicas que são mais fáceis de usar que a definição ε-δ de limite.

Exercícios da Seção 1.2

Nos Exercícios 1 a 8, complete a tabela e use o resultado para fazer uma estimativa do limite. Use uma ferramenta gráfica para desenhar o gráfico da função e confirmar seu resultado.

1. $\lim_{x \to 2} \dfrac{x - 2}{x^2 - x - 2}$

x	1,9	1,99	1,999	2,001	2,01	2,1
$f(x)$						

2. $\lim_{x \to 2} \dfrac{x - 2}{x^2 - 4}$

x	1,9	1,99	1,999	2,001	2,01	2,1
$f(x)$						

3. $\lim_{x \to 0} \dfrac{\sqrt{x + 3} - \sqrt{3}}{x}$

x	$-0,1$	$-0,01$	$-0,001$	0,001	0,01	0,1
$f(x)$						

4. $\lim_{x \to -3} \dfrac{\sqrt{1 - x} - 2}{x + 3}$

x	$-3,1$	$-3,01$	$-3,001$	$-2,999$	$-2,99$	$-2,9$
$f(x)$						

5. $\lim_{x \to 3} \dfrac{[1/(x + 1)] - (1/4)}{x - 3}$

x	2,9	2,99	2,999	3,001	3,01	3,1
$f(x)$						

6. $\lim_{x \to 4} \dfrac{[x/(x + 1)] - (4/5)}{x - 4}$

x	3,9	3,99	3,999	4,001	4,01	4,1
$f(x)$						

7. $\lim_{x \to 0} \dfrac{\operatorname{sen} x}{x}$

x	$-0,1$	$-0,01$	-0.001	0,001	0,01	0,1
$f(x)$						

8. $\lim_{x \to 0} \dfrac{\cos x - 1}{x}$

x	$-0,1$	$-0,01$	$-0,001$	0,001	0,01	0,1
$f(x)$						

Nos Exercícios 9 a 18, use o gráfico para encontrar o limite (se existir). Se o limite não existir, explique por quê.

9. $\lim_{x\to3}(4-x)$

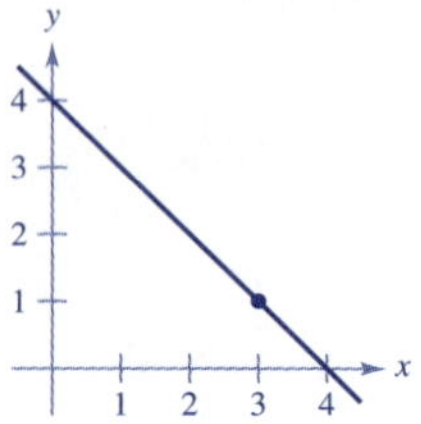

10. $\lim_{x\to1}(x^2+2)$

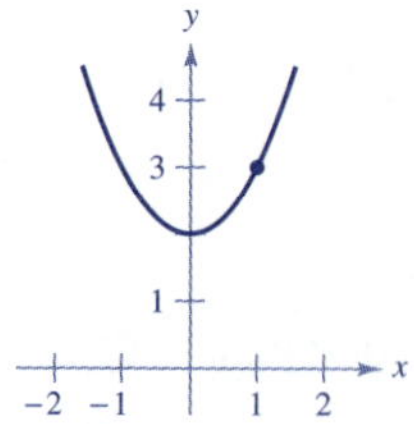

11. $\lim_{x\to2} f(x)$

$$f(x)=\begin{cases}4-x, & x\neq 2\\ 0, & x=2\end{cases}$$

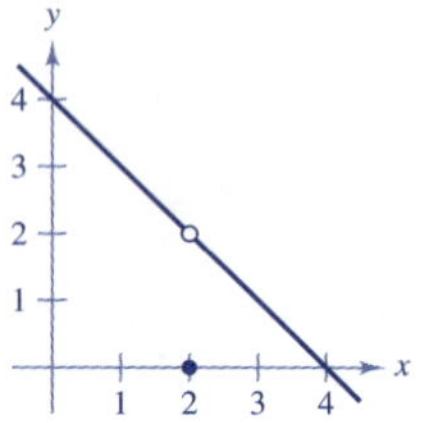

12. $\lim_{x\to1} f(x)$

$$f(x)=\begin{cases}x^2+2, & x\neq 1\\ 1, & x=1\end{cases}$$

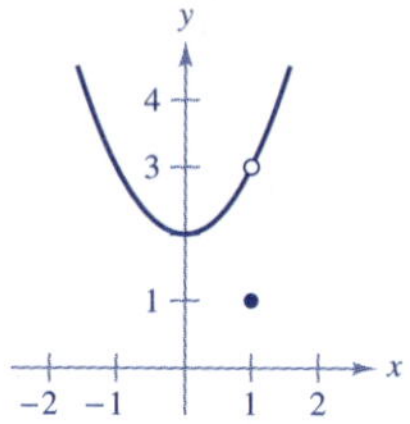

13. $\lim_{x\to5}\dfrac{|x-5|}{x-5}$

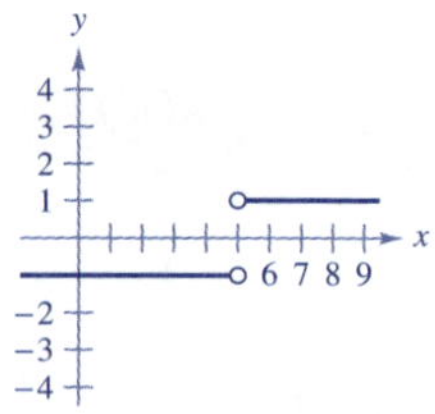

14. $\lim_{x\to3}\dfrac{1}{x-3}$

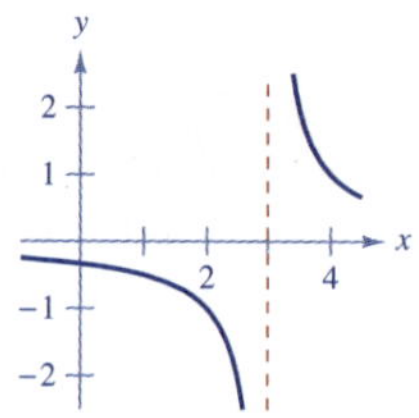

15. $\lim_{x\to1}\operatorname{sen}\pi x$

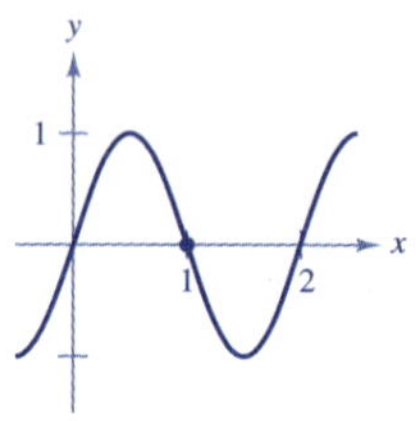

16. $\lim_{x\to0}\sec x$

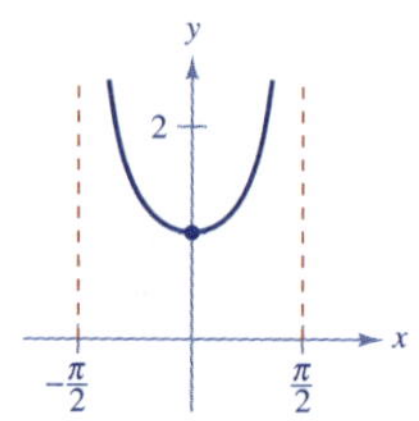

17. $\lim_{x\to0}\cos\dfrac{1}{x}$

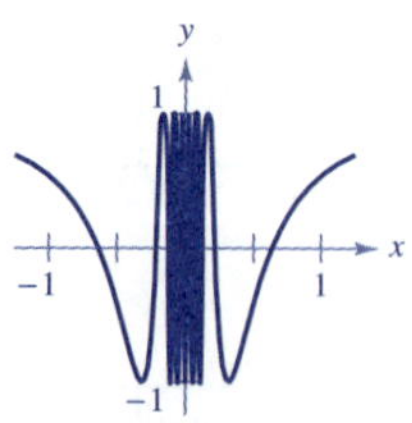

18. $\lim_{x\to\pi/2}\operatorname{tg} x$

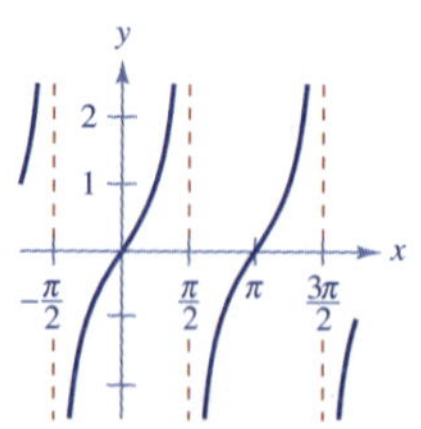

Nos Exercícios 19 e 20, use o gráfico da função f para verificar se existe o valor da quantidade dada. Se existir, encontre-o. Se não, explique por quê.

19. (a) $f(1)$

(b) $\lim_{x\to1} f(x)$

(c) $f(4)$

(d) $\lim_{x\to4} f(x)$

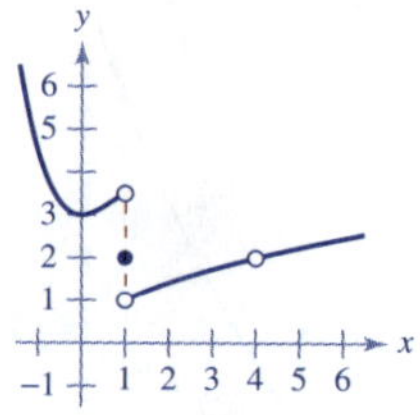

20. (a) $f(-2)$

(b) $\lim_{x\to-2} f(x)$

(c) $f(0)$

(d) $\lim_{x\to0} f(x)$

(e) $f(2)$

(f) $\lim_{x\to2} f(x)$

(g) $f(4)$

(h) $\lim_{x\to4} f(x)$

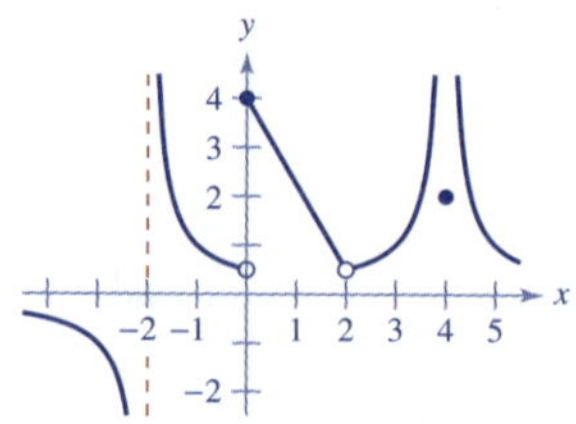

Nos Exercícios 21 e 22, use o gráfico da função f para identificar os valores de c para os quais existe $\lim_{x\to c} f(x)$.

21.

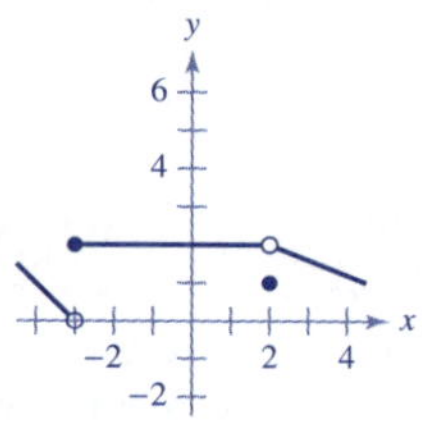

22.

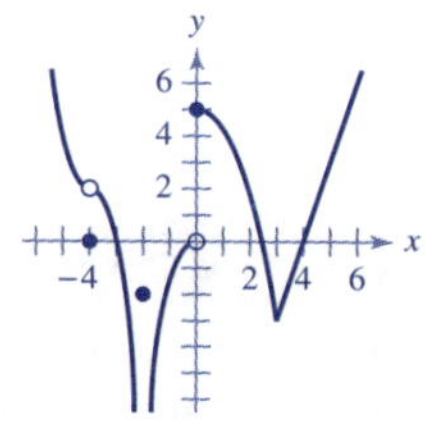

Nos Exercícios 23 e 24, esboce o gráfico de f. A seguir, identifique os valores de c para os quais existe $\lim_{x\to c} f(x)$.

23. $f(x)=\begin{cases}x^2, & x\le 2\\ 8-2x, & 2<x<4\\ 4, & x\ge 4\end{cases}$

24. $f(x)=\begin{cases}\operatorname{sen} x, & x<0\\ 1-\cos x, & 0\le x\le \pi\\ \cos x, & x>\pi\end{cases}$

Nos Exercícios 25 e 26, esboce o gráfico de uma função f que satisfaça as condições dadas. (Há várias respostas corretas.)

25. $f(0)$ não é definida.

$\lim_{x\to0} f(x)=4$

$f(2)=6$

$\lim_{x\to2} f(x)=3$

26. $f(-2)=0$

$f(2)=0$

$\lim_{x\to-2} f(x)=0$

$\lim_{x\to2} f(x)$ não existe.

27. ***Modelando Dados*** O custo de uma chamada telefônica entre duas cidades é \$0,75 para o primeiro minuto e \$0,50 para cada minuto adicional ou fração. A fórmula do custo é dada por

$C(t)=0{,}75-0{,}50[\![-(t-1)]\!]$

onde t é o tempo em minutos.

O símbolo indica um exercício no qual você é instruído a usar tecnologia gráfica ou um sistema de manipulação álgebrica. As soluções de outros exercícios também podem ser facilitadas pelo uso da tecnologia apropriada.

(*Observação*: $[\![x]\!]$ = maior inteiro n tal que $n \leq x$. Por exemplo, $[\![3,2]\!] = 3$ e $[\![-1,6]\!] = -2$.)

(a) Use uma ferramenta gráfica para desenhar o gráfico da função custo para $0 < t \leq 5$.

(b) Use o gráfico para completar a tabela e observar o comportamento da função quando t se aproxima de 3,5. Use o gráfico e a tabela para encontrar

$$\lim_{t \to 3.5} C(t).$$

t	3	3,3	3,4	3,5	3,6	3,7	4
C				?			

(c) Use o gráfico para completar a tabela e observar o comportamento da função quando t se aproxima de 3.

t	2	2,5	2,9	3	3,1	3,5	4
C				?			

Existe o limite de $C(t)$ quando t tende a 3? Explique.

28. Repita o Exercício 27 para

$$C(t) = 0,35 - 0,12[\![-(t-1)]\!].$$

29. O gráfico de $f(x) = x + 1$ é visto na figura. Encontre δ tal que se $0 < |x - 2| < \delta$, então $|f(x) - 3| < 0,4$.

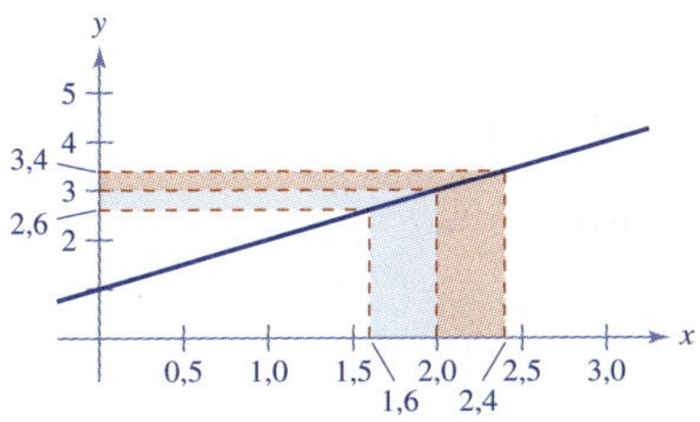

30. O gráfico de

$$f(x) = \frac{1}{x-1}$$

é visto na figura. Encontre δ tal que se $0 < |x - 2| < \delta$, então $|f(x) - 1| < 0,01$.

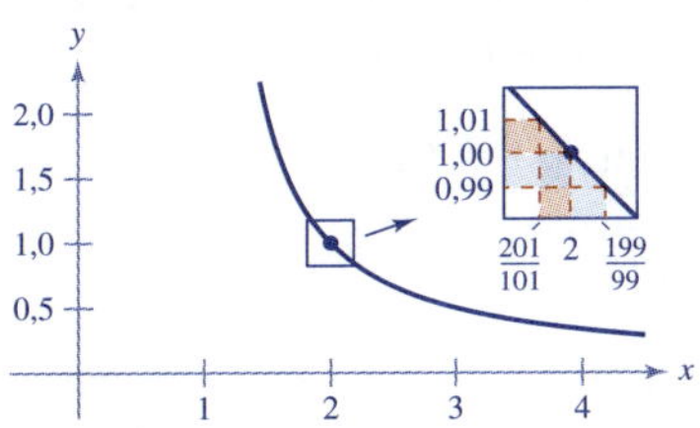

31. O gráfico de

$$f(x) = 2 - \frac{1}{x}$$

é visto na figura. Encontre δ tal que se $0 < |x - 1| < \delta$, então $|f(x) - 1| < 0,1$.

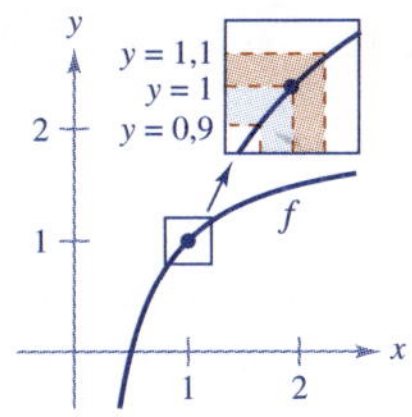

32. O gráfico de

$$f(x) = x^2 - 1$$

é visto na figura. Encontre δ tal que se $0 < |x - 2| < \delta$, então $|f(x) - 3| < 0,2$.

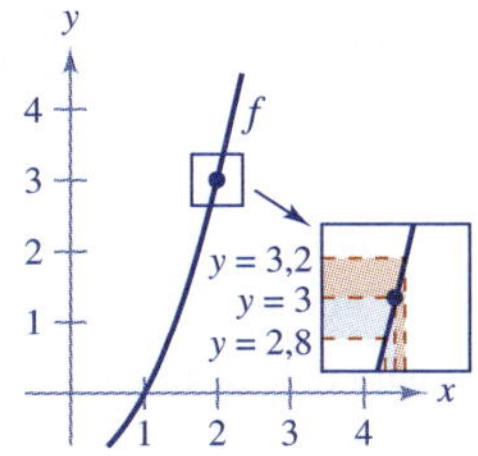

Nos Exercícios 33 a 36, encontre o limite L. A seguir, encontre $\delta > 0$ tal que $|f(x) - L| < 0,01$ sempre que $0 < |x - c| < \delta$.

33. $\lim_{x \to 2} (3x + 2)$

34. $\lim_{x \to 4} \left(4 - \frac{x}{2}\right)$

35. $\lim_{x \to 2} (x^2 - 3)$

36. $\lim_{x \to 5} (x^2 + 4)$

Nos Exercícios 37 a 48, encontre o limite L. Então, use a definição ε-δ para provar que o limite é L.

37. $\lim_{x \to 2} (x + 3)$

38. $\lim_{x \to -3} (2x + 5)$

39. $\lim_{x \to -4} \left(\frac{1}{2}x - 1\right)$

40. $\lim_{x \to 1} \left(\frac{2}{3}x + 9\right)$

41. $\lim_{x \to 6} 3$

42. $\lim_{x \to 2} (-1)$

43. $\lim_{x \to 0} \sqrt[3]{x}$

44. $\lim_{x \to 4} \sqrt{x}$

45. $\lim_{x \to -2} |x - 2|$

46. $\lim_{x \to 3} |x - 3|$

47. $\lim_{x \to 1} (x^2 + 1)$

48. $\lim_{x \to -3} (x^2 + 3x)$

Redação **Nos Exercícios 49 a 52, use uma ferramenta gráfica para desenhar o gráfico da função e fazer uma estimativa do limite (se ele existir). Qual é o domínio da função? Você pode detectar um possível erro na determinação do domínio de uma função apenas pela análise do gráfico gerado por uma ferramenta gráfica? Escreva um parágrafo curto sobre a importância de examinar uma função tanto analiticamente quanto graficamente.**

49. $f(x) = \dfrac{\sqrt{x+5} - 3}{x - 4}$

$\lim_{x \to 4} f(x)$

50. $f(x) = \dfrac{x - 3}{x^2 - 4x + 3}$

$\lim_{x \to 3} f(x)$

51. $f(x) = \dfrac{x - 9}{\sqrt{x} - 3}$

$\lim_{x \to 9} f(x)$

52. $f(x) = \dfrac{x - 3}{x^2 - 9}$

$\lim_{x \to 3} f(x)$

Questões Conceituais

53. Escreva uma breve descrição do significado da notação $\lim_{x\to 8} f(x) = 25$.

54. Se $f(2) = 4$, você pode concluir alguma coisa sobre o limite de $f(x)$ quando x tende a 2? Explique seu raciocínio.

55. Se o limite de $f(x)$ para x tendendo a 2 é 4, você pode concluir alguma coisa sobre $f(2)$? Explique seu raciocínio.

56. Identifique três tipos de comportamento associado com a não-existência de um limite. Ilustre cada tipo com um gráfico ou uma função.

57. ***Jóias*** Um joalheiro ajusta um anel de modo que sua circunferência interna seja 6 centímetros.

(a) Qual o raio do anel?

(b) Se a circunferência interna do anel pode variar entre 5,5 centímetros e 6,5 centímetros, como pode variar o raio?

(c) Use a definição ε-δ de limite para descrever esta situação. Identifique ε e δ.

58. ***Esportes*** Um fabricante de artigos esportivos projeta uma bola de golfe com um volume de 2,48 polegadas cúbicas.

(a) Qual o raio da bola de golfe?

(b) Se o volume da bola pode variar entre 2,45 polegadas cúbicas e 2,51 polegadas cúbicas, como pode variar o raio?

(c) Use a definição ε-δ de limite para descrever a situação. Identifique ε e δ.

59. Considere a função $f(x) = (1 + x)^{1/x}$. Faça uma estimativa do limite

$$\lim_{x\to 0} (1 + x)^{1/x}$$

calculando o valor de f para valores de x próximos de 0. Esboce o gráfico de f.

60. Considere a função

$$f(x) = \frac{|x + 1| - |x - 1|}{x}.$$

Faça uma estimativa de

$$\lim_{x\to 0} \frac{|x + 1| - |x - 1|}{x}$$

calculando o valor de f para valores de x próximos de 0. Esboce o gráfico de f.

61. ***Análise Gráfica*** A afirmação

$$\lim_{x\to 2} \frac{x^2 - 4}{x - 2} = 4$$

significa que para cada $\varepsilon > 0$ existe um $\delta > 0$ tal que se $0 < |x - 2| < \delta$, então

$$\left|\frac{x^2 - 4}{x - 2} - 4\right| < \varepsilon.$$

Se $\varepsilon = 0{,}001$, então

$$\left|\frac{x^2 - 4}{x - 2} - 4\right| < 0{,}001.$$

Use uma ferramenta gráfica para desenhar cada lado da desigualdade. Use o "zoom" para encontrar um intervalo $(2 - \delta, 2 + \delta)$ tal que o gráfico do lado esquerdo esteja abaixo do gráfico do lado direito da desigualdade.

62. ***Análise Gráfica*** A afirmação

$$\lim_{x\to 3} \frac{x^2 - 3x}{x - 3}$$

significa que para cada $\varepsilon > 0$ existe um $\delta > 0$ tal que se $0 < |x - 3| < \delta$, então

$$\left|\frac{x^2 - 3x}{x - 3} - 3\right| < \varepsilon.$$

Se $\varepsilon = 0{,}001$, então

$$\left|\frac{x^2 - 3x}{x - 3} - 3\right| < 0{,}001.$$

Use uma ferramenta gráfica para desenhar cada lado da desigualdade. Use o "zoom" para encontrar um intervalo $(3 - \delta, 3 + \delta)$ tal que o gráfico do lado esquerdo esteja abaixo do gráfico do lado direito da desigualdade.

Verdadeiro ou Falso? **Nos Exercícios 63 a 66, determine se a afirmação é verdadeira ou falsa. Se for falsa, explique por que ou dê um exemplo que mostre que é falsa.**

63. Se f não está definida em $x = c$, então o limite de $f(x)$ para x tendendo a c não existe.

64. Se o limite de $f(x)$ para x tendendo a c é 0, então deve existir um número k tal que $f(k) < 0{,}001$.

65. Se $f(c) = L$, então $\lim_{x\to c} f(x) = L$.

66. Se $\lim_{x\to c} f(x) = L$, então $f(c) = L$.

67. Considere a função $f(x) = \sqrt{x}$.

(a) É verdade que $\lim_{x\to 0,25} \sqrt{x} = 0{,}5$? Explique.

(b) É verdade que $\lim_{x\to 0} \sqrt{x} = 0$? Explique.

68. ***Redação*** A definição de limite na página 51 estabelece que f é uma função definida em um intervalo aberto contendo c, exceto possivelmente em c. Por que essa hipótese é necessária?

69. Prove que, se existir o limite de $f(x)$ quando $x \to c$, então o limite deve ser único. [*Sugestão*: Seja

$$\lim_{x\to c} f(x) = L_1 \quad \text{e} \quad \lim_{x\to c} f(x) = L_2$$

e prove que $L_1 = L_2$.]

70. Considere a reta $f(x) = mx + b$, onde $m \neq 0$. Use a definição ε-δ de limite para provar que $\lim_{x\to c} f(x) = mc + b$.

71. Prove que $\lim_{x\to c} f(x) = L$ é equivalente a $\lim_{x\to c} [f(x) - L] = 0$.

72. (a) Dado que

$$\lim_{x\to 0} (3x + 1)(3x - 1)x^2 + 0{,}01 = 0{,}01$$

prove que existe um intervalo aberto (a, b) contendo 0 tal que $(3x + 1)(3x - 1)x^2 + 0{,}01 > 0$ para todo $x \neq 0$ em (a, b).

(b) Dado que $\lim_{x \to c} g(x) = L$, onde $L > 0$, demonstre que existe um intervalo aberto (a, b) contendo c tal que $g(x) > 0$ para todo $x \neq c$ em (a, b).

73. ***Programação*** Use os recursos de programação de uma ferramenta gráfica para escrever um programa para aproximar o valor de $\lim_{x \to c} f(x)$.

Assuma que o programa será aplicado apenas a funções cujos limites existam para x tendendo a c. Supondo $y_1 = f(x)$, gere duas listas cujas entradas formem os pares ordenados

$$(c \pm [0.1]^n,\ f(c \pm [0.1]^n))$$

para $n = 0, 1, 2, 3$ e 4.

74. ***Programação*** Use o programa que você criou no Exercício 73 para aproximar o valor do limite

$$\lim_{x \to 4} \frac{x^2 - x - 12}{x - 4}.$$

Desafio Putnam

75. Inscreva o retângulo de base b e altura h e um triângulo isósceles de base b em um círculo de raio um como mostrado abaixo. Para que valor de h o retângulo e o triângulo têm a mesma área?

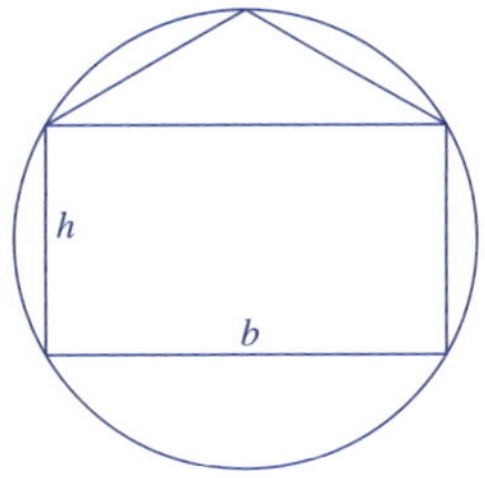

76. Um cone circular reto tem base de raio 1 e altura 3. Um cubo é inscrito no cone de modo que uma face do cubo está contida na base do cone. Qual é o comprimento do lado do cubo?

Esses problemas foram propostos pelo Commitee on the Putnam Prize competition.

Seção 1.3 Calculando Limites Analiticamente

- **Calcular um limite usando propriedades de limites.**
- **Desenvolver e utilizar uma estratégia para calcular limites.**
- **Calcular um limite usando técnicas de divisão e racionalização.**
- **Calcular um limite usando o Teorema do Confronto.**

Propriedades de Limites

Na Seção 1.2 você aprendeu que o limite de $f(x)$ para x tendendo a c não depende do valor de f em $x = c$. Pode acontecer, no entanto, que o limite seja precisamente $f(c)$. Em tais casos, o limite pode ser calculado por **substituição direta**. Isto é,

$$\lim_{x \to c} f(x) = f(c). \qquad \text{Substitua } x \text{ por } c$$

Tais funções *bem-comportadas* são **contínuas em *c***. Você examinará melhor esse conceito na Seção 1.4.

TEOREMA 1.1 Alguns Limites Básicos

Sejam b e c números reais e seja n um inteiro positivo.

1. $\lim_{x \to c} b = b$ **2.** $\lim_{x \to c} x = c$ **3.** $\lim_{x \to c} x^n = c^n$

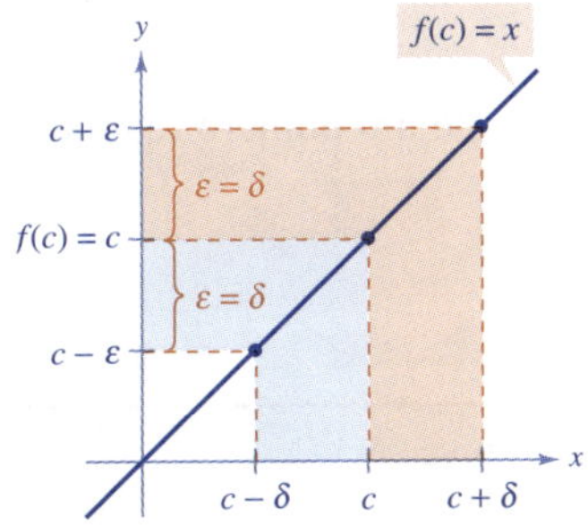

Figura 1.16

Demonstração Para demonstrar a Propriedade 2 do Teorema 1.1, você precisa mostrar que para cada $\varepsilon > 0$ existe um $\delta > 0$ tal que $|x - c| < \varepsilon$ sempre que $0 < |x - c| < \delta$. Para fazer isso, escolha $\delta = \varepsilon$. A segunda desigualdade então implica a primeira, como visto na Figura 1.16. Isso completa a demonstração. (As demonstrações de outras propriedades de limites desta seção estão listadas no Apêndice A ou são discutidas nos exercícios.)

OBSERVAÇÃO Quando você se deparar com novas notações ou novos símbolos em matemática, certifique-se de saber como as notações são lidas. Por exemplo, o limite no Exemplo 1(c) é lido como "o limite de x^2 para x tendendo a 2 é 4".

EXEMPLO 1 Calculando Limites Básicos

a. $\lim_{x\to 2} 3 = 3$ **b.** $\lim_{x\to -4} x = -4$ **c.** $\lim_{x\to 2} x^2 = 2^2 = 4$

TEOREMA 1.2 Propriedades de Limites

Sejam b e c números reais, seja n um inteiro positivo, e sejam f e g funções com os seguintes limites;

$$\lim_{x\to c} f(x) = L \quad \text{e} \quad \lim_{x\to c} g(x) = K$$

1. Multiplicação por um escalar: $\lim_{x\to c} [b f(x)] = bL$

2. Soma ou diferença: $\lim_{x\to c} [f(x) \pm g(x)] = L \pm K$

3. Produto: $\lim_{x\to c} [f(x)g(x)] = LK$

4. Quociente: $\lim_{x\to c} \frac{f(x)}{g(x)} = \frac{L}{K}$ desde que $K \neq 0$

5. Potência: $\lim_{x\to c} [f(x)]^n = L^n$

EXEMPLO 2 O Limite de uma Função Polinomial

$$\begin{aligned}
\lim_{x\to 2} (4x^2 + 3) &= \lim_{x\to 2} 4x^2 + \lim_{x\to 2} 3 && \text{Propriedade 2}\\
&= 4\left(\lim_{x\to 2} x^2\right) + \lim_{x\to 2} 3 && \text{Propriedade 1}\\
&= 4(2^2) + 3 && \text{Exemplo 1}\\
&= 19 && \text{Simplifique}
\end{aligned}$$

No Exemplo 2, observe que o limite (para $x \to 2$) da *função polinomial* $p(x) = 4x^2 + 3$ é simplesmente o valor de p para $x = 2$.

$$\lim_{x\to 2} p(x) = p(2) = 4(2^2) + 3 = 19$$

Essa propriedade da *substituição direta* é válida para todas as funções polinomiais e racionais com denominadores diferentes de zero.

TEOREMA 1.3 Limites de Funções Polinomiais e Racionais

Se p é uma função polinomial e c é um número real, então

$$\lim_{x\to c} p(x) = p(c).$$

Se r é uma função racional dada por $r(x) = p(x)/q(x)$ e c é um número real tal que $q(c) \neq 0$, então

$$\lim_{x\to c} r(x) = r(c) = \frac{p(c)}{q(c)}.$$

EXEMPLO 3 O Limite de uma Função Racional

Encontre o limite: $\lim_{x\to 1} \frac{x^2 + x + 2}{x + 1}$.

Solução Como o denominador é diferente de 0 quando $x = 1$, você pode aplicar o Teorema 1.3 para obter

$$\lim_{x\to 1} \frac{x^2 + x + 2}{x + 1} = \frac{1^2 + 1 + 2}{1 + 1} = \frac{4}{2} = 2.$$

Funções polinomiais e funções racionais são dois dos três tipos básicos de funções algébricas. O teorema seguinte trata do limite do terceiro tipo de função algébrica — aquele que envolve um radical. Veja o Apêndice A para uma demonstração desse teorema.

O Símbolo da Raiz Quadrada

O primeiro uso de um símbolo para denotar a raiz quadrada remonta ao século XVI. Os matemáticos inicialmente utilizaram o símbolo $\sqrt{\;}$, que tinha apenas dois traços. O símbolo foi escolhido porque lembra a letra minúscula *r*, inicial da palavra latina *radix*, que significa raiz.

TEOREMA 1.4 O Limite de uma Função Envolvendo um Radical

Seja n um inteiro positivo. O seguinte limite é válido para todo c se n for ímpar, e é válido para todo $c > 0$ se n for par.

$$\lim_{x\to c} \sqrt[n]{x} = \sqrt[n]{c}$$

O teorema a seguir expande enormemente sua capacidade de calcular limites, pois mostra como analisar o limite em uma função composta. Veja o Apêndice A para uma demonstração desse teorema.

TEOREMA 1.5 O Limite de uma Função Composta

Se f e g são funções tais que $\lim_{x\to c} g(x) = L$ e $\lim_{x\to L} f(x) = f(L)$, então

$$\lim_{x\to c} f(g(x)) = f\left(\lim_{x\to c} g(x)\right) = f(L).$$

EXEMPLO 4 O Limite de uma Função Composta

a. Como

$$\lim_{x\to 0} (x^2 + 4) = 0^2 + 4 = 4 \qquad \text{e} \qquad \lim_{x\to 4} \sqrt{x} = 2$$

segue que

$$\lim_{x\to 0} \sqrt{x^2 + 4} = \sqrt{4} = 2.$$

b. Como

$$\lim_{x\to 3} (2x^2 - 10) = 2(3^2) - 10 = 8 \quad \text{e} \quad \lim_{x\to 8} \sqrt[3]{x} = 2$$

segue que

$$\lim_{x\to 3} \sqrt[3]{2x^2 - 10} = \sqrt[3]{8} = 2.$$

Você viu que os limites de funções algébricas podem ser calculados por substituição direta. As seis funções trigonométricas básicas também exibem essa qualidade desejável, como será visto no teorema a seguir (apresentado sem demonstração).

TEOREMA 1.6 Limites de Funções Trigonométricas

Seja c um número real no domínio de uma dada função trigonométrica.

1. $\lim_{x \to c} \operatorname{sen} x = \operatorname{sen} c$
2. $\lim_{x \to c} \cos x = \cos c$
3. $\lim_{x \to c} \operatorname{tg} x = \operatorname{tg} c$
4. $\lim_{x \to c} \operatorname{cotg} x = \operatorname{cotg} c$
5. $\lim_{x \to c} \sec x = \sec c$
6. $\lim_{x \to c} \operatorname{cossec} x = \operatorname{cossec} c$

EXEMPLO 5 Limites de Funções Trigonométricas

a. $\lim_{x \to 0} \operatorname{tg} x = \operatorname{tg}(0) = 0$

b. $\lim_{x \to \pi} (x \cos x) = \left(\lim_{x \to \pi} x\right)\left(\lim_{x \to \pi} \cos x\right) = \pi \cos(\pi) = -\pi$

c. $\lim_{x \to 0} \operatorname{sen}^2 x = \lim_{x \to 0} (\operatorname{sen} x)^2 = 0^2 = 0$

Uma Estratégia para Encontrar Limites

Nas três páginas anteriores, você estudou diversos tipos de funções cujos limites podem ser calculados por substituição direta. Esse conhecimento, junto com o teorema seguinte, pode ser utilizado para desenvolver estratégias para encontrar limites. Uma demonstração deste teorema é dada no Apêndice A.

TEOREMA 1.7 Funções que Coincidem em Todos os Pontos Exceto em um Deles

Seja c um número real e seja $f(x) = g(x)$ para todo $x \neq c$ em um intervalo aberto contendo c. Se existe o limite de $g(x)$ para x tendendo a c, então também existe o limite de $f(x)$ e

$$\lim_{x \to c} f(x) = \lim_{x \to c} g(x).$$

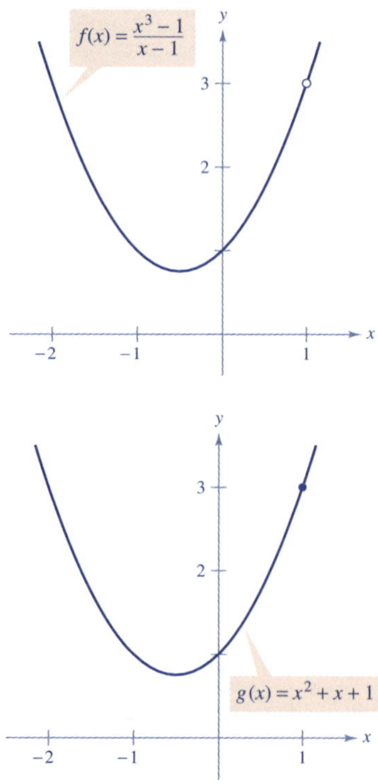

f e *g* coincidem em todos os pontos exceto em um deles.
Figura 1.17

EXEMPLO 6 Encontrando o Limite de uma Função

Encontre o limite: $\lim_{x \to 1} \dfrac{x^3 - 1}{x - 1}$.

Solução Seja $f(x) = (x^3 - 1)/(x - 1)$. Fatorando e cancelando fatores comuns, você pode reescrever f como

$$f(x) = \frac{\cancel{(x-1)}(x^2 + x + 1)}{\cancel{(x-1)}} = x^2 + x + 1 = g(x), \qquad x \neq 1.$$

Assim, para todos os valores de x com exceção de $x = 1$, as funções f e g são coincidentes, como mostra a Figura 1.17. Como existe $\lim_{x \to 1} g(x)$, você pode aplicar o Teorema 1.7 para concluir que f e g têm o mesmo limite em $x = 1$.

$$\lim_{x \to 1} \frac{x^3 - 1}{x - 1} = \lim_{x \to 1} \frac{(x - 1)(x^2 + x + 1)}{x - 1} \qquad \text{Fatore}$$

$$= \lim_{x\to 1} \frac{\cancel{(x-1)}(x^2+x+1)}{\cancel{x-1}}$$ Cancele fatores comuns

$$= \lim_{x\to 1}(x^2+x+1)$$ Aplique o Teorema 1.7

$$= 1^2+1+1$$ Use substituição direta

$$= 3$$ Simplifique

DICA Quando aplicar essa estratégia para encontrar um limite, lembre-se de que algumas funções não têm um limite (para x tendendo a c). Por exemplo, o seguinte limite não existe:

$$\lim_{x\to 1} \frac{x^3+1}{x-1}$$

Uma Estratégia para Encontrar Limites

1. Aprenda a reconhecer quais limites podem ser calculados por substituição direta. (Esses limites estão relacionados nos Teoremas 1.1 a 1.6.)
2. Se o limite de $f(x)$ para x tendendo a c *não pode* ser calculado por substituição direta, tente encontrar uma função g que coincida com f para todo x exceto para $x = c$. [Escolha g tal que o limite de $g(x)$ *possa* ser calculado por substituição direta.]
3. Aplique o Teorema 1.7 para concluir *analiticamente* que
$$\lim_{x\to c} f(x) = \lim_{x\to c} g(x) = g(c).$$
4. Use um *gráfico* ou *tabela* para reforçar sua conclusão.

Técnicas do Cancelamento e da Racionalização

Duas técnicas para encontrar limites analiticamente são vistas nos Exemplos 7 e 8. A primeira técnica envolve cancelar fatores comuns, e a segunda técnica envolve racionalizar o numerador em uma fração algébrica.

EXEMPLO 7 Técnica do Cancelamento

Encontre o limite: $\lim\limits_{x\to -3} \dfrac{x^2+x-6}{x+3}$.

Solução Embora você esteja trabalhando com o limite de uma função racional, *não pode* aplicar o Teorema 1.3 pois o limite do denominador é 0.

$$\lim_{x\to -3} \frac{x^2+x-6}{x+3} \quad \begin{cases} \lim\limits_{x\to -3}(x^2+x-6) = 0 \\ \lim\limits_{x\to -3}(x+3) = 0 \end{cases}$$

Substituição direta não funciona

Como o limite do numerador também é 0, o numerador e o denominador têm um *fator comum* $(x+3)$. Assim, para todo $x \neq -3$, você pode cancelar esse fator comum para obter

$$f(x) = \frac{x^2+x-6}{x+3} = \frac{\cancel{(x+3)}(x-2)}{\cancel{x+3}} = x-2 = g(x), \qquad x \neq -3.$$

Usando o Teorema 1.7, segue que

$$\lim_{x\to -3} \frac{x^2+x-6}{x+3} = \lim_{x\to -3}(x-2)$$ Aplique o Teorema 1.7

$$= -5.$$ Use substituição direta

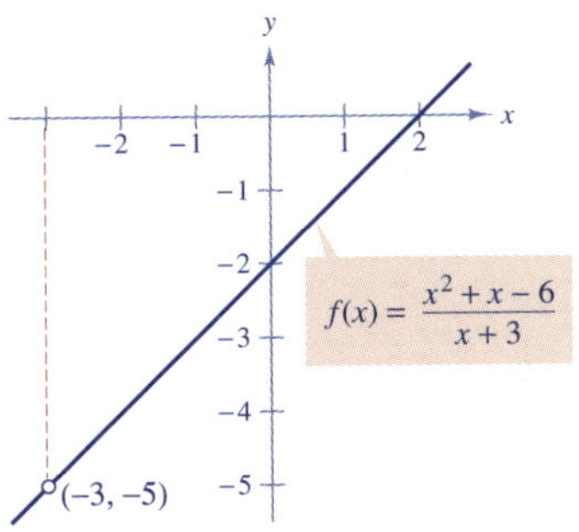

f não é definida para $x = -3$.
Figura 1.18

OBSERVAÇÃO Na solução do Exemplo 7 preste atenção na utilidade do Teorema de Fatoração da Álgebra. Esse teorema afirma que se c é uma raiz de uma função polinomial, $(x - c)$ é um fator de tal polinômio. Assim, se você aplica a substituição direta a uma função racional e obtém

$$r(c) = \frac{p(c)}{q(c)} = \frac{0}{0}$$

pode concluir que $(x - c)$ deve ser um fator comum a ambos $p(x)$ e $q(x)$.

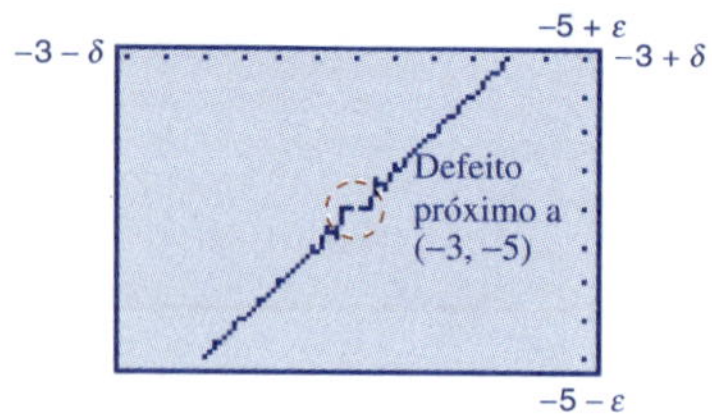

Gráfico incorreto de *f*.
Figura 1.19

Este resultado é visto graficamente na Figura 1.18. Observe que o gráfico da função f coincide com o gráfico da função $g(x) = x - 2$, exceto pelo fato de o gráfico de f ter uma lacuna no ponto $(-3, -5)$.

No Exemplo 7, substituição direta produz a forma fracionária sem sentido $0/0$. Uma expressão como $0/0$ é chamada de **forma indeterminada** pois você não pode (apenas a partir da forma) determinar o limite. Quando você tentar calcular o limite e encontrar essa forma, lembre-se de que deve reescrever a fração de modo que o novo denominador não tenha 0 como limite. Um modo de fazer isso é *cancelar fatores comuns*, como visto no Exemplo 7. Um segundo modo é *racionalizar o denominador*, como será visto no Exemplo 8.

ARMADILHA TECNOLÓGICA Como os gráficos de

$$f(x) = \frac{x^2 + x - 6}{x + 3} \qquad \text{e} \qquad g(x) = x - 2$$

diferem apenas no ponto $(-3, -5)$, uma ferramenta gráfica padrão pode não distinguir claramente entre esses gráficos. No entanto, devido à configuração de pixel e erro de arredondamento da ferramenta gráfica, pode ser possível encontrar configurações de tela que distingam entre os gráficos. Especificamente, ampliando repetidas vezes o gráfico de f próximo ao ponto $(-3, -5)$, sua ferramenta gráfica pode mostrar pequenos defeitos ou irregularidades que não existem no gráfico verdadeiro. (Veja a Figura 1.19.) Mudando a configuração de tela de sua ferramenta gráfica você pode obter o gráfico correto de f.

EXEMPLO 8 Técnica de Racionalização

Encontre o limite: $\displaystyle\lim_{x \to 0} \frac{\sqrt{x+1} - 1}{x}$.

Solução Por substituição direta, você obtém a forma indeterminada $0/0$.

$$\lim_{x \to 0} \frac{\sqrt{x+1} - 1}{x} \quad \begin{cases} \lim_{x \to 0} \left(\sqrt{x+1} - 1\right) = 0 \\ \lim_{x \to 0} x = 0 \end{cases}$$

A substituição direta não funciona

Nesse caso, você pode reescrever a fração racionalizando o numerador:

$$\begin{aligned} \frac{\sqrt{x+1} - 1}{x} &= \left(\frac{\sqrt{x+1} - 1}{x}\right)\left(\frac{\sqrt{x+1} + 1}{\sqrt{x+1} + 1}\right) \\ &= \frac{(x+1) - 1}{x\left(\sqrt{x+1} + 1\right)} \\ &= \frac{\cancel{x}}{\cancel{x}\left(\sqrt{x+1} + 1\right)} \\ &= \frac{1}{\sqrt{x+1} + 1}, \quad x \neq 0 \end{aligned}$$

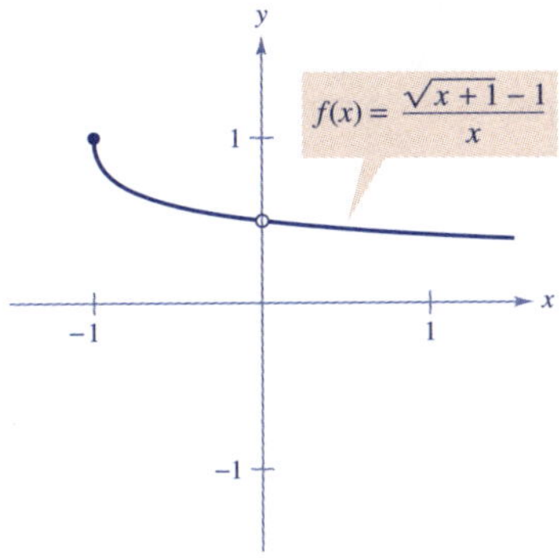

O limite de $f(x)$ quando x tende a 0 é $\frac{1}{2}$.
Figura 1.20

Agora, usando o Teorema 1.17, você pode calcular o limite como visto abaixo:

$$\begin{aligned}\lim_{x\to 0} \frac{\sqrt{x+1}-1}{x} &= \lim_{x\to 0} \frac{1}{\sqrt{x+1}+1} \\ &= \frac{1}{1+1} \\ &= \frac{1}{2}\end{aligned}$$

Uma tabela ou um gráfico pode reforçar sua conclusão de que o limite é $\frac{1}{2}$. (Veja a Figura 1.20.)

x tende a 0 pela esquerda → ← x tende a 0 pela direita

x	−0,25	−0,1	−0,01	−0,001	0	0,001	0,01	0,1	0,25
$f(x)$	0,5359	0,5132	0,5013	0,5001	?	0,4999	0,4988	0,4881	0,4721

$f(x)$ tende a 0,5 → ← $f(x)$ tende a 0,5

OBSERVAÇÃO A técnica de racionalização para calcular limites é baseada na multiplicação por uma forma conveniente de 1. No Exemplo 8, a forma conveniente é

$$1 = \frac{\sqrt{x+1}+1}{\sqrt{x+1}+1}.$$

Teorema do Confronto

O teorema a seguir lida com o limite de uma função que é comprimida por outras duas funções, cada uma tem o mesmo limite para um dado valor de x, como visto na Figura 1.21. (A demonstração desse teorema é dada no Apêndice A.)

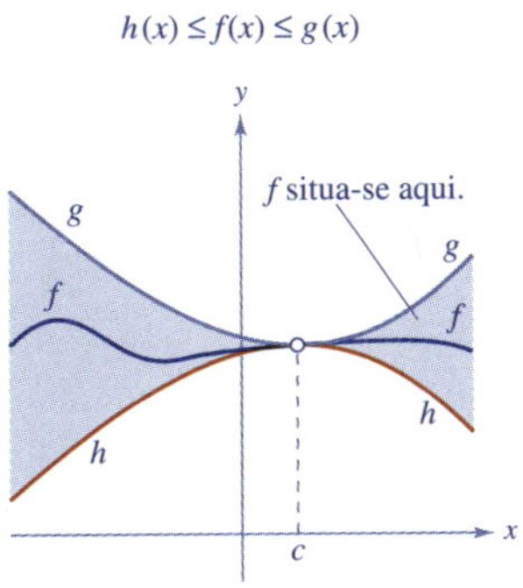

O Teorema do Confronto.
Figura 1.21

TEOREMA 1.8 Teorema do Confronto

Se $h(x) \le f(x) \le g(x)$ para todo x em um intervalo aberto contendo c, exceto possivelmente no próprio c, e se

$$\lim_{x\to c} h(x) = L = \lim_{x\to c} g(x)$$

então $\lim_{x\to c} f(x)$ existe e é igual a L.

Você pode ver a utilidade do Teorema do Confronto na demonstração do Teorema 1.9.

TEOREMA 1.9 Dois Limites Trigonométricos Especiais

1. $\lim_{x\to 0} \dfrac{\text{sen } x}{x} = 1$ **2.** $\lim_{x\to 0} \dfrac{1-\cos x}{x} = 0$

Demonstração Para evitar a confusão de dois usos diferentes de x, a demonstração é apresentada usando a variável θ, onde θ é um ângulo agudo positivo *medido em radianos*. A Figura 1.22 mostra um setor circular que está comprimido entre dois triângulos.

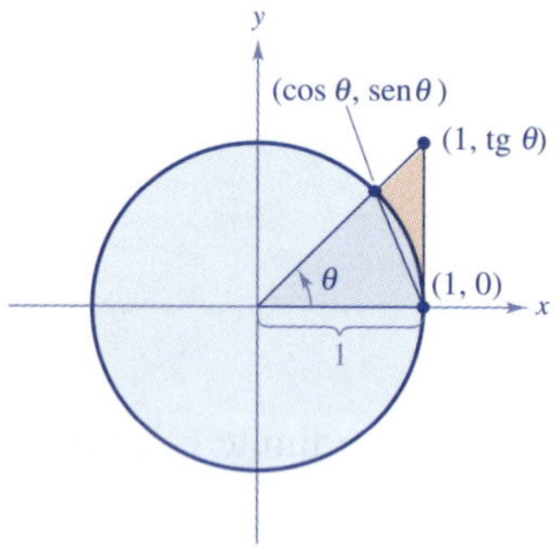

Um setor circular é usado para provar o Teorema 1.9.
Figure 1.22

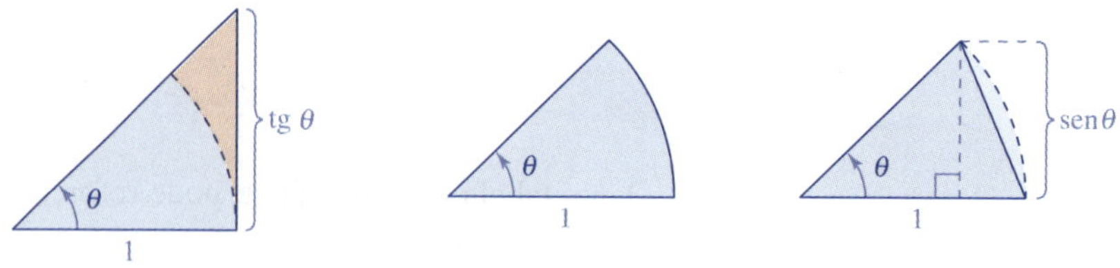

$$\text{Área do triângulo} \geq \text{Área do setor} \geq \text{Área do triângulo}$$

$$\frac{\text{tg}\,\theta}{2} \geq \frac{\theta}{2} \geq \frac{\text{sen}\,\theta}{2}$$

Multiplicando cada expressão por $2/\text{sen}\,\theta$, obtém-se

$$\frac{1}{\cos\theta} \geq \frac{\theta}{\text{sen}\,\theta} \geq 1$$

e tomando recíprocos e invertendo as desigualdades chega-se a

$$\cos\theta \leq \frac{\text{sen}\,\theta}{\theta} \leq 1.$$

Como $\cos\theta = \cos(-\theta)$ e $(\text{sen}\,\theta)/\theta = [\text{sen}(-\theta)]/(-\theta)$, você pode concluir que essa desigualdade é válida para *todo* θ diferente de zero em um intervalo aberto $(-\pi/2, \pi/2)$. Finalmente, como $\lim_{\theta\to 0}\cos\theta = 1$ e $\lim_{\theta\to 0} 1 = 1$, você pode aplicar o Teorema do Confronto para concluir que $\lim_{\theta\to 0}(\text{sen}\,\theta)/\theta = 1$. A prova do segundo limite é proposta como exercício (veja o Exercício 120).

PARA MAIS INFORMAÇÃO
Para saber mais sobre a função $f(x) = (\text{sen}\,x)/x$, veja o artigo "The Function (sen x)/x", de William B. Gearhart e Harris S. Shultz, em *The College Mathematics Journal*; ou consulte-o em *www.matharticles.com.*

EXEMPLO 9 Um Limite Envolvendo uma Função Trigonométrica

Encontre o limite: $\lim_{x\to 0}\dfrac{\text{tg}\,x}{x}$.

Solução Por substituição direta obtém-se a forma indeterminada 0/0. Para resolver esse problema, você pode escrever tg x como $(\text{sen}\,x)/(\cos x)$ e obter

$$\lim_{x\to 0}\frac{\text{tg}\,x}{x} = \lim_{x\to 0}\left(\frac{\text{sen}\,x}{x}\right)\left(\frac{1}{\cos x}\right).$$

Agora, como

$$\lim_{x\to 0}\frac{\text{sen}\,x}{x} = 1 \quad \text{e} \quad \lim_{x\to 0}\frac{1}{\cos x} = 1$$

você pode obter

$$\begin{aligned}\lim_{x\to 0}\frac{\text{tg}\,x}{x} &= \left(\lim_{x\to 0}\frac{\text{sen}\,x}{x}\right)\left(\lim_{x\to 0}\frac{1}{\cos x}\right)\\ &= (1)(1)\\ &= 1.\end{aligned}$$

(Veja a Figura 1.23.)

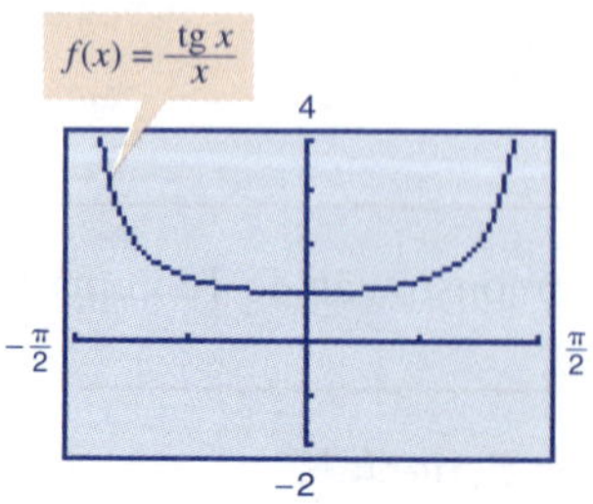

O limite de $f(x)$ para x tendendo a 0 é 1.
Figura 1.23

EXEMPLO 10 Um Limite Envolvendo uma Função Trigonométrica

Encontre o limite: $\lim\limits_{x\to 0} \dfrac{\text{sen } 4x}{x}$.

Solução Por substituição direta obtém-se a forma indeterminada $0/0$. Para resolver esse problema, você pode reescrever o limite como

$$\lim_{x\to 0} \frac{\text{sen } 4x}{x} = 4\left(\lim_{x\to 0} \frac{\text{sen } 4x}{4x}\right). \qquad \text{Multiplique e divida por 4}$$

Agora, fazendo $y = 4x$ e observando que $x \to 0$ se e somente se $y \to 0$, você pode escrever

$$\begin{aligned}\lim_{x\to 0} \frac{\text{sen } 4x}{x} &= 4\left(\lim_{x\to 0} \frac{\text{sen } 4x}{4x}\right)\\ &= 4\left(\lim_{y\to 0} \frac{\text{sen } y}{y}\right)\\ &= 4(1)\\ &= 4.\end{aligned}$$

(Veja a Figura 1.24.)

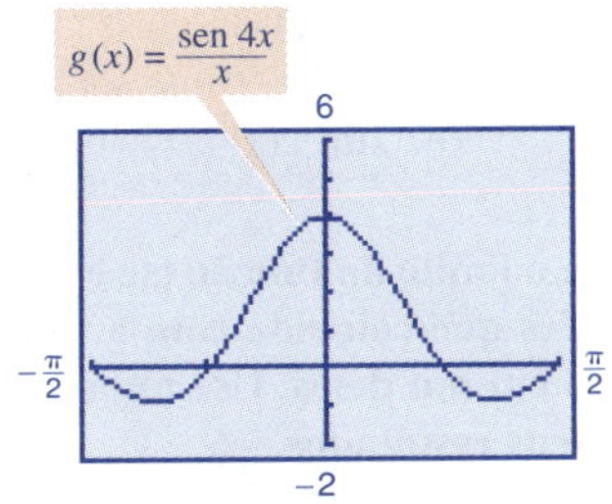

O limite de $g(x)$ para x tendendo a 0 é 4.
Figura 1.24

TECNOLOGIA Use uma ferramenta gráfica para confirmar os limites dos exemplos e exercícios. Por exemplo, as Figuras 1.23 e 1.24 mostram os gráficos de

$$f(x) = \frac{\text{tg } x}{x} \quad \text{e} \quad g(x) = \frac{\text{sen } 4x}{x}.$$

Observe que o primeiro gráfico parece conter o ponto (0, 1) e o segundo gráfico parece conter o ponto (0, 4), o que dá suporte às conclusões obtidas nos Exemplos 9 e 10.

Exercícios da Seção 1.3

Nos Exercícios 1 a 4, use uma ferramenta gráfica para desenhar o gráfico da função e estimar visualmente os limites.

1. $h(x) = x^2 - 5x$
(a) $\lim\limits_{x\to 5} h(x)$
(b) $\lim\limits_{x\to -1} h(x)$

2. $g(x) = \dfrac{12(\sqrt{x} - 3)}{x - 9}$
(a) $\lim\limits_{x\to 4} g(x)$
(b) $\lim\limits_{x\to 0} g(x)$

3. $f(x) = x \cos x$
(a) $\lim\limits_{x\to 0} f(x)$
(b) $\lim\limits_{x\to \pi/3} f(x)$

4. $f(t) = t|t - 4|$
(a) $\lim\limits_{t\to 4} f(t)$
(b) $\lim\limits_{t\to -1} f(t)$

Nos Exercícios 5 a 22, encontre o limite.

5. $\lim\limits_{x\to 2} x^4$

6. $\lim\limits_{x\to -2} x^3$

7. $\lim\limits_{x\to 0} (2x - 1)$

8. $\lim\limits_{x\to -3} (3x + 2)$

9. $\lim\limits_{x\to -3} (x^2 + 3x)$

10. $\lim\limits_{x\to 1} (-x^2 + 1)$

11. $\lim\limits_{x\to -3} (2x^2 + 4x + 1)$

12. $\lim\limits_{x\to 1} (3x^3 - 2x^2 + 4)$

13. $\lim\limits_{x\to 2} \dfrac{1}{x}$

14. $\lim\limits_{x\to -3} \dfrac{2}{x + 2}$

15. $\lim\limits_{x\to 1} \dfrac{x - 3}{x^2 + 4}$

16. $\lim\limits_{x\to 3} \dfrac{2x - 3}{x + 5}$

17. $\lim\limits_{x\to 7} \dfrac{5x}{\sqrt{x + 2}}$

18. $\lim\limits_{x\to 3} \dfrac{\sqrt{x + 1}}{x - 4}$

19. $\lim\limits_{x\to 3} \sqrt{x + 1}$

20. $\lim\limits_{x\to 4} \sqrt[3]{x + 4}$

21. $\lim\limits_{x\to -4} (x + 3)^2$

22. $\lim\limits_{x\to 0} (2x - 1)^3$

Nos Exercícios 23 a 26, encontre o limite.

23. $f(x) = 5 - x,\ g(x) = x^3$
(a) $\lim\limits_{x\to 1} f(x)$ (b) $\lim\limits_{x\to 4} g(x)$ (c) $\lim\limits_{x\to 1} g(f(x))$

24. $f(x) = x + 7,\ g(x) = x^2$
(a) $\lim\limits_{x\to -3} f(x)$ (b) $\lim\limits_{x\to 4} g(x)$ (c) $\lim\limits_{x\to -3} g(f(x))$

25. $f(x) = 4 - x^2, \; g(x) = \sqrt{x+1}$

(a) $\lim_{x\to 1} f(x)$ (b) $\lim_{x\to 3} g(x)$ (c) $\lim_{x\to 1} g(f(x))$

26. $f(x) = 2x^2 - 3x + 1, \; g(x) = \sqrt[3]{x+6}$

(a) $\lim_{x\to 4} f(x)$ (b) $\lim_{x\to 21} g(x)$ (c) $\lim_{x\to 4} g(f(x))$

Nos Exercícios 27 a 36, encontre o limite da função trigonométrica.

27. $\lim_{x\to \pi/2} \operatorname{sen} x$

28. $\lim_{x\to \pi} \operatorname{tg} x$

29. $\lim_{x\to 2} \cos \dfrac{\pi x}{3}$

30. $\lim_{x\to 1} \operatorname{sen} \dfrac{\pi x}{2}$

31. $\lim_{x\to 0} \sec 2x$

32. $\lim_{x\to \pi} \cos 3x$

33. $\lim_{x\to 5\pi/6} \operatorname{sen} x$

34. $\lim_{x\to 5\pi/3} \cos x$

35. $\lim_{x\to 3} \operatorname{tg}\left(\dfrac{\pi x}{4}\right)$

36. $\lim_{x\to 7} \sec\left(\dfrac{\pi x}{6}\right)$

Nos Exercícios 37 a 40, use as informações para calcular os limites.

37. $\lim_{x\to c} f(x) = 2$

$\lim_{x\to c} g(x) = 3$

(a) $\lim_{x\to c} [5g(x)]$

(b) $\lim_{x\to c} [f(x) + g(x)]$

(c) $\lim_{x\to c} [f(x)g(x)]$

(d) $\lim_{x\to c} \dfrac{f(x)}{g(x)}$

38. $\lim_{x\to c} f(x) = \frac{3}{2}$

$\lim_{x\to c} g(x) = \frac{1}{2}$

(a) $\lim_{x\to c} [4f(x)]$

(b) $\lim_{x\to c} [f(x) + g(x)]$

(c) $\lim_{x\to c} [f(x)g(x)]$

(d) $\lim_{x\to c} \dfrac{f(x)}{g(x)}$

39. $\lim_{x\to c} f(x) = 4$

(a) $\lim_{x\to c} [f(x)]^3$

(b) $\lim_{x\to c} \sqrt{f(x)}$

(c) $\lim_{x\to c} [3f(x)]$

(d) $\lim_{x\to c} [f(x)]^{3/2}$

40. $\lim_{x\to c} f(x) = 27$

(a) $\lim_{x\to c} \sqrt[3]{f(x)}$

(b) $\lim_{x\to c} \dfrac{f(x)}{18}$

(c) $\lim_{x\to c} [f(x)]^2$

(d) $\lim_{x\to c} [f(x)]^{2/3}$

Nos Exercícios 41 a 44, use o gráfico para determinar o limite visualmente (se existir). Escreva uma função mais simples que coincida com a função dada em todos os pontos exceto em um deles.

41. $g(x) = \dfrac{-2x^2 + x}{x}$

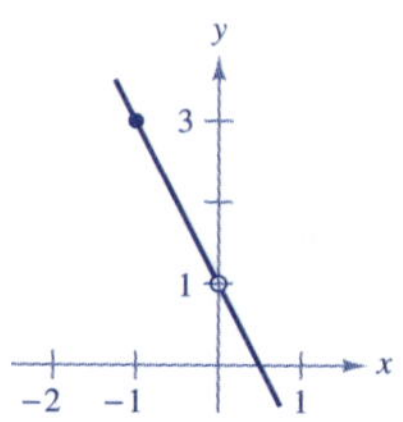

(a) $\lim_{x\to 0} g(x)$

(b) $\lim_{x\to -1} g(x)$

42. $h(x) = \dfrac{x^2 - 3x}{x}$

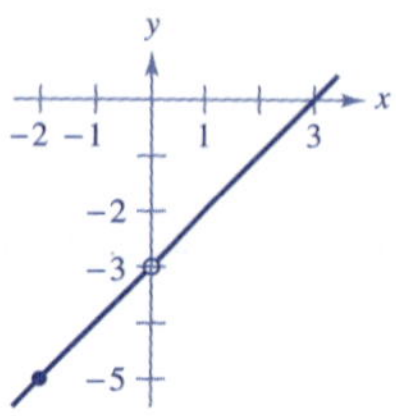

(a) $\lim_{x\to -2} h(x)$

(b) $\lim_{x\to 0} h(x)$

43. $g(x) = \dfrac{x^3 - x}{x - 1}$

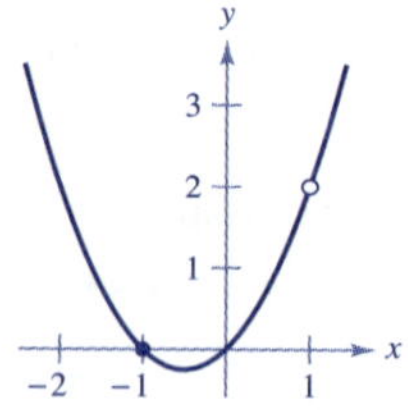

(a) $\lim_{x\to 1} g(x)$

(b) $\lim_{x\to -1} g(x)$

44. $f(x) = \dfrac{x}{x^2 - x}$

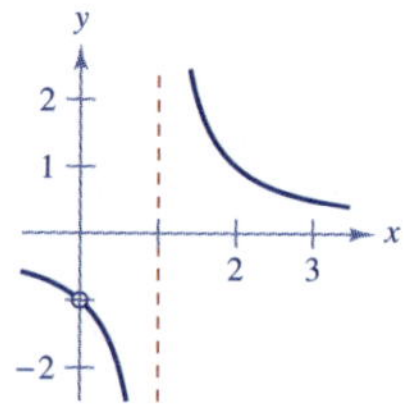

(a) $\lim_{x\to 1} f(x)$

(b) $\lim_{x\to 0} f(x)$

Nos Exercícios 45 a 48, encontre o limite da função (se existir). Escreva uma função mais simples que coincida com a função dada em todos os pontos exceto em um deles. Use uma ferramenta gráfica para confirmar seus resultados.

45. $\lim_{x\to -1} \dfrac{x^2 - 1}{x + 1}$

46. $\lim_{x\to -1} \dfrac{2x^2 - x - 3}{x + 1}$

47. $\lim_{x\to 2} \dfrac{x^3 - 8}{x - 2}$

48. $\lim_{x\to -1} \dfrac{x^3 + 1}{x + 1}$

Nos Exercícios 49 a 62, encontre o limite (se existir).

49. $\lim_{x\to 5} \dfrac{x - 5}{x^2 - 25}$

50. $\lim_{x\to 2} \dfrac{2 - x}{x^2 - 4}$

51. $\lim_{x\to -3} \dfrac{x^2 + x - 6}{x^2 - 9}$

52. $\lim_{x\to 4} \dfrac{x^2 - 5x + 4}{x^2 - 2x - 8}$

53. $\lim_{x\to 0} \dfrac{\sqrt{x+5} - \sqrt{5}}{x}$

54. $\lim_{x\to 0} \dfrac{\sqrt{2+x} - \sqrt{2}}{x}$

55. $\lim_{x\to 4} \dfrac{\sqrt{x+5} - 3}{x - 4}$

56. $\lim_{x\to 3} \dfrac{\sqrt{x+1} - 2}{x - 3}$

57. $\lim_{x\to 0} \dfrac{[1/(3+x)] - (1/3)}{x}$

58. $\lim_{x\to 0} \dfrac{[1/(x+4)] - (1/4)}{x}$

59. $\lim_{\Delta x\to 0} \dfrac{2(x + \Delta x) - 2x}{\Delta x}$

60. $\lim_{\Delta x\to 0} \dfrac{(x + \Delta x)^2 - x^2}{\Delta x}$

61. $\lim_{\Delta x\to 0} \dfrac{(x + \Delta x)^2 - 2(x + \Delta x) + 1 - (x^2 - 2x + 1)}{\Delta x}$

62. $\lim_{\Delta x\to 0} \dfrac{(x + \Delta x)^3 - x^3}{\Delta x}$

Análises Gráfica, Numérica e Analítica **Nos Exercícios 63 a 66, use uma ferramenta gráfica para desenhar o gráfico da função e fazer uma estimativa do valor do limite. Use uma tabela para reforçar sua conclusão. A seguir, encontre o limite por métodos analíticos.**

63. $\lim_{x\to 0} \dfrac{\sqrt{x+2} - \sqrt{2}}{x}$

64. $\lim_{x\to 16} \dfrac{4 - \sqrt{x}}{x - 16}$

65. $\lim_{x\to 0} \dfrac{[1/(2+x)] - (1/2)}{x}$

66. $\lim_{x\to 2} \dfrac{x^5 - 32}{x - 2}$

Nos Exercícios 67 a 78, determine o limite da função trigonométrica (se existir).

67. $\lim_{x\to 0} \dfrac{\operatorname{sen} x}{5x}$

68. $\lim_{x\to 0} \dfrac{3(1 - \cos x)}{x}$

69. $\lim_{x\to 0} \frac{\operatorname{sen} x(1-\cos x)}{2x^2}$

70. $\lim_{\theta\to 0} \frac{\cos\theta \operatorname{tg}\theta}{\theta}$

71. $\lim_{x\to 0} \frac{\operatorname{sen}^2 x}{x}$

72. $\lim_{x\to 0} \frac{\operatorname{tg}^2 x}{x}$

73. $\lim_{h\to 0} \frac{(1-\cos h)^2}{h}$

74. $\lim_{\phi\to\pi} \phi \sec \phi$

75. $\lim_{x\to\pi/2} \frac{\cos x}{\operatorname{cotg} x}$

76. $\lim_{x\to\pi/4} \frac{1-\operatorname{tg} x}{\operatorname{sen} x - \cos x}$

77. $\lim_{t\to 0} \frac{\operatorname{sen} 3t}{2t}$

78. $\lim_{x\to 0} \frac{\operatorname{sen} 2x}{\operatorname{sen} 3x}$ $\left[\textit{Sugestão}: \text{Encontre } \lim_{x\to 0}\left(\frac{2\operatorname{sen} 2x}{2x}\right)\left(\frac{3x}{3\operatorname{sen} 3x}\right).\right]$

Análises Gráfica, Numérica e Analítica **Nos Exercícios 79 a 82, use uma ferramenta gráfica para desenhar o gráfico da função e fazer uma estimativa do valor do limite. Use uma tabela para reforçar sua conclusão. A seguir, encontre o limite por métodos analíticos.**

79. $\lim_{t\to 0} \frac{\operatorname{sen} 3t}{t}$

80. $\lim_{x\to 0} \frac{\cos x - 1}{2x^2}$

81. $\lim_{x\to 0} \frac{\operatorname{sen} x^2}{x}$

82. $\lim_{x\to 0} \frac{\operatorname{sen} x}{\sqrt[3]{x}}$

Nos Exercícios 83 a 86, encontre $\lim_{\Delta x\to 0} \frac{f(x+\Delta x)-f(x)}{\Delta x}$.

83. $f(x) = 2x + 3$

84. $f(x) = \sqrt{x}$

85. $f(x) = \frac{4}{x}$

86. $f(x) = x^2 - 4x$

Nos Exercícios 87 e 88, use o Teorema do Confronto para encontrar $\lim_{x\to c} f(x)$.

87. $c = 0$

$4 - x^2 \le f(x) \le 4 + x^2$

88. $c = a$

$b - |x-a| \le f(x) \le b + |x-a|$

Nos Exercícios 89 a 94, use uma ferramenta gráfica para desenhar o gráfico da função dada e as equações $y = |x|$ e $y = -|x|$ na mesma janela de observação. Usando os gráficos para observar o Teorema do Confronto visualmente, encontre $\lim_{x\to 0} f(x)$.

89. $f(x) = x\cos x$

90. $f(x) = |x \operatorname{sen} x|$

91. $f(x) = |x| \operatorname{sen} x$

92. $f(x) = |x| \cos x$

93. $f(x) = x \operatorname{sen} \frac{1}{x}$

94. $h(x) = x \cos \frac{1}{x}$

Questões Conceituais

95. No contexto do cálculo de limites, discuta o que significa duas funções coincidirem em todos os pontos exceto em um deles.

96. Dê um exemplo de duas funções que coincidam em todos os pontos exceto em um deles.

97. O que significa forma indeterminada?

98. Com suas próprias palavras, explique o Teorema do Confronto.

99. ***Redação*** Use uma ferramenta gráfica para desenhar o gráfico de

$$f(x) = x, \quad g(x) = \operatorname{sen} x \quad \text{e} \quad h(x) = \frac{\operatorname{sen} x}{x}$$

na mesma janela de observação. Compare os valores de $f(x)$ e $g(x)$ quando x está próximo de 0. Use a comparação para escrever um pequeno parágrafo explicando por que

$$\lim_{x\to 0} h(x) = 1.$$

100. ***Redação*** Use uma ferramenta gráfica para desenhar o gráfico de

$$f(x) = x, \; g(x) = \operatorname{sen}^2 x \text{ e } h(x) = \frac{\operatorname{sen}^2 x}{x}$$

na mesma janela de observação. Compare os valores de $f(x)$ e $g(x)$ quando x está próximo de 0. Use a comparação para escrever um pequeno parágrafo explicando por que

$$\lim_{x\to 0} h(x) = 0.$$

Objeto em Queda Livre **Nos Exercícios 101 e 102, use a função deslocamento $s(t) = -16t^2 + 1000$, que fornece a altura (em pés) de um objeto que caiu por t segundos de uma altura de 1000 pés. A velocidade no instante $t = a$ segundos é dada por**

$$\lim_{t\to a} \frac{s(a)-s(t)}{a-t}.$$

101. Se um trabalhador de construção derruba uma chave inglesa de uma altura de 1000 pés, com que velocidade a chave inglesa cairá após 5 segundos?

102. Se um trabalhador de construção derruba uma chave inglesa de uma altura de 1000 pés, quando a chave inglesa irá tocar o solo? Qual a velocidade do impacto da chave inglesa com o solo?

Objeto em Queda Livre **Nos Exercícios 103 e 104, use a função deslocamento $s(t) = -4{,}9t^2 + 150$, que fornece a altura (em metros) de um objeto que caiu por t segundos de uma altura de 150 metros. A velocidade no instante $t = a$ segundos é dada por**

$$\lim_{t\to a} \frac{s(a)-s(t)}{a-t}.$$

103. Encontre a velocidade do objeto quando $t = 3$.

104. Qual a velocidade do impacto do objeto com o solo?

105. Encontre duas funções f e g tais que $\lim_{x\to 0} f(x)$ e $\lim_{x\to 0} g(x)$ não existam, mas $\lim_{x\to 0} [f(x) + g(x)]$ exista.

106. Demonstre que se $\lim_{x\to c} f(x)$ existe e $\lim_{x\to c} [f(x) + g(x)]$ não existe, então $\lim_{x\to c} g(x)$ não existe.

107. Demonstre a Propriedade 1 do Teorema 1.1.

108. Demonstre a Propriedade 3 do Teorema 1.1. (Você pode usar a Propriedade 3 do Teorema 1.2.)

109. Demonstre a Propriedade 1 do Teorema 1.2.

110. Demonstre que se $\lim_{x\to c} f(x) = 0$, então $\lim_{x\to c} |f(x)| = 0$.

111. Demonstre que se $\lim_{x\to c} f(x) = 0$ e $|g(x)| \le M$ para uma constante M e para todo $x \ne c$, então $\lim_{x\to c} f(x)g(x) = 0$.

112. (a) Prove que se $\lim_{x \to c} |f(x)| = 0$, então $\lim_{x \to c} f(x) = 0$.
(*Observação*: Isso é a recíproca do Exercício 110.)

(b) Prove que se $\lim_{x \to c} f(x) = L$, então $\lim_{x \to c} |f(x)| = |L|$.
[*Sugestão:* Use a desigualdade $\big||f(x)| - |L|\big| \le |f(x) - L|$.]

Verdadeiro ou Falso? **Nos Exercícios 113 a 118, determine se a afirmação é verdadeira ou falsa. Se for falsa, explique por quê ou dê um exemplo que mostre que é falsa.**

113. $\lim_{x \to 0} \frac{|x|}{x} = 1$

114. $\lim_{x \to \pi} \frac{\operatorname{sen} x}{x} = 1$

115. Se $f(x) = g(x)$ para todo número real exceto $x = 0$, e

$\lim_{x \to 0} f(x) = L$, então $\lim_{x \to 0} g(x) = L$.

116. Se $\lim_{x \to c} f(x) = L$, então $f(c) = L$.

117. $\lim_{x \to 2} f(x) = 3$, onde $f(x) = \begin{cases} 3, & x \le 2 \\ 0, & x > 2 \end{cases}$

118. Se $f(x) < g(x)$ para todo $x \neq a$, então

$\lim_{x \to a} f(x) < \lim_{x \to a} g(x)$.

119. ***Para Pensar*** Encontre uma função f que mostre que a recíproca do Exercício 112(b) não é verdadeira. [*Sugestão*: Encontre uma função f tal que $\lim_{x \to c} |f(x)| = |L|$ mas $\lim_{x \to c} f(x)$ não existe.]

120. Demonstre a segunda parte do Teorema 1.9 provando que

$$\lim_{x \to 0} \frac{1 - \cos x}{x} = 0.$$

121. Seja $f(x) = \begin{cases} 0, & \text{se } x \text{ é racional} \\ 1, & \text{se } x \text{ é irracional} \end{cases}$

e

$$g(x) = \begin{cases} 0, & \text{se } x \text{ é racional} \\ x, & \text{se } x \text{ é irracional.} \end{cases}$$

Encontre (se possível) $\lim_{x \to 0} f(x)$ e $\lim_{x \to 0} g(x)$.

122. ***Argumentação Gráfica*** Considere $f(x) = \frac{\sec x - 1}{x^2}$.

(a) Encontre o domínio de f.

(b) Use uma ferramenta gráfica para desenhar o gráfico de f. O domínio de f é óbvio a partir do gráfico? Se não, explique.

(c) Use o gráfico de f para fazer uma estimativa de $\lim_{x \to 0} f(x)$.

(d) Confirme sua resposta do item (c) analiticamente.

123. ***Estimativa***

(a) Encontre $\lim_{x \to 0} \frac{1 - \cos x}{x^2}$.

(b) Use o resultado do item (a) para obter uma estimativa de $\cos x \approx 1 - \frac{1}{2}x^2$ para x próximo de 0.

(c) Use o resultado do item (b) para fazer uma estimativa de $\cos(0{,}1)$.

(d) Use uma calculadora para fazer uma estimativa de $\cos(0{,}1)$ com 4 casas decimais. Compare o resultado com o item (c).

124. ***Para Pensar*** Ao usar uma ferramenta gráfica para gerar uma tabela e fazer uma estimativa de $\lim_{x \to 0} [(\operatorname{sen} x)/x]$, um estudante concluiu que o limite era 0,01745 em vez de 1. Determine a provável causa do erro.

Seção 1.4 Continuidade e Limites Laterais

- **Determinar a continuidade em um ponto e a continuidade em um intervalo aberto.**
- **Determinar limites laterais e continuidade em um intervalo fechado.**
- **Usar as propriedade de continuidade.**
- **Entender e usar o Teorema do Valor Intermediário.**

Continuidade em um Ponto e em um Intervalo Aberto

Em matemática, o termo *contínuo* tem praticamente o mesmo significado do seu uso no dia-a-dia. Informalmente, dizer que uma função f é contínua para $x = c$ significa que não há interrupção do gráfico em c. Isto é, o gráfico não é quebrado em c e não há buracos, saltos ou intervalos. A Figura 1.25 identifica três valores de x nos quais o gráfico de f *não é* contínuo. Em todos os outros pontos do intervalo (a, b) o gráfico de f é ininterrupto e **contínuo**.

Na Figura 1.25, vê-se que a continuidade em $x = c$ pode ser desfeita por qualquer uma das seguintes condições:

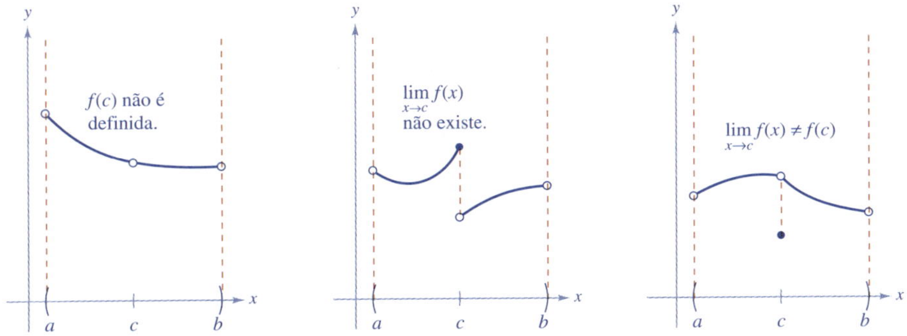

Há três condições para as quais o gráfico de f não é contínuo em $x = c$.
Figura 1.25

1. A função não está definida para $x = c$.
2. O limite de $f(x)$ não existe em $x = c$.
3. O limite de $f(x)$ existe em $x = c$, mas não é igual a $f(c)$.

Se *nenhuma* das três condições acima for verdadeira, a função f é chamada **contínua em c**, como indicado na importante definição a seguir.

Definição de Continuidade

Continuidade em um Ponto: Uma função é **contínua em c** se as seguintes três condições forem satisfeitas:

1. $f(c)$ está definida. 2. $\lim_{x\to c} f(x)$ existe. 3. $\lim_{x\to c} f(x) = f(c)$.

Continuidade em um Intervalo Aberto: Uma função é **contínua em um intervalo aberto (a, b)** se é contínua em cada ponto do intervalo. Uma função que é contínua em toda a reta real $(-\infty, \infty)$ é **contínua em toda parte**.

Considere um intervalo aberto I que contenha um número real c. Se a função f é definida em I (exceto possivelmente em c), e f não é contínua em c, então diz-se que f tem uma **descontinuidade** em c. Descontinuidades são classificadas em duas categorias: **removíveis** e **não removíveis**. Uma descontinuidade em c é chamada removível se f pode tornar-se contínua por uma definição (ou redefinição) apropriada de $f(c)$. Por exemplo, as funções vistas na Figura 1.26(a) e (c) têm descontinuidades removíveis em c e a função da Figura 1.26(b) tem uma descontinuidade não removível (um salto de continuidade) em c.

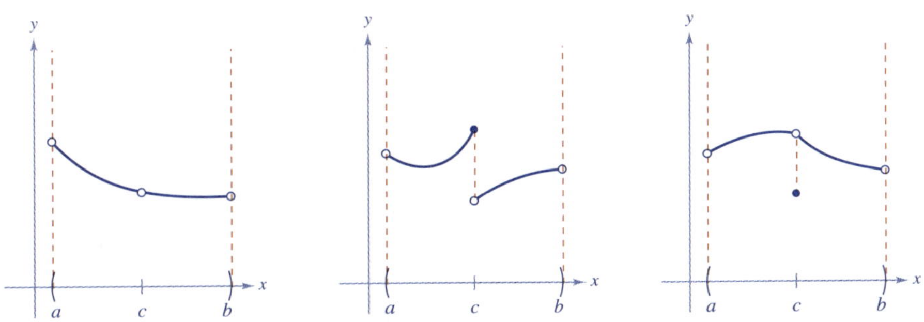

(a) Descontinuidade removível (b) Descontinuidade não removível. (c) Descontinuidade removível.

Figura 1.26

INVESTIGAÇÃO

Informalmente, você pode dizer que uma função é contínua em um intervalo aberto se seu gráfico pode ser desenhado com um lápis sem tirá-lo do papel. Use uma ferramenta gráfica para traçar o gráfico de cada função no intervalo dado. A partir dos gráficos, que funções você diria que são contínuas no intervalo? Você acha que pode confiar nos resultados que obteve graficamente? Explique seu raciocínio.

Função	*Intervalo*
a. $y = x^2 + 1$	$(-3, 3)$
b. $y = \dfrac{1}{x-2}$	$(-3, 3)$
c. $y = \dfrac{\operatorname{sen} x}{x}$	$(-\pi, \pi)$
d. $y = \dfrac{x^2-4}{x+2}$	$(-3, 3)$
e. $y = \begin{cases} 2x-4, & x \le 0 \\ x+1, & x > 0 \end{cases}$	$(-3, 3)$

PARA MAIS INFORMAÇÃO
Para saber mais sobre o conceito de continuidade, veja o artigo "Leibniz and the Spell of the Continuous", de Hardy Grant, em *The College Mathematics Journal*; ou consulte-o em *www.matharticles.com*.

EXEMPLO 1 Continuidade de uma Função

Discuta a continuidade de cada função.

a. $f(x) = \dfrac{1}{x}$ **b.** $g(x) = \dfrac{x^2 - 1}{x - 1}$ **c.** $h(x) = \begin{cases} x + 1, & x \leq 0 \\ x^2 + 1, & x > 0 \end{cases}$ **d.** $y = \text{sen}\, x$

Solução

a. O domínio de f é todo número real não nulo. Pelo Teorema 1.3, você pode concluir que f é contínua para todo valor de x no seu domínio. Em $x = 0$, f tem uma descontinuidade não removível, como visto na Figura 1.27(a). Em outras palavras, não há como definir $f(0)$ de modo que faça a função ser contínua em $x = 0$.

b. O domínio de g é todo número real exceto $x = 1$. Pelo Teorema 1.3, você pode concluir que g é contínua para todo valor de x no seu domínio. Em $x = 1$, f tem uma descontinuidade removível, como visto na Figura 1.27(a). Se $g(1)$ é definida como 2, a função "recém-definida" é contínua para todos os números reais.

c. O domínio de h é o conjunto de todos os números reais. A função h é contínua em $(-\infty, 0)$ e $(0, \infty)$, e, como $\lim\limits_{x \to 0} h(x) = 1$, h é contínua em toda a reta real, como visto na Figura 1.27(c).

d. O domínio de y é o conjunto de todos os números reais. Pelo Teorema 1.6, você pode concluir que a função é contínua em todo o seu domínio, $(-\infty, \infty)$, como visto na Figura 1.27(d).

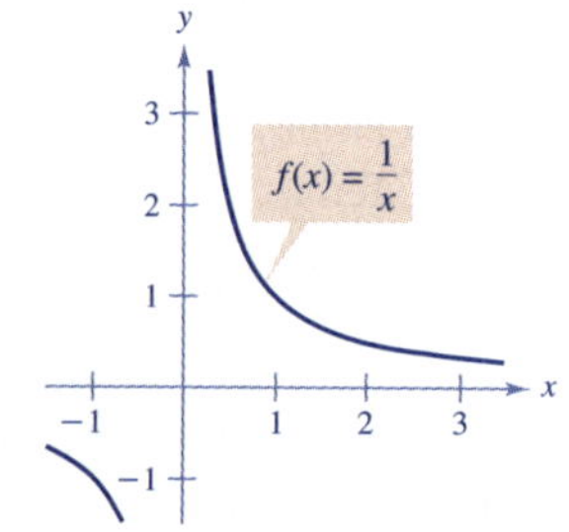

(a) Descontinuidade não removível em $x = 0$.

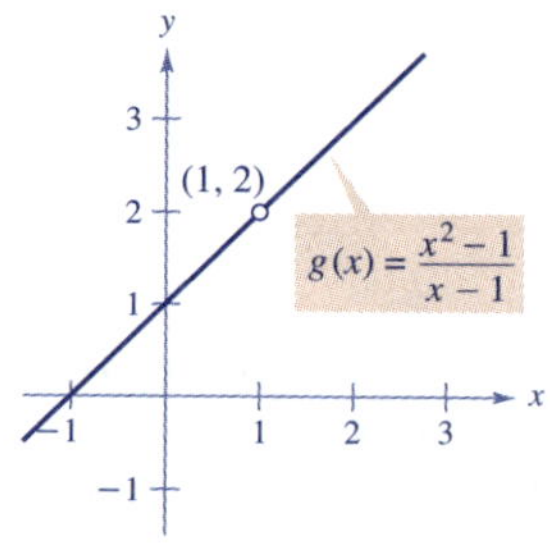

(b) Descontinuidade removível em $x = 1$.

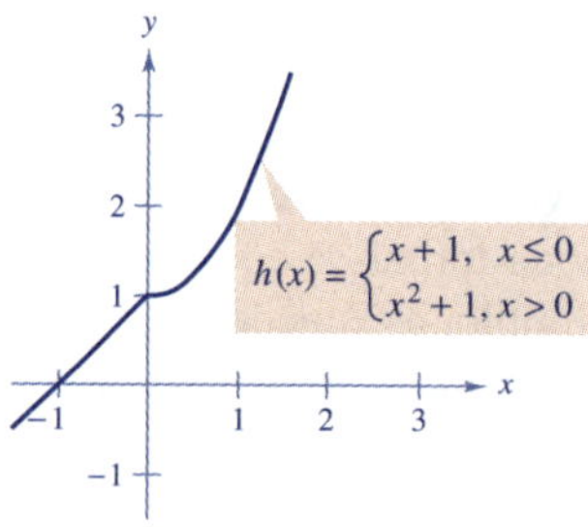

(c) Contínua em toda a reta real.

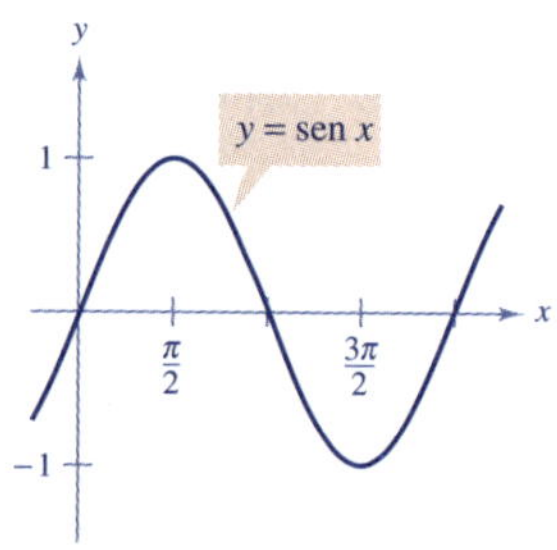

(d) Contínua em toda a reta real.

Figura 1.27

DICA Algumas pessoas podem se referir à função do Exemplo 1(a) como "descontínua". Achamos que essa terminologia pode confundir. Em vez de dizer que a função é descontínua, preferimos dizer que ela tem uma descontinuidade em $x = 0$.

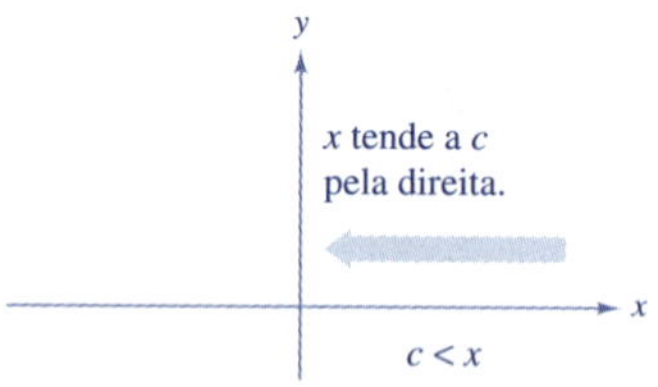

(a) Limite pela direita.

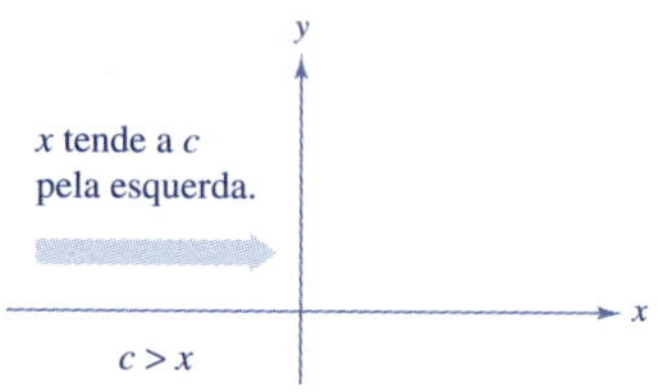

(b) Limite pela esquerda.

Figura 1.28

Limites Laterais e Continuidade em um Intervalo Fechado

Para entender continuidade em um intervalo fechado, você precisa primeiro olhar um tipo diferente de limite chamado **limite lateral**. Por exemplo, **limite pela direita** significa que x se aproxima de c por valores maiores que c (veja a Figura 1.28(a)). Esse limite é representado por

$$\lim_{x \to c^+} f(x) = L. \qquad \text{Limite pela direita}$$

Da mesma forma, **limite pela esquerda** significa que x se aproxima de c por valores menores que c (veja a Figura 1.28(b)). Esse limite é representado por

$$\lim_{x \to c^-} f(x) = L. \qquad \text{Limite pela esquerda}$$

Limites laterais são úteis para obter limites de funções envolvendo radicais. Por exemplo, se n é um inteiro par,

$$\lim_{x \to 0^+} \sqrt[n]{x} = 0.$$

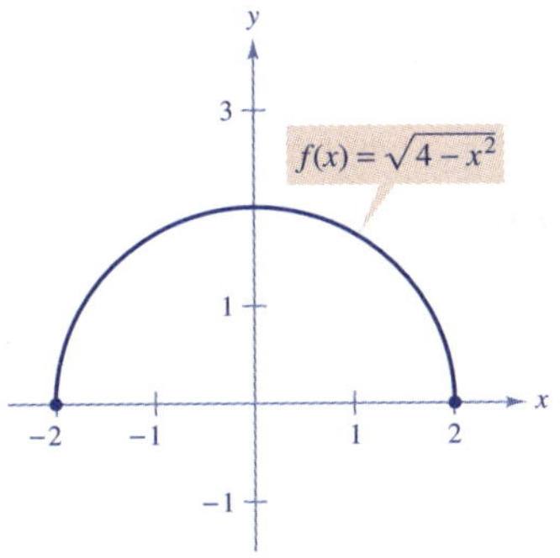

O limite de $f(x)$ para x tendendo a -2 pela direita é 0.
Figura 1.29

EXEMPLO 2 Um Limite Lateral

Encontre o limite de $f(x) = \sqrt{4 - x^2}$ para x tendendo a -2 pela direita.

Solução Como visto na Figura 1.29, o limite para x tendendo a -2 pela direita é

$$\lim_{x \to -2^+} \sqrt{4 - x^2} = 0.$$

Limites laterais podem ser usados para investigar o comportamento de **funções em degraus**. Um tipo comum de função em degraus é a **função maior inteiro** $[\![x]\!]$, definida por

$$[\![x]\!] = \text{maior inteiro } n \text{ tal que } n \le x. \qquad \text{Função maior inteiro}$$

Por exemplo, $[\![2{,}5]\!] = 2$ e $[\![-2{,}5]\!] = -3$.

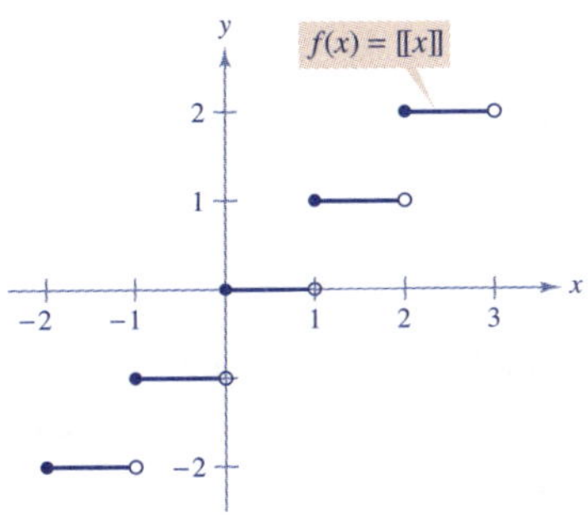

Função maior inteiro.
Figura 1.30

EXEMPLO 3 Função Maior Inteiro

Encontre o limite da função maior inteiro $f(x) = [\![x]\!]$ para x tendendo a 0 pela esquerda e pela direita.

Solução Como visto na Figura 1.30, o limite para x tendendo a 0 *pela esquerda* é dado por

$$\lim_{x \to 0^-} [\![x]\!] = -1$$

e o limite para x tendendo a 0 *pela direita* é dado por

$$\lim_{x \to 0^+} [\![x]\!] = 0.$$

A função maior inteiro tem uma descontinuidade em zero pois os limites esquerdo e direito são diferentes. Por raciocínio similar, você pode observar que a função maior inteiro tem uma descontinuidade em qualquer inteiro n.

Quando o limite à esquerda não é igual ao limite à direita, o limite (bilateral) *não existe*. O próximo teorema torna isso mais explícito. A demonstração desse teorema segue diretamente da definição de um limite lateral.

TEOREMA 1.10 A Existência do Limite

Seja f uma função e sejam c e L números reais. O limite de $f(x)$ para x tendendo a c é L se e somente se

$$\lim_{x \to c^-} f(x) = L \quad \text{e} \quad \lim_{x \to c^+} f(x) = L.$$

O conceito de limite lateral possibilita estender a definição de continuidade para intervalos fechados. Basicamente, uma função é contínua em um intervalo fechado se é contínua no interior do intervalo e exibe continuidade lateral nos extremos. Isso é expresso formalmente como segue.

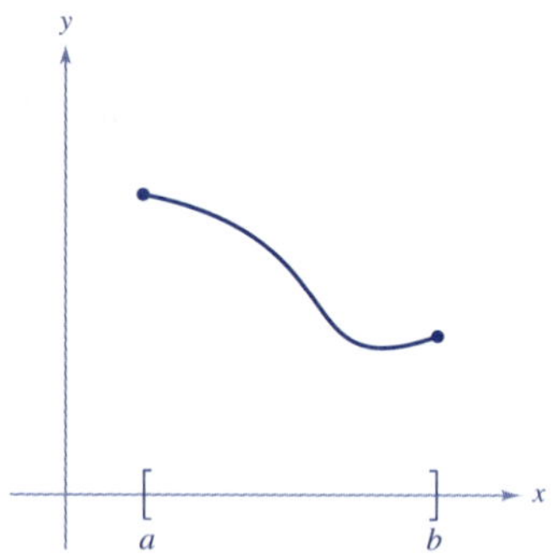

Função contínua em um intervalo fechado.
Figura 1.31

Definição de Continuidade em um Intervalo Fechado

Uma função f é **contínua em um intervalo fechado $[a, b]$** se é contínua no intervalo (a, b) e

$$\lim_{x\to a^+} f(x) = f(a) \qquad \text{e} \qquad \lim_{x\to b^-} f(x) = f(b).$$

A função f é **continua à direita** em a e **contínua à esquerda** em b (veja a Figura 1.31).

Definições similares podem ser feitas para englobar continuidade em intervalos da forma $(a, b]$ e $[a, b)$ que não são abertos ou fechados. Por exemplo, a função

$$f(x) = \sqrt{x}$$

é contínua no intervalo infinito $[0, \infty)$, e a função

$$g(x) = \sqrt{2 - x}$$

é contínua no intervalo infinito $(-\infty, 2]$.

EXEMPLO 4 Continuidade em um Intervalo Fechado

Discuta a continuidade de $f(x) = \sqrt{1 - x^2}$.

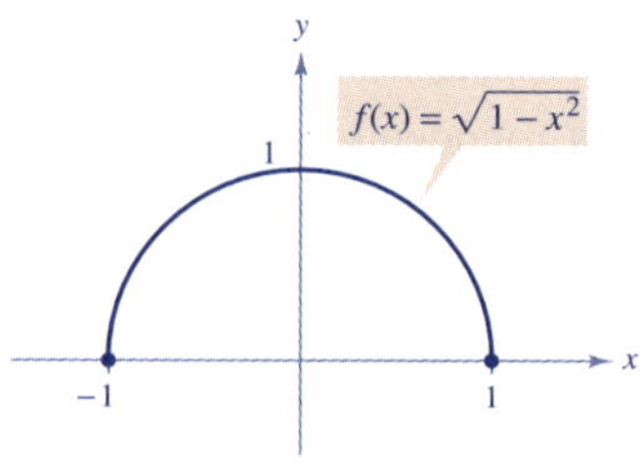

f é contínua em $[-1, 1]$.
Figura 1.32

Solução O domínio de f é o intervalo fechado $[-1, 1]$. Em todos os pontos no intervalo aberto $(-1, 1)$, a continuidade de f se segue dos Teoremas 1.4 e 1.5. Além disso, como

$$\lim_{x\to -1^+} \sqrt{1 - x^2} = 0 = f(-1) \qquad \text{Contínua à direita}$$

e

$$\lim_{x\to 1^-} \sqrt{1 - x^2} = 0 = f(1) \qquad \text{Contínua à esquerda}$$

você pode concluir que f é contínua no intervalo fechado $[-1, 1]$, como visto na Figura 1.32.

O próximo exemplo mostra como um limite lateral pode ser usado para determinar o valor do zero absoluto na escala Kelvin.

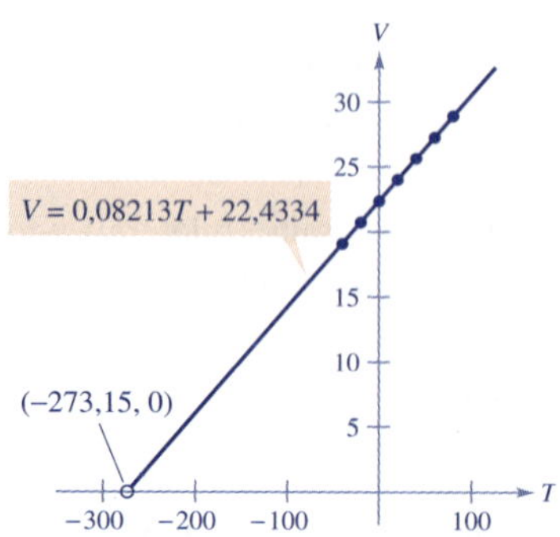

O volume de gás hidrogênio depende de sua temperatura.
Figura 1.33

EXEMPLO 5 Lei de Charles e o Zero Absoluto

Na escala Kelvin, *zero absoluto* é a temperatura 0 K. Embora temperaturas de aproximadamente 0,0001 K tenham sido produzidas em laboratório, o zero absoluto nunca foi atingido. De fato, a evidência mostra que o zero absoluto *não pode* ser atingido. Como os cientistas determinam que 0 K é o "limite inferior" da temperatura da matéria? Qual é o zero absoluto na escala Celsius?

Solução A determinação do zero absoluto deriva do trabalho do físico francês Jacques Charles (1746-1823). Charles descobriu que o volume de gás à pressão constante aumenta linearmente com a temperatura do gás. A tabela a seguir ilustra essa

University of Colorado at Boulder, Office of News Services

Em 1995, os físicos Carl Wieman e Eric Cornell da Universidade do Colorado, em Boulder, usaram lasers e evaporação para produzir um gás superesfriado no qual os átomos se sobrepunham. Esse gás é chamado de condensado de Bose-Einstein. "Chegamos a um bilionésimo de grau do zero absoluto", relatou Wieman. (*Fonte*: Revista *Time*, 10 de abril de 2000.)

relação entre volume e temperatura. Na tabela, um mol de hidrogênio é mantido à pressão constante de uma atmosfera. O volume V é medido em litros e a temperatura T é medida em graus Celsius.

T	−40	−20	0	20	40	60	80
V	19,1482	20,7908	22,4334	24,0760	25,7186	27,3612	29,0038

Os pontos representados pela tabela são vistos na Figura 1.33. Além disso, usando os pontos na tabela, você pode determinar que T e V estão relacionados pela equação linear

$$V = 0{,}08213T + 22{,}4334 \quad \text{ou} \quad T = \frac{V - 22{,}4334}{0{,}08213}.$$

Considerando que o volume do gás pode se aproximar de 0 (mas nunca ser igual ou menor que 0), você pode determinar que a "menor temperatura possível" é dada por

$$\lim_{V \to 0^+} T = \lim_{V \to 0^+} \frac{V - 22{,}4334}{0{,}08213}$$

$$= \frac{0 - 22{,}4334}{0{,}08213} \qquad \text{Use substituição direta}$$

$$\approx -273{,}15.$$

Assim, o zero absoluto na escala Kelvin (0 K) é aproximadamente $-273{,}15°$ na escala Celsius.

A tabela a seguir mostra as temperaturas do Exemplo 5, convertidas para a escala Fahrenheit. Tente repetir a solução vista no Exemplo 5 usando essas temperaturas e volumes. Use o resultado para encontrar o valor do zero absoluto na escala Fahrenheit.

T	−40	−4	32	68	104	140	176
V	19,1482	20,7908	22,4334	24,0760	25,7186	27,3612	29.0038

OBSERVAÇÃO A Lei de Charles para gases (assumindo pressão constante) pode ser enunciada como

$$V = RT \qquad \text{Lei de Charles}$$

onde V é o volume, R é constante, e T é a temperatura. No enunciado dessa lei, que propriedade deve ter a escala de temperatura?

Bettmann/Corbis

Augustin-Louis Cauchy (1789-1857)

O conceito de função contínua foi introduzido pela primeira vez por Augustin-Louis Cauchy em 1821. A definição dada em seu texto *Cours d'Analyse* especificava que pequenas variações indefinidas em y eram resultado de pequenas variações indefinidas em x. "... $f(x)$ será chamada uma função *contínua* se ... os valores numéricos da diferença $f(x + \alpha) - f(x)$ decrescerem indefinidamente com aqueles de α."

Propriedades da Continuidade

Na Seção 1.3, você estudou diversas propriedades de limites. Cada uma dessas propriedades produz uma propriedade correspondente pertinente à continuidade de uma função. Por exemplo, o Teorema 1.11 segue diretamente do Teorema 1.2.

TEOREMA 1.11 Propriedades da Continuidade

Se b é um número real e f e g são contínuas em $x = c$, então as seguintes funções também são contínuas em c:

1. Produto por escalar: bf
2. Soma e diferença: $f \pm g$
3. Produto: fg
4. Quociente: $\dfrac{f}{g}$, se $g(c) \neq 0$

Os seguintes tipos de funções são contínuas em todos os pontos dos seus domínios:

1. **Funções polinomiais:** $p(x) = a_nx^n + a_{n-1}x^{n-1} + \cdot \cdot \cdot + a_1x + a_0$
2. **Funções racionais:** $r(x) = \dfrac{p(x)}{q(x)}, \quad q(x) \neq 0$
3. **Funções radicais:** $f(x) = \sqrt[n]{x}$
4. **Funções trigonométricas:** sen x, cos x, tg x, cotg x, sec x, cossec x

Combinando o Teorema 1.11 com esse sumário, você pode concluir que uma grande variedade de funções é contínua em todos os pontos dos seus domínios.

EXEMPLO 6 Aplicando Propriedades de Continuidade

Pelo Teorema 1.11, segue que cada uma das seguintes funções é contínua em todos os pontos do seu domínio:

$$f(x) = x + \operatorname{sen} x, \qquad f(x) = 3 \operatorname{tg} x, \qquad f(x) = \frac{x^2 + 1}{\cos x}$$

O próximo teorema, que é uma conseqüência do Teorema 1.5, permite determinar a continuidade de funções *compostas* tais como

$$f(x) = \operatorname{sen} 3x, \qquad f(x) = \sqrt{x^2 + 1}, \qquad f(x) = \operatorname{tg} \frac{1}{x}.$$

TEOREMA 1.12 Continuidade de uma Função Composta

Se g é contínua em c e f é contínua em $g(c)$, então a função composta dada por $(f \circ g)(x) = f(g(x))$ é contínua em c.

Uma conseqüência do Teorema 1.12 é que se f e g satisfazem às condições dadas, você pode determinar que o limite de $f(g(x))$ para x tendendo a c é

$$\lim_{x \to c} f(g(x)) = f(g(c)).$$

EXEMPLO 7 Testando a Continuidade

Descreva o(s) intervalo(s) em que cada função é contínua.

a. $f(x) = \operatorname{tg} x$ **b.** $g(x) = \begin{cases} \operatorname{sen} \frac{1}{x}, & x \neq 0 \\ 0, & x = 0 \end{cases}$ **c.** $h(x) = \begin{cases} x \operatorname{sen} \frac{1}{x}, & x \neq 0 \\ 0, & x = 0 \end{cases}$

Solução

a. A função tangente $f(x) = \operatorname{tg} x$ é indefinida em

$$x = \frac{\pi}{2} + n\pi, \qquad n \text{ é um inteiro.}$$

Em todos os outros pontos ela é contínua. Assim, $f(x) = \operatorname{tg} x$ é contínua nos intervalos abertos

$$\ldots, \left(-\frac{3\pi}{2}, -\frac{\pi}{2}\right), \left(-\frac{\pi}{2}, \frac{\pi}{2}\right), \left(\frac{\pi}{2}, \frac{3\pi}{2}\right), \ldots$$

como visto na Figura 1.34(a).

b. Como $y = 1/x$ é contínua exceto em $x = 0$ e a função seno é contínua para todos os valores reais de x, segue que $y = \text{sen}\,(1/x)$ é contínua em todos os valores reais exceto $x = 0$. Em $x = 0$, o limite de $g(x)$ não existe (veja o Exemplo 5 da Seção 1.2). Assim, g é contínua nos intervalos $(-\infty, 0)$ e $(0, \infty)$, como visto na Figura 1.34(b).

c. Essa função é semelhante àquela do item (b) exceto pelo fato de que as oscilações são amortecidas pelo fator x. Usando o Teorema do Confronto, você obtém

$$-|x| \leq x \,\text{sen}\,\frac{1}{x} \leq |x|, \qquad x \neq 0$$

e pode concluir que

$$\lim_{x \to 0} h(x) = 0.$$

Assim, h é contínua em toda a reta real, como visto na Figura 1.34(c).

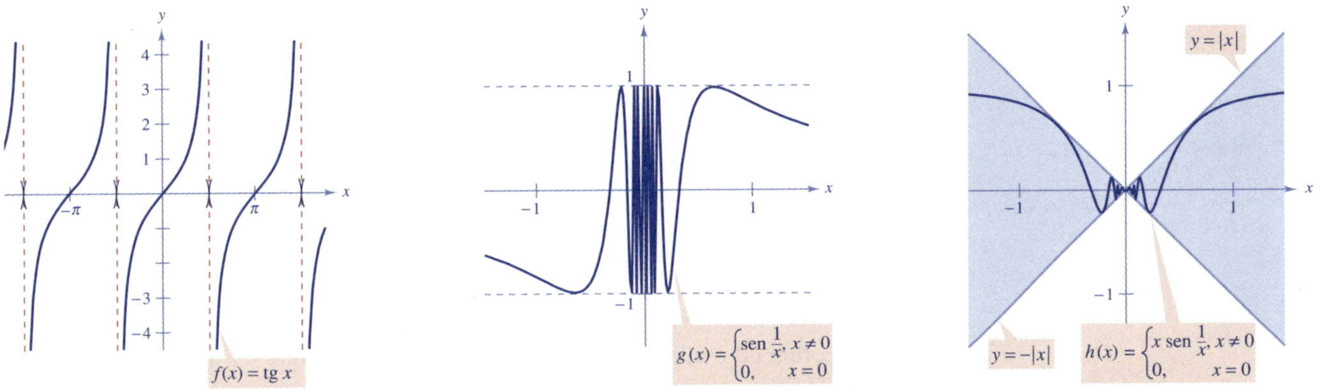

(a) f é contínua em todo intervalo aberto em seu domínio.

(b) g é contínua em $(-\infty, 0)$ e $(0, \infty)$.

(c) h é contínua em toda a reta real.

Figura 1.34

O Teorema do Valor Intermediário

O Teorema 1.13 é um teorema importante referente ao comportamento das funções que são contínuas em um intervalo fechado.

> **TEOREMA 1.13 Teorema do Valor Intermediário**
>
> Se f é contínua em um intervalo fechado $[a, b]$ e k é um número entre $f(a)$ e $f(b)$, então existe pelo menos um número c em $[a, b]$ tal que
>
> $$f(c) = k.$$

OBSERVAÇÃO O Teorema do Valor Intermediário nos diz que existe pelo menos um c, mas não fornece um método para encontrar c. Tais teoremas são chamados **teoremas de existência**.

Consultando um livro de cálculo avançado, você verá que a demonstração desse teorema é baseada em uma propriedade dos números reais chamada *completude*. O Teorema do Valor Intermediário afirma que para uma função contínua f, se x assume todos os valores entre a e b, $f(x)$ deve assumir todos os valores entre $f(a)$ e $f(b)$.

Como um exemplo simples desse teorema, considere a altura de uma pessoa. Suponha que uma menina tenha 5 pés de altura em seu aniversário de 13 anos e 5 pés e 7 polegadas no seu aniversário de 14 anos. Então, para qualquer altura h entre 5 pés e 5 pés e 7 polegadas, deve haver um instante t quando sua altura era exatamente h. Isso parece razoável porque o crescimento humano é contínuo e a altura de uma pessoa não salta abruptamente de um valor para outro.

O Teorema do Valor Intermediário garante a existência de *pelo menos um* número c no intervalo fechado $[a, b]$. Pode haver, é claro, mais de um número c para o qual $f(c) = k$, como visto na Figura 1.35. Uma função que não é contínua não possui necessariamente a propriedade do valor intermediário. Por exemplo, o gráfico da função vista na Figura 1.36 pula sobre a reta horizontal dada por $y = k$, e para essa função não há valor de c em $[a, b]$ tal que $f(c) = k$.

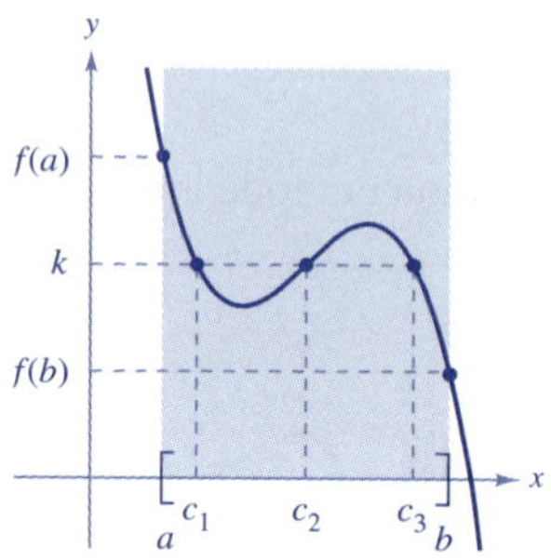

f é contínua em $[a, b]$.
[Existem três valores de c tais que $f(c) = k$.]
Figura 1.35

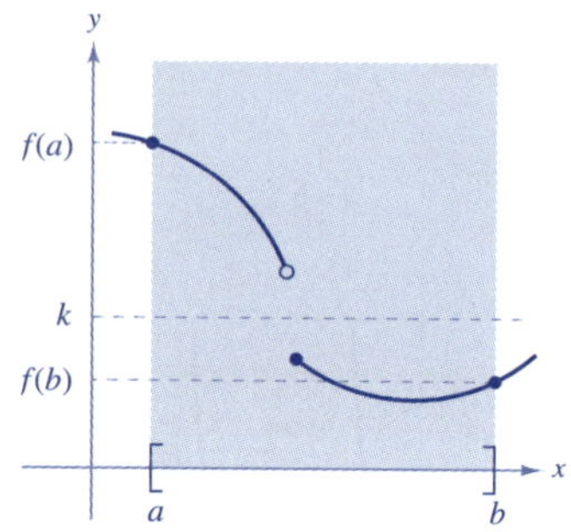

f não é contínua em $[a, b]$.
[Não existe nenhum valor de c tal que $f(c) = k$.]
Figura 1.36

O Teorema do Valor Intermediário freqüentemente pode ser usado para localizar os zeros de uma função que é contínua em um intervalo fechado. Especificamente, se f é contínua em $[a, b]$ e $f(a)$ e $f(b)$ têm sinais diferentes, o Teorema do Valor Intermediário garante a existência de pelo menos um zero de f no intervalo fechado $[a, b]$.

EXEMPLO 8 Uma Aplicação do Teorema do Valor Intermediário

Use o Teorema do Valor Intermediário para mostrar que a função polinomial $f(x) = x^3 + 2x - 1$ tem um zero no intervalo $[0, 1]$.

Solução Observe que f é contínua no intervalo fechado $[0, 1]$. Como

$$f(0) = 0^3 + 2(0) - 1 = -1 \quad \text{e} \quad f(1) = 1^3 + 2(1) - 1 = 2$$

segue que $f(0) < 0$ e $f(1) > 0$. Você pode portanto aplicar o Teorema do Valor Intermediário para concluir que deve haver pelo menos um c em $[0, 1]$ tal que

$$f(c) = 0 \qquad f \text{ tem um zero no intervalo } [0, 1]$$

como visto na Figura 1.37.

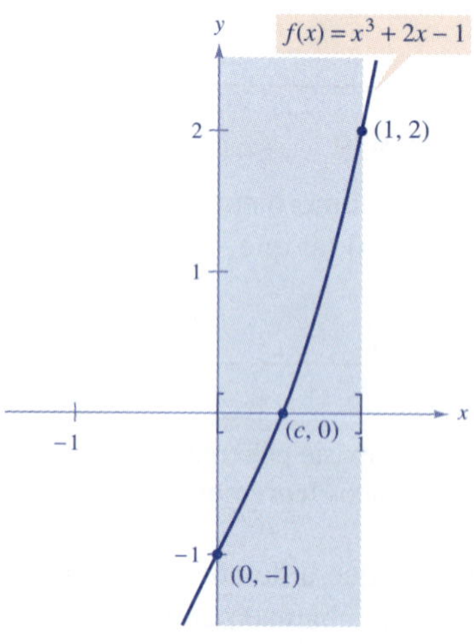

f é contínua em $[0, 1]$ com $f(0) < 0$ e $f(1) > 0$.
Figura 1.37

O **método da bisecção** para aproximar os zeros reais de uma função contínua é semelhante ao método usado no Exemplo 8. Se você sabe que existe um zero em um intervalo fechado $[a, b]$, o zero deve estar no intervalo $[a, (a + b)/2]$ ou $[(a + b)/2, b]$. Pelo sinal de $f([a + b]/2)$, você pode determinar qual intervalo contém o zero. Repetindo a bisecção do intervalo, você pode se aproximar do zero da função.

TECNOLOGIA Você pode também usar o "zoom" de uma ferramenta gráfica para estimar o valor dos zeros reais de uma função contínua. Aproximando-se continuamente do ponto onde o gráfico cruza o eixo x, e ajustando a escala do eixo x, você pode estimar o zero da função para qualquer precisão desejada. O zero de $x^3 + 2x - 1$ é aproximadamente 0,453, como visto na Figura 1.38.

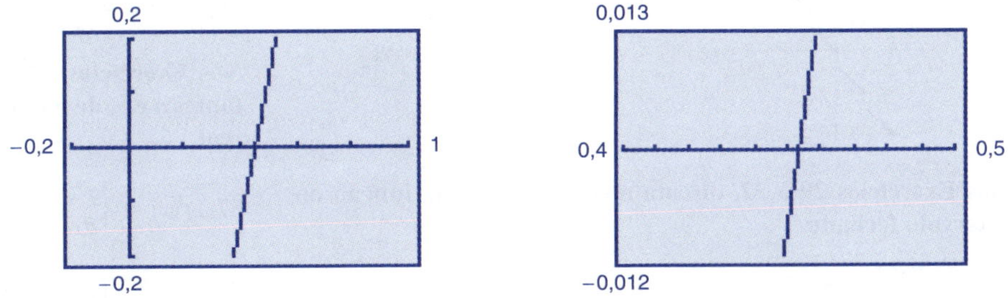

Figura 1.38 Aproximando-se do zero da função $f(x) = x^3 + 2x - 1$.

Exercícios da Seção 1.4

Nos Exercícios 1 a 6, use o gráfico para determinar o limite, e discuta a continuidade da função.

(a) $\lim_{x \to c^+} f(x)$ (b) $\lim_{x \to c^-} f(x)$ (c) $\lim_{x \to c} f(x)$

1.

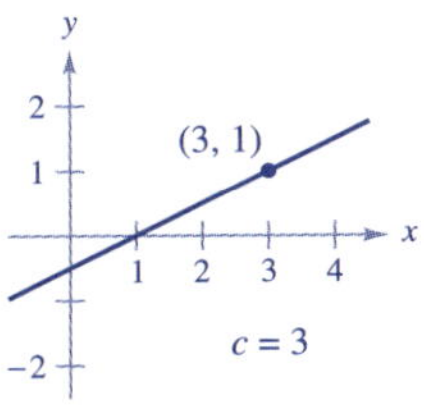

2.

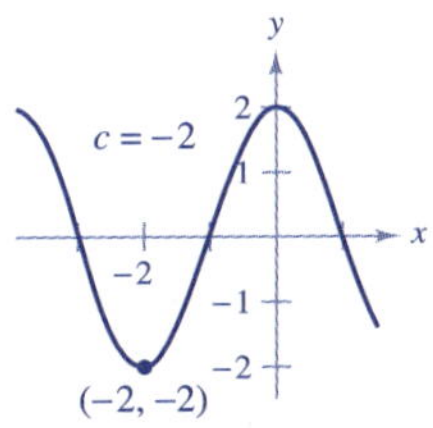

3.

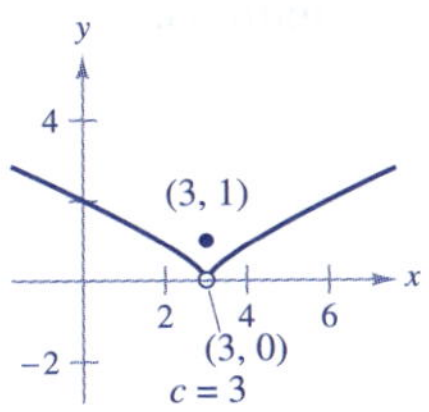

4.

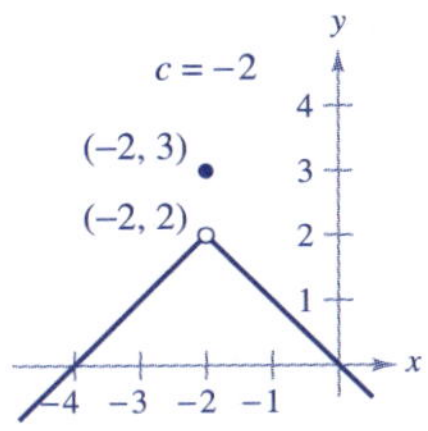

5.

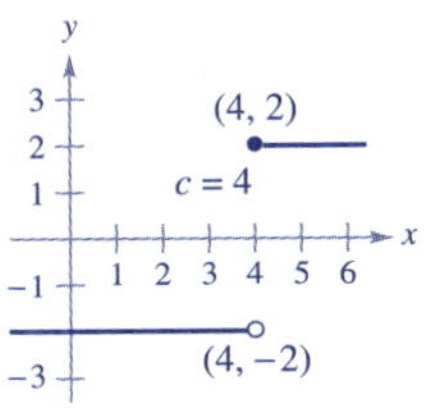

6.

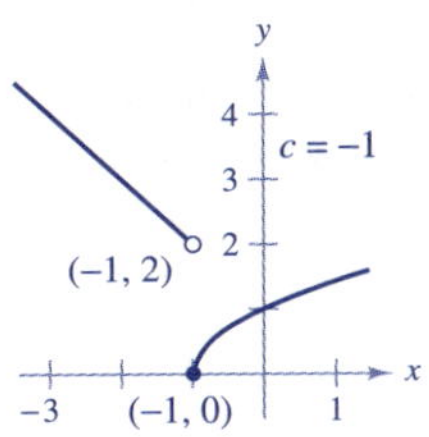

Nos Exercícios 7 a 24, ache o limite (se existir). Se ele não existir, explique por quê.

7. $\lim_{x \to 5^+} \frac{x - 5}{x^2 - 25}$

8. $\lim_{x \to 2^+} \frac{2 - x}{x^2 - 4}$

9. $\lim_{x \to -3^-} \frac{x}{\sqrt{x^2 - 9}}$

10. $\lim_{x \to 4^-} \frac{\sqrt{x} - 2}{x - 4}$

11. $\lim_{x \to 0^-} \frac{|x|}{x}$

12. $\lim_{x \to 2^+} \frac{|x - 2|}{x - 2}$

13. $\lim_{\Delta x \to 0^-} \dfrac{\dfrac{1}{x + \Delta x} - \dfrac{1}{x}}{\Delta x}$

14. $\lim_{\Delta x \to 0^+} \frac{(x + \Delta x)^2 + x + \Delta x - (x^2 + x)}{\Delta x}$

15. $\lim_{x \to 3^-} f(x)$, onde $f(x) = \begin{cases} \dfrac{x + 2}{2}, & x \le 3 \\ \dfrac{12 - 2x}{3}, & x > 3 \end{cases}$

16. $\lim_{x \to 2} f(x)$, onde $f(x) = \begin{cases} x^2 - 4x + 6, & x < 2 \\ -x^2 + 4x - 2, & x \ge 2 \end{cases}$

17. $\lim_{x \to 1} f(x)$, onde $f(x) = \begin{cases} x^3 + 1, & x < 1 \\ x + 1, & x \ge 1 \end{cases}$

18. $\lim_{x \to 1^+} f(x)$, onde $f(x) = \begin{cases} x, & x \le 1 \\ 1 - x, & x > 1 \end{cases}$

19. $\lim_{x \to \pi} \operatorname{cotg} x$

20. $\lim_{x \to \pi/2} \sec x$

21. $\lim_{x \to 4^-} (3[\![x]\!] - 5)$

22. $\lim_{x \to 2^+} (2x - [\![x]\!])$

23. $\lim_{x \to 3} (2 - [\![-x]\!])$

24. $\lim_{x \to 1} \left(1 - \left[\!\!\left[-\frac{x}{2}\right]\!\!\right]\right)$

Nos Exercícios 25 a 28, discuta a continuidade de cada função.

25. $f(x) = \frac{1}{x^2 - 4}$

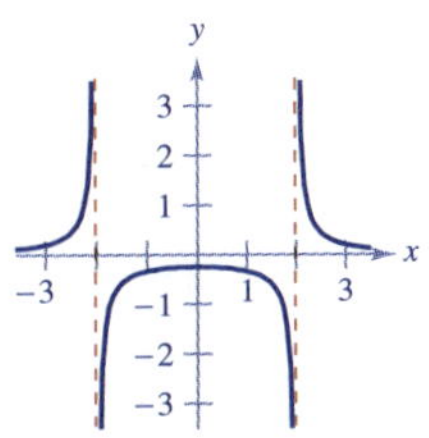

26. $f(x) = \frac{x^2 - 1}{x + 1}$

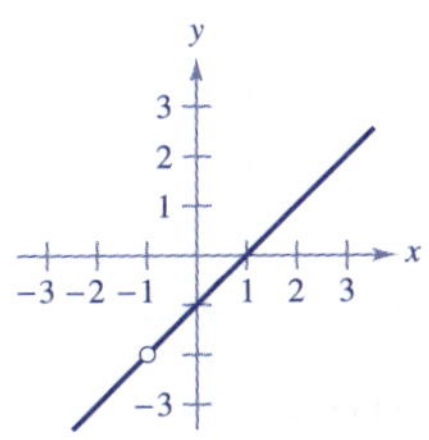

27. $f(x) = \frac{1}{2}[\![x]\!] + x$

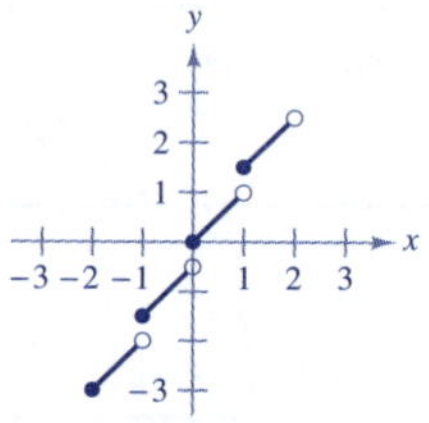

28. $f(x) = \begin{cases} x, & x < 1 \\ 2, & x = 1 \\ 2x - 1, & x > 1 \end{cases}$

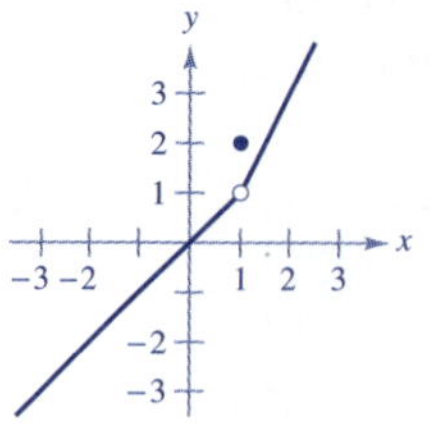

Nos Exercícios 29 a 32, discuta a continuidade da função no intervalo fechado.

Função	*Intervalo*
29. $g(x) = \sqrt{25 - x^2}$	$[-5, 5]$
30. $f(t) = 3 - \sqrt{9 - t^2}$	$[-3, 3]$
31. $f(x) = \begin{cases} 3 - x, & x \le 0 \\ 3 + \frac{1}{2}x, & x > 0 \end{cases}$	$[-1, 4]$
32. $g(x) = \dfrac{1}{x^2 - 4}$	$[-1, 2]$

Nos Exercícios 33 a 54, encontre os valores de x (se houver algum) nos quais f não é contínua. Quais das descontinuidades são removíveis?

33. $f(x) = x^2 - 2x + 1$

34. $f(x) = \dfrac{1}{x^2 + 1}$

35. $f(x) = 3x - \cos x$

36. $f(x) = \cos \dfrac{\pi x}{2}$

37. $f(x) = \dfrac{x}{x^2 - x}$

38. $f(x) = \dfrac{x}{x^2 - 1}$

39. $f(x) = \dfrac{x}{x^2 + 1}$

40. $f(x) = \dfrac{x - 3}{x^2 - 9}$

41. $f(x) = \dfrac{x + 2}{x^2 - 3x - 10}$

42. $f(x) = \dfrac{x - 1}{x^2 + x - 2}$

43. $f(x) = \dfrac{|x + 2|}{x + 2}$

44. $f(x) = \dfrac{|x - 3|}{x - 3}$

45. $f(x) = \begin{cases} x, & x \le 1 \\ x^2, & x > 1 \end{cases}$

46. $f(x) = \begin{cases} -2x + 3, & x < 1 \\ x^2, & x \ge 1 \end{cases}$

47. $f(x) = \begin{cases} \frac{1}{2}x + 1, & x \le 2 \\ 3 - x, & x > 2 \end{cases}$

48. $f(x) = \begin{cases} -2x, & x \le 2 \\ x^2 - 4x + 1, & x > 2 \end{cases}$

49. $f(x) = \begin{cases} \operatorname{tg} \dfrac{\pi x}{4}, & |x| < 1 \\ x, & |x| \ge 1 \end{cases}$

50. $f(x) = \begin{cases} \operatorname{cossec} \dfrac{\pi x}{6}, & |x - 3| \le 2 \\ 2, & |x - 3| > 2 \end{cases}$

51. $f(x) = \operatorname{cossec} 2x$

52. $f(x) = \operatorname{tg} \dfrac{\pi x}{2}$

53. $f(x) = [\![x - 1]\!]$

54. $f(x) = 3 - [\![x]\!]$

Nos Exercícios 55 e 56, use uma ferramenta gráfica para desenhar o gráfico da função. A partir do gráfico, estime

$$\lim_{x \to 0^+} f(x) \quad \text{e} \quad \lim_{x \to 0^-} f(x).$$

A função é contínua em toda a reta real? Explique.

55. $f(x) = \dfrac{|x^2 - 4|x}{x + 2}$

56. $f(x) = \dfrac{|x^2 + 4x|(x + 2)}{x + 4}$

Nos Exercícios 57 a 60, encontre a constante a, ou as constantes a e b, de modo que a função seja contínua em toda a reta real.

57. $f(x) = \begin{cases} x^3, & x \le 2 \\ ax^2, & x > 2 \end{cases}$

58. $g(x) = \begin{cases} \dfrac{4 \operatorname{sen} x}{x}, & x < 0 \\ a - 2x, & x \ge 0 \end{cases}$

59. $f(x) = \begin{cases} 2, & x \le -1 \\ ax + b, & -1 < x < 3 \\ -2, & x \ge 3 \end{cases}$

60. $g(x) = \begin{cases} \dfrac{x^2 - a^2}{x - a}, & x \ne a \\ 8, & x = a \end{cases}$

Nos Exercícios 61 a 64, discuta a continuidade da função composta $h(x) = f(g(x))$.

61. $f(x) = x^2$

$g(x) = x - 1$

62. $f(x) = \dfrac{1}{\sqrt{x}}$

$g(x) = x - 1$

63. $f(x) = \dfrac{1}{x - 6}$

$g(x) = x^2 + 5$

64. $f(x) = \operatorname{sen} x$

$g(x) = x^2$

Nos Exercícios 65 a 68, use uma ferramenta gráfica para desenhar o gráfico da função. Use o gráfico para determinar todos os valores de x nos quais a função não é contínua.

65. $f(x) = [\![x]\!] - x$

66. $h(x) = \dfrac{1}{x^2 - x - 2}$

67. $g(x) = \begin{cases} 2x - 4, & x \le 3 \\ x^2 - 2x, & x > 3 \end{cases}$

68. $f(x) = \begin{cases} \dfrac{\cos x - 1}{x}, & x < 0 \\ 5x, & x \ge 0 \end{cases}$

Nos Exercícios 69 a 72, descreva o(s) intervalo(s) no qual a função é contínua.

69. $f(x) = \dfrac{x}{x^2 + 1}$

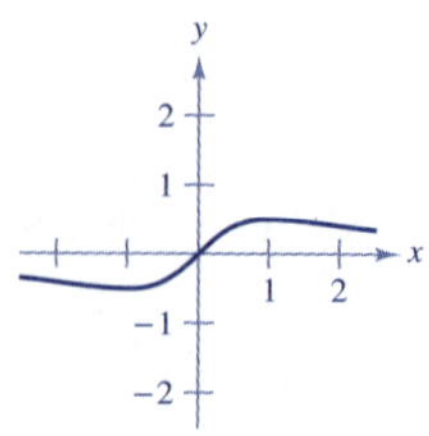

70. $f(x) = x\sqrt{x + 3}$

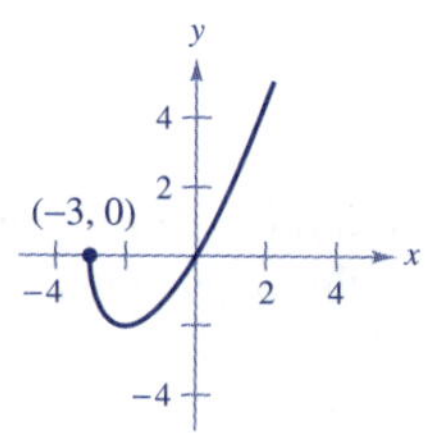

71. $f(x) = \sec \dfrac{\pi x}{4}$

72. $f(x) = \dfrac{x + 1}{\sqrt{x}}$

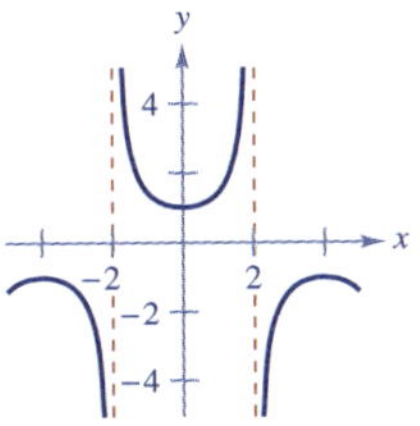

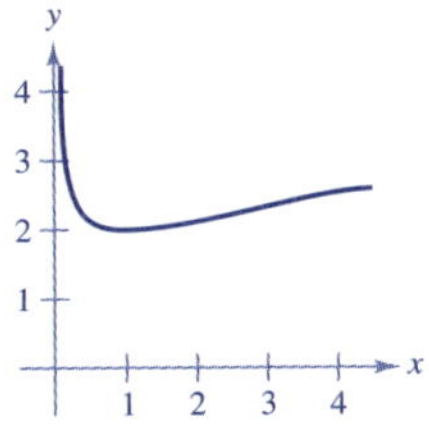

Redação **Nos Exercícios 73 e 74, use uma ferramenta gráfica para desenhar o gráfico da função no intervalo $[-4, 4]$. O gráfico da função parece contínuo nesse intervalo? A função é contínua em $[-4, 4]$? Escreva um parágrafo curto sobre a importância de examinar uma função tanto analiticamente quanto graficamente.**

73. $f(x) = \dfrac{\operatorname{sen} x}{x}$ **74.** $f(x) = \dfrac{x^3 - 8}{x - 2}$

Redação **Nos Exercícios 75 a 78, explique por que a função tem um zero no intervalo dado.**

Função	*Intervalo*
75. $f(x) = \frac{1}{16}x^4 - x^3 + 3$	$[1, 2]$
76. $f(x) = x^3 + 3x - 2$	$[0, 1]$
77. $f(x) = x^2 - 2 - \cos x$	$[0, \pi]$
78. $f(x) = -\dfrac{4}{x} + \operatorname{tg}\left(\dfrac{\pi x}{8}\right)$	$[1, 3]$

Nos Exercícios 79 a 82, use o Teorema do Valor Intermediário e uma ferramenta gráfica para estimar o zero da função no intervalo [0, 1]. Faça "zoom" repetidamente no gráfico da função para estimar o zero com precisão de duas casas decimais. Use os recursos de zero ou raiz da ferramenta gráfica para fazer uma estimativa do zero com precisão de quatro casas decimais.

79. $f(x) = x^3 + x - 1$ **80.** $f(x) = x^3 + 3x - 2$

81. $g(t) = 2 \cos t - 3t$ **82.** $h(\theta) = 1 + \theta - 3 \operatorname{tg} \theta$

Nos Exercícios 83 a 86, verifique que o Teorema do Valor Intermediário se aplica ao intervalo indicado e encontre o valor de c assegurado pelo teorema.

83. $f(x) = x^2 + x - 1$, $[0, 5]$, $f(c) = 11$

84. $f(x) = x^2 - 6x + 8$, $[0, 3]$, $f(c) = 0$

85. $f(x) = x^3 - x^2 + x - 2$, $[0, 3]$, $f(c) = 4$

86. $f(x) = \dfrac{x^2 + x}{x - 1}$, $\left[\dfrac{5}{2}, 4\right]$, $f(c) = 6$

Questões Conceituais

87. Descreva como a continuidade é destruída em $x = c$ nos gráficos seguintes:

(a)

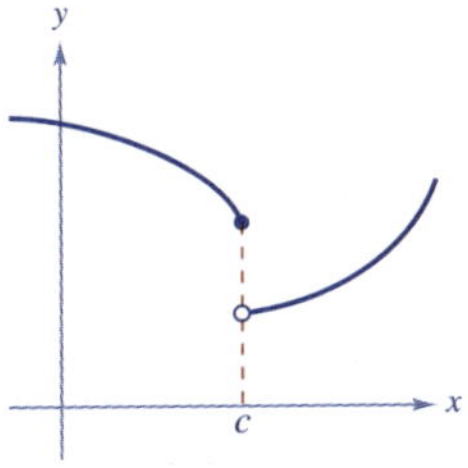

(b)

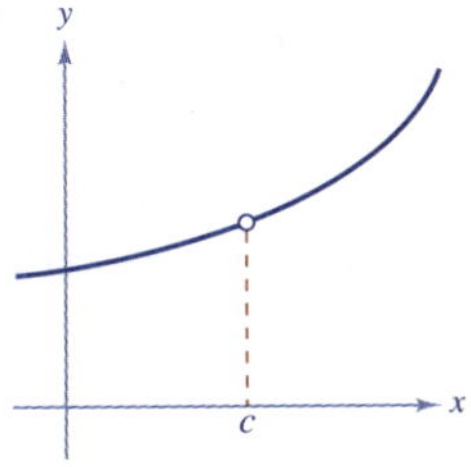

Questões Conceituais *(Continuação)*

(c)

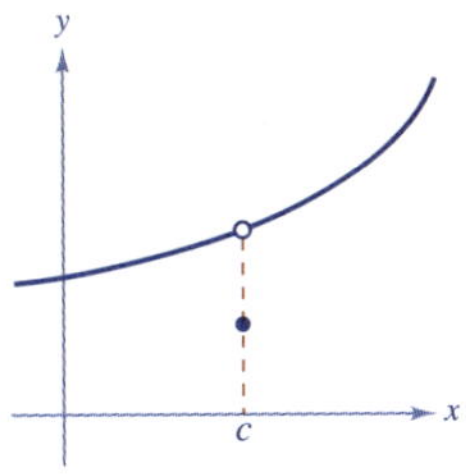

(d)

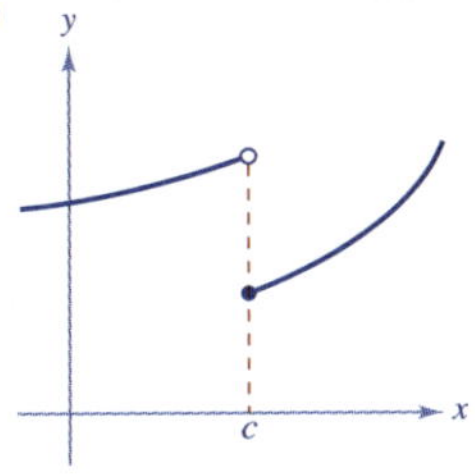

88. Descreva a diferença entre a descontinuidade que é removível e aquela que não é removível. Em sua explicação, dê exemplos das seguintes situações:

(a) Uma função com uma descontinuidade não removível em $x = 2$.

(b) Uma função com uma descontinuidade removível em $x = -2$.

(c) Uma função que tenha ambas as características descritas nos itens (a) e (b).

89. Esboce o gráfico de uma função f qualquer tal que

$$\lim_{x \to 3^+} f(x) = 1 \quad \text{e} \quad \lim_{x \to 3^-} f(x) = 0.$$

Esta função é contínua em $x = 3$? Explique.

90. Se as funções f e g são contínuas para todo x real, $f + g$ é sempre contínua para todo x real? A função f/g é sempre contínua para todo x real? Se alguma delas não for contínua, dê um exemplo para verificar sua conclusão.

Verdadeiro ou Falso? **Nos Exercícios 91 a 94, determine se a afirmação é verdadeira ou falsa. Se for falsa, explique por que ou dê um exemplo que mostre que é falsa.**

91. Se $\lim_{x \to c} f(x) = L$ e $f(c) = L$, então f é contínua em c.

92. Se $f(x) = g(x)$ para $x \neq c$ e $f(c) \neq g(c)$, então ou f ou g não é contínua em c.

93. Uma função racional pode ter uma infinidade de valores de x nos quais ela não é contínua.

94. A função $f(x) = |x - 1|/(x - 1)$ é contínua em $(-\infty, \infty)$.

95. ***Piscina*** Todo dia você dissolve 28 libras de cloro em uma piscina. O gráfico mostra a quantidade de cloro $f(t)$ na piscina após t dias.

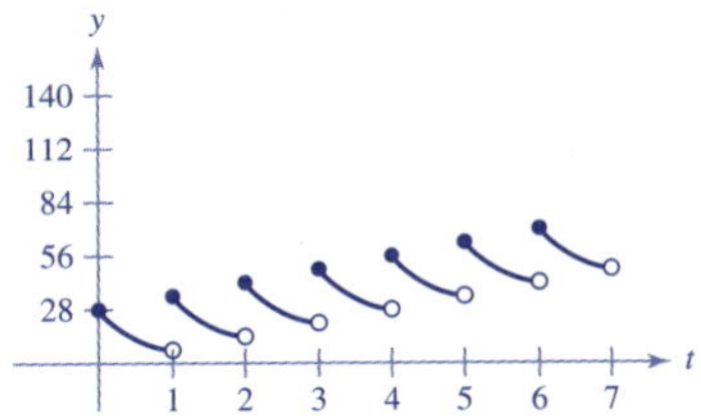

Faça uma estimativa do valor e interprete $\lim_{t \to 4^-} f(t)$ e $\lim_{t \to 4^+} f(t)$.

96. ***Para Pensar*** Descreva como as funções

$f(x) = 3 + [\![x]\!]$

e

$g(x) = 3 - [\![-x]\!]$

são diferentes.

97. ***Tarifas Telefônicas*** Uma ligação direta à distância entre duas cidades custa \$1,04 para os primeiros 2 minutos e \$0,36 para cada minuto adicional ou fração correspondente. Use a função maior inteiro para escrever o custo C de uma ligação em função do tempo t (em minutos). Esboce o gráfico dessa função e discuta sua continuidade.

98. ***Gerenciamento de Estoque*** O número de unidades em estoque em uma pequena empresa é dado por

$$N(t) = 25\left(2\left[\!\left[\frac{t+2}{2}\right]\!\right] - t\right)$$

onde t é o tempo em meses. Esboce o gráfico da função e discuta sua continuidade. Com que freqüência a empresa deve completar seu estoque?

99. ***Déjà Vu*** Às 8 horas da manhã no sábado um homem começa a subir correndo o lado de uma montanha para seu acampamento de fim de semana (veja a figura). Na manhã de domingo às 8 horas ele desce correndo a montanha. Ele leva 20 minutos para subir, mas apenas 10 minutos para descer. Em algum ponto no caminho de descida, ele percebe que passou pelo mesmo ponto exatamente no mesmo horário no sábado. Mostre que ele está correto. (*Sugestão*: Sejam $s(t)$ e $r(t)$ as funções de posição para a subida e a descida, e aplique o Teorema do Valor Intermediário para a função $f(t) = s(t) - r(t)$.)

Desenho fora de escala

Sábado 8h da manhã. Domingo 8h da manhã.

100. ***Volume*** Use o Teorema do Valor Intermediário para mostrar que para todas as esferas com raio no intervalo $[1, 5]$, há apenas uma cujo volume é 275 centímetros cúbicos.

101. Prove que se f é contínua e não tem raízes em $[a, b]$, então ou $f(x) > 0$ para todo x em $[a, b]$ ou $f(x) < 0$ para todo x em $[a, b]$.

102. Mostre que a função de Dirichlet

$$f(x) = \begin{cases} 0, & \text{se } x \text{ é racional} \\ 1, & \text{se } x \text{ é irracional} \end{cases}$$

não é contínua em nenhum número real.

103. Mostre que a função

$$f(x) = \begin{cases} 0, & \text{se } x \text{ é racional} \\ kx, & \text{se } x \text{ é irracional} \end{cases}$$

é contínua apenas em $x = 0$. (Assuma que k é qualquer número real não nulo.)

104. A **função sinal** é definida por

$$\text{sgn}(x) = \begin{cases} -1, & x < 0 \\ 0, & x = 0 \\ 1, & x > 0. \end{cases}$$

Esboce o gráfico de $\text{sgn}(x)$ e calcule o seguinte (se possível).

(a) $\lim\limits_{x \to 0^-} \text{sgn}(x)$ (b) $\lim\limits_{x \to 0^+} \text{sgn}(x)$ (c) $\lim\limits_{x \to 0} \text{sgn}(x)$

105. ***Modelando Dados*** Após a queda por t segundos de um objeto, a velocidade S (em pés por segundo) do objeto está registrada na tabela.

t	0	5	10	15	20	25	30
S	0	48,2	53,5	55,2	55,9	56,2	56,3

(a) Crie um gráfico para os dados.

(b) Parece haver uma velocidade limite para o objeto? Se houver uma velocidade limite, identifique uma possível causa.

106. ***Criando Modelos*** Um nadador atravessa uma piscina com largura b nadando em uma linha reta a partir de $(0, 0)$ até $(2b, b)$. (Veja a figura.)

(a) Seja f a função definida como a coordenada y do ponto do lado maior da piscina que esteja mais próximo do nadador em qualquer instante dado durante seu percurso na piscina. Determine a função f e esboce seu gráfico. Ela é contínua? Explique.

(b) Seja g a distância mínima entre o nadador e os lados maiores da piscina. Determine a função g e esboce seu gráfico. Ela é contínua? Explique.

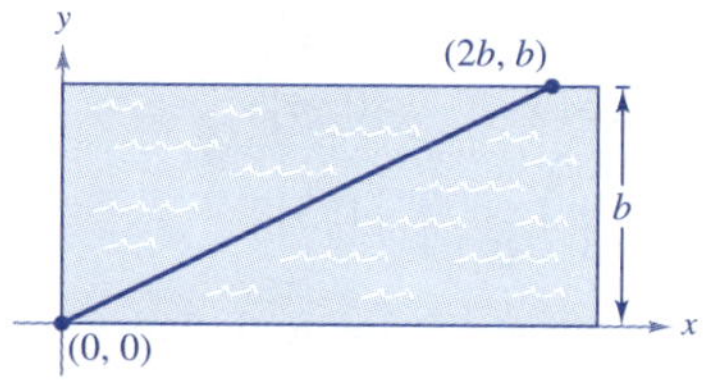

107. Encontre todos os valores de c tais que f seja contínua em $(-\infty, \infty)$.

$$f(x) = \begin{cases} 1 - x^2, & x \le c \\ x, & x > c \end{cases}$$

108. Prove que para qualquer número real y existe x em $(-\pi/2, \pi/2)$ tal que $\text{tg}\, x = y$.

109. Seja $f(x) = \left(\sqrt{x + c^2} - c\right)/x$, $c > 0$. Qual é o domínio de f? Como você pode definir f para $x = 0$ de modo que f seja contínua neste ponto?

110. Prove que se $\lim\limits_{\Delta x \to 0} f(c + \Delta x) = f(c)$, então f é contínua em c.

111. Discuta a continuidade da função $h(x) = x[\![x]\!]$.

112. (a) Sejam $f_1(x)$ e $f_2(x)$ contínuas no intervalo fechado [a, b]. Se $f_1(a) < f_2(a)$ e $f_1(b) > f_2(b)$, prove que existe c entre a e b tal que $f_1(c) = f_2(c)$.

(b) Mostre que existe c em $\left[0, \frac{\pi}{2}\right]$ tal que $\cos x = x$. Use uma ferramenta gráfica para aproximar o valor de c com três casas decimais.

Desafio Putnam

113. Demonstre ou dê contra-exemplo: se x e y são números reais quaisquer com $y \ge 0$ e $y(y + 1) \le (x + 1)^2$, então $y(y - 1) \le x^2$.

114. Determine todos os polinômios $P(x)$ tais que $P(x^2 + 1) = (P(x))^2 + 1$ e $P(0) = 0$.

Seção 1.5 Limites Infinitos

- **Determinar limites infinitos à esquerda e à direita.**
- **Encontrar e esboçar as assíntotas verticais do gráfico de uma função.**

Limites Infinitos

Seja f a função dada por

$$f(x) = \frac{3}{x-2}.$$

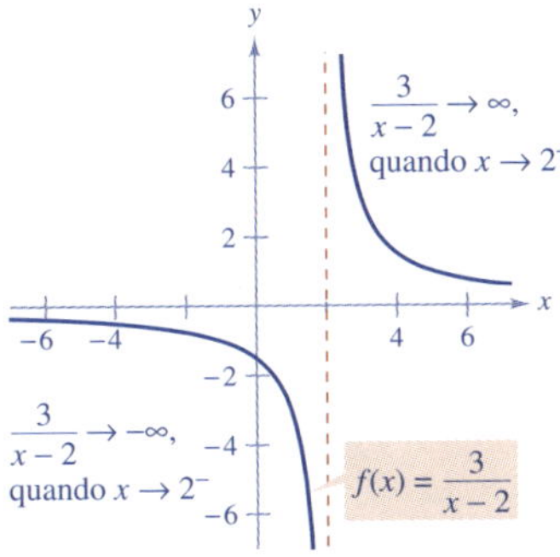

$f(x)$ cresce e decresce ilimitadamente quando x se aproxima de 2.
Figura 1.39

A partir da Figura 1.39 e da tabela, você pode observar que $f(x)$ *decresce ilimitadamente* quando x tende a 2 pela esquerda, e $f(x)$ *cresce ilimitadamente* quando x tende a 2 pela direita. Esse comportamento é representado por

$$\lim_{x\to 2^-} \frac{3}{x-2} = -\infty \qquad f(x) \text{ decresce ilimitadamente quando } x \text{ tende a 2 pela esquerda}$$

e

$$\lim_{x\to 2^+} \frac{3}{x-2} = \infty \qquad f(x) \text{ cresce ilimitadamente quando } x \text{ tende a 2 pela direita}$$

x tende a 2 pela esquerda → ← x tende a 2 pela direita

x	1,5	1,9	1,99	1,999	2	2,001	2,01	2,1	2,5
$f(x)$	−6	−30	−300	−3000	?	3000	300	30	6

$f(x)$ decresce ilimitadamente → ← $f(x)$ cresce ilimitadamente

Um limite no qual $f(x)$ cresce ou decresce ilimitadamente quando x tende a c é chamado de **limite infinito**.

Definição de Limite Infinito

Seja f uma função que é definida para todo número real em algum intervalo aberto contendo c (exceto possivelmente no próprio c). A afirmação

$$\lim_{x\to c} f(x) = \infty$$

significa que para cada $M > 0$ existe um $\delta > 0$ tal que $f(x) > M$ sempre que $0 < |x - c| < \delta$ (veja a Figura 1.40). Da mesma forma, a afirmação

$$\lim_{x\to c} f(x) = -\infty$$

significa que para cada $N < 0$ existe um $\delta > 0$ tal que $f(x) < N$ sempre que $0 < |x - c| < \delta$. Para definir o **limite infinito à esquerda**, substitua $0 < |x - c| < \delta$ por $c - \delta < x < c$. Para definir o **limite infinito à direita**, substitua $0 < |x - c| < \delta$ por $c < x < c + \delta$.

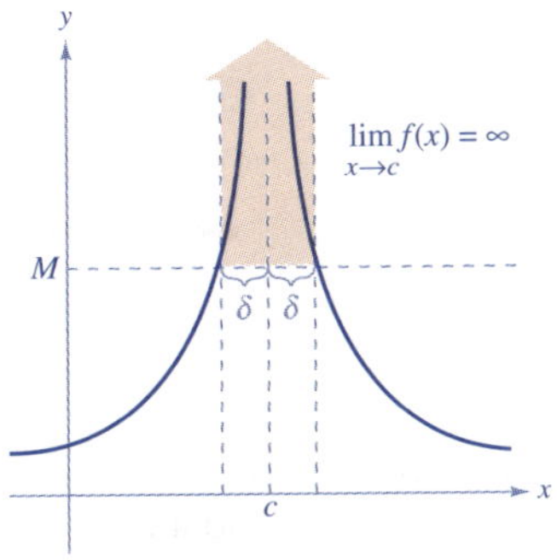

Limites infinitos.
Figura 1.40

Certifique-se de perceber que o sinal de igualdade na afirmação $\lim f(x) = \infty$ não significa que o limite existe! Ao contrário, ela diz que o limite *não existe* ao explicitar o comportamento ilimitado de $f(x)$ para x tendendo a c.

INVESTIGAÇÃO

Use uma ferramenta gráfica para desenhar o gráfico de cada função. Para cada função, encontre analiticamente o único número real c que não está no domínio. A seguir, encontre graficamente o limite de $f(x)$ para x tendendo a c pela esquerda e pela direita.

a. $f(x) = \dfrac{3}{x - 4}$ **b.** $f(x) = \dfrac{1}{2 - x}$

c. $f(x) = \dfrac{2}{(x - 3)^2}$ **d.** $f(x) = \dfrac{-3}{(x + 2)^2}$

EXEMPLO 1 Determinando Limites Infinitos a Partir de um Gráfico

Use a Figura 1.41 para determinar o limite de cada função para x tendendo a 1 pela esquerda e pela direita.

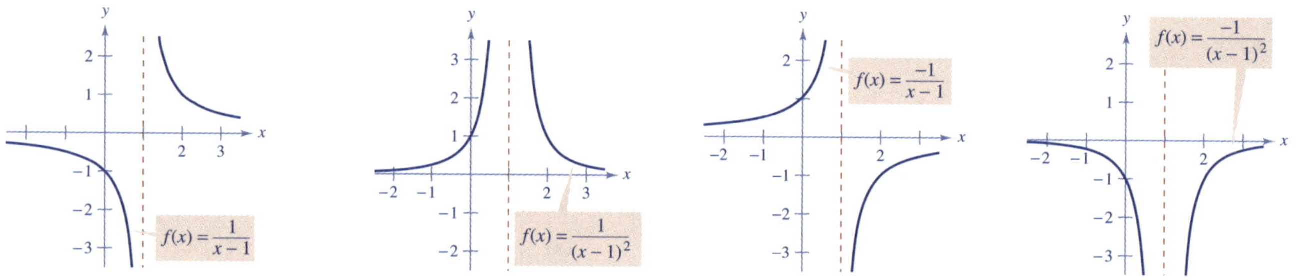

(a) (b) (c) (d)

Figura 1.41 Todos os gráficos têm uma assíntota em $x = 1$.

Solução

a. $\displaystyle\lim_{x\to 1^-} \frac{1}{x-1} = -\infty$ e $\displaystyle\lim_{x\to 1^+} \frac{1}{x-1} = \infty$

b. $\displaystyle\lim_{x\to 1} \frac{1}{(x-1)^2} = \infty$ O limite de cada lado é ∞

c. $\displaystyle\lim_{x\to 1^-} \frac{-1}{x-1} = \infty$ e $\displaystyle\lim_{x\to 1^+} \frac{-1}{x-1} = -\infty$

d. $\displaystyle\lim_{x\to 1} \frac{-1}{(x-1)^2} = -\infty$ O limite de cada lado é $-\infty$

Assíntotas verticais

Se fosse possível estender os gráficos da Figura 1.41 em direção ao infinito positivo e negativo, você veria que cada gráfico torna-se arbitrariamente próximo à reta vertical $x = 1$. Essa reta é uma **assíntota vertical** do gráfico de f. (Você estudará outros tipos de assíntotas nas Seções 3.5 e 3.6.)

OBSERVAÇÃO Se o gráfico de uma função f tem uma assíntota vertical em $x = c$, então f *não é contínua* em c.

Definição de Assíntota Vertical

Se $f(x)$ tende ao infinito positivo (ou negativo) quando x se aproxima de c pela direita ou esquerda, então a reta $x = c$ é uma **assíntota vertical** do gráfico de f.

No Exemplo 1, observe que cada função é um *quociente* e que a assíntota vertical ocorre em um número no qual o denominador é 0 (e o numerador não é 0). O teorema a seguir generaliza essa observação. (Uma prova desse teorema é dada no Apêndice A.)

TEOREMA 1.14 Assíntotas Verticais

Sejam f e g contínuas em um intervalo aberto contendo c. Se $f(c) \neq 0$, $g(c) = 0$, e existe um intervalo aberto contendo c tal que $g(x) \neq 0$ para todo $x \neq c$ no intervalo, então o gráfico da função dada por

$$h(x) = \frac{f(x)}{g(x)}$$

tem uma assíntota vertical em $x = c$.

EXEMPLO 2 Encontrando Assíntotas Verticais

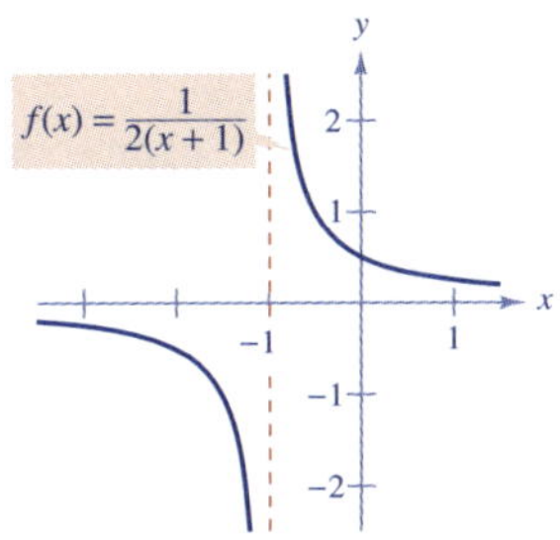

(a)

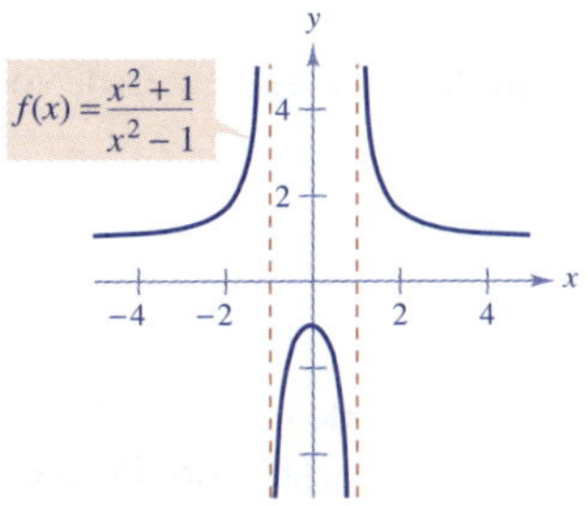

(b)

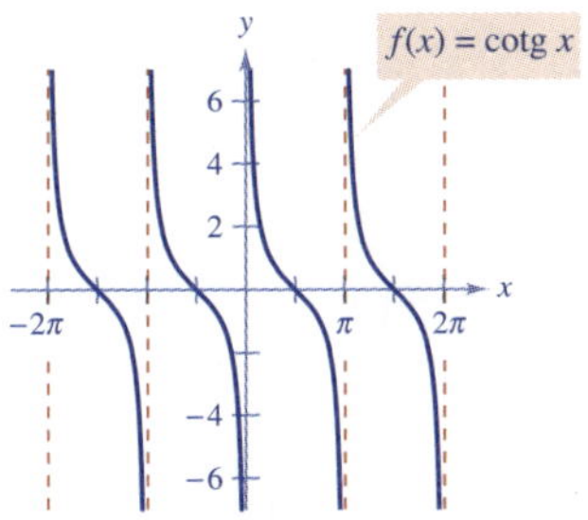

(c)

Funções com assíntotas verticais.
Figura 1.42

Determine todas as assíntotas verticais do gráfico de cada função.

a. $f(x) = \dfrac{1}{2(x+1)}$ **b.** $f(x) = \dfrac{x^2+1}{x^2-1}$ **c.** $f(x) = \text{cotg}\, x$

Solução

a. Quando $x = -1$, o denominador de

$$f(x) = \frac{1}{2(x+1)}$$

é 0 e o numerador não é 0. Assim, pelo Teorema 1.14, você pode concluir que $x = -1$ é uma assíntota vertical, como visto na Figura 1.42(a).

b. Fatorando o denominador

$$f(x) = \frac{x^2+1}{x^2-1} = \frac{x^2+1}{(x-1)(x+1)}$$

você pode ver que o denominador é 0 em $x = -1$ e $x = 1$. Além disso, como o numerador não é 0 nesses dois pontos, você pode aplicar o Teorema 1.14 para concluir que o gráfico de f tem duas assíntotas verticais, como visto na Figura 1.42(b).

c. Escrevendo a função cotangente na forma

$$f(x) = \text{cotg}\, x = \frac{\cos x}{\text{sen}\, x}$$

você pode aplicar o Teorema 1.14 para concluir que assíntotas verticais ocorrem em todos os valores de x tais que $\text{sen}\, x = 0$ e $\cos x \neq 0$, como visto na Figura 1.42(c). Assim, o gráfico dessa função tem uma quantidade infinita de assíntotas verticais. Essas assíntotas ocorrem quando $x = n\pi$, onde n é um inteiro.

O Teorema 1.14 requer que o valor do numerador em $x = c$ seja não-nulo. Se ambos, o numerador e o denominador, são 0 em $x = c$, você obtém a forma indeterminada $0/0$, e não pode determinar o comportamento do limite em $x = c$ sem que proceda a mais investigações, como ilustrado no Exemplo 3.

EXEMPLO 3 Uma Função Racional com Fatores Comuns

Determine todas as assíntotas verticais do gráfico de

$$f(x) = \frac{x^2 + 2x - 8}{x^2 - 4}.$$

Solução Comece simplificando a expressão, como mostrado a seguir:

$$\begin{aligned} f(x) &= \frac{x^2 + 2x - 8}{x^2 - 4} \\ &= \frac{(x + 4)\cancel{(x - 2)}}{(x + 2)\cancel{(x - 2)}} \\ &= \frac{x + 4}{x + 2}, \quad x \neq 2 \end{aligned}$$

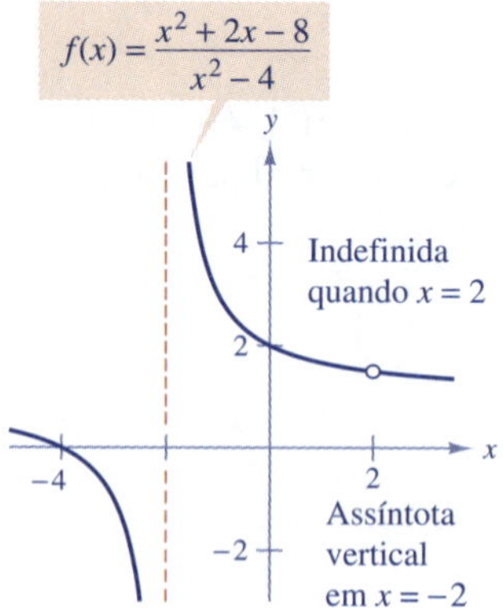

$f(x)$ cresce e decresce indefinidamente quando x tende a -2.
Figura 1.43

Para todos os valores de x diferentes de $x = 2$, o gráfico de f coincide com o gráfico de $g(x) = (x + 4)/(x + 2)$. Assim, você pode aplicar o Teorema 1.14 para g e concluir que existe uma assíntota vertical em $x = -2$, como visto na Figura 1.43. A partir do gráfico, você pode observar que

$$\lim_{x\to -2^-} \frac{x^2 + 2x - 8}{x^2 - 4} = -\infty \quad \text{e} \quad \lim_{x\to -2^+} \frac{x^2 + 2x - 8}{x^2 - 4} = \infty.$$

Note que $x = 2$ *não é* uma assíntota vertical.

EXEMPLO 4 Determinando Limites Infinitos

Encontre os limites.

$$\lim_{x\to 1^-} \frac{x^2 - 3x}{x - 1} \quad \text{e} \quad \lim_{x\to 1^+} \frac{x^2 - 3x}{x - 1}$$

Solução Como o denominador é 0 quando $x = 1$ (e o numerador não é zero), você sabe que o gráfico de

$$f(x) = \frac{x^2 - 3x}{x - 1}$$

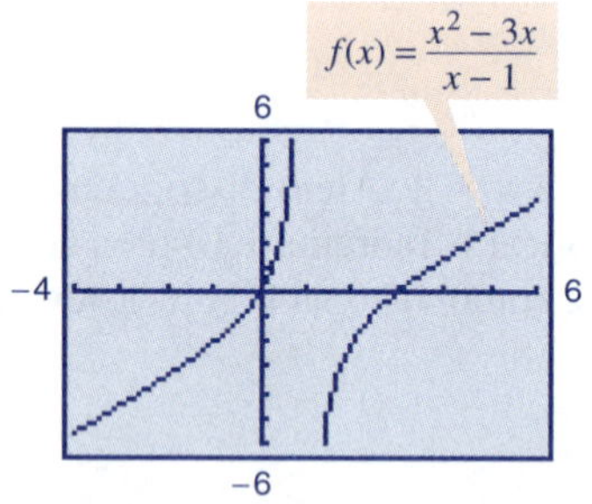

f tem uma assíntota vertical em $x = 1$.
Figura 1.44

tem uma assíntota vertical em $x = 1$. Isso significa que cada um dos limites dados é ou ∞ ou $-\infty$. Uma ferramenta gráfica pode ajudar a determinar o resultado. Pelo gráfico de f visto na Figura 1.44, você pode observar que o gráfico tende a ∞ pela esquerda de $x = 1$ e tende a $-\infty$ pela direita de $x = 1$. Assim, você pode concluir que

$$\lim_{x\to 1^-} \frac{x^2 - 3x}{x - 1} = \infty \qquad \text{O limite à esquerda é infinito}$$

e

$$\lim_{x\to 1^+} \frac{x^2 - 3x}{x - 1} = -\infty. \qquad \text{O limite à direita é infinito negativo}$$

ARMADILHA TECNOLÓGICA Quando usar uma calculadora gráfica ou programa gráfico, tenha cuidado para interpretar corretamente o gráfico de uma função com uma assíntota vertical — ferramentas gráficas freqüentemente têm dificuldade para desenhar esse tipo de gráfico.

TEOREMA 1.15 Propriedades de Limites Infinitos

Sejam c e L números reais e sejam f e g funções tais que

$$\lim_{x\to c} f(x) = \infty \quad \text{e} \quad \lim_{x\to c} g(x) = L.$$

1. Soma e diferença: $\lim_{x\to c} [f(x) \pm g(x)] = \infty$

2. Produto: $\lim_{x\to c} [f(x)g(x)] = \infty, \quad L > 0$

$\lim_{x\to c} [f(x)g(x)] = -\infty, \quad L < 0$

3. Quociente: $\lim_{x\to c} \dfrac{g(x)}{f(x)} = 0$

Propriedades semelhantes valem para limites laterais e para funções para as quais o limite de $f(x)$ quando x tende a c é $-\infty$.

Demonstração Para mostrar que o limite de $f(x) + g(x)$ é infinito, escolha $M > 0$. Você precisa então achar $\delta > 0$ tal que

$$[f(x) + g(x)] > M$$

sempre que $0 < |x - c| < \delta$. Por simplicidade, vamos assumir L positivo. Seja $M_1 = M + 1$. Como o limite de $f(x)$ é infinito, existe δ_1 tal que $f(x) > M_1$ sempre que $0 < |x - c| < \delta_1$. Além disso, como o limite de $g(x)$ é L, existe δ_2 tal que $|g(x) - L| < 1$ sempre que $0 < |x - c| < \delta_2$. Fazendo δ menor que δ_1 e δ_2, você pode concluir que $0 < |x - c| < \delta$ implica $f(x) > M + 1$ e $|g(x) - L| < 1$. A segunda dessas duas desigualdades implica $g(x) > L - 1$, e, somando isso à primeira desigualdade, você pode escrever

$$f(x) + g(x) > (M + 1) + (L - 1) = M + L > M.$$

Assim, você pode concluir que

$$\lim_{x\to c} [f(x) + g(x)] = \infty.$$

As demonstrações das propriedades restantes são propostas como exercício (veja o Exercício 72).

EXEMPLO 5 Determinando Limites

a. Como $\lim_{x\to 0} 1 = 1$ e $\lim_{x\to 0} \dfrac{1}{x^2} = \infty$, você pode escrever

$$\lim_{x\to 0} \left(1 + \frac{1}{x^2}\right) = \infty. \qquad \text{Propriedade 1, Teorema 1.15}$$

b. Como $\lim_{x\to 1^-} (x^2 + 1) = 2$ e $\lim_{x\to 1^-} (\text{cotg } \pi x) = -\infty$, você pode escrever

$$\lim_{x\to 1^-} \frac{x^2 + 1}{\text{cotg } \pi x} = 0. \qquad \text{Propriedade 3, Teorema 1.15}$$

c. Como $\lim_{x\to 0^+} 3 = 3$ e $\lim_{x\to 0^+} \text{cotg } x = \infty$, você pode escrever

$$\lim_{x\to 0^+} 3 \text{ cotg } x = \infty. \qquad \text{Propriedade 2, Teorema 1.15}$$

Exercícios da Seção 1.5

Nos Exercícios 1 a 4, determine se $f(x)$ tende a ∞ ou $-\infty$ quando x tende a -2 pela esquerda e pela direita.

1. $f(x) = 2\left|\dfrac{x}{x^2-4}\right|$

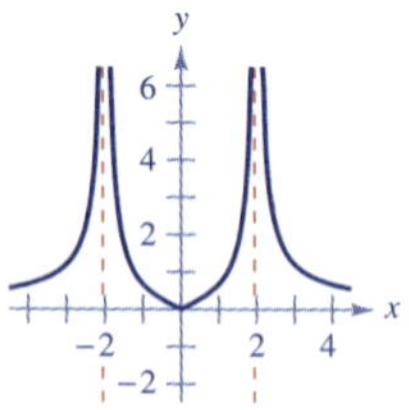

2. $f(x) = \dfrac{1}{x+2}$

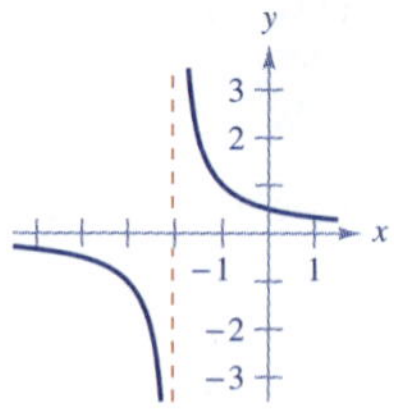

3. $f(x) = \operatorname{tg}\dfrac{\pi x}{4}$

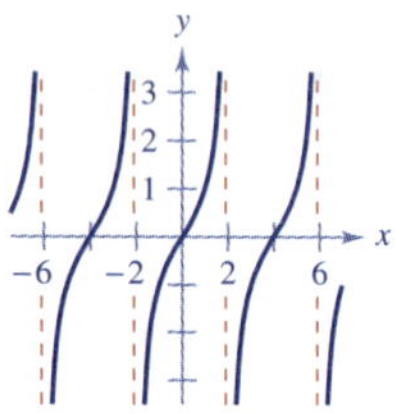

4. $f(x) = \sec\dfrac{\pi x}{4}$

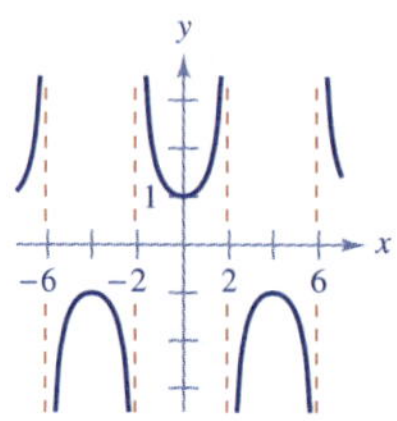

Análises Numérica e Gráfica **Nos Exercícios 5 a 8, determine se $f(x)$ tende a ∞ ou $-\infty$ quando x tende a -3 pela esquerda e pela direita completando a tabela. Use uma ferramenta gráfica para desenhar o gráfico da função e confirmar sua resposta.**

x	−3,5	−3,1	−3,01	−3,001
$f(x)$				

x	−2,999	−2,99	−2,9	−2,5
$f(x)$				

5. $f(x) = \dfrac{1}{x^2-9}$

6. $f(x) = \dfrac{x}{x^2-9}$

7. $f(x) = \dfrac{x^2}{x^2-9}$

8. $f(x) = \sec\dfrac{\pi x}{6}$

Nos Exercícios 9 a 28, encontre as assíntotas verticais (se houver) do gráfico da função.

9. $f(x) = \dfrac{1}{x^2}$

10. $f(x) = \dfrac{4}{(x-2)^3}$

11. $h(x) = \dfrac{x^2-2}{x^2-x-2}$

12. $g(x) = \dfrac{2+x}{x^2(1-x)}$

13. $f(x) = \dfrac{x^2}{x^2-4}$

14. $f(x) = \dfrac{-4x}{x^2+4}$

15. $g(t) = \dfrac{t-1}{t^2+1}$

16. $h(s) = \dfrac{2s-3}{s^2-25}$

17. $f(x) = \operatorname{tg} 2x$

18. $f(x) = \sec \pi x$

19. $T(t) = 1 - \dfrac{4}{t^2}$

20. $g(x) = \dfrac{\frac{1}{2}x^3 - x^2 - 4x}{3x^2-6x-24}$

21. $f(x) = \dfrac{x}{x^2+x-2}$

22. $f(x) = \dfrac{4x^2+4x-24}{x^4-2x^3-9x^2+18x}$

23. $g(x) = \dfrac{x^3+1}{x+1}$

24. $h(x) = \dfrac{x^2-4}{x^3+2x^2+x+2}$

25. $f(x) = \dfrac{x^2-2x-15}{x^3-5x^2+x-5}$

26. $h(t) = \dfrac{t^2-2t}{t^4-16}$

27. $s(t) = \dfrac{t}{\operatorname{sen} t}$

28. $g(\theta) = \dfrac{\operatorname{tg}\theta}{\theta}$

Nos Exercícios 29 a 32, determine se o gráfico da função tem uma assíntota vertical ou descontinuidade removível em $x = -1$. Desenhe o gráfico da função usando uma ferramenta gráfica para confirmar sua resposta.

29. $f(x) = \dfrac{x^2-1}{x+1}$

30. $f(x) = \dfrac{x^2-6x-7}{x+1}$

31. $f(x) = \dfrac{x^2+1}{x+1}$

32. $f(x) = \dfrac{\operatorname{sen}(x+1)}{x+1}$

Nos Exercícios 33 a 48, encontre o limite.

33. $\displaystyle\lim_{x\to 2^+} \frac{x-3}{x-2}$

34. $\displaystyle\lim_{x\to 1^+} \frac{2+x}{1-x}$

35. $\displaystyle\lim_{x\to 3^+} \frac{x^2}{x^2-9}$

36. $\displaystyle\lim_{x\to 4^-} \frac{x^2}{x^2+16}$

37. $\displaystyle\lim_{x\to -3^-} \frac{x^2+2x-3}{x^2+x-6}$

38. $\displaystyle\lim_{x\to (-1/2)^+} \frac{6x^2+x-1}{4x^2-4x-3}$

39. $\displaystyle\lim_{x\to 1} \frac{x^2-x}{(x^2+1)(x-1)}$

40. $\displaystyle\lim_{x\to 3} \frac{x-2}{x^2}$

41. $\displaystyle\lim_{x\to 0^-} \left(1+\frac{1}{x}\right)$

42. $\displaystyle\lim_{x\to 0^-} \left(x^2-\frac{1}{x}\right)$

43. $\displaystyle\lim_{x\to 0^+} \frac{2}{\operatorname{sen} x}$

44. $\displaystyle\lim_{x\to (\pi/2)^+} \frac{-2}{\cos x}$

45. $\displaystyle\lim_{x\to \pi} \frac{\sqrt{x}}{\operatorname{cossec} x}$

46. $\displaystyle\lim_{x\to 0} \frac{x+2}{\operatorname{cotg} x}$

47. $\displaystyle\lim_{x\to 1/2} x \sec \pi x$

48. $\displaystyle\lim_{x\to 1/2} x^2 \operatorname{tg} \pi x$

Nos Exercícios 49 a 52, use uma ferramenta gráfica para desenhar o gráfico da função e determinar o limite lateral.

49. $f(x) = \dfrac{x^2+x+1}{x^3-1}$

$\displaystyle\lim_{x\to 1^+} f(x)$

50. $f(x) = \dfrac{x^3-1}{x^2+x+1}$

$\displaystyle\lim_{x\to 1^-} f(x)$

51. $f(x) = \dfrac{1}{x^2-25}$

$\displaystyle\lim_{x\to 5^-} f(x)$

52. $f(x) = \sec\dfrac{\pi x}{6}$

$\displaystyle\lim_{x\to 3^+} f(x)$

Questões Conceituais

53. Com suas próprias palavras, descreva o significado de um limite infinito. Será que ∞ é um número real?

54. Com suas próprias palavras, descreva o significado de uma assíntota de um gráfico.

55. Escreva uma função racional com assíntotas verticais em $x = 6$ e $x = -2$, e com uma raiz em $x = 3$.

56. O gráfico de toda função racional tem uma assíntota vertical? Explique.

57. Use o gráfico da função f (veja a figura) para esboçar o gráfico de $g(x) = 1/f(x)$ no intervalo $[-2, 3]$. Para imprimir uma cópia ampliada do gráfico, consulte *www.mathgraphs.com*.

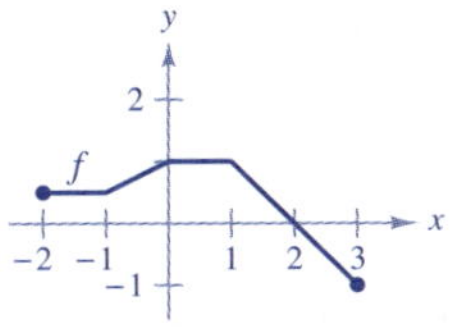

58. ***Lei de Boyle*** Para uma certa quantidade de gás à temperatura constante, a pressão P é inversamente proporcional ao volume V. Encontre o limite de P quando $V \to 0^+$.

59. ***Taxa de Variação*** Um carro patrulha está estacionado a 50 pés de um longo galpão (veja a figura). A lâmpada móvel no topo do carro gira a uma taxa de $\frac{1}{2}$ volta por segundo. A taxa na qual o raio de luz se move pela parede é

$$r = 50\pi \sec^2 \theta \text{ pés/sec.}$$

(a) Encontre a taxa r quando θ é $\pi/6$.

(b) Encontre a taxa r quando θ é $\pi/3$.

(c) Encontre o limite de r quando $\theta \to (\pi/2)^-$.

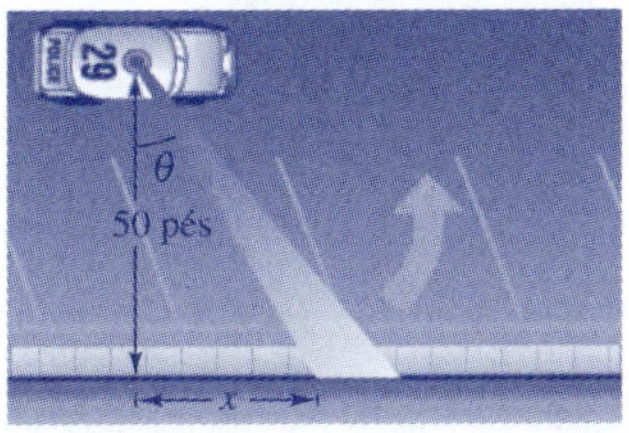

60. ***Drogas Ilegais*** O custo em milhões de dólares para uma agência governamental apreender $x\%$ de uma droga ilegal é

$$C = \frac{528x}{100 - x}, \quad 0 \le x < 100.$$

(a) Encontre o custo para apreender 25% da droga.

(b) Encontre o custo para apreender 50% da droga.

(c) Encontre o custo para apreender 75% da droga.

(d) Encontre o limite de C quando $x \to 100^-$ e interprete seu significado.

61. ***Relatividade*** De acordo com a teoria da relatividade, a massa m de uma partícula depende de sua velocidade v. Isto é,

$$m = \frac{m_0}{\sqrt{1 - (v^2/c^2)}}$$

onde m_0 é a massa quando a partícula está em repouso e c é a velocidade da luz. Encontre o limite da massa quando v tende a c^-.

62. ***Taxa de Variação*** Uma escada de 25 pés está apoiada em uma casa (veja a figura). Se a base da escada é puxada para fora a uma taxa de 2 pés por segundo, o topo escorregará para baixo a uma taxa de

$$r = \frac{2x}{\sqrt{625 - x^2}} \text{ pés/seg}$$

onde x é a distância entre a base da escada e a casa.

(a) Encontre a taxa r quando x é 7 pés.

(b) Encontre a taxa r quando x é 9 pés.

(c) Encontre o limite de r quando $x \to 25^-$.

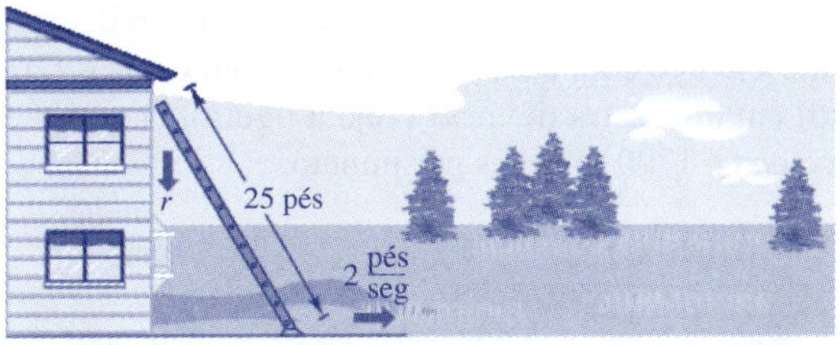

63. ***Velocidade Média*** Em uma viagem de d milhas para outra cidade, a velocidade média de um motorista de caminhão foi x milhas por hora. Na viagem de volta a velocidade média foi de y milhas por hora. A velocidade média para a viagem toda foi de 50 milhas por hora.

(a) Demonstre que $y = \dfrac{25x}{x - 25}$. Qual é o domínio?

(b) Complete a tabela.

x	30	40	50	60
y				

Os valores de y são diferentes do que você esperava? Explique.

(c) Encontre o limite de y quando $x \to 25^+$ e interprete seu significado.

64. ***Análises Numérica e Gráfica*** Use uma ferramenta gráfica para completar a tabela para cada função e desenhe o gráfico de cada função para fazer uma estimativa do limite. Qual é o valor do limite quando o expoente de x no denominador é maior que 3?

x	1	0,5	0,2	0,1	0,01	0,001	0,0001
f(x)							

(a) $\displaystyle\lim_{x \to 0^+} \frac{x - \text{sen}\, x}{x}$ (b) $\displaystyle\lim_{x \to 0^+} \frac{x - \text{sen}\, x}{x^2}$

(c) $\displaystyle\lim_{x \to 0^+} \frac{x - \text{sen}\, x}{x^3}$ (d) $\displaystyle\lim_{x \to 0^+} \frac{x - \text{sen}\, x}{x^4}$

65. ***Análises Numérica e Gráfica*** Considere a região sombreada externa ao setor de um círculo de raio de 10 metros e interna a um triângulo retângulo (veja a figura).

(a) Escreva a área $A = f(\theta)$ da região como uma função de θ. Determine o domínio da função.

(b) Use uma ferramenta gráfica para completar a tabela e desenhar o gráfico da função no domínio apropriado.

θ	0,3	0,6	0,9	1,2	1,5
$f(\theta)$					

(c) Ache o limite de A quando $\theta \to (\pi/2)^-$.

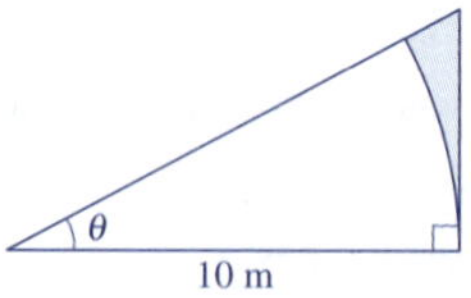

66. ***Argumentações Numérica e Gráfica*** Uma correia cruzada conecta uma roldana de 20 centímetros (10 cm de raio) a um motor elétrico com uma roldana de 40 centímetros (20 cm de raio) em uma serra de mesa (veja a figura). O motor elétrico funciona a 1700 rotações por minuto.

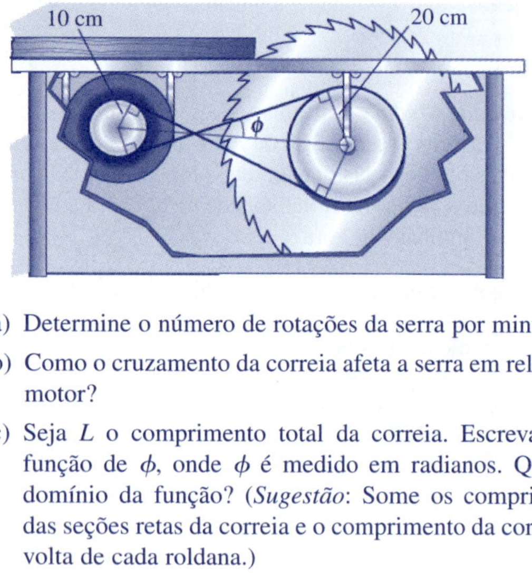

(a) Determine o número de rotações da serra por minuto.

(b) Como o cruzamento da correia afeta a serra em relação ao motor?

(c) Seja L o comprimento total da correia. Escreva L em função de ϕ, onde ϕ é medido em radianos. Qual é o domínio da função? (*Sugestão*: Some os comprimentos das seções retas da correia e o comprimento da correia em volta de cada roldana.)

(d) Use uma ferramenta gráfica para completar a tabela.

ϕ	0,3	0,6	0,9	1,2	1,5
L					

(e) Use uma ferramenta gráfica para desenhar o gráfico da função no domínio apropriado.

(f) Encontre $\lim_{\phi \to (\pi/2)^-} L$. Use um argumento geométrico como base de um segundo método para encontrar esse limite.

(g) Encontre $\lim_{\phi \to 0^+} L$.

Verdadeiro ou Falso? **Nos Exercícios 67 a 70, determine se a afirmação é verdadeira ou falsa. Se for falsa, explique por quê ou dê um exemplo que mostre que é falsa.**

67. Se $p(x)$ é um polinômio, então o gráfico da função dada por $f(x) = \dfrac{p(x)}{x-1}$ tem uma assíntota vertical em $x = 1$.

68. O gráfico de uma função racional tem pelo menos uma assíntota vertical.

69. Os gráficos de funções polinomiais não têm assíntotas verticais.

70. Se f tem uma assíntota vertical em $x = 0$, então f não é definida em $x = 0$.

71. Encontre funções f e g tais que $\lim_{x \to c} f(x) = \infty$ e $\lim_{x \to c} g(x) = \infty$ mas $\lim_{x \to c} [f(x) - g(x)] \neq 0$.

72. Prove as propriedades restantes do Teorema 1.15.

73. Prove que se $\lim_{x \to c} f(x) = \infty$, então $\lim_{x \to c} \dfrac{1}{f(x)} = 0$.

74. Prove que se $\lim_{x \to c} \dfrac{1}{f(x)} = 0$, então $\lim_{x \to c} f(x)$ não existe.

Limites Infinitos **Nos Exercícios 75 e 76, use a definição ε-δ de limites infinitos para provar a afirmação.**

75. $\lim_{x \to 3^+} \dfrac{1}{x-3} = \infty$

76. $\lim_{x \to 4^-} \dfrac{1}{x-4} = -\infty$

Projeto da Seção: Gráficos e Limites de Funções Trigonométricas

Lembre-se de que, pelo Teorema 1.9, o limite de $f(x) = (\operatorname{sen} x)/x$ para x tendendo a 0 é 1.

(a) Use uma ferramenta gráfica para desenhar o gráfico da função f no intervalo $-\pi \le 0 \le \pi$. Explique como o gráfico ajuda a confirmar esse teorema.

(b) Explique como você usaria uma tabela de valores para confirmar o valor desse limite numericamente.

(c) Desenhe o gráfico de $g(x) = \operatorname{sen} x$ à mão. Esboce uma reta tangente ao ponto $(0, 0)$ e faça uma estimativa visual da inclinação dessa reta tangente.

(d) Seja $(x, \operatorname{sen} x)$ um ponto no gráfico de g próximo de $(0, 0)$, e escreva uma fórmula para o coeficiente angular da reta secante ligando $(x, \operatorname{sen} x)$ e $(0, 0)$. Calcule o valor dessa fórmula para $x = 0{,}1$ e $x = 0{,}01$. Em seguida, encontre o coeficiente angular exato da reta tangente a g no ponto $(0, 0)$.

(e) Esboce o gráfico da função cosseno $h(x) = \cos x$. Qual é o coeficiente angular da reta tangente ao ponto $(0, 1)$? Use limites para encontrar esse coeficiente angular analiticamente.

(f) Encontre o coeficiente angular da reta tangente a $k(x) = \operatorname{tg} x$ em $(0, 0)$.

Exercícios de Revisão do Capítulo 1

Nos Exercícios 1 e 2, determine se o problema pode ser resolvido usando pré-cálculo, ou se é necessário cálculo. Se o problema puder ser resolvido usando pré-cálculo, resolva-o. Se lhe parecer que o problema requer cálculo, explique seu raciocínio. Use uma abordagem numérica ou gráfica para fazer uma estimativa da solução.

1. Encontre a distância entre os pontos (1, 1) e (3, 9) ao longo da curva $y = x^2$.

2. Encontre a distância entre os pontos (1, 1) e (3, 9) ao longo da reta $y = 4x - 3$.

Nos Exercícios 3 e 4, complete a tabela e use o resultado para fazer uma estimativa do limite. Use uma ferramenta gráfica para desenhar o gráfico da função e confirmar seu resultado.

x	−0,1	−0,01	−0,001	0,001	0,01	0,1
$f(x)$						

3. $\lim\limits_{x\to 0} \dfrac{[4/(x+2)] - 2}{x}$

4. $\lim\limits_{x\to 0} \dfrac{4\left(\sqrt{x+2} - \sqrt{2}\right)}{x}$

Nos Exercícios 5 e 6 use o gráfico para determinar cada limite.

5. $h(x) = \dfrac{x^2 - 2x}{x}$

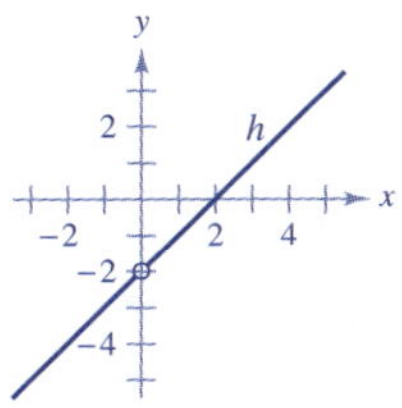

(a) $\lim\limits_{x\to 0} h(x)$ (b) $\lim\limits_{x\to -1} h(x)$

6. $g(x) = \dfrac{3x}{x - 2}$

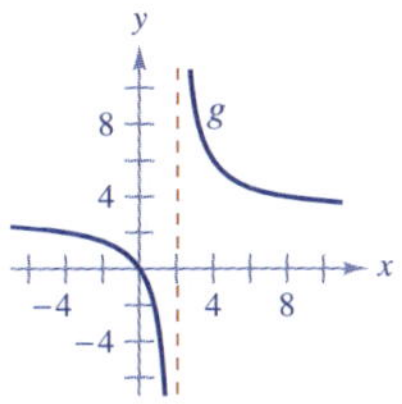

(a) $\lim\limits_{x\to 2} g(x)$ (b) $\lim\limits_{x\to 0} g(x)$

Nos Exercícios 7 a 10, encontre o limite *L*. A seguir, use a definição ε-δ para provar que o limite é *L*.

7. $\lim\limits_{x\to 1} (3 - x)$

8. $\lim\limits_{x\to 9} \sqrt{x}$

9. $\lim\limits_{x\to 2} (x^2 - 3)$

10. $\lim\limits_{x\to 5} 9$

Nos Exercícios 11 a 24, encontre o limite (se existir).

11. $\lim\limits_{t\to 4} \sqrt{t+2}$

12. $\lim\limits_{y\to 4} 3|y - 1|$

13. $\lim\limits_{t\to -2} \dfrac{t+2}{t^2 - 4}$

14. $\lim\limits_{t\to 3} \dfrac{t^2 - 9}{t - 3}$

15. $\lim\limits_{x\to 4} \dfrac{\sqrt{x} - 2}{x - 4}$

16. $\lim\limits_{x\to 0} \dfrac{\sqrt{4+x} - 2}{x}$

17. $\lim\limits_{x\to 0} \dfrac{[1/(x+1)] - 1}{x}$

18. $\lim\limits_{s\to 0} \dfrac{\left(1/\sqrt{1+s}\right) - 1}{s}$

19. $\lim\limits_{x\to -5} \dfrac{x^3 + 125}{x + 5}$

20. $\lim\limits_{x\to -2} \dfrac{x^2 - 4}{x^3 + 8}$

21. $\lim\limits_{x\to 0} \dfrac{1 - \cos x}{\operatorname{sen} x}$

22. $\lim\limits_{x\to \pi/4} \dfrac{4x}{\operatorname{tg} x}$

23. $\lim\limits_{\Delta x\to 0} \dfrac{\operatorname{sen}[(\pi/6) + \Delta x] - (1/2)}{\Delta x}$

[*Sugestão:* $\operatorname{sen}(\theta + \phi) = \operatorname{sen}\theta\cos\phi + \cos\theta\operatorname{sen}\phi$]

24. $\lim\limits_{\Delta x\to 0} \dfrac{\cos(\pi + \Delta x) + 1}{\Delta x}$

[*Sugestão:* $\cos(\theta + \phi) = \cos\theta\cos\phi - \operatorname{sen}\theta\operatorname{sen}\phi$]

Nos Exercícios 25 e 26, calcule o limite dado que $\lim\limits_{x\to c} f(x) = -\frac{3}{4}$ e $\lim\limits_{x\to c} g(x) = \frac{2}{3}$.

25. $\lim\limits_{x\to c} [f(x)g(x)]$

26. $\lim\limits_{x\to c} [f(x) + 2g(x)]$

Análises Numérica, Gráfica e Analítica **Nos Exercícios 27 e 28, considere**

$$\lim_{x\to 1^+} f(x).$$

(a) Complete a tabela para fazer uma estimativa do limite.

(b) Use uma ferramenta gráfica para desenhar o gráfico da função e use o gráfico para fazer uma estimativa do limite.

(c) Racionalize o numerador para encontrar o valor exato do limite analiticamente.

x	1,1	1,01	1,001	1,0001
$f(x)$				

27. $f(x) = \dfrac{\sqrt{2x+1} - \sqrt{3}}{x - 1}$

28. $f(x) = \dfrac{1 - \sqrt[3]{x}}{x - 1}$

[*Sugestão:* $a^3 - b^3 = (a - b)(a^2 + ab + b^2)$]

Objeto em Queda Livre **Nos Exercícios 29 e 30, use a função posição $s(t) = -4{,}9t^2 + 200$, que fornece a altura (em metros) de um objeto que caiu de uma altura de 200 metros. A velocidade no instante $t = a$ segundos é dada por**

$$\lim_{t\to a} \frac{s(a) - s(t)}{a - t}.$$

29. Encontre a velocidade do objeto quando $t = 4$.

30. Com que velocidade se dá o impacto do objeto com o solo?

Nos Exercícios 31 a 36, encontre o limite (se existir). Se o limite não existir, explique por quê.

31. $\lim\limits_{x\to 3^-} \dfrac{|x - 3|}{x - 3}$

32. $\lim_{x \to 4} [\![x - 1]\!]$

33. $\lim_{x \to 2} f(x)$, onde $f(x) = \begin{cases} (x-2)^2, & x \le 2 \\ 2 - x, & x > 2 \end{cases}$

34. $\lim_{x \to 1^+} g(x)$, onde $g(x) = \begin{cases} \sqrt{1-x}, & x \le 1 \\ x + 1, & x > 1 \end{cases}$

35. $\lim_{t \to 1} h(t)$, onde $h(t) = \begin{cases} t^3 + 1, & t < 1 \\ \frac{1}{2}(t+1), & t \ge 1 \end{cases}$

36. $\lim_{s \to -2} f(s)$, onde $f(s) = \begin{cases} -s^2 - 4s - 2, & s \le -2 \\ s^2 + 4s + 6, & s > -2 \end{cases}$

Nos Exercícios 37 a 46, determine os intervalos nos quais a função é contínua.

37. $f(x) = [\![x + 3]\!]$

38. $f(x) = \dfrac{3x^2 - x - 2}{x - 1}$

39. $f(x) = \begin{cases} \dfrac{3x^2 - x - 2}{x - 1}, & x \ne 1 \\ 0, & x = 1 \end{cases}$

40. $f(x) = \begin{cases} 5 - x, & x \le 2 \\ 2x - 3, & x > 2 \end{cases}$

41. $f(x) = \dfrac{1}{(x-2)^2}$

42. $f(x) = \sqrt{\dfrac{x+1}{x}}$

43. $f(x) = \dfrac{3}{x + 1}$

44. $f(x) = \dfrac{x + 1}{2x + 2}$

45. $f(x) = \operatorname{cossec} \dfrac{\pi x}{2}$

46. $f(x) = \operatorname{tg} 2x$

47. Determine o valor de c tal que a função seja contínua em toda a reta real.

$$f(x) = \begin{cases} x + 3, & x \le 2 \\ cx + 6, & x > 2 \end{cases}$$

48. Determine os valores de b e c tais que a função seja contínua em toda a reta real.

$$f(x) = \begin{cases} x + 1, & 1 < x < 3 \\ x^2 + bx + c, & |x - 2| \ge 1 \end{cases}$$

49. Use o Teorema do Valor Intermediário para mostrar que $f(x) = 2x^3 - 3$ tem uma raiz no intervalo $[1, 2]$.

50. ***Taxas de Entrega*** O custo de enviar um pacote noturno de Nova York para Atlanta é \$9,80 para a primeira libra e \$2,50 para cada libra adicional ou fração correspondente. Use a função maior inteiro para criar um modelo para o custo C de uma entrega noturna de um pacote pesando x libras. Use uma ferramenta gráfica para desenhar o gráfico da função e discutir sua continuidade.

51. Seja $f(x) = \dfrac{x^2 - 4}{|x - 2|}$. Encontre o limite (se possível).

(a) $\lim_{x \to 2^-} f(x)$

(b) $\lim_{x \to 2^+} f(x)$

(c) $\lim_{x \to 2} f(x)$

52. Seja $f(x) = \sqrt{x(x-1)}$.

(a) Encontre o domínio de f.

(b) Encontre $\lim_{x \to 0^-} f(x)$.

(c) Encontre $\lim_{x \to 1^+} f(x)$.

Nos Exercícios 53 a 56, encontre as assíntotas verticais (se houver) dos gráficos da função.

53. $g(x) = 1 + \dfrac{2}{x}$

54. $h(x) = \dfrac{4x}{4 - x^2}$

55. $f(x) = \dfrac{8}{(x - 10)^2}$

56. $f(x) = \operatorname{cossec} \pi x$

Nos Exercícios 57 a 68, encontre o limite lateral.

57. $\lim_{x \to -2^-} \dfrac{2x^2 + x + 1}{x + 2}$

58. $\lim_{x \to (1/2)^+} \dfrac{x}{2x - 1}$

59. $\lim_{x \to -1^+} \dfrac{x + 1}{x^3 + 1}$

60. $\lim_{x \to -1^-} \dfrac{x + 1}{x^4 - 1}$

61. $\lim_{x \to 1^-} \dfrac{x^2 + 2x + 1}{x - 1}$

62. $\lim_{x \to -1^+} \dfrac{x^2 - 2x + 1}{x + 1}$

63. $\lim_{x \to 0^+} \left(x - \dfrac{1}{x^3}\right)$

64. $\lim_{x \to 2^-} \dfrac{1}{\sqrt[3]{x^2 - 4}}$

65. $\lim_{x \to 0^+} \dfrac{\operatorname{sen} 4x}{5x}$

66. $\lim_{x \to 0^+} \dfrac{\sec x}{x}$

67. $\lim_{x \to 0^+} \dfrac{\operatorname{cossec} 2x}{x}$

68. $\lim_{x \to 0^-} \dfrac{\cos^2 x}{x}$

69. ***Meio Ambiente*** Uma indústria de produção queima carvão para gerar eletricidade. O custo C em dólares para remover $p\%$ dos poluentes do ar nas emissões das chaminés é

$$C = \frac{80{,}000p}{100 - p}, \qquad 0 \le p < 100.$$

Encontre o custo de remover (a) 15%, (b) 50% e (c) 90% dos poluentes. (d) Encontre o limite de C quando $p \to 100^-$.

70. A função f é definida por:

$$f(x) = \frac{\operatorname{tg} 2x}{x}, \qquad x \ne 0$$

(a) Encontre $\lim_{x \to 0} \dfrac{\operatorname{tg} 2x}{x}$ (se existir).

(b) A função f pode ser definida em $x = 0$ de modo que seja contínua em $x = 0$?

P.S. Problemas Suplementares

1. Seja $P(x, y)$ um ponto da parábola $y = x^2$ no primeiro quadrante. Considere o triângulo $\triangle PAO$ formado por P, $A(0, 1)$, e a origem $O(0, 0)$, e o triângulo $\triangle PBO$ formado por P, $B(1, 0)$, e a origem.

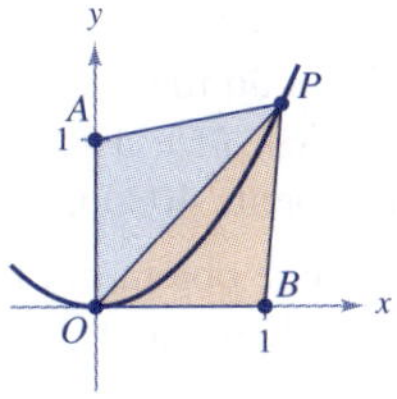

(a) Escreva o perímetro de cada triângulo em função de x.

(b) Seja $r(x)$ a razão dos perímetros dos dois triângulos,

$$r(x) = \frac{\text{Perímetro } \triangle PAO}{\text{Perímetro } \triangle PBO}.$$

Complete a tabela

x	4	2	1	0,1	0,01
Perímetro $\triangle PAO$					
Perímetro $\triangle PBO$					
$r(x)$					

(c) Calcule $\lim_{x \to 0^+} r(x)$.

2. Seja $P(x, y)$ um ponto da parábola $y = x^2$ no primeiro quadrante. Considere o triângulo $\triangle PAO$ formado por P, $A(0, 1)$, e a origem $O(0, 0)$, e o triângulo $\triangle PBO$ formado por P, $B(1, 0)$, e a origem.

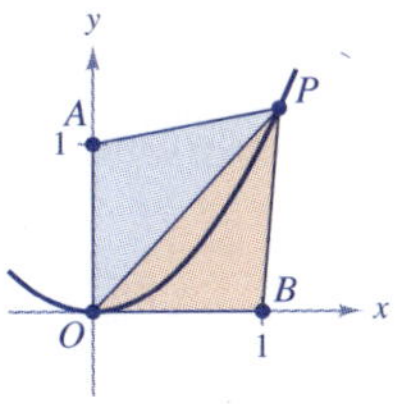

(a) Escreva a área de cada triângulo em função de x.

(b) Seja $a(x)$ a razão das áreas dos triângulos,

$$a(x) = \frac{\text{Área } \triangle PBO}{\text{Área } \triangle PAO}.$$

Complete a tabela.

x	4	2	1	0,1	0,01
Área $\triangle PAO$					
Área $\triangle PBO$					
$a(x)$					

(c) Calcule $\lim_{x \to 0^+} a(x)$.

3. (a) Encontre a área do hexágono regular inscrito em um círculo de raio 1. Quão perto está esta área da área do círculo?

(b) Encontre a área A_n de um polígono regular de n lados inscrito em um círculo de raio 1. Escreva sua resposta como uma função de n.

(c) Complete a tabela.

n	6	12	24	48	96
A_n					

(d) De qual número A_n se aproxima quando n se torna cada vez maior?

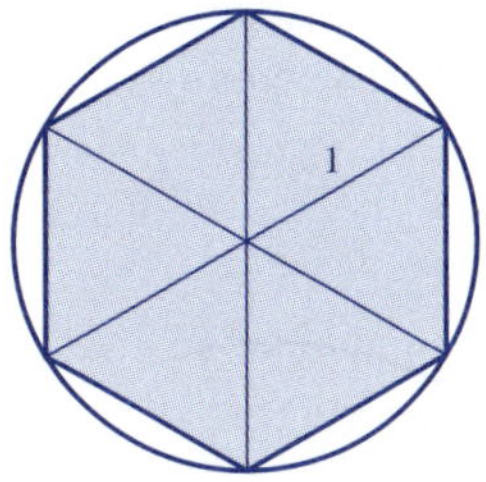

Figura do Exercício 3

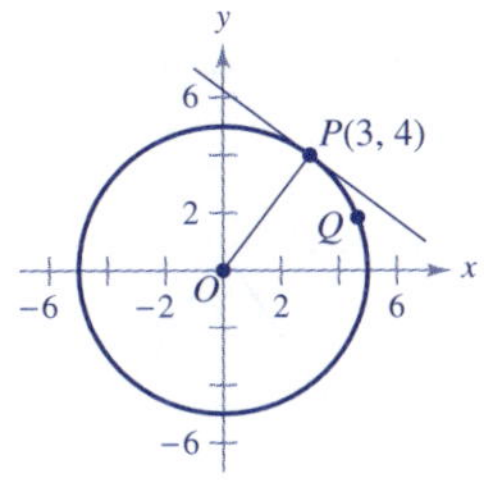

Figura do Exercício 4

4. Seja $P(3, 4)$ um ponto no círculo $x^2 + y^2 = 25$.

(a) Qual o coeficiente angular da reta ligando P e $O(0, 0)$?

(b) Encontre a equação da reta tangente ao círculo em P.

(c) Seja $Q(x, y)$ outro ponto do círculo no primeiro quadrante. Encontre o coeficiente angular m_x da reta ligando P e Q em função de x.

(d) Calcule $\lim_{x \to 3} m_x$. De que forma esse número está relacionado com sua resposta ao item (b)?

5. Seja $P(5, -12)$ um ponto no círculo $x^2 + y^2 = 169$.

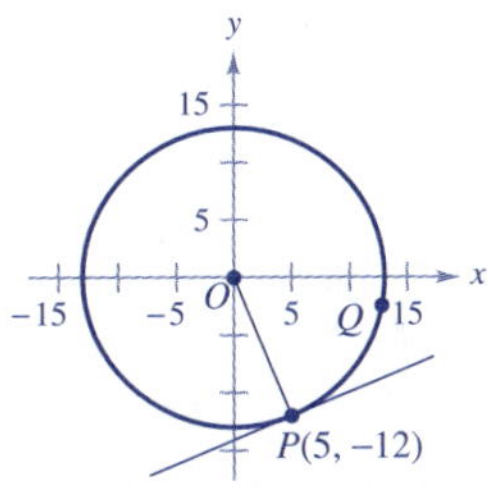

(a) Qual o coeficiente angular da reta ligando P e $O(0, 0)$?

(b) Encontre a equação da reta tangente ao círculo em P.

(c) Seja $Q(x, y)$ outro ponto do círculo no quarto quadrante. Encontre o coeficiente angular m_x da reta ligando P e Q em função de x.

(d) Calcule $\lim_{x \to 5} m_x$. De que forma esse número está relacionado com sua resposta ao item (b)?

6. Encontre os valores das constantes a e b tais que

$$\lim_{x \to 0} \frac{\sqrt{a + bx} - \sqrt{3}}{x} = \sqrt{3}.$$

7. Considere a função $f(x) = \dfrac{\sqrt{3 + x^{1/3}} - 2}{x - 1}$.

(a) Encontre o domínio de f.

(b) Use uma ferramenta gráfica para desenhar o gráfico da função.

(c) Calcule $\lim_{x \to -27^+} f(x)$.

(d) Calcule $\lim_{x \to 1} f(x)$.

8. Determine todos os valores da constante a para os quais a função abaixo seja contínua para todos os números reais.

$$f(x) = \begin{cases} \dfrac{ax}{\operatorname{tg} x}, & x \geq 0 \\ a^2 - 2, & x < 0 \end{cases}$$

9. Considere os gráficos das quatro funções g_1, g_2, g_3, e g_4.

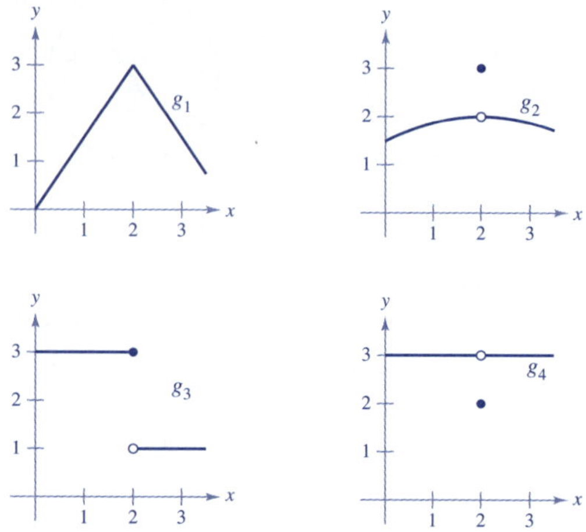

Para cada condição dada para a função f, qual dos gráficos poderia ser o gráfico de f?

(a) $\lim_{x \to 2} f(x) = 3$

(b) f é contínua em 2.

(c) $\lim_{x \to 2^-} f(x) = 3$

10. Esboce o gráfico da função $f(x) = \left[\!\left[\dfrac{1}{x} \right]\!\right]$.

(a) Calcule $f(\frac{1}{4})$, $f(3)$ e $f(1)$.

(b) Calcule os limites $\lim_{x \to 1^-} f(x)$, $\lim_{x \to 1^+} f(x)$, $\lim_{x \to 0^-} f(x)$ e $\lim_{x \to 0^+} f(x)$.

(c) Discuta a continuidade da função.

11. Esboce o gráfico da função $f(x) = [\![x]\!] + [\![-x]\!]$.

(a) Calcule $f(1)$, $f(0)$, $f(\frac{1}{2})$ e $f(-2.7)$.

(b) Calcule os limites $\lim_{x \to 1^-} f(x)$, $\lim_{x \to 1^+} f(x)$ e $\lim_{x \to \frac{1}{2}} f(x)$.

(c) Discuta a continuidade da função.

12. Para escapar do campo gravitacional da Terra, um foguete deve ser lançado com uma velocidade inicial chamada de **velocidade de escape**. Um foguete lançado da superfície da Terra tem velocidade v (em linhas por segundo) dada por

$$v = \sqrt{\frac{2GM}{r} + v_0^2 - \frac{2GM}{R}} \approx \sqrt{\frac{192{,}000}{r} + v_0^2 - 48}$$

onde v_0 é a velocidade inicial, r a distância do foguete ao centro da Terra, G é a constante gravitacional, M é a massa da Terra, e R é o raio da Terra (aproximadamente 4000 milhas).

(a) Encontre o valor de v_0 para o qual você obtém um limite infinito para r quando v tende a zero. Esse valor de v_0 é a velocidade de escape da Terra.

(b) Um foguete lançado da superfície da Lua tem velocidade v (em milhas por segundo) dada por

$$v = \sqrt{\frac{1920}{r} + v_0^2 - 2{,}17}.$$

Encontre a velocidade de escape da Lua.

(c) Um foguete lançado da superfície de um planeta tem velocidade v (em milhas por segundo) dada por

$$v = \sqrt{\frac{10{,}600}{r} + v_0^2 - 6{,}99}.$$

Encontre a velocidade de escape desse planeta. A massa desse planeta é maior ou menor que a da Terra? (Suponha que a densidade média desse planeta é a mesma da Terra.)

13. Para números positivos $a < b$, a **função pulso** é definida como

$$P_{a,b}(x) = H(x - a) - H(x - b) = \begin{cases} 0, & x < a \\ 1, & a \leq x < b \\ 0, & x \geq b \end{cases}$$

onde $H(x) = \begin{cases} 1, & x \geq 0 \\ 0, & x < 0 \end{cases}$ é a função de Heaviside.

(a) Esboce o gráfico da função pulso.

(b) Encontre os seguintes limites:

(i) $\lim_{x \to a^+} P_{a,b}(x)$ (ii) $\lim_{x \to a^-} P_{a,b}(x)$

(iii) $\lim_{x \to b^+} P_{a,b}(x)$ (iv) $\lim_{x \to b^-} P_{a,b}(x)$

(c) Discuta a continuidade da função pulso.

(d) Por que

$$U(x) = \frac{1}{b - a} P_{a,b}(x)$$

é chamada de função pulso **unitária**?

14. Seja a uma constante não-nula. Prove que se $\lim_{x \to 0} f(x) = L$, então $\lim_{x \to 0} f(ax) = L$. Mostre por meio de um exemplo que a deve ser não-nula.

2 Derivação

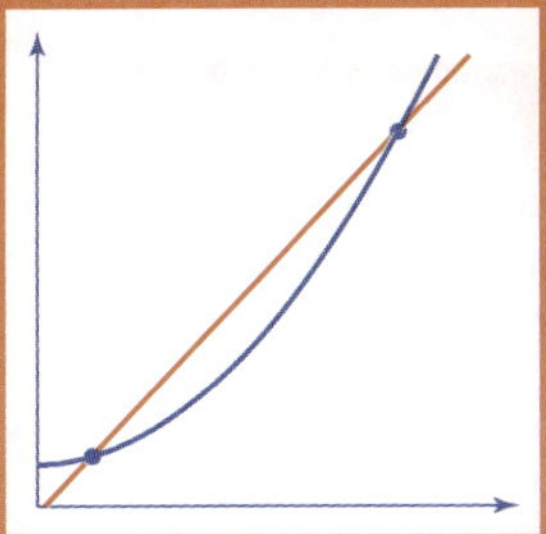

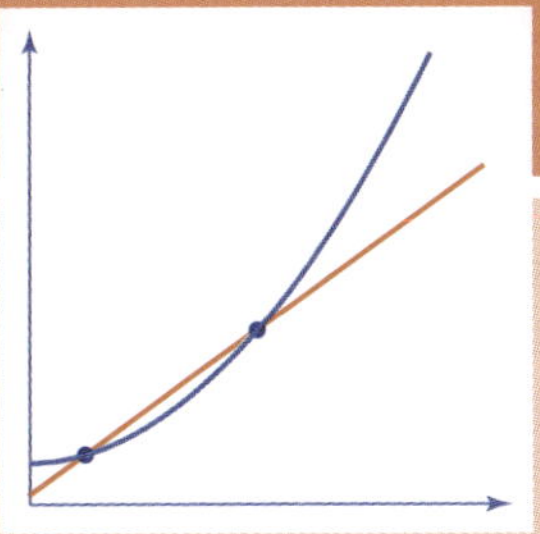

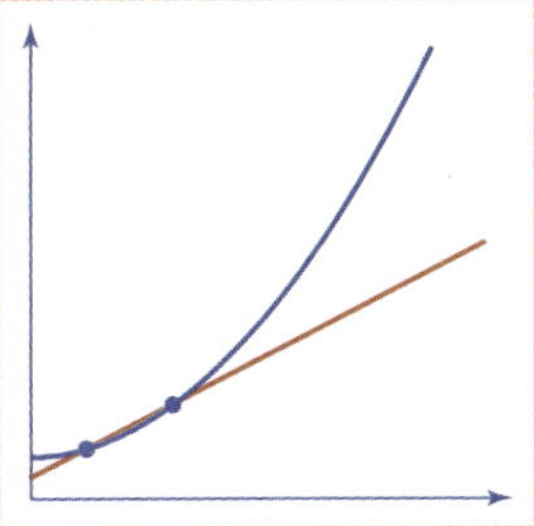

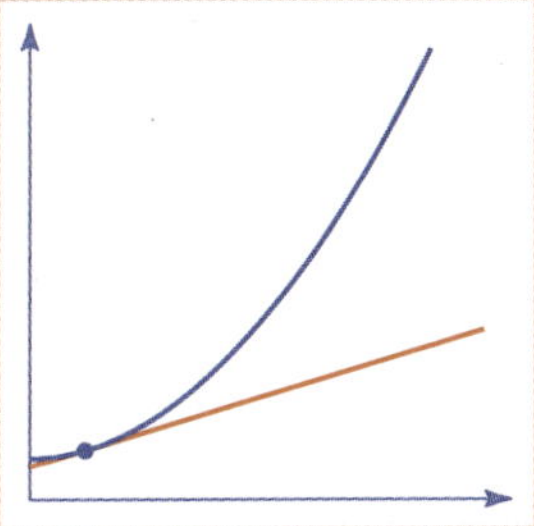

Para aproximar o coeficiente angular de uma reta tangente a um gráfico em um determinado ponto, primeiramente determine o coeficiente angular da reta secante que passa pelo ponto dado e por outro ponto do gráfico. À medida que o segundo ponto se aproximar do ponto dado a aproximação fica melhor. Na Seção 2.1, você usará limites para calcular a inclinação de retas tangentes. Este processo é chamado de *derivação*.

Suponha que você esteja enchendo um balão com ar, a uma taxa constante, até que ele estoure. Em que momento o diâmetro do balão estará aumentando mais rápido? No inicio ou no momento em que o balão estoura? Por quê?

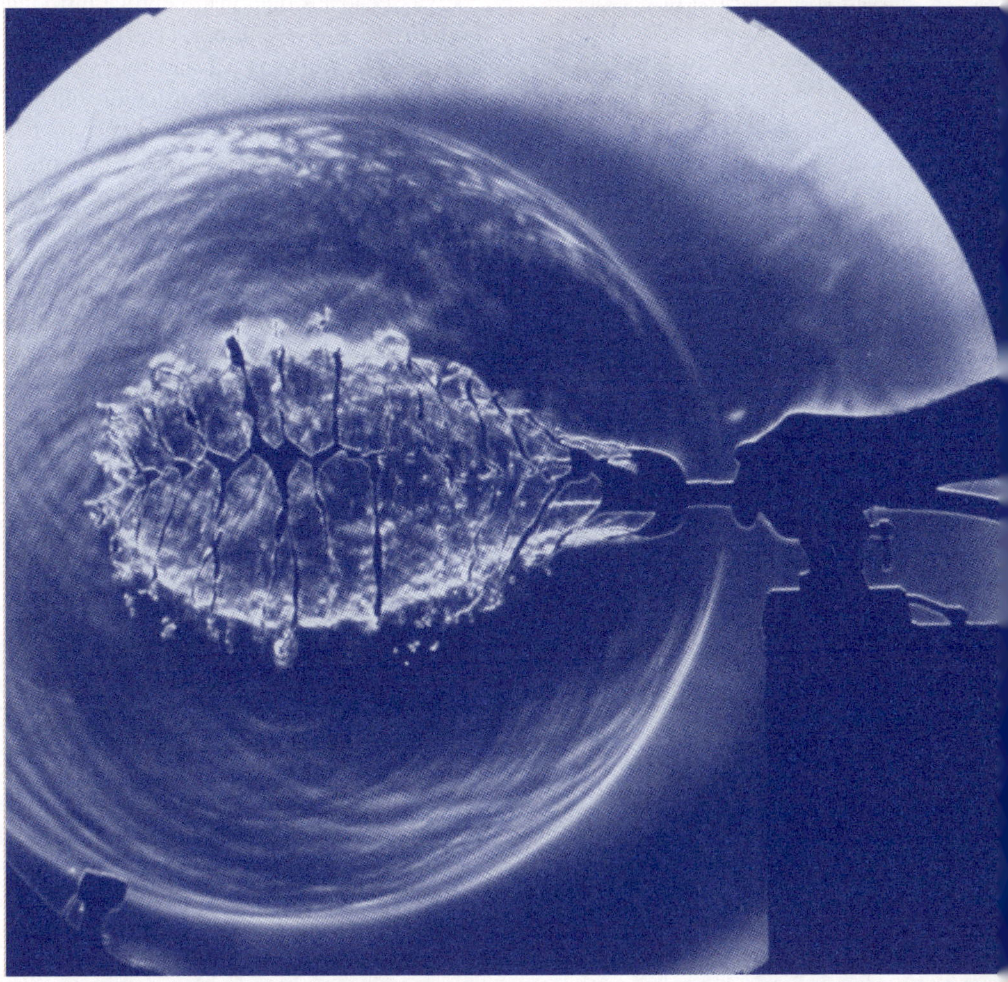

Dr. Gary Settles/SPL/Photo Researchers

Seção 2.1 O Problema da Derivada e da Reta Tangente

- **Encontrar o coeficiente angular da reta tangente a uma curva num ponto.**
- **Usar a definição de limite para achar a derivada de uma função num ponto.**
- **Entender a relação existente entre as noções de derivabilidade e continuidade.**

ISAAC NEWTON (1642-1727)

Além do seu trabalho sobre o cálculo diferencial, Newton deu contribuições revolucionárias à física que incluem a Lei Universal da Gravitação e suas três leis de movimento.

O Problema da Reta Tangente

O cálculo diferencial resultou de quatro importantes problemas que os matemáticos europeus estavam estudando no século XVII:

1. O problema da reta tangente (veja esta seção e a Seção 1.1).
2. O problema da velocidade e da aceleração (veja as Seções 2.2 e 2.3).
3. O problema de maximizar e minimizar uma função (veja a Seção 3.1).
4. O problema da área (veja as Seções 1.1 e 4.2).

Cada um dos problemas mencionados acima envolve a noção de limite e, portanto, pode ser usado para introduzir o cálculo diferencial.

Na Seção 1.1 damos uma breve introdução ao problema da reta tangente. Apesar do fato de Pierre Fermat (1601-1665), René Descartes (1596-1650), Christian Huygens (1629-1695) e Isaac Barrow (1630-1677) terem dado soluções parciais a este problema, o mérito da primeira solução do problema é creditado a Isaac Newton (1642-1727) e a Gottfried Leibniz (1646-1716). A investigação de Newton sobre este problema provém do seu interesse pela ótica e a refração da luz.

Qual o significado de uma reta ser tangente a uma curva num determinado ponto? Para uma circunferência a reta tangente no ponto P é a reta que passa pelo ponto P e é perpendicular à reta radial que passa por P, conforme mostrado na Figura 2.1.

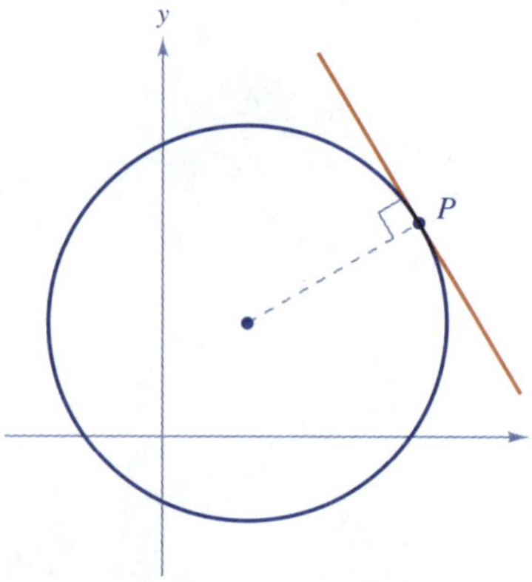

Reta tangente a uma circunferência.
Figura 2.1

No entanto, para uma curva genérica, o problema é mais complicado. Por exemplo, de que forma você definiria as retas tangentes na Figura 2.2? Poderia se dizer que a reta é tangente no ponto P a uma curva dada, se a reta tocasse a curva mas não a cruzasse no ponto P. Esta definição funciona bem para a primeira curva representada na Figura 2.2, mas não para a segunda curva da mesma figura. Poderíamos também dizer que a reta é tangente no ponto P de uma curva, se a reta interseptasse a curva em exatamente um ponto. Esta definição funcionaria para uma circunferência, mas não para a terceira curva da Figura 2.2.

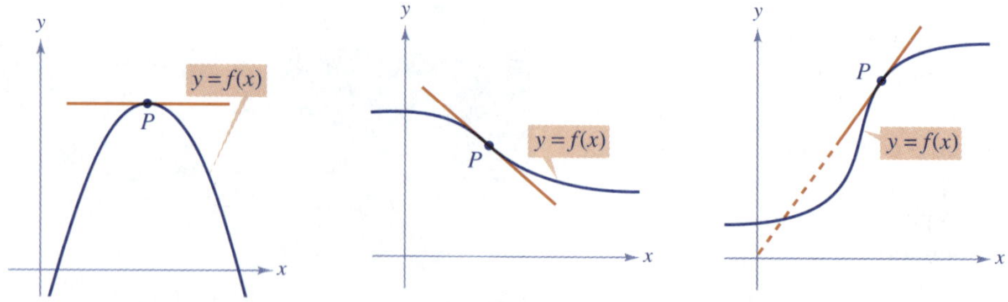

Reta tangente num ponto de uma curva.
Figura 2.2

PARA MAIS INFORMAÇÃO Para saber a qual dos pioneiros matemáticos dar o mérito pelas primeiras descobertas, consulte o artigo "Mathematical First – Who Done It?", escrito por Richard H. Williams e Roy D. Mazzagatti, na revista *Mathematics Teacher*; ou consulte-o na Internet em *www.matharticles.com*.

INVESTIGAÇÃO

Encontrando uma Reta Tangente Use uma ferramenta gráfica para representar o gráfico da função $f(x) = 2x^3 - 4x^2 + 3x - 5$. Na mesma tela represente o gráfico das retas $y = x - 5$, $y = 2x - 5$ e $y = 3x - 5$. Qual das três retas parece ser tangente ao gráfico da função f no ponto $(0, -5)$? Justifique a sua resposta.

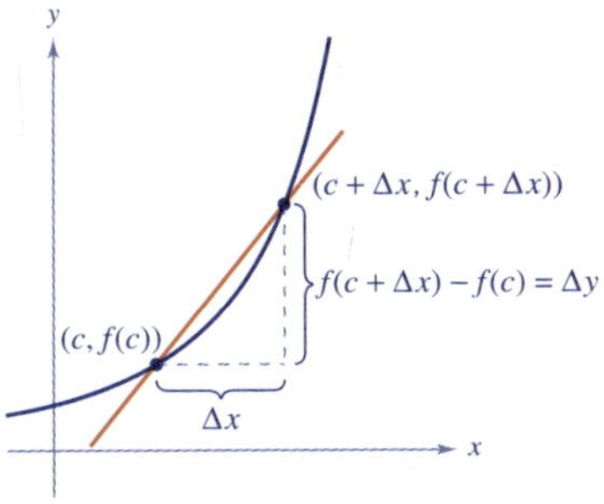

A reta secante que passa por $(c, f(c))$ e $(c + \Delta x, f(c + \Delta x))$.
Figura 2.3

Na verdade, o problema de encontrar a reta tangente num ponto P se reduz a encontrar seu coeficiente angular. O coeficiente angular da reta tangente pode ser aproximado usando uma **reta secante**[1] que passa por P e por outro ponto escolhido sobre a curva. Isto é representado na Figura 2.3. Se $(c, f(c))$ é o ponto de tangência e $(c + \Delta x, f(c + \Delta x))$ é o segundo ponto escolhido sobre o gráfico da função f, então o coeficiente angular da reta secante que passa por esses dois pontos é obtido por substituição na fórmula do coeficiente angular.

$$m = \frac{y_2 - y_1}{x_2 - x_1}$$

$$m_{\text{sec}} = \frac{f(c + \Delta x) - f(c)}{(c + \Delta x) - c} \qquad \frac{\text{Variação em } y}{\text{Variação em } x}$$

$$m_{\text{sec}} = \frac{f(c + \Delta x) - f(c)}{\Delta x} \qquad \text{Coeficiente angular da reta secante}$$

O lado direito da equação acima é a **taxa de variação**. O denominador Δx é a **variação em x**, e o numerador $\Delta y = f(c + \Delta x) - f(c)$ é a **variação em y**.

A beleza deste processo está no fato de se poder obter aproximações cada vez melhores do coeficiente angular da reta tangente escolhendo o segundo ponto cada vez mais próximo do ponto de tangência. A Figura 2.4 ilustra bem esta idéia.

O Problema da Reta Tangente

Em 1637 o matemático René Descartes afirmou o seguinte sobre o problema da reta tangente:

"Ouso dizer que, a meu ver, este não é apenas o problema mais útil e geral na geometria, como também é o único problema que almejo conhecer."

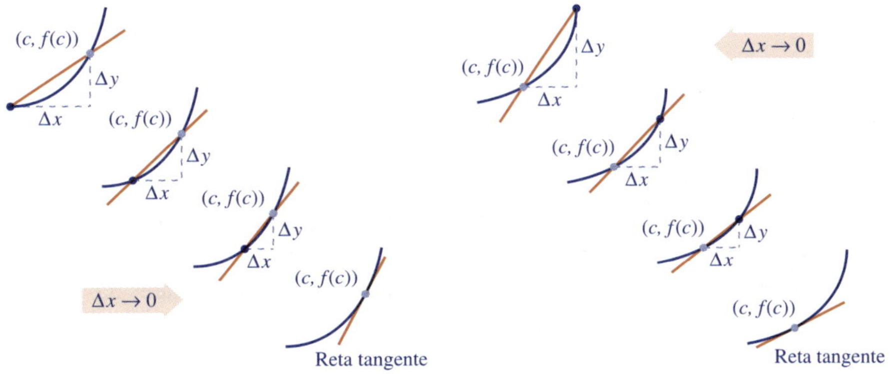

Aproximações da reta tangente.
Figura 2.4

Definição da Reta Tangente com Coeficiente Angular m

Seja f uma função definida num intervalo aberto contendo o ponto c, e supondo que o limite

$$\lim_{\Delta x \to 0} \frac{\Delta y}{\Delta x} = \lim_{\Delta x \to 0} \frac{f(c + \Delta x) - f(c)}{\Delta x} = m$$

exista, então a reta que passa pelo ponto $(c, f(c))$ e cujo coeficiente angular é m é chamada de **reta tangente** ao gráfico de f no ponto $(c, f(c))$.

O coeficiente angular da reta tangente ao gráfico de f no ponto $(c, f(c))$ também é chamado de **inclinação do gráfico de f em $x = c$**.

[1] *Esta palavra é derivada da palavra* secare *em latim, que significa* cortar, secionar. *Ela não se refere à função trigonométrica com o mesmo nome.*

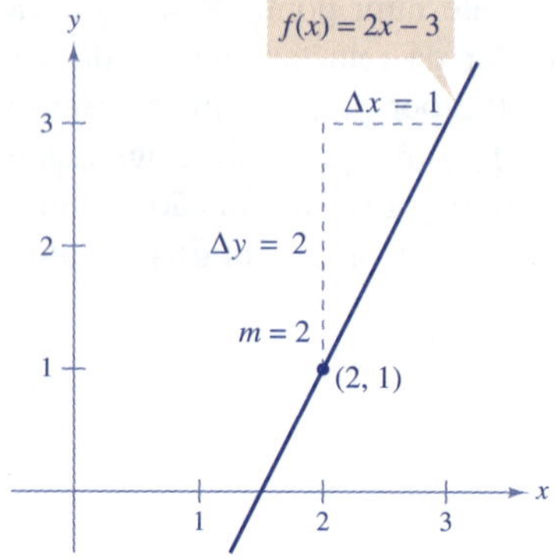

A inclinação da função f no ponto (2, 1) é $m = 2$.
Figura 2.5

EXEMPLO 1 A Inclinação do Gráfico de uma Função Linear

Encontre a inclinação do gráfico da função

$$f(x) = 2x - 3$$

no ponto (2,1).

Solução Para se achar a inclinação do gráfico de f no ponto $c = 2$ é só aplicar a definição do coeficiente angular de uma reta tangente, como ilustrado abaixo.

$$\begin{aligned}\lim_{\Delta x \to 0} \frac{f(2 + \Delta x) - f(2)}{\Delta x} &= \lim_{\Delta x \to 0} \frac{[2(2 + \Delta x) - 3] - [2(2) - 3]}{\Delta x} \\ &= \lim_{\Delta x \to 0} \frac{4 + 2\Delta x - 3 - 4 + 3}{\Delta x} \\ &= \lim_{\Delta x \to 0} \frac{2\cancel{\Delta x}}{\cancel{\Delta x}} \\ &= \lim_{\Delta x \to 0} 2 \\ &= 2\end{aligned}$$

A inclinação da função f no ponto $(c, f(c)) = (2, 1)$ é $m = 2$, conforme é ilustrado na Figura 2.5.

OBSERVAÇÃO No Exemplo 1, a definição usando a noção de limite da inclinação da função f coincide com a definição do coeficiente angular de uma reta dada na Seção P.2.

O gráfico de uma função linear tem o mesmo coeficiente angular em todos os pontos. Isto é falso, no caso em que a função não é linear, como mostra o exemplo abaixo.

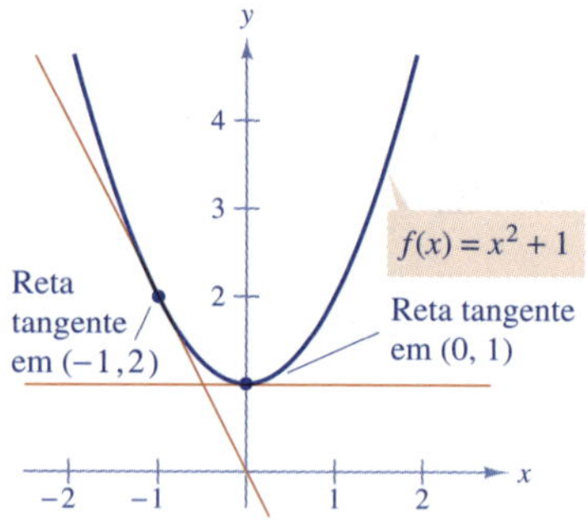

A inclinação da função f no ponto $(c, f(c))$ é $m = 2c$.
Figura 2.6

EXEMPLO 2 Retas Tangentes ao Gráfico de uma Função Não Linear

Encontre os coeficientes angulares das retas tangentes ao gráfico da função

$$f(x) = x^2 + 1$$

nos pontos (0,1) e (−1,2), conforme a Figura 2.6.

Solução Seja $(c, f(c))$ um ponto arbitrário do gráfico da função f. O coeficiente angular da reta tangente no ponto $(c, f(c))$ é dado por

$$\begin{aligned}\lim_{\Delta x \to 0} \frac{f(c + \Delta x) - f(c)}{\Delta x} &= \lim_{\Delta x \to 0} \frac{[(c + \Delta x)^2 + 1] - (c^2 + 1)}{\Delta x} \\ &= \lim_{\Delta x \to 0} \frac{c^2 + 2c(\Delta x) + (\Delta x)^2 + 1 - c^2 - 1}{\Delta x} \\ &= \lim_{\Delta x \to 0} \frac{2c(\Delta x) + (\Delta x)^2}{\Delta x} \\ &= \lim_{\Delta x \to 0} (2c + \Delta x) \\ &= 2c\end{aligned}$$

Logo, num ponto qualquer $(c, f(c))$ do gráfico da função f temos que $m = 2c$. No ponto (0,1), a inclinação é $m = 2(0) = 0$, e no ponto $(-1, 2)$, a inclinação é $m = 2(-1) = -2$.

OBSERVAÇÃO Note que, ao se calcular o limite no Exemplo 2, c é mantido constante (quando $\Delta x \to 0$).

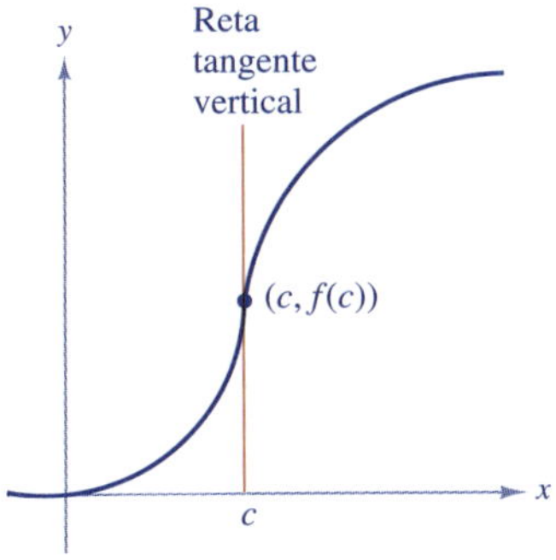

A reta tangente ao gráfico da função f no ponto $(c, f(c))$ é uma reta vertical.
Figura 2.7

Ao definir uma reta tangente a uma curva, exclui-se o fato de que esta reta seja vertical. Neste caso use a definição seguinte. Se a função f é contínua no ponto c e

$$\lim_{\Delta x \to 0} \frac{f(c + \Delta x) - f(c)}{\Delta x} = \infty \quad \text{ou} \quad \lim_{\Delta x \to 0} \frac{f(c + \Delta x) - f(c)}{\Delta x} = -\infty$$

então, a reta vertical $x = c$ passando pelo ponto $(c, f(c))$ é uma **reta tangente vertical** ao gráfico da função f. Por exemplo, a função na Figura 2.7 tem uma reta tangente vertical no ponto $(c, f(c))$. No caso em que f estiver definida no intervalo fechado $[a, b]$, pode-se estender a definição de reta tangente vertical para incluir as extremidades do intervalo. Neste caso convém usar a noção de continuidade e limite lateral à direita (se $x = a$) e continuidade e limite lateral à esquerda (se $x = b$).

A Derivada de uma Função

Chegamos agora num ponto crucial no estudo do cálculo. O limite usado na definição de coeficiente angular de uma reta tangente também é usado para definir um dos dois conceitos mais importantes do cálculo: a **derivação.**

Definição da Derivada de uma Função

A **derivada (ou diferencial)** da função f no ponto x é dada por

$$f'(x) = \lim_{\Delta x \to 0} \frac{f(x + \Delta x) - f(x)}{\Delta x}$$

desde que este limite exista. O domínio da função f' é o conjunto de pontos para o qual este limite existe.

É importante que você tenha em mente que a derivada de uma função que depende da variável x também é função desta mesma variável. Esta "nova" função determina o coeficiente angular da reta tangente ao gráfico da função f no ponto $(x, f(x))$, caso esta reta tangente exista.

O processo de achar a derivada de uma função dada é chamado de **derivação.** A função é **derivável (ou diferenciavel)** no ponto x se a sua derivada neste ponto existir, e é **derivável no intervalo aberto (a, b)** se ela for derivável em cada ponto deste intervalo.

Além de $f'(x)$, lida como "f linha de x", há outras notações em uso para se denotar a derivada de $y = f(x)$. As mais comuns são:

$$f'(x), \quad \frac{dy}{dx}, \quad y', \quad \frac{d}{dx}[f(x)], \quad D_x[y]$$

Notações para a derivada de uma função

A notação dy/dx é lida como "a derivada de y *em relação* a x" ou simplesmente "$dy - dx$". Usando a notação para expressar limites, podemos escrever:

$$\begin{aligned}\frac{dy}{dx} &= \lim_{\Delta x \to 0} \frac{\Delta y}{\Delta x} \\ &= \lim_{\Delta x \to 0} \frac{f(x + \Delta x) - f(x)}{\Delta x} \\ &= f'(x)\end{aligned}$$

EXEMPLO 3 Calculando a Derivada via Limites

Calcule a derivada da função $f(x) = x^3 + 2x$.

Solução

$$\begin{aligned}
f'(x) &= \lim_{\Delta x\to 0}\frac{f(x+\Delta x)-f(x)}{\Delta x} && \text{Definição da derivada}\\
&= \lim_{\Delta x\to 0}\frac{(x+\Delta x)^3+2(x+\Delta x)-(x^3+2x)}{\Delta x}\\
&= \lim_{\Delta x\to 0}\frac{x^3+3x^2\Delta x+3x(\Delta x)^2+(\Delta x)^3+2x+2\Delta x-x^3-2x}{\Delta x}\\
&= \lim_{\Delta x\to 0}\frac{3x^2\Delta x+3x(\Delta x)^2+(\Delta x)^3+2\Delta x}{\Delta x}\\
&= \lim_{\Delta x\to 0}\frac{\cancel{\Delta x}[3x^2+3x\Delta x+(\Delta x)^2+2]}{\cancel{\Delta x}}\\
&= \lim_{\Delta x\to 0}[3x^2+3x\Delta x+(\Delta x)^2+2]\\
&= 3x^2+2
\end{aligned}$$

DICA A chave ao usar a definição para encontrar a derivada de uma função é reescrever a taxa de variação de forma que Δx não seja um fator do denominador.

Não esqueça que a derivada de uma função f também é uma função por si só e pode ser usada para determinar o coeficiente angular da reta tangente ao gráfico da função f no ponto $(x, f(x))$.

EXEMPLO 4 Usando a Derivada para Determinar a Inclinação num Ponto

Encontre a derivada da função $f(x) = \sqrt{x}$. A seguir determine a inclinação do gráfico da função f nos pontos (1, 1) e (4, 2). Analise o comportamento de f no ponto (0, 0).

Solução Use o processo de racionalização discutido na Seção 1.3.

$$\begin{aligned}
f'(x) &= \lim_{\Delta x\to 0}\frac{f(x+\Delta x)-f(x)}{\Delta x} && \text{Definição da derivada}\\
&= \lim_{\Delta x\to 0}\frac{\sqrt{x+\Delta x}-\sqrt{x}}{\Delta x}\\
&= \lim_{\Delta x\to 0}\left(\frac{\sqrt{x+\Delta x}-\sqrt{x}}{\Delta x}\right)\left(\frac{\sqrt{x+\Delta x}+\sqrt{x}}{\sqrt{x+\Delta x}+\sqrt{x}}\right)\\
&= \lim_{\Delta x\to 0}\frac{(x+\Delta x)-x}{\Delta x(\sqrt{x+\Delta x}+\sqrt{x})}\\
&= \lim_{\Delta x\to 0}\frac{\cancel{\Delta x}}{\cancel{\Delta x}(\sqrt{x+\Delta x}+\sqrt{x})}\\
&= \lim_{\Delta x\to 0}\frac{1}{\sqrt{x+\Delta x}+\sqrt{x}}\\
&= \frac{1}{2\sqrt{x}},\quad x>0
\end{aligned}$$

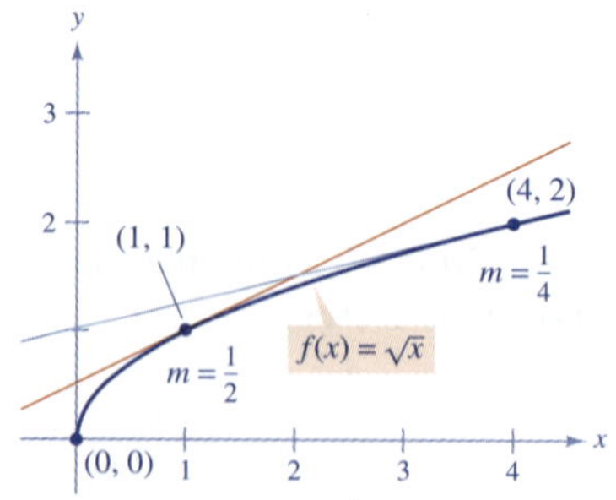

A inclinação de f no ponto $(x, f(x))$, $x > 0$ é $m = 1/(2\sqrt{x})$.
Figura 2.8

No ponto (1, 1), a inclinação é $f'(1) = \frac{1}{2}$, e no ponto (4, 2) este coeficiente vale $f'(4) = \frac{1}{4}$. Veja a Figura 2.8. No ponto (0, 0) a inclinação não está definida. Além disso, no ponto (0, 0) o gráfico da função f tem uma reta tangente vertical.

Em várias aplicações é conveniente usar outra variável independente em vez da variável x. Isto é ilustrado no Exemplo 5.

EXEMPLO 5 Calculando a Derivada de uma Função

Calcule a derivada da função $y = 2/t$ em relação a t.

Solução Considerando $y = f(t)$, obtém-se

$$\frac{dy}{dt} = \lim_{\Delta t \to 0} \frac{f(t + \Delta t) - f(t)}{\Delta t} \quad \text{Definição de derivada}$$

$$= \lim_{\Delta t \to 0} \frac{\dfrac{2}{t + \Delta t} - \dfrac{2}{t}}{\Delta t} \quad f(t + \Delta t) = 2/(t + \Delta t) \text{ e } f(t) = 2/t$$

$$= \lim_{\Delta t \to 0} \frac{\dfrac{2t - 2(t + \Delta t)}{t(t + \Delta t)}}{\Delta t} \quad \text{Simplifique o numerador}$$

$$= \lim_{\Delta t \to 0} \frac{-2\Delta t}{\Delta t(t)(t + \Delta t)} \quad \text{Cancele o fator } \Delta t \text{ em comum}$$

$$= \lim_{\Delta t \to 0} \frac{-2}{t(t + \Delta t)} \quad \text{Simplifique}$$

$$= -\frac{2}{t^2}. \quad \text{Calcule o limite quando } \Delta t \to 0$$

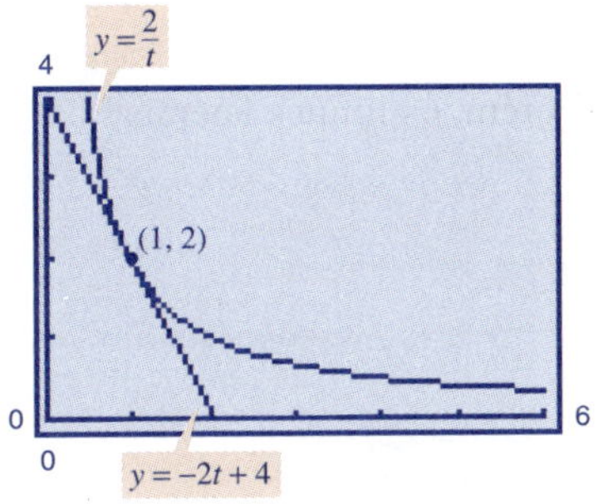

A reta $y = -2t + 4$ é tangente ao gráfico da função $y = 2/t$ no ponto $(1, 2)$.
Figura 2.9

TECNOLOGIA Uma ferramenta gráfica pode ser usada para reforçar o resultado do Exemplo 5. De fato, usando a fórmula $dy/dt = -2/t^2$, obtém-se que a inclinação do gráfico de f no ponto $(1, 2)$ é $m = -2$. Isto implica que a equação da reta tangente ao gráfico no ponto $(1, 2)$ é dada por

$$y - 2 = -2(t - 1) \quad \text{ou} \quad y = -2t + 4$$

como nos mostra a Figura 2.9.

Derivabilidade e Continuidade

A fórmula abaixo é uma forma alternativa para expressar a derivada de uma função. Ela é útil para estudarmos a relação entre as noções de derivabilidade e continuidade. A derivada de f no ponto c é

$$f'(c) = \lim_{x \to c} \frac{f(x) - f(c)}{x - c} \quad \text{Forma alternativa da derivada de uma função}$$

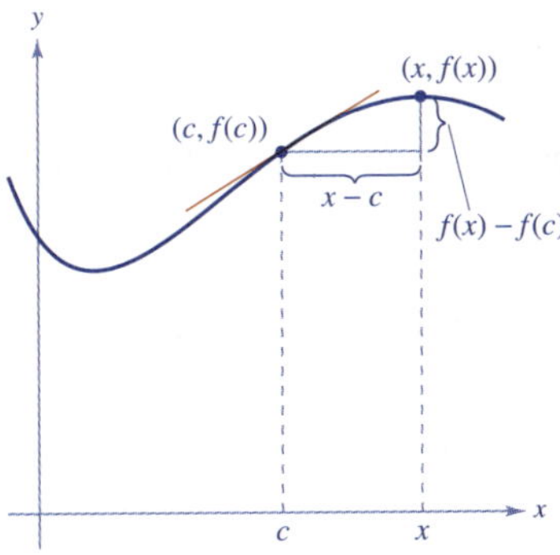

Quando x se aproxima de c, a reta secante se aproxima da reta tangente.
Figura 2.10

desde que este limite exista (veja a Figura 2.10). (No Apêndice A será dada uma demonstração da equivalência destas duas formas). Note que esta formulação alternativa exige que os limites laterais

$$\lim_{x \to c^-} \frac{f(x) - f(c)}{x - c} \quad \text{e} \quad \lim_{x \to c^+} \frac{f(x) - f(c)}{x - c}$$

existam e sejam iguais. Estes limites laterais são chamados de **derivada à esquerda** e **derivada à direita**, respectivamente. Segue que uma função f é **derivável no intervalo fechado $[a, b]$** se o for em (a, b) e se a derivada à direita no ponto a existir assim como a derivada à esquerda no ponto b.

Se a função f não é contínua no ponto $x = c$, então ela também não é derivável neste ponto. Por exemplo, a função maior inteiro

$$f(x) = [\![x]\!]$$

não é contínuo em $x = 0$ e, portanto, não é derivável no ponto $x = 0$ (veja a Figura 2.11). Isto pode ser verificado da seguinte maneira

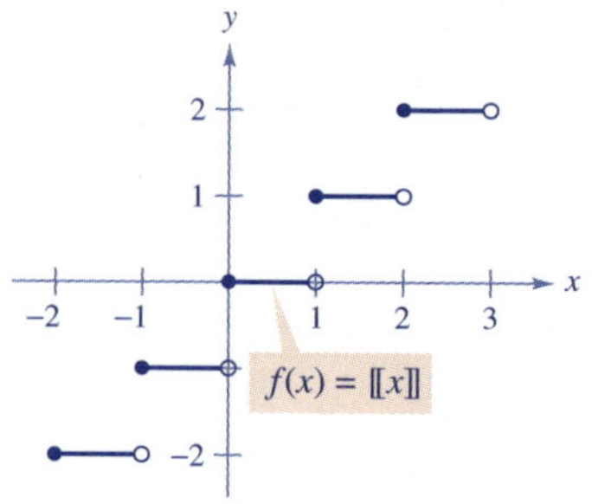

A função maior inteiro não é derivável no ponto $x = 0$, pois não é contínua neste ponto.
Figura 2.11

$$\lim_{x \to 0^-} \frac{f(x) - f(0)}{x - 0} = \lim_{x \to 0^-} \frac{[\![x]\!] - 0}{x} = \infty \qquad \text{Derivada à esquerda}$$

e

$$\lim_{x \to 0^+} \frac{f(x) - f(0)}{x - 0} = \lim_{x \to 0^+} \frac{[\![x]\!] - 0}{x} = 0. \qquad \text{Derivada à direita}$$

Apesar da derivabilidade implicar a continuidade (veja o Teorema 2.1), a recíproca não é verdadeira. De fato, é possível que uma função seja contínua num ponto $x = c$, mas *não* seja derivável neste ponto. Os Exemplos 6 e 7 mostram esta possibilidade.

EXEMPLO 6 Um Gráfico com um Bico

A função

$$f(x) = |x - 2|$$

mostrada na Figura 2.12 é contínua no ponto $x = 2$. Porém, os limites laterais

$$\lim_{x \to 2^-} \frac{f(x) - f(2)}{x - 2} = \lim_{x \to 2^-} \frac{|x - 2| - 0}{x - 2} = -1 \qquad \text{Derivada à esquerda}$$

e

$$\lim_{x \to 2^+} \frac{f(x) - f(2)}{x - 2} = \lim_{x \to 2^+} \frac{|x - 2| - 0}{x - 2} = 1 \qquad \text{Derivada à direita}$$

não são iguais. Segue que f não é derivável no ponto $x = 2$ e o gráfico de f não tem uma reta tangente no ponto (2, 0).

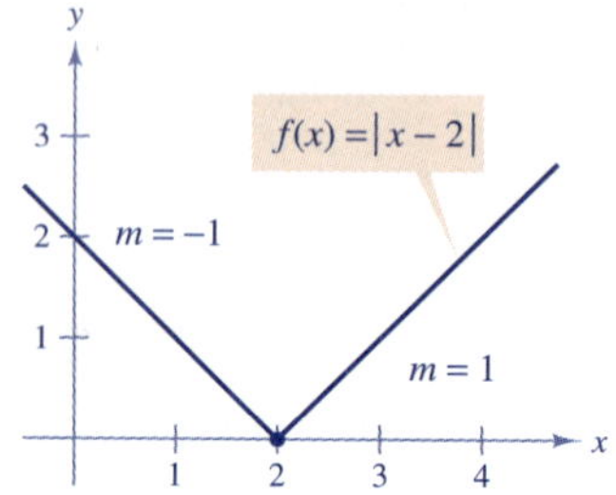

A função f não é derivável em $x = 2$, pois os limites laterais são diferentes.
Figura 2.12

EXEMPLO 7 Um Gráfico com uma Reta Tangente Vertical

A função

$$f(x) = x^{1/3}$$

é contínua no ponto $x = 0$, como se vê na Figura 2.13. Porém, sendo o limite

$$\lim_{x \to 0} \frac{f(x) - f(0)}{x - 0} = \lim_{x \to 0} \frac{x^{1/3} - 0}{x}$$
$$= \lim_{x \to 0} \frac{1}{x^{2/3}}$$
$$= \infty$$

infinito, pode-se concluir que a reta tangente no ponto $x = 0$ é uma reta vertical. Portanto, f não é derivável no ponto $x = 0$.

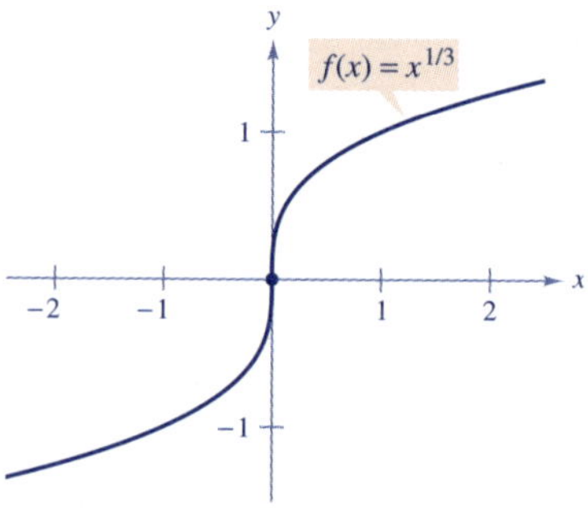

A função f não é derivável no ponto $x = 0$, pois neste ponto a reta tangente ao gráfico de f é vertical.
Figura 2.13

Dos Exemplos 6 e 7 podemos deduzir que uma função que num determinado ponto tem um "bico" *ou* uma reta tangente vertical não é derivável neste ponto.

> **TEOREMA 2.1 Derivabilidade Implica Continuidade**
>
> Se uma função f é derivável no ponto $x = c$, então ela também é contínua neste ponto.

Demonstração Para provar que f é contínua no ponto $x = c$ é preciso demonstrar que $f(x)$ se aproxima de $f(c)$ quando $x \to c$ (x tende a c). Para isso, use a derivabilidade de f no ponto $x = c$ e calcule o seguinte limite:

TECNOLOGIA Algumas ferramentas gráficas como *Derive*, *Maple*, *Mathcad*, *Mathematica* e o *TI-89* fazem derivação simbólica. Outras fazem derivação numérica calculando a derivada usando a fórmula

$$f'(x) \approx \frac{f(x+\Delta x) - f(x-\Delta x)}{2\Delta x}$$

onde Δx é um número pequeno, por exemplo, 0,001. Você pode notar algo errado no último método? Por exemplo, usando o segundo método, qual a derivada da função $f(x) = |x|$ no ponto $x = 0$?

$$\begin{aligned}\lim_{x\to c}[f(x) - f(c)] &= \lim_{x\to c}\left[(x-c)\left(\frac{f(x)-f(c)}{x-c}\right)\right]\\ &= \left[\lim_{x\to c}(x-c)\right]\left[\lim_{x\to c}\frac{f(x)-f(c)}{x-c}\right]\\ &= (0)[f'(c)]\\ &= 0\end{aligned}$$

Como $f(x) - f(c)$ se aproxima de zero, segue que $\lim_{x\to c} f(x) = f(c)$. Portanto, f é contínua no ponto $x = c$.

As afirmações abaixo sintetizam a relação entre os conceitos de continuidade e derivabilidade.

1. Se uma função é derivável no ponto $x = c$, então ela também é contínua neste ponto. Logo, derivabilidade implica continuidade.
2. Uma função pode ser contínua num ponto $x = c$ sem que ela seja derivável neste ponto. Logo, continuidade não implica derivabilidade.

Exercícios da Seção 2.1

Nos Exercícios 1 e 2, dê um valor aproximado da inclinação do gráfico de f nos pontos (x_1, y_1) e (x_2, y_2).

1. (a)

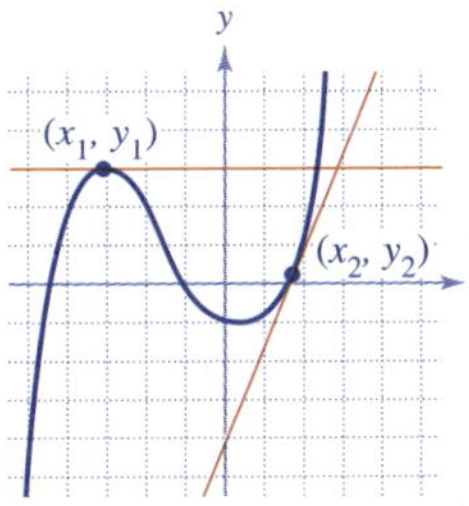

(b)

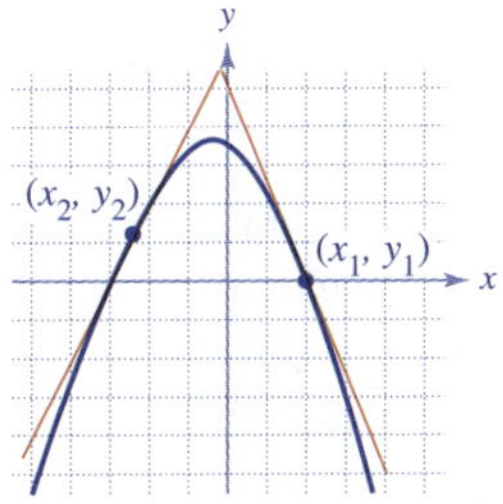

2. (a)

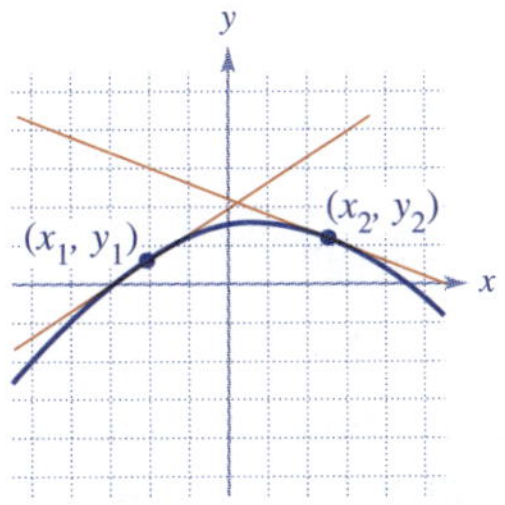

(b)

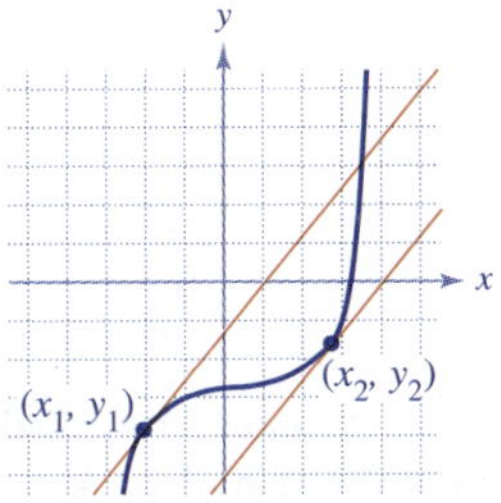

Nos Exercícios 3 e 4, use o gráfico da figura abaixo. (Na página da Web *www.mathgraphs.com* pode-se imprimir uma versão ampliada do gráfico.)

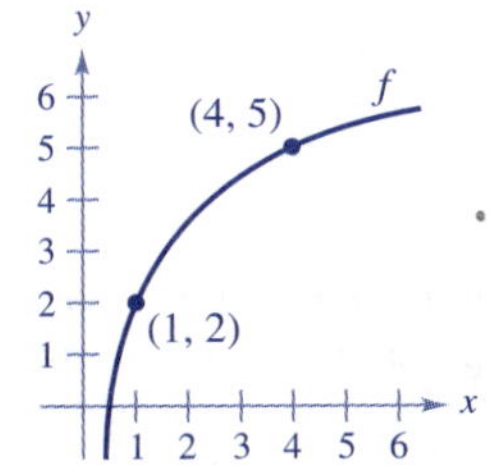

3. Identifique ou esboce na figura cada item abaixo.

(a) $f(1)$ and $f(4)$ (b) $f(4) - f(1)$

(c) $y = \dfrac{f(4) - f(1)}{4 - 1}(x - 1) + f(1)$

4. Preencha os espaços em branco abaixo usando o símbolo (< ou >) de forma correta.

(a) $\dfrac{f(4) - f(1)}{4 - 1}$ ▭ $\dfrac{f(4) - f(3)}{4 - 3}$

(b) $\dfrac{f(4) - f(1)}{4 - 1}$ ▭ $f'(1)$

Nos Exercícios 5 a 10, determine o coeficiente angular da reta tangente ao gráfico da função no ponto dado.

5. $f(x) = 3 - 2x$, $(-1, 5)$ **6.** $g(x) = \frac{3}{2}x + 1$, $(-2, -2)$

7. $g(x) = x^2 - 4$, $(1, -3)$ **8.** $g(x) = 5 - x^2$, $(2, 1)$

9. $f(t) = 3t - t^2$, $(0, 0)$ **10.** $h(t) = t^2 + 3$, $(-2, 7)$

Nos Exercícios 11 a 24, calcule a derivada da função dada usando a definição via limite.

11. $f(x) = 3$ **12.** $g(x) = -5$

13. $f(x) = -5x$ **14.** $f(x) = 3x + 2$

15. $h(s) = 3 + \frac{2}{3}s$ **16.** $f(x) = 9 - \frac{1}{2}x$

17. $f(x) = 2x^2 + x - 1$ **18.** $f(x) = 1 - x^2$

19. $f(x) = x^3 - 12x$ **20.** $f(x) = x^3 + x^2$

21. $f(x) = \dfrac{1}{x - 1}$ **22.** $f(x) = \dfrac{1}{x^2}$

23. $f(x) = \sqrt{x + 1}$ **24.** $f(x) = \dfrac{4}{\sqrt{x}}$

Nos Exercícios 25 a 32, (a) determine a equação da reta tangente ao gráfico da função f no ponto dado, (b) use uma ferramenta gráfica para desenhar o gráfico da função e da sua

reta tangente no ponto dado, (c) use o recurso de *derivação* da ferramenta gráfica para confirmar suas respostas.

25. $f(x) = x^2 + 1, \quad (2, 5)$

26. $f(x) = x^2 + 2x + 1, \quad (-3, 4)$

27. $f(x) = x^3, \quad (2, 8)$

28. $f(x) = x^3 + 1, \quad (1, 2)$

29. $f(x) = \sqrt{x}, \quad (1, 1)$

30. $f(x) = \sqrt{x - 1}, \quad (5, 2)$

31. $f(x) = x + \dfrac{4}{x}, \quad (4, 5)$

32. $f(x) = \dfrac{1}{x + 1}, \quad (0, 1)$

Nos Exercícios 33 a 36, encontre uma reta tangente ao gráfico da função f e que seja paralela à reta dada.

	Função	*Reta*
33.	$f(x) = x^3$	$3x - y + 1 = 0$
34.	$f(x) = x^3 + 2$	$3x - y - 4 = 0$
35.	$f(x) = \dfrac{1}{\sqrt{x}}$	$x + 2y - 6 = 0$
36.	$f(x) = \dfrac{1}{\sqrt{x - 1}}$	$x + 2y + 7 = 0$

Nos Exercícios 37 a 40, é dado o gráfico da função f. Escolha corretamente o gráfico de f'.

37.

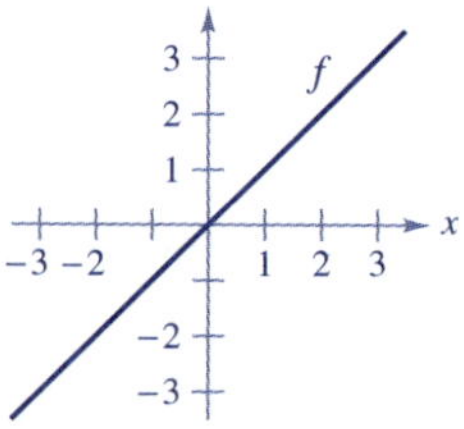

38.

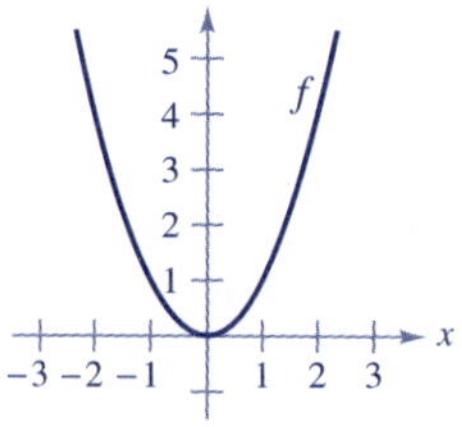

39.

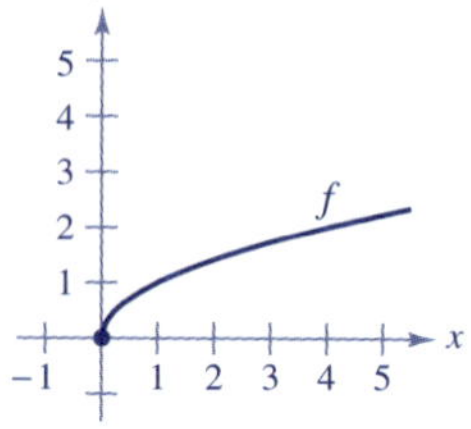

40.

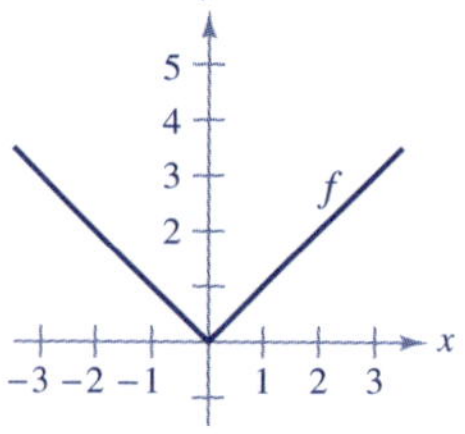

(a)

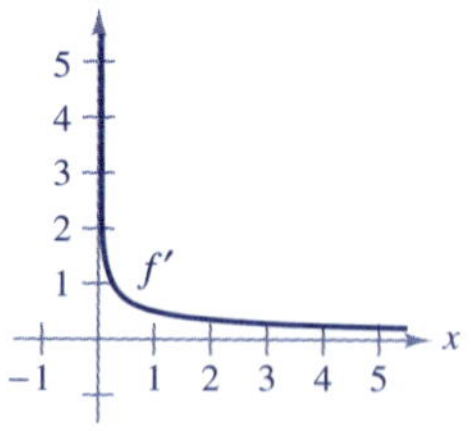

(b)

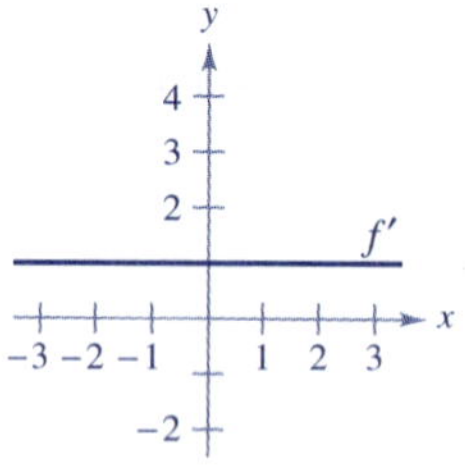

(c)

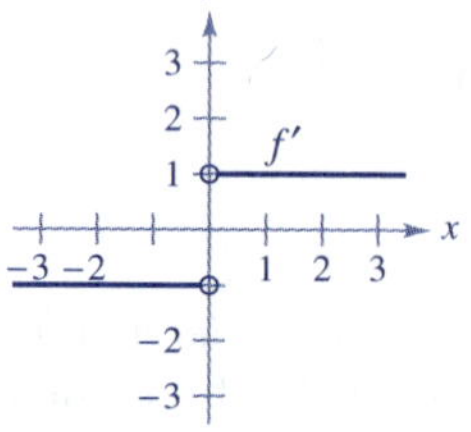

(d)

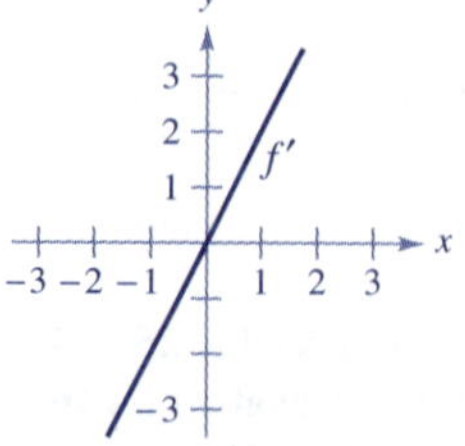

41. A reta tangente ao gráfico da função $y = g(x)$ no ponto (5, 2) passa pelo ponto (9, 0). Encontre o valor de $g(5)$ e $g'(5)$.

42. A reta tangente ao gráfico da função $y = h(x)$ no ponto $(-1, 4)$ passa pelo ponto (3, 6). Encontre o valor de $h(-1)$ e $h'(-1)$.

Questões Conceituais

Nos Exercícios 43 a 46, dê um esboço do gráfico de f'. Justifique como obteve a sua resposta.

43.

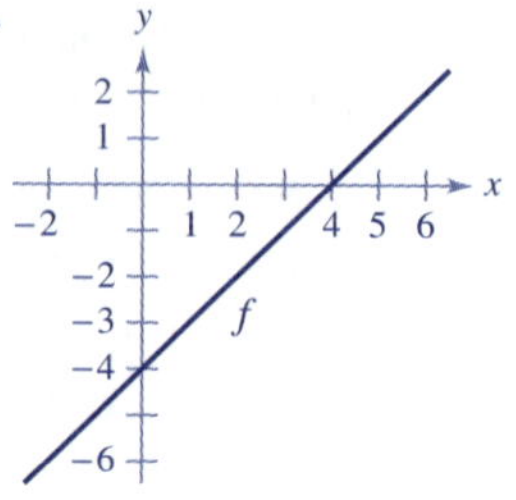

44.

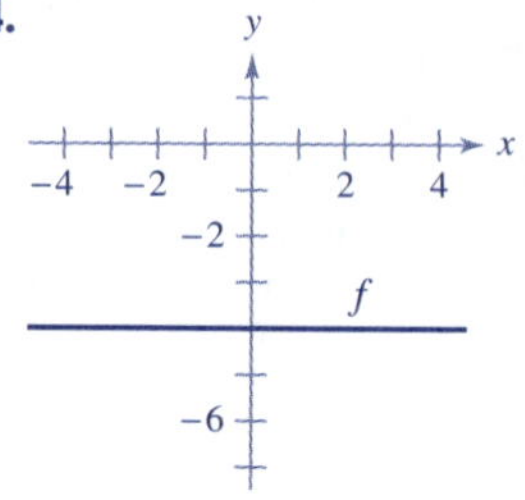

45.

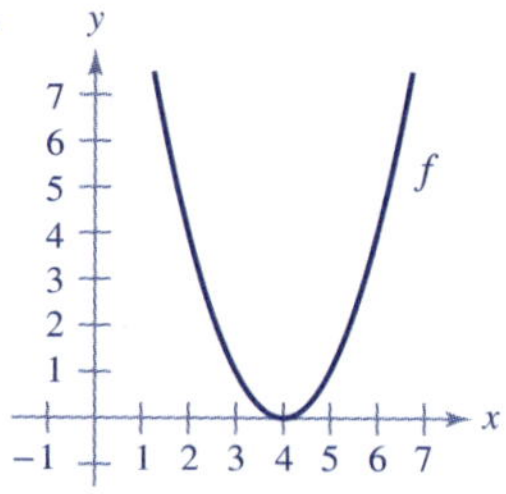

46.

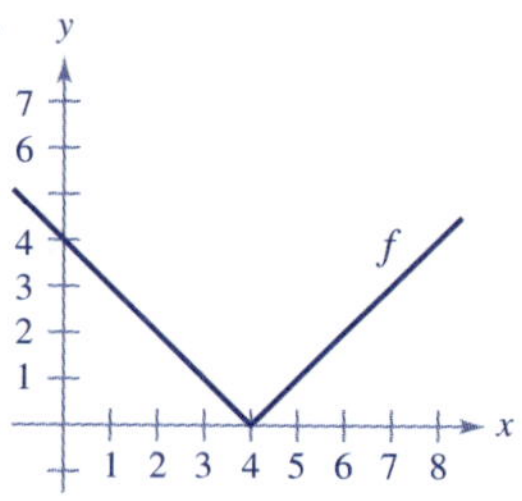

47. Faça um esboço do gráfico de uma função cuja derivada em todo ponto seja negativa.

48. Faça um esboço do gráfico de uma função cuja derivada em todo ponto seja positiva.

Nos Exercícios 49 a 52 o limite dado representa $f'(c)$ da função f no ponto $x = c$. Determine a função f e o ponto c.

49. $\displaystyle\lim_{\Delta x \to 0} \frac{[5 - 3(1 + \Delta x)] - 2}{\Delta x}$

50. $\displaystyle\lim_{\Delta x \to 0} \frac{(-2 + \Delta x)^3 + 8}{\Delta x}$

51. $\displaystyle\lim_{x \to 6} \frac{-x^2 + 36}{x - 6}$

52. $\displaystyle\lim_{x \to 9} \frac{2\sqrt{x} - 6}{x - 9}$

Nos Exercícios 53 a 55, determine a função f que tem as características dadas. A seguir, faça um esboço do gráfico da função.

53. $f(0) = 2;$
$f'(x) = -3, -\infty < x < \infty$

54. $f(0) = 4; f'(0) = 0;$
$f'(x) < 0$ para $x < 0;$
$f'(x) > 0$ para $x > 0$

55. $f(0) = 0; f'(0) = 0; f'(x) > 0$ se $x \neq 0$

56. Assuma que $f'(c) = 3$. Calcule $f'(-c)$ se (a) f é uma função ímpar e se (b) f é uma função par.

Nos Exercícios 57 e 58, encontre a equação das duas retas tangentes ao gráfico da função f e que passam pelo ponto dado.

57. $f(x) = 4x - x^2$

58. $f(x) = x^2$

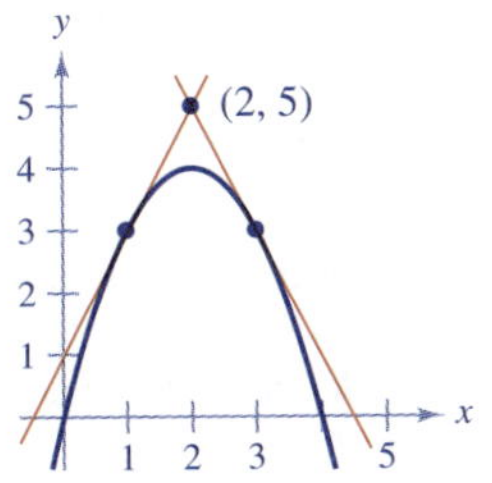

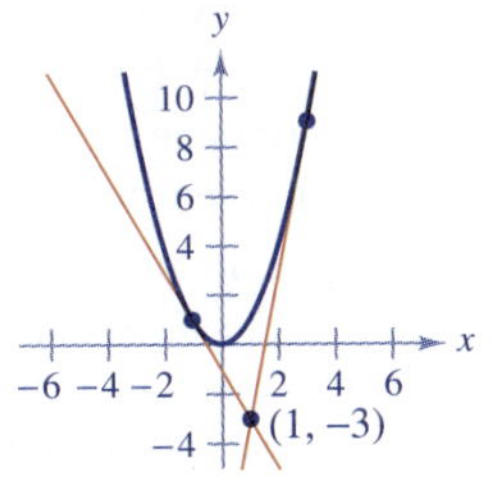

59. ***Argumentação Gráfica*** A figura representa o gráfico de g'.

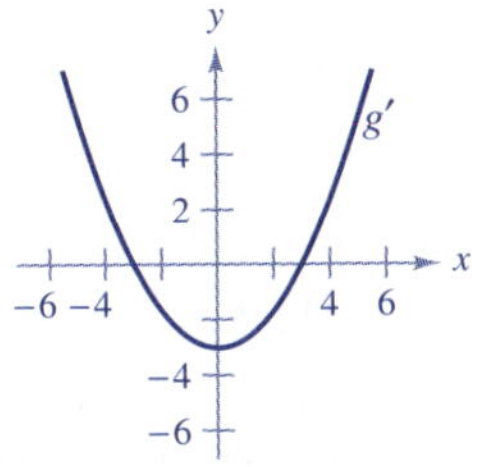

(a) $g'(0) =$ ▭ (b) $g'(3) =$ ▭

(c) O que você pode deduzir sobre o gráfico de g sabendo que $g'(1) = -\frac{8}{3}$?

(d) O que você pode deduzir sobre o gráfico de g sabendo que $g'(-4) = \frac{7}{3}$?

(e) O valor $g(6) - g(4)$ é positivo ou negativo? Justifique a sua resposta.

(f) Pode-se obter o valor de $g(2)$ a partir do gráfico acima? Justifique a sua resposta.

60. ***Argumentação Gráfica*** Use uma ferramenta gráfica para desenhar o gráfico das funções abaixo e das suas retas tangentes nos pontos $x = -1$, $x = 0$ e $x = 1$. Usando os resultados obtidos como base, determine se os coeficientes angulares das retas tangentes ao gráfico de uma função são todos distintos.

(a) $f(x) = x^2$ (b) $g(x) = x^3$

Análises Gráfica, Numérica e Analítica **Nos Exercícios 61 e 62, use uma ferramenta gráfica para desenhar o gráfico da função f no intervalo $[-2, 2]$. A partir do gráfico obtido, faça uma estimativa da inclinação nos pontos indicados e use-a para preencher a tabela. A seguir, calcule a inclinação analiticamente e compare seus resultados com os obtidos graficamente.**

x	-2	$-1{,}5$	-1	$-0{,}5$	0	$0{,}5$	1	$1{,}5$	2
$f(x)$									
$f'(x)$									

61. $f(x) = \frac{1}{4}x^3$ **62.** $f(x) = \frac{1}{2}x^2$

Argumentação Gráfica **Nos Exercícios 63 e 64, use uma ferramenta gráfica para desenhar os gráficos das funções f e g na mesma janela. A função g é dada por**

$$g(x) = \frac{f(x + 0{,}01) - f(x)}{0{,}01}$$

Identifique os gráficos e descreva a relação entre eles.

63. $f(x) = 2x - x^2$ **64.** $f(x) = 3\sqrt{x}$

Nos Exercícios 65 e 66, calcule $f(2)$ e $f(2{,}1)$ e use os resultados para dar um valor aproximado de $f'(2)$.

65. $f(x) = x(4 - x)$ **66.** $f(x) = \frac{1}{4}x^3$

Argumentação Gráfica **Nos Exercícios 67 e 68, esboce os gráficos de f e f' na mesma janela, usando uma ferramenta gráfica. Identifique cada gráfico e descreva a relação existente entre eles.**

67. $f(x) = \dfrac{1}{\sqrt{x}}$ **68.** $f(x) = \dfrac{x^3}{4} - 3x$

Redação **Nos Exercícios 69 e 70, considere as funções f e $S_{\Delta x}$ onde**

$$S_{\Delta x}(x) = \frac{f(2 + \Delta x) - f(2)}{\Delta x}(x - 2) + f(2)$$

(a) Desenhe os gráficos de f e $S_{\Delta x}$ na mesma janela usando uma ferramenta gráfica, para $\Delta x = 1$, 0, 5 e 0,1.

(b) Descreva o gráfico da função S para os vários valores de Δx dados em (a).

69. $f(x) = 4 - (x - 3)^2$ **70.** $f(x) = x + \dfrac{1}{x}$

Nos Exercícios 71 a 80, use a formulação alternativa de derivada para encontrar a derivada no ponto $x = c$, caso esta exista.

71. $f(x) = x^2 - 1,\quad c = 2$

72. $g(x) = x(x - 1),\quad c = 1$

73. $f(x) = x^3 + 2x^2 + 1,\quad c = -2$

74. $f(x) = x^3 + 2x,\quad c = 1$

75. $g(x) = \sqrt{|x|},\quad c = 0$

76. $f(x) = 1/x,\quad c = 3$

77. $f(x) = (x - 6)^{2/3},\quad c = 6$

78. $g(x) = (x + 3)^{1/3},\quad c = -3$

79. $h(x) = |x + 5|,\quad c = -5$

80. $f(x) = |x - 4|,\quad c = 4$

Nos Exercícios 81 a 86, descreva os valores de x nos quais a função f é derivável.

81. $f(x) = \dfrac{1}{x + 1}$ **82.** $f(x) = |x^2 - 9|$

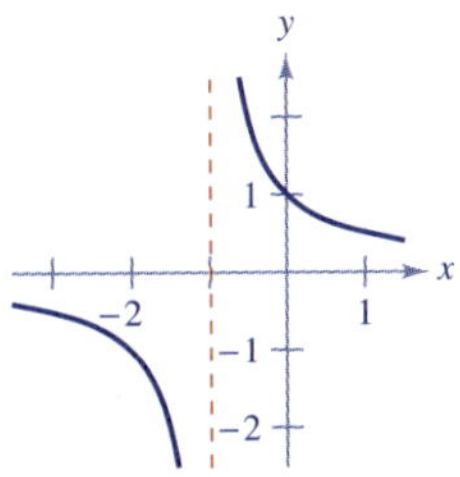

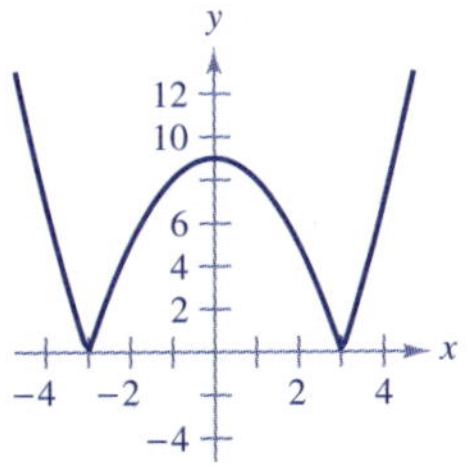

83. $f(x) = (x - 3)^{2/3}$

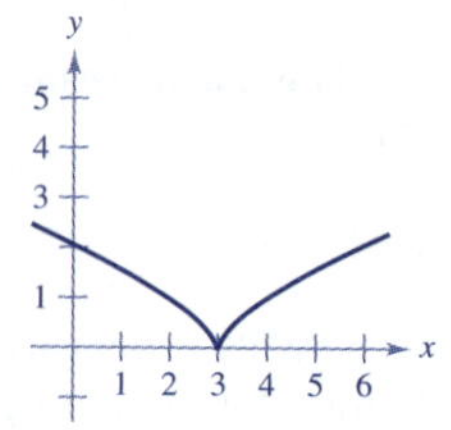

84. $f(x) = \dfrac{x^2}{x^2 - 4}$

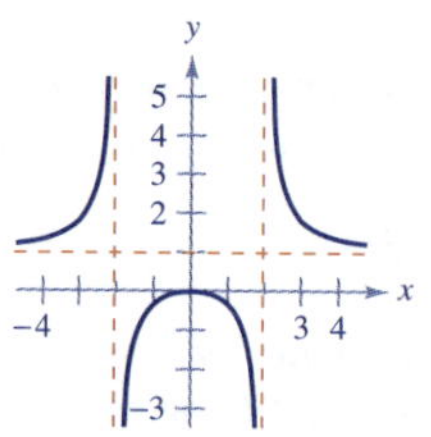

85. $f(x) = \sqrt{x - 1}$

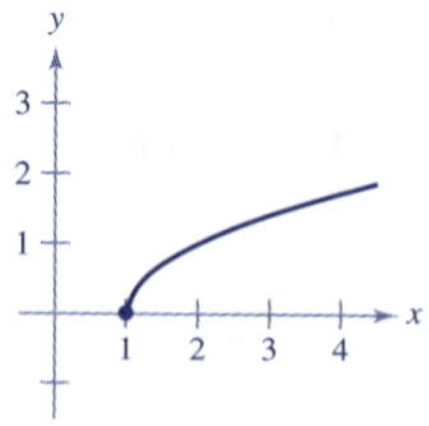

86. $f(x) = \begin{cases} x^2 - 4, & x \leq 0 \\ 4 - x^2, & x > 0 \end{cases}$

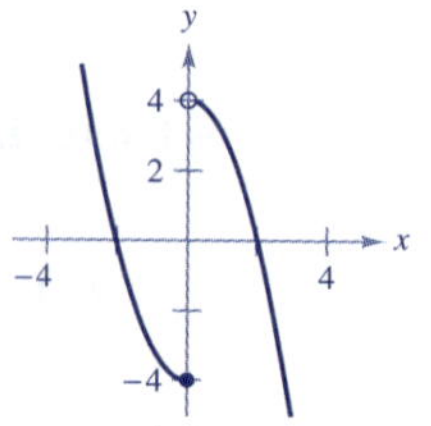

Análise Gráfica **Nos Exercícios 87 a 90, utilize uma ferramenta gráfica para achar os valores de x nos quais a função f seja derivável.**

87. $f(x) = |x + 3|$

88. $f(x) = \dfrac{2x}{x - 1}$

89. $f(x) = x^{2/5}$

90. $f(x) = \begin{cases} x^3 - 3x^2 + 3x, & x \leq 1 \\ x^2 - 2x, & x > 1 \end{cases}$

Nos Exercícios 91 a 94, encontre a derivada lateral à esquerda e a derivada lateral à direita no ponto $x = 1$, caso estas existam. A função é derivável no ponto $x = 1$?

91. $f(x) = |x - 1|$

92. $f(x) = \sqrt{1 - x^2}$

93. $f(x) = \begin{cases} (x - 1)^3, & x \leq 1 \\ (x - 1)^2, & x > 1 \end{cases}$

94. $f(x) = \begin{cases} x, & x \leq 1 \\ x^2, & x > 1 \end{cases}$

Nos Exercícios 95 e 96, determine se a função dada é derivável no ponto $x = 2$.

95. $f(x) = \begin{cases} x^2 + 1, & x \leq 2 \\ 4x - 3, & x > 2 \end{cases}$

96. $f(x) = \begin{cases} \frac{1}{2}x + 1, & x < 2 \\ \sqrt{2x}, & x \geq 2 \end{cases}$

97. ***Argumentação Gráfica*** Uma reta com coeficiente angular m passa pelo ponto $(0, 4)$ e sua equação é $y = mx + 4$.

(a) Determine a distância d entre a reta dada e o ponto $(3, 1)$ como função de m.

(b) Usando uma ferramenta gráfica desenhe o gráfico da função d. Tomando o gráfico como base, a função d é derivável para todos os valores de m? Caso não seja, encontre os pontos em que ela não é derivável.

98. ***Conjectura*** Considere as funções $f(x) = x^2$ e $g(x) = x^3$.

(a) Faça um esboço do gráfico de f e de f' na mesma figura.

(b) Faça um esboço do gráfico de g e de g' na mesma figura.

(c) Encontre uma relação entre f e g e suas derivadas. Use esta relação para formular uma conjectura sobre $h'(x)$ e $h(x)$ onde $h(x) = x^n$, com n um inteiro e $n \geq 2$.

(d) Se $f(x) = x^4$ encontre $f'(x)$. Compare o resultado com a sua conjectura. Isto prova a sua conjectura? Justifique a sua resposta.

Verdadeiro ou Falso? **Nos Exercícios 99 a 102, verifique se as afirmações são verdadeiras ou falsas. No caso em que a afirmação seja falsa, justifique a sua resposta ou dê um exemplo mostrando que é falsa.**

99. O coeficiente angular da reta tangente ao gráfico da função derivável f no ponto $(2, f(2))$ é dado por $\dfrac{f(2 + \Delta x) - f(2)}{\Delta x}$.

100. Uma função que é contínua num ponto também é derivável neste ponto.

101. Se uma função possui derivadas laterais à esquerda e à direita num determinado ponto, então esta função é derivável neste ponto.

102. Se uma função é derivável num ponto dado, então ela também é contínua neste ponto.

103. Sendo $f(x) = \begin{cases} x \operatorname{sen}\frac{1}{x}, & x \neq 0 \\ 0, & x = 0 \end{cases}$ e $g(x) = \begin{cases} x^2 \operatorname{sen}\frac{1}{x}, & x \neq 0 \\ 0, & x = 0 \end{cases}$

Mostre que f é contínua em $x = 0$ mas não é derivável neste ponto.
Mostre que g é derivável em $x = 0$ e calcule $g'(0)$.

104. ***Redação*** Faça um esboço dos gráficos das funções $f(x) = x^2 + 1$ e $g(x) = |x| + 1$ na mesma janela, usando uma ferramenta gráfica. Usando os recuros de "zoom" e "trace" analise os gráficos em torno do ponto $(0, 1)$. Escreva um parágrafo curto descrevendo o significado geométrico da derivabilidade em um ponto.

Seção 2.2 Regras Básicas de Derivação e Taxas de Variação

- **Achar a derivada de uma função usando a Regra da Constante.**
- **Achar a derivada de uma função usando a Regra da Potência.**
- **Achar a derivada de uma função usando a Regra da Multiplicação por uma Constante.**
- **Achar a derivada de uma função usando a Regra da Soma e da Diferença.**
- **Achar a derivada das funções seno e cosseno.**
- **Usar a derivada para achar taxas de variação.**

A Regra da Constante

Na Seção 2.1 foi usada a definição via limites para calcular derivadas. Nesta e nas duas próximas seções, introduziremos várias "regras de derivação" que nos permitirão calcular a derivada de uma função sem o uso *direto* da definição via limites.

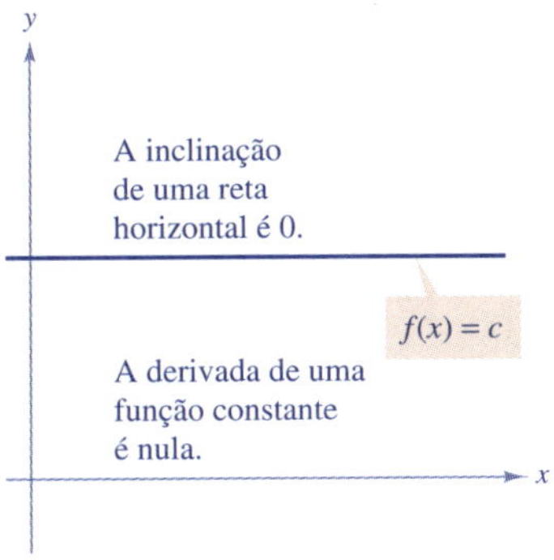

A Regra da Constante.
Figura 2.14

TEOREMA 2.2 A Regra da Constante

A derivada de uma função constante é nula, isto é, se c é um número real, então

$$\frac{d}{dx}[c] = 0.$$

Demonstração Sendo $f(x) = c$, e usando a definição via limites da derivada, obtemos:

$$\begin{aligned}\frac{d}{dx}[c] &= f'(x)\\ &= \lim_{\Delta x \to 0} \frac{f(x + \Delta x) - f(x)}{\Delta x}\\ &= \lim_{\Delta x \to 0} \frac{c - c}{\Delta x}\\ &= \lim_{\Delta x \to 0} 0\\ &= 0\end{aligned}$$

OBSERVAÇÃO Conforme mostra a Figura 2.14, a Regra da Constante é equivalente a dizer que a inclinação de uma reta horizontal é nula. Isto mostra a relação existente entre a inclinação e a derivada.

EXEMPLO 1 Usando a Regra da Constante

Função	*Derivada*
a. $y = 7$	$\frac{dy}{dx} = 0$
b. $f(x) = 0$	$f'(x) = 0$
c. $s(t) = -3$	$s'(t) = 0$
d. $y = k\pi^2$, k é constante	$y' = 0$

INVESTIGAÇÃO

Formulando uma Conjectura Usando a definição dada na Seção 2.1, calcule a derivada de cada função abaixo. Você percebe algum tipo de padrão? Use seus resultados para formular uma conjectura sobre a derivada da função $f(x) = x^n$.

a. $f(x) = x^1$ **b.** $f(x) = x^2$ **c.** $f(x) = x^3$
d. $f(x) = x^4$ **e.** $f(x) = x^{1/2}$ **f.** $f(x) = x^{-1}$

A Regra da Potência

Antes de demonstrar a próxima regra é importante relembrar a expansão binomial.

$$(x + \Delta x)^2 = x^2 + 2x\Delta x + (\Delta x)^2$$
$$(x + \Delta x)^3 = x^3 + 3x^2\Delta x + 3x(\Delta x)^2 + (\Delta x)^3$$

Em geral, para um inteiro positivo n a expansão binomial é dada por:

$$(x + \Delta x)^n = x^n + nx^{n-1}(\Delta x) + \underbrace{\frac{n(n-1)x^{n-2}}{2}(\Delta x)^2 + \cdots + (\Delta x)^n}_{(\Delta x)^2 \text{ é um fator desses termos}}.$$

A expansão binomial será usada para demonstrar um caso particular da Regra da Potência.

TEOREMA 2.3 A Regra da Potência

Se n é um número racional e $f(x) = x^n$, então f é derivável e

$$\frac{d}{dx}[x^n] = nx^{n-1}$$

Para que a função f seja derivável em $x = 0$, é necessário que n seja tal que a função x^{n-1} seja definida em um intervalo contendo 0.

Demonstração Se n for um número inteiro positivo maior que 1, obtém-se, usando a expansão binomial, que

$$\begin{aligned}\frac{d}{dx}[x^n] &= \lim_{\Delta x \to 0} \frac{(x + \Delta x)^n - x^n}{\Delta x}\\
&= \lim_{\Delta x \to 0} \frac{x^n + nx^{n-1}(\Delta x) + \frac{n(n-1)x^{n-2}}{2}(\Delta x)^2 + \cdots + (\Delta x)^n - x^n}{\Delta x}\\
&= \lim_{\Delta x \to 0} \left[nx^{n-1} + \frac{n(n-1)x^{n-2}}{2}(\Delta x) + \cdots + (\Delta x)^{n-1}\right]\\
&= nx^{n-1} + 0 + \cdots + 0\\
&= nx^{n-1}\end{aligned}$$

Isto demonstra o caso em que n é um número inteiro positivo maior que 1. Você vai demonstrar o caso em que $n = 1$. No Exemplo 7 da Seção 2.3, será demonstrado o caso em que n é um número inteiro negativo. O caso em que n é um número racional é o conteúdo do Exercício 75 da Seção 2.5. (Na Seção 5.5, a Regra da Potência será generalizada para incluir o caso em que n é irracional.)

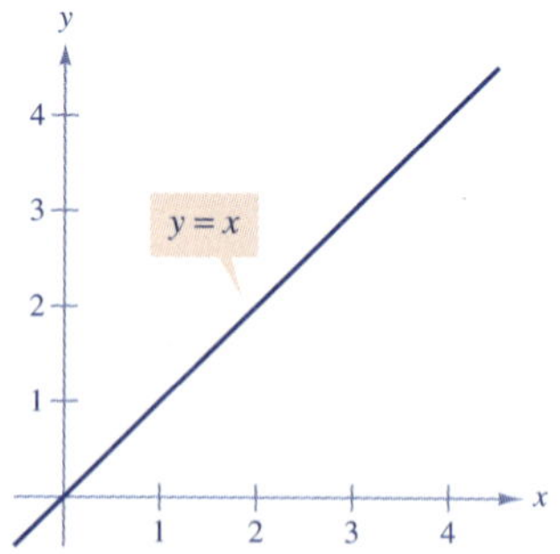

A inclinação da reta $y = x$ é 1.
Figura 2.15

Ao se fazer uso da Regra da Potência é melhor pensar o caso em que $n = 1$ como uma regra de derivação, à parte, ou seja,

$$\frac{d}{dx}[x] = 1.$$ Regra da Potência para o caso $n = 1$

Isto é consistente com o fato de que a inclinação da reta $y = x$ é 1, como mostra a Figura 2.15.

EXEMPLO 2 Usando a Regra da Potência

	Função	*Derivada*
a.	$f(x) = x^3$	$f'(x) = 3x^2$

b. $g(x) = \sqrt[3]{x}$ $\qquad g'(x) = \dfrac{d}{dx}[x^{1/3}] = \dfrac{1}{3}x^{-2/3} = \dfrac{1}{3x^{2/3}}$

c. $y = \dfrac{1}{x^2}$ $\qquad \dfrac{dy}{dx} = \dfrac{d}{dx}[x^{-2}] = (-2)x^{-3} = -\dfrac{2}{x^3}$

Observe que $1/x^2$ foi primeiramente escrita como x^{-2} *antes* de derivar. *Muitas vezes* é necessário reescrever a regra da função antes de derivar.

Dado:		Reescreva:		Derive:		Simplifique:
$y = \dfrac{1}{x^2}$	⇨	$y = x^{-2}$	⇨	$\dfrac{dy}{dx} = (-2)x^{-3}$	⇨	$\dfrac{dy}{dx} = -\dfrac{2}{x^3}$

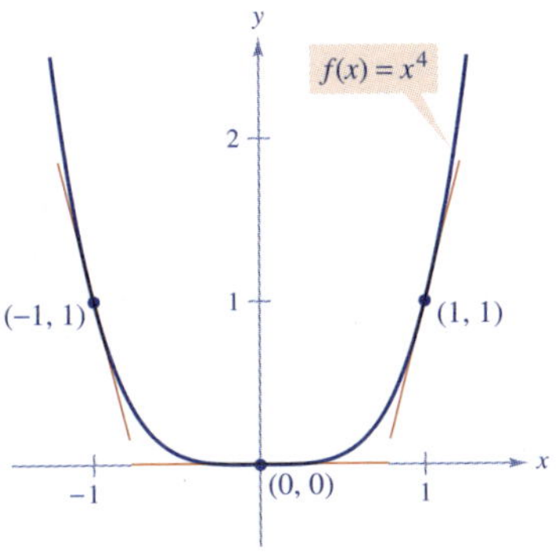

Observe que a inclinação do gráfico é negativa no ponto $(-1, 1)$, é zero no ponto $(0, 0)$ e é positiva no ponto $(1, 1)$.
Figura 2.16

EXEMPLO 3 Calculando a Inclinação de um Gráfico

Calcule a inclinação do gráfico da função $f(x) = x^4$ quando:

a. $x = -1$ **b.** $x = 0$ **c.** $x = 1$

Solução A inclinação de um gráfico num ponto dado é igual à derivada da função neste ponto. A derivada da função f é $f'(x) = 4x^3$.

a. Quando $x = -1$, a inclinação é $f'(-1) = 4(-1)^3 = -4$. A inclinação é negativa

b. Quando $x = 0$, a inclinação é $f'(0) = 4(0)^3 = 0$. A inclinação é zero

c. Quando $x = 1$, a inclinação é $f'(1) = 4(1)^3 = 4$. A inclinação é positiva

Veja a Figura 2.16.

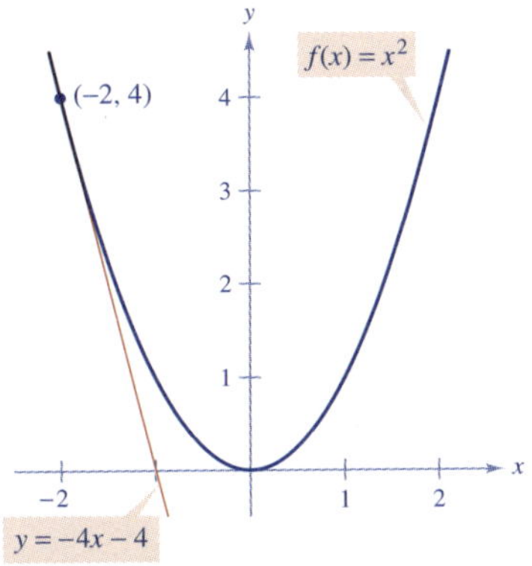

A reta $y = -4x - 4$ é tangente ao gráfico da $f(x) = x^2$ no ponto $(-2, 4)$.
Figura 2.17

EXEMPLO 4 Encontrando a Equação de uma Reta Tangente

Encontre a equação da reta tangente ao gráfico da função $f(x) = x^2$ quando $x = -2$.

Solução Para achar o *ponto* no gráfico da função calcule o valor de $f(x)$ quando $x = -2$.

$(-2, f(-2)) = (-2, 4)$ Ponto no gráfico da função

Para achar a *inclinação* no ponto $x = -2$ calcule o valor de $f'(x) = 2x$ quando $x = -2$.

$m = f'(-2) = -4$ A inclinação no ponto $(-2, 4)$

Agora, usando a equação da reta na forma ponto-coeficiente angular, obtém-se

$y - y_1 = m(x - x_1)$ Equação da reta

$y - 4 = -4[x - (-2)]$ Substitua y_1, m e x_1

$y = -4x - 4$ Simplifique

Veja a Figura 2.17.

A Regra da Multiplicação por uma Constante

TEOREMA 2.4 A Regra da Multiplicação por uma Constante

Se f é uma função derivável e c é um número real, então a função cf também é derivável e $\dfrac{d}{dx}[cf(x)] = cf'(x)$.

Demonstração

$$\frac{d}{dx}[cf(x)] = \lim_{\Delta x \to 0} \frac{cf(x + \Delta x) - cf(x)}{\Delta x} \qquad \text{Definição de derivada}$$
$$= \lim_{\Delta x \to 0} c\left[\frac{f(x + \Delta x) - f(x)}{\Delta x}\right]$$
$$= c\left[\lim_{\Delta x \to 0} \frac{f(x + \Delta x) - f(x)}{\Delta x}\right] \qquad \text{Aplique o Teorema 1.2}$$
$$= cf'(x)$$

Um enunciado menos formal deste teorema é o seguinte: constantes podem ser fatoradas para fora do processo de derivação, mesmo que elas se encontrem no denominador.

$$\frac{d}{dx}[cf(x)] = c\frac{d}{dx}[f(x)] = cf'(x)$$

$$\frac{d}{dx}\left[\frac{f(x)}{c}\right] = \frac{d}{dx}\left[\left(\frac{1}{c}\right)f(x)\right]$$
$$= \left(\frac{1}{c}\right)\frac{d}{dx}[f(x)] = \left(\frac{1}{c}\right)f'(x)$$

EXEMPLO 5 Usando a Regra da Multiplicação por uma Constante

	Função	*Derivada*
a.	$y = \dfrac{2}{x}$	$\dfrac{dy}{dx} = \dfrac{d}{dx}[2x^{-1}] = 2\dfrac{d}{dx}[x^{-1}] = 2(-1)x^{-2} = -\dfrac{2}{x^2}$
b.	$f(t) = \dfrac{4t^2}{5}$	$f'(t) = \dfrac{d}{dt}\left[\dfrac{4}{5}t^2\right] = \dfrac{4}{5}\dfrac{d}{dt}[t^2] = \dfrac{4}{5}(2t) = \dfrac{8}{5}t$
c.	$y = 2\sqrt{x}$	$\dfrac{dy}{dx} = \dfrac{d}{dx}[2x^{1/2}] = 2\left(\dfrac{1}{2}x^{-1/2}\right) = x^{-1/2} = \dfrac{1}{\sqrt{x}}$
d.	$y = \dfrac{1}{2\sqrt[3]{x^2}}$	$\dfrac{dy}{dx} = \dfrac{d}{dx}\left[\dfrac{1}{2}x^{-2/3}\right] = \dfrac{1}{2}\left(-\dfrac{2}{3}\right)x^{-5/3} = -\dfrac{1}{3x^{5/3}}$
e.	$y = -\dfrac{3x}{2}$	$y' = \dfrac{d}{dx}\left[-\dfrac{3}{2}x\right] = -\dfrac{3}{2}(1) = -\dfrac{3}{2}$

A Regra da Multiplicação por uma Constante e a Regra da Potência podem ser expressas como uma única regra. Esta regra é:

$$D_x[cx^n] = cnx^{n-1}$$

EXEMPLO 6 Usando Parênteses ao se Derivar uma Função

	Função Original	*Reescreva*	*Derive*	*Simplifique*
a.	$y = \dfrac{5}{2x^3}$	$y = \dfrac{5}{2}(x^{-3})$	$y' = \dfrac{5}{2}(-3x^{-4})$	$y' = -\dfrac{15}{2x^4}$
b.	$y = \dfrac{5}{(2x)^3}$	$y = \dfrac{5}{8}(x^{-3})$	$y' = \dfrac{5}{8}(-3x^{-4})$	$y' = -\dfrac{15}{8x^4}$

c. $y = \dfrac{7}{3x^{-2}}$	$y = \dfrac{7}{3}(x^2)$	$y' = \dfrac{7}{3}(2x)$	$y' = \dfrac{14x}{3}$
d. $y = \dfrac{7}{(3x)^{-2}}$	$y = 63(x^2)$	$y' = 63(2x)$	$y' = 126x$

As Regras da Soma e da Diferença

TEOREMA 2.5 As Regras da Soma e da Diferença

A soma (ou a diferença) de duas funções deriváveis f e g também é uma função derivável. Além disso, a derivada de $f + g$ (ou de $f - g$) é a soma (ou a diferença) das derivadas da f e da g.

$$\frac{d}{dx}[f(x) + g(x)] = f'(x) + g'(x) \qquad \text{Regra da Soma}$$

$$\frac{d}{dx}[f(x) - g(x)] = f'(x) - g'(x) \qquad \text{Regra da Diferença}$$

Demonstração Uma demonstração da Regra da Soma provém do Teorema 1.2. (A Regra da Diferença pode ser demonstrada de forma análoga.)

$$\begin{aligned}
\frac{d}{dx}[f(x) + g(x)] &= \lim_{\Delta x\to 0} \frac{[f(x+\Delta x) + g(x+\Delta x)] - [f(x) + g(x)]}{\Delta x} \\
&= \lim_{\Delta x\to 0} \frac{f(x+\Delta x) + g(x+\Delta x) - f(x) - g(x)}{\Delta x} \\
&= \lim_{\Delta x\to 0} \left[\frac{f(x+\Delta x) - f(x)}{\Delta x} + \frac{g(x+\Delta x) - g(x)}{\Delta x}\right] \\
&= \lim_{\Delta x\to 0} \frac{f(x+\Delta x) - f(x)}{\Delta x} + \lim_{\Delta x\to 0} \frac{g(x+\Delta x) - g(x)}{\Delta x} \\
&= f'(x) + g'(x)
\end{aligned}$$

As Regras da Soma e da Diferença podem ser generalizadas para qualquer número finito de funções. Por exemplo, se $F(x) = f(x) + g(x) - h(x)$, então $F'(x) = f'(x) + g'(x) - h'(x)$.

EXEMPLO 7 Usando as Regras da Soma e da Diferença

	Função	*Derivada*
a.	$f(x) = x^3 - 4x + 5$	$f'(x) = 3x^2 - 4$
b.	$g(x) = -\dfrac{x^4}{2} + 3x^3 - 2x$	$g'(x) = -2x^3 + 9x^2 - 2$

PARA MAIS INFORMAÇÃO Para um esboço de uma prova geométrica da derivada das funções seno e cosseno, consulte o artigo "The Spider's Space Walk Derivation of sin′ and cos′", escrito por Tim Hesterberg e publicado no *The College Mathematics Journal*; ou consulte-o em *www.matharticles.com*.

As Derivadas da Função Seno e da Função Cosseno

Na Seção 1.3 foram abordados os seguintes limites:

$$\lim_{\Delta x\to 0} \frac{\text{sen}\,\Delta x}{\Delta x} = 1 \quad \text{e} \quad \lim_{\Delta x\to 0} \frac{1 - \cos \Delta x}{\Delta x} = 0$$

Os limites acima podem ser usados para obter regras de derivação para a função seno e a função cosseno. (As derivadas das outras funções trigonométricas serão discutidas na Seção 2.3.)

TEOREMA 2.6 A Derivada da Função Seno e da Função Cosseno

$$\frac{d}{dx}[\text{sen } x] = \cos x \qquad \frac{d}{dx}[\cos x] = -\text{sen } x$$

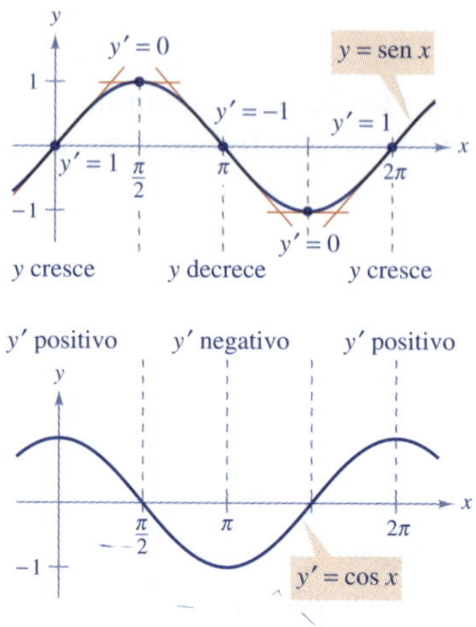

A derivada da função seno é a função cosseno.
Figura 2.18

Demonstração

$$\begin{aligned}
\frac{d}{dx}[\text{sen } x] &= \lim_{\Delta x \to 0} \frac{\text{sen}(x + \Delta x) - \text{sen } x}{\Delta x} \qquad \text{Definição de derivada}\\
&= \lim_{\Delta x \to 0} \frac{\text{sen } x \cos \Delta x + \cos x \,\text{sen } \Delta x - \text{sen } x}{\Delta x}\\
&= \lim_{\Delta x \to 0} \frac{\cos x \,\text{sen } \Delta x - (\text{sen } x)(1 - \cos \Delta x)}{\Delta x}\\
&= \lim_{\Delta x \to 0} \left[(\cos x)\left(\frac{\text{sen } \Delta x}{\Delta x}\right) - (\text{sen } x)\left(\frac{1 - \cos \Delta x}{\Delta x}\right) \right]\\
&= \cos x \left(\lim_{\Delta x \to 0} \frac{\text{sen } \Delta x}{\Delta x} \right) - \text{sen } x \left(\lim_{\Delta x \to 0} \frac{1 - \cos \Delta x}{\Delta x} \right)\\
&= (\cos x)(1) - (\text{sen } x)(0)\\
&= \cos x
\end{aligned}$$

A regra de derivação acima é graficamente representada na Figura 2.18. Observe que para cada x, a *inclinação* da curva senoidal é igual ao valor da função cosseno neste ponto. A demonstração da segunda regra é proposta como exercício (veja o Exercício 116).

EXEMPLO 8 Derivadas Envolvendo as Funções Seno e Cosseno

	Função	*Derivada*
a.	$y = 2 \text{ sen } x$	$y' = 2 \cos x$
b.	$y = \dfrac{\text{sen } x}{2} = \dfrac{1}{2} \text{ sen } x$	$y' = \dfrac{1}{2} \cos x = \dfrac{\cos x}{2}$
c.	$y = x + \cos x$	$y' = 1 - \text{sen } x$

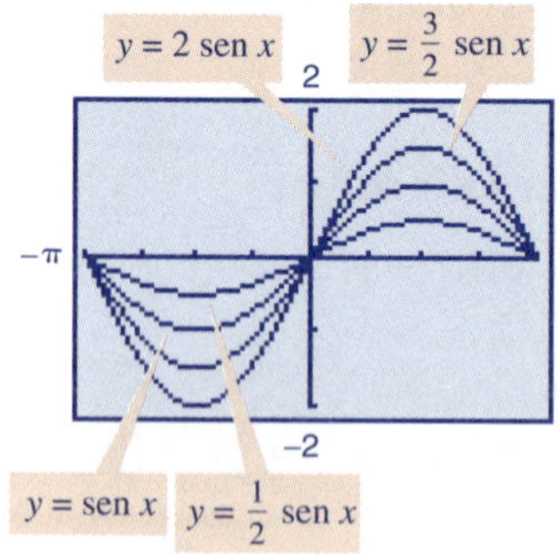

$\frac{d}{dx}[a \text{ sen } x] = a \cos x$
Figura 2.19

TECNOLOGIA Utilizando uma ferramenta gráfica pode-se melhorar a compreensão da derivada de uma função. Por exemplo, a Figura 2.19 mostra o gráfico da função

$$y = a \text{ sen } x$$

para os valores $a = \frac{1}{2}, 1, \frac{3}{2}$ e 2. Dê um valor aproximado da inclinação de cada gráfico no ponto $(0, 0)$. A seguir, verifique analiticamente este valor aproximado calculando a derivada de cada uma destas funções em $x = 0$.

Taxas de Variação

Vimos como a derivada é usada para calcular inclinações. A derivada também pode ser usada para calcular a taxa de variação de uma variável em relação a outra. Aplicações envolvendo taxas de variação aparecem em muitas outras áreas de conhecimento. Alguns exemplos em que se encontra a aplicação da taxa de variação são: crescimento populacional, taxa de produtividade, taxa de fluxo de água, velocidade e aceleração.

Uma aplicação corriqueira da taxa de variação é descrever o movimento de um objeto que se desloca em trajetória retilínea. Neste caso é comum usar uma reta horizontal ou vertical, em que é fixada uma origem, para representar a trajetória do objeto. Numa reta como essa, um deslocamento para a direita (para cima) é considerado como sendo na direção positiva e um deslocamento para a esquerda (para baixo) é considerado como sendo na direção negativa.

A função s que determina a posição do objeto (em relação à origem) como uma função do tempo t é denominada **função posição**. Se, no intervalo de tempo Δt, a posição do objeto variar de $\Delta s = s(t + \Delta t) - s(t)$, então, usando a fórmula

$$\text{Taxa} = \frac{\text{distância}}{\text{tempo}}$$

a **velocidade média** é dada por:

$$\frac{\text{Variação da posição}}{\text{Variação do tempo}} = \frac{\Delta s}{\Delta t}.$$

Velocidade média

EXEMPLO 9 Calculando a Velocidade Média de um Objeto em Queda Livre

Se uma bola de bilhar cair de uma altura de 100 cm, a função posição s que dá a sua altura em função do tempo t é:

$$s = -16t^2 + 100$$

Função posição

onde s é medida em cm e t é medido em segundos. Calcule a velocidade média nos intervalos abaixo:

a. $[1, 2]$ **b.** $[1, 1{,}5]$ **c.** $[1, 1{,}1]$

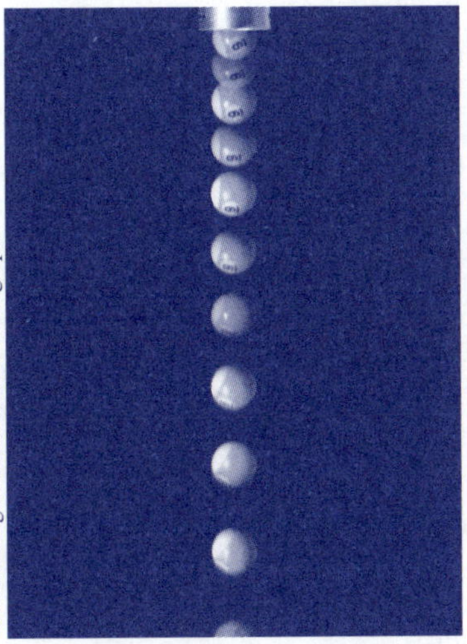

Fotografias a intervalo de tempo constante de uma bola de bilhar em queda livre.

Solução

a. No intervalo [1,2], o objeto cai de uma altura de $s(1) = -16(1)^2 + 100 = 84$ cm para uma altura de $s(2) = -16(2)^2 + 100 = 36$ cm. A velocidade média é:

$$\frac{\Delta s}{\Delta t} = \frac{36 - 84}{2 - 1} = \frac{-48}{1} = -48 \text{ cm por segundo.}$$

b. No intervalo [1, 1,5], o objeto cai de uma altura de 84 cm para uma altura de 64 cm. A velocidade média é:

$$\frac{\Delta s}{\Delta t} = \frac{64 - 84}{1{,}5 - 1} = \frac{-20}{0{,}5} = -40 \text{ cm por segundo.}$$

c. No intervalo [1, 1,1], o objeto cai de uma altura de 84 cm para uma altura de 80,64 cm. A velocidade média é:

$$\frac{\Delta s}{\Delta t} = \frac{80{,}64 - 84}{1{,}1 - 1} = \frac{-3{,}36}{0{,}1} = -33{,}6 \text{ cm por segundo.}$$

Observe que as velocidades médias calculadas acima são todas *negativas*. Isso indica que o objeto está se deslocando para baixo.

Suponha que no Exemplo 9 você quisesse calcular a velocidade instantânea (ou simplesmente velocidade) do objeto no instante $t = 1$. Assim como o coeficiente angular da reta tangente pode ser aproximado pelo coeficiente angular da reta secante, você também pode aproximar a velocidade no instante $t = 1$ pela velocidade média no intervalo $[1, 1 + \Delta t]$ (veja a Figura 2.20). Calculando o limite quando Δt se aproximar de zero,

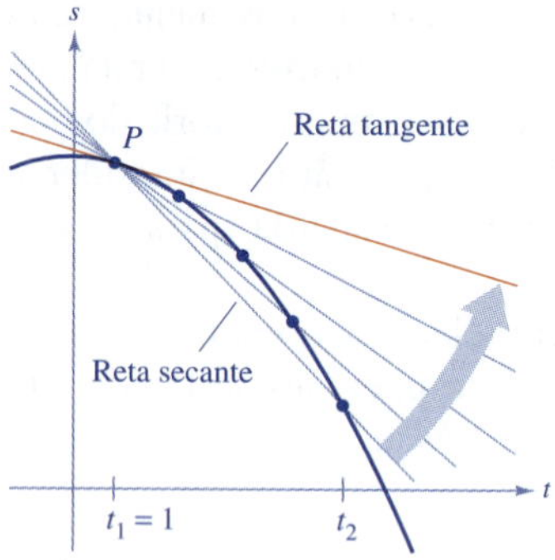

A velocidade média entre os instantes t_1 e t_2 é o coeficiente angular da reta secante, e a velocidade instantânea no instante t_1 é o coeficiente angular da reta tangente.
Figura 2.20

obtemos a velocidade no instante $t = 1$. Tente fazer isso você obterá que a velocidade no instante $t = 1$ é -32 cm por segundo.

Em geral, se $s = s(t)$ é a função posição de um objeto cujo trajetória é retilínea, então a **velocidade** do objeto no instante t é:

$$v(t) = \lim_{\Delta t \to 0} \frac{s(t + \Delta t) - s(t)}{\Delta t} = s'(t).$$ A função velocidade

Em outras palavras, a velocidade é a derivada da função posição. A velocidade pode ser negativa, zero ou positiva. A **velocidade escalar** de um objeto é o valor absoluto da sua velocidade. A velocidade escalar não pode ser negativa.

A posição de um objeto em queda livre (desprezando a resistência do ar) sob a ação da força gravitacional pode ser expressa pela equação:

$$s(t) = \frac{1}{2}gt^2 + v_0 t + s_0$$ Função posição

onde s_0 é a altura inicial do objeto, v_0 é a velocidade inicial do objeto e g é a aceleração da gravidade. Na terra, o valor aproximado de g é -32 pés por segundo ao quadrado ou $-9{,}8$ metros por segundo ao quadrado.

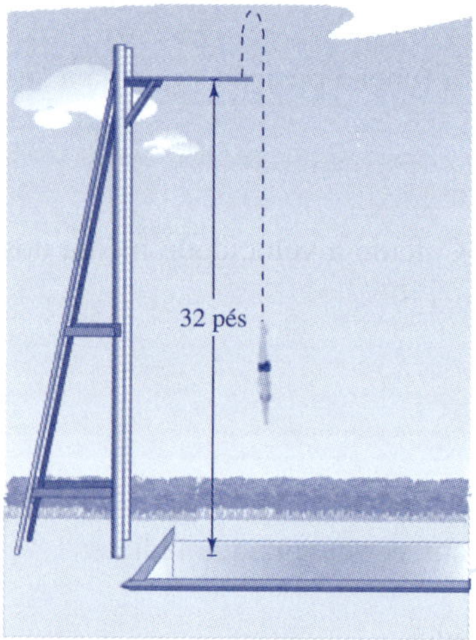

A velocidade é positiva se um objeto está subindo e é negativa se ele está caindo.
Figura 2.21

OBSERVAÇÃO Note que, na Figura 2.21, o mergulhador se desloca para cima no primeiro meio segundo, pois a sua velocidade é positiva para $0 < t < \frac{1}{2}$. Ele atinge a altura máxima do mergulho no instante em que a velocidade é 0.

EXEMPLO 10 Usando a Derivada para Achar a Velocidade

No instante $t = 0$, um mergulhador pula de uma plataforma de mergulho de uma altura de 32 pés acima do nível da água. A posição do mergulhador é dada pela função:

$$s(t) = -16t^2 + 16t + 32$$ Função posição

onde s é medido em pés e t é medido em segundos.

a. Em que instante o mergulhador atinge a superfície da água?

b. Qual a velocidade do mergulhador no momento do impacto?

Solução

a. Para encontrar o instante de impacto, faça $s = 0$ e resolva para t.

$$-16t^2 + 16t + 32 = 0$$ Iguale a função posição a zero

$$-16(t + 1)(t - 2) = 0$$ Fatore

$$t = -1 \text{ ou } 2$$ Resolva para t

Como $t \geq 0$, escolha o valor positivo para concluir que o mergulhador atinge a superfície da água no instante $t = 2$ segundos.

b. A velocidade no instante t é dada pela derivada $s'(t) = -32t + 16$. Portanto, a velocidade no instante $t = 2$ é:

$$s'(2) = -32(2) + 16 = -48 \text{ pés por segundo.}$$

Exercícios da Seção 2.2

Nos Exercícios 1 e 2, utilize o gráfico para dar um valor aproximado do coeficiente angular da reta tangente a $y = x^n$ no ponto (1, 1). Verifique a sua resposta analiticamente.

Para imprimir uma versão ampliada do gráfico consulte *www.mathgraphs.com.*

1. (a) $y = x^{1/2}$

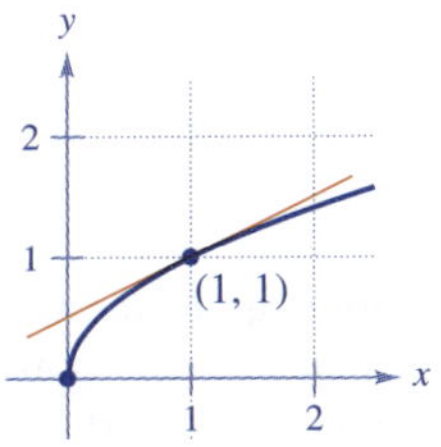

(b) $y = x^3$

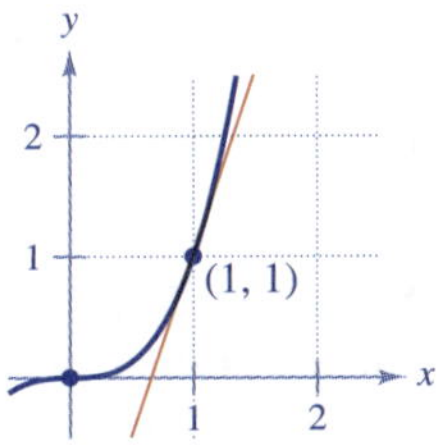

2. (a) $y = x^{-1/2}$

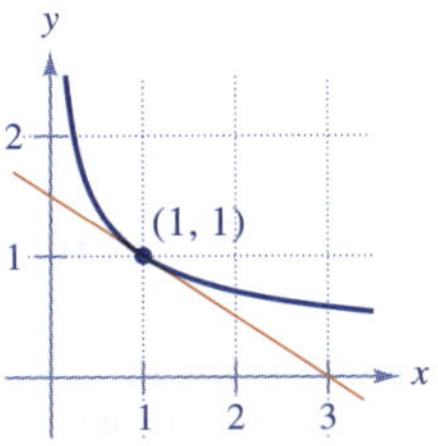

(b) $y = x^{-1}$

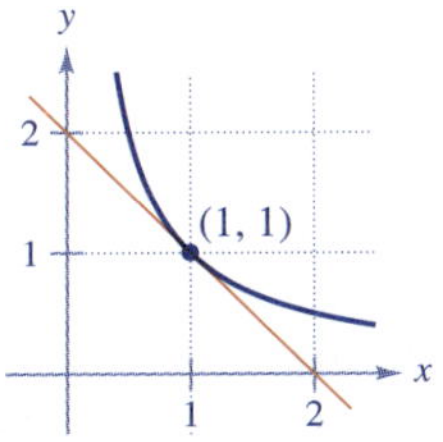

Nos Exercícios 3 a 24, calcule a derivada da função dada.

3. $y = 8$

4. $f(x) = -2$

5. $y = x^6$

6. $y = x^8$

7. $y = \dfrac{1}{x^7}$

8. $y = \dfrac{1}{x^8}$

9. $f(x) = \sqrt[5]{x}$

10. $g(x) = \sqrt[4]{x}$

11. $f(x) = x + 1$

12. $g(x) = 3x - 1$

13. $f(t) = -2t^2 + 3t - 6$

14. $y = t^2 + 2t - 3$

15. $g(x) = x^2 + 4x^3$

16. $y = 8 - x^3$

17. $s(t) = t^3 - 2t + 4$

18. $f(x) = 2x^3 - x^2 + 3x$

19. $y = \dfrac{\pi}{2} \operatorname{sen} \theta - \cos \theta$

20. $g(t) = \pi \cos t$

21. $y = x^2 - \frac{1}{2} \cos x$

22. $y = 5 + \operatorname{sen} x$

23. $y = \dfrac{1}{x} - 3 \operatorname{sen} x$

24. $y = \dfrac{5}{(2x)^3} + 2 \cos x$

Nos Exercícios 25 a 30, complete a tabela.

	Função Original	*Reescreva*	*Derive*	*Simplifique*
25.	$y = \dfrac{5}{2x^2}$			
26.	$y = \dfrac{2}{3x^2}$			
27.	$y = \dfrac{3}{(2x)^3}$			
28.	$y = \dfrac{\pi}{(3x)^2}$			
29.	$y = \dfrac{\sqrt{x}}{x}$			
30.	$y = \dfrac{4}{x^{-3}}$			

Nos Exercícios 31 a 38, calcule a inclinação do gráfico da função dada no ponto dado. Use o recurso de *derivação* de uma ferramenta gráfica para confirmar a sua resposta.

	Função	*Ponto*
31.	$f(x) = \dfrac{3}{x^2}$	$(1, 3)$
32.	$f(t) = 3 - \dfrac{3}{5t}$	$\left(\frac{3}{5}, 2\right)$
33.	$f(x) = -\frac{1}{2} + \frac{7}{5}x^3$	$\left(0, -\frac{1}{2}\right)$
34.	$y = 3x^3 - 6$	$(2, 18)$
35.	$y = (2x + 1)^2$	$(0, 1)$
36.	$f(x) = 3(5 - x)^2$	$(5, 0)$
37.	$f(\theta) = 4 \operatorname{sen} \theta - \theta$	$(0, 0)$
38.	$g(t) = 2 + 3 \cos t$	$(\pi, -1)$

Nos Exercícios 39 a 52, calcule a derivada da função dada.

39. $f(x) = x^2 + 5 - 3x^{-2}$

40. $f(x) = x^2 - 3x - 3x^{-2}$

41. $g(t) = t^2 - \dfrac{4}{t^3}$

42. $f(x) = x + \dfrac{1}{x^2}$

43. $f(x) = \dfrac{x^3 - 3x^2 + 4}{x^2}$

44. $h(x) = \dfrac{2x^2 - 3x + 1}{x}$

45. $y = x(x^2 + 1)$

46. $y = 3x(6x - 5x^2)$

47. $f(x) = \sqrt{x} - 6\sqrt[3]{x}$

48. $f(x) = \sqrt[3]{x} + \sqrt[5]{x}$

49. $h(s) = s^{4/5} - s^{2/3}$

50. $f(t) = t^{2/3} - t^{1/3} + 4$

51. $f(x) = 6\sqrt{x} + 5 \cos x$

52. $f(x) = \dfrac{2}{\sqrt[3]{x}} + 3 \cos x$

Nos Exercícios 53 a 56, (a) encontre uma equação da reta tangente ao gráfico de f no ponto dado, (b) usando uma ferramenta gráfica desenhe o gráfico da função e da sua reta tangente no ponto dado e (c) use o recurso de *derivação* da ferrameta gráfica para confirmar as suas respostas.

	Função	*Ponto*
53.	$y = x^4 - 3x^2 + 2$	$(1, 0)$
54.	$y = x^3 + x$	$(-1, -2)$
55.	$f(x) = \dfrac{2}{\sqrt[4]{x^3}}$	$(1, 2)$
56.	$y = (x^2 + 2x)(x + 1)$	$(1, 6)$

Nos Exercícios 57 a 62, determine os pontos (caso existam) onde o gráfico da função tem uma reta tangente horizontal.

57. $y = x^4 - 8x^2 + 2$

58. $y = x^3 + x$

59. $y = \dfrac{1}{x^2}$

60. $y = x^2 + 1$

61. $y = x + \operatorname{sen} x, \quad 0 \le x < 2\pi$

62. $y = \sqrt{3}x + 2 \cos x, \quad 0 \le x < 2\pi$

Nos Exercícios 63 a 66, encontre o valor de k para o qual a reta é tangente ao gráfico da função.

	Função	*Ponto*
63.	$f(x) = x^2 - kx$	$y = 4x - 9$
64.	$f(x) = k - x^2$	$y = -4x + 7$

	Função	*Ponto*
65.	$f(x) = \frac{k}{x}$	$y = -\frac{3}{4}x + 3$
66.	$f(x) = k\sqrt{x}$	$y = x + 4$

Questões Conceituais

67. Utilize o gráfico da função f para responder a cada uma das perguntas. (Para obter uma versão ampliada do gráfico, consulte *www.mathgraphs.com.*)

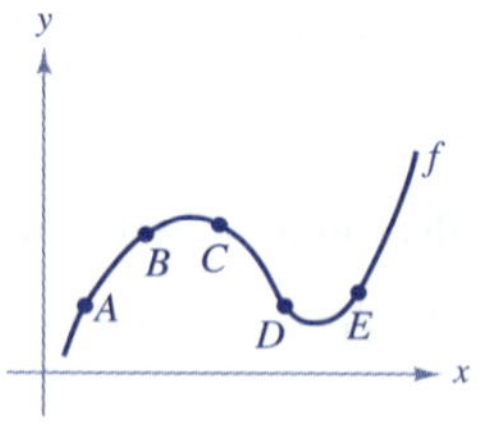

(a) Entre quais dois pontos consecutivos a taxa de variação média da função é maior?

(b) A taxa de variação média da função entre os pontos A e B é maior ou menor que a taxa de variação instantânea no ponto B?

(c) Esboce uma reta tangente ao gráfico entre C e D de tal forma que o seu coeficiente angular seja igual à taxa de variação média da função entre C e D.

68. Esboce o gráfico de uma função f de modo que $f' > 0$ para todo x e de modo que a taxa de variação da função seja decrescente.

Nos Exercícios 69 e 70, a relação entre f e g é dada. Explique a relação que existe entre f' e g'.

69. $g(x) = f(x) + 6$

70. $g(x) = -5f(x)$

Nos Exercícios 71 e 72, estão representados, num mesmo sistema de coordenadas, os gráficos da função f e da sua f'. Indique qual o gráfico da f e qual o gráfico da f' e justifique o critério usado para fazer a escolha. Para imprimir uma versão ampliada do gráfico consulte *www.mathgraphs.com.*

71.

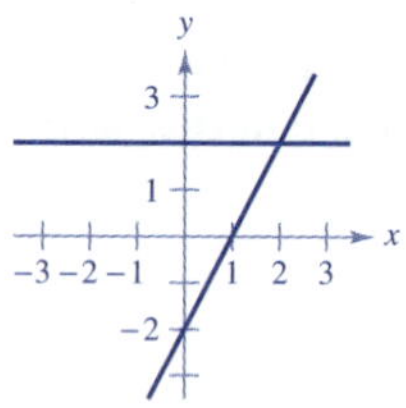

72.

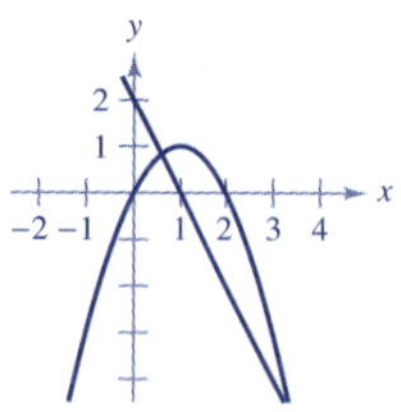

73. Esboce os gráficos das funções $y = x^2$ e $y = -x^2 + 6x - 5$ e das duas retas que são tangentes a ambos os gráficos. Determine equações para estas retas.

74. Mostre que os gráficos das funções $y = x$ e $y = 1/x$ possuem retas tangentes que são perpendiculares entre si, no seu ponto de inersecção.

75. Mostre que o gráfico da função

$$f(x) = 3x + \operatorname{sen} x + 2$$

não possui uma reta tangente horizontal.

76. Mostre que o gráfico da função

$$f(x) = x^5 + 3x^3 + 5x$$

não tem uma reta tangente cujo coeficiente angular é igual a 3.

Nos Exercícios 77 e 78, determine uma equação da reta que é tangente ao gráfico da função f e que passa pelo ponto (x_0, y_0) que não se encontra no gráfico. Para achar o ponto de tangência, resolva a equação

$$f'(x) = \frac{y_0 - y}{x_0 - x}$$

77. $f(x) = \sqrt{x}$

$(x_0, y_0) = (-4, 0)$

78. $f(x) = \frac{2}{x}$

$(x_0, y_0) = (5, 0)$

79. ***Aproximação Linear*** Use uma ferramenta gráfica, com uma janela quadrada para fazer um "zoom" no gráfico da função

$$f(x) = 4 - \tfrac{1}{2}x^2$$

e dar um valor aproximado de $f'(1)$. Use a derivada para calcular $f'(1)$.

80. ***Aproximação Linear*** Use uma ferramenta gráfica com uma janela quadrada para fazer um "zoom" no gráfico da função

$$f(x) = 4\sqrt{x} + 1$$

e dar um valor aproximado de $f'(4)$. Use a derivada para calcular $f'(4)$.

81. ***Aproximação Linear*** Considere a função $f(x) = x^{3/2}$ e o ponto solução $(4, 8)$.

(a) Use uma ferramenta gráfica para desenhar o gráfico de f. Utilize o recurso de "zoom" para obter sucessivas ampliações do gráfico numa vizinhança do ponto $(4, 8)$. Após algumas ampliações o gráfico parecerá uma reta. Use o recurso de "trace" para determinar as coordenadas de um ponto próximo de $(4, 8)$. Dê uma equação da reta secante $S(x)$ que passa por estes pontos.

(b) Determine a equação da reta

$$T(x) = f'(4)(x - 4) + f(4)$$

tangente ao gráfico de f e que passa pelo ponto dado. Explique por que as funções lineares S e T são quase iguais.

(c) Use uma ferramenta gráfica para desenhar f e T numa mesma janela. Note que T é uma boa aproximação de f para valores de x que estão perto de 4. O que acontece com esta aproximação quando você se afasta do ponto de tangência?

(d) Verifique conclusões da parte (c) preenchendo a tabela abaixo.

Δx	-3	-2	-1	$-0,5$	$-0,1$	0
$f(4 + \Delta x)$						
$T(4 + \Delta x)$						

Δx	0,1	0,5	1	2	3
$f(4 + \Delta x)$					
$T(4 + \Delta x)$					

82. ***Aproximação Linear*** Repita o exercício anterior para a função $f(x) = x^3$ e $T(x)$ sendo a reta tangente ao gráfico de f no ponto (1,1). Encontre uma explicação para o fato de neste caso o erro da aproximação linear crescer mais rápido ao se afastar do ponto de tangência.

Verdadeiro ou Falso? **Nos Exercícios 83 a 88, determine se as afirmações são verdadeiras ou falsas. Quando for falsa, explique por que ou dê um exemplo mostrando que é falsa.**

83. Se $f'(x) = g'(x)$, então $f(x) = g(x)$.

84. Se $f(x) = g(x) + c$, então $f'(x) = g'(x)$.

85. Se $y = \pi^2$, então $dy/dx = 2\pi$.

86. Se $y = x/\pi$, então $dy/dx = 1/\pi$.

87. Se $g(x) = 3f(x)$, então $g'(x) = 3f'(x)$.

88. Se $f(x) = 1/x^n$, então $f'(x) = 1/(nx^{n-1})$.

Nos Exercícios 89 a 92, calcule a taxa de variação média da função no intervalo dado. Compare a resposta com a taxa de variação instantânea nos extremos deste intervalo.

89. $f(t) = 2t + 7, \quad [1, 2]$

90. $f(t) = t^2 - 3, \quad [2, 2.1]$

91. $f(x) = \dfrac{-1}{x}, \quad [1, 2]$

92. $f(x) = \text{sen}\, x, \quad \left[0, \dfrac{\pi}{6}\right]$

Deslocamento Vertical **Nos Exercícios 93 e 94, use a função posição $s(t) = -16t^2 + v_0 t + s_0$ para objetos em queda livre.**

93. Uma moeda de um real cai da cobertura de um edifício de 1.362 pés.

(a) Obtenha a função posição e a função velocidade da moeda.

(b) Determine a velocidade média no intervalo [1, 2].

(c) Calcule a velocidade nos instantes $t = 1$ e $t = 2$.

(d) Calcule o tempo necessário para a moeda atingir o solo.

(e) Calcule a velocidade da moeda no momento do impacto com o solo.

94. Uma bola é jogada verticalmente para baixo da cobertura de um edifício de 220 pés, com uma velocidade inicial de -22 pés por segundo. Qual a velocidade da bola após 3 segundos? Qual a velocidade da bola após ter caído 108 pés?

Deslocamento Vertical **Nos Exercícios 95 e 96, use a função posição $s(t) = -4{,}9t^2 + v_0 t + s_0$ para objetos em queda livre.**

95. Um projétil é lançado do solo verticalmente para cima com uma velocidade inicial de 120 metros por segundo. Qual a velocidade do projétil após 5 segundos? E após 10 segundos?

96. Para estimar a altura de um edifício, uma pedra é solta do topo de um edifício; sobre uma poça de água no nível do solo. E a água espirra 6,8 segundos após a pedra ter sido solta, calcule a altura do edifício.

Para Pensar **Nos Exercícios 97 e 98, a figura mostra o gráfico da função posição. O gráfico representa a distância, em milhas, que uma pessoa percorre com seu carro no caminho para o trabalho. Ela gasta 10 minutos para chegar ao trabalho. Faça um esboço da função velocidade que corresponde à função posição dada.**

97.

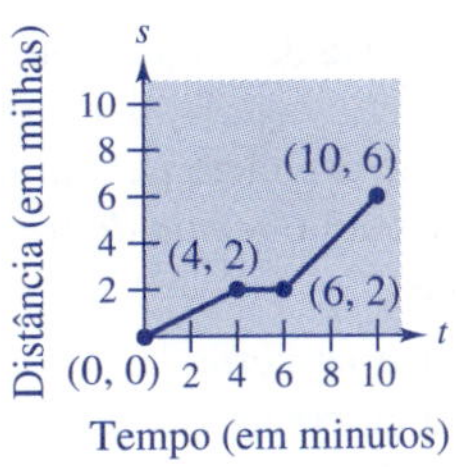

98.

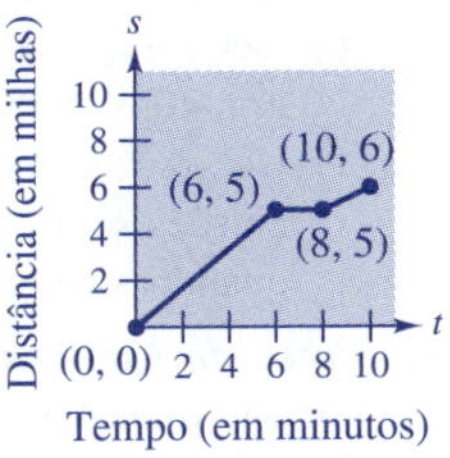

Para Pensar **Nos Exercícios 99 e 100, a figura mostra o gráfico da função velocidade. O gráfico representa a velocidade, em milhas por hora, do carro de uma pessoa no caminho para seu trabalho. Ela gasta 10 minutos para chegar ao trabalho. Faça um esboço da função posição que corresponde à função velocidade dada.**

99.

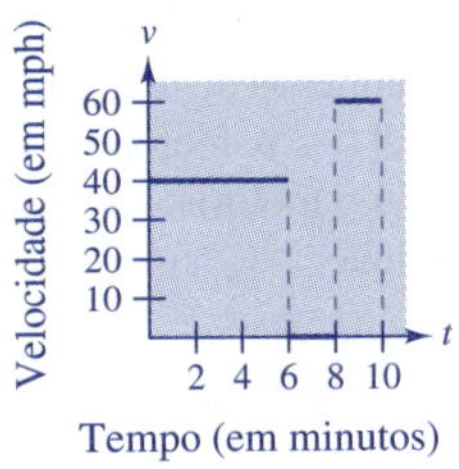

100.

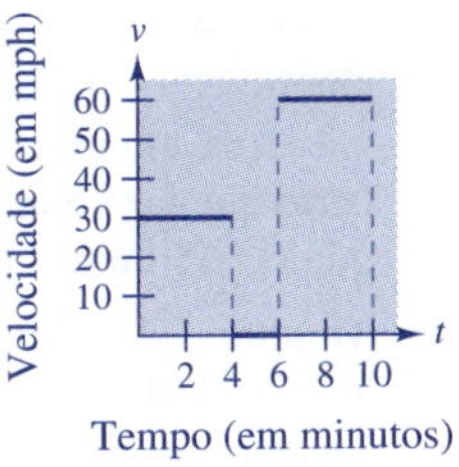

101. ***Modelando Dados*** A *distância de frenagem* de um carro, que se desloca com uma velocidade v (em quilômetros por hora) num pavimento horizontal e seco, é a distância R (em metros) percorrida pelo carro durante o tempo de reação do condutor, somada com a distância B (em metros) que o carro percorre após os freios serem acionados (veja a figura). A tabela abaixo simula os dados de uma experiência.

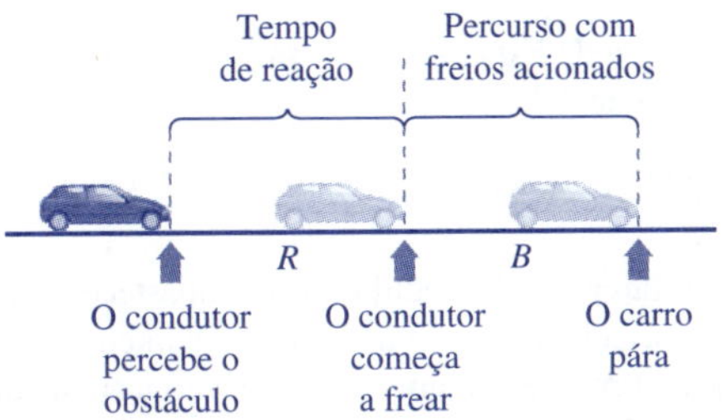

Velocidade, v	20	40	60	80	100
Distância no Tempo de Reação, R	8,3	16,7	25,0	33,3	41,7
Distância com os Freios Acionados, B	2,3	9,0	20,2	35,8	55,9

(a) Use o recurso de regressão de uma ferramenta gráfica para obter um modelo linear, ou seja, um polinômio de grau 1, que representa a distância percorrida durante o tempo de reação.

(b) Use o recurso de regressão de uma ferramenta gráfica para obter um modelo quadrático, ou seja, um polinômio de grau 2, para a distância percorrida com os freios acionados.

(c) Determine o polinômio que representa a *distância de frenagem T*.

(d) Usando uma ferramenta gráfica, esboce os gráficos de R, B e T numa mesma janela.

(e) Determine a derivada de T e a taxa de variação de T para $v = 40$, $v = 80$ e $v = 100$.

(f) Use os resultados obtidos neste exercício para tirar conclusões sobre o que acontece com o *tempo de frenagem* quando a velocidade aumenta.

102. ***Preço do Combustível*** Um carro percorre 15.000 milhas por ano e faz x milhas por galão. Suponha que o custo médio do combustível seja \$ 1.55 por galão. Calcule o custo anual C do combustível como função de x e use-a para completar a tabela.

x	10	15	20	25	30	35	40
C							
dC/dx							

Quem se beneficiaria mais de um aumento de uma milha por galão na eficiência do combustível — o motorista de um carro que faz 15 milhas por galão ou o motorista de um carro que faz 35 milhas por galão? Explique.

103. ***Volume*** O volume de um cubo de aresta s é dado por $V = s^3$. Calcule a taxa de variação do volume em relação a s quando $s = 4$ centímetros.

104. ***Área*** A área de um quadrado de lado s é dada por $A = s^2$. Calcule a taxa de variação da área em relação a s quando $s =$ 4 metros.

105. ***Velocidade*** Verifique que a velocidade média no intervalo $[t_0 - \Delta t, t_0 + \Delta t]$ é igual à velocidade instantânea em $t = t_0$ para a função posição

$$s(t) = -\tfrac{1}{2}at^2 + c.$$

106. ***Gerenciamento de Estoque*** O custo anual para os estoques de um fabricante é

$$C = \frac{1.008.000}{Q} + 6{,}3Q$$

onde Q é o tamanho do pedido ao se reabastecer o estoque. Calcule a variação no custo anual ao se aumentar Q de 350 para 351 e compare-a com a taxa de variação instantânea quando $Q = 350$.

107. ***Redação*** A quantidade de litros N de gasolina comum vendida por um posto de gasolina a um preço de p reais por litro é dada por $N = f(p)$.

(a) Qual o significado de $f'(1{,}479)$?

(b) O valor de $f'(1{,}479)$ normalmente é maior ou menor do que zero? Justifique a sua resposta.

108. ***A Lei de Resfriamento de Newton*** Esta lei afirma que a taxa de variação da temperatura de um objeto é proporcional à diferença da temperatura T do objeto e da temperatura T_a do meio em que o objeto se encontra. Escreva uma equação que representa esta lei.

109. Determine uma equação da parábola $y = ax^2 + bx + c$ que passa pelo ponto $(0, 1)$ e que é tangente à reta $y = x - 1$ no ponto $(1, 0)$.

110. Sendo (a, b) um ponto arbitrário no gráfico da função $y = 1/x$, $x > 0$, mostre que a área do triângulo formado pela reta tangente ao gráfico da função no ponto (a, b) e os eixos coordenados é igual a 2.

111. Encontre a(s) reta(s) tangente(s) à curva $y = x^3 - 9x$ e que passa(m) pelo ponto $(1, -9)$.

112. Encontre a equação das retas tangentes à parábola $y = x^2$ no ponto dado.

(a) $(0, a)$ (b) $(a, 0)$

É necessário restringir os valores que a pode assumir?

Nos Exercícios 113 e 114, encontre os valores de *a* e *b* para que a função dada seja derivável em todos os pontos.

113. $f(x) = \begin{cases} ax^3, & x \le 2 \\ x^2 + b, & x > 2 \end{cases}$

114. $f(x) = \begin{cases} \cos x, & x < 0 \\ ax + b, & x \ge 0 \end{cases}$

115. Determine os valores de x em que as funções $f_1(x) = |\operatorname{sen} x|$ e $f_2(x) = \operatorname{sen} |x|$ são deriváveis.

116. Prove que $\dfrac{d}{dx}[\cos x] = -\operatorname{sen} x$.

PARA MAIS INFORMAÇÃO Para uma interpretação geométrica das derivadas das funções trigonométricas, consulte o artigo "Sines and Cosines of the Times", escrito por Victor J. Katz, na revista *Math Horizons*; ou consulte-o em *www.matharticles.com*.

Seção 2.3 As Regras do Produto e do Quociente e Derivadas de Ordem Superior

- **Achar a derivada de uma função usando a Regra do Produto.**
- **Achar a derivada de uma função usando a Regra do Quociente.**
- **Achar a derivada de uma função trigonométrica.**
- **Achar uma derivada de ordem superior de uma função.**

A Regra do Produto

Conforme você viu na Seção 2.2, a derivada da soma de duas funções é igual à soma das derivadas destas funções. As regras de derivação para o produto e o quociente de duas funções não são tão simples.

OBSERVAÇÃO Uma versão da Regra do Produto que alguns preferem é

$$\frac{d}{dx}[f(x)g(x)] = f'(x)g(x) + f(x)g'(x)$$

A vantagem desta versão é que ela se generaliza facilmente para produtos envolvendo três ou mais funções.

TEOREMA 2.7 A Regra do Produto

O produto de duas funções deriváveis f e g também é uma função derivável. Além disso, a derivada de fg é o produto da derivada da primeira função com a segunda função, somada ao produto da segunda função com a derivada da primeira função.

$$\frac{d}{dx}[f(x)g(x)] = f(x)g'(x) + g(x)f'(x)$$

Demonstração Algumas demonstrações matemáticas, por exemplo a Regra da Soma, são diretas. Outras envolvem artifícios engenhosos que, para um leitor, podem parecer sem nenhuma motivação. A demonstração aqui apresentada envolve o artifício de substrair e somar a mesma quantia, o que é mostrado em destaque.

$$\begin{aligned}
\frac{d}{dx}[f(x)g(x)] &= \lim_{\Delta x \to 0} \frac{f(x+\Delta x)g(x+\Delta x) - f(x)g(x)}{\Delta x} \\
&= \lim_{\Delta x \to 0} \frac{f(x+\Delta x)g(x+\Delta x) - f(x+\Delta x)g(x) + f(x+\Delta x)g(x) - f(x)g(x)}{\Delta x} \\
&= \lim_{\Delta x \to 0} \left[f(x+\Delta x)\frac{g(x+\Delta x) - g(x)}{\Delta x} + g(x)\frac{f(x+\Delta x) - f(x)}{\Delta x} \right] \\
&= \lim_{\Delta x \to 0} \left[f(x+\Delta x)\frac{g(x+\Delta x) - g(x)}{\Delta x} \right] + \lim_{\Delta x \to 0} \left[g(x)\frac{f(x+\Delta x) - f(x)}{\Delta x} \right] \\
&= \lim_{\Delta x \to 0} f(x+\Delta x) \cdot \lim_{\Delta x \to 0} \frac{g(x+\Delta x) - g(x)}{\Delta x} + \lim_{\Delta x \to 0} g(x) \cdot \lim_{\Delta x \to 0} \frac{f(x+\Delta x) - f(x)}{\Delta x} \\
&= f(x)g'(x) + g(x)f'(x)
\end{aligned}$$

Observe que $\lim_{\Delta x \to 0} f(x + \Delta x) = f(x)$, pois f é derivável e portanto é contínua.

A Regra do Produto pode ser formulada para envolver mais de dois fatores. Por exemplo, se f, g e h são funções deriváveis na variável x, então

$$\frac{d}{dx}[f(x)g(x)h(x)] = f'(x)g(x)h(x) + f(x)g'(x)h(x) + f(x)g(x)h'(x).$$

Por exemplo, a derivada de $y = x^2 \operatorname{sen} x \cos x$ é

$$\begin{aligned}
\frac{dy}{dx} &= 2x \operatorname{sen} x \cos x + x^2 \cos x \cos x + x^2 \operatorname{sen} x(-\operatorname{sen} x) \\
&= 2x \operatorname{sen} x \cos x + x^2(\cos^2 x - \operatorname{sen}^2 x).
\end{aligned}$$

Em geral, a derivada do produto de duas funções não é dada pelo produto da derivada destas funções. Para se certificar disto, compare o produto das derivadas de $f(x) = 3x - 2x^2$ e $g(x) = 5 + 4x$ com a derivada do Exemplo 1.

A REGRA DO PRODUTO

Quando Leibniz descobriu uma fórmula para a Regra do Produto, ele foi inspirado pela expressão

$$(x + dx)(y + dy) - xy$$

da qual ele subtraiu $dx\,dy$ (como sendo uma quantia desprezível) e obteve a forma diferencial $x\,dy + y\,dx$. Esta dedução resultou na forma tradicional da Regra do Produto.
(*Fonte: The History of Mathematics by David M. Burton.*)

EXEMPLO 1 Usando a Regra do Produto

Calcule a derivada de $h(x) = (3x - 2x^2)(5 + 4x)$.

Solução

$$h'(x) = \overbrace{(3x - 2x^2)}^{\text{Primeira}} \overbrace{\frac{d}{dx}[5 + 4x]}^{\text{Derivada da segunda}} + \overbrace{(5 + 4x)}^{\text{Segunda}} \overbrace{\frac{d}{dx}[3x - 2x^2]}^{\text{Derivada da primeira}}$$

Aplique a Regra do Produto

$$= (3x - 2x^2)(4) + (5 + 4x)(3 - 4x)$$
$$= (12x - 8x^2) + (15 - 8x - 16x^2)$$
$$= -24x^2 + 4x + 15$$

No Exemplo 1, você pode escolher calcular a derivada com a Regra do Produto ou sem ela. Para calcular a derivada sem o uso da Regra do Produto você pode escrever

$$D_x[(3x - 2x^2)(5 + 4x)] = D_x[-8x^3 + 2x^2 + 15x]$$
$$= -24x^2 + 4x + 15$$

No exemplo a seguir, o uso da Regra do Produto é inevitável.

EXEMPLO 2 Usando a Regra do Produto

Calcule a derivada da função $y = 3x^2 \operatorname{sen} x$.

Solução

$$\frac{d}{dx}[3x^2 \operatorname{sen} x] = 3x^2 \frac{d}{dx}[\operatorname{sen} x] + \operatorname{sen} x \frac{d}{dx}[3x^2]$$

Aplique a Regra do Produto

$$= 3x^2 \cos x + (\operatorname{sen} x)(6x)$$
$$= 3x^2 \cos x + 6x \operatorname{sen} x$$
$$= 3x(x \cos x + 2 \operatorname{sen} x)$$

EXEMPLO 3 Usando a Regra do Produto

Calcule a derivada da função $y = 2x \cos x - 2 \operatorname{sen} x$.

Solução

$$\frac{dy}{dx} = \overbrace{(2x)\left(\frac{d}{dx}[\cos x]\right) + (\cos x)\left(\frac{d}{dx}[2x]\right)}^{\text{Regra do Produto}} - \overbrace{2\frac{d}{dx}[\operatorname{sen} x]}^{\text{Regra da Multiplicação por uma Constante}}$$
$$= (2x)(-\operatorname{sen} x) + (\cos x)(2) - 2(\cos x)$$
$$= -2x \operatorname{sen} x$$

OBSERVAÇÃO Note que, no Exemplo 3, a Regra do Produto é usada quando ambos os fatores não são constantes e a Regra da Multiplicação por uma Constante é usada quando um dos fatores é constante.

A Regra do Quociente

TEOREMA 2.8 A Regra do Quociente

O quociente f/g de duas funções deriváveis f e g também é uma função derivável para todos os valores de x para os quais $g(x) \neq 0$. Além disso, a derivada de f/g é igual à diferença do produto do denominador com a derivada do numerador e do produto do numerador com a derivada do denominador, tudo dividido pelo quadrado do denominador.

$$\frac{d}{dx}\left[\frac{f(x)}{g(x)}\right] = \frac{g(x)f'(x) - f(x)g'(x)}{[g(x)]^2} \qquad g(x) \neq 0$$

Demonstração Como foi indicado na demonstração do Teorema 2.7, a chave para a demonstração deste teorema será a subtração e adição de um mesmo valor.

$$\frac{d}{dx}\left[\frac{f(x)}{g(x)}\right] = \lim_{\Delta x \to 0} \frac{\dfrac{f(x+\Delta x)}{g(x+\Delta x)} - \dfrac{f(x)}{g(x)}}{\Delta x} \qquad \text{Definição de derivada}$$

$$= \lim_{\Delta x \to 0} \frac{g(x)f(x+\Delta x) - f(x)g(x+\Delta x)}{\Delta x g(x) g(x+\Delta x)}$$

$$= \lim_{\Delta x \to 0} \frac{g(x)f(x+\Delta x) - f(x)g(x) + f(x)g(x) - f(x)g(x+\Delta x)}{\Delta x g(x) g(x+\Delta x)}$$

$$= \frac{\displaystyle\lim_{\Delta x \to 0} \frac{g(x)[f(x+\Delta x) - f(x)]}{\Delta x} - \lim_{\Delta x \to 0} \frac{f(x)[g(x+\Delta x) - g(x)]}{\Delta x}}{\displaystyle\lim_{\Delta x \to 0} [g(x)g(x+\Delta x)]}$$

$$= \frac{g(x)\left[\displaystyle\lim_{\Delta x \to 0} \frac{f(x+\Delta x) - f(x)}{\Delta x}\right] - f(x)\left[\displaystyle\lim_{\Delta x \to 0} \frac{g(x+\Delta x) - g(x)}{\Delta x}\right]}{\displaystyle\lim_{\Delta x \to 0} [g(x)g(x+\Delta x)]}$$

$$= \frac{g(x)f'(x) - f(x)g'(x)}{[g(x)]^2}$$

Observe que $\lim_{\Delta x \to 0} g(x+\Delta x) = g(x)$, pois sendo a função g derivável ela também é contínua.

TECNOLOGIA Uma ferramenta gráfica pode ser usada para comparar o gráfico de uma função com o gráfico da sua derivada. Por exemplo, na Figura 2.22, o gráfico da função aparenta ter dois pontos onde a reta tangente é uma reta horizontal. Qual o valor de y' nestes dois pontos?

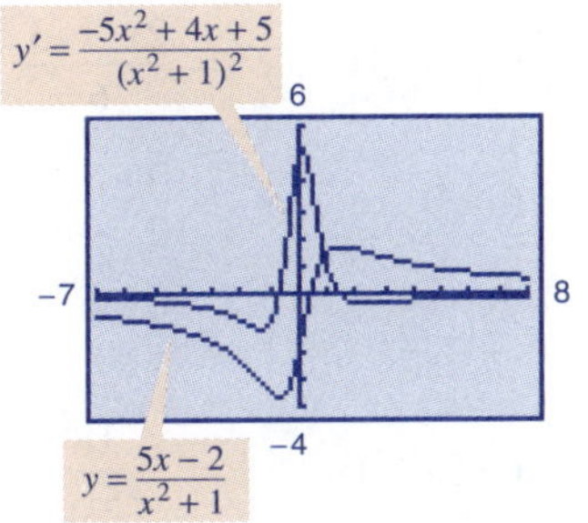

Comparação dos gráficos de uma função e da sua derivada.
Figura 2.22

EXEMPLO 4 Usando a Regra do Quociente

Encontre a derivada de $y = \dfrac{5x - 2}{x^2 + 1}$

Solução

$$\frac{d}{dx}\left[\frac{5x-2}{x^2+1}\right] = \frac{(x^2+1)\dfrac{d}{dx}[5x-2] - (5x-2)\dfrac{d}{dx}[x^2+1]}{(x^2+1)^2} \qquad \text{Aplique a Regra do Produto}$$

$$= \frac{(x^2+1)(5) - (5x-2)(2x)}{(x^2+1)^2}$$

$$= \frac{(5x^2+5) - (10x^2 - 4x)}{(x^2+1)^2}$$

$$= \frac{-5x^2 + 4x + 5}{(x^2+1)^2}$$

Observe como os parênteses foram usados no Exemplo 4. O amplo uso de parênteses é recomendado em *todos* os tipos de problemas de derivação. Por exemplo, na Regra do Quociente, é uma ótima idéia colocar todos os fatores e derivadas em parênteses e dar atenção especial ao sinal de subtração presente no numerador.

Quando as regras de derivação foram introduzidas na seção anterior, foi enfatizada a necessidade de se reescrever a função *antes* de prosseguir com o processo de derivação. Para a Regra do Quociente, isto é ilustrado no exemplo seguinte.

EXEMPLO 5 Reescrever antes de Derivar

Encontre uma equação da reta tangente ao gráfico da função $f(x) = \dfrac{3 - (1/x)}{x + 5}$ no ponto $(-1, 1)$.

Solução Comece reescrevendo a função.

$$f(x) = \frac{3 - (1/x)}{x + 5} \qquad \text{Escreva a função original}$$

$$= \frac{x\left(3 - \frac{1}{x}\right)}{x(x + 5)} \qquad \text{Multiplique o numerador e o denominador por } x$$

$$= \frac{3x - 1}{x^2 + 5x} \qquad \text{Reescreva}$$

$$f'(x) = \frac{(x^2 + 5x)(3) - (3x - 1)(2x + 5)}{(x^2 + 5x)^2} \qquad \text{A Regra do Quociente}$$

$$= \frac{(3x^2 + 15x) - (6x^2 + 13x - 5)}{(x^2 + 5x)^2}$$

$$= \frac{-3x^2 + 2x + 5}{(x^2 + 5x)^2} \qquad \text{Simplifique}$$

Para achar a inclinação do gráfico no ponto $(-1, 1)$, calcule $f'(-1)$.

$$f'(-1) = 0 \qquad \text{Inclinação do gráfico no ponto } (-1, 1)$$

A seguir, usando a equação geral de uma reta, podemos determinar que a equação da reta tangente no ponto $(-1, 1)$ é $y = 1$. Veja a Figura 2.23.

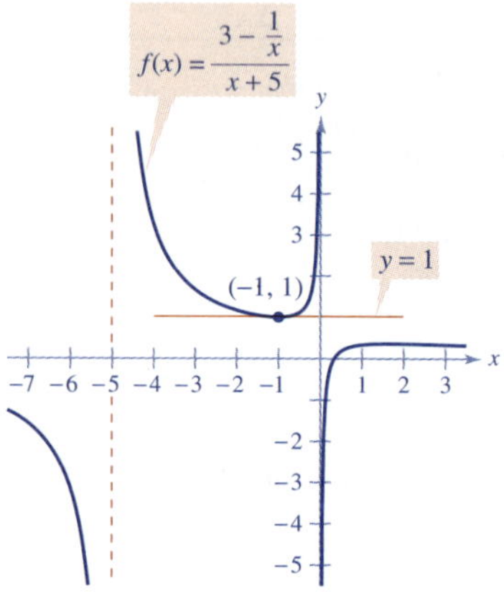

A reta $y = 1$ é tangente ao gráfico de $f(x)$ no ponto $(-1, 1)$.
Figura 2.23

Nem sempre é preciso usar a Regra do Quociente para achar a derivada de um quociente. Assim, no exemplo a seguir, cada quociente pode ser considerado como sendo o produto de uma constante com uma função que depende de x. Nesses casos, é mais conveniente usar a Regra da Multiplicação por uma Constante.

OBSERVAÇÃO Para se convencer da utilidade da Regra da Multiplicação por uma Constante no momento de derivar certo tipo de quocientes, experimente derivar as funções do Exemplo 6 usando a Regra do Quociente — as respostas devem ser as mesmas, porém os cálculos serão maiores.

EXEMPLO 6 Usando a Regra da Multiplicação por uma Constante

	Função Original	*Reescreva*	*Derive*	*Simplifique*
a.	$y = \frac{x^2 + 3x}{6}$	$y = \frac{1}{6}(x^2 + 3x)$	$y' = \frac{1}{6}(2x + 3)$	$y' = \frac{2x + 3}{6}$
b.	$y = \frac{5x^4}{8}$	$y = \frac{5}{8}x^4$	$y' = \frac{5}{8}(4x^3)$	$y' = \frac{5}{2}x^3$
c.	$y = \frac{-3(3x - 2x^2)}{7x}$	$y = -\frac{3}{7}(3 - 2x)$	$y' = -\frac{3}{7}(-2)$	$y' = \frac{6}{7}$
d.	$y = \frac{9}{5x^2}$	$y = \frac{9}{5}(x^{-2})$	$y' = \frac{9}{5}(-2x^{-3})$	$y' = -\frac{18}{5x^3}$

Na Seção 2.2, a Regra da Potência foi provada somente quando o expoente n é um número inteiro positivo maior do que 1. No próximo exemplo, vamos estender a demonstração para incluir o caso em que o expoente é um número inteiro negativo.

EXEMPLO 7 Demonstração da Regra da Potência (O Expoente É um Inteiro Negativo)

Se n é um inteiro negativo, então existe um inteiro positivo k tal que $n = -k$. Aplicando a Regra do Quociente podemos escrever

$$\frac{d}{dx}[x^n] = \frac{d}{dx}\left[\frac{1}{x^k}\right]$$

$$= \frac{x^k(0) - (1)(kx^{k-1})}{(x^k)^2}$$ Regra do Quociente e Regra da Potência

$$= \frac{0 - kx^{k-1}}{x^{2k}}$$

$$= -kx^{-k-1}$$

$$= nx^{n-1}.$$ $n = -k$

Logo, a Regra da Potência

$$D_x[x^n] = nx^{n-1}$$ Regra da Potência

vale para qualquer inteiro. O caso em que o expoente é um número racional constitui o conteúdo do Exercício 75 da Seção 2.5.

A Derivada de Funções Trigonométricas

Partindo das derivadas da função seno e cosseno e usando a Regra do Quociente, pode-se obter a derivada das outras quatro funções trigonométricas.

TEOREMA 2.9 A Derivada de Algumas Funções Trigonométricas

$$\frac{d}{dx}[\text{tg } x] = \sec^2 x \qquad \frac{d}{dx}[\text{cotg } x] = -\text{cossec}^2 x$$

$$\frac{d}{dx}[\sec x] = \sec x \text{ tg } x \qquad \frac{d}{dx}[\text{cossec } x] = -\text{cossec } x \text{ cotg } x$$

Demonstração Considerando a função $\text{tg } x = (\text{sen } x)/(\cos x)$ e aplicando a Regra do Quociente, obtemos

$$\frac{d}{dx}[\text{tg } x] = \frac{(\cos x)(\cos x) - (\text{sen } x)(-\text{sen } x)}{\cos^2 x}$$ Aplique a Regra do Quociente

$$= \frac{\cos^2 x + \text{sen}^2 x}{\cos^2 x}$$

$$= \frac{1}{\cos^2 x}$$

$$= \sec^2 x.$$

As outras três partes do Teorema são propostas como exercício (veja o Exercício 89).

EXEMPLO 8 Derivando Funções Trigonométricas

Função	*Derivada*
a. $y = x - \text{tg } x$	$\frac{dy}{dx} = 1 - \sec^2 x$
b. $y = x \sec x$	$y' = x(\sec x \text{ tg } x) + (\sec x)(1)$ $= (\sec x)(1 + x \text{ tg } x)$

OBSERVAÇÃO Devido às identidades trigonométricas existentes, a derivada de uma função trigonométrica pode ser escrita de várias formas. Isso representa um desafio ao se comparar as respostas obtidas com as respostas no final deste livro.

EXEMPLO 9 Várias Formas de Escrever uma Derivada

Derive as duas formas equivalentes de $y = \dfrac{1 - \cos x}{\operatorname{sen} x} = \operatorname{cossec} x - \operatorname{cotg} x$.

Solução

Primeira Forma:

$$y = \frac{1 - \cos x}{\operatorname{sen} x}$$

$$y' = \frac{(\operatorname{sen} x)(\operatorname{sen} x) - (1 - \cos x)(\cos x)}{\operatorname{sen}^2 x}$$

$$= \frac{\operatorname{sen}^2 x + \cos^2 x - \cos x}{\operatorname{sen}^2 x}$$

$$= \frac{1 - \cos x}{\operatorname{sen}^2 x}$$

Segunda Forma:

$$y = \operatorname{cossec} x - \operatorname{cotg} x$$

$$y' = -\operatorname{cossec} x \operatorname{cotg} x + \operatorname{cossec}^2 x$$

Para mostrar a equivalência das duas formas, escrevemos

$$\frac{1 - \cos x}{\operatorname{sen}^2 x} = \frac{1}{\operatorname{sen}^2 x} - \left(\frac{1}{\operatorname{sen} x}\right)\left(\frac{\cos x}{\operatorname{sen} x}\right)$$

$$= \operatorname{cossec}^2 x - \operatorname{cossec} x \operatorname{cotg} x.$$

O resumo abaixo mostra que a maior parte do trabalho para obter uma forma simplificada da derivada da função, ocorre *depois* de derivarmos a função. Observe que duas características de uma forma simplificada são a ausência de expoentes negativos e o agrupamento de termos similares.

	f′(x) após derivar	***f′(x) após simplificar***
Exemplo 1	$(3x - 2x^2)(4) + (5 + 4x)(3 - 4x)$	$-24x^2 + 4x + 15$
Exemplo 3	$(2x)(-\operatorname{sen} x) + (\cos x)(2) - 2(\cos x)$	$-2x \operatorname{sen} x$
Exemplo 4	$\dfrac{(x^2 + 1)(5) - (5x - 2)(2x)}{(x^2 + 1)^2}$	$\dfrac{-5x^2 + 4x + 5}{(x^2 + 1)^2}$
Exemplo 5	$\dfrac{(x^2 + 5x)(3) - (3x - 1)(2x + 5)}{(x^2 + 5x)^2}$	$\dfrac{-3x^2 + 2x + 5}{(x^2 + 5x)^2}$
Exemplo 9	$\dfrac{(\operatorname{sen} x)(\operatorname{sen} x) - (1 - \cos x)(\cos x)}{\operatorname{sen}^2 x}$	$\dfrac{1 - \cos x}{\operatorname{sen}^2 x}$

Derivadas de Ordem Superior

Da mesma forma como você obtém uma função velocidade derivando uma função posição, você pode obter uma função **aceleração** derivando uma função velocidade. Uma outra formulação é que se pode obter uma função aceleração derivando uma função posição duas vezes.

$$s(t) \qquad \text{Função Posição}$$

$$v(t) = s'(t) \qquad \text{Função Velocidade}$$

$$a(t) = v'(t) = s''(t) \qquad \text{Função Aceleração}$$

OBSERVAÇÃO A segunda derivada da função f é a derivada da primeira derivada da função f.

A função dada por $a(t)$ é a **segunda derivada** da função $s(t)$ e é denotada por $s''(t)$.

A segunda derivada é um exemplo de uma **derivada de ordem superior**. Podemos definir a derivada de ordem n para qualquer inteiro positivo. Por exemplo, a **terceira derivada** é a derivada da segunda derivada. Derivadas de ordem superior são indicadas na forma abaixo.

Primeira derivada: y', $f'(x)$, $\frac{dy}{dx}$, $\frac{d}{dx}[f(x)]$, $D_x[y]$

Segunda derivada: y'', $f''(x)$, $\frac{d^2y}{dx^2}$, $\frac{d^2}{dx^2}[f(x)]$, $D_x^2[y]$

Terceira derivada: y''', $f'''(x)$, $\frac{d^3y}{dx^3}$, $\frac{d^3}{dx^3}[f(x)]$, $D_x^3[y]$

Quarta derivada: $y^{(4)}$, $f^{(4)}(x)$, $\frac{d^4y}{dx^4}$, $\frac{d^4}{dx^4}[f(x)]$, $D_x^4[y]$

$\vdots$

Enésima derivada: $y^{(n)}$, $f^{(n)}(x)$, $\frac{d^ny}{dx^n}$, $\frac{d^n}{dx^n}[f(x)]$, $D_x^n[y]$

NASA

A Lua

A massa da Lua é $7{,}349 \times 10^{22}$ quilogramas, e a massa da Terra é $5{,}976 \times 10^{24}$ quilogramas. O raio da Lua é 1.737 quilômetros, e o raio da Terra é 6.378 quilômetros. Como a força gravitacional na superfície de um planeta é proporcional à sua massa e inversamente proporcional ao quadrado do seu raio, a razão entre a força gravitacional na Terra e a força gravitacional lunar é

$$\frac{(5{,}976 \times 10^{24})/6378^2}{(7{,}349 \times 10^{22})/1737^2} \approx 6{,}03.$$

EXEMPLO 10 Calculando a Aceleração da Gravidade

A ausência de atmosfera na Lua implica que um objeto em queda livre não sofrerá resistência do ar. Em 1971, o astronauta David Scott mostrou experimentalmente que, na Lua, um martelo e uma pena caem com a mesma velocidade. A função posição para ambos objetos é dada por

$$s(t) = -0{,}81t^2 + 2$$

onde $s(t)$ é a altura, medida em metros, e t é o tempo medido em segundos. Calcule a razão entre a força gravitacional na Terra e a força gravitacional lunar.

Solução Para obter a aceleração de um objeto na Lua, basta derivar duas vezes a função posição.

$$s(t) = -0{,}81t^2 + 2 \quad \text{Função Posição}$$
$$s'(t) = -1{,}62t \quad \text{Função Velocidade}$$
$$s''(t) = -1{,}62 \quad \text{Função Aceleração}$$

Portanto, a aceleração da gravidade lunar é $-1{,}62$ metros por segundo ao quadrado. Sabendo que a aceleração devida à força gravitacional da Terra é $-9{,}8$ metros por segundo ao quadrado, segue que a razão entre a força gravitacional na Terra e a força gravitacional lunar é

$$\frac{\text{Força gravitacional da Terra}}{\text{Força gravitacional lunar}} = \frac{-9{,}8}{-1{,}62} \approx 6{,}05$$

Exercícios da Seção 2.3

Nos Exercícios 1 a 6, use a Regra do Produto para derivar as funções dadas.

1. $g(x) = (x^2 + 1)(x^2 - 2x)$
2. $f(x) = (6x + 5)(x^3 - 2)$
3. $h(t) = \sqrt[3]{t}(t^2 + 4)$
4. $g(s) = \sqrt{s}(4 - s^2)$
5. $f(x) = x^3 \cos x$
6. $g(x) = \sqrt{x} \operatorname{sen} x$

Nos Exercícios 7 a 12, use a Regra do Quociente para derivar as funções dadas.

7. $f(x) = \dfrac{x}{x^2 + 1}$
8. $g(t) = \dfrac{t^2 + 2}{2t - 7}$
9. $h(x) = \dfrac{\sqrt[3]{x}}{x^3 + 1}$
10. $h(s) = \dfrac{s}{\sqrt{s} - 1}$

11. $g(x) = \dfrac{\text{sen } x}{x^2}$

12. $f(t) = \dfrac{\cos t}{t^3}$

Nos Exercícios 13 a 18, calcule $f'(x)$ e $f'(c)$.

	Função	*Valor de c*
13.	$f(x) = (x^3 - 3x)(2x^2 + 3x + 5)$	$c = 0$
14.	$f(x) = (x^2 - 2x + 1)(x^3 - 1)$	$c = 1$
15.	$f(x) = \dfrac{x^2 - 4}{x - 3}$	$c = 1$
16.	$f(x) = \dfrac{x + 1}{x - 1}$	$c = 2$
17.	$f(x) = x \cos x$	$c = \dfrac{\pi}{4}$
18.	$f(x) = \dfrac{\text{sen } x}{x}$	$c = \dfrac{\pi}{6}$

Nos Exercícios 19 a 24, complete a tabela sem usar a Regra do Quociente.

	Função	*Reescreva*	*Derive*	*Simplifique*
19.	$y = \dfrac{x^2 + 2x}{3}$			
20.	$y = \dfrac{5x^2 - 3}{4}$			
21.	$y = \dfrac{7}{3x^3}$			
22.	$y = \dfrac{4}{5x^2}$			
23.	$y = \dfrac{4x^{3/2}}{x}$			
24.	$y = \dfrac{3x^2 - 5}{7}$			

Nos Exercícios 25 a 38, calcule a derivada da função racional dada.

25. $f(x) = \dfrac{3 - 2x - x^2}{x^2 - 1}$

26. $f(x) = \dfrac{x^3 + 3x + 2}{x^2 - 1}$

27. $f(x) = x\left(1 - \dfrac{4}{x + 3}\right)$

28. $f(x) = x^4\left(1 - \dfrac{2}{x + 1}\right)$

29. $f(x) = \dfrac{2x + 5}{\sqrt{x}}$

30. $f(x) = \sqrt[3]{x}(\sqrt{x} + 3)$

31. $h(s) = (s^3 - 2)^2$

32. $h(x) = (x^2 - 1)^2$

33. $f(x) = \dfrac{2 - \dfrac{1}{x}}{x - 3}$

34. $g(x) = x^2\left(\dfrac{2}{x} - \dfrac{1}{x + 1}\right)$

35. $f(x) = (3x^3 + 4x)(x - 5)(x + 1)$

36. $f(x) = (x^2 - x)(x^2 + 1)(x^2 + x + 1)$

37. $f(x) = \dfrac{x^2 + c^2}{x^2 - c^2}$ onde c é uma constante

38. $f(x) = \dfrac{c^2 - x^2}{c^2 + x^2}$ onde c é uma constante

Nos Exercícios 39 a 54, calcule a derivada da função trigonométrica dada.

39. $f(t) = t^2 \text{ sen } t$

40. $f(\theta) = (\theta + 1) \cos \theta$

41. $f(t) = \dfrac{\cos t}{t}$

42. $f(x) = \dfrac{\text{sen } x}{x}$

43. $f(x) = -x + \text{tg } x$

44. $y = x + \text{cotg } x$

45. $g(t) = \sqrt[4]{t} + 8 \sec t$

46. $h(s) = \dfrac{1}{s} - 10 \text{ cossec } s$

47. $y = \dfrac{3(1 - \text{sen } x)}{2 \cos x}$

48. $y = \dfrac{\sec x}{x}$

49. $y = -\text{cossec } x - \text{sen } x$

50. $y = x \text{ sen } x + \cos x$

51. $f(x) = x^2 \text{ tg } x$

52. $f(x) = \text{sen } x \cos x$

53. $y = 2x \text{ sen } x + x^2 \cos x$

54. $h(\theta) = 5\theta \sec \theta + \theta \text{ tg } \theta$

Nos Exercícios 55 a 58, use um sistema de manipulação algébrica para derivar a função dada.

55. $g(x) = \left(\dfrac{x + 1}{x + 2}\right)(2x - 5)$

56. $f(x) = \left(\dfrac{x^2 - x - 3}{x^2 + 1}\right)(x^2 + x + 1)$

57. $g(\theta) = \dfrac{\theta}{1 - \text{sen } \theta}$

58. $f(\theta) = \dfrac{\text{sen } \theta}{1 - \cos \theta}$

Nos Exercícios 59 a 62, calcule a derivada da função dada no ponto dado. Use uma ferramenta gráfica para confirmar a sua resposta.

	Função	*Ponto*
59.	$y = \dfrac{1 + \text{cossec } x}{1 - \text{cossec } x}$	$\left(\dfrac{\pi}{6}, -3\right)$
60.	$f(x) = \text{tg } x \text{ cotg } x$	$(1, 1)$
61.	$h(t) = \dfrac{\sec t}{t}$	$\left(\pi, -\dfrac{1}{\pi}\right)$
62.	$f(x) = \text{sen } x(\text{sen } x + \cos x)$	$\left(\dfrac{\pi}{4}, 1\right)$

Nos Exercícios 63 a 68, (a) encontre uma equação da reta tangente ao gráfico de f no ponto dado, (b) use uma ferramenta gráfica para desenhar a função e a sua reta tangente no ponto dado, (c) use o recurso de *derivar* da ferramenta gráfica para confirmar a suas respostas.

63. $f(x) = (x^3 - 3x + 1)(x + 2)$, $(1, -3)$

64. $f(x) = (x - 1)(x^2 - 2)$ $(0, 2)$

65. $f(x) = \dfrac{x}{x - 1}$, $(2, 2)$

66. $f(x) = \dfrac{(x - 1)}{(x + 1)}$, $\left(2, \dfrac{1}{3}\right)$

67. $f(x) = \text{tg } x$, $\left(\dfrac{\pi}{4}, 1\right)$

68. $f(x) = \sec x$, $\left(\dfrac{\pi}{3}, 2\right)$

Curvas Famosas **Nos Exercícios 69 a 72, encontre uma equação da reta tangente ao gráfico da função no ponto dado. (Os gráficos dos Exercícios 69 e 70 são conhecidos como *Bruxas de Agnesi*. Os gráficos dos Exercícios 71 e 72 são chamados *serpentinas*.)**

69.

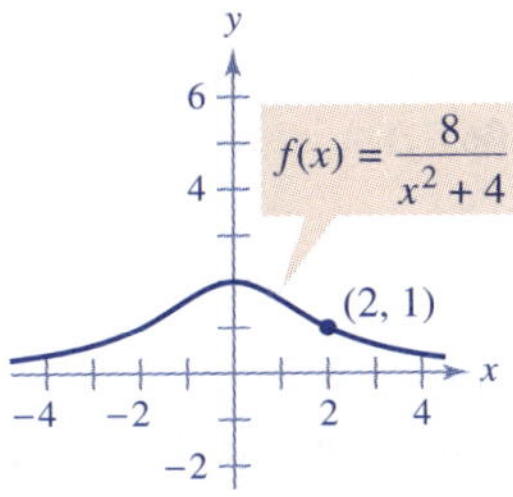

70.

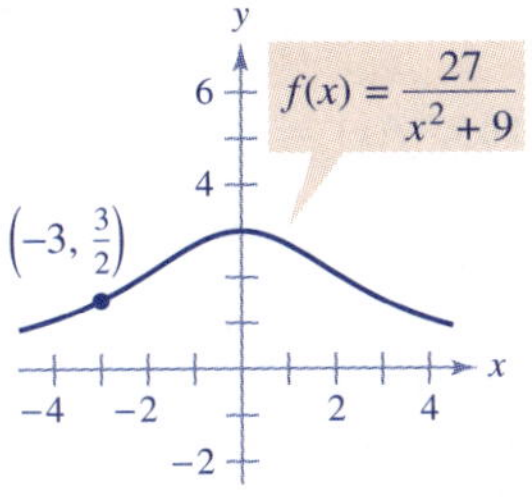

71.

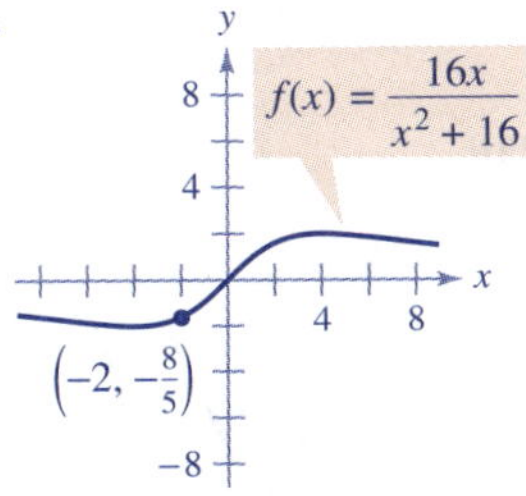

72.

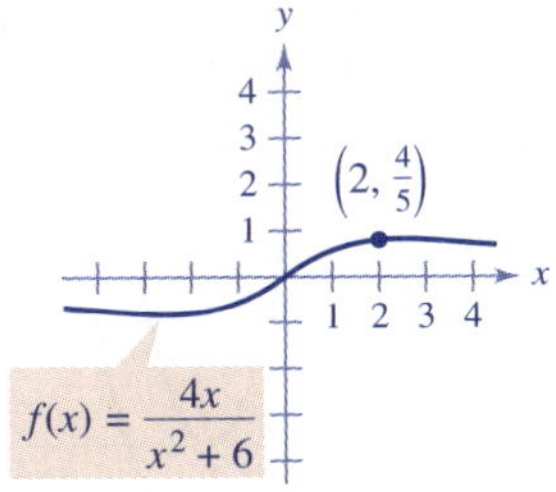

Nos Exercícios 73 a 76, determine os pontos nos quais a reta tangente ao gráfico da função é horizontal.

73. $f(x) = \dfrac{x^2}{x - 1}$

74. $f(x) = \dfrac{x^2}{x^2 + 1}$

75. $f(x) = \dfrac{4x - 2}{x^2}$

76. $f(x) = \dfrac{x - 4}{x^2 - 7}$

77. ***Retas Tangentes*** Determine equações para as retas que são tangentes ao gráfico da função $f(x) = \dfrac{x + 1}{x - 1}$ e que são paralelas à reta $2y + x = 6$. A seguir, faça um esboço do gráfico da função e das retas tangentes encontradas.

78. ***Retas Tangentes*** Determine equações para as retas que são tangentes ao gráfico da função $f(x) = \dfrac{x}{x - 1}$ e que passam pelo ponto $(-1, 5)$. A seguir, faça um esboço do gráfico da função e das retas tangentes encontradas.

Nos Exercícios 79 e 80, verifique que $f'(x) = g'(x)$ e explique a relação existente entre as funções f e g.

79. $f(x) = \dfrac{3x}{x + 2}$, $g(x) = \dfrac{5x + 4}{x + 2}$

80. $f(x) = \dfrac{\operatorname{sen} x - 3x}{x}$, $g(x) = \dfrac{\operatorname{sen} x + 2x}{x}$

Nos Exercícios 81 e 82, use os gráficos das funções f e g, sendo $p(x) = f(x)g(x)$ e $q(x) = \dfrac{f(x)}{g(x)}$.

81. (a) Calcule $p'(1)$.
(b) Calcule $q'(4)$.

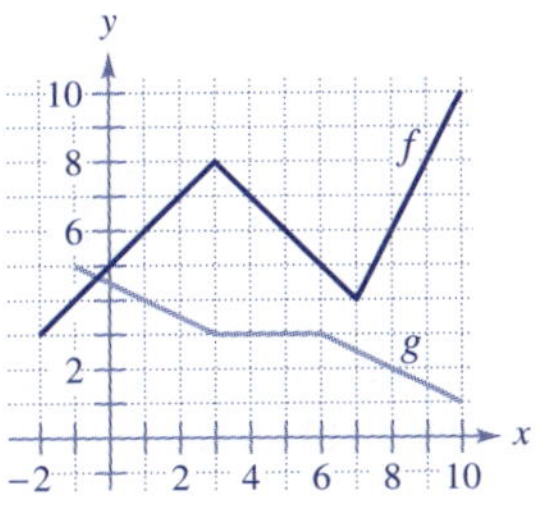

82. (a) Calcule $p'(4)$.
(b) Calcule $q'(7)$.

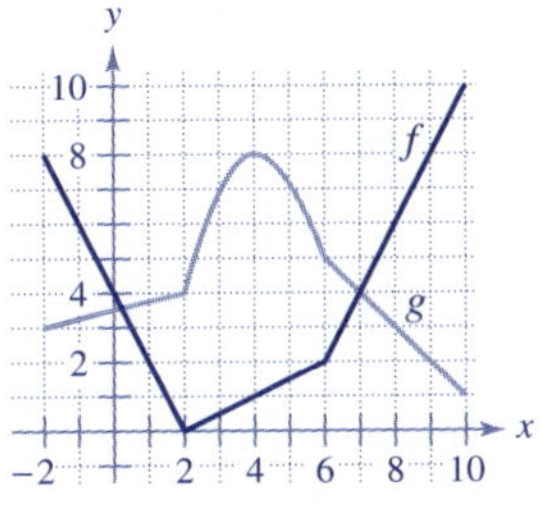

83. ***Área*** O comprimento de um retângulo é dado por $2t + 1$ e a sua altura por $\sqrt{t}$, onde t é o tempo medido em segundos e a unidade métrica é o centímetro. Calcule a taxa de variação da área do retângulo em relação à variável t.

84. ***Volume*** O raio de um cilindro circular reto é dado por $\sqrt{t + 2}$ e a sua altura é dada por $\frac{1}{2}\sqrt{t}$, onde t é o tempo medido em segundos e a unidade métrica é o centímetro. Calcule a taxa de variação do volume do cilindro em relação à variável t.

85. ***Reposição de Estoque*** O custo associado ao pedido e ao frete de componentes usados na fabricação de um produto é dado pela função

$$C = 100\left(\frac{200}{x^2} + \frac{x}{x + 30}\right) \quad x \geq 1$$

onde C é medido em milhares de reais e x é o número de unidades do pedido, medido em centenas. Calcule a taxa de variação de C em relação a x, quando (a) $x = 10$, (b) $x = 15$ e (c) $x = 20$. O que estas taxas de variação implicam sobre o aumento no número de unidades do pedido?

86. ***A Lei de Boyle*** Esta lei afirma que sob temperatura constante a pressão de um gás é inversamente proporcional ao seu volume. Use a derivada para demonstrar que a taxa de variação da pressão é inversamente proporcional ao quadrado do volume.

87. ***Crescimento Populacional*** Uma população de 500 bactérias é colocada numa cultura e passa a crescer segundo a equação

$$P(t) = 500\left(1 + \frac{4t}{50 + t^2}\right)$$

onde t é o tempo medido em horas. Calcule a taxa de variação de crescimento da população no instante $t = 2$.

88. ***Força Gravitacional*** A Lei da Gravitação Universal de Newton afirma que a força F que duas massas m_1 e m_2 exercem uma sobre a outra é dada por

$$F = \frac{Gm_1m_2}{d^2}$$

onde G é uma constante e d é a distância entre as duas massas. Determine uma fórmula que forneça a taxa de variação instantânea de F em relação a d. (Assuma que as massas m_1 e m_2 representam objetos puntiformes em movimento.)

89. Demonstre as seguintes regras de derivação:

(a) $\dfrac{d}{dx}[\sec x] = \sec x \ \operatorname{tg} x$

(b) $\dfrac{d}{dx}[\operatorname{cossec} x] = -\operatorname{cossec} x \ \operatorname{cotg} x$

(c) $\dfrac{d}{dx}[\operatorname{cotg} x] = -\operatorname{cossec}^2 x$

90. ***Taxa de Variação*** Verifique se no intervalo $[0, 2\pi)$ existe um valor de x para o qual a taxa de variação de $f(x) = \sec x$ e de $g(x) = \operatorname{cossec} x$ são iguais.

91. ***Modelando Dados*** A tabela a seguir fornece os números n (dados em milhares) de trailers vendidos nos Estados Unidos e o valor de varejo v destes trailers (em bilhões de dólares) entre os anos de 1996 e 2001. O ano é representado por t, onde $t = 6$ corresponde ao ano de 1996. (*Fonte: Recreation Vehicle Industry Association.*)

Ano, t	6	7	8	9	10	11
n	247,5	254,5	292,7	321,2	300,1	256,8
v	6,3	6,9	8,4	10,4	9,5	8,6

(a) Use uma ferramenta gráfica para encontrar modelos cúbicos para o número $n(t)$, de trailers vendidos e para o valor do varejo $v(t)$ destes trailers.

(b) Desenhe cada modelo encontrado na parte (a).

(c) Calcule $A = v(t)/n(t)$ e faça um esboço do seu gráfico. O que representa esta função?

(d) Interprete $A'(t)$ no contexto desses dados.

92. ***Satélites*** Quando satélites observam a Terra, eles cobrem somente parte da superfície terrestre. Alguns satélites possuem sensores que podem medir o ângulo mostrado na figura. Seja h a distância do satélite à superfície da Terra e r o raio da Terra.

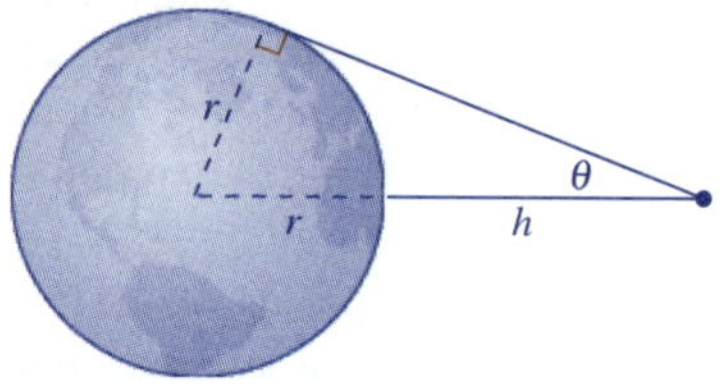

(a) Prove que $h = r(\text{cossec } \theta - 1)$.

(b) Calcule a taxa de variação de h em relação a θ quando $\theta = 30°$. (Suponha que $r = 3.960$ milhas.)

Nos Exercícios 93 a 98, calcule a segunda derivada da função dada.

93. $f(x) = 4x^{3/2}$

94. $f(x) = x + 32x^{-2}$

95. $f(x) = \dfrac{x}{x - 1}$

96. $f(x) = \dfrac{x^2 + 2x - 1}{x}$

97. $f(x) = 3 \text{ sen } x$

98. $f(x) = \sec x$

Nos Exercícios 99 a 102, calcule a derivada de ordem superior pedida.

99. $f'(x) = x^2, \quad f''(x)$

100. $f''(x) = 2 - \dfrac{2}{x}, \quad f'''(x)$

101. $f'''(x) = 2\sqrt{x}, \quad f^{(4)}(x)$

102. $f^{(4)}(x) = 2x + 1, \quad f^{(6)}(x)$

Questões Conceituais

103. Faça um esboço do gráfico de uma função derivável que satisfaça $f(2) = 0$, $f' < 0$ para $-\infty < x < 2$, e $f' > 0$ para $2 < x < \infty$.

104. Faça um esboço do gráfico de uma função derivável que satisfaça $f > 0$ e $f' < 0$, para todos os números reais x.

Nos Exercícios 105 a 108, use os dados fornecidos para calcular o valor de $f'(2)$.

$g(2) = 3 \quad$ e $\quad g'(2) = -2$

$h(2) = -1 \quad$ e $\quad h'(2) = 4$

Questões Conceituais (*Continuação*)

105. $f(x) = 2g(x) + h(x)$

106. $f(x) = 4 - h(x)$

107. $f(x) = \dfrac{g(x)}{h(x)}$

108. $f(x) = g(x)h(x)$

Nos Exercícios 109 e 110, os gráficos de f, f' e f'' estão esboçados no mesmo sistema de coordenadas. Identifique cada uma dessas funções. Justifique a sua resposta. Para imprimir uma versão ampliada dos gráficos, consulte *www.mathgraphs.com*.

109.

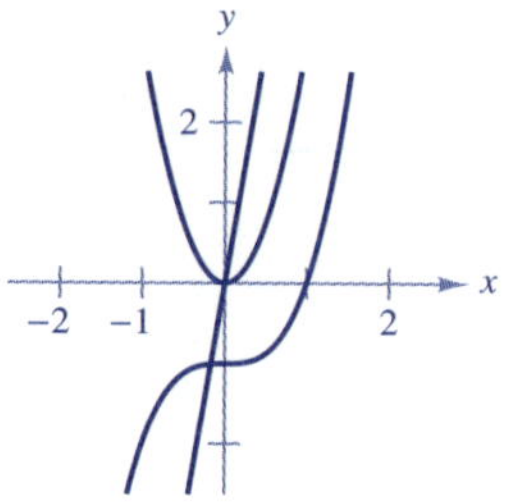

110.

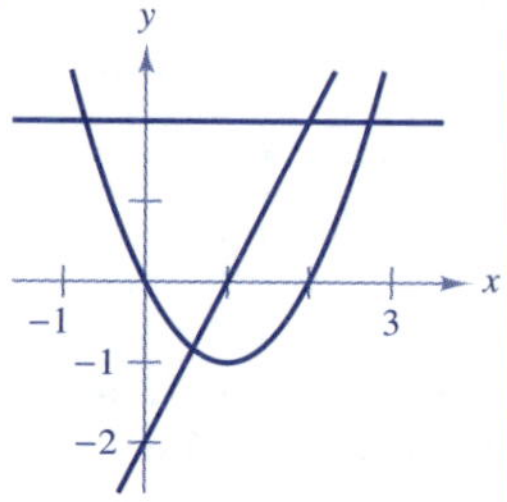

Nos Exercícios 111 a 114, é representado o gráfico da função f. Faça um esboço dos gráficos de f' e f''. Para imprimir uma versão ampliada dos gráficos, consulte *www.mathgraphs.com*.

111.

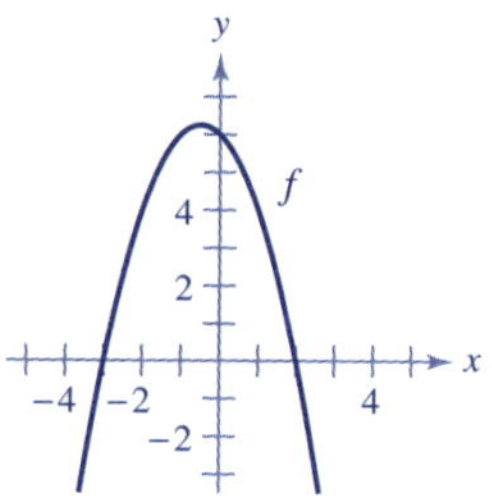

112.

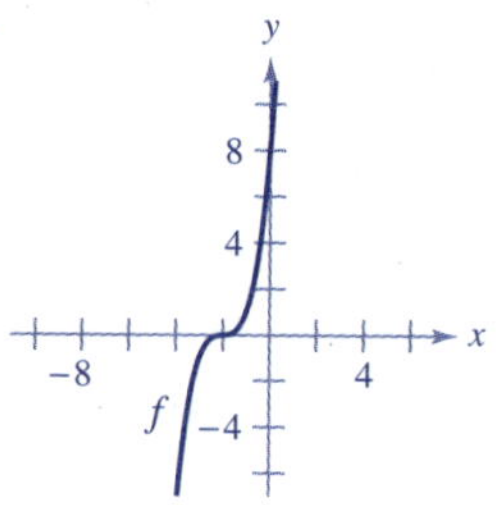

113.

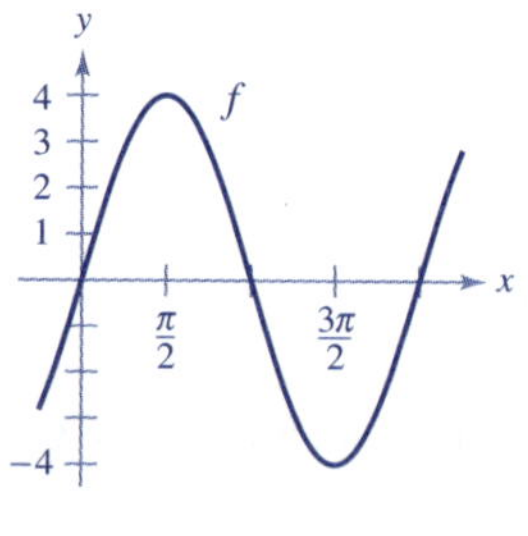

114.

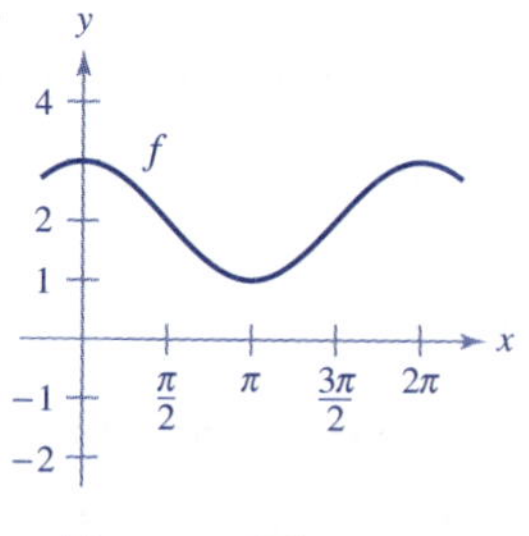

115. ***Aceleração*** A velocidade de um objeto, medida em metros por segundo, é dada pela função $v(t) = 36 - t^2$, $0 \le t \le 6$. Calcule a velocidade e a aceleração do objeto no instante $t = 3$. O que se pode dizer sobre a velocidade do objeto quando a velocidade e a aceleração têm sinais opostos?

116. ***Aceleração*** A velocidade de um veículo que partiu do repouso é dada por:

$$v(t) = \frac{100t}{2t + 15}$$

onde v é medida em pés por segundo. Calcule a aceleração do veículo nos instantes (a) 5 segundos, (b) 10 segundos e (c) 20 segundos.

117. ***Distância de Frenagem*** Um veículo se desloca a uma velocidade de 66 pés por segundo (45 milhas por hora) quando os freios são acionados. A função posição do veículo é $s(t) = -8{,}25t^2 + 66t$, onde s é medido em pés e t é medido em segundos. Use esta função para completar a tabela e encontre a velocidade média em cada um dos intervalos.

t	0	1	2	3	4
$s(t)$					
$v(t)$					
$a(t)$					

118. ***Movimento da Partícula*** A figura mostra os gráficos da função posição, da função velocidade e da função aceleração de uma partícula.

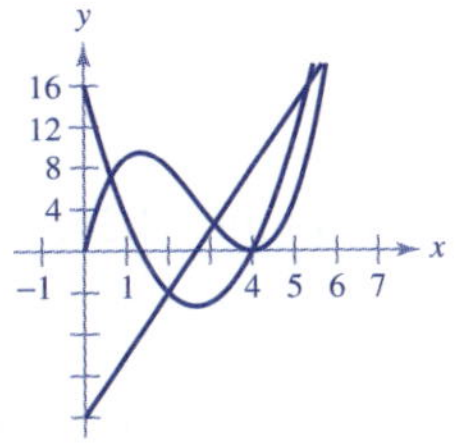

(a) Copie os gráficos mostrados na figura. Identifique cada gráfico. Justifique a sua escolha. Para imprimir uma versão ampliada dos gráficos, consulte *www.mathgraphs.com*.

(b) Na cópia que fez, assinale onde a partícula acelera e onde desacelera. Justifique a sua resposta.

Identificando um Padrão **Nos Exercícios 119 e 120, deduza uma fórmula geral para $f^{(n)}(x)$ da função dada $f(x)$.**

119. $f(x) = x^n$ **120.** $f(x) = \dfrac{1}{x}$

121. ***Identificando um Padrão*** Considere a função $f(x) = g(x)h(x)$.

(a) Usando a Regra do Produto, obtenha fórmulas para $f''(x)$, $f'''(x)$ e $f^{(4)}(x)$.

(b) Use os resultados obtidos na parte (a) para deduzir uma fórmula geral para $f^{(n)}(x)$.

122. ***Identificando um Padrão*** Encontre uma fórmula geral para $[xf(x)]^{(n)}$, onde f é uma função derivável em relação a x.

Nos Exercícios 123 e 124, calcule as derivadas da função f para $n = 1, 2, 3$ e 4. Utilize os resultados obtidos para escrever uma fórmula geral para $f'(x)$ em termos de n.

123. $f(x) = x^n \operatorname{sen} x$ **124.** $f(x) = \dfrac{\cos x}{x^n}$

Equações Diferenciais **Nos Exercícios 125 a 128, verifique que a função dada é solução da equação diferencial.**

	Função	*Equação Diferencial*
125.	$y = \dfrac{1}{x},\ x > 0$	$x^3 y'' + 2x^2 y' = 0$
126.	$y = 2x^3 - 6x + 10$	$-y''' - xy'' - 2y' = -24x^2$
127.	$y = 2 \operatorname{sen} x + 3$	$y'' + y = 3$
128.	$y = 3 \cos x + \operatorname{sen} x$	$y'' + y = 0$

Verdadeiro ou Falso? **Nos Exercícios 129 a 134, determine se as afirmações são verdadeiras ou falsas. Se for falsa, explique por que ou dê um exemplo mostrando que é falsa.**

129. Se $y = f(x)g(x)$, então $dy/dx = f'(x)g'(x)$.

130. Se $y = (x + 1)(x + 2)(x + 3)(x + 4)$, então $d^5y/dx^5 = 0$.

131. Se $f'(c)$ e $g'(c)$ são iguais a zero $h(x) = f(x)g(x)$, então $h'(c) = 0$.

132. Se $f(x)$ é um polinômio de grau n, então $f^{(n+1)}(x) = 0$.

133. A segunda derivada representa a taxa de variação da primeira derivada.

134. Se a velocidade de um objeto for constante, então a sua aceleração é nula.

135. Determine um polinômio de grau $f(x) = ax^2 + bx + c$ que intersepta o eixo dos x no ponto (1, 0) e cuja reta tangente ao seu gráfico no ponto (2, 7) tem coeficiente angular igual a 10.

136. Considere o polinômio de terceiro grau:

$$f(x) = ax^3 + bx^2 + cx + d, \quad a \neq 0.$$

Determine condições sobre a, b, c e d se tem o gráfico de f(a) não tem retas tangentes horizontais, (b) tem exatamente uma reta tangente horizontal e (c) tem exatamente duas retas tangentes horizontais. Exemplifique cada caso.

137. Calcule a derivada de $f(x) = x|x|$. Existe $f''(0)$?

138. ***Para Pensar*** Sendo f e g funções cujas primeira e segunda derivadas existem no intervalo I, qual(quais) das fórmulas abaixo está (estão) corretas?

(a) $fg'' - f''g = (fg' - f'g)'$ (b) $fg'' + f''g = (fg)''$

Seção 2.4 A Regra da Cadeia

- **Achar a derivada de uma função composta usando a Regra da Cadeia.**
- **Achar a derivada de uma função usando a Regra Geral da Potência.**
- **Simplificar a derivada de uma função usando Álgebra.**
- **Achar a derivada de funções trigonométricas usando a Regra da Cadeia.**

A Regra da Cadeia

Uma das mais importantes regras de derivação será examinada agora, a **Regra da Cadeia**. Esta regra trata da derivada de funções compostas e acrescenta uma surpreendente versatilidade às regras vistas nas duas seções anteriores. Por exemplo, compare as funções listadas abaixo. As derivadas das funções do lado esquerdo podem ser calculadas sem o uso da Regra da Cadeia e as derivadas das funções do lado direito são calculados melhor usando a Regra da Cadeia.

Sem o Uso da Regra da Cadeia	*Usando a Regra da Cadeia*
$y = x^2 + 1$	$y = \sqrt{x^2 + 1}$
$y = \text{sen}\, x$	$y = \text{sen}\, 6x$
$y = 3x + 2$	$y = (3x + 2)^5$
$y = x + \text{tg}\, x$	$y = x + \text{tg}\, x^2$

Numa linguagem simplificada, a Regra da Cadeia afirma que se y varia dy/du mais rápido que u, e u varia du/dx mais rápido que x, então y varia $(dy/du)(du/dx)$ mais rápido do que x.

EXEMPLO 1 A Derivada de uma Função Composta

Constrói-se um conjunto de engrenagens, como mostrado na Figura 2.24, com a segunda e a terceira engrenagens acopladas no mesmo eixo. O primeiro eixo movimenta o segundo que, por sua vez, coloca o terceiro eixo em movimento. Represente por y, u e x o número de rotações por minutos do primeiro, segundo e terceiro eixos respectivamente. Calcule dy/du, du/dx e dy/dx, e demonstre que:

$$\frac{dy}{dx} = \frac{dy}{du} \cdot \frac{du}{dx}.$$

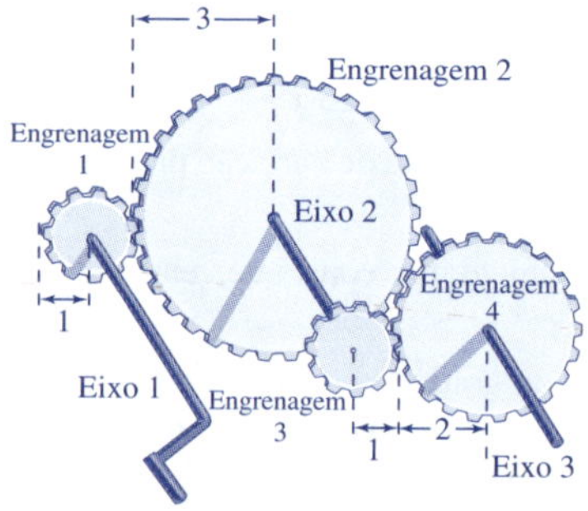

Eixo 1: y rotações por minuto.
Eixo 2: u rotações por minuto.
Eixo 3: x rotações por minuto.
Figura 2.24

Solução Como o perímetro da segunda engrenagem é três vezes maior que o da primeira, segue que o primeiro eixo deve dar três voltas para que o segundo eixo dê uma volta. Da mesma forma, o segundo eixo deve dar duas voltas para que o terceiro eixo dê uma volta, e podemos escrever

$$\frac{dy}{du} = 3 \quad \text{e} \quad \frac{du}{dx} = 2.$$

Destes dois resultados, concluimos que o primeiro eixo deve dar seis voltas para que o terceiro eixo dê uma volta. Portanto, obtemos:

$$\frac{dy}{dx} = \boxed{\text{Taxa de variação do primeiro eixo em relação ao segundo eixo}} \cdot \boxed{\text{Taxa de variação do segundo eixo em relação ao terceiro eixo}}$$

$$= \frac{dy}{du} \cdot \frac{du}{dx} = 3 \cdot 2 = 6$$

$$= \boxed{\text{Taxa de variação do primeiro eixo em relação ao terceiro eixo}}$$

Em outras palavras, a taxa de variação de y em relação a x é o produto da taxa de variação de y em relação a u com a taxa de variação de u em relação a x.

Um caso simples da Regra da Cadeia é ilustrado no Exemplo 1. A regra geral está enunciada a seguir.

INVESTIGAÇÃO

Usando a Regra da Cadeia
A derivada de cada uma das funções abaixo pode ser calculada usando as regras vistas nas Seções 2.2 e 2.3. Para cada uma das funções, encontre a derivada usando estas regras. A seguir, calcule a derivada aplicando a Regra da Cadeia. Compare seus resultados. Qual dos métodos é mais simples?

a. $\dfrac{2}{3x + 1}$

b. $(x + 2)^3$

c. $\text{sen}\, 2x$

TEOREMA 2.10 A Regra da Cadeia

Se $y = f(u)$ é uma função derivável na variável u, e $u = g(x)$ é uma função derivável na variável x, então $y = f(g(x))$ é uma função derivável na variável x e

$$\frac{dy}{dx} = \frac{dy}{du} \cdot \frac{du}{dx}$$

ou, equivalentemente,

$$\frac{d}{dx}[f(g(x))] = f'(g(x))g'(x).$$

Demonstração Sendo $h(x) = f(g(x))$, então, usando a forma alternativa da derivada, precisamos provar que, para $x = c$,

$$h'(c) = f'(g(c))g'(c).$$

Uma consideração importante nesta demonstração é o comportamento de g quando x se aproxima de c. Se existirem valores de x, além de $x = c$, tais que $g(x) = g(c)$, então teremos um problema, ou seja, esta demonstração não funcionaria. O Apêndice A mostra como a derivabilidade de f e de g pode ser usada para contornar o problema. No momento, assumimos que $g(x) \neq g(c)$ para x diferente de c. Na demonstração da Regra do Produto e da Regra do Quociente, a mesma quantia foi somada e subtraída para se obter o resultado desejado. Esta demonstração usa uma técnica similar — multiplicar e dividir por uma mesma quantia não nula. Observe que, sendo a função g derivável, ela também é contínua, e segue que $g(x)$ $g(x) \to g(c)$ quando $x \to c$.

$$\begin{aligned} h'(c) &= \lim_{x\to c} \frac{f(g(x)) - f(g(c))}{x - c} \\ &= \lim_{x\to c} \left[\frac{f(g(x)) - f(g(c))}{g(x) - g(c)} \cdot \frac{g(x) - g(c)}{x - c}\right], \quad g(x) \neq g(c) \\ &= \left[\lim_{x\to c} \frac{f(g(x)) - f(g(c))}{g(x) - g(c)}\right]\left[\lim_{x\to c} \frac{g(x) - g(c)}{x - c}\right] \\ &= f'(g(c))g'(c) \end{aligned}$$

Ao aplicar a Regra da Cadeia, é útil pensar na função composta $f \circ g$ como tendo duas partes — uma parte interna e outra externa.

Função externa

$$y = f(g(x)) = f(u)$$

Função interna

A derivada de $y = f(u)$ é a derivada da função externa (calculada na função interna u) multiplicada pela derivada da função interna.

$$y' = f'(u) \cdot u'$$

EXEMPLO 2 Decompondo uma Função Composta

	$y = f(g(x))$	$u = g(x)$	$y = f(u)$
a.	$y = \dfrac{1}{x + 1}$	$u = x + 1$	$y = \dfrac{1}{u}$

b. $y = \operatorname{sen} 2x$ $\quad u = 2x$ $\quad y = \operatorname{sen} u$

c. $y = \sqrt{3x^2 - x + 1}$ $\quad u = 3x^2 - x + 1$ $\quad y = \sqrt{u}$

d. $y = \operatorname{tg}^2 x$ $\quad u = \operatorname{tg} x$ $\quad y = u^2$

EXEMPLO 3 Usando a Regra da Cadeia

Calcule dy/dx para a função $y = (x^2 + 1)^3$.

DICA Você pode resolver o problema do Exemplo 3 sem o uso da Regra da Cadeia, observando que

$$y = x^6 + 3x^4 + 3x^2 + 1$$

e

$$y' = 6x^5 + 12x^3 + 6x$$

Oberve que este é o mesmo resultado do Exemplo 3. Qual o método que você utilizaria para calcular

$$\frac{d}{dx}(x^2 + 1)^{50}?$$

Solução Para esta função, a função interna é $u = x^2 + 1$. Pela Regra da Cadeia, obtemos

$$\frac{dy}{dx} = \underbrace{3(x^2 + 1)^2}_{\frac{dy}{du}}\underbrace{(2x)}_{\frac{du}{dx}} = 6x(x^2 + 1)^2.$$

A Regra Geral da Potência

A função do Exemplo 3 é um exemplo de função composta que aparece com muita freqüência. A regra usada para derivar este tipo de função é denominada **Regra Geral da Potência** e é um caso particular da Regra da Cadeia.

> **TEOREMA 2.11 Regra Geral da Potência**
>
> Se $y = [u(x)]^n$, onde u é uma função derivável em relação a x, e n é um número racional, então
>
> $$\frac{dy}{dx} = n[u(x)]^{n-1}\frac{du}{dx}$$
>
> ou, equivalentemente,
>
> $$\frac{d}{dx}[u^n] = n u^{n-1} u'.$$

Demonstração Sendo $y = u^n$, podemos aplicar a Regra da Cadeia para obter

$$\frac{dy}{dx} = \left(\frac{dy}{du}\right)\left(\frac{du}{dx}\right)$$
$$= \frac{d}{du}[u^n]\frac{du}{dx}.$$

Pela Regra da Potência da Seção 2.2, temos $D_u[u^n] = nu^{n-1}$, e segue que

$$\frac{dy}{dx} = n[u(x)]^{n-1}\frac{du}{dx}.$$

EXEMPLO 4 Aplicando a Regra Geral da Potência

Calcule a derivada de $f(x) = (3x - 2x^2)^3$.

Solução Sendo $u = 3x - 2x^2$, então

$$f(x) = (3x - 2x^2)^3 = u^3$$

e, pela Regra Geral da Potência, a derivada é:

$$f'(x) = \overset{n}{3}\overbrace{(3x - 2x^2)^2}^{u^{n-1}}\overbrace{\frac{d}{dx}[3x - 2x^2]}^{u'}$$ Aplique a Regra Geral da Potência

$$= 3(3x - 2x^2)^2(3 - 4x)$$ Derive $3x - 2x^2$

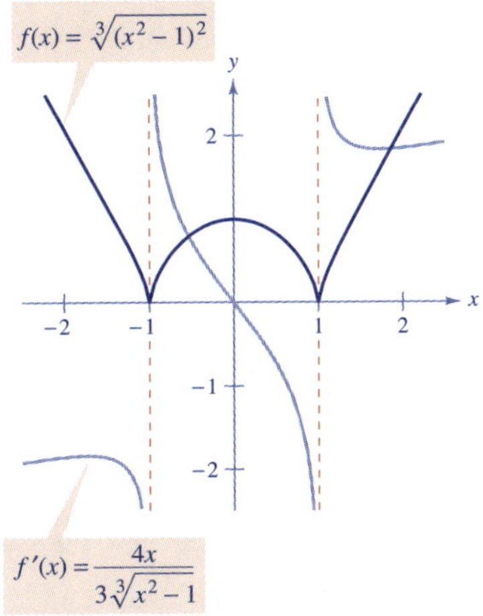

A derivada de f em $x = 0$ é 0 e não está definida nos pontos $x = \pm 1$.
Figura 2.25

EXEMPLO 5 Derivando Funções Envolvendo Expressões Radicais

Determine todos os pontos no gráfico da função $f(x) = \sqrt[3]{(x^2 - 1)^2}$ para os quais $f'(x) = 0$ e aqueles nos quais $f'(x)$ não existe.

Solução Para começar, reescreva a função dada como:

$$f(x) = (x^2 - 1)^{2/3}$$

A seguir, aplicando a Regra Geral da Potência (com $u = x^2 - 1$), obtenha:

$$f'(x) = \overset{n}{\frac{2}{3}}\overbrace{(x^2 - 1)^{-1/3}}^{u^{n-1}}\overbrace{(2x)}^{u'}$$ Aplique a Regra Geral da Potência

$$= \frac{4x}{3\sqrt[3]{x^2 - 1}}$$ Escreva na forma radical

Logo, $f'(x) = 0$ para $x = 0$, e $f'(x)$ não existe quando $x = \pm 1$, como ilustrado na Figura 2.25.

EXEMPLO 6 Derivando Quocientes cujo Numerador é Constante

Derive $g(t) = \dfrac{-7}{(2t - 3)^2}$

Solução Comece reescrevendo a função dada como:

$$g(t) = -7(2t - 3)^{-2}$$

A seguir, aplicando a Regra Geral da Potência, obtenha

$$g'(t) = \underbrace{(-7)}_{\text{Regra da Multiplicação por Constante}}\overbrace{(-2)}^{n}\overbrace{(2t - 3)^{-3}}^{u^{n-1}}\overbrace{(2)}^{u'}$$ Aplique a Regra Geral da Potência

$$= 28(2t - 3)^{-3}$$ Simplifique

$$= \frac{28}{(2t - 3)^3}$$ Obtenha uma expressão com expoente positivo

OBSERVAÇÃO Experimente derivar a função do Exemplo 6 usando a Regra do Quociente. Você deve obter o mesmo resultado, porém o uso da Regra do Quociente é mais trabalhoso do que o uso da Regra Geral da Potência.

Escrevendo Derivadas de Forma Simplificada

Os três exemplos a seguir mostram algumas técnicas para simplificar a "derivada bruta" de funções cuja regra envolva produtos, quocientes e compostas de várias funções.

EXEMPLO 7 Simplificando a Derivada de um Quociente

$$
\begin{aligned}
f(x) &= x^2\sqrt{1-x^2} && \text{Função original}\\
&= x^2(1-x^2)^{1/2} && \text{Reescreva}\\
f'(x) &= x^2\frac{d}{dx}[(1-x^2)^{1/2}] + (1-x^2)^{1/2}\frac{d}{dx}[x^2] && \text{Regra do Produto}\\
&= x^2\left[\frac{1}{2}(1-x^2)^{-1/2}(-2x)\right] + (1-x^2)^{1/2}(2x) && \text{Regra Geral da Potência}\\
&= -x^3(1-x^2)^{-1/2} + 2x(1-x^2)^{1/2} && \text{Simplifique}\\
&= x(1-x^2)^{-1/2}[-x^2(1) + 2(1-x^2)] && \text{Fatore}\\
&= \frac{x(2-3x^2)}{\sqrt{1-x^2}} && \text{Simplifique}
\end{aligned}
$$

TECNOLOGIA Programas que permitem a derivação simbólica são capazes de derivar funções bastante complicadas. Porém, na maioria das vezes, a derivada é dada numa forma não simplificada. Se tiver acesso a um destes programas, use-o para derivar as funções dos Exemplos 7, 8 e 9. Em seguida, compare os resultados obtidos com os dados nesta página.

EXEMPLO 8 Simplificando a Derivada de um Quociente

$$
\begin{aligned}
f(x) &= \frac{x}{\sqrt[3]{x^2+4}} && \text{Função original}\\
&= \frac{x}{(x^2+4)^{1/3}} && \text{Reescreva}\\
f'(x) &= \frac{(x^2+4)^{1/3}(1) - x(1/3)(x^2+4)^{-2/3}(2x)}{(x^2+4)^{2/3}} && \text{Regra do Quociente}\\
&= \frac{1}{3}(x^2+4)^{-2/3}\left[\frac{3(x^2+4)-(2x^2)(1)}{(x^2+4)^{2/3}}\right] && \text{Fatore}\\
&= \frac{x^2+12}{3(x^2+4)^{4/3}} && \text{Simplifique}
\end{aligned}
$$

EXEMPLO 9 Simplificando a Derivada de uma Potência

$$
\begin{aligned}
y &= \left(\frac{3x-1}{x^2+3}\right)^2 && \text{Função original}\\
y' &= \underbrace{2}_{n}\underbrace{\left(\frac{3x-1}{x^2+3}\right)}_{u^{n-1}}\underbrace{\frac{d}{dx}\left[\frac{3x-1}{x^2+3}\right]}_{u'} && \text{Regra Geral da Potência}\\
&= \left[\frac{2(3x-1)}{x^2+3}\right]\left[\frac{(x^2+3)(3)-(3x-1)(2x)}{(x^2+3)^2}\right] && \text{Regra do Quociente}\\
&= \frac{2(3x-1)(3x^2+9-6x^2+2x)}{(x^2+3)^3} && \text{Mutiplique}\\
&= \frac{2(3x-1)(-3x^2+2x+9)}{(x^2+3)^3} && \text{Simplifique}
\end{aligned}
$$

Funções Trigonométricas e a Regra da Cadeia

Para as seis funções trigonométricas, a Regra da Cadeia toma a seguinte forma:

$$\frac{d}{dx}[\text{sen } u] = (\cos u)\, u' \qquad \frac{d}{dx}[\cos u] = -(\text{sen } u)\, u'$$

$$\frac{d}{dx}[\text{tg } u] = (\sec^2 u)\, u' \qquad \frac{d}{dx}[\text{cotg } u] = -(\text{cossec}^2 u)\, u'$$

$$\frac{d}{dx}[\sec u] = (\sec u \operatorname{tg} u)\, u' \qquad \frac{d}{dx}[\operatorname{cossec} u] = -(\operatorname{cossec} u \operatorname{cotg} u)\, u'$$

EXEMPLO 10 Aplicando a Regra da Cadeia a Funções Trigonométricas

a. $y = \operatorname{sen} \overbrace{2x}^{u}$ $\qquad y' = \overbrace{\cos 2x}^{\cos u} \overbrace{\frac{d}{dx}[2x]}^{u'} = (\cos 2x)(2) = 2 \cos 2x$

b. $y = \cos(x - 1)$ $\qquad y' = -\operatorname{sen}(x - 1)$

c. $y = \operatorname{tg} 3x$ $\qquad y' = 3 \sec^2 3x$

Certifique-se de que você entendeu as convenções matemáticas com respeito a parênteses e funções trigonométricas. No caso do Exemplo 10(a), sen $2x$ deve ser compreendido como sen$(2x)$.

EXEMPLO 11 Parênteses e Funções Trigonométricas

a. $y = \cos 3x^2 = \cos(3x^2)$ $\qquad y' = (-\operatorname{sen} 3x^2)(6x) = -6x \operatorname{sen} 3x^2$

b. $y = (\cos 3)x^2$ $\qquad y' = (\cos 3)(2x) = 2x \cos 3$

c. $y = \cos(3x)^2 = \cos(9x^2)$ $\qquad y' = (-\operatorname{sen} 9x^2)(18x) = -18x \operatorname{sen} 9x^2$

d. $y = \cos^2 x = (\cos x)^2$ $\qquad y' = 2(\cos x)(-\operatorname{sen} x) = -2 \cos x \operatorname{sen} x$

e. $y = \sqrt{\cos x} = (\cos x)^{1/2}$ $\qquad y' = \frac{1}{2}(\cos x)^{-1/2}(-\operatorname{sen} x) = -\frac{\operatorname{sen} x}{2\sqrt{\cos x}}$

Para calcular a derivada de uma função do tipo $k(x) = f(g(h(x)))$, é necessário aplicar duas vezes a Regra da Cadeia, como mostrado no Exemplo 12.

EXEMPLO 12 Aplicações Sucessivas da Regra da Cadeia

$$f(t) = \operatorname{sen}^3 4t \qquad \text{Função original}$$
$$= (\operatorname{sen} 4t)^3 \qquad \text{Reescreva}$$
$$f'(t) = 3(\operatorname{sen} 4t)^2 \frac{d}{dt}[\operatorname{sen} 4t] \qquad \text{Aplique a Regra da Cadeia uma primeira vez}$$
$$= 3(\operatorname{sen} 4t)^2(\cos 4t) \frac{d}{dt}[4t] \qquad \text{Aplique a Regra da Cadeia uma segunda vez}$$
$$= 3(\operatorname{sen} 4t)^2(\cos 4t)(4)$$
$$= 12 \operatorname{sen}^2 4t \cos 4t \qquad \text{Simplifique}$$

EXEMPLO 13 Retas Tangentes a Gráficos de Funções Trigonométricas

Determine uma equação da reta tangente ao gráfico da função

$$f(x) = 2 \operatorname{sen} x + \cos 2x$$

no ponto $(\pi, 1)$, como mostrado na Figura 2.26. A seguir, determine os pontos no intervalo $(0, 2\pi)$ nos quais a reta tangente ao gráfico de f é horizontal.

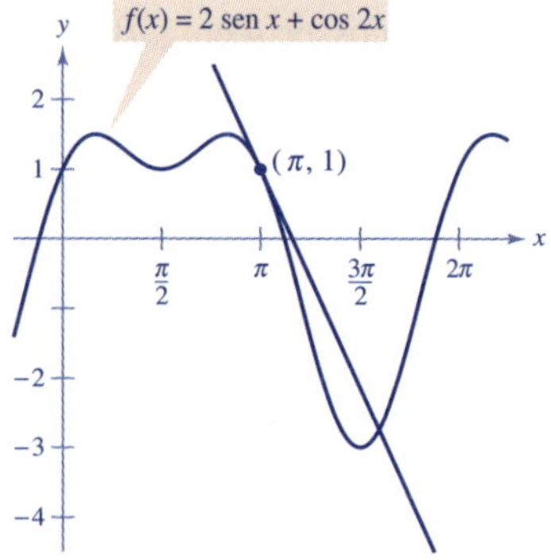

Figura 2.26

Solução Primeiramente ache a derivada $f'(x)$.

$$f(x) = 2 \text{ sen } x + \cos 2x \qquad \text{Escreva a função original}$$
$$f'(x) = 2 \cos x + (-\text{sen } 2x)(2) \qquad \text{Aplique a Regra da Cadeia a } \cos 2x$$
$$= 2 \cos x - 2 \text{ sen } 2x \qquad \text{Simplifique}$$

Para determinar a equação da reta tangente no ponto $(\pi, 1)$, calcule $f'(\pi)$.

$$f'(\pi) = 2 \cos \pi - 2 \text{ sen } 2\pi \qquad \text{Substitua}$$
$$= -2 \qquad \text{Inclinação do gráfico no ponto } (\pi, 1)$$

Agora, usando a equação geral de uma reta, obtemos:

$$y - y_1 = m(x - x_1) \qquad \text{Equação geral de uma reta}$$
$$y - 1 = -2(x - \pi) \qquad \text{Substitua os valores de } y_1, m, \text{ e } x_1$$
$$y = 1 - 2x + 2\pi. \qquad \text{Equação da reta tangente no ponto } (\pi, 1)$$

Observe que $f'(x) = 0$ quando $x = \frac{\pi}{6}, \frac{\pi}{2}, \frac{5\pi}{6}$, e $\frac{3\pi}{2}$. Portanto, f tem uma reta tangente horizontal nos pontos $x = \frac{\pi}{6}, \frac{\pi}{2}, \frac{5\pi}{6}$ e $\frac{3\pi}{2}$.

DICA Para poder derivar com destreza você deve memorizar cada regra de derivação. Para ajudar a memorizar estas regras, note que as co-funções (cosseno, cotangente e cossecante) têm o sinal negativo em suas derivadas.

Esta seção se encerra com um resumo de todas as regras de derivação vistas até o momento.

Resumo das Regras de Derivação

Regras Gerais de Derivação Sejam f, g e u funções deriváveis em relação à variável x.

Regra da Multiplicação por uma Constante
$$\frac{d}{dx}[cf] = cf'$$

Regra da Soma ou da Diferença
$$\frac{d}{dx}[f \pm g] = f' \pm g'$$

Regra do Produto
$$\frac{d}{dx}[fg] = fg' + gf'$$

Regra do Quociente
$$\frac{d}{dx}\left[\frac{f}{g}\right] = \frac{gf' - fg'}{g^2}$$

Derivadas de Funções Polinomiais

Regra da Constante
$$\frac{d}{dx}[c] = 0$$

Regra da Potência (Simples)
$$\frac{d}{dx}[x^n] = nx^{n-1}, \quad \frac{d}{dx}[x] = 1$$

Derivadas de Funções Trigonométricas

$$\frac{d}{dx}[\text{sen } x] = \cos x \qquad \frac{d}{dx}[\text{tg } x] = \sec^2 x \qquad \frac{d}{dx}[\sec x] = \sec x \text{ tg } x$$
$$\frac{d}{dx}[\cos x] = -\text{sen } x \qquad \frac{d}{dx}[\text{cotg } x] = -\text{cossec}^2 x \qquad \frac{d}{dx}[\text{cossec } x] = -\text{cossec } x \text{ cotg } x$$

Regra da Cadeia

Regra da Cadeia
$$\frac{d}{dx}[f(u)] = f'(u)\, u'$$

Regra Geral da Potência
$$\frac{d}{dx}[u^n] = nu^{n-1}\, u'$$

Exercícios da Seção 2.5

Nos Exercícios 1 a 6, complete a tabela.

$y = f(g(x))$	$u = g(x)$	$y = f(u)$
1. $y = (6x - 5)^4$		
2. $y = \dfrac{1}{\sqrt{x+1}}$		
3. $y = \sqrt{x^2 - 1}$		
4. $y = 3\,\text{tg}(\pi x^2)$		
5. $y = \text{cossec}^3 x$		
6. $y = \cos \dfrac{3x}{2}$		

Nos Exercícios 7 a 32, calcule a derivada da função dada.

7. $y = (2x - 7)^3$

8. $y = 3(4 - x^2)^5$

9. $g(x) = 3(4 - 9x)^4$

10. $f(t) = (9t + 2)^{2/3}$

11. $f(t) = \sqrt{1 - t}$

12. $g(x) = \sqrt{5 - 3x}$

13. $y = \sqrt[3]{9x^2 + 4}$

14. $g(x) = \sqrt{x^2 - 2x + 1}$

15. $y = 2\sqrt[4]{4 - x^2}$

16. $f(x) = -3\sqrt[4]{2 - 9x}$

17. $y = \dfrac{1}{x - 2}$

18. $s(t) = \dfrac{1}{t^2 + 3t - 1}$

19. $f(t) = \left(\dfrac{1}{t - 3}\right)^2$

20. $y = -\dfrac{5}{(t + 3)^3}$

21. $y = \dfrac{1}{\sqrt{x + 2}}$

22. $g(t) = \sqrt{\dfrac{1}{t^2 - 2}}$

23. $f(x) = x^2(x - 2)^4$

24. $f(x) = x(3x - 9)^3$

25. $y = x\sqrt{1 - x^2}$

26. $y = \frac{1}{2}x^2\sqrt{16 - x^2}$

27. $y = \dfrac{x}{\sqrt{x^2 + 1}}$

28. $y = \dfrac{x}{\sqrt{x^4 + 4}}$

29. $g(x) = \left(\dfrac{x + 5}{x^2 + 2}\right)^2$

30. $h(t) = \left(\dfrac{t^2}{t^3 + 2}\right)^2$

31. $f(v) = \left(\dfrac{1 - 2v}{1 + v}\right)^3$

32. $g(x) = \left(\dfrac{3x^2 - 2}{2x + 3}\right)^3$

Nos Exercícios 33 a 38, use uma ferramenta de manipulação algébrica para calcular a derivada da função dada. A seguir use uma ferramenta gráfica para desenhar a função e a sua derivada em um mesmo sistema de coordenadas. Descreva o comportamento da função nos pontos onde a derivada se anula.

33. $y = \dfrac{\sqrt{x} + 1}{x^2 + 1}$

34. $y = \sqrt{\dfrac{2x}{x + 1}}$

35. $y = \sqrt{\dfrac{x + 1}{x}}$

36. $g(x) = \sqrt{x - 1} + \sqrt{x + 1}$

37. $y = \dfrac{\cos \pi x + 1}{x}$

38. $y = x^2\,\text{tg}\,\dfrac{1}{x}$

Nos Exercícios 39 e 40, calcule o coeficiente angular da reta tangente ao gráfico da função seno na origem. Compare o valor obtido com o número de ciclos completos no intervalo $[0, 2\pi]$. Qual a conclusão que pode ser tirada sobre a inclinação do gráfico da função sen ax na origem?

39. (a)

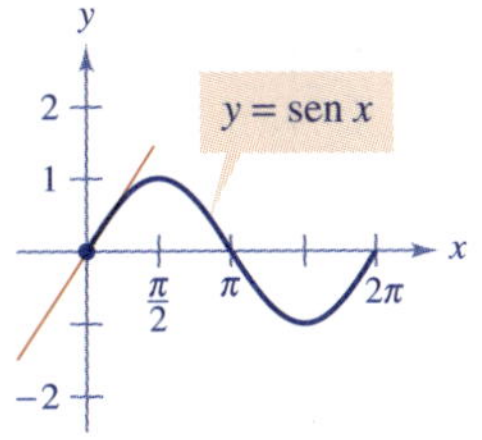

(b)

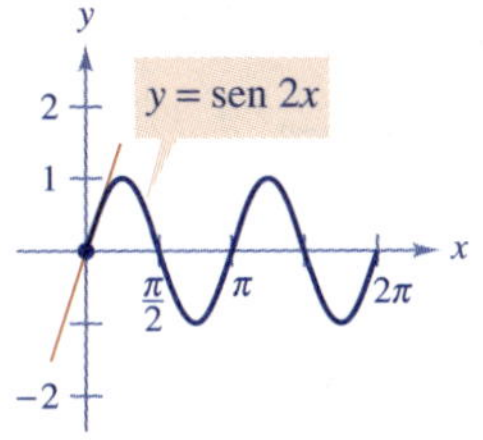

40. (a)

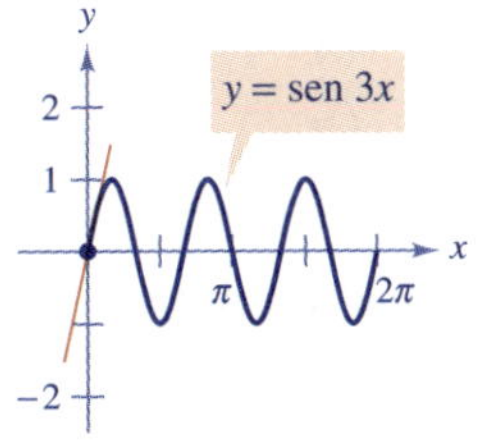

(b)

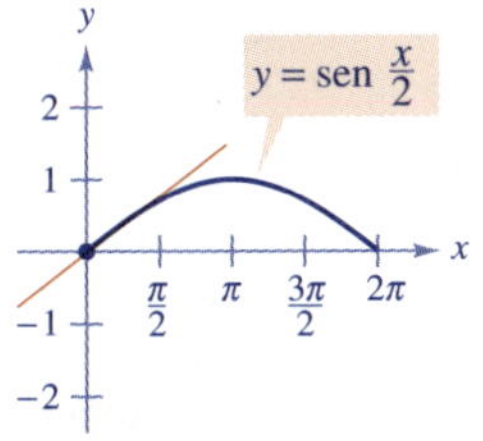

Nos Exercícios 41 a 58, calcule a derivada da função dada.

41. $y = \cos 3x$

42. $y = \text{sen}\,\pi x$

43. $g(x) = 3\,\text{tg}\,4x$

44. $h(x) = \sec x^2$

45. $y = \text{sen}(\pi x)^2$

46. $y = \cos(1 - 2x)^2$

47. $h(x) = \text{sen}\,2x \cos 2x$

48. $g(\theta) = \sec(\frac{1}{2}\theta)\,\text{tg}(\frac{1}{2}\theta)$

49. $f(x) = \dfrac{\text{cotg}\,x}{\text{sen}\,x}$

50. $g(v) = \dfrac{\cos v}{\text{cossec}\,v}$

51. $y = 4\sec^2 x$

52. $g(t) = 5\cos^2 \pi t$

53. $f(\theta) = \frac{1}{4}\text{sen}^2\,2\theta$

54. $h(t) = 2\,\text{cotg}^2(\pi t + 2)$

55. $f(t) = 3\sec^2(\pi t - 1)$

56. $y = 3x - 5\cos(\pi x)^2$

57. $y = \sqrt{x} + \frac{1}{4}\text{sen}(2x)^2$

58. $y = \text{sen}\,\sqrt[3]{x} + \sqrt[3]{\text{sen}\,x}$

Nos Exercícios 59 a 66, calcule a derivada da função no ponto dado. Use uma ferramenta gráfica para verificar a resposta.

Função	*Ponto*
59. $s(t) = \sqrt{t^2 + 2t + 8}$	$(2, 4)$
60. $y = \sqrt[5]{3x^3 + 4x}$	$(2, 2)$
61. $f(x) = \dfrac{3}{x^3 - 4}$	$\left(-1, -\dfrac{3}{5}\right)$
62. $f(x) = \dfrac{1}{(x^2 - 3x)^2}$	$\left(4, \dfrac{1}{16}\right)$
63. $f(t) = \dfrac{3t + 2}{t - 1}$	$(0, -2)$
64. $f(x) = \dfrac{x + 1}{2x - 3}$	$(2, 3)$
65. $y = 37 - \sec^3(2x)$	$(0, 36)$
66. $y = \dfrac{1}{x} + \sqrt{\cos x}$	$\left(\dfrac{\pi}{2}, \dfrac{2}{\pi}\right)$

Nos Exercícios 67 a 74, (a) encontre uma equação da reta tangente ao gráfico de f no ponto dado, (b) use uma ferramenta gráfica para desenhar o gráfico da função e da reta tangente no ponto dado e (c) use o recurso de *derivação* da ferramenta gráfica para confirmar os resultados obtidos.

Função	*Ponto*
67. $f(x) = \sqrt{3x^2 - 2}$	$(3, 5)$
68. $f(x) = \frac{1}{3}x\sqrt{x^2 + 5}$	$(2, 2)$
69. $y = (2x^3 + 1)^2$	$(-1, 1)$
70. $f(x) = (9 - x^2)^{2/3}$	$(1, 4)$
71. $f(x) = \operatorname{sen} 2x$	$(\pi, 0)$
72. $y = \cos 3x$	$\left(\frac{\pi}{4}, -\frac{\sqrt{2}}{2}\right)$
73. $f(x) = \operatorname{tg}^2 x$	$\left(\frac{\pi}{4}, 1\right)$
74. $y = 2\operatorname{tg}^3 x$	$\left(\frac{\pi}{4}, 2\right)$

Nos Exercícios 75 a 78, (a) use uma ferramenta gráfica para achar a derivada da função no ponto dado, (b) determine uma equação da reta tangente ao gráfico da função no ponto dado e (c) use a ferramenta gráfica para traçar o gráfico da função e da sua reta tangente em uma mesma janela.

75. $g(t) = \dfrac{3t^2}{\sqrt{t^2 + 2t - 1}}, \quad \left(\frac{1}{2}, \frac{3}{2}\right)$

76. $f(x) = \sqrt{x}(2 - x)^2, \quad (4, 8)$

77. $s(t) = \dfrac{(4 - 2t)\sqrt{1 + t}}{3}, \quad \left(0, \frac{4}{3}\right)$

78. $y = (t^2 - 9)\sqrt{t + 2}, \quad (2, -10)$

Curvas Famosas **Nos Exercícios 79 e 80, encontre uma equação da reta tangente ao gráfico da função no ponto dado. A seguir, trace o gráfico da função e da sua reta tangente na mesma janela, usando uma ferramenta gráfica.**

79. Semicírculo superior

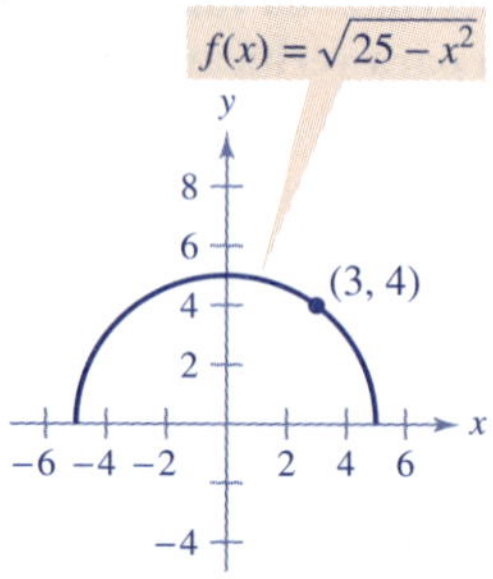

80. Curva ponta de bala

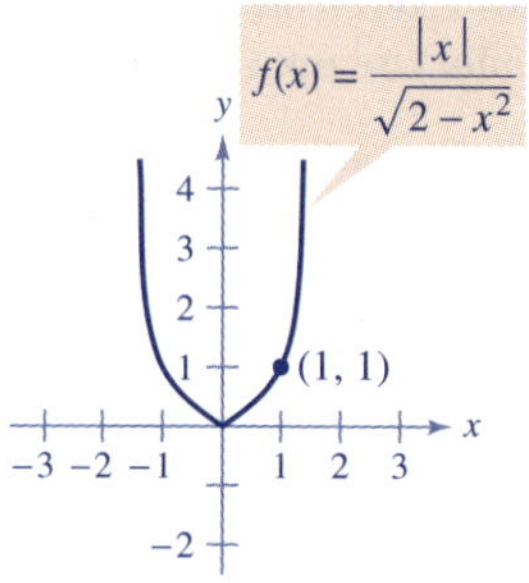

81. ***Reta Tangente Horizontal*** Determine o(s) ponto(s) no intervalo $(0, 2\pi)$ no(s) qual(is) o gráfico da função $f(x) = 2\cos x + \operatorname{sen} 2x$ tem uma reta tangente horizontal.

82. ***Reta Tangente Horizontal*** Determine o(s) ponto(s) no(s) qual(is) o gráfico da função $f(x) = \dfrac{x}{\sqrt{2x - 1}}$ tem uma reta tangente horizontal.

Nos Exercícios 83 a 86, calcule a segunda derivada da função dada.

83. $f(x) = 2(x^2 - 1)^3$

84. $f(x) = \dfrac{1}{x - 2}$

85. $f(x) = \operatorname{sen} x^2$

86. $f(x) = \sec^2 \pi x$

Nos Exercícios 87 a 90, calcule o valor da segunda derivada no ponto dado. Use um sistema de manipulação algébrica para verificar os resultados obtidos.

87. $h(x) = \frac{1}{9}(3x + 1)^3, \quad \left(1, \frac{64}{9}\right)$

88. $f(x) = \dfrac{1}{\sqrt{x + 4}}, \quad \left(0, \frac{1}{2}\right)$

89. $f(x) = \cos(x^2), \quad (0, 1)$

90. $g(t) = \operatorname{tg} 2t, \quad \left(\frac{\pi}{6}, \sqrt{3}\right)$

Questões Conceituais

Nos Exercícios 91 a 94, a figura mostra o gráfico de uma função f e da sua derivada f'. Identifique cada uma delas e escreva uma breve explicação sobre o critério usado para fazer a identificação. (Para imprimir uma versão ampliada do gráfico da função, consulte *www.mathgraphs.com*.)

91.

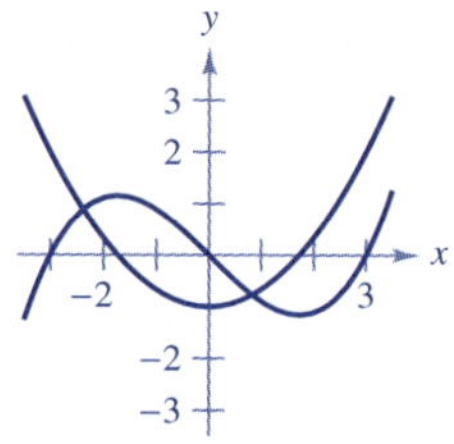

92.

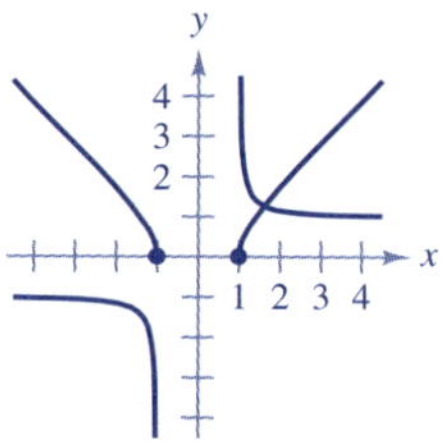

93.

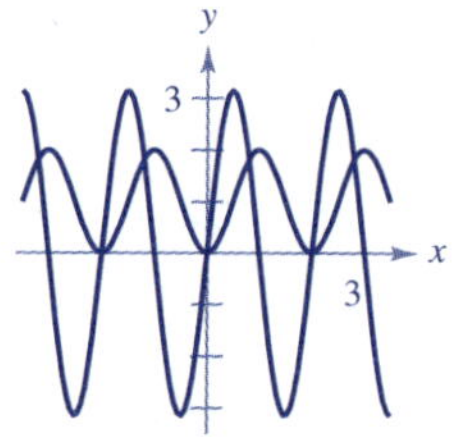

94.

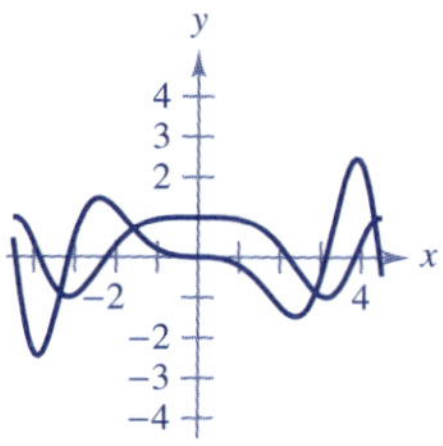

Nos Exercícios 95 e 96, é dada a relação existente entre as funções f e g. Explique a relação existente entre f' e g'.

95. $g(x) = f(3x)$

96. $g(x) = f(x^2)$

97. A partir dos dados $g(5) = -3$, $g'(5) = 6$, $h(5) = 3$, e $h'(5) = -2$, calcule, se possível, o valor de $f'(5)$ em cada caso abaixo. Se não for possível determinar esse valor, informe os dados que faltam para poder efetuar o cálculo.

(a) $f(x) = g(x)h(x)$ (b) $f(x) = g(h(x))$

(c) $f(x) = \dfrac{g(x)}{h(x)}$ (d) $f(x) = [g(x)]^3$

98. ***Para Pensar*** A tabela a seguir mostra o valor, em alguns pontos, da derivada de uma função desconhecida f. Caso isto seja possível, complete a tabela calculando a derivada de cada transformação da função f.

(a) $g(x) = f(x) - 2$ (b) $h(x) = 2f(x)$

(c) $r(x) = f(-3x)$ (d) $s(x) = f(x + 2)$

x	-2	-1	0	1	2	3
$f'(x)$	4	$\frac{2}{3}$	$-\frac{1}{3}$	-1	-2	-4
$g'(x)$						
$h'(x)$						
$r'(x)$						
$s'(x)$						

Nos Exercícios 99 e 100, estão ilustrados os gráficos das funções f e g. Sendo $h(x) = f(g(x))$ e $s(x) = g(f(x))$, calcule cada derivada caso exista. Se a derivada não existir, explique a razão disto.

99. (a) Calcule $h'(1)$.

(b) Calcule $s'(5)$.

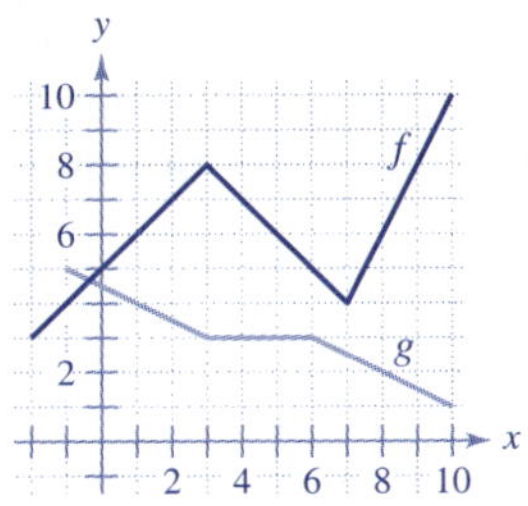

100. (a) Calcule $h'(3)$.

(b) Calcule $s'(9)$.

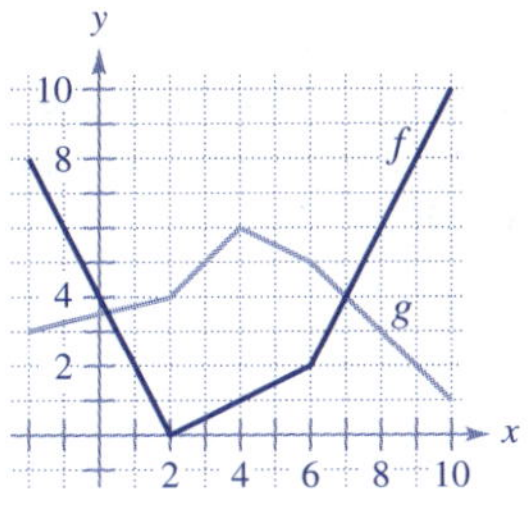

101. ***O Efeito Doppler*** A freqüência F da sirene de um caminhão de bombeiros, que é ouvida por um observador em repouso é dada por

$$F = \frac{132.400}{331 \pm v}$$

onde $\pm v$ representa a velocidade crescente do caminhão de bombeiros em metros por segundo (veja a figura). Calcule a taxa de variação de F em relação a v quando

(a) O caminhão de bombeiros está se aproximando do observador com uma velocidade de 30 metros por segundo (use $-v$).

(b) O caminhão de bombeiros está se afastando do observador a uma velocidade de 30 metros por segundo (use $+v$).

$F = \frac{132.400}{331 + v}$ $\qquad$ $F = \frac{132.400}{331 - v}$

102. ***Movimento Harmônico*** O deslocamento, em relação ao equilíbrio, de um objeto em movimento harmônico no extremo livre de uma mola é dado por

$$y = \tfrac{1}{3}\cos 12t - \tfrac{1}{4}\,\text{sen}\,12t$$

onde y é medido em pés e t representa o tempo que é medido em segundos. Determine a posição e a velocidade do objeto no instante $t = \pi/8$.

103. ***O Pêndulo*** Um pêndulo de 15 centímetros se desloca segundo a equação $\theta = 0{,}2\cos 8t$, onde θ, medido em radianos, é o deslocamento angular em relação à direção vertical e t representa o tempo que é medido em segundos. Determine o deslocamento angular máximo e a taxa de variação de θ no instante $t = 3$.

104. ***Movimento Ondulatório*** Uma bóia move-se em movimento harmônico simples, dado por $y = A\cos\omega t$, à medida que ondas passam por ela. De seu ponto mais alto até seu ponto mais baixo a boia se move, verticalmente, um total de 3,5 pés, a cada 10 segundos ela volta para seu ponto mais alto.

(a) Escreva uma equação que descreva o movimento da bóia se no instante $t = 0$ ela se encontra no seu ponto mais alto.

(b) Determine a velocidade da bóia como função do tempo.

105. ***Circulação Sangüínea*** A velocidade do sangue que se encontra a uma distância r do centro de uma artéria é dada por:

$$S = C(R^2 - r^2)$$

onde C é uma constante, R é o raio da artéria e S é medida em centímetros por segundos. Suponha que depois de administrada uma droga, a artéria começa a se dilatar a uma taxa dR/dt. Se a distância r é constante, calcule a taxa de variação de S em relação a t para $C = 1{,}76 \times 10^5$, $R = 1{,}2 \times 10^{-2}$ e $dR/dt = 10^{-5}$.

106. ***Modelando Dados*** A temperatura máxima diária normal T (medida em graus Fahrenheit) em Denver, no estado do Colorado, é mostrada na tabela abaixo. (*Fonte: National Oceanic and Atmospheric Administration.*)

Mês	Jan	Fev	Mar	Abr	Maio	Jun
Temperatura	43,2	47,2	53,7	60,9	70,5	82,1

Mês	Jul	Ago	Set	Out	Nov	Dez
Temperatura	88,0	86,0	77,4	66,0	51,5	44,1

(a) Use uma ferramenta gráfica para marcar os dados e encontrar um modelo para dos dados da forma do tipo

$$T(t) = a + b\,\text{sen}(\pi t/6 - c)$$

onde T é a temperatura e t é o tempo em meses, com $t = 1$ correspondendo ao mês de janeiro.

(b) Utilize uma ferramenta gráfica para desenhar o modelo do item (a). O modelo se ajusta bem aos dados?

(c) Calcule T' e use a ferramenta gráfica para desenhar seu gráfico.

(d) Partindo do gráfico da derivada, estabeleça em quais períodos a temperatura muda mais rapidamente? E quando a mudança é mais lenta? A resposta coincide com sua observação pessoal? Explique.

107. ***Modelando Dados*** O custo associado à produção de x unidades de um determinado produto é dado pela função $C = 60x + 1350$. Durante uma semana a gerência tabelou o número de unidades produzidas no final de t horas durante uma jornada de trabalho de oito horas. Os valores médios de x durante esta semana encontram-se na tabela abaixo.

t	0	1	2	3	4	5	6	7	8
x	0	16	60	130	205	271	336	384	392

(a) Use uma ferramenta gráfica para ajustar um modelo cúbico aos dados.

(b) Use a Regra da Cadeia para achar dC/dt.

(c) Explique porque a função custo não está aumentando a uma taxa constante durante a jornada de trabalho de oito horas.

108. ***Identificando um Padrão*** Considere a função $f(x) = \operatorname{sen} \beta x$, sendo β uma constante.

(a) Calcule a primeira, segunda, terceira e quarta derivadas da função.

(b) Verifique se a função e a sua derivada satisfazem à equação $f''(x) + \beta^2 f(x) = 0$.

(c) Usando os resultados obtidos na parte (a), escreva uma fórmula geral para as derivadas de ordem par e para as de ordem ímpar

$$f^{(2k)}(x) \text{ e } f^{(2k-1)}(x).$$

[*Sugestão:* $(-1)^k$ é positivo se k for par, e negativo se k for um número ímpar.]

109. ***Conjectura*** Seja f uma função derivável de período p,

(a) A função f' é periódica? Verifique sua resposta.

(b) Considere a função $g(x) = f(2x)$. A derivada $g'(x)$ de g é periódica? Verifique sua resposta.

110. ***Para Pensar*** Sendo $r(x) = f(g(x))$ e $s(x) = g(f(x))$, onde f e g são ilustradas na figura abaixo, calcule (a) $r'(1)$ e (b) $s'(4)$.

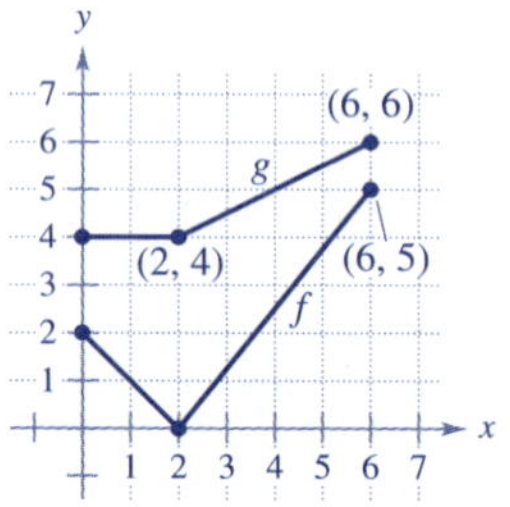

111. (a) Calcule a derivada da função $g(x) = \operatorname{sen}^2 x + \cos^2 x$ de duas maneiras distintas.

(b) Para as funções $f(x) = \sec^2 x$ e $g(x) = \operatorname{tg}^2 x$, mostre que $f'(x) = g'(x)$.

112. (a) Demonstre que a derivada de uma função ímpar é uma função par. Isto é, se $f(-x) = -f(x)$, então $f'(-x) = f'(x)$.

(b) Mostre que a derivada de uma função par é uma função ímpar. Isto é, se $f(-x) = f(x)$, então $f'(-x) = -f'(x)$.

113. Sendo u uma função derivável em relação a x, e aproveitando-se do fato de que $|u| = \sqrt{u^2}$, mostre que

$$\frac{d}{dx}[|u|] = u'\frac{u}{|u|}, \quad u \neq 0.$$

Nos Exercícios 114 a 117, use o resultado do Exercício 113 para achar a derivada da função dada.

114. $g(x) = |2x - 3|$

115. $f(x) = |x^2 - 4|$

116. $h(x) = |x| \cos x$

117. $f(x) = |\operatorname{sen} x|$

Aproximações Linear e Quadrática As aproximações linear e quadrática de uma função f em torno do ponto $x = a$ são respectivamente

$$P_1(x) = f'(a)(x - a) + f(a) \text{ e}$$

$$P_2(x) = \tfrac{1}{2}f''(a)(x - a)^2 + f'(a)(x - a) + f(a).$$

Nos Exercícios 118 e 119, (a) calcule as aproximações linear e quadrática da função f em torno do ponto dado, (b) use uma ferramenta gráfica para desenhar os gráficos de f e suas aproximações, (c) determine se é P_1 ou P_2 que melhor aproxima a função f e (d) explique como a precisão muda quando você se afasta de $x = a$.

118. $f(x) = \operatorname{tg} \dfrac{\pi x}{4}$, $a = 1$

119. $f(x) = \sec 2x$, $a = \dfrac{\pi}{6}$

Verdadeiro ou Falso? **Nos Exercícios 120 a 122, determine se a afirmação dada é verdadeira ou falsa. No caso em que seja falsa, explique por que ou dê um exemplo mostrando que é falsa.**

120. Se $y = (1 - x)^{1/2}$, então $y' = \frac{1}{2}(1 - x)^{-1/2}$.

121. Se $f(x) = \operatorname{sen}^2(2x)$, então $f'(x) = 2(\operatorname{sen} 2x)(\cos 2x)$.

122. Se y é uma função derivável em relação a u, u uma função derivável em relação a v e v a uma função derivável em relação a x, então tem-se que

$$\frac{dy}{dx} = \frac{dy}{du}\frac{du}{dv}\frac{dv}{dx}.$$

Desafio Putnam

123. Seja $f(x) = a_1 \operatorname{sen} x + a_2 \operatorname{sen} 2x + \cdots + a_n \operatorname{sen} nx$, onde $a_1, a_2, \ldots, a_n$ são números reais e n é um inteiro positivo. Dado que $|f(x)| \leq |\operatorname{sen} x|$ para todo numero real x, prove que $|a_1 + 2a_2 + \cdots + na_n| \leq 1$.

124. Fixe um inteiro positivo k. A derivada n-ésima de $\dfrac{1}{x^k - 1}$ tem a forma

$$\frac{P_n(x)}{(x^k - 1)^{n+1}}$$

onde $P_n(x)$ é um polinômio. Calcule $P_n(1)$.

Esses problemas foram formulados pelo Commitee on the Putnam Prize Competition.

Seção 2.5

Derivação Implícita

- **Distinguir entre funções escritas de forma implícita e de forma explícita.**
- **Usar derivação implícita para achar a derivada de uma função.**

> **INVESTIGAÇÃO**
>
> ***Traçando um Espaço Implícito*** Como usar uma ferramenta gráfica para traçar o gráfico da função y dada a equação
>
> $$x^2 - 2y^3 + 4y = 2?$$
>
> Aqui estão duas abordagens possíveis:
>
> **a.** Resolva a equação para a variável x. Troque o papel de x e y e desenhe as duas equações resultantes. Os dois gráficos combinados mostram uma rotação de de 90° do gráfico da equação original.
>
> **b.** Mude a ferramenta gráfica para o modo paramétrico e desenhe as equações
>
> $$x = -\sqrt{2t^3 - 4t + 2}$$
> $$y = t$$
>
> e
>
> $$x = \sqrt{2t^3 - 4t + 2}$$
> $$y = t.$$
>
> Partindo de qualquer um dos enfoques dados, você pode decidir se o gráico tem uma reta tangente no ponto (0, 1)? Explique seu raciocínio.

Funções Implícitas e Explícitas

Até aqui todas as funções foram expressas de forma explícita. Por exemplo, na equação

$$y = 3x^2 - 5 \qquad \text{Forma explícita}$$

a variável y é explicitamente dada como função de x. Porém, algumas funções só ganham significado dentro de uma equação. Por exemplo, a função $y = 1/x$ é definida **implicitamente** pela equação $xy = 1$. Suponha que lhe fosse pedido para calcular dy/dx para esta equação. Uma forma seria começar a escrever y explicitamente como função de x e então derivá-la.

Forma implícita	*Forma explícita*	*Derivada*
$xy = 1$	$y = \dfrac{1}{x} = x^{-1}$	$\dfrac{dy}{dx} = -x^{-2} = -\dfrac{1}{x^2}$

Esta estratégia funciona desde que seja possível resolver explicitamente a equação e obter y como função de x. Porém, esta estratégia não pode ser usada se não for possível resolver a equação de forma que se obtenha y explicitamente como função de x. Por exemplo, como calcular dy/dx para a equação

$$x^2 - 2y^3 + 4y = 2$$

na qual é bastante complicado expressar y explicitamente como função de x? Para efetuar este cálculo, pode-se usar a **derivação implícita.**

Para entender como calcular dy/dx implicitamente, é importante notar que a derivada está sendo calculada em relação à variável x. Isto significa que, ao derivar expressões que evolvam somente a variável x, pode-se derivá-las de forma usual. Porém, ao derivar expressões envolvendo a variável y, é necessário usar a Regra da Cadeia, pois a hipótese é que y é dada implicitamente como uma função derivável de x.

EXEMPLO 1 Derivando em Relação a x

a. $\dfrac{d}{dx}[x^3] = 3x^2$ — As variáveis são iguais: use a Regra da Potência

(As variáveis são iguais)

b. $\dfrac{d}{dx}[y^3] = 3y^2\dfrac{dy}{dx}$ — As variáveis não são iguais: use a Regra da Cadeia

(u^n — $nu^{n-1}\,u'$; As variáveis não são iguais)

c. $\dfrac{d}{dx}[x + 3y] = 1 + 3\dfrac{dy}{dx}$ — A Regra da Cadeia: $\dfrac{d}{dx}[3y] = 3y'$

d. $\dfrac{d}{dx}[xy^2] = x\dfrac{d}{dx}[y^2] + y^2\dfrac{d}{dx}[x]$ — Regra do Produto

$= x\left(2y\dfrac{dy}{dx}\right) + y^2(1)$ — Regra da Cadeia

$= 2xy\dfrac{dy}{dx} + y^2$ — Simplifique

Derivação Implícita

Procedimentos para a Derivação Implícita

1. Derive ambos os lados da equação *em relação à variável x*.
2. Agrupe todos os termos que envolvem dy/dx no lado esquerdo da equação e coloque os outros termos no lado direito da equação.
3. Coloque dy/dx em evidência no lado esquerdo da equação.
4. Resolva para dy/dx.

EXEMPLO 2 Derivação Implícita

Obtenha dy/dx sabendo que $y^3 + y^2 - 5y - x^2 = -4$.

Solução

1. Derive ambos os lados da equação em relação à variável x.

$$\frac{d}{dx}[y^3 + y^2 - 5y - x^2] = \frac{d}{dx}[-4]$$

$$\frac{d}{dx}[y^3] + \frac{d}{dx}[y^2] - \frac{d}{dx}[5y] - \frac{d}{dx}[x^2] = \frac{d}{dx}[-4]$$

$$3y^2\frac{dy}{dx} + 2y\frac{dy}{dx} - 5\frac{dy}{dx} - 2x = 0$$

2. Agrupe todos os termos que envolvam dy/dx no lado esquerdo da equação e coloque os outros termos no lado direito da equação.

$$3y^2\frac{dy}{dx} + 2y\frac{dy}{dx} - 5\frac{dy}{dx} = 2x$$

3. Coloque dy/dx em evidência no lado esquerdo da equação.

$$\frac{dy}{dx}(3y^2 + 2y - 5) = 2x$$

4. Obtenha dy/dx dividindo por $(3y^2 + 2y - 5)$.

$$\frac{dy}{dx} = \frac{2x}{3y^2 + 2y - 5}$$

OBSERVAÇÃO Note que, no Exemplo 2, a derivação implícita dá origem a uma expressão para dy/dx que envolve ambas as variáveis x e y.

Para saber como usar uma *derivada implícita*, considere o gráfico mostrado na Figura 2.27. Pelo gráfico, percebemos que y não é uma função de x. No entanto, a taxa de variação obtida no Exemplo 2 fornece uma fórmula para o coeficiente angular da reta tangente num ponto deste gráfico. A tabela abaixo da figura mostra a inclinação do gráfico em vários dos seus pontos.

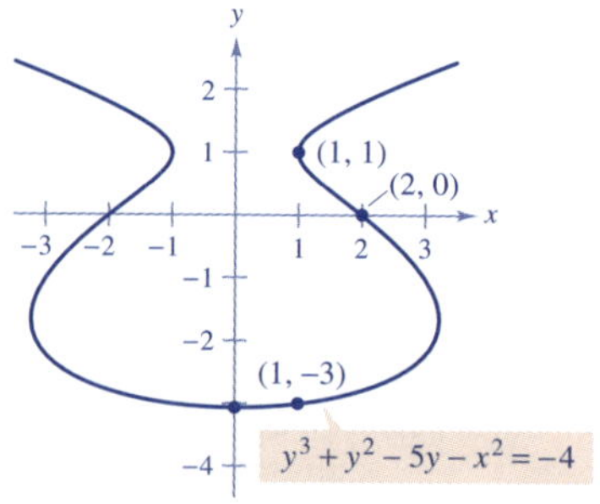

Ponto do Gráfico	Inclinação do Gráfico
$(2, 0)$	$-\frac{4}{5}$
$(1, -3)$	$\frac{1}{8}$
$x = 0$	0
$(1, 1)$	Não definido

A equação implícita

$$y^3 + y^2 - 5y - x^2 = -4$$

tem a derivada

$$\frac{dy}{dx} = \frac{2x}{3y^2 + 2y - 5}$$

Figura 2.27

TECNOLOGIA Com a maioria das ferramentas gráficas, é fácil traçar o gráfico de uma equação que representa y explicitamente como função de x. Traçar outros tipos de equações pode requerer mais engenhosidade. Por exemplo, para traçar a curva da equação dada no Exemplo 2, coloque primeiro a ferramenta gráfica no modo *paramétrico* para então desenhar as representações paramétricas $x = \sqrt{t^3 + t^2 - 5t + 4}$, $y = t$ e $x = -\sqrt{t^3 + t^2 - 5t + 4}$, $y = t$, com $-5 \le t \le 5$. Como o resultado se compara com o gráfico mostrado na Figura 2.27?

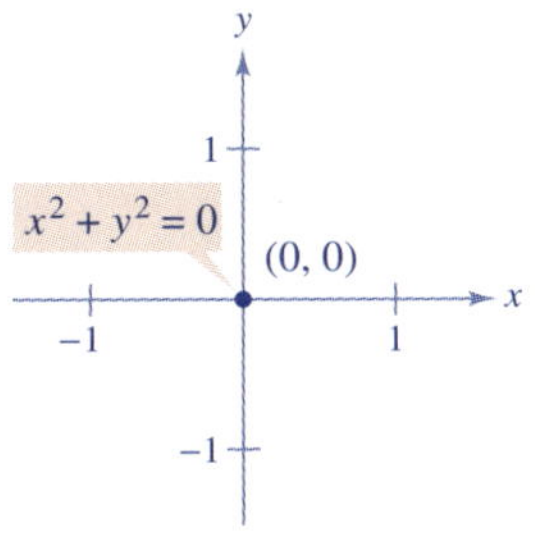

(a)

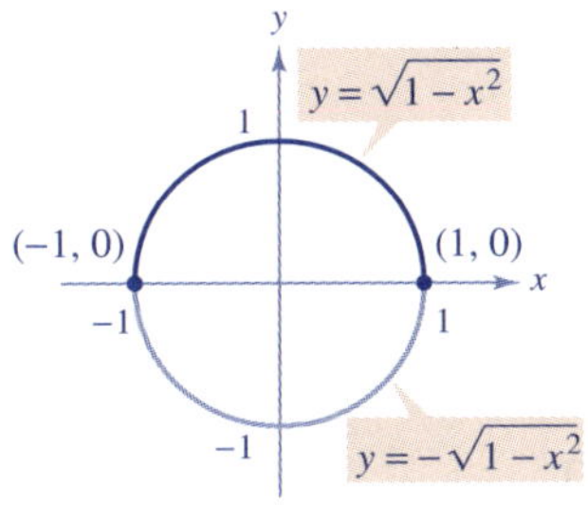

(b)

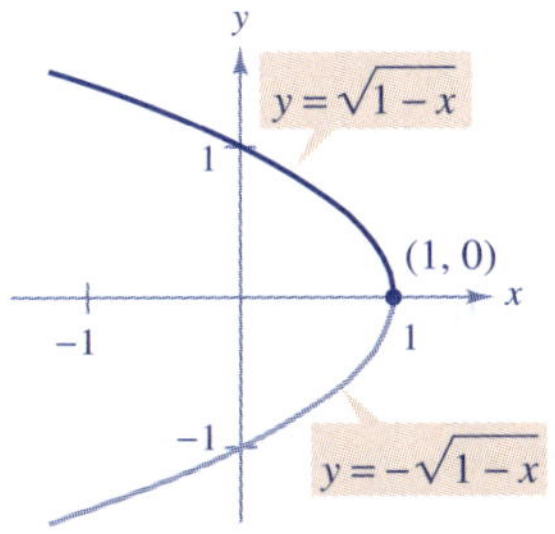

(c)

Alguns trechos do gráfico podem ser representados por meio de funções deriváveis.

Figura 2.28

Não há sentido em obter dy/dx para uma equação que não tenha nenhum ponto-solução. (Por exemplo, $x^2 + y^2 = -4$ não tem nenhum ponto-solução.) Porém, se um techo do gráfico pode ser representado por uma função derivável, então dy/dx terá o significado de inclinação em cada ponto deste trecho. Lembre que uma função não é derivável em (a) pontos em que a reta tangente é vertical e (b) pontos em que a função não é contínua.

EXEMPLO 3 Representando o Gráfico por Funções Deriváveis

Se possível, represente y como uma função derivável em relação à variável x.

a. $x^2 + y^2 = 0$ **b.** $x^2 + y^2 = 1$ **c.** $x + y^2 = 1$

Solução

a. O gráfico desta equação consiste de um único ponto. Portanto, ela não define y como uma função derivável de x. Veja a Figura 2.28(a).

b. O gráfico desta equação é o círculo unitário centrado na origem. O semicírculo superior é dado pela função derivável:

$$y = \sqrt{1 - x^2}, \quad -1 < x < 1$$

e o semicírculo inferior é dado pela função derivável:

$$y = -\sqrt{1 - x^2}, \quad -1 < x < 1.$$

Nos pontos $(-1, 0)$ e $(1, 0)$, a inclinação do gráfico não está definida. Veja a Figura 2.28(b).

c. A parte superior desta parábola é dada pela função derivável:

$$y = \sqrt{1 - x}, \quad x < 1$$

e a parte inferior desta parábola é dada pela função derivável:

$$y = -\sqrt{1 - x}, \quad x < 1.$$

No ponto $(1, 0)$, a inclinação do gráfico não está definida. Veja a Figura 2.28(c).

EXEMPLO 4 Calculando a Inclinação de um Gráfico Implicitamente

Obtenha o coeficiente angular da reta tangente ao gráfico da equação

$$x^2 + 4y^2 = 4$$

no ponto $\left(\sqrt{2}, -1/\sqrt{2}\right)$. Veja a Figura 2.29.

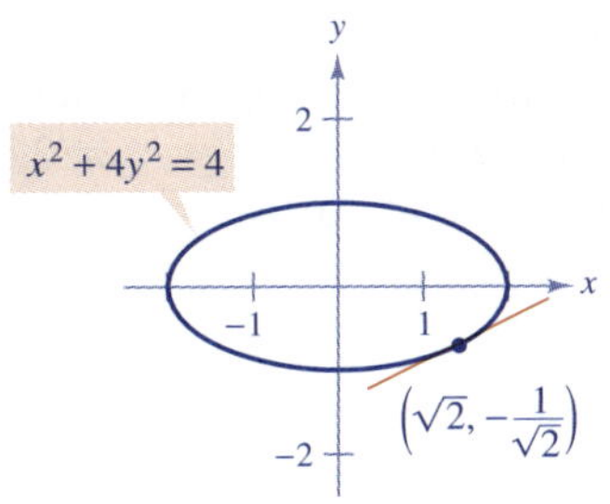

Figura 2.29

Solução

$$x^2 + 4y^2 = 4 \qquad \text{Escreva a equação original}$$

$$2x + 8y\frac{dy}{dx} = 0 \qquad \text{Derive em relação a } x$$

$$\frac{dy}{dx} = \frac{-2x}{8y} = \frac{-x}{4y} \qquad \text{Obtenha } dy/dx$$

Logo, no ponto $\left(\sqrt{2}, -1/\sqrt{2}\right)$, a inclinação vale:

$$\frac{dy}{dx} = \frac{-\sqrt{2}}{-4/\sqrt{2}} = \frac{1}{2} \qquad \text{Calcule } \frac{dy}{dx} \text{ quando } x = \sqrt{2} \text{ e } y = -\frac{1}{\sqrt{2}}$$

OSERVAÇÃO Para se convencer dos benefícios da derivação implícita, tente refazer o Exemplo 4 usando a função explícita $y = -\frac{1}{2}\sqrt{4 - x^2}$.

EXEMPLO 5 Calculando a Inclinação de um Gráfico Implicitamente

Calcule a inclinação do gráfico de $3(x^2 + y^2)^2 = 100xy$ no ponto (3, 1).

Solução

$$\frac{d}{dx}[3(x^2 + y^2)^2] = \frac{d}{dx}[100xy]$$

$$3(2)(x^2 + y^2)\left(2x + 2y\frac{dy}{dx}\right) = 100\left[x\frac{dy}{dx} + y(1)\right]$$

$$12y(x^2 + y^2)\frac{dy}{dx} - 100x\frac{dy}{dx} = 100y - 12x(x^2 + y^2)$$

$$[12y(x^2 + y^2) - 100x]\frac{dy}{dx} = 100y - 12x(x^2 + y^2)$$

$$\frac{dy}{dx} = \frac{100y - 12x(x^2 + y^2)}{-100x + 12y(x^2 + y^2)}$$

$$= \frac{25y - 3x(x^2 + y^2)}{-25x + 3y(x^2 + y^2)}$$

No ponto (3, 1), a inclinação do gráfico é:

$$\frac{dy}{dx} = \frac{25(1) - 3(3)(3^2 + 1^2)}{-25(3) + 3(1)(3^2 + 1^2)} = \frac{25 - 90}{-75 + 30} = \frac{-65}{-45} = \frac{13}{9}$$

como é ilustrado na Figura 2.30. Este gráfico é chamado **lemniscata**.

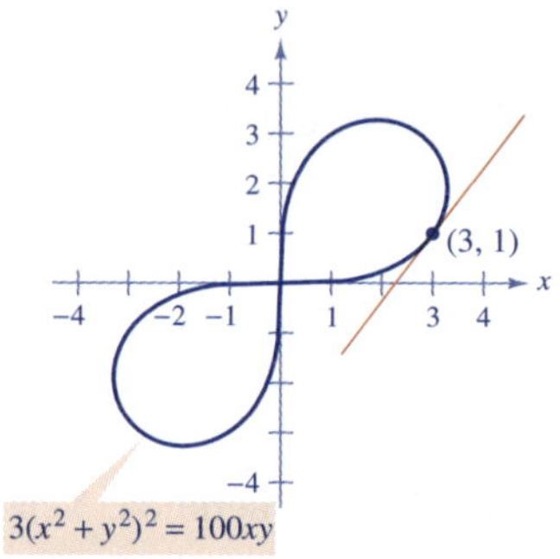

Lemniscata
Figura 2.30

EXEMPLO 6 Encontrando uma Função Derivável

Determine dy/dx implicitamente para a equação sen $y = x$. A seguir, encontre o maior intervalo do tipo $-a < y < a$ no qual y é uma função derivável em relação a x (veja a Figura 2.31).

Solução

$$\frac{d}{dx}[\text{sen } y] = \frac{d}{dx}[x]$$

$$\cos y\frac{dy}{dx} = 1$$

$$\frac{dy}{dx} = \frac{1}{\cos y}$$

O maior intervalo simétrico em torno da origem no qual y é uma função derivável de x é $-\pi/2 < y < \pi/2$. Para tanto, note que cos y é positivo para todo y neste intervalo e se anula nos extremos. Restringindo-nos ao intervalo $-\pi/2 < y < \pi/2$, é possível escrever dy/dx explicitamente como função de x. Para isso, use:

$$\cos y = \sqrt{1 - \text{sen}^2\, y}$$

$$= \sqrt{1 - x^2}, \quad -\frac{\pi}{2} < y < \frac{\pi}{2}$$

e conclua que:

$$\frac{dy}{dx} = \frac{1}{\sqrt{1 - x^2}}.$$

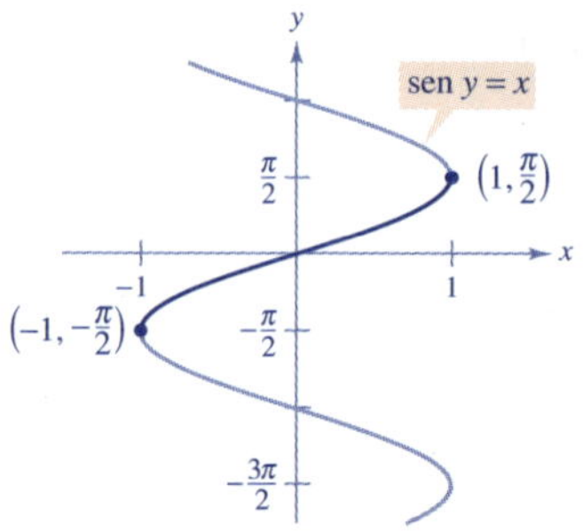

A derivada é $\dfrac{dy}{dx} = \dfrac{1}{\sqrt{1 - x^2}}$
Figura 2.31

Coleção de Granger

ISAAC BARROW (1630-1677)

O gráfico da Figura 2.32 é conhecido como a **curva kappa** por causa da semelhança com a letra grega κ. A fórmula geral para a reta tangente a um ponto desta curva foi descoberta pelo matemático inglês Isaac Barrow. Newton foi aluno de Barrow e eles se correspondiam com freqüência na fase inicial do desenvolvimento do cálculo, relatando um ao outro seus resultados.

Com derivação implícita, a forma da derivada freqüentemente pode ser simplificada (como no Exemplo 6) pelo uso adequado da equação *original*. Uma técnica semelhante pode ser aplicada para achar e simplificar derivadas de ordem superior obtidas implicitamente.

EXEMPLO 7 Obtendo a Segunda Derivada Implicitamente

Sendo $x^2 + y^2 = 25$, obtenha $\dfrac{d^2y}{dx^2}$.

Solução Derivando cada termo em relação a x, obtém-se:

$$2x + 2y\frac{dy}{dx} = 0$$

$$2y\frac{dy}{dx} = -2x$$

$$\frac{dy}{dx} = \frac{-2x}{2y} = -\frac{x}{y}.$$

Derivando uma segunda vez em relação a x, obtém-se:

$$\frac{d^2y}{dx^2} = -\frac{(y)(1) - (x)(dy/dx)}{y^2} \quad \text{Regra do Quociente}$$

$$= -\frac{y - (x)(-x/y)}{y^2} \quad \text{Substitua } \frac{dy}{dx} \text{ por } -\frac{x}{y}$$

$$= -\frac{y^2 + x^2}{y^3} \quad \text{Simplifique}$$

$$= -\frac{25}{y^3}. \quad \text{Substitua } x^2 + y^2 \text{ por } 25$$

EXEMPLO 8 Obtendo a Reta Tangente a um Gráfico

Encontre a reta tangente ao gráfico dado pela equação $x^2(x^2 + y^2) = y^2$ no ponto $(\sqrt{2}/2, \sqrt{2}/2)$, como ilustrado na Figura 2.32.

Solução Reescrevendo e derivando implicitamente a equação, obtém-se:

$$x^4 + x^2y^2 - y^2 = 0$$

$$4x^3 + x^2\left(2y\frac{dy}{dx}\right) + 2xy^2 - 2y\frac{dy}{dx} = 0$$

$$2y(x^2 - 1)\frac{dy}{dx} = -2x(2x^2 + y^2)$$

$$\frac{dy}{dx} = \frac{x(2x^2 + y^2)}{y(1 - x^2)}.$$

No ponto $(\sqrt{2}/2, \sqrt{2}/2)$, a inclinação é:

$$\frac{dy}{dx} = \frac{(\sqrt{2}/2)[2(1/2) + (1/2)]}{(\sqrt{2}/2)[1 - (1/2)]} = \frac{3/2}{1/2} = 3$$

e a equação da reta tangente no ponto em questão é

$$y - \frac{\sqrt{2}}{2} = 3\left(x - \frac{\sqrt{2}}{2}\right)$$

$$y = 3x - \sqrt{2}.$$

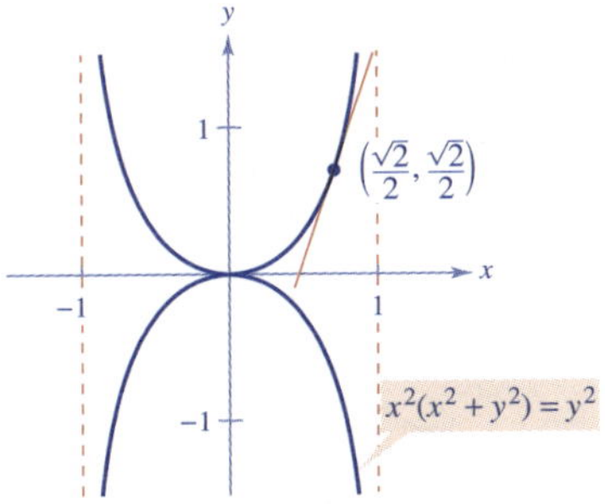

A curva kappa.
Figura 2.32

Exercícios da Seção 2.5

Nos Exercícios 1 a 16, encontre dy/dx por meio de derivação implícita.

1. $x^2 + y^2 = 36$
2. $x^2 - y^2 = 16$
3. $x^{1/2} + y^{1/2} = 9$
4. $x^3 + y^3 = 8$
5. $x^3 - xy + y^2 = 4$
6. $x^2y + y^2x = -2$
7. $x^3y^3 - y = x$
8. $\sqrt{xy} = x - 2y$
9. $x^3 - 3x^2y + 2xy^2 = 12$
10. $2 \operatorname{sen} x \cos y = 1$
11. $\operatorname{sen} x + 2 \cos 2y = 1$
12. $(\operatorname{sen} \pi x + \cos \pi y)^2 = 2$
13. $\operatorname{sen} x = x(1 + \operatorname{tg} y)$
14. $\operatorname{cotg} y = x - y$
15. $y = \operatorname{sen}(xy)$
16. $x = \sec \dfrac{1}{y}$

Nos Exercícios 17 a 20, (a) encontre duas funções explícitas resolvendo a equação para a variável y como função de x, (b) faça um esboço do gráfico da equação e rotule as partes que correspondam às funções do item (a), (c) ache as derivadas das funções explícitas obtidas no item (a) e (d) encontre dy/dx e mostre que o resultado obtido é equivalente ao obtido na parte (c).

17. $x^2 + y^2 = 16$
18. $x^2 + y^2 - 4x + 6y + 9 = 0$
19. $9x^2 + 16y^2 = 144$
20. $9y^2 - x^2 = 9$

Nos Exercícios 21 a 28, derivando implicitamente, obtenha dy/dx e calcule a derivada no ponto dado.

21. $xy = 4, \quad (-4, -1)$
22. $x^2 - y^3 = 0, \quad (1, 1)$
23. $y^2 = \dfrac{x^2 - 4}{x^2 + 4}, \quad (2, 0)$
24. $(x + y)^3 = x^3 + y^3, \quad (-1, 1)$
25. $x^{2/3} + y^{2/3} = 5, \quad (8, 1)$
26. $x^3 + y^3 = 4xy + 1, \quad (2, 1)$
27. $\operatorname{tg}(x + y) = x, \quad (0, 0)$
28. $x \cos y = 1, \quad \left(2, \dfrac{\pi}{3}\right)$

Curvas Famosas **Nos Exercícios 29 a 32, calcule a inclinação do gráfico no ponto dado.**

29. A Bruxa de Agnesi:
$(x^2 + 4)y = 8$
Ponto: $(2, 1)$

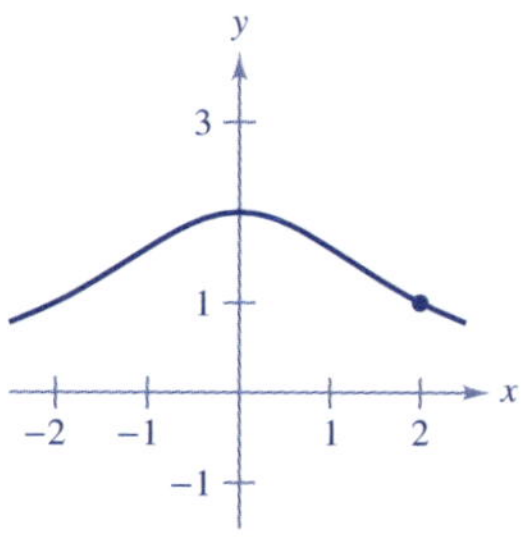

30. Cissóide:
$(4 - x)y^2 = x^3$
Ponto: $(2, 2)$

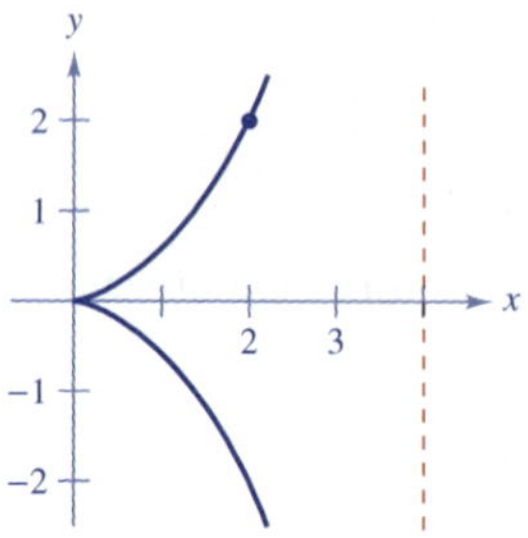

31. Bifolha
$(x^2 + y^2)^2 = 4x^2y$
Ponto: $(1, 1)$

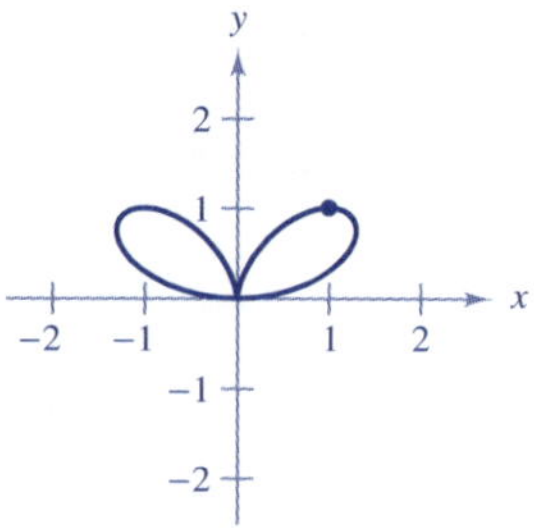

32. Folha de Descartes:
$x^3 + y^3 - 6xy = 0$
Ponto: $\left(\frac{4}{3}, \frac{8}{3}\right)$

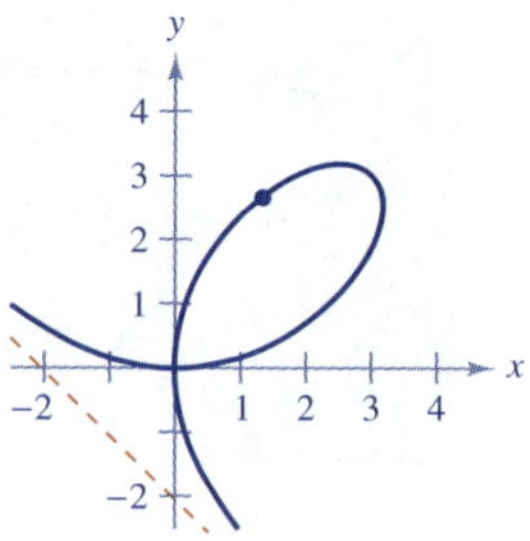

Curvas Famosas **Nos Exercícios 33 a 40, encontre uma equação da reta tangente ao gráfico no ponto dado. (Para imprimir uma versão ampliada do gráfico, consulte *www.mathgraphs.com.*)**

33. Parábola

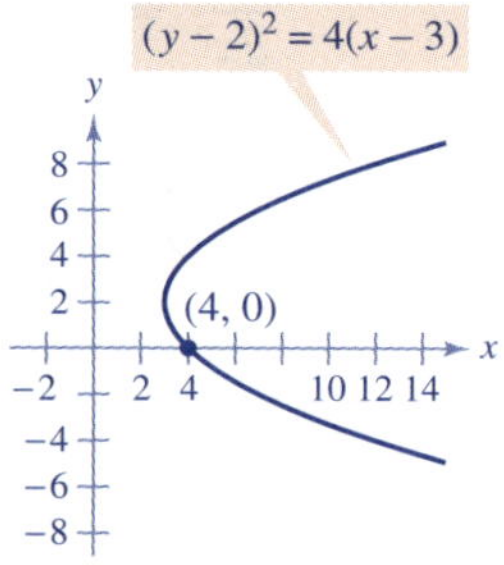

34. Círculo

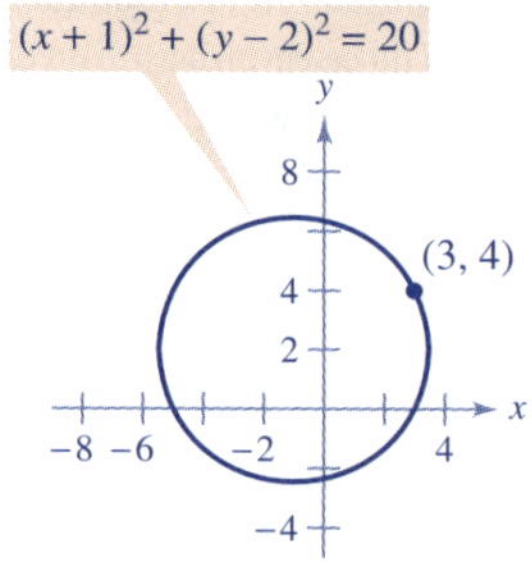

35. Hipérbole

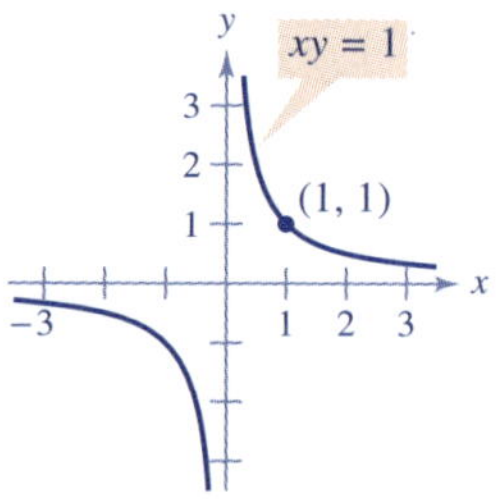

36. Elipse

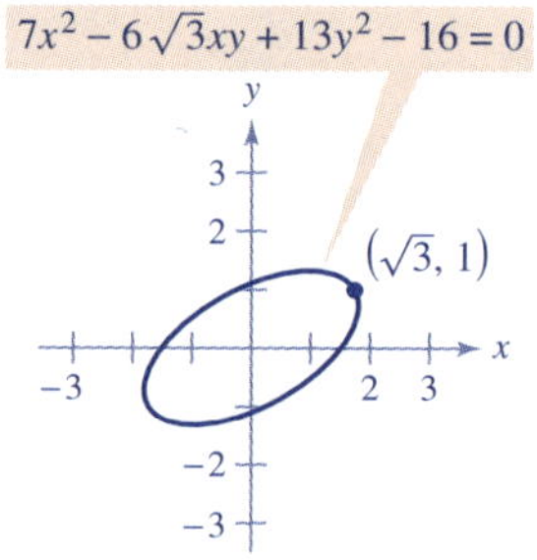

37. Cruciforme

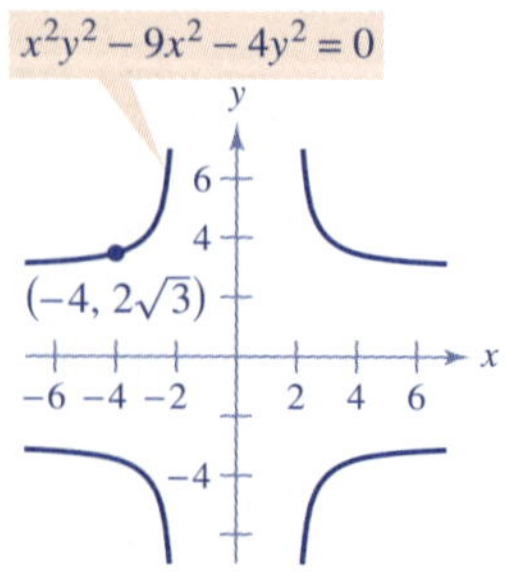

38. Astróide

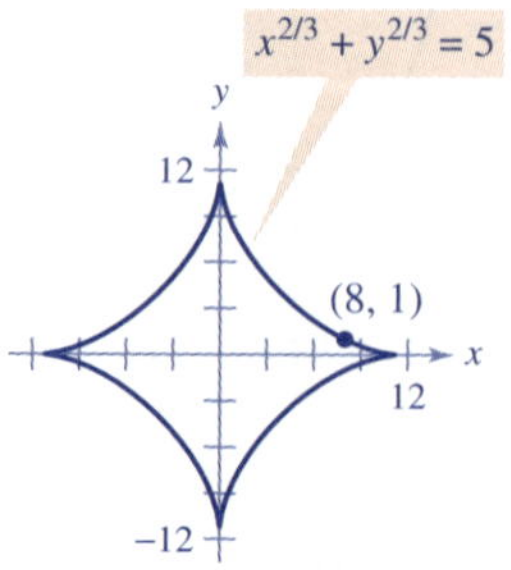

39. Lemniscata

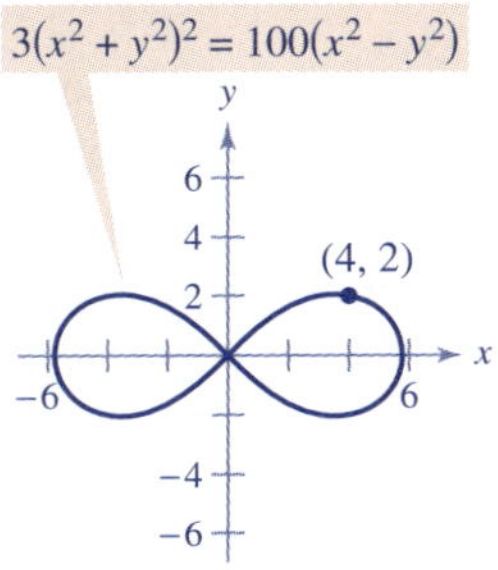

40. A Curva Kappa

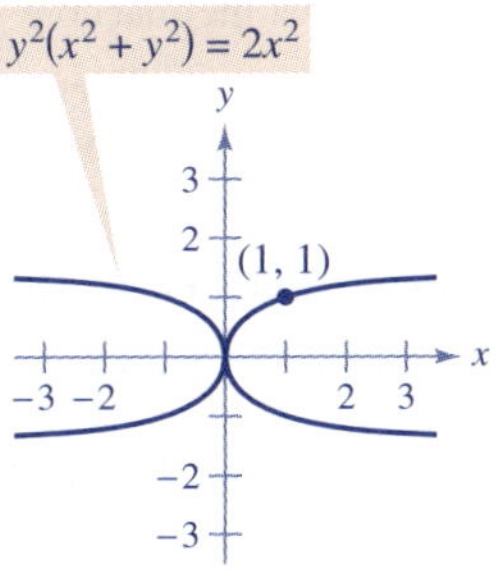

41. (a) Usando a derivação implícita, encontre uma equação da reta tangente à elipse $\frac{x^2}{2} + \frac{y^2}{8} = 1$ no ponto $(1, 2)$.

(b) Mostre que a equação da reta tangente à elipse $\frac{x^2}{a^2} + \frac{y^2}{b^2} = 1$ no ponto (x_0, y_0) é $\frac{x_0 x}{a^2} + \frac{y_0 y}{b^2} = 1$.

42. (a) Usando a derivação implícita, encontre uma equação da reta tangente à hipérbole $\frac{x^2}{6} - \frac{y^2}{8} = 1$ no ponto $(3, -2)$.

(b) Mostre que a equação da reta tangente à hipérbole $\frac{x^2}{a^2} - \frac{y^2}{b^2} = 1$ no ponto (x_0, y_0) é $\frac{x_0 x}{a^2} - \frac{y_0 y}{b^2} = 1$.

Nos Exercícios 43 e 44, usando a derivação implícita encontre dy/dx e determine o maior intervalo da forma $-a < y < a$ ou $0 < y < a$, de modo que y seja uma função derivável em relação a x. Expresse dy/dx como uma função de x.

43. $\operatorname{tg} y = x$ **44.** $\cos y = x$

Nos Exercícios 45 a 50 , expresse d^2y/dx^2 como função de x e y.

45. $x^2 + y^2 = 36$ **46.** $x^2y^2 - 2x = 3$

47. $x^2 - y^2 = 16$ **48.** $1 - xy = x - y$

49. $y^2 = x^3$ **50.** $y^2 = 4x$

Nos Exercícios 51 e 52, use uma ferramenta gráfica para desenhar a equação. Determine uma equação da reta tangente ao gráfico no ponto dado e desenhe a reta tangente na mesma janela.

51. $\sqrt{x} + \sqrt{y} = 4, \quad (9, 1)$ **52.** $y^2 = \frac{x-1}{x^2+1}, \quad \left(2, \frac{\sqrt{5}}{5}\right)$

Nos Exercícios 53 e 54, encontre equações das retas tangentes e normais ao círculo nos pontos dados. (A *reta normal* num ponto é perpendicular à reta tangente neste ponto.) Use uma ferramenta gráfica para desenhar a equação, a reta tangente e a reta normal.

53. $x^2 + y^2 = 25$
$(4, 3), (-3, 4)$

54. $x^2 + y^2 = 9$
$(0, 3), (2, \sqrt{5})$

55. Mostre que a reta normal por qualquer ponto do círculo $x^2 + y^2 = r^2$ passa pela origem.

56. Dois círculos de raio 4 tangenciam o gráfico da função $y^2 = 4x$ no ponto $(1, 2)$. Encontre equações para estes dois círculos.

Nos Exercícios 57 e 58, determine os pontos nos quais o gráfico da equação tem uma reta tangente horizontal ou vertical.

57. $25x^2 + 16y^2 + 200x - 160y + 400 = 0$

58. $4x^2 + y^2 - 8x + 4y + 4 = 0$

Trajetórias Ortogonais **Nos Exercícios 59 a 62, use uma ferramenta gráfica para esboçar os gráficos das equações e mostrar que eles se interseptam ortogonalmente. (Dois gráficos se intersectam ortogonalmente se nos pontos de interseção as suas retas tangentes são perpendiculares entre si.)**

59. $2x^2 + y^2 = 6$
$y^2 = 4x$

60. $y^2 = x^3$
$2x^2 + 3y^2 = 5$

61. $x + y = 0$
$x = \operatorname{sen} y$

62. $x^3 = 3(y - 1)$
$x(3y - 29) = 3$

Trajetórias Ortogonais **Nos Exercícios 63 e 64, verifique se as duas famílias de curvas são ortogonais. Aqui C e K são números reais. Utilizando uma ferramenta gráfica desenhe estas famílias para dois valores distintos de C e K.**

63. $xy = C, \quad x^2 - y^2 = K$ **64.** $x^2 + y^2 = C^2, \quad y = Kx$

Nos Exercícios 65 a 68, derive (a) em relação a x (y é função de x) e (b) em relação a t (x e y são funções de t).

65. $2y^2 - 3x^4 = 0$ **66.** $x^2 - 3xy^2 + y^3 = 10$

67. $\cos \pi y - 3 \operatorname{sen} \pi x = 1$ **68.** $4 \operatorname{sen} x \cos y = 1$

Questões Conceituais

69. Descreva a diferença entre a forma explícita de uma função e uma equação implícita. Dê um exemplo de cada caso.

70. Use suas próprias palavras para delinear os procedimentos para uma derivação implícita.

71. ***Trajetórias Ortogonais*** A figura abaixo mostra o mapa topográfico usado por um grupo de escursionistas. Eles se encontram numa parte arborizada do topo da colina mostrada no mapa, e decidem seguir a trilha mais íngreme possível (trajetórias ortogonais aos contornos mostrados no mapa). Trace a rota deles se partirem do ponto A e se partirem do ponto B. Se o objetivo deles é chegar à estrada que se encontra ao longo do topo do mapa, de que ponto devem partir? Para imprimir uma versão ampliada do mapa, visite *www.mathgraphs.com.*

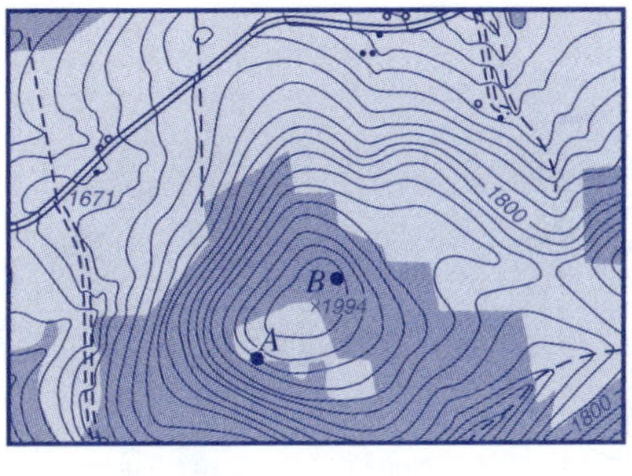

72. ***Mapa do Tempo*** O mapa do tempo mostra várias isobáricas — curvas que representam regiões onde a pressão atmosférica é constante. Três regiões onde a pressão atmosférica é alta

A e uma região onde a pressão atmosférica é baixa B são indicadas no mapa. Use o mapa para determinar as áreas onde a velocidade do vento é maior, sabendo-se que a velocidade do vento é maior ao longo das curvas ortogonais às isobáricas.

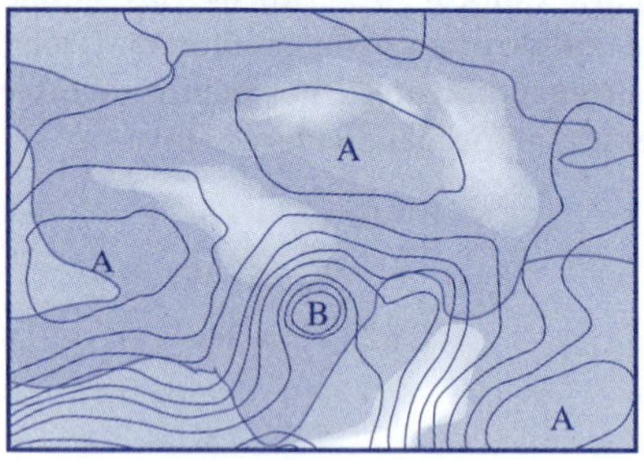

73. Considere a equação $x^4 = 4(4x^2 - y^2)$.

(a) Use uma ferramenta gráfica para desenhar a equação.

(b) Determine e desenhe as quatro retas tangentes a esta curva para $y = 3$.

(c) Calcule o ponto de interseção das duas retas tangentes no primeiro quadrante.

74. Seja L qualquer reta tangente à curva $\sqrt{x} + \sqrt{y} = \sqrt{c}$. Mostre que a soma dos valores da cordenada não nula da interseção de L com o eixo x e com o eixo y é igual a c.

75. Demonstre (Teorema 2.3) que

$$\frac{d}{dx}[x^n] = nx^{n-1}$$

no caso em que n é um número racional. (*Sugestão*: Escreva $y = x^{p/q}$ na forma $y^q = x^p$ e use derivação implícita. Considere que p e q são inteiros e $q > 0$.)

76. ***Inclinação*** Determine todos os pontos do círculo $x^2 + y^2 = 25$ onde a inclinação é $\frac{3}{4}$.

77. ***Reta Tangente Horizontal*** Determine os pontos nos quais o gráfico da equação $y^4 = y^2 - x^2$ tem uma reta tangente horizontal.

78. ***Retas Tangentes*** Determine a equação de ambas as retas tangentes à elipse $\frac{x^2}{4} + \frac{y^2}{9} = 1$ e que passam pelo ponto $(4, 0)$.

79. ***Reta Normal de uma Parábola*** A figura mostra as retas normais ao gráfico da parábola $x = y^2$ que passam pelo ponto $(2, 0)$. Quantas retas normais ao gráfico da parábola passam pelo ponto $(x_0, 0)$ se (a) $x_0 = \frac{1}{4}$, (b) $x_0 = \frac{1}{2}$ e (c) $x_0 = 1$? Para qual valor de x_0 estas retas tangentes são ortogonais entre si?

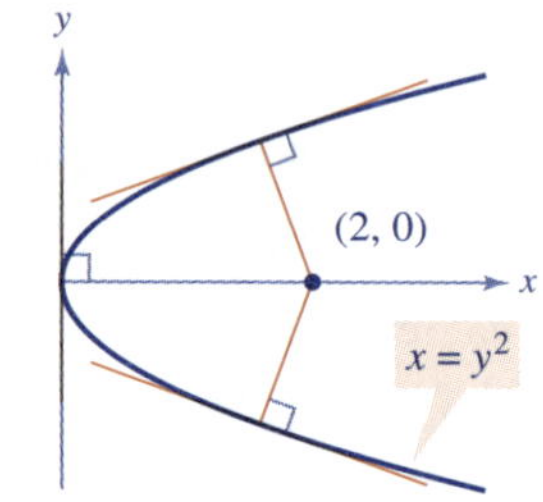

80. ***Retas Normais*** (a) Determine uma equação para a reta normal à elipse

$$\frac{x^2}{32} + \frac{y^2}{8} = 1$$

no ponto $(4, 2)$. (b) Use uma ferramenta gráfica para traçar o gráfico da elipse e da reta normal pedida. (c) Em que outros pontos a reta normal do item (a) intersepta a elipse?

Projeto da Seção: Ilusão de Ótica

Em cada figura abaixo é criada uma ilusão de ótica interceptando retas com uma família de curvas. Em cada caso as retas parecem estar curvadas. Calcule o valor de dy/dx para os valores de x e y especificados abaixo.

(a) Círculos: $x^2 + y^2 = C^2$

$x = 3, y = 4, C = 5$

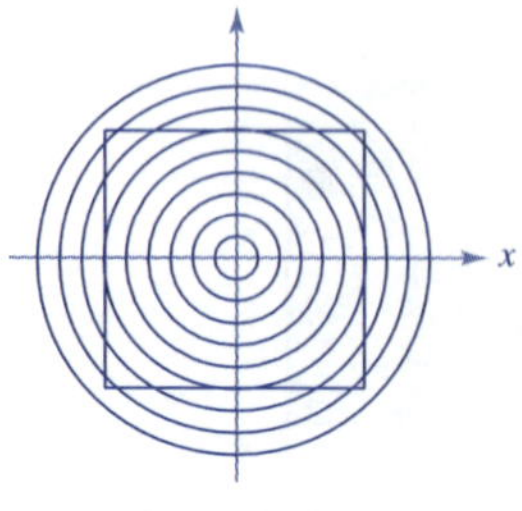

(b) Hipérboles: $xy = C$

$x = 1, y = 4, C = 4$

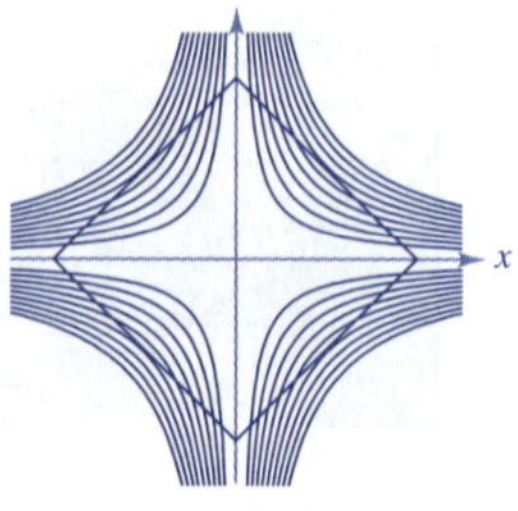

(c) Retas: $ax = by$

$x = \sqrt{3}, y = 3,$
$a = \sqrt{3}, b = 1$

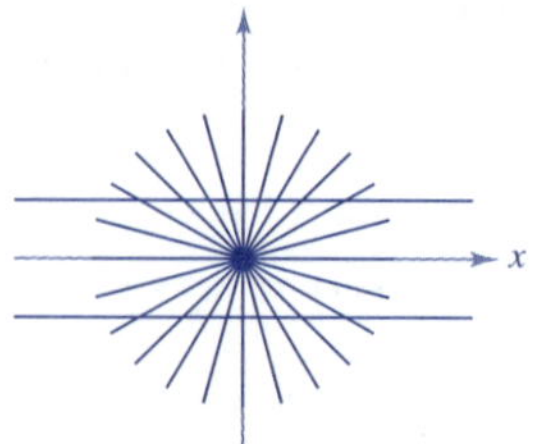

(d) Curvas tipo cosseno: $y = C \cos x$

$x = \frac{\pi}{3}, y = \frac{1}{3}, C = \frac{2}{3}$

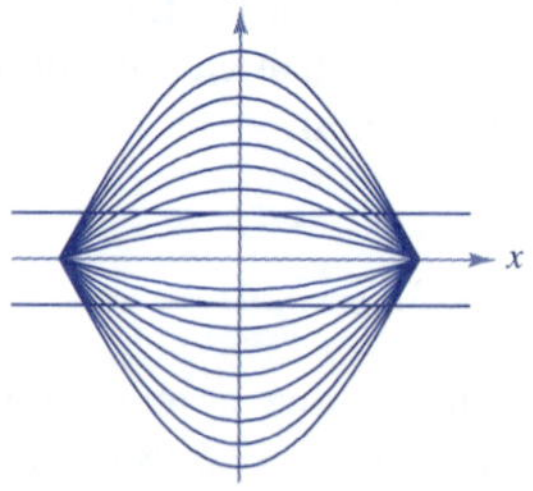

PARA MAIS INFORMAÇÃO Para saber mais sobre a matemática por trás das ilusões de ótica, consulte o artigo "Descriptive Models for Perception of Optical Illusions", escrito por David A. Smith e publicado na revista *UMAP Journal*.

Seção 2.6 Taxas Relacionadas

- **Calcular taxas relacionadas.**
- **Usar taxas relacionadas na solução de problemas da vida real.**

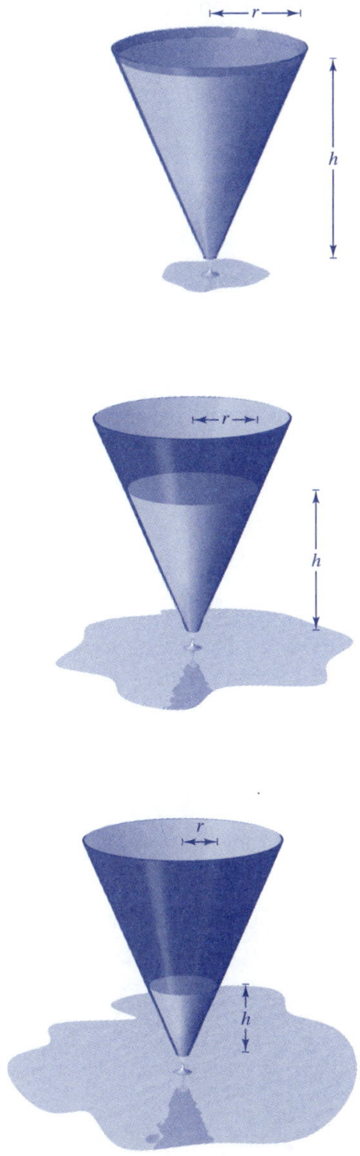

O volume é relacionado à altura e ao raio.
Figura 2.33

Calculando Taxas Relacionadas

Já foi visto como a Regra da Cadeia pode ser usada para calcular dy/dx implicitamente. Outra forma importante de usar a Regra da Cadeia é para calcular a taxa de variação de duas ou mais variáveis relacionadas e que dependam do tempo.

Por exemplo, quando um tanque com formato de um cone (veja a Figura 2.33) é esvaziado, o volume V, o raio r e a altura h do nível da água, são todos funções do tempo t. Sabendo que estas variáveis estão relacionadas pela equação

$$V = \frac{\pi}{3} r^2 h \qquad \text{Equação original}$$

podemos, por meio da derivação implícita em relação à variável t, obter a equação de **taxas relacionadas**:

$$\frac{d}{dt}(V) = \frac{d}{dt}\left(\frac{\pi}{3} r^2 h\right)$$

$$\frac{dV}{dt} = \frac{\pi}{3}\left[r^2 \frac{dh}{dt} + h\left(2r\frac{dr}{dt}\right)\right] \qquad \text{Derive com relação a } t$$

$$= \frac{\pi}{3}\left(r^2 \frac{dh}{dt} + 2rh\frac{dr}{dt}\right).$$

Podemos notar, desta equação, que a taxa de variação de V é relacionada tanto à taxa de variação de h quanto à de r.

INVESTIGAÇÃO

Calculando uma Taxa Relacionada Suponha que no tanque cônico da Figura 2.33, a altura está variando com uma taxa de $-0{,}2$ metros por minuto e o raio está variando a uma taxa de $-0{,}1$ metro por minuto. Qual a taxa de variação do volume no instante em que o raio $r = 1$ metro e a altura $h = 2$ metros? A taxa de variação do volume depende dos valores de r e h? Explique.

EXEMPLO 1 Duas Taxas Relacionadas entre Si

Suponha que x e y são funções deriváveis em relação à variável t e que estão relacionadas pela equação $y = x^2 + 3$. Calcule dy/dt quando $x = 1$, sabendo que $dx/dt = 2$ se $x = 1$.

Solução Usando a Regra da Cadeia podemos derivar ambos os lados da equação *em relação à variável t*.

$$y = x^2 + 3 \qquad \text{Escreva a equação original}$$

$$\frac{d}{dt}[y] = \frac{d}{dt}[x^2 + 3] \qquad \text{Derive em relação à variável } t$$

$$\frac{dy}{dt} = 2x\frac{dx}{dt} \qquad \text{Regra da Cadeia}$$

Para $x = 1$ e $dx/dt = 2$, obtém-se:

$$\frac{dy}{dt} = 2(1)(2) = 4.$$

PARA MAIS INFORMAÇÃO Para aprender mais sobre a história dos problemas de taxas relacionadas, leia o artigo "The Lenghtening Shadow: The Story of Related Rates", escrito por Bill Austin, Don Barry e David Berman e publicado na revista *Mathematics Magazine*; ou consulte *www.matharticles.com.*

Problemas Envolvendo Taxas Relacionadas

No Exemplo 1 foi dada uma equação que relaciona as variáveis x e y e foi pedido para você calcular a taxa de variação de y em relação à variável t quando $x = 1$.

Equação: $y = x^2 + 3$

Taxa dada: $\dfrac{dx}{dt} = 2$ para $x = 1$

Calcule: $\dfrac{dy}{dt}$ para $x = 1$

Nos exemplos restantes desta seção você deve *criar* um modelo matemático do problema a partir de sua descrição verbal.

W. Cody/Corbis

A área total aumenta na medida em que o raio externo aumenta.
Figura 2.34

EXEMPLO 2 Ondulação num Lago

Uma pedra lançada num lago parado origina ondulações na forma de círculos concêntricos, como na Figura 2.34. O raio r do círculo externo aumenta a uma taxa de 1 pé por segundo. Quando o raio medir 4 pés, qual será a taxa de variação da área A da parte ondulada?

Solução As variáveis r e A estão relacionadas pela equação $A = \pi r^2$. A taxa de variação do raio é $dr/dt = 1$.

Equação: $A = \pi r^2$

Taxa dada: $\dfrac{dr}{dt} = 1$

Calcule: $\dfrac{dA}{dt}$ para $r = 4$

Com estas informações podemos proceder como no Exemplo 1.

$$\frac{d}{dt}[A] = \frac{d}{dt}[\pi r^2] \qquad \text{Derive em relação à variável } t$$

$$\frac{dA}{dt} = 2\pi r \frac{dr}{dt} \qquad \text{Regra da Cadeia}$$

$$\frac{dA}{dt} = 2\pi(4)(1) = 8\pi \qquad \text{Substitua } r \text{ por 4 e } dt/dt \text{ por 1}$$

No instante em que o raio medir 4 pés, a taxa de variação da área é 8π pés por segundo.

Procedimentos para Resolver Problemas de Taxas Relacionadas

1. Identifique *todas* as quantidades dadas e aquelas que devem ser *calculadas*. Faça um esboço do problema e rotule as quantidades envolvidas.
2. Escreva uma equação envolvendo as variáveis cujas taxas de variação ou são dadas ou precisam ser calculadas.
3. Usando a Regra da Cadeia, derive implicitamente ambos os lados da equação *em relação à variável t*.
4. *Após* executar o Passo 3, substitua, na equação resultante, todos os valores dados das variáveis e de suas taxas de variação. Por fim, calcule a taxa de variação pedida.

OBSERVAÇÃO Ao usar estes procedimentos, tenha certeza de que o Passo 3 foi executado antes do Passo 4. Se os valores dados das variáveis forem substituídos antes de derivar, obter-se-á uma taxa incorreta.

A tabela abaixo relaciona exemplos de modelos matemáticos envolvendo taxas de variação. Por exemplo, no primeiro caso a taxa de variação é a velocidade de um carro.

Formulação Verbal	Modelo Matemático
A velocidade de um carro viajando por 1 hora é de 50 milhas por hora.	x = distância percorrida $\frac{dx}{dt} = 50$ para $t = 1$
Água está sendo bombeada numa piscina a uma taxa de 10 metros cúbicos por hora.	V = volume da água na piscina $\frac{dV}{dt} = 10\ m^3/h$
Uma engrenagem está girando numa taxa de 25 rotações por minuto (1 rotação = 2 π rad).	θ = ângulo de rotação $\frac{d\theta}{dt} = 25(2\pi)$ rad/min

EXEMPLO 3 Enchendo um Balão

Enche-se um balão esférico (conforme a Figura 2.35) a uma taxa de 4,5 pés cúbicos por minuto. Calcule a taxa de variação do raio quando este medir 2 pés.

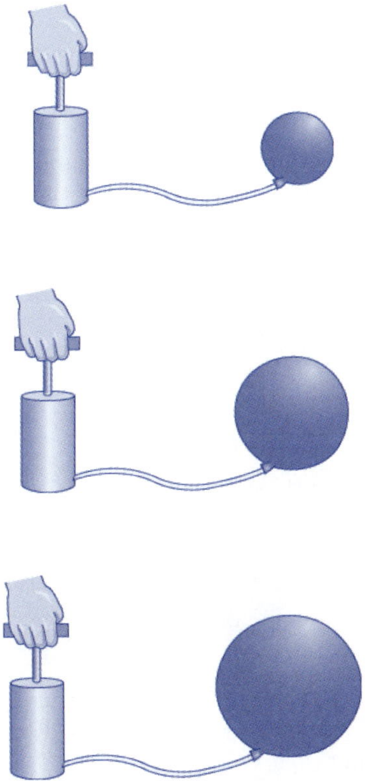

Enchendo um balão.
Figura 2.35

Solução Seja V o volume do balão e r o seu raio. Como o volume aumenta a uma taxa de 4,5 centímetros cúbicos por minuto, sabemos que no instante t a taxa de variação do volume é $dV/dt = \frac{9}{2}$. Logo, o problema pode ser formulado como segue.

Taxa dada: $\frac{dV}{dt} = \frac{9}{2}$ (a taxa de variação é constante)

Calcule: $\frac{dr}{dt}$ para $r = 2$

Para calcular a taxa de variação do raio, você deve encontrar uma equação que relacione o raio r com o volume V.

Equação: $V = \frac{4}{3}\pi r^3$ Volume de uma esfera

Derivando ambos os lados da equação em relação à variável t, obtém-se

$$\frac{dV}{dt} = 4\pi r^2 \frac{dr}{dt}$$ Derive em relação à variável t

$$\frac{dr}{dt} = \frac{1}{4\pi r^2}\left(\frac{dV}{dt}\right).$$ Calcule dr/dt

Finalmente, para $r = 2$, a taxa de variação do raio é

$$\frac{dr}{dt} = \frac{1}{16\pi}\left(\frac{9}{2}\right) \approx 0{,}09 \text{ pés por minuto}$$

No Exemplo 3, note que a taxa de variação do volume é *constante*, porém a taxa de variação do raio *não*. O fato de duas taxas serem relacionadas não implica que elas sejam proporcionais. Neste exemplo, a taxa de variação do raio diminui com o tempo. Qual a explicação?

EXEMPLO 4 A Velocidade de um Avião Rastreado por Radar

Um avião segue uma rota que passa diretamente sobre uma estação de rastreamento por radar, como ilustrado na Figura 2.36. Sabendo que s decresce a uma taxa de 400 milhas por hora, qual a velocidade escalar do avião?

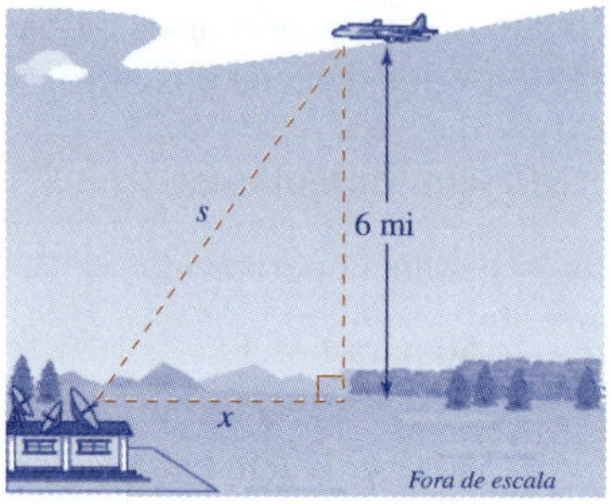

Um avião está voando a uma altitude de 6 milhas e a uma distância de s milhas da estação.
Figura 2.36

Solução Seja x a distância horizontal até a estação, como representado na Figura 2.36. Observe que, quando $s = 10$, $x = \sqrt{10^2 - 36} = 8$.

Taxa dada: $ds/dt = -400$ para $s = 10$

Calcule: dx/dt para $s = 10$ e $x = 8$

A velocidade do avião pode ser calculada da seguinte maneira:

Equação: $x^2 + 6^2 = s^2$ — Teorema de Pitágoras

$$2x\frac{dx}{dt} = 2s\frac{ds}{dt}$$ Derive em relação a t

$$\frac{dx}{dt} = \frac{s}{x}\left(\frac{ds}{dt}\right)$$ Calcule dx/dt

$$\frac{dx}{dt} = \frac{10}{8}(-400)$$ Substitua os valores de s, x e ds/dt

$$= -500 \text{ milhas por hora}$$ Simplifique

Como a velocidade é -500 milhas por hora, segue que a velocidade escalar é 500 milhas por hora.

EXEMPLO 5 Um Ângulo de Elevação Variável

Calcule a taxa de variação do ângulo de elevação da câmera, mostrada na Figura 2.37, após 10 segundos do lançamento.

Solução Seja θ o ângulo de elevação (veja a Figura 2.37). Quando $t = 10$ a altitude do foguete é de $s = 50t^2 = 50(10)^2 = 5.000$ pés.

A taxa dada: $ds/dt = 100t$ = velocidade escalar do foguete

Calcule: $d\theta/dt$ quando $t = 10$ e $s = 5.000$

Usando a Figura 2.37, relacione s e t pela equação tg $\theta = s/2.000$.

Equação: $$\text{tg } \theta = \frac{s}{2.000}$$ Confira a Figura 2.37

$$(\sec^2\theta)\frac{d\theta}{dt} = \frac{1}{2.000}\left(\frac{ds}{dt}\right)$$ Derive em relação a t

$$\frac{d\theta}{dt} = \cos^2\theta\,\frac{100t}{2.000}$$ Substitua $100t$ por ds/dt

$$= \left(\frac{2.000}{\sqrt{s^2 + 2.000^2}}\right)^2 \frac{100t}{2.000}$$ $\cos\theta = 2000/\sqrt{s^2 + 2.000^2}$

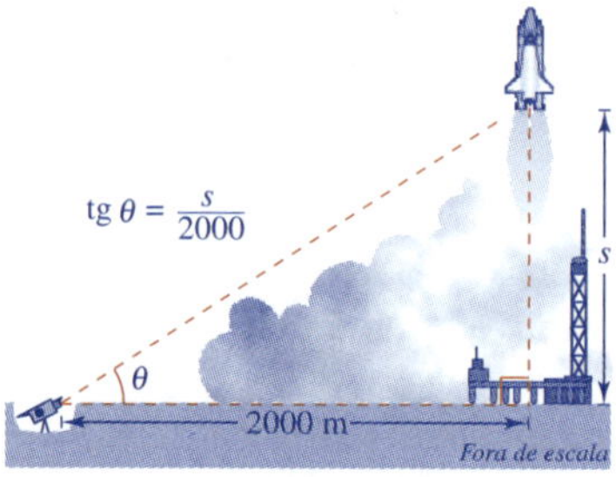

O lançamento de uma nave espacial está sendo filmado por uma câmera que se encontra no solo. A nave está se elevando na direção vertical e sua função posição é $s = 50t^2$, onde s é medido em pés e t é medido em segundos. A distância da câmera até a plataforma de lançamento é de 2.000 pés.
Figura 2.37

Quando $t = 10$ e $s = 5000$, obtém-se:

$$\frac{d\theta}{dt} = \frac{2.000(100)(10)}{5.000^2 + 2.000^2} = \frac{2}{29} \text{ radianos por segundo.}$$

Logo, para $t = 10$, o ângulo θ está variando a uma taxa de $\frac{2}{29}$ de radianos por segundo.

EXEMPLO 6 A Velocidade de um Pistão

No motor mostrado na Figura 2.39, um bastão de conexão de 7 polegadas é acoplado a uma manivela cujo raio é 3 polegadas. A manivela gira no sentido anti-horário a uma taxa constante de 200 rotações por minuto. Calcule a velocidade do pistão quando $\theta = \pi/3$.

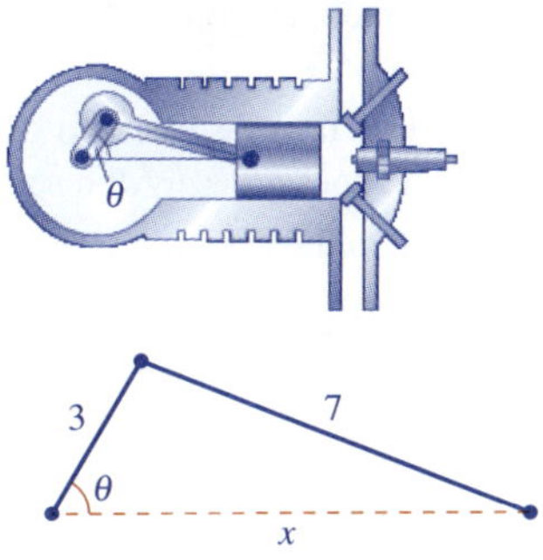

A velocidade de um pistão é relacionada ao ângulo da manivela.
Figura 2.38

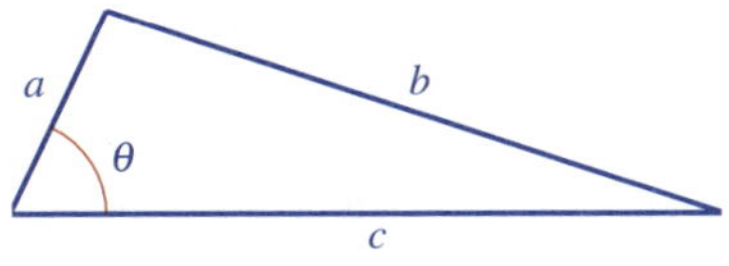

Lei dos Cossenos
$b^2 = a^2 + c^2 - 2ac\cos\theta$
Figura 2.39

Solução Indique os comprimentos dados conforme mostrado na Figura 2.39. Como uma rotação completa corresponde a 2π radianos, segue que $du/dt = 200(2\pi) = 400\pi$.

Taxa dada: $\quad \dfrac{d\theta}{dt} = 400\pi \quad$ (constante)

Calcule: $\quad \dfrac{dx}{dt} \quad$ quando $\quad \theta = \dfrac{\pi}{3}$

Podemos usar a Lei dos Cossenos (Figura 2.39) para relacionar x e θ.

Equação:

$$7^2 = 3^2 + x^2 - 2(3)(x)\cos\theta$$

$$0 = 2x\frac{dx}{dt} - 6\left(-x \operatorname{sen}\theta\frac{d\theta}{dt} + \cos\theta\frac{dx}{dt}\right)$$

$$(6\cos\theta - 2x)\frac{dx}{dt} = 6x\operatorname{sen}\theta\frac{d\theta}{dt}$$

$$\frac{dx}{dt} = \frac{6x\operatorname{sen}\theta}{6\cos\theta - 2x}\left(\frac{d\theta}{dt}\right)$$

Quando $\theta = \pi/3$, você pode calcular o valor de x da seguinte maneira:

$$7^2 = 3^2 + x^2 - 2(3)(x)\cos\frac{\pi}{3}$$

$$49 = 9 + x^2 - 6x\left(\frac{1}{2}\right)$$

$$0 = x^2 - 3x - 40$$

$$0 = (x - 8)(x + 5)$$

$$x = 8 \qquad \text{Escolha o valor positivo}$$

Logo, para $x = 8$ e $\theta = \pi/3$, a velocidade do pistão é

$$\frac{dx}{dt} = \frac{6(8)(\sqrt{3}/2)}{6(1/2) - 16}(400\pi)$$

$$= \frac{9.600\pi\sqrt{3}}{-13}$$

$$\approx -4.018 \text{ polegadas por minuto}$$

OBSERVAÇÃO Note que a velocidade encontrada no Exemplo 6 é negativa, pois a variável x representa uma distância que está diminuindo.

Exercícios da Seção 2.6

Nos Exercícios 1 a 4, suponha que x e y sejam funções deriváveis em relação à variável t e calcule dy/dt e dx/dt conforme pedido.

Equação	*Calcule*	*Dado*
1. $y = \sqrt{x}$	(a) $\dfrac{dy}{dt}$ para $x = 4$	$\dfrac{dx}{dt} = 3$
	(b) $\dfrac{dx}{dt}$ para $x = 25$	$\dfrac{dy}{dt} = 2$
2. $y = 2(x^2 - 3x)$	(a) $\dfrac{dy}{dt}$ para $x = 3$	$\dfrac{dx}{dt} = 2$
	(b) $\dfrac{dx}{dt}$ para $x = 1$	$\dfrac{dy}{dt} = 5$
3. $xy = 4$	(a) $\dfrac{dy}{dt}$ para $x = 8$	$\dfrac{dx}{dt} = 10$
	(b) $\dfrac{dx}{dt}$ para $x = 1$	$\dfrac{dy}{dt} = -6$
4. $x^2 + y^2 = 25$	(a) $\dfrac{dy}{dt}$ para $x = 3, y = 4$	$\dfrac{dx}{dt} = 8$
	(b) $\dfrac{dx}{dt}$ para $x = 4, y = 3$	$\dfrac{dy}{dt} = -2$

Nos Exercícios 5 a 8, um ponto está se deslocando ao longo do gráfico da função dada de tal forma que $dx/dt = 2$ centímetros por segundo. Calcule dy/dt para os valores indicados de x.

5. $y = x^2 + 1$ (a) $x = -1$ (b) $x = 0$ (c) $x = 1$

6. $y = \dfrac{1}{1 + x^2}$ (a) $x = -2$ (b) $x = 0$ (c) $x = 2$

7. $y = \operatorname{tg} x$ (a) $x = -\dfrac{\pi}{3}$ (b) $x = -\dfrac{\pi}{4}$ (c) $x = 0$

8. $y = \operatorname{sen} x$ (a) $x = \dfrac{\pi}{6}$ (b) $x = \dfrac{\pi}{4}$ (c) $x = \dfrac{\pi}{3}$

Questões Conceituais

Nos Exercícios 9 e 10, usando o gráfico da função *f* (a) determine se dy/dt é positivo ou negativo sabendo que dx/dt é negativo e (b) determine se dx/dt é positivo ou negativo sabendo que dy/dt é positivo.

9.

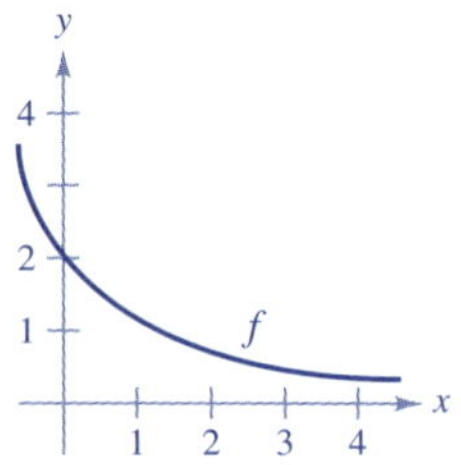

10.

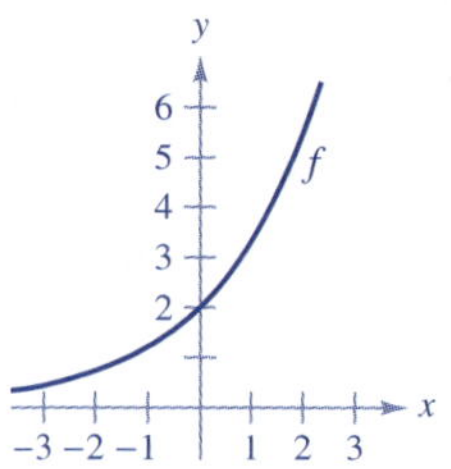

11. Considere a função linear $y = ax + b$. Se x está variando a uma taxa constante, isso implica que a taxa de variação de y também é constante? No caso afirmativo, as duas taxas são iguais? Explique.

12. Usando as suas próprias palavras, dê os procedimentos para resolver problemas de taxas relacionadas.

13. Calcule a taxa de variação da distância entre a origem e um ponto que se desloca ao longo do gráfico da função $y = x^2 + 1$, supondo que $dx/dt = 2$ centímetros por segundo.

14. Calcule a taxa de variação da distância entre a origem e um ponto que se desloca ao longo do gráfico da função $y = \operatorname{sen} x$, supondo que $dx/dt = 2$ centímetros por segundo.

15. ***Área*** O raio r de um círculo está aumentando a uma taxa de 3 centímetros por minuto. Calcule a taxa de variação da área do círculo quando (a) $r = 6$ centímetros e (b) $r = 24$ centímetros.

16. ***Área*** Seja A a área de um círculo de raio r, que é uma função do tempo t. Se dr/dt é constante, então dA/dt também é constante? Justifique.

17. ***Área*** O ângulo formado pelos lados de mesmo comprimento s de um triângulo isósceles é denotado por θ.

(a) Mostre que a área do triângulo é dada por $A = \frac{1}{2}s^2 \operatorname{sen} \theta$.

(b) Se θ está crescendo à taxa de $\frac{1}{2}$ radianos por minuto, calcule as taxas de variação da área quando $\theta = \pi/6$ e $\theta = \pi/3$.

(c) Dê uma explicação para o fato de a taxa de variação da área do triângulo não ser constante apesar de $d\theta/dt$ o ser.

18. ***Volume*** O raio de uma esfera está aumentando a uma taxa de 2 polegadas por minuto.

(a) Calcule a taxa de variação do volume quando $r = 6$ polegadas e quando $r = 24$ polegadas.

(b) Dê uma explicação para o fato de a taxa de variação do volume da esfera não ser constante apesar de dr/dt o ser.

19. ***Volume*** Um balão esférico é inflado com gás a uma taxa de 800 centímetros cúbicos por minuto. A que taxa cresce o raio do balão quando o raio medir (a) 30 centímetros e (b) 60 centímetros?

20. ***Volume*** Os lados de um cubo estão aumentando a uma taxa de 3 centímetros por segundo. Qual a taxa de variação do volume quando cada lado do cubo medir (a) 1 centímetro e (b) 10 centímetros?

21. ***A Área de uma Superfície*** Nas mesmas condições do Exercício 20, determine a taxa de variação da área superficial do cubo quando cada lado medir (a) 1 centímetro e (b) 10 centímetros.

22. ***Volume*** O volume V de um cone é dado por $V = \frac{1}{3}\pi r^2 h$. Calcule a taxa de variação do volume do cone, se $dr/dt = 2$ polegadas por minuto e $h = 3r$, quando (a) $r = 6$ polegadas e (b) $r = 24$ polegadas.

23. ***Volume*** Numa usina de areia e cascalho, areia está caindo de um condutor sobre uma pilha em formato cônico, a uma taxa de 10 metros cúbicos por minuto. O diâmetro da base da pilha cônica é, aproximadamente, três vezes a sua altura. A que taxa a altura da pilha está variando no instante em que esta altura for igual a 15 polegadas?

24. ***Profundidade*** Um tanque em formato de cone (com vértice para baixo) tem 10 pés no seu diâmetro superior e 12 pés de profundidade e sua tampa tem um diâmetro de 10 pés. O tanque está se enchendo com água a uma taxa de 10 pés cúbicos por minuto. Calcule a taxa de variação da profundidade da água no instante em que a profundidade for de 8 pés.

25. ***Profundidade*** Uma piscina tem 12 metros de comprimento, 6 metros de largura, 1 metro de profundidade na parte mais rasa e 3 metros na parte mais funda (veja a figura). O nível da água na parte mais funda é de 1 metro. Começa-se a bombear água na piscina a uma taxa de $\frac{1}{4}$ metro cúbico por minuto.

(a) Qual a porcentagem da piscina que está cheia de água?

(b) A que taxa o nível da água está subindo?

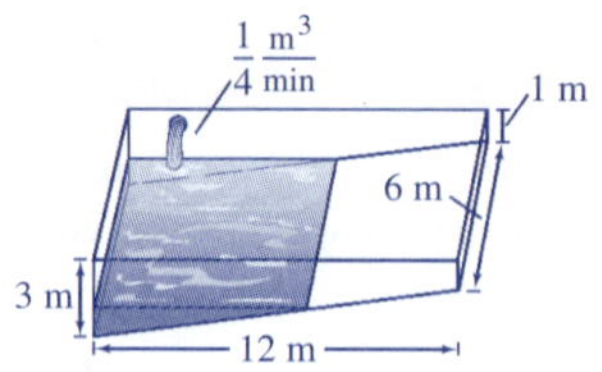

Figura do Exercício 25

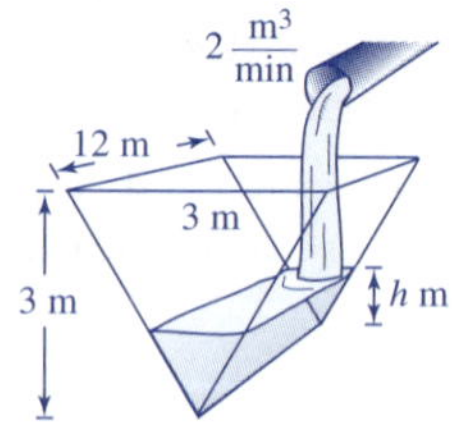

Figura do Exercício 26

26. ***Profundidade*** Uma calha de 12 metros de comprimento tem uma largura de 3 metros (veja a figura). Suas pontas são triângulos isósceles com 3 metros de altura.

(a) Suponha que água está sendo bombeada na vala a uma taxa de 2 metros cúbicos por minuto. A que taxa o nível da água está subindo quando h for igual a 1 metro?

(b) Se o nível da água está subindo a uma taxa de $\frac{3}{8}$ metros por minuto, determine a taxa com que a água está sendo bombeada para dentro da vala.

27. ***A Escada Deslizante*** Uma escada de 25 pés está encostada na parede de uma casa (veja figura). A base da escada é arrastada da parede a uma taxa de 2 pés por segundo.

(a) Qual a velocidade do topo da escada no instante em que a base se encontra a 7, 15 ou 24 pés da parede?

(b) Considere o triângulo formado pela parede da casa, a escada e o chão. Calcule a taxa de variação da área deste triângulo no instante em que a base da escada se encontra a 7 pés da parede.

(c) Calcule a taxa de variação do ângulo formado pela parede da casa e a escada, quando a base da escada estiver a 7 pés da parede.

Figura do Exercício 27

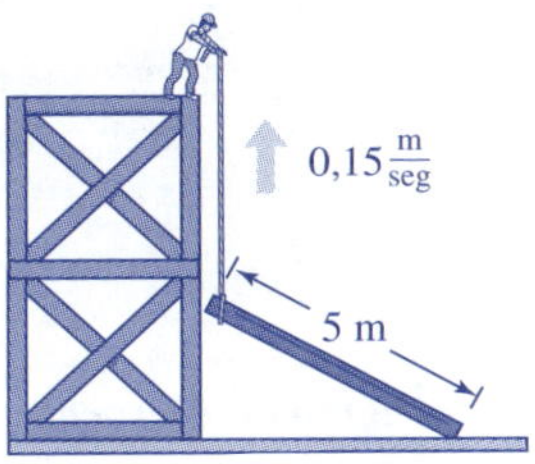

Figura do Exercício 28

PARA MAIS INFORMAÇÃO Para saber mais sobre a matemática associada a problemas envolvendo escadas em movimento, consulte o artigo "The Falling Ladder Paradox" escrito por Paul Scholten e Andrew Simoson e publicado na revista *The College Mathematics Journal*; ou consulte-o na página na Internet *www.matharticles.com*.

28. ***Construção*** Um operário de uma obra de construção puxa uma tábua de 5 metros para cima, ao longo da parede de um edifício em construção, utilizando uma corda que está presa numa das extremidades da tábua (veja a figura). Considere que a ponta livre da tábua se desloca num caminho perpendicular à parede do edifício e que o operário está puxando a corda a uma taxa de 0,15 metros por segundo. A que velocidade a ponta que está no chão está se deslocando quando esta se encontra a 2,5 metros da parede?

29. ***Construção*** Um guincho instalado no topo de um edifício de 12 metros puxa um cano de igual comprimento para a posição vertical conforme é ilustrado na figura. O guincho enrola um cabo a uma taxa de $-0{,}2$ metros por segundo. Calcule a taxa de variação na direção vertical e a taxa de variação na direção horizontal da ponta livre do tubo, quando $y = 6$.

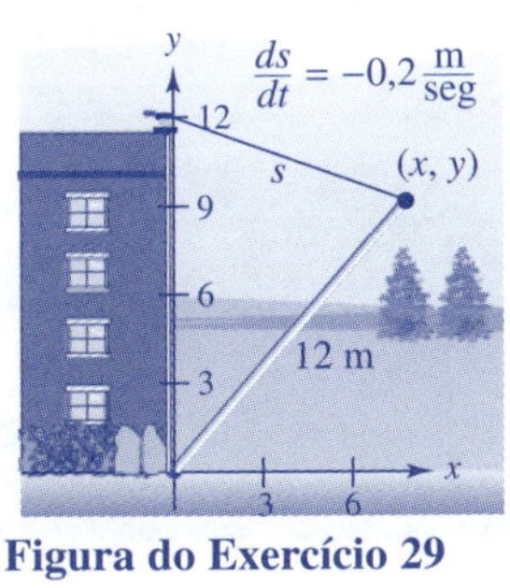

Figura do Exercício 29

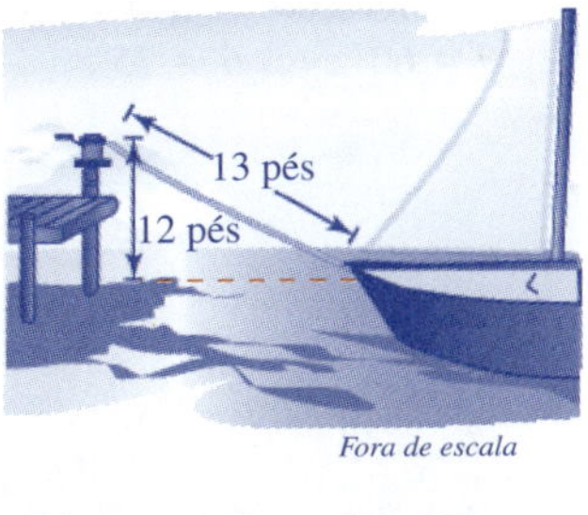

Figura do Exercício 30

30. ***Atracando o Barco*** Um guincho instalado a 12 pés acima do convés de um barco é usado para puxá-lo para dentro de um embarcadouro (veja a figura).

(a) O guincho recolhe um cabo a uma taxa de 4 pés por segundo. Calcule a velocidade do barco ao faltar 13 pés de cabo para serem recolhidos. O que acontece com a velocidade do barco quando este se aproxima do embarcadouro?

(b) Suponha que o barco está se deslocando a uma velocidade constante de 4 pés por segundo. Determine a que velocidade o guincho está enrolando o cabo ao faltar 13 pés de cabo para serem enrolados. O que acontece com a velocidade com que o guincho recolhe o cabo quando o barco se aproxima do embarcadouro?

31. ***Controle de Tráfego Aéreo*** Um controlador de trafego aéreo percebe que dois aviões, que estão voando na mesma altitude e ao longo de duas retas perpendiculares entre si, irão se chocar no ponto de interseção destas retas. Um dos aviões está a 150 milhas deste ponto e está se deslocando a uma velocidade de 450 milhas por hora. O outro avião está a 200 milhas do ponto e tem uma velocidade de 600 milhas por hora.

(a) A que taxa a distância entre os aviões está diminuindo?

(b) Quanto tempo resta para o controlador mudar a rota de um dos aviões?

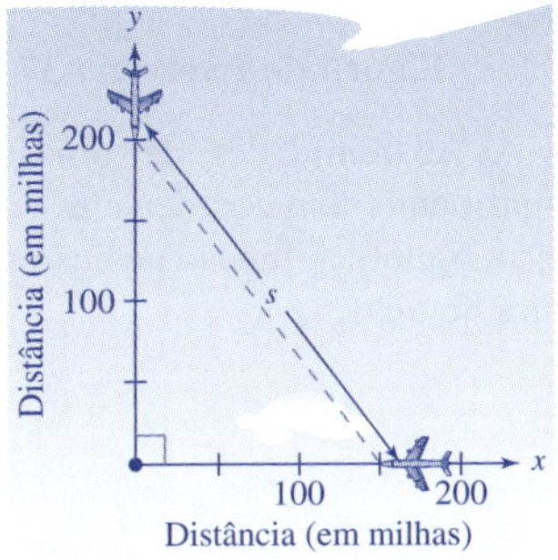

Figura do Exercício 31

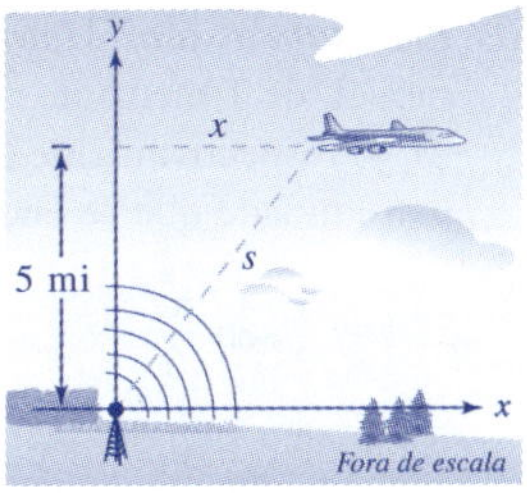

Figura do Exercício 32

32. ***Controle de Tráfego Aéreo*** Um avião está voando a uma altitude de 5 milhas e segue uma trajetória que passa sobre uma antena de radar (veja a figura). Quando o avião se encontra a uma distância de 10 milhas ($s = 10$), o radar detecta que a taxa de variação da distância s é de 240 milhas por hora. Qual a velocidade do avião?

33. ***Esportes*** A quadra de beisebol tem o formato de um quadrado com lados de 90 pés (veja a figura). Um jogador que corre da segunda para a terceira base, a uma velocidade de 28 pés por segundo, se encontra a 30 pés da terceira base. Qual a taxa de variação da distância entre o jogador e a base de chegada?

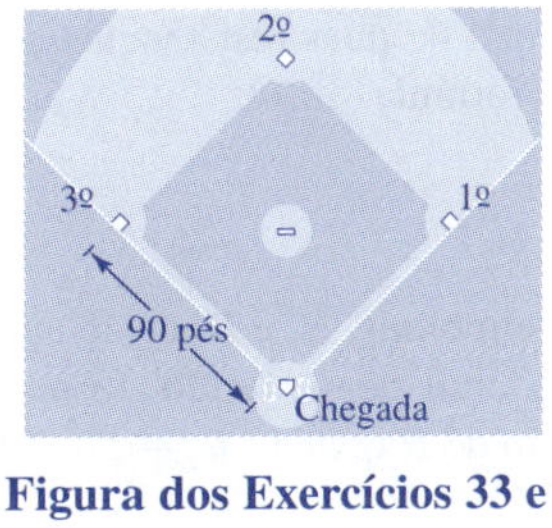

Figura dos Exercícios 33 e 34

Figura do Exercício 35

34. ***Esportes*** Nas condições do Exercício 33, suponha que o jogador está correndo da primeira para a segunda base a uma velocidade de 28 pés por segundo. Qual a taxa de variação da distância entre a base e o jogador quando este se encontra a 30 pés da segunda base?

35. ***Comprimento da Sombra*** Um homem de 6 pés de altura está se afastando, a uma velocidade de 5 pés por segundo, de uma lâmpada que se encontra a 15 pés acima do chão (veja a figura). No instante em que ele se encontra a 10 pés da base da lâmpada, calcule:

(a) a velocidade da ponta da sua sombra;

(b) a taxa de variação do comprimento da sua sombra.

36. ***Comprimento da Sombra*** Repita o Exercício 35 para um homem cuja altura é 6 pés e andando à troca de 5 pés por segundo em direção a uma lâmpada que se encontra a 20 pés do chão (veja a figura).

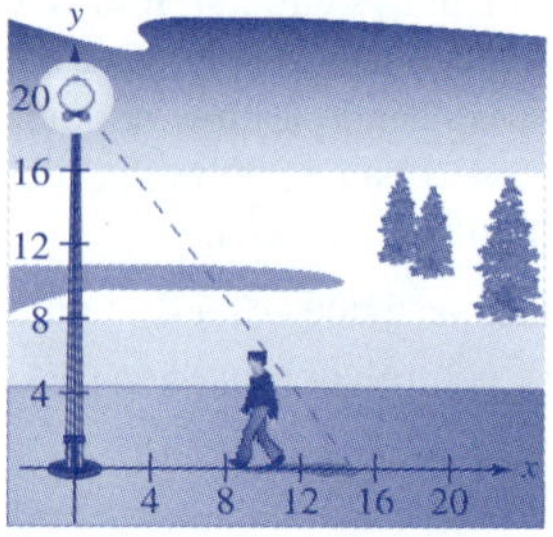

Figura do Exercício 36

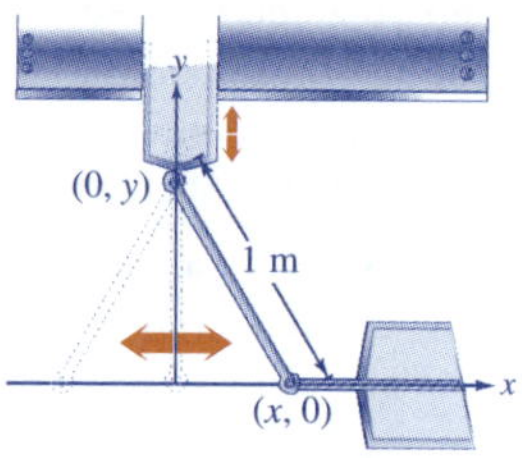

Figura do Exercício 37

37. ***Projetando um Motor*** As extremidades de um bastão móvel, de 1 metro de comprimento, têm coordenadas $(x, 0)$ e $(0, y)$ respectivamente (veja a figura). A função posição para a extremidade que se encontra no eixo x é

$$x(t) = \frac{1}{2}\operatorname{sen}\frac{\pi t}{6}$$

onde t é o tempo medido em segundos.

(a) Calcule o tempo para o bastão completar um ciclo.

(b) Qual o ponto mais baixo atingido pela extremidade do bastão que está sobre o eixo y?

(c) Calcule a velocidade do extremo que está sobre o eixo y quando o extremo sobre o eixo x estiver no ponto $\left(\frac{1}{4}, 0\right)$.

38. ***Projetando um Motor*** Repita o Exercício 37 para a função posição $x(t) = \frac{3}{5}\operatorname{sen}\pi t$. Use o ponto $\left(\frac{3}{10}, 0\right)$ na parte (c).

39. ***Evaporação*** Uma gota de chuva, na forma de uma esfera, encontra uma camada de ar seco ao longo de sua queda e começa a evaporar a uma taxa proporcional à área da sua superfície $(S = 4\pi r^2)$. Mostre que a velocidade com que o raio da gota está diminuindo é constante.

40. ***Eletricidade*** A resistência total de duas resistências conectadas em paralelo é dada pela fórmula

$$\frac{1}{R} = \frac{1}{R_1} + \frac{1}{R_2}$$

onde R, R_1 e R_2 são medidas em ohms. R_1 e R_2 estão aumentando a uma taxa de 1 e 1,5 ohm por segundo, respectivamente. Qual a taxa de variação de R quando $R_1 = 50$ ohms e $R_2 = 75$ ohms?

41. ***Expansão Adiabática*** Quando certo gás composto sofre uma expansão adiabática, a sua pressão p e seu volume V satisfazem à equação $pV^{1,3} = k$, onde k é uma constante. Determine a relação entre dp/dt e dV/dt.

42. ***Projeção de Estrada*** Os carros numa determinada estrada passam por um trecho com formato de um arco circular de raio r. Para não depender apenas do atrito para superar a força centrífuga, o trecho recebe um declive de um ângulo θ em relação ao horizontal (veja a figura). O ângulo do declive deve satisfazer a equação $rg \operatorname{tg} \theta = v^2$, onde v é a velocidade dos carros e $g = 32$ pés por segundo quadrado é a aceleração da gravidade. Determine a relação entre as taxas dv/dt e $d\theta/dt$.

43. ***Ângulo de Elevação*** Um balão está subindo a uma taxa de 3 metros por segundo a partir de um ponto a 30 metros de um observador. Calcule a taxa de variação do ângulo de elevação do balão, em relação ao observador, quando o balão se encontra a 30 metros do solo.

44. ***Ângulo de Elevação*** Um peixe é puxado, a uma taxa de 1 pé por segundo, de um ponto que está a 10 pés acima do nível da água (veja a figura). Qual a taxa de variação do ângulo formado entre a água e a linha quando restar 25 pés de linha para ser rebobinada?

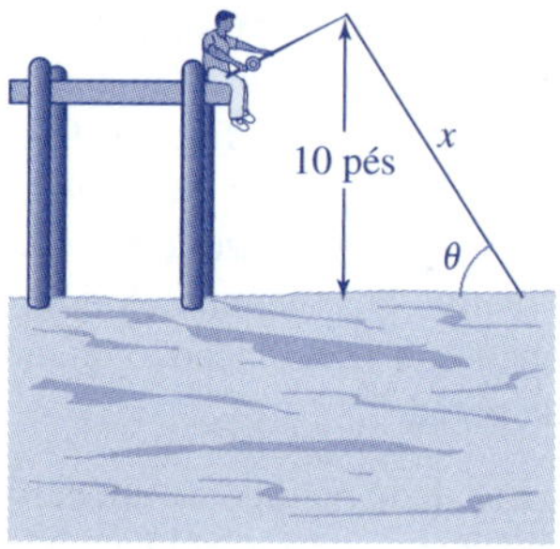

45. ***Ângulo de Elevação*** Um avião está voando a uma altitude de 5 milhas em direção a um ponto diretamente sobre um observador no solo (veja a figura). A velocidade do avião é de 600 milhas por hora. Calcule a taxa de variação do ângulo de elevação θ quando este ângulo for (a) $\theta = 30°$, (b) $\theta = 60°$ e (c) $\theta = 75°$.

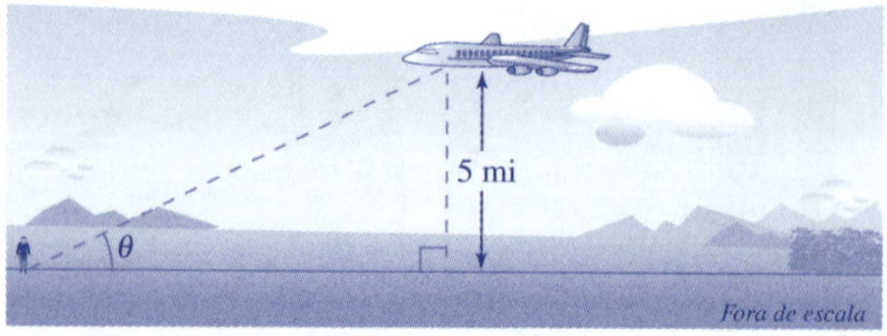

46. ***Velocidade Linear* versus *Velocidade Angular*** Um carro patrulha está estacionado a 50 metros de um armazém com grande extensão (veja a figura). A luz em cima do carro está girando a uma taxa de 30 rotações por minuto. Com que velocidade o feixe de luz desliza sobre a parede do armazém quando o ângulo entre o feixe e a reta que é perpendicular à parede e passa pela luz giratória é de (a) $\theta = 30°$, (b) $\theta = 60°$ e (c) $\theta = 70°$?

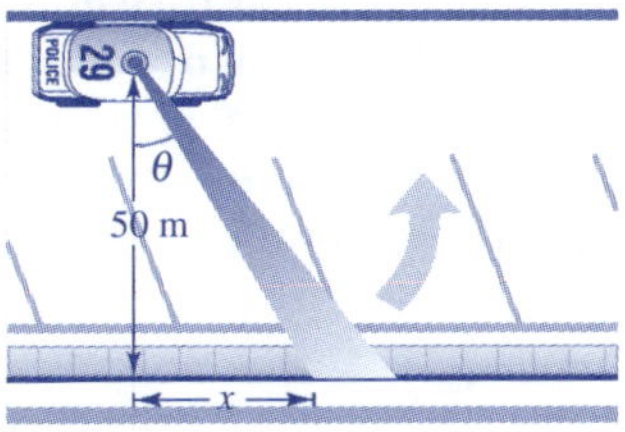

Figura do Exercício 46

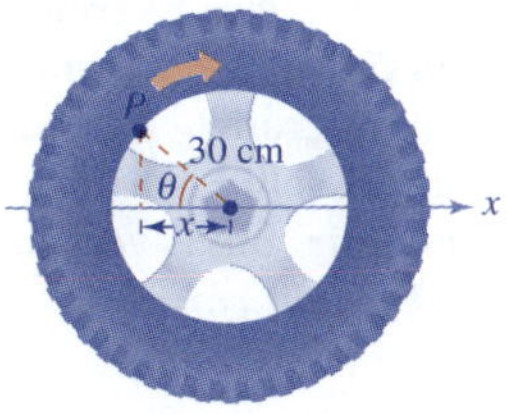

Figura do Exercício 47

47. ***Velocidade Linear* versus *Velocidade Angular*** Um pneu com 30 centímetros de raio, gira a uma taxa de 10 rotações por segundo. Um ponto P é marcado na lateral do pneu (veja a figura).

(a) Expresse dx/dt como função de θ.

(b) Use uma ferramenta gráfica para desenhar o gráfico da função da parte (a).

(c) Quando é que o valor absoluto da taxa de variação de x é máximo? Quando é mínimo?

(d) Calcule dx/dt para $\theta = 30°$ e $\theta = 60°$.

48. ***Controle de Tráfego Aéreo*** Um avião está voando a uma velocidade de 240 milhas por hora, no ar parado. Se ele estiver subindo num ângulo de 22°, calcule a taxa com a qual estará ganhando altitude.

49. ***Câmeras de Segurança*** Uma câmera de segurança está entrada 50 pés acima de um corredor de 100 pés de comprimento (veja a figura). É mais simples projetar a câmera mantendo a taxa com que ela gira constante, porém isto resulta em que a taxa de gravação das imagens de vigilância seja variável. Portanto, é preferível projetar um sistema com a taxa de rotação da câmera variável, mas mantendo constante a taxa com que ela varre o corredor. Ache um modelo que descreva a última situação, supondo que $|dx/dt| = 2$ pés por segundo.

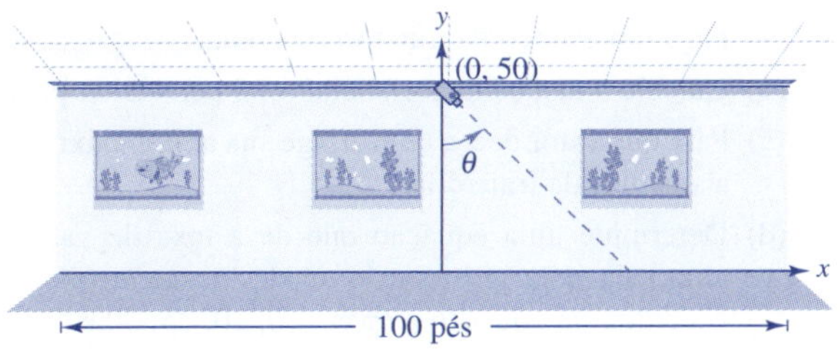

50. ***Para Pensar*** Em cada uma das expressões a seguir, descreva a relação existente entre a taxa de variação de y e a taxa de variação de x. Suponha que todas as variáveis e derivadas sejam positivas.

(a) $\dfrac{dy}{dt} = 3\dfrac{dx}{dt}$ (b) $\dfrac{dy}{dt} = x(L - x)\dfrac{dx}{dt} \quad 0 \le x \le L$

Aceleração **Nos Exercícios 51 e 52, calcule a aceleração do objeto. (*Sugestão*: Lembre-se de que se a taxa de variação de uma variável é constante, então a sua aceleração é zero.)**

51. Calcule a aceleração do topo da escada do exercício 27 no momento em que a sua base estiver a 7 pés da parede.

52. Calcule a aceleração do barco do exercício 30(a) quando faltar 13 pés de cabo para serem recolhidos.

53. ***Modelando Dados*** A tabela a seguir mostra o número (em milhões) de mulheres solteiras (nunca foram casadas) s e mulheres casadas c no mercado civil de trabalho de 1993 a 2001. (*Fonte*: U.S. Bureau of Labor Satistics.)

Ano	1993	1994	1995	1996	1997	1998	1999	2000	2001
s	15,0	15,3	15,5	15,8	16,5	17,1	17,6	17,8	18,0
c	32,0	32,9	33,4	33,6	33,8	33,9	34,4	34,6	34,7

(a) Use o recurso de regressão de uma ferramenta gráfica para encontrar um modelo da forma $c(s) = as^3 + bs^2 + cs + d$ para os dados da tabela, onde t é o tempo medido em anos, com $t = 3$ correspondendo ao ano de 1993.

(b) Calcule dc/dt. A seguir, use o modelo para estimar dc/dt para $t = 10$, se a previsão da taxa de crescimento do número de mulheres solteiras no mercado de trabalho é de 0,75 milhões por ano.

54. ***Sombra em Movimento*** Uma bola é solta de uma altura de 20 metros a 12 metros de um poste de luz de 20 metros de altura (veja a figura). A sombra da bola, causada pela luz em cima do poste, se move ao longo do solo. Qual a velocidade da sombra após 1 segundo de queda da bola? (*Enviado por Dennis Gittinger, St. Philips College, San Antonio, Texas.*)

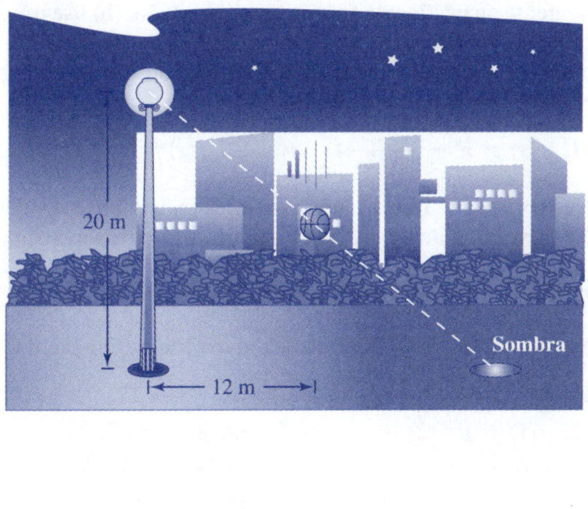

Exercícios de Revisão do Capítulo 2

Nos Exercícios 1 a 4, calcule a derivada da função dada usando a definição de derivada.

1. $f(x) = x^2 - 2x + 3$ **2.** $f(x) = \sqrt{x} + 1$

3. $f(x) = \dfrac{x+1}{x-1}$ **4.** $f(x) = \dfrac{2}{x}$

Nos Exercícios 5 e 6, determine os pontos onde a função é derivável.

5. $f(x) = (x+1)^{2/3}$ **6.** $f(x) = \dfrac{4x}{x+3}$

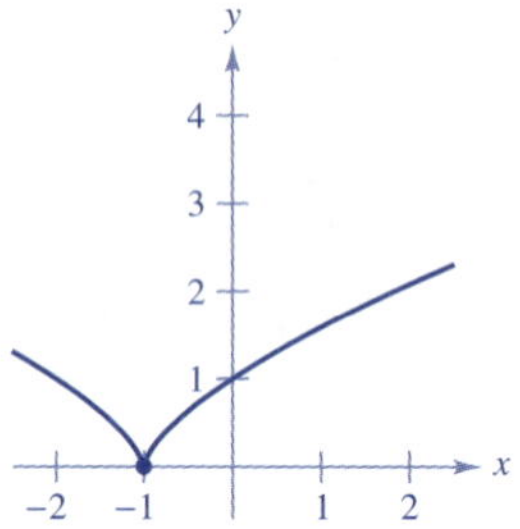

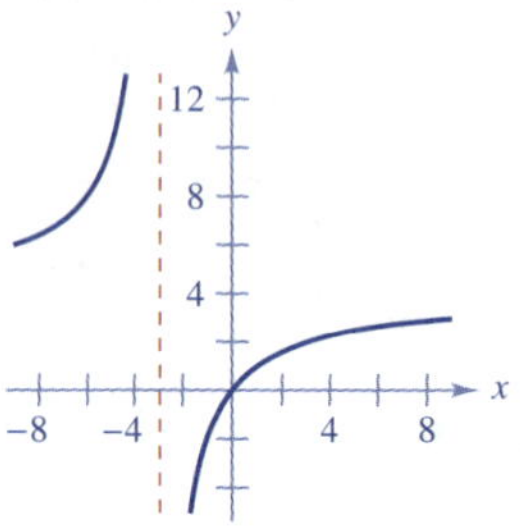

7. Esboce o gráfico de $f(x) = 4 - |x - 2|$.

(a) A função é contínua no ponto $x = 2$?

(b) A função é derivável em $x = 2$? Justifique.

8. Esboce o gráfico de $f(x) = \begin{cases} x^2 + 4x + 2, & x < -2 \\ 1 - 4x - x^2, & x \geq -2. \end{cases}$

(a) A função é contínua no ponto $x = -2$?

(b) A função é derivável em $x = -2$? Justifique.

Nos Exercícios 9 e 10, calcule o coeficiente angular da reta tangente ao gráfico da função no ponto dado.

9. $g(x) = \dfrac{2}{3}x^2 - \dfrac{x}{6}, \quad \left(-1, \dfrac{5}{6}\right)$

10. $h(x) = \dfrac{3x}{8} - 2x^2, \quad \left(-2, -\dfrac{35}{4}\right)$

Nos Exercícios 11 e 12, (a) determine uma equação da reta tangente ao gráfico da função no ponto dado, (b) use uma ferramenta gráfica para desenhar o gráfico da função e da reta tangente e (c) use o recurso de *derivação* da ferramenta gráfica para confirmar seus resultados.

11. $f(x) = x^3 - 1, \quad (-1, -2)$ **12.** $f(x) = \dfrac{2}{x+1}, \quad (0, 2)$

Nos Exercícios 13 e 14, use a definição alternativa da derivada para calcular a derivada no ponto $x = c$ (caso exista).

13. $g(x) = x^2(x - 1), \quad c = 2$ **14.** $f(x) = \dfrac{1}{x+1}, \quad c = 2$

Nos Exercícios 15 a 30, calcule a derivada da função dada.

15. $y = 25$ **16.** $y = -12$

17. $f(x) = x^8$ **18.** $g(x) = x^{12}$

19. $h(t) = 3t^4$ **20.** $f(t) = -8t^5$

21. $f(x) = x^3 - 3x^2$ **22.** $g(s) = 4s^4 - 5s^2$

23. $h(x) = 6\sqrt{x} + 3\sqrt[3]{x}$ **24.** $f(x) = x^{1/2} - x^{-1/2}$

25. $g(t) = \dfrac{2}{3t^2}$ **26.** $h(x) = \dfrac{2}{(3x)^2}$

27. $f(\theta) = 2\theta - 3 \operatorname{sen} \theta$ **28.** $g(\alpha) = 4 \cos \alpha + 6$

29. $f(\theta) = 3 \cos \theta - \dfrac{\operatorname{sen} \theta}{4}$ **30.** $g(\alpha) = \dfrac{5 \operatorname{sen} \alpha}{3} - 2\alpha$

Redação **Nos Exercícios 31 e 32, a figura mostra o gráfico de uma função e o da sua derivada. Indique qual o gráfico de f e qual o gráfico da sua derivada, e escreva uma pequena redação sobre o critério usado para fazer a sua escolha. (Para imprimir uma versão ampliada do gráfico, visite *www.mathgraphs.com*.)**

31.

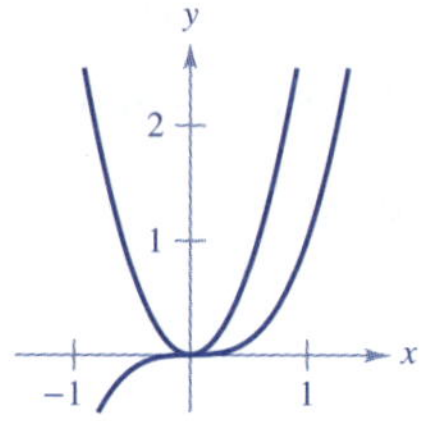

32.

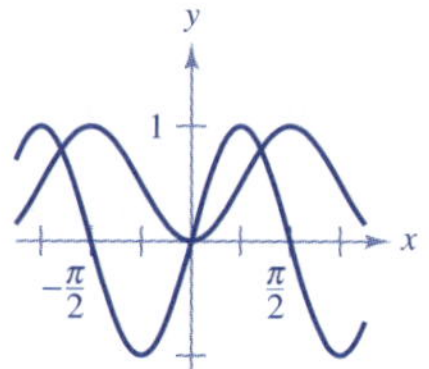

33. ***A Corda Vibrante*** Uma corda de violão, quando puxada, vibra com uma freqüência de $F = 200\sqrt{T}$, onde F é medida em vibrações por segundos e T é medido em libras. Calcule a taxa de variação de F quando (a) $T = 4$ e (b) $T = 9$.

34. ***Movimento Vertical*** Uma bola é solta de uma altura de 100 metros. Um segundo depois, uma segunda bola é solta de uma altura de 75 metros. Qual das duas bolas atinge primeiro o solo?

35. ***Movimento Vertical*** A fim de calcular a altura de um edifício, um peso é solto da cobertura do edifício numa poça de água no solo. Se a água espirra 9,2 segundos depois do peso ser solto, qual é a altura do edifício?

36. ***Movimento Vertical*** Uma bomba é lançada de um avião a uma altura de 14.400 metros. Após quanto tempo a bomba atinge o solo? (Por causa da velocidade do avião, a bomba não cairá verticalmente, mas o tempo da queda será igual ao de uma queda vertical.) O avião está se deslocando com uma velocidade de 600 milhas por hora. Que distância horizontal será percorrida pela bomba após seu lançamento?

37. ***Lançamento de um Projétil*** Uma bola que foi jogada segue uma trajetória descrita pela função $y = x - 0{,}02x^2$.

(a) Faça um esboço da trajetória da bola.

(b) Calcule a distância horizontal total percorrida pela bola.

(c) Para que valor de x a bola atinge sua altura máxima? (Use a simetria da trajetória.)

(d) Determine uma equação que dá a taxa de variação da altura da bola em relação ao deslocamento horizontal. Calcule esta equação para $x = 0$, 10, 25, 30 e 50.

(e) Qual a taxa de variação instantânea da altura no momento em que a bola atinge a sua altura máxima?

38. ***Lançamento de um Projétil*** A trajetória de um projétil, lançado num ângulo de 45° com a direção horizontal, é dada pela função

$$y = x - \frac{32}{v_0^2}(x^2)$$

onde v_0 é a velocidade inicial, dada em metros por segundo.

(a) Calcule a coordenada x do ponto onde o projétil atinge o solo. Use a simetria da trajetória para achar a coordenada x do ponto de altura máxima.

(b) Qual a taxa de variação instantânea da altura quando o projétil atinge sua altura máxima?

(c) Mostre que dobrando a velocidade inicial obtém-se um aumento de 4 vezes na altura máxima e no alcance horizontal do projétil.

(d) Calcule a altura máxima e o alcance horizontal de um projétil lançado com uma velocidade inicial de 70 metros por segundo. Use uma ferramenta gráfica para desenhar a trajetória do projétil.

39. ***Movimento Horizontal*** A função posição de uma partícula que se desloca ao longo do eixo x é

$$x(t) = t^2 - 3t + 2 \qquad \text{para} \qquad -\infty < t < \infty.$$

(a) Determine a velocidade da partícula.

(b) Determine o(s) intervalo(s) aberto(s) da variável t, em que a partícula está se deslocando para a esquerda.

(c) Calcule a posição da partícula no instante em que a sua velocidade for zero.

(d) Calcule a velocidade da partícula quando a sua posição for zero.

40. ***Modelando Dados*** Na tabela abaixo estão representadas a velocidade de um carro, medida em milhas por hora, e a distância necessária para chegar a uma parada total, medida em pés.

Velocidade, x	20	30	40	50	60
Distância de frenagem, y	25	55	105	188	300

(a) Usando o recurso de regressão de uma ferramenta gráfica, encontre modelo quadrático para os dados.

(b) Use uma ferramenta gráfica para marcar os dados e desenhar o modelo (a).

(c) Use uma ferramenta gráfica para desenhar o gráfico de dy/dx.

(d) Use o modelo para estimar a distância de frenagem até o repouso quando a velocidade é de 65 milhas por hora.

(e) Use os gráficos dos itens (b) e (c) para explicar a mudança na distância de frenagem à medida que a velocidade aumenta.

Nos Exercícios 41 a 54 calcule a derivada da função.

41. $f(x) = (3x^2 + 7)(x^2 - 2x + 3)$

42. $g(x) = (x^3 - 3x)(x + 2)$

43. $h(x) = \sqrt{x}\,\text{sen}\,x$

44. $f(t) = t^3 \cos t$

45. $f(x) = \dfrac{x^2 + x - 1}{x^2 - 1}$

46. $f(x) = \dfrac{6x - 5}{x^2 + 1}$

47. $f(x) = \dfrac{1}{4 - 3x^2}$

48. $f(x) = \dfrac{9}{3x^2 - 2x}$

49. $y = \dfrac{x^2}{\cos x}$

50. $y = \dfrac{\text{sen}\,x}{x^2}$

51. $y = 3x^2 \sec x$

52. $y = 2x - x^2\,\text{tg}\,x$

53. $y = x\cos x - \text{sen}\,x$

54. $g(x) = 3x\,\text{sen}\,x + x^2\cos x$

Nos Exercícios 55 a 58, determine uma equação da reta tangente ao gráfico da função no ponto dado.

55. $f(x) = \dfrac{2x^3 - 1}{x^2}, \quad (1, 1)$

56. $f(x) = \dfrac{x + 1}{x - 1}, \quad \left(\dfrac{1}{2}, -3\right)$

57. $f(x) = -x\,\text{tg}\,x, \quad (0, 0)$

58. $f(x) = \dfrac{1 + \text{sen}\,x}{1 - \text{sen}\,x}, \quad (\pi, 1)$

59. ***Aceleração*** A velocidade de um objeto em metros por segundo é dada por $v(t) = 36 - t^2$, $0 \le t \le 6$. Calcule a velocidade e aceleração do objeto no instante $t = 4$.

60. ***Aceleração*** A velocidade de um automóvel que parte do repouso é

$$v(t) = \frac{90t}{4t + 10}$$

onde v é a velocidade medida em metros por segundo. Calcule a velocidade e a aceleração do veículo nos instantes abaixo.

(a) 1 segundo (b) 5 segundos (c) 10 segundos

Nos Exercícios 61 a 64, calcule a segunda derivada da função.

61. $g(t) = t^3 - 3t + 2$

62. $f(x) = 12\sqrt[4]{x}$

63. $f(\theta) = 3\,\text{tg}\,\theta$

64. $h(t) = 4\,\text{sen}\,t - 5\cos t$

Nos Exercícios 65 e 66, mostre que a função satisfaz a equação.

	Função	*Equação*
65.	$y = 2\,\text{sen}\,x + 3\cos x$	$y'' + y = 0$
66.	$y = \dfrac{10 - \cos x}{x}$	$xy' + y = \text{sen}\,x$

Nos Exercícios 67 a 78, calcule a derivada da função.

67. $h(x) = \left(\dfrac{x - 3}{x^2 + 1}\right)^2$

68. $f(x) = \left(x^2 + \dfrac{1}{x}\right)^5$

69. $f(s) = (s^2 - 1)^{5/2}(s^3 + 5)$

70. $h(\theta) = \dfrac{\theta}{(1 - \theta)^3}$

71. $y = 3\cos(3x + 1)$

72. $y = 1 - \cos 2x + 2\cos^2 x$

73. $y = \dfrac{x}{2} - \dfrac{\text{sen}\,2x}{4}$

74. $y = \dfrac{\sec^7 x}{7} - \dfrac{\sec^5 x}{5}$

75. $y = \dfrac{2}{3}\text{sen}^{3/2}x - \dfrac{2}{7}\text{sen}^{7/2}x$

76. $f(x) = \dfrac{3x}{\sqrt{x^2 + 1}}$

77. $y = \dfrac{\text{sen}\,\pi x}{x + 2}$

78. $y = \dfrac{\cos(x - 1)}{x - 1}$

Nos Exercícios 79 a 82, calcule a derivada da função no ponto dado.

79. $f(x) = \sqrt{1 - x^3}, \quad (-2, 3)$

80. $f(x) = \sqrt[3]{x^2 - 1}, \quad (3, 2)$

81. $y = \frac{1}{2}\operatorname{cossec} 2x, \quad \left(\frac{\pi}{4}, \frac{1}{2}\right)$

82. $y = \operatorname{cossec} 3x + \operatorname{cotg} 3x, \quad \left(\frac{\pi}{6}, 1\right)$

Nos Exercícios 83 a 86, use um sistema de manipulação algébrica para calcular a derivada da função. Use o sistema para desenhar a função e sua derivada na mesma janela. Descreva o comportamento da função nos pontos onde a derivada se anula.

83. $g(x) = \dfrac{2x}{\sqrt{x+1}}$ **84.** $f(x) = [(x-2)(x+4)]^2$

85. $f(t) = \sqrt{t+1}\,\sqrt[3]{t+1}$ **86.** $y = \sqrt{3x}\,(x+2)^3$

Nos Exercícios 87 a 90, (a) use um sistema de manipulação algébrica para calcular a derivada da função no ponto dado, (b) determinar uma equação da reta tangente ao gráfico da função no ponto dado e (c) desenhe o gráfico da função e da reta tangente num mesmo sistema de coordenadas.

87. $f(t) = t^2(t-1)^5, \quad (2, 4)$

88. $g(x) = x\sqrt{x^2+1}, \quad \left(3, 3\sqrt{10}\right)$

89. $y = \operatorname{tg}\sqrt{1-x}, \quad \left(-2, \operatorname{tg}\sqrt{3}\right)$

90. $y = 2\operatorname{cossec}^3\left(\sqrt{x}\right), \quad (1, 2\operatorname{cossec}^3 1)$

Nos Exercícios 91 a 94, calcule a segunda derivada da função.

91. $y = 2x^2 + \operatorname{sen} 2x$ **92.** $y = \dfrac{1}{x} + \operatorname{tg} x$

93. $f(x) = \operatorname{cotg} x$ **94.** $y = \operatorname{sen}^2 x$

Nos Exercícios 95 a 98, use um sistema de manipulação algébrica para calcular a segunda derivada da função.

95. $f(t) = \dfrac{t}{(1-t)^2}$ **96.** $g(x) = \dfrac{6x-5}{x^2+1}$

97. $g(\theta) = \operatorname{tg} 3\theta - \operatorname{sen}(\theta - 1)$ **98.** $h(x) = x\sqrt{x^2-1}$

99. ***Refrigeração*** A temperatura T de um alimento que se encontra num congelador é dada por

$$T = \frac{700}{t^2 + 4t + 10}$$

onde t é o tempo medido em horas. Calcule a taxa de variação de T em relação a t nos instantes abaixo.

(a) $t = 1$ (b) $t = 3$ (c) $t = 5$ (d) $t = 10$

100. ***Escoamento de um Fluido*** A velocidade com que um fluido sai de um buraco do fundo de um tanque é dada por $v = \sqrt{2gh}$, onde g é a aceleração causada pela gravidade (32 pés por segundo quadrado) e h é a profundidade do fluido no tanque. Calcule a taxa de variação de v em relação a h quando (a) $h = 9$ e (b) $h = 4$. (Observe que $g = +32$ pés por segundo quadrado. O sinal de g depende da modelagem do problema. Neste caso usando o sinal negativo para g resultaria num valor errôneo para v.)

Nos Exercícios 101 a 106, use a derivação implícita para calcular dy/dx.

101. $x^2 + 3xy + y^3 = 10$ **102.** $x^2 + 9y^2 - 4x + 3y = 0$

103. $y\sqrt{x} - x\sqrt{y} = 16$ **104.** $y^2 = (x-y)(x^2+y)$

105. $x \operatorname{sen} y = y \cos x$ **106.** $\cos(x+y) = x$

Nos Exercícios 107 e 108, determine a equação da reta tangente e da reta normal ao gráfico da equação no ponto dado. Use uma ferramenta gráfica para desenhar o gráfico da equação, a reta tangente e a reta normal.

107. $x^2 + y^2 = 20, \quad (2, 4)$ **108.** $x^2 - y^2 = 16, \quad (5, 3)$

109. Um ponto se desloca ao longo da curva $y = \sqrt{x}$ de tal forma que a coordenada y está aumentando a uma taxa de 2 unidades por segundo. A que taxa a coordenada x está variando nos casos abaixo?

(a) $x = \frac{1}{2}$ (b) $x = 1$ (c) $x = 4$

110. ***Área de uma Superfície*** As arestas de um cubo estão aumentando a uma taxa de 5 centímetros por segundo. Qual a taxa de variação da área da superfície do cubo no instante em que as arestas medirem 4,5 centímetros?

111. ***Profundidade*** A seção transversal de uma vala, de 5 metros de profundidade, tem o formato de um trapézio isósceles cuja base menor mede 2 metros, a base maior 3 metros e a altura mede 2 metros. A vala está se enchendo com água a uma velocidade de 1 metro cúbico por minuto. A que velocidade o nível da água estará subindo quando a sua profundidade for de 1 metro?

112. ***Velocidades Linear e Angular*** Um farol está localizado a 1 quilômetro de uma costa reta (veja a figura). O farol está girando a uma taxa de 3 rotações por minuto e um observador se encontra, na costa, a meio quilômetro à direita do farol. Para o observador, com que velocidade (medida em quilômetro por hora) a luz do farol parece estar se deslocando?

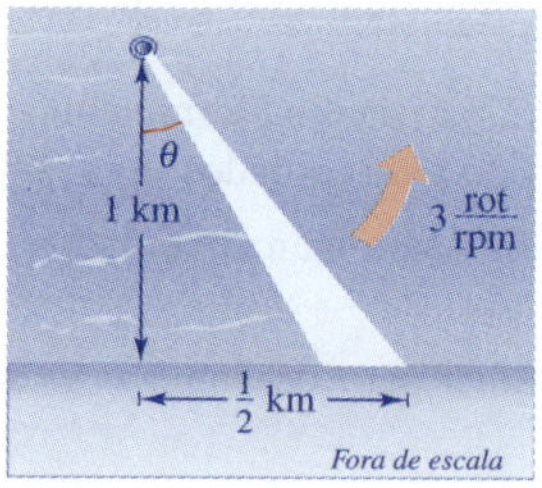

113. ***Sombra em Movimento*** Um saco de areia é solto de um balão a uma altura de 60 metros, no momento em que o ângulo de elevação em relação ao sol é de 30° (veja a figura). Calcule a velocidade com que a sombra do saco de areia se move sobre o solo quando o saco se encontra a uma altura de 35 metros. [*Sugestão*: A posição, em relação ao solo, do saco de areia é dada pela função $s(t) = 60 - 4{,}9t^2$.]

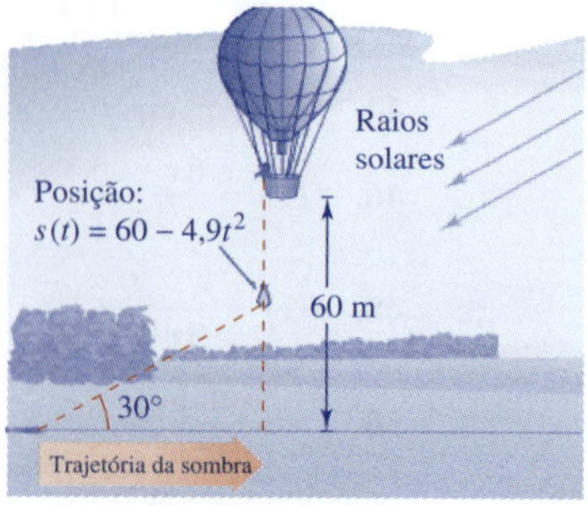

P.S. Problemas Suplementares

1. Considere o gráfico da parábola $y = x^2$.

(a) Determine o raio do maior círculo com centro no eixo y que é tangente à parábola na origem (veja a figura). Este círculo é chamado de **círculo de curvatura** (veja a seção 12.5). Determine a equação deste círculo. Use uma ferramenta gráfica para desenhar a parábola e o círculo na mesma janela para verificar a sua resposta.

(b) Determine o centro $(0, b)$ do círculo de raio 1 que é tangente à parábola em dois pontos (veja a figura). Determine a equação deste círculo. Use uma ferramenta gráfica para desenhar a parábola e o círculo na mesma janela para verificar a sua resposta.

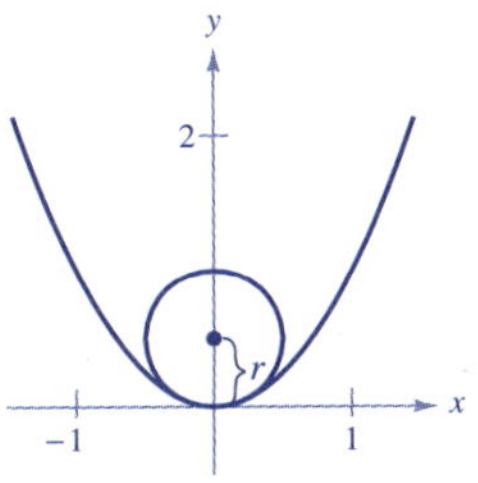

Figura do Exercício 1(a)

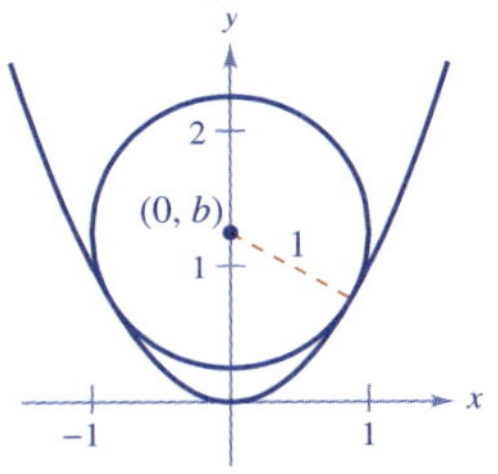

Figura do Exercício 1(b)

2. Esboce as duas parábolas $y = x^2$ e $y = -x^2 + 2x - 5$ num mesmo sistema de coordenadas. Determine a equação das duas retas que são simultaneamente tangentes a ambas as parábolas.

3. (a) Determine o polinômio $P_1(x) = a_0 + a_1x$ cujo valor e derivada coincidem com o valor e a derivada de $f(x) = \cos x$ no ponto $x = 0$.

(b) Determine o polinômio $P_2(x) = a_0 + a_1x + a_2x^2$ cujo valor e primeiras duas derivadas coincidem com o valor e as duas primeiras derivadas da $f(x) = \cos x$ no ponto $x = 0$. Este polinômio é chamado **Polinômio de Taylor de grau 2** da $f(x) = \cos x$ no ponto $x = 0$.

(c) Complete a tabela abaixo comparando os valores de f e de P_2. O que você observa?

x	−1,0	−0,1	−0,001	0	0,001	0,1	1,0
$\cos x$							
$P_2(x)$							

(d) Determine o Polinômio de Taylor de grau 3 da $f(x) = \text{sen}\, x$ no ponto $x = 0$.

4. (a) Determine uma equação da reta tangente à parábola $y = x^2$ no ponto $(2, 4)$.

(b) Determine uma equação da reta normal à parábola $y = x^2$ no ponto $(2, 4)$. (A reta normal é a reta perpendicular à reta tangente.) Em que outro ponto esta reta intersepta a parábola?

(c) Determine equações da reta tangente e da reta normal à parábola $y = x^2$ no ponto $(0, 0)$.

(d) Mostre que para qualquer ponto $(a, b) \neq (0, 0)$ da parábola $y = x^2$, a reta normal ao gráfico neste ponto intersepta o gráfico em um segundo ponto.

5. Determine um polinômio de grau 3, que tangencia a reta $y = 14x - 13$ no ponto $(1, 1)$ e tangencia a reta $y = -2x - 5$ no ponto $(-1, -3)$.

6. Determine uma função do tipo $f(x) = a + b \cos cx$ que tangencia a reta $y = 1$ no ponto $(0, 1)$ e tangencia a reta

$$y = x + \frac{3}{2} - \frac{\pi}{4} \text{ no ponto } \left(\frac{\pi}{4}, \frac{3}{2}\right).$$

7. O gráfico da **curva em forma de oito**,

$x^4 = a^2(x^2 - y^2)$, $a \neq 0$, é mostrado na figura abaixo.

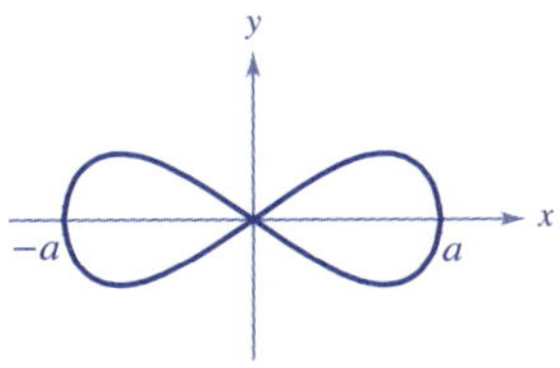

(a) Explique como utilizar uma ferramenta gráfica para traçar esta curva.

(b) Utilize uma ferramenta gráfica para traçar a curva para valores distintos da constante a. Explique como a constante a afeta a forma da curva.

(c) Determine os pontos da curva em que a reta tangente é horizontal.

8. O gráfico da **quártica em formato de pêra**,

$b^2y^2 = x^3(a - x)$, $a, b > 0$, é mostrado na figura abaixo.

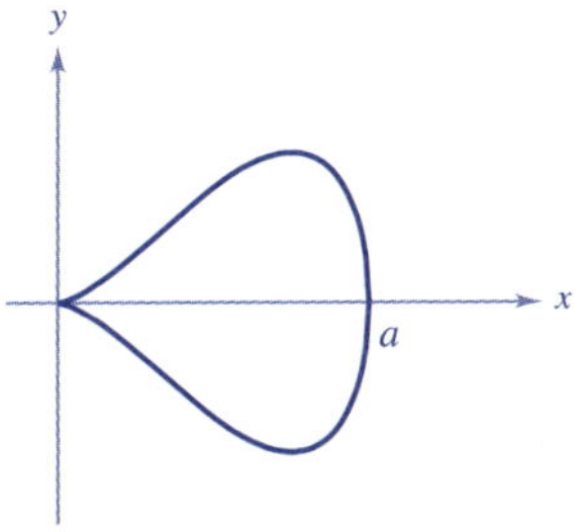

(a) Explique como utilizar uma ferramenta gráfica para traçar esta curva.

(b) Utilize uma ferramenta gráfica para traçar esta curva para vários valores das constantes a e b. Explique como as constantes a e b afetam a forma da curva.

(c) Determine os pontos da curva nos quais a reta tangente é horizontal.

9. Um homem de 6 pés de altura caminha a uma velocidade de 5 pés por segundo, ao encontro de um poste de luz de 30 pés de altura. Seu filho de 3 pés de altura o segue a uma distancia de 10 pés com a mesma velocidade. Às vezes a sombra atrás da criança é causada pelo homem, e outras vezes, pela criança.

(a) Suponha que o homem se encontra a uma distância de 90 pés do poste de luz. Mostre que a sombra do homem se estende além da sombra da criança.

(b) Suponha que o homem se encontra a uma distância de 60 pés do poste de luz. Mostre que a sombra da criança se estende além da sombra do homem.

(c) Determine a distância d, do homem até o poste de luz, em que a sombra do homem cobre exatamente a sombra do filho.

(d) Determine a velocidade da ponta da sombra em função de x, a distância entre o homem e o poste de luz. Discuta a continuidade desta função.

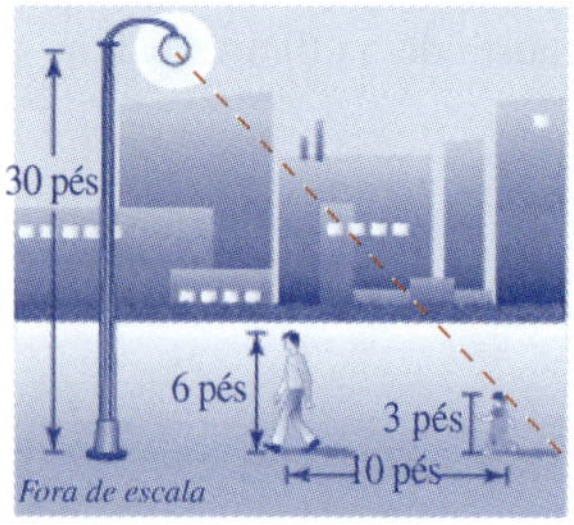

Figura do Exercício 9

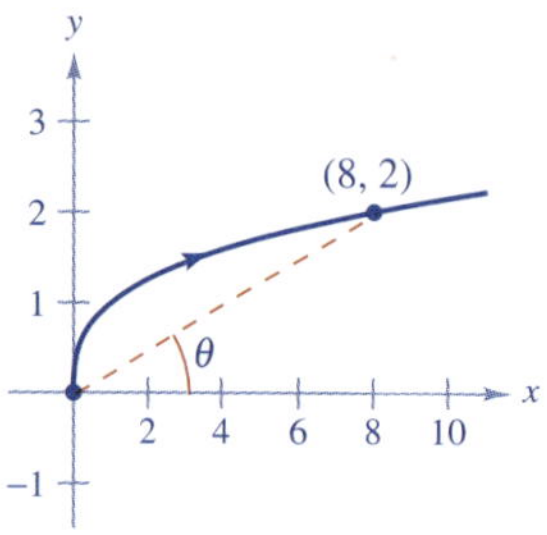

Figura do Exercício 10

10. Uma partícula está se movendo ao longo do gráfico da função $y = \sqrt[3]{x}$ (veja a figura). Quando $x = 8$, a componente y da posição da partícula está aumentando a uma taxa de 1 centímetro por segundo.

(a) Qual a taxa de variação do componente x neste instante?

(b) Qual a taxa de variação da distância entre a partícula e a origem neste instante?

(c) Qual a taxa de variação do ângulo de inclinação θ neste instante?

11. Seja L uma função derivável para todos os valores de x. Mostre que se $L(a + b) = L(a) + L(b)$ para todo a e b, então $L'(x) = L'(0)$ para todo x. Como é o gráfico de L?

12. Seja E uma função que satisfaz $E(0) = E'(0) = 1$. Mostre que se $E(a + b) = E(a)E(b)$ para todo a e b, então E é derivável e $E'(x) = E(x)$ para todo x. Encontre uma função que satisfaz $E(a + b) = E(a)E(b)$.

13. No limite fundamental $\lim_{x\to 0} \frac{\text{sen } x}{x} = 1$, x deve ser medido em radianos. O que acontece se x for medido em graus em vez de em radianos?

(a) Coloque sua calculadora para operar em *graus* e complete a tabela.

z (em graus)	0,1	0,01	0,0001
$\frac{\text{sen } z}{z}$			

(b) Use a tabela para estimar

$$\lim_{z\to 0} \frac{\text{sen } z}{z}$$

para z medido em graus. Qual o valor exato deste limite? (*Sugestão*: $180° = \pi$ radianos.)

(c) Use a definição por limite da derivada para calcular

$$\frac{d}{dz} \text{sen } z$$

para z medido em graus.

(d) Defina as novas funções $S(z) = \text{sen}(cz)$ e $C(z) = \cos(cz)$, onde $c = \pi/180$. Calcule $S(90)$ e $C(180)$. Use a Regra da Cadeia para calcular

$$\frac{d}{dz}S(z).$$

(e) Explique por que o cálculo é mais fácil se forem usados radianos em vez de graus.

14. Um astronauta, que se encontra no solo lunar, joga uma pedra para cima. A altura da pedra é dada por

$$s = -\frac{27}{10}t^2 + 27t + 6$$

onde s é medida em pés e t é medido em segundos.

(a) Determine expressões para a velocidade e a aceleração da pedra.

(b) Determine o instante em que a pedra atinge a altura máxima, calculando o instante em que a sua velocidade se anula. Qual a altura da pedra neste instante?

(c) Qual a relação entre a aceleração da pedra e a aceleração da gravidade na Terra?

15. Se a é a aceleração de um objeto, então o *impulso* j é definido por $j = a'(t)$.

(a) Use a definição para dar uma interpretação física de j.

(b) Calcule j para o veículo em desaceleração do exercício 117 da seção 2.3 e interprete o resultado.

(c) Na figura abaixo são mostrados os gráficos da função posição, da velocidade, da aceleração e da função impulso. Identifique cada um deles e explique o critério usado para fazer a identificação.

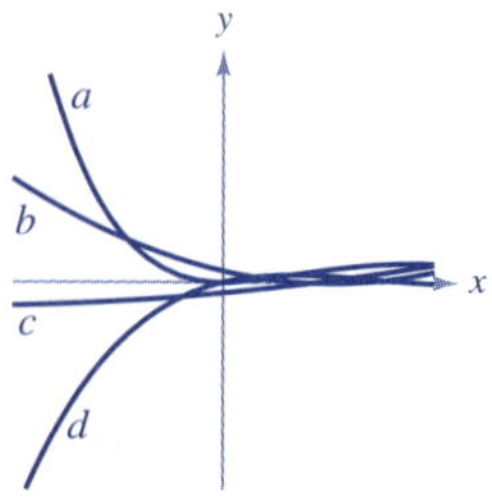

3 Aplicações de Diferenciação

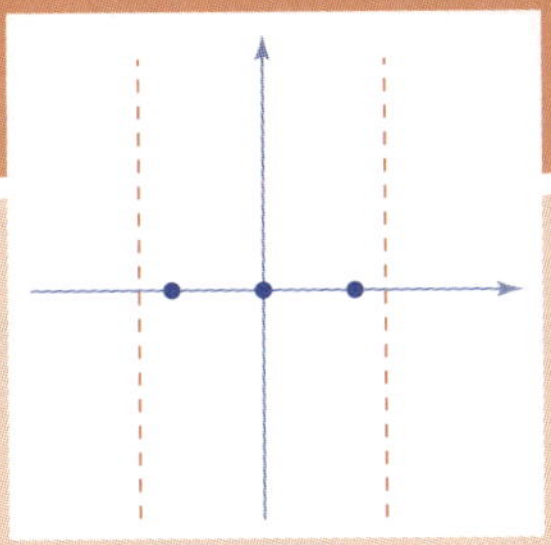

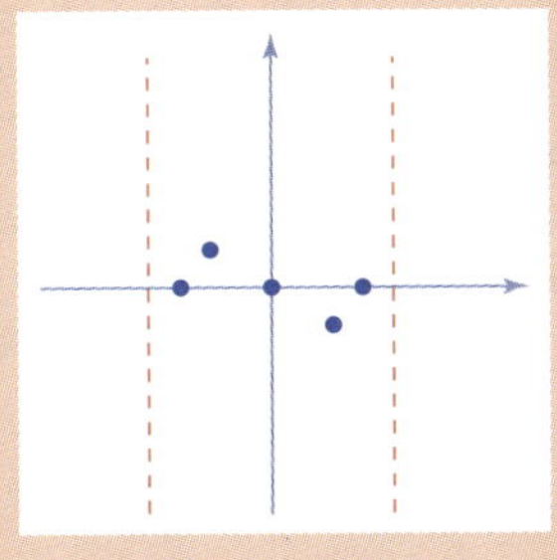

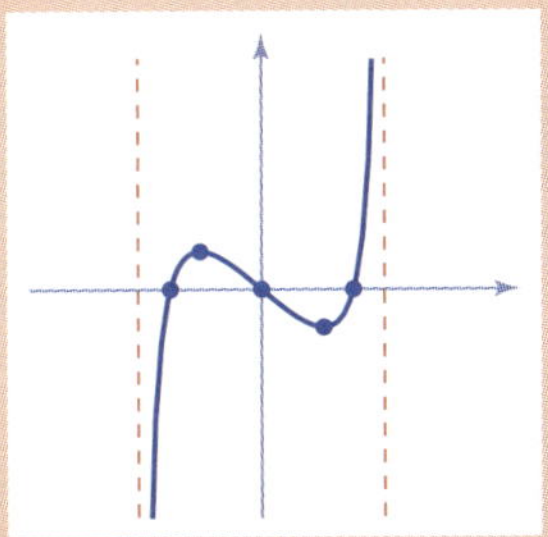

No Capítulo 3, usaremos cálculo para analisar gráficos de funções. Podemos, por exemplo, usar a derivada de uma função para determinar seus valores máximo e mínimo. Podemos usar limites para identificar quaisquer assíntotas do gráfico da função. Na Seção 3.6 combinaremos essas técnicas para esboçar o gráfico de uma função.

Quando um insuflador de vidro remove uma bolha fervente de vidro derretido de uma fornalha, sua temperatura é aproximadamente 1700°F. De início, o vidro derretido se esfria rapidamente. Então, conforme a temperatura do vidro se aproxima da temperatura ambiente, ele vai se resfriando cada vez mais devagar. Será que a temperatura do vidro chegará realmente à temperatura ambiente? Por quê?

www.shawnolson.net/a/507

Seção 3.1 Extremos em um Intervalo

- **Entender a definição de extremos de uma função em um intervalo.**
- **Entender a definição de extremos relativos de uma função em um intervalo aberto.**
- **Achar os extremos em um intervalo fechado.**

Extremos de uma Função

No cálculo, dedica-se muito esforço para determinar o comportamento de uma função em um intervalo I. Será que f tem um valor máximo em I? Será que tem um valor mínimo? Onde a função é crescente? Onde é decrescente? Neste capítulo você aprenderá como usar derivadas para responder a estas perguntas. Você verá também por que essas questões são importantes nas aplicações da vida real.

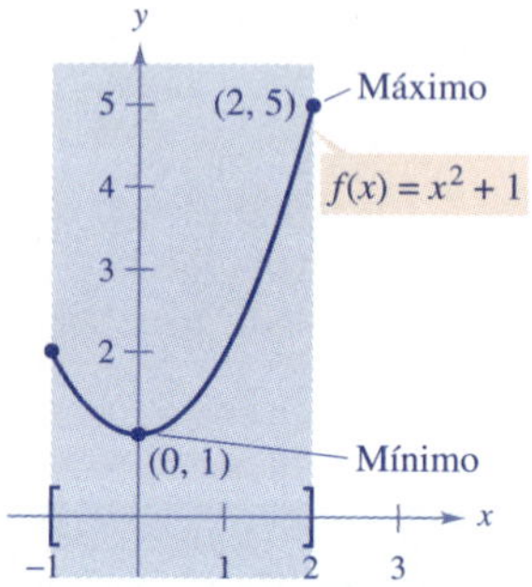

(a) f é contínua, $[-1, 2]$ é fechado.

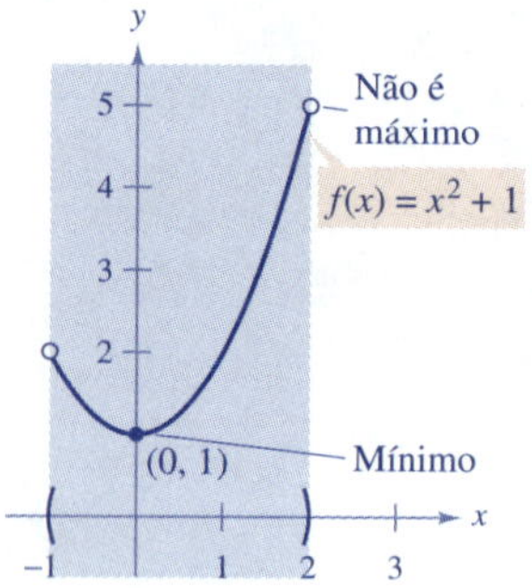

(b) f é contínua, $(-1, 2)$ é aberto.

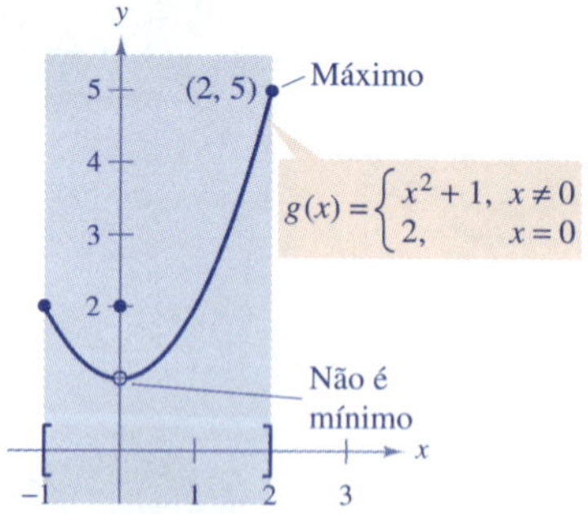

(c) g não é contínua, $[-1, 2]$ é fechado.
Extremos podem ocorrer nos pontos interiores ou nas extremidades de um intervalo. Extremos que ocorrem nos pontos inicial ou final são chamados de extremos inicial ou final.
Figura 3.1

Definição de Extremos

Seja f uma função definida num intervalo I que contenha c.

1. $f(c)$ é o **mínimo de f em I** se $f(c) \leq f(x)$ para todo x pertencente a I.
2. $f(c)$ é o **máximo de f em I** se $f(c) \geq f(x)$ para todo x pertencente a I.

O mínimo e o máximo de uma função em um intervalo são os **valores extremos**, ou **extremos**, da função neste intervalo. O mínimo e o máximo de uma função em um intervalo são chamados também de **mínimo absoluto** e **máximo absoluto** neste intervalo.

Uma função não precisa ter mínimo ou máximo em um intervalo. Por exemplo, na Figura 3.1(a) e (b), podemos observar que a função $f(x) = x^2 + 1$ tem tanto mínimo quanto máximo no intervalo fechado $[-1, 2]$, mas não tem máximo no intervalo aberto $(-1, 2)$. Além disso, na Figura 3.1(c), podemos observar que a continuidade (ou a falta dela) pode afetar a existência de um extremo no intervalo. Isto sugere o teorema abaixo. (Embora o Teorema do Valor Extremo seja intuitivamente plausível, sua demonstração foge ao escopo deste texto.)

TEOREMA 3.1 Teorema do Valor Extremo

Se f é contínua no intervalo fechado $[a, b]$, então f tem tanto máximo quanto mínimo neste intervalo.

INVESTIGAÇÃO

Achando Valores Mínimo e Máximo O Teorema do Valor Extremo (assim como o Teorema do Valor Intermediário) é um *teorema de existência* porque garante a existência de valores mínimo e máximo, mas não mostra como encontrar estes valores. Use os recursos referentes a valores extremos de uma ferramenta gráfica para encontrar os valores mínimo e máximo de cada uma das seguintes funções. Em cada caso, você acha que os valores de x são exatos ou aproximados? Explique seu raciocínio.

a. $f(x) = x^2 - 4x + 5$ no intervalo fechado $[-1, 3]$

b. $f(x) = x^3 - 2x^2 - 3x - 2$ no intervalo fechado $[-1, 3]$

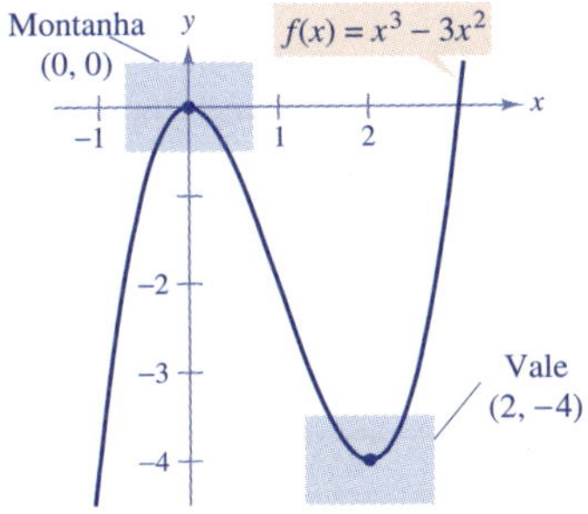

f tem um máximo relativo em $(0, 0)$ e um mínimo relativo em $(2, -4)$.
Figura 3.2

Extremos Relativos e Números Críticos

Na Figura 3.2, o gráfico de $f(x) = x^3 - 3x^2$ tem um **máximo relativo** em $(0, 0)$ e um **mínimo relativo** em $(2, -4)$. Informalmente, podemos pensar em um máximo relativo como ocorrendo em uma "montanha" do gráfico, e em um mínimo relativo como ocorrendo em um "vale" do gráfico. Tais montanhas e vales podem ocorrer de duas formas. Se a montanha (ou vale) for suave e arredondada, o gráfico tem uma linha tangente horizontal no ponto mais alto (ou no ponto mais baixo). Se a montanha (ou vale) for aguda e com "bico", o gráfico representa uma função que não é diferenciável no ponto mais alto (ou no ponto mais baixo).

Definição de Extremo Relativo

1. Se existe um intervalo aberto contendo c no qual $f(c)$ é um máximo, então $f(c)$ é chamado de **máximo relativo** de f, ou podemos ainda dizer que f tem um **máximo relativo em** $(c, f(c))$.
2. Se existe um intervalo aberto contendo c no qual $f(c)$ é um mínimo, então $f(c)$ é chamado de **mínimo relativo** de f, ou podemos ainda dizer que f tem um **mínimo relativo** em $(c, f(c))$.

No Exemplo 1, examinamos as derivadas de funções em extremos relativos dados. (Muito mais será dito sobre encontrar os extremos relativos de uma função na Seção 3.3.)

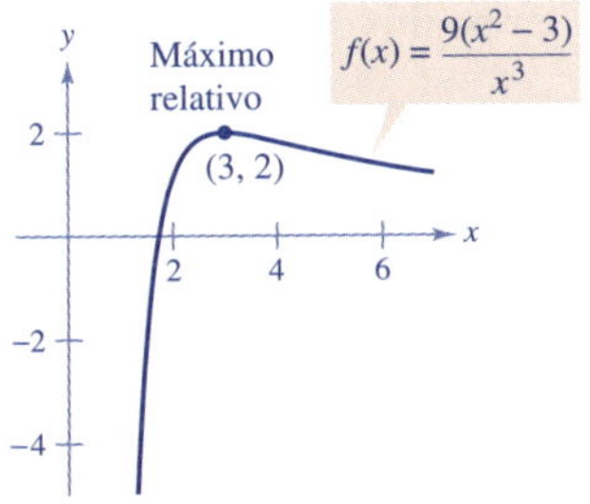

(a) $f'(3) = 0$

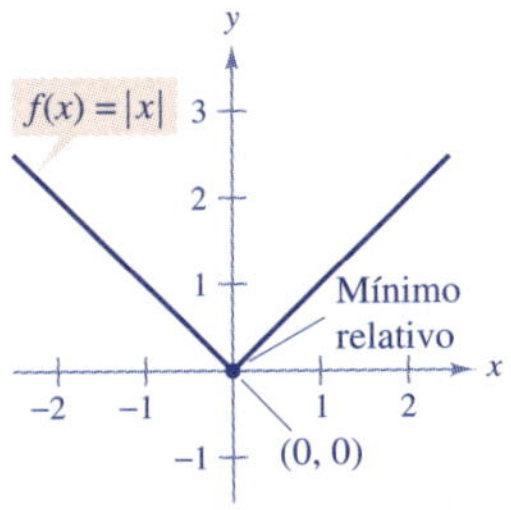

(b) Não existe $f'(0)$.

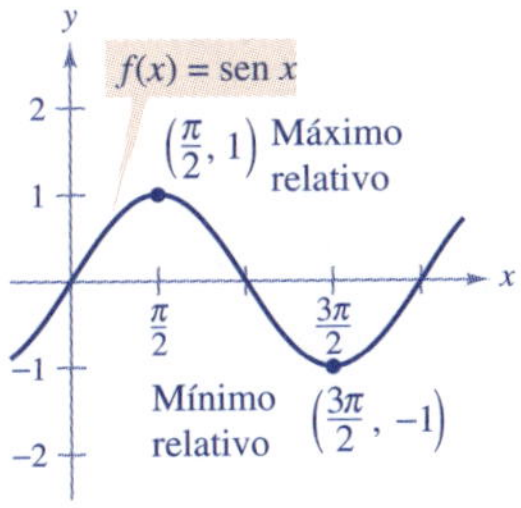

(c) $f'\left(\frac{\pi}{2}\right) = 0$; $f'\left(\frac{3\pi}{2}\right) = 0$
Figura 3.3

EXEMPLO 1 Os Valores da Derivada em Extremos Relativos

Ache o valor da derivada em cada um dos extremos relativos mostrados na Figura 3.3.

Solução

a. A derivada de $f(x) = \dfrac{9(x^2 - 3)}{x^3}$ é

$$f'(x) = \frac{x^3(18x) - (9)(x^2 - 3)(3x^2)}{(x^3)^2} \qquad \text{Diferencie usando a Regra do Quociente}$$

$$= \frac{9(9 - x^2)}{x^4}. \qquad \text{Simplifique}$$

No ponto $(3, 2)$, o valor da derivada de $f'(3) = 0$ [veja a Figura 3.3(a)].

b. No ponto $x = 0$, a derivada de $f(x) = |x|$ *não existe* porque os seguintes limites laterais são distintos [veja a Figura 3.3(b)].

$$\lim_{x \to 0^-} \frac{f(x) - f(0)}{x - 0} = \lim_{x \to 0^-} \frac{|x|}{x} = -1 \qquad \text{Limite pela esquerda}$$

$$\lim_{x \to 0^+} \frac{f(x) - f(0)}{x - 0} = \lim_{x \to 0^+} \frac{|x|}{x} = 1 \qquad \text{Limite pela direita}$$

c. A derivada de $f(x) = \text{sen}\, x$ é

$$f'(x) = \cos x.$$

No ponto $(\pi/2, 1)$, o valor da derivada é $f'(\pi/2) = \cos(\pi/2) = 0$. No ponto $(3\pi/2, -1)$, o valor da derivada é $f'(3\pi/2) = \cos(3\pi/2) = 0$ [veja a Figura 3.3(c)].

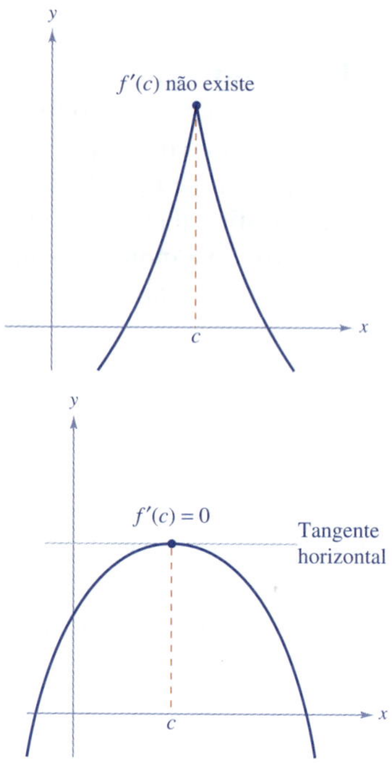

c é número crítico de *f*.
Figura 3.4

No Exemplo 1, observe que a derivada no máximo relativo ou é nula ou não existe. Os valores de x nestes pontos especiais são chamados de **números críticos**. A Figura 3.4 ilustra os dois tipos de números críticos.

Definição de Número Crítico

Seja f uma função definida em c. Se $f'(c) = 0$ ou se f não é diferenciável em c, então c é um **número crítico** de f.

TEOREMA 3.2 Extremos Relativos Ocorrem Apenas nos Números Críticos

Se f tem um mínimo relativo ou um máximo relativo em $x = c$, então c é um número crítico de f.

Demonstração

Caso 1: Se f não é diferenciável em $x = c$, então, por definição, c é um número crítico de f e o teorema é válido.

Caso 2: Se f é diferenciável em $x = c$, então $f'(c)$ deve ser positivo, negativo ou nulo. Suponha que $f'(c)$ é positivo. Então

$$f'(c) = \lim_{x \to c} \frac{f(x) - f(c)}{x - c} > 0$$

o que implica que existe um intervalo (a, b) contendo c, tal que

$$\frac{f(x) - f(c)}{x - c} > 0, \text{ para todo } x \neq c \text{ em } (a, b).$$ [Veja o Exercício 72(b), Seção 1.2.]

Já que este quociente é positivo, os sinais do numerador e do denominador devem coincidir. Isto produz as seguintes desigualdades para os valores de x no intervalo (a, b):

À esquerda de c: $x < c$ e $f(x) < f(c)$ ⇒ $f(c)$ não é um mínimo relativo
À direita de c: $x > c$ e $f(x) > f(c)$ ⇒ $f(c)$ não é um máximo relativo

Portanto, a suposição $f'(c) > 0$ contradiz a hipótese que $f(c)$ seja um extremo relativo. Supor $f'(c) < 0$ produz uma contradição similar. Portanto, a única possibilidade que resta é que $f'(c) = 0$. Logo, por definição, c é um número crítico de f e o teorema é válido.

Biblioteca de Fotos Mary Evans

Pierre de Fermat (1601-1665)

Para Fermat, que tinha formação de advogado, matemática era mais um passatempo que uma profissão. Apesar disso, Fermat fez muitas contribuições para a geometria analítica, teoria dos números, cálculo e probabilidade. Em cartas aos amigos, ele escreveu sobre diversas idéias fundamentais do cálculo, muito antes de Newton ou Leibniz. O teorema à direita, por exemplo, é às vezes atribuído a Fermat.

Encontrando Extremos em um Intervalo Fechado

O Teorema 3.2 afirma que os extremos relativos de uma função podem ocorrer apenas nos números críticos da função. Sabendo disto, você pode usar os procedimentos seguintes para encontrar os extremos em um intervalo fechado.

Procedimentos para Encontrar Extremos em um Intervalo Fechado

Para encontrar os extremos de uma função contínua f em um intervalo fechado $[a, b]$, siga os passos:

1. Ache os números críticos de f em (a, b).
2. Calcule f em cada número crítico em (a, b).
3. Calcule f nas extremidades de (a, b).
4. O menor desses valores é o mínimo. O maior é o máximo.

Os três próximos exemplos mostram como aplicar esses procedimentos. Perceba que achar os números críticos da função é apenas parte do procedimento. Calcular a função nos números críticos *e* nas extremidades do intervalo é a outra parte.

EXEMPLO 2 Encontrando Extremos em um Intervalo Fechado

Ache os extremos de $f(x) = 3x^4 - 4x^3$ no intervalo $[-1, 2]$.

Solução Comece diferenciando a função.

$$f(x) = 3x^4 - 4x^3 \qquad \text{Escreva a função original}$$
$$f'(x) = 12x^3 - 12x^2 \qquad \text{Diferencie}$$

Para achar os números críticos de f, você deve encontrar todos os valores de x para os quais $f'(x) = 0$ e todos os valores de x onde $f'(x)$ não existe.

$$f'(x) = 12x^3 - 12x^2 = 0 \qquad \text{Ponha } f'(x) \text{ igual a 0}$$
$$12x^2(x - 1) = 0 \qquad \text{Fatore}$$
$$x = 0, 1 \qquad \text{Números críticos}$$

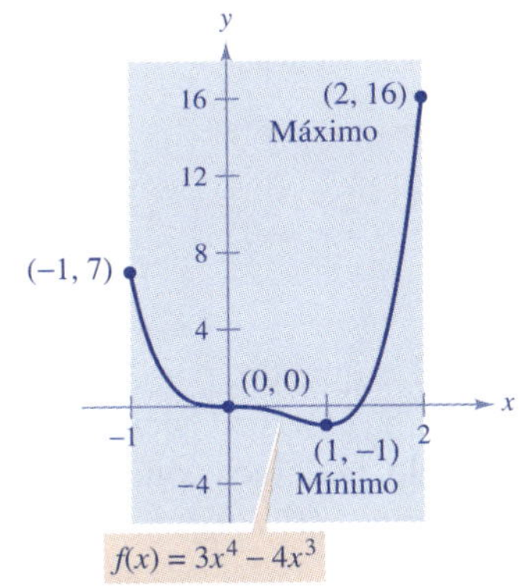

No intervalo fechado $[-1, 2]$, f tem um mínimo em $(1, -1)$ e um máximo em $(2, 16)$.
Figura 3.5

Como f' é definida para todo x, pode-se concluir que estes são os únicos números críticos de f. Calculando f nestes dois números críticos e nas extremidades de $[-1, 2]$, você pode determinar que o máximo é $f(2) = 16$ e que o mínimo é $f(1) = -1$, como mostrado na tabela. A Figura 3.5 mostra o gráfico de f.

Extremidade Esquerda	Número Crítico	Número Crítico	Extremidade Direita
$f(-1) = 7$	$f(0) = 0$	$f(1) = -1$ Mínimo	$f(2) = 16$ Máximo

Observe, na Figura 3.5, que o número crítico $x = 0$ não fornece um mínimo relativo nem um máximo relativo. Isto nos diz que a recíproca do Teorema 3.2 não é verdade. Em outras palavras, *os números críticos de uma função não precisam fornecer extremos relativos.*

EXEMPLO 3 Encontrando Extremos em um Intervalo Fechado

Ache os extremos de $f(x) = 2x - 3x^{2/3}$ no intervalo $[-1, 3]$.

Solução Comece diferenciando a função.

$$f(x) = 2x - 3x^{2/3} \qquad \text{Escreva a função original}$$
$$f'(x) = 2 - \frac{2}{x^{1/3}} = 2\left(\frac{x^{1/3} - 1}{x^{1/3}}\right) \qquad \text{Diferencie}$$

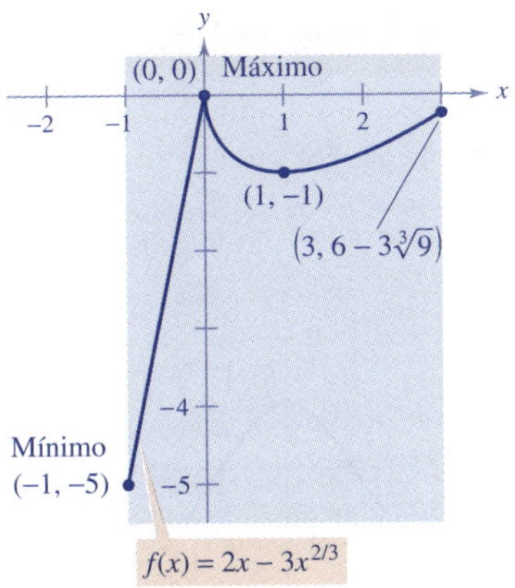

No intervalo fechado $[-1, 3]$, f tem um mínimo em $(-1, -5)$ e um máximo em $(0, 0)$.
Figura 3.6

Podemos observar, desta derivada, que a função tem dois números críticos no intervalo $[-1, 3]$. O número 1 é um número crítico porque $f'(1) = 0$, e o número 0 é um número crítico porque $f'(0)$ não existe. Calculando f nestes dois números críticos e nas extremidades do intervalo, podemos concluir que o mínimo é $f(-1) = -5$ e o máximo é $f(0) = 0$, como apresenta a tabela. A Figura 3.6 mostra o gráfico de f.

Extremidade Esquerda	Número Crítico	Número Crítico	Extremidade Direita
$f(-1) = -5$ Mínimo	$f(0) = 0$ Máximo	$f(1) = -1$	$f(3) = 6 - 3\sqrt[3]{9} \approx -0{,}24$

EXEMPLO 4 Encontrando Extremos em um Intervalo Fechado

Ache os extremos de $f(x) = 2 \text{ sen } x - \cos 2x$ no intervalo $[0, 2\pi]$.

Solução Esta função é diferenciável para todo x real. Portanto, todos os números críticos podem ser encontrados diferenciando a função e igualando $f'(x)$ a zero, como é mostrado abaixo.

$$f(x) = 2 \text{ sen } x - \cos 2x \quad \text{Escreva a função original}$$

$$f'(x) = 2\cos x + 2 \text{ sen } 2x = 0 \quad \text{Faça } f'(x) \text{ igual a zero}$$

$$2\cos x + 4\cos x \text{ sen } x = 0 \quad \text{sen } 2x = 2\cos x \text{ sen } x$$

$$2(\cos x)(1 + 2 \text{ sen } x) = 0 \quad \text{Fatore}$$

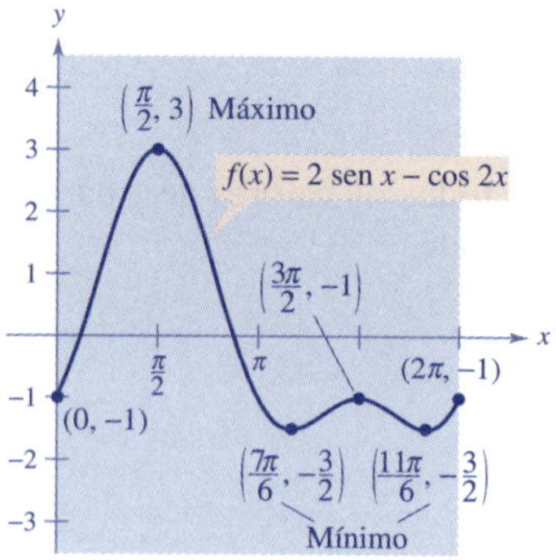

No intervalo fechado $[0, 2\pi]$, f tem dois mínimos em $(7\pi/6, -3/2)$ e $(11\pi/6, -3/2)$, e um máximo em $(\pi/2, 3)$.
Figura 3.7

No intervalo $[0, 2\pi]$, o fator $\cos x$ é zero quando $x = \pi/2$ e quando $x = 3\pi/2$. O fator $(1 + 2 \text{ sen } x)$ é zero quando $x = 7\pi/6$ e quando $x = 11\pi/6$. Calculando f nestes quatro números críticos e nas extremidades do intervalo, podemos concluir que o máximo é $f(\pi/2) = 3$ e que o mínimo ocorre em *dois* pontos, $f(7\pi/6) = -3/2$ e $f(11\pi/6) = -3/2$, como mostra a tabela.

Extremidade Esquerda	Número Crítico	Número Crítico	Número Crítico	Número Crítico	Extremidade Direita
$f(0) = -1$	$f\left(\frac{\pi}{2}\right) = 3$ Máximo	$f\left(\frac{7\pi}{6}\right) = -\frac{3}{2}$ Mínimo	$f\left(\frac{3\pi}{2}\right) = -1$	$f\left(\frac{11\pi}{6}\right) = -\frac{3}{2}$ Mínimo	$f(2\pi) = -1$

Exercícios da Seção 3.1

Nos Exercícios 1 e 2, decida se cada um dos pontos designados é um mínimo ou máximo absoluto, um mínimo ou máximo relativo ou nenhuma destas opções.

1.

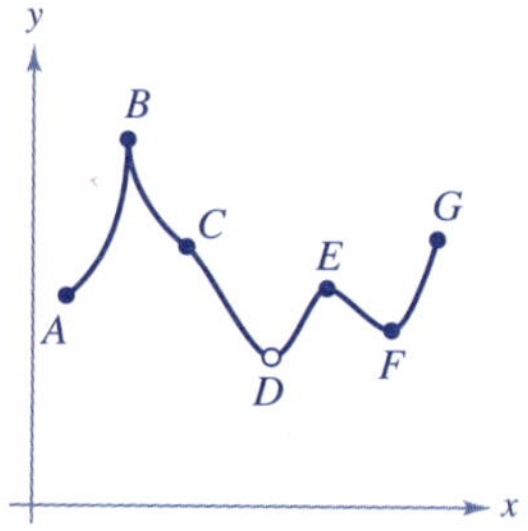

2.

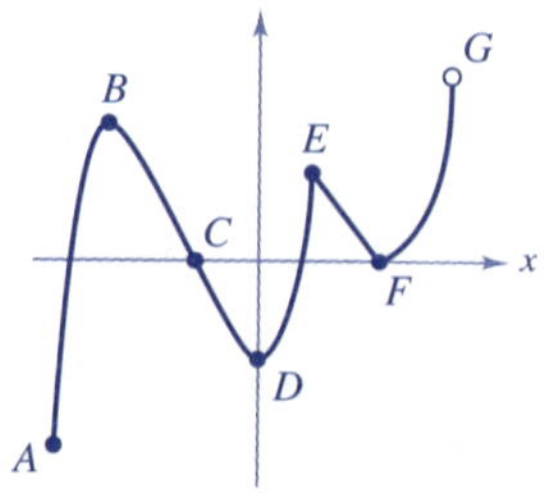

Nos Exercícios 3 a 8, ache o valor da derivada, caso exista, em cada extremo indicado.

3. $f(x) = \dfrac{x^2}{x^2 + 4}$

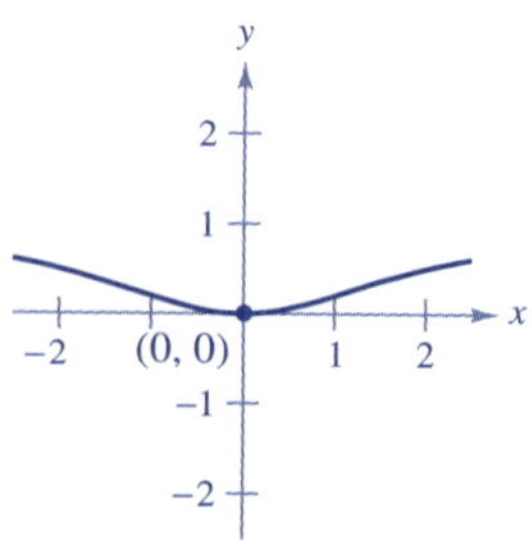

4. $f(x) = \cos \dfrac{\pi x}{2}$

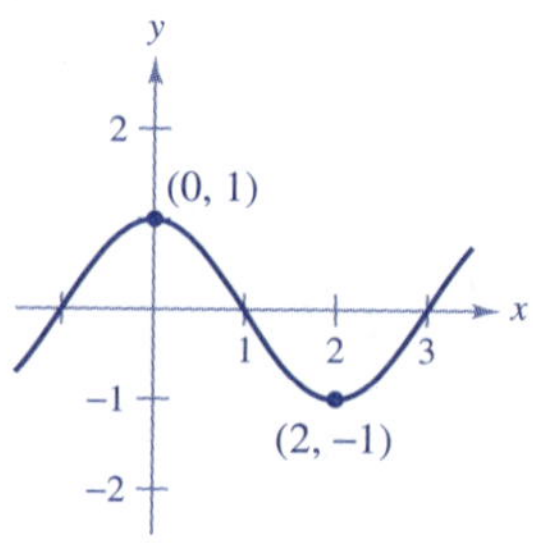

5. $f(x) = x + \dfrac{27}{2x^2}$

6. $f(x) = -3x\sqrt{x + 1}$

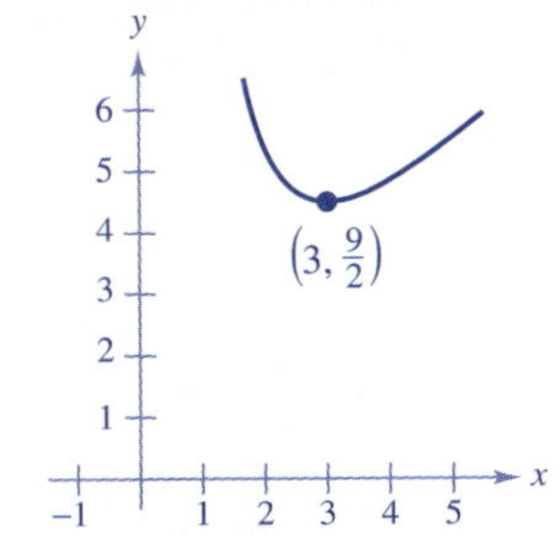

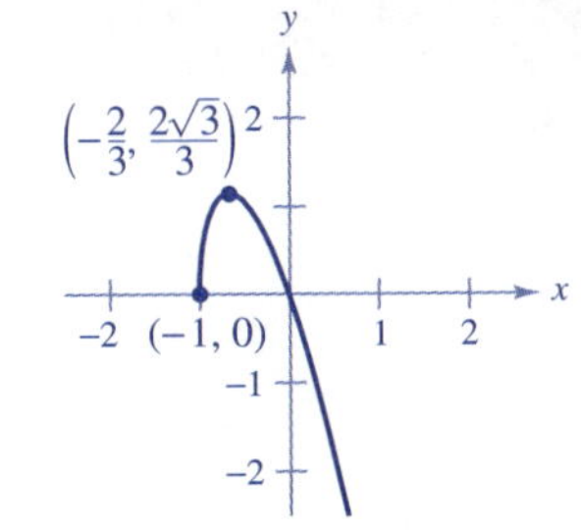

7. $f(x) = (x + 2)^{2/3}$

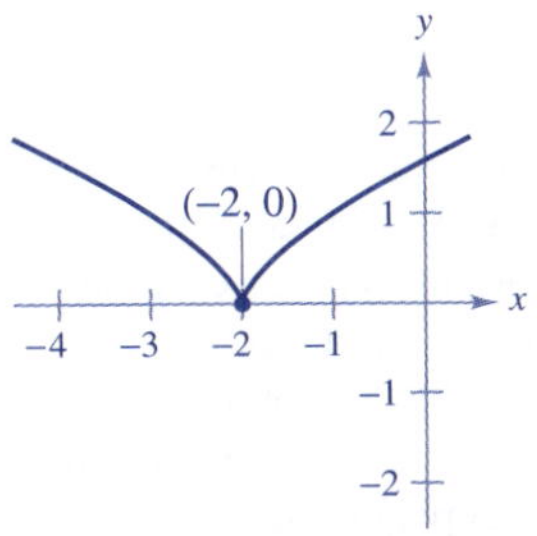

8. $f(x) = 4 - |x|$

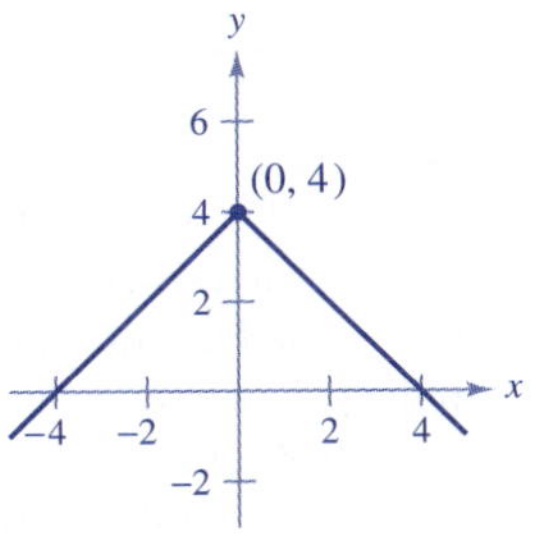

Nos Exercícios 9 a 12, dê uma aproximação para os números críticos da função mostrada no gráfico. Determine se a função tem máximo relativo, mínimo relativo, máximo absoluto, mínimo absoluto ou nenhum deles em cada número crítico no intervalo mostrado.

9.

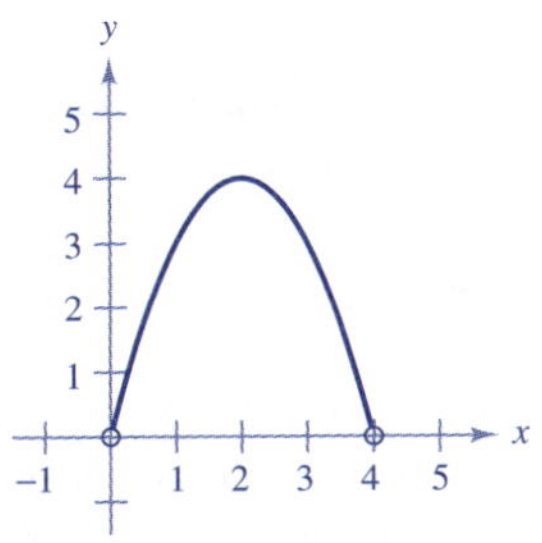

10.

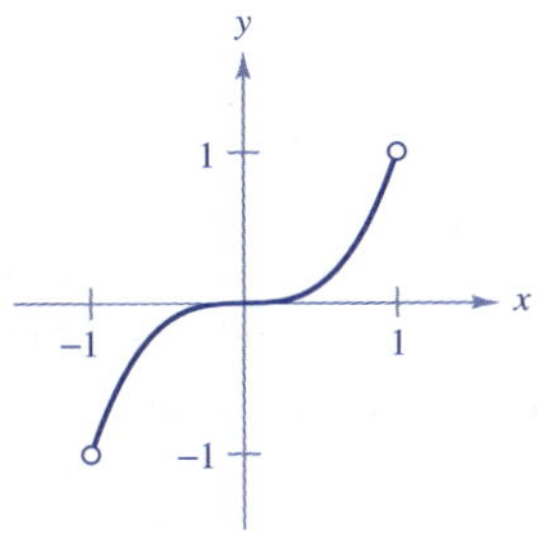

11.

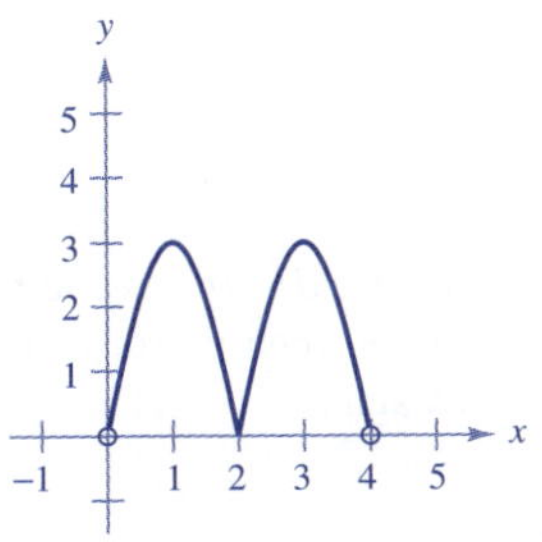

12.

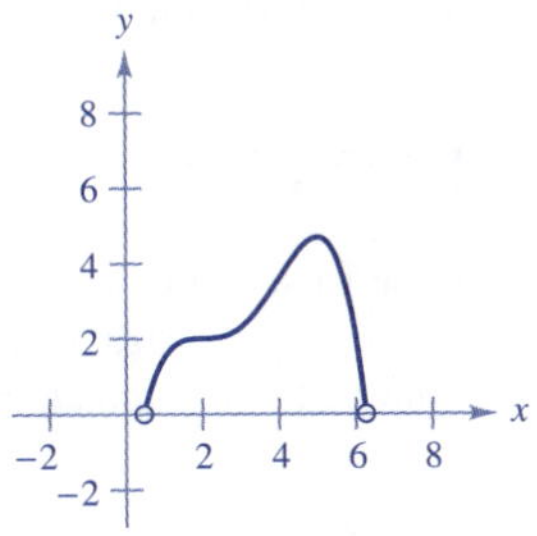

Nos Exercícios 13 a 18, encontre todos os números críticos da função.

13. $f(x) = x^2(x - 3)$

14. $g(x) = x^2(x^2 - 4)$

15. $g(t) = t\sqrt{4 - t},\ t < 3$

16. $f(x) = \dfrac{4x}{x^2 + 1}$

17. $h(x) = \operatorname{sen}^2 x + \cos x$
$0 < x < 2\pi$

18. $f(\theta) = 2\sec\theta + \operatorname{tg}\theta$
$0 < \theta < 2\pi$

Nos Exercícios 19 a 36, localize os extremos absolutos da função no intervalo fechado.

19. $f(x) = 2(3 - x),\ [-1, 2]$

20. $f(x) = \dfrac{2x + 5}{3},\ [0, 5]$

21. $f(x) = -x^2 + 3x,\ [0, 3]$

22. $f(x) = x^2 + 2x - 4,\ [-1, 1]$

23. $f(x) = x^3 - \dfrac{3}{2}x^2,\ [-1, 2]$

24. $f(x) = x^3 - 12x,\ [0, 4]$

25. $y = 3x^{2/3} - 2x,\ [-1, 1]$

26. $g(x) = \sqrt[3]{x},\ [-1, 1]$

27. $g(t) = \dfrac{t^2}{t^2 + 3},\ [-1, 1]$

28. $f(x) = \dfrac{2x}{x^2 + 1},\ [-2, 2]$

29. $h(s) = \dfrac{1}{s - 2},\ [0, 1]$

30. $h(t) = \dfrac{t}{t - 2},\ [3, 5]$

31. $y = 3 - |t - 3|, [-1, 5]$

32. $f(x) = [\![x]\!], [-2, 2]$

33. $f(x) = \cos \pi x,\ \left[0, \dfrac{1}{6}\right]$

34. $g(x) = \sec x,\ \left[-\dfrac{\pi}{6}, \dfrac{\pi}{3}\right]$

35. $y = \dfrac{4}{x} + \operatorname{tg}\left(\dfrac{\pi x}{8}\right),\ [1, 2]$

36. $y = x^2 - 2 - \cos x,\ [-1, 3]$

Nos Exercícios 37 a 40, localize os extremos absolutos da função (caso existam) em cada intervalo.

37. $f(x) = 2x - 3$
(a) $[0, 2]$ (b) $[0, 2)$
(c) $(0, 2]$ (d) $(0, 2)$

38. $f(x) = 5 - x$
(a) $[1, 4]$ (b) $[1, 4)$
(c) $(1, 4]$ (d) $(1, 4)$

39. $f(x) = x^2 - 2x$
(a) $[-1, 2]$ (b) $(1, 3]$
(c) $(0, 2)$ (d) $[1, 4)$

40. $f(x) = \sqrt{4 - x^2}$
(a) $[-2, 2]$ (b) $[-2, 0)$
(c) $(-2, 2)$ (d) $[1, 2)$

Nos Exercícios 41 a 44, esboce o gráfico da função. A seguir, localize os extremos absolutos da função no intervalo dado.

41. $f(x) = \begin{cases} 2x + 2, & 0 \le x \le 1 \\ 4x^2, & 1 < x \le 3 \end{cases}\quad [0, 3]$

42. $f(x) = \begin{cases} 2 - x^2, & 1 \le x < 3 \\ 2 - 3x, & 3 \le x \le 5 \end{cases}\quad [1, 5]$

43. $f(x) = \dfrac{3}{x - 1},\ (1, 4]$

44. $f(x) = \dfrac{2}{2 - x},\ [0, 2)$

Nos Exercícios 45 e 46, use uma ferramenta gráfica para desenhar o gráfico da função. Em seguida, localize os extremos absolutos da função no intervalo dado.

45. $f(x) = x^4 - 2x^3 + x + 1,\ [-1, 3]$

46. $f(x) = \sqrt{x} + \cos\dfrac{x}{2},\ [0, 2\pi]$

Nos Exercícios 47 e 48, (a) use um sistema de manipulação algébrica para desenhar o gráfico da função e encontrar aproximações para os extremos absolutos no intervalo dado. (b) Use a ferramenta para encontrar todos os números críticos, e use-os para encontrar os extremos absolutos que não estejam localizados nas extremidades do intervalo. Compare os resultados com aqueles obtidos em (a).

47. $f(x) = 3{,}2x^5 + 5x^3 - 3{,}5x,\ [0, 1]$

48. $f(x) = \dfrac{4}{3}x\sqrt{3 - x},\ [0, 3]$

Nos Exercícios 49 e 50, use um sistema de manipulação algébrica para encontrar o valor máximo de $|f''(x)|$ no intervalo fechado. (Este valor é usado para estimar o erro na Regra dos Trapézios, discutida na Seção 4.6.)

49. $f(x) = \sqrt{1 + x^3}, \quad [0, 2]$

50. $f(x) = \dfrac{1}{x^2 + 1}, \quad \left[\dfrac{1}{2}, 3\right]$

Nos Exercícios 51 e 52, use um sistema de manipulação algébrica para encontrar o valor máximo de $|f^4(x)|$ no intervalo fechado. (Este valor é usado para estimar o erro na Regra de Simpson, discutida na Seção 4.6.)

51. $f(x) = (x + 1)^{2/3}, \quad [0, 2]$ **52.** $f(x) = \dfrac{1}{x^2 + 1}, \quad [-1, 1]$

Questões Conceituais

Nos Exercícios 53 e 54, esboce o gráfico de uma função definida em $[-2, 5]$ que tenha as características dadas.

53. Máximo absoluto em $x = -2$, mínimo absoluto em $x = 1$, máximo relativo em $x = 3$.

54. Mínimo relativo em $x = -1$, número crítico que não seja um extremo em $x = 0$, máximo absoluto em $x = 2$, mínimo absoluto em $x = 5$.

Nos Exercícios 55 a 58, determine a partir do gráfico se f tem um mínimo no intervalo aberto (a, b).

55. (a)

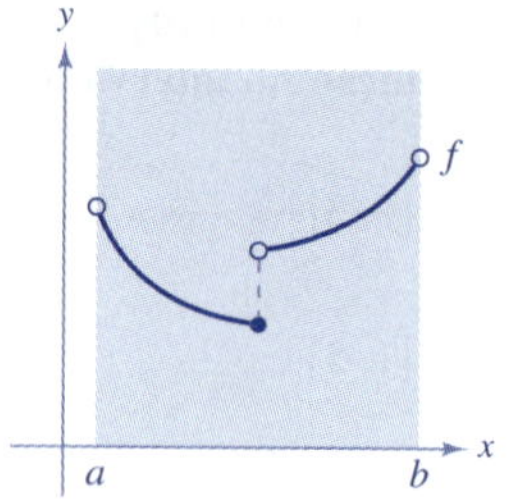

(b)

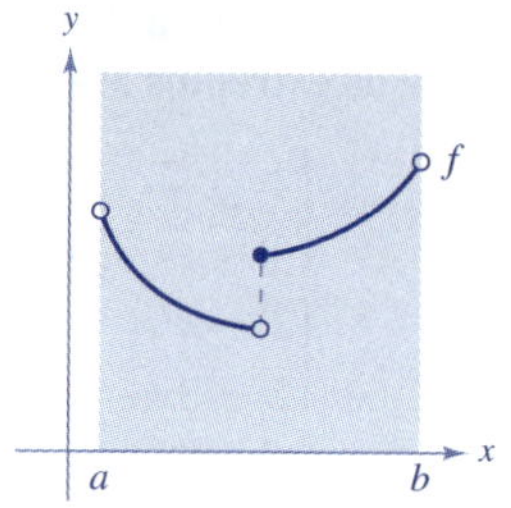

56. (a)

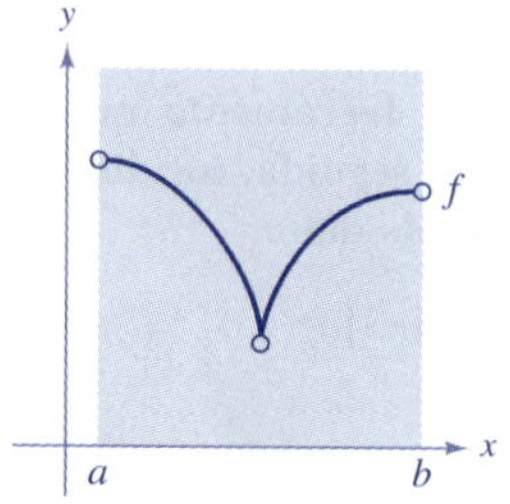

(b)

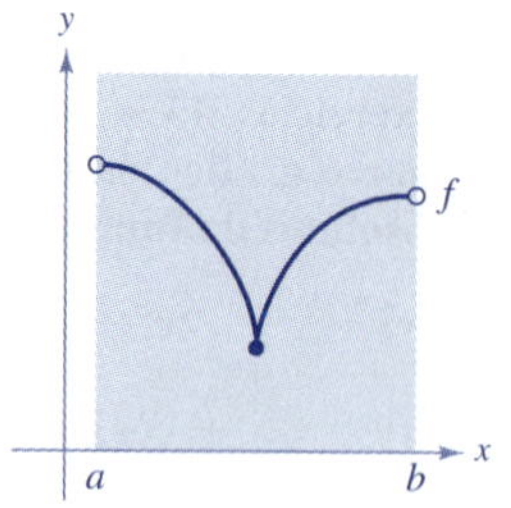

57. (a)

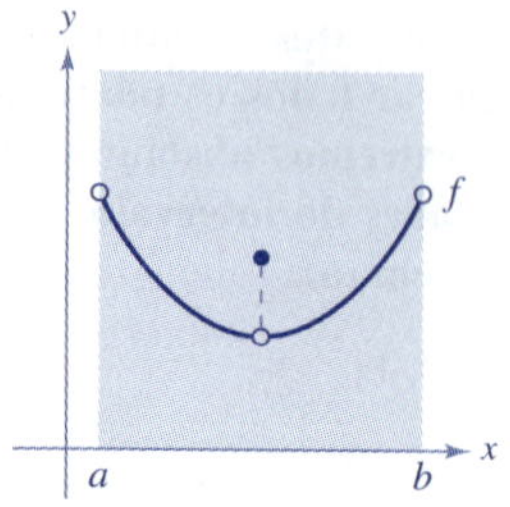

(b)

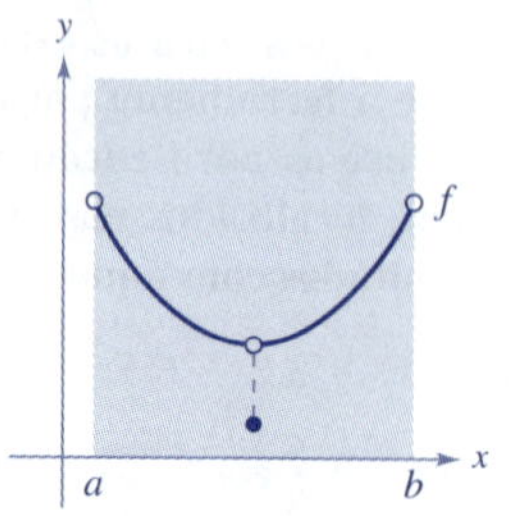

Questões Conceituais (*Continuação*)

58. (a)

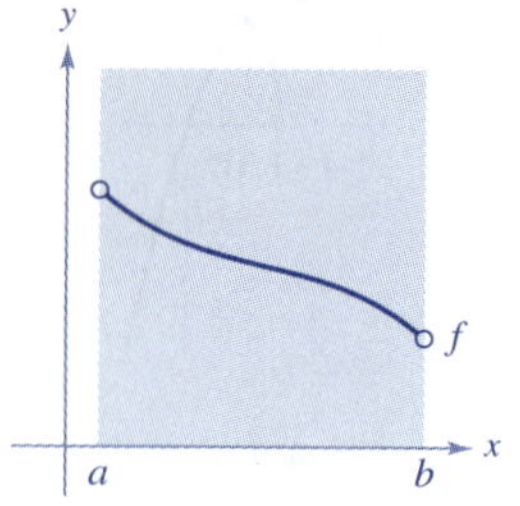

(b)

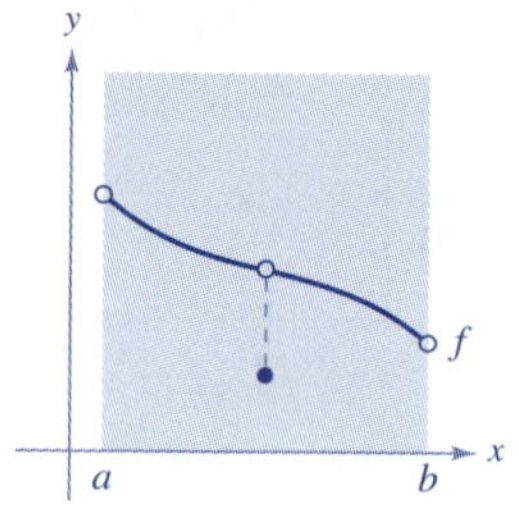

59. ***Potência*** A fórmula para a potência P fornecida por uma pilha é $P = VI - RI^2$, onde V é a força eletromotriz em volts, R é a resistência, e I é a corrente. Ache a corrente (medida em ampères) que corresponde ao valor máximo de P numa pilha para a qual $V = 12$ volts e $R = 0{,}5$ ohm. Suponha que um fusível de 15 ampères limita a corrente ao intervalo $0 \leq I \leq 15$. A potência fornecida pela pilha pode ser aumentada trocando o fusível de 15 ampères por um de 20 ampères? Explique.

60. ***Custo do Inventário*** Um varejista determinou que o custo C para comprar e armazenar x unidades de um produto é:

$$C = 2x + \frac{300.000}{x}, \quad 1 \leq x \leq 300.$$

O caminhão de entrega pode trazer no máximo 300 unidades em cada compra. Encontre quantas unidades devem ser compradas para minimizar o custo. O custo poderia ser diminuído se o caminhão fosse trocado por outro que pudesse trazer até 400 unidades? Explique.

61. ***Pulverizador de Gramado*** Um pulverizador de gramado é construído de forma que $d\theta/dt$ seja constante, onde θ varia entre 45° e 135° (veja a figura). A distância que a água se desloca horizontalmente é:

$$x = \frac{v^2 \operatorname{sen} 2\theta}{32}, \quad 45° \leq \theta \leq 135°$$

onde v é a velocidade da água. Encontre dx/dt e explique por que este pulverizador de gramado não rega uniformemente. Que parte do gramado recebe mais água?

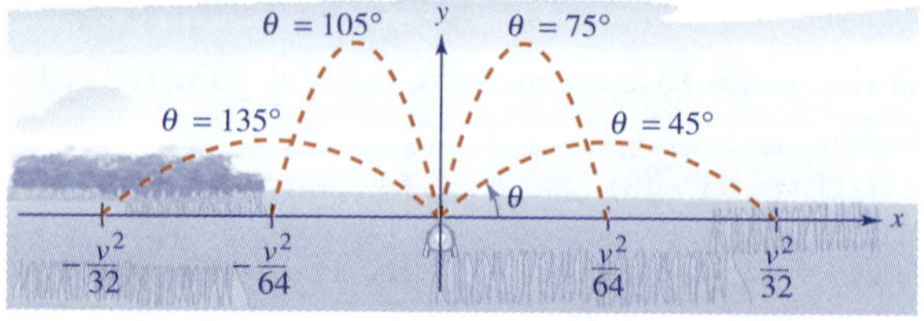

Pulverizador de gramado: $45° \leq \theta \leq 135°$.

PARA MAIS INFORMAÇÃO Para saber mais sobre o "cálculo de pulverizador de gramado", veja o artigo "Design of an Oscillating Sprinkler", de Bart Braden, em *Mathematics Magazine*; ou consulte-o em *www.matharticles.com*.

62. ***Favo de Mel*** A área superficial de um alvéolo em um favo de mel é:

$$S = 6hs + \frac{3s^2}{2}\left(\frac{\sqrt{3} - \cos\theta}{\text{sen}\,\theta}\right)$$

onde h e s são constantes positivas e θ é o ângulo que as faces superiores formam com o eixo central do alvéolo (veja a figura). Ache o ângulo θ $(\pi/6 \le \theta \le \pi/2)$ que minimiza a área superficial S.

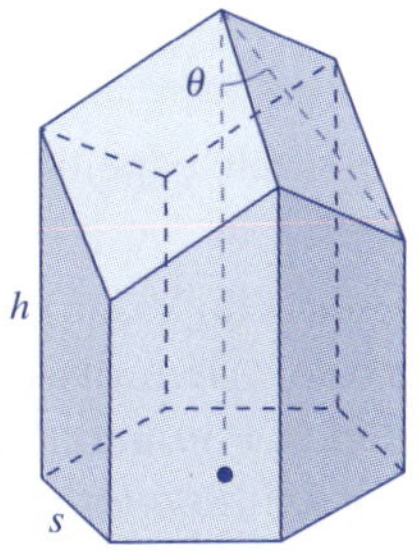

PARA MAIS INFORMAÇÃO Para saber mais sobre a estrutura geométrica da cela de um favo de mel, consulte o artigo "The Design of Honeycombs", de Anthony L. Peressini em UMAP Module502, publicado por COMAP, Inc., Suíte 210, 57 Bedford Street, Lexington, MA.

Verdadeiro ou Falso? **Nos Exercícios 63 a 66, determine se a afirmação é verdadeira ou falsa. Se for falsa, explique por que ou dê um exemplo mostrando que é falsa.**

63. O máximo de uma função que é contínua em um intervalo fechado pode ocorrer em dois valores diferentes no intervalo.

64. Se uma função é contínua em um intervalo fechado, então ela precisa ter um mínimo neste intervalo.

65. Se $x = c$ é um número crítico de uma função f, então também é um número crítico da função $g(x) = f(x) + k$, onde k é uma constante.

66. Se $x = c$ é um número crítico de uma função f, então também é um número crítico da função $g(x) = f(x - k)$, onde k é uma constante.

67. Suponha que a função f seja diferenciável em um intervalo I contendo c. Mostre que se f tem um máximo em $x = c$, então $-f$ tem um mínimo em $x = c$.

68. Considere a função cúbica $f(x) = ax^3 + bx^2 + cx + d$ onde $a \neq 0$. Mostre que f pode ter zero, um ou dois números críticos e dê um exemplo em cada caso.

69. ***Projeto de Auto-estrada*** Para construir uma auto-estrada, é necessário aterrar uma seção de um vale onde os declives dos lados são de 9% e 6% (veja a figura). O topo da região aterrada deve ter a forma de um arco de parábola tangente às encostas nos pontos A e B. A distância horizontal entre os pontos A e B é de 1.000 pés.

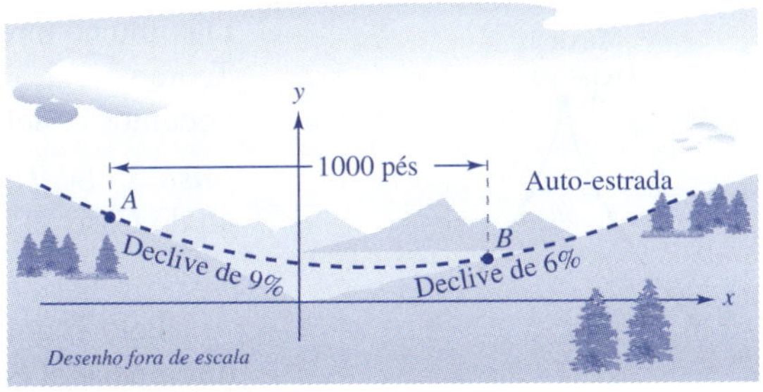

(a) Encontre uma função quadrática $y = ax^2 + bx + c$, $-500 \le x \le 500$, que descreva o topo da região aterrada.

(b) Construa uma tabela dando a profundidade d do aterro, para $x = -500, -400, -300, -200, -100, 0, 100, 200, 300, 400$ e 500.

(c) Qual será o ponto mais baixo da auto-estrada? Ele estará diretamente acima do ponto onde as duas encostas se encontram?

Seção 3.2 Teorema de Rolle e Teorema do Valor Médio

- **Entender e usar o Teorema de Rolle.**
- **Entender e usar o Teorema do Valor Médio.**

TEOREMA DE ROLLE

O matemático francês Michel Rolle publicou pela primeira vez o teorema que leva seu nome em 1691. Entretanto, antes disso, Rolle era um dos mais veementes críticos do cálculo, afirmando que ele produzia resultados errados e que era baseado em argumentos incorretos. Mais tarde, Rolle percebeu a utilidade do cálculo.

Teorema de Rolle

O Teorema do Valor Extremo (Seção 3.1) afirma que uma função contínua em um intervalo fechado $[a, b]$ tem tanto um mínimo quanto um máximo neste intervalo. Entretanto, ambos os valores podem ocorrer nas extremidades. O **Teorema de Rolle**, assim chamado em homenagem ao matemático francês Michel Rolle (1652-1719), dá condições que garantem a existência de valores extremos no interior de um intervalo fechado.

INVESTIGAÇÃO

Valores Extremos em um Intervalo Fechado Esboce coordenadas retangulares planas em um pedaço de papel. Marque os pontos (1, 3) e (5, 3). Usando um lápis ou caneta, desenhe o gráfico de uma função diferenciável f que comece em (1, 3) e termine em (5, 3). Existe pelo menos um ponto no gráfico para o qual a derivada é nula? Seria possível desenhar o gráfico de forma que não exista nenhum ponto onde a derivada se anule? Explique seu raciocínio.

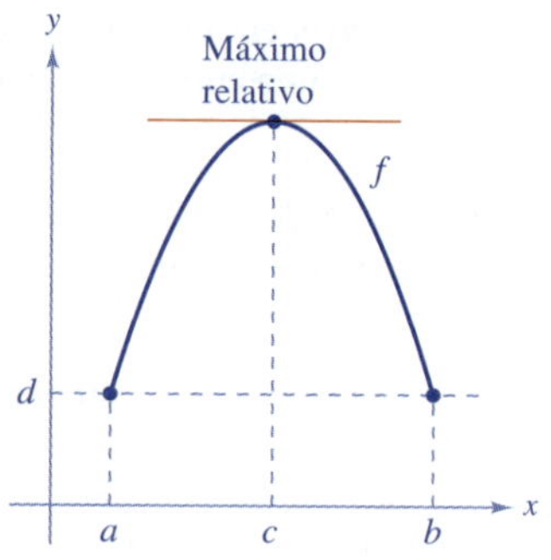

(a) f é contínua em $[a, b]$ e diferenciável em (a, b).

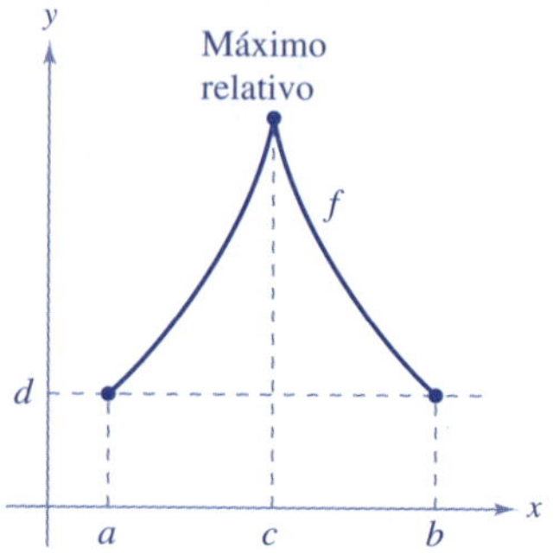

(b) f é contínua em $[a, b]$.

Figura 3.8

TEOREMA 3.3 Teorema de Rolle

Seja f uma função contínua em um intervalo fechado $[a, b]$ e diferenciável no intervalo aberto (a, b). Se

$$f(a) = f(b)$$

então existe pelo menos um número c em (a, b) tal que $f'(c) = 0$.

Demonstração Seja $f(a) = d = f(b)$.

Caso 1: Se $f(x) = d$ para todo x em $[a, b]$, f é constante no intervalo e, pelo Teorema 2.2, $f'(x) = 0$ para todo x em (a, b).

Caso 2: Suponha $f(x) > d$ para algum x em (a, b). Pelo Teorema do Valor Extremo, sabemos que f tem um máximo em algum ponto c do intervalo. Além disso, como $f(c) > d$, este máximo não ocorre em nenhuma das extremidades. Portanto, f tem um máximo no intervalo aberto (a, b). Isto implica que $f(c)$ é um máximo *relativo* e, pelo Teorema 3.2, c é um número crítico de f. Finalmente, já que f é diferenciável em c, podemos concluir que $f'(c) = 0$.

Caso 3: Se $f(x) < d$ para algum x em (a, b), podemos usar um argumento análogo ao do Caso 2, mas envolvendo o mínimo ao invés do máximo.

Pelo Teorema de Rolle, podemos ver que, se uma função f é contínua em $[a, b]$ e diferenciável em (a, b), e se $f(a) = f(b)$, existe pelo menos um valor de x entre a e b no qual o gráfico de f tem uma tangente horizontal, como mostra a Figura 3.8(a). Se a hipótese de diferenciabilidade for retirada do Teorema de Rolle, f ainda terá um número crítico em (a, b), mas pode não levar a uma tangente horizontal. A Figura 3.8(b) mostra este caso.

EXEMPLO 1 Ilustrando o Teorema de Rolle

Ache as duas intersecções com o eixo x de

$$f(x) = x^2 - 3x + 2$$

e mostre que $f'(x) = 0$ em algum ponto entre as duas intersecções.

Solução Observe que f é diferenciável em toda a reta real. Colocar $f(x)$ igual a 0 resulta:

$$x^2 - 3x + 2 = 0 \qquad \text{Faça } f(x) \text{ igual a 0}$$

$$(x - 1)(x - 2) = 0 \qquad \text{Fatore}$$

Portanto, $f(1) = f(2) = 0$ e, do Teorema de Rolle, você sabe que existe pelo menos um c no intervalo $(1, 2)$ tal que $f'(c) = 0$. Para achar este c, você pode resolver a equação

$$f'(x) = 2x - 3 = 0 \qquad \text{Faça } f'(x) \text{ igual a 0}$$

e determinar que $f'(x) = 0$ quando $x = \frac{3}{2}$. Observe que este valor de x está no intervalo $(1, 2)$, como na Figura 3.9.

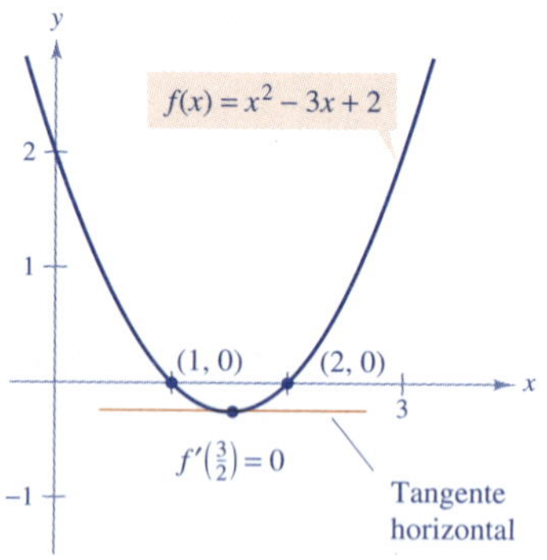

O valor de x para o qual $f'(x) = 0$ está entre as duas intersecções com o eixo x.

Figura 3.9

O Teorema de Rolle afirma que se f satisfaz as condições do teorema, deve existir *pelo menos* um ponto entre a e b no qual a derivada é 0. É claro que podem existir mais de um desses pontos, o que é mostrado no próximo exemplo.

EXEMPLO 2 Ilustrando o Teorema de Rolle

Seja $f(x) = x^4 - 2x^2$. Ache todos os valores de c no intervalo $(-2, 2)$ tais que $f'(c) = 0$.

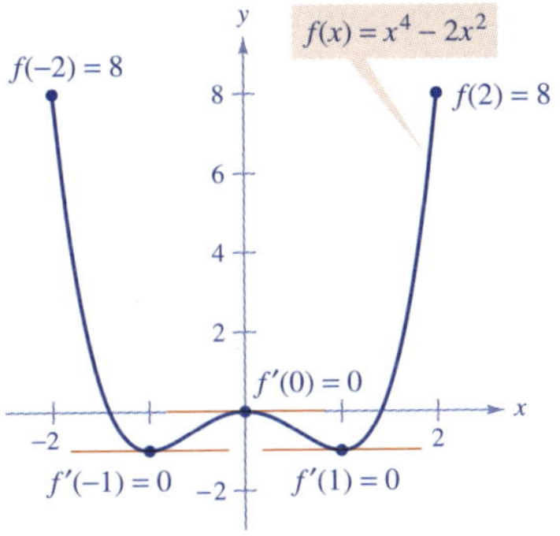

$f'(x) = 0$ para mais de um valor de x no intervalo $(-2, 2)$.
Figura 3.10

Solução Em primeiro lugar observe que a função satisfaz as condições do Teorema de Rolle, ou seja, f é contínua no intervalo $[-2, 2]$ e diferenciável no intervalo $(-2, 2)$. Além disso, como $f(-2) = f(2) = 8$, você pode concluir que existe pelo menos um c em $(-2, 2)$ tal que $f'(c) = 0$. Colocando a derivada igual a zero obtém-se:

$$f'(x) = 4x^3 - 4x = 0 \qquad \text{Faça } f'(x) \text{ igual a 0}$$
$$4x(x - 1)(x + 1) = 0 \qquad \text{Fatore}$$
$$x = 0, 1, -1 \qquad \text{Valores de } x \text{ para os quais } f'(x) = 0$$

Assim, no intervalo $(-2, 2)$, a derivada se anula em três valores distintos de x, como mostrado na Figura 3.10.

ARMADILHA TECNOLÓGICA Uma ferramenta gráfica pode ser utilizada para indicar se os pontos dos gráficos nos Exemplos 1 e 2 são mínimos relativos ou máximos relativos da função. Entretanto, quando usamos uma ferramenta gráfica, devemos ter em mente que ela pode fornecer imagens equivocadas dos gráficos. Por exemplo, use uma ferramenta gráfica para desenhar o gráfico de

$$f(x) = 1 - (x - 1)^2 - \frac{1}{1000(x - 1)^{1/7} + 1}.$$

Na maioria das janelas de observação, a função aparentemente terá um máximo de 1 quando $x = 1$ (veja a Figura 3.11). Entretanto, calculando a função em $x = 1$, percebemos que $f(1) = 0$. Para determinar o comportamento desta função perto de $x = 1$ e ter uma imagem completa, precisamos estudar o gráfico analiticamente.

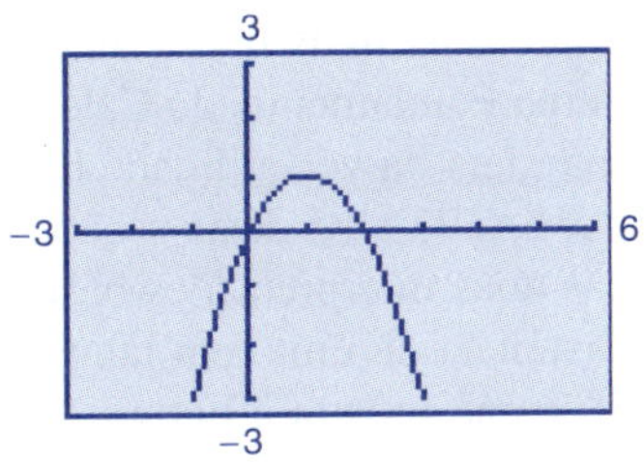

Figura 3.11

Teorema do Valor Médio

O Teorema de Rolle pode ser usado para demonstrar um outro teorema — o **Teorema do Valor Médio**.

> **TEOREMA 3.4 Teorema do Valor Médio**
>
> Se f é contínua no intervalo fechado $[a, b]$ e diferenciável no intervalo aberto (a, b), então existe um número c em (a, b) tal que
>
> $$f'(c) = \frac{f(b) - f(a)}{b - a}.$$

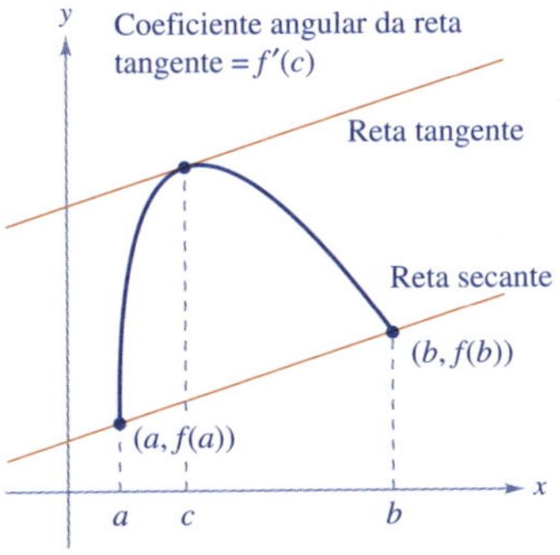

Figura 3.12

Demonstração Observe a Figura 3.12. A equação da reta secante que contém os pontos $(a, f(a))$ e $(b, f(b))$ é

$$y = \left[\frac{f(b) - f(a)}{b - a}\right](x - a) + f(a).$$

Seja $g(x)$ a diferença entre $f(x)$ e y. Então

$$g(x) = f(x) - y$$
$$= f(x) - \left[\frac{f(b) - f(a)}{b - a}\right](x - a) - f(a).$$

Biblioteca de Fotos Mary Evans

JOSEPH-LOUIS LAGRANGE (1736-1813)

O Teorema do Valor Médio foi originalmente provado pelo famoso matemático Joseph-Louis Lagrange. Nascido na Itália, Lagrange trabalhou na corte de Frederico, o Grande, em Berlim, por 20 anos. Posteriormente, mudou-se para a França, onde conheceu o imperador Napoleão Bonaparte, que teria dito: "Lagrange é a grande pirâmide das ciências matemáticas".

Calculando g em a e b, podemos ver que $g(a) = 0 = g(b)$. Como f é contínua em $[a, b]$, segue que g também é contínua em $[a, b]$. Além disso, como f é diferenciável, g também é diferenciável, e podemos aplicar o Teorema de Rolle para a função g. Portanto, existe um número em (a, b) tal que $g'(c) = 0$, o que implica que:

$$\begin{aligned} 0 &= g'(c) \\ &= f'(c) - \frac{f(b) - f(a)}{b - a}. \end{aligned}$$

Logo, existe um número c em (a, b) tal que

$$f'(c) = \frac{f(b) - f(a)}{b - a}.$$

OBSERVAÇÃO O "médio" do Teorema do Valor Médio se refere à taxa de variação média de f no intervalo $[a, b]$.

Embora o Teorema do Valor Médio possa ser usado diretamente na solução de problemas, ele é mais freqüentemente usado para demonstrar outros teoremas. Na realidade, algumas pessoas consideram que este seja o teorema mais importante do cálculo — ele está intimamente relacionado com o Teorema Fundamental do Cálculo, discutido no Capítulo 4. Por enquanto, podemos ter uma idéia da versatilidade deste teorema observando os resultados enunciados nos Exercícios 77 a 85 desta seção.

O Teorema do Valor Médio tem implicações para as duas interpretações básicas da derivada. Geometricamente, o teorema garante a existência de uma reta tangente paralela à reta secante pelos pontos $(a, f(a))$ e $(b, f(b))$, como mostra a Figura 3.12. O Exemplo 3 ilustra a interpretação geométrica do Teorema do Valor Médio. Em termos de taxa de variação, o Teorema do Valor Médio implica que deve existir um ponto no intervalo aberto (a, b) no qual a taxa de variação instantânea é igual à taxa de variação média sobre o intervalo $[a, b]$. Isto é ilustrado no Exemplo 4.

EXEMPLO 3 Encontrando a Reta Tangente

Dada $f(x) = 5 - (4/x)$, encontre todos os valores de c no intervalo $(1, 4)$ tais que:

$$f'(c) = \frac{f(4) - f(1)}{4 - 1}.$$

Solução O Coeficiente angular da reta secante por $(1, f(1))$ e $(4, f(4))$ é:

$$\frac{f(4) - f(1)}{4 - 1} = \frac{4 - 1}{4 - 1} = 1.$$

Como f satisfaz as condições do Teorema do Valor Médio, existe pelo menos um número c em $(1, 4)$ tal que $f'(c) = 1$. Resolvendo a equação $f'(x) = 1$, obtemos:

$$f'(x) = \frac{4}{x^2} = 1$$

o que implica que $x = \pm 2$. Portanto, no intervalo $(1, 4)$, podemos concluir que $c = 2$, como mostra a Figura 3.13.

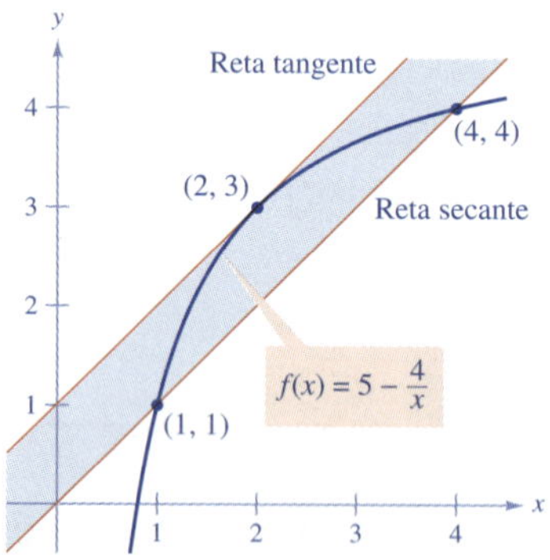

A reta tangente em $(2, 3)$ é paralela à reta secante por $(1, 1)$ e $(4, 4)$.
Figura 3.13

EXEMPLO 4 Encontrando a Taxa de Variação Instantânea

Dois carros-patrulha, equipados com radar, estão parados a uma distância de 5 milhas numa auto-estrada, como mostra a Figura 3.14. Quando um caminhão passa pelo primeiro carro-patrulha, sua velocidade é cronometrada em 55 milhas por hora.

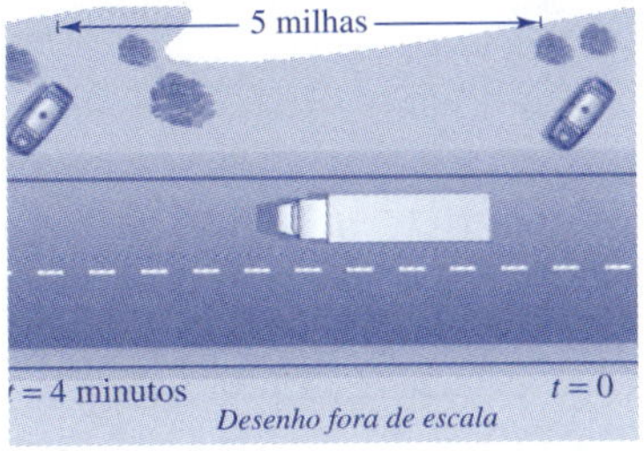

Para algum instante t, a velocidade instantânea é igual à velocidade média sobre 4 minutos.
Figura 3.14

Quatro minutos mais tarde, quando o caminhão passa pelo segundo carro-patrulha, sua velocidade é cronometrada em 50 milhas por hora. Demonstre que o caminhão deve ter excedido o limite de velocidade (55 milhas por hora) em algum instante durante os 4 minutos.

Solução Seja $t = 0$ o instante (em horas) no qual o caminhão passa pelo primeiro carro patrulha. O instante em que o caminhão passa pelo segundo carro-patrulha é:

$$t = \frac{4}{60} = \frac{1}{15} \text{ hora.}$$

Se representarmos a distância (em milhas) percorrida pelo caminhão por $s(t)$, temos que $s(0) = 0$ e $s\left(\frac{1}{15}\right) = 5$. Portanto, a velocidade média no trecho de 5 milhas da auto-estrada é:

$$\text{Velocidade média} = \frac{s(1/15) - s(0)}{(1/15) - 0}$$
$$= \frac{5}{1/15} = 75 \text{ milhas por hora.}$$

Supondo que a função posição seja diferenciável, podemos aplicar o Teorema do Valor Médio para concluir que o caminhão deve ter viajado a uma velocidade de 75 milhas por hora em algum instante durante os 4 minutos.

Uma forma alternativa útil do Teorema do Valor Médio é a seguinte: Se f é contínua em $[a, b]$ e diferenciável em (a, b), então existe um número c em (a, b) tal que

$$f(b) = f(a) + (b - a)f'(c).$$

Forma alternativa do Teorema do Valor Médio

OBSERVAÇÃO Tenha em mente, quando estiver fazendo os exercícios desta seção, que funções polinomiais, funções racionais e funções trigonométricas são diferenciáveis em todos os pontos de seus domínios.

Exercícios da Seção 3.2

Nos Exercícios 1 a 4, explique por que o Teorema de Rolle não se aplica à função mesmo existindo a e b tais que $f(a) = f(b)$.

1. $f(x) = 1 - |x - 1|$

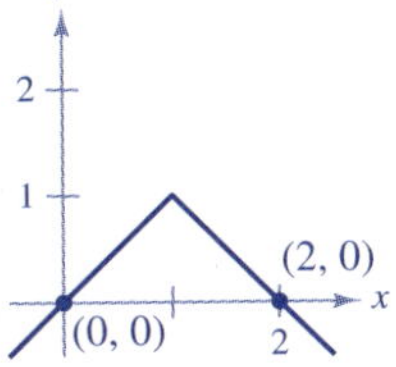

2. $f(x) = \text{cotg}\,\frac{x}{2}$

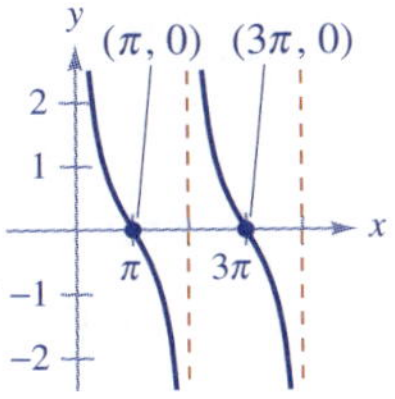

3. $f(x) = \left|\frac{1}{x}\right|$, $[-1, 1]$

4. $f(x) = \sqrt{(2 - x^{2/3})^3}$, $[-1, 1]$

Nos Exercícios 5 a 8, ache os dois pontos de intersecção da função f com o eixo x e mostre que $f'(x) = 0$ em algum ponto entre eles.

5. $f(x) = x^2 - x - 2$

6. $f(x) = x(x - 3)$

7. $f(x) = x\sqrt{x + 4}$

8. $f(x) = -3x\sqrt{x + 1}$

Teorema de Rolle **Nos Exercícios 9 e 10, é mostrado o gráfico de f. Aplique o Teorema de Rolle e ache todos os valores de c tais que $f'(c) = 0$ entre os zeros indicados.**

9.

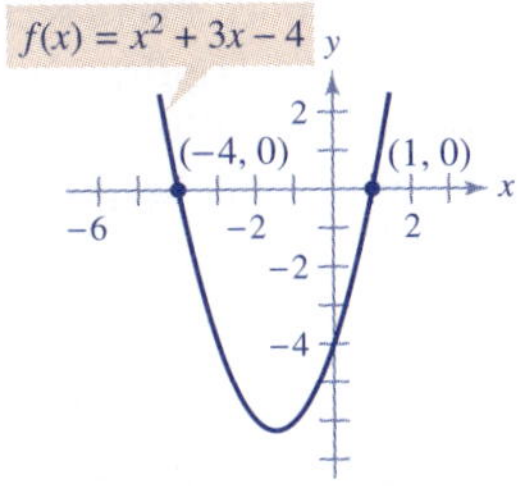

10.

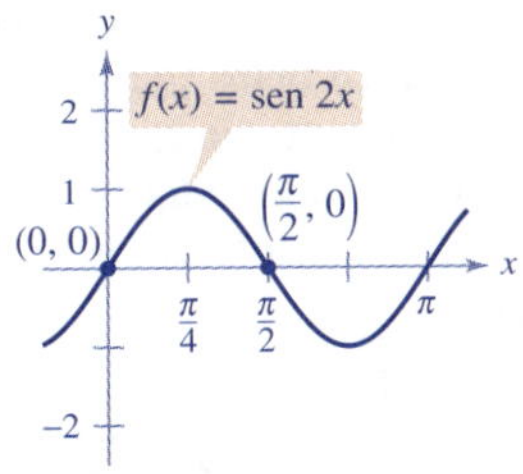

Nos Exercícios 11 a 24, determine se o Teorema de Rolle pode ser aplicado a f no intervalo fechado $[a, b]$. Se o Teorema de Rolle puder ser aplicado, ache todos os valores de c no intervalo aberto (a, b) para os quais $f'(c) = 0$.

11. $f(x) = x^2 - 2x, [0, 2]$

12. $f(x) = x^2 - 5x + 4, [1, 4]$

13. $f(x) = (x - 1)(x - 2)(x - 3), [1, 3]$

14. $f(x) = (x - 3)(x + 1)^2, [-1, 3]$

15. $f(x) = x^{2/3} - 1, [-8, 8]$

16. $f(x) = 3 - |x - 3|, [0, 6]$

17. $f(x) = \dfrac{x^2 - 2x - 3}{x + 2}, [-1, 3]$

18. $f(x) = \dfrac{x^2 - 1}{x}, [-1, 1]$

19. $f(x) = \operatorname{sen} x, [0, 2\pi]$

20. $f(x) = \cos x, [0, 2\pi]$

21. $f(x) = \dfrac{6x}{\pi} - 4 \operatorname{sen}^2 x, \left[0, \dfrac{\pi}{6}\right]$

22. $f(x) = \cos 2x, \left[-\dfrac{\pi}{12}, \dfrac{\pi}{6}\right]$

23. $f(x) = \operatorname{tg} x, [0, \pi]$

24. $f(x) = \sec x, \left[-\dfrac{\pi}{4}, \dfrac{\pi}{4}\right]$

Nos Exercícios 25 a 28, use uma ferramenta gráfica para desenhar a função no intervalo fechado $[a, b]$. Determine se o Teorema de Rolle pode ser aplicado a f neste intervalo e, em caso afirmativo, ache todos os valores de c no intervalo aberto (a, b) para os quais $f'(c) = 0$.

25. $f(x) = |x| - 1, [-1, 1]$

26. $f(x) = x - x^{1/3}, [0, 1]$

27. $f(x) = 4x - \operatorname{tg} \pi x, \left[-\frac{1}{4}, \frac{1}{4}\right]$

28. $f(x) = \dfrac{x}{2} - \operatorname{sen} \dfrac{\pi x}{6}, [-1, 0]$

29. ***Movimento Vertical*** A altura de uma bola t segundos após ter sido lançada verticalmente para cima de uma altura de 32 pés, com velocidade inicial de 48 pés por segundo, é $f(t) = -16t^2 + 48t + 32$.

(a) Verifique que $f(1) = f(2)$.

(b) De acordo com o Teorema de Rolle, qual deve ser a velocidade em algum instante no intervalo $(1, 2)$? Ache este instante.

30. ***Despesa de Inventário*** A despesa C de compra e transporte dos componentes usados em um processo de manufatura é aproximadamente $C(x) = 10\left(\dfrac{1}{x} + \dfrac{x}{x + 3}\right)$, onde C é medido em milhares de dólares e x é o número de unidades compradas, em centenas.

(a) Verifique que $C(3) = C(6)$.

(b) De acordo com o Teorema de Rolle, a taxa de variação da despesa deve ser 0 para algum número de unidades compradas no intervalo $(3, 6)$. Ache este número de unidades compradas.

Nos Exercícios 31 e 32, copie os gráficos e esboce a reta secante ao gráfico pelos pontos $(a, f(a))$ e $(b, f(b))$. A seguir, esboce a reta tangente ao gráfico em cada ponto c garantido pelo Teorema do Valor Médio. Para imprimir uma cópia ampliada do gráfico, consulte *www.mathgraphs.com*.

31.

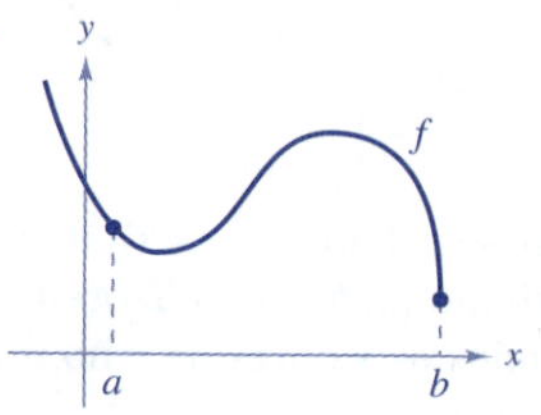

32.

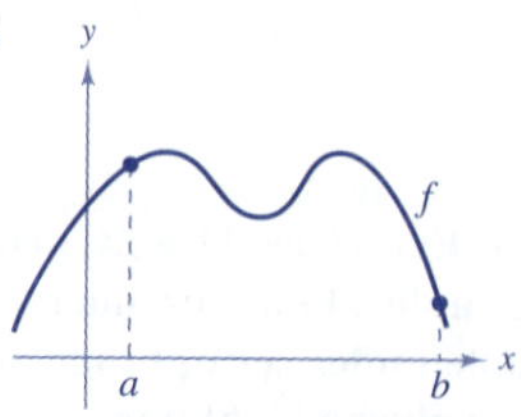

Redação **Nos Exercícios 33 a 36, explique por que o Teorema do Valor Médio não se aplica à função f no intervalo $[0, 6]$.**

33.

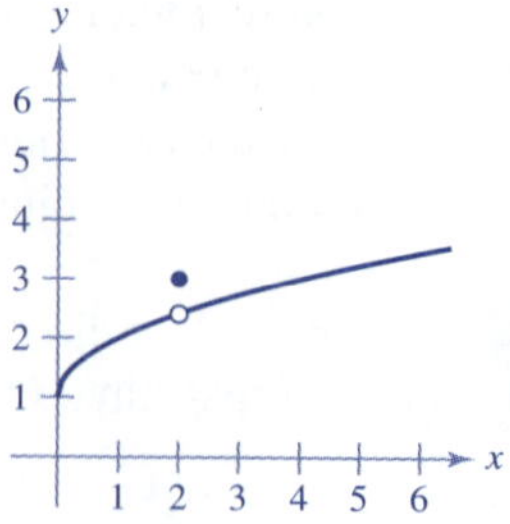

34.

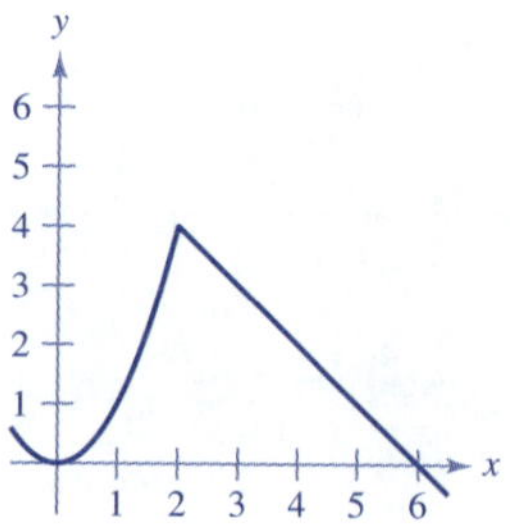

35. $f(x) = \dfrac{1}{x - 3}$

36. $f(x) = |x - 3|$

37. ***Teorema do Valor Médio*** Considere o gráfico da função $f(x) = x^2 + 1$. (a) Ache a equação da reta secante ligando os pontos $(-1, 2)$ e $(2, 5)$. (b) Use o Teorema do Valor Médio para determinar um ponto c no intervalo $(-1, 2)$, tal que a reta tangente em c seja paralela à reta secante. (c) Ache a equação da reta tangente em c. (d) A seguir, use uma ferramenta gráfica para desenhar o gráfico, a reta secante e a reta tangente.

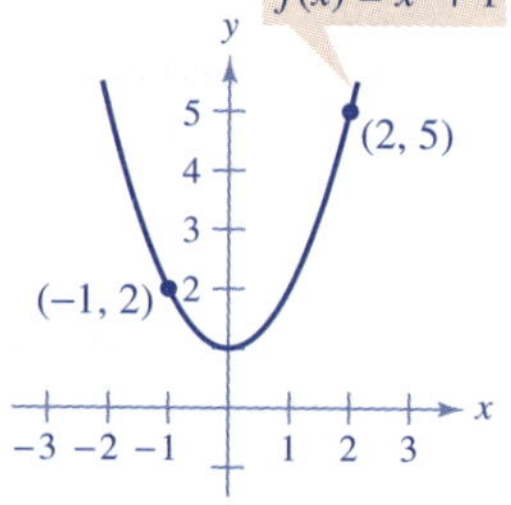

Figura do Exercício 37

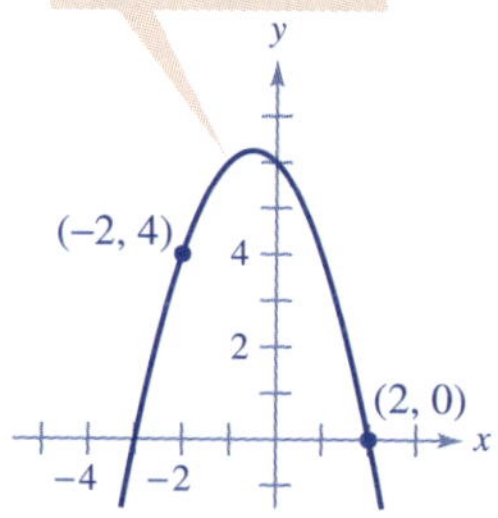

Figura do Exercício 38

38. ***Teorema do Valor Médio*** Considere o gráfico da função $f(x) = -x^2 - x + 6$. (a) Ache a equação da reta secante ligando os pontos $(-2, 4)$ e $(2, 0)$. (b) Use o Teorema do Valor Médio para determinar um ponto c no intervalo $(-2, 2)$ tal que a reta tangente em c seja paralela à reta secante. (c) Ache a equação da reta tangente em c. (d) A seguir, use uma ferramenta gráfica para desenhar o gráfico, a reta secante e a reta tangente.

Nos Exercícios 39 a 46, determine se o Teorema do Valor Médio pode ser aplicado a f no intervalo fechado $[a, b]$. Se o Teorema do Valor Médio puder ser aplicado, ache todos os valores de c no intervalo aberto (a, b) tais que $f'(c) = \dfrac{f(b) - f(a)}{b - a}$.

39. $f(x) = x^2, \ [-2, 1]$

40. $f(x) = x(x^2 - x - 2), \ [-1, 1]$

41. $f(x) = x^{2/3}, \ [0, 1]$

42. $f(x) = \dfrac{x + 1}{x}, \ \left[\frac{1}{2}, 2\right]$

43. $f(x) = \sqrt{2 - x}, \ [-7, 2]$

44. $f(x) = x^3, \ [0, 1]$

45. $f(x) = \operatorname{sen} x, \ [0, \pi]$

46. $f(x) = 2 \operatorname{sen} x + \operatorname{sen} 2x, \ [0, \pi]$

Nos Exercícios 47 a 50, use uma ferramenta gráfica para (a) desenhar a função f no intervalo dado, (b) achar e desenhar a reta secante pelos pontos do gráfico de f nas extremidades do intervalo dado, e (c) achar e desenhar todas as retas tangentes ao gráfico de f que são paralelas à reta secante.

47. $f(x) = \dfrac{x}{x+1}, \ \left[-\frac{1}{2}, 2\right]$

48. $f(x) = x - 2 \operatorname{sen} x, \ [-\pi, \pi]$

49. $f(x) = \sqrt{x}, \ [1, 9]$

50. $f(x) = -x^4 + 4x^3 + 8x^2 + 5, \ [0, 5]$

51. ***Movimento Vertical*** A altura de um objeto t segundos após ter sido abandonado de uma altura de 500 metros é $s(t) = -4{,}9t^2 + 500$.

(a) Ache a velocidade média do objeto durante os primeiros 3 segundos.

(b) Use o Teorema do Valor Médio para mostrar que, em algum instante durante os primeiros 3 segundos de queda, a velocidade instantânea se iguala à velocidade média. Ache este instante.

52. ***Vendas*** Uma companhia introduz um produto novo para o qual o número S de unidades vendidas é:

$$S(t) = 200\left(5 - \frac{9}{2+t}\right)$$

onde t é o tempo em meses.

(a) Encontre a taxa da variação média de $S(t)$ durante o primeiro ano.

(b) Durante qual mês $S'(t)$ é igual à taxa de variação média durante o primeiro ano?

Questões Conceituais

53. Seja f uma função contínua em $[a, b]$ e diferenciável em (a, b). A existência de c em (a, b), tal que $f'(c) = 0$, implica que $f(a) = f(b)$? Explique.

54. Seja f uma função contínua no intervalo fechado $[a, b]$ e diferenciável no intervalo aberto (a, b). Suponha ainda que $f(a) = f(b)$ e que c é um número real no intervalo tal que $f'(c) = 0$. Ache um intervalo para a função g no qual o Teorema de Rolle possa ser aplicado, e ache o número crítico correspondente de g (k é uma constante).

(a) $g(x) = f(x) + k$ (b) $g(x) = f(x - k)$

(c) $g(x) = f(kx)$

55. A função

$$f(x) = \begin{cases} 0, & x = 0 \\ 1 - x, & 0 < x \le 1 \end{cases}$$

é diferenciável em $(0, 1)$ e satisfaz $f(0) = f(1)$. Entretanto, sua derivada nunca se anula em $(0, 1)$. Isto contradiz o Teorema de Rolle? Explique.

56. Você pode achar uma função f, tal que $f(-2) = -2$, $f(2) = 6$ e $f'(x) < 1$ para todo x? Por que sim, ou por que não?

57. ***Velocidade*** Um avião começa sua decolagem às 14 horas para um vôo de 2.500 milhas. O avião chega a seu destino às 19h30. Explique por que existem pelo menos dois instantes durante o vôo em que a velocidade do avião é de 400 milhas por hora.

58. ***Temperatura*** Quando um objeto é removido de uma fornalha e é colocado em um ambiente com temperatura constante de 90°F, a temperatura de seu núcleo é 1.500°F. Cinco horas depois a temperatura de seu núcleo é 390°F. Explique por que deve existir um instante no intervalo em que a temperatura está decrescendo a uma taxa de 222°F por hora.

59. ***Velocidade*** Dois ciclistas começaram uma corrida às 8 horas. Ambas terminaram a corrida 2 horas e 15 minutos depois. Mostre que, em algum instante durante a corrida, os ciclistas andaram na mesma velocidade.

60. ***Aceleração*** Às 9h13, um carro esporte está se deslocando à velocidade de 35 milhas por hora. Dois minutos depois, o carro está se deslocando a 85 milhas por hora. Mostre que, em algum instante durante este intervalo de dois minutos, a aceleração do carro é exatamente 1.500 milhas por hora ao quadrado.

61. ***Argumentação Gráfica*** A figura mostra duas partes do gráfico de uma função f, continuamente diferenciável em $[-10, 4]$. A derivada f' também é contínua. Para imprimir uma cópia ampliada do gráfico, consulte *www.mathgraphs.com.*

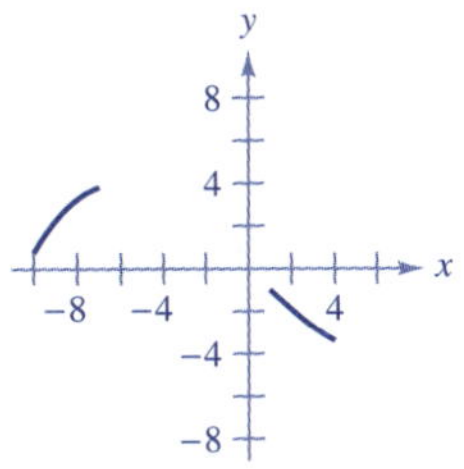

(a) Explique por que f deve ter pelo menos um zero em $[-10, 4]$.

(b) Explique por que f' também deve ter pelo menos um zero no intervalo $[-10, 4]$. Como estes zeros são chamados?

(c) Faça um esboço de uma função possível com um zero de f' no intervalo $[-10, 4]$.

(d) Faça um esboço de uma função possível com dois zeros de f' no intervalo $[-10, 4]$.

(e) As condições de continuidade de f e f' foram necessárias para fazer os itens de (a) a (d)? Explique.

62. Considere a função $f(x) = 3\cos^2\left(\dfrac{\pi x}{2}\right)$.

(a) Use uma ferramenta gráfica para traçar f e f'.

(b) f é uma função contínua? f' é uma função contínua?

(c) O Teorema de Rolle se aplica no intervalo $[-1, 1]$? E no intervalo $[1, 2]$? Explique.

(d) Calcule, se possível, $\lim\limits_{x \to 3^-} f'(x)$ e $\lim\limits_{x \to 3^+} f'(x)$.

Para Pensar **Nos Exercícios 63 e 64, esboce o gráfico de uma função arbitrária *f* que satisfaça as condições dadas, mas não satisfaça as condições do Teorema do Valor Médio no intervalo $[-5, 5]$.**

63. f é contínua em $[-5, 5]$.

64. f não é contínua em $[-5, 5]$.

Nos Exercícios 65 e 66, use o Teorema do Valor Intermediário e o Teorema de Rolle para demonstrar que a equação tem exatamente uma solução real.

65. $x^5 + x^3 + x + 1 = 0$ **66.** $2x - 2 - \cos x = 0$

67. Determine os valores de a, b, c e d para que a função f satisfaça as hipóteses do Teorema do Valor Médio no intervalo $[0, 3]$.

$$f(x) = \begin{cases} 1, & x = 0 \\ ax + b, & 0 < x \leq 1 \\ x^2 + 4x + c, & 1 < x \leq 3 \end{cases}$$

68. Determine os valores de a, b, c e d para que a função f satisfaça as hipóteses do Teorema do Valor Médio no intervalo $[-1, 2]$.

$$f(x) = \begin{cases} a, & x = -1 \\ 2, & -1 < x \leq 0 \\ bx^2 + c, & 0 < x \leq 1 \\ dx + 4, & 1 < x \leq 2 \end{cases}$$

Equações Diferenciais **Nos Exercícios 69 a 72, encontre a função f que tem derivada $f'(x)$ e cujo gráfico passa pelo ponto dado. Explique seu raciocínio.**

69. $f'(x) = 0, \quad (2, 5)$

70. $f'(x) = 4, \quad (0, 1)$

71. $f'(x) = 2x, \quad (1, 0)$

72. $f'(x) = 2x + 3, \quad (1, 0)$

Verdadeiro ou Falso? **Nos Exercícios 73 a 76, determine se a afirmação é verdadeira ou falsa. Se for falsa, explique por que ou dê um exemplo mostrando que é falsa.**

73. O Teorema do Valor Médio pode ser aplicado à $f(x) = 1/x$ no intervalo $[-1, 1]$.

74. Se o gráfico de uma função intercepta o eixo x em três pontos, então ele deve ter pelo menos dois pontos nos quais a reta tangente é horizontal.

75. Se o gráfico de uma função polinomial intercepta o eixo x em três pontos, então ele deve ter pelo menos dois pontos nos quais a reta tangente é horizontal.

76. Se $f'(x) = 0$ para todo x no domínio de f, então f é a função constante.

77. Demonstre que, se $a > 0$ e n é um inteiro positivo, então a função polinomial $p(x) = x^{2n+1} + ax + b$ não pode ter duas raízes reais.

78. Demonstre que, se $f'(x) = 0$ para todo x em um intervalo (a, b), então f é constante em (a, b).

79. Seja $p(x) = Ax^2 + Bx + C$. Mostre que para todo intervalo $[a, b]$, o valor c garantido pelo Teorema do Valor Médio está no ponto médio do intervalo.

80. (a) Seja $f(x) = x^2$ e $g(x) = -x^3 + x^2 + 3x + 2$. Neste caso, $f(-1) = g(-1)$ e $f(2) = g(2)$. Mostre que existe pelo menos um valor de c no intervalo $(-1, 2)$ no qual a reta tangente a f em $(c, f(c))$ é paralela à reta tangente a g em $(c, g(c))$. Encontre c.

(b) Sejam f e g duas funções diferenciáveis em $[a, b]$ com $f(a) = g(a)$ e $f(b) = g(b)$. Mostre que existe pelo menos um valor de c no intervalo (a, b) no qual a reta tangente a f em $(c, f(c))$ é paralela à reta tangente a g em $(c, g(c))$.

81. Demonstre que, se f é diferenciável em $(-\infty, \infty)$ e $f'(x) < 1$ para todos os números reais, então f tem no máximo um ponto fixo. Um ponto fixo de uma função é um número real c tal que $f(c) = c$.

82. Use o resultado do Exercício 81 para mostrar que $f(x) = \frac{1}{2}\cos x$ tem no máximo um ponto fixo.

83. Demonstre que $|\cos a - \cos b| \leq |a - b|$ para quaisquer a e b.

84. Demonstre que $|\text{sen}\, a - \text{sen}\, b| \leq |a - b|$ para quaisquer a e b.

85. Seja $0 < a < b$. Use o Teorema do Valor Médio para mostrar que:

$$\sqrt{b} - \sqrt{a} < \frac{b - a}{2\sqrt{a}}.$$

Seção 3.3 Funções Crescentes e Decrescentes e o Teste da Primeira Derivada

- **Determinar intervalos nos quais a função é crescente ou decrescente.**
- **Aplicar o Teste da Primeira Derivada para achar os extremos relativos da função.**

Funções Crescentes e Decrescentes

Nesta seção você aprenderá como as derivadas podem ser usadas para *classificar* os extremos relativos como mínimo relativo ou máximo relativo. Primeiramente, é importante definir funções crescentes e decrescentes.

Definições de Funções Crescentes e Decrescentes

Uma função f é **crescente** em um intervalo se, para quaisquer dois números x_1 e x_2 no intervalo, $x_1 < x_2$ implica $f(x_1) < f(x_2)$.

Uma função f é **decrescente** em um intervalo se, para quaisquer dois números x_1 e x_2 no intervalo, $x_1 < x_2$ implica $f(x_1) > f(x_2)$.

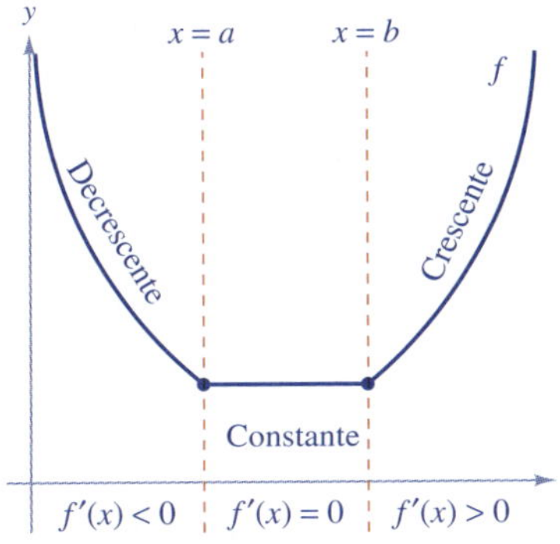

A derivada está relacionada com a inclinação da função.
Figura 3.15

Uma função é crescente se, *conforme x se move para a direita*, seu gráfico se move para cima, e é decrescente se seu gráfico se move para baixo. A função na Figura 3.15, por exemplo, é decrescente no intervalo $(-\infty, a)$, é constante no intervalo (a, b), e é crescente no intervalo (b, ∞). O Teorema 3.5 abaixo mostra que uma derivada positiva implica que a função é crescente, uma derivada negativa implica que a função é decrescente, e uma derivada nula em todo um intervalo implica que a função é constante neste intervalo.

TEOREMA 3.5 Teste para Funções Crescentes e Decrescentes

Seja f uma função contínua no intervalo fechado $[a, b]$ e diferenciável no intervalo aberto (a, b).

1. Se $f'(x) > 0$ para todo x em (a, b), então f é crescente em $[a, b]$.
2. Se $f'(x) < 0$ para todo x em (a, b), então f é decrescente em $[a, b]$.
3. Se $f'(x) = 0$ para todo x em (a, b), então f é constante em $[a, b]$.

Demonstração Para demonstrar o primeiro caso, suponha que $f'(x) > 0$ para todo x no intervalo (a, b) e sejam $x_1 < x_2$ dois pontos quaisquer no intervalo. Por meio do Teorema do Valor Médio, sabemos que existe um número c tal que $x_1 < c < x_2$, e

$$f'(c) = \frac{f(x_2) - f(x_1)}{x_2 - x_1}.$$

Já que $f'(c) > 0$ e $x_2 - x_1 > 0$, sabemos que:

$$f(x_2) - f(x_1) > 0$$

o que implica que $f(x_1) < f(x_2)$. Assim, f é crescente no intervalo. A demonstração do segundo caso é análoga (veja o Exercício 101), e o terceiro caso foi dado como o Exercício 78 na Seção 3.2.

OBSERVAÇÃO As conclusões dos primeiros dois casos do Teorema 3.5 são válidas mesmo se $f'(x) = 0$ em um número finito de valores de x em (a, b).

EXEMPLO 1 Intervalos nos quais *f* É Crescente ou Decrescente

Encontre os intervalos abertos nos quais $f(x) = x^3 - \frac{3}{2}x^2$ é crescente ou decrescente.

Solução Observe que f é diferenciável em toda a reta real. Para determinar os números críticos de f, coloque $f'(x)$ igual a zero.

$f(x) = x^3 - \dfrac{3}{2}x^2$	Escreva a função original
$f'(x) = 3x^2 - 3x = 0$	Diferencie e faça $f'(x)$ igual a 0
$3(x)(x - 1) = 0$	Fatore
$x = 0, 1$	Números críticos

Já que não existem pontos onde f' não existe, podemos concluir que $x = 0$ e $x = 1$ são os únicos números críticos. A tabela resume os testes nos três intervalos determinados por estes dois números críticos.

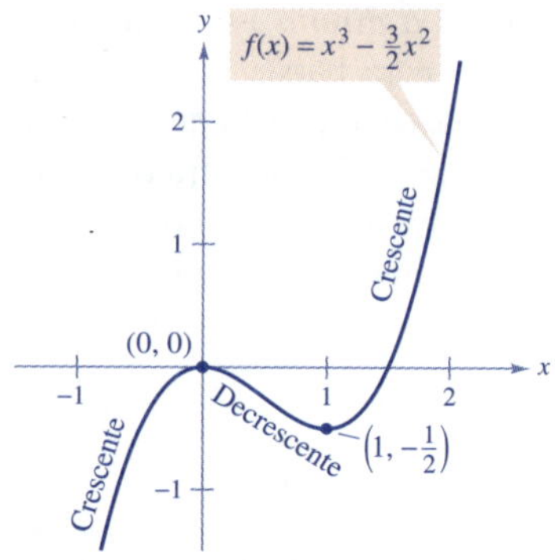

Figura 3.16

Intervalo	$-\infty < x < 0$	$0 < x < 1$	$1 < x < \infty$
Valor de teste	$x = -1$	$x = \frac{1}{2}$	$x = 2$
Sinal de $f'(x)$	$f'(-1) = 6 > 0$	$f'\left(\frac{1}{2}\right) = -\frac{3}{4} < 0$	$f'(2) = 6 > 0$
Conclusão	Crescente	Decrescente	Crescente

Assim, f é crescente nos intervalos $(-\infty, 0)$ e $(1, \infty)$ e decrescente no intervalo $(0, 1)$, como mostra a Figura 3.16.

O Exemplo 1 nos mostra como achar os intervalos onde a função é crescente ou decrescente. Os procedimentos abaixo resumem os passos seguidos no exemplo.

Procedimentos para Encontrar Intervalos nos quais f É Crescente ou Decrescente

Seja f uma função contínua no intervalo (a, b). Para achar intervalos abertos nos quais f é crescente ou decrescente, siga os passos:

1. Localize os números críticos de f em (a, b), e use estes números para determinar intervalos de teste.
2. Determine o sinal de $f'(x)$ em um valor de teste em cada um dos intervalos.
3. Use o Teorema 3.5 para determinar se f é crescente ou decrescente em cada intervalo.

Estes procedimentos também são válidos se o intervalo (a, b) for substituído por um intervalo da forma $(-\infty, b)$, (a, ∞), ou $(-\infty, \infty)$.

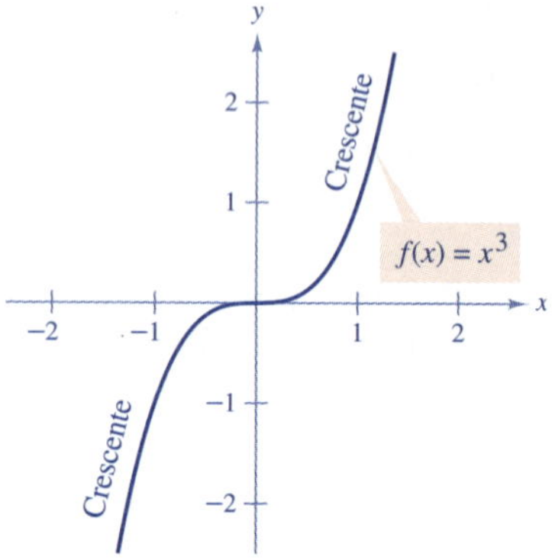

(a) Função estritamente monótona.

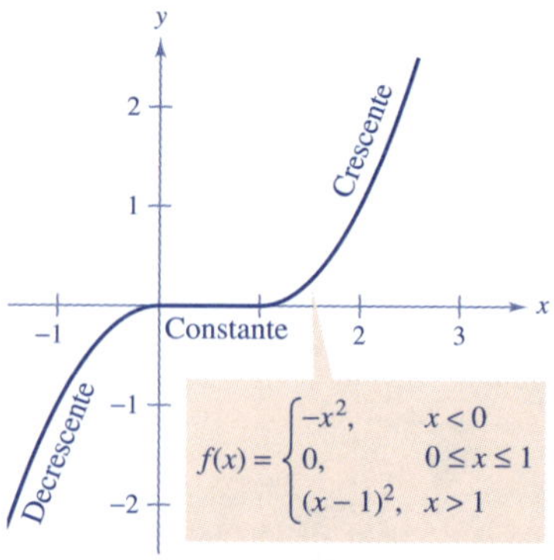

(b) Não estritamente monótona.
Figura 3.17

Uma função é **estritamente monótona** em um intervalo se ela é ou crescente no intervalo todo ou decrescente no intervalo todo. A função $f(x) = x^3$, por exemplo, é estritamente monótona na reta real toda, pois é crescente na reta real toda, como mostra a Figura 3.17(a). A função da Figura 3.17(b) não é estritamente monótona na reta real inteira, pois ela é constante no intervalo $[0, 1]$.

O Teste da Primeira Derivada

Depois de determinarmos os intervalos nos quais a função é crescente ou decrescente, não é difícil localizar os extremos relativos da função. Por exemplo, na Figura 3.18 (do Exemplo 1), a função

$$f(x) = x^3 - \frac{3}{2}x^2$$

tem um máximo relativo no ponto $(0, 0)$, pois f é crescente imediatamente à esquerda de $x = 0$ e decrescente imediatamente á direita de $x = 0$. Analogamente, f tem um mínimo relativo no ponto $\left(1, -\frac{1}{2}\right)$, pois f é decrescente imediatamente à esquerda de $x = 1$ e crescente imediatamente à direita de $x = 1$. O teorema seguinte, chamado de Teste da Primeira Derivada, torna isto mais explícito.

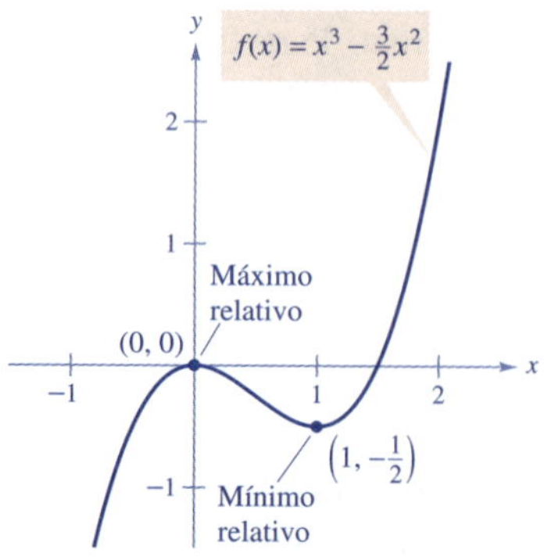

Extremos relativos de f.
Figura 3.18

TEOREMA 3.6 Teste da Primeira Derivada

Seja c um número crítico de uma função f que é contínua num intervalo aberto I que contém c. Se f é diferenciável em I, com a possível exceção de c, então $f(c)$ pode ser classificado como abaixo.

1. Se $f'(x)$ muda de positivo para negativo em c, então f tem um *mínimo relativo* em $(c, f(c))$.
2. Se $f'(x)$ muda de negativo para positivo em c, então f tem um *máximo relativo* em $(c, f(c))$.
3. Se $f'(x)$ é positivo dos dois lados de c, ou negativo dos dois lados de c, então $f(c)$ não é nem um mínimo relativo nem um máximo relativo.

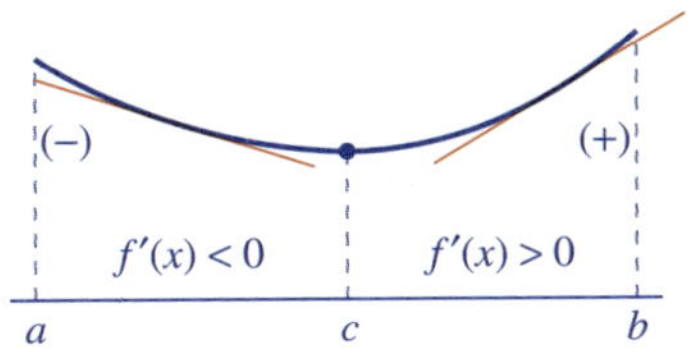

Mínimo relativo

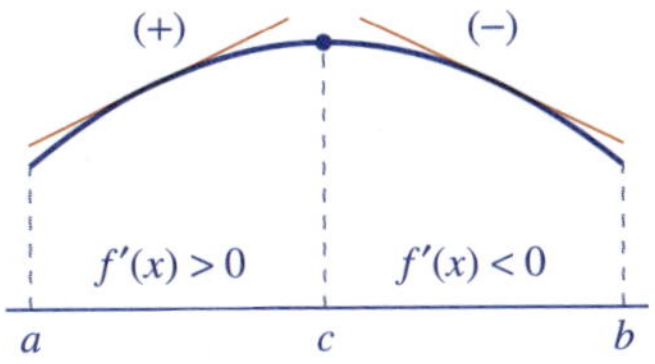

Máximo relativo

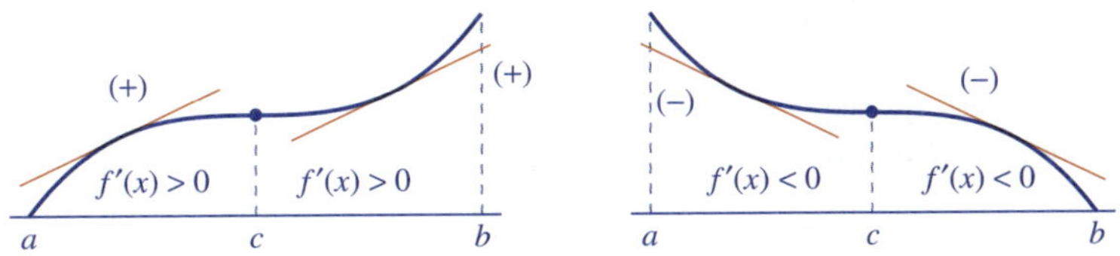

Nem mínimo nem máximo relativo

Demonstração Suponha que $f'(x)$ muda de negativo para positivo em c. Então existem a e b em I tais que

$$f'(x) < 0 \text{ para todo } x \text{ em } (a, c)$$

e

$$f'(x) > 0 \text{ para todo } x \text{ em } (c, b).$$

Pelo Teorema 3.5, f é decrescente em (a, c) e crescente em (c, b). Assim, $f(c)$ é um mínimo de f no intervalo aberto (a, b) e, conseqüentemente, um mínimo relativo de f. Isto prova o primeiro caso do teorema. O segundo caso pode ser provado de forma análoga (veja o Exercício 102).

EXEMPLO 2 Aplicando o Teste da Primeira Derivada

Encontre os extremos relativos da função $f(x) = \frac{1}{2}x - \operatorname{sen} x$ no intervalo $(0, 2\pi)$.

Solução Observe que f é contínua no intervalo $(0, 2\pi)$. Para determinar os números críticos de f neste intervalo, coloque $f'(x)$ igual a 0.

$$f'(x) = \frac{1}{2} - \cos x = 0 \qquad \text{Faça } f'(x) \text{ igual a 0}$$

$$\cos x = \frac{1}{2}$$

$$x = \frac{\pi}{3}, \frac{5\pi}{3} \qquad \text{Números críticos}$$

Já que não existem pontos para os quais f' não existe, podemos concluir que $x = \pi/3$ e $x = 5\pi/3$ são os únicos números críticos. A tabela resume os testes dos três intervalos determinados pelos dois números críticos.

Intervalo	$0 < x < \frac{\pi}{3}$	$\frac{\pi}{3} < x < \frac{5\pi}{3}$	$\frac{5\pi}{3} < x < 2\pi$
Valor de teste	$x = \frac{\pi}{4}$	$x = \pi$	$x = \frac{7\pi}{4}$
Sinal de $f'(x)$	$f'\left(\frac{\pi}{4}\right) < 0$	$f'(\pi) > 0$	$f'\left(\frac{7\pi}{4}\right) < 0$
Conclusão	Decrescente	Crescente	Decrescente

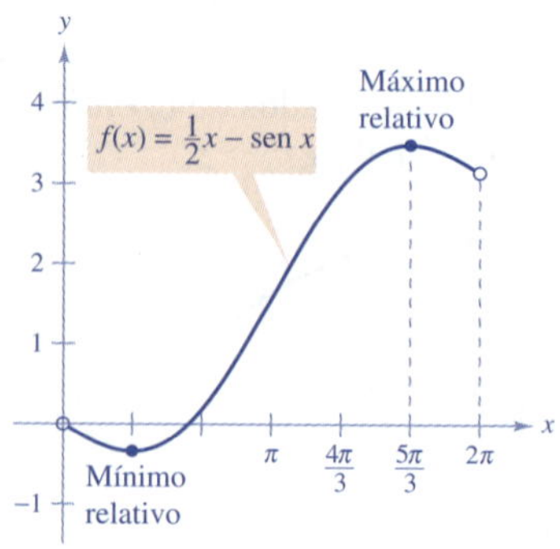

Um mínimo relativo ocorre quando f muda de decrescente para crescente, e um máximo relativo ocorre quando f muda de crescente para decrescente.
Figura 3.19

Aplicando o Teste da Primeira Derivada, podemos concluir que f tem um mínimo relativo no ponto onde

$$x = \frac{\pi}{3}$$ Valor de x onde o mínimo relativo ocorre

e um máximo relativo no ponto onde

$$x = \frac{5\pi}{3}$$ Valor de x onde o máximo relativo ocorre

como mostra a Figura 3.19.

INVESTIGAÇÃO

Comparando a Abordagem Gráfica e Analítica Você já viu na Seção 3.2 que, usada isoladamente, uma ferramenta gráfica pode levar a informações equivocadas sobre os extremos relativos de um gráfico. Entretanto, usada em conjunto com a abordagem analítica, uma ferramenta gráfica pode fornecer uma boa maneira de reforçar suas conclusões. Use uma ferramenta gráfica para desenhar a função do Exemplo 2. A seguir, use o "zoom" e os recursos de "trace" para estimar os extremos relativos. Quão acuradas são suas aproximações gráficas?

Observe que nos Exemplos 1 e 2, as funções dadas são diferenciáveis em toda a reta real. Para tais funções, os únicos números críticos são aqueles para os quais $f'(x) = 0$. O Exemplo 3 diz respeito a uma função que tem dois tipos de números críticos — aqueles para os quais $f'(x) = 0$ e aqueles onde f não é diferenciável.

EXEMPLO 3 Aplicando o Teste da Primeira Derivada

Encontre os extremos relativos de:

$$f(x) = (x^2 - 4)^{2/3}.$$

Solução Observe inicialmente que f é contínua na reta real toda. A derivada de f

$$f'(x) = \frac{2}{3}(x^2 - 4)^{-1/3}(2x)$$ Regra Geral de Potência

$$= \frac{4x}{3(x^2 - 4)^{1/3}}$$ Simplifique

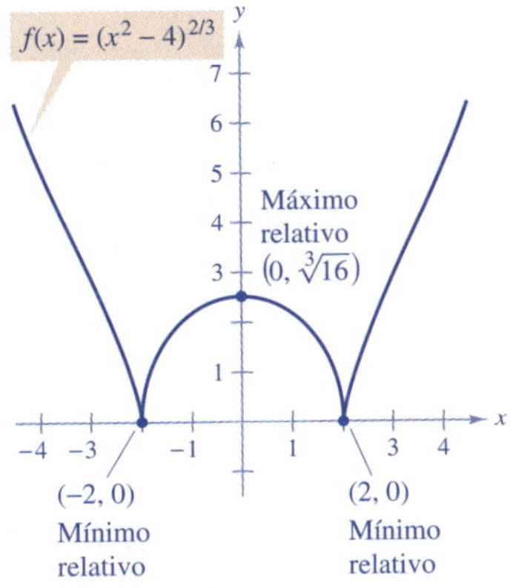

Você pode aplicar o Teste da Primeira Derivada para achar os extremos relativos.
Figura 3.20

é 0 quando $x = 0$ e não existe quando $x = \pm 2$. Assim, os números críticos são $x = -2$, $x = 0$ e $x = 2$. A tabela resume os testes para os quatro intervalos determinados por estes três números críticos.

Intervalo	$-\infty < x < -2$	$-2 < x < 0$	$0 < x < 2$	$2 < x < \infty$
Valor de teste	$x = -3$	$x = -1$	$x = 1$	$x = 3$
Sinal de $f'(x)$	$f'(-3) < 0$	$f'(-1) > 0$	$f'(1) < 0$	$f'(3) > 0$
Conclusão	Decrescente	Crescente	Decrescente	Crescente

Aplicando o Teste da Primeira Derivada, podemos concluir que f tem um mínimo relativo no ponto $(-2, 0)$, um máximo relativo no ponto $(0, \sqrt[3]{16})$, e um outro mínimo relativo no ponto $(2, 0)$, como mostra a Figura 3.20.

ARMADILHA TECNOLÓGICA Quando usar uma ferramenta gráfica para desenhar funções envolvendo radicais ou expoentes racionais, certifique-se de que você entendeu de que forma a ferramenta gráfica calcula expressões com radicais. Por exemplo, embora

$$f(x) = (x^2 - 4)^{2/3}$$

e

$$g(x) = [(x^2 - 4)^2]^{1/3}$$

sejam as mesmas algebricamente, algumas ferramentas gráficas distinguem entre estas duas funções. Qual dos gráficos mostrados na Figura 3.21 é incorreto? Por que a ferramenta gráfica fornece um gráfico incorreto?

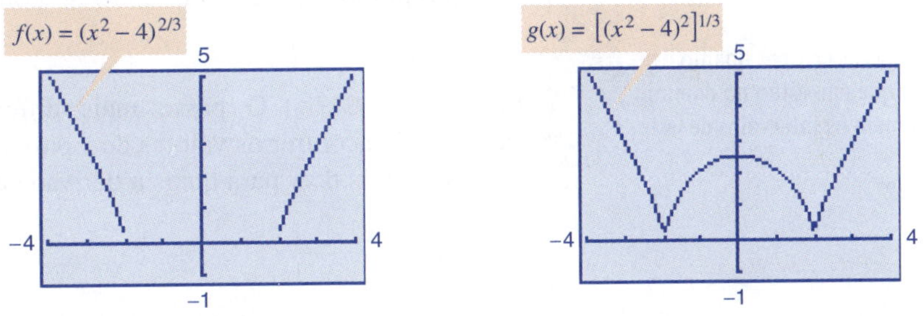

Qual gráfico é incorreto?
Figura 3.21

Quando usar o Teste da Primeira Derivada, certifique-se de considerar o domínio da função. Sua importância será ilustrada no próximo exemplo, no qual a função

$$f(x) = \frac{x^4 + 1}{x^2}$$

não está definida quando $x = 0$. Este valor de x precisa ser considerado juntamente com os números críticos para a determinação dos intervalos de teste.

EXEMPLO 4 Aplicando o Teste da Primeira Derivada

Ache os extremos relativos de $f(x) = \dfrac{x^4 + 1}{x^2}$.

Solução

$$f(x) = x^2 + x^{-2}$$ Reescreva a função original

$$f'(x) = 2x - 2x^{-3}$$ Diferencie

$$= 2x - \frac{2}{x^3}$$ Reescreva com expoentes positivos

$$= \frac{2(x^4 - 1)}{x^3}$$ Simplifique

$$= \frac{2(x^2 + 1)(x - 1)(x + 1)}{x^3}$$ Fatore

Assim, $f'(x)$ é zero em $x = \pm 1$. Além disso, já que $x = 0$ não está no domínio de f, devemos usar este valor de x juntamente com os números críticos para a determinação dos intervalos de teste.

$$x = \pm 1$$ Números críticos, $f'(\pm 1) = 0$

$$x = 0$$ 0 não está no domínio de f

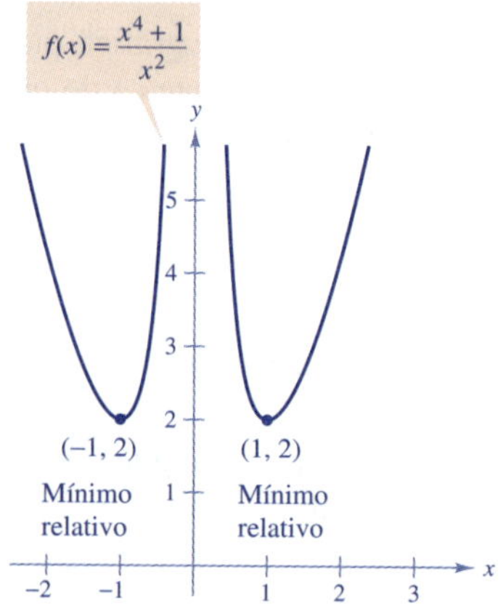

Tanto os números críticos quanto os valores de x que não estão no domínio de f determinam os intervalos de teste para f'.
Figura 3.22

A tabela resume os testes para os quatro intervalos determinados por estes três valores de x.

Intervalo	$-\infty < x < -1$	$-1 < x < 0$	$0 < x < 1$	$1 < x < \infty$
Valor de teste	$x = -2$	$x = -\frac{1}{2}$	$x = \frac{1}{2}$	$x = 2$
Sinal de $f'(x)$	$f'(-2) < 0$	$f'(-\frac{1}{2}) > 0$	$f'(\frac{1}{2}) < 0$	$f'(2) > 0$
Conclusão	Decrescente	Crescente	Decrescente	Crescente

Aplicando o Teste da Primeira Derivada, podemos concluir que f tem um mínimo relativo no ponto $(-1, 2)$ e um outro no ponto $(1, 2)$, como mostra a Figura 3.22.

TECNOLOGIA O passo mais difícil na aplicação do Teste da Primeira Derivada é encontrar os valores de x para os quais a derivada é igual a 0. Por exemplo, os valores de x para quais a derivada de

$$f(x) = \frac{x^4 + 1}{x^2 + 1}$$

é igual a zero são: $x = 0$ e $x = \pm\sqrt{\sqrt{2} - 1}$. Se você tiver acesso a técnicas da informática que possam executar diferenciação simbólica e resolver equações, use-as para aplicar o Teste da Primeira Derivada a esta função.

EXEMPLO 5 A Trajetória de um Projétil

Desprezando a resistência do ar, a trajetória de um projétil que é lançado com um ângulo θ é:

$$y = \frac{g \sec^2 \theta}{2v_0^2}x^2 + (\text{tg}\ \theta)x + h, \quad 0 \le \theta \le \frac{\pi}{2}$$

onde y é a altura, x é a distância horizontal, g é a aceleração da gravidade, v_0 é a velocidade inicial e h é a altura inicial. (Esta equação será deduzida na Seção 12.3.) Sejam $g = -32$ pés por segundo ao quadrado, $v_0 = 24$ pés por segundo e $h = 9$ pés, para que valor de θ a distância horizontal terá valor máximo?

Michael Kevin Daly/Corbis

Se um projétil for lançado do nível do solo e a resistência do ar for desprezada, o objeto irá mais longe quando o ângulo inicial for 45°. Entretanto, se o projétil for lançado de um ponto acima do nível do solo, o ângulo que produz a máxima distância horizontal não será 45° (veja o Exemplo 5).

Solução Para achar a distância que o projeto percorre, faça $y = 0$, e use a Fórmula Quadrática para resolver para x.

$$\frac{g \sec^2 \theta}{2v_0^2}x^2 + (\text{tg } \theta)x + h = 0$$

$$\frac{-32 \sec^2 \theta}{2(24^2)}x^2 + (\text{tg } \theta)x + 9 = 0$$

$$-\frac{\sec^2 \theta}{36}x^2 + (\text{tg } \theta)x + 9 = 0$$

$$x = \frac{-\text{tg } \theta \pm \sqrt{\text{tg}^2 \theta + \sec^2 \theta}}{-\sec^2 \theta / 18}$$

$$x = 18 \cos \theta\left(\text{sen } \theta + \sqrt{\text{sen}^2 \theta + 1}\right), \quad x \geq 0$$

Neste ponto, precisamos encontrar o valor de θ para o qual o valor de x é máximo. Aplicar o teste da Primeira Derivada à mão seria bastante entediante. Usar técnicas da informática para resolver a equação $dx/d\theta = 0$, entretanto, elimina a maior parte dos cálculos maçantes. O resultado é que o valor máximo de x ocorre quando

$$\theta \approx 0{,}61548 \text{ radianos, ou } 35{,}3°.$$

Esta conclusão é reforçada esboçando a trajetória do projétil para diversos valores de θ, como mostra a Figura 3.23. Das três trajetórias mostradas, a distância percorrida é maior para $\theta = 35°$.

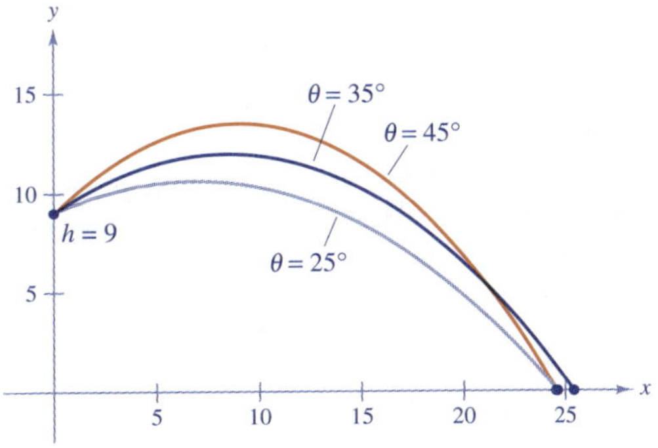

Trajetória de um projétil com ângulo inicial θ.
Figura 3.23

Exercícios da Seção 3.3

Nos Exercícios 1 e 2, use o gráfico de f para encontrar (a) o maior intervalo aberto onde f é crescente, e (b) o maior intervalo aberto no qual f é decrescente.

1.

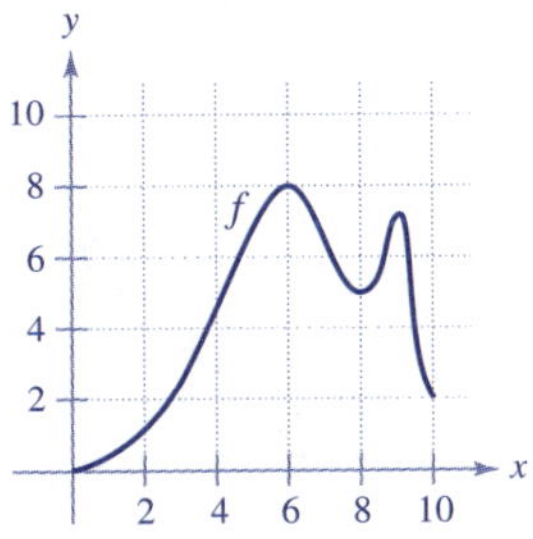

2.

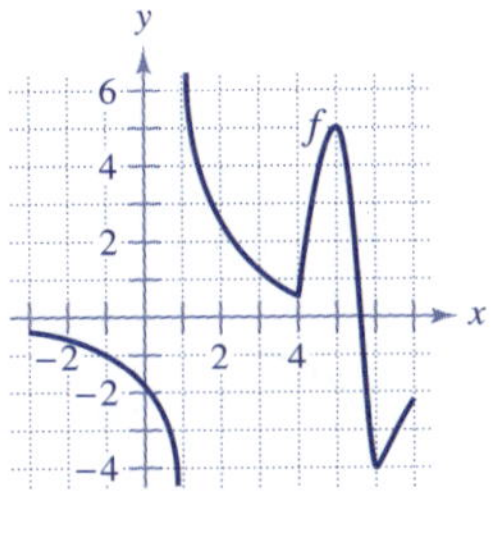

Nos Exercícios 3 a 16, identifique os intervalos abertos nos quais a função é crescente ou decrescente.

3. $f(x) = x^2 - 6x + 8$

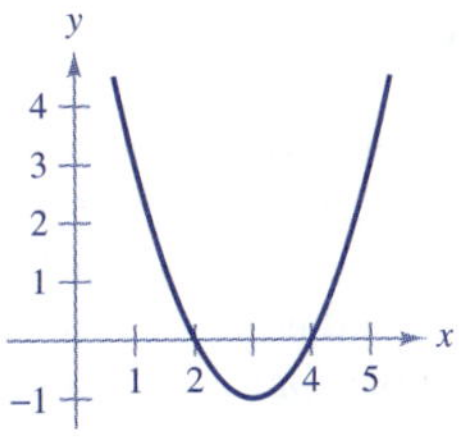

4. $y = -(x + 1)^2$

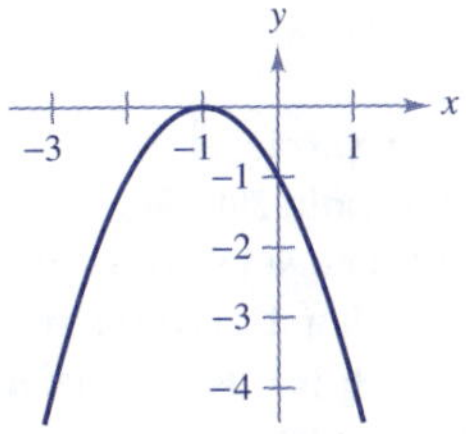

5. $y = \dfrac{x^3}{4} - 3x$

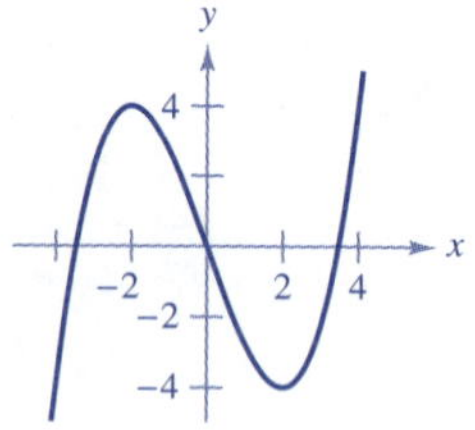

6. $f(x) = x^4 - 2x^2$

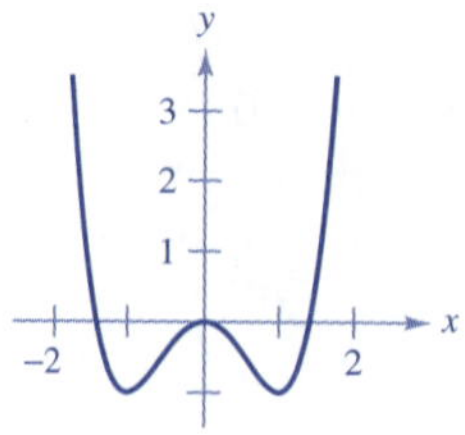

7. $f(x) = \operatorname{sen} x + 2, 0 < x < 2\pi$

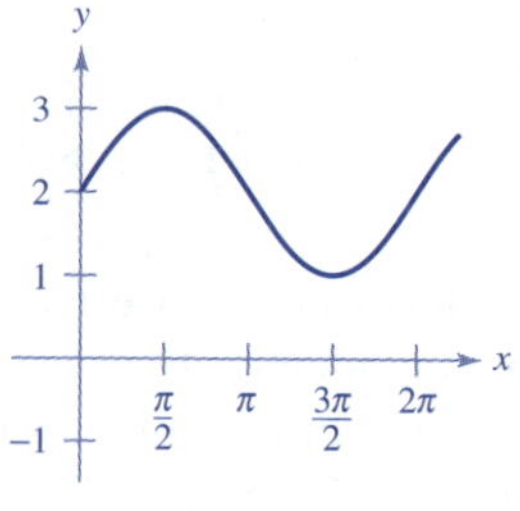

8. $h(x) = \cos \dfrac{x}{2}, 0 < x < 2\pi$

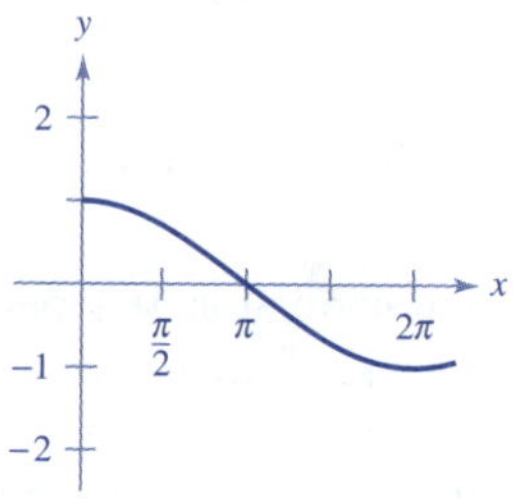

9. $f(x) = \dfrac{1}{x^2}$

10. $y = \dfrac{x^2}{x + 1}$

11. $g(x) = x^2 - 2x - 8$

12. $h(x) = 27x - x^3$

13. $y = x\sqrt{16 - x^2}$

14. $y = x + \dfrac{4}{x}$

15. $y = x - 2 \cos x, \quad 0 < x < 2\pi$

16. $f(x) = \cos^2 x - \cos x, \quad 0 < x < 2\pi$

Nos Exercícios 17 a 38, (a) ache os números críticos de f (se houver), (b) encontre o(s) intervalo(s) aberto(s) onde a função seja crescente ou decrescente, (c) aplique o Teste da Primeira Derivada para identificar todos os extremos relativos, e (d) use uma ferramenta gráfica para confirmar seus resultados.

17. $f(x) = x^2 - 6x$

18. $f(x) = x^2 + 8x + 10$

19. $f(x) = -2x^2 + 4x + 3$

20. $f(x) = -(x^2 + 8x + 12)$

21. $f(x) = 2x^3 + 3x^2 - 12x$

22. $f(x) = x^3 - 6x^2 + 15$

23. $f(x) = x^2(3 - x)$

24. $f(x) = (x + 2)^2(x - 1)$

25. $f(x) = \dfrac{x^5 - 5x}{5}$

26. $f(x) = x^4 - 32x + 4$

27. $f(x) = x^{1/3} + 1$

28. $f(x) = x^{2/3} - 4$

29. $f(x) = (x - 1)^{2/3}$

30. $f(x) = (x - 1)^{1/3}$

31. $f(x) = 5 - |x - 5|$

32. $f(x) = |x + 3| - 1$

33. $f(x) = x + \dfrac{1}{x}$

34. $f(x) = \dfrac{x}{x + 1}$

35. $f(x) = \dfrac{x^2}{x^2 - 9}$

36. $f(x) = \dfrac{x + 3}{x^2}$

37. $f(x) = \dfrac{x^2 - 2x + 1}{x + 1}$

38. $f(x) = \dfrac{x^2 - 3x - 4}{x - 2}$

Nos Exercícios 39 a 46, considere a função no intervalo $(0, 2\pi)$. Para cada função, (a) encontre o(s) intervalo(s) aberto(s) onde a função seja crescente ou decrescente, (b) aplique o Teste da Primeira Derivada para identificar todos os extremos relativos, e (c) use uma ferramenta gráfica para confirmar seus resultados.

39. $f(x) = \dfrac{x}{2} + \cos x$

40. $f(x) = \operatorname{sen} x \cos x$

41. $f(x) = \operatorname{sen} x + \cos x$

42. $f(x) = x + 2 \operatorname{sen} x$

43. $f(x) = \cos^2(2x)$

44. $f(x) = \sqrt{3} \operatorname{sen} x + \cos x$

45. $f(x) = \operatorname{sen}^2 x + \operatorname{sen} x$

46. $f(x) = \dfrac{\operatorname{sen} x}{1 + \cos^2 x}$

Nos Exercícios 47 a 52, (a) use um sistema de manipulação algébrica para diferenciar a função, (b) esboce os gráficos de f e f' no mesmo conjunto de eixos coordenados sobre o intervalo dado, (c) ache os números críticos de f no intervalo aberto, e (d) encontre o(s) intervalo(s) onde f' é positiva e o(s) intervalo(s) onde é negativa. Compare o comportamento de f e o sinal de f'.

47. $f(x) = 2x\sqrt{9 - x^2}, \quad [-3, 3]$

48. $f(x) = 10\left(5 - \sqrt{x^2 - 3x + 16}\right), \quad [0, 5]$

49. $f(t) = t^2 \operatorname{sen} t, \quad [0, 2\pi]$

50. $f(x) = \dfrac{x}{2} + \cos \dfrac{x}{2}, \quad [0, 4\pi]$

51. $f(x) = -3 \operatorname{sen} \dfrac{x}{3}, \quad [0, 6\pi]$

52. $f(x) = 2 \operatorname{sen} 3x + 4 \cos 3x, \quad [0, \pi]$

Nos Exercícios 53 e 54, use simetrias, extremos e zeros para esboçar o gráfico de f. Como as funções f e g diferem?

53. $f(x) = \dfrac{x^5 - 4x^3 + 3x}{x^2 - 1}, \quad g(x) = x(x^2 - 3)$

54. $f(t) = \cos^2 t - \operatorname{sen}^2 t, \quad g(t) = 1 - 2 \operatorname{sen}^2 t$

Para Pensar **Nos Exercícios 55 a 60, a figura mostra o gráfico de f. Esboce o gráfico da derivada de f. Para imprimir uma cópia ampliada do gráfico, consulte *www.mathgraphs.com*.**

55.

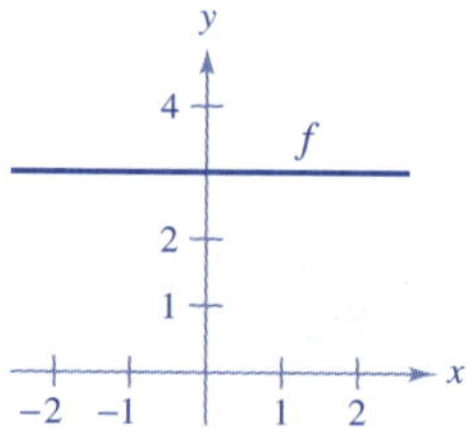

56.

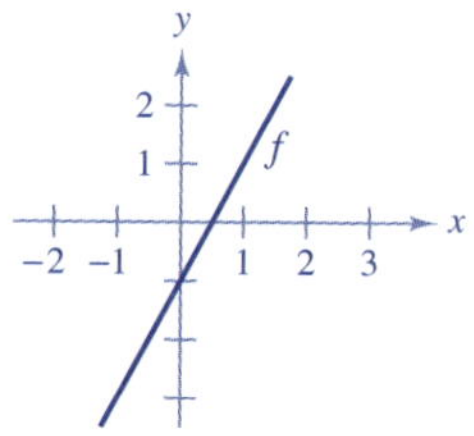

57.

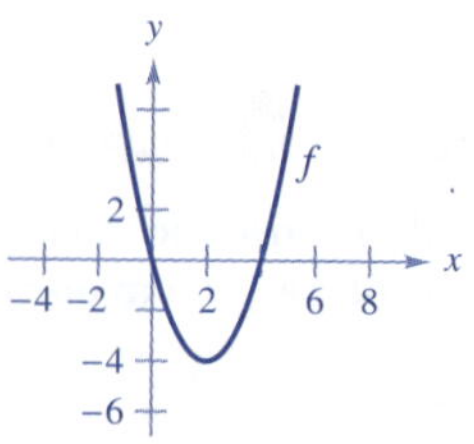

58.

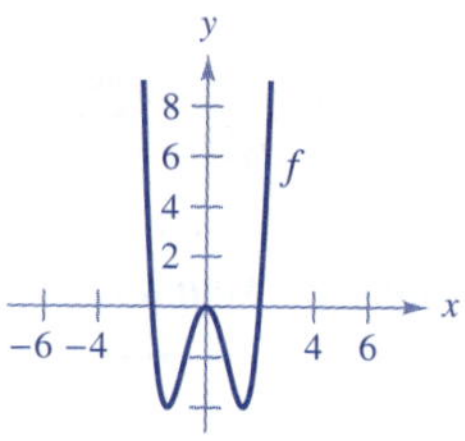

59.

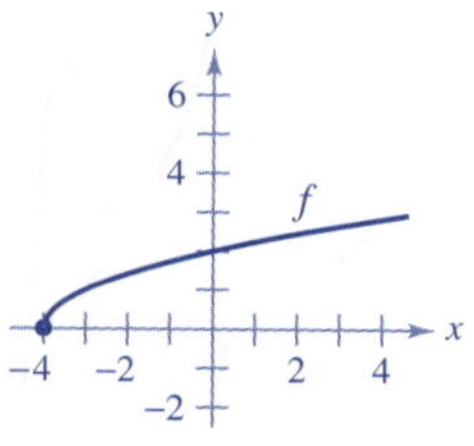

60.

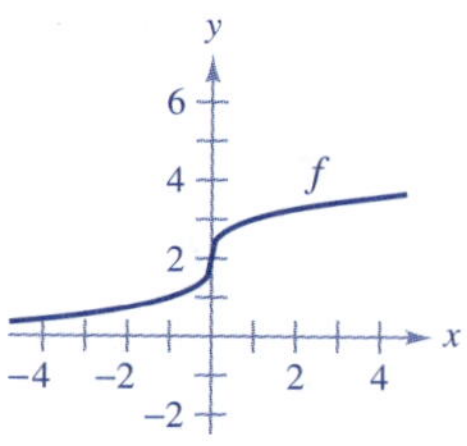

Nos Exercícios 61 a 64, use o gráfico de f' para (a) identificar o(s) intervalo(s) onde f é crescente ou decrescente, e (b) estimar os valores de x para os quais f tenha um máximo ou mínimo relativo.

61.

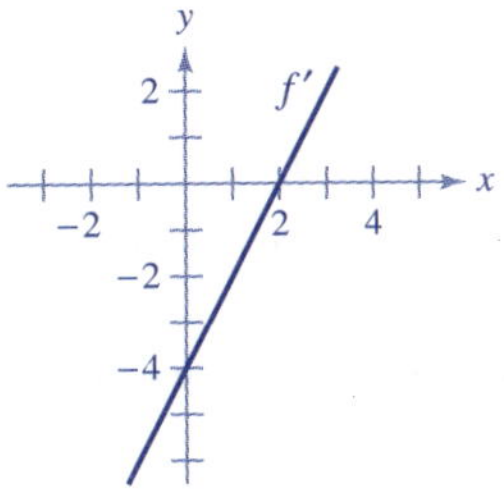

62.

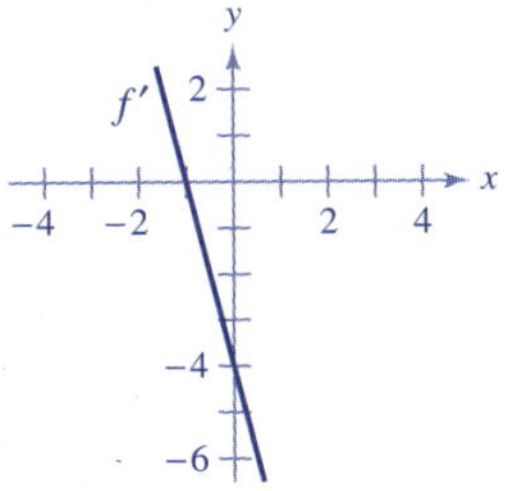

63.

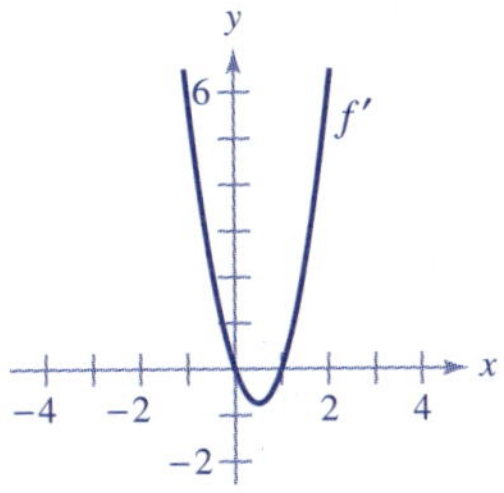

64.

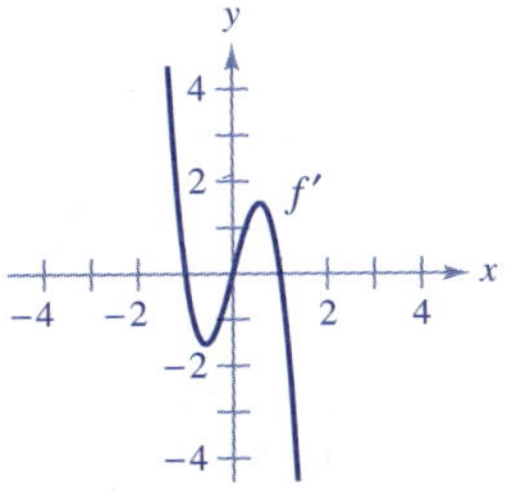

Questões Conceituais

Nos Exercícios 65 a 70, suponha que f é diferenciável para todo x. O sinal de f' está descrito abaixo.

$f'(x) > 0$ ou $(-\infty, -4)$

$f'(x) < 0$ ou $(-4, 6)$

$f'(x) > 0$ ou $(6, \infty)$

Forneça a desigualdade adequada para o valor indicado de c.

	Função	*Sinal de $g'(c)$*
65.	$g(x) = f(x) + 5$	$g'(0)$ ☐ 0
66.	$g(x) = 3f(x) - 3$	$g'(-5)$ ☐ 0
67.	$g(x) = -f(x)$	$g'(-6)$ ☐ 0
68.	$g(x) = -f(x)$	$g'(0)$ ☐ 0
69.	$g(x) = f(x - 10)$	$g'(0)$ ☐ 0
70.	$g(x) = f(x - 10)$	$g'(8)$ ☐ 0

71. Esboce o gráfico de uma função arbitrária f tal que

$$f'(x)\begin{cases} > 0, & x < 4 \\ \text{indefinida}, & x = 4 \\ < 0, & x > 4 \end{cases}$$

72. Uma função diferenciável tem um único ponto crítico em $x = 5$. Identifique o extremo relativo de f no número crítico se $f'(4) = -2{,}5$ e $f'(6) = 3$.

73. ***Para Pensar*** A função f é diferenciável no intervalo $[-1, 1]$. A tabela mostra os valores de f' para alguns valores de x. Esboce o gráfico de f, encontre aproximações para os números críticos e identifique os extremos relativos.

x	-1	$-0{,}75$	$-0{,}50$	$-0{,}25$
$f'(x)$	-10	$-3{,}2$	$-0{,}5$	$0{,}8$

x	0	$0{,}25$	$0{,}50$	$0{,}75$	1
$f'(x)$	$5{,}6$	$3{,}6$	$-0{,}2$	$-6{,}7$	$-20{,}1$

74. ***Para Pensar*** A função f é diferenciável no intervalo $[0, \pi]$. A tabela mostra os valores de f' para alguns valores de x. Esboce o gráfico de f, encontre aproximações para os números críticos e identifique os extremos relativos.

x	0	$\pi/6$	$\pi/4$	$\pi/3$	$\pi/2$
$f'(x)$	$3{,}14$	$-0{,}23$	$-2{,}45$	$-3{,}11$	$0{,}69$

x	$2\pi/3$	$3\pi/4$	$5\pi/6$	π
$f'(x)$	$3{,}00$	$1{,}37$	$-1{,}14$	$-2{,}84$

75. ***Rolando uma Bolinha de Rolimã*** Uma bolinha de rolimã é colocada em um plano inclinado e começa a rolar. O ângulo de elevação do plano é θ. A distância (em metros) que a bola rola em t segundos é $s(t) = 4{,}9(\text{sen } \theta)t^2$.

(a) Determine a velocidade da bola após t segundos.

(b) Complete a tabela e use-a para determinar o valor de θ que produz velocidade máxima em um determinado instante.

θ	0	$\pi/4$	$\pi/3$	$\pi/2$	$2\pi/3$	$3\pi/4$	π
$s'(t)$							

76. ***Análises Numérica, Gráfica e Analítica*** A concentração C de um composto químico na corrente sangüínea t horas após ter sido injetado no tecido muscular é:

$$C(t) = \frac{3t}{27 + t^3}, \quad t \geq 0.$$

(a) Complete a tabela e use-a para achar uma aproximação para o instante em que a concentração é máxima.

t	0	$0{,}5$	1	$1{,}5$	2	$2{,}5$	3
$C(t)$							

(b) Use uma ferramenta gráfica para desenhar a função concentração e use o gráfico para achar uma aproximação para o instante em que a concentração é máxima.

(c) Use o cálculo para determinar analiticamente o instante em que a concentração é máxima.

77. ***Análises Numérica, Gráfica e Analítica*** Considere as funções $f(x) = x$ e $g(x) = \text{sen } x$ no intervalo $(0, \pi)$.

(a) Complete a tabela e faça uma conjectura sobre qual é a maior função no intervalo $(0, \pi)$.

x	$0{,}5$	1	$1{,}5$	2	$2{,}5$	3
$f(x)$						
$g(x)$						

(b) Use uma ferramenta gráfica para desenhar as funções e use os gráficos para fazer uma conjectura sobre qual é a maior função no intervalo $(0, \pi)$.

(c) Demonstre que $f(x) > g(x)$ no intervalo $(0, \pi)$. [*Sugestão*: Mostre que $h'(x) > 0$ onde $h = f - g$.]

78. ***Análises Numérica, Gráfica e Analítica*** Considere as funções $f(x) = x$ e $g(x) = \operatorname{tg} x$ no intervalo $(0, \pi/2)$.

(a) Complete a tabela e faça uma conjectura sobre qual é a maior função no intervalo $(0, \pi/2)$.

x	0,25	0,5	0,75	1	1,25	1,5
$f(x)$						
$g(x)$						

(b) Use uma ferramenta gráfica para desenhar as funções e use os gráficos para fazer uma conjectura sobre qual é a maior função no intervalo $(0, \pi/2)$.

(c) Demonstre que $f(x) < g(x)$ no intervalo $(0, \pi/2)$. [*Sugestão*: mostre que $h'(x) > 0$, onde $h = g - f$.]

79. ***Contração da Traquéia*** Tossir força a traquéia a se contrair, o que afeta a velocidade v do ar que passa por ela. A velocidade do ar durante a tosse é:

$$v = k(R - r)r^2, \quad 0 \le r < R$$

onde k é constante, R é o raio normal da traquéia e r é o raio durante a tosse. Qual raio produzirá a velocidade máxima do ar?

80. ***Lucro*** O lucro P (em dólares) que uma lanchonete tem quando vende x hambúrgueres é:

$$P = 2{,}44x - \frac{x^2}{20.000} - 5.000, \quad 0 \le x \le 35.000.$$

Ache intervalos abertos onde P é crescente ou decrescente.

81. ***Potência*** A potência elétrica P, em watts, de um circuito de corrente direta com dois resistores conectados em paralelo é

$$P = \frac{vR_1R_2}{(R_1 + R_2)^2}$$

onde v é a voltagem. Se v e R_1 permanecem constantes, qual é a resistência R_2 que produzirá a potência máxima?

82. ***Resistência Elétrica*** A resistência R de um certo tipo de resistor é:

$$R = \sqrt{0{,}001T^4 - 4T + 100}$$

onde R é medida em ohms e a temperatura T é medida em graus Celsius.

(a) Use um sistema de manipulação algébrica para encontrar dR/dT e o número crítico da função. Determine a resistência mínima para este tipo de resistor.

(b) Use uma ferramenta gráfica para desenhar a função R e use o gráfico para obter uma aproximação para a resistência mínima para este tipo de resistor.

83. ***Modelando Dados*** Os bens do "Medicare Hospital Insurance Trust Fund" (em bilhões de dólares) nos anos de 1995 a 2001 são mostrados abaixo.

1995: 130,3; 1996: 124,9; 1997: 115,6; 1998: 120,4;

1999: 141,4; 2000: 177,5; 2001: 208,7

(Fonte: U.S. Centers for Medicare and Medicaid Services.)

(a) Use os recursos de regressão de uma ferramenta gráfica para encontrar um modelo da forma $M = at^2 + bt + c$ para os dados. (Faça $t = 5$ representar 1995.)

(b) Use uma ferramenta gráfica para marcar os dados e desenhar o modelo.

(c) Ache analiticamente o mínimo do modelo e compare o resultado com os dados reais.

84. ***Modelando Dados*** O número de falências (em milhares) para os anos de 1988 a 2001 está relacionado abaixo.

1988: 594,6; 1989: 643,0; 1990: 725,5; 1991: 880,4;

1992: 972,5; 1993: 918,7; 1994: 845,3; 1995: 858,1;

1996: 1042,1; 1997: 1317,0; 1998: 1429,5;

1999: 1392,0; 2000: 1277,0; 2001: 1386,6

(Fonte: Administrative Office of the U. S. Courts.)

(a) Use os recursos de regressão de uma ferramenta gráfica para encontrar um modelo da forma $B = at^4 + bt^3 + ct^2 + dt + e$ para os dados. (Faça $t = 8$ representar 1988.)

(b) Use uma ferramenta gráfica para marcar os dados e desenhar o modelo.

(c) Ache o máximo do modelo e compare o resultado com os dados reais.

Movimento sobre uma Reta **Nos Exercícios 85 a 88, a função $s(t)$ descreve o movimento de uma partícula sobre uma reta. Para cada função, (a) encontre a função velocidade da partícula para todo instante $t \ge 0$, (b) identifique o(s) intervalo(s) de tempo em que a partícula está se movendo na direção positiva, (c) identifique o(s) intervalo(s) de tempo em que a partícula está se movendo na direção negativa, e (d) identifique o(s) instante(s) de tempo em que a partícula muda de direção.**

85. $s(t) = 6t - t^2$

86. $s(t) = t^2 - 7t + 10$

87. $s(t) = t^3 - 5t^2 + 4t$

88. $s(t) = t^3 - 20t^2 + 128t - 280$

Movimento sobre uma Reta **Nos Exercícios 89 a 90, o gráfico mostra a posição de uma partícula se movendo sobre uma reta. Descreva como a posição da partícula muda com relação ao tempo.**

89.

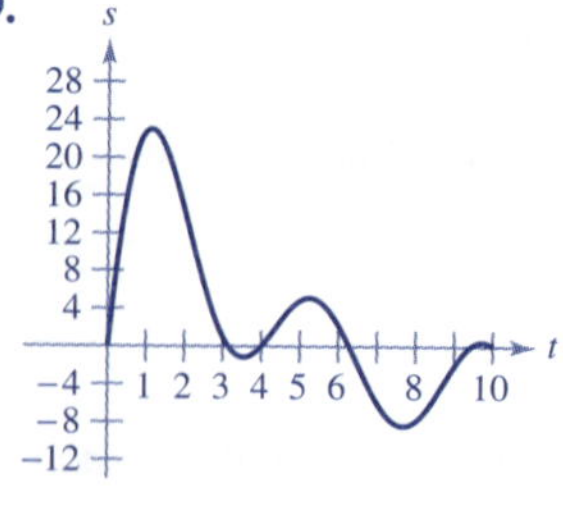

90.

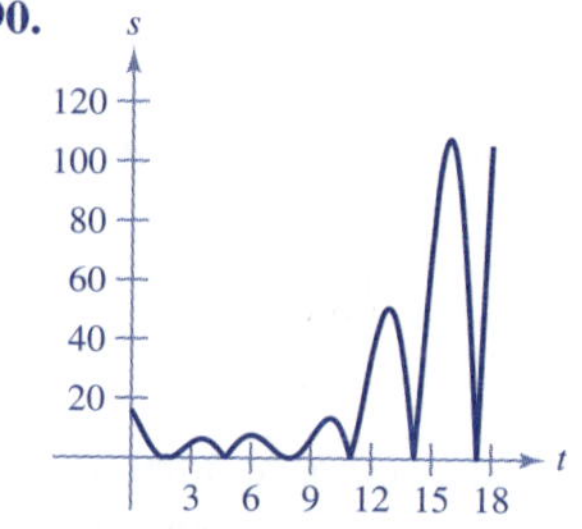

Criando Funções Polinomiais **Nos Exercícios 91 a 94, encontre a função polinomial**

$$f(x) = a_nx^n + a_{n-1}x^{n-1} + \cdots + a_2x^2 + a_1x + a_0$$

que tem apenas os extremos identificados. (a) Determine o grau mínimo da função e especifique os critérios que você usou para determiná-los. (b) Usando o fato de que as coorde-

nadas dos extremos são pontos-solução da função, e que a coordenada x é um número crítico, determine um sistema linear de equações que forneça os coeficientes da função pedida. (c) Use uma ferramenta gráfica para resolver o sistema de equações e determinar a função. (d) Use uma ferramenta gráfica para confirmar graficamente seu resultado.

91. Mínimo relativo: $(0, 0)$; Máximo relativo: $(2, 2)$

92. Mínimo relativo: $(0, 0)$; Máximo relativo: $(4, 1000)$

93. Mínimo relativo: $(0, 0)$, $(4, 0)$
Máximo relativo: $(2, 4)$

94. Mínimo relativo: $(1, 2)$
Máximo relativo: $(-1, 4)$, $(3, 4)$

Verdadeiro ou Falso? **Nos Exercícios 95 a 100, determine se a afirmação é verdadeira ou falsa. Se for falsa, explique por que ou dê um exemplo mostrando que é falsa.**

95. A soma de duas funções crescentes é crescente.

96. O produto de duas funções crescentes é crescente.

97. Todo polinômio de grau n tem $(n - 1)$ números críticos.

98. Um polinômio de grau n tem no máximo $(n - 1)$ números críticos.

99. Existe um mínimo ou um máximo relativo em cada número crítico.

100. Os máximos relativos da função f são $f(1) = 4$ e $f(3) = 10$. Assim, f tem pelo menos um mínimo para algum x no intervalo $(1, 3)$.

101. Demonstre o segundo caso do Teorema 3.5.

102. Demonstre o segundo caso do Teorema 3.6.

103. Seja $x > 0$ um número real e $n > 1$ um número racional. Mostre que $(1 + x)^n > 1 + nx$.

104. Use as definições de funções crescente e decrescente para mostrar que $f(x) = x^3$ é crescente em $(-\infty, \infty)$.

105. Use as definições de funções crescente e decrescente para mostrar que $f(x) = 1/x$ é decrescente em $(0, \infty)$.

Projeto da Seção Arco-íris

Arco-íris são formados quando a luz atinge gotas de chuva e é refletida e refratada, como mostra a figura. (Esta figura mostra uma seção transversal de uma gota de chuva esférica.) A Lei de Refração afirma que $(\text{sen}\ \alpha)/(\text{sen}\ \beta) = k$, onde $k \approx 1{,}33$ (para a água). O ângulo de deflexão é dado por $D = \pi + 2\alpha - 4\beta$.

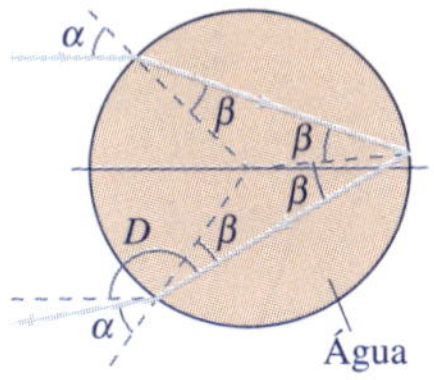

(a) Use uma ferramenta gráfica para desenhar $D = \pi + 2\alpha - 4\ \text{sen}^{-1}(1/k\ \text{sen}\ \alpha)$, $0 \le \alpha \le \pi/2$.

(b) Mostre que o ângulo mínimo de deflexão ocorre quando

$$\cos \alpha = \sqrt{\frac{k^2 - 1}{3}}.$$

Para a água, qual é o ângulo mínimo de deflexão, $D_{\text{mín}}$? (O ângulo $\pi - D_{\text{mín}}$ é chamado ângulo do arco-íris.) Qual valor de α produz este ângulo mínimo? (Um raio de luz que atinja uma gota de chuva neste ângulo, α, é chamado de raio de arco-íris.)

PARA MAIS INFORMAÇÃO Para saber mais sobre a matemática do arco-íris, veja o artigo "Somewhere Within the Rainbow" de Steven Janke em *The UMAP Journal*.

Seção 3.4 Concavidade e o Teste da Segunda Derivada

- **Determinar intervalos onde a função é côncava para cima ou côncava para baixo.**
- **Encontrar todos os pontos de inflexão do gráfico de uma função.**
- **Aplicar o Teste da Segunda Derivada para encontrar os extremos relativos de uma função.**

Concavidade

Nós já vimos que localizar os intervalos onde a função f cresce ou decresce nos ajuda a descrever seu gráfico. Nesta seção, veremos como usar a localização dos intervalos onde f' cresce ou decresce para determinar onde o gráfico de f está curvado *para cima* ou *para baixo*.

Definição de Concavidade

Seja f uma função diferenciável em um intervalo aberto I. O gráfico de f é **côncavo para cima** em I se f' for crescente no intervalo, e **côncavo para baixo** se f' for decrescente no intervalo.

A interpretação gráfica da concavidade, a seguir, é útil. (Veja o Apêndice A para uma demonstração destes resultados.)

1. Seja f uma função diferenciável em um intervalo aberto I. Se o gráfico de f é côncavo *para cima* em I, então o gráfico de f fica *acima* de todas as retas tangentes em I. [Veja a Figura 3.24(a).]
2. Seja f uma função diferenciável em um intervalo aberto I. Se o gráfico de f é côncavo *para baixo* em I, então o gráfico de f fica *abaixo* de todas as retas tangentes em I. [Veja a Figura 3.24(b).]

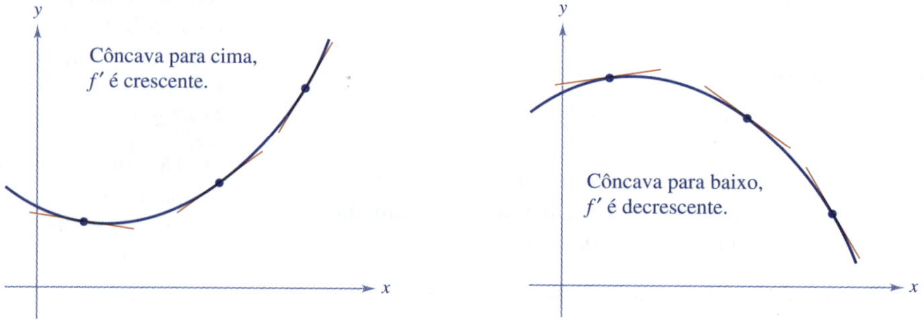

(a) O gráfico de f fica acima de suas retas tangentes. (b) O gráfico de f fica abaixo de suas retas tangentes.
Figura 3.24

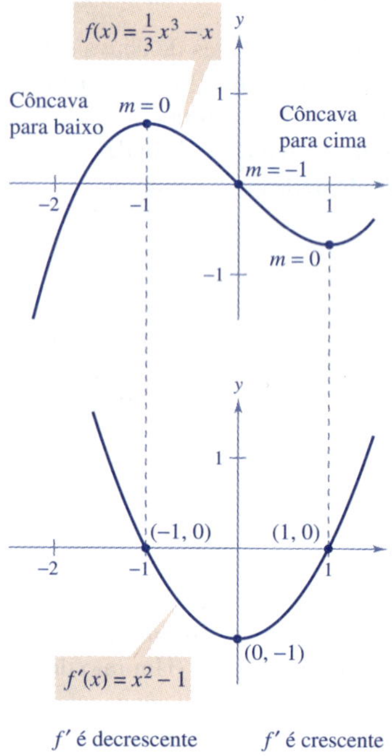

A concavidade de f está relacionada com a inclinação da derivada.
Figura 3.25

Para determinar os intervalos abertos onde a função f é côncava para cima ou para baixo, precisamos encontrar intervalos nos quais f' é crescente ou decrescente. Por exemplo, o gráfico de

$$f(x) = \tfrac{1}{3}x^3 - x$$

é côncavo para baixo no intervalo aberto $(-\infty, 0)$ porque $f'(x) = x^2 - 1$ é decrescente lá. (Veja a Figura 3.25) Analogamente, o gráfico de f é côncavo para cima no intervalo $(0, \infty)$, pois f' é crescente em $(0, \infty)$.

O teorema abaixo mostra como usar a segunda derivada de uma função f para determinar intervalos nos quais o gráfico de f é côncavo para cima ou para baixo. A demonstração deste teorema é conseqüência direta do Teorema 3.5 e da definição de concavidade.

TEOREMA 3.7 Teste para Concavidade

Seja f uma função cuja segunda derivada exista em um intervalo aberto I.

1. Se $f''(x) > 0$ em I, então o gráfico de f é côncavo para cima em I.
2. Se $f''(x) < 0$ em I, então o gráfico de f é côncavo para baixo em I.

OBSERVAÇÃO Um terceiro caso do Teorema 3.7 poderia ser que se $f''(x) = 0$ para todo x em I, então f é linear. Observe, entretanto, que a concavidade não está definida para a reta. Em outras palavras, uma linha reta não é nem côncava para cima nem côncava para baixo.

Para aplicar o Teorema 3.7, localize os valores de x para os quais $f''(x) = 0$ ou onde não exista f''. A seguir, use estes valores de x para determinar os intervalos de teste. Finalmente, teste o sinal de $f''(x)$ em cada um destes intervalos de teste.

EXEMPLO 1 Determinando a Concavidade

Determine os intervalos abertos nos quais o gráfico de

$$f(x) = \frac{6}{x^2 + 3}$$

é côncavo para cima ou para baixo.

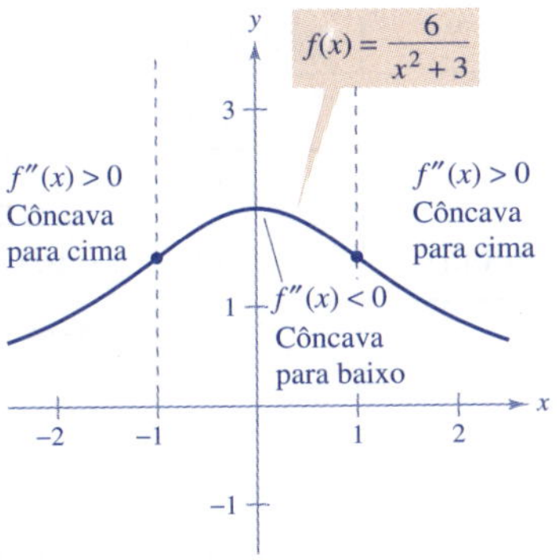

Pelo sinal de f'' podemos determinar a concavidade de f.
Figura 3.26

Solução Observe inicialmente que f é contínua em toda a reta real. A seguir, encontre a segunda derivada de f.

$$f(x) = 6(x^2 + 3)^{-1} \quad \text{Reescreva a função original}$$

$$f'(x) = (-6)(x^2 + 3)^{-2}(2x) \quad \text{Diferencie}$$

$$= \frac{-12x}{(x^2 + 3)^2} \quad \text{Primeira derivada}$$

$$f''(x) = \frac{(x^2 + 3)^2(-12) - (-12x)(2)(x^2 + 3)(2x)}{(x^2 + 3)^4} \quad \text{Diferencie}$$

$$= \frac{36(x^2 - 1)}{(x^2 + 3)^3} \quad \text{Segunda derivada}$$

Já que $f''(x) = 0$ quando $x = \pm 1$ e f'' está definida para toda a reta real, devemos testar f'' nos intervalos $(-\infty, -1)$, $(-1, 1)$ e $(1, \infty)$. Os resultados são mostrados na tabela abaixo e na Figura 3.26.

Intervalo	$-\infty < x < -1$	$-1 < x < 1$	$1 < x < \infty$
Valor de teste	$x = -2$	$x = 0$	$x = 2$
Sinal de $f''(x)$	$f''(-2) > 0$	$f''(0) < 0$	$f''(2) > 0$
Conclusão	Côncava para cima	Côncava para baixo	Côncava para cima

A função dada no Exemplo 1 é contínua em toda a reta real. Se existirem valores de x para os quais a função não seja contínua, estes valores devem ser usados juntamente com os pontos onde $f''(x) = 0$ ou onde não existir $f''(x)$ para formar os intervalos de teste.

EXEMPLO 2 Determinando a Concavidade

Determine os intervalos abertos nos quais o gráfico de $f(x) = \dfrac{x^2 + 1}{x^2 - 4}$ é côncavo para cima ou para baixo.

Solução Diferenciando duas vezes obtemos o seguinte:

$$f(x) = \frac{x^2 + 1}{x^2 - 4} \quad \text{Escreva a função original}$$

$$f'(x) = \frac{(x^2 - 4)(2x) - (x^2 + 1)(2x)}{(x^2 - 4)^2} \quad \text{Diferencie}$$

$$= \frac{-10x}{(x^2 - 4)^2} \quad \text{Primeira derivada}$$

$$f''(x) = \frac{(x^2 - 4)^2(-10) - (-10x)(2)(x^2 - 4)(2x)}{(x^2 - 4)^4} \quad \text{Diferencie}$$

$$= \frac{10(3x^2 + 4)}{(x^2 - 4)^3} \quad \text{Segunda derivada}$$

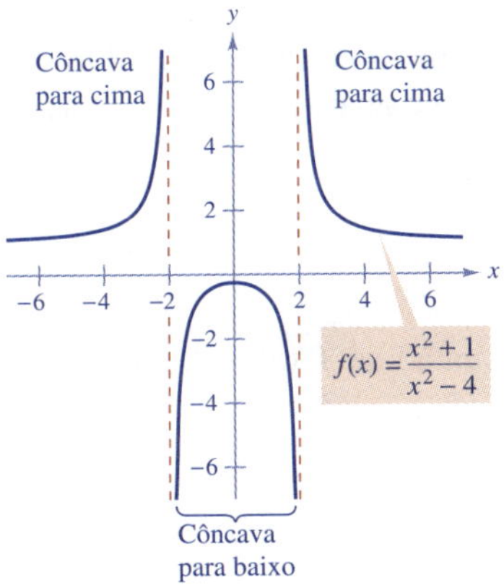

Figura 3.27

Não existem pontos nos quais $f''(x) = 0$, mas em $x = \pm 2$ a função não é contínua. Assim, verifique a concavidade nos intervalos $(-\infty, -2)$, $(-2, 2)$ e $(2, \infty)$, como mostra a tabela. A Figura 3.27 apresenta o gráfico de f.

Intervalo	$-\infty < x < -2$	$-2 < x < 2$	$2 < x < \infty$
Valor de teste	$x = -3$	$x = 0$	$x = 3$
Sinal de $f''(x)$	$f''(-3) > 0$	$f''(0) < 0$	$f''(3) > 0$
Conclusão	Côncava para cima	Côncava para baixo	Côncava para cima

A concavidade de f muda em um ponto de inflexão. Observe que o gráfico cruza sua reta tangente em um ponto de inflexão.
Figura 3.28

Pontos de Inflexão

O gráfico da Figura 3.26 tem dois pontos nos quais a concavidade muda. Se a reta tangente existe em um destes pontos, este ponto é um **ponto de inflexão**. A Figura 3.28 mostra três tipos de pontos de inflexão.

Definição de Ponto de Inflexão

Seja f uma função contínua em um intervalo aberto e seja c um ponto no intervalo. Se o gráfico de f tem reta tangente em $(c, f(c))$, então este ponto é um **ponto de inflexão** do gráfico de f, se a concavidade de f mudar neste ponto.

OBSERVAÇÃO A definição de *ponto de inflexão* dada neste livro estabelece que a reta tangente exista no ponto de inflexão. Alguns livros não fazem essa exigência. Por exemplo, não consideramos que a função

$$f(x) = \begin{cases} x^3, & x < 0 \\ x^2 + 2x, & x \geq 0 \end{cases}$$

tenha um ponto de inflexão na origem, mesmo que a concavidade do gráfico mude de concavidade para cima para concavidade para baixo.

Para localizar os possíveis pontos de inflexão, podemos determinar os valores de x para os quais $f''(x) = 0$ ou onde não exista $f''(x)$. Isto é análogo ao procedimento para localizar os extremos relativos de f.

TEOREMA 3.8 Pontos de Inflexão

Se $(c, f(c))$ é um ponto de inflexão do gráfico de f, então ou $f''(c) = 0$ ou não existe f'' no ponto $x = c$.

EXEMPLO 3 Encontrando os Pontos de Inflexão

Determine os pontos de inflexão e discuta a concavidade do gráfico de $f(x) = x^4 - 4x^3$.

Solução Diferenciando duas vezes obtemos o seguinte.

$$f(x) = x^4 - 4x^3 \qquad \text{Escreva a função original}$$

$$f'(x) = 4x^3 - 12x^2 \qquad \text{Ache a primeira derivada}$$

$$f''(x) = 12x^2 - 24x = 12x(x - 2) \qquad \text{Ache a segunda derivada}$$

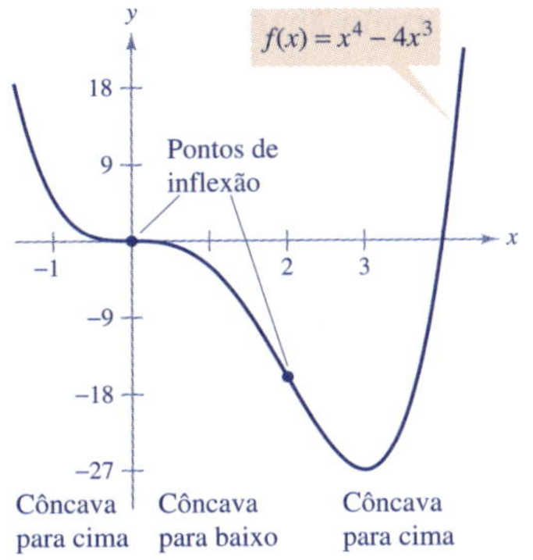

Pontos de inflexão podem ocorrer onde $f''(x) = 0$ ou onde não existe f''.
Figura 3.29

Fazendo $f''(x) = 0$, determinamos que os possíveis pontos de inflexão ocorrem em $x = 0$ e $x = 2$. Testando os intervalos determinados por estes valores de x, podemos concluir que ambos nos levam a pontos de inflexão. A tabela mostra um resumo destes testes, e a Figura 3.29 mostra o gráfico de f.

Intervalo	$-\infty < x < 0$	$0 < x < 2$	$2 < x < \infty$
Valor de teste	$x = -1$	$x = 1$	$x = 3$
Sinal de $f''(x)$	$f''(-1) > 0$	$f''(1) < 0$	$f''(3) > 0$
Conclusão	Côncava para cima	Côncava para baixo	Côncava para cima

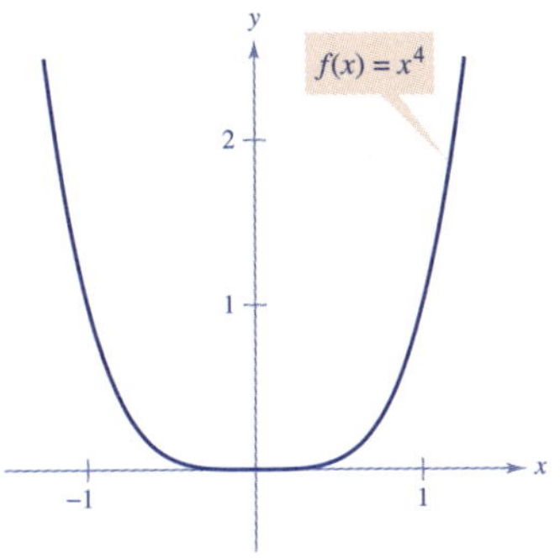

$f''(0) = 0$, mas $(0, 0)$ não é ponto de inflexão.
Figura 3.30

A recíproca do Teorema 3.8 não é em geral verdadeira. Ou seja, é possível que a segunda derivada seja 0 em um ponto que *não* é de inflexão. Por exemplo, a Figura 3.30 mostra o gráfico de $f(x) = x^4$. A segunda derivada é 0 quando $x = 0$, mas o ponto $(0, 0)$ não é um ponto de inflexão, porque o gráfico de f é côncavo para cima em ambos os intervalos $-\infty < x < 0$ e $0 < x < \infty$.

INVESTIGAÇÃO

Considere uma função cúbica geral da forma

$$f(x) = ax^3 + bx^2 + cx + d.$$

Sabemos que o valor de d tem influência na localização do gráfico, mas não tem influência no valor da primeira derivada em um dado valor de x. Graficamente, isto é verdade porque mudanças no valor de d transladam o gráfico para cima e para baixo, mas não mudam sua forma básica. Use uma ferramenta gráfica para desenhar diversas cúbicas para diferentes valores de c. A seguir, dê uma explicação gráfica de por que mudanças em c não afetam os valores da segunda derivada.

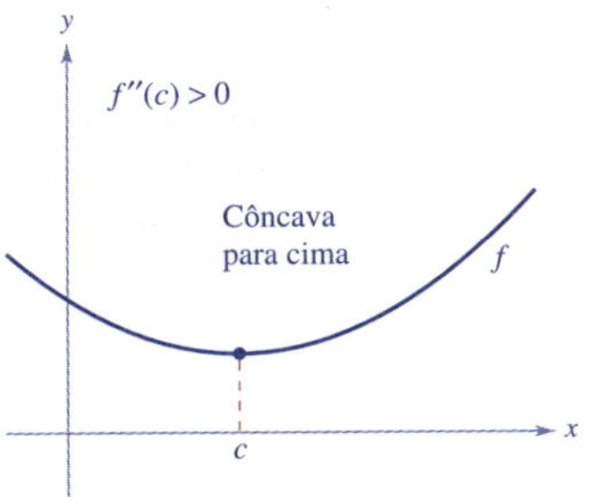

Se $f'(c) = 0$ e $f''(c) > 0$, $f(c)$ é um mínimo relativo.

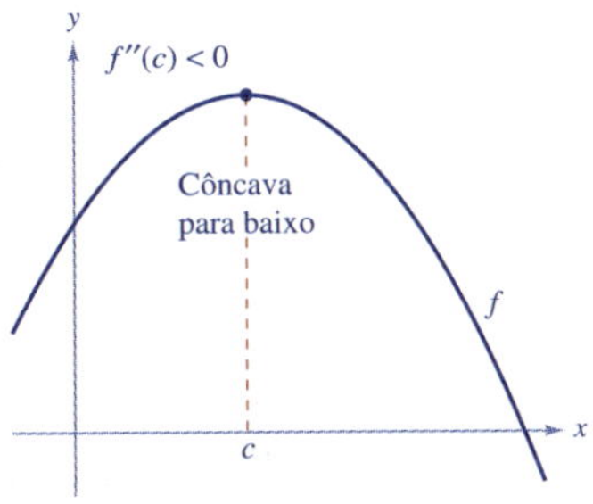

Se $f'(c) = 0$ e $f''(c) < 0$, $f(c)$ é um máximo relativo.
Figura 3.31

O Teste da Segunda Derivada

Além de testar a concavidade, a segunda derivada pode ser usada para aplicar um teste simples para mínimos e máximos relativos. Este teste é baseado no fato de que se o gráfico de uma função f é côncavo para cima em um intervalo aberto contendo c, e se $f'(c) = 0$, então $f(c)$ deve ser um mínimo relativo de f. Analogamente, se o gráfico de uma função f é côncavo para baixo em um intervalo aberto contendo c, e se $f'(c) = 0$, então $f(c)$ deve ser um máximo relativo de f. (Veja a Figura 3.31.)

TEOREMA 3.9 Teste da Segunda Derivada

Seja f uma função tal que $f'(c) = 0$ e tal que a segunda derivada de f exista em um intervalo aberto contendo c.

1. Se $f''(c) > 0$, então f tem um mínimo relativo em $(c, f(c))$.
2. Se $f''(c) < 0$, então f tem um máximo relativo em $(c, f(c))$.

Se $f''(c) = 0$, o teste falha. Ou seja, f pode ter um máximo relativo em $(c, f(c))$, um mínimo relativo em $(c, f(c))$, ou nenhum dos dois. Nestes casos, podemos usar o Teste da Primeira Derivada.

Demonstração Se $f'(c) = 0$ e $f''(c) > 0$, existe um intervalo aberto I contendo c para o qual

$$\frac{f'(x) - f'(c)}{x - c} = \frac{f'(x)}{x - c} > 0$$

para todo $x \neq c$ em I. Se $x < c$, então $x - c < 0$ e $f'(x) < 0$. Além disso, se $x > c$, então $x - c > 0$ e $f'(x) > 0$. Assim, $f'(x)$ muda de negativo para positivo em c, e o Teste da Primeira Derivada implica que $f(c)$ é um mínimo relativo. A demonstração do segundo caso fica a seu encargo.

EXEMPLO 4 Usando o Teste da Segunda Derivada

Encontre os extremos relativos de $f(x) = -3x^5 + 5x^3$.

Solução Inicialmente, encontre os números críticos de f.

$$f'(x) = -15x^4 + 15x^2 = 15x^2(1 - x^2) = 0 \quad \text{Faça } f'(x) \text{ igual a 0}$$

$$x = -1, 0, 1 \quad \text{Números críticos}$$

Usando:

$$f''(x) = -60x^3 + 30x = 30(-2x^3 + x)$$

podemos aplicar o Teste da Segunda Derivada como é mostrado abaixo.

Ponto	$(-1, -2)$	$(1, 2)$	$(0, 0)$
Sinal de $f''(x)$	$f''(-1) > 0$	$f''(1) < 0$	$f''(0) = 0$
Conclusão	Mínimo relativo	Máximo relativo	O teste falha

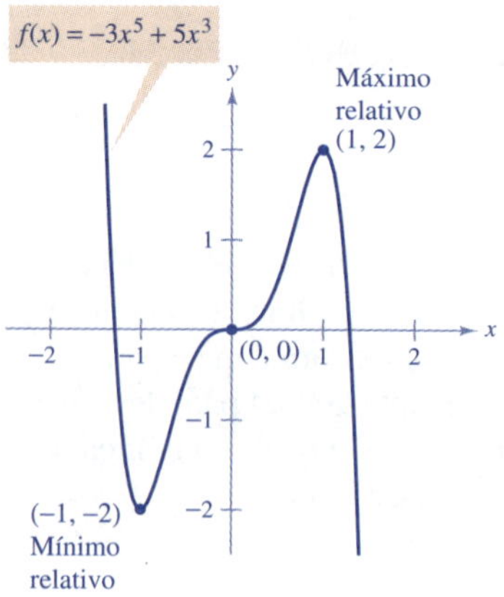

(0, 0) não é nem mínimo relativo nem máximo relativo.
Figura 3.32

Já que o Teste da Segunda Derivada falha em $(0, 0)$, podemos usar o Teste da Primeira Derivada e observar que f cresce à esquerda e à direita de $x = 0$. Assim, $(0, 0)$ não é nem um mínimo relativo nem um máximo relativo (mesmo que o gráfico tenha uma reta tangente horizontal neste ponto). A Figura 3.32 mostra o gráfico de f.

Exercícios da Seção 3.4

Nos Exercícios 1 a 10, determine os intervalos abertos nos quais o gráfico é côncavo para cima ou côncavo para baixo.

1. $y = x^2 - x - 2$

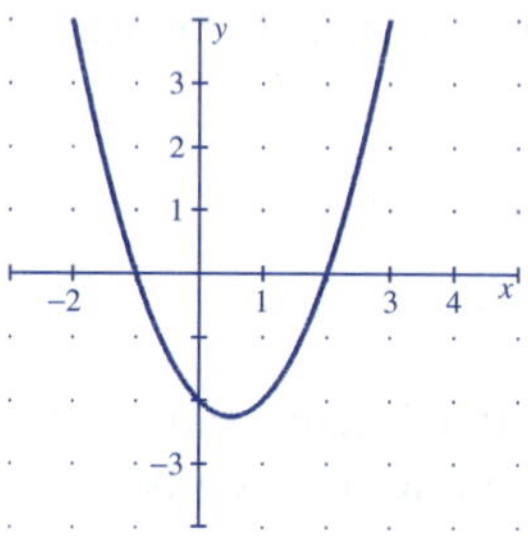

2. $y = -x^3 + 3x^2 - 2$

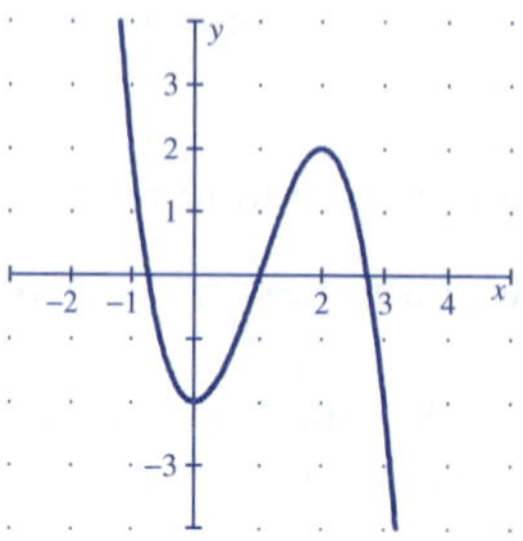

3. $f(x) = \dfrac{24}{x^2 + 12}$

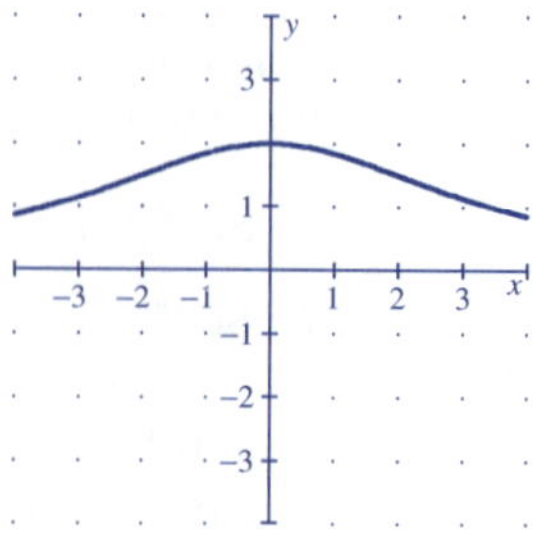

4. $f(x) = \dfrac{x^2 - 1}{2x + 1}$

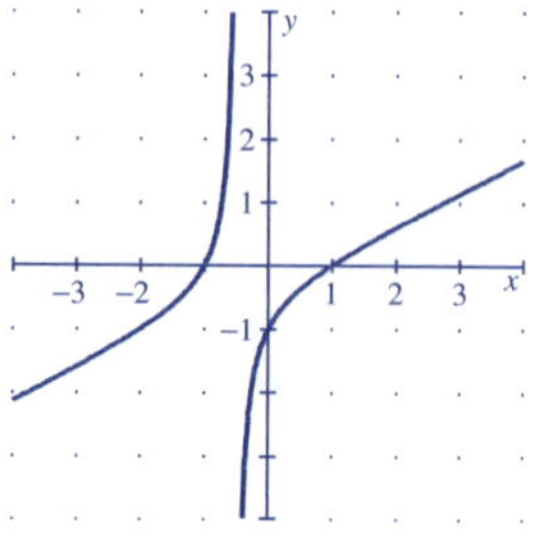

5. $f(x) = \dfrac{x^2 + 1}{x^2 - 1}$

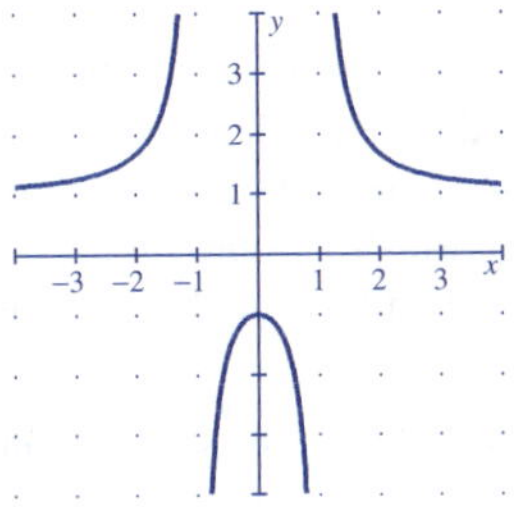

6. $y = \dfrac{-3x^5 + 40x^3 + 135x}{270}$

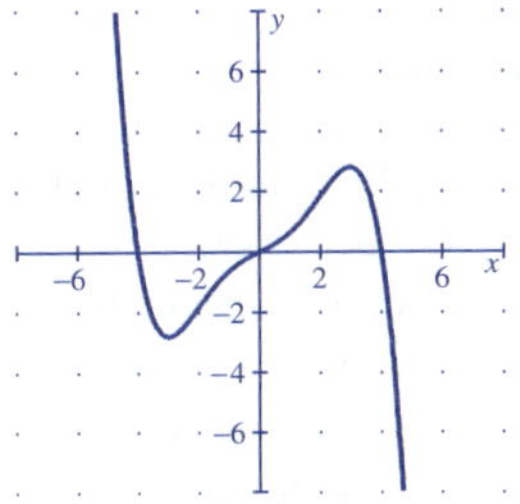

7. $g(x) = 3x^2 - x^3$

8. $h(x) = x^5 - 5x + 2$

9. $y = 2x - \operatorname{tg} x, \quad \left(-\dfrac{\pi}{2}, \dfrac{\pi}{2}\right)$

10. $y = x + \dfrac{2}{\operatorname{sen} x}, \quad (-\pi, \pi)$

Nos Exercícios 11 a 26, encontre os pontos de inflexão e discuta a concavidade do gráfico da função.

11. $f(x) = x^3 - 6x^2 + 12x$

12. $f(x) = 2x^3 - 3x^2 - 12x + 5$

13. $f(x) = \frac{1}{4}x^4 - 2x^2$

14. $f(x) = 2x^4 - 8x + 3$

15. $f(x) = x(x - 4)^3$

16. $f(x) = x^3(x - 4)$

17. $f(x) = x\sqrt{x + 3}$

18. $f(x) = x\sqrt{x + 1}$

19. $f(x) = \dfrac{x}{x^2 + 1}$

20. $f(x) = \dfrac{x + 1}{\sqrt{x}}$

21. $f(x) = \operatorname{sen} \dfrac{x}{2}, \quad [0, 4\pi]$

22. $f(x) = 2 \operatorname{cossec} \dfrac{3x}{2}, \quad (0, 2\pi)$

23. $f(x) = \sec\left(x - \dfrac{\pi}{2}\right), \quad (0, 4\pi)$

24. $f(x) = \operatorname{sen} x + \cos x, \quad [0, 2\pi]$

25. $f(x) = 2 \operatorname{sen} x + \operatorname{sen} 2x, \quad [0, 2\pi]$

26. $f(x) = x + 2 \cos x, \quad [0, 2\pi]$

Nos Exercícios 27 a 40, encontre todos os extremos relativos. Use o Teste da Segunda Derivada onde for possível.

27. $f(x) = x^4 - 4x^3 + 2$

28. $f(x) = x^2 + 3x - 8$

29. $f(x) = (x - 5)^2$

30. $f(x) = -(x - 5)^2$

31. $f(x) = x^3 - 3x^2 + 3$

32. $f(x) = x^3 - 9x^2 + 27x$

33. $g(x) = x^2(6 - x)^3$

34. $g(x) = -\frac{1}{8}(x + 2)^2(x - 4)^2$

35. $f(x) = x^{2/3} - 3$

36. $f(x) = \sqrt{x^2 + 1}$

37. $f(x) = x + \dfrac{4}{x}$

38. $f(x) = \dfrac{x}{x - 1}$

39. $f(x) = \cos x - x, \quad [0, 4\pi]$

40. $f(x) = 2 \operatorname{sen} x + \cos 2x, \quad [0, 2\pi]$

Nos Exercícios 41 a 44, use um sistema de manipulação algébrica para analisar a função no intervalo dado. (a) Calcule a primeira e a segunda derivadas da função. (b) Encontre todos os extremos relativos e pontos de inflexão. (c) Desenhe *f*, *f′* e *f″* no mesmo conjunto de eixos coordenados e explique a relação entre o comportamento de *f* e os sinais de *f′* e *f″*.

41. $f(x) = 0{,}2x^2(x - 3)^3, \quad [-1, 4]$

42. $f(x) = x^2\sqrt{6 - x^2}, \quad \left[-\sqrt{6}, \sqrt{6}\right]$

43. $f(x) = \operatorname{sen} x - \frac{1}{3} \operatorname{sen} 3x + \frac{1}{5} \operatorname{sen} 5x, \quad [0, \pi]$

44. $f(x) = \sqrt{2x} \operatorname{sen} x, \quad [0, 2\pi]$

Questões Conceituais

45. Considere uma função f tal que f' seja crescente. Esboce gráficos de f para (a) $f' < 0$ e (b) $f' > 0$.

46. Considere uma função f tal que f' seja decrescente. Esboce gráficos de f para (a) $f' < 0$ e (b) $f' > 0$.

47. Esboce o gráfico de uma função f que não tenha um ponto de inflexão em $(c, f(c))$ embora $f''(c) = 0$.

48. S representa a venda semanal de um produto. O que podemos afirmar sobre S' e S'' para cada uma das situações abaixo?

(a) A taxa de variação das vendas é crescente.

(b) As vendas estão crescendo com uma taxa menor.

(c) A taxa de variação das vendas é constante.

(d) As vendas estão estabilizadas.

(e) As vendas estão diminuindo, mas com uma taxa menor.

(f) As vendas atingiram o mínimo e começaram a crescer.

Nos Exercícios 49 a 52, é mostrado o gráfico de *f*. Desenhe *f*, *f′* e *f″* no mesmo conjunto de eixos coordenados. Para imprimir uma cópia ampliada do gráfico, consulte *www.mathgraphs.com*.

49.

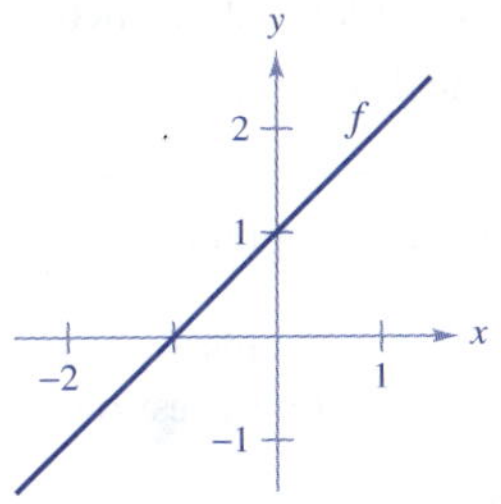

50.

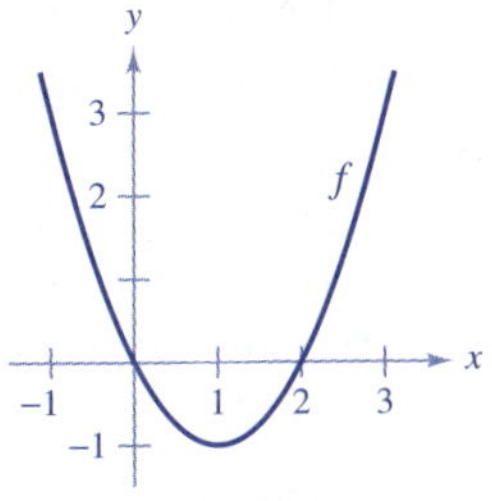

51.

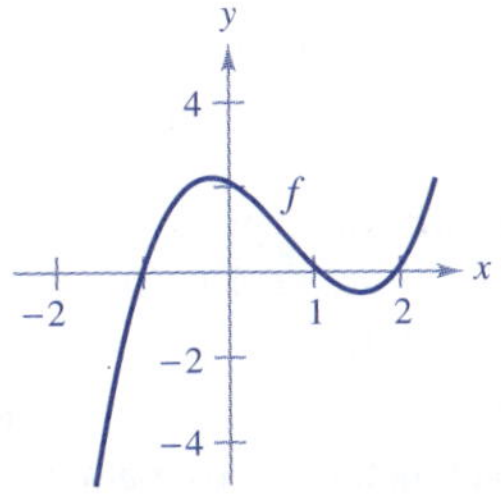

52.

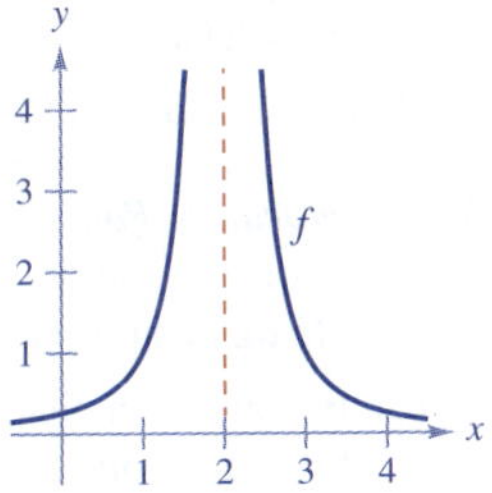

Para Pensar **Nos Exercícios 53 a 56, esboce o gráfico de uma função *f* que tenha as características dadas.**

53. $f(2) = f(4) = 0$
$f(3)$ está definida
$f'(x) < 0$ se $x < 3$
$f'(3)$ não existe
$f'(x) > 0$ se $x > 3$
$f''(x) < 0, x \neq 3$

54. $f(0) = f(2) = 0$
$f'(x) > 0$ se $x < 1$
$f'(1) = 0$
$f'(x) < 0$ se $x > 1$
$f''(x) < 0$

55. $f(2) = f(4) = 0$

$f'(x) > 0$ se $x < 3$

$f'(3)$ não existe

$f'(x) < 0$ se $x > 3$

$f''(x) > 0, x \neq 3$

56. $f(0) = f(2) = 0$

$f'(x) < 0$ se $x < 1$

$f'(1) = 0$

$f'(x) > 0$ se $x > 1$

$f''(x) > 0$

57. ***Para Pensar*** A figura mostra o gráfico de f''. Esboce o gráfico de f. (A resposta não é única.) Para imprimir uma cópia ampliada do gráfico, consulte *www.mathgraphs.com.*

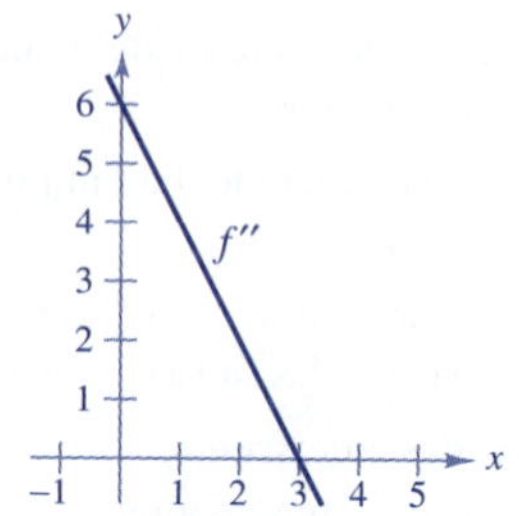

Figura do Exercício 57

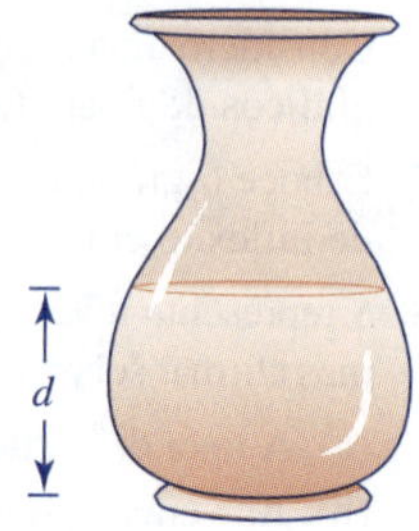

Figura do Exercício 58

58. ***Para Pensar*** Água está enchendo o vaso mostrado na figura, com taxa constante.

(a) Esboce o gráfico da profundidade d da água no vaso, em função do tempo.

(b) Esta função tem extremos? Explique.

(c) Interprete os pontos de inflexão do gráfico de d.

59. ***Conjectura*** Considere a função $f(x) = (x - 2)^n$.

(a) Use uma ferramenta gráfica para desenhar f para $n = 1$, 2, 3 e 4. Use os gráficos para formular uma conjectura sobre a relação entre n e os pontos de inflexão do gráfico de f.

(b) Verifique a conjectura formulada em (a).

60. (a) Desenhe $f(x) = \sqrt[3]{x}$ e identifique os pontos de inflexão.

(b) $f''(x)$ existe no ponto de inflexão? Explique.

Nos Exercícios 61 e 62, ache *a*, *b*, *c* e *d*, tais que a cúbica $f(x) = ax^3 + bx^2 + cx + d$ satisfaça as condições dadas.

61. Máximo relativo: (3, 3)

Mínimo relativo: (5, 1)

Ponto de inflexão: (4, 2)

62. Máximo relativo: (2, 4)

Mínimo relativo: (4, 2)

Ponto de inflexão: (3, 3)

63. ***Trajetória de Pouso de uma Aeronave*** Uma pequena aeronave começa sua descida de uma altura de 1 milha, 4 milhas a oeste da pista de pouso (veja a figura).

(a) Encontre a cúbica $f(x) = ax^3 + bx^2 + cx + d$ no intervalo $[-4, 0]$ que descreve uma trajetória suave para o pouso.

(b) A função da parte (a) modela a trajetória de pouso do avião. Quando a aeronave estaria descendo com a taxa mais rápida?

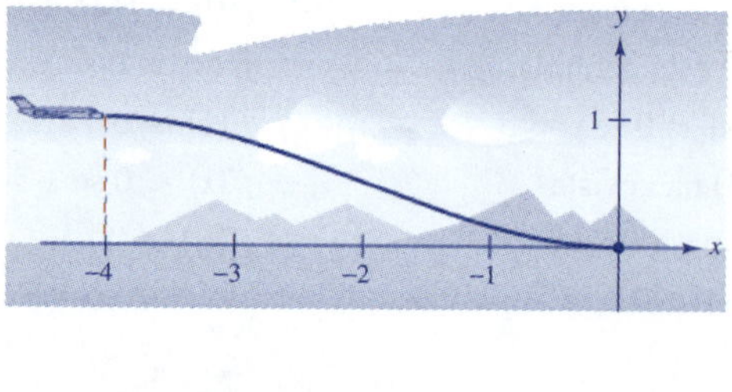

PARA MAIS INFORMAÇÃO Para saber mais sobre este tipo de modelagem, consulte o artigo "How Not to Land at Lake Tahoe", de Richard Barsinger em "*The American Mathematical Monthly*"; ou consulte-o em *www.matharticles.com.*

64. ***Projeto de Auto-estrada*** Uma secção de auto-estrada ligando duas encostas com declives de 6% e 4% deve ser construída ligando dois pontos separados por uma distância horizontal de 2.000 pés (veja a figura). No ponto onde as duas encostas se encontram, existe uma diferença de 50 pés na elevação.

(a) Desenhe uma secção de auto-estrada ligando as encostas modeladas pela função $f(x) = ax^3 + bx^2 + cx + d$ $(-1.000 \leq x \leq 1.000)$. Nos pontos A e B, a inclinação do modelo deve coincidir com o declive da encosta.

(b) Use uma ferramenta gráfica para desenhar o modelo.

(c) Use uma ferramenta gráfica para desenhar a derivada do modelo.

(d) Determine o declive no ponto mais íngreme da secção de transição da auto-estrada.

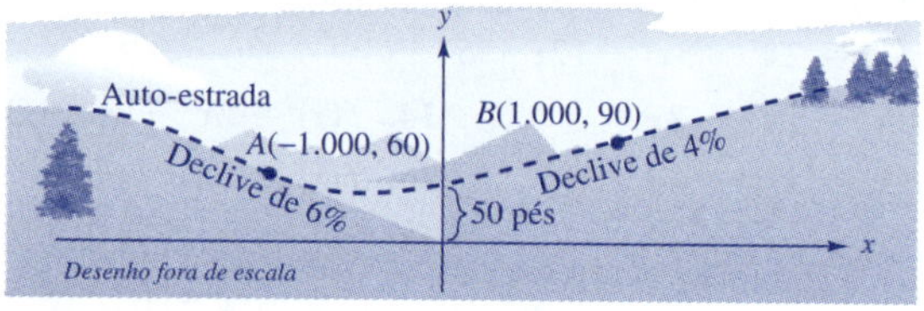

65. ***Deflexão de uma Barra*** A deflexão D de uma barra de comprimento L é $D = 2x^4 - 5Lx^3 + 3L^2x^2$, onde x é a distância de uma extremidade da barra. Encontre o valor de x onde a deflexão é máxima.

66. ***Gravidade Específica*** Um modelo para a gravidade específica S da água é

$$S = \frac{5{,}755}{10^8}T^3 - \frac{8{,}521}{10^6}T^2 + \frac{6{,}540}{10^5}T + 0{,}99987,$$

$0 < T < 25$

onde T é a temperatura da água em graus Celsius.

(a) Use um sistema de manipulação algébrica para achar as coordenadas do valor máximo da função.

(b) Esboce o gráfico da função sobre um domínio especificado. (Use um ambiente no qual $0{,}996 \leq S \leq 1{,}001$.)

(c) Estime a gravidade específica da água quando $T = 20°$.

67. ***Custo Médio*** Um empresário determinou que o custo total C para operar uma fábrica é $C = 0{,}5x^2 + 15x + 5000$, onde x é o número de unidades produzidas. Em que nível de produção o custo médio por unidade será minimizado? (O custo médio por unidade é C/x.)

68. ***Custo de Inventário*** O custo total para comprar e armazenar x unidades é $C = 2x + 300.000/x$. Quantas unidades deverão ser compradas para que se tenha um custo mínimo?

69. ***Crescimento das Vendas*** A venda anual S de um novo produto é dada por:

$$S = \frac{5000t^2}{8 + t^2} \quad 0 \leq t \leq 3, \text{ onde } t \text{ é o tempo em anos.}$$

(a) Complete a tabela. A seguir, use-a para estimar quando a venda anual estará crescendo com taxa máxima.

t	0,5	1	1,5	2	2,5	3
S						

(b) Use uma ferramenta gráfica para desenhar a função S. A seguir, use o gráfico para estimar quando a venda anual estará crescendo com taxa máxima.

(c) Calcule o instante exato em que a venda anual estará crescendo com taxa máxima.

70. ***Modelando Dados*** A velocidade média S de digitação (palavras por minuto) de um estudante de digitação depois de t semanas de aulas é mostrada na tabela.

t	5	10	15	20	25	30
S	38	56	79	90	93	94

Um modelo para estes dados é $S = \dfrac{100t^2}{65 + t^2}$, $t > 0$.

(a) Use uma ferramenta gráfica para marcar os pontos e desenhar o modelo.

(b) Use a segunda derivada para determinar a concavidade de S. Compare os resultados com o gráfico da parte (a).

(c) Qual o sinal da primeira derivada para $t > 0$? Combinando esta informação com a concavidade do modelo, que inferência você pode fazer sobre a velocidade de digitação quando t cresce?

Aproximações Linear e Quadrática **Nos Exercícios 71 a 74, use uma ferramenta gráfica para desenhar a função. A seguir, desenhe as aproximações linear e quadrática**

$$P_1(x) = f(a) + f'(a)(x - a)$$

e

$$P_2(x) = f(a) + f'(a)(x - a) + \tfrac{1}{2}f''(a)(x - a)^2$$

em uma mesma janela de observação. Compare os valores de f, P_1 e P_2 e suas primeiras derivadas em $x = a$. Como as aproximações mudam quando você se afasta de $x = a$?

	Função	*Valor de a*
71.	$f(x) = 2(\text{sen } x + \cos x)$	$a = \dfrac{\pi}{4}$
72.	$f(x) = 2(\text{sen } x + \cos x)$	$a = 0$
73.	$f(x) = \sqrt{1 - x}$	$a = 0$
74.	$f(x) = \dfrac{\sqrt{x}}{x - 1}$	$a = 2$

75. Use uma ferramenta gráfica para desenhar $y = x \text{ sen}(1/x)$. Mostre que o gráfico é côncavo para baixo à direita de $x = 1/\pi$.

76. Mostre que o ponto de inflexão de $f(x) = x(x - 6)^2$ fica no ponto médio dos extremos relativos de f.

77. Mostre que toda função cúbica com três zeros reais distintos tem um ponto de inflexão cuja coordenada x é a média dos três zeros.

78. Mostre que o polinômio cúbico $p(x) = ax^3 + bx^2 + cx + d$ tem exatamente um ponto de inflexão (x_0, y_0), onde

$$x_0 = \frac{-b}{3a} \quad \text{e} \quad y_0 = \frac{2b^3}{27a^2} - \frac{bc}{3a} + d.$$

Use essa fórmula para encontrar o ponto de inflexão de $p(x) = x^3 - 3x^2 + 2$.

Verdadeiro ou Falso **Nos Exercícios 79 a 82, determine se a afirmação é verdadeira ou falsa. Se for falsa, explique por que ou dê um exemplo mostrando que é falsa.**

79. O gráfico de todos os polinômios cúbicos tem exatamente um ponto de inflexão.

80. O gráfico de $f(x) = 1/x$ é côncavo para baixo se $x < 0$ e côncavo para cima se $x > 0$; assim, tem um ponto de inflexão em $x = 0$.

81. Se $f'(c) > 0$, então f é côncava para cima em $x = c$.

82. Se $f''(2) = 0$, então o gráfico de f deve ter um ponto de inflexão em $x = 2$.

Nos Exercícios 83 e 84, sejam f e g funções diferenciáveis tais que $f'' \neq 0$ e $g'' \neq 0$.

83. Mostre que se f e g são côncavas para cima no intervalo (a, b), então $f + g$ também é côncava para cima em (a, b).

84. Mostre que se f e g são positivas, crescentes e côncavas para cima no intervalo (a, b), então fg também é côncava para cima em (a, b).

Seção 3.5 Limites no Inifinito

- **Determinar limites (finitos) no infinito.**
- **Determinar, caso existam, as assíntotas horizontais do gráfico de uma função.**
- **Determinar limites infinitos no infinito.**

Limites no Infinito

Nesta seção discutiremos sobre o "comportamento limite" da função em um intervalo *infinito*. Considere o gráfico de

$$f(x) = \frac{3x^2}{x^2 + 1}$$

mostrado na Figura 3.33. Graficamente, podemos observar que os valores de $f(x)$ parecem se aproximar de 3 conforme x cresce ou decresce ilimitadamente. Podemos chegar a mesma conclusão numericamente, como mostra a tabela.

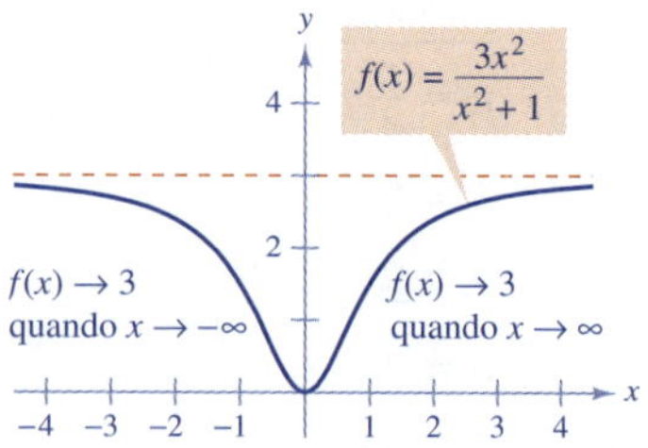

O limite de $f(x)$ quando x se aproxima de $-\infty$ ou ∞ é 3.
Figura 3.33

← x decresce ilimitadamente | x cresce ilimitadamente →

x	$-\infty\leftarrow$	-100	-10	-1	0	1	10	100	$\to\infty$
$f(x)$	$3\leftarrow$	2,9997	2,97	1,5	0	1,5	2,97	2,9997	$\to 3$

← $f(x)$ se aproxima de 3 | $f(x)$ se aproxima de 3 →

A tabela sugere que o valor de $f(x)$ se aproxima de 3 quando x cresce ilimitadamente ($x \to \infty$). Analogamente, $f(x)$ se aproxima de 3 quando x decresce ilimitadamente ($x \to -\infty$). Estes **limites no infinito** são denotados por:

$$\lim_{x\to-\infty} f(x) = 3 \qquad \text{Limite no infinito negativo}$$

e

$$\lim_{x\to\infty} f(x) = 3. \qquad \text{Limite no infinito positivo}$$

OBSERVAÇÃO A afirmação $\lim_{x\to-\infty} f(x) = L$ ou $\lim_{x\to\infty} f(x) = L$ significa que o limite existe *e* que o limite é igual a L.

Dizer que uma afirmação é verdadeira quando x *cresce ilimitadamente* significa que para algum número real (grande) M, a afirmação é verdadeira para todo x no intervalo $\{x: x > M\}$. A definição abaixo usa este conceito.

Definição de Limites no Infinito

Seja L um número real.

1. A afirmação $\lim_{x\to\infty} f(x) = L$ significa que para cada $\varepsilon > 0$ existe um $M > 0$ tal que $|f(x) - L| < \varepsilon$ sempre que $x > M$.
2. A afirmação $\lim_{x\to-\infty} f(x) = L$ significa que para cada $\varepsilon > 0$ existe um $N < 0$ tal que $|f(x) - L| < \varepsilon$ sempre que $x < N$.

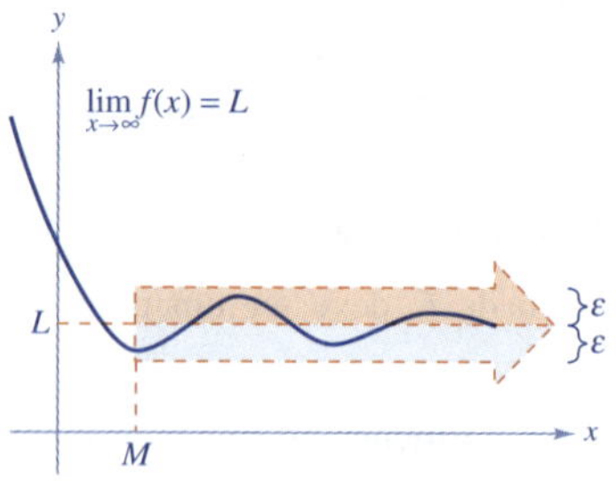

$f(x)$ está a menos de ε unidades de L quando $x \to \infty$.
Figura 3.34

A definição de limite no infinito está ilustrada na Figura 3.34. Observe que para um dado número positivo ε existe um numero positivo M tal que, para $x > M$, o gráfico de f ficará entre as retas horizontais dadas por $y = L + \varepsilon$ e $y = L - \varepsilon$.

Assíntotas Horizontais

Na Figura 3.34, o gráfico de f se aproxima da reta $y = L$ quando x cresce ilimitadamente. A reta $y = L$ é chamada de **assíntota horizontal** do gráfico de f.

Definição de Assíntota Horizontal

A reta $y = L$ é uma **assíntota horizontal** do gráfico de f se

$$\lim_{x\to-\infty} f(x) = L \quad \text{ou} \quad \lim_{x\to\infty} f(x) = L.$$

Observe que, como conseqüência desta definição, o gráfico de uma *função* de x pode ter no máximo duas assíntotas horizontais — uma para a direita e uma para a esquerda.

INVESTIGAÇÃO

Use uma ferramenta gráfica para desenhar

$$f(x) = \frac{2x^2 + 4x - 6}{3x^2 + 2x - 16}.$$

Descreva todas as características importantes do gráfico. Você pode encontrar uma única janela de observação que mostre claramente todas estas características? Explique seu raciocínio.

Quais são as assíntotas horizontais do gráfico? Quão longe para a direita você tem que se mover no gráfico para que ele esteja a menos de 0,001 unidade de sua assíntota horizontal? Explique seu raciocínio.

Os limites no infinito têm muitas das propriedades de limites discutidas na Seção 1.3. Por exemplo, se $\lim_{x\to\infty} f(x)$ e $\lim_{x\to\infty} g(x)$ ambos existem, então:

$$\lim_{x\to\infty} [f(x) + g(x)] = \lim_{x\to\infty} f(x) + \lim_{x\to\infty} g(x)$$

e

$$\lim_{x\to\infty} [f(x)g(x)] = \left[\lim_{x\to\infty} f(x)\right]\left[\lim_{x\to\infty} g(x)\right].$$

Propriedades análogas valem para $-\infty$.

Para calcular limites no infinito, o teorema seguinte é útil. (Uma demonstração deste teorema é dada no Apêndice A.)

TEOREMA 3.10 Limites no Infinito

Se r é um número racional positivo e c é qualquer numero real, então:

$$\lim_{x\to\infty} \frac{c}{x^r} = 0.$$

Além disso, se x^r estiver definido para $x < 0$, então:

$$\lim_{x\to-\infty} \frac{c}{x^r} = 0.$$

EXEMPLO 1 Calculando um Limite no Infinito

Calcule o limite: $\lim_{x\to\infty} \left(5 - \frac{2}{x^2}\right)$.

Solução Usando o Teorema 3.10, podemos escrever:

$$\begin{aligned} \lim_{x\to\infty} \left(5 - \frac{2}{x^2}\right) &= \lim_{x\to\infty} 5 - \lim_{x\to\infty} \frac{2}{x^2} && \text{Propriedade de limites} \\ &= 5 - 0 \\ &= 5. \end{aligned}$$

EXEMPLO 2 Calculando um Limite no Infinito

Calcule o limite: $\lim_{x\to\infty} \frac{2x - 1}{x + 1}$.

Solução Observe que tanto o numerador quanto o denominador se aproximam de ∞ quando x se aproxima do infinito.

$$\lim_{x\to\infty} \frac{2x - 1}{x + 1} \quad \begin{cases} \lim_{x\to\infty} (2x - 1) \to \infty \\ \lim_{x\to\infty} (x + 1) \to \infty \end{cases}$$

OBSERVAÇÃO Quando você encontrar uma forma indeterminada como a do Exemplo 2, deve dividir o numerador e o denominador pela potência mais alta de x no *denominador*.

Isto resulta em $\frac{\infty}{\infty}$, uma **forma indeterminada**. Para resolver este problema, podemos dividir tanto o numerador quanto o denominador por x. Depois da divisão, o limite pode ser calculado como a seguir.

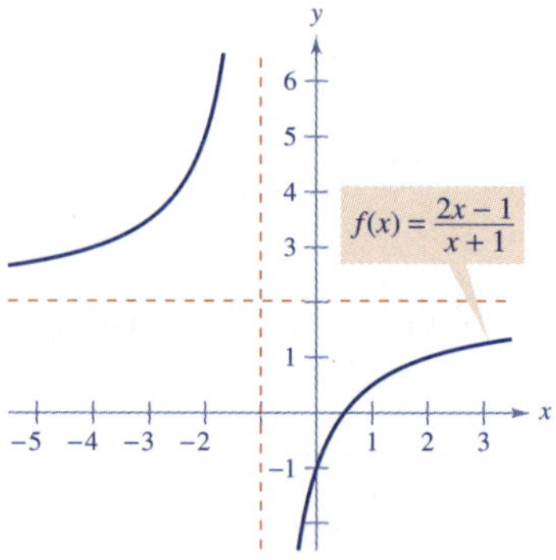

$y = 2$ é uma assíntota horizontal.
Figura 3.35

$$\lim_{x\to\infty} \frac{2x-1}{x+1} = \lim_{x\to\infty} \frac{\frac{2x-1}{x}}{\frac{x+1}{x}}$$ Divida numerador e denominador por x

$$= \lim_{x\to\infty} \frac{2-\frac{1}{x}}{1+\frac{1}{x}}$$ Simplifique

$$= \frac{\lim_{x\to\infty} 2 - \lim_{x\to\infty} \frac{1}{x}}{\lim_{x\to\infty} 1 + \lim_{x\to\infty} \frac{1}{x}}$$ Tome os limites do numerador e do denominador

$$= \frac{2-0}{1+0}$$ Aplique o Teorema 3.10

$$= 2$$

Assim, a reta $y = 2$ é uma assíntota horizontal à direita. Tomando o limite para $x \to -\infty$, podemos ver que $y = 2$ também é uma assíntota horizontal à esquerda. A Figura 3.35 mostra o gráfico da função.

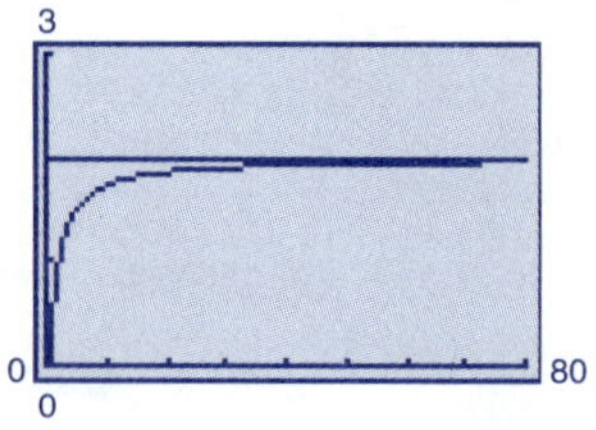

Conforme x cresce, o gráfico de f fica cada vez mais próximo da reta $y = 2$.
Figura 3.36

TECNOLOGIA Você pode testar se o limite calculado no Exemplo 2 é razoável calculando $f(x)$ para alguns valores positivos grandes de x. Por exemplo,

$$f(100) \approx 1{,}9703, \quad f(1000) \approx 1{,}9970 \quad \text{e} \quad f(10.000) \approx 1{,}9997.$$

Uma outra forma de testar se o limite é razoável é usar uma ferramenta gráfica. Por exemplo, a Figura 3.36 mostra o gráfico de

$$f(x) = \frac{2x-1}{x+1}$$

junto com a reta horizontal $y = 2$. Observe que quando x cresce, o gráfico de f fica cada vez mais perto da assíntota horizontal.

EXEMPLO 3 Uma Comparação de Três Funções Racionais

Calcule cada limite:

a. $\lim_{x\to\infty} \frac{2x+5}{3x^2+1}$ **b.** $\lim_{x\to\infty} \frac{2x^2+5}{3x^2+1}$ **c.** $\lim_{x\to\infty} \frac{2x^3+5}{3x^2+1}$

Solução Em cada caso, a tentativa de calcular o limite produz uma forma indeterminada ∞/∞.

a. Divida tanto o numerador quanto o denominador por x^2:

$$\lim_{x\to\infty} \frac{2x+5}{3x^2+1} = \lim_{x\to\infty} \frac{(2/x)+(5/x^2)}{3+(1/x^2)} = \frac{0+0}{3+0} = \frac{0}{3} = 0$$

b. Divida tanto o numerador quanto o denominador por x^2:

$$\lim_{x\to\infty} \frac{2x^2+5}{3x^2+1} = \lim_{x\to\infty} \frac{2+(5/x^2)}{3+(1/x^2)} = \frac{2+0}{3+0} = \frac{2}{3}$$

MARIA AGNESI (1718-1799)

Agnesi foi uma das raras mulheres que teve reconhecimento por contribuições significativas à matemática antes do século XX. Com pouco mais de 20 anos, ela escreveu o primeiro texto que incluía tanto cálculo diferencial quanto integral. Aos 30, ela era professora honorária da Universidade de Bologna.

c. Divida tanto o numerador quanto o denominador por x^2.

$$\lim_{x\to\infty} \frac{2x^3+5}{3x^2+1} = \lim_{x\to\infty} \frac{2x+(5/x^2)}{3+(1/x^2)} = \frac{\infty}{3}$$

Podemos concluir que o limite *não existe* porque o numerador cresce indefinidamente enquanto o denominador se aproxima de 3.

Procedimentos para Calcular Limites para $\pm\infty$ de Funções Racionais

1. Se o grau do numerador é *menor* do que o grau do denominador, então o limite da função racional é 0.
2. Se o grau do numerador é *igual* ao grau do denominador, então o limite da função racional é quociente dos coeficientes dominantes.
3. Se o grau do numerador é *maior* do que o grau do denominador, então o limite da função racional não existe.

Use estes procedimentos para conferir os resultados do Exemplo 3. Estes limites parecem razoáveis, se considerarmos que para valores grandes de x, o termo de maior grau da função racional é o que mais "influencia" na determinação do limite. Por exemplo, quando x se aproxima de infinito, o limite da função

$$f(x) = \frac{1}{x^2+1}$$

é 0 já que o denominador "domina" o numerador quando x cresce ou decresce ilimitadamente, como mostrado na Figura 3.37.

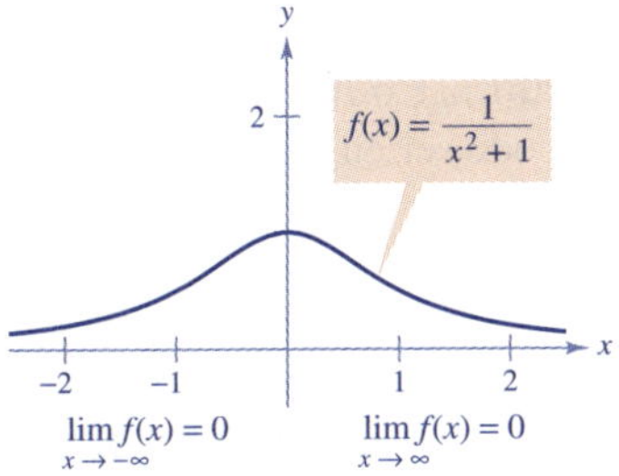

f tem assíntota horizontal em $y = 0$.
Figura 3.37

A função mostrada na Figura 3.37 é um caso especial de um tipo de curva estudada pela matemática italiana Maria Gaetana Agnesi. A forma geral desta função é

$$f(x) = \frac{8a^3}{x^2+4a^2}$$ Bruxa de Agnesi

e, através da tradução errônea da palavra italiana "vertéré", a curva ficou conhecida como Bruxa de Agnesi. O trabalho de Agnesi com esta curva apareceu pela primeira vez em um extensivo texto de cálculo publicado em 1748.

Na Figura 3.37, podemos ver que a função $f(x) = 1/(x^2+1)$ se aproxima da mesma assíntota horizontal à direita e à esquerda. Isto é sempre verdade para funções racionais. Entretanto, funções que não são racionais podem se aproximar de assíntotas horizontais diferentes à direita e à esquerda. O Exemplo 4 ilustra este fato.

PARA MAIS INFORMAÇÃO Para saber mais sobre a contribuição de mulheres na matemática, veja o artigo "Why Women Suceed in Mathematics", de Mona Fabricant, Sylvia Svitak e Patricia Clark Kenschaft, em *Mathematics Teacher*; ou consulte-o em *www.matharticles.com*.

EXEMPLO 4 Uma Função com Duas Assíntotas Horizontais

Calcule cada limite.

a. $\lim_{x\to\infty} \frac{3x-2}{\sqrt{2x^2+1}}$ **b.** $\lim_{x\to-\infty} \frac{3x-2}{\sqrt{2x^2+1}}$

Solução

a. Para $x > 0$, podemos escrever $x = \sqrt{x^2}$. Assim, dividindo tanto o numerador quanto o denominador por x, obtemos

$$\frac{3x-2}{\sqrt{2x^2+1}} = \frac{\frac{3x-2}{x}}{\frac{\sqrt{2x^2+1}}{\sqrt{x^2}}} = \frac{3-\frac{2}{x}}{\sqrt{\frac{2x^2+1}{x^2}}} = \frac{3-\frac{2}{x}}{\sqrt{2+\frac{1}{x^2}}}$$

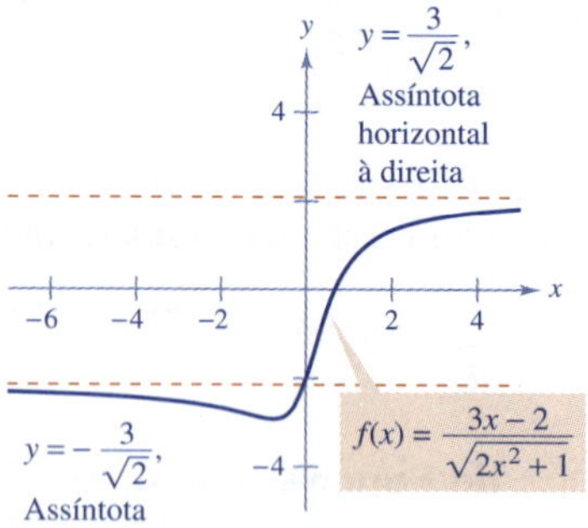

Funções que não são racionais podem ter assíntotas horizontais diferentes à direita e à esquerda.
Figura 3.38

e podemos obter os limites como a seguir:

$$\lim_{x\to\infty} \frac{3x-2}{\sqrt{2x^2+1}} = \lim_{x\to\infty} \frac{3 - \frac{2}{x}}{\sqrt{2 + \frac{1}{x^2}}} = \frac{3-0}{\sqrt{2+0}} = \frac{3}{\sqrt{2}}$$

b. Para $x < 0$, podemos escrever $x = -\sqrt{x^2}$. Assim, dividindo tanto o numerador quanto o denominador por x, obtemos:

$$\frac{3x-2}{\sqrt{2x^2+1}} = \frac{\frac{3x-2}{x}}{\frac{\sqrt{2x^2+1}}{-\sqrt{x^2}}} = \frac{3 - \frac{2}{x}}{-\sqrt{\frac{2x^2+1}{x^2}}} = \frac{3 - \frac{2}{x}}{-\sqrt{2 + \frac{1}{x^2}}}$$

e podemos tomar os limites como abaixo:

$$\lim_{x\to-\infty} \frac{3x-2}{\sqrt{2x^2+1}} = \lim_{x\to-\infty} \frac{3 - \frac{2}{x}}{-\sqrt{2 + \frac{1}{x^2}}} = \frac{3-0}{-\sqrt{2+0}} = -\frac{3}{\sqrt{2}}$$

A Figura 3.38 mostra o gráfico de $f(x) = (3x-2)/\sqrt{2x^2+1}$.

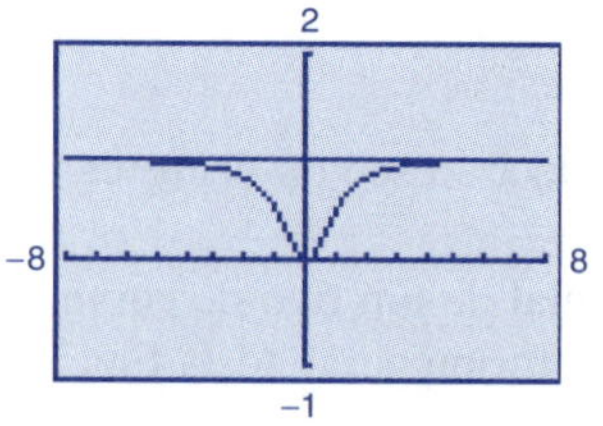

A assíntota horizontal parece ser a reta $y = 1$, mas na realidade é a reta $y = 2$.
Figura 3.39

ARMADILHA TECNOLÓGICA Se você usar uma ferramenta gráfica para ajudar a estimar o limite, certifique-se de também confirmar o resultado analiticamente — a imagem mostrada pela ferramenta gráfica pode ser enganosa. Por exemplo, a Figura 3.39 mostra uma observação do gráfico de

$$y = \frac{2x^3 + 1000x^2 + x}{x^3 + 1000x^2 + x + 1000}.$$

Por essa observação, poderíamos nos convencer de que o gráfico tem $y = 1$ como assíntota horizontal. Uma abordagem analítica mostra que a assíntota horizontal é na realidade $y = 2$. Confirme isto ampliando a janela da ferramenta gráfica.

Na Seção 1.3 (Exemplo 9), vimos como o Teorema do Confronto pode ser usado para calcular limites envolvendo funções trigonométricas. Este teorema também é válido para limites no infinito.

EXEMPLO 5 Limites Envolvendo Funções Trigonométricas

Calcule cada limite:

a. $\lim_{x\to\infty} \operatorname{sen} x$ **b.** $\lim_{x\to\infty} \frac{\operatorname{sen} x}{x}$

Solução

a. Enquanto x se aproxima de infinito, a função seno oscila entre 1 e -1. Assim, este limite não existe.

b. Como $-1 \le \operatorname{sen} x \le 1$, tem-se que, para $x > 0$,

$$-\frac{1}{x} \le \frac{\operatorname{sen} x}{x} \le \frac{1}{x}$$

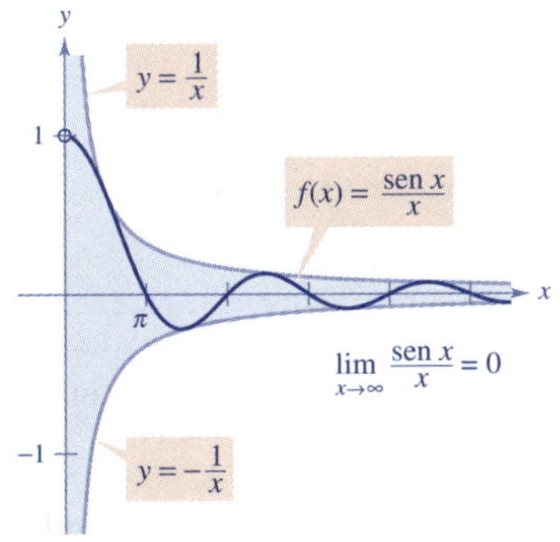

Quando x cresce ilimitadamente, $f(x)$ se aproxima de 0.
Figura 3.40

onde $\lim_{x\to\infty} (-1/x) = 0$ e $\lim_{x\to\infty} (1/x) = 0$. Então, pelo Teorema do Confronto, obtemos:

$$\lim_{x\to\infty} \frac{\text{sen } x}{x} = 0$$

como mostra a Figura 3.40.

EXEMPLO 6 Nível de Oxigênio em um Lago

Suponha que $f(t)$ mede o nível de oxigênio em um lago, onde $f(t) = 1$ é o nível normal (não poluído) e que o tempo t é medido em semanas. Quando $t = 0$, lixo orgânico é jogado no lago e, conforme este material se oxida, o nível de oxigênio do lago é:

$$f(t) = \frac{t^2 - t + 1}{t^2 + 1}.$$

Qual é a porcentagem do nível normal de oxigênio existente no lago após 1 semana? E após 2 semanas? E após 10 semanas? Qual é o limite quando t se aproxima do infinito?

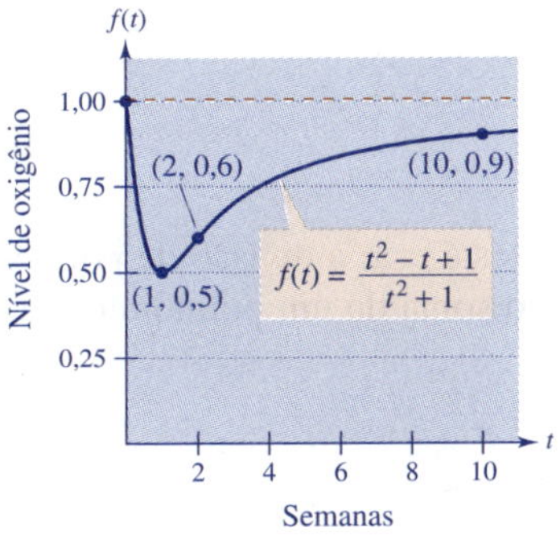

O nível de oxigênio em um lago se aproxima do nível normal 1 quando t se aproxima de ∞.
Figura 3.41

Solução Quando $t = 1$, 2 e 10, os níveis de oxigênio são:

$$f(1) = \frac{1^2 - 1 + 1}{1^2 + 1} = \frac{1}{2} = 50\% \qquad \text{1 semana}$$

$$f(2) = \frac{2^2 - 2 + 1}{2^2 + 1} = \frac{3}{5} = 60\% \qquad \text{2 semanas}$$

$$f(10) = \frac{10^2 - 10 + 1}{10^2 + 1} = \frac{91}{101} \approx 90.1\% \qquad \text{10 semanas}$$

Para calcular o limite quando t se aproxima do infinito, divida o numerador e o denominador por t^2 para obter:

$$\lim_{t\to\infty} \frac{t^2 - t + 1}{t^2 + 1} = \lim_{t\to\infty} \frac{1 - (1/t) + (1/t^2)}{1 + (1/t^2)} = \frac{1 - 0 + 0}{1 + 0} = 1 = 100\%.$$

Veja a Figura 3.41.

Limites Infinitos no Infinito

Muitas funções não têm um limite finito quando x cresce (ou decresce) ilimitadamente. Por exemplo, nenhuma função polinomial tem um limite finito no infinito. A definição a seguir é usada para descrever o comportamento dos polinômios e de outras funções no infinito.

OBSERVAÇÃO Determinar se a função ter um limite infinito no infinito é útil na análise do "comportamento limite" de seu gráfico. Na Seção 3.6, sobre esboço de curvas, você verá exemplos disto.

Definição de Limites Infinitos no Infinito

Seja f uma função definida no intervalo (a, ∞).

1. A afirmação $\lim_{x\to\infty} f(x) = \infty$ significa que para todo número positivo M existe um número correspondente $N > a$, tal que $f(x) > M$ sempre que $x > N$.
2. A afirmação $\lim_{x\to\infty} f(x) = -\infty$ significa que para todo número negativo M existe um número correspondente $N > a$, tal que $f(x) < M$ sempre que $x > N$.

Definições análogas podem ser formuladas para as afirmações $\lim_{x\to-\infty} f(x) = \infty$ e $\lim_{x\to-\infty} f(x) = -\infty$.

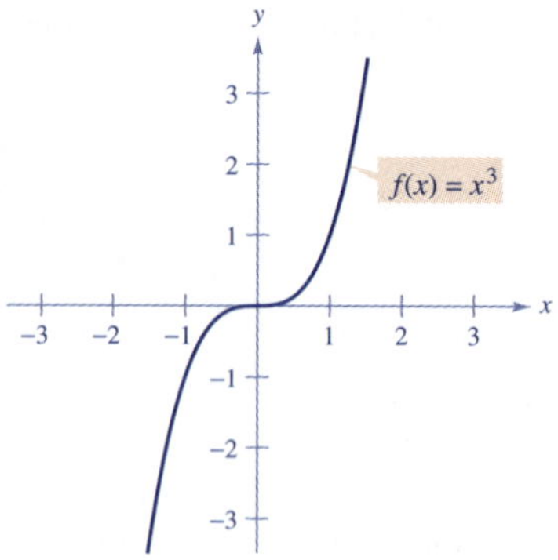

Figura 3.42

EXEMPLO 7 Calculando Limites Infinitos no Infinito

Calcule cada limite.

a. $\lim_{x\to\infty} x^3$ **b.** $\lim_{x\to-\infty} x^3$

Solução

a. Quando x cresce ilimitadamente, x^3 também cresce ilimitadamente. Assim, temos que $\lim_{x\to\infty} x^3 = \infty$.

b. Quando x decresce ilimitadamente, x^3 também decresce ilimitadamente. Assim, temos que $\lim_{x\to-\infty} x^3 = -\infty$.

O gráfico de $f(x) = x^3$ na Figura 3.42 ilustra estes dois resultados. Estes resultados estão de acordo com o Teste do Coeficiente Dominante para funções polinomiais, como descrito na Seção P.3.

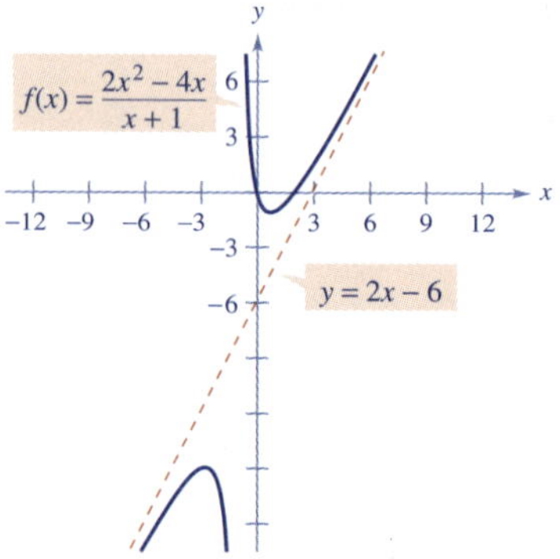

Figura 3.43

EXEMPLO 8 Calculando Limites Infinitos no Infinito

Calcule cada limite:

a. $\lim_{x\to\infty} \dfrac{2x^2 - 4x}{x + 1}$ **b.** $\lim_{x\to-\infty} \dfrac{2x^2 - 4x}{x + 1}$

Solução Uma forma de calcular cada um desses limites é usar a divisão de polinômios para reescrever a função racional imprópria como soma de um polinômio e de uma função racional:

a. $\lim_{x\to\infty} \dfrac{2x^2 - 4x}{x + 1} = \lim_{x\to\infty}\left(2x - 6 + \dfrac{6}{x + 1}\right) = \infty$

b. $\lim_{x\to-\infty} \dfrac{2x^2 - 4x}{x + 1} = \lim_{x\to-\infty}\left(2x - 6 + \dfrac{6}{x + 1}\right) = -\infty$

As afirmações acima podem ser interpretadas como uma indicação de que quando x se aproxima de $\pm\infty$, a função $f(x) = (2x^2 - 4x)/(x + 1)$ comporta-se como a função $g(x) = 2x - 6$. Na Seção 3.6 vamos descrever isto graficamente dizendo que a reta $y = 2x - 6$ é uma assíntota oblíqua do gráfico de f, como mostra a Figura 3.43.

Exercícios da Seção 3.5

Nos Exercícios 1 e 2, descreva com suas próprias palavras o que a afirmação significa.

1. $\lim_{x\to\infty} f(x) = 4$ **2.** $\lim_{x\to-\infty} f(x) = 2$

Nos Exercícios 3 a 8, faça uma correspondência entre a função e um dos gráficos [(a),(b),(c),(d),(e) ou (f)] usando as assíntotas horizontais.

(a)

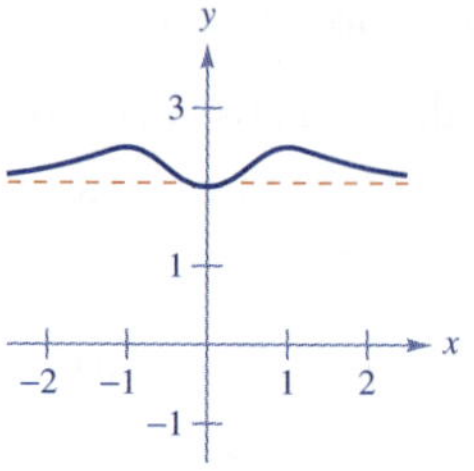

(b)

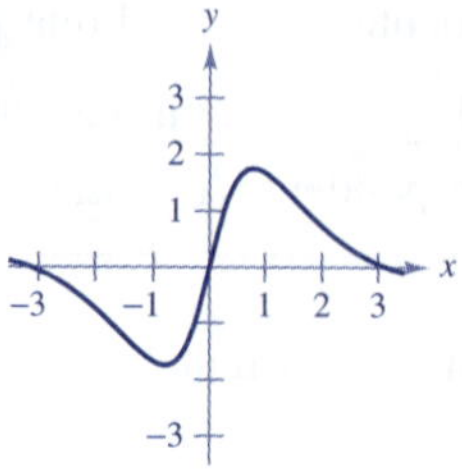

(c)

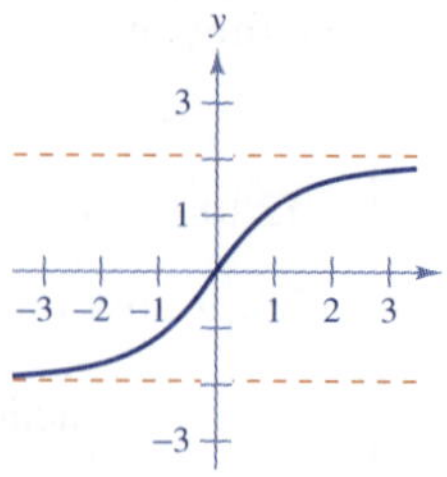

(d)

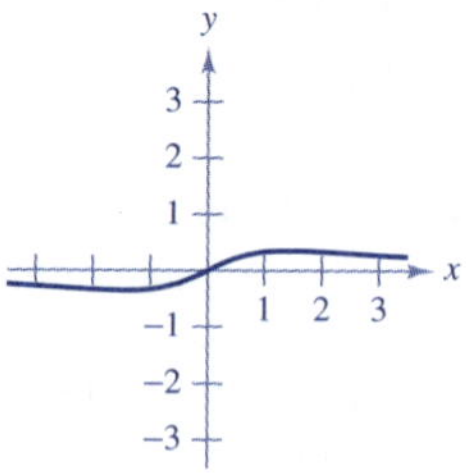

(e)

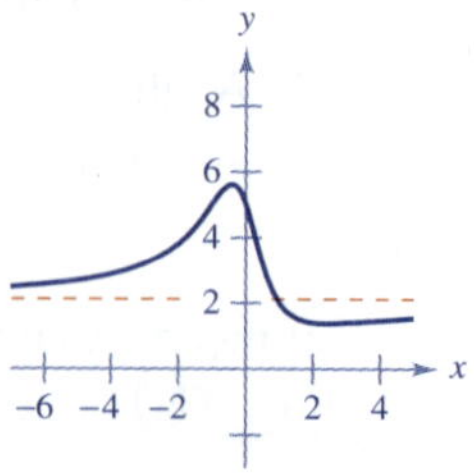

(f)

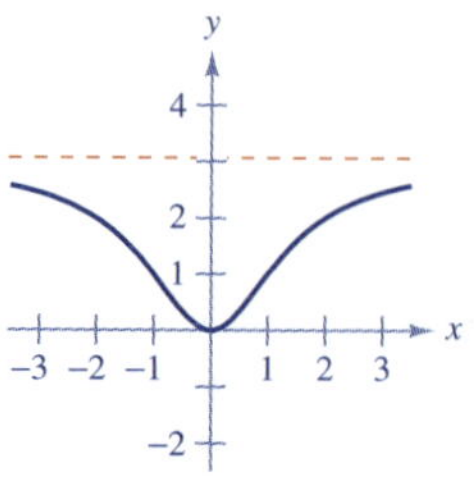

3. $f(x) = \dfrac{3x^2}{x^2 + 2}$

4. $f(x) = \dfrac{2x}{\sqrt{x^2 + 2}}$

5. $f(x) = \dfrac{x}{x^2 + 2}$

6. $f(x) = 2 + \dfrac{x^2}{x^4 + 1}$

7. $f(x) = \dfrac{4 \operatorname{sen} x}{x^2 + 1}$

8. $f(x) = \dfrac{2x^2 - 3x + 5}{x^2 + 1}$

Análises Numérica e Gráfica **Nos Exercícios 9 a 14, use uma ferramenta gráfica para completar a tabela e estimar o limite quando *x* se aproxima do infinito. A seguir, use a ferramenta gráfica para desenhar a função e estimar o limite graficamente.**

x	10^0	10^1	10^2	10^3	10^4	10^5	10^6
$f(x)$							

9. $f(x) = \dfrac{4x + 3}{2x - 1}$

10. $f(x) = \dfrac{2x^2}{x + 1}$

11. $f(x) = \dfrac{-6x}{\sqrt{4x^2 + 5}}$

12. $f(x) = \dfrac{8x}{\sqrt{x^2 - 3}}$

13. $f(x) = 5 - \dfrac{1}{x^2 + 1}$

14. $f(x) = 4 + \dfrac{3}{x^2 + 2}$

Nos Exercícios 15 e 16, calcule $\lim_{x\to\infty} h(x)$, se possível.

15. $f(x) = 5x^3 - 3x^2 + 10$

(a) $h(x) = \dfrac{f(x)}{x^2}$ (b) $h(x) = \dfrac{f(x)}{x^3}$

(c) $h(x) = \dfrac{f(x)}{x^4}$

16. $f(x) = 5x^2 - 3x + 7$

(a) $h(x) = \dfrac{f(x)}{x}$ (b) $h(x) = \dfrac{f(x)}{x^2}$

(c) $h(x) = \dfrac{f(x)}{x^3}$

Nos Exercícios 17 a 20, calcule cada limite, se possível.

17. (a) $\lim_{x\to\infty} \dfrac{x^2 + 2}{x^3 - 1}$

(b) $\lim_{x\to\infty} \dfrac{x^2 + 2}{x^2 - 1}$

(c) $\lim_{x\to\infty} \dfrac{x^2 + 2}{x - 1}$

18. (a) $\lim_{x\to\infty} \dfrac{3 - 2x}{3x^3 - 1}$

(b) $\lim_{x\to\infty} \dfrac{3 - 2x}{3x - 1}$

(c) $\lim_{x\to\infty} \dfrac{3 - 2x^2}{3x - 1}$

19. (a) $\lim_{x\to\infty} \dfrac{5 - 2x^{3/2}}{3x^2 - 4}$

(b) $\lim_{x\to\infty} \dfrac{5 - 2x^{3/2}}{3x^{3/2} - 4}$

(c) $\lim_{x\to\infty} \dfrac{5 - 2x^{3/2}}{3x - 4}$

20. (a) $\lim_{x\to\infty} \dfrac{5x^{3/2}}{4x^2 + 1}$

(b) $\lim_{x\to\infty} \dfrac{5x^{3/2}}{4x^{3/2} + 1}$

(c) $\lim_{x\to\infty} \dfrac{5x^{3/2}}{4\sqrt{x} + 1}$

Nos Exercícios 21 a 34, calcule os limites.

21. $\lim_{x\to\infty} \dfrac{2x - 1}{3x + 2}$

22. $\lim_{x\to\infty} \dfrac{3x^3 + 2}{9x^3 - 2x^2 + 7}$

23. $\lim_{x\to\infty} \dfrac{x}{x^2 - 1}$

24. $\lim_{x\to\infty} \left(4 + \dfrac{3}{x}\right)$

25. $\lim_{x\to-\infty} \dfrac{5x^2}{x + 3}$

26. $\lim_{x\to-\infty} \left(\dfrac{1}{2}x - \dfrac{4}{x^2}\right)$

27. $\lim_{x\to-\infty} \dfrac{x}{\sqrt{x^2 - x}}$

28. $\lim_{x\to-\infty} \dfrac{x}{\sqrt{x^2 + 1}}$

29. $\lim_{x\to-\infty} \dfrac{2x + 1}{\sqrt{x^2 - x}}$

30. $\lim_{x\to-\infty} \dfrac{-3x + 1}{\sqrt{x^2 + x}}$

31. $\lim_{x\to\infty} \dfrac{\operatorname{sen} 2x}{x}$

32. $\lim_{x\to\infty} \dfrac{x - \cos x}{x}$

33. $\lim_{x\to\infty} \dfrac{1}{2x + \operatorname{sen} x}$

34. $\lim_{x\to\infty} \cos \dfrac{1}{x}$

Nos Exercícios 35 a 38, use uma ferramenta gráfica para desenhar a função e identificar as assíntotas horizontais.

35. $f(x) = \dfrac{|x|}{x + 1}$

36. $f(x) = \dfrac{|3x + 2|}{x - 2}$

37. $f(x) = \dfrac{3x}{\sqrt{x^2 + 2}}$

38. $f(x) = \dfrac{\sqrt{9x^2 - 2}}{2x + 1}$

Nos Exercícios 39 e 40, calcule o limite. (*Sugestão*: Faça $x = 1/t$ e calcule o limite para $t \to 0^+$.)

39. $\lim_{x\to\infty} x \operatorname{sen} \dfrac{1}{x}$

40. $\lim_{x\to\infty} x \operatorname{tg} \dfrac{1}{x}$

Nos Exercícios 41 a 46, calcule o limite. (*Sugestão*: Trate a expressão como uma fração cujo denominador é 1, e racionalize o numerador.) Use uma ferramenta gráfica para conferir seu resultado.

41. $\lim_{x\to-\infty} \left(x + \sqrt{x^2 + 3}\right)$

42. $\lim_{x\to\infty} \left(2x - \sqrt{4x^2 + 1}\right)$

43. $\lim_{x\to\infty} \left(x - \sqrt{x^2 + x}\right)$

44. $\lim_{x\to-\infty} \left(3x + \sqrt{9x^2 - x}\right)$

45. $\lim_{x\to\infty} \left(4x - \sqrt{16x^2 - x}\right)$

46. $\lim_{x\to-\infty} \left(\dfrac{x}{2} + \sqrt{\dfrac{1}{4}x^2 + x}\right)$

Análises Numérica, Gráfica e Analítica **Nos Exercícios 47 a 50, use uma ferramenta gráfica para completar a tabela e estimar o limite quando *x* se aproxima de infinito. A seguir, use a ferramenta gráfica para desenhar a função e estimar o limite. Finalmente, calcule analiticamente o limite e compare seu resultado com as estimativas.**

x	10^0	10^1	10^2	10^3	10^4	10^5	10^6
$f(x)$							

47. $f(x) = x - \sqrt{x(x - 1)}$

48. $f(x) = x^2 - x\sqrt{x(x - 1)}$

49. $f(x) = x \operatorname{sen} \dfrac{1}{2x}$

50. $f(x) = \dfrac{x + 1}{x\sqrt{x}}$

Questões Conceituais

51. O gráfico da função f é mostrado abaixo. Para imprimir uma cópia ampliada do gráfico, consulte *www.mathgraphs.com*.

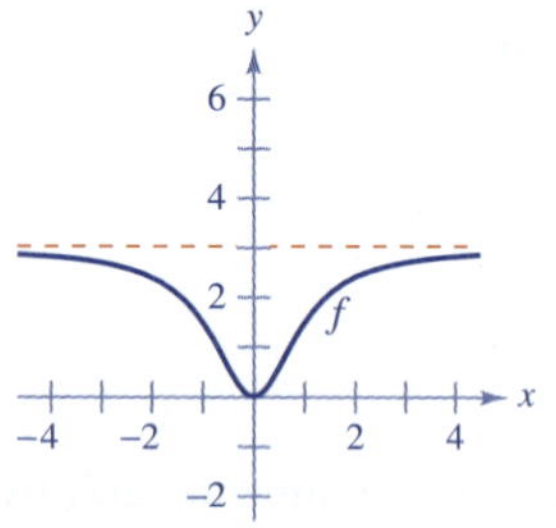

(a) Esboce f'.

(b) Use os gráficos para estimar $\lim_{x\to\infty} f(x)$ e $\lim_{x\to\infty} f'(x)$.

(c) Explique as respostas que você deu em (b).

52. Esboce o gráfico de uma função diferenciável f que satisfaça as seguintes condições e que tenha $x = 2$ como seu único número crítico:

$f'(x) < 0$ para $x < 2$ $\qquad f'(x) > 0$ para $x > 2$

$\lim_{x\to-\infty} f(x) = \lim_{x\to\infty} f(x) = 6$

53. É possível esboçar o gráfico de uma função que satisfaça às condições do Exercício 52 e não tenha nenhum ponto de inflexão? Explique.

54. Se f é uma função contínua tal que $\lim_{x\to\infty} f(x) = 5$, calcule, se possível, $\lim_{x\to-\infty} f(x)$ para cada condição dada:

(a) O gráfico de f é simétrico com relação ao eixo x.

(b) O gráfico de f é simétrico com relação à origem.

Nos Exercícios 55 a 72, esboce o gráfico da função usando extremos, intersecção com os eixos, simetria e assíntotas. A seguir, use uma ferramenta gráfica para conferir seu resultado.

55. $y = \dfrac{2 + x}{1 - x}$

56. $y = \dfrac{x - 3}{x - 2}$

57. $y = \dfrac{x}{x^2 - 4}$

58. $y = \dfrac{2x}{9 - x^2}$

59. $y = \dfrac{x^2}{x^2 + 9}$

60. $y = \dfrac{x^2}{x^2 - 9}$

61. $y = \dfrac{2x^2}{x^2 - 4}$

62. $y = \dfrac{2x^2}{x^2 + 4}$

63. $xy^2 = 4$

64. $x^2y = 4$

65. $y = \dfrac{2x}{1 - x}$

66. $y = \dfrac{2x}{1 - x^2}$

67. $y = 2 - \dfrac{3}{x^2}$

68. $y = 1 + \dfrac{1}{x}$

69. $y = 3 + \dfrac{2}{x}$

70. $y = 4\left(1 - \dfrac{1}{x^2}\right)$

71. $y = \dfrac{x^3}{\sqrt{x^2 - 4}}$

72. $y = \dfrac{x}{\sqrt{x^2 - 4}}$

Nos Exercícios 73 a 82, use um sistema de manipulação algébrica para analisar o gráfico da função. Indique todos os extremos e/ou assíntotas que existirem.

73. $f(x) = 5 - \dfrac{1}{x^2}$

74. $f(x) = \dfrac{x^2}{x^2 - 1}$

75. $f(x) = \dfrac{x}{x^2 - 4}$

76. $f(x) = \dfrac{1}{x^2 - x - 2}$

77. $f(x) = \dfrac{x - 2}{x^2 - 4x + 3}$

78. $f(x) = \dfrac{x + 1}{x^2 + x + 1}$

79. $f(x) = \dfrac{3x}{\sqrt{4x^2 + 1}}$

80. $g(x) = \dfrac{2x}{\sqrt{3x^2 + 1}}$

81. $g(x) = \operatorname{sen}\left(\dfrac{x}{x - 2}\right), \quad x > 3$

82. $f(x) = \dfrac{2 \operatorname{sen} 2x}{x}$

Nos Exercícios 83 e 84, (a) use uma ferramenta gráfica para desenhar f e g na mesma janela de observação, (b) verifique algebricamente que f e g representam a mesma função, e (c) use o "zoom" para se afastar do gráfico o suficiente para que ele pareça uma reta. Que equação esta reta parece ter? (Observe que os pontos nos quais a função não é contínua não são prontamente percebidos quando você se afasta.)

83. $f(x) = \dfrac{x^3 - 3x^2 + 2}{x(x - 3)}$

$g(x) = x + \dfrac{2}{x(x - 3)}$

84. $f(x) = -\dfrac{x^3 - 2x^2 + 2}{2x^2}$

$g(x) = -\dfrac{1}{2}x + 1 - \dfrac{1}{x^2}$

85. ***Custo Médio*** Um negócio tem custo de $C = 0{,}5x + 500$ para produzir x unidades. O custo médio por unidade é:

$\overline{C} = \dfrac{C}{x}.$

Calcule o limite de $\overline{C}$ quando x se aproxima do infinito.

86. ***Eficiência do Motor*** A eficiência de um motor de combustão interna é

$$\text{Eficiência } (\%) = 100\left[1 - \frac{1}{(v_1/v_2)^c}\right]$$

onde v_1/v_2 é a razão do gás não comprimido para o gás comprimido e c é uma constante positiva que depende do projeto do motor. Calcule o limite da eficiência quando a razão de compressão se aproxima de infinito.

87. ***Física*** A Primeira Lei do Movimento de Newton e a Teoria da Relatividade Restrita de Einstein diferem quanto ao comportamento de uma partícula quando sua velocidade se aproxima da velocidade da luz c. As funções N e E representam a velocidade prevista, v, com respeito ao tempo, t, para uma partícula acelerada por uma força constante. Faça uma afirmação sobre limite que descreva cada teoria.

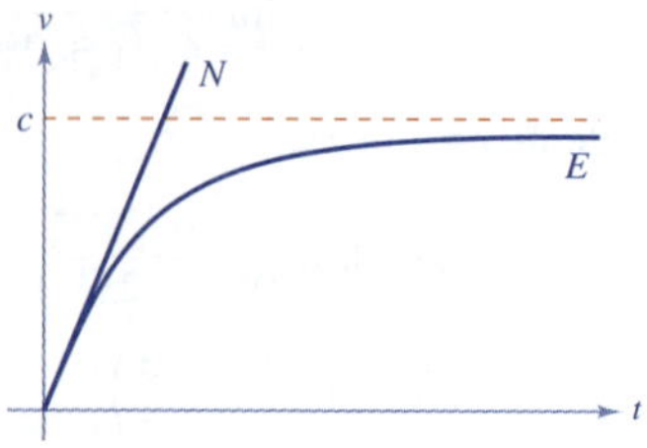

88. ***Temperatura*** O gráfico mostra a temperatura t, em graus Fahrenheit, de uma torta de maçã t segundos após ser removida do forno e colocada numa prateleira para esfriar.

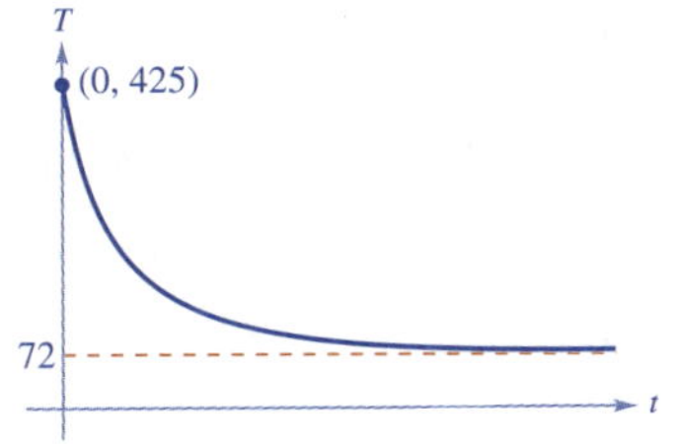

(a) Calcule $\lim_{t \to 0^+} T$. O que este limite representa?

(b) Calcule $\lim_{t \to \infty} T$. O que este limite representa?

89. ***Modelando Dados*** A tabela mostra o tempo do recorde mundial para correr uma milha, onde t representa o ano, com $t = 0$ correspondendo a 1900, e y o tempo em minutos e segundos.

t	23	33	45	54
y	4:10,4	4:07,6	4:01,3	3:59,4

t	58	66	79	85	99
y	3:54,5	3:51,3	3:48,9	3:46,3	3:43,1

Um modelo para estes dados é

$$y = \frac{3{,}351t^2 + 42{,}461t - 543{,}730}{t^2}$$

onde os segundos foram mudados para partes decimais do minuto.

(a) Use uma ferramenta gráfica para marcar os dados e desenhar o modelo.

(b) Aparentemente, existe um tempo limite para correr uma milha? Explique.

90. ***Modelando Dados*** A velocidade média de digitação (palavras por minuto) de um estudante de digitação após t semanas de aula é mostrada na tabela.

t	5	10	15	20	25	30
S	28	56	79	90	93	94

Um modelo para esses dados é: $S = \dfrac{100t^2}{65 + t^2}$, $t > 0$.

(a) Use uma ferramenta gráfica para marcar os dados e desenhar o modelo.

(b) Aparentemente, existe uma velocidade limite? Explique.

91. ***Modelando Dados*** Uma sonda de calor está presa ao trocador de calor de um sistema de aquecimento. A temperatura T (em graus Celsius) é medida t segundos depois que a fornalha foi ligada. Os resultados para os primeiros 2 minutos estão anotados na tabela.

t	0	15	30	45	60
T	25,2°	36,9°	45,5°	51,4°	56,0°

t	75	90	105	120
T	59,6°	62,0°	64,0°	65,2°

(a) Use os recursos referentes à regressão da ferramenta gráfica para encontrar um modelo da forma $T_1 = at^2 + bt + c$ para os dados.

(b) Use uma ferramenta gráfica para desenhar T_1.

(c) Um modelo racional para os dados é $T_2 = \dfrac{1451 + 86t}{58 + t}$.
Use uma ferramenta gráfica para desenhar o modelo.

(d) Calcule $T_1(0)$ e $T_2(0)$.

(e) Calcule $\lim_{t \to \infty} T_2$.

(f) Interprete o resultado da parte (e) no contexto do problema. É possível fazer este tipo de análise usando T_1? Explique.

92. ***Modelando Dados*** Um recipiente contém 5 litros de uma solução salina a 25%. A tabela mostra a concentração C da mistura após adicionar x litros de uma solução salina a 75% ao recipiente.

x	0	0.5	1	1.5	2
C	0,25	0,295	0,333	0,365	0,393

x	2.5	3	3.5	4
C	0,417	0,438	0,456	0,472

(a) Use os recursos referentes à regressão de uma ferramenta gráfica para achar um modelo da forma $C_1 = ax^2 + bx + c$ para os dados.

(b) Use a ferramenta gráfica para desenhar C_1.

(c) Um modelo racional para esses dados é: $C_2 = \dfrac{5 + 3x}{20 + 4x}$.
Use uma ferramenta gráfica para desenhar C_2.

(d) Calcule $\lim_{x \to \infty} C_1$ e $\lim_{x \to \infty} C_2$. Qual modelo você acha que representa melhor a concentração da mistura? Explique.

(e) Qual é a concentração limite?

93. Uma reta com coeficiente angular m passa pelo ponto $(0, 4)$.

(a) Escreva a distância d entre a reta e o ponto $(3, 1)$ como função de m.

(b) Use uma ferramenta gráfica para desenhar a equação da parte (a).

(c) Calcule $\lim_{m \to \infty} d(m)$ e $\lim_{m \to -\infty} d(m)$. Interprete os resultados geometricamente.

94. Uma reta com coeficiente angular m passa pelo ponto $(0, -2)$.

(a) Escreva a distância d entre a reta e o ponto $(4, 2)$ como função de m.

(b) Use uma ferramenta gráfica para desenhar a equação na parte (a).

(c) Calcule $\lim_{m \to \infty} d(m)$ e $\lim_{m \to -\infty} d(m)$. Interprete os resultados geometricamente.

95. O gráfico de $f(x) = \dfrac{2x^2}{x^2 + 2}$ é mostrado abaixo.

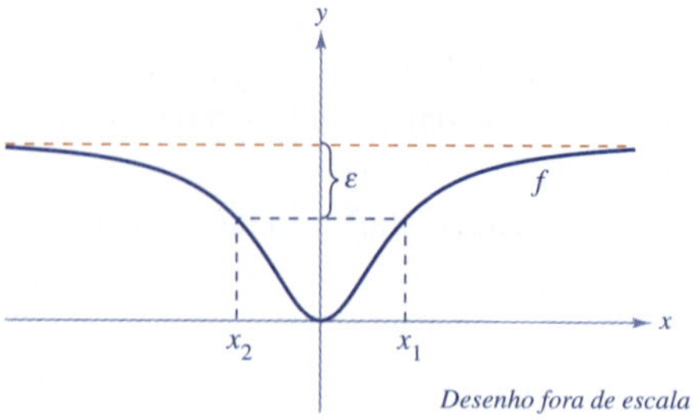

(a) Calcule $L = \lim_{x\to\infty} f(x)$.

(b) Determine x_1 e x_2 em termos de ε.

(c) Determine M, onde $M > 0$, tal que $|f(x) - L| < \varepsilon$ para $x > M$.

(d) Determine N, onde $N < 0$, tal que $|f(x) - L| < \varepsilon$ para $x < N$.

96. O gráfico de $f(x) = \dfrac{6x}{\sqrt{x^2 + 2}}$ é mostrado abaixo.

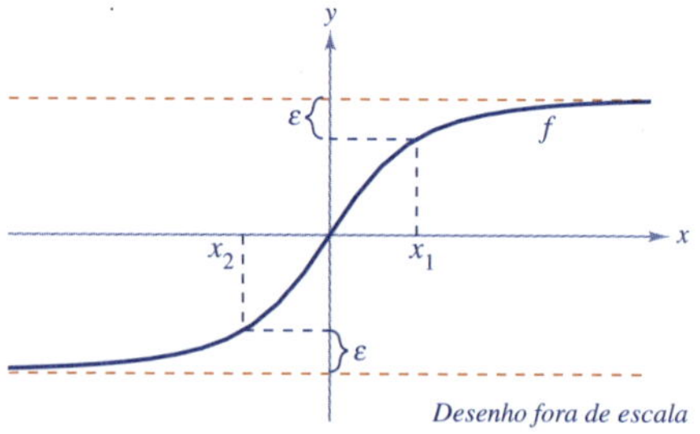

(a) Calcule $L = \lim_{x\to\infty} f(x)$ e $K = \lim_{x\to-\infty} f(x)$.

(b) Determine x_1 e x_2 em termos de ε.

(c) Determine M, onde $M > 0$, tal que $|f(x) - L| < \varepsilon$ para $x > M$.

(d) Determine N, onde $N < 0$, tal que $|f(x) - K| < \varepsilon$ para $x < N$.

97. Considere $\lim_{x\to\infty} \dfrac{3x}{\sqrt{x^2 + 3}}$. Use a definição de limites no infinito para encontrar valores de M que correspondam a (a) $\varepsilon = 0{,}5$ e (b) $\varepsilon = 0{,}1$.

98. Considere $\lim_{x\to-\infty} \dfrac{3x}{\sqrt{x^2 + 3}}$. Use a definição de limites no infinito para encontrar valores de N que correspondam a (a) $\varepsilon = 0{,}5$ e (b) $\varepsilon = 0{,}1$.

Nos Exercícios 99 a 102, use a definição de limites no infinito para demonstrar o limite.

99. $\lim_{x\to\infty} \dfrac{1}{x^2} = 0$

100. $\lim_{x\to\infty} \dfrac{2}{\sqrt{x}} = 0$

101. $\lim_{x\to-\infty} \dfrac{1}{x^3} = 0$

102. $\lim_{x\to-\infty} \dfrac{1}{x - 2} = 0$

103. Mostre que, se $p(x) = a_nx^n + \cdots + a_1x + a_0$ e $q(x) = b_mx^m + \cdots + b_1x + b_0$ $(a_n \neq 0, b_m \neq 0)$, então

$$\lim_{x\to\infty} \frac{p(x)}{q(x)} = \begin{cases} 0, & n < m \\ \dfrac{a_n}{b_m}, & n = m. \\ \pm\infty, & n > m \end{cases}$$

104. Use a definição de limites no infinito para demonstrar que $\lim_{x\to\infty} x^3 = \infty$.

Verdadeiro ou Falso **Nos Exercícios 105 e 106, determine se a afirmação é verdadeira ou falsa. Se for falsa, explique por que ou dê um exemplo mostrando que é falsa.**

105. Se $f'(x) > 0$ para todos os reais x, então f cresce ilimitadamente.

106. Se $f''(x) < 0$ para todos os reais x, então f decresce ilimitadamente.

Seção 3.6 Esboço de Curvas — Um Resumo

- **Analisar e esboçar o gráfico de uma função.**

Analisando o Gráfico de uma Função

Seria difícil exagerar na importância do uso de gráficos na matemática. A introdução por Descartes da geometria analítica contribuiu significativamente para o rápido desenvolvimento do cálculo, a partir da metade do século XVII. Nas palavras de Lagrange: "Enquanto a álgebra e a geometria trilharam caminhos separados, seu avanço foi lento e suas aplicações limitadas. Mas, quando estas duas ciências se uniram, elas extraíram uma da outra uma nova vitalidade, e daí para diante marcharam em um passo rápido em direção à perfeição".

Até agora, você estudou diversos conceitos que são úteis na análise do gráfico de uma função.

- Intersecções com os eixos x e y (Seção P.1)
- Simetria (Seção P.1)

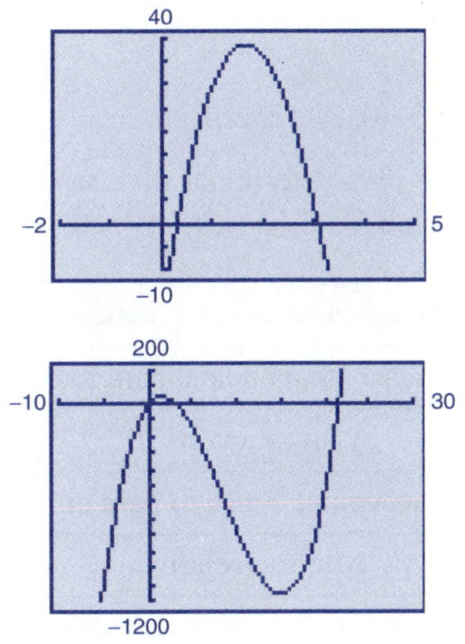

Diferentes janelas para o gráfico de $f(x) = x^3 - 25x^2 + 74x - 20$.
Figura 3.44

- Domínio e imagem (Seção P.3)
- Continuidade (Seção 1.4)
- Assíntotas verticais (Seção 1.5)
- Diferenciabilidade (Seção 2.1)
- Extremos relativos (Seção 3.1)
- Concavidade (Seção 3.4)
- Pontos de inflexão (Seção 3.4)
- Assíntotas horizontais (Seção 3.5)
- Limites infinitos no infinito (Seção 3.5)

Quando você estiver esboçando o gráfico de uma função, tanto à mão quanto usando uma ferramenta gráfica, lembre-se de que normalmente não se pode mostrar o gráfico *inteiro*. Freqüentemente, a decisão de qual parte do gráfico você escolhe mostrar é crucial. Por exemplo, qual das janelas de observação na Figura 3.44 melhor representa o gráfico de

$$f(x) = x^3 - 25x^2 + 74x - 20?$$

Observando as duas janelas, fica claro que a segunda fornece uma representação mais completa do gráfico. Mas, será que uma terceira janela revelaria outras partes interessantes do gráfico? Para responder a esta pergunta, precisamos usar o cálculo para interpretar a primeira e a segunda derivadas. Aqui estão alguns procedimentos para determinar uma boa janela de observação para o gráfico de uma função.

Procedimentos para Analisar o Gráfico de uma Função

1. Determine o domínio e a imagem da função.
2. Determine as intersecções com os eixos, as assíntotas e a simetria do gráfico.
3. Localize os valores de x para os quais $f'(x)$ ou $f''(x)$ é zero ou não existe. Use os resultados para determinar os extremos relativos e os pontos de inflexão.

OBSERVAÇÃO Note, nestes procedimentos, a importância da álgebra (tanto quanto do cálculo) para resolver as equações $f(x) = 0$, $f'(x) = 0$ e $f''(x) = 0$.

EXEMPLO 1 Esboçando o Gráfico de uma Função Racional

Analise e esboce o gráfico de $f(x) = \dfrac{2(x^2 - 9)}{x^2 - 4}$.

Solução

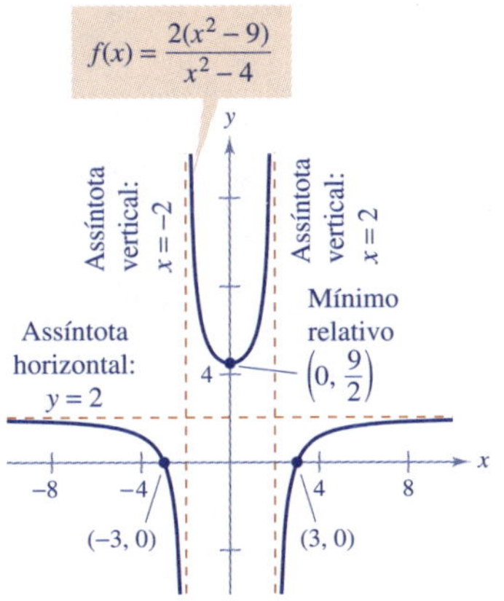

Usando o cálculo, você pode ter certeza de ter determinado todas as características do gráfico de f.
Figura 3.45

Primeira derivada:	$f'(x) = \dfrac{20x}{(x^2 - 4)^2}$
Segunda derivada:	$f''(x) = \dfrac{-20(3x^2 + 4)}{(x^2 - 4)^3}$
Intersecções com o eixo x:	$(-3, 0), (3, 0)$
Intersecção com o eixo y:	$\left(0, \frac{9}{2}\right)$
Assíntotas verticais:	$x = -2, x = 2$
Assíntota horizontal:	$y = 2$
Número crítico:	$x = 0$
Possíveis pontos de inflexão:	Nenhum

Domínio: Todos os reais com exceção de $x = \pm 2$

Simetria: Com relação ao eixo y

Intervalos de teste: $(-\infty, -2), (-2, 0), (0, 2), (2, \infty)$

A tabela mostra como os intervalos de teste são usados para determinar diversas características do gráfico. A Figura 3.45 mostra o gráfico de f.

	$f(x)$	$f'(x)$	$f''(x)$	Características do Gráfico
$-\infty < x < -2$		$-$	$-$	Decrescente, côncavo para baixo
$x = -2$	Indef.	Indef.	Indef.	Assíntota vertical
$-2 < x < 0$		$-$	$+$	Decrescente, côncavo para cima
$x = 0$	$\frac{9}{2}$	0	$+$	Mínimo relativo
$0 < x < 2$		$+$	$+$	Crescente, côncavo para cima
$x = 2$	Indef.	Indef.	Indef.	Assíntota vertical
$2 < x < \infty$		$+$	$-$	Crescente, côncavo para baixo

PARA MAIS INFORMAÇÃO Para saber mais sobre o uso de tecnologia para traçar funções racionais, veja o artigo "Graphs of Rational Functions for Computer Assisted Calculus", de Stan Byrd e Terry Walters, em *The College Mathematics Journal*; ou consulte-o em *www.matharticles.com.*

Certifique-se de que você entendeu todas as implicações de criar uma tabela como a que mostra o Exemplo 1. Por causa do uso do cálculo, você pode *ter certeza* de que o gráfico não tem outros extremos relativos ou pontos de inflexão além dos mostrados na Figura 3.45.

ARMADILHA TECNOLÓGICA Sem usar o tipo de análise delineado no Exemplo 1, é fácil obter uma imagem incompleta das características básicas do gráfico. Por exemplo, a Figura 3.46 mostra uma observação do gráfico de

$$g(x) = \frac{2(x^2 - 9)(x - 20)}{(x^2 - 4)(x - 21)}.$$

Por essa observação, inferimos que o gráfico de g é quase o mesmo que o gráfico de f da Figura 3.45. Tente aumentar a janela de observação para ver as diferenças.

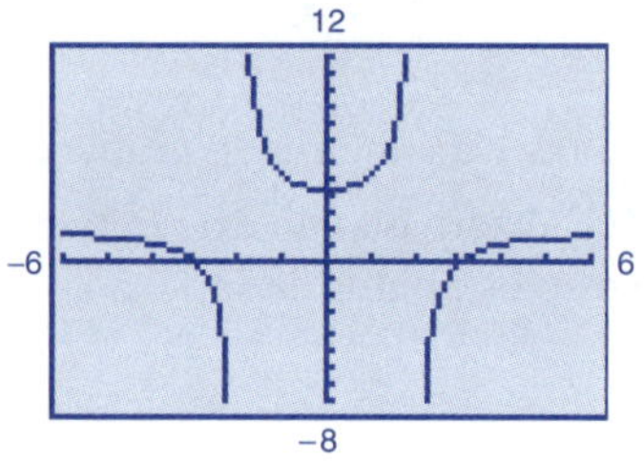

Sem usar o cálculo, você pode negligenciar características importantes do gráfico de g.
Figura 3.46

EXEMPLO 2 Esboçando o Gráfico de uma Função Racional

Analise e esboce o gráfico de $f(x) = \dfrac{x^2 - 2x + 4}{x - 2}$.

Solução

Primeira derivada: $f'(x) = \dfrac{x(x - 4)}{(x - 2)^2}$

Segunda derivada: $f''(x) = \dfrac{8}{(x - 2)^3}$

Intersecções com o eixo x: Nenhuma

Intersecção com o eixo y: $(0, -2)$

Assíntota vertical: $x = 2$

Assíntotas horizontais: Nenhuma

Comportamento limite: $\lim_{x \to -\infty} f(x) = -\infty, \quad \lim_{x \to \infty} f(x) = \infty$

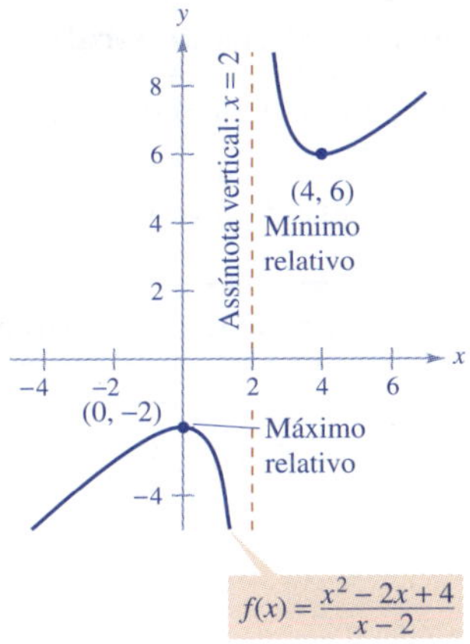

Figura 3.47

Números críticos: $x = 0, x = 4$

Possíveis pontos de inflexão: Nenhum

Domínio: Todos os reais com exceção de $x = 2$

Intervalos de teste: $(-\infty, 0), (0, 2), (2, 4), (4, \infty)$

A análise do gráfico de f é indicada na tabela, e o gráfico é mostrado na Figura 3.47.

	$f(x)$	$f'(x)$	$f''(x)$	**Características do Gráfico**
$-\infty < x < 0$		$+$	$-$	Decrescente, côncavo para baixo
$x = 0$	-2	0	$-$	Máximo relativo
$0 < x < 2$		$-$	$-$	Decrescente, côncavo para baixo
$x = 2$	Indef.	Indef.	Indef.	Assíntota vertical
$2 < x < 4$		$-$	$+$	Decrescente, côncavo para cima
$x = 4$	6	0	$+$	Mínimo relativo
$4 < x < \infty$		$+$	$+$	Crescente, côncavo para cima

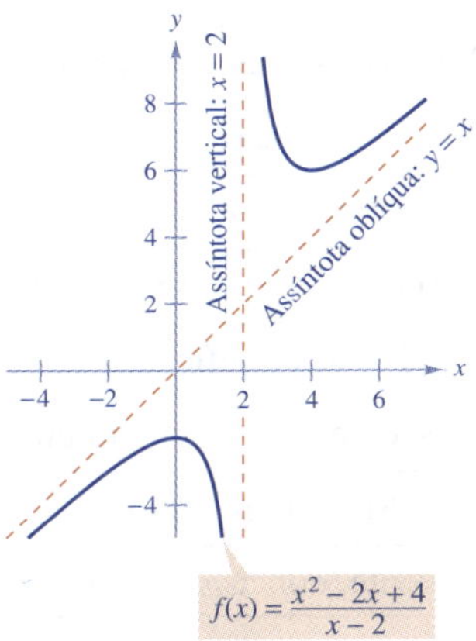

Uma assíntota oblíqua.
Figura 3.48

Embora o gráfico da função no Exemplo 2 não tenha nenhuma assíntota horizontal, ele tem uma assíntota oblíqua. O gráfico de uma função racional (que não tenha fatores comuns e cujo denominador tenha grau pelo menos 1) tem uma **assíntota oblíqua** se o grau do numerador for exatamente um a mais que o grau do denominador. Para encontrar a assíntota oblíqua, use divisão de polinômios para reescrever a função racional como a soma de um polinômio de primeiro grau e uma outra função racional.

$$f(x) = \frac{x^2 - 2x + 4}{x - 2} \quad \text{Escreva a equação original}$$

$$= x + \frac{4}{x - 2} \quad \text{Reescreva usando divisão de polinômios}$$

Na Figura 3.48, observe que o gráfico de f se aproxima da assíntota oblíqua $y = x$ quando x se aproxima de $-\infty$ ou de ∞.

EXEMPLO 3 Esboçando o Gráfico de uma Função Radical

Analise e esboce o gráfico de $f(x) = \dfrac{x}{\sqrt{x^2 + 2}}$.

Solução

$$f'(x) = \frac{2}{(x^2 + 2)^{3/2}} \qquad f''(x) = -\frac{6x}{(x^2 + 2)^{5/2}}$$

O gráfico tem apenas uma intersecção com os eixos, $(0, 0)$. Ele não tem assíntotas verticais, mas tem duas assíntotas horizontais: $y = 1$ (à direita) e $y = -1$ (à esquerda). A função não tem números críticos e tem um possível ponto de inflexão (em $x = 0$). O domínio da função é toda a reta real, e o gráfico é simétrico com respeito à origem. A análise do gráfico de f é mostrada na tabela, e o gráfico é mostrado na Figura 3.49.

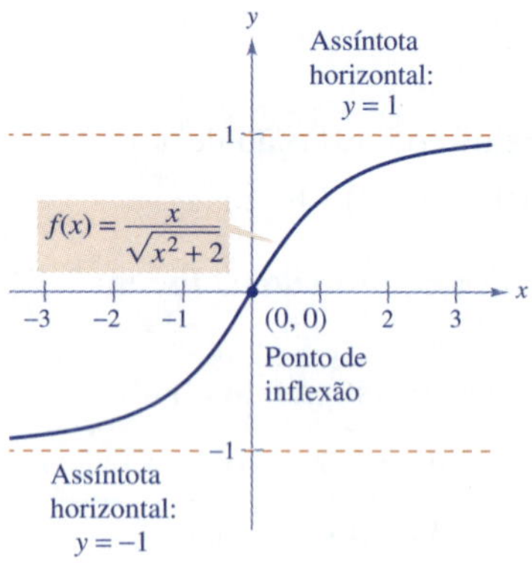

Figura 3.49

	$f(x)$	$f'(x)$	$f''(x)$	Características do Gráfico
$-\infty < x < 0$		$+$	$+$	Crescente, côncavo para cima
$x = 0$	0	$\dfrac{1}{\sqrt{2}}$	0	Ponto de inflexão
$0 < x < \infty$		$+$	$-$	Crescente, côncavo para baixo

EXEMPLO 4 Esboçando o Gráfico de uma Função Radical

Analise e esboce o gráfico de $f(x) = 2x^{5/3} - 5x^{4/3}$.

Solução

$$f'(x) = \frac{10}{3}x^{1/3}(x^{1/3} - 2) \qquad f''(x) = \frac{20(x^{1/3} - 1)}{9x^{2/3}}$$

A função tem duas intersecções com os eixos: $(0, 0)$ e $\left(\frac{125}{8}, 0\right)$. Não existem assíntotas horizontais ou verticais. A função tem dois números críticos ($x = 0$ e $x = 8$) e tem dois possíveis pontos de inflexão ($x = 0$ e $x = 1$). O domínio é toda a reta real. A análise do gráfico de f é mostrada na tabela, e o gráfico é mostrado na Figura 3.50.

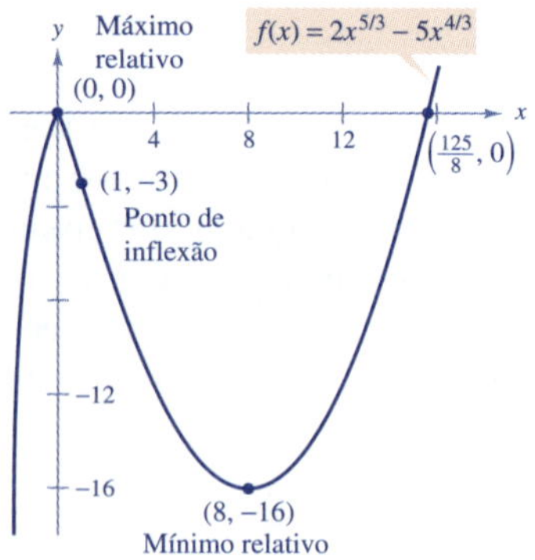

Figura 3.50

	$f(x)$	$f'(x)$	$f''(x)$	Características do Gráfico
$-\infty < x < 0$		$+$	$-$	Crescente, côncavo para baixo
$x = 0$	0	0	Undef.	Máximo relativo
$0 < x < 1$		$-$	$-$	Decrescente, côncavo para baixo
$x = 1$	-3	$-$	0	Ponto de inflexão
$1 < x < 8$		$-$	$+$	Decrescente, côncavo para cima
$x = 8$	-16	0	$+$	Mínimo relativo
$8 < x < \infty$		$+$	$+$	Crescente, côncavo para cima

EXEMPLO 5 Esboçando o Gráfico de uma Função Polinomial

Analise e esboce o gráfico de $f(x) = x^4 - 12x^3 + 48x^2 - 64x$.

Solução Inicialmente, fatore para obter:

$$\begin{aligned} f(x) &= x^4 - 12x^3 + 48x^2 - 64x \\ &= x(x - 4)^3. \end{aligned}$$

A seguir, usando a forma fatorada de $f(x)$, você pode fazer a análise a seguir.

Primeira derivada: $f'(x) = 4(x - 1)(x - 4)^2$
Segunda derivada: $f''(x) = 12(x - 4)(x - 2)$
Intersecções com o eixo x: $(0, 0)$, $(4, 0)$
Intersecção com o eixo y: $(0, 0)$
Assíntotas verticais: Nenhuma
Assíntotas horizontais: Nenhuma
Comportamento limite: $\lim_{x \to -\infty} f(x) = \infty$, $\lim_{x \to \infty} f(x) = \infty$

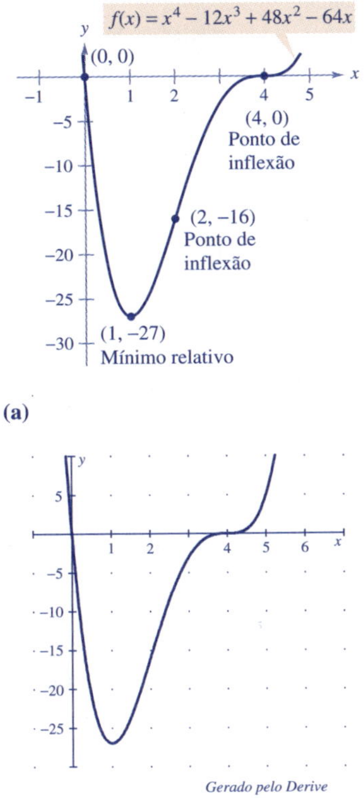

(b)
Uma função polinomial de grau par deve ter pelo menos um extremo relativo.
Figura 3.51

Números críticos:	$x = 1, x = 4$
Possíveis pontos de inflexão:	$x = 2, x = 4$
Domínio:	Todos os números reais
Intervalos de teste:	$(-\infty, 1), (1, 2), (2, 4), (4, \infty)$

A tabela mostra a análise do gráfico de *f*, e a Figura 3.51(a) mostra o gráfico. O uso de um sistema de manipulação algébrica, como o *Derive* [veja a Figura 3.51(b)], pode ajudar a conferir sua análise.

	$f(x)$	$f'(x)$	$f''(x)$	Características do Gráfico
$-\infty < x < 1$		$-$	$+$	Decrescente, côncavo para cima
$x = 1$	-27	0	$+$	Mínimo relativo
$1 < x < 2$		$+$	$+$	Crescente, côncavo para cima
$x = 2$	-16	$+$	0	Ponto de inflexão
$2 < x < 4$		$+$	$-$	Crescente, côncavo para baixo
$x = 4$	0	0	0	Ponto de inflexão
$4 < x < \infty$		$+$	$+$	Crescente, côncavo para cima

A função polinomial de quarto grau no Exemplo 5 tem um mínimo relativo e nenhum máximo relativo. Em geral, uma função polinomial de grau n pode ter *no máximo* $n - 1$ extremos relativos, e *no máximo* $n - 2$ pontos de inflexão. Além disso, funções polinomiais de grau par devem ter *pelo menos um* extremo relativo.

Lembre-se de que, do Teste do Coeficiente Dominante, descrito na Seção P.3, o "comportamento limite" como já visto no gráfico de uma função polinomial é determinado pelo coeficiente dominante e seu grau. Por exemplo, já que o polinômio no Exemplo 5 tem coeficiente dominante positivo, o gráfico cresce para a direita. Além disso, como o grau é par, o gráfico também cresce para a esquerda.

EXEMPLO 6 Esboçando o Gráfico de uma Função Trigonométrica

Analise e esboce o gráfico de $f(x) = \dfrac{\cos x}{1 + \operatorname{sen} x}$.

Solução Como a função tem um período de 2π, podemos restringir a análise do gráfico a qualquer intervalo de comprimento 2π. Por conveniência, escolheremos $(-\pi/2, 3\pi/2)$.

Primeira derivada: $f'(x) = -\dfrac{1}{1 + \operatorname{sen} x}$

Segunda derivada: $f''(x) = \dfrac{\cos x}{(1 + \operatorname{sen} x)^2}$

Período: 2π

Intersecção com o eixo x: $\left(\dfrac{\pi}{2}, 0\right)$

Intersecção com o eixo y: $(0, 1)$

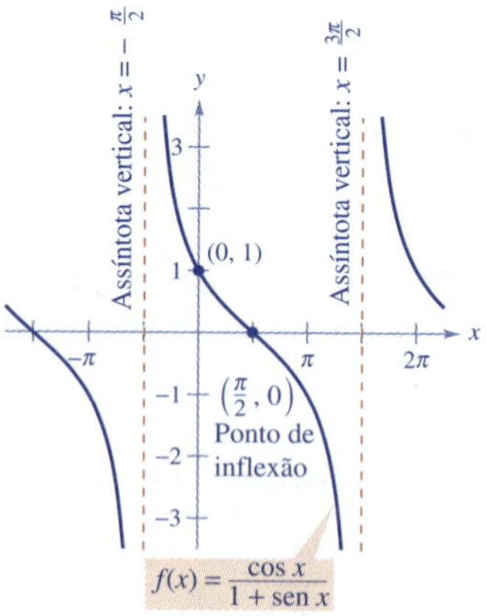

(a)

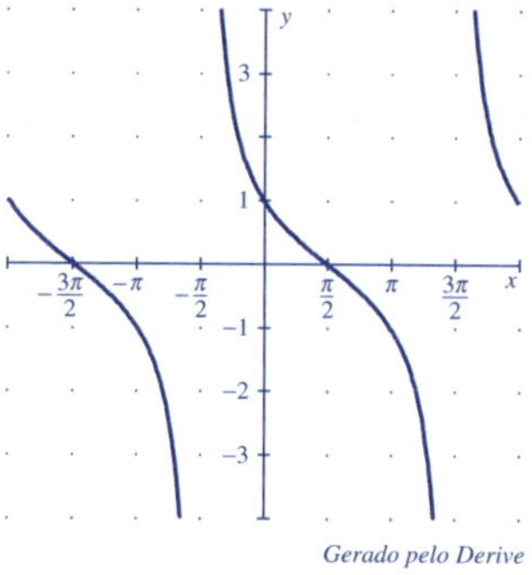

(b)

Figura 3.52

Assíntotas verticais:	$x = -\dfrac{\pi}{2},\ x = \dfrac{3\pi}{2}$
Assíntotas horizontais:	Nenhuma
Números críticos:	Nenhum
Possível ponto de inflexão:	$x = \dfrac{\pi}{2}$
Domínio:	Todos os números reais exceto $x = \dfrac{3 + 4n}{2}\pi$
Intervalos de teste:	$\left(-\dfrac{\pi}{2}, \dfrac{\pi}{2}\right), \left(\dfrac{\pi}{2}, \dfrac{3\pi}{2}\right)$

Veja observação abaixo

A tabela mostra a análise do gráfico de f no intervalo $(-\pi/2, 3\pi/2)$ e a Figura 3.52(a) mostra o gráfico. Compare-o com o gráfico gerado pelo sistema de manipulação algébrica Derive na Figura 3.52(b).

	$f(x)$	$f'(x)$	$f''(x)$	**Características do Gráfico**
$x = -\dfrac{\pi}{2}$	Indef.	Indef.	Indef.	Assíntota vertical
$-\dfrac{\pi}{2} < x < \dfrac{\pi}{2}$		$-$	$+$	Decrescente, côncavo para cima
$x = \dfrac{\pi}{2}$	0	$-\dfrac{1}{2}$	0	Ponto de inflexão
$\dfrac{\pi}{2} < x < \dfrac{3\pi}{2}$		$-$	$-$	Decrescente, côncavo para baixo
$x = \dfrac{3\pi}{2}$	Indef.	Indef.	Indef.	Assíntota vertical

OBSERVAÇÃO Substituindo $-\pi/2$ ou $3\pi/2$ na função obtemos $0/0$, que é chamada de forma indeterminada, a qual você vai estudar na Seção 8.7. Para determinar que a função tem uma assíntota vertical nesses dois valores, podemos reescrever a função como abaixo:

$$f(x) = \frac{\cos x}{1 + \text{sen } x} = \frac{(\cos x)(1 - \text{sen } x)}{(1 + \text{sen } x)(1 - \text{sen } x)} = \frac{(\cos x)(1 - \text{sen } x)}{\cos^2 x} = \frac{1 - \text{sen } x}{\cos x}$$

Nesta forma, fica claro que o gráfico de f tem assíntotas verticais quando $x = -\pi/2$ e $3\pi/2$.

Exercícios da Seção 3.6

Nos Exercícios 1 a 4, faça uma correspondência entre o gráfico de f na coluna à esquerda e o de sua derivada na coluna à direita.

Gráfico de f — *Gráfico de f'*

1.

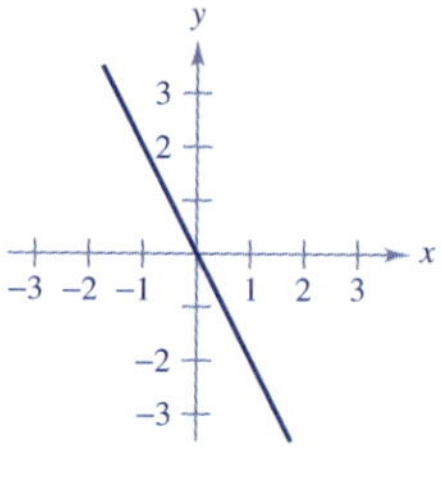

(a)

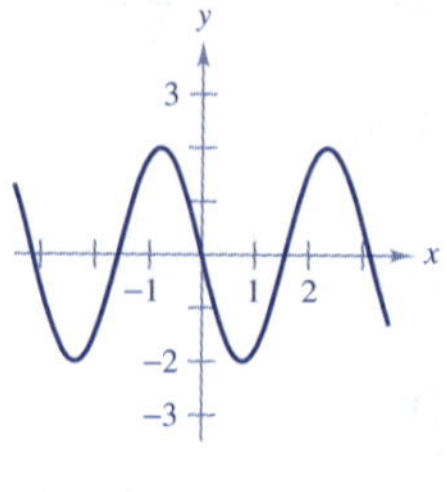

2.

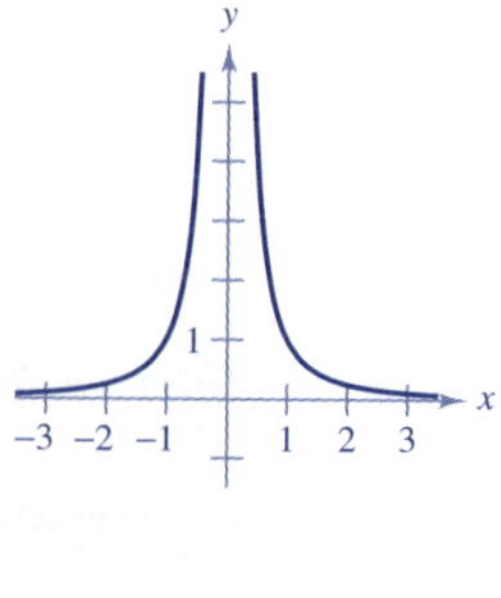

(b)

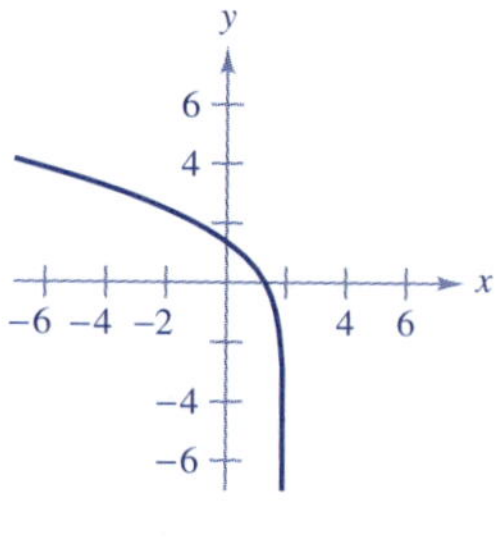

3. 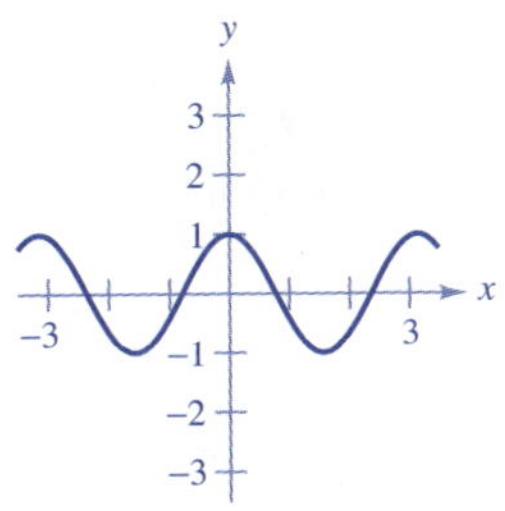

(c) 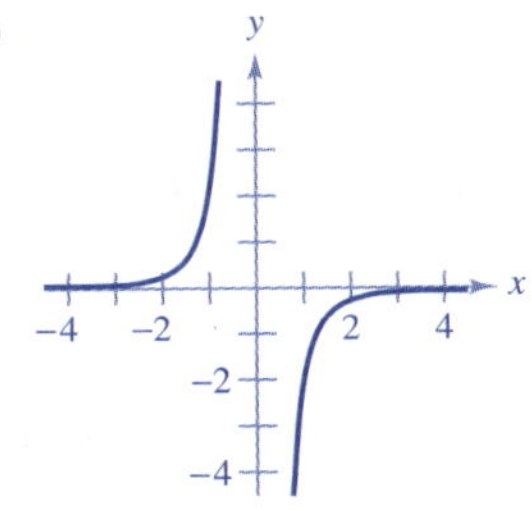

4. 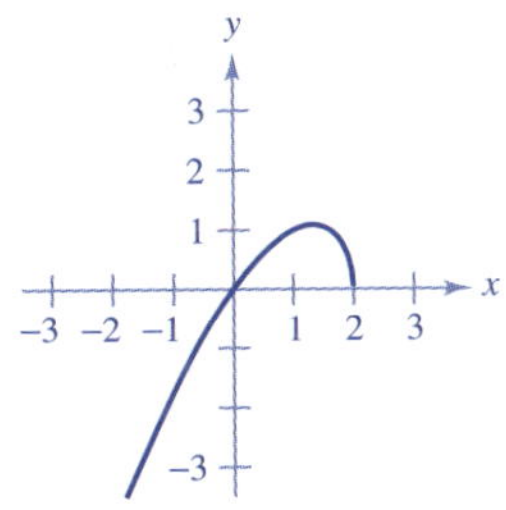

(d) 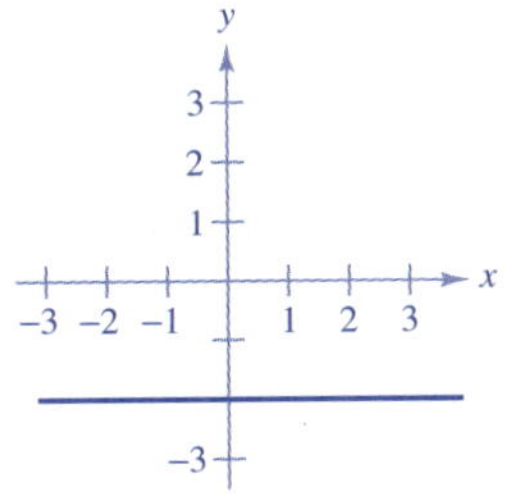

5. ***Argumentação Gráfica*** A figura mostra o gráfico de f.
   (a) Para quais valores de x, $f'(x)$ é zero? Positiva? Negativa?
   (b) Para quais valores de x, $f''(x)$ é zero? Positiva? Negativa?
   (c) Em qual intervalo f' é uma função crescente?
   (d) Para quais valores de x, $f'(x)$ é mínima? Para este valor de x, como a taxa de variação de f se compara com a taxa de variação de f em outros valores de x? Explique.

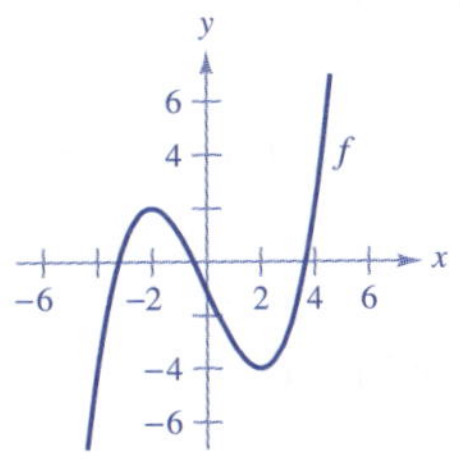

Figura do Exercício 5

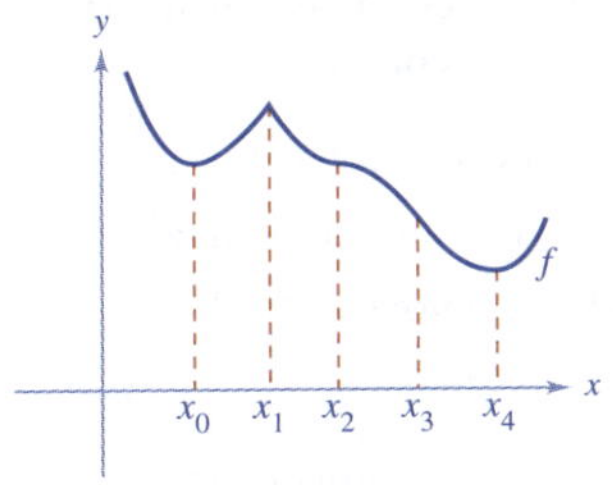

Figura do Exercício 6

6. ***Argumentação Gráfica*** Identifique os números reais x_0, x_1, x_2, x_3 e x_4 na figura, tais que cada uma das afirmações seja verdadeira.
   (a) $f'(x) = 0$
   (b) $f''(x) = 0$
   (c) $f'(x)$ não existe
   (d) f tem um máximo relativo
   (e) f tem um ponto de inflexão

Nos Exercícios 7 a 34, analise e esboce o gráfico da função. Indique todas as intersecções com os eixos coordenados, todos os extremos relativos, pontos de inflexão e assíntotas. Use uma ferramenta gráfica para conferir seus resultados.

7. $y = \dfrac{x^2}{x^2+3}$

8. $y = \dfrac{x}{x^2+1}$

9. $y = \dfrac{1}{x-2} - 3$

10. $y = \dfrac{x^2+1}{x^2-9}$

11. $y = \dfrac{2x}{x^2-1}$

12. $f(x) = \dfrac{x+2}{x}$

13. $g(x) = x + \dfrac{4}{x^2+1}$

14. $f(x) = x + \dfrac{32}{x^2}$

15. $f(x) = \dfrac{x^2+1}{x}$

16. $f(x) = \dfrac{x^3}{x^2-4}$

17. $y = \dfrac{x^2-6x+12}{x-4}$

18. $y = \dfrac{2x^2-5x+5}{x-2}$

19. $y = x\sqrt{4-x}$

20. $g(x) = x\sqrt{9-x}$

21. $h(x) = x\sqrt{9-x^2}$

22. $y = x\sqrt{16-x^2}$

23. $y = 3x^{2/3} - 2x$

24. $y = 3(x-1)^{2/3} - (x-1)^2$

25. $y = x^3 - 3x^2 + 3$

26. $y = -\frac{1}{3}(x^3 - 3x + 2)$

27. $y = 2 - x - x^3$

28. $f(x) = \frac{1}{3}(x-1)^3 + 2$

29. $y = 3x^4 + 4x^3$

30. $y = 3x^4 - 6x^2 + \frac{5}{3}$

31. $y = x^5 - 5x$

32. $y = (x-1)^5$

33. $y = |2x-3|$

34. $y = |x^2 - 6x + 5|$

Nos Exercícios 35 a 38, use um sistema de manipulação algébrica para analisar e desenhar a função. Identifique todos os extremos relativos, pontos de inflexão e assíntotas.

35. $f(x) = \dfrac{20x}{x^2+1} - \dfrac{1}{x}$

36. $f(x) = 5\left(\dfrac{1}{x-4} - \dfrac{1}{x+2}\right)$

37. $f(x) = \dfrac{x}{\sqrt{x^2+7}}$

38. $f(x) = \dfrac{4x}{\sqrt{x^2+15}}$

Nos Exercícios 39 a 46, esboce o gráfico da função sobre o intervalo dado. Use uma ferramenta gráfica para conferir seu gráfico.

39. $y = \operatorname{sen} x - \frac{1}{18}\operatorname{sen} 3x, \quad 0 \le x \le 2\pi$

40. $y = \cos x - \frac{1}{2}\cos 2x, \quad 0 \le x \le 2\pi$

41. $y = 2x - \operatorname{tg} x, \quad -\dfrac{\pi}{2} < x < \dfrac{\pi}{2}$

42. $y = 2(x-2) + \operatorname{cotg} x, \quad 0 < x < \pi$

43. $y = 2(\operatorname{cossec} x + \sec x), \quad 0 < x < \dfrac{\pi}{2}$

44. $y = \sec^2\left(\dfrac{\pi x}{8}\right) - 2\operatorname{tg}\left(\dfrac{\pi x}{8}\right) - 1, \quad -3 < x < 3$

45. $g(x) = x\operatorname{tg} x, \quad -\dfrac{3\pi}{2} < x < \dfrac{3\pi}{2}$

46. $g(x) = x\operatorname{cotg} x, \quad -2\pi < x < 2\pi$

Questões Conceituais

Nos Exercícios 47 e 48, os gráficos de f, f' e f'' são mostrados num mesmo conjunto de eixos coordenados. Qual é qual? Explique seu raciocínio. Para imprimir uma cópia ampliada do gráfico, consulte *www.mathgraphs.com*.

47. 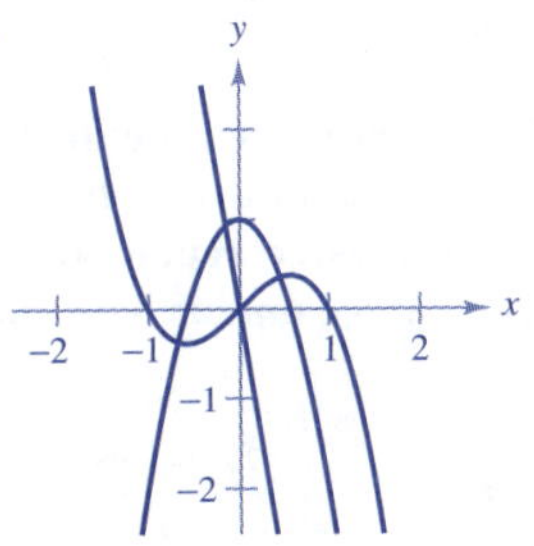

48. 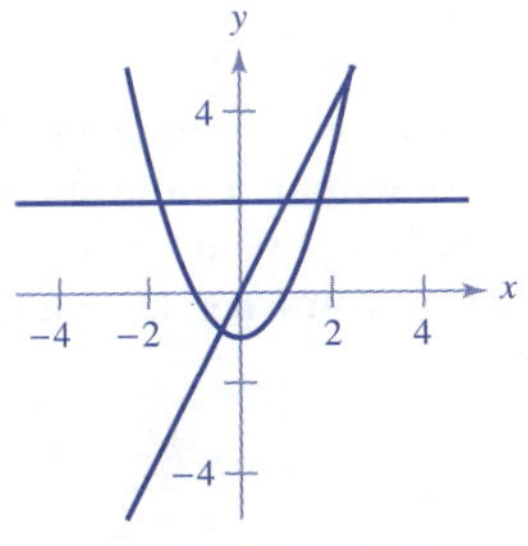

Questões Conceituais *(Continuação)*

Nos Exercícios 49 a 52, use o gráfico de f' para esboçar o gráfico de f e o gráfico de f''. Para imprimir uma cópia ampliada do gráfico, consulte *www.mathgraphs.com*.

49.

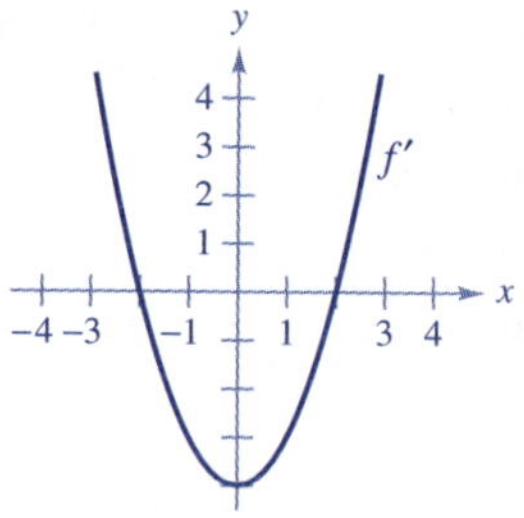

50.

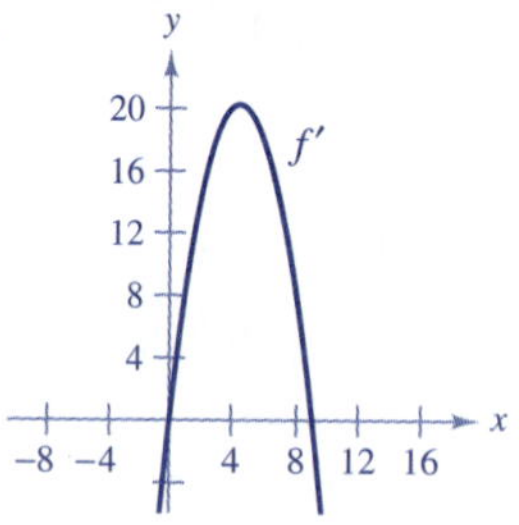

51.

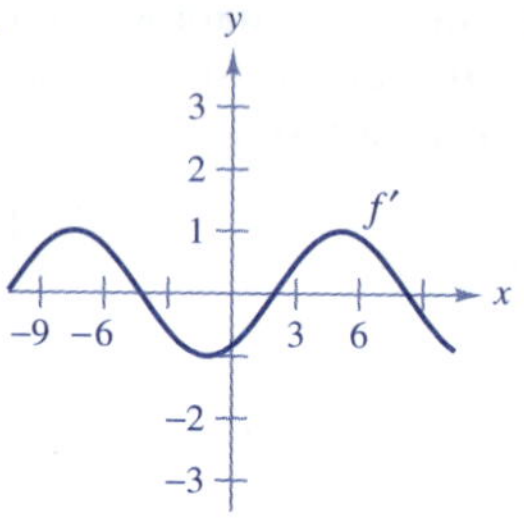

52.

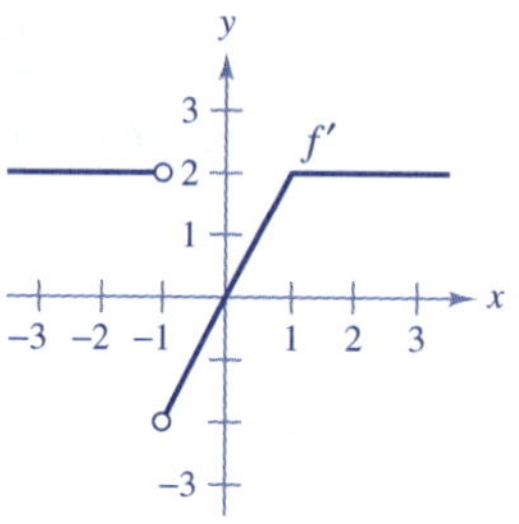

(Proposto por Bill Fox, Moberly Area Community College, Moberly, MO.)

53. Suponha que $f'(t) < 0$ para todo t no intervalo $(2, 8)$. Explique por que $f(3) > f(5)$.

54. Suponha que $f(0) = 3$ e $2 \leq f'(x) \leq 4$ para todo x no intervalo $[-5, 5]$. Determine o menor e o maior valor possível de $f(2)$.

Nos Exercícios 55 a 58, use uma ferramenta gráfica para desenhar a função. Use o gráfico para determinar se é possível o gráfico de uma função interceptar sua assíntota horizontal. Você acha que é possível o gráfico de uma função interceptar sua assíntota vertical? Por que sim ou porque não?

55. $f(x) = \dfrac{4(x-1)^2}{x^2 - 4x + 5}$

56. $g(x) = \dfrac{3x^4 - 5x + 3}{x^4 + 1}$

57. $h(x) = \dfrac{\text{sen } 2x}{x}$

58. $f(x) = \dfrac{\cos 3x}{4x}$

Redação **Nos Exercícios 59 e 60, use uma ferramenta gráfica para desenhar a função. Explique por que não existe nenhuma assíntota vertical quando um exame superficial da função pode indicar que deveria existir uma.**

59. $h(x) = \dfrac{6 - 2x}{3 - x}$

60. $g(x) = \dfrac{x^2 + x - 2}{x - 1}$

Redação **Nos Exercícios 61 a 64, use uma ferramenta gráfica para desenhar a função e determinar uma assíntota oblíqua ao gráfico. Use o "zoom" para se afastar repetidamente e descreva como o gráfico na janela parece mudar. Por que isto ocorre?**

61. $f(x) = -\dfrac{x^2 - 3x - 1}{x - 2}$

62. $g(x) = \dfrac{2x^2 - 8x - 15}{x - 5}$

63. $f(x) = \dfrac{x^3}{x^2 + 1}$

64. $h(x) = \dfrac{-x^3 + x^2 + 4}{x^2}$

65. ***Argumentação Gráfica*** Considere a função:

$$f(x) = \frac{\cos^2 \pi x}{\sqrt{x^2 + 1}}, \quad 0 < x < 4.$$

(a) Use um sistema de manipulação algébrica para desenhar a função e use o gráfico para achar visualmente aproximações para os números críticos.

(b) Use um sistema de manipulação algébrica para encontrar f' e encontrar aproximações para os números críticos. Estes resultados são os mesmos que a aproximação encontrada visualmente na parte (a)? Explique.

66. ***Argumentação Gráfica*** Considere a função:

$$f(x) = \text{tg}(\text{sen } \pi x).$$

(a) Use um sistema de manipulação algébrica para desenhar a função.

(b) Identifique todas as simetrias do gráfico.

(c) A função é periódica? Se for, qual é o período?

(d) Identifique todos os extremos em $(-1, 1)$.

(e) Use uma ferramenta gráfica para determinar a concavidade do gráfico em $(0, 1)$.

Para Pensar **Nos Exercícios 67 a 70, crie uma função cujo gráfico tenha as características dadas. (Existe mais de uma resposta correta.)**

67. Assíntota vertical: $x = 5$
Assíntota horizontal: $y = 0$

68. Assíntota vertical: $x = -3$
Assíntota horizontal: Nenhuma

69. Assíntota vertical: $x = 5$
Assíntota oblíqua: $y = 3x + 2$

70. Assíntota vertical: $x = 0$
Assíntota oblíqua: $y = -x$

71. ***Argumentação Gráfica*** Considere a função

$$f(x) = \frac{ax}{(x - b)^2}.$$

(a) Supondo $b \neq 0$, determine como varia o gráfico de f quando a varia. Considere casos onde a é positivo e onde a é negativo.

(b) Supondo $a \neq 0$, determine como varia o gráfico de f quando b varia.

72. Considere a função $f(x) = \frac{1}{2}(ax)^2 - (ax), \quad a \neq 0.$

(a) Determine as mudanças (se houver) nas intersecções com os eixos, extremos e concavidade do gráfico de f quando a varia.

(b) Use uma ferramenta gráfica para desenhar, na mesma janela, a função para quatro valores distintos de a.

73. ***Investigação*** Considere a função:

$$f(x) = \frac{3x^n}{x^4 + 1}$$

para valores inteiros não negativos de n.

(a) Discuta a relação entre o valor de n e a simetria do gráfico.

(b) Para quais valores de n o eixo x será a assíntota horizontal?

(c) Para quais valores de n a reta $y = 3$ será a assíntota horizontal?

(d) Qual é a assíntota do gráfico quando $n = 5$?

(e) Use uma ferramenta gráfica para desenhar f para os valores de n na tabela. Use o gráfico para determinar o número de extremos M e o número de pontos de inflexão N do gráfico.

n	0	1	2	3	4	5
M						
N						

74. ***Investigação*** Seja $P(x_0, y_0)$ um ponto arbitrário do gráfico de f tal que $f'(x_0) \neq 0$, como mostra a figura. Verifique cada afirmação.

(a) A intersecção da reta tangente com o eixo x é $\left(x_0 - \frac{f(x_0)}{f'(x_0)}, 0\right)$.

(b) A intersecção da reta tangente com o eixo y é $(0, f(x_0) - x_0 f'(x_0))$.

(c) A intersecção da reta normal com o eixo x é $(x_0 + f(x_0)f'(x_0), 0)$.

(d) A intersecção da reta normal com o eixo y é $\left(0, y_0 + \frac{x_0}{f'(x_0)}\right)$.

(e) $|BC| = \left|\frac{f(x_0)}{f'(x_0)}\right|$

(f) $|PC| = \left|\frac{f(x_0)\sqrt{1 + [f'(x_0)]^2}}{f'(x_0)}\right|$

(g) $|AB| = |f(x_0)f'(x_0)|$

(h) $|AP| = |f(x_0)|\sqrt{1 + [f'(x_0)]^2}$

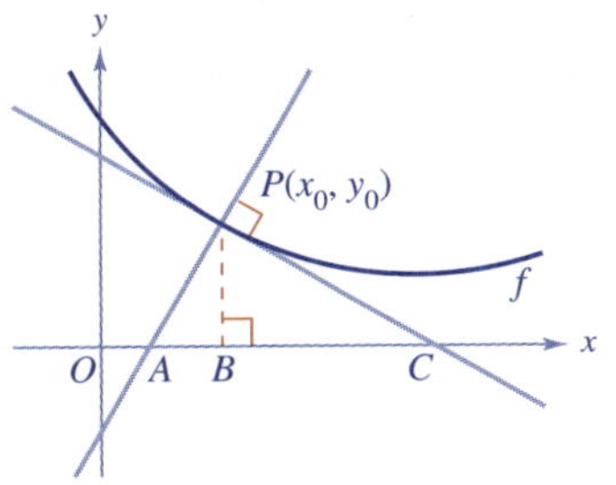

75. ***Modelando Dados*** Os dados na tabela mostram o número N de bactérias numa cultura no tempo t, onde t é medido em dias.

t	1	2	3	4	5	6	7	8
N	25	200	804	1756	2296	2434	2467	2473

Um modelo para estes dados é

$$N = \frac{24.670 - 35.153t + 13.250t^2}{100 - 39t + 7t^2}, \quad 1 \leq t \leq 8.$$

(a) Use uma ferramenta gráfica para marcar os pontos e desenhar o modelo.

(b) Use o modelo para calcular o número de bactérias quando $t = 10$.

(c) Encontre uma aproximação para o dia onde o número de bactérias é máximo.

(d) Use um sistema de manipulação algébrica para determinar o instante em que a taxa de crescimento no número de bactérias é máximo.

(e) Calcule $\lim_{t \to \infty} N(t)$.

Assíntota Oblíqua **Nos Exercícios 76 e 77, o gráfico da função tem duas assíntotas oblíquas. Identifique cada assíntota oblíqua. Em seguida, represente graficamente a função e suas assíntotas.**

76. $y = \sqrt{4 + 16x^2}$

77. $y = \sqrt{x^2 + 6x}$

Desafio Putnam

78. Seja $f(x)$ uma função definida para $a \leq x \leq b$. Supondo propriedades adequadas de continuidade e diferenciabilidade, demonstre, para $a < x < b$,

$$\frac{\dfrac{f(x) - f(a)}{x - a} - \dfrac{f(b) - f(a)}{b - a}}{x - b} = \frac{1}{2}f''(\beta)$$

onde β é um número entre a e b.

Este problema foi formulado pelo Committee on the Putnam Prize Competition.

Seção 3.7 Problemas de Otimização

- **Resolver problemas aplicados de máximo e de mínimo.**

Problemas Aplicados de Máximo e de Mínimo

Uma das aplicações mais comuns do cálculo envolve a determinação de valores máximos e mínimos. Considere a freqüência com que você ouve ou lê termos como maior lucro, menor custo, maior voltagem, tamanho ótimo, menor tamanho, maior força e maior distância. Antes de delinear uma estratégia geral para resolver esses problemas, vamos examinar um exemplo.

EXEMPLO 1 Achando o Volume Máximo

Um fabricante quer projetar uma caixa aberta que tenha base quadrada e área superficial de 108 polegadas quadradas, como mostra a Figura 3.53. Que dimensões produzirão uma caixa com volume máximo?

Solução Tendo a caixa base quadrada, seu volume é:

$$V = x^2h. \quad \text{Equação primária}$$

Esta equação é chamada de **equação primária** porque ela dá uma fórmula para a quantidade a ser otimizada. A área superficial da caixa é:

$$S = (\text{área da base}) + (\text{área dos quatro lados})$$

$$S = x^2 + 4xh = 108. \quad \text{Equação secundária}$$

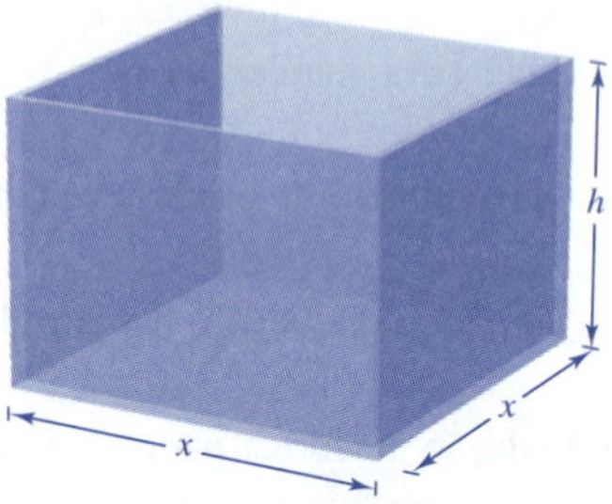

Caixa aberta com base quadrada:
$S = x^2 + 4xh = 108.$
Figura 3.53

Já que V deve ser maximizado, queremos escrever V como função de uma única variável. Para fazer isto, podemos resolver a equação $x^2 + 4xh = 108$ para h em termos de x para obter $h = (108 - x^2)/(4x)$. Substituindo na equação primária, obtemos

$$V = x^2h \quad \text{Função de duas variáveis}$$

$$= x^2\left(\frac{108 - x^2}{4x}\right) \quad \text{Substitua } h$$

$$= 27x - \frac{x^3}{4}. \quad \text{Função de uma variável}$$

Antes de encontrar o valor de x que fornece o valor máximo de V, devemos determinar o *domínio possível*. Ou seja, quais valores de x fazem sentido neste problema? Sabemos que $V \geq 0$. Sabemos ainda que x deve ser não negativo e que a área da base $(A = x^2)$ é no máximo 108. Assim, o domínio possível é:

$$0 \leq x \leq \sqrt{108}. \quad \text{Domínio possível}$$

TECNOLOGIA Você pode conferir sua resposta usando uma ferramenta gráfica para desenhar a função volume

$$V = 27x - \frac{x^3}{4}.$$

Use uma janela de observação na qual $0 \leq x \leq \sqrt{108} \approx 10.4$ e $0 \leq y \leq 120$, e os recursos de "trace" para determinar o valor máximo de V.

Para maximizar V, vamos achar os números críticos da função volume.

$$\frac{dV}{dx} = 27 - \frac{3x^2}{4} = 0 \quad \text{Faça a derivada igual a 0}$$

$$3x^2 = 108 \quad \text{Simplifique}$$

$$x = \pm 6 \quad \text{Números críticos}$$

Assim, os números críticos são $x = \pm 6$. Não precisamos considerar $x = -6$ pois este valor está fora do domínio. Calculando V no número crítico e nas extremidades do domínio, obtemos $V(0) = 0$, $V(6) = 108$ e $V(\sqrt{108}) = 0$. Assim, V é máximo quando $x = 6$ e as dimensões da caixa são $6 \times 6 \times 3$ polegadas.

Como você deve ter percebido no Exemplo 1, existem infinitas caixas abertas que têm 108 polegadas quadradas de superfície lateral. Para começar a resolver o problema, você pode se perguntar qual forma básica daria o maior volume. A caixa deve ser alta, baixa ou quase cúbica?

Você pode até mesmo tentar calcular alguns volumes, como mostra a Figura 3.54, para começar a intuir o que as dimensões ótimas deveriam ser. Lembre-se de que você não está pronto para começar a resolver um problema até ter identificado claramente qual é o problema.

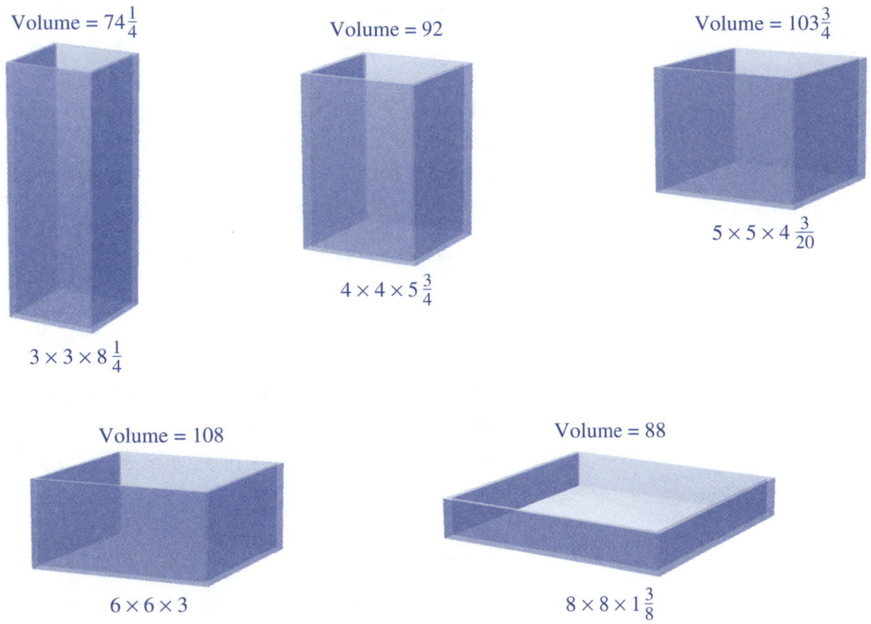

Qual caixa tem maior volume?
Figura 3.54

O Exemplo 1 ilustra os seguintes procedimentos para resolver problemas aplicados de mínimo e de máximo.

Procedimentos para Resolver Problemas Aplicados de Mínimo e de Máximo

1. Identifique todas as quantidades dadas e as quantidades a serem determinadas. Se possível, faça um esboço.
2. Escreva a **equação primária** para a quantidade a ser maximizada ou minimizada. (Dentro da capa frontal encontra-se uma revisão de diversas fórmulas úteis da geometria.)
3. Reduza a equação primária a *uma única variável independente*. Isto pode envolver o uso de **equações secundárias** que relacionam as variáveis independentes da equação primária.
4. Determine o domínio possível da equação primária, ou seja, determine os valores para os quais o problema proposto tem sentido.
5. Determine o valor máximo ou mínimo desejado através das técnicas de cálculo discutidas nas Seções 3.1 a 3.4.

OBSERVAÇÃO Quando for executar o Passo 5, lembre-se de que para determinar o valor máximo ou mínimo de uma função contínua f em um intervalo fechado, você deve comparar os valores de f em seus números críticos com os valores de f nas extremidades do intervalo.

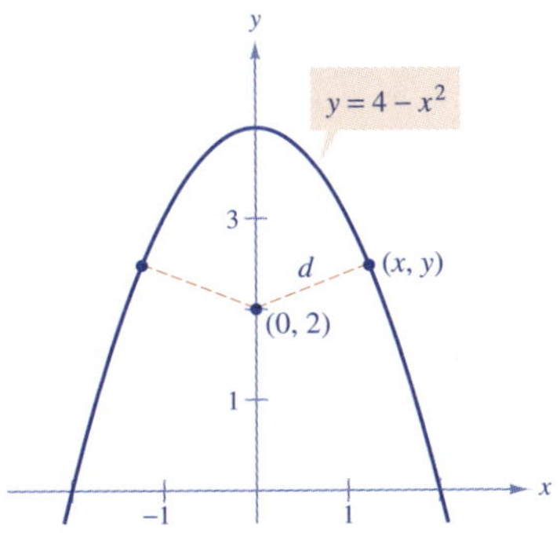

A quantidade a ser minimizada é a distância:
$d = \sqrt{(x-0)^2 + (y-2)^2}$.
Figura 3.55

EXEMPLO 2 Encontrando a Distância Mínima

Quais pontos do gráfico de $y = 4 - x^2$ estão mais próximos do ponto $(0, 2)$?

Solução A Figura 3.55 mostra que existem dois pontos à distância mínima do ponto $(0, 2)$. A distância entre o ponto $(0, 2)$ e um ponto (x, y) do gráfico de $y = 4 - x^2$ é dada por

$$d = \sqrt{(x-0)^2 + (y-2)^2}. \qquad \text{Equação primária}$$

Usando a equação secundária $y = 4 - x^2$, podemos reescrever a equação primária como

$$d = \sqrt{x^2 + (4 - x^2 - 2)^2} = \sqrt{x^4 - 3x^2 + 4}.$$

Já que d é mínima quando a expressão dentro da raiz é mínima, precisamos apenas encontrar os números críticos de $f(x) = x^4 - 3x^2 + 4$. Observe que o domínio de f é toda a reta real. Assim, o domínio considerado não tem extremidades. Além disso, fazendo $f'(x)$ igual a 0, obtemos

$$f'(x) = 4x^3 - 6x = 2x(2x^2 - 3) = 0$$

$$x = 0, \sqrt{\frac{3}{2}}, -\sqrt{\frac{3}{2}}.$$

O Teste da Primeira Derivada mostra que $x = 0$ corresponde a um máximo relativo, enquanto tanto $x = \sqrt{3/2}$ quanto $x = -\sqrt{3/2}$ correspondem à distância mínima. Assim, os pontos mais próximos são $\left(\sqrt{3/2}, 5/2\right)$ e $\left(-\sqrt{3/2}, 5/2\right)$.

EXEMPLO 3 Encontrando a Área Mínima

Uma página retangular deve conter 24 polegadas quadradas de impressão. As margens no topo e na base da página devem ser de $1\frac{1}{2}$ polegada, e as margens à esquerda e à direita devem ser de 1 polegada (veja Figura 3.56). Quais devem ser as dimensões da página para que seja usada a quantidade mínima de papel?

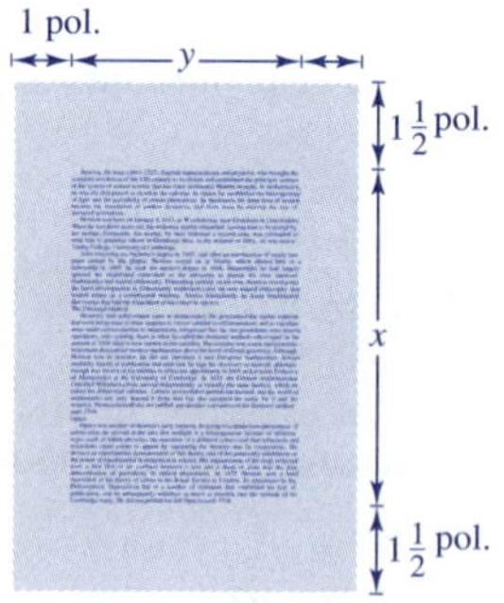

A quantidade a ser minimizada é a área: $A = (x + 3)(y + 2)$.
Figura 3.56

Solução Seja A a área a ser minimizada.

$$A = (x + 3)(y + 2) \qquad \text{Equação primária}$$

A área impressa dentro das margens é dada por:

$$24 = xy. \qquad \text{Equação secundária}$$

Resolvendo esta equação para y, obtemos $y = 24/x$. Substituindo na equação primária, obtemos

$$A = (x + 3)\left(\frac{24}{x} + 2\right) = 30 + 2x + \frac{72}{x}. \qquad \text{Função de uma variável}$$

Já que x deve ser positivo, estamos interessados apenas nos valores de A para $x > 0$. Para encontrar os números críticos, diferencie com relação a x.

$$\frac{dA}{dx} = 2 - \frac{72}{x^2} = 0 \quad \Longrightarrow \quad x^2 = 36$$

Assim, os números críticos são $x = \pm 6$. Não devemos considerar $x = -6$ pois está fora do domínio. O Teste da Primeira Derivada confirma que A tem um mínimo quando $x = 6$. Assim, $y = \frac{24}{6} = 4$ e as dimensões da página devem ser $x + 3 = 9$ polegadas por $y + 2 = 6$ polegadas.

EXEMPLO 4 Encontrando o Comprimento Mínimo

Dois postes, um de 12 pés de altura e o outro de 28 pés de altura, estão a 30 pés de distância. Eles devem ser apoiados por dois cabos, presos a uma única estaca, indo do nível do solo até o topo de cada poste. Onde a estaca deve ser colocada para que seja usada a quantidade mínima de cabo?

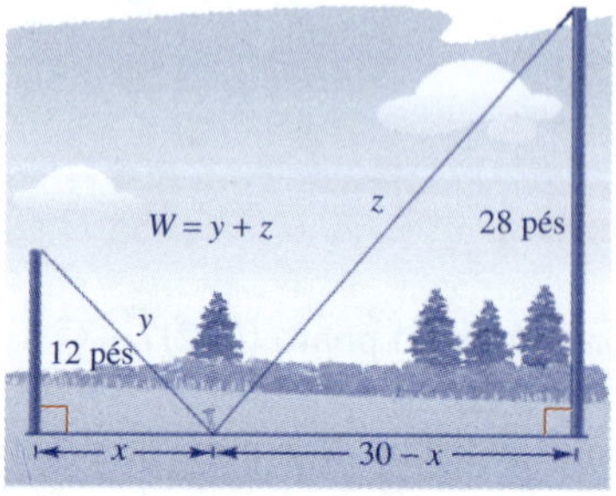

A quantidade a ser minimizada é o comprimento. Pelo diagrama, você pode ver que x varia entre 0 e 30.
Figura 3.57

Solução Seja W o comprimento do cabo a ser minimizado. Usando a Figura 3.57, podemos escrever:

$$W = y + z. \qquad \text{Equação primária}$$

Neste problema, em vez de resolver para y em termos de z (ou vice-versa), podemos resolver tanto para y quanto para x em termos de uma terceira variável x, como mostra a Figura 3.57. Do Teorema de Pitágoras obtemos:

$$x^2 + 12^2 = y^2$$
$$(30 - x)^2 + 28^2 = z^2$$

o que implica que:

$$y = \sqrt{x^2 + 144}$$
$$z = \sqrt{x^2 - 60x + 1684}.$$

Assim, W é dado por:

$$\begin{aligned} W &= y + z \\ &= \sqrt{x^2 + 144} + \sqrt{x^2 - 60x + 1684}, \qquad 0 \le x \le 30. \end{aligned}$$

Diferenciando W em relação a x, obtém-se:

$$\frac{dW}{dx} = \frac{x}{\sqrt{x^2 + 144}} + \frac{x - 30}{\sqrt{x^2 - 60x + 1684}}.$$

Fazendo $dW/dx = 0$, obtemos:

$$\begin{aligned} \frac{x}{\sqrt{x^2 + 144}} + \frac{x - 30}{\sqrt{x^2 - 60x + 1684}} &= 0 \\ x\sqrt{x^2 - 60x + 1684} &= (30 - x)\sqrt{x^2 + 144} \\ x^2(x^2 - 60x + 1684) &= (30 - x)^2(x^2 + 144) \\ x^4 - 60x^3 + 1684x^2 &= x^4 - 60x^3 + 1044x^2 - 8640x + 129.600 \\ 640x^2 + 8640x - 129.600 &= 0 \\ 320(x - 9)(2x + 45) &= 0 \\ x &= 9, -22{,}5. \end{aligned}$$

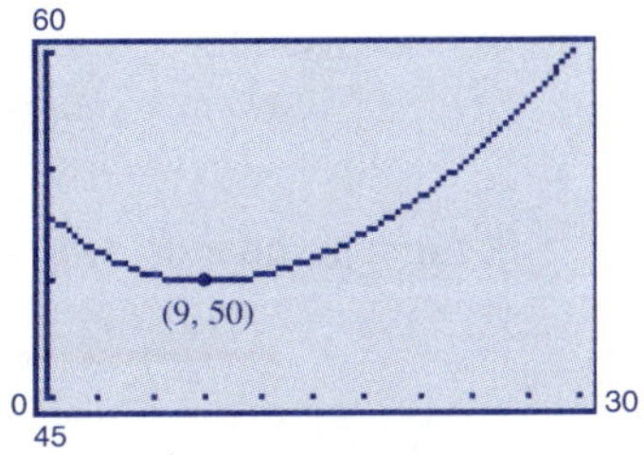

Você pode confirmar o valor mínimo de W com uma ferramenta gráfica.
Figura 3.58

Já que $x = -22{,}5$ não está no domínio e

$$W(0) \approx 53{,}04 \qquad W(9) = 50 \qquad \text{e} \qquad W(30) \approx 60{,}31$$

podemos concluir que o cabo deve ser preso a 9 pés do poste de 12 pés de altura.

TECNOLOGIA Pelo Exemplo 4, você pode ver que problemas aplicados de otimização podem envolver uma grande quantidade de álgebra. Se você tiver acesso a uma ferramenta gráfica, pode confirmar que quando $x = 9$ produz o valor mínimo de W, fazendo o gráfico de

$$W = \sqrt{x^2 + 144} + \sqrt{x^2 - 60x + 1684}$$

como mostra a Figura 3.58.

Em cada um dos primeiros quatro exemplos, o valor extremo ocorreu em um número crítico. Embora isto ocorra com freqüência, lembre-se de que um valor extremo pode ocorrer na extremidade de um intervalo, como mostra o Exemplo 5.

EXEMPLO 5 Um Máximo na Extremidade

Quatro pés de arame são usados para formar um quadrado e um círculo. Quanto do arame deve ser usado no quadrado e quanto deve ser usado no círculo de modo que cerque uma área total máxima?

Solução A área total é dada por (veja a Figura 3.59)

$$A = (\text{área do quadrado}) + (\text{área do círculo})$$

$$A = x^2 + \pi r^2. \qquad \text{Equação primária}$$

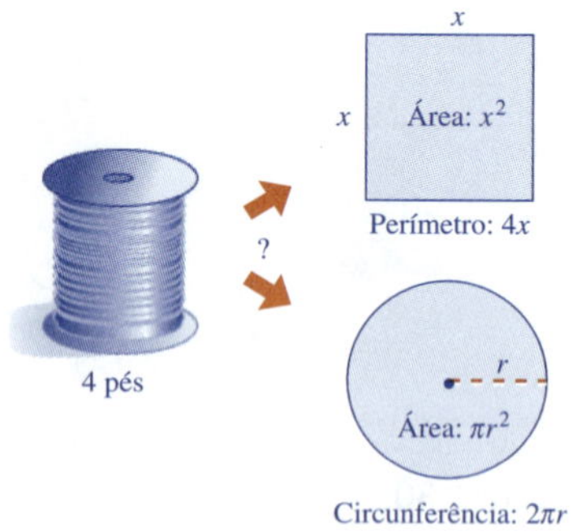

A quantidade a ser maximizada é a área:
$A = x^2 + \pi r^2$.
Figura 3.59

Já que o comprimento total do arame é 4 pés, obtemos

$$4 = (\text{perímetro do quadrado}) + (\text{circunferência do círculo})$$

$$4 = 4x + 2\pi r.$$

Assim, $r = 2(1 - x)/\pi$ e, substituindo na equação primária, temos

$$A = x^2 + \pi\left[\frac{2(1-x)}{\pi}\right]^2$$

$$= x^2 + \frac{4(1-x)^2}{\pi}$$

$$= \frac{1}{\pi}[(\pi + 4)x^2 - 8x + 4].$$

Do perímetro do quadrado, obtemos que o domínio possível é $0 \le x \le 1$. Já que

$$\frac{dA}{dx} = \frac{2(\pi + 4)x - 8}{\pi}$$

o único número crítico em $(0, 1)$ é $x = 4/(\pi + 4) \approx 0{,}56$. Assim, usando

$$A(0) \approx 1{,}273, \qquad A(0{,}56) \approx 0{,}56, \qquad \text{e} \qquad A(1) = 1$$

podemos concluir que a área máxima ocorre quando $x = 0$, ou seja, quando *todo* o arame for usado no círculo.

INVESTIGAÇÃO

Qual seria a resposta se no Exemplo 5 fossem pedidas as dimensões para que a área cercada fosse mínima?

Vamos revisar as equações primárias desenvolvidas nos primeiros cinco exemplos. Do ponto de vista de aplicações, estes cinco exemplos são bastante simples, e mesmo assim as equações primárias resultantes já são bastante complicadas.

$$V = 27x - \frac{x^3}{4} \qquad W = \sqrt{x^2 + 144} + \sqrt{x^2 - 60x + 1684}$$

$$d = \sqrt{x^4 - 3x^2 + 4} \qquad A = \frac{1}{\pi}[(\pi + 4)x^2 - 8x + 4]$$

$$A = 30 + 2x + \frac{72}{x}$$

É de se esperar que nas aplicações da vida real, deparemo-nos com equações *mais complicadas* que estas cinco. Lembre-se de que um dos objetivos principais deste curso é aprender a usar o cálculo para analisar equações que inicialmente parecem difíceis.

Exercícios da Seção 3.7

1. ***Análises Numérica, Gráfica e Analítica*** Ache dois números positivos cuja soma é 110 e cujo produto é máximo.
   (a) Analiticamente, complete seis linhas de uma tabela como ao lado. (As duas primeiras linhas são mostradas.)

Primeiro Número x	Segundo Número	Produto P
10	110 − 10	10(110 − 10) = 1000
20	110 − 20	20(110 − 20) = 1800

(b) Use uma ferramenta gráfica para gerar linhas adicionais na tabela. (*Sugestão*: use os recursos de tabela da ferramenta gráfica.)

(c) Escreva o produto P como função de x.

(d) Use a ferramenta gráfica para desenhar a função na parte (c) e estime a solução a partir do gráfico.

(e) Use o cálculo para encontrar o número crítico da função na parte (c). A seguir, encontre os dois números.

2. ***Análises Numérica, Gráfica e Analítica*** Uma caixa aberta de volume máximo deve ser feita a partir de um pedaço quadrado de material, de 24 polegadas de lado, cortando quadrados iguais dos cantos (veja a figura).

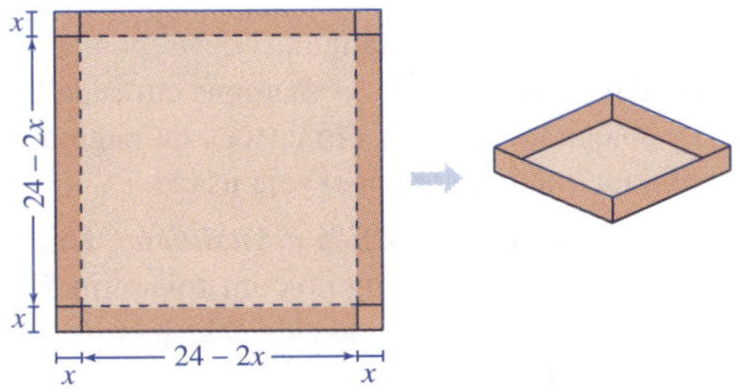

(a) Analiticamente, complete seis linhas de uma tabela como abaixo. (As duas primeiras linhas são mostradas.) Use a tabela para encontrar aproximadamente o volume máximo.

Altura	Comprimento e Largura	Volume
1	$24 - 2(1)$	$1[24 - 2(1)]^2 = 484$
2	$24 - 2(2)$	$2[24 - 2(2)]^2 = 800$

(b) Escreva o volume V como função de x.

(c) Use o cálculo para encontrar o número crítico da função na parte (b) e ache seu valor máximo.

(d) Use uma ferramenta gráfica para desenhar a função da parte (b) e verifique o volume máximo a partir do gráfico.

Nos Exercícios 3 a 8, ache dois números positivos que satisfaçam as condições dadas.

3. A soma é S e o produto é máximo.

4. O produto é 192 e a soma é mínima.

5. O produto é 192 e a soma do primeiro com três vezes o segundo é mínima.

6. O segundo número é o recíproco do primeiro, e a soma é mínima.

7. A soma do primeiro com duas vezes o segundo é 100, e o produto é máximo.

8. A soma do quadrado do primeiro número com o segundo é 27, e o produto é máximo.

Nos Exercícios 9 e 10, ache o comprimento e a largura de um retângulo que tem o perímetro dado e a área máxima.

9. Perímetro: 100 metros

10. Perímetro: P unidades

Nos Exercícios 11 e 12, ache o comprimento e a largura de um retângulo que tem a área dada e o perímetro mínimo.

11. Área: 64 pés quadrados

12. Área: A centímetros quadrados

Nos Exercícios 13 a 16, ache o ponto do gráfico da função que está mais próximo do ponto dado.

	Função	*Ponto*		*Função*	*Ponto*
13.	$f(x) = \sqrt{x}$	$(4, 0)$	**14.**	$f(x) = \sqrt{x - 8}$	$(2, 0)$
15.	$f(x) = x^2$	$\left(2, \frac{1}{2}\right)$	**16.**	$f(x) = (x + 1)^2$	$(5, 3)$

17. ***Reação Química*** Numa reação química autocatalisadora, o produto formado é um catalisador para a reação. Se Q_0 é a quantidade da substância original e x é a quantidade de catalisador formado, a taxa da reação química é:

$$\frac{dQ}{dx} = kx(Q_0 - x).$$

Para qual valor de x a taxa da reação química será máxima?

18. ***Controle de Tráfego*** Em um certo dia, a taxa de fluxo F (carros por hora) em uma estrada congestionada é:

$$F = \frac{v}{22 + 0{,}02v^2}$$

onde v é a velocidade do tráfego em milhas por hora. Que velocidade vai maximizar a taxa de fluxo na estrada?

19. ***Área*** Um fazendeiro planeja cercar um pasto retangular vizinho a um rio. O pasto deve conter 180.000 metros quadrados para fornecer grama suficiente para o rebanho. Quais as dimensões do pasto para gastar a quantidade mínima de cerca, se não há necessidade de cerca ao longo do rio?

20. ***Área Máxima*** Um pecuarista tem 200 pés de cerca com os quais quer fechar dois currais retangulares adjacentes (veja a figura). Quais dimensões devem ser usadas para que a área cercada seja máxima?

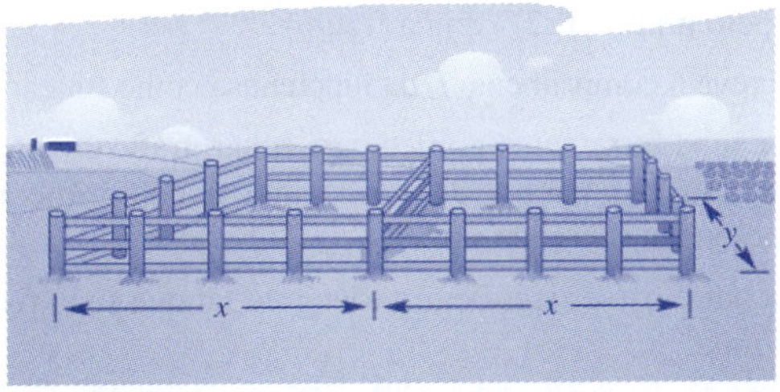

21. ***Volume Máximo***

(a) Verifique que cada sólido retangular mostrado na figura tem área superficial de 150 polegadas quadradas.

(b) Encontre o volume de cada sólido.

(c) Determine as dimensões do sólido retangular (com base quadrada) de volume máximo, se sua área superficial for de 150 polegadas quadradas.

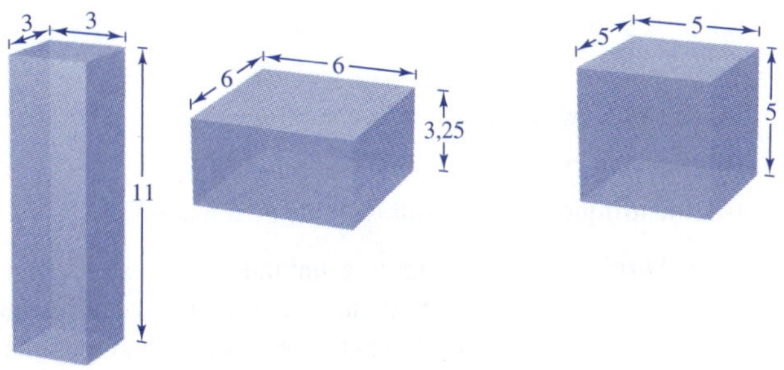

22. ***Volume Máximo*** Determine as dimensões do sólido retangular (com base quadrada) de volume máximo se sua área superficial for de 337,5 centímetros quadrados.

23. ***Área Máxima*** Uma janela é construída acrescentando um semicírculo ao topo de uma janela retangular comum (veja a figura). Ache as dimensões de uma tal janela para que sua área seja máxima, se o perímetro total for 16 pés.

24. ***Área Máxima*** Um retângulo é limitado pelos eixos x e y e pelo gráfico de $y = (6 - x)/2$ (veja a figura). Quais comprimento e largura deve ter o retângulo para que sua área seja máxima?

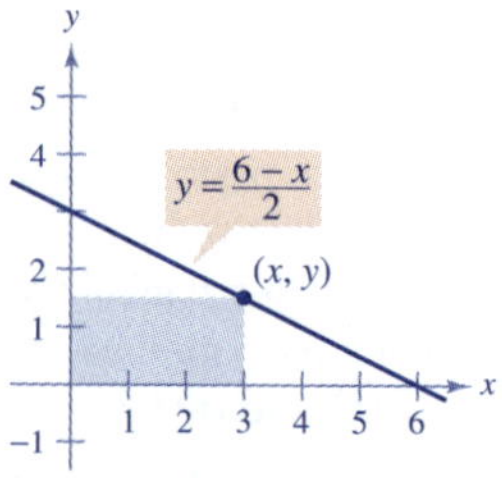

Figura do Exercício 24

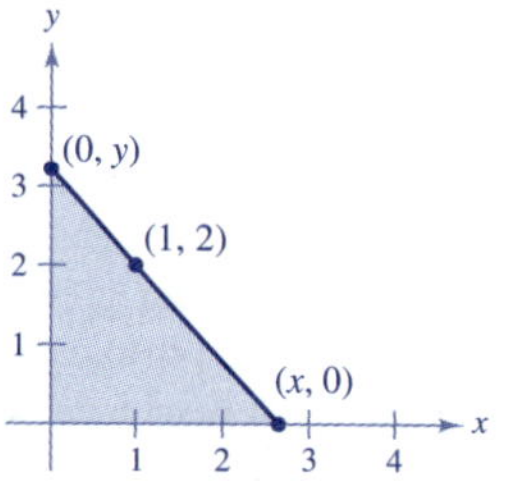

Figura do Exercício 25

25. ***Comprimento Mínimo*** Um triângulo retângulo é formado no primeiro quadrante pelos eixos x e y e por uma reta passando pelo ponto (1, 2) (veja a figura).

(a) Escreva o comprimento L da hipotenusa como função de x.

(b) Use uma ferramenta gráfica para achar graficamente uma aproximação para x de forma que o comprimento da hipotenusa seja mínimo.

(c) Encontre os vértices de um triângulo tal que sua área seja mínima.

26. ***Área Máxima*** Encontre a área do maior triângulo isósceles que pode ser inscrito em um círculo de raio 4 (veja a figura).

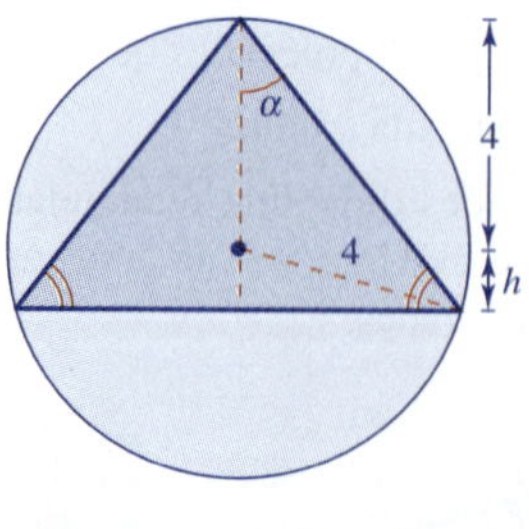

(a) Resolva escrevendo a área como função de h.

(b) Resolva escrevendo a área como função de α.

(c) Identifique o tipo do triângulo de área máxima.

27. ***Área Máxima*** Um retângulo é limitado pelo eixo x e pelo semicírculo $y = \sqrt{25 - x^2}$ (veja a figura). Que comprimento e largura deve ter o retângulo para que sua área seja máxima?

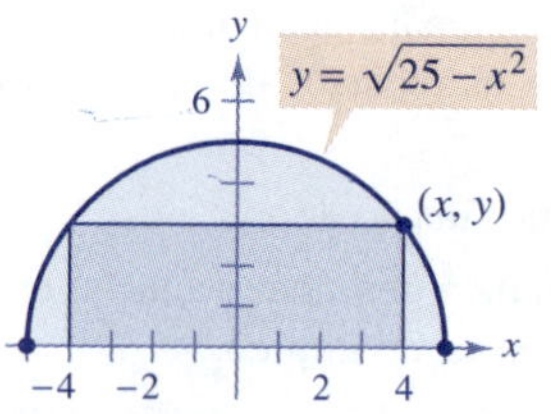

28. ***Área*** Ache as dimensões do maior retângulo que pode ser inscrito em um semicírculo de raio r (veja o Exercício 27).

29. ***Área*** Uma página retangular deve conter 30 polegadas quadradas de impressão. As margens em cada lado são de 1 polegada. Ache as dimensões da página para que uma quantidade mínima de papel seja usada.

30. ***Área*** Uma página retangular deve conter 36 polegadas quadradas de impressão. As margens em cada lado devem ser de $1\frac{1}{2}$ polegada. Ache as dimensões da página para que uma quantidade mínima de papel seja usada.

31. ***Análises Numérica, Gráfica e Analítica*** Uma sala de exercício consiste de um retângulo com dois semicírculos em cada ponta. Uma pista de corrida de 200 metros circunda a sala pelo lado de forra.

(a) Desenhe a figura que representa o problema. Represente por x e y o comprimento e a largura do retângulo.

(b) Analiticamente, complete seis linhas de uma tabela como abaixo. (Estão mostradas as primeiras duas linhas.) Use a tabela para achar uma aproximação para a área máxima da região retangular.

Comprimento x	Largura y	Área
10	$\frac{2}{\pi}(100 - 10)$	$(10)\frac{2}{\pi}(100 - 10) \approx 573$
20	$\frac{2}{\pi}(100 - 20)$	$(20)\frac{2}{\pi}(100 - 20) \approx 1019$

(c) Escreva A como função de x.

(d) Use o cálculo para achar o número crítico da função da parte (c) e ache o volume máximo.

(e) Use uma ferramenta gráfica para desenhar a função da parte (c) e confira a área máxima a partir do gráfico.

32. ***Análises Numérica, Gráfica e Analítica*** Um cilindro circular reto deve ser projetado para conter 22 polegadas cúbicas de um refrigerante (aproximadamente 12 onças).

(a) Analiticamente, complete seis linhas de uma tabela como abaixo. (Estão mostradas as primeiras duas linhas.)

Raio r	Altura	Área Superficial
0,2	$\frac{22}{\pi(0{,}2)^2}$	$2\pi(0{,}2)\left[0{,}2 + \frac{22}{\pi(0{,}2)^2}\right] \approx 220{,}3$
0,4	$\frac{22}{\pi(0{,}4)^2}$	$2\pi(0{,}4)\left[0{,}4 + \frac{22}{\pi(0{,}4)^2}\right] \approx 111{,}0$

(b) Use uma ferramenta gráfica para gerar novas colunas para a tabela. Use a tabela para estimar a área superficial mínima. (*Sugestão*: Use os recursos de tabela da ferramenta gráfica.)

(c) Escreva a área superficial S como função de r.

(d) Use a ferramenta gráfica para desenhar a função da parte (c) e estime a área superficial mínima a partir do gráfico.

(e) Use o cálculo para encontrar o número crítico da função da parte (c) e encontre as dimensões que fornecem a área superficial mínima.

33. ***Volume Máximo*** Um pacote retangular deve ser enviado por um serviço postal. A soma de seu comprimento com o perímetro de sua secção transversal pode ser de no máximo 108 polegadas (veja a figura). Ache as dimensões do pacote de volume máximo que pode ser enviado. (Suponha a secção transversal quadrada.)

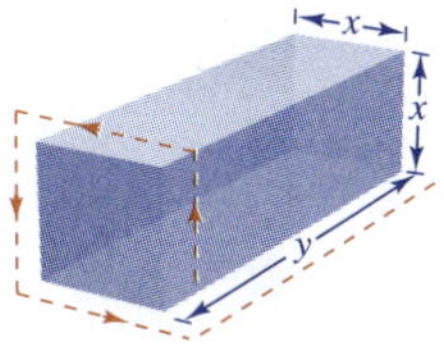

34. ***Volume Máximo*** Refaça o Exercício 33 para um pacote cilíndrico. (A secção transversal é circular.)

35. ***Volume Máximo*** Ache o volume do maior cone circular reto que pode ser inscrito em uma esfera de raio r.

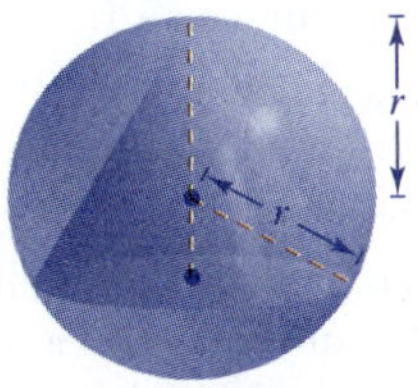

36. ***Volume Máximo*** Ache o volume do maior cilindro circular reto que pode ser inscrito em uma esfera de raio r.

Questões Conceituais

37. O perímetro de um retângulo é 20 pés. Entre todas as dimensões possíveis, a área máxima é de 25 pés quadrados quando tanto o comprimento quanto a largura forem 5 pés. Existem dimensões que fornecem área mínima? Explique.

38. Um frasco de xampu é um cilindro circular reto. Como a área superficial do frasco não muda quando este é apertado, será verdade que o volume permanece o mesmo? Explique.

39. ***Área Superficial Mínima*** Um sólido é formado adicionando dois hemisférios às pontas de um cilindro circular reto. O volume total do sólido é 12 centímetros cúbicos. Ache o raio do cilindro que produz a área superficial mínima.

40. ***Custo Mínimo*** Um tanque industrial com a forma descrita no Exercício 39 deve ter o volume de 3.000 pés cúbicos. Os hemisférios das pontas custam duas vezes mais por pé quadrado de área superficial do que o lado do cilindro. Ache as dimensões que minimizam o custo.

41. ***Área Mínima*** A soma dos perímetros de um triângulo eqüilátero e de um quadrado é 10. Ache as dimensões do triângulo e do quadrado que produzem a área total mínima.

42. ***Área Máxima*** Vinte pés de arame devem ser usados para formar duas figuras. Em cada um dos casos seguintes, que quantidade de arame deve ser usada para cada figura para que a área total cercada pelo arame seja máxima?

(a) Triângulo eqüilátero e quadrado.

(b) Quadrado e pentágono regular.

(c) Pentágono regular e hexágono regular.

(d) Hexágono regular e círculo.

O que você pode concluir deste padrão? (*Sugestão*: A área de um polígono regular com n lados de comprimento x é $A = (n/4)[\cot(\pi/n)]x^2$.)

43. ***Resistência da Viga*** Uma viga de madeira tem uma secção transversal retangular de altura h e largura w (veja a figura). A resistência S da viga é diretamente proporcional à largura e ao quadrado da altura. Quais as dimensões da viga mais resistente que pode ser cortada de um tronco cilíndrico de 24 polegadas de diâmetro? (*Sugestão*: $S = kh^2w$, onde k é a constante de proporcionalidade.)

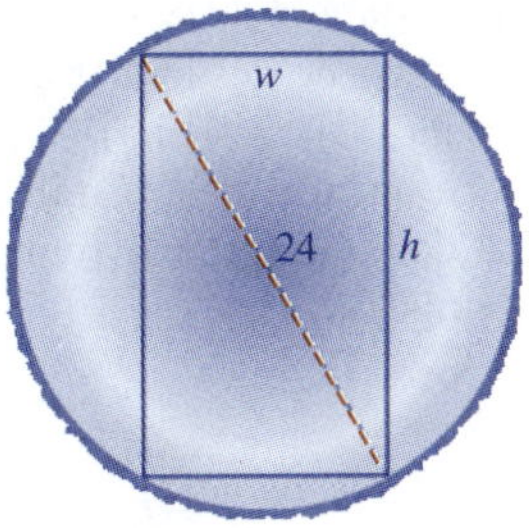

Figura do Exercício 43

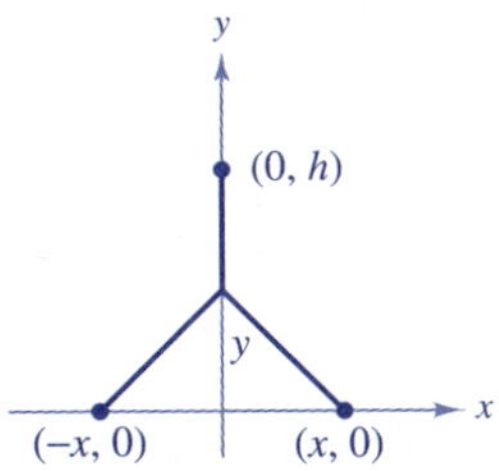

Figura do Exercício 44

44. ***Comprimento Mínimo*** Duas fábricas estão localizadas nas coordenadas $(-x, 0)$ e $(x, 0)$ com sua fonte de energia localizada em $(0, h)$ (veja a figura). Ache y tal que o comprimento total da linha de força da fonte de energia para as fábricas seja mínimo.

45. ***Alcance do Projétil*** O alcance R de um projétil disparado com velocidade inicial v_0 em um ângulo θ com a horizontal é $R = \dfrac{v_0^2 \operatorname{sen} 2\theta}{g}$, onde g é a aceleração da gravidade. Ache o ângulo θ tal que o alcance seja máximo.

46. ***Conjectura*** Considere as funções $f(x) = \frac{1}{2}x^2$ e $g(x) = \frac{1}{16}x^4 - \frac{1}{2}x^2$, no domínio $[0, 4]$.

(a) Use uma ferramenta gráfica para desenhar a função no domínio dado.

(b) Escreva a distância vertical d entre as funções como função de x e use o cálculo para achar o valor de x para o qual d é máxima.

(c) Encontre as equações das retas tangentes a f e g no número crítico encontrado na parte (b). Desenhe as retas tangentes. Qual a relação entre as retas?

(d) Faça uma conjectura sobre a relação entre as retas tangentes aos gráficos de duas funções em um valor x onde a distância vertical entre as funções é máxima e demonstre sua conjectura.

47. ***Iluminação*** Uma fonte de luz está localizada sobre o centro de uma mesa circular com diâmetro de 4 pés (veja a figura). Encontre a altura h da fonte de luz para que a iluminação I no perímetro da mesa seja máximo, se $I = k(\text{sen}\ \alpha)/s^2$, onde s é a altura oblíqua, α é o ângulo no qual a luz atinge a mesa e k é uma constante.

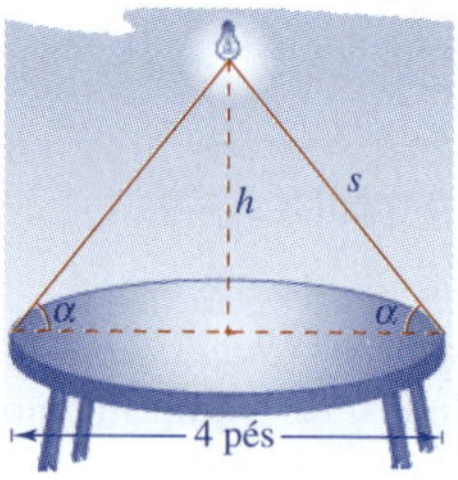

48. ***Iluminação*** A iluminação de uma fonte de luz é diretamente proporcional à intensidade da fonte e inversamente proporcional ao quadrado da distância à fonte. Duas fontes de luz de intensidades I_1 e I_2 estão distantes d unidades uma da outra. Qual ponto no segmento de reta ligando as duas fontes tem menos iluminação?

49. ***Tempo Mínimo*** Um homem está em um barco a duas milhas do ponto mais próximo da costa. Ele deve ir a um ponto Q da terra, localizado a uma distância de três milhas ao longo da costa e a uma milha da costa (veja a figura). Ele pode remar a duas milhas por hora e andar a quatro milhas por hora. Em direção a qual ponto da costa ele deve remar para chegar ao ponto Q no menor tempo?

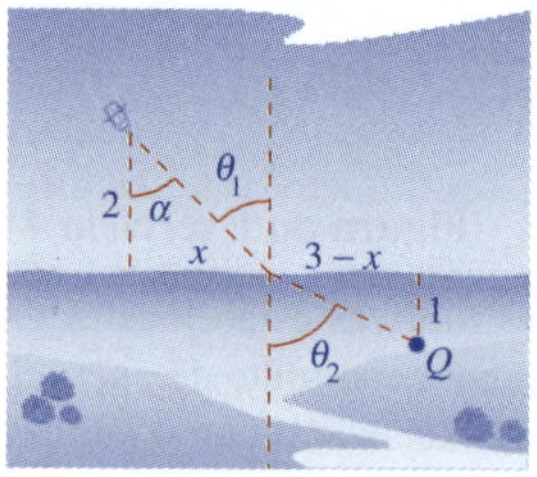

50. ***Tempo Mínimo*** Considere o Exercício 49 se o ponto Q está na costa, e não 1 milha para o interior.

(a) Escreva o tempo de viagem T como função de α.

(b) Use o resultado da parte (a) para encontrar o tempo mínimo para chegar a Q.

(c) O homem pode remar a v_1 milhas por hora e andar a v_2 milhas por hora. Escreva o tempo T como função de α. Mostre que o número crítico de T depende apenas de v_1 e v_2 e não das distâncias. Explique por que este resultado seria melhor para o homem do que o resultado do Exercício 49.

(d) Descreva como aplicar o resultado da parte (c) para minimizar o custo da construção de uma linha de transmissão elétrica que custe c_1 dólares por milha sob a água e c_2 dólares por milha sobre a terra.

51. ***Tempo Mínimo*** As condições são as mesmas do Exercício 49, exceto que o homem pode remar a v_1 milhas por hora e andar a v_2 milhas por hora. Se θ_1 e θ_2 são as medidas dos ângulos, mostre que o homem vai atingir o ponto Q em tempo mínimo quando

$$\frac{\text{sen}\ \theta_1}{v_1} = \frac{\text{sen}\ \theta_2}{v_2}.$$

52. ***Tempo Mínimo*** Quando ondas de luz, viajando por um meio transparente, atingem a superfície de um segundo meio transparente, elas mudam de direção. Esta mudança de direção é chamada de refração e é definida pela **Lei da Refração de Snell**,

$$\frac{\text{sen}\ \theta_1}{v_1} = \frac{\text{sen}\ \theta_2}{v_2}$$

onde θ_1 e θ_2 são as medidas dos ângulos mostrados na figura e v_1 e v_2 são as velocidades da luz nos dois meios. Mostre que este problema é equivalente ao do Exercício 51, e que ondas de luz viajando do ponto P ao ponto Q seguem a trajetória de tempo mínimo.

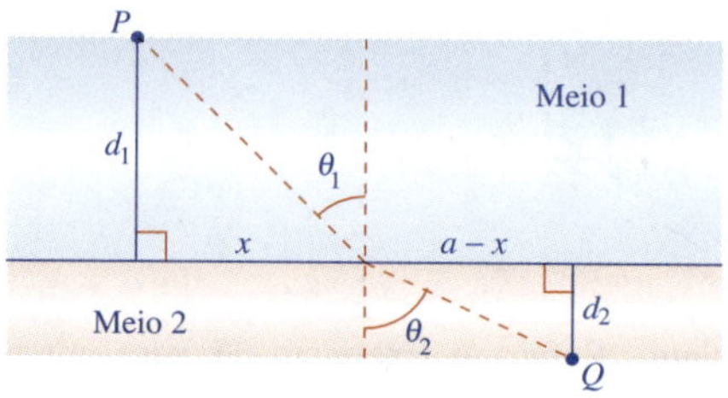

53. Esboce o gráfico de $f(x) = 2 - 2\ \text{sen}\ x$ no intervalo $[0, \pi/2]$.

(a) Ache a distância da origem à intersecção com o eixo y e a distância da origem à intersecção com o eixo x.

(b) Escreva a distância d da origem a um ponto do gráfico de f como função de x. Use uma ferramenta gráfica para desenhar d e encontrar a distância mínima.

(c) Use cálculo e os recursos de raiz ou zero da ferramenta gráfica para encontrar o valor de x que minimiza a função d no intervalo $[0, \pi/2]$. Qual a distância mínima?

(Proposto por Tim Chapell, Penn Valley Community College, Kansas City, MO.)

54. ***Custo Mínimo*** Um poço de petróleo no mar está a 2 quilômetros da costa. A refinaria está a 4 quilômetros ao longo da costa. Colocar tubulação no oceano é duas vezes mais caro que na terra. Qual caminho a tubulação deve seguir para minimizar o custo?

55. ***Força Mínima*** Um componente é projetado para arrastar um bloco de aço de peso W sobre uma mesa até derrubá-la dentro de uma calha de transporte (veja a figura). O movimento do bloco é oposto por uma força de atrito proporcional a seu peso aparente. (Seja k a constante de proporcionalidade.) Encontre a força mínima f necessária para arrastar o bloco e ache o valor de θ correspondente. (*Sugestão*: $F \cos \theta$ é a força na direção do movimento, e F sen θ é a força que tende a levantar o bloco. Assim, o peso aparente do bloco é $W - F$ sen θ.)

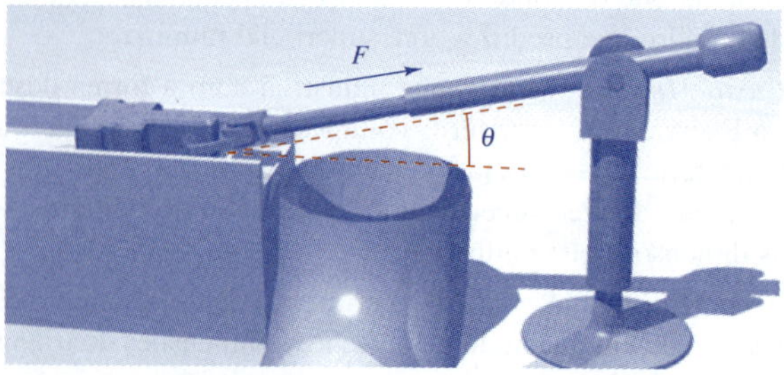

56. ***Volume Máximo*** Um setor com ângulo central θ é cortado de um círculo de raio de 12 polegadas (veja a figura), e os lados do setor foram unidos formando um cone. Encontre a medida de θ que torne o volume do cone máximo.

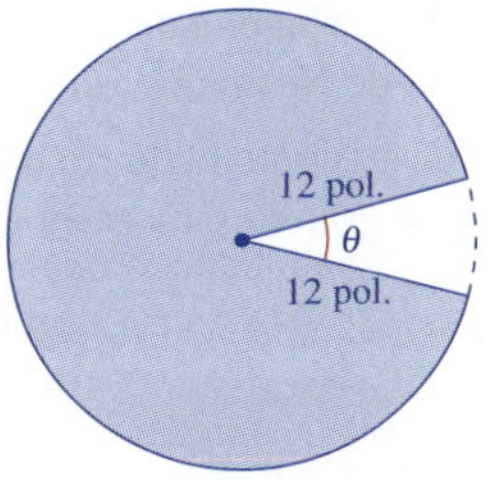

Figura do Exercício 56

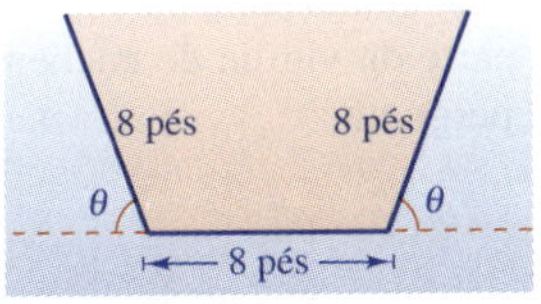

Figura do Exercício 57

57. ***Análises Numérica, Gráfica e Analítica*** A secção transversal de um canal de irrigação é um trapézio isósceles dos quais três lados medem 8 pés de comprimento (veja a figura). Determine o ângulo de elevação θ dos lados tal que a área da secção transversal seja máxima da seguinte forma.

(a) Analiticamente, complete seis linhas de uma tabela como abaixo. (As duas primeiras linhas são mostradas.)

Base 1	Base 2	Altura	Área
8	$8 + 16 \cos 10°$	$8 \text{ sen } 10°$	$\approx 22{,}1$
8	$8 + 16 \cos 20°$	$8 \text{ sen } 20°$	$\approx 42{,}5$

(b) Use uma ferramenta gráfica para gerar linhas adicionais na tabela e estimar a área máxima da secção transversal. (*Sugestão*: Use os recursos de tabela da ferramenta gráfica.)

(c) Escreva a área A da secção transversal como função de θ.

(d) Use o cálculo para encontrar o número crítico da função na parte (c) e encontrar o ângulo que maximize a área da secção transversal.

(e) Use uma ferramenta gráfica para desenhar a função da parte (c) e conferir a área máxima da secção transversal.

58. ***Lucro Máximo*** Suponha que a quantia de dinheiro depositada em um banco é proporcional ao quadrado da taxa de juros que o banco paga sobre este dinheiro. Além disso, o banco pode reinvestir este dinheiro a 12%. Encontre a taxa de juros que o banco deve pagar para maximizar o lucro. (Use a fórmula de juros simples.)

59. ***Custo Mínimo*** O custo de compra e transporte C das componentes usadas na fabricação de um produto é:

$$C = 100\left(\frac{200}{x^2} + \frac{x}{x+30}\right), \quad x \geq 1$$

onde C é medido em milhares de dólares e x é o número de unidades compradas em centenas. Encontre o número de unidades compradas que minimiza o custo. (*Sugestão*: Use os recursos de raiz (ou zero) de uma ferramenta gráfica.)

60. ***Diminuição do Retorno*** O lucro P (em milhares de dólares) de uma companhia que gasta uma quantia s (em milhares de dólares) em propaganda é

$$P = -\frac{1}{10}s^3 + 6s^2 + 400.$$

(a) Calcule a quantia de dinheiro que a companhia deve investir em propaganda para obter lucro máximo.

(b) O ponto de diminuição do retorno é o ponto no qual a taxa de crescimento da função lucro começa a diminuir. Encontre o ponto de diminuição de retorno.

Distância Mínima **Nos Exercícios 61 a 63, considere um centro de distribuição de combustível localizado na origem de um sistema retangular de coordenadas (unidades em milhas, veja a figura). O centro abastece três fábricas com coordenadas (4, 1), (5, 6) e (10, 3). Uma linha tronco vai sair do centro distribuidor na direção da reta $y = mx$, e as linhas de alimentação irão em direção às três fábricas. O objetivo é encontrar m tal que o comprimento das linhas de alimentação seja minimizado.**

61. Minimize a soma dos quadrados dos comprimentos das linhas de alimentação verticais dada por

$$S_1 = (4m-1)^2 + (5m-6)^2 + (10m-3)^2.$$

Encontre a equação da linha tronco por este método e então determine a soma dos comprimentos das linhas de alimentação.

62. Minimize a soma dos valores absolutos dos comprimentos das linhas de alimentação verticais dada por

$$S_2 = |4m-1| + |5m-6| + |10m-3|.$$

Encontre a equação da linha tronco por este método e então determine a soma dos comprimentos das linhas de alimentação. (*Sugestão*: Use uma ferramenta gráfica para desenhar a função S_2 e estimar o número crítico necessário.)

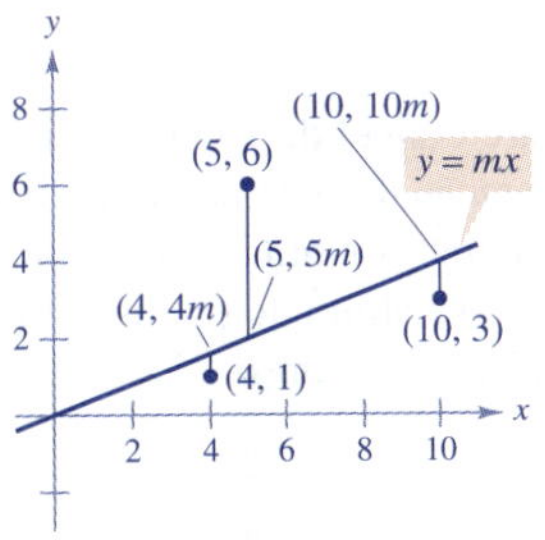

Figura dos Exercícios 61 e 62

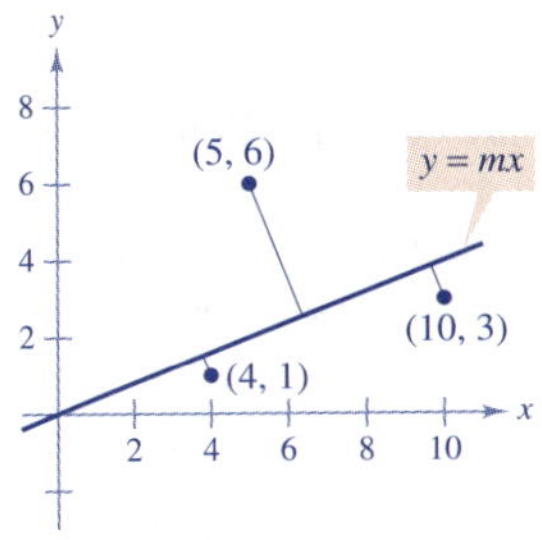

Figura do Exercício 63

63. Minimize a soma das distâncias perpendiculares (veja os Exercícios 85 a 90 na Seção P.2) da linha tronco até as fábricas dada por

$$S_3 = \frac{|4m-1|}{\sqrt{m^2+1}} + \frac{|5m-6|}{\sqrt{m^2+1}} + \frac{|10m-3|}{\sqrt{m^2+1}}.$$

Encontre a equação da linha tronco por este método e então determine a soma dos comprimentos das linhas de alimentação. (*Sugestão*: Use uma ferramenta gráfica para desenhar a função S_3 e estimar o número crítico necessário.)

64. ***Área Máxima*** Considere uma cruz simétrica inscrita em um círculo de raio r (veja a figura).

(a) Escreva a área A da cruz como função de x e encontre x que maximize a área.

(b) Escreva a área A da cruz como função de θ e encontre o valor de θ que maximize a área.

(c) Mostre que os números críticos nas partes (a) e (b) fornecem a mesma área máxima. Qual é esta área?

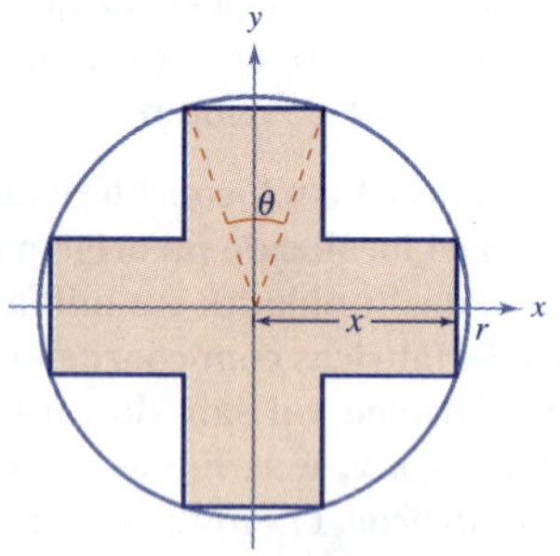

Desafio Putnam

65. Encontre o valor máximo de $f(x) = x^3 - 3x$ no conjunto dos números reais x satisfazendo $x^4 + 36 \leq 13x^2$. Explique seu raciocínio.

66. Encontre o valor mínimo de

$$\frac{(x + 1/x)^6 - (x^6 + 1/x^6) - 2}{(x + 1/x)^3 + (x^3 + 1/x^3)}$$

para $x > 0$.

Esses problemas foram formulados pelo Committee on the Putnam Prize Competition.

Projeto da Seção Rio Connecticut

Sempre que o rio Connecticut atinge o nível de 105 pés acima do nível do mar, dois operadores da estação de controle de enchentes de Northhampton, Massachusetts, começam uma vigília contínua do rio. A cada duas horas, eles medem a altura do rio, usando uma escala marcada em décimos de pés, e anotam os dados em um diário. Na primavera de 1996 a vigília de enchente durou de 4 de abril, quando o rio atingiu 105 pés e estava subindo 0,2 pé por hora, até 25 de abril, quando o nível caiu novamente para 105 pés. Entre estas datas, o diário deles mostra que o rio subiu e desceu diversas vezes, tendo num certo ponto chegado perto da marca de 115 pés. Se o rio tivesse atingido os 115 pés, a cidade teria fechado a estrada Mount Tom (Rota 5, ao sul de Northampton).

O gráfico abaixo mostra a taxa de variação do nível do rio durante uma parte da vigília de enchente. Use o gráfico para responder a cada pergunta.

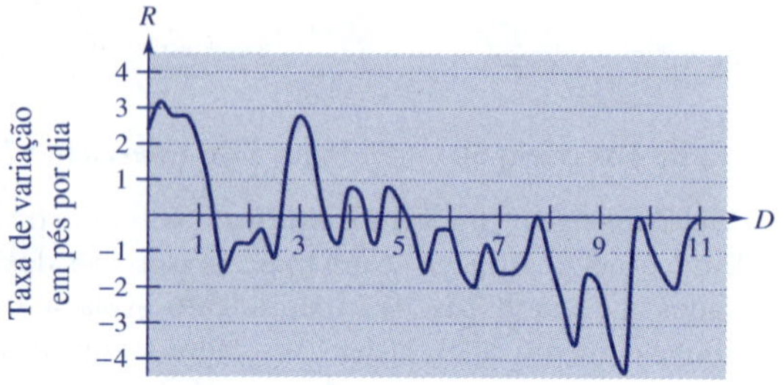

Dia (0 ↔ 24h01 14 de abril)

(a) Em que dia o rio estava subindo mais rapidamente? Como você sabe?

(b) Em que dia o rio estava abaixando mais rapidamente? Como você sabe?

(c) Existem dois dias seguidos nos quais o rio subiu, depois desceu, então subiu novamente no decorrer do dia. Em quais dias isto ocorreu, e como você sabe?

(d) A 1 minuto depois da meia-noite do dia 14 de abril, o nível do rio era 111,0 pés. Estime sua altura 24 horas depois e 48 horas depois. Explique como você fez as estimativas.

(e) O rio chegou ao topo a 114,4 pés. Em qual data você acha que isto ocorreu?

(Proposto por Mary Murphy, Smith College, Northampton, MA.)

Seção 3.8 Método de Newton

- **Achar uma aproximação do zero de uma função usando o Método de Newton.**

Método de Newton

Nesta seção estudaremos uma técnica para encontrar aproximações para os zeros reais de uma função. A técnica é chamada de **Método de Newton**, e ele usa retas tangentes para aproximar o gráfico da função perto de suas intersecções com o eixo x.

Para ver como o Método de Newton funciona, considere uma função contínua em um intervalo $[a, b]$ e diferenciável no intervalo (a, b). Se $f(a)$ e $f(b)$ tiverem sinais diferentes, então, pelo Teorema do Valor Intermediário, f deve ter pelo menos um zero no intervalo (a, b). Suponha que você estime que este zero ocorra em:

$$x = x_1 \qquad \text{Primeira estimativa}$$

como mostra a Figura 3.60(a). O Método de Newton é baseado na suposição de que o gráfico de f e a reta tangente em $(x_1, f(x_1))$ cruzam o eixo x em pontos *próximos*. Já

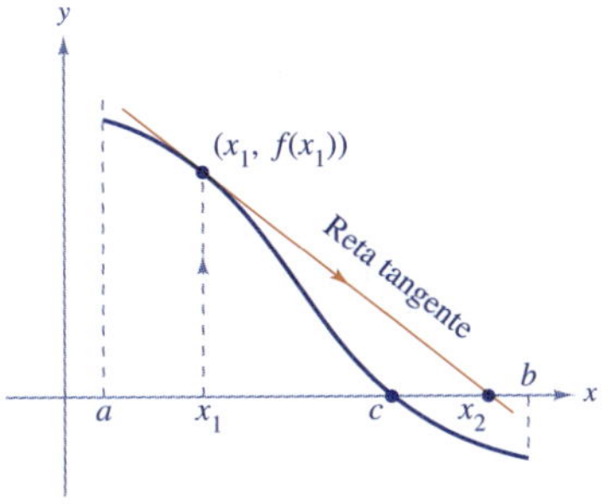

(a)

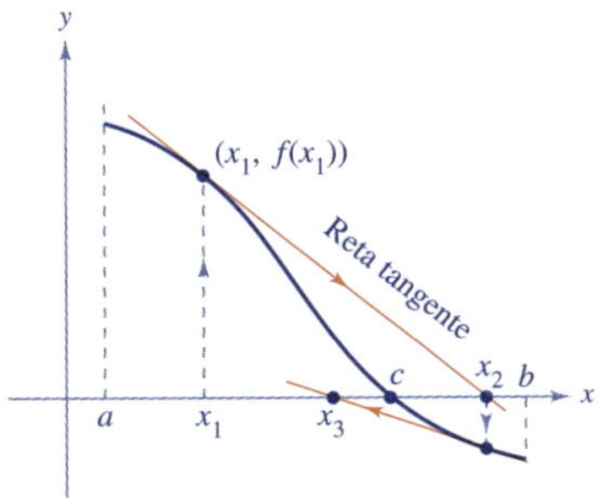

(b)
A intersecção da reta tangente com o eixo x está próxima do zero de f.
Figura 3.60

> **O MÉTODO DE NEWTON**
>
> Isaac Newton descreveu originalmente o método para achar aproximações para os zeros reais de uma função em seu livro "Method of Fluxions". Embora esta obra tivesse sido escrita em 1671, ela não foi publicada até 1736. Enquanto isso, em 1690, Joseph Raphson (1648-1715) publicou um artigo descrevendo um método para encontrar aproximações para os zeros reais de uma função que era muito similar ao de Newton. Por esta razão, ele é freqüentemente chamado de método de Newton-Raphson.

OBSERVAÇÃO Para muitas funções, poucas iterações do Método de Newton irão fornecer aproximações com erros muito pequenos, como mostra o Exemplo 1.

que podemos calcular facilmente o ponto de intersecção da reta tangente com o eixo x, podemos usá-lo como uma segunda (e, em geral, melhor) estimativa para o zero de f. A reta tangente passa pelo ponto $(x_1, f(x_1))$ com coeficiente angular $f'(x_1)$. Na forma ponto-coeficiente angular, a equação da reta tangente é portanto:

$$y - f(x_1) = f'(x_1)(x - x_1)$$
$$y = f'(x_1)(x - x_1) + f(x_1).$$

Fazendo $y = 0$ e resolvendo para x, obtemos:

$$x = x_1 - \frac{f(x_1)}{f'(x_1)}.$$

Assim, da estimativa inicial x_1 obtemos uma nova estimativa:

$$x_2 = x_1 - \frac{f(x_1)}{f'(x_1)}.$$ Segunda estimativa [veja a Figura 3.69(b)]

Podemos melhorar x_2 e calcular ainda uma terceira estimativa:

$$x_3 = x_2 - \frac{f(x_2)}{f'(x_2)}.$$ Terceira estimativa

A aplicação repetida deste processo é chamada de Método de Newton.

> **O Método de Newton para Achar uma Aproximação para os Zeros de uma Função**
>
> Seja $f(c) = 0$, onde f é diferenciável em um intervalo aberto contendo c. Então, para achar uma aproximação para c, siga os passos:
>
> **1.** Faça uma estimativa inicial x_1 que seja próxima de c. (O gráfico é útil.)
>
> **2.** Determine uma nova aproximação
> $$x_{n+1} = x_n - \frac{f(x_n)}{f'(x_n)}.$$
>
> **3.** Se $|x_n - x_{n+1}|$ estiver dentro da precisão desejada, use x_{n+1} como aproximação final. Caso contrário, volte ao Passo 2 e calcule uma nova aproximação.
>
> Cada aplicação sucessiva deste procedimento é chamada de **iteração**.

EXEMPLO 1 Usando o Método de Newton

Calcule três iterações do Método de Newton para achar uma aproximação de um zero de $f(x) = x^2 - 2$. Use $x_1 = 1$ como aproximação inicial.

Solução Já que $f(x) = x^2 - 2$, temos $f'(x) = 2x$, e o processo iterativo é dado pela fórmula

$$x_{n+1} = x_n - \frac{f(x_n)}{f'(x_n)} = x_n - \frac{x_n^2 - 2}{2x_n}.$$

Os cálculos para as três iterações são mostrados na tabela da página seguinte.

n	x_n	$f(x_n)$	$f'(x_n)$	$\dfrac{f(x_n)}{f'(x_n)}$	$x_n - \dfrac{f(x_n)}{f'(x_n)}$
1	1,000000	−1,000000	2,000000	−0,500000	1,500000
2	1,500000	0,250000	3,000000	0,083333	1,416667
3	1,416667	0,006945	2,833334	0,002451	1,414216
4	1,414216				

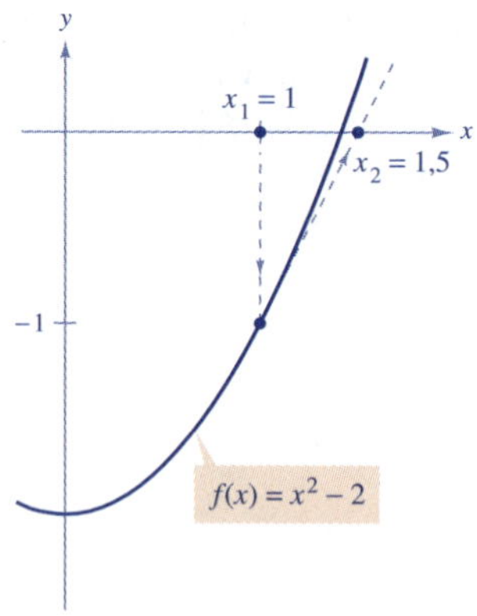

A primeira iteração do Método de Newton.
Figura 3.61

Neste caso, é claro que você sabe que os dois zeros da função são $\pm\sqrt{2}$. Até seis casas decimais, $\sqrt{2} = 1{,}414214$. Assim, após apenas três iterações do Método de Newton, obtivemos uma aproximação que está a menos de 0,000002 de uma raiz exata. A Figura 3.61 mostra a primeira iteração deste processo.

EXEMPLO 2 Usando o Método de Newton

Use o Método de Newton para encontrar aproximações para os zeros de

$$f(x) = 2x^3 + x^2 - x + 1.$$

Continue as iterações até duas iterações sucessivas diferirem por menos de 0,0001.

Solução Inicialmente, esboce o gráfico de f, como mostra a Figura 3.62. Do gráfico, podemos observar que a função tem apenas um zero, que ocorre perto de $x = -1{,}2$. A seguir, diferencie f e monte a fórmula iterativa:

$$x_{n+1} = x_n - \frac{f(x_n)}{f'(x_n)} = x_n - \frac{2x_n^3 + x_n^2 - x_n + 1}{6x_n^2 + 2x_n - 1}.$$

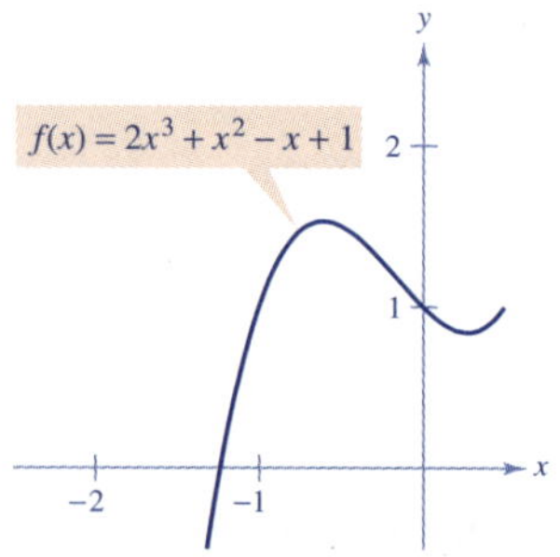

Após três iterações do Método de Newton, o zero de f foi estimado com a precisão desejada.
Figura 3.62

A tabela mostra os cálculos.

n	x_n	$f(x_n)$	$f'(x_n)$	$\dfrac{f(x_n)}{f'(x_n)}$	$x_n - \dfrac{f(x_n)}{f'(x_n)}$
1	−1,20000	0,18400	5,24000	0,03511	−1,23511
2	−1,23511	−0,00771	5,68276	−0.00136	−1,23375
3	−1,23375	0,00001	5,66533	0,00000	−1,23375
4	−1,23375				

Já que duas aproximações sucessivas diferem por menos do que 0,0001, como pedido, podemos estimar o zero por −1,23375.

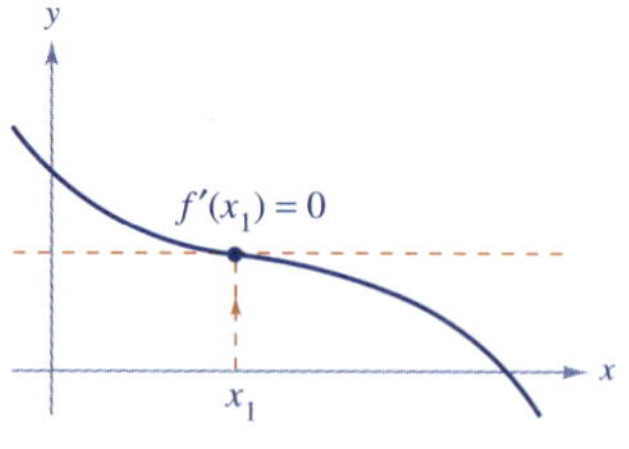

O Método de Newton não converge se $f'(x_n) = 0$.
Figura 3.63

Quando, como nos Exemplos 1 e 2, as aproximações tendem a um limite, dizemos que a seqüência $x_1, x_2, x_3, \ldots, x_n, \ldots$ **converge**. Além disso, se o limite é c, é possível mostrar que c é um zero de f.

O Método de Newton não produz sempre uma seqüência convergente. Uma das formas pelas quais isso pode ocorrer é mostrada na Figura 3.63. Como o Método de Newton envolve divisão por $f'(x_n)$, é claro que o método vai falhar se a derivada for zero para algum x_n na seqüência. Quando ocorrer este problema, você normalmente poderá superá-lo escolhendo um valor diferente para x_1. Uma outra forma de o método de Newton falhar é mostrada no próximo exemplo.

EXEMPLO 3 Um Exemplo no qual o Método de Newton Falha

A função $f(x) = x^{1/3}$ não é diferenciável em $x = 0$. Mostre que o Método de Newton não converge usando $x_1 = 0{,}1$.

Solução Já que $f'(x) = \frac{1}{3}x^{-2/3}$, a fórmula iterativa é:

$$\begin{aligned} x_{n+1} &= x_n - \frac{f(x_n)}{f'(x_n)} \\ &= x_n - \frac{x_n^{1/3}}{\frac{1}{3}x_n^{-2/3}} \\ &= x_n - 3x_n \\ &= -2x_n. \end{aligned}$$

Os cálculos são mostrados na tabela. Esta tabela e a Figura 3.64 indicam que x_n continua a crescer em módulo quando $n \to \infty$, assim, o limite da seqüência não existe.

n	x_n	$f(x_n)$	$f'(x_n)$	$\frac{f(x_n)}{f'(x_n)}$	$x_n - \frac{f(x_n)}{f'(x_n)}$
1	0,10000	0,46416	1,54720	0,30000	−0,20000
2	−0,20000	−0,58480	0,97467	−0,60000	0,40000
3	0,40000	0,73681	0,61401	1,20000	−0,80000
4	−0,80000	−0,92832	0,38680	−2,40000	1,60000

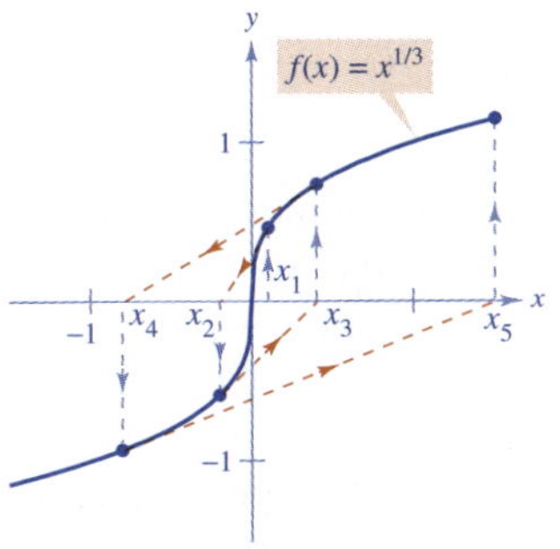

O Método de Newton não converge para todo valor de x diferente do próprio zero de f.
Figura 3.64

OBSERVAÇÃO No Exemplo 3, a estimativa inicial $x_1 = 0{,}1$ não produz uma seqüência convergente. Tente mostrar que o Método de Newton também falha para qualquer outra escolha de x_1 (diferente do próprio zero).

Pode-se mostrar que uma condição suficiente para garantir a convergência do Método de Newton para um zero é que

$$\left|\frac{f(x)\,f''(x)}{[f'(x)]^2}\right| < 1 \qquad \text{Condição de convergência}$$

em um intervalo aberto contendo o zero. No Exemplo 1 este teste daria $f(x) = x^2 - 2, f'(x) = 2x, f''(x) = 2$, e

$$\left|\frac{f(x)\,f''(x)}{[f'(x)]^2}\right| = \left|\frac{(x^2-2)(2)}{4x^2}\right| = \left|\frac{1}{2} - \frac{1}{x^2}\right|. \qquad \text{Exemplo 1}$$

No intervalo $(1, 3)$, esta quantia é menor que 1 e portanto a convergência do Método de Newton está garantida. Por outro lado, no Exemplo 3 teríamos $f(x) = x^{1/3}, f'(x) = \frac{1}{3}x^{-2/3}, f''(x) = -\frac{2}{9}x^{-5/3}$, e

$$\left|\frac{f(x)\,f''(x)}{[f'(x)]^2}\right| = \left|\frac{x^{1/3}(-2/9)(x^{-5/3})}{(1/9)(x^{-4/3})}\right| = 2 \qquad \text{Exemplo 3}$$

que não é menor do que 1 para nenhum valor de x, e portanto não podemos concluir que o Método de Newton vai convergir.

Coleção Granger

NIELS HENRIK ABEL (1802-1829)

Coleção Granger

EVARISTE GALOIS (1811-1832)

Embora as vidas tanto de Abel quanto de Galois tenham sido breves, seus trabalhos no campo da análise e da álgebra abstrata tiveram grande alcance.

Soluções Algébricas de Equações Polinomiais

Os zeros de algumas funções, tais como:

$$f(x) = x^3 - 2x^2 - x + 2$$

podem ser encontrados por técnicas algébricas simples, como fatoração. Os zeros de outras funções, tais como:

$$f(x) = x^3 - x + 1$$

não podem ser encontrados por métodos algébricos *elementares*. Esta função particular tem apenas um zero real, e usando técnicas algébricas mais avançadas podemos determinar que o zero é:

$$x = -\sqrt[3]{\frac{3 - \sqrt{23/3}}{6}} - \sqrt[3]{\frac{3 + \sqrt{23/3}}{6}}.$$

Já que a solução exata é escrita em termos de raízes quadradas e cúbicas, ela é chamada de **solução por radicais**.

OBSERVAÇÃO Tente achar uma aproximação para a raiz real de $f(x) = x^3 - x + 1$ e compare seu resultado com a solução exata mostrada acima.

A determinação de soluções por radicais de equações polinomiais é um dos problemas fundamentais da álgebra. O primeiro resultado deste tipo é a Fórmula Quadrática, que é conhecida pelo menos desde os tempos dos babilônios. A fórmula geral para os zeros de uma função cúbica foi desenvolvida muito depois. No século XVI um matemático italiano, Jerome Cardan, publicou um método para encontrar soluções por radicais para as equações cúbicas e quárticas. Então, por 300 anos, o problema de encontrar uma fórmula quíntupla geral permaneceu aberto. Finalmente, no século XIX, o problema foi resolvido simultaneamente por dois jovens matemáticos. Niels Henrik Abel, um matemático norueguês, e Evariste Galois, um matemático francês, provaram que não é possível resolver uma equação polinomial *geral* de grau cinco (ou maior) por radicais. É claro que você pode resolver equações particulares de grau cinco, tais como $x^5 - 1 = 0$, mas Abel e Galois foram capazes de mostrar que não existe uma solução geral *por radicais*.

Exercícios da Seção 3.8

Nos Exercícios 1 a 4, complete duas iterações do Método de Newton para a função usando o chute inicial dado.

1. $f(x) = x^2 - 3, \quad x_1 = 1{,}7$
2. $f(x) = 2x^2 - 3, \quad x_1 = 1$
3. $f(x) = \operatorname{sen} x, \quad x_1 = 3$
4. $f(x) = \operatorname{tg} x, \quad x_1 = 0{,}1$

Nos Exercícios 5 a 14, aproxime o(s) zero(s) da função. Use o Método de Newton e continue o processo até que duas aproximações sucessivas difiram por menos que 0,001. A seguir, ache o(s) zero(s) usando uma ferramenta gráfica e compare os resultados.

5. $f(x) = x^3 + x - 1$
6. $f(x) = x^5 + x - 1$
7. $f(x) = 3\sqrt{x - 1} - x$
8. $f(x) = x - 2\sqrt{x + 1}$
9. $f(x) = x^3 + 3$
10. $f(x) = 1 - 2x^3$
11. $f(x) = x^3 - 3{,}9x^2 + 4{,}79x - 1{,}881$
12. $f(x) = \frac{1}{2}x^4 - 3x - 3$
13. $f(x) = x + \operatorname{sen}(x + 1)$
14. $f(x) = x^3 - \cos x$

Nos Exercícios 15 a 18, aplique o Método de Newton para encontrar uma aproximação para o(s) valor(es) de x no(s) ponto(s) de intersecção dos dois gráficos. Continue o processo até que duas aproximações sucessivas difiram por menos de 0,001. [*Sugestão*: Seja $h(x) = f(x) - g(x)$.]

15. $f(x) = 2x + 1$
    $g(x) = \sqrt{x + 4}$

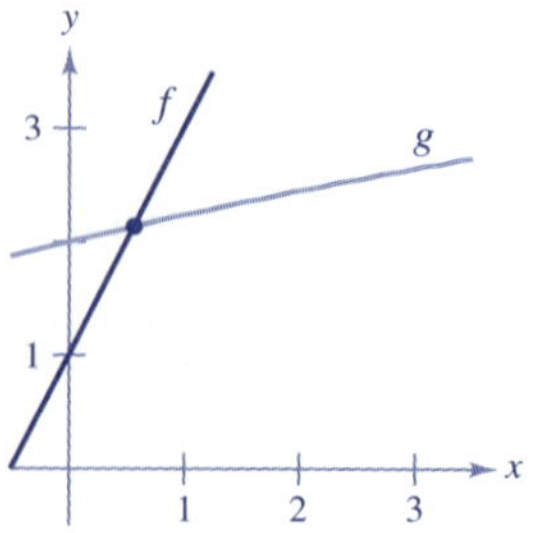

16. $f(x) = 3 - x$
    $g(x) = 1/(x^2 + 1)$

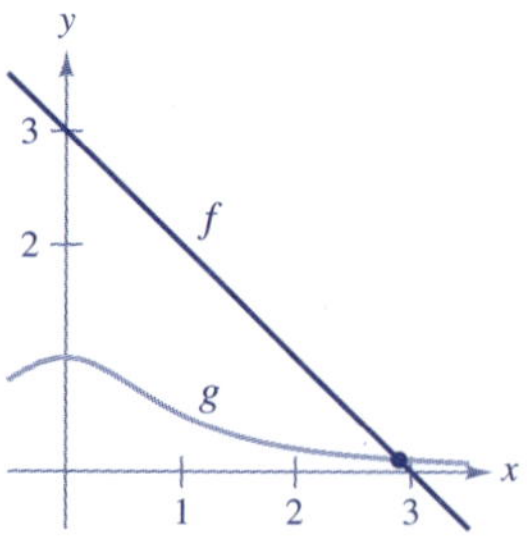

17. $f(x) = x$
$g(x) = \text{tg } x$

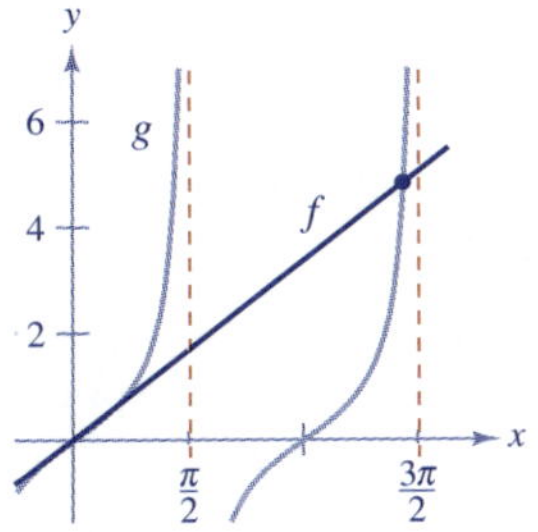

18. $f(x) = x^2$
$g(x) = \cos x$

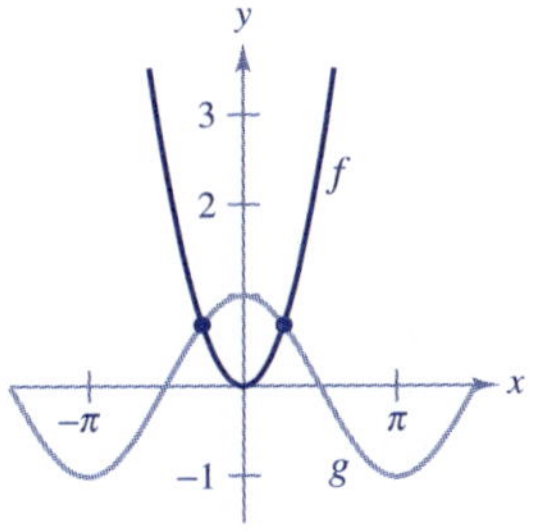

19. ***Regra do Mecânico*** A Regra do Mecânico para calcular uma aproximação para $\sqrt{a}, a > 0$ é

$$x_{n+1} = \frac{1}{2}\left(x_n + \frac{a}{x_n}\right), \quad n = 1, 2, 3 \ldots$$

onde x_1 é uma aproximação de $\sqrt{a}$.

(a) Use o Método de Newton e a função $f(x) = x^2 - a$ para derivar a Regra do Mecânico.

(b) Use a Regra do Mecânico para aproximar $\sqrt{5}$ e $\sqrt{7}$ até três casas decimais.

20. (a) Use o Método de Newton e a função $f(x) = x^n - a$ para obter a regra geral para calcular uma aproximação para $x = \sqrt[n]{a}$.

(b) Use a regra geral encontrada na parte (a) para aproximar $\sqrt[4]{6}$ e $\sqrt[3]{15}$ até três casas decimais.

Nos Exercícios 21 a 24, aplique o Método de Newton usando o chute inicial dado, e explique por que o método falha.

21. $y = 2x^3 - 6x^2 + 6x - 1, \quad x_1 = 1$

22. $y = 4x^3 - 12x^2 + 12x - 3, \quad x_1 = \frac{3}{2}$

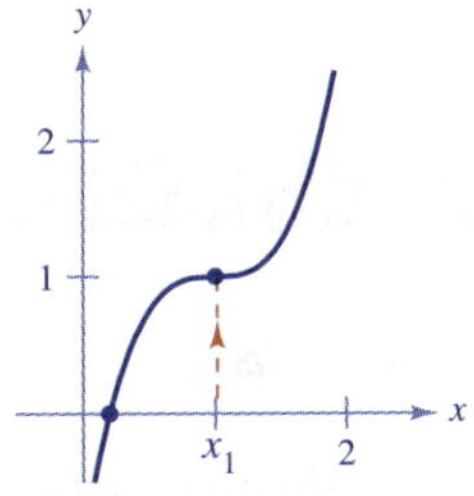

Figura do Exercício 21

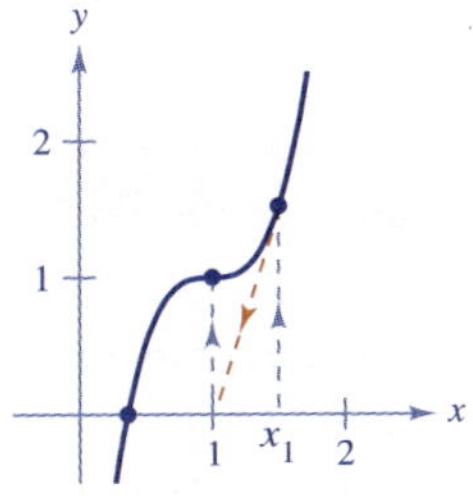

Figura do Exercício 22

23. $f(x) = -x^3 + 6x^2 - 10x + 6, \quad x_1 = 2$

24. $f(x) = 2 \text{ sen } x + \cos 2x, \quad x_1 = \dfrac{3\pi}{2}$

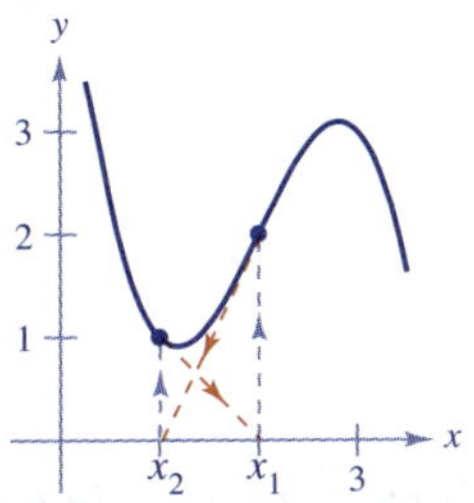

Figura do Exercício 23

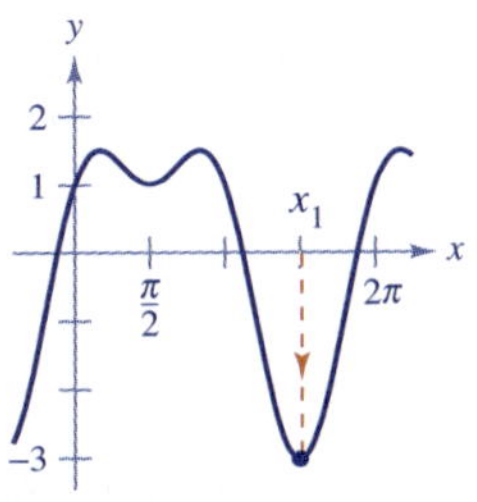

Figura do Exercício 24

Questões Conceituais

25. Com suas próprias palavras e usando um esboço, descreva o Método de Newton para aproximar os zeros de uma função.

26. Em que condições o Método de Newton falha?

Ponto Fixo **Nas Exercícios 27 e 28, aproxime o ponto fixo da função até duas casas decimais. [Um ponto fixo x_0 da função f é o valor de x tal que $f(x_0) = x_0$.]**

27. $f(x) = \cos x$

28. $f(x) = \text{cotg } x, \quad 0 < x < \pi$

29. ***Redação*** Considere a função $f(x) = x^3 - 3x^2 + 3$.

(a) Use uma ferramenta gráfica para desenhar f.

(b) Use o Método de Newton com $x_1 = 1$ como chute inicial.

(c) Repita a parte (b) usando $x_1 = \frac{1}{4}$ como chute inicial e observe que o resultado é diferente.

(d) Para entender por que os resultados nas partes (b) e (c) são diferentes, esboce as retas tangentes ao gráfico nos pontos $(1, f(1))$ e $\left(\frac{1}{4}, f\left(\frac{1}{4}\right)\right)$. Ache as intersecções das retas tangentes com o eixo x e compare estas intersecções com a primeira iteração do Método de Newton usando os respectivos chutes iniciais.

(e) Escreva um pequeno parágrafo que sumarize como o Método de Newton funciona. Use os resultados deste exercício para descrever por que é importante escolher a aproximação inicial cuidadosamente.

30. ***Redação*** Repita os passos do Exercício 29 para a função $f(x) = \text{sen } x$ com chutes iniciais $x_1 = 1{,}8$ e $x_1 = 3$.

31. Use o Método de Newton para mostrar que a equação $x_{n+1} = x_n(2 - ax_n)$ pode ser usada para encontrar uma aproximação de $1/a$ se x_1 é um chute inicial para o recíproco de a. Observe que este método para encontrar aproximações de recíprocos usa apenas as operações de multiplicação e subtração. [*Sugestão*: Considere $f(x) = (1/x) - a$.]

32. Use o resultado do Exercício 31 para aproximar (a) $\frac{1}{3}$ e (b) $\frac{1}{11}$ até três casas decimais.

Nos Exercícios 33 e 34, ache uma aproximação para o número crítico de f no intervalo $(0, \pi)$. Esboce o gráfico de f marcando todos os extremos.

33. $f(x) = x \cos x$

34. $f(x) = x \text{ sen } x$

Nos Exercícios 35 a 38, são dados alguns problemas típicos das seções anteriores deste capítulo. Em cada caso, use o Método de Newton para calcular uma solução aproximada.

35. ***Distância Mínima*** Encontre o ponto do gráfico de $f(x) = 4 - x^2$ que está mais próximo de $(1, 0)$.

36. ***Distância Mínima*** Encontre o ponto do gráfico de $f(x) = x^2$ que está mais próximo de $(4, -3)$.

37. ***Tempo Mínimo*** Você está em um barco a duas milhas do ponto mais próximo da costa. Você deve ir a um ponto Q da terra, localizado a uma distância de três milhas ao longo da costa e a uma milha da costa (veja a figura). Você pode remar a três milhas por hora e andar a quatro milhas por hora. Em direção a qual ponto da costa você deve remar para chegar ao ponto Q no menor tempo?

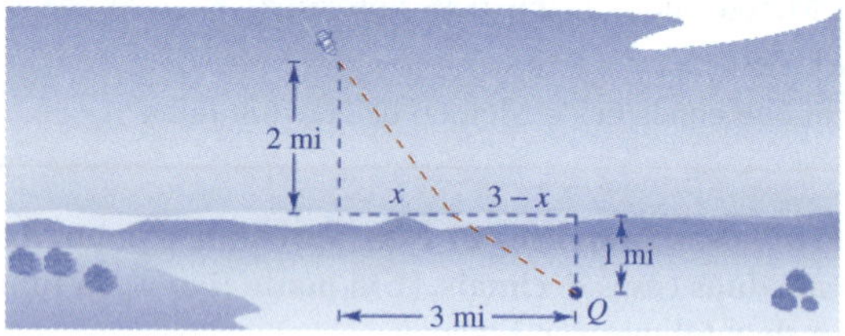

38. ***Medicina*** A concentração C de um composto químico na corrente sangüínea t horas após ser injetado no tecido muscular é dada por $C = (3t^2 + t)/(50 + t^3)$. Quando a concentração será máxima?

39. ***Custos de Propaganda*** Uma companhia que produz toca-CDs portáteis estima que o lucro pela venda de um modelo particular é

$$P = -76x^3 + 4830x^2 - 320.000, \quad 0 \le x \le 60$$

onde P é o lucro em dólares e x é a despesa com propaganda em dezenas de milhares de dólares (veja a figura). De acordo com este modelo, encontre a menor das duas quantias de propaganda que produzem um lucro P de 2.500.000 dólares.

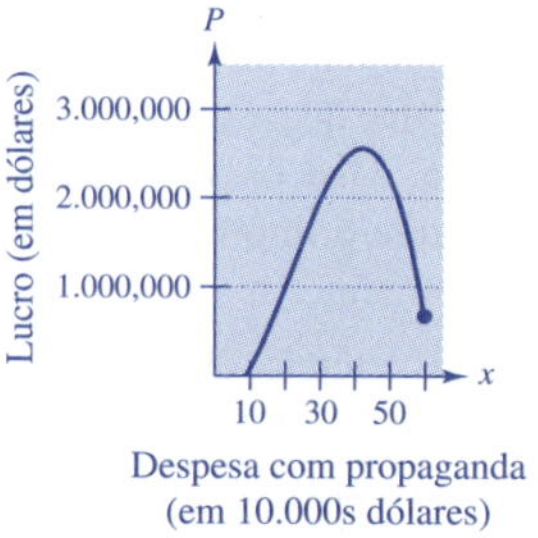

Figura do Exercício 39

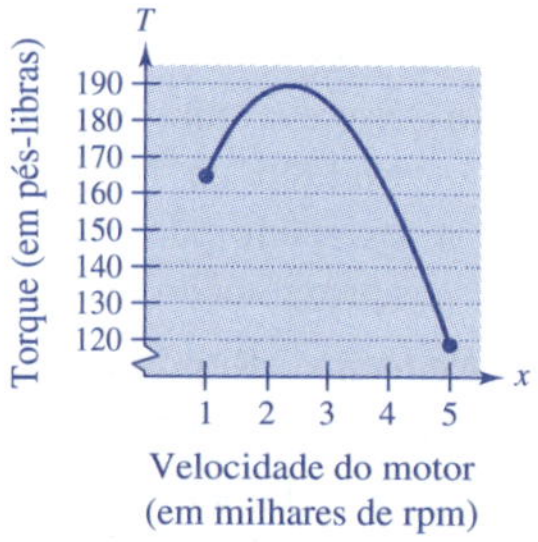

Figura do Exercício 40

40. ***Potência do Motor*** O torque produzido por um motor de automóvel compacto é aproximado pelo modelo

$$T = 0{,}808x^3 - 17{,}974x^2 + 71{,}248x + 110{,}843, \quad 1 \le x \le 5$$

onde T é o torque em pés-libra e x é a velocidade do motor em milhares de rotações por minuto (veja a figura). Ache uma aproximação para as duas velocidades do motor que produzem um torque T de 170 pés-libra.

Verdadeiro ou Falso? **Nos Exercícios de 41 a 44, determine se a afirmação é verdadeira ou falsa. Se for falsa, explique por que ou de um exemplo mostrando que é falsa.**

41. Os zeros de $f(x) = p(x)/q(x)$ coincidem com os zeros de $p(x)$.

42. Se os coeficientes de uma função polinomial são todos positivos, então o polinômio não tem zeros positivos.

43. Se $f(x)$ é um polinômio cúbico tal que $f'(x)$ nunca é zero, então todo chute inicial forçará o Método de Newton a convergir para o zero de f.

44. As raízes de $\sqrt{f(x)} = 0$ coincidem com as raízes de $f(x) = 0$.

45. ***Retas Tangentes*** O gráfico de $f(x) = -\operatorname{sen} x$ tem infinitas retas tangentes que passam pela origem. Use o Método de Newton para encontrar uma aproximação do coeficiente angular da reta tangente de maior inclinação até três casas decimais.

46. Considere a função $f(x) = 2x^3 - 20x^2 - 12x - 24$.
    (a) Use uma ferramenta gráfica para determinar o número de zeros de f.
    (b) Use o Método de Newton com chute inicial de $x_1 = 2$ para aproximar o zero de f até quatro casas decimais.
    (c) Repita a parte (b) usando os chutes iniciais $x_1 = 10$ e $x_1 = 100$.
    (d) Discuta os resultados das partes (b) e (c). O que você pode concluir?

Seção 3.9 Diferenciais

- **Entender o conceito de aproximação pela reta tangente.**
- **Comparar o valor da diferencial, dy, com a mudança real em y, Δy.**
- **Estimar um erro propagado usando a diferencial.**
- **Calcular a diferencial de uma função usando as fórmulas de diferenciação.**

INVESTIGAÇÃO

Aproximação pela Reta Tangente Use uma ferramenta gráfica para desenhar

$$f(x) = x^2.$$

Na mesma janela, desenhe a reta tangente ao gráfico de f no ponto $(1, 1)$. Dê "zoom" duas vezes para se aproximar do ponto de tangência. A sua ferramenta gráfica distingue entre os dois gráficos? Use os recursos de "trace" para comparar os dois gráficos. Quando os valores de x ficam cada vez mais próximos de 1, o que você pode dizer sobre os valores de y?

Aproximações pela Reta Tangente

O Método de Newton (Seção 3.8) é um exemplo do uso da reta tangente a um gráfico para aproximar o gráfico. Nesta seção estudaremos outras situações nas quais o gráfico da função pode ser aproximado por uma linha reta.

Inicialmente, considere uma função f que seja diferenciável em c. A equação para a reta tangente no ponto $(c, f(c))$ é dada por

$$y - f(c) = f'(c)(x - c)$$

$$y = f(c) + f'(c)(x - c)$$

e é chamada **aproximação pela reta tangente** (ou **aproximação linear**) **de f em c.** Já que c é constante, y é uma função linear de x. Além disso, restringindo os valores de x a ficarem suficientemente próximos de c, os valores de y podem ser usados como aproximações (com qualquer precisão desejada) dos valores da função f. Em outras palavras, quando $x \to c$, o limite de y é $f(c)$.

EXEMPLO 1 Usando a Aproximação pela Reta Tangente

Encontre a aproximação pela reta tangente de

$$f(x) = 1 + \text{sen } x$$

no ponto (0, 1). A seguir, use uma tabela para comparar os valores de y da função linear com aqueles de $f(x)$ em um intervalo aberto contendo $x = 0$.

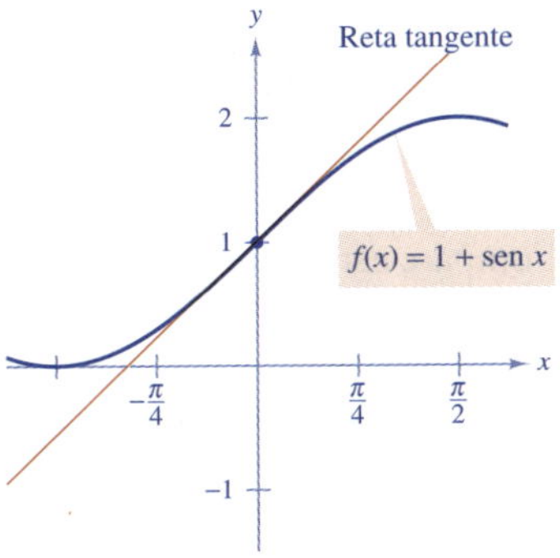

A aproximação pela reta tangente de f no ponto (0, 1).
Figura 3.65

Solução A derivada de f é

$$f'(x) = \cos x. \qquad \text{Primeira derivada}$$

Assim, a equação da reta tangente ao gráfico de f no ponto (0, 1) é:

$$y - f(0) = f'(0)(x - 0)$$
$$y - 1 = (1)(x - 0)$$
$$y = 1 + x. \qquad \text{Aproximação pela reta tangente}$$

A tabela compara os valores de y dados por essa aproximação linear com os valores de $f(x)$ perto de $x = 0$. Observe que quanto mais perto x estiver de 0, melhor é a aproximação. Esta conclusão é reforçada pelo gráfico mostrado na Figura 3.65.

x	−0,5	−0,1	−0,01	0	0,01	0,1	0,5
$f(x) = 1 + \text{sen } x$	0,521	0,9002	0,9900002	1	1,0099998	1,0998	1,479
$y = 1 + x$	0,5	0,9	0,99	1	1,01	1,1	1,5

OBSERVAÇÃO Certifique-se de que percebeu que a aproximação linear de $f(x) = 1 + \text{sen } x$ depende do ponto de tangência. Em um ponto diferente do gráfico de f, você obteria uma aproximação pela reta tangente diferente.

Diferenciais

Quando a reta tangente ao gráfico de f no ponto $(c, f(c))$

$$y = f(c) + f'(c)(x - c) \qquad \text{Reta tangente em } (c, f(c))$$

é usada como uma aproximação do gráfico de f, a quantidade $x - c$ é chamada de variação em x, e é denotada por Δx, como mostra a Figura 3.66. Quando Δx é pequena, a variação em y (denotada por Δy) pode ser aproximada como abaixo.

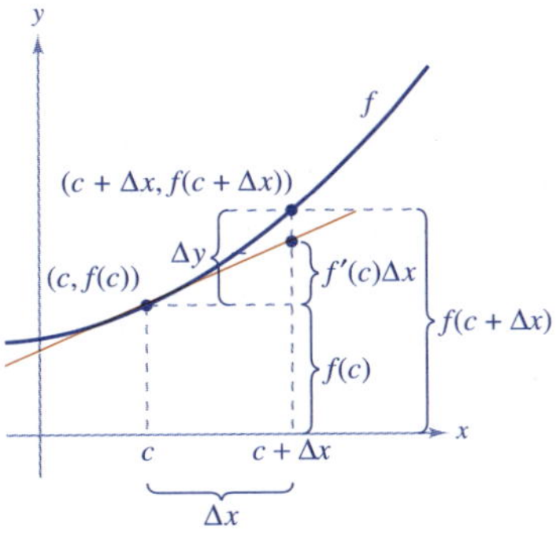

Quando Δx é pequeno, $\Delta y = f(c + \Delta x) - f(c)$ é aproximado por $f'(c)\Delta x$.
Figura 3.66

$$\Delta y = f(c + \Delta x) - f(c) \qquad \text{Variação real em } y$$
$$\approx f'(c)\Delta x \qquad \text{Variação aproximada em } y$$

Para uma tal aproximação, a quantidade Δx é tradicionalmente denotada por dx, e é chamada de **diferencial de x**. A expressão $f'(x)\,dx$ é denotada por dy, e é chamada de **diferencial de y**.

Definição de Diferencial

Seja $y = f(x)$ uma função diferenciável em um intervalo aberto contendo x. A **diferencial de x** (denotada por dx) é qualquer número real não nulo. A **diferencial de y** (denotada por dy) é:

$$dy = f'(x)\,dx.$$

Em muitos tipos de aplicações, a diferencial de y pode ser usada como aproximação da variação em y. Isto é,

$$\Delta y \approx dy \qquad \text{ou} \qquad \Delta y \approx f'(x)dx.$$

EXEMPLO 2 Comparando Δy e dy

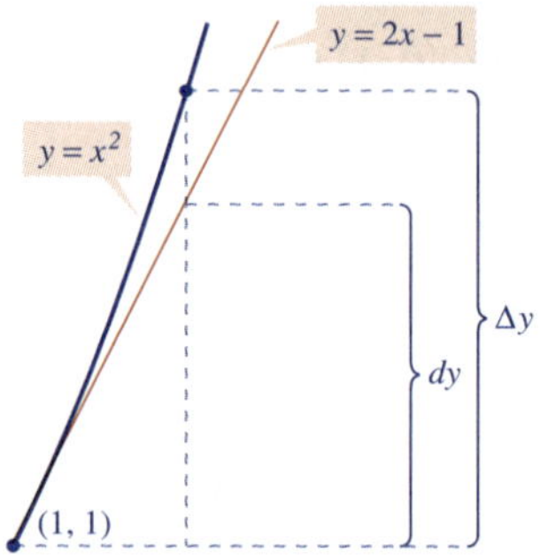

A variação em y, Δy, é aproximada pela diferencial de y, dy.
Figura 3.67

Seja $y = x^2$. Encontre dy quando $x = 1$ e $dx = 0{,}01$. Compare este valor com Δy para $x = 1$ e $\Delta x = 0{,}01$.

Solução Já que $y = f(x) = x^2$, temos $f'(x) = 2x$, e a diferencial dy é dada por:

$$dy = f'(x)\,dx = f'(1)(0{,}01) = 2(0{,}01) = 0{,}02. \quad \text{Diferencial de } y$$

Agora, usando $\Delta x = 0{,}01$, a variação em y é:

$$\Delta y = f(x + \Delta x) - f(x) = f(1{,}01) - f(1) = (1{,}01)^2 - 1^2 = 0{,}0201.$$

A Figura 3.67 mostra uma comparação geométrica de dy e Δy. Tente comparar outros valores de dy e Δy. Você verá que os valores ficam cada vez mais próximos entre si quando dx (ou Δx) se aproxima de 0.

No Exemplo 2, a reta tangente ao gráfico de $f(x) = x^2$ em $x = 1$ é

$$y = 2x - 1 \qquad \text{ou} \qquad g(x) = 2x - 1. \quad \text{Reta tangente ao gráfico de f em } x = 1$$

Para os valores de x perto de 1, esta reta está próxima ao gráfico de f, como mostra a Figura 3.67. Por exemplo,

$$f(1{,}01) = 1{,}01^2 = 1{,}0201 \qquad \text{e} \qquad g(1{,}01) = 2(1{,}01) - 1 = 1{,}02.$$

Propagação de Erros

Os físicos e engenheiros têm a tendência de fazer um uso liberal da aproximação de Δy por dy. Uma das formas pelas quais isso ocorre na prática é na estimativa da propagação de erros pelos dispositivos de medidas físicas. Por exemplo, se x representa o valor medido de uma variável e $x + \Delta x$ representa o valor exato, então Δx é o *erro na medida*. Finalmente, se o valor medido x é usado para calcular um outro valor $f(x)$, a diferença entre $f(x + \Delta x)$ e $f(x)$ é o **erro propagado**.

$$\underbrace{f(x + \overbrace{\Delta x}^{\text{Erro na medida}})}_{\text{Valor exato}} - \underbrace{f(x)}_{\text{Valor medido}} = \overbrace{\Delta y}^{\text{Erro propagado}}$$

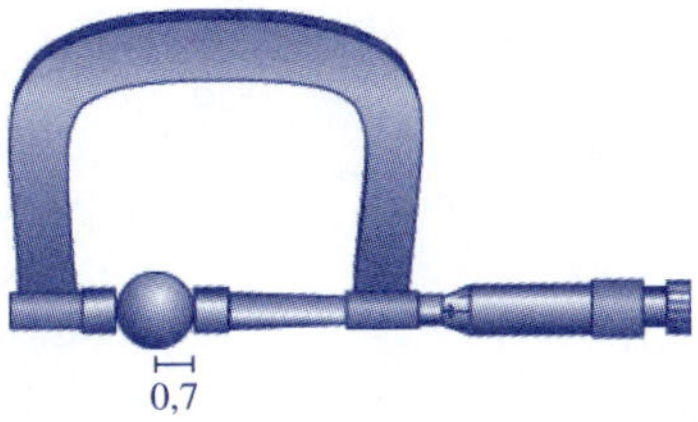

Uma bolinha de rolimã cujo raio medido é correto até 0,01 polegada.
Figura 3.68

EXEMPLO 3 Estimativa do Erro

O resultado da medida do raio de uma bolinha de rolimã foi 0,7 polegada, como mostra a Figura 3.68. Se a medida for correta a menos de 0,01 polegada, estime o erro propagado no volume V da bolinha de rolimã.

Solução A fórmula para o volume da esfera é $V = \frac{4}{3}\pi r^3$, onde r é o raio da esfera. Assim, podemos escrever

$$r = 0{,}7 \qquad \text{Raio medido}$$

e

$$-0{,}01 \le \Delta r \le 0{,}01. \qquad \text{Erro possível}$$

Para aproximar o erro propagado no volume, diferencie V para obter $dV/dr = 4\pi r^2$ e escrever

$$\begin{aligned} \Delta V &\approx dV && \text{Aproximação de } \Delta V \text{ por } V \\ &= 4\pi r^2\,dr \\ &= 4\pi(0{,}7)^2(\pm 0{,}01) && \text{Substitua } r \text{ e } dr \\ &\approx \pm 0{,}06158 \text{ polegada cúbica.} \end{aligned}$$

Assim, o volume tem um erro propagado de aproximadamente 0,06 polegada cúbica.

Você diria que o erro propagado no Exemplo 3 é grande ou pequeno? A pergunta é melhor respondida em termos *relativos* comparando dV com V. A razão

$$\begin{aligned} \frac{dV}{V} &= \frac{4\pi r^2\,dr}{\frac{4}{3}\pi r^3} && \text{Razão entre } dV \text{ e } V \\ &= \frac{3\,dr}{r} && \text{Simplifique} \\ &\approx \frac{3}{0{,}7}(\pm 0{,}01) && \text{Substitua } dr \text{ e } r \\ &\approx \pm 0{,}0429 \end{aligned}$$

é chamada de **erro relativo**. O **erro porcentual** correspondente é de aproximadamente 4,29%.

Calculando Diferenciais

Cada uma das regras de diferenciação que estudamos no Capítulo 2 pode ser escrita na **forma diferencial**. Por exemplo, suponha que u e v sejam funções diferenciáveis de x. Por definição de diferenciais temos:

$$du = u'\,dx \quad \text{e} \quad dv = v'\,dx.$$

Assim, podemos escrever a forma diferencial da Regra do Produto como é mostrado abaixo:

$$\begin{aligned} d[uv] &= \frac{d}{dx}[uv]\,dx && \text{Diferencial de } uv \\ &= [uv' + vu']\,dx && \text{Regra do produto} \\ &= uv'\,dx + vu'\,dx \\ &= u\,dv + v\,du \end{aligned}$$

Fórmulas Diferenciais

Sejam u e v funções diferenciáveis de x.

Multiplicação por constante: $d[cu] = c\,du$

Soma ou diferença: $d[u \pm v] = du \pm dv$

Produto: $d[uv] = u\,dv + v\,du$

Quociente: $d\left[\frac{u}{v}\right] = \frac{v\,du - u\,dv}{v^2}$

Biblioteca de fotos Mary Evans

Gottfried Wilhelm Leibniz (1646-1716)

Tanto Leibniz quanto Newton são conhecidos como criadores do cálculo. Foi Leibniz, entretanto, que tentou ampliar o cálculo desenvolvendo regras e notações formais. Ele freqüentemente gastava dias escolhendo uma notação apropriada para um conceito novo.

EXEMPLO 4 Calculando Diferenciais

	Função	*Derivada*	*Diferencial*
a.	$y = x^2$	$\frac{dy}{dx} = 2x$	$dy = 2x\,dx$
b.	$y = 2 \operatorname{sen} x$	$\frac{dy}{dx} = 2 \cos x$	$dy = 2 \cos x\,dx$
c.	$y = x \cos x$	$\frac{dy}{dx} = -x \operatorname{sen} x + \cos x$	$dy = (-x \operatorname{sen} x + \cos x)\,dx$
d.	$y = \frac{1}{x}$	$\frac{dy}{dx} = -\frac{1}{x^2}$	$dy = -\frac{dx}{x^2}$

A notação do Exemplo 4 é chamada de **notação de Leibniz** para derivadas e diferenciais, assim denominada em homenagem ao matemático alemão Gottfried Wilhelm Leibniz. O formidável desta notação é que ela fornece uma forma fácil de lembrar diversas fórmulas importantes do cálculo, dando a impressão de que essas fórmulas foram deduzidas a partir de manipulações algébricas de diferenciais. Por exemplo, na notação de Leibniz, a *Regra da Cadeia*

$$\frac{dy}{dx} = \frac{dy}{du}\frac{du}{dx}$$

pareceria ser correta simplificando os du. Embora este raciocínio esteja *incorreto*, a notação de fato ajuda a lembrar a Regra da Cadeia.

EXEMPLO 5 Calculando a Diferencial de uma Função Composta

$$y = f(x) = \operatorname{sen} 3x \qquad \text{Função original}$$

$$f'(x) = 3 \cos 3x \qquad \text{Aplique a Regra da Cadeia}$$

$$dy = f'(x)\,dx = 3 \cos 3x\,dx \qquad \text{Forma diferencial}$$

EXEMPLO 6 Calculando a Diferencial de uma Função Composta

$$y = f(x) = (x^2 + 1)^{1/2} \qquad \text{Função original}$$

$$f'(x) = \frac{1}{2}(x^2 + 1)^{-1/2}(2x) = \frac{x}{\sqrt{x^2 + 1}} \qquad \text{Aplique a Regra da Cadeia}$$

$$dy = f'(x)\,dx = \frac{x}{\sqrt{x^2 + 1}}\,dx \qquad \text{Forma diferencial}$$

As diferenciais podem ser usadas para calcular valores aproximados de uma função. Para fazer isto para a função dada por $y = f(x)$, usamos a fórmula

$$f(x + \Delta x) \approx f(x) + dy = f(x) + f'(x)\,dx$$

que é deduzida da aproximação $\Delta y = f(x + \Delta x) - f(x) \approx dy$. A chave para usar esta fórmula é escolher um valor de x que torne os cálculos mais fáceis, como mostra o Exemplo 7.

EXEMPLO 7 Aproximando Valores da Função

Use diferenciais para achar uma aproximação para $\sqrt{16{,}5}$.

Solução Usando $f(x) = \sqrt{x}$, podemos escrever:

$$f(x + \Delta x) \approx f(x) + f'(x)\,dx = \sqrt{x} + \frac{1}{2\sqrt{x}}\,dx.$$

Agora, escolhendo $x = 16$ e $dx = 0{,}5$, podemos obter a seguinte aproximação:

$$f(x + \Delta x) = \sqrt{16{,}5} \approx \sqrt{16} + \frac{1}{2\sqrt{16}}(0{,}5) = 4 + \left(\frac{1}{8}\right)\left(\frac{1}{2}\right) = 4{,}0625$$

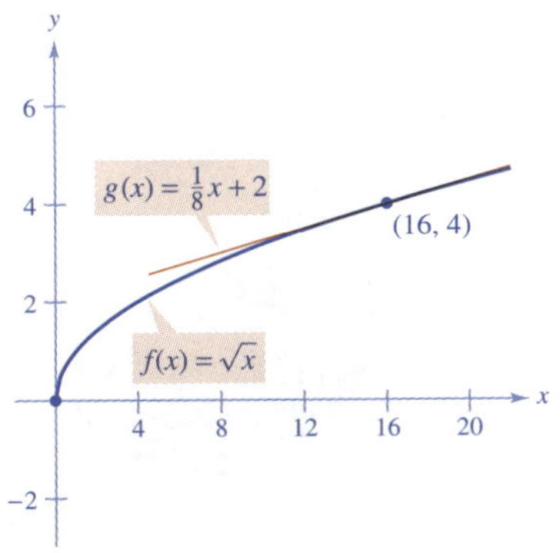

Figura 3.69

A aproximação pela reta tangente de $f(x) = \sqrt{x}$ em $x = 16$ é a reta $g(x) = \frac{1}{8}x + 2$. Para os valores de x perto de 16, os gráficos de f e g estão próximos, como mostra a Figura 3.69. Por exemplo,

$$f(16.5) = \sqrt{16{,}5} \approx 4{,}0620 \qquad \text{e} \qquad g(16.5) = \frac{1}{8}(16{,}5) + 2 = 4{,}0625.$$

Na verdade, se você usar uma ferramenta gráfica para fazer um "zoom" no ponto de tangência (16, 4), verá que os dois gráficos parecem coincidir. Observe ainda que, se você se afastar do ponto de tangência, a aproximação linear é menos acurada.

Exercícios da Seção 3.9

Nos Exercícios 1 a 6, encontre a equação da reta T tangente ao gráfico de f no ponto dado. Use esta aproximação linear para completar a tabela.

x	1,9	1,99	2	2,01	2,1
$f(x)$					
$T(x)$					

1. $f(x) = x^2$, $(2, 4)$
2. $f(x) = \dfrac{6}{x^2}$, $\left(2, \dfrac{3}{2}\right)$
3. $f(x) = x^5$, $(2, 32)$
4. $f(x) = \sqrt{x}$, $(2, \sqrt{2})$
5. $f(x) = \operatorname{sen} x$, $(2, \operatorname{sen} 2)$
6. $f(x) = \operatorname{cossec} x$, $(2, \operatorname{cossec} 2)$

Nos Exercícios 7 a 10, use a informação para calcular e comparar Δy e dy.

7. $y = \frac{1}{2}x^3$ $x = 2$ $\Delta x = dx = 0{,}1$
8. $y = 1 - 2x^2$ $x = 0$ $\Delta x = dx = -0{,}1$
9. $y = x^4 + 1$ $x = -1$ $\Delta x = dx = 0{,}01$
10. $y = 2x + 1$ $x = 2$ $\Delta x = dx = 0{,}01$

Nos Exercícios 11 a 20, calcule a diferencial dy da função dada.

11. $y = 3x^2 - 4$
12. $y = 3x^{2/3}$
13. $y = \dfrac{x + 1}{2x - 1}$
14. $y = \sqrt{9 - x^2}$
15. $y = x\sqrt{1 - x^2}$
16. $y = \sqrt{x} + \dfrac{1}{\sqrt{x}}$
17. $y = 2x - \operatorname{cotg}^2 x$
18. $y = x \operatorname{sen} x$

19. $y = \dfrac{1}{3}\cos\left(\dfrac{6\pi x - 1}{2}\right)$

20. $y = \dfrac{\sec^2 x}{x^2 + 1}$

Nos Exercícios 21 a 24, use diferenciais e o gráfico de f para estimar (a) $f(1{,}9)$ e (b) $f(2{,}04)$. Para imprimir uma cópia ampliada dos gráficos, consulte *www.mathgraphs.com*.

21.

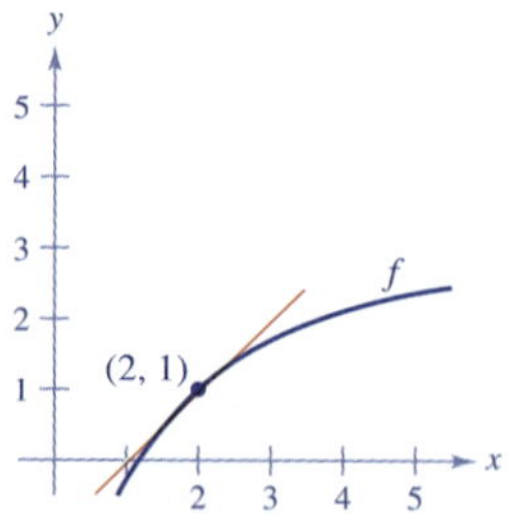

22.

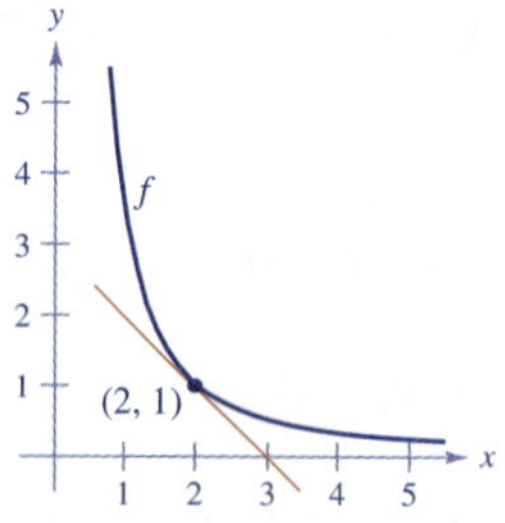

23.

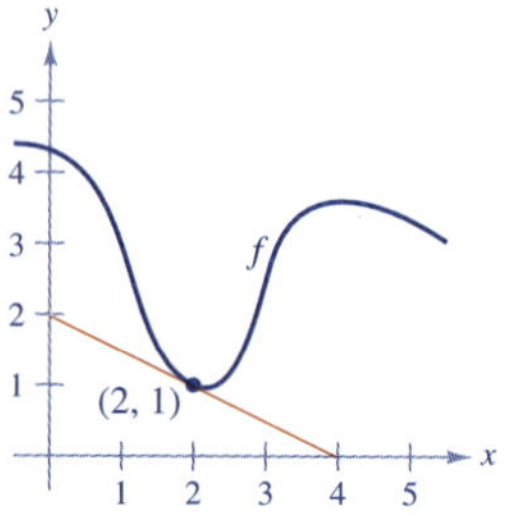

24.

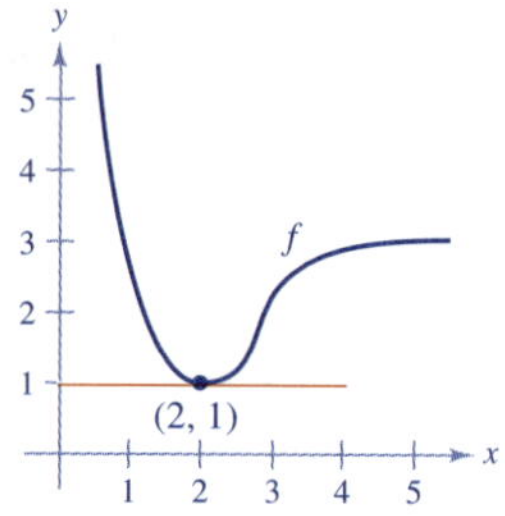

Nos Exercícios 25 e 26, use diferenciais e o gráfico de g' para calcular (a) $g(2{,}93)$ e (b) $g(3{,}1)$ dado que $g(3) = 8$.

25.

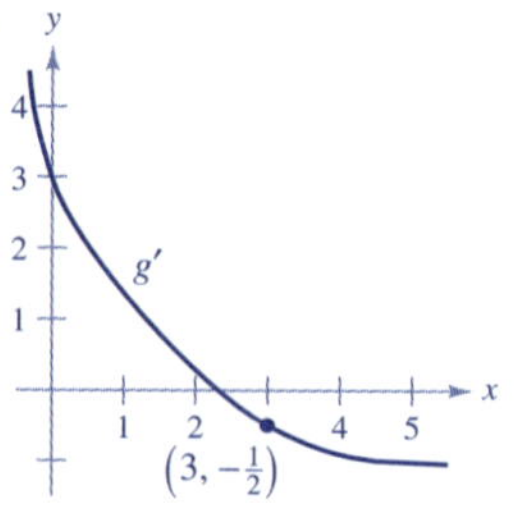

26.

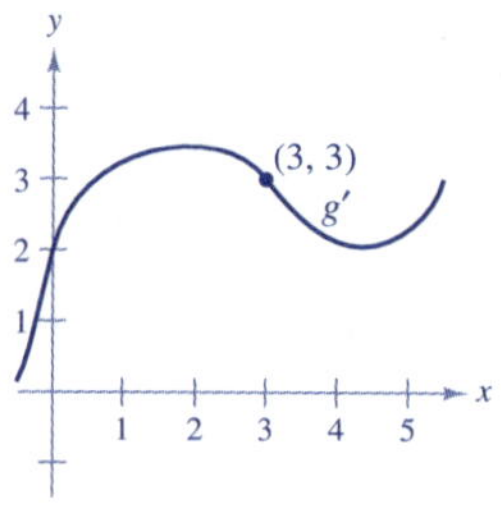

27. ***Área*** O lado de um quadrado mediu 12 polegadas, com um erro possível de $\frac{1}{64}$ polegada. Use diferenciais para estimar o erro possível propagado no cálculo da área do quadrado.

28. ***Área*** As medidas da base e da altura de um triângulo foram 36 e 50 centímetros, respectivamente. O erro possível em cada medida foi de 0,25 centímetro. Use diferenciais para estimar o erro possível propagado no cálculo da área do triângulo.

29. ***Área*** A medida do raio da extremidade de uma tora foi 14 polegadas, com um erro possível de $\frac{1}{4}$ polegada. Use diferenciais para estimar o erro possível propagado no cálculo da área da extremidade da tora.

30. ***Volume e Área Superficial*** A medida do lado de um cubo foi de 12 polegadas, com um erro possível de 0,03 polegada. Use diferenciais para estimar o erro possível máximo propagado no cálculo (a) do volume do cubo e (b) da área superficial do cubo.

31. ***Área*** A medida do lado de um quadrado foi 15 centímetros, com um erro possível de 0,05 centímetro.

(a) Estime o erro porcentual no cálculo da área do quadrado.

(b) Estime o erro porcentual máximo permitido na medida do lado para que o erro no cálculo da área não exceda 2,5%.

32. ***Circunferência*** A medida da circunferência de um círculo foi de 56 polegadas, com um erro possível de 1,2 polegada.

(a) Estime o erro porcentual no cálculo da área do círculo.

(b) Estime o erro porcentual máximo permitido na medida da circunferência para que o erro no cálculo da área não exceda 3%.

33. ***Volume e Área Superficial*** A medida do raio de uma esfera foi 6 polegadas, com um erro possível de 0,02 polegadas. Use diferenciais para estimar o erro possível máximo propagado no cálculo (a) do volume da esfera, (b) da área superficial da esfera, e (c) os erros relativos nas partes (a) e (b).

34. ***Lucro*** O lucro P de uma companhia é dado por:

$$P = (500x - x^2) - \left(\tfrac{1}{2}x^2 - 77x + 3000\right).$$

Estime a variação e a variação porcentual do lucro quando a produção varia de $x = 115$ para $x = 120$ unidades.

Volume **Nos Exercícios 35 e 36, a espessura de cada casca é de 0,2 centímetro. Use diferenciais para estimar o volume de cada casca.**

35.

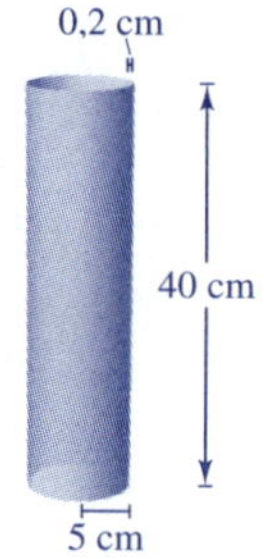

36.

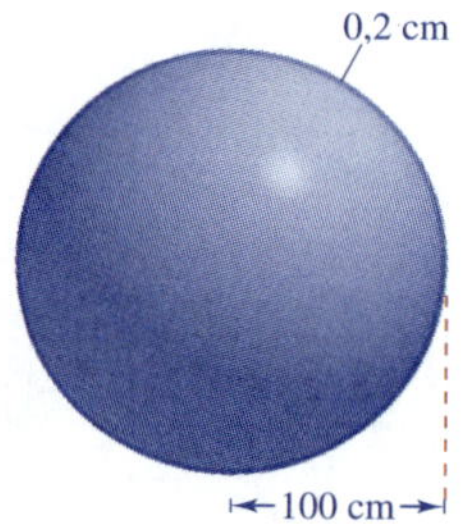

37. ***Pêndulo*** O período de um pêndulo é dado por

$$T = 2\pi\sqrt{\frac{L}{g}}$$

onde L é o comprimento do pêndulo em pés, g é a aceleração da gravidade, e T é o tempo em segundos. O pêndulo foi submetido a um aumento na temperatura, de forma que seu comprimento aumentou $\frac{1}{2}$%.

(a) Encontre uma aproximação para a variação porcentual no período.

(b) Usando o resultado da parte (a), encontre o erro aproximado neste relógio de pêndulo em um dia.

38. ***Lei de Ohm*** Uma corrente de I ampères passa por um resistor de R ohms. A **Lei de Ohm** afirma que a voltagem E aplicada no resistor é $E = IR$. Se a voltagem é constante, mostre que o módulo do erro relativo em R causado por uma variação em I é igual, em módulo, ao erro relativo em I.

39. ***Medidas do Triângulo*** A medida de um lado de um triângulo retângulo é 9,5 polegadas, e o ângulo oposto a este lado é de 26°45′ com erro possível de 15′.

(a) Estime o erro porcentual no cálculo do comprimento da hipotenusa.

(b) Estime o erro porcentual máximo permitido na medida do ângulo para que o erro no cálculo do comprimento da hipotenusa não exceda 2%.

40. ***Área*** Estime o erro porcentual no cálculo da área do triângulo do Exercício 39.

41. ***Movimento de um Projétil*** O alcance R de um projétil é:

$$R = \frac{v_0^2}{32}(\text{sen } 2\theta)$$

onde v_0 é a velocidade inicial em pés por segundo e θ é o ângulo de elevação. Se $v_0 = 2200$ pés por segundo e θ varia de 10° para 11°, use diferenciais para estimar a variação no alcance.

42. ***Inspeção*** Um inspetor que está a 50 pés da base de uma grande árvore mede o ângulo de elevação para o topo da árvore como 71,5°. Quão acurada deve ser a medida do ângulo para que o erro porcentual na estimativa da altura da árvore seja menos de 6%?

Nos Exercícios 43 a 46, use diferenciais para estimar o valor da expressão. Compare sua resposta com a de uma calculadora.

43. $\sqrt{99{,}4}$

44. $\sqrt[3]{26}$

45. $\sqrt[4]{624}$

46. $(2{,}99)^3$

Redação **Nos Exercícios 47 e 48, dê uma breve explicação de por que a aproximação é válida.**

47. $\sqrt{4{,}02} \approx 2 + \frac{1}{4}(0{,}02)$

48. $\text{tg } 0{,}05 \approx 0 + 1(0{,}05)$

Nos Exercícios 49 a 52, verifique a aproximação pela reta tangente da função no ponto dado. A seguir, use uma ferramenta gráfica para desenhar a função e sua aproximação na mesma janela.

	Função	*Aproximação*	*Ponto*
49.	$f(x) = \sqrt{x+4}$	$y = 2 + \dfrac{x}{4}$	$(0, 2)$
50.	$f(x) = \sqrt{x}$	$y = \dfrac{1}{2} + \dfrac{x}{2}$	$(1, 1)$
51.	$f(x) = \text{tg } x$	$y = x$	$(0, 0)$
52.	$f(x) = \dfrac{1}{1-x}$	$y = 1 + x$	$(0, 1)$

Questões Conceituais

53. Descreva a variação da precisão de dy como aproximação para Δy quando Δx diminui.

54. Quando usamos diferenciais, o que queremos dizer com os termos *erro propagado, erro relativo e erro porcentual?*

Verdadeiro ou Falso? Nos Exercícios 55 a 58, determine se a afirmação é verdadeira ou falsa. Se for falsa, explique por que ou dê um exemplo mostrando que é falsa.

55. Se $y = x + c$, então $dy = dx$.

56. Se $y = ax + b$, então $\Delta y/\Delta x = dy/dx$.

57. Se y é diferenciável, então $\lim\limits_{\Delta x \to 0} (\Delta y - dy) = 0$.

58. Se $y = f(x)$, f é crescente e diferenciável, e $\Delta x > 0$, então $\Delta y \geq dy$.

Exercícios de Revisão do Capítulo 3

1. Dê a definição de número crítico, e desenhe uma função f mostrando os diferentes tipos de números críticos.

2. Considere uma função ímpar f que seja contínua e diferenciável e que tenha os valores mostrados na tabela.

x	−5	−4	−1	0	2	3	6
$f(x)$	1	3	2	0	−1	−4	0

(a) Determine $f(4)$.

(b) Determine $f(-3)$.

(c) Marque os pontos e faça um esboço de um gráfico possível de f no intervalo $[-6, 6]$. Qual o menor número possível de números críticos no intervalo? Explique.

(d) Existe pelo menos um número real c em $(-6, 6)$ onde $f'(c) = -1$? Explique.

(e) É possível que $\lim\limits_{x \to 0} f(x)$ não exista? Explique.

(f) É necessário que $f'(x)$ exista em $x = 2$? Explique.

Nos Exercícios 3 e 4, ache os extremos absolutos da função no intervalo fechado. Use uma ferramenta gráfica para desenhar a função no intervalo dado a fim de confirmar seus resultados.

3. $g(x) = 2x + 5 \cos x, \quad [0, 2\pi]$

4. $f(x) = \dfrac{x}{\sqrt{x^2+1}}, \quad [0, 2]$

Nos Exercícios 5 e 6, determine se o Teorema de Rolle pode ser aplicado a f no intervalo fechado $[a, b]$. Se o Teorema de Rolle puder ser aplicado, encontre todos os valores de c no intervalo aberto (a, b) tal que $f'(c) = 0$.

5. $f(x) = (x-2)(x+3)^2, \quad [-3, 2]$

6. $f(x) = |x-2| - 2, \quad [0, 4]$

7. Considere a função $f(x) = 3 - |x - 4|$.

(a) Desenhe a função e verifique que $f(1) = f(7)$.

(b) Observe que $f'(x)$ não é igual a zero para nenhum x em $[1, 7]$. Explique por que isto não contradiz o Teorema de Rolle.

8. O Teorema do Valor Médio pode ser aplicado à função $f(x) = 1/x^2$ no intervalo $[-2, 1]$? Explique.

Nos Exercícios 9 a 12, encontre os pontos garantidos pelo Teorema do Valor Médio no intervalo fechado $[a, b]$.

9. $f(x) = x^{2/3}, \quad [1, 8]$

10. $f(x) = \dfrac{1}{x}, \quad [1, 4]$

11. $f(x) = x - \cos x, \quad \left[-\frac{\pi}{2}, \frac{\pi}{2}\right]$ **12.** $f(x) = \sqrt{x} - 2x, \quad [0, 4]$

13. Para a função $f(x) = Ax^2 + Bx + C$, determine os valores de c garantidos pelo Teorema do Valor Médio no intervalo $[x_1, x_2]$.

14. Verifique o resultado do Exercício 13 para $f(x) = 2x^2 - 3x + 1$, no intervalo $[0, 4]$.

Nos Exercícios 15 a 18, ache os números críticos (se existirem) e os intervalos abertos nos quais a função é crescente ou decrescente.

15. $f(x) = (x - 1)^2(x - 3)$

16. $g(x) = (x + 1)^3$

17. $h(x) = \sqrt{x}(x - 3), \quad x > 0$

18. $f(x) = \operatorname{sen} x + \cos x, \quad [0, 2\pi]$

Nos Exercício 19 e 20, use o Teste da Primeira Derivada para encontrar os extremos relativos da função. Use uma ferramenta gráfica para conferir seus resultados.

19. $h(t) = \frac{1}{4}t^4 - 8t$

20. $g(x) = \frac{3}{2}\operatorname{sen}\left(\frac{\pi x}{2} - 1\right), \quad [0, 4]$

21. ***Movimento Harmônico*** A altura de um objeto preso a uma mola é dada pela equação harmônica

$$y = \tfrac{1}{3}\cos 12t - \tfrac{1}{4}\operatorname{sen} 12t$$

onde y é medido em polegadas e t é medido em segundos.

(a) Calcule a altura e a velocidade do objeto quando $t = \pi/8$ segundos.

(b) Mostre que o deslocamento máximo do objeto é $\frac{5}{12}$ polegada.

(c) Encontre o período P de y. Encontre também a freqüência f (número de oscilações por segundo) se $f = 1/P$.

22. ***Redação*** A equação geral que dá a altura de um objeto oscilando preso a uma mola é

$$y = A\operatorname{sen}\sqrt{\frac{k}{m}}t + B\cos\sqrt{\frac{k}{m}}t$$

onde k é a constante da mola e m é a massa do objeto.

(a) Mostre que o deslocamento máximo do objeto é $\sqrt{A^2 + B^2}$.

(b) Mostre que o objeto oscila com freqüência

$$f = \frac{1}{2\pi}\sqrt{\frac{k}{m}}.$$

Nos Exercícios 23 e 24, determine os pontos de inflexão e discuta a concavidade do gráfico da função.

23. $f(x) = x + \cos x, \quad [0, 2\pi]$

24. $f(x) = (x + 2)^2(x - 4)$

Nos Exercícios 25 e 26, use o Teste da Segunda Derivada para encontrar todos os extremos relativos.

25. $g(x) = 2x^2(1 - x^2)$

26. $h(t) = t - 4\sqrt{t + 1}$

Para Pensar **Nos Exercícios 27 e 28, esboce o gráfico de uma função f que tenha as características dadas.**

27. $f(0) = f(6) = 0$

$f'(3) = f'(5) = 0$

$f'(x) > 0$ se $x < 3$

$f'(x) > 0$ se $3 < x < 5$

$f'(x) < 0$ se $x > 5$

$f''(x) < 0$ se $x < 3$ ou $x > 4$

$f''(x) > 0$ se $3 < x < 4$

28. $f(0) = 4, \ f(6) = 0$

$f'(x) < 0$ se $x < 2$ ou $x > 4$

$f'(2)$ não existe

$f'(4) = 0$

$f'(x) > 0$ se $2 < x < 4$

$f''(x) < 0$ se $x \neq 2$

29. ***Redação*** Uma manchete de jornal afirma que "A taxa de crescimento do déficit nacional está decrescendo". O que isto significa? O que isto implica quanto ao gráfico do déficit como função do tempo?

30. ***Custo do Inventário*** O custo do inventário depende dos custos de compra e armazenagem de acordo com o modelo de inventário

$$C = \left(\frac{Q}{x}\right)s + \left(\frac{x}{2}\right)r.$$

Determine o número de unidades por compra que vai minimizar o custo, supondo que as vendas ocorram em uma taxa constante; Q é o número de unidades vendidas por ano, r é o custo de armazenar uma unidade por um ano, s é o custo de fazer uma compra, e x é o número de unidades por compra.

31. ***Modelando Dados*** Os gastos com a defesa nacional D (em bilhões de dólares) para anos selecionados entre 1970 e 1999 são mostrados na tabela, onde t é o tempo em anos, com $t = 0$ correspondendo a 1970. (*Fonte*: *U. S. Office of Management and Budget.*)

t	0	5	10	15	20
D	90,4	103,1	155,1	279,0	328,3

t	25	26	27	28	29
D	309,9	302,7	309,8	310,3	320,2

(a) Use os recursos de regressão de uma ferramenta gráfica para ajustar um modelo da forma

$$D = at^4 + bt^3 + ct^2 + dt + e$$

aos dados.

(b) Use uma ferramenta gráfica para marcar os dados e desenhar o modelo.

(c) Para os anos mostrados na tabela, quando o modelo indica que os gastos com a defesa nacional estiveram em seu máximo? Quando estiveram em seu mínimo?

(d) Para os anos mostrados na tabela, quando o modelo indica que os gastos com a defesa nacional estiveram crescendo com maior taxa?

32. ***Modelando Dados*** O gerente de uma loja anotou as vendas anuais S (em milhares de dólares) de um produto por um período de 7 anos, como mostra a tabela, onde t é o tempo em anos, com $t = 7$ correspondendo a 1997.

t	7	8	9	10	11	12	13
S	5,4	6,9	11,5	15,5	19,0	22,0	23,6

(a) Use os recursos de regressão de uma ferramenta gráfica para encontrar um modelo da forma $S = at^3 + bt^2 + ct + d$ para os dados.

(b) Use uma ferramenta gráfica para marcar os dados e desenhar o modelo.

(c) Use cálculo para encontrar o instante t no qual as vendas estavam crescendo com maior taxa.

(d) Você acha que o modelo seria confiável para predizer futuras vendas? Explique.

Nos Exercícios 33 a 40, calcule o limite.

33. $\lim_{x\to\infty} \frac{2x^2}{3x^2+5}$

34. $\lim_{x\to\infty} \frac{2x}{3x^2+5}$

35. $\lim_{x\to-\infty} \frac{3x^2}{x+5}$

36. $\lim_{x\to-\infty} \frac{\sqrt{x^2+x}}{-2x}$

37. $\lim_{x\to\infty} \frac{5\cos x}{x}$

38. $\lim_{x\to\infty} \frac{3x}{\sqrt{x^2+4}}$

39. $\lim_{x\to-\infty} \frac{6x}{x+\cos x}$

40. $\lim_{x\to-\infty} \frac{x}{2\operatorname{sen} x}$

Nos Exercícios 41 a 44, encontre todas as assíntotas horizontais e verticais do gráfico da função. Use uma ferramenta gráfica para conferir seus resultados.

41. $h(x) = \frac{2x+3}{x-4}$

42. $g(x) = \frac{5x^2}{x^2+2}$

43. $f(x) = \frac{3}{x} - 2$

44. $f(x) = \frac{3x}{\sqrt{x^2+2}}$

Nos Exercícios 45 a 48, use uma ferramenta gráfica para desenhar a função. Use o gráfico para estimar todos os extremos relativos e assíntotas.

45. $f(x) = x^3 + \frac{243}{x}$

46. $f(x) = |x^3 - 3x^2 + 2x|$

47. $f(x) = \frac{x-1}{1+3x^2}$

48. $g(x) = \frac{\pi^2}{3} - 4\cos x + \cos 2x$

Nos Exercícios 49 a 66, analise e esboce o gráfico da função.

49. $f(x) = 4x - x^2$

50. $f(x) = 4x^3 - x^4$

51. $f(x) = x\sqrt{16-x^2}$

52. $f(x) = (x^2-4)^2$

53. $f(x) = (x-1)^3(x-3)^2$

54. $f(x) = (x-3)(x+2)^3$

55. $f(x) = x^{1/3}(x+3)^{2/3}$

56. $f(x) = (x-2)^{1/3}(x+1)^{2/3}$

57. $f(x) = \frac{x+1}{x-1}$

58. $f(x) = \frac{2x}{1+x^2}$

59. $f(x) = \frac{4}{1+x^2}$

60. $f(x) = \frac{x^2}{1+x^4}$

61. $f(x) = x^3 + x + \frac{4}{x}$

62. $f(x) = x^2 + \frac{1}{x}$

63. $f(x) = |x^2 - 9|$

64. $f(x) = |x-1| + |x-3|$

65. $f(x) = x + \cos x, \quad 0 \le x \le 2\pi$

66. $f(x) = \frac{1}{\pi}(2\operatorname{sen}\pi x - \operatorname{sen} 2\pi x), \quad -1 \le x \le 1$

67. Encontre os pontos de máximo e de mínimo do gráfico de:

$$x^2 + 4y^2 - 2x - 16y + 13 = 0$$

(a) sem usar cálculo;

(b) usando cálculo.

68. Considere a função $f(x) = x^n$ para valores inteiros positivos de n.

(a) Para quais valores de n a função tem um mínimo relativo na origem?

(b) Para quais valores de n a função tem um ponto de inflexão na origem?

69. ***Distância*** Ao meio-dia, o navio A está 100 quilômetros à leste do navio B. O navio A está navegando para oeste, a 12 quilômetros por hora, e o navio B está navegando para o sul, a 10 quilômetros por hora. Em que instante os navios estarão mais próximos um do outro, e qual será esta distância?

70. ***Área Máxima*** Encontre as dimensões de um retângulo de área máxima, com lados paralelos aos eixos coordenados, que pode ser inscrito na elipse dada por

$$\frac{x^2}{144} + \frac{y^2}{16} = 1.$$

71. ***Comprimento Mínimo*** Um triângulo retângulo no primeiro quadrante tem os eixos coordenados como lados, e a hipotenusa passa pelo ponto (1, 8). Encontre os vértices do triângulo tal que o comprimento da hipotenusa seja mínimo.

72. ***Comprimento Mínimo*** A parede de um prédio deve ser apoiada por uma viga que passa sobre uma cerca paralela de 5 pés de altura a 4 pés do prédio. Encontre o comprimento da viga mais curta que pode ser usada.

73. ***Área Máxima*** Os três lados de um trapézio têm o mesmo comprimento s. De todos os trapézios possíveis, mostre que o que tem área máxima tem o quarto lado com comprimento $2s$.

74. ***Área Máxima*** Mostre que a maior área de um retângulo inscrito em um triângulo é a metade daquela do triângulo.

75. ***Distância*** Encontre o comprimento do maior cano que pode ser carregado horizontalmente ao redor de um canto com ângulo reto na intersecção de dois corredores de larguras 4 pés e 6 pés. (Não use trigonometria.)

76. ***Distância*** Refaça o Exercício 75, para corredores com larguras a metros e b metros.

77. ***Distância*** Um corredor de 6 pés de largura encontra um corredor de 9 pés de largura com ângulo reto. Encontre o comprimento do maior cano que pode ser transportado horizontalmente ao redor deste canto. [*Sugestão*: Se L é o comprimento do cano, mostre que

$$L = 6 \text{ cossec } \theta + 9 \text{ cossec}\left(\frac{\pi}{2} - \theta\right)$$

onde θ é o ângulo entre o cano e a parede do corredor mais estreito.)

78. ***Comprimento*** Refaça o Exercício 77, dado que um corredor tem largura a metros e o outro tem largura b metros. Mostre que o resultado é o mesmo do Exercício 76.

Custo Mínimo **Nos Exercícios 79 e 80, encontre a velocidade *v*, em milhas por hora, que minimizará o custo numa viagem de 110 milhas. O custo por hora de combustível é *C* dólares e o motorista recebe *W* dólares por hora. (Suponha que não existam outros gastos além de salário e combustível.)**

79. Custo do combustível:

$$C = \frac{v^2}{600}$$

Motorista : $W = \$5$

80. Custo do combustível:

$$C = \frac{v^2}{500}$$

Motorista: $W = \$7.50$

Nos Exercícios 81 e 82, use o Método de Newton para calcular todos os zeros da função com precisão de três casas decimais. Use os recursos de *zero* ou *raiz* da ferramenta gráfica para verificar seus resultados.

81. $f(x) = x^3 - 3x - 1$

82. $f(x) = x^3 + 2x + 1$

Nos Exercícios 83 e 84, use o Método de Newton para estimar, até três casas decimais, o(s) valor(es) de *x* no(s) ponto(s) de intersecção das equações. Use uma ferramenta gráfica para conferir seus resultados.

83. $y = x^4$
$y = x + 3$

84. $y = \text{sen } \pi x$
$y = 1 - x$

Nos Exercícios 85 e 86, calcule a diferencial *dy*.

85. $y = x(1 - \cos x)$

86. $y = \sqrt{36 - x^2}$

87. ***Área Superficial e Volume*** A medida do diâmetro de uma esfera foi de 18 centímetros, com um erro máximo possível de 0,05 centímetro. Use diferenciais para estimar os erros propagados e os erros porcentuais possíveis no cálculo da área superficial e do volume da esfera.

88. ***Função Demanda*** Uma companhia descobre que a demanda para seu produto é:

$$p = 75 - \frac{1}{4}x.$$

Se x muda de 7 para 8, encontre e compare os valores de Δp e dp.

P.S. Problemas Suplementares

1. Desenhe o polinômio de quarto grau $p(x) = x^4 + ax^2 + 1$ para diversos valores da constante a.

(a) Determine os valores de a para os quais p tem exatamente um mínimo relativo.

(b) Determine os valores de a para os quais p tem exatamente um máximo relativo.

(c) Determine os valores de a para os quais p tem exatamente dois mínimos relativos.

(d) Mostre que o gráfico de p não pode ter exatamente dois extremos relativos.

2. (a) Desenhe o polinômio de quarto grau $p(x) = ax^4 - 6x^2$ para $a = -3, -2, -1, 0, 1, 2$, e 3. Para quais valores da constante a o polinômio p tem um mínimo relativo ou um máximo relativo?

(b) Mostre que p tem um máximo relativo para todos os valores da constante a.

(c) Determine analiticamente os valores de a para os quais p tem um mínimo relativo.

(d) Seja $(x, y) = (x, p(x))$ um extremo relativo de p. Mostre que (x, y) está no gráfico de $y = -3x^2$. Verifique este resultado graficamente desenhando $y = -3x^2$ juntamente com as sete curvas da parte (a).

3. Seja $f(x) = \dfrac{c}{x} + x^2$. Determine todos os valores da constante c, tais que f tenha um mínimo relativo, mas nenhum máximo relativo.

4. (a) Seja $f(x) = ax^2 + bx + c$, $a \neq 0$ um polinômio quadrático. Quantos pontos de inflexão têm o gráfico de f?

(b) Seja $f(x) = ax^3 + bx^2 + cx + d$, $a \neq 0$ um polinômio cúbico. Quantos pontos de inflexão têm o gráfico de f?

(c) Suponha que a função $y = f(x)$ satisfaça a equação $\dfrac{dy}{dx} = ky\left(1 - \dfrac{y}{L}\right)$ onde k e L são constantes positivas. Mostre que o gráfico de f tem um ponto de inflexão no ponto onde $y = \dfrac{L}{2}$. (Esta equação é chamada de **equação diferencial logística**.)

5. Demonstre o Teorema de Darboux: Seja f uma função diferenciável no intervalo fechado $[a, b]$, tal que $f'(a) = y_1$ e $f'(b) = y_2$. Se d está entre y_1 e y_2, então existe c em (a, b) tal que $f'(c) = d$.

6. Sejam f e g funções contínuas em $[a, b]$ e diferenciáveis em (a, b). Mostre que, se $f(a) = g(a)$ e $g'(x) > f'(x)$ para todo x em (a, b), então $g(b) > f(b)$.

7. Demonstre o seguinte **Teorema do Valor Médio Estendido**. Se f e f' são contínuas no intervalo fechado $[a, b]$, e se f'' existe no intervalo aberto (a, b), então existe um número c em (a, b) tal que:

$$f(b) = f(a) + f'(a)(b - a) + \frac{1}{2}f''(c)(b - a)^2.$$

8. (a) Seja $V = x^3$. Encontre dV e ΔV. Mostre que, para pequenos valores de x, a diferença $\Delta V - dV$ é muito pequena no sentido de que existe um ε, tal que $\Delta V - dV = \varepsilon \Delta x$, onde $\varepsilon \to 0$ quando $\Delta x \to 0$.

(b) Generalize este resultado mostrando que, se $y = f(x)$ é uma função diferenciável, então $\Delta y - dy = \varepsilon \Delta x$, onde $\varepsilon \to 0$ quando $\Delta x \to 0$.

9. A quantidade de iluminação em uma superfície é proporcional à intensidade da fonte de luz, inversamente proporcional ao quadrado da distância da fonte de luz, e proporcional a sen θ, onde θ é o ângulo no qual a luz atinge a superfície. Um quarto retangular mede 10 pés por 24 pés, com o teto a 10 pés do chão. Determine a altura na qual a luz deve ser colocada para permitir que os cantos do chão recebam tanta luz quanto possível.

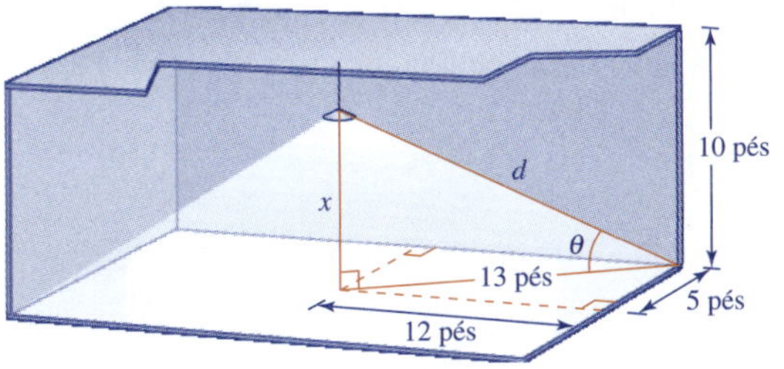

10. Considere um quarto com a forma de um cubo, com 4 metros em cada lado. Um inseto em um ponto P quer andar até o ponto Q no canto oposto, como mostra a figura. Use cálculo para determinar o caminho mais curto. Você pode resolver o problema sem cálculo?

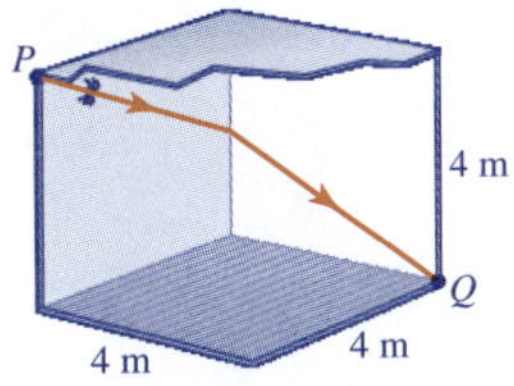

11. A reta ligando P e Q cruza as duas retas paralelas, como mostra a figura. O ponto R está a d unidades de P. Quão longe de Q o ponto S deve ser escolhido para que a soma das áreas dos dois triângulos sombreados seja mínima? E para que a soma seja máxima?

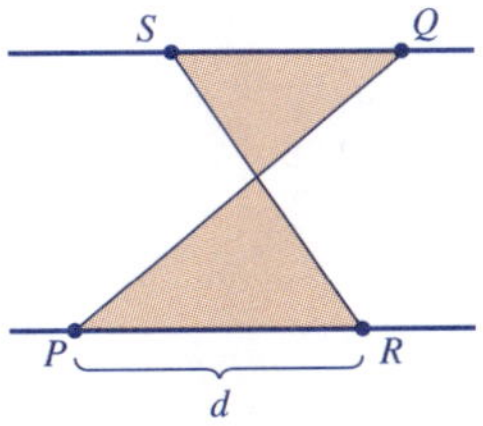

12. As figuras mostram um retângulo, um círculo, e um semicírculo inscritos em um triângulo limitado pelos eixos coordenados e pela parte no primeiro quadrante da reta que intercepta os eixos nos pontos (3, 0) e (0, 4). Encontre as dimensões de cada figura inscrita de forma que a área seja máxima. Diga se o cálculo foi útil para achar as dimensões pedidas. Explique seu raciocínio.

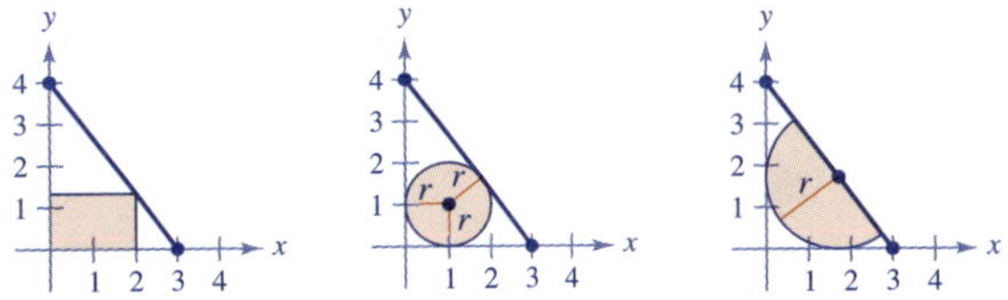

13. (a) Mostre que $\lim_{x\to\infty} x^2 = \infty$.

(b) Mostre que $\lim_{x\to\infty} \left(\frac{1}{x^2}\right) = 0$.

(c) Seja L um número real. Mostre que se $\lim_{x\to\infty} f(x) = L$, então $\lim_{y\to 0^+} f\left(\frac{1}{y}\right) = L$.

14. Encontre o ponto do gráfico de $y = \dfrac{1}{1 + x^2}$ (veja a figura) onde a reta tangente tenha a inclinação máxima, e o ponto onde a reta tangente tenha a inclinação mínima.

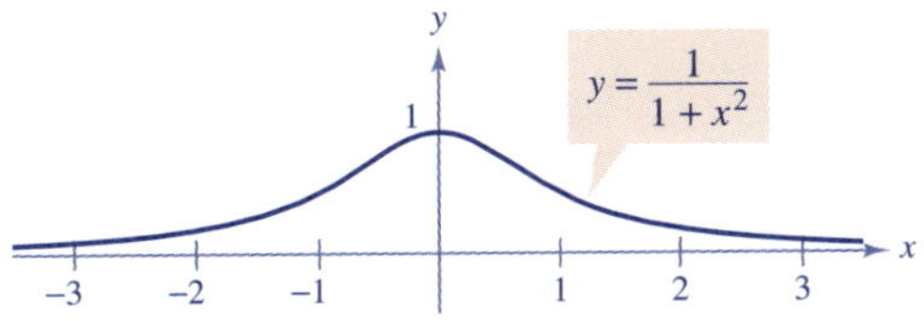

15. (a) Seja x um número positivo. Use o recurso de tabela de uma ferramenta gráfica para verificar que $\sqrt{1 + x} < \frac{1}{2}x + 1$.

(b) Use o Teorema do Valor Médio para demonstrar que $\sqrt{1 + x} < \frac{1}{2}x + 1$ para todos os números x reais positivos.

16. (a) Seja x um número positivo. Use o recurso de tabela de uma ferramenta gráfica para verificar que sen $x < x$.

(b) Use o Teorema do Valor Médio para demonstrar que sen $x < x$ para todos os números x reais positivos.

17. O departamento de trânsito precisa determinar o limite de velocidade em uma ponte para que a taxa de fluxo de carros seja máxima por unidade de tempo. Quanto maior o limite de velocidade, mais afastados uns dos outros os carros precisam estar para manter uma distância de frenagem até o repouso seguro. Dados experimentais sobre a distância de frenagem até o repouso d (em metros) para várias velocidades v (em quilômetros por hora) são mostrados na tabela.

v	20	40	60	80	100
d	5,1	13,7	27,2	44,2	66,4

(a) Converta a velocidade v da tabela em velocidades s em metros por segundo. Use os recursos de regressão de uma ferramenta gráfica para encontrar um modelo da forma $d(s) = as^2 + bs + c$ para os dados.

(b) Considere dois veículos consecutivos de comprimento médio 5,5 metros, viajando a uma velocidade segura na ponte. Seja T a diferença entre os instantes (em segundos) em que os pára-choques dianteiros dos veículos passam por um certo ponto da ponte. Mostre que esta diferença é dada por:

$$T = \frac{d(s)}{s} + \frac{5{,}5}{s}.$$

(c) Use uma ferramenta gráfica para desenhar a função T e calcular a velocidade s que minimiza o tempo entre os veículos.

(d) Use o cálculo para determinar a velocidade que minimiza T. Qual é o mínimo valor de T? Converta a velocidade pedida para quilômetros por hora.

(e) Encontre a distância ótima entre os veículos para o limite de velocidade determinado na parte (d).

18. Uma folha de papel de tamanho padrão (8,5 polegadas por 14 polegadas) é dobrada de forma que o canto P toca o lado oposto de 14 polegadas, em R. (*Observação*: $PQ = \sqrt{C^2 - x^2}$.)

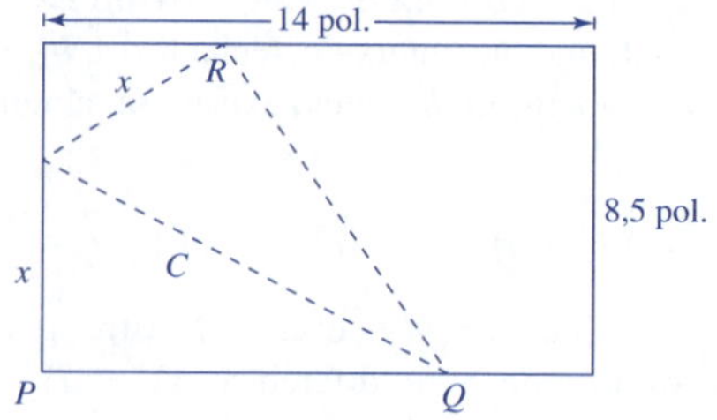

(a) Mostre que $C^2 = \dfrac{2x^3}{2x - 8{,}5}$.

(b) Qual o domínio de C?

(c) Determine o valor de x que minimiza C.

(d) Determine o comprimento mínimo C.

19. O polinômio $P(x) = c_0 + c_1(x - a) + c_2(x - a)^2$ é a aproximação quadrática da função f em $(a, f(a))$ se $P(a) = f(a)$, $P'(a) = f'(a)$, e $P''(a) = f''(a)$.

(a) Encontre a aproximação quadrática de

$$f(x) = \frac{x}{x + 1}$$

em (0, 0).

(b) Use uma ferramenta gráfica para desenhar P e f em uma mesma janela.

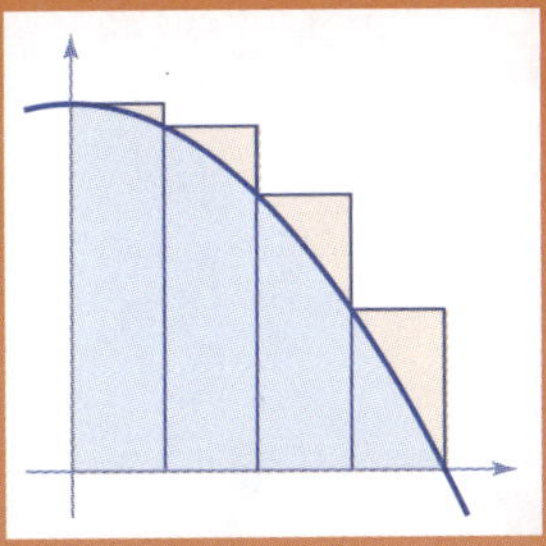

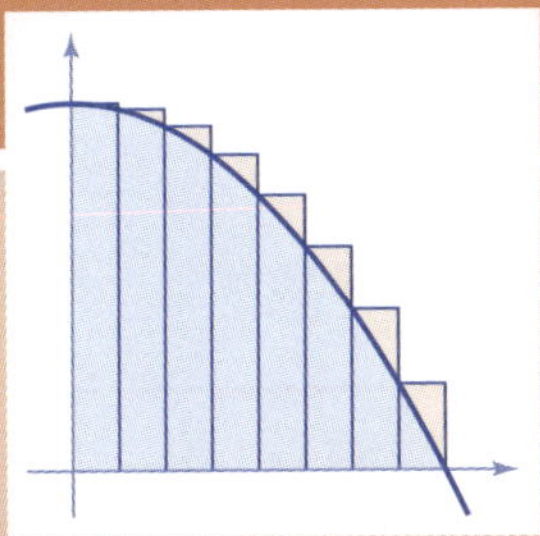

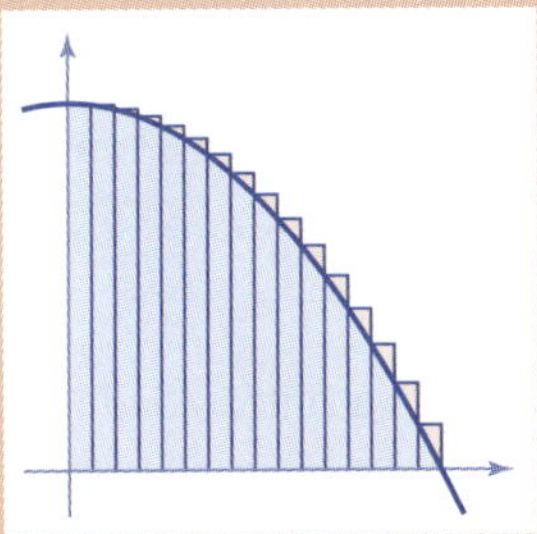

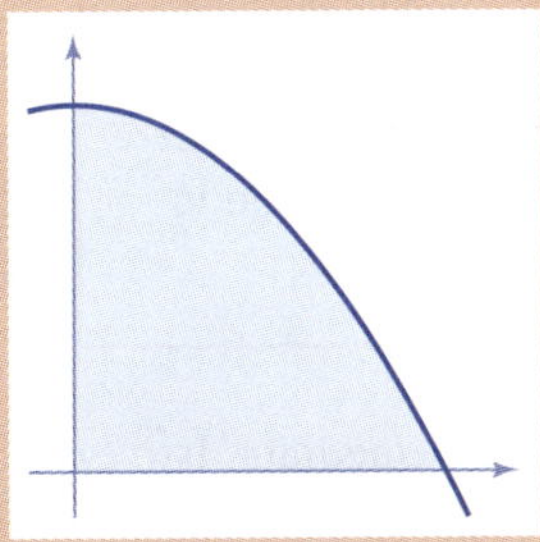

4 Integração

Esta foto de um jato quebrando a barreira do som foi tirada por Ensign John Gay. No instante em que a foto foi tirada a velocidade do jato estava constante ou variando? Por quê?

© Corbis Sygma

A área de uma região parabólica pode ser aproximada por uma soma de áreas de retângulos. Conforme você aumenta o número de retângulos, a aproximação tende a ficar cada vez mais precisa. Na Seção 4.2 você aprenderá como o processo de limite pode ser usado para calcular a área de uma grande variedade de regiões. Este processo é chamado de integração e está intimamente relacionado com a diferenciação.

Seção 4.1 Primitivas e a Integração Indefinida

- **Escrever a solução geral de uma equação diferencial.**
- **Usar a notação de integral indefinida para primitivas.**
- **Usar regras de integração básicas para calcular primitivas.**
- **Encontrar a solução particular de uma equação diferencial.**

INVESTIGAÇÃO

Achando primitivas Para cada derivada, descreva a função original F.

a. $F'(x) = 2x$

b. $F'(x) = x$

c. $F'(x) = x^2$

d. $F'(x) = \frac{1}{x^2}$

e. $F'(x) = \frac{1}{x^3}$

f. $F'(x) = \cos x$

Qual estratégia você usou para encontrar F?

Primitivas

Suponha que lhe peçam para encontrar uma função F cuja derivada é $f(x) = 3x^2$. A partir de seu conhecimento de derivadas, você provavelmente diria que

$$F(x) = x^3 \text{ porque } \frac{d}{dx}[x^3] = 3x^2.$$

A função F é a *primitiva* de f.

Definição de Primitiva

Uma função F é uma **primitiva** de f no intervalo I se $F'(x) = f(x)$ para todo x em I.

Observe que F é chamada *uma* primitiva de f, em vez de *a* primitiva de f. Para ver por que, observe que

$$F_1(x) = x^3, \quad F_2(x) = x^3 - 5 \quad \text{e} \quad F_3(x) = x^3 + 97$$

são todas primitivas de $f(x) = 3x^2$. De fato, para qualquer constante C, a função dada por $F(x) = x^3 + C$ é uma primitiva de f.

TEOREMA 4.1 Representação das Primitivas

Se F é uma primitiva de f no intervalo I, então G é uma primitiva de F no intervalo I se e somente se G é da forma $G(x) = F(x) + C$, para todo x em I, onde C é uma constante.

Demonstração A demonstração do Teorema 4.1 em uma direção é imediata. Isto é, se $G(x) = F(x) + C$, $F'(x) = f(x)$, e C é constante, então:

$$G'(x) = \frac{d}{dx}[F(x) + C] = F'(x) + 0 = f(x).$$

Para demonstrar este teorema na outra direção, suponha que G é uma primitiva de F. Defina uma função H tal que:

$$H(x) = G(x) - F(x).$$

Se H não for constante no intervalo I, devem existir a e b $(a < b)$ no intervalo tais que $H(a) \neq H(b)$. Além disso, já que H é diferenciável em (a, b), podemos aplicar o Teorema do Valor Médio para concluir que existe C em (a, b) tal que:

$$H'(c) = \frac{H(b) - H(a)}{b - a}.$$

Como $H(b) \neq H(a)$, segue que $H'(c) \neq 0$. Entretanto, já que $G'(c) = F'(c)$, sabemos que $H'(c) = G'(c) - F'(c) = 0$, o que contradiz o fato de $H'(c) \neq 0$. Conseqüentemente, podemos concluir que $H(x)$ é uma constante, C. Assim, $G(x) - F(x) = C$ e segue que $G(x) = F(x) + C$.

Usando o Teorema 4.1, você pode representar toda a família de primitivas de uma função adicionando uma constante a uma primitiva *conhecida*. Por exemplo, sabendo que $D_x[x^2] = 2x$, podemos representar a família de *todas* as primitivas de $f(x) = 2x$ por:

$$G(x) = x^2 + C$$ Família de todas as primitivas de $f(x) = 2x$

onde C é uma constante. A constante C é chamada de **constante de integração**. A família de funções representada por G é a **primitiva geral** de F, e $G(x) = x^2 + C$ é a **solução geral** da *equação diferencial*.

$$G'(x) = 2x$$ Equação diferencial

Uma **equação diferencial** em x e y é uma equação que envolve x, y e as derivadas de y. Por exemplo, $y' = 3x$ e $y' = x^2 + 1$ são exemplos de equações diferenciais.

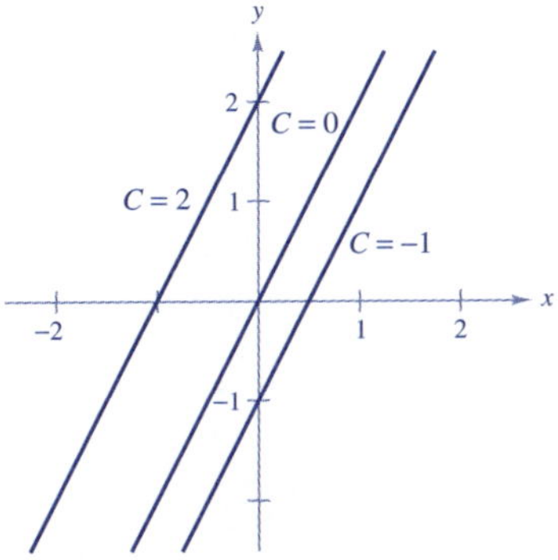

Funções da forma $y = 2x + C$.
Figura 4.1

EXEMPLO 1 Resolvendo uma Equação Diferencial

Encontre a solução geral da equação diferencial $y' = 2$.

Solução Inicialmente, você precisa encontrar uma função cuja derivada seja 2. Uma tal função é:

$$y = 2x.$$ $2x$ *é uma* primitiva de 2

Agora, você pode usar o Teorema 4.1 para concluir que a solução geral da equação diferencial é:

$$y = 2x + C.$$ Solução geral

O gráfico de diversas funções da forma $y = 2x + C$ é mostrado na Figura 4.1.

Notação para Primitivas

Quando estiver resolvendo uma equação diferencial da forma

$$\frac{dy}{dx} = f(x)$$

é conveniente escrevê-la na forma diferencial equivalente:

$$dy = f(x)\,dx.$$

A operação de encontrar todas as soluções desta equação é chamada de **primitivação** (ou **integração indefinida**) e é representada por um sinal de integração $\int$. A solução geral é denotada por:

Variável de integração — Constante de integração

$$y = \int f(x)\,dx = F(x) + C.$$

Integrando

A expressão $\int f(x)dx$ é lida como *primitiva de F com respeito a x*. Assim, a diferencial dx serve para identificar x como variável de integração. O termo **integral indefinida** é um sinônimo de primitiva.

OBSERVAÇÃO Neste texto, a notação $\int f(x)\,dx = F(x) + C$ significa que F é uma primitiva de F *em um intervalo*.

Regras Básicas de Integração

A natureza inversa da integração e diferenciação pode ser verificada substituindo $F'(x)$ por $f(x)$ na definição de integração indefinida para obter:

$$\int F'(x)\,dx = F(x) + C.$$

A integração é a "inversa" da diferenciação

Além disso, se $\int f(x)\,dx = F(x) + C$, então:

$$\frac{d}{dx}\left[\int f(x)\,dx\right] = f(x).$$

A diferenciação é a "inversa" da integração

Estas duas equações nos permitem obter fórmulas de integração diretamente das fórmulas de diferenciação, como mostra o resumo a seguir.

Regras Básicas de Integração

Fórmula de Diferenciação	*Fórmula de Integração*
$\frac{d}{dx}[C] = 0$	$\int 0\,dx = C$
$\frac{d}{dx}[kx] = k$	$\int k\,dx = kx + C$
$\frac{d}{dx}[kf(x)] = kf'(x)$	$\int kf(x)\,dx = k\int f(x)\,dx$
$\frac{d}{dx}[f(x) \pm g(x)] = f'(x) \pm g'(x)$	$\int [f(x) \pm g(x)]\,dx = \int f(x)\,dx \pm \int g(x)\,dx$
$\frac{d}{dx}[x^n] = nx^{n-1}$	$\int x^n\,dx = \frac{x^{n+1}}{n+1} + C, \quad n \neq -1$ Regra da Potência
$\frac{d}{dx}[\text{sen}\,x] = \cos x$	$\int \cos x\,dx = \text{sen}\,x + C$
$\frac{d}{dx}[\cos x] = -\text{sen}\,x$	$\int \text{sen}\,x\,dx = -\cos x + C$
$\frac{d}{dx}[\text{tg}\,x] = \sec^2 x$	$\int \sec^2 x\,dx = \text{tg}\,x + C$
$\frac{d}{dx}[\sec x] = \sec x\,\text{tg}\,x$	$\int \sec x\,\text{tg}\,x\,dx = \sec x + C$
$\frac{d}{dx}[\text{cotg}\,x] = -\text{cossec}^2 x$	$\int \text{cossec}^2 x\,dx = -\text{cotg}\,x + C$
$\frac{d}{dx}[\text{cossec}\,x] = -\text{cossec}\,x\,\text{cotg}\,x$	$\int \text{cossec}\,x\,\text{cotg}\,x\,dx = -\text{cossec}\,x + C$

OBSERVAÇÃO Observe que a Regra da Potência para Integração tem a restrição $n \neq -1$. Para o cálculo de $\int 1/x\,dx$ é preciso esperar até a introdução da função logaritmo natural no Capítulo 5.

EXEMPLO 2 Aplicando as Regras Básicas de Integração

Descreva as primitivas de $3x$.

Solução

$$\int 3x\,dx = 3\int x\,dx \qquad \text{Regra da Multiplicação por Constante}$$

$$= 3\int x^1\,dx \qquad \text{Reescreva } x \text{ como } x^1$$

$$= 3\left(\frac{x^2}{2}\right) + C \qquad \text{Regra da Potência } (n = 1)$$

$$= \frac{3}{2}x^2 + C \qquad \text{Simplifique}$$

Assim, as primitivas de $3x$ são da forma $\frac{3}{2}x^2 + C$, onde C é qualquer constante.

Quando as integrais indefinidas são calculadas, a aplicação estrita das regras básicas de integração em geral produz constantes de integração complicadas. No Exemplo 2, você poderia ter escrito

$$\int 3x\,dx = 3\int x\,dx = 3\left(\frac{x^2}{2} + C\right) = \frac{3}{2}x^2 + 3C$$

Entretanto, como C representa qualquer constante, é tanto enfadonho quanto desnecessário escrever a constante de integração como $3C$. Assim, $\frac{3}{2}x^2 + 3C$ é escrita na forma mais simples, $\frac{3}{2}x^2 + C$.

No Exemplo 2, observe que o padrão geral da integração é similar àquele da diferenciação.

Integral original ⇒ Reescreva ⇒ Integre ⇒ Simplifique

EXEMPLO 3 Reescreva antes de Integrar

	Integral Original	*Reescreva*	*Integre*	*Simplifique*
a.	$\int \frac{1}{x^3}\,dx$	$\int x^{-3}\,dx$	$\frac{x^{-2}}{-2} + C$	$-\frac{1}{2x^2} + C$
b.	$\int \sqrt{x}\,dx$	$\int x^{1/2}\,dx$	$\frac{x^{3/2}}{3/2} + C$	$\frac{2}{3}x^{3/2} + C$
c.	$\int 2\,\text{sen}\,x\,dx$	$2\int \text{sen}\,x\,dx$	$2(-\cos x) + C$	$-2\cos x + C$

TECNOLOGIA Alguns programas, tais como *Derive*, *Maple*, *Mathcad*, *Mathematics* e *TI-89*, são capazes de fazer integração simbolicamente. Se você tem acesso a alguma ferramenta de integração simbólica, tente usá-la para calcular as integrais indefinidas do Exemplo 3.

Lembre-se de que você pode verificar sua resposta para um problema de primitivação diferenciando. Por exemplo, no Exemplo 3(b), você pode verificar que $\frac{2}{3}x^{3/2} + C$ é a primitiva correta diferenciando a resposta para obter:

$$D_x\left[\frac{2}{3}x^{3/2} + C\right] = \left(\frac{2}{3}\right)\left(\frac{3}{2}\right)x^{1/2} = \sqrt{x} \qquad \text{Use diferenciação para verificar a primitiva}$$

As regras básicas de integração listadas anteriormente nesta seção nos permitem integrar qualquer função polinomial, como mostra o Exemplo 4.

EXEMPLO 4 Integrando Funções Polinomiais

a. $\int dx = \int 1\, dx$ — O integrando deve ser interpretado como 1

$= x + C$ — Integre

b. $\int (x + 2)\, dx = \int x\, dx + \int 2\, dx$

$= \dfrac{x^2}{2} + C_1 + 2x + C_2$ — Integre

$= \dfrac{x^2}{2} + 2x + C$ — $C = C_1 + C_2$

A segunda linha da solução é, em geral, omitida.

c. $\int (3x^4 - 5x^2 + x)\, dx = 3\left(\dfrac{x^5}{5}\right) - 5\left(\dfrac{x^3}{3}\right) + \dfrac{x^2}{2} + C$ — Integre

$= \dfrac{3}{5}x^5 - \dfrac{5}{3}x^3 + \dfrac{1}{2}x^2 + C$ — Simplifique

EXEMPLO 5 Reescrevendo antes de Integrar

$\int \dfrac{x+1}{\sqrt{x}}\, dx = \int \left(\dfrac{x}{\sqrt{x}} + \dfrac{1}{\sqrt{x}}\right) dx$ — Reescreva como duas frações

$= \int (x^{1/2} + x^{-1/2})\, dx$ — Reescreva com expoentes fracionários

$= \dfrac{x^{3/2}}{3/2} + \dfrac{x^{1/2}}{1/2} + C$ — Integre

$= \dfrac{2}{3}x^{3/2} + 2x^{1/2} + C$ — Simplifique

$= \dfrac{2}{3}\sqrt{x}(x + 3) + C$

NOTA Quando integrar quocientes, não integre o numerador e o denominador separadamente. Isto é tão inválido na integração quanto na diferenciação. Certifique-se de que no Exemplo 5 você entendeu que:

$$\int \frac{x+1}{\sqrt{x}}\, dx = \frac{2}{3}\sqrt{x}(x+3) + C \text{ não é o mesmo que } \frac{\int (x+1)\, dx}{\int \sqrt{x}\, dx} = \frac{\frac{1}{2}x^2 + x + C_1}{\frac{2}{3}x\sqrt{x} + C_2}.$$

EXEMPLO 6 Reescrevendo antes de Integrar

$\int \dfrac{\text{sen } x}{\cos^2 x}\, dx = \int \left(\dfrac{1}{\cos x}\right)\left(\dfrac{\text{sen } x}{\cos x}\right) dx$ — Reescreva como produto de duas frações

$= \int \sec x \,\text{tg}\, x\, dx$ — Reescreva usando identidades trigonométricas

$= \sec x + C$ — Integre

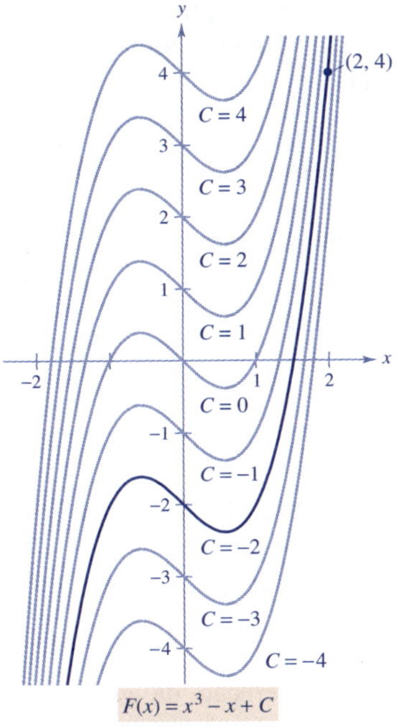

A solução particular que satisfaz a condição inicial $F(2) = 4$ é $F(x) = x^3 - x - 2$.
Figura 4.2

Condições Iniciais e Soluções Particulares

Já vimos que a equação $y = \int f(x)\,dx$ tem muitas soluções (cada uma diferindo das outras por uma constante). Isto significa que os gráficos de quaisquer duas primitivas de f são translações verticais uma da outra. A Figura 4.2, por exemplo, mostra os gráficos de diversas primitivas da forma

$$y = \int (3x^2 - 1)\,dx = x^3 - x + C \qquad \text{Solução geral}$$

para vários valores inteiros de C. Cada uma das primitivas é solução da equação diferencial

$$\frac{dy}{dx} = 3x^2 - 1.$$

Em muitas aplicações da integração, você recebe informações suficientes para determinar uma **solução particular**. Para isto, precisa conhecer apenas o valor de $y = F(x)$ para um valor de x. Esta informação é chamada de **condição inicial**. Na Figura 4.3, por exemplo, apenas uma curva passa pelo ponto (2, 4). Para encontrar esta curva, você pode usar a seguinte informação:

$$F(x) = x^3 - x + C \qquad \text{Solução geral}$$
$$F(2) = 4 \qquad \text{Condição inicial}$$

Usando a condição inicial na solução geral, podemos determinar que $F(2) = 8 - 2 + C = 4$, o que implica que $C = -2$. Assim, obtemos:

$$F(x) = x^3 - x - 2 \qquad \text{Solução particular}$$

EXEMPLO 7 Encontrando uma Solução Particular

Encontre a solução geral de

$$F'(x) = \frac{1}{x^2}, \quad x > 0$$

e encontre a solução particular que satisfaz a condição inicial $F(1) = 0$.

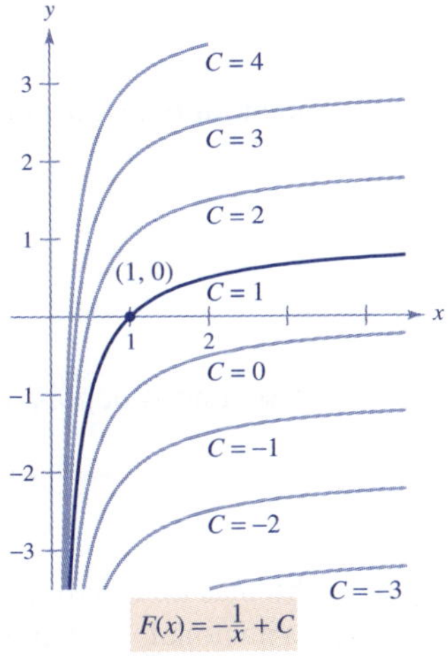

A solução particular que satisfaz a condição inicial $F(1) = 0$ é $F(x) = -(1/x) + 1, x > 0$.
Figura 4.3

Solução Para encontrar a solução geral, integre para obter

$$\begin{aligned} F(x) &= \int \frac{1}{x^2}\,dx && F(x) = \int F'(x)dx \\ &= \int x^{-2}\,dx && \text{Reescreva como potência} \\ &= \frac{x^{-1}}{-1} + C && \text{Integre} \\ &= -\frac{1}{x} + C, \quad x > 0. && \text{Solução geral} \end{aligned}$$

Usando a condição inicial $F(1) = 0$, você pode resolver para C:

$$F(1) = -\frac{1}{1} + C = 0 \implies C = 1$$

Assim, a solução particular, mostrada na Figura 4.3, é:

$$F(x) = -\frac{1}{x} + 1, \quad x > 0. \qquad \text{Solução particular}$$

Até agora nesta seção você tem usado x como variável de integração. Nas aplicações, freqüentemente é conveniente usar uma variável diferente. No exemplo a seguir, envolvendo *tempo*, a variável de integração será t.

EXEMPLO 8 Resolvendo um Problema de Movimento Vertical

Uma bola é jogada para cima com velocidade inicial de 64 pés por segundo de uma altura inicial de 80 pés.

a. Encontre a função posição dando a altura s como função do tempo t.

b. Quando a bola atinge o chão?

Solução

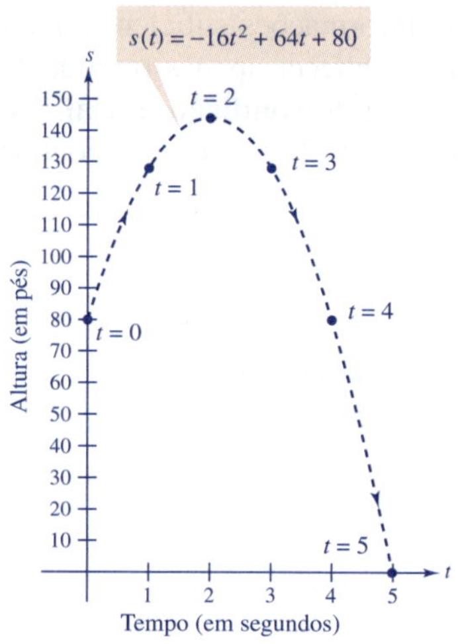

Altura de uma bola no tempo t.
Figura 4.4

a. Seja $t = 0$ o instante inicial. As duas condições iniciais dadas podem ser escritas como a seguir:

$$s(0) = 80 \qquad \text{A altura inicial é 80 pés}$$
$$s'(0) = 64 \qquad \text{A velocidade inicial é 64 pés por segundo}$$

Usando -32 pés por segundo ao quadrado como aceleração da gravidade, podemos escrever

$$s''(t) = -32$$
$$s'(t) = \int s''(t)\,dt = \int -32\,dt = -32t + C_1$$

Usando a velocidade inicial, obtemos $s'(0) = 64 = -32(0) + C_1$, o que implica que $C_1 = 64$. A seguir, integrando $s'(t)$, obtemos

$$s(t) = \int s'(t)\,dt = \int (-32t + 64)\,dt = -16t^2 + 64t + C_2.$$

Usando a altura inicial, obtemos

$$s(0) = 80 = -16(0^2) + 64(0) + C_2$$

o que implica que $C_2 = 80$. Assim, a função posição é

$$s(t) = -16t^2 + 64t + 80. \qquad \text{Veja a Figura 4.4}$$

b. Usando a função posição encontrada na parte (a), podemos encontrar o instante em que a bola atinge o chão resolvendo a equação $s(t) = 0$.

$$s(t) = -16t^2 + 64t + 80 = 0$$
$$-16(t+1)(t-5) = 0$$
$$t = -1, 5$$

Já que t deve ser positivo, concluímos que a bola atinge o chão 5 segundos depois de ser jogada.

OBSERVAÇÃO No Exemplo 8, observe que a função posição tem a forma

$$s(t) = \frac{1}{2}gt^2 + v_0t + s_0$$

onde $g = -32$, v_0 é a velocidade inicial, e s_0 é a altura inicial, como foi exposto na Seção 2.2.

O Exemplo 8 mostra como usar o cálculo para analisar problemas de movimento vertical nos quais a aceleração é determinada pela força gravitacional. Podemos utilizar uma estratégia similar para analisar outros problemas de movimento linear (vertical ou horizontal) nos quais a aceleração (ou desaceleração) é o resultado de alguma outra força, como você verá nos Exercícios 77 a 86.

Antes de começar o conjunto de exercícios, certifique-se de que percebeu que um dos passos mais importantes na integração é *reescrever o integrando* em uma forma que se adapte às regras básicas de integração. Para ilustrar mais este conceito, aqui estão alguns exemplos adicionais.

Integral Original	*Reescreva*	*Integre*	*Simplifique*
$\int \frac{2}{\sqrt{x}}\,dx$	$2\int x^{-1/2}\,dx$	$2\left(\frac{x^{1/2}}{1/2}\right)+C$	$4x^{1/2}+C$
$\int (t^2+1)^2\,dt$	$\int (t^4+2t^2+1)\,dt$	$\frac{t^5}{5}+2\left(\frac{t^3}{3}\right)+t+C$	$\frac{1}{5}t^5+\frac{2}{3}t^3+t+C$
$\int \frac{x^3+3}{x^2}\,dx$	$\int (x+3x^{-2})\,dx$	$\frac{x^2}{2}+3\left(\frac{x^{-1}}{-1}\right)+C$	$\frac{1}{2}x^2-\frac{3}{x}+C$
$\int \sqrt[3]{x}(x-4)\,dx$	$\int (x^{4/3}-4x^{1/3})\,dx$	$\frac{x^{7/3}}{7/3}-4\left(\frac{x^{4/3}}{4/3}\right)+C$	$\frac{3}{7}x^{7/3}-3x^{4/3}$

Exercícios da Seção 4.1

Nos Exercícios 1 a 4, verifique a afirmação mostrando que a derivada do lado direito iguala o integrando do lado esquerdo.

1. $\int\left(-\frac{9}{x^4}\right)dx=\frac{3}{x^3}+C$
2. $\int\left(4x^3-\frac{1}{x^2}\right)dx=x^4+\frac{1}{x}+C$
3. $\int(x-2)(x+2)\,dx=\frac{1}{3}x^3-4x+C$
4. $\int\frac{x^2-1}{x^{3/2}}\,dx=\frac{2(x^2+3)}{3\sqrt{x}}+C$

Nos Exercícios 5 a 8, encontre a solução geral da equação diferencial e confira o resultado derivando.

5. $\frac{dy}{dt}=3t^2$
6. $\frac{dr}{d\theta}=\pi$
7. $\frac{dy}{dx}=x^{3/2}$
8. $\frac{dy}{dx}=2x^{-3}$

Nos Exercícios 9 a 14, complete a tabela.

	Integral Original	*Reescreva*	*Integre*	*Simplifique*
9.	$\int \sqrt[3]{x}\,dx$			
10.	$\int \frac{1}{x^2}\,dx$			
11.	$\int \frac{1}{x\sqrt{x}}\,dx$			
12.	$\int x(x^2+3)\,dx$			
13.	$\int \frac{1}{2x^3}\,dx$			
14.	$\int \frac{1}{(3x)^2}\,dx$			

Nos Exercícios 15 a 34, calcule a integral indefinida e confira o resultado por diferenciação.

15. $\int(x+3)\,dx$
16. $\int(5-x)\,dx$
17. $\int(2x-3x^2)\,dx$
18. $\int(4x^3+6x^2-1)\,dx$
19. $\int(x^3+2)\,dx$
20. $\int(x^3-4x+2)\,dx$
21. $\int(x^{3/2}+2x+1)\,dx$
22. $\int\left(\sqrt{x}+\frac{1}{2\sqrt{x}}\right)dx$
23. $\int\sqrt[3]{x^2}\,dx$
24. $\int\left(\sqrt[4]{x^3}+1\right)dx$
25. $\int\frac{1}{x^3}\,dx$
26. $\int\frac{1}{x^4}\,dx$
27. $\int\frac{x^2+x+1}{\sqrt{x}}\,dx$
28. $\int\frac{x^2+2x-3}{x^4}\,dx$
29. $\int(x+1)(3x-2)\,dx$
30. $\int(2t^2-1)^2\,dt$
31. $\int y^2\sqrt{y}\,dy$
32. $\int(1+3t)t^2\,dt$
33. $\int dx$
34. $\int 3\,dt$

Nos Exercícios 35 a 42, calcule a integral indefinida e confira o resultado por diferenciação.

35. $\int(2\,\text{sen}\,x+3\cos x)\,dx$
36. $\int(t^2-\text{sen}\,t)\,dt$
37. $\int(1-\text{cossec}\,t\,\text{cotg}\,t)\,dt$
38. $\int(\theta^2+\sec^2\theta)\,d\theta$
39. $\int(\sec^2\theta-\text{sen}\,\theta)\,d\theta$
40. $\int\sec y(\text{tg}\,y-\sec y)\,dy$
41. $\int(\text{tg}^2 y+1)\,dy$
42. $\int\frac{\cos x}{1-\cos^2 x}\,dx$

Nos Exercícios 43 a 46, é dado o gráfico da derivada da função. Esboce os gráficos de duas funções que tenham a derivada dada. (Existe mais de uma resposta correta.) Para imprimir uma cópia ampliada do gráfico, consulte *www.mathgraphs.com*.

43.

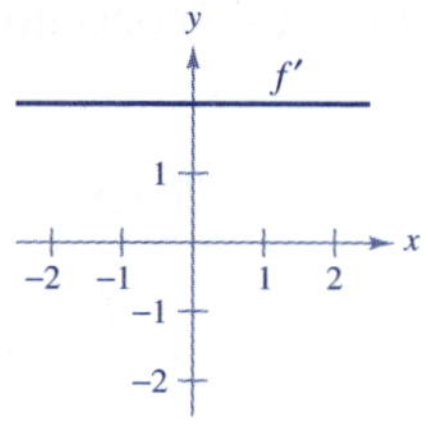

44.

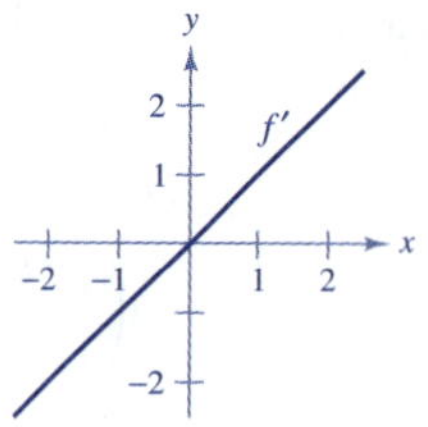

45.

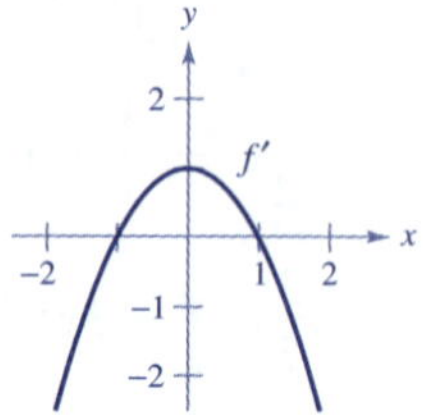

46.

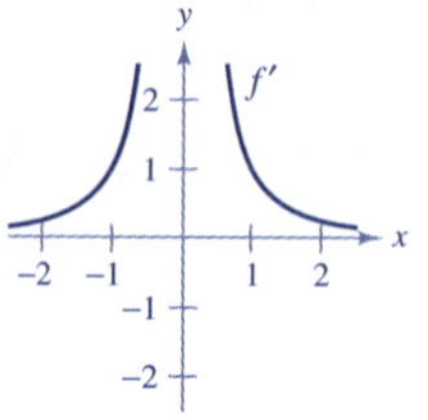

Nos Exercícios 47 e 48, ache a equação para y, dados a derivada e o ponto indicado na curva.

47. $\dfrac{dy}{dx} = 2x - 1$

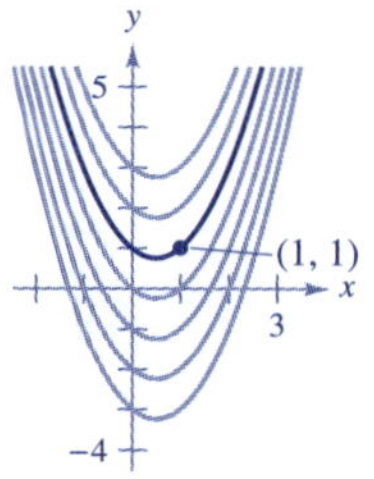

48. $\dfrac{dy}{dx} = 2(x - 1)$

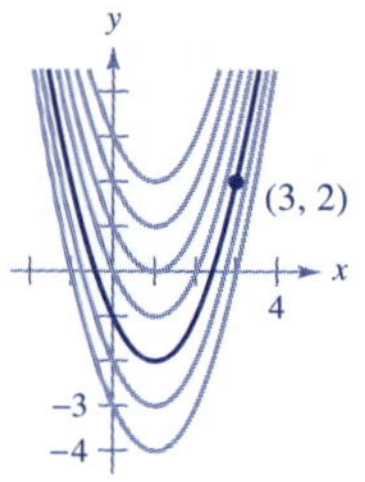

Campo de Direções **Nos Exercícios 49 a 52, são dados uma equação diferencial, um ponto e um campo de direções. Um *campo de direções* consiste de segmentos de retas com direções dadas pela equação diferencial. Estes segmentos de reta dão uma perspectiva visual da direção das soluções da equação diferencial. (a) Esboce duas soluções aproximadas da equação diferencial no campo de direções, uma das quais passando pelo ponto indicado. (Para imprimir uma cópia ampliada do gráfico, consulte *www.mathgraphs. com.*) (b) Use integração para encontrar a solução particular da equação diferencial e use uma ferramenta gráfica para desenhar a solução. Compare o resultado com os esboços da parte (a).**

49. $\dfrac{dy}{dx} = \dfrac{1}{2}x - 1, \quad (4, 2)$

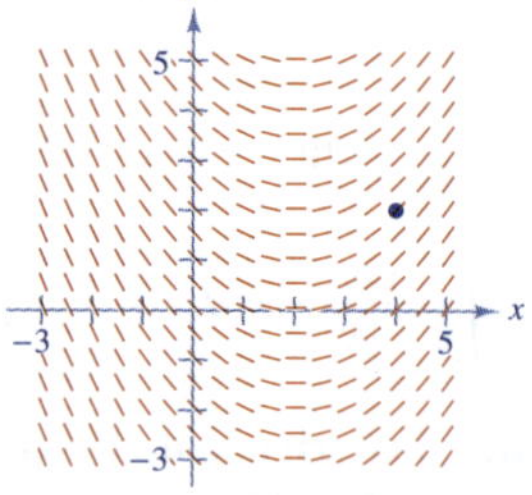

50. $\dfrac{dy}{dx} = x^2 - 1, \quad (-1, 3)$

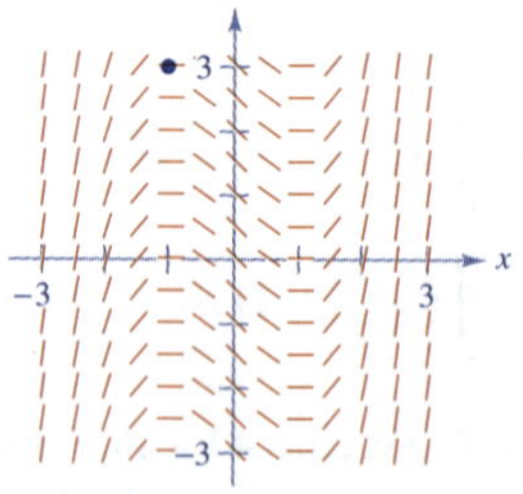

51. $\dfrac{dy}{dx} = \cos x, (0, 4)$

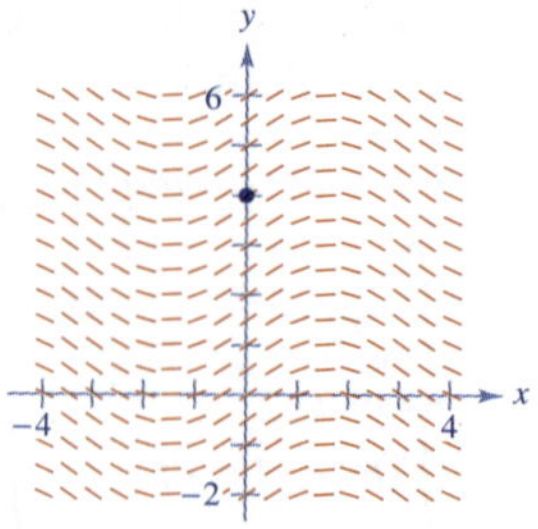

52. $\dfrac{dy}{dx} = -\dfrac{1}{x^2}, x > 0, (1, 3)$

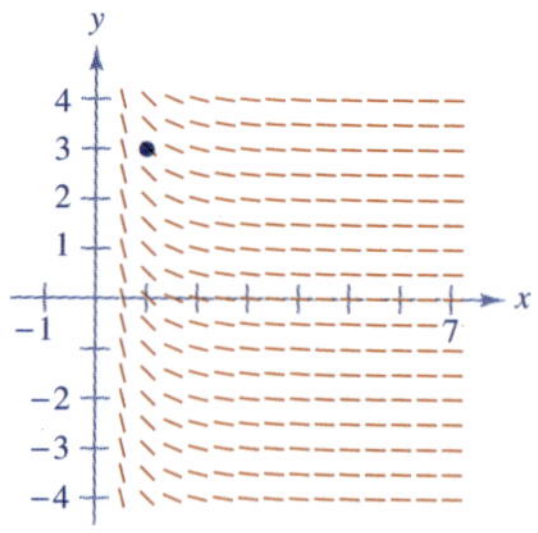

Campo de Direções **Nos Exercícios 53 e 54, (a) use uma ferramenta gráfica para desenhar um campo de direções para a equação diferencial. (b) Use integração e o ponto dado para encontrar uma solução particular da equação diferencial, e (c) desenhe a solução e o campo de direções na mesma janela de observação.**

53. $\dfrac{dy}{dx} = 2x, \ (-2, -2)$

54. $\dfrac{dy}{dx} = 2\sqrt{x}, \ (4, 12)$

Nos Exercícios 55 a 62, resolva a equação diferencial.

55. $f'(x) = 4x, f(0) = 6$

56. $g'(x) = 6x^2, g(0) = -1$

57. $h'(t) = 8t^3 + 5, h(1) = -4$

58. $f'(s) = 6s - 8s^3, f(2) = 3$

59. $f''(x) = 2, f'(2) = 5, f(2) = 10$

60. $f''(x) = x^2, f'(0) = 6, f(0) = 3$

61. $f''(x) = x^{-3/2}, f'(4) = 2, f(0) = 0$

62. $f''(x) = \text{sen}\, x, f'(0) = 1, f(0) = 6$

63. ***Crescimento da Árvore*** Um horticultor costuma vender determinado arbusto depois de ele ter crescido e tomado forma por seis anos. A taxa de crescimento durante estes seis anos é aproximada por $dh/dt = 1{,}5t + 5$, onde t é o tempo em anos e h é a altura em centímetros. As mudas têm 12 centímetros de altura quando plantadas ($t = 0$).

(a) Encontre a altura após t anos.

(b) Quão altos estão os arbustos quando são vendidos?

64. ***Crescimento Populacional*** A taxa de crescimento dP/dt de uma população de bactérias é proporcional à raiz quadrada de t, quando P é o tamanho da população e t é o tempo em dias $(0 \le t \le 10)$. Isto é, $dP/dt = k\sqrt{t}$. O tamanho inicial da população é 500. Depois de um dia, a população cresceu para 600. Estime a população depois de 7 dias.

Questões Conceituais

65. Dado que $f(0) = -4$, use o gráfico de f' mostrado na figura para responder o seguinte:

(a) Estime a inclinação de f em $x = 4$. Explique.

(b) É possível que $f(2) = -1$? Explique.

(c) É verdade que $f(5) - f(4) > 0$? Explique.

(d) Estime o valor de x para o qual f é máximo. Explique.

Questões Conceituais (*Continuação*)

(e) Aproxime todos os intervalos nos quais o gráfico de f é côncavo para cima e todos os intervalos nos quais ele é côncavo para baixo. Estime a coordenada x nos pontos de inflexão.

(f) Estime a coordenada x do mínimo de $f''(x)$.

(g) Esboce um gráfico aproximado de f. Para imprimir uma cópia ampliada do gráfico, consulte *www.mathgraphs.com*.

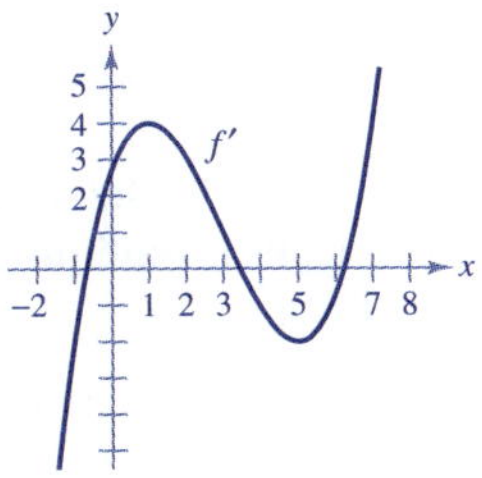

66. Cada um dos gráficos de f e f' passa pela origem. Use o gráfico de f'' mostrado na figura para esboçar o gráfico de f e f'. Para imprimir uma cópia ampliada do gráfico, consulte *www.mathgraphs.com*.

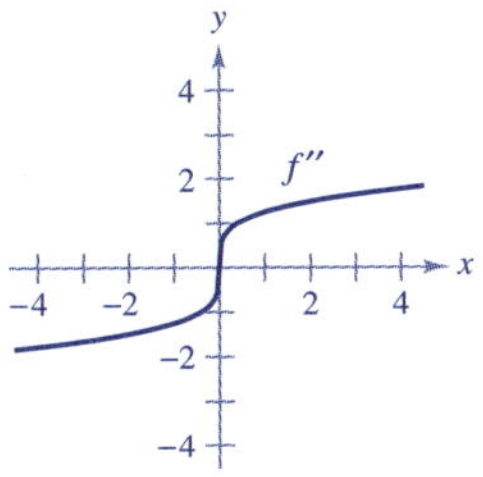

Movimento Vertical **Nos Exercícios 67 a 70, use $a(t) = -32$ pés por segundo ao quadrado como aceleração da gravidade. (Despreze a resistência do ar.)**

67. Uma bola é jogada verticalmente para cima de uma altura de 6 pés com velocidade inicial de 60 pés por segundo. Quão alto a bola irá?

68. Mostre que a altura acima do solo de um objeto lançado para cima de um ponto s_0 pés acima do solo com velocidade inicial v_0 pés por segundo é dada pela função:

$$f(t) = -16t^2 + v_0t + s_0.$$

69. Com que velocidade inicial um objeto deve ser lançado para cima (do nível do solo) para atingir o topo do monumento Washington (aproximadamente 550 pés)?

70. Um balão, subindo verticalmente com uma velocidade de 16 pés por segundo, solta uma bolsa de areia no instante em que está a 64 pés acima do solo.

(a) Quantos segundos depois de ser solta a bolsa atinge o solo?

(b) Com que velocidade ela atingirá o solo?

Movimento Vertical **Nos Exercícios 71 a 74, use $a(t) = -9{,}8$ metros por segundo ao quadrado como aceleração da gravidade. (Despreze a resistência do ar.)**

71. Mostre que a altura acima do solo de um objeto lançado para cima de um ponto s_0 pés acima do solo com velocidade inicial v_0 pés por segundo é dada pela função

$$f(t) = -4{,}9t^2 + v_0t + s_0.$$

72. O Grande Canyon tem 1.800 metros de profundidade no seu ponto mais profundo. Uma rocha é solta da borda sobre este ponto. Escreva a altura da rocha como uma função do tempo t em segundos. Quanto tempo demorará para a rocha atingir o fundo do desfiladeiro?

73. Uma bola de beisebol é jogada para cima de uma altura de 2 metros com uma velocidade inicial de 10 metros por segundo. Determine sua altura máxima.

74. Com que velocidade inicial um objeto deve ser lançado para cima (de uma altura de 2 metros) para que atinja uma altura máxima de 200 metros?

75. ***Gravidade Lunar*** Na Lua, a aceleração da gravidade é $-1{,}6$ metro por segundo ao quadrado. Uma pedra é solta de um penhasco na Lua e atinge sua superfície 20 segundos depois. Quão fundo ela caiu? Qual era a velocidade no instante do impacto?

76. ***Velocidade de Escape*** A velocidade mínima necessária para que um objeto escape da força gravitacional da Terra é obtida da solução da equação

$$\int v\,dv = -GM\int \frac{1}{y^2}\,dy$$

onde v é a velocidade do objeto lançado da Terra, y é a distância ao centro da Terra, G é a constante gravitacional, e M é a massa da Terra. Mostre que v e y estão relacionados pela equação

$$v^2 = v_0^2 + 2GM\left(\frac{1}{y} - \frac{1}{R}\right)$$

onde v_0 é a velocidade inicial do objeto e R é o raio da Terra.

Movimento Retilíneo **Nos Exercícios 77 a 80, considere uma partícula se movendo ao longo do eixo x com $x(t)$ sendo a posição da partícula no instante t, $x'(t)$ sua velocidade, e $x''(t)$ sua aceleração.**

77. $x(t) = t^3 - 6t^2 + 9t - 2, \quad 0 \le t \le 5$

(a) Encontre a velocidade e a aceleração da partícula.

(b) Encontre os intervalos de tempo nos quais a partícula está se movendo para a direita.

(c) Encontre a velocidade da partícula quando a aceleração é 0.

78. Repita o Exercício 77 para a função posição

$x(t) = (t-1)(t-3)^2, \quad 0 \le t \le 5.$

79. Uma partícula se move ao longo do eixo x com velocidade de $v(t) = 1/\sqrt{t}$, $t > 0$. No instante $t = 1$, sua posição é $x = 4$. Encontre a aceleração e a função posição da partícula.

80. Uma partícula, inicialmente em repouso, se move ao longo do eixo x de forma que sua aceleração no instante $t > 0$ é dada por $a(t) = \cos t$. No instante $t = 0$, sua posição é $x = 3$.

(a) Encontre a velocidade e a função posição da partícula.

(b) Encontre os valores de t para os quais a partícula está em repouso.

81. ***Aceleração*** O fabricante de um automóvel anuncia que ele leva 13 segundos para acelerar de 25 quilômetros por hora para 80 quilômetros por hora. Supondo aceleração constante, calcule o seguinte:

(a) A aceleração em metros por segundo ao quadrado.

(b) A distância que o carro percorre durante os 13 segundos.

82. ***Desaceleração*** Um carro viajando a 45 milhas por hora foi freado até o repouso, com uma desaceleração constante, a 132 pés de onde os freios foram aplicados.

(a) Quão longe o carro tinha se movido quando sua velocidade foi reduzida para 30 milhas por hora?

(b) Quão longe o carro tinha se movido quando sua velocidade foi reduzida para 15 milhas por hora?

(c) Desenhe a reta real de 0 a 132, e marque os pontos encontrados nas partes (a) e (b). O que você pode concluir?

83. ***Aceleração*** No instante em que o semáforo ficou verde, um carro que estava parado na intersecção começou a se mover com aceleração constante de 6 pés por segundo ao quadrado. No mesmo instante, um caminhão que viajava com velocidade constante de 30 metros por segundo ultrapassa o carro.

(a) Quão longe do semáforo o carro vai ultrapassar o caminhão?

(b) Quão rápido o carro estará se deslocando quando ultrapassar o caminhão?

84. ***Modelando Dados*** A tabela mostra as velocidades de dois carros (em milhas por hora) em uma rampa de entrada de uma rodovia interestadual. O tempo t está em segundos.

t	0	5	10	15	20	25	30
v_1	0	2,5	7	16	29	45	65
v_2	0	21	38	51	60	64	65

(a) Reescreva a tabela convertendo milhas por hora em pés por segundo.

(b) Use os recursos de regressão de uma ferramenta gráfica para encontrar modelos quadráticos para os dados na parte (a).

(c) Estime a distância percorrida pelos dois carros em 30 segundos. Explique a diferença entre as distâncias.

85. ***Aceleração*** Suponha que um avião totalmente carregado inicialmente em repouso tem uma aceleração constante enquanto se move em uma pista de decolagem. O avião necessita de 0,7 milhas de pista e velocidade de 160 milhas por hora para decolar. Qual a aceleração do avião?

86. ***Separação de Aviões*** Dois aviões estão em trajetórias de pouso lineares e, de acordo com os regulamentos da Força Aérea, precisam manter pelo menos três milhas de separação. O avião A está a dez milhas do pouso e desacelerando gradualmente sua velocidade de 150 milhas por hora para a velocidade de pouso de 100 milhas por hora. O avião B está a 17 milhas do pouso e desacelerando gradualmente sua velocidade de 250 milhas por hora para uma velocidade de pouso de 115 milhas por hora.

(a) Supodo que a desaceleração de cada avião é constante, encontre as funções posições s_1 e s_2 para o avião A e para o avião B. Faça $t = 0$ representar o instante em que os aviões estão a 10 e 17 milhas do aeroporto.

(b) Use uma ferramenta gráfica para desenhar as funções posições.

(c) Encontre uma fórmula para a distância d entre os dois aviões como função de t. Use uma ferramenta gráfica para desenhar d. Existe algum instante de tempo antes do pouso do avião A no qual $d < 3$? Em caso afirmativo, encontre este instante.

Verdadeiro ou Falso? **Nos Exercícios 87 a 92, determine se a afirmação é verdadeira ou falsa. Se for falsa, explique por que ou dê um exemplo mostrando que é falsa.**

87. Cada primitiva de uma função polinomial de grau n é uma função polinomial de grau $(n + 1)$.

88. Se $p(x)$ é uma função polinomial, então p tem exatamente uma primitiva cujo gráfico contém a origem.

89. Se $F(x)$ e $G(x)$ são primitivas de $f(x)$, então $F(x) = G(x) + C$.

90. Se $f'(x) = g(x)$, então $\int g(x)\,dx = f(x) + C$.

91. $\int f(x)g(x)\,dx = \int f(x)\,dx \int g(x)\,dx$.

92. A primitiva de $f(x)$ é única.

93. Encontre uma função f tal que o gráfico de f tenha uma tangente horizontal em $(2, 0)$ e $f''(x) = 2x$.

94. A figura mostra o gráfico de f'. Esboce o gráfico de f dado que f é contínua e $f(0) = 1$.

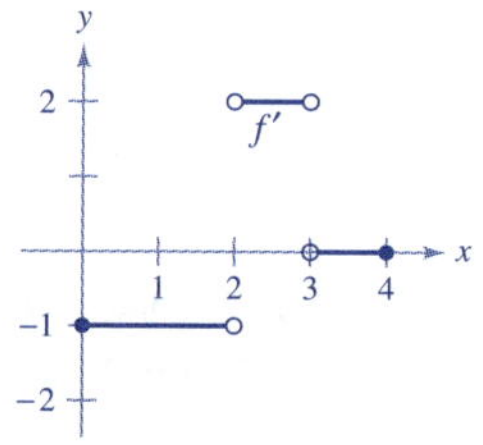

95. Se $f'(x) = \begin{cases} 1, & 0 \le x < 2 \\ 3x, & 2 \le x \le 5 \end{cases}$ f é contínua e $f(1) = 3$, ache f. A função f é diferenciável em $x = 2$?

96. Sejam $s(x)$ e $c(x)$ duas funções satisfazendo $s'(x) = c(x)$ e $c'(x) = -s(x)$ para todo x. Se $s(0) = 0$ e $c(0) = 1$, mostre que $[s(x)]^2 + [c(x)]^2 = 1$.

Desafio Putnam

97. Suponha que f e g sejam funções definidas em R, com valores reais, diferenciáveis e não constantes. Além disso, suponha que para cada par x e y de números reais, $f(x + y) = f(x)f(y) - g(x)g(y)$ e $g(x + y) = f(x)g(y) + g(x)f(y)$. Se $f'(0) = 0$, demonstre que $(f(x))^2 + (g(x))^2 = 1$ para todo x.

Este problema foi formulado pelo Committee on the Putnam Prize Competition.

Seção 4.2

Área

- **Usar a notação sigma para escrever e calcular uma soma.**
- **Entender o conceito de área.**
- **Estimar a área de uma região plana.**
- **Encontrar a área de uma região plana usando limites.**

A Notação Sigma

Na seção anterior, estudamos primitivação. Nesta seção, examinaremos mais a fundo um problema introduzido na Seção 1.1 — encontrar a área de uma região do plano. À primeira vista, estas duas idéias não parecem estar relacionadas, mas você descobrirá na Seção 4.4 que elas estão intimamente relacionadas por um teorema extremamente importante chamado de Teorema Fundamental do Cálculo.

Esta seção começa introduzindo uma notação concisa para somas. Esta notação é chamada de **notação sigma** porque usa a letra grega maiúscula sigma, denotado por Σ.

Notação Sigma

A soma de n termos $a_1, a_2, a_3, \ldots, a_n$ é escrita como

$$\sum_{i=1}^{n} a_i = a_1 + a_2 + a_3 + \cdots + a_n$$

onde i é o **índice de somatória**, a_i é o ***i*-ésimo termo** da soma, e os **limites superior e inferior para a somatória** são n e 1.

OBSERVAÇÃO Os limites superior e inferior devem ser constantes com relação ao índice da somatória. Entretanto, o limite inferior não precisa ser 1. Qualquer inteiro menor ou igual ao limite superior é legítimo.

EXEMPLO 1 Exemplos da Notação Sigma

a. $\sum_{i=1}^{6} i = 1 + 2 + 3 + 4 + 5 + 6$

b. $\sum_{i=0}^{5} (i + 1) = 1 + 2 + 3 + 4 + 5 + 6$

c. $\sum_{j=3}^{7} j^2 = 3^2 + 4^2 + 5^2 + 6^2 + 7^2$

d. $\sum_{k=1}^{n} \frac{1}{n}(k^2 + 1) = \frac{1}{n}(1^2 + 1) + \frac{1}{n}(2^2 + 1) + \cdots + \frac{1}{n}(n^2 + 1)$

e. $\sum_{i=1}^{n} f(x_i)\,\Delta x = f(x_1)\,\Delta x + f(x_2)\,\Delta x + \cdots + f(x_n)\,\Delta x$

Das partes (a) e (b), observe que a mesma soma pode ser representada de formas diferentes usando a notação sigma.

PARA MAIS INFORMAÇÃO Para uma interpretação geométrica das fórmulas de somatória, veja o artigo, "Looking at $\sum_{k=1}^{n} k$ and $\sum_{k=1}^{n} k^2$ Geometrycally", de Eric Hegblom, em *Mathematics Teacher*; ou consulte-o em *www.matharticles.com.*

Embora qualquer variável possa ser usada como índice da somatória i, j e k são usadas freqüentemente. Observe no Exemplo 1 que o índice da somatória não aparece nos termos da soma expandida.

A Soma dos Primeiros 100 Inteiros

O professor de Carl Friedrich Gauss (1777-1855) pediu a ele para somar todos os inteiros de 1 a 100. Quando Gauss voltou com a resposta correta depois de uns poucos momentos, o professor simplesmente olhou para ele em silêncio estupefato. Isto foi o que Gauss fez:

$$\begin{array}{r} 1 + 2 + 3 + \cdots + 100 \\ 100 + 99 + 98 + \cdots + 1 \\ \hline 101 + 101 + 101 + \cdots + 101 \end{array}$$

$$\frac{100 \times 101}{2} = 5.050$$

Isto é generalizado pelo Teorema 4.2, onde

$$\sum_{i=1}^{100} i = \frac{100(101)}{2} = 5.050.$$

As seguintes propriedades da somatória podem ser deduzidas das propriedades associativa e comutativa da adição e da propriedade distributiva da adição com relação à multiplicação. (Na primeira propriedade, k é uma constante.)

1. $\sum_{i=1}^{n} ka_i = k\sum_{i=1}^{n} a_i$

2. $\sum_{i=1}^{n} (a_i \pm b_i) = \sum_{i=1}^{n} a_i \pm \sum_{i=1}^{n} b_i$

O próximo teorema apresenta algumas fórmulas úteis para a soma de potências. Uma prova deste teorema é dada no Apêndice A.

TEOREMA 4.2 Fórmulas de Somatórias

1. $\sum_{i=1}^{n} c = cn$

2. $\sum_{i=1}^{n} i = \frac{n(n+1)}{2}$

3. $\sum_{i=1}^{n} i^2 = \frac{n(n+1)(2n+1)}{6}$

4. $\sum_{i=1}^{n} i^3 = \frac{n^2(n+1)^2}{4}$

EXEMPLO 2 Calculando a Soma

Calcule $\sum_{i=1}^{n} \frac{i+1}{n^2}$ para $n = 10$, 100, 1.000 e 10.000.

Solução Aplicando o Teorema 4.2, podemos escrever

$$\sum_{i=1}^{n} \frac{i+1}{n^2} = \frac{1}{n^2}\sum_{i=1}^{n}(i+1) \qquad \text{Fator constante } 1/n^2 \text{ fora da soma}$$

$$= \frac{1}{n^2}\left(\sum_{i=1}^{n} i + \sum_{i=1}^{n} 1\right) \qquad \text{Escreva como duas somas}$$

$$= \frac{1}{n^2}\left[\frac{n(n+1)}{2} + n\right] \qquad \text{Aplique o Teorema 4.2}$$

$$= \frac{1}{n^2}\left[\frac{n^2+3n}{2}\right] \qquad \text{Simplifique}$$

$$= \frac{n+3}{2n}. \qquad \text{Simplifique}$$

Agora você pode calcular a soma substituindo os valores apropriados de n, como mostrado na tabela à esquerda.

n	$\sum_{i=1}^{n} \frac{i+1}{n^2} = \frac{n+3}{2n}$
10	0,65000
100	0,51500
1.000	0,50150
10.000	0,50015

Na tabela, observe que a soma parece se aproximar de um limite quando n cresce. Embora a discussão de limites no infinito da Seção 3.5 se aplique a uma variável x, onde x pode ser qualquer número real, muitos dos mesmos resultados são válidos para limites envolvendo a variável n, onde n está restrito aos valores inteiros positivos. Assim, para encontrar o limite de $(n+3)/2n$ quando n se aproxima do infinito, podemos escrever

$$\lim_{n\to\infty} \frac{n+3}{2n} = \frac{1}{2}.$$

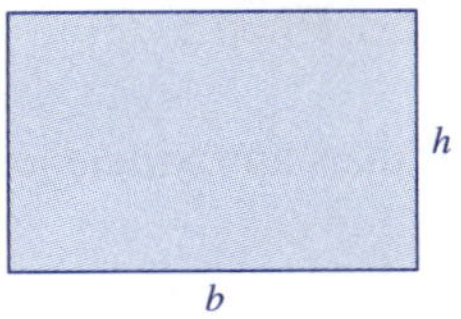

Retângulo: $A = bh$.
Figura 4.5

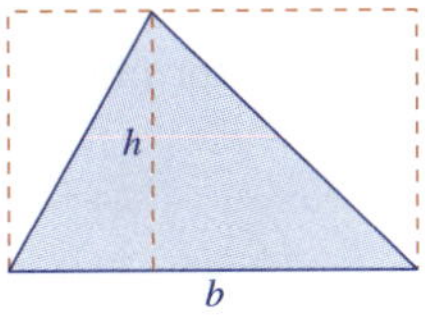

Triângulo: $A = \frac{1}{2}bh$.
Figura 4.6

Área

Na geometria euclidiana, o tipo mais simples de região plana é o retângulo. Embora as pessoas freqüentemente digam que a *fórmula* para a área do retângulo é $A = bh$, como mostra a Figura 4.5, na realidade seria mais apropriado dizer que esta é a *definição* de **área de um retângulo**.

Com base nessa definição, podemos desenvolver fórmulas para as áreas de muitas outras regiões planas. Por exemplo, para determinar a área de um triângulo, podemos formar um retângulo cuja área é duas vezes a do triângulo, como mostra a Figura 4.6. Uma vez que você saiba achar a área de um triângulo, pode determinar a área de qualquer polígono subdividindo o polígono em regiões triangulares, como mostra a Figura 4.7.

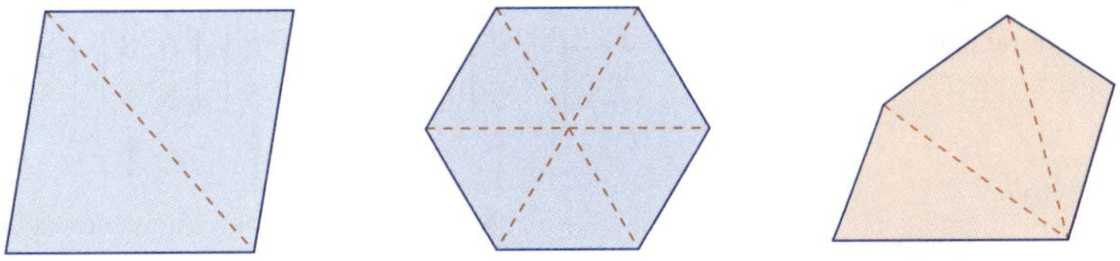

Paralelogramo. Hexágono. Polígono.
Figura 4.7

ARQUIMEDES (287-212 a.C.)

Arquimedes usou o método de exaustão para deduzir as fórmulas para as áreas de elipses, segmentos de parábola e setores de espiral. Ele é considerado o maior matemático aplicado da Antiguidade.

PARA MAIS INFORMAÇÃO Para uma dedução alternativa da fórmula para a área do círculo, veja o artigo "Proof Without Words: Area of a Disk is πR^2", de Russel Jay Hendel, em *Mathematics Magazine*; ou consulte-o em *www.matharticles.com*.

Encontrar a área de outras regiões além dos polígonos é mais difícil. Os gregos antigos foram capazes de determinar fórmulas para a área de algumas regiões (principalmente aquelas limitadas por cônicas) pelo método de *exaustão*. A descrição mais clara deste método foi dada por Arquimedes. Essencialmente, o método é um processo de limite no qual a área é confinada entre dois polígonos – um inscrito e outro circunscrito na região.

Por exemplo, na Figura 4.8 a área da região circular é aproximada por um polígono inscrito de n lados e um polígono circunscrito de n lados. Para cada valor de n a área do polígono inscrito é menor do que a área do círculo, e a área do polígono circunscrito é maior que a área do círculo. Além disso, conforme n cresce, a área dos dois polígonos tornam-se aproximações cada vez melhores para a área do círculo.

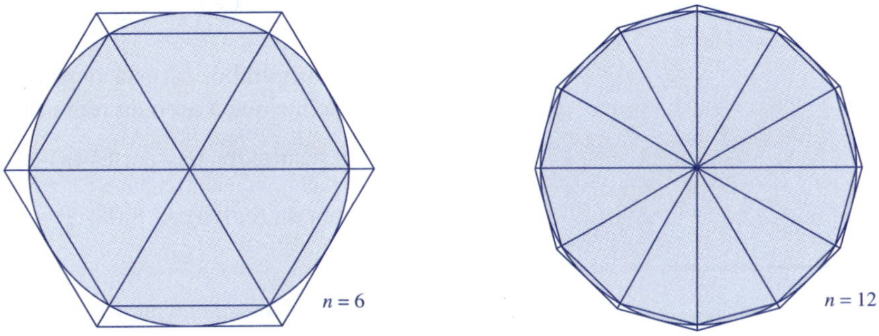

O método de exaustão para achar a área de uma região circular.
Figura 4.8

Um processo que é parecido com o usado por Arquimedes para determinar a área de uma região plana é usado nos exemplos restantes desta seção.

A Área de uma Região Plana

Lembre-se da Seção 1.1 em que as origens do cálculo estão ligadas a dois problemas clássicos: o problema da reta tangente e o problema da área. O Exemplo 3 inicia a investigação do problema da área.

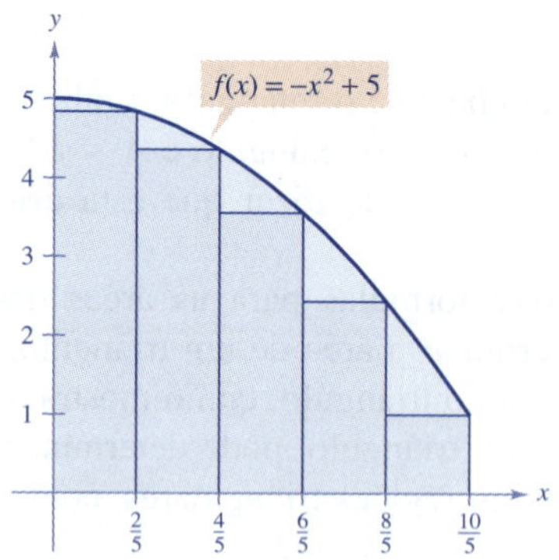

(a) A área da região parabólica é maior do que a área dos retângulos.

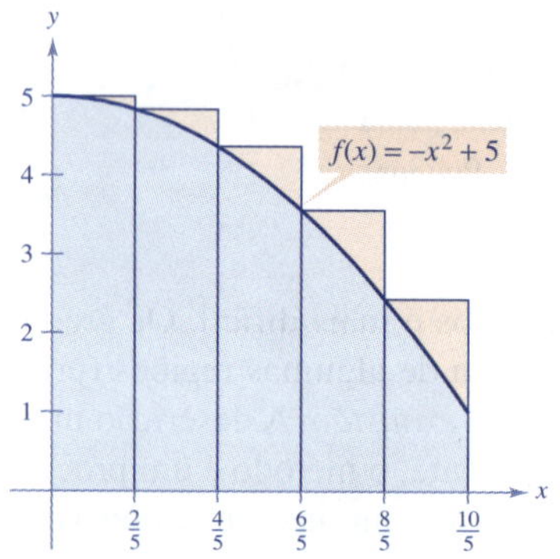

(b) A área da região parabólica é menor do que a área dos retângulos.
Figura 4.9

EXEMPLO 3 Aproximando a Área de uma Região Plana

Use os cinco retângulos na Figura 4.9(a) e (b) para encontrar duas aproximações para a área da região que fica entre o gráfico de

$$f(x) = -x^2 + 5$$

e o eixo x, entre $x = 0$ e $x = 2$.

Solução

a. As extremidades à direita nos cinco intervalos são $\frac{2}{5}i$, onde $i = 1, 2, 3, 4, 5$. A largura de cada retângulo é $\frac{2}{5}$, e a altura de cada retângulo pode ser obtida calculando f na extremidade direita de cada intervalo.

$$\left[0, \frac{2}{5}\right], \left[\frac{2}{5}, \frac{4}{5}\right], \left[\frac{4}{5}, \frac{6}{5}\right], \left[\frac{6}{5}, \frac{8}{5}\right], \left[\frac{8}{5}, \frac{10}{5}\right]$$

Calcule f nas extremidades à direita destes intervalos

A soma das áreas dos cinco retângulos é

$$\sum_{i=1}^{5} \underbrace{f\left(\frac{2i}{5}\right)}_{\text{Altura}} \underbrace{\left(\frac{2}{5}\right)}_{\text{Largura}} = \sum_{i=1}^{5}\left[-\left(\frac{2i}{5}\right)^2 + 5\right]\left(\frac{2}{5}\right) = \frac{162}{25} = 6{,}48.$$

Já que cada um dos cinco retângulos fica dentro da região parabólica, podemos concluir que a área da região parabólica é maior do que 6,48.

b. As extremidades à esquerda nos cinco intervalos são $\frac{2}{5}(i - 1)$, onde $i = 1, 2, 3, 4, 5$. A largura de cada retângulo é $\frac{2}{5}$, e a altura de cada retângulo pode ser obtida calculando f na extremidade esquerda de cada intervalo.

$$\sum_{i=1}^{5} \underbrace{f\left(\frac{2i-2}{5}\right)}_{\text{Altura}} \underbrace{\left(\frac{2}{5}\right)}_{\text{Largura}} = \sum_{i=1}^{5}\left[-\left(\frac{2i-2}{5}\right)^2 + 5\right]\left(\frac{2}{5}\right) = \frac{202}{25} = 8{,}08.$$

Já que a região parabólica está dentro da união das cinco regiões retangulares, podemos concluir que a área da região parabólica é menor do que 8,08.

Combinando os resultados nas partes (a) e (b), podemos concluir que:

$$6{,}48 < (\text{Área da região}) < 8{,}08.$$

OBSERVAÇÃO Aumentando o número de retângulos usados no Exemplo 3, podemos obter aproximações cada vez mais precisas da área da região. Por exemplo, usando 25 retângulos de largura $\frac{2}{25}$ cada, podemos concluir que

$$7{,}17 < (\text{Área da região}) < 7{,}49.$$

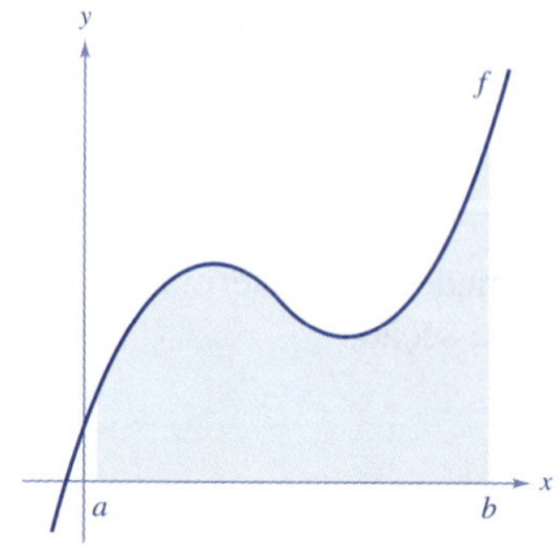

A região sob a curva.
Figura 4.10

Somas Superiores e Inferiores

Mostramos a seguir como o procedimento usado no Exemplo 3 pode ser generalizado. Considere uma região plana limitada acima pelo gráfico de uma função contínua não negativa $y = f(x)$, como mostra a Figura 4.10. A região é limitada por baixo pelo eixo x, e as fronteiras da região à esquerda e à direita são as retas verticais $x = a$ e $x = b$.

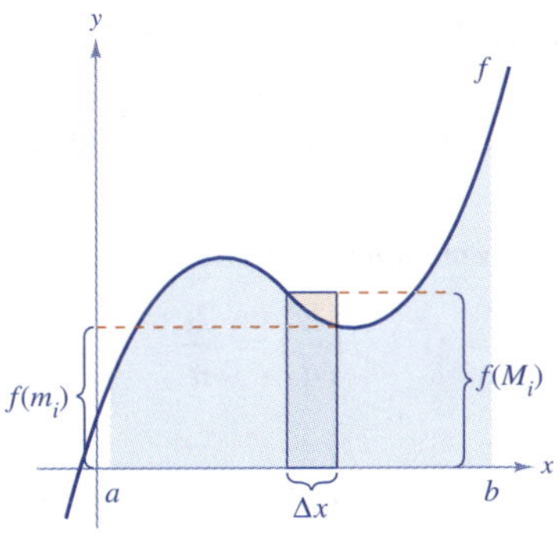

O intervalo $[a, b]$ é subdividido em n subintervalos de largura $\Delta x = \dfrac{b-a}{n}$.

Figura 4.11

Para aproximar a área da região, inicialmente subdividimos o intervalo $[a, b]$ em n subintervalos, cada um de largura $\Delta x = (b - a)/n$, como mostra a Figura 4.11. As extremidades dos intervalos são as seguintes:

$$\underbrace{a + 0(\Delta x)}_{a = x_0} < \underbrace{a + 1(\Delta x)}_{x_1} < \underbrace{a + 2(\Delta x)}_{x_2} < \cdots < \underbrace{a + n(\Delta x)}_{x_n = b}$$

Já que f é contínua, o Teorema do Valor Extremo garante a existência de um valor mínimo e de um valor máximo de $f(x)$ em *cada* subintervalo.

$f(m_i)$ = Valor mínimo de $f(x)$ no i-ésimo subintervalo.

$f(M_i)$ = Valor máximo de $f(x)$ no i-ésimo subintervalo.

A seguir, defina um **retângulo inscrito** que fica *dentro* da i-ésima sub-região e um **retângulo circunscrito** que se estenda para *fora* da i-ésima sub-região. A altura do i-ésimo retângulo inscrito é $f(m_i)$ e a altura do i-ésimo retângulo circunscrito é $f(M_i)$. Para cada i, a área do retângulo inscrito é menor ou igual à área do retângulo circunscrito.

$$\begin{pmatrix}\text{Área do retângulo}\\ \text{inscrito}\end{pmatrix} = f(m_i)\,\Delta x \le f(M_i)\,\Delta x = \begin{pmatrix}\text{Área do retângulo}\\ \text{circunscrito}\end{pmatrix}$$

A soma das áreas dos retângulos inscritos é chamada de **soma inferior**, e a soma das áreas dos retângulos circunscritos é chamada de **soma superior**.

$$\text{Soma inferior} = s(n) = \sum_{i=1}^{n} f(m_i)\,\Delta x \qquad \text{Área dos retângulos inscritos}$$

$$\text{Soma superior} = S(n) = \sum_{i=1}^{n} f(M_i)\,\Delta x \qquad \text{Área dos retângulos circunscritos}$$

Pela Figura 4.12, você pode ver que a soma inferior $s(n)$ é menor ou igual à soma superior $S(n)$. Além disso, a área real da região fica entre estas duas somas.

$$s(n) \le (\text{Área da região}) \le S(n)$$

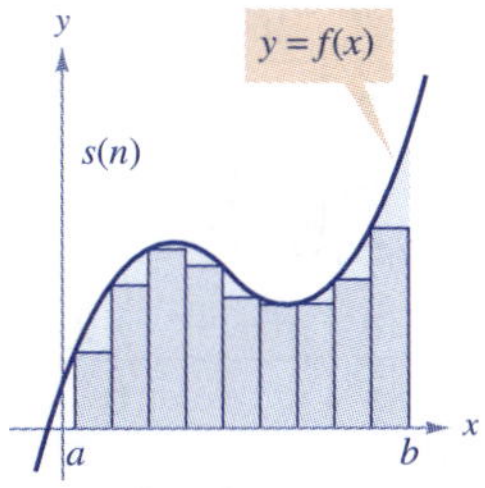

A área dos retângulos inscritos é menor do que a área da região.

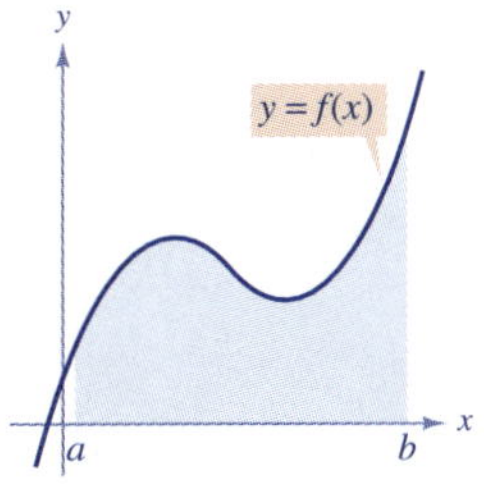

Área da região.

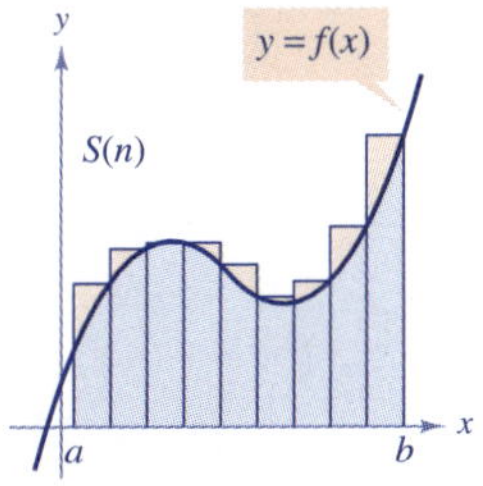

A área dos retângulos circunscritos é maior do que a área da região.

Figura 4.12

EXEMPLO 4 Calculando Somas Superiores e Inferiores para uma Região

Calcule somas superiores e inferiores para a região limitada pelo gráfico de $f(x) = x^2$ e o eixo x entre $x = 0$ e $x = 2$.

Solução Inicialmente, divida o intervalo $[0, 2]$ em n subintervalos, cada um com largura

$$\Delta x = \frac{b-a}{n} = \frac{2-0}{n} = \frac{2}{n}.$$

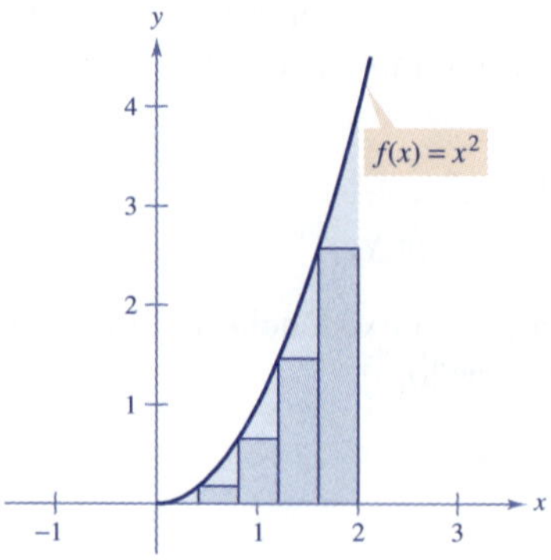

Retângulos inscritos.

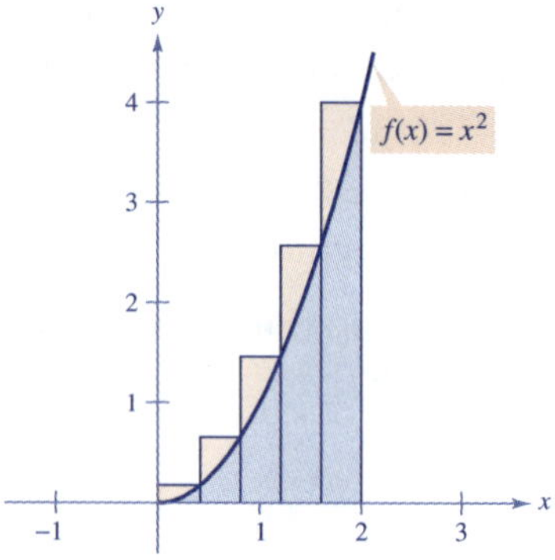

Retângulos circunscritos.
Figura 4.13

A Figura 4.13 mostra as extremidades dos subintervalos e diversos retângulos inscritos e circunscritos. Visto que f é crescente no intervalo $[0, 2]$, o valor mínimo em cada subintervalo ocorre na extremidade esquerda, e o valor máximo ocorre na extremidade direita.

Extremidades à Esquerda	*Extremidades à Direita*
$m_i = 0 + (i-1)\left(\frac{2}{n}\right) = \frac{2(i-1)}{n}$	$M_i = 0 + i\left(\frac{2}{n}\right) = \frac{2i}{n}$

Usando as extremidades à esquerda, a soma inferior é

$$\begin{aligned} s(n) &= \sum_{i=1}^{n} f(m_i)\,\Delta x = \sum_{i=1}^{n} f\left[\frac{2(i-1)}{n}\right]\left(\frac{2}{n}\right) \\ &= \sum_{i=1}^{n}\left[\frac{2(i-1)}{n}\right]^2\left(\frac{2}{n}\right) \\ &= \sum_{i=1}^{n}\left(\frac{8}{n^3}\right)(i^2 - 2i + 1) \\ &= \frac{8}{n^3}\left(\sum_{i=1}^{n} i^2 - 2\sum_{i=1}^{n} i + \sum_{i=1}^{n} 1\right) \\ &= \frac{8}{n^3}\left\{\frac{n(n+1)(2n+1)}{6} - 2\left[\frac{n(n+1)}{2}\right] + n\right\} \\ &= \frac{4}{3n^3}(2n^3 - 3n^2 + n) \\ &= \frac{8}{3} - \frac{4}{n} + \frac{4}{3n^2}. \qquad \text{Soma inferior} \end{aligned}$$

Usando as extremidades à direita, a soma superior é

$$\begin{aligned} S(n) &= \sum_{i=1}^{n} f(M_i)\,\Delta x = \sum_{i=1}^{n} f\left(\frac{2i}{n}\right)\left(\frac{2}{n}\right) \\ &= \sum_{i=1}^{n}\left(\frac{2i}{n}\right)^2\left(\frac{2}{n}\right) \\ &= \sum_{i=1}^{n}\left(\frac{8}{n^3}\right)i^2 \\ &= \frac{8}{n^3}\left[\frac{n(n+1)(2n+1)}{6}\right] \\ &= \frac{4}{3n^3}(2n^3 + 3n^2 + n) \\ &= \frac{8}{3} + \frac{4}{n} + \frac{4}{3n^2}. \qquad \text{Soma superior} \end{aligned}$$

INVESTIGAÇÃO

Para a região dada no Exemplo 4, calcule a soma inferior

$$s(n) = \frac{8}{3} - \frac{4}{n} + \frac{4}{3n^2}$$

e a soma superior

$$S(n) = \frac{8}{3} + \frac{4}{n} + \frac{4}{3n^2}$$

para $n = 10$, 100 e 1.000. Use seus resultados para determinar a área da região.

O Exemplo 4 ilustra alguns fatos importantes sobre as somas superiores e inferiores. Em primeiro lugar, observe que para cada n, a soma inferior é menor (ou igual) à soma superior.

$$s(n) = \frac{8}{3} - \frac{4}{n} + \frac{4}{3n^2} < \frac{8}{3} + \frac{4}{n} + \frac{4}{3n^2} = S(n)$$

Em segundo lugar, a diferença entre estas duas somas diminui quando n cresce. De fato, se tomarmos o limite para $n \to \infty$, tanto a soma superior quanto a soma inferior se aproximam de $\frac{8}{3}$.

$$\lim_{n\to\infty} s(n) = \lim_{n\to\infty}\left(\frac{8}{3} - \frac{4}{n} + \frac{4}{3n^2}\right) = \frac{8}{3}$$ Limite da soma inferior

$$\lim_{n\to\infty} S(n) = \lim_{n\to\infty}\left(\frac{8}{3} + \frac{4}{n} + \frac{4}{3n^2}\right) = \frac{8}{3}$$ Limite da soma superior

O teorema a seguir mostra que a equivalência dos limites (quando $n \to \infty$) das somas superiores e inferiores não é mera coincidência. Isto é verdade para todas as funções que são contínuas e não negativas em um intervalo fechado $[a, b]$. A demonstração deste teorema será deixada para um curso de cálculo avançado.

TEOREMA 4.3 Limites das Somas Inferiores e Superiores

Seja f uma função contínua e não negativa no intervalo $[a, b]$. Os limites quando $n \to \infty$ tanto das somas inferiores quanto superiores existem e são iguais. Isto é,

$$\lim_{n\to\infty} s(n) = \lim_{n\to\infty}\sum_{i=1}^{n} f(m_i)\,\Delta x$$
$$= \lim_{n\to\infty}\sum_{i=1}^{n} f(M_i)\,\Delta x$$
$$= \lim_{n\to\infty} S(n)$$

onde $\Delta x = (b - a)/n$ e $f(m_i)$ e $f(M_i)$ são os valores mínimos e máximos de f nos subintervalos.

Já que o mesmo limite é alcançado tanto para o valor mínimo $f(m_i)$ quanto para o valor máximo $f(M_i)$, segue do Teorema do Confronto (Teorema 1.8) que a escolha de x no i-ésimo subintervalo não afeta o limite. Isto significa que você está livre para escolher um valor de x *arbitrário* no i-ésimo intervalo, como na definição a seguir da *área de uma região do plano.*

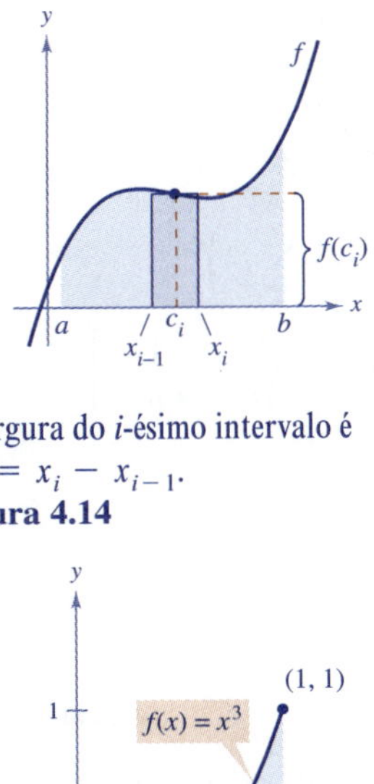

A largura do i-ésimo intervalo é $\Delta x = x_i - x_{i-1}$.
Figura 4.14

Definição da Área de uma Região do Plano

Seja f uma função contínua e não negativa no intervalo $[a, b]$. A área da região limitada pelo gráfico de f, o eixo x, e as retas verticais $x = a$ e $x = b$ é

$$\text{Área} = \lim_{n\to\infty}\sum_{i=1}^{n} f(c_i)\,\Delta x, \qquad x_{i-1} \le c_i \le x_i$$

onde $\Delta x = (b - a)/n$ (veja a Figura 4.14).

EXEMPLO 5 Encontrando a Área pela Definição por Limite

Encontre a área da região limitada pelo gráfico de $f(x) = x^3$, o eixo x, e as retas verticais $x = 0$ e $x = 1$, como mostra a Figura 4.15.

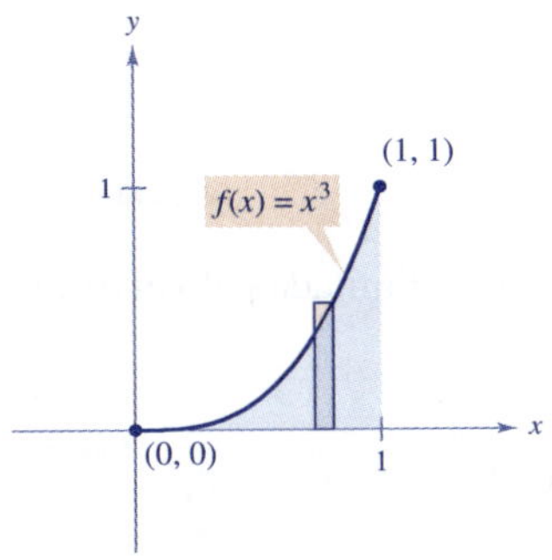

A área da região limitada pelo gráfico de f, pelo eixo x, por $x = 0$ e por $x = 1$ é $\frac{1}{4}$.
Figura 4.15

Solução Observe inicialmente que f é contínua e não negativa no intervalo $[0, 1]$. A seguir, divida o intervalo $[0, 1]$ em n subintervalos, cada um de largura $\Delta x = 1/n$. De acordo com a definição de área, podemos escolher qualquer valor de x no i-ésimo subintervalo. Para este exemplo, as extremidades à direita $c_i = i/n$ são convenientes.

$$\text{Área} = \lim_{n\to\infty} \sum_{i=1}^{n} f(c_i)\,\Delta x = \lim_{n\to\infty} \sum_{i=1}^{n} \left(\frac{i}{n}\right)^3 \left(\frac{1}{n}\right) \qquad \text{Extremidades à direita: } c_i = \frac{i}{n}$$

$$= \lim_{n\to\infty} \frac{1}{n^4} \sum_{i=1}^{n} i^3$$

$$= \lim_{n\to\infty} \frac{1}{n^4} \left[\frac{n^2(n+1)^2}{4}\right]$$

$$= \lim_{n\to\infty} \left(\frac{1}{4} + \frac{1}{2n} + \frac{1}{4n^2}\right)$$

$$= \frac{1}{4}$$

A área da região é $\frac{1}{4}$.

EXEMPLO 6 Encontrando a Área pela Definição por Limite

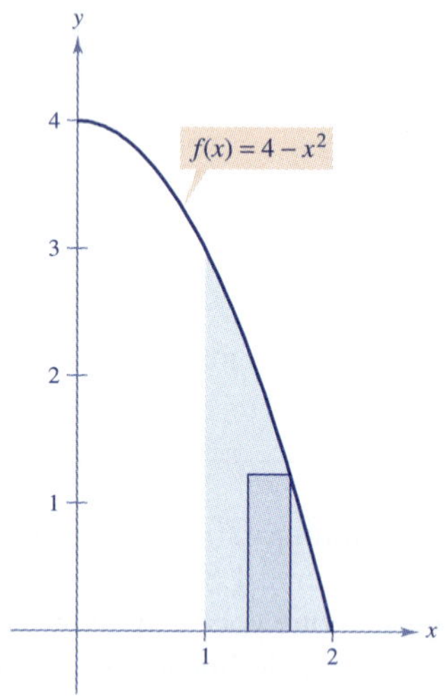

A área da região limitada pelo gráfico de f, pelo eixo x, por $x = 1$ e por $x = 2$ é $\frac{5}{3}$.
Figura 4.16

Encontre a área da região limitada pelo gráfico de $f(x) = 4 - x^2$, o eixo x, e as retas verticais $x = 1$ e $x = 2$, como mostra a Figura 4.16.

Solução A função f é contínua e não negativa no intervalo $[1, 2]$. Assim, comece dividindo o intervalo em n subintervalos, cada um com largura $\Delta x = 1/n$. Escolhendo a extremidade direita

$$c_i = a + i\Delta x = 1 + \frac{i}{n} \qquad \text{Extremidades à direita}$$

de cada subintervalo, obtemos

$$\text{Área} = \lim_{n\to\infty} \sum_{i=1}^{n} f(c_i)\,\Delta x = \lim_{n\to\infty} \sum_{i=1}^{n} \left[4 - \left(1 + \frac{i}{n}\right)^2\right]\left(\frac{1}{n}\right)$$

$$= \lim_{n\to\infty} \sum_{i=1}^{n} \left(3 - \frac{2i}{n} - \frac{i^2}{n^2}\right)\left(\frac{1}{n}\right)$$

$$= \lim_{n\to\infty} \left(\frac{1}{n}\sum_{i=1}^{n} 3 - \frac{2}{n^2}\sum_{i=1}^{n} i - \frac{1}{n^3}\sum_{i=1}^{n} i^2\right)$$

$$= \lim_{n\to\infty} \left[3 - \left(1 + \frac{1}{n}\right) - \left(\frac{1}{3} + \frac{1}{2n} + \frac{1}{6n^2}\right)\right]$$

$$= 3 - 1 - \frac{1}{3}$$

$$= \frac{5}{3}.$$

A área da região é $\frac{5}{3}$.

O último exemplo desta seção analisa uma região que é limitada pelo eixo y (em vez do eixo x).

EXEMPLO 7 Uma Região Limitada pelo Eixo y

Encontre a área da região limitada pelo gráfico de $f(y) = y^2$ e pelo eixo y para $0 \le y \le 1$, como mostra a Figura 4.17.

Solução Quando f é uma função contínua não negativa de y, ainda podemos usar alguns dos procedimentos básicos mostrados nos Exemplos 5 e 6. Inicialmente, divi-

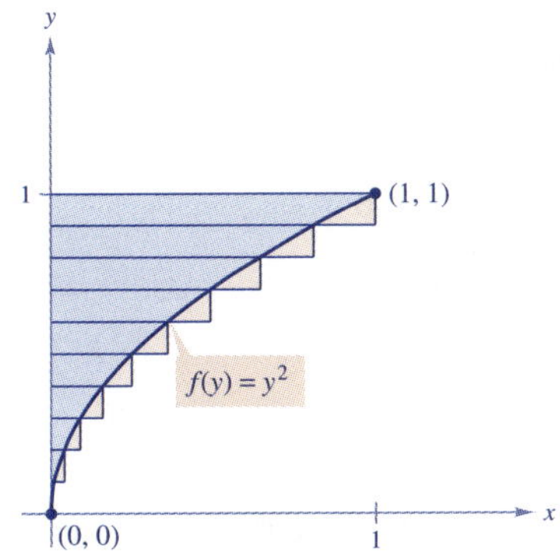

A área da região limitada pelo gráfico de f e pelo eixo y para $0 \le y \le 1$ é $\frac{1}{3}$.
Figura 4.17

da o intervalo $[0, 1]$ em n subintervalos, cada um de largura $\Delta y = 1/n$. A seguir, usando as extremidades superiores $c_i = i/n$, obtemos

$$\begin{aligned} \text{Área} &= \lim_{n\to\infty} \sum_{i=1}^{n} f(c_i)\,\Delta y = \lim_{n\to\infty} \sum_{i=1}^{n} \left(\frac{i}{n}\right)^2 \left(\frac{1}{n}\right) \qquad \text{Extremidades superiores: } c_i = \frac{i}{n} \\ &= \lim_{n\to\infty} \frac{1}{n^3} \sum_{i=1}^{n} i^2 \\ &= \lim_{n\to\infty} \frac{1}{n^3}\left[\frac{n(n+1)(2n+1)}{6}\right] \\ &= \lim_{n\to\infty} \left(\frac{1}{3} + \frac{1}{2n} + \frac{1}{6n^2}\right) \\ &= \frac{1}{3}. \end{aligned}$$

A área da região é $\frac{1}{3}$.

Exercícios da Seção 4.2

Nos Exercícios 1 a 6, calcule a soma. Use os recursos de somatória de uma ferramenta gráfica para conferir seu resultado.

1. $\sum_{i=1}^{5} (2i + 1)$
2. $\sum_{k=3}^{6} k(k - 2)$
3. $\sum_{k=0}^{4} \frac{1}{k^2 + 1}$
4. $\sum_{j=3}^{5} \frac{1}{j}$
5. $\sum_{k=1}^{4} c$
6. $\sum_{i=1}^{4} [(i - 1)^2 + (i + 1)^3]$

Nos Exercícios 7 a 14, use a notação sigma para escrever a soma.

7. $\frac{1}{3(1)} + \frac{1}{3(2)} + \frac{1}{3(3)} + \cdots + \frac{1}{3(9)}$
8. $\frac{5}{1+1} + \frac{5}{1+2} + \frac{5}{1+3} + \cdots + \frac{5}{1+15}$
9. $\left[5\left(\frac{1}{8}\right) + 3\right] + \left[5\left(\frac{2}{8}\right) + 3\right] + \cdots + \left[5\left(\frac{8}{8}\right) + 3\right]$
10. $\left[1 - \left(\frac{1}{4}\right)^2\right] + \left[1 - \left(\frac{2}{4}\right)^2\right] + \cdots + \left[1 - \left(\frac{4}{4}\right)^2\right]$
11. $\left[\left(\frac{2}{n}\right)^3 - \frac{2}{n}\right]\left(\frac{2}{n}\right) + \cdots + \left[\left(\frac{2n}{n}\right)^3 - \frac{2n}{n}\right]\left(\frac{2}{n}\right)$
12. $\left[1 - \left(\frac{2}{n} - 1\right)^2\right]\left(\frac{2}{n}\right) + \cdots + \left[1 - \left(\frac{2n}{n} - 1\right)^2\right]\left(\frac{2}{n}\right)$
13. $\left[2\left(1 + \frac{3}{n}\right)^2\right]\left(\frac{3}{n}\right) + \cdots + \left[2\left(1 + \frac{3n}{n}\right)^2\right]\left(\frac{3}{n}\right)$
14. $\left(\frac{1}{n}\right)\sqrt{1 - \left(\frac{0}{n}\right)^2} + \cdots + \left(\frac{1}{n}\right)\sqrt{1 - \left(\frac{n-1}{n}\right)^2}$

Nos Exercícios 15 a 20, use as propriedades de somatórias e o Teorema 4.2 para calcular a soma. Use os recursos de somatória de uma ferramenta gráfica para conferir seu resultado.

15. $\sum_{i=1}^{20} 2i$
16. $\sum_{i=1}^{15} (2i - 3)$
17. $\sum_{i=1}^{20} (i - 1)^2$
18. $\sum_{i=1}^{10} (i^2 - 1)$
19. $\sum_{i=1}^{15} i(i - 1)^2$
20. $\sum_{i=1}^{10} i(i^2 + 1)$

Nos Exercícios 21 e 22, use os recursos de somatória de uma ferramenta gráfica para calcular a soma. A seguir, use as propriedades das somatórias e o Teorema 4.2 para conferir a soma.

21. $\sum_{i=1}^{20} (i^2 + 3)$
22. $\sum_{i=1}^{15} (i^3 - 2i)$

Nos Exercícios 23 a 26, delimite a área da região sombreada aproximando as somas superior e inferior. Use retângulos de largura 1.

23.

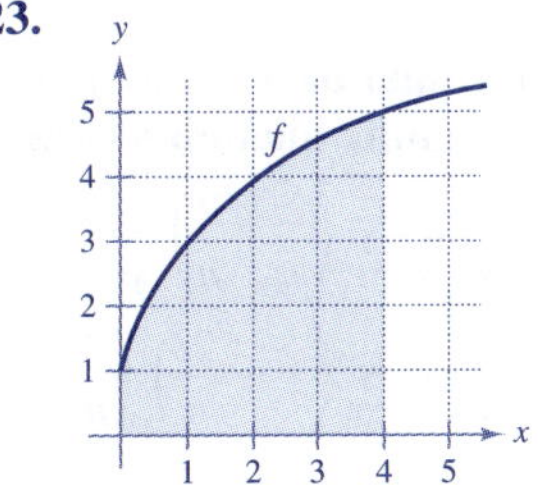

24.

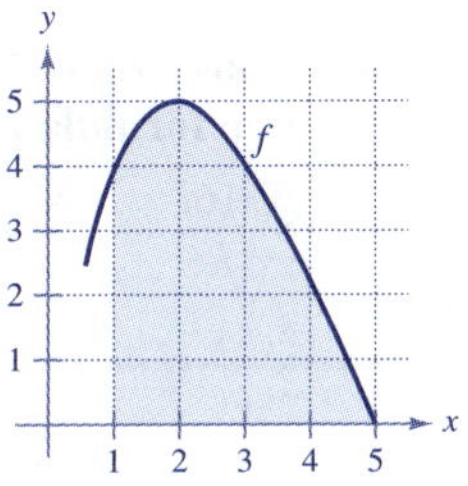

25.

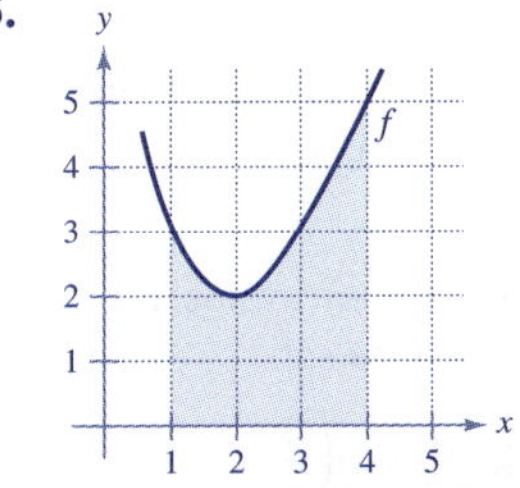

26.

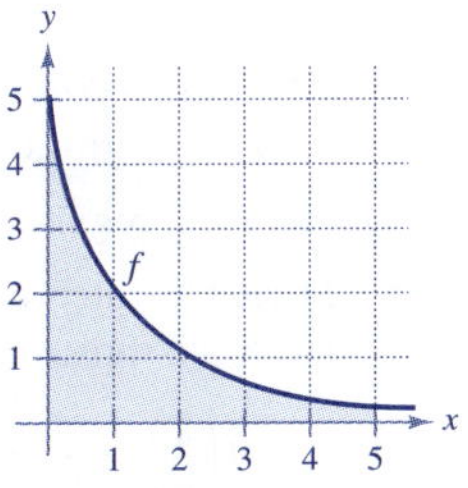

Nos Exercícios 27 a 30, use as somas superiores e inferiores para aproximar a área da região usando o número de subintervalos dado (de larguras iguais).

27. $y = \sqrt{x}$

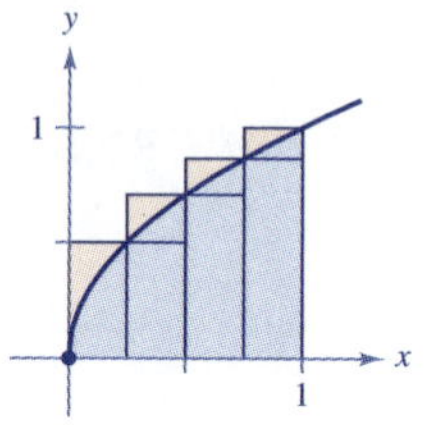

28. $y = \sqrt{x} + 2$

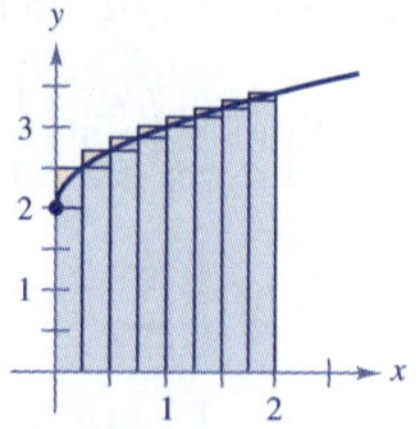

29. $y = \dfrac{1}{x}$

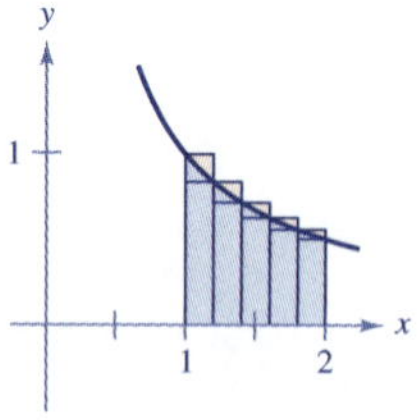

30. $y = \sqrt{1 - x^2}$

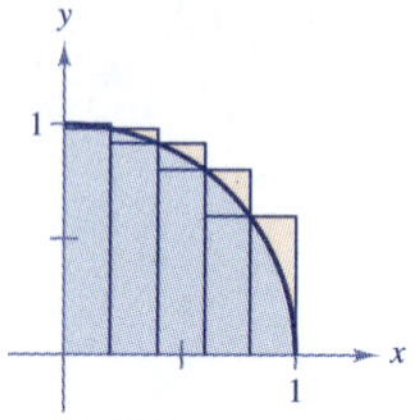

Nos Exercícios 31 a 34, calcule o limite de $s(n)$ quando $n \to \infty$.

31. $s(n) = \dfrac{81}{n^4}\left[\dfrac{n^2(n+1)^2}{4}\right]$

32. $s(n) = \dfrac{64}{n^3}\left[\dfrac{n(n+1)(2n+1)}{6}\right]$

33. $s(n) = \dfrac{18}{n^2}\left[\dfrac{n(n+1)}{2}\right]$

34. $s(n) = \dfrac{1}{n^2}\left[\dfrac{n(n+1)}{2}\right]$

Nos Exercícios 35 a 38, use as fórmulas de somatórias para reescrever a expressão sem a notação de somatória. Use o resultado para calcular a soma para $n = 10$, 100, 1.000 e 10.000.

35. $\displaystyle\sum_{i=1}^{n} \frac{2i+1}{n^2}$

36. $\displaystyle\sum_{j=1}^{n} \frac{4j+3}{n^2}$

37. $\displaystyle\sum_{k=1}^{n} \frac{6k(k-1)}{n^3}$

38. $\displaystyle\sum_{i=1}^{n} \frac{4i^2(i-1)}{n^4}$

Nos Exercícios 39 a 44, encontre a fórmula para a soma de n termos. Use a fórmula para calcular o limite quando $n \to \infty$.

39. $\displaystyle\lim_{n\to\infty} \sum_{i=1}^{n} \frac{16i}{n^2}$

40. $\displaystyle\lim_{n\to\infty} \sum_{i=1}^{n} \left(\frac{2i}{n}\right)\left(\frac{2}{n}\right)$

41. $\displaystyle\lim_{n\to\infty} \sum_{i=1}^{n} \frac{1}{n^3}(i-1)^2$

42. $\displaystyle\lim_{n\to\infty} \sum_{i=1}^{n} \left(1 + \frac{2i}{n}\right)^2\left(\frac{2}{n}\right)$

43. $\displaystyle\lim_{n\to\infty} \sum_{i=1}^{n} \left(1 + \frac{i}{n}\right)\left(\frac{2}{n}\right)$

44. $\displaystyle\lim_{n\to\infty} \sum_{i=1}^{n} \left(1 + \frac{2i}{n}\right)^3\left(\frac{2}{n}\right)$

45. ***Argumentação Numérica*** Considere um triângulo de área 2 limitado pelos gráficos de $y = x$, $y = 0$ e $x = 2$.

(a) Esboce a região.

(b) Divida o intervalo $[0, 2]$ em n subintervalos de mesma largura e mostre que as extremidades são

$$0 < 1\left(\frac{2}{n}\right) < \cdots < (n-1)\left(\frac{2}{n}\right) < n\left(\frac{2}{n}\right).$$

(c) Mostre que $s(n) = \displaystyle\sum_{i=1}^{n}\left[(i-1)\left(\frac{2}{n}\right)\right]\left(\frac{2}{n}\right)$.

(d) Mostre que $S(n) = \displaystyle\sum_{i=1}^{n}\left[i\left(\frac{2}{n}\right)\right]\left(\frac{2}{n}\right)$.

(e) Complete a tabela.

n	5	10	50	100
$s(n)$				
$S(n)$				

(f) Mostre que $\displaystyle\lim_{n\to\infty} s(n) = \lim_{n\to\infty} S(n) = 2$.

46. ***Argumentação Numérica*** Considere um trapézio de área 4 limitado pelos gráficos de $y = x$, $y = 0$, $x = 1$ e $x = 3$.

(a) Esboce a região.

(b) Divida o intervalo $[1, 3]$ em n subintervalos de mesma largura e mostre que as extremidades são

$$1 < 1 + 1\left(\frac{2}{n}\right) < \cdots < 1 + (n-1)\left(\frac{2}{n}\right) < 1 + n\left(\frac{2}{n}\right).$$

(c) Mostre que $s(n) = \displaystyle\sum_{i=1}^{n}\left[1 + (i-1)\left(\frac{2}{n}\right)\right]\left(\frac{2}{n}\right)$.

(d) Mostre que $S(n) = \displaystyle\sum_{i=1}^{n}\left[1 + i\left(\frac{2}{n}\right)\right]\left(\frac{2}{n}\right)$.

(e) Complete a tabela.

n	5	10	50	100
$s(n)$				
$S(n)$				

(f) Mostre que $\displaystyle\lim_{n\to\infty} s(n) = \lim_{n\to\infty} S(n) = 4$.

Nos Exercícios 47 a 56, use o processo de limite para encontrar a área da região entre o gráfico da função e o eixo x sobre o intervalo dado. Esboce a região.

47. $y = -2x + 3, \quad [0, 1]$

48. $y = 3x - 4, \quad [2, 5]$

49. $y = x^2 + 2, \quad [0, 1]$

50. $y = x^2 + 1, \quad [0, 3]$

51. $y = 16 - x^2, \quad [1, 3]$

52. $y = 1 - x^2, \quad [-1, 1]$

53. $y = 64 - x^3, \quad [1, 4]$

54. $y = 2x - x^3, \quad [0, 1]$

55. $y = x^2 - x^3, \quad [-1, 1]$

56. $y = x^2 - x^3, \quad [-1, 0]$

Nos Exercícios 57 a 62, use o processo de limite para encontrar a área da região entre o gráfico da função e o eixo y sobre o intervalo dado. Esboce a região.

57. $f(y) = 3y, 0 \le y \le 2$

58. $g(y) = \frac{1}{2}y, 2 \le y \le 4$

59. $f(y) = y^2, 0 \le y \le 3$

60. $f(y) = 4y - y^2, 1 \le y \le 2$

61. $g(y) = 4y^2 - y^3, 1 \le y \le 3$

62. $h(y) = y^3 + 1, 1 \le y \le 2$

Nos Exercícios 63 a 66, use a Regra do Ponto Médio

$$\textbf{Área} \approx \sum_{i=1}^{n} f\left(\frac{x_i + x_{i-1}}{2}\right)\Delta x$$

com $n = 4$ para aproximar a área da região limitada pelo gráfico da função e pelo eixo x sobre o intervalo dado.

63. $f(x) = x^2 + 3, \quad [0, 2]$

64. $f(x) = x^2 + 4x, \quad [0, 4]$

65. $f(x) = \operatorname{tg} x, \quad \left[0, \dfrac{\pi}{4}\right]$

66. $f(x) = \operatorname{sen} x, \quad \left[0, \dfrac{\pi}{2}\right]$

Programando **Escreva um programa para uma ferramenta gráfica, para aproximar áreas usando a Regra do Ponto Médio. Suponha que f é positiva sobre o intervalo dado e que os subintervalos têm todos a mesma largura. Nos Exercícios 67 a 70, use o programa para aproximar a área da região entre o gráfico da função e o eixo x sobre o intervalo dado, e complete a tabela.**

n	4	8	12	16	20
Área aproximada					

67. $f(x) = \sqrt{x}, \quad [0, 4]$

68. $f(x) = \dfrac{8}{x^2 + 1}, \quad [2, 6]$

69. $f(x) = \operatorname{tg}\left(\dfrac{\pi x}{8}\right), \quad [1, 3]$

70. $f(x) = \cos \sqrt{x}, \quad [0, 2]$

Questões Conceituais

Aproximação **Nos Exercícios 71 e 72, determine qual melhor valor aproxima a área da região entre o eixo x e o gráfico da função sobre o intervalo dado. (Faça sua escolha com base em um esboço da região e não fazendo cálculos.)**

71. $f(x) = 4 - x^2, \quad [0, 2]$

(a) -2 (b) 6 (c) 10 (d) 3 (e) 8

72. $f(x) = \operatorname{sen} \dfrac{\pi x}{4}, \quad [0, 4]$

(a) 3 (b) 1 (c) -2 (d) 8 (e) 6

73. Descreva, com suas próprias palavras e usando figuras apropriadas, os métodos das somas superiores e inferiores na aproximação da área de uma região.

74. Dê a definição da área de uma região no plano.

75. ***Argumentação Gráfica*** Considere a região limitada pelos gráficos de

$$f(x) = \frac{8x}{x + 1}$$

$x = 0$, $x = 4$ e $y = 0$, como está mostrado na figura. Para imprimir uma cópia ampliada do gráfico, consulte *www.mathgraphs.com.*

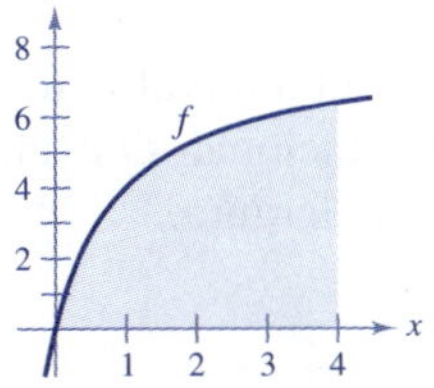

(a) Redesenhe a figura, complete e sombreie os retângulos que representam a soma inferior quando $n = 4$. Calcule esta soma inferior.

(b) Redesenhe a figura, complete e sombreie os retângulos que representam a soma superior quando $n = 4$. Calcule esta soma superior.

(c) Redesenhe a figura, complete e sombreie os retângulos cujas alturas são determinadas pelos valores da função no ponto médio de cada subintervalo quando $n = 4$. Calcule esta soma usando a Regra do Ponto Médio.

(d) Verifique as fórmulas a seguir para aproximar a área da região usando n intervalos de mesma largura.

Soma inferior: $s(n) = \displaystyle\sum_{i=1}^{n} f\left[(i-1)\frac{4}{n}\right]\left(\frac{4}{n}\right)$

Soma superior: $S(n) = \displaystyle\sum_{i=1}^{n} f\left[(i)\frac{4}{n}\right]\left(\frac{4}{n}\right)$

Regra do Ponto Médio: $M(n) = \displaystyle\sum_{i=1}^{n} f\left[\left(i - \frac{1}{2}\right)\frac{4}{n}\right]\left(\frac{4}{n}\right)$

(e) Use uma ferramenta gráfica e as fórmulas na parte (d) para completar a tabela.

n	4	8	20	100	200
$s(n)$					
$S(n)$					
$M(n)$					

(f) Explique por que $s(n)$ cresce e $S(n)$ decresce para valores crescentes de n, como mostra a tabela da parte (e).

76. ***Método de Monte Carlo*** O programa de computador abaixo aproxima a área da região sob o gráfico de uma função monótona e acima do eixo x entre $x = a$ e $x = b$. Execute o programa para $a = 0$ e $b = \pi/2$ para diversos valores de N2. Explique por que o método de Monte Carlo funciona. [Adaptação do programa do Método de Monte Carlo por James M. Sconyers, "Approximation of Area Under a Curve", *Mathematics Teacher* 77, nº 2 (fev. 1984). Copyright © 1984 by the National Council of Teachers of Mathematics. Reproduzido com permissão.]

```
10  DEF FNF(X)=SIN(X)
20  A=0
30  B=π/2
40  PRINT "Input Number of Random Points"
50  INPUT N2
60  N1=0
70  IF FNF(A)>FNF(B) THEN YMAX=FNF(A) ELSE
    YMAX=FNF(B)
80  FOR I=1 TO N2
90  X=A+(B-A)*RND(1)
100 Y=YMAX*RND(1)
110 IF Y>=FNF(X) THEN GOTO 130
120 N1=N1+1
130 NEXT I
140 AREA=(N1/N2)*(B-A)*YMAX
150 PRINT "Approximate Area:"; AREA
160 END
```

Verdadeiro ou Falso? **Nos Exercícios 77 e 78, determine se a afirmação é verdadeira ou falsa. Se for falsa explique por que ou dê um exemplo mostrando que é falsa.**

77. A soma dos primeiros n inteiros positivos é $n(n + 1)/2$.

78. Se f é uma função contínua e não negativa em $[a, b]$, então os limites quando $n \to \infty$ de sua soma inferior $s(n)$ e de sua soma superior $S(n)$ existem e são iguais.

79. ***Redação*** Use a figura para escrever um parágrafo curto explicando por que a fórmula $1 + 2 + \cdots + n = \frac{1}{2}n(n + 1)$ é válida para todos os inteiros positivos n.

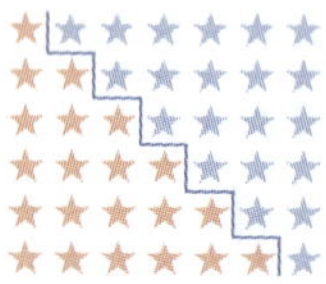

Figura do Exercício 79

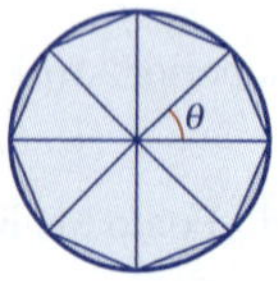

Figura do Exercício 80

80. ***Argumentação Gráfica*** Considere um polígono regular de n lados inscrito em um círculo de raio r. Una os vértices do polígono ao centro do círculo, formando n triângulos congruentes (veja a figura).

(a) Determine o ângulo central θ em termos de n.

(b) Mostre que a área de cada triângulo é $\frac{1}{2}r^2 \text{ sen } \theta$.

(c) Seja A_n a soma das áreas dos n triângulos. Calcule $\lim_{n \to \infty} A_n$.

81. ***Modelando Dados*** A tabela lista as medidas de um lote limitado por um riacho e duas estradas retilíneas que se encontram formando um ângulo reto, onde x e y estão medidos em pés (veja a figura).

x	0	50	100	150	200	250	300
y	450	362	305	268	245	156	0

(a) Use os recursos de regressão de uma ferramenta gráfica para encontrar um modelo da forma $y = ax^3 + bx^2 + cx + d$.

(b) Use uma ferramenta gráfica para marcar os dados e desenhar o modelo.

(c) Use o modelo da parte (a) para estimar a área do lote.

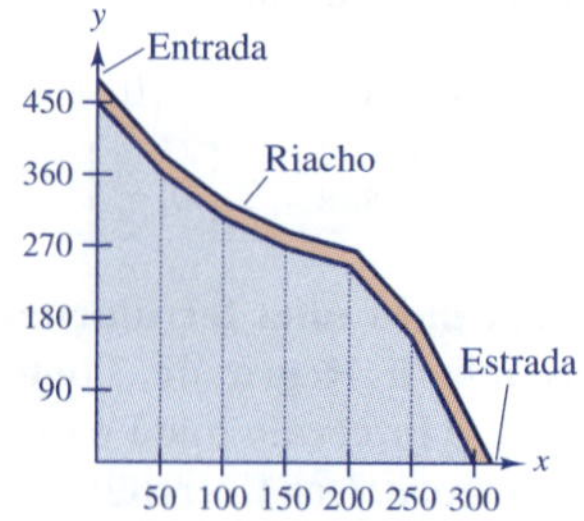

Figura do Exercício 81

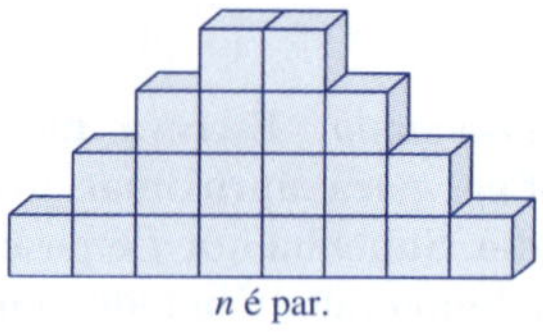

Figura do Exercício 82

82. ***Blocos de Construção*** Uma criança coloca n blocos de construção cúbicos em uma fila para formar a base de uma construção triangular (veja a figura). Cada fila sucessiva tem dois blocos a menos do que a precedente. Encontre a fórmula para o número de blocos usados na construção. (*Sugestão*: O número de blocos na construção depende de n ser par ou ímpar.)

83. Mostre cada fórmula por indução matemática. (Você pode precisar revisar o método de prova por indução em um texto de pré-cálculo.)

(a) $\displaystyle\sum_{i=1}^{n} 2i = n(n + 1)$

(b) $\displaystyle\sum_{i=1}^{n} i^3 = \frac{n^2(n + 1)^2}{4}$

Desafio Putnam

84. Um dardo, jogado aleatoriamente, atinge um alvo quadrado. Suponha que quaisquer duas partes do alvo com mesma área têm as mesmas probabilidades de serem atingidas. Encontre a probabilidade de que o ponto atingido esteja mais próximo do centro do que de qualquer borda. Escreva sua resposta na forma $(a\sqrt{b} + c)/d$, onde a, b, c e d são inteiros positivos.

Seção 4.3 Somas de Riemann e Integrais Definidas

- **Entender a definição de soma de Riemann.**
- **Calcular uma integral definida usando limites.**
- **Calcular uma integral definida usando propriedades de integrais definidas.**

Somas de Riemann

Na definição de área dada na Seção 4.2 as partições[1] têm subintervalos todos de *mesma largura*. Isto foi feito apenas por conveniência computacional. O exemplo a seguir mostra que não é necessário ter subintervalos de mesma largura.

[1] N. T.: Em inglês, dividir um intervalo (em n subintervalos, através da escolha de $n + 1$ pontos) é "partition the interval", e o substantivo "partition" é usado também para designar os $n + 1$ pontos que definem a divisão. Em português o verbo "particionar" não existe, mas o substantivo "partição" existe e é tradicionalmente usado para designar esses pontos.

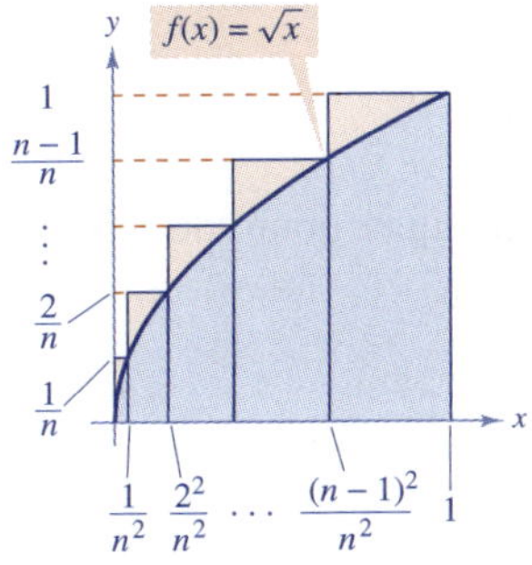

Os subintervalos não têm larguras iguais.
Figura 4.18

EXEMPLO 1 Uma Partição com Subintervalos de Larguras Distintas

Considere a região limitada pelo gráfico de $f(x) = \sqrt{x}$ e o eixo x para $0 \leq x \leq 1$, como mostra a Figura 4.18. Calcule o limite

$$\lim_{n \to \infty} \sum_{i=1}^{n} f(c_i)\, \Delta x_i$$

onde c_i é a extremidade direita da partição dada por $c_i = i^2/n^2$, e Δx_i é o comprimento do i-ésimo intervalo.

Solução A largura do i-ésimo intervalo é dada por

$$\begin{aligned}\Delta x_i &= \frac{i^2}{n^2} - \frac{(i-1)^2}{n^2} \\ &= \frac{i^2 - i^2 + 2i - 1}{n^2} \\ &= \frac{2i - 1}{n^2}.\end{aligned}$$

Assim, o limite é

$$\begin{aligned}\lim_{n \to \infty} \sum_{i=1}^{n} f(c_i)\, \Delta x_i &= \lim_{n \to \infty} \sum_{i=1}^{n} \sqrt{\frac{i^2}{n^2}} \left(\frac{2i-1}{n^2}\right) \\ &= \lim_{n \to \infty} \frac{1}{n^3} \sum_{i=1}^{n} (2i^2 - i) \\ &= \lim_{n \to \infty} \frac{1}{n^3}\left[2\left(\frac{n(n+1)(2n+1)}{6}\right) - \frac{n(n+1)}{2}\right] \\ &= \lim_{n \to \infty} \frac{4n^3 + 3n^2 - n}{6n^3} = \frac{2}{3}.\end{aligned}$$

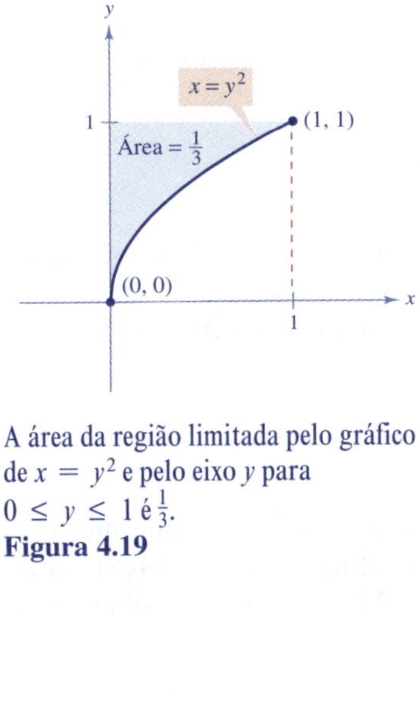

A área da região limitada pelo gráfico de $x = y^2$ e pelo eixo y para $0 \leq y \leq 1$ é $\frac{1}{3}$.
Figura 4.19

Pelo Exemplo 7 da Seção 4.2, você sabe que a região mostrada na Figura 4.19 tem área de $\frac{1}{3}$. Já que o quadrado limitado por $0 \leq x \leq 1$ e $0 \leq y \leq 1$ tem área 1, você pode concluir que a área da região mostrada na Figura 4.18 é $\frac{2}{3}$. Isto está de acordo com o limite encontrado no Exemplo 1, mesmo que aquele exemplo tenha usado uma partição tendo subintervalos de larguras distintas. A razão pela qual esta partição particular dá a área correta é que quando n cresce, *a largura do maior subintervalo se aproxima de zero*. Esta é a característica-chave no desenvolvimento das integrais definidas.

Na seção anterior, o limite da soma foi usado para definir a área de uma região do plano. Calcular a área desta forma é apenas uma das *muitas* aplicações envolvendo o limite de uma soma. Uma abordagem parecida pode ser usada para determinar quantidades tão diversas quanto comprimento de arcos, valores médios, centróides, volumes, trabalho e áreas superficiais. O nome na definição a seguir é uma homenagem a Georg Friedrich Bernhard Riemann. Embora a integral definida tivesse sido definida e usada muito antes do tempo de Riemann, ele generalizou o conceito para abranger uma classe maior de funções.

Na definição de soma de Riemann a seguir, observe que a função f não tem outras restrições além de estar definida no intervalo $[a, b]$. (Na seção anterior, supúnhamos que a função f era contínua e não negativa pois estávamos lidando com a área sob a curva.)

Coleção Granger

GEORG FRIEDRICH BERNHARD RIEMANN (1826-1866)

O matemático alemão Riemann fez seus trabalhos mais famosos nas áreas de geometria não euclidiana, equações diferenciais e teoria dos números. Foram os resultados de Riemann na física e na matemática que formaram a estrutura na qual a teoria da relatividade geral de Einstein é baseada.

Definição de Soma de Riemann

Seja f uma função definida em um intervalo fechado $[a, b]$, e seja Δ a partição de $[a, b]$ dada por

$$a = x_0 < x_1 < x_2 < \cdots < x_{n-1} < x_n = b$$

onde Δx_i é a largura do i-ésimo subintervalo. Se c_i é qualquer ponto do i-ésimo subintervalo, então a soma

$$\sum_{i=1}^{n} f(c_i)\,\Delta x_i, \qquad x_{i-1} \le c_i \le x_i$$

é chamada de **soma de Riemann** de f para a partição Δ.

OBSERVAÇÃO As somas da Seção 4.2 são exemplos de somas de Riemann, mas existem somas de Riemann mais gerais do que aquelas ali apresentadas.

A largura do maior subintervalo de uma partição Δ é a **norma** da partição e é denotada por $\|\Delta\|$. Se todo subintervalo tem mesma largura, a partição é **regular** e a norma é denotada por

$$\|\Delta\| = \Delta x = \frac{b-a}{n}. \qquad \text{Partição regular}$$

Para uma partição geral, a norma está relacionada ao número de subintervalos de $[a, b]$ da seguinte forma

$$\frac{b-a}{\|\Delta\|} \le n \qquad \text{Partição geral}$$

Assim, o número de subintervalos em uma partição se aproxima do infinito quando a norma da partição se aproxima de 0. Isto é, $\|\Delta\| \to 0$ implica que $n \to \infty$.

A recíproca da afirmação não é verdadeira. Por exemplo, seja Δ_n a partição do intervalo $[0, 1]$ dada por

$$0 < \frac{1}{2^n} < \frac{1}{2^{n-1}} < \cdots < \frac{1}{8} < \frac{1}{4} < \frac{1}{2} < 1.$$

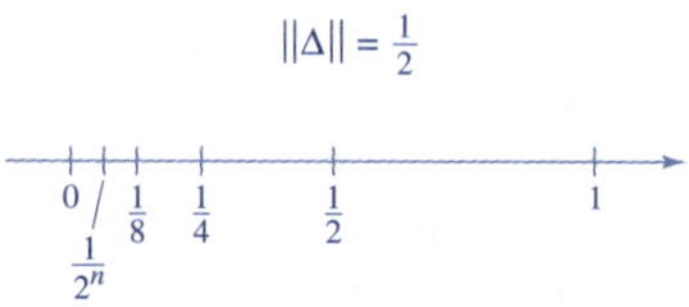

$n \to \infty$ não implica $\|\Delta\| \to 0$.
Figura 4.20

Para qualquer valor positivo de n, a norma da partição Δ_n é $\frac{1}{2}$ conforme mostra a Figura 4.20. Assim, fazer n se aproximar do infinito não força $\|\Delta\|$ a se aproximar de 0. Em uma partição regular, entretanto, as afirmações $\|\Delta\| \to 0$ e $n \to \infty$ são equivalentes.

Integrais Definidas

Para definir a integral definida, considere o seguinte limite.

$$\lim_{\|\Delta\| \to 0} \sum_{i=1}^{n} f(c_i)\,\Delta x_i = L$$

Dizer que este limite existe significa que para $\varepsilon > 0$ existe $\delta > 0$, tal que para toda partição com $\|\Delta\| < \delta$ tem-se que

$$\left| L - \sum_{i=1}^{n} f(c_i)\,\Delta x_i \right| < \varepsilon.$$

(Isto deve ser verdade para qualquer escolha de c_i no i-ésimo subintervalo de Δ.)

PARA MAIS INFORMAÇÃO Para uma visão geral da história da integral definida, veja o artigo "The Evolution of Integration"; de A. Shenitzer e J. Steprāns, em *The American Mathematical Monthly*; ou consulte-o em *www.matharticles.com*.

Definição de Integral Definida

Se f é definida em um intervalo fechado $[a, b]$ e o limite

$$\lim_{\|\Delta\| \to 0} \sum_{i=1}^{n} f(c_i)\,\Delta x_i$$

existe (como descrito acima), então f é **integrável** em $[a, b]$ e o limite é denotado por

$$\lim_{\|\Delta\| \to 0} \sum_{i=1}^{n} f(c_i)\,\Delta x_i = \int_a^b f(x)\,dx.$$

O limite é chamado de **integral definida** de f de a a b. O número a é o **limite inferior** da integração, e o número b é o **limite superior** da integração.

Não é coincidência que a notação para integrais definidas seja parecida com aquela usada para integrais indefinidas. Você verá por que na próxima seção quando o Teorema Fundamental do Cálculo for introduzido. No momento, é importante perceber que integrais definidas e integrais indefinidas são entidades diferentes. Uma integral definida é um *número*, enquanto a integral indefinida é uma *família de funções*.

Uma condição suficiente para uma função f ser integrável em $[a, b]$ é que ela seja contínua em $[a, b]$. A demonstração deste teorema está fora do escopo deste texto.

TEOREMA 4.4 Continuidade Implica Integrabilidade

Se a função f é contínua no intervalo fechado $[a, b]$, então f é integrável em $[a, b]$.

INVESTIGAÇÃO

A Recíproca do Teorema 4.4 Será que a recíproca do Teorema 4.4 é verdadeira? Isto é, se uma função é integrável, ela tem de ser contínua? Explique seu raciocínio e dê exemplos.

Descreva a relação entre continuidade, diferenciabilidade e integrabilidade. Qual a condição mais forte? Qual a mais fraca? Quais condições implicam outras condições?

EXEMPLO 2 Calculando uma Integral Definida como Limite

Calcule a integral definida $\displaystyle\int_{-2}^{1} 2x\,dx$.

Solução A função $f(x) = 2x$ é integrável no intervalo $[-2, 1]$ porque é contínua em $[-2, 1]$. Além disso, a definição de integrabilidade implica que qualquer partição cuja norma se aproxime de 0 pode ser usada para determinar o limite. Por conveniência computacional, defina Δ subdividindo $[-2, 1]$ em n subintervalos de mesma largura

$$\Delta x_i = \Delta x = \frac{b-a}{n} = \frac{3}{n}.$$

Escolhendo c_i como a extremidade direita de cada subintervalo, obtemos

$$c_i = a + i(\Delta x) = -2 + \frac{3i}{n}.$$

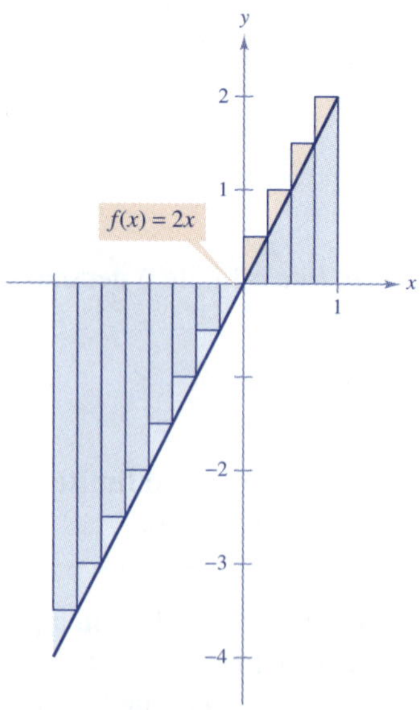

Como a integral definida é negativa, ela não representa a área da região.
Figura 4.21

Assim, a integral definida é dada por

$$\begin{aligned}\int_{-2}^{1} 2x\,dx &= \lim_{\|\Delta\|\to 0} \sum_{i=1}^{n} f(c_i)\,\Delta x_i \\ &= \lim_{n\to\infty} \sum_{i=1}^{n} f(c_i)\,\Delta x \\ &= \lim_{n\to\infty} \sum_{i=1}^{n} 2\left(-2 + \frac{3i}{n}\right)\left(\frac{3}{n}\right) \\ &= \lim_{n\to\infty} \frac{6}{n} \sum_{i=1}^{n} \left(-2 + \frac{3i}{n}\right) \\ &= \lim_{n\to\infty} \frac{6}{n}\left\{-2n + \frac{3}{n}\left[\frac{n(n+1)}{2}\right]\right\} \\ &= \lim_{n\to\infty} \left(-12 + 9 + \frac{9}{n}\right) \\ &= -3.\end{aligned}$$

Visto que a integral definida no Exemplo 2 é negativa, ela *não* representa a área da região mostrada na Figura 4.21. Integrais definidas podem ser positivas, negativas ou nulas. Para que uma integral definida possa ser interpretada como uma área (como definido na Seção 4.2), a função f precisa ser contínua e não negativa em $[a, b]$, como afirma o teorema a seguir. (A demonstração deste teorema é imediata — usamos simplesmente a definição de área dada na Seção 4.2.)

TEOREMA 4.5 A Integral Definida como Área da Região

Se a função f é contínua e não negativa no intervalo fechado $[a, b]$, então a área da região limitada pelo gráfico de f, pelo eixo x e pelas retas verticais $x = a$ e $x = b$ é dada por

$$\text{Área} = \int_a^b f(x)\,dx.$$

(Veja a Figura 4.22.)

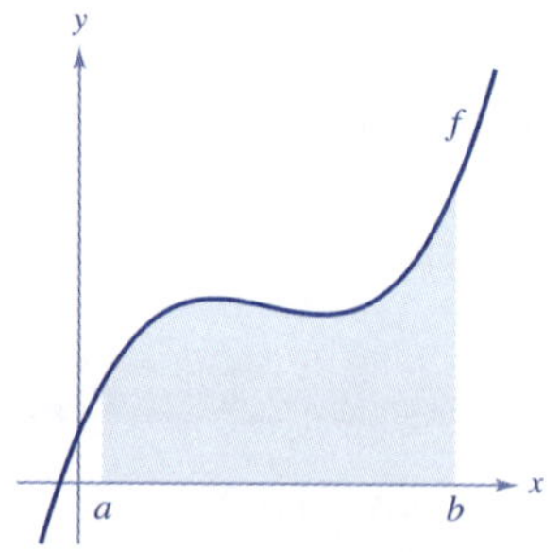

Podemos usar a integral definida para achar a área da região limitada pelo gráfico de f, pelo eixo x, $x = a$ e por $x = b$.
Figura 4.22

Para um exemplo do Teorema 4.5, considere a região limitada pelo gráfico de

$$f(x) = 4x - x^2$$

e pelo eixo x, como mostrado na Figura 4.23. Já que f é contínua e não negativa no intervalo fechado $[0, 4]$, a área da região é

$$\text{Área} = \int_0^4 (4x - x^2)\,dx.$$

Uma técnica direta para calcular uma integral definida como esta será discutida na Seção 4.4. No momento, entretanto, podemos calcular a integral definida de duas formas — você pode usar a definição por limite ou verificar se a integral definida representa a área de uma região geométrica comum tal como um retângulo, um triângulo ou um semicírculo.

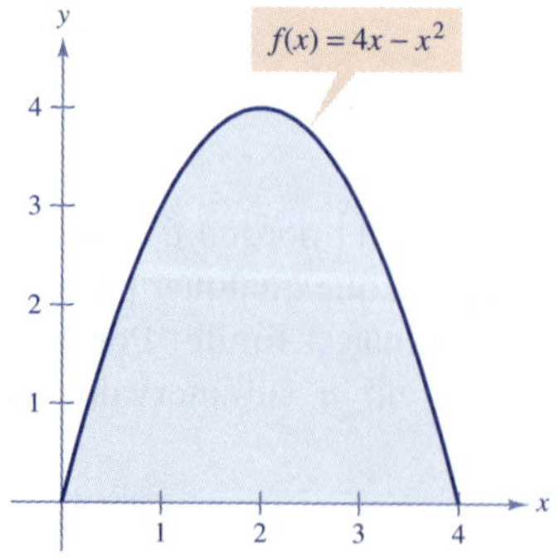

$\text{Área} = \int_0^4 (4x - x^2)\,dx.$
Figura 4.23

EXEMPLO 3 Áreas de Figuras Geométricas Comuns

Esboce a região correspondente a cada integral definida. A seguir, calcule cada integral usando uma fórmula geométrica.

a. $\int_1^3 4\,dx$ **b.** $\int_0^3 (x+2)\,dx$ **c.** $\int_{-2}^2 \sqrt{4-x^2}\,dx$

Solução A Figura 4.24 mostra um esboço de cada região.

a. Esta região é um retângulo de altura 4 e largura 2

$$\int_1^3 4\,dx = (\text{Área do retângulo}) = 4(2) = 8$$

b. Esta região é um trapézio com altura 3 e bases paralelas de comprimentos 2 e 5. A fórmula para a área do trapézio é $\frac{1}{2}h(b_1 + b_2)$.

$$\int_0^3 (x+2)\,dx = (\text{Área do trapézio}) = \frac{1}{2}(3)(2+5) = \frac{21}{2}$$

c. Esta região é um semicírculo de raio 2. A fórmula para a área de um semicírculo é $\frac{1}{2}\pi r^2$.

$$\int_{-2}^2 \sqrt{4-x^2}\,dx = (\text{Área do semicírculo}) = \frac{1}{2}\pi(2^2) = 2\pi$$

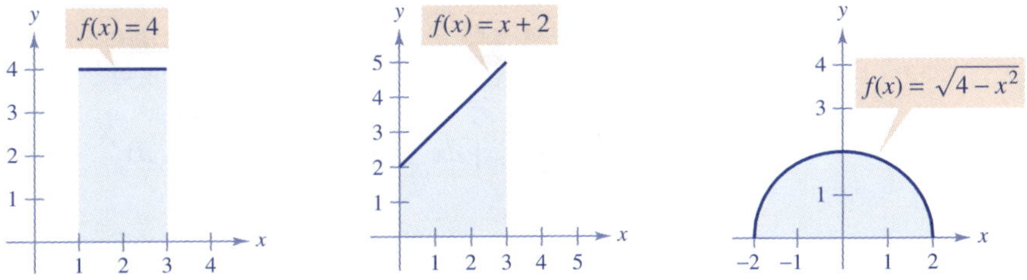

(a) (b) (c)

Figura 4.24

OBSERVAÇÃO A variável de integração em uma integral definida é às vezes chamada de *variável muda*, pois ela pode ser substituída por qualquer outra variável sem mudar o valor da integral. Por exemplo, as integrais definidas

$$\int_0^3 (x+2)\,dx$$

e

$$\int_0^3 (t+2)\,dt$$

têm o mesmo valor.

Propriedades das Integrais Definidas

A definição de integral definida de f no intervalo $[a, b]$ especifica que $a < b$. Entretanto, agora é conveniente estender a definição para cobrir os casos em que $a = b$ ou $a > b$. Geometricamente, as duas definições a seguir parecem razoáveis. Por exemplo, faz sentido definir a área de uma região de largura nula e altura finita como sendo 0.

Definições de Duas Integrais Definidas Especiais

1. Se f está definida em $x = a$, então definimos $\int_a^a f(x)\,dx = 0$.

2. Se f é integrável em $[a, b]$, então definimos $\int_b^a f(x)\,dx = -\int_a^b f(x)\,dx$.

EXEMPLO 4 Calculando Integrais Definidas

a. Já que a função seno é definida em $x = \pi$, e os limites inferior e superior da integração são iguais, podemos escrever

$$\int_\pi^\pi \operatorname{sen} x\,dx = 0.$$

b. A integral $\int_3^0 (x + 2)\, dx$ é a mesma que a dada no Exemplo 3(b), exceto pelo fato de que os limites superior e inferior estão trocados. Desde que a integral no Exemplo 3(b) tem o valor $\frac{21}{2}$, podemos escrever

$$\int_3^0 (x + 2)\, dx = -\int_0^3 (x + 2)\, dx = -\frac{21}{2}.$$

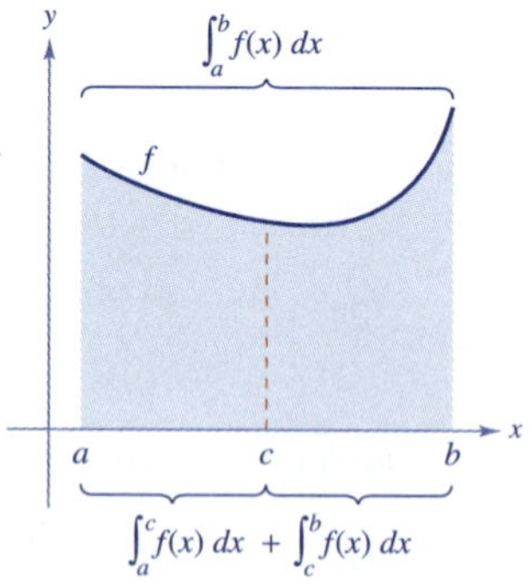

Figura 4.25

Na Figura 4.25, a região maior pode ser dividida em $x = c$ em duas sub-regiões cuja intersecção é um segmento de reta. Como o segmento de reta tem área nula, segue que a área da região maior é igual à soma das áreas das duas regiões menores.

TEOREMA 4.6 Propriedade Aditiva da Integral

Se f é uma função integrável nos três intervalos fechados determinados por a, b e c, então:

$$\int_a^b f(x)\, dx = \int_a^c f(x)\, dx + \int_c^b f(x)\, dx.$$

EXEMPLO 5 Usando a Propriedade Aditiva da Integral

$$\int_{-1}^1 |x|\, dx = \int_{-1}^0 -x\, dx + \int_0^1 x\, dx \qquad \text{Teorema 4.6}$$

$$= \frac{1}{2} + \frac{1}{2} \qquad \text{Área de um triângulo}$$

$$= 1$$

Já que a integral definida é definida como o limite de uma soma, ela herda as propriedades das somatórias dadas no topo da página 258.

TEOREMA 4.7 Propriedades das Integrais Definidas

Se f e g são funções integráveis em $[a, b]$ e k é uma constante, então as funções kf e $f \pm g$ são integráveis em $[a, b]$, e

1. $\int_a^b kf(x)\, dx = k\int_a^b f(x)\, dx$
2. $\int_a^b [f(x) \pm g(x)]\, dx = \int_a^b f(x)\, dx \pm \int_a^b g(x)\, dx.$

Observe que a Propriedade 2 do Teorema 4.7 pode ser estendida para cobrir qualquer número finito de funções. Por exemplo,

$$\int_a^b [f(x) + g(x) + h(x)]\, dx = \int_a^b f(x)\, dx + \int_a^b g(x)\, dx + \int_a^b h(x)\, dx.$$

EXEMPLO 6 Cálculo de uma Integral Definida

Calcule $\int_1^3 (-x^2 + 4x - 3)\, dx$ usando cada um dos valores a seguir.

$$\int_1^3 x^2\,dx = \frac{26}{3}, \qquad \int_1^3 x\,dx = 4, \qquad \int_1^3 dx = 2$$

Solução

$$\begin{aligned}\int_1^3 (-x^2 + 4x - 3)\,dx &= \int_1^3 (-x^2)\,dx + \int_1^3 4x\,dx + \int_1^3 (-3)\,dx \\ &= -\int_1^3 x^2\,dx + 4\int_1^3 x\,dx - 3\int_1^3 dx \\ &= -\left(\frac{26}{3}\right) + 4(4) - 3(2) \\ &= \frac{4}{3}\end{aligned}$$

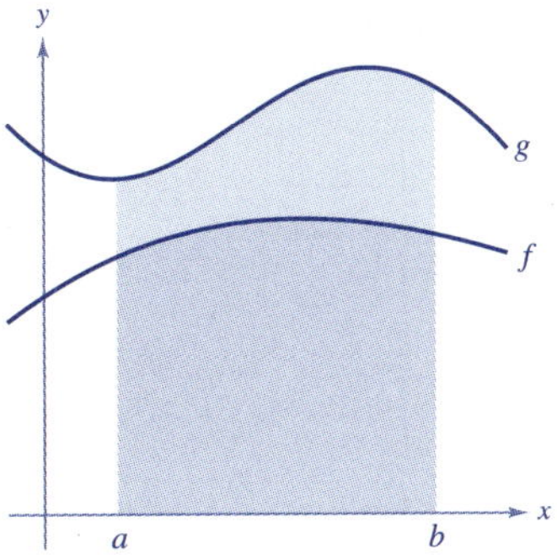

$$\int_a^b f(x)\,dx \le \int_a^b g(x)\,dx$$

Figura 4.26

Se f e g são contínuas no intervalo fechado $[a, b]$ e

$$0 \le f(x) \le g(x)$$

para $a \le x \le b$, as seguintes propriedades são verdadeiras. Em primeiro lugar, a área da região limitada pelo gráfico de f e pelo eixo x (entre a e b) deve ser não-negativa. Em segundo lugar, esta área deve ser menor ou igual à área da região limitada pelo gráfico de g e pelo eixo x (entre a e b), como mostra a Figura 4.26. Estes dois resultados são generalizados no Teorema 4.8. (A prova deste teorema é dada no Apêndice A.)

TEOREMA 4.8 Preservação da Desigualdade

1. Se f é uma função integrável e não negativa no intervalo $[a, b]$, então

$$0 \le \int_a^b f(x)\,dx.$$

2. Se f e g são duas funções integráveis no intervalo fechado $[a, b]$ e $f(x) \le g(x)$ para todo x em $[a, b]$, então

$$\int_a^b f(x)\,dx \le \int_a^b g(x)\,dx.$$

Exercícios da Seção 4.3

Nos Exercícios 1 e 2, use o Exemplo 1 como modelo para calcular o limite

$$\lim_{n\to\infty} \sum_{i=1}^{n} f(c_i)\,\Delta x_i$$

sobre a região limitada pelos gráficos das equações.

1. $f(x) = \sqrt{x}, \quad y = 0, \quad x = 0, \quad x = 3$

(*Sugestão:* Faça $c_i = 3i^2/n^2$.)

2. $f(x) = \sqrt[3]{x}, \quad y = 0, \quad x = 0, \quad x = 1$

(*Sugestão:* Faça $c_i = i^3/n^3$.)

Nos Exercícios 3 a 8, calcule a integral definida usando a definição por limite.

3. $\int_4^{10} 6\,dx$

4. $\int_{-2}^{3} x\,dx$

5. $\int_{-1}^{1} x^3\,dx$

6. $\int_1^3 3x^2\,dx$

7. $\int_1^2 (x^2 + 1)\,dx$

8. $\int_{-1}^{2} (3x^2 + 2)\,dx$

Nos Exercícios 9 a 12, escreva o limite como uma integral definida no intervalo $[a, b]$, onde c_i é qualquer ponto no i-ésimo subintervalo.

Limite	*Intervalo*
9. $\lim\limits_{\|\Delta\| \to 0} \sum\limits_{i=1}^{n} (3c_i + 10)\,\Delta x_i$	$[-1, 5]$
10. $\lim\limits_{\|\Delta\| \to 0} \sum\limits_{i=1}^{n} 6c_i(4 - c_i)^2\,\Delta x_i$	$[0, 4]$
11. $\lim\limits_{\|\Delta\| \to 0} \sum\limits_{i=1}^{n} \sqrt{c_i^2 + 4}\,\Delta x_i$	$[0, 3]$
12. $\lim\limits_{\|\Delta\| \to 0} \sum\limits_{i=1}^{n} \left(\dfrac{3}{c_i^2}\right)\Delta x_i$	$[1, 3]$

Nos Exercícios 13 a 22, escreva uma integral definida que dê a área da região. (Não calcule a integral.)

13. $f(x) = 3$

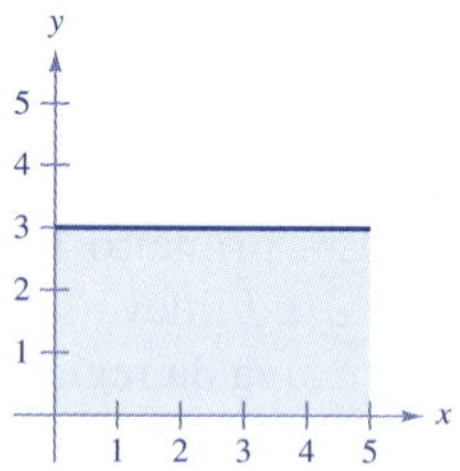

14. $f(x) = 4 - 2x$

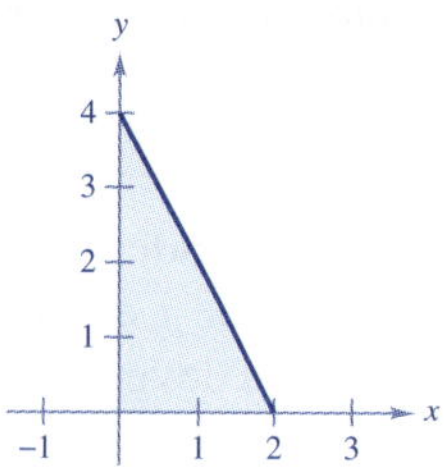

15. $f(x) = 4 - |x|$

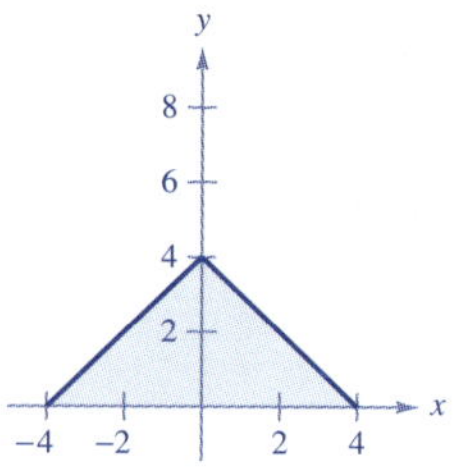

16. $f(x) = x^2$

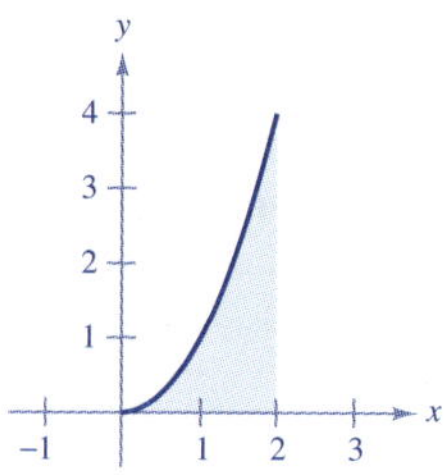

17. $f(x) = 4 - x^2$

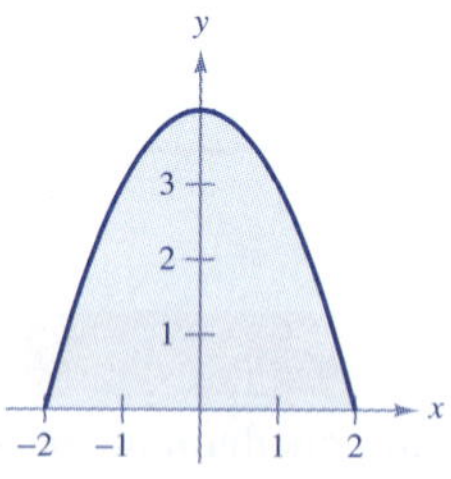

18. $f(x) = \dfrac{1}{x^2 + 1}$

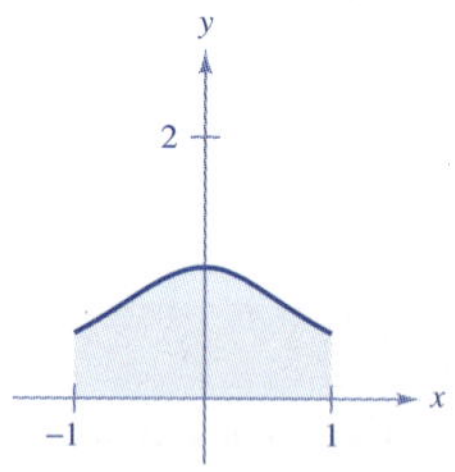

19. $f(x) = \text{sen}\, x$

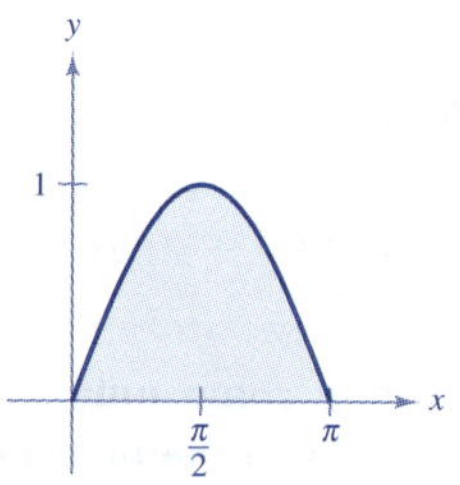

20. $f(x) = \text{tg}\, x$

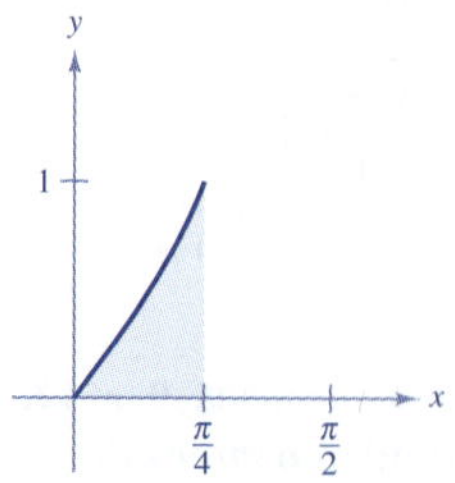

21. $g(y) = y^3$

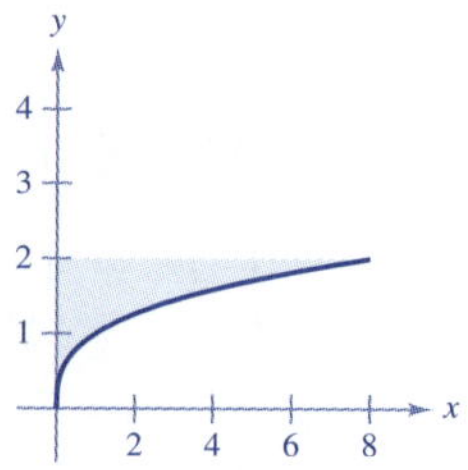

22. $f(y) = (y - 2)^2$

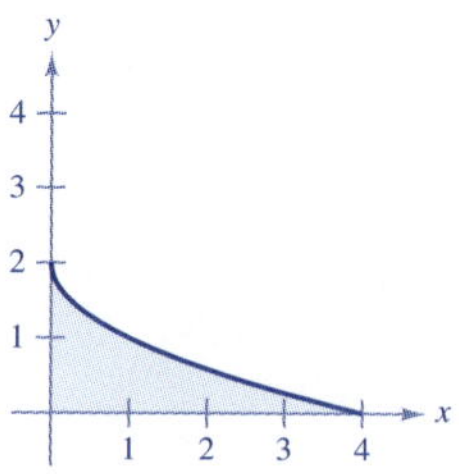

Nos Exercícios 23 a 32, esboce a região cuja área é dada pela integral definida. A seguir, use uma fórmula geométrica para calcular a integral ($a > 0, r > 0$).

23. $\displaystyle\int_0^3 4\,dx$

24. $\displaystyle\int_{-a}^{a} 4\,dx$

25. $\displaystyle\int_0^4 x\,dx$

26. $\displaystyle\int_0^4 \frac{x}{2}\,dx$

27. $\displaystyle\int_0^2 (2x + 5)\,dx$

28. $\displaystyle\int_0^8 (8 - x)\,dx$

29. $\displaystyle\int_{-1}^{1} (1 - |x|)\,dx$

30. $\displaystyle\int_{-a}^{a} (a - |x|)\,dx$

31. $\displaystyle\int_{-3}^{3} \sqrt{9 - x^2}\,dx$

32. $\displaystyle\int_{-r}^{r} \sqrt{r^2 - x^2}\,dx$

Nos Exercícios 33 a 40, calcule a integral usando os seguintes valores:

$$\int_2^4 x^3\,dx = 60, \qquad \int_2^4 x\,dx = 6, \qquad \int_2^4 dx = 2$$

33. $\displaystyle\int_4^2 x\,dx$

34. $\displaystyle\int_2^2 x^3\,dx$

35. $\displaystyle\int_2^4 4x\,dx$

36. $\displaystyle\int_2^4 15\,dx$

37. $\displaystyle\int_2^4 (x - 8)\,dx$

38. $\displaystyle\int_2^4 (x^3 + 4)\,dx$

39. $\displaystyle\int_2^4 \left(\tfrac{1}{2}x^3 - 3x + 2\right)dx$

40. $\displaystyle\int_2^4 (6 + 2x - x^3)\,dx$

41. Dado que $\displaystyle\int_0^5 f(x)\,dx = 10$ e $\displaystyle\int_5^7 f(x)\,dx = 3$, calcule

(a) $\displaystyle\int_0^7 f(x)\,dx.$ (b) $\displaystyle\int_5^0 f(x)\,dx.$

(c) $\displaystyle\int_5^5 f(x)\,dx.$ (d) $\displaystyle\int_0^5 3f(x)\,dx.$

42. Dado que $\int_0^3 f(x)\,dx = 4$ e $\int_3^6 f(x)\,dx = -1$, calcule

(a) $\int_0^6 f(x)\,dx.$ (b) $\int_6^3 f(x)\,dx.$

(c) $\int_3^3 f(x)\,dx.$ (d) $\int_3^6 -5f(x)\,dx.$

43. Dado que $\int_2^6 f(x)\,dx = 10$ e $\int_2^6 g(x)\,dx = -2$, calcule

(a) $\int_2^6 [f(x) + g(x)]\,dx.$ (b) $\int_2^6 [g(x) - f(x)]\,dx.$

(c) $\int_2^6 2g(x)\,dx.$ (d) $\int_2^6 3f(x)\,dx.$

44. Dado que $\int_{-1}^1 f(x)\,dx = 0$ e $\int_0^1 f(x)\,dx = 5$, calcule

(a) $\int_{-1}^0 f(x)\,dx.$ (b) $\int_0^1 f(x)\,dx - \int_{-1}^0 f(x)\,dx.$

(c) $\int_{-1}^1 3f(x)\,dx.$ (d) $\int_0^1 3f(x)\,dx.$

45. Use a tabela de valores para encontrar estimativas inferior e superior para

$$\int_0^{10} f(x)\,dx.$$

Suponha que f é uma função decrescente

x	0	2	4	6	8	10
$f(x)$	32	24	12	−4	−20	−36

46. Use a tabela de valores para estimar

$$\int_0^6 f(x)\,dx.$$

Use três subintervalos iguais e (a) as extremidades à direita, (b) as extremidades à esquerda, e (c) os pontos médios. Se f for uma função crescente, como cada estimativa se compara com o valor real? Explique seu raciocínio.

x	0	1	2	3	4	5	6
$f(x)$	−6	0	8	18	30	50	80

47. ***Para Pensar*** O gráfico de f consiste de segmentos de reta e de um semicírculo, como mostra a figura. Calcule cada integral definida usando fórmulas geométricas.

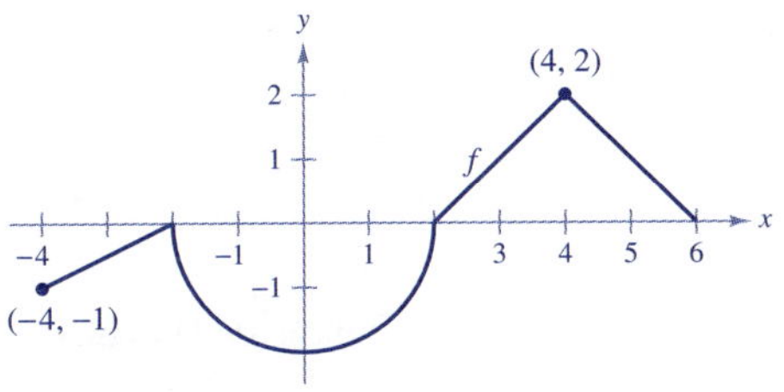

(a) $\int_0^2 f(x)\,dx$ (b) $\int_2^6 f(x)\,dx$

(c) $\int_{-4}^2 f(x)\,dx$ (d) $\int_{-4}^6 f(x)\,dx$

(e) $\int_{-4}^6 |f(x)|\,dx$ (f) $\int_{-4}^6 [f(x) + 2]\,dx$

48. ***Para Pensar*** O gráfico de f consiste de segmentos de reta, como mostra a figura. Calcule cada integral definida usando fórmulas geométricas.

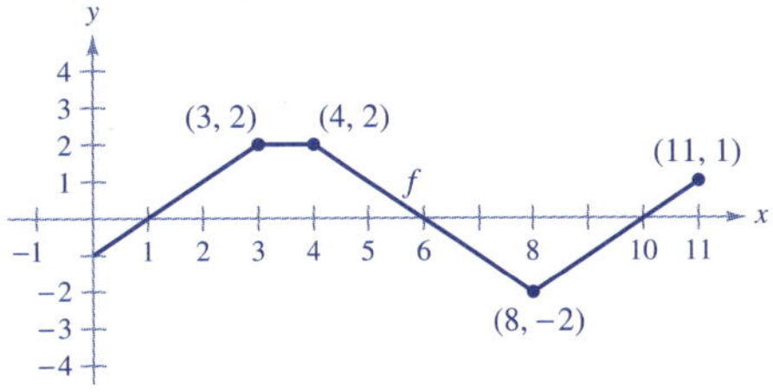

(a) $\int_0^1 -f(x)\,dx$ (b) $\int_3^4 3f(x)\,dx$

(c) $\int_0^7 f(x)\,dx$ (d) $\int_5^{11} f(x)\,dx$

(e) $\int_0^{11} f(x)\,dx$ (f) $\int_4^{10} f(x)\,dx$

49. ***Para Pensar*** Considere uma função f que é contínua no intervalo $[-5, 5]$ e para a qual

$$\int_0^5 f(x)\,dx = 4.$$

Calcule cada integral.

(a) $\int_0^5 [f(x) + 2]\,dx$

(b) $\int_{-2}^3 f(x + 2)\,dx$

(c) $\int_{-5}^5 f(x)\,dx$ (f é par.)

(d) $\int_{-5}^5 f(x)\,dx$ (f é ímpar.)

50. ***Para Pensar*** A função f está definida abaixo. Use fórmulas geométricas para calcular $\int_0^8 f(x)\,dx$.

$$f(x) = \begin{cases} 4, & x < 4 \\ x, & x \geq 4 \end{cases}$$

Questões Conceituais

Nos Exercícios 51 e 52, use a figura para preencher os brancos com o símbolo <, > ou =.

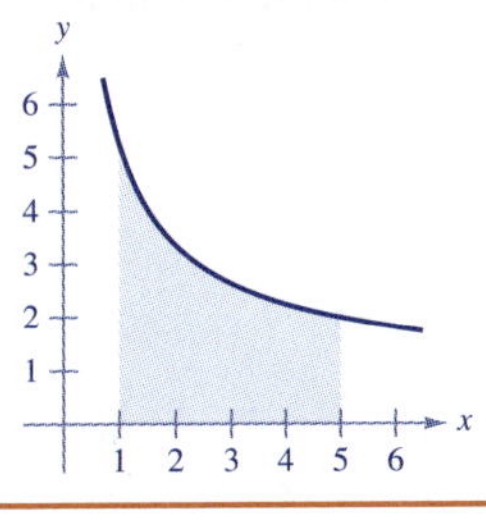

Questões Conceituais (*Continuação*)

51. O intervalo $[1, 5]$ está dividido em n subintervalos de mesma largura Δx, e x_i é a extremidade esquerda do i-ésimo subintervalo.

$$\sum_{i=1}^{n} f(x_i)\,\Delta x \quad \blacksquare \quad \int_1^5 f(x)\,dx$$

52. O intervalo $[1, 5]$ está dividido em n subintervalos de mesma largura Δx, e x_i é a extremidade direita do i-ésimo subintervalo.

$$\sum_{i=1}^{n} f(x_i)\,\Delta x \quad \blacksquare \quad \int_1^5 f(x)\,dx$$

53. Determine se a função $f(x) = \dfrac{1}{x-4}$ é integrável no intervalo $[3, 5]$. Explique.

54. Dê um exemplo de uma função que é integrável no intervalo $[-1, 1]$, mas não é contínua em $[-1, 1]$.

Nos Exercícios 55 a 58, determine qual valor melhor aproxima a integral definida. Faça sua seleção com base em um esboço.

55. $\displaystyle\int_0^4 \sqrt{x}\,dx$

(a) 5 (b) -3 (c) 10 (d) 2 (e) 8

56. $\displaystyle\int_0^{1/2} 4\cos \pi x\,dx$

(a) 4 (b) $\frac{4}{3}$ (c) 16 (d) 2π (e) -6

57. $\displaystyle\int_0^1 2\,\text{sen}\,\pi x\,dx$

(a) 6 (b) $\frac{1}{2}$ (c) 4 (d) $\frac{5}{4}$

58. $\displaystyle\int_0^9 \left(1 + \sqrt{x}\right)dx$

(a) -3 (b) 9 (c) 27 (d) 3

Programando **Escreva um programa para sua ferramenta gráfica que aproxime uma integral definida usando a soma de Riemann**

$$\sum_{i=1}^{n} f(c_i)\,\Delta x_i$$

onde os subintervalos têm larguras iguais. A saída deve dar três aproximações da integral quando c_i é a extremidade esquerda ($L(n)$), o ponto médio ($M(n)$), e a extremidade direita ($R(n)$) de cada subintervalo. Nos Exercícios 59 a 62, use o programa para aproximar a integral definida e complete a tabela.

n	4	8	12	16	20
$L(n)$					
$M(n)$					
$R(n)$					

59. $\displaystyle\int_0^3 x\sqrt{3-x}\,dx$

60. $\displaystyle\int_0^3 \frac{5}{x^2+1}\,dx$

61. $\displaystyle\int_0^{\pi/2} \text{sen}^2\,x\,dx$

62. $\displaystyle\int_0^3 x\,\text{sen}\,x\,dx$

Verdadeiro ou Falso? **Nos Exercícios 63 a 68, determine se a afirmação é verdadeira ou falsa. Caso seja falsa, explique por que ou dê um exemplo mostrando que é falsa.**

63. $\displaystyle\int_a^b [f(x) + g(x)]\,dx = \int_a^b f(x)\,dx + \int_a^b g(x)\,dx$

64. $\displaystyle\int_a^b f(x)g(x)\,dx = \left[\int_a^b f(x)\,dx\right]\left[\int_a^b g(x)\,dx\right]$

65. Se a norma de uma partição se aproxima de zero, então o número de subintervalos se aproxima do infinito.

66. Se f é crescente em $[a, b]$, então o valor mínimo de $f(x)$ em $[a, b]$ é $f(a)$.

67. O valor de

$$\int_a^b f(x)\,dx$$

deve ser positivo.

68. O valor de

$$\int_2^2 \text{sen}\,(x^2)\,dx$$

é 0.

69. Encontre a soma de Riemann de

$$f(x) = x^2 + 3x$$

sobre o intervalo $[0, 8]$, onde $x_0 = 0$, $x_1 = 1$, $x_2 = 3$, $x_3 = 7$, e $x_4 = 8$, e onde $c_1 = 1$, $c_2 = 2$, $c_3 = 5$, e $c_4 = 8$.

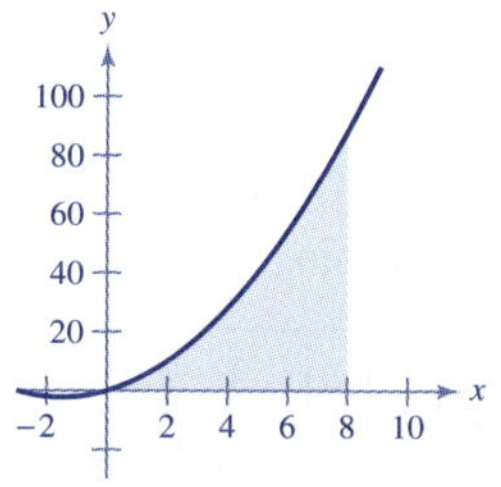

Figura do Exercício 69

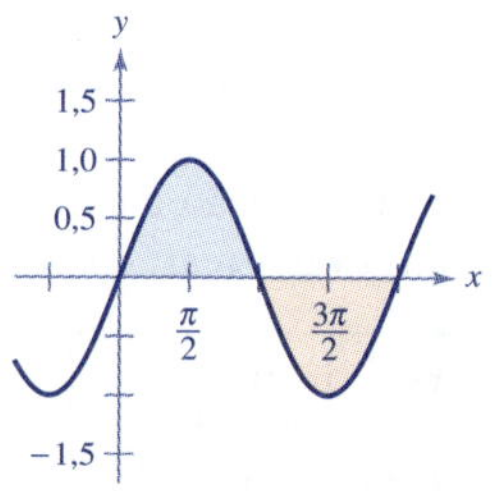

Figura do Exercício 70

70. Encontre a soma de Riemann de $f(x) = \text{sen}\,x$ sobre o intervalo $[0, 2\pi]$, onde $x_0 = 0$, $x_1 = \pi/4$, $x_2 = \pi/3$, $x_3 = \pi$, e $x_4 = 2\pi$, e onde $c_1 = \pi/6$, $c_2 = \pi/3$, $c_3 = 2\pi/3$, e $c_4 = 3\pi/2$.

71. Demonstre que $\displaystyle\int_a^b x\,dx = \frac{b^2 - a^2}{2}$.

72. Demonstre que $\displaystyle\int_a^b x^2\,dx = \frac{b^3 - a^3}{3}$.

73. ***Para Pensar*** Determine se a função de Dirichlet

$$f(x) = \begin{cases} 1, & x \text{ é racional} \\ 0, & x \text{ é irracional} \end{cases}$$

é integrável no intervalo $[0, 1]$. Explique.

74. Suponha que a função f está definida em $[0, 1]$, como mostra a figura.

$$f(x) = \begin{cases} 0, & x = 0 \\ \dfrac{1}{x}, & 0 < x \leq 1 \end{cases}$$

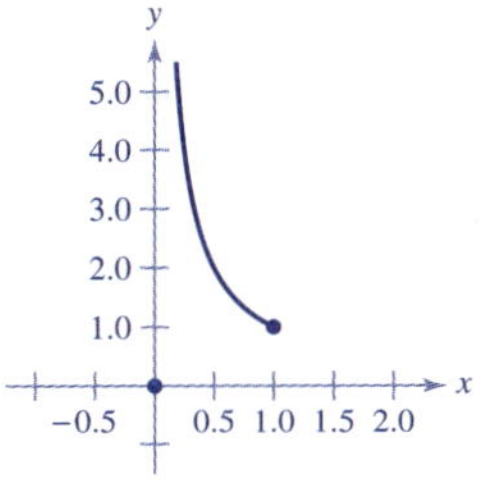

Mostre que $\int_0^1 f(x)\,dx$ não existe. Por que isto não contradiz o Teorema 4.4?

75. Encontre constantes a e b que maximizem o valor de

$$\int_a^b (1 - x^2)\,dx.$$

Explique seu raciocínio.

76. Calcule, se possível, a integral $\displaystyle\int_0^2 [\![x]\!]\,dx$.

77. Determine

$$\lim_{n\to\infty} \frac{1}{n^3}[1^2 + 2^2 + 3^2 + \cdot \cdot \cdot + n^2]$$

usando uma soma de Riemann apropriada.

Seção 4.4 O Teorema Fundamental do Cálculo

- **Calcular uma integral definida usando o Teorema Fundamental do Cálculo.**
- **Entender e usar o Teorema do Valor Médio para Integrais.**
- **Encontrar o valor médio de uma função sobre um intervalo fechado.**
- **Entender e usar o Segundo Teorema Fundamental do Cálculo.**

O Teorema Fundamental do Cálculo

Agora você já foi apresentado aos dois principais ramos do cálculo: cálculo diferencial (introduzido com o problema da reta tangente) e cálculo integral (introduzido com o problema da área). Neste ponto, estes dois problemas podem parecer não relacionados — mas existe uma conexão muito estreita. A conexão foi descoberta independentemente por Isaac Newton e Gottfried Leibniz e está enunciada em um teorema que é apropriadamente chamado de **Teorema Fundamental do Cálculo**.

Informalmente, este teorema afirma que a diferenciação e a integração (definida) são operações inversas, no mesmo sentido de que divisão e multiplicação são operações inversas. Para saber como Newton e Leibniz podem ter intuído esta relação, considere a aproximação mostrada na Figura 4.27. A inclinação da reta tangente foi definida usando o *quociente* $\Delta y/\Delta x$ (a inclinação da reta secante). Analogamente, a área da região sob a curva foi definida usando o *produto* $\Delta y \Delta x$ (a área de um retângulo). Assim, pelo menos no estágio primitivo de aproximações, as operações de diferenciação e de integração definida parecem ter uma relação de inversas no mesmo sentido que a divisão e a multiplicação são operações inversas. O Teorema Fundamental do Cálculo afirma que o processo limite (usado para definir a derivada e a integral definida) preserva esta relação de inversas.

INVESTIGAÇÃO

Integração e Primitivação
Durante este capítulo, você tem usado o sinal de integral para representar uma primitiva (uma família de funções) e uma integral definida (um número).

Primitivação: $\displaystyle\int f(x)\,dx$

Integração definida: $\displaystyle\int_a^b f(x)\,dx$

O uso do mesmo símbolo para ambas as operações indica que elas estão relacionadas. Entretanto, nos primeiros trabalhos sobre cálculo, não se sabia que estas duas operações estavam relacionadas. Você acha que o símbolo $\int$ foi primeiramente aplicado para primitivação ou para integração definida? (*Sugestão*: O símbolo foi usado inicialmente por Leibniz e foi derivado da letra *S*.)

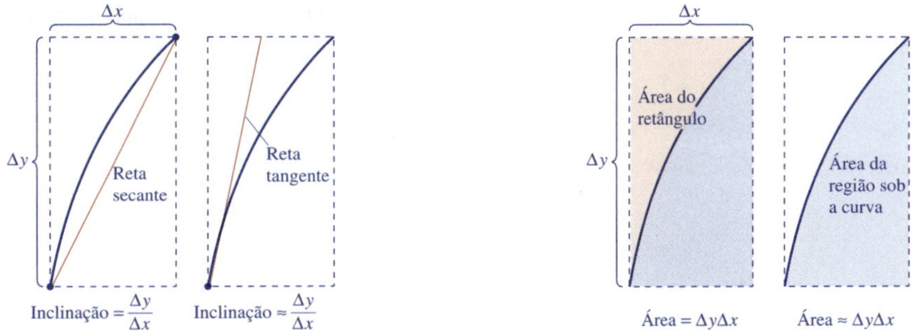

(a) Diferenciação **(b)** Integração definida

Diferenciação e integração definida têm uma relação de "inversas".
Figura 4.27

TEOREMA 4.9 O Teorema Fundamental do Cálculo

Se a função f for contínua no intervalo $[a, b]$ e se F for uma primitiva de f no intervalo $[a, b]$, então

$$\int_a^b f(x)\,dx = F(b) - F(a).$$

Demonstração A chave para a demonstração é escrever a diferença $F(b) - F(a)$ em uma forma conveniente. Seja Δ a seguinte partição de $[a, b]$.

$$a = x_0 < x_1 < x_2 < \cdot \cdot \cdot < x_{n-1} < x_n = b$$

Somando e subtraindo pares de termos iguais, podemos escrever

$$\begin{aligned} F(b) - F(a) &= F(x_n) - F(x_{n-1}) + F(x_{n-1}) - \cdot \cdot \cdot - F(x_1) + F(x_1) - F(x_0) \\ &= \sum_{i=1}^{n} [F(x_i) - F(x_{i-1})]. \end{aligned}$$

Pelo Teorema do Valor Médio, sabemos que existe um número c_i no i-ésimo subintervalo tal que

$$F'(c_i) = \frac{F(x_i) - F(x_{i-1})}{x_i - x_{i-1}}.$$

Já que $F'(c_i) = f(c_i)$, podemos fazer $\Delta x_i = x_i - x_{i-1}$ e obter

$$F(b) - F(a) = \sum_{i=1}^{n} f(c_i)\,\Delta x_i.$$

Esta importante equação nos diz que aplicando o Teorema do Valor Médio podemos sempre encontrar uma coleção de c_i, tal que a *constante* $F(b) - F(a)$ é uma soma de Riemann de f em $[a, b]$. Tomando o limite (quando $\|\Delta\| \to 0$), obtemos

$$F(b) - F(a) = \int_a^b f(x)\,dx.$$

Os procedimentos a seguir podem ajudar você a entender o uso do Teorema Fundamental do Cálculo.

Procedimentos para Usar o Teorema Fundamental do Cálculo

1. *Desde que você possa* encontrar uma primitiva de f, você tem uma forma de calcular uma integral definida sem ter de usar o limite de uma soma.
2. Quando aplicar o Teorema Fundamental do Cálculo, a seguinte notação é conveniente

$$\begin{aligned} \int_a^b f(x)\,dx &= F(x)\Big]_a^b \\ &= F(b) - F(a) \end{aligned}$$

Por exemplo, para calcular $\int_1^3 x^3\,dx$, podemos escrever

$$\int_1^3 x^3\,dx = \frac{x^4}{4}\Big]_1^3 = \frac{3^4}{4} - \frac{1^4}{4} = \frac{81}{4} - \frac{1}{4} = 20.$$

3. Não é necessário incluir a constante de integração C na primitiva pois

$$\begin{aligned}\int_a^b f(x)\,dx &= \Big[F(x) + C\Big]_a^b \\ &= [F(b) + C] - [F(a) + C] \\ &= F(b) - F(a).\end{aligned}$$

EXEMPLO 1 Calculando uma Integral Definida

Calcule cada integral definida

a. $\displaystyle\int_1^2 (x^2 - 3)\,dx$ **b.** $\displaystyle\int_1^4 3\sqrt{x}\,dx$ **c.** $\displaystyle\int_0^{\pi/4} \sec^2 x\,dx$

Solução

a. $$\int_1^2 (x^2 - 3)\,dx = \left[\frac{x^3}{3} - 3x\right]_1^2 = \left(\frac{8}{3} - 6\right) - \left(\frac{1}{3} - 3\right) = -\frac{2}{3}$$

b. $$\int_1^4 3\sqrt{x}\,dx = 3\int_1^4 x^{1/2}\,dx = 3\left[\frac{x^{3/2}}{3/2}\right]_1^4 = 2(4)^{3/2} - 2(1)^{3/2} = 14$$

c. $$\int_0^{\pi/4} \sec^2 x\,dx = \operatorname{tg} x\Big]_0^{\pi/4} = 1 - 0 = 1$$

EXEMPLO 2 Uma Integral Definida Envolvendo Valor Absoluto

Calcule $\displaystyle\int_0^2 |2x - 1|\,dx$.

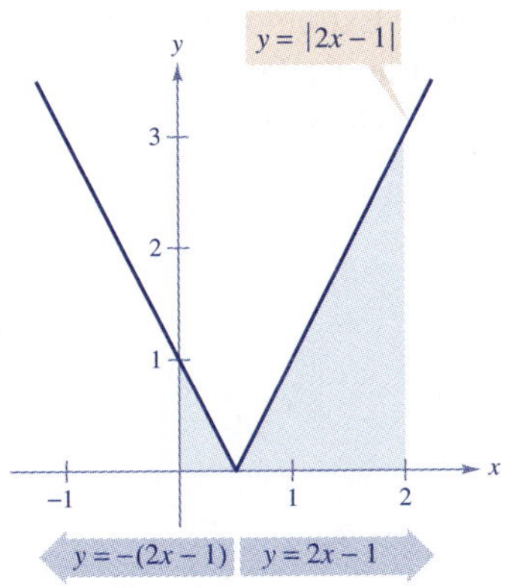

A integral definida de y em $[0, 2]$ é $\frac{5}{2}$.
Figura 4.28

Solução Usando a Figura 4.28 e a definição de valor absoluto, podemos reescrever o integrando como é mostrado abaixo.

$$|2x - 1| = \begin{cases} -(2x - 1), & x < \frac{1}{2} \\ 2x - 1, & x \geq \frac{1}{2} \end{cases}$$

Desta expressão, podemos reescrever a integral em duas partes.

$$\begin{aligned}\int_0^2 |2x - 1|\,dx &= \int_0^{1/2} -(2x - 1)\,dx + \int_{1/2}^2 (2x - 1)\,dx \\ &= \Big[-x^2 + x\Big]_0^{1/2} + \Big[x^2 - x\Big]_{1/2}^2 \\ &= \left(-\frac{1}{4} + \frac{1}{2}\right) - (0 + 0) + (4 - 2) - \left(\frac{1}{4} - \frac{1}{2}\right) = \frac{5}{2}\end{aligned}$$

EXEMPLO 3 Usando o Teorema Fundamental para Encontrar a Área

Encontre a área da região limitada pelo gráfico de $y = 2x^2 - 3x + 2$, pelo eixo x e pelas retas verticais $x = 0$ e $x = 2$, como mostra a Figura 4.29.

Solução Observe que $y > 0$ no intervalo $[0, 2]$.

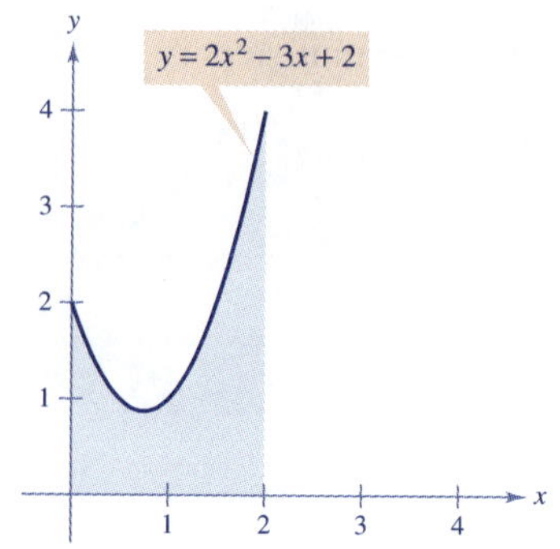

A área da região limitada pelo gráfico de y, pelo eixo x e por $x = 0$ e $x = 2$ é $\frac{10}{3}$.

Figura 4.29

$$\begin{aligned}
\text{Área} &= \int_0^2 (2x^2 - 3x + 2)\, dx && \text{Integre entre } x = 0 \text{ e } x = 2 \\
&= \left[\frac{2x^3}{3} - \frac{3x^2}{2} + 2x\right]_0^2 && \text{Encontre uma primitiva} \\
&= \left(\frac{16}{3} - 6 + 4\right) - (0 - 0 + 0) && \text{Aplique o Teorema Fundamental} \\
&= \frac{10}{3} && \text{Simplifique}
\end{aligned}$$

O Teorema do Valor Médio para Integrais

Na Seção 4.2 você viu que a área da região sob a curva é maior do que a área de um retângulo inscrito e menor que a área de um retângulo circunscrito. O Teorema do Valor Médio para Integrais afirma que em algum lugar "entre" os retângulos inscrito e circunscrito existe um retângulo cuja área é exatamente igual à área da região sob a curva, como mostrado na Figura 4.30.

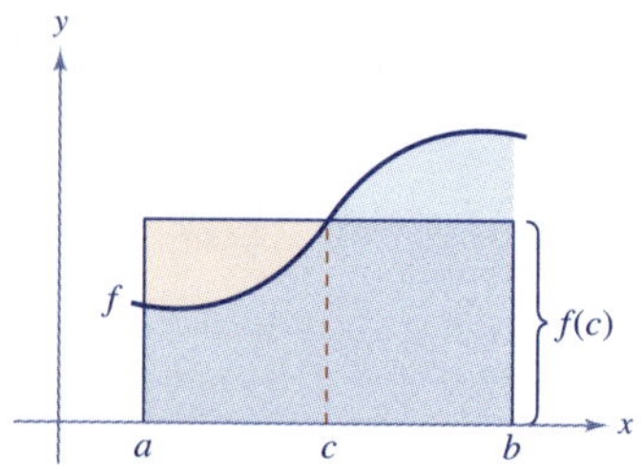

Retângulo de valor médio:

$$f(c)(b - a) = \int_a^b f(x)\, dx.$$

Figura 4.30

TEOREMA 4.10 Teorema do Valor Médio para Integrais

Se f é uma função contínua no intervalo fechado $[a, b]$, então existe um número c no intervalo fechado $[a, b]$ tal que

$$\int_a^b f(x)\, dx = f(c)(b - a).$$

Demonstração

Caso 1: Se f é constante no intervalo $[a, b]$, o teorema é obviamente válido pois c pode ser qualquer ponto em $[a, b]$.

Caso 2: Se f não é constante, então, pelo Teorema do Valor Extremo, podemos escolher $f(m)$ e $f(M)$ como sendo os valores mínimo e máximo de f em $[a, b]$. Já que $f(m) \le f(x) \le f(M)$ para todo x em $[a, b]$, podemos aplicar o Teorema 4.8 para escrever o seguinte.

$$\int_a^b f(m)\, dx \le \int_a^b f(x)\, dx \le \int_a^b f(M)\, dx \qquad \text{Veja a Figura 4.31}$$

$$f(m)(b - a) \le \int_a^b f(x)\, dx \le f(M)(b - a)$$

$$f(m) \le \frac{1}{b - a}\int_a^b f(x)\, dx \le f(M)$$

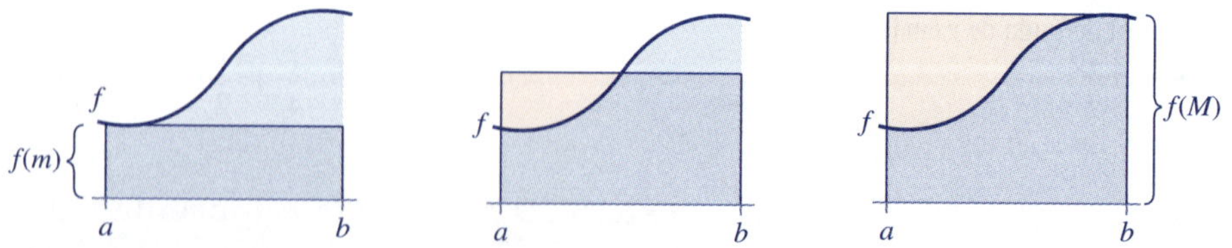

Retângulo inscrito (menor que a área real) $\int_a^b f(m)\, dx = f(m)(b - a)$.

Retângulo de valor médio (igual à área real) $\int_a^b f(x)\, dx$.

Retângulo circunscrito (maior que a área real) $\int_a^b f(M)\, dx = f(M)(b - a)$.

Figura 4.31

Da terceira desigualdade, podemos aplicar o Teorema do Valor Intermediário para concluir que existe algum c em $[a, b]$ tal que

$$f(c) = \frac{1}{b-a}\int_a^b f(x)\,dx \qquad \text{ou} \qquad f(c)(b-a) = \int_a^b f(x)\,dx.$$

OBSERVAÇÃO Observe que o Teorema 4.10 não especifica como determinar c. Ele apenas garante que existe pelo menos um número c no intervalo.

Valor Médio de uma Função

O valor de $f(c)$ dado pelo Teorema do Valor Médio para Integrais é chamado de **valor médio** de f no intervalo.

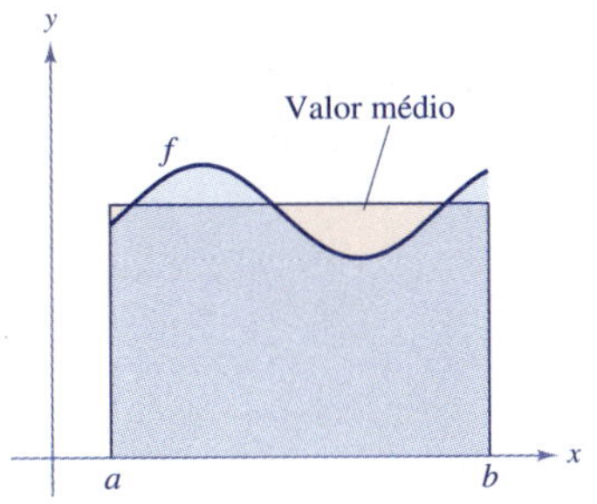

$$\text{Valor médio} = \frac{1}{b-a}\int_a^b f(x)\,dx.$$

Figura 4.32

Definição do Valor Médio de uma Função em um Intervalo

Se f é uma função integrável no intervalo fechado $[a, b]$, então o **valor médio** de f no intervalo é:

$$\frac{1}{b-a}\int_a^b f(x)\,dx.$$

OBSERVAÇÃO Veja na Figura 4.32 que a área da região sob o gráfico de f é igual à área do retângulo cuja altura é o valor médio.

Para saber por que o valor médio de f é definido desta forma, suponha que você dividiu $[a, b]$ em n subintervalos de mesma largura $\Delta x = (b - a)/n$. Se c_i é qualquer ponto no i-ésimo subintervalo, a média aritmética dos valores da função nos c_i é dada por

$$a_n = \frac{1}{n}[f(c_1) + f(c_2) + \cdot\cdot\cdot + f(c_n)]. \qquad \text{Média de } f(c_1), \ldots, f(c_n)$$

Multiplicando e dividindo por $(b - a)$, você pode escrever a média como

$$\begin{aligned} a_n &= \frac{1}{n}\sum_{i=1}^{n} f(c_i)\left(\frac{b-a}{b-a}\right) = \frac{1}{b-a}\sum_{i=1}^{n} f(c_i)\left(\frac{b-a}{n}\right) \\ &= \frac{1}{b-a}\sum_{i=1}^{n} f(c_i)\,\Delta x. \end{aligned}$$

Finalmente, tomando o limite para $n \to \infty$ obtemos o valor médio de f no intervalo $[a, b]$, como definido acima.

Este desenvolvimento do valor médio de uma função em um intervalo é apenas um dos usos práticos das integrais definidas para representar processos de somas. No Capítulo 7, você vai estudar outras aplicações, tais como volume, comprimento de arco, centros de massa e trabalho.

EXEMPLO 4 Encontrando o Valor Médio de uma Função

Encontre o valor médio de $f(x) = 3x^2 - 2x$ no intervalo $[1, 4]$.

Solução O valor médio é dado por

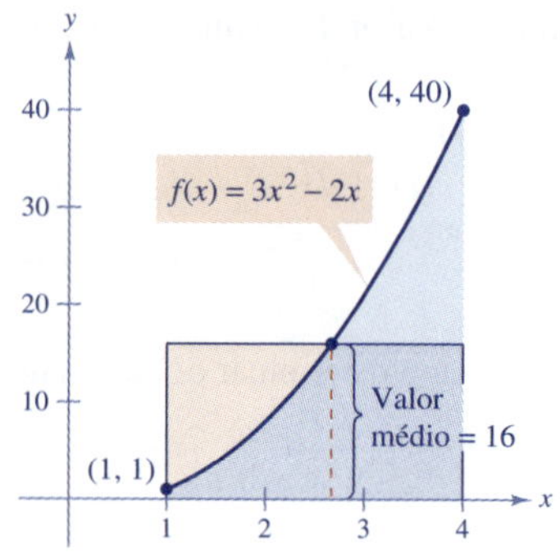

Figura 4.33

$$\frac{1}{b-a}\int_a^b f(x)\,dx = \frac{1}{3}\int_1^4 (3x^2 - 2x)\,dx$$
$$= \frac{1}{3}\Big[x^3 - x^2\Big]_1^4$$
$$= \frac{1}{3}[64 - 16 - (1 - 1)] = \frac{48}{3} = 16.$$

(Veja a Figura 4.33.)

EXEMPLO 5 A Velocidade do Som

Em altitudes diferentes na atmosfera da Terra, o som se propaga com velocidades diferentes. A velocidade do som $s(x)$ (em metros por segundo) pode ser modelada por

$$s(x) = \begin{cases} -4x + 341, & 0 \le x < 11.5 \\ 295, & 11.5 \le x < 22 \\ \frac{3}{4}x + 278{,}5, & 22 \le x < 32 \\ \frac{3}{2}x + 254{,}5, & 32 \le x < 50 \\ -\frac{3}{2}x + 404{,}5, & 50 \le x \le 80 \end{cases}$$

onde x é a altura em quilômetros (veja a Figura 4.34). Qual a velocidade média do som no intervalo $[0, 80]$?

Solução Inicialmente, integramos $s(x)$ no intervalo $[0, 80]$. Para isso, podemos desdobrar a integral em cinco partes.

$$\int_0^{11,5} s(x)\,dx = \int_0^{11,5} (-4x + 341)\,dx = \Big[-2x^2 + 341x\Big]_0^{11,5} = 3657$$

$$\int_{11,5}^{22} s(x)\,dx = \int_{11,5}^{22} (295)\,dx = \Big[295x\Big]_{11,5}^{22} = 3097{,}5$$

$$\int_{22}^{32} s(x)\,dx = \int_{22}^{32} \left(\tfrac{3}{4}x + 278{,}5\right)dx = \Big[\tfrac{3}{8}x^2 + 278{,}5x\Big]_{22}^{32} = 2987{,}5$$

$$\int_{32}^{50} s(x)\,dx = \int_{32}^{50} \left(\tfrac{3}{2}x + 254{,}5\right)dx = \Big[\tfrac{3}{4}x^2 + 254{,}5x\Big]_{32}^{50} = 5688$$

$$\int_{50}^{80} s(x)\,dx = \int_{50}^{80} \left(-\tfrac{3}{2}x + 404{,}5\right)dx = \Big[-\tfrac{3}{4}x^2 + 404{,}5x\Big]_{50}^{80} = 9210$$

Somando os valores das cinco integrais, obtemos

$$\int_0^{80} s(x)\,dx = 24.640.$$

Assim, a velocidade média do som da altitude de 0 quilômetro até a altitude de 80 quilômetros é

$$\text{Velocidade média} = \frac{1}{80}\int_0^{80} s(x)\,dx = \frac{24.640}{80} = 308 \text{ metros por segundo.}$$

George Hall/Corbis

A primeira pessoa a voar em uma velocidade maior do que a velocidade do som foi Charles Yeager. Em 14 de outubro de 1947, voando em um avião foguete X-1, a uma altitude de 12,2 quilômetros, Yeager foi cronometrado a 295,9 metros por segundo. Se Yeager estivesse voando em uma altitude inferior a 11,275 quilômetros, sua velocidade de 295,9 metros por segundo não teria "quebrado a barreira do som".

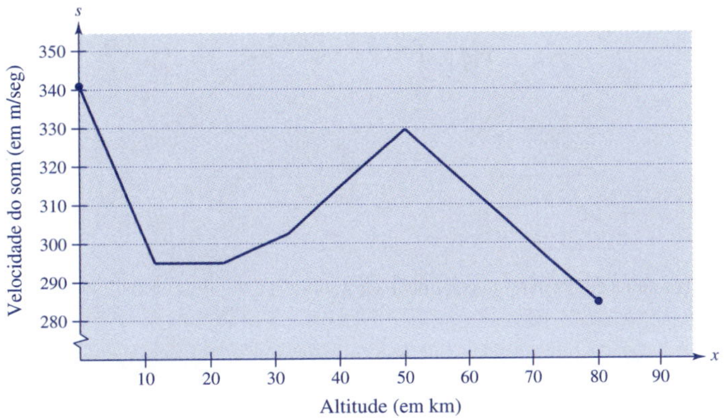

A velocidade do som depende da altitude.
Figura 4.34

O Segundo Teorema Fundamental do Cálculo

Anteriormente vimos que a integral definida de f no intervalo $[a, b]$ foi definida usando a constante b como limite superior de integração e x como a variável de integração. Entretanto, uma situação ligeiramente diferente pode aparecer, na qual a variável x é usada como limite superior de integração. Para evitar a confusão de usar x de duas maneiras diferentes, t será usado temporariamente como variável de integração. (Lembre-se de que a integral definida *não* é função de sua variável de integração.)

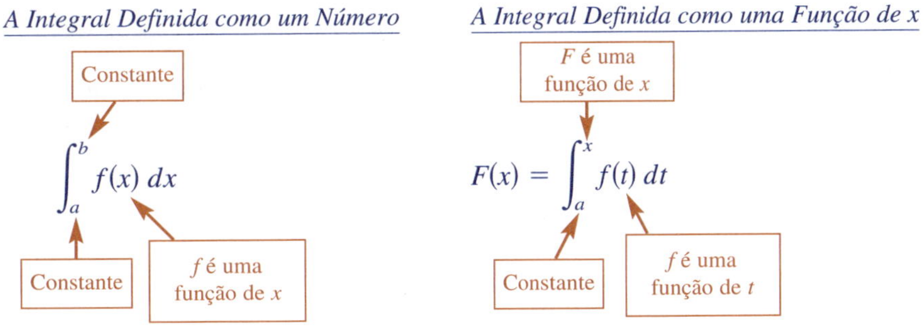

INVESTIGAÇÃO

Use uma ferramenta gráfica para desenhar a função

$$F(x) = \int_0^x \cos t\,dt$$

para $0 \le x \le \pi$. Você reconhece este gráfico? Explique.

EXEMPLO 6 A Integral Definida como uma Função de x

Calcule a função

$$F(x) = \int_0^x \cos t\,dt$$

em $x = 0,\ \pi/6,\ \pi/4,\ \pi/3$ e $\pi/2$.

Solução Podemos calcular cinco integrais definidas diferentes, uma para cada um dos limites superiores dados. Entretanto, é muito mais simples fixar x (como constante) temporariamente para obter

$$\int_0^x \cos t\,dt = \operatorname{sen} t\Big]_0^x = \operatorname{sen} x - \operatorname{sen} 0 = \operatorname{sen} x.$$

Agora, usando $F(x) = \operatorname{sen} x$, podemos obter os resultados mostrados na Figura 4.35.

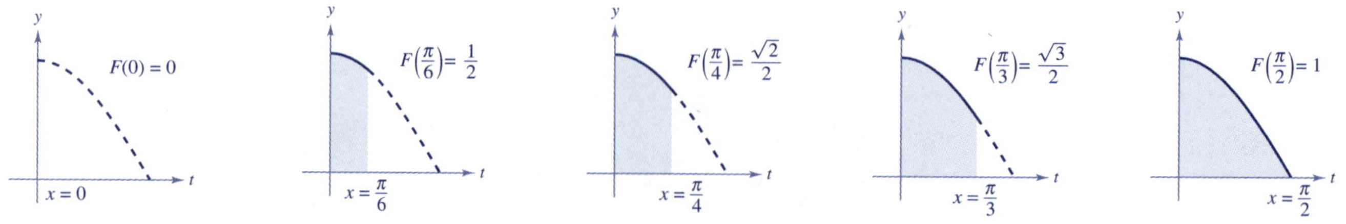

$F(x) = \int_0^x \cos t\, dt$ é a área sob a curva $f(t) = \cos t$ de 0 até x.

Figura 4.35

Você pode pensar que a função $F(x)$ está *acumulando* a área sob a curva $f(t) = \cos t$ de $t = 0$ até $t = x$. Para $x = 0$, a área é 0 e $F(0) = 0$. Para $x = \pi/2$, $F(\pi/2) = 1$ resulta na área acumulada sob a curva do cosseno em todo o intervalo $[0, \pi/2]$. Esta interpretação de uma integral como uma **função de acumulação** é usada freqüentemente nas aplicações de integração.

No Exemplo 6, observe que a derivada de F é o integrando original (apenas com a variável trocada). Isto é,

$$\frac{d}{dx}[F(x)] = \frac{d}{dx}[\text{sen } x] = \frac{d}{dx}\left[\int_0^x \cos t\, dt\right] = \cos x.$$

Este resultado é generalizado no teorema seguinte, chamado de **Segundo Teorema Fundamental do Cálculo**.

TEOREMA 4.11 Segundo Teorema Fundamental do Cálculo

Se f é uma função contínua no intervalo aberto I contendo a, então, para todo x no intervalo,

$$\frac{d}{dx}\left[\int_a^x f(t)\, dt\right] = f(x).$$

Demonstração Inicialmente, defina F por

$$F(x) = \int_a^x f(t)\, dt.$$

Portanto, por definição de derivada, podemos escrever

$$\begin{aligned}
F'(x) &= \lim_{\Delta x \to 0} \frac{F(x + \Delta x) - F(x)}{\Delta x} \\
&= \lim_{\Delta x \to 0} \frac{1}{\Delta x}\left[\int_a^{x+\Delta x} f(t)\, dt - \int_a^x f(t)\, dt\right] \\
&= \lim_{\Delta x \to 0} \frac{1}{\Delta x}\left[\int_a^{x+\Delta x} f(t)\, dt + \int_x^a f(t)\, dt\right] \\
&= \lim_{\Delta x \to 0} \frac{1}{\Delta x}\left[\int_x^{x+\Delta x} f(t)\, dt\right].
\end{aligned}$$

Do Teorema do Valor Médio para Integrais (supondo $\Delta x > 0$), sabemos que existe um número c no intervalo $[x, x + \Delta x]$, tal que a integral na expressão acima é igual a $f(c)\, \Delta x$. Além disso, visto que $x \le c \le x + \Delta x$, segue que $c \to x$ quando $\Delta x \to 0$. Assim, obtemos

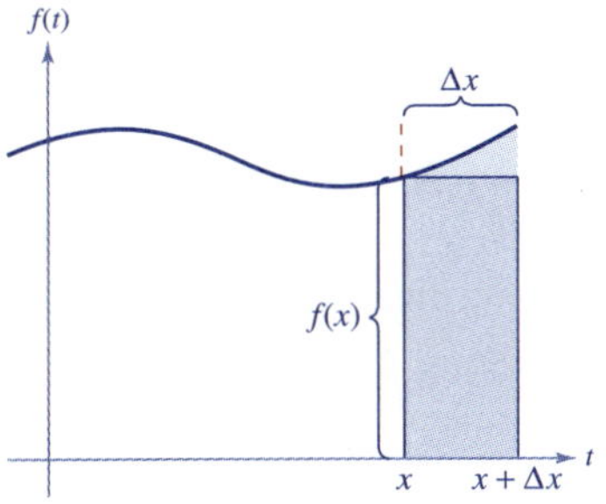

$$f(x)\,\Delta x \approx \int_x^{x+\Delta x} f(t)\,dt.$$

Figura 4.36

$$\begin{aligned} F'(x) &= \lim_{\Delta x\to 0}\left[\frac{1}{\Delta x}\,f(c)\,\Delta x\right] \\ &= \lim_{\Delta x\to 0} f(c) \\ &= f(x). \end{aligned}$$

Um argumento análogo pode ser feito para $\Delta x < 0$.

OBSERVAÇÃO Usando o modelo de área para integrais definidas, podemos interpretar a aproximação

$$f(x)\,\Delta x \approx \int_x^{x+\Delta x} f(t)\,dt$$

e afirmar que a área de um retângulo de altura $f(x)$ e largura Δx é aproximadamente igual à área da região que fica entre o gráfico de f e o eixo x no intervalo $[x, x + \Delta x]$, como mostra a Figura 4.36.

Observe que o Segundo Teorema Fundamental do Cálculo nos diz que se uma função é contínua, podemos ter certeza de que terá uma primitiva. Esta primitiva, entretanto, não precisa ser uma função elementar. (Lembre-se da discussão das funções elementares na Seção P.3.)

EXEMPLO 7 Usando o Segundo Teorema Fundamental do Cálculo

Calcule $\dfrac{d}{dx}\left[\displaystyle\int_0^x \sqrt{t^2+1}\,dt\right]$.

Solução Observe que $f(t) = \sqrt{t^2+1}$ é contínua na reta real inteira. Assim, usando o Segundo Teorema Fundamental do Cálculo, podemos escrever

$$\frac{d}{dx}\left[\int_0^x \sqrt{t^2+1}\,dt\right] = \sqrt{x^2+1}.$$

A diferenciação mostrada no Exemplo 7 é uma aplicação direta do Segundo Teorema Fundamental do Cálculo. O próximo exemplo mostra como este teorema pode ser combinado com a Regra da Cadeia para encontrar a derivada da função.

EXEMPLO 8 Usando o Segundo Teorema Fundamental do Cálculo

Calcule a derivada de $F(x) = \displaystyle\int_{\pi/2}^{x^3} \cos t\,dt$.

Solução Usando $u = x^3$, podemos aplicar o Segundo Teorema Fundamental do Cálculo e a Regra da Cadeia, como é mostrado abaixo.

$$F'(x) = \frac{dF}{du}\frac{du}{dx} \qquad \text{Regra da Cadeia}$$

$$= \frac{d}{du}[F(x)]\frac{du}{dx} \qquad \text{Definição de } \frac{dF}{du}$$

$$= \frac{d}{du}\left[\int_{\pi/2}^{x^3} \cos t\,dt\right]\frac{du}{dx} \qquad \text{Substitua } \int_{\pi/2}^{x^3} \cos t\,dt \text{ por } F(x)$$

$$= \frac{d}{du}\left[\int_{\pi/2}^{u} \cos t\,dt\right]\frac{du}{dx} \qquad \text{Substitua } x^3 \text{ por } u$$

$$= (\cos u)(3x^2) \qquad \text{Aplique o Segundo Teorema Fundamental do Cálculo}$$

$$= (\cos x^3)(3x^2) \qquad \text{Reescreva como função de } x$$

Já que a função do Exemplo 8 é facilmente integrável, podemos verificar a derivada como a seguir.

$$F(x) = \int_{\pi/2}^{x^3} \cos t\, dt = \operatorname{sen} t\Big]_{\pi/2}^{x^3} = \operatorname{sen} x^3 - \operatorname{sen}\frac{\pi}{2} = (\operatorname{sen} x^3) - 1$$

Nesta forma, podemos aplicar a Regra da Potência para verificar que a derivada é a mesma que aquela obtida no Exemplo 8.

$$F'(x) = (\cos x^3)(3x^2)$$

Exercícios da Seção 4.4

Argumentação Gráfica **Nos Exercícios 1 a 4, use uma ferramenta gráfica para desenhar o integrando. Use o gráfico para determinar se a integral definida é positiva, negativa ou nula.**

1. $\displaystyle\int_0^{\pi} \frac{4}{x^2+1}\, dx$
2. $\displaystyle\int_0^{\pi} \cos x\, dx$
3. $\displaystyle\int_{-2}^{2} x\sqrt{x^2+1}\, dx$
4. $\displaystyle\int_{-2}^{2} x\sqrt{2-x}\, dx$

Nos Exercícios 5 a 26, calcule a integral definida da função algébrica. Use uma ferramenta gráfica para verificar seu resultado.

5. $\displaystyle\int_0^1 2x\, dx$
6. $\displaystyle\int_2^7 3\, dv$
7. $\displaystyle\int_{-1}^{0} (x-2)\, dx$
8. $\displaystyle\int_2^5 (-3v+4)\, dv$
9. $\displaystyle\int_{-1}^{1} (t^2-2)\, dt$
10. $\displaystyle\int_1^3 (3x^2+5x-4)\, dx$
11. $\displaystyle\int_0^1 (2t-1)^2\, dt$
12. $\displaystyle\int_{-1}^{1} (t^3-9t)\, dt$
13. $\displaystyle\int_1^2 \left(\frac{3}{x^2}-1\right) dx$
14. $\displaystyle\int_{-2}^{-1} \left(u-\frac{1}{u^2}\right) du$
15. $\displaystyle\int_1^4 \frac{u-2}{\sqrt{u}}\, du$
16. $\displaystyle\int_{-3}^{3} v^{1/3}\, dv$
17. $\displaystyle\int_{-1}^{1} \left(\sqrt[3]{t}-2\right) dt$
18. $\displaystyle\int_1^8 \sqrt{\frac{2}{x}}\, dx$
19. $\displaystyle\int_0^1 \frac{x-\sqrt{x}}{3}\, dx$
20. $\displaystyle\int_0^2 (2-t)\sqrt{t}\, dt$
21. $\displaystyle\int_{-1}^{0} \left(t^{1/3}-t^{2/3}\right) dt$
22. $\displaystyle\int_{-8}^{-1} \frac{x-x^2}{2\sqrt[3]{x}}\, dx$
23. $\displaystyle\int_0^3 |2x-3|\, dx$
24. $\displaystyle\int_1^4 (3-|x-3|)\, dx$
25. $\displaystyle\int_0^3 |x^2-4|\, dx$
26. $\displaystyle\int_0^4 |x^2-4x+3|\, dx$

Nos Exercícios 27 a 32, calcule a integral definida da função trigonométrica. Use uma ferramenta gráfica para verificar seu resultado.

27. $\displaystyle\int_0^{\pi} (1+\operatorname{sen} x)\, dx$
28. $\displaystyle\int_0^{\pi/4} \frac{1-\operatorname{sen}^2\theta}{\cos^2\theta}\, d\theta$
29. $\displaystyle\int_{-\pi/6}^{\pi/6} \sec^2 x\, dx$
30. $\displaystyle\int_{\pi/4}^{\pi/2} (2-\operatorname{cossec}^2 x)\, dx$
31. $\displaystyle\int_{-\pi/3}^{\pi/3} 4\sec\theta \operatorname{tg}\theta\, d\theta$
32. $\displaystyle\int_{-\pi/2}^{\pi/2} (2t+\cos t)\, dt$

Nos Exercícios 33 a 38, determine a área da região dada.

33. $y = x - x^2$

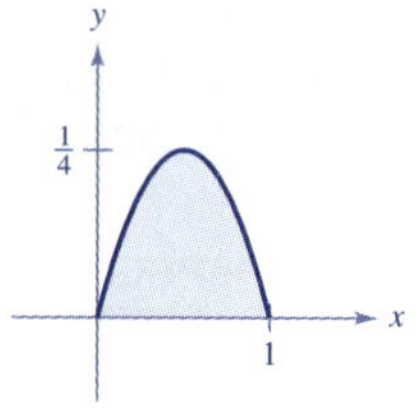

34. $y = 1 - x^4$

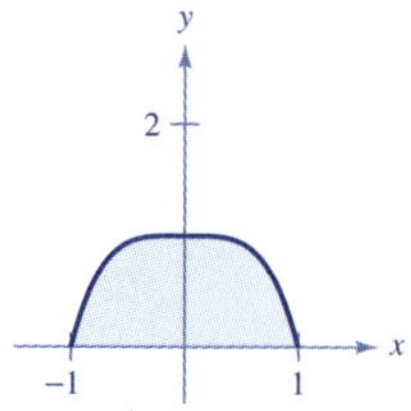

35. $y = (3-x)\sqrt{x}$

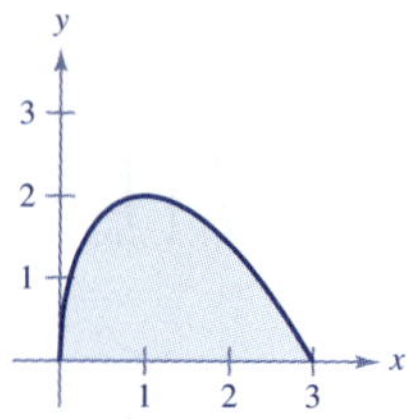

36. $y = \dfrac{1}{x^2}$

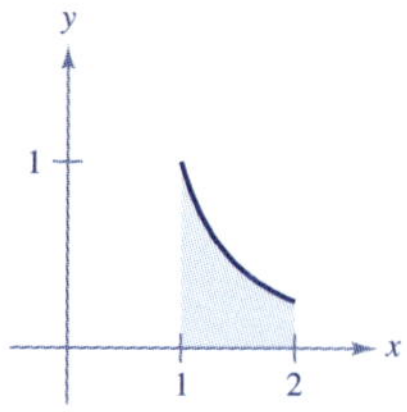

37. $y = \cos x$

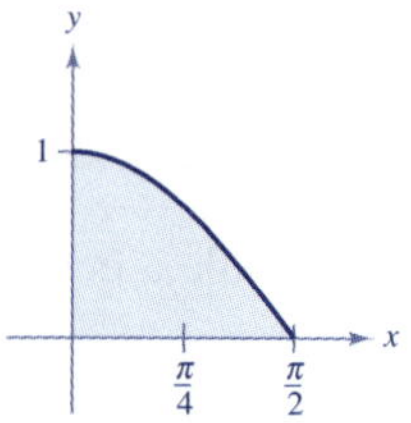

38. $y = x + \operatorname{sen} x$

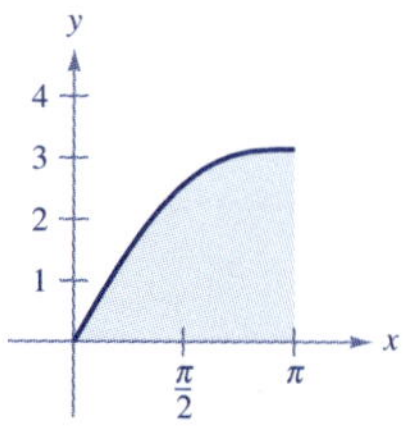

Nos Exercícios 39 a 42, encontre a área da região limitada pelos gráficos das equações.

39. $y = 3x^2 + 1,\quad x = 0,\quad x = 2,\quad y = 0$
40. $y = 1 + \sqrt[3]{x},\quad x = 0,\quad x = 8,\quad y = 0$
41. $y = x^3 + x,\quad x = 2,\quad y = 0$
42. $y = -x^2 + 3x,\quad y = 0$

Nos Exercícios 43 a 46, encontre o(s) valor(es) de *c* garantido(s) pelo Teorema do Valor Médio para Integrais para a função sobre o intervalo dado.

43. $f(x) = x - 2\sqrt{x},\quad [0, 2]$
44. $f(x) = \dfrac{9}{x^3},\quad [1, 3]$
45. $f(x) = 2\sec^2 x,\quad [-\pi/4, \pi/4]$
46. $f(x) = \cos x,\quad [-\pi/3, \pi/3]$

Nos Exercícios 47 a 50, encontre o valor médio da função no intervalo dado e todos os valores de x no intervalo para os quais a função é igual ao seu valor médio.

47. $f(x) = 4 - x^2, \quad [-2, 2]$

48. $f(x) = \dfrac{4(x^2 + 1)}{x^2}, \quad [1, 3]$

49. $f(x) = \operatorname{sen} x, \quad [0, \pi]$

50. $f(x) = \cos x, \quad [0, \pi/2]$

51. ***Velocidade*** O gráfico mostra a velocidade, em pés por segundo, de um carro acelerando a partir do repouso. Use o gráfico para estimar a distância que o carro percorre em 8 segundos.

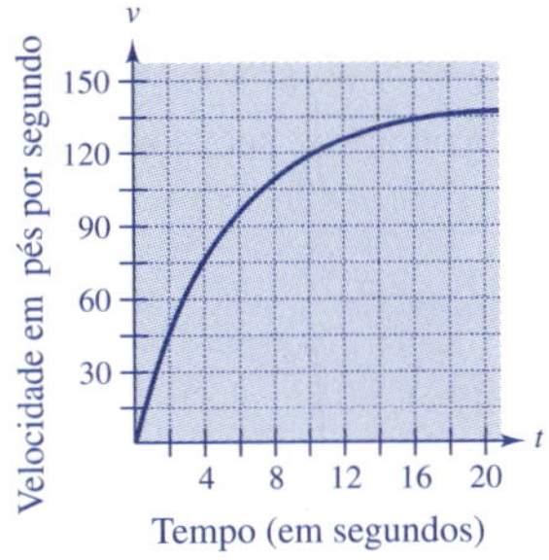

Figura do Exercício 51

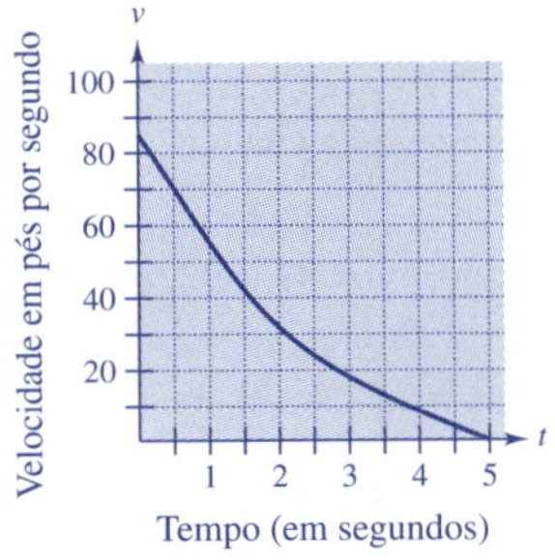

Figura do Exercício 52

52. ***Velocidade*** O gráfico mostra a velocidade de um carro logo após o motorista acionar os freios. Use o gráfico para estimar quão longe o carro irá antes de parar.

Questões Conceituais

53. Enuncie o Teorema Fundamental do Cálculo.

54. O gráfico de f é mostrado na figura.

(a) Calcule $\int_1^7 f(x)\,dx$.

(b) Determine o valor médio de f no intervalo $[1, 7]$.

(c) Determine as respostas das partes (a) e (b) se o gráfico for transladado de duas unidades para cima.

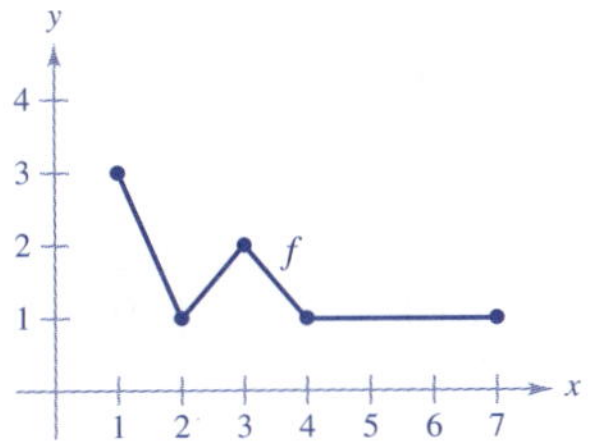

Figura do Exercício 54

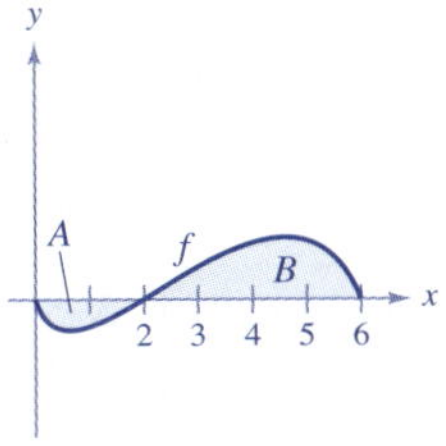

Figura dos Exercícios 55 a 60

Nos Exercícios 55 a 60, use o gráfico de f mostrado na figura. A região sombreada A tem área de 1,5 e $\int_0^6 f(x)\,dx = 3{,}5$. Use estas informações para preencher os brancos.

55. $\displaystyle\int_0^2 f(x)\,dx =$ ____

56. $\displaystyle\int_2^6 f(x)\,dx =$ ____

57. $\displaystyle\int_0^6 |f(x)|\,dx =$ ____

58. $\displaystyle\int_0^2 -2f(x)\,dx =$ ____

59. $\displaystyle\int_0^6 [2 + f(x)]\,dx =$ ____

60. O valor médio de f sobre o intervalo $[0, 6]$ é ____.

61. ***Força*** A força (em newtons) de um cilindro hidráulico de uma prensa é proporcional ao quadrado da sec x, onde x é a distância (em metros) que o cilindro é estendido em seu ciclo. O domínio de F é $[0, \pi/3]$ e $F(0) = 500$.

(a) Encontre F como função de x.

(b) Encontre a força média exercida pela prensa sobre o intervalo $[0, \pi/3]$.

62. ***Fluxo Sangüíneo*** A velocidade v do fluxo de sangue a uma distância r do eixo central de uma artéria de raio R é:

$v = k(R^2 - r^2)$

onde k é uma constante de proporcionalidade. Encontre a taxa média de fluxo de sangue sobre um raio da artéria. (Use 0 e R como limites de integração.)

63. ***Ciclo Respiratório*** O volume V em litros de ar nos pulmões durante um ciclo respiratório de cinco segundos é aproximado pelo modelo

$V = 0{,}1729t + 0{,}1522t^2 - 0{,}0374t^3$

onde t é o tempo em segundos. Estime o volume médio de ar nos pulmões durante um ciclo.

64. ***Venda Média*** Uma companhia ajusta um modelo aos dados de venda mensal de um produto sazonal. O modelo é

$$S(t) = \frac{t}{4} + 1{,}8 + 0{,}5\operatorname{sen}\left(\frac{\pi t}{6}\right), \quad 0 \le t \le 24$$

onde S é a venda (em milhares) e t é o tempo em meses.

(a) Use uma ferramenta gráfica para desenhar $f(t) = 0{,}5 \operatorname{sen}(\pi t/6)$ para $0 \le t \le 24$. Use o gráfico para explicar por que o valor médio de $f(t)$ é 0 sobre este intervalo.

(b) Use uma ferramenta gráfica para desenhar $S(t)$ e a reta $g(t) = t/4 + 1{,}8$ na mesma janela. Use o gráfico e o resultado da parte (a) para explicar por que g é chamada de *linha de tendência*.

65. ***Modelando Dados*** Um veículo experimental é testado em uma trilha reta. Ele começa do repouso, e sua velocidade v (metros por segundo) é anotada em uma tabela a cada 10 segundos por 1 minuto.

t	0	10	20	30	40	50	60
v	0	5	21	40	62	78	83

(a) Use uma ferramenta gráfica para encontrar um modelo da forma $v = at^3 + bt^2 + ct + d$ para os dados.

(b) Use uma ferramenta gráfica para marcar os pontos e desenhar o modelo.

(c) Use o Teorema Fundamental do Cálculo para estimar a distância percorrida pelo veículo durante o teste.

66. ***Modelando Dados*** O gerente de uma loja de departamentos quer estimar o número de clientes que entra na loja do meio-dia até fechar as 9 horas da noite. A tabela mostra o número de clientes N entrando na loja durante um minuto escolhido aleatoriamente em cada hora de $t - 1$ até t, com $t = 0$ correspondendo ao meio-dia.

t	1	2	3	4	5	6	7	8	9
N	6	7	9	12	15	14	11	7	2

(a) Desenhe um histograma com os dados.

(b) Calcule o número total de clientes que entra na loja entre meio-dia e 9 horas da noite.

(c) Use os recursos de regressão de uma ferramenta gráfica para encontrar um modelo da forma $N(t) = at^3 + bt^2 + ct + d$ para os dados.

(d) Use uma ferramenta gráfica para marcar os dados e desenhar o modelo.

(e) Use uma ferramenta gráfica para calcular $\int_0^9 N(t)\,dt$, e use o resultado para estimar o número de clientes que entra na loja entre o meio-dia e 9 horas da noite. Compare isto com sua resposta na parte (b).

(f) Estime o número médio de clientes que entra na loja por minuto entre 3 horas da tarde e 7 horas da noite.

Nos Exercícios 67 a 72, encontre F como função de x e calcule-a em $x = 2$, $x = 5$ e $x = 8$.

67. $F(x) = \int_0^x (t - 5)\,dt$ **68.** $F(x) = \int_2^x (t^3 + 2t - 2)\,dt$

69. $F(x) = \int_1^x \frac{10}{v^2}\,dv$ **70.** $F(x) = \int_2^x -\frac{2}{t^3}\,dt$

71. $F(x) = \int_1^x \cos\theta\,d\theta$ **72.** $F(x) = \int_0^x \operatorname{sen}\theta\,d\theta$

73. Seja $g(x) = \int_0^x f(t)\,dt$, onde f é a função cujo gráfico é mostrado na figura.

(a) Calcule $g(0)$, $g(2)$, $g(4)$, $g(6)$ e $g(8)$.

(b) Encontre o maior intervalo aberto onde g é crescente. Encontre o maior intervalo aberto onde g é decrescente.

(c) Identifique todos os extremos de g.

(d) Esboce o gráfico de g.

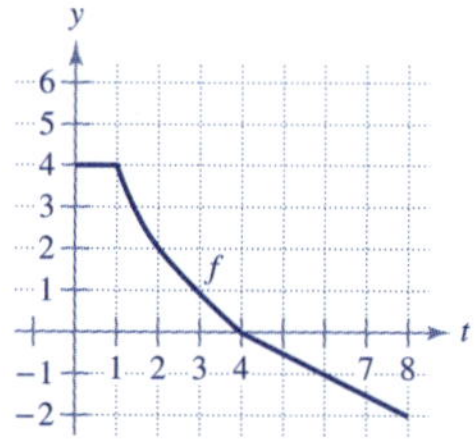

Figura do Exercício 73

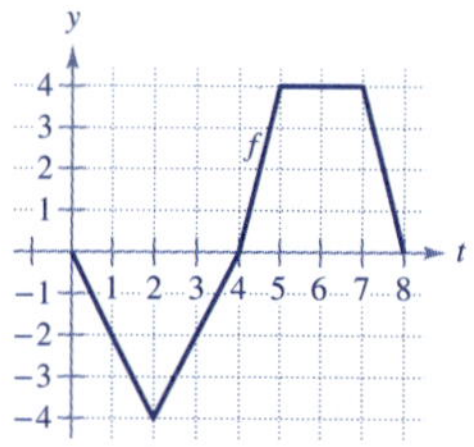

Figura do Exercício 74

74. Seja $g(x) = \int_0^x f(t)\,dt$, onde f é a função cujo gráfico é mostrado na figura.

(a) Calcule $g(0)$, $g(2)$, $g(4)$, $g(6)$ e $g(8)$.

(b) Encontre o maior intervalo aberto onde g é crescente. Encontre o maior intervalo aberto onde g é decrescente.

(c) Identifique todos os extremos de g.

(d) Esboce o gráfico de g.

Nos Exercícios 75 a 80, (a) integre para encontrar F como função de x e (b) verifique o Segundo Teorema Fundamental do Cálculo diferenciando o resultado da parte (a).

75. $F(x) = \int_0^x (t + 2)\,dt$ **76.** $F(x) = \int_0^x t(t^2 + 1)\,dt$

77. $F(x) = \int_8^x \sqrt[3]{t}\,dt$ **78.** $F(x) = \int_4^x \sqrt{t}\,dt$

79. $F(x) = \int_{\pi/4}^x \sec^2 t\,dt$ **80.** $F(x) = \int_{\pi/3}^x \sec t \operatorname{tg} t\,dt$

Nos Exercícios 81 a 86, use o Segundo Teorema Fundamental do Cálculo para encontrar $F'(x)$.

81. $F(x) = \int_{-2}^x (t^2 - 2t)\,dt$ **82.** $F(x) = \int_1^x \frac{t^2}{t^2 + 1}\,dt$

83. $F(x) = \int_{-1}^x \sqrt{t^4 + 1}\,dt$ **84.** $F(x) = \int_1^x \sqrt[4]{t}\,dt$

85. $F(x) = \int_0^x t \cos t\,dt$ **86.** $F(x) = \int_0^x \sec^3 t\,dt$

Nos Exercícios 87 a 92, encontre $F'(x)$.

87. $F(x) = \int_x^{x+2} (4t + 1)\,dt$ **88.** $F(x) = \int_{-x}^x t^3\,dt$

89. $F(x) = \int_0^{\operatorname{sen} x} \sqrt{t}\,dt$ **90.** $F(x) = \int_2^{x^2} \frac{1}{t^3}\,dt$

91. $F(x) = \int_0^{x^3} \operatorname{sen} t^2\,dt$ **92.** $F(x) = \int_0^{x^2} \operatorname{sen} \theta^2\,d\theta$

93. ***Análise Gráfica*** Trace o gráfico aproximado de g no intervalo $0 \le x \le 4$, onde $g(x) = \int_0^x f(t)\,dt$. Identifique a coordenada x de um extremo de g. (Para imprimir uma cópia ampliada do gráfico, consulte *www.mathgraphs.com.*)

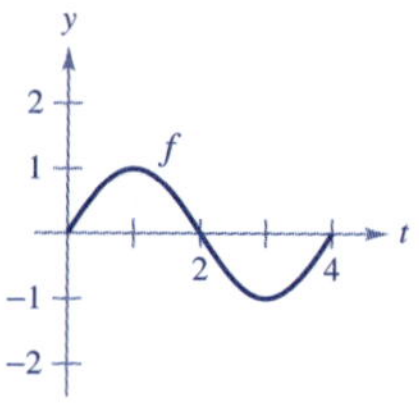

94. Use o gráfico da função f apresentado a seguir e a função g definida por $g(x) = \int_0^x f(t)\,dt$.

(a) Complete a tabela.

x	1	2	3	4	5	6	7	8	9	10
$g(x)$										

(b) Marque os pontos da tabela da parte (a) e desenhe g.

(c) Onde g tem seu mínimo? Explique.

(d) Onde g tem um máximo? Explique.

(e) Em que intervalo g cresce com maior taxa? Explique.

(f) Identifique os zeros de g.

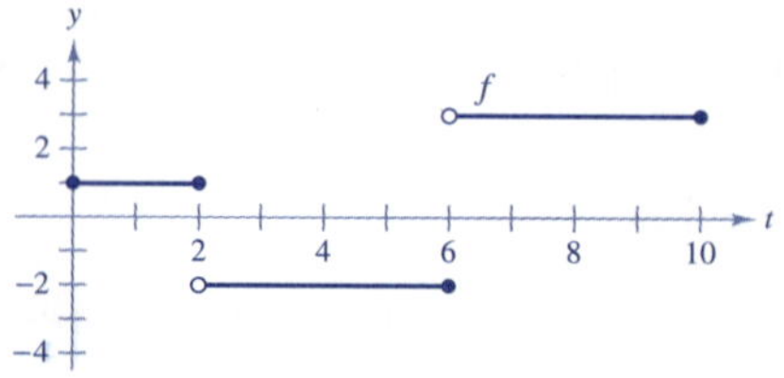

95. ***Custo*** O custo total C (em dólares) para comprar e manter um equipamento por x anos é

$$C(x) = 5000\left(25 + 3\int_0^x t^{1/4}\,dt\right).$$

(a) Faça a integração para escrever C como função de x.

(b) Calcule $C(1)$, $C(5)$ e $C(10)$.

96. ***Área*** A área A entre o gráfico da função $g(t) = 4 - 4/t^2$ e o eixo t sobre o intervalo $[1, x]$ é

$$A(x) = \int_1^x \left(4 - \frac{4}{t^2}\right) dt.$$

(a) Encontre a assíntota horizontal do gráfico de g.

(b) Integre para encontrar A como função de x. O gráfico de A tem assíntota horizontal? Explique.

Movimento Retilíneo **Nos Exercícios 97 a 99, considere uma partícula se movendo ao longo do eixo x onde $x(t)$ é a posição da partícula no tempo t, $x'(t)$ é sua velocidade, e $\int_a^b |x'(t)|\,dt$ é a distância percorrida pela partícula no intervalo de tempo.**

97. A função posição é dada por $x(t) = t^3 - 6t^2 + 9t - 2$, $0 \le t \le 5$. Calcule a distância total percorrida pela partícula em 5 unidades de tempo.

98. Repita o Exercício 97 para uma função posição dada por $x(t) = (t - 1)(t - 3)^2$, $0 \le t \le 5$.

99. Uma partícula se move ao longo do eixo x com velocidade $v(t) = 1/\sqrt{t}$, $t > 0$. No instante $t = 1$, sua posição é $x = 4$. Calcule a distância total percorrida pela partícula no intervalo $1 \le t \le 4$.

100. ***O Experimento da Agulha de Buffon*** Um plano horizontal é regrado por retas paralelas separadas por 2 polegadas. Uma agulha de duas polegadas é atirada aleatoriamente no plano. A probabilidade de que a agulha toque uma das linhas é

$$P = \frac{2}{\pi}\int_0^{\pi/2} \operatorname{sen}\theta\,d\theta$$

onde θ é o ângulo agudo entre a agulha e qualquer uma das retas paralelas. Calcule esta probabilidade.

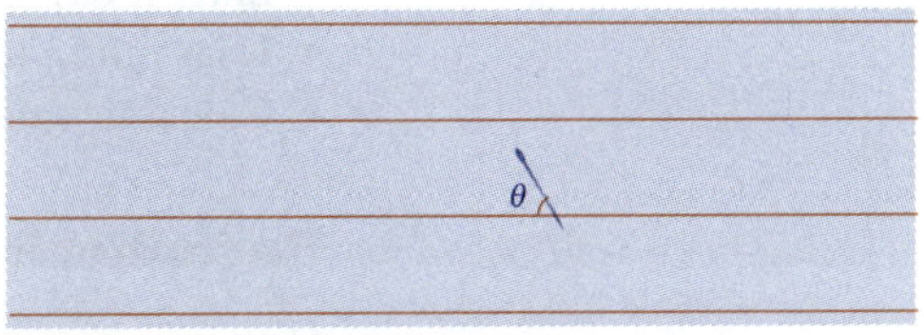

Verdadeiro ou Falso? **Nos Exercícios 101 e 102, determine se a afirmação é verdadeira ou falsa. Se for falsa, explique por que ou dê um exemplo mostrando que é falsa.**

101. Se $F'(x) = G'(x)$ no intervalo $[a, b]$, então $F(b) - F(a) = G(b) - G(a)$.

102. Se f é contínua em $[a, b]$, então f é integrável em $[a, b]$.

103. ***Encontre o Erro*** Descreva por que a afirmação é incorreta.

$$\int_{-1}^{1} x^{-2}\,dx = \left[-x^{-1}\right]_{-1}^{1} = (-1) - 1 = -2$$

104. Demonstre que

$$\frac{d}{dx}\left[\int_{u(x)}^{v(x)} f(t)\,dt\right] = f(v(x))v'(x) - f(u(x))u'(x).$$

105. Mostre que a função

$$f(x) = \int_0^{1/x} \frac{1}{t^2+1}\,dt + \int_0^x \frac{1}{t^2+1}\,dt$$

é constante para $x > 0$.

106. Seja $G(x) = \int_0^x \left[s\int_0^s f(t)dt\right] ds$, onde f é contínua para todo real t. Calcule (a) $G(0)$, (b) $G'(0)$, (c) $G''(x)$ e (d) $G''(0)$.

Projeto da Seção: Verificando o Teorema Fundamental

Use uma ferramenta gráfica para desenhar a função $y_1 = \operatorname{sen}^2 t$ no intervalo $0 \le t \le \pi$. Seja $F(x)$ a seguinte função de x:

$$F(x) = \int_0^x \operatorname{sen}^2 t\,dt$$

(a) Complete a tabela. Explique por que os valores de F são crescentes.

x	0	$\pi/6$	$\pi/3$	$\pi/2$	$2\pi/3$	$5\pi/6$	π
$F(x)$							

(b) Use os recursos de integração da ferramenta gráfica para desenhar F.

(c) Use os recursos de diferenciação da ferramenta gráfica para desenhar $F'(x)$. Como este gráfico está relacionado com o gráfico na parte (b)?

(d) Demonstre que a derivada de $y = (1/2)t - (\operatorname{sen} 2t)/4$ é $\operatorname{sen}^2 t$. Desenhe y e escreva um pequeno parágrafo sobre como este gráfico está relacionado com aqueles das partes (b) e (c).

Seção 4.5

Integração por Substituição

- **Usar reconhecimento de um padrão para calcular uma integral indefinida.**
- **Usar mudança de variáveis para calcular uma integral indefinida.**
- **Usar a Regra da Potência Geral para Integração para calcular uma integral indefinida.**
- **Usar mudança de variáveis para calcular uma integral definida.**
- **Calcular uma integral definida envolvendo funções pares ou ímpares.**

Reconhecimento de Padrão

Nesta seção você vai estudar técnicas para integrar funções compostas. A discussão é dividida em duas partes — *reconhecimento de padrão* e *mudança de variáveis*. Ambas as técnicas envolvem uma **substituição por u**. Com o reconhecimento de padrão você faz a substituição mentalmente, e com a mudança de variáveis você escreve os passos da substituição.

O papel da substituição na integração é comparável ao papel da Regra da Cadeia na diferenciação. Lembre-se de que para diferenciar funções dadas por $y = F(u)$ e $u = g(x)$, a Regra da Cadeia afirma que

$$\frac{d}{dx}[F(g(x))] = F'(g(x))g'(x).$$

Da definição de primitiva, segue que

$$\begin{aligned}\int F'(g(x))g'(x)\,dx &= F(g(x)) + C\\ &= F(u) + C.\end{aligned}$$

Estes resultados estão resumidos no teorema a seguir.

TEOREMA 4.12 Primitiva de uma Função Composta

Seja g uma função cuja imagem é um intervalo I, e seja f uma função que é contínua em I. Se g é diferenciável em seu domínio e F é uma primitiva de f em I, então

$$\int f(g(x))g'(x)\,dx = F(g(x)) + C.$$

Se $u = g(x)$, então $du = g'(x)\,dx$ e

$$\int f(u)\,du = F(u) + C.$$

OBSERVAÇÃO O enunciado do Teorema 4.12 não nos diz como distinguir entre $f(g(x))$ e $g'(x)$ no integrando. Conforme você for adquirindo mais experiência em integração, sua habilidade em fazer esta distinção aumentará. É claro que parte da chave é a familiaridade com derivadas.

INVESTIGAÇÃO

Reconhecendo Padrões O integrando em cada uma das integrais abaixo se ajusta ao padrão $f(g(x))g'(x)$. Identifique o padrão e use o resultado para calcular a integral.

a. $\int 2x(x^2 + 1)^4\,dx$ **b.** $\int 3x^2\sqrt{x^3 + 1}\,dx$ **c.** $\int \sec^2 x(\operatorname{tg} x + 3)\,dx$

As três integrais a seguir são parecidas com as três primeiras. Mostre como você pode multiplicar e dividir por uma constante para calcular essas integrais.

d. $\int x(x^2 + 1)^4\,dx$ **e.** $\int x^2\sqrt{x^3 + 1}\,dx$ **f.** $\int 2\sec^2 x(\operatorname{tg} x + 3)\,dx$

DICA Existem diversas técnicas para aplicar substituição, cada uma diferindo ligeiramente das outras. Entretanto, você deve se lembrar de que o objetivo é o mesmo em todas as técnicas — *você está tentando encontrar uma primitiva do integrando.*

Os Exemplos 1 e 2 mostram como aplicar o Teorema 4.12 *diretamente*, reconhecendo a presença de $f(g(x))$ e $g'(x)$. Observe que a função composta no integrando tem uma *função externa* f e uma *função interna* g. Além disso, a derivada $g'(x)$ está presente como um fator do integrando.

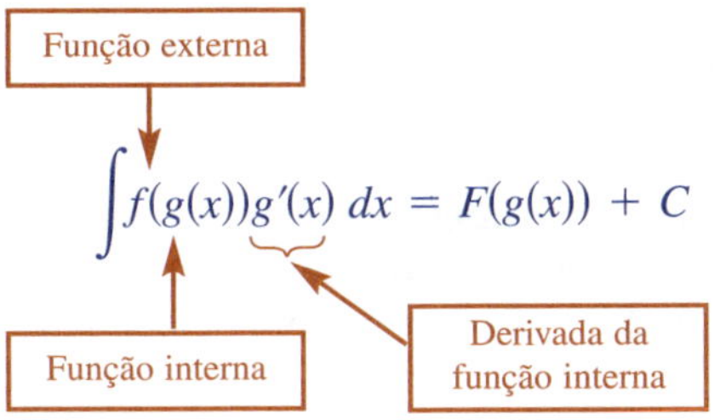

EXEMPLO 1 Reconhecendo o Padrão $f(g(x))g'(x)$

Calcule $\int (x^2 + 1)^2(2x)\,dx$.

Solução Fazendo $g(x) = x^2 + 1$, obtemos

$$g'(x) = 2x$$

e

$$f(g(x)) = f(x^2 + 1) = (x^2 + 1)^2.$$

TECNOLOGIA Tente usar um sistema de manipulação algébrica, tal como o *Maple*, *Derive, Mathematica, Mathcad* ou *TI-89*, para resolver as integrais dadas nos Exemplos 1 e 2. Você obtém as mesmas primitivas dos exemplos?

Disto, podemos reconhecer que o integrando segue o padrão $f(g(x))g'(x)$. Usando a Regra da Potência para Integração e o Teorema 4.12, podemos escrever

$$\int \overbrace{(x^2 + 1)^2}^{f(g(x))}\overbrace{(2x)}^{g'(x)}\,dx = \frac{1}{3}(x^2 + 1)^3 + C.$$

Tente usar a Regra da Cadeia para verificar que a derivada de $\frac{1}{3}(x^2 + 1)^3 + C$ é o integrando da integral original.

EXEMPLO 2 Reconhecendo o Padrão $f(g(x))g'(x)$

Calcule $\int 5 \cos 5x\,dx$.

Solução Fazendo $g(x) = 5x$, obtemos

$$g'(x) = 5$$

e

$$f(g(x)) = f(5x) = \cos 5x.$$

Disto, podemos reconhecer que o integrando segue o padrão $f(g(x))g'(x)$. Usando a Regra do Cosseno para Integração e o Teorema 4.12, podemos escrever

$$\int \overbrace{(\cos 5x)}^{f(g(x))}\overbrace{(5)}^{g'(x)}\,dx = \text{sen } 5x + C.$$

Você pode conferir isto diferenciando sen $5x + C$ para obter o integrando original.

Os integrandos nos Exemplos 1 e 2 ajustam-se exatamente ao padrão $f(g(x))g'(x)$ — você precisou apenas reconhecer o padrão. Podemos estender esta técnica consideravelmente pela Regra da Multiplicação por Constante

$$\int kf(x)\,dx = k\int f(x)\,dx.$$

Muitos integrandos contêm a parte essencial (a parte variável) de $g'(x)$, mas está faltando uma constante multiplicativa. Nestes casos, podemos multiplicar e dividir pela constante multiplicativa necessária, como mostra o Exemplo 3.

EXEMPLO 3 Multiplicando e Dividindo por uma Constante

Calcule $\int x(x^2+1)^2\,dx$.

Solução Esta é parecida com a integral dada no Exemplo 1, exceto que no integrando está faltando um fator 2. Reconhecendo que $2x$ é a derivada de x^2+1, podemos fazer $g(x) = x^2+1$ e suprir o $2x$ como abaixo.

$$\int x(x^2+1)^2\,dx = \int (x^2+1)^2\left(\frac{1}{2}\right)(2x)\,dx \qquad \text{Multiplique e divida por 2}$$

$$= \frac{1}{2}\int \overbrace{(x^2+1)^2}^{f(g(x))}\,\overbrace{(2x)}^{g'(x)}\,dx \qquad \text{Regra da Multiplicação por Constante}$$

$$= \frac{1}{2}\left[\frac{(x^2+1)^3}{3}\right] + C \qquad \text{Integre}$$

$$= \frac{1}{6}(x^2+1)^3 + C \qquad \text{Simplifique}$$

Na prática, a maioria das pessoas não escreveria tantas passagens como as apresentados no Exemplo 3. Você poderia, por exemplo, calcular a integral escrevendo simplesmente

$$\int x(x^2+1)^2\,dx = \frac{1}{2}\int (x^2+1)^2\,2x\,dx$$

$$= \frac{1}{2}\left[\frac{(x^2+1)^3}{3}\right] + C$$

$$= \frac{1}{6}(x^2+1)^3 + C.$$

OBSERVAÇÃO Certifique-se de que percebeu que a Regra da Multiplicação por Constante vale apenas para *constantes*. Você não pode multiplicar e dividir por uma variável e depois mudar a variável para fora do sinal de integral. Por exemplo,

$$\int (x^2+1)^2\,dx \neq \frac{1}{2x}\int (x^2+1)^2(2x)\,dx.$$

Afinal de contas, se fosse legítimo mudar quantidades variáveis para fora do sinal de integral, você poderia mudar o integrando todo para fora e simplificar todo o processo. Mas o resultado estaria errado.

Mudança de Variáveis

Com uma **mudança de variáveis** formal, pode-se reescrever completamente a integral em termos de u e du (ou qualquer outra variável conveniente). Embora este procedimento possa envolver mais passos escritos do que o reconhecimento de padrão ilustrado nos Exemplos 1 a 3, ele é útil para integrandos complicados. A técnica de mudança de variáveis usa a notação de Leibniz para a diferencial. Isto é, se $u = g(x)$, então $du = g'(x)\,dx$, e a integral no Teorema 4.12 toma a forma

$$\int f(g(x))g'(x)\,dx = \int f(u)\,du = F(u) + C.$$

EXEMPLO 4 Mudança de Variáveis

Calcule $\int \sqrt{2x - 1}\,dx.$

Solução Inicialmente, seja u a função interna $u = 2x - 1$. A seguir, calcule que a diferencial é $du = 2\,dx$. Agora, usando $\sqrt{2x-1} = \sqrt{u}$ e $dx = du/2$, substitua para obter

$$\begin{aligned}\int \sqrt{2x-1}\,dx &= \int \sqrt{u}\left(\frac{du}{2}\right) && \text{Integral em termos de } u\\ &= \frac{1}{2}\int u^{1/2}\,du && \text{Regra da Multiplicação por Constante}\\ &= \frac{1}{2}\left(\frac{u^{3/2}}{3/2}\right) + C && \text{Primitiva em termos de } u\\ &= \frac{1}{3}u^{3/2} + C && \text{Simplifique}\\ &= \frac{1}{3}(2x-1)^{3/2} + C. && \text{Primitiva em termos de } x\end{aligned}$$

DICA Como a integração é usualmente mais difícil do que a diferenciação, você deveria sempre verificar sua resposta para um problema de integração diferenciando. No Exemplo 4 você poderia diferenciar $\frac{1}{3}(2x-1)^{3/2} + C$ para verificar que obtém o integrando original.

EXEMPLO 5 Mudança de Variáveis

Calcule $\int x\sqrt{2x - 1}\,dx.$

Solução Como no exemplo anterior, faça $u = 2x - 1$ e obtenha $dx = du/2$. Já que o integrando contém um fator x, precisamos resolver para x em função de u, como mostrado abaixo.

$$u = 2x - 1 \quad \Longrightarrow \quad x = (u+1)/2 \qquad \text{Resolva para } x \text{ em função de } u$$

Agora, usando substituição, obtemos

$$\begin{aligned}\int x\sqrt{2x-1}\,dx &= \int \left(\frac{u+1}{2}\right)u^{1/2}\left(\frac{du}{2}\right)\\ &= \frac{1}{4}\int (u^{3/2} + u^{1/2})\,du\\ &= \frac{1}{4}\left(\frac{u^{5/2}}{5/2} + \frac{u^{3/2}}{3/2}\right) + C\\ &= \frac{1}{10}(2x-1)^{5/2} + \frac{1}{6}(2x-1)^{3/2} + C.\end{aligned}$$

Para completar a mudança de variáveis no Exemplo 5, você resolveu para x em função de u. Às vezes, isso é muito difícil, mas felizmente, não é sempre necessário, como mostra o próximo exemplo.

EXEMPLO 6 Mudança de Variáveis

Calcule $\int \operatorname{sen}^2 3x \cos 3x\, dx$.

Solução Como $\operatorname{sen}^2 3x = (\operatorname{sen} 3x)^2$, podemos fazer $u = \operatorname{sen} 3x$. Então

$$du = (\cos 3x)(3)\, dx.$$

Agora, dado que $\cos 3x\, dx$ é parte da integral original, podemos escrever

$$\frac{du}{3} = \cos 3x\, dx.$$

Substituindo u e $du/3$ na integral original temos

$$\begin{aligned}\int \operatorname{sen}^2 3x \cos 3x\, dx &= \int u^2 \frac{du}{3}\\ &= \frac{1}{3}\int u^2\, du\\ &= \frac{1}{3}\left(\frac{u^3}{3}\right) + C\\ &= \frac{1}{9}\operatorname{sen}^3 3x + C.\end{aligned}$$

Podemos verificar este resultado diferenciando.

$$\begin{aligned}\frac{d}{dx}\left[\frac{1}{9}\operatorname{sen}^3 3x\right] &= \left(\frac{1}{9}\right)(3)(\operatorname{sen} 3x)^2(\cos 3x)(3)\\ &= \operatorname{sen}^2 3x \cos 3x\end{aligned}$$

Como a diferenciação reproduziu o integrando original, sabemos que obtivemos a primitiva correta.

DICA Quando fizer uma mudança de variáveis, certifique-se de que sua resposta esteja escrita usando as mesmas variáveis do integrando original. No Exemplo 6, você não deve deixar sua resposta como

$$\tfrac{1}{9}u^3 + C$$

mas sim substituir u por $\operatorname{sen} 3x$.

Os passos usados na integração por substituição estão resumidos nos procedimentos a seguir.

Procedimentos para Fazer uma Mudança de Variáveis

1. Escolha uma substituição $u = g(x)$. Em geral, é melhor escolher a parte *interna* da função composta, tal como uma quantidade elevada a alguma potência.
2. Calcule $du = g'(x)\, dx$.
3. Reescreva a integral em termos da variável u.
4. Calcule a integral resultante em termos de u.
5. Substitua u por $g(x)$ para obter uma primitiva em função de x.
6. Verifique sua resposta diferenciando.

A Regra da Potência Geral para Integração

Uma das substituições mais comuns por u envolve quantidades no integrando que estão elevadas a uma potência. Dada a sua importância, este tipo de substituição tem um nome especial – a **Regra da Potência Geral para Integração**. A demonstração desta regra segue diretamente da Regra da Potência (simples) para Integração juntamente com o Teorema 4.12.

TEOREMA 4.13 A Regra da Potência Geral para Integração

Se g é uma função diferenciável de x, então

$$\int [g(x)]^n g'(x)\,dx = \frac{[g(x)]^{n+1}}{n+1} + C, \qquad n \neq -1.$$

Equivalentemente, se $u = g(x)$, então

$$\int u^n\,du = \frac{u^{n+1}}{n+1} + C, \qquad n \neq -1.$$

EXEMPLO 7 Substituição e a Regra da Potência Geral

a. $$\int 3(3x-1)^4\,dx = \int \overbrace{(3x-1)^4}^{u^4}\overbrace{(3)\,dx}^{du} = \overbrace{\frac{(3x-1)^5}{5}}^{u^5/5} + C$$

b. $$\int (2x+1)(x^2+x)\,dx = \int \overbrace{(x^2+x)^1}^{u^1}\overbrace{(2x+1)\,dx}^{du} = \overbrace{\frac{(x^2+x)^2}{2}}^{u^2/2} + C$$

c. $$\int 3x^2\sqrt{x^3-2}\,dx = \int \overbrace{(x^3-2)^{1/2}}^{u^{1/2}}\overbrace{(3x^2)\,dx}^{du} = \overbrace{\frac{(x^3-2)^{3/2}}{3/2}}^{u^{3/2}/(3/2)} + C = \frac{2}{3}(x^3-2)^{3/2} + C$$

d. $$\int \frac{-4x}{(1-2x^2)^2}\,dx = \int \overbrace{(1-2x^2)^{-2}}^{u^{-2}}\overbrace{(-4x)\,dx}^{du} = \overbrace{\frac{(1-2x^2)^{-1}}{-1}}^{u^{-1}/(-1)} + C = -\frac{1}{1-2x^2} + C$$

e. $$\int \cos^2 x \operatorname{sen} x\,dx = -\int \overbrace{(\cos x)^2}^{u^2}\overbrace{(-\operatorname{sen} x)\,dx}^{du} = -\overbrace{\frac{(\cos x)^3}{3}}^{u^3/3} + C$$

Algumas integrais cujo integrando envolve quantidades elevadas a alguma potência não podem ser resolvidas pela Regra Geral da Potência. Considere as duas integrais

$$\int x(x^2+1)^2\,dx \quad \text{e} \quad \int (x^2+1)^2\,dx.$$

A substituição $u = x^2 + 1$ funciona na primeira integral mas não na segunda. Na segunda, a substituição falha porque falta o fator x, necessário para du. Felizmente, para *este tipo particular de integral*, você pode expandir o integrando como $(x^2+1)^2 = x^4 + 2x^2 + 1$ e usar a Regra da Potência (simples) para integrar cada termo.

INVESTIGAÇÃO

Suponha que lhe peçam para calcular uma das seguintes integrais. Qual delas você escolheria? Explique seu raciocínio.

a. $\int \sqrt{x^3+1}\,dx$ ou

$\int x^2\sqrt{x^3+1}\,dx$

b. $\int \operatorname{tg}(3x)\sec^2(3x)\,dx$ ou

$\int \operatorname{tg}(3x)\,dx$

Mudança de Variáveis para Integrais Definidas

Quando usamos uma substituição por u em uma integral definida, freqüentemente é mais conveniente determinar os limites de integração para a variável u em vez de transformar a primitiva de volta para a variável x e calcular esta primitiva nos limites originais. Esta mudança de variáveis está enunciada explicitamente no teorema a seguir. A demonstração segue o Teorema 4.12 combinado com o Teorema Fundamental do Cálculo.

TEOREMA 4.14 Mudança de Variáveis para Integrais Definidas

Se a função $u = g(x)$ tem a derivada contínua no intervalo $[a, b]$ e se f é uma função contínua na imagem de g, então

$$\int_a^b f(g(x))g'(x)\,dx = \int_{g(a)}^{g(b)} f(u)\,du.$$

EXEMPLO 8 Mudança de Variáveis

Calcule $\displaystyle\int_0^1 x(x^2+1)^3\,dx$.

Solução Para calcular esta integral, faça $u = x^2 + 1$. Assim, você obtém

$$u = x^2 + 1 \Rightarrow du = 2x\,dx.$$

Antes de substituir, determine os novos limites superior e inferior de integração.

Limite Inferior	*Limite Superior*
Quando $x = 0$, $u = 0^2 + 1 = 1$.	Quando $x = 1$, $u = 1^2 + 1 = 2$.

Agora, você pode substituir para obter

$$\int_0^1 x(x^2+1)^3\,dx = \frac{1}{2}\int_0^1 (x^2+1)^3(2x)\,dx$$ Limites de integração para x

$$= \frac{1}{2}\int_1^2 u^3\,du$$ Limites de integração para u

$$= \frac{1}{2}\left[\frac{u^4}{4}\right]_1^2$$

$$= \frac{1}{2}\left(4 - \frac{1}{4}\right)$$

$$= \frac{15}{8}.$$

Tente reescrever a primitiva de $\frac{1}{2}(u^4/4)$ em termos da variável x e calcular a integral definida nos limites originais, como é mostrado abaixo.

$$\frac{1}{2}\left[\frac{u^4}{4}\right]_1^2 = \frac{1}{2}\left[\frac{(x^2+1)^4}{4}\right]_0^1$$

$$= \frac{1}{2}\left(4 - \frac{1}{4}\right) = \frac{15}{8}$$

Observe que você obtém o mesmo resultado.

EXEMPLO 9 Mudança de Variáveis

Calcule $A = \int_1^5 \frac{x}{\sqrt{2x-1}}\,dx.$

Solução Para calcular esta integral, faça $u = \sqrt{2x-1}$. Assim, você obtém

$$u^2 = 2x - 1$$
$$u^2 + 1 = 2x$$
$$\frac{u^2+1}{2} = x$$
$$u\,du = dx. \qquad \text{Diferencie cada lado}$$

Antes de substituir, determine os novos limites superior e inferior de integração.

Limite Inferior	*Limite Superior*
Quando $x = 1,\ u = \sqrt{2-1} = 1.$	Quando $x = 5,\ u = \sqrt{10-1} = 3.$

Agora, você pode substituir para obter

$$\begin{aligned}\int_1^5 \frac{x}{\sqrt{2x-1}}\,dx &= \int_1^3 \frac{1}{u}\left(\frac{u^2+1}{2}\right)u\,du\\ &= \frac{1}{2}\int_1^3 (u^2+1)\,du\\ &= \frac{1}{2}\left[\frac{u^3}{3}+u\right]_1^3\\ &= \frac{1}{2}\left(9+3-\frac{1}{3}-1\right)\\ &= \frac{16}{3}.\end{aligned}$$

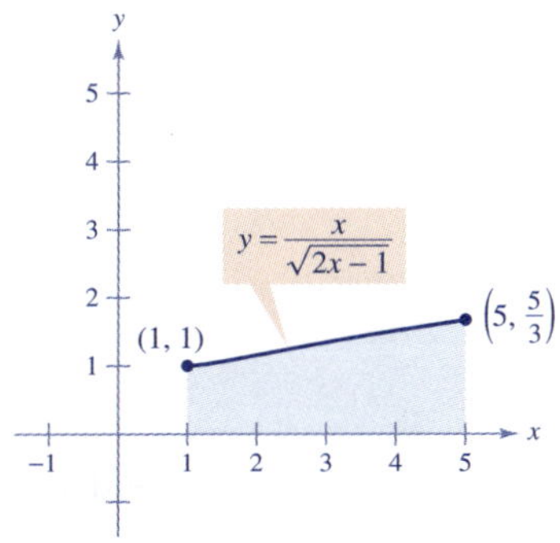

A região antes da substituição tem área $\frac{16}{3}$.
Figura 4.37

Geometricamente, você pode interpretar que a equação

$$\int_1^5 \frac{x}{\sqrt{2x-1}}\,dx = \int_1^3 \frac{u^2+1}{2}\,du$$

significa que as duas regiões *diferentes* mostradas na Figura 4.37 e 4.38 têm a *mesma* área.

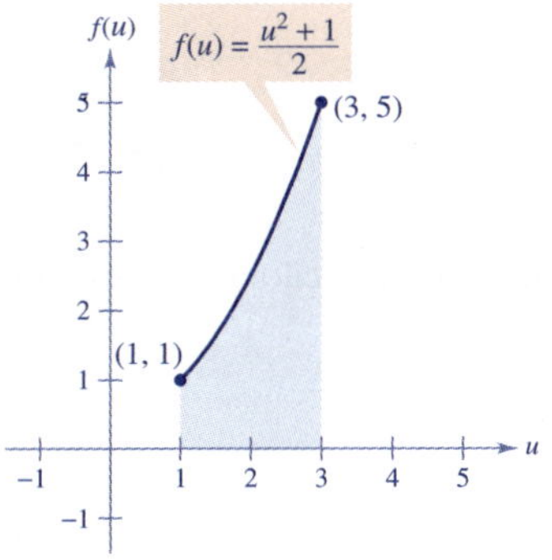

A região depois da substituição tem área $\frac{16}{3}$.
Figura 4.38

Quando estiver calculando integrais definidas por substituição, é possível que o limite superior de integração na variável u seja menor do que o limite inferior. Se isto ocorrer, não troque os limites. Calcule a integral como sempre. Por exemplo, depois de substituir $u = \sqrt{1-x}$ na integral

$$\int_0^1 x^2(1-x)^{1/2}\,dx$$

você obtém $u = \sqrt{1-1} = 0$ quando $x = 1$, e $u = \sqrt{1-0} = 1$ quando $x = 0$. Assim, a forma correta da integral na variável u é

$$-2\int_1^0 (1-u^2)^2u^2\,du.$$

Integração de Funções Pares e Ímpares

Mesmo com uma mudança de variáveis, a integração pode ser difícil. Ocasionalmente, podemos simplificar o cálculo de uma integral definida (sobre um intervalo que é simétrico com relação ao eixo y ou à origem) reconhecendo que o integrando é uma função par ou ímpar (veja a Figura 4.39).

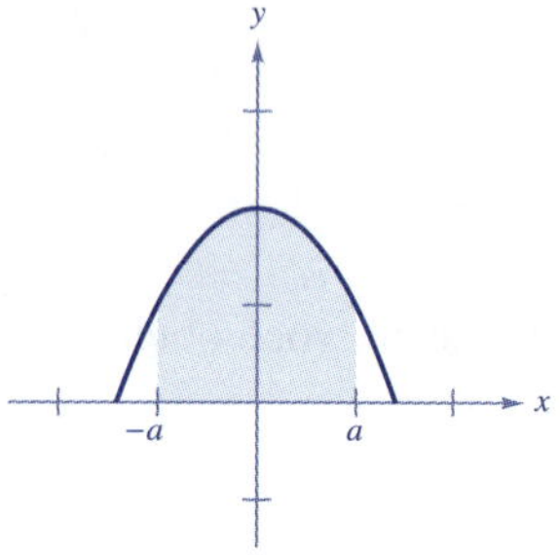

Função par.

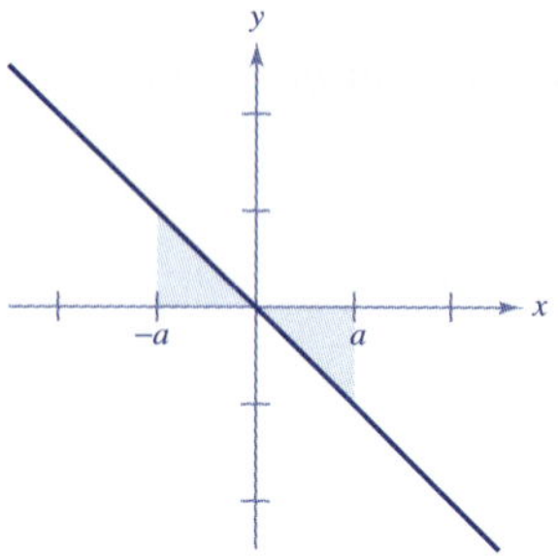

Função ímpar.
Figura 4.39

TEOREMA 4.15 Integração de Funções Pares e Ímpares

Seja f uma função integrável no intervalo fechado $[-a, a]$.

1. Se f for uma função *par*, então $\int_{-a}^{a} f(x)\,dx = 2\int_{0}^{a} f(x)\,dx.$

2. Se f for uma função *ímpar*, então $\int_{-a}^{a} f(x)\,dx = 0.$

Demonstração Como f é par, sabemos que $f(x) = f(-x)$. Usando o Teorema 4.12 com a substituição $u = -x$, obtemos

$$\int_{-a}^{0} f(x)\,dx = \int_{a}^{0} f(-u)(-du) = -\int_{a}^{0} f(u)\,du = \int_{0}^{a} f(u)\,du = \int_{0}^{a} f(x)\,dx.$$

Finalmente, usando o Teorema 4.6, obtemos

$$\begin{aligned}\int_{-a}^{a} f(x)\,dx &= \int_{-a}^{0} f(x)\,dx + \int_{0}^{a} f(x)\,dx\\ &= \int_{0}^{a} f(x)\,dx + \int_{0}^{a} f(x)\,dx = 2\int_{0}^{a} f(x)\,dx.\end{aligned}$$

Isto prova a primeira propriedade. A demonstração da segunda propriedade é deixada a seu encargo (veja o Exercício 133).

EXEMPLO 10 Integração de uma Função Ímpar

Calcule $\int_{-\pi/2}^{\pi/2} (\text{sen}^3 x \cos x + \text{sen}\, x \cos x)\,dx.$

Solução Fazendo $f(x) = \text{sen}^3 x \cos x + \text{sen}\, x \cos x$, obtém-se

$$\begin{aligned}f(-x) &= \text{sen}^3(-x)\cos(-x) + \text{sen}(-x)\cos(-x)\\ &= -\text{sen}^3 x \cos x - \text{sen}\, x \cos x = -f(x).\end{aligned}$$

Assim, f é uma função ímpar e, desde que f é simétrica com relação à origem sobre $[-\pi/2, \pi/2]$, podemos aplicar o Teorema 4.15 para concluir que

$$\int_{-\pi/2}^{\pi/2} (\text{sen}^3 x \cos x + \text{sen}\, x \cos x)\,dx = 0.$$

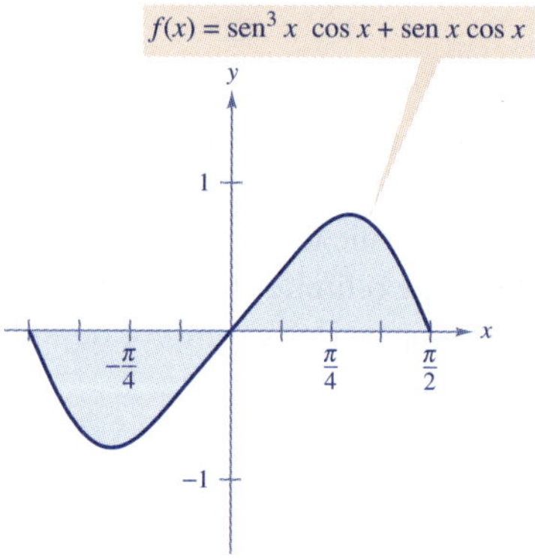

Como f é uma função ímpar,

$$\int_{-\pi/2}^{\pi/2} f(x)\,dx = 0.$$

Figura 4.40

OBSERVAÇÃO Pela Figura 4.40, podemos perceber que as duas regiões de cada lado do eixo y têm a mesma área. Entretanto, já que uma está abaixo do eixo x e a outra acima, a integração produz um efeito de cancelamento. (Na Seção 7.1 examinaremos mais este assunto.)

Exercícios da Seção 4.5

Nos Exercícios 1 a 6, complete a tabela identificando *u* e *du* para a integral.

$\int f(g(x))g'(x)\,dx$	$u = g(x)$	$du = g'(x)\,dx$
1. $\int (5x^2 + 1)^2(10x)\,dx$		
2. $\int x^2\sqrt{x^3 + 1}\,dx$		
3. $\int \frac{x}{\sqrt{x^2 + 1}}\,dx$		
4. $\int \sec 2x \operatorname{tg} 2x\,dx$		
5. $\int \operatorname{tg}^2 x \sec^2 x\,dx$		
6. $\int \frac{\cos x}{\operatorname{sen}^2 x}\,dx$		

Nos Exercícios 7 a 34, calcule as integrais indefinidas e verifique o resultado diferenciando.

7. $\int (1 + 2x)^4(2)\,dx$

8. $\int (x^2 - 9)^3(2x)\,dx$

9. $\int \sqrt{9 - x^2}\,(-2x)\,dx$

10. $\int \sqrt[3]{(1 - 2x^2)}(-4x)\,dx$

11. $\int x^3(x^4 + 3)^2\,dx$

12. $\int x^2(x^3 + 5)^4\,dx$

13. $\int x^2(x^3 - 1)^4\,dx$

14. $\int x(4x^2 + 3)^3\,dx$

15. $\int t\sqrt{t^2 + 2}\,dt$

16. $\int t^3\sqrt{t^4 + 5}\,dt$

17. $\int 5x\sqrt[3]{1 - x^2}\,dx$

18. $\int u^2\sqrt{u^3 + 2}\,du$

19. $\int \frac{x}{(1 - x^2)^3}\,dx$

20. $\int \frac{x^3}{(1 + x^4)^2}\,dx$

21. $\int \frac{x^2}{(1 + x^3)^2}\,dx$

22. $\int \frac{x^2}{(16 - x^3)^2}\,dx$

23. $\int \frac{x}{\sqrt{1 - x^2}}\,dx$

24. $\int \frac{x^3}{\sqrt{1 + x^4}}\,dx$

25. $\int \left(1 + \frac{1}{t}\right)^3\left(\frac{1}{t^2}\right)dt$

26. $\int \left[x^2 + \frac{1}{(3x)^2}\right]dx$

27. $\int \frac{1}{\sqrt{2x}}\,dx$

28. $\int \frac{1}{2\sqrt{x}}\,dx$

29. $\int \frac{x^2 + 3x + 7}{\sqrt{x}}\,dx$

30. $\int \frac{t + 2t^2}{\sqrt{t}}\,dt$

31. $\int t^2\left(t - \frac{2}{t}\right)dt$

32. $\int \left(\frac{t^3}{3} + \frac{1}{4t^2}\right)dt$

33. $\int (9 - y)\sqrt{y}\,dy$

34. $\int 2\pi y(8 - y^{3/2})\,dy$

Nos Exercícios 35 a 38, resolva as equações diferenciais.

35. $\frac{dy}{dx} = 4x + \frac{4x}{\sqrt{16 - x^2}}$

36. $\frac{dy}{dx} = \frac{10x^2}{\sqrt{1 + x^3}}$

37. $\frac{dy}{dx} = \frac{x + 1}{(x^2 + 2x - 3)^2}$

38. $\frac{dy}{dx} = \frac{x - 4}{\sqrt{x^2 - 8x + 1}}$

Campo de Direções **Nos Exercícios 39 a 42, são dados uma equação diferencial, um ponto e um campo de direções. Um *campo de direções* consiste de segmentos de reta cujas inclinações são dadas pela equação diferencial. Estes segmentos de reta dão uma perspectiva visual das direções das soluções da equação diferencial. (a) Esboce duas soluções aproximadas da equação diferencial no campo de direções, uma das quais passando pelo ponto dado. (Para imprimir uma cópia ampliada do gráfico, consulte *www.mathgraphs.com*.) (b) Use integração para encontrar uma solução particular da equação diferencial e use uma ferramenta gráfica para desenhar a solução. Compare o resultado com os esboços da parte (a).**

39. $\frac{dy}{dx} = x\sqrt{4 - x^2}$

$(2, 2)$

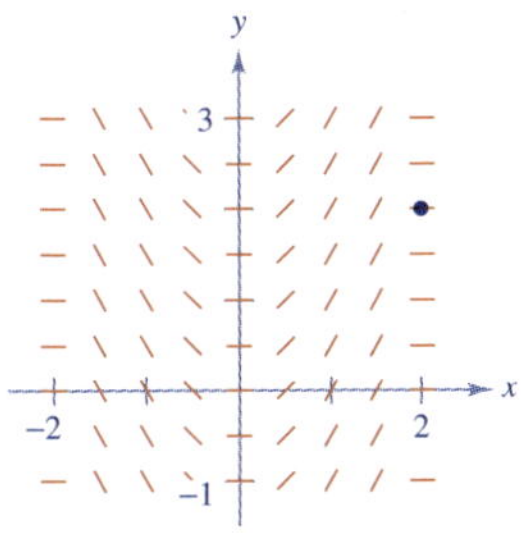

40. $\frac{dy}{dx} = x^2(x^3 - 1)^2$

$(1, 0)$

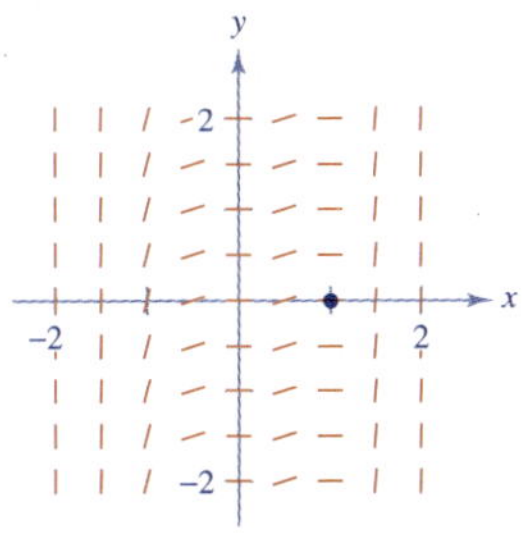

41. $\frac{dy}{dx} = x\cos x^2$

$(0, 1)$

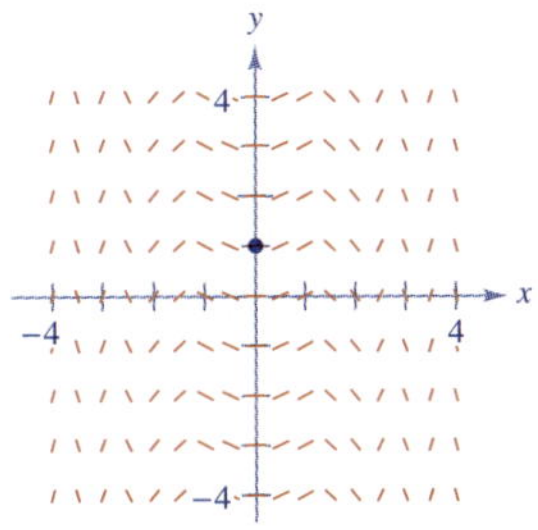

42. $\frac{dy}{dx} = -2\sec(2x)\operatorname{tg}(2x)$

$(0, -1)$

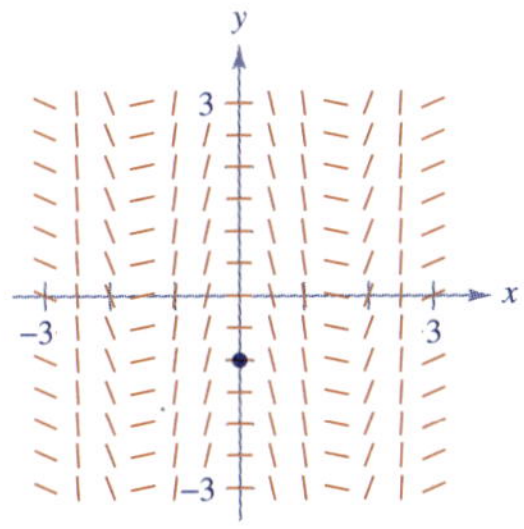

Nos Exercícios 43 a 56, calcule a integral indefinida.

43. $\int \pi \operatorname{sen} \pi x\,dx$

44. $\int 4x^3 \operatorname{sen} x^4\,dx$

45. $\int \operatorname{sen} 2x\,dx$

46. $\int \cos 6x\,dx$

47. $\int \frac{1}{\theta^2}\cos\frac{1}{\theta}\,d\theta$

48. $\int x \operatorname{sen} x^2\,dx$

49. $\int \operatorname{sen} 2x \cos 2x\,dx$

50. $\int \sec(1 - x)\operatorname{tg}(1 - x)\,dx$

51. $\int \operatorname{tg}^4 x \sec^2 x\,dx$

52. $\int \sqrt{\operatorname{tg} x}\sec^2 x\,dx$

53. $\displaystyle\int \frac{\operatorname{cossec}^2 x}{\operatorname{cotg}^3 x}\,dx$ **54.** $\displaystyle\int \frac{\operatorname{sen} x}{\cos^3 x}\,dx$

55. $\displaystyle\int \operatorname{cotg}^2 x\,dx$ **56.** $\displaystyle\int \operatorname{cossec}^2\left(\frac{x}{2}\right)dx$

Nos Exercícios 57 a 62, encontre uma equação para a função *f* que tenha a derivada dada e cujo gráfico passe pelo ponto dado.

Derivada	*Ponto*
57. $f'(x) = \cos \dfrac{x}{2}$	$(0, 3)$
58. $f'(x) = \pi \sec \pi x \operatorname{tg} \pi x$	$\left(\frac{1}{3}, 1\right)$
59. $f'(x) = \operatorname{sen} 4x$	$\left(\dfrac{\pi}{4}, -\dfrac{3}{4}\right)$
60. $f'(x) = \sec^2(2x)$	$\left(\dfrac{\pi}{2}, 2\right)$
61. $f'(x) = 2x(4x^2 - 10)^2$	$(2, 10)$
62. $f'(x) = -2x\sqrt{8 - x^2}$	$(2, 7)$

Nos Exercícios 63 a 70, calcule a integral indefinida pelo método mostrado no Exemplo 5.

63. $\displaystyle\int x\sqrt{x + 2}\,dx$ **64.** $\displaystyle\int x\sqrt{2x + 1}\,dx$

65. $\displaystyle\int x^2\sqrt{1 - x}\,dx$ **66.** $\displaystyle\int (x + 1)\sqrt{2 - x}\,dx$

67. $\displaystyle\int \frac{x^2 - 1}{\sqrt{2x - 1}}\,dx$ **68.** $\displaystyle\int \frac{2x + 1}{\sqrt{x + 4}}\,dx$

69. $\displaystyle\int \frac{-x}{(x + 1) - \sqrt{x + 1}}\,dx$ **70.** $\displaystyle\int t\sqrt[3]{t - 4}\,dt$

Nos Exercícios 71 a 82, calcule a integral definida. Use uma ferramenta gráfica para verificar seu resultado.

71. $\displaystyle\int_{-1}^{1} x(x^2 + 1)^3\,dx$ **72.** $\displaystyle\int_{-2}^{4} x^2(x^3 + 8)^2\,dx$

73. $\displaystyle\int_{1}^{2} 2x^2\sqrt{x^3 + 1}\,dx$ **74.** $\displaystyle\int_{0}^{1} x\sqrt{1 - x^2}\,dx$

75. $\displaystyle\int_{0}^{4} \frac{1}{\sqrt{2x + 1}}\,dx$ **76.** $\displaystyle\int_{0}^{2} \frac{x}{\sqrt{1 + 2x^2}}\,dx$

77. $\displaystyle\int_{1}^{9} \frac{1}{\sqrt{x}\,(1 + \sqrt{x})^2}\,dx$ **78.** $\displaystyle\int_{0}^{2} x\sqrt[3]{4 + x^2}\,dx$

79. $\displaystyle\int_{1}^{2} (x - 1)\sqrt{2 - x}\,dx$ **80.** $\displaystyle\int_{1}^{5} \frac{x}{\sqrt{2x - 1}}\,dx$

81. $\displaystyle\int_{0}^{\pi/2} \cos\left(\frac{2x}{3}\right)dx$ **82.** $\displaystyle\int_{\pi/3}^{\pi/2} (x + \cos x)\,dx$

Equações Diferenciais **Nos Exercícios 83 a 86, é mostrado o gráfico da função *f*. Use a equação diferencial e o ponto dado para encontrar uma equação para a função.**

83. $\dfrac{dy}{dx} = 18x^2(2x^3 + 1)^2$ **84.** $\dfrac{dy}{dx} = \dfrac{-48}{(3x + 5)^3}$

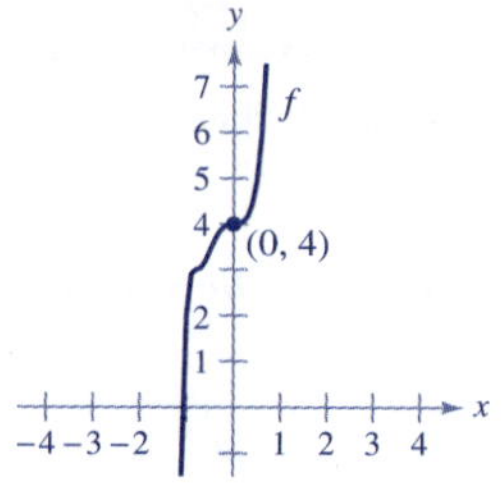

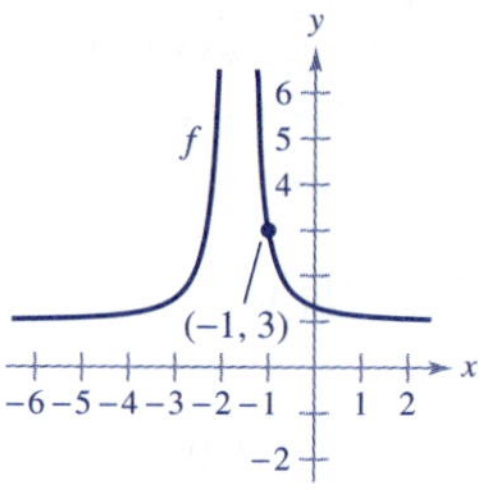

85. $\dfrac{dy}{dx} = \dfrac{2x}{\sqrt{2x^2 - 1}}$ **86.** $\dfrac{dy}{dx} = 4x + \dfrac{9x^2}{(3x^3 + 1)^{(3/2)}}$

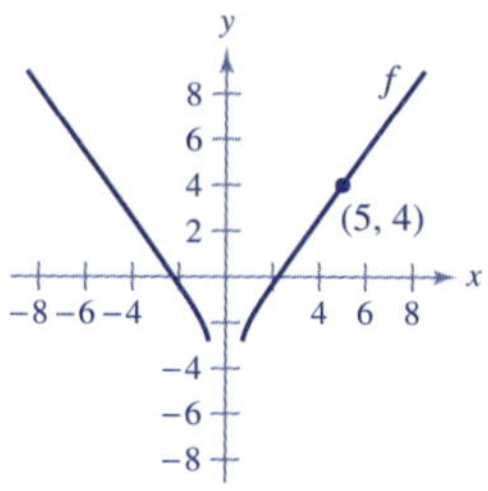

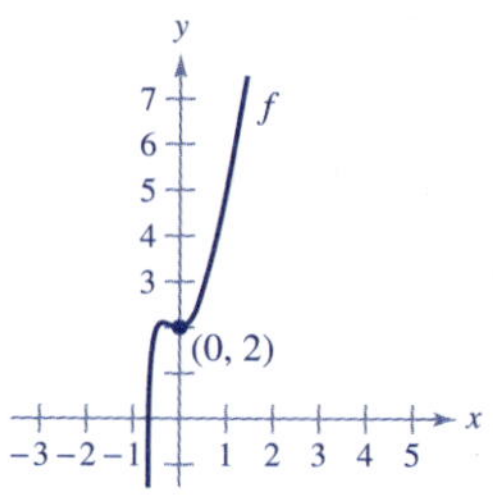

Nos Exercícios 87 a 92, calcule a área da região. Use uma ferramenta gráfica para confirmar seu resultado.

87. $\displaystyle\int_{0}^{7} x\sqrt[3]{x + 1}\,dx$ **88.** $\displaystyle\int_{-2}^{6} x^2\sqrt[3]{x + 2}\,dx$

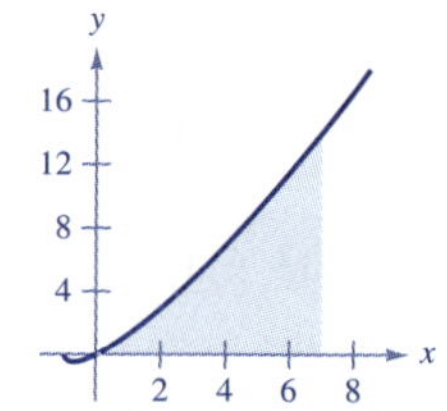

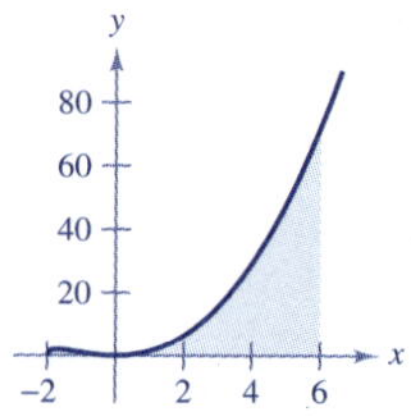

89. $y = 2\operatorname{sen} x + \operatorname{sen} 2x$ **90.** $y = \operatorname{sen} x + \cos 2x$

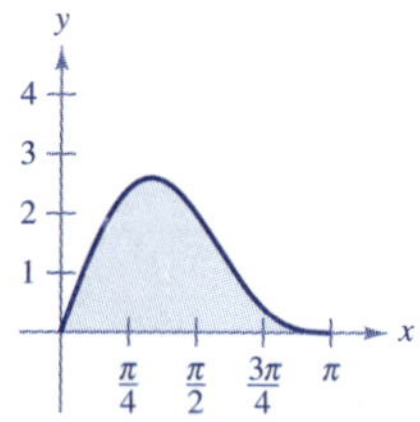

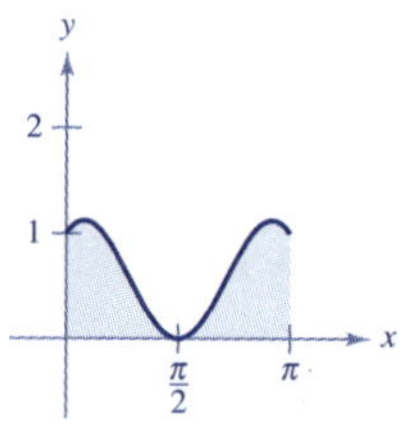

91. $\displaystyle\int_{\pi/2}^{2\pi/3} \sec^2\left(\frac{x}{2}\right)dx$ **92.** $\displaystyle\int_{\pi/12}^{\pi/4} \operatorname{cossec} 2x \operatorname{cotg} 2x\,dx$

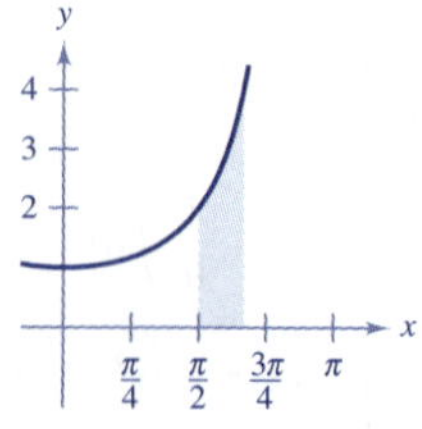

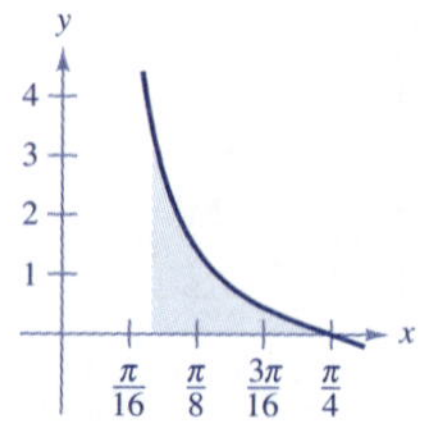

Nos Exercícios 93 a 98, use uma ferramenta gráfica para calcular a integral. Desenhe a região cuja área é dada pela integral definida.

93. $\int_0^4 \frac{x}{\sqrt{2x+1}}\,dx$

94. $\int_0^2 x^3\sqrt{x+2}\,dx$

95. $\int_3^7 x\sqrt{x-3}\,dx$

96. $\int_1^5 x^2\sqrt{x-1}\,dx$

97. $\int_0^3 \left(\theta + \cos\frac{\theta}{6}\right) d\theta$

98. $\int_0^{\pi/2} \operatorname{sen} 2x\,dx$

Redação **Nos Exercícios 99 e 100, calcule a integral indefinida de duas formas. Explique qualquer diferença na forma das respostas.**

99. $\int (2x-1)^2\,dx$

100. $\int \operatorname{sen} x \cos x\,dx$

Nos Exercícios 101 a 104, calcule a integral usando as propriedades de funções pares e ímpares.

101. $\int_{-2}^2 x^2(x^2+1)\,dx$

102. $\int_{-2}^2 x(x^2+1)^3\,dx$

103. $\int_{-\pi/2}^{\pi/2} \operatorname{sen}^2 x \cos x\,dx$

104. $\int_{-\pi/2}^{\pi/2} \operatorname{sen} x \cos x\,dx$

105. Use $\int_0^2 x^2\,dx = \frac{8}{3}$ para calcular cada uma das integrais definidas sem usar o Teorema Fundamental do Cálculo.

(a) $\int_{-2}^0 x^2\,dx$
(b) $\int_{-2}^2 x^2\,dx$
(c) $\int_0^2 -x^2\,dx$
(d) $\int_{-2}^0 3x^2\,dx$

106. Use a simetria dos gráficos das funções seno e cosseno como um auxílio no cálculo de cada integral definida.

(a) $\int_{-\pi/4}^{\pi/4} \operatorname{sen} x\,dx$
(b) $\int_{-\pi/4}^{\pi/4} \cos x\,dx$
(c) $\int_{-\pi/2}^{\pi/2} \cos x\,dx$
(d) $\int_{-\pi/2}^{\pi/2} \operatorname{sen} x \cos x\,dx$

Nos Exercícios 107 e 108, escreva a integral como a soma da integral de uma função ímpar e da integral de uma função par. Use esta simplificação para calcular a integral.

107. $\int_{-4}^4 (x^3 + 6x^2 - 2x - 3)\,dx$

108. $\int_{-\pi}^{\pi} (\operatorname{sen} 3x + \cos 3x)\,dx$

Questões Conceituais

109. Descreva por que

$$\int x(5-x^2)^3\,dx \neq \int u^3\,du$$

onde $u = 5 - x^2$.

110. Sem integrar, explique por que

$$\int_{-2}^2 x(x^2+1)^2\,dx = 0.$$

111. ***Fluxo de Caixa*** A taxa de desembolso dQ/dt de uma doação federal de 2 milhões de dólares é proporcional ao quadrado de $100 - t$. O tempo t é medido em dias $(0 \le t \le 100)$, e Q é a quantia que resta para ser desembolsada. Calcule a quantidade que resta para ser desembolsada depois de 50 dias. Suponha que todo o dinheiro será desembolsado em 100 dias.

112. ***Depreciação*** A taxa de depreciação dV/dt de uma máquina é inversamente proporcional ao quadrado de $t + 1$, onde V é o valor da máquina t anos depois de ter sido comprada. O valor inicial da máquina era de \$ 500.000, e seu valor decresceu \$ 100.000 no primeiro ano. Estime seu valor após 4 anos.

113. ***Altura Pluviométrica*** A altura pluviométrica mensal normal no aeroporto de Seattle-Tacoma pode ser aproximada pelo modelo

$$R = 3{,}121 + 2{,}399 \operatorname{sen}(0{,}524t + 1{,}377)$$

onde R é medido em polegadas e t é o tempo em meses, com $t = 1$ correspondendo a janeiro. (*Fonte*: U. S. National Oceanic and Atmospheric Administration.)

(a) Determine os extremos da função no período de um ano.

(b) Use integração para aproximar a altura pluviométrica anual normal. (*Sugestão*: Integre sobre o intervalo $[0, 12]$.)

(c) Calcule a altura pluviométrica mensal média para os meses de outubro, novembro e dezembro.

114. ***Vendas*** As vendas S (em milhares de unidades) de um produto sazonal são dadas pelo modelo:

$$S = 74{,}50 + 43{,}75 \operatorname{sen}\frac{\pi t}{6}$$

onde t é o tempo em meses, com $t = 1$ correspondendo a janeiro. Calcule as vendas médias para cada período de tempo.

(a) O primeiro trimestre $(0 \le t \le 3)$.

(b) O segundo trimestre $(3 \le t \le 6)$.

(c) O ano todo $(0 \le t \le 12)$.

115. ***Suprimento de Água*** Um modelo para a taxa de fluxo de água numa estação de bombeamento em um certo dia é:

$$R(t) = 53 + 7 \operatorname{sen}\left(\frac{\pi t}{6} + 3{,}6\right) + 9 \cos\left(\frac{\pi t}{12} + 8{,}9\right)$$

onde $0 \le t \le 24$. R é a taxa de fluxo em milhares de galões por hora, e t é o tempo em horas.

(a) Use uma ferramenta gráfica para desenhar a função taxa de fluxo e calcular a taxa de fluxo máxima na estação de bombeamento.

(b) Calcule o volume total de água bombeada em 1 dia.

116. ***Eletricidade*** A corrente oscilante em um circuito elétrico é

$$I = 2 \operatorname{sen}(60\pi t) + \cos(120\pi t)$$

onde I é medida em ampères e t é medido em segundos. Calcule a corrente média para cada intervalo de tempo.

(a) $0 \le t \le \frac{1}{60}$

(b) $0 \leq t \leq \frac{1}{240}$

(c) $0 \leq t \leq \frac{1}{30}$

Probabilidade **Nos Exercícios 117 e 118, a função**

$$f(x) = kx^n(1 - x)^m, \quad 0 \leq x \leq 1$$

onde $n > 0$, $m > 0$, e k é uma constante, pode ser usada para representar diversas distribuições de probabilidade. Se k é escolhida de forma que

$$\int_0^1 f(x)\, dx = 1$$

a probabilidade de que x caia entre a e b ($0 \leq a \leq b \leq 1$) é

$$P_{a,b} = \int_a^b f(x)\, dx.$$

117. A probabilidade de que uma pessoa se lembre entre $a\%$ e $b\%$ do material aprendido em um experimento é

$$P_{a,b} = \int_a^b \frac{15}{4}x\sqrt{1 - x}\, dx$$

onde x representa o porcentual lembrado. (Veja a figura.)

(a) Para um indivíduo escolhido aleatoriamente, qual é a probabilidade de que ele ou ela se lembre entre 50% e 70% do material?

(b) Qual é o porcentual de lembrança médio? Isto é, para qual valor de b é verdade que a probabilidade de lembrar entre 0 e b é 0,5?

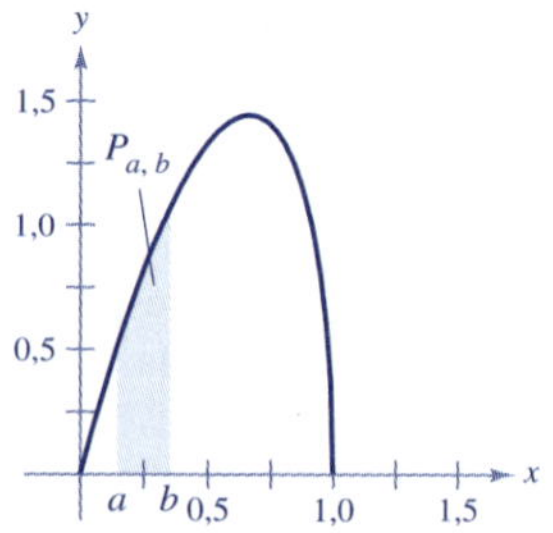

Figura do Exercício 117

118. A probabilidade de que uma amostra recolhida em uma região tenha entre $a\%$ e $b\%$ de ferro é:

$$P_{a,b} = \int_a^b \frac{1155}{32}x^3(1 - x)^{3/2}\, dx$$

onde x representa o percentual de ferro (veja a figura). Qual é a probabilidade de que a amostra tenha entre

(a) 0% e 25% de ferro?

(b) 50% e 100% de ferro?

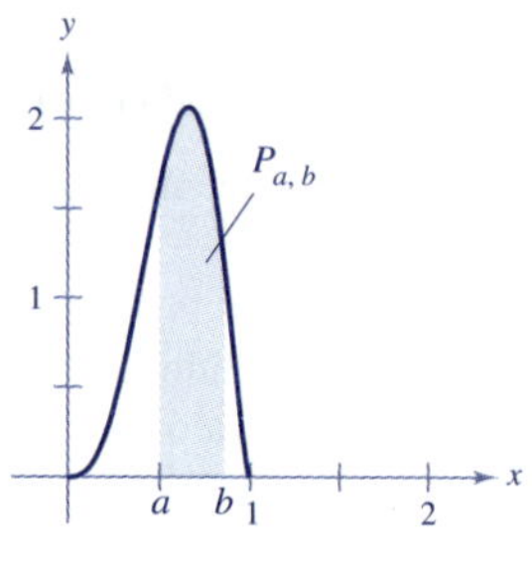

119. ***Temperatura*** A temperatura em graus Fahrenheit em uma casa é:

$$T = 72 + 12 \operatorname{sen}\left[\frac{\pi(t - 8)}{12}\right]$$

onde t é o tempo em horas, com $t = 0$ representando meia-noite. O custo horário de resfriar a casa é \$ 0,10 por grau.

(a) Calcule o custo C de resfriar a casa se o termostato é ajustado em 72°F, calculando a integral

$$C = 0{,}1\int_8^{20}\left[72 + 12 \operatorname{sen}\frac{\pi(t - 8)}{12} - 72\right] dt.$$

(Veja a figura.)

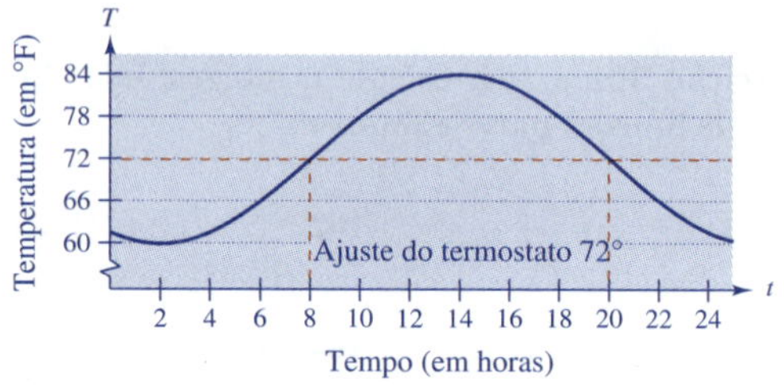

(b) Calcule a economia feita reajustando o termostato em 78°F através do cálculo da integral

$$C = 0{,}1\int_{10}^{18}\left[72 + 12 \operatorname{sen}\frac{\pi(t - 8)}{12} - 78\right] dt.$$

(Veja a figura.)

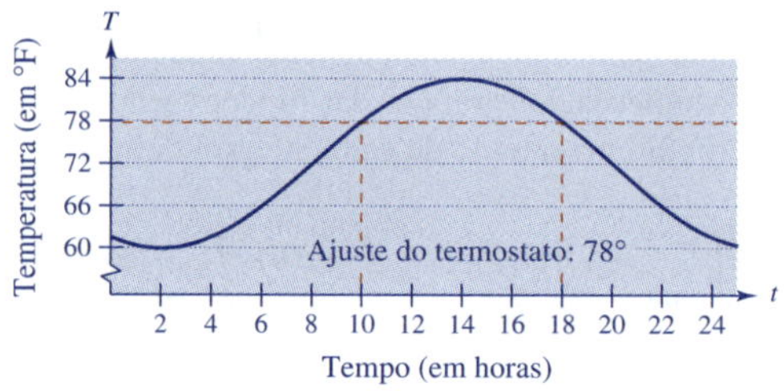

120. ***Manufatura*** Um fabricante de fertilizante descobre que as vendas nacionais de fertilizante seguem um padrão sazonal

$$F = 100.000\left[1 + \operatorname{sen}\frac{2\pi(t - 60)}{365}\right]$$

onde F é medido em libras e t representa o tempo em dias, com $t = 1$ correspondendo a 1º de janeiro. O fabricante quer determinar a programação de forma que produza uma quantia uniforme de fertilizante todos os dias. Qual deve ser esta quantia?

121. ***Análise Gráfica*** Considere as funções f e g, onde

$$f(x) = 6 \operatorname{sen} x \cos^2 x \quad \text{e} \quad g(t) = \int_0^t f(x)\, dx.$$

(a) Use uma ferramenta gráfica para desenhar f e g em uma mesma janela.

(b) Explique por que g é não negativa.

(c) Identifique os pontos do gráfico de g que correspondem aos extremos de f.

(d) Cada um dos zeros de f corresponde a um extremo de g? Explique.

(e) Considere a função

$$h(t) = \int_{\pi/2}^{t} f(x)\,dx.$$

Use uma ferramenta gráfica para desenhar h. Qual é a relação entre g e h? Confirme sua conjectura.

122. Encontre $\lim_{n\to+\infty} \sum_{i=1}^{n} \frac{\text{sen}(i\pi/n)}{n}$ calculando uma integral definida apropriada sobre o intervalo $[0, 1]$.

123. (a) Mostre que $\int_0^1 x^2(1-x)^5\,dx = \int_0^1 x^5(1-x)^2\,dx$.

(b) Mostre que $\int_0^1 x^a(1-x)^b\,dx = \int_0^1 x^b(1-x)^a\,dx$.

124. (a) Mostre que $\int_0^{\pi/2} \text{sen}^2 x\,dx = \int_0^{\pi/2} \cos^2 x\,dx$.

(b) Mostre que $\int_0^{\pi/2} \text{sen}^n x\,dx = \int_0^{\pi/2} \cos^n x\,dx$, onde n é um inteiro positivo.

Verdadeiro ou Falso? **Nos Exercícios 125 a 130, determine se a afirmação é verdadeira ou falsa. Se for falsa, explique por que ou dê um exemplo que mostre que é falsa.**

125. $\int (2x+1)^2\,dx = \frac{1}{3}(2x+1)^3 + C$

126. $\int x(x^2+1)\,dx = \frac{1}{2}x^2\left(\frac{1}{3}x^3 + x\right) + C$

127. $\int_{-10}^{10} (ax^3 + bx^2 + cx + d)\,dx = 2\int_0^{10} (bx^2 + d)\,dx$

128. $\int_a^b \text{sen}\,x\,dx = \int_a^{b+2\pi} \text{sen}\,x\,dx$

129. $4\int \text{sen}\,x \cos x\,dx = -\cos 2x + C$

130. $\int \text{sen}^2 2x \cos 2x\,dx = \frac{1}{3}\text{sen}^3 2x + C$

131. Suponha que f é contínua na reta toda e que c é uma constante. Mostre que:

$$\int_{ca}^{cb} f(x)\,dx = c\int_a^b f(cx)\,dx.$$

132. (a) Verifique que $\text{sen}\,u - u\cos u + C = \int u\,\text{sen}\,u\,du$.

(b) Use a parte (a) para mostrar que $\int_0^{\pi^2} \text{sen}\sqrt{x}\,dx = 2\pi$.

133. Complete a demonstração do Teorema 4.15.

134. Mostre que, se f é contínua na reta real toda, então:

$$\int_a^b f(x+h)\,dx = \int_{a+h}^{b+h} f(x)\,dx.$$

Desafio Putnam

135. Se $a_0, a_1, \ldots, a_n$ são números reais satisfazendo

$$\frac{a_0}{1} + \frac{a_1}{2} + \cdots + \frac{a_n}{n+1} = 0$$

mostre que a equação $a_0 + a_1x + a_2x^2 + \cdots + a_nx^n = 0$ tem pelo menos um zero real.

136. Encontre todas as funções positivas contínuas $f(x)$, para $0 \le x \le 1$, tais que

$$\int_0^1 f(x)\,dx = 1$$

$$\int_0^1 f(x)x\,dx = \alpha$$

$$\int_0^1 f(x)x^2\,dx = \alpha^2$$

onde α é um número real.

Seção 4.6 Integração Numérica

- **Calcular uma aproximação para a integral definida usando a Regra dos Trapézios.**
- **Calcular uma aproximação integral definida usando a Regra de Simpson.**
- **Analisar os erros da aproximação na Regra dos Trapézios e na Regra de Simpson.**

A Regra dos Trapézios

Algumas funções elementares simplesmente não têm primitivas que sejam funções elementares. Por exemplo, não existe nenhuma função elementar que tenha alguma das funções abaixo como sua derivada:

$$\sqrt[3]{x}\sqrt{1-x}, \qquad \sqrt{x}\cos x, \qquad \frac{\cos x}{x}, \qquad \sqrt{1-x^3}, \qquad \text{sen}\,x^2$$

Se você precisar calcular uma integral definida envolvendo uma função cuja primitiva não possa ser encontrada, o Teorema Fundamental do Cálculo não pode ser aplicado, e você precisará recorrer a uma técnica de aproximação. Duas dessas técnicas são discutidas nesta seção.

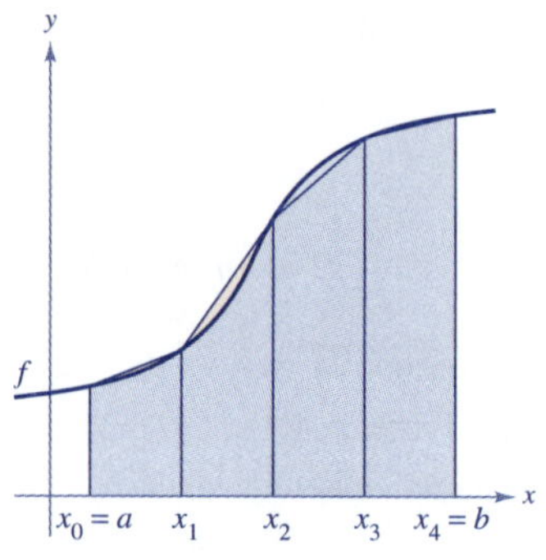

A área da região pode ser aproximada usando quatro trapézios.
Figura 4.41

Uma forma de aproximar uma integral definida é usar n trapézios, como mostra a Figura 4.41. No desenvolvimento deste método, suponha que f é contínua e positiva no intervalo $[a, b]$. Assim, a integral definida

$$\int_a^b f(x)\,dx$$

representa a área da região limitada pelo gráfico de f e pelo eixo x, de $x = a$ até $x = b$. Inicialmente, divida o intervalo $[a, b]$ em n subintervalos, cada um com largura $\Delta x = (b - a)/n$, de forma que

$$a = x_0 < x_1 < x_2 < \cdots < x_n = b.$$

A seguir, forme um trapézio para cada subintervalo (veja a Figura 4.42). A área do i-ésimo trapézio é

$$\text{Área do } i\text{-ésimo trapézio} = \left[\frac{f(x_{i-1}) + f(x_i)}{2}\right]\left(\frac{b-a}{n}\right).$$

Isso implica que a soma das áreas dos n trapézios é

$$\begin{aligned}
\text{Área} &= \left(\frac{b-a}{n}\right)\left[\frac{f(x_0) + f(x_1)}{2} + \cdots + \frac{f(x_{n-1}) + f(x_n)}{2}\right]\\
&= \left(\frac{b-a}{2n}\right)[f(x_0) + f(x_1) + f(x_1) + f(x_2) + \cdots + f(x_{n-1}) + f(x_n)]\\
&= \left(\frac{b-a}{2n}\right)[f(x_0) + 2f(x_1) + 2f(x_2) + \cdots + 2f(x_{n-1}) + f(x_n)].
\end{aligned}$$

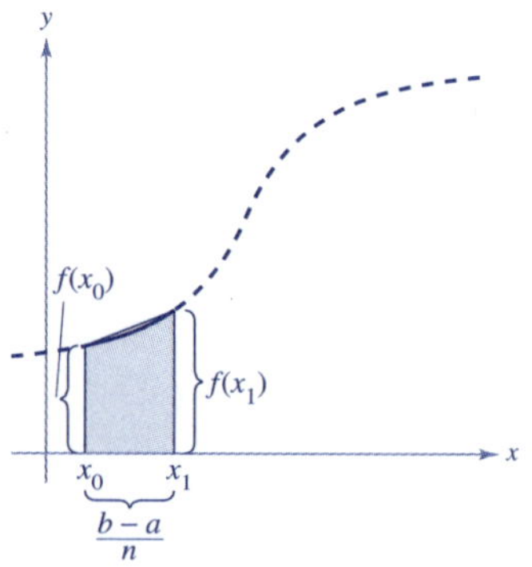

A área do primeiro trapézio é $\left[\frac{f(x_0) + f(x_1)}{2}\right]\left(\frac{b-a}{n}\right)$.
Figura 4.42

Fazendo $\Delta x = (b - a)/n$, podemos tomar o limite para $n \to \infty$ para obter

$$\begin{aligned}
&\lim_{n\to\infty}\left(\frac{b-a}{2n}\right)[f(x_0) + 2f(x_1) + \cdots + 2f(x_{n-1}) + f(x_n)]\\
&= \lim_{n\to\infty}\left[\frac{[f(a) - f(b)]\,\Delta x}{2} + \sum_{i=1}^{n} f(x_i)\,\Delta x\right]\\
&= \lim_{n\to\infty}\frac{[f(a) - f(b)](b-a)}{2n} + \lim_{n\to\infty}\sum_{i=1}^{n} f(x_i)\,\Delta x\\
&= 0 + \int_a^b f(x)\,dx.
\end{aligned}$$

Este resultado está resumido no teorema abaixo.

TEOREMA 4.16 A Regra dos Trapézios

Seja f uma função contínua em $[a, b]$. A Regra dos Trapézios para aproximar $\int_a^b f(x)\,dx$ é dada por

$$\int_a^b f(x)\,dx \approx \frac{b-a}{2n}[f(x_0) + 2f(x_1) + 2f(x_2) + \cdots + 2f(x_{n-1}) + f(x_n)].$$

Além disso, quando $n \to \infty$, o lado direito se aproxima de $\int_a^b f(x)\,dx$.

OBSERVAÇÃO Note que os coeficientes na Regra dos Trapézios seguem o seguinte padrão:

1 2 2 2 . . . 2 2 1

EXEMPLO 1 Aproximação com a Regra dos Trapézios

Use a Regra dos Trapézios para estimar

$$\int_0^{\pi} \operatorname{sen} x \, dx.$$

Compare os resultados para $n = 4$ e $n = 8$, como mostra a Figura 4.43.

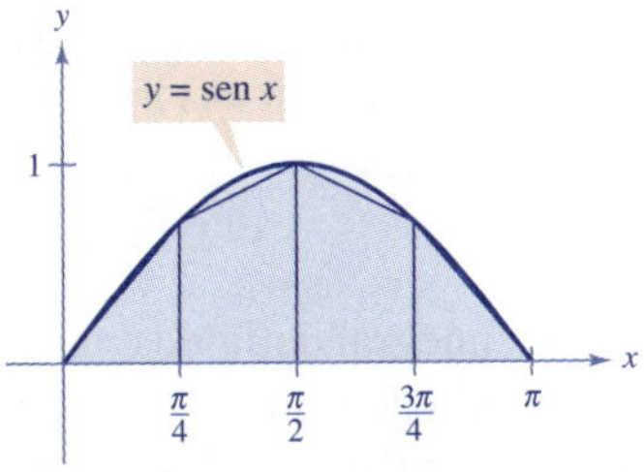

Quatro subintervalos

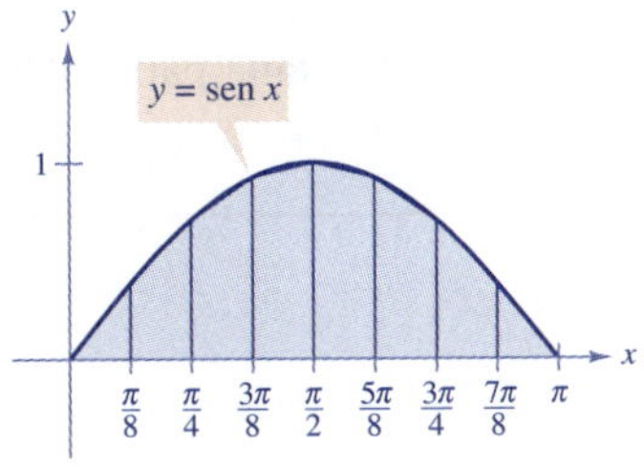

Oito subintervalos

Aproximações trapezoidais.
Figura 4.43

Solução Quando $n = 4$, $\Delta x = \pi/4$, e obtemos

$$\int_0^{\pi} \operatorname{sen} x \, dx \approx \frac{\pi}{8}\left(\operatorname{sen} 0 + 2 \operatorname{sen} \frac{\pi}{4} + 2 \operatorname{sen} \frac{\pi}{2} + 2 \operatorname{sen} \frac{3\pi}{4} + \operatorname{sen} \pi\right)$$

$$= \frac{\pi}{8}\left(0 + \sqrt{2} + 2 + \sqrt{2} + 0\right) = \frac{\pi\left(1 + \sqrt{2}\right)}{4} \approx 1{,}896.$$

Quando $n = 8$, $\Delta x = \pi/8$, e obtemos

$$\int_0^{\pi} \operatorname{sen} x \, dx \approx \frac{\pi}{16}\left(\operatorname{sen} 0 + 2 \operatorname{sen} \frac{\pi}{8} + 2 \operatorname{sen} \frac{\pi}{4} + 2 \operatorname{sen} \frac{3\pi}{8} + 2 \operatorname{sen} \frac{\pi}{2}\right.$$

$$\left. + 2 \operatorname{sen} \frac{5\pi}{8} + 2 \operatorname{sen} \frac{3\pi}{4} + 2 \operatorname{sen} \frac{7\pi}{8} + \operatorname{sen} \pi\right)$$

$$= \frac{\pi}{16}\left(2 + 2\sqrt{2} + 4 \operatorname{sen} \frac{\pi}{8} + 4 \operatorname{sen} \frac{3\pi}{8}\right) \approx 1{,}974.$$

Para esta integral em particular, você poderia ter achado uma primitiva e determinado que a área exata da região é 2.

TECNOLOGIA A maioria das ferramentas gráficas e dos sistemas de manipulação algébrica tem programas internos que podem ser usados para calcular um valor aproximado da integral definida. Tente usar um programa desses para calcular uma aproximação para a integral do Exemplo 1. Quão próxima está a sua aproximação?

Quando você usar um desses programas, precisa estar atento para suas limitações. Freqüentemente, não há nenhuma indicação do grau de precisão da aproximação. Outras vezes, você pode obter uma aproximação que é completamente errada. Por exemplo, tente usar um programa interno de integração numérica para calcular

$$\int_{-1}^{2} \frac{1}{x} \, dx.$$

Seu programa deveria dar uma mensagem de erro. Ele deu?

É interessante comparar a Regra dos Trapézios com a Regra do Ponto Médio dada na Seção 4.2 (Exercícios 63 a 66). Para a Regra dos Trapézios, você faz a média dos valores da função nas extremidades do intervalo, mas na Regra do Ponto Médio você calcula o valor da função no ponto médio do intervalo.

$$\int_a^b f(x) \, dx \approx \sum_{i=1}^{n} f\left(\frac{x_i + x_{i-1}}{2}\right) \Delta x \qquad \text{Regra do Ponto Médio}$$

$$\int_a^b f(x) \, dx \approx \sum_{i=1}^{n} \left(\frac{f(x_i) + f(x_{i-1})}{2}\right) \Delta x \qquad \text{Regra dos Trapézios}$$

OBSERVAÇÃO Devemos chamar sua atenção para dois pontos importantes com relação à Regra dos Trapézios (ou à Regra do Ponto Médio). Em primeiro lugar, a aproximação tende a ficar mais precisa quando n cresce. Observe que, no Exemplo 1, se $n = 16$, a Regra dos Trapézios fornece uma aproximação de 1,994. Em segundo lugar, embora você pudesse ter usado o Teorema Fundamental para calcular a integral do Exemplo 1, este teorema não pode ser usado para calcular integrais simples tais como $\int_0^{\pi} \operatorname{sen} x^2\, dx$, pois sen x^2 não tem primitiva elementar. Todavia, a Regra dos Trapézios ainda pode ser aplicada facilmente para esta integral.

Regra de Simpson

Uma forma de interpretar a aproximação trapezoidal de uma integral definida é observar que em cada subintervalo aproximamos f por um polinômio de *primeiro* grau. Na Regra de Simpson, que tem este nome em homenagem ao matemático inglês Thomas Simpson (1710-1761), este procedimento é levado um passo além e a função f é aproximada por um polinômio de *segundo* grau.

Antes de apresentar a Regra de Simpson, enunciaremos um teorema para calcular integrais de polinômios de grau menor ou igual a 2.

TEOREMA 4.17 Integral de $p(x) = Ax^2 + Bx + C$

Se $p(x) = Ax^2 + Bx + C$, então

$$\int_a^b p(x)\, dx = \left(\frac{b-a}{6}\right)\left[p(a) + 4p\left(\frac{a+b}{2}\right) + p(b)\right].$$

Demonstração

$$\begin{aligned}
\int_a^b p(x)\, dx &= \int_a^b (Ax^2 + Bx + C)\, dx \\
&= \left[\frac{Ax^3}{3} + \frac{Bx^2}{2} + Cx\right]_a^b \\
&= \frac{A(b^3 - a^3)}{3} + \frac{B(b^2 - a^2)}{2} + C(b - a) \\
&= \left(\frac{b-a}{6}\right)[2A(a^2 + ab + b^2) + 3B(b + a) + 6C]
\end{aligned}$$

Expandindo e colecionando os termos, a expressão dentro dos colchetes fica

$$\underbrace{(Aa^2 + Ba + C)}_{p(a)} + \underbrace{4\left[A\left(\frac{b+a}{2}\right)^2 + B\left(\frac{b+a}{2}\right) + C\right]}_{4p\left(\frac{a+b}{2}\right)} + \underbrace{(Ab^2 + Bb + C)}_{p(b)}$$

e podemos escrever

$$\int_a^b p(x)\, dx = \left(\frac{b-a}{6}\right)\left[p(a) + 4p\left(\frac{a+b}{2}\right) + p(b)\right].$$

Para deduzir a Regra de Simpson de aproximação da integral definida, vamos novamente dividir o intervalo $[a, b]$ em n subintervalos, cada um de comprimento $\Delta x = (b - a)/n$. Desta vez, entretanto, é necessário que n seja par, e que os subintervalos sejam agrupados em pares, de forma que

$$a = \underbrace{x_0 < x_1 < x_2}_{[x_0,\, x_2]} \underbrace{< x_3 < x_4}_{[x_2,\, x_4]} < \cdots < \underbrace{x_{n-2} < x_{n-1} < x_n}_{[x_{n-2},\, x_n]} = b.$$

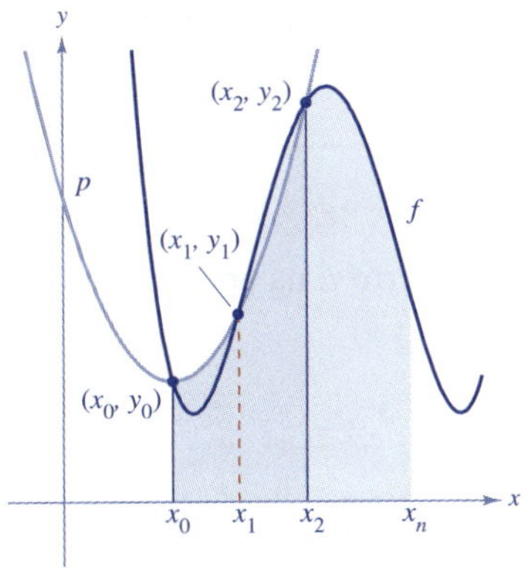

$$\int_{x_0}^{x_2} p(x)\,dx \approx \int_{x_0}^{x_2} f(x)\,dx.$$

Figura 4.44

Em cada subintervalo (duplo) $[x_{i-2}, x_i]$ podemos aproximar f por um polinômio p de grau menor ou igual a 2 (veja o Exercício 55). Por exemplo, no subintervalo $[x_0, x_2]$, escolha um polinômio de grau mínimo que passe pelos pontos (x_0, y_0), (x_1, y_1) e (x_2, y_2), como mostra a Figura 4.17. Agora, usando p como uma aproximação para f neste subintervalo, temos, pelo Teorema 4.17:

$$\begin{aligned}\int_{x_0}^{x_2} f(x)\,dx \approx \int_{x_0}^{x_2} p(x)\,dx &= \frac{x_2 - x_0}{6}\left[p(x_0) + 4p\left(\frac{x_0 + x_2}{2}\right) + p(x_2)\right]\\ &= \frac{2[(b-a)/n]}{6}[p(x_0) + 4p(x_1) + p(x_2)]\\ &= \frac{b-a}{3n}[f(x_0) + 4f(x_1) + f(x_2)].\end{aligned}$$

Repetindo este processo no intervalo $[a, b]$ todo, obtemos o seguinte Teorema.

> **TEOREMA 4.18 Regra de Simpson (n é par)**
>
> Seja f uma função contínua em $[a, b]$. A Regra de Simpson para aproximar $\int_a^b f(x)\,dx$ é
>
> $$\int_a^b f(x)\,dx \approx \frac{b-a}{3n}[f(x_0) + 4f(x_1) + 2f(x_2) + 4f(x_3) + \cdots + 4f(x_{n-1}) + f(x_n)].$$
>
> Além disso, quando $n \to \infty$, o lado direito se aproxima de $\int_a^b f(x)\,dx$.

OBSERVAÇÃO Note que os coeficientes na Regra de Simpson seguem o seguinte padrão:

1 4 2 4 2 4 . . . 4 2 4 1

No Exemplo 1, a Regra dos Trapézios foi usada para estimar $\int_0^\pi \text{sen}\, x\,dx$. No próximo exemplo, a Regra de Simpson é aplicada na mesma integral.

OBSERVAÇÃO No Exemplo 1, a Regra dos Trapézios com $n = 8$ aproximou $\int_0^\pi \text{sen}\, x\,dx$ como 1,974. No Exemplo 2, a Regra de Simpson com $n = 8$ deu uma aproximação de 2,0003. A primitiva teria produzido o valor verdadeiro 2.

EXEMPLO 2 Aproximação com a Regra de Simpson

Use a regra de Simpson para encontrar uma aproximação para

$$\int_0^\pi \text{sen}\, x\,dx.$$

Compare os resultados para $n = 4$ e $n = 8$.

Solução Quando $n = 4$, temos

$$\int_0^\pi \text{sen}\, x\,dx \approx \frac{\pi}{12}\left(\text{sen}\, 0 + 4\,\text{sen}\,\frac{\pi}{4} + 2\,\text{sen}\,\frac{\pi}{2} + 4\,\text{sen}\,\frac{3\pi}{4} + \text{sen}\,\pi\right) \approx 2{,}005.$$

Quando $n = 8$, temos $\int_0^\pi \text{sen}\, x\,dx \approx 2{,}0003$.

Análise de Erro

Se você precisar usar uma técnica de aproximação, é importante saber quão acurada você pode esperar que a aproximação seja. O próximo teorema, que é enunciado sem demonstração, dá as fórmulas para estimar os erros envolvidos no uso da Regra de Simpson e da Regra dos Trapézios.

> **TEOREMA 4.19 Erros na Regra dos Trapézios e na Regra de Simpson**
>
> Se f tem a segunda derivada contínua em $[a, b]$, então o erro E na aproximação de $\int_a^b f(x)\,dx$ pela Regra dos Trapézios é
>
> $$E \le \frac{(b-a)^3}{12n^2}\left[\text{máx}\,|f''(x)|\right], \quad a \le x \le b. \qquad \text{Regra dos Trapézios}$$
>
> Além disso, se f tem a quarta derivada contínua em $[a, b]$, então o erro E na aproximação de $\int_a^b f(x)\,dx$ pela Regra de Simpson é
>
> $$E \le \frac{(b-a)^5}{180n^4}\left[\text{máx}\,|f^{(4)}(x)|\right], \quad a \le x \le b. \qquad \text{Regra de Simpson}$$

O Teorema 4.19 afirma que os erros gerados pela Regra dos Trapézios e pela Regra de Simpson têm limitantes superiores que dependem dos valores extremos de $f''(x)$ e $f^{(4)}(x)$ no intervalo $[a, b]$. Além disso, estes erros ficam arbitrariamente pequenos quando *n aumenta*, desde que f'' e $f^{(4)}$ sejam contínuas e portanto limitadas em $[a, b]$.

TECNOLOGIA Se você tiver acesso a um sistema de manipulação algébrica, use-o para calcular a integral definida do Exemplo 3. Você deveria obter

$$\int_0^1 \sqrt{1+x^2}\,dx = \tfrac{1}{2}\left[\sqrt{2} + \ln\left(1+\sqrt{2}\right)\right] \approx 1{,}14779.$$

("ln" representa a função logaritmo natural, que você estudará na Seção 5.1.)

EXEMPLO 3 O Erro Aproximado na Regra dos Trapézios

Determine o valor de n tal que a Regra dos Trapézios dê uma aproximação de $\int_0^1 \sqrt{1+x^2}\,dx$ com erro menor do que 0,001.

Solução Inicialmente, faça $f(x) = \sqrt{1+x^2}$ e calcule a segunda derivada de f.

$$f'(x) = x(1+x^2)^{-1/2} \quad \text{e} \quad f''(x) = (1+x^2)^{-3/2}$$

O valor máximo de $|f''(x)|$ no intervalo $[0, 1]$ é $|f''(0)| = 1$. Assim, pelo Teorema 4.19, podemos escrever

$$E \le \frac{(b-a)^3}{12n^2}\,|f''(0)| = \frac{1}{12n^2}(1) = \frac{1}{12n^2}.$$

Para obter um erro E menor do que 0,001, precisamos escolher n de forma que $1/(12n^2) \le 1/100$.

$$100 \le 12n^2 \quad \Longrightarrow \quad n \ge \sqrt{\tfrac{100}{12}} \approx 2{,}89$$

Assim, podemos escolher $n = 3$ (pois n deve ser um inteiro maior ou igual a 2,89) e aplicar a Regra dos Trapézios para obter

$$\int_0^1 \sqrt{1+x^2}\,dx \approx \frac{1}{6}\left[\sqrt{1+0^2} + 2\sqrt{1+\left(\tfrac{1}{3}\right)^2} + 2\sqrt{1+\left(\tfrac{2}{3}\right)^2} + \sqrt{1+1^2}\right] \approx 1{,}154.$$

Assim, com erro menor do que 0,001, sabemos que

$$1{,}144 \le \int_0^1 \sqrt{1+x^2}\,dx \le 1{,}164.$$

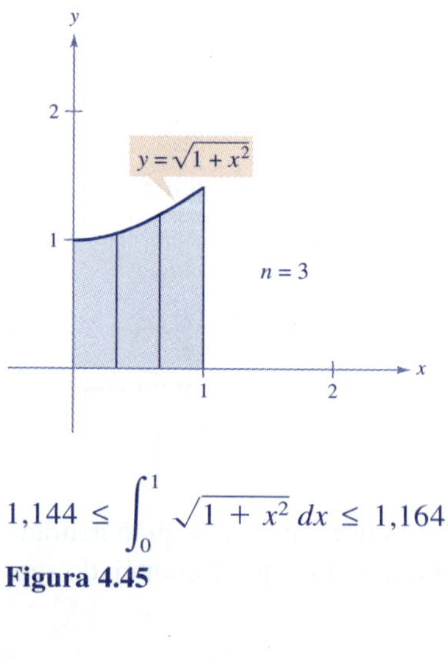

$$1{,}144 \le \int_0^1 \sqrt{1+x^2}\,dx \le 1{,}164.$$

Figura 4.45

Exercícios da Seção 4.6

Nos Exercícios 1 a 10, use a Regra dos Trapézios e a Regra de Simpson para encontrar valores aproximados para a integral definida, com o valor dado de n. Arredonde sua resposta para quatro casas decimais e compare os resultados com o valor exato da integral definida.

1. $\int_0^2 x^2\,dx,\quad n = 4$

2. $\int_0^1 \left(\frac{x^2}{2} + 1\right)dx,\quad n = 4$

3. $\int_0^2 x^3\,dx,\quad n = 4$

4. $\int_1^2 \frac{1}{x^2}\,dx,\quad n = 4$

5. $\int_0^2 x^3\,dx,\quad n = 8$

6. $\int_0^8 \sqrt[3]{x}\,dx,\quad n = 8$

7. $\int_4^9 \sqrt{x}\,dx,\quad n = 8$

8. $\int_1^3 (4 - x^2)\,dx,\quad n = 4$

9. $\int_1^2 \frac{1}{(x+1)^2}\,dx,\quad n = 4$

10. $\int_0^2 x\sqrt{x^2+1}\,dx,\quad n = 4$

Nos Exercícios 11 a 20, calcule valores aproximados da integral definida usando a Regra dos Trapézios e a Regra de Simpson com $n = 4$. Compare estes resultados com a aproximação da integral usando uma ferramenta gráfica.

11. $\int_0^2 \sqrt{1+x^3}\,dx$

12. $\int_0^2 \frac{1}{\sqrt{1+x^3}}\,dx$

13. $\int_0^1 \sqrt{x}\sqrt{1-x}\,dx$

14. $\int_{\pi/2}^{\pi} \sqrt{x}\,\mathrm{sen}\,x\,dx$

15. $\int_0^{\sqrt{\pi/2}} \cos x^2\,dx$

16. $\int_0^{\sqrt{\pi/4}} \mathrm{tg}\,x^2\,dx$

17. $\int_1^{1.1} \mathrm{sen}\,x^2\,dx$

18. $\int_0^{\pi/2} \sqrt{1+\cos^2 x}\,dx$

19. $\int_0^{\pi/4} x\,\mathrm{tg}\,x\,dx$

20. $\int_0^{\pi} f(x)\,dx,\quad f(x) = \begin{cases} \dfrac{\mathrm{sen}\,x}{x}, & x > 0 \\ 1, & x = 0 \end{cases}$

Questões Conceituais

21. Se a função f é côncava para cima no intervalo $[a, b]$, a Regra dos Trapézios dá um resultado maior ou menor do que $\int_a^b f(x)\,dx$? Explique.

22. A Regra dos Trapézios e a Regra de Simpson produzem aproximações da integral definida $\int_a^b f(x)\,dx$ baseadas em aproximações polinomiais de f. Qual o grau do polinômio usado em cada caso?

Nos Exercícios 23 a 28, use as fórmulas de erro do Teorema 4.19 para estimar o erro na aproximação da integral, com $n = 4$, usando a (a) Regra dos Trapézios e (b) Regra de Simpson.

23. $\int_0^2 x^3\,dx$

24. $\int_1^3 (2x+3)\,dx$

25. $\int_0^1 \frac{1}{x+1}\,dx$

26. $\int_2^4 \frac{1}{(x-1)^2}\,dx$

27. $\int_0^{\pi} \cos x\,dx$

28. $\int_0^1 \mathrm{sen}(\pi x)\,dx$

Nos Exercícios 29 a 34, use as fórmulas de erro do Teorema 4.19 para encontrar n, tal que o erro na aproximação da integral definida seja menor do que 0,00001 usando a (a) Regra dos Trapézios e a (b) Regra de Simpson.

29. $\int_1^3 \frac{1}{x}\,dx$

30. $\int_0^1 \frac{1}{1+x}\,dx$

31. $\int_0^2 \sqrt{x+2}\,dx$

32. $\int_1^3 \frac{1}{\sqrt{x}}\,dx$

33. $\int_0^1 \cos(\pi x)\,dx$

34. $\int_0^{\pi/2} \mathrm{sen}\,x\,dx$

Nos Exercícios 35 a 38, use um sistema de manipulação algébrica e as fórmulas de erro para encontrar n, tal que o erro na aproximação da integral definida seja menor do que 0,00001 usando a (a) Regra dos Trapézios e a (b) Regra de Simpson.

35. $\int_0^2 \sqrt{1+x}\,dx$

36. $\int_0^2 (x+1)^{2/3}\,dx$

37. $\int_0^1 \mathrm{tg}\,x^2\,dx$

38. $\int_0^1 \mathrm{sen}\,x^2\,dx$

39. Encontre um valor aproximado para a área da região sombreada usando a (a) Regra dos Trapézios e a (b) Regra de Simpson, com $n = 4$.

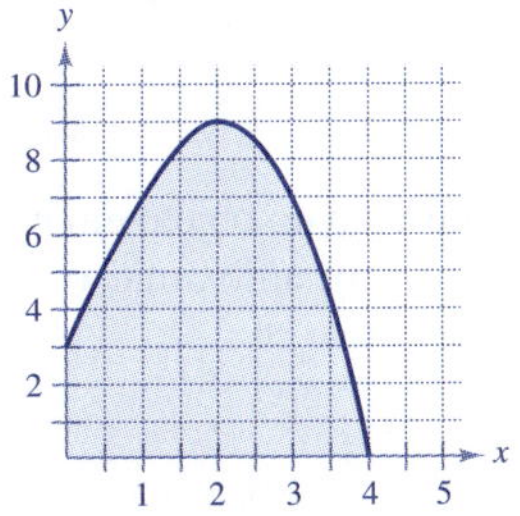

Figura do Exercício 39

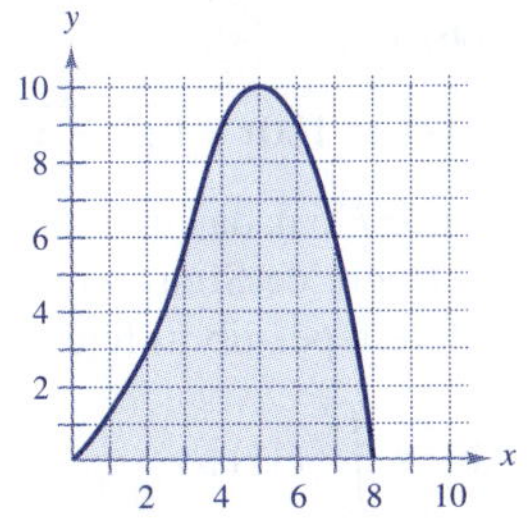

Figura do Exercício 40

40. Encontre um valor aproximado para a área da região sombreada usando a (a) Regra dos Trapézios e (b) Regra de Simpson, com $n = 8$.

41. ***Programando*** Escreva um programa para uma ferramenta gráfica, a fim de calcular uma aproximação para a integral definida usando a Regra dos Trapézios e a Regra de Simpson. Comece com o programa escrito na Seção 4.3, Exercícios 59 a 62, e observe que a Regra dos Trapézios pode ser escrita como $T(n) = \frac{1}{2}[L(n) + R(n)]$ e a Regra de Simpson pode ser escrita como

$S(n) = \frac{1}{3}[T(n/2) + 2M(n/2)]$.

[Lembre-se de que $L(n)$, $M(n)$ e $R(n)$ representam as somas de Riemann usando a extremidade esquerda, o ponto médio e a extremidade direita dos subintervalos de mesma largura.]

Programando Nos Exercícios 42 a 44, use o programa do Exercício 41 para calcular aproximações da integral definida e completar a tabela.

n	$L(n)$	$M(n)$	$R(n)$	$T(n)$	$S(n)$
4					
8					
10					
12					
16					
20					

42. $\int_0^4 \sqrt{2 + 3x^2}\, dx$ **43.** $\int_0^1 \sqrt{1 - x^2}\, dx$ **44.** $\int_0^4 \operatorname{sen} \sqrt{x}\, dx$

45. ***Área*** Use a Regra de Simpson com $n = 14$ para calcular uma aproximação da área da região limitada pelos gráficos de $y = \sqrt{x} \cos x$, $y = 0$, $x = 0$ e $x = \pi/2$.

46. ***Circunferência*** A **integral elíptica**

$$8\sqrt{3} \int_0^{\pi/2} \sqrt{1 - \tfrac{2}{3} \operatorname{sen}^2 \theta}\, d\theta$$

fornece a circunferência de uma elipse. Use a Regra de Simpson com $n = 8$ para encontrar uma aproximação da circunferência.

47. ***Trabalho*** Para determinar o tamanho do motor necessário para operar uma prensa, uma companhia precisa saber a quantidade de trabalho realizado quando a prensa move linearmente um objeto por 5 pés. A força variável para mover o objeto é

$$F(x) = 100x\sqrt{125 - x^3}$$

onde F é dada em libras e x é a posição do objeto em pés. Use a Regra de Simpson com $n = 12$ para aproximar o trabalho W (em pés-libra) feito durante um ciclo se

$$W = \int_0^5 F(x)\, dx.$$

48. ***Modelando Dados*** A tabela mostra diversas medidas reunidas em uma experiência para determinar aproximações para uma função contínua desconhecida $y = f(x)$.

(a) Calcule aproximações para $\int_0^2 f(x)\, dx$ usando a Regra dos Trapézios e a Regra de Simpson.

x	0,00	0,25	0,50	0,75	1,00
y	4,32	4,36	4,58	5,79	6,14

x	1,25	1,50	1,75	2,00
y	7,25	7,64	8,08	8,14

(b) Use uma ferramenta gráfica para encontrar um modelo da forma $y = ax^3 + bx^2 + cx + d$ para os dados. Integre o polinômio resultante sobre $[0, 2]$ e compare o resultado com a parte (a).

Aproximação de Pi **Nos Exercícios 49 e 50, use a Regra de Simpson com $n = 6$ para calcular uma aproximação para π usando a equação dada. (Na Seção 5.7, você será capaz de calcular a integral usando funções trigonométricas inversas.)**

49. $\pi = \int_0^{1/2} \frac{6}{\sqrt{1 - x^2}}\, dx$ **50.** $\pi = \int_0^1 \frac{4}{1 + x^2}\, dx$

Área **Nos Exercícios 51 e 52, use a Regra dos Trapézios para estimar o número de metros quadrados de um sítio onde x e y são medidos em metros, como é mostrado nas figuras. O sítio é limitado por um riacho e por duas estradas retas que se encontram em um ângulo reto.**

51.

x	y
0	125
100	125
200	120
300	112
400	90
500	90
600	95
700	88
800	75
900	35
1000	0

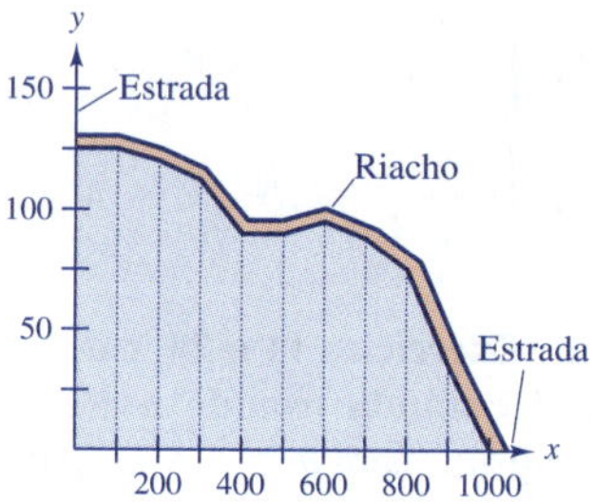

52.

x	y
0	75
10	81
20	84
30	76
40	67
50	68
60	69
70	72
80	68
90	56
100	42
110	23
120	0

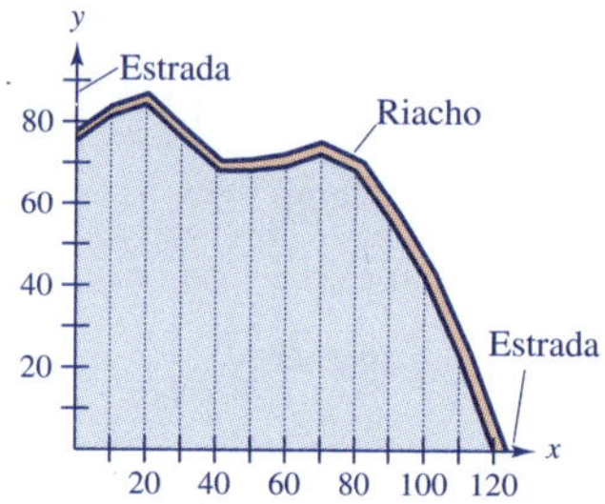

53. Demonstre que a Regra de Simpson é exata quando usada para calcular uma aproximação da integral de um polinômio cúbico, e verifique o resultado para $\int_0^1 x^3\, dx$, $n = 2$.

54. Use a Regra de Simpson com $n = 10$ e um sistema de manipulação algébrica para calcular uma aproximação de t na equação integral

$$\int_0^t \operatorname{sen} \sqrt{x}\, dx = 2.$$

55. Demonstre que você pode encontrar um polinômio $p(x) = Ax^2 + Bx + C$ que passa pelos três pontos (x_1, y_1), (x_2, y_2) e (x_3, y_3), quando os x_i são distintos.

Exercícios de Revisão do Capítulo 4

Nos Exercícios 1 e 2, use o gráfico de f' para esboçar o gráfico de f. Para imprimir uma cópia ampliada do gráfico, consulte *www.mathgraphs.com*.

1. 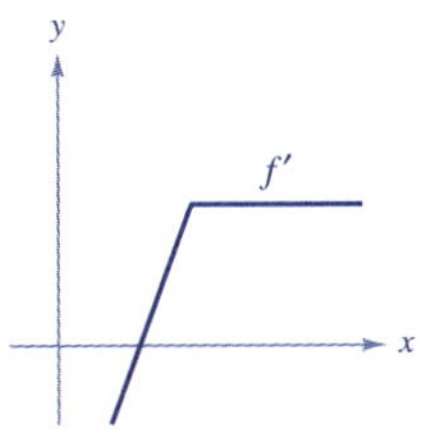

2. 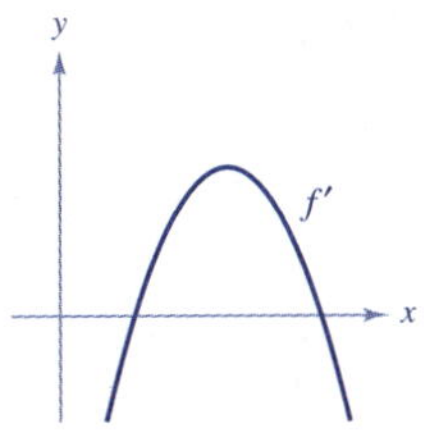

Nos Exercícios 3 a 8, calcule a integral indefinida.

3. $\int (2x^2 + x - 1)\, dx$

4. $\int \frac{2}{\sqrt[3]{3x}}\, dx$

5. $\int \frac{x^3 + 1}{x^2}\, dx$

6. $\int \frac{x^3 - 2x^2 + 1}{x^2}\, dx$

7. $\int (4x - 3 \text{ sen } x)\, dx$

8. $\int (5 \cos x - 2 \sec^2 x)\, dx$

9. Encontre uma solução particular da equação diferencial $f'(x) = -2x$ cujo gráfico passa pelo ponto $(-1, 1)$.

10. Encontre uma solução particular da equação diferencial $f''(x) = 6(x - 1)$ cujo gráfico passa pelo ponto $(2, 1)$ e é tangente à reta $3x - y - 5 = 0$ neste ponto.

Campo de Direções **Nos Exercícios 11 e 12, são dados uma equação diferencial, um ponto e um campo de direções. Um campo de direções consiste de segmentos de reta cujas inclinações são dadas pela equação diferencial. Estes segmentos de reta dão uma perspectiva visual das direções das soluções da equação diferencial. (a) Esboce duas soluções aproximadas da equação diferencial no campo de direções, uma das quais passando pelo ponto dado. (Para imprimir uma cópia ampliada do gráfico, consulte *www.mathgraphs.com*.) (b) Use integração para encontrar uma solução particular da equação diferencial e use uma ferramenta gráfica para desenhar a solução. Compare o resultado com os esboços da parte (a).**

11. $\frac{dy}{dx} = 2x - 4, \quad (4, -2)$

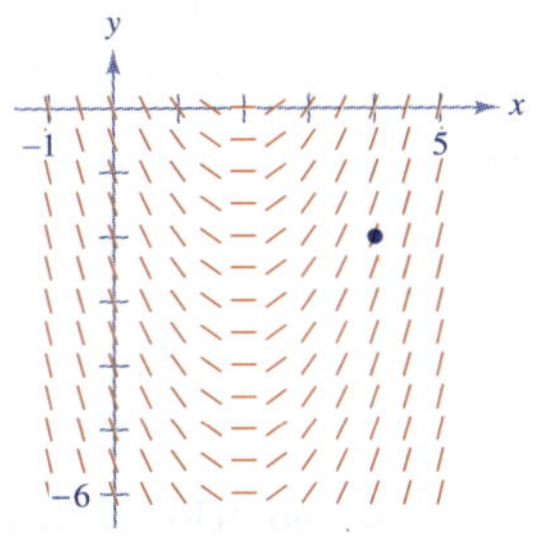

12. $\frac{dy}{dx} = \frac{1}{2}x^2 - 2x, \quad (6, 2)$

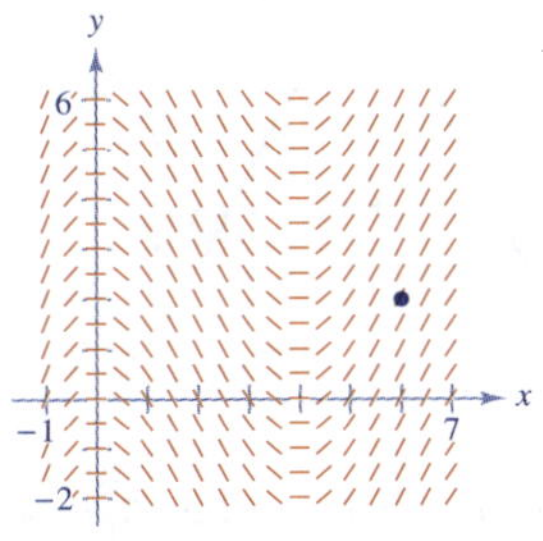

13. ***Velocidade e Aceleração*** Um avião decolando de uma pista percorre 3.600 pés antes de deixar o solo. O avião começa do repouso, move-se com aceleração constante, e percorre esta distância em 30 segundos. Com qual velocidade ele deixa o solo?

14. ***Velocidade e Aceleração*** A velocidade de um carro se movendo em linha reta é reduzida de 45 para 30 milhas por hora em uma distância de 264 pés. Supondo uma desaceleração constante, encontre a distância que o carro percorre até parar, partindo de uma velocidade de 30 milhas por hora.

15. ***Velocidade e Aceleração*** Uma bola é jogada verticalmente para cima do nível do solo com velocidade inicial de 96 pés por segundo.
   (a) Quanto tempo a bola vai levar para subir até a sua altura máxima?
   (b) Qual é a altura máxima?
   (c) Quando a velocidade da bola é a metade da velocidade inicial?
   (d) Qual é a altura da bola quando sua velocidade é a metade da velocidade inicial?

16. ***Velocidade e Aceleração*** Repita o Exercício 15 para uma velocidade inicial de 40 metros por segundo.

Nos Exercícios 17 a 20, use a notação sigma para escrever a soma.

17. $\frac{1}{4(1)} + \frac{1}{4(2)} + \frac{1}{4(3)} + \cdots + \frac{1}{4(8)}$

18. $\frac{1 + 2}{2(1)} + \frac{2 + 2}{2(2)} + \frac{3 + 2}{2(3)} + \cdots + \frac{12 + 2}{2(12)}$

19. $\left(\frac{3}{n}\right)\left(\frac{1 + 1}{n}\right)^2 + \left(\frac{3}{n}\right)\left(\frac{2 + 1}{n}\right)^2 + \cdots + \left(\frac{3}{n}\right)\left(\frac{n + 1}{n}\right)^2$

20. $3\left(2 + \frac{4}{n}\right) + \cdots + 3n\left(2 + \frac{(n + 1)^2}{n}\right)$

Nos Exercícios 21 a 24, use as propriedades da somatória e o Teorema 4.2 para calcular a soma.

21. $\sum_{i=1}^{10} 3i$

22. $\sum_{i=1}^{20} (4i - 1)$

23. $\sum_{i=1}^{20} (i + 1)^2$

24. $\sum_{i=1}^{12} i(i^2 - 1)$

25. Escreva em notação sigma (a) a soma dos primeiros dez inteiros positivos ímpares, (b) a soma dos cubos dos primeiros n inteiros positivos, e (c) $6 + 10 + 14 + 18 + \cdots + 42$.

26. Calcule cada soma para $x_1 = 2, x_2 = -1, x_3 = 5, x_4 = 3$ e $x_5 = 7$.
   (a) $\frac{1}{5}\sum_{i=1}^{5} x_i$
   (b) $\sum_{i=1}^{5} \frac{1}{x_i}$
   (c) $\sum_{i=1}^{5} (2x_i - x_i^2)$
   (d) $\sum_{i=2}^{5} (x_i - x_{i-1})$

Nos Exercícios 27 e 28, use as somas superior e inferior para aproximar a área da região usando o número indicado de subintervalos de mesma largura.

27. $y = \dfrac{10}{x^2 + 1}$

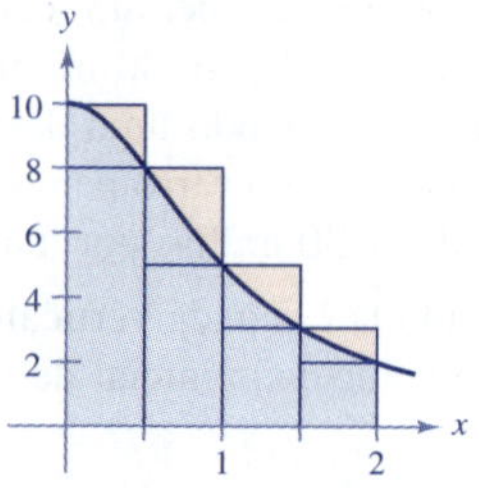

28. $y = 9 - \frac{1}{4}x^2$

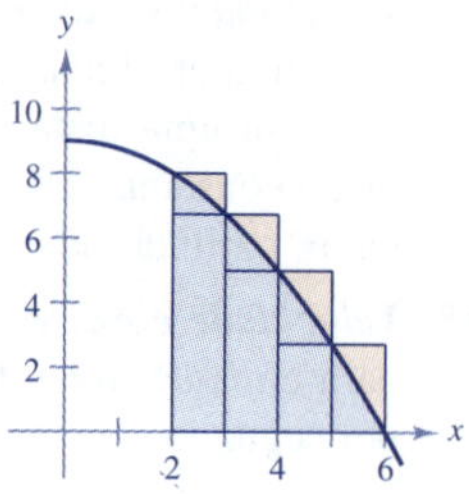

Nos Exercícios 29 a 32, use o processo de limite para encontrar a área da região entre o gráfico da função e o eixo x sobre o intervalo dado. Esboce a região.

29. $y = 6 - x, \quad [0, 4]$

30. $y = x^2 + 3, \quad [0, 2]$

31. $y = 5 - x^2, \quad [-2, 1]$

32. $y = \frac{1}{4}x^3, \quad [2, 4]$

33. Use o processo de limite para encontrar a área da região limitada por $x = 5y - y^2$, $x = 0$, $y = 2$ e $y = 5$.

34. Considere a região limitada por $y = mx$, $y = 0$, $x = 0$ e $x = b$.

(a) Calcule as somas superior e inferior para encontrar uma aproximação da área da região quando $\Delta x = b/4$.

(b) Calcule as somas superior e inferior para encontrar uma aproximação da área da região quando $\Delta x = b/n$.

(c) Calcule a área da região fazendo n se aproximar de infinito nas duas somas da parte (b). Mostre que em cada caso você obtém a fórmula para a área do triângulo.

Nos Exercícios 35 e 36, escreva o limite como uma integral definida no intervalo $[a, b]$, onde c_i é qualquer ponto no i-ésimo subintervalo.

	Limite	*Intervalo*
35.	$\displaystyle\lim_{\|\Delta\| \to 0} \sum_{i=1}^{n} (2c_i - 3)\,\Delta x_i$	$[4, 6]$
36.	$\displaystyle\lim_{\|\Delta\| \to 0} \sum_{i=1}^{n} 3c_i(9 - c_i^2)\,\Delta x_i$	$[1, 3]$

Nos Exercícios 37 e 38, escreva uma integral definida que dê a área da região. (Não calcule a integral.)

37. $f(x) = 3x + 6$

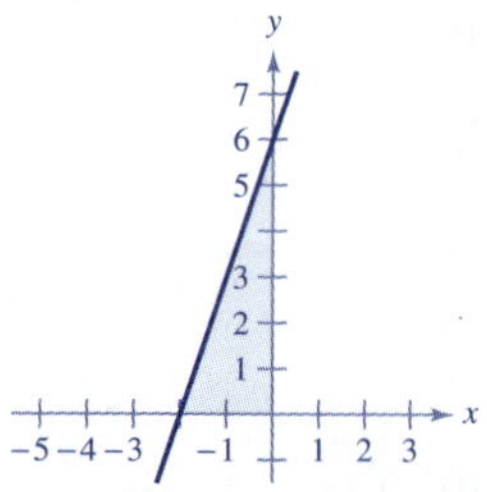

38. $f(x) = 9 - x^2$

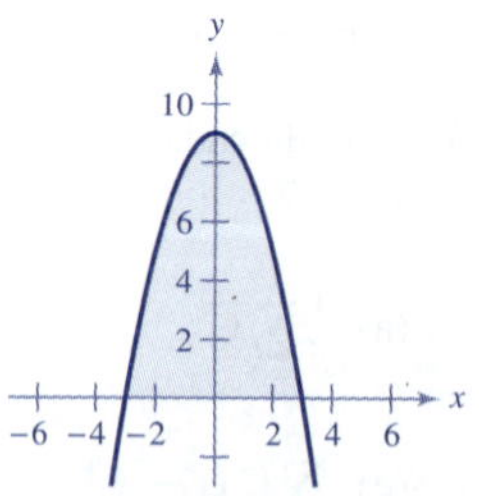

Nos Exercícios 39 e 40, esboce a região cuja área é dada pela integral definida. A seguir, use uma ferramenta gráfica para calcular a integral.

39. $\displaystyle\int_0^5 (5 - |x - 5|)\,dx$

40. $\displaystyle\int_{-4}^{4} \sqrt{16 - x^2}\,dx$

41. Dado que $\displaystyle\int_2^6 f(x)\,dx = 10$ e $\displaystyle\int_2^6 g(x)\,dx = 3$, calcule

(a) $\displaystyle\int_2^6 [f(x) + g(x)]\,dx.$

(b) $\displaystyle\int_2^6 [f(x) - g(x)]\,dx.$

(c) $\displaystyle\int_2^6 [2f(x) - 3g(x)]\,dx.$

(d) $\displaystyle\int_2^6 5f(x)\,dx.$

42. Dado que $\displaystyle\int_0^3 f(x)\,dx = 4$ e $\displaystyle\int_3^6 f(x)\,dx = -1$, calcule

(a) $\displaystyle\int_0^6 f(x)\,dx.$

(b) $\displaystyle\int_6^3 f(x)\,dx.$

(c) $\displaystyle\int_4^4 f(x)\,dx.$

(d) $\displaystyle\int_3^6 -10f(x)\,dx.$

Nos Exercícios 43 a 50, use o Teorema Fundamental do Cálculo para calcular a integral definida.

43. $\displaystyle\int_0^4 (2 + x)\,dx$

44. $\displaystyle\int_{-1}^{1} (t^2 + 2)\,dt$

45. $\displaystyle\int_{-1}^{1} (4t^3 - 2t)\,dt$

46. $\displaystyle\int_{-2}^{2} (x^4 + 2x^2 - 5)\,dx$

47. $\displaystyle\int_4^9 x\sqrt{x}\,dx$

48. $\displaystyle\int_1^2 \left(\frac{1}{x^2} - \frac{1}{x^3}\right) dx$

49. $\displaystyle\int_0^{3\pi/4} \operatorname{sen}\theta\,d\theta$

50. $\displaystyle\int_{-\pi/4}^{\pi/4} \sec^2 t\,dt$

Nos Exercícios 51 a 56, esboce o gráfico da região cuja área é dada pela integral, e calcule a área.

51. $\displaystyle\int_1^3 (2x - 1)\,dx$

52. $\displaystyle\int_0^2 (x + 4)\,dx$

53. $\displaystyle\int_3^4 (x^2 - 9)\,dx$

54. $\displaystyle\int_{-1}^{2} (-x^2 + x + 2)\,dx$

55. $\displaystyle\int_0^1 (x - x^3)\,dx$

56. $\displaystyle\int_0^1 \sqrt{x}\,(1 - x)\,dx$

Nos Exercícios 57 e 58, determine a área da região dada.

57. $y = \operatorname{sen} x$

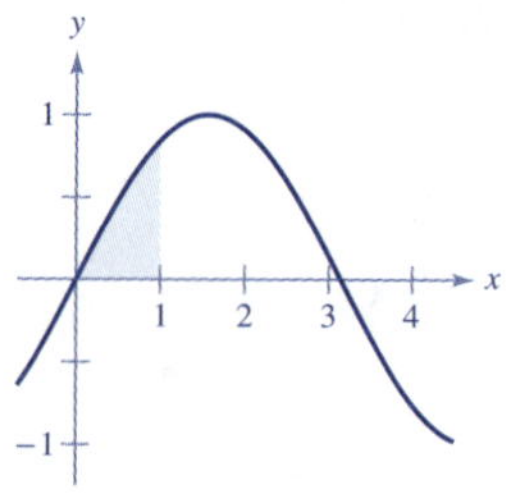

58. $y = x + \cos x$

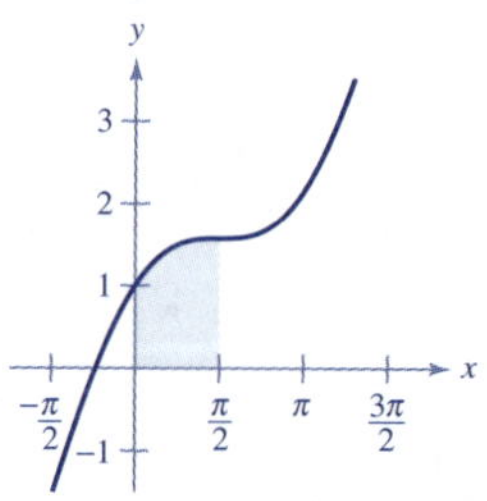

Nos Exercícios 59 e 60, esboce a região limitada pelos gráficos das equações, e determine sua área.

59. $y = \dfrac{4}{\sqrt{x}}, \quad y = 0, \quad x = 1, \quad x = 9$

60. $y = \sec^2 x, \quad y = 0, \quad x = 0, \quad x = \dfrac{\pi}{3}$

Nos Exercícios 61 e 62, calcule o valor médio da função sobre o intervalo dado. Encontre o valor de x no qual f assume seu valor médio, e desenhe a função.

61. $f(x) = \dfrac{1}{\sqrt{x}}, \quad [4, 9]$

62. $f(x) = x^3, \quad [0, 2]$

Nos Exercícios 63 a 66, use o Segundo Teorema Fundamental do Cálculo para calcular $F'(x)$.

63. $F(x) = \displaystyle\int_0^x t^2\sqrt{1 + t^3}\, dt$

64. $F(x) = \displaystyle\int_1^x \frac{1}{t^2}\, dt$

65. $F(x) = \displaystyle\int_{-3}^x (t^2 + 3t + 2)\, dt$

66. $F(x) = \displaystyle\int_0^x \operatorname{cossec}^2 t\, dt$

Nos Exercícios 67 a 80, calcule a integral indefinida.

67. $\displaystyle\int (x^2 + 1)^3\, dx$

68. $\displaystyle\int \left(x + \frac{1}{x}\right)^2 dx$

69. $\displaystyle\int \frac{x^2}{\sqrt{x^3 + 3}}\, dx$

70. $\displaystyle\int x^2\sqrt{x^3 + 3}\, dx$

71. $\displaystyle\int x(1 - 3x^2)^4\, dx$

72. $\displaystyle\int \frac{x + 3}{(x^2 + 6x - 5)^2}\, dx$

73. $\displaystyle\int \operatorname{sen}^3 x \cos x\, dx$

74. $\displaystyle\int x \operatorname{sen} 3x^2\, dx$

75. $\displaystyle\int \frac{\operatorname{sen}\theta}{\sqrt{1 - \cos\theta}}\, d\theta$

76. $\displaystyle\int \frac{\cos x}{\sqrt{\operatorname{sen} x}}\, dx$

77. $\displaystyle\int \operatorname{tg}^n x \sec^2 x\, dx, \quad n \neq -1$

78. $\displaystyle\int \sec 2x \operatorname{tg} 2x\, dx$

79. $\displaystyle\int (1 + \sec \pi x)^2 \sec\pi x \operatorname{tg}\pi x\, dx$

80. $\displaystyle\int \operatorname{cotg}^4 \alpha \operatorname{cossec}^2 \alpha\, d\alpha$

Nos Exercícios 81 a 88, calcule a integral definida. Use uma ferramenta gráfica para verificar seu resultado.

81. $\displaystyle\int_{-1}^2 x(x^2 - 4)\, dx$

82. $\displaystyle\int_0^1 x^2(x^3 + 1)^3\, dx$

83. $\displaystyle\int_0^3 \frac{1}{\sqrt{1 + x}}\, dx$

84. $\displaystyle\int_3^6 \frac{x}{3\sqrt{x^2 - 8}}\, dx$

85. $2\pi\displaystyle\int_0^1 (y + 1)\sqrt{1 - y}\, dy$

86. $2\pi\displaystyle\int_{-1}^0 x^2\sqrt{x + 1}\, dx$

87. $\displaystyle\int_0^\pi \cos\frac{x}{2}\, dx$

88. $\displaystyle\int_{-\pi/4}^{\pi/4} \operatorname{sen} 2x\, dx$

Campo de Direções **Nos Exercícios 89 e 90, são dados uma equação diferencial, um ponto e um campo de direções. (a) Esboce duas soluções aproximadas da equação diferencial no campo de direções, uma das quais passando pelo ponto dado. (Para imprimir uma cópia ampliada do gráfico, consulte *www.mathgraphs.com*.) (b) Use integração para encontrar uma solução particular da equação diferencial e use uma ferramenta gráfica para desenhar a solução.**

89. $\dfrac{dy}{dx} = x\sqrt{9 - x^2}, \quad (0, -4)$

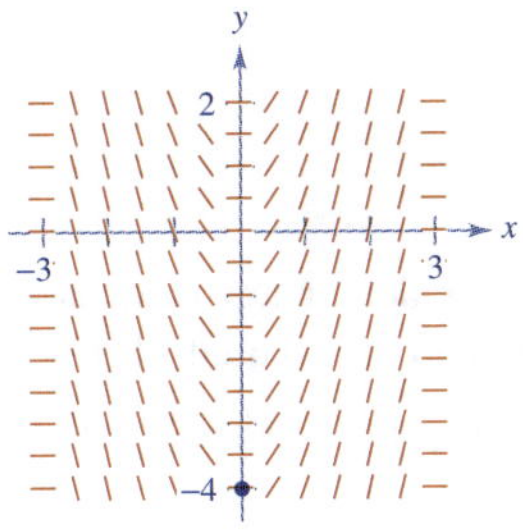

90. $\dfrac{dy}{dx} = -\dfrac{1}{2}x \operatorname{sen}(x^2), \quad (0, 0)$

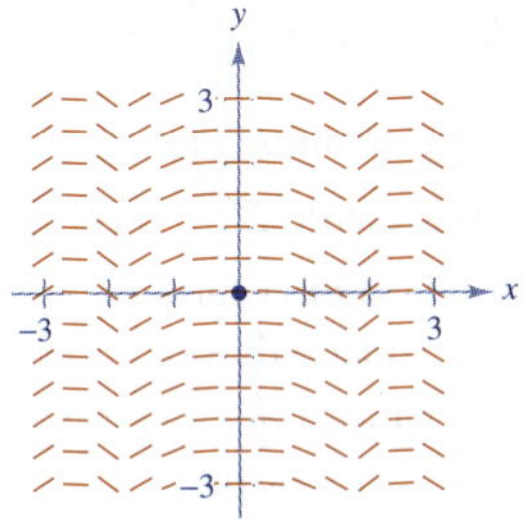

Nos Exercícios 91 e 92, calcule a área da região. Use uma ferramenta gráfica para verificar seu resultado.

91. $\displaystyle\int_1^9 x\sqrt[3]{x - 1}\, dx$

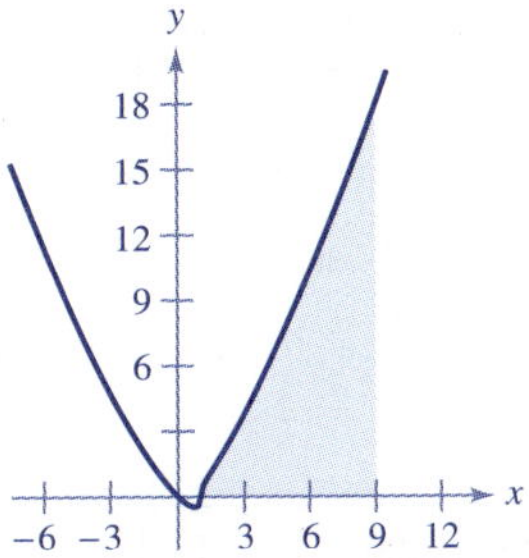

92. $\displaystyle\int_0^{\pi/2} [\cos x + \operatorname{sen}(2x)]\, dx$

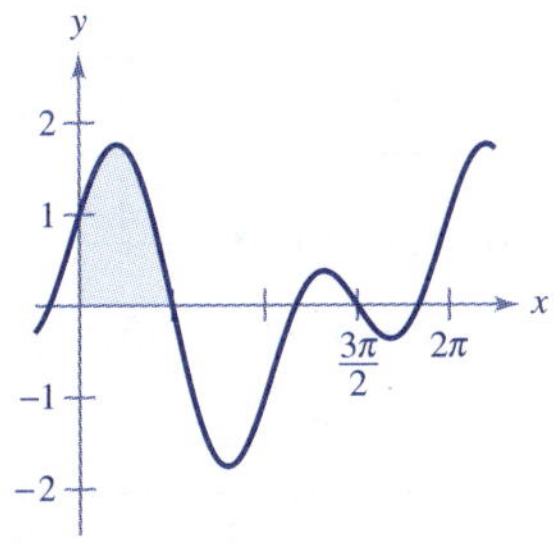

93. ***Custo do Combustível*** O preço da gasolina está aumentando de acordo com a equação $p = 1{,}20 + 0{,}04t$, onde p é o preço de um litro e t é o tempo em anos, com $t = 0$ representando 1990. Um automóvel percorre 1.500 milhas por ano e faz M milhas por litro. O custo anual de combustível é

$$C = \frac{15.000}{M}\int_t^{t+1} p\, dt.$$

Estime o custo anual de combustível em (a) 2000 e (b) 2005.

94. ***Ciclo Respiratório*** Depois de se exercitar por alguns minutos, uma pessoa tem um ciclo respiratório para o qual a taxa de ar inspirado é

$$v = 1{,}75 \operatorname{sen}\frac{\pi t}{2}.$$

Calcule o volume, em litros, do ar inalado durante um ciclo integrando a função sobre o intervalo $[0, 2]$.

Nos Exercícios 95 a 98, use a Regra dos Trapézios e a Regra de Simpson com $n = 4$, e use os recursos de integração de uma ferramenta gráfica para calcular aproximações para a integral definida. Compare os resultados.

95. $\displaystyle\int_1^2 \frac{1}{1 + x^3}\, dx$

96. $\displaystyle\int_0^1 \frac{x^{3/2}}{3 - x^2}\, dx$

97. $\displaystyle\int_0^{\pi/2} \sqrt{x}\cos x\, dx$

98. $\displaystyle\int_0^\pi \sqrt{1 + \operatorname{sen}^2 x}\, dx$

P.S. Problemas Suplementares

1. Seja $L(x) = \int_1^x \frac{1}{t}\,dt,\ x > 0.$

(a) Calcule $L(1)$.

(b) Calcule $L'(x)$ e $L'(1)$.

(c) Use uma ferramenta gráfica para calcular um valor aproximado de x (até três casas decimais) para o qual $L(x) = 1$.

(d) Mostre que $L(x_1x_2) = L(x_1) + L(x_2)$ para todos os valores positivos de x_1 e x_2.

2. Seja $F(x) = \int_2^x \operatorname{sen} t^2\,dt.$

(a) Use uma ferramenta gráfica para completar a tabela.

x	0	1,0	1,5	1,9	2,0
$F(x)$					
x	2,1	2,5	3,0	4,0	5,0
$F(x)$					

(b) Seja $G(x) = \frac{1}{x-2}F(x) = \frac{1}{x-2}\int_2^x \operatorname{sen} t^2\,dt.$ Use uma ferramenta gráfica para completar a tabela e estimar $\lim_{x\to 2} G(x)$.

x	1,9	1,95	1,99	2,01	2,1
$G(x)$					

(c) Use a definição de derivada para calcular o valor exato de $\lim_{x\to 2} G(x)$.

Nos Exercícios 3 e 4 , (a) escreva a área sob o gráfico da função dada, sobre o intervalo dado como um limite. A seguir, use um sistema de manipulação algébrica para (b) calcular a soma da parte (a), e (c) calcular o limite usando o resultado da parte (b).

3. $y = x^4 - 4x^3 + 4x^2,\quad [0, 2]$

$\left(\textit{Sugestão: } \sum_{i=1}^{n} i^4 = \frac{n(n+1)(2n+1)(3n^2+3n-1)}{30}\right)$

4. $y = \frac{1}{2}x^5 + 2x^3,\quad [0, 2]$

$\left(\textit{Sugestão: } \sum_{i=1}^{n} i^5 = \frac{n^2(n+1)^2(2n^2+2n-1)}{12}\right)$

5. A **função de Fresnel** S é definida pela integral

$$S(x) = \int_0^x \operatorname{sen}\left(\frac{\pi t^2}{2}\right) dt.$$

(a) Desenhe a função $y = \operatorname{sen}\left(\frac{\pi x^2}{2}\right)$ no intervalo $[0, 3]$.

(b) Use o gráfico da parte (a) para esboçar o gráfico de S no intervalo $[0, 3]$.

(c) Localize todos os extremos relativos de S no intervalo $(0, 3)$.

(d) Localize todos os pontos de inflexão de S no intervalo $(0, 3)$.

6. A **Aproximação de Quadratura Gaussiana de Dois Pontos** para f é

$$\int_{-1}^{1} f(x)\,dx \approx f\left(-\frac{1}{\sqrt{3}}\right) + f\left(\frac{1}{\sqrt{3}}\right).$$

(a) Use esta fórmula para calcular uma aproximação de $\int_{-1}^{1} \cos x\,dx$. Encontre o erro desta aproximação.

(b) Use esta fórmula para calcular uma aproximação de $\int_{-1}^{1} \frac{1}{1+x^2}\,dx$.

(c) Mostre que a Aproximação de Quadratura Gaussiana de Dois Pontos é exata para todos os polinômios de grau menor ou igual a três.

7. Arquimedes mostrou que a área de um arco de parábola é igual a $\frac{2}{3}$ do produto da base pela altura (veja a figura).

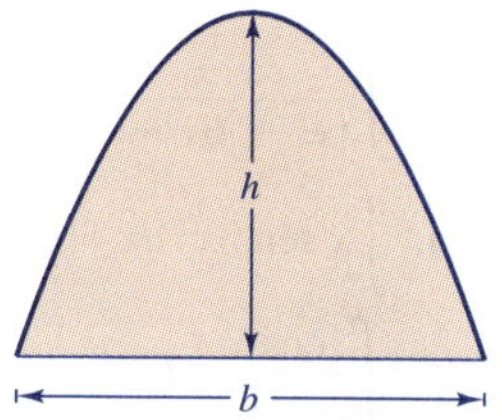

(a) Desenhe o arco de parábola limitado por $y = 9 - x^2$ e pelo eixo x. Use uma integral apropriada para calcular a área A.

(b) Calcule a base e a altura do arco e verifique a fórmula de Arquimedes.

(c) Demonstre a fórmula de Arquimedes para uma parábola geral.

8. Galileu Galilei (1564-1642) enunciou a seguinte proposição sobre a queda de objetos:

O tempo no qual qualquer espaço é percorrido por um corpo uniformemente acelerado é igual ao tempo no qual o mesmo espaço seria percorrido pelo mesmo corpo se movendo com velocidade uniforme, cujo valor é a média da maior velocidade do corpo acelerado e a velocidade imediatamente antes do início da aceleração.

Use as técnicas deste capítulo para verificar esta proposição.

9. O gráfico de função f consiste de três segmentos de reta unindo os pontos $(0, 0)$, $(2, -2)$, $(6, 2)$ e $(8, 3)$. A função F é definida pela integral

$$F(x) = \int_0^x f(t)\,dt.$$

(a) Esboce o gráfico de f.

(b) Complete a Tabela.

x	0	1	2	3	4	5	6	7	8
$F(x)$									

(c) Calcule os extremos de F no intervalo $[0, 8]$.

(d) Determine todos os pontos de inflexão de F no intervalo $(0, 8)$.

10. Um carro está se deslocando em uma linha reta por 1 hora. Sua velocidade v em milhas por hora em intervalos de 6 minutos é mostrada na tabela.

t (horas)	0	0,1	0,2	0,3	0,4	0,5
v (mi/h)	0	10	20	40	60	50

t (horas)	0,6	0,7	0,8	0,9	1,0
v (mi/h)	40	35	40	50	65

(a) Produza um gráfico da função velocidade v marcando estes pontos e ligando-os por uma curva suave.

(b) Encontre intervalos abertos sobre os quais a aceleração é positiva.

(c) Calcule a aceleração média do carro (em milhas por hora ao quadrado) sobre o intervalo $[0, 0{,}4]$.

(d) O que a integral $\int_0^1 v(t)\,dt$ significa? Calcule aproximadamente esta integral usando a Regra dos Trapézios com cinco subintervalos.

(e) Calcule uma aproximação para a aceleração em $t = 0{,}8$.

11. Mostre que $\displaystyle\int_0^x f(t)(x-t)\,dt = \int_0^x \left(\int_0^t f(v)\,dv\right) dt.$

12. Mostre que $\displaystyle\int_a^b f(x)f'(x)\,dx = \tfrac{1}{2}([f(b)]^2 - [f(a)]^2).$

13. Use uma soma de Riemann apropriada para calcular o limite

$$\lim_{n\to\infty} \frac{\sqrt{1} + \sqrt{2} + \sqrt{3} + \cdots + \sqrt{n}}{n^{3/2}}.$$

14. Use uma soma de Riemann apropriada para calcular o limite

$$\lim_{n\to\infty} \frac{1^5 + 2^5 + 3^5 + \cdots + n^5}{n^6}.$$

15. Suponha que f é integrável em $[a, b]$ e $0 < m \le f(x) \le M$ para todo x no intervalo $[a, b]$. Demonstre que

$$m(a-b) \le \int_a^b f(x)\,dx \le M(b-a).$$

Use este resultado para estimar $\displaystyle\int_0^1 \sqrt{1+x^4}\,dx$.

16. Seja f uma função contínua no intervalo $[0, b]$ onde $f(x) + f(b-x) \neq 0$ em $[0, b]$.

(a) Mostre que $\displaystyle\int_0^b \frac{f(x)}{f(x) + f(b-x)}\,dx = \frac{b}{2}.$

(b) Use o resultado da parte (a) para calcular

$$\int_0^1 \frac{\operatorname{sen} x}{\operatorname{sen}(1-x) + \operatorname{sen} x}\,dx.$$

(c) Use o resultado da parte (a) para calcular

$$\int_0^3 \frac{\sqrt{x}}{\sqrt{x} + \sqrt{3-x}}\,dx.$$

17. Verifique que

$$\sum_{i=1}^{n} i^2 = \frac{n(n+1)(2n+1)}{6}$$

mostrando o seguinte:

(a) $(1+i)^3 - i^3 = 3i^2 + 3i + 1$

(b) $(n+1)^3 = \displaystyle\sum_{i=1}^{n} (3i^2 + 3i + 1) + 1$

(c) $\displaystyle\sum_{i=1}^{n} i^2 = \frac{n(n+1)(2n+1)}{6}$

18. Demonstre que, se f é uma função contínua no intervalo fechado $[a, b]$, então

$$\left|\int_a^b f(x)\,dx\right| \le \int_a^b |f(x)|\,dx.$$

19. Seja

$$I = \int_0^4 f(x)\,dx$$

onde f está mostrada na figura. Sejam $L(n)$ e $R(n)$ as somas de Riemann usando as extremidades à esquerda e as extremidades à direita dos n subintervalos de mesma largura (suponha n par). $T(n)$ e $S(n)$ são os valores correspondentes da Regra dos Trapézios e da Regra de Simpson.

(a) Para todo n, coloque $L(n)$, $R(n)$, $T(n)$ e I em ordem crescente.

(b) Calcule uma aproximação de $S(4)$.

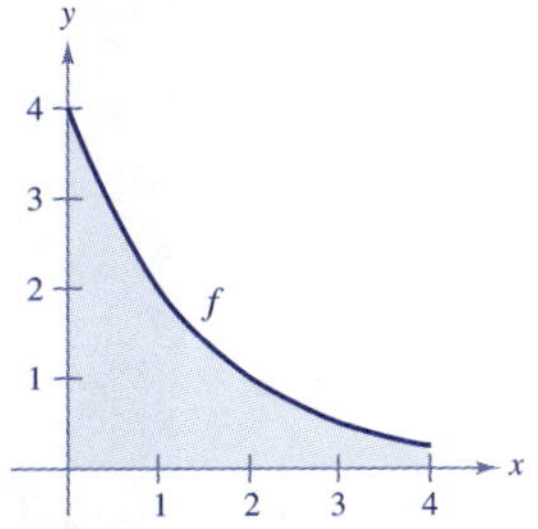

20. **A função seno integral**

$$\operatorname{Si}(x) = \int_0^x \frac{\operatorname{sen} t}{t}\,dt$$

é freqüentemente usada em engenharia. A função $f(t) = \dfrac{\operatorname{sen} t}{t}$ não é definida em $t = 0$, mas seu limite é 1 quando $t \to 0$. Assim, defina $f(0) = 1$. Então, f é contínua em todo ponto.

(a) Use uma ferramenta gráfica para desenhar $\operatorname{Si}(x)$.

(b) Para quais valores de x a função $\operatorname{Si}(x)$ tem máximo relativo?

(c) Encontre as coordenadas do primeiro ponto de inflexão com $x > 0$.

(d) Verifique se $\operatorname{Si}(x)$ tem alguma assíntota horizontal. Em caso afirmativo, identifique cada uma.

5 Funções Logarítimicas, Exponenciais e outras Funções Transcendentais

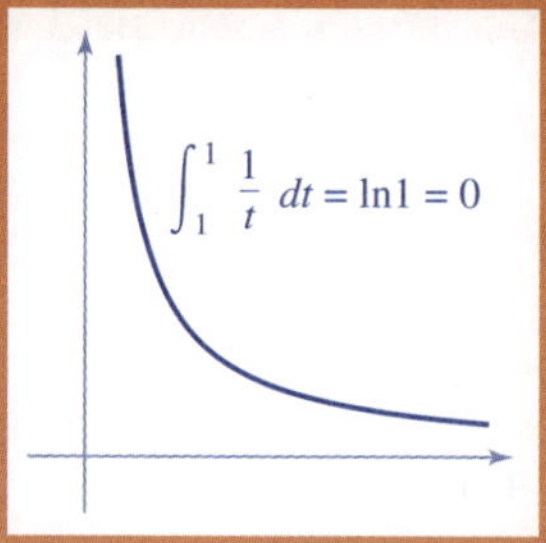

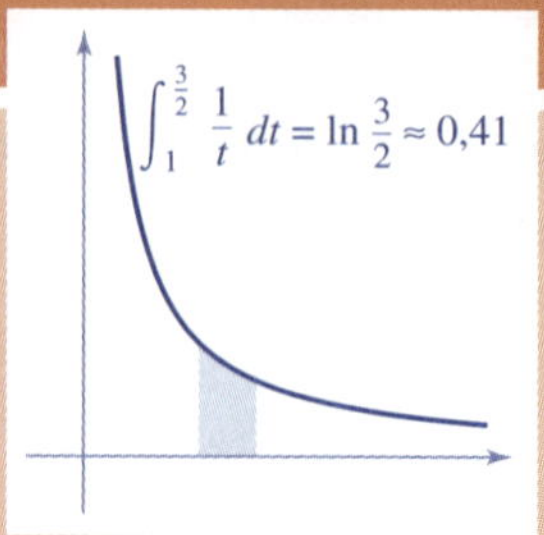

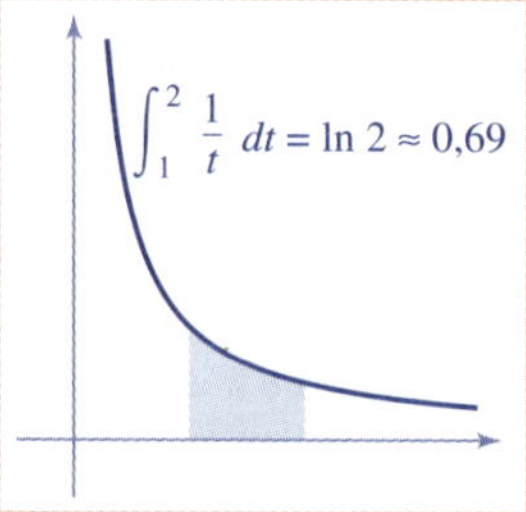

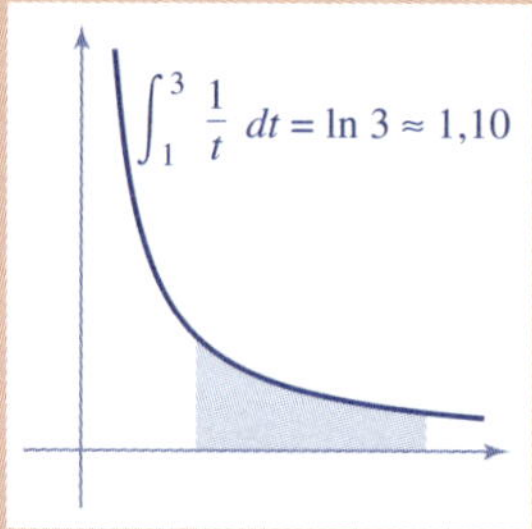

No Capítulo 5, você verá como a função $f(x) = 1/x$ pode ser utilizada para definir a função logaritmo natural. Para isso, considere a integral definida

$$\int_1^x \frac{1}{t}\,dt.$$

Quando $x < 1$, o valor dessa integral definida é negativo. Quando $x = 1$, o valor é 0. Quando $x > 1$, o valor é positivo.

Um *geyser* é uma fonte quente que jorra periodicamente quando a água subterrânea, em espaço confinado, ferve e produz vapor. O vapor força a água subir e escapar através de uma abertura na superfície terrestre. A temperatura na qual a água ferve é afetada pela pressão. Você acha que um *acréscimo* ou um *decréscimo* na pressão faz a água ferver a uma temperatura mais baixa? Por quê?

Brian Maslyar/Index Stock

Seção 5.1 A Função Logaritmo Natural: Diferenciação

- **Desenvolver e utilizar as propriedades da função logaritmo natural.**
- **Compreender a definição do número *e*.**
- **Encontrar as derivadas das funções envolvendo a função logaritmo natural.**

The Granger Collection

John Napier (1550-1617)

Os logaritmos foram inventados pelo matemático escocês John Napier. Embora ele não tivesse introduzido a função logaritmo *natural*, ela é chamada algumas vezes de logaritmo *Neperiano*.

A Função Logaritmo Natural

Lembre-se de que a Regra Geral da Potência

$$\int x^n\,dx = \frac{x^{n+1}}{n+1} + C, \quad n \neq -1 \qquad \text{Regra Geral da Potência}$$

tem uma restrição importante — ela não é válida quando $n = -1$. Conseqüentemente, ainda não encontramos uma primitiva para a função $f(x) = 1/x$. Nesta seção utilizaremos o Segundo Teorema Fundamental do Cálculo para *definir* tal função. Essa primitiva é uma função que não foi encontrada previamente no texto. Não é algébrica nem trigonométrica, mas se encaixa em uma nova classe de funções chamadas *funções logarítmicas*. Essa função particular é a **função logaritmo natural**.

Definição da Função Logaritmo Natural

A **função logaritmo natural** é definida por

$$\ln x = \int_1^x \frac{1}{t}\,dt, \quad x > 0.$$

O domínio da função logaritmo natural é o conjunto de todos os números reais positivos.

A partir da definição, nota-se que $\ln x$ é positiva para $x > 1$ e negativa para $0 < x < 1$, como mostra a Figura 5.1. Mas, $\ln(1) = 0$, pois os limites superior e inferior de integração são iguais quando $x = 1$.

Se $x > 1$, então $\ln x > 0$. Se $0 < x < 1$, então $\ln x < 0$.

Figura 5.1

INVESTIGAÇÃO

Representando a Função Logaritmo Natural Utilizando *somente* a definição da função logaritmo natural, esboce o gráfico da função. Exponha seu raciocínio.

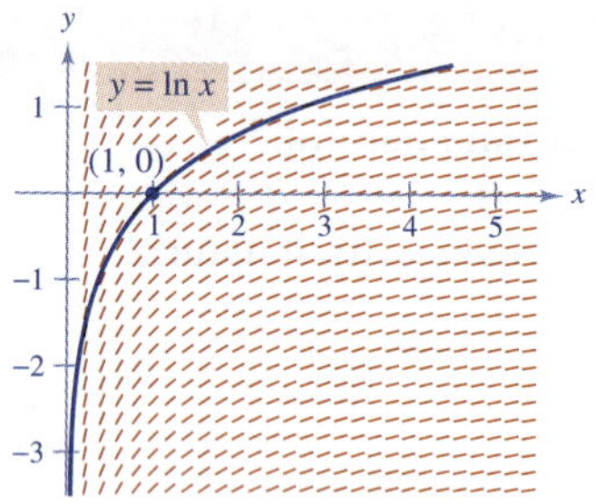

Cada pequeno segmento de reta tem coeficiente angular $\frac{1}{x}$.

Figura 5.2

OBSERVAÇÃO Campos de direções podem ser úteis para dar uma perspectiva visual das direções das soluções de uma equação diferencial.

Para esboçar o gráfico de $y = \ln x$, você pode considerar a função logaritmo natural como uma primitiva dada pela equação diferencial

$$\frac{dy}{dx} = \frac{1}{x}.$$

A Figura 5.2 é um gráfico gerado por um aplicativo computacional chamado *campo de direções* (ou inclinação), mostrando pequenos segmentos de reta de coeficiente angular $1/x$. O gráfico de $y = \ln x$ é a solução que passa pelo ponto $(1, 0)$. Campos de direções serão estudados na Seção 6.1.

O seguinte teorema apresenta algumas propriedades básicas da função logaritmo natural.

TEOREMA 5.1 Propriedades da Função Logaritmo Natural

A função logaritmo natural tem as seguintes propriedades:

1. O domínio é $(0, \infty)$ e a imagem $(-\infty, \infty)$.
2. A função é contínua, crescente e injetora.
3. O gráfico tem concavidade para baixo.

Demonstração O domínio de $f(x) = \ln x$ é $(0, \infty)$ pela definição. Além disso, a função é contínua porque é diferenciável. É crescente pois sua derivada

$$f'(x) = \frac{1}{x} \qquad \text{Primeira derivada}$$

é positiva para $x > 0$, como mostrado na Figura 5.3. Tem concavidade para baixo porque

$$f''(x) = -\frac{1}{x^2} \qquad \text{Segunda derivada}$$

é negativa para $x > 0$. A prova de que f é injetora é proposta como exercício (veja o Exercício 111). Os seguintes limites mostram que sua imagem é o conjunto dos reais:

$$\lim_{x \to 0^+} \ln x = -\infty \qquad \text{e} \qquad \lim_{x \to \infty} \ln x = \infty$$

A verificação desses dois limites é feita no Apêndice A.

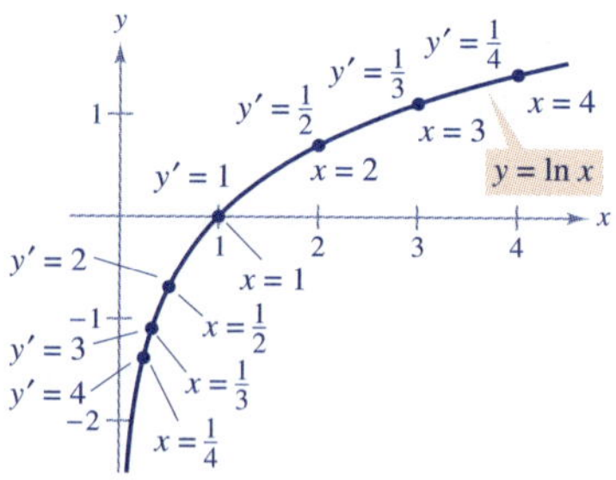

A função logarítmica natural é crescente e seu gráfico é côncavo para baixo.

Figura 5.3

Usando a definição da função logaritmo natural, podemos provar várias propriedades importantes envolvendo operações com logaritmos naturais. Se você já está familiarizado com logaritmos naturais, reconhecerá que essas propriedades são características de todos os logaritmos.

LOGARITMOS

Napier criou o termo *logaritmo* a partir das duas palavras gregas *logos* (ou razão) e *arithmos* (ou número) para descrever a teoria que ele levou 20 anos desenvolvendo e que primeiramente apareceu no livro *Mirifici Logarithmorum canonis descriptio* (Uma Descrição da Maravilhosa Regra dos Logaritmos).

TEOREMA 5.2 Propriedades dos Logaritmos

Se a e b são números positivos e n é racional, então as seguintes propriedades são verdadeiras:

1. $\ln(1) = 0$
2. $\ln(ab) = \ln a + \ln b$
3. $\ln(a^n) = n \ln a$
4. $\ln\left(\frac{a}{b}\right) = \ln a - \ln b$

Demonstração A primeira propriedade já foi discutida. A demonstração da segunda propriedade vem do fato de que duas primitivas de uma mesma função diferem no máximo por uma constante. A partir do Segundo Teorema Fundamental do Cálculo e da definição da função logaritmo natural, sabemos que

$$\frac{d}{dx}[\ln x] = \frac{d}{dx}\left[\int_1^x \frac{1}{t}\,dt\right] = \frac{1}{x}.$$

Assim, considere as duas derivadas

$$\frac{d}{dx}[\ln(ax)] = \frac{a}{ax} = \frac{1}{x}$$

e

$$\frac{d}{dx}[\ln a + \ln x] = 0 + \frac{1}{x} = \frac{1}{x}.$$

Como $\ln(ax)$ e $(\ln a + \ln x)$ são ambas primitivas de $1/x$, elas podem diferir no máximo por uma constante.

$$\ln(ax) = \ln a + \ln x + C$$

Fazendo $x = 1$, verifica-se que $C = 0$. A terceira propriedade pode ser demonstrada de forma análoga, comparando as primitivas de $\ln(x^n)$ e $n \ln x$. Finalmente, usando a segunda e terceira propriedades, podemos demonstrar a quarta propriedade.

$$\ln\left(\frac{a}{b}\right) = \ln[a(b^{-1})] = \ln a + \ln(b^{-1}) = \ln a - \ln b$$

O Exemplo 1 mostra como as propriedades dos logaritmos podem ser usadas para expandir expressões logarítmicas.

EXEMPLO 1 Expandindo Expressões Logarítmicas

a. $\ln\frac{10}{9} = \ln 10 - \ln 9$ — Propriedade 4

b. $\ln\sqrt{3x+2} = \ln(3x+2)^{1/2}$ — Reescreva com expoente

$= \frac{1}{2}\ln(3x+2)$ — Propriedade 3

c. $\ln\frac{6x}{5} = \ln(6x) - \ln 5$ — Propriedade 4

$= \ln 6 + \ln x - \ln 5$ — Propriedade 2

d. $\ln\frac{(x^2+3)^2}{x\sqrt[3]{x^2+1}} = \ln(x^2+3)^2 - \ln\left(x\sqrt[3]{x^2+1}\right)$

$= 2\ln(x^2+3) - [\ln x + \ln(x^2+1)^{1/3}]$

$= 2\ln(x^2+3) - \ln x - \ln(x^2+1)^{1/3}$

$= 2\ln(x^2+3) - \ln x - \frac{1}{3}\ln(x^2+1)$

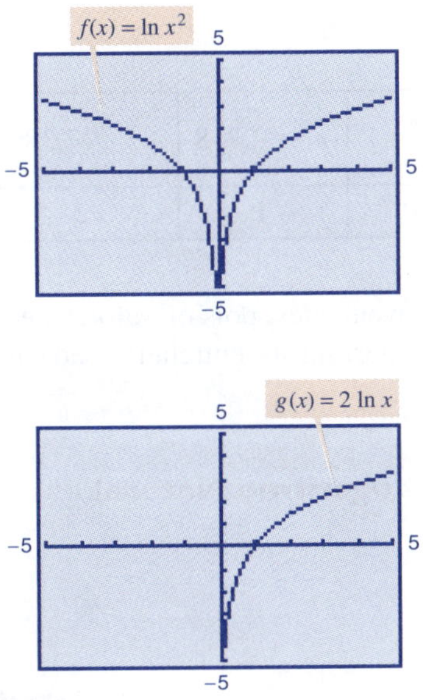

Figura 5.4

Quando as propriedades dos logaritmos forem utilizadas para reescrever funções logarítmicas, você deve verificar se o domínio da função reescrita é o mesmo da função original. Por exemplo, o domínio de $f(x) = \ln x^2$ é dado por todos os números reais exceto $x = 0$, e o domínio de $g(x) = 2\ln x$ é dado por todos os números reais positivos. (Veja a Figura 5.4.)

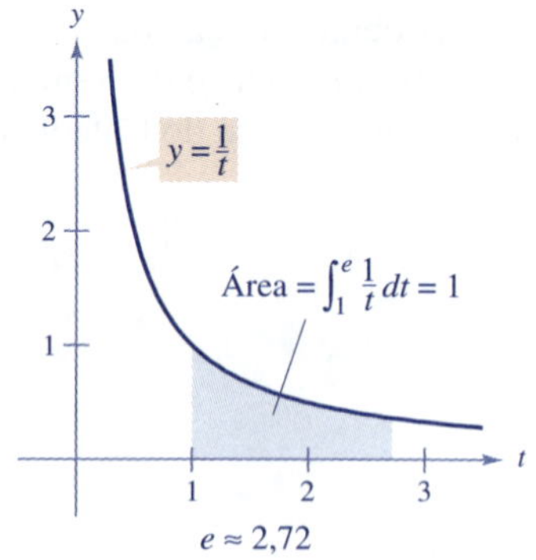

e é a base para o logaritmo natural, pois $\ln e = 1$.
Figura 5.5

O Número *e*

É provável que você tenha estudado logaritmos em um curso de álgebra. Lá, sem o benefício do cálculo, os logaritmos foram definidos em termos da **base**. Por exemplo, os logaritmos comuns têm base 10 e portanto $\log_{10}10 = 1$. (Você aprenderá mais sobre isso na Seção 5.5.)

A **base para o logaritmo natural** é definida pelo fato de que a função logaritmo natural é contínua, injetora e tem imagem $(-\infty, \infty)$. Então, deve haver um único número real x tal que $\ln x = 1$, como mostrado na Figura 5.5. Esse número é representado pela letra e. Pode ser mostrado que e é irracional e tem a seguinte aproximação decimal:

$$e \approx 2{,}71828182846$$

Definição de *e*

A letra e representa o número real positivo tal que

$$\ln e = \int_1^e \frac{1}{t}\,dt = 1.$$

PARA MAIS INFORMAÇÃO Para aprender mais sobre o número e, veja o artigo "Unexpected Occurrences of the Number e", de Harris S. Shultz e Bill Leonard, em *Mathematics magazine*; ou consulte-o em *www.matharticles.com.*

Uma vez que você sabe que $\ln e = 1$, pode utilizar as propriedades dos logaritmos para calcular o logaritmo natural de vários outros números. Por exemplo, através da propriedade

$$\begin{aligned}\ln(e^n) &= n \ln e \\ &= n(1) \\ &= n\end{aligned}$$

você pode calcular $\ln(e^n)$ para vários valores de n, como mostrado na tabela e na Figura 5.6.

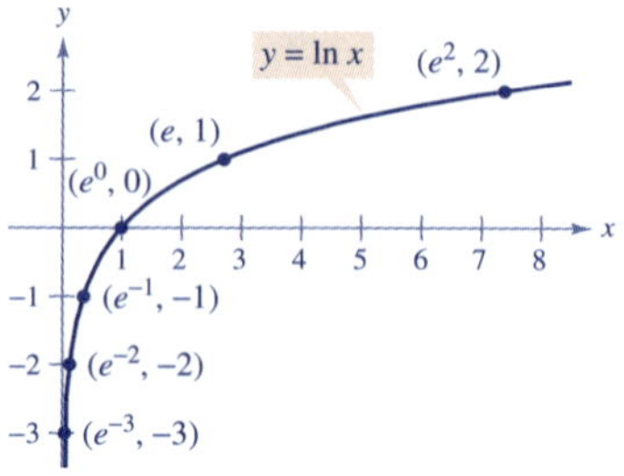

Se $x = e^n$, então $\ln x = n$.
Figura 5.6

x	$\frac{1}{e^3} \approx 0{,}050$	$\frac{1}{e^2} \approx 0{,}135$	$\frac{1}{e} \approx 0{,}368$	$e^0 = 1$	$e \approx 2{,}718$	$e^2 \approx 7{,}389$
$\ln x$	-3	-2	-1	0	1	2

Os logaritmos mostrados na tabela acima são convenientes, pois os valores de x são potências inteiras de e. A maioria das expressões logarítmicas, entretanto, são calculados com mais sucesso com uma calculadora.

EXEMPLO 2 Calculando Expressões com Logaritmo Natural

a. $\ln 2 \approx 0{,}693$

b. $\ln 32 \approx 3{,}466$

c. $\ln 0{,}1 \approx -2{,}303$

A Derivada da Função Logaritmo Natural

A derivada da função logaritmo natural é dada no Teorema 5.3. A primeira parte do teorema segue da definição da função logaritmo natural como uma primitiva. A segunda parte do teorema é simplesmente a versão com a Regra da Cadeia da primeira parte.

TEOREMA 5.3 Derivada da Função Logaritmo Natural

Seja u uma função diferenciável de x

1. $\frac{d}{dx}[\ln x] = \frac{1}{x}, \quad x > 0$ **2.** $\frac{d}{dx}[\ln u] = \frac{1}{u}\frac{du}{dx} = \frac{u'}{u}, \quad u > 0$

EXEMPLO 3 Diferenciação de Funções Logarítmicas

a. $\frac{d}{dx}[\ln(2x)] = \frac{u'}{u} = \frac{2}{2x} = \frac{1}{x}$ $u = 2x$

b. $\frac{d}{dx}[\ln(x^2 + 1)] = \frac{u'}{u} = \frac{2x}{x^2 + 1}$ $u = x^2 + 1$

c. $\frac{d}{dx}[x \ln x] = x\left(\frac{d}{dx}[\ln x]\right) + (\ln x)\left(\frac{d}{dx}[x]\right)$ Regra do Produto

$$= x\left(\frac{1}{x}\right) + (\ln x)(1) = 1 + \ln x$$

d. $\frac{d}{dx}[(\ln x)^3] = 3(\ln x)^2 \frac{d}{dx}[\ln x]$ Regra da Cadeia

$$= 3(\ln x)^2 \frac{1}{x}$$

INVESTIGAÇÃO

Use uma ferramenta gráfica para esboçar

$$y_1 = \frac{1}{x}$$

e

$$y_2 = \frac{d}{dx}[\ln x]$$

na mesma janela na qual $0{,}1 \le x \le 5$ e $-2 \le y \le 8$. Explique por que os gráficos parecem ser idênticos.

Napier usava propriedades logarítmicas para simplificar *cálculos* envolvendo produtos, quocientes e potências. Naturalmente, dada a disponibilidade das calculadoras, atualmente há pouca necessidade do uso dessa aplicação particular dos logaritmos. Entretanto, o uso das propriedades logarítmicas é de grande valor para simplificar *derivação* envolvendo produtos, quocientes e potências.

EXEMPLO 4 Propriedades Logarítmicas como Auxílio à Diferenciação

Derive $f(x) = \ln\sqrt{x + 1}$.

Solução Como

$$f(x) = \ln\sqrt{x+1} = \ln(x+1)^{1/2} = \frac{1}{2}\ln(x+1)$$ Reescreva antes de derivar

você pode escrever

$$f'(x) = \frac{1}{2}\left(\frac{1}{x+1}\right) = \frac{1}{2(x+1)}.$$ Derive

EXEMPLO 5 Propriedades Logarítmicas como Auxílio à Diferenciação

Derive $f(x) = \ln \dfrac{x(x^2+1)^2}{\sqrt{2x^3-1}}$.

Solução

$$f(x) = \ln \frac{x(x^2+1)^2}{\sqrt{2x^3-1}} \qquad \text{Escreva a função original}$$

$$= \ln x + 2\ln(x^2+1) - \frac{1}{2}\ln(2x^3-1) \qquad \text{Reescreva antes de derivar}$$

$$f'(x) = \frac{1}{x} + 2\left(\frac{2x}{x^2+1}\right) - \frac{1}{2}\left(\frac{6x^2}{2x^3-1}\right) \qquad \text{Derive}$$

$$= \frac{1}{x} + \frac{4x}{x^2+1} - \frac{3x^2}{2x^3-1} \qquad \text{Simplifique}$$

OBSERVAÇÃO Nos Exemplos 4 e 5 certifique-se de perceber o benefício da aplicação das propriedades logarítmicas *antes* de derivar. Considere, por exemplo, a dificuldade da derivação direta da função dada no Exemplo 5.

Ocasionalmente, é conveniente usar logaritmos como auxílio na diferenciação de funções não *logarítmicas*. Esse procedimento é chamado **diferenciação logarítmica**.

EXEMPLO 6 Diferenciação Logarítmica

Ache a derivada de

$$y = \frac{(x-2)^2}{\sqrt{x^2+1}}, \quad x \neq 2.$$

Solução Note que $y > 0$ para todo $x \neq 2$. Então $\ln y$ é definido. Comece aplicando o logaritmo natural em cada lado da equação. A seguir, aplique as propriedades logarítmicas e diferencie implicitamente. Finalmente, resolva para y'.

$$y = \frac{(x-2)^2}{\sqrt{x^2+1}}, \quad x \neq 2 \qquad \text{Escreva a equação original}$$

$$\ln y = \ln \frac{(x-2)^2}{\sqrt{x^2+1}} \qquad \text{Calcule o logaritmo natural de cada lado}$$

$$\ln y = 2\ln(x-2) - \frac{1}{2}\ln(x^2+1) \qquad \text{Propriedades logarítmicas}$$

$$\frac{y'}{y} = 2\left(\frac{1}{x-2}\right) - \frac{1}{2}\left(\frac{2x}{x^2+1}\right) \qquad \text{Derive}$$

$$= \frac{2}{x-2} - \frac{x}{x^2+1} \qquad \text{Simplifique}$$

$$y' = y\left(\frac{2}{x-2} - \frac{x}{x^2+1}\right) \qquad \text{Resolva para } y'$$

$$= \frac{(x-2)^2}{\sqrt{x^2+1}}\left[\frac{x^2+2x+2}{(x-2)(x^2+1)}\right] \qquad \text{Substitua } y$$

$$= \frac{(x-2)(x^2+2x+2)}{(x^2+1)^{3/2}} \qquad \text{Simplifique}$$

Como o logaritmo natural não é definido para números negativos, freqüentemente serão encontradas expressões da forma $\ln|u|$. O Teorema seguinte afirma que você pode diferenciar funções da forma $y = \ln|u|$ como se o sinal de valor absoluto não estivesse presente.

TEOREMA 5.4 Derivada Envolvendo Valor Absoluto

Se u é uma função diferenciável de x tal que $u \neq 0$, então

$$\frac{d}{dx}[\ln|u|] = \frac{u'}{u}.$$

Demonstração Se $u > 0$, então $|u| = u$, e o resultado segue do Teorema 5.3. Se $u < 0$, então $|u| = -u$, e temos

$$\begin{aligned}\frac{d}{dx}[\ln|u|] &= \frac{d}{dx}[\ln(-u)]\\ &= \frac{-u'}{-u}\\ &= \frac{u'}{u}.\end{aligned}$$

EXEMPLO 7 Derivada Envolvendo Valor Absoluto

Encontre a derivada de

$$f(x) = \ln|\cos x|.$$

Solução Usando o Teorema 5.4, faça $u = \cos x$ e escreva

$$\begin{aligned}\frac{d}{dx}[\ln|\cos x|] &= \frac{u'}{u} && \frac{d}{dx}[\ln|u|] = \frac{u'}{u}\\ &= \frac{-\operatorname{sen} x}{\cos x} && u = \cos x\\ &= -\operatorname{tg} x. && \text{Simplifique}\end{aligned}$$

EXEMPLO 8 Encontrando o Extremo Relativo

Localize o extremo relativo de

$$y = \ln(x^2 + 2x + 3).$$

Solução Diferenciando y você obtém

$$\frac{dy}{dx} = \frac{2x + 2}{x^2 + 2x + 3}.$$

Como $dy/dx = 0$ quando $x = -1$, você pode aplicar o teste da primeira derivada e concluir que o ponto $(-1, \ln 2)$ é um mínimo relativo. Como não há outros pontos críticos segue que este é o único extremo relativo (veja a Figura 5.7).

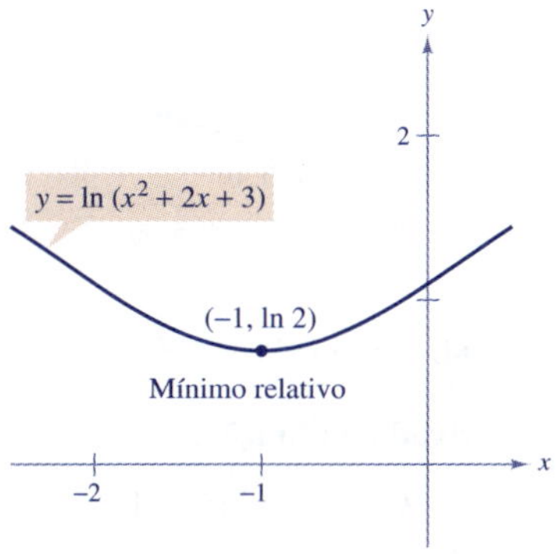

A derivada de y muda de negativa para positiva em $x = -1$.
Figura 5.7

Exercícios da Seção 5.1

1. Complete a tabela abaixo. Use uma ferramenta gráfica e a Regra de Simpson com $n = 10$ para aproximar a integral $\int_1^x (1/t)\, dt$.

x	0,5	1,5	2	2,5	3	3,5	4
$\int_1^x (1/t)\, dt$							

2. (a) Marque os pontos gerados no Exercício 1 e conecte-os numa curva suave. Compare o resultado com o gráfico de $y = \ln x$.

(b) Use uma ferramenta gráfica para desenhar $y = \int_1^x (1/t)\, dt$ para $0{,}2 \le x \le 4$. Compare o resultado com o gráfico de $y = \ln x$.

Nos Exercícios 3 a 6, use uma ferramenta gráfica para avaliar o logaritmo (a) usando o recurso de logaritmo natural e (b) usando os recursos de integração para calcular a integral $\int_1^x (1/t)\, dt$.

3. $\ln 45$
4. $\ln 8{,}3$
5. $\ln 0{,}8$
6. $\ln 0{,}6$

Nos Exercícios 7 a 10, faça uma correspondência da função com seu gráfico. [Os gráficos estão identificados por (a), (b), (c) e (d)].

(a)

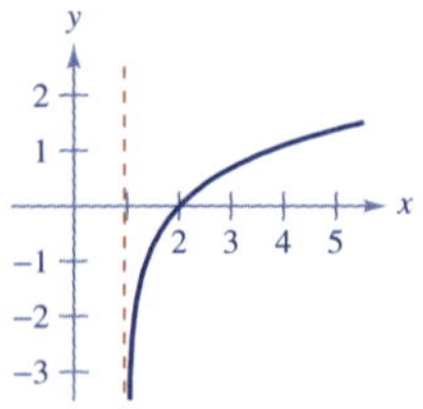

(b)

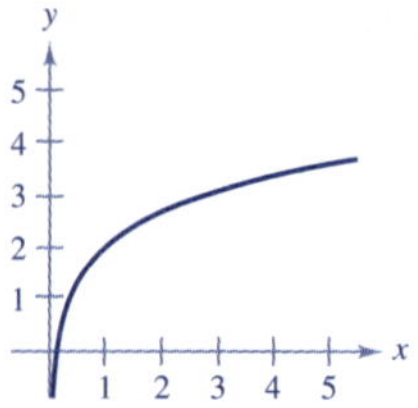

(c)

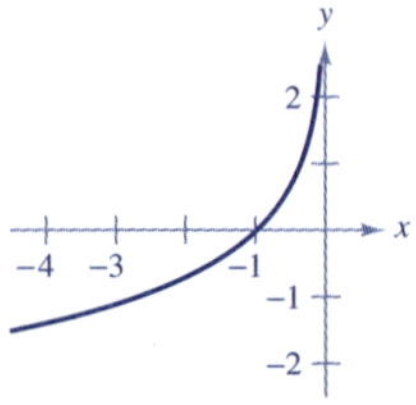

(d)

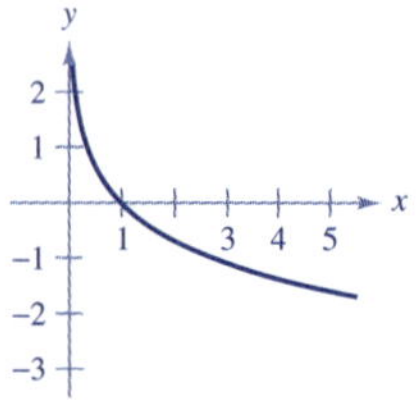

7. $f(x) = \ln x + 2$
8. $f(x) = -\ln x$
9. $f(x) = \ln(x - 1)$
10. $f(x) = -\ln(-x)$

Nos Exercícios 11 a 16, esboce o gráfico da função e declare seu domínio.

11. $f(x) = 3 \ln x$
12. $f(x) = -2 \ln x$
13. $f(x) = \ln 2x$
14. $f(x) = \ln|x|$
15. $f(x) = \ln(x - 1)$
16. $g(x) = 2 + \ln x$

Nos Exercícios 17 e 18, use as propriedades dos logaritmos para aproximar os logaritmos indicados dado que $\ln 2 \approx 0{,}6931$ e $\ln 3 \approx 1{,}0986$.

17. (a) $\ln 6$ (b) $\ln \frac{2}{3}$ (c) $\ln 81$ (d) $\ln \sqrt{3}$
18. (a) $\ln 0{,}25$ (b) $\ln 24$ (c) $\ln \sqrt[3]{12}$ (d) $\ln \frac{1}{72}$

Nos Exercícios 19 a 28, use as propriedades dos logaritmos para expandir a expressão logarítmica.

19. $\ln \frac{2}{3}$
20. $\ln \sqrt{2^3}$
21. $\ln \dfrac{xy}{z}$
22. $\ln(xyz)$
23. $\ln \sqrt[3]{a^2 + 1}$
24. $\ln \sqrt{a - 1}$
25. $\ln\left(\dfrac{x^2 - 1}{x^3}\right)^3$
26. $\ln(3e^2)$
27. $\ln z(z - 1)^2$
28. $\ln \dfrac{1}{e}$

Nos Exercícios 29 a 34, escreva a expressão como um logaritmo de uma única quantidade.

29. $\ln(x - 2) - \ln(x + 2)$
30. $3 \ln x + 2 \ln y - 4 \ln z$
31. $\frac{1}{3}[2 \ln(x + 3) + \ln x - \ln(x^2 - 1)]$
32. $2[\ln x - \ln(x + 1) - \ln(x - 1)]$
33. $2 \ln 3 - \frac{1}{2} \ln(x^2 + 1)$
34. $\frac{3}{2}[\ln(x^2 + 1) - \ln(x + 1) - \ln(x - 1)]$

Nos Exercícios 35 e 36, (a) demonstre que $f = g$ usando uma ferramenta gráfica para esboçar o gráfico de f e g na mesma janela. (b) A seguir, demonstre que $f = g$ algebricamente.

35. $f(x) = \ln \dfrac{x^2}{4}$, $x > 0$, $g(x) = 2 \ln x - \ln 4$
36. $f(x) = \ln \sqrt{x(x^2 + 1)}$, $g(x) = \frac{1}{2}[\ln x + \ln(x^2 + 1)]$

Nos Exercícios 37 a 40, ache o limite.

37. $\lim\limits_{x \to 3^+} \ln(x - 3)$
38. $\lim\limits_{x \to 6^-} \ln(6 - x)$
39. $\lim\limits_{x \to 2^-} \ln[x^2(3 - x)]$
40. $\lim\limits_{x \to 5^+} \ln \dfrac{x}{\sqrt{x - 4}}$

Nos Exercícios 41 a 44, ache uma equação da reta tangente ao gráfico da função logarítmica no ponto (1, 0).

41. $y = \ln x^3$

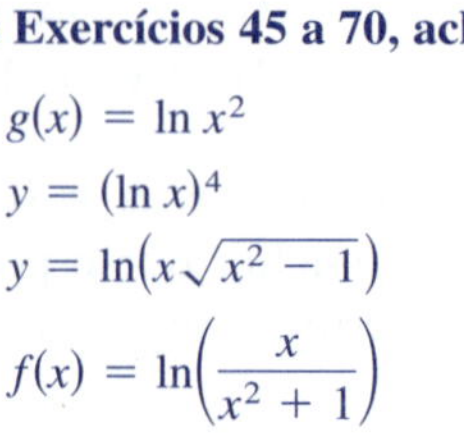

42. $y = \ln x^{3/2}$

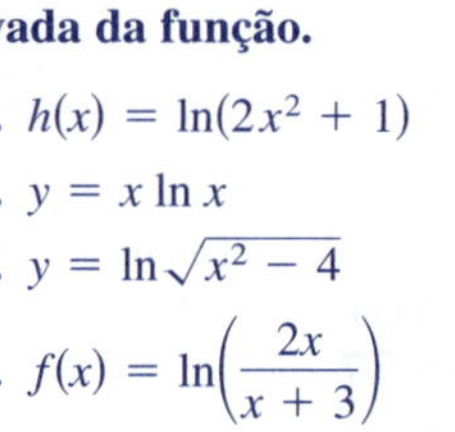

43. $y = \ln x^2$
44. $y = \ln x^{1/2}$

Nos Exercícios 45 a 70, ache a derivada da função.

45. $g(x) = \ln x^2$
46. $h(x) = \ln(2x^2 + 1)$
47. $y = (\ln x)^4$
48. $y = x \ln x$
49. $y = \ln\left(x\sqrt{x^2 - 1}\right)$
50. $y = \ln \sqrt{x^2 - 4}$
51. $f(x) = \ln\left(\dfrac{x}{x^2 + 1}\right)$
52. $f(x) = \ln\left(\dfrac{2x}{x + 3}\right)$

53. $g(t) = \dfrac{\ln t}{t^2}$

54. $h(t) = \dfrac{\ln t}{t}$

55. $y = \ln(\ln x^2)$

56. $y = \ln(\ln x)$

57. $y = \ln\sqrt{\dfrac{x+1}{x-1}}$

58. $y = \ln\sqrt[3]{\dfrac{x-1}{x+1}}$

59. $f(x) = \ln\left(\dfrac{\sqrt{4+x^2}}{x}\right)$

60. $f(x) = \ln\left(x + \sqrt{4+x^2}\right)$

61. $y = \dfrac{-\sqrt{x^2+1}}{x} + \ln\left(x + \sqrt{x^2+1}\right)$

62. $y = \dfrac{-\sqrt{x^2+4}}{2x^2} - \dfrac{1}{4}\ln\left(\dfrac{2+\sqrt{x^2+4}}{x}\right)$

63. $y = \ln|\text{sen}\, x|$

64. $y = \ln|\text{cossec}\, x|$

65. $y = \ln\left|\dfrac{\cos x}{\cos x - 1}\right|$

66. $y = \ln|\sec x + \text{tg}\, x|$

67. $y = \ln\left|\dfrac{-1 + \text{sen}\, x}{2 + \text{sen}\, x}\right|$

68. $y = \ln\sqrt{2 + \cos^2 x}$

69. $f(x) = \displaystyle\int_2^{\ln(2x)} (t+1)\, dt$

70. $g(x) = \displaystyle\int_1^{\ln x} (t^2+3)\, dt$

Nos Exercícios 71 a 76, (a) encontre uma equação da reta tangente ao gráfico de f num dado ponto, (b) use uma ferramenta gráfica para esboçar o gráfico da função e de sua reta tangente nesse ponto e (c) use os recursos de *derivação* da ferramenta gráfica para confirmar seus resultados.

71. $f(x) = 3x^2 - \ln x, \quad (1, 3)$

72. $f(x) = 4 - x^2 - \ln\left(\frac{1}{2}x + 1\right), \quad (0, 4)$

73. $f(x) = \ln\sqrt{1 + \text{sen}^2 x}, \quad \left(\dfrac{\pi}{4}, \ln\sqrt{\dfrac{3}{2}}\right)$

74. $f(x) = \text{sen}(2x)\ln(x^2), \quad (1, 0)$

75. $f(x) = x^3 \ln x, \quad (1, 0)$

76. $f(x) = \dfrac{1}{2}x\ln(x^2), \quad (-1, 0)$

Nos Exercícios 77 e 78, use a diferenciação implícita para achar dy/dx.

77. $x^2 - 3\ln y + y^2 = 10$

78. $\ln xy + 5x = 30$

Nos Exercícios 79 e 80, use a diferenciação implícita para achar uma equação da reta tangente ao gráfico em dado ponto.

79. $x + y - 1 = \ln(x^2 + y^2), \quad (1, 0)$

80. $y^2 + \ln(xy) = 2, \quad (e, 1)$

Nos Exercícios 81 e 82, mostre que a função é uma solução da equação diferencial.

	Função	*Equação Diferencial*
81.	$y = 2\ln x + 3$	$xy'' + y' = 0$
82.	$y = x\ln x - 4x$	$x + y - xy' = 0$

Nos Exercícios 83 a 88, localize qualquer extremo relativo e pontos de inflexão. Use uma ferramenta gráfica para confirmar seus resultados.

83. $y = \dfrac{x^2}{2} - \ln x$

84. $y = x - \ln x$

85. $y = x\ln x$

86. $y = \dfrac{\ln x}{x}$

87. $y = \dfrac{x}{\ln x}$

88. $y = x^2 \ln\dfrac{x}{4}$

Aproximações Linear e Quadrática **Nos Exercícios 89 e 90, use uma ferramenta gráfica para esboçar o gráfico da função. A seguir, desenhe os gráficos de**

$$P_1(x) = f(1) + f'(1)(x-1)$$

e

$$P_2(x) = f(1) + f'(1)(x-1) + \tfrac{1}{2}f''(1)(x-1)^2$$

na mesma janela. Compare os valores de f, P_1, e P_2 e suas derivadas de primeira ordem em $x = 1$.

89. $f(x) = \ln x$

90. $f(x) = x\ln x$

Nos Exercícios 91 e 92, use o método de Newton para aproximar até 3 casas decimais, a coordenada x do ponto de intersecção dos gráficos das duas equações. Use uma ferramenta gráfica para verificar seu resultado.

91. $y = \ln x, \quad y = -x$

92. $y = \ln x, \quad y = 3 - x$

Nos Exercícios 93 a 98, use diferenciação logarítmica para achar dy/dx.

93. $y = x\sqrt{x^2 - 1}$

94. $y = \sqrt{(x-1)(x-2)(x-3)}$

95. $y = \dfrac{x^2\sqrt{3x-2}}{(x-1)^2}$

96. $y = \sqrt{\dfrac{x^2-1}{x^2+1}}$

97. $y = \dfrac{x(x-1)^{3/2}}{\sqrt{x+1}}$

98. $y = \dfrac{(x+1)(x+2)}{(x-1)(x-2)}$

Questões Conceituais

99. Com suas próprias palavras, enuncie as propriedades da função logarítmica natural.

100. Defina a base para a função logarítmica natural.

101. Seja f uma função positiva e diferenciável em todo eixo real. Seja $g(x) = \ln f(x)$.

(a) Se g é crescente, f também deve ser crescente? Explique.

(b) Se o gráfico de f tem concavidade para cima, o gráfico de g deve ter concavidade para cima? Explique.

102. Considere a função $f(x) = x - 2\ln x$ em $[1, 3]$.

(a) Explique por que o Teorema de Role (Seção 3.2) não se aplica.

(b) Você acha que a conclusão do Teorema de Role é verdadeira para f? Explique.

Verdadeiro ou Falso? **Nos Exercícios 103 e 104, determine se a afirmação é verdadeira ou falsa. Se for falsa, explique por que ou dê um exemplo mostrando que é falsa.**

103. $\ln(x + 25) = \ln x + \ln 25$

104. Se $y = \ln \pi$, então $y' = 1/\pi$.

105. ***Hipoteca Imobiliária*** O prazo t (em anos) de uma hipoteca de \$120.000 a 10% de juros pode ser aproximado por

$$t = \frac{5{,}315}{-6{,}7968 + \ln x}, \quad x > 1000$$

onde x é o pagamento mensal.

(a) Use uma ferramenta gráfica para desenhar o modelo.

(b) Use o modelo para aproximar o prazo de uma hipoteca para a qual o pagamento mensal é \$1167,41. Qual é a quantia total paga?

(c) Use o modelo para aproximar o prazo de uma hipoteca para a qual o pagamento mensal é \$1068,45. Qual a quantia total paga?

(d) Ache a taxa instantânea de variação de t em relação a x quando $x = 1167{,}41$ e $x = 1068{,}45$.

(e) Escreva um pequeno parágrafo descrevendo o benefício do pagamento mensal mais alto.

106. ***Intensidade Sonora*** A relação entre o número de decibéis β e a intensidade de um som I em watts por centímetro ao quadrado é

$$\beta = 10 \log_{10}\left(\frac{I}{10^{-16}}\right).$$

Use as propriedades dos logaritmos para escrever a fórmula em forma mais simples, e determine o número de decibéis de um som com a intensidade de 10^{-10} Watts por cm^2.

107. ***Modelando Dados*** A tabela mostra a temperatura T (°F) na qual a água ferve a pressões determinadas p (libras por polegada quadrada). (*Fonte*: *Standard Handbook of Mechanical Engineers.*)

p	5	10	14,696 (1 atm)	20
T	162,24°	193,21°	212,00°	227,96°

p	30	40	60	80	100
T	250,33°	267,25°	292,71°	312,03°	327,81°

Um modelo que aproxima os dados é

$$T = 87{,}97 + 34{,}96 \ln p + 7{,}91\sqrt{p}.$$

(a) Use uma ferramenta gráfica para marcar os dados e desenhar o modelo.

(b) Ache a taxa de variação de T em relação a p quando $p = 10$ e $p = 70$.

(c) Use uma ferramenta gráfica para desenhar T'. Encontre $\lim_{p\to\infty} T'(p)$ e interprete o resultado no contexto do problema.

108. ***Modelando Dados*** A pressão atmosférica diminui com o aumento de altitude. Ao nível do mar, a pressão atmosférica média é 1 atmosfera (1,033227 kilogramas por centímetro ao quadrado). A tabela mostra as pressões p (em atmosferas) a altitudes selecionadas h (em quilômetros).

h	0	5	10	15	20	25
p	1	0,55	0,25	0,12	0,06	0,02

(a) Use uma ferramenta gráfica para achar um modelo da forma $p = a + b \ln h$ para os dados. Explique por que o resultado é uma *mensagem de erro.*

(b) Use uma ferramenta gráfica para achar um modelo logarítmico $h = a + b \ln p$ para os dados.

(c) Use uma ferramenta gráfica para marcar os dados e desenhar o modelo.

(d) Use o modelo para calcular a altitude quando $p = 0{,}75$.

(e) Use o modelo para calcular a pressão quando $h = 13$.

(f) Use o modelo para encontrar a taxa de variação de pressão quando $h = 5$ e $h = 20$. Interprete os resultados.

109. ***Tractrix*** Uma pessoa andando ao longo de uma doca, puxa um barco por uma corda de 10 metros. O barco percorre um caminho conhecido como *Tractrix* (veja a figura). A equação desse caminho é

$$y = 10 \ln\left(\frac{10 + \sqrt{100 - x^2}}{x}\right) - \sqrt{100 - x^2}.$$

(a) Use uma ferramenta gráfica para desenhar a função.

(b) Qual é a inclinação desse caminho quando $x = 5$ e $x = 9$?

(c) Qual a inclinação do caminho quando $x \to 10$?

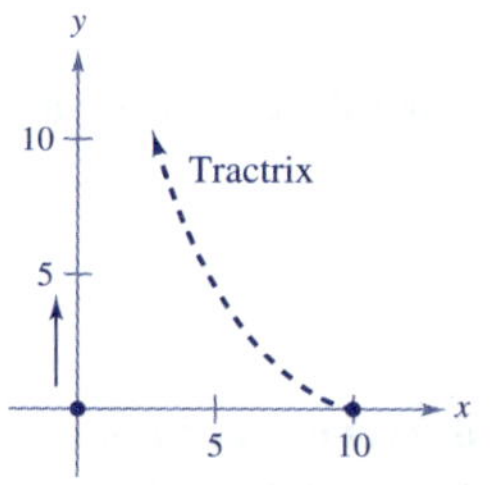

110. ***Conjectura*** Use uma ferramenta gráfica para desenhar os gráficos de f e g na mesma janela e determine qual está crescendo com uma taxa maior para valores grandes de x. O que você pode concluir sobre a taxa de crescimento da função logarítmica natural?

(a) $f(x) = \ln x, \quad g(x) = \sqrt{x}$

(b) $f(x) = \ln x, \quad g(x) = \sqrt[4]{x}$

111. Prove que a função logaritmo natural é injetora.

112. (a) Use uma ferramenta gráfica para desenhar o gráfico $y = \sqrt{x} - 4 \ln x$.

(b) Use o gráfico para identificar quaisquer mínimos relativos e pontos de inflexão.

(c) Use o cálculo para verificar sua resposta à parte (b).

Seção 5.2 A Função Logaritmo Natural: Integração

- **Usar a Regra Log para Integração para integrar uma função racional.**
- **Integrar funções trigonométricas.**

INVESTIGAÇÃO

Integrando Funções Racionais
No começo do Capítulo 4 você aprendeu regras que lhe permitiram integrar *qualquer* função polinomial. A Regra Log apresentada nesta seção é um grande avanço na direção de integrar funções racionais. Por exemplo, cada uma das funções seguintes pode ser integrada com a Regra Log.

Função	
$\frac{2}{x}$	Exemplo 1
$\frac{1}{4x-1}$	Exemplo 2
$\frac{x}{x^2+1}$	Exemplo 3
$\frac{3x^2+1}{x^3+x}$	Exemplo 4(a)
$\frac{x+1}{x^2+2x}$	Exemplo 4(c)
$\frac{1}{3x+2}$	Exemplo 4(d)
$\frac{x^2+x+1}{x^2+1}$	Exemplo 5
$\frac{2x}{(x+1)^2}$	Exemplo 6

Existem ainda algumas funções racionais que não podem ser integradas usando a Regra Log. Dê exemplos dessas funções e explique seu raciocínio.

Regra Log para Integração

As regras de diferenciação

$$\frac{d}{dx}[\ln|x|] = \frac{1}{x} \quad \text{e} \quad \frac{d}{dx}[\ln|u|] = \frac{u'}{u}$$

que foram estudadas na seção anterior produzem a seguinte regra de integração:

TEOREMA 5.5 Regra Log para Integração

Seja u uma função diferenciável de x

1. $\displaystyle\int \frac{1}{x}\,dx = \ln|x| + C$ **2.** $\displaystyle\int \frac{1}{u}\,du = \ln|u| + C$

Como $du = u'\,dx$, a segunda fórmula também pode ser escrita como

$$\int \frac{u'}{u}\,dx = \ln|u| + C. \qquad \text{Forma alternativa da Regra Log}$$

EXEMPLO 1 Usando a Regra Log para Integração

$$\begin{aligned}
\int \frac{2}{x}\,dx &= 2\int \frac{1}{x}\,dx && \text{Regra da Multiplicação por Constante}\\
&= 2\ln|x| + C && \text{Regra Log para integração}\\
&= \ln(x^2) + C && \text{Propriedade dos logaritmos}
\end{aligned}$$

Como x^2 não pode ser negativo, não é necessário o valor absoluto na forma final da primitiva.

EXEMPLO 2 Usando a Regra Log com uma Mudança de Variáveis

Calcule $\displaystyle\int \frac{1}{4x-1}\,dx.$

Solução Se você fizer $u = 4x - 1$, então $du = 4\,dx$.

$$\begin{aligned}
\int \frac{1}{4x-1}\,dx &= \frac{1}{4}\int \left(\frac{1}{4x-1}\right)4\,dx && \text{Multiplique e divida por 4}\\
&= \frac{1}{4}\int \frac{1}{u}\,du && \text{Substitua: } u = 4x-1\\
&= \frac{1}{4}\ln|u| + C && \text{Aplique a Regra Log}\\
&= \frac{1}{4}\ln|4x-1| + C && \text{Substitua de volta}
\end{aligned}$$

O Exemplo 3 usa a forma alternativa da Regra Log. Para aplicar esta regra procure por quocientes nos quais o numerador é a derivada do denominador.

EXEMPLO 3 Calculando a Área com a Regra Log

Ache a área da região limitada pelo gráfico de

$$y = \frac{x}{x^2 + 1}$$

o eixo x e a reta $x = 3$.

Solução Pela Figura 5.8, você pode ver que a área da região é dada pela integral definida

$$\int_0^3 \frac{x}{x^2 + 1}\,dx.$$

Fazendo $u = x^2 + 1$, obtemos $u' = 2x$. Para aplicar a Regra Log, multiplique e divida por 2 como mostrado a seguir:

$$\begin{aligned}
\int_0^3 \frac{x}{x^2+1}\,dx &= \frac{1}{2}\int_0^3 \frac{2x}{x^2+1}\,dx && \text{Multiplique e divida por 2}\\
&= \frac{1}{2}\Big[\ln(x^2+1)\Big]_0^3 && \int \frac{u'}{u}\,dx = \ln|u| + C\\
&= \frac{1}{2}(\ln 10 - \ln 1)\\
&= \frac{1}{2}\ln 10 && \ln 1 = 0\\
&\approx 1{,}151
\end{aligned}$$

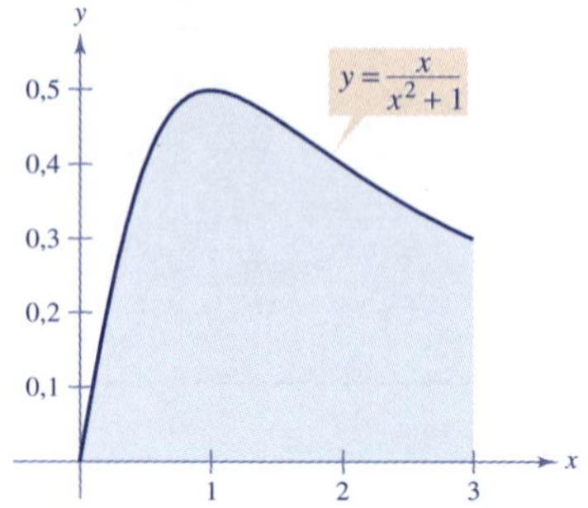

$$\text{Área} = \int_0^3 \frac{x}{x^2+1}\,dx$$

A área da região limitada pelo gráfico de y, pelo eixo x e por $x = 3$ é $\frac{1}{2}\ln 10$.
Figura 5.8

EXEMPLO 4 Reconhecendo Formas Quocientes da Regra Log

a. $\displaystyle\int \frac{3x^2+1}{x^3+x}\,dx = \ln|x^3+x| + C \qquad u = x^3 + x$

b. $\displaystyle\int \frac{\sec^2 x}{\operatorname{tg} x}\,dx = \ln|\operatorname{tg} x| + C \qquad u = \operatorname{tg} x$

c. $\displaystyle\int \frac{x+1}{x^2+2x}\,dx = \frac{1}{2}\int \frac{2x+2}{x^2+2x}\,dx \qquad u = x^2 + 2x$

$\displaystyle\qquad = \frac{1}{2}\ln|x^2+2x| + C$

d. $\displaystyle\int \frac{1}{3x+2}\,dx = \frac{1}{3}\int \frac{3}{3x+2}\,dx \qquad u = 3x + 2$

$\displaystyle\qquad = \frac{1}{3}\ln|3x+2| + C$

Através das primitivas envolvendo logaritmos é fácil obter fórmulas que parecem bastante diferentes, mas que ainda são equivalentes. Por exemplo, quais das funções seguintes são equivalentes às primitivas apresentadas no Exemplo 4(d)?

$$\ln|(3x+2)^{1/3}| + C, \quad \frac{1}{3}\ln\left|x + \tfrac{2}{3}\right| + C, \quad \ln|3x+2|^{1/3} + C$$

Integrais às quais a Regra Log pode ser aplicada, freqüentemente aparecem de forma disfarçada. Por exemplo, se uma função racional tem o *numerador de grau maior ou igual ao do denominador*, a divisão pode revelar uma forma na qual você pode aplicar a Regra Log. Isso é mostrado no Exemplo 5.

EXEMPLO 5 Usando Divisão Polinomial antes de Integrar

Calcule $\displaystyle\int \frac{x^2 + x + 1}{x^2 + 1}\, dx.$

Solução Inicialmente, use a divisão polinomial para reescrever o integrando.

$$\frac{x^2 + x + 1}{x^2 + 1} \quad \Longrightarrow \quad \begin{array}{r} 1 \\ x^2 + 1 \,\overline{)\, x^2 + x + 1} \\ \underline{x^2 \qquad + 1} \\ x \end{array} \quad \Longrightarrow \quad 1 + \frac{x}{x^2 + 1}$$

Agora você pode integrar para obter

$$\int \frac{x^2 + x + 1}{x^2 + 1}\, dx = \int \left(1 + \frac{x}{x^2 + 1}\right) dx \qquad \text{Reescreva usando a divisão polinomial}$$

$$= \int dx + \frac{1}{2}\int \frac{2x}{x^2 + 1}\, dx \qquad \text{Reescreva como duas integrais}$$

$$= x + \frac{1}{2}\ln(x^2 + 1) + C. \qquad \text{Integre}$$

Confira esse resultado derivando para obter o integrando original.

O próximo exemplo dá outra situação na qual o uso da Regra Log está disfarçada. Nesse caso, uma mudança de variáveis auxilia você a reconhecer a Regra Log.

EXEMPLO 6 Mudança de Variáveis com a Regra Log

Calcule $\displaystyle\int \frac{2x}{(x + 1)^2}\, dx.$

Solução Fazendo $u = x + 1$, obtemos $du = dx$ e $x = u - 1$.

$$\int \frac{2x}{(x + 1)^2}\, dx = \int \frac{2(u - 1)}{u^2}\, du \qquad \text{Substitua}$$

$$= 2\int \left(\frac{u}{u^2} - \frac{1}{u^2}\right) du \qquad \text{Reescreva como duas frações}$$

$$= 2\int \frac{du}{u} - 2\int u^{-2}\, du \qquad \text{Reescreva como duas integrais}$$

$$= 2\ln|u| - 2\left(\frac{u^{-1}}{-1}\right) + C \qquad \text{Integre}$$

$$= 2\ln|u| + \frac{2}{u} + C \qquad \text{Simplifique}$$

$$= 2\ln|x + 1| + \frac{2}{x + 1} + C \qquad \text{Substitua de volta}$$

Verifique o resultado por diferenciação para obter a função integranda original.

TECNOLOGIA Se você tiver acesso a um sistema de manipulação algébrica, use-o para achar as integrais indefinidas nos Exemplos 5 e 6. Como as formas das primitivas que ele fornece se comparam com aquelas dadas nos Exemplos 5 e 6?

Conforme você estuda os métodos mostrados nos Exemplos 5 e 6, esteja atento ao fato de que ambos os métodos envolvem reescrever um integrando disfarçado de forma que ele se ajuste a uma ou mais das fórmulas básicas de integração. Durante todas as seções restantes do Capítulo 5 e no Capítulo 8, muito tempo será despendido com as técnicas de integração. Para dominar estas técnicas, você deve reconhecer a natureza de "ajuste de forma" da integração. A derivação tem a forma:

"Aqui está a questão; qual é a resposta?"

A integração é mais como

"Aqui está a resposta; qual é a questão?"

Você pode usar os procedimentos a seguir para a integração.

DICA Tenha em mente que você pode verificar sua resposta para um problema de integração diferenciando a resposta. No Exemplo 7 a derivada de $y = \ln|\ln x| + C$ é $y' = 1/(x \ln x)$.

Procedimentos para Integração

1. Aprenda uma lista básica de fórmulas de integração. (Incluindo aquelas dadas nesta seção, neste momento você tem 12 fórmulas: Regra da Potência, Regra Log e 10 regras trigonométricas. No final da Seção 5.7, esta lista terá se expandido para 20 regras básicas.)
2. Ache uma fórmula de integração que se pareça com toda ou com uma parte da função do integrando e por tentativa e erro, escolha uma variável u que faça o integrando se ajustar à fórmula.
3. Se você não puder achar uma substituição por u que funcione, tente alterar o integrando. Você pode tentar uma identidade trigonométrica, multiplicação e divisão pela mesma quantidade ou adição e subtração de uma mesma quantidade. Seja criativo.
4. Se você tiver acesso a um programa de computador que encontre primitivas simbolicamente, use-o.

EXEMPLO 7 Substituição por *u* e a Regra Log

Resolva a equação diferencial $\dfrac{dy}{dx} = \dfrac{1}{x \ln x}$.

Solução A solução pode ser escrita como uma integral indefinida.

$$y = \int \frac{1}{x \ln x}\,dx$$

Como a função integranda é um quociente cujo denominador é um polinômio de grau 1, dever-se-ia tentar a Regra Log. Há 3 escolhas básicas para u. As escolhas $u = x$ e $u = x \ln x$ não se ajustam à fórmula u'/u da Regra Log. Entretanto, a terceira escolha serve. Fazendo $u = \ln x$ tem-se $u' = 1/x$, e obtém-se o seguinte:

$$\int \frac{1}{x \ln x}\,dx = \int \frac{1/x}{\ln x}\,dx \qquad \text{Divida o numerador e o denominador por } x$$

$$= \int \frac{u'}{u}\,dx \qquad \text{Substitua: } u = \ln x$$

$$= \ln|u| + C \qquad \text{Aplique a Regra Log}$$

$$= \ln|\ln x| + C \qquad \text{Substitua de volta}$$

Então, a solução é $y = \ln|\ln x| + C$.

Integrais das Funções Trigonométricas

Na Seção 4.1 foram dadas seis regras de integração trigonométrica, as seis que correspondem diretamente às regras de diferenciação. Com a Regra Log, você pode completar o conjunto de fórmulas básicas de integração trigonométrica.

EXEMPLO 8 Usando uma Identidade Trigonométrica

Encontre $\int \operatorname{tg} x\, dx$.

Solução Essa integral não parece se ajustar a nenhuma fórmula de nossa lista básica. Entretanto, utilizando uma identidade trigonométrica, obtemos

$$\int \operatorname{tg} x\, dx = \int \frac{\operatorname{sen} x}{\cos x}\, dx.$$

Sabendo que $D_x[\cos x] = -\operatorname{sen} x$, podemos fazer $u = \cos x$ e escrever

$$\begin{aligned}
\int \operatorname{tg} x\, dx &= -\int \frac{-\operatorname{sen} x}{\cos x}\, dx && \text{Identidade trigonométrica} \\
&= -\int \frac{u'}{u}\, dx && \text{Substitua: } u = \cos x \\
&= -\ln|u| + C && \text{Aplique a Regra Log} \\
&= -\ln|\cos x| + C. && \text{Substitua de volta}
\end{aligned}$$

O Exemplo 8 usa uma identidade trigonométrica para deduzir uma regra de derivação para a função tangente. No próximo exemplo, aplica-se um passo não muito usual (multiplicação e divisão por uma mesma quantidade) para se deduzir uma regra de integração para a função secante.

EXEMPLO 9 Dedução da Fórmula da Secante

Encontre $\int \sec x\, dx$.

Solução Considere o seguinte procedimento.

$$\begin{aligned}
\int \sec x\, dx &= \int \sec x \left(\frac{\sec x + \operatorname{tg} x}{\sec x + \operatorname{tg} x}\right) dx \\
&= \int \frac{\sec^2 x + \sec x \operatorname{tg} x}{\sec x + \operatorname{tg} x}\, dx
\end{aligned}$$

Fazendo u ser o denominador desse quociente, obtemos

$$u = \sec x + \operatorname{tg} x \quad \Longrightarrow \quad u' = \sec x \operatorname{tg} x + \sec^2 x.$$

Então, podemos concluir que

$$\begin{aligned}
\int \sec x\, dx &= \int \frac{\sec^2 x + \sec x \operatorname{tg} x}{\sec x + \operatorname{tg} x}\, dx && \text{Reescreva o integrando} \\
&= \int \frac{u'}{u}\, dx && \text{Substitua: } u = \sec x + \operatorname{tg} x \\
&= \ln|u| + C && \text{Aplique a Regra Log} \\
&= \ln|\sec x + \operatorname{tg} x| + C. && \text{Substitua de volta}
\end{aligned}$$

Com os resultados dos Exemplos 8 e 9, você tem agora as fórmulas de integração para sen x, cos x, tg x e sec x. Todas as seis regras trigonométricas estão resumidas abaixo.

OBSERVAÇÃO Usando as identidades trigonométricas e propriedades dos logaritmos, você poderia reescrever essas seis regras de integração em outras formas. Por exemplo, você poderia escrever

$$\int \operatorname{cossec} u\, du = $$
$$= \ln|\operatorname{cossec} u - \operatorname{cotg} u| + C.$$

(Veja os Exercícios 83 a 86.)

Integrais das Seis Funções Trigonométricas Básicas

$$\int \operatorname{sen} u\, du = -\cos u + C \qquad \int \cos u\, du = \operatorname{sen} u + C$$

$$\int \operatorname{tg} u\, du = -\ln|\cos u| + C \qquad \int \operatorname{cotg} u\, du = \ln|\operatorname{sen} u| + C$$

$$\int \sec u\, du = \ln|\sec u + \operatorname{tg} u| + C \qquad \int \operatorname{cossec} u\, du = -\ln|\operatorname{cossec} u + \operatorname{cotg} u| + C$$

EXEMPLO 10 Integrando Funções Trigonométricas

Determine $\displaystyle\int_0^{\pi/4} \sqrt{1 + \operatorname{tg}^2 x}\, dx$.

Solução Usando $1 + \operatorname{tg}^2 x = \sec^2 x$, podemos escrever

$$\begin{aligned}
\int_0^{\pi/4} \sqrt{1 + \operatorname{tg}^2 x}\, dx &= \int_0^{\pi/4} \sqrt{\sec^2 x}\, dx \\
&= \int_0^{\pi/4} \sec x\, dx && \sec x \geq 0 \text{ para } 0 \leq x \leq \frac{\pi}{4}. \\
&= \ln|\sec x + \operatorname{tg} x| \Big]_0^{\pi/4} \\
&= \ln\left(\sqrt{2} + 1\right) - \ln 1 \\
&\approx 0{,}881.
\end{aligned}$$

EXEMPLO 11 Encontrando um Valor Médio

Encontre o valor médio de $f(x) = \operatorname{tg} x$ no intervalo $\left[0, \dfrac{\pi}{4}\right]$.

Solução

$$\begin{aligned}
\text{Valor médio} &= \frac{1}{(\pi/4) - 0} \int_0^{\pi/4} \operatorname{tg} x\, dx && \text{Valor médio} = \frac{1}{b-a}\int_a^b f(x)\, dx \\
&= \frac{4}{\pi} \int_0^{\pi/4} \operatorname{tg} x\, dx && \text{Simplifique} \\
&= \frac{4}{\pi}\Big[-\ln|\cos x|\Big]_0^{\pi/4} && \text{Integre} \\
&= -\frac{4}{\pi}\left[\ln\left(\frac{\sqrt{2}}{2}\right) - \ln(1)\right] \\
&= -\frac{4}{\pi} \ln\left(\frac{\sqrt{2}}{2}\right) \\
&\approx 0.441
\end{aligned}$$

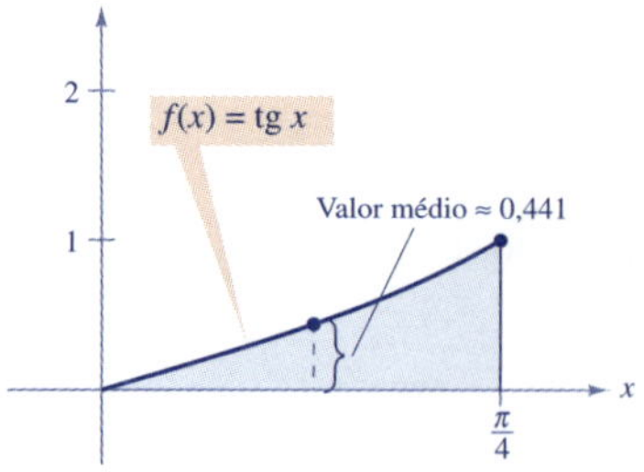

Figura 5.9

O valor médio é aproximadamente 0,441, como mostrado na Figura 5.9.

Exercícios da Seção 5.2

Nos Exercícios 1 a 24, encontre a integral indefinida.

1. $\int \frac{5}{x}\,dx$
2. $\int \frac{10}{x}\,dx$
3. $\int \frac{1}{x+1}\,dx$
4. $\int \frac{1}{x-5}\,dx$
5. $\int \frac{1}{3-2x}\,dx$
6. $\int \frac{1}{3x+2}\,dx$
7. $\int \frac{x}{x^2+1}\,dx$
8. $\int \frac{x^2}{3-x^3}\,dx$
9. $\int \frac{x^2-4}{x}\,dx$
10. $\int \frac{x}{\sqrt{9-x^2}}\,dx$
11. $\int \frac{x^2+2x+3}{x^3+3x^2+9x}\,dx$
12. $\int \frac{x(x+2)}{x^3+3x^2-4}\,dx$
13. $\int \frac{x^2-3x+2}{x+1}\,dx$
14. $\int \frac{2x^2+7x-3}{x-2}\,dx$
15. $\int \frac{x^3-3x^2+5}{x-3}\,dx$
16. $\int \frac{x^3-6x-20}{x+5}\,dx$
17. $\int \frac{x^4+x-4}{x^2+2}\,dx$
18. $\int \frac{x^3-3x^2+4x-9}{x^2+3}\,dx$
19. $\int \frac{(\ln x)^2}{x}\,dx$
20. $\int \frac{1}{x\ln(x^3)}\,dx$
21. $\int \frac{1}{\sqrt{x+1}}\,dx$
22. $\int \frac{1}{x^{2/3}(1+x^{1/3})}\,dx$
23. $\int \frac{2x}{(x-1)^2}\,dx$
24. $\int \frac{x(x-2)}{(x-1)^3}\,dx$

Nos Exercícios 25 a 28, encontre a integral indefinida pela técnica de substituição de variável por *u*. (Sugestão: Faça *u* ser o denominador do integrando.)

25. $\int \frac{1}{1+\sqrt{2x}}\,dx$
26. $\int \frac{1}{1+\sqrt{3x}}\,dx$
27. $\int \frac{\sqrt{x}}{\sqrt{x}-3}\,dx$
28. $\int \frac{\sqrt[3]{x}}{\sqrt[3]{x}-1}\,dx$

Nos Exercícios 29 a 36, encontre a integral indefinida.

29. $\int \frac{\cos\theta}{\operatorname{sen}\theta}\,d\theta$
30. $\int \operatorname{tg} 5\theta\,d\theta$
31. $\int \operatorname{cossec} 2x\,dx$
32. $\int \sec\frac{x}{2}\,dx$
33. $\int \frac{\cos t}{1+\operatorname{sen} t}\,dt$
34. $\int \frac{\operatorname{cossec}^2 t}{\operatorname{cotg} t}\,dt$
35. $\int \frac{\sec x \operatorname{tg} x}{\sec x - 1}\,dx$
36. $\int (\sec t + \operatorname{tg} t)\,dt$

Nos Exercícios 37 a 40, resolva a equação diferencial. Use uma ferramenta gráfica para desenhar o gráfico de três soluções, uma das quais passando pelo ponto dado.

37. $\frac{dy}{dx} = \frac{3}{2-x}$, $(1, 0)$
38. $\frac{dy}{dx} = \frac{2x}{x^2-9}$, $(0, 4)$
39. $\frac{ds}{d\theta} = \operatorname{tg} 2\theta$, $(0, 2)$
40. $\frac{dr}{dt} = \frac{\sec^2 t}{\operatorname{tg} t + 1}$, $(\pi, 4)$

41. Determine a função f se $f''(x) = \frac{2}{x^2}$, $f(1) = 1$, $f'(1) = 1, x > 0$.

42. Determine a função f se $f''(x) = -\frac{4}{(x-1)^2} - 2$, $f(2) = 3$, $f'(2) = 0, x > 1$.

Campo de Direções **Nos Exercícios 43 a 46 são dados uma equação diferencial e um campo de direções. (a) Esboce duas soluções aproximadas da equação diferencial no campo de direções, uma das quais passando pelo ponto dado. (b) Use integração para encontrar uma solução particular da equação diferencial e use uma ferramenta gráfica para desenhar o gráfico da solução. Compare o resultado com os esboços da parte (a). Para imprimir uma cópia ampliada do gráfico, consulte *www.mathgraphs.com*.**

43. $\frac{dy}{dx} = \frac{1}{x+2}$, $(0, 1)$

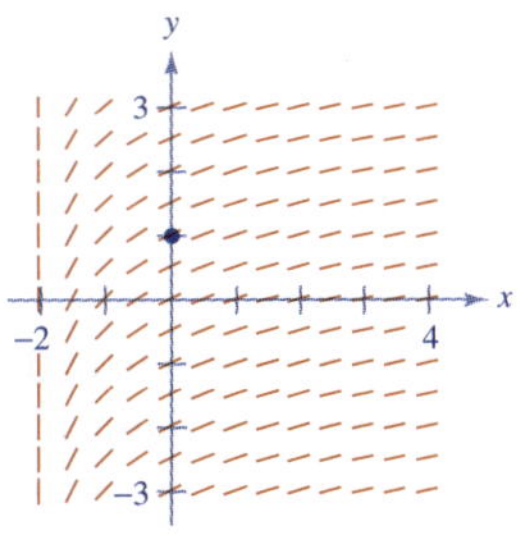

44. $\frac{dy}{dx} = \frac{\ln x}{x}$, $(1, -2)$

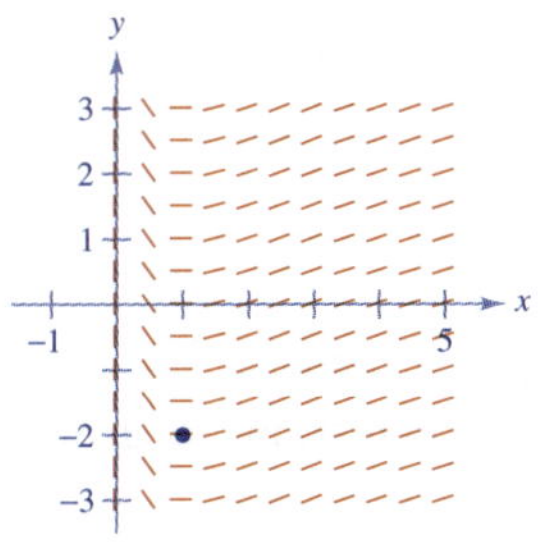

45. $\frac{dy}{dx} = 1 + \frac{1}{x}$, $(1, 4)$

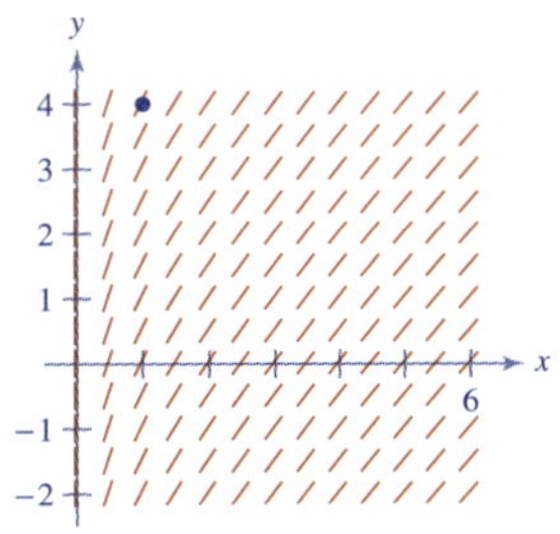

46. $\frac{dy}{dx} = \sec x$, $(0, 1)$

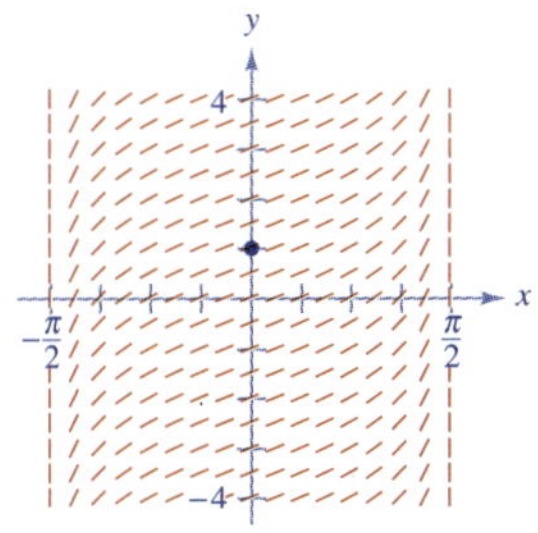

Nos Exercícios 47 a 54, determine a integral definida. Use uma ferramenta gráfica para verificar seu resultado.

47. $\int_0^4 \frac{5}{3x+1}\,dx$
48. $\int_{-1}^1 \frac{1}{x+2}\,dx$
49. $\int_1^e \frac{(1+\ln x)^2}{x}\,dx$
50. $\int_e^{e^2} \frac{1}{x\ln x}\,dx$
51. $\int_0^2 \frac{x^2-2}{x+1}\,dx$
52. $\int_0^1 \frac{x-1}{x+1}\,dx$
53. $\int_1^2 \frac{1-\cos\theta}{\theta-\operatorname{sen}\theta}\,d\theta$
54. $\int_{0.1}^{0.2} (\operatorname{cossec} 2\theta - \operatorname{cotg} 2\theta)^2\,d\theta$

Nos Exercícios 55 a 60, use um sistema de manipulação algébrica para encontrar ou calcular a integral.

55. $\displaystyle\int \frac{1}{1+\sqrt{x}}\,dx$ 56. $\displaystyle\int \frac{1-\sqrt{x}}{1+\sqrt{x}}\,dx$

57. $\displaystyle\int \frac{\sqrt{x}}{x-1}\,dx$ 58. $\displaystyle\int \frac{x^2}{x-1}\,dx$

59. $\displaystyle\int_{\pi/4}^{\pi/2} (\operatorname{cossec} x - \operatorname{sen} x)\,dx$ 60. $\displaystyle\int_{-\pi/4}^{\pi/4} \frac{\operatorname{sen}^2 x - \cos^2 x}{\cos x}\,dx$

Nos Exercícios 61 a 64, encontre $F'(x)$.

61. $F(x) = \displaystyle\int_1^x \frac{1}{t}\,dt$ 62. $F(x) = \displaystyle\int_0^x \operatorname{tg} t\,dt$

63. $F(x) = \displaystyle\int_1^{3x} \frac{1}{t}\,dt$ 64. $F(x) = \displaystyle\int_1^{x^2} \frac{1}{t}\,dt$

Aproximação **Nos Exercícios 65 e 66, determine qual valor melhor aproxima a área da região entre o eixo x e o gráfico da função sobre o intervalo dado. (Faça uma seleção baseada no esboço da região e não no desenvolvimento de qualquer tipo de cálculo.)**

65. $f(x) = \sec x,\quad [0, 1]$

(a) 6 (b) -6 (c) $\frac{1}{2}$ (d) 1.25 (e) 3

66. $f(x) = \dfrac{2x}{x^2+1},\quad [0, 4]$

(a) 3 (b) 7 (c) -2 (d) 5 (e) 1

Área **Nos Exercícios 67 a 70, encontre a área da região dada. Use uma ferramenta gráfica para verificar seu resultado.**

67. $y = \dfrac{4}{x}$

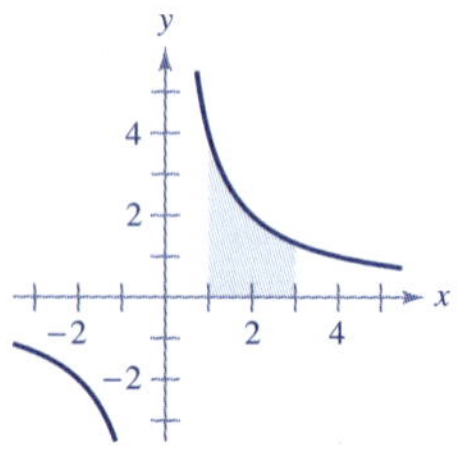

68. $y = \dfrac{2}{x \ln x}$

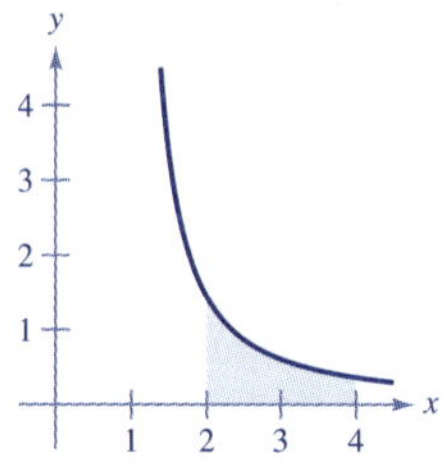

69. $y = \operatorname{tg} x$

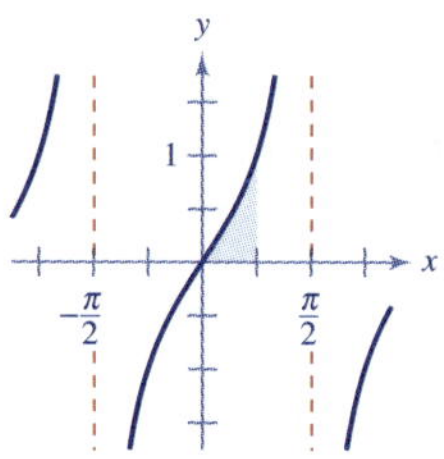

70. $y = \dfrac{\operatorname{sen} x}{1 + \cos x}$

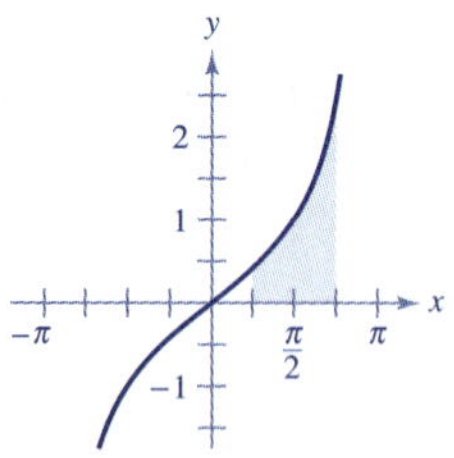

Área **Nos Exercícios 71 a 74, encontre a área da região limitada pelos gráficos das equações. Use uma ferramenta gráfica para verificar seu resultado.**

71. $y = \dfrac{x^2+4}{x},\ x = 1,\ x = 4,\ y = 0$

72. $y = \dfrac{x+4}{x},\ x = 1,\ x = 4,\ y = 0$

73. $y = 2\sec\dfrac{\pi x}{6},\ x = 0,\quad x = 2,\ y = 0$

74. $y = 2x - \operatorname{tg}(0{,}3x),\quad x = 1,\ x = 4,\ y = 0$

Integração Numérica **Nos Exercícios 75 a 78, use a Regra dos Trapézios e a Regra de Simpson para aproximar os valores das integrais definidas. Faça $n = 4$ e arredonde a resposta para quatro casas decimais. Use uma ferramenta gráfica para verificar seu resultado.**

75. $\displaystyle\int_1^5 \frac{12}{x}\,dx$ 76. $\displaystyle\int_0^4 \frac{8x}{x^2+4}\,dx$

77. $\displaystyle\int_2^6 \ln x\,dx$ 78. $\displaystyle\int_{-\pi/3}^{\pi/3} \sec x\,dx$

Questões Conceituais

Nos Exercícios 79 a 82, estabeleça a fórmula de integração que você utilizaria para realizar a integração. Não integre.

79. $\displaystyle\int \sqrt[3]{x}\,dx$ 80. $\displaystyle\int \frac{x}{(x^2+4)^3}\,dx$

81. $\displaystyle\int \frac{x}{x^2+4}\,dx$ 82. $\displaystyle\int \frac{\sec^2 x}{\operatorname{tg} x}\,dx$

Nos Exercícios 83 a 86, mostre que as duas fórmulas são equivalentes.

83. $\displaystyle\int \operatorname{tg} x\,dx = -\ln|\cos x| + C$

$\displaystyle\int \operatorname{tg} x\,dx = \ln|\sec x| + C$

84. $\displaystyle\int \operatorname{cotg} x\,dx = \ln|\operatorname{sen} x| + C$

$\displaystyle\int \operatorname{cotg} x\,dx = -\ln|\operatorname{cossec} x| + C$

85. $\displaystyle\int \sec x\,dx = \ln|\sec x + \operatorname{tg} x| + C$

$\displaystyle\int \sec x\,dx = -\ln|\sec x - \operatorname{tg} x| + C$

86. $\displaystyle\int \operatorname{cossec} x\,dx = -\ln|\operatorname{cossec} x + \operatorname{cotg} x| + C$

$\displaystyle\int \operatorname{cossec} x\,dx = \ln|\operatorname{cossec} x - \operatorname{cotg} x| + C$

Nos Exercícios 87 a 90, encontre o valor médio da função no intervalo dado.

87. $f(x) = \dfrac{8}{x^2},\quad [2, 4]$

88. $f(x) = \dfrac{4(x+1)}{x^2},\quad [2, 4]$

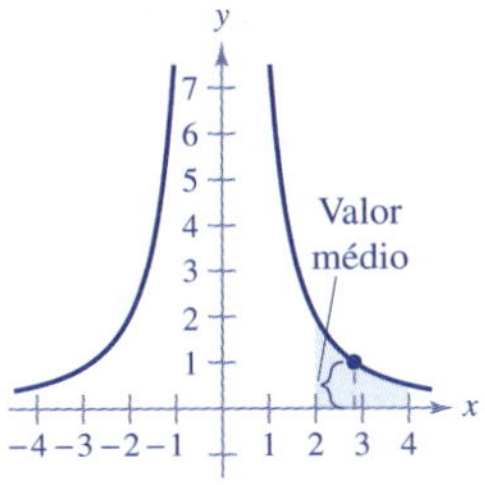

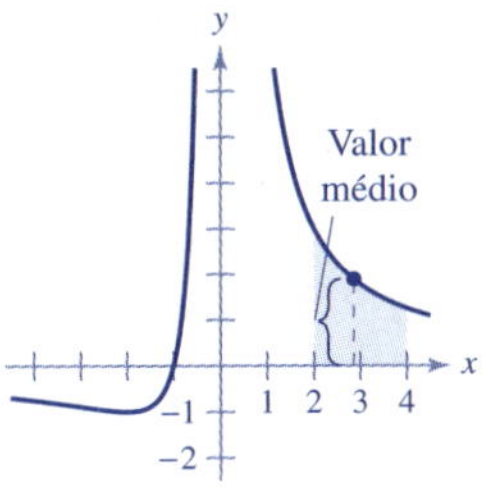

89. $f(x) = \dfrac{\ln x}{x}, \quad [1, e]$

90. $f(x) = \sec \dfrac{\pi x}{6}, \quad [0, 2]$

91. ***Crescimento Populacional*** Uma população de bactérias está mudando à taxa de

$$\frac{dP}{dt} = \frac{3000}{1 + 0{,}25t}$$

onde t é o tempo em dias. A população inicial (quando $t = 0$) é 1000. Escreva uma equação que dê a população a qualquer tempo t e encontre a população quando $t = 3$ dias.

92. ***Transferência de Calor*** Encontre o tempo necessário para um objeto resfriar de 300 °F para 250 °F avaliando

$$t = \frac{10}{\ln 2}\int_{250}^{300} \frac{1}{T - 100}\, dT$$

onde t é o tempo em minutos.

93. ***Preço Médio*** A equação da demanda para um produto é

$$p = \frac{90.000}{400 + 3x}.$$

Encontre o preço médio p no intervalo $40 \le x \le 50$.

94. ***Vendas*** A taxa de variação nas vendas S é inversamente proporcional ao tempo t $(t > 1)$ medido em semanas. Encontre S como uma função de t, se as vendas depois de 2 e 4 semanas são 200 e 300 unidades respectivamente.

95. ***Trajetória Ortogonal***

(a) Use uma ferramenta gráfica para desenhar o gráfico da equação $2x^2 - y^2 = 8$.

(b) Calcule a integral para encontrar y^2 em termos de x.

$$y^2 = e^{-\int (1/x)\, dx}$$

Para um valor particular da constante de integração, desenhe o gráfico do resultado na mesma tela usada na parte (a).

(c) Verifique que as tangentes aos gráficos das partes (a) e (b) são perpendiculares nos pontos de intersecção.

96. Esboce o gráfico da função

$$f_k(x) = \frac{x^k - 1}{k}$$

para $k = 1$, 0,5, e 0,1 em $[0, 10]$. Encontre $\lim\limits_{k \to 0^+} f_k(x)$.

Verdadeiro ou Falso? **Nos Exercícios 97 a 100, determine se a afirmação é verdadeira ou falsa. Se for falsa, explique por que ou dê um exemplo mostrando que é falsa.**

97. $(\ln x)^{1/2} = \frac{1}{2}(\ln x)$

98. $\int \ln x\, dx = (1/x) + C$

99. $\displaystyle\int \frac{1}{x}\, dx = \ln|cx|, \quad c \neq 0$

100. $\displaystyle\int_{-1}^{2} \frac{1}{x}\, dx = \Big[\ln|x|\Big]_{-1}^{2} = \ln 2 - \ln 1 = \ln 2$

101. Esboce o gráfico da função

$$f(x) = \frac{x}{1 + x^2}$$

no intervalo $[0, \infty)$.

(a) Encontre a área limitada pelo gráfico de f e pela reta $y = \frac{1}{2}x$.

(b) Determine os valores do coeficiente angular m tal que a reta $y = mx$ e o gráfico de f delimitem uma região finita.

(c) Calcule a área dessa região como uma função de m.

102. Demonstre que a função

$$F(x) = \int_{x}^{2x} \frac{1}{t}\, dt$$

é constante no intervalo $(0, \infty)$.

Seção 5.3 Funções Inversas

- **Verificar que uma função é a função inversa de outra função.**
- **Determinar se uma função tem uma função inversa.**
- **Encontrar a derivada de uma função inversa.**

Funções Inversas

Lembre, da Seção P.3, que uma função pode ser representada por um conjunto de pares ordenados. Por exemplo, a função $f(x) = x + 3$ de $A = \{1, 2, 3, 4\}$ para $B = \{4, 5, 6, 7\}$ pode ser escrita como

$$f\colon \{(1, 4), (2, 5), (3, 6), (4, 7)\}.$$

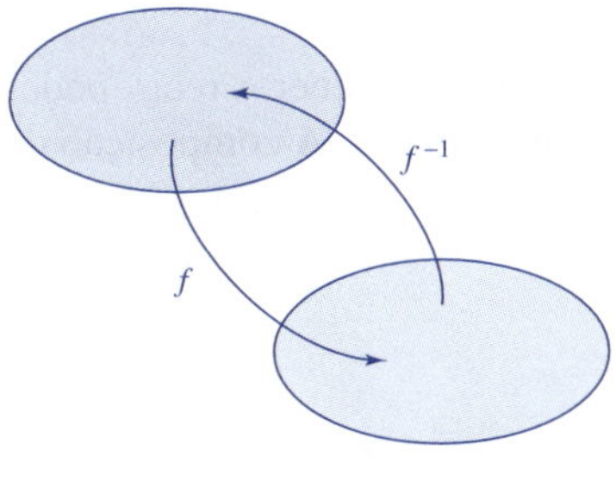

Domínio de f = imagem de f^{-1}
Domínio de f^{-1} = imagem de f.
Figura 5.10

Pela troca das coordenadas de cada par ordenado, você pode obter a **função inversa** de f. Essa função é representada por f^{-1}. Essa é uma função de B para A e pode ser escrita como

$$f^{-1}\colon \{(4, 1), (5, 2), (6, 3), (7, 4)\}.$$

Note que o domínio de f é igual à imagem de f^{-1} e vice-versa, como mostrado na Figura 5.10. As funções f e f^{-1} têm o efeito de "desfazer" uma a outra. Isto é, quando você forma a composta de f com f^{-1} ou a composta de f^{-1} com f, você obtém a função identidade.

$$f(f^{-1}(x)) = x \quad \text{e} \quad f^{-1}(f(x)) = x$$

Definição de Função Inversa

A função g é a **função inversa** da função f se

$$f(g(x)) = x \text{ para cada } x \text{ no domínio de } g$$

e

$$g(f(x)) = x \text{ para cada } x \text{ no domínio de } f.$$

A função g é denotada por f^{-1} (leia-se "inversa de f").

INVESTIGAÇÃO

Encontrando Funções Inversas
Explique como "desfazer" cada uma das seguintes funções. Em seguida, use sua explicação para determinar a função inversa de f.

a. $f(x) = x - 5$

b. $f(x) = 6x$

c. $f(x) = \dfrac{x}{2}$

d. $f(x) = 3x + 2$

e. $f(x) = x^3$

f. $f(x) = 4(x - 2)$

Use uma ferramenta gráfica para desenhar o gráfico de cada função e de sua inversa numa mesma janela "quadrada". Que observação pode ser feita para cada par de gráficos?

OBSERVAÇÃO Embora a notação usada para representar uma função inversa lembre a *notação exponencial*, este é um uso diferente de -1 como um sobrescrito. Isto é, em geral, $f^{-1}(x) \neq 1/f(x)$.

Aqui estão apresentadas algumas observações importantes sobre as funções inversas.

1. Se g é a função inversa de f, então f é a função inversa de g.
2. O domínio de f^{-1} é igual à imagem de f e a imagem de f^{-1} é igual ao domínio de f.
3. Uma função pode não admitir uma função inversa mas, se admitir, a função inversa é única (veja o Exercício 99).

Você pode imaginar f^{-1} desfazendo o que foi feito por f. Por exemplo, a subtração pode ser usada para desfazer uma adição e a divisão pode ser usada para desfazer uma multiplicação. Use a definição de função inversa para verificar o seguinte:

$$f(x) = x + c \quad \text{e} \quad f^{-1}(x) = x - c \quad \text{são funções inversas uma da outra.}$$

$$f(x) = cx \quad \text{e} \quad f^{-1}(x) = \frac{x}{c},\ c \neq 0, \quad \text{são funções inversas uma da outra.}$$

EXEMPLO 1 Verificando Funções Inversas

Mostre que as seguintes funções são funções inversas uma da outra.

$$f(x) = 2x^3 - 1 \quad \text{e} \quad g(x) = \sqrt[3]{\frac{x+1}{2}}$$

Solução Como os domínios e as imagens de f e g são todos os números reais, podemos concluir que ambas as funções compostas existem para todo x. A composição de f com g é dada por

$$\begin{aligned} f(g(x)) &= 2\left(\sqrt[3]{\frac{x+1}{2}}\right)^3 - 1 \\ &= 2\left(\frac{x+1}{2}\right) - 1 \\ &= x + 1 - 1 \\ &= x. \end{aligned}$$

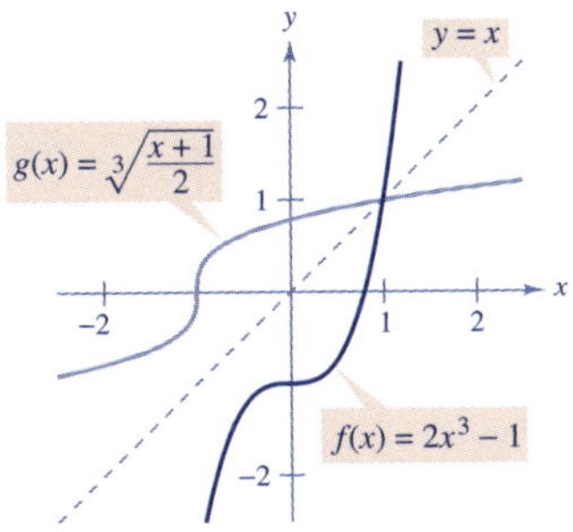

f e *g* são funções inversas uma da outra.
Figura 5.11

A composta de g com f é dada por

$$\begin{aligned} g(f(x)) &= \sqrt[3]{\frac{(2x^3 - 1) + 1}{2}} \\ &= \sqrt[3]{\frac{2x^3}{2}} \\ &= \sqrt[3]{x^3} \\ &= x. \end{aligned}$$

Como $f(g(x)) = x$ e $g(f(x)) = x$, podemos concluir que f e g são funções inversas uma da outra (veja a Figura 5.11).

DICA No Exemplo 1, tente comparar as funções f e g verbalmente.

Para f: Primeiro eleve x ao cubo, então multiplique por 2 e finalmente subtraia 1.

Para g: Primeiro adicione 1, então divida por 2 e finalmente extraia a raiz cúbica.

Você enxerga o "padrão de desfazer"?

Na Figura 5.11, o gráfico de f e $g = f^{-1}$ parecem ser imagens espelhadas uma da outra com relação à reta $y = x$. O gráfico de f^{-1} é uma **reflexão** do gráfico de f em relação à reta $y = x$. Essa idéia é generalizada no seguinte teorema.

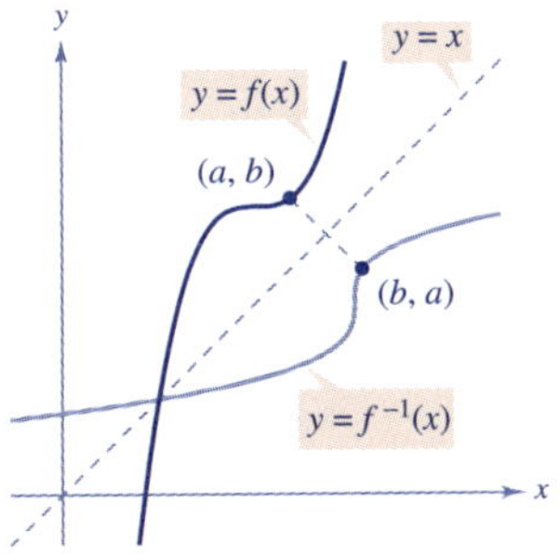

O gráfico de f^{-1} é uma reflexão do gráfico de f em relação à reta $y = x$.
Figura 5.12

TEOREMA 5.6 Propriedade Reflexiva das Funções Inversas

O gráfico de f contém o ponto (a, b) se e somente se o gráfico de f^{-1} contém o ponto (b, a).

Demonstração Se (a, b) está no gráfico de f, então $f(a) = b$ e podemos escrever

$$f^{-1}(b) = f^{-1}(f(a)) = a.$$

Então, (b, a) está no gráfico de f^{-1}, como mostrado na Figura 5.12. Um argumento análogo demonstra o teorema na outra direção.

Existência de uma Função Inversa

Nem toda função admite uma função inversa e o Teorema 5.6 sugere um teste gráfico para aquelas que tem — o **Teste da Reta Horizontal** — para a função inversa. Esse teste afirma que uma função f admite uma inversa se e somente se toda reta horizontal intercepta o gráfico de f no máximo uma vez (veja a Figura 5.13). O teorema a seguir indica formalmente por que o teste da reta horizontal é válido. (Lembre, da Seção 3.3, que uma função é *estritamente monótona* se ela está crescendo em todo seu domínio ou decrescendo em todo seu domínio.)

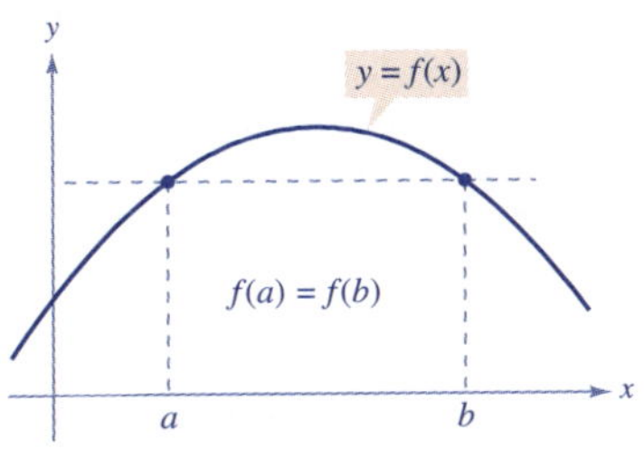

Se uma reta horizontal intercepta o gráfico de f duas vezes, então f não é injetora.
Figura 5.13

TEOREMA 5.7 A Existência de uma Função Inversa

1. Uma função tem uma função inversa se e somente se ela é injetora.
2. Se f é estritamente monótona em todo o seu domínio, ela é injetora e, portanto, tem uma função inversa.

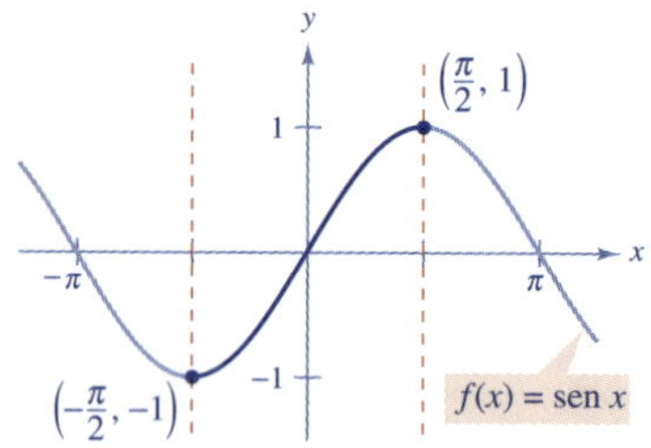

f é injetora no intervalo $[-\pi/2, \pi/2]$.
Figura 5.16

Além disso, *f* está crescendo no intervalo aberto $(-\pi/2, \pi/2)$, porque sua derivada

$$f'(x) = \cos x$$

é positiva nesse intervalo. Finalmente, como as extremidades esquerda e direita correspondem a extremos relativos da função seno, podemos concluir que *f* é crescente no intervalo fechado $[-\pi/2, \pi/2]$ e que em qualquer intervalo maior não é estritamente monótona (veja a Figura 5.16).

Derivada de uma Função Inversa

Os dois teoremas a seguir discutem a derivada de uma função inversa. A aceitabilidade do Teorema 5.8 decorre da propriedade reflexiva das funções inversas como mostrado na Figura 5.12. As demonstrações dos dois teoremas são dadas no Apêndice A.

INVESTIGAÇÃO

Esboce o gráfico das funções inversas

$$f(x) = x^3$$

e

$$g(x) = x^{1/3}.$$

Calcule a inclinação de *f* em (1, 1), (2, 8) e (3, 27) e a inclinação de *g* em (1, 1), (8, 2) e (27, 3). O que você observa? O que acontece em (0, 0)?

TEOREMA 5.8 Continuidade e Diferenciabilidade das Funções Inversas

Seja *f* uma função cujo domínio é um intervalo *I*. Se *f* tem uma função inversa, então as seguintes afirmações são verdadeiras.

1. Se *f* é contínua no seu domínio, então f^{-1} é contínua no seu domínio.
2. Se *f* é crescente no seu domínio, então f^{-1} é crescente no seu domínio.
3. Se *f* é decrescente no seu domínio, então f^{-1} é decrescente no seu domínio.
4. Se *f* é diferenciável em *c* e $f'(c) \neq 0$, então f^{-1} é diferenciável em $f(c)$.

TEOREMA 5.9 A Derivada de uma Função Inversa

Seja *f* uma função que é diferenciável em um intervalo *I*. Se *f* tem uma função inversa *g*, então *g* é diferenciável em qualquer *x* para o qual $f'(g(x)) \neq 0$. Além disso,

$$g'(x) = \frac{1}{f'(g(x))}, \quad f'(g(x)) \neq 0.$$

EXEMPLO 5 Calculando a Derivada da Função Inversa

Seja $f(x) = \frac{1}{4}x^3 + x - 1$.

a. Qual é o valor de $f^{-1}(x)$ quando $x = 3$?

b. Qual é o valor de $(f^{-1})'(x)$ quando $x = 3$?

Solução Observe que *f* é injetora e portanto tem uma função inversa.

a. Como $f(x) = 3$ quando $x = 2$, você sabe que $f^{-1}(3) = 2$.

b. Como a função *f* é diferenciável e admite uma função inversa, você pode aplicar o Teorema 5.9 (com $g = f^{-1}$) para escrever

$$(f^{-1})'(3) = \frac{1}{f'(f^{-1}(3))} = \frac{1}{f'(2)}.$$

Além disso, usando $f'(x) = \frac{3}{4}x^2 + 1$, você pode concluir que

$$(f^{-1})'(3) = \frac{1}{f'(2)} = \frac{1}{\frac{3}{4}(2^2) + 1} = \frac{1}{4}.$$

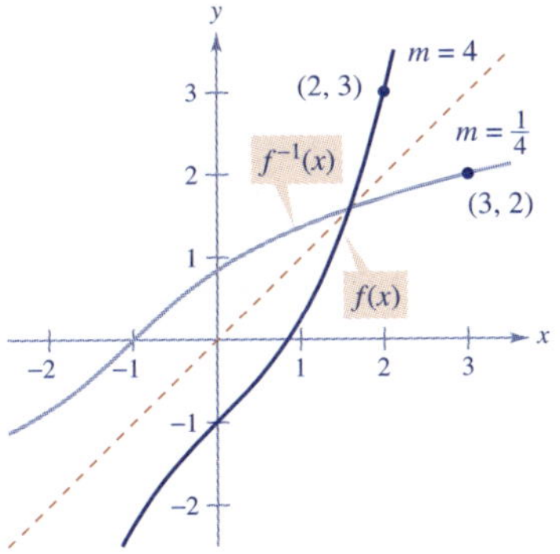

Os gráficos das funções f e f^{-1} têm inclinações recíprocas nos pontos (a, b) e (b, a).
Figura 5.17

No Exemplo 5, observe que no ponto (2, 3) a inclinação do gráfico de f é 4 e no ponto (3, 2) a inclinação do gráfico de f^{-1} é $\frac{1}{4}$ (veja a Figura 5.17). Essa relação recíproca (que provém do Teorema 5.9) pode ser escrita como mostrado abaixo.

Se $y = g(x) = f^{-1}(x)$, então $f(y) = x$ e $f'(y) = \dfrac{dx}{dy}$. O Teorema 5.9 diz que

$$g'(x) = \frac{dy}{dx} = \frac{1}{f'(g(x))} = \frac{1}{f'(y)} = \frac{1}{(dx/dy)}.$$

Assim $\quad \dfrac{dy}{dx} = \dfrac{1}{dx/dy}.$

EXEMPLO 6 Os Gráficos de Funções Inversas Têm Inclinações Recíprocas

Seja $f(x) = x^2$ (para $x \geq 0$) e seja $f^{-1}(x) = \sqrt{x}$. Mostre que a inclinação dos gráficos de f e de f^{-1} são recíprocos em cada um dos seguintes pontos:

a. (2, 4) e (4, 2) **b.** (3, 9) e (9, 3)

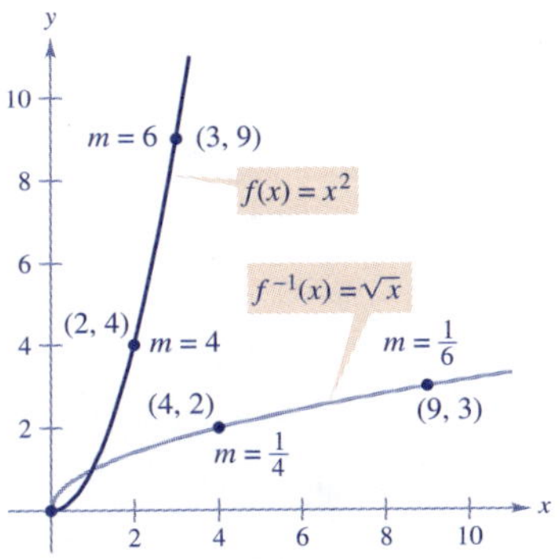

Em (0, 0), a derivada de f é 0 e a derivada de f^{-1} não existe.
Figura 5.18

Solução As derivadas de f e de f^{-1} são dadas por

$$f'(x) = 2x \qquad \text{e} \qquad (f^{-1})'(x) = \frac{1}{2\sqrt{x}}.$$

a. Em (2, 4), a inclinação do gráfico de f é $f'(2) = 2(2) = 4$. Em (4, 2), a inclinação do gráfico de f^{-1} é

$$(f^{-1})'(4) = \frac{1}{2\sqrt{4}} = \frac{1}{2(2)} = \frac{1}{4}.$$

b. Em (3, 9), a inclinação do gráfico de f é $f'(3) = 2(3) = 6$. Em (9, 3), a inclinação do gráfico de f^{-1} é

$$(f^{-1})'(9) = \frac{1}{2\sqrt{9}} = \frac{1}{2(3)} = \frac{1}{6}.$$

Assim, em ambos os casos, as inclinações são recíprocas como mostrado na Figura 5.18.

Exercícios da Seção 5.3

Nos Exercícios 1 a 8, mostre que f e g são funções inversas (a) analiticamente e (b) graficamente.

1. $f(x) = 5x + 1, \quad g(x) = (x - 1)/5$
2. $f(x) = 3 - 4x, \quad g(x) = (3 - x)/4$
3. $f(x) = x^3, \quad g(x) = \sqrt[3]{x}$
4. $f(x) = 1 - x^3, \quad g(x) = \sqrt[3]{1 - x}$
5. $f(x) = \sqrt{x - 4}, \quad g(x) = x^2 + 4, \quad x \geq 0$
6. $f(x) = 16 - x^2, \quad x \geq 0, \quad g(x) = \sqrt{16 - x}$
7. $f(x) = 1/x, \quad g(x) = 1/x$
8. $f(x) = \dfrac{1}{1 + x}, \quad x \geq 0, \quad g(x) = \dfrac{1 - x}{x}, \quad 0 < x \leq 1$

Nos Exercícios 9 a 12, faça uma correspondência do gráfico da função com o gráfico de sua inversa. [Os gráficos das funções inversas estão denotados como (a), (b), (c) e (d).]

Nos Exercícios 83 a 86, use as funções $f(x) = \frac{1}{8}x - 3$ e $g(x) = x^3$ para achar os valores dados.

83. $(f^{-1} \circ g^{-1})(1)$

84. $(g^{-1} \circ f^{-1})(-3)$

85. $(f^{-1} \circ f^{-1})(6)$

86. $(g^{-1} \circ g^{-1})(-4)$

Nos Exercícios 87 a 90, use as funções $f(x) = x + 4$ e $g(x) = 2x - 5$ para encontrar a função dada.

87. $g^{-1} \circ f^{-1}$

88. $f^{-1} \circ g^{-1}$

89. $(f \circ g)^{-1}$

90. $(g \circ f)^{-1}$

Questões Conceituais

91. Descreva como achar a função inversa de uma função injetora dada por uma equação em x e y. Dê um exemplo.

92. Descreva a relação entre o gráfico de uma função e o gráfico de sua função inversa.

Nos Exercícios 93 e 94, a derivada da função tem o mesmo sinal para todo x em seu domínio, mas a função não é injetora. Explique.

93. $f(x) = \operatorname{tg} x$

94. $f(x) = \dfrac{x}{x^2 - 4}$

95. ***Para Pensar*** A função $f(x) = k(2 - x - x^3)$ é injetora e $f^{-1}(3) = -2$. Encontre k.

96. (a) Mostre que $f(x) = 2x^3 + 3x^2 - 36x$ não é injetora em $(-\infty, \infty)$.

(b) Determine o maior valor de c tal que f seja injetora em $(-c, c)$.

97. Sejam f e g funções injetoras. Demonstre que (a) $f \circ g$ é injetora e (b) $(f \circ g)^{-1}(x) = (g^{-1} \circ f^{-1})(x)$.

98. Demonstre que, se f tem uma função inversa, então $(f^{-1})^{-1} = f$.

99. Demonstre que se uma função tem uma função inversa, então a função inversa é única.

100. Demonstre que uma função tem uma função inversa, se e somente se ela é injetora.

Verdadeiro ou Falso? **Nos Exercícios 101 a 104, determine se a afirmação é verdadeira ou falsa. Se for falsa, explique por que ou dê um exemplo mostrando que é falsa.**

101. Se f é uma função par, então f^{-1} existe.

102. Se a função inversa de f existe, então a intersecção do gráfico de f com o eixo y é igual à intersecção do gráfico de f^{-1} com o eixo x.

103. Se $f(x) = x^n$ onde n é ímpar, então f^{-1} existe.

104. Não existe função f tal que $f = f^{-1}$.

105. A recíproca da segunda parte do Teorema 5.7 é verdadeira? Isto é, se uma função for injetora, e portanto, tiver uma função inversa, então a função tem de ser estritamente monótona? Se sim, demonstre. Se não, dê um contra-exemplo.

106. Seja f uma função duas vezes diferenciável e injetora em um intervalo aberto I. Mostre que sua função inversa g satisfaz

$$g''(x) = -\frac{f''(g(x))}{[f'(g(x))]^3}.$$

Se f é crescente e tem concavidade para baixo, qual é a concavidade de $f^{-1} = g$?

107. Se $f(x) = \displaystyle\int_2^x \frac{dt}{\sqrt{1 + t^4}}$, calcule $(f^{-1})'(0)$.

108. Mostre que $f(x) = \displaystyle\int_2^x \sqrt{1 + t^2}\, dt$ é injetora e calcule $(f^{-1})'(0)$.

109. Seja $y = \dfrac{x - 2}{x - 1}$. Mostre que y é sua própria função inversa. O que você pode concluir sobre o gráfico de f? Explique.

Seção 5.4 Funções Exponenciais: Diferenciação e Integração

- **Desenvolver propriedades da função exponencial natural.**
- **Derivar funções exponenciais naturais.**
- **Integrar funções exponenciais naturais.**

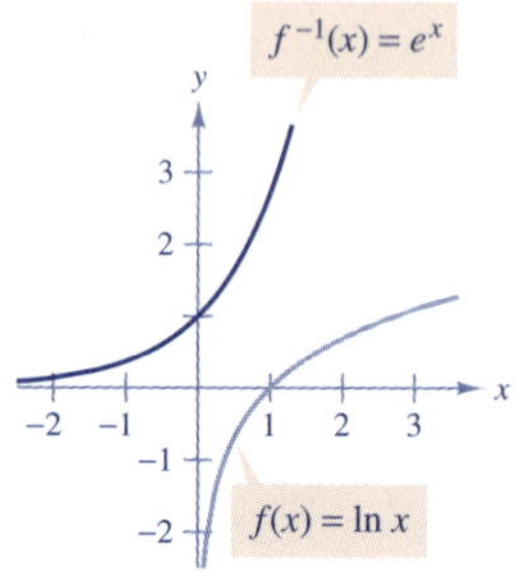

A função inversa da função logaritmo natural é a função exponencial natural.
Figura 5.19

A Função Exponencial Natural

A função $f(x) = \ln x$ é crescente no seu domínio todo e, portanto, ela tem uma função inversa f^{-1}. O domínio de f^{-1} é o conjunto de todos os reais e a imagem é o conjunto dos reais positivos, como mostrado na Figura 5.19. Assim, para qualquer número real x,

$$f(f^{-1}(x)) = \ln[f^{-1}(x)] = x. \qquad x \text{ é qualquer número real}$$

Se x for racional, então

$$\ln(e^x) = x \ln e = x(1) = x. \qquad x \text{ é um número racional}$$

Como a função logarítmica natural é injetora, podemos concluir que $f^{-1}(x)$ e e^x coincidem para valores *racionais* de x. A definição a seguir amplia o significado de e^x para incluir *todos* os valores reais de x.

Definição da Função Exponencial Natural

A função inversa da função logaritmo natural $f(x) = \ln x$ é chamada **função exponencial natural** e é representada por

$$f^{-1}(x) = e^x.$$

Isto é,

$$y = e^x \quad \text{se e somente se} \quad x = \ln y.$$

O NÚMERO e

O símbolo *e* foi pela primeira vez usado pelo matemático Leonhard Euler para representar a base do logaritmo natural em uma carta a outro matemático, Christian Goldbach, em 1731.

A relação inversa entre a função logaritmo natural e a função exponencial natural pode ser resumida da seguinte forma.

$$\ln(e^x) = x \quad \text{e} \quad e^{\ln x} = x \qquad \text{Relação inversa}$$

EXEMPLO 1 Resolvendo Equações Exponenciais

Resolva $7 = e^{x+1}$.

Solução Podemos converter da forma exponencial para a forma logarítmica *calculando o logaritmo natural em ambos os membros* da equação.

$$\begin{aligned} 7 &= e^{x+1} && \text{Escreva a equação original} \\ \ln 7 &= \ln(e^{x+1}) && \text{Calcule o logaritmo natural de cada lado} \\ \ln 7 &= x + 1 && \text{Aplique a propriedade inversa} \\ -1 + \ln 7 &= x && \text{Resolva para } x \\ 0{,}946 &= x && \text{Use uma calculadora} \end{aligned}$$

Verifique a solução na equação original.

EXEMPLO 2 Resolvendo uma Equação Logarítmica

Resolva $\ln(2x - 3) = 5$.

Solução Para converter da forma logarítmica para a forma exponencial, podemos *calcular a exponencial em cada membro* da equação logarítmica.

$$\begin{aligned} \ln(2x - 3) &= 5 && \text{Escreva a equação original} \\ e^{\ln(2x-3)} &= e^5 && \text{Exponencie de cada lado} \\ 2x - 3 &= e^5 && \text{Aplique a propriedade inversa} \\ x &= \tfrac{1}{2}(e^5 + 3) && \text{Resolva para } x \\ x &\approx 75{,}707 && \text{Use uma calculadora} \end{aligned}$$

As regras usuais para operações com expoentes racionais podem ser estendidas à função exponencial natural, como mostrado no seguinte teorema:

TEOREMA 5.10 Operações com Funções Exponenciais

Sejam *a* e *b* números reais quaisquer.

1. $e^a e^b = e^{a+b}$
2. $\dfrac{e^a}{e^b} = e^{a-b}$

EXEMPLO 6 Ações Negociadas

O número y de ações negociadas (em milhões) na New York Stock Exchange entre 1990 e 2002 pode ser modelado por

$$y = 36.663e^{0,1902t}$$

onde t representa o ano, com $t = 0$ correspondente ao ano de 1990. A que taxa estava variando o número de ações negociadas em 1998? (*Fonte: New York Stock Exchange, Inc.*)

Solução A derivada do modelo dado é

$$y' = (0,1902)(36.663)e^{0,1902t}$$
$$\approx 6973e^{0,1902t}.$$

Calculando a derivada quando $t = 8$, podemos concluir que a taxa de variação em 1998 foi de aproximadamente

31.933 milhões de ações por ano.

O gráfico desse modelo é mostrado na Figura 5.23.

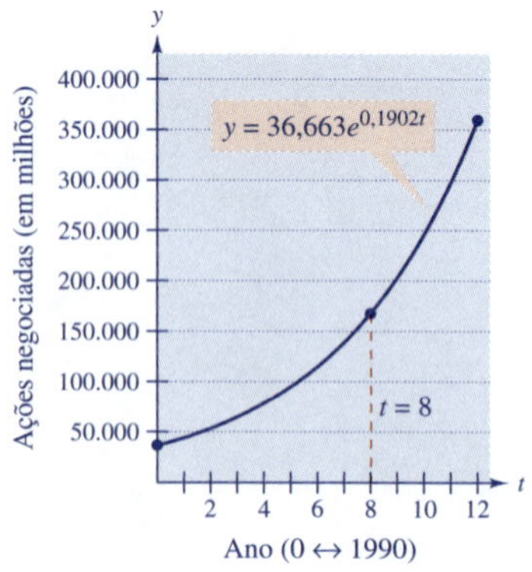

Figura 5.23

Integrais das Funções Exponenciais

Cada fórmula de diferenciação no Teorema 5.11 tem uma fórmula de integração correspondente.

TEOREMA 5.12 Regras de Integração para as Funções Exponenciais

Seja u uma função diferenciável em x.

1. $\int e^x dx = e^x + C$ **2.** $\int e^u du = e^u + C$

EXEMPLO 7 Integrando Funções Exponenciais

Encontre $\int e^{3x+1} dx$.

Solução Se você fizer $u = 3x + 1$, então $du = 3\,dx$.

$$\int e^{3x+1}dx = \frac{1}{3}\int e^{3x+1}(3)\,dx \qquad \text{Multiplique e divida por 3}$$

$$= \frac{1}{3}\int e^u\,du \qquad \text{Substitua: } u = 3x + 1$$

$$= \frac{1}{3}e^u + C \qquad \text{Aplique a Regra da Exponencial}$$

$$= \frac{e^{3x+1}}{3} + C \qquad \text{Substitua de volta}$$

OBSERVAÇÃO No Exemplo 7, o fator *constante* 3 que faltava foi introduzido para criar $du = 3\,dx$. Entretanto, lembre-se de que você não pode introduzir um fator *variável* que falte no integrando. Por exemplo,

$$\int e^{-x^2}\,dx \neq \frac{1}{x}\int e^{-x^2}(x\,dx).$$

EXEMPLO 8 Integrando Funções Exponenciais

Encontre $\int 5xe^{-x^2}\,dx$.

Solução Fazendo $u = -x^2$, obtemos $du = -2x\,dx$ ou $x\,dx = -du/2$.

$$\int 5xe^{-x^2}dx = \int 5e^{-x^2}(x\,dx) \qquad \text{Reagrupe o integrando}$$

$$= \int 5e^{u}\left(-\frac{du}{2}\right) \qquad \text{Substitua: } u = -x^2$$

$$= -\frac{5}{2}\int e^{u}\,du \qquad \text{Regra da Multiplicação por Constante}$$

$$= -\frac{5}{2}e^{u} + C \qquad \text{Aplique a Regra da Exponencial}$$

$$= -\frac{5}{2}e^{-x^2} + C \qquad \text{Substitua de volta}$$

EXEMPLO 9 Integrando Funções Exponenciais

a. $$\int \frac{e^{1/x}}{x^2}\,dx = -\int \overbrace{e^{1/x}}^{e^u}\overbrace{\left(-\frac{1}{x^2}\right)dx}^{du} \qquad u = \frac{1}{x}$$

$$= -e^{1/x} + C$$

b. $$\int \operatorname{sen} x\, e^{\cos x}\,dx = -\int \overbrace{e^{\cos x}}^{e^u}\overbrace{(-\operatorname{sen} x\,dx)}^{du} \qquad u = \cos x$$

$$= -e^{\cos x} + C$$

EXEMPLO 10 Calculando Áreas de Regiões Limitadas por Funções Exponenciais

Calcule cada integral definida.

a. $\int_0^1 e^{-x}\,dx$ **b.** $\int_0^1 \frac{e^x}{1+e^x}\,dx$ **c.** $\int_{-1}^0 [e^x\cos(e^x)]\,dx$

Solução

a. $$\int_0^1 e^{-x}\,dx = -e^{-x}\Big]_0^1 \qquad \text{Veja a Figura 5.24(a)}$$

$$= -e^{-1} - (-1)$$

$$= 1 - \frac{1}{e}$$

$$\approx 0{,}632$$

b. $$\int_0^1 \frac{e^x}{1+e^x}\,dx = \ln(1+e^x)\Big]_0^1 \qquad \text{Veja a Figura 5.24(b)}$$

$$= \ln(1+e) - \ln 2$$

$$\approx 0{,}620$$

cresce a uma taxa máxima quando $y = L/2$.

76. ***Redação*** Considere a função $f(x) = \dfrac{2}{1 + e^{1/x}}$.

(a) Use uma ferramenta gráfica para desenhar o gráfico de f.

(b) Escreva um parágrafo curto explicando por que o gráfico tem uma assíntota horizontal em $y = 1$ e por que a função tem uma descontinuidade não removível em $x = 0$.

77. Encontre um ponto no gráfico da função $f(x) = e^{2x}$ tal que a reta tangente ao gráfico naquele ponto passe pela origem. Use uma ferramenta gráfica para desenhar o gráfico da função e da reta tangente na mesma janela.

78. Encontre o ponto no gráfico de $y = e^{-x}$ onde a reta normal à curva passa pela origem do sistema. (Use o Método de Newton ou os recursos de *zero* ou *raiz* da ferramenta gráfica.)

79. ***Depreciação*** O valor V de um item t anos após sua compra é $V = 15.000e^{-0.6286t}$, $0 \leq t \leq 10$.

(a) Use uma ferramenta gráfica para desenhar o gráfico da função.

(b) Encontre a taxa de variação de V em relação a t quando $t = 1$ e $t = 5$.

(c) Use uma ferramenta gráfica para desenhar o gráfico da reta tangente à função quando $t = 1$ e $t = 5$.

80. ***Movimento Harmônico*** O deslocamento a partir do equilíbrio de uma massa oscilando na extremidade de uma mola suspensa no teto é

$$y = 1{,}56e^{-0{,}22t}\cos 4{,}9t$$

onde y é o deslocamento em pés e t é o tempo em segundos. Use uma ferramenta gráfica para desenhar o gráfico da função deslocamento no intervalo $[0, 10]$. Encontre o valor de t após o qual o deslocamento é menor do que 3 polegadas a partir do equilíbrio.

81. ***Modelando Dados*** Um meteorologista mede a pressão atmosférica P (em quilogramas por metro quadrado) na altitude h (em quilômetros). Os dados são mostrados abaixo.

h	0	5	10	15	20
P	10.332	5583	2376	1240	517

(a) Use uma ferramenta gráfica para marcar os pontos $(h, \ln P)$. Use os recursos de regressão da ferramenta gráfica para encontrar um modelo linear para os pontos dados.

(b) A reta na parte (a) tem a forma

$$\ln P = ah + b.$$

Escreva a equação na forma exponencial.

(c) Use uma ferramenta gráfica para marcar os dados originais e desenhar o gráfico do modelo exponencial da parte (b).

(d) Encontre a taxa de variação da pressão quando $h = 5$ e $h = 18$.

82. ***Modelando Dados*** A tabela relaciona o valor aproximado V de um automóvel tamanho médio para os anos de 1997 até 2003. A variável t representa o tempo em anos, com $t = 7$ correspondente ao ano de 1997.

t	7	8	9	10
V	\$17.040	\$14.590	\$12.845	\$10.995

t	11	12	13
V	\$9220	\$8095	\$6835

(a) Use um sistema de manipulação algébrica para encontrar modelos linear e quadrático para os dados. Marque os pontos e desenhe os modelos.

(b) O que o coeficiente angular no modelo linear da parte (a) representa?

(c) Use um sistema de manipulação algébrica para ajustar um modelo exponencial aos dados.

(d) Determine a assíntota horizontal do modelo exponencial encontrado na parte (c). Interprete seu significado no contexto do problema.

(e) Encontre a taxa de decréscimo no valor do automóvel quando $t = 8$ e $t = 12$ usando o modelo exponencial.

Aproximações Linear e Quadrática **Nos Exercícios 83 e 84, use uma ferramenta gráfica para desenhar o gráfico da função. A seguir, desenhe os gráficos de**

$$P_1(x) = f(0) + f'(0)(x - 0)$$

e

$$P_2(x) = f(0) + f'(0)(x - 0) + \tfrac{1}{2}f''(0)(x - 0)^2$$

na mesma janela. Compare os valores de f, P_1, e P_2 e suas derivadas de primeira ordem em $x = 0$.

83. $f(x) = e^{x/2}$

84. $f(x) = e^{-x^2/2}$

Nos Exercícios 85 a 98, encontre a integral definida.

85. $\displaystyle\int e^{5x}(5)\,dx$

86. $\displaystyle\int e^{-x^4}(-4x^3)\,dx$

87. $\displaystyle\int \frac{e^{\sqrt{x}}}{\sqrt{x}}\,dx$

88. $\displaystyle\int \frac{e^{1/x^2}}{x^3}\,dx$

89. $\displaystyle\int \frac{e^{-x}}{1 + e^{-x}}\,dx$

90. $\displaystyle\int \frac{e^{2x}}{1 + e^{2x}}\,dx$

91. $\displaystyle\int e^x\sqrt{1 - e^x}\,dx$

92. $\displaystyle\int \frac{e^x - e^{-x}}{e^x + e^{-x}}\,dx$

93. $\displaystyle\int \frac{e^x + e^{-x}}{e^x - e^{-x}}\,dx$

94. $\displaystyle\int \frac{2e^x - 2e^{-x}}{(e^x + e^{-x})^2}\,dx$

95. $\displaystyle\int \frac{5 - e^x}{e^{2x}}\,dx$

96. $\displaystyle\int \frac{e^{2x} + 2e^x + 1}{e^x}\,dx$

97. $\displaystyle\int e^{-x}\operatorname{tg}(e^{-x})\,dx$

98. $\displaystyle\int \ln(e^{2x-1})\,dx$

Nos Exercícios 99 a 106, calcule a integral definida. Use uma ferramenta gráfica para verificar seu resultado.

99. $\displaystyle\int_0^1 e^{-2x}\,dx$

100. $\displaystyle\int_3^4 e^{3-x}\,dx$

101. $\displaystyle\int_0^1 xe^{-x^2}\,dx$

102. $\displaystyle\int_{-2}^0 x^2 e^{x^3/2}\,dx$

103. $\int_1^3 \frac{e^{3/x}}{x^2}\,dx$ **104.** $\int_0^{\sqrt{2}} xe^{-(x^2/2)}\,dx$

105. $\int_0^{\pi/2} e^{\operatorname{sen}\pi x}\cos \pi x\,dx$ **106.** $\int_{\pi/3}^{\pi/2} e^{\sec 2x}\sec 2x \operatorname{tg} 2x\,dx$

Equações Diferenciais **Nos Exercícios 107 e 108, resolva a equação diferencial.**

107. $\frac{dy}{dx} = xe^{ax^2}$ **108.** $\frac{dy}{dx} = (e^x - e^{-x})^2$

Equações Diferenciais **Nos Exercícios 109 e 110, encontre a solução particular que satisfaz as condições iniciais.**

109. $f''(x) = \frac{1}{2}(e^x + e^{-x})$, $f(0) = 1,\ f'(0) = 0$ **110.** $f''(x) = \operatorname{sen} x + e^{2x}$, $f(0) = \frac{1}{4},\ f'(0) = \frac{1}{2}$

Campo de Direções **Nos Exercícios 111 e 112, são dados uma equação diferencial, um ponto e um campo de direções. (a) Esboce duas soluções aproximadas da equação diferencial no campo de direções, uma das quais passando pelo ponto dado. (b) Use integração para determinar a solução particular da equação diferencial e use uma ferramenta gráfica para desenhar o gráfico da solução. Compare o resultado obtido com os esboços da parte (a). Para imprimir uma cópia ampliada do gráfico consulte *www.mathgraphs.com*.**

111. $\frac{dy}{dx} = 2e^{-x/2}$, $(0, 1)$ **112.** $\frac{dy}{dx} = xe^{-0,2x^2}$, $\left(0, -\frac{3}{2}\right)$

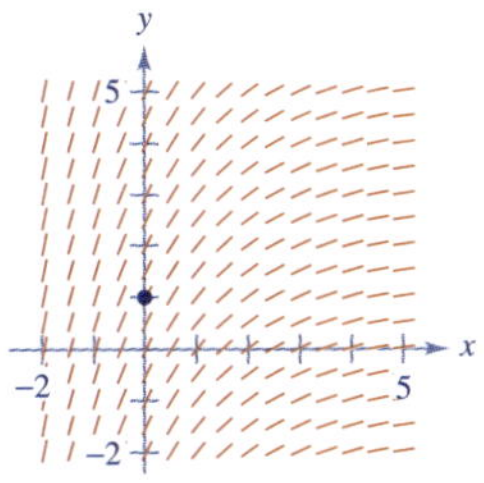

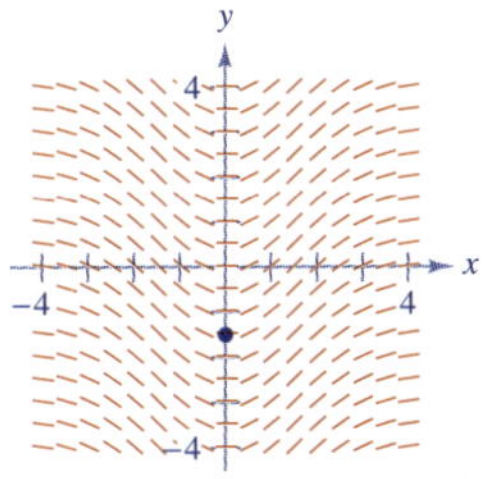

Área **Nos Exercícios 113 a 116, encontre a área da região limitada pelos gráficos das equações. Use uma ferramenta gráfica para desenhar a região e verificar o resultado obtido.**

113. $y = e^x, y = 0, x = 0, x = 5$

114. $y = e^{-x}, y = 0, x = a, x = b$

115. $y = xe^{-x^2/4}, y = 0, x = 0, x = \sqrt{6}$

116. $y = e^{-2x} + 2, y = 0, x = 0, x = 2$

Integração Numérica **Nos Exercícios 117 e 118, aproxime a integral usando a Regra do Ponto Médio, Regra dos Trapézios e Regra de Simpson com $n = 12$. Use uma ferramenta gráfica para desenhar a região e verificar seu resultado.**

117. $\int_0^4 \sqrt{x}\,e^x\,dx$ **118.** $\int_0^2 2xe^{-x}\,dx$

119. ***Probabilidade*** A bateria de um automóvel tem a vida média de 48 meses com um desvio padrão de 6 meses. O tempo de vida da bateria segue uma distribuição normal. A probabilidade que uma certa bateria dure entre 48 e 60 meses é

$$0{,}0665 \int_{48}^{60} e^{-0{,}0139(t-48)^2}\,dt.$$

Use os recursos de integração de uma ferramenta gráfica para aproximar o resultado da integral. Interprete a probabilidade resultante.

120. ***Probabilidade*** O tempo médio de espera (em minutos) das pessoas em uma loja de conveniência é dado pela solução da equação

$$\int_0^x 0{,}3e^{-0{,}3t}\,dt = \frac{1}{2}.$$

Resolva a equação.

121. Dado que $e^x \geq 1$ para $x \geq 0$, segue que

$$\int_0^x e^t\,dt \geq \int_0^x 1\,dt.$$

Faça a integração e depois deduza a desigualdade $e^x \geq 1 + x$ para $x \geq 0$.

122. ***Modelando Dados*** Uma válvula em um tanque de armazenamento é aberta por 4 horas para liberar um produto químico em um processo de manufatura. A taxa de fluxo R (em litros por hora) no tempo t (em horas) é dada na tabela.

t	0	1	2	3	4
R	425	240	118	71	36

(a) Use os recursos de regressão de uma ferramenta gráfica para encontrar um modelo linear para os pontos $(t, \ln R)$. Escreva a equação resultante do tipo $\ln R = at + b$ na forma exponencial.

(b) Use uma ferramenta gráfica para marcar os dados e desenhar o gráfico do modelo exponencial.

(c) Use a integral definida para aproximar a quantidade de litros do produto químico liberado durante as 4 horas.

Questões Conceituais

123. Com suas próprias palavras, enuncie as propriedades da função exponencial natural.

124. Descreva a relação entre os gráficos de $f(x) = \ln x$ e $g(x) = e^x$.

125. Existe uma função f, tal que $f(x) = f'(x)$? Se sim, identifique-a.

126. Sem efetuar a integração, enuncie a fórmula de integração que você pode usar para calcular cada integral abaixo.

(a) $\int \frac{e^x}{e^x + 1}\,dx$ (b) $\int xe^{x^2}\,dx$

127. Encontre, com três casas decimais, o valor de x tal que $e^{-x} = x$. (Use o Método de Newton ou os recursos de *zero* ou *raíz* de uma ferramenta gráfica.)

Solução

a. Para resolver essa equação, podemos aplicar o logaritmo na base 3 aos dois lados da equação.

$$3^x = \frac{1}{81}$$
$$\log_3 3^x = \log_3 \frac{1}{81}$$
$$x = \log_3 3^{-4}$$
$$x = -4$$

b. Para resolver essa equação, podemos aplicar a função exponencial na base 2 aos dois lados da equação.

$$\log_2 x = -4$$
$$2^{\log_2 x} = 2^{-4}$$
$$x = \frac{1}{2^4}$$
$$x = \frac{1}{16}$$

Diferenciação e Integração

Para diferenciar funções logarítmicas e exponenciais em outras bases, você tem três opções: (1) usar a definição de a^x e $\log_a x$ e diferenciar usando as regras para as funções logarítmica e exponencial naturais, (2) usar diferenciação logarítmica ou (3) usar as seguintes regras de diferenciação para bases distintas de e.

TEOREMA 5.13 Derivadas para Bases Distintas de *e*

Seja a um número real positivo ($a \neq 1$) e seja u uma função diferenciável de x.

1. $\frac{d}{dx}[a^x] = (\ln a)a^x$

2. $\frac{d}{dx}[a^u] = (\ln a)a^u \frac{du}{dx}$

3. $\frac{d}{dx}[\log_a x] = \frac{1}{(\ln a)x}$

4. $\frac{d}{dx}[\log_a u] = \frac{1}{(\ln a)u}\frac{du}{dx}$

Demonstração Pela definição, $a^x = e^{(\ln a)x}$. Portanto, podemos provar a primeira regra fazendo $u = (\ln a)x$ e diferenciando com base e para obter

$$\frac{d}{dx}[a^x] = \frac{d}{dx}[e^{(\ln a)x}] = e^u \frac{du}{dx} = e^{(\ln a)x}(\ln a) = (\ln a)a^x.$$

Para provar a terceira regra, podemos escrever

$$\frac{d}{dx}[\log_a x] = \frac{d}{dx}\left[\frac{1}{\ln a}\ln x\right] = \frac{1}{\ln a}\left(\frac{1}{x}\right) = \frac{1}{(\ln a)x}.$$

A segunda e quarta regras são simplesmente versões com a Regra da Cadeia da primeira e terceira regras.

OBSERVAÇÃO Essas regras de diferenciação são similares àquelas da função exponencial natural e função logarítmica natural. De fato, elas diferem somente pelas constantes $\ln a$ e $1/\ln a$. Isso mostra por que, no cálculo, e é a base mais conveniente.

EXEMPLO 3 Diferenciando Funções em Outras Bases

Calcule a derivada de cada função.

a. $y = 2^x$

b. $y = 2^{3x}$

c. $y = \log_{10} \cos x$

Solução

a. $y' = \dfrac{d}{dx}[2^x] = (\ln 2)2^x$

b. $y' = \dfrac{d}{dx}[2^{3x}] = (\ln 2)2^{3x}(3) = (3\ln 2)2^{3x}$

Tente escrever 2^{3x} como 8^x e diferencie para ver que você obtém o mesmo resultado.

c. $y' = \dfrac{d}{dx}[\log_{10} \cos x] = \dfrac{-\operatorname{sen} x}{(\ln 10)\cos x} = -\dfrac{1}{\ln 10} \operatorname{tg} x$

Ocasionalmente, um integrando envolve uma função exponencial em uma base diferente de e. Quando isso ocorre, há duas opções: (1) converter para base e usando a fórmula $a^x = e^{(\ln a)x}$ e então integrar, ou (2) integrar diretamente usando a fórmula de integração

$$\int a^x\,dx = \left(\frac{1}{\ln a}\right)a^x + C$$

(que vem do Teorema 5.13).

EXEMPLO 4 Integrando uma Função Exponencial em Outra Base

Encontre $\int 2^x\,dx$.

Solução

$$\int 2^x\,dx = \frac{1}{\ln 2}2^x + C$$

Quando a Regra da Potência, $D_x[x^n] = nx^{n-1}$, foi introduzida no Capítulo 2, o expoente n deveria ser um número racional. Agora a regra é estendida para englobar qualquer valor de n. Tente provar esse teorema utilizando diferenciação logarítmica.

TEOREMA 5.14 A Regra da Potência para Expoentes Reais

Seja n qualquer número real e u uma função diferenciável de x.

1. $\dfrac{d}{dx}[x^n] = nx^{n-1}$

2. $\dfrac{d}{dx}[u^n] = nu^{n-1}\dfrac{du}{dx}$

O próximo exemplo compara as derivadas de quatro tipos de funções. Cada função utiliza uma fórmula de diferenciação diferente, conforme a base e o expoente sejam constantes ou variáveis.

EXEMPLO 5 Comparando Variáveis e Constantes

a. $\dfrac{d}{dx}[e^e] = 0$ Regra da Constante

c. Quando $t = 10$, $y = \dfrac{1{,}25}{1 + 0{,}25e^{-0{,}4(10)}}$

$\approx 1{,}244$ g.

d. Finalmente, aplicando o limite para t tendendo ao infinito, obtém-se

$$\lim_{t\to\infty} \frac{1{,}25}{1 + 0{,}25e^{-0{,}4t}} = \frac{1{,}25}{1 + 0} = 1{,}25 \text{ g}.$$

O gráfico da função é mostrado na Figura 5.27.

Exercícios da Seção 5.5

Nos Exercícios 1 a 4, calcule a expressão sem usar a calculadora.

1. $\log_2 \frac{1}{8}$

2. $\log_{27} 9$

3. $\log_7 1$

4. $\log_a \dfrac{1}{a}$

Nos Exercícios 5 a 8, escreva a equação exponencial como uma equação logarítmica ou vice-versa.

5. (a) $2^3 = 8$
(b) $3^{-1} = \frac{1}{3}$

6. (a) $27^{2/3} = 9$
(b) $16^{3/4} = 8$

7. (a) $\log_{10} 0.01 = -2$
(b) $\log_{0.5} 8 = -3$

8. (a) $\log_3 \frac{1}{9} = -2$
(b) $49^{1/2} = 7$

Nos Exercícios 9 a 14, esboce o gráfico da função à mão.

9. $y = 3^x$

10. $y = 3^{x-1}$

11. $y = \left(\frac{1}{3}\right)^x$

12. $y = 2^{x^2}$

13. $h(x) = 5^{x-2}$

14. $y = 3^{-|x|}$

Nos Exercícios 15 a 20, resolva para *x* ou *b*.

15. (a) $\log_{10} 1000 = x$
(b) $\log_{10} 0.1 = x$

16. (a) $\log_3 \frac{1}{81} = x$
(b) $\log_6 36 = x$

17. (a) $\log_3 x = -1$
(b) $\log_2 x = -4$

18. (a) $\log_b 27 = 3$
(b) $\log_b 125 = 3$

19. (a) $x^2 - x = \log_5 25$
(b) $3x + 5 = \log_2 64$

20. (a) $\log_3 x + \log_3(x - 2) = 1$
(b) $\log_{10}(x + 3) - \log_{10} x = 1$

Nos Exercícios 21 a 30, resolva a equação com precisão de três casas decimais.

21. $3^{2x} = 75$

22. $5^{6x} = 8320$

23. $2^{3-z} = 625$

24. $3(5^{x-1}) = 86$

25. $\left(1 + \dfrac{0.09}{12}\right)^{12t} = 3$

26. $\left(1 + \dfrac{0.10}{365}\right)^{365t} = 2$

27. $\log_2(x - 1) = 5$

28. $\log_{10}(t - 3) = 2.6$

29. $\log_3 x^2 = 4.5$

30. $\log_5 \sqrt{x - 4} = 3.2$

Nos Exercícios 31 a 34, use uma ferramenta gráfica para desenhar o gráfico da função e aproximar seu(s) zero(s) com precisão de três casas decimais.

31. $g(x) = 6(2^{1-x}) - 25$

32. $f(t) = 300(1{,}0075^{12t}) - 735{,}41$

33. $h(s) = 32 \log_{10}(s - 2) + 15$

34. $g(x) = 1 - 2 \log_{10}[x(x - 3)]$

Nos Exercícios 35 e 36, verifique que as funções são funções inversas uma da outra esboçando seus gráficos no mesmo conjunto de eixos coordenados.

35. $f(x) = 4^x$
$g(x) = \log_4 x$

36. $f(x) = 3^x$
$g(x) = \log_3 x$

Nos Exercícios 37 a 48, encontre a derivada da função.

37. $f(x) = 4^x$

38. $y = x(6^{-2x})$

39. $g(t) = t^2 2^t$

40. $f(t) = \dfrac{3^{2t}}{t}$

41. $h(\theta) = 2^{-\theta} \cos \pi\theta$

42. $g(\alpha) = 5^{-\alpha/2} \operatorname{sen} 2\alpha$

43. $f(x) = \log_2 \dfrac{x^2}{x - 1}$

44. $h(x) = \log_3 \dfrac{x\sqrt{x - 1}}{2}$

45. $y = \log_5 \sqrt{x^2 - 1}$

46. $y = \log_{10} \dfrac{x^2 - 1}{x}$

47. $g(t) = \dfrac{10 \log_4 t}{t}$

48. $f(t) = t^{3/2} \log_2 \sqrt{t + 1}$

Nos Exercícios 49 a 52, encontre uma equação da reta tangente ao gráfico da função no ponto dado.

49. $y = 2^{-x}$, $(-1, 2)$

50. $y = 5^{x-2}$, $(2, 1)$

51. $y = \log_3 x$, $(27, 3)$

52. $y = \log_{10} 2x$, $(5, 1)$

Nos Exercícios 53 a 56, use diferenciação logarítmica para encontrar dy/dx.

53. $y = x^{2/x}$

54. $y = x^{x-1}$

55. $y = (x - 2)^{x+1}$

56. $y = (1 + x)^{1/x}$

Nos Exercícios 57 a 60, encontre uma equação da reta tangente ao gráfico da função no ponto dado.

57. $y = x^{\operatorname{sen} x}$, $\left(\dfrac{\pi}{2}, \dfrac{\pi}{2}\right)$

58. $y = (\operatorname{sen} x)^{2x}$, $\left(\dfrac{\pi}{2}, 1\right)$

59. $y = (\ln x)^{\cos x}$, $(e, 1)$

60. $y = x^{1/x}$, $(1, 1)$

Nos Exercícios 61 a 66, encontre a integral.

61. $\int 3^x \, dx$

62. $\int 5^{-x} \, dx$

63. $\int x(5^{-x^2}) \, dx$

64. $\int (3-x)7^{(3-x)^2} \, dx$

65. $\int \frac{3^{2x}}{1+3^{2x}} \, dx$

66. $\int 2^{\text{sen}\, x} \cos x \, dx$

Nos Exercícios 67 a 70, calcule a integral.

67. $\int_{-1}^{2} 2^x \, dx$

68. $\int_{-2}^{2} 4^{x/2} \, dx$

69. $\int_{0}^{1} (5^x - 3^x) \, dx$

70. $\int_{1}^{e} (6^x - 2^x) \, dx$

Área **Nos Exercícios 71 e 72, encontre a área da região limitada pelos gráficos das equações.**

71. $y = 3^x, y = 0, x = 0, x = 3$

72. $y = 3^{\cos x} \sin x, y = 0, x = 0, x = \pi$

Campo de Direções **Nos Exercícios 73 e 74, são dados uma equação diferencial, um ponto e um campo de direções. (a) Esboce duas soluções aproximadas da equação diferencial no campo de direções, uma das quais passando pelo ponto dado. (b) Use integração para determinar a solução particular da equação diferencial e use uma ferramenta gráfica para desenhar o gráfico da solução. Compare o resultado obtido com os esboços da parte (a). (Para imprimir uma cópia ampliada do gráfico consulte *www.mathgraphs.com*.)**

73. $\frac{dy}{dx} = 0{,}4^{x/3}, \quad \left(0, \frac{1}{2}\right)$

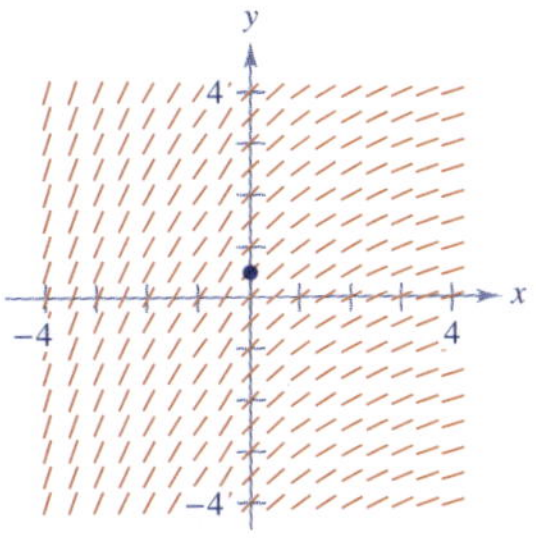

74. $\frac{dy}{dx} = e^{\text{sen}\, x} \cos x, \quad (\pi, 2)$

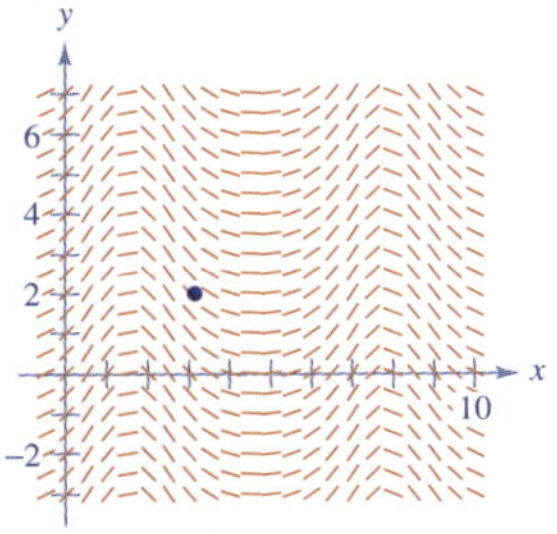

Questões Conceituais

75. A tabela de valores abaixo foi obtida calculando uma função. Determine qual das sentenças pode ser verdadeira e qual deve ser falsa e explique por quê.

(a) y é uma função exponencial de x.

(b) y é uma função logarítmica de x.

(c) x é uma função exponencial de y.

(d) y é uma função linear de x.

x	1	2	8
y	0	1	3

Questões Conceituais (Continuação)

76. Considere a função $f(x) = \log_{10} x$.

(a) Qual é o domínio de f?

(b) Encontre f^{-1}.

(c) Se x é um número real entre 1000 e 10.000, determine o intervalo no qual $f(x)$ será encontrada.

(d) Determine o intervalo no qual x será encontrado se $f(x)$ for negativa.

(e) Se $f(x)$ for aumentada de uma unidade, x deve ser aumentado por que fator?

(f) Encontre a razão entre x_1 e x_2, dado que $f(x_1) = 3n$ e $f(x_2) = n$.

77. Ordenar as funções

$$f(x) = \log_2 x, \; g(x) = x^x, \; h(x) = x^2 \text{ e } k(x) = 2^x$$

da que tem a maior taxa de crescimento para a que tem a menor taxa de crescimento para valores grandes de x.

78. Encontre a derivada de cada função, dado que a é constante.

(a) $y = x^a$ (b) $y = a^x$

(c) $y = x^x$ (d) $y = a^a$

79. ***Inflação*** Se a taxa anual média de inflação é 5% para os próximos 10 anos, o custo aproximado C de bens ou serviços durante qualquer ano nessa década é

$$C(t) = P(1.05)^t$$

onde t é o tempo em anos e P é o custo atual.

(a) O preço para troca de óleo de seu carro é atualmente de \$24,95. Estime o preço daqui a 10 anos.

(b) Encontre a taxa de variação de C em relação a t quando $t = 1$ e $t = 8$.

(c) Verifique que a taxa de variação de C é proporcional à C. Qual é a constante de proporcionalidade?

80. ***Depreciação*** Depois de t anos, o valor de um carro comprado por \$20.000 é

$$V(t) = 20.000\left(\frac{3}{4}\right)^t.$$

(a) Use uma ferramenta gráfica para desenhar o gráfico da função e determine o valor do carro 2 anos depois da compra.

(b) Encontre as taxas de variação de V em relação a t quando $t = 1$ e $t = 4$.

(c) Use uma ferramenta gráfica para desenhar o gráfico de $V'(t)$ e determinar a assíntota horizontal de $V'(t)$. Interprete seu significado no contexto do problema.

Juros Compostos **Nos Exercícios 81 a 84, complete a tabela para determinar o balanço A para P dólares investidos à taxa r por t anos e composto n vezes por ano.**

n	1	2	4	12	365	Composto continuamente
A						

Projeto da Seção: Utilizando Ferramentas Gráficas para Estimar Inclinação

Seja $f(x) = \begin{cases} |x|^x, & x \neq 0 \\ 1, & x = 0. \end{cases}$

(a) Use uma ferramenta gráfica para desenhar o gráfico de f na janela $-3 \leq x \leq 3$, $-2 \leq y \leq 2$. Qual é o domínio de f?

(b) Use os recursos de *zoom* e *trace* da ferramenta gráfica para estimar

$$\lim_{x \to 0} f(x).$$

(c) Escreva um pequeno parágrafo explicando por que a função f é contínua para todos os números reais.

(d) Visualmente, estime a inclinação de f no ponto (0, 1).

(e) Explique por que a derivada de uma função pode ser aproximada pela fórmula

$$\frac{f(x + \Delta x) - f(x - \Delta x)}{2\Delta x}$$

para pequenos valores de Δx. Use esta fórmula para aproximar a inclinação de f no ponto (0, 1).

$$f'(0) \approx \frac{f(0 + \Delta x) - f(0 - \Delta x)}{2\Delta x} = \frac{f(\Delta x) - f(-\Delta x)}{2\Delta x}$$

Qual você acha que é a inclinação de f em (0, 1)?

(f) Encontre uma fórmula para a derivada de f e determine $f'(0)$. Escreva um pequeno parágrafo explicando como uma ferramenta gráfica poderia levá-lo a uma aproximação incorreta da inclinação da curva.

(g) Use a fórmula da derivada de f para encontrar extremos relativos de f. Verifique sua resposta com uma ferramenta gráfica.

PARA MAIS INFORMAÇÃO Para saber mais sobre utilização de ferramentas gráficas para estimar inclinações, veja o artigo "Computer-Aided Delusions", de Richard L. Hall, em *The College Mathematics Journal;* ou consulte-o em *www.matharticles.com.*

Seção 5.6 Funções Trigonométricas Inversas: Diferenciação

- **Desenvolver as propriedades das seis funções trigonométricas inversas.**
- **Diferenciar uma função trigonométrica inversa.**
- **Revisar as regras básicas de diferenciação para funções elementares.**

Funções Trigonométricas Inversas

Esta seção começa com uma afirmação surpreendente: *Nenhuma das seis funções trigonométricas básicas tem uma função inversa.* Essa afirmação é verdadeira porque todas as seis funções trigonométricas são periódicas e portanto não são injetoras. Nesta seção examinaremos essas seis funções para determinar se seus domínios podem ser redefinidos de tal forma que elas admitam funções inversas nos *domínios restritos*.

No Exemplo 4 da Seção 5.3, você viu que a função seno é crescente (e, portanto, é injetora) no intervalo $[-\pi/2, \pi/2]$ (veja a Figura 5.28). Nesse intervalo pode-se definir a inversa da função seno *restrita* como

$$y = \text{arcsen}\, x \qquad \text{se e somente se} \qquad \text{sen}\, y = x$$

onde $-1 \leq x \leq 1$ e $-\pi/2 \leq \text{arcsen}\, x \leq \pi/2$.

Sob determinadas restrições, cada uma das seis funções trigonométricas é injetora e então admite uma função inversa, como mostrado na definição seguinte.

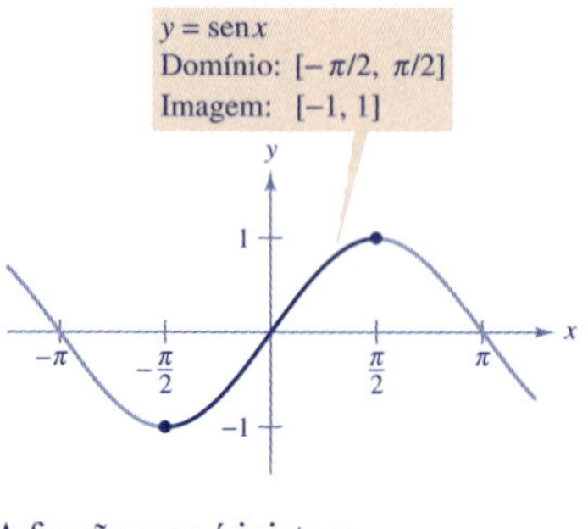

A função seno é injetora em $[-\pi/2, \pi/2]$.
Figura 5.28

Definições das Funções Trigonométricas Inversas

Função	*Domínio*	*Imagem*
$y = \text{arcsen}\ x \Leftrightarrow \text{sen}\ y = x$	$-1 \leq x \leq 1$	$-\dfrac{\pi}{2} \leq y \leq \dfrac{\pi}{2}$
$y = \text{arccos}\ x \Leftrightarrow \cos\ y = x$	$-1 \leq x \leq 1$	$0 \leq y \leq \pi$

Definições das Funções Trigonométricas Inversas (*Continuação*)

Função	*Domínio*	*Imagem*
$y = \text{arctg } x \Leftrightarrow \text{tg } y = x$	$-\infty < x < \infty$	$-\dfrac{\pi}{2} < y < \dfrac{\pi}{2}$
$y = \text{arccotg } x \Leftrightarrow \text{cotg } y = x$	$-\infty < x < \infty$	$0 < y < \pi$
$y = \text{arcsec } x \Leftrightarrow \text{sec } y = x$	$\lvert x\rvert \geq 1$	$0 \leq y \leq \pi, \quad y \neq \dfrac{\pi}{2}$
$y = \text{arccossec } x \Leftrightarrow \text{cossec } y = x$	$\lvert x\rvert \geq 1$	$-\dfrac{\pi}{2} \leq y \leq \dfrac{\pi}{2}, \quad y \neq 0$

OBSERVAÇÃO O termo "arcsen x" é lido como " o arcseno de x" ou, às vezes, "o arco cujo seno vale x". Uma notação alternativa para a função inversa do seno é "$\text{sen}^{-1}x$."

INVESTIGAÇÃO

A Função Inversa da Secante Na definição acima, a função inversa da secante é definida pela restrição do domínio da função secante nos intervalos $\left[0, \dfrac{\pi}{2}\right) \cup \left(\dfrac{\pi}{2}, \pi\right]$. Muitos outros textos e referências bibliográficas concordam com isso, mas alguns discordam. Que outros domínios poderiam fazer sentido? Explique seu raciocínio graficamente. A maioria das calculadoras não possui a tecla para a função inversa da secante. Como você pode usar a calculadora para calcular a função inversa da secante?

Os gráficos das seis funções trigonométricas inversas são mostrados na Figura 5.29.

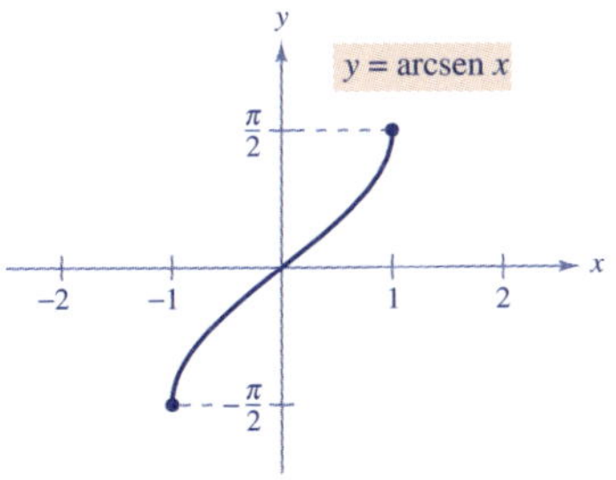

Domínio: $[-1, 1]$
Imagem: $[-\pi/2, \pi/2]$

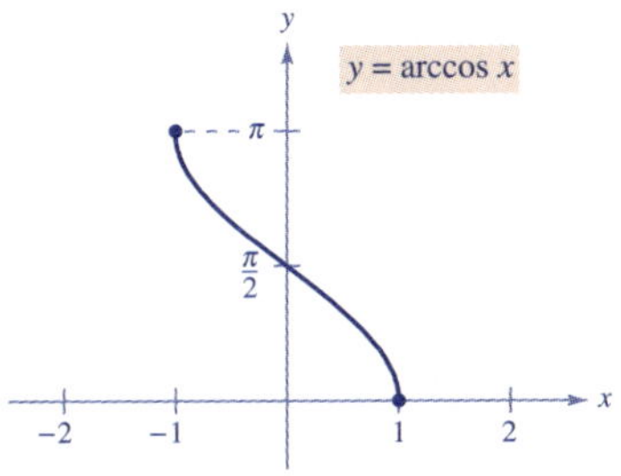

Domínio : $[-1, 1]$
Imagem : $[0, \pi]$

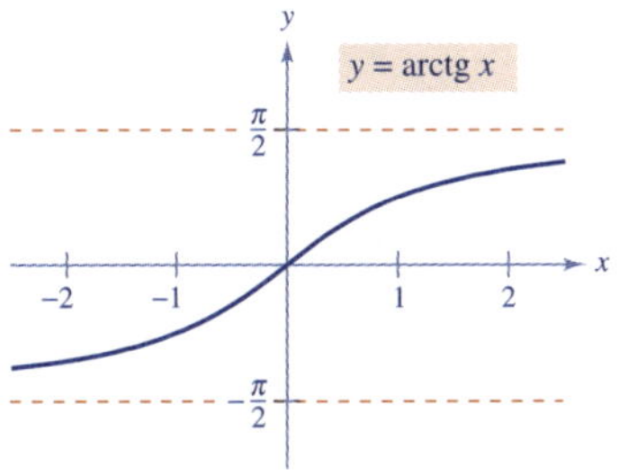

Domínio : $(-\infty, \infty)$
Imagem : $(-\pi/2, \pi/2)$

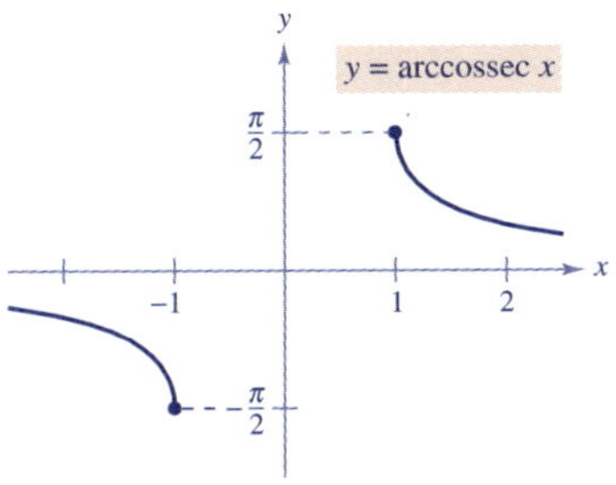

Domínio : $(-\infty, -1] \cup [1, \infty)$
Imagem : $[-\pi/2, 0) \cup (0, \pi/2]$

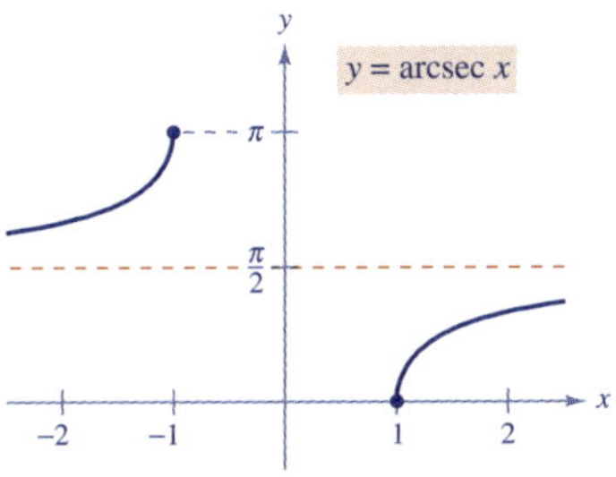

Domínio : $(-\infty, -1] \cup [1, \infty)$
Imagem : $[0, \pi/2) \cup (\pi/2, \pi]$

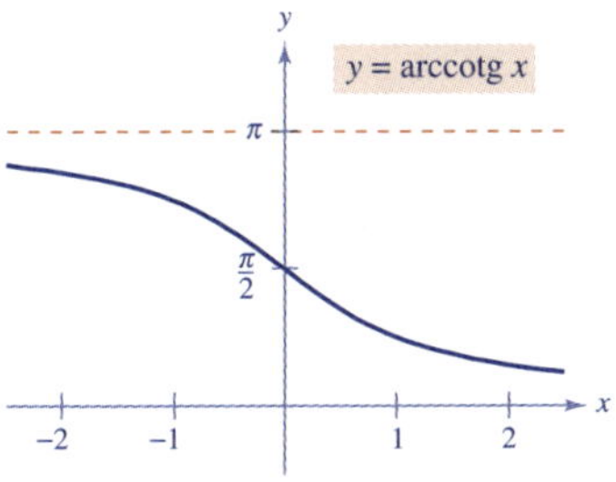

Domínio : $(-\infty, \infty)$
Imagem : $(0, \pi)$

Figura 5.29

TECNOLOGIA Se a sua ferramenta gráfica não tem a função arco-secante, você pode obter o seu gráfico usando

$$f(x) = \text{arcsec}\, x = \arccos \frac{1}{x}.$$

EXEMPLO 4 Diferenciando as Funções Trigonométricas Inversas

a. $\dfrac{d}{dx}[\text{arcsen}(2x)] = \dfrac{2}{\sqrt{1-(2x)^2}} = \dfrac{2}{\sqrt{1-4x^2}}$

b. $\dfrac{d}{dx}[\text{arctg}(3x)] = \dfrac{3}{1+(3x)^2} = \dfrac{3}{1+9x^2}$

c. $\dfrac{d}{dx}\left[\text{arcsen}\sqrt{x}\right] = \dfrac{(1/2)\,x^{-1/2}}{\sqrt{1-x}} = \dfrac{1}{2\sqrt{x}\sqrt{1-x}} = \dfrac{1}{2\sqrt{x-x^2}}$

d. $\dfrac{d}{dx}[\text{arcsec}\, e^{2x}] = \dfrac{2e^{2x}}{e^{2x}\sqrt{(e^{2x})^2-1}} = \dfrac{2e^{2x}}{e^{2x}\sqrt{e^{4x}-1}} = \dfrac{2}{\sqrt{e^{4x}-1}}$

O sinal de valor absoluto não é necessário, pois $e^{2x} > 0$.

EXEMPLO 5 Uma Derivada que Pode Ser Simplificada

OBSERVAÇÃO Pelo Exemplo 5, podemos notar uma das utilidades das funções trigonométricas inversas — elas podem ser usadas para integrar funções algébricas comuns. Por exemplo, do resultado mostrado no exemplo, segue que

$$\int \sqrt{1-x^2}\,dx = \frac{1}{2}\left(\text{arcsen}\, x + x\sqrt{1-x^2}\right).$$

Diferencie $y = \text{arcsen}\, x + x\sqrt{1-x^2}$.

Solução

$$\begin{aligned} y' &= \frac{1}{\sqrt{1-x^2}} + x\left(\frac{1}{2}\right)(-2x)(1-x^2)^{-1/2} + \sqrt{1-x^2} \\ &= \frac{1}{\sqrt{1-x^2}} - \frac{x^2}{\sqrt{1-x^2}} + \sqrt{1-x^2} \\ &= \sqrt{1-x^2} + \sqrt{1-x^2} \\ &= 2\sqrt{1-x^2} \end{aligned}$$

EXEMPLO 6 Analisando um Gráfico de Função Trigonométrica Inversa

Analise o gráfico de $y = (\text{arctg}\, x)^2$.

Solução Da derivada

$$\begin{aligned} y' &= 2(\text{arctg}\, x)\left(\frac{1}{1+x^2}\right) \\ &= \frac{2\,\text{arctg}\, x}{1+x^2} \end{aligned}$$

podemos notar que o único número crítico é $x = 0$. Pelo Teste da Primeira Derivada, esse valor corresponde a um mínimo relativo. Da segunda derivada

$$\begin{aligned} y'' &= \frac{(1+x^2)\left(\dfrac{2}{1+x^2}\right) - (2\,\text{arctg}\, x)(2x)}{(1+x^2)^2} \\ &= \frac{2(1-2x\,\text{arctg}\, x)}{(1+x^2)^2} \end{aligned}$$

segue que os pontos de inflexão ocorrem quando $2x\,\text{arctg}\, x = 1$. Usando o Método de Newton, esses pontos ocorrem quando $x \approx \pm 0{,}765$. Finalmente, como

$$\lim_{x\to\pm\infty} (\text{arctg}\, x)^2 = \frac{\pi^2}{4}$$

segue que o gráfico tem uma assíntota horizontal em $y = \pi^2/4$. O gráfico é mostrado na Figura 5.32.

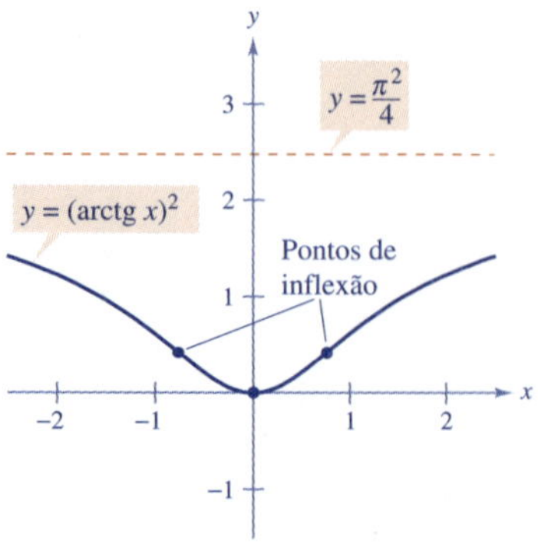

O gráfico de $y = (\text{arctg}\, x)^2$ tem uma assíntota horizontal em $y = \pi^2/4$.
Figura 5.32

EXEMPLO 7 Maximizando um Ângulo

Um fotógrafo está tirando fotografias de um quadro de 4 pés pendurado numa galeria de arte. A lente da câmera está 1 pé abaixo da borda mais baixa do quadro, como mostrado na Figura 5.33. Qual a distância que a câmera deve estar do quadro para maximizar o ângulo delimitado pela lente da câmera?

Solução Na Figura 5.33, seja β o ângulo a ser maximizado.

$$\begin{aligned}\beta &= \theta - \alpha \\ &= \operatorname{arccotg}\frac{x}{5} - \operatorname{arccotg} x\end{aligned}$$

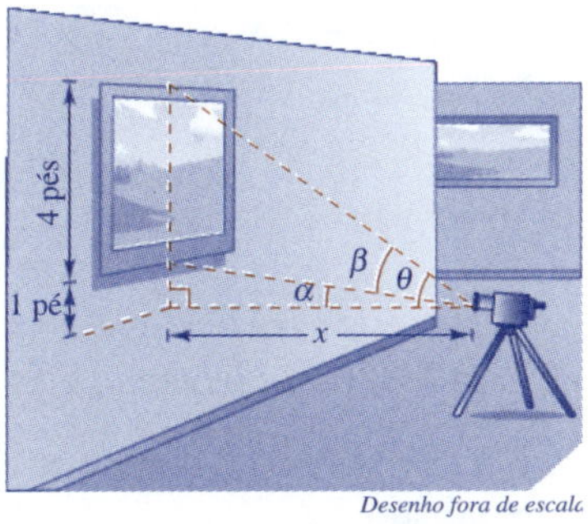

A câmera deveria estar a 2,236 pés do quadro para maximizar o ângulo β.
Figura 5.33

Diferenciando

$$\begin{aligned}\frac{d\beta}{dx} &= \frac{-1/5}{1 + (x^2/25)} - \frac{-1}{1 + x^2} \\ &= \frac{-5}{25 + x^2} + \frac{1}{1 + x^2} \\ &= \frac{4(5 - x^2)}{(25 + x^2)(1 + x^2)}.\end{aligned}$$

Como $d\beta/dx = 0$ quando $x = \sqrt{5}$, podemos concluir pelo Teste da Primeira Derivada que essa distância produz um valor máximo para β. Portanto, a distância é $x \approx 2{,}236$ pés e o ângulo é $\beta \approx 0{,}7297$ radianos $\approx 41{,}81°$.

Revisão das Regras Básicas de Diferenciação

Durante o século XVII, a Europa foi conduzida a uma era científica por grandes pensadores como Descartes, Galileo, Huygens, Newton e Kepler. Esses homens acreditavam que a natureza é governada por leis básicas — leis que podem, na maior parte, ser escritas em termos de equações matemáticas. Uma das mais influentes publicações desse período — *Diálogo sobre os Grandes Sistemas do Mundo*, de Galileo Galilei — tornou-se uma descrição clássica do pensamento científico moderno.

GALILEO GALILEI (1564-1642)

A abordagem de Galileo da ciência se afastou da visão aristotélica de que a natureza tem *qualidades* descritíveis, tais como "fluidez" e "potencialidade". Ele escolheu descrever o mundo físico em termos de *quantidades* mensuráveis como tempo, distância, força e massa.

Conforme a matemática se desenvolveu nos últimos séculos, um pequeno número de funções elementares se mostrou suficiente para modelar a maioria[1] dos fenômenos da física, química, biologia, engenharia, economia e uma variedade de outros campos. Uma **função elementar** é uma função da lista abaixo ou uma que pode ser formada com a soma, o produto, o quociente ou a composição das funções dessa lista.

Funções Algébricas	*Funções Transcendentais*
Funções polinomiais	Funções logarítmicas
Funções racionais	Funções exponenciais
Funções envolvendo radicais	Funções trigonométricas
	Funções inversas das trigonométricas

Com as regras de diferenciação introduzidas até agora neste texto, você pode diferenciar qualquer função elementar. Por conveniência, essas regras de diferenciação estão resumidas a seguir.

[1] *Algumas funções importantes usadas na engenharia e na ciência (tais como funções de Bessel e funções gama) não são funções elementares.*

Regras Básicas de Diferenciação para Funções Elementares

1. $\frac{d}{dx}[cu] = cu'$
2. $\frac{d}{dx}[u \pm v] = u' \pm v'$
3. $\frac{d}{dx}[uv] = uv' + vu'$
4. $\frac{d}{dx}\left[\frac{u}{v}\right] = \frac{vu' - uv'}{v^2}$
5. $\frac{d}{dx}[c] = 0$
6. $\frac{d}{dx}[u^n] = nu^{n-1}u'$
7. $\frac{d}{dx}[x] = 1$
8. $\frac{d}{dx}[|u|] = \frac{u}{|u|}(u'), \quad u \neq 0$
9. $\frac{d}{dx}[\ln u] = \frac{u'}{u}$
10. $\frac{d}{dx}[e^u] = e^u u'$
11. $\frac{d}{dx}[\log_a u] = \frac{u'}{(\ln a)u}$
12. $\frac{d}{dx}[a^u] = (\ln a)a^u u'$
13. $\frac{d}{dx}[\text{sen } u] = (\cos u)u'$
14. $\frac{d}{dx}[\cos u] = -(\text{sen } u)u'$
15. $\frac{d}{dx}[\text{tg } u] = (\sec^2 u)u'$
16. $\frac{d}{dx}[\text{cotg } u] = -(\text{cossec}^2 u)u'$
17. $\frac{d}{dx}[\sec u] = (\sec u \text{ tg } u)u'$
18. $\frac{d}{dx}[\text{cossec } u] = -(\text{cossec } u \text{ cotg } u)u'$
19. $\frac{d}{dx}[\text{arcsen } u] = \frac{u'}{\sqrt{1 - u^2}}$
20. $\frac{d}{dx}[\text{arccos } u] = \frac{-u'}{\sqrt{1 - u^2}}$
21. $\frac{d}{dx}[\text{arctg } u] = \frac{u'}{1 + u^2}$
22. $\frac{d}{dx}[\text{arccotg } u] = \frac{-u'}{1 + u^2}$
23. $\frac{d}{dx}[\text{arcsec } u] = \frac{u'}{|u|\sqrt{u^2 - 1}}$
24. $\frac{d}{dx}[\text{arccossec } u] = \frac{-u'}{|u|\sqrt{u^2 - 1}}$

Exercícios da Seção 5.6

Análises Numérica e Gráfica **Nos Exercícios 1 e 2, (a) use uma ferramenta gráfica para completar a tabela, (b) marque os pontos na tabela e esboce o gráfico da função à mão, (c) use uma ferramenta gráfica para desenhar o gráfico da função e compare o resultado com seu gráfico feito à mão na parte (b), e (d) determine quaisquer intersecções com os eixos e simetria do gráfico.**

x	−1	−0,8	−0,6	−0,4	−0,2	0	0,2	0,4	0,6	0,8	1
y											

1. $y = \text{arcsen } x$
2. $y = \arccos x$

3. Determine as coordenadas que faltam nos pontos do gráfico da função.

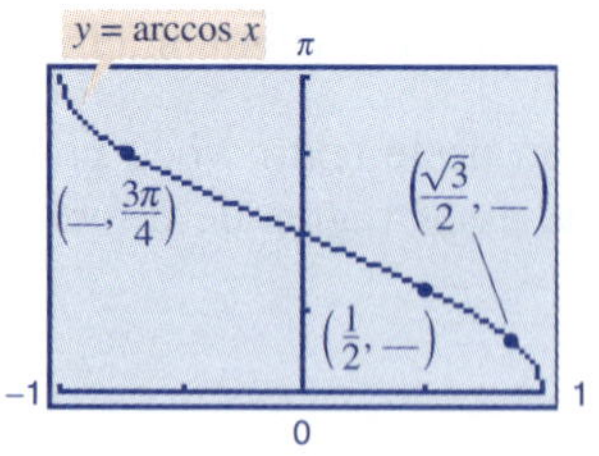

4. Determine as coordenadas que faltam nos pontos do gráfico da função.

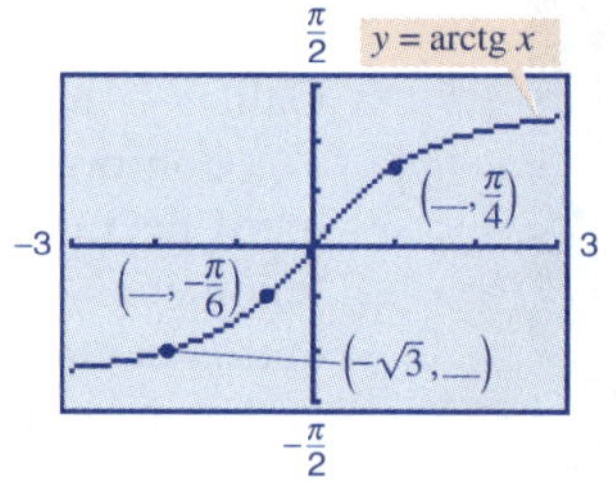

Nos Exercícios 5 a 12, calcule a expressão sem utilizar uma calculadora.

5. $\text{arcsen } \frac{1}{2}$
6. arcsen 0
7. $\arccos \frac{1}{2}$
8. arccos 0
9. $\text{arctg } \frac{\sqrt{3}}{3}$
10. $\text{arccotg}(-\sqrt{3})$
11. $\text{arccossec}(-\sqrt{2})$
12. $\arccos\left(-\frac{\sqrt{3}}{2}\right)$

Nos Exercícios 13 a 16, use uma calculadora para aproximar os valores. Arredonde sua resposta para duas casas decimais.

13. arccos(−0,8)
14. arcsen(−0,39)
15. arcsec 1,269
16. arctg(−3)

Nos Exercícios 17 a 20, calcule cada expressão sem usar uma calculadora. (*Sugestão*: Veja o Exemplo 3.)

17. (a) $\text{sen}\left(\text{arctg}\,\frac{3}{4}\right)$ (b) $\sec\left(\text{arcsen}\,\frac{4}{5}\right)$

18. (a) $\text{tg}\left(\arccos\frac{\sqrt{2}}{2}\right)$ (b) $\cos\left(\text{arcsen}\,\frac{5}{13}\right)$

19. (a) $\text{cotg}\left[\text{arcsen}\left(-\frac{1}{2}\right)\right]$ (b) $\text{cossec}\left[\text{arctg}\left(-\frac{5}{12}\right)\right]$

20. (a) $\sec\left[\text{arctg}\left(-\frac{3}{5}\right)\right]$ (b) $\text{tg}\left[\text{arcsen}\left(-\frac{5}{6}\right)\right]$

Nos Exercícios 21 a 28, escreva a expressão na forma algébrica.

21. $\cos(\text{arcsen}\,2x)$

22. $\sec(\text{arctg}\,4x)$

23. $\text{sen}(\text{arcsec}\,x)$

24. $\cos(\text{arccotg}\,x)$

25. $\text{tg}\left(\text{arcsec}\,\frac{x}{3}\right)$

26. $\sec[\text{arcsen}(x-1)]$

27. $\text{cossec}\left(\text{arctg}\,\frac{x}{\sqrt{2}}\right)$

28. $\cos\left(\text{arcsen}\,\frac{x-h}{r}\right)$

Nos Exercícios 29 e 30, (a) use uma ferramenta gráfica para desenhar os gráficos de *f* e *g* na mesma janela e verifique que eles são iguais, (b) use a álgebra para demonstrar que *f* e *g* são iguais e (c) identifique quaisquer assíntotas horizontais aos gráficos.

29. $f(x) = \text{sen}(\text{arctg}\,2x), \quad g(x) = \frac{2x}{\sqrt{1+4x^2}}$

30. $f(x) = \text{tg}\left(\arccos\frac{x}{2}\right), \quad g(x) = \frac{\sqrt{4-x^2}}{x}$

Nos Exercícios 31 a 34, resolva a equação para *x*.

31. $\text{arcsen}(3x-\pi) = \frac{1}{2}$

32. $\text{arctg}(2x-5) = -1$

33. $\text{arcsen}\sqrt{2x} = \arccos\sqrt{x}$

34. $\arccos x = \text{arcsec}\,x$

Nos Exercícios 35 e 36, verifique cada identidade.

35. (a) $\text{arccossec}\,x = \text{arcsen}\,\frac{1}{x}, \quad x \geq 1$

(b) $\text{arctg}\,x + \text{arctg}\,\frac{1}{x} = \frac{\pi}{2}, \quad x > 0$

36. (a) $\text{arcsen}(-x) = -\text{arcsen}\,x, \quad |x| \leq 1$

(b) $\arccos(-x) = \pi - \arccos x, \quad |x| \leq 1$

Nos Exercícios 37 a 40, esboce o gráfico da função. Use uma ferramenta gráfica para verificar o seu gráfico.

37. $f(x) = \text{arcsen}(x-1)$

38. $f(x) = \text{arctg}\,x + \frac{\pi}{2}$

39. $f(x) = \text{arcsec}\,2x$

40. $f(x) = \arccos\frac{x}{4}$

Nos Exercícios 41 a 60, encontre a derivada da função.

41. $f(x) = 2\,\text{arcsen}(x-1)$

42. $f(t) = \text{arcsen}\,t^2$

43. $g(x) = 3\arccos\frac{x}{2}$

44. $f(x) = \text{arcsec}\,2x$

45. $f(x) = \text{arctg}\,\frac{x}{a}$

46. $f(x) = \text{arctg}\sqrt{x}$

47. $g(x) = \frac{\text{arcsen}\,3x}{x}$

48. $h(x) = x^2\,\text{arctg}\,x$

49. $h(t) = \text{sen}(\arccos t)$

50. $f(x) = \text{arcsen}\,x + \arccos x$

51. $y = x\arccos x - \sqrt{1-x^2}$

52. $y = \ln(t^2+4) - \frac{1}{2}\text{arctg}\,\frac{t}{2}$

53. $y = \frac{1}{2}\left(\frac{1}{2}\ln\frac{x+1}{x-1} + \text{arctg}\,x\right)$

54. $y = \frac{1}{2}\left[x\sqrt{4-x^2} + 4\,\text{arcsen}\left(\frac{x}{2}\right)\right]$

55. $y = x\,\text{arcsen}\,x + \sqrt{1-x^2}$

56. $y = x\,\text{arctg}\,2x - \frac{1}{4}\ln(1+4x^2)$

57. $y = 8\,\text{arcsen}\,\frac{x}{4} - \frac{x\sqrt{16-x^2}}{2}$

58. $y = 25\,\text{arcsen}\,\frac{x}{5} - x\sqrt{25-x^2}$

59. $y = \text{arctg}\,x + \frac{x}{1+x^2}$

60. $y = \text{arctg}\,\frac{x}{2} - \frac{1}{2(x^2+4)}$

Nos Exercícios 61 a 66, encontre uma equação da reta tangente ao gráfico da função no ponto dado.

61. $y = 2\,\text{arcsen}\,x$

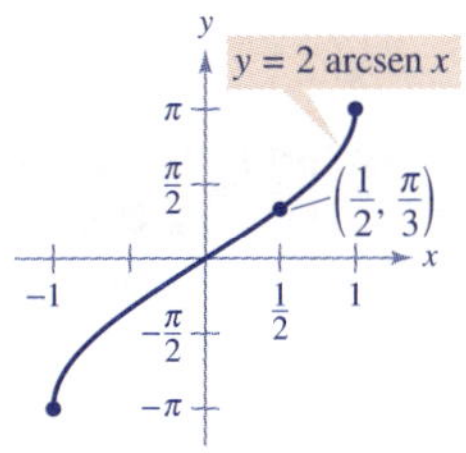

62. $y = \frac{1}{2}\arccos x$

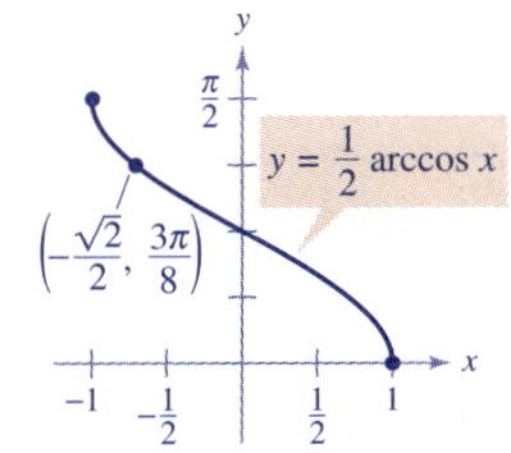

63. $y = \text{arctg}\,\frac{x}{2}$

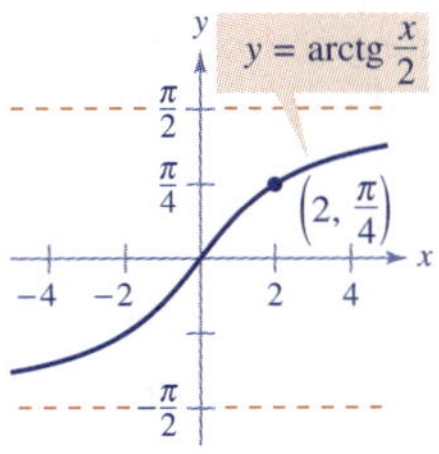

64. $y = \text{arcsec}\,4x$

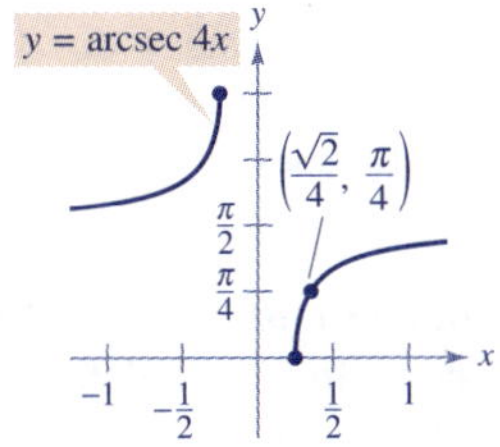

65. $y = 4x\arccos(x-1)$

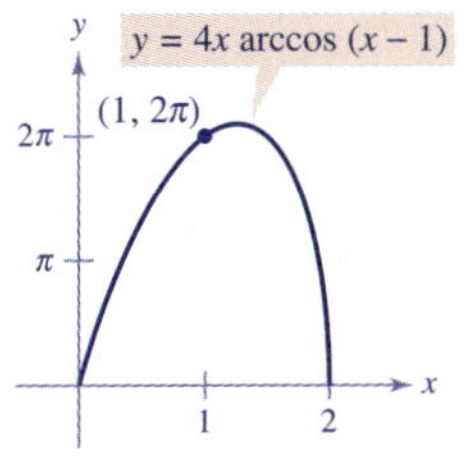

66. $y = 3x\,\text{arcsen}\,x$

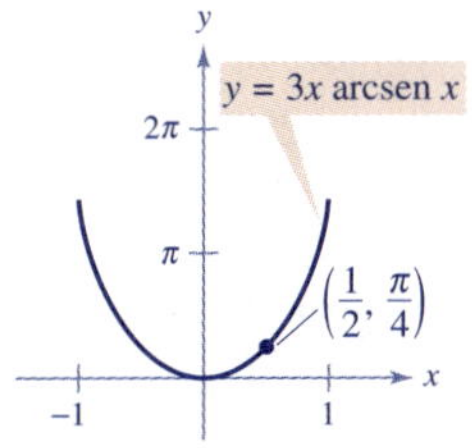

Aproximações Linear e Quadrática **Nos Exercícios 67 a 70, use um sistema de manipulação algébrica para encontrar a aproximação linear**

$P_1(x) = f(a) + f'(a)(x - a)$

e a aproximação quadrática

$P_2(x) = f(a) + f'(a)(x - a) + \frac{1}{2}f''(a)(x - a)^2$

da função f em $x = a$. Esboce o gráfico da função e de suas aproximações linear e quadrática.

67. $f(x) = \text{arctg}\, x, \quad a = 0$

68. $f(x) = \arccos x, \quad a = 0$

69. $f(x) = \text{arcsen}\, x, \quad a = \frac{1}{2}$

70. $f(x) = \text{arctg}\, x, \quad a = 1$

Nos Exercícios 71 a 74, encontre quaisquer extremos relativos da função.

71. $f(x) = \text{arcsec}\, x - x$

72. $f(x) = \text{arcsen}\, x - 2x$

73. $f(x) = \text{arctg}\, x - \text{arctg}(x - 4)$

74. $h(x) = \text{arcsen}\, x - 2\, \text{arctg}\, x$

Diferenciação Implícita **Nos Exercícios 75 a 78, encontre uma equação da reta tangente ao gráfico da equação no ponto dado.**

75. $x^2 + x\, \text{arctg}\, y = y - 1, \quad \left(-\frac{\pi}{4}, 1\right)$

76. $\text{arctg}(xy) = \text{arcsen}(x + y), \quad (0, 0)$

77. $\text{arcsen}\, x + \text{arcsen}\, y = \frac{\pi}{2}, \quad \left(\frac{\sqrt{2}}{2}, \frac{\sqrt{2}}{2}\right)$

78. $\text{arctg}(x + y) = y^2 + \frac{\pi}{4}, \quad (1, 0)$

Questões Conceituais

79. Explique por que os domínios das funções trigonométricas devem ser restringidos para se determinar suas inversas.

80. Explique por que $\text{tg}\, \pi = 0$ não implica que $\text{arctg}\, 0 = \pi$.

81. Explique como traçar o gráfico de $y = \text{arccotg}\, x$ com uma ferramenta gráfica que não possua a função arco-cotangente.

82. As derivadas das funções trigonométricas inversas são algébricas ou transcendentais? Liste as derivadas das funções trigonométricas inversas.

Verdadeiro ou Falso? **Nos Exercícios 83 a 88, determine se a afirmação é verdadeira ou falsa. Se for falsa, explique por que ou dê um exemplo mostrando que é falsa.**

83. Como $\cos\left(-\frac{\pi}{3}\right) = \frac{1}{2}$, segue que $\arccos \frac{1}{2} = -\frac{\pi}{3}$.

84. $\text{arcsen}\, \frac{\pi}{4} = \frac{\sqrt{2}}{2}$

85. A inclinação do gráfico da função inversa da tangente é positiva para todo x.

86. A imagem de $y = \text{arcsen}\, x$ é $[0, \pi]$.

87. $\frac{d}{dx}[\text{arctg}(\text{tg}\, x)] = 1$ para todo x no domínio.

88. $\text{arcsen}^2\, x + \arccos^2 x = 1$

89. ***Taxa de Variação Angular*** Um avião voa a uma altitude de 5 milhas em direção a um ponto diretamente acima de um observador. Considere θ e x como mostrado na figura.

(a) Escreva θ como uma função de x.

(b) A velocidade do avião é 400 milhas por hora. Encontre $d\theta/dt$ quando $x = 10$ milhas e $x = 3$ milhas.

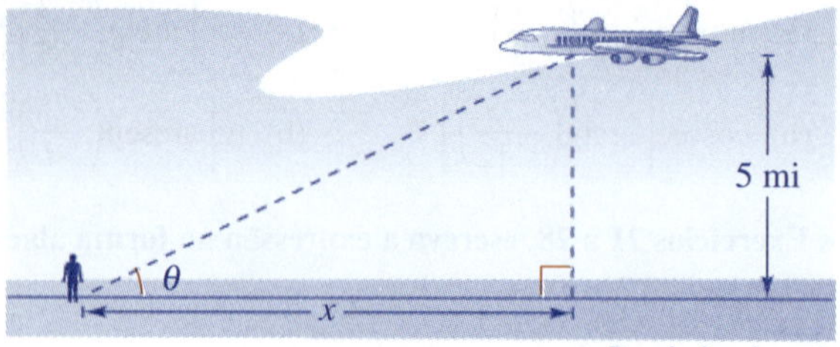

Desenho fora de escala

90. ***Redação*** Repita o Exercício 89 supondo a altitude do avião 3 milhas e descreva como a altitude afeta a taxa de variação de θ.

91. ***Taxa de Variação Angular*** Em um experimento de queda livre, um objeto é solto de uma altura de 256 pés. Uma câmera no chão distante 500 pés do ponto de impacto grava a queda do objeto (veja a figura.)

(a) Encontre a equação horária do movimento fornecendo a altura do objeto no instante t e assumindo que o objeto é solto no instante $t = 0$. Em que instante o objeto atingirá o solo?

(b) Encontre a taxa de variação do ângulo de elevação da câmera quando $t = 1$ e $t = 2$.

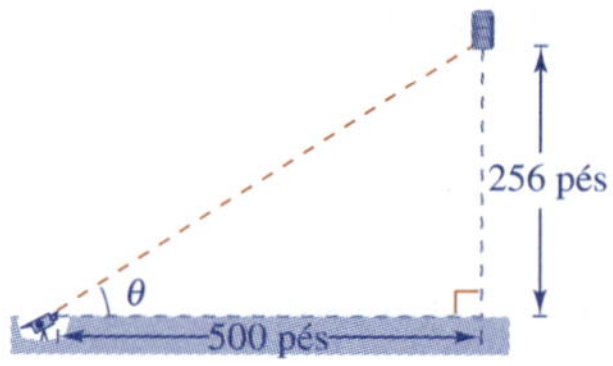

Figura do Exercício 91

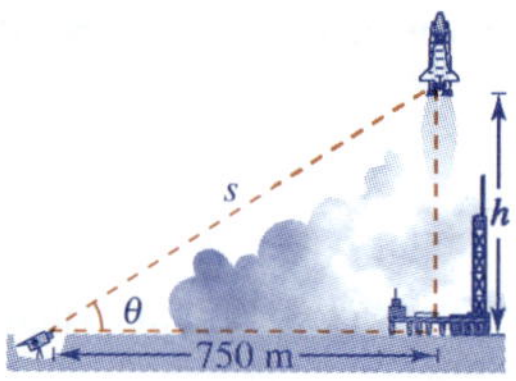

Figura do Exercício 92

92. ***Taxa de Variação Angular*** Uma câmera de televisão está filmando a decolagem de um ônibus espacial no nível do solo e a 750 metros a partir da plataforma de lançamento. Seja θ o ângulo de elevação do ônibus e seja s a distância entre a câmera e o ônibus (veja a figura). Escreva θ como uma função de s para o período de tempo em que o ônibus está se movendo verticalmente. Diferencie o resultado para encontrar $d\theta/dt$ em termos de s e ds/dt.

93. (a) Prove que

$$\text{arctg}\, x + \text{arctg}\, y = \text{arctg}\, \frac{x + y}{1 - xy}, \quad xy \neq 1.$$

(b) Use a fórmula da parte (a) para mostrar que

$$\text{arctg}\, \frac{1}{2} + \text{arctg}\, \frac{1}{3} = \frac{\pi}{4}.$$

94. Verifique cada fórmula de diferenciação.

(a) $\frac{d}{dx}[\text{arcsen}\, u] = \frac{u'}{\sqrt{1 - u^2}}$

(b) $\dfrac{d}{dx}[\text{arctg } u] = \dfrac{u'}{1 + u^2}$

(c) $\dfrac{d}{dx}[\text{arcsec } u] = \dfrac{u'}{|u|\sqrt{u^2 - 1}}$

(d) $\dfrac{d}{dx}[\text{arccos } u] = \dfrac{-u'}{\sqrt{1 - u^2}}$

(e) $\dfrac{d}{dx}[\text{arccotg } u] = \dfrac{-u'}{1 + u^2}$

(f) $\dfrac{d}{dx}[\text{arccossec } u] = \dfrac{-u'}{|u|\sqrt{u^2 - 1}}$

95. ***Existência de uma Inversa*** Determine os valores de k tais que a função $f(x) = kx + \text{sen } x$ tenha uma função inversa.

96. ***Para Pensar*** Use uma ferramenta gráfica para traçar o gráfico de $f(x) = \text{sen } x$ e $g(x) = \text{arcsen}(\text{sen } x)$.

(a) Por que o gráfico de g não é a reta $y = x$?

(b) Determine os extremos de g.

97. (a) Trace o gráfico da função $f(x) = \arccos x + \text{arcsen } x$ no intervalo $[-1, 1]$. (b) Descreva o gráfico de f. (c) Demonstre o resultado da parte (b) analiticamente.

98. Demonstre que $\text{arcsen } x = \text{arctg}\left(\dfrac{x}{\sqrt{1 - x^2}}\right)$, $|x| < 1$.

99. Encontre o valor de c no intervalo $[0, 4]$ no eixo x que maximiza o ângulo θ.

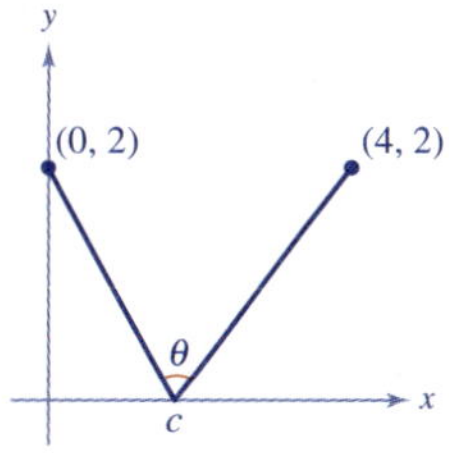

Figura do Exercício 99

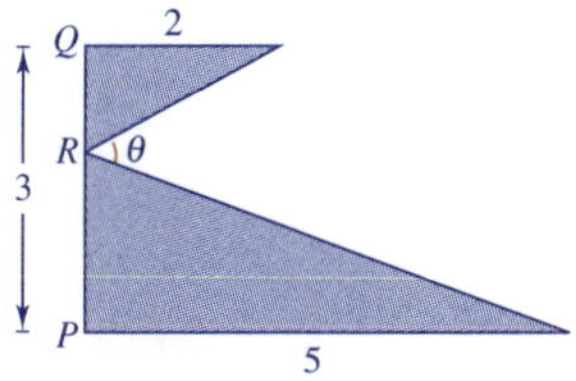

Figura do Exercício 100

100. Encontre PR, $0 \leq PR \leq 3$ que maximize o ângulo θ.

101. Alguns livros de cálculo definem a função secante inversa usando a imagem $[0, \pi/2) \cup [\pi, 3\pi/2)$.

(a) Esboce o gráfico de $y = \text{arcsec } x$ usando essa imagem.

(b) Mostre que $y' = \dfrac{1}{x\sqrt{x^2 - 1}}$.

Seção 5.7 Funções Trigonométricas Inversas: Integração

- **Integrar funções cujas primitivas envolvem as funções trigonométricas inversas.**
- **Usar o método de completar o quadrado para integrar uma função.**
- **Revisar as regras básicas de integração envolvendo funções elementares.**

Integrais Envolvendo Funções Trigonométricas Inversas

As derivadas das seis funções trigonométricas inversas se dividem em três pares. Em cada par, a derivada de uma função é o negativo da outra. Por exemplo,

$$\frac{d}{dx}[\text{arcsen } x] = \frac{1}{\sqrt{1 - x^2}}$$

e

$$\frac{d}{dx}[\arccos x] = -\frac{1}{\sqrt{1 - x^2}}.$$

Na lista das primitivas correspondentes às funções trigonométricas inversas, você precisar usar apenas um membro de cada par. Convencionou-se usar $\text{arcsen } x$ como primitiva de $1/\sqrt{1 - x^2}$, em vez de $-\arccos x$. O teorema a seguir apresenta uma fórmula para a primitiva de cada um dos três pares. As demonstrações dessas regras de integração são deixadas a seu encargo (veja os Exercícios 79 a 81).

PARA MAIS INFORMAÇÃO Para uma prova detalhada da parte 2 do Teorema 5.17, veja o artigo "A Direct Proof of the Integral Formula for Arctangent", de Arnold J. Insel, em *The College Mathematics Journal*; ou consulte-o em *www.matharticles.com.*

TEOREMA 5.17 Integrais Envolvendo Funções Trigonométricas Inversas

Seja u uma função diferenciável de x e seja $a > 0$.

1. $\displaystyle\int \frac{du}{\sqrt{a^2 - u^2}} = \text{arcsen } \frac{u}{a} + C$

2. $\displaystyle\int \frac{du}{a^2 + u^2} = \frac{1}{a} \text{arctg } \frac{u}{a} + C$

3. $\displaystyle\int \frac{du}{u\sqrt{u^2 - a^2}} = \frac{1}{a} \text{arcsec } \frac{|u|}{a} + C$

EXEMPLO 1 Integração com Funções Trigonométricas Inversas

a. $\displaystyle\int \frac{dx}{\sqrt{4-x^2}} = \text{arcsen}\,\frac{x}{2} + C$

b. $\displaystyle\int \frac{dx}{2+9x^2} = \frac{1}{3}\int \frac{3\,dx}{(\sqrt{2})^2+(3x)^2}$ $\quad u = 3x,\ a = \sqrt{2}$

$\displaystyle = \frac{1}{3\sqrt{2}}\,\text{arctg}\,\frac{3x}{\sqrt{2}} + C$

c. $\displaystyle\int \frac{dx}{x\sqrt{4x^2-9}} = \int \frac{2\,dx}{2x\sqrt{(2x)^2-3^2}}$ $\quad u = 2x,\ a = 3$

$\displaystyle = \frac{1}{3}\,\text{arcsec}\,\frac{|2x|}{3} + C$

As integrais no Exemplo 1 são aplicações quase diretas das fórmulas de integração. Infelizmente, isso não é típico. As fórmulas de integração para as funções trigonométricas inversas podem estar disfarçadas de várias maneiras.

ARMADILHA TECNOLÓGICA

Programas computacionais que podem resolver integrais simbolicamente são úteis na integração de funções como a do Exemplo 2. No uso de tais programas, entretanto, você deve lembrar que ele pode falhar na determinação de uma primitiva por duas razões. Primeiramente, algumas funções elementares simplesmente não têm primitiva que sejam funções elementares. Segundo, *toda ferramenta* de integração simbólica tem limitações — você pode ter entrado com uma função que o programa não estava programado para lidar. É preciso lembrar também que primitivas envolvendo funções trigonométricas inversas ou funções logarítmicas podem ser escritas de várias formas diferentes. Por exemplo, uma ferramenta para integração simbólica encontrou como resultado para a integral do Exemplo 2

$$\int \frac{dx}{\sqrt{e^{2x}-1}} = \text{arctg}\,\sqrt{e^{2x}-1} + C.$$

Tente mostrar que essa primitiva é equivalente à obtida no Exemplo 2.

EXEMPLO 2 Integração por Substituição

Encontre $\displaystyle\int \frac{dx}{\sqrt{e^{2x}-1}}$.

Solução Desse jeito, essa integral não se ajusta a nenhuma das três fórmulas de integração das funções trigonométricas inversas. Usando a substituição de $u = e^x$, entretanto, obtém-se

$$u = e^x \quad \Rightarrow \quad du = e^x\,dx \quad \Rightarrow \quad dx = \frac{du}{e^x} = \frac{du}{u}.$$

Com essa substituição, podemos integrar como segue.

$\displaystyle\int \frac{dx}{\sqrt{e^{2x}-1}} = \int \frac{dx}{\sqrt{(e^x)^2-1}}$ — Escreva e^{2x} como $(e^x)^2$

$\displaystyle = \int \frac{du/u}{\sqrt{u^2-1}}$ — Substitua

$\displaystyle = \int \frac{du}{u\sqrt{u^2-1}}$ — Reescreva para ajustar à Regra do Arcosecante

$\displaystyle = \text{arcsec}\,\frac{|u|}{1} + C$ — Aplique a Regra do Arcosecante

$= \text{arcsec}\,e^x + C$ — Substitua de volta

EXEMPLO 3 Reescrevendo como uma Soma de Dois Quocientes

Encontre $\displaystyle\int \frac{x+2}{\sqrt{4-x^2}}\,dx$.

Solução Essa integral não parece se encaixar em nenhuma das fórmulas básicas de integração. Desdobrando o integrando em duas partes, entretanto, pode-se notar que a primeira parte pode ser resolvida pela Regra da Potência e a segunda parte produz uma função inversa do seno.

$$\begin{aligned}\int \frac{x+2}{\sqrt{4-x^2}}\,dx &= \int \frac{x}{\sqrt{4-x^2}}\,dx + \int \frac{2}{\sqrt{4-x^2}}\,dx \\ &= -\frac{1}{2}\int (4-x^2)^{-1/2}(-2x)\,dx + 2\int \frac{1}{\sqrt{4-x^2}}\,dx \\ &= -\frac{1}{2}\left[\frac{(4-x^2)^{1/2}}{1/2}\right] + 2\,\text{arcsen}\,\frac{x}{2} + C \\ &= -\sqrt{4-x^2} + 2\,\text{arcsen}\,\frac{x}{2} + C\end{aligned}$$

Completando o Quadrado

Completar o quadrado é útil nos casos em que funções quadráticas aparecem no integrando. Por exemplo, a função quadrática $x^2 + bx + c$ pode ser escrita como a diferença ou a soma de dois quadrados somando e subtraindo $(b/2)^2$.

$$\begin{aligned}x^2 + bx + c &= x^2 + bx + \left(\frac{b}{2}\right)^2 - \left(\frac{b}{2}\right)^2 + c \\ &= \left(x + \frac{b}{2}\right)^2 - \left(\frac{b}{2}\right)^2 + c\end{aligned}$$

EXEMPLO 4 Completando o Quadrado

Encontre $\displaystyle\int \frac{dx}{x^2 - 4x + 7}$.

Solução Podemos escrever o denominador como uma soma de quadrados:

$$\begin{aligned}x^2 - 4x + 7 &= (x^2 - 4x + 4) - 4 + 7 \\ &= (x-2)^2 + 3 = u^2 + a^2\end{aligned}$$

Agora, nessa forma de quadrado perfeito, faça $u = x - 2$ e $a = \sqrt{3}$.

$$\int \frac{dx}{x^2 - 4x + 7} = \int \frac{dx}{(x-2)^2 + 3} = \frac{1}{\sqrt{3}}\,\text{arctg}\,\frac{x-2}{\sqrt{3}} + C$$

Se o coeficiente dominante não é 1, fica mais fácil se você fatorar antes de completar o quadrado. Você pode, por exemplo, completar o quadrado de $2x^2 - 8x + 10$ fatorando primeiro.

$$\begin{aligned}2x^2 - 8x + 10 &= 2(x^2 - 4x + 5) \\ &= 2(x^2 - 4x + 4 - 4 + 5) \\ &= 2[(x-2)^2 + 1]\end{aligned}$$

Para completar o quadrado quando o coeficiente de x^2 é negativo, utilize o mesmo processo de fatoração mostrado acima. Por exemplo, podemos completar o quadrado em $3x - x^2$ como mostrado:

$$\begin{aligned}3x - x^2 &= -(x^2 - 3x) \\ &= -\left[x^2 - 3x + \left(\tfrac{3}{2}\right)^2 - \left(\tfrac{3}{2}\right)^2\right] \\ &= \left(\tfrac{3}{2}\right)^2 - \left(x - \tfrac{3}{2}\right)^2\end{aligned}$$

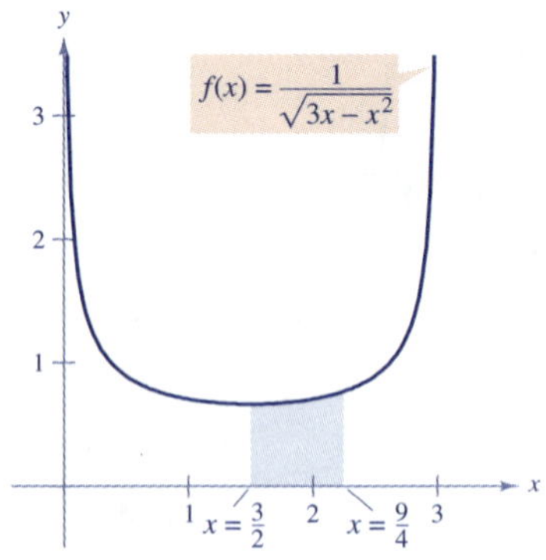

A área da região limitada pelo gráfico de f, eixo x, $x = \frac{3}{2}$ e $x = \frac{9}{4}$ é $\pi/6$.
Figura 5.34

EXEMPLO 5 Completando o Quadrado (Coeficiente Dominante Negativo)

Encontre a área da região limitada pelo gráfico de

$$f(x) = \frac{1}{\sqrt{3x - x^2}}$$

o eixo x e as retas $x = \frac{3}{2}$ e $x = \frac{9}{4}$.

Solução Pela Figura 5.34, podemos notar que a área é dada por

$$\text{Área} = \int_{3/2}^{9/4} \frac{1}{\sqrt{3x - x^2}}\,dx.$$

Usando a expressão deduzida acima, podemos integrar como mostrado a seguir:

$$\begin{aligned}
\int_{3/2}^{9/4} \frac{dx}{\sqrt{3x - x^2}} &= \int_{3/2}^{9/4} \frac{dx}{\sqrt{(3/2)^2 - [x - (3/2)]^2}} \\
&= \operatorname{arcsen} \frac{x - (3/2)}{3/2}\Big]_{3/2}^{9/4} \\
&= \operatorname{arcsen} \frac{1}{2} - \operatorname{arcsen} 0 \\
&= \frac{\pi}{6} \\
&\approx 0{,}524
\end{aligned}$$

Revisão das Regras Básicas de Integração

Completamos agora a introdução às **regras básicas de integração**. Para aplicar essas regras de forma eficiente, você deve praticar o suficiente de tal forma que cada regra fique gravada na memória.

Você pode aprender muito sobre a natureza da integração através da comparação dessa lista com o resumo das regras de diferenciação dado na seção precedente. Para a diferenciação, você tem agora regras que permitem diferenciar qualquer função elementar. Para a integração, isto está longe de ser verdade.

As regras de integração listadas a seguir são aquelas obtidas de imediato pelas regras de diferenciação. Até agora, você não aprendeu nenhuma regra ou técnica para encontrar primitivas de um produto ou quociente geral, da função logarítmica natural, ou de funções trigonométricas inversas. Mais do que isso, você não pode aplicar nenhuma dessas regras listadas, a menos que se possa criar o *du* adequado, correspondente ao *u* na fórmula. A questão é que precisamos trabalhar mais nas técnicas de integração, o que será feito no Capítulo 8. Os próximos dois exemplos devem fornecer uma melhor percepção dos problemas de integração, o que *se pode* ou *não* fazer com as técnicas e regras que já foram vistas.

TECNOLOGIA Com as integrais definidas, tal como a do Exemplo 5, lembre-se de que você pode recorrer a uma solução numérica. Por exemplo, aplicando a Regra de Simpson (com $n = 12$) à integral do exemplo, obtemos

$$\int_{3/2}^{9/4} \frac{1}{\sqrt{3x - x^2}}\,dx \approx 0{,}523599.$$

O resultado difere do valor exato da integral ($\pi/6 \approx 0{,}5235988$) por menos de um milionésimo.

Regras Básicas de Integração ($a > 0$)

1. $\int kf(u)\,du = k\int f(u)\,du$
2. $\int [f(u) \pm g(u)]\,du = \int f(u)\,du \pm \int g(u)\,du$
3. $\int du = u + C$
4. $\int u^n\,du = \dfrac{u^{n+1}}{n+1} + C, \quad n \neq -1$
5. $\int \dfrac{du}{u} = \ln|u| + C$
6. $\int e^u\,du = e^u + C$
7. $\int a^u\,du = \left(\dfrac{1}{\ln a}\right)a^u + C$
8. $\int \operatorname{sen} u\,du = -\cos u + C$
9. $\int \cos u\,du = \operatorname{sen} u + C$
10. $\int \operatorname{tg} u\,du = -\ln|\cos u| + C$
11. $\int \operatorname{cotg} u\,du = \ln|\operatorname{sen} u| + C$
12. $\int \sec u\,du = \ln|\sec u + \operatorname{tg} u| + C$
13. $\int \operatorname{cossec} u\,du = -\ln|\operatorname{cossec} u + \operatorname{cotg} u| + C$
14. $\int \sec^2 u\,du = \operatorname{tg} u + C$
15. $\int \operatorname{cossec}^2 u\,du = -\operatorname{cotg} u + C$
16. $\int \sec u \operatorname{tg} u\,du = \sec u + C$
17. $\int \operatorname{cossec} u \operatorname{cotg} u\,du = -\operatorname{cossec} u + C$
18. $\int \dfrac{du}{\sqrt{a^2 - u^2}} = \operatorname{arcsen} \dfrac{u}{a} + C$
19. $\int \dfrac{du}{a^2 + u^2} = \dfrac{1}{a} \operatorname{arctg} \dfrac{u}{a} + C$
20. $\int \dfrac{du}{u\sqrt{u^2 - a^2}} = \dfrac{1}{a} \operatorname{arcsec} \dfrac{|u|}{a} + C$

EXEMPLO 6 Comparando Problemas de Integração

Usando as fórmulas e técnicas estudadas até agora neste texto, encontre tantas quantas forem possíveis das integrais abaixo.

a. $\int \dfrac{dx}{x\sqrt{x^2 - 1}}$ **b.** $\int \dfrac{x\,dx}{\sqrt{x^2 - 1}}$ **c.** $\int \dfrac{dx}{\sqrt{x^2 - 1}}$

Solução

a. Você pode encontrar esta integral (ela se ajusta à Regra do Arcosecante).

$$\int \frac{dx}{x\sqrt{x^2 - 1}} = \operatorname{arcsec}|x| + C$$

b. Você pode encontrar esta integral (ela se ajusta à Regra da Potência).

$$\begin{aligned}\int \frac{x\,dx}{\sqrt{x^2 - 1}} &= \frac{1}{2}\int (x^2 - 1)^{-1/2}(2x)\,dx \\ &= \frac{1}{2}\left[\frac{(x^2 - 1)^{1/2}}{1/2}\right] + C \\ &= \sqrt{x^2 - 1} + C\end{aligned}$$

c. Você não pode encontrar esta integral por meio das técnicas vistas até aqui. (Procure na lista de regras básicas de integração para verificar essa conclusão.)

EXEMPLO 7 Comparando Problemas de Integração

Usando as fórmulas e técnicas estudadas até agora neste texto, encontre tantas quantas forem possíveis das integrais abaixo.

a. $\int \frac{dx}{x \ln x}$ **b.** $\int \frac{\ln x\, dx}{x}$ **c.** $\int \ln x\, dx$

Solução

a. Você pode encontrar esta integral (ela se ajusta à Regra Log).

$$\int \frac{dx}{x \ln x} = \int \frac{1/x}{\ln x}\, dx = \ln|\ln x| + C$$

b. Você pode encontrar esta integral (ela se ajusta à Regra da Potência).

$$\int \frac{\ln x\, dx}{x} = \int \left(\frac{1}{x}\right)(\ln x)^1\, dx = \frac{(\ln x)^2}{2} + C$$

c. Você não pode encontrar esta integral com as técnicas apresentadas até aqui.

OBSERVAÇÃO Note nos Exemplos 6 e 7 que as funções *mais simples* são aquelas que você ainda não pode integrar.

Exercícios da Seção 5.7

Nos Exercícios 1 a 20, encontre a integral.

1. $\int \frac{5}{\sqrt{9 - x^2}}\, dx$
2. $\int \frac{3}{\sqrt{1 - 4x^2}}\, dx$
3. $\int \frac{7}{16 + x^2}\, dx$
4. $\int \frac{4}{1 + 9x^2}\, dx$
5. $\int \frac{1}{x\sqrt{4x^2 - 1}}\, dx$
6. $\int \frac{1}{4 + (x - 1)^2}\, dx$
7. $\int \frac{x^3}{x^2 + 1}\, dx$
8. $\int \frac{x^4 - 1}{x^2 + 1}\, dx$
9. $\int \frac{1}{\sqrt{1 - (x + 1)^2}}\, dx$
10. $\int \frac{t}{t^4 + 16}\, dt$
11. $\int \frac{t}{\sqrt{1 - t^4}}\, dt$
12. $\int \frac{1}{x\sqrt{x^4 - 4}}\, dx$
13. $\int \frac{e^{2x}}{4 + e^{4x}}\, dx$
14. $\int \frac{1}{3 + (x - 2)^2}\, dx$
15. $\int \frac{1}{\sqrt{x}\sqrt{1 - x}}\, dx$
16. $\int \frac{3}{2\sqrt{x}(1 + x)}\, dx$
17. $\int \frac{x - 3}{x^2 + 1}\, dx$
18. $\int \frac{4x + 3}{\sqrt{1 - x^2}}\, dx$
19. $\int \frac{x + 5}{\sqrt{9 - (x - 3)^2}}\, dx$
20. $\int \frac{x - 2}{(x + 1)^2 + 4}\, dx$

Nos Exercícios 21 a 30, calcule a integral.

21. $\int_0^{1/6} \frac{1}{\sqrt{1 - 9x^2}}\, dx$
22. $\int_0^1 \frac{dx}{\sqrt{4 - x^2}}$
23. $\int_0^{\sqrt{3}/2} \frac{1}{1 + 4x^2}\, dx$
24. $\int_{\sqrt{3}}^3 \frac{1}{9 + x^2}\, dx$
25. $\int_0^{1/\sqrt{2}} \frac{\operatorname{arcsen} x}{\sqrt{1 - x^2}}\, dx$
26. $\int_0^{1/\sqrt{2}} \frac{\arccos x}{\sqrt{1 - x^2}}\, dx$
27. $\int_{-1/2}^0 \frac{x}{\sqrt{1 - x^2}}\, dx$
28. $\int_{-\sqrt{3}}^0 \frac{x}{1 + x^2}\, dx$
29. $\int_{\pi/2}^{\pi} \frac{\operatorname{sen} x}{1 + \cos^2 x}\, dx$
30. $\int_0^{\pi/2} \frac{\cos x}{1 + \operatorname{sen}^2 x}\, dx$

Nos Exercícios 31 a 42, encontre ou calcule a integral. (Complete o quadrado, se necessário.)

31. $\int_0^2 \frac{dx}{x^2 - 2x + 2}$
32. $\int_{-2}^2 \frac{dx}{x^2 + 4x + 13}$
33. $\int \frac{2x}{x^2 + 6x + 13}\, dx$
34. $\int \frac{2x - 5}{x^2 + 2x + 2}\, dx$
35. $\int \frac{1}{\sqrt{-x^2 - 4x}}\, dx$
36. $\int \frac{2}{\sqrt{-x^2 + 4x}}\, dx$
37. $\int \frac{x + 2}{\sqrt{-x^2 - 4x}}\, dx$
38. $\int \frac{x - 1}{\sqrt{x^2 - 2x}}\, dx$

39. $\displaystyle\int_2^3 \frac{2x-3}{\sqrt{4x-x^2}}\,dx$

40. $\displaystyle\int \frac{1}{(x-1)\sqrt{x^2-2x}}\,dx$

41. $\displaystyle\int \frac{x}{x^4+2x^2+2}\,dx$

42. $\displaystyle\int \frac{x}{\sqrt{9+8x^2-x^4}}\,dx$

Nos Exercícios 43 a 46, use a substituição especificada para encontrar ou calcular a integral.

43. $\displaystyle\int \sqrt{e^t-3}\,dt$

$u = \sqrt{e^t-3}$

44. $\displaystyle\int \frac{\sqrt{x-2}}{x+1}\,dx$

$u = \sqrt{x-2}$

45. $\displaystyle\int_1^3 \frac{dx}{\sqrt{x}(1+x)}$

$u = \sqrt{x}$

46. $\displaystyle\int_0^1 \frac{dx}{2\sqrt{3-x}\sqrt{x+1}}$

$u = \sqrt{x+1}$

Questões Conceituais

Nos Exercícios 47 a 50, determine quais das integrais podem ser encontradas usando-se as fórmulas de integração básicas estudadas ao longo do texto.

47. (a) $\displaystyle\int \frac{1}{\sqrt{1-x^2}}\,dx$ (b) $\displaystyle\int \frac{x}{\sqrt{1-x^2}}\,dx$ (c) $\displaystyle\int \frac{1}{x\sqrt{1-x^2}}\,dx$

48. (a) $\displaystyle\int e^{x^2}\,dx$ (b) $\displaystyle\int xe^{x^2}\,dx$ (c) $\displaystyle\int \frac{1}{x^2}e^{1/x}\,dx$

49. (a) $\displaystyle\int \sqrt{x-1}\,dx$ (b) $\displaystyle\int x\sqrt{x-1}\,dx$ (c) $\displaystyle\int \frac{x}{\sqrt{x-1}}\,dx$

50. (a) $\displaystyle\int \frac{1}{1+x^4}\,dx$ (b) $\displaystyle\int \frac{x}{1+x^4}\,dx$ (c) $\displaystyle\int \frac{x^3}{1+x^4}\,dx$

51. Determine que valor melhor aproxima a área da região limitada pelo eixo x e pela função

$$f(x) = \frac{1}{\sqrt{1-x^2}}$$

sobre o intervalo $[-0,5,\ 0,5]$. (Faça a seleção com base no esboço do gráfico da região e *não* através de cálculos.)

(a) 4 (b) -3 (c) 1 (d) 2 (e) 3

52. Decida se você pode encontrar a integral

$$\int \frac{2\,dx}{\sqrt{x^2+4}}$$

usando as fórmulas e técnicas estudadas até aqui. Explique seu raciocínio.

Equações Diferenciais **Nos Exercícios 53 e 54, use a equação diferencial e a condição inicial especificada para encontrar y.**

53. $\displaystyle\frac{dy}{dx} = \frac{1}{\sqrt{4-x^2}}$

$y(0) = \pi$

54. $\displaystyle\frac{dy}{dx} = \frac{1}{4+x^2}$

$y(2) = \pi$

Campo de Direções **Nos Exercícios 55 a 58, são dados uma equação diferencial, um ponto e um campo de direções. (a) Esboce duas soluções aproximadas da equação diferencial no campo de direções, uma das quais passando pelo ponto dado. (b) Use integração para determinar a solução particular da equação diferencial e use uma ferramenta gráfica para traçar o gráfico da solução. Compare o resultado obtido com os esboços da parte (a). Para imprimir uma cópia ampliada do gráfico consulte *www.mathgraphs.com*.**

55. $\displaystyle\frac{dy}{dx} = \frac{3}{1+x^2},\quad (0, 0)$

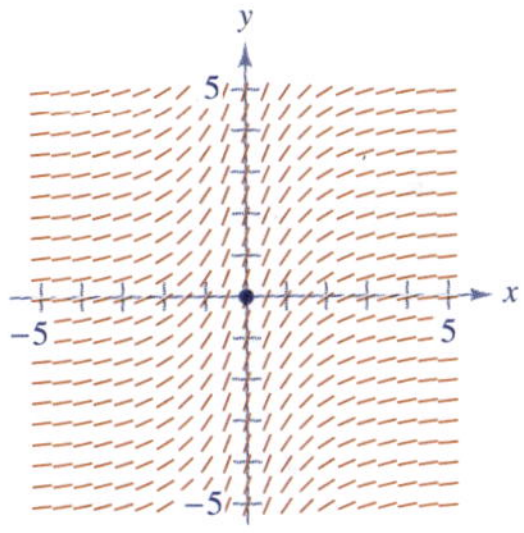

56. $\displaystyle\frac{dy}{dx} = \frac{2}{9+x^2},\quad (0, 2)$

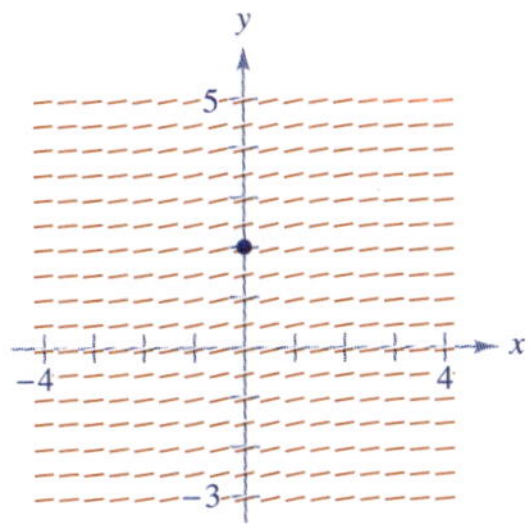

57. $\displaystyle\frac{dy}{dx} = \frac{1}{x\sqrt{x^2-4}},\quad (2, 1)$

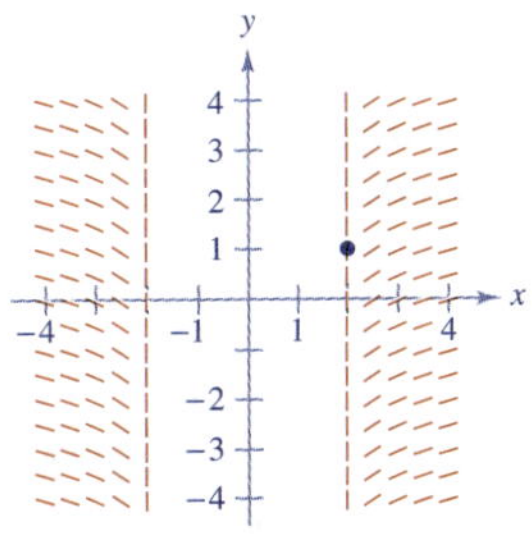

58. $\displaystyle\frac{dy}{dx} = \frac{2}{\sqrt{25-x^2}},\quad (5, \pi)$

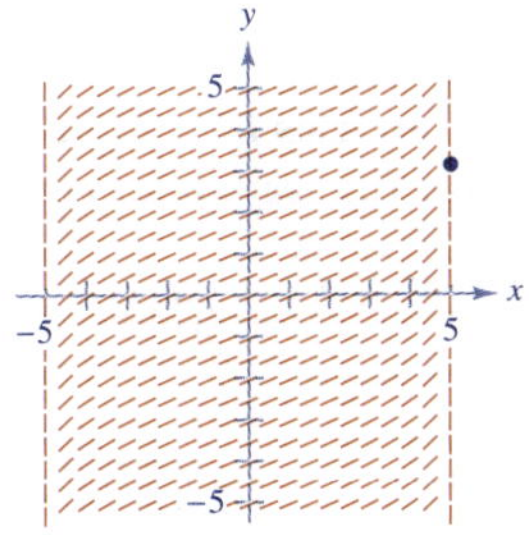

Campo de Direções **Nos Exercícios 59 a 62, use um sistema de manipulação algébrica para traçar o campo de direções da equação diferencial e trace o gráfico da solução que satisfaz a condição inicial especificada.**

59. $\displaystyle\frac{dy}{dx} = \frac{10}{x\sqrt{x^2-1}}$

$y(3) = 0$

60. $\displaystyle\frac{dy}{dx} = \frac{1}{12+x^2}$

$y(4) = 2$

61. $\displaystyle\frac{dy}{dx} = \frac{2y}{\sqrt{16-x^2}}$

$y(0) = 2$

62. $\displaystyle\frac{dy}{dx} = \frac{\sqrt{y}}{1+x^2}$

$y(0) = 4$

Área **Nos Exercícios 63 a 68, encontre a área da região.**

63. $\displaystyle y = \frac{1}{x^2-2x+5}$

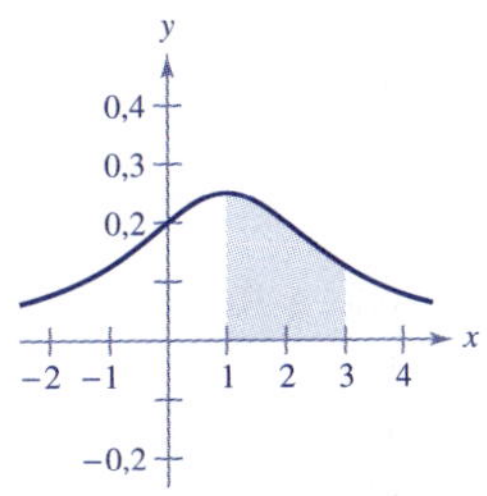

64. $\displaystyle y = \frac{2}{x^2+4x+8}$

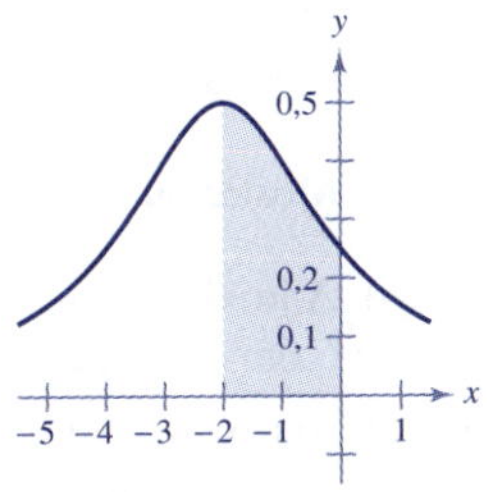

65. $y = \dfrac{1}{\sqrt{4 - x^2}}$

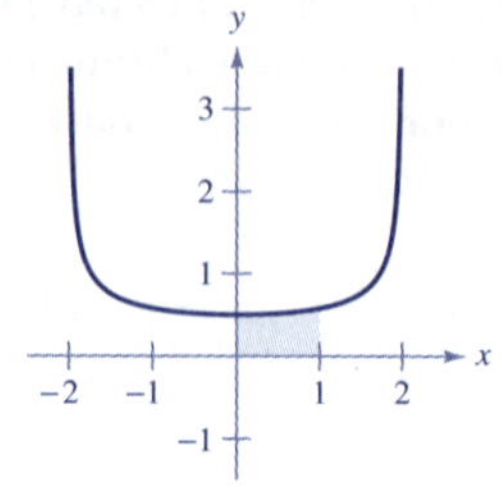

66. $y = \dfrac{1}{x\sqrt{x^2 - 1}}$

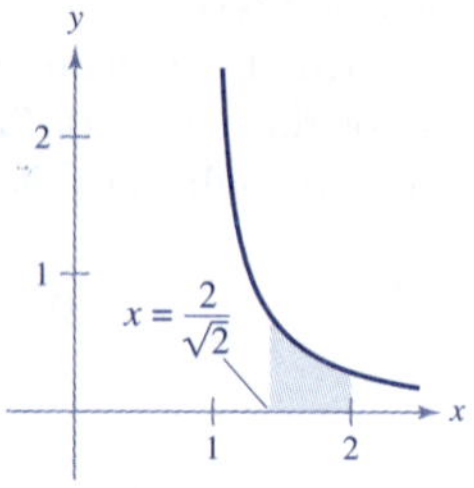

67. $y = \dfrac{3 \cos x}{1 + \operatorname{sen}^2 x}$

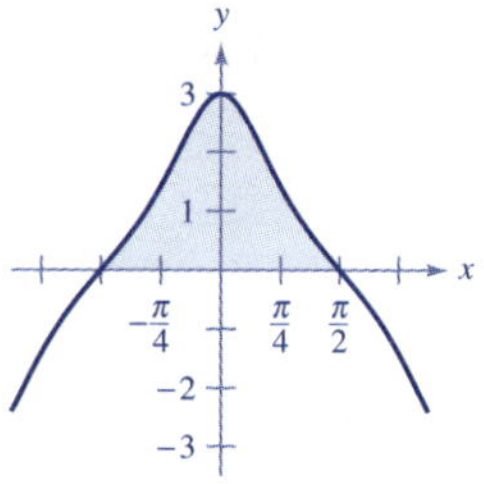

68. $y = \dfrac{e^x}{1 + e^{2x}}$

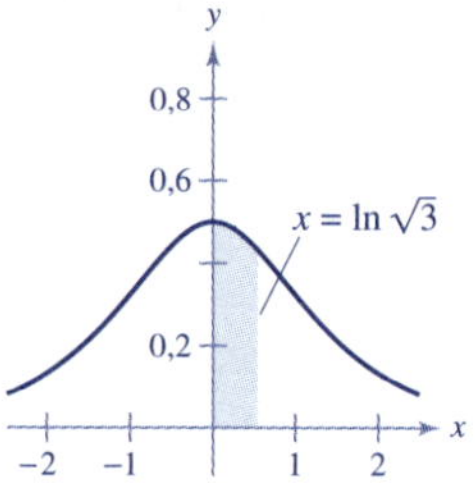

Nos Exercícios 69 e 70, (a) verifique a fórmula de integração, a seguir (b) use-a para encontrar a área da região.

69. $\displaystyle\int \frac{\operatorname{arctg} x}{x^2}\,dx = \ln x - \frac{1}{2}\ln(1 + x^2) - \frac{\operatorname{arctg} x}{x} + C$

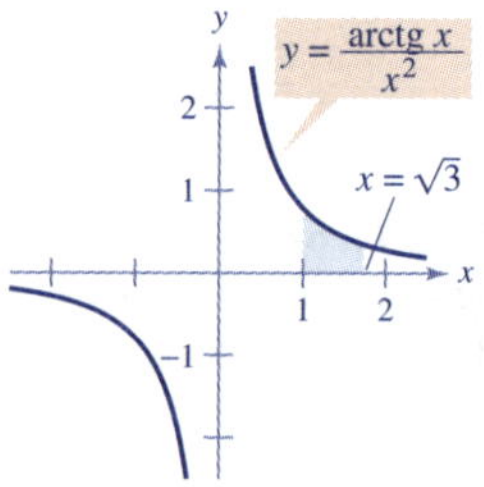

Figura do Exercício 69

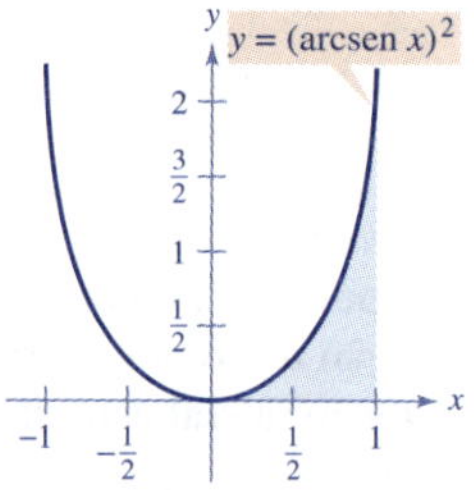

Figura do Exercício 70

70. $\displaystyle\int (\operatorname{arcsen} x)^2\,dx$

$= x(\operatorname{arcsen} x)^2 - 2x + 2\sqrt{1 - x^2}\operatorname{arcsen} x + C$

71. (a) Esboce a região cuja área é representada por

$$\int_0^1 \operatorname{arcsen} x\,dx.$$

(b) Use os recursos de integração de uma ferramenta gráfica para aproximar a área.

(c) Calcule analiticamente a área exata.

72. (a) Mostre que $\displaystyle\int_0^1 \frac{4}{1 + x^2}\,dx = \pi$.

(b) Aproxime o número π utilizando a Regra de Simpson (com $n = 6$) e a integral da parte (a).

(c) Aproxime o número π utilizando os recursos de integração de uma ferramenta gráfica.

73. ***Investigação*** Considere a função $F(x) = \dfrac{1}{2}\displaystyle\int_x^{x+2} \frac{2}{t^2 + 1}\,dt$.

(a) Escreva um parágrafo curto dando a interpretação geométrica da função $F(x)$ com relação à função $f(x) = \dfrac{2}{x^2 + 1}$. Use o que você escreveu para descobrir o valor de x que tornará F máxima.

(b) Faça a integração especificada para encontrar uma forma alternativa de $F(x)$. Use o cálculo para localizar o valor de x que tornará F máxima e compare com o resultado encontrado na parte (a).

74. Considere a integral $\displaystyle\int \frac{1}{\sqrt{6x - x^2}}\,dx$.

(a) Resolva a integral completando o quadrado no radicando.

(b) Resolva a integral fazendo a substituição $u = \sqrt{x}$.

(c) As primitivas nos itens (a) e (b) parecem ser significativamente diferentes. Use uma ferramenta gráfica para traçar o gráfico de cada uma das primitivas na mesma janela e determine a relação entre elas. Encontre o domínio de cada uma.

Verdadeiro ou Falso? **Nos Exercícios 75 a 78, determine se a afirmação é verdadeira ou falsa. Se for falsa, explique por que ou dê um exemplo que mostre que ela é falsa.**

75. $\displaystyle\int \frac{dx}{3x\sqrt{9x^2 - 16}} = \frac{1}{4}\operatorname{arcsec}\frac{3x}{4} + C$

76. $\displaystyle\int \frac{dx}{25 + x^2} = \frac{1}{25}\operatorname{arctg}\frac{x}{25} + C$

77. $\displaystyle\int \frac{dx}{\sqrt{4 - x^2}} = -\arccos\frac{x}{2} + C$

78. Uma forma de encontrar $\displaystyle\int \frac{2e^{2x}}{\sqrt{9 - e^{2x}}}\,dx$ é usar a Regra do Arcoseno.

Verificando as Regras de Integração **Nos Exercícios 79 a 81, verifique cada regra por diferenciação. Suponha $a > 0$.**

79. $\displaystyle\int \frac{du}{\sqrt{a^2 - u^2}} = \operatorname{arcsen}\frac{u}{a} + C$

80. $\displaystyle\int \frac{du}{a^2 + u^2} = \frac{1}{a}\operatorname{arctg}\frac{u}{a} + C$

81. $\displaystyle\int \frac{du}{u\sqrt{u^2 - a^2}} = \frac{1}{a}\operatorname{arcsec}\frac{|u|}{a} + C$

82. ***Integração Numérica*** (a) Escreva a integral que represente a área da região. (b) Em seguida, use a Regra dos Trapézios com $n = 8$ para estimar a área da região. (c) Explique como você pode usar os resultados das partes (a) e (b) para estimar π.

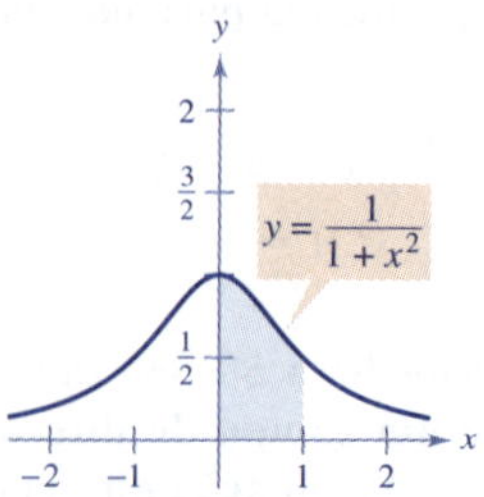

83. ***Movimento Vertical*** Um objeto é arremessado para cima do nível do solo com velocidade inicial de 500 pés por segundo. Nesse exercício, o objetivo é analisar o movimento do objeto durante sua subida.

(a) Se a resistência do ar for desprezada, encontre a velocidade do objeto como uma função do tempo. Use uma ferramenta gráfica para traçar o gráfico dessa função.

(b) Use o resultado da parte (a) para encontrar a função da posição e determinar a altura máxima alcançada pelo objeto.

(c) Se a resistência do ar for proporcional ao quadrado da velocidade, obtemos a equação

$$\frac{dv}{dt} = -(32 + kv^2)$$

onde -32 pés por segundo ao quadrado é a aceleração da gravidade e k é uma constante. Encontre a velocidade como uma função do tempo resolvendo a equação

$$\int \frac{dv}{32 + kv^2} = -\int dt.$$

(d) Use uma ferramenta gráfica para traçar o gráfico da função velocidade $v(t)$ na parte (c) se $k = 0{,}001$. Use o gráfico para aproximar o instante t_0 em que o objeto alcança sua maior altura.

(e) Use os recursos de integração de uma ferramenta gráfica para aproximar a integral

$$\int_0^{t_0} v(t)\, dt$$

onde $v(t)$ e t_0 são aqueles encontrados no item (d). Essa é a aproximação da altura máxima alcançada pelo objeto.

(f) Explique a diferença entre os resultados encontrados nos itens (b) e (e).

PARA MAIS INFORMAÇÃO Para saber mais sobre esse tópico, veja "What Goes Up Must Come Down; Will Air Resistance Make it Return Sooner, or Later?", de John Lekner, em *Mathematics Magazine*; ou consulte-o em *www.matharticles.com.*

84. Desenhe os gráficos de $y_1 = \dfrac{x}{1 + x^2}$, $y_2 = \text{arctg}\, x$, e $y_3 = x$ em $[0, 10]$.

Demonstre que $\dfrac{x}{1 + x^2} < \text{arctg}\, x < x$ para $x > 0$.

Seção 5.8 Funções Hiperbólicas

- **Desenvolver as propriedades das funções hiperbólicas.**
- **Diferenciar e integrar funções hiperbólicas.**
- **Desenvolver as propriedades das funções hiperbólicas inversas.**
- **Diferenciar e integrar funções envolvendo funções hiperbólicas inversas.**

American Institute of Physics/Emilio Segre Visual Archives, Physics Today Collection

JOHANN HEINRICH LAMBERT (1728-1777)

A primeira pessoa que publicou um estudo abrangente sobre as funções hiperbólicas foi Johann Heinrich Lambert, um matemático suíço-germânico e colega de Euler.

Funções Hiperbólicas

Nesta seção olharemos brevemente uma classe especial de funções exponenciais chamadas funções hiperbólicas. O nome *função hiperbólica* vem da comparação entre a área da região semicircular mostrada na Figura 5.35, e a área da região sob uma hipérbole mostrada na Figura 5.36. A integral para a região semicircular envolve uma função (circular) trigonométrica inversa:

$$\int_{-1}^{1} \sqrt{1 - x^2}\, dx = \frac{1}{2}\left[x\sqrt{1 - x^2} + \text{arcsen}\, x\right]_{-1}^{1} = \frac{\pi}{2} \approx 1{,}571.$$

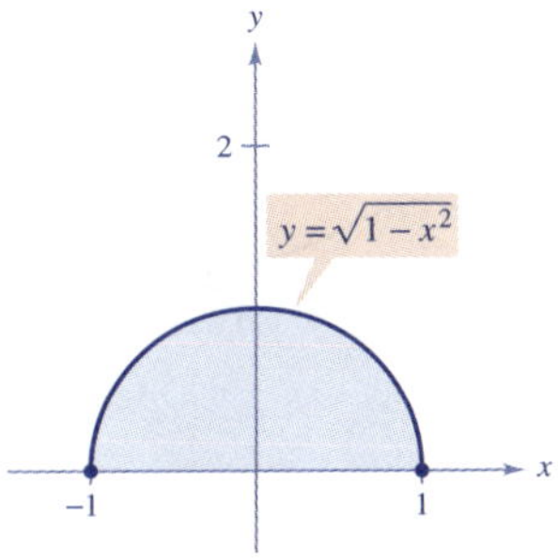

Círculo: $x^2 + y^2 = 1$
Figura 5.35

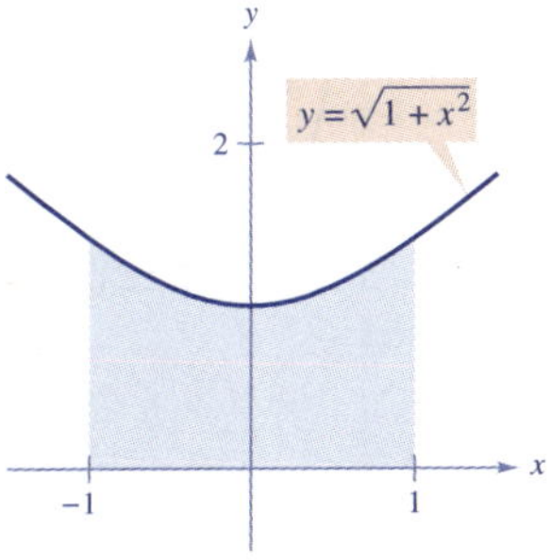

Hipérbole: $-x^2 + y^2 = 1$
Figura 5.36

A integral para a região hiperbólica envolve uma função hiperbólica inversa:

$$\int_{-1}^{1} \sqrt{1 + x^2}\, dx = \frac{1}{2}\left[x\sqrt{1 + x^2} + \operatorname{senh}^{-1}x\right]_{-1}^{1} \approx 2{,}296.$$

Essa é apenas uma das várias formas pelas quais as funções hiperbólicas são semelhantes às funções trigonométricas.

PARA MAIS INFORMAÇÃO Para saber mais sobre o desenvolvimento das funções hiperbólicas, veja o artigo "An Introduction to Hyperbolic Functions in Elementary Calculus", de Jerome Rosenthal, em *Mathematics Teacher*; ou consulte-o em *www.matharticles.com*.

Definições das Funções Hiperbólicas

$$\operatorname{senh} x = \frac{e^x - e^{-x}}{2} \qquad \operatorname{cossech} x = \frac{1}{\operatorname{senh} x}, \quad x \neq 0$$

$$\cosh x = \frac{e^x + e^{-x}}{2} \qquad \operatorname{sech} x = \frac{1}{\cosh x}$$

$$\operatorname{tgh} x = \frac{\operatorname{senh} x}{\cosh x} \qquad \operatorname{cotgh} x = \frac{1}{\operatorname{tgh} x}, \quad x \neq 0$$

OBSERVAÇÃO Lê-se senh x como "seno hiperbólico de x", cosh x como "cosseno hiperbólico de x" e assim por diante.

Os gráficos das seis funções hiperbólicas e seus domínios e imagens estão mostrados na Figura 5.37. Note que o gráfico da função senh x pode ser obtido pela *adição de ordenadas* das funções exponenciais $f(x) = \frac{1}{2}e^x$ e $g(x) = -\frac{1}{2}e^{-x}$. Da mesma forma, o gráfico de cosh x pode ser obtido pela *adição de ordenadas* das funções exponenciais $f(x) = \frac{1}{2}e^x$ e $h(x) = \frac{1}{2}e^{-x}$.

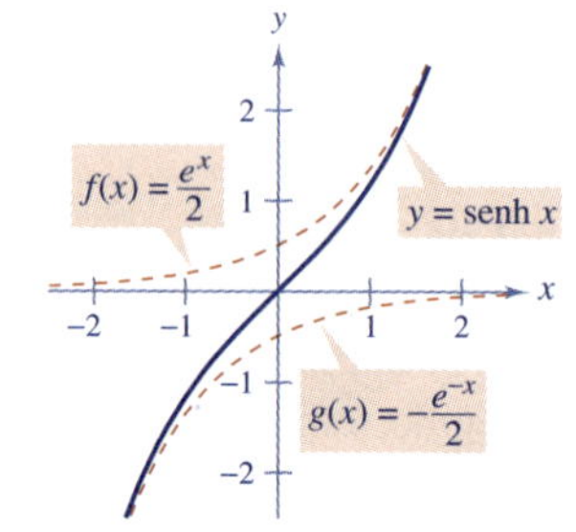

Domínio: $(-\infty, \infty)$
Imagem: $(-\infty, \infty)$

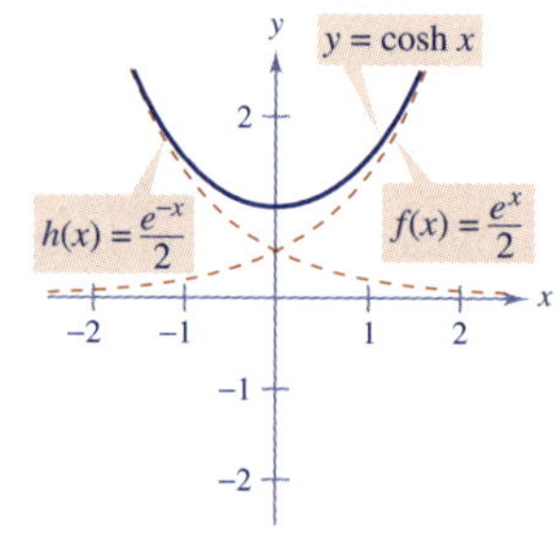

Domínio: $(-\infty, \infty)$
Imagem: $[1, \infty)$

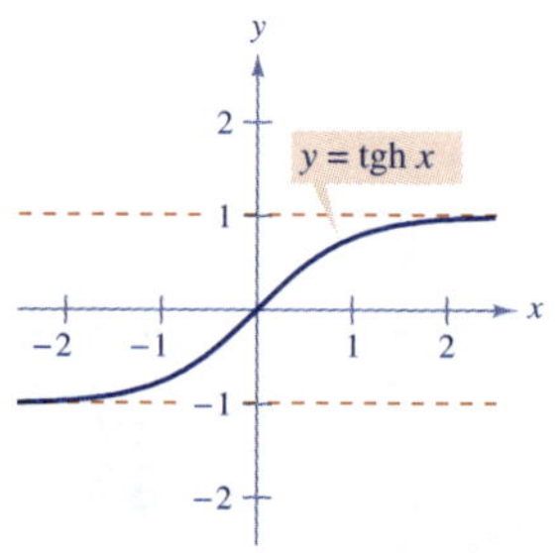

Domínio: $(-\infty, \infty)$
Imagem: $(-1, 1)$

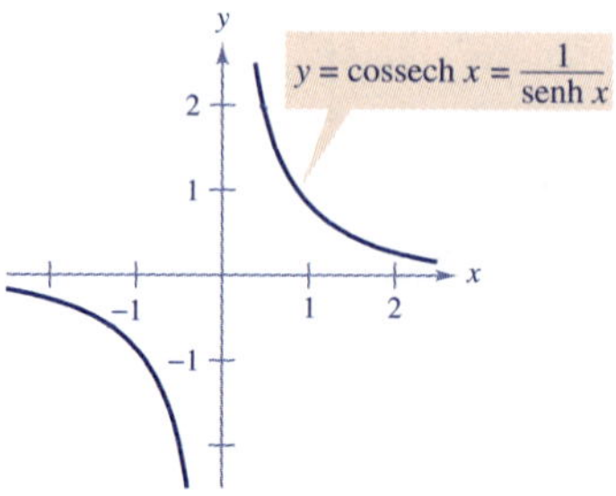

Domínio: $(-\infty, 0) \cup (0, \infty)$
Imagem: $(-\infty, 0) \cup (0, \infty)$

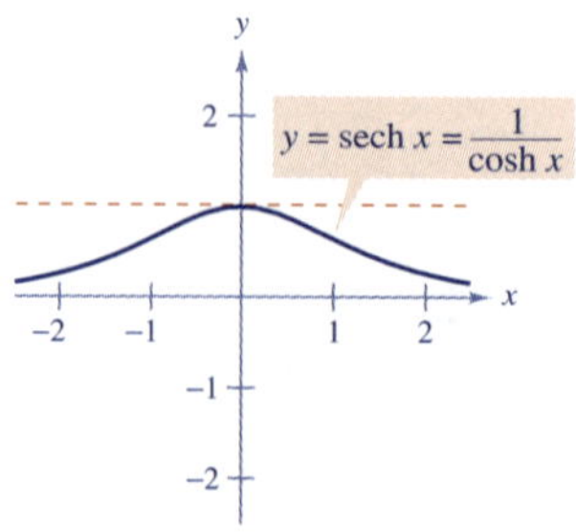

Domínio: $(-\infty, \infty)$
Imagem: $(0, 1]$

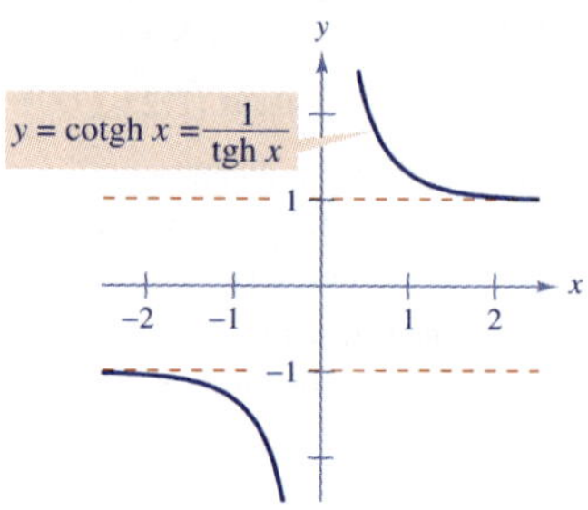

Domínio: $(-\infty, 0) \cup (0, \infty)$
Imagem: $(-\infty, -1) \cup (1, \infty)$

Figura 5.37

Muitas das identidades trigonométricas têm *identidades hiperbólicas* correspondentes. Por exemplo,

$$\begin{aligned}\cosh^2 x - \operatorname{senh}^2 x &= \left(\frac{e^x + e^{-x}}{2}\right)^2 - \left(\frac{e^x - e^{-x}}{2}\right)^2 \\ &= \frac{e^{2x} + 2 + e^{-2x}}{4} - \frac{e^{2x} - 2 + e^{-2x}}{4} \\ &= \frac{4}{4} \\ &= 1\end{aligned}$$

PARA MAIS INFORMAÇÃO Para entender geometricamente a relação entre funções hiperbólicas e exponenciais, veja o artigo "A Short Proof Linking the Hyperbolic and Exponential Functions", de Michael J. Seery em *The AMATYC Review*.

e

$$\begin{aligned}2 \operatorname{senh} x \cosh x &= 2\left(\frac{e^x - e^{-x}}{2}\right)\left(\frac{e^x + e^{-x}}{2}\right) \\ &= \frac{e^{2x} - e^{-2x}}{2} \\ &= \operatorname{senh} 2x.\end{aligned}$$

Funções Hiperbólicas

$$\cosh^2 x - \operatorname{senh}^2 x = 1 \qquad \operatorname{senh}(x + y) = \operatorname{senh} x \cosh y + \cosh x \operatorname{senh} y$$
$$\operatorname{tgh}^2 x + \operatorname{sech}^2 x = 1 \qquad \operatorname{senh}(x - y) = \operatorname{senh} x \cosh y - \cosh x \operatorname{senh} y$$
$$\operatorname{cotgh}^2 x - \operatorname{cossech}^2 x = 1 \qquad \cosh(x + y) = \cosh x \cosh y + \operatorname{senh} x \operatorname{senh} y$$
$$\cosh(x - y) = \cosh x \cosh y - \operatorname{senh} x \operatorname{senh} y$$
$$\operatorname{senh}^2 x = \frac{-1 + \cosh 2x}{2} \qquad \cosh^2 x = \frac{1 + \cosh 2x}{2}$$
$$\operatorname{senh} 2x = 2 \operatorname{senh} x \cosh x \qquad \cosh 2x = \cosh^2 x + \operatorname{senh}^2 x$$

Diferenciação e Integração das Funções Hiperbólicas

Como as funções hiperbólicas são escritas em termos de e^x e e^{-x}, pode-se facilmente determinar as regras para suas derivadas. O seguinte teorema lista essas derivadas e as regras de integração correspondentes.

TEOREMA 5.18 Derivadas e Integrais das Funções Hiperbólicas

Seja u uma função diferenciável de x.

$$\frac{d}{dx}[\operatorname{senh} u] = (\cosh u)u' \qquad \int \cosh u\, du = \operatorname{senh} u + C$$
$$\frac{d}{dx}[\cosh u] = (\operatorname{senh} u)u' \qquad \int \operatorname{senh} u\, du = \cosh u + C$$
$$\frac{d}{dx}[\operatorname{tgh} u] = (\operatorname{sech}^2 u)u' \qquad \int \operatorname{sech}^2 u\, du = \operatorname{tgh} u + C$$
$$\frac{d}{dx}[\operatorname{cotgh} u] = -(\operatorname{cossech}^2 u)u' \qquad \int \operatorname{cossech}^2 u\, du = -\operatorname{cotgh} u + C$$
$$\frac{d}{dx}[\operatorname{sech} u] = -(\operatorname{sech} u \operatorname{tgh} u)u' \qquad \int \operatorname{sech} u \operatorname{tgh} u\, du = -\operatorname{sech} u + C$$
$$\frac{d}{dx}[\operatorname{cossech} u] = -(\operatorname{cossech} u \operatorname{cotgh} u)u' \qquad \int \operatorname{cossech} u \operatorname{cotgh} u\, du = -\operatorname{cossech} u + C$$

Demonstração

$$\frac{d}{dx}[\text{senh } x] = \frac{d}{dx}\left[\frac{e^x - e^{-x}}{2}\right] = \frac{e^x + e^{-x}}{2} = \cosh x$$

$$\frac{d}{dx}[\text{tgh } x] = \frac{d}{dx}\left[\frac{\text{senh } x}{\cosh x}\right] = \frac{\cosh x(\cosh x) - \text{senh } x(\text{senh } x)}{\cosh^2 x} = \frac{1}{\cosh^2 x} = \text{sech}^2 x$$

Nos Exercícios 98 e 102, você deverá demonstrar algumas das outras regras de diferenciação.

EXEMPLO 1 Diferenciação das Funções Hiperbólicas

a. $\frac{d}{dx}[\text{senh}(x^2 - 3)] = 2x\cosh(x^2 - 3)$

b. $\frac{d}{dx}[\ln(\cosh x)] = \frac{\text{senh } x}{\cosh x} = \text{tgh } x$

c. $\frac{d}{dx}[x \text{ senh } x - \cosh x] = x\cosh x + \text{senh } x - \text{senh } x = x\cosh x$

EXEMPLO 2 Encontrando Extremos Relativos

Encontre os extremos relativos de $f(x) = (x - 1)\cosh x - \text{senh } x$.

Solução Comece igualando a primeira derivada de f a 0.

$$f'(x) = (x - 1)\text{ senh } x + \cosh x - \cosh x = 0$$
$$(x - 1)\text{ senh } x = 0$$

Portanto, os números críticos são $x = 1$ e $x = 0$. Utilizando o Teste da Segunda Derivada, podemos verificar que o ponto $(0, -1)$ produz um máximo relativo e o ponto $(1, -\text{senh } 1)$ produz um mínimo relativo como mostrado na Figura 5.38. Tente utilizar uma ferramenta gráfica para confirmar esse resultado. Se a sua ferramenta gráfica não possuir funções hiperbólicas, você pode utilizar funções exponenciais como segue:

$$f(x) = (x - 1)\left(\tfrac{1}{2}\right)(e^x + e^{-x}) - \tfrac{1}{2}(e^x - e^{-x})$$
$$= \tfrac{1}{2}(xe^x + xe^{-x} - e^x - e^{-x} - e^x + e^{-x})$$
$$= \tfrac{1}{2}(xe^x + xe^{-x} - 2e^x)$$

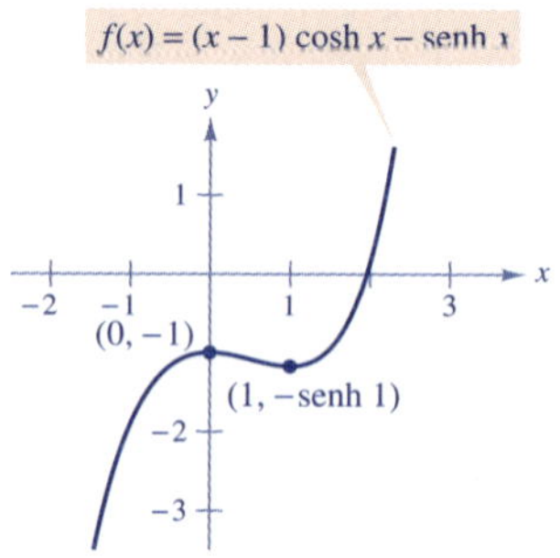

$f''(0) < 0$, então $(0, -1)$ é um máximo relativo. $f''(1) > 0$, então $(1, -\text{senh } 1)$ é um mínimo relativo.
Figura 5.38

Quando um cabo flexível e uniforme, como um cabo de telefonia, é suspenso por dois pontos, ele toma a forma de uma *catenária*, como discutido no Exemplo 3.

EXEMPLO 3 Cabos de Energia Suspensos

Cabos de energia são suspensos entre duas torres, formando a catenária mostrada na Figura 5.39. A equação para essa catenária é

$$y = a \cosh \frac{x}{a}.$$

A distância entre as duas torres é $2b$. Encontre a inclinação da catenária no ponto em que o cabo encontra a torre à direita.

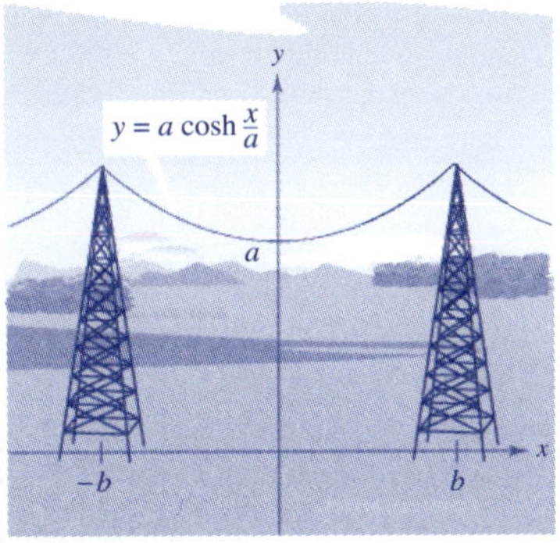

Catenária.
Figura 5.39

Solução A diferenciação produz

$$y' = a\left(\frac{1}{a}\right) \operatorname{senh} \frac{x}{a} = \operatorname{senh} \frac{x}{a}.$$

No ponto $(b, a \cosh(b/a))$, a inclinação (à esquerda) é dada por $m = \operatorname{senh} \frac{b}{a}$.

PARA MAIS INFORMAÇÃO No Exemplo 3, o cabo é uma catenária entre dois suportes de mesma altura. Para aprender sobre o formato de um cabo suspenso entre suportes de alturas diferentes, veja o artigo "Reexamining the Catenary", de Paul Cella em *The College Mathematics Journal*; ou consulte-o em *www.matharticles.com*.

EXEMPLO 4 Integrando uma Função Hiperbólica

Encontre $\int \cosh 2x \operatorname{senh}^2 2x \, dx$.

Solução

$$\int \cosh 2x \operatorname{senh}^2 2x \, dx = \frac{1}{2}\int (\operatorname{senh} 2x)^2 (2 \cosh 2x) \, dx \qquad u = \operatorname{senh} 2x$$

$$= \frac{1}{2}\left[\frac{(\operatorname{senh} 2x)^3}{3}\right] + C$$

$$= \frac{\operatorname{senh}^3 2x}{6} + C$$

Funções Hiperbólicas Inversas

Diferentemente das funções trigonométricas, as funções hiperbólicas não são periódicas. De fato, observando a Figura 5.37 na p. 384, podemos notar que quatro das seis funções hiperbólicas são injetoras (o seno hiperbólico, tangente, co-secante e cotangente). Portanto, pode-se aplicar o Teorema 5.7 e concluir que essas quatro funções têm funções inversas. As outras duas (o cosseno hiperbólico e a secante) são injetoras se seus domínios forem restritos aos números reais positivos e para esse domínio restrito elas também admitem as inversas. Como as funções hiperbólicas são definidas em termos de funções exponenciais, não é surpresa que as funções hiperbólicas inversas possam ser escritas em termos de funções logarítmicas, como mostrado no Teorema 5.19.

TEOREMA 5.19 Funções Hiperbólicas Inversas

Função	*Domínio*
$\operatorname{senh}^{-1} x = \ln\left(x + \sqrt{x^2 + 1}\right)$	$(-\infty, \infty)$
$\cosh^{-1} x = \ln\left(x + \sqrt{x^2 - 1}\right)$	$[1, \infty)$
$\operatorname{tgh}^{-1} x = \dfrac{1}{2} \ln \dfrac{1 + x}{1 - x}$	$(-1, 1)$
$\operatorname{cotgh}^{-1} x = \dfrac{1}{2} \ln \dfrac{x + 1}{x - 1}$	$(-\infty, -1) \cup (1, \infty)$
$\operatorname{sech}^{-1} x = \ln \dfrac{1 + \sqrt{1 - x^2}}{x}$	$(0, 1]$
$\operatorname{cossech}^{-1} x = \ln\left(\dfrac{1}{x} + \dfrac{\sqrt{1 + x^2}}{\lvert x \rvert}\right)$	$(-\infty, 0) \cup (0, \infty)$

Demonstração A demonstração desse teorema é uma aplicação direta das propriedades de funções exponenciais e logarítmicas. Por exemplo, se

$$f(x) = \operatorname{senh} x = \frac{e^x - e^{-x}}{2}$$

e

$$g(x) = \ln\left(x + \sqrt{x^2 + 1}\right)$$

pode-se mostrar que $f(g(x)) = x$ e $g(f(x)) = x$, o que implica que g é a inversa da função f.

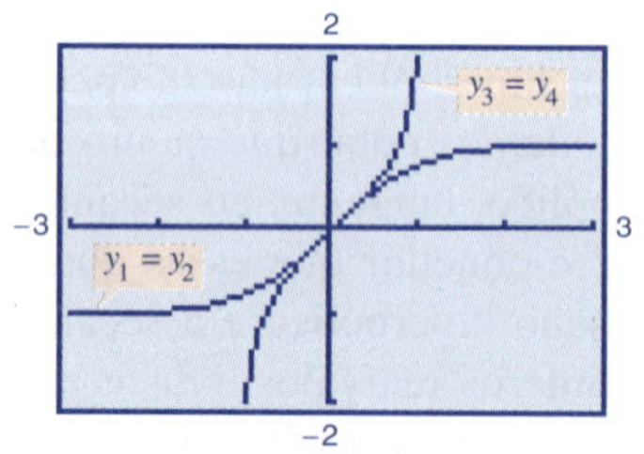

Gráficos da função tangente hiperbólica e da função tangente hiperbólica inversa.
Figura 5.40

TECNOLOGIA Você pode utilizar uma *ferramenta gráfica* para confirmar graficamente os resultados do Teorema 5.19. Por exemplo, trace o gráfico das seguintes funções:

$$y_1 = \operatorname{tgh} x \qquad \text{Tangente hiperbólica}$$

$$y_2 = \frac{e^x - e^{-x}}{e^x + e^{-x}} \qquad \text{Definição da tangente hiperbólica}$$

$$y_3 = \operatorname{tgh}^{-1} x \qquad \text{Tangente hiperbólica inversa}$$

$$y_4 = \frac{1}{2} \ln \frac{1 + x}{1 - x} \qquad \text{Definição da tangente hiperbólica inversa}$$

A janela com os resultados é mostrada na Figura 5.40. Enquanto você olha o gráfico sendo traçado, perceba que $y_1 = y_2$ e $y_3 = y_4$. Observe também que o gráfico de y_1 é a reflexão do gráfico de y_3 em relação à reta $y = x$.

Os gráficos das funções hiperbólicas inversas são mostrados na Figura 5.41.

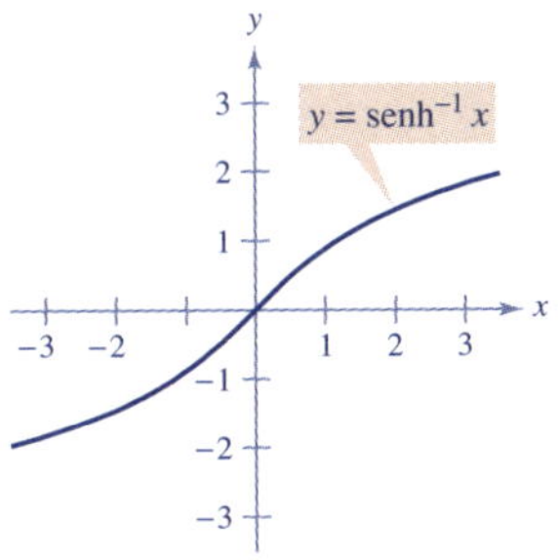

Domínio: $(-\infty, \infty)$
Imagem: $(-\infty, \infty)$

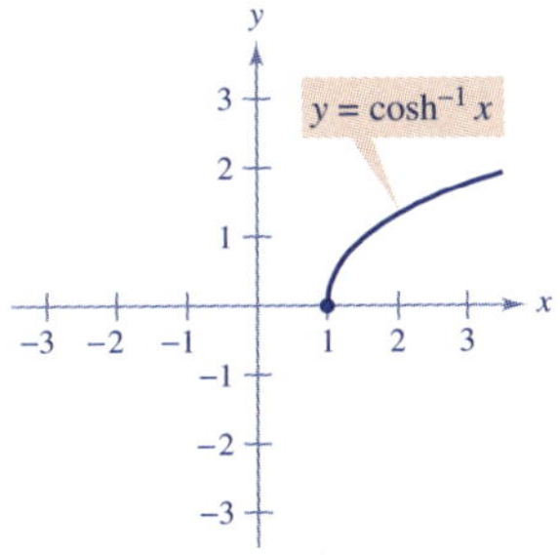

Domínio: $[1, \infty)$
Imagem: $[0, \infty)$

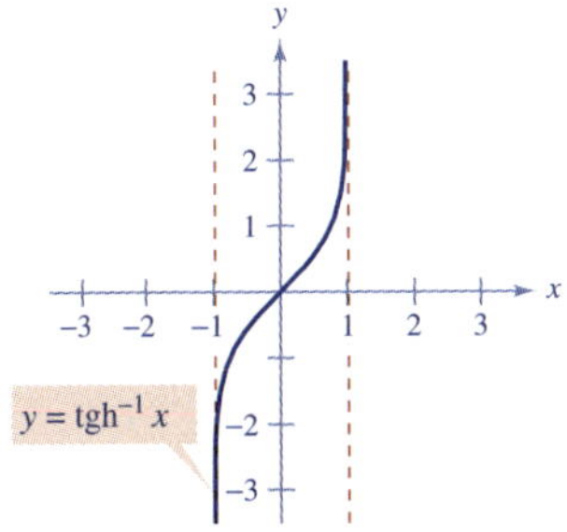

Domínio: $(-1, 1)$
Imagem: $(-\infty, \infty)$

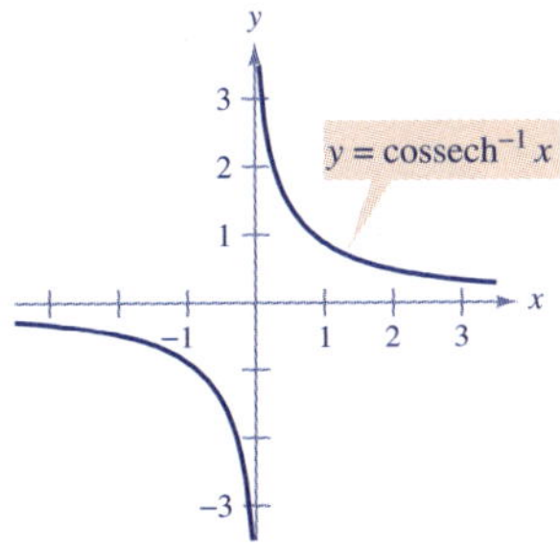

Domínio: $(-\infty, 0) \cup (0, \infty)$
Imagem: $(-\infty, 0) \cup (0, \infty)$

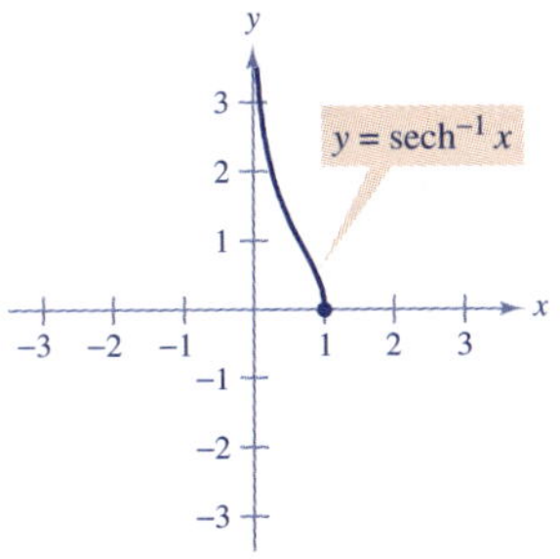

Domínio: $(0, 1]$
Imagem: $[0, \infty)$

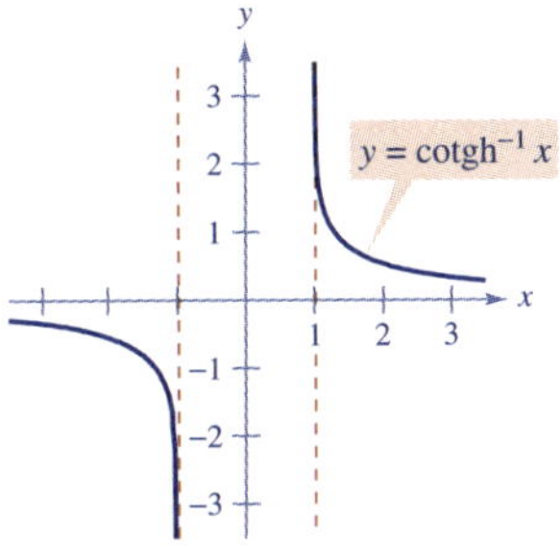

Domínio: $(-\infty, -1) \cup (1, \infty)$
Imagem: $(-\infty, 0) \cup (0, \infty)$

Figura 5.41

A secante hiperbólica inversa pode ser usada para definir a curva chamada *tractrix* ou *curva de perseguição* como discutido no Exemplo 5.

EXEMPLO 5 Uma Tractrix

Uma pessoa segura uma corda amarrada a um barco como mostrado na Figura 5.42. À medida que a pessoa caminha pela doca, o barco segue uma *tractrix*, dada pela equação

$$y = a\,\text{sech}^{-1}\frac{x}{a} - \sqrt{a^2 - x^2}$$

onde a é o comprimento da corda. Se $a = 20$ pés, encontre a distância que a pessoa deve caminhar para trazer o barco a 5 pés da doca.

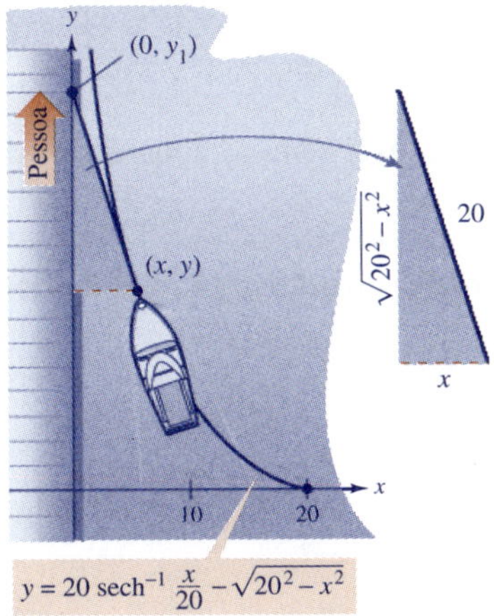

Uma pessoa deve andar 41,27 pés para trazer o barco a 5 pés da doca.
Figura 5.42

Solução Na Figura 5.42, note que a distância que a pessoa caminhou é dada por

$$y_1 = y + \sqrt{20^2 - x^2} = \left(20\,\text{sech}^{-1}\frac{x}{20} - \sqrt{20^2 - x^2}\right) + \sqrt{20^2 - x^2}$$

$$= 20\,\text{sech}^{-1}\frac{x}{20}.$$

Quando $x = 5$, a distância é

$$y_1 = 20 \operatorname{sech}^{-1} \frac{5}{20} = 20 \ln \frac{1 + \sqrt{1 - (1/4)^2}}{1/4}$$
$$= 20 \ln\left(4 + \sqrt{15}\right)$$
$$\approx 41{,}27 \text{ pés.}$$

Diferenciação e Integração das Funções Hiperbólicas Inversas

As derivadas das funções hiperbólicas inversas, que se parecem com as derivadas das funções trigonométricas inversas, estão relacionadas no Teorema 5.20 com as correspondentes fórmulas de integração (na forma logarítmica). Podemos verificar cada uma dessas fórmulas com a aplicação das definições logarítmicas das funções hiperbólicas inversas. (Veja os Exercícios 99 a 101.)

TEOREMA 5.20 Diferenciação e Integração Envolvendo Funções Hiperbólicas Inversas

Seja u uma função diferenciável de x.

$$\frac{d}{dx}[\operatorname{senh}^{-1} u] = \frac{u'}{\sqrt{u^2 + 1}} \qquad \frac{d}{dx}[\cosh^{-1} u] = \frac{u'}{\sqrt{u^2 - 1}}$$

$$\frac{d}{dx}[\operatorname{tgh}^{-1} u] = \frac{u'}{1 - u^2} \qquad \frac{d}{dx}[\operatorname{cotgh}^{-1} u] = \frac{u'}{1 - u^2}$$

$$\frac{d}{dx}[\operatorname{sech}^{-1} u] = \frac{-u'}{u\sqrt{1 - u^2}} \qquad \frac{d}{dx}[\operatorname{cossech}^{-1} u] = \frac{-u'}{|u|\sqrt{1 + u^2}}$$

$$\int \frac{du}{\sqrt{u^2 \pm a^2}} = \ln\left(u + \sqrt{u^2 \pm a^2}\right) + C$$

$$\int \frac{du}{a^2 - u^2} = \frac{1}{2a} \ln\left|\frac{a + u}{a - u}\right| + C$$

$$\int \frac{du}{u\sqrt{a^2 \pm u^2}} = -\frac{1}{a} \ln \frac{a + \sqrt{a^2 \pm u^2}}{|u|} + C$$

EXEMPLO 6 Mais sobre a *Tractrix*

Para a *tractrix* dada no Exemplo 5, mostre que o barco está sempre apontando na direção da pessoa.

Solução Para um ponto (x, y) numa *tractrix*, a inclinação do gráfico fornece a direção do barco como mostrado na Figura 5.42.

$$y' = \frac{d}{dx}\left[20 \operatorname{sech}^{-1} \frac{x}{20} - \sqrt{20^2 - x^2}\right]$$
$$= -20\left(\frac{1}{20}\right)\left[\frac{1}{(x/20)\sqrt{1 - (x/20)^2}}\right] - \left(\frac{1}{2}\right)\left(\frac{-2x}{\sqrt{20^2 - x^2}}\right)$$
$$= \frac{-20^2}{x\sqrt{20^2 - x^2}} + \frac{x}{\sqrt{20^2 - x^2}}$$
$$= -\frac{\sqrt{20^2 - x^2}}{x}$$

Entretanto, pela Figura 5.42, você pode notar que o coeficiente angular do segmento de reta que conecta o ponto $(0, y_1)$ ao ponto (x, y) é também

$$m = -\frac{\sqrt{20^2 - x^2}}{x}.$$

Assim, o barco está sempre apontando para a pessoa. (Por causa dessa propriedade, uma *tractrix* é chamada de curva de perseguição.)

EXEMPLO 7 Integração Usando Funções Hiperbólicas Inversas

Encontre $\displaystyle\int \frac{dx}{x\sqrt{4 - 9x^2}}$.

Solução Faça $a = 2$ e $u = 3x$.

$$\int \frac{dx}{x\sqrt{4 - 9x^2}} = \int \frac{3\,dx}{(3x)\sqrt{4 - 9x^2}} \qquad \int \frac{du}{u\sqrt{a^2 - u^2}}$$

$$= -\frac{1}{2}\ln\frac{2 + \sqrt{4 - 9x^2}}{|3x|} + C \qquad -\frac{1}{a}\ln\frac{a + \sqrt{a^2 - u^2}}{|u|} + C$$

EXEMPLO 8 Integração Usando Funções Hiperbólicas Inversas

Encontre $\displaystyle\int \frac{dx}{5 - 4x^2}$.

Solução Faça $a = \sqrt{5}$ e $u = 2x$.

$$\int \frac{dx}{5 - 4x^2} = \frac{1}{2}\int \frac{2\,dx}{(\sqrt{5})^2 - (2x)^2} \qquad \int \frac{du}{a^2 - u^2}$$

$$= \frac{1}{2}\left(\frac{1}{2\sqrt{5}}\ln\left|\frac{\sqrt{5} + 2x}{\sqrt{5} - 2x}\right|\right) + C \qquad \frac{1}{2a}\ln\left|\frac{a + u}{a - u}\right| + C$$

$$= \frac{1}{4\sqrt{5}}\ln\left|\frac{\sqrt{5} + 2x}{\sqrt{5} - 2x}\right| + C$$

Exercícios da Seção 5.8

Nos Exercícios 1 a 6, calcule a função. Se o valor não for um número racional, dê a resposta com precisão de três casas decimais.

1. (a) senh 3
(b) $\text{tgh}(-2)$

2. (a) cosh 0
(b) sech 1

3. (a) $\text{cossech}(\ln 2)$
(b) $\text{cotgh}(\ln 5)$

4. (a) $\text{senh}^{-1} 0$
(b) $\text{tgh}^{-1} 0$

5. (a) $\cosh^{-1} 2$
(b) $\text{sech}^{-1} \frac{2}{3}$

6. (a) $\text{cossech}^{-1} 2$
(b) $\text{cotgh}^{-1} 3$

Nos Exercícios 7 a 12, verifique a identidade.

7. $\text{tgh}^2 x + \text{sech}^2 x = 1$

8. $\cosh^2 x = \dfrac{1 + \cosh 2x}{2}$

9. $\text{senh}(x + y) = \text{senh}\, x \cosh y + \cosh x\, \text{senh}\, y$

10. $\text{senh}\, 2x = 2\, \text{senh}\, x \cosh x$

11. $\text{senh}\, 3x = 3\, \text{senh}\, x + 4\, \text{senh}^3 x$

12. $\cosh x + \cosh y = 2\cosh\dfrac{x + y}{2}\cosh\dfrac{x - y}{2}$

Nos Exercícios 13 e 14, use o valor da função hiperbólica dada para encontrar os valores das outras funções hiperbólicas no ponto *x*.

13. $\text{senh}\, x = \dfrac{3}{2}$

14. $\text{tgh}\, x = \dfrac{1}{2}$

Nos Exercícios 15 a 24, encontre a derivada da função.

15. $y = \text{sech}(x + 1)$

16. $y = \text{cotgh}\, 3x$

17. $f(x) = \ln(\text{senh}\, x)$

18. $g(x) = \ln(\cosh x)$

19. $y = \ln\left(\text{tgh}\,\dfrac{x}{2}\right)$

20. $y = x\cosh x - \text{senh}\, x$

21. $h(x) = \frac{1}{4}\text{senh}\, 2x - \frac{x}{2}$

22. $h(t) = t - \text{cotgh}\, t$

23. $f(t) = \text{arctg}(\text{senh}\, t)$

24. $g(x) = \text{sech}^2\, 3x$

Nos Exercícios 25 a 28, encontre uma equação da reta tangente ao gráfico da função no ponto dado.

25. $y = \text{senh}(1 - x^2)$

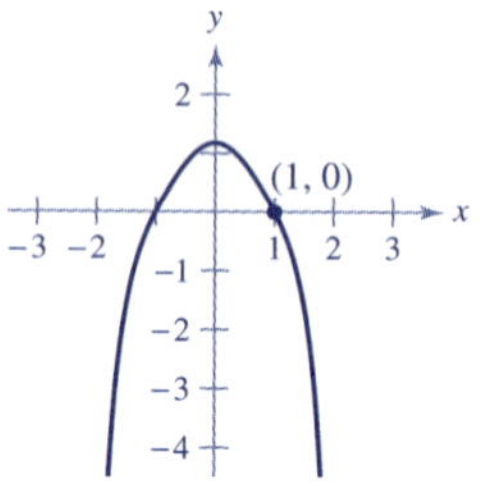

26. $y = x^{\cosh x}$

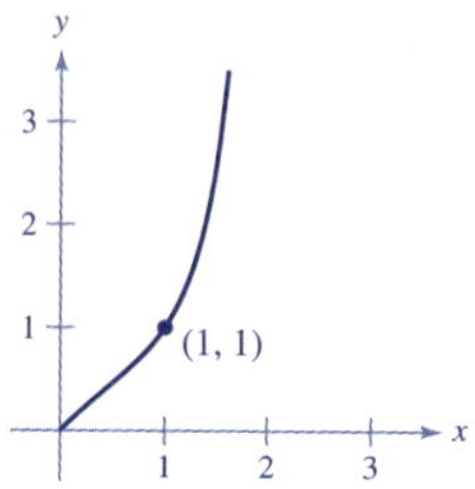

27. $y = (\cosh x - \text{senh}\, x)^2$

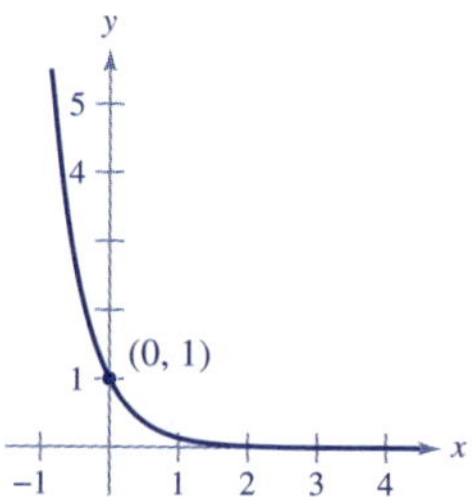

28. $y = e^{\text{senh}\, x}$

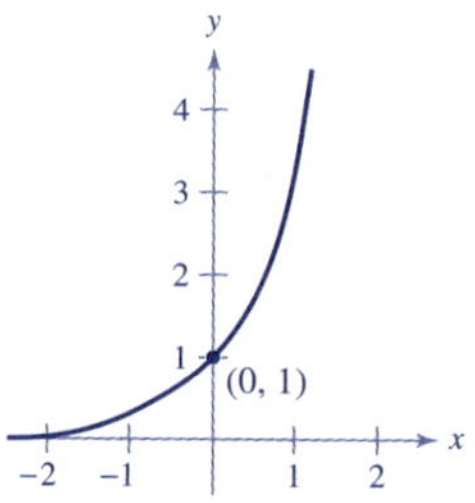

Nos Exercícios 29 a 32, encontre qualquer extremo relativo da função. Use uma ferramenta gráfica para confirmar sua resposta.

29. $f(x) = \text{sen}\, x\, \text{senh}\, x - \cos x \cosh x, \quad -4 \le x \le 4$

30. $f(x) = x\, \text{senh}(x - 1) - \cosh(x - 1)$

31. $g(x) = x\, \text{sech}\, x$

32. $h(x) = 2\, \text{tang}\, x - x$

Nos Exercícios 33 e 34, mostre que a função satisfaz a equação diferencial.

	Função	*Equação Diferencial*
33.	$y = a\, \text{senh}\, x$	$y''' - y' = 0$
34.	$y = a \cosh x$	$y'' - y = 0$

Aproximações Linear e Quadrática **Nos Exercícios 35 e 36, use um sistema de manipulação algébrica para encontrar a aproximação linear**

$$P_1(x) = f(a) + f'(a)(x - a)$$

e a aproximação quadrática

$$P_2(x) = f(a) + f'(a)(x - a) + \tfrac{1}{2}f''(a)(x - a)^2$$

da função f em $x = a$. Use uma ferramenta gráfica para desenhar o gráfico da função e de suas aproximações.

35. $f(x) = \text{tgh}\, x, \quad a = 0$

36. $f(x) = \cosh x, \quad a = 0$

Catenária **Nos Exercícios 37 e 38, é dado o modelo de um cabo de energia suspenso entre duas torres. (a) Trace o gráfico do modelo, (b) encontre as alturas dos cabos nas torres e no ponto médio entre elas e (c) encontre a inclinação do modelo no ponto onde o cabo encontra a torre do lado direito.**

37. $y = 10 + 15 \cosh \frac{x}{15}, \quad -15 \le x \le 15$

38. $y = 18 + 25 \cosh \frac{x}{25}, \quad -25 \le x \le 25$

Nos Exercícios 39 e 50, encontre a integral.

39. $\int \text{senh}(1 - 2x)\, dx$

40. $\int \frac{\cosh \sqrt{x}}{\sqrt{x}}\, dx$

41. $\int \cosh^2(x - 1)\, \text{senh}(x - 1)\, dx$

42. $\int \frac{\text{senh}\, x}{1 + \text{senh}^2\, x}\, dx$

43. $\int \frac{\cosh x}{\text{senh}\, x}\, dx$

44. $\int \text{sech}^2(2x - 1)\, dx$

45. $\int x\, \text{cossech}^2 \frac{x^2}{2}\, dx$

46. $\int \text{sech}^3\, x\, \text{tgh}\, x\, dx$

47. $\int \frac{\text{cossech}(1/x)\, \text{cotgh}(1/x)}{x^2}\, dx$

48. $\int \frac{\cosh x}{\sqrt{9 - \text{senh}^2\, x}}\, dx$

49. $\int \frac{x}{x^4 + 1}\, dx$

50. $\int \frac{2}{x\sqrt{1 + 4x^2}}\, dx$

Nos Exercícios 51 a 56, calcule a integral.

51. $\int_0^{\ln 2} \text{tgh}\, x\, dx$

52. $\int_0^1 \cosh^2 x\, dx$

53. $\int_0^4 \frac{1}{25 - x^2}\, dx$

54. $\int_0^4 \frac{1}{\sqrt{25 - x^2}}\, dx$

55. $\int_0^{\sqrt{2}/4} \frac{2}{\sqrt{1 - 4x^2}}\, dx$

56. $\int_0^{\ln 2} 2e^{-x} \cosh x\, dx$

Nos Exercícios 57 a 64, encontre a derivada da função.

57. $y = \cosh^{-1}(3x)$

58. $y = \text{tgh}^{-1} \frac{x}{2}$

59. $y = \text{senh}^{-1}(\text{tg}\, x)$

60. $y = \text{sech}^{-1}(\cos 2x), \quad 0 < x < \pi/4$

61. $y = \text{tgh}^{-1}(\text{sen}\, 2x)$

62. $y = (\text{cossech}^{-1}\, x)^2$

63. $y = 2x\, \text{senh}^{-1}(2x) - \sqrt{1 + 4x^2}$

64. $y = x\, \text{tgh}^{-1}\, x + \ln \sqrt{1 - x^2}$

Questões Conceituais

65. Discuta diversas formas pelas quais as funções hiperbólicas são semelhantes às funções trigonométricas.

66. Esboce o gráfico de cada função hiperbólica. Em seguida, identifique o domínio e a imagem de cada função.

Limites **Nos Exercícios 67 a 72, encontre o limite.**

67. $\lim_{x \to \infty} \text{senh}\, x$

68. $\lim_{x \to \infty} \text{tgh}\, x$

69. $\lim_{x \to \infty} \text{sech}\, x$

70. $\lim_{x \to -\infty} \text{cossech}\, x$

71. $\lim_{x\to 0} \dfrac{\text{senh}\, x}{x}$

72. $\lim_{x\to 0^-} \text{cotgh}\, x$

Nos Exercícios 73 a 80, encontre a integral indefinida usando as fórmulas do Teorema 5.20.

73. $\displaystyle\int \frac{1}{\sqrt{1+e^{2x}}}\, dx$

74. $\displaystyle\int \frac{x}{9-x^4}\, dx$

75. $\displaystyle\int \frac{1}{\sqrt{x}\sqrt{1+x}}\, dx$

76. $\displaystyle\int \frac{\sqrt{x}}{\sqrt{1+x^3}}\, dx$

77. $\displaystyle\int \frac{-1}{4x-x^2}\, dx$

78. $\displaystyle\int \frac{dx}{(x+2)\sqrt{x^2+4x+8}}$

79. $\displaystyle\int \frac{1}{1-4x-2x^2}\, dx$

80. $\displaystyle\int \frac{dx}{(x+1)\sqrt{2x^2+4x+8}}$

Nos Exercícios 81 a 84, resolva a equação diferencial.

81. $\dfrac{dy}{dx} = \dfrac{1}{\sqrt{80+8x-16x^2}}$

82. $\dfrac{dy}{dx} = \dfrac{1}{(x-1)\sqrt{-4x^2+8x-1}}$

83. $\dfrac{dy}{dx} = \dfrac{x^3-21x}{5+4x-x^2}$

84. $\dfrac{dy}{dx} = \dfrac{1-2x}{4x-x^2}$

Área **Nos Exercícios 85 a 88, encontre a área da região.**

85. $y = \text{sech}\, \dfrac{x}{2}$

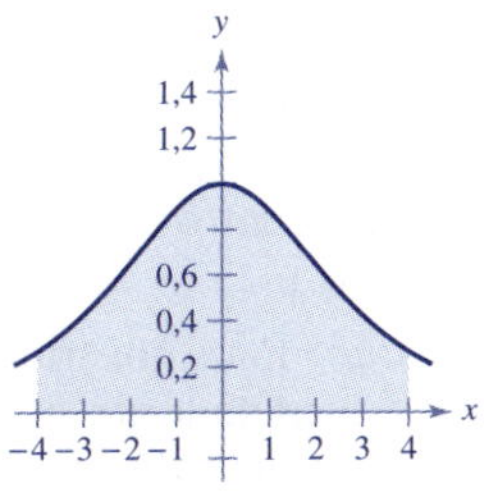

86. $y = \text{tgh}\, 2x$

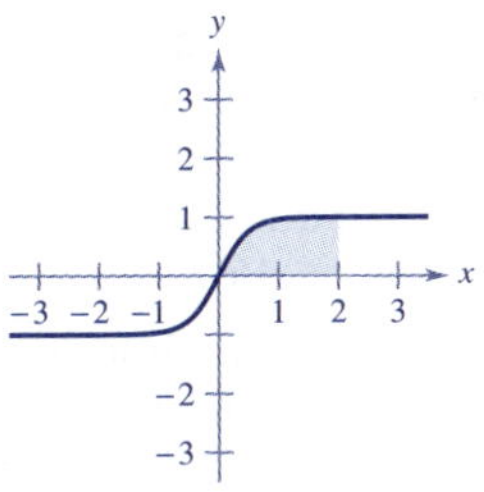

87. $y = \dfrac{5x}{\sqrt{x^4+1}}$

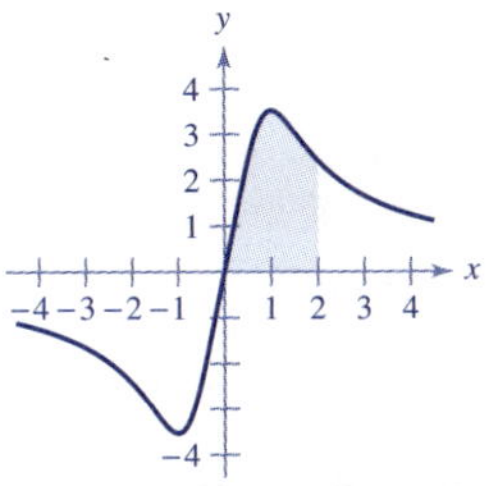

88. $y = \dfrac{6}{\sqrt{x^2-4}}$

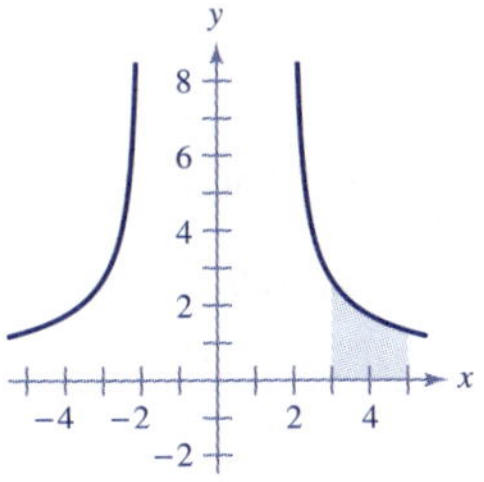

Nos Exercícios 89 e 90, calcule a integral em termos de (a) logaritmos naturais e (b) funções hiperbólicas inversas.

89. $\displaystyle\int_0^{\sqrt{3}} \frac{dx}{\sqrt{x^2+1}}$

90. $\displaystyle\int_{-1/2}^{1/2} \frac{dx}{1-x^2}$

91. ***Reações Químicas*** Elementos químicos A e B se combinam numa razão de 3 para 1 para formar um composto. A quantidade do composto x que está sendo produzida no instante t é proporcional às quantidades que não reagiram e permanecem na solução. Então, se 3 quilogramas de A é misturado com 2 quilogramas de B, tem-se

$$\frac{dx}{dt} = k\left(3 - \frac{3x}{4}\right)\left(2 - \frac{x}{4}\right) = \frac{3k}{16}(x^2 - 12x + 32).$$

Um quilograma de composto é formado depois de 10 minutos. Encontre a quantidade formada depois de 20 minutos, resolvendo a equação

$$\int \frac{3k}{16}\, dt = \int \frac{dx}{x^2 - 12x + 32}.$$

92. ***Movimento Vertical*** Um objeto é solto de uma altura de 400 pés.

(a) Encontre a velocidade do objeto como uma função do tempo (despreze a resistência do ar sobre o objeto).

(b) Use o resultado da parte (a) para encontrar a função posição.

(c) Se a resistência do ar for proporcional ao quadrado da velocidade, então $dv/dt = -32 + kv^2$, onde -32 pés por segundo ao quadrado é a aceleração da gravidade e k é uma constante. Mostre que a velocidade v como uma função do tempo é

$$v(t) = -\sqrt{\frac{32}{k}}\, \text{tgh}\left(\sqrt{32k}\, t\right)$$

pela resolução da seguinte integração e simplificando o resultado.

$$\int \frac{dv}{32 - kv^2} = -\int dt$$

(d) Use o resultado do item (c) para encontrar $\lim_{t\to\infty} v(t)$ e interprete-o.

(e) Integre a função velocidade no item (c) e encontre a posição s do objeto como uma função de t. Use uma ferramenta gráfica para traçar o gráfico da função posição quando $k = 0{,}01$ e a função posição da parte (b) na mesma janela. Estime o tempo adicional necessário para o objeto atingir o solo quando a resistência do ar não for desprezada.

(f) Dê uma descrição do que você acredita que aconteceria se k fosse aumentado. A seguir, teste sua afirmação para um valor particular de k.

Tractrix **Nos Exercícios 93 e 94, use a equação da tractrix** $y = a\, \text{sech}^{-1} \dfrac{x}{a} - \sqrt{a^2 - x^2},\ \ a > 0.$

93. Encontre dy/dx.

94. Seja L a reta tangente à tractrix no ponto P. Se L intercepta o eixo y no ponto Q, mostre que a distância entre P e Q é a.

95. Prove que $\text{tgh}^{-1} x = \dfrac{1}{2}\ln\left(\dfrac{1+x}{1-x}\right), \quad -1 < x < 1.$

96. Mostre que $\text{arctg}(\text{senh}\, x) = \text{arcsen}(\text{tgh}\, x)$.

97. Seja $x > 0$ e $b > 0$. Mostre que $\displaystyle\int_{-b}^{b} e^{xt}\, dt = \frac{2\, \text{senh}\, bx}{x}.$

Nos Exercícios 98 a 102, verifique a fórmula de diferenciação.

98. $\frac{d}{dx}[\cosh x] = \operatorname{senh} x$

99. $\frac{d}{dx}[\operatorname{sech}^{-1} x] = \frac{-1}{x\sqrt{1 - x^2}}$

100. $\frac{d}{dx}[\cosh^{-1} x] = \frac{1}{\sqrt{x^2 - 1}}$

101. $\frac{d}{dx}[\operatorname{senh}^{-1} x] = \frac{1}{\sqrt{x^2 + 1}}$

102. $\frac{d}{dx}[\operatorname{sech} x] = -\operatorname{sech} x \operatorname{tgh} x$

Desafio Putnam

103. A partir do vértice $(0, c)$ da catenária $y = c \cosh (x/c)$ é desenhada uma reta perpendicular à tangente à catenária no ponto P. Prove que o comprimento do segmento de L determinado pela intersecção com os eixos é igual à ordenada y do ponto P.

104. Demonstre que é verdadeiro ou que é falso que há ao menos uma reta normal ao gráfico de $y = \cosh x$ no ponto $(a, \cosh a)$ e também normal ao gráfico de $y = \operatorname{senh} x$ no ponto $(c, \operatorname{senh} c)$.

[Num ponto em um gráfico, a reta normal é a reta perpendicular à reta tangente ao gráfico naquele ponto. Também, $\cosh x = (e^x + e^{-x})/2$ e $\operatorname{senh} x = (e^x - e^{-x})/2$.]

Estes problemas foram formulados pelo Committee on the Putnam Prize Competition.

Projeto da Seção: Obelisco de St. Louis

Roy Ooms/Masterfile

O obelisco de St. Louis, no Missouri, foi construído usando a função cosseno hiperbólico. A equação usada para a construção foi

$y = 693{,}8597 - 68{,}7672 \cosh 0{,}0100333x,$

$-299{,}2239 \le x \le 299{,}2239$

onde x e y são medidos em pés. As secções transversais do arco são triângulos equiláteros e (x, y) percorre o caminho do centro de massa dos triângulos. Para cada valor de x, a área do triângulo da secção transversal é $A = 125{,}1406 \cosh 0{,}0100333x$. (*Fonte: Owner's Manual for the Gateway Arch, Saint Louis, MO, by William Thayer.*)

(a) Em que altura acima do solo está o centro do triângulo mais alto? (No nível do solo, $y = 0$.)

(b) Qual é a altura do arco? (*Sugestão*: Para um triângulo equilátero, $A = \sqrt{3}c^2$, onde c é a metade do comprimento da base do triângulo e o centro de massa do triângulo se encontra a dois terços da sua altura.)

(c) Qual a largura do arco no nível do solo?

Exercícios de Revisão do Capítulo 5

Nos Exercícios 1 e 2, esboce o gráfico da função à mão. Identifique as assíntotas do gráfico.

1. $f(x) = \ln x + 3$ **2.** $f(x) = \ln(x - 3)$

Nos Exercícios 3 e 4, use as propriedades dos logaritmos para expandir a função logarítmica.

3. $\ln \sqrt[5]{\frac{4x^2 - 1}{4x^2 + 1}}$ **4.** $\ln[(x^2 + 1)(x - 1)]$

Nos Exercícios 5 e 6, escreva a expressão como o logaritmo de uma única quantidade.

5. $\ln 3 + \frac{1}{3}\ln(4 - x^2) - \ln x$

6. $3[\ln x - 2\ln(x^2 + 1)] + 2\ln 5$

Nos Exercícios 7 e 8, resolva a equação em x.

7. $\ln \sqrt{x + 1} = 2$ **8.** $\ln x + \ln(x - 3) = 0$

Nos Exercícios 9 a 14, encontre a derivada da função.

9. $g(x) = \ln \sqrt{x}$ **10.** $h(x) = \ln \frac{x(x - 1)}{x - 2}$

11. $f(x) = x\sqrt{\ln x}$

12. $f(x) = \ln[x(x^2 - 2)^{2/3}]$

13. $y = \frac{1}{b^2}[a + bx - a\ln(a + bx)]$

14. $y = -\frac{1}{ax} + \frac{b}{a^2}\ln\frac{a + bx}{x}$

Nos Exercícios 15 e 16, encontre uma equação da reta tangente ao gráfico da função no ponto dado.

15. $y = \ln(2 + x) + \dfrac{2}{2 + x}$

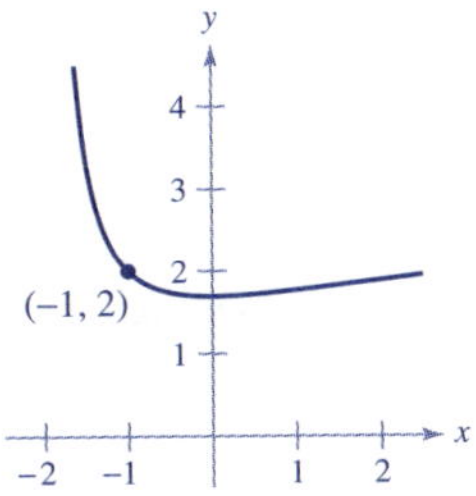

16. $y = \ln \dfrac{1 + x}{x}$

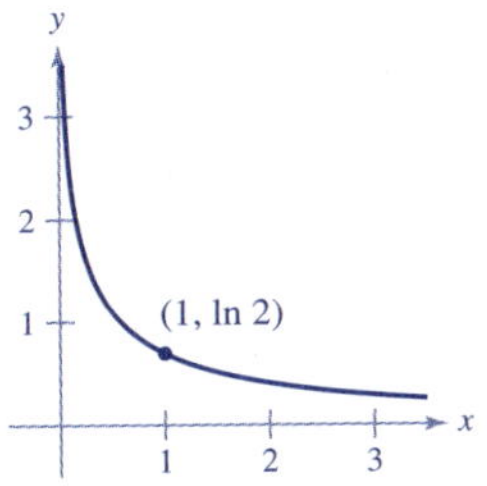

Nos Exercícios 17 a 24, encontre ou avalie a integral.

17. $\displaystyle\int \frac{1}{7x - 2}\, dx$

18. $\displaystyle\int \frac{x}{x^2 - 1}\, dx$

19. $\displaystyle\int \frac{\operatorname{sen} x}{1 + \cos x}\, dx$

20. $\displaystyle\int \frac{\ln \sqrt{x}}{x}\, dx$

21. $\displaystyle\int_1^4 \frac{x + 1}{x}\, dx$

22. $\displaystyle\int_1^e \frac{\ln x}{x}\, dx$

23. $\displaystyle\int_0^{\pi/3} \sec \theta \, d\theta$

24. $\displaystyle\int_0^{\pi/4} \operatorname{tg}\left(\frac{\pi}{4} - x\right) dx$

Nos Exercícios 25 a 30, (a) encontre a função inversa de f, (b) use uma ferramenta gráfica para traçar o gráfico de f e de f^{-1} na mesma janela e (c) verifique que $f^{-1}(f(x)) = x$ e $f(f^{-1}(x)) = x$.

25. $f(x) = \frac{1}{2}x - 3$

26. $f(x) = 5x - 7$

27. $f(x) = \sqrt{x + 1}$

28. $f(x) = x^3 + 2$

29. $f(x) = \sqrt[3]{x + 1}$

30. $f(x) = x^2 - 5, \quad x \geq 0$

Nos Exercícios 31 a 34, encontre $(f^{-1})'(a)$ para a função f e o número real a dado.

31. $f(x) = x^3 + 2, \quad a = -1$

32. $f(x) = x\sqrt{x - 3}, \quad a = 4$

33. $f(x) = \operatorname{tg} x, \quad -\dfrac{\pi}{4} \leq x \leq \dfrac{\pi}{4}, \quad a = \dfrac{\sqrt{3}}{3}$

34. $f(x) = \ln x, \quad a = 0$

Nos Exercícios 35 e 36, (a) encontre a função inversa de f, (b) use uma ferramenta gráfica para traçar o gráfico de f e de f^{-1} na mesma tela e (c) verifique que $f^{-1}(f(x)) = x$ e $f(f^{-1}(x)) = x$.

35. $f(x) = \ln \sqrt{x}$

36. $f(x) = e^{1 - x}$

Nos Exercícios 37 e 38, esboce o gráfico da função sem o auxílio de uma ferramenta gráfica.

37. $y = e^{-x/2}$

38. $y = 4e^{-x^2}$

Nos Exercícios 39 a 44, encontre a derivada da função.

39. $g(t) = t^2 e^t$

40. $g(x) = \ln \dfrac{e^x}{1 + e^x}$

41. $y = \sqrt{e^{2x} + e^{-2x}}$

42. $h(z) = e^{-z^2/2}$

43. $g(x) = \dfrac{x^2}{e^x}$

44. $y = 3e^{-3/t}$

Nos Exercícios 45 e 46, encontre uma equação da reta tangente ao gráfico da função no ponto dado.

45. $f(x) = \ln(e^{-x^2}), \quad (2, -4)$

46. $f(\theta) = \dfrac{1}{2}e^{\operatorname{sen} 2\theta}, \quad \left(0, \dfrac{1}{2}\right)$

Nos Exercícios 47 e 48, use diferenciação implícita para encontrar dy/dx.

47. $y \ln x + y^2 = 0$

48. $\cos x^2 = xe^y$

Nos Exercícios 49 a 56, encontre ou calcule a integral.

49. $\displaystyle\int_0^1 xe^{-3x^2}\, dx$

50. $\displaystyle\int_{1/2}^2 \frac{e^{1/x}}{x^2}\, dx$

51. $\displaystyle\int \frac{e^{4x} - e^{2x} + 1}{e^x}\, dx$

52. $\displaystyle\int \frac{e^{2x} - e^{-2x}}{e^{2x} + e^{-2x}}\, dx$

53. $\displaystyle\int xe^{1 - x^2}\, dx$

54. $\displaystyle\int x^2 e^{x^3 + 1}\, dx$

55. $\displaystyle\int_1^3 \frac{e^x}{e^x - 1}\, dx$

56. $\displaystyle\int_0^2 \frac{e^{2x}}{e^{2x} + 1}\, dx$

57. Mostre que $y = e^x(a \cos 3x + b \operatorname{sen} 3x)$ satisfaz a equação diferencial $y'' - 2y' + 10y = 0$.

58. ***Depreciação*** O valor V de um item, t anos depois de sua compra é $V = 8000e^{-0,6t}, \quad 0 \leq t \leq 5$.
   (a) Use uma ferramenta gráfica para traçar o gráfico da função.
   (b) Encontre a taxa de variação de V em relação a t quando $t = 1$ e $t = 4$.
   (c) Use uma ferramenta gráfica para traçar as retas tangentes à função quando $t = 1$ e $t = 4$.

Nos Exercícios 59 e 60, encontre a área da região limitada pelos gráficos das equações.

59. $y = xe^{-x^2}, \ y = 0, \ x = 0, \ x = 4$

60. $y = 2e^{-x}, \ y = 0, \ x = 0, \ x = 2$

Nos Exercícios 61 a 64, esboce o gráfico da função à mão.

61. $y = 3^{x/2}$

62. $y = 6(2^{-x^2})$

63. $y = \log_2(x - 1)$

64. $y = \log_4 x^2$

Nos Exercícios 65 a 70, encontre a derivada da função.

65. $f(x) = 3^{x-1}$

66. $f(x) = (4e)^x$

67. $y = x^{2x+1}$

68. $y = x(4^{-x})$

69. $g(x) = \log_3 \sqrt{1 - x}$

70. $h(x) = \log_5 \dfrac{x}{x - 1}$

Nos Exercícios 71 e 72, encontre a integral indefinida.

71. $\int (x + 1)5^{(x+1)^2} dx$

72. $\int \frac{2^{-1/t}}{t^2} dt$

73. ***Taxa de Subida*** O tempo t (em minutos) para um pequeno avião subir para uma altitude de h pés é

$$t = 50 \log_{10} \frac{18.000}{18.000 - h}$$

onde 18.000 pés é a altitude máxima alcançada por ele.

(a) Determine o domínio apropriado da função no contexto do problema.

(b) Use uma ferramenta gráfica para esboçar o gráfico da função tempo e identifique as assíntotas.

(c) Encontre o instante no qual a altitude está aumentando com a maior taxa.

74. ***Juros Compostos***

(a) Com os juros anuais de 7% compostos continuamente, de quanto deve ser um depósito para se obter um balanço de \$10.000 em 15 anos?

(b) Um depósito, no qual incidem juros compostos continuamente a uma taxa de r por cento, dobra de valor em 10 anos. Encontre r.

Nos Exercícios 75 e 76, esboce o gráfico da função.

75. $f(x) = 2 \operatorname{arctg}(x + 3)$

76. $h(x) = -3 \operatorname{arcsen} 2x$

Nos Exercícios 77 e 78, avalie a expressão sem utilizar uma calculadora. (*Sugestão*: Faça um esboço de um triângulo retângulo.)

77. (a) $\operatorname{sen}\left(\operatorname{arcsen} \frac{1}{2}\right)$

(b) $\cos\left(\operatorname{arcsen} \frac{1}{2}\right)$

78. (a) $\operatorname{tg}(\operatorname{arcctg} 2)$

(b) $\cos\left(\operatorname{arcsec} \sqrt{5}\right)$

Nos Exercícios 79 a 84, encontre a derivada da função.

79. $y = \operatorname{tg}(\operatorname{arcsen} x)$

80. $y = \operatorname{arctg}(x^2 - 1)$

81. $y = x \operatorname{arcsec} x$

82. $y = \frac{1}{2} \operatorname{arctg} e^{2x}$

83. $y = x(\operatorname{arcsen} x)^2 - 2x + 2\sqrt{1 - x^2} \operatorname{arcsen} x$

84. $y = \sqrt{x^2 - 4} - 2 \operatorname{arcsec} \frac{x}{2}, \quad 2 < x < 4$

Nos Exercícios 85 a 90, encontre a integral indefinida.

85. $\int \frac{1}{e^{2x} + e^{-2x}} dx$

86. $\int \frac{1}{3 + 25x^2} dx$

87. $\int \frac{x}{\sqrt{1 - x^4}} dx$

88. $\int \frac{1}{16 + x^2} dx$

89. $\int \frac{\operatorname{arctg}(x/2)}{4 + x^2} dx$

90. $\int \frac{\operatorname{arcsen} x}{\sqrt{1 - x^2}} dx$

Nos Exercícios 91 e 92, encontre a área da região.

91. $y = \frac{4 - x}{\sqrt{4 - x^2}}$

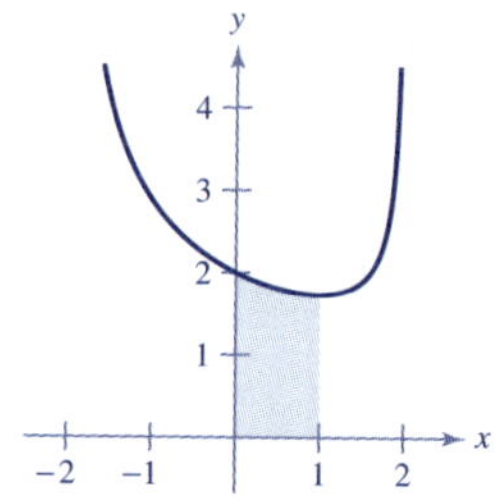

92. $y = \frac{x}{16 + x^2}$

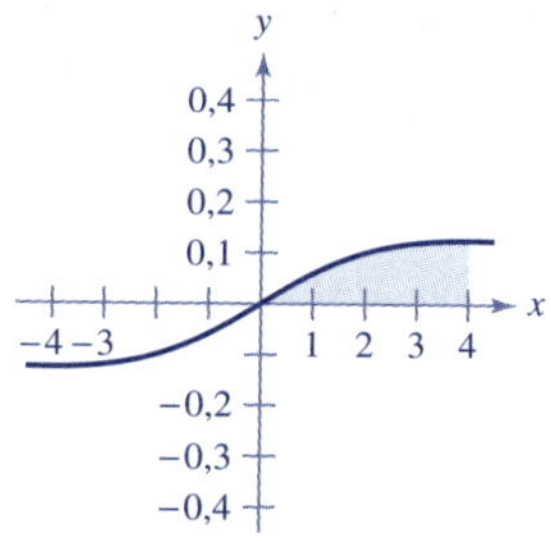

93. ***Movimento Harmônico*** Uma partícula de massa m está presa a uma mola e oscila em movimento harmônico simples. Pela Lei de Hook, podemos determinar que

$$\int \frac{dy}{\sqrt{A^2 - y^2}} = \int \sqrt{\frac{k}{m}}\, dt$$

onde A é o deslocamento máximo, t é o tempo e k uma constante. Encontre y como uma função de t, dado que $y = 0$ quando $t = 0$.

Nos Exercícios 94 e 95, encontre a derivada da função.

94. $y = 2x - \cosh \sqrt{x}$

95. $y = x \operatorname{tgh}^{-1} 2x$

Nos Exercícios 96 e 97, encontre a integral indefinida.

96. $\int \frac{x}{\sqrt{x^4 - 1}} dx$

97. $\int x^2 \operatorname{sech}^2 x^3 dx$

P.S. Problemas Suplementares

1. Encontre o valor de a que maximiza o ângulo θ mostrado na figura. Qual é a medida aproximada desse ângulo?

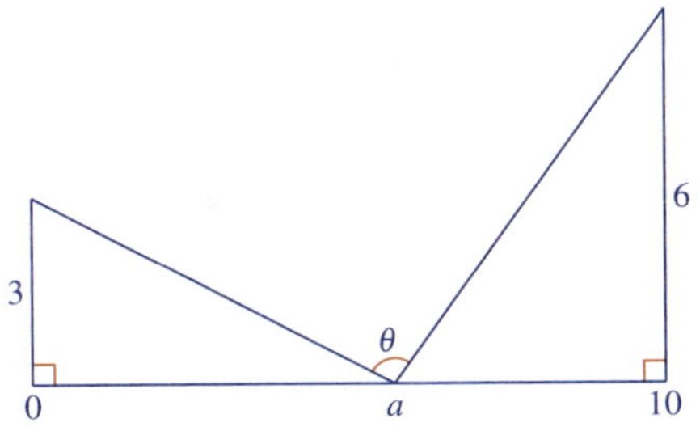

2. Recorde que o gráfico da função $y = f(x)$ é simétrico em relação à origem se sempre que (x, y) for um ponto do gráfico, $(-x, -y)$ também for um ponto do gráfico. O gráfico da função $y = f(x)$ é **simétrico em relação ao ponto (a, b)** se sempre que $(a - x, b - y)$ for um ponto do gráfico, $(a + x, b + y)$ também for um ponto do gráfico, como mostrado na figura.

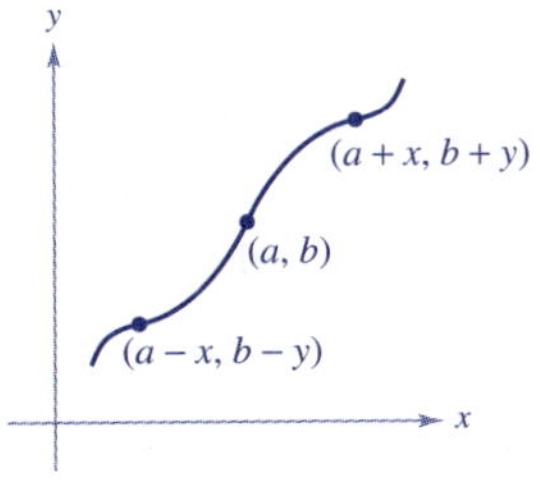

(a) Esboce o gráfico de $y = \operatorname{sen} x$ no intervalo $[0, 2\pi]$. Escreva um parágrafo curto explicando como a simetria do gráfico em relação ao ponto $(0, \pi)$ permite concluir que

$$\int_0^{2\pi} \operatorname{sen} x \, dx = 0.$$

(b) Esboce o gráfico de $y = \operatorname{sen} x + 2$ no intervalo $[0, 2\pi]$. Use a simetria do gráfico com relação ao ponto $(\pi, 2)$ para calcular a integral.

$$\int_0^{2\pi} (\operatorname{sen} x + 2) \, dx.$$

(c) Esboce o gráfico de $y = \arccos x$ no intervalo $[-1, 1]$. Use a simetria do gráfico para calcular a integral

$$\int_{-1}^{1} \arccos x \, dx.$$

(d) Calcule a integral $\displaystyle\int_0^{\pi/2} \frac{1}{1 + (\operatorname{tg} x)^{\sqrt{2}}} \, dx.$

3. (a) Use uma ferramenta gráfica para traçar $f(x) = \dfrac{\ln(x + 1)}{x}$ no intervalo $[-1, 1]$.

(b) Use o gráfico para estimar $\lim_{x \to 0} f(x)$.

(c) Use a definição da derivada para provar sua resposta à parte (b).

4. Seja $f(x) = \operatorname{sen}(\ln x)$.

(a) Determine o domínio de f.

(b) Encontre dois valores de x que satisfaçam $f(x) = 1$.

(c) Encontre dois valores de x que satisfaçam $f(x) = -1$.

(d) Qual é a imagem de f?

(e) Calcule $f'(x)$ e use o cálculo para encontrar o maior valor de f no intervalo $[1, 10]$.

(f) Use uma ferramenta gráfica para traçar o gráfico de f na janela $[0, 5] \times [-2, 2]$ e estimar $\lim_{x \to 0^+} f(x)$, se existir.

(g) Determine $\lim_{x \to 0^+} f(x)$ analiticamente, se existir.

5. Trace o gráfico da função exponencial $y = a^x$ para $a = 0{,}5$, $1{,}2$ e $2{,}0$. Qual dessas curvas intercepta a reta $y = x$? Determine todos os números positivos a para os quais a curva $y = a^x$ intercepta a reta $y = x$.

6. (a) Seja $P(\cos t, \operatorname{sen} t)$ um ponto sobre a circunferência $x^2 + y^2 = 1$ no primeiro quadrante (veja a figura). Mostre que t é igual a duas vezes a área sombreada do setor circular AOP.

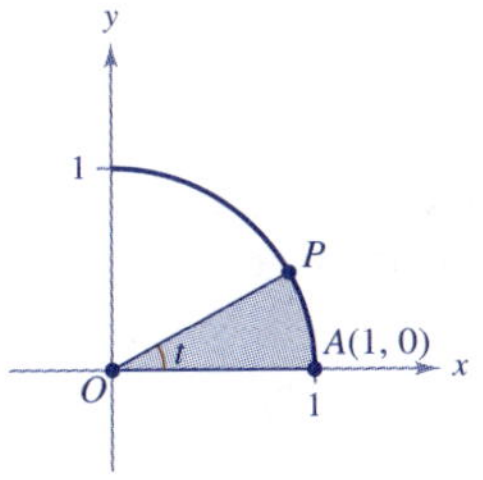

(b) Seja $P(\cosh t, \operatorname{senh} t)$ um ponto sobre a hipérbole $x^2 - y^2 = 1$ no primeiro quadrante (veja a figura). Mostre que t é igual a duas vezes a área sombreada da região AOP hachurado. Comece mostrando que a área da região sombreada AOP é dada pela fórmula

$$A(t) = \frac{1}{2} \cosh t \operatorname{senh} t - \int_1^{\cosh t} \sqrt{x^2 - 1} \, dx.$$

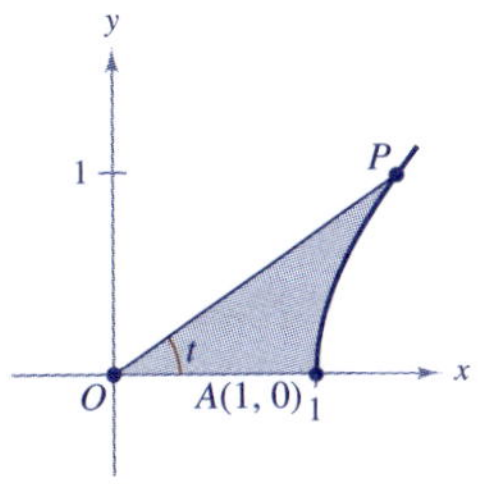

7. Considere as três regiões A, B e C determinadas pelo gráfico de $f(x) = \operatorname{arcsen} x$, como mostrado na figura.

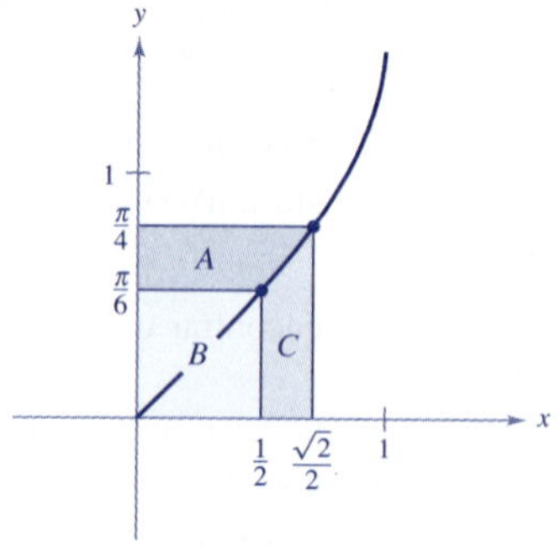

(a) Calcule as áreas das regiões A e B.

(b) Use sua resposta ao item (a) para calcular a integral

$$\int_{1/2}^{\sqrt{2}/2} \operatorname{arcsen} x \, dx.$$

(c) Use sua resposta ao item (a) para calcular a integral

$$\int_{1}^{3} \ln x \, dx.$$

(d) Use sua resposta ao item (a) para calcular a integral

$$\int_{1}^{\sqrt{3}} \operatorname{arctg} x \, dx.$$

8. Seja L a reta tangente ao gráfico da função $y = \ln x$ no ponto (a, b). Mostre que a distância entre b e c é sempre igual a 1.

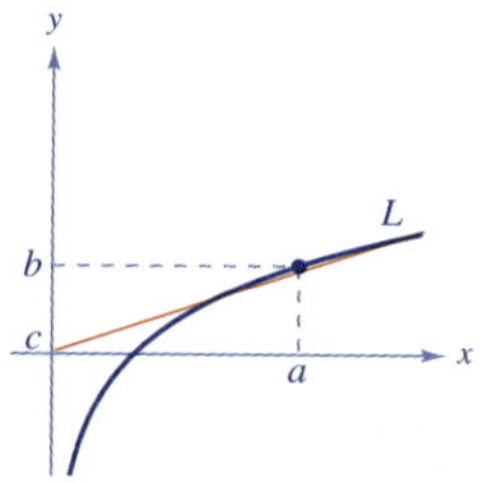

9. Seja L a reta tangente ao gráfico da função $y = e^x$ no ponto (a, b). Mostre que a distância entre a e c é sempre igual a 1.

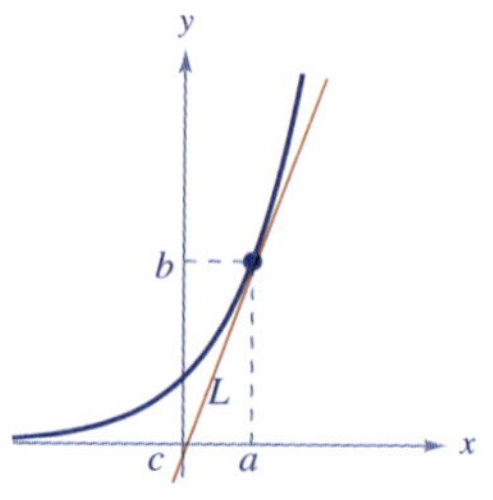

10. Use a integração por substituição para encontrar a área sob a curva

$$y = \frac{1}{\sqrt{x} + x}$$

entre $x = 1$ e $x = 4$.

11. Use a integração por substituição para encontrar a área sob a curva

$$y = \frac{1}{\operatorname{sen}^2 x + 4\cos^2 x}$$

entre $x = 0$ e $x = \pi/4$.

12. (a) Use uma ferramenta gráfica para comparar o gráfico da função $y = e^x$ com os gráficos de cada uma das funções dadas.

(i) $y_1 = 1 + \dfrac{x}{1!}$

(ii) $y_2 = 1 + \dfrac{x}{1!} + \dfrac{x^2}{2!}$

(iii) $y_3 = 1 + \dfrac{x}{1!} + \dfrac{x^2}{2!} + \dfrac{x^3}{3!}$

(b) Identifique o padrão dos polinômios da parte (a) estenda padrão mais um termo e compare o gráfico da função polinomial resultante com o gráfico de $y = e^x$.

(c) O que você acha que é conseqüência deste padrão?

13. Uma hipoteca imobiliária de \$120.000 para 35 anos à taxa anual de $9\frac{1}{2}\%$ tem um pagamento mensal de \$985,93. Parte do pagamento mensal vai para os juros sobre o saldo não pago e o restante é utilizado para reduzir o principal. A quantidade que vai para os juros é

$$u = M - \left(M - \frac{Pr}{12}\right)\left(1 + \frac{r}{12}\right)^{12t}$$

e a quantidade para a redução do principal é

$$v = \left(M - \frac{Pr}{12}\right)\left(1 + \frac{r}{12}\right)^{12t}.$$

Nessas fórmulas, P é o montante da hipoteca, r é a taxa de juros, M é o pagamento mensal e t é o tempo em anos.

(a) Use uma ferramenta gráfica para traçar o gráfico de cada função na mesma janela. (A janela deverá mostrar todos os 35 anos de pagamento.)

(b) Nos anos iniciais da hipoteca, a maior parte do pagamento mensal serve para qual propósito? Determine uma aproximação do instante em que o pagamento mensal é igualmente dividido entre os juros e a redução do principal.

(c) Use os gráficos da parte (a) para fazer uma conjectura sobre a relação entre as inclinações das retas tangentes às duas curvas para um valor específico de t. Dê um argumento analítico para verificar sua conjectura. Encontre $u'(15)$ e $v'(15)$.

(d) Repita os itens (a) e (b) para um período de pagamento de 20 anos (M = \$1118,56). O que você pode concluir?

6 Equações Diferenciais

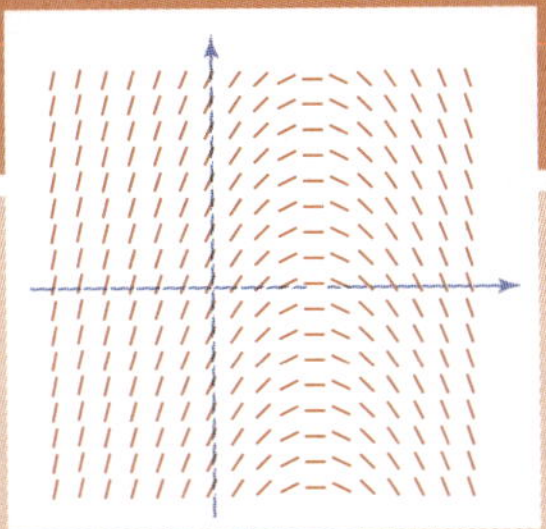

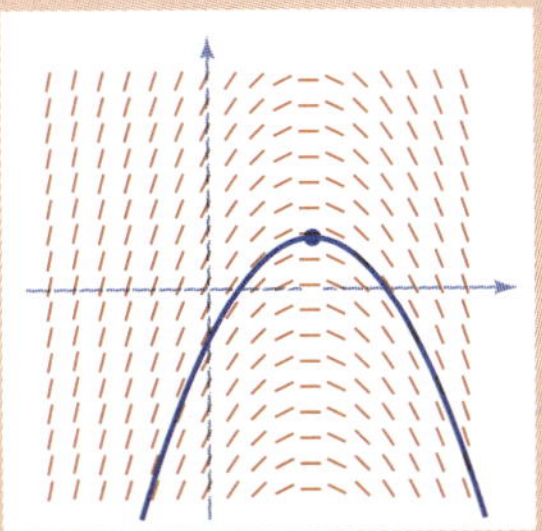

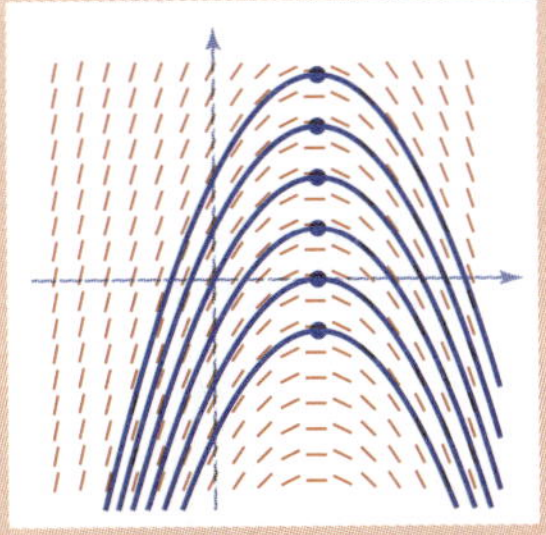

Uma função $y = f(x)$ é uma solução de uma equação diferencial se, ao substituir y e suas derivadas por $f(x)$ e suas derivadas, a equação é satisfeita. Uma das maneiras para resolver uma equação diferencial é usar um campo de direções que mostra o formato geral de todas as soluções da equação diferencial. No Capítulo 6, você aprenderá como esboçar campos de direções e resolver equações diferenciais.

O SkyDome em Toronto é um centro de entretenimento com um teto retrátil. Qual a relação entre o nível de ruído quando o teto está aberto e quando ele está fechado? Explique seu raciocínio.

www.shawnolson.net/a/507

Seção 6.1 Campo de Direções e o Método de Euler

- **Usar condições iniciais para achar uma solução particular de uma equação diferencial.**
- **Usar campo de direções para achar uma solução aproximada de uma equação diferencial.**
- **Usar o Método de Euler para achar uma solução aproximada de uma equação diferencial.**

Soluções Gerais e Soluções Particulares

Neste texto, você aprenderá que fenômenos físicos podem ser descritos por meio de uma equação diferencial. Na Seção 6.2, você verá que problemas sobre decaimento radioativo, crescimento populacional e a Lei de Resfriamento de Newton podem ser formulados em termos de equações diferenciais.

Uma função $y = f(x)$ é chamada de **solução** de uma equação diferencial se, ao substituir y e suas derivadas por $f(x)$ e suas derivadas, a equação é satisfeita. Por exemplo, derivando e substituindo obteríamos que $y = e^{-2x}$ é uma solução da equação diferencial $y' + 2y = 0$. É possível mostrar que toda solução desta equação é da forma

$$y = Ce^{-2x}$$ Solução geral de $y' + 2y = 0$

onde C é um número real arbitrário. Esta solução é chamada a **solução geral** da equação. Algumas equações diferenciais têm **soluções singulares** que não podem ser expressas como um caso especial da solução geral. Porém, não abordaremos tais soluções neste texto. A **ordem** de uma equação diferencial é determinada pela derivada de maior ordem que aparece na equação. Por exemplo, $y' = 4y$ é uma equação diferencial de primeira ordem.

OBSERVAÇÃO Equações diferenciais lineares de primeira ordem são tratadas na Seção 6.4.

Na Seção 4.1, Exemplo 8, vimos que a equação diferencial de segunda ordem $s''(t) = -32$ tem a solução geral

$$s(t) = -16t^2 + C_1t + C_2$$ Solução geral de $s''(t) = -32$

em que aparecem duas constantes arbitrárias. É possivel mostrar que uma equação diferencial de ordem n tem uma solução geral em que aparecem n constantes arbitrárias.

EXEMPLO 1 Testando Soluções

Determine se a função dada é uma solução da equação diferencial $y'' - y = 0$.

a. $y = \text{sen}\, x$ **b.** $y = 4e^{-x}$ **c.** $y = Ce^x$

Solução

a. Como $y = \text{sen}\, x$, $y' = \cos x$ e $y'' = -\text{sen}\, x$, segue que

$$y'' - y = -\text{sen}\, x - \text{sen}\, x = -2\,\text{sen}\, x \neq 0.$$

Logo, $y = \text{sen}\, x$ não é uma solução.

b. Como $y = 4e^{-x}$, $y' = -4e^{-x}$ e $y'' = 4e^{-x}$, segue que

$$y'' - y = 4e^{-x} - 4e^{-x} = 0.$$

Logo, $y = 4e^{-x}$ é uma solução.

c. Como $y = Ce^x$, $y' = Ce^x$ e $y'' = Ce^x$, segue que

$$y'' - y = Ce^x - Ce^x = 0.$$

Logo, $y = Ce^x$ é uma solução para qualquer constante C.

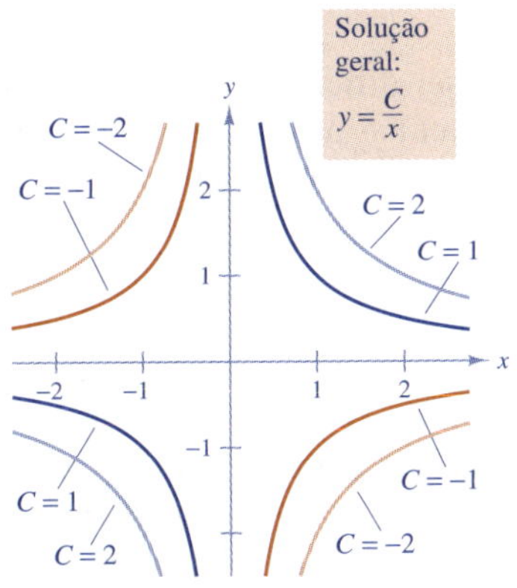

Retrato de fase da equação $xy' + y = 0$.
Figura 6.1

Geometricamente, a solução geral de uma equação diferencial de primeira ordem representa uma família de curvas conhecida como **curvas soluções** da equação, uma curva para cada valor designado à constante arbitrária. Por exemplo, pode-se verificar que qualquer função do tipo

$$y = \frac{C}{x}$$ Solução geral da equação $xy' + y = 0$

é uma solução da equação diferencial $xy' + y = 0$. A Figura 6.1 mostra quatro curvas soluções que correspondem a valores distintos da constante C.

Como discutido na Seção 4.1, **soluções particulares** de uma equação diferencial são obtidas a partir de **condições iniciais** que fornecem o valor da variável dependente, ou de uma das suas derivadas, para um valor específico da variável independente. A expressão "condições iniciais" provém do fato de que, freqüentemente, em problemas que envolvem o tempo, o valor da variável dependente, ou de uma das suas derivadas, é conhecido no instante *inicial* $t = 0$. Por exemplo, a equação diferencial de segunda ordem $s''(t) = -32$ que tem como solução geral

$$s(t) = -16t^2 + C_1t + C_2$$ Solução geral de $s''(t) = -32$

pode ter as seguintes condições iniciais:

$$s(0) = 80, \qquad s'(0) = 64$$ Condições iniciais

Neste caso, as condições iniciais fornecem a solução particular

$$s(t) = -16t^2 + 64t + 80.$$ Solução particular

EXEMPLO 2 Encontrando uma Solução Particular

Demonstre que $y = Cx^3$ é uma solução da equação diferencial $xy' - 3y = 0$ e determine a solução que satisfaz a condição inicial $y = 2$ quando $x = -3$.

Solução Sabemos que $y = Cx^3$ é uma solução, pois $y' = 3Cx^2$ e

$$\begin{aligned} xy' - 3y &= x(3Cx^2) - 3(Cx^3) \\ &= 0. \end{aligned}$$

Mais ainda, da condição inicial $y = 2$ quando $x = -3$ obtemos que

$$y = Cx^3$$ Solução geral

$$2 = C(-3)^3$$ Substitua as condições iniciais

$$-\frac{2}{27} = C$$ Calcule C

e pode-se concluir que a solução particular é

$$y = -\frac{2x^3}{27}.$$ Solução particular

Experimente demonstrar que esta função é uma solução substituindo y e y' diretamente na equação original.

OBSERVAÇÃO Para se obter uma solução particular, a quantidade de condições iniciais deve ser igual à quantidade de constantes arbitrárias na solução geral.

Campo de Direções

Resolver uma equação diferencial analiticamente pode ser difícil ou até impossível. Porém, existe uma abordagem geométrica que permite obter bastante informação sobre a solução de uma equação diferencial. Considere uma equação diferencial do tipo

$$y' = F(x, y). \qquad \text{Equação diferencial}$$

Em cada ponto do plano-xy onde F está definida, a equação diferencial determina a inclinação $y' = F(x, y)$ da solução que passa por aquele ponto. Se esboçarmos um pequeno segmento de reta com coeficiente angular igual a $F(x, y)$ em determinados pontos do domínio de F, então estes segmentos originam um **campo de direções** ou *campo de inclinações* para a equação diferencial $y' = F(x, y)$. Cada segmento de reta tem a mesma inclinação que a solução que passa por aquele ponto. Um campo de direções mostra o formato geral de todas as soluções.

EXEMPLO 3 Esboçando um Campo de Direções

Esboce um campo de direções para a equação diferencial $y' = x - y$ nos pontos $(-1, 1)$, $(0, 1)$ e $(1, 1)$.

Solução

A inclinação da solução que passa pelo ponto (x, y) é $F(x, y) = x - y$. Portanto, a inclinação no ponto $(-1, 1)$ é $y' = -1 - 1 = -2$, a inclinação no ponto $(0, 1)$ é $y' = 0 - 1 = -1$ e a inclinação no ponto $(1, 1)$ é $y' = 1 - 1 = 0$. Em cada um destes três pontos, esboce um pequeno segmento de reta, com a inclinação correspondente, como mostra a Figura 6.2.

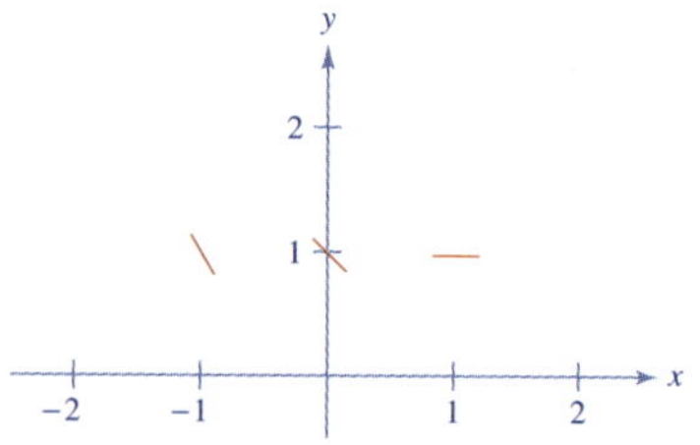

Figura 6.2

EXEMPLO 4 Associando Campos de Direções a Equações Diferenciais

Associe cada campo de direção à equação diferencial correspondente:

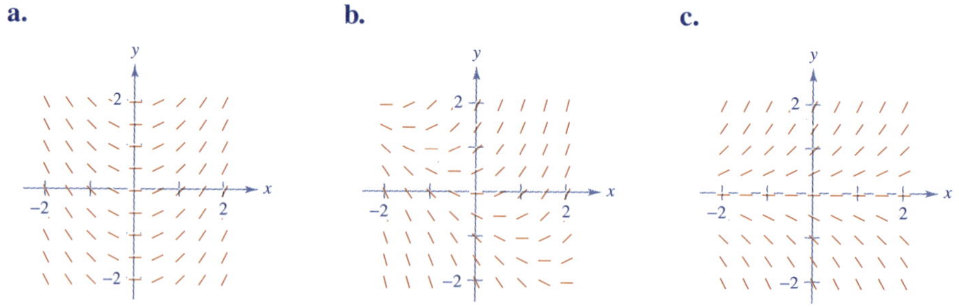

Figura 6.3

i. $y' = x + y$ **ii.** $y' = x$ **iii.** $y' = y$

Solução

a. Pela Figura 6.3(a), percebe-se que a inclinação em cada ponto ao longo do eixo y é 0. A única equação que satisfaz a esta condição é $y' = x$. Portanto, o gráfico corresponde a (ii).

b. Pela Figura 6.3(b), percebe-se que a inclinação no ponto $(1, -1)$ é 0. A única equação que satisfaz a esta condição é $y' = x + y$. Portanto, o gráfico corresponde a (i).

c. Pela Figura 6.3(c), percebe-se que a inclinação em qualquer ponto ao longo do eixo x é 0. A única equação que satisfaz a esta condição é $y' = y$. Portanto, o gráfico corresponde a (iii).

Uma solução de uma equação diferencial $y' = F(x, y)$ é uma curva do plano-xy cuja reta tangente em cada ponto (x, y) tem coeficiente angular igual a $F(x, y)$. Isto é ilustrado pelo Exemplo 5.

EXEMPLO 5 Esboçando uma Solução Usando um Campo de Direções

Esboce um campo de direções para a equação diferencial

$$y' = 2x + y.$$

Use o campo de direções para dar um esboço da solução que passa pelo ponto (1, 1).

Solução

Elabore uma tabela contendo a inclinação em vários pontos. A tabela a seguir é um pequeno exemplo disso. É necessário calcular a inclinação em muitos outros pontos para obter um campo de direções que de fato represente a equação diferencial.

x	−2	−2	−1	−1	0	0	1	1	2	2
y	−1	1	−1	1	−1	1	−1	1	−1	1
$y' = 2x + y$	−5	−3	−3	−1	−1	1	1	3	3	5

A seguir, esboce os segmentos de reta com suas respectivas inclinações, como exemplificado na Figura 6.4.

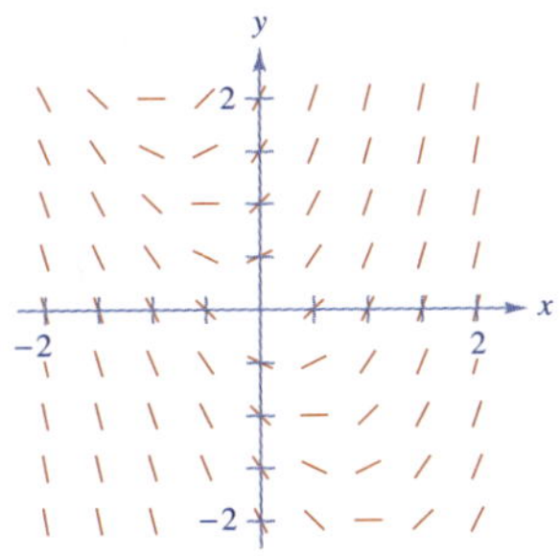

Campo de direções de $y' = 2x + y$.
Figura 6.4

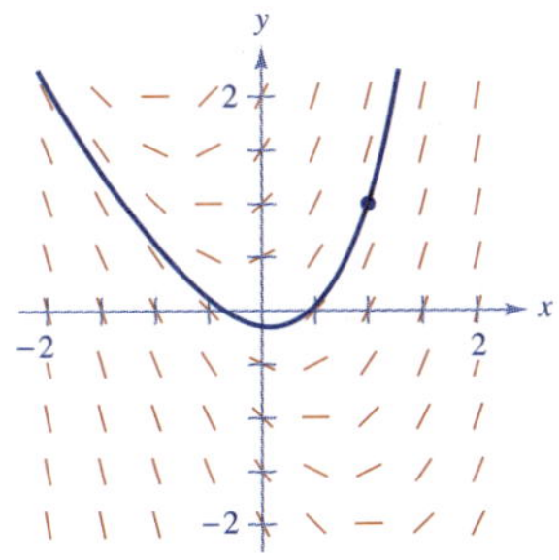

Solução particular de $y' = 2x + y$ que passa pelo ponto (1, 1).
Figura 6.5

A seguir, começando no ponto (1, 1), desloque-se para a direita na direção do segmento de reta. Continue esboçando a solução deslocando-se paralelamente ao segmento de reta mais próximo. Repita o processo no lado esquerdo do ponto (1, 1). O resultado desta construção é ilustrado na Figura 6.5.

Note que, no Exemplo 5, o campo de direções sugere que y' se aproxima do infinito à medida que a variável x cresce.

OBSERVAÇÃO O esboço de um campo de direções é um processo monótono. Na prática, campos de direções são esboçados usando uma ferramenta gráfica.

O Método de Euler

O **Método de Euler** é um procedimento numérico usado para aproximar a solução, que passa pelo ponto (x_0, y_0), da equação diferencial

$$y' = F(x, y)$$

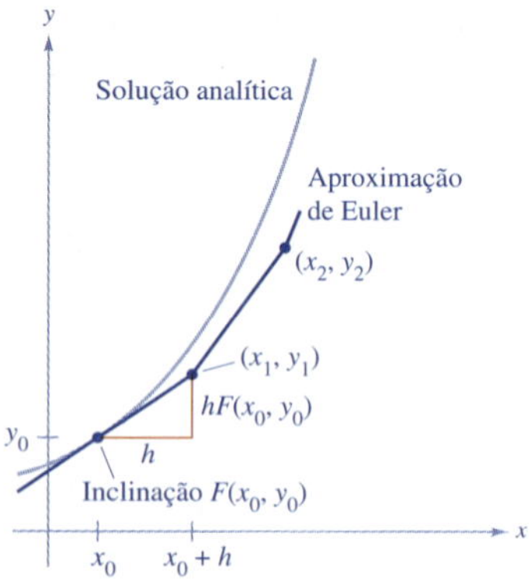

Figura 6.6

Dos dados do problema, sabemos que o gráfico da solução passa pelo ponto (x_0, y_0) e tem uma inclinação igual a $F(x_0, y_0)$ neste ponto. Isto serve de "ponto de partida" para achar uma aproximação da solução.

Começando desse ponto de partida, você pode seguir na direção dada pela inclinação. Usando um pequeno passo h, siga ao longo da reta tangente até chegar ao ponto (x_1, y_1), onde

$$x_1 = x_0 + h \quad \text{e} \quad y_1 = y_0 + hF(x_0, y_0)$$

como é ilustrado na Figura 6.6. Tomando (x_1, y_1) como novo ponto de partida pode-se repetir o processo e obter um segundo ponto (x_2, y_2). Os valores de x_i e y_i são obtidos da seguinte maneira:

$$\begin{aligned} x_1 &= x_0 + h & y_1 &= y_0 + hF(x_0, y_0) \\ x_2 &= x_1 + h & y_2 &= y_1 + hF(x_1, y_1) \\ &\vdots & &\vdots \\ x_n &= x_{n-1} + h & y_n &= y_{n-1} + hF(x_{n-1}, y_{n-1}) \end{aligned}$$

OBSERVAÇÃO Você pode obter aproximações melhores da solução analítica, escolhendo o deslocamento h cada vez menor.

EXEMPLO 6 Achando uma Solução Aproximada Usando o Método de Euler

Use o Método de Euler para encontrar uma aproximação da solução particular da equação diferencial

$$y' = x - y$$

que passa pelo ponto (0, 1). Use o passo $h = 0.1$.

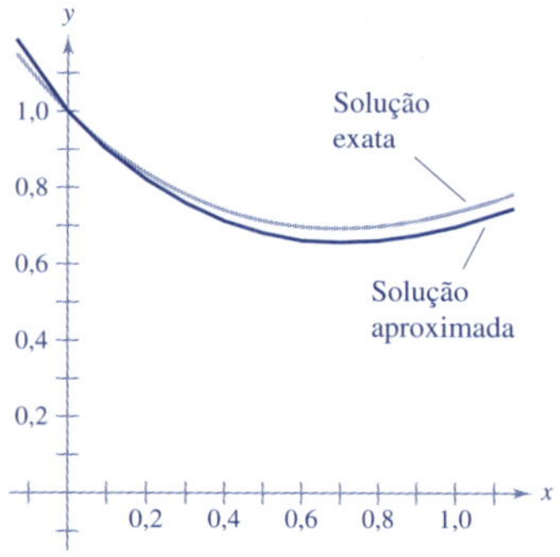

Figura 6.7

Solução Usando $h = 0.1$, $x_0 = 0$, $y_0 = 1$ e $F(x, y) = x - y$, tem-se que $x_0 = 0$, $x_1 = 0{,}1$, $x_2 = 0{,}2$, $x_3 = 0{,}3, \ldots,$ e

$$\begin{aligned} y_1 &= y_0 + hF(x_0, y_0) = 1 + (0.1)(0 - 1) = 0{,}9 \\ y_2 &= y_1 + hF(x_1, y_1) = 0{,}9 + (0{,}1)(0{,}1 - 0{,}9) = 0{,}82 \\ y_3 &= y_2 + hF(x_2, y_2) = 0{,}82 + (0{,}1)(0{,}2 - 0{,}82) = 0{,}758. \end{aligned}$$

As dez primeiras aproximações estão tabeladas abaixo. Estes pontos podem ser representados num sistema de coordenadas para visualizar o gráfico da solução aproximada.

n	0	1	2	3	4	5	6	7	8	9	10
x_n	0	0,1	0,2	0,3	0,4	0,5	0,6	0,7	0,8	0,9	1,0
y_n	1	0,900	0,820	0,758	0,712	0,681	0,663	0,657	0,661	0,675	0,697

OBSERVAÇÃO Você pode verificar que a solução exata da equação diferencial do Exemplo 6 é $y = x - 1 + 2e^{-x}$. A comparação entre a solução analítica e a solução aproximada é feita na Figura 6.7.

Exercícios da Seção 6.1

Nos Exercícios 1 a 8, demonstre que a função dada é uma solução da equação diferencial.

Solução	*Equação Diferencial*
1. $y = Ce^{4x}$	$y' = 4y$
2. $y = e^{-x}$	$3y' + 4y = e^{-x}$
3. $x^2 + y^2 = Cy$	$y' = 2xy/(x^2 - y^2)$
4. $y^2 - 2\ln y = x^2$	$\dfrac{dy}{dx} = \dfrac{xy}{y^2 - 1}$
5. $y = C_1 \cos x + C_2 \operatorname{sen} x$	$y'' + y = 0$
6. $y = C_1 e^{-x}\cos x + C_2 e^{-x} \operatorname{sen} x$	$y'' + 2y' + 2y = 0$
7. $y = -\cos x \ln\lvert\sec x + \operatorname{tg} x\rvert$	$y'' + y = \operatorname{tg} x$
8. $y = \frac{2}{3}(e^{-2x} + e^x)$	$y'' + 2y' = 2e^x$

Nos Exercícios 9 a 12, demonstre que a função dada é uma solução particular da equação diferencial.

Solução	*Equação Diferencial e Condição Inicial*
9. $y = \operatorname{sen} x \cos x - \cos^2 x$	$2y + y' = 2\operatorname{sen}(2x) - 1$
	$y\left(\dfrac{\pi}{4}\right) = 0$
10. $y = \frac{1}{2}x^2 - 4\cos x + 2$	$y' = x + 4\operatorname{sen} x$
	$y(0) = -2$
11. $y = 6e^{-2x^2}$	$y' = -4xy$
	$y(0) = 6$
12. $y = e^{-\cos x}$	$y' = y \operatorname{sen} x$
	$y\left(\dfrac{\pi}{2}\right) = 1$

Nos Exercícios 13 a 18, determine se a função dada é uma solução da equação diferencial $y^{(4)} - 16y = 0$.

13. $y = 3\cos x$

14. $y = 3\cos 2x$

15. $y = e^{-2x}$

16. $y = 5\ln x$

17. $y = C_1e^{2x} + C_2e^{-2x} + C_3 \operatorname{sen} 2x + C_4 \cos 2x$

18. $y = 3e^{2x} - 4\operatorname{sen} 2x$

Nos Exercícios 19 a 24, determine se a função dada é uma solução da equação diferencial $xy' - 2y = x^3e^x$.

19. $y = x^2$

20. $y = x^2e^x$

21. $y = x^2(2 + e^x)$

22. $y = \operatorname{sen} x$

23. $y = \ln x$

24. $y = x^2e^x - 5x^2$

Nos Exercícios 25 a 28, são dadas algumas curvas da solução geral para valores distintos da constante arbitrária *C*. Determine a solução particular que passa pelo ponto indicado na figura.

Solução	*Equação Diferencial*
25. $y = Ce^{-x/2}$	$2y' + y = 0$
26. $y(x^2 + y) = C$	$2xy + (x^2 + 2y)y' = 0$
27. $y^2 = Cx^3$	$2xy' - 3y = 0$
28. $2x^2 - y^2 = C$	$yy' - 2x = 0$

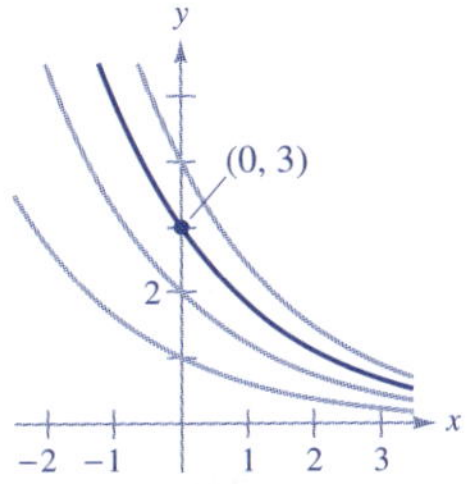

Figura do Exercício 25

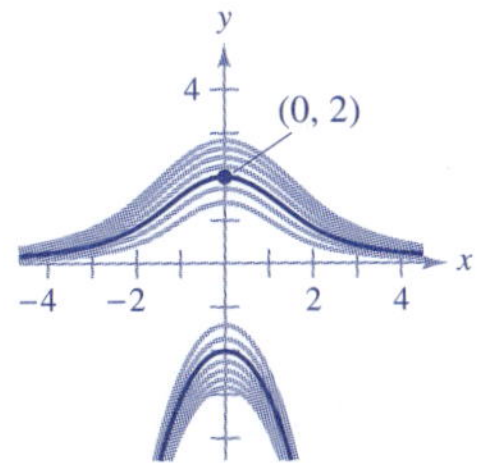

Figura do Exercício 26

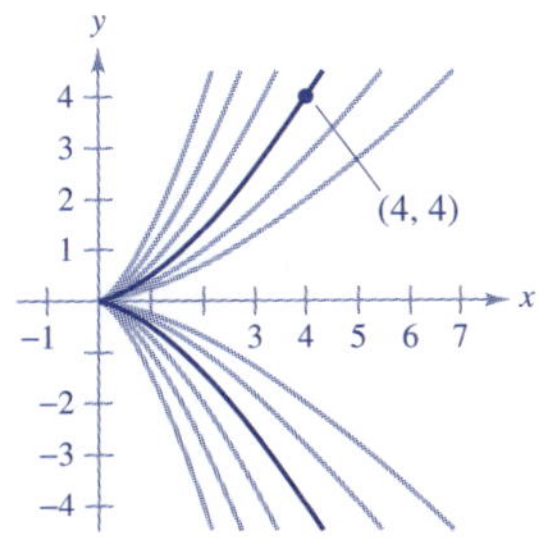

Figura do Exercício 27

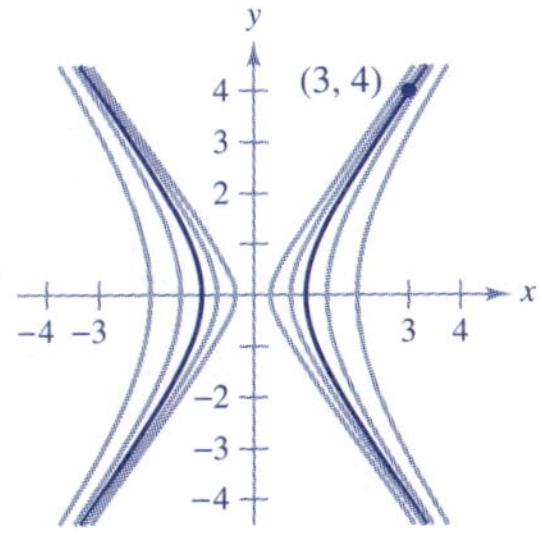

Figura do Exercício 28

Nos Exercícios 29 e 30, é dada a solução geral da equação diferencial. Use uma ferramenta gráfica para esboçar as soluções particulares para os valores de *C* dados.

29. $4yy' - x = 0$
$4y^2 - x^2 = C$
$C = 0, C = \pm 1, C = \pm 4$

30. $yy' + x = 0$
$x^2 + y^2 = C$
$C = 0, C = 1, C = 4$

Nos Exercícios 31 a 36, demonstre que a solução geral satisfaz a equação diferencial. A seguir, encontre a solução particular que satisfaça a condição inicial.

31. $y = Ce^{-2x}$
$y' + 2y = 0$
$y = 3$ se $x = 0$

32. $3x^2 + 2y^2 = C$
$3x + 2yy' = 0$
$y = 3$ se $x = 1$

33. $y = C_1 \operatorname{sen} 3x + C_2 \cos 3x$
$y'' + 9y = 0$
$y = 2$ se $x = \pi/6$
$y' = 1$ se $x = \pi/6$

34. $y = C_1 + C_2 \ln x$
$xy'' + y' = 0$
$y = 0$ se $x = 2$
$y' = \frac{1}{2}$ se $x = 2$

35. $y = C_1x + C_2x^3$
$x^2y'' - 3xy' + 3y = 0$
$y = 0$ se $x = 2$
$y' = 4$ se $x = 2$

36. $y = e^{2x/3}(C_1 + C_2x)$
$9y'' - 12y' + 4y = 0$
$y = 4$ se $x = 0$
$y = 0$ se $x = 3$

Nos Exercícios 37 a 48, use integração para achar uma solução geral da equação diferencial dada.

37. $\dfrac{dy}{dx} = 3x^2$

38. $\dfrac{dy}{dx} = x^3 - 4x$

39. $\dfrac{dy}{dx} = \dfrac{x}{1 + x^2}$

40. $\dfrac{dy}{dx} = \dfrac{e^x}{1 + e^x}$

41. $\dfrac{dy}{dx} = \dfrac{x - 2}{x}$

42. $\dfrac{dy}{dx} = x \cos x^2$

43. $\dfrac{dy}{dx} = \operatorname{sen} 2x$

44. $\dfrac{dy}{dx} = \operatorname{tg}^2 x$

45. $\dfrac{dy}{dx} = x\sqrt{x - 3}$

46. $\dfrac{dy}{dx} = x\sqrt{5 - x}$

47. $\dfrac{dy}{dx} = xe^{x^2}$

48. $\dfrac{dy}{dx} = 5e^{-x/2}$

Campo de Direções **Nos Exercícios 49 a 52, são dados a equação diferencial e seu campo de direções. Determine, se possível, a inclinação do campo de direções nos pontos dados na tabela.**

x	-4	-2	0	2	4	8
y	2	0	4	4	6	8
dy/dx						

49. $\dfrac{dy}{dx} = \dfrac{x}{y}$

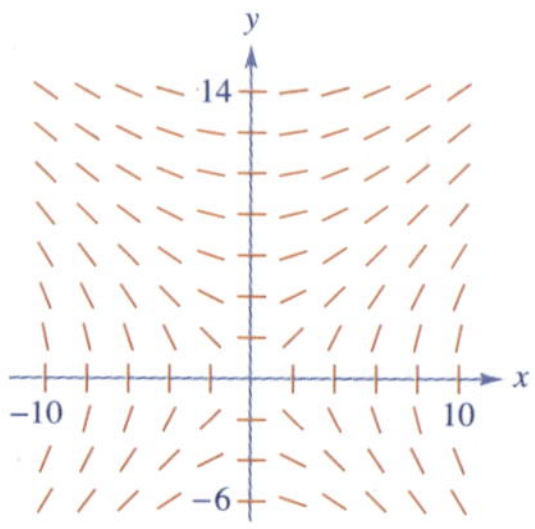

50. $\dfrac{dy}{dx} = x - y$

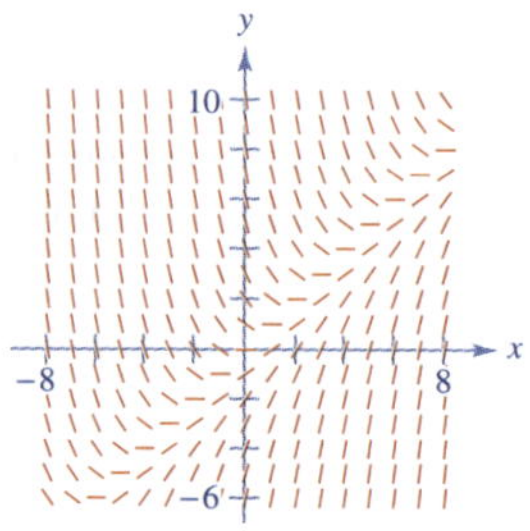

51. $\dfrac{dy}{dx} = x \cos \dfrac{\pi y}{8}$

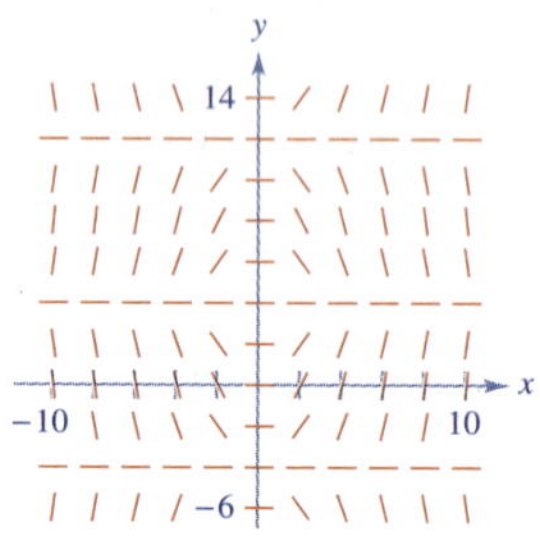

52. $\dfrac{dy}{dx} = \operatorname{tg}\left(\dfrac{\pi y}{6}\right)$

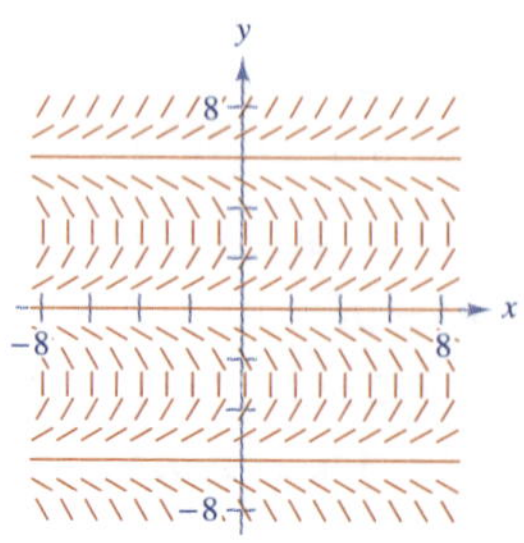

Nos Exercícios 53 a 56, associe a equação diferencial ao seu campo de direções. [Os campos de direções estão indexados por (a), (b), (c) e (d).]

(a)

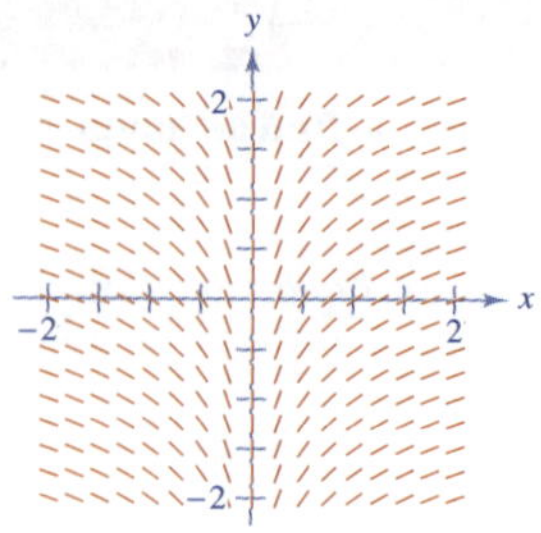

(b)

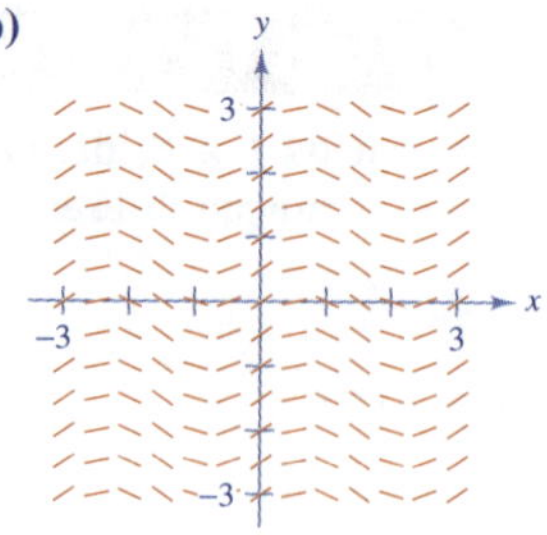

(c)

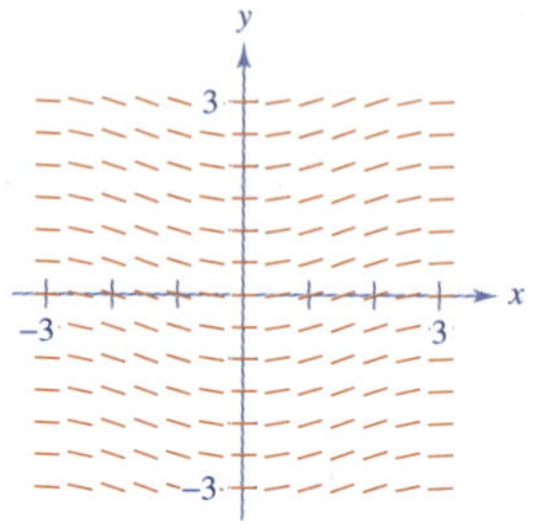

(d)

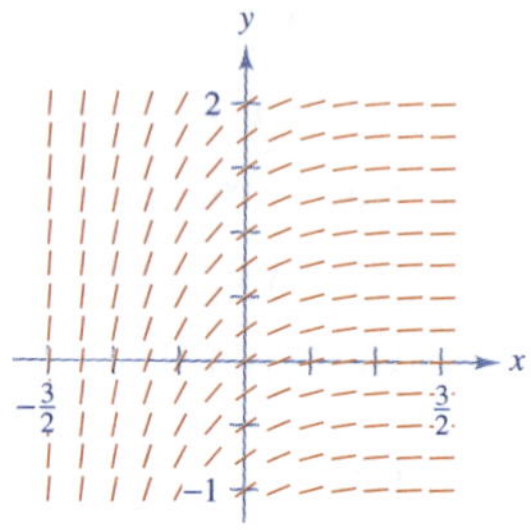

53. $\dfrac{dy}{dx} = \cos(2x)$

54. $\dfrac{dy}{dx} = \dfrac{1}{2} \operatorname{sen} x$

55. $\dfrac{dy}{dx} = e^{-2x}$

56. $\dfrac{dy}{dx} = \dfrac{1}{x}$

Campo de Direções **Nos Exercícios 57 a 60, (a) faça um esboço do campo de direções da equação diferencial, (b) use o campo de direções para fazer um esboço da solução que passa pelo ponto dado e (c) discuta o comportamento do gráfico da solução quando $x \to \infty$ e $x \to -\infty$.**

	Equação Diferencial	*Ponto*
57.	$y' = -x + 1$	$(2, 4)$
58.	$y' = \frac{1}{3}x^2 - \frac{1}{2}x$	$(1, 1)$
59.	$y' = y - 2x$	$(1, 1)$
60.	$y' = y + xy$	$(0, 4)$

61. ***Campo de Direções*** Use o campo de direções da equação diferencial $y' = 1/x$, com $x > 0$, para fazer um esboço do gráfico da solução que satisfaz a cada condição inicial dada. A seguir, formule uma conjectura sobre o comportamento de uma solução particular da equação $y' = 1/x$ quando $x \to \infty$. (Para imprimir uma versão ampliada do gráfico, visite *www.mathgraphs.com*.)

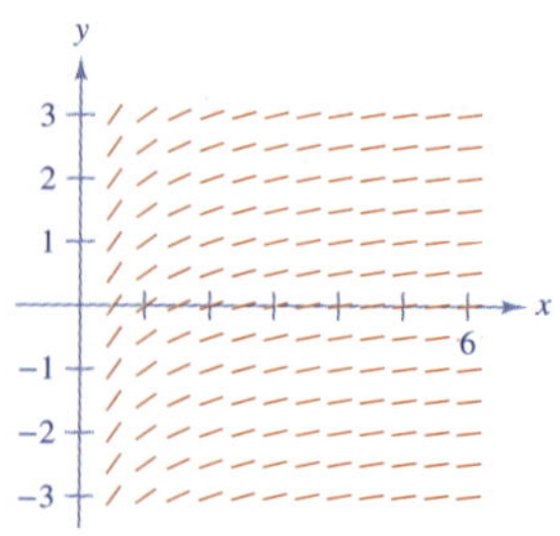

(a) $(1, 0)$ (b) $(2, -1)$

62. ***Campo de Direções*** Use o campo de direções da equação diferencial $y' = 1/y$, se $y > 0$, para fazer um esboço do gráfico da solução que satisfaz a cada condição inicial dada. A seguir, formule uma conjectura sobre o comportamento de uma solução particular da equação $y' = 1/y$ quando $x \to \infty$. (Para imprimir uma versão ampliada do gráfico, consulte *www.mathgraphs.com*.)

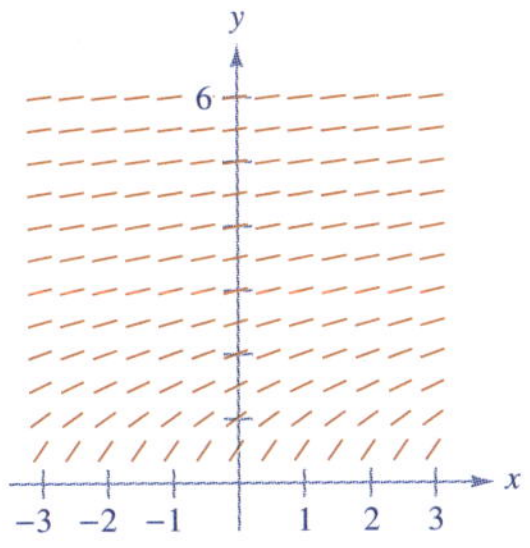

(a) $(0, 1)$ (b) $(1, 1)$

Campo de Direções **Nos Exercícios 63 a 68, use um sistema de manipulação algébrica para (a) fazer um esboço do campo de direções da equação diferencial e (b) desenhar a solução que satisfaz a condição inicial dada.**

63. $\dfrac{dy}{dx} = 0{,}5y, \quad y(0) = 6$

64. $\dfrac{dy}{dx} = 2 - y, \quad y(0) = 4$

65. $\dfrac{dy}{dx} = 0.02y(10 - y), \quad y(0) = 2$

66. $\dfrac{dy}{dx} = 0{,}2x(2 - y), \quad y(0) = 9$

67. $\dfrac{dy}{dx} = 0{,}4y(3 - x), \quad y(0) = 1$

68. $\dfrac{dy}{dx} = \dfrac{1}{2}e^{-x/8} \operatorname{sen} \dfrac{\pi y}{4}, \quad y(0) = 2$

O Método de Euler **Nos Exercícios 69 a 74, use o Método de Euler para construir uma tabela de valores da solução aproximada da equação diferencial com as condições iniciais dadas. Use *n* passos de tamanho *h*.**

69. $y' = x + y, \quad y(0) = 2, \quad n = 10, \quad h = 0{,}1$

70. $y' = x + y, \quad y(0) = 2, \quad n = 20, \quad h = 0{,}05$

71. $y' = 3x - 2y, \quad y(0) = 3, \quad n = 10, \quad h = 0{,}05$

72. $y' = 0{,}5x(3 - y), \quad y(0) = 1, \quad n = 5, \quad h = 0{,}4$

73. $y' = e^{xy}, \quad y(0) = 1, \quad n = 10, \quad h = 0.1$

74. $y' = \cos x + \operatorname{sen} y, \quad y(0) = 5, \quad n = 10, \quad h = 0.1$

Nos Exercícios 75 a 77, complete a tabela usando a solução exata da equação diferencial e as duas soluções aproximadas obtidas a partir do Método de Euler. Para construir as duas soluções aproximadas use $h = 0{,}2$ e $0{,}1$, e calcule cada aproximação até a quarta casa decimal.

x	0	0,2	0,4	0,6	0,8	1,0
$y(x)$ (exata)						
$y(x)$ ($h = 0{,}2$)						
$y(x)$ ($h = 0{,}1$)						

	Equação Diferencial	*Condição Inicial*	*Solução Exata*
75.	$\dfrac{dy}{dx} = y$	$(0, 3)$	$y = 3e^x$
76.	$\dfrac{dy}{dx} = \dfrac{2x}{y}$	$(0, 2)$	$y = \sqrt{2x^2 + 4}$
77.	$\dfrac{dy}{dx} = y + \cos(x)$	$(0, 0)$	$y = \frac{1}{2}(\operatorname{sen} x - \cos x + e^x)$

78. Compare os valores das soluções aproximadas nos Exercícios 75 a 77, com os valores da solução exata. O que acontece com o erro à medida que h aumenta?

79. ***Temperatura*** No instante $t = 0$, a temperatura de um objeto é de 140°F. A temperatura do objeto está mudando conforme a taxa dada pela equação diferencial

$$\frac{dy}{dt} = -\frac{1}{2}(y - 72).$$

(a) Use uma ferramenta gráfica e o Método de Euler para aproximar a solução particular desta equação diferencial nos instantes $t = 1$, 2 e 3. Use um passo para $h = 0{,}1$.

(b) Compare os resultados obtidos com a solução exata

$$y = 72 + 68e^{-t/2}.$$

80. ***Temperatura*** Repita o Exercício 79 usando um deslocamento de $h = 0{,}05$. Compare os resultados obtidos.

Questões Conceituais

81. Com suas próprias palavras, descreva a diferença entre uma solução geral e uma solução particular de uma equação diferencial.

82. Explique como interpretar um campo de direções.

83. Explique como usar o Método de Euler para dar uma aproximação da solução específica de uma equação diferencial.

84. Sabe-se que $y = Ce^{kx}$ é uma solução da equação diferencial $y' = 0{,}07y$. Os valores de C e k podem ser obtidos a partir da informação dada? Se for o caso, calcule esses valores.

Verdadeiro ou Falso **Nos Exercícios 85 a 88, determine se a afirmação é verdadeira ou falsa. Se for falsa, explique por que ou dê um exemplo mostrando que é falsa.**

85. Se $y = f(x)$ é uma solução de uma equação de primeira ordem, então $y = f(x) + C$ também é uma solução.

86. A solução geral de uma equação diferencial é $y = -4{,}9x^2 + C_1x + C_2$. Para obter uma solução particular são necessárias duas condições iniciais.

87. Campos de direções representam as soluções gerais de equações diferenciais.

88. A inclinação no ponto (1, 1) de um campo de direções é 6. Este campo de direções representa a família de soluções da equação diferencial $y' = 4x + 2y$.

89. ***O Método de Euler e Erro*** A solução exata da equação diferencial

$$\frac{dy}{dx} = -2y$$

com $y(0) = 4$ é $y = 4e^{-2x}$.

(a) Use uma ferramenta gráfica para completar a tabela. Aqui y é a solução exata, y_1 é a solução aproximada obtida usando o Método de Euler com $h = 0{,}1$, e y_2 é a solução aproximada obtida usando o Método de Euler com $h = 0{,}2$. Os erros absolutos são dados por $e_1 = |y - y_1|$ e $e_2 = |y - y_2|$, e r é a razão e_1/e_2.

x	0	0,2	0,4	0,6	0,8	1
y						
y_1						
y_2						
e_1						
e_2						
r						

(b) O que se pode concluir sobre a razão r à medida que h varia?

(c) Dê um prognóstico do erro absoluto quando $h = 0{,}05$.

90. ***O Método de Euler e Erro*** Repita o Exercício 89, onde a solução particular da equação diferencial

$$\frac{dy}{dx} = x - y$$

com $y(0) = 1$ é $y = x - 1 + 2e^{-x}$.

91. ***Circuitos Elétricos*** O diagrama a seguir mostra um circuito elétrico simples formado por uma fonte de alimentação, uma resistência e um indutor.

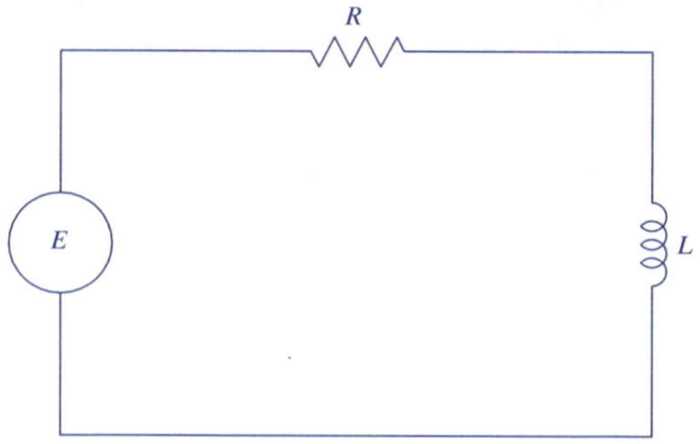

Um modelo matemático para a corrente I, medida em ampères (A), no instante t, é dado pela equação diferencial de primeira ordem

$$L\frac{dI}{dt} + RI = E(t)$$

onde $E(t)$ é a voltagem (V) produzida pela fonte, R é a resistência, medida em ohms (Ω) e L é a indutância medida em henrys (H). Suponha que o circuito consiste de uma fonte de força de $24V$, um resistor de $12(\Omega)$ e um indutor de $4H$.

(a) Faça um esboço de um campo de direções desta equação diferencial.

(b) Qual é o valor limite da corrente? Justifique a sua resposta.

92. ***Para Pensar*** Sabe-se que a função $y = e^{kt}$ é uma solução da equação diferencial $y'' - 16y = 0$. Determine o valor de k.

93. ***Para Pensar*** Sabe-se que a função $y = A \text{ sen } \omega t$ é solução da equação diferencial $y'' + 16y = 0$. Determine o valor de ω.

Desafio Putnam

94. Seja f uma função, a valores reais, duas vezes derivável e que satisfaz a equação diferencial

$$f(x) + f''(x) = -xg(x)f'(x)$$

onde $g(x) \geq 0$ para todo número real x. Mostre que $|f(x)|$ é limitada.

95. Demonstre que se a família de soluções da equação diferencial

$$\frac{dy}{dx} + p(x)y = q(x), \qquad p(x) \cdot q(x) \neq 0$$

é interceptada pela reta $x = k$, então as retas tangentes nestes pontos de intersecção são todas concorrentes.

Esses problemas foram formulados pelo Committee on the Putnam Prize Competition.

Seção 6.2 Campo de Direções: Crescimento e Decaimento

- **Usar o método de separação de variáveis para resolver uma equação diferencial simples.**
- **Usar funções exponenciais para modelar crescimento e decaimento em problemas práticos.**

Equações Diferenciais

Na seção anterior você viu como analisar geometricamente as soluções de equações diferenciais usando campos de direções e como fazer aproximações numéricas de soluções usando o Método de Euler. Analiticamente, você aprendeu a resolver dois tipos de equações diferenciais, a saber

$$y' = f(x) \quad \text{e} \quad y'' = f(x).$$

Nesta seção, vamos resolver um tipo mais geral de equação diferencial. O método consiste em escrever a equação de forma que cada variável apareça em apenas um dos lados da equação. Este método é chamado de *separação de variáveis*. (Este método será visto mais detalhadamente na Seção 6.3.)

OBSERVAÇÃO Ao integrar os dois lados da equação não é necessário adicionar uma constante de integração a ambos os lados da equação. Se isto fosse feito, o resultado obtido seria o mesmo que no Exemplo 1.

$$\int y\,dy = \int 2x\,dx$$
$$\tfrac{1}{2}y^2 + C_2 = x^2 + C_3$$
$$\tfrac{1}{2}y^2 = x^2 + (C_3 - C_2)$$
$$\tfrac{1}{2}y^2 = x^2 + C_1$$

EXEMPLO 1 Resolvendo uma Equação Diferencial

Resolva a equação diferencial $y' = 2x/y$.

Solução

$y' = \dfrac{2x}{y}$	Escreva a equação original
$yy' = 2x$	Multiplique ambos os lados por y
$\int yy'\,dx = \int 2x\,dx$	Integre em relação a x
$\int y\,dy = \int 2x\,dx$	$dy = y'\,dx$
$\dfrac{1}{2}y^2 = x^2 + C_1$	Aplique a Regra da Potência
$y^2 - 2x^2 = C$	Reescreva pondo $C = 2C_1$

Portanto, a solução geral é dada por

$$y^2 - 2x^2 = C.$$

Você pode derivar implicitamente para conferir o resultado.

INVESTIGAÇÃO

A solução geral da equação diferencial do Exemplo 1 é

$$y^2 - 2x^2 = C.$$

Use uma ferramenta gráfica para esboçar o gráfico de várias soluções particulares — as que correspondem a $C = \pm 2$, $C = \pm 1$ e $C = 0$. Descreva graficamente estas soluções. Verifique se a afirmação a seguir é verdadeira para cada uma dessas soluções.

A inclinação do gráfico no ponto (x, y) é igual a duas vezes a razão entre x e y.

Justifique a sua resposta. Todas as soluções que satisfazem a afirmação acima podem ser obtidas a partir da solução geral?

Na prática, a preferência é usar a notação de Leibniz e diferenciais na hora de aplicar o método de separação de variáveis. A resolução do Exemplo 1 é feita abaixo usando esta notação:

$$\frac{dy}{dx} = \frac{2x}{y}$$
$$y\,dy = 2x\,dx$$
$$\int y\,dy = \int 2x\,dx$$
$$\frac{1}{2}y^2 = x^2 + C_1$$
$$y^2 - 2x^2 = C$$

Modelos de Crescimento e Decaimento

Em muitas aplicações, a taxa de variação de uma variável y é proporcional a y. Se y for uma função do tempo t, esta proporção pode ser escrita como a seguir.

A taxa de variação de y → é → proporcional a y.

$$\frac{dy}{dt} = ky$$

A solução geral desta equação diferencial é dada pelo teorema abaixo.

TEOREMA 6.1 Modelo de Crescimento e Decaimento Exponencial

Se y é uma função derivável na variável t com $y > 0$ e $y' = ky$, para alguma constante k, então

$$y = Ce^{kt}.$$

A constante C é o **valor inicial** de y, e k é a **constante de proporcionalidade**. Há **crescimento exponencial** quando $k > 0$, e há **decaimento exponencial** quando $k < 0$.

OBSERVAÇÃO Derive a função $y = Ce^{kt}$ em relação à variável t e demonstre que $y' = ky$.

Demonstração

$y' = ky$	Escreva a equação original
$\dfrac{y'}{y} = k$	Separe as variáveis
$\displaystyle\int \frac{y'}{y}\,dt = \int k\,dt$	Integre em relação a t
$\displaystyle\int \frac{1}{y}\,dy = \int k\,dt$	$dy = y'\,dt$
$\ln y = kt + C_1$	Calcule uma primitiva de cada lado
$y = e^{kt}e^{C_1}$	Isole a variável y
$y = Ce^{kt}$	Ponha $C = e^{C_1}$

Assim, todas as soluções de $y' = ky$ são da forma $y = Ce^{kt}$.

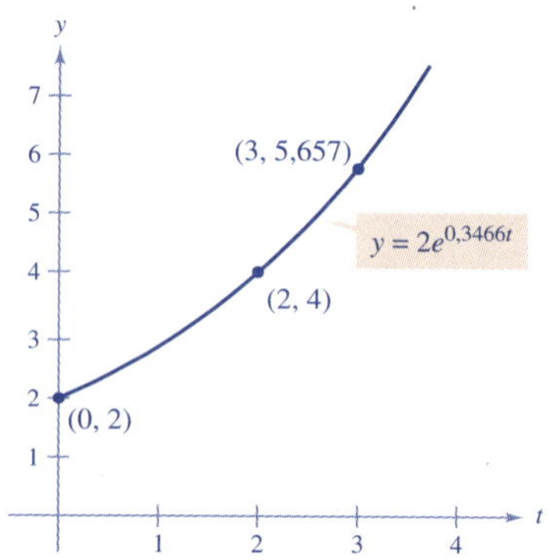

Se a taxa de variação de y é proporcional a y, então y obedece a um modelo exponencial.
Figura 6.8

DICA Note que, usando as propriedades da função logaritmo, o valor da constante k também pode ser escrito na forma $\ln(\sqrt{2})$. Com isto, o modelo é $y = 2e^{(\ln\sqrt{2})t}$, que ainda pode ser escrito como $y = 2(\sqrt{2})^t$.

EXEMPLO 2 Usando um Modelo de Crescimento Exponencial

A taxa de variação de y é proporcional a y. Quando $t = 0$, $y = 2$. Quando $t = 2$, $y = 4$. Qual o valor de y no instante $t = 3$?

Solução Sendo $y' = ky$, temos que y e t estão relacionadas pela equação $y = Ce^{kt}$. Os valores de C e k podem ser calculados a partir das condições iniciais.

$2 = Ce^0 \Rightarrow C = 2$		Quando $t = 0$, $y = 2$
$4 = 2e^{2k} \Rightarrow k = \frac{1}{2}\ln 2 \approx 0.3466$		Quando $t = 2$, $y = 4$

Portanto, o modelo é $y \approx 2e^{0,3466t}$. No instante $t = 3$, o valor de y é $2e^{0,3466(3)} \approx 5,657$ (veja a Figura 6.8).

TECNOLOGIA A maioria das ferramentas gráficas tem recursos de ajuste gráfico que pode ser usado para achar modelos que representam dados. Use o recurso de *regressão exponencial* de uma ferramenta gráfica e a informação no Exemplo 2 para encontrar um modelo que se ajuste aos dados deste exemplo. Qual a relação entre seu modelo e o modelo dado?

Decaimento radioativo é medido em termos da *meia-vida* — o número de anos necessários para a metade dos átomos decair em uma amostra de material radioativo. A meia-vida de alguns isótopos radioativos conhecidos está relacionada abaixo:

Urânio (^{238}U)	4.470.000.000 anos
Plutônio (^{239}Pu)	24.100 anos
Carbono (^{14}C)	5.715 anos
Rádio (^{226}Ra)	1.599 anos
Einstênio (^{254}Es)	276 dias
Nobélio (^{257}No)	25 segundos

Sergei Supinsky/AFP/Getty Images

EXEMPLO 3 Decaimento Radioativo

Suponha que 10 gramas do isótopo de plutônio Pu-239 foram liberados no acidente nuclear de Chernobyl. Quanto tempo é necessário para os 10 gramas decaírem para 1 grama?

Solução Denote por y a massa (em gramas) do plutônio. Como a taxa de decaimento é proporcional a y, sabemos que

$$y = Ce^{kt}$$

onde t é o tempo medido em anos. Use as condições iniciais para calcular os valores das constantes C e k. Vendo que $y = 10$ quando $t = 10$, obtemos

$$10 = Ce^{k(0)} = Ce^0$$

donde segue que $C = 10$. A seguir, usando $y = 5$ quando $t = 24.100$, obtemos

$$\begin{aligned} 5 &= 10e^{k(24,100)} \\ \frac{1}{2} &= e^{24,100k} \\ \frac{1}{24,100}\ln\frac{1}{2} &= k \\ -0,000028761 &\approx k. \end{aligned}$$

Portanto, o modelo é

$$y = 10e^{-0,000028761t}.$$ Modelo de meia-vida

OBSERVAÇÃO O modelo de decaimento exponencial do Exemplo 3 também poderia ser escrito como $y = 10\left(\frac{1}{2}\right)^{t/24.100}$. Este modelo é mais fácil de ser deduzido, porém em algumas aplicações seu uso não é tão conveniente.

Para calcular o tempo necessário para 10 gramas decaírem para 1 grama, obtenha t da equação

$$1 = 10e^{-0,000028761t}.$$

A solução é aproximadamente 80.059 anos.

Observe que, como é evidenciado pelo Exemplo 3, num modelo de crescimento ou decaimento exponencial, é fácil calcular a constante C quando o valor de y em $t = 0$ é dado. O próximo exemplo ilustra um procedimento a ser seguido para calcular C e k quando o valor de y em $t = 0$ não é conhecido.

EXEMPLO 4 Crescimento Populacional

Suponha que uma população experimental de moscas de fruta cresce segundo a lei de crescimento exponencial. A população tinha 100 moscas após o segundo dia do experimento e 300 moscas após o quarto dia. Quantas moscas a população inicial tinha aproximadamente?

Solução Denote por $y = Ce^{kt}$ o número de moscas no instante t, onde t é o tempo medido em dias. Sabendo-se que $y = 100$ quando $t = 2$ e $y = 300$ quando $t = 4$, obtém-se que

$$100 = Ce^{2k} \quad \text{e} \quad 300 = Ce^{4k}.$$

Da primeira equação temos que $C = 100e^{-2k}$. Substituindo este valor na segunda equação obtemos o seguinte.

$$\begin{aligned} 300 &= 100e^{-2k}e^{4k} \\ 300 &= 100e^{2k} \\ \ln 3 &= 2k \\ \frac{1}{2}\ln 3 &= k \\ 0{,}5493 &\approx k \end{aligned}$$

Logo, o modelo de crescimento exponencial é

$$y = Ce^{0{,}5493t}.$$

Para calcular C, use novamente a condição $y = 100$ quando $t = 2$ e obtenha

$$\begin{aligned} 100 &= Ce^{0{,}5493(2)} \\ C &= 100e^{-1{,}0986} \approx 33. \end{aligned}$$

Portanto, a população inicial (quando $t = 0$) tinha aproximadamente $y = C = 33$ moscas, como ilustrado na Figura 6.9.

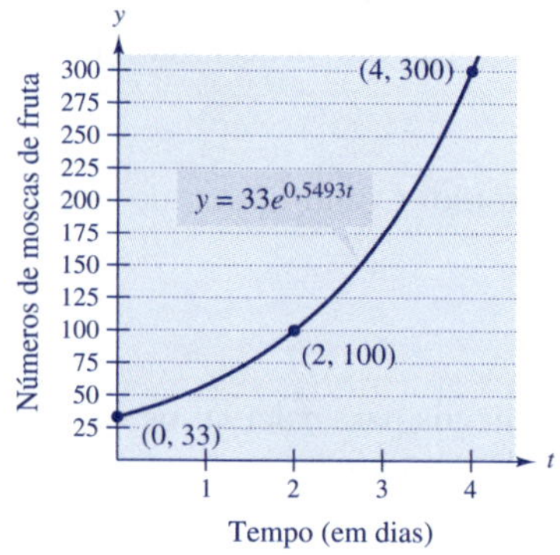

Figura 6.9

EXEMPLO 5 Vendas em Declínio

Quatro meses após ter interrompido a publicidade, uma companhia percebe que as suas vendas caíram de 100.000 para 80.000 unidades por mês. Se as vendas mensais seguirem um padrão exponencial de declínio, qual será a venda mensal da companhia após 2 meses?

Solução Use o modelo de decaimento exponencial $y = Ce^{kt}$, onde o tempo t é medido em meses. Da condição inicial ($t = 0$), sabemos que $C = 100.000$. Além disso, como $y = 80.000$ quando $t = 4$, obtemos

$$\begin{aligned} 80.000 &= 100.000e^{4k} \\ 0{,}8 &= e^{4k} \\ \ln(0{,}8) &= 4k \\ -0{,}0558 &\approx k. \end{aligned}$$

Portanto, após mais dois meses ($t = 6$), podemos esperar que as vendas mensais sejam aproximadamente

$$\begin{aligned} y &\approx 100.000e^{-0{,}0558(6)} \\ &\approx 71.500 \text{ unidades.} \end{aligned}$$

Veja a Figura 6.10.

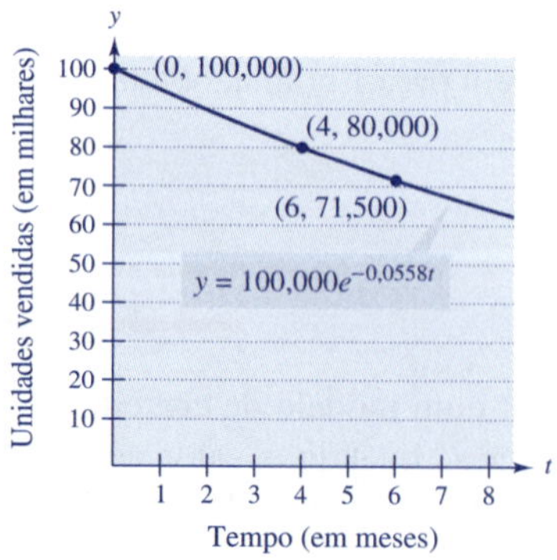

Figura 6.10

Nos Exemplos 2 a 5, de fato não era preciso resolver a equação diferencial

$$y' = ky.$$

(Isto já foi feito na demonstração do Teorema 6.1.) O próximo exemplo é de um problema cuja resolução envolve o método de separação de variáveis. O exemplo trata da **Lei de Resfriamento de Newton**, que afirma que a taxa de variação da temperatura de um objeto é proporcional à diferença entre a temperatura do objeto e a temperatura do ambiente em que ele se encontra.

EXEMPLO 6 A Lei de Resfriamento de Newton

Seja por y a temperatura (em °F) de um objeto dentro de um quarto cuja temperatura é mantida a 60°. Se o objeto resfriou de 100° a 90° em 10 minutos, então quanto tempo ainda levará para a sua temperatura decair para 80°?

Solução Pela Lei de Resfriamento de Newton sabemos que a taxa de variação de y é proporcional à diferença entre y e 60. Isto pode ser formulado como

$$y' = k(y - 60), \qquad 80 \le y \le 100.$$

Para resolver esta equação diferencial, use o método de separação de variáveis da forma mostrada a seguir.

$$\frac{dy}{dt} = k(y - 60) \qquad \text{Equação diferencial}$$

$$\left(\frac{1}{y - 60}\right) dy = k\,dt \qquad \text{Separe as variáveis}$$

$$\int \frac{1}{y - 60}\,dy = \int k\,dt \qquad \text{Integre ambos os lados}$$

$$\ln|y - 60| = kt + C_1 \qquad \text{Calcule uma primitiva de cada lado}$$

Como $y > 60$, $|y - 60| = y - 60$, e o sinal de valor absoluto pode ser omitido. Usando a notação exponencial obtemos

$$y - 60 = e^{kt + C_1} \quad \Rightarrow \quad y = 60 + Ce^{kt} \qquad C = e^{C_1}$$

Usando $y = 100$ quando $t = 0$, temos $100 = 60 + Ce^{k(0)} = 60 + C$, que implica que $C = 40$. Como $y = 90$ quando $t = 10$, temos

$$90 = 60 + 40e^{k(10)}$$
$$30 = 40e^{10k}$$
$$k = \tfrac{1}{10}\ln\tfrac{3}{4} \approx -0{,}02877.$$

Portanto, o modelo é

$$y = 60 + 40e^{-0.02877t} \qquad \text{Modelo de resfriamento}$$

e finalmente, quando $y = 80$, obtemos

$$80 = 60 + 40e^{-0{,}02877t}$$
$$20 = 40e^{-0{,}02877t}$$
$$\tfrac{1}{2} = e^{-0{,}02877t}$$
$$\ln\tfrac{1}{2} = -0{,}02877t$$
$$t \approx 24{,}09 \text{ minutos.}$$

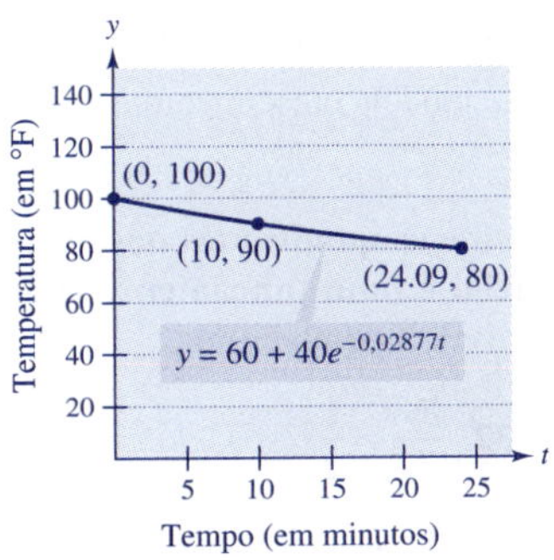

Figura 6.11

Portanto, levará aproximadamente *mais* 14,09 minutos para o objeto resfriar até uma temperatura de 80° (veja a Figura 6.11).

Exercícios da Seção 6.2

Nos Exercícios 1 a 10, resolva a equação diferencial.

1. $\dfrac{dy}{dx} = x + 2$

2. $\dfrac{dy}{dx} = 4 - x$

3. $\dfrac{dy}{dx} = y + 2$

4. $\dfrac{dy}{dx} = 4 - y$

5. $y' = \dfrac{5x}{y}$

6. $y' = \dfrac{\sqrt{x}}{3y}$

7. $y' = \sqrt{x}\,y$

8. $y' = x(1 + y)$

9. $(1 + x^2)y' - 2xy = 0$

10. $xy + y' = 100x$

Nos Exercícios 11 a 14, escreva e resolva a equação diferencial que modela a afirmação verbal.

11. A taxa de variação de Q em relação a t é inversamente proporcional a t ao quadrado.

12. A taxa de variação de P em relação a t é proporcional a $10 - t$.

13. A taxa de variação de N em relação a s é proporcional a $250 - s$.

14. A taxa de variação de y em relação a x varia como produto de x e $L - y$.

Campo de Direções **Nos Exercícios 15 e 16, são dados uma equação diferencial, um ponto e um campo de direções. (a) No campo de direções, esboce duas soluções aproximadas da equação diferencial, uma das quais passa pelo ponto dado. (b) Use integração para determinar a solução particular da equação diferencial e use uma ferramenta gráfica para desenhar esta solução. Compare o resultado com o esboço feito na parte (a). (Para imprimir uma versão ampliada do gráfico, consulte *www.mathgraphs.com*.)**

15. $\dfrac{dy}{dx} = x(6 - y)$, $(0, 0)$

16. $\dfrac{dy}{dx} = xy$, $\left(0, \frac{1}{2}\right)$

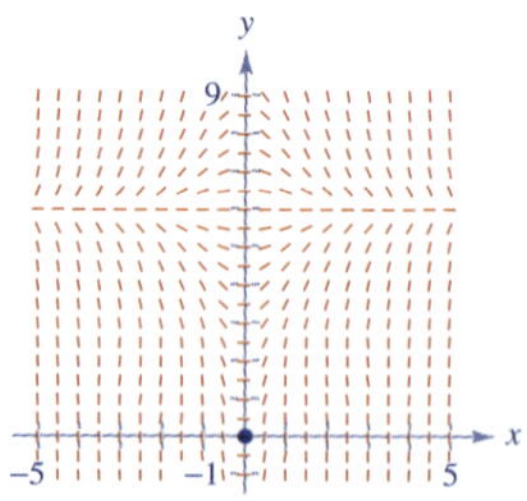

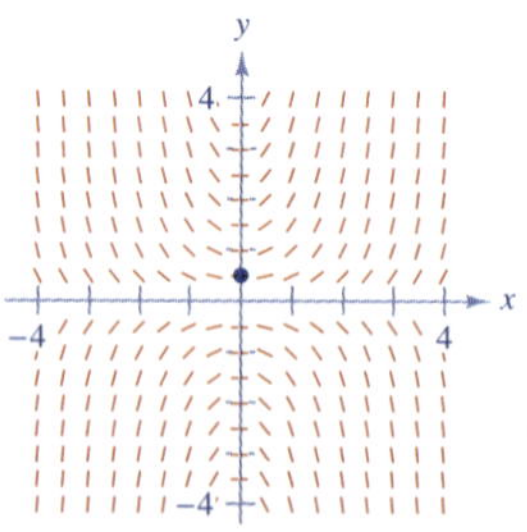

Nos Exercícios 17 a 20, determine a função $y = f(t)$ que passa pelo ponto (0, 10) e cuja derivada é igual à dada. Use uma ferramenta gráfica para desenhar a solução.

17. $\dfrac{dy}{dt} = \dfrac{1}{2}t$

18. $\dfrac{dy}{dt} = -\dfrac{3}{4}\sqrt{t}$

19. $\dfrac{dy}{dt} = -\dfrac{1}{2}y$

20. $\dfrac{dy}{dt} = \dfrac{3}{4}y$

Nos Exercícios 21 a 24, escreva e resolva a equação diferencial que modela a afirmação verbal. Calcule o valor da solução no ponto dado.

21. A taxa de variação de y é proporcional a y. Quando $x = 0$, $y = 4$ e quando $x = 3$, $y = 10$. Qual o valor de y quando $x = 6$?

22. A taxa de variação de N é proporcional a N. Quando $t = 0$, $N = 250$ e quando $t = 1$, $N = 400$. Qual o valor de N quando $t = 4$?

23. A taxa de variação de V é proporcional a V. Quando $t = 0$, $V = 20.000$ e quando $t = 4$, $V = 12.500$. Qual o valor de V quando $t = 6$?

24. A taxa de variação de P é proporcional a P. Quando $t = 0$, $P = 5000$ e quando $t = 1$, $P = 4750$. Qual o valor de P quando $t = 5$?

Nos Exercícios 25 a 28, determine a função exponencial $y = Ce^{kt}$ que passa pelos dois pontos dados.

25.

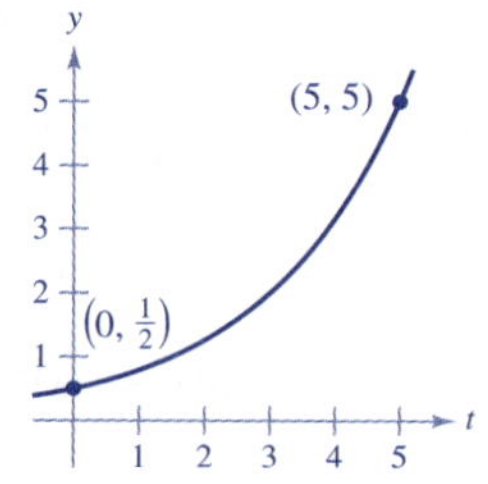

26.

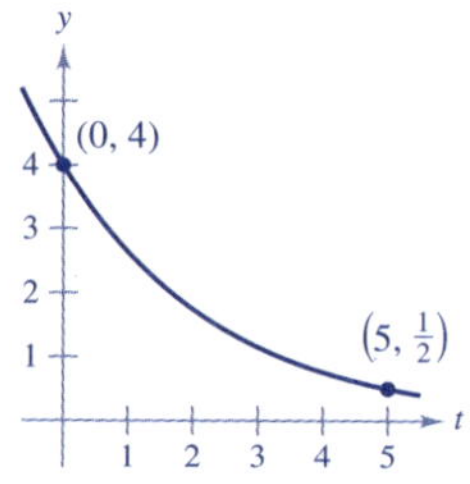

27.

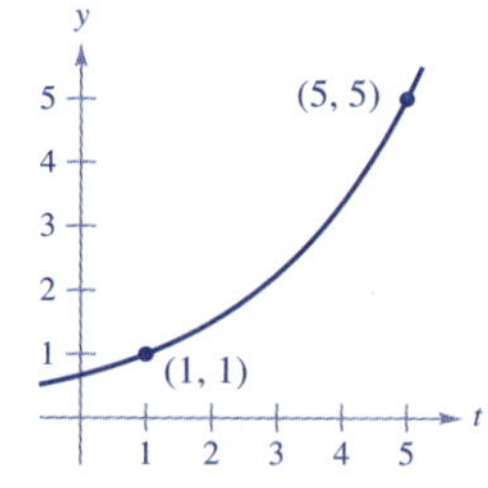

28.

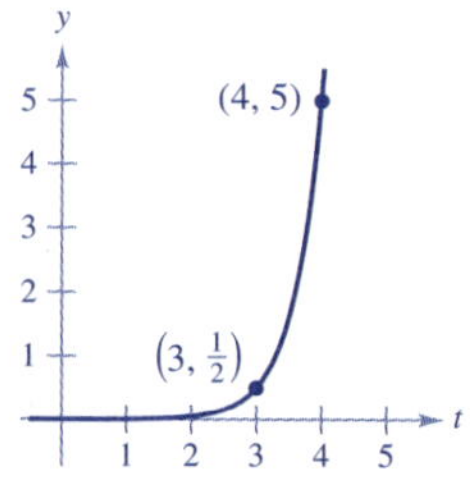

Questões Conceituais

29. Descreva o significado das constantes C e k no modelo de crescimento exponencial e de decaimento, $y = Ce^{kt}$.

30. Dê a equação diferencial que modela crescimento e decaimento exponencial.

Nos Exercícios 31 e 32, determine os quadrantes nos quais a solução da equação diferencial é uma função crescente. Justifique a resposta (sem resolver a equação).

31. $\dfrac{dy}{dx} = \dfrac{1}{2}xy$

32. $\dfrac{dy}{dx} = \dfrac{1}{2}x^2y$

Decaimento Radioativo **Nos Exercícios 33 a 40, complete a tabela para o isótopo radioativo.**

	Isótopo	Meia-Vida (em anos)	Quantidade Inicial	Quantidade Após 1000 anos	Quantidade Após 10.000 anos
33.	^{226}Ra	1599	10 g		
34.	^{226}Ra	1599		1,5 g	
35.	^{226}Ra	1599			0,5 g
36.	^{14}C	5715			2 g
37.	^{14}C	5715	5 g		
38.	^{14}C	5715		3,2 g	
39.	^{239}Pu	24,100		2,1 g	
40.	^{239}Pu	24,100			0,4 g

41. ***Decaimento Radioativo*** Rádio radioativo tem uma meia-vida de aproximadamente 1599 anos. Qual o percentual que restará de uma amostra após 100 anos?

42. ***Datação Carbônica*** O método de datação por Carbono-14 supõe que o dióxido de carbono existente hoje na Terra tem o mesmo teor radioativo que tinha séculos atrás. Se isto for verdade, então a quantidade de ^{14}C absorvida por uma árvore que existiu vários séculos atrás deve ser igual à quantidade de ^{14}C absorvida por uma árvore existente hoje. Um pedaço de carvão vegetal antigo tem só 15% do carbono radioativo que um pedaço de carvão vegetal da atualidade. Há quanto tempo a árvore foi queimada para fazer o antigo carvão? (A meia-vida do ^{14}C é de 5.715 anos.)

Juros Compostos **Nos Exercícios 43 a 48, complete a tabela para uma conta de poupança cuja taxa de juros é composta continuamente.**

	Investimento Inicial	Taxa Anual	Tempo para Dobrar a Quantia	Montante após Dez Anos
43.	R$1000	6%		
44.	R$20.000	$5\frac{1}{2}\%$		
45.	R$750		$7\frac{3}{4}$ *anos*	
46.	R$10.000		5 *anos*	
47.	R$500			R$ 1.292,85
48.	R$2000			R$ 5.436,56

Juros Compostos **Nos Exercícios 49 a 56, calcule o capital inicial P que deve ser investido a uma taxa anual r, corrigida mensalmente, para que R$ 500.000 estejam disponíveis na aposentadoria em t anos.**

49. $r = 7\frac{1}{2}\%, \quad t = 20$

50. $r = 6\%, \quad t = 40$

51. $r = 8\%, \quad t = 35$

52. $r = 9\%, \quad t = 25$

Juros Compostos **Nos Exercícios 53 a 56, calcule o tempo necessário para que R$ 1.000 dobre, se for investido a uma taxa anual r composta (a) anualmente, (b) mensalmente, (c) diariamente e (d) continuamente.**

53. $r = 7\%$

54. $r = 6\%$

55. $r = 8{,}5\%$

56. $r = 5{,}5\%$

População **Nos Exercícios 57 a 60, são dadas a população de um país no ano de 2001 (em milhões) e k a taxa contínua anual de variação da população, esperada para os anos de 2000 a 2010. (*Fonte: U.S Census Bureau, International Data Base.*)**

(a) Determine o modelo de crescimento exponencial $P = Ce^{kt}$ para a população se $t = 0$ correspondesse ao ano de 2000.

(b) Use o modelo para fazer uma previsão da população do país no ano 2015.

(c) Discuta a relação que existe entre o sinal de k e a variação da população deste país.

	País	População em 2001	k
57.	Bulgária	7,7	−0,009
58.	Camboja	12,7	0,018
59.	Jordânia	5,2	0,026
60.	Lituânia	3,6	−0,002

61. ***Modelagem de Dados*** Em uma cultura, inicialmente com 100 bactérias, o número N de bactérias foi contada cada hora, por 5 horas. Os resultados estão expostos na tabela, onde o tempo t é medido em horas.

t	0	1	2	3	4	5
N	100	126	151	198	243	297

(a) Use o recurso de regressão de uma ferramenta gráfica para achar um modelo exponencial para os dados.

(b) Use o modelo para estimar o tempo necessário para a população quadruplicar seu tamanho inicial.

62. ***Crescimento de Bactérias*** O número de bactérias numa cultura está aumentando segundo a lei de crescimento exponencial. Após 2 horas a cultura tem 125 bactérias e após 4 horas 350 bactérias.

(a) Calcule a população inicial.

(b) Escreva um modelo de crescimento exponencial para a população de bactérias. (t é o tempo em horas.)

(c) Use o modelo para determinar o número de bactérias após 8 horas.

(d) Após quantas horas o número de bactérias será de 25.000?

63. ***Curva de Aprendizagem*** A gerência de certa fábrica constatou que um operário pode produzir no máximo 30 unidades por dia. A curva de aprendizagem para a produção diária N, após um novato ter trabalhado t dias, é $N = 30(1 - e^{kt})$. Após 20 dias no emprego, determinado operário produz 19 unidades.

(a) Determine a curva de aprendizagem para este operário.

(b) Após quanto tempo este operário produzirá 25 unidades por dia?

64. ***Curva de Aprendizagem*** Se, no Exercício 63, a gerência exigir que um novato, após 30 dias no emprego, produza no mínimo 20 unidades por dia, determine (a) a curva de aprendizagem que descreve este requisito mínimo e (b) o número de dias antes que um operário alcance a meta mínima, que é de 25 unidades por dia.

65. ***Modelando Dados*** A tabela mostra a população P (em milhões) dos Estados Unidos de 1960 a 2000. (*Fonte: U.S. Census Bureau.*)

Ano	1960	1970	1980	1990	2000
População, P	181	205	228	250	282

(a) Use os dados de 1960 e 1970 para determinar um modelo exponencial P_1 para os dados da tabela. Faça $t = 0$ representar 1960.

(b) Use uma ferramenta gráfica para determinar um modelo exponencial P_2 que melhor se ajuste aos dados da tabela. Faça $t = 0$ representar 1960.

(c) Use uma ferramenta gráfica para marcar os dados e desenhar ambos os modelos na mesma janela. Compare os dados originais com as previsões. Qual o modelo que se ajusta melhor aos dados da tabela?

(d) Faça uma estimativa de quando a população atingirá 320 milhões.

66. ***Modelando Dados*** A tabela mostra a receita líquida e a quantia necessária para cobrir o déficit público (juros sobre os papéis da dívida do Tesouro Nacional) dos Estados Unidos de 1992 a 2001. As quantias monetárias são dadas em bilhões de dólares. (*Fonte: U.S. Office of Management and Budget.*)

Ano	1992	1993	1994	1995	1996
Receitas	1091,3	1154,4	1258,6	1351,8	1453,1
Juros	292,3	292,5	296,3	332,4	343,9

Ano	1997	1998	1999	2000	2001
Receitas	1579,3	1721,8	1827,5	2025,2	1991,2
Juros	355,8	363,8	353,5	361,9	359,5

(a) Use o recurso de regressão de uma ferramenta gráfica para achar um modelo exponencial R para as receitas e um modelo quártico 4 I para a quantia necessária para cobrir a dívida. Faça t representar o tempo, medido em anos, com $t = 2$ correspondendo a 1992.

(b) Use uma ferramenta gráfica para marcar os pontos referentes à receita e desenhar o modelo correspondente. Tomando o modelo como base, qual a taxa contínua de crescimento da receita?

(c) Use uma ferramenta gráfica para marcar, os pontos referentes à quantia necessária para cobrir a dívida e desenhe o modelo quártico.

(d) Determine uma função $P(t)$ que dá uma aproximação da porcentagem das receitas necessária para cobrir a dívida pública. Use uma ferramenta gráfica para esboçar esta função.

67. ***Intensidade do Som*** O nível do som β (em decibéis) de intensidade I é dado por

$$\beta(I) = 10 \log_{10} \frac{I}{I_0}$$

onde I_0 é uma intensidade de 10^{-16} watts por centímetro quadrado, que corresponde, aproximadamente, ao som mais fraco que pode ser ouvido. Determine $\beta(I)$ nos seguintes casos:

(a) $I = 10^{-14}$ watts por centímetro quadrado (cochicho).

(b) $I = 10^{-9}$ watts por centímetro quadrado (uma rua agitada).

(c) $I = 10^{-6,5}$ watts por centímetro quadrado (britadeira).

(d) $I = 10^{-4}$ watts por centímetro quadrado (limiar da dor).

68. ***Nível de Barulho*** Com a instalação de materiais anti-ruído, conseguiu-se reduzir o nível de barulho dentro de um auditório de 93 para 80 decibéis. Use a função do Exercício 67 para calcular a porcentagem com que a intensidade do barulho diminuiu em conseqüência da instalação desses materiais.

69. ***Região Florestal*** O valor de uma área plantada com madeira é

$$V(t) = 100.000e^{0,8\sqrt{t}}$$

onde o tempo t é medido em anos e $t = 0$ corresponde a 1998. Se dinheiro aplicado recebe juros anuais compostos continuamente de 10%, então o valor real da madeira em qualquer instante t é $A(t) = V(t)e^{-0,10t}$. Calcule o ano no qual a madeira deve ser cortada para maximizar a função valor real.

70. ***Intensidade de um Terremoto*** Na escala Richter a magnitude R de um terremoto de intensidade I é

$$R = \frac{\ln I - \ln I_0}{\ln 10}$$

onde I_0 é a intensidade mínima usada para efeito de comparação. Considere que $I_0 = 1$.

(a) Calcule a intensidade do terremoto de São Francisco em 1906 ($R = 8,3$).

(b) Calcule o fator com o qual a intensidade aumenta se a medida na escala Richter for dobrada.

(c) Calcule dR/dI.

71. ***A Lei de Resfriamento de Newton*** No momento em que um objeto é retirado de um forno e colocado num ambiente cuja temperatura é mantida a 80°F, a temperatura no seu núcleo é de 1.500°F. Uma hora depois a temperatura no seu núcleo é de 1.120°F. Calcule a temperatura do seu núcleo 5 horas após o objeto ter sido retirado do forno.

72. ***A Lei de Resfriamento de Newton*** Um contêiner, contendo um líquido quente, é colocado num freezer que é mantido a uma temperatura constante de 20°F. A temperatura inicial do líquido é de 160°F. Após 5 minutos a temperatura do líquido é de 60°F. Qual o período de tempo necessário para que a sua temperatura caia para 30°F?

Verdadeiro ou Falso? **Nos Exercícios 73 a 76, determine se a afirmação é verdadeira ou falsa. Se for falsa explique por que ou dê um exemplo mostrando que é falsa.**

73. Quando o crescimento é exponencial, a taxa de crescimento é constante.

74. Quando o crescimento é linear, a taxa de crescimento é constante.

75. Se preços estão subindo a uma taxa de 0,5% por mês, eles estão subindo a uma taxa de 6% por ano.

76. A equação diferencial que modela crescimento exponencial é $dy/dx = ky$, onde k é uma constante.

Seção 6.3

Separação de Variáveis e a Equação Logística

- **Reconhecer e resolver equações diferenciais que podem ser resolvidas com o método de separação de variáveis.**
- **Reconhecer e resolver equações diferenciais homogêneas.**
- **Usar equações diferenciais para modelar e resolver problemas práticos.**
- **Resolver e analisar equações diferenciais logísticas.**

Separação de Variáveis

Considere uma equação diferencial que possa ser escrita na forma

$$M(x) + N(y)\frac{dy}{dx} = 0$$

onde M é uma função contínua dependendo só da variável x, e N é uma função contínua dependendo só da variável y. Como você viu na seção anterior, para equações deste tipo todos os termos que dependem da variável x podem ser coletados com dx e todos os termos que dependem de y podem ser coletados com dy, obtendo-se uma solução por integração. Equações como essas são ditas **separáveis**, e o procedimento para resolvê-las é chamado de *separação de variáveis*. A seguir, estão relacionados alguns exemplos de equações diferenciais que são separáveis.

Equação Diferencial Original	*Reescrita com as Variáveis Separadas*
$x^2 + 3y\dfrac{dy}{dx} = 0$	$3y\,dy = -x^2\,dx$
$(\operatorname{sen} x)y' = \cos x$	$dy = \operatorname{cotg} x\,dx$
$\dfrac{xy'}{e^y + 1} = 2$	$\dfrac{1}{e^y + 1}\,dy = \dfrac{2}{x}\,dx$

EXEMPLO 1 Separação de Variáveis

Determine a solução geral de $(x^2 + 4)\dfrac{dy}{dx} = xy$.

Solução Inicialmente, note que $y = 0$ é uma solução. Para determinar outras soluções, considere que $y \neq 0$ e separe as variáveis como indicado.

$$(x^2 + 4)\,dy = xy\,dx \qquad \text{Forma diferencial}$$

$$\frac{dy}{y} = \frac{x}{x^2 + 4}\,dx \qquad \text{Separe as variáveis}$$

A seguir, integre para obter

$$\int \frac{dy}{y} = \int \frac{x}{x^2 + 4}\,dx \qquad \text{Integre}$$

$$\ln|y| = \frac{1}{2}\ln(x^2 + 4) + C_1$$

$$\ln|y| = \ln\sqrt{x^2 + 4} + C_1$$

$$|y| = e^{C_1}\sqrt{x^2 + 4}$$

$$y = \pm e^{C_1}\sqrt{x^2 + 4}.$$

Como $y = 0$ também é uma solução, podemos escrever a solução geral como

$$y = C\sqrt{x^2 + 4}. \qquad \text{Solução geral}$$

OBSERVAÇÃO Certifique-se de checar as soluções no decorrer deste capítulo. No Exemplo 1, você pode conferir a solução $y = C\sqrt{x^2 + 4}$ derivando e substituindo na equação original.

$$(x^2 + 4)\frac{dy}{dx} = xy$$

$$(x^2 + 4)\frac{Cx}{\sqrt{x^2 + 4}} \stackrel{?}{=} x\left(C\sqrt{x^2 + 4}\right)$$

$$Cx\sqrt{x^2 + 4} = Cx\sqrt{x^2 + 4}$$

Portanto, a solução está correta.

Em alguns casos não é possível escrever a solução geral na forma explícita $y = f(x)$. O próximo exemplo ilustra tal situação. Pode ser usada derivação implícita para conferir esta solução.

PARA MAIS INFORMAÇÃO Para ver um exemplo (da engenharia) de uma equação diferencial que é separável, veja o artigo "Designing a Rose Cutter", de J. S. Hartzler, em *The College Mathematics Journal*; ou consulte *www.matharticles.com*.

EXEMPLO 2 Determinando uma Solução Particular

Determine a solução particular da equação diferencial

$$xy\,dx + e^{-x^2}(y^2 - 1)\,dy = 0$$

que satisfaz a condição incial $y(0) = 1$.

Solução Observe que $y = 0$ é uma solução da equação diferencial — porém esta solução não satisfaz a condição inicial. Portanto, podemos supor que $y \neq 0$. Para separar as variáveis é preciso eliminar y do primeiro termo e e^{-x^2} do segundo termo. Logo, é preciso multiplicar por e^{x^2}/y e obter o seguinte:

$$xy\,dx + e^{-x^2}(y^2 - 1)\,dy = 0$$

$$e^{-x^2}(y^2 - 1)\,dy = -xy\,dx$$

$$\int\left(y - \frac{1}{y}\right)dy = \int -xe^{x^2}\,dx$$

$$\frac{y^2}{2} - \ln|y| = -\frac{1}{2}e^{x^2} + C$$

Da condição inicial $y(0) = 1$, obtém-se $\frac{1}{2} - 0 = -\frac{1}{2} + C$, que implica que $C = 1$. Portanto, a solução particular tem a forma implícita

$$\frac{y^2}{2} - \ln|y| = -\frac{1}{2}e^{x^2} + 1$$

$$y^2 - \ln y^2 + e^{x^2} = 2.$$

Você pode conferir esta expressão derivando e reescrevendo o resultado para obter a equação original.

EXEMPLO 3 Determinando uma Curva Solução Particular

Determine a equação da curva que passa pelo ponto $(1, 3)$ e tem uma inclinação de y/x^2 num ponto (x, y) qualquer.

Solução Como a inclinação da curva é y/x^2, obtemos

$$\frac{dy}{dx} = \frac{y}{x^2}$$

com a condição inicial $y(1) = 3$. Separando as variáveis e integrando, obtemos

$$\int \frac{dy}{y} = \int \frac{dx}{x^2}, \quad y \neq 0$$

$$\ln|y| = -\frac{1}{x} + C_1$$

$$y = e^{-(1/x)+C_1} = Ce^{-1/x}.$$

Como $y = 3$ quando $x = 1$, segue que $3 = Ce^{-1}$ e $C = 3e$. Portanto, a equação da curva particular é

$$y = (3e)e^{-1/x} = 3e^{(x-1)/x}, \quad x > 0.$$

Veja a Figura 6.12.

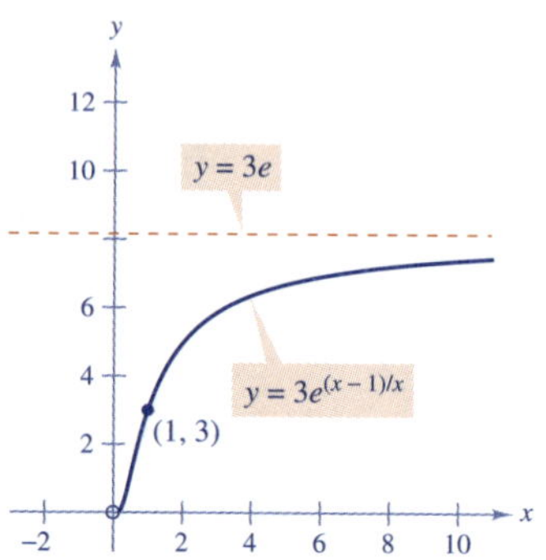

Figura 6.12

Equações Diferenciais Homogêneas

Algumas equações diferenciais que não são separáveis nas variáveis x e y podem se tornar separáveis mediante uma mudança de variáveis. Isto é verdade para equações diferenciais do tipo $y' = f(x, y)$, onde f é uma **função homogênea**. A função $f(x, y)$ é dita **homogênea de grau *n*** se

$$f(tx, ty) = t^n f(x, y) \qquad \text{Função homogênea de grau } n$$

onde n é um número real.

OBSERVAÇÃO A expressão $f(x, y)$ é usada para denotar uma função de duas variáveis, assim como $f(x)$ denota uma função de uma variável. Funções de duas variáveis serão estudadas com mais detalhes no Volume 2.

EXEMPLO 4 Verificando Que a Função É Homogênea

a. $f(x, y) = x^2y - 4x^3 + 3xy^2$ é uma função homogênea de grau 3 pois

$$\begin{aligned} f(tx, ty) &= (tx)^2(ty) - 4(tx)^3 + 3(tx)(ty)^2 \\ &= t^3(x^2y) - t^3(4x^3) + t^3(3xy^2) \\ &= t^3(x^2y - 4x^3 + 3xy^2) \\ &= t^3 f(x, y). \end{aligned}$$

b. $f(x, y) = xe^{x/y} + y\,\text{sen}(y/x)$ é uma função homogênea de grau 1 pois

$$\begin{aligned} f(tx, ty) &= txe^{tx/ty} + ty\,\text{sen}\,\frac{ty}{tx} \\ &= t\left(xe^{x/y} + y\,\text{sen}\,\frac{y}{x}\right) \\ &= tf(x, y). \end{aligned}$$

c. $f(x, y) = x + y^2$ *não* é uma função homogênea pois

$$f(tx, ty) = tx + t^2y^2 = t(x + ty^2) \neq t^n(x + y^2).$$

d. $f(x, y) = x/y$ é uma função homogênea de grau 0 pois

$$f(tx, ty) = \frac{tx}{ty} = t^0\frac{x}{y}.$$

Definição de Equação Diferencial Homogênea

Uma **equação diferencial homogênea** é uma equação do tipo

$$M(x, y)\,dx + N(x, y)dy = 0$$

onde M e N são funções homogêneas de mesmo grau.

EXEMPLO 5 Verificando se uma Equação Diferencial É Homogênea

a. $(x^2 + xy)\,dx + y^2\,dy = 0$ é homogênea de grau 2.

b. $x^3\,dx = y^3\,dy$ é homogênea de grau 3.

c. $(x^2 + 1)\,dx + y^2\,dy = 0$ *não* é uma equação diferencial homogênea.

Para resolver uma equação diferencial homogênea pelo método de separação de variáveis, use o seguinte teorema de mudança de variáveis:

TEOREMA 6.2 Mudança de Variáveis para Equações Homogêneas

Se $M(x, y)\,dx + N(x, y)\,dy = 0$ for homogênea, então ela pode ser transformada numa equação de variáveis separáveis mediante a substituição

$$y = vx$$

onde v é uma função derivável de x.

EXEMPLO 6 Resolvendo uma Equação Diferencial Homogênea

Determine a solução geral de

$$(x^2 - y^2)\,dx + 3xy\,dy = 0.$$

DICA A substituição $y = vx$ resultará numa equação diferencial que é de variáveis separáveis nas variáveis x e v. Porém, a solução final deve ser escrita nas variáveis x e y.

Solução Como $(x^2 - y^2)$ e $3xy$ são ambas homogêneas de grau 3, considere $y = vx$ para obter $dy = x\,dv + v\,dx$. A seguir, por substituição, obtemos

$$(x^2 - v^2x^2)\,dx + 3x(vx)\overbrace{(x\,dv + v\,dx)}^{dy} = 0$$
$$(x^2 + 2v^2x^2)\,dx + 3x^3v\,dv = 0$$
$$x^2(1 + 2v^2)\,dx + x^2(3vx)\,dv = 0.$$

Dividindo por x^2 e separando as variáveis obtemos

$$(1 + 2v^2)\,dx = -3vx\,dv$$
$$\int \frac{dx}{x} = \int \frac{-3v}{1 + 2v^2}\,dv$$
$$\ln|x| = -\frac{3}{4}\ln(1 + 2v^2) + C_1$$
$$4\ln|x| = -3\ln(1 + 2v^2) + \ln|C|$$
$$\ln x^4 = \ln|C(1 + 2v^2)^{-3}|$$
$$x^4 = C(1 + 2v^2)^{-3}.$$

Substituindo v obtemos a seguinte solução geral:

$$x^4 = C\left[1 + 2\left(\frac{y}{x}\right)^2\right]^{-3}$$
$$\left(1 + \frac{2y^2}{x^2}\right)^3 x^4 = C$$
$$(x^2 + 2y^2)^3 = Cx^2 \qquad \text{Solução geral}$$

Você pode conferir este resultado derivando e reescrevendo para obter a equação original.

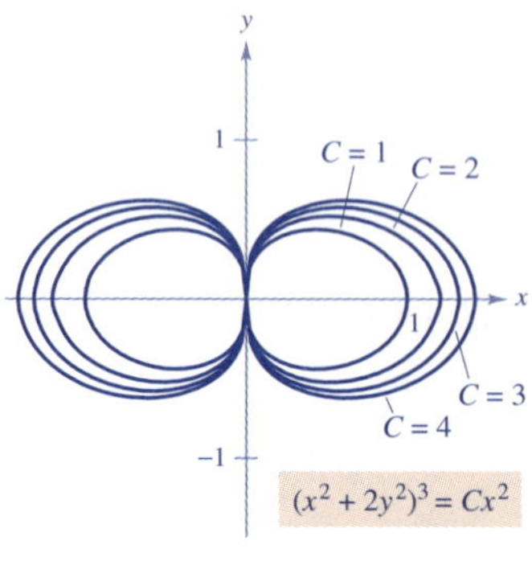

Solução geral de $(x^2 - y^2)\,dx + 3xy\,dy = 0$.
Figura 6.13

TECNOLOGIA Se você tiver acesso a uma ferramenta gráfica, tente usá-la para desenhar várias das soluções no Exemplo 6. Veja a Figura 6.13, que mostra o gráfico de

$$(x^2 + 2y^2)^3 = Cx^2$$

para $C = 1, 2, 3$ e 4.

Aplicações

Photodisc/Getty Images

EXEMPLO 7 População na Vida Selvagem

Em uma população de coiotes, a taxa de variação do número de animais $N(t)$ é diretamente proporcional a $650 - N(t)$, onde t é o tempo medido em anos. Quando $t = 0$ a população era 300, e quando $t = 2$, aumentou para 500. Calcule a população quando $t = 3$.

Solução Como a taxa de variação da população é proporcional a $650 - N(t)$, podemos escrever a seguinte equação diferencial:

$$\frac{dN}{dt} = k(650 - N)$$

Esta equação pode ser resolvida usando separação de variáveis.

$$dN = k(650 - N)\,dt \qquad \text{Forma diferencial}$$

$$\frac{dN}{650 - N} = k\,dt \qquad \text{Separe as variáveis}$$

$$-\ln|650 - N| = kt + C_1 \qquad \text{Integre}$$

$$\ln|650 - N| = -kt - C_1$$

$$650 - N = e^{-kt - C_1} \qquad \text{Supondo } N < 650$$

$$N = 650 - Ce^{-kt} \qquad \text{Solução geral}$$

Usando $N = 300$ quando $t = 0$, concluimos que $C = 350$, o que implica que

$$N = 650 - 350e^{-kt}.$$

A seguir, considerando que $N = 500$ quando $t = 2$, segue que

$$500 = 650 - 350e^{-2k} \quad \Longrightarrow \quad e^{-2k} = \tfrac{3}{7} \quad \Longrightarrow \quad k \approx 0{,}4236.$$

Portanto, o modelo para a população de coiotes é

$$N = 650 - 350e^{-0{,}4236t}. \qquad \text{Modelo para a população}$$

Quando $t = 3$, podemos estimar que a população é

$$N = 650 - 350e^{-0{,}4236(3)} \approx 552 \text{ coiotes.}$$

O modelo para a população é ilustrado na Figura 6.14.

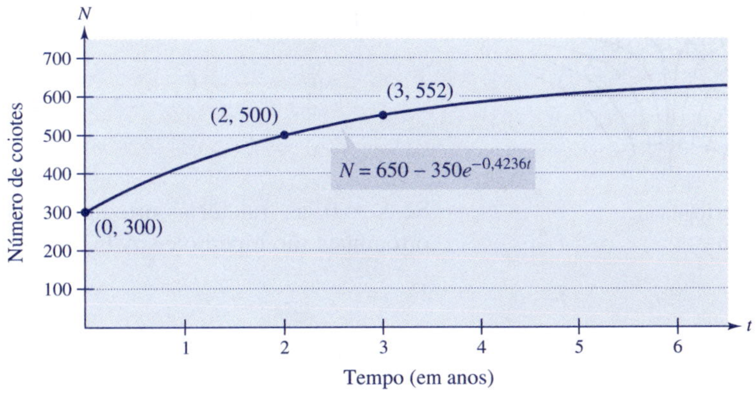

Figura 6.14

Um problema comum na eletrostática, na termodinâmica e na hidrodinâmica consiste em encontrar uma família de curvas, em que cada uma delas seja ortogonal a todos os membros de uma família de curvas dada. Por exemplo, a Figura 6.15 exibe uma família de círculos

$$x^2 + y^2 = C \qquad \text{Família de círculos}$$

em que cada um intercepta as retas na família

$$y = Kx \qquad \text{Família de retas}$$

ortogonalmente. Duas famílias de curvas como estas são ditas **mutuamente ortogonais**, e cada curva de uma das famílias é chamada uma **trajetória ortogonal** à outra família. Na eletrostática, as linhas de força são ortogonais às *curvas equipotenciais*. Na termodinâmica, o fluxo de calor sobre uma superfície plana é ortogonal às *curvas isotérmicas*. Na hidrodinâmica, as linhas do fluxo (a corrente) são trajetórias ortogonais das *curvas equipotenciais (de velocidade potencial)*.

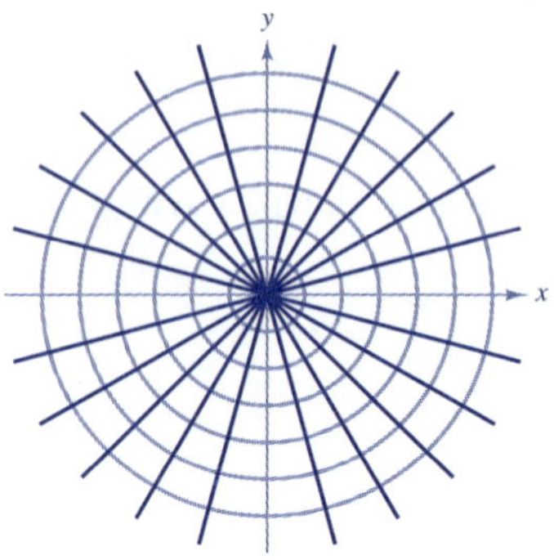

Cada reta $y = Kx$ é uma trajetória ortogonal à família de círculos.
Figura 6.15

EXEMPLO 8 Determinando Trajetórias Ortogonais

Descreva as trajetórias ortogonais à família de curvas dada por

$$y = \frac{C}{x}$$

com $C \neq 0$. Faça um esboço de alguns membros de cada família.

Solução Primeiramente, isole C escrevendo $xy = C$. A seguir, derivando implicitamente em relação a x, obtemos a equação diferencial

$$xy' + y = 0 \qquad \text{Equação diferencial}$$

$$x\frac{dy}{dx} = -y$$

$$\frac{dy}{dx} = -\frac{y}{x}. \qquad \text{Inclinação da família dada}$$

Como y' é a inclinação no ponto (x, y) da família dada, segue que a família ortogonal tem o recíproco negativo x/y como inclinação. Portanto,

$$\frac{dy}{dx} = \frac{x}{y}. \qquad \text{Inclinação da família ortogonal}$$

Agora, você pode obter a família ortogonal separando as variáveis e integrando.

$$\int y\,dy = \int x\,dx$$

$$\frac{y^2}{2} = \frac{x^2}{2} + C_1$$

$$y^2 - x^2 = K$$

Se $K = 0$, as trajetórias ortogonais são as retas $y = \pm x$. Para $K \neq 0$, as trajetórias ortogonais são hipérboles. A Figura 6.16 mostra várias dessas trajetórias.

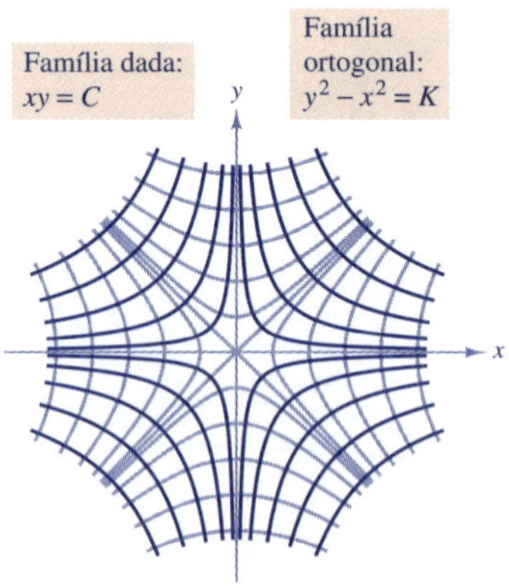

Trajetórias ortogonais.
Figura 6.16

A Equação Diferencial Logística

Na Seção 6.2, o modelo de crescimento exponencial foi deduzido do fato de que a taxa de variação de uma variável y é proporcional ao valor de y. Observou-se que a equação diferencial $dy/dt = ky$ tem a solução geral $y = Ce^{kt}$. Crescimento exponencial é ilimitado, porém, ao descrever uma população, freqüentemente existe um limitante superior L além do qual não pode haver crescimento. Esse limitante superior L é chamado de **capacidade sustentável**, que é a população máxima $y(t)$ que pode ser sustentada ou amparada à medida que o tempo t aumenta. Um modelo freqüentemente usado para este tipo de crescimento é a **equação diferencial logística**:

$$\frac{dy}{dt} = ky\left(1 - \frac{y}{L}\right) \qquad \text{Equação diferencial logística}$$

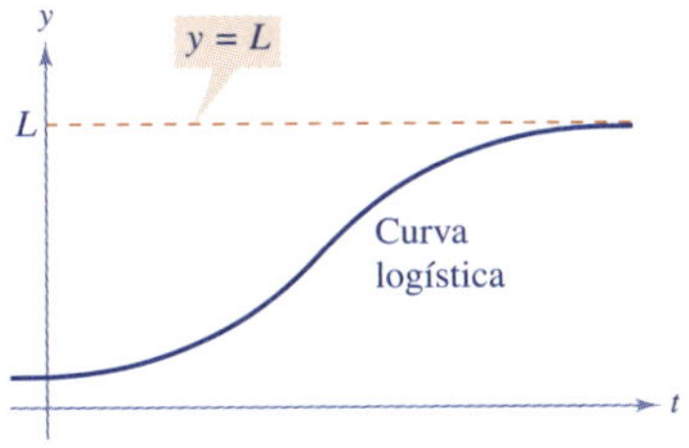

Observe que à medida que $t \to \infty$, $y \to L$.
Figura 6.17

onde k e L são constantes positivas. Uma população que satisfaz a esta equação não cresce de forma ilimitada, mas se aproxima da capacidade sustentável L à medida que o tempo t cresce.

Pela equação, observa-se que se y está entre 0 e a capacidade sustentável L, então $dy/dt > 0$, e a população cresce. Se y é maior que L, então $dy/dt < 0$, e a população decresce. O gráfico da função y é chamado de *curva logística* e é mostrado na Figura 6.17.

EXEMPLO 9 Deduzindo a Solução Geral

Resolva a equação diferencial logística $\dfrac{dy}{dt} = ky\left(1 - \dfrac{y}{L}\right)$.

Solução Comece separando as variáveis.

$$\frac{dy}{dt} = ky\left(1 - \frac{y}{L}\right) \qquad \text{Escreva a equação diferencial}$$

$$\frac{1}{y(1 - y/L)}dy = kdt \qquad \text{Separe as variáveis}$$

$$\int \frac{1}{y(1 - y/L)}dy = \int kdt \qquad \text{Integre cada lado}$$

$$\int \left(\frac{1}{y} + \frac{1}{L - y}\right)dy = \int kdt \qquad \text{Reescreva o lado esquerdo usando frações parciais}$$

$$\ln|y| - \ln|L - y| = kt + C \qquad \text{Encontre uma primitiva de cada lado}$$

$$\ln\left|\frac{L - y}{y}\right| = -kt - C \qquad \text{Multiplique cada lado por } -1 \text{ e simplifique}$$

$$\left|\frac{L - y}{y}\right| = e^{-kt - C} = e^{-C}e^{-kt} \qquad \text{Tome a exponencial de cada lado}$$

$$\frac{L - y}{y} = be^{-kt} \qquad \text{Ponha } \pm e^{-C} = b$$

Resolvendo esta equação para y obtemos $y = \dfrac{L}{1 + be^{-kt}}$.

INVESTIGAÇÃO

Use uma ferramenta gráfica para estudar os efeitos que os valores de L, b e k têm sobre o gráfico de

$$y = \frac{L}{1 + be^{-kt}}.$$

Inclua alguns exemplos para dar respaldo aos seus resultados.

Pelo Exemplo 9 pode-se concluir que todas as soluções da equação diferencial logística têm a forma genérica

$$y = \frac{L}{1 + be^{-kt}}.$$

EXEMPLO 10 Resolvendo uma Equação Logística

Uma comissão pública de caça solta 40 alces em uma reserva de caça. Após 5 anos a população de alces é de 104 animais. Segundo a comissão, o ambiente suporta no máximo 4.000 alces. A taxa de crescimento da população p de alces é

John Edwards/Getty Images

$$\frac{dp}{dt} = kp\left(1 - \frac{p}{4.000}\right), \quad 40 \le p \le 4.000$$

onde t é o número de anos.

a. Escreva um modelo para a população de alces, em termos de t.

b. Desenhe o campo de direções da equação diferencial e também a solução que passa pelo ponto (0, 40).

c. Use o modelo para estimar a população de alces após 15 anos.

d. Calcule o limite do modelo quando $t \to \infty$.

Solução

a. Temos $L = 4.000$. Logo, a solução da equação tem a forma:

$$p = \frac{4.000}{1 + be^{-kt}}.$$

Sendo $p(0) = 40$, podemos obter b, como segue:

$$40 = \frac{4.000}{1 + be^{-k(0)}}$$

$$40 = \frac{4.000}{1 + b} \quad \Rightarrow \quad b = 99$$

A seguir, sendo $p = 104$ quando $t = 5$, podemos obter k:

$$104 = \frac{4.000}{1 + 99e^{-k(5)}} \quad \Rightarrow \quad k \approx 0{,}194$$

Portanto, um modelo para a população dos alces é dado por $p = \dfrac{4.000}{1 + 99e^{-0{,}194t}}$

b. Usando uma ferramenta gráfica você pode desenhar o campo de direções de

$$\frac{dp}{dt} = 0{,}194p\left(1 - \frac{p}{4.000}\right)$$

e a solução que passa pelo ponto (0, 40), como mostrado na Figura 6.18.

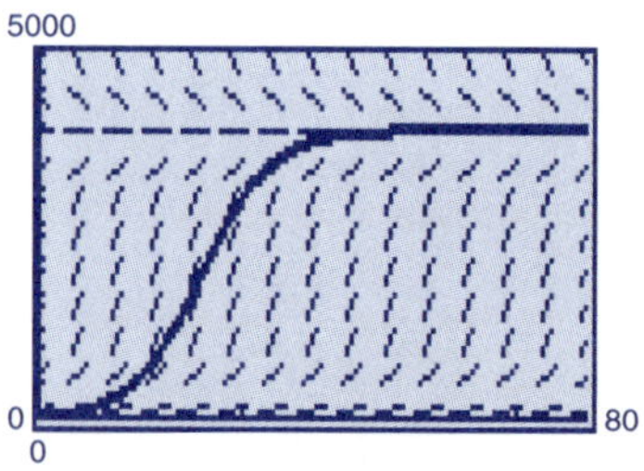

Figura 6.18

c. Para estimar a população de alces após 15 anos, substitua t por 15 no modelo

$$p = \frac{4.000}{1 + 99e^{-0{,}194(15)}} \qquad \text{Substitua } t \text{ por } 15$$

$$= \frac{4.000}{1 + 99e^{-2{,}91}} \approx 626 \qquad \text{Simplifique}$$

d. Quando t cresce ilimitadamente, o denominador se aproxima de 1.

Logo, $\displaystyle\lim_{t\to\infty} \frac{4.000}{1 + 99e^{-0{,}194t}} = 4.000.$

INVESTIGAÇÃO

Explique o que acontece se $p(0) = L$.

Exercícios da Seção 6.3

Nos Exercícios 1 a 12, determine a solução geral da equação diferencial.

1. $\dfrac{dy}{dx} = \dfrac{x}{y}$

2. $\dfrac{dy}{dx} = \dfrac{x^2 + 2}{3y^2}$

3. $\dfrac{dr}{ds} = 0{,}05r$

4. $\dfrac{dr}{ds} = 0{,}05s$

5. $(2 + x)y' = 3y$

6. $xy' = y$

7. $yy' = \text{sen}\, x$

8. $yy' = 6\cos(\pi x)$

9. $\sqrt{1 - 4x^2}\, y' = x$

10. $\sqrt{x^2 - 9}\, y' = 5x$

11. $y \ln x - xy' = 0$

12. $4yy' - 3e^x = 0$

Nos Exercícios 13 a 22, determine a solução particular que satisfaz as condições iniciais.

Equação Diferencial	*Condição Inicial*
13. $yy' - e^x = 0$	$y(0) = 4$
14. $\sqrt{x} + \sqrt{y}\,y' = 0$	$y(1) = 4$
15. $y(x + 1) + y' = 0$	$y(-2) = 1$
16. $2xy' - \ln x^2 = 0$	$y(1) = 2$
17. $y(1 + x^2)y' - x(1 + y^2) = 0$	$y(0) = \sqrt{3}$
18. $y\sqrt{1 - x^2}\,y' - x\sqrt{1 - y^2} = 0$	$y(0) = 1$
19. $\dfrac{du}{dv} = uv \operatorname{sen} v^2$	$u(0) = 1$
20. $\dfrac{dr}{ds} = e^{r-2s}$	$r(0) = 0$
21. $dP - kP\,dt = 0$	$P(0) = P_0$
22. $dT + k(T - 70)\,dt = 0$	$T(0) = 140$

Nos Exercícios 23 e 24, determine uma equação do gráfico que passe pelo ponto dado e que tenha a inclinação dada.

23. $(1, 1), \quad y' = -\dfrac{9x}{16y}$

24. $(8, 2), \quad y' = \dfrac{2y}{3x}$

Nos Exercícios 25 e 26, determine todas as funções f que têm a propriedade indicada.

25. A reta tangente ao gráfico da função f no ponto (x, y) intercepta o eixo x em $(x + 2, 0)$.

26. Todas as retas tangentes ao gráfico da função f passam pela origem.

Nos Exercícios 27 a 34, determine se a função é homogênea e, se for este o caso, determine o grau de homogeneidade.

27. $f(x, y) = x^3 - 4xy^2 + y^3$

28. $f(x, y) = x^3 + 3x^2y^2 - 2y^2$

29. $f(x, y) = \dfrac{x^2y^2}{\sqrt{x^2 + y^2}}$

30. $f(x, y) = \dfrac{xy}{\sqrt{x^2 + y^2}}$

31. $f(x, y) = 2 \ln xy$

32. $f(x, y) = \operatorname{tg}(x + y)$

33. $f(x, y) = 2 \ln \dfrac{x}{y}$

34. $f(x, y) = \operatorname{tg} \dfrac{y}{x}$

Nos Exercícios 35 a 40, resolva a equação diferencial homogênea.

35. $y' = \dfrac{x + y}{2x}$

36. $y' = \dfrac{x^3 + y^3}{xy^2}$

37. $y' = \dfrac{x - y}{x + y}$

38. $y' = \dfrac{x^2 + y^2}{2xy}$

39. $y' = \dfrac{xy}{x^2 - y^2}$

40. $y' = \dfrac{2x + 3y}{x}$

Nos Exercícios 41 a 44, determine a solução particular que satisfaz a condição inicial.

Equação Diferencial	*Condição Inicial*
41. $x\,dy - (2xe^{-y/x} + y)\,dx = 0$	$y(1) = 0$
42. $-y^2\,dx + x(x + y)\,dy = 0$	$y(1) = 1$
43. $\left(x \sec \dfrac{y}{x} + y\right) dx - x\,dy = 0$	$y(1) = 0$
44. $(2x^2 + y^2)\,dx + xy\,dy = 0$	$y(1) = 0$

Campo de Direções **Nos Exercícios 45 a 48, faça um esboço de algumas soluções da equação diferencial no campo de direções dado e, a seguir, determine a solução geral analiticamente. Para imprimir uma versão ampliada do gráfico, consulte *www.mathgraphs.com.***

45. $\dfrac{dy}{dx} = x$

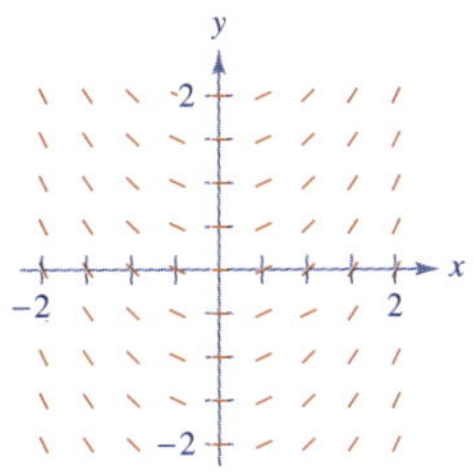

46. $\dfrac{dy}{dx} = -\dfrac{x}{y}$

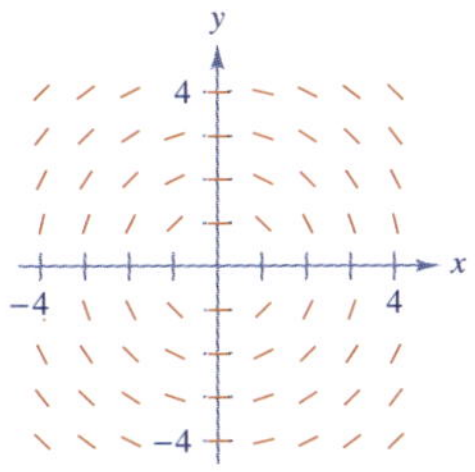

47. $\dfrac{dy}{dx} = 4 - y$

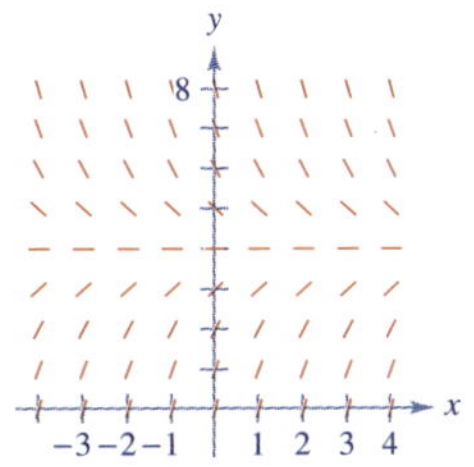

48. $\dfrac{dy}{dx} = 0{,}25x(4 - y)$

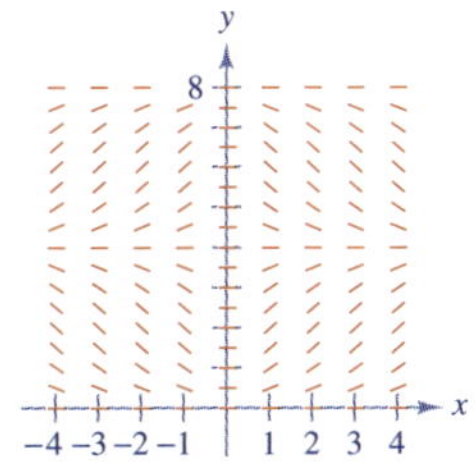

O Método de Euler **Nos Exercícios 49 a 52, (a) use o Método de Euler com passo $h = 0{,}1$ para achar uma aproximação da solução particular do problema de valor inicial no valor de x dado, (b) determine analiticamente a solução da equação diferencial e (c) compare as soluções no valor x dado.**

Equação Diferencial	*Condição Inicial*	*x-valor*
49. $\dfrac{dy}{dx} = -6xy$	$(0, 5)$	$x = 1$
50. $\dfrac{dy}{dx} + 6xy^2 = 0$	$(0, 3)$	$x = 1$
51. $\dfrac{dy}{dx} = \dfrac{2x + 12}{3y^2 - 4}$	$(1, 2)$	$x = 2$
52. $\dfrac{dy}{dx} = 2x(1 + y^2)$	$(1, 0)$	$x = 1.5$

53. ***Decaimento Radiativo*** A taxa de decomposição de rádio radioativo em um certo instante é proporcional à quantidade de rádio existente naquele instante. A meia-vida de rádio radiativo é de 1.599 anos. Qual o percentual que restará após 25 anos de uma certa quantia existente hoje?

54. ***Reação Química*** Em uma reação química, um certo composto se transforma em outro composto a uma taxa que é proporcional à quantidade ainda não transformada. Se inicialmente há 20 gramas do composto original e, após 1 hora, há 16 gramas dele, em que instante 75% do composto estará transformado?

Campo de Direções **Nos Exercícios 55 a 58, (a) escreva uma equação diferencial que corresponda à afirmação, (b) associe a equação diferencial a um possível campo de direções e (c) confira a resposta utilizando uma ferramenta gráfica para desenhar um campo de direções para a equação diferencial. [Os campos de direções estão indexados com (a), (b), (c) e (d).] Para imprimir uma versão ampliada do gráfico, consulte** ***www.mathgraphs.com*.**

(a)

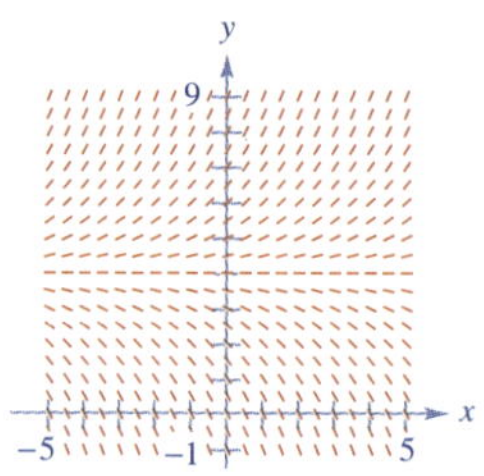

(b)

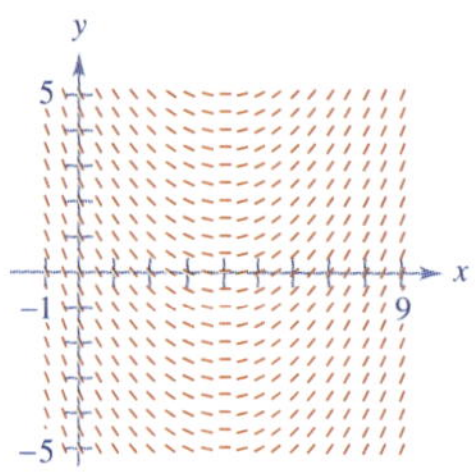

(c)

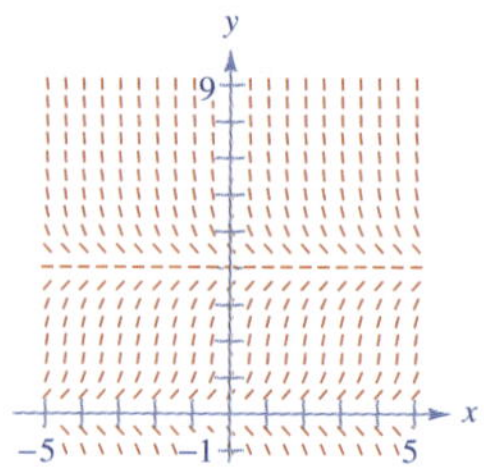

(d)

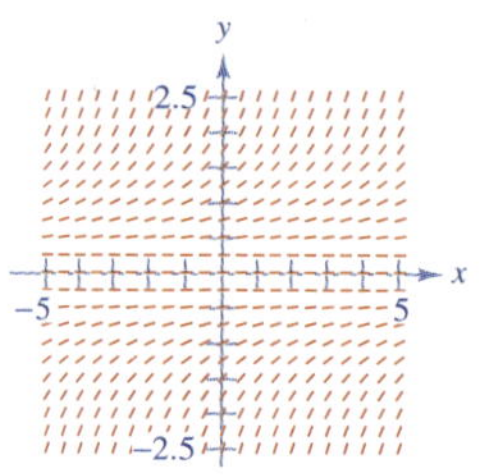

55. A taxa de variação de y em relação a x é proporcional à diferença entre y e 4.

56. A taxa de variação de y em relação a x é proporcional à diferença entre x e 4.

57. A taxa de variação de y em relação a x é proporcional ao produto de y com a diferença entre y e 4.

58. A taxa de variação de y em relação a x é proporcional a y^2.

59. ***Aumento de Peso*** Um bezerro que nasce com um peso de 60 libras ganha peso a uma taxa de

$$\frac{dw}{dt} = k(1200 - w)$$

onde w é o peso medido em libras e t é o tempo medido em anos. Resolva a equação diferencial.

(a) Use um sistema de manipulação algébrica para resolver a equação diferencial para $k = 0{,}8$, 0,9 e 1. Esboce o gráfico das três soluções.

(b) Caso o animal seja vendido ao atingir o peso de 800 libras, determine o tempo da venda nos três modelos do item (a).

(c) Qual é o peso máximo do animal em cada um dos modelos?

60. ***Aumento de Peso*** Um bezerro que nasce com um peso de w_0 libras ganha peso a uma taxa de

$$\frac{dw}{dt} = 1200 - w$$

onde w é o peso medido em libras e t é o tempo medido em anos. Resolva a equação diferencial.

Nos Exercícios 61 a 66, determine as trajetórias ortogonais à família dada. Use uma ferramenta gráfica para esboçar várias curvas de cada família.

61. $x^2 + y^2 = C$

62. $x^2 - 2y^2 = C$

63. $x^2 = Cy$

64. $y^2 = 2Cx$

65. $y^2 = Cx^3$

66. $y = Ce^x$

Nos Exercícios 67 a 70, associe a equação logística ao seu gráfico correspondente. [Os gráficos estão identificados por (a), (b), (c) e (d).]

(a)

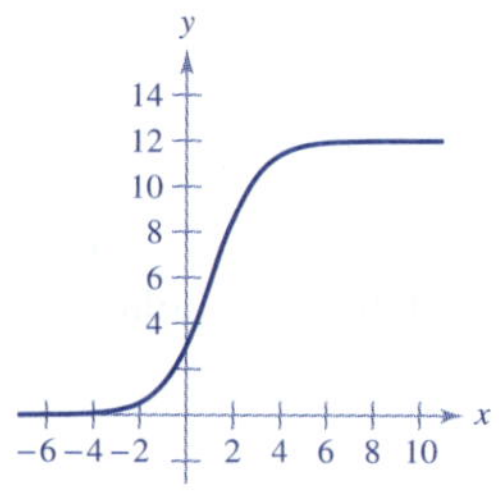

(b)

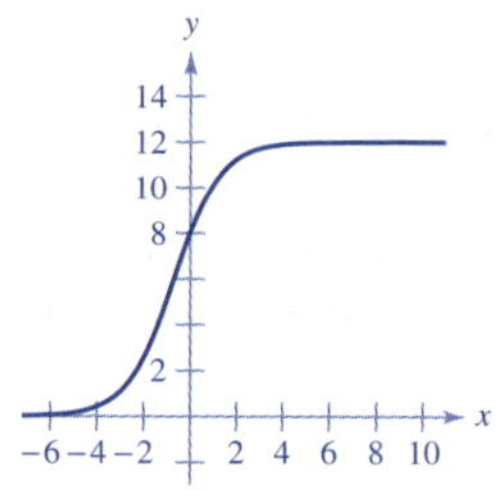

(c)

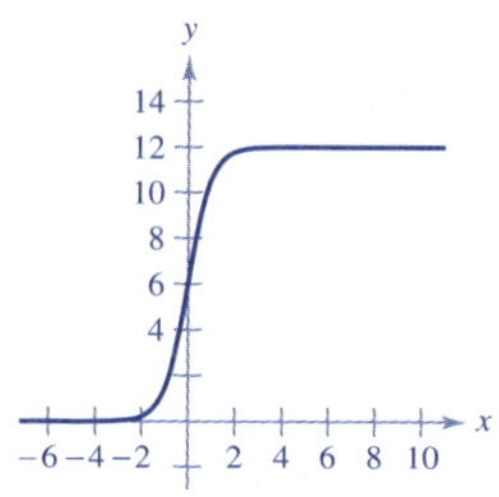

(d)

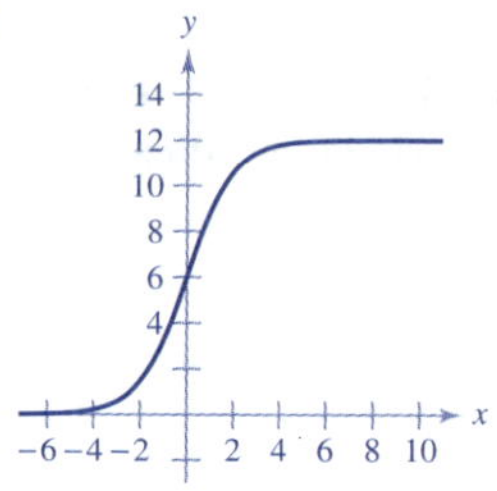

67. $y = \dfrac{12}{1 + e^{-x}}$

68. $y = \dfrac{12}{1 + 3e^{-x}}$

69. $y = \dfrac{12}{1 + \frac{1}{2}e^{-x}}$

70. $y = \dfrac{12}{1 + e^{-2x}}$

Nos Exercícios 71 e 72, a equação logística modela o crescimento de uma população. Use a equação para (a) encontrar o valor de *k*, (b) determinar a capacidade sustentável, (c) determinar a população inicial, (d) determinar em que instante a população atingirá 50% da sua capacidade sustentável e (e) escrever uma equação logística que tem *P*(*t*) como solução.

71. $P(t) = \dfrac{1500}{1 + 24e^{-0{,}75t}}$

72. $P(t) = \dfrac{5000}{1 + 39e^{-0{,}2t}}$

Nos Exercícios 73 e 74, a equação logística modela o crescimento de uma população. Use a equação para (a) encontrar o valor de *k*, (b) determinar a capacidade sustentável, (c) usar um sistema de manipulação algébrica para desenhar um campo de direções e (d) determinar o valor de *P* em que a população tem maior crescimento.

73. $\dfrac{dP}{dt} = 3P\left(1 - \dfrac{P}{100}\right)$

74. $\dfrac{dP}{dt} = 0{,}1P - 0{,}0004P^2$

Nos Exercícios 75 a 78, encontre a equação logística que satisfaça a condição inicial dada.

Equação Diferencial Logística	*Condição Inicial*
75. $\frac{dy}{dt} = y\left(1 - \frac{y}{40}\right)$	$(0, 8)$
76. $\frac{dy}{dt} = 1{,}2y\left(1 - \frac{y}{8}\right)$	$(0, 5)$
77. $\frac{dy}{dt} = \frac{4y}{5} - \frac{y^2}{150}$	$(0, 8)$
78. $\frac{dy}{dt} = \frac{3y}{20} - \frac{y^2}{1600}$	$(0, 15)$

79. ***Espécies em Extinção*** Uma organização de proteção solta 25 panteras numa reserva de caça. Após 2 anos existem 38 panteras na reserva. A reserva tem uma capacidade sustentável de 200 panteras.

(a) Escreva uma equação logística que modela a população de panteras na reserva.

(b) Calcule a população após 5 anos.

(c) Quando a população atingirá 100 panteras?

(d) Escreva uma equação diferencial logística que modela a taxa de crescimento da população das panteras. A seguir repita o item (b) usando o Método de Euler com um passo $h = 1$. Compare a aproximação com o resultado exato.

(e) Em que instante a população das panteras tem maior crescimento? Explique.

80. ***Crescimento de Bactérias*** No instante $t = 0$ uma cultura bacteriana pesa 1 grama. Após 2 horas a cultura pesa 2 gramas. O peso máximo que a cultura pode atingir é 10 gramas.

(a) Escreva uma equação logística que modela o peso da cultura bacteriana.

(b) Calcule o peso da cultura após 5 horas.

(c) Em que instante a cultura pesará 8 gramas?

(d) Escreva uma equação diferencial logística que modela a taxa de crescimento do peso da cultura. A seguir, repita o item (b) usando o Método de Euler com um passo $h = 1$. Compare a aproximação com o resultado exato.

(e) Em que instante o aumento do peso da cultura é maior? Explique.

Questões Conceituais

81. Com suas próprias palavras descreva como reconhecer e resolver equações diferenciais que podem ser resolvidas pelo método de separação de variáveis.

82. Cite o teste que determina se uma equação diferencial é homogênea. Dê um exemplo.

83. Com suas próprias palavras descreva a relação existente entre duas famílias de curvas mutuamente ortogonais.

84. ***Navegação*** Desprezando a força de atrito, um barco a vela que parte do repouso acelera (dv/dt) a uma taxa proporcional à diferença entre a velocidade do vento e a do barco.

(a) O vento sopra a uma velocidade de 20 nós e, após 1 minuto, o barco está se deslocando a 5 nós. Escreva a velocidade v em função do tempo t.

(b) Use o resultado da parte (a) para escrever a distância percorrida pelo barco em função do tempo.

Verdadeiro ou Falso? **Nos Exercícios 85 a 88, determine se a afirmação é verdadeira ou falsa. Se for falsa, explique por que ou dê um exemplo mostrando que é falsa.**

85. A função $y = 0$ sempre é uma solução de uma equação diferencial que pode ser resolvida pelo método de separação de variáveis.

86. A equação diferencial $y' = xy - 2y + x - 2$ pode ser escrita de forma que as variáveis estejam separadas.

87. A função $f(x, y) = x^2 + xy + 2$ é homogênea.

88. As famílias $x^2 + y^2 = 2Cy$ e $x^2 + y^2 = 2Kx$ são mutuamente ortogonais.

89. Mostre que, se $y = \frac{1}{1 + be^{-kt}}$, então $\frac{dy}{dt} = ky(1 - y)$.

Desafio Putnam

90. Um erro comum no cálculo é achar que a regra do produto seja $(fg)' = f'g'$. Se $f(x) = e^{x^2}$, então determine, fazendo a demonstração, se existem um intervalo aberto (a, b) e uma função não nula g definida em (a, b), tal que esta falsa regra do produto seja verdadeira para x em (a, b).

Seção 6.4 Equações Diferenciais Lineares de Primeira Ordem

- **Resolver uma equação diferencial linear de primeira ordem.**
- **Resolver uma equação diferencial de Bernoulli.**
- **Usar equações diferenciais lineares para resolver problemas práticos.**

Equações Diferenciais Lineares de Primeira Ordem

Nesta seção veremos como resolver uma classe muito importante de equações — equações diferenciais lineares de primeira ordem.

Definição de Equação Diferencial Linear de Primeira Ordem

Uma equação diferencial linear de primeira ordem é uma equação do tipo

$$\frac{dy}{dx} + P(x)y = Q(x)$$

onde P e Q são funções contínuas de x. Dizemos que esta equação linear de primeira ordem está na **forma padrão**.

OBSERVAÇÃO É instrutivo entender por que o fator integrante auxilia na solução de uma equação diferencial do tipo $y' + P(x)y = Q(x)$. Ao multiplicar ambos os lados da equação pelo fator integrante $u(x) = e^{\int P(x)\,dx}$, o lado esquerdo se torna a derivada de um produto.

$$y'e^{\int P(x)\,dx} + P(x)ye^{\int P(x)\,dx} = $$
$$= Q(x)e^{\int P(x)\,dx}$$
$$\left[ye^{\int P(x)\,dx}\right]' = Q(x)e^{\int P(x)\,dx}$$

Integrando ambos os lados desta nova equação e dividindo por $u(x)$, obtém-se a solução geral.

Para resolver uma equação diferencial linear, escreva-a na forma padrão para poder identificar as funções $P(x)$ e $Q(x)$. A seguir, encontre uma primitiva de $P(x)$ e forme a expressão

$$u(x) = e^{\int P(x)\,dx} \qquad \text{Fator integrante}$$

que é chamada de **fator integrante**. A solução geral da equação é

$$y = \frac{1}{u(x)} \int Q(x)u(x)\,dx. \qquad \text{Solução geral}$$

EXEMPLO 1 Resolvendo uma Equação Diferencial Linear

Determine a solução geral de

$$y' + y = e^x.$$

Solução

Para esta equação, $P(x) = 1$ e $Q(x) = e^x$. Portanto, o fator integrante é

$$\begin{aligned} u(x) &= e^{\int P(x)\,dx} \qquad \text{Fator integrante} \\ &= e^{\int dx} \\ &= e^x. \end{aligned}$$

Decorre então que a solução geral é

$$\begin{aligned} y &= \frac{1}{u(x)} \int Q(x)u(x)\,dx \\ &= \frac{1}{e^x} \int e^x(e^x)\,dx \\ &= e^{-x}\left(\frac{1}{2}e^{2x} + C\right) \\ &= \frac{1}{2}e^x + Ce^{-x}. \qquad \text{Solução geral} \end{aligned}$$

ANNA JOHNSON PELL WHEELER (1883-1966)

Anna Johnson Pell Wheeler recebeu o grau de mestre pela Universidade de Iowa em 1904, pela sua tese "The Extension of Galois Theory to Linear Differential Equations". Influenciada por Hilbert, ela realizou pesquisa em equações integrais enquanto estudava espaços vetoriais de dimensão infinita.

TEOREMA 6.3 Solução de uma Equação Diferencial Linear de Primeira Ordem

Um fator integrante para a equação diferencial linear de primeira ordem

$$y' + P(x)y = Q(x)$$

é $u(x) = e^{\int P(x)\,dx}$. A solução geral da equação diferencial é

$$ye^{\int P(x)\,dx} = \int Q(x)e^{\int P(x)\,dx}\,dx + C.$$

DICA Em vez de decorar a fórmula do Teorema 6.3, apenas lembre que a multiplicação com o fator integrante transforma o lado esquerdo da equação diferencial na derivada do produto $ye^{\int P(x)\,dx}$.

EXEMPLO 2 Resolvendo uma Equação Diferencial Linear de Primeira Ordem

Determine a solução geral de

$$xy' - 2y = x^2.$$

Solução A forma padrão da equação dada é

$$y' + P(x)y = Q(x)$$

$$y' - \left(\frac{2}{x}\right)y = x. \qquad \text{Forma padrão}$$

Portanto, $P(x) = -2/x$ e obtemos

$$\int P(x)\,dx = -\int \frac{2}{x}\,dx$$

$$= -\ln x^2$$

$$e^{\int P(x)\,dx} = e^{-\ln x^2}$$

$$= \frac{1}{e^{\ln x^2}}$$

$$= \frac{1}{x^2}. \qquad \text{Fator integrante}$$

Portanto, multiplicando ambos os lados da forma padrão por $1/x^2$ obtemos

$$\frac{y'}{x^2} - \frac{2y}{x^3} = \frac{1}{x}$$

$$\frac{d}{dx}\left[\frac{y}{x^2}\right] = \frac{1}{x}$$

$$\frac{y}{x^2} = \int \frac{1}{x}\,dx$$

$$\frac{y}{x^2} = \ln|x| + C$$

$$y = x^2(\ln|x| + C). \qquad \text{Solução geral}$$

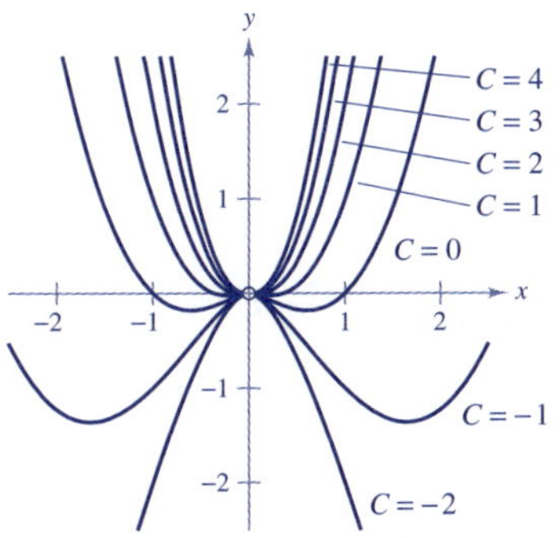

Figura 6.19

Na Figura 6.19 estão esboçadas várias soluções (para $C = -2, -1, 0, 1, 2, 3$ e 4).

EXEMPLO 3 Resolvendo uma Equação Diferencial Linear de Primeira Ordem

Determine a solução geral de

$$y' - y\,\mathrm{tg}\,t = 1, \quad -\frac{\pi}{2} < t < \frac{\pi}{2}.$$

Solução A equação já se encontra na forma padrão $y' + P(t)y = Q(t)$. Portanto, $P(t) = -\mathrm{tg}\,t$, e

$$\int P(t)\,dt = -\int \mathrm{tg}\,t\,dt = \ln|\cos t|$$

de onde se obtém que o fator integrante é

$$e^{\int P(t)\,dt} = e^{\ln|\cos t|}$$

$$= |\cos t|. \qquad \text{Fator integrante}$$

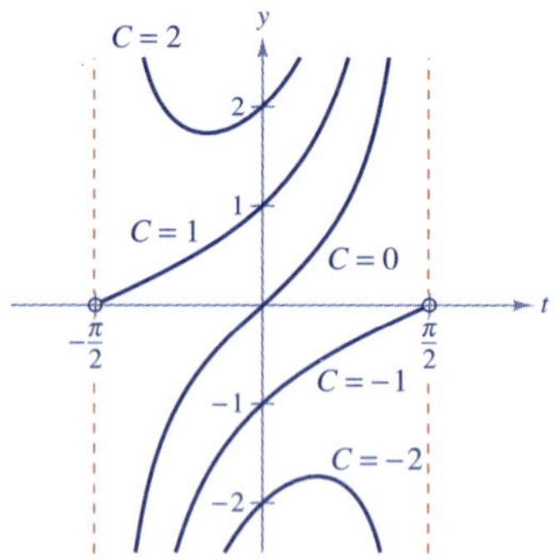

Figura 6.20

Uma verificação rápida mostra que $\cos t$ também é um fator integrante. Portanto, multiplicando $y' - y \operatorname{tg} t = 1$ por $\cos t$ obtemos:

$$\frac{d}{dt}[y \cos t] = \cos t$$

$$y \cos t = \int \cos t \, dt$$

$$y \cos t = \operatorname{sen} t + C$$

$$y = \operatorname{tg} t + C \sec t. \qquad \text{Solução geral}$$

Na Figura 6.20 estão esboçadas várias soluções da equação.

A Equação de Bernoulli

Uma equação não linear muito conhecida que, por meio de uma substituição apropriada se transforma em uma equação linear, é a **Equação de Bernoulli**, cujo nome é uma homenagem a James Bernoulli (1654-1750).

$$y' + P(x)y = Q(x)y^n \qquad \text{A Equação de Bernoulli}$$

Esta equação é linear se $n = 0$, e é de variáveis separáveis se $n = 1$. Portanto, no que segue, supomos que $n \neq 0$ e $n \neq 1$. Para começar, multiplique a equação por y^{-n} e por $(1 - n)$ obtendo:

$$y^{-n}y' + P(x)y^{1-n} = Q(x)$$

$$(1 - n)y^{-n}y' + (1 - n)P(x)y^{1-n} = (1 - n)Q(x)$$

$$\frac{d}{dx}[y^{1-n}] + (1 - n)P(x)y^{1-n} = (1 - n)Q(x)$$

que é uma equação linear na variável y^{1-n}. Considerando $z = y^{1-n}$ obtemos a equação linear

$$\frac{dz}{dx} + (1 - n)P(x)z = (1 - n)Q(x).$$

Finalmente, pelo Teorema 6.3, a *solução geral da equação de Bernoulli* é

$$y^{1-n}e^{\int(1-n)P(x)\,dx} = \int (1 - n)Q(x)e^{\int(1-n)P(x)\,dx}\,dx + C.$$

EXEMPLO 4 Resolvendo uma Equação de Bernoulli

Determine a solução geral de

$$y' + xy = xe^{-x^2}y^{-3}.$$

Solução Para esta equação de Bernoulli, tome $n = -3$ e use a substituição

$$z = y^4 \qquad \text{Considere } z = y^{1-n} = y^{1-(-3)}$$

$$z' = 4y^3y'. \qquad \text{Derive}$$

Multiplicando a equação original por $4y^3$, obtemos

$$y' + xy = xe^{-x^2}y^{-3} \qquad \text{Escreva a equação original}$$

$$4y^3y' + 4xy^4 = 4xe^{-x^2} \qquad \text{Multiplique ambos os lados por } 4y^3$$

$$z' + 4xz = 4xe^{-x^2} \qquad \text{Equação linear: } z' + P(x)z = Q(x)$$

Esta é uma equação linear na variável z. Usando $P(x) = 4x$ resulta

$$\int P(x)\,dx = \int 4x\,dx$$
$$= 2x^2$$

o que implica que e^{2x^2} é um fator integrante. Multiplicando a equação linear por este fator integrante obtemos

$$z' + 4xz = 4xe^{-x^2} \quad \text{Equação linear}$$
$$z'e^{2x^2} + 4xze^{2x^2} = 4xe^{x^2} \quad \text{Multiplique pelo fator integrante}$$
$$\frac{d}{dx}[ze^{2x^2}] = 4xe^{x^2} \quad \text{Escreva o lado esquerdo como uma derivada}$$
$$ze^{2x^2} = \int 4xe^{x^2}\,dx \quad \text{Integre cada lado}$$
$$ze^{2x^2} = 2e^{x^2} + C$$
$$z = 2e^{-x^2} + Ce^{-2x^2} \quad \text{Divida cada lado por } e^{2x^2}$$

Finalmente, substituindo $z = y^4$, a solução geral é

$$y^4 = 2e^{-x^2} + Ce^{-2x^2} \quad \text{Solução geral}$$

Até aqui foram estudados vários tipos de equações diferenciais de primeira ordem. De todas elas, o caso de separação de variáveis normalmente é o caso mais simples e uma resolução envolvendo um fator integrante, no caso não linear é, usualmente, o último recurso.

Resumo de Equações Diferenciais de Primeira Ordem

Método	*Tipo de Equação*
1. Separação de variáveis:	$M(x)dx + N(y)dy = 0$
2. Homogênea:	$M(x, y)dx + N(x, y)dy = 0$, onde M e N são homogêneas de grau n
3. Linear:	$y' + P(x)y = Q(x)$
4. Equação de Bernoulli:	$y' + P(x)y = Q(x)y^n$

Aplicações

Um tipo de problema que pode ser descrito em termos de equações diferenciais envolve misturas químicas, como ilustrado no exemplo a seguir.

EXEMPLO 5 Um Problema de Misturas

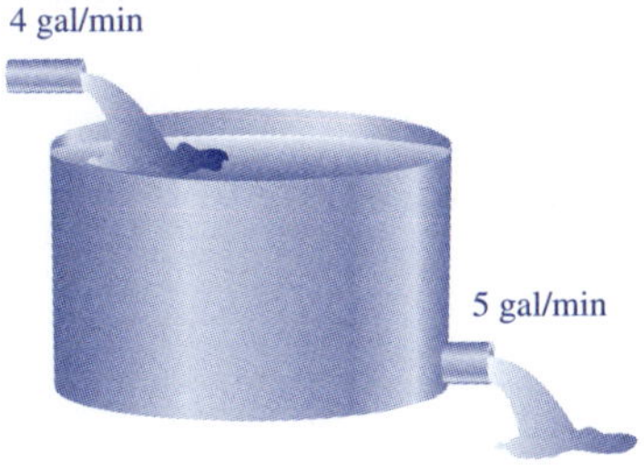

Figura 6.21

Um tanque contém 50 galões de uma mistura composta de 90% de água e 10% de álcool. Uma segunda mistura, contendo 50% de água e 50% de álcool, está sendo injetada no tanque a uma taxa de 4 galões por minuto. Enquanto a segunda mistura está sendo injetada, o tanque está sendo esvaziado a uma taxa de 5 galões por minuto, como ilustra a Figura 6.21. Assumindo que a mistura no tanque é agitada continuamente, qual a quantidade de álcool no tanque após 10 minutos?

Solução Denote por y o número de galões de álcool no tanque no instante t. Você sabe que $y = 5$ quando $t = 0$. Como o número de galões da mistura no instante t é igual a $50 - t$ e como o tanque perde 5 galões de mistura por minuto, segue que ele perde

$$\left(\frac{5}{50-t}\right)y$$

galões de álcool por minuto. Além disso, como 2 galões de álcool são injetados no tanque a cada minuto, temos que a taxa de variação do álcool no tanque é dada por

$$\frac{dy}{dt} = 2 - \left(\frac{5}{50-t}\right)y \implies \frac{dy}{dt} + \left(\frac{5}{50-t}\right)y = 2$$

Para resolver esta equação diferencial, faça $P(t) = 5/(50 - t)$ e obtenha

$$\int P(t)\,dt = \int \frac{5}{50-t}\,dt = -5 \ln |50 - t|$$

Como $t < 50$, podemos omitir o sinal de valor absoluto e concluir que

$$e^{\int P(t)\,dt} = e^{-5\ln(50-t)} = \frac{1}{(50-t)^5}$$

Portanto, a solução geral é

$$\frac{y}{(50-t)^5} = \int \frac{2}{(50-t)^5}\,dt = \frac{1}{2(50-t)^4} + C$$

$$y = \frac{50-t}{2} + C(50-t)^5$$

Como $y = 5$ quando $t = 0$, temos

$$5 = \frac{50}{2} + C(50)^5 \implies -\frac{20}{50^5} = C$$

que implica que a solução particular é

$$y = \frac{50-t}{2} - 20\left(\frac{50-t}{50}\right)^5$$

Finalmente, quando $t = 10$, então a quantidade de álcool no tanque é de

$$y = \frac{50-10}{2} - 20\left(\frac{50-10}{50}\right)^5 \approx 13{,}45 \text{ galões.}$$

O que quer dizer que a solução contém 33,6% de álcool.

Até agora, a resistência do ar não foi levada em conta na maioria dos problemas sobre queda livre. No próximo exemplo este fator é incluído — a resistência do ar sobre o objeto é considerada proporcional à sua velocidade v. Se g é a aceleração da gravidade, então a força F para baixo, sobre um objeto de massa m, é dada por $mg - kv$. Por outro lado, pela Segunda Lei de Movimento de Newton, sabemos que

$$\begin{aligned} F &= ma \\ &= m(dv/dt) \end{aligned}$$

de onde se obtém a seguinte equação diferencial:

$$m\frac{dv}{dt} = mg - kv \implies \frac{dv}{dt} + \frac{k}{m}v = g$$

EXEMPLO 6 Um Objeto em Queda Livre Sujeito à Resistência do Ar

Um objeto de massa m é solto de um helicóptero que está parado no ar. Determine a velocidade do objeto como função do tempo t, assumindo que a resistência do ar é proporcional à velocidade do objeto.

Solução A velocidade v satisfaz a equação

$$\frac{dv}{dt} + \frac{kv}{m} = g$$

onde g é a aceleração da gravidade e k é a constante de proporcionalidade. Fazendo $b = k/m$, podemos separar as variáveis obtendo

$$\begin{aligned} dv &= (g - bv)\, dt \\ \int \frac{dv}{g - bv} &= \int dt \\ -\frac{1}{b} \ln |g - bv| &= t + C_1 \\ \ln |g - bv| &= -bt - bC_1 \\ g - bv &= Ce^{-bt}. \end{aligned}$$

Como o objeto foi solto, temos que $v = 0$ quando $t = 0$, portanto $C = g$ e segue que

$$-bv = -g + ge^{-bt} \quad \Longrightarrow \quad v = \frac{g - ge^{-bt}}{b} = \frac{mg}{k}(1 - e^{-kt/m}).$$

OBSERVAÇÃO Note que, no Exemplo 6, a velocidade aproxima o limite mg/k como conseqüência da resistência do ar. Para problemas de queda livre em que a resistência do ar é ignorada, a velocidade cresce indefinidamente.

Um circuito elétrico simples consiste de um medidor de corrente elétrica I (medida em ampères), uma resistência R (medida em ohms), um indutor L (medido em henrys) e uma força eletromotriz constante E (medida em volts), como ilustrado na Figura 6.22. Pela Segunda Lei de Kirchoff, se o interruptor S for fechado no instante $t = 0$, então a força eletromotriz aplicada (medida em volts) é igual à soma das diferenças de potencial no resto do circuito. Isto significa que a corrente I satisfaz a equação diferencial

$$L\frac{dI}{dt} + RI = E.$$

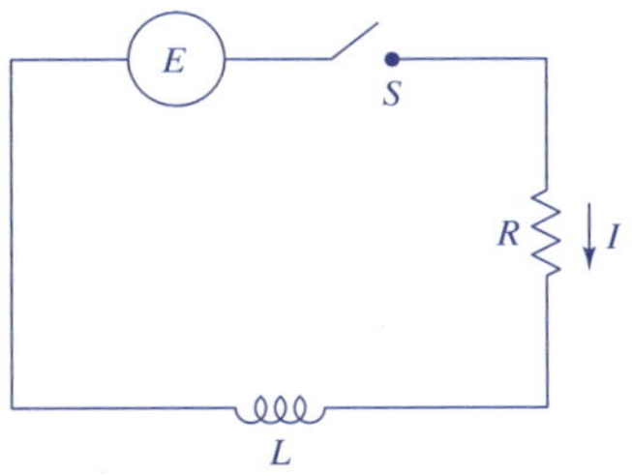

Figura 6.22

EXEMPLO 7 Um Problema de Circuito Elétrico

Determine a corrente I como função do tempo t (medido em segundos), sabendo que I satisfaz a equação diferencial $L(dI/dt) + RI = \text{sen } 2t$, onde R e L são constantes não nulas.

Solução Na sua forma padrão a equação linear dada é:

$$\frac{dI}{dt} + \frac{R}{L}I = \frac{1}{L}\text{sen } 2t.$$

Seja $P(t) = R/L$, logo $e^{\int P(t)\,dt} = e^{(R/L)t}$, portanto, pelo Teorema 6.3,

$$\begin{aligned} Ie^{(R/L)t} &= \frac{1}{L}\int e^{(R/L)t}\,\text{sen } 2t\, dt \\ &= \frac{1}{4L^2 + R^2} e^{(R/L)t}(R\,\text{sen } 2t - 2L\cos 2t) + C \end{aligned}$$

TECNOLOGIA A integral do Exemplo 7 foi calculada usando um sistema de manipulação algébrica. Se tiver acesso a *Derive*, *Mapple*, *Mathcad*, *Mathematica* ou *TI-89*, tente usá-los para calcular

$$\frac{1}{L}\int e^{(R/L)t}\,\text{sen } 2t\, dt.$$

No Capítulo 8 você aprenderá como integrar funções deste tipo usando integração por partes.

Logo, a solução geral é

$$I = e^{-(R/L)t}\left[\frac{1}{4L^2 + R^2}e^{(R/L)t}(R \operatorname{sen} 2t - 2L\cos 2t) + C\right]$$

$$I = \frac{1}{4L^2 + R^2}(R \operatorname{sen} 2t - 2L\cos 2t) + Ce^{-(R/L)t}.$$

Exercícios da Seção 6.4

Nos Exercícios 1 a 4, determine se a equação diferencial é linear. Justifique sua resposta.

1. $x^3y' + xy = e^x + 1$ **2.** $2xy - y'\ln x = y$

3. $y' + y\cos x = xy^2$ **4.** $\dfrac{1 - y'}{y} = 3x$

Nos Exercícios 5 a 14, resolva as equações diferenciais lineares de primeira ordem.

5. $\dfrac{dy}{dx} + \left(\dfrac{1}{x}\right)y = 3x + 4$ **6.** $\dfrac{dy}{dx} + \left(\dfrac{2}{x}\right)y = 3x + 2$

7. $y' - y = 10$ **8.** $y' + 2xy = 4x$

9. $(y + 1)\cos x\,dx - dy = 0$ **10.** $(y - 1)\operatorname{sen} x\,dx - dy = 0$

11. $(x - 1)y' + y = x^2 - 1$ **12.** $y' + 3y = e^{3x}$

13. $y' - 3x^2y = e^{x^3}$ **14.** $y' - y = \cos x$

Campo de Direções **Nos Exercícios 15 e 16, (a) esboce, à mão, no campo de direções, uma solução aproximada que satisfaz a condição inicial, (b) determine, analiticamente, a solução particular que satisfaz a condição inicial e (c) use uma ferramenta gráfica para desenhar a solução particular. Compare este gráfico com seu esboço da parte (a). Para imprimir uma versão ampliada do gráfico, visite a página na Internet *www.mathgraphs.com.***

	Equação Diferencial	*Condição Inicial*
15.	$\dfrac{dy}{dx} = e^x - y$	$(0, 1)$
16.	$y' + \left(\dfrac{1}{x}\right)y = \operatorname{sen} x^2$	$(\sqrt{\pi}, 0)$

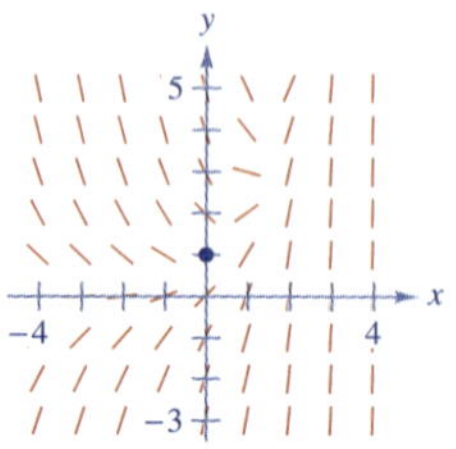

Figura do Exercício 15

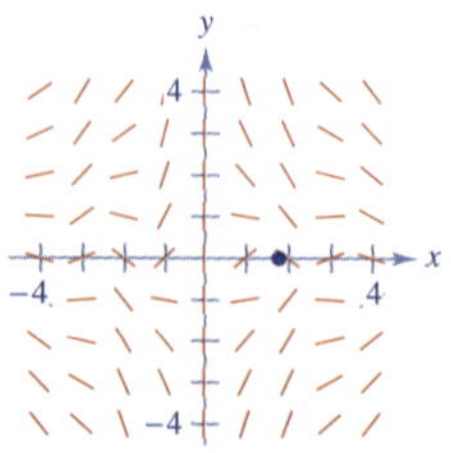

Figura do Exercício 16

Nos Exercícios 17 a 24, determine a solução particular da equação diferencial que satisfaz a condição de fronteira dada.

	Equação Diferencial	*Condição de Fronteira*
17.	$y'\cos^2 x + y - 1 = 0$	$y(0) = 5$
18.	$x^3y' + 2y = e^{1/x^2}$	$y(1) = e$
19.	$y' + y\operatorname{tg} x = \sec x + \cos x$	$y(0) = 1$
20.	$y' + y\sec x = \sec x$	$y(0) = 4$
21.	$y' + \left(\dfrac{1}{x}\right)y = 0$	$y(2) = 2$
22.	$y' + (2x - 1)y = 0$	$y(1) = 2$
23.	$x\,dy = (x + y + 2)\,dx$	$y(1) = 10$
24.	$2x\,y' - y = x^3 - x$	$y(4) = 2$

Nos Exercícios 25 a 30, resolva a equação diferencial de Bernoulli.

25. $y' + 3x^2y = x^2y^3$ **26.** $y' + xy = xy^{-1}$

27. $y' + \left(\dfrac{1}{x}\right)y = xy^2$ **28.** $y' + \left(\dfrac{1}{x}\right)y = x\sqrt{y}$

29. $y' - y = e^x\sqrt[3]{y}$ **30.** $yy' - 2y^2 = e^x$

Campo de Direções **Nos Exercícios 31 a 34, (a) use uma ferramenta gráfica para desenhar o campo de direções da equação diferencial, (b) determine as soluções particulares da equação diferencial que passam pelos pontos dados e (c) use uma ferramenta gráfica para desenhar as soluções particulares no campo de direções.**

	Equação Diferencial	*Pontos*
31.	$\dfrac{dy}{dx} - \dfrac{1}{x}y = x^2$	$(-2, 4),\ (2, 8)$
32.	$\dfrac{dy}{dx} + 4x^3y = x^3$	$\left(0, \frac{7}{2}\right),\ \left(0, -\frac{1}{2}\right)$
33.	$\dfrac{dy}{dx} + (\operatorname{cotg} x)y = 2$	$(1, 1),\ (3, -1)$
34.	$\dfrac{dy}{dx} + 2xy = xy^2$	$(0, 3),\ (0, 1)$

35. ***Crescimento Populacional*** Ao prever o crescimento populacional, demógrafos precisam levar em conta taxas de nascimento e de morte assim como a variação líquida causada pela diferença entre as taxas de imigração e de emigração. Seja P a população no instante t e N o aumento líquido, por unidade de tempo, causado pela diferença entre a imigração e a emigração. Portanto, a taxa de crescimento da população é dada por

$$\frac{dP}{dt} = kP + N, \qquad N \text{ é uma constante.}$$

Resolva esta equação diferencial para obter P como função do tempo t, se no instante $t = 0$ o tamanho da população é P_0.

36. ***Crescimento de Investimento*** Uma grande corporação começa, no instante $t = 0$, a investir parte da sua receita a uma taxa contínua de P reais por ano em um fundo, pensando na expansão da corporação no futuro. Suponha que o fundo rende r por cento de juros anuais compostos continuamente. Assim, a taxa de crescimento do capital A no fundo é dada por

$$\frac{dA}{dt} = rA + P$$

onde $A = 0$ quando $t = 0$. Resolva esta equação diferencial para A como uma função de t.

Crescimento de Investimento **Nos Exercícios 37 e 38, use os resultados do Exercício 36.**

37. Determine A nos casos abaixo.

(a) $P = \$100.000$, $r = 6\%$ e $t = 5$ anos

(b) $P = \$250.000$, $r = 5\%$ e $t = 10$ anos

38. Determine o tempo t se a corporação necessita de R$ 800.000 e pode investir anualmente R$ 75.000 num fundo que rende 8% de juros compostos continuamente.

39. ***Alimentação Intravenosa*** Glicose é injetada por via intravenosa no fluxo sangüíneo a uma taxa de q unidades por minuto, e o corpo remove glicose do fluxo sanguíneo a uma taxa que é proporcional à quantidade existente no momento. Suponha que $Q(t)$ é a quantidade de glicose no fluxo sangüíneo no instante t.

(a) Determine a equação diferencial que descreve a taxa de variação de glicose no fluxo sangüíneo em relação à variável t.

(b) Resolva a equação diferencial do item (a) supondo que $Q = Q_0$ no instante $t = 0$.

(c) Calcule o limite de $Q(t)$ quando $t \to \infty$.

40. ***Curva de Aprendizagem*** A gerência de certa fábrica constatou que um operário consegue produzir no máximo 40 unidades por dia. A taxa de crescimento, em relação ao tempo t que é medido em dias, do número de unidades N produzidas por um novato, é proporcional a $40 - N$.

(a) Determine a equação diferencial que descreve a taxa de variação do desempenho em relação ao tempo.

(b) Resolva a equação diferencial do item (a).

(c) Determine a solução particular para um novato que produziu 10 unidades no quinto dia no emprego e 19 unidades no vigésimo dia.

Misturas **Nos Exercícios 41 a 46, considere um tanque que no instante $t = 0$ contém v_0 galões de uma mistura da qual q_0 libras é um produto dissolvido. Uma outra mistura, contendo q_1 libras por galões do produto, está escoando para dentro do tanque com a taxa de r_1 galões por minuto. A mistura, agitada continuamente, é removida a uma taxa de r_2 galões por minuto.**

41. Se Q é a quantidade do produto na mistura no instante t, mostre que

$$\frac{dQ}{dt} + \frac{r_2 Q}{v_0 + (r_1 - r_2)t} = q_1 r_1$$

42. Se Q é a quantidade do produto no instante t, escreva a equação diferencial para a taxa de variação de Q em relação a t se $r_1 = r_2 = r$.

43. Um tanque que comporta 200 galões está cheio com uma solução contendo 25 libras de um produto. No instante $t = 0$, água destilada é injetada no tanque a uma taxa de 10 galões por minuto e a solução, bem misturada a todo instante, é retirada do tanque na mesma taxa.

(a) Determine a quantidade do produto Q presente na solução em função de t.

(b) Calcule o instante em que há 15 quilos do produto no tanque.

(c) Calcule a quantidade do produto na solução quando $t \to \infty$.

44. Repita o Exercício 43, assumindo que a mistura injetada no tanque contenha 0,04 libras do produto por galão.

45. Um tanque que comporta 200 galões está pela metade com água destilada. No instante $t = 0$, uma mistura contendo 0,5 libras por galão de um produto é injetada no tanque a uma taxa de 5 galões por minuto, e a mistura, mantida bem agitada, é retirada a uma taxa de 3 galões por minuto.

(a) Quando o tanque estará cheio?

(b) No instante em que o tanque estiver cheio quantas libras do produto ele vai conter?

46. Repita o Exercício 45 supondo que a solução que está sendo injetada no tanque contenha 1 libra do produto por galão.

Queda Livre **Nos Exercícios 47 e 48, considere um objeto de 8 libras sendo solto de uma altura de 5.000 pés, com a resistência do ar proporcional à velocidade.**

47. Escreva a velocidade em função do tempo, se após 5 segundos da queda a velocidade for aproximadamente de -101 pés por segundo. Qual é o valor limite da função velocidade?

48. Use os resultados do Exercício 47 para escrever a posição do objeto como uma função do tempo. Calcule um valor aproximado da velocidade do objeto quando ele atingir o solo.

Circuitos Elétricos **Nos Exercícios 49 e 50, use a equação diferencial para circuitos elétricos dada por**

$$L\frac{dI}{dt} + RI = E$$

Nesta equação I é a corrente elétrica, R é a resistência, L é a indutância e E é a força eletromotriz (voltagem).

49. Resolva a equação diferencial supondo que a voltagem E_0 é constante.

50. Usando os resultados do Exercício 49, determine a equação para a corrente se $I(0) = 0$, $E_0 = 120$ volts, $R = 600$ ohms e $L = 4$ henrys. Em que instante a corrente atinge 90% do seu valor limite?

Questões Conceituais

51. Dê a forma padrão de uma equação diferencial linear de primeira ordem. Qual o fator integrante?

52. Dê a forma padrão da equação de Bernoulli. Descreva como reduzi-la a uma equação linear.

Nos Exercícios 53 a 56, associe a equação diferencial à sua solução.

Equação Diferencial	*Solução*
53. $y' - 2x = 0$	(a) $y = Ce^{x^2}$
54. $y' - 2y = 0$	(b) $y = -\frac{1}{2} + Ce^{x^2}$
55. $y' - 2xy = 0$	(c) $y = x^2 + C$
56. $y' - 2xy = x$	(d) $y = Ce^{2x}$

Nos Exercícios 57 a 68, resolva a equação diferencial de primeira ordem usando um método apropriado.

57. $\dfrac{dy}{dx} = \dfrac{e^{2x+y}}{e^{x-y}}$

58. $\dfrac{dy}{dx} = \dfrac{x+1}{y(y+2)}$

59. $y \cos x - \cos x + \dfrac{dy}{dx} = 0$

60. $y' = 2x\sqrt{1-y^2}$

61. $(3y^2 + 4xy)dx + (2xy + x^2)dy = 0$

62. $(x + y)\,dx - x\,dy = 0$

63. $(2y - e^x)dx + x\,dy = 0$

64. $(y^2 + xy)\,dx - x^2\,dy = 0$

65. $(x^2y^4 - 1)\,dx + x^3y^3\,dy = 0$

66. $y\,dx + (3x + 4y)\,dy = 0$

67. $3(y - 4x^2)\,dx + x\,dy = 0$

68. $x\,dx + (y + e^y)(x^2 + 1)\,dy = 0$

Verdadeiro ou Falso? **Nos Exercícios 69 e 70, determine se a afirmação é verdadeira ou falsa. Se for falsa explique por que ou dê um exemplo mostrando que é falsa.**

69. $y' + x\sqrt{y} = x^2$ é uma equação diferencial linear de primeira ordem.

70. $y' + xy = e^x y$ é uma equação diferencial linear de primeira ordem.

Projeto da Seção: Perda de Peso

O peso de uma pessoa depende tanto do número de calorias consumido quanto da energia usada. Além disso, a quantidade de energia usada depende do peso da pessoa — a quantidade média usada por uma pessoa é 17,5 calorias por libra por dia. Portanto, quanto mais peso uma pessoa perde, menos energia ela usa (supondo que mantenha um nível constante de atividade física). Uma equação que pode ser usada para modelar perda de peso é

$$\left(\frac{dw}{dt}\right) = \frac{C}{3500} - \frac{17{,}5}{3500}w$$

onde w é o peso da pessoa (medida em libras), t é o tempo em dias e C é o consumo diário de calorias, considerado constante.

(a) Determine a solução geral da equação diferencial.

(b) Considere uma pessoa de 180 libras começando uma dieta de 2.500 calorias por dia. Quanto tempo levará para a pessoa perder 10 libras? Quanto tempo levará para ela perder 15 libras?

(c) Use uma ferramenta gráfica para desenhar a solução. Qual o peso "limite" da pessoa?

(d) Repita as partes (b) e (c) para uma pessoa que pesa 200 libras no início da dieta.

PARA MAIS INFORMAÇÃO Para saber mais sobre como modelar perda de peso veja o artigo "A Linear Diet Model", de Arthur C. Segal, no *The College Mathematics Journal*.

Exercícios de Revisão do Capítulo 6

1. Determine se a função $y = x^3$ é uma solução da equação diferencial $x^2y' + 3y = 6x^3$.

2. Determine se a função $y = 2 \operatorname{sen} 2x$ é uma solução da equação diferencial $y''' - 8y = 0$.

Nos Exercícios 3 a 8, determine a solução geral da equação diferencial usando integração.

3. $\dfrac{dy}{dx} = 2x^2 + 5$

4. $\dfrac{dy}{dx} = x^3 - 2x$

5. $\dfrac{dy}{dx} = \cos 2x$

6. $\dfrac{dy}{dx} = 2 \operatorname{sen} x$

7. $\dfrac{dy}{dx} = 2x\sqrt{x-7}$

8. $\dfrac{dy}{dx} = 3e^{-x/3}$

Campo de Direções **Nos Exercícios 9 e 10, são dados uma equação diferencial e seu campo de direções. Determine, se possível, a inclinação do campo nos pontos da tabela.**

x	-4	-2	0	2	4	8
y	2	0	4	4	6	8
dy/dx						

9. $\dfrac{dy}{dx} = \dfrac{2x}{y}$

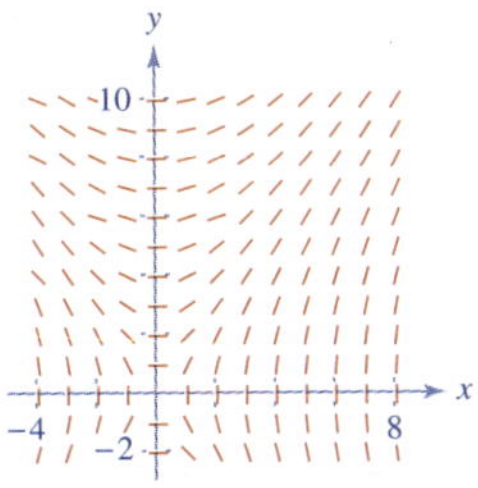

10. $\dfrac{dy}{dx} = x \operatorname{sen}\left(\dfrac{\pi y}{4}\right)$

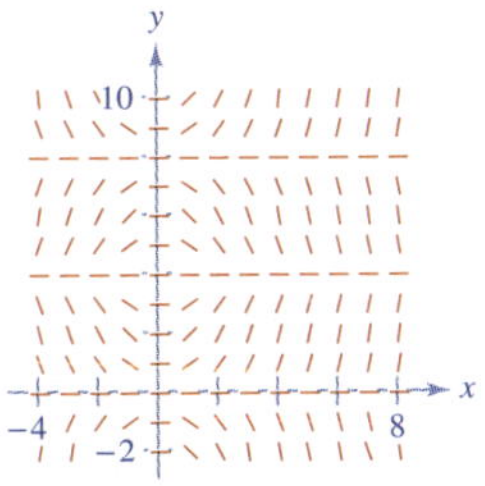

Campo de Direções **Nos Exercícios 11 a 16, (a) faça um esboço do campo de direções da equação diferencial e (b) use o campo de direções para fazer um esboço da solução que passa pelo ponto dado.**

Equação Diferencial	*Ponto*
11. $y' = -x - 2$	$(-1, 1)$
12. $y' = 2x^2 - x$	$(0, 2)$
13. $y' = \dfrac{1}{4}x^2 - \dfrac{1}{3}x$	$(0, 3)$
14. $y' = y + 3x$	$(2, 1)$
15. $y' = \dfrac{xy}{x^2 + 4}$	$(0, 1)$
16. $y' = \dfrac{y}{x^2 + 1}$	$(0, -2)$

Nos Exercícios 17 a 22, resolva a equação diferencial.

17. $\dfrac{dy}{dx} = 6 - x$

18. $\dfrac{dy}{dx} = y + 6$

19. $\dfrac{dy}{dx} = (3 + y)^2$

20. $\dfrac{dy}{dx} = 4\sqrt{y}$

21. $(2 + x)y' - xy = 0$

22. $xy' - (x + 1)y = 0$

Nos Exercícios 23 a 26, determine a função exponencial $y = Ce^{kt}$ que passa pelos dois pontos dados.

23.

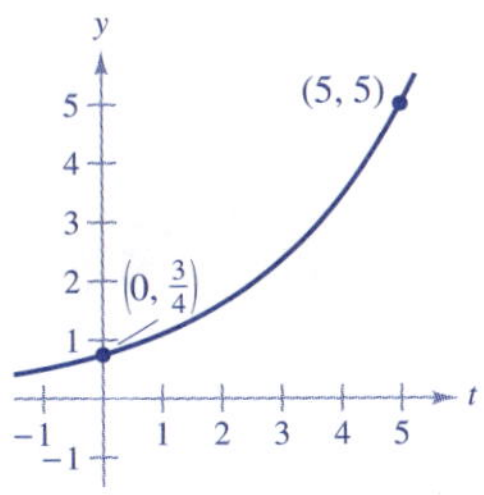

24.

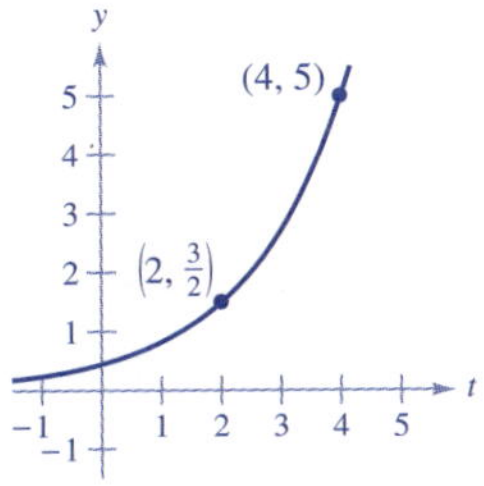

25. $(0, 5), \left(5, \dfrac{1}{6}\right)$

26. $(1, 9), (6, 2)$

27. ***Pressão Atmosférica*** Sob condições ideais, a pressão atmosférica decresce continuamente com a altitude acima do nível do mar, a uma taxa proporcional à pressão naquela altitude. O barômetro indica 30 polegadas no nível do mar e 15 polegadas a 18.000 pés. Calcule a pressão barométrica a 35.000 pés.

28. ***Decaimento Radioativo*** Rádio radioativo tem uma meia-vida de aproximadamente 1.599 anos. A quantidade inicial é 5 gramas. Quanto restará após 600 anos?

29. ***Vendas*** O número de unidades vendidas S (medido em milhares) de um produto novo, após estar t anos no mercado é dado por

$$S = Ce^{k/t}.$$

(a) Determine S em função de t se 5.000 unidades são vendidas após um ano e o ponto de saturação do mercado é 30.000 unidades (ou seja, $\lim_{t \to \infty} S = 30$).

(b) Quantas unidades terão sido vendidas após 5 anos?

(c) Use uma ferramenta gráfica para traçar esta função das vendas.

30. ***Vendas*** O número de unidades vendidas S (medido em milhares) de um produto novo após estar t anos no mercado é dado por

$$S = 25(1 - e^{kt}).$$

(a) Determine S em função de t se 45.000 unidades são vendidas após um ano.

(b) Qual o ponto de saturação do mercado?

(c) Quantas unidades terão sido vendidas após 5 anos?

(d) Use uma ferramenta gráfica para esboçar esta função das vendas.

31. ***Crescimento Populacional*** Uma população cresce continuamente a uma taxa de 1,5%. Após quanto tempo a população vai dobrar?

32. ***Economia de Combustível*** O consumo de um automóvel é de um galão a cada 28 milhas para velocidades de até 50 milhas por hora. Acima de 50 milhas por hora o consumo por galão cai 12% a cada 10 milhas por hora.

(a) Sejam s e y respectivamente a velocidade e o número de milhas por galão. Determine y como função de s resolvendo a equação diferencial

$$\frac{dy}{ds} = -0{,}012y, \quad s > 50$$

(b) Use a função da parte (a) para completar a tabela.

Velocidade	50	55	60	65	70
Milhas por Galão					

Nos Exercícios 33 a 38, resolva a equação diferencial.

33. $\dfrac{dy}{dx} = \dfrac{x^2 + 3}{x}$

34. $\dfrac{dy}{dx} = \dfrac{e^{-2x}}{1 + e^{-2x}}$

35. $y' - 2xy = 0$

36. $y' - e^y \operatorname{sen} x = 0$

37. $\dfrac{dy}{dx} = \dfrac{x^2 + y^2}{2xy}$

38. $\dfrac{dy}{dx} = \dfrac{3(x + y)}{x}$

39. Demonstre que a solução geral $y = C_1x + C_2x^3$ satisfaz a equação diferencial $x^2y'' - 3xy' + 3y = 0$. A seguir, determine a solução particular que satisfaz a condição inicial $y = 0$ e $y' = 4$ quando $x = 2$.

40. ***Deslocamento Vertical*** Um objeto em queda livre encontra resistência do ar que é proporcional à sua velocidade. A aceleração da gravidade é de $-9{,}8$ metros por segundo ao quadrado. A variação resultante da velocidade é $dv/dt = kv - 9{,}8$.

(a) Determine a velocidade do objeto em função do tempo se a velocidade inicial é v_0.

(b) Use o resultado da parte (a) para determinar o limite da velocidade quando t se aproxima do infinito.

(c) Integre a função velocidade obtida na parte (a) para achar a função posição s.

Campo de Direções **Nos Exercícios 41 e 42, faça um esboço de algumas soluções da equação diferencial no campo de direções e, a seguir, determine analiticamente a solução geral. (Para imprimir uma versão ampliada do gráfico, consulte *www.mathgraphs.com*.)**

41. $\dfrac{dy}{dx} = -\dfrac{4x}{y}$

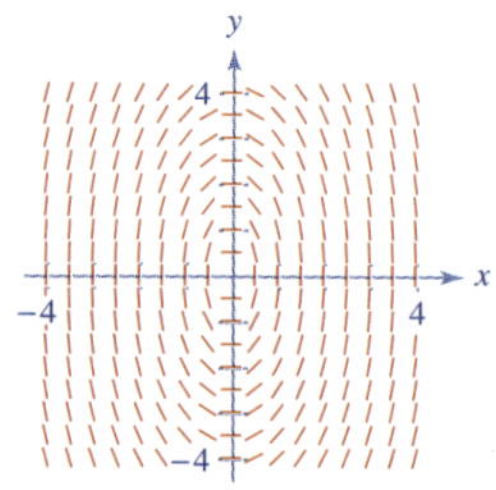

42. $\dfrac{dy}{dx} = 3 - 2y$

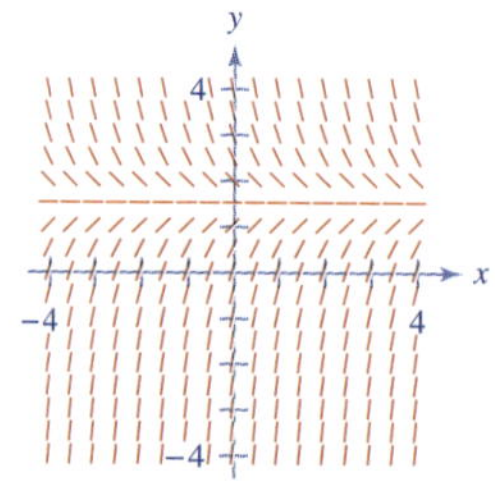

Nos Exercícios 43 e 44, a equação logística modela o crescimento de uma população. Use a equação para (a) determinar o valor de *k*, (b) determinar a capacidade sustentável, (c) determinar a população inicial, (d) calcular quando a população atingirá 50% da sua capacidade sustentável e (e) escrever uma equação diferencial logística que tenha *P*(*t*) como solução.

43. $P(t) = \dfrac{7200}{1 + 44e^{-0{,}55t}}$

44. $P(t) = \dfrac{4800}{1 + 14e^{-0{,}15t}}$

45. ***Meio Ambiente*** Uma entidade de preservação solta 1.200 trutas de água doce em um lago. Estima-se que a capacidade sustentável do lago para esta espécie é de 20.400. Após um ano há 2.000 trutas de água doce no lago.

(a) Escreva uma equação logística que modele o número de trutas de água doce no lago.

(b) Calcule o número de trutas de água doce no lago após 8 anos.

(c) Em que instante o número de trutas de água doce atingirá 10.000?

46. ***Meio Ambiente*** Escreva uma equação diferencial logística que modela a taxa de crescimento da população de trutas de água doce do Exercício 45. A seguir, repita a parte (b) usando o Método de Euler com um passo de $h = 1$. Compare a aproximação com a resposta exata.

Nos Exercícios 47 a 56, resolva a equação diferencial linear de primeira ordem.

47. $y' - y = 8$

48. $e^x y' + 4e^x y = 1$

49. $4y' = e^{x/4} + y$

50. $\dfrac{dy}{dx} - \dfrac{5y}{x^2} = \dfrac{1}{x^2}$

51. $(x - 2)y' + y = 1$

52. $(x + 3)y' + 2y = 2(x + 3)^2$

53. $(3y + \text{sen } 2x)\, dx - dy = 0$

54. $dy = (y \text{ tg } x + 2e^x)\, dx$

55. $y' + 5y = e^{5x}$

56. $xy' - ay = bx^4$

Nos Exercícios 57 a 60, resolva a equação diferencial de Bernoulli.

57. $y' + y = xy^2$ $\left[\textit{Sugestão: } \int xe^{-x}\, dx = (-x - 1)e^{-x}\right]$

58. $y' + 2xy = xy^2$

59. $y' + \left(\dfrac{1}{x}\right)y = \dfrac{y^3}{x^2}$

60. $xy' + y = xy^2$

Nos Exercícios 61 a 64, dê um exemplo da equação diferencial pedida. A seguir, resolva a sua equação.

61. Equação diferencial homogênea.

62. Equação diferencial logística.

63. Equação diferencial linear de primeira ordem.

64. Equação de Bernoulli.

P.S. Problemas Suplementares

1. A equação diferencial

$$\frac{dy}{dt} = ky^{1+\varepsilon}$$

onde k e ε são constantes positivas, é chamada de **equação Dia do Juízo Final** ou **Dia D**.

(a) Resolva a equação do Dia D

$$\frac{dy}{dt} = y^{1{,}01}$$

dado que $y(0) = 1$. Determine o instante T em que

$$\lim_{t \to T^-} y(t) = \infty.$$

(b) Resolva a equação do Dia do Juízo Final

$$\frac{dy}{dt} = ky^{1+\varepsilon}$$

dado que $y(0) = y_0$. Explique por que esta equação é chamada de equação do Dia do Juízo Final.

2. Um termômetro dentro de um quarto de 72°F é levado para fora onde a temperatura é de 20°F. A leitura cai para 48°F após 1 minuto. Determine a leitura no termômetro após 5 minutos.

3. Sejam S a venda de um novo produto (em milhares de unidades), L o nível máximo de vendas (em milhares de unidades) e t o tempo (em meses). A taxa de variação de S é proporcional ao produto de L e $L - S$.

(a) Escreva a equação diferencial para este modelo de venda se $L = 100$, $S = 10$ quando $t = 0$ e $S = 20$ quando $t = 1$. Verifique que

$$S = \frac{L}{1 + Ce^{-kt}}.$$

(b) Em que instante o crescimento nas vendas está aumentando mais rapidamente?

(c) Use uma ferramenta gráfica para traçar a função vendas.

(d) Faça um esboço da solução da parte (a) no campo de direções mostrado abaixo. Para imprimir uma versão ampliada do gráfico, consulte *www.mathgraphs.com*.

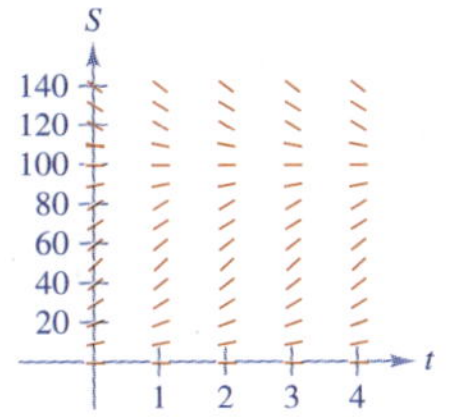

(e) Supondo correta a estimativa do nível máximo de vendas, use o campo de direções para descrever a forma das curvas solução para as vendas, se durante algum período as vendas excederem L.

4. Um outro modelo que pode ser adotado para representar crescimento populacional é a **equação de Gompertz,** que é a solução da equação diferencial

$$\frac{dy}{dt} = k \ln\left(\frac{L}{y}\right) y$$

onde k é uma constante e L é a capacidade sustentável.

(a) Resolva a equação diferencial.

(b) Use uma ferramenta gráfica para traçar o campo de direções da equação diferencial quando $k = 0{,}05$ e $L = 1000$.

(c) Descreva o comportamento do gráfico quando $t \to \infty$.

(d) Trace a equação encontrada no item (a) tomando $L = 5000$, $y_0 = 500$ e $k = 0{,}02$. Determine a concavidade do gráfico e a compare com a concavidade da solução geral da equação logística.

5. Mostre que a equação logística

$$y = \frac{L}{1 + be^{-kt}}$$

pode ser escrita como

$$y = \frac{1}{2}L\left[1 + \text{tgh}\left(\frac{1}{2}k\left(t - \frac{\ln b}{k}\right)\right)\right].$$

O que pode ser concluído sobre o gráfico da equação logística?

6. A **Lei de Torricelli** afirma que a água jorrará de um orifício no fundo de um tanque com a mesma velocidade que atingiria se caísse da altura da superfície da água até o orifício. Uma das formas da Lei de Torricelli é

$$A(h)\frac{dh}{dt} = -k\sqrt{2gh}$$

onde h é a altura da água no tanque, k é a área do orifício no fundo do tanque, $A(h)$ é a área da seção transversal horizontal na altura h e g é a aceleração da gravidade ($g \approx 32$ pés por segundo ao quadrado). Um tanque de água hemisférico tem um raio de 6 pés. Quando o tanque está cheio abre-se uma válvula circular de uma polegada de raio situada no fundo do tanque, como é ilustrado na figura. Quanto tempo levará para o tanque esvaziar?

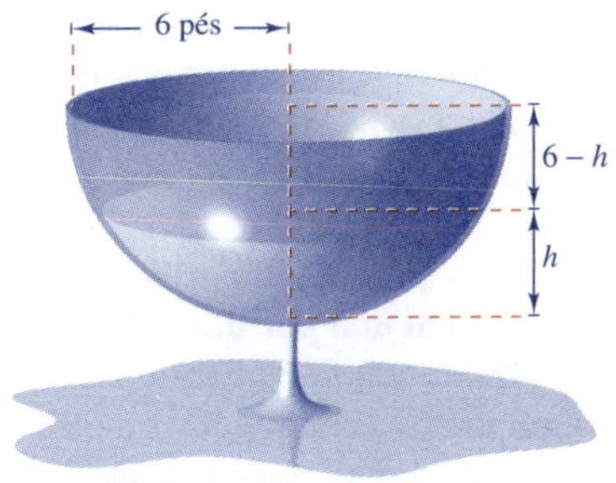

7. O tanque de água cilíndrico, mostrado na figura, tem uma altura de 18 pés. Quando o tanque está cheio abre-se uma válvula circular no fundo do tanque. Após 30 minutos a profundidade da água é de 12 pés.

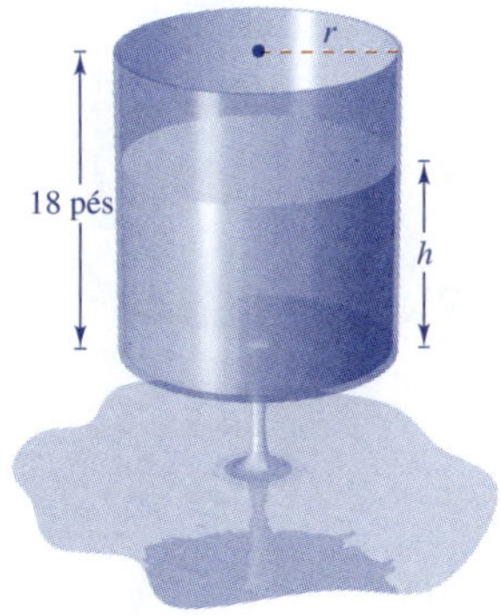

(a) Quanto tempo levará para o tanque esvaziar?

(b) Qual a profundidade da água no tanque após uma hora?

8. Suponha que o tanque do Exercício 7 tenha 20 pés, seu raio seja 8 pés e a válvula seja circular com um raio de 2 polegadas. O tanque está cheio ao ser aberta a válvula. Quanto tempo levará para o tanque esvaziar?

9. Em áreas montanhosas a sintonização de rádio pode ser difícil. Considere a situação em que um transmissor de FM esteja localizado no ponto $(-1, 1)$ atrás de uma colina, modelada pelo gráfico de

$$y = x - x^2$$

e um aparelho de rádio esteja no lado oposto da colina. (Assuma que o eixo x representa o nível do solo na base da colina.)

(a) Qual é o ponto $(x, 0)$ mais próximo da colina que o rádio pode estar para receber o sinal não obstruído?

(b) Se o transmissor está localizado no ponto $(-1, h)$, descreva, em função de h, o ponto $(x, 0)$ mais próximo da colina onde o rádio pode estar.

(c) Use uma ferramenta gráfica para tracar o gráfico da função x da parte (b). Determine a assíntota vertical da função e interprete o resultado.

10. Biomassa é uma medida de uma porção de matéria viva em um ecossistema. Suponha que a biomassa $s(t)$ em um determinado ecossistema aumente a uma taxa de 3,5 toneladas por ano e diminua aproximadamente 1,9% por ano. Esta situação pode ser modelada pela equação diferencial

$$\frac{ds}{dt} = 3{,}5 - 0{,}019s.$$

(a) Resolva a equação diferencial.

(b) Use uma ferramenta gráfica para desenhar o campo de direções desta equação diferencial. O que você pode observar?

(c) Explique o que acontece quando $t \to \infty$.

Nos Exercícios 11 a 13, um pesquisador da área médica quer determinar a concentração C (em mol por litro) de uma droga rastreadora injetada num fluido em movimento. Resolva este problema considerando um modelo em que há um único compartimento de diluição (veja a figura). Suponha que o fluido é constantemente agitado e que o volume de fluido no compartimento permaneça constante.

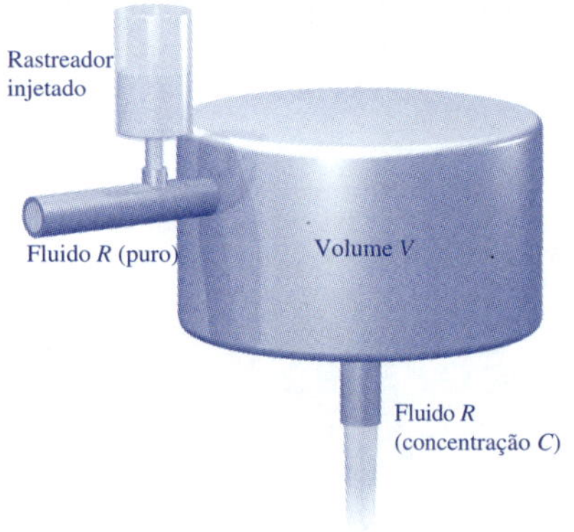

Figura dos Exercícios 11 a 13

11. Se o rastreador é injetado, de uma só vez, no instante $t = 0$, então a concentração do fluido no compartimento começa a decair segundo a equação diferencial

$$\frac{dC}{dt} = \left(-\frac{R}{V}\right)C, \quad C = C_0 \text{ quando } t = 0.$$

(a) Resolva esta equação diferencial para determinar a concentração C como função do tempo t.

(b) Calcule o limite de C quando $t \to \infty$.

12. Use a solução da equação diferencial do Exercício 11 para determinar a concentração C em função do tempo t e use uma ferramenta gráfica para esboçar a função.

(a) $V = 2$ litros, $R = 0{,}5$ litro por minuto e $C_0 = 0{,}6$ mol por litro.

(b) $V = 2$, $R = 1{,}5$ litro por minuto e $C_0 = 0{,}6$ mol por litro.

13. Nos Exercícios 11 e 12, assumimos que havia uma única injeção inicial da droga rastreadora no compartimento. Considere agora o caso em que o rastreador é continuamente injetado (a partir do instante $t = 0$) numa taxa de Q mol por minuto. Considere Q desprezível em relação a R e use a equação diferencial

$$\frac{dC}{dt} = \frac{Q}{V} - \left(\frac{R}{V}\right)C, \quad C = 0 \text{ quando } t = 0$$

(a) Resolva esta equação diferencial para determinar a concentração C em função do tempo t.

(b) Calcule o limite de C quando $t \to \infty$.

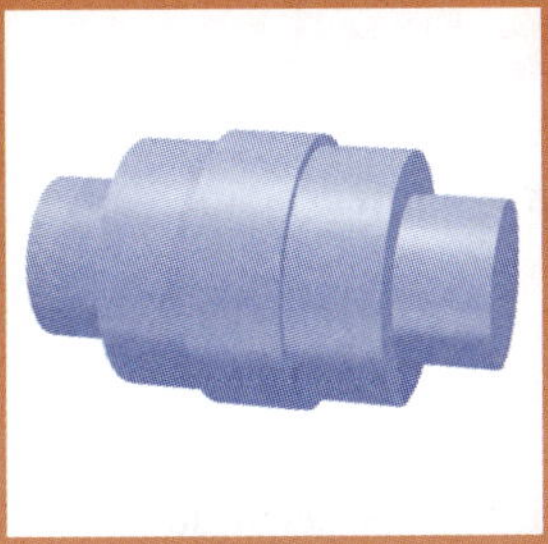

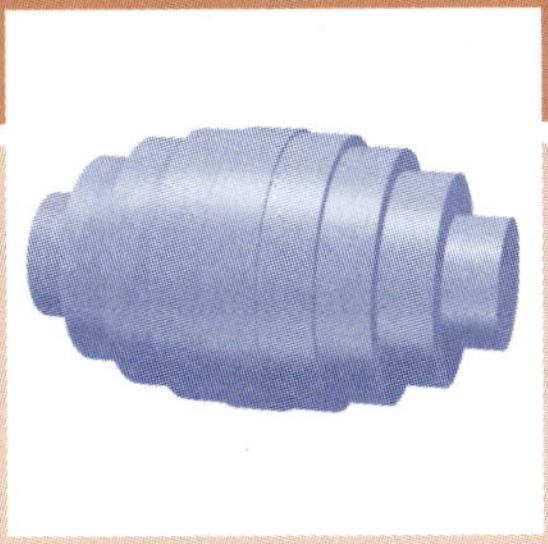

7 Aplicações da Integral

O Atomium, localizado na Bélgica, representa uma molécula cristalina de ferro, ampliada 165 milhões de vezes. A estrutura contém nove esferas ligadas por tubos cilíndricos. A esfera central tem um tubo que passa por seu centro. Explique como achar o volume da porção da esfera cental que fica fora deste tubo.

Andre Jenny/Alamy Images

O *método dos discos* é usado para calcular o volume de um sólido. Este método acha a soma dos volumes de discos representativos para aproximar o volume do sólido. Quando o número de discos aumenta, a aproximação fica cada vez mais acurada. Na Seção 7.2, usaremos limites para escrever o valor exato do volume de um sólido como uma integral definida.

Seção 7.1 Área da Região entre Duas Curvas

- **Calcular a área da região entre duas curvas usando integração.**
- **Calcular a área da região entre curvas que se interceptam usando integração.**
- **Descrever integração como um processo de acumulação.**

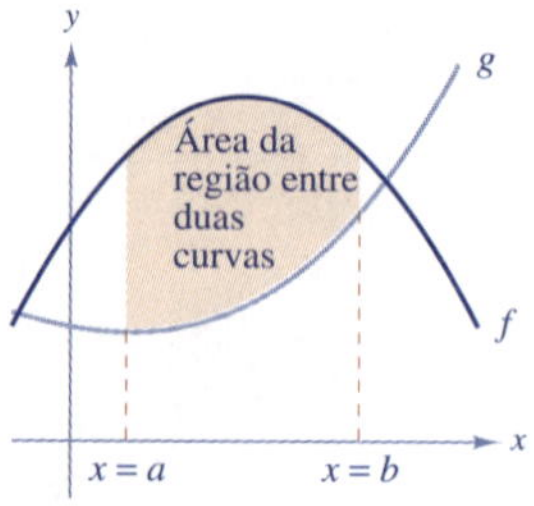

Figura 7.1

Área da Região entre Duas Curvas

Com pequenas modificações, podemos estender a aplicação de integrais definidas no cálculo da área da região *abaixo* de uma curva para a região *entre* duas curvas. Considere duas funções f e g que sejam contínuas no intervalo $[a, b]$. Se, como na Figura 7.1, os gráficos tanto de f quanto de g estão acima do eixo x, e o gráfico de g está abaixo do gráfico de f, podemos interpretar geometricamente a área da região entre os gráficos como a área da região abaixo do gráfico de g subtraída da área da região abaixo de f, como mostra a Figura 7.2.

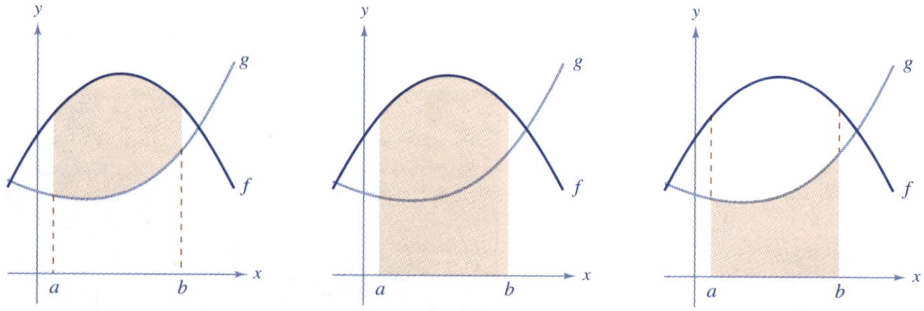

Área da região entre f e g.	=	Área da região abaixo de f.	−	Área da região abaixo de g.

$$\int_a^b [f(x) - g(x)]\,dx \quad = \quad \int_a^b f(x)\,dx \quad - \quad \int_a^b g(x)\,dx$$

Figura 7.2

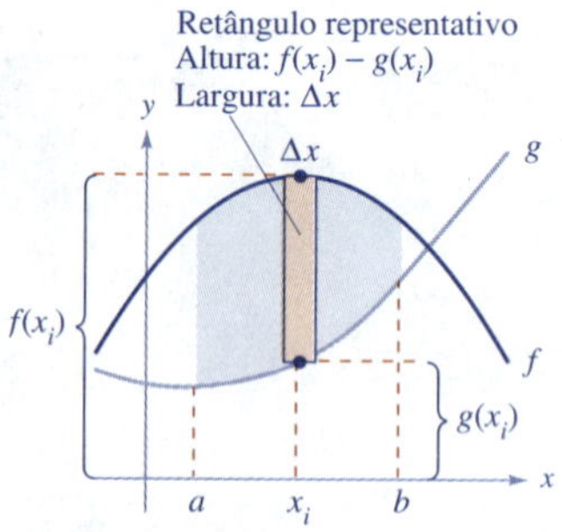

Figura 7.3

Para verificar que os resultados mostrados na Figura 7.2 são razoáveis, você pode fazer uma partição do intervalo $[a, b]$ em n subintervalos, cada um de largura Δx. Então, como mostra a Figura 7.3, trace o **retângulo representativo** com largura Δx e altura $f(x_i) - g(x_i)$, onde x_i está no i-ésimo intervalo. A área desse retângulo representativo é

$$\Delta A_i = (\text{altura})(\text{largura}) = [f(x_i) - g(x_i)]\,\Delta x.$$

Somando a área dos n retângulos e tomando o limite quando $\|\Delta\| \to 0$ $(n \to \infty)$, obtemos

$$\lim_{n\to\infty} \sum_{i=1}^{n} [f(x_i) - g(x_i)]\,\Delta x.$$

Como f e g são contínuas em $[a, b]$, $f - g$ também é contínua em $[a, b]$ e o limite existe. Assim a área da região é

$$\begin{aligned} \text{Área} &= \lim_{n\to\infty} \sum_{i=1}^{n} [f(x_i) - g(x_i)]\,\Delta x \\ &= \int_a^b [f(x) - g(x)]\,dx. \end{aligned}$$

Área da Região entre Duas Curvas

Se f e g são contínuas em $[a, b]$ e $g(x) \leq f(x)$ para todo x em $[a, b]$, então a área da região limitada pelos gráficos de f e g e pelas retas verticais $x = a$ e $x = b$ é

$$A = \int_a^b [f(x) - g(x)]\, dx.$$

Na Figura 7.1, os gráficos de f e de g estão acima do eixo x, o que não é necessário. O mesmo integrando $[f(x) - g(x)]$ pode ser usado desde que f e g sejam contínuas e $g(x) \leq f(x)$ para todo x em $[a, b]$. Este resultado é resumido graficamente na Figura 7.4.

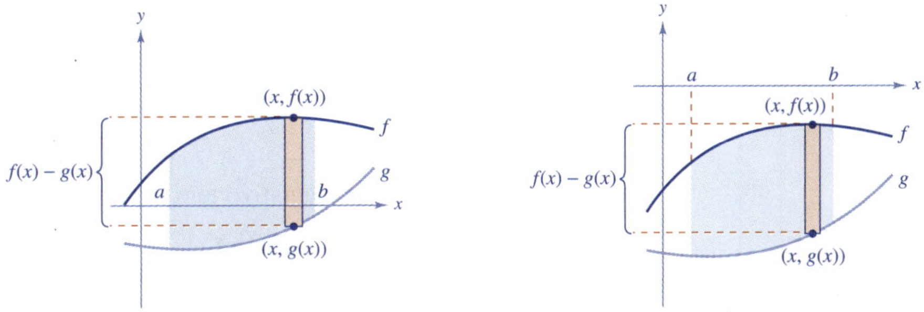

Figura 7.4

OBSERVAÇÃO A altura do retângulo representativo é $f(x) - g(x)$, não interessando a posição em relação ao eixo x, como mostra a Figura 7.4.

Retângulos representativos são usados em todo este capítulo em várias aplicações da integração. Um retângulo vertical (com largura Δx) implica integração em relação a x, enquanto um retângulo horizontal (com largura Δy) implica integração em relação a y.

EXEMPLO 1 Calculando a Área da Região entre Duas Curvas

Calcule a área da região limitada pelos gráficos de $y = x^2 + 2$, $y = -x$, $x = 0$ e $x = 1$.

Solução Sejam $g(x) = -x$ e $f(x) = x^2 + 2$. Então, $g(x) \leq f(x)$ para todo x em $[0, 1]$, como mostra a Figura 7.5. Assim, a área do retângulo representativo é:

$$\begin{aligned}\Delta A &= [f(x) - g(x)]\,\Delta x\\ &= [(x^2 + 2) - (-x)]\,\Delta x\end{aligned}$$

e a área da região é

$$\begin{aligned}A = \int_a^b [f(x) - g(x)]\, dx &= \int_0^1 [(x^2 + 2) - (-x)]\, dx\\ &= \left[\frac{x^3}{3} + \frac{x^2}{2} + 2x\right]_0^1\\ &= \frac{1}{3} + \frac{1}{2} + 2\\ &= \frac{17}{6}.\end{aligned}$$

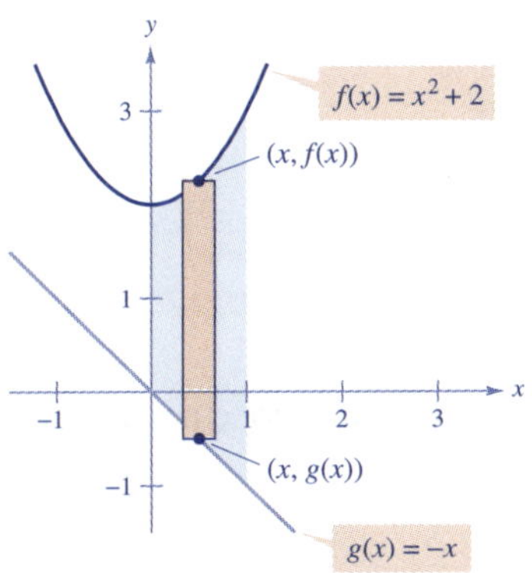

Região limitada pelo gráfico de f, gráfico de g, $x = 0$ e $x = 1$.
Figura 7.5

Área da Região entre Curvas Que Se Interceptam

No Exemplo 1, os gráficos de $f(x) = x^2 + 2$ e de $g(x) = -x$ não se interceptam, e os valores de a e b foram dados de forma explícita. Um problema mais comum trata do cálculo da área limitada por *dois gráficos que se interceptam*, onde os valores de a e b precisam ser calculados.

EXEMPLO 2 Região Definida entre Dois Gráficos Que Se Interceptam

Calcule a área da região limitada pelos gráficos de $f(x) = 2 - x^2$ e $g(x) = x$.

Solução Na Figura 7.6, notamos que os gráficos de f e de g têm dois pontos de intersecção. Para achar as coordenadas x destes pontos, iguale os valores de $f(x)$ e $g(x)$ e resolva para x.

$$2 - x^2 = x \qquad \text{Iguale } f(x) \text{ a } g(x)$$

$$-x^2 - x + 2 = 0 \qquad \text{Escreva na forma geral}$$

$$-(x + 2)(x - 1) = 0 \qquad \text{Fatore}$$

$$x = -2 \text{ ou } 1 \qquad \text{Resolva para } x$$

Assim, temos $a = -2$ e $b = 1$. Como $g(x) \le f(x)$ para todo x no intervalo $[-2, 1]$, o retângulo representativo tem área

$$\Delta A = [f(x) - g(x)]\,\Delta x$$

$$= [(2 - x^2) - x]\,\Delta x$$

e a área da região é

$$A = \int_{-2}^{1} [(2 - x^2) - x]\,dx = \left[-\frac{x^3}{3} - \frac{x^2}{2} + 2x\right]_{-2}^{1}$$

$$= \frac{9}{2}.$$

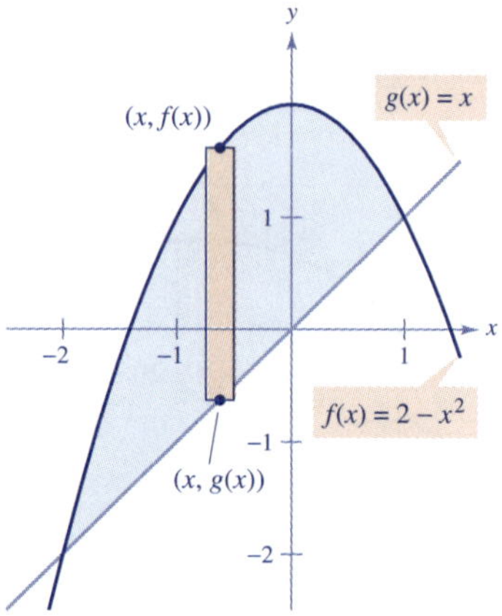

Região limitada pelo gráfico de f e pelo gráfico de g.
Figura 7.6

EXEMPLO 3 Região Definida entre Dois Gráficos Que Se Interceptam

As curvas do seno e do cosseno se interceptam infinitas vezes, limitando regiões de áreas iguais, como mostra a Figura 7.7. Calcule a área de uma dessas regiões.

Solução

$$\operatorname{sen} x = \cos x \qquad \text{Iguale } f(x) \text{ a } g(x)$$

$$\frac{\operatorname{sen} x}{\cos x} = 1 \qquad \text{Divida cada lado por } \cos x$$

$$\operatorname{tg} x = 1 \qquad \text{Identidade trigonométrica}$$

$$x = \frac{\pi}{4} \text{ ou } \frac{5\pi}{4}, \quad 0 \le x \le 2\pi \qquad \text{Resolva para } x$$

Então, temos $a = \pi/4$ e $b = 5\pi/4$. Como $\operatorname{sen} x \ge \cos x$ para todo x no intervalo $[\pi/4, 5\pi/4]$, a área da região é

$$A = \int_{\pi/4}^{5\pi/4} [\operatorname{sen} x - \cos x]\,dx = \left[-\cos x - \operatorname{sen} x\right]_{\pi/4}^{5\pi/4}$$

$$= 2\sqrt{2}.$$

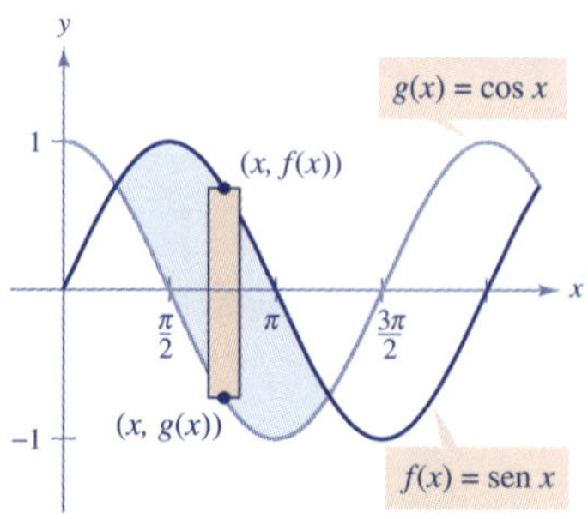

Região limitada pelos gráficos das funções seno e cosseno.
Figura 7.7

Se duas curvas se interceptam em mais de dois pontos, então para calcular a área da região entre as duas curvas, precisamos achar todos os pontos de intersecção e, em cada intervalo, determinar qual é a curva que está acima.

EXEMPLO 4 Curvas Que se Interceptam em mais de Dois Pontos

Calcule a área da região entre os gráficos de $f(x) = 3x^3 - x^2 - 10x$ e $g(x) = -x^2 + 2x$.

Solução Vamos começar igualando as funções $f(x)$ e $g(x)$ e resolvendo para x. Isto fornece valores de x de cada ponto de intersecção dos dois gráficos.

$$3x^3 - x^2 - 10x = -x^2 + 2x \qquad \text{Iguale } f(x) \text{ a } g(x)$$

$$3x^3 - 12x = 0 \qquad \text{Escreva na forma geral}$$

$$3x(x-2)(x+2) = 0 \qquad \text{Fatore}$$

$$x = -2, 0, 2 \qquad \text{Resolva para } x$$

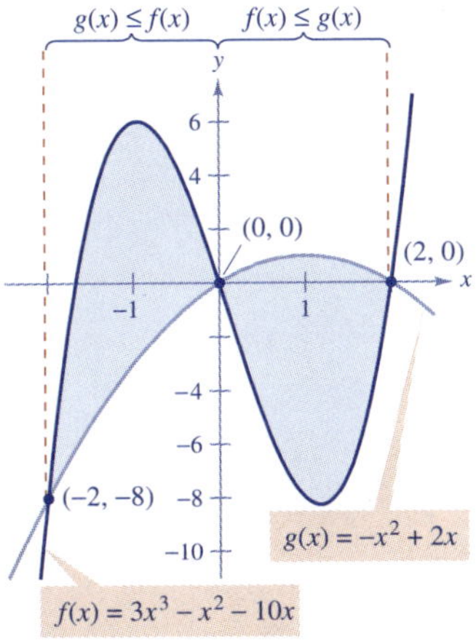

Em $[-2, 0]$, $g(x) \leq f(x)$, e em $[0, 2]$, $f(x) \leq g(x)$.
Figura 7.8

Temos que os dois gráficos se interceptam em $x = -2$, 0 e 2. Na Figura 7.8, notamos que $g(x) \leq f(x)$ no intervalo $[-2, 0]$. Entretanto, os dois gráficos trocam de posição na origem e $f(x) \leq g(x)$ no intervalo $[0, 2]$. Assim, precisamos de duas integrais — uma para o intervalo $[-2, 0]$ e outra para o intervalo $[0, 2]$.

$$\begin{aligned}
A &= \int_{-2}^{0} [f(x) - g(x)]\, dx + \int_{0}^{2} [g(x) - f(x)]\, dx \\
&= \int_{-2}^{0} (3x^3 - 12x)\, dx + \int_{0}^{2} (-3x^3 + 12x)\, dx \\
&= \left[\frac{3x^4}{4} - 6x^2\right]_{-2}^{0} + \left[\frac{-3x^4}{4} + 6x^2\right]_{0}^{2} \\
&= -(12 - 24) + (-12 + 24) = 24
\end{aligned}$$

NOTA No Exemplo 4, observe que obteremos um resultado incorreto se integrarmos de -2 até 2. Tal integral produz

$$\int_{-2}^{2} [f(x) - g(x)]\, dx = \int_{-2}^{2} (3x^3 - 12x)\, dx = 0.$$

Se o gráfico de uma função de y é uma fronteira da região, é freqüentemente conveniente utilizar os retângulos representativos *horizontais* e determinar a área pela integração em relação a y. Em geral, para determinar a área entre duas curvas, podemos usar

$$A = \int_{x_1}^{x_2} \underbrace{[(\text{curva de cima}) - (\text{curva de baixo})]}_{\text{na variável } x}\, dx \qquad \text{Retângulos verticais}$$

$$A = \int_{y_1}^{y_2} \underbrace{[(\text{curva da direita}) - (\text{curva da esquerda})]}_{\text{na variável } y}\, dy \qquad \text{Retângulos horizontais}$$

onde (x_1, y_1) e (x_2, y_2) ou são pontos adjacentes da intersecção das duas curvas em questão ou pontos sobre as retas fronteiras especificadas.

EXEMPLO 5 Retângulos Representativos Horizontais

Calcule a área da região limitada pelos gráficos de $x = 3 - y^2$ e $x = y + 1$.

Solução Considere

$$g(y) = 3 - y^2 \quad \text{e} \quad f(y) = y + 1.$$

Estas curvas se interceptam quando $y = -2$ e $y = 1$, como mostra a Figura 7.9. Como $f(y) \le g(y)$ neste intervalo, temos

$$\Delta A = [g(y) - f(y)]\,\Delta y = [(3 - y^2) - (y + 1)]\,\Delta y.$$

Portanto, a área é

$$\begin{aligned} A &= \int_{-2}^{1} [(3 - y^2) - (y + 1)]\,dy \\ &= \int_{-2}^{1} (-y^2 - y + 2)\,dy \\ &= \left[\frac{-y^3}{3} - \frac{y^2}{2} + 2y\right]_{-2}^{1} \\ &= \left(-\frac{1}{3} - \frac{1}{2} + 2\right) - \left(\frac{8}{3} - 2 - 4\right) \\ &= \frac{9}{2}. \end{aligned}$$

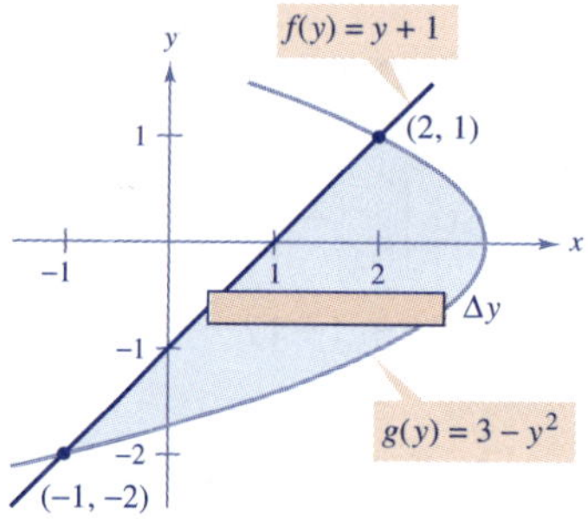

Retângulos horizontais (integração em relação a y).
Figura 7.9

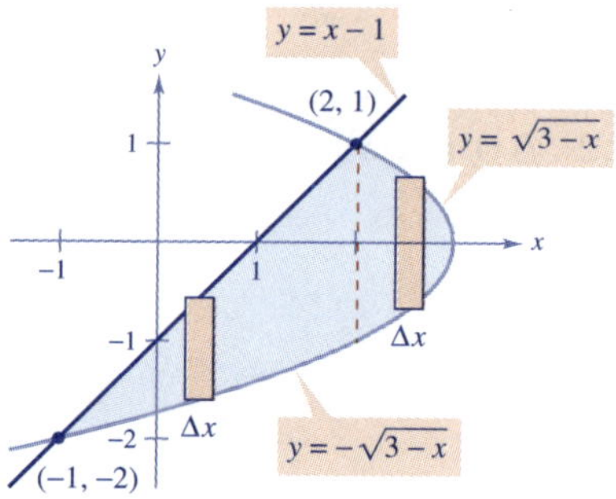

Retângulos verticais (integração em relação a x).
Figura 7.10

Note que, no Exemplo 5, na integração em relação à variável y é necessário somente o cálculo de uma integral. Se você integrar em relação a x, serão necessárias duas integrais porque a fronteira superior mudará em $x = 2$, como mostra a Figura 7.10.

$$\begin{aligned} A &= \int_{-1}^{2} \left[(x - 1) + \sqrt{3 - x}\right] dx + \int_{2}^{3} \left(\sqrt{3 - x} + \sqrt{3 - x}\right) dx \\ &= \int_{-1}^{2} \left[x - 1 + (3 - x)^{1/2}\right] dx + 2\int_{2}^{3} (3 - x)^{1/2}\,dx \\ &= \left[\frac{x^2}{2} - x - \frac{(3 - x)^{3/2}}{3/2}\right]_{-1}^{2} - 2\left[\frac{(3 - x)^{3/2}}{3/2}\right]_{2}^{3} \\ &= \left(2 - 2 - \frac{2}{3}\right) - \left(\frac{1}{2} + 1 - \frac{16}{3}\right) - 2(0) + 2\left(\frac{2}{3}\right) \\ &= \frac{9}{2} \end{aligned}$$

Integração como um Processo Acumulativo

Nesta seção, a fórmula de integração para área entre curvas foi desenvolvida usando retângulos como *elementos representativos.* Para cada nova aplicação nas seções restantes deste capítulo, um elemento representativo apropriado será construído usando as fórmulas já conhecidas do pré-cálculo. Cada fórmula de integração será obtida somando ou acumulando todos os seus elementos representativos.

Fórmula conhecida no pré-calculo ⇨ Elemento representativo ⇨ Nova Fórmula de integração

Por exemplo, nesta seção a fórmula de área foi desenvolvida como segue:

$A = (\text{altura})(\text{largura})$ ⇨ $\Delta A = [f(x) - g(x)]\,\Delta x$ ⇨ $A = \int_a^b [f(x) - g(x)]\,dx$

EXEMPLO 6 Descrevendo Integração como um Processo Acumulativo

Calcule a área da região limitada pelo gráfico de $y = 4 - x^2$ e pelo eixo x. Descreva a integração como um processo acumulativo.

Solução A área da região é dada por

$$A = \int_{-2}^{2} (4 - x^2)\,dx.$$

Você pode imaginar a integral como um processo de acumulação das áreas dos retângulos formados quando o retângulo representativo percorre de $x = -2$ até $x = 2$, como mostra a Figura 7.11.

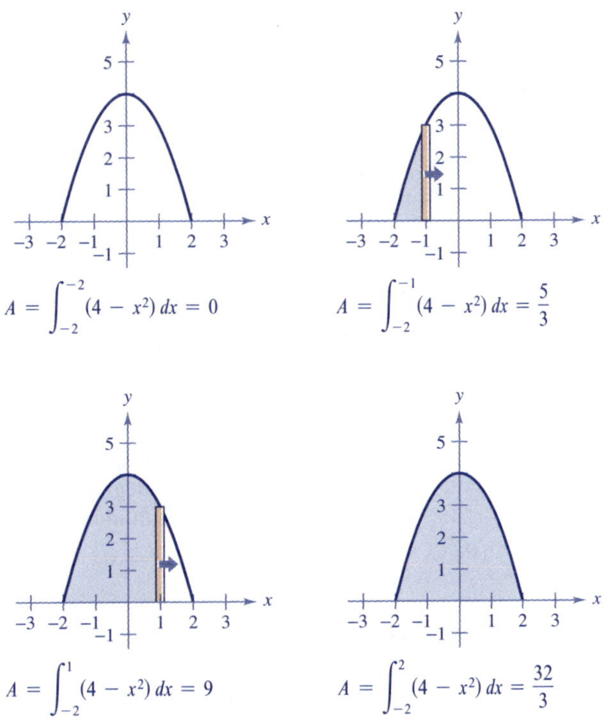

Figura 7.11

Exercícios da Seção 7.1

Nos Exercícios 1 a 6, estabeleça a integral definida que fornece a área da região.

1. $f(x) = x^2 - 6x$
$g(x) = 0$

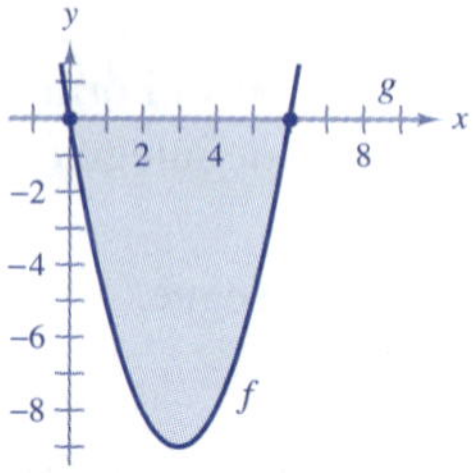

2. $f(x) = x^2 + 2x + 1$
$g(x) = 2x + 5$

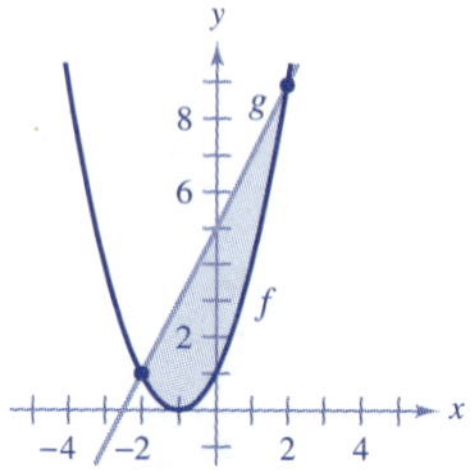

3. $f(x) = x^2 - 4x + 3$
$g(x) = -x^2 + 2x + 3$

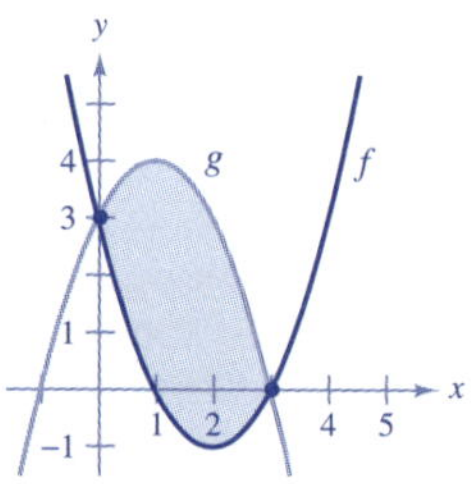

4. $f(x) = x^2$
$g(x) = x^3$

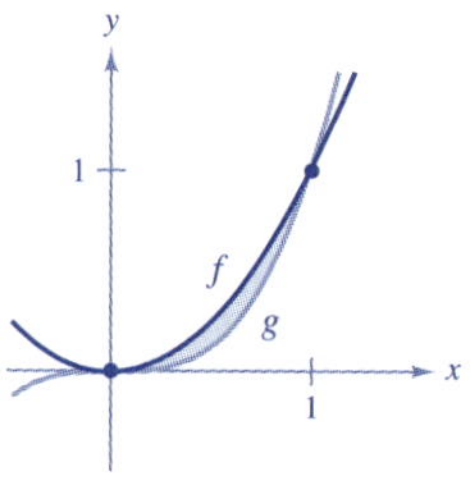

5. $f(x) = 3(x^3 - x)$
$g(x) = 0$

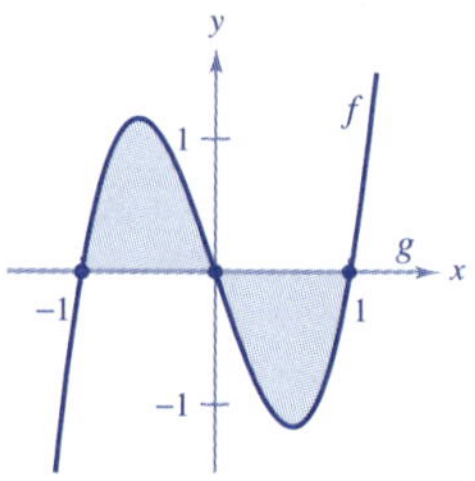

6. $f(x) = (x - 1)^3$
$g(x) = x - 1$

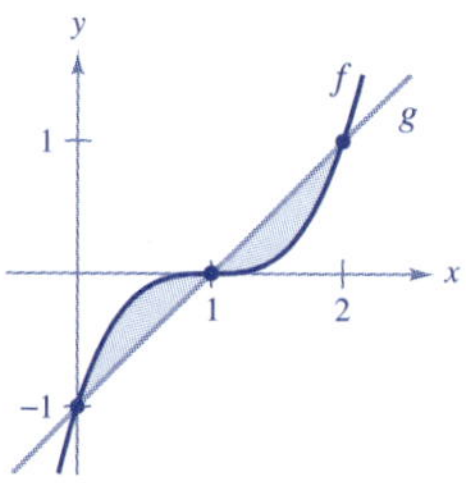

Nos Exercícios 7 a 12, o integrando da integral definida é a diferença de duas funções. Esboce o gráfico de cada uma das funções e sombreie a região cuja área é representada pela integral.

7. $\displaystyle\int_0^4 \left[(x + 1) - \frac{x}{2}\right] dx$

8. $\displaystyle\int_{-1}^1 [(1 - x^2) - (x^2 - 1)]\, dx$

9. $\displaystyle\int_0^6 \left[4(2^{-x/3}) - \frac{x}{6}\right] dx$

10. $\displaystyle\int_2^3 \left[\left(\frac{x^3}{3} - x\right) - \frac{x}{3}\right] dx$

11. $\displaystyle\int_{-\pi/3}^{\pi/3} (2 - \sec x)\, dx$

12. $\displaystyle\int_{-\pi/4}^{\pi/4} (\sec^2 x - \cos x)\, dx$

Nos Exercícios 13 e 14, calcule a área da região pela integração (a) em relação à variável *x* e (b) em relação à variável *y*.

13. $x = 4 - y^2$
$x = y - 2$

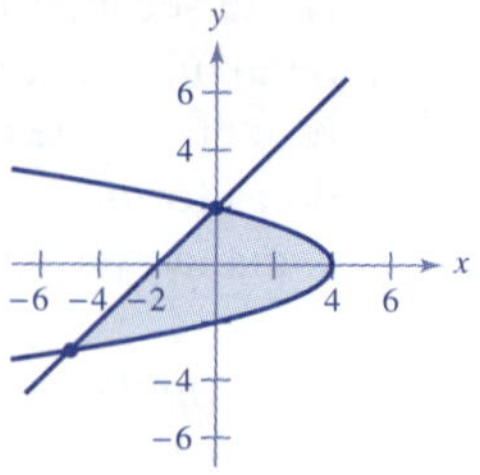

14. $y = x^2$
$y = 6 - x$

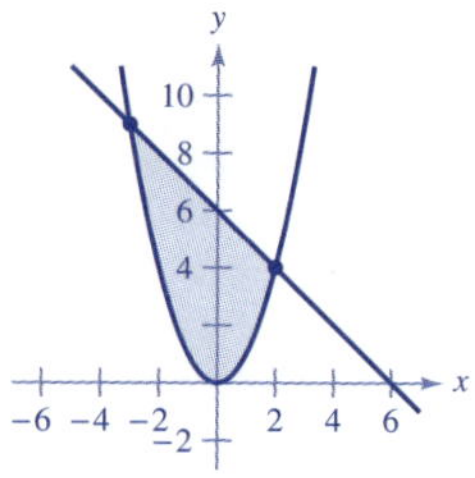

Para Pensar **Nos Exercícios 15 e 16, determine qual valor estima melhor a área da região limitada pelos gráficos de *f* e *g*. (Faça sua escolha com base no esboço da região, sem efetuar os cálculos.)**

15. $f(x) = x + 1, \quad g(x) = (x - 1)^2$
(a) -2 (b) 2 (c) 10 (d) 4 (e) 8

16. $f(x) = 2 - \frac{1}{2}x, \quad g(x) = 2 - \sqrt{x}$
(a) 1 (b) 6 (c) -3 (d) 3 (e) 4

Nos Exercícios 17 a 32, esboce a região limitada pelos gráficos das funções e ache a área da região.

17. $y = \frac{1}{2}x^3 + 2,\ y = x + 1,\ x = 0,\ x = 2$

18. $y = -\frac{3}{8}x(x - 8),\ y = 10 - \frac{1}{2}x,\ x = 2,\ x = 8$

19. $f(x) = x^2 - 4x,\ g(x) = 0$

20. $f(x) = -x^2 + 4x + 1,\ g(x) = x + 1$

21. $f(x) = x^2 + 2x + 1,\ g(x) = 3x + 3$

22. $f(x) = -x^2 + 4x + 2,\ g(x) = x + 2$

23. $y = x,\ y = 2 - x,\ y = 0$

24. $y = \dfrac{1}{x^2},\ y = 0,\ x = 1,\ x = 5$

25. $f(x) = \sqrt{3x} + 1,\ g(x) = x + 1$

26. $f(x) = \sqrt[3]{x - 1},\ g(x) = x - 1$

27. $f(y) = y^2,\ g(y) = y + 2$

28. $f(y) = y(2 - y),\ g(y) = -y$

29. $f(y) = y^2 + 1,\ g(y) = 0,\ y = -1,\ y = 2$

30. $f(y) = \dfrac{y}{\sqrt{16 - y^2}},\ g(y) = 0,\ y = 3$

31. $f(x) = \dfrac{10}{x},\ x = 0,\ y = 2,\ y = 10$

32. $g(x) = \dfrac{4}{2 - x},\ y = 4,\ x = 0$

Nos Exercícios 33 a 42, (a) utilize uma ferramenta gráfica para desenhar a região limitada pelos gráficos das equações, (b) determine a área da região, e (c) utilize a função ↔ (os recursos de integração) de uma ferramenta gráfica para verificar seus resultados.

33. $f(x) = x(x^2 - 3x + 3),\ g(x) = x^2$

34. $f(x) = x^3 - 2x + 1,\ g(x) = -2x,\ x = 1$

35. $y = x^2 - 4x + 3,\ y = 3 + 4x - x^2$

36. $y = x^4 - 2x^2,\ y = 2x^2$

37. $f(x) = x^4 - 4x^2,\ g(x) = x^2 - 4$

38. $f(x) = x^4 - 4x^2,\ g(x) = x^3 - 4x$

39. $f(x) = 1/(1 + x^2), \quad g(x) = \frac{1}{2}x^2$

40. $f(x) = 6x/(x^2 + 1), \quad y = 0, \quad 0 \le x \le 3$

41. $y = \sqrt{1 + x^3}, \quad y = \frac{1}{2}x + 2, \quad x = 0$

42. $y = x\sqrt{\dfrac{4 - x}{4 + x}}, \quad y = 0, \quad x = 4$

Nos Exercícios 43 a 48, esboce a região limitada pelos gráficos das funções e calcule a área da região.

43. $f(x) = 2 \operatorname{sen} x, \quad g(x) = \operatorname{tg} x, \quad -\dfrac{\pi}{3} \le x \le \dfrac{\pi}{3}$

44. $f(x) = \operatorname{sen} x, \quad g(x) = \cos 2x, \quad -\dfrac{\pi}{2} \le x \le \dfrac{\pi}{6}$

45. $f(x) = \cos x, \ g(x) = 2 - \cos x, \ 0 \le x \le 2\pi$

46. $f(x) = \sec \dfrac{\pi x}{4} \operatorname{tg} \dfrac{\pi x}{4}, \ g(x) = (\sqrt{2} - 4)x + 4, \quad x = 0$

47. $f(x) = xe^{-x^2}, \quad y = 0, \quad 0 \le x \le 1$

48. $f(x) = 3^x, \quad g(x) = 2x + 1$

Nos Exercícios 49 a 52, (a) utilize uma ferramenta gráfica para desenhar a região limitada pelos gráficos das equações, (b) determine a área da região, e (c) utilize a função de integração de uma ferramenta gráfica para verificar seus resultados.

49. $f(x) = 2 \operatorname{sen} x + \operatorname{sen} 2x, \quad y = 0, \quad 0 \le x \le \pi$

50. $f(x) = 2 \operatorname{sen} x + \cos 2x, \quad y = 0, \quad 0 < x \le \pi$

51. $f(x) = \dfrac{1}{x^2}e^{1/x}, \quad y = 0, \quad 1 \le x \le 3$

52. $g(x) = \dfrac{4 \ln x}{x}, \quad y = 0, \quad x = 5$

Nos Exercícios 53 a 56, (a) utilize uma ferramenta gráfica para desenhar a região limitada pelos gráficos das equações, (b) explique por que é difícil achar a área da região fazendo os cálculos à mão, e (c) utilize a função de integração de uma ferramenta gráfica para estimar a área com precisão até a quarta casa decimal.

53. $y = \sqrt{\dfrac{x^3}{4 - x}}, \quad y = 0, \quad x = 3$

54. $y = \sqrt{x}\, e^x, \quad y = 0, \quad x = 0, \quad x = 1$

55. $y = x^2, \quad y = 4 \cos x$

56. $y = x^2, \quad y = \sqrt{3 + x}$

Nos Exercícios 57 a 60, determine a função acumulação *F*. A seguir, calcule *F* para cada valor da variável independente e mostre graficamente a área dada por cada valor de *F*.

57. $F(x) = \displaystyle\int_0^x \left(\tfrac{1}{2}t + 1\right) dt$ (a) $F(0)$ (b) $F(2)$ (c) $F(6)$

58. $F(x) = \displaystyle\int_0^x \left(\tfrac{1}{2}t^2 + 2\right) dt$ (a) $F(0)$ (b) $F(4)$ (c) $F(6)$

59. $F(\alpha) = \displaystyle\int_{-1}^{\alpha} \cos \frac{\pi\theta}{2}\, d\theta$ (a) $F(-1)$ (b) $F(0)$ (c) $F(\frac{1}{2})$

60. $F(y) = \displaystyle\int_{-1}^{y} 4e^{x/2}\, dx$ (a) $F(-1)$ (b) $F(0)$ (c) $F(4)$

Nos Exercícios 61 a 64, utilize a integração para determinar a área da figura que tem os vértices dados.

61. $(2, -3), (4, 6), (6, 1)$

62. $(0, 0), (a, 0), (b, c)$

63. $(0, 2), (4, 2), (0, -2), (-4, -2)$

64. $(0, 0), (1, 2), (3, -2), (1, -3)$

65. ***Integração Numérica*** Estime a área da superfície do gramado do campo de golfe usando (a) a Regra dos Trapézios e (b) a Regra de Simpson.

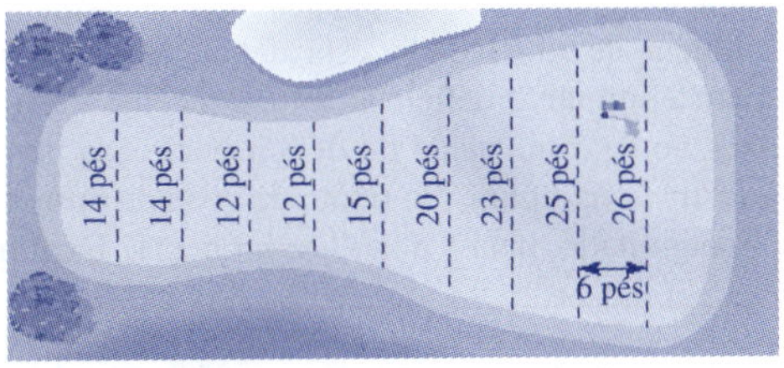

66. ***Integração Numérica*** Estime a área da superfície do gramado do campo de golfe usando (a) a Regra dos Trapézios e (b) a Regra de Simpson.

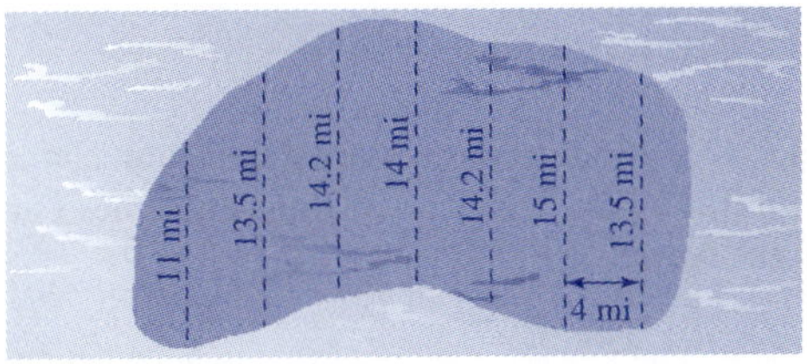

Nos Exercícios 67 a 70, escreva e calcule a integral definida que fornece a área da região limitada pelo gráfico da função e a reta tangente ao gráfico no ponto dado.

67. $f(x) = x^3, \quad (1, 1)$

68. $y = x^3 - 2x, \quad (-1, 1)$

69. $f(x) = \dfrac{1}{x^2 + 1}, \quad \left(1, \dfrac{1}{2}\right)$

70. $y = \dfrac{2}{1 + 4x^2}, \quad \left(\dfrac{1}{2}, 1\right)$

Questões Conceituais

71. Os gráficos de $y = x^4 - 2x^2 + 1$ e $y = 1 - x^2$ se interceptam em três pontos. Entretanto, a área entre as duas curvas *pode* ser determinada através de uma única integral. Explique por que, e escreva uma integral que forneça esta área.

72. A área da região limitada pelos gráficos de $y = x^3$ e $y = x$ *não pode* ser determinada por uma única integral $\int_{-1}^{1} (x^3 - x)\, dx$. Explique por que. Utilize simetria para representar esta área com uma integral única.

73. Um estudante universitário tem duas ofertas de emprego. O salário inicial de cada uma é \$ 32.000,00 e depois de 8 anos de serviço, ambas pagarão \$ 54.000,00. O aumento de salário de cada uma das propostas de emprego é mostrado na figura. Exclusivamente sob o aspecto monetário, qual é a melhor oferta?

Questões Conceituais *(Continuação)*

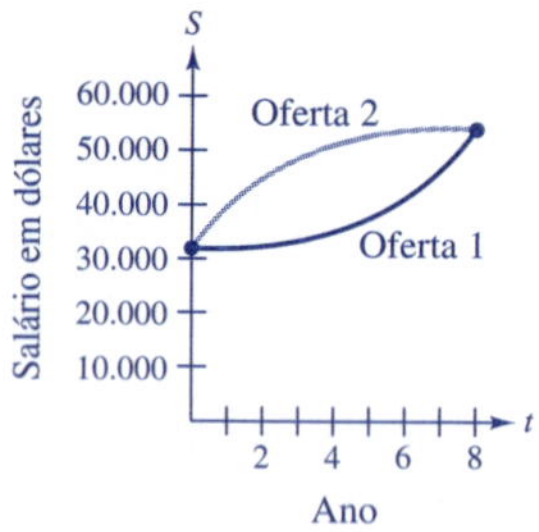

Figura do Exercício 73

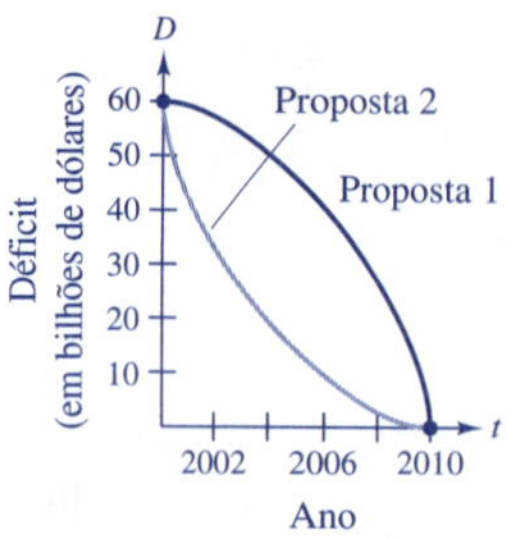

Figura do Exercício 74

74. A Assembléia de um Estado está debatendo duas propostas para eliminar o déficit anual da receita até o ano 2010. A razão de diminuição do déficit para cada proposta está mostrada na figura. Do ponto de vista de minimizar o déficit acumulado, qual é a melhor proposta? Explique.

Nos Exercícios 75 e 76, determine b tal que a reta $y = b$ divida a região limitada pelos gráficos de duas equações em duas regiões de áreas iguais.

75. $y = 9 - x^2, \quad y = 0$

76. $y = 9 - |x|, \quad y = 0$

Nos Exercícios 77 e 78, determine a tal que a reta $x = a$ divida a região limitada pelos gráficos de duas equações em duas regiões de áreas iguais.

77. $y = x, \quad y = 4, \quad x = 0$

78. $y^2 = 4 - x, \quad x = 0$

Nos Exercícios 79 e 80, calcule o limite e esboce o gráfico da região cuja área é representada por este limite.

79. $\lim_{\|\Delta\| \to 0} \sum_{i=1}^{n} (x_i - x_i^2)\,\Delta x$, onde $x_i = i/n$ e $\Delta x = 1/n$

80. $\lim_{\|\Delta\| \to 0} \sum_{i=1}^{n} (4 - x_i^2)\,\Delta x$, onde $x_i = -2 + (4i/n)$ e $\Delta x = 4/n$

Receita **Nos Exercícios 81 e 82, são dados dois modelos R_1 e R_2 para a receita (medida em bilhões de dólares por ano) de uma corporação de grande porte. O modelo R_1 fornece uma projeção da receita anual entre 2000 e 2005, com $t = 0$ correspondendo a 2000, e R_2 fornece a projeção de receita se houver queda na taxa de crescimento das vendas da corporação no período. Estime a redução total da receita se as vendas da corporação realmente se aproximarem daquelas do modelo R_2.**

81. $R_1 = 7{,}21 + 0{,}58t$

$R_2 = 7{,}21 + 0{,}45t$

82. $R_1 = 7{,}21 + 0{,}26t + 0{,}02t^2$

$R_2 = 7{,}21 + 0{,}1t + 0{,}01t^2$

83. ***Modelando Dados*** A tabela mostra os totais de receita (R) e despesas (E) de um fundo de previdência, em bilhões de dólares. O tempo t é medido em anos, sendo $t = 1$ correspondente a 1991. (*Fonte*: *Social Security Administration*.)

t	1	2	3	4	5	6
R	299,3	311,2	323,3	328,3	342,8	363,7
E	245,6	259,9	273,1	284,1	297,8	308,2

t	7	8	9	10	11
R	397,2	424,8	457,0	490,5	518,1
E	322,1	332,3	339,9	358,3	377,5

(a) Utilize uma ferramenta gráfica para aproximar os dados de receita por um modelo exponencial. Faça o gráfico mostrando os dados e o modelo.

(b) Utilize uma ferramenta gráfica para aproximar os dados de despesas por um modelo exponencial. Faça um gráfico mostrando os dados e o modelo.

(c) Se os modelos forem considerados bons para o período entre os anos de 2002 e 2007, utilize a integração para estimar o excedente de renda gerado durante esses anos.

(d) Os modelos gerados nos itens (a) e (b) se interceptam? Explique. Baseado em sua resposta e nos novos dados sobre o fundo, estes modelos servem para uma análise a longo prazo?

84. ***Curva de Lorenz*** Economistas utilizam a curva de Lorenz para ilustrar a distribuição de renda em um país. Uma curva de Lorenz, $y = f(x)$, representa a distribuição de renda real de um país. Neste modelo, x representa a porcentagem de famílias deste país e y representa a porcentagem da renda total. O modelo $y = x$ representa um país em que todas as famílias têm a mesma renda. A área entre estes modelos, onde $0 \leq x \leq 100$, indica a "desigualdade da renda" do país. A tabela abaixo lista as porcentagens de renda y e as porcentagens de famílias x em um país.

x	10	20	30	40	50
y	3,35	6,07	9,17	13,39	19,45

x	60	70	80	90
y	28,03	39,77	55,28	75,12

(a) Utilize uma ferramenta gráfica para achar um modelo quadrático para a curva de Lorenz.

(b) Faça o gráfico mostrando os dados e o modelo.

(c) Faça o gráfico de $y = x$. Como este modelo se compara com o obtido no item (a)?

(d) Utilize a função integração de uma ferramenta gráfica e estime a "desigualdade de renda".

85. ***Lucro*** O chefe do departamento financeiro de uma companhia mostra que os lucros do último ano fiscal foram de \$ 893.000. Ele prediz que nos próximos 5 anos, os lucros aumentarão de forma contínua a uma taxa anual entre $3\frac{1}{2}\%$ e 5%. Calcule a diferença acumulada no lucro total dos 5 anos com base na variação da predição das taxas.

86. ***Área*** A região sombreada na figura consiste de todos os pontos cuja distância até o centro do quadrado seja menor que sua distância até as laterais. Determine a área desta região.

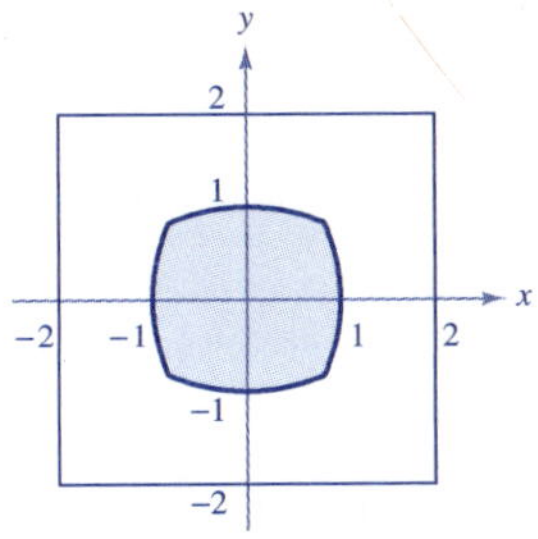

Figura do Exercício 86

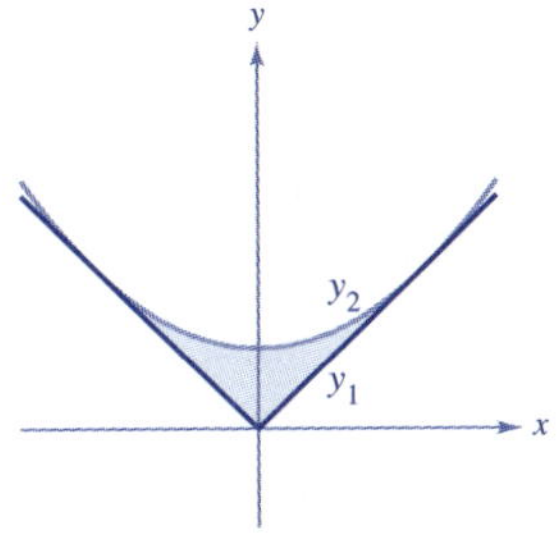

Figura do Exercício 87

87. ***Projeto Mecânico*** A superfície de uma parte de uma máquina é a região entre os gráficos das funções $y_1 = |x|$ e $y_2 = 0{,}08x^2 + k$ (veja a figura).

(a) Determine o valor de k se a parábola é tangente ao gráfico de y_1.

(b) Determine a área da superfície desta parte da máquina.

88. ***Projeto de Construção*** Peças de concreto para um novo edifício têm as dimensões (em metros) e o formato mostrados na figura.

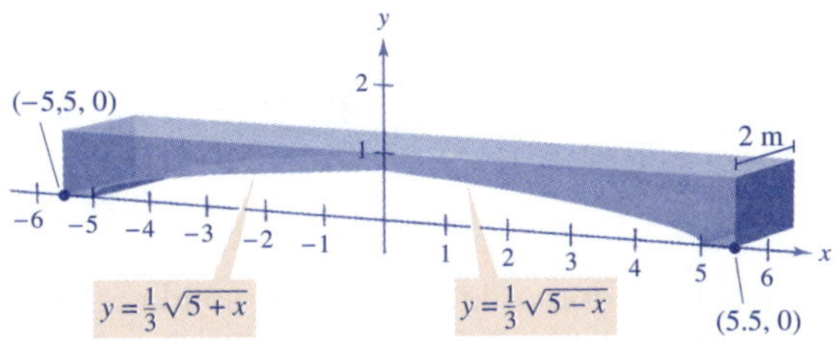

(a) Determine a área da face da secção que está no sistema de eixos coordenados retangulares.

(b) Determine o volume de concreto em uma das secções multiplicando a área obtida no item (a) por 2 metros.

(c) Um metro cúbico de concreto pesa 5.000 libras. Determine o peso desta peça.

89. ***Projeto de Construção*** Para diminuir o peso e ajudar no endurecimento do processo, as peças de concreto do Exercício 88 são freqüentemente ocas. Refaça o Exercício 88 permitindo aberturas cilíndricas tais como as mostradas na figura.

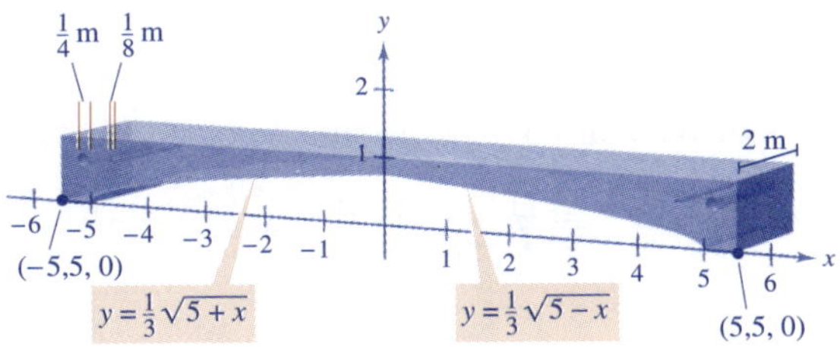

Verdadeiro ou Falso? **Nos Exercícios 90 a 92, determine se a afirmação é verdadeira ou falsa. Se for falsa, explique por que ou dê um exemplo mostrando que é falsa.**

90. Se a área de uma região limitada pelo gráfico de f e de g é 1, então a área da região limitada pelos gráficos de $h(x) = f(x) + C$ e de $k(x) = g(x) + C$ também é 1.

91. Se $\displaystyle\int_a^b [f(x) - g(x)]\,dx = A$,

então $\displaystyle\int_a^b [g(x) - f(x)]\,dx = -A$.

92. Se os gráficos de f e g se interceptam no ponto médio de $x = a$ e $x = b$, então

$$\int_a^b [f(x) - g(x)]\,dx = 0.$$

93. ***Área*** Determine a área entre o gráfico de $y = \operatorname{sen} x$ e o segmento de reta que liga os pontos $(0, 0)$ e $\left(\frac{7\pi}{6}, -\frac{1}{2}\right)$, como mostra a figura.

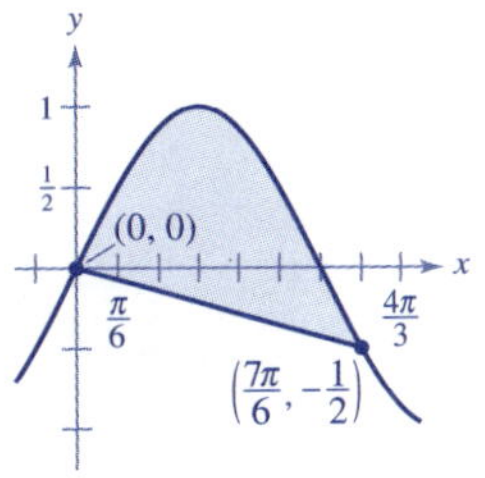

94. ***Área*** Seja $a > 0$ e $b > 0$. Mostre que a área da elipse

$$\frac{x^2}{a^2} + \frac{y^2}{b^2} = 1$$

é πab (veja a figura).

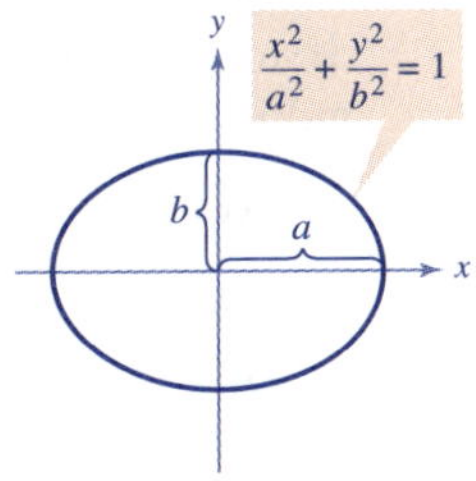

Desafio Putnam

95. A reta horizontal $y = c$ intercepta a curva $y = 2x - 3x^3$ no primeiro quadrante como mostra a figura. Determine c para que as áreas das duas regiões sombreadas sejam iguais.

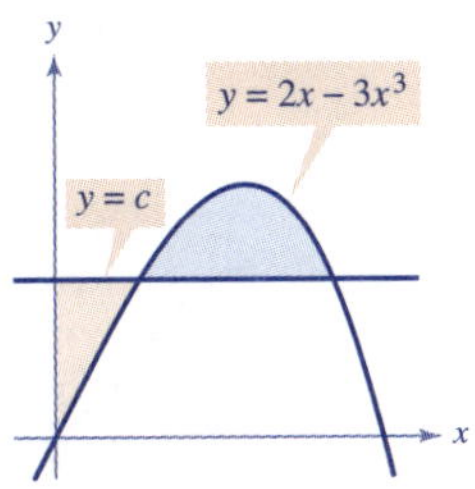

Este problema foi formulado pelo Committee on the Putnam Prize Competition.

Seção 7.2 Volume: O Método dos Discos

- **Calcular o volume de um sólido de revolução usando o método dos discos.**
- **Calcular o volume de um sólido de revolução utilizando o método das arruelas.**
- **Calcular o volume de um sólido de seções transversais conhecidas.**

Método dos Discos

No Capítulo 4 mencionamos que a área é somente uma das *muitas* aplicações da integral definida. Outra importante aplicação é no cálculo do volume de um sólido tridimensional. Nesta seção estudaremos um caso particular de sólidos tridimensionais — aqueles com seções transversais de mesma forma. Sólidos de revolução são muito usados tanto em engenharia quanto em manufatura. Alguns exemplos são: eixo, funil, garrafa, pastilha, pistão, mostrados na Figura 7.12.

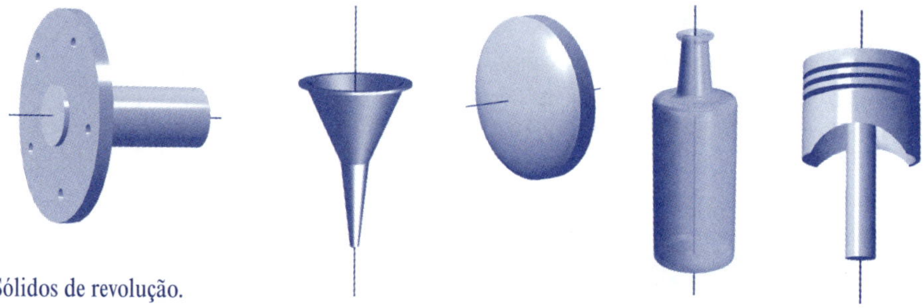

Sólidos de revolução.
Figura 7.12

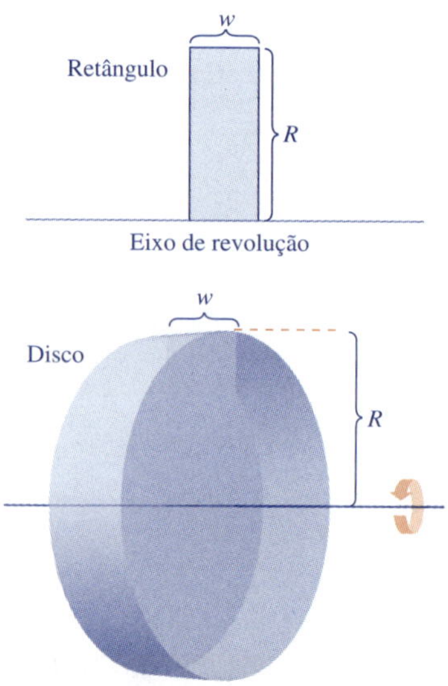

Volume de um disco: $\pi R^2 w$.
Figura 7.13

Se girarmos uma região no plano em torno de uma reta, o sólido resultante é um **sólido de revolução**, e a reta é chamada de **eixo de revolução**. O mais simples destes sólidos é um cilindro circular reto ou um **disco**, que é obtido girando um retângulo, como mostra a Figura 7.13. O volume deste disco é

$$\text{Volume do disco} = (\text{área do disco})\,(\text{espessura do disco}) = \pi R^2 w$$

onde R é o raio do disco e w a espessura deste.

Para ver como usar o volume do disco para achar o volume de um sólido geral de revolução, considere o sólido de revolução formado pela rotação da região do plano na Figura 7.14 em torno do eixo indicado. Para achar o volume deste sólido, considere um retângulo representativo na região do plano. Quando giramos esse retângulo em torno do eixo, ele gera um disco representativo cujo volume é

$$\Delta V = \pi R^2 \Delta x.$$

A aproximação do volume deste sólido por n discos de espessura Δx e raio $R(x_i)$ fornece

$$\text{Volume do sólido} \approx \sum_{i=1}^{n} \pi [R(x_i)]^2\,\Delta x \quad = \pi \sum_{i=1}^{n} [R(x_i)]^2\,\Delta x.$$

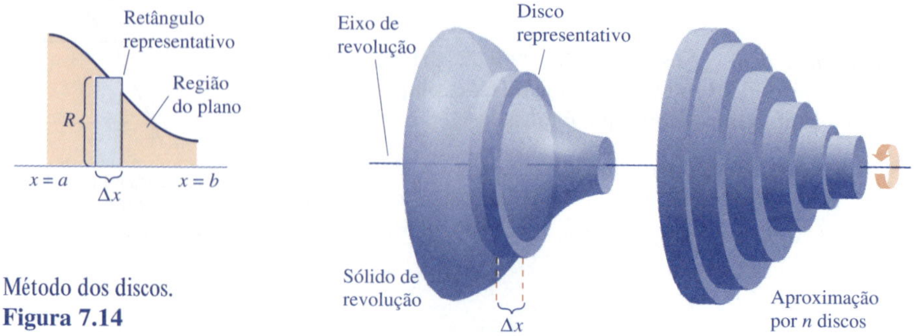

Método dos discos.
Figura 7.14

Esta aproximação se torna cada vez melhor quando $\|\Delta\| \to 0$ $(n \to \infty)$. Assim,

$$\text{Volume do sólido} = \lim_{\|\Delta\| \to 0} \pi \sum_{i=1}^{n} [R(x_i)]^2 \, \Delta x = \pi \int_a^b [R(x)]^2 \, dx.$$

Esquematicamente, este método dos discos pode ser visto como segue.

Fórmulas Conhecidas do Pré-cálculo		*Elemento Representativo*		*Nova Fórmula de Integração*
Volume do disco $V = \pi R^2 w$	⇨	$\Delta V = \pi[R(x_i)]^2 \, \Delta x$	⇨	Sólido de revolução $V = \pi \int_a^b [R(x)]^2 \, dx$

Uma fórmula semelhante pode ser obtida se o eixo de revolução é vertical.

Método dos Discos

Para determinar o volume de um sólido de revolução pelo **método dos discos**, use uma das fórmulas abaixo, como mostra a Figura 7.15.

Eixo de Revolução Horizontal	*Eixo de Revolução Vertical*
$\text{Volume} = V = \pi \int_a^b [R(x)]^2 \, dx$	$\text{Volume} = V = \pi \int_c^d [R(y)]^2 \, dy$

NOTA Na Figura 7.15, observe que você pode determinar a variável de integração colocando o retângulo representativo na região do plano "perpendicular" ao eixo de revolução. Se a largura do retângulo é Δx, integre em relação a x, e se a largura do retângulo é Δy, integre em relação a y.

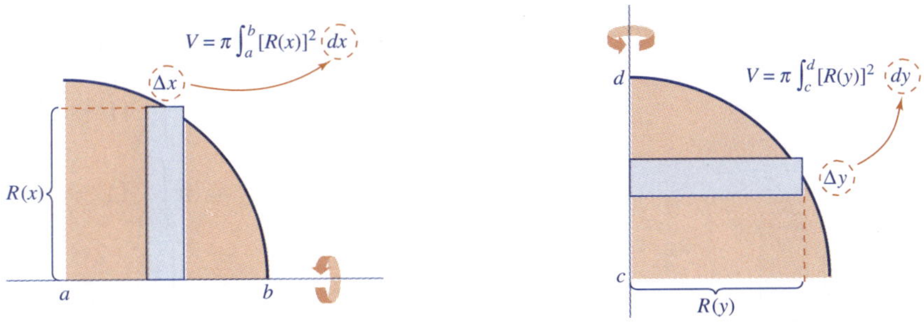

Eixo de revolução horizontal. Eixo de revolução vertical.

Figura 7.15

A aplicação mais simples do método dos discos trata de uma região do plano limitada pelo gráfico de uma função f e pelo eixo x. Se o eixo de revolução é o próprio eixo x, o raio $R(x)$ é simplesmente $f(x)$.

EXEMPLO 1 Usando o Método dos Discos

Calcule o volume do sólido formado girando a região limitada entre o gráfico da função

$$f(x) = \sqrt{\text{sen}\, x}$$

e o eixo x $(0 \le x \le \pi)$ ao redor do eixo x.

Solução Do retângulo representativo no gráfico superior da Figura 7.16, podemos ver que o raio do sólido é

$$R(x) = f(x)$$
$$= \sqrt{\text{sen}\, x}.$$

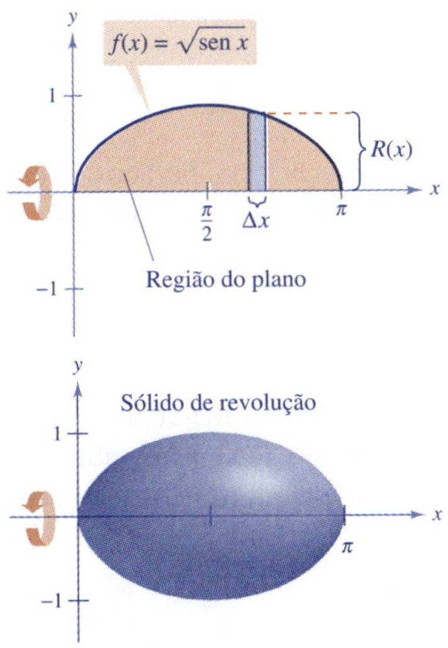

Figura 7.16

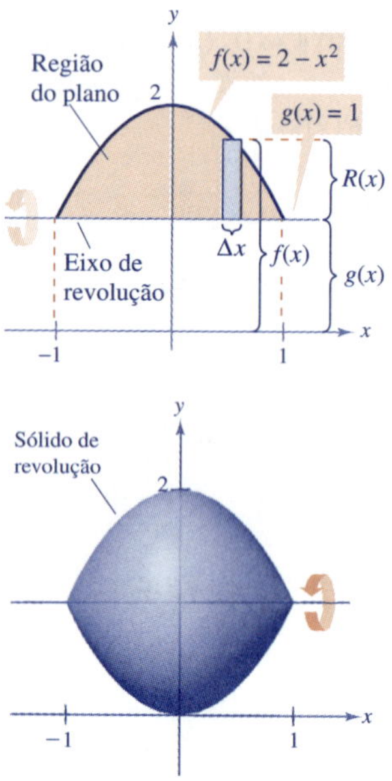

Figura 7.17

Assim, o volume do sólido de revolução é

$$\begin{aligned}
V &= \pi \int_a^b [R(x)]^2\, dx = \pi \int_0^{\pi} \left(\sqrt{\operatorname{sen} x}\right)^2 dx && \text{Aplique o método dos discos} \\
&= \pi \int_0^{\pi} \operatorname{sen} x\, dx && \text{Simplifique} \\
&= \pi \Big[-\cos x\Big]_0^{\pi} && \text{Integre} \\
&= \pi(1 + 1) \\
&= 2\pi.
\end{aligned}$$

EXEMPLO 2 Revolução em Torno de uma Reta Que Não É um Eixo Coordenado

Calcule o volume do sólido formado girando a região limitada por

$$f(x) = 2 - x^2$$

e por $g(x) = 1$ em torno da reta $y = 1$, como mostra a Figura 7.17.

Solução Igualando $f(x)$ e $g(x)$, determinamos os pontos de intersecção $x = \pm 1$. Para achar o raio, subtraímos $g(x)$ de $f(x)$

$$\begin{aligned}
R(x) &= f(x) - g(x) \\
&= (2 - x^2) - 1 \\
&= 1 - x^2
\end{aligned}$$

Finalmente, integramos entre -1 e 1 para achar o volume.

$$\begin{aligned}
V &= \pi \int_a^b [R(x)]^2\, dx = \pi \int_{-1}^{1} (1 - x^2)^2\, dx && \text{Aplique o método dos discos} \\
&= \pi \int_{-1}^{1} (1 - 2x^2 + x^4)\, dx && \text{Simplifique} \\
&= \pi \left[x - \frac{2x^3}{3} + \frac{x^5}{5}\right]_{-1}^{1} && \text{Integre} \\
&= \frac{16\pi}{15}
\end{aligned}$$

Método das Arruelas

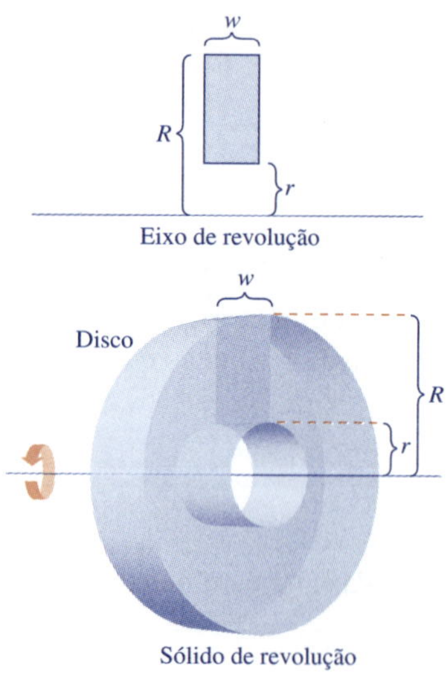

Figura 7.18

O método dos discos pode ser estendido para sólidos de revolução com buracos, substituindo o disco representativo por uma **arruela**. A arruela é formada pela revolução de um retângulo em torno de um eixo, como mostra a Figura 7.18. Se r e R são os raios interno e externo da arruela e w sua espessura, o volume é dado por

$$\text{Volume da arruela} = \pi(R^2 - r^2)w.$$

Para ver como este conceito pode ser usado para calcular o volume de um sólido de revolução, considere a região limitada por um **raio externo** $R(x)$ e por um **raio interno** $r(x)$, como mostra a Figura 7.19. Se esta região é girada em torno de seu eixo de revolução, o volume do sólido resultante é dado por

$$V = \pi \int_a^b \left([R(x)]^2 - [r(x)]^2\right) dx. \qquad \text{Método das arruelas}$$

Note que a integral do raio interno representa o volume do buraco e é *subtraída* da integral do raio externo.

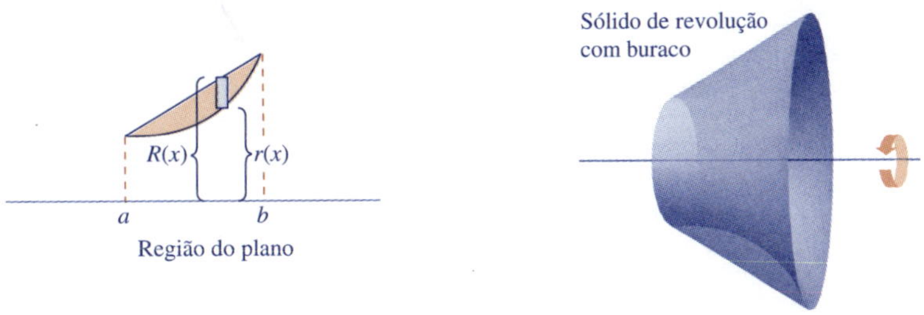

Figura 7.19

EXEMPLO 3 Usando o Método das Arruelas

Calcule o volume do sólido formado pela revolução da região limitada pelos gráficos das funções $y = \sqrt{x}$ e $y = x^2$ em torno do eixo x, como mostra a Figura 7.20.

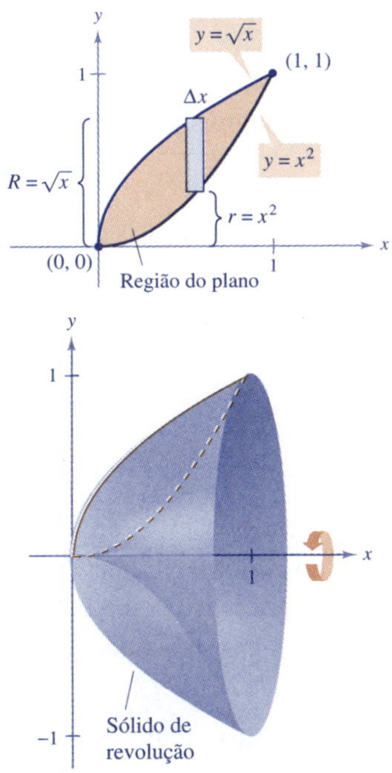

Sólido de revolução.
Figura 7.20

Solução Na Figura 7.20, podemos ver que os raios externo e interno são os seguintes:

$$R(x) = \sqrt{x} \qquad \text{Raio externo}$$

$$r(x) = x^2 \qquad \text{Raio interno}$$

Integrando entre 0 e 1 obtemos

$$V = \pi\int_a^b ([R(x)]^2 - [r(x)]^2)\,dx \qquad \text{Aplique o método das arruelas}$$

$$= \pi\int_0^1 \left[\left(\sqrt{x}\right)^2 - (x^2)^2\right] dx$$

$$= \pi\int_0^1 (x - x^4)\,dx \qquad \text{Simplifique}$$

$$= \pi\left[\frac{x^2}{2} - \frac{x^5}{5}\right]_0^1 \qquad \text{Integre}$$

$$= \frac{3\pi}{10}.$$

Em cada exemplo até aqui o eixo de revolução era *horizontal* e integramos em relação à variável x. No próximo exemplo, o eixo de revolução será *vertical* e integraremos em relação à variável y. Neste exemplo, você precisará de duas integrais separadas para calcular o volume.

EXEMPLO 4 Integração em Relação a y, com Duas Integrais

Calcule o volume do sólido formado pela revolução da região limitada pelos gráficos das funções $y = x^2 + 1$, $y = 0$, $x = 0$ e $x = 1$ em torno do eixo y, como mostra a Figura 7.21.

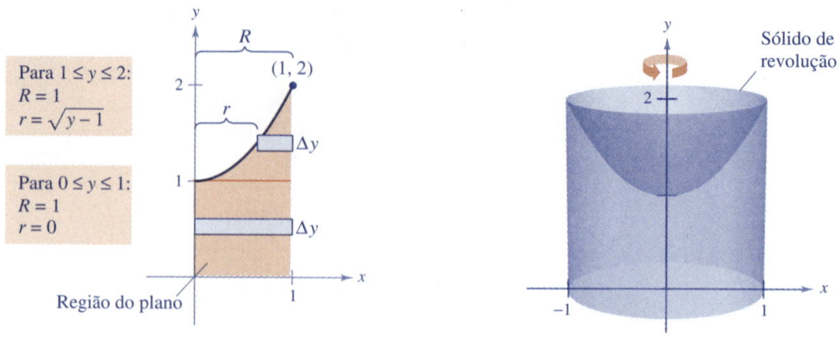

Figura 7.21

Solução Para a região mostrada na Figura 7.21, o raio externo é simplesmente $R = 1$. Não há, entretanto, uma fórmula única conveniente para representar o raio interno. Quando $0 \le y \le 1$, $r = 0$, mas quando $1 \le y \le 2$, r é determinado pela equação $y = x^2 + 1$, que fornece $r = \sqrt{y-1}$.

$$r(y) = \begin{cases} 0, & 0 \le y \le 1 \\ \sqrt{y-1}, & 1 \le y \le 2 \end{cases}$$

Utilizando esta definição do raio interno, podemos usar duas integrais para calcular o volume.

$$V = \pi\int_0^1 (1^2 - 0^2)\,dy + \pi\int_1^2 \left[1^2 - \left(\sqrt{y-1}\right)^2\right]dy \quad \text{Aplique o método das arruelas}$$

$$= \pi\int_0^1 1\,dy + \pi\int_1^2 (2-y)\,dy \quad \text{Simplifique}$$

$$= \pi\Big[y\Big]_0^1 + \pi\left[2y - \frac{y^2}{2}\right]_1^2 \quad \text{Integre}$$

$$= \pi + \pi\left(4 - 2 - 2 + \frac{1}{2}\right) = \frac{3\pi}{2}$$

Note que a primeira integral $\pi\int_0^1 1\,dy$ representa o volume do cilindro circular reto de raio 1 e altura 1. Esta parte do volume pode ser determinada sem o uso do cálculo.

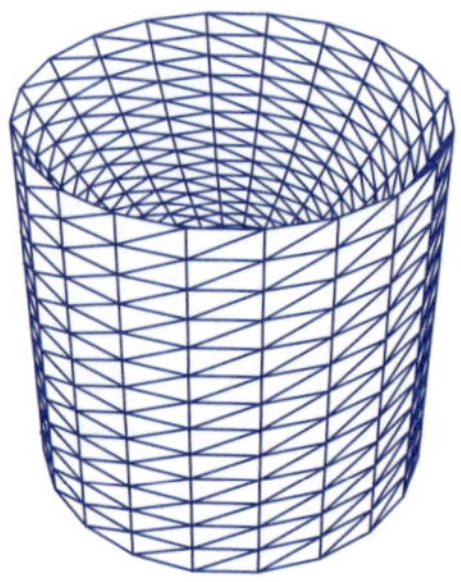

Gerado por Mathematica

Figura 7.22

TECNOLOGIA Algumas ferramentas gráficas podem gerar (ou têm um programa embutido que gera) um sólido de revolução. Se você tem acesso a esse tipo de programa, use-o para desenhar alguns dos sólidos de revolução descritos nesta seção. O sólido do Exemplo 4 fica com o aspecto apresentado na Figura 7.22.

EXEMPLO 5 Indústria

Numa indústria, um operário faz um furo pelo centro de uma esfera de metal com raio de 5 polegadas, ao longo de todo o diâmetro, como mostra a Figura 7.23(a). O furo tem um raio de 3 polegadas. Qual o volume do anel de metal resultante?

Solução Podemos imaginar o anel sendo gerado por um segmento de círculo cuja equação é $x^2 + y^2 = 25$, como mostra a Figura 7.23(b). Como o raio do buraco é de 3 polegadas, fazemos $y = 3$ e resolvemos a equação $x^2 + y^2 = 25$ para determinar que os limites de integração são $x = \pm 4$. Assim, o raio interno é $r(x) = 3$ e o externo $R(x) = \sqrt{25 - x^2}$, resultando um volume dado por:

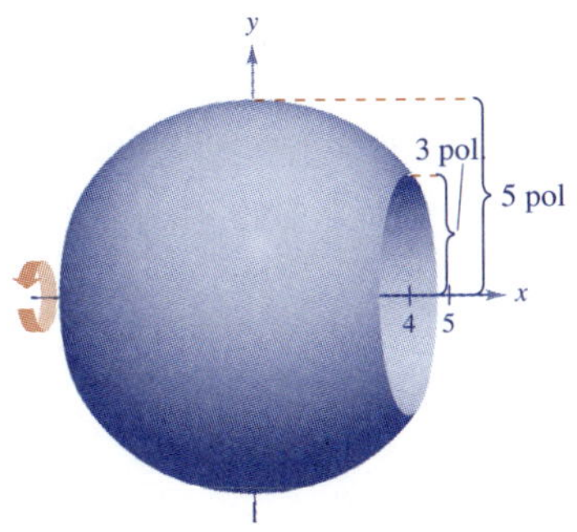

Sólido de revolução

(a)

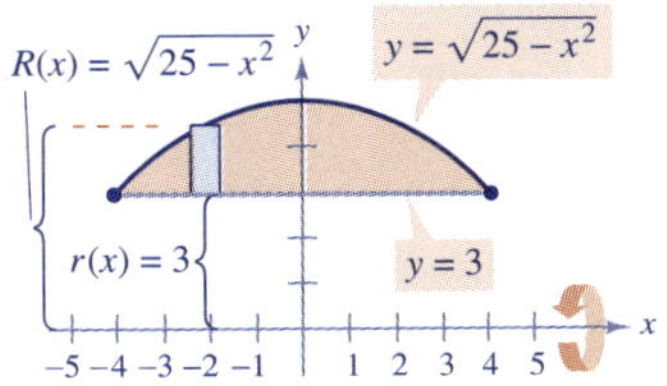

Região do plano

(b)
Figura 7.23

$$V = \pi\int_a^b ([R(x)]^2 - [r(x)]^2)\,dx = \pi\int_{-4}^{4} \left[\left(\sqrt{25 - x^2}\right)^2 - (3)^2\right] dx$$

$$= \pi\int_{-4}^{4} (16 - x^2)\,dx$$

$$= \pi\left[16x - \frac{x^3}{3}\right]_{-4}^{4}$$

$$= \frac{256\pi}{3} \text{ polegadas cúbicas}$$

Sólidos com Secção Transversal Conhecida

Com o método dos discos podemos achar o volume de sólidos que têm secção transversal circular cuja área é $A = \pi R^2$. Este método pode ser generalizado para sólidos de qualquer formato, desde que se conheça a fórmula para a área da secção transversal. Algumas secções transversais comuns são quadrados, retângulos, triângulos, semicírculos e trapézios.

Volumes de Sólidos com Secção Transversal Conhecida

1. Para secções transversais de área $A(x)$ perpendiculares ao eixo x

$$\text{Volume} = \int_a^b A(x)\,dx.$$ Veja a Figura 7.24(a)

2. Para secções transversais de área $A(y)$ perpendiculares ao eixo y

$$\text{Volume} = \int_c^d A(y)\,dy.$$ Veja a Figura 7.24(b)

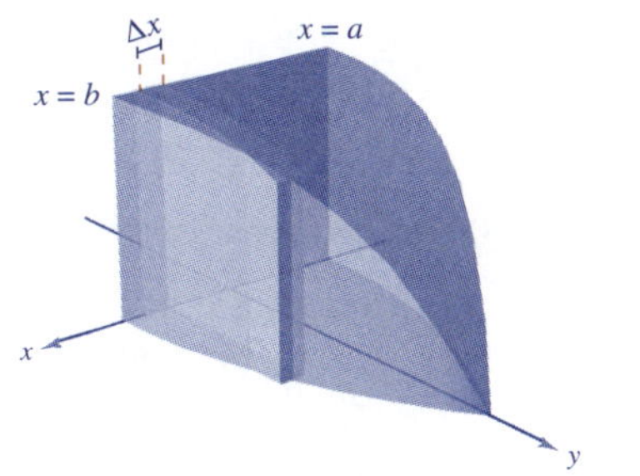

(a) Secção transversal perpendicular ao eixo x.

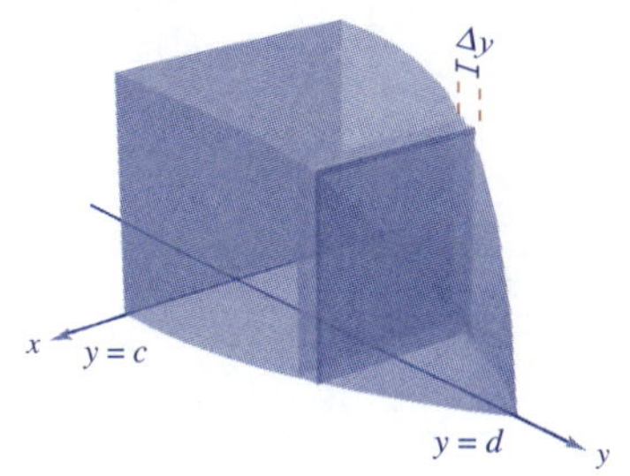

(b) Secção transversal perpendicular ao eixo y.

Figura 7.24

EXEMPLO 6 Secção Transversal Triangular

Calcule o volume do sólido mostrado na Figura 7.25. A base do sólido é a região limitada pelas retas

$$f(x) = 1 - \frac{x}{2}, \qquad g(x) = -1 + \frac{x}{2} \qquad \text{e} \qquad x = 0.$$

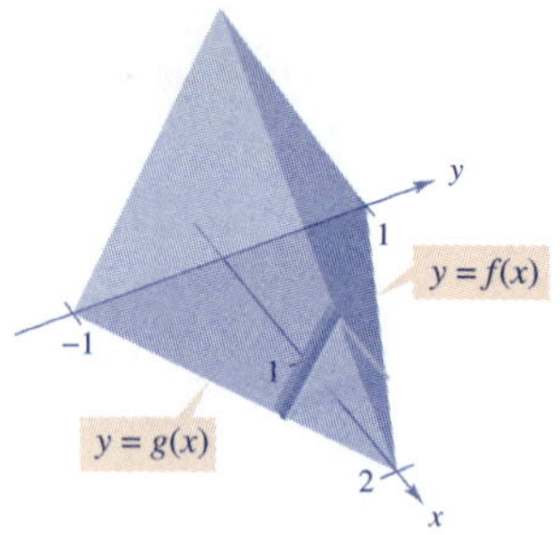

Secções transversais são triângulos eqüiláteros.

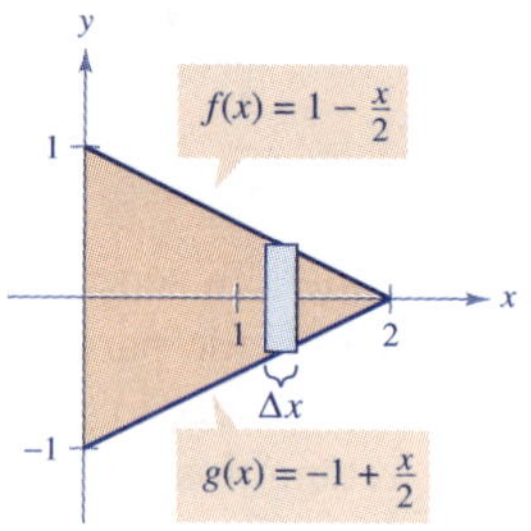

Base triangular no plano *xy*.
Figura 7.25

As secções transversais perpendiculares ao eixo x são triângulos eqüiláteros.

Solução A base e a área de cada secção transversal triangular são as seguintes:

$$\text{Base} = \left(1 - \frac{x}{2}\right) - \left(-1 + \frac{x}{2}\right) = 2 - x \qquad \text{Comprimento da base}$$

$$\text{Área} = \frac{\sqrt{3}}{4}(\text{base})^2 \qquad \text{Área de triângulo eqüilátero}$$

$$A(x) = \frac{\sqrt{3}}{4}(2 - x)^2 \qquad \text{Área de uma secção transversal}$$

Como x varia entre 0 e 2, o volume do sólido é

$$V = \int_a^b A(x)\,dx = \int_0^2 \frac{\sqrt{3}}{4}(2 - x)^2\,dx$$

$$= -\frac{\sqrt{3}}{4}\left[\frac{(2 - x)^3}{3}\right]_0^2 = \frac{2\sqrt{3}}{3}.$$

EXEMPLO 7 Uma Aplicação na Geometria

Mostre que o volume de uma pirâmide com base quadrada é $V = \frac{1}{3}hB$, onde h é a altura da pirâmide e B é a área da base.

Solução Como mostrado na Figura 7.26, podemos interceptar esta pirâmide por um plano paralelo à base a uma altura y para formar secções quadradas cujos lados têm comprimento b'. Usando semelhança de triângulo, podemos mostrar que:

$$\frac{b'}{b} = \frac{h - y}{h} \qquad \text{ou} \qquad b' = \frac{b}{h}(h - y)$$

onde b é o comprimento do lado da base da pirâmide. Assim,

$$A(y) = (b')^2 = \frac{b^2}{h^2}(h - y)^2.$$

Integrando entre 0 e h, obtemos

$$V = \int_0^h A(y)\,dy = \int_0^h \frac{b^2}{h^2}(h - y)^2\,dy$$

$$= \frac{b^2}{h^2}\int_0^h (h - y)^2\,dy$$

$$= -\left(\frac{b^2}{h^2}\right)\left[\frac{(h - y)^3}{3}\right]_0^h$$

$$= \frac{b^2}{h^2}\left(\frac{h^3}{3}\right)$$

$$= \frac{1}{3}hB. \qquad B = b^2$$

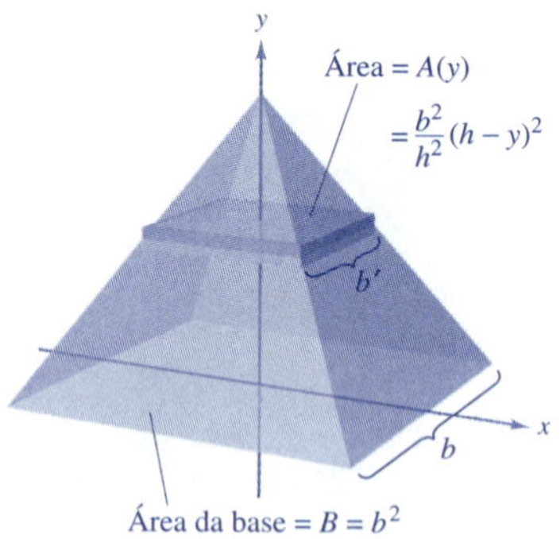

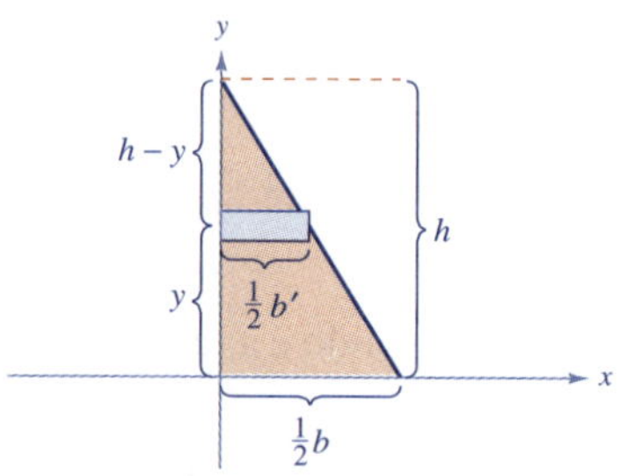

Figura 7.26

Exercícios da Seção 7.2

Nos Exercícios 1 a 6, escreva e calcule a integral que fornece o volume do sólido obtido pela revolução da região em torno do eixo *x*.

1. $y = -x + 1$

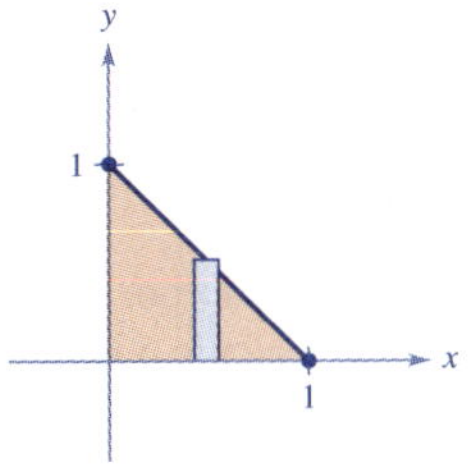

2. $y = 4 - x^2$

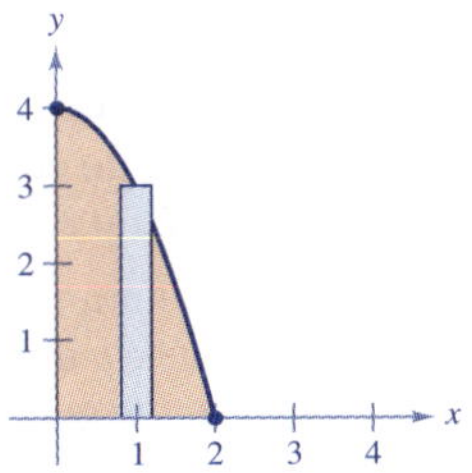

3. $y = \sqrt{x}$

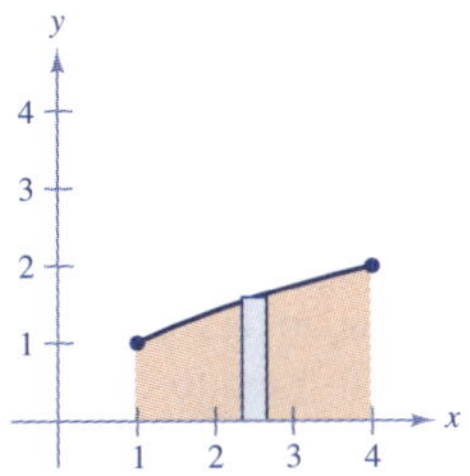

4. $y = \sqrt{9 - x^2}$

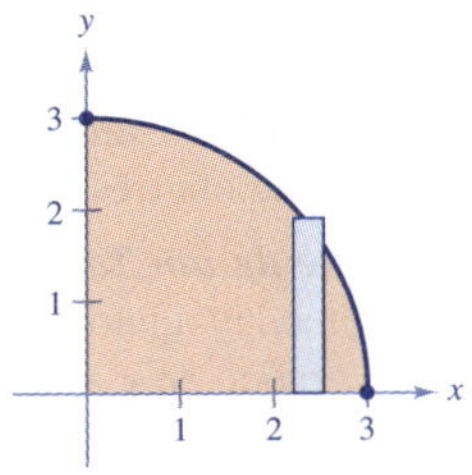

5. $y = x^2$, $y = x^3$

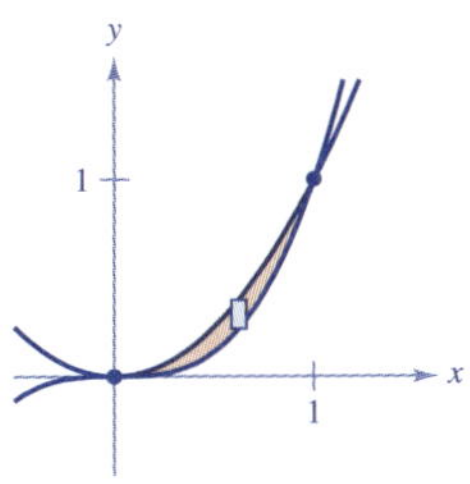

6. $y = 2$, $y = 4 - \dfrac{x^2}{4}$

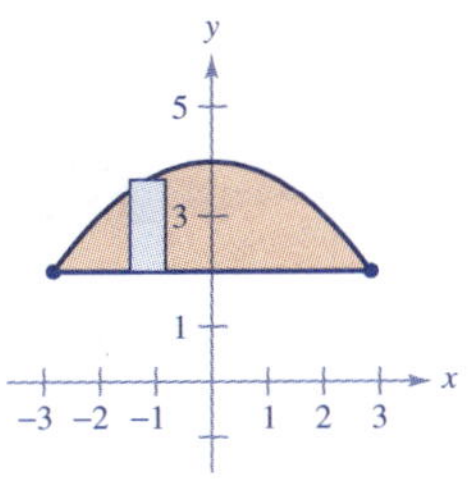

Nos Exercícios 7 a 10, escreva e calcule a integral que fornece o volume do sólido obtido pela revolução da região em torno do eixo *y*.

7. $y = x^2$

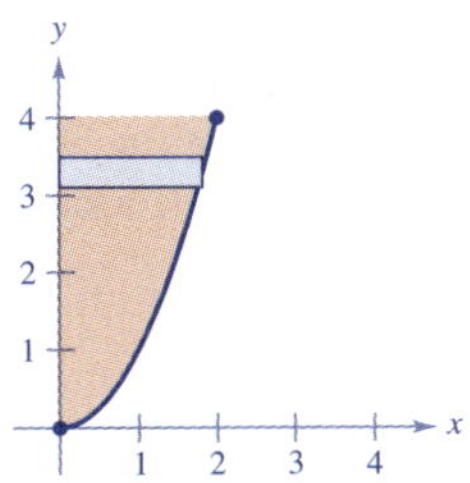

8. $y = \sqrt{16 - x^2}$

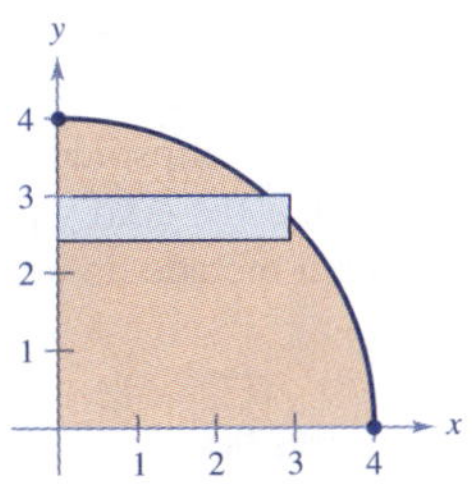

9. $y = x^{2/3}$

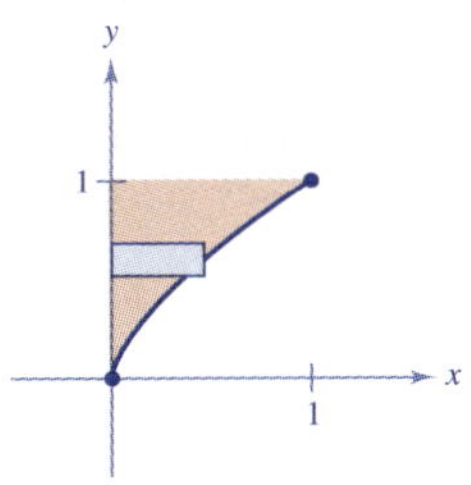

10. $x = -y^2 + 4y$

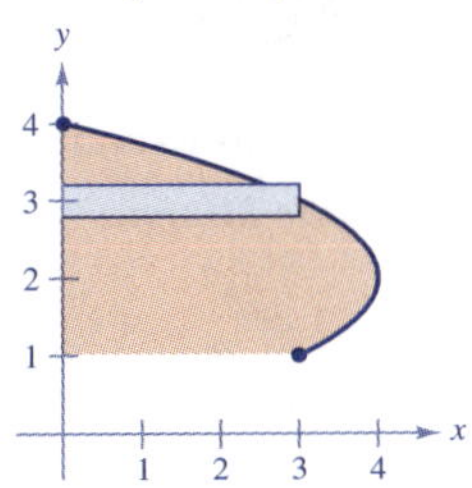

Nos Exercícios 11 a 14, calcule o volume do sólido gerado pela revolução da região limitada pelos gráficos das equações em torno do eixo dado.

11. $y = \sqrt{x}$, $y = 0$, $x = 4$

(a) eixo x (b) eixo y

(c) reta $x = 4$ (d) reta $x = 6$

12. $y = 2x^2$, $y = 0$, $x = 2$

(a) eixo y (b) eixo x

(c) reta $y = 8$ (d) reta $x = 2$

13. $y = x^2$, $y = 4x - x^2$

(a) eixo x (b) reta $y = 6$

14. $y = 6 - 2x - x^2$, $y = x + 6$

(a) eixo x (b) reta $y = 3$

Nos Exercícios 15 a 18, calcule o volume do sólido gerado pela revolução da região limitada pelos gráficos das equações em torno da reta $y = 4$.

15. $y = x$, $y = 3$, $x = 0$

16. $y = \frac{1}{2}x^3$, $y = 4$, $x = 0$

17. $y = \dfrac{1}{1 + x}$, $y = 0$, $x = 0$, $x = 3$

18. $y = \sec x$, $y = 0$, $0 \le x \le \dfrac{\pi}{3}$

Nos Exercícios 19 a 22, calcule o volume do sólido gerado pela revolução da região limitada pelos gráficos das equações em torno da reta $x = 6$.

19. $y = x$, $y = 0$, $y = 4$, $x = 6$

20. $y = 6 - x$, $y = 0$, $y = 4$, $x = 0$

21. $x = y^2$, $x = 4$

22. $xy = 6$, $y = 2$, $y = 6$, $x = 6$

Nos Exercícios 23 a 30, calcule o volume do sólido gerado pela revolução da região limitada pelos gráficos das equações em torno do eixo *x*.

23. $y = \dfrac{1}{\sqrt{x + 1}}$, $y = 0$, $x = 0$, $x = 3$

24. $y = x\sqrt{4 - x^2}$, $y = 0$

25. $y = \dfrac{1}{x}$, $y = 0$, $x = 1$, $x = 4$

26. $y = \dfrac{3}{x + 1}$, $y = 0$, $x = 0$, $x = 8$

27. $y = e^{-x}$, $y = 0$, $x = 0$, $x = 1$

28. $y = e^{x/2}$, $y = 0$, $x = 0$, $x = 4$

29. $y = x^2 + 1$, $y = -x^2 + 2x + 5$, $x = 0$, $x = 3$

30. $y = \sqrt{x}$, $y = -\frac{1}{2}x + 4$, $x = 0$, $x = 8$

Nos Exercícios 31 e 32, calcule o volume do sólido gerado pela revolução da região limitada pelos gráficos das equações em torno do eixo *y*.

31. $y = 3(2 - x)$, $y = 0$, $x = 0$

32. $y = 9 - x^2$, $y = 0$, $x = 2$, $x = 3$

Nos Exercícios 33 a 36, calcule o volume do sólido gerado pela revolução da região limitada pelos gráficos das equações em torno do eixo x. Verifique seus resultados utilizando o recurso de integração da ferramenta gráfica.

33. $y = \operatorname{sen} x, \quad y = 0, \quad x = 0, \quad x = \pi$

34. $y = \cos x, \quad y = 0, \quad x = 0, \quad x = \dfrac{\pi}{2}$

35. $y = e^{x-1}, \quad y = 0, \quad x = 1, \quad x = 2$

36. $y = e^{x/2} + e^{-x/2}, \quad y = 0, \quad x = -1, \quad x = 2$

Nos Exercícios 37 a 40, utilize o recurso de integração de uma ferramenta gráfica para estimar o volume do sólido gerado pela revolução da região limitada pelos gráficos das equações em torno do eixo x.

37. $y = e^{-x^2}, \quad y = 0, \quad x = 0, \quad x = 2$

38. $y = \ln x, \quad y = 0, \quad x = 1, \quad x = 3$

39. $y = 2 \operatorname{arctg}(0{,}2x), \quad y = 0, \quad x = 0, \quad x = 5$

40. $y = \sqrt{2x}, \quad y = x^2$

Questões Conceituais

Nos Exercícios 41 e 42, a integral representa o volume de um sólido. Descreva este sólido.

41. $\pi \displaystyle\int_0^{\pi/2} \operatorname{sen}^2 x \, dx$ **42.** $\pi \displaystyle\int_2^4 y^4 \, dy$

Para Pensar **Nos Exercícios 43 e 44, calcule qual a melhor aproximação para o volume do sólido gerado pela revolução do gráfico das equações em torno do eixo x. (Faça sua escolha com base num esboço do sólido, e não calculando.)**

43. $y = e^{-x^2/2}, \quad y = 0, \quad x = 0, \quad x = 2$

(a) 3 (b) -5 (c) 10 (d) 7 (e) 20

44. $y = \operatorname{arctg} x, \quad y = 0, \quad x = 0, \quad x = 1$

(a) 10 (b) $\frac{3}{4}$ (c) 5 (d) -6 (e) 15

45. A região limitada pela parábola $y = 4x - x^2$ e pelo eixo x gira em torno do eixo x. Uma segunda região limitada pela parábola $y = 4 - x^2$ e pelo eixo x também gira em torno do eixo x. Sem integrar, como se comparam os volumes destes dois sólidos? Explique.

46. A região na figura é girada em torno do eixo indicado. Ordene os sólidos pelos volumes resultantes do menor para o maior. Explique seu raciocínio.

(a) eixo x (b) eixo y (c) $x = 8$

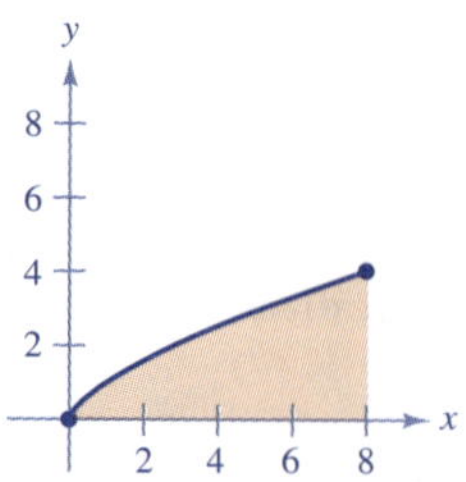

47. Se a parte da reta $y = \frac{1}{2}x$ que está no primeiro quadrante é girada em torno do eixo x, é gerado um cone. Calcule o volume deste cone que vai de $x = 0$ até $x = 6$.

48. Use o método dos discos para verificar que o volume do cone circular reto é $\frac{1}{3}\pi r^2 h$, onde r é o raio da base e h a altura.

49. Use o método dos discos para verificar que o volume da esfera é $\frac{4}{3}\pi r^3$.

50. Uma esfera de raio r é cortada por um plano h $(h < r)$ unidades acima do equador. Calcule o volume do sólido (segmento esférico ou calota) acima do plano.

51. Um cone de altura H e base de raio r é cortado por um plano paralelo à base e h unidades acima desta. Calcule o volume do sólido (tronco de cone) abaixo do plano.

52. A região limitada por $y = \sqrt{x}, \ y = 0, \ x = 0$ e $x = 4$ é girada em torno do eixo x.

(a) Calcule o valor de x no intervalo $[0, 4]$ que divide o sólido em duas partes de iguais volumes.

(b) Calcule os valores de x no intervalo $[0, 4]$ que dividem o sólido em três partes de iguais volumes.

53. ***Volume de um Tanque de Combustível*** Um tanque da asa de um avião a jato é gerado pela revolução da região limitada pelo gráfico de $y = \frac{1}{8}x^2\sqrt{2 - x}$ e o eixo x em torno do eixo x (veja a figura), onde x e y são medidos em metros. Calcule o volume deste tanque.

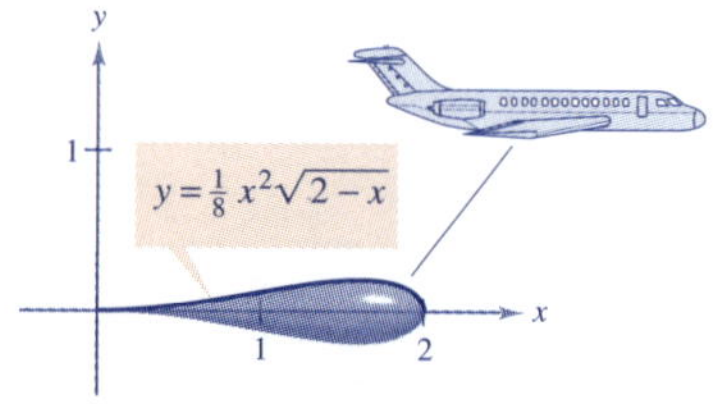

54. ***Volume de Vidros de Laboratório*** Um recipiente de vidro pode ser modelado pela revolução do gráfico de

$$y = \begin{cases} \sqrt{0{,}1x^3 - 2{,}2x^2 + 10{,}9x + 22{,}2}, & 0 \le x \le 11{,}5 \\ 2{,}95, & 11{,}5 < x \le 15 \end{cases}$$

em torno do eixo x, onde x e y são medidos em centímetros. Use uma ferramenta gráfica para desenhar o gráfico da função e calcular o volume deste recipiente.

55. Calcule o volume do sólido gerado se a metade superior da elipse $9x^2 + 25y^2 = 225$ é girada em torno do (a) eixo x para formar um elipsóide (da forma de uma bola de futebol americano), e (b) eixo y para formar uma abóbada (forma semelhante à metade de uma bala).

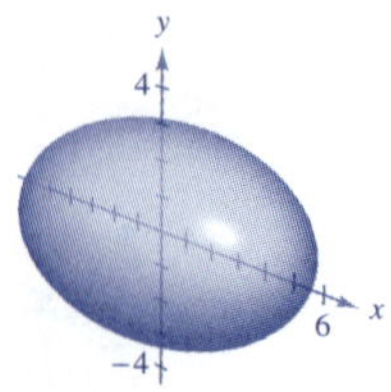

Figura do Exercício 55(a)

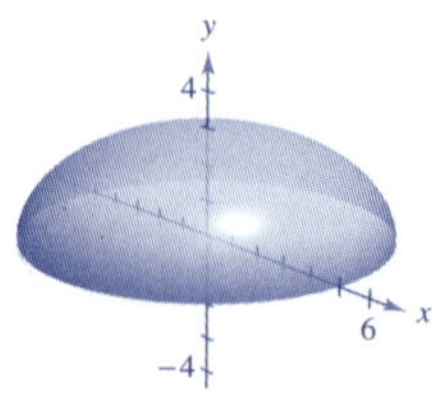

Figura do Exercício 55(b)

56. ***Volume Mínimo*** O arco de

$$y = 4 - \frac{x^2}{4}$$

no intervalo $[0, 4]$ é girado em torno da reta $y = b$ (veja a figura).

(a) Calcule o volume do sólido resultante como uma função de b.

(b) Utilize uma ferramenta gráfica para estimar o valor de b que minimiza o volume do sólido.

(c) Utilize o cálculo para determinar b que minimiza o volume do sólido e compare o resultado com a resposta do item (b).

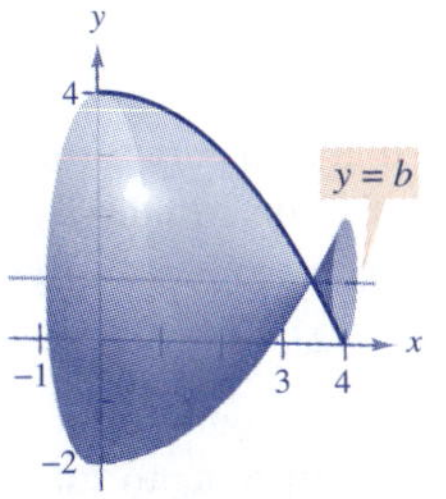

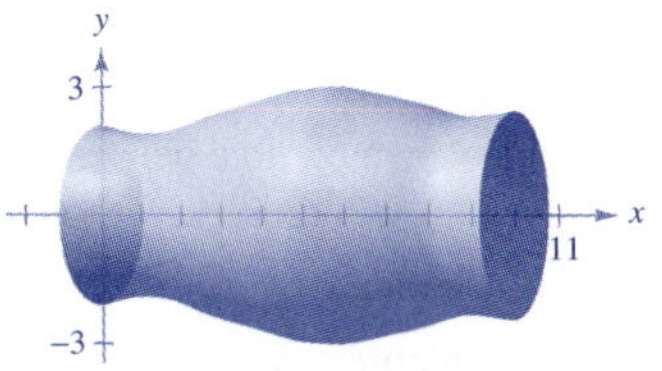

Figura do Exercício 56 **Figura do Exercício 58**

57. ***Profundidade de Água num Tanque*** Uma caixa dágua é esférica e tem um raio de 50 pés. Calcule a profundidade de água quando o tanque está com um quarto e três quartos de sua capacidade total. (*Sugestão*: Use os recursos de raiz ou zero de uma ferramenta gráfica, depois de calcular a integral definida.)

58. ***Modelando Dados*** Um desenhista deve determinar a quantidade de material necessária para produzir uma peça (veja a figura). O diâmetro d da peça foi anotado na tabela para valores de x espaçados igualmente. As medidas listadas estão todas em centímetros.

x	0	1	2	3	4	5
d	4,2	3,8	4,2	4,7	5,2	5,7

x	6	7	8	9	10
d	5,8	5,4	4,9	4,4	4,6

(a) Use estes dados para estimar o volume da peça, utilizando a Regra de Simpson.

(b) Utilize os recursos de regressão de uma ferramenta gráfica para ajustar um polinômio de quarto grau aos pontos que representam os raios do sólido. Marque os pontos da tabela e desenhe o modelo encontrado.

(c) Utilize uma ferramenta gráfica para aproximar o valor da integral definida que resulta no volume da peça. Compare este resultado com o obtido no item (a).

59. ***Para Pensar*** Relacione cada integral com o sólido cujo volume ela representa, e dê as dimensões de cada sólido.

(a) Cilindro circular reto (b) Elipsóide

(c) Esfera (d) Cone circular reto (e) Torus

(i) $\pi \int_0^h \left(\frac{rx}{h}\right)^2 dx$ (ii) $\pi \int_0^h r^2\, dx$

(iii) $\pi \int_{-r}^{r} \left(\sqrt{r^2 - x^2}\right)^2 dx$ (iv) $\pi \int_{-b}^{b} \left(a\sqrt{1 - \frac{x^2}{b^2}}\right)^2 dx$

(v) $\pi \int_{-r}^{r} \left[\left(R + \sqrt{r^2 - x^2}\right)^2 - \left(R - \sqrt{r^2 - x^2}\right)^2\right] dx$

60. ***Teorema de Cavalieri*** Prove que se dois sólidos têm alturas iguais e todas as seções planas paralelas a suas bases e a igual distância delas têm áreas iguais, então os sólidos têm o mesmo volume (veja a figura).

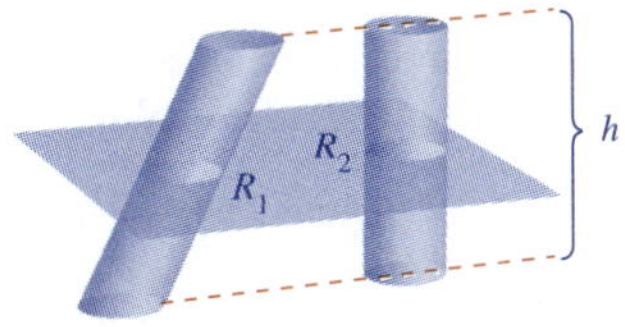

Área de R_1 = área de R_2

61. Calcule o volume do sólido cuja base é limitada pelos gráficos de $y = x + 1$ e $y = x^2 - 1$, com a secção transversal perpendicular ao eixo x indicada.

(a) Quadrados (b) Retângulos de altura 1

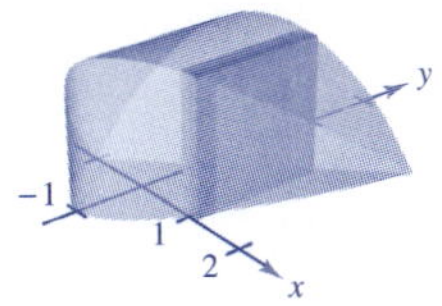

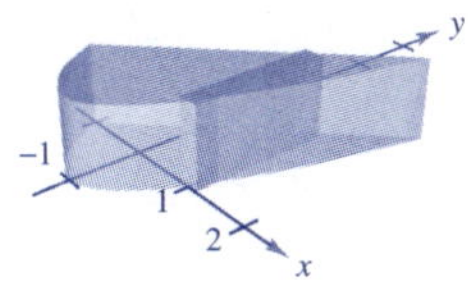

62. Calcule o volume do sólido cuja base é limitada pela circunferência

$x^2 + y^2 = 4$

com a secção transversal perpendicular ao eixo x indicada.

(a) Quadrados (b) Triângulos eqüiláteros

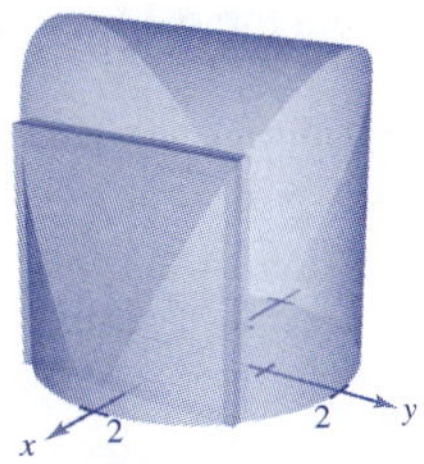

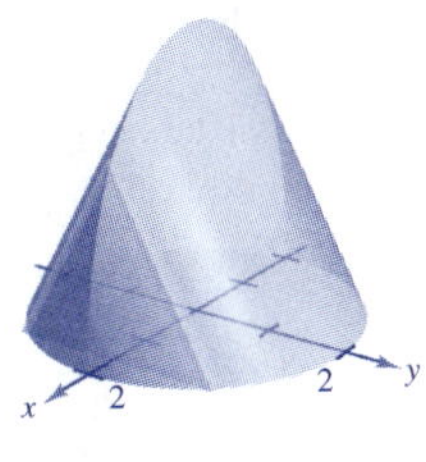

(c) Semicírculos (d) Triângulos retângulos isósceles

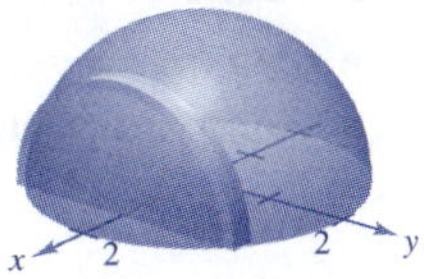

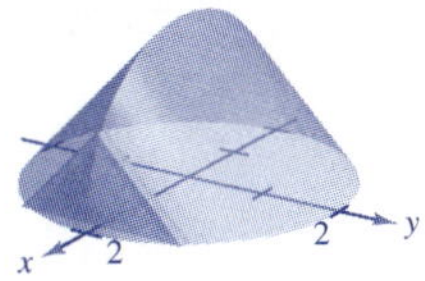

63. A base de um sólido é limitada por $y = x^3$, $y = 0$ e $x = 1$. Calcule o volume do sólido para cada uma das seguintes secções transversais (perpendiculares ao eixo y): (a) quadrados, (b) semicírculos, (c) triângulos eqüiláteros, e (d) semi-elipses cuja altura é o dobro do comprimento de suas bases.

64. Calcule o volume do sólido obtido pela intersecção (sólido comum a ambos) de dois cilindros circulares retos de raio r cujos eixos fazem ângulo reto (veja a figura).

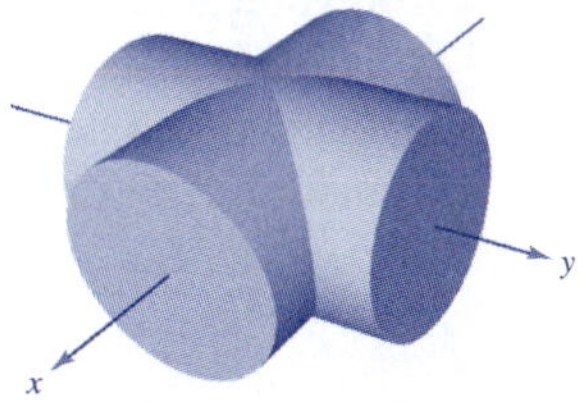

Intersecção de dois cilindros

Sólido de intersecção

PARA MAIS INFORMAÇÃO Para saber mais sobre este problema, veja o artigo “Estimating the Volumes of Solids Figures with Curved Surfaces”, de Donald Cohen, em *Mathematics Teacher*; ou consulte-o em *www.matharticles.com.*

65. Um operário cava um furo cilíndrico pelo centro de uma esfera de raio R. O furo tem raio r. Calcule o volume do anel resultante.

66. Para a esfera de metal do Exercício 65, considere $R = 5$. Qual o valor de r que produzirá um anel com volume exatamente igual à metade do volume da esfera?

Nos Exercícios 67 a 74, calcule o volume gerado pela rotação da região em redor da reta especificada.

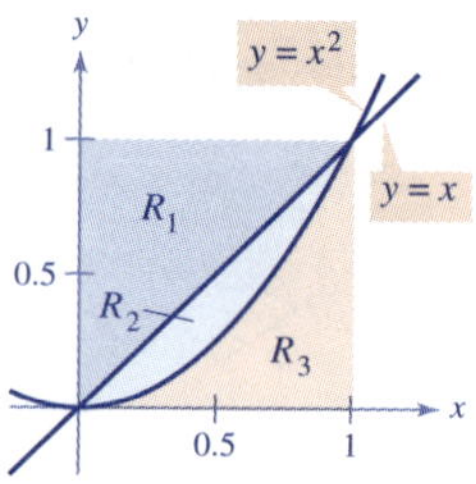

67. R_1 em torno de $x = 0$

68. R_1 em torno de $x = 1$

69. R_2 em torno de $y = 0$

70. R_2 em torno de $y = 1$

71. R_3 em torno de $x = 0$

72. R_3 em torno de $x = 1$

73. R_2 em torno de $x = 0$

74. R_2 em torno de $x = 1$

75. O sólido mostrado na figura tem secção transversal limitada pelo gráfico de $|x|^a + |y|^a = 1$, onde $1 \le a \le 2$.

(a) Descreva a secção transversal quando $a = 1$ e $a = 2$.

(b) Descreva um procedimento para estimar o volume do sólido.

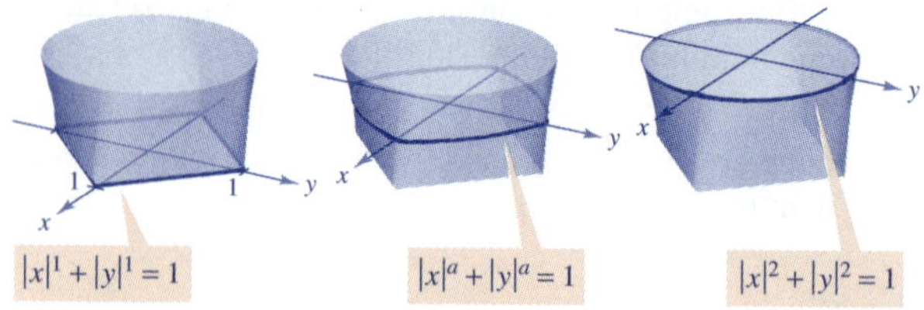

76. Dois planos cortam um cilindro circular reto para formar uma cunha. Um plano é perpendicular ao eixo do cilindro e o outro forma um ângulo de θ graus com o primeiro (veja a figura).

(a) Calcule o volume da cunha se $\theta = 45°$.

(b) Calcule o volume da cunha para um ângulo arbitrário θ. Considerando que o cilindro tem comprimento suficiente, como varia o volume da cunha quando θ aumenta de 0° a 90°?

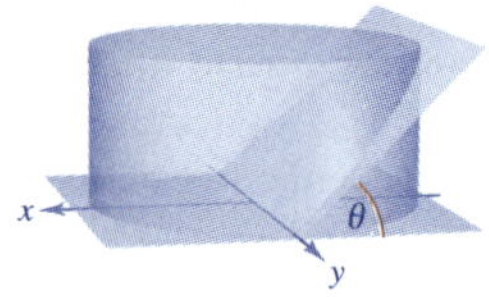

Figura do Exercício 76

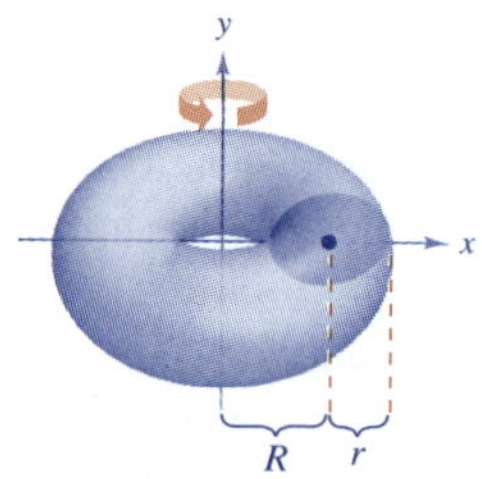

Figura do Exercício 77

77. (a) Mostre que o volume do toro da figura é dado pela integral $8\pi R \int_0^r \sqrt{r^2 - y^2}\, dy$, onde $R > r > 0$.

(b) Calcule o volume deste toro.

Seção 7.3 Volume: Método das Cascas

- **Calcular o volume do sólido de revolução utilizando o método das cascas.**
- **Comparar o uso do método dos discos com o método das cascas.**

Método das Cascas

Nesta seção estudaremos um método alternativo para calcular o volume de um sólido de revolução. Este método é chamado de **método das cascas** porque ele utiliza cascas cilíndricas concêntricas. Uma comparação entre este método e o método dos discos é feita mais adiante nesta seção.

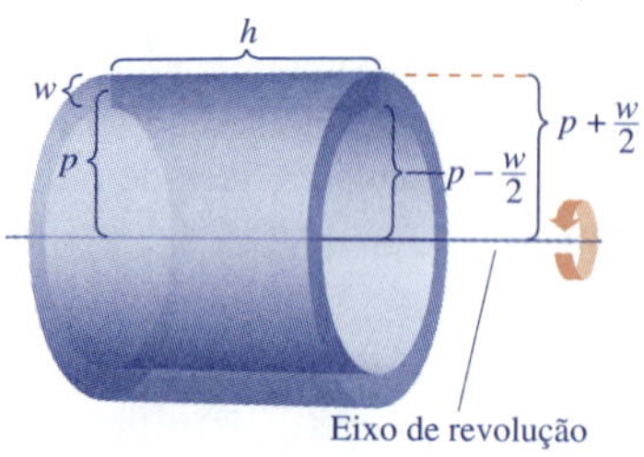

Figura 7.27

Para começar, considere o retângulo representativo como mostrado na Figura 7.27, onde w é a largura do retângulo, h é a altura e p a distância entre o eixo de revolução e o *centro* do retângulo. Quando este retângulo é girado em torno do eixo de revolução, ele forma uma casca cilíndrica (ou tubo) de espessura w. Para calcular o volume desta casca, considere dois cilindros. O raio do maior cilindro corresponde ao raio externo da casca e o do menor cilindro, ao raio interno da casca. Como p é o valor médio desses raios, sabemos que o raio externo vale $p + (w/2)$ e o raio interno vale $p - (w/2)$.

$$p + \frac{w}{2} \qquad \text{Raio externo}$$

$$p - \frac{w}{2}$$ Raio interno

Temos que o volume da casca é

$$\begin{aligned}\text{Volume da casca} &= (\text{volume do cilindro}) - (\text{volume do buraco})\\ &= \pi\left(p + \frac{w}{2}\right)^2 h - \pi\left(p - \frac{w}{2}\right)^2 h\\ &= 2\pi phw\\ &= 2\pi(\text{raio médio})(\text{altura})(\text{espessura}).\end{aligned}$$

Você pode usar estas fórmulas para determinar o volume de um sólido de revolução. Considere que a região do plano da Figura 7.28 gira em torno de uma reta para formar o sólido mostrado. Se tomarmos o retângulo horizontal de largura Δy, quando a região do plano gira em torno de uma reta paralela ao eixo x, o retângulo gera uma casca representativa cujo volume é

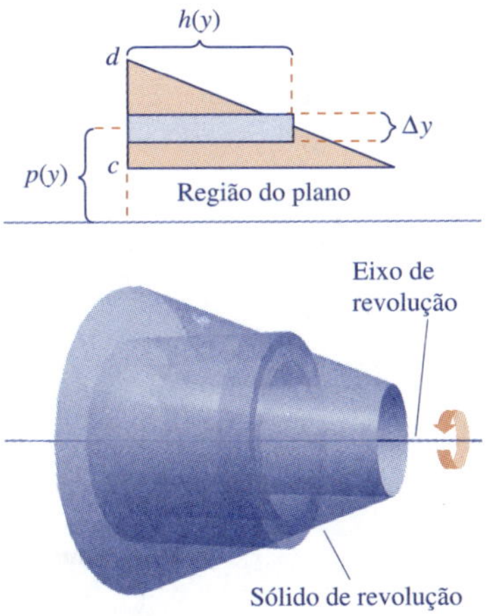

Figura 7.28

$$\Delta V = 2\pi[p(y)h(y)]\,\Delta y.$$

Podemos aproximar o volume do sólido por n destas cascas de espessura Δy, altura $h(y_i)$ e raio médio $p(y_i)$.

$$\text{Volume do sólido} \approx \sum_{i=1}^{n} 2\pi[p(y_i)h(y_i)]\,\Delta y = 2\pi \sum_{i=1}^{n} [p(y_i)h(y_i)]\,\Delta y$$

Esta aproximação parece ficar mais e mais acurada quando $\|\Delta\| \to 0$ $(n \to \infty)$. Assim, o volume do sólido é

$$\begin{aligned}\text{Volume do sólido} &= \lim_{\|\Delta\|\to 0} 2\pi \sum_{i=1}^{n} [p(y_i)h(y_i)]\,\Delta y\\ &= 2\pi \int_c^d [p(y)h(y)]\,dy.\end{aligned}$$

O Método das Cascas

Para determinar o volume de um sólido de revolução pelo **método das cascas**, use uma das seguintes fórmulas, como mostrado na Figura 7.29.

Eixo Horizontal de Revolução	*Eixo Vertical de Revolução*
$\text{Volume} = V = 2\pi \int_c^d p(y)h(y)\,dy$	$\text{Volume} = V = 2\pi \int_a^b p(x)h(x)\,dx$

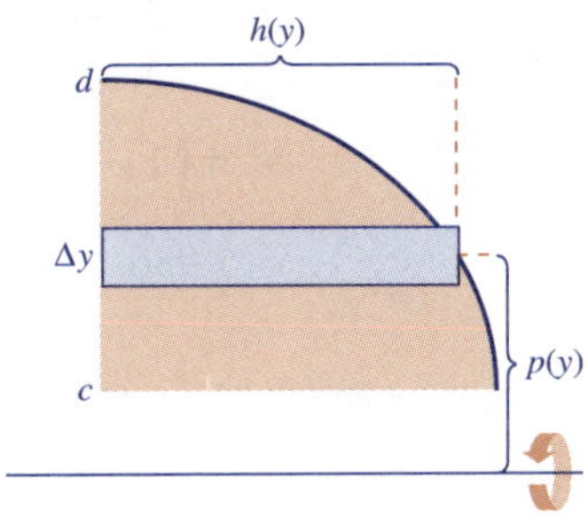

Eixo horizontal de revolução.

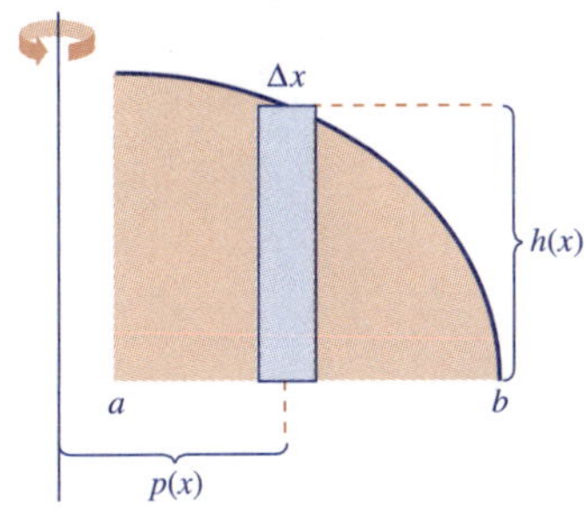

Eixo vertical de revolução.

Figura 7.29

EXEMPLO 1 Usando o Método das Cascas para Calcular Volume

Calcule o volume do sólido de revolução formado girando a região limitada por

$$y = x - x^3$$

e pelo eixo x $(0 \leq x \leq 1)$ ao redor do eixo y.

Solução Como o eixo de revolução é vertical, usamos retângulos representativos verticais, como mostra a Figura 7.30. A largura Δx indica qual a variável de integração. A distância do centro do retângulo ao eixo de revolução é $p(x) = x$, e a altura do retângulo é

$$h(x) = x - x^3.$$

Como x varia entre 0 e 1, o volume do sólido é

$$\begin{aligned} V = 2\pi \int_a^b p(x)h(x)\,dx &= 2\pi \int_0^1 x(x - x^3)\,dx && \text{Aplique o método das cascas} \\ &= 2\pi \int_0^1 (-x^4 + x^2)\,dx && \text{Simplifique} \\ &= 2\pi \left[-\frac{x^5}{5} + \frac{x^3}{3} \right]_0^1 && \text{Integre} \\ &= 2\pi \left(-\frac{1}{5} + \frac{1}{3} \right) \\ &= \frac{4\pi}{15}. \end{aligned}$$

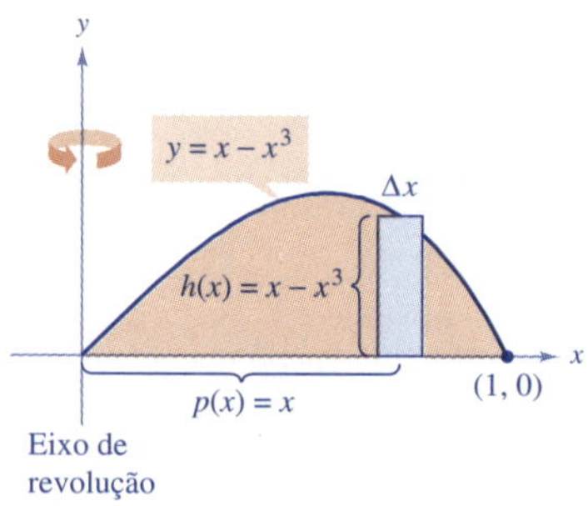

Figura 7.30

EXEMPLO 2 Usando o Método das Cascas para Determinar Volume

Calcule o volume do sólido de revolução formado girando a região limitada pelo gráfico de

$$x = e^{-y^2}$$

e pelo eixo y $(0 \leq y \leq 1)$ em redor do eixo x.

Solução Como o eixo de revolução é horizontal, usamos retângulos representativos horizontais, como mostra a Figura 7.31. A largura Δy indica qual a variável de integração. A distância do centro do retângulo ao eixo de revolução é $p(y) = y$, e a altura do retângulo é $h(y) = e^{-y^2}$. Como y varia entre 0 e 1, o volume do sólido é

$$\begin{aligned} V = 2\pi \int_c^d p(y)h(y)\,dy &= 2\pi \int_0^1 ye^{-y^2}\,dy && \text{Aplique o método das cascas} \\ &= -\pi \left[e^{-y^2} \right]_0^1 && \text{Integre} \\ &= \pi \left(1 - \frac{1}{e} \right) \\ &\approx 1{,}986. \end{aligned}$$

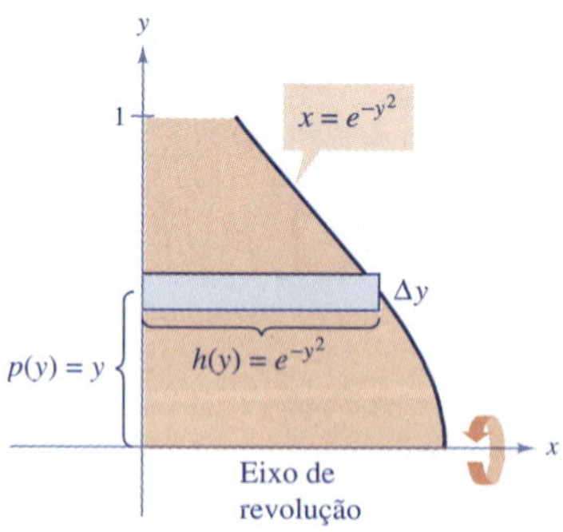

Figura 7.31

NOTA Para ver a vantagem em usar o método das cascas no Exemplo 2, resolva a equação $x = e^{-y^2}$ para y.

$$y = \begin{cases} 1, & 0 \leq x \leq 1/e \\ \sqrt{-\ln x}, & 1/e < x \leq 1 \end{cases}$$

Utilize esta equação para determinar o volume pelo método dos discos.

Comparação entre os Métodos dos Discos e das Cascas

Os métodos dos discos e das cascas podem ser distinguidos como segue. Para o método dos discos, o retângulo representativo é sempre *perpendicular* ao eixo de revolução, enquanto no método das cascas o retângulo representativo é paralelo ao eixo de revolução, como mostra a Figura 7.32.

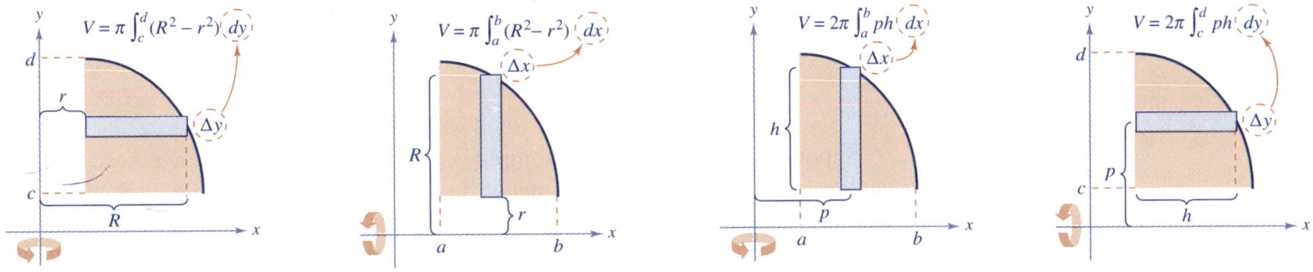

Método dos discos: Retângulo representativo perpendicular ao eixo de revolução.

Método das cascas: Retângulo representativo paralelo ao eixo de revolução.

Figura 7.32

Freqüentemente, o uso de um método é mais conveniente que outro. O exemplo a seguir ilustra um caso em que o método das cascas é preferível.

EXEMPLO 3 Método das Cascas Preferível

Calcule o volume do sólido formado pela revolução da região limitada pelos gráficos de

$$y = x^2 + 1, \quad y = 0, \quad x = 0, \quad \text{e} \quad x = 1$$

em redor do eixo y.

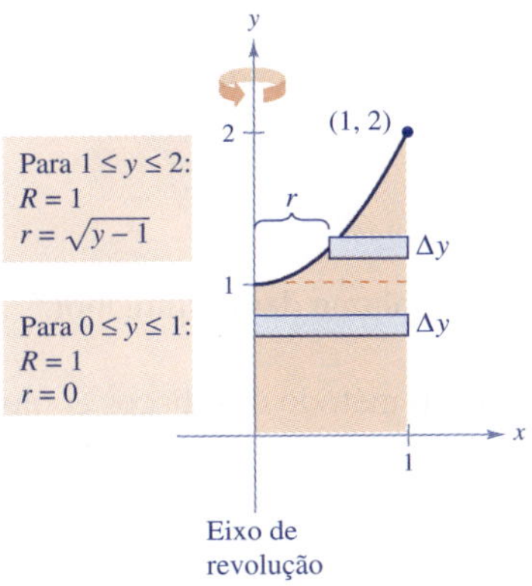

(a) Método dos discos.

Solução No Exemplo 4 da seção anterior vimos que, pelo método das arruelas, precisamos calcular duas integrais para determinar o volume deste sólido. Veja a Figura 7.33(a).

$$V = \pi \int_0^1 (1^2 - 0^2)\, dy + \pi \int_1^2 \left[1^2 - \left(\sqrt{y-1}\right)^2\right] dy \qquad \text{Aplique o método das arruelas}$$

$$= \pi \int_0^1 1\, dy + \pi \int_1^2 (2 - y)\, dy \qquad \text{Simplifique}$$

$$= \pi \Big[y \Big]_0^1 + \pi \left[2y - \frac{y^2}{2} \right]_1^2 \qquad \text{Integre}$$

$$= \pi + \pi\left(4 - 2 - 2 + \frac{1}{2}\right)$$

$$= \frac{3\pi}{2}$$

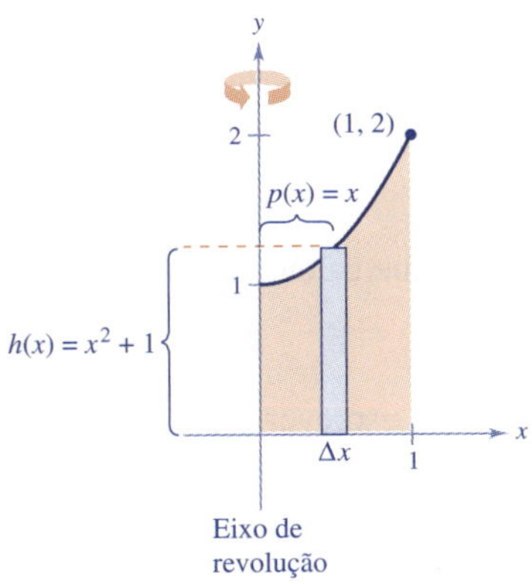

(b) Método das cascas.

Figura 7.33

Na Figura 7.33(b), podemos ver que o método das cascas requer somente uma integral para calcular o volume.

$$V = 2\pi \int_a^b p(x)h(x)\, dx \qquad \text{Aplique o método das cascas}$$

$$
\begin{aligned}
V &= 2\pi \int_0^1 x(x^2 + 1)\, dx \\
&= 2\pi \left[\frac{x^4}{4} + \frac{x^2}{2}\right]_0^1 && \text{Integrando} \\
&= 2\pi \left(\frac{3}{4}\right) \\
&= \frac{3\pi}{2}
\end{aligned}
$$

Suponha que a região do Exemplo 3 girasse em torno da reta $x = 1$. O sólido resultante teria volume maior ou menor do que o sólido do Exemplo 3? Sem integrar, veríamos que o sólido resultante seria menor, uma vez que a região a ser girada fica mais próxima do eixo de revolução. Para confirmar isso, tente resolver a seguinte integral, que fornece o volume do sólido.

$$V = 2\pi \int_0^1 (1 - x)(x^2 + 1)\, dx \qquad p(x) = 1 - x$$

PARA MAIS INFORMAÇÃO Para aprender mais sobre os métodos dos discos e das cascas, veja o artigo "The Disk and Shell Method", de Charles A. Cable, em *The American Mathematical Monthly*; ou consulte-o em *www.matharticles.com.*

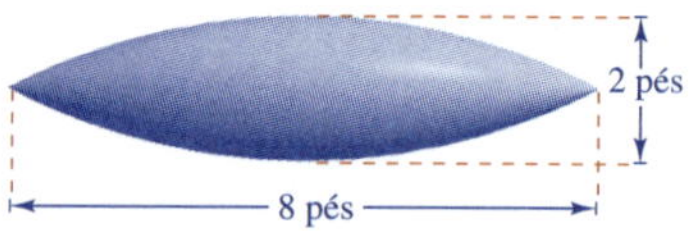

Figura 7.34

EXEMPLO 4 Volume de um Flutuador

Um flutuador tem a forma indicada na Figura 7.34. A forma do flutuador foi projetada girando o gráfico de

$$y = 1 - \frac{x^2}{16}, \qquad -4 \le x \le 4$$

em redor do eixo x, com x e y medidos em pés. Calcule o volume desse flutuador.

Solução Tome como referência a Figura 7.35(a) e utilize o método dos discos como segue.

$$
\begin{aligned}
V &= \pi \int_{-4}^4 \left(1 - \frac{x^2}{16}\right)^2 dx && \text{Aplique o método dos discos} \\
&= \pi \int_{-4}^4 \left(1 - \frac{x^2}{8} + \frac{x^4}{256}\right) dx && \text{Simplifique} \\
&= \pi \left[x - \frac{x^3}{24} + \frac{x^5}{1280}\right]_{-4}^4 && \text{Integre} \\
&= \frac{64\pi}{15} \approx 13{,}4 \text{ pés cúbicos}
\end{aligned}
$$

Experimente escrever, usando a Figura 7.35(b), a integral que calcula o volume pelo método das cascas. Essa integral parece mais complicada?

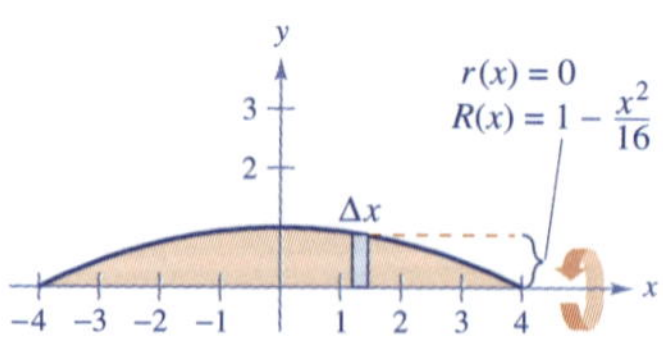

(a) Método dos discos.

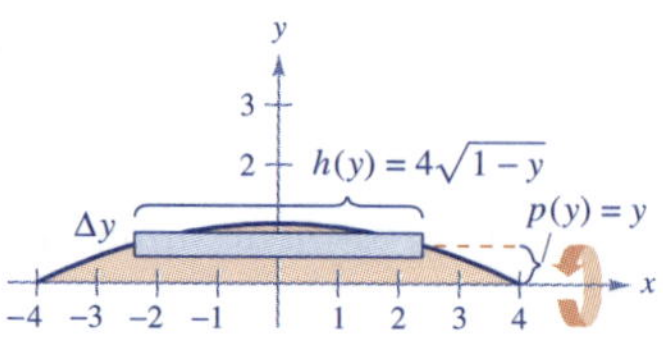

(b) Método das cascas.
Figura 7.35

Para usar o método das cascas no Exemplo 4, devemos escrever x em função de y na equação

$$y = 1 - (x^2/16).$$

Algumas vezes, escrever x em função de y é muito difícil (até mesmo impossível). Nestes casos precisamos usar os retângulos verticais (de largura Δx) e o eixo de revolução determina o método a ser utilizado. Isto é mostrado no Exemplo 5.

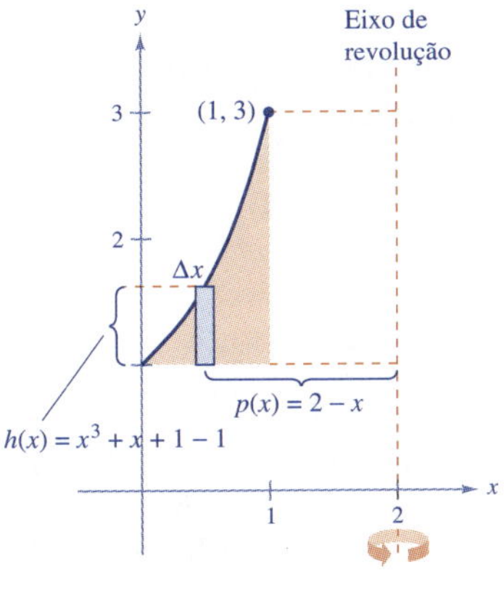

Figura 7.36

EXEMPLO 5 Necessidade do Uso do Método das Cascas

Calcule o volume do sólido formado pela revolução da região limitada pelos gráficos de $y = x^3 + x + 1$, $y = 1$ e $x = 1$ em torno da reta $x = 2$, como mostra a Figura 7.36.

Solução Na equação $y = x^3 + x + 1$, não conseguimos escrever x em função de y (veja a Seção 3.8 em Método de Newton). Assim, a variável de integração precisa ser x, e gostaríamos de utilizar retângulos representativos verticais. Como estes retângulos são paralelos ao eixo de revolução, usamos o método das cascas e temos:

$$V = 2\pi\int_a^b p(x)h(x)\,dx = 2\pi\int_0^1 (2 - x)(x^3 + x + 1 - 1)\,dx \qquad \text{Aplique o método das cascas}$$

$$= 2\pi\int_0^1 (-x^4 + 2x^3 - x^2 + 2x)\,dx \qquad \text{Simplifique}$$

$$= 2\pi\left[-\frac{x^5}{5} + \frac{x^4}{2} - \frac{x^3}{3} + x^2\right]_0^1 \qquad \text{Integre}$$

$$= 2\pi\left(-\frac{1}{5} + \frac{1}{2} - \frac{1}{3} + 1\right)$$

$$= \frac{29\pi}{15}.$$

Exercícios da Seção 7.3

Nos Exercícios 1 a 12, utilize o método das cascas para escrever e então calcular a integral que fornece o volume do sólido gerado pela revolução da região do plano em torno do eixo y.

1. $y = x$

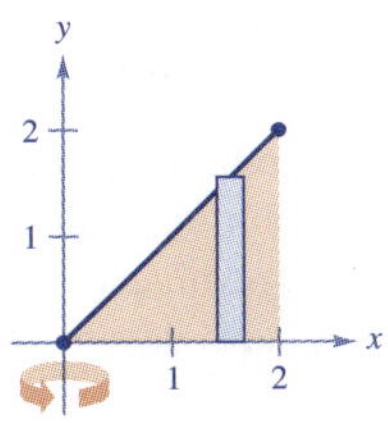

2. $y = 1 - x$

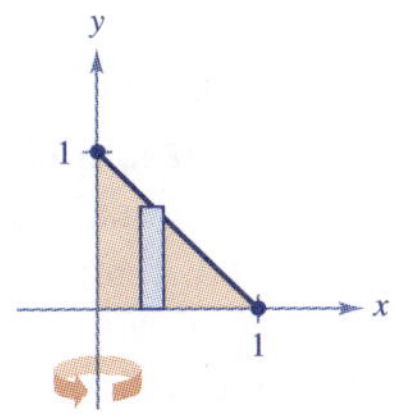

3. $y = \sqrt{x}$

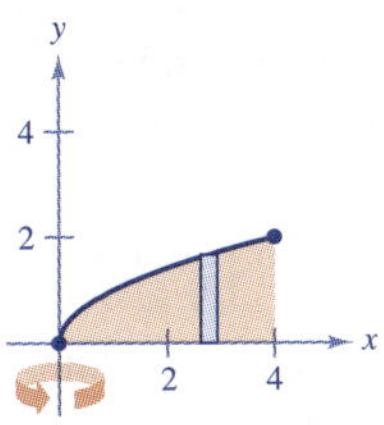

4. $y = x^2 + 4$

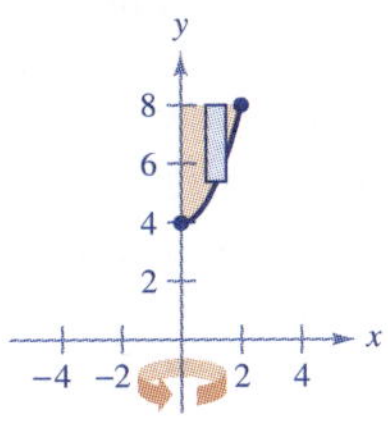

5. $y = x^2, \quad y = 0, \quad x = 2$

6. $y = \frac{1}{2}x^2, \quad y = 0, \quad x = 6$

7. $y = x^2, \quad y = 4x - x^2$

8. $y = 4 - x^2, \quad y = 0$

9. $y = 4x - x^2, \quad x = 0, \quad y = 4$

10. $y = 2x, \quad y = 4, \quad x = 0$

11. $y = \dfrac{1}{\sqrt{2\pi}}e^{-x^2/2}, \quad y = 0, \quad x = 0, \quad x = 1$

12. $y = \begin{cases} \dfrac{\operatorname{sen} x}{x}, & x > 0 \\ 1, & x = 0 \end{cases}, \quad y = 0, \quad x = 0, \quad x = \pi$

Nos Exercícios 13 a 20, utilize o método das cascas para escrever e então calcular a integral que fornece o volume do sólido gerado pela revolução da região do plano em torno do eixo x.

13. $y = x$

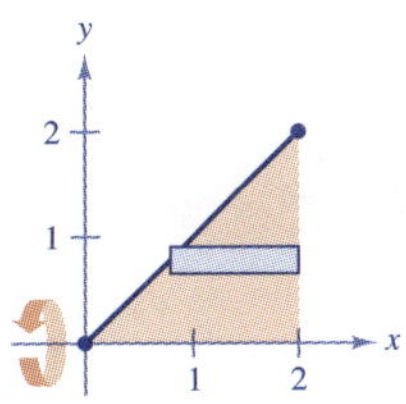

14. $y = 2 - x$

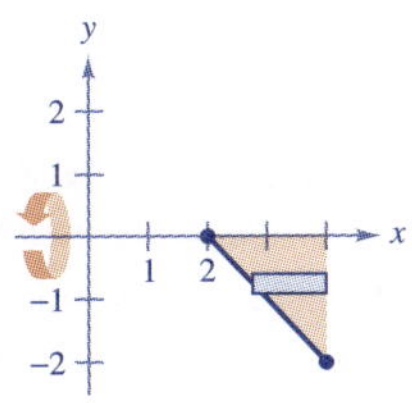

15. $y = \dfrac{1}{x}$

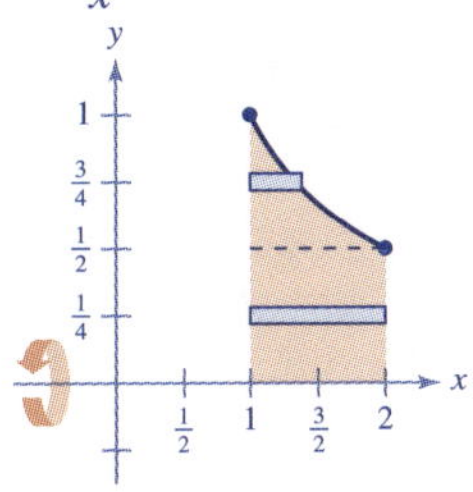

16. $x + y^2 = 16$

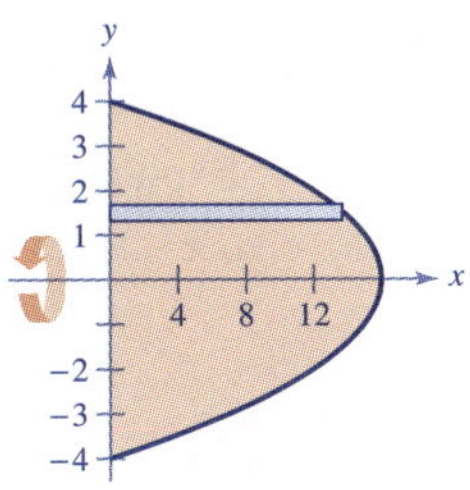

17. $y = x^3, \quad x = 0, \quad y = 8$

18. $y = x^2, \quad x = 0, \quad y = 9$

19. $x + y = 4, \quad y = x, \quad y = 0$

20. $y = \sqrt{x + 2}, \quad y = x, \quad y = 0$

Nos Exercícios 21 a 24, utilize o método das cascas para calcular o volume do sólido gerado pela revolução da região do plano em torno da reta dada.

21. $y = x^2, \quad y = 4x - x^2$, em redor da reta $x = 4$

22. $y = x^2, \quad y = 4x - x^2$, em redor da reta $x = 2$

23. $y = 4x - x^2, \quad y = 0$, em redor da reta $x = 5$

24. $y = \sqrt{x}, \quad y = 0, \quad x = 4$, em redor da reta $x = 6$

Nos Exercícios 25 e 26, decida qual, entre o método das cascas e dos discos, é mais conveniente para determinar o volume do sólido de revolução. Explique seu raciocínio. (Não calcule o volume.)

25. $(y - 2)^2 = 4 - x$

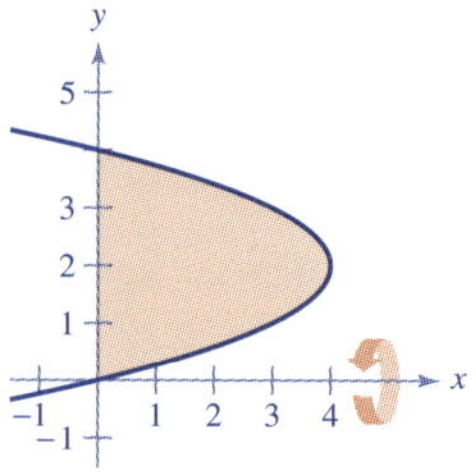

26. $y = 4 - e^x$

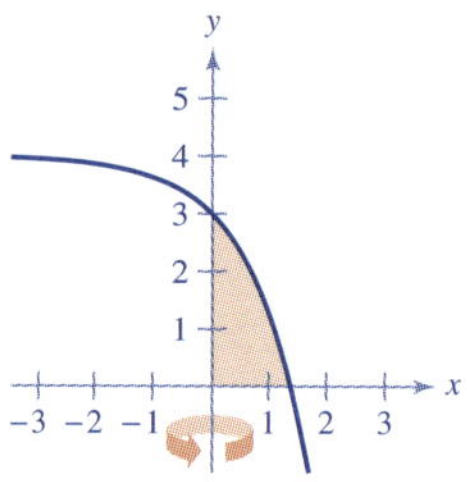

Nos Exercícios 27 a 30, utilize o método dos discos ou das cascas, para determinar o volume do sólido obtido pela revolução da região limitada pelas equações em torno da reta dada.

27. $y = x^3, \quad y = 0, \quad x = 2$

(a) eixo x (b) eixo y (c) reta $x = 4$

28. $y = \dfrac{10}{x^2}, \quad y = 0, \quad x = 1, \quad x = 5$

(a) eixo x (b) eixo y (c) reta $y = 10$

29. $x^{1/2} + y^{1/2} = a^{1/2}, \quad x = 0, \quad y = 0$

(a) eixo x (b) eixo y (c) reta $x = a$

30. $x^{2/3} + y^{2/3} = a^{2/3}, \quad a > 0$ (hipociclóide)

(a) eixo x (b) eixo y

Questões Conceituais

31. Considere o sólido gerado pela revolução de uma região do plano em torno do eixo y. Descreva a posição do retângulo representativo quando utilizar (a) o método das cascas e (b) o método dos discos para determinar o volume do sólido.

32. A região na figura é girada ao redor do eixo ou reta indicados. Ordene o volume do sólido obtido do menor para o maior. Explique seu raciocínio.

(a) eixo x (b) eixo y (c) $x = 5$

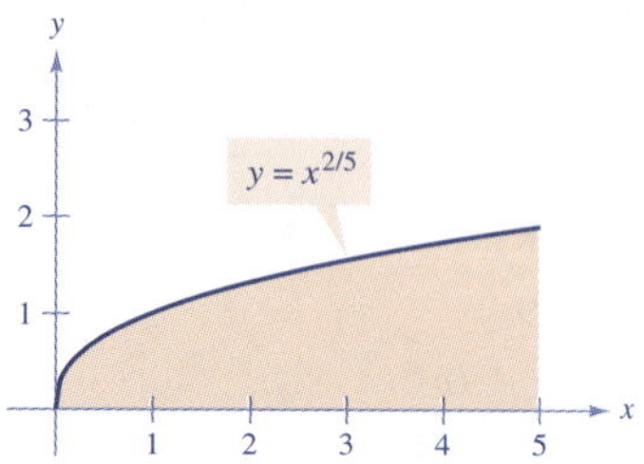

Questões Conceituais (Continuação)

Nos Exercícios 33 e 34, use argumentos geométricos para explicar por que as integrais são iguais.

33. $\pi\displaystyle\int_1^5 (x - 1)\,dx = 2\pi\int_0^2 y[5 - (y^2 + 1)]\,dy$

34. $\pi\displaystyle\int_0^2 [16 - (2y)^2]\,dy = 2\pi\int_0^4 x\left(\frac{x}{2}\right)dx$

Nos Exercícios 35 a 38, (a) utilize uma ferramenta gráfica para desenhar a região do plano limitada pelas equações, e (b) use o recurso de integração da ferramenta para calcular o valor aproximado do volume do sólido gerado pela revolução da região em redor do eixo y.

35. $x^{4/3} + y^{4/3} = 1, x = 0, y = 0$, primeiro quadrante

36. $y = \sqrt{1 - x^3}, y = 0, x = 0$

37. $y = \sqrt[3]{(x - 2)^2(x - 6)^2}, y = 0, x = 2, x = 6$

38. $y = \dfrac{2}{1 + e^{1/x}}, y = 0, x = 1, x = 3$

Para Pensar **Nos Exercícios 39 e 40, determine qual valor melhor aproxima o volume do sólido gerado pela revolução da região do plano limitada pelos gráficos das equações em redor do eixo y. (Faça sua escolha com base no esboço do sólido e não efetue a integração.)**

39. $y = 2e^{-x}, y = 0, x = 0, x = 2$

(a) $\frac{3}{2}$ (b) -2 (c) 4 (d) 7.5 (e) 15

40. $y = \text{tg}\, x, y = 0, x = 0, x = \dfrac{\pi}{4}$

(a) 3.5 (b) $-\frac{9}{4}$ (c) 8 (d) 10 (e) 1

41. ***Partes de Maquinário*** Um sólido é gerado pela revolução da região limitada por $y = \frac{1}{2}x^2$ e $y = 2$ em torno do eixo y. Um buraco, centrado ao longo do eixo de revolução, é cavado através de todo o sólido, retirando um quarto de seu volume. Determine o diâmetro do buraco.

42. ***Partes de Maquinário*** Um sólido é gerado pela revolução da região limitada por $y = \sqrt{9 - x^2}$ e $y = 0$ em torno do eixo x. Um buraco, centrado ao longo do eixo de revolução, é cavado através de todo o sólido, retirando um quarto de seu volume. Determine o diâmetro do buraco.

43. ***Volume de um Toro*** Um toro é formado pela revolução da região limitada pela circunferência $x^2 + y^2 = 1$ ao redor da reta $x = 2$ (veja a figura). Determine o volume deste sólido com formato de rosquinha. (*Sugestão*: A integral $\int_{-1}^{1} \sqrt{1 - x^2}\,dx$ calcula a área do semicírculo.)

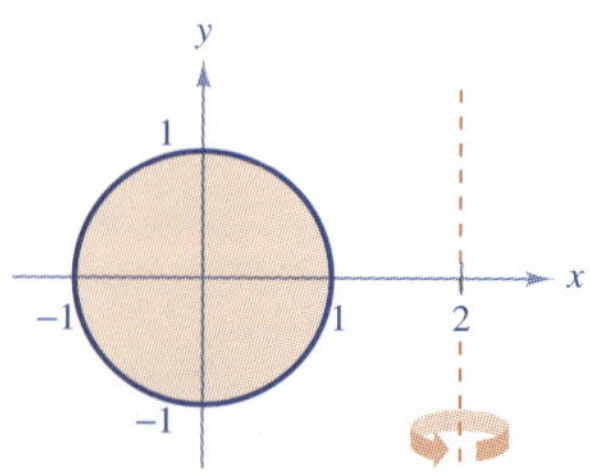

44. ***Volume de um Toro*** Repita o Exercício 43 para o torus formado pela revolução da região limitada pela circunferência $x^2 + y^2 = r^2$ ao redor da reta $x = R$, onde $r < R$.

45. (a) Utilize a derivada para verificar que

$$\int x \operatorname{sen} x\, dx = \operatorname{sen} x - x \cos x + C.$$

(b) Utilize o resultado da parte (a) para determinar o volume do sólido gerado pela revolução de cada uma das regiões do plano ao redor do eixo y.

(i)

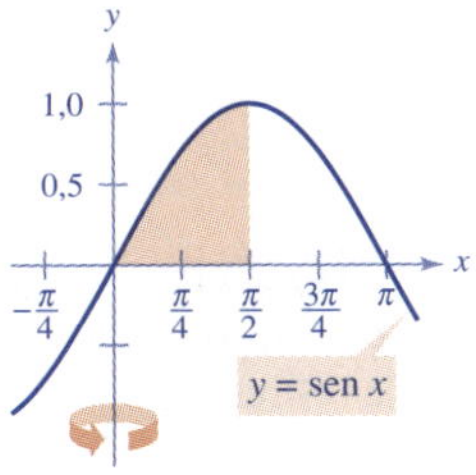

(ii)

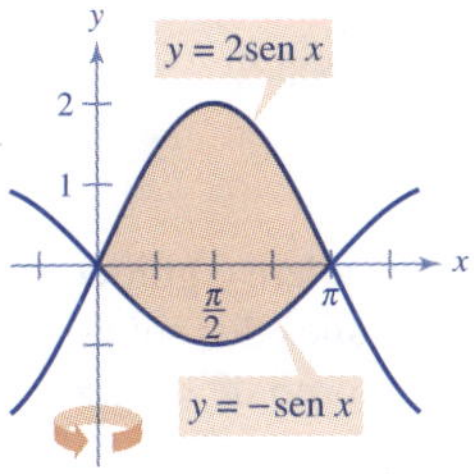

46. (a) Utilize a derivada para verificar que

$$\int x \cos x\, dx = \cos x + x \operatorname{sen} x + C.$$

(b) Utilize o resultado da parte (a) para determinar o volume do sólido gerado pela revolução de cada uma das regiões do plano ao redor do eixo y. (*Sugestão*: Comece determinando valores aproximados para os pontos de intersecção.)

(i)

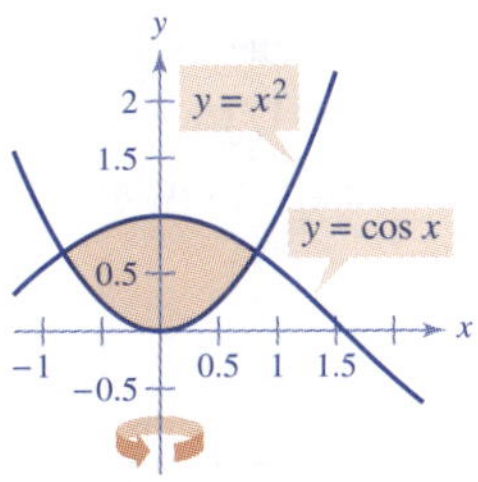

(ii)

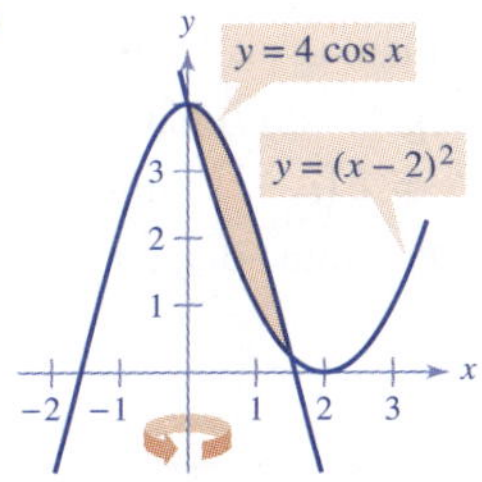

Nos Exercícios 47 a 50, a integral representa o volume de um sólido de revolução. Identifique (a) a região do plano que é gerada e (b) o eixo de revolução.

47. $2\pi \displaystyle\int_0^2 x^3\, dx$ **48.** $2\pi \displaystyle\int_0^1 y - y^{3/2}\, dy$

49. $2\pi \displaystyle\int_0^6 (y + 2)\sqrt{6 - y}\, dy$ **50.** $2\pi \displaystyle\int_0^1 (4 - x)e^x\, dx$

51. ***Volume de uma Calota da Esfera*** Suponha que a esfera de raio r é seccionada por um plano formando uma calota de altura h. Mostre que o volume desta calota é $\frac{1}{3}\pi h^2(3r - h)$.

52. ***Volume de um Elipsóide*** Considere a região do plano limitada pelo gráfico de

$$\left(\frac{x}{a}\right)^2 + \left(\frac{y}{b}\right)^2 = 1$$

onde $a > 0$ e $b > 0$. Mostre que o volume do elipsóide formado quando esta região é girada em torno do eixo y é $\dfrac{4\pi a^2 b}{3}$.

53. ***Investigação*** Considere a região limitada pelos gráficos de $y = ax^n$, $y = ab^n$ e $x = 0$ (veja a figura).

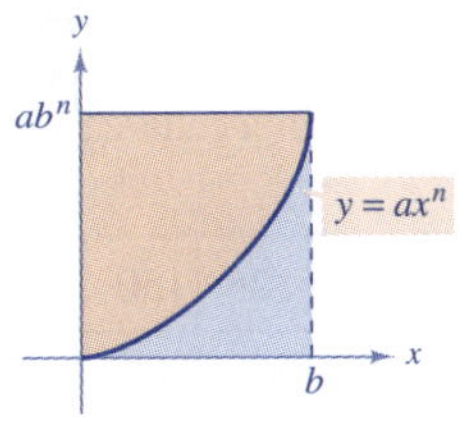

(a) Determine a razão $R_1(n)$ entre a área da região e a área do retângulo que a circunscreve.

(b) Determine $\lim_{n\to\infty} R_1(n)$ e compare o resultado com a área do retângulo que a circunscreve.

(c) Calcule o volume do sólido de revolução formado pela rotação da região em torno do eixo y. Determine a razão $R_2(n)$ entre o volume desta região e o volume do cilindro circular que o circunscreve.

(d) Determine $\lim_{n\to\infty} R_2(n)$ e compare o resultado com o volume do cilindro que circunscreve o sólido.

(e) Utilize os resultados dos itens (b) e (d) para fazer uma conjectura sobre a forma do gráfico de $y = ax^n$ $(0 \le x \le b)$ quando $n \to \infty$.

54. ***Para Pensar*** Relacione cada integral com o sólido cujo volume esta integral calcula e dê as dimensões de cada sólido.

(a) Cone circular reto (b) Torus (c) Esfera

(d) Cilindro circular reto (e) Elipsóide

(i) $2\pi \displaystyle\int_0^r hx\, dx$ (ii) $2\pi \displaystyle\int_0^r hx\left(1 - \frac{x}{r}\right) dx$

(iii) $2\pi \displaystyle\int_0^r 2x\sqrt{r^2 - x^2}\, dx$ (iv) $2\pi \displaystyle\int_0^b 2ax\sqrt{1 - \frac{x^2}{b^2}}\, dx$

(v) $2\pi \displaystyle\int_{-r}^r (R - x)\left(2\sqrt{r^2 - x^2}\right) dx$

55. ***Volume de Galpão de Armazenagem*** Um galpão de armazenagem tem uma base circular com diâmetro de 80 pés (veja a figura). A partir do centro, a altura no interior é medida a cada 10 pés e anotada na tabela.

x	0	10	20	30	40
Altura	50	45	40	20	0

(a) Utilize a Regra de Simpson para aproximar o volume do galpão.

(b) Note que a linha do teto é constituída por dois segmentos de reta. Determine a equação destes segmentos de reta e utilize integração para calcular o volume deste galpão.

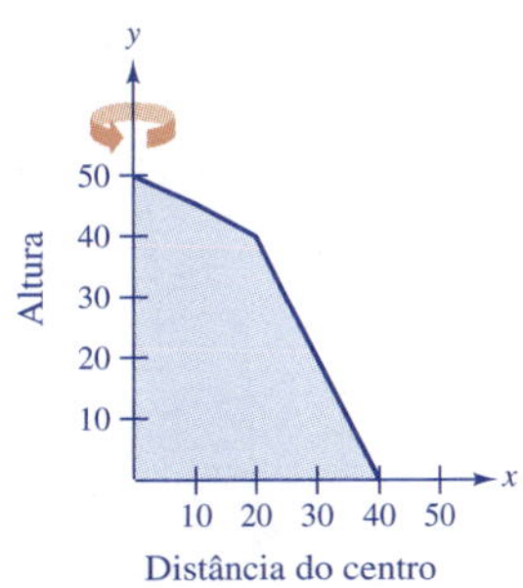

56. ***Modelando Dados*** Um lago tem formato aproximadamente circular, com diâmetro de 400 pés (veja a figura). A partir do centro, a profundidade de água é medida a cada 25 pés, conforme a tabela.

x	0	25	50	75	100	125	150	175	200
Prof.	20	19	19	17	15	14	10	6	0

(a) Utilize a Regra de Simpson para aproximar o volume de água do lago.

(b) Utilize os recursos de regressão de uma ferramenta gráfica para determinar um modelo quadrático para as medidas de profundidade deste lago. Use a ferramenta gráfica para marcar as profundidades e desenhar seu modelo.

(c) Utilize os recursos de integração de uma ferramenta gráfica e o modelo da parte (b) para aproximar o volume de água do lago.

(d) Utilize os resultados da parte (c) para aproximar o número de galões de água do lago se 1 pé cúbico de água corresponde aproximadamente a 7,48 galões.

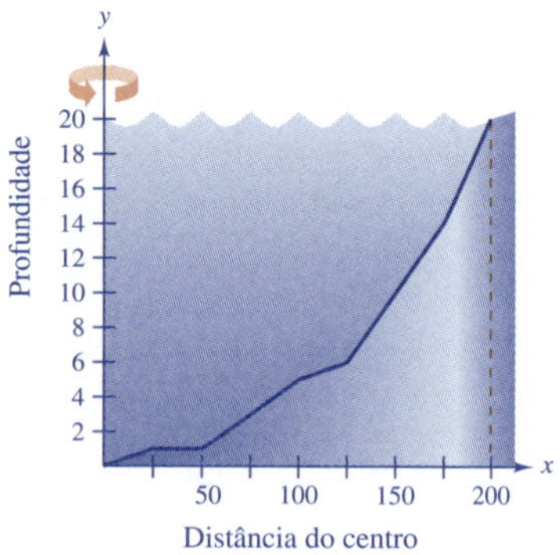

57. Considere o gráfico de $y^2 = x(4 - x)^2$ (veja a figura). Determine os volumes dos sólidos obtidos quando o laço da curva é girado em torno de (a) eixo x, (b) eixo y e (c) reta $x = 4$.

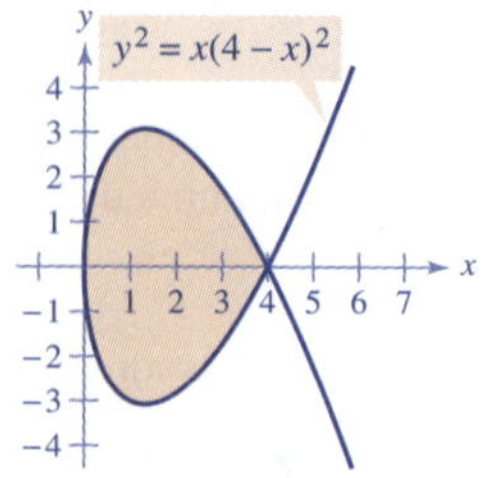

58. Considere o gráfico $y^2 = x^2(x + 5)$ (veja a figura). Calcule os volumes dos sólidos obtidos quando o laço da curva é girado em torno de (a) eixo x, (b) eixo y e (c) reta $x = -5$.

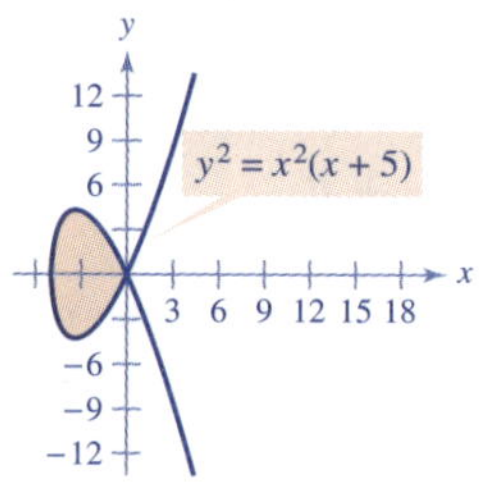

59. Sejam V_1 e V_2 os volumes de sólidos que resultam quando a região do plano limitada por $y = 1/x$, $y = 0$, $x = \frac{1}{4}$ e $x = c\left(c > \frac{1}{4}\right)$ gira em torno dos eixos x e y, respectivamente. Determine o valor de c para que $V_1 = V_2$.

Projeto da Seção: Saturno

O Achatamento de Saturno Dos nove planetas do sistema solar Saturno é o mais achatado nos pólos. Seu raio equatorial é de 60.268 km e o raio polar mede 54.364 km. Uma fotografia colorida de Saturno foi tirada pela *Voyager 1*. Nesta foto, o achatamento de Saturno é claramente visível.

(a) Determine a razão entre os volumes da esfera e do elipsóide mostrados abaixo.

(b) Se o planeta fosse esférico e tivesse o mesmo volume de Saturno, qual seria seu raio?

NSSDC

Modelo computacional esférico de Saturno, cujo raio equatorial é igual ao raio polar. A equação da secção transversal que passa pelo pólo é

$$x^2 + y^2 = 60.268^2.$$

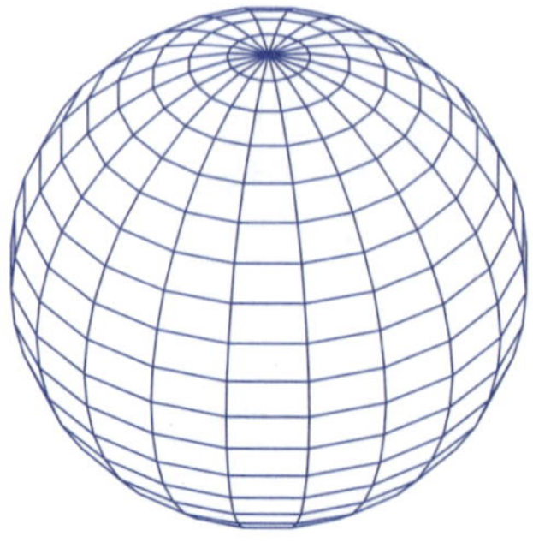

Modelo computacional "achatado" de Saturno, cujo raio equatorial é maior que o raio polar. A equação da secção transversal que passa pelo pólo é

$$\frac{x^2}{60.268^2} + \frac{y^2}{54.364^2} = 1.$$

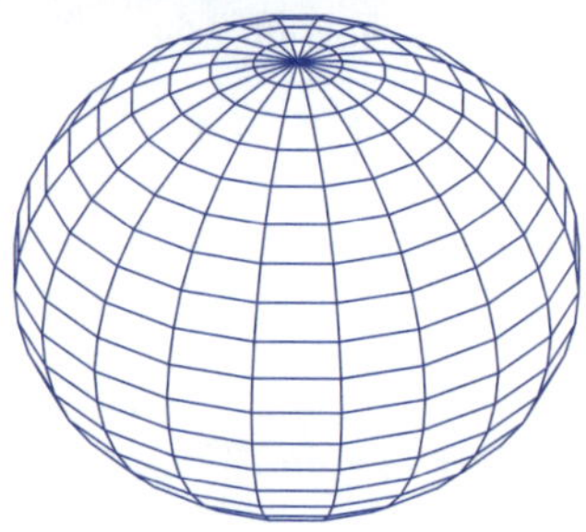

Seção 7.4 Comprimento de Arco e Superfícies de Revolução

- **Calcular o comprimento de arco de uma curva lisa.**
- **Calcular a área da superfície de revolução.**

Bettmann/Corbis

Christian Huygens (1629-1695)

O matemático holandês Christian Huygens, que inventou o relógio de pêndulo, e James Gregory (1638-1675), um matemático escocês, fizeram as primeiras contribuições para o problema de determinar o comprimento de uma curva retificável.

Comprimento de Arco

Nesta seção, integrais definidas são utilizadas para calcular o comprimento de curvas e a área da superfície de revolução. Para cada um dos casos, um arco (um segmento de curva) é aproximado por segmentos de retas cujos comprimentos são calculados pela fórmula familiar de distância.

$$d = \sqrt{(x_2 - x_1)^2 + (y_2 - y_1)^2}.$$

Uma curva é dita **retificável** se ela tem um comprimento finito. Veremos que uma condição suficiente para que o gráfico de uma função f seja retificável entre $(a, f(a))$ e $(b, f(b))$ é que f' seja contínua em $[a, b]$. Tal função é **continuamente diferenciável** em $[a, b]$, e seu gráfico em $[a, b]$ é uma **curva lisa**.

Considere uma função $y = f(x)$ que seja continuamente diferenciável em um intervalo $[a, b]$. Podemos aproximar o gráfico de f por n segmentos de retas cujos pontos extremos sejam determinados pela partição

$$a = x_0 < x_1 < x_2 < \cdots < x_n = b$$

como mostra a Figura 7.37. Tomando $\Delta x_i = x_i - x_{i-1}$ e $\Delta y_i = y_i - y_{i-1}$, podemos aproximar o comprimento do gráfico por

$$\begin{aligned} s &\approx \sum_{i=1}^{n} \sqrt{(x_i - x_{i-1})^2 + (y_i - y_{i-1})^2} \\ &= \sum_{i=1}^{n} \sqrt{(\Delta x_i)^2 + (\Delta y_i)^2} \\ &= \sum_{i=1}^{n} \sqrt{(\Delta x_i)^2 + \left(\frac{\Delta y_i}{\Delta x_i}\right)^2 (\Delta x_i)^2} \\ &= \sum_{i=1}^{n} \sqrt{1 + \left(\frac{\Delta y_i}{\Delta x_i}\right)^2}\,(\Delta x_i). \end{aligned}$$

Esta aproximação se torna cada vez melhor à medida que $\|\Delta\| \to 0$ $(n \to \infty)$. Assim, o comprimento da curva é

$$s = \lim_{\|\Delta\| \to 0} \sum_{i=1}^{n} \sqrt{1 + \left(\frac{\Delta y_i}{\Delta x_i}\right)^2}\,(\Delta x_i).$$

Como $f'(x)$ existe para cada x em (x_{i-1}, x_i), o Teorema do Valor Médio garante a existência de c_i em (x_{i-1}, x_i) tal que

$$\begin{aligned} f(x_i) - f(x_{i-1}) &= f'(c_i)(x_i - x_{i-1}) \\ \frac{\Delta y_i}{\Delta x_i} &= f'(c_i). \end{aligned}$$

Como f' é contínua em $[a, b]$, segue que $\sqrt{1 + [f'(x)]^2}$ também é contínua (e portanto integrável) em $[a, b]$, o que implica que

$$\begin{aligned} s &= \lim_{\|\Delta\| \to 0} \sum_{i=1}^{n} \sqrt{1 + [f'(c_i)]^2}\,(\Delta x_i) \\ &= \int_a^b \sqrt{1 + [f'(x)]^2}\, dx \end{aligned}$$

onde s é chamado de **comprimento de arco** de f entre a e b.

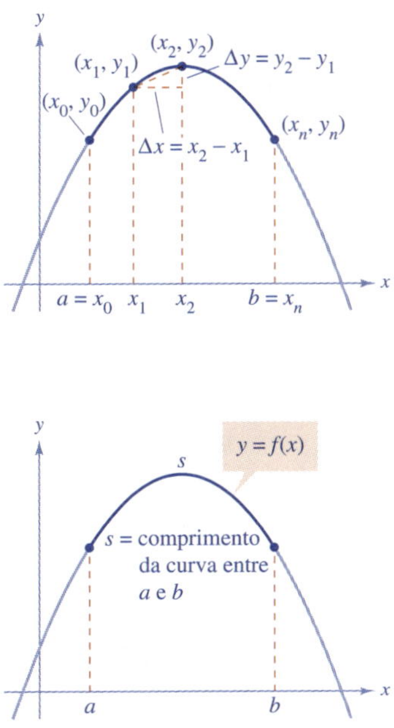

Figura 7.37

Definição de Comprimento de Arco

Seja a função dada por $y = f(x)$ uma curva lisa no intervalo $[a, b]$. O **comprimento de arco** de f entre a e b é

$$s = \int_a^b \sqrt{1 + [f'(x)]^2}\, dx.$$

Analogamente, para uma curva lisa dada por $x = g(y)$, o **comprimento de arco** de g entre c e d é

$$s = \int_c^d \sqrt{1 + [g'(y)]^2}\, dy.$$

Como a definição de comprimento de arco pode ser aplicada a uma função linear, podemos verificar se esta fórmula está de acordo com a fórmula clássica de distância num segmento de reta. Isto é mostrado no Exemplo 1.

EXEMPLO 1 Comprimento de um Segmento de Reta

Calcule o comprimento de arco de (x_1, y_1) a (x_2, y_2) para o gráfico de $f(x) = mx + b$, como mostra a Figura 7.38.

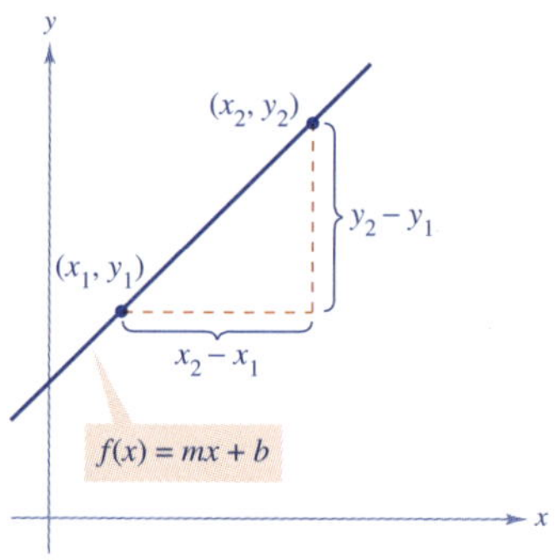

O comprimento de arco do gráfico de f de (x_1, y_1) a (x_2, y_2) é o mesmo que a fórmula clássica de distância.
Figura 7.38

Solução Como

$$m = f'(x) = \frac{y_2 - y_1}{x_2 - x_1}$$

segue que

$$s = \int_{x_1}^{x_2} \sqrt{1 + [f'(x)]^2}\, dx \qquad \text{Fórmula do comprimento de arco}$$

$$= \int_{x_1}^{x_2} \sqrt{1 + \left(\frac{y_2 - y_1}{x_2 - x_1}\right)^2}\, dx$$

$$= \sqrt{\frac{(x_2 - x_1)^2 + (y_2 - y_1)^2}{(x_2 - x_1)^2}}\,(x)\Bigg]_{x_1}^{x_2} \qquad \text{Integre e simplifique}$$

$$= \sqrt{\frac{(x_2 - x_1)^2 + (y_2 - y_1)^2}{(x_2 - x_1)^2}}\,(x_2 - x_1)$$

$$= \sqrt{(x_2 - x_1)^2 + (y_2 - y_1)^2}$$

que é a fórmula para distância entre dois pontos no plano.

TECNOLOGIA Integrais definidas que correspondem a comprimento de arcos são freqüentemente muito difíceis de calcular. Nesta seção, uns poucos exemplos são apresentados. No próximo capítulo, com técnicas de integração mais avançadas, você poderá resolver problemas mais difíceis. Enquanto isso, lembre-se de que você pode sempre fazer a integração numérica para aproximar o comprimento de uma curva. Por exemplo, utilize a *integração numérica* para aproximar o comprimento das curva dos Exemplos 2 e 3.

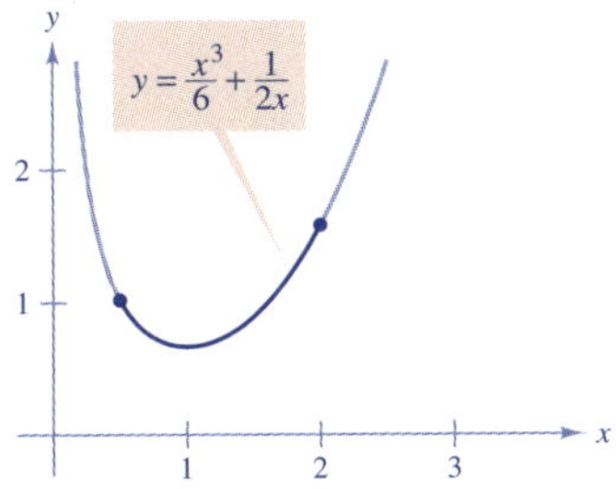

Comprimento de arco do gráfico de y em $\left[\frac{1}{2}, 2\right]$.
Figura 7.39

EXEMPLO 2 Calculando um Comprimento de Arco

Calcule o comprimento de arco para a curva do gráfico de

$$y = \frac{x^3}{6} + \frac{1}{2x}$$

no intervalo $\left[\frac{1}{2}, 2\right]$, como mostra a Figura 7.39.

Solução Utilizando

$$\frac{dy}{dx} = \frac{3x^2}{6} - \frac{1}{2x^2} = \frac{1}{2}\left(x^2 - \frac{1}{x^2}\right)$$

temos um comprimento de arco de

$$\begin{aligned} s &= \int_a^b \sqrt{1 + \left(\frac{dy}{dx}\right)^2}\, dx = \int_{1/2}^2 \sqrt{1 + \left[\frac{1}{2}\left(x^2 - \frac{1}{x^2}\right)\right]^2}\, dx && \text{Fórmula do comprimento de arco} \\ &= \int_{1/2}^2 \sqrt{\frac{1}{4}\left(x^4 + 2 + \frac{1}{x^4}\right)}\, dx \\ &= \int_{1/2}^2 \frac{1}{2}\left(x^2 + \frac{1}{x^2}\right) dx && \text{Simplifique} \\ &= \frac{1}{2}\left[\frac{x^3}{3} - \frac{1}{x}\right]_{1/2}^2 && \text{Integre} \\ &= \frac{1}{2}\left(\frac{13}{6} + \frac{47}{24}\right) \\ &= \frac{33}{16}. \end{aligned}$$

PARA MAIS INFORMAÇÃO Para ver como o comprimento de arco pode ser usado para definir funções trigonométricas, veja o artigo "Trigonometry Requires Calculus, Not Vice Versa", de Yves Nievergelt, em *UMPA Modules.*

EXEMPLO 3 Calculando um Comprimento de Arco

Calcule o comprimento do arco para a curva do gráfico de $(y - 1)^3 = x^2$ no intervalo $[0, 8]$, como mostra a Figura 7.40.

Solução Iniciamos escrevendo x como função de y: $x = \pm(y - 1)^{3/2}$. Escolhendo valores positivos de x temos

$$\frac{dx}{dy} = \frac{3}{2}(y - 1)^{1/2}.$$

O intervalo $[0, 8]$ para x corresponde ao intervalo $[1, 5]$ para y, e o comprimento do arco é

$$\begin{aligned} s &= \int_c^d \sqrt{1 + \left(\frac{dx}{dy}\right)^2}\, dy = \int_1^5 \sqrt{1 + \left[\frac{3}{2}(y - 1)^{1/2}\right]^2}\, dy && \text{Fórmula do comprimento do arco} \\ &= \int_1^5 \sqrt{\frac{9}{4}y - \frac{5}{4}}\, dy \\ &= \frac{1}{2}\int_1^5 \sqrt{9y - 5}\, dy && \text{Simplifique} \\ &= \frac{1}{18}\left[\frac{(9y - 5)^{3/2}}{3/2}\right]_1^5 && \text{Integre} \\ &= \frac{1}{27}(40^{3/2} - 4^{3/2}) \\ &\approx 9.073. \end{aligned}$$

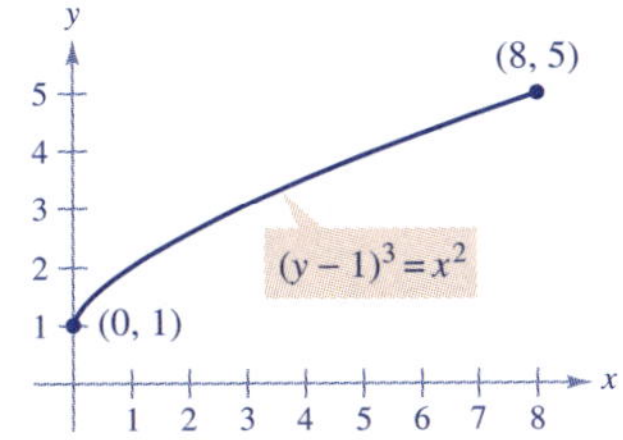

Comprimento de arco do gráfico de y em $[0, 8]$.
Figura 7.40

EXEMPLO 4 Calculando um Comprimento de Arco

Calcule o comprimento de arco do gráfico de $y = \ln(\cos x)$ de $x = 0$ até $x = \pi/4$, como mostra a Figura 7.41.

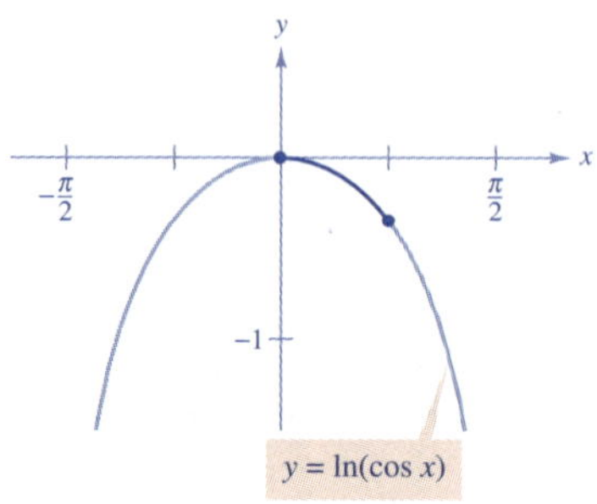

Comprimento de arco do gráfico de y em $\left[0, \frac{\pi}{4}\right]$.
Figura 7.41

Solução Utilizando

$$\frac{dy}{dx} = -\frac{\operatorname{sen} x}{\cos x} = -\operatorname{tg} x$$

temos o comprimento de arco

$$s = \int_a^b \sqrt{1 + \left(\frac{dy}{dx}\right)^2}\, dx = \int_0^{\pi/4} \sqrt{1 + \operatorname{tg}^2 x}\, dx \qquad \text{Fórmula do comprimento de arco}$$

$$= \int_0^{\pi/4} \sqrt{\sec^2 x}\, dx \qquad \text{Identidade trigonométrica}$$

$$= \int_0^{\pi/4} \sec x\, dx \qquad \text{Simplifique}$$

$$= \Big[\ln|\sec x + \operatorname{tg} x|\Big]_0^{\pi/4} \qquad \text{Integre}$$

$$= \ln\left(\sqrt{2} + 1\right) - \ln 1$$

$$\approx 0{,}881.$$

EXEMPLO 5 Comprimento de um Cabo

Um cabo elétrico suspenso entre duas torres distantes 200 pés uma da outra é mostrado na Figura 7.42. O formato do cabo é de uma catenária cuja equação é

$$y = 75(e^{x/150} + e^{-x/150}) = 150 \cosh \frac{x}{150}.$$

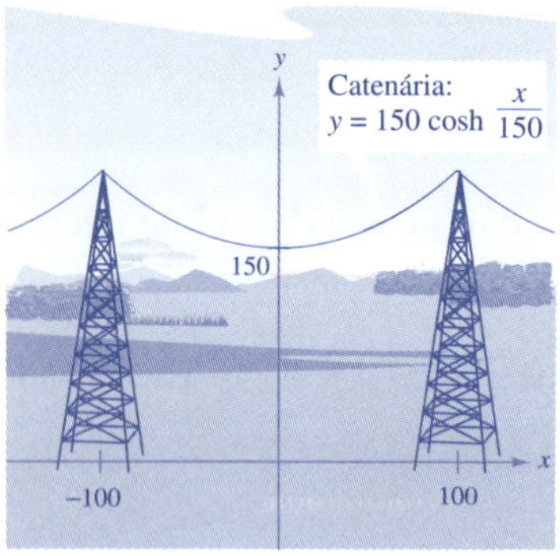

Figura 7.42

Calcule o comprimento do cabo entre as duas torres.

Solução Como $y' = \frac{1}{2}(e^{x/150} - e^{-x/150})$, podemos escrever

$$(y')^2 = \frac{1}{4}(e^{x/75} - 2 + e^{-x/75})$$

e

$$1 + (y')^2 = \frac{1}{4}(e^{x/75} + 2 + e^{-x/75}) = \left[\frac{1}{2}(e^{x/150} + e^{-x/150})\right]^2.$$

Portanto, o comprimento do arco do cabo é

$$s = \int_a^b \sqrt{1 + (y')^2}\, dx = \frac{1}{2}\int_{-100}^{100} (e^{x/150} + e^{-x/150})\, dx \qquad \text{Fórmula do comprimento de arco}$$

$$= 75\Big[e^{x/150} - e^{-x/150}\Big]_{-100}^{100} \qquad \text{Integrando}$$

$$= 150(e^{2/3} - e^{-2/3})$$

$$\approx 215 \text{ pés.}$$

Área da Superfície de Revolução

Nas Seções 7.2 e 7.3 utilizamos integração para calcular o volume de um sólido de revolução. Agora vamos desenvolver um procedimento para determinar a área de uma superfície de revolução.

> **Definição de Superfície de Revolução**
>
> A superfície resultante quando o gráfico de uma função contínua é girado em torno de uma reta é chamada de **superfície de revolução**.

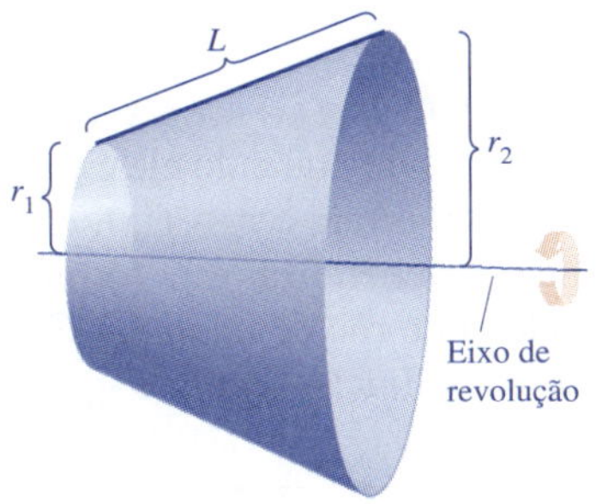

Figura 7.43

Vamos deduzir a área da superfície de revolução usando a área da superfície externa de um tronco de cone circular reto. Considere o segmento de reta da Figura 7.43, onde L é o comprimento deste segmento de reta, r_1 e r_2 as distâncias dos extremos do segmento até a reta em torno da qual vamos girar este segmento de reta. Quando o segmento da reta é girado em torno do eixo de revolução, a superfície obtida é a superfície lateral de um tronco de cone.

$$S = 2\pi r L \qquad \text{Área da superfície lateral do tronco de cone}$$

onde

$$r = \frac{1}{2}(r_1 + r_2). \qquad \text{Raio médio}$$

(No Exercício 60 pede-se que você verifique a fórmula para S.)

Suponha que o gráfico de f, cuja derivada é contínua no intervalo $[a, b]$, é girado em torno do eixo x formando uma superfície de revolução, como mostra a Figura 7.44. Seja Δ uma partição de $[a, b]$, com subintervalos de largura Δx_i. O segmento de reta de comprimento

$$\Delta L_i = \sqrt{\Delta x_i^2 + \Delta y_i^2}$$

gera um tronco de cone. Seja r_i o raio médio deste tronco de cone. Pelo Teorema do Valor Intermediário, existe um ponto d_i no i-ésimo subintervalo tal que $r_i = f(d_i)$. A área da superfície lateral ΔS_i do tronco de cone é

$$\begin{aligned}\Delta S_i &= 2\pi r_i \Delta L_i\\ &= 2\pi f(d_i)\sqrt{\Delta x_i^2 + \Delta y_i^2}\\ &= 2\pi f(d_i)\sqrt{1 + \left(\frac{\Delta y_i}{\Delta x_i}\right)^2}\,\Delta x_i.\end{aligned}$$

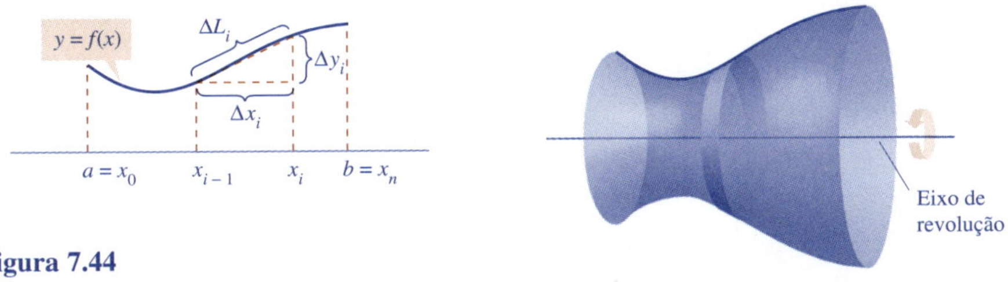

Figura 7.44

Pelo Teorema do Valor Médio, existe um ponto c_i em (x_{i-1}, x_i) tal que

$$\begin{aligned}f'(c_i) &= \frac{f(x_i) - f(x_{i-1})}{x_i - x_{i-1}}\\ &= \frac{\Delta y_i}{\Delta x_i}.\end{aligned}$$

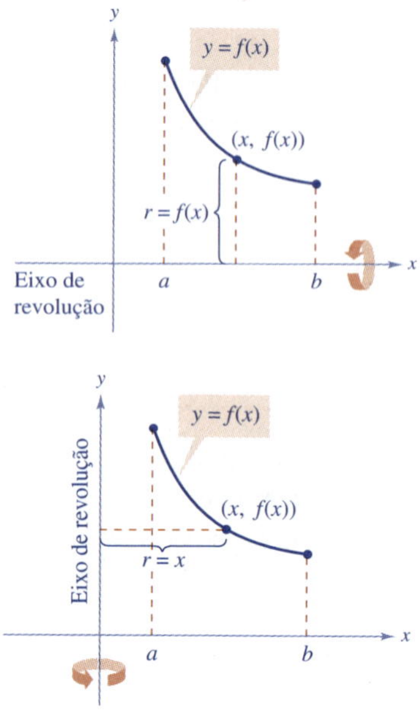

Figura 7.45

Então, $\Delta S_i = 2\pi f(d_i)\sqrt{1 + [f'(c_i)]^2}\,\Delta x_i$, e a área total da superfície pode ser aproximada por

$$S \approx 2\pi \sum_{i=1}^{n} f(d_i)\sqrt{1 + [f'(c_i)]^2}\,\Delta x_i.$$

Pode ser mostrado que o limite quando $\|\Delta\| \to 0$ ($n \to \infty$) é

$$S = 2\pi \int_a^b f(x)\sqrt{1 + [f'(x)]^2}\,dx.$$

De modo semelhante, se o gráfico de f é girado ao redor do eixo y, então S é

$$S = 2\pi \int_a^b x\sqrt{1 + [f'(x)]^2}\,dx.$$

Nas duas fórmulas para o cálculo de S, podemos ver o produto $2\pi f(x)$ e $2\pi x$ como a circunferência do círculo traçado pelo ponto (x, y) do gráfico de f quando ele é girado ao redor do eixo x ou do eixo y (Figura 7.45). Num caso, o raio é $r = f(x)$, e no outro, o raio é $r = x$. Com ajuste apropriado de r, podemos generalizar esta fórmula para calcular a área de qualquer superfície obtida girando em torno de *qualquer* eixo de revolução horizontal ou vertical, como está indicado na definição seguinte.

Definição da Área de uma Superfície de Revolução

Seja $y = f(x)$ uma função com derivada contínua no intervalo $[a, b]$. A área S da superfície de revolução obtida girando o gráfico de f em torno de um eixo horizontal ou vertical é

$$S = 2\pi \int_a^b r(x)\sqrt{1 + [f'(x)]^2}\,dx \qquad y \text{ é função de } x$$

onde $r(x)$ é a distância entre o gráfico de f e o eixo de revolução. Se $x = g(y)$ no intervalo $[c, d]$, então a área da superfície é

$$S = 2\pi \int_c^d r(y)\sqrt{1 + [g'(y)]^2}\,dy \qquad x \text{ é função de } y$$

onde $r(y)$ é a distância entre o gráfico de g e o eixo de revolução.

Estas fórmulas da definição podem ser reescritas como:

$$S = 2\pi \int_a^b r(x)\,ds \qquad y \text{ é função de } x$$

e

$$S = 2\pi \int_c^d r(y)\,ds \qquad x \text{ é função de } y$$

onde $ds = \sqrt{1 + [f'(x)]^2}\,dx$ e $ds = \sqrt{1 + [g'(y)]^2}\,dy$, respectivamente.

EXEMPLO 6 Área de uma Superfície de Revolução

Calcule a área da superfície obtida pela revolução do gráfico de

$$f(x) = x^3$$

definida no intervalo $[0, 1]$ ao redor do eixo x, como mostra a Figura 7.46.

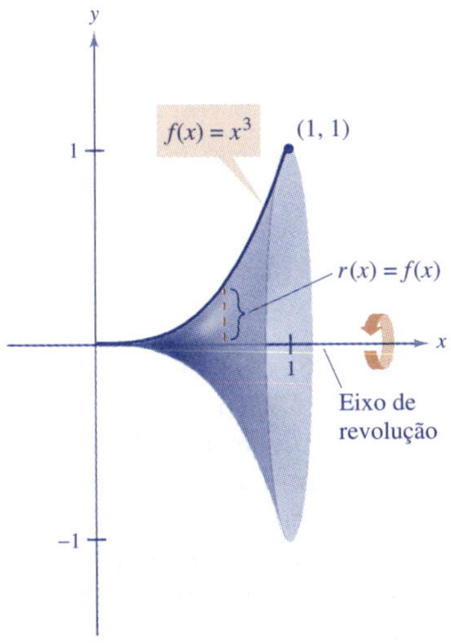

Figura 7.46

Solução A distância entre o eixo x e o gráfico de f é $r(x) = f(x)$ e, como $f'(x) = 3x^2$, a área da superfície será

$$
\begin{aligned}
S &= 2\pi \int_a^b r(x)\sqrt{1 + [f'(x)]^2}\, dx && \text{Fórmula para a área da superfície} \\
&= 2\pi \int_0^1 x^3 \sqrt{1 + (3x^2)^2}\, dx \\
&= \frac{2\pi}{36} \int_0^1 (36x^3)(1 + 9x^4)^{1/2}\, dx && \text{Simplifique} \\
&= \frac{\pi}{18} \left[\frac{(1 + 9x^4)^{3/2}}{3/2} \right]_0^1 && \text{Integre} \\
&= \frac{\pi}{27}(10^{3/2} - 1) \\
&\approx 3.563.
\end{aligned}
$$

EXEMPLO 7 Área de uma Superfície de Revolução

Calcule a área da superfície obtida pela revolução do gráfico de

$$f(x) = x^2$$

definida no intervalo $\left[0, \sqrt{2}\right]$ ao redor do eixo y, como mostra a Figura 7.47.

Solução A distância entre o gráfico de f e o eixo y é $r(x) = x$. Como $f'(x) = 2x$, podemos verificar que a área da superfície será

$$
\begin{aligned}
S &= 2\pi \int_a^b r(x)\sqrt{1 + [f'(x)]^2}\, dx && \text{Fórmula para a área da superfície} \\
&= 2\pi \int_0^{\sqrt{2}} x\sqrt{1 + (2x)^2}\, dx \\
&= \frac{2\pi}{8} \int_0^{\sqrt{2}} (1 + 4x^2)^{1/2}(8x)\, dx && \text{Simplifique} \\
&= \frac{\pi}{4} \left[\frac{(1 + 4x^2)^{3/2}}{3/2} \right]_0^{\sqrt{2}} && \text{Integre} \\
&= \frac{\pi}{6}[(1 + 8)^{3/2} - 1] \\
&= \frac{13\pi}{3} \\
&\approx 13{,}614.
\end{aligned}
$$

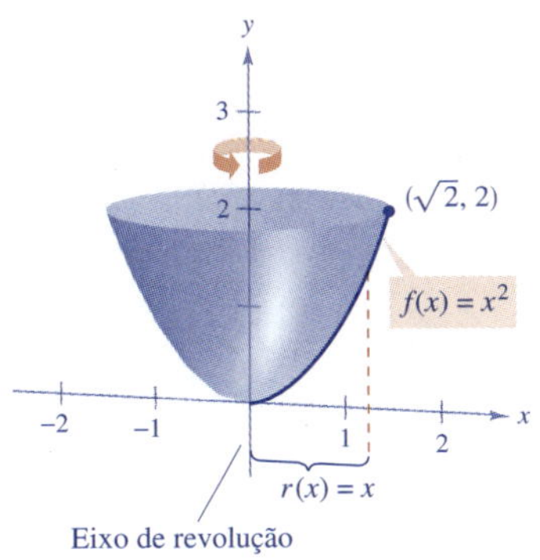

Figura 7.47

Exercícios da Seção 7.4

Nos Exercícios 1 e 2, determine a distância entre os pontos utilizando (a) a Fórmula de Distância e (b) integração.

1. (0, 0), (5, 12)
2. (1, 2), (7, 10)

Nos Exercícios 3 a 14, determine o comprimento de arco do gráfico da função, no intervalo indicado.

3. $y = \frac{2}{3}x^{3/2} + 1$
4. $y = 2x^{3/2} + 3$

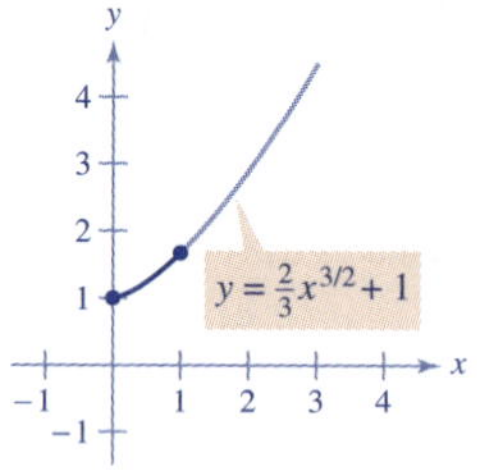

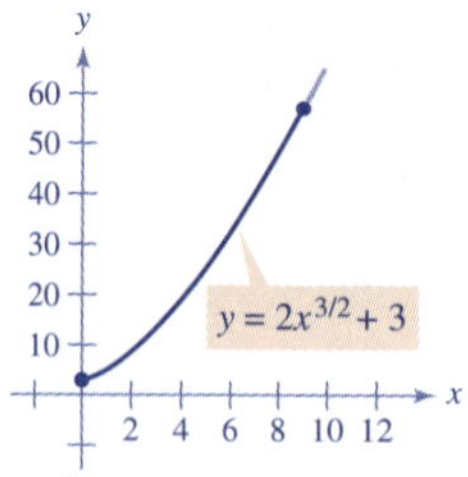

5. $y = \dfrac{3}{2}x^{2/3}$

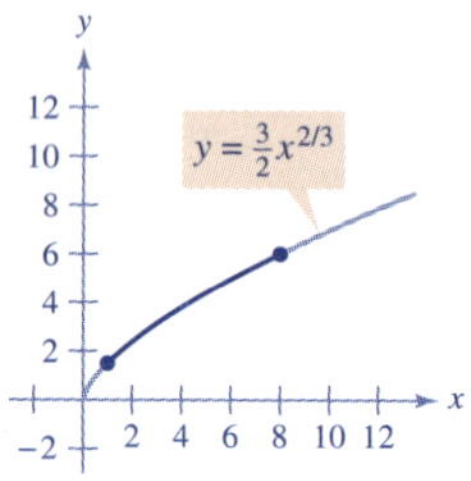

6. $y = \dfrac{x^4}{8} + \dfrac{1}{4x^2}$

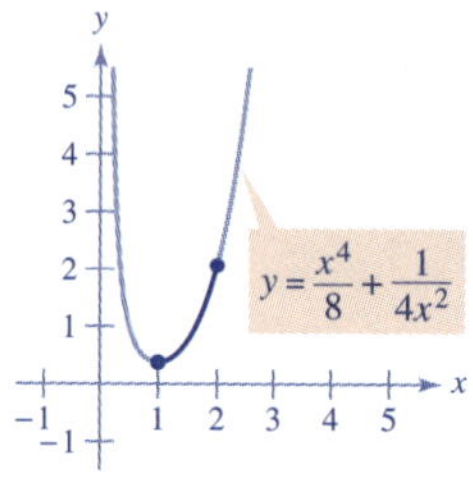

7. $y = \dfrac{x^5}{10} + \dfrac{1}{6x^3}$, $[1, 2]$

8. $y = \dfrac{3}{2}x^{2/3} + 4$, $[1, 27]$

9. $y = \ln(\operatorname{sen} x)$, $\left[\dfrac{\pi}{4}, \dfrac{3\pi}{4}\right]$

10. $y = \ln(\cos x)$, $\left[0, \dfrac{\pi}{3}\right]$

11. $y = \frac{1}{2}(e^x + e^{-x})$, $[0, 2]$

12. $y = \ln\left(\dfrac{e^x + 1}{e^x - 1}\right)$, $[\ln 2, \ln 3]$

13. $x = \frac{1}{3}(y^2 + 2)^{3/2}$, $0 \le y \le 4$

14. $x = \frac{1}{3}\sqrt{y}(y - 3)$, $1 \le y \le 4$

Nos Exercícios 15 a 24, (a) esboce o gráfico da função, salientando a parte correspondente ao intervalo indicado, (b) escreva a integral definida que fornece o comprimento de arco da curva sobre o intervalo indicado e observe que esta integral não pode ser calculada com as técnicas aprendidas até aqui, e (c) use os recursos de integração de uma ferramenta gráfica para estimar o valor aproximado do comprimento do arco.

15. $y = 4 - x^2$, $0 \le x \le 2$

16. $y = x^2 + x - 2$, $-2 \le x \le 1$

17. $y = \dfrac{1}{x}$, $1 \le x \le 3$

18. $y = \dfrac{1}{x + 1}$, $0 \le x \le 1$

19. $y = \operatorname{sen} x$, $0 \le x \le \pi$

20. $y = \cos x$, $-\dfrac{\pi}{2} \le x \le \dfrac{\pi}{2}$

21. $x = e^{-y}$, $0 \le y \le 2$

22. $y = \ln x$, $1 \le x \le 5$

23. $y = 2 \operatorname{arctg} x$, $0 \le x \le 1$

24. $x = \sqrt{36 - y^2}$, $0 \le y \le 3$

Aproximação **Nos Exercícios 25 e 26, determine qual é a melhor aproximação para o valor do comprimento do arco representado pela integral. (Faça sua escolha com base em um esboço do arco sem efetuar a integração.)**

25. $\displaystyle\int_0^2 \sqrt{1 + \left[\frac{d}{dx}\left(\frac{5}{x^2 + 1}\right)\right]^2}\, dx$

(a) 25 (b) 5 (c) 2 (d) -4 (e) 3

26. $\displaystyle\int_0^{\pi/4} \sqrt{1 + \left[\frac{d}{dx}(\operatorname{tg} x)\right]^2}\, dx$

(a) 3 (b) -2 (c) 4 (d) $\dfrac{4\pi}{3}$ (e) 1

Aproximação **Nos Exercícios 27 e 28, determine um valor aproximado para o comprimento do gráfico da função sobre o intervalo [0, 4] de quatro modos. (a) Calcule a distância entre os extremos do arco, utilizando a fórmula da distância. (b) Divida o arco em quatro segmentos com extremos nos pontos $x = 0$, $x = 1$, $x = 2$, $x = 3$ e $x = 4$ e calcule o comprimento do arco somando as distâncias em cada segmento. (c) Utilize a Regra de Simpson com $n = 10$ para aproximar o valor da integral que fornece o comprimento do arco. (d) Utilize o recurso de integração uma ferramenta gráfica para estimar o valor do comprimento do arco.**

27. $f(x) = x^3$

28. $f(x) = (x^2 - 4)^2$

29. (a) Utilize a ferramenta gráfica para esboçar o gráfico da função $f(x) = x^{2/3}$.

(b) É possível integrar em relação a x para determinar o comprimento do arco do gráfico de f? Explique.

(c) Determine o comprimento de arco do gráfico de f no intervalo $[-1, 8]$.

30. ***Astróide*** Calcule o comprimento total do gráfico do astróide

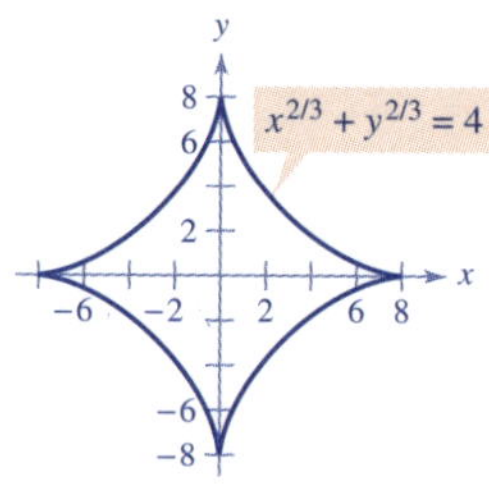

31. ***Para Pensar*** A figura mostra o gráfico das funções $y_1 = x$, $y_2 = \frac{1}{2}x^{3/2}$, $y_3 = \frac{1}{4}x^2$, e $y_4 = \frac{1}{8}x^{5/2}$ no intervalo [0, 4]. Uma cópia ampliada deste gráfico pode ser obtida em *www.mathgraphs.com.*

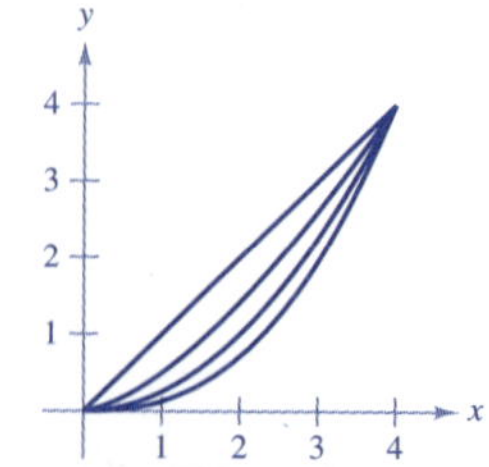

(a) Atribua a cada gráfico a função correspondente.

(b) Liste as funções na ordem do aumento do comprimento do arco.

(c) Confira sua resposta com o item (b) fazendo a aproximação do comprimento de arco com três decimais de precisão.

32. ***Para Pensar*** Explique por que as integrais são iguais:

$$\int_1^e \sqrt{1 + \frac{1}{x^2}}\, dx = \int_0^1 \sqrt{1 + e^{2x}}\, dx$$

Utilize os recursos de integração de sua ferramenta gráfica para verificar a igualdade das integrais.

33. ***Duração da Perseguição*** Um fugitivo deixa a origem e se move na direção do eixo y (veja a figura). No mesmo instante, um perseguidor deixa o ponto (1, 0) e se move na direção do fugitivo. A velocidade do perseguidor é o dobro da velocidade do fugitivo. A equação da trajetória pode ser descrita por

$$y = \frac{1}{3}(x^{3/2} - 3x^{1/2} + 2).$$

Quanto o fugitivo percorreu antes de ser interceptado? Mostre que o perseguidor percorreu o dobro da distância percorrida pelo fugitivo.

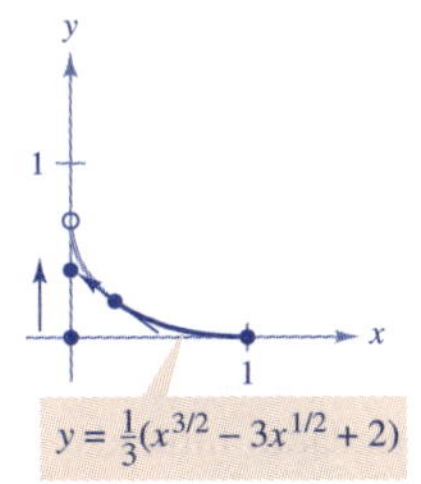

Figura do Exercício 33

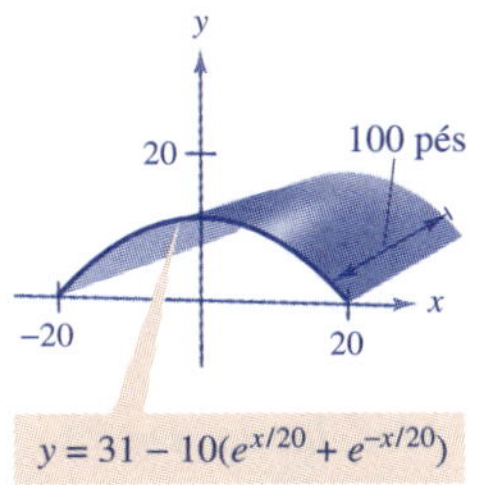

Figura do Exercício 34

34. ***Área do Telhado*** Um estábulo tem 100 pés de comprimento e 40 de largura (veja a figura). Uma secção transversal de seu telhado tem a forma de uma catenária invertida $y = 31 - 10(e^{x/20} + e^{-x/20})$. Calcule quantos pés quadrados tem o telhado deste estábulo.

35. ***Comprimento de uma Catenária*** Fios elétricos suspensos entre torres formam uma catenária (veja a figura) que pode ser modelada pela equação

$$y = 20 \cosh \frac{x}{20}, \quad -20 \le x \le 20$$

onde x e y são medidos em metros. A distância entre as torres é de 40 metros. Calcule o comprimento do cabo suspenso.

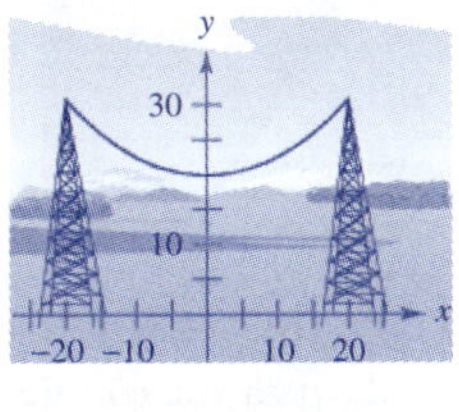

Figura do Exercício 35

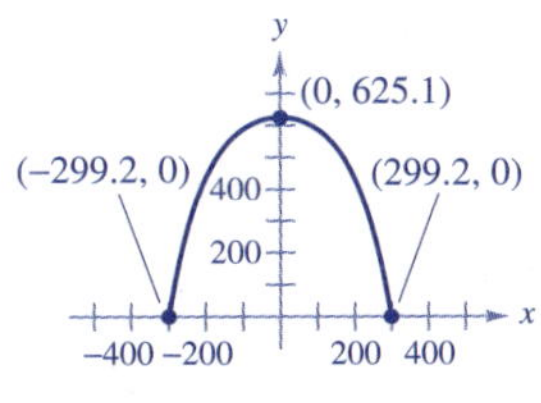

Figura do Exercício 36

36. ***Comprimento do Pórtico*** O Arco de Entrada de St. Louis, Missouri, pode ser modelado por

$$y = 693{,}8597 - 68{,}7672 \cosh 0{,}0100333x,$$
$$-299{,}2239 \le x \le 299{,}2239.$$

(Veja a Seção 5.8, Projeto: Arco de St. Louis.) Calcule o comprimento de arco desta curva (veja a figura).

37. Calcule o comprimento de arco de (0, 3) até $(2, \sqrt{5})$, no sentido horário da circunferência $x^2 + y^2 = 9$.

38. Calcule o comprimento do arco de $(-3, 4)$ $(4, 3)$ da circunferência $x^2 + y^2 = 25$. Mostre que o resultado é, no sentido horário, um quarto da medida da circunferência.

Nos Exercícios 39 a 42, escreva e calcule a integral definida que estabelece a área da superfície de revolução da curva ao redor do eixo *x*.

39. $y = \frac{1}{3}x^3$

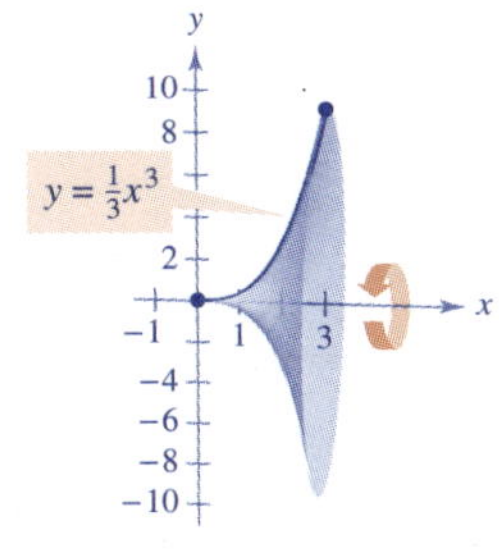

40. $y = 2\sqrt{x}$

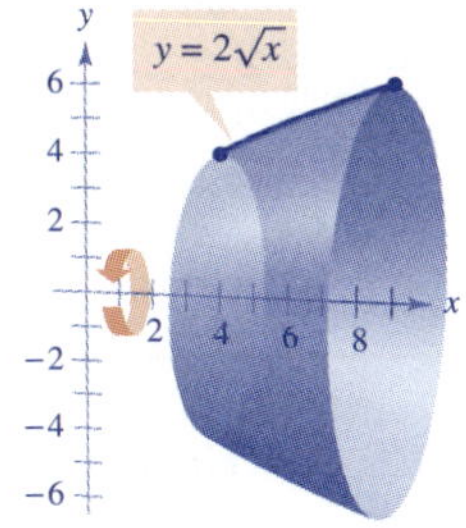

41. $y = \frac{x^3}{6} + \frac{1}{2x}, \quad 1 \le x \le 2$

42. $y = \frac{x}{2}, \quad 0 \le x \le 6$

Nos Exercícios 43 e 44, escreva e calcule a integral definida que estabelece a área da superfície de revolução da curva ao redor do eixo *y*.

43. $y = \sqrt[3]{x} + 2$

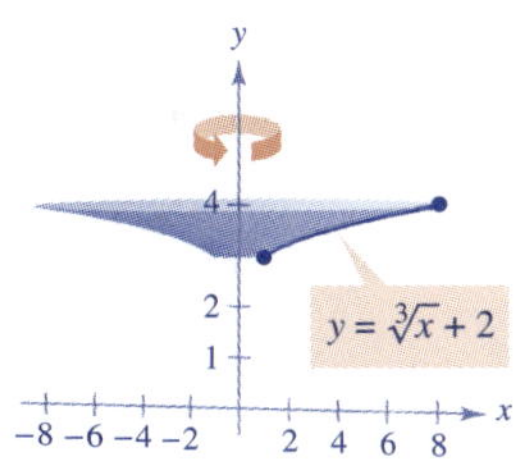

44. $y = 9 - x^2$

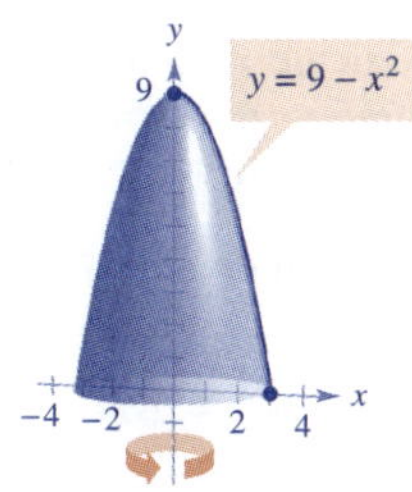

Nos Exercícios 45 e 46, utilize os recursos de integração de uma ferramenta gráfica para estimar a área da superfície do sólido de revolução.

	Função	*Intervalo*
45.	$y = \text{sen}\, x$ ao redor do eixo x	$[0, \pi]$
46.	$y = \ln x$ ao redor do eixo y	$[1, e]$

Questões Conceituais

47. Defina uma curva retificável.

48. Quais fórmulas do pré-cálculo e elementos representativos são utilizados para desenvolver a fórmula de integração para determinar o comprimento de um arco?

49. Quais fórmulas do pré-cálculo e elementos representativos são utilizados para desenvolver a fórmula de integração para determinar a área de uma superfície de revolução?

Questões Conceituais (*Continuação*)

50. Na figura são mostrados os gráficos das funções f_1 e f_2 no intervalo $[a, b]$ Cada um dos gráficos é girado ao redor do eixo x. Qual das duas superfícies de revolução tem maior área? Explique.

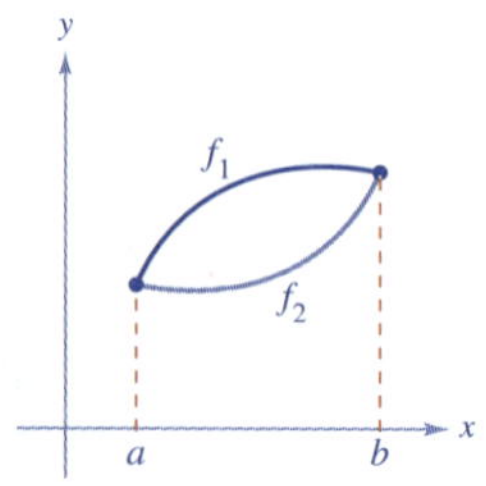

51. Um cone circular reto é gerado pela rotação da região delimitada por $y = hx/r$, $y = h$ e $x = 0$ ao redor do eixo y. Mostre que a área da superfície do cone é

$$S = \pi r\sqrt{r^2 + h^2}.$$

52. Uma esfera de raio r é gerada pela rotação do gráfico de $y = \sqrt{r^2 - x^2}$ ao redor do eixo x. Mostre que a área da superfície da esfera é $4\pi r^2$.

53. Calcule a área da parte da esfera formada pela rotação do gráfico de $y = \sqrt{9 - x^2}$, $0 \le x \le 2$, ao redor do eixo y.

54. Calcule a área da parte da esfera formada pela rotação do gráfico de $y = \sqrt{r^2 - x^2}$, $0 \le x \le a$, ao redor do eixo y. Considere $a < r$.

55. ***Projeto de uma Lâmpada*** Uma lâmpada ornamental é projetada fazendo a rotação de

$$y = \tfrac{1}{3}x^{1/2} - x^{3/2}, \quad 0 \le x \le \tfrac{1}{3}$$

ao redor do eixo x, onde x e y são medidos em pés (veja a figura). Calcule a área da superfície da lâmpada e utilize o resultado para estimar a quantidade de vidro necessária para fazê-la. (Considere que o vidro tem 0,015 polegada de espessura.)

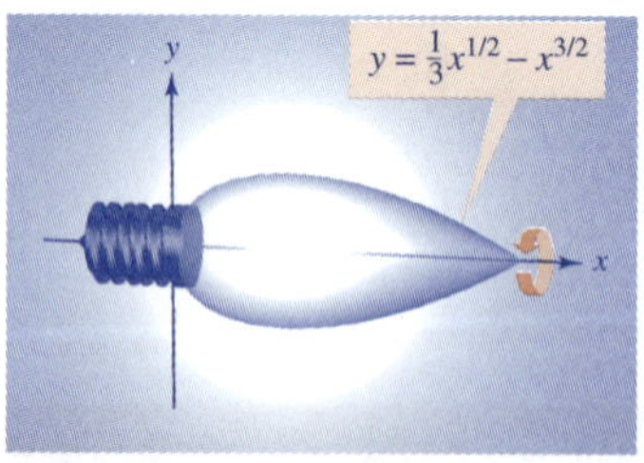

56. ***Para Pensar*** Considere a equação $\dfrac{x^2}{9} + \dfrac{y^2}{4} = 1$.

(a) Utilize uma ferramenta gráfica para desenhar o gráfico da equação.

(b) Escreva uma integral definida para determinar o comprimento de arco do gráfico da parte (a) no primeiro quadrante.

(c) Compare o intervalo de integração da parte (b) e o domínio do integrando. É possível calcular esta integral definida? É possível utilizar a Regra de Simpson para calcular a integral? Explique. (Você aprenderá a calcular este tipo de integral na Seção 8.8.)

57. ***Modelagem de Dados*** A circunferência C (em polegadas) de um vaso é medida de 3 em 3 polegadas começando da base. As medidas estão apresentadas na tabela, onde y é a distância na vertical da base, medida em polegadas.

y	0	3	6	9	12	15	18
C	50	65,5	70	66	58	51	48

(a) Utilize os dados para estimar o volume do vaso somando os volumes dos discos.

(b) Utilize os dados para estimar a área da superfície externa (excluindo a base) do vaso somando as áreas dos troncos de cone circular retos.

(c) Utilize os recursos de regressão de uma ferramenta gráfica para determinar um modelo cúbico que aproxima os pontos (y, r) onde $r = C/(2\pi)$. Utilize uma ferramenta gráfica para mostrar os pontos e o gráfico do modelo.

(d) Utilize o modelo do item (c) e os recursos de integração de uma ferramenta gráfica para estimar o volume e a superfície externa do vaso. Compare os resultados com o encontrado nos itens (a) e (b).

58. ***Modelando Dados*** Uma propriedade limitada por duas estradas perpendiculares e um riacho é mostrada na figura. Todas as distâncias são medidas em pés.

(a) Utilize os recursos de regressão de uma ferramenta gráfica para aproximar o percurso do riacho por um polinômio de quarto grau.

(b) Utilize o modelo obtido no item (a) para estimar a área da propriedade em acres.

(c) Utilize os recursos de integração de uma ferramenta gráfica para estimar o comprimento do riacho que faz fronteira com a propriedade.

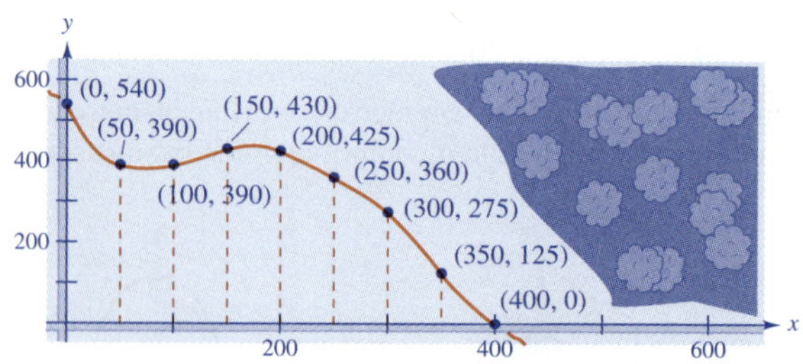

59. Seja R a região limitada por $y = 1/x$, eixo x, $x = 1$, e $x = b$, onde $b > 1$. Seja D o sólido formado pela rotação de R ao redor do eixo x.

(a) Calcule o volume V de D.

(b) Escreva a área da superfície S como uma integral.

(c) Mostre que V se aproxima de um limite finito quando $b \to \infty$.

(d) Mostre que $S \to \infty$ quando $b \to \infty$.

60. (a) Dado o setor circular de raio L e ângulo central θ (veja a figura), mostre que a área do setor é dada por

$$S = \frac{1}{2}L^2\theta.$$

(b) Unindo as retas fronteiras do setor do item (a), obtemos um cone circular reto (veja a figura) e a área da superfície lateral do cone é a mesma que a área do setor. Mostre que esta área é $S = \pi r L$, onde r é o raio da base do cone. (*Sugestão*: O comprimento de arco do setor é igual à circunferência da base do cone.)

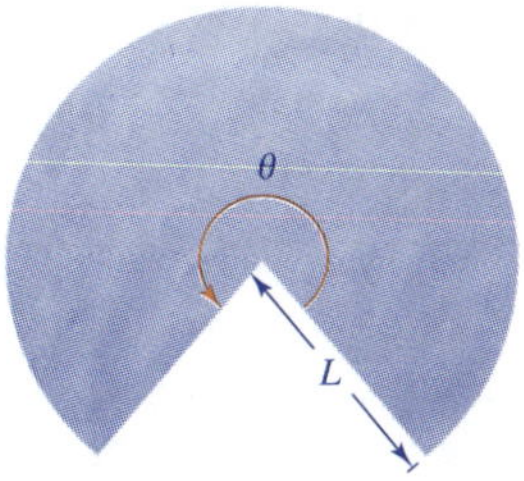

Figura do Exercício 60(a)

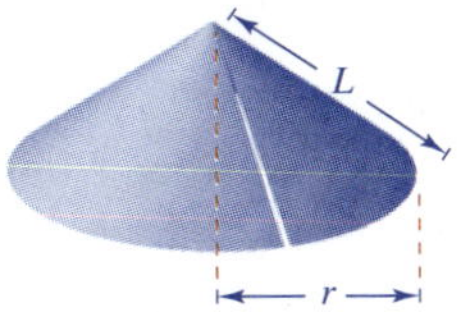

Figura do Exercício 60(b)

(c) Utilize o resultado do item (b) para verificar que a fórmula para a área da superfície lateral de um troco de cone com altura inclinada L e raios r_1 e r_2 (veja a figura) é $S = \pi(r_1 + r_2)L$. (*Sugestão*: Esta fórmula foi usada para achar a integral que determina a área de uma superfície de revolução.)

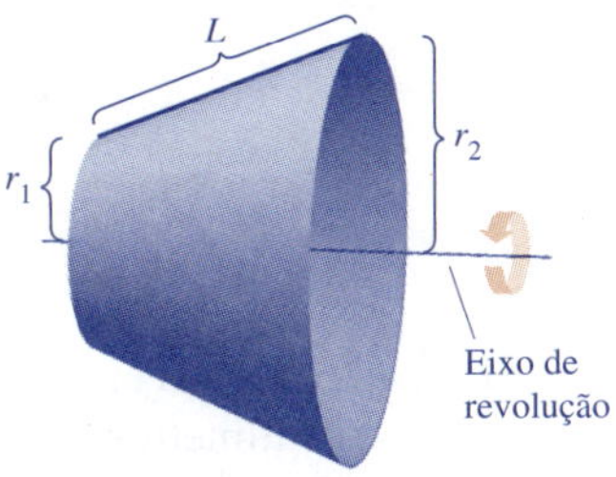

61. ***Projeto Individual*** Selecione um sólido de revolução de seu dia-a-dia. Meça o raio do sólido no mínimo em sete pontos diferentes ao longo do eixo. Use os dados para estimar o volume e a área da superfície lateral do sólido.

62. ***Redação*** Leia o artigo "Arc Length, Area and The Arcsine Function", de Andrew M. Rockett, em *Mathematics Magazine*. A seguir, escreva um parágrafo explicando como a função arco-seno pode ser definida em função do comprimento de arco. (Veja esse artigo em *www.matharticles.com*.)

63. ***Astróide*** Calcule a área da superfície formada pela rotação da parte do gráfico de $x^{2/3} + y^{2/3} = 4$, $0 \le y \le 8$ que está no primeiro quadrante em torno do eixo y.

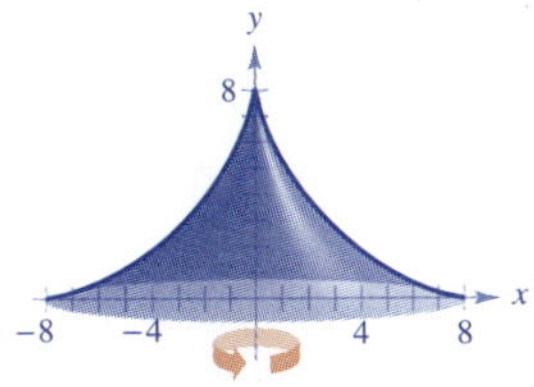

Figura do Exercício 63

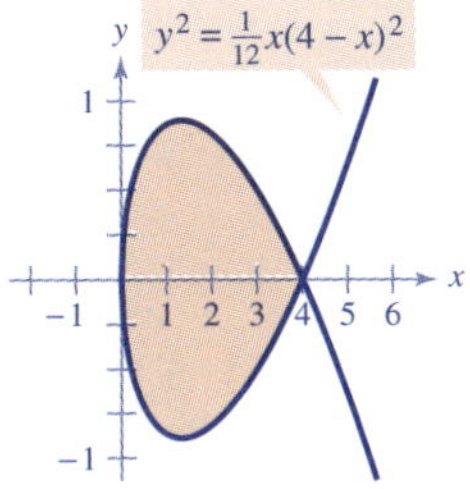

Figura do Exercício 64

64. Considere o gráfico de $y^2 = \frac{1}{12}x(4 - x)^2$ (veja a figura). Calcule a área da superfície gerada quando o laço do gráfico é girado em torno do eixo x.

65. ***Ponte Suspensa*** Um cabo para uma ponte suspensa tem a forma de uma parábola com equação $y = kx^2$. Sejam h a altura do cabo de seu ponto mais baixo ao seu ponto mais alto e $2w$ o comprimento total entre as duas torres da ponte (veja a figura). Mostre que o comprimento do cabo é dado por

$$C = 2\int_0^w \sqrt{1 + \frac{4h^2}{w^4}x^2}\, dx.$$

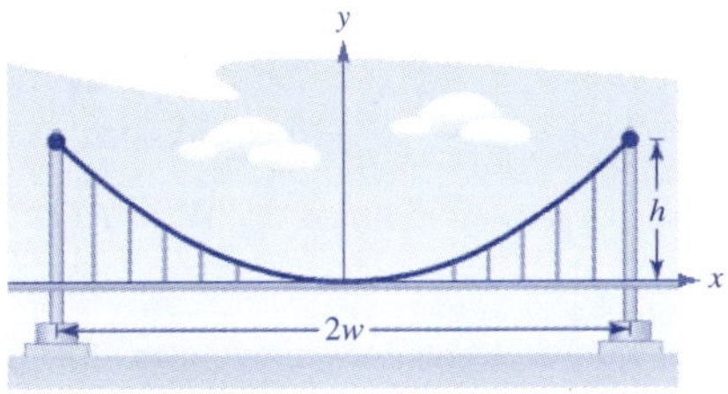

66. ***Ponte Suspensa*** Na ponte Humber, localizada no Reino Unido e inaugurada em 1981, a distância entre as torres principais é de aproximadamente 1.400 metros. Cada torre tem altura aproximada de 155 metros. Utilize estas dimensões, a integral do Exercício 65 e os recursos de integração de uma ferramenta gráfica para estimar o comprimento do cabo parabólico deste trecho da ponte.

Desafio Putnam

67. Calcule o comprimento da curva $y^2 = x^3$ da origem ao ponto onde a reta tangente faz um ângulo de 45° com o eixo x.

Seção 7.5 Trabalho

- **Calcular o trabalho feito por uma força constante.**
- **Calcular o trabalho feito por uma força variável.**

Trabalho Feito por uma Força Constante

O conceito de trabalho é muito importante para cientistas e engenheiros na determinação da energia necessária para executar várias tarefas. Por exemplo, é útil saber a quantidade de trabalho feito quando um guindaste levanta uma viga de aço, quando uma mola é comprimida, quando um foguete é arremessado ao ar, ou quando um caminhão puxa uma carga em uma estrada.

Em geral, **trabalho** é feito por uma força quando ela move um objeto. Quando a força aplicada ao objeto é *constante*, a definição de trabalho é a seguinte.

Definição de Trabalho Realizado por uma Força Constante

Se um objeto é movido por uma distância D em uma direção por uma força constante F, o **trabalho** W feito pela força é definido como $W = FD$.

Existem muitos tipos de força — centrífuga, eletromotiva e gravitacional, para citar algumas. Uma força pode ser pensada como um *puxar* ou um *empurrar*; uma força muda o estado de repouso ou estado de movimento de um corpo. Para as forças gravitacionais da Terra, é comum utilizar unidades de medida correspondentes ao peso do objeto.

EXEMPLO 1 Levantamento de um Objeto

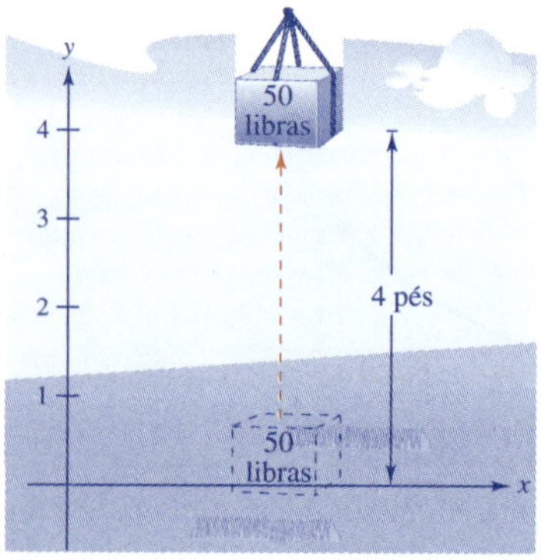

O trabalho realizado para levantar um objeto de 50 libras por 4 pés é 200 pés-libras.
Figura 7.48

Determine o trabalho efetuado quando se levanta um objeto de 50 libras por 4 pés.

Solução O módulo da força necessária F é o peso do objeto, como mostra a Figura 7.48. Assim, o trabalho realizado no deslocamento por 4 pés é

$$\begin{aligned} W &= FD && \text{Trabalho = (força) (deslocamento)} \\ &= 50(4) && \text{Força = 50 libras, deslocamento = 4 pés} \\ &= 200 \text{ pés-libras.} \end{aligned}$$

Nas unidades americanas de medida, trabalho é em geral expresso em pés-libras (pés-lb), polegadas-libras ou pés-toneladas. No sistema CGS (centímetros – gramas – segundos), a unidade básica de medida de força é o **dina** — força requerida para produzir uma aceleração de 1cm/s^2 em uma massa de 1g. Neste sistema, o trabalho é normalmente expresso em dina–centímetros (ergs) ou newton–metros (joules), onde 1 joule = 10^7 ergs.

INVESTIGAÇÃO

Quanto Trabalho? No Exemplo 1, era de 200 pés-libras o trabalho necessário para levantar um objeto de 50 libras por 4 pés verticalmente. Suponha que uma vez levantado este objeto, você o move na horizontal por outros 4 pés. Seriam necessários outros 200 pés-libras para este novo trabalho? Explique seu raciocínio.

Trabalho Feito por uma Força Variável

No Exemplo 1, a força envolvida era *constante*. Se uma força *variável* é aplicada a um objeto, necessitamos do cálculo para determinar o trabalho realizado, porque a quantidade de força aplicada muda quando o objeto muda de posição. Por exemplo, a força necessária para comprimir uma mola aumenta à medida que a mola é comprimida.

Suponha que um objeto é movido em linha reta desde $x = a$ até $x = b$ por uma força variável $F(x)$ exercida continuamente. Seja Δ uma partição do intervalo $[a, b]$ em n subintervalos determinados por

$$a = x_0 < x_1 < x_2 < \cdot \cdot \cdot < x_n = b$$

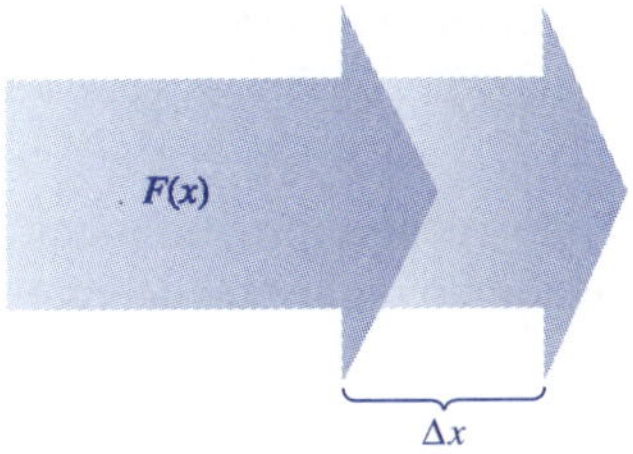

A intensidade da força muda quando o objeto muda de posição (Δx).
Figure 7.49

e seja $\Delta x_i = x_i - x_{i-1}$. Para cada i, escolha c_i tal que $x_{i-1} \leq c_i \leq x_i$. Então, em c_i a força é dada por $F(c_i)$. Como F é contínua, podemos aproximar o trabalho realizado ao mover o objeto do i-ésimo subintervalo pelo incremento

$$\Delta W_i = F(c_i)\,\Delta x_i$$

como mostra a Figura 7.49. Assim, o trabalho total realizado quando o objeto se move de a até b é aproximado por

$$\begin{aligned} W &\approx \sum_{i=1}^{n} \Delta W_i \\ &= \sum_{i=1}^{n} F(c_i)\,\Delta x_i. \end{aligned}$$

Esta aproximação parece ficar cada vez melhor quando $\|\Delta\| \to 0$ $(n \to \infty)$. Assim, o trabalho realizado é

$$\begin{aligned} W &= \lim_{\|\Delta\| \to 0} \sum_{i=1}^{n} F(c_i)\,\Delta x_i \\ &= \int_a^b F(x)\,dx. \end{aligned}$$

Definição de Trabalho Realizado por uma Força Variável

Se um objeto é movido ao longo de uma linha reta por uma força $F(x)$ que varia de forma contínua, então o **trabalho** W realizado pela força quando o objeto se desloca de $x = a$ até $x = b$ é

$$\begin{aligned} W &= \lim_{\|\Delta\| \to 0} \sum_{i=1}^{n} \Delta W_i \\ &= \int_a^b F(x)\,dx. \end{aligned}$$

Bettmann/Corbis

Emilie de Breteuil (1706-1749)

Outro trabalho importante de Breteuil foi a tradução do *Philosophiae Naturalis Principia Mathematica*, de Newton, para o francês. Sua tradução e comentários contribuíram fortemente para aceitação da ciência newtoniana na Europa.

Os exemplos restantes nesta seção usam leis bastante conhecidas da física. As descobertas de muitas destas leis ocorreram durante o mesmo período de tempo no qual o cálculo foi desenvolvido. De fato, durante os séculos XVII e XVIII, existia pouca diferença entre matemáticos e físicos. Uma físico-matemática da época era Emilie Breteuil. Breteuil foi fundamental na sintetização do trabalho de outros cientistas, incluindo Newton, Leibniz, Huygens, Kepler e Descartes. Seu texto em física *Institutions* foi largamente usado por anos.

As três leis físicas a seguir são devidas a Robert Hooke (1635-1703), Isaac Newton (1642-1727), e Charles Coulomb (1736-1806).

1. **Lei de Hooke:** A força necessária para comprimir ou estender uma mola (dentro dos limites de elasticidade desta) é proporcional à distância d que a mola é comprimida ou estendida de seu cormprimento original. Ou seja,

$$F = kd$$

onde a constante de proporcionalidade k (constante da mola) depende da natureza específica da mola.

2. **Lei da Gravitação Universal de Newton:** A força de atração entre duas partículas de massa m_1 e m_2 é proporcional ao produto das massas e inversamente proporcional ao quadrado da distância d entre as duas partículas. Ou seja,

$$F = k\frac{m_1 m_2}{d^2}.$$

INVESTIGAÇÃO

O trabalho realizado na compressão de uma mola no Exemplo 2 para $x = 3$ polegadas até $x = 6$ polegadas é de 3.375 polegadas-libras. O trabalho para comprimir a mesma mola de $x = 0$ até $x = 3$ deve ser maior, igual ou menor que este? Explique.

Se m_1 e m_2 são dadas em gramas e a distância d em centímetros, F estará em dinas para um valor de $k = 6{,}670 \times 10^{-8}$ centímetros cúbicos por grama-segundo ao quadrado.

3. **Lei de Coulomb:** A força entre duas cargas q_1 e q_2 no vácuo é proporcional ao produto das cargas e inversamente proporcional ao quadrado da distância entre as duas cargas. Ou seja,

$$F = k\frac{q_1q_2}{d^2}.$$

Se q_1 e q_2 são dadas em unidades eletrostáticas e d em centímetros, F será em dinas para um valor de $k = 1$.

EXEMPLO 2 Comprimindo uma Mola

Uma força de 750 libras comprime uma mola 3 polegadas de seu tamanho natural de 15 polegadas. Calcule o valor do trabalho realizado na compressão de outras 3 polegadas adicionais.

Solução Pela Lei de Hooke, a força $F(x)$ necessária para comprimir a mola x unidades (de seu tamanho original) é $F(x) = kx$. Usando a informação dada, temos que $F(3) = 750 = (k)(3)$ e assim, $k = 250$ e $F(x) = 250x$, como mostra a Figura 7.50. Para determinar o trabalho realizado para comprimir a mola num deslocamento muito pequeno Δx é aproximadamente constante. Temos então

$$\Delta W = (\text{força})(\text{incremento de deslocamento}) = (250x)\,\Delta x.$$

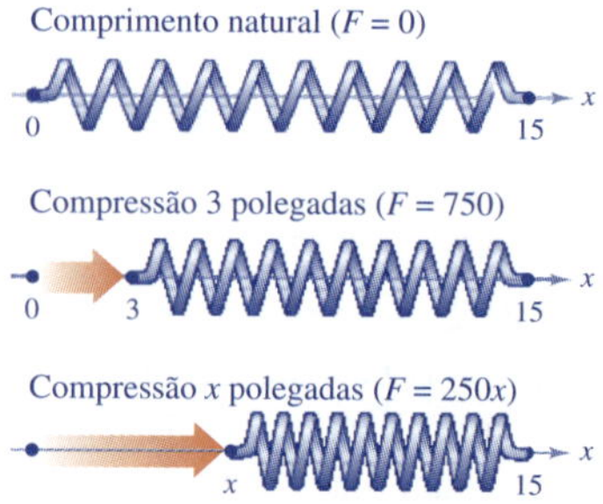

Figura 7.50

Como a mola é comprimida de $x = 3$ para $x = 6$ polegadas menos que o seu tamanho natural, o trabalho requerido é

$$W = \int_a^b F(x)\,dx = \int_3^6 250x\,dx \qquad \text{Fórmula do trabalho}$$

$$= 125x^2\Big]_3^6 = 4500 - 1125 = 3375 \text{ polegadas-libras.}$$

Note que *não* integramos de $x = 0$ até $x = 6$, porque estamos determinando o trabalho para comprimir as 3 polegadas *adicionais* (não incluindo as primeiras 3 polegadas).

EXEMPLO 3 Colocando um Módulo Espacial em Órbita

Um módulo espacial pesa 15 toneladas na superfície terrestre. Quanto trabalho é necessário para propelir este módulo a uma altura de 800 milhas acima da terra, como mostrado na Figura 7.51? (Utilize o raio da Terra como 4000 milhas. Não considere o efeito de resistência do ar e o peso do propulsor.)

Solução Como o peso de um corpo varia inversamente com o quadrado da distância ao centro da Terra, a força $F(x)$ exercida pela gravidade é

$$F(x) = \frac{C}{x^2}. \qquad C \text{ é a constante de proporcionalidade}$$

O módulo pesa 15 toneladas na superfície da Terra e o raio da Terra é de aproximadamente 4000 milhas, então

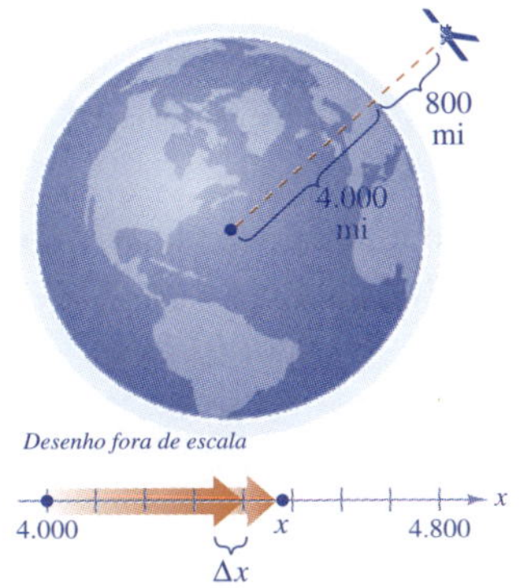

Figura 7.51

$$15 = \frac{C}{(4.000)^2}$$
$$240.000.000 = C.$$

Assim, o incremento no trabalho é

$$\Delta W = (\text{força})(\text{incremento na distância})$$
$$= \frac{240.000.000}{x^2}\,\Delta x.$$

Finalmente, como o módulo é propelido de $x = 4.000$ a $x = 4.800$ milhas, o trabalho total realizado é

$$W = \int_a^b F(x)\,dx = \int_{4.000}^{4.800} \frac{240.000.000}{x^2}\,dx \qquad \text{Fórmula do trabalho}$$
$$= \frac{-240.000.000}{x}\Bigg]_{4.000}^{4.800} \qquad \text{Integre}$$
$$= -50.000 + 60.000$$
$$= 10.000 \text{ milhas-toneladas}$$
$$\approx 1{,}164 \times 10^{11} \text{ pés-libras}$$

No sistema CGS, utilizando o fator de conversão 1 pé-libra $\approx$ 1,35582 joules, o trabalho realizado é

$$W \approx 1{,}578 \times 10^{11} \text{ joules.}$$

As soluções dos Exemplos 2 e 3 estão de acordo com nosso desenvolvimento de trabalho como soma de incrementos na forma

$$\Delta W = (\text{força})(\text{incremento na distância}) = (F)(\Delta x).$$

Outra forma de apresentar o incremento no trabalho é

$$\Delta W = (\text{incremento de força})(\text{distância}) = (\Delta F)(x).$$

Esta segunda interpretação de ΔW é útil em problemas que envolvem o movimento de substâncias de forma não rígida como fluidos e correntes.

EXEMPLO 4 Esvaziando um Tanque de Óleo

Um tanque esférico de raio 8 pés está cheio até a metade de óleo que pesa 50 libras por pé cúbico. Calcule o trabalho necessário para bombear o óleo através do furo existente no topo do tanque.

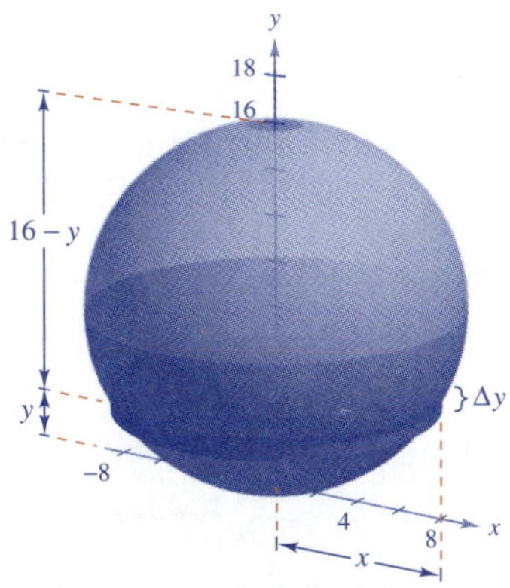

Figura 7.52

Solução Considere o óleo subdividido em discos com espessura Δy e raio x, como mostra a Figura 7.52. Como o incremento da força em cada disco é dada pelo seu peso, temos

$$\Delta F = \text{peso}$$
$$= \left(\frac{50 \text{ libras}}{\text{pés cúbicos}}\right)(\text{volume})$$
$$= 50(\pi x^2 \Delta y) \text{ libras.}$$

Para um círculo de raio 8 e centro em (0,8), temos

$$x^2 + (y-8)^2 = 8^2$$
$$x^2 = 16y - y^2$$

e podemos escrever o incremento na força como

$$\begin{aligned}\Delta F &= 50(\pi x^2 \Delta y)\\ &= 50\pi(16y - y^2)\,\Delta y.\end{aligned}$$

Na Figura 7.52, observe que um disco a y pés do fundo do tanque precisa ser movido pela distância de $(16 - y)$ pés. Assim o incremento no trabalho é

$$\begin{aligned}\Delta W &= \Delta F(16 - y)\\ &= 50\pi(16y - y^2)\,\Delta y(16 - y)\\ &= 50\pi(256y - 32y^2 + y^3)\,\Delta y.\end{aligned}$$

Como o tanque está cheio até a metade, y varia entre 0 e 8, e o trabalho realizado para esvaziar o tanque é

$$\begin{aligned}W &= \int_0^8 50\pi(256y - 32y^2 + y^3)\,dy\\ &= 50\pi\left[128y^2 - \frac{32}{3}y^3 + \frac{y^4}{4}\right]_0^8\\ &= 50\pi\left(\frac{11{,}264}{3}\right)\\ &\approx 589{,}782 \text{ pés-libras}\end{aligned}$$

Para verificar se a solução apresentada no Exemplo 4 é razoável, considere que o peso do óleo no tanque é

$$\begin{aligned}\left(\frac{1}{2}\right)(\text{volume})(\text{densidade}) &= \frac{1}{2}\left(\frac{4}{3}\pi 8^3\right)(50)\\ &\approx 53.616{,}5 \text{ libras.}\end{aligned}$$

Elevar todo o conteúdo do meio tanque de óleo 8 pés envolve um trabalho de $8(53.616{,}5) \approx 428.932$ pés-libras. Como o óleo é na verdade elevado entre 8 e 16 pés, parece razoável que o trabalho realizado seja de 589.782 pés-libras.

EXEMPLO 5 Elevando uma Corrente

Uma corrente de 20 pés pesando 5 libras por pé está enrolada no chão. Quanto trabalho é necessário para levantar uma extremidade da corrente 20 pés de forma que toda a corrente esteja estendida, como mostra a Figura 7.53?

Trabalho necessário para levantar uma ponta da corrente.
Figura 7.53

Solução Imagine a corrente dividida em pequenas secções, cada uma de comprimento Δy. O peso de cada trecho da corrente é o incremento na força

$$\Delta F = (\text{peso}) = \left(\frac{5 \text{ libras}}{\text{pé}}\right)(\text{comprimento}) = 5\Delta y.$$

Como uma secção típica (inicialmente no chão) é levantada a uma altura y, a variação de trabalho é

$$\Delta W = (\text{incremento na força})(\text{distância}) = (5\,\Delta y)y = 5y\,\Delta y.$$

Como y varia entre 0 e 20, o trabalho total é

$$W = \int_0^{20} 5y\,dy = \frac{5y^2}{2}\bigg]_0^{20} = \frac{5(400)}{2} = 1.000 \text{ pés-libras.}$$

No próximo exemplo vamos considerar um pistão com raio r em uma cápsula cilíndrica, como mostra a Figura 7.54. Quando o gás se expande, o pistão se move e

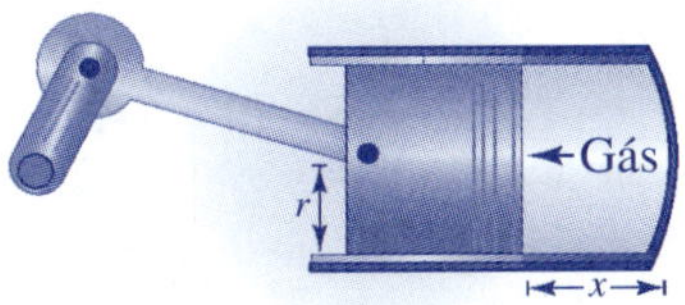

Trabalho para expandir gás.
Figura 7.54

um trabalho é realizado. Se p representa a pressão do gás (em libras por pés quadrados) contra a cabeça do pistão e V representa o volume de gás (em pés cúbicos), o incremento de trabalho envolvido ao mover o pistão Δx pés é

$$\Delta W = (\text{força})(\text{incremento na distância}) = F(\Delta x) = p(\pi r^2)\,\Delta x = p\,\Delta V.$$

Assim, quando o volume se expande de V_0 para V_1, o trabalho realizado ao movimentar o pistão é

$$W = \int_{V_0}^{V_1} p\,dV.$$

Supondo que a pressão do gás é inversamente proporcional ao seu volume, temos $p = k/V$ e a integral para o trabalho fica

$$W = \int_{V_0}^{V_1} \frac{k}{V}\,dV.$$

EXEMPLO 6 Trabalho Realizado pela Expansão de Gás

Uma quantidade de gás com volume inicial de 1 pé cúbico e pressão de 500 libras por pé quadrado expande-se para um volume de 2 pés cúbicos. Determine o trabalho realizado pelo gás. (Suponha que a pressão é inversamente proporcional ao volume.)

Solução Como $p = k/V$ e $p = 500$ quando $V = 1$, temos $k = 500$. Assim, o trabalho realizado é

$$\begin{aligned} W &= \int_{V_0}^{V_1} \frac{k}{V}\,dV \\ &= \int_1^2 \frac{500}{V}\,dV \\ &= 500 \ln|V| \Big]_1^2 \approx 346{,}6 \text{ pés-libras.} \end{aligned}$$

Exercícios da Seção 7.5

Força Constante **Nos Exercícios 1 a 4, determine o trabalho realizado pela força constante.**

1. Um saco de açúcar de 100 libras é levantado 10 pés.
2. Um elevador elétrico levanta um automóvel de 2.800 libras 4 pés.
3. É necessária uma força de 112 newtons para deslizar um bloco de cimento 4 metros num projeto de construção.
4. Uma locomotiva de trem de carga puxa seus carros com uma força constante de 9 toneladas-força por meia milha.

Questões Conceituais

5. Estabeleça a definição de trabalho realizado por uma força constante.
6. Estabeleça a definição de trabalho realizado por uma força variável.
7. Os gráficos mostram a força F_i (em libras) necessária para mover um objeto por 9 pés ao longo do eixo x. Ordene as forças na ordem crescente do trabalho realizado sem fazer cálculos. Explique seu raciocínio.

Questões Conceituais

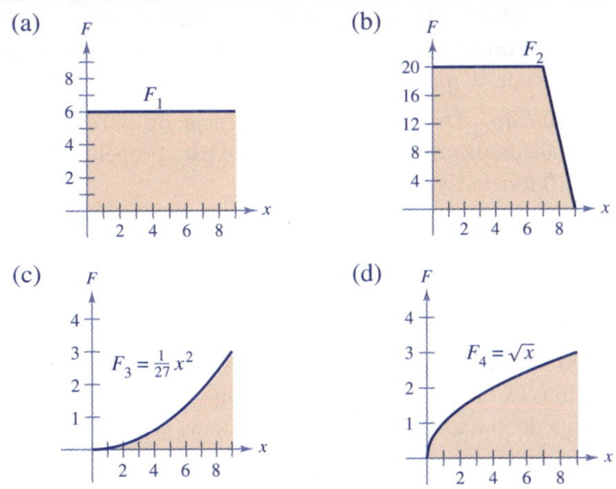

8. Verifique sua resposta do Exercício 7 calculando o trabalho para cada uma das forças.

Lei de Hooke **Nos Exercícios 9 a 16, use a Lei de Hooke para determinar o trabalho da força variável no problema da mola.**

9. Uma força de 5 libras comprime uma mola de 15 polegadas de comprimento por 4 polegadas. Quanto trabalho é feito se comprimirmos esta mola 7 polegadas?

10. Quanto trabalho é necessário para comprimir a mola do Exercício 9 de um comprimento de 9 polegadas para um comprimento de 6 polegadas?

11. Uma força de 250 newtons estica uma mola 30 centímetros. Quanto trabalho é realizado para esticá-la de 20 para 50 centímetros?

12. Uma força de 800 newtons estica uma mola 70 centímetros num dispositivo mecânico que coloca postes de cerca. Calcule o trabalho realizado esticando a mola os 70 centímetros necessários.

13. Uma força de 20 libras estica uma mola 9 polegadas numa máquina de exercícios físicos. Determine o trabalho realizado ao esticar esta mola 1 pé de sua posição de repouso.

14. Acima de uma porta de garagem existem duas molas, uma de cada lado. É preciso uma força de 15 libras para esticar cada uma das molas 1 pé. Por um sistema de polias, a mola se estica somente metade da distância que a porta se desloca. A porta se desloca um total de 8 pés e as molas estão em suas posições naturais quando a porta é aberta. Determine o trabalho realizado pelo par de molas.

15. Dezoito pés-libras são necessários para esticar uma mola 4 polegadas de seu tamanho natural. Determine o trabalho necessário para esticar outras 3 polegadas adicionais.

16. O trabalho realizado para comprimir uma mola 2 polegadas a partir de seu tamanho natural é de sete e meio pés-libras. Determine a quantidade de trabalho necessária para comprimir outra meia polegada.

17. ***Propulsão*** Desprezando a resistência do ar e o peso do propulsor, determine o trabalho feito para propelir um satélite de cinco toneladas a uma altura de

(a) 100 milhas da Terra.

(b) 300 milhas da Terra.

18. ***Propulsão*** Utilize a informação do Exercício 17 para escrever o trabalho W do sistema propulsor como uma função da altura h do satélite acima da Terra. Determine o limite (se ele existir) de W quando h se aproxima do infinito.

19. ***Propulsão*** Desprezando a resistência do ar e o peso do propulsor, determine o trabalho feito para propelir um satélite de 10 toneladas a uma altura de

(a) 11.000 milhas da Terra.

(b) 22.000 milhas da Terra.

20. ***Propulsão*** Um módulo lunar pesa 12 toneladas na superfície da Terra. Quanto trabalho precisa ser realizado pelo propulsor para lançar o módulo da superfície da Lua a uma altura de 50 milhas? Considere que o raio da Lua seja 1.100 milhas e sua força da gravidade, um sexto da exercida pela Terra.

21. ***Bomba D´água*** Um tanque retangular com base de 4 por 5 pés e altura de 4 pés está cheio de água (veja a figura). A água pesa 62,4 libras por pés cúbicos. Qual o trabalho necessário para bombear água pelo canto superior para esvaziar (a) metade do tanque? (b) todo o tanque?

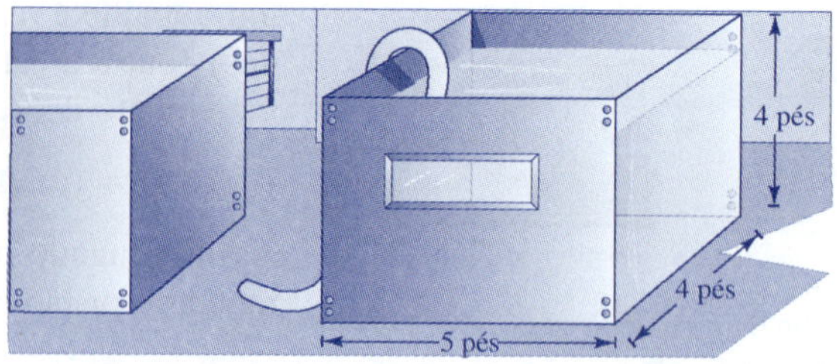

22. ***Para Pensar*** Explique por que sua resposta do item (b) do Exercício 21 não é o dobro do item (a).

23. ***Bombeando Água*** Um tanque cilíndrico de água com 4 metros de altura e raio de 2 metros é enterrado de tal modo que o topo do tanque está 1 metro abaixo do nível do solo (veja a figura). Qual o trabalho necessário para bombear o tanque todo de água para o nível do solo? (A água pesa 9.800 newtons por metro cúbico.)

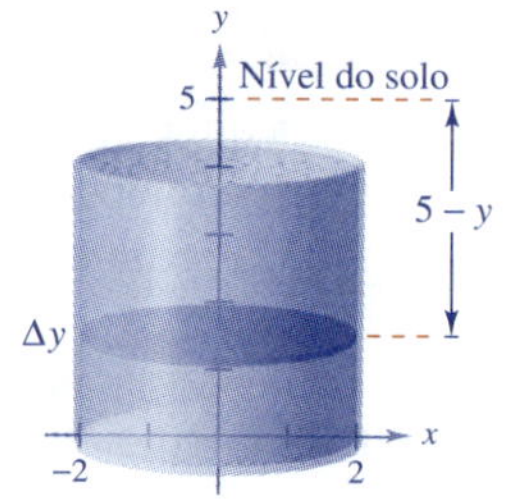

Figura do Exercício 23

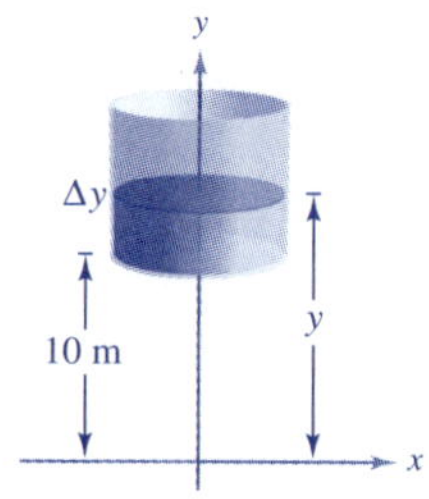

Figura do Exercício 24

24. ***Bombeando Água*** Suponha que o tanque do Exercício 23 esteja sobre uma torre de modo que o fundo do tanque fique 10 metros acima do nível do cano alimentador (veja a figura). Quanto trabalho precisa ser feito para encher metade do tanque através de um buraco no fundo do tanque e utilizando água do cano?

25. ***Bombeando Água*** Um tanque aberto tem o formato de um cone reto circular (veja a figura). Este tanque tem 8 pés de diâmetro no topo e está a 6 pés de altura. Quanto trabalho é necessário para esvaziar este tanque bombeando água pelo topo?

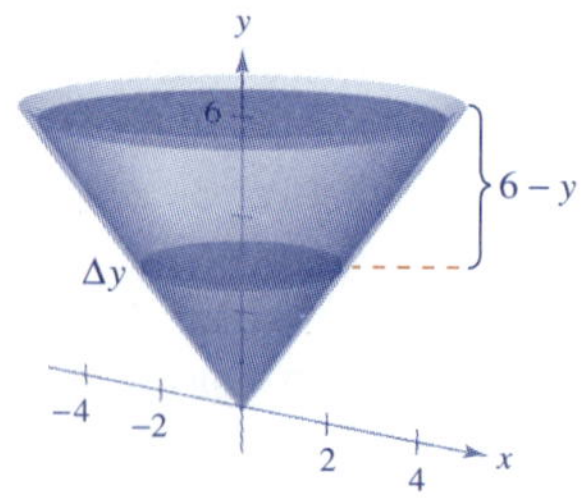

Figura do Exercício 25

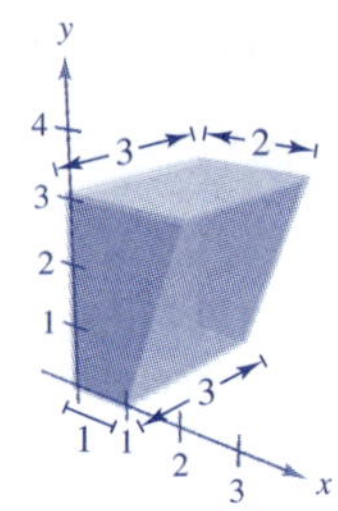

Figura do Exercício 28

26. ***Bombeando Água*** Água é bombeada para dentro, pelo fundo do tanque do Exercício 25. Qual o trabalho necessário para encher o tanque:

(a) até a profundidade de 2 pés?

(b) desde 4 pés de profundidade até 6 pés?

27. ***Bombeando Água*** Um tanque hemisférico tem raio de 6 pés e está posicionado de modo tal que sua base é circular. Qual o trabalho necessário para encher o tanque com água por um buraco na base se a fonte de água está na base?

28. ***Bombeando Diesel*** O tanque de combustível de um caminhão tem uma secção transversal trapeizodal com dimensões (em pés) mostradas na figura. Considere que o motor esteja 3 pés aproximadamente acima do topo do tanque de combustível e que o diesel pese aproximadamente 53,1 libras por pé cúbico. Determine o trabalho realizado pela bomba de combustível para levar todo o tanque de combustível até o nível do motor.

Bombeando Gasolina **Nos Exercícios 29 e 30, determine o trabalho realizado para bombear gasolina que pesa 42 libras por pé cúbico. (*Sugestão:* Calcule uma integral pela forma geométrica e a outra observando que o integrando é uma função ímpar.)**

29. Um tanque cilíndrico de gasolina com 3 pés de diâmetro e 4 pés de comprimento é levado na traseira de um caminhão e é usado para abastecer tratores. O eixo deste tanque está na horizontal. A abertura do tanque do trator está 5 pés abaixo do topo do tanque carregado no caminhão. Determine o trabalho realizado para bombear todo o conteúdo do tanque no trator.

30. Num posto de gasolina, o topo de um tanque de depósito de gasolina de formato cilíndrico está 4 pés abaixo do nível do solo. O eixo do tanque é horizontal e seu diâmetro e comprimento são de 5 e 12 pés, respectivamente. Determine o trabalho realizado para bombear todo o conteúdo do tanque de armazenagem para uma altura de 3 pés acima do nível do solo.

Levantar uma Corrente **Nos Exercícios 31 a 36, considere uma corrente de 15 pés de comprimento que pesa 3 libras por pé, pendurada num guincho 15 pés acima do nível do solo. Determine o trabalho feito pelo guincho para içar a quantidade especificada da corrente.**

31. Elevar a corrente inteira.

32. Elevar um terço da corrente.

33. Puxar o guincho até que o começo da corrente esteja a 10 pés de altura.

34. Elevar a corrente inteira atrelada a uma carga com um peso de 500 libras.

Levantar uma Corrente **Nos Exercícios 35 e 36, considere uma corrente de 15 pés de comprimento que pesa 3 libras por pé. Determine o trabalho realizado para levantar a corrente até a posição indicada.**

35. Elevar a parte de baixo da corrente à altura de 15 pés, deixando a corrente dupla e ainda pendurada verticalmente (veja a figura).

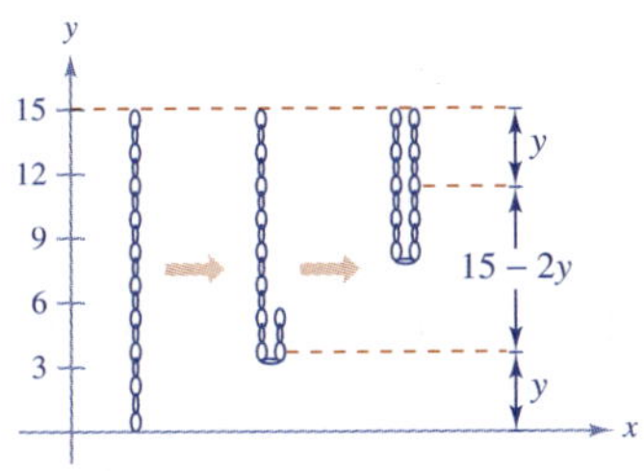

36. Repita o Exercício 35 elevando a parte de baixo da corrente 12 pés de altura.

Guindaste de Demolição **Nos Exercícios 37 e 38, considere um guindaste demolidor com uma bola de 500 libras suspensa num cabo de 40 pés que pesa 1 libra por pé.**

37. Determine o trabalho requerido para elevar 15 pés do aparato.

38. Determine o trabalho requerido para elevar todos os 40 pés do aparato.

Lei de Boyle **Nos Exercícios 39 e 40, determine o trabalho realizado pelo gás para um dado volume e pressão. Considere que a pressão é inversamente proporcional ao volume. (Veja o Exemplo 6.)**

39. Uma quantidade de gás com volume inicial de 2 pés cúbicos e pressão de 1000 libras por pés quadrados se expande para o volume de 3 pés cúbicos.

40. Uma quantidade de gás com volume inicial de 1 pé cúbico e pressão de 2500 libras por pés quadrados se expande para o volume de 3 pés cúbicos.

41. ***Força Elétrica*** Dois elétrons se repelem com uma força que varia inversamente com o quadrado da distância entre eles. Um elétron está fixo no ponto (2, 4). Determine o trabalho para movimentar um outro elétron de $(-2, 4)$ até $(1, 4)$.

42. ***Modelando Dados*** Um cilindro hidráulico de uma serra elétrica tem um diâmetro interno de 4 pés e um curso total do pistão de 2 pés. Uma bomba hidráulica cria uma pressão máxima de 2000 libras por polegadas quadradas. Assim, a força máxima gerada no cilindro é $2000(\pi 2^2) = 8000\pi$ libras.

(a) Determine o trabalho realizado em um curso total do cilindro se for necessária força máxima.

(b) A força exercida no corte de uma peça de madeira é variável. Na tabela são mostradas medidas da força obtidas quando um pedaço de madeira é cortado. A variável x mede a extensão do cilindro em pés, e F a força em libras. Utilize a Regra de Simpson para estimar o trabalho realizado ao cortar uma peça de madeira.

x	0	$\frac{1}{3}$	$\frac{2}{3}$	1	$\frac{4}{3}$	$\frac{5}{3}$	2
$F(x)$	0	20.000	22.000	15.000	10.000	5.000	0

Tabela do Exercício 42(b)

(c) Utilize a os recursos de regressão de uma ferramenta gráfica para determinar um polinômio de quarto grau que modele os dados. Trace num gráfico os dados e o modelo.

(d) Utilize o modelo do item (c) para estimar a extensão do cilindro quando a força é máxima.

(e) Utilize o modelo do item (c) para estimar o trabalho realizado no corte de um pedaço de madeira.

Prensa Hidráulica **Nos Exercícios 43 a 46, utilize os recursos de integração de uma ferramenta gráfica para estimar o trabalho realizado pela prensa no processo de fabricação.**

	Força	*Intervalo*
43.	$F(x) = 1000[1{,}8 - \ln(x + 1)]$	$0 \le x \le 5$
44.	$F(x) = \dfrac{e^{x^2} - 1}{100}$	$0 \le x \le 4$
45.	$F(x) = 100x\sqrt{125 - x^3}$	$0 \le x \le 5$
46.	$F(x) = 1000 \operatorname{senh} x$	$0 \le x \le 2$

Projeto da Seção: Energia das Marés

Uma usina de energia utiliza a força das marés para produzir energia elétrica. Para construir a usina geradora de energia proveniente das marés, é necessário construir uma barragem que separa a água do mar do dique. A energia elétrica é produzida quando a água vai e volta entre o mar e o dique. A quantidade de energia natural produzida depende do volume do dique e da altura das ondas — distância vertical entre a maré alta e a maré baixa. (Muitos diques naturais têm variação de marés que excede 15 pés; a Baía de Fundy na Escócia tem variação de maré de 53 pés.)

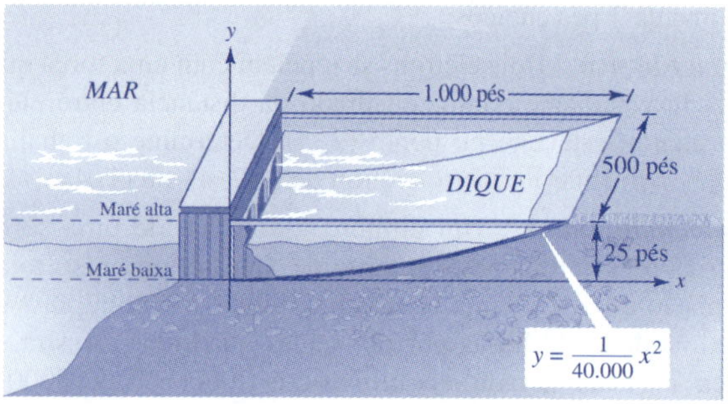

(a) Considere um dique com base retangular, como mostrado na figura. O dique permite uma variação de maré de 25 pés, com a maré baixa correspondendo a $y = 0$. Quanta água este dique comporta numa maré alta?

(b) A quantidade de energia produzida quando a maré enche (ou esvazia) o dique é proporcional à quantidade de trabalho requerida para encher (ou esvaziar) o dique. Quanto trabalho deve ser realizado para encher o dique com água do mar? (Utilize a densidade de água do mar de 64 libras por pé cúbico.)

François Gohier/Photo Researchers, Inc.

François Gohier/Photo Researchers, Inc.

A Baía de Fundy na Escócia tem variação de marés muito grande, como mostram as fotos contrastantes acima.

PARA MAIS INFORMAÇÃO Para saber mais sobre o poder das marés, veja o artigo "LaRance: Six Years of Operating a Tidal Power Plant in France", de J. Cotillon, *Water Power Magazine*.

Seção 7.6 Momentos, Centros de Massa e Centróides

- **Entender a definição de massa.**
- **Calcular o centro de massa de um sistema unidimensional.**
- **Calcular o centro de massa de um sistema bidimensional.**
- **Calcular o centro de massa de uma lâmina planar.**
- **Utilizar o Teorema de Papus para calcular o volume de um sólido de revolução.**

Massa

Nesta seção estudaremos aplicações importantes da integração que se relacionam com **massa**. Massa é a medida da resistência de um corpo a mudanças em seu movimento, e é independente do sistema gravitacional particular ao qual o corpo está submetido. Entretanto, como a maioria das aplicações envolvendo massa ocorre na superfície da Terra, a massa do objeto é algumas vezes confundida com seu peso. Tecnicamente isto não é correto. Peso é um tipo de força e, como tal, depende da aceleração da gravidade. Força e massa são relacionadas pela equação

$$\text{Força} = (\text{massa})\,(\text{aceleração}).$$

A tabela a seguir mostra algumas medidas usuais de massa e força, junto com seus fatores de conversão.

Sistema de Medida	Medida de Massa	Medida de Força
U.S.	Slug	Libra (lb) = (slug)(pé/s²)
Internacional	Quilograma (kg)	Newton (N) = (kg)(m/s²)
C-G-S	Grama (g)	Dina (dyn) = (g)(cm/s²)
Conversões: 1 lb = 4,448 N 1 N = 0,2248 lb 1 dyn = 0,000002248 lb 1 dyn = 0,00001 N		1 slug = 14,59 kg 1 kg = 0,06852 slug 1 g = 0,00006852 slug 1 pé = 0,3048 m

EXEMPLO 1 Massa na Superfície da Terra

Determine a massa (em slug) de um objeto cujo peso ao nível do mar é 1 libra.

Solução Usando 32 pés/s^2 como aceleração da gravidade, temos

$$\begin{aligned}\text{Massa} &= \frac{\text{força}}{\text{aceleração}} \\ &= \frac{1 \text{ lb}}{(32 \text{ pés/s}^2)} \\ &= 0{,}03125 \frac{(\text{lb})}{(\text{pé/s}^2)} \\ &= 0{,}03125 \text{ slug.}\end{aligned}$$

Força = (massa) (aceleração)

Como muitas aplicações envolvendo massa ocorrem na superfície da Terra, esta quantidade de massa será chamada de **uma libra-massa**.

Centro de Massa em Sistema Unidimensional

Consideraremos agora dois tipos de momentos de inércia (ou de massa) – o **momento em relação a um ponto** e o **momento em relação a uma reta**. Para definir estes dois momentos, consideremos a situação idealizada em que a massa m está concentrada em um ponto. Se a distância entre o ponto de massa e um outro ponto P é x, o **momento de** m **em relação ao ponto** P **é**

$$\text{Momento} = mx$$

e x é o **comprimento do braço do momento.**

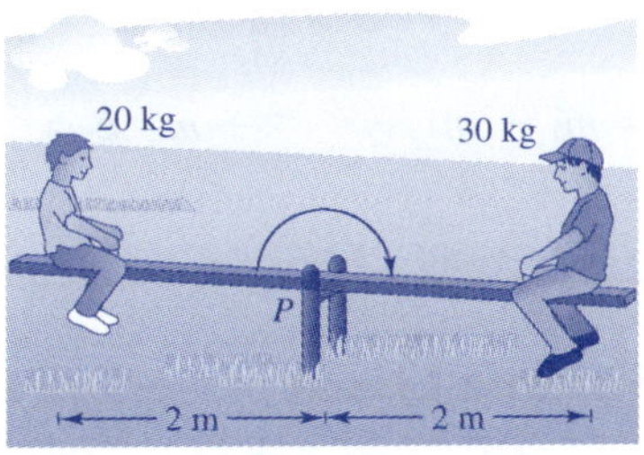

A gangorra irá se equilibrar quando os momentos à direita e à esquerda forem iguais.
Figura 7.55

O conceito de *momento* pode ser ilustrado simplesmente por uma gangorra, como é mostrado na Figura 7.55. Uma criança de massa 20 quilos se senta 2 metros à esquerda do ponto de apoio P da gangorra e uma outra criança de massa 30 quilos se senta 2 metros à direita de P. Da experiência sabemos que a gangorra vai mover-se no sentido de levar a criança maior para baixo. Este movimento ocorre porque o momento produzido pela criança da esquerda é menor do que o momento produzido pela criança da direita.

Momento da esquerda = (20) (2) = 40 kg.m
Momento da direita = (30) (2) = 60 kg.m

Para equilibrar a gangorra, os dois momentos precisam ser iguais. Por exemplo, se a criança maior se aproximar do centro para uma posição à distância de $\frac{4}{3}$ metros do ponto de apoio, a gangorra se equilibra, pois cada criança produzirá um momento de 40 kg.m.

Generalizando, podemos introduzir uma reta ordenada na qual a origem corresponde ao ponto de apoio, como mostra a Figura 7.56. Suponha que existam diversos pontos de massa no eixo x. A medida da tendência de o sistema girar em termo da origem é o **momento em relação à origem**, e ele é definido como a soma dos n produtos $m_i x_i$.

$$M_0 = m_1x_1 + m_2x_2 + \cdot \cdot \cdot + m_nx_n$$

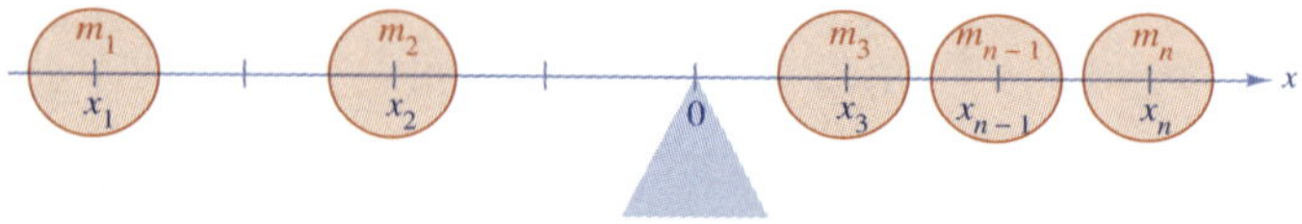

Se $m_1x_1 + m_2x_2 + \cdot \cdot \cdot + m_nx_n = 0$, o sistema está em equilíbrio.
Figura 7.56

Se M_0 é 0, dizemos que o sistema está em **equilíbrio**.

Para o sistema que não está em equilíbrio, o **centro de massa** é definido como o ponto $\bar{x}$ no qual o ponto de apoio deveria ser colocado para que o sistema entrasse em equilíbrio. Se o sistema sofresse uma translação de $\bar{x}$ unidades, cada coordenada x_i se tornaria $(x_i - \bar{x})$, e como o momento do sistema transladado é 0, temos

$$\sum_{i=1}^{n} m_i(x_i - \bar{x}) = \sum_{i=1}^{n} m_ix_i - \sum_{i=1}^{n} m_i\bar{x} = 0.$$

Resolvendo para $\bar{x}$, obtemos

$$\bar{x} = \frac{\sum_{i=1}^{n} m_ix_i}{\sum_{i=1}^{n} m_i} = \frac{\text{momento do sistema em relação à origem}}{\text{massa total do sistema}}.$$

Se $m_1x_1 + m_2x_2 + \cdot \cdot \cdot + m_nx_n = 0$, o sistema está em equilíbrio.

Momentos e Centro de Massa: Sistema Unidimensional

Sejam $m_1, m_2, \ldots, m_n$ pontos de massa localizados em $x_1, x_2, \ldots, x_n$.

1. O **momento em relação à origem** é $M_0 = m_1x_1 + m_2x_2 + \cdot \cdot \cdot + m_nx_n$.
2. O **centro de massa** é $\bar{x} = \dfrac{M_0}{m}$, onde $m = m_1 + m_2 + \cdot \cdot \cdot + m_n$ é a **massa total** do sistema.

EXEMPLO 2 O Centro de Massa de um Sistema Linear

Determine o centro de massa do sistema linear mostrado na Figura 7.57.

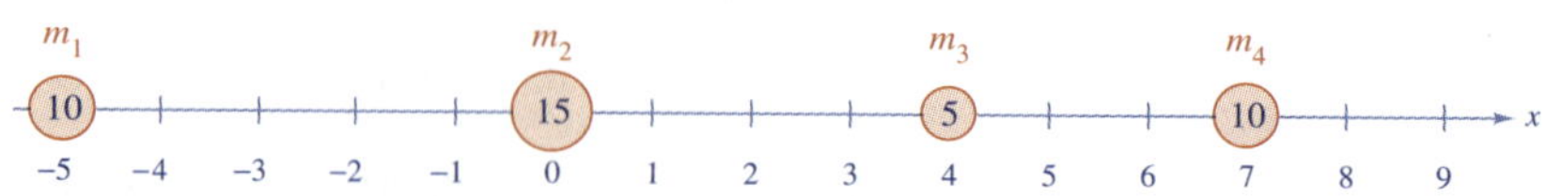

Figura 7.57

Solução O momento em relação à origem é

$$\begin{aligned} M_0 &= m_1x_1 + m_2x_2 + m_3x_3 + m_4x_4 \\ &= 10(-5) + 15(0) + 5(4) + 10(7) \\ &= -50 + 0 + 20 + 70 \\ &= 40. \end{aligned}$$

Como a massa total do sistema é $m = 10 + 15 + 5 + 10 = 40$, o centro de massa é

$$\bar{x} = \frac{M_0}{m} = \frac{40}{40} = 1.$$

NOTA No Exemplo 2, onde você deveria colocar o ponto de apoio para que as massas estivessem em equilíbrio?

Em vez de definir o momento de inércia, poderíamos definir o momento de uma *força*. Neste contexto, o centro de massa é chamado de **centro de gravidade**. Suponha que o sistema de pontos de massas $m_1, m_2, \ldots, m_n$ estejam localizados em $x_1, x_2, \ldots, x_n$. Então, como força = (massa)(aceleração), a força total do sistema será

$$\begin{aligned} F &= m_1a + m_2a + \cdots + m_na \\ &= ma. \end{aligned}$$

O **torque** (momento) em relação à origem é

$$\begin{aligned} T_0 &= (m_1a)x_1 + (m_2a)x_2 + \cdots + (m_na)x_n \\ &= M_0a \end{aligned}$$

e o **centro de gravidade** é

$$\frac{T_0}{F} = \frac{M_0a}{ma} = \frac{M_0}{m} = \bar{x}.$$

Assim, o centro de gravidade e o centro de massa coincidem.

Centro de Massa em Sistema Bidimensional

Podemos estender o conceito de momento para duas dimensões, considerando um sistema de massas localizadas no plano xy nos pontos $(x_1, y_1), (x_2, y_2), \ldots, (x_n, y_n)$, como mostrado na Figura 7.58. Em vez de definir um momento simples (com relação à origem), definiremos dois momentos — um em relação ao eixo x e outro em relação ao eixo y.

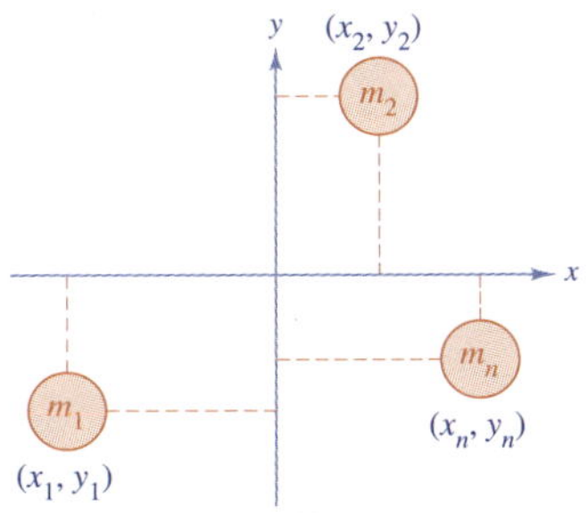

Num sistema bidimensional existe um momento em relação ao eixo y, M_y, e um momento em relação ao eixo x, M_x.
Figura 7.58

Momentos e Centro de Massa: Sistema Bidimensional

Sejam $m_1, m_2, \ldots, m_n$ massas localizadas em $(x_1, y_1), (x_2, y_2), \ldots, (x_n, y_n)$.

1. O **momento em relação ao eixo *y*** é $M_y = m_1x_1 + m_2x_2 + \cdots + m_nx_n$.
2. O **momento em relação ao eixo *x*** é $M_x = m_1y_1 + m_2y_2 + \cdots + m_ny_n$.
3. O **centro de massa** $(\bar{x}, \bar{y})$ (ou **centro de gravidade**) é

$$\bar{x} = \frac{M_y}{m} \quad \text{e} \quad \bar{y} = \frac{M_x}{m}$$

onde $m = m_1 + m_2 + \cdots + m_n$ é a **massa total** do sistema.

O momento de um sistema de massa em um plano pode ser tomado em relação a uma reta horizontal ou a uma reta vertical. Em geral, o momento em relação a uma reta é a soma do produto das massas pelas *distâncias direcionadas* dos pontos até a reta.

$$\text{Momento} = m_1(y_1 - b) + m_2(y_2 - b) + \cdots + m_n(y_n - b) \qquad \text{Reta horizontal } y = b$$
$$\text{Momento} = m_1(x_1 - a) + m_2(x_2 - a) + \cdots + m_n(x_n - a) \qquad \text{Reta vertical } x = a$$

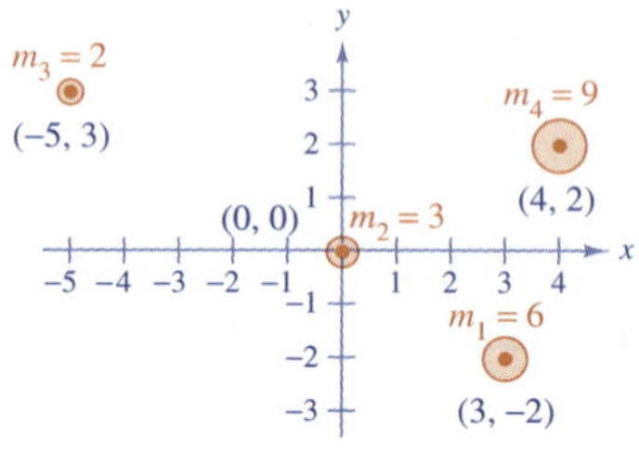

Figura 7.59

EXEMPLO 3 Centro de Massa de um Sistema Bidimensional

Determine o centro de massa dos pontos de massa $m_1 = 6, m_2 = 3, m_3 = 2$ e $m_4 = 9$, localizados em

$$(3, -2), (0, 0), (-5, 3) \text{ e } (4, 2)$$

como mostra a Figura 7.59.

Solução

$$m = 6 + 3 + 2 + 9 = 20 \qquad \text{Massa}$$
$$M_y = 6(3) + 3(0) + 2(-5) + 9(4) = 44 \qquad \text{Momento em relação ao eixo } y$$
$$M_x = 6(-2) + 3(0) + 2(3) + 9(2) = 12 \qquad \text{Momento em relação ao eixo } x$$

Assim,

$$\bar{x} = \frac{M_y}{m} = \frac{44}{20} = \frac{11}{5}$$

e

$$\bar{y} = \frac{M_x}{m} = \frac{12}{20} = \frac{3}{5}$$

e temos que o centro de massa é $\left(\frac{11}{5}, \frac{3}{5}\right)$.

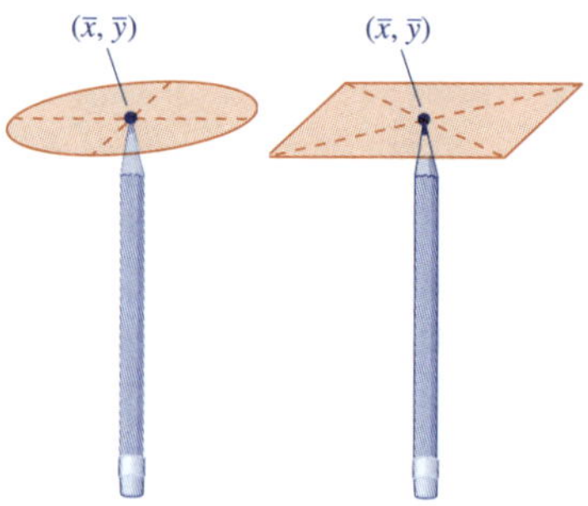

Podemos pensar no centro de massa $(\bar{x}, \bar{y})$ de uma lâmina como o ponto de equilíbrio. Para uma lâmina circular, o centro de massa é o centro do círculo. Para uma lâmina retangular, o centro de massa é o centro do retângulo.
Figura 7.60

Centro de Massa de uma Lâmina Planar

Até aqui nesta seção consideramos que a massa do sistema estava distribuída em alguns pontos de um plano ou de uma reta. Consideremos agora uma placa fina, plana e com densidade constante chamada **lâmina planar** (veja a Figura 7.60). **Densidade** é uma medida de massa por unidade de volume, como grama por centímetro cúbico. Para lâminas planares, entretanto, densidade é considerada como uma medida de massa por unidade de área. Densidade é denotada por ρ, a letra minúscula grega rho.

Considere uma lâmina planar de formato irregular com densidade uniforme ρ, limitada pelos gráficos de $y = f(x)$, $y = g(x)$, e $a \le x \le b$, como mostra a Figura 7.61. A massa desta região é dada por

$$\begin{aligned} m &= (\text{densidade})(\text{área}) \\ &= \rho \int_a^b [f(x) - g(x)]\, dx \\ &= \rho A \end{aligned}$$

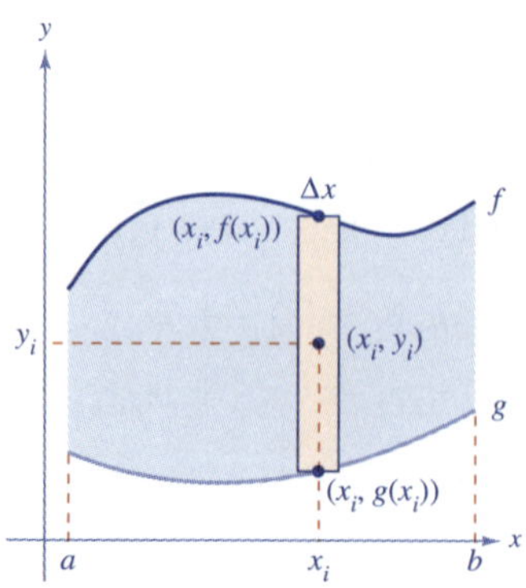

Lâmina planar com densidade uniforme ρ.
Figura 7.61

onde A é a área da região. Para encontrar o centro de massa desta lâmina, vamos particionar o intervalo $[a, b]$ em n subintervalos de igual tamanho Δx. Seja x_i o centro do i-ésimo subintervalo. Podemos aproximar a porção da lâmina contida no i-ésimo subintervalo por retângulo cuja altura é $h = f(x_i) - g(x_i)$. Como a densidade do retângulo é ρ, sua massa é

$$m_i = (\text{densidade})(\text{área}) = \underbrace{\rho}_{\text{Densidade}} \underbrace{[f(x_i) - g(x_i)]}_{\text{Altura}} \underbrace{\Delta x}_{\text{Largura}}.$$

Agora, considerando sua massa localizada no centro (x_i, y_i) do retângulo, a distância do eixo x ao ponto (x_i, y_i) é $y_i = [f(x_i) + g(x_i)]/2$. Assim, o momento de m_i em relação ao eixo x é

$$\begin{aligned}\text{Momento} &= (\text{massa})(\text{distância})\\ &= m_i y_i\\ &= \rho[f(x_i) - g(x_i)]\,\Delta x\left[\frac{f(x_i) + g(x_i)}{2}\right].\end{aligned}$$

Somando os momentos e tomando o limite quando $n \to \infty$, temos as definições abaixo.

Momento e Centro de Massa de uma Lâmina Planar

Sejam f e g funções contínuas tais que $f(x) \geq g(x)$ em $[a, b]$, e considere a lâmina planar de densidade uniforme ρ limitada pelos gráficos de $y = f(x)$, $y = g(x)$, e $a \leq x \leq b$.

1. Os **momentos em relação aos eixos x e y** são:

$$M_x = \rho \int_a^b \left[\frac{f(x) + g(x)}{2}\right][f(x) - g(x)]\,dx$$

$$M_y = \rho \int_a^b x[f(x) - g(x)]\,dx.$$

2. O **centro de massa** $(\bar{x}, \bar{y})$ é dado por $\bar{x} = \dfrac{M_y}{m}$ e $\bar{y} = \dfrac{M_x}{m}$, onde $m = \rho \int_a^b [f(x) - g(x)]\,dx$ é a massa da lâmina.

EXEMPLO 4 Centro de Massa de uma Lâmina Planar

Determine o centro de massa de uma lâmina de densidade uniforme ρ e limitada pelo gráfico de $f(x) = 4 - x^2$ e o eixo x.

Solução Como o centro de massa está sobre o eixo de simetria, sabemos que $\bar{x} = 0$. Além disso, a massa da lâmina planar é

$$\begin{aligned} m &= \rho \int_{-2}^{2} (4 - x^2)\,dx\\ &= \rho\left[4x - \frac{x^3}{3}\right]_{-2}^{2}\\ &= \frac{32\rho}{3}.\end{aligned}$$

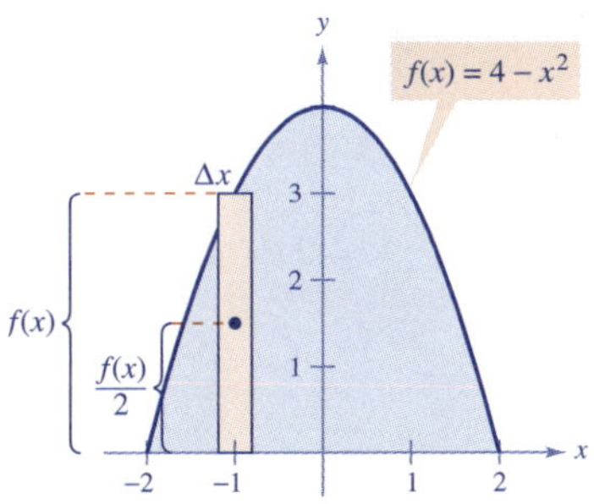

Figura 7.62

Para determinar o momento em relação ao eixo x, coloque um retângulo representativo na região, como mostra a Figura 7.62. A distância do eixo x ao centro do retângulo é

$$y_i = \frac{f(x)}{2} = \frac{4 - x^2}{2}.$$

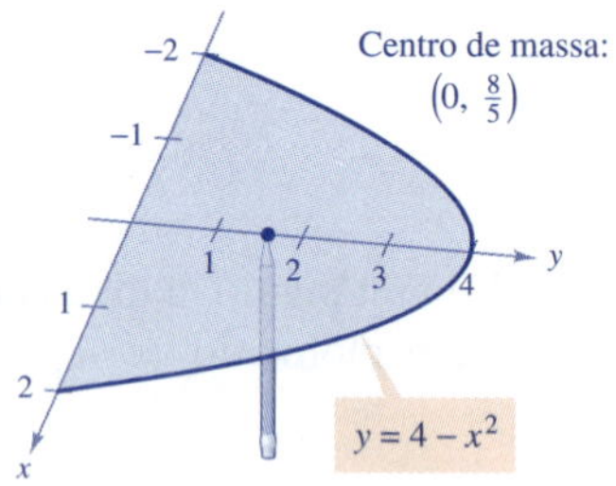

O centro de massa é o ponto de equilíbrio.
Figura 7.63

Como a massa do retângulo representativo é

$$\rho f(x)\,\Delta x = \rho(4 - x^2)\,\Delta x$$

temos

$$\begin{aligned} M_x &= \rho \int_{-2}^{2} \frac{4 - x^2}{2}(4 - x^2)\,dx \\ &= \frac{\rho}{2}\int_{-2}^{2}(16 - 8x^2 + x^4)\,dx \\ &= \frac{\rho}{2}\left[16x - \frac{8x^3}{3} + \frac{x^5}{5}\right]_{-2}^{2} \\ &= \frac{256\rho}{15} \end{aligned}$$

e $\bar{y}$ é dado por

$$\bar{y} = \frac{M_x}{m} = \frac{256\rho/15}{32\rho/3} = \frac{8}{5}.$$

Assim, o centro de massa (o ponto de equilíbrio) da lâmina é $(0, \frac{8}{5})$, como mostra a Figura 7.63.

A densidade ρ no Exemplo 4 é um fator comum para os momentos e a massa, e dividindo para determinar as coordenadas do centro de massa, ela desaparece destas coordenadas. Assim, o centro de massa depende somente da forma da lâmina e não de sua densidade. Por esta razão, o ponto

$$(\bar{x}, \bar{y})$$ Centro de massa ou centróide

é algumas vezes chamado de centro de massa de uma *região* no plano, ou **centróide** da região. Em outras palavras, para determinar o centróide de uma região do plano, simplesmente consideramos que a região tem uma densidade constante $\rho = 1$ e calculamos o centro de massa correspondente.

EXEMPLO 5 O Centróide de uma Região do Plano

Determine o centróide da região limitada pelos gráficos de $f(x) = 4 - x^2$ e $g(x) = x + 2$.

Solução Os dois gráficos interceptam-se nos pontos $(-2, 0)$ e $(1, 3)$, como mostra a Figura 7.64. A área da região é

$$A = \int_{-2}^{1}[f(x) - g(x)]\,dx = \int_{-2}^{1}(2 - x - x^2)\,dx = \frac{9}{2}.$$

O centróide $(\bar{x}, \bar{y})$ da região tem as seguintes coordenadas:

$$\begin{aligned} \bar{x} &= \frac{1}{A}\int_{-2}^{1} x[(4 - x^2) - (x + 2)]\,dx = \frac{2}{9}\int_{-2}^{1}(-x^3 - x^2 + 2x)\,dx \\ &= \frac{2}{9}\left[-\frac{x^4}{4} - \frac{x^3}{3} + x^2\right]_{-2}^{1} = -\frac{1}{2} \\ \bar{y} &= \frac{1}{A}\int_{-2}^{1}\left[\frac{(4 - x^2) + (x + 2)}{2}\right][(4 - x^2) - (x + 2)]\,dx \\ &= \frac{2}{9}\left(\frac{1}{2}\right)\int_{-2}^{1}(-x^2 + x + 6)(-x^2 - x + 2)\,dx \end{aligned}$$

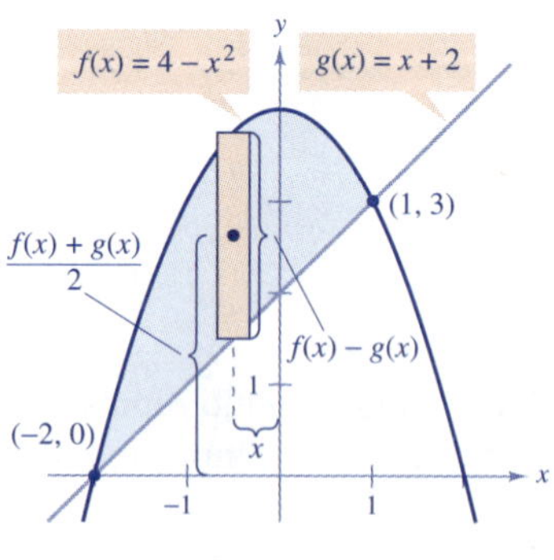

Figura 7.64

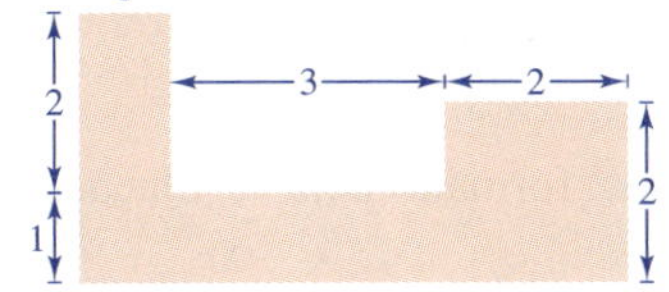

(a) Região original.

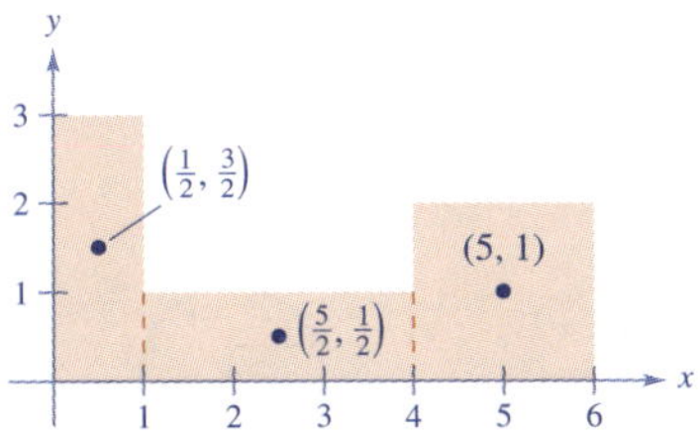

(b) Centróides dos três retângulos.
Figura 7.65

INVESTIGAÇÃO

Corte um pedaço irregular de papel cartão.

a. Segure um lápis verticalmente e mova o objeto na ponta do lápis até localizar o centróide.

b. Divida o objeto em elementos representativos. Faça as medidas necessárias e aproxime numericamente o centróide. Compare seu resultado com o do item a.

$$= \frac{1}{9}\int_{-2}^{1}(x^4 - 9x^2 - 4x + 12)\,dx$$
$$= \frac{1}{9}\left[\frac{x^5}{5} - 3x^3 - 2x^2 + 12x\right]_{-2}^{1} = \frac{12}{5}.$$

Assim, o centróide da região é $(\bar{x}, \bar{y}) = \left(-\frac{1}{2}, \frac{12}{5}\right)$.

Para regiões simples do plano, é possível achar os centróides sem recorrer à integração.

EXEMPLO 6 Centróide de uma Região Simples do Plano

Determine o centróide da região mostrada na Figura 7.65(a).

Solução Colocando um sistema de coordenadas na região original, como mostra a Figura 7.65(b), podemos localizar os centróides dos três retângulos

$$\left(\frac{1}{2}, \frac{3}{2}\right), \quad \left(\frac{5}{2}, \frac{1}{2}\right) \quad \text{e} \quad (5, 1).$$

Utilizando estes três pontos, podemos determinar o centróide da região.

$$A = \text{área da região} = 3 + 3 + 4 = 10$$
$$\bar{x} = \frac{(1/2)(3) + (5/2)(3) + (5)(4)}{10} = \frac{29}{10} = 2{,}9$$
$$\bar{y} = \frac{(3/2)(3) + (1/2)(3) + (1)(4)}{10} = \frac{10}{10} = 1$$

Temos então que o centróide da região é (2,9, 1).

NOTA No Exemplo 6, note que (2,9, 1) não é a média de $\left(\frac{1}{2}, \frac{3}{2}\right)$, $\left(\frac{5}{2}, \frac{1}{2}\right)$ e (5, 1).

Teorema de Pappus

O tópico final desta seção é um teorema muito útil creditado a Pappus de Alexandria (300 a.C.), matemático grego cujos oito volumes da *Coleção Matemática* é um documento que abrange a maior parte da matemática clássica grega. A prova deste teorema é dada na Seção 14.4.

Teorema 7.1 O Teorema de Pappus

Seja R uma região do plano e L uma reta no mesmo plano tal que L não intercepte o interior de R, como mostra a Figura 7.66. Se r for a distância entre o centróide de R e a reta, então o volume V do sólido de revolução formado pela rotação de R em torno de L é

$$V = 2\pi rA$$

onde A é a área de R. (Note que $2\pi r$ é a distância percorrida pelo centróide quando a região gira em torno da reta.)

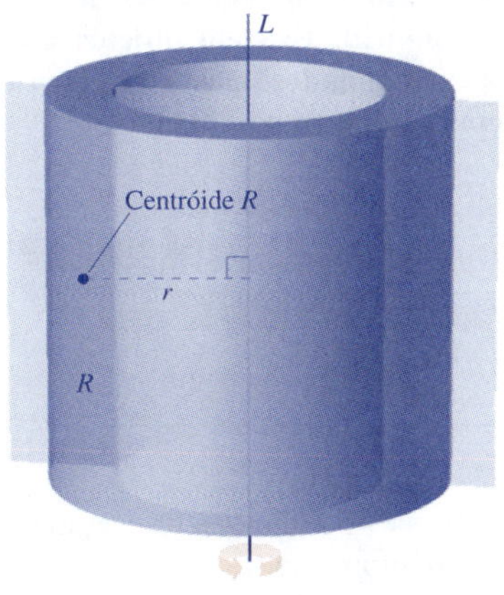

O volume V é $2\pi rA$, onde A é a área da região R.
Figura 7.66

O Teorema de Pappus pode ser usado para calcular o volume de um toro, como será mostrado no próximo exemplo. Lembre-se de que um toro é um sólido com o formato de uma rosquinha, obtido pela revolução de uma região circular ao redor de uma reta que está no mesmo plano que o círculo (mas que não intercepta o círculo).

EXEMPLO 7 Calculando o Volume de um Toro pelo Teorema de Pappus

Determine o volume do toro mostrado na Figura 7.67(a), formado pela revolução da região circular limitada por

$$(x-2)^2 + y^2 = 1$$

em torno do eixo y, como mostra a Figura 7.67(b).

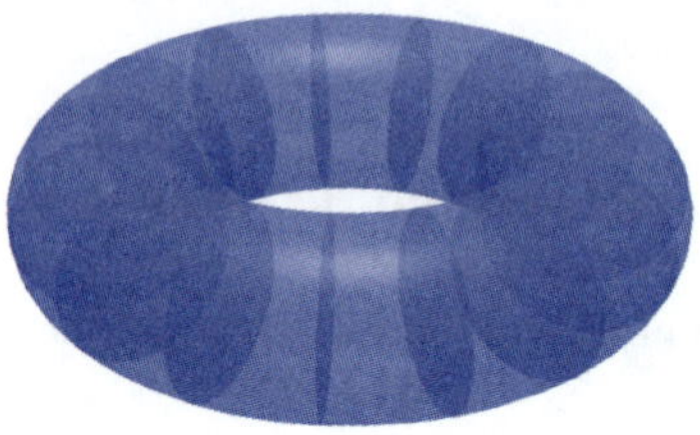

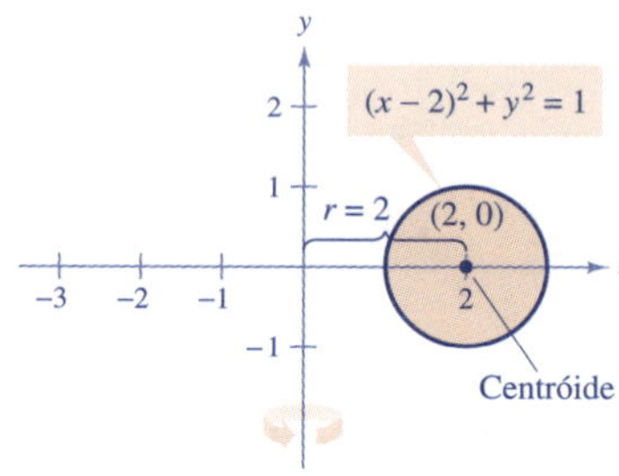

(a) (b)
Figura 7.67

INVESTIGAÇÃO

Utilize o método das cascas para mostrar que o volume do toro é dado por

$$V = \int_1^3 4\pi x\sqrt{1-(x-2)^2}\,dx.$$

Calcule a integral utilizando uma ferramenta gráfica. Sua resposta coincide com a do Exemplo 7?

Solução Na Figura 7.67(b) podemos ver que o centróide da região circular é (2, 0). Assim, a distância entre o centróide e o eixo de revolução é $r = 2$. Como a área da região circular é $A = \pi$, o volume do torus é

$$\begin{aligned} V &= 2\pi rA \\ &= 2\pi(2)(\pi) \\ &= 4\pi^2 \\ &\approx 39{,}5. \end{aligned}$$

Exercícios da Seção 7.6

Nos Exercícios 1 a 4, ache o centro de massa dos pontos de massa que estão sobre o eixo x.

1. $m_1 = 6, m_2 = 3, m_3 = 5$
   $x_1 = -5, x_2 = 1, x_3 = 3$
2. $m_1 = 7, m_2 = 4, m_3 = 3, m_4 = 8$
   $x_1 = -3, x_2 = -2, x_3 = 5, x_4 = 6$
3. $m_1 = 1, m_2 = 1, m_3 = 1, m_4 = 1, m_5 = 1$
   $x_1 = 7, x_2 = 8, x_3 = 12, x_4 = 15, x_5 = 18$
4. $m_1 = 12, m_2 = 1, m_3 = 6, m_4 = 3, m_5 = 11$
   $x_1 = -6, x_2 = -4, x_3 = -2, x_4 = 0, x_5 = 8$
5. ***Argumentação Gráfica***
   (a) Translade todos os pontos de massa do Exercício 3 para a direita cinco unidades e determine o centro de massa resultante.
   (b) Translade todos os pontos de massa do Exercício 4 para a esquerda três unidades e determine o centro de massa resultante.
6. ***Conjectura*** Utilize o resultado do Exercício 5 para fazer uma conjectura sobre a mudança do centro de massa como resultado da translação horizontal dos pontos massa em k unidades.

Problemas Estáticos **Nos Exercícios 7 e 8, considere uma barra de comprimento L com um ponto de apoio a x pés de uma de suas extremidades (veja a figura). Existem objetos com pesos W_1 e W_2 colocados nas extremidades opostas da barra. Determine x para que o sistema esteja em equilíbrio.**

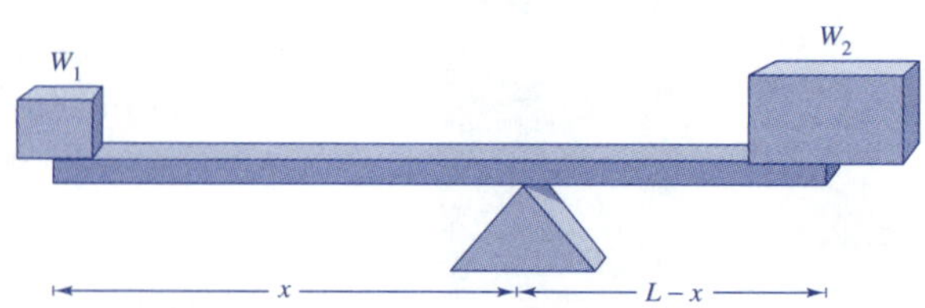

7. Duas crianças pesando 50 libras e 75 libras vão brincar numa gangorra com 10 metros de comprimento.
8. Para mover uma pedra de 440 libras, uma pessoa pesando 200 libras quer compensar seu peso usando uma alavanca com 5 pés de comprimento.

Nos Exercícios 9 a 12, encontre o centro de massa do sistema de pontos de massa dados.

9.

m_i	5	1	3
(x_1, y_1)	(2, 2)	(−3, 1)	(1, −4)

10.

m_i	10	2	5
(x_1, y_1)	(1, −1)	(5, 5)	(−4, 0)

11.

m_i	3	4
(x_1, y_1)	(−2, −3)	(5, 5)

m_i	2	1	6
(x_1, y_1)	(7, 1)	(0, 0)	(−3, 0)

12.

m_i	12	6	$\frac{15}{2}$	15
(x_1, y_1)	(2, 3)	(−1, 5)	(6, 8)	(2, −2)

Nos Exercícios 13 a 24, encontre M_x, M_y, e $(\bar{x}, \bar{y})$ para as lâminas de densidade uniforme ρ limitadas pelos gráficos das equações.

13. $y = \sqrt{x}, y = 0, x = 4$

14. $y = \frac{1}{2}x^2, y = 0, x = 2$

15. $y = x^2, y = x^3$

16. $y = \sqrt{x}, y = x$

17. $y = -x^2 + 4x + 2, y = x + 2$

18. $y = \sqrt{x} + 1, y = \frac{1}{3}x + 1$

19. $y = x^{2/3}, y = 0, x = 8$

20. $y = x^{2/3}, y = 4$

21. $x = 4 - y^2, x = 0$

22. $x = 2y - y^2, x = 0$

23. $x = -y, x = 2y - y^2$

24. $x = y + 2, x = y^2$

Nos Exercícios 25 a 28, escreva e calcule as integrais para determinar a área e os momentos em torno dos eixos *x* e *y* para a região limitada pelos gráficos das equações. (Considere $\rho = 1$.)

25. $y = x^2, y = x$

26. $y = \dfrac{1}{x}, y = 0, 1 \leq x \leq 4$

27. $y = 2x + 4, y = 0, 0 \leq x \leq 3$

28. $y = x^2 - 4, y = 0$

Nos Exercícios 29 a 32, utilize uma ferramenta gráfica para traçar a região limitada pelos gráficos das equações. Utilize os recursos de integração da ferramenta gráfica para estimar o centróide da região.

29. $y = 10x\sqrt{125 - x^3}, y = 0$

30. $y = xe^{-x/2}, y = 0, x = 0, x = 4$

31. ***Secção Final de uma Construção Pré-fabricada***

$y = 5\sqrt[3]{400 - x^2}, y = 0$

32. ***Bruxa de Agnesi***

$y = 8/(x^2 + 4), y = 0, x = -2, x = 2$

Nos Exercícios 33 a 38, determine e verifique o centróide da região de uso freqüente em engenharia.

33. ***Triângulo*** Mostre que o centróide do triângulo com vértices $(-a, 0)$, $(a, 0)$ e (b, c) é um ponto intersecção das medianas (veja a figura).

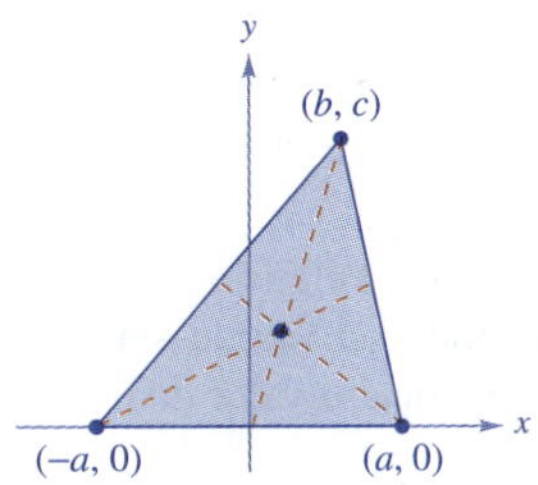

Figura do Exercício 33

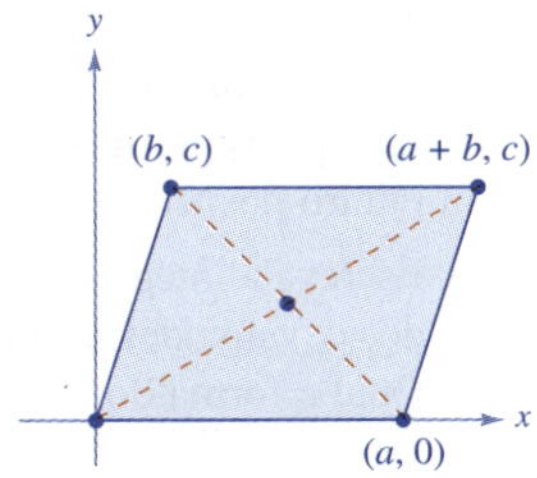

Figura do Exercício 34

34. ***Paralelogramo*** Mostre que o centróide do paralelogramo com vértices $(0, 0)$, $(a, 0)$, (b, c) e $(a + b, c)$ é o ponto de intersecção das diagonais (veja a figura).

35. ***Trapézio*** Determine o centróide do trapézio com vértices $(0, 0)$, $(0, a)$, (c, b) e $(c, 0)$. Mostre que este ponto é a intersecção da reta que liga os pontos médios dos lados paralelos com a reta que une os lados paralelos estendidos, como mostra a figura.

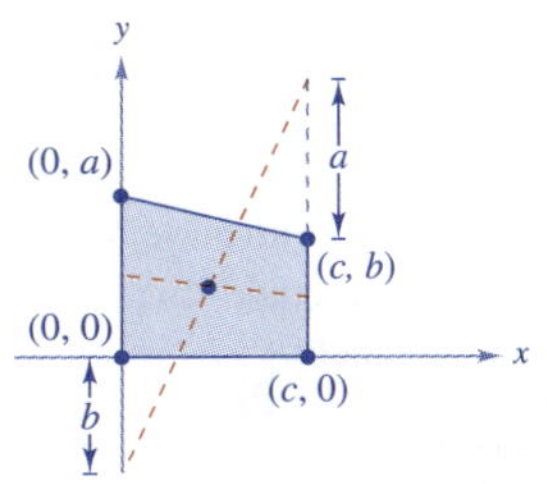

Figura do Exercício 35

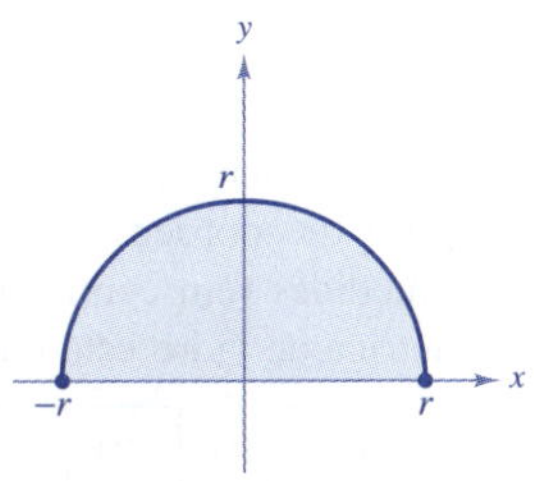

Figura do Exercício 36

36. ***Semicírculo*** Determine o centróide da região limitada pelos gráficos de $y = \sqrt{r^2 - x^2}$ e $y = 0$ (veja a figura).

37. ***Semielipse*** Determine o centróide da região limitada pelos gráficos de $y = \dfrac{b}{a}\sqrt{a^2 - x^2}$ e $y = 0$ (veja a figura).

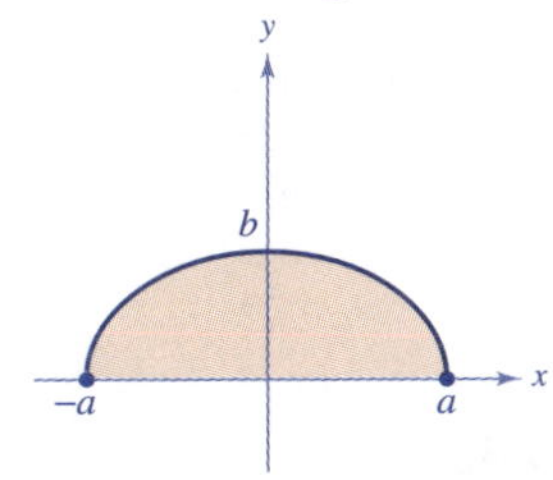

Figura do Exercício 37

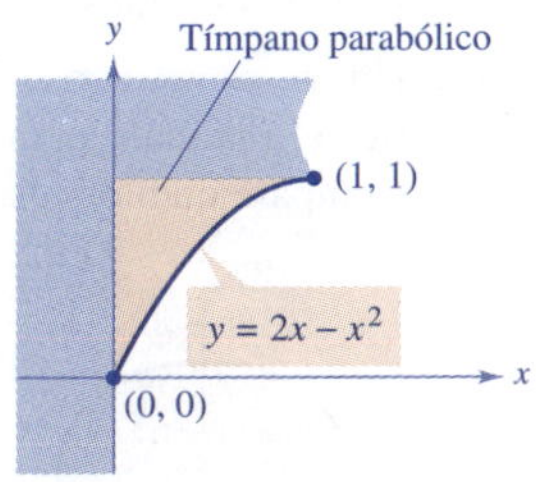

Figura do Exercício 38

38. ***Tímpano Parabólico*** Determine o centróide do **tímpano parabólico** mostrado na figura.

39. ***Argumentação Gráfica*** Considere a região limitada pelos gráficos de $y = x^2$ e $y = b$, onde $b > 0$.

(a) Esboce o gráfico da região.

(b) Utilize o gráfico do item (a) para determinar $\bar{x}$. Explique.

(c) Escreva a integral para achar M_y. Pela forma do integrando, o valor desta integral pode ser obtido sem integrar. Qual a forma do integrando e qual o valor da integral? Compare com os resultados do item (b).

(d) Utilize o gráfico do item (a) para determinar se $\bar{y} > \frac{b}{2}$ ou $\bar{y} < \frac{b}{2}$. Explique.

(e) Utilize a integração para verificar sua resposta em relação ao item (d).

40. ***Argumentação Gráfica e Numérica*** Considere a região limitada pelos gráficos de $y = x^{2n}$ e $y = b$, onde $b > 0$ e n é um inteiro positivo.

(a) Escreva a integral para achar M_y. Pela forma do integrando, o valor desta integral pode ser obtido sem integrar. Qual a forma do integrando e qual o valor da integral?

(b) Será que $\bar{y} > \frac{b}{2}$ ou $\bar{y} < \frac{b}{2}$? Explique.

(c) Utilize a integral para calcular $\bar{y}$ como função de n.

(d) Utilize o item (a) para completar a tabela.

n	1	2	3	4
$\bar{y}$				

(e) Calcule $\lim_{n\to\infty} \bar{y}$.

(f) Dê uma interpretação geométrica para o resultado do item (e).

41. ***Modelando Dados*** Um fabricante de vidros para janelas precisa estimar o centro de massa de um vidro. É colocado um sistema de coordenadas no protótipo do vidro (veja a figura). As medidas (em centímetros) para a metade direita da peça simétrica de vidro estão listadas na tabela.

x	0	10	20	30	40
y	30	29	26	20	0

(a) Use a Regra de Simpson para estimar o centro de massa da secção do vidro.

(b) Utilize os recursos de regressão de uma ferramenta gráfica para determinar um polinômio de quarto grau que modele os dados.

(c) Utilize os recursos de integração de uma ferramenta gráfica e o modelo para estimar o centro de massa do vidro. Compare com os resultados do item (a).

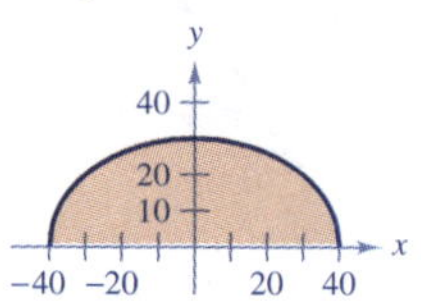

42. ***Modelando Dados*** Um fabricante de barcos precisa estimar o centro de massa de uma secção do casco do barco. É colocado um sistema de coordenadas no protótipo (veja a figura). As medidas (em pés) para a metade direita do protótipo que é simétrico, estão listadas na tabela.

x	0	0,5	1,0	1,5	2
l	1,50	1,45	1,30	0,99	0
d	0,50	0,48	0,43	0,33	0

(a) Use a Regra de Simpson para estimar o centro de massa da secção do casco.

(b) Utilize os recursos de regressão de uma ferramenta gráfica para determinar um polinômio de quarto grau que modele as curvas mostradas na figura. Marque os dados e desenhe o modelo.

(c) Utilize os recursos de integração de uma ferramenta gráfica e o modelo para estimar o centro de massa da secção do casco. Compare com os resultados do item (a).

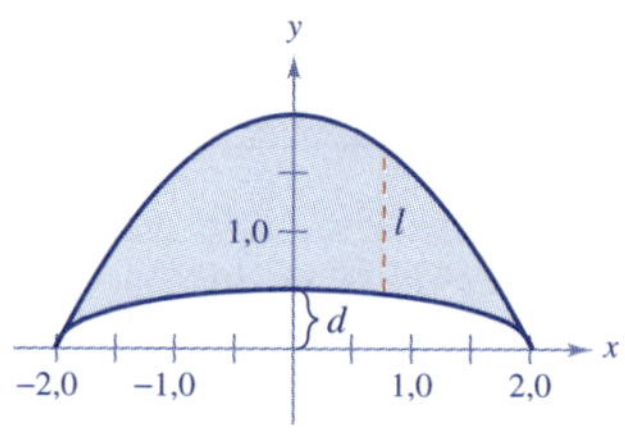

Nos Exercícios 43 a 46, introduza um sistema de coordenadas apropriado e determine o centro de massa da lâmina planar. (Sua resposta dependerá da posição do sistema de coordenadas.)

43.

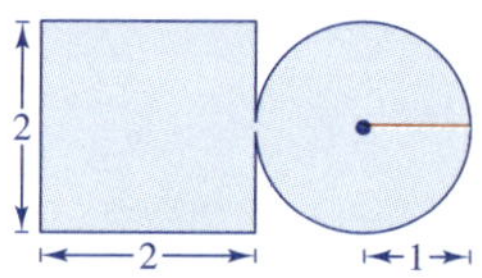

44.

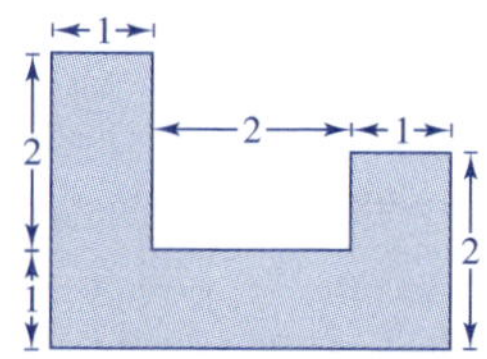

45.

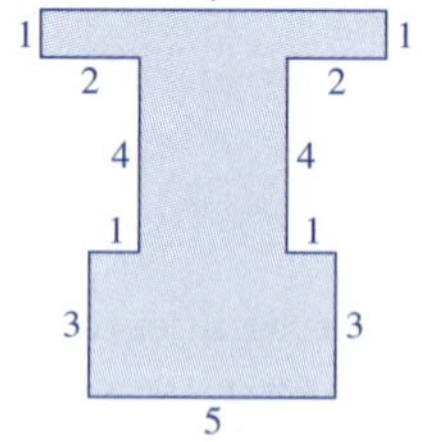

46.

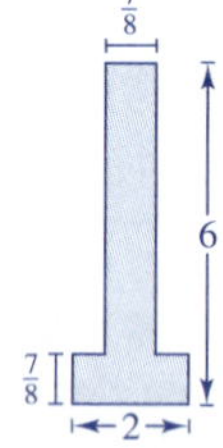

47. Ache o centro de massa da lâmina do Exercício 43 se a densidade da parte circular da lâmina for duas vezes maior que a da parte quadrada da lâmina.

48. Ache o centro de massa da lâmina do Exercício 43 se a densidade da parte quadrada da lâmina for duas vezes maior que a da parte circular da lâmina.

Nos Exercícios 49 a 52, utilize o Teorema de Pappus para determinar o volume do sólido de revolução.

49. O toro formado pela rotação do círculo limitado por $(x - 5)^2 + y^2 = 16$ ao redor do eixo y.

50. O toro formado pela rotação do círculo limitado por $x^2 + (y - 3)^2 = 4$ ao redor do eixo x.

51. O sólido formado pela rotação da região limitada por $y = x$, $y = 4$, e $x = 0$ ao redor do eixo x.

52. O sólido formado pela rotação da região limitada por $y = 2\sqrt{x - 2}$, $y = 0$ e $x = 6$ ao redor do eixo y.

Questões Conceituais

53. Sejam $m_1, m_2, \ldots, m_n$ os pontos de massa localizados em $(x_1, y_1), (x_2, y_2), \ldots, (x_n, y_n)$. Defina o centro de massa $(\bar{x}, \bar{y})$.

54. O que é uma lâmina planar? Descreva o que significa o centro de massa $(\bar{x}, \bar{y})$ de uma lâmina planar.

55. O centróide de uma região do plano limitada pelos gráficos de $y = f(x)$, $y = 0$, $x = 0$ e $x = 1$ é $\left(\frac{5}{6}, \frac{5}{18}\right)$. É possível achar o centróide de cada uma das regiões limitadas pelos gráficos do seguinte conjunto de equações? Se sim, identifique o centróide e explique sua resposta.

(a) $y = f(x) + 2$, $y = 2$, $x = 0$, e $x = 1$

(b) $y = f(x - 2)$, $y = 0$, $x = 2$, e $x = 3$

(c) $y = -f(x)$, $y = 0$, $x = 0$, e $x = 1$

(d) $y = f(x)$, $y = 0$, $x = -1$, e $x = 1$

56. Enuncie o Teorema de Pappus.

Nos Exercícios 57 a 58 use o *Segundo Teorema de Pappus*, cujo enunciado é o seguinte. Se um segmento C de uma curva plana é girado em torno de um eixo que não intercepta a curva C, com a possível exceção de pontos extremos, a área S da superfície de revolução resultante é dada pelo produto do comprimento de C pela distância d percorrida pelo centróide de C.

57. A esfera é formada pela rotação do gráfico de $y = \sqrt{r^2 - x^2}$ ao redor do eixo x. Utilize a fórmula para a área da superfície, $S = 4\pi r^2$, para determinar o centro do centróide do semicírculo $y = \sqrt{r^2 - x^2}$.

58. Um toro é obtido pela rotação do gráfico de $(x - 1)^2 + y^2 = 1$ em torno do eixo y. Determine a área da superfície do toro.

59. Seja $n \geq 1$ constante, e considere a região limitada por $f(x) = x^n$, pelo eixo x e por $x = 1$. Determine o centróide da região. Quando $n \to \infty$, como a região fica e qual seu centróide?

Desafio Putnam

60. Seja V a região do plano cartesiano constituída de todos os pontos (x, y) que satisfazem simultaneamente as condições

$$|x| \leq y \leq |x| + 3 \quad \text{e} \quad y \leq 4.$$

Determine o centróide $(\bar{x}, \bar{y})$ de V.

Este problema foi formulado pelo Committee on the Putnam Prize Competition.

Seção 7.7 Pressão do Fluido e Força do Fluido

- **Calcular a pressão de um fluido em uma superfície e a força exercida por um fluido.**

Coleção Granger

Blaise Pascal (1623-1662)

Pascal é conhecido por seu trabalho em muitas áreas da matemática e da física, e também pela sua influência sobre Leibniz. Apesar da maior parte do trabalho de Pascal em cálculo ser intuitiva, faltando o rigor da matemática moderna, ele antecipou muitos resultados importantes.

Pressão do Fluido e Força do Fluido

Nadadores sabem que quanto mais fundo na água está um objeto, maior é a pressão sobre o objeto. **Pressão** é definida como uma força por unidade de área sobre a superfície de um corpo. Por exemplo, por causa da coluna de água de 10 pés de altura e 1 polegada quadrada pesar 4,3 libras, a *pressão do fluido* a 10 pés de profundidade na água é de 4,3 libras por polegada quadrada.[1] A 20 pés de profundidade, teríamos um aumento para 8,6 libras por polegada quadrada e, em geral, a pressão é proporcional à profundidade do objeto no fluido.

Definição de Pressão do Fluido

A **pressão** sobre um objeto a uma profundidade h num líquido é

$$\text{Pressão} = P = wh$$

onde w é a densidade do líquido, isto é, peso por unidade de volume.

[1] *A pressão total sobre um objeto a 10 pés de profundidade na água deveria também incluir a pressão da atmosfera terrestre. Ao nível do mar, a pressão atmosférica é de aproximadamente 14,7 libras por polegada quadrada.*

Abaixo está listada a densidade de alguns líquidos em libras por pé cúbico.

Álcool etílico	49,4
Gasolina	41,0–43,0
Glicerina	78,6
Querosene	51,2
Mercúrio	849,0
Água do mar	64,0
Água	62,4

Quando se calcula a pressão do fluido, podemos usar uma importante (e bastante surpreendente) lei física chamada de **Princípio de Pascal**, cujo nome homenageia o matemático francês Blaise Pascal. O Princípio de Pascal estabelece que a pressão exercida pelo fluido a uma profundidade h é transmitida igualmente *em todas as direções*. Por exemplo, na Figura 7.68, a pressão na profundidade indicada é a mesma para os três objetos. Como a pressão do fluido é dada em termos de força por unidade de área, $(P = F/A)$, a força do fluido na superfície horizontal submersa de área A é

$$\text{Força do fluido} = F = PA = (\text{pressão})(\text{área}).$$

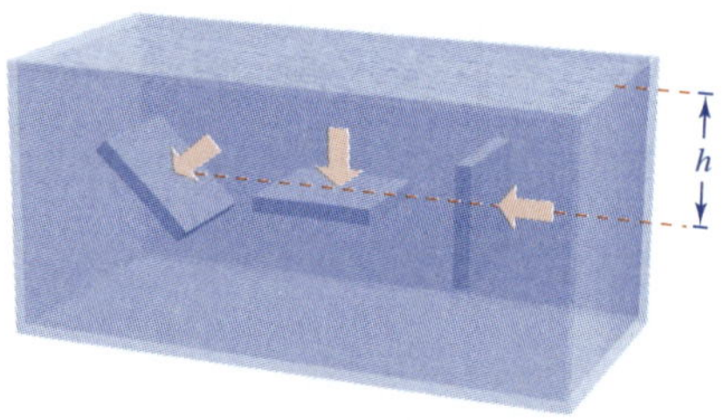

A pressão na profundidade h é a mesma para os três objetos.
Figura 7.68

EXEMPLO 1 Força do Fluido sobre uma Placa Submersa

Calcule a força do fluido sobre uma placa retangular de metal que mede 3 por 4 pés e está submersa a uma profundidade de 6 pés na água, como mostra a Figura 7.69.

Solução Como a densidade da água é 62,4 libras por pé cúbico, e a placa está a 6 pés de profundidade, a pressão do fluido é

$$\begin{aligned} P &= (62{,}4)(6) \qquad\qquad P = wh \\ &= 374{,}4 \text{ libras por pé quadrado.} \end{aligned}$$

Como a área total é $A = (3)(4) = 12$ pés quadrados, a força do fluido é

$$\begin{aligned} F = PA &= \left(374{,}4\ \frac{\text{libras}}{\text{pés quadrados}}\right)(12 \text{ pés quadrados}) \\ &= 4492{,}8 \text{ libras.} \end{aligned}$$

Este resultado independe do tamanho da região com água. A força do fluido será a mesma numa piscina ou num lago.

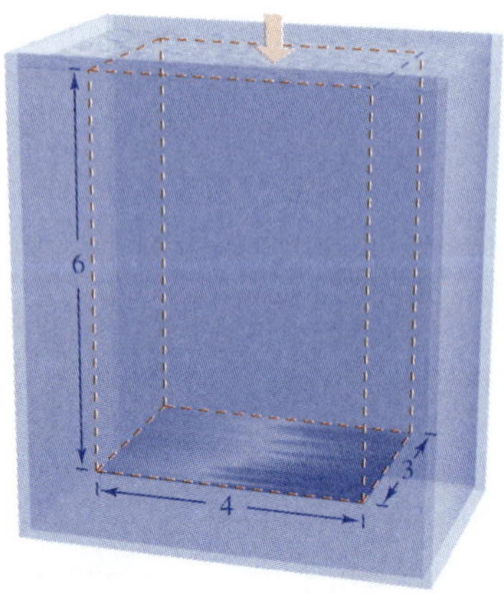

A força do fluido sobre a placa de metal horizontal é igual à pressão do fluido vezes a área.
Figura 7.69

No Exemplo 1, o fato da placa ser retangular e estar na horizontal significa que não precisamos do cálculo para resolver o problema. Considere uma superfície submersa verticalmente no fluido. Este problema fica mais difícil porque a pressão exercida pelo fluido não é mais uma constante sobre a superfície.

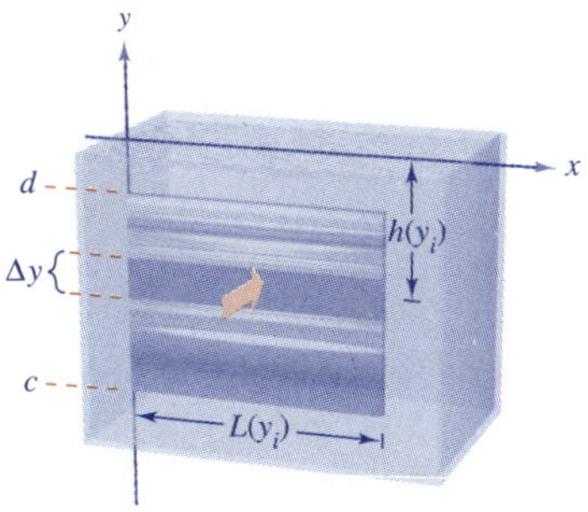

Para determinar a força do fluido sobre uma placa metálica vertical é preciso usar um método de cálculo.
Figura 7.70

Suponha agora uma placa submersa na vertical em um fluido de densidade w (por unidade de volume), como mostra a Figura 7.70. Para determinar a força total contra um lado da região desde a profundidade c até a profundidade d, vamos dividir o intervalo $[c, d]$ em n subintervalos, cada um com tamanho Δy. Então, consideremos um retângulo representativo de largura Δy e comprimento $L(y_i)$, onde y_i está no i-ésimo subintervalo. A força exercida sobre este retângulo representativo é

$$\begin{aligned}\Delta F_i &= w(\text{profundidade})(\text{área}) \\ &= wh(y_i)L(y_i)\,\Delta y.\end{aligned}$$

A força sobre n destes retângulos é

$$\sum_{i=1}^{n} \Delta F_i = w\sum_{i=1}^{n} h(y_i)L(y_i)\,\Delta y.$$

Note que w é constante e pode ser fatorada para a somatória. Assim, o limite quando $\|\Delta\| \to 0$ $(n \to \infty)$, seguinte sugere a definição.

Definição de Força Exercida por um Fluido

A **força F exercida por um fluido** de densidade constante w (por unidade de volume) em uma região submersa vertical plana, entre $y = c$ e $y = d$, é

$$\begin{aligned}F &= w \lim_{\|\Delta\|\to 0} \sum_{i=1}^{n} h(y_i)L(y_i)\,\Delta y \\ &= w\int_c^d h(y)L(y)\,dy\end{aligned}$$

onde $h(y)$ é a profundidade do fluido em y e $L(y)$ é o comprimento horizontal da região em y.

EXEMPLO 2 Força do Fluido sobre uma Superfície Vertical

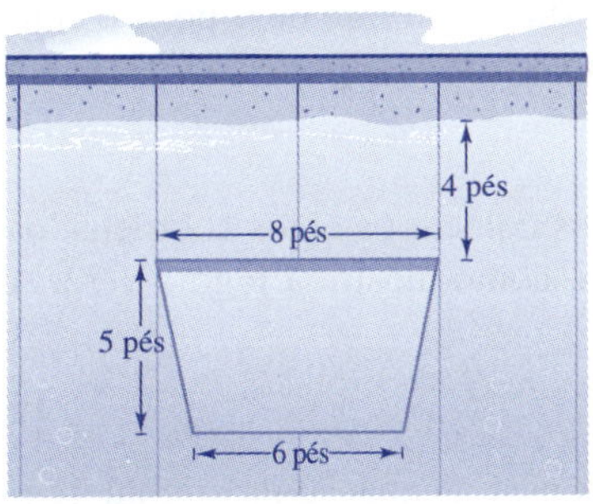

(a) Comporta na represa.

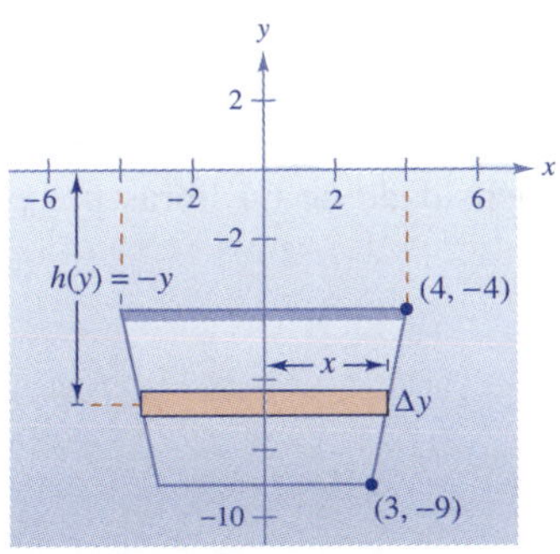

(b) Força do fluido contra a comporta.
Figura 7.71

Uma comporta vertical numa represa tem o formato de um trapézio isósceles com 8 pés em sua parte superior, 6 pés em sua parte inferior e 5 pés de altura, como mostra a Figura 7.71(a). Qual é a força do fluido exercida contra a comporta quando o topo da comporta está a 4 pés de profundidade?

Solução Para escrever o modelo matemático deste problema temos a liberdade de colocar os eixos coordenados de muitos modos diferentes. Uma escolha conveniente é fazer o eixo y cortar a comporta ao meio e o eixo x estar sobre a superfície da represa, como mostra a Figura 7.71(b). Assim, a profundidade da água em y medidas em pés é

$$\text{Profundidade} = h(y) = -y.$$

Para determinar o comprimento $L(y)$ da região em y, vamos achar a equação da reta que forma o lado direito da comporta. Como ela passa pelos pontos $(3, -9)$ e $(4, -4)$, sua equação é

$$\begin{aligned}y - (-9) &= \frac{-4 - (-9)}{4 - 3}(x - 3) \\ y + 9 &= 5(x - 3) \\ y &= 5x - 24 \\ x &= \frac{y + 24}{5}.\end{aligned}$$

Na Figura 7.71(b) podemos ver que o comprimento da região em y é

$$\begin{aligned}\text{Comprimento} &= 2x\\ &= \frac{2}{5}(y + 24)\\ &= L(y).\end{aligned}$$

Finalmente, integrando de $y = -9$ até $y = -4$, calculamos a força do fluido obtendo

$$\begin{aligned}F &= w\int_c^d h(y)L(y)\,dy\\ &= 62.4\int_{-9}^{-4}(-y)\left(\frac{2}{5}\right)(y + 24)\,dy\\ &= -62.4\left(\frac{2}{5}\right)\int_{-9}^{-4}(y^2 + 24y)\,dy\\ &= -62.4\left(\frac{2}{5}\right)\left[\frac{y^3}{3} + 12y^2\right]_{-9}^{-4}\\ &= -62.4\left(\frac{2}{5}\right)\left(\frac{-1675}{3}\right)\\ &= 13.936 \text{ libras.}\end{aligned}$$

NOTA No Exemplo 2, o eixo x coincide com a superfície da água. Isto foi conveniente porém arbitrário. Na escolha da posição dos eixos coordenados para representar uma situação física, devemos considerar várias possibilidades. Freqüentemente, podemos simplificar os cálculos se a escolha aproveita características especiais do problema, tais como simetrias.

EXEMPLO 3 Força do Fluido sobre uma Superfície Vertical

Uma escotilha circular de um navio de inspeção científica tem raio de 1 pé, e o centro da janela está 8 pés abaixo do nível da água, como mostra a Figura 7.72. Qual é a força da água sobre a escotilha?

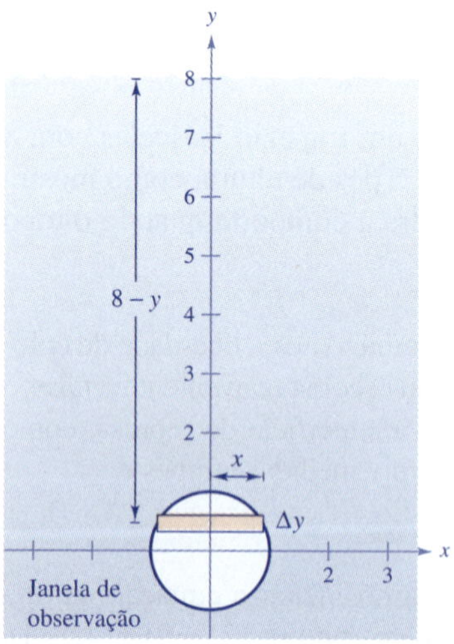

Força da água sobre a escotilha.
Figura 7.72

Solução Para aproveitar a simetria do objeto, vamos colocar os eixos coordenados com a origem coincidindo com o centro da escotilha, como mostra a Figura 7.72. A profundidade y então será

$$\text{Profundidade} = h(y) = 8 - y.$$

O comprimento horizontal da janela é $2x$, e podemos usar a equação da circunferência $x^2 + y^2 = 1$ para determinar x.

$$\begin{aligned}\text{Comprimento} &= 2x\\ &= 2\sqrt{1 - y^2} = L(y)\end{aligned}$$

Finalmente, como y varia entre -1 e 1, utilizando a densidade de 64 libras por pé cúbico como a densidade da água do mar, temos

$$\begin{aligned}F &= w\int_c^d h(y)L(y)\,dy\\ &= 64\int_{-1}^{1}(8 - y)(2)\sqrt{1 - y^2}\,dy.\end{aligned}$$

Inicialmente esta integral parece ser muito complicada. Entretanto, se dividirmos esta integral em duas partes e aplicarmos a simetria, a solução fica simples.

$$F = 64(16)\int_{-1}^{1} \sqrt{1 - y^2}\,dy - 64(2)\int_{-1}^{1} y\sqrt{1 - y^2}\,dy$$

A segunda integral é 0 (porque o integrando é uma função ímpar e os limites de integração são simétricos à origem). Além disso, reconhecemos que a primeira integral representa a área de um semicírculo de raio 1, e obtemos

$$\begin{aligned} F &= 64(16)\left(\frac{\pi}{2}\right) - 64(2)(0) \\ &= 512\pi \\ &\approx 1608{,}5 \text{ libras.} \end{aligned}$$

Assim, a força do fluido exercida sobre a escotilha é de 1608,5 libras.

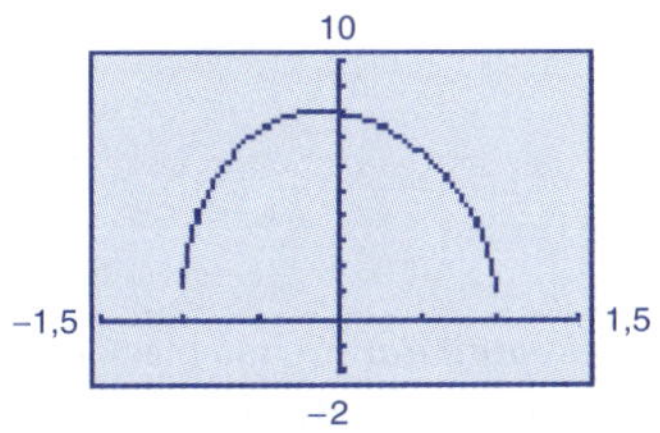

f não é diferenciável em $x = \pm 1$.
Figura 7.73

TECNOLOGIA Para confirmar o resultado obtido no Exemplo 3, você pode utilizar a Regra de Simpson para aproximar o valor de

$$128\int_{-1}^{1} (8 - x)\sqrt{1 - x^2}\,dx$$

Do gráfico de

$$f(x) = (8 - x)\sqrt{1 - x^2}$$

entretanto, você pode ver que f não é diferenciável quando $x = \pm 1$ (veja a Figura 7.73). Isto significa que não podemos aplicar o Teorema 4.19 da Seção 4.6 para determinar o erro possível da Regra de Simpson. Sem poder estimar o erro, a aproximação obtida é de pouco valor. Utilize uma ferramenta gráfica para aproximar a integral.

Exercícios da Seção 7.7

Força numa Placa Submersa **Nos Exercícios 1 e 2, a área do topo da peça de metal é dada. A placa metálica é submersa horizontalmente numa profundidade de 5 pés na água. Determine a força exercida pelo fluido no topo do objeto.**

1. 3 pés quadrados

2. 16 pés quadrados

Força de Flutuação **Nos Exercícios 3 e 4, encontre a força de flutuação de um sólido retangular com as dimensões dadas submerso na água. A força de flutuação é a diferença entre as forças do fluido exercidas no topo e as do fundo de um sólido.**

3.

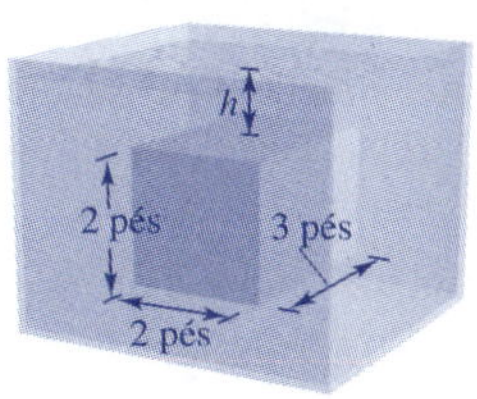

4.

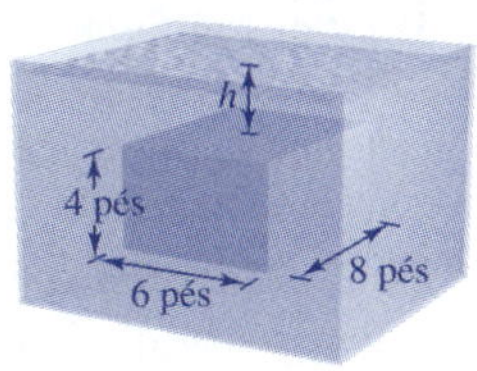

Força do Fluido nas Laterais de um Tanque **Nos Exercícios 5 a 10, calcule a força do fluido na parede de um tanque, cujas dimensões são indicadas em pés. Considere o tanque cheio de água.**

5. Retângulo

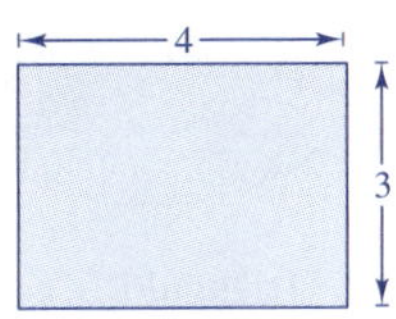

6. Triângulo

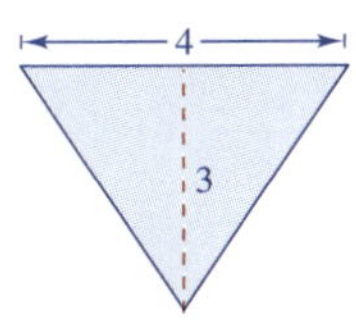

7. Trapézio

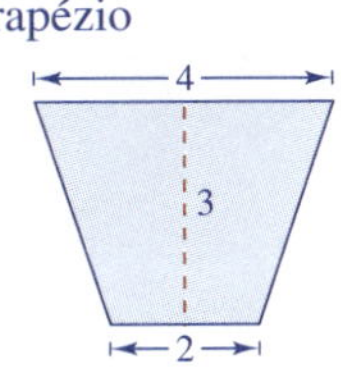

8. Semicírculo

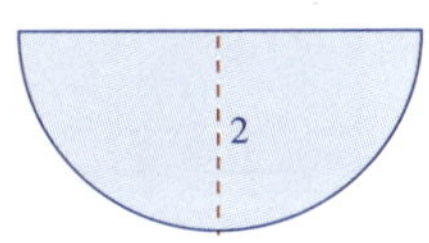

9. Parábola, $y = x^2$

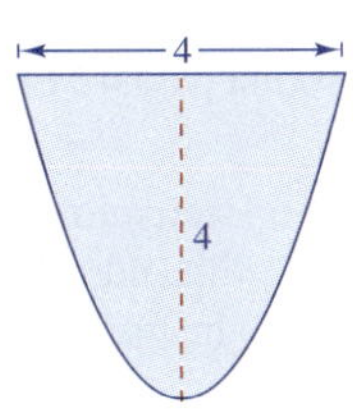

10. Semi-elipse, $y = -\frac{1}{2}\sqrt{36 - 9x^2}$

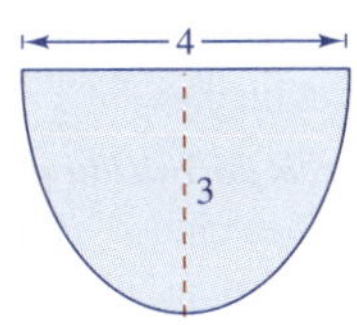

Força do Fluido **Nos Exercícios 11 a 14, determine a força do fluido na placa vertical submersa na água, onde as dimensões são dadas em metros e a densidade da água é 9.800 newtons por metro cúbico.**

11. Quadrado

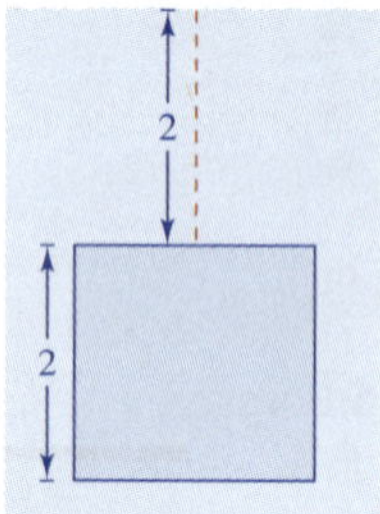

12. Quadrado

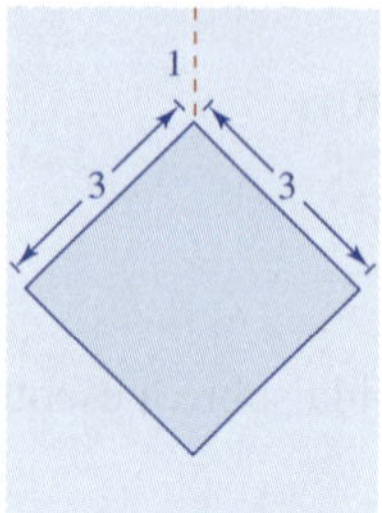

13. Triângulo

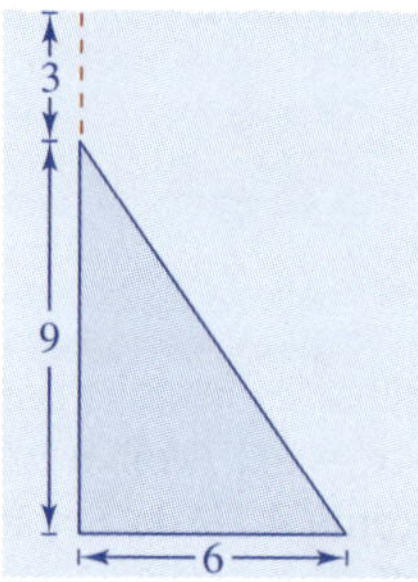

14. Retângulo

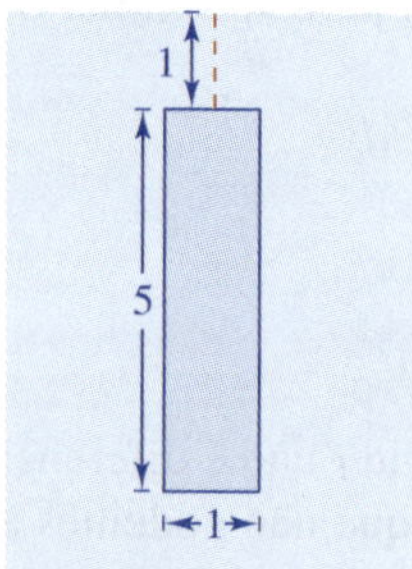

Força numa Fôrma de Concreto **Nos Exercícios 15 a 18, a figura é o lado vertical da fôrma para colocar concreto que pesa 140,7 libras por pé quadrado. Encontre a força nesta parte da fôrma de concreto.**

15. Retângulo

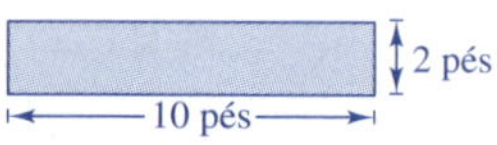

16. Semi-elipse, $y = -\frac{3}{4}\sqrt{16 - x^2}$

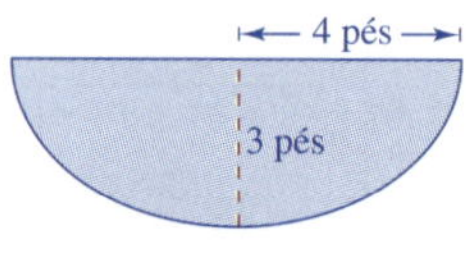

17. Retângulo

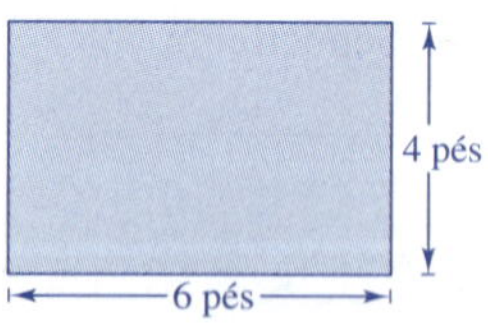

18. Triângulo

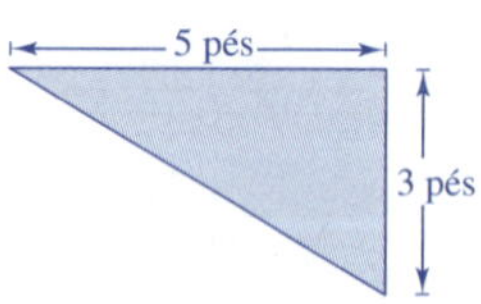

19. ***Força de Fluido da Gasolina*** Um tanque cilíndrico de gasolina é colocado de forma que o eixo do cilindro seja horizontal. Determine a força do fluido em uma extremidade circular do tanque se ele está meio cheio, considerando que o diâmetro do tanque é de 13 pés e a gasolina pesa 42 libras por pé cúbico.

20. ***Força do Fluido da Gasolina*** Repita o Exercício 19 para o tanque cheio. (Calcule uma integral utilizando fórmulas geométricas e a outra observando que o integrando é uma função ímpar.)

21. ***Força do Fluido numa Placa Circular*** Uma placa circular de raio r pés é submersa verticalmente num tanque com um fluido de densidade w libras por pé cúbico. O centro do círculo está a k $(k > r)$ pés abaixo da superfície do fluido. Mostre que a força do fluido na superfície da placa é

$$F = wk(\pi r^2).$$

(Calcule uma integral utilizando fórmula geométrica e a outra observando que o integrando é uma função ímpar.)

22. ***Força do Fluido numa Placa Circular*** Utilize o resultado do Exercício 21 para achar a força do fluido numa placa circular mostrada em cada figura. Considere que as placas estejam na parede de um tanque cheio de água e que as medidas sejam dadas em pés.

(a)

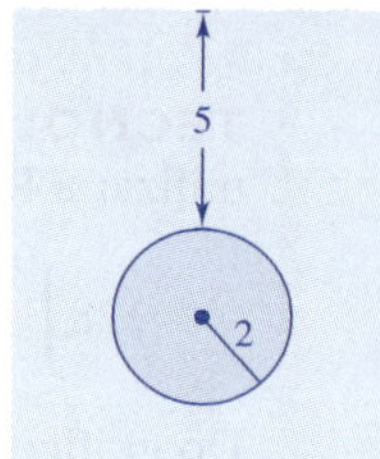

(b)

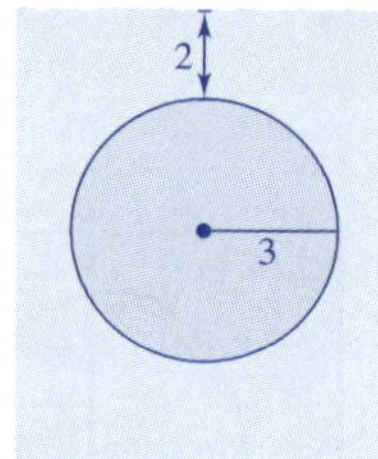

23. ***Força do Fluido numa Placa Retangular*** Uma placa retangular de altura h e base b está submersa verticalmente em um tanque contendo um fluido que pesa w libras por pé cúbico. O centro está k pés abaixo da superfície do fluido, onde $h \leq k/2$. Mostre que a força do fluido na superfície da placa é

$$F = wkhb.$$

24. ***Força do Fluido numa Placa Retangular*** Utilize o resultado do Exercício 23 para achar a força do fluido numa placa retangular mostrada em cada figura. Considere que as placas estejam na parede de um tanque cheio de água e as medidas sejam dadas em pés.

(a)

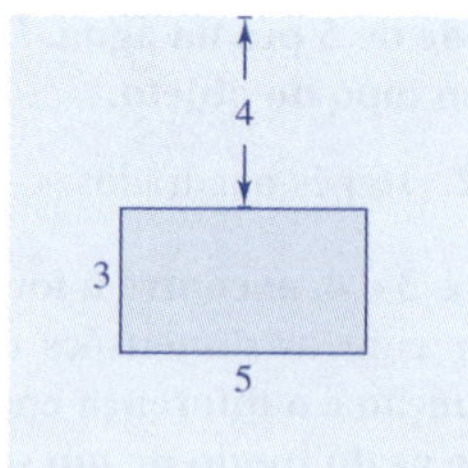

(b)

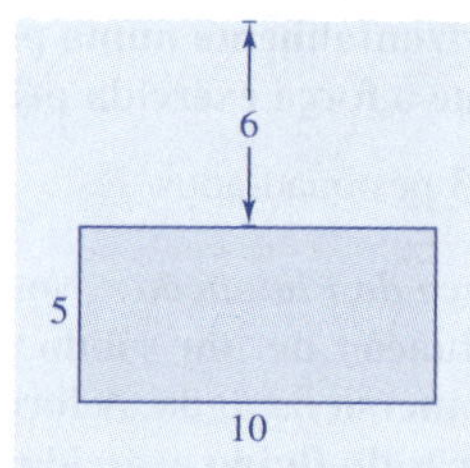

25. ***Vigia de um Submarino*** Uma vigia no lado vertical de um submarino (submerso na água do mar) mede 1 pé quadrado. Determine a força hidrostática na vigia, considerando que o centro do quadrado esteja 15 pés abaixo da superfície.

26. ***Vigia de um Submarino*** Repita o Exercício 25 para uma vigia circular que tenha diâmetro de 1 pé. O centro está a 15 pés de profundidade.

27. ***Modelando Dados*** Na figura é mostrado o sistema de eixos coordenados superposto à popa (vertical) de um barco. A tabela mostra a largura da popa para os valores indicados de y. Ache a força hidrostática contra a popa considerando as medidas dadas em pés.

y	0	$\frac{1}{2}$	1	$\frac{3}{2}$	2	$\frac{5}{2}$	3	$\frac{7}{2}$	4
w	0	3	5	8	9	10	10,25	10,5	10,5

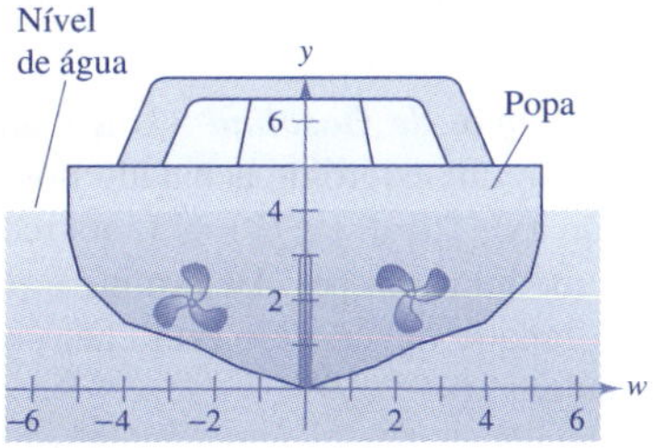

28. *Comporta de Canal de Irrigação* A secção vertical de um canal de irrigação pode ser modelada por

$$f(x) = \frac{5x^2}{x^2 + 4}$$

onde x é medido em pés e $x = 0$ corresponde ao centro do canal. Utilize a função integração de uma ferramenta gráfica para aproximar o valor da força hidrostática contra a comporta usada para interromper a passagem de água se a profundidade da água for 3 pés.

Nos Exercícios 29 e 30, utilize os recusos de integração de uma ferramenta gráfica para estimar o valor da força do fluido exercida numa placa vertical limitada pelo eixo x e pela metade superior do gráfico da equação. Considere que a base da placa está 12 pés abaixo da superfície da água.

29. $x^{2/3} + y^{2/3} = 4^{2/3}$

30. $\dfrac{x^2}{28} + \dfrac{y^2}{16} = 1$

31. *Para Pensar*

(a) Aproxime o valor da profundidade da água no tanque do Exercício 5 se a força hidrostática é metade do valor desta força quando o tanque está cheio.

(b) Explique por que a resposta no item (a) não é $\frac{3}{2}$.

Questões Conceituais

32. Defina pressão do fluido.

33. Defina força do fluido exercida contra uma região plana vertical submersa.

34. Duas janelas idênticas de formato de semicírculo estão a mesma profundidade numa parede de um aquário (veja a figura) Qual sofrerá maior força do fluido? Explique.

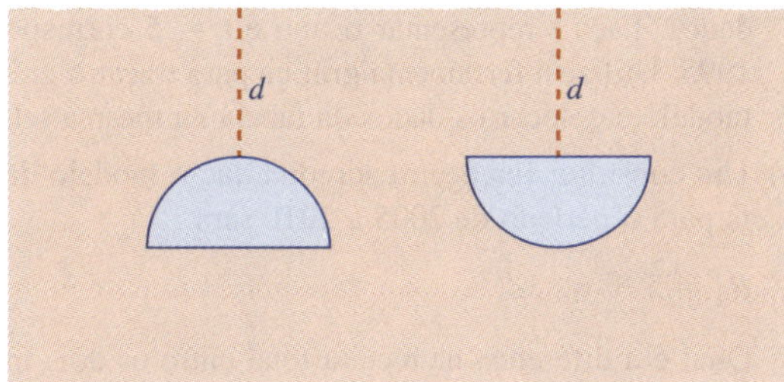

Exercícios de Revisão do Capítulo 7

Nos Exercícios 1 a 10, esboce a região limitada pelos gráficos das equações, e calcule a área da região.

1. $y = \dfrac{1}{x^2},\ y = 0,\ x = 1,\ x = 5$

2. $y = \dfrac{1}{x^2},\ y = 4,\ x = 5$

3. $y = \dfrac{1}{x^2 + 1},\ y = 0,\ x = -1,\ x = 1$

4. $x = y^2 - 2y,\ x = -1,\ y = 0$

5. $y = x,\ y = x^3$

6. $x = y^2 + 1,\ x = y + 3$

7. $y = e^x,\ y = e^2,\ x = 0$

8. $y = \operatorname{cossec} x,\ y = 2$ (uma região)

9. $y = \operatorname{sen} x,\ y = \cos x,\ \dfrac{\pi}{4} \leq x \leq \dfrac{5\pi}{4}$

10. $x = \cos y,\ x = \dfrac{1}{2},\ \dfrac{\pi}{3} \leq y \leq \dfrac{7\pi}{3}$

Nos Exercícios 11 a 14, utilize um dispositivo gráfico para traçar a região limitada pelos gráficos das funções, e use a ferramenta de integração para achar a área da região.

11. $y = x^2 - 8x + 3,\ y = 3 + 8x - x^2$

12. $y = x^2 - 4x + 3,\ y = x^3,\ x = 0$

13. $\sqrt{x} + \sqrt{y} = 1,\ y = 0,\ x = 0$

14. $y = x^4 - 2x^2,\ y = 2x^2$

Nos Exercícios 15 a 18 utilize retângulos representativos verticais e horizontais para escrever as integrais que fornecem a área da região limitada pelo gráfico das equações. Determine a área calculando a integral mais simples das duas.

15. $x = y^2 - 2y,\ x = 0$

16. $y = \sqrt{x - 1},\ y = \dfrac{x - 1}{2}$

17. $y = 1 - \dfrac{x}{2},\ y = x - 2,\ y = 1$

18. $y = \sqrt{x - 1},\ y = 2,\ y = 0,\ x = 0$

19. *Para Pensar* Uma pessoa tem duas ofertas de emprego. O salário inicial é de \$ 30.000, e depois de 10 anos de trabalho cada um pagará \$ 56.000. O aumento salarial de cada um é mostrado na figura. Do ponto de vista estritamente monetário, qual é a melhor oferta? Explique.

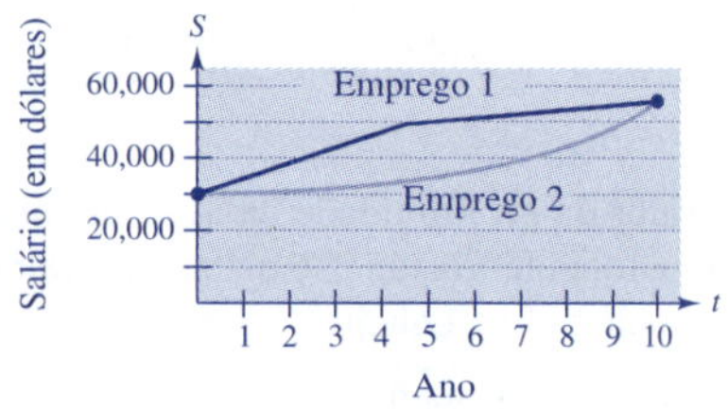

20. ***Modelando Dados*** A tabela mostra a receita anual R_1 em bilhões de dólares para a indústria de telefones celulares dos anos 1995 até 2001. (*Fonte: Cellular Telecommunications & Internet Association.*)

Ano	1995	1996	1997	1998	1999	2000	2001
R_1	19,1	23,6	27,5	33,1	40,0	52,5	65,0

(a) Utilize os recursos de regressão de uma ferramenta gráfica para determinar um modelo exponencial para os dados. Faça t representar o ano e $t = 5$ corresponder a 1995. Utilize a ferramenta gráfica para traçar o gráfico do modelo e colocar os dados da tabela na mesma tela.

(b) Um consultor financeiro acredita que o modelo da receita para o período de 2005 a 2010 será

$$R_2 = 5 + 6{,}83e^{0{,}2t}.$$

Qual é a diferença na receita total entre os dois modelos para o período entre 2005 e 2010?

Nos Exercícios 21 a 28, determine o volume do sólido gerado pela rotação da região do plano limitada pelas equações em torno da reta indicada.

21. $y = x,\ y = 0,\ x = 4$

(a) eixo x (b) eixo y
(c) reta $x = 4$ (d) reta $x = 6$

22. $y = \sqrt{x},\ y = 2,\ x = 0$

(a) eixo x (b) reta $y = 2$
(c) eixo y (d) reta $x = -1$

23. $\dfrac{x^2}{16} + \dfrac{y^2}{9} = 1$

(a) eixo y (esferóide achatado)
(b) eixo x (esferóide ovalado)

24. $\dfrac{x^2}{a^2} + \dfrac{y^2}{b^2} = 1$

(a) eixo y (esferóide achatado)
(b) eixo x (esferóide ovalado)

25. $y = \dfrac{1}{x^4 + 1},\ y = 0,\ x = 0,\ x = 1$
rotação em torno do eixo y.

26. $y = \dfrac{1}{\sqrt{1 + x^2}},\ y = 0,\ x = -1,\ x = 1$
rotação em torno do eixo x.

27. $y = 1/(1 + \sqrt{x - 2}),\ y = 0,\ x = 2,\ x = 6$
rotação em torno do eixo y.

28. $y = e^{-x},\ y = 0,\ x = 0,\ x = 1$
rotação em torno do eixo x.

Nos Exercícios 29 e 30, considere a região limitada pelos gráficos das equações $y = x\sqrt{x + 1}$ e $y = 0$.

29. ***Área*** Calcule a área da região.

30. ***Volume*** Calcule o volume do sólido obtido pela rotação da região ao redor de (a) eixo x e (b) eixo y.

31. ***Profundidade de um Tanque de Gasolina*** Um tanque de gasolina tem o formato de um esferóide achatado nos pólos, gerado pela rotação de $(x^2/16) + (y^2/9) = 1$ ao redor do eixo y, onde x e y são medidos em pés. Determine a profundidade de gasolina no tanque quando ele está cheio até um quarto de sua capacidade.

32. ***Tamanho da Base*** A base de um sólido é um círculo de raio a, e suas secções transversais verticais são triângulos eqüiláteros. O volume do sólido é 10 metros cúbicos. Determine o raio do círculo.

Nos Exercícios 33 e 34, determine o comprimento de arco do gráfico da função no intervalo dado.

33. $f(x) = \dfrac{4}{5}x^{5/4},\quad [0, 4]$

34. $y = \dfrac{1}{6}x^3 + \dfrac{1}{2x},\quad [1, 3]$

35. ***Comprimento de uma Catenária*** Um cabo de suspensão de uma ponte forma uma catenária modelada pela equação

$$y = 300 \operatorname{cossech}\left(\frac{x}{2000}\right) - 280, \quad -2000 \le x \le 2000$$

onde x e y são medidas em pés. Utilize as ferramentas gráficas para estimar o comprimento deste cabo.

36. ***Aproximação*** Determine qual valor melhor aproxima o comprimento de arco representado pela integral

$$\int_0^{\pi/4} \sqrt{1 + (\sec^2 x)^2}\, dx.$$

(Faça sua seleção com base num esboço do arco e *não* efetue nenhum cálculo.)

(a) -2 (b) 1 (c) π (d) 4 (e) 3

37. ***Área de uma Superfície*** Utilize integração para achar a área da superfície lateral de um cone circular reto de altura 4 e raio 3.

38. ***Área de uma Superfície*** A região limitada pelos gráficos de $y = 2\sqrt{x}$, $y = 0$, e $x = 3$ é girada em torno do eixo x. Determine a área da superfície do sólido gerado.

39. ***Trabalho*** Uma força de 4 libras é necessária para esticar uma mola 1 polegada de sua posição natural. Determine o trabalho realizado para esticar a mola de seu tamanho natural de 10 polegadas para um comprimento de 15 polegadas.

40. ***Trabalho*** A força necessária para esticar uma mola é 50 libras. Determine o trabalho realizado em esticar esta mola de 9 polegadas para dobrar seu tamanho.

41. ***Trabalho*** Um poço d'água tem um diâmetro de 8 polegadas e 175 pés de profundidade. A água está a 25 pés do topo do poço. Determine a quantidade de trabalho a ser feita para esvaziar o poço se não entrar nenhuma água durante o bombeamento.

42. ***Trabalho*** Repita o Exercício 41, considerando que entra água no poço constantemente a uma taxa de 4 litros por minuto e a bomba de sucção trabalha a uma taxa de 12 litros por minuto. Quantos litros serão bombeados neste caso?

43. ***Trabalho*** Uma corrente com 10 pés de comprimento pesa 5 libras por pé e está pendurada de uma plataforma 20 pés acima do solo. Quanto trabalho é necessário fazer elevar toda a corrente para a plataforma?

44. ***Trabalho*** Um guindaste, 200 pés acima do solo no topo de um edifício, usa um cabo que pesa 4 libras por pé. Determine o trabalho para enrolar todo o cabo se

(a) A ponta do cabo está no chão.

(b) Existe uma carga de 300 libras atrelada a partir do cabo.

45. ***Trabalho*** O trabalho realizado por uma força variável numa prensa é 80 pés-libras. A prensa se movimenta 4 pés e a força quadrática é da forma $F = ax^2$. Determine a.

46. ***Trabalho*** Determine o trabalho realizado pela força F mostrada na figura.

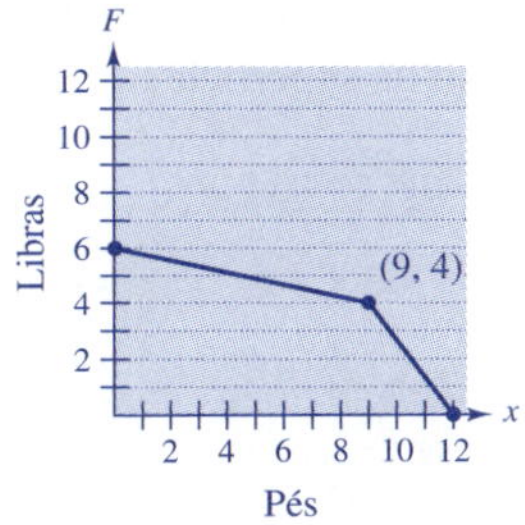

Nos Exercícios 47 a 50, encontre o centróide da região limitada pelos gráficos das equações.

47. $\sqrt{x} + \sqrt{y} = \sqrt{a}$, $x = 0$, $y = 0$

48. $y = x^2$, $y = 2x + 3$

49. $y = a^2 - x^2$, $y = 0$

50. $y = x^{2/3}$, $y = \frac{1}{2}x$

51. ***Centróide*** Uma pá numa indústria de ventiladores tem a configuração de um semicírculo unido a um trapézio (veja a figura). Determine o centróide desta pá.

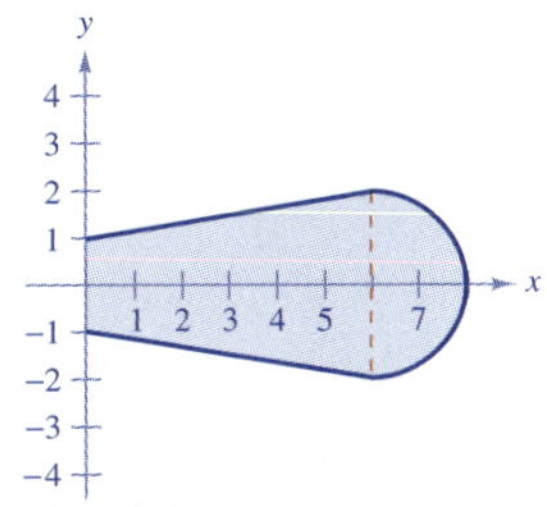

52. ***Força Hidrostática*** Uma piscina tem 5 pés de profundidade em um lado e 10 pés de profundidade no outro lado, e o fundo é um plano inclinado. O comprimento e a largura da piscina são respectivamente 40 e 20 pés. Se esta piscina estiver cheia, qual será a força do fluido sobre cada uma das paredes verticais?

53. ***Força do Fluido*** Mostre que a força do fluido contra qualquer região vertical em um líquido é o produto do peso por volume cúbico de líquido, a área da região e a profundidade do centróide da região.

54. ***Força do Fluido*** Usando o resultado do Exercício 53, determine a força do fluido em um lado de uma placa vertical com raio de 4 pés submersa na água de modo que o centro esteja 5 pés abaixo do nível da superfície.

P.S. Problemas Suplementares

1. Seja R a área de uma região no primeiro quadrante limitada pela parábola $y = x^2$ e pela reta $y = cx$, $c > 0$. Seja T a área do triângulo AOB. Calcule o limite

$$\lim_{c \to 0^+} \frac{T}{R}.$$

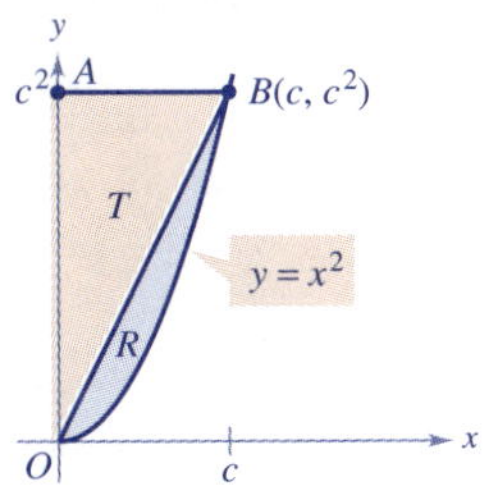

2. Seja R a área de uma região limitada pela parábola $y = x - x^2$ e pelo eixo x. Determine a equação da reta $y = mx$ que divide esta região em duas partes de mesma área.

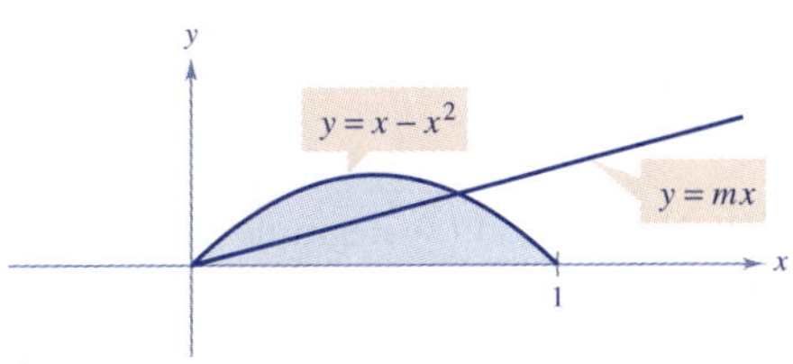

3. (a) Um toro é gerado pela rotação da região limitada pela circunferência

$$(x - 2)^2 + y^2 = 1$$

ao redor do eixo y (veja a figura). Use o método dos discos para calcular o volume do toro.

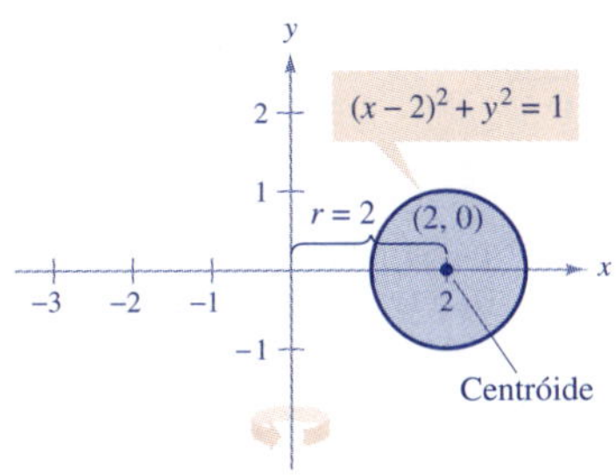

(b) Use o método dos discos para determinar o volume de um toro genérico se o círculo gerador tem raio r e seu centro está a R unidades do eixo de rotação.

4. Desenhe o gráfico da curva

$$8y^2 = x^2(1 - x^2).$$

Utilize um sistema de manipulação algébrica para achar a área da superfície obtida pela rotação da curva ao redor do eixo x.

5. É feito um furo através do centro de uma esfera de raio r (veja a figura). A altura do anel esférico resultante é h. Determine o volume do anel e mostre que ele independe do raio da esfera.

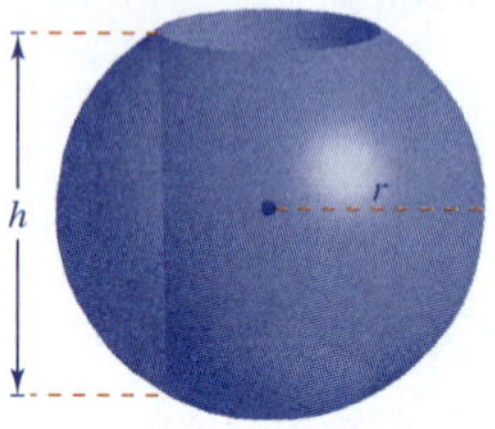

6. Um retângulo R de comprimento l e largura w é girado em torno da reta L (veja a figura). Calcule o volume do sólido de revolução resultante.

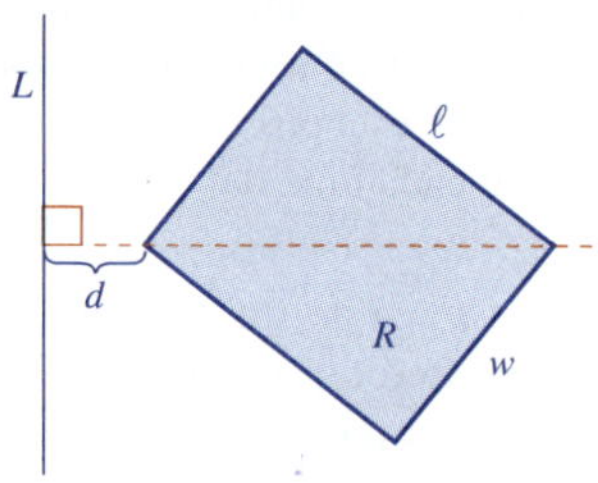

7. (a) A reta tangente à curva $y = x^3$ no ponto $A(1, 1)$ intercepta a curva em outro ponto B. Seja R a área da região limitada pela curva e pela reta tangente. A reta tangente em B intercepta a curva num outro ponto C (veja a figura). Seja S a área da região limitada pela curva e a segunda reta tangente. Qual a relação entre as áreas de R e de S?

(b) Repita a construção do item (a) selecionando um ponto arbitrário A na curva $y = x^3$. Mostre que as duas áreas R e S preservam a mesma relação.

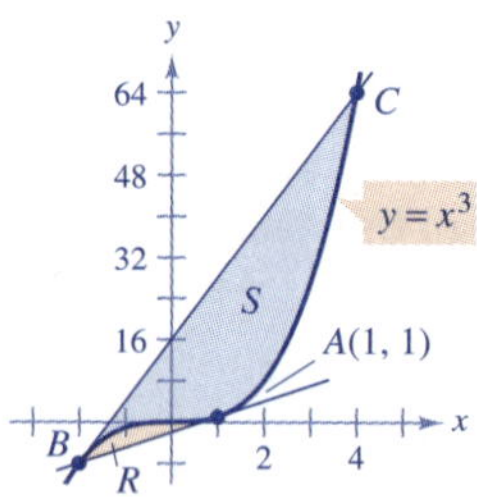

8. O gráfico de $y = f(x)$ passa pela origem. O comprimento do arco da curva entre $(0, 0)$ e $(x, f(x))$ é dado por

$$s(x) = \int_0^x \sqrt{1 + e^t}\, dt.$$

Identifique a função f.

9. Seja f uma função retificável no intervalo $[a, b]$, e seja

$$s(x) = \int_a^x \sqrt{1 + [f'(t)]^2}\, dt.$$

(a) Calcule $\dfrac{ds}{dx}$.

(b) Calcule ds e $(ds)^2$.

(c) Se $f(t) = t^{3/2}$, ache $s(x)$ em $[1, 3]$.

(d) Calcule $s(2)$ e descreva seu significado.

10. O **Princípio de Arquimedes** afirma que o empuxo ou a força de flutuação num objeto em um líquido é igual ao peso do líquido deslocado pelo objeto. Ao submergir parcialmente um objeto, obtemos informação sobre as densidades do objeto que flutua e o líquido observando quanto do objeto está acima e quanto está abaixo da superfície. Pode-se também determinar o tamanho do objeto se conhecermos a quantidade acima da superfície e as densidades relativas. Podemos ver o topo de um *iceberg* (veja a figura). A densidade da água do oceano é $1{,}03 \times 10^3$ quilogramas por metro cúbico e a do gelo é $0{,}92 \times 10^3$ quilogramas por metro cúbico. Qual porcentagem do *iceberg* está abaixo da superfície?

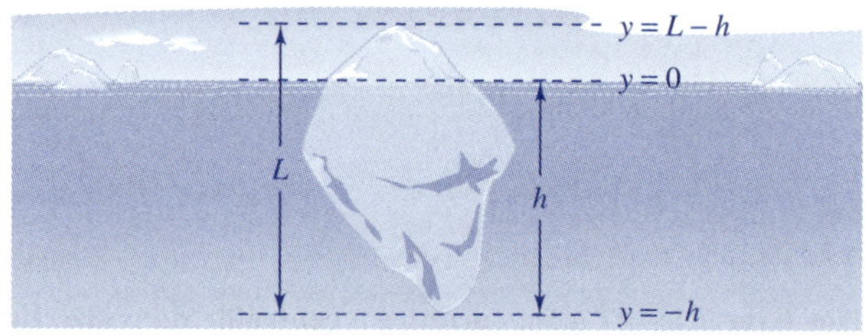

11. Esboce a região limitada à esquerda por $x = 1$, acima por $y = 1/x^3$ e abaixo por $y = -1/x^3$.

(a) Determine o centróide da região para $1 \le x \le 6$.

(b) Determine o centróide da região para $1 \le x \le b$.

(c) Onde está o centróide quando $b \to \infty$?

12. Esboce a região limitada à esquerda por $x = 1$, acima por $y = 1/x^4$ e abaixo por $y = -1/x^4$.

(a) Determine o centróide da região para $1 \le x \le 6$.

(b) Determine o centróide da região para $1 \le x \le b$.

(c) Onde está o centróide quando $b \to \infty$?

13. Determine o trabalho realizado por cada uma das forças F.

(a)

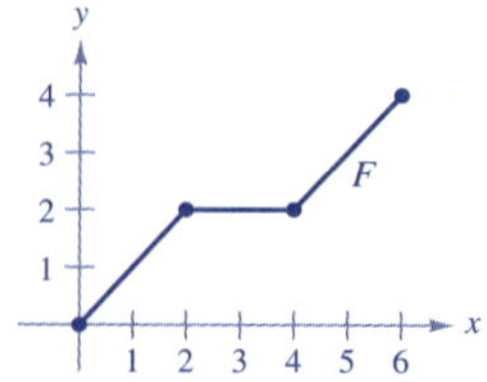

(b)

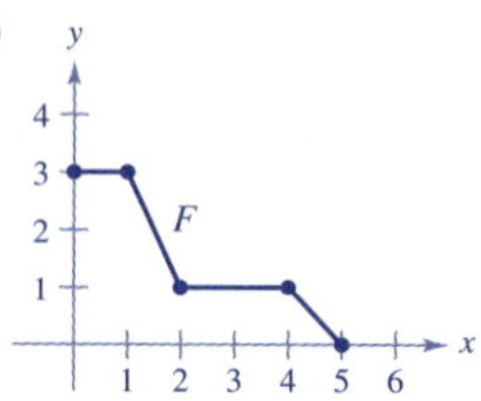

14. Estime a área do lago usando (a) Regra dos Trapézios e (b) Regra de Simpson.

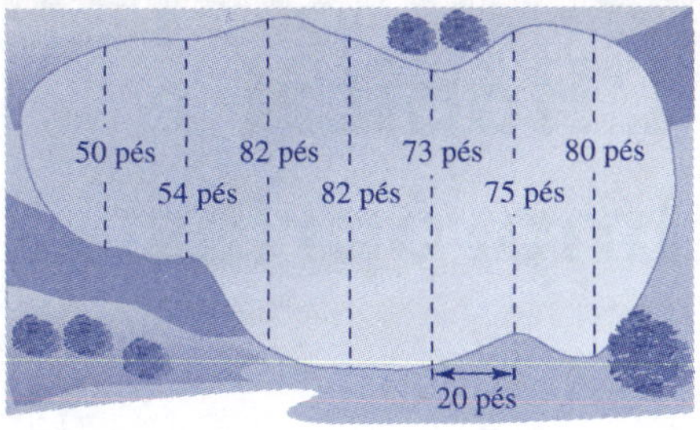

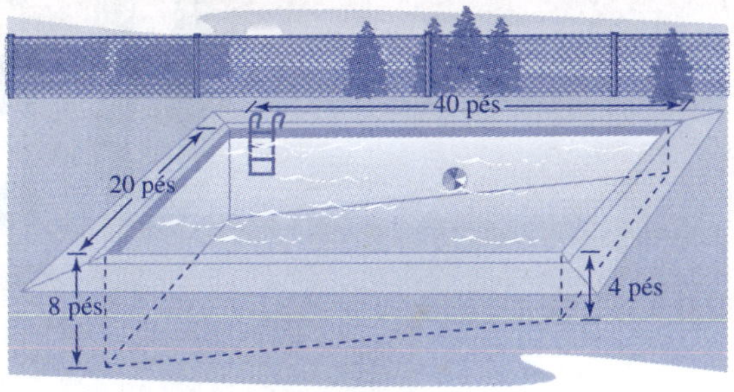

Nos Exercícios 15 e 16, ache o excedente de consumo e o excedente de produção para as curvas de demanda $[p_1(x)]$ e de consumo $[p_2(x)]$. O excedente de consumo e de produção são representados pelas áreas mostradas na figura.

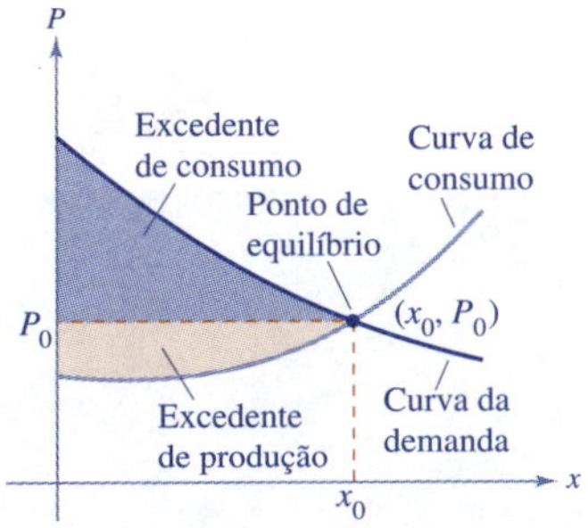

15. $p_1(x) = 50 - 0{,}5x, \quad p_2(x) = 0{,}125x$

16. $p_1(x) = 1.000 - 0{,}4x^2, \quad p_2(x) = 42x$

17. Uma piscina tem 20 pés de largura, 40 pés de comprimento, 4 pés de profundidade em um extremo e 8 pés de profundidade no outro extremo (veja a figura). O fundo da piscina é um plano inclinado. Determine a força exercida pelo líquido e cada parede vertical da piscina.

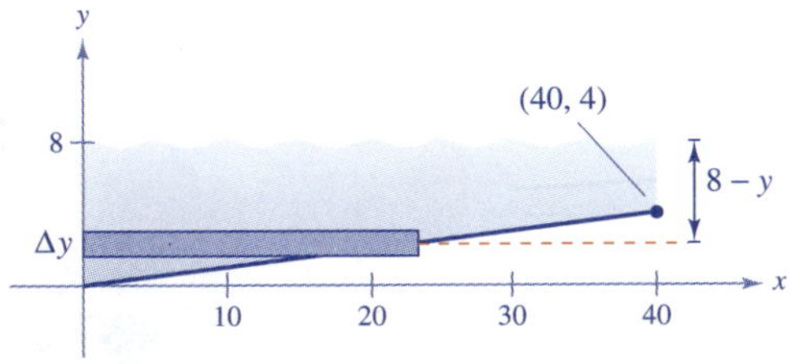

18. (a) Ache pelo menos duas funções contínuas f que satisfaçam as condições.

(i) $f(x) \geq 0$ em $[0, 1]$

(ii) $f(0) = 0$ e $f(1) = 0$

(iii) Área limitada pelos gráficos de f e eixo x para $0 \leq x \leq 1$ é 1.

(b) Para cada função encontrada no item (a), estime o comprimento de arco do gráfico da função no intervalo $[0, 1]$. (Utilize uma ferramenta gráfica, se necessário.)

(c) Você pode achar uma função f que satisfaça as condições do item (a) e cujo gráfico tenha um comprimento de arco menor do que 3 no intervalo $[0, 1]$?

8 Técnicas de Integração, Regra de L'Hôpital e Integrais Impróprias

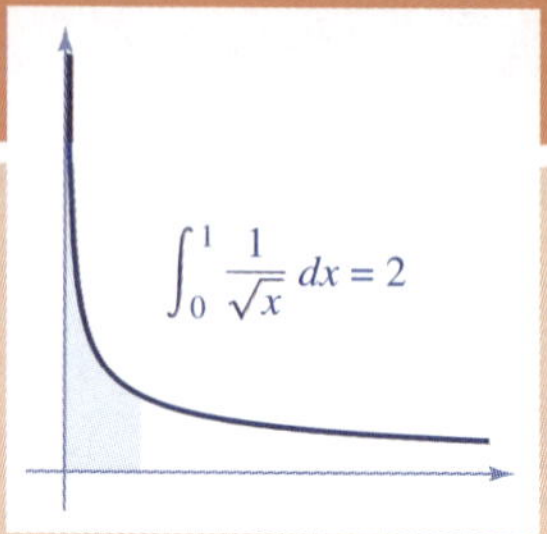

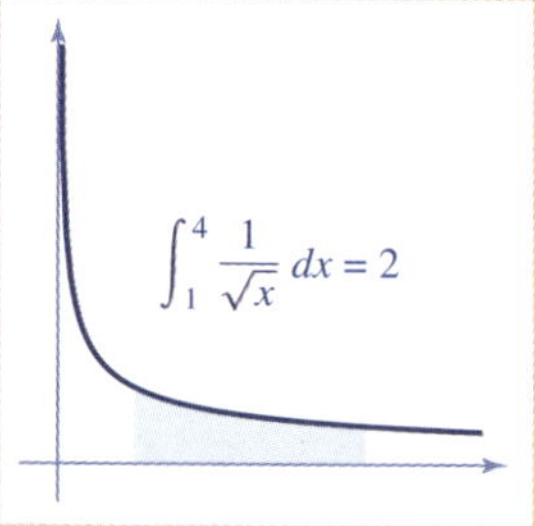

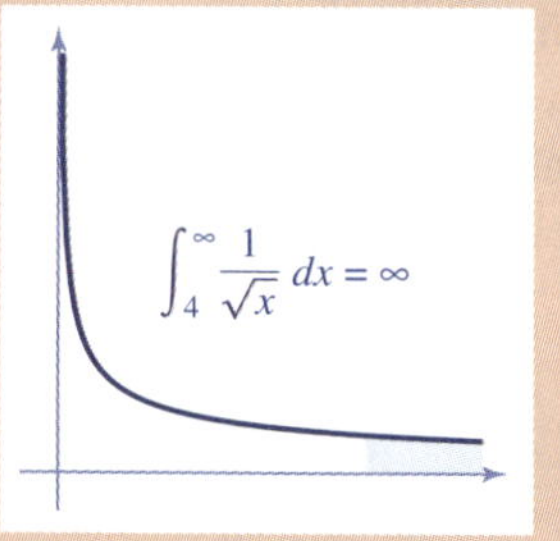

Dos seus estudos de cálculo até aqui, você sabe que uma integral definida tem limites de integração finitos e um integrando contínuo. No Capítulo 8 você estudará *integrais impróprias*. Integrais impróprias têm pelo menos um limite de integração infinito ou um integrando com descontinuidade infinita. Você verá que integrais impróprias ou convergem ou divergem.

A imagem feita pelo Telescópio Espacial Hubble, da NASA, de uma nebulosa planetária apelidada de "Nebulosa Olho de Gato" dá apenas uma idéia do que você poderia ver se pudesse viajar através do espaço. Seria possível impulsionar uma espaçonave a uma distância ilimitada da superfície da Terra? Por quê?

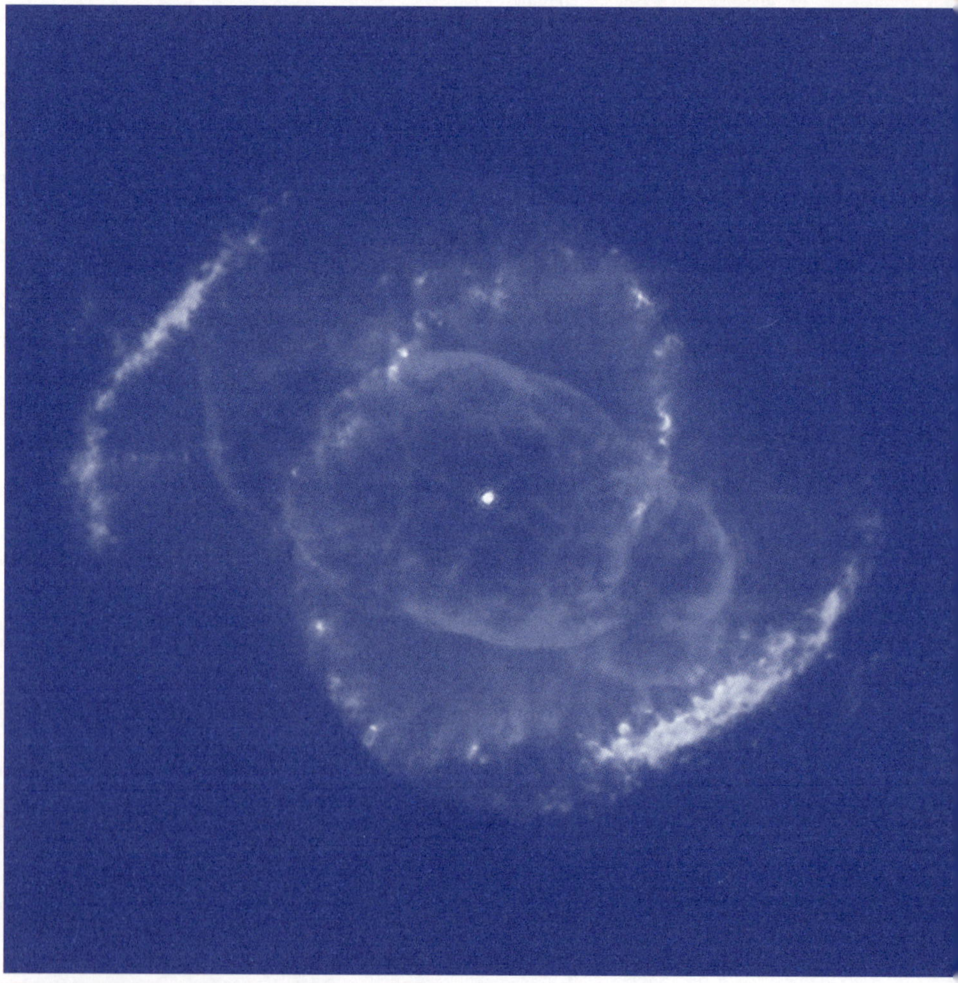

P. Harrington e K.J. Borkowski (University of Maryland) e NASA

Seção 8.1 Regras Básicas de Integração

- **Revisar procedimentos para adaptar um integrando a uma das regras de integração básicas.**

Adaptando Integrandos às Regras Básicas

Neste capítulo, você estudará várias técnicas de integração que vão aumentar muito o conjunto de integrais às quais as regras básicas de integração podem ser aplicadas. Essas regras são revisadas na página 515. Um grande passo para resolver um problema de integração é reconhecer qual regra de integração básica usar. Como mostra o Exemplo 1, pequenas diferenças no integrando podem levar a técnicas de solução muito diferentes.

INVESTIGAÇÃO

Uma Comparação entre Três Integrais Parecidas Quais, se alguma, das seguintes integrais podem ser calculadas usando as 20 regras básicas de integração? Se algumas delas puderem ser calculadas, calcule-as. Para as que não puderem, explique por quê.

a. $\displaystyle\int \frac{3}{\sqrt{1-x^2}}\,dx$

b. $\displaystyle\int \frac{3x}{\sqrt{1-x^2}}\,dx$

c. $\displaystyle\int \frac{3x^2}{\sqrt{1-x^2}}\,dx$

EXEMPLO 1 Uma Comparação entre Três Integrais Parecidas

Ache cada integral.

a. $\displaystyle\int \frac{4}{x^2+9}\,dx$ **b.** $\displaystyle\int \frac{4x}{x^2+9}\,dx$ **c.** $\displaystyle\int \frac{4x^2}{x^2+9}\,dx$

Solução

a. Use a Regra do Arco Tangente e faça $u = x$ e $a = 3$.

$$\int \frac{4}{x^2+9}\,dx = 4\int \frac{1}{x^2+3^2}\,dx \qquad \text{Regra da Multiplicação por Constante}$$

$$= 4\left(\frac{1}{3}\,\text{arctg}\,\frac{x}{3}\right) + C \qquad \text{Regra do Arco Tangente}$$

$$= \frac{4}{3}\,\text{arctg}\,\frac{x}{3} + C \qquad \text{Simplifique}$$

b. Aqui a Regra do Arco Tangente não se aplica, porque o numerador contém um fator de x. Considere a Regra do Log e seja $u = x^2 + 9$. Então $du = 2x\,dx$, e você tem

$$\int \frac{4x}{x^2+9}\,dx = 2\int \frac{2x\,dx}{x^2+9} \qquad \text{Regra da Multiplicação por Constante}$$

$$= 2\int \frac{du}{u} \qquad \text{Substitua: } u = x^2 + 9$$

$$= 2\ln|u| + C = 2\ln(x^2+9) + C. \qquad \text{Regra do Log}$$

c. Como o grau do numerador é igual ao grau do denominador, devemos primeiro efetuar a divisão para reescrever a função racional imprópria como a soma de um polinômio com uma função racional própria.

OBSERVAÇÃO Note que no Exemplo 1(c) alguma manipulação algébrica é necessária antes de se aplicar as regras de integração e que, depois, mais de uma regra é necessária para calcular a integral resultante.

$$\int \frac{4x^2}{x^2+9}\,dx = \int \left(4 - \frac{36}{x^2+9}\right)dx \qquad \text{Reescreva usando divisão}$$

$$= \int 4\,dx - 36\int \frac{1}{x^2+9}\,dx \qquad \text{Escreva como duas integrais}$$

$$= 4x - 36\left(\frac{1}{3}\,\text{arctg}\,\frac{x}{3}\right) + C \qquad \text{Integre}$$

$$= 4x - 12\,\text{arctg}\,\frac{x}{3} + C \qquad \text{Simplifique}$$

EXEMPLO 2 Usando Duas Regras Básicas para Resolver uma Única Integral

Calcule $\displaystyle\int_0^1 \frac{x+3}{\sqrt{4-x^2}}\,dx.$

Solução Comece escrevendo a integral como soma de duas integrais. A seguir aplique a Regra da Potência e a Regra do Arcosseno como abaixo.

$$\begin{aligned}
\int_0^1 \frac{x+3}{\sqrt{4-x^2}}\,dx &= \int_0^1 \frac{x}{\sqrt{4-x^2}}\,dx + \int_0^1 \frac{3}{\sqrt{4-x^2}}\,dx \\
&= -\frac{1}{2}\int_0^1 (4-x^2)^{-1/2}(-2x)\,dx + 3\int_0^1 \frac{1}{\sqrt{2^2-x^2}}\,dx \\
&= \left[-(4-x^2)^{1/2} + 3\,\text{arcsen}\,\frac{x}{2}\right]_0^1 \\
&= \left(-\sqrt{3} + \frac{\pi}{2}\right) - (-2+0) \\
&\approx 1{,}839
\end{aligned}$$

Veja a Figura 8.1.

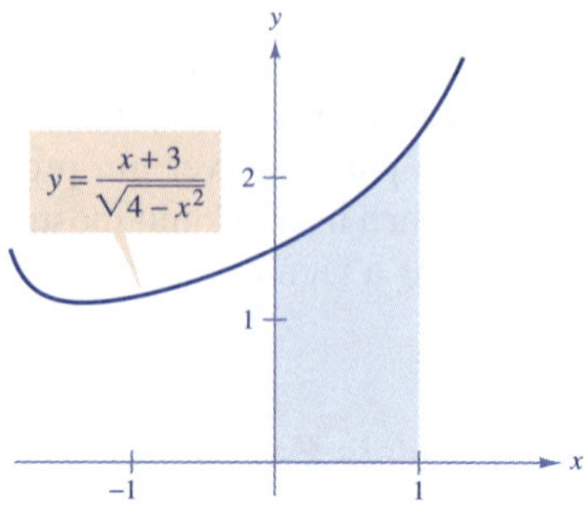

A área da região é de aproximadamente 1,839.
Figura 8.1

TECNOLOGIA A Regra de Simpson pode ser usada para dar uma boa aproximação do valor da integral do Exemplo 2 (para $n = 10$, a aproximação é 1,839). Entretanto, quando usar integração numérica, você deve estar consciente de que nem sempre a Regra de Simpson fornece uma boa aproximação quando um ou ambos os limites de integração estão perto de uma assíntota vertical. Por exemplo, usando o Teorema Fundamental do Cálculo, você obtém

$$\int_0^{1{,}99} \frac{x+3}{\sqrt{4-x^2}}\,dx \approx 6{,}213.$$

A aplicação da Regra de Simpson (com $n = 10$) a essa integral produz uma aproximação de 6,889.

EXEMPLO 3 Uma Substituição Envolvendo $a^2 - u^2$

Ache $\displaystyle\int \frac{x^2}{\sqrt{16-x^6}}\,dx.$

Solução Como o radical no denominador pode ser escrito na forma

$$\sqrt{a^2-u^2} = \sqrt{4^2-(x^3)^2}$$

você pode tentar a substituição $u = x^3$. Então $du = 3x^2\,dx$, e você tem

$$\begin{aligned}
\int \frac{x^2}{\sqrt{16-x^6}}\,dx &= \frac{1}{3}\int \frac{3x^2\,dx}{\sqrt{16-(x^3)^2}} && \text{Reescreva a integral} \\
&= \frac{1}{3}\int \frac{du}{\sqrt{4^2-u^2}} && \text{Substitua: } u = x^3 \\
&= \frac{1}{3}\,\text{arcsen}\,\frac{u}{4} + C && \text{Regra do Arcosseno} \\
&= \frac{1}{3}\,\text{arcsen}\,\frac{x^3}{4} + C. && \text{Reescreva como uma função de } x
\end{aligned}$$

DICA As regras básicas de integração 18, 19 e 20, na próxima página, têm todas expressões envolvendo somas ou diferenças de dois quadrados:

$a^2 - u^2$

$a^2 + u^2$

$u^2 - a^2$

Com uma tal expressão, considere a substituição $u = f(x)$, como no Exemplo 3.

Surpreendentemente, duas das regras menos percebidas são a Regra do Log e a Regra da Potência. Observe nos dois exemplos a seguir como essas duas regras de integração podem estar disfarçadas.

EXEMPLO 4 Uma Forma Disfarçada da Regra do Log

Ache $\int \frac{1}{1+e^x}\,dx$.

Solução A integral parece não se adequar a nenhuma das regras básicas. Entretanto, a forma quociente sugere a Regra do Log. Faça $u = 1 + e^x$, então $du = e^x\,dx$. Você pode obter o du necessário somando e subtraindo e^x ao numerador, como a seguir.

$$\int \frac{1}{1+e^x}\,dx = \int \frac{1+e^x-e^x}{1+e^x}\,dx \qquad \text{Some e subtraia } e^x \text{ no numerador}$$

$$= \int \left(\frac{1+e^x}{1+e^x} - \frac{e^x}{1+e^x}\right)dx \qquad \text{Reescreva como duas frações}$$

$$= \int dx - \int \frac{e^x\,dx}{1+e^x} \qquad \text{Reescreva como duas integrais}$$

$$= x - \ln(1+e^x) + C \qquad \text{Integre}$$

Revisão das Regras Básicas de Integração ($a > 0$)

1. $\int kf(u)\,du = k\int f(u)\,du$
2. $\int [f(u) \pm g(u)]\,du = \int f(u)\,du \pm \int g(u)\,du$
3. $\int du = u + C$
4. $\int u^n\,du = \frac{u^{n+1}}{n+1} + C,\ n \neq -1$
5. $\int \frac{du}{u} = \ln|u| + C$
6. $\int e^u\,du = e^u + C$
7. $\int a^u\,du = \left(\frac{1}{\ln a}\right)a^u + C$
8. $\int \operatorname{sen} u\,du = -\cos u + C$
9. $\int \cos u\,du = \operatorname{sen} u + C$
10. $\int \operatorname{tg} u\,du = -\ln|\cos u| + C$
11. $\int \operatorname{cotg} u\,du = \ln|\operatorname{sen} u| + C$
12. $\int \sec u\,du = \ln|\sec u + \operatorname{tg} u| + C$
13. $\int \operatorname{cossec} u\,du = -\ln|\operatorname{cossec} u + \operatorname{cotg} u| + C$
14. $\int \sec^2 u\,du = \operatorname{tg} u + C$
15. $\int \operatorname{cossec}^2 u\,du = -\operatorname{cotg} u + C$
16. $\int \sec u \operatorname{tg} u\,du = \sec u + C$
17. $\int \operatorname{cossec} u \operatorname{cotg} u\,du = -\operatorname{cossec} u + C$
18. $\int \frac{du}{\sqrt{a^2-u^2}} = \operatorname{arcsen}\frac{u}{a} + C$
19. $\int \frac{du}{a^2+u^2} = \frac{1}{a}\operatorname{arctg}\frac{u}{a} + C$
20. $\int \frac{du}{u\sqrt{u^2-a^2}} = \frac{1}{a}\operatorname{arcsec}\frac{|u|}{a} + C$

OBSERVAÇÃO Em geral, existe mais de um modo de resolver um problema de integração. Por exemplo, no Exemplo 4, tente integrar multiplicando o numerador e o denominador por e^{-x} para obter uma integral da forma $-\int du/u$. Veja se você obtém a mesma resposta usando este procedimento. (Cuidado: a resposta pode aparecer em uma forma diferente.)

EXEMPLO 5 Uma Forma Disfarçada da Regra da Potência

Ache $\int (\operatorname{cotg} x)[\ln(\operatorname{sen} x)]\,dx$.

Solução Novamente, a integral parece não se adaptar às regras básicas. Porém, considerando as duas escolhas primárias para u [$u = \operatorname{cotg} x$ e $u = \ln(\operatorname{sen} x)$], você pode observar que a segunda escolha é a adequada, porque

$$u = \ln(\operatorname{sen} x) \quad \text{e} \quad du = \frac{\cos x}{\operatorname{sen} x}\,dx = \operatorname{cotg} x\,dx.$$

Assim,

$$\int (\operatorname{cotg} x)[\ln(\operatorname{sen} x)]\,dx = \int u\,du \qquad \text{Substituia: } u = \ln(\operatorname{sen} x)$$

$$= \frac{u^2}{2} + C \qquad \text{Integre}$$

$$= \frac{1}{2}[\ln(\operatorname{sen} x)]^2 + C. \qquad \text{Reescreva como função de } x$$

OBSERVAÇÃO No Exemplo 5, *verifique* que a derivada de

$$\frac{1}{2}[\ln(\operatorname{sen} x)]^2 + C$$

é o integrando da integral original.

Identidades trigonométricas podem ser freqüentemente utilizadas para adaptarem integrais a uma das regras básicas de integração.

EXEMPLO 6 Usando Identidades Trigonométricas

Ache $\int \text{tg}^2\, 2x\, dx$.

TECNOLOGIA Se você tem acesso a um sistema de manipulação algébrica, tente usá-lo para calcular as integrais desta seção. Compare a *forma* da primitiva dada pelo programa com a forma obtida manualmente. Algumas vezes as formas serão as mesmas, mas freqüentemente vão diferir. Por exemplo, por que a primitiva $\ln 2x + C$ é equivalente à primitiva $\ln x + C$?

Solução Note que $\text{tg}^2\, u$ não está na lista de regras básicas de integração. Entretanto, $\sec^2 u$ está na lista. Isso sugere o uso da identidade trigonométrica $\text{tg}^2\, u = \sec^2 u - 1$. Se fazemos $u = 2x$, então $du = 2\, dx$ e

$$\int \text{tg}^2\, 2x\, dx = \frac{1}{2}\int \text{tg}^2\, u\, du \qquad \text{Substitua: } u = 2x$$

$$= \frac{1}{2}\int (\sec^2 u - 1)\, du \qquad \text{Identidade trigonométrica}$$

$$= \frac{1}{2}\int \sec^2 u\, du - \frac{1}{2}\int du \qquad \text{Reescreva como duas integrais}$$

$$= \frac{1}{2}\text{tg}\, u - \frac{u}{2} + C \qquad \text{Integre}$$

$$= \frac{1}{2}\text{tg}\, 2x - x + C. \qquad \text{Reescreva como uma função de } x$$

Esta seção termina com um resumo dos procedimentos mais comuns para adaptar integrandos às regras básicas de integração.

Procedimentos para Adaptar Integrandos às Regras Básicas de Integração

Técnica	*Exemplo*
Desenvolver (numerador).	$(1 + e^x)^2 = 1 + 2e^x + e^{2x}$
Separar o numerador.	$\frac{1 + x}{x^2 + 1} = \frac{1}{x^2 + 1} + \frac{x}{x^2 + 1}$
Completar o quadrado.	$\frac{1}{\sqrt{2x - x^2}} = \frac{1}{\sqrt{1 - (x - 1)^2}}$
Dividir a função racional imprópria.	$\frac{x^2}{x^2 + 1} = 1 - \frac{1}{x^2 + 1}$
Adicionar e subtrair termos ao numerador.	$\frac{2x}{x^2 + 2x + 1} = \frac{2x + 2 - 2}{x^2 + 2x + 1} = \frac{2x + 2}{x^2 + 2x + 1} - \frac{2}{(x + 1)^2}$
Usar identidades trigonométricas.	$\text{cotg}^2\, x = \text{cossec}^2\, x - 1$
Multiplicar e dividir pelo conjugado Pitagórico.	$\frac{1}{1 + \text{sen}\, x} = \left(\frac{1}{1 + \text{sen}\, x}\right)\left(\frac{1 - \text{sen}\, x}{1 - \text{sen}\, x}\right) = \frac{1 - \text{sen}\, x}{1 - \text{sen}^2 x} = \frac{1 - \text{sen}\, x}{\cos^2 x} = \sec^2 x - \frac{\text{sen}\, x}{\cos^2 x}$

OBSERVAÇÃO Lembre-se de que você pode separar numeradores, mas não denominadores. Cuidado com este erro comum ao tentar adaptar o integrando às regras básicas.

$$\frac{1}{x^2 + 1} \neq \frac{1}{x^2} + \frac{1}{1} \qquad \text{Não separe denominadores}$$

Exercícios da Seção 8.1

Nos Exercícios 1 a 4, selecione a alternativa correta.

1. $\dfrac{dy}{dx} = \dfrac{x}{\sqrt{x^2+1}}$

(a) $2\sqrt{x^2+1} + C$ (b) $\sqrt{x^2+1} + C$

(c) $\frac{1}{2}\sqrt{x^2+1} + C$ (d) $\ln(x^2+1) + C$

2. $\dfrac{dy}{dx} = \dfrac{x}{x^2+1}$

(a) $\ln\sqrt{x^2+1} + C$ (b) $\dfrac{2x}{(x^2+1)^2} + C$

(c) $\operatorname{arctg} x + C$ (d) $\ln(x^2+1) + C$

3. $\dfrac{dy}{dx} = \dfrac{1}{x^2+1}$

(a) $\ln\sqrt{x^2+1} + C$ (b) $\dfrac{2x}{(x^2+1)^2} + C$

(c) $\operatorname{arctg} x + C$ (d) $\ln(x^2+1) + C$

4. $\dfrac{dy}{dx} = x\cos(x^2+1)$

(a) $2x\,\operatorname{sen}(x^2+1) + C$ (b) $-\frac{1}{2}\operatorname{sen}(x^2+1) + C$

(c) $\frac{1}{2}\operatorname{sen}(x^2+1) + C$ (d) $-2x\,\operatorname{sen}(x^2+1) + C$

Nos Exercícios 5 a 14, selecione a fórmula básica de integração que você pode usar para calcular a integral e identifique *u* e *a* quando apropriado.

5. $\displaystyle\int (3x-2)^4\,dx$ **6.** $\displaystyle\int \frac{2t-1}{t^2-t+2}\,dt$

7. $\displaystyle\int \frac{1}{\sqrt{x}\left(1-2\sqrt{x}\right)}\,dx$ **8.** $\displaystyle\int \frac{2}{(2t-1)^2+4}\,dt$

9. $\displaystyle\int \frac{3}{\sqrt{1-t^2}}\,dt$ **10.** $\displaystyle\int \frac{-2x}{\sqrt{x^2-4}}\,dx$

11. $\displaystyle\int t\,\operatorname{sen} t^2\,dt$ **12.** $\displaystyle\int \sec 3x\,\operatorname{tg} 3x\,dx$

13. $\displaystyle\int (\cos x)e^{\operatorname{sen} x}\,dx$ **14.** $\displaystyle\int \frac{1}{x\sqrt{x^2-4}}\,dx$

Nos Exercícios 15 a 50, ache a integral indefinida.

15. $\displaystyle\int 6(x-4)^5\,dx$ **16.** $\displaystyle\int \frac{2}{(t-9)^2}\,dt$

17. $\displaystyle\int \frac{5}{(z-4)^5}\,dz$ **18.** $\displaystyle\int t^2\sqrt[3]{t^3-1}\,dt$

19. $\displaystyle\int \left[v + \frac{1}{(3v-1)^3}\right]dv$ **20.** $\displaystyle\int \left[x - \frac{3}{(2x+3)^2}\right]dx$

21. $\displaystyle\int \frac{t^2-3}{-t^3+9t+1}\,dt$ **22.** $\displaystyle\int \frac{x+1}{\sqrt{x^2+2x-4}}\,dx$

23. $\displaystyle\int \frac{x^2}{x-1}\,dx$ **24.** $\displaystyle\int \frac{2x}{x-4}\,dx$

25. $\displaystyle\int \frac{e^x}{1+e^x}\,dx$ **26.** $\displaystyle\int \left(\frac{1}{3x-1} - \frac{1}{3x+1}\right)dx$

27. $\displaystyle\int (1+2x^2)^2\,dx$ **28.** $\displaystyle\int x\left(1+\frac{1}{x}\right)^3 dx$

29. $\displaystyle\int x\cos 2\pi x^2\,dx$ **30.** $\displaystyle\int \sec 4x\,dx$

31. $\displaystyle\int \operatorname{cossec} \pi x \operatorname{cotg} \pi x\,dx$ **32.** $\displaystyle\int \frac{\operatorname{sen} x}{\sqrt{\cos x}}\,dx$

33. $\displaystyle\int e^{5x}\,dx$ **34.** $\displaystyle\int \operatorname{cossec}^2 x e^{\operatorname{cotg} x}\,dx$

35. $\displaystyle\int \frac{2}{e^{-x}+1}\,dx$ **36.** $\displaystyle\int \frac{5}{3e^x-2}\,dx$

37. $\displaystyle\int \frac{\ln x^2}{x}\,dx$ **38.** $\displaystyle\int (\operatorname{tg} x)[\ln(\cos x)]\,dx$

39. $\displaystyle\int \frac{1+\operatorname{sen} x}{\cos x}\,dx$ **40.** $\displaystyle\int \frac{1+\cos\alpha}{\operatorname{sen}\alpha}\,d\alpha$

41. $\displaystyle\int \frac{1}{\cos\theta - 1}\,d\theta$ **42.** $\displaystyle\int \frac{2}{3(\sec x - 1)}\,dx$

43. $\displaystyle\int \frac{-1}{\sqrt{1-(2t-1)^2}}\,dt$ **44.** $\displaystyle\int \frac{1}{4+3x^2}\,dx$

45. $\displaystyle\int \frac{\operatorname{tg}(2/t)}{t^2}\,dt$ **46.** $\displaystyle\int \frac{e^{1/t}}{t^2}\,dt$

47. $\displaystyle\int \frac{3}{\sqrt{6x-x^2}}\,dx$ **48.** $\displaystyle\int \frac{1}{(x-1)\sqrt{4x^2-8x+3}}\,dx$

49. $\displaystyle\int \frac{4}{4x^2+4x+65}\,dx$ **50.** $\displaystyle\int \frac{1}{\sqrt{1-4x-x^2}}\,dx$

Campo de Direções **Nos Exercícios 51 a 54, são dados uma equação diferencial, um ponto e um campo de direções. (a) Esboce duas soluções aproximadas da equação diferencial sobre o campo de direções, uma delas passando pelo ponto dado. (b) Use integração para achar a solução particular e use uma ferramenta gráfica para desenhar o gráfico da solução. Compare o resultado com os esboços feitos no item(a). Para imprimir uma cópia ampliada do gráfico, consulte *www.mathgraphs.com*.**

51. $\dfrac{ds}{dt} = \dfrac{t}{\sqrt{1-t^4}}$

$\left(0, -\dfrac{1}{2}\right)$

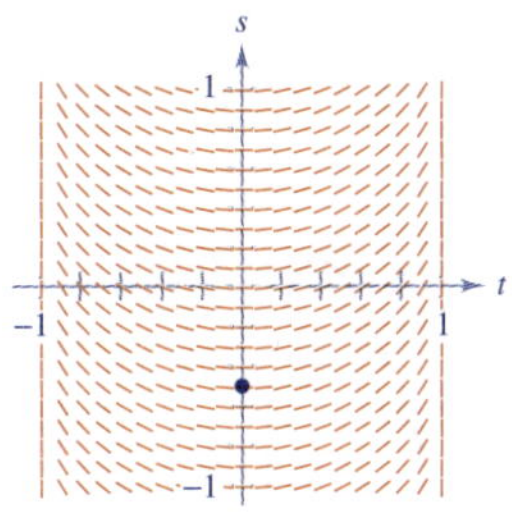

52. $\dfrac{dy}{dx} = \operatorname{tg}^2(2x)$

$(0, 0)$

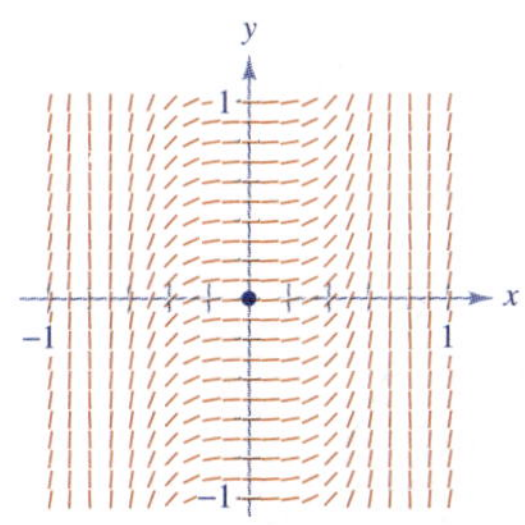

53. $\dfrac{dy}{dx} = (\sec x + \operatorname{tg} x)^2$

$(0, 1)$

54. $\dfrac{dy}{dx} = \dfrac{1}{\sqrt{4x-x^2}}$

$\left(2, \dfrac{1}{2}\right)$

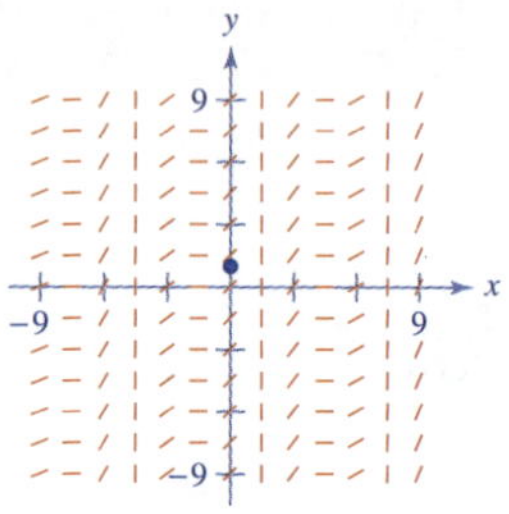

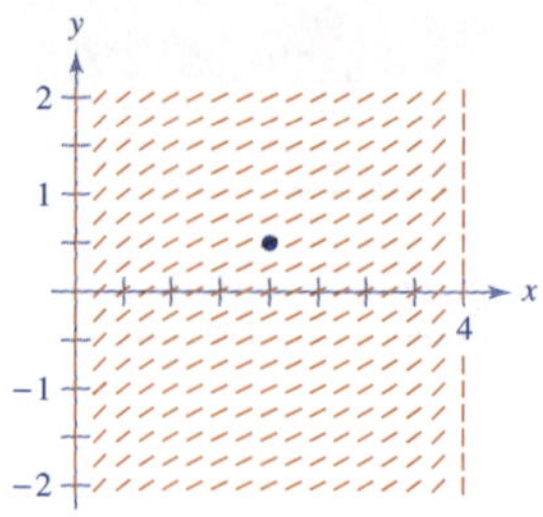

Campo de Direções **Nos Exercícios 55 e 56, use um sistema de manipulação algébrica para desenhar o campo de direções da equação diferencial e a solução que satisfaz a condição inicial especificada.**

55. $\dfrac{dy}{dx} = 0.2y, \; y(0) = 3$

56. $\dfrac{dy}{dx} = 5 - y, \; y(0) = 1$

Nos Exercícios 57 a 60, resolva a equação diferencial.

57. $\dfrac{dy}{dx} = (1 + e^x)^2$

58. $\dfrac{dr}{dt} = \dfrac{(1 + e^t)^2}{e^t}$

59. $(4 + \text{tg}^2\, x)y' = \sec^2 x$

60. $y' = \dfrac{1}{x\sqrt{4x^2 - 1}}$

Nos Exercícios 61 a 68, calcule a integral definida. Use uma ferramenta gráfica para conferir o seu resultado.

61. $\displaystyle\int_0^{\pi/4} \cos 2x \, dx$

62. $\displaystyle\int_0^{\pi} \text{sen}^2\, t \cos t \, dt$

63. $\displaystyle\int_0^1 xe^{-x^2} \, dx$

64. $\displaystyle\int_1^e \frac{1 - \ln x}{x} \, dx$

65. $\displaystyle\int_0^4 \frac{2x}{\sqrt{x^2 + 9}} \, dx$

66. $\displaystyle\int_1^2 \frac{x - 2}{x} \, dx$

67. $\displaystyle\int_0^{2/\sqrt{3}} \frac{1}{4 + 9x^2} \, dx$

68. $\displaystyle\int_0^4 \frac{1}{\sqrt{25 - x^2}} \, dx$

Área **Nos Exercícios 69 a 74, ache a área da região.**

69. $y = (-2x + 5)^{3/2}$

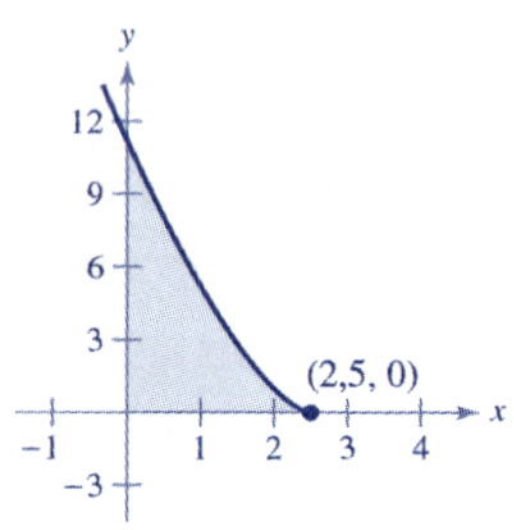

70. $y = x\sqrt{8 - 2x^2}$

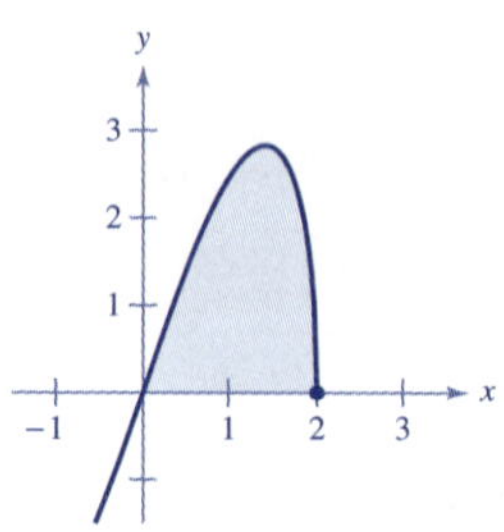

71. $y = \dfrac{3x + 2}{x^2 + 9}$

72. $y = \dfrac{3}{x^2 + 1}$

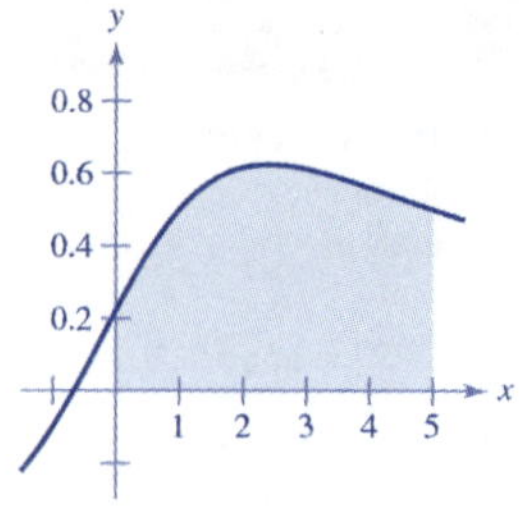

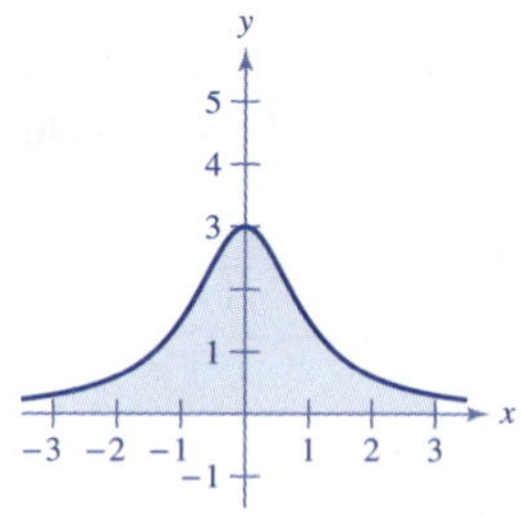

73. $y^2 = x^2(1 - x^2)$

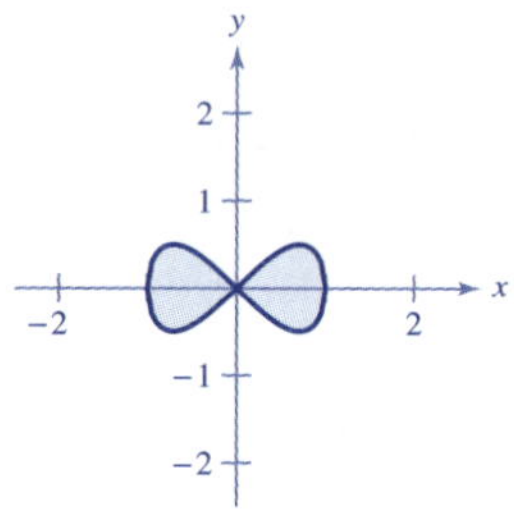

74. $y = \text{sen}\, 2x$

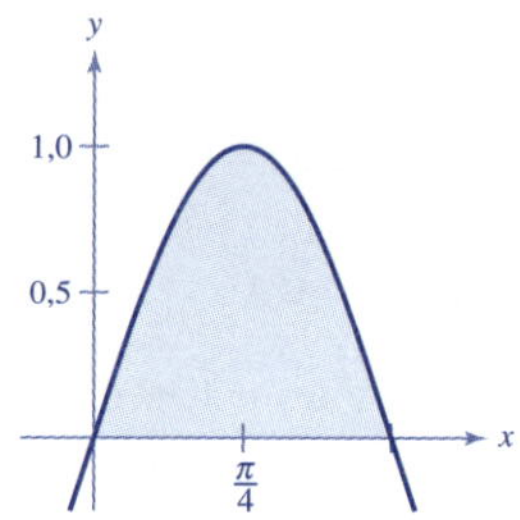

Nos Exercícios 75 a 78, use um sistema de manipulação algébrica para calcular a integral. Use o sistema de manipulação algébrica para desenhar duas primitivas. Descreva a relação entre os gráficos das duas primitivas.

75. $\displaystyle\int \frac{1}{x^2 + 4x + 13} \, dx$

76. $\displaystyle\int \frac{x - 2}{x^2 + 4x + 13} \, dx$

77. $\displaystyle\int \frac{1}{1 + \text{sen}\, \theta} \, d\theta$

78. $\displaystyle\int \left(\frac{e^x + e^{-x}}{2}\right)^3 dx$

Questões Conceituais

Nos Exercícios 79 a 82, enuncie a fórmula de integração que você usaria para fazer a integração. Explique por que você escolheu essa fórmula. Não integre.

79. $\displaystyle\int x(x^2 + 1)^3 \, dx$

80. $\displaystyle\int x \sec(x^2 + 1) \, \text{tg}(x^2 + 1) \, dx$

81. $\displaystyle\int \frac{x}{x^2 + 1} \, dx$

82. $\displaystyle\int \frac{1}{x^2 + 1} \, dx$

83. Explique por que a primitiva $y_1 = e^{x + C_1}$ é equivalente à primitiva $y_2 = Ce^x$.

84. Explique por que a primitiva $y_1 = \sec^2 x + C_1$ é equivalente à primitiva $y_2 = \text{tg}^2\, x + C$.

85. Determine as constantes a e b tais que

$\operatorname{sen} x + \cos x = a \operatorname{sen}(x + b)$.

Use esse resultado para integrar $\displaystyle\int \frac{dx}{\operatorname{sen} x + \cos x}$.

86. ***Área*** Os gráficos de $f(x) = x$ e $g(x) = ax^2$ se interceptam nos pontos $(0, 0)$ e $(1/a, 1/a)$. Encontre a $(a > 0)$ tal que a área da região delimitada pelos gráficos dessas duas funções seja $\frac{2}{3}$.

87. ***Para Pensar*** Use uma ferramenta gráfica para desenhar o gráfico da função $f(x) = \frac{1}{5}(x^3 - 7x^2 + 10x)$. Use o gráfico para determinar se

$\displaystyle\int_0^5 f(x)\,dx$ é positiva ou negativa. Explique.

88. ***Para Pensar*** Para calcular

$$\int_{-1}^{1} x^2\,dx$$

é adequado substituir $u = x^2$, $x = \sqrt{u}$, e $dx = \dfrac{du}{2\sqrt{u}}$ para obter $\displaystyle\frac{1}{2}\int_1^1 \sqrt{u}\,du = 0$?
Explique.

Aproximação **Nos Exercícios 89 e 90, determine qual dos valores aproxima melhor a área da região entre o eixo x e o gráfico da função no intervalo dado. (Faça sua escolha com base em um esboço da região e *não* por integração.)**

89. $f(x) = \dfrac{4x}{x^2 + 1}$, $[0, 2]$

(a) 3 (b) 1 (c) -8 (d) 8 (e) 10

90. $f(x) = \dfrac{4}{x^2 + 1}$, $[0, 2]$

(a) 3 (b) 1 (c) -4 (d) 4 (e) 10

Interpretando Integrais **Nos Exercícios 91 e 92, (a) esboce a região cuja área é dada pela integral, (b) esboce o sólido cujo volume é dado pela integral se o método dos discos for usado, e (c) esboce o sólido cujo volume é dado pela integral se o método das cascas for usado. (Existe mais de uma resposta correta para cada item.)**

91. $\displaystyle\int_0^2 2\pi x^2\,dx$ **92.** $\displaystyle\int_0^4 \pi y\,dy$

93. ***Volume*** A região delimitada por $y = e^{-x^2}$, $y = 0$, $x = 0$ e $x = b$ $(b > 0)$ é girada em torno do eixo y.

(a) Ache o volume do sólido se $b = 1$.

(b) Ache b para que o volume do sólido gerado seja $\frac{4}{3}$ unidades cúbicas.

94. ***Comprimento de Arco*** Ache o comprimento de arco do gráfico de $y = \ln(\operatorname{sen} x)$ de $x = \pi/4$ até $x = \pi/2$.

95. ***Área da Superfície*** Ache a área da superfície formada pela revolução do gráfico de $y = 2\sqrt{x}$ no intervalo $[0, 9]$ em torno do eixo x.

96. ***Centróide*** Ache a coordenada x do centróide da região delimitada pelos gráficos de

$$y = \frac{5}{\sqrt{25 - x^2}}, \quad y = 0, \quad x = 0 \quad \text{e} \quad x = 4.$$

Nos Exercícios 97 e 98, ache o valor médio da função no intervalo dado.

97. $f(x) = \dfrac{1}{1 + x^2}$, $-3 \le x \le 3$

98. $f(x) = \operatorname{sen} nx$, $0 \le x \le \pi/n$, n é um inteiro positivo.

Comprimento de Arco **Nos Exercícios 99 e 100, use o recurso de integração de uma ferramenta gráfica para aproximar o comprimento de arco da curva no intervalo dado.**

99. $y = \operatorname{tg} \pi x$, $\left[0, \frac{1}{4}\right]$ **100.** $y = x^{2/3}$, $[1, 8]$

101. ***Descobrindo um Padrão***

(a) Encontre $\int \cos^3 x\,dx$.

(b) Encontre $\int \cos^5 x\,dx$.

(c) Encontre $\int \cos^7 x\,dx$.

(d) Explique como você calcularia $\int \cos^{15} x\,dx$ sem calculá-la efetivamente.

102. ***Descobrindo um Padrão***

(a) Escreva $\int \operatorname{tg}^3 x\,dx$ em termos de $\int \operatorname{tg} x\,dx$. Encontre então $\int \operatorname{tg}^3 x\,dx$.

(b) Escreva $\int \operatorname{tg}^5 x\,dx$ em termos de $\int \operatorname{tg}^3 x\,dx$.

(c) Escreva $\int \operatorname{tg}^{2k+1} x\,dx$, onde k é um inteiro positivo, em termos de $\int \operatorname{tg}^{2k-1} x\,dx$.

(d) Explique como você calcularia $\int \operatorname{tg}^{15} x\,dx$ sem calculá-la efetivamente.

103. ***Métodos de Integração*** Mostre que os resultados seguintes são equivalentes.

Integração por tabelas:

$$\int \sqrt{x^2 + 1}\,dx = \frac{1}{2}\left(x\sqrt{x^2 + 1} + \ln\left|x + \sqrt{x^2 + 1}\right|\right) + C$$

Integração pelo sistema de manipulação algébrica:

$$\int \sqrt{x^2 + 1}\,dx = \frac{1}{2}\left(x\sqrt{x^2 + 1} + \operatorname{arcsenh}(x)\right) + C$$

Desafio Putnam

104. Calcule $\displaystyle\int_2^4 \frac{\sqrt{\ln(9 - x)}\,dx}{\sqrt{\ln(9 - x)} + \sqrt{\ln(x + 3)}}$.

Este problema foi formulado pelo Committee on the Putnam Prize Competition.

Seção 8.2 Integração por Partes

- **Achar uma primitiva usando integração por partes.**
- **Usar um método tabular para executar uma integração por partes.**

Integração por Partes

Nesta seção você estudará uma técnica de integração importante chamada **integração por partes**. Esta técnica pode ser aplicada a uma extensa variedade de funções e é particularmente útil para integrandos que envolvem *produtos* de funções algébricas e transcendentes. Por exemplo, integração por partes dá certo para integrais como

$$\int x \ln x \, dx, \quad \int x^2 e^x \, dx \quad \text{e} \quad \int e^x \operatorname{sen} x \, dx.$$

A integração por partes é baseada na fórmula da derivada de um produto

$$\begin{aligned} \frac{d}{dx}[uv] &= u\frac{dv}{dx} + v\frac{du}{dx} \\ &= uv' + vu' \end{aligned}$$

onde ambos u e v são funções diferenciáveis de x. Se u' e v' são contínuas, você pode integrar ambos os lados dessa equação para obter

$$\begin{aligned} uv &= \int uv' \, dx + \int vu' \, dx \\ &= \int u \, dv + \int v \, du. \end{aligned}$$

Reescrevendo essa equação, você obtém o teorema a seguir:

TEOREMA 8.1 Integração por Partes

Se u e v são funções contínuas de x e têm derivadas contínuas, então

$$\int u \, dv = uv - \int v \, du.$$

Essa fórmula expressa a integral original em termos de outra integral. Dependendo das escolhas de u e dv, pode ser mais fácil calcular a segunda integral do que a integral original. Como as escolhas de u e de dv são fundamentais no processo de integração por partes, aconselhamos os procedimentos seguintes.

Procedimentos para Integração por Partes

1. Tente fazer dv a parte mais complicada do integrando que se adapta a uma das regras básicas de integração. Então u será o fator restante do integrando.
2. Tente fazer u a porção do integrando cuja derivada é uma função mais simples do que u. Então dv será o fator restante do integrando.

INVESTIGAÇÃO

Demonstração sem Palavras
Aqui está um modo diferente de demonstrar a fórmula de integração por partes. O exercício foi tirado de "Proof Without Words: Integration by Parts", de Roger B. Nelsen, *Mathematics Magazine*, abril de 1991, com a permissão do autor.

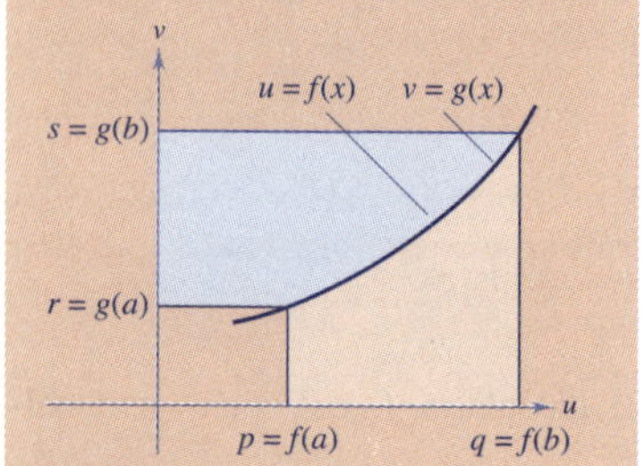

Área + Área $= qs - pr$

$$\int_r^s u \, dv + \int_q^p v \, du = \Big[uv\Big]_{(p,r)}^{(q,s)}$$

$$\int_r^s u \, dv = \Big[uv\Big]_{(p,r)}^{(q,s)} - \int_q^p v \, du$$

Explique como esse gráfico demonstra o teorema. Qual a notação nessa demonstração que não é familiar? O que você acha que ela significa?

EXEMPLO 1 Integração por Partes

Ache $\int xe^x \, dx$.

Solução Para aplicar integração por partes, você precisa escrever a integral na forma $\int u\,dv$. Existem várias maneiras de fazer isso:

$$\int \underbrace{(x)}_{u}\underbrace{(e^x dx)}_{dv}, \quad \int \underbrace{(e^x)}_{u}\underbrace{(x\,dx)}_{dv}, \quad \int \underbrace{(1)}_{u}\underbrace{(xe^x\,dx)}_{dv}, \quad \int \underbrace{(xe^x)}_{u}\underbrace{(dx)}_{dv}$$

As instruções na página 525 sugerem a escolha da primeira opção, visto que a derivada de $u = x$ é mais simples do que x, e $dv = e^x\,dx$ é a parte mais complicada do integrando que se adapta a uma das fórmulas básicas de integração:

$$dv = e^x\,dx \quad \Longrightarrow \quad v = \int dv = \int e^x\,dx = e^x$$

$$u = x \quad \Longrightarrow \quad du = dx$$

Agora, integração por partes nos forcece

$$\int u\,dv = uv - \int v\,du \qquad \text{Fórmula de integração por partes}$$

$$\int xe^x\,dx = xe^x - \int e^x\,dx \qquad \text{Substitua}$$

$$= xe^x - e^x + C. \qquad \text{Integre}$$

Para conferir isso, derive $xe^x - e^x + C$ para constatar que você obtém o integrando original.

OBSERVAÇÃO No Exemplo 1, note que não é necessário incluir uma constante de integração ao resolver

$$v = \int e^x\,dx = e^x + C_1.$$

Como ilustração, substitua $v = e^x$ por $v = e^x + C_1$ e aplique integração por partes para constatar que você obtém o mesmo resultado.

EXEMPLO 2 Integração por Partes

Ache $\int x^2 \ln x\,dx$.

Solução Nesse caso, x^2 é mais fácil de integrar do que $\ln x$. Além disso, a derivada de $\ln x$ é mais simples do que $\ln x$. Assim, você deve fazer $dv = x^2\,dx$.

$$dv = x^2\,dx \quad \Longrightarrow \quad v = \int x^2\,dx = \frac{x^3}{3}$$

$$u = \ln x \quad \Longrightarrow \quad du = \frac{1}{x}\,dx$$

A integração por partes produz

$$\int u\,dv = uv - \int v\,du \qquad \text{Fórmula de integração por partes}$$

$$\int x^2 \ln x\,dx = \frac{x^3}{3}\ln x - \int \left(\frac{x^3}{3}\right)\left(\frac{1}{x}\right) dx \qquad \text{Substitua}$$

$$= \frac{x^3}{3}\ln x - \frac{1}{3}\int x^2\,dx \qquad \text{Simplifique}$$

$$= \frac{x^3}{3}\ln x - \frac{x^3}{9} + C. \qquad \text{Integre}$$

Você pode conferir o resultado por derivação.

$$\frac{d}{dx}\left[\frac{x^3}{3}\ln x - \frac{x^3}{9}\right] = \frac{x^3}{3}\left(\frac{1}{x}\right) + (\ln x)(x^2) - \frac{x^2}{3} = x^2 \ln x$$

PARA MAIS INFORMAÇÃO Para saber como integração por partes é usada para provar a aproximação de Stirling

$$\ln(n!) = n \ln n - n$$

veja o artigo "The Vality of Stirling's Approximation: A Physical Chemistry Project", de A. S. Wallner e K. A. Brandt, em *Journal of Chemical Education.*

TECNOLOGIA Tente desenhar

$$\int x^2 \ln x\,dx \quad \text{e} \quad \frac{x^3}{3}\ln x - \frac{x^3}{9}$$

na sua ferramenta gráfica. Você obtém o mesmo gráfico? (Isso levará tempo, então seja paciente.)

Uma aplicação surpreendente de integração por partes envolve integrandos que consistem de um único termo, como $\int \ln x\,dx$ ou $\int \text{arcsen}\,x\,dx$. Nesses casos, tente fazer $dv = dx$, como é mostrado no próximo exemplo.

EXEMPLO 3 Um Integrando com um Único Termo

Calcule $\int_0^1 \text{arcsen}\, x\, dx$.

Solução Seja $dv = dx$.

$$dv = dx \quad \Rightarrow \quad v = \int dx = x$$

$$u = \text{arcsen}\, x \quad \Rightarrow \quad du = \frac{1}{\sqrt{1 - x^2}}\, dx$$

Integração por partes agora produz

$$\int u\, dv = uv - \int v\, du \qquad \text{Fórmula de integração por partes}$$

$$\int \text{arcsen}\, x\, dx = x\, \text{arcsen}\, x - \int \frac{x}{\sqrt{1 - x^2}}\, dx \qquad \text{Substitua}$$

$$= x\, \text{arcsen}\, x + \frac{1}{2}\int (1 - x^2)^{-1/2}(-2x)\, dx \qquad \text{Reescreva}$$

$$= x\, \text{arcsen}\, x + \sqrt{1 - x^2} + C. \qquad \text{Integre}$$

Usando essa primitiva, você pode calcular a integral definida como a seguir.

$$\int_0^1 \text{arcsen}\, x\, dx = \left[x\, \text{arcsen}\, x + \sqrt{1 - x^2}\right]_0^1$$

$$= \frac{\pi}{2} - 1$$

$$\approx 0{,}571$$

A área representada por essa integral definida é exibida na Figura 8.2.

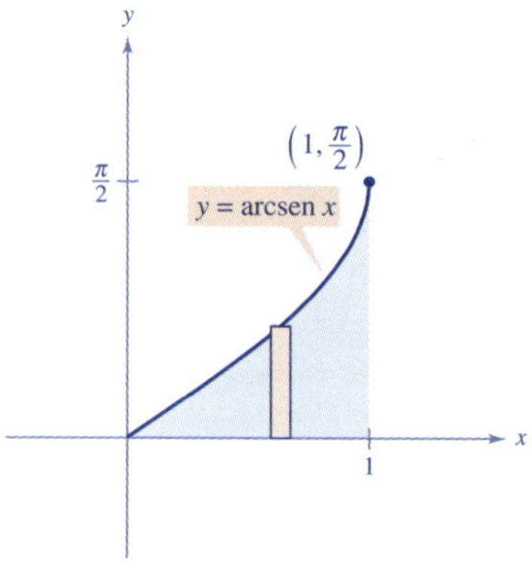

A área da região é de aproximadamente 0,571.
Figura 8.2

TECNOLOGIA Lembre-se de que existem dois modos de usar a tecnologia para calcular uma integral definida: (1) você pode usar integração numérica como a Regra do Trapézio ou a Regra de Simpson, ou (2) você pode usar um sistema de manipulação algébrica para achar uma primitiva e então aplicar o Teorema Fundamental do Cálculo. Os dois métodos têm limitações. Para encontrar o erro possível quando se usa um método numérico, o integrando precisa ter uma derivada segunda (Regra do Trapézio) ou uma derivada quarta (Regra de Simpson) no intervalo de integração: o integrando no Exemplo 3 não satisfaz nenhum desses requisitos. Para usar o Teorema Fundamental do Cálculo, a ferramenta de integração simbólica tem de ser capaz de achar a primitiva.

Qual método você usaria para calcular

$$\int_0^1 \text{arctg}\, x\, dx?$$

Qual método você usaria para calcular

$$\int_0^1 \text{arctg}\, x^2\, dx?$$

Algumas integrais requerem o uso repetido da fórmula de integração por partes.

EXEMPLO 4 Uso Repetido de Integração por Partes

Ache $\int x^2 \operatorname{sen} x\, dx$.

Solução Os fatores x^2 e sen x são igualmente fáceis de integrar. Entretanto, a derivada de x^2 torna-se mais simples, enquanto a de sen x não. Então você deve fazer $u = x^2$.

$$dv = \operatorname{sen} x\, dx \quad \Rightarrow \quad v = \int \operatorname{sen} x\, dx = -\cos x$$
$$u = x^2 \quad \Rightarrow \quad du = 2x\, dx$$

Agora, integração por partes fornece

$$\int x^2 \operatorname{sen} x\, dx = -x^2 \cos x + \int 2x \cos x\, dx.$$ Primeiro uso de integração por partes

O primeiro uso de integração por partes acarretou em uma simplificação da integral original, mas a integral no lado direito ainda não se adapta a uma das regras básicas de integração. Para calcular a integral, você pode usar integração por partes novamente. Desta vez, faça $u = 2x$.

$$dv = \cos x\, dx \quad \Rightarrow \quad v = \int \cos x\, dx = \operatorname{sen} x$$
$$u = 2x \quad \Rightarrow \quad du = 2\, dx$$

Agora, integração por partes produz

$$\int 2x \cos x\, dx = 2x \operatorname{sen} x - \int 2 \operatorname{sen} x\, dx$$ Segundo uso de integração por partes
$$= 2x \operatorname{sen} x + 2 \cos x + C.$$

Combinando esses dois resultados, você pode escrever

$$\int x^2 \operatorname{sen} x\, dx = -x^2 \cos x + 2x \operatorname{sen} x + 2 \cos x + C.$$

Quando aplicar integração por partes várias vezes, você precisa ser cuidadoso para não trocar as substituições nas aplicações sucessivas. Por exemplo, no Exemplo 4, a primeira substituição foi $u = x^2$ e $dv = \operatorname{sen} x\, dx$. Se, na segunda aplicação, você tivesse trocado a substituição para $u = \cos x$ e $dv = 2x$, teria obtido

$$\int x^2 \operatorname{sen} x\, dx = -x^2 \cos x + \int 2x \cos x\, dx$$
$$= -x^2 \cos x + x^2 \cos x + \int x^2 \operatorname{sen} x\, dx$$
$$= \int x^2 \operatorname{sen} x\, dx$$

desfazendo, assim, a integração anterior e retornado à integral *original*. Quando usar repetidas aplicações de integração por partes, você deve também observar o aparecimento da integral original *multiplicada por uma constante*. Por exemplo, isso ocorre quando se usa integração por partes para calcular $\int e^x \cos 2x\, dx$, e também ocorre no próximo exemplo.

INVESTIGAÇÃO

Tente achar

$$\int e^x \cos 2x\, dx$$

fazendo $u = \cos 2x$ e $dv = e^x\, dx$ na primeira substituição. Para a segunda substituição, faça $u = \operatorname{sen} 2x$ e $dv = e^x\, dx$.

EXEMPLO 5 Integração por Partes

Calcule $\int \sec^3 x\,dx$.

Solução A parte mais complicada do integrando que pode ser facilmente integrada é $\sec^2 x$ e então você deve fazer $dv = \sec^2 x\,dx$ e $u = \sec x$.

$$dv = \sec^2 x\,dx \implies v = \int \sec^2 x\,dx = \operatorname{tg} x$$

$$u = \sec x \implies du = \sec x \operatorname{tg} x\,dx$$

Integração por partes produz

$$\int u\,dv = uv - \int v\,du \qquad \text{Fórmula de integração por partes}$$

$$\int \sec^3 x\,dx = \sec x \operatorname{tg} x - \int \sec x \operatorname{tg}^2 x\,dx \qquad \text{Substitua}$$

$$\int \sec^3 x\,dx = \sec x \operatorname{tg} x - \int \sec x(\sec^2 x - 1)\,dx \qquad \text{Identidade trigonométrica}$$

$$\int \sec^3 x\,dx = \sec x \operatorname{tg} x - \int \sec^3 x\,dx + \int \sec x\,dx \qquad \text{Reescreva}$$

$$2\int \sec^3 x\,dx = \sec x \operatorname{tg} x + \int \sec x\,dx \qquad \text{Junte as integrais iguais}$$

$$\int \sec^3 x\,dx = \frac{1}{2}\sec x \operatorname{tg} x + \frac{1}{2}\ln|\sec x + \operatorname{tg} x| + C. \qquad \text{Integre e divida por 2}$$

OBSERVAÇÃO A integral no Exemplo 5 é muito importante. Na Seção 8.4 (Exemplo 5), você verá que ela será usada para calcular o comprimento de arco de um segmento parabólico.

DICA As identidades trigonométricas

$$\operatorname{sen}^2 x = \frac{1 - \cos 2x}{2}$$

$$\cos^2 x = \frac{1 + \cos 2x}{2}$$

desempenham um papel importante nesse capítulo.

EXEMPLO 6 Encontrando um Centróide

Uma parte de uma máquina é modelada pela região delimitada pelo gráfico de $y = \operatorname{sen} x$ e pelo eixo x, $0 \le x \le \pi/2$, como mostra a Figura 8.3. Ache o centróide dessa região.

Solução Comece encontrando a área da região.

$$A = \int_0^{\pi/2} \operatorname{sen} x\,dx = \Big[-\cos x\Big]_0^{\pi/2} = 1$$

Agora, você pode encontrar as coordenadas do centróide como a seguir.

$$\bar{y} = \frac{1}{A}\int_0^{\pi/2} \frac{\operatorname{sen} x}{2}(\operatorname{sen} x)\,dx = \frac{1}{4}\int_0^{\pi/2}(1 - \cos 2x)\,dx = \frac{1}{4}\Big[x - \frac{\operatorname{sen} 2x}{2}\Big]_0^{\pi/2} = \frac{\pi}{8}$$

Podemos resolver a integral para $\bar{x}$, $(1/A)\int_0^{\pi/2} x \operatorname{sen} x\,dx$, com integração por partes. Para fazer isso, seja $dv = \operatorname{sen} x\,dx$ e $u = x$. Isso produz $v = -\cos x$ e $du = dx$, e você pode escrever

$$\int x \operatorname{sen} x\,dx = -x\cos x + \int \cos x\,dx$$

$$= -x\cos x + \operatorname{sen} x + C.$$

Finalmente, você pode determinar $\bar{x}$ como

$$\bar{x} = \frac{1}{A}\int_0^{\pi/2} x \operatorname{sen} x\,dx = \Big[-x\cos x + \operatorname{sen} x\Big]_0^{\pi/2} = 1.$$

Assim, o centróide da região é $(1, \pi/8)$.

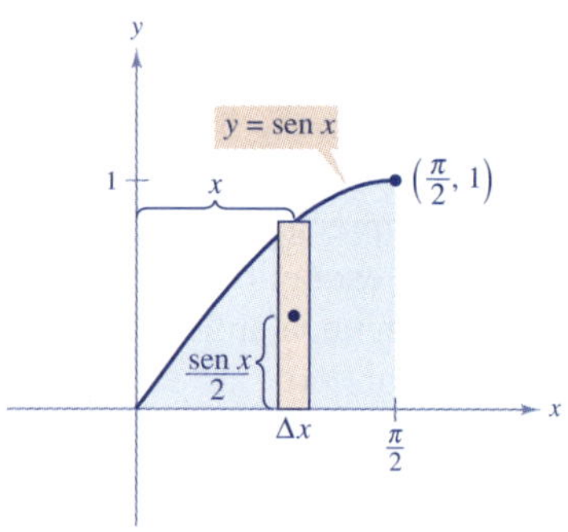

Figura 8.3

Conforme você for adquirindo experiência em usar integração por partes, sua habilidade para determinar u e dv irá crescer. O resumo a seguir relaciona várias integrais comuns com sugestões para u e dv.

DICA Você pode usar o acrônimo LIATE como um guia para escolher u e dv na integração por partes. Cheque o integrando para o seguinte:

Há uma parte **Logarítmica**?

Há uma parte **Inversa** de função trigonométrica?

Há uma parte **Algébrica**?

Há uma parte **Trigonométrica**?

Há uma parte **Exponencial**?

Resumo de Integrais Comuns Usando Integração por Partes

1. Para integrais da forma

$$\int x^n e^{ax}\,dx, \qquad \int x^n \operatorname{sen} ax\,dx \qquad \text{ou} \qquad \int x^n \cos ax\,dx$$

faça $u = x^n$ e faça $dv = e^{ax}\,dx$, $\operatorname{sen} ax\,dx$ ou $\cos ax\,dx$.

2. Para integrais da forma

$$\int x^n \ln x\,dx, \qquad \int x^n \operatorname{arcsen} ax\,dx \qquad \text{ou} \qquad \int x^n \operatorname{arctg} ax\,dx$$

faça $u = \ln x$, $\operatorname{arcsen} ax$, ou $\operatorname{arctg} ax$ e faça $dv = x^n\,dx$.

3. Para integrais da forma

$$\int e^{ax} \operatorname{sen} bx\,dx \qquad \text{ou} \qquad \int e^{ax} \cos bx\,dx$$

faça $u = \operatorname{sen} bx$ ou $\cos bx$ e faça $dv = e^{ax}\,dx$.

Método Tabular

Para problemas que envolvam aplicações repetidas de integração por partes, um método tabular, ilustrado no Exemplo 7, pode ajudar a organizar o trabalho. Este método funciona bem para integrais da forma $\int x^n \operatorname{sen} ax\,dx$, $\int x^n \cos ax\,dx$, e $\int x^n e^{ax}\,dx$.

EXEMPLO 7 Usando o Método Tabular

Ache $\displaystyle\int x^2 \operatorname{sen} 4x\,dx$.

Solução Comece, como sempre, fazendo $u = x^2$ e $dv = v'\,dx = \operatorname{sen} 4x\,dx$. A seguir, crie uma tabela consistindo de três colunas, como a seguir:

Sinais Alternados	*u e suas Derivadas*	*v′ e suas Primitivas*
$+$	x^2	$\operatorname{sen} 4x$
$-$	$2x$	$-\frac{1}{4}\cos 4x$
$+$	2	$-\frac{1}{16}\operatorname{sen} 4x$
$-$	0	$\frac{1}{64}\cos 4x$

Derive até obter 0 como derivada.

A solução é obtida somando os produtos com sinal dos elementos da diagonal:

$$\int x^2 \operatorname{sen} 4x\,dx = -\frac{1}{4}x^2\cos 4x + \frac{1}{8}x \operatorname{sen} 4x + \frac{1}{32}\cos 4x + C.$$

PARA MAIS INFORMAÇÃO Para saber mais sobre o método tabular, veja o artigo "Tabular Integration by Parts", de David Horowitz, em *The College Mathematics Journal*, e o artigo "More on Tabular Integration by Parts", de Leonard Gillman, em *The College Mathematics Journal*; ou consulte-os em *www.matharticles.com*.

Exercícios da Seção 8.2

Nos Exercícios 1 a 4, combine a primitiva com a integral correta. [As integrais estão designadas por (a), (b), (c), e (d).]

(a) $\int \ln x\, dx$ (b) $\int x \text{ sen } x\, dx$

(c) $\int x^2 e^x\, dx$ (d) $\int x^2 \cos x\, dx$

1. $y = \text{sen } x - x \cos x$
2. $y = x^2 \text{ sen } x + 2x \cos x - 2 \text{ sen } x$
3. $y = x^2 e^x - 2xe^x + 2e^x$
4. $y = -x + x \ln x$

Nos Exercícios 5 a 10, identifique *u* e *dv* para encontrar a integral usando integração por partes. (Não calcule a integral.)

5. $\int xe^{2x}\, dx$
6. $\int x^2 e^{2x}\, dx$
7. $\int (\ln x)^2\, dx$
8. $\int \ln 3x\, dx$
9. $\int x \sec^2 x\, dx$
10. $\int x^2 \cos x\, dx$

Nos Exercícios 11 a 36, calcule a integral. (*Sugestão*: Resolva pelo método mais simples — nem todas requerem integração por partes.)

11. $\int xe^{-2x}\, dx$
12. $\int \frac{2x}{e^x}\, dx$
13. $\int x^3 e^x\, dx$
14. $\int \frac{e^{1/t}}{t^2}\, dt$
15. $\int x^2 e^{x^3}\, dx$
16. $\int x^4 \ln x\, dx$
17. $\int t \ln(t+1)\, dt$
18. $\int \frac{1}{x(\ln x)^3}\, dx$
19. $\int \frac{(\ln x)^2}{x}\, dx$
20. $\int \frac{\ln x}{x^2}\, dx$
21. $\int \frac{xe^{2x}}{(2x+1)^2}\, dx$
22. $\int \frac{x^3 e^{x^2}}{(x^2+1)^2}\, dx$
23. $\int (x^2 - 1)e^x\, dx$
24. $\int \frac{\ln 2x}{x^2}\, dx$
25. $\int x\sqrt{x-1}\, dx$
26. $\int \frac{x}{\sqrt{2+3x}}\, dx$
27. $\int x \cos x\, dx$
28. $\int x \text{ sen } x\, dx$
29. $\int x^3 \text{ sen } x\, dx$
30. $\int x^2 \cos x\, dx$
31. $\int t \text{ cossec } t \text{ cotg } t\, dt$
32. $\int \theta \sec \theta \text{ tg } \theta\, d\theta$
33. $\int \text{arctg } x\, dx$
34. $\int 4 \arccos x\, dx$
35. $\int e^{2x} \text{ sen } x\, dx$
36. $\int e^x \cos 2x\, dx$

Nos Exercícios 37 a 42, resolva a equação diferencial.

37. $y' = xe^{x^2}$
38. $y' = \ln x$
39. $\frac{dy}{dt} = \frac{t^2}{\sqrt{2+3t}}$
40. $\frac{dy}{dx} = x^2\sqrt{x-1}$
41. $(\cos y)y' = 2x$
42. $y' = \text{arctg } \frac{x}{2}$

Campo de Direções **Nos Exercícios 43 e 44, são dados uma equação diferencial, um ponto e um campo de direções. (a) Esboce duas soluções aproximadas da equação diferencial sobre o campo de direções, uma delas passando pelo ponto dado. (b) Use integração para achar a solução particular e use uma ferramenta gráfica para desenhar o gráfico da solução. Compare o resultado com os esboços feitos no item(a). Para imprimir uma cópia ampliada do gráfico, consulte *www.mathgraphs.com*.**

43. $\frac{dy}{dx} = x\sqrt{y} \cos x,\ (0, 4)$
44. $\frac{dy}{dx} = e^{-x/3} \text{ sen } 2x,\ \left(0, -\frac{18}{37}\right)$

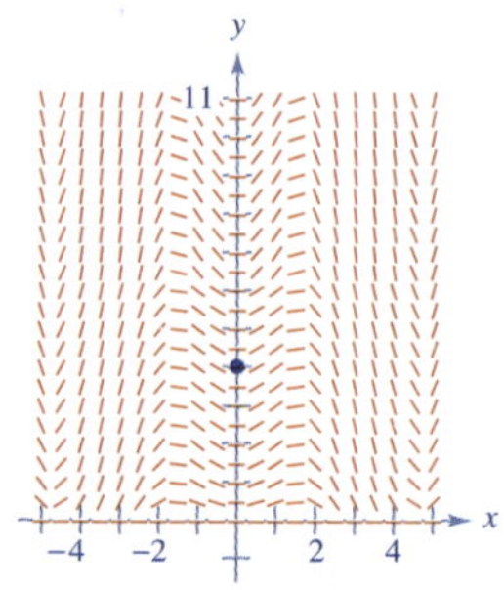

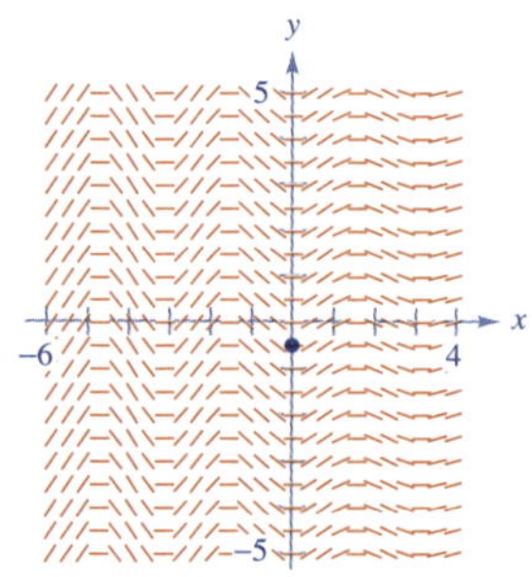

Campo de Direções **Nos Exercícios 45 e 46, use um sistema de manipulação algébrica para desenhar o campo de direções para a equação diferencial e desenhe a solução que satisfaz as condições iniciais especificadas.**

45. $\frac{dy}{dx} = \frac{x}{y}e^{x/8}$, $y(0) = 2$
46. $\frac{dy}{dx} = \frac{x}{y} \text{ sen } x$, $y(0) = 4$

Nos Exercícios 47 a 58, calcule a integral definida. Use uma ferramenta gráfica para conferir o seu resultado.

47. $\int_0^4 xe^{-x/2}\, dx$
48. $\int_0^1 x^2 e^x\, dx$
49. $\int_0^{\pi/2} x \cos x\, dx$
50. $\int_0^{\pi} x \text{ sen } 2x\, dx$
51. $\int_0^{1/2} \arccos x\, dx$
52. $\int_0^1 x \text{ arcsen } x^2\, dx$
53. $\int_0^1 e^x \text{ sen } x\, dx$
54. $\int_0^2 e^{-x} \cos x\, dx$
55. $\int_1^2 x^2 \ln x\, dx$
56. $\int_0^1 \ln(1 + x^2)\, dx$
57. $\int_2^4 x \text{ arcsec } x\, dx$
58. $\int_0^{\pi/4} x \sec^2 x\, dx$

Nos Exercícios 59 a 64, use o método tabular para calcular a integral.

59. $\int x^2e^{2x}\,dx$

60. $\int x^3e^{-2x}\,dx$

61. $\int x^3 \operatorname{sen} x\,dx$

62. $\int x^3 \cos 2x\,dx$

63. $\int x \sec^2 x\,dx$

64. $\int x^2(x-2)^{3/2}\,dx$

Nos Exercícios 65 a 70, ache ou calcule a integral usando primeiro uma substituição e depois, integração por partes.

65. $\int \operatorname{sen}\sqrt{x}\,dx$

66. $\int 2x^3 \cos x^2\,dx$

67. $\int_0^4 x\sqrt{4-x}\,dx$

68. $\int_0^2 e^{\sqrt{2x}}\,dx$

69. $\int \cos(\ln x)\,dx$

70. $\int \ln(x^2+1)\,dx$

Questões Conceituais

71. Em que regra de derivação é baseada a integração por partes? Explique.

72. Com suas próprias palavras, descreva os procedimentos para integração por partes.

Nos Exercícios 73 a 78 diga se você usaria integração por partes para calcular a integral. Se este for o caso, identifique o que você usaria pra *u* e *dv*. Explique seu raciocínio.

73. $\int \frac{\ln x}{x}\,dx$

74. $\int x \ln x\,dx$

75. $\int x^2e^{2x}\,dx$

76. $\int 2x\,e^{x^2}\,dx$

77. $\int \frac{x}{\sqrt{x+1}}\,dx$

78. $\int \frac{x}{\sqrt{x^2+1}}\,dx$

Nos Exercícios 79 a 82, use um sistema de manipulação algébrica para (a) achar ou calcular a integral, e (b) desenhar a primitiva. (c) Descreva a relação entre os gráficos das primitivas.

79. $\int t^3\,e^{-4t}\,dt$

80. $\int \alpha^4 \operatorname{sen} \pi\alpha\,d\alpha$

81. $\int_0^{\pi/2} e^{-2x} \operatorname{sen} 3x\,dx$

82. $\int_0^5 x^4(25-x^2)^{3/2}\,dx$

83. Integre $\int 2x\sqrt{2x-3}\,dx$

(a) por partes, fazendo $dv = \sqrt{2x-3}\,dx$.

(b) por substituição, fazendo $u = 2x - 3$.

84. Integre $\int x\sqrt{4+x}\,dx$

(a) por partes, fazendo $dv = \sqrt{4+x}\,dx$.

(b) por substituição, fazendo $u = 4 + x$.

85. Integre $\int \frac{x^3}{\sqrt{4+x^2}}\,dx$

(a) por partes, fazendo $dv = \left(x/\sqrt{4+x^2}\right)dx$.

(b) por substituição, fazendo $u = 4 + x^2$.

86. Integre $\int x\sqrt{4-x}\,dx$

(a) por partes, fazendo $dv = \sqrt{4-x}\,dx$.

(b) por substituição, fazendo $u = 4 - x$.

Nos Exercícios 87 e 88, use um sistema de manipulação algébrica para achar a integral para $n = 0$, 1, 2 e 3. Use o resultado para obter uma regra geral para a integral para todo inteiro positivo n, e teste seus resultados para $n = 4$.

87. $\int x^n \ln x\,dx$

88. $\int x^n e^x\,dx$

Nos Exercícios 89 a 94, use integração por partes para conferir a fórmula. (Para os Exercícios 89 a 92, assuma que n é um inteiro positivo.)

89. $\int x^n \operatorname{sen} x\,dx = -x^n \cos x + n\int x^{n-1}\cos x\,dx$

90. $\int x^n \cos x\,dx = x^n \operatorname{sen} x - n\int x^{n-1}\operatorname{sen} x\,dx$

91. $\int x^n \ln x\,dx = \frac{x^{n+1}}{(n+1)^2}[-1+(n+1)\ln x] + C$

92. $\int x^n\,e^{ax}\,dx = \frac{x^ne^{ax}}{a} - \frac{n}{a}\int x^{n-1}\,e^{ax}\,dx$

93. $\int e^{ax} \operatorname{sen} bx\,dx = \frac{e^{ax}(a \operatorname{sen} bx - b\cos bx)}{a^2+b^2} + C$

94. $\int e^{ax} \cos bx\,dx = \frac{e^{ax}(a \cos bx + b \operatorname{sen} bx)}{a^2+b^2} + C$

Nos Exercícios 95 a 98, ache a integral usando a fórmula apropriada dos Exercícios 89 a 94.

95. $\int x^3 \ln x\,dx$

96. $\int x^2 \cos x\,dx$

97. $\int e^{2x} \cos 3x\,dx$

98. $\int x^3e^{2x}\,dx$

Área **Nos Exercícios 99 a 102, use uma ferramenta gráfica para desenhar a região delimitada pelos gráficos das equações, e ache a área da região.**

99. $y = xe^{-x}, y = 0, x = 4$

100. $y = \frac{1}{9}xe^{-x/3}, y = 0,\ x = 0, x = 3$

101. $y = e^{-x} \operatorname{sen} \pi x, y = 0, x = 0, x = 1$

102. $y = x \operatorname{sen} x, y = 0, x = 0, x = \pi$

103. ***Área, Volume e Centróide*** Dada a região delimitada pelos gráficos de $y = \ln x$, $y = 0$, e $x = e$, ache

(a) A área da região.

(b) O volume do sólido gerado pela rotação da região em torno do eixo x.

(c) O volume do sólido gerado pela rotação da região em torno do eixo y.

(d) O centróide da região.

104. ***Volume e Centróide*** Dada a região delimitada pelos gráficos de $y = x \operatorname{sen} x$, $y = 0$, $x = 0$ e $x = \pi$, ache

(a) O volume do sólido gerado pela rotação da região em torno do eixo x.

(b) O volume do sólido gerado pela rotação da região em torno do eixo y.

(c) O centróide da região.

105. ***Centróide*** Ache o centróide da região delimitada pelos gráficos de $y = \operatorname{arcsen} x$, $x = 0$ e $y = \pi/2$. Como este problema está relacionado com o Exemplo 6 desta seção?

106. ***Centróide*** Ache o centróide da região delimitada pelos gráficos de $f(x) = x^2$, $g(x) = 2^x$, $x = 2$ e $x = 4$.

107. ***Deslocamento Médio*** Uma força de amortecimento afeta a vibração de uma mola de modo que o deslocamento da mola é dado por $y = e^{-4t}(\cos 2t + 5 \operatorname{sen} 2t)$. Ache o valor médio de y no intervalo de $t = 0$ até $t = \pi$.

108. ***Modelo para Memória*** Um modelo para a habilidade M de uma criança memorizar, medida em uma escala de 0 a 10, é dada por $M = 1 + 1{,}6t \ln t$, $0 < t \leq 4$, onde t é a idade da criança em anos. Ache o valor médio desse modelo

(a) Entre o primeiro e o segundo aniversário da criança.

(b) Entre o terceiro e o quarto aniversário da criança.

Valor Atual **Nos Exercícios 109 e 110, ache o valor atual P de um fluxo de renda contínuo de $c(t)$ dólares por ano se**

$$P = \int_0^{t_1} c(t)e^{-rt}\,dt$$

onde t_1 é o tempo em anos e r é a taxa anual de juros, compostos continuamente.

109. $c(t) = 100.000 + 4.000t$, $r = 5\%$, $t_1 = 10$

110. $c(t) = 30.000 + 500t$, $r = 7\%$, $t_1 = 5$

Integrais Utilizadas para Achar Coeficientes de Fourier **Nos Exercícios 111 e 112, confira o valor da integral definida, onde n é um inteiro positivo.**

111. $$\int_{-\pi}^{\pi} x \operatorname{sen} nx\,dx = \begin{cases} \dfrac{2\pi}{n}, & n \text{ é ímpar} \\ -\dfrac{2\pi}{n}, & n \text{ é par} \end{cases}$$

112. $$\int_{-\pi}^{\pi} x^2 \cos nx\,dx = \frac{(-1)^n 4\pi}{n^2}$$

113. ***Corda Vibrante*** Uma corda estendida entre os dois pontos (0, 0) e (2, 0) é puxada deslocando-a de h unidades em seu ponto médio. O movimento da corda é modelado por uma **Série de Fourier de Senos** cujos coeficientes são dados por

$$b_n = h\int_0^1 x \operatorname{sen} \frac{n\pi x}{2}\,dx + h\int_1^2 (-x + 2) \operatorname{sen} \frac{n\pi x}{2}\,dx.$$

Ache b_n.

114. Ache a falácia no seguinte argumento de que $0 = 1$.

$$dv = dx \quad \Longrightarrow \quad v = \int dx = x$$

$$u = \frac{1}{x} \quad \Longrightarrow \quad du = -\frac{1}{x^2}\,dx$$

$$0 + \int \frac{dx}{x} = \left(\frac{1}{x}\right)(x) - \int \left(-\frac{1}{x^2}\right)(x)\,dx = 1 + \int \frac{dx}{x}$$

Logo, $0 = 1$.

115. Seja $y = f(x)$ uma função estritamente crescente e positiva no intervalo $0 < a \leq x \leq b$. Considere a região R delimitada pelos gráficos de $y = f(x)$, $y = 0$, $x = a$ e $x = b$. Se R é girada em torno do eixo y, mostre que o método dos discos e o método das cascas dão o mesmo volume.

116. ***Método de Euler*** Considere a equação diferencial $f'(x) = xe^{-x}$ com a condição inicial $f(0) = 0$.

(a) Use integração para resolver a equação diferencial.

(b) Use uma ferramenta gráfica para desenhar uma solução da equação diferencial.

(c) Use o Método de Euler com $h = 0{,}05$, e a habilidade de recursividade de sua ferramenta gráfica para gerar os primeiros 80 pontos da solução aproximada. Use a ferramenta gráfica para marcar os pontos. Compare o resultado com o gráfico da parte (b).

(d) Repita a parte (c) usando $h = 0{,}1$ e gere os primeiros 40 pontos.

(e) Por que o resultado na parte (c) é uma aproximação melhor da solução do que o resultado na parte (d)?

Método de Euler **Nos Exercícios 117 e 118, considere a equação diferencial e repita as partes de (a) a (d) do Exercício 116.**

117. $f'(x) = 3x \operatorname{sen}(2x)$
$f(0) = 0$

118. $f'(x) = \cos\sqrt{x}$
$f(0) = 1$

119. ***Para Pensar*** Dê uma explicação geométrica para explicar por que

$$\int_0^{\pi/2} x \operatorname{sen} x\,dx \leq \int_0^{\pi/2} x\,dx.$$

Prove a desigualdade calculando as integrais.

120. ***Descobrindo um Padrão*** Ache a área delimitada pelos gráficos de $y = x \operatorname{sen} x$ e $y = 0$ em cada intervalo.

(a) $[0, \pi]$ (b) $[\pi, 2\pi]$ (c) $[2\pi, 3\pi]$

Descreva quaisquer padrões que você notar. Qual é a área entre os gráficos de $y = x \operatorname{sen} x$ e $y = 0$ no intervalo $[n\pi, (n + 1)\pi]$, onde n é um inteiro não negativo? Explique.

Seção 8.3 Integrais Trigonométricas

- **Calcular integrais trigonométricas que envolvem potências de seno e cosseno.**
- **Calcular integrais trigonométricas que envolvem potências de secante e tangente.**
- **Calcular integrais trigonométricas que envolvem produtos de seno e cosseno em ângulos distintos.**

Integrais Que Envolvem Potências de Seno e Cosseno

Nesta seção estudaremos técnicas para calcular integrais da forma

$$\int \operatorname{sen}^m x \cos^n x \, dx \qquad \text{e} \qquad \int \sec^m x \operatorname{tg}^n x \, dx$$

onde m ou n é um inteiro positivo. Para achar primitivas para essas formas, tente desdobrá-las em combinações de integrais trigonométricas para as quais você pode aplicar a Regra da Potência.

Por exemplo, podemos calcular $\int \operatorname{sen}^5 x \cos x \, dx$ com a Regra da Potência fazendo $u = \operatorname{sen} x$. Então, $du = \cos x \, dx$, e obtemos

$$\int \operatorname{sen}^5 x \cos x \, dx = \int u^5 \, du = \frac{u^6}{6} + C = \frac{\operatorname{sen}^6 x}{6} + C.$$

Para desdobrar $\int \operatorname{sen}^m x \cos^n x \, dx$ em formas às quais você pode aplicar a Regra da Potência, use as seguintes identidades:

$$\operatorname{sen}^2 x + \cos^2 x = 1 \qquad \text{Identidade Pitagórica}$$

$$\operatorname{sen}^2 x = \frac{1 - \cos 2x}{2} \qquad \text{Identidade em termo de } \cos 2x \text{ para } \operatorname{sen}^2 x$$

$$\cos^2 x = \frac{1 + \cos 2x}{2} \qquad \text{Identidade para } \cos^2 x \text{ em termos de } \cos 2x$$

SHEILA SCOTT MACINTYRE (1910-1960)

Sheila Scott Macintyre publicou seu primeiro artigo sobre períodos assintóticos de funções integrais em 1935. Ela completou seu trabalho de doutorado na Universidade de Aberdeen, onde era professora. Em 1958 ela aceitou um convite para atuar como pesquisadora na Universidade de Cincinnati.

Procedimentos para Calcular Integrais Que Envolvem Seno e Cosseno

1. Se a potência de seno é ímpar e positiva, reserve um fator seno e transforme os fatores restantes em cossenos. Então, desenvolva a integral.

$$\int \underbrace{\operatorname{sen}^{2k+1}}_{\text{Ímpar}} x \cos^n x \, dx = \int \underbrace{(\operatorname{sen}^2 x)^k}_{\text{Transforme em co-senos}} \cos^n x \underbrace{\operatorname{sen} x \, dx}_{\text{Reserve para } du} = \int (1 - \cos^2 x)^k \cos^n x \operatorname{sen} x \, dx$$

2. Se a potência de cosseno é ímpar e positiva, reserve um fator cosseno e transforme os fatores restantes em senos. Então, desenvolva a integral.

$$\int \operatorname{sen}^m x \underbrace{\cos^{2k+1}}_{\text{Ímpar}} x \, dx = \int \operatorname{sen}^m x \underbrace{(\cos^2 x)^k}_{\text{Transforme em senos}} \underbrace{\cos x \, dx}_{\text{Reserve para } du} = \int \operatorname{sen}^m x (1 - \operatorname{sen}^2 x)^k \cos x \, dx$$

3. Se ambas as potências de seno e cosseno são pares e não negativas, use repetidamente as identidades

$$\operatorname{sen}^2 x = \frac{1 - \cos 2x}{2} \qquad \text{e} \qquad \cos^2 x = \frac{1 + \cos 2x}{2}$$

para transformar o integrando em potências ímpares de cosseno. Faça, então, como no procedimento 2.

TECNOLOGIA Use um sistema de manipulação algébrica para encontrar a integral do Exemplo 1. Você deve obter

$$\int \operatorname{sen}^3 x \cos^4 x\, dx =$$

$$-\cos^5 x\left(\frac{1}{7}\operatorname{sen}^2 x + \frac{2}{35}\right) + C.$$

Isso é equivalente ao resultado obtido no Exemplo 1?

EXEMPLO 1 A Potência de Seno É Ímpar e Positiva

Ache $\int \operatorname{sen}^3 x \cos^4 x\, dx$.

Solução Como você gostaria de usar a Regra da Potência com $u = \cos x$, *reserve um fator seno* para formar du e transforme os fatores restantes de seno em cossenos.

$$\int \operatorname{sen}^3 x \cos^4 x\, dx = \int \operatorname{sen}^2 x \cos^4 x(\operatorname{sen} x)\, dx \quad \text{Reescreva}$$

$$= \int (1 - \cos^2 x)\cos^4 x \operatorname{sen} x\, dx \quad \text{Identidade trigonométrica}$$

$$= \int (\cos^4 x - \cos^6 x)\operatorname{sen} x\, dx \quad \text{Multiplique}$$

$$= \int \cos^4 x \operatorname{sen} x\, dx - \int \cos^6 x \operatorname{sen} x\, dx \quad \text{Reescreva}$$

$$= -\int \cos^4 x(-\operatorname{sen} x)\, dx + \int \cos^6 x(-\operatorname{sen} x)\, dx$$

$$= -\frac{\cos^5 x}{5} + \frac{\cos^7 x}{7} + C \quad \text{Integre}$$

No Exemplo 1, *ambas* as potências m e n são inteiros positivos. Entretanto, a mesma estratégia funcionará desde que pelo menos um dos inteiros m ou n seja ímpar e positivo. No próximo exemplo, a potência de cosseno é 3, mas a potência de seno é $-\frac{1}{2}$.

EXEMPLO 2 A Potência de Cosseno é Ímpar e Positiva

Ache $\displaystyle\int_{\pi/6}^{\pi/3} \frac{\cos^3 x}{\sqrt{\operatorname{sen} x}}\, dx$.

Solução Como você espera usar a Regra da Potência com $u = \operatorname{sen} x$, *reserve um fator cosseno* para formar du e transforme os fatores restantes de cosseno em senos.

$$\int_{\pi/6}^{\pi/3} \frac{\cos^3 x}{\sqrt{\operatorname{sen} x}}\, dx = \int_{\pi/6}^{\pi/3} \frac{\cos^2 x \cos x}{\sqrt{\operatorname{sen} x}}\, dx$$

$$= \int_{\pi/6}^{\pi/3} \frac{(1 - \operatorname{sen}^2 x)(\cos x)}{\sqrt{\operatorname{sen} x}}\, dx$$

$$= \int_{\pi/6}^{\pi/3} [(\operatorname{sen} x)^{-1/2}\cos x - (\operatorname{sen} x)^{3/2}\cos x]\, dx$$

$$= \left[\frac{(\operatorname{sen} x)^{1/2}}{1/2} - \frac{(\operatorname{sen} x)^{5/2}}{5/2}\right]_{\pi/6}^{\pi/3}$$

$$= 2\left(\frac{\sqrt{3}}{2}\right)^{1/2} - \frac{2}{5}\left(\frac{\sqrt{3}}{2}\right)^{5/2} - \sqrt{2} + \frac{\sqrt{32}}{80}$$

$$\approx 0{,}239$$

A Figura 8.4 mostra a região cuja área é representada por essa integral.

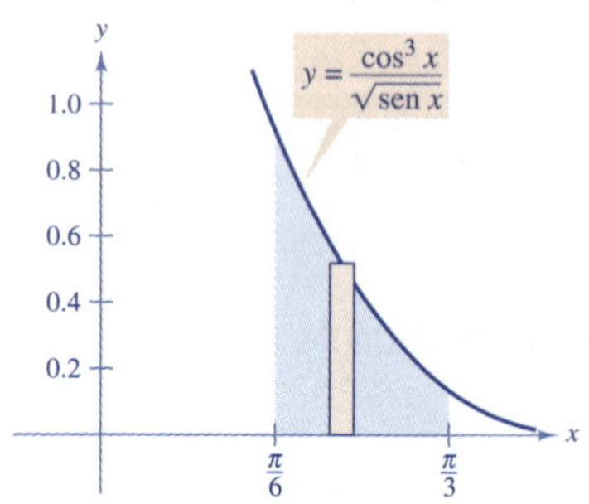

A área da região é de aproximadamente 0,239.
Figura 8.4

EXEMPLO 3 A Potência de Cosseno É Par e Não Negativa

Ache $\int \cos^4 x\, dx$.

Solução Como m e n são ambos pares e não negativos ($m = 0$), podemos substituir $\cos^4 x$ por $[(1 + \cos 2x)/2]^2$.

$$\begin{aligned}\int \cos^4 x\, dx &= \int \left(\frac{1 + \cos 2x}{2}\right)^2 dx \\ &= \int \left(\frac{1}{4} + \frac{\cos 2x}{2} + \frac{\cos^2 2x}{4}\right) dx \\ &= \int \left[\frac{1}{4} + \frac{\cos 2x}{2} + \frac{1}{4}\left(\frac{1 + \cos 4x}{2}\right)\right] dx \\ &= \frac{3}{8}\int dx + \frac{1}{4}\int 2\cos 2x\, dx + \frac{1}{32}\int 4\cos 4x\, dx \\ &= \frac{3x}{8} + \frac{\operatorname{sen} 2x}{4} + \frac{\operatorname{sen} 4x}{32} + C\end{aligned}$$

Use uma ferramenta de diferenciação simbólica para conferir esse resultado. Você consegue simplificar a derivada para obter o integrando original?

No Exemplo 3, se tivesse de calcular a integral definida de 0 até $\pi/2$, você obteria

$$\begin{aligned}\int_0^{\pi/2} \cos^4 x\, dx &= \left[\frac{3x}{8} + \frac{\operatorname{sen} 2x}{4} + \frac{\operatorname{sen} 4x}{32}\right]_0^{\pi/2} \\ &= \left(\frac{3\pi}{16} + 0 + 0\right) - (0 + 0 + 0) \\ &= \frac{3\pi}{16}.\end{aligned}$$

Observe que o único termo que contribui para a solução é $3x/8$. Essa observação é generalizada nas fórmulas seguintes desenvolvidas por John Wallis.

Bettmann/Corbis

JOHN WALLIS (1616-1703)

Wallis realizou boa parte de seu trabalho em cálculo antes de Newton e Leibniz, e influenciou o pensamento de ambos. Deve-se também a ele a introdução do símbolo atual (∞) para infinito.

Fórmulas de Wallis

1. Se n é ímpar ($n \geq 3$), então

$$\int_0^{\pi/2} \cos^n x\, dx = \left(\frac{2}{3}\right)\left(\frac{4}{5}\right)\left(\frac{6}{7}\right) \cdots \left(\frac{n-1}{n}\right).$$

2. Se n é par ($n \geq 2$), então

$$\int_0^{\pi/2} \cos^n x\, dx = \left(\frac{1}{2}\right)\left(\frac{3}{4}\right)\left(\frac{5}{6}\right) \cdots \left(\frac{n-1}{n}\right)\left(\frac{\pi}{2}\right).$$

Essas fórmulas também valem se $\cos^n x$ for substituído por $\operatorname{sen}^n x$. (Pediremos para você provar ambas as fórmulas no Exercício 104.)

Integrais Que Envolvem Potências de Secante e de Tangente

Os procedimentos a seguir podem ajudá-lo a calcular integrais da forma

$$\int \sec^m x \operatorname{tg}^n x\, dx.$$

Procedimentos para Calcular Integrais Que Envolvem Potências de Secante e de Tangente

1. Se a potência de secante for par e positiva, reserve um fator secante ao quadrado e transforme os fatores restantes em tangentes. Então desenvolva e integre.

$$\int \sec^{\overbrace{2k}^{\text{Par}}} x \operatorname{tg}^n x\, dx = \int \overbrace{(\sec^2 x)^{k-1}}^{\text{Transforme em tangentes}} \operatorname{tg}^n x \overbrace{\sec^2 x\, dx}^{\text{Reserve para } du} = \int (1 + \operatorname{tg}^2 x)^{k-1} \operatorname{tg}^n x \sec^2 x\, dx$$

2. Se a potência de tangente for ímpar e positiva, reserve um fator secante tangente e transforme os fatores restantes em secantes. Então desenvolva a integral.

$$\int \sec^m x \operatorname{tg}^{\overbrace{2k+1}^{\text{Ímpar}}} x\, dx = \int \sec^{m-1} x \overbrace{(\operatorname{tg}^2 x)^k}^{\text{Transforme em secantes}} \overbrace{\sec x \operatorname{tg} x\, dx}^{\text{Reserve para } du} = \int \sec^{m-1} x(\sec^2 x - 1)^k \sec x \operatorname{tg} x\, dx$$

3. Se não existem fatores secantes e a potência de tangente for par e positiva, transforme um fator tangente ao quadrado em um fator secante ao quadrado, então desenvolva e repita se necessário.

$$\int \operatorname{tg}^n x\, dx = \int \operatorname{tg}^{n-2} x \overbrace{(\operatorname{tg}^2 x)}^{\text{Transforme em secantes}}\, dx = \int \operatorname{tg}^{n-2} x(\sec^2 x - 1)\, dx$$

4. Se a integral é da forma $\int \sec^m x\, dx$, onde m é ímpar e positivo, use integração por partes, como ilustra o Exemplo 5 da seção anterior.
5. Se nenhum dos quatro primeiros procedimentos for aplicável, tente transformar em senos e cossenos.

EXEMPLO 4 A Potência de Tangente É Ímpar e Positiva

Ache $\displaystyle\int \frac{\operatorname{tg}^3 x}{\sqrt{\sec x}}\, dx.$

Solução Como você gostaria de poder usar a regra da potência com $u = \sec x$, *reserve um fator de* ($\sec x \operatorname{tg} x$) para formar du e transforme os fatores restantes em secantes.

$$\begin{aligned}
\int \frac{\operatorname{tg}^3 x}{\sqrt{\sec x}}\, dx &= \int (\sec x)^{-1/2} \operatorname{tg}^3 x\, dx \\
&= \int (\sec x)^{-3/2}(\operatorname{tg}^2 x)(\sec x \operatorname{tg} x)\, dx \\
&= \int (\sec x)^{-3/2}(\sec^2 x - 1)(\sec x \operatorname{tg} x)\, dx \\
&= \int [(\sec x)^{1/2} - (\sec x)^{-3/2}](\sec x \operatorname{tg} x)\, dx \\
&= \frac{2}{3}(\sec x)^{3/2} + 2(\sec x)^{-1/2} + C
\end{aligned}$$

OBSERVAÇÃO No Exemplo 5, a potência de tangente é ímpar e positiva. Assim, você poderia também calcular a integral usando o procedimento 2 na página 537. No Exercício 85, será pedido para provar que os resultados obtidos por esses dois procedimentos diferem por uma constante.

EXEMPLO 5 A Potência de Secante É Par e Positiva

Ache $\int \sec^4 3x \operatorname{tg}^3 3x\, dx$.

Solução Fazendo $u = \operatorname{tg} 3x$, temos $du = 3 \sec^2 3x\, dx$ e podemos escrever

$$\begin{aligned}\int \sec^4 3x \operatorname{tg}^3 3x\, dx &= \int \sec^2 3x \operatorname{tg}^3 3x(\sec^2 3x)\, dx\\ &= \int (1 + \operatorname{tg}^2 3x) \operatorname{tg}^3 3x(\sec^2 3x)\, dx\\ &= \frac{1}{3}\int (\operatorname{tg}^3 3x + \operatorname{tg}^5 3x)(3 \sec^2 3x)\, dx\\ &= \frac{1}{3}\left(\frac{\operatorname{tg}^4 3x}{4} + \frac{\operatorname{tg}^6 3x}{6}\right) + C\\ &= \frac{\operatorname{tg}^4 3x}{12} + \frac{\operatorname{tg}^6 3x}{18} + C.\end{aligned}$$

EXEMPLO 6 A Potência de Tangente É Par

Calcule $\int_0^{\pi/4} \operatorname{tg}^4 x\, dx$.

Solução Como não há nenhum fator secante, podemos começar transformando um fator tangente ao quadrado em um fator secante ao quadrado.

$$\begin{aligned}\int \operatorname{tg}^4 x\, dx &= \int \operatorname{tg}^2 x(\operatorname{tg}^2 x)\, dx\\ &= \int \operatorname{tg}^2 x(\sec^2 x - 1)\, dx\\ &= \int \operatorname{tg}^2 x \sec^2 x\, dx - \int \operatorname{tg}^2 x\, dx\\ &= \int \operatorname{tg}^2 x \sec^2 x\, dx - \int (\sec^2 x - 1)\, dx\\ &= \frac{\operatorname{tg}^3 x}{3} - \operatorname{tg} x + x + C\end{aligned}$$

agora podemos calcular a integral definida como a seguir:

$$\begin{aligned}\int_0^{\pi/4} \operatorname{tg}^4 x\, dx &= \left[\frac{\operatorname{tg}^3 x}{3} - \operatorname{tg} x + x\right]_0^{\pi/4}\\ &= \frac{\pi}{4} - \frac{2}{3}\\ &\approx 0{,}119\end{aligned}$$

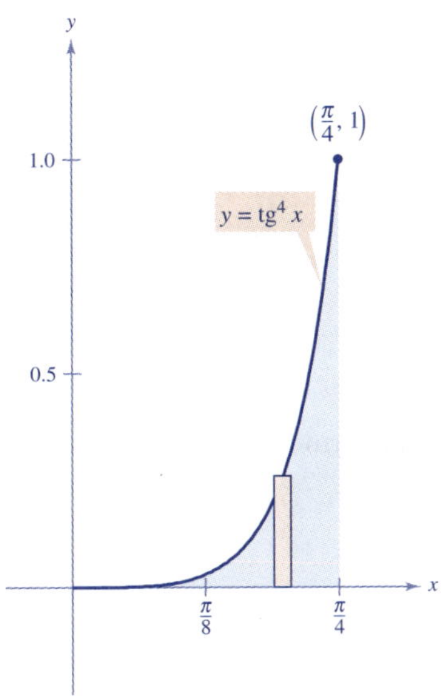

A área da região é de aproximadamente 0,119.
Figura 8.5

A área representada pela integral definida é mostrada na Figura 8.5. Tente usar a Regra de Simpson para aproximar essa integral. Quando $n = 18$, você deve obter uma aproximação que está a 0,00001 do valor real.

Para integrais que envolvem potências de cotangentes e de cossecantes, você pode seguir uma estratégia análoga à usada para potências de tangentes e de secantes.

Lembre-se também de que, para integrar funções trigonométricas, às vezes ajuda transformar todo o integrando em potências de senos e cossenos.

EXEMPLO 7 Transformando em Senos e Cossenos

Ache $\displaystyle\int \frac{\sec x}{\operatorname{tg}^2 x}\, dx$.

Solução Como os primeiros quatro procedimentos da página 532 não se aplicam, tente transformar o integrando em senos e cossenos. Nesse caso, você pode integrar as potências de seno e cosseno resultantes como a seguir.

$$\begin{aligned}\int \frac{\sec x}{\operatorname{tg}^2 x}\, dx &= \int \left(\frac{1}{\cos x}\right)\left(\frac{\cos x}{\operatorname{sen} x}\right)^2 dx\\ &= \int (\operatorname{sen} x)^{-2}(\cos x)\, dx\\ &= -(\operatorname{sen} x)^{-1} + C\\ &= -\operatorname{cossec} x + C\end{aligned}$$

Integrais que Envolvem Produtos de Seno e Cosseno com Ângulos Diferentes

PARA MAIS INFORMAÇÃO Para aprender mais sobre integrais que envolvem produtos de seno e cosseno com ângulos diferentes, veja o artigo "Integrals of Products of Sine and Cosine with Different Arguments", de Sherrie J. Nicol, em *The College Mathematics Journal*; ou consulte-o em *www.matharticles.com*.

Integrais que envolvem produtos de seno e cosseno com dois ângulos *diferentes* ocorrem em muitas aplicações. Em tais exemplos podemos usar as seguintes identidades que transformam produtos em somas:

$$\operatorname{sen} mx \operatorname{sen} nx = \frac{1}{2}(\cos[(m-n)x] - \cos[(m+n)x])$$

$$\operatorname{sen} mx \cos nx = \frac{1}{2}(\operatorname{sen}[(m-n)x] + \operatorname{sen}[(m+n)x])$$

$$\cos mx \cos nx = \frac{1}{2}(\cos[(m-n)x] + \cos[(m+n)x])$$

EXEMPLO 8 Usando Identidades Que Transformam Produtos em Somas

Ache $\displaystyle\int \operatorname{sen} 5x \cos 4x\, dx$.

Solução Usando a segunda identidade acima que transforma o produto em soma, podemos escrever

$$\begin{aligned}\int \operatorname{sen} 5x \cos 4x\, dx &= \frac{1}{2}\int (\operatorname{sen} x + \operatorname{sen} 9x)\, dx\\ &= \frac{1}{2}\left(-\cos x - \frac{\cos 9x}{9}\right) + C\\ &= -\frac{\cos x}{2} - \frac{\cos 9x}{18} + C.\end{aligned}$$

Exercícios da Seção 8.3

Nos Exercícios 1 a 4, use diferenciação para associar a primitiva à integral correta. [As integrais estão designadas por (a), (b), (c) e (d).]

(a) $\int \operatorname{sen} x \operatorname{tg}^2 x\, dx$ (b) $8\int \cos^4 x\, dx$

(c) $\int \operatorname{sen} x \sec^2 x\, dx$ (d) $\int \operatorname{tg}^4 x\, dx$

1. $y = \sec x$
2. $y = \cos x + \sec x$
3. $y = x - \operatorname{tg} x + \frac{1}{3}\operatorname{tg}^3 x$
4. $y = 3x + 2\operatorname{sen} x \cos^3 x + 3 \operatorname{sen} x \cos x$

Nos Exercícios 5 a 18, ache a integral.

5. $\int \cos^3 x \operatorname{sen} x\, dx$
6. $\int \cos^3 x \operatorname{sen}^4 x\, dx$
7. $\int \operatorname{sen}^5 2x \cos 2x\, dx$
8. $\int \operatorname{sen}^3 x\, dx$
9. $\int \operatorname{sen}^5 x \cos^2 x\, dx$
10. $\int \cos^3 \frac{x}{3}\, dx$
11. $\int \cos^3 \theta \sqrt{\operatorname{sen} \theta}\, d\theta$
12. $\int \frac{\operatorname{sen}^5 t}{\sqrt{\cos t}}\, dt$
13. $\int \cos^2 3x\, dx$
14. $\int \operatorname{sen}^2 2x\, dx$
15. $\int \operatorname{sen}^2 \alpha \cos^2 \alpha\, d\alpha$
16. $\int \operatorname{sen}^4 2\theta\, d\theta$
17. $\int x \operatorname{sen}^2 x\, dx$
18. $\int x^2 \operatorname{sen}^2 x\, dx$

Nos Exercícios 19 a 24, use as Fórmulas de Wallis para calcular a integral.

19. $\int_0^{\pi/2} \cos^3 x\, dx$
20. $\int_0^{\pi/2} \cos^5 x\, dx$
21. $\int_0^{\pi/2} \cos^7 x\, dx$
22. $\int_0^{\pi/2} \operatorname{sen}^2 x\, dx$
23. $\int_0^{\pi/2} \operatorname{sen}^6 x\, dx$
24. $\int_0^{\pi/2} \operatorname{sen}^7 x\, dx$

Nos Exercícios 25 a 42, ache a integral que envolve secante e tangente.

25. $\int \sec 3x\, dx$
26. $\int \sec^2(2x - 1)\, dx$
27. $\int \sec^4 5x\, dx$
28. $\int \sec^6 3x\, dx$
29. $\int \sec^3 \pi x\, dx$
30. $\int \operatorname{tg}^2 x\, dx$
31. $\int \operatorname{tg}^5 \frac{x}{4}\, dx$
32. $\int \operatorname{tg}^3 \frac{\pi x}{2} \sec^2 \frac{\pi x}{2}\, dx$
33. $\int \sec^2 x \operatorname{tg} x\, dx$
34. $\int \operatorname{tg}^3 2t \sec^3 2t\, dt$
35. $\int \operatorname{tg}^2 x \sec^2 x\, dx$
36. $\int \operatorname{tg}^5 2x \sec^2 2x\, dx$
37. $\int \sec^6 4x \operatorname{tg} 4x\, dx$
38. $\int \sec^2 \frac{x}{2} \operatorname{tg} \frac{x}{2}\, dx$
39. $\int \sec^3 x \operatorname{tg} x\, dx$
40. $\int \operatorname{tg}^3 3x\, dx$
41. $\int \frac{\operatorname{tg}^2 x}{\sec x}\, dx$
42. $\int \frac{\operatorname{tg}^2 x}{\sec^5 x}\, dx$

Nos Exercícios 43 a 46, resolva a equação diferencial.

43. $\frac{dr}{d\theta} = \operatorname{sen}^4 \pi\theta$
44. $\frac{ds}{d\alpha} = \operatorname{sen}^2 \frac{\alpha}{2} \cos^2 \frac{\alpha}{2}$
45. $y' = \operatorname{tg}^3 3x \sec 3x$
46. $y' = \sqrt{\operatorname{tg} x} \sec^4 x$

Campo de Direções **Nos Exercícios 47 e 48, são dados uma equação diferencial, um ponto e um campo de direções. (a) Esboce duas soluções aproximadas da equação diferencial sobre o campo de direções, uma delas passando pelo ponto dado. (b) Use integração para achar a solução particular e use uma ferramenta gráfica para desenhar o gráfico da solução. Compare o resultado com os esboços feitos no item(a). Para imprimir uma cópia ampliada do gráfico, consulte *www.mathgraphs.com*.**

47. $\frac{dy}{dx} = \operatorname{sen}^2 x,\ (0, 0)$
48. $\frac{dy}{dx} = \sec^2 x \operatorname{tg}^2 x,\ \left(0, -\frac{1}{4}\right)$

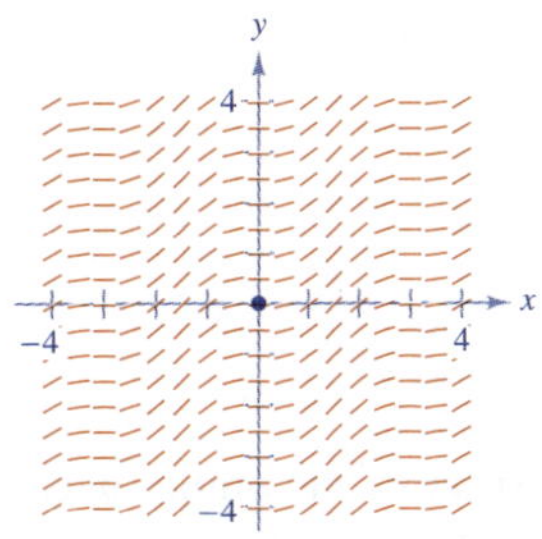

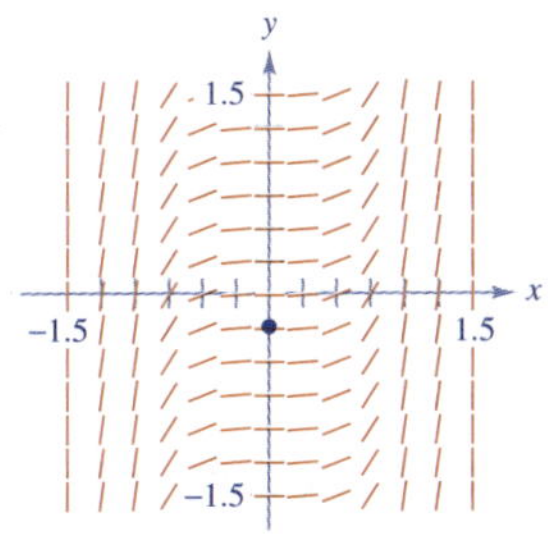

Campo de Direções **Nos Exercícios 49 e 50, use um sistema de manipulação algébrica para desenhar o campo de direções para a equação diferencial e desenhe a solução que satisfaz as condições iniciais especificadas.**

49. $\frac{dy}{dx} = \frac{3 \operatorname{sen} x}{y},\ y(0) = 2$
50. $\frac{dy}{dx} = 3\sqrt{y} \operatorname{tg}^2 x,\ y(0) = 3$

Nos Exercícios 51 a 54, ache a integral.

51. $\int \operatorname{sen} 3x \cos 2x\, dx$
52. $\int \cos 4\theta \cos(-3\theta)\, d\theta$
53. $\int \operatorname{sen} \theta \operatorname{sen} 3\theta\, d\theta$
54. $\int \operatorname{sen}(-4x) \cos 3x\, dx$

Nos Exercícios 55 a 64, ache a integral. Use um sistema de manipulação algébrica para conferir o seu resultado.

55. $\int \operatorname{cotg}^3 2x\, dx$
56. $\int \operatorname{tg}^4 \frac{x}{2} \sec^4 \frac{x}{2}\, dx$
57. $\int \operatorname{cossec}^4 \theta\, d\theta$
58. $\int \operatorname{cossec}^2 3x \operatorname{cotg} 3x\, dx$

59. $\displaystyle\int \frac{\cot g^2 t}{\operatorname{cossec} t}\,dt$

60. $\displaystyle\int \frac{\cot g^3 t}{\operatorname{cossec} t}\,dt$

61. $\displaystyle\int \frac{1}{\sec x \operatorname{tg} x}\,dx$

62. $\displaystyle\int \frac{\operatorname{sen}^2 x - \cos^2 x}{\cos x}\,dx$

63. $\displaystyle\int (\operatorname{tg}^4 t - \sec^4 t)\,dt$

64. $\displaystyle\int \frac{1 - \sec t}{\cos t - 1}\,dt$

Nos Exercícios 65 a 72, calcule a integral definida.

65. $\displaystyle\int_{-\pi}^{\pi} \operatorname{sen}^2 x\,dx$

66. $\displaystyle\int_0^{\pi/3} \operatorname{tg}^2 x\,dx$

67. $\displaystyle\int_0^{\pi/4} \operatorname{tg}^3 x\,dx$

68. $\displaystyle\int_0^{\pi/4} \sec^2 t\sqrt{\operatorname{tg} t}\,dt$

69. $\displaystyle\int_0^{\pi/2} \frac{\cos t}{1 + \operatorname{sen} t}\,dt$

70. $\displaystyle\int_{-\pi}^{\pi} \operatorname{sen} 3\theta \cos\theta\,d\theta$

71. $\displaystyle\int_{-\pi/2}^{\pi/2} \cos^3 x\,dx$

72. $\displaystyle\int_{-\pi/2}^{\pi/2} (\operatorname{sen}^2 x + 1)\,dx$

Nos Exercícios 73 a 78, use um sistema de manipulação algébrica para calcular a integral definida. Desenhe as primitivas para dois valores diferentes da constante de integração.

73. $\displaystyle\int \cos^4 \frac{x}{2}\,dx$

74. $\displaystyle\int \operatorname{sen}^2 x \cos^2 x\,dx$

75. $\displaystyle\int \sec^5 \pi x\,dx$

76. $\displaystyle\int \operatorname{tg}^3(1 - x)\,dx$

77. $\displaystyle\int \sec^5 \pi x \operatorname{tg} \pi x\,dx$

78. $\displaystyle\int \sec^4(1 - x)\operatorname{tg}(1 - x)\,dx$

Nos Exercícios 79 a 82, use um sistema de manipulação algébrica para calcular a integral definida.

79. $\displaystyle\int_0^{\pi/4} \operatorname{sen} 2\theta \operatorname{sen} 3\theta\,d\theta$

80. $\displaystyle\int_0^{\pi/2} (1 - \cos\theta)^2\,d\theta$

81. $\displaystyle\int_0^{\pi/2} \operatorname{sen}^4 x\,dx$

82. $\displaystyle\int_0^{\pi/2} \operatorname{sen}^6 x\,dx$

Questões Conceituais

83. Com suas próprias palavras, descreva como você integraria $\int \operatorname{sen}^m x \cos^n x\,dx$ para cada condição:
   (a) m é positivo e ímpar.
   (b) n é positivo e ímpar.
   (c) m e n são ambos positivos e pares.

84. Com suas próprias palavras, descreva como você integraria $\int \sec^m x \operatorname{tg}^n x\,dx$ para cada condição:
   (a) m é positivo e par.
   (b) n é positivo e ímpar.
   (c) n é positivo e par, e não há fatores de secantes.
   (d) m é positivo e ímpar, e não há fatores de tangentes.

Nos Exercícios 85 e 86, (a) ache a integral definida de duas maneiras diferentes. (b) Use uma ferramenta gráfica para desenhar a primitiva (sem a constante de integração) obtida em cada método para mostrar que os resultados diferem somente por uma constante. (c) Verifique analiticamente que os resultados diferem apenas por uma constante.

85. $\displaystyle\int \sec^4 3x \operatorname{tg}^3 3x\,dx$

86. $\displaystyle\int \sec^2 x \operatorname{tg} x\,dx$

Área **Nos Exercícios 87 a 90, ache a área da região delimitada pelos gráficos das equações.**

87. $y = \operatorname{sen} x,\quad y = \operatorname{sen}^3 x,\quad x = 0,\quad x = \pi/2$

88. $y = \operatorname{sen}^2 \pi x,\quad y = 0,\quad x = 0,\quad x = 1$

89. $y = \cos^2 x,\quad y = \operatorname{sen}^2 x,\quad x = -\pi/4,\quad x = \pi/4$

90. $y = \cos^2 x,\quad y = \operatorname{sen} x \cos x,\quad x = -\pi/2,\quad x = \pi/4$

Volume **Nos Exercícios 91 e 92, ache o volume do sólido obtido pela revolução da região delimitada pelos gráficos das equações em torno do eixo x.**

91. $y = \operatorname{tg} x,\quad y = 0,\quad x = -\pi/4\quad x = \pi/4$

92. $y = \cos \dfrac{x}{2},\quad y = \operatorname{sen} \dfrac{x}{2},\quad x = 0,\quad x = \pi/2$

Volume e Centróide **Nos Exercícios 93 e 94, ache para a região delimitada pelos gráficos das equações, (a) o volume do sólido obtido pela revolução da região em torno do eixo x e (b) o centróide da região.**

93. $y = \operatorname{sen} x,\ y = 0,\ x = 0,\ x = \pi$

94. $y = \cos x,\ y = 0,\ x = 0,\ x = \pi/2$

Nos Exercícios 95 a 98, use integração por partes para verificar a fórmula de redução.

95. $\displaystyle\int \operatorname{sen}^n x\,dx = -\frac{\operatorname{sen}^{n-1} x \cos x}{n} + \frac{n-1}{n}\int \operatorname{sen}^{n-2} x\,dx$

96. $\displaystyle\int \cos^n x\,dx = \frac{\cos^{n-1} x \operatorname{sen} x}{n} + \frac{n-1}{n}\int \cos^{n-2} x\,dx$

97. $\displaystyle\int \cos^m x \operatorname{sen}^n x\,dx = -\frac{\cos^{m+1} x \operatorname{sen}^{n-1} x}{m+n} + \frac{n-1}{m+n}\int \cos^m x \operatorname{sen}^{n-2} x\,dx$

98. $\displaystyle\int \sec^n x\,dx = \frac{1}{n-1}\sec^{n-2} x \operatorname{tg} x + \frac{n-2}{n-1}\int \sec^{n-2} x\,dx$

Nos Exercícios 99 a 102, use os resultados dos Exercícios 95 a 98 para achar a integral.

99. $\displaystyle\int \operatorname{sen}^5 x\,dx$

100. $\displaystyle\int \cos^4 x\,dx$

101. $\displaystyle\int \sec^4 \frac{2\pi x}{5}\,dx$

102. $\displaystyle\int \operatorname{sen}^4 x \cos^2 x\,dx$

103. ***Modelando Dados*** A tabela mostra a temperatura máxima normal ("high") e a temperatura mínima normal ("low") (em graus Fahrenheit) em Eire, Pensilvânia, para cada mês do ano. (*Fonte: NOOA.*)

Mês	Jan	Fev	Mar	Abr	Maio	Jun
Máx	33,5	35,4	44,7	55,6	67,4	76,2
Mín	20,3	20,9	28,2	37,9	48,7	58,5

Mês	Jul	Ago	Set	Out	Nov	Dez
Máx	80,4	79,0	72,0	61,0	49,3	38,6
Mín	63,7	62,7	55,9	45,5	36,4	26,8

As temperaturas máxima e mínima podem ser modeladas por

$$f(t) = a_0 + a_1 \cos \frac{\pi t}{6} + b_1 \operatorname{sen} \frac{\pi t}{6}$$

onde $t = 0$ corresponde a janeiro e a_0, a_1 e b_1 são definidos a seguir:

$$a_0 = \frac{1}{12}\int_0^{12} f(t)\, dt$$

$$a_1 = \frac{1}{6}\int_0^{12} f(t) \cos \frac{\pi t}{6}\, dt$$

$$b_1 = \frac{1}{6}\int_0^{12} f(t) \operatorname{sen} \frac{\pi t}{6}\, dt$$

(a) Aproxime o modelo $H(t)$ para as temperaturas máximas. (*Sugestão*: Use a Regra de Simpson para aproximar as integrais e use os dados de janeiro duas vezes.)

(b) Aproxime o modelo $L(t)$ para as temperaturas mínimas.

(c) Use uma ferramenta gráfica para comparar cada modelo com os dados da tabela. Em que parte do ano a diferença entre as temperaturas máxima e mínima é a maior?

104. ***Fórmulas de Wallis*** Use o resultado do Exercício 96 para provar as seguintes versões das Fórmulas de Wallis.

(a) Se n é ímpar ($n \geq 3$), então

$$\int_0^{\pi/2} \cos^n x\, dx = \left(\frac{2}{3}\right)\left(\frac{4}{5}\right)\left(\frac{6}{7}\right) \cdots \left(\frac{n-1}{n}\right).$$

(b) Se n é par ($n \geq 2$), então

$$\int_0^{\pi/2} \cos^n x\, dx = \left(\frac{1}{2}\right)\left(\frac{3}{4}\right)\left(\frac{5}{6}\right) \cdots \left(\frac{n-1}{n}\right)\left(\frac{\pi}{2}\right).$$

105. O **produto interno** de duas funções f e g em $[a, b]$ é dado por $\langle f, g\rangle = \int_a^b f(x)g(x)\, dx$. Duas funções diferentes são ditas **ortogonais** se $\langle f, g\rangle = 0$. Mostre que o seguinte conjunto de funções é ortogonal em $[-\pi, \pi]$.

$\{\operatorname{sen} x, \operatorname{sen} 2x, \operatorname{sen} 3x, \ldots, \cos x, \cos 2x, \cos 3x, \ldots\}$

106. ***Série de Fourier*** A soma seguinte é uma *série de Fourier finita.*

$$f(x) = \sum_{i=1}^{N} a_i \operatorname{sen} ix = a_1 \operatorname{sen} x + a_2 \operatorname{sen} 2x + a_3 \operatorname{sen} 3x + \cdots + a_N \operatorname{sen} Nx$$

(a) Use o Exercício 105 para mostrar que o n-ésimo coeficiente a_n é dado por

$$a_n = \frac{1}{\pi}\int_{-\pi}^{\pi} f(x) \operatorname{sen} nx\, dx.$$

(b) Seja $f(x) = x$. Ache a_1, a_2, e a_3.

Projeto da Seção: Redes Elétricas

Redes elétricas são construídas estendendo-se fios entre suportes e ajustando a tensão em cada trecho de cabo entre dois suportes. O cabo fica pendurado entre os suportes no formato de uma catenária, como mostra a figura.

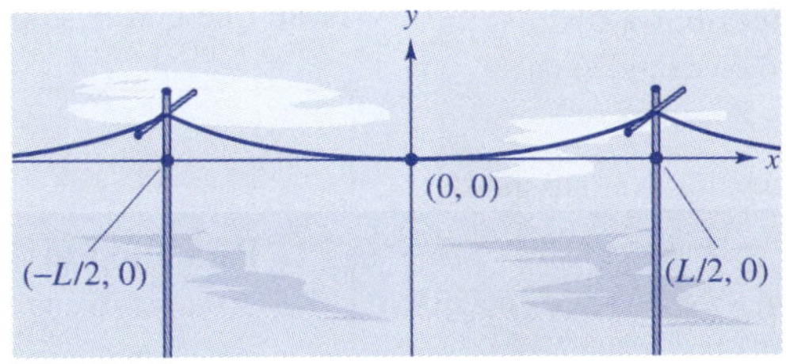

Seja T a tensão (em libras) de um trecho de cabo entre dois suportes, seja u sua densidade (em libras por pés), seja $g \approx 32{,}2$ a aceleração da gravidade (em pés por segundo ao quadrado), e seja L a distância em pés entre os suportes. Então a equação da catenária é $y = \frac{T}{ug}\left(\cosh \frac{ugx}{T} - 1\right)$, onde x e y são medidos em pés.

(a) Ache o comprimento do cabo entre dois postes.

(b) Para medir a tensão em uma parte de cabo entre dois suportes, os eletricistas usam o *método da onda de retorno.* O cabo é tocado em um dos suportes, criando uma onda nele, e o tempo t que a onda leva para ir e voltar é medido. A velocidade v (em pés por segundos) é dada por $v = \sqrt{T/u}$. Quanto tempo a onda leva para ir e voltar entre os suportes?

(c) A altura mais baixa s do cabo (em polegadas) pode ser obtida calculando y para $x = L/2$. Na prática, entretanto, os eletricistas usam a equação do "homem dos fios" dada por $s \approx 12{,}075t^2$. Use o fato de que $[\cosh(ugL/2T) + 1] \approx 2$ para deduzir essa equação.

PARA MAIS INFORMAÇÃO Para aprender mais sobre a matemática dos cabos de energia, veja o artigo "Constructing Power Lines", de Thomas O'Neil, em *The UMAP Journal.*

Seção 8.4 Substituição Trigonométrica

- **Usar uma substituição trigonométrica para resolver uma integral.**
- **Usar integrais para modelar e resolver problemas da vida real.**

Substituição Trigonométrica

Agora que você sabe calcular integrais que envolvem potências de funções trigonométricas, pode usar uma **substituição trigonométrica** para calcular integrais que envolvam radicais

$$\sqrt{a^2 - u^2}, \qquad \sqrt{a^2 + u^2} \qquad \text{e} \qquad \sqrt{u^2 - a^2}.$$

INVESTIGAÇÃO

Integrando uma Função com Radical

Até agora, você ainda não calculou a seguinte integral:

$$\int_{-1}^{1} \sqrt{1 - x^2}\, dx$$

Pela geometria, você deveria ser capaz de achar o valor exato dessa integral — qual é ele? Usando integração numérica com a Regra de Simpson ou a Regra do Trapézio, você não estaria seguro da exatidão da aproximação. Por quê?

Tente achar o valor exato usando a substituição

$$x = \text{sen}\,\theta \text{ e } dx = \cos\theta\, d\theta.$$

Sua resposta é a mesma que a obtida usando geometria?

O objetivo é usar uma substituição trigonométrica para eliminar o radical no integrando. Você faz isso com as identidades

$$\cos^2\theta = 1 - \text{sen}^2\theta, \quad \sec^2\theta = 1 + \text{tg}^2\theta \quad \text{e} \quad \text{tg}^2\theta = \sec^2\theta - 1.$$

Por exemplo, se $a > 0$, faça $u = a\,\text{sen}\,\theta$, onde $-\pi/2 \le \theta \le \pi/2$. Então

$$\begin{aligned}\sqrt{a^2 - u^2} &= \sqrt{a^2 - a^2\,\text{sen}^2\theta}\\ &= \sqrt{a^2(1 - \text{sen}^2\theta)}\\ &= \sqrt{a^2\cos^2\theta}\\ &= a\cos\theta.\end{aligned}$$

Note que $\cos\theta \ge 0$, pois $-\pi/2 \le \theta \le \pi/2$.

Substituição Trigonométrica ($a > 0$)

1. Para integrais que envolvem $\sqrt{a^2 - u^2}$, faça

   $u = a\,\text{sen}\,\theta.$

   Então $\sqrt{a^2 - u^2} = a\cos\theta$, onde $-\pi/2 \le \theta \le \pi/2$.

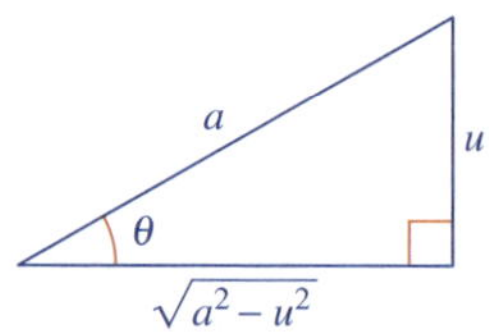

2. Para integrais que envolvem $\sqrt{a^2 + u^2}$, faça

   $u = a\,\text{tg}\,\theta.$

   Então $\sqrt{a^2 + u^2} = a\sec\theta$, onde $-\pi/2 < \theta < \pi/2$.

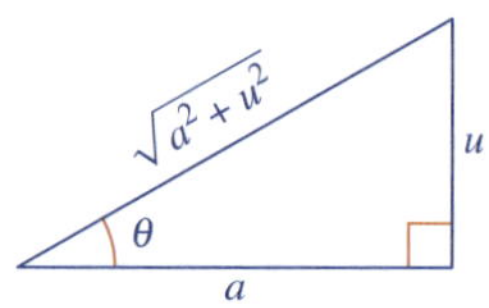

3. Para integrais que envolvem $\sqrt{u^2 - a^2}$, faça

   $u = a\sec\theta.$

   Então $\sqrt{u^2 - a^2} = \pm a\,\text{tg}\,\theta$, onde $0 \le \theta < \pi/2$ ou $\pi/2 < \theta \le \pi$. Use o valor positivo se $u > a$ e o negativo se $u < -a$.

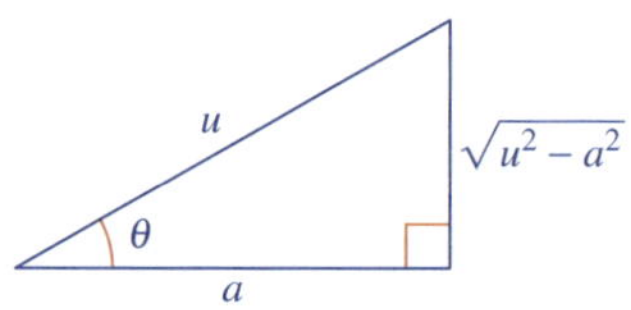

OBSERVAÇÃO As restrições em θ garantem que a função que define a substituição é injetora. Na verdade, esses são os mesmos intervalos sobre os quais as funções arcosseno, arcotangente e arcossecante estão definidas.

EXEMPLO 1 Substituição Trigonométrica: $u = a\,\text{sen}\,\theta$

Calcule $\displaystyle\int \frac{dx}{x^2\sqrt{9 - x^2}}$.

Solução Primeiro, note que nenhuma das regras básicas de integração é aplicável. Para usar uma substituição trigonométrica, observe que $\sqrt{9 - x^2}$ é da forma $\sqrt{a^2 - u^2}$. Assim, você pode usar a substituição

$$x = a\,\text{sen}\,\theta = 3\,\text{sen}\,\theta.$$

Usando derivação e o triângulo mostrado na Figura 8.6, você obtém

$$dx = 3\cos\theta\, d\theta, \qquad \sqrt{9 - x^2} = 3\cos\theta \qquad \text{e} \qquad x^2 = 9\,\text{sen}^2\theta.$$

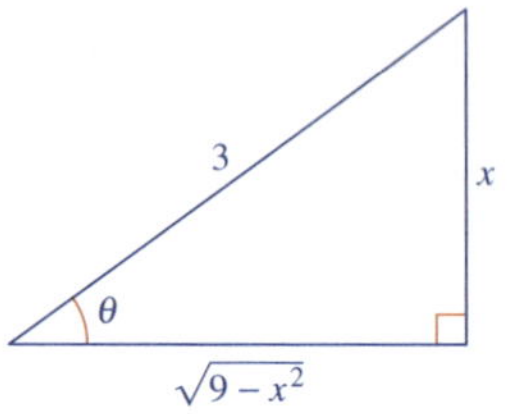

$\text{sen}\,\theta = \dfrac{x}{3}$, $\text{cotg}\,\theta = \dfrac{\sqrt{9 - x^2}}{x}$.

Figura 8.6

Assim, a substituição trigonométrica implica

$$\begin{aligned}\int \frac{dx}{x^2\sqrt{9-x^2}} &= \int \frac{3\cos\theta\, d\theta}{(9\,\text{sen}^2\,\theta)(3\cos\theta)} && \text{Substitua}\\ &= \frac{1}{9}\int \frac{d\theta}{\text{sen}^2\,\theta} && \text{Simplifique}\\ &= \frac{1}{9}\int \text{cossec}^2\,\theta\, d\theta && \text{Identidade trigonométrica}\\ &= -\frac{1}{9}\,\text{cotg}\,\theta + C && \text{Aplique a Regra da Cossecante}\\ &= -\frac{1}{9}\left(\frac{\sqrt{9-x^2}}{x}\right) + C && \text{Substitua cotg}\ \theta\\ &= -\frac{\sqrt{9-x^2}}{9x} + C. \end{aligned}$$

Note que o triângulo na Figura 8.6 pode ser usado para transformar os θ's de volta em x's como a seguir.

$$\begin{aligned}\text{cotg}\,\theta &= \frac{\text{cateto adjacente}}{\text{cateto oposto}}\\ &= \frac{\sqrt{9-x^2}}{x}\end{aligned}$$

TECNOLOGIA Use um sistema de manipulação algébrica para achar cada uma das integrais indefinidas.

$$\int \frac{dx}{\sqrt{9-x^2}} \qquad \int \frac{dx}{x\sqrt{9-x^2}} \qquad \int \frac{dx}{x^2\sqrt{9-x^2}} \qquad \int \frac{dx}{x^3\sqrt{9-x^2}}$$

Use então uma substituição trigonométrica para obter de novo os resultados obtidos com o sistema de manipulação algébrica.

Em um capítulo anterior, você viu que as funções hiperbólicas inversas podem ser usadas para calcular as integrais

$$\int \frac{du}{\sqrt{u^2 \pm a^2}}, \qquad \int \frac{du}{a^2 - u^2} \qquad \text{e} \qquad \int \frac{du}{u\sqrt{a^2 \pm u^2}}.$$

Você também pode calcular essas integrais usando uma substituição trigonométrica. Isso será mostrado no próximo exemplo.

EXEMPLO 2 Substituição Trigonométrica: $u = a$ tg θ

Ache $\displaystyle\int \frac{dx}{\sqrt{4x^2+1}}$.

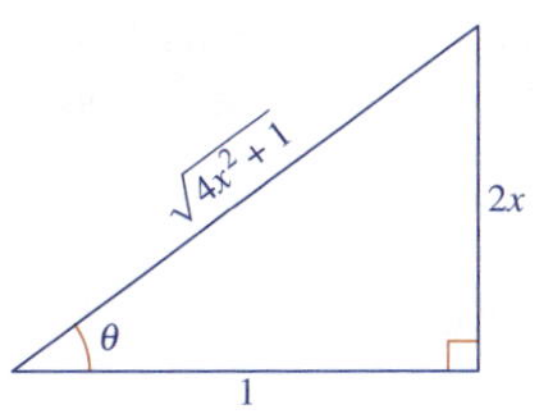

tg $\theta = 2x$, sec $\theta = \sqrt{4x^2+1}$.
Figura 8.7

Solução Sejam $u = 2x$, $a = 1$ e $2x = \text{tg}\,\theta$, como é mostrado na Figura 8.7. Então

$$dx = \frac{1}{2}\sec^2\theta\, d\theta \qquad \text{e} \qquad \sqrt{4x^2+1} = \sec\theta.$$

A substituição trigonométrica produz

$$\int \frac{1}{\sqrt{4x^2+1}}\,dx = \frac{1}{2}\int \frac{\sec^2\theta\,d\theta}{\sec\theta} \quad \text{Substitua}$$

$$= \frac{1}{2}\int \sec\theta\,d\theta \quad \text{Simplifique}$$

$$= \frac{1}{2}\ln|\sec\theta + \operatorname{tg}\theta| + C \quad \text{Aplique a Regra da Secante}$$

$$= \frac{1}{2}\ln|\sqrt{4x^2+1} + 2x| + C. \quad \text{Substitua de volta}$$

Tente conferir a resposta com um sistema de manipulação algébrica. O resultado é da mesma forma ou da forma de uma função hiperbólica inversa?

Você pode estender o uso de substituição trigonométrica para abranger integrais que envolvam expressões tais como $(a^2 - u^2)^{n/2}$ escrevendo a expressão como:

$$(a^2 - u^2)^{n/2} = \left(\sqrt{a^2-u^2}\right)^n.$$

EXEMPLO 3 Substituição Trigonométrica: Potências Racionais

Calcule $\displaystyle\int \frac{dx}{(x^2+1)^{3/2}}$.

Solução Comece escrevendo $(x^2+1)^{3/2}$ como $\left(\sqrt{x^2+1}\right)^3$. Então, seja $a = 1$ e $u = x = \operatorname{tg}\theta$, como é mostrado na Figura 8.8. Usando

$$dx = \sec^2\theta\,d\theta \quad \text{e} \quad \sqrt{x^2+1} = \sec\theta$$

podemos aplicar a substituição trigonométrica como a seguir:

$$\int \frac{dx}{(x^2+1)^{3/2}} = \int \frac{dx}{\left(\sqrt{x^2+1}\right)^3} \quad \text{Reescreva o denominador}$$

$$= \int \frac{\sec^2\theta\,d\theta}{\sec^3\theta} \quad \text{Substitua}$$

$$= \int \frac{d\theta}{\sec\theta} \quad \text{Simplifique}$$

$$= \int \cos\theta\,d\theta \quad \text{Identidade trigonométrica}$$

$$= \operatorname{sen}\theta + C \quad \text{Aplique a Regra do Cosseno}$$

$$= \frac{x}{\sqrt{x^2+1}} + C \quad \text{Substitua de volta}$$

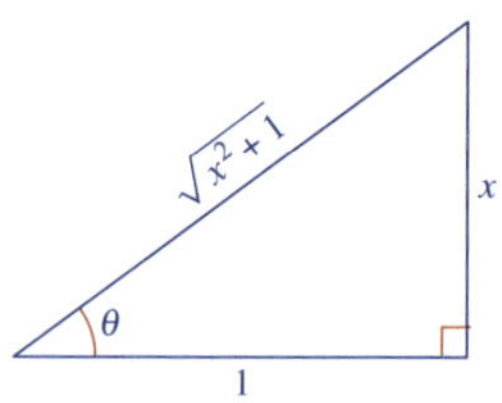

$\operatorname{tg}\theta = x$, $\operatorname{sen}\theta = \dfrac{x}{\sqrt{x^2+1}}$

Figura 8.8

Para integrais definidas é em geral mais conveniente determinar os limites de integração para θ do que voltar para a variável x. Você pode querer rever esse procedimento na Seção 4.5, Exemplos 8 e 9.

EXEMPLO 4 Mudando os Limites de Integração

Calcule $\displaystyle\int_{\sqrt{3}}^{2} \frac{\sqrt{x^2-3}}{x}\,dx$.

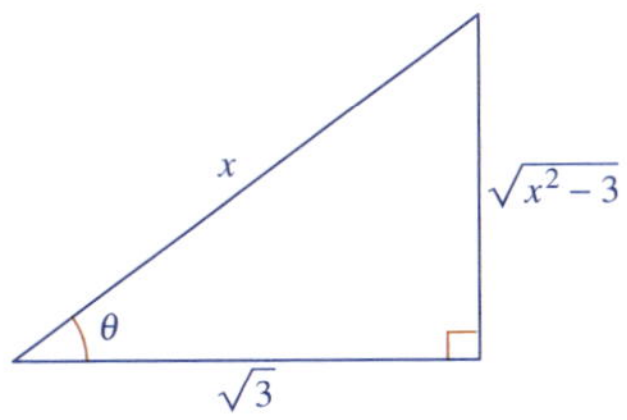

$\sec\theta = \dfrac{x}{\sqrt{3}}$, $\operatorname{tg}\theta = \dfrac{\sqrt{x^2-3}}{\sqrt{3}}$

Figura 8.9

Solução Como $\sqrt{x^2-3}$ tem a forma $\sqrt{u^2-a^2}$, podemos considerar

$$u = x, \quad a = \sqrt{3} \quad \text{e} \quad x = \sqrt{3}\sec\theta$$

como mostra a Figura 8.9. Então,

$$dx = \sqrt{3}\sec\theta\,\operatorname{tg}\theta\,d\theta \qquad \text{e} \qquad \sqrt{x^2-3} = \sqrt{3}\operatorname{tg}\theta.$$

Para determinar os limites de integração superior e inferior, use a substituição $x = \sqrt{3}\sec\theta$.

Limite Inferior	*Limite Superior*
Quando $x = \sqrt{3}$, $\sec\theta = 1$ e $\theta = 0$.	Quando $x = 2$, $\sec\theta = \dfrac{2}{\sqrt{3}}$ e $\theta = \dfrac{\pi}{6}$.

Assim, temos

Limites de integração para x — Limites de integração para θ

$$\begin{aligned}\int_{\sqrt{3}}^{2} \frac{\sqrt{x^2-3}}{x}\,dx &= \int_0^{\pi/6} \frac{(\sqrt{3}\operatorname{tg}\theta)(\sqrt{3}\sec\theta\operatorname{tg}\theta)\,d\theta}{\sqrt{3}\sec\theta}\\
&= \int_0^{\pi/6} \sqrt{3}\operatorname{tg}^2\theta\,d\theta\\
&= \sqrt{3}\int_0^{\pi/6} (\sec^2\theta - 1)\,d\theta\\
&= \sqrt{3}\Big[\operatorname{tg}\theta - \theta\Big]_0^{\pi/6}\\
&= \sqrt{3}\left(\frac{1}{\sqrt{3}} - \frac{\pi}{6}\right)\\
&= 1 - \frac{\sqrt{3}\pi}{6}\\
&\approx 0{,}0931.\end{aligned}$$

No Exemplo 4, tente voltar para a variável x e calcular a primitiva nos limites de integração originais. Você obterá

$$\int_{\sqrt{3}}^{2} \frac{\sqrt{x^2-3}}{x}\,dx = \sqrt{3}\left[\frac{\sqrt{x^2-3}}{\sqrt{3}} - \operatorname{arcsec}\frac{x}{\sqrt{3}}\right]_{\sqrt{3}}^{2}.$$

Quando usar uma substituição trigonométrica para calcular integrais definidas, você precisa ser cuidadoso e verificar se os valores de θ estão nos intervalos discutidos no início desta seção. Por exemplo, se no Exemplo 4 você tivesse de calcular a integral definida

$$\int_{-2}^{-\sqrt{3}} \frac{\sqrt{x^2-3}}{x}\,dx$$

então, usar $u = x$ e $a = \sqrt{3}$ no intervalo $[-2, -\sqrt{3}]$ implica que $u < -a$. Assim, para determinar os limites superior e inferior de integração, você deveria escolher θ tal que $\pi/2 < \theta \le \pi$. Nesse caso, a integral poderia ser calculada como a seguir.

$$\begin{aligned}
\int_{-2}^{-\sqrt{3}} \frac{\sqrt{x^2-3}}{x}\,dx &= \int_{5\pi/6}^{\pi} \frac{(-\sqrt{3}\,\text{tg}\,\theta)(\sqrt{3}\sec\theta\,\text{tg}\,\theta)\,d\theta}{\sqrt{3}\sec\theta} \\
&= \int_{5\pi/6}^{\pi} -\sqrt{3}\,\text{tg}^2\,\theta\,d\theta \\
&= -\sqrt{3}\int_{5\pi/6}^{\pi} (\sec^2\theta - 1)\,d\theta \\
&= -\sqrt{3}\Big[\text{tg}\,\theta - \theta\Big]_{5\pi/6}^{\pi} \\
&= -\sqrt{3}\left[(0-\pi) - \left(-\frac{1}{\sqrt{3}} - \frac{5\pi}{6}\right)\right] \\
&= -1 + \frac{\sqrt{3}\pi}{6} \\
&\approx -0{,}0931
\end{aligned}$$

Uma substituição trigonométrica pode ser usada com o completamento de quadrado. Por exemplo, tente calcular a seguinte integral:

$$\int \sqrt{x^2 - 2x}\,dx$$

Para começar, você poderia completar o quadrado e escrever a integral como

$$\int \sqrt{(x-1)^2 - 1^2}\,dx.$$

Substituições trigonométricas podem ser usadas para calcular as três integrais listadas no teorema a seguir. Essas integrais serão encontradas várias vezes no restante do texto. Quando isso acontecer, nos referiremos a esse teorema. (No Exercício 85, proporemos que você verifique as fórmulas dadas no teorema.)

TEOREMA 8.2 Fórmulas Especiais de Integração ($a > 0$)

1. $\displaystyle\int \sqrt{a^2 - u^2}\,du = \frac{1}{2}\left(a^2 \operatorname{arcsen}\frac{u}{a} + u\sqrt{a^2 - u^2}\right) + C$
2. $\displaystyle\int \sqrt{u^2 - a^2}\,du = \frac{1}{2}\left(u\sqrt{u^2 - a^2} - a^2 \ln\left|u + \sqrt{u^2 - a^2}\right|\right) + C, \quad u > a$
3. $\displaystyle\int \sqrt{u^2 + a^2}\,du = \frac{1}{2}\left(u\sqrt{u^2 + a^2} + a^2 \ln\left|u + \sqrt{u^2 + a^2}\right|\right) + C$

Aplicações

EXEMPLO 5 Encontrando um Comprimento de Arco

Ache o comprimento de arco do gráfico de $f(x) = \frac{1}{2}x^2$ de $x = 0$ até $x = 1$ (veja a Figura 8.10).

Solução Veja a fórmula para o comprimento de arco da Seção 7.4.

$$s = \int_0^1 \sqrt{1 + [f'(x)]^2}\,dx \qquad \text{Fórmula para o comprimento de arco}$$

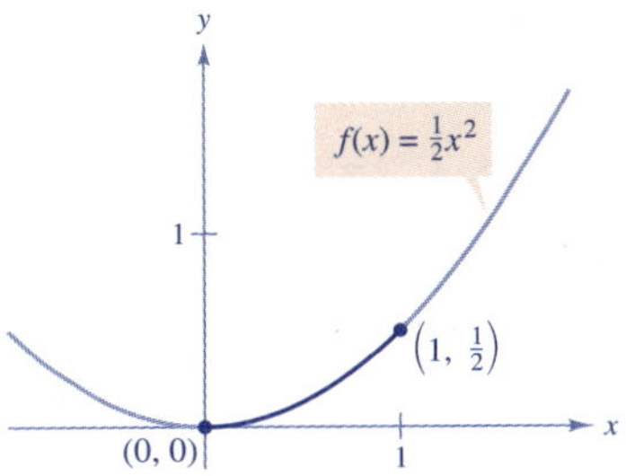

O comprimento do arco da curva de (0, 0) a $\left(1, \frac{1}{2}\right)$.
Figura 8.10

$$= \int_0^1 \sqrt{1 + x^2}\, dx \qquad f'(x) = x$$

$$= \int_0^{\pi/4} \sec^3 \theta\, d\theta \qquad \text{Faça } a = 1 \text{ e } x = \text{tg}\, \theta$$

$$= \frac{1}{2}\left[\sec \theta\, \text{tg}\, \theta + \ln|\sec \theta + \text{tg}\, \theta|\right]_0^{\pi/4} \qquad \text{Exemplo 5, Seção 8.2}$$

$$= \frac{1}{2}\left[\sqrt{2} + \ln\left(\sqrt{2} + 1\right)\right] \approx 1{,}148$$

EXEMPLO 6 Comparando Duas Forças de Fluido

Um barril de petróleo lacrado (pesando 48 libras por pé cúbico) está flutuando na água do mar (pesando 64 libras por pé cúbico) como é mostrado nas Figuras 8.11 e 8.12. (O barril não está completamente cheio de petróleo — no seu comprimento, os 0,2 pés do topo do barril estão vazios.) Compare as forças de fluido, de dentro para fora e de fora para dentro, em uma das extremidades do barril.

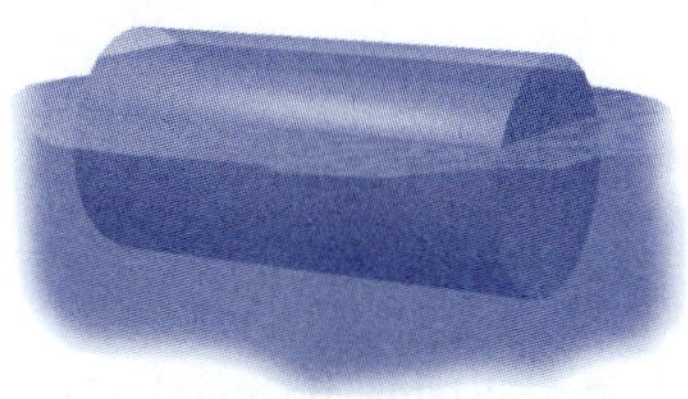

O barril não está completamente cheio de petróleo — o topo de 0,2 pés do barril está vazio.
Figura 8.11

Solução Na Figura 8.12, coloque o sistema de coordenadas com a origem no centro do círculo dado por $x^2 + y^2 = 1$. Para achar a força de fluido contra uma extremidade do barril *de dentro para fora*, integre entre -1 e 0,8 (usando uma densidade de $w = 48$).

$$F = w\int_c^d h(y)L(y)\, dy \qquad \text{Equação geral (veja a Seção 7.7)}$$

$$F_{\text{dentro}} = 48\int_{-1}^{0{,}8} (0{,}8 - y)(2)\sqrt{1 - y^2}\, dy$$

$$= 76{,}8\int_{-1}^{0{,}8} \sqrt{1 - y^2}\, dy - 96\int_{-1}^{0{,}8} y\sqrt{1 - y^2}\, dy$$

Para achar a força de fluido de fora para dentro, integre entre -1 e 0,4 (usando uma densidade de 64).

$$F_{\text{fora}} = 64\int_{-1}^{0{,}4} (0{,}4 - y)(2)\sqrt{1 - y^2}\, dy$$

$$= 51{,}2\int_{-1}^{0{,}4} \sqrt{1 - y^2}\, dy - 128\int_{-1}^{0{,}4} y\sqrt{1 - y^2}\, dy$$

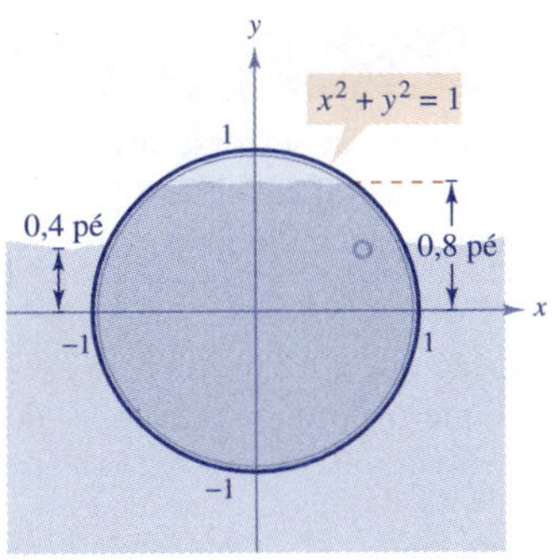

Figura 8.12

Os detalhes da integração são deixados para que você os complete no Exercício 84. Intuitivamente, você diria que a força do petróleo (de dentro) ou a força da água do mar (de fora) é a maior? Calculando as duas integrais você pode determinar que

$$F_{\text{dentro}} \approx 121{,}3 \text{ libras} \quad \text{e} \quad F_{\text{fora}} \approx 93{,}0 \text{ libras}.$$

Exercícios da Seção 8.4

Nos Exercícios 1 a 4, use diferenciação para associar a primitiva à integral correta. [As integrais estão designadas por (a), (b), (c) e (d).]

(a) $\displaystyle\int \frac{x^2}{\sqrt{16 - x^2}}\, dx$ (b) $\displaystyle\int \frac{\sqrt{x^2 + 16}}{x}\, dx$

(c) $\displaystyle\int \sqrt{7 + 6x - x^2}\, dx$ (d) $\displaystyle\int \frac{x^2}{\sqrt{x^2 - 16}}\, dx$

1. $4 \ln\left|\dfrac{\sqrt{x^2 + 16} - 4}{x}\right| + \sqrt{x^2 + 16} + C$

2. $8 \ln\left|\sqrt{x^2 - 16} + x\right| + \dfrac{x\sqrt{x^2 - 16}}{2} + C$

3. $8 \text{ arcsen } \dfrac{x}{4} - \dfrac{x\sqrt{16 - x^2}}{2} + C$

4. $8 \text{ arcsen } \dfrac{x - 3}{4} + \dfrac{(x - 3)\sqrt{7 + 6x - x^2}}{2} + C$

Nos Exercícios 5 a 8, encontre a integral indefinida usando a substituição $x = 5$ sen θ.

5. $\displaystyle\int \frac{1}{(25 - x^2)^{3/2}}\,dx$ **6.** $\displaystyle\int \frac{10}{x^2\sqrt{25 - x^2}}\,dx$

7. $\displaystyle\int \frac{\sqrt{25 - x^2}}{x}\,dx$ **8.** $\displaystyle\int \frac{x^2}{\sqrt{25 - x^2}}\,dx$

Nos Exercícios 9 a 12, encontre a integral indefinida usando a substituição $x = 2$ sec θ.

9. $\displaystyle\int \frac{1}{\sqrt{x^2 - 4}}\,dx$ **10.** $\displaystyle\int \frac{\sqrt{x^2 - 4}}{x}\,dx$

11. $\displaystyle\int x^3\sqrt{x^2 - 4}\,dx$ **12.** $\displaystyle\int \frac{x^3}{\sqrt{x^2 - 4}}\,dx$

Nos Exercícios 13 a 16, encontre a integral indefinida usando a substituição $x = $ tg θ.

13. $\displaystyle\int x\sqrt{1 + x^2}\,dx$ **14.** $\displaystyle\int \frac{9x^3}{\sqrt{1 + x^2}}\,dx$

15. $\displaystyle\int \frac{1}{(1 + x^2)^2}\,dx$ **16.** $\displaystyle\int \frac{x^2}{(1 + x^2)^2}\,dx$

Nos Exercícios 17 a 20, use as Fórmulas Especiais de Integração (Teorema 8.2) para determinar a integral.

17. $\displaystyle\int \sqrt{4 + 9x^2}\,dx$ **18.** $\displaystyle\int \sqrt{1 + x^2}\,dx$

19. $\displaystyle\int \sqrt{25 - 4x^2}\,dx$ **20.** $\displaystyle\int \sqrt{2x^2 - 1}\,dx$

Nos Exercícios 21 a 42, ache a integral.

21. $\displaystyle\int \frac{x}{\sqrt{x^2 + 9}}\,dx$ **22.** $\displaystyle\int \frac{x}{\sqrt{9 - x^2}}\,dx$

23. $\displaystyle\int \frac{1}{\sqrt{16 - x^2}}\,dx$ **24.** $\displaystyle\int \frac{1}{\sqrt{25 - x^2}}\,dx$

25. $\displaystyle\int \sqrt{16 - 4x^2}\,dx$ **26.** $\displaystyle\int x\sqrt{16 - 4x^2}\,dx$

27. $\displaystyle\int \frac{1}{\sqrt{x^2 - 9}}\,dx$ **28.** $\displaystyle\int \frac{t}{(1 - t^2)^{3/2}}\,dt$

29. $\displaystyle\int \frac{\sqrt{1 - x^2}}{x^4}\,dx$ **30.** $\displaystyle\int \frac{\sqrt{4x^2 + 9}}{x^4}\,dx$

31. $\displaystyle\int \frac{1}{x\sqrt{4x^2 + 9}}\,dx$ **32.** $\displaystyle\int \frac{1}{x\sqrt{4x^2 + 16}}\,dx$

33. $\displaystyle\int \frac{-5x}{(x^2 + 5)^{3/2}}\,dx$ **34.** $\displaystyle\int \frac{1}{(x^2 + 3)^{3/2}}\,dx$

35. $\displaystyle\int e^{2x}\sqrt{1 + e^{2x}}\,dx$ **36.** $\displaystyle\int (x + 1)\sqrt{x^2 + 2x + 2}\,dx$

37. $\displaystyle\int e^x\sqrt{1 - e^{2x}}\,dx$ **38.** $\displaystyle\int \frac{\sqrt{1 - x}}{\sqrt{x}}\,dx$

39. $\displaystyle\int \frac{1}{4 + 4x^2 + x^4}\,dx$ **40.** $\displaystyle\int \frac{x^3 + x + 1}{x^4 + 2x^2 + 1}\,dx$

41. $\displaystyle\int \text{arcsec}\,2x\,dx,\quad x > \tfrac{1}{2}$ **42.** $\displaystyle\int x\,\text{arcsen}\,x\,dx$

Nos Exercícios 43 a 46, complete o quadrado e ache a integral.

43. $\displaystyle\int \frac{1}{\sqrt{4x - x^2}}\,dx$ **44.** $\displaystyle\int \frac{x^2}{\sqrt{2x - x^2}}\,dx$

45. $\displaystyle\int \frac{x}{\sqrt{x^2 + 4x + 8}}\,dx$ **46.** $\displaystyle\int \frac{x}{\sqrt{x^2 - 6x + 5}}\,dx$

Nos Exercícios 47 a 52, calcule a integral usando (a) os limites de integração dados e (b) os limites obtidos por uma substituição trigonométrica.

47. $\displaystyle\int_0^{\sqrt{3}/2} \frac{t^2}{(1 - t^2)^{3/2}}\,dt$ **48.** $\displaystyle\int_0^{\sqrt{3}/2} \frac{1}{(1 - t^2)^{5/2}}\,dt$

49. $\displaystyle\int_0^3 \frac{x^3}{\sqrt{x^2 + 9}}\,dx$ **50.** $\displaystyle\int_0^{3/5} \sqrt{9 - 25x^2}\,dx$

51. $\displaystyle\int_4^6 \frac{x^2}{\sqrt{x^2 - 9}}\,dx$ **52.** $\displaystyle\int_3^6 \frac{\sqrt{x^2 - 9}}{x^2}\,dx$

Nos Exercícios 53 e 54, ache uma solução particular da equação diferencial.

53. $x\dfrac{dy}{dx} = \sqrt{x^2 - 9},\quad x \geq 3,\quad y(3) = 1$

54. $\sqrt{x^2 + 4}\dfrac{dy}{dx} = 1,\quad x \geq -2,\quad y(0) = 4$

Nos Exercícios 55 a 58, use um sistema de manipulação algébrica para achar a integral. Confira o resultado por diferenciação.

55. $\displaystyle\int \frac{x^2}{\sqrt{x^2 + 10x + 9}}\,dx$ **56.** $\displaystyle\int (x^2 + 2x + 11)^{3/2}\,dx$

57. $\displaystyle\int \frac{x^2}{\sqrt{x^2 - 1}}\,dx$ **58.** $\displaystyle\int x^2\sqrt{x^2 - 4}\,dx$

Questões Conceituais

59. Enuncie a substituição que você faria se fosse usar uma substituição trigonométrica e a integral envolvesse o radical dado, onde $a > 0$. Explique o seu raciocínio.

(a) $\sqrt{a^2 - u^2}$ (b) $\sqrt{a^2 + u^2}$ (c) $\sqrt{u^2 - a^2}$

60. Enuncie o método de integração que você usaria para executar cada integração. Explique o porquê da escolha de cada método. Não integre.

(a) $\displaystyle\int x\sqrt{x^2 + 1}\,dx$ (b) $\displaystyle\int x^2\sqrt{x^2 - 1}\,dx$

61. Calcule a integral $\displaystyle\int \frac{x}{x^2 + 9}\,dx$ usando (a) uma substituição por u e (b) uma substituição trigonométrica. Discuta os resultados.

62. Calcule a integral $\displaystyle\int \frac{x^2}{x^2 + 9}\,dx$ (a) algebricamente, usando $x^2 = (x^2 + 9) - 9$ e (b) usando uma substituição trigonométrica. Discuta os resultados.

Verdadeiro ou Falso? **Nos Exercícios 63 a 66, determine se a afirmação é verdadeira ou falsa. Se for falsa, explique por que ou dê um exemplo mostrando que é falsa.**

63. Se $x = \text{sen}\,\theta$, então $\displaystyle\int \frac{dx}{\sqrt{1 - x^2}} = \int d\theta.$

64. Se $x = \sec\theta$, então $\displaystyle\int \frac{\sqrt{x^2 - 1}}{x}\,dx = \int \sec\theta \,\text{tg}\,\theta\,d\theta.$

65. Se $x = \text{tg}\,\theta$, então $\displaystyle\int_0^{\sqrt{3}} \frac{dx}{(1 + x^2)^{3/2}} = \int_0^{4\pi/3} \cos\theta\,d\theta.$

66. Se $x = \text{sen}\,\theta$, então

$$\int_{-1}^{1} x^2\sqrt{1 - x^2}\,dx = 2\int_0^{\pi/2} \text{sen}^2\,\theta\cos^2\theta\,d\theta.$$

67. ***Área*** Ache a área delimitada pela elipse mostrada na figura.

$$\frac{x^2}{a^2} + \frac{y^2}{b^2} = 1$$

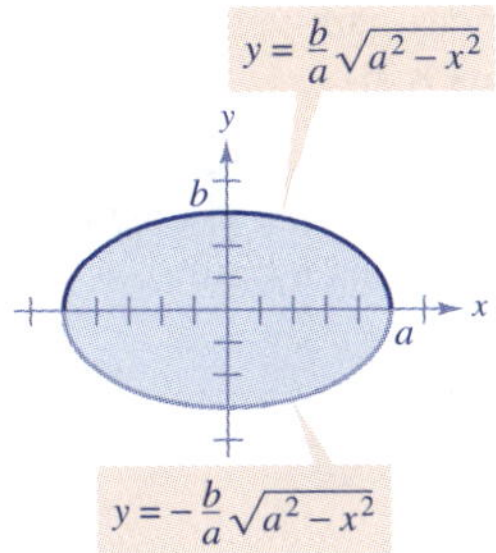

68. ***Área*** Ache a área da região sombreada do círculo de raio a, se a corda está a h unidades $(0 < h < a)$ do centro do círculo (veja a figura).

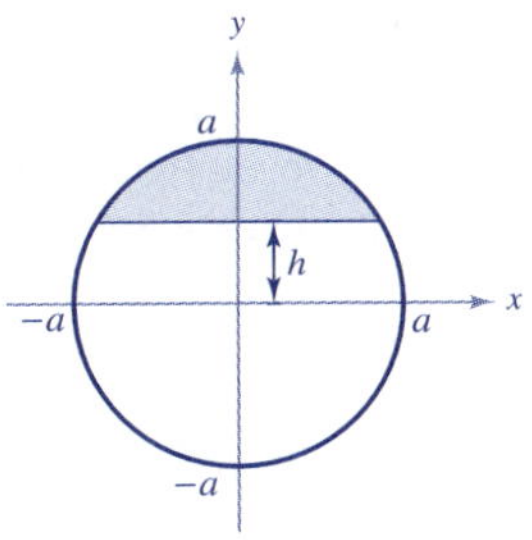

69. ***Projeto de Mecânica*** A superfície de uma parte de uma máquina é a região entre os gráficos de $y = |x|$ e $x^2 + (y - k)^2 = 25$ (veja a figura).

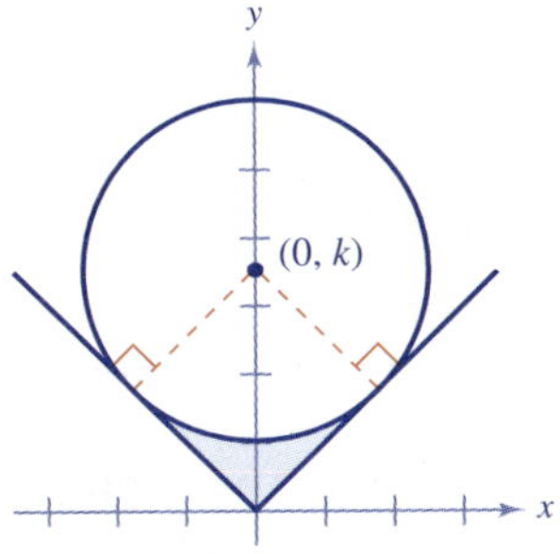

(a) Ache k se o círculo for tangente ao gráfico de $y = |x|$.

(b) Ache a área da superfície da parte da máquina.

(c) Ache a área da superfície da parte da máquina como função do raio r do círculo.

70. ***Volume*** O eixo de um tanque de estocagem na forma de um cilindro circular reto é horizontal (veja a figura). O raio e o comprimento do tanque são 1 metro e 3 metros, respectivamente.

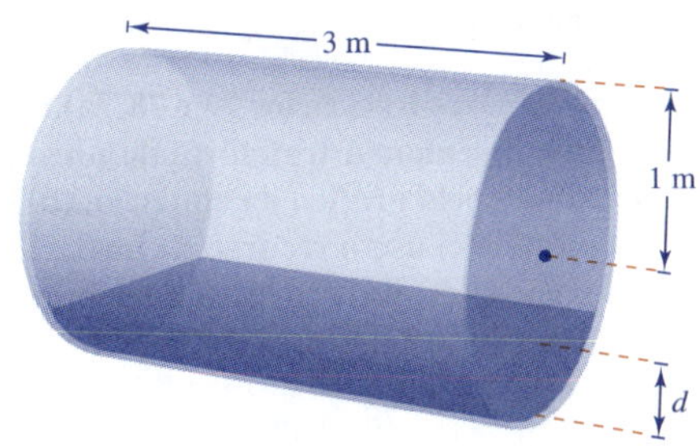

(a) Determine o volume de fluido no tanque como uma função de sua profundidade d.

(b) Use uma ferramenta gráfica para desenhar o gráfico da função da parte (a).

(c) Esboce uma régua de imersão para o tanque com as marcas de $\frac{1}{4}$, $\frac{1}{2}$ e $\frac{3}{4}$.

(d) Um fluido está entrando no tanque a uma taxa de $\frac{1}{4}$ metro cúbico por minuto. Determine a taxa de variação da profundidade do fluido como uma função de sua profundidade d.

(e) Use uma ferramenta gráfica para desenhar o gráfico da função da parte (d). Quando a taxa de variação da profundidade será mínima? Isso está de acordo com sua intuição? Explique.

Volume de um Toro **Nos Exercícios 71 e 72, ache o volume do toro gerado pela revolução da região delimitada pelo gráfico do círculo em torno do eixo *y*.**

71. $(x - 3)^2 + y^2 = 1$ (veja a figura)

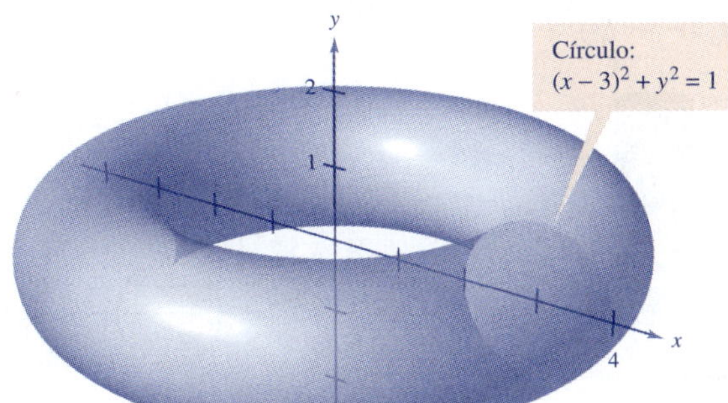

72. $(x - h)^2 + y^2 = r^2,\ h > r$

Comprimento de Arco **Nos Exercícios 73 e 74, ache o comprimento de arco da curva no intervalo dado.**

73. $y = \ln x,\quad [1, 5]$

74. $y = \frac{1}{2}x^2,\quad [0, 4]$

75. ***Comprimento de Arco*** Mostre que o comprimento de um arco da curva do seno é igual ao comprimento de um arco do da curva do cosseno.

76. ***Conjectura***

(a) Ache fórmulas para a distância entre $(0, 0)$ e (a, a^2) ao longo da reta por esses dois pontos e ao longo da parábola $y = x^2$.

(b) Use as fórmulas da parte (a) para achar as distâncias para $a = 1$ e $a = 10$.

(c) Faça uma conjectura sobra a diferença entre as duas distâncias conforme a cresce.

Movimento de um Projétil **Nos Exercícios 77 e 78, (a) use uma ferramenta gráfica para desenhar a trajetória de um projétil que segue a trajetória dada pelo gráfico da equação, (b) determine o alcance do projétil e (c) use o recurso de integração da ferramenta gráfica para determinar a distância percorrida pelo projétil.**

77. $y = x - 0{,}005x^2$ **78.** $y = x - \dfrac{x^2}{72}$

Centróide **Nos Exercícios 79 e 80, ache o centróide da região determinada pelos gráficos das desigualdades.**

79. $y \le 3/\sqrt{x^2 + 9},\ y \ge 0,\ x \ge -4,\ x \le 4$

80. $y \le \frac{1}{4}x^2,\ (x - 4)^2 + y^2 \le 16,\ y \ge 0$

81. ***Área da Superfície*** Ache a área da superfície do sólido gerado pela revolução da região delimitada pelos gráficos de $y = x^2$, $y = 0$, $x = 0$ e $x = \sqrt{2}$ em torno do eixo x.

82. ***Campo de Força*** O campo de força H de um ímã de comprimento $2L$ em uma partícula a r unidades do centro do ímã é

$$H = \frac{2mL}{(r^2 + L^2)^{3/2}}$$

onde $\pm m$ são os pólos do ímã (veja a figura). Ache o campo de força médio quando uma partícula se move de 0 a R unidades do centro pelo cálculo da integral

$$\frac{1}{R}\int_0^R \frac{2mL}{(r^2 + L^2)^{3/2}}\,dr.$$

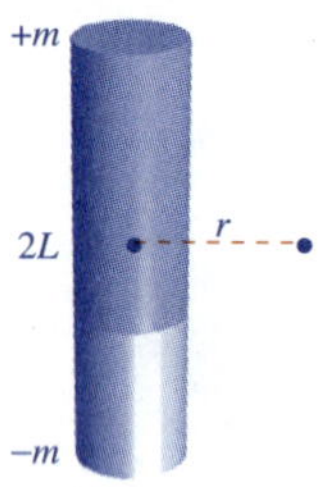

Figura do Exercício 82

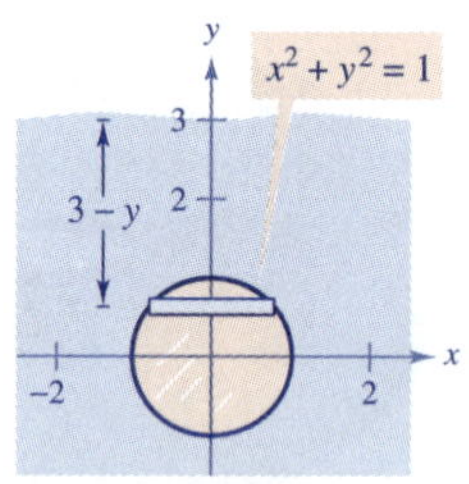

Figura do Exercício 83

83. ***Força do Fluido*** Ache a força do fluido sobre uma janela de observação circular de raio 1 pé em uma parede vertical de um tanque grande, cheio de água, de um aquário de peixes, quando o centro da janela está a (a) 3 pés e (b) d pés ($d > 1$) abaixo da superfície da água (veja a figura). Use uma substituição trigonométrica para calcular a primeira integral. (Lembre-se de que na Seção 7.7 em um problema análogo, você calculou a primeira integral por uma fórmula geométrica e a outra observando que o integrando era ímpar.)

84. ***Força do Fluido*** Calcule as seguintes duas integrais que fornecem as forças do fluido dadas no Exemplo 6.

(a) $F_{\text{dentro}} = 48\displaystyle\int_{-1}^{0,8} (0{,}8 - y)(2)\sqrt{1 - y^2}\,dy$

(b) $F_{\text{fora}} = 64\displaystyle\int_{-1}^{0,4} (0{,}4 - y)(2)\sqrt{1 - y^2}\,dy$

85. Use substituições trigonométricas para verificar as fórmulas de integração dadas no Teorema 8.2.

86. ***Comprimento de Arco*** Mostre que o comprimento de arco do gráfico de $y = \operatorname{sen} x$ no intervalo $[0, 2\pi]$ é igual ao comprimento da elipse $x^2 + 2y^2 = 2$ (veja a figura).

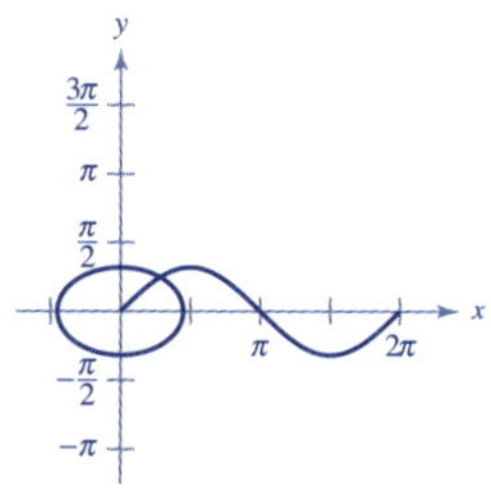

Figura do Exercício 86

87. ***Área de uma Lua*** A região na forma de lua crescente, limitada por dois círculos, forma uma *lua* (veja a figura). Ache a área da lua dado que o raio do círculo menor é 3 e o raio do círculo maior é 5.

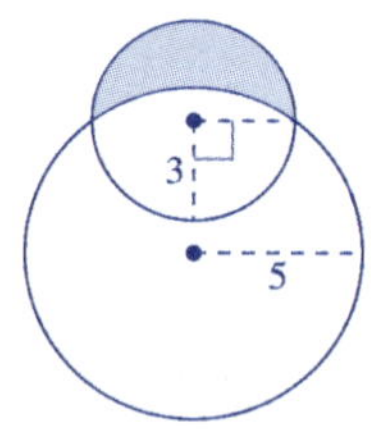

Figura do Exercício 87

Seção 8.5 Frações Parciais

- **Entender o conceito de decomposição em frações parciais.**
- **Usar decomposição em frações parciais com fatores lineares para integrar funções racionais.**
- **Usar decomposição em frações parciais com fatores quadráticos para integrar funções racionais.**

Frações Parciais

Esta seção examina um procedimento para decompor uma função racional em funções racionais mais simples para as quais podemos aplicar as fórmulas básicas de

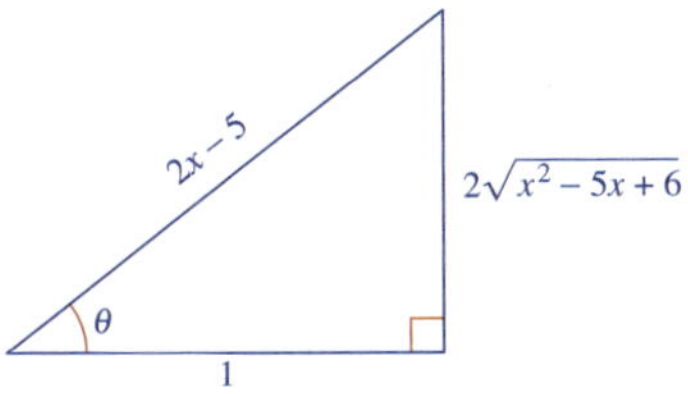

$\sec\theta = 2x - 5$

Figura 8.13

integração. Esse procedimento é chamado de **método das frações parciais**. Para saber quais os benefícios do método das frações parciais, considere a integral

$$\int \frac{1}{x^2 - 5x + 6}\,dx.$$

Para calcular essa integral sem frações parciais podemos completar o quadrado e usar uma substituição trigonométrica (veja a Figura 8.13) para obter

$$\begin{aligned}
\int \frac{1}{x^2 - 5x + 6}\,dx &= \int \frac{dx}{(x - 5/2)^2 - (1/2)^2} && a = \tfrac{1}{2},\ x - \tfrac{5}{2} = \tfrac{1}{2}\sec\theta \\
&= \int \frac{(1/2)\sec\theta \operatorname{tg}\theta\, d\theta}{(1/4)\operatorname{tg}^2\theta} && dx = \tfrac{1}{2}\sec\theta\operatorname{tg}\theta\, d\theta \\
&= 2\int \operatorname{cossec}\theta\, d\theta \\
&= 2\ln|\operatorname{cossec}\theta - \operatorname{cotg}\theta| + C \\
&= 2\ln\left|\frac{2x - 5}{2\sqrt{x^2 - 5x + 6}} - \frac{1}{2\sqrt{x^2 - 5x + 6}}\right| + C \\
&= 2\ln\left|\frac{x - 3}{\sqrt{x^2 - 5x + 6}}\right| + C \\
&= 2\ln\left|\frac{\sqrt{x - 3}}{\sqrt{x - 2}}\right| + C \\
&= \ln\left|\frac{x - 3}{x - 2}\right| + C \\
&= \ln|x - 3| - \ln|x - 2| + C.
\end{aligned}$$

Agora, suponha que tivéssemos observado que

$$\frac{1}{x^2 - 5x + 6} = \frac{1}{x - 3} - \frac{1}{x - 2}. \qquad \text{Decomposição em frações parciais}$$

Então, poderíamos calcular a integral facilmente, como a seguir.

$$\begin{aligned}
\int \frac{1}{x^2 - 5x + 6}\,dx &= \int \left(\frac{1}{x - 3} - \frac{1}{x - 2}\right) dx \\
&= \ln|x - 3| - \ln|x - 2| + C
\end{aligned}$$

Biblioteca de Fotos Mary Evans

JOHN BERNOULLI (1667-1748)

O método das frações parciais foi introduzido por John Bernoulli, um matemático suíço considerado importante no desenvolvimento inicial do cálculo. John Bernoulli era professor da Universidade de Basel e teve muitos alunos brilhantes, o mais famoso dos quais foi Leonhard Euler.

Esse método é claramente preferível à substituição trigonométrica. Entretanto, seu uso depende do fato de que podemos fatorar o denominador, $x^2 - 5x + 6$, e encontrar as **frações parciais**

$$\frac{1}{x - 3} \quad \text{e} \quad -\frac{1}{x - 2}.$$

Nesta seção, estudaremos técnicas para achar decomposições em frações parciais.

Recorde da álgebra que todo polinômio com coeficientes reais pode ser fatorado em fatores lineares e fatores quadráticos irredutíveis. Por exemplo, o polinômio

$$x^5 + x^4 - x - 1$$

DICA Em pré-cálculo você aprendeu como somar frações tais como

$$\frac{1}{x-2} + \frac{-1}{x+3} = \frac{5}{(x-2)(x+3)}.$$

O método das frações parciais mostra como se pode reverter esse processo.

$$\frac{5}{(x-2)(x+3)} = \frac{?}{x-2} + \frac{?}{x+3}$$

pode ser escrito como

$$\begin{aligned} x^5 + x^4 - x - 1 &= x^4(x+1) - (x+1) \\ &= (x^4 - 1)(x+1) \\ &= (x^2+1)(x^2-1)(x+1) \\ &= (x^2+1)(x+1)(x-1)(x+1) \\ &= (x-1)(x+1)^2(x^2+1) \end{aligned}$$

onde $(x - 1)$ é um fator linear, $(x + 1)^2$ é um fator linear repetido e $(x^2 + 1)$ é um fator quadrático irredutível. Usando esta fatoração você pode escrever a decomposição em frações parciais da expressão racional

$$\frac{N(x)}{x^5 + x^4 - x - 1}$$

onde $N(x)$ é um polinômio de grau menor do que 5, como a seguir.

$$\frac{N(x)}{(x-1)(x+1)^2(x^2+1)} = \frac{A}{x-1} + \frac{B}{x+1} + \frac{C}{(x+1)^2} + \frac{Dx+E}{x^2+1}$$

Decomposição de $N(x)/D(x)$ em Frações Parciais

1. **Divida se for imprópria:** Se $N(x)/D(x)$ é uma fração imprópria (isto é, se o grau do numerador é maior ou igual ao grau do denominador), divida o numerador pelo denominador para obter

$$\frac{N(x)}{D(x)} = (\text{um polinômio}) + \frac{N_1(x)}{D(x)}$$

onde o grau de $N_1(x)$ é menor do que o grau de $D(x)$. Então aplique os Passos 2, 3 e 4 à expressão racional própria $N_1(x)/D(x)$.

2. **Fatore o denominador:** Fatore completamente o denominador em fatores da forma

$$(px + q)^m \quad \text{e} \quad (ax^2 + bx + c)^n$$

onde $ax^2 + bx + c$ é irredutível.

3. **Fatores lineares:** Para cada fator da forma $(px + q)^m$, a decomposição em frações parciais tem de incluir a seguinte soma de m frações.

$$\frac{A_1}{(px+q)} + \frac{A_2}{(px+q)^2} + \cdots + \frac{A_m}{(px+q)^m}$$

4. **Fatores quadráticos:** Para cada fator da forma $(ax^2 + bx + c)^n$, a decomposição em frações parciais tem de incluir a seguinte soma de n frações.

$$\frac{B_1x + C_1}{ax^2+bx+c} + \frac{B_2x + C_2}{(ax^2+bx+c)^2} + \cdots + \frac{B_nx + C_n}{(ax^2+bx+c)^n}$$

Fatores Lineares

Técnicas algébricas para determinar as constantes nos numeradores de uma decomposição em frações parciais com fatores lineares ou fatores lineares repetidos são mostradas nos Exemplos 1 e 2.

EXEMPLO 1 Fatores Lineares Distintos

Escreva a decomposição em frações parciais para $\dfrac{1}{x^2 - 5x + 6}$.

Solução Como $x^2 - 5x + 6 = (x - 3)(x - 2)$, você deve incluir uma fração parcial para cada fator e escrever

$$\frac{1}{x^2 - 5x + 6} = \frac{A}{x - 3} + \frac{B}{x - 2}$$

onde A e B têm de ser determinados. Multiplicar esta equação pelo menor denominador comum fornece a **equação básica**

$$1 = A(x - 2) + B(x - 3). \qquad \text{Equação básica}$$

Como essa equação é verdadeira para todo x, você pode substituir por quaisquer valores *convenientes* para x para obter equações em A e B. Os valores mais convenientes são aqueles que fazem fatores particulares iguais a 0.

OBSERVAÇÃO Note que as substituições para x no Exemplo 1 foram escolhidas por sua conveniência para determinar os valores de A e B; $x = 2$ foi escolhido para eliminar o termo $A(x - 2)$ e $x = 3$ foi escolhido para eliminar o termo $B(x - 3)$. O objetivo é fazer substituições *convenientes* sempre que possível.

Para encontrar A, faça $x = 3$ e obtenha

$$\begin{aligned} 1 &= A(3 - 2) + B(3 - 3) && \text{Faça } x = 3 \text{ na equação básica} \\ 1 &= A(1) + B(0) \\ A &= 1. \end{aligned}$$

Para encontrar B, faça $x = 2$ e obtenha

$$\begin{aligned} 1 &= A(2 - 2) + B(2 - 3) && \text{Faça } x = 2 \text{ na equação básica} \\ 1 &= A(0) + B(-1) \\ B &= -1. \end{aligned}$$

Então, a decomposição é

$$\frac{1}{x^2 - 5x + 6} = \frac{1}{x - 3} - \frac{1}{x - 2}$$

como mostrado no início desta seção.

PARA MAIS INFORMAÇÃO Para aprender um método diferente para encontrar a decomposição em frações parciais, chamado de Método de Heavyside, veja o artigo "Calculus to Algebra Connections in Partial Fraction Decomposition", de Joseph Wiener e Will Watkins, em *The AMATYC Review*.

Certifique-se de que percebeu que o método de frações parciais é prático apenas para integrais de funções racionais cujo denominador se fatora "de um modo legal". Por exemplo, se o denominador no Exemplo 1 fosse mudado para $x^2 - 5x + 5$, sua fatoração como

$$x^2 - 5x + 5 = \left[x + \frac{5 + \sqrt{5}}{2}\right]\left[x - \frac{5 - \sqrt{5}}{2}\right]$$

seria muito complicada para usar frações parciais. Em tais casos, você deve completar o quadrado ou usar um sistema de manipulação algébrica para executar a integração. Se você fizer isso, obterá

$$\int \frac{1}{x^2 - 5x + 5}\,dx = \frac{\sqrt{5}}{5}\ln\left|2x - \sqrt{5} - 5\right| - \frac{\sqrt{5}}{5}\ln\left|2x + \sqrt{5} - 5\right| + C.$$

EXEMPLO 2 Fatores Lineares Repetidos

Ache $\displaystyle\int \frac{5x^2 + 20x + 6}{x^3 + 2x^2 + x}\,dx.$

Solução Como

$$x^3 + 2x^2 + x = x(x^2 + 2x + 1)$$
$$= x(x + 1)^2$$

PARA MAIS INFORMAÇÃO Para uma abordagem alternativa do uso de frações parciais, veja o artigo "A Shortcut in Partial Fractions", de Xun-Cheng Huang, em *The College Mathematics Jounal.*

você deve incluir uma fração para *cada potência* de x e $(x + 1)$ e escrever

$$\frac{5x^2 + 20x + 6}{x(x + 1)^2} = \frac{A}{x} + \frac{B}{x + 1} + \frac{C}{(x + 1)^2}.$$

Multiplicação pelo menor denominador comum $x(x + 1)^2$ fornece a *equação básica.*

$$5x^2 + 20x + 6 = A(x + 1)^2 + Bx(x + 1) + Cx. \quad \text{Equação básica}$$

Para encontrar A, faça $x = 0$. Isso elimina B e C e possibilita

$$6 = A(1) + 0 + 0$$
$$A = 6.$$

Para encontrar C faça $x = -1$. Isso elimina A e B e possibilita

$$5 - 20 + 6 = 0 + 0 - C$$
$$C = 9.$$

As escolhas mais convenientes para x foram usadas; então, para achar o valor de B, você pode usar *qualquer outro valor* de x junto com os valores já calculados de A e C. Usando $x = 1$, $A = 6$ e $C = 9$, obtemos

$$5 + 20 + 6 = A(4) + B(2) + C$$
$$31 = 6(4) + 2B + 9$$
$$-2 = 2B$$
$$B = -1.$$

Assim, segue que

$$\int \frac{5x^2 + 20x + 6}{x(x + 1)^2}\,dx = \int \left(\frac{6}{x} - \frac{1}{x + 1} + \frac{9}{(x + 1)^2}\right) dx$$
$$= 6\ln|x| - \ln|x + 1| + 9\frac{(x + 1)^{-1}}{-1} + C$$
$$= \ln\left|\frac{x^6}{x + 1}\right| - \frac{9}{x + 1} + C.$$

Tente conferir o resultado por diferenciação. Inclua manipulação algébrica em sua verificação, simplificando a derivada até obter o integrando original.

TECNOLOGIA A maioria dos sistemas de manipulação algébrica, tais como *Derive*, *Maple*, *Mathcad*, *Mathematica* e *TI-89*, podem ser utilizados para transformar uma fração racional em sua decomposição em frações parciais. Por exemplo, usando *Maple*, você obtém o seguinte.

$$> \text{convert}\left(\frac{5x^2 + 20x + 6}{x^3 + 2x^2 + x}, \text{parfrac}, x\right)$$

$$\frac{6}{x} + \frac{9}{(x + 1)^2} - \frac{1}{x + 1}$$

OBSERVAÇÃO É necessário fazer tantas substituições para x quanto as incógnitas $(A, B, C, \ldots)$ a serem determinadas. Por exemplo, no Exemplo 2, três substituições ($x = 0$, $x = -1$ e $x = 1$) foram feitas para encontrar A, B e C.

Fatores Quadráticos

Quando usamos o método das frações parciais com fatores *lineares*, uma escolha conveniente de x fornece imediatamente um valor para um dos coeficientes. Com fatores *quadráticos*, em geral, um sistema de equações lineares deve ser resolvido, independentemente da escolha de x.

EXEMPLO 3 Fatores Lineares Distintos e Fatores Quadráticos

Ache $\displaystyle\int \frac{2x^3 - 4x - 8}{(x^2 - x)(x^2 + 4)}\,dx.$

Solução Como

$$(x^2 - x)(x^2 + 4) = x(x - 1)(x^2 + 4)$$

você tem de incluir uma fração parcial para cada fator e escrever

$$\frac{2x^3 - 4x - 8}{x(x - 1)(x^2 + 4)} = \frac{A}{x} + \frac{B}{x - 1} + \frac{Cx + D}{x^2 + 4}.$$

Multiplicação pelo menor denominador comum $x(x - 1)(x^2 + 4)$ fornece a *equação básica*

$$2x^3 - 4x - 8 = A(x - 1)(x^2 + 4) + Bx(x^2 + 4) + (Cx + D)(x)(x - 1).$$

Para encontrar A, faça $x = 0$ e obtenha

$$-8 = A(-1)(4) + 0 + 0 \quad \Longrightarrow \quad 2 = A.$$

Para encontrar B, faça $x = 1$ e obtenha

$$-10 = 0 + B(5) + 0 \quad \Longrightarrow \quad -2 = B.$$

Nesse ponto, C e D ainda precisam ser determinados. Você acha essas duas constantes escolhendo outros dois valores para x e resolvendo o sistema de equações lineares resultante. Se $x = -1$, então, usando $A = 2$ e $B = -2$, você pode escrever

$$-6 = (2)(-2)(5) + (-2)(-1)(5) + (-C + D)(-1)(-2)$$
$$2 = -C + D.$$

Se $x = 2$, você tem

$$0 = (2)(1)(8) + (-2)(2)(8) + (2C + D)(2)(1)$$
$$8 = 2C + D.$$

Resolva o sistema linear subtraindo a primeira equação da segunda

$$-C + D = 2$$
$$2C + D = 8$$

fornece $C = 2$. Logo, $D = 4$, e segue que

$$\int \frac{2x^3 - 4x - 8}{x(x - 1)(x^2 + 4)}\,dx = \int \left(\frac{2}{x} - \frac{2}{x - 1} + \frac{2x}{x^2 + 4} + \frac{4}{x^2 + 4}\right) dx$$
$$= 2 \ln|x| - 2 \ln|x - 1| + \ln(x^2 + 4) + 2 \operatorname{arctg} \frac{x}{2} + C.$$

Nos Exemplos 1, 2 e 3, a solução da equação básica começou com a substituição de valores para x que fazem os fatores lineares iguais a 0. Esse método dá certo quando a decomposição em frações parciais envolve fatores lineares. Entretanto, se a decomposição envolver apenas fatores quadráticos, um procedimento alternativo é freqüentemente mais conveniente.

EXEMPLO 4 Fatores Quadráticos Repetidos

Ache $\displaystyle\int \frac{8x^3 + 13x}{(x^2 + 2)^2}\,dx.$

Solução Inclua uma fração parcial para cada potência de $(x^2 + 2)$ e escreva

$$\frac{8x^3 + 13x}{(x^2 + 2)^2} = \frac{Ax + B}{x^2 + 2} + \frac{Cx + D}{(x^2 + 2)^2}.$$

A multiplicação pelo menor denominador comum $(x^2 + 2)^2$ fornece a *equação básica*

$$8x^3 + 13x = (Ax + B)(x^2 + 2) + Cx + D.$$

Expandindo a equação básica e agrupando os termos de mesma potência de x você obtém

$$8x^3 + 13x = Ax^3 + 2Ax + Bx^2 + 2B + Cx + D$$
$$8x^3 + 13x = Ax^3 + Bx^2 + (2A + C)x + (2B + D).$$

Agora, você pode igualar os coeficientes dos termos de mesma potência de x em lados opostos da equação.

$8 = A$ $\qquad$ $0 = 2B + D$

$$8x^3 + 0x^2 + 13x + 0 = Ax^3 + Bx^2 + (2A + C)x + (2B + D)$$

$0 = B$ $\qquad$ $13 = 2A + C$

Usando os valores conhecidos $A = 8$ e $B = 0$, você pode escrever

$$13 = 2A + C = 2(8) + C \quad \Rightarrow \quad C = -3$$
$$0 = 2B + D = 2(0) + D \quad \Rightarrow \quad D = 0.$$

Finalmente, você pode concluir que

$$\int \frac{8x^3 + 13x}{(x^2 + 2)^2}\, dx = \int \left(\frac{8x}{x^2 + 2} + \frac{-3x}{(x^2 + 2)^2} \right) dx$$
$$= 4 \ln(x^2 + 2) + \frac{3}{2(x^2 + 2)} + C.$$

TECNOLOGIA Use um sistema de manipulação algébrica para calcular a integral do Exemplo 4 — talvez você ache que a forma da primitiva é diferente. Por exemplo, se você usar um sistema de manipulação algébrica para resolver o Exemplo 4, obterá

$$\int \frac{8x^3 + 13x}{(x^2 + 2)^2}\, dx = \ln(x^8 + 8x^6 + 24x^4 + 32x^2 + 16) + \frac{3}{2(x^2 + 2)} + C.$$

Esse resultado é equivalente ao obtido no Exemplo 4?

Quando integrar funções racionais, tenha em mente que para expressões racionais *impróprias*, tais como

$$\frac{N(x)}{D(x)} = \frac{2x^3 + x^2 - 7x + 7}{x^2 + x - 2}$$

você precisa dividir primeiro para obter

$$\frac{N(x)}{D(x)} = 2x - 1 + \frac{-2x + 5}{x^2 + x - 2}.$$

A expressão racional própria é então decomposta em frações parciais pelos métodos usuais. Aqui estão alguns procedimentos para resolver a equação básica que é obtida na decomposição em frações parciais.

Procedimentos para Resolver a Equação Básica

Fatores Lineares

1. Substitua as raízes dos fatores lineares distintos na equação básica.
2. Para fatores lineares repetidos, use os coeficientes determinados no procedimento 1 para reescrever a equação. Substitua então outros valores convenientes para x e encontre os demais coeficientes.

Fatores Quadráticos

1. Expanda a equação básica.
2. Agrupe os termos de acordo com as potências de x.
3. Iguale os coeficientes dos termos de mesma potência para obter um sistema linear envolvendo A, B, C, e assim por diante.
4. Resolva o sistema de equações lineares.

Antes de concluir esta seção, aqui estão algumas coisas que você precisa lembrar. Primeiro, não é necessário usar a técnica de frações parciais em todas as funções racionais. Por exemplo, a seguinte integral pode ser calculada mais facilmente pela Regra do Log:

$$\begin{aligned}\int \frac{x^2+1}{x^3+3x-4}\,dx &= \frac{1}{3}\int \frac{3x^2+3}{x^3+3x-4}\,dx\\ &= \frac{1}{3}\ln|x^3+3x-4|+C\end{aligned}$$

Segundo, se o integrando não está na forma reduzida, a redução pode eliminar a necessidade do uso de frações parciais, como é mostrado na integral seguinte:

$$\begin{aligned}\int \frac{x^2-x-2}{x^3-2x-4}\,dx &= \int \frac{(x+1)(x-2)}{(x-2)(x^2+2x+2)}\,dx\\ &= \int \frac{x+1}{x^2+2x+2}\,dx\\ &= \frac{1}{2}\ln|x^2+2x+2|+C\end{aligned}$$

Finalmente, frações parciais podem ser usadas em alguns quocientes que envolvam funções transcendentes. Por exemplo, a substituição $u = \operatorname{sen} x$ permite que você escreva

$$\int \frac{\cos x}{\operatorname{sen} x(\operatorname{sen} x - 1)}\,dx = \int \frac{du}{u(u-1)}.$$

$u = \operatorname{sen} x,\ du = \cos x\,dx$

Exercícios da Seção 8.5

Nos Exercícios 1 a 6, escreva a forma da decomposição em frações parciais da expressão racional. Não encontre as constantes.

1. $\dfrac{5}{x^2-10x}$

2. $\dfrac{4x^2+3}{(x-5)^3}$

3. $\dfrac{2x-3}{x^3+10x}$

4. $\dfrac{x-2}{x^2+4x+3}$

5. $\dfrac{16}{x^2-10x}$

6. $\dfrac{2x-1}{x(x^2+1)^2}$

Nos Exercícios 7 a 28, use frações parciais para achar a integral.

7. $\displaystyle\int \frac{1}{x^2-1}\,dx$

8. $\displaystyle\int \frac{1}{4x^2-9}\,dx$

9. $\displaystyle\int \frac{3}{x^2 + x - 2}\,dx$ 10. $\displaystyle\int \frac{x + 1}{x^2 + 4x + 3}\,dx$

11. $\displaystyle\int \frac{5 - x}{2x^2 + x - 1}\,dx$ 12. $\displaystyle\int \frac{5x^2 - 12x - 12}{x^3 - 4x}\,dx$

13. $\displaystyle\int \frac{x^2 + 12x + 12}{x^3 - 4x}\,dx$ 14. $\displaystyle\int \frac{x^3 - x + 3}{x^2 + x - 2}\,dx$

15. $\displaystyle\int \frac{2x^3 - 4x^2 - 15x + 5}{x^2 - 2x - 8}\,dx$ 16. $\displaystyle\int \frac{x + 2}{x^2 - 4x}\,dx$

17. $\displaystyle\int \frac{4x^2 + 2x - 1}{x^3 + x^2}\,dx$ 18. $\displaystyle\int \frac{2x - 3}{(x - 1)^2}\,dx$

19. $\displaystyle\int \frac{x^2 + 3x - 4}{x^3 - 4x^2 + 4x}\,dx$ 20. $\displaystyle\int \frac{4x^2}{x^3 + x^2 - x - 1}\,dx$

21. $\displaystyle\int \frac{x^2 - 1}{x^3 + x}\,dx$ 22. $\displaystyle\int \frac{6x}{x^3 - 8}\,dx$

23. $\displaystyle\int \frac{x^2}{x^4 - 2x^2 - 8}\,dx$ 24. $\displaystyle\int \frac{x^2 - x + 9}{(x^2 + 9)^2}\,dx$

25. $\displaystyle\int \frac{x}{16x^4 - 1}\,dx$ 26. $\displaystyle\int \frac{x^2 - 4x + 7}{x^3 - x^2 + x + 3}\,dx$

27. $\displaystyle\int \frac{x^2 + 5}{x^3 - x^2 + x + 3}\,dx$ 28. $\displaystyle\int \frac{x^2 + x + 3}{x^4 + 6x^2 + 9}\,dx$

Nos Exercícios 29 a 32, calcule a integral definida. Use uma ferramenta gráfica para conferir o resultado.

29. $\displaystyle\int_0^1 \frac{3}{2x^2 + 5x + 2}\,dx$ 30. $\displaystyle\int_1^5 \frac{x - 1}{x^2(x + 1)}\,dx$

31. $\displaystyle\int_1^2 \frac{x + 1}{x(x^2 + 1)}\,dx$ 32. $\displaystyle\int_0^1 \frac{x^2 - x}{x^2 + x + 1}\,dx$

Nos Exercícios 33 a 40, use um sistema de manipulação algébrica para determinar a primitiva que passa pelo ponto dado. Use o sistema para esboçar o gráfico da primitiva obtida.

33. $\displaystyle\int \frac{3x}{x^2 - 6x + 9}\,dx$, $(4, 0)$ 34. $\displaystyle\int \frac{6x^2 + 1}{x^2(x - 1)^3}\,dx$, $(2, 1)$

35. $\displaystyle\int \frac{x^2 + x + 2}{(x^2 + 2)^2}\,dx$, $(0, 1)$ 36. $\displaystyle\int \frac{x^3}{(x^2 - 4)^2}\,dx$, $(3, 4)$

37. $\displaystyle\int \frac{2x^2 - 2x + 3}{x^3 - x^2 - x - 2}\,dx$, $(3, 10)$

38. $\displaystyle\int \frac{x(2x - 9)}{x^3 - 6x^2 + 12x - 8}\,dx$, $(3, 2)$

39. $\displaystyle\int \frac{1}{x^2 - 4}\,dx$, $(6, 4)$

40. $\displaystyle\int \frac{x^2 - x + 2}{x^3 - x^2 + x - 1}\,dx$, $(2, 6)$

Nos Exercícios 41 a 46, use uma substituição para achar a integral.

41. $\displaystyle\int \frac{\operatorname{sen} x}{\cos x(\cos x - 1)}\,dx$ 42. $\displaystyle\int \frac{\operatorname{sen} x}{\cos x + \cos^2 x}\,dx$

43. $\displaystyle\int \frac{3\cos x}{\operatorname{sen}^2 x + \operatorname{sen} x - 2}\,dx$ 44. $\displaystyle\int \frac{\sec^2 x}{\operatorname{tg} x(\operatorname{tg} x + 1)}\,dx$

45. $\displaystyle\int \frac{e^x}{(e^x - 1)(e^x + 4)}\,dx$ 46. $\displaystyle\int \frac{e^x}{(e^{2x} + 1)(e^x - 1)}\,dx$

Nos Exercícios 47 a 50, use o método das frações parciais para verificar a fórmula de integração.

47. $\displaystyle\int \frac{1}{x(a + bx)}\,dx = \frac{1}{a}\ln\left|\frac{x}{a + bx}\right| + C$

48. $\displaystyle\int \frac{1}{a^2 - x^2}\,dx = \frac{1}{2a}\ln\left|\frac{a + x}{a - x}\right| + C$

49. $\displaystyle\int \frac{x}{(a + bx)^2}\,dx = \frac{1}{b^2}\left(\frac{a}{a + bx} + \ln|a + bx|\right) + C$

50. $\displaystyle\int \frac{1}{x^2(a + bx)}\,dx = -\frac{1}{ax} - \frac{b}{a^2}\ln\left|\frac{x}{a + bx}\right| + C$

Campo de Direções **Nos Exercícios 51 e 52, use um sistema de manipulação algébrica para desenhar o campo de direções para a equação diferencial e esboce a solução que satisfaz a condição inicial dada.**

51. $\dfrac{dy}{dx} = \dfrac{6}{4 - x^2}$
$y(0) = 3$

52. $\dfrac{dy}{dx} = \dfrac{4}{x^2 - 2x - 3}$
$y(0) = 5$

Questões Conceituais

53. Qual é o primeiro passo para integrar $\displaystyle\int \frac{x^3}{x - 5}\,dx$? Explique.

54. Descreva a decomposição da fração racional própria $N(x)/D(x)$ (a) se $D(x) = (px + q)^m$, e (b) se $D(x) = (ax^2 + bx + c)^n$, onde $ax^2 + bx + c$ é irredutível. Explique por que você escolheu esse método.

55. Enuncie o método que você usaria para calcular cada integral. Explique por que escolheu esse método. Não integre.

(a) $\displaystyle\int \frac{x + 1}{x^2 + 2x - 8}\,dx$ (b) $\displaystyle\int \frac{7x + 4}{x^2 + 2x - 8}\,dx$

(c) $\displaystyle\int \frac{4}{x^2 + 2x + 5}\,dx$

56. Determine qual é o valor que melhor aproxima a área da região entre o eixo x e o gráfico de $f(x) = 10/[x(x^2 + 1)]$ no intervalo $[1, 3]$. Faça sua escolha com base em um esboço da região e não fazendo cálculos. Explique o seu raciocínio.

(a) -6 (b) 6 (c) 3 (d) 5 (e) 8

57. ***Área*** Ache a área da região delimitada pelos gráficos de $y = 12/(x^2 + 5x + 6)$, $y = 0$, $x = 0$ e $x = 1$.

58. ***Área*** Ache a área da região delimitada pelos gráficos de $y = 7/(16 - x^2)$ e $y = 1$.

59. ***Modelando Dados*** O custo previsto C (em centos de milhares de dólares) para uma companhia remover $p\%$ de um produto químico da água desperdiçada é mostrado na tabela.

p	0	10	20	30	40	50	60	70	80	90
C	0	0,7	1,0	1,3	1,7	2,0	2,7	3,6	5,5	11,2

Um modelo para os dados é dado por

$$C = \frac{124p}{(10 + p)(100 - p)}, \quad 0 \le p < 100.$$

Use esse modelo para achar o custo médio para remover entre 75% e 80% do produto químico.

60. ***Crescimento Logístico*** No Capítulo 6, o crescimento exponencial foi deduzido da hipótese de que a taxa de crescimento era proporcional à quantidade existente. Na prática, existe freqüentemente algum limite superior L o qual o crescimento não pode ultrapassar. Em tais casos, assumimos que a taxa de crescimento não só é proporcional à quantidade existente, mas também à diferença entre a quantidade existente y e o limite superior L. Isto é, $dy/dt = ky(L - y)$. Na forma de integral você pode escrever esta relação como

$$\int \frac{dy}{y(L - y)} = \int k\,dt.$$

(a) Um campo de direções para a equação diferencial $dy/dt = y(3 - y)$ é exibido. Desenhe uma solução possível para a equação diferencial se $y(0) = 5$, e outra se $y(0) = \frac{1}{2}$. Para imprimir uma cópia ampliada do gráfico, consute *www.mathgraphs.com*.

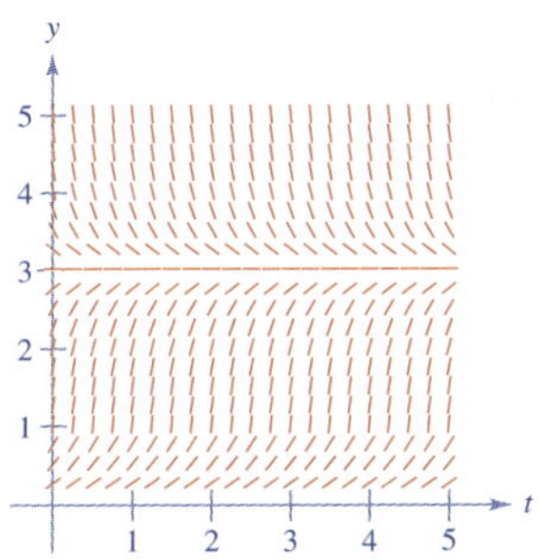

(b) No lugar em que $y(0)$ é maior do que 3, qual é o sinal da inclinação da solução?

(c) Para $y > 0$, ache $\lim_{t \to \infty} y(t)$.

(d) Calcule as duas integrais dadas e encontre y como função de t, onde y_0 é a quantidade inicial.

(e) Use o resultado da parte (d) para achar e desenhar as soluções da parte (a). Use uma ferramenta gráfica para desenhar as soluções e comparar os resultados com as soluções na parte (a).

(f) O gráfico da função y é uma **curva logística**. Mostre que a taxa de crescimento é máxima no ponto de inflexão, e que este ocorre quando $y = L/2$.

61. ***Volume e Centróide*** Considere a região delimitada pelos gráficos de $y = 2x/(x^2 + 1)$, $y = 0$, $x = 0$ e $x = 3$. Ache o volume do sólido gerado pela revolução da região em torno do eixo x. Ache o centróide da região.

62. ***Volume*** Considere a região delimitada pelos gráficos de $y^2 = (2 - x)^2/(1 + x)^2$ no intervalo $[0, 1]$. Ache o volume do sólido gerado pela revolução da região em torno do eixo x.

63. ***Modelo Epidêmico*** Um único indivíduo infectado entra em uma comunidade de n indivíduos susceptíveis. Seja x o número de indivíduos recentemente infectados no instante t. O modelo de epidêmico comum assume que a doença se espalha a uma taxa proporcional ao produto do número total de infectados pelo número dos ainda não infectados. Assim, $dx/dt = k(x + 1)(n - x)$ e obtemos

$$\int \frac{1}{(x + 1)(n - x)}\,dx = \int k\,dt.$$

Encontre x em função de t.

64. ***Reações Químicas*** Em uma reação química, uma unidade do composto Y e uma unidade do composto Z são transformadas em uma única unidade do composto X. Seja x a quantidade do composto X formada. A taxa de formação de X é proporcional ao produto das quantidades de compostos não transformados Y e Z. Assim, $dx/dt = k(y_0 - x)(z_0 - x)$, onde y_0 e z_0 são as quantidades iniciais de compostos Y e Z. Desta equação obtemos

$$\int \frac{1}{(y_0 - x)(z_0 - x)}\,dx = \int k\,dt.$$

(a) Execute as duas integrações e determine x em termos de t.

(b) Use o resultado da parte (a) para achar x quando $t \to \infty$ se (1) $y_0 < z_0$, (2) $y_0 > z_0$ e (3) $y_0 = z_0$.

65. Calcule

$$\int_0^1 \frac{x}{1 + x^4}\,dx$$

de duas maneiras distintas, uma das quais por frações parciais.

Desafio Putnam

66. Prove que $\displaystyle\frac{22}{7} - \pi = \int_0^1 \frac{x^4(1 - x)^4}{1 + x^2}\,dx.$

Seção 8.6 Integração com o Uso de Tabelas e Outras Técnicas de Integração

- **Calcular uma integral indefinida usando uma tabela de integrais.**
- **Calcular uma integral indefinida usando fórmulas de redução.**
- **Calcular uma integral indefinida que envolve funções racionais de seno e cosseno.**

Integração com o Uso de Tabelas

Até agora neste capítulo você estudou várias técnicas de integração que podem ser usadas com as regras básicas de integração. Mas simplesmente saber *como* usar as várias técnicas não é suficiente. Você também precisa saber *quando* usá-las. Integração é primeiro e principalmente um problema de reconhecimento. Isto é, você precisa reconhecer qual regra ou técnica se aplica para obter uma primitiva. Freqüentemente, uma pequena alteração de um integrando fará necessária uma técnica de integração diferente (ou produz uma função cuja primitiva não é uma função elementar) como mostrado abaixo.

$$\int x \ln x \, dx = \frac{x^2}{2} \ln x - \frac{x^2}{4} + C \qquad \text{Integração por partes}$$

$$\int \frac{\ln x}{x} \, dx = \frac{(\ln x)^2}{2} + C \qquad \text{Regra da Potência}$$

$$\int \frac{1}{x \ln x} \, dx = \ln|\ln x| + C \qquad \text{Regra do Log}$$

$$\int \frac{x}{\ln x} \, dx = ? \qquad \text{Não é uma função elementar}$$

TECNOLOGIA Um sistema de manipulação algébrica consiste, em parte, de um conjunto de dados básicos de fórmulas de integração. A diferença primária entre usar um sistema de manipulação algébrica e usar uma tabela de integrais é que com o sistema de manipulação algébrica o computador procura entre todos os dados para achar um que se adapte. Com tabelas de integração, *você* tem de fazer a pesquisa.

Muitas pessoas acham as tabelas um suplemento valioso para as técnicas de integração discutidas neste capítulo. Tabelas com as integrais comuns podem ser encontradas no Apêndice B **Tabelas de Integração** não é uma "panacéia" para todas as dificuldades que acompanham a integração — usar tabelas requer raciocínio e intuição consideráveis e muitas vezes envolve uma substituição.

Cada fórmula de integração no Apêndice B pode ser deduzida usando uma ou mais técnicas deste capítulo. Tente verificar várias fórmulas. Por exemplo, a Fórmula 4

$$\int \frac{u}{(a + bu)^2} \, du = \frac{1}{b^2} \left(\frac{a}{a + bu} + \ln|a + bu| \right) + C \qquad \text{Fórmula 4}$$

pode ser verificada usando o método das frações parciais, e a Fórmula 19

$$\int \frac{\sqrt{a + bu}}{u} \, du = 2\sqrt{a + bu} + a \int \frac{du}{u\sqrt{a + bu}} \qquad \text{Fórmula 19}$$

pode ser verificada usando integração por partes. Note que as integrais no Apêndice B estão classificadas de acordo com as fórmulas que evolvem o seguinte;

u^n	$(a + bu)$
$(a + bu + cu^2)$	$\sqrt{a + bu}$
$(a^2 \pm u^2)$	$\sqrt{u^2 \pm a^2}$
$\sqrt{a^2 - u^2}$	Funções trigonométricas
Funções trigonométricas inversas	Funções exponenciais
Funções logarítmicas	

INVESTIGAÇÃO

Use as tabelas de integração no Apêndice B e a substituição

$$u = \sqrt{x - 1}$$

para calcular a integral do Exemplo 1. Se você fizer isso, deverá obter

$$\int \frac{dx}{x\sqrt{x - 1}} = \int \frac{2\,du}{u^2 + 1}.$$

Esse procedimento produz o mesmo resultado que o obtido no Exemplo 1?

EXEMPLO 1 Integração com o Uso de Tabelas

Ache $\displaystyle\int \frac{dx}{x\sqrt{x - 1}}$.

Solução Como a expressão dentro do radical é linear, você deve considerar fórmulas que envolvam $\sqrt{a + bu}$.

$$\int \frac{du}{u\sqrt{a + bu}} = \frac{2}{\sqrt{-a}} \operatorname{arctg} \sqrt{\frac{a + bu}{-a}} + C \qquad \text{Fórmula 17 } (a < 0)$$

Faça $a = -1$, $b = 1$, e $u = x$. Então, $du = dx$, e você pode escrever

$$\int \frac{dx}{x\sqrt{x-1}} = 2 \text{ arctg } \sqrt{x-1} + C.$$

EXEMPLO 2 Integração Usando Tabelas

Ache $\int x\sqrt{x^4 - 9}\, dx$.

Solução Como o radical tem a forma $\sqrt{u^2 - a^2}$, você deve considerar a Fórmula 26.

$$\int \sqrt{u^2 - a^2}\, du = \frac{1}{2}\left(u\sqrt{u^2 - a^2} - a^2 \ln\left|u + \sqrt{u^2 - a^2}\right|\right) + C$$

Faça $u = x^2$ e $a = 3$. Então, $du = 2x\, dx$, e você tem

$$\int x\sqrt{x^4 - 9}\, dx = \frac{1}{2}\int \sqrt{(x^2)^2 - 3^2}\,(2x)\, dx$$
$$= \frac{1}{4}\left(x^2\sqrt{x^4 - 9} - 9 \ln\left|x^2 + \sqrt{x^4 - 9}\right|\right) + C.$$

EXEMPLO 3 Integração Usando Tabelas

Ache $\int \frac{x}{1 + e^{-x^2}}\, dx$.

Solução De todas as fórmulas que envolvem e^u, considere a seguinte fórmula.

$$\int \frac{du}{1 + e^u} = u - \ln(1 + e^u) + C \qquad \text{Fórmula 84}$$

Faça $u = -x^2$. Então $du = -2x\, dx$, e você tem

$$\int \frac{x}{1 + e^{-x^2}}\, dx = -\frac{1}{2}\int \frac{-2x\, dx}{1 + e^{-x^2}}$$
$$= -\frac{1}{2}\left[-x^2 - \ln(1 + e^{-x^2})\right] + C$$
$$= \frac{1}{2}\left[x^2 + \ln(1 + e^{-x^2})\right] + C.$$

TECNOLOGIA O Exemplo 3 mostra a importância de ter várias técnicas de solução à sua disposição. Esta integral não é difícil de resolver com uma tabela, mas quando foi dada a um sistema de manipulação algébrica bem conhecido, a ferramenta foi incapaz de achar a primitiva.

Fórmulas de Redução

Várias integrais nas tabelas de integração têm a forma $\int f(x)\, dx = g(x) + \int h(x)\, dx$. Tais fórmulas de integração são chamadas de **fórmulas de redução** porque elas reduzem uma dada integral à soma de uma função com uma integral mais simples.

EXEMPLO 4 Usando uma Fórmula de Redução

Ache $\int x^3 \text{ sen } x\, dx$.

Solução Considere as três fórmulas seguintes.

$$\int u \operatorname{sen} u\,du = \operatorname{sen} u - u\cos u + C \qquad \text{Fórmula 52}$$

$$\int u^n \operatorname{sen} u\,du = -u^n\cos u + n\int u^{n-1}\cos u\,du \qquad \text{Fórmula 54}$$

$$\int u^n \cos u\,du = u^n \operatorname{sen} u - n\int u^{n-1}\operatorname{sen} u\,du \qquad \text{Fórmula 55}$$

Usando a Fórmula 54, a Fórmula 55 e a Fórmula 52, obtém-se

$$\begin{aligned}\int x^3 \operatorname{sen} x\,dx &= -x^3\cos x + 3\int x^2\cos x\,dx\\ &= -x^3\cos x + 3\left(x^2\operatorname{sen} x - 2\int x\operatorname{sen} x\,dx\right)\\ &= -x^3\cos x + 3x^2\operatorname{sen} x + 6x\cos x - 6\operatorname{sen} x + C.\end{aligned}$$

TECNOLOGIA Algumas vezes quando você usa um sistema de manipulação algébrica obtém resultados que parecem muito diferentes, mas são na realidade equivalentes. Expomos aqui como vários sistemas diferentes calcularam a integral do Exemplo 5.

Maple

$\sqrt{3-5x} -$
$\sqrt{3}\,\operatorname{arctanh}\left(\frac{1}{3}\sqrt{3-5x}\sqrt{3}\right)$

Derive

$\sqrt{3}\,\ln\left[\dfrac{\sqrt{(3-5x)}-\sqrt{3}}{\sqrt{x}}\right] +$
$\sqrt{(3-5x)}$

Mathematica

Sqrt[3 − 5x] −
$\text{Sqrt[3] ArcTanh}\left[\dfrac{\text{Sqrt[3 − 5x]}}{\text{Sqrt[3]}}\right]$

Mathcad

$\sqrt{3-5x} +$
$\frac{1}{2}\sqrt{3}\,\ln$
$\left[-\frac{1}{5}\dfrac{\left(-6+5x+2\sqrt{3}\sqrt{3-5x}\right)}{x}\right]$

Observe que os sistemas de manipulação algébrica não incluem uma constante de integração.

EXEMPLO 5 Usando uma Fórmula de Redução

Ache $\displaystyle\int \frac{\sqrt{3-5x}}{2x}\,dx$.

Solução Considere as duas fórmulas seguintes:

$$\int \frac{du}{u\sqrt{a+bu}} = \frac{1}{\sqrt{a}}\ln\left|\frac{\sqrt{a+bu}-\sqrt{a}}{\sqrt{a+bu}+\sqrt{a}}\right| + C \qquad \text{Fórmula 17 } (a > 0)$$

$$\int \frac{\sqrt{a+bu}}{u}\,du = 2\sqrt{a+bu} + a\int \frac{du}{u\sqrt{a+bu}} \qquad \text{Fórmula 19}$$

Usando a Fórmula 19, com $a = 3$, $b = -5$ e $u = x$, obtemos

$$\begin{aligned}\frac{1}{2}\int \frac{\sqrt{3-5x}}{x}\,dx &= \frac{1}{2}\left(2\sqrt{3-5x} + 3\int \frac{dx}{x\sqrt{3-5x}}\right)\\ &= \sqrt{3-5x} + \frac{3}{2}\int \frac{dx}{x\sqrt{3-5x}}.\end{aligned}$$

Usando a Fórmula 17, com $a = 3$, $b = -5$ e $u = x$, obtemos

$$\begin{aligned}\int \frac{\sqrt{3-5x}}{2x}\,dx &= \sqrt{3-5x} + \frac{3}{2}\left(\frac{1}{\sqrt{3}}\ln\left|\frac{\sqrt{3-5x}-\sqrt{3}}{\sqrt{3-5x}+\sqrt{3}}\right|\right) + C\\ &= \sqrt{3-5x} + \frac{\sqrt{3}}{2}\ln\left|\frac{\sqrt{3-5x}-\sqrt{3}}{\sqrt{3-5x}+\sqrt{3}}\right| + C.\end{aligned}$$

Funções Racionais de Seno e Cosseno

EXEMPLO 6 Integração Usando Tabelas

Ache $\displaystyle\int \frac{\operatorname{sen} 2x}{2+\cos x}\,dx$.

Solução A substituição $2\operatorname{sen} x\cos x$ para $\operatorname{sen} 2x$ fornece

$$\int \frac{\operatorname{sen} 2x}{2+\cos x}\,dx = 2\int \frac{\operatorname{sen} x\cos x}{2+\cos x}\,dx.$$

Uma verificação das fórmulas que envolvem sen u ou cos u no Apêndice B mostra que nenhuma daquelas relacionadas se aplica. Assim, você pode considerar formas envolvendo $a + bu$. Por exemplo,

$$\int \frac{u\,du}{a + bu} = \frac{1}{b^2}(bu - a\ln|a + bu|) + C. \qquad \text{Fórmula 3}$$

Faça $a = 2$, $b = 1$ e $u = \cos x$. Então, $du = -\operatorname{sen} x\,dx$, e você tem

$$\begin{aligned} 2\int \frac{\operatorname{sen} x \cos x}{2 + \cos x}\,dx &= -2\int \frac{\cos x(-\operatorname{sen} x\,dx)}{2 + \cos x} \\ &= -2(\cos x - 2\ln|2 + \cos x|) + C \\ &= -2\cos x + 4\ln|2 + \cos x| + C. \end{aligned}$$

O Exemplo envolve uma expressão racional em sen x e cos x. Se você não encontrar uma integral dessa forma nas tabelas de integração, tente usar uma substituição especial para transformar a expressão trigonométrica em uma expressão racional padrão.

Substituição para Funções Racionais de Seno e Cosseno

Para integrais que envolvem funções racionais de seno e cosseno, a substituição

$$u = \frac{\operatorname{sen} x}{1 + \cos x} = \operatorname{tg}\frac{x}{2}$$

fornece

$$\cos x = \frac{1 - u^2}{1 + u^2}, \quad \operatorname{sen} x = \frac{2u}{1 + u^2} \quad \text{e} \quad dx = \frac{2\,du}{1 + u^2}.$$

Demonstração Da substituição para u segue que

$$u^2 = \frac{\operatorname{sen}^2 x}{(1 + \cos x)^2} = \frac{1 - \cos^2 x}{(1 + \cos x)^2} = \frac{1 - \cos x}{1 + \cos x}.$$

Resolver para $\cos x$ produz $\cos x = (1 - u^2)/(1 + u^2)$. Para achar sen x, escreva $u = \operatorname{sen} x/(1 + \cos x)$ como

$$\operatorname{sen} x = u(1 + \cos x) = u\left(1 + \frac{1 - u^2}{1 + u^2}\right) = \frac{2u}{1 + u^2}.$$

Finalmente, para achar dx, considere $u = \operatorname{tg}(x/2)$. Então, você tem $\operatorname{arctg} u = x/2$ e $dx = (2\,du)/(1 + u^2)$.

Exercícios da Seção 8.6

Nos Exercícios 1 e 2, use uma tabela de integrais com fórmulas que envolvam $a + bu$ para achar a integral.

1. $\displaystyle\int \frac{x^2}{1 + x}\,dx$

2. $\displaystyle\int \frac{2}{3x^2(2x - 5)^2}\,dx$

Nos Exercícios 3 e 4, use uma tabela de integrais com fórmulas que envolvam $\sqrt{u^2 \pm a^2}$ para achar a integral.

3. $\displaystyle\int e^x\sqrt{1 + e^{2x}}\,dx$

4. $\displaystyle\int \frac{\sqrt{x^2 - 9}}{3x}\,dx$

Nos Exercícios 5 e 6, use uma tabela de integrais com fórmulas que envolvam $\sqrt{a^2 - u^2}$ para achar a integral.

5. $\displaystyle\int \frac{1}{x^2\sqrt{1 - x^2}}\,dx$

6. $\displaystyle\int \frac{x}{\sqrt{9 - x^4}}\,dx$

Nos Exercícios 7 a 10, use uma tabela de integrais com fórmulas que envolvam funções trigonométricas para achar a integral.

7. $\int \operatorname{sen}^4 2x\, dx$

8. $\int \frac{\cos^3 \sqrt{x}}{\sqrt{x}}\, dx$

9. $\int \frac{1}{\sqrt{x}\left(1 - \cos \sqrt{x}\right)}\, dx$

10. $\int \frac{1}{1 - \operatorname{tg} 5x}\, dx$

Nos Exercícios 11 e 12, use uma tabela de integrais com fórmulas que envolvam e^u para achar a integral.

11. $\int \frac{1}{1 + e^{2x}}\, dx$

12. $\int e^{-x/2} \operatorname{sen} 2x\, dx$

Nos Exercícios 13 e 14, use uma tabela de integrais com fórmulas que envolvam $\ln u$ para achar a integral.

13. $\int x^3 \ln x\, dx$

14. $\int (\ln x)^3\, dx$

Nos Exercícios 15 a 18, ache a integral indefinida (a) usando uma tabela de integrais e (b) usando o método dado.

Integral	*Método*
15. $\int x^2 e^x\, dx$	Integração por partes
16. $\int x^4 \ln x\, dx$	Integração por partes
17. $\int \frac{1}{x^2(x + 1)}\, dx$	Frações parciais
18. $\int \frac{1}{x^2 - 75}\, dx$	Frações parciais

Nos Exercícios 19 a 42, use tabelas de integração para achar a integral.

19. $\int x \operatorname{arcsec}(x^2 + 1)\, dx$

20. $\int \operatorname{arcsec} 2x\, dx$

21. $\int \frac{1}{x^2\sqrt{x^2 - 4}}\, dx$

22. $\int \frac{1}{x^2 + 2x + 2}\, dx$

23. $\int \frac{2x}{(1 - 3x)^2}\, dx$

24. $\int \frac{\theta^2}{1 - \operatorname{sen} \theta^3}\, d\theta$

25. $\int e^x \arccos e^x\, dx$

26. $\int \frac{e^x}{1 - \operatorname{tg} e^x}\, dx$

27. $\int \frac{x}{1 - \sec x^2}\, dx$

28. $\int \frac{1}{t[1 + (\ln t)^2]}\, dt$

29. $\int \frac{\cos \theta}{3 + 2 \operatorname{sen} \theta + \operatorname{sen}^2 \theta}\, d\theta$

30. $\int x^2\sqrt{2 + 9x^2}\, dx$

31. $\int \frac{1}{x^2\sqrt{2 + 9x^2}}\, dx$

32. $\int \sqrt{x} \operatorname{arctg} x^{3/2}\, dx$

33. $\int \frac{\ln x}{x(3 + 2 \ln x)}\, dx$

34. $\int \frac{e^x}{(1 - e^{2x})^{3/2}}\, dx$

35. $\int \frac{x}{(x^2 - 6x + 10)^2}\, dx$

36. $\int (2x - 3)^2\sqrt{(2x - 3)^2 + 4}\, dx$

37. $\int \frac{x}{\sqrt{x^4 - 6x^2 + 5}}\, dx$

38. $\int \frac{\cos x}{\sqrt{\operatorname{sen}^2 x + 1}}\, dx$

39. $\int \frac{x^3}{\sqrt{4 - x^2}}\, dx$

40. $\int \sqrt{\frac{3 - x}{3 + x}}\, dx$

41. $\int \frac{e^{3x}}{(1 + e^x)^3}\, dx$

42. $\int \operatorname{tg}^3 \theta\, d\theta$

Nos Exercícios 43 a 50, use tabelas de integração para calcular a integral.

43. $\int_0^1 x e^{x^2}\, dx$

44. $\int_0^3 \frac{x}{\sqrt{1 + x}}\, dx$

45. $\int_1^3 x^2 \ln x\, dx$

46. $\int_0^{\pi} x \operatorname{sen} x\, dx$

47. $\int_{-\pi/2}^{\pi/2} \frac{\cos x}{1 + \operatorname{sen}^2 x}\, dx$

48. $\int_2^4 \frac{x^2}{(3x - 5)^2}\, dx$

49. $\int_0^{\pi/2} t^3 \cos t\, dt$

50. $\int_0^1 \sqrt{3 + x^2}\, dx$

Nos Exercícios 51 a 56, verifique a fórmula de integração.

51. $\int \frac{u^2}{(a + bu)^2}\, du = \frac{1}{b^3}\left(bu - \frac{a^2}{a + bu} - 2a \ln|a + bu|\right) + C$

52. $\int \frac{u^n}{\sqrt{a + bu}}\, du = \frac{2}{(2n + 1)b}\left(u^n \sqrt{a + bu} - na \int \frac{u^{n-1}}{\sqrt{a + bu}}\, du\right)$

53. $\int \frac{1}{(u^2 \pm a^2)^{3/2}}\, du = \frac{\pm u}{a^2\sqrt{u^2 \pm a^2}} + C$

54. $\int u^n \cos u\, du = u^n \operatorname{sen} u - n \int u^{n-1} \operatorname{sen} u\, du$

55. $\int \operatorname{arctg} u\, du = u \operatorname{arctg} u - \ln\sqrt{1 + u^2} + C$

56. $\int (\ln u)^n\, du = u(\ln u)^n - n\int (\ln u)^{n-1}\, du$

Nos Exercícios 57 a 62, use um sistema de manipulação algébrica para determinar a primitiva que passa pelo ponto dado. Use o sistema para desenhar o gráfico da primitiva obtida.

57. $\int \frac{1}{x^{3/2}\sqrt{1 - x}}\, dx,\ \left(\frac{1}{2}, 5\right)$

58. $\int x\sqrt{x^2 + 2x}\, dx,\ (0, 0)$

59. $\int \frac{1}{(x^2 - 6x + 10)^2}\, dx,\ (3, 0)$

60. $\int \frac{\sqrt{2 - 2x - x^2}}{x + 1}\, dx,\ \left(0, \sqrt{2}\right)$

61. $\int \frac{1}{\operatorname{sen} \theta \operatorname{tg} \theta}\, d\theta,\ \left(\frac{\pi}{4}, 2\right)$

62. $\int \frac{\operatorname{sen} \theta}{(\cos \theta)(1 + \operatorname{sen} \theta)}\, d\theta,\ (0, 1)$

Nos Exercícios 63 a 70, ache ou calcule a integral.

63. $\int \frac{1}{2 - 3 \operatorname{sen} \theta}\, d\theta$

64. $\int \frac{\operatorname{sen} \theta}{1 + \cos^2 \theta}\, d\theta$

65. $\displaystyle\int_0^{\pi/2} \frac{1}{1 + \operatorname{sen}\theta + \cos\theta}\,d\theta$ **66.** $\displaystyle\int_0^{\pi/2} \frac{1}{3 - 2\cos\theta}\,d\theta$

67. $\displaystyle\int \frac{\operatorname{sen}\theta}{3 - 2\cos\theta}\,d\theta$ **68.** $\displaystyle\int \frac{\cos\theta}{1 + \cos\theta}\,d\theta$

69. $\displaystyle\int \frac{\cos\sqrt{\theta}}{\sqrt{\theta}}\,d\theta$ **70.** $\displaystyle\int \frac{1}{\sec\theta - \operatorname{tg}\theta}\,d\theta$

Área **Nos Exercícios 71 e 72, ache a área da região delimitada pelos gráficos das equações.**

71. $y = \dfrac{x}{\sqrt{x+1}},\ y = 0,\ x = 8$

72. $y = \dfrac{x}{1 + e^{x^2}},\ y = 0,\ x = 2$

Questões Conceituais

Nos Exercícios 73 a 78, diga (se possível) qual o método ou fórmula de integração que você usaria para achar a primitiva. Explique o porquê da escolha desse método ou fórmula. Não integre.

73. $\displaystyle\int \frac{e^x}{e^{2x} + 1}\,dx$ **74.** $\displaystyle\int \frac{e^x}{e^x + 1}\,dx$

75. $\displaystyle\int x\,e^{x^2}\,dx$ **76.** $\displaystyle\int x\,e^x\,dx$

77. $\displaystyle\int e^{x^2}\,dx$ **78.** $\displaystyle\int e^{2x}\sqrt{e^{2x} + 1}\,dx$

79. (a) Calcule $\int x^n \ln x\,dx$ para $n = 1$, e 3. Descreva os padrões que você observou.

(b) Escreva uma regra geral para calcular a integral do item (a), para um inteiro $n \geq 1$.

80. Descreva o significado de uma fórmula de redução. Dê um exemplo.

Verdadeiro ou Falso? **Nos Exercícios 81 e 82, determine se a afirmação é verdadeira ou falsa. Se for falsa, explique por que ou dê um exemplo mostrando que é falsa.**

81. Para usar uma tabela de integrais, a integral que você está calculando tem de aparecer na tabela.

82. Quando for usar uma tabela de integrais, você pode pensar em fazer substituições para reescrever sua integral na forma na qual ela aparece na tabela.

83. ***Trabalho*** Um cilindro hidráulico de uma máquina industrial empurra um bloco de metal a uma distância de x pés $(0 \leq x \leq 5)$, onde a força variável requerida é $F(x) = 2.000xe^{-x}$ libras. Ache o trabalho realizado para empurrar todos os 5 pés através da máquina.

84. ***Trabalho*** Repita o Exercício 83 usando $F(x) = \dfrac{500x}{\sqrt{26 - x^2}}$ libras.

85. ***Projeto de Construção*** A secção transversal de um projeto para uma viga de concreto para um edifício é delimitada pelos gráficos das equações

$$x = \frac{2}{\sqrt{1 + y^2}},\ x = \frac{-2}{\sqrt{1 + y^2}},\ y = 0 \text{ e } y = 3$$

onde x e y são medidos em pés. O comprimento da viga é 20 pés (veja a figura). (a) Ache o volume v e o peso W da viga. Assuma que o concreto pesa 148 libras por pé cúbico. (b) A seguir, ache o centróide da secção transversal da viga.

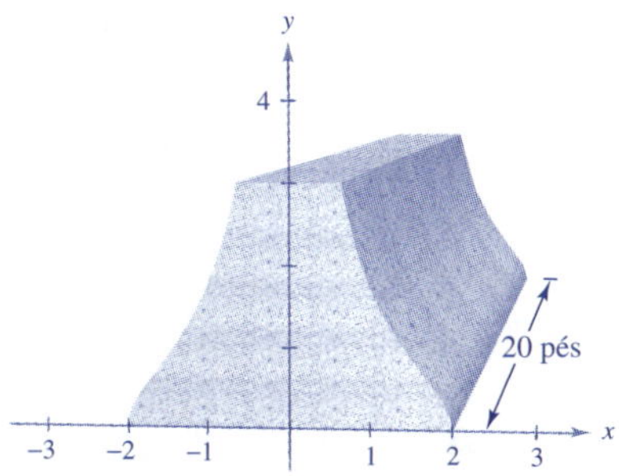

86. ***População*** Uma população está crescendo de acordo com o modelo logístico $N = \dfrac{5.000}{1 + e^{4,8 - 1,9t}}$ onde t é o tempo em dias. Ache a população média no intervalo $[0, 2]$.

Nos Exercícios 87 e 88, use uma ferramenta gráfica para (a) encontrar a constante k na equação integral e (b) desenhar a região cuja área é dada pela integral.

87. $\displaystyle\int_0^4 \frac{k}{2 + 3x}\,dx = 10$ **88.** $\displaystyle\int_0^k 6x^2\,e^{-x/2}\,dx = 50$

Desafio Putnam

89. Calcule $\displaystyle\int_0^{\pi/2} \frac{dx}{1 + (\operatorname{tg} x)^{\sqrt{2}}}$.

Este problema foi formulado pelo Committee on the Putnam Prize Competition.

Seção 8.7 Formas Indeterminadas e Regra de L'Hôpital

- **Reconhecer limites que produzem formas indeterminadas.**
- **Aplicar a Regra de L'Hôpital para calcular um limite.**

Formas Indeterminadas

Recorde-se dos Capítulos 1 e 3 que formas $0/0$ e ∞/∞ são chamadas *indeterminadas* porque elas não garantem a existência do limite, nem indicam qual é o limite quando ele existe. Quando você encontrou uma dessas formas indeterminadas anteriormente no texto, você tentou reescrever a expressão usando várias técnicas algébricas.

Forma Indeterminada	*Limite*	*Técnica Algébrica*
$\frac{0}{0}$	$\lim_{x\to -1} \frac{2x^2-2}{x+1} = \lim_{x\to -1} 2(x-1)$ $= -4$	Dividir o numerador e o denominador por $(x+1)$.
$\frac{\infty}{\infty}$	$\lim_{x\to\infty} \frac{3x^2-1}{2x^2+1} = \lim_{x\to\infty} \frac{3-(1/x^2)}{2+(1/x^2)}$ $= \frac{3}{2}$	Dividir o numerador e o denominador por x^2.

Algumas vezes você pode estender essas técnicas para encontrar limites de funções transcendentes. Por exemplo, o limite

$$\lim_{x\to 0} \frac{e^{2x}-1}{e^x-1}$$

produz a forma indeterminada $0/0$. Fatorar e então dividir produz

$$\lim_{x\to 0} \frac{e^{2x}-1}{e^x-1} = \lim_{x\to 0} \frac{(e^x+1)(e^x-1)}{e^x-1} = \lim_{x\to 0}(e^x+1) = 2.$$

Entretanto, nem todas as formas indeterminadas podem ser calculadas com manipulações algébricas. Isso freqüentemente é verdadeiro tanto quando funções algébricas quanto transcendentais estão envolvidas. Por exemplo, o limite

$$\lim_{x\to 0} \frac{e^{2x}-1}{x}$$

produz a forma indeterminada $0/0$. Reescrever a expressão para obter

$$\lim_{x\to 0} \left(\frac{e^{2x}}{x} - \frac{1}{x}\right)$$

produz meramente outra forma indeterminada $\infty - \infty$. É claro que você pode usar a tecnologia para estimar esse limite, como é mostrado na tabela e na Figura 8.14. Pela tabela e pelo gráfico, o limite parece ser 2. (Esse limite será verificado no Exemplo 1.)

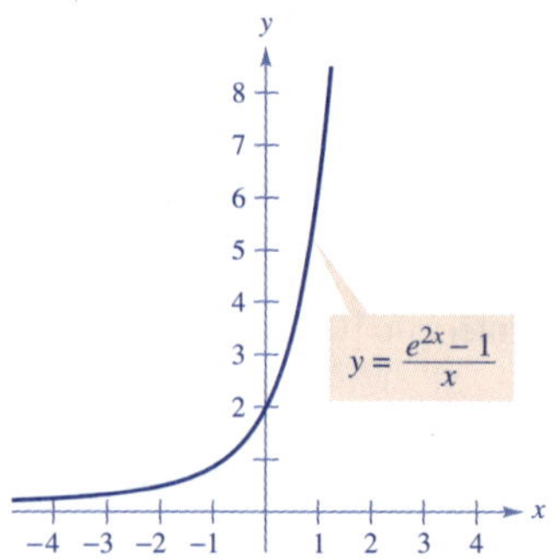

O limite quando x se aproxima de 0 parece ser 2.
Figura 8.14

x	-1	$-0{,}1$	$-0{,}01$	$-0{,}001$	0	0,001	0,01	0,1	1
$\frac{e^{2x}-1}{x}$	0,865	1,813	1,980	1,998	?	2,002	2,020	2,214	6,389

Regra de L'Hôpital

Para achar o limite ilustrado na Figura 8.14, você pode usar um teorema chamado de **Regra de L'Hôpital**. Esse teorema afirma que, sob certas condições, o limite do quociente $f(x)/g(x)$ é determinado pelo limite do quociente das derivadas

$$\frac{f'(x)}{g'(x)}.$$

Para provar esse teorema podemos usar um resultado mais geral chamado de **Teorema do Valor Médio Estendido**.

Coleção Granger

GUILLAUME L'HÔPITAL (1661-1704)

A Regra de L'Hôpital é assim chamada em homenagem ao matemático francês Guillaume François Antoine de L'Hôpital. Ele escreveu o primeiro texto de cálculo (em 1696) no qual a regra apareceu publicada. Foi descoberto recentemente que essa regra e sua demonstração foram escritas em uma carta de John Bernoulli a L'Hôpital. "... Eu reconheço que devo muito às mentes brilhantes dos irmãos Bernoulli... Eu usei livremente suas descobertas...", disse L'Hôpital.

TEOREMA 8.3 O Teorema do Valor Médio Estendido

Se f e g são diferenciáveis em um intervalo aberto (a, b), contínuas em $[a, b]$ e com $g'(x) \neq 0$ para todo x em (a, b), então existe um ponto c em (a, b) tal que

$$\frac{f'(c)}{g'(c)} = \frac{f(b) - f(a)}{g(b) - g(a)}.$$

OBSERVAÇÃO Para ver por que ele é chamado Teorema do Valor Médio Estendido, considere o caso especial em que $g(x) = x$. Para esse caso você obtém o Teorema do Valor Médio "padrão" como apresentado na Seção 3.2.

O Teorema do Valor Médio Estendido e a Regra de L'Hôpital estão ambos demonstrados no Apêndice A.

TEOREMA 8.4 Regra de L'Hôpital

Sejam f e g funções que são diferenciáveis em um intervalo aberto (a, b) contendo o ponto c, com a possível exceção de c. Assuma que $g'(x) \neq 0$ para todo x em (a, b), com a possível exceção de c. Se o limite de $f(x)/g(x)$ quando x se aproxima de c produz a forma indeterminada $0/0$, então

$$\lim_{x \to c} \frac{f(x)}{g(x)} = \lim_{x \to c} \frac{f'(x)}{g'(x)}$$

desde que o limite no lado direito exista (ou seja infinito). Esse resultado também se aplica se o limite de $f(x)/g(x)$ quando x tende a c produz uma das formas indeterminadas ∞/∞, $(-\infty)/\infty$, $\infty/(-\infty)$ ou $(-\infty)/(-\infty)$.

OBSERVAÇÃO Algumas vezes usa-se a Regra de L'Hôpital incorretamente, aplicando a Regra do Quociente a $f(x)/g(x)$. Certifique-se de que a regra envolva $f'(x)/g'(x)$, e não a derivada de $f(x)/g(x)$.

PARA MAIS INFORMAÇÃO Para aumentar sua compreensão sobre a necessidade da restrição de $g'(x)$ ser diferente de zero para todo x em (a, b), exceto talvez em c, veja o artigo "Counterexamples to L'Hôpital Rule", de R. P. Boas, em *The American Mathematical Monthly*; ou consulte-o em *www.matharticles.com.*

A Regra de L'Hôpital também pode ser aplicada a limites laterais. Por exemplo, se o limite de $f(x)/g(x)$ para x tendendo a c *pela direita* produz a forma indeterminada $0/0$, então

$$\lim_{x \to c^+} \frac{f(x)}{g(x)} = \lim_{x \to c^+} \frac{f'(x)}{g'(x)}$$

desde que o limite exista (ou seja infinito).

EXEMPLO 1 A Forma Indeterminada 0/0

Calcule $\lim\limits_{x \to 0} \dfrac{e^{2x} - 1}{x}$.

Solução Como a substituição direta resulta na forma indeterminada $0/0$

$$\lim_{x \to 0} (e^{2x} - 1) = 0$$

$$\lim_{x \to 0} \frac{e^{2x} - 1}{x}$$

$$\lim_{x \to 0} x = 0$$

você pode aplicar a Regra de L'Hôpital como é mostrado a seguir.

TECNOLOGIA

Aproximação Numérica e Gráfica Use uma abordagem numérica ou gráfica para aproximar cada limite.

a. $\lim_{x \to 0} \frac{2^{2x} - 1}{x}$

b. $\lim_{x \to 0} \frac{3^{2x} - 1}{x}$

c. $\lim_{x \to 0} \frac{4^{2x} - 1}{x}$

d. $\lim_{x \to 0} \frac{5^{2x} - 1}{x}$

Que padrão você observa? Alguma abordagem analítica oferece determinada vantagem para esses limites? Se assim for, explique o seu raciocínio.

$$\lim_{x \to 0} \frac{e^{2x} - 1}{x} = \lim_{x \to 0} \frac{\frac{d}{dx}[e^{2x} - 1]}{\frac{d}{dx}[x]}$$ Aplique a Regra de L'Hôpital

$$= \lim_{x \to 0} \frac{2e^{2x}}{1}$$ Derive o numerador e o denominador

$$= 2$$ Calcule o limite

OBSERVAÇÃO Ao escrever a cadeia de equações no Exemplo 1, você na verdade não sabe que o primeiro limite é igual ao segundo até que tenha provado a existência do segundo. Em outras palavras, se o segundo limite não existisse, não teria sido permitido aplicar a Regra de L'Hôpital.

Outra forma da Regra de L'Hôpital afirma que se o limite de $f(x)/g(x)$ quando x tende a ∞ (ou $-\infty$) produz a forma $0/0$ ou ∞/∞, então

$$\lim_{x \to \infty} \frac{f(x)}{g(x)} = \lim_{x \to \infty} \frac{f'(x)}{g'(x)}$$

desde que o limite à direita exista.

EXEMPLO 2 A Forma Indeterminada ∞/∞

Calcule $\lim_{x \to \infty} \frac{\ln x}{x}$.

Solução Como a substituição direta resulta na forma indeterminada ∞/∞, você pode aplicar a Regra de L'Hôpital como está mostrado abaixo.

$$\lim_{x \to \infty} \frac{\ln x}{x} = \lim_{x \to \infty} \frac{\frac{d}{dx}[\ln x]}{\frac{d}{dx}[x]}$$ Aplique a Regra de L'Hôpital

$$= \lim_{x \to \infty} \frac{1}{x}$$ Derive o numerador e o denominador

$$= 0.$$ Calcule o limite

OBSERVAÇÃO Tente esboçar os gráficos de $y_1 = \ln x$ e $y_2 = x$ na mesma janela. Qual função cresce mais rapidamente quando x tende a ∞? Como essa observação está relacionada ao Exemplo 2?

Algumas vezes é necessário aplicar a Regra de L'Hôpital mais do que uma vez para eliminar a forma indeterminada, como é mostrado no Exemplo 3.

EXEMPLO 3 Aplicando a Regra de L'Hôpital mais de uma Vez

Calcule $\lim_{x \to -\infty} \frac{x^2}{e^{-x}}$.

Solução Como a substituição direta resulta na forma indeterminada ∞/∞, você pode aplicar a Regra de L'Hôpital.

$$\lim_{x \to -\infty} \frac{x^2}{e^{-x}} = \lim_{x \to -\infty} \frac{\frac{d}{dx}[x^2]}{\frac{d}{dx}[e^{-x}]} = \lim_{x \to -\infty} \frac{2x}{-e^{-x}}$$

Esse limite produz a forma indeterminada $(-\infty)/(-\infty)$, de modo que você pode aplicar a Regra de L'Hôpital novamente para obter

$$\lim_{x\to-\infty} \frac{2x}{-e^{-x}} = \lim_{x\to-\infty} \frac{\frac{d}{dx}[2x]}{\frac{d}{dx}[-e^{-x}]} = \lim_{x\to-\infty} \frac{2}{e^{-x}} = 0.$$

Além das formas indeterminadas $0/0$ e ∞/∞, existem outras formas indeterminadas tais como $0 \cdot \infty$, 1^∞, ∞^0, 0^0 e $\infty - \infty$. Por exemplo, considere os quatro limites seguintes que levam à forma indeterminada $0 \cdot \infty$.

$$\underbrace{\lim_{x\to 0}(x)\left(\frac{1}{x}\right)}_{\text{O limite é 1.}}, \quad \underbrace{\lim_{x\to 0}(x)\left(\frac{2}{x}\right)}_{\text{O limite é 2.}}, \quad \underbrace{\lim_{x\to\infty}(x)\left(\frac{1}{e^x}\right)}_{\text{O limite é 0.}}, \quad \underbrace{\lim_{x\to\infty}(e^x)\left(\frac{1}{x}\right)}_{\text{O limite é }\infty.}$$

Como cada um dos limites é diferente, é claro que a forma $0 \cdot \infty$ é indeterminada no sentido que não é possível determinar o valor (ou mesmo a existência) do limite. Os exemplos a seguir indicam métodos para calcular essas formas. Basicamente, você tem de converter cada uma delas em $0/0$ ou ∞/∞ de modo que possa aplicar a Regra de L'Hôpital.

EXEMPLO 4 A Forma Indeterminada $0 \cdot \infty$

Calcule $\lim\limits_{x\to\infty} e^{-x}\sqrt{x}$.

Solução Como a substituição direta resulta na forma indeterminada $0 \cdot \infty$, você deve tentar reescrever o limite para se adaptar a $0/0$ ou ∞/∞. Nesse caso, é possível escrever o limite para se adaptar à segunda forma.

$$\lim_{x\to\infty} e^{-x}\sqrt{x} = \lim_{x\to\infty} \frac{\sqrt{x}}{e^x}$$

Agora, pela Regra de L'Hôpital, você tem

$$\lim_{x\to\infty} \frac{\sqrt{x}}{e^x} = \lim_{x\to\infty} \frac{1/(2\sqrt{x})}{e^x} = \lim_{x\to\infty} \frac{1}{2\sqrt{x}\,e^x} = 0.$$

Se reescrever um limite em uma das formas $0/0$ ou ∞/∞ parece não dar certo, tente a outra forma. Por exemplo, no Exemplo 4, você poderia escrever o limite como

$$\lim_{x\to\infty} e^{-x}\sqrt{x} = \lim_{x\to\infty} \frac{e^{-x}}{x^{-1/2}}$$

o que implicaria a forma indeterminada $0/0$. Quando isso acontece, a aplicação da Regra de L'Hôpital a esse limite produz

$$\lim_{x\to\infty} \frac{e^{-x}}{x^{-1/2}} = \lim_{x\to\infty} \frac{-e^{-x}}{-1/(2x^{3/2})}$$

a qual também produz a forma indeterminada $0/0$.

As formas indeterminadas 1^∞, ∞^0 e 0^0 aparecem em funções que têm base e expoente variáveis. Quando anteriormente você encontrou esse tipo de função, usou diferenciação logarítmica para achar a derivada. Você pode usar um procedimento análogo quando tomar limites, como mostra o próximo exemplo.

EXEMPLO 5 A Forma Indeterminada 1^∞

Calcule $\lim_{x\to\infty}\left(1+\frac{1}{x}\right)^x$.

Solução Como a substituição direta resulta na forma indeterminada 1^∞, você pode proceder como a seguir. Para começar, assuma que o limite existe e é igual a y.

$$y=\lim_{x\to\infty}\left(1+\frac{1}{x}\right)^x$$

Tomar o logaritmo natural em ambos os lados produz

$$\ln y=\ln\left[\lim_{x\to\infty}\left(1+\frac{1}{x}\right)^x\right].$$

Como o logaritmo natural é uma função contínua, você pode escrever

$$\begin{aligned}\ln y&=\lim_{x\to\infty}\left[x\ln\left(1+\frac{1}{x}\right)\right] && \text{Forma indeterminada } \infty\cdot 0\\&=\lim_{x\to\infty}\left(\frac{\ln[1+(1/x)]}{1/x}\right) && \text{Forma indeterminada } 0/0\\&=\lim_{x\to\infty}\left(\frac{(-1/x^2)\{1/[1+(1/x)]\}}{-1/x^2}\right) && \text{Regra de L'Hôpital}\\&=\lim_{x\to\infty}\frac{1}{1+(1/x)}\\&=1.\end{aligned}$$

Agora, como você mostrou que $\ln y=1$, pode concluir que $y=e$ e obter

$$\lim_{x\to\infty}\left(1+\frac{1}{x}\right)^x=e.$$

Você pode usar uma ferramenta gráfica para conferir este resultado, como mostra a Figura 8.15.

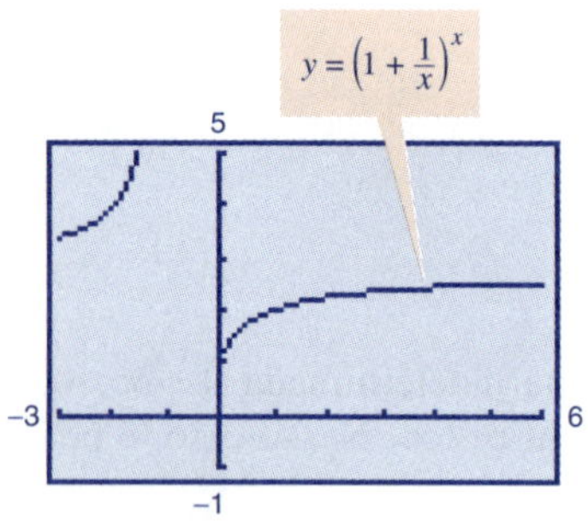

O limite de $[1+(1/x)]^x$ quando x tende a infinito é e.
Figura 8.15

A Regra de L'Hôpital pode também ser aplicada a limites laterais, como é demonstrado nos Exemplos 6 e 7.

EXEMPLO 6 A Forma Indeterminada 0^0

Ache $\lim_{x\to 0^+}(\text{sen } x)^x$.

Solução Como a substituição direta produz a forma indeterminada 0^0, você pode proceder como abaixo.

$$\begin{aligned}y&=\lim_{x\to 0^+}(\text{sen } x)^x && \text{Forma indeterminada } 0^0\\\ln y&=\ln\left[\lim_{x\to 0^+}(\text{sen } x)^x\right] && \text{Tome o log natural de cada lado}\\&=\lim_{x\to 0^+}[\ln(\text{sen } x)^x] && \text{Continuidade}\\&=\lim_{x\to 0^+}[x\ln(\text{sen } x)] && \text{Forma indeterminada } 0\cdot(-\infty)\\&=\lim_{x\to 0^+}\frac{\ln(\text{sen } x)}{1/x} && \text{Forma indeterminada } -\infty/\infty\end{aligned}$$

$$= \lim_{x \to 0^+} \frac{\cot g\, x}{-1/x^2} \qquad \text{Regra de L'Hôpital}$$

$$= \lim_{x \to 0^+} \frac{-x^2}{\operatorname{tg} x} \qquad \text{Forma indeterminada } 0/0$$

$$= \lim_{x \to 0^+} \frac{-2x}{\sec^2 x} = 0 \qquad \text{Regra de L'Hôpital}$$

Agora, como $\ln y = 0$, você pode concluir que $y = e^0 = 1$, e segue que

$$\lim_{x \to 0^+} (\operatorname{sen} x)^x = 1.$$

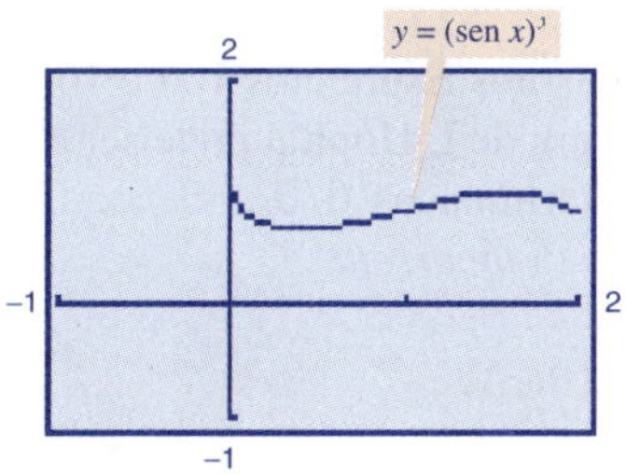

O limite de $(\operatorname{sen} x)^x$ é 1 quando x tende a 0 pela direita.
Figura 8.16

TECNOLOGIA Quando calcular um limite complicado como o do Exemplo 6, é aconselhável verificar se a solução é razoável, usando um computador ou uma ferramenta gráfica. Por exemplo, os cálculos da tabela seguinte e o gráfico na Figura 8.16 são consistentes com a conclusão de que $(\operatorname{sen} x)^x$ se aproxima de 1 quando x tende a 0 pela direita.

x	1,0	0,1	0,01	0,001	0,0001	0,00001
$(\operatorname{sen} x)^x$	0,8415	0,7942	0,9550	0,9931	0,9991	0,9999

Use um sistema de manipulação algébrica ou uma ferramenta gráfica para estimar os seguintes limites:

$$\lim_{x \to 0} (1 - \cos x)^x$$

e

$$\lim_{x \to 0^+} (\operatorname{tg} x)^x.$$

Então, veja se você consegue provar suas estimativas analiticamente.

DICA Em cada um dos exemplos apresentados nesta seção, a Regra de L'Hôpital foi usada para achar um limite que existe. Ela também pode ser usada para concluir que um limite é infinito. Por exemplo, tente usar a Regra de L'Hôpital para mostrar que

$$\lim_{x \to \infty} \frac{e^x}{x} = \infty.$$

EXEMPLO 7 A Forma Indeterminada $\infty - \infty$

Calcule $\displaystyle\lim_{x \to 1^+} \left(\frac{1}{\ln x} - \frac{1}{x - 1}\right)$.

Solução Como a substituição direta resulta na forma indeterminada $\infty - \infty$, você deve tentar reescrever a expressão para produzir uma forma à qual se pode aplicar a Regra de L'Hôpital. Neste caso, você pode combinar as duas frações para obter

$$\lim_{x \to 1^+} \left(\frac{1}{\ln x} - \frac{1}{x - 1}\right) = \lim_{x \to 1^+} \left[\frac{x - 1 - \ln x}{(x - 1)\ln x}\right].$$

Agora, como a substituição direta produz a forma indeterminada $0/0$, você pode aplicar a Regra de L'Hôpital e obter

$$\lim_{x \to 1^+} \left(\frac{1}{\ln x} - \frac{1}{x - 1}\right) = \lim_{x \to 1^+} \frac{\dfrac{d}{dx}[x - 1 - \ln x]}{\dfrac{d}{dx}[(x - 1)\ln x]}$$

$$= \lim_{x \to 1^+} \left[\frac{1 - (1/x)}{(x - 1)(1/x) + \ln x}\right]$$

$$= \lim_{x \to 1^+} \left(\frac{x - 1}{x - 1 + x \ln x}\right).$$

Este limite também produz a forma indeterminada 0/0, de modo que você pode aplicar novamente a Regra de L'Hôpital para obter

$$\lim_{x\to 1^+}\left(\frac{1}{\ln x}-\frac{1}{x-1}\right)=\lim_{x\to 1^+}\left[\frac{1}{1+x(1/x)+\ln x}\right]$$
$$=\frac{1}{2}.$$

As formas $0/0$, ∞/∞, $\infty-\infty$, $0\cdot\infty$, 0^0, 1^∞ e ∞^0 foram identificadas como *indeterminadas*. Existem formas parecidas que você deve reconhecer como "determinadas".

$\infty+\infty\to\infty$ — O limite é positivo e infinito

$-\infty-\infty\to-\infty$ — O limite é negativo e infinito

$0^\infty\to 0$ — O limite é 0

$0^{-\infty}\to\infty$ — O limite é positivo e infinito

(Propomos a você a verificação de duas dessas fórmulas nos Exercícios 106 e 107.)

Como um comentário final, lembre-se de que a Regra de L'Hôpital pode ser apenas aplicada a quocientes que levem às formas indeterminadas $0/0$ e ∞/∞. Por exemplo, a seguinte aplicação da Regra de L'Hôpital está *incorreta*.

$$\lim_{x\to 0}\frac{e^x}{x}=\lim_{x\to 0}\frac{e^x}{1}=1$$ Uso incorreto da Regra de L'Hôpital

O motivo dessa aplicação estar incorreta é que, embora o limite do denominador seja 0, o limite do numerador é 1, o que significa que as hipóteses da Regra de L'Hôpital não são satisfeitas.

Exercícios da Seção 8.7

Análises Numérica e Gráfica **Nos Exercícios 1 a 4, complete a tabela e use o resultado para estimar o limite. Use uma ferramenta gráfica para desenhar o gráfico da função e conferir o seu resultado.**

1. $\lim_{x\to 0}\frac{\operatorname{sen} 5x}{\operatorname{sen} 2x}$

x	$-0{,}1$	$-0{,}01$	$-0{,}001$	$0{,}001$	$0{,}01$	$0{,}1$
$f(x)$						

2. $\lim_{x\to 0}\frac{1-e^x}{x}$

x	$-0{,}1$	$-0{,}01$	$-0{,}001$	$0{,}001$	$0{,}01$	$0{,}1$
$f(x)$						

3. $\lim_{x\to\infty} x^5 e^{-x/100}$

x	1	10	10^2	10^3	10^4	10^5
$f(x)$						

4. $\lim_{x\to\infty}\frac{6x}{\sqrt{3x^2-2x}}$

x	1	10	10^2	10^3	10^4	10^5
$f(x)$						

Nos Exercícios 5 a 10, calcule o limite (a) usando as técnicas dos Capítulos 1 e 3 e (b) usando a Regra de L'Hôpital.

5. $\lim_{x\to 3}\frac{2(x-3)}{x^2-9}$

6. $\lim_{x\to -1}\frac{2x^2-x-3}{x+1}$

7. $\lim_{x\to 3}\frac{\sqrt{x+1}-2}{x-3}$

8. $\lim_{x\to 0}\frac{\operatorname{sen} 4x}{2x}$

9. $\lim_{x\to\infty}\frac{5x^2-3x+1}{3x^2-5}$

10. $\lim_{x\to\infty}\frac{2x+1}{4x^2+x}$

Nos Exercícios 11 a 36, calcule o limite usando a Regra de L'Hôpital se necessário. (No Exercício 18, *n* é um inteiro positivo.)

11. $\lim_{x\to 2}\frac{x^2-x-2}{x-2}$

12. $\lim_{x\to -1}\frac{x^2-x-2}{x+1}$

13. $\lim\limits_{x\to 0} \dfrac{\sqrt{4-x^2}-2}{x}$

14. $\lim\limits_{x\to 2^-} \dfrac{\sqrt{4-x^2}}{x-2}$

15. $\lim\limits_{x\to 0} \dfrac{e^x-(1-x)}{x}$

16. $\lim\limits_{x\to 1} \dfrac{\ln x^2}{x^2-1}$

17. $\lim\limits_{x\to 0^+} \dfrac{e^x-(1+x)}{x^3}$

18. $\lim\limits_{x\to 0^+} \dfrac{e^x-(1+x)}{x^n}$

19. $\lim\limits_{x\to 0} \dfrac{\operatorname{sen} 2x}{\operatorname{sen} 3x}$

20. $\lim\limits_{x\to 0} \dfrac{\operatorname{sen} ax}{\operatorname{sen} bx}$

21. $\lim\limits_{x\to 0} \dfrac{\operatorname{arcsen} x}{x}$

22. $\lim\limits_{x\to 1} \dfrac{\operatorname{arctg} x-(\pi/4)}{x-1}$

23. $\lim\limits_{x\to\infty} \dfrac{3x^2-2x+1}{2x^2+3}$

24. $\lim\limits_{x\to\infty} \dfrac{x-1}{x^2+2x+3}$

25. $\lim\limits_{x\to\infty} \dfrac{x^2+2x+3}{x-1}$

26. $\lim\limits_{x\to\infty} \dfrac{x^3}{x+2}$

27. $\lim\limits_{x\to\infty} \dfrac{x^3}{e^{x/2}}$

28. $\lim\limits_{x\to\infty} \dfrac{x^2}{e^x}$

29. $\lim\limits_{x\to\infty} \dfrac{x}{\sqrt{x^2+1}}$

30. $\lim\limits_{x\to\infty} \dfrac{x^2}{\sqrt{x^2+1}}$

31. $\lim\limits_{x\to\infty} \dfrac{\cos x}{x}$

32. $\lim\limits_{x\to\infty} \dfrac{\operatorname{sen} x}{x-\pi}$

33. $\lim\limits_{x\to\infty} \dfrac{\ln x}{x^2}$

34. $\lim\limits_{x\to\infty} \dfrac{\ln x^4}{x^3}$

35. $\lim\limits_{x\to\infty} \dfrac{e^x}{x^2}$

36. $\lim\limits_{x\to\infty} \dfrac{e^{x/2}}{x}$

Nos Exercícios 37 a 54, (a) descreva o tipo de forma indeterminada (se houver) que é obtida pela substituição direta. (b) Calcule o limite usando a Regra de L'Hôpital, se necessário. (c) Use uma ferramenta gráfica para desenhar o gráfico da função e verificar o resultado da parte (b).

37. $\lim\limits_{x\to\infty} x\ln x$

38. $\lim\limits_{x\to 0^+} x^3 \operatorname{cotg} x$

39. $\lim\limits_{x\to\infty} \left(x \operatorname{sen}\dfrac{1}{x}\right)$

40. $\lim\limits_{x\to\infty} x \operatorname{tg}\dfrac{1}{x}$

41. $\lim\limits_{x\to 0^+} x^{1/x}$

42. $\lim\limits_{x\to 0^+} (e^x+x)^{2/x}$

43. $\lim\limits_{x\to\infty} x^{1/x}$

44. $\lim\limits_{x\to\infty} \left(1+\dfrac{1}{x}\right)^x$

45. $\lim\limits_{x\to 0^+} (1+x)^{1/x}$

46. $\lim\limits_{x\to\infty} (1+x)^{1/x}$

47. $\lim\limits_{x\to 0^+} [3(x)^{x/2}]$

48. $\lim\limits_{x\to 4^+} [3(x-4)]^{x-4}$

49. $\lim\limits_{x\to 1^+} (\ln x)^{x-1}$

50. $\lim\limits_{x\to 0^+} \left[\cos\left(\dfrac{\pi}{2}-x\right)\right]^x$

51. $\lim\limits_{x\to 2^+} \left(\dfrac{8}{x^2-4}-\dfrac{x}{x-2}\right)$

52. $\lim\limits_{x\to 2^+} \left(\dfrac{1}{x^2-4}-\dfrac{\sqrt{x-1}}{x^2-4}\right)$

53. $\lim\limits_{x\to 1^+} \left(\dfrac{3}{\ln x}-\dfrac{2}{x-1}\right)$

54. $\lim\limits_{x\to 0^+} \left(\dfrac{10}{x}-\dfrac{3}{x^2}\right)$

Nos Exercícios 55 a 58, use uma ferramenta gráfica para (a) desenhar o gráfico da função e (b) achar o limite pedido.

55. $\lim\limits_{x\to 3} \dfrac{x-3}{\ln(2x-5)}$

56. $\lim\limits_{x\to 0^+} (\operatorname{sen} x)^x$

57. $\lim\limits_{x\to\infty} \left(\sqrt{x^2+5x+2}-x\right)$

58. $\lim\limits_{x\to\infty} \dfrac{x^3}{e^{2x}}$

Questões Conceituais

59. Apresente seis formas indeterminadas diferentes.

60. Enuncie a Regra de L'Hôpital.

61. Encontre funções diferenciáveis f e g que satisfazem as condições especificadas e tais que

$$\lim_{x\to 5} f(x) = 0 \text{ e } \lim_{x\to 5} g(x) = 0.$$

Explique como você obteve suas respostas. (*Observação*: Existem muitas respostas corretas.)

(a) $\lim\limits_{x\to 5} \dfrac{f(x)}{g(x)} = 10$ (b) $\lim\limits_{x\to 5} \dfrac{f(x)}{g(x)} = 0$ (c) $\lim\limits_{x\to 5} \dfrac{f(x)}{g(x)} = \infty$

62. Encontre funções diferenciáveis f e g tais que

$$\lim_{x\to\infty} f(x) = \lim_{x\to\infty} g(x) = \infty \quad \text{e}$$

$$\lim_{x\to\infty} [f(x)-g(x)] = 25.$$

Explique como você obteve suas respostas. (*Observação*: Existem muitas respostas corretas.)

63. ***Abordagem Numérica*** Complete a tabela para mostrar que x "domina" $(\ln x)^4$.

x	10	10^2	10^4	10^6	10^8	10^{10}
$\dfrac{(\ln x)^4}{x}$						

64. ***Abordagem Numérica*** Complete a tabela para mostrar que e^x "domina" x^5.

x	1	5	10	20	30	40	50	100
$\dfrac{e^x}{x^5}$								

Comparando Funções **Nos Exercícios 65 a 70, use a Regra de L'Hôpital para determinar as taxas de crescimento comparativas das funções $f(x) = x^m$, $g(x) = e^{nx}$ e $h(x) = (\ln x)^n$, onde $n > 0, m > 0$ e $x \to \infty$.**

65. $\lim\limits_{x\to\infty} \dfrac{x^2}{e^{5x}}$

66. $\lim\limits_{x\to\infty} \dfrac{x^3}{e^{2x}}$

67. $\lim\limits_{x\to\infty} \dfrac{(\ln x)^3}{x}$

68. $\lim\limits_{x\to\infty} \dfrac{(\ln x)^2}{x^3}$

69. $\lim\limits_{x\to\infty} \dfrac{(\ln x)^n}{x^m}$

70. $\lim\limits_{x\to\infty} \dfrac{x^m}{e^{nx}}$

Nos Exercícios 71 a 74, ache todas as assíntotas e os extremos relativos que possam existir e use uma ferramenta gráfica para esboçar o gráfico da função. (*Sugestão*: Alguns dos limites necessários para encontrar as assíntotas foram calculados nos exercícios precedentes.)

71. $y = x^{1/x}, \quad x > 0$

72. $y = x^x, \quad x > 0$

73. $y = 2xe^{-x}$

74. $y = \dfrac{\ln x}{x}$

Para Pensar **Nos Exercícios 75 a 78, a Regra de L'Hôpital foi usada incorretamente. Descreva o erro.**

75. $\lim\limits_{x\to 0} \dfrac{e^{2x}-1}{e^x} = \lim\limits_{x\to 0} \dfrac{2e^{2x}}{e^x} = \lim\limits_{x\to 0} 2e^x = 2$

76. $\lim\limits_{x\to 0} \dfrac{\text{sen}\,\pi x - 1}{x} = \lim\limits_{x\to 0} \dfrac{\pi\cos\pi x}{1} = \pi$

77. $\lim\limits_{x\to\infty} x\cos\dfrac{1}{x} = \lim\limits_{x\to\infty} \dfrac{\cos(1/x)}{1/x}$

$= \lim\limits_{x\to\infty} \dfrac{[-\text{sen}(1/x)](1/x^2)}{-1/x^2}$

$= 0$

78. $\lim\limits_{x\to\infty} \dfrac{e^{-x}}{1+e^{-x}} = \lim\limits_{x\to\infty} \dfrac{-e^{-x}}{-e^{-x}}$

$= \lim\limits_{x\to\infty} 1$

$= 1$

Abordagem Analítica **Nos Exercícios 79 e 80, (a) explique por que a Regra de L'Hôpital não pode ser utilizada para achar o limite, (b) ache o limite analiticamente, e (c) use uma ferramenta gráfica para esboçar o gráfico da função e aproximar o limite através do gráfico. Compare o resultado com o resultado da parte (b).**

79. $\lim\limits_{x\to\infty} \dfrac{x}{\sqrt{x^2+1}}$

80. $\lim\limits_{x\to\pi/2^-} \dfrac{\text{tg}\,x}{\sec x}$

Análise Gráfica **Nos Exercícios 81 e 82, esboce $f(x)/g(x)$ e $f'(x)/g'(x)$ perto de $x = 0$. O que você observa sobre essas razões quando $x \to 0$? Como isso ilustra a Regra de L'Hôpital?**

81. $f(x) = \text{sen}\,3x, \quad g(x) = \text{sen}\,4x$

82. $f(x) = e^{3x} - 1, \quad g(x) = x$

83. ***Velocidade em um Meio Viscoso*** A velocidade v de um objeto caindo em um meio viscoso tal como ar ou água é dada por

$$v = \frac{32}{k}\left(1 - e^{-kt} + \frac{v_0 k e^{-kt}}{32}\right)$$

onde v_0 é a velocidade inicial, t é o tempo em segundos, e k é a constante de viscosidade do meio. Use a Regra de L'Hôpital para achar a fórmula para a velocidade de um objeto caindo no vácuo, fixando v_0 e t e fazendo k tender a zero. (Assuma que a direção para baixo é positiva.)

84. ***Juros Compostos*** A fórmula para a quantia A em uma caderneta de poupança composta n vezes ao ano por t anos a uma taxa de juros anual r e depósito inicial P é dada por

$$A = P\left(1 + \frac{r}{n}\right)^{nt}.$$

Use a Regra de L'Hôpital para mostrar que a fórmula limite quando o número de composições por ano torna-se infinito é $A = Pe^{rt}$.

85. ***A Função Gama*** A Função Gama $\Gamma(n)$ é definida em termos da integral da função dada por $f(x) = x^{n-1}e^{-x}$, $n > 0$. Mostre que, para qualquer valor fixo de n, o limite de $f(x)$ quando x tende ao infinito é zero.

86. ***Tractriz*** Uma pessoa se move a partir da origem ao longo do eixo y positivo puxando um peso pela extremidade de uma corda de 12 metros (veja a figura). Inicialmente, o peso está localizado no ponto (12, 0).

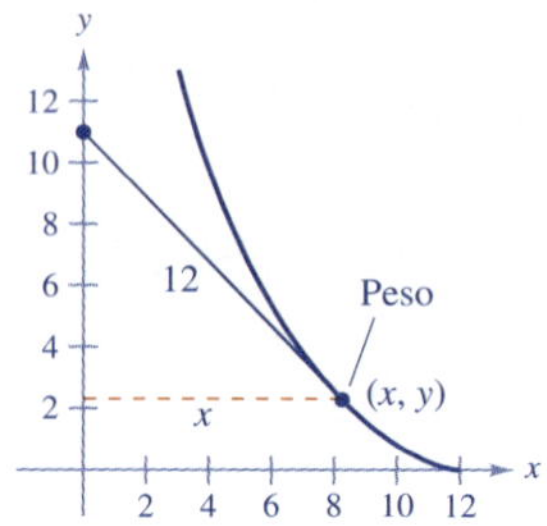

(a) Mostre que o coeficiente angular da reta tangente à trajetória do peso é

$$\frac{dy}{dx} = -\frac{\sqrt{144 - x^2}}{x}.$$

(b) Use a equação da parte (a) para achar a equação da trajetória do peso. Use uma ferramenta gráfica para desenhar a trajetória e compare com a figura.

(c) Ache todas as assíntotas verticais do gráfico da parte (b).

(d) Quando a pessoa atingiu o ponto (0, 12), que distância o peso se moveu?

Nos Exercícios 87 a 90, aplique o Teorema do Valor Médio Estendido para as funções f e g no intervalo dado. Ache todos os valores de c no intervalo (a, b) tais que

$$\frac{f'(c)}{g'(c)} = \frac{f(b) - f(a)}{g(b) - g(a)}.$$

	Função	*Intervalo*
87.	$f(x) = x^3, \quad g(x) = x^2 + 1$	$[0, 1]$
88.	$f(x) = \dfrac{1}{x}, \quad g(x) = x^2 - 4$	$[1, 2]$
89.	$f(x) = \text{sen}\,x, \quad g(x) = \cos x$	$\left[0, \dfrac{\pi}{2}\right]$
90.	$f(x) = \ln x, \quad g(x) = x^3$	$[1, 4]$

Verdadeiro ou Falso? **Nos Exercícios 91 a 94, determine se a afirmação é verdadeira ou falsa. Se for falsa, explique por que ou dê um exemplo mostrando que é falsa.**

91. $\lim\limits_{x\to 0}\left[\dfrac{x^2+x+1}{x}\right] = \lim\limits_{x\to 0}\left[\dfrac{2x+1}{1}\right] = 1$

92. Se $y = e^x/x^2$, então $y' = e^x/2x$.

93. Se $p(x)$ é um polinômio, então $\lim\limits_{x\to\infty}[p(x)/e^x] = 0$.

94. Se $\lim\limits_{x\to\infty} \dfrac{f(x)}{g(x)} = 1$, então $\lim\limits_{x\to\infty}[f(x) - g(x)] = 0$.

95. ***Área*** Ache o limite, quando x se aproxima de 0, da razão da área do triângulo pela área total sombreada na figura.

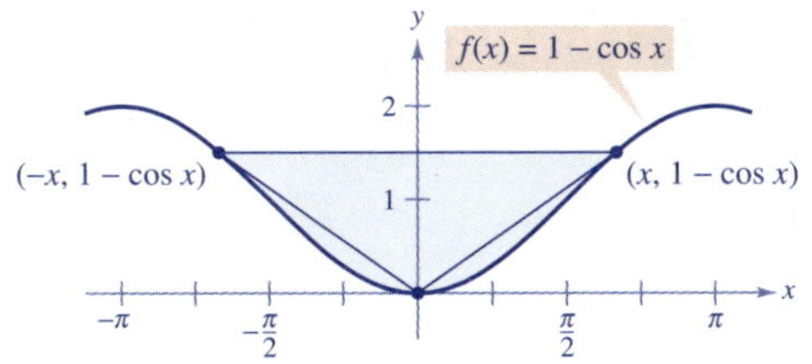

96. Na Seção 1.3 um argumento geométrico (veja a figura) foi usado para provar que

$$\lim_{\theta\to 0}\frac{\operatorname{sen}\theta}{\theta} = 1.$$

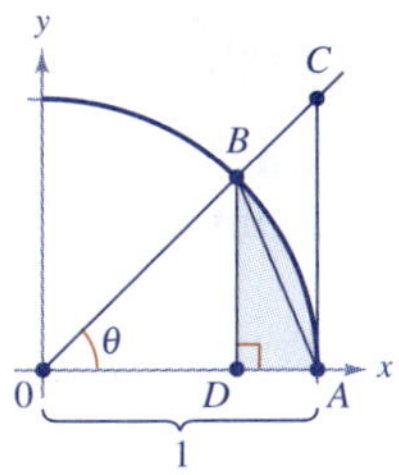

(a) Escreva a área do $\triangle ABD$ em termos de θ.

(b) Escreva a área da região sombreada em termos de θ.

(c) Escreva a razão R da área do $\triangle ABD$ pela área da região sombreada.

(d) Ache $\lim_{\theta\to 0} R$.

Funções Contínuas **Nos Exercícios 97 e 98, encontre o valor de c que torna a função contínua em $x = 0$.**

97. $f(x) = \begin{cases} \dfrac{4x - 2\operatorname{sen} 2x}{2x^3}, & x \neq 0 \\ c, & x = 0 \end{cases}$

98. $f(x) = \begin{cases} (e^x + x)^{1/x}, & x \neq 0 \\ c, & x = 0 \end{cases}$

99. Ache os valores de a e b tais que $\lim_{x\to 0}\dfrac{a - \cos bx}{x^2} = 2.$

100. Mostre que $\lim_{x\to\infty}\dfrac{x^n}{e^x} = 0$ para todo inteiro $n > 0$.

101. (a) Seja $f'(x)$ contínua. Mostre que

$$\lim_{h\to 0}\frac{f(x+h) - f(x-h)}{2h} = f'(x).$$

(b) Explique o resultado da parte (a) graficamente.

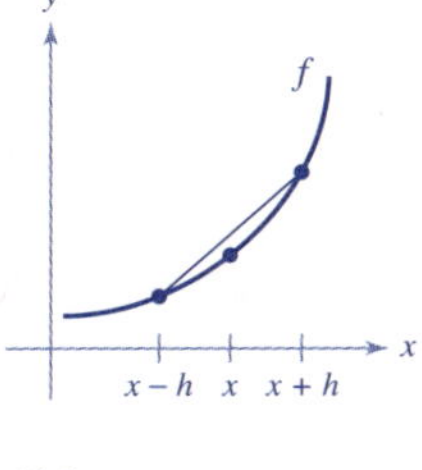

102. Seja $f''(x)$ contínua. Mostre que

$$\lim_{h\to 0}\frac{f(x+h) - 2f(x) + f(x-h)}{h^2} = f''(x).$$

103. Esboce o gráfico de

$$g(x) = \begin{cases} e^{-1/x^2}, & x \neq 0 \\ 0, & x = 0 \end{cases}$$

e determine $g'(0)$.

104. Use uma ferramenta gráfica para desenhar o gráfico de

$$f(x) = \frac{x^k - 1}{k}$$

para $k = 1$, 0,1, e 0,01. A seguir, calcule o limite

$$\lim_{k\to 0^+}\frac{x^k - 1}{k}.$$

105. Considere o $\lim_{x\to 0^+}(-x\ln x)$.

(a) Descreva o tipo da forma indeterminada que é obtida por substituição direta.

(b) Calcule o limite.

(c) Use uma ferramenta gráfica para verificar o resultado da parte (b).

PARA MAIS INFORMAÇÃO Para uma abordagem geométrica deste exercício, veja o artigo "A Geometric Proof of $\lim_{d\to 0^+}(-d\ln d) = 0$", de John H. Mathews, em *College Journal*; ou consulte-o em *www.mathaarticles.com*.

106. Prove que se $f(x) \geq 0$, $\lim_{x\to a} f(x) = 0$ e $\lim_{x\to a} g(x) = \infty$, então $\lim_{x\to a} f(x)^{g(x)} = 0$.

107. Prove que se $f(x) \geq 0$, $\lim_{x\to a} f(x) = 0$ e $\lim_{x\to a} g(x) = -\infty$, então $\lim_{x\to a} f(x)^{g(x)} = \infty$.

108. Prove a seguinte generalização do Teorema do Valor Médio. Se f é duas vezes, continuamente diferenciável no intervalo fechado $[a, b]$, então

$$f(b) - f(a) = f'(a)(b - a) - \int_a^b f''(t)(t - b)\,dt.$$

109. ***Formas Indeterminadas*** Mostre que as formas indeterminadas 0^0, ∞^0 e 1^∞ nem sempre têm um valor 1 pelo cálculo de cada limite.

(a) $\lim_{x\to 0^+} x^{\ln 2/(1+\ln x)}$

(b) $\lim_{x\to\infty} x^{\ln 2/(1+\ln x)}$

(c) $\lim_{x\to 0}(x + 1)^{(\ln 2)/x}$

110. ***História do Cálculo*** No seu livro de cálculo de 1696, L'Hôpital ilustrou sua regra com o limite da função

$$f(x) = \frac{\sqrt{2a^3x - x^4} - a\sqrt[3]{a^2x}}{a - \sqrt[4]{ax^3}}$$

quando x se aproxima de a, $a > 0$. Ache este limite.

111. Considere a função

$$h(x) = \frac{x + \operatorname{sen} x}{x}.$$

(a) Use uma ferramenta gráfica para desenhar o gráfico da função. Então use os recursos *zoom* e *trace* para investigar $\lim_{x\to\infty} h(x)$.

(b) Ache $\lim_{x\to\infty} h(x)$ analiticamente escrevendo

$$h(x) = \frac{x}{x} + \frac{\operatorname{sen} x}{x}.$$

(c) Você pode usar a Regra de L'Hôpital para calcular $\lim_{x\to\infty} h(x)$? Explique o seu raciocínio.

Desafio Putnam

112. Calcule

$$\lim_{x\to\infty}\left[\frac{1}{x}\cdot\frac{a^x-1}{a-1}\right]^{1/x}$$

onde $a > 0, \quad a \neq 1$.

Este problema foi formulado pelo Committee on the Putnam Prize Competition.

Seção 8.8 Integrais Impróprias

- **Calcular uma integral imprópria que tem um limite de integração infinito.**
- **Calcular uma integral imprópria que tem uma descontinuidade infinita.**

Integrais Impróprias com Limites de Integração Infinitos

A definição de integral definida

$$\int_a^b f(x)\,dx$$

requer que o intervalo $[a, b]$ seja finito. Além disso, o Teorema Fundamental do Cálculo, pelo qual você tem calculado integrais definidas, estabelece que f seja contínua em $[a, b]$. Nesta seção você estudará um procedimento para calcular integrais que não satisfazem esses requisitos — em geral porque ou um dos limites de integração é infinito, ou f tem um número finito de descontinuidades no intervalo $[a, b]$. As integrais que possuem uma destas carcterísticas são **integrais impróprias**. Observe que dizemos que uma função f tem uma **descontinuidade infinita** em c se, *pela direita* ou *pela esquerda*,

$$\lim_{x\to c} f(x) = \infty \qquad \text{ou} \qquad \lim_{x\to c} f(x) = -\infty.$$

Para ter uma idéia de como calcular uma integral imprópria, considere a integral

$$\int_1^b \frac{dx}{x^2} = -\frac{1}{x}\Big]_1^b = -\frac{1}{b} + 1 = 1 - \frac{1}{b}$$

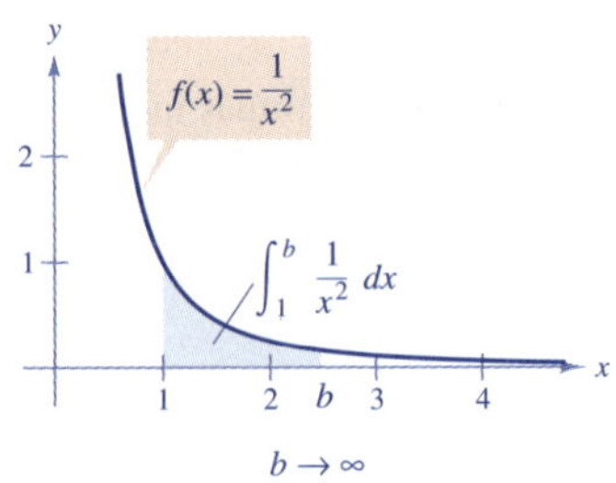

A região é ilimitada e tem área 1.
Figura 8.17

a qual pode ser interpretada como a área da região sombreada na Figura 8.17. Tomando o limite para $b \to \infty$, obtemos

$$\int_1^\infty \frac{dx}{x^2} = \lim_{b\to\infty}\left(\int_1^b \frac{dx}{x^2}\right) = \lim_{b\to\infty}\left(1 - \frac{1}{b}\right) = 1.$$

Esta integral imprópria pode ser interpretada como a área da região infinita entre o gráfico de $f(x) = 1/x^2$ e o eixo x (à direita de $x = 1$).

Definição de Integrais Impróprias com Limites de Integração Infinitos

1. Se f é contínua no intervalo $[a, \infty)$, então

$$\int_a^\infty f(x)\,dx = \lim_{b\to\infty}\int_a^b f(x)\,dx.$$

2. Se f é contínua no intervalo $(-\infty, b]$, então

$$\int_{-\infty}^{b} f(x)\, dx = \lim_{a \to -\infty} \int_{a}^{b} f(x)\, dx.$$

3. Se f é contínua no intervalo $(-\infty, \infty)$, então

$$\int_{-\infty}^{\infty} f(x)\, dx = \int_{-\infty}^{c} f(x)\, dx + \int_{c}^{\infty} f(x)\, dx$$

onde c é qualquer número real (veja o Exercício 110).

Nos dois primeiros casos, a integral imprópria **converge** se o limite existir — caso contrário, a integral imprópria **diverge**. No terceiro caso, a integral imprópria do lado esquerdo diverge se uma das duas integrais do lado direito divergir.

EXEMPLO 1 Uma Integral Imprópria Que Diverge

Calcule $\displaystyle\int_{1}^{\infty} \frac{dx}{x}$.

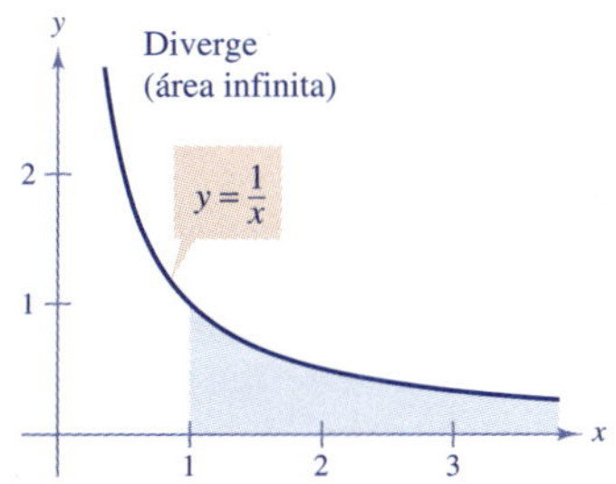

Esta região ilimitada tem área infinita.
Figura 8.18

Solução

$$\int_{1}^{\infty} \frac{dx}{x} = \lim_{b \to \infty} \int_{1}^{b} \frac{dx}{x} \qquad \text{Tome o limite para } b \to \infty$$

$$= \lim_{b \to \infty} \Big[\ln x \Big]_{1}^{b} \qquad \text{Aplique a Regra do Log}$$

$$= \lim_{b \to \infty} (\ln b - 0) \qquad \text{Aplique o Teorema Fundamental do Cálculo}$$

$$= \infty \qquad \text{Calcule o limite}$$

Veja a Figura 8.18.

OBSERVAÇÃO Tente comparar as regiões mostradas nas Figuras 8.17 e 8.18. Elas parecem semelhantes, mas a região na Figura 8.17 tem área finita e a região na Figura 8.18 tem área infinita.

EXEMPLO 2 Integrais Impróprias Que Convergem

Calcule cada integral imprópria.

a. $\displaystyle\int_{0}^{\infty} e^{-x}\, dx$

b. $\displaystyle\int_{0}^{\infty} \frac{1}{x^2 + 1}\, dx$

Solução

a.
$$\int_{0}^{\infty} e^{-x}\, dx = \lim_{b \to \infty} \int_{0}^{b} e^{-x}\, dx$$
$$= \lim_{b \to \infty} \Big[-e^{-x} \Big]_{0}^{b}$$
$$= \lim_{b \to \infty} (-e^{-b} + 1)$$
$$= 1$$

b.
$$\int_{0}^{\infty} \frac{1}{x^2 + 1}\, dx = \lim_{b \to \infty} \int_{0}^{b} \frac{1}{x^2 + 1}\, dx$$
$$= \lim_{b \to \infty} \Big[\operatorname{arctg} x \Big]_{0}^{b}$$
$$= \lim_{b \to \infty} \operatorname{arctg} b$$
$$= \frac{\pi}{2}$$

Veja a Figura 8.19.

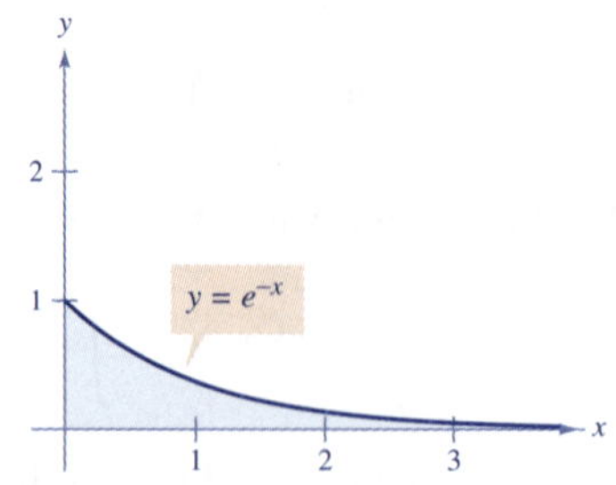

A área da região ilimitada é 1.
Figura 8.19

Veja a Figura 8.20

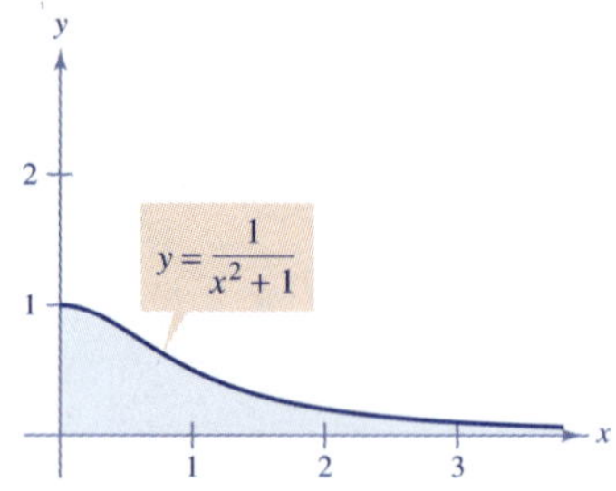

A área da região ilimitada é $\pi/2$.
Figura 8.20

No exemplo seguinte, observe como a Regra de L'Hôpital pode ser usada para calcular uma integral imprópria.

EXEMPLO 3 Usando a Regra de L'Hôpital com uma Integral Imprópria

Calcule $\displaystyle\int_1^{\infty} (1 - x)e^{-x}\,dx.$

Solução Use integração por partes, com $dv = e^{-x}\,dx$ e $u = (1 - x)$.

$$\begin{aligned}\int (1 - x)e^{-x}\,dx &= -e^{-x}(1 - x) - \int e^{-x}\,dx\\ &= -e^{-x} + xe^{-x} + e^{-x} + C\\ &= xe^{-x} + C\end{aligned}$$

Agora, aplique a definição de uma integral imprópria.

$$\begin{aligned}\int_1^{\infty} (1 - x)e^{-x}\,dx &= \lim_{b\to\infty}\Big[xe^{-x}\Big]_1^b\\ &= \left(\lim_{b\to\infty}\frac{b}{e^b}\right) - \frac{1}{e}\end{aligned}$$

Finalmente, usando a Regra de L'Hôpital no limite no lado direito, temos

$$\lim_{b\to\infty}\frac{b}{e^b} = \lim_{b\to\infty}\frac{1}{e^b} = 0$$

assim, você pode concluir que

$$\int_1^{\infty} (1 - x)e^{-x}\,dx = -\frac{1}{e}.$$

Veja a Figura 8.21.

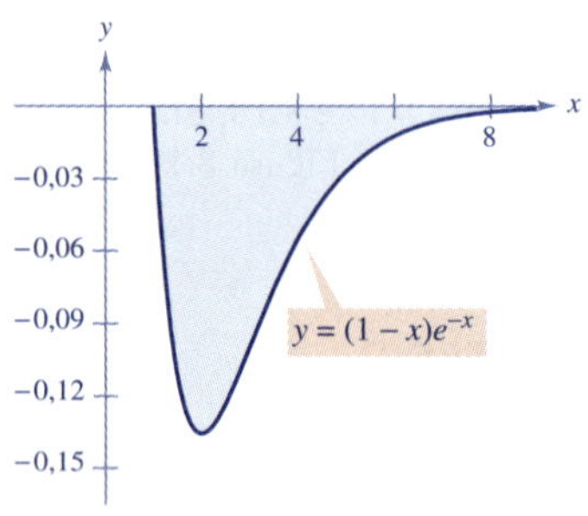

A área da região ilimitada é $|-1/e|$.
Figura 8.21

EXEMPLO 4 Os Dois Limites de Integração São Infinitos

Calcule $\displaystyle\int_{-\infty}^{\infty} \frac{e^x}{1 + e^{2x}}\,dx.$

Solução Note que o integrando é contínuo em $(-\infty, \infty)$. Para calcular a integral, você pode desdobrá-la em duas partes, escolhendo $c = 0$ como um valor conveniente.

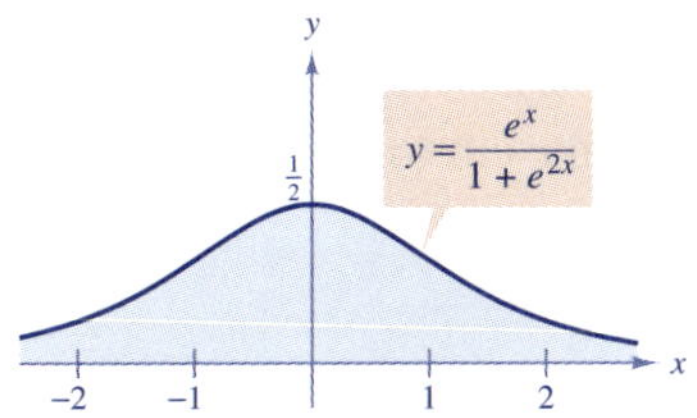

A área da região ilimitada é $\pi/2$.
Figura 8.22

$$\begin{aligned}\int_{-\infty}^{\infty} \frac{e^x}{1+e^{2x}}\,dx &= \int_{-\infty}^{0} \frac{e^x}{1+e^{2x}}\,dx + \int_{0}^{\infty} \frac{e^x}{1+e^{2x}}\,dx \\ &= \lim_{b\to-\infty}\Big[\operatorname{arctg} e^x\Big]_b^0 + \lim_{b\to\infty}\Big[\operatorname{arctg} e^x\Big]_0^b \\ &= \lim_{b\to-\infty}\left(\frac{\pi}{4} - \operatorname{arctg} e^b\right) + \lim_{b\to\infty}\left(\operatorname{arctg} e^b - \frac{\pi}{4}\right) \\ &= \frac{\pi}{4} - 0 + \frac{\pi}{2} - \frac{\pi}{4} \\ &= \frac{\pi}{2}\end{aligned}$$

Veja a Figura 8.22.

EXEMPLO 5 Colocando um Módulo Espacial em Órbita

No Exemplo 3 da Seção 7.5, você viu que seriam necessárias 10.000 toneladas-milhas de trabalho para impulsionar um módulo espacial de 15 toneladas métricas a uma altura de 800 milhas acima da Terra. Quanto trabalho é necessário para impulsionar o módulo a uma distância infinita da superfície da Terra?

Solução Inicialmente você poderia pensar que uma quantidade infinita de trabalho seria necessária. Mas se fosse esse o caso, seria impossível lançar foguetes no espaço. Como isso pode ser feito, o trabalho necessário tem de ser finito. Você pode determinar este trabalho do seguinte modo. Use a integral do Exemplo 3, Seção 7.5, substituindo o limite superior de 4.800 milhas por ∞ e escreva

$$\begin{aligned}W &= \int_{4.000}^{\infty} \frac{240.000.000}{x^2}\,dx \\ &= \lim_{b\to\infty}\left[-\frac{240.000.000}{x}\right]_{4.000}^{b} \\ &= \lim_{b\to\infty}\left(-\frac{240.000.000}{b} + \frac{240.000.000}{4.000}\right) \\ &= 60.000 \text{ toneladas-milhas} \\ &\approx 6{,}984 \times 10^{11} \text{ libras-pés.}\end{aligned}$$

Veja a Figura 8.23.

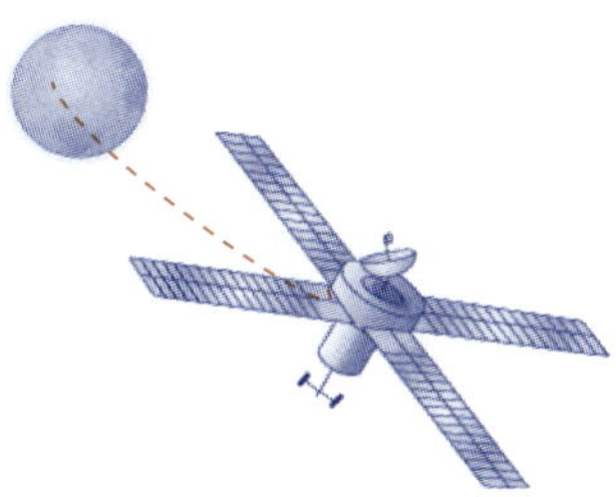

O trabalho necessário para mover um módulo espacial a uma distância infinita da superfície da Terra é aproximadamente $6{,}984 \times 10^{11}$ libras-pés.
Figura 8.23

Integrais Impróprias com Descontinuidades Infinitas

O segundo tipo de integral imprópria é aquele em que o integrando tem uma descontinuidade infinita *em algum* dos limites de integração ou *entre* os limites de integração.

Definição de Integrais Impróprias com Descontinuidades Infinitas

1. Se f é contínua no intervalo $[a, b)$ e tem uma descontinuidade infinita em b, então

$$\int_a^b f(x)\,dx = \lim_{c\to b^-}\int_a^c f(x)\,dx.$$

2. Se f é contínua no intervalo $(a, b]$ e tem uma descontinuidade infinita em a, então

$$\int_a^b f(x)\,dx = \lim_{c\to a^+} \int_c^b f(x)\,dx.$$

3. Se f é contínua no intervalo $[a, b]$, exceto para algum c em (a, b) no qual f tem uma descontinuidade infinita, então

$$\int_a^b f(x)\,dx = \int_a^c f(x)\,dx + \int_c^b f(x)\,dx.$$

Nos dois primeiros casos, a integral imprópria **converge** se o limite existe — caso contrário, a integral imprópria **diverge**. No terceiro caso, a integral imprópria do lado esquerdo diverge se uma das duas integrais impróprias do lado direito divergir.

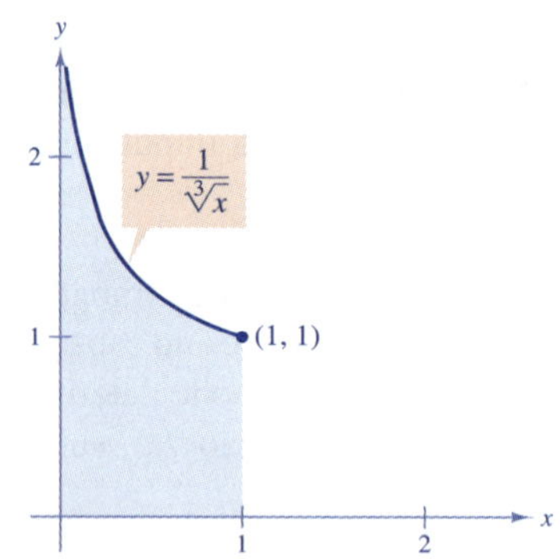

Descontinuidade infinita em $x = 0$.
Figura 8.24

EXEMPLO 6 Uma Integral Imprópria com uma Descontinuidade Infinita

Calcule $\displaystyle\int_0^1 \frac{dx}{\sqrt[3]{x}}$.

Solução O integrando tem uma descontinuidade infinita em $x = 0$, como é mostrado na Figura 8.24. Você pode calcular esta integral como abaixo.

$$\begin{aligned}\int_0^1 x^{-1/3}\,dx &= \lim_{b\to 0^+}\left[\frac{x^{2/3}}{2/3}\right]_b^1\\ &= \lim_{b\to 0^+}\frac{3}{2}(1 - b^{2/3})\\ &= \frac{3}{2}\end{aligned}$$

EXEMPLO 7 Uma Integral Imprópria Que Diverge

Calcule $\displaystyle\int_0^2 \frac{dx}{x^3}$.

Solução Como o integrando tem uma descontinuidade infinita em $x = 0$, você pode escrever

$$\begin{aligned}\int_0^2 \frac{dx}{x^3} &= \lim_{b\to 0^+}\left[-\frac{1}{2x^2}\right]_b^2\\ &= \lim_{b\to 0^+}\left(-\frac{1}{8} + \frac{1}{2b^2}\right)\\ &= \infty.\end{aligned}$$

Assim, você conclui que a integral imprópria diverge.

EXEMPLO 8 Uma Integral Imprópria com uma Descontinuidade no Interior

Calcule $\displaystyle\int_{-1}^2 \frac{dx}{x^3}$.

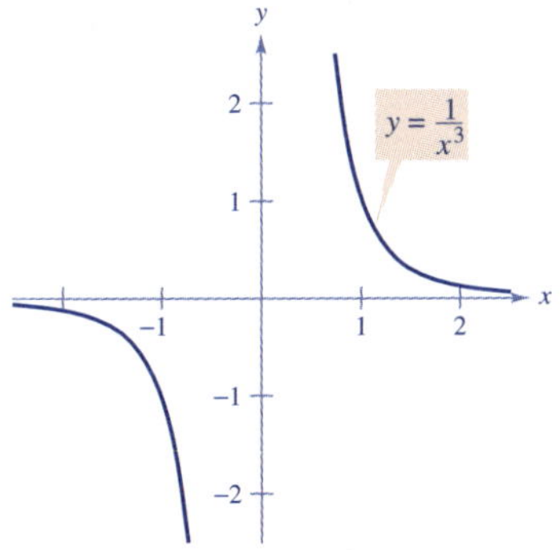

A integral imprópria $\int_{-1}^{2} 1/x^3\,dx$ diverge.
Figura 8.25

Solução Esta integral é imprópria porque o integrando tem uma descontinuidade infinita no ponto interior $x = 0$, como é mostrado na Figura 8.25. Assim, você pode escrever

$$\int_{-1}^{2} \frac{dx}{x^3} = \int_{-1}^{0} \frac{dx}{x^3} + \int_{0}^{2} \frac{dx}{x^3}.$$

Pelo Exemplo 7 você sabe que a segunda integral diverge. Então a integral imprópria original também diverge.

OBSERVAÇÃO Lembre-se de verificar se existem descontinuidades infinitas nos pontos interiores bem como nas extremidades do intervalo para determinar se uma integral é imprópria. Por exemplo, se você não tivesse reconhecido que a integral do Exemplo 8 era imprópria, teria obtido o resultado *incorreto*.

$$\int_{-1}^{2} \frac{dx}{x^3} = \frac{-1}{2x^2}\bigg]_{-1}^{2} = -\frac{1}{8} + \frac{1}{2} = \frac{3}{8}.$$

Cálculo incorreto

A integral do próximo exemplo é imprópria por *duas* razões. Um limite de integração é infinito, e o integrando tem uma descontinuidade infinita no outro limite de integração.

EXEMPLO 9 Uma Integral Duplamente Imprópria

Calcule $\displaystyle\int_{0}^{\infty} \frac{dx}{\sqrt{x}(x+1)}$.

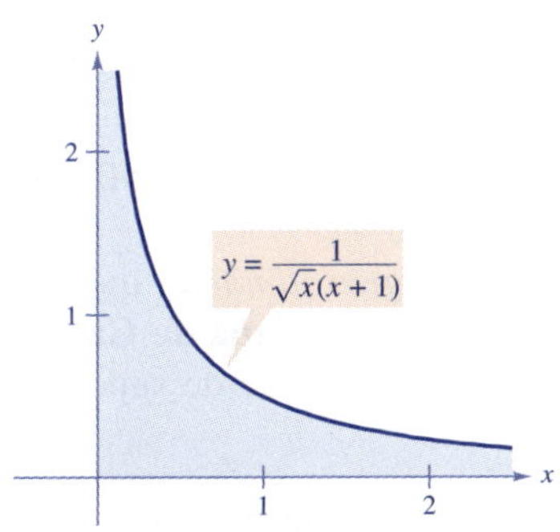

A área da região ilimitada é π.
Figura 8.26

Solução Para calcular esta integral, desdobre-a em um ponto conveniente (digamos, $x = 1$) e escreva

$$\begin{aligned}\int_{0}^{\infty} \frac{dx}{\sqrt{x}(x+1)} &= \int_{0}^{1} \frac{dx}{\sqrt{x}(x+1)} + \int_{1}^{\infty} \frac{dx}{\sqrt{x}(x+1)}\\ &= \lim_{b\to 0^+}\Big[2 \operatorname{arctg} \sqrt{x}\Big]_{b}^{1} + \lim_{c\to\infty}\Big[2 \operatorname{arctg} \sqrt{x}\Big]_{1}^{c}\\ &= 2\left(\frac{\pi}{4}\right) - 0 + 2\left(\frac{\pi}{2}\right) - 2\left(\frac{\pi}{4}\right)\\ &= \pi.\end{aligned}$$

Veja a Figura 8.26.

EXEMPLO 10 Uma Aplicação Envolvendo Comprimento de Arco

Use a fórmula para comprimento de arco para mostrar que o comprimento de círculo $x^2 + y^2 = 1$ é 2π.

Solução Para simplificar o trabalho, considere um quarto de círculo $y = \sqrt{1 - x^2}$, onde $0 \le x \le 1$. A função y é diferenciável para todo x no intervalo, exceto para $x = 1$. Assim, o comprimento de arco de um quarto do círculo é dado pela integral imprópria

$$\begin{aligned}s &= \int_{0}^{1} \sqrt{1 + (y')^2}\,dx\\ &= \int_{0}^{1} \sqrt{1 + \left(\frac{-x}{\sqrt{1-x^2}}\right)^2}\,dx\\ &= \int_{0}^{1} \frac{dx}{\sqrt{1-x^2}}.\end{aligned}$$

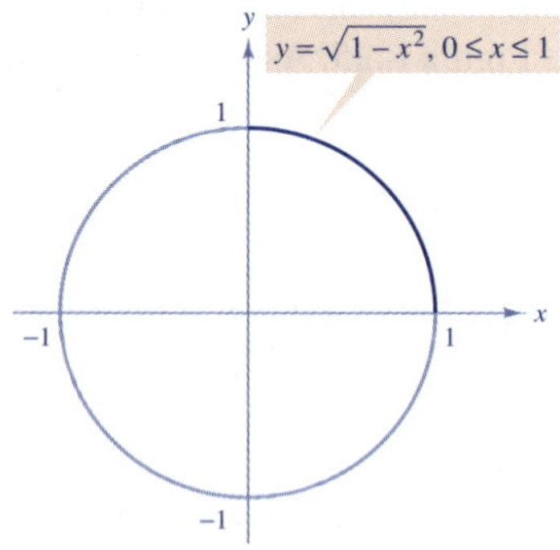

O comprimento do círculo é 2π.
Figura 8.27

A integral é imprópria porque tem uma descontinuidade infinita em $x = 1$. Assim, você pode escrever

$$\begin{aligned} s &= \int_0^1 \frac{dx}{\sqrt{1-x^2}} \\ &= \lim_{b\to 1^-} \Big[\operatorname{arcsen} x\Big]_0^b \\ &= \frac{\pi}{2} - 0 \\ &= \frac{\pi}{2}. \end{aligned}$$

Finalmente, multiplicando por 4, você pode concluir que o comprimento do círculo é $4s = 2\pi$, como é mostrado na Figura 8.27.

Concluímos esta seção com um teorema útil que descreve a convergência ou divergência de um tipo comum de integral imprópria. A demonstração deste teorema é sugerida como um exercício (veja o Exercício 49).

TEOREMA 8.5 Um Tipo Especial de Integral Imprópria

$$\int_1^\infty \frac{dx}{x^p} = \begin{cases} \dfrac{1}{p-1}, & \text{se } p > 1 \\ \text{diverge}, & \text{se } p \le 1 \end{cases}$$

PARA MAIS INFORMAÇÃO Para mais investigação acerca de sólidos que têm volumes finitos e áreas de superfície infinitas, veja o artigo "Supersolids: Solids Having Finite Volume and Infinite Surface Area"; de William P. Love, em *Mathematics Teacher*, ou consulte-o em *www.matharticles.com*.

EXEMPLO 11 Uma Aplicação Envolvendo um Sólido de Revolução

O sólido formado pela revolução (em torno do eixo x) da região *ilimitada* que está entre o gráfico de $f(x) = 1/x$ e o eixo x ($x \ge 1$) é chamado de **Trompa de Gabriel** (veja a Figura 8.28). Mostre que este sólido tem volume finito e área de superfície infinita.

Solução Usando o método dos discos e o Teorema 8.5, você pode determinar que o volume é

$$\begin{aligned} V &= \pi \int_1^\infty \left(\frac{1}{x}\right)^2 dx && \text{Teorema 8.5, } p = 2 > 1 \\ &= \pi\left(\frac{1}{2-1}\right) = \pi. \end{aligned}$$

A área da superfície é dada por

$$S = 2\pi \int_1^\infty f(x)\sqrt{1 + [f'(x)]^2}\, dx = 2\pi \int_1^\infty \frac{1}{x}\sqrt{1 + \frac{1}{x^4}}\, dx.$$

Como

$$\sqrt{1 + \frac{1}{x^4}} > 1$$

no intervalo $[1, \infty)$, e a integral imprópria

$$\int_1^\infty \frac{1}{x}\, dx$$

diverge, você pode concluir que a integral

$$\int_1^\infty \frac{1}{x}\sqrt{1+\frac{1}{x^4}}\,dx$$

também diverge (veja o Exercício 52). Assim a área da superfície é infinita.

PARA MAIS INFORMAÇÃO Para aprender sobre outra função que tem um volume finito e uma área de superfície infinita, veja o artigo "Gabriel's Wedding Cake", de Julian F. Fleron, em *The College Mathematics Journal*; ou consulte-o em *www.matharticles.com*.

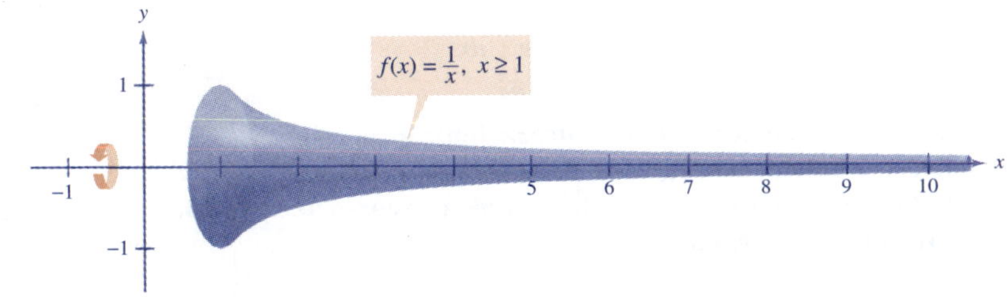

A Trompa de Gabriel tem volume finito e área de superfície infinita.
Figura 8.28

Exercícios da Seção 8.8

Nos Exercícios 1 a 4, verifique se a integral é imprópria. Explique o seu raciocínio.

1. $\int_0^1 \frac{dx}{3x-2}$

2. $\int_1^3 \frac{dx}{x^2}$

3. $\int_0^1 \frac{2x-5}{x^2-5x+6}\,dx$

4. $\int_1^\infty \ln(x^2)\,dx$

Nos Exercícios 5 a 10, explique por que a integral é imprópria e determine se converge ou diverge. Calcule a integral se ela convergir.

5. $\int_0^4 \frac{1}{\sqrt{x}}\,dx$

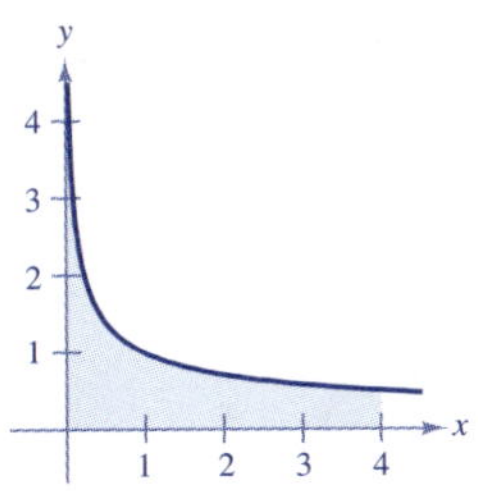

6. $\int_3^4 \frac{1}{(x-3)^{3/2}}\,dx$

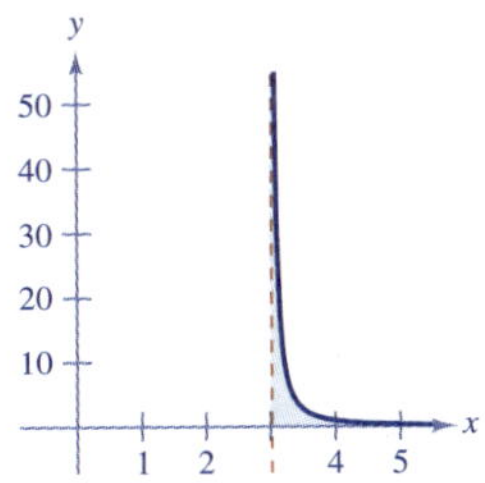

7. $\int_0^2 \frac{1}{(x-1)^2}\,dx$

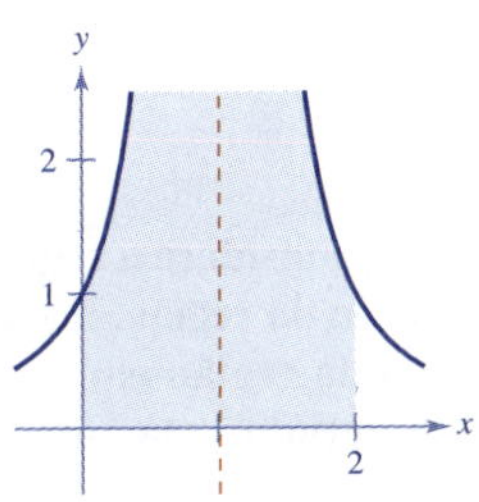

8. $\int_0^2 \frac{1}{(x-1)^{2/3}}\,dx$

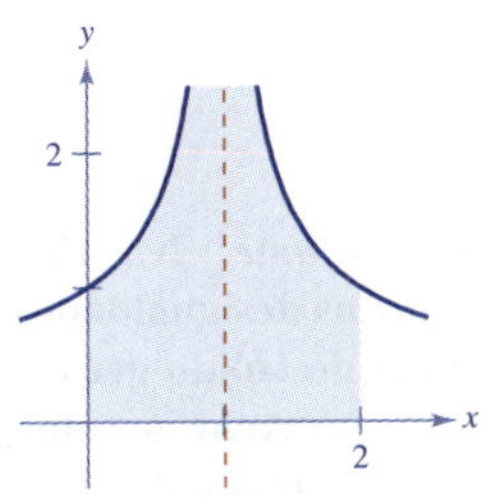

9. $\int_0^\infty e^{-x}\,dx$

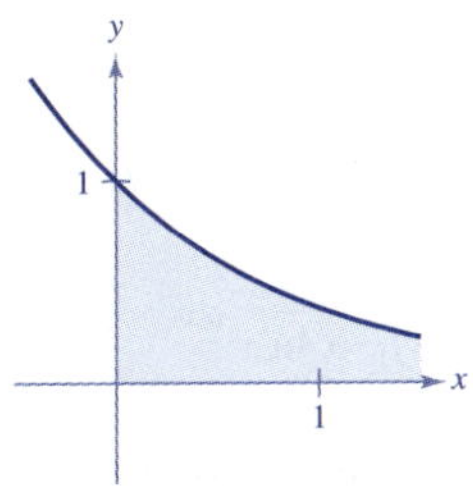

10. $\int_{-\infty}^0 e^{2x}\,dx$

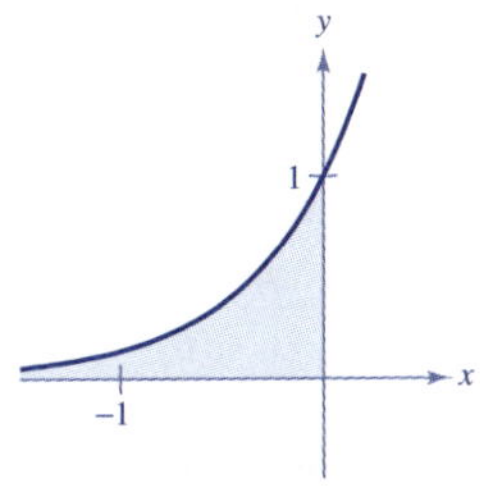

Redação **Nos Exercícios 11 a 14, explique por que o cálculo da integral está incorreto. Use o recurso de integração de uma ferramenta gráfica para tentar calcular a integral. Determine se a ferramenta gráfica dá a resposta correta.**

11. $\int_{-1}^1 \frac{1}{x^2}\,dx = -2$

12. $\int_{-2}^2 \frac{-2}{(x-1)^3}\,dx = \frac{8}{9}$

13. $\int_0^\infty e^{-x}\,dx = 0$

14. $\int_0^\pi \sec x\,dx = 0$

Nos Exercícios 15 a 32, determine se a integral imprópria converge ou diverge. Calcule a integral se ela convergir.

15. $\int_1^\infty \frac{1}{x^2}\,dx$

16. $\int_1^\infty \frac{5}{x^3}\,dx$

17. $\int_1^\infty \frac{3}{\sqrt[3]{x}}\,dx$

18. $\int_1^\infty \frac{4}{\sqrt[4]{x}}\,dx$

19. $\int_{-\infty}^0 xe^{-2x}\,dx$

20. $\int_0^\infty xe^{-x/2}\,dx$

21. $\int_0^\infty x^2e^{-x}\,dx$

22. $\int_0^\infty (x-1)e^{-x}\,dx$

23. $\int_0^\infty e^{-x}\cos x\,dx$

24. $\int_0^\infty e^{-ax}\,\mathrm{sen}\,bx\,dx,\quad a>0$

25. $\int_4^\infty \frac{1}{x(\ln x)^3}\,dx$

26. $\int_1^\infty \frac{\ln x}{x}\,dx$

27. $\int_{-\infty}^\infty \frac{2}{4 + x^2}\,dx$

28. $\int_0^\infty \frac{x^3}{(x^2 + 1)^2}\,dx$

29. $\int_0^\infty \frac{1}{e^x + e^{-x}}\,dx$

30. $\int_0^\infty \frac{e^x}{1 + e^x}\,dx$

31. $\int_0^\infty \cos \pi x\,dx$

32. $\int_0^\infty \operatorname{sen}\frac{x}{2}\,dx$

Nos Exercícios 33 a 48, determine se a integral imprópria converge ou diverge. Calcule a integral se ela convergir, e confira seus resultados com os resultados obtidos usando o recurso de integração de uma ferramenta gráfica.

33. $\int_0^1 \frac{1}{x^2}\,dx$

34. $\int_0^4 \frac{8}{x}\,dx$

35. $\int_0^8 \frac{1}{\sqrt[3]{8 - x}}\,dx$

36. $\int_0^6 \frac{4}{\sqrt{6 - x}}\,dx$

37. $\int_0^1 x \ln x\,dx$

38. $\int_0^e \ln x^2\,dx$

39. $\int_0^{\pi/2} \operatorname{tg}\theta\,d\theta$

40. $\int_0^{\pi/2} \sec\theta\,d\theta$

41. $\int_2^4 \frac{2}{x\sqrt{x^2 - 4}}\,dx$

42. $\int_0^2 \frac{1}{\sqrt{4 - x^2}}\,dx$

43. $\int_2^4 \frac{1}{\sqrt{x^2 - 4}}\,dx$

44. $\int_0^2 \frac{1}{4 - x^2}\,dx$

45. $\int_0^2 \frac{1}{\sqrt[3]{x - 1}}\,dx$

46. $\int_1^3 \frac{2}{(x - 2)^{8/3}}\,dx$

47. $\int_0^\infty \frac{4}{\sqrt{x}(x + 6)}\,dx$

48. $\int_1^\infty \frac{1}{x \ln x}\,dx$

Nos Exercícios 49 e 50, determine todos os valores de *p* para os quais a integral imprópria converge.

49. $\int_1^\infty \frac{1}{x^p}\,dx$

50. $\int_0^1 \frac{1}{x^p}\,dx$

51. Use indução matemática para provar que a seguinte integral converge para todo inteiro positivo n.

$$\int_0^\infty x^n e^{-x}\,dx$$

52. Dadas funções contínuas f e g tais que $0 \le f(x) \le g(x)$ no intervalo $[a, \infty)$, prove o seguinte.
   (a) Se $\int_a^\infty g(x)\,dx$ converge, então $\int_a^\infty f(x)\,dx$ converge.
   (b) Se $\int_a^\infty f(x)\,dx$ diverge, então $\int_a^\infty g(x)\,dx$ diverge.

Nos Exercícios 53 a 62, use os resultados dos Exercícios de 49 a 52 para determinar se a integral imprópria converge ou diverge.

53. $\int_0^1 \frac{1}{x^3}\,dx$

54. $\int_0^1 \frac{1}{\sqrt[3]{x}}\,dx$

55. $\int_1^\infty \frac{1}{x^3}\,dx$

56. $\int_0^\infty x^4 e^{-x}\,dx$

57. $\int_1^\infty \frac{1}{x^2 + 5}\,dx$

58. $\int_2^\infty \frac{1}{\sqrt{x - 1}}\,dx$

59. $\int_2^\infty \frac{1}{\sqrt[3]{x(x - 1)}}\,dx$

60. $\int_1^\infty \frac{1}{\sqrt{x}(x + 1)}\,dx$

61. $\int_0^\infty e^{-x^2}\,dx$

62. $\int_2^\infty \frac{1}{\sqrt{x}\ln x}\,dx$

Questões Conceituais

63. Descreva os diferentes tipos de integrais impróprias.

64. Descreva os termos *converge* e *diverge* quando se trabalha com integrais impróprias.

65. Explique por que $\int_{-1}^1 \frac{1}{x^3}\,dx \neq 0$.

66. Considere a integral

$$\int_0^3 \frac{10}{x^2 - 2x}\,dx.$$

Para determinar a convergência ou divergência da integral, quantas integrais impróprias precisam ser analisadas? O que tem de ser verdadeiro para cada uma dessas integrais para que a integral dada convirja?

Área **Nos Exercícios 67 a 70, ache a área da região sombreada não limitada.**

67. $y = e^x, \quad -\infty < x \le 1$

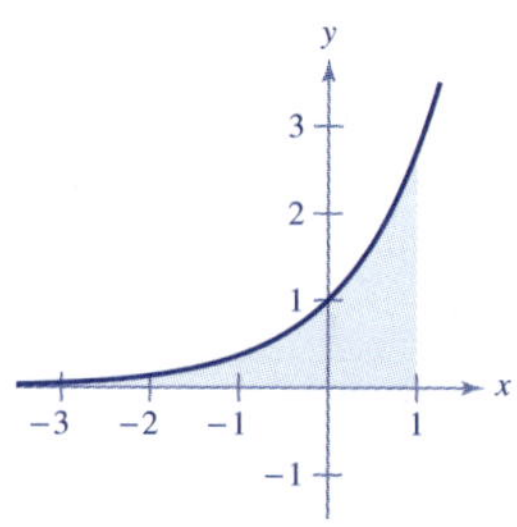

68. $y = -\ln x$

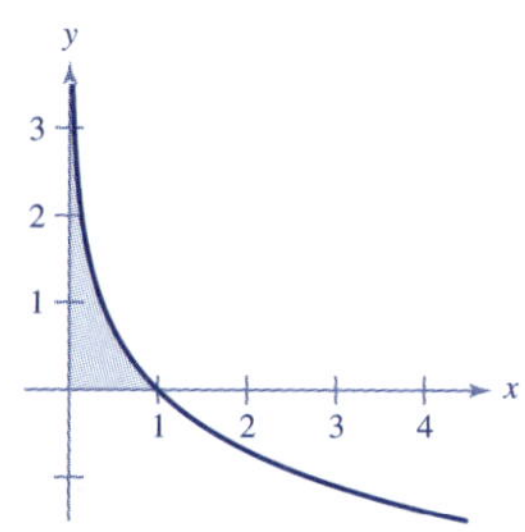

69. Bruxa de Agnesi

$$y = \frac{1}{x^2 + 1}$$

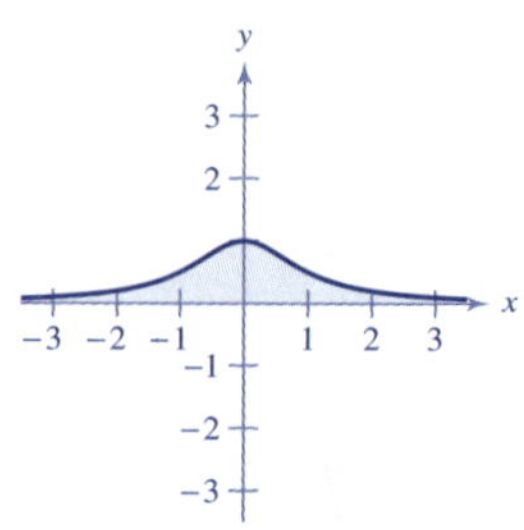

70. Bruxa de Agnesi

$$y = \frac{8}{x^2 + 4}$$

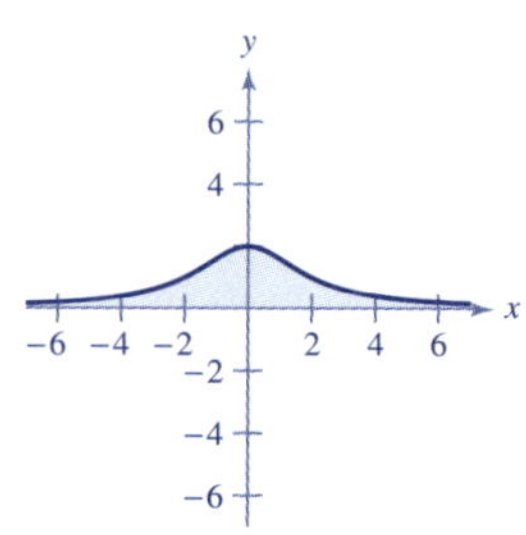

Área e Volume **Nos Exercícios 71 e 72, considere a região que satisfaz as desigualdades. (a) Ache a área da região. (b) Ache o volume do sólido gerado pela rotação da região em torno do eixo *x*. (c) Ache o volume do sólido gerado pela rotação da região em torno do eixo *y*.**

71. $y \le e^{-x},\ y \ge 0,\ x \ge 0$ **72.** $y \le \dfrac{1}{x^2},\ y \ge 0,\ x \ge 1$

73. ***Comprimento de Arco*** Esboce o gráfico da hipociclóide de 4 folhas

$$x^{2/3} + y^{2/3} = 4$$

e ache o seu perímetro.

74. ***Comprimento de Arco*** Ache o comprimento de arco do gráfico de

$$y = \sqrt{16 - x^2}$$

sobre o intervalo $[0, 4]$.

75. ***Área de Superfície*** A região delimitada por

$$(x - 2)^2 + y^2 = 1$$

é gerada em torno do eixo y para formar um toro. Ache a área da superfície do toro.

76. ***Área de Superfície*** Ache a área da superfície formada pela revolução do gráfico de $y = 2e^{-x}$ no intervalo $[0, \infty)$ em torno do eixo x.

Impulso **Nos Exercícios 77 e 78, use o peso do foguete para responder a cada pergunta. (Use 4.000 milhas como o raio da Terra e não considere o efeito da resistência do ar.)**

(a) Quanto trabalho é necessário para impulsionar o foguete a uma distância infinita da superfície da Terra?

(b) Que distância o foguete terá percorrido quando metade do trabalho total já ocorreu?

77. Foguete de 5 toneladas **78.** Foguete de 10 toneladas

Probabilidade **Uma função não negativa é chamada de *função densidade de probabilidade* se**

$$\int_{-\infty}^{\infty} f(t)\,dt = 1.$$

A probabilidade de que x esteja entre a e b é dada por

$$P(a \le x \le b) = \int_a^b f(t)\,dt.$$

O valor esperado de x é dado por

$$E(x) = \int_{-\infty}^{\infty} t f(t)\,dt.$$

Nos Exercícios 79 e 80, (a) mostre que a função não negativa é uma função densidade de probabilidade, (b) ache $P(0 \le x \le 4)$ e (c) ache $E(x)$.

79. $f(t) = \begin{cases} \frac{1}{7}e^{-t/7}, & t \ge 0 \\ 0, & t < 0 \end{cases}$ **80.** $f(t) = \begin{cases} \frac{2}{5}e^{-2t/5}, & t \ge 0 \\ 0, & t < 0 \end{cases}$

Custo Capitalizado **Nos Exercícios 81 e 82, ache o custo capitalizado C de um bem (a) para n igual a 5 anos, (b) para n igual a 10 anos e (c) para sempre. O custo capitalizado é dado por**

$$C = C_0 + \int_0^n c(t)e^{-rt}\,dt$$

onde C_0 é o investimento inicial, r é a taxa de juros composta continuamente e $c(t)$ é o custo anual de manutenção.

81. $C_0 = \$\,650.000$, $c(t) = \$\,25.000$, $r = 0{,}06$

82. $C_0 = \$\,650.000$, $c(t) = \$\,25.000(1 + 0{,}08t)$, $r = 0{,}06$

83. ***Teoria do Eletromagnetismo*** O potencial magnético P em um ponto no eixo de uma bobina circular é dado por

$$P = \frac{2\pi NIr}{k}\int_c^{\infty} \frac{1}{(r^2 + x^2)^{3/2}}\,dx$$

onde N, I, r, k e c são constantes. Ache P.

84. ***Força Gravitacional*** Uma haste "semifinita" uniforme ocupa o eixo x não negativo. A haste tem uma densidade linear δ, o que significa que um segmento de comprimento dx tem uma massa $\delta\,dx$. Uma partícula de massa m está localizada no ponto $(-a, 0)$. A força gravitacional que a haste exerce sobre a massa é

$$F = \int_0^{\infty} \frac{GM\delta}{(a + x)^2}\,dx$$

onde G é a constante gravitacional. Ache F.

Verdadeiro ou Falso? **Nos Exercícios 85 a 88, determine se a afirmação é verdadeira ou falsa. Se for falsa, explique por que ou dê um exemplo mostrando que é falsa.**

85. Se f é contínua em $[0, \infty)$ e $\lim_{x\to\infty} f(x) = 0$, então $\int_0^{\infty} f(x)\,dx$ converge.

86. Se f é contínua em $[0, \infty)$ e $\int_0^{\infty} f(x)\,dx$ diverge, então $\lim_{x\to\infty} f(x) \ne 0$.

87. Se f' é contínua em $[0, \infty)$ e $\lim_{x\to\infty} f(x) = 0$, então $\int_0^{\infty} f'(x)\,dx = -f(0)$.

88. Se o gráfico de f é simétrico em relação à origem ou ao eixo y, então $\int_0^{\infty} f(x)\,dx$ converge se, e somente se, $\int_{-\infty}^{\infty} f(x)\,dx$ converge.

89. ***Redação***

(a) As integrais impróprias

$$\int_1^{\infty} \frac{1}{x}\,dx \quad \text{e} \quad \int_1^{\infty} \frac{1}{x^2}\,dx$$

diverge e converge, respectivamente. Descreva a diferença essencial entre os integrandos que faz que uma convirja e a outra divirja.

(b) Esboce o gráfico da função $y = \operatorname{sen} x/x$ no intervalo $(1, \infty)$. Use seu conhecimento de integrais definidas para inferir se a integral

$$\int_1^{\infty} \frac{\operatorname{sen} x}{x}\,dx$$

converge ou não. Dê razões para sua resposta.

(c) Use uma iteração da integração por partes na integral da parte (b) para determinar sua divergência ou convergência.

90. ***Investigação*** Considere a integral

$$\int_0^{\pi/2} \frac{4}{1 + (\operatorname{tg} x)^n}\,dx$$

onde n é um inteiro positivo.

(a) Esta integral é imprópria? Explique.

(b) Use uma ferramenta gráfica para desenhar o gráfico do integrando para $n = 2, 4, 8$ e 12.

(c) Use os gráficos para aproximar a integral quando $n \to \infty$.

(d) Use um sistema de manipulação algébrica para calcular a integral para os valores de n da parte (b). Faça uma conjectura sobre o valor da integral para todo inteiro positivo n. Compare seus resultados com sua resposta na parte (c).

91. ***A Função Gama*** A Função Gama $\Gamma(n)$ é definida por

$$\Gamma(n) = \int_0^{\infty} x^{n-1}e^{-x}\,dx, \quad n > 0.$$

(a) Ache $\Gamma(1)$, $\Gamma(2)$ e $\Gamma(3)$.

(b) Use integração por partes para provar que $\Gamma(n+1) = n\Gamma(n)$.

(c) Escreva $\Gamma(n)$ usando a notação de fatorial onde n é um inteiro positivo.

92. Prove que $I_n = \left(\dfrac{n-1}{n+2}\right)I_{n-1}$, onde

$$I_n = \int_0^{\infty} \frac{x^{2n-1}}{(x^2+1)^{n+3}}\,dx, \quad n \geq 1.$$

A seguir, calcule cada integral.

(a) $\displaystyle\int_0^{\infty} \frac{x}{(x^2+1)^4}\,dx$

(b) $\displaystyle\int_0^{\infty} \frac{x^3}{(x^2+1)^5}\,dx$

(c) $\displaystyle\int_0^{\infty} \frac{x^5}{(x^2+1)^6}\,dx$

Transformadas de Laplace **Seja $f(t)$ uma função definida para todos os valores positivos de t. A Transformada de Laplace de $f(t)$ é definida por**

$$F(s) = \int_0^{\infty} e^{-st}f(t)\,dt$$

se a integral imprópria existir. As Transformadas de Laplace são usadas para resolver equações diferenciais. Nos Exercícios 93 a 100, ache a Transformada de Laplace da função.

93. $f(t) = 1$

94. $f(t) = t$

95. $f(t) = t^2$

96. $f(t) = e^{at}$

97. $f(t) = \cos at$

98. $f(t) = \operatorname{sen} at$

99. $f(t) = \cosh at$

100. $f(t) = \operatorname{senh} at$

101. ***Probabilidade Normal*** A altura média de um homem americano com idade entre 18 e 24 anos é de 70 polegadas, e o desvio padrão é de 3 polegadas. Um homem entre 18 e 24 anos de idade é escolhido aleatoriamente na população. A probabilidade de que ele tenha uma altura de 6 pés ou mais é

$$P(72 \leq x < \infty) = \int_{72}^{\infty} \frac{1}{3\sqrt{2\pi}}e^{-(x-70)^2/18}\,dx.$$

(Fonte: National Center for Health Statistics.)

(a) Use uma ferramenta gráfica para desenhar o gráfico do integrando. Use a ferramenta gráfica para se convencer de que a área entre o eixo x e o integrando é 1.

(b) Use uma ferramenta gráfica para aproximar $P(72 \leq x < \infty)$.

(c) Aproxime $0{,}5 - P(70 \leq x \leq 72)$ usando uma ferramenta gráfica. Use o gráfico da parte (a) para explicar por que este resultado é o mesmo que o da parte (b).

102. (a) Desenhe o semicírculo $y = \sqrt{4 - x^2}$.

(b) Explique por que

$$\int_{-2}^{2} \frac{2\,dx}{\sqrt{4-x^2}} = \int_{-2}^{2} \sqrt{4-x^2}\,dx$$

sem calcular nenhuma integral.

103. Para que valor de c a integral

$$\int_0^{\infty} \left(\frac{1}{\sqrt{x^2+1}} - \frac{c}{x+1}\right)dx$$

converge? Calcule a integral para este valor de c.

104. Para que valor de c a integral

$$\int_1^{\infty} \left(\frac{cx}{x^2+2} - \frac{1}{3x}\right)dx$$

converge? Calcule a integral para este valor de c.

105. ***Volume*** Ache o volume do sólido gerado pela revolução da região delimitada pelo gráfico de f em torno do eixo x.

$$f(x) = \begin{cases} x \ln x, & 0 < x \leq 2 \\ 0, & x = 0 \end{cases}$$

106. ***Volume*** Ache o volume do sólido gerado pela revolução da região ilimitada entre o gráfico de $y = -\ln x$ e o eixo y, $(y \geq 0)$ em torno do eixo x.

Substituição por u **Nos Exercícios 107 e 108, reescreva a integral imprópria como uma integral própria usando a substituição por u dada. Então, use a Regra do Trapézio com $n = 5$ para aproximar a integral.**

107. $\displaystyle\int_0^1 \frac{\operatorname{sen} x}{\sqrt{x}}\,dx, \quad u = \sqrt{x}$

108. $\displaystyle\int_0^1 \frac{\cos x}{\sqrt{1-x}}\,dx, \quad u = \sqrt{1-x}$

109. (a) Use uma ferramenta gráfica para desenhar o gráfico da função $y = e^{-x^2}$.

(b) Mostre que $\displaystyle\int_0^{\infty} e^{-x^2}\,dx = \int_0^1 \sqrt{-\ln y}\,dy.$

110. Seja $\displaystyle\int_{-\infty}^{\infty} f(x)\,dx$ uma integral convergente e sejam a e b números reais com $a \neq b$. Mostre que

$$\int_{-\infty}^{a} f(x)\,dx + \int_a^{\infty} f(x)\,dx = \int_{-\infty}^{b} f(x)\,dx + \int_b^{\infty} f(x)\,dx.$$

Exercícios de Revisão do Capítulo 8

Nos Exercícios 1 a 8, use as regras básicas de integração para calcular a integral.

1. $\int x\sqrt{x^2-1}\,dx$

2. $\int xe^{x^2-1}\,dx$

3. $\int \frac{x}{x^2-1}\,dx$

4. $\int \frac{x}{\sqrt{1-x^2}}\,dx$

5. $\int_1^e \frac{\ln(2x)}{x}\,dx$

6. $\int_{3/2}^{2} 2x\sqrt{2x-3}\,dx$

7. $\int \frac{16}{\sqrt{16-x^2}}\,dx$

8. $\int \frac{x^4+2x^2+x+1}{(x^2+1)^2}\,dx$

Nos Exercícios 9 a 16, use integração por partes para calcular a integral.

9. $\int e^{2x}\,\text{sen}\,3x\,dx$

10. $\int (x^2-1)e^x\,dx$

11. $\int x\sqrt{x-5}\,dx$

12. $\int \text{arctg}\,2x\,dx$

13. $\int x^2\,\text{sen}\,2x\,dx$

14. $\int \ln\sqrt{x^2-1}\,dx$

15. $\int x\,\text{arcsen}\,2x\,dx$

16. $\int e^x\,\text{arctg}\,e^x\,dx$

Nos Exercícios 17 a 22, ache a integral trigonométrica.

17. $\int \cos^3(\pi x-1)\,dx$

18. $\int \text{sen}^2\frac{\pi x}{2}\,dx$

19. $\int \sec^4\frac{x}{2}\,dx$

20. $\int \text{tg}\,\theta\sec^4\theta\,d\theta$

21. $\int \frac{1}{1-\text{sen}\,\theta}\,d\theta$

22. $\int \cos 2\theta(\text{sen}\,\theta+\cos\theta)^2\,d\theta$

Área **Nos Exercícios 23 e 24, ache a área da região.**

23. $y=\text{sen}^4 x$

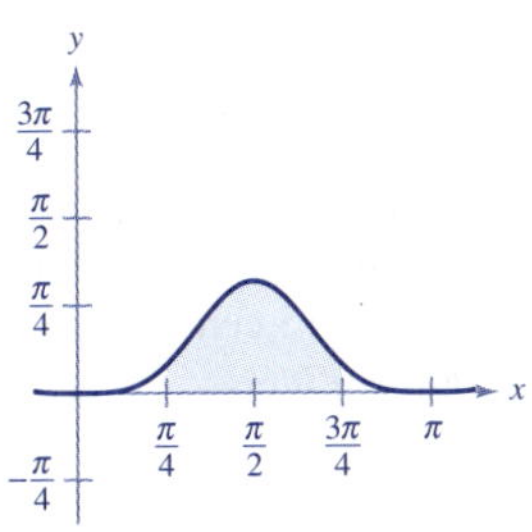

24. $y=\cos(3x)\cos x$

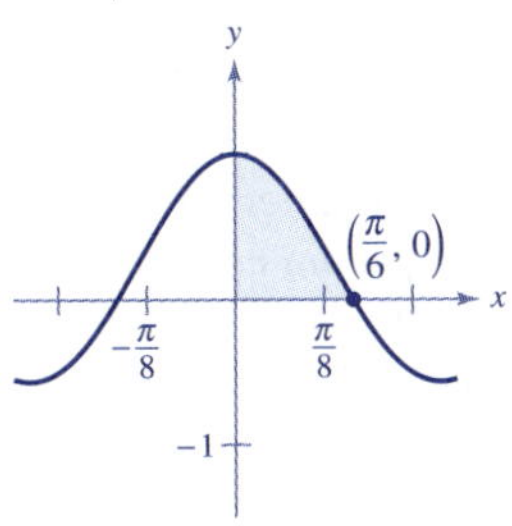

Nos Exercícios de 25 a 30, use uma substituição trigonométrica para calcular a integral.

25. $\int \frac{-12}{x^2\sqrt{4-x^2}}\,dx$

26. $\int \frac{\sqrt{x^2-9}}{x}\,dx,\quad x>3$

27. $\int \frac{x^3}{\sqrt{4+x^2}}\,dx$

28. $\int \sqrt{9-4x^2}\,dx$

29. $\int_{-2}^{0}\sqrt{4-x^2}\,dx$

30. $\int_0^{\pi/2}\frac{\text{sen}\,\theta}{1+2\cos^2\theta}\,d\theta$

Nos Exercícios 31 e 32, ache a integral usando cada método indicado.

31. $\int \frac{x^3}{\sqrt{4+x^2}}\,dx$

(a) Substituição trigonométrica

(b) Substituição: $u^2=4+x^2$

(c) Integração por partes: $dv=\left(x/\sqrt{4+x^2}\right)dx$

32. $\int x\sqrt{4+x}\,dx$

(a) Substituição trigonométrica

(b) Substituição: $u^2=4+x$

(c) Substituição: $u=4+x$

(d) Integração por partes: $dv=\sqrt{4+x}\,dx$

Nos Exercícios 33 a 38, use frações parciais para calcular a integral.

33. $\int \frac{x-28}{x^2-x-6}\,dx$

34. $\int \frac{2x^3-5x^2+4x-4}{x^2-x}\,dx$

35. $\int \frac{x^2+2x}{x^3-x^2+x-1}\,dx$

36. $\int \frac{4x-2}{3(x-1)^2}\,dx$

37. $\int \frac{x^2}{x^2+2x-15}\,dx$

38. $\int \frac{\sec^2\theta}{\text{tg}\,\theta(\text{tg}\,\theta-1)}\,d\theta$

Nos Exercícios 39 a 46, use uma tabela de integração para calcular a integral.

39. $\int \frac{x}{(2+3x)^2}\,dx$

40. $\int \frac{x}{\sqrt{2+3x}}\,dx$

41. $\int_0^{\sqrt{\pi}/2}\frac{x}{1+\text{sen}\,x^2}\,dx$

42. $\int_0^1 \frac{x}{1+e^{x^2}}\,dx$

43. $\int \frac{x}{x^2+4x+8}\,dx$

44. $\int \frac{3}{2x\sqrt{9x^2-1}}\,dx,\quad x>\frac{1}{3}$

45. $\int \frac{1}{\text{sen}\,\pi x\cos\pi x}\,dx$

46. $\int \frac{1}{1+\text{tg}\,\pi x}\,dx$

47. Verifique a fórmula de redução.

$$\int (\ln x)^n\,dx = x(\ln x)^n - n\int (\ln x)^{n-1}\,dx.$$

48. Verifique a fórmula de redução.

$$\int \text{tg}^n x\,dx = \frac{1}{n-1}\text{tg}^{n-1}x - \int \text{tg}^{n-2}x\,dx.$$

Nos Exercícios 49 a 56, ache a integral por qualquer método.

49. $\int \theta \operatorname{sen} \theta \cos \theta \, d\theta$

50. $\int \frac{\operatorname{cossec}\sqrt{2x}}{\sqrt{x}} \, dx$

51. $\int \frac{x^{1/4}}{1 + x^{1/2}} \, dx$

52. $\int \sqrt{1 + \sqrt{x}} \, dx$

53. $\int \sqrt{1 + \cos x} \, dx$

54. $\int \frac{3x^3 + 4x}{(x^2 + 1)^2} \, dx$

55. $\int \cos x \ln(\operatorname{sen} x) \, dx$

56. $\int (\operatorname{sen} \theta + \cos \theta)^2 \, d\theta$

Nos Exercícios 57 a 60, resolva e equação diferencial por qualquer método.

57. $\frac{dy}{dx} = \frac{9}{x^2 - 9}$

58. $\frac{dy}{dx} = \frac{\sqrt{4 - x^2}}{2x}$

59. $y' = \ln(x^2 + x)$

60. $y' = \sqrt{1 - \cos \theta}$

Nos Exercícios 61 a 66, calcule a integral definida usando qualquer método. Use uma ferramenta gráfica para verificar o seu resultado.

61. $\int_2^{\sqrt{5}} x(x^2 - 4)^{3/2} \, dx$

62. $\int_0^1 \frac{x}{(x - 2)(x - 4)} \, dx$

63. $\int_1^4 \frac{\ln x}{x} \, dx$

64. $\int_0^2 xe^{3x} \, dx$

65. $\int_0^{\pi} x \operatorname{sen} x \, dx$

66. $\int_0^3 \frac{x}{\sqrt{1 + x}} \, dx$

Área **Nos Exercícios 67 e 68, ache a área da região.**

67. $y = x\sqrt{4 - x}$

68. $y = \frac{1}{25 - x^2}$

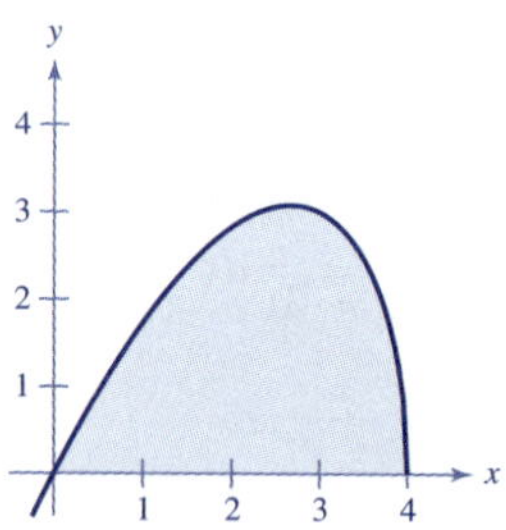

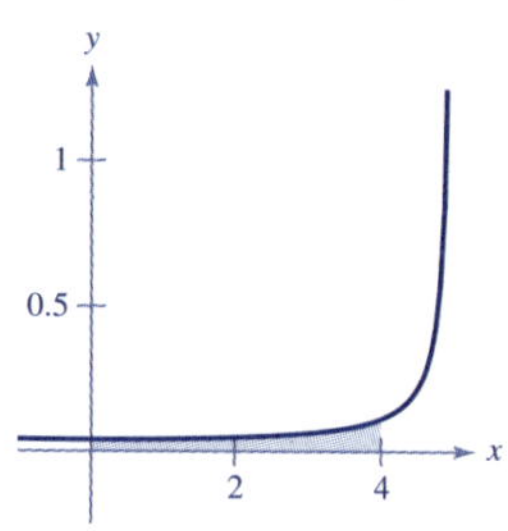

Centróide **Nos Exercícios 69 e 70, ache o centróide da região delimitada pelos gráficos das equações.**

69. $y = \sqrt{1 - x^2}, \quad y = 0$

70. $(x - 1)^2 + y^2 = 1, \quad (x - 4)^2 + y^2 = 4$

Comprimento de Arco **Nos Exercícios 71 e 72, aproxime até duas casas decimais o comprimento de arco da curva sobre o intervalo dado.**

	Função	*Intervalo*
71.	$y = \operatorname{sen} x$	$[0, \pi]$
72.	$y = \operatorname{sen}^2 x$	$[0, \pi]$

Nos Exercícios 73 a 80, use a Regra de L'Hôpital para calcular o limite.

73. $\lim_{x \to 1} \frac{(\ln x)^2}{x - 1}$

74. $\lim_{x \to 0} \frac{\operatorname{sen} \pi x}{\operatorname{sen} 2\pi x}$

75. $\lim_{x \to \infty} \frac{e^{2x}}{x^2}$

76. $\lim_{x \to \infty} xe^{-x^2}$

77. $\lim_{x \to \infty} (\ln x)^{2/x}$

78. $\lim_{x \to 1^+} (x - 1)^{\ln x}$

79. $\lim_{n \to \infty} 1000\left(1 + \frac{0.09}{n}\right)^n$

80. $\lim_{x \to 1^+} \left(\frac{2}{\ln x} - \frac{2}{x - 1}\right)$

Nos Exercícios 81 a 86, determine se a integral imprópria converge ou diverge. Calcule a integral se ela convergir.

81. $\int_0^{16} \frac{1}{\sqrt[4]{x}} \, dx$

82. $\int_0^1 \frac{6}{x - 1} \, dx$

83. $\int_1^{\infty} x^2 \ln x \, dx$

84. $\int_0^{\infty} \frac{e^{-1/x}}{x^2} \, dx$

85. $\int_1^{\infty} \frac{\ln x}{x^2}$

86. $\int_1^{\infty} \frac{1}{\sqrt[4]{x}} \, dx$

87. ***Valor Atual*** O conselho de diretores de uma corporação está calculando o preço a pagar por um negócio que é previsto produzir um fluxo de lucro contínuo de \$ 500.000 por ano. Se o dinheiro for ganhar uma taxa nominal de juros de 5% ao ano composta continuamente, qual é o valor atual do negócio

(a) por 20 anos?

(b) para sempre (perpetuamente)?

(*Observação*: O valor atual por t_0 anos é $\int_0^{t_0} 500.000e^{-0{,}05t} \, dt$.)

88. ***Volume*** Ache o volume do sólido gerado pela revolução da região delimitada pelos gráficos de $y = xe^{-x}$, $y = 0$, e $x = 0$ em torno do eixo x.

89. ***Probabilidade*** O comprimento médio (do bico até a cauda) de espécies diferentes de canários do leste dos Estados Unidos satisaz aproximadamente uma distribuição normal com média de 12,9 centímetros e com um desvio padrão de 0,95 centímetro (veja a figura). A probabilidade de que um canário selecionado aleatoriamente tenha comprimento entre a e b centímetros é

$$P(a \le x \le b) = \frac{1}{0{,}95\sqrt{2\pi}} \int_a^b e^{-(x - 12{,}9)^2/2(0{,}95)^2} \, dx.$$

Use uma ferramenta gráfica para aproximar a probabilidade de que um canário selecionado aleatoriamente tenha comprimento de (a) 13 centímetros ou mais e (b) 15 centímetros ou mais. (*Fonte: Peterson's Field Garden: Eastern Birds.*)

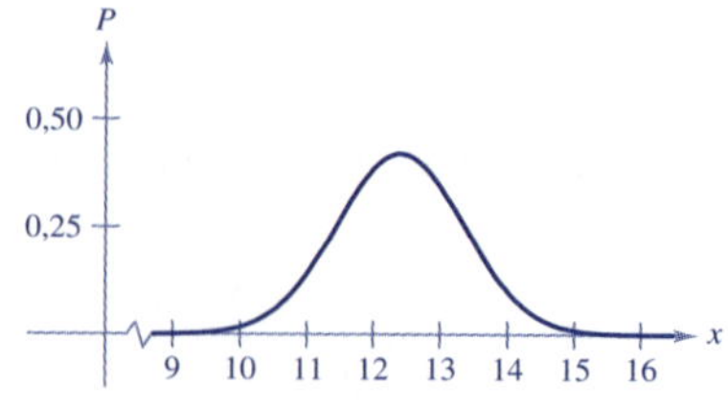

P.S. Problemas Suplementares

1. (a) Calcule as integrais

$$\int_{-1}^{1} (1 - x^2)\, dx \quad \text{e} \quad \int_{-1}^{1} (1 - x^2)^2\, dx.$$

(b) Use as Fórmulas de Wallis para provar

$$\int_{-1}^{1} (1 - x^2)^n\, dx = \frac{2^{2n+1}(n!)^2}{(2n + 1)!}$$

para todo inteiro positivo n.

2. (a) Calcule as integrais $\displaystyle\int_0^1 \ln x\, dx$ e $\displaystyle\int_0^1 (\ln x)^2\, dx$.

(b) Prove que

$$\int_0^1 (\ln x)^n\, dx = (-1)^n n!$$

para todo inteiro positivo n.

3. Ache o valor da constante c para que

$$\lim_{x\to\infty} \left(\frac{x + c}{x - c}\right)^x = 9.$$

4. Ache o valor da constante c para que

$$\lim_{x\to\infty} \left(\frac{x - c}{x + c}\right)^x = \frac{1}{4}.$$

5. Na figura, a reta $x = 1$ é tangente ao círculo unitário em A. O comprimento do segmento QA é igual ao comprimento do arco $\widehat{PA}$. Mostre que o comprimento do segmento OR se aproxima de 2 quando P se aproxima de A.

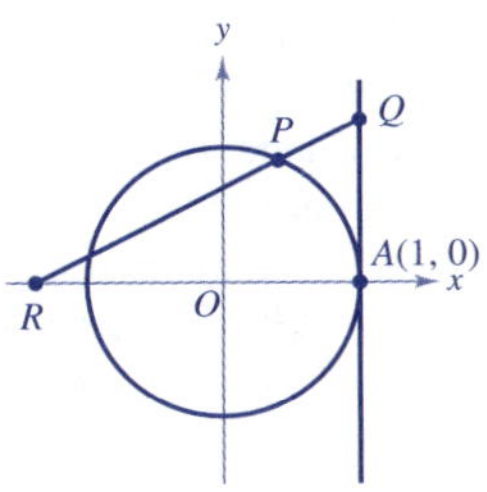

6. Na figura, o segmento BD é a altura do $\triangle OAB$. Seja R a razão da área do $\triangle DAB$ pela área da região sombreada formada excluindo o $\triangle OAB$ do setor circular subentendido pelo ângulo θ. Ache $\displaystyle\lim_{\theta\to 0^+} R$.

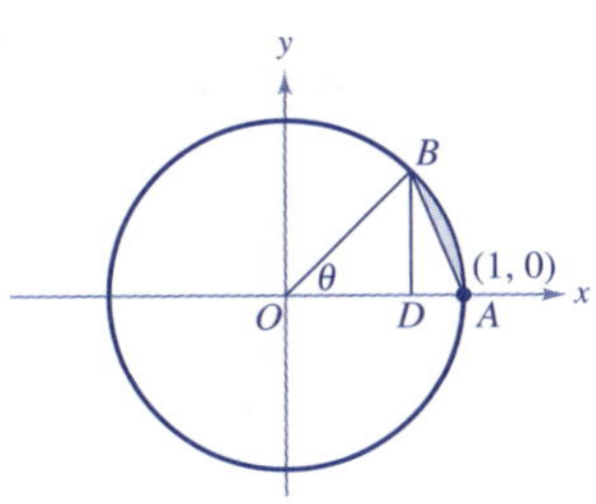

7. Considere o problema de encontrar a área da região delimitada pelo eixo x, pela reta $x = 4$ e pela curva

$$y = \frac{x^2}{(x^2 + 9)^{3/2}}.$$

(a) Use uma ferramenta gráfica para desenhar a região e aproximar a sua área.

(b) Use uma substituição trigonométrica adequada para achar a área exata.

(c) Use a substituição $x = 3$ senh u para achar a área exata e verificar que você obtém a mesma resposta que na parte (b).

8. Use a substituição $u = \text{tg}\,\dfrac{x}{2}$ para achar a área da região sombreada sob o gráfico de $y = \dfrac{1}{2 + \cos x}$, $0 \le x \le \pi/2$ (veja a figura).

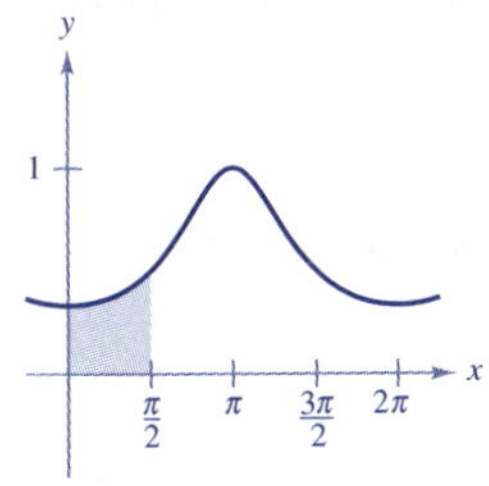

9. Ache o comprimento de arco do gráfico da função $y = \ln(1 - x^2)$ no intervalo $0 \le x \le \frac{1}{2}$ (veja a figura).

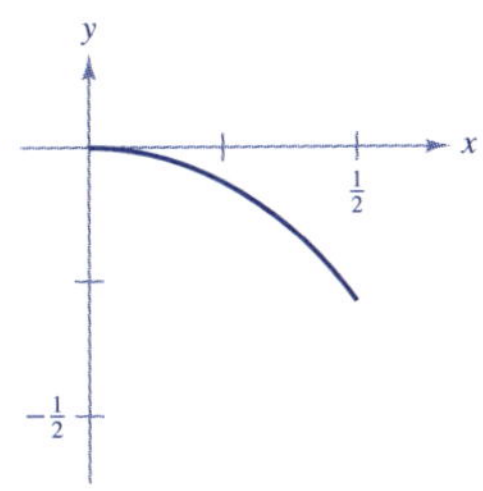

10. Ache o centróide da região acima do eixo x e delimitada pela curva $y = e^{-c^2x^2}$, onde c é uma constante positiva (veja a figura).

$\left(\textit{Sugestão}: \text{Mostre que } \displaystyle\int_0^\infty e^{-c^2x^2}\, dx = \frac{1}{c}\int_0^\infty e^{-x^2}\, dx.\right)$

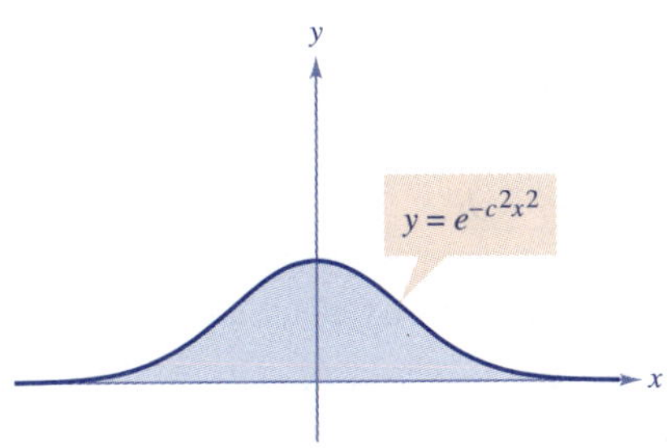

11. Algumas funções elementares, tais como $f(x) = \text{sen}(x^2)$, não têm primitivas que sejam funções elementares. Joseph Liouville provou que

$$\int \frac{e^x}{x}\,dx$$

não tem uma primitiva elementar. Use este fato para provar que

$$\int \frac{1}{\ln x}\,dx$$

não é elementar.

12. (a) Seja $y = f^{-1}(x)$ a inversa da função f. Use integração por partes para deduzir a fórmula

$$\int f^{-1}(x)\,dx = xf^{-1}(x) - \int f(y)\,dy.$$

(b) Use a fórmula do item (a) para achar a integral

$$\int \text{arcsen}\, x\,dx.$$

(c) Use a fórmula da parte (a) para achar a área sob o gráfico de $y = \ln x$, $1 \le x \le e$ (veja a figura).

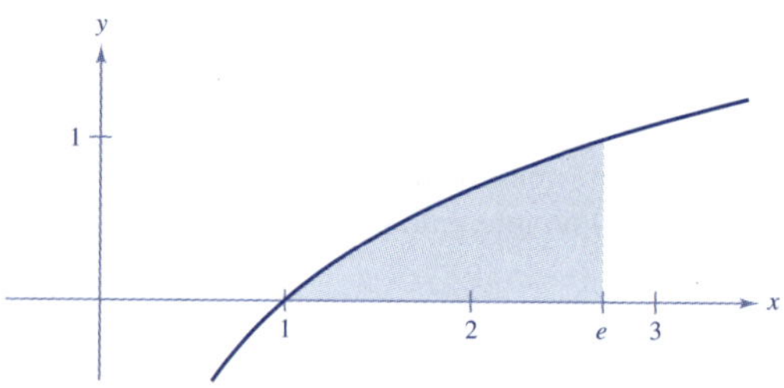

13. Fatore o polinômio $p(x) = x^4 + 1$ e então ache a área sob o gráfico de $y = \dfrac{1}{x^4 + 1}$, $0 \le x \le 1$ (veja a figura).

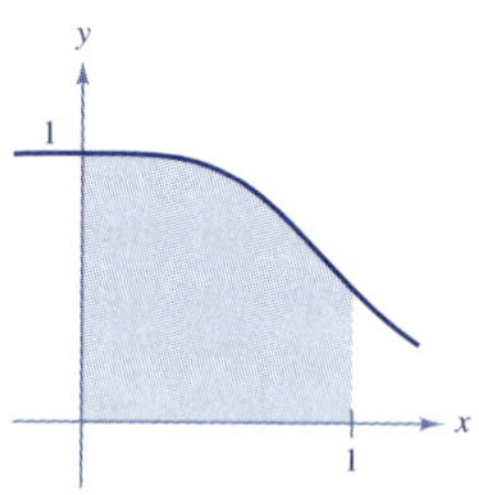

14. (a) Use a substituição $u = \dfrac{\pi}{2} - x$ para calcular a integral

$$\int_0^{\pi/2} \frac{\text{sen}\, x}{\cos x + \text{sen}\, x}\,dx.$$

(b) Seja n um inteiro positivo. Calcule a integral

$$\int_0^{\pi/2} \frac{\text{sen}^n x}{\cos^n x + \text{sen}^n x}\,dx.$$

15. Use uma ferramenta gráfica para estimar cada limite. Em seguida, calcule cada limite usando a Regra de L'Hôpital. O que você pode concluir sobre a forma indeterminada $0 \cdot \infty$?

(a) $\displaystyle\lim_{x\to 0^+} \left(\text{cotg}\, x + \frac{1}{x}\right)$.

(b) $\displaystyle\lim_{x\to 0^+} \left(\text{cotg}\, x - \frac{1}{x}\right)$

(c) $\displaystyle\lim_{x\to 0^+} \left[\left(\text{cotg}\, x + \frac{1}{x}\right)\left(\text{cotg}\, x - \frac{1}{x}\right)\right]$

16. Suponha que o denominador de uma função racional possa ser fatorado como

$$D(x) = (x - c_1)(x - c_2)\cdots(x - c_n)$$

para um inteiro positivo n e números reais distintos $c_1, c_2, \ldots, c_n$. Se N é um polinômio de grau menor do que n, mostre que

$$\frac{N(x)}{D(x)} = \frac{P_1}{x - c_1} + \frac{P_2}{x - c_2} + \cdots + \frac{P_n}{x - c_n}$$

onde $P_k = N(c_k)/D'(c_k)$ para $k = 1, 2, \ldots, n$. Note que esta é a decomposição em frações parciais de $N(x)/D(x)$.

17. Use o resultado do Exercício 16 para achar a decomposição em frações parciais de

$$\frac{x^3 - 3x^2 + 1}{x^4 - 13x^2 + 12x}.$$

18. A velocidade v (em pés por segundo) de um foguete cuja massa inicial (incluindo o combustível) é m é dada por

$$v = gt + u \ln \frac{m}{m - rt}, \quad t < \frac{m}{r}$$

onde u é a velocidade de expulsão do combustível, r é a taxa à qual o combustível é consumido, e $g = -32$ pés por segundo ao quadrado é a aceleração da gravidade. Ache a equação para a posição de um foguete para o qual $m = 50.000$ libras, $u = 12.000$ pés por segundo e $r = 400$ libras por segundo. Qual é a altura do foguete quando $t = 100$ segundos? (Assuma que o foguete foi lançado do nível do solo e subiu em linha reta.)

19. Suponha que $f(a) = f(b) = g(a) = g(b) = 0$ e que as derivadas segundas de f e g sejam contínuas no intervalo $[a, b]$. Prove que

$$\int_a^b f(x)g''(x)\,dx = \int_a^b f''(x)g(x)\,dx.$$

20. Suponha que $f(a) = f(b) = 0$ e que a derivada segunda de f exista e seja contínua no intervalo $[a, b]$. Prove que

$$\int_a^b (x - a)(x - b)f''(x)\,dx = 2\int_a^b f(x)\,dx.$$

21. Usando a desigualdade

$$\frac{1}{x^5} + \frac{1}{x^{10}} + \frac{1}{x^{15}} < \frac{1}{x^5 - 1} < \frac{1}{x^5} + \frac{1}{x^{10}} + \frac{2}{x^{15}}$$

para $x \ge 2$, aproxime $\displaystyle\int_2^\infty \frac{1}{x^5 - 1}\,dx$.

Apêndices

Apêndice A

Demonstrações dos Teoremas Selecionados

TEOREMA 1.2 Propriedades de Limites (Propriedades 2, 3, 4 e 5) (página 58)

Sejam b e c números reais, seja n um número inteiro positivo e sejam f e g funções com os seguintes limites:

$$\lim_{x\to c} f(x) = L \quad \text{e} \quad \lim_{x\to c} g(x) = K$$

2. Soma ou subtração: $\lim_{x\to c} [f(x) \pm g(x)] = L \pm K$

3. Produto: $\lim_{x\to c} [f(x)g(x)] = LK$

4. Quociente: $\lim_{x\to c} \frac{f(x)}{g(x)} = \frac{L}{K}$, se $K \neq 0$

5. Potência: $\lim_{x\to c} [f(x)]^n = L^n$

Demonstração Para demonstrar a Propriedade 2, escolha $\varepsilon > 0$. Como $\varepsilon/2 > 0$, você sabe que existe $\delta_1 > 0$ tal que $0 < |x - c| < \delta_1$ implica $|f(x) - L| < \varepsilon/2$. Você sabe também que deve existir $\delta_2 > 0$ tal que $0 < |x - c| < \delta_2$ implica $|g(x) - K| < \varepsilon/2$. Seja δ o menor entre δ_1 e δ_2; então $0 < |x - c| < \delta$ implica que

$$|f(x) - L| < \frac{\varepsilon}{2} \quad \text{e} \quad |g(x) - K| < \frac{\varepsilon}{2}.$$

Então, podemos aplicar a desigualdade triangular para concluir que

$$|[f(x) + g(x)] - (L + K)| \leq |f(x) - L| + |g(x) - K| < \frac{\varepsilon}{2} + \frac{\varepsilon}{2} = \varepsilon$$

o que implica

$$\lim_{x\to c} [f(x) + g(x)] = L + K = \lim_{x\to c} f(x) + \lim_{x\to c} g(x).$$

A demonstração de que

$$\lim_{x\to c} [f(x) - g(x)] = L - K$$

é análoga.

Para demonstrar a Propriedade 3, dado que

$$\lim_{x\to c} f(x) = L \quad \text{e} \quad \lim_{x\to c} g(x) = K$$

podemos escrever

$$f(x)g(x) = [f(x) - L][g(x) - K] + [Lg(x) + Kf(x)] - LK.$$

Como o limite de $f(x)$ é L, e o limite de $g(x)$ é K, tem-se

$$\lim_{x\to c} [f(x) - L] = 0 \quad \text{e} \quad \lim_{x\to c} [g(x) - K] = 0.$$

Seja $0 < \varepsilon < 1$. Então deve existir $\delta > 0$ tal que se $0 < |x - c| < \delta$, então

$$|f(x) - L - 0| < \varepsilon \quad \text{e} \quad |g(x) - K - 0| < \varepsilon$$

o que implica

$$|[f(x) - L][g(x) - K] - 0| = |f(x) - L|\,|g(x) - K| < \varepsilon\varepsilon < \varepsilon.$$

Então,

$$\lim_{x \to c} [f(x) - L][g(x) - K] = 0.$$

Além disso, pela Propriedade 1, tem-se

$$\lim_{x \to c} Lg(x) = LK \quad \text{e} \quad \lim_{x \to c} Kf(x) = KL.$$

Finalmente, pela Propriedade 2, obtém-se

$$\begin{aligned}\lim_{x \to c} f(x)g(x) &= \lim_{x \to c} [f(x) - L][g(x) - K] + \lim_{x \to c} Lg(x) + \lim_{x \to c} Kf(x) - \lim_{x \to c} LK \\ &= 0 + LK + KL - LK \\ &= LK.\end{aligned}$$

Para provar a Propriedade 4, observe que é suficiente provar que

$$\lim_{x \to c} \frac{1}{g(x)} = \frac{1}{K}.$$

Então, podemos usar a Propriedade 3 para escrever

$$\lim_{x \to c} \frac{f(x)}{g(x)} = \lim_{x \to c} f(x) \frac{1}{g(x)} = \lim_{x \to c} f(x) \cdot \lim_{x \to c} \frac{1}{g(x)} = \frac{L}{K}.$$

Seja $\varepsilon > 0$. Como $\lim_{x \to c} g(x) = K$, deve existir $\delta_1 > 0$ tal que se

$$0 < |x - c| < \delta_1, \text{ então } |g(x) - K| < \frac{|K|}{2}$$

o que implica

$$|K| = |g(x) + [|K| - g(x)]| \le |g(x)| + ||K| - g(x)| < |g(x)| + \frac{|K|}{2}.$$

Isto é, para $0 < |x - c| < \delta_1$,

$$\frac{|K|}{2} < |g(x)| \quad \text{ou} \quad \frac{1}{|g(x)|} < \frac{2}{|K|}.$$

Analogamente, deve existir $\delta_2 > 0$ tal que se $0 < |x - c| < \delta_2$, então

$$|g(x) - K| < \frac{|K|^2}{2}\varepsilon.$$

Seja δ o menor entre δ_1 e δ_2. Para $0 < |x - c| < \delta$, tem-se

$$\left|\frac{1}{g(x)} - \frac{1}{K}\right| = \left|\frac{K - g(x)}{g(x)K}\right| = \frac{1}{|K|} \cdot \frac{1}{|g(x)|}|K - g(x)| < \frac{1}{|K|} \cdot \frac{2}{|K|} \frac{|K|^2}{2} \varepsilon = \varepsilon.$$

Então, $\lim_{x \to c} \frac{1}{g(x)} = \frac{1}{K}$.

Finalmente, a demonstração da Propriedade 5 pode ser obtida através de uma aplicação direta de indução matemática acoplada à Propriedade 3.

TEOREMA 1.4 O Limite de uma Função Envolvendo um Radical (página 59)

Seja n um número inteiro positivo. O limite a seguir é válido para todo c se n for ímpar e é válido para $c > 0$ se n for par.

$$\lim_{x \to c} \sqrt[n]{x} = \sqrt[n]{c}.$$

Demonstração Considere o caso para o qual $c > 0$ e n é qualquer inteiro positivo. Para um dado $\varepsilon > 0$, deve-se encontrar $\delta > 0$ tal que

$$\left|\sqrt[n]{x} - \sqrt[n]{c}\right| < \varepsilon \quad \text{sempre que} \quad 0 < |x - c| < \delta$$

que é o mesmo que dizer

$$-\varepsilon < \sqrt[n]{x} - \sqrt[n]{c} < \varepsilon \quad \text{sempre que} \quad -\delta < x - c < \delta.$$

Supondo $\varepsilon < \sqrt[n]{c}$, obtemos $0 < \sqrt[n]{c} - \varepsilon < \sqrt[n]{c}$. Agora, seja δ o menor entre os dois números.

$$c - \left(\sqrt[n]{c} - \varepsilon\right)^n \quad \text{e} \quad \left(\sqrt[n]{c} + \varepsilon\right)^n - c$$

Temos então

$$\begin{aligned}
-\delta < x - c &< \delta \\
-\left[c - \left(\sqrt[n]{c} - \varepsilon\right)^n\right] < x - c &< \left(\sqrt[n]{c} + \varepsilon\right)^n - c \\
\left(\sqrt[n]{c} - \varepsilon\right)^n - c < x - c &< \left(\sqrt[n]{c} + \varepsilon\right)^n - c \\
\left(\sqrt[n]{c} - \varepsilon\right)^n < x &< \left(\sqrt[n]{c} + \varepsilon\right)^n \\
\sqrt[n]{c} - \varepsilon < \sqrt[n]{x} &< \sqrt[n]{c} + \varepsilon \\
-\varepsilon < \sqrt[n]{x} - \sqrt[n]{c} &< \varepsilon.
\end{aligned}$$

TEOREMA 1.5 O Limite de uma Função Composta (página 59)

Se f e g são funções tais que $\lim_{x \to c} g(x) = L$ e $\lim_{x \to L} f(x) = f(L)$, então

$$\lim_{x \to c} f(g(x)) = f\left(\lim_{x \to c} g(x)\right) = f(L).$$

Demonstração Para um dado $\varepsilon > 0$, devemos encontrar $\delta > 0$ tal que

$$|f(g(x)) - f(L)| < \varepsilon \quad \text{sempre que} \quad 0 < |x - c| < \delta.$$

Como o limite de $f(x)$ para $x \to L$ é $f(L)$, sabemos que deve existir $\delta_1 > 0$ tal que

$$|f(u) - f(L)| < \varepsilon \quad \text{sempre que} \quad |u - L| < \delta_1.$$

Além disso, como o limite de $g(x)$ para $x \to c$ é L, sabemos que deve existir $\delta > 0$ tal que

$$|g(x) - L| < \delta_1 \quad \text{sempre que} \quad 0 < |x - c| < \delta.$$

Finalmente, fazendo $u = g(x)$, temos

$$|f(g(x)) - f(L)| < \varepsilon \quad \text{sempre que} \quad 0 < |x - c| < \delta.$$

TEOREMA 1.7 Funções que Coincidem em Todos os Pontos Exceto em um Deles (página 60)

Seja c um número real e sejam f e g duas funções tais que $f(x) = g(x)$ para todo $x \neq c$ em um intervalo aberto que contenha c. Se o limite de $g(x)$ quando x se aproxima de c existe, então o limite de $f(x)$ também existe e

$$\lim_{x\to c} f(x) = \lim_{x\to c} g(x).$$

Demonstração Seja L o limite de $g(x)$ para $x \to c$. Então, para cada $\varepsilon > 0$ deve existir um $\delta > 0$ tal que $f(x) = g(x)$ nos intervalos abertos $(c - \delta, c)$ e $(c, c + \delta)$, e

$$|g(x) - L| < \varepsilon \quad \text{sempre que} \quad 0 < |x - c| < \delta.$$

Como $f(x) = g(x)$ para todo x no intervalo aberto, distinto de $x = c$, segue que

$$|f(x) - L| < \varepsilon \quad \text{sempre que} \quad 0 < |x - c| < \delta.$$

Então, o limite de $f(x)$ para $x \to c$ é também L.

TEOREMA 1.8 Teorema do Confronto (página 63)

Se $h(x) \leq f(x) \leq g(x)$ para todo x em um intervalo aberto que contém c, exceto possivelmente em c e se

$$\lim_{x\to c} h(x) = L = \lim_{x\to c} g(x)$$

então, $\lim_{x\to c} f(x)$ existe e é igual a L.

Demonstração Para $\varepsilon > 0$ deve existir $\delta_1 > 0$ e $\delta_2 > 0$ tais que

$$|h(x) - L| < \varepsilon \quad \text{sempre que} \quad 0 < |x - c| < \delta_1$$

e

$$|g(x) - L| < \varepsilon \quad \text{sempre que} \quad 0 < |x - c| < \delta_2.$$

Como $h(x) \leq f(x) \leq g(x)$ para todo x em um intervalo aberto que contém c, exceto possivelmente em c, deve existir $\delta_3 > 0$ tal que $h(x) \leq f(x) \leq g(x)$ para $0 < |x - c| < \delta_3$. Faça δ o menor entre δ_1, δ_2 e δ_3. Então, se $0 < |x - c| < \delta$, segue que $|h(x) - L| < \varepsilon$ e $|g(x) - L| < \varepsilon$, o que implica

$$-\varepsilon < h(x) - L < \varepsilon \quad \text{e} \quad -\varepsilon < g(x) - L < \varepsilon$$
$$L - \varepsilon < h(x) \quad \text{e} \quad g(x) < L + \varepsilon.$$

Agora, como $h(x) \leq f(x) \leq g(x)$, segue que $L - \varepsilon < f(x) < L + \varepsilon$, o que implica $|f(x) - L| < \varepsilon$. Portanto,

$$\lim_{x\to c} f(x) = L.$$

TEOREMA 1.14 Assíntotas Verticais (página 83)

Sejam f e g funções contínuas em um intervalo aberto que contenha c. Se $f(c) \neq 0$, $g(c) = 0$, e existe um intervalo aberto contendo c tal que $g(x) \neq 0$ para todo $x \neq c$ nesse intervalo, então o gráfico da função dada por

$$h(x) = \frac{f(x)}{g(x)}$$

tem uma assíntota vertical em $x = c$.

Demonstração Considere o caso em que $f(c) > 0$, e exista $b > c$ tal que $c < x < b$ implique $g(x) > 0$. Então, para $M > 0$, escolha δ_1 tal que

$$0 < x - c < \delta_1 \quad \text{implica} \quad \frac{f(c)}{2} < f(x) < \frac{3f(c)}{2}$$

e δ_2 tal que

$$0 < x - c < \delta_2 \quad \text{implica } 0 < g(x) < \frac{f(c)}{2M}.$$

Agora, faça δ ser o menor entre δ_1 e δ_2. Então, segue que

$$0 < x - c < \delta \quad \text{implica} \quad \frac{f(x)}{g(x)} > \frac{f(c)}{2}\left[\frac{2M}{f(c)}\right] = M.$$

Assim, segue que

$$\lim_{x \to c^+} \frac{f(x)}{g(x)} = \infty$$

e a reta $x = c$ é uma assíntota vertical do gráfico de h.

Forma Alternativa da Derivada (página 99)

A derivada de f em c é dada por

$$f'(c) = \lim_{x \to c} \frac{f(x) - f(c)}{x - c}$$

Desde que o limite exista.

Demonstração A derivada de f em c é dada por

$$f'(c) = \lim_{\Delta x \to 0} \frac{f(c + \Delta x) - f(c)}{\Delta x}.$$

Faça $x = c + \Delta x$. Então, $x \to c$ quando $\Delta x \to 0$. Assim, substituindo $c + \Delta x$ por x, temos

$$f'(c) = \lim_{\Delta x \to 0} \frac{f(c + \Delta x) - f(c)}{\Delta x} = \lim_{x \to c} \frac{f(x) - f(c)}{x - c}.$$

TEOREMA 2.10 A Regra da Cadeia (página 129)

Se $y = f(u)$ é uma função diferenciável de u e $u = g(x)$ é uma função diferenciável de x, então $y = f(g(x))$ é uma função diferenciável de x e

$$\frac{dy}{dx} = \frac{dy}{du} \cdot \frac{du}{dx}$$

ou, equivalentemente,

$$\frac{d}{dx}[f(g(x))] = f'(g(x))g'(x).$$

Demonstração Na Seção 2.4, você fez $h(x) = f(g(x))$ e utilizou a forma alternativa da derivada para mostrar que $h'(c) = f'(g(c))g'(c)$, desde que $g(x) \neq g(c)$ para valores de x diferentes de c. Considere agora uma prova mais geral. Comece considerando a derivada de f.

$$f'(x) = \lim_{\Delta x \to 0} \frac{f(x + \Delta x) - f(x)}{\Delta x} = \lim_{\Delta x \to 0} \frac{\Delta y}{\Delta x}$$

Para um valor fixado de x, defina uma função η tal que

$$\eta(\Delta x) = \begin{cases} 0, & \Delta x = 0 \\ \dfrac{\Delta y}{\Delta x} - f'(x), & \Delta x \neq 0. \end{cases}$$

Como o limite de $\eta(\Delta x)$ para $\Delta x \to 0$ não depende do valor de $\eta(0)$, temos

$$\lim_{\Delta x \to 0} \eta(\Delta x) = \lim_{\Delta x \to 0} \left[\frac{\Delta y}{\Delta x} - f'(x)\right] = 0$$

e podemos concluir que η é contínua em 0. Além disso, como $\Delta y = 0$ quando $\Delta x = 0$, a equação

$$\Delta y = \Delta x \eta(\Delta x) + \Delta x f'(x)$$

é válida se Δx for zero ou não. Agora, fazendo $\Delta u = g(x + \Delta x) - g(x)$, podemos usar a continuidade de g para concluir que

$$\lim_{\Delta x \to 0} \Delta u = \lim_{\Delta x \to 0} [g(x + \Delta x) - g(x)] = 0$$

o que implica

$$\lim_{\Delta x \to 0} \eta(\Delta u) = 0.$$

Finalmente,

$$\Delta y = \Delta u \eta(\Delta u) + \Delta u f'(u) \to \frac{\Delta y}{\Delta x} = \frac{\Delta u}{\Delta x} \eta(\Delta u) + \frac{\Delta u}{\Delta x} f'(u), \quad \Delta x \neq 0$$

e fazendo o limite para $\Delta x \to 0$, temos

$$\begin{aligned} \frac{dy}{dx} = \frac{du}{dx}\left[\lim_{\Delta x \to 0} \eta(\Delta u)\right] + \frac{du}{dx} f'(u) &= \frac{dy}{dx}(0) + \frac{du}{dx} f'(u) \\ &= \frac{du}{dx} f'(u) \\ &= \frac{du}{dx} \cdot \frac{dy}{du}. \end{aligned}$$

Interpretação da Concavidade (página 187)

1. Seja f uma função diferenciável em um intervalo aberto I. Se o gráfico de f é côncavo *para cima* em I, então o gráfico de f fica acima de todas as suas retas tangentes em I.

2. Seja f uma função diferenciável em um intervalo aberto I. Se o gráfico de f é côncavo *para baixo* em I, então o gráfico de f fica abaixo de todas as suas retas tangentes em I.

Demonstração Supondo que f é côncava para cima em $I = (a, b)$. Então, f' é crescente em (a, b). Seja c um ponto no intervalo $I = (a, b)$. A equação da reta tangente ao gráfico de f em c é dada por

$$g(x) = f(c) + f'(c)(x - c).$$

Se x está no intervalo aberto (c, b), então a distância direcionada do ponto $(x, f(x))$ (no gráfico de f) ao ponto $(x, g(x))$ (na reta tangente) é dada por

$$\begin{aligned} d &= f(x) - [f(c) + f'(c)(x - c)] \\ &= f(x) - f(c) - f'(c)(x - c). \end{aligned}$$

Além disso, pelo Teorema do Valor Médio deve existir um número z em (c, x) tal que

$$f'(z) = \frac{f(x) - f(c)}{x - c}.$$

Então, temos

$$\begin{aligned} d &= f(x) - f(c) - f'(c)(x - c) \\ &= f'(z)(x - c) - f'(c)(x - c) \\ &= [f'(z) - f'(c)](x - c). \end{aligned}$$

O segundo fator $(x - c)$ é positivo, pois $c < x$. Além disso, como f' é crescente, segue que o primeiro fator $[f'(z) - f'(c)]$ também é positivo. Portanto, $d > 0$ e podemos concluir que o gráfico de f fica acima da reta tangente em x. Se x está no intervalo aberto (a, c), um argumento semelhante pode ser dado. Isso prova a primeira afirmação. A prova da segunda afirmação é análoga.

TEOREMA 3.10 Limites no Infinito (página 197)

Se r é um número racional positivo e c é qualquer número real, então

$$\lim_{x \to \infty} \frac{c}{x^r} = 0.$$

Além disso, se x^r estiver definido quando $x < 0$, então $\lim_{x \to -\infty} \frac{c}{x^r} = 0$.

Demonstração Comece provando que

$$\lim_{x \to \infty} \frac{1}{x} = 0.$$

Para $\varepsilon > 0$, faça $M = 1/\varepsilon$. Então, para $x > M$, temos

$$x > M = \frac{1}{\varepsilon} \quad \Rightarrow \quad \frac{1}{x} < \varepsilon \quad \Rightarrow \quad \left|\frac{1}{x} - 0\right| < \varepsilon.$$

Então, pela definição de um limite no infinito, pode-se concluir que o limite de $1/x$ para $x \to \infty$ é 0. Agora, usando esse resultado e fazendo $r = m/n$, pode-se escrever o seguinte:

$$\begin{aligned} \lim_{x \to \infty} \frac{c}{x^r} &= \lim_{x \to \infty} \frac{c}{x^{m/n}} \\ &= c\left[\lim_{x \to \infty} \left(\frac{1}{\sqrt[n]{x}}\right)^m\right] \\ &= c\left(\lim_{x \to \infty} \sqrt[n]{\frac{1}{x}}\right)^m \\ &= c\left(\sqrt[n]{\lim_{x \to \infty} \frac{1}{x}}\right)^m \\ &= c\left(\sqrt[n]{0}\right)^m \\ &= 0 \end{aligned}$$

A prova da segunda parte do teorema é análoga.

TEOREMA 4.2 Fórmulas de Somatórias (página 258)

1. $\sum_{i=1}^{n} c = cn$
2. $\sum_{i=1}^{n} i = \frac{n(n+1)}{2}$
3. $\sum_{i=1}^{n} i^2 = \frac{n(n+1)(2n+1)}{6}$
4. $\sum_{i=1}^{n} i^3 = \frac{n^2(n+1)^2}{4}$

Demonstração A demonstração da Propriedade 1 é imediata. Somando-se c a ele mesmo n vezes, obtém-se a soma cn.

Para provar a Propriedade 2, escreva a soma na ordem crescente e decrescente e some os termos correspondentes, como segue.

$$\begin{array}{rcccccccccc} \sum_{i=1}^{n} i = & 1 & + & 2 & + & 3 & + \cdots + & (n-1) & + & n \\ & \downarrow & & & & \downarrow & & \downarrow & & \downarrow \\ \sum_{i=1}^{n} i = & n & + & (n-1) & + & (n-2) & + \cdots + & 2 & + & 1 \\ & \downarrow & & \downarrow & & \downarrow & & \downarrow & & \downarrow \\ 2\sum_{i=1}^{n} i = & (n+1) & + & (n+1) & + & (n+1) & + \cdots + & (n+1) & + & (n+1) \end{array}$$

$$\underbrace{(n+1) + (n+1) + (n+1) + \cdots + (n+1) + (n+1)}_{n \text{ termos}}$$

Então,

$$\sum_{i=1}^{n} i = \frac{n(n+1)}{2}.$$

Para provar a Propriedade 3, use indução matemática. Primeiro, se $n = 1$, o resultado é verdadeiro porque

$$\sum_{i=1}^{1} i^2 = 1^2 = 1 = \frac{1(1+1)(2+1)}{6}.$$

Agora, supondo que o resultado é verdadeiro para $n = k$, podemos mostrar que ele é verdadeiro para $n = k + 1$, como segue.

$$\begin{aligned} \sum_{i=1}^{k+1} i^2 &= \sum_{i=1}^{k} i^2 + (k+1)^2 \\ &= \frac{k(k+1)(2k+1)}{6} + (k+1)^2 \\ &= \frac{k+1}{6}(2k^2 + k + 6k + 6) \\ &= \frac{k+1}{6}[(2k+3)(k+2)] \\ &= \frac{(k+1)(k+2)[2(k+1)+1]}{6} \end{aligned}$$

A Propriedade 4 pode ser provada usando um argumento análogo com indução matemática.

TEOREMA 4.8 Preservação da Desigualdade (página 275)

1. Se f é integrável e não negativa no intervalo fechado $[a, b]$, então

$$0 \le \int_a^b f(x)\,dx.$$

2. Se f e g são integráveis no intervalo fechado $[a, b]$ e $f(x) \leq g(x)$ para todo x em $[a, b]$, então

$$\int_a^b f(x)\, dx \leq \int_a^b g(x)\, dx.$$

Demonstração Para provar a Propriedade 1, suponha o contrário, ou seja,

$$\int_a^b f(x)\, dx = I < 0.$$

Então, seja $a = x_0 < x_1 < x_2 < \cdot \cdot \cdot < x_n = b$ uma partição de $[a, b]$, e

$$R = \sum_{i=1}^{n} f(c_i)\, \Delta x_i$$

uma soma de Riemann. Como $f(x) \geq 0$, segue que $R \geq 0$. Agora, para $\|\Delta\|$ suficientemente pequeno, temos $|R - I| < -I/2$, o que implica

$$\sum_{i=1}^{n} f(c_i)\, \Delta x_i = R < I - \frac{I}{2} < 0$$

o que não é possível. A partir dessa contradição, podemos concluir que

$$0 \leq \int_a^b f(x)\, dx.$$

Para provar a Propriedade 2 do teorema, note que $f(x) \leq g(x)$ implica $g(x) - f(x) \geq 0$. Então, podemos aplicar o resultado da Propriedade 1 para concluir que

$$0 \leq \int_a^b [g(x) - f(x)]\, dx$$

$$0 \leq \int_a^b g(x)\, dx - \int_a^b f(x)\, dx$$

$$\int_a^b f(x)\, dx \leq \int_a^b g(x)\, dx.$$

Propriedades da Função Logaritmo Natural (página 320)

$$\lim_{x \to 0^+} \ln x = -\infty \qquad \text{e} \qquad \lim_{x \to \infty} \ln x = \infty$$

Demonstração Para começar, mostre que $\ln 2 \geq \frac{1}{2}$. A partir do Teorema do Valor Médio para Integrais, você pode escrever

$$\ln 2 = \int_1^2 \frac{1}{x}\, dx = \frac{1}{c}(2 - 1) = \frac{1}{c}$$

onde c está em $[1, 2]$. Isso implica

$$1 \leq c \leq 2$$

$$1 \geq \frac{1}{c} \geq \frac{1}{2}$$

$$1 \geq \ln 2 \geq \frac{1}{2}.$$

Agora, seja N um inteiro positivo qualquer (grande). Como $\ln x$ é crescente, segue que se $x > 2^{2N}$, então

$$\ln x > \ln 2^{2N} = 2N \ln 2.$$

Entretanto, como $\ln 2 \geq \frac{1}{2}$, segue que

$$\ln x > 2N \ln 2 \geq 2N\left(\frac{1}{2}\right) = N.$$

Isso demonstra o segundo limite. Para demonstrar o primeiro limite, faça $z = 1/x$. Então, $z \to \infty$ quando $x \to 0^+$, e podemos escrever

$$\begin{aligned}\lim_{x\to 0^+} \ln x &= \lim_{x\to 0^+}\left(-\ln \frac{1}{x}\right)\\ &= \lim_{z\to\infty} (-\ln z)\\ &= -\lim_{z\to\infty} \ln z\\ &= -\infty\end{aligned}$$

TEOREMA 5.8 Continuidade e Diferenciabilidade das Funções Inversas (página 342)

Seja f uma função cujo domínio é o intervalo I. Se f admite uma função inversa, então as seguintes afirmações são verdadeiras:

1. Se f é contínua no seu domínio, então f^{-1} é contínua no seu domínio.
2. Se f é crescente no seu domínio, então f^{-1} é crescente no seu domínio.
3. Se f é decrescente no seu domínio, então f^{-1} é decrescente no seu domínio.
4. Se f é diferenciável em c e $f'(c) \neq 0$, então f^{-1} é diferenciável em $f(c)$.

Demonstração Para demonstrar a Propriedade 1, primeiro mostre que se f é contínua em I e tem uma função inversa, então f é estritamente monótona em I. Suponha que f não seja estritamente monótona. Então existiriam números x_1, x_2, x_3 em I tais que $x_1 < x_2 < x_3$, mas $f(x_2)$ não está entre $f(x_1)$ e $f(x_3)$. Sem perda de generalidade, suponha que $f(x_1) < f(x_3) < f(x_2)$. Pelo Teorema do Valor Intermediário, deve haver um número x_0 entre x_1 e x_2 tal que $f(x_0) = f(x_3)$. Então, f não é injetora e não pode admitir uma função inversa. Assim, f deve ser estritamente monótona.

Como f é contínua, o Teorema do Valor Intermediário implica que o conjunto dos valores de f

$$\{f(x): x \in I\}$$

forme um intervalo J. Suponha que a seja um ponto interior de J. A partir do argumento prévio, $f^{-1}(a)$ é um ponto interior de I. Seja $\varepsilon > 0$. Deve existir $0 < \varepsilon_1 < \varepsilon$ tal que

$$I_1 = (f^{-1}(a) - \varepsilon_1, f^{-1}(a) + \varepsilon_1) \subseteq I.$$

Como f é estritamente monótona em I_1, o conjunto de valores $\{f(x): x \in I_1\}$ forma um intervalo $J_1 \subseteq J$. Seja $\delta > 0$ tal que $(a - \delta, a + \delta) \subseteq J_1$. Finalmente, se

$$|y - a| < \delta, \text{ então } |f^{-1}(y) - f^{-1}(a)| < \varepsilon_1 < \varepsilon.$$

Então, f^{-1} é contínua em a. Uma prova análoga pode ser feita se a for uma extremidade do intervalo.

Para provar a Propriedade 2, sejam y_1 e y_2 pontos do domínio de f^{-1}, com $y_1 < y_2$. Então, devem existir x_1 e x_2 no domínio de f tais que

$$f(x_1) = y_1 < y_2 = f(x_2).$$

Como f é crescente, $f(x_1) < f(x_2)$ é válida exatamente quando $x_1 < x_2$. Portanto,

$$f^{-1}(y_1) = x_1 < x_2 = f^{-1}(y_2)$$

o que implica que f^{-1} é crescente. (A Propriedade 3 pode ser provada de forma análoga.)

Finalmente, para provar a Propriedade 4, considere o limite

$$(f^{-1})'(a) = \lim_{y \to a} \frac{f^{-1}(y) - f^{-1}(a)}{y - a}$$

onde a está no domínio de f^{-1} e $f^{-1}(a) = c$. Como f é diferenciável em c, f é contínua em c e também f^{-1} é contínua em a. Então, $y \to a$ implica $x \to c$, e temos

$$\begin{aligned}(f^{-1})'(a) &= \lim_{x \to c} \frac{x - c}{f(x) - f(c)} \\ &= \lim_{x \to c} \frac{1}{\left(\dfrac{f(x) - f(c)}{x - c}\right)} \\ &= \frac{1}{\displaystyle\lim_{x \to c} \frac{f(x) - f(c)}{x - c}} \\ &= \frac{1}{f'(c)}.\end{aligned}$$

Então, $(f^{-1})'(a)$ existe e f^{-1} é diferenciável em $f(c)$.

TEOREMA 5.9 A Derivada de uma Função Inversa (página 342)

Seja f uma função diferenciável em um intervalo I. Se f admite uma função inversa g, então g é diferenciável em qualquer x para o qual $f'(g(x)) \neq 0$. Além disso,

$$g'(x) = \frac{1}{f'(g(x))}, \quad f'(g(x)) \neq 0.$$

Demonstração A partir da demonstração do Teorema 5.8, fazendo $a = x$, você sabe que g é diferenciável. Usando a Regra da Cadeia, diferencie ambos os lados da equação $x = f(g(x))$ para obter

$$1 = f'(g(x)) \frac{d}{dx}[g(x)].$$

Como $f'(g(x)) \neq 0$, podemos dividir por essa quantidade para obter

$$\frac{d}{dx}[g(x)] = \frac{1}{f'(g(x))}.$$

TEOREMA 5.15 Um Limite Envolvendo e (página 360)

$$\lim_{x \to \infty} \left(1 + \frac{1}{x}\right)^x = \lim_{x \to \infty} \left(\frac{x + 1}{x}\right)^x = e$$

Demonstração Seja $y = \lim_{x \to \infty} \left(1 + \frac{1}{x}\right)^x$. Calculando o logaritmo natural em cada lado, obtemos

$$\ln y = \ln\left[\lim_{x \to \infty} \left(1 + \frac{1}{x}\right)^x\right].$$

Como a função logaritmo natural é contínua, você pode escrever

$$\ln y = \lim_{x\to\infty}\left[x\ln\left(1+\frac{1}{x}\right)\right] = \lim_{x\to\infty}\left\{\frac{\ln[1+(1/x)]}{1/x}\right\}.$$

Fazendo $x = \dfrac{1}{t}$, temos

$$\begin{aligned}\ln y &= \lim_{t\to 0^+}\frac{\ln(1+t)}{t}\\ &= \lim_{t\to 0^+}\frac{\ln(1+t)-\ln 1}{t}\\ &= \frac{d}{dx}\ln x \text{ em } x = 1\\ &= \frac{1}{x}\text{ em } x = 1\\ &= 1.\end{aligned}$$

Finalmente, como $\ln y = 1$, sabemos que $y = e$, e concluimos que

$$\lim_{x\to\infty}\left(1+\frac{1}{x}\right)^x = e.$$

TEOREMA 8.3 O Teorema do Valor Médio Estendido (página 563)

Se f e g forem mais diferenciáveis em um intervalo aberto (a, b) e contínuas em $[a, b]$ com $g'(x) \neq 0$ para qualquer x em (a, b), então existe um ponto c em (a, b) tal que

$$\frac{f'(c)}{g'(c)} = \frac{f(b)-f(a)}{g(b)-g(a)}.$$

Demonstração Podemos supor que $g(a) \neq g(b)$, porque senão, pelo Teorema de Rolle, seguiria que $g'(x) = 0$ para algum x em (a, b). Agora, defina $h(x)$ como

$$h(x) = f(x) - \left[\frac{f(b)-f(a)}{g(b)-g(a)}\right]g(x).$$

Então

$$h(a) = f(a) - \left[\frac{f(b)-f(a)}{g(b)-g(a)}\right]g(a) = \frac{f(a)g(b)-f(b)g(a)}{g(b)-g(a)}$$

e

$$h(b) = f(b) - \left[\frac{f(b)-f(a)}{g(b)-g(a)}\right]g(b) = \frac{f(a)g(b)-f(b)g(a)}{g(b)-g(a)}$$

e pelo Teorema de Rolle deve existir um ponto c em (a, b) tal que

$$h'(c) = f'(c) - \frac{f(b)-f(a)}{g(b)-g(a)}g'(c) = 0$$

o que implica

$$\frac{f'(c)}{g'(c)} = \frac{f(b)-f(a)}{g(b)-g(a)}.$$

TEOREMA 8.4 A Regra de L'Hôpital (página 563)

Sejam f e g funções diferenciáveis em um intervalo aberto (a, b) contendo c, exceto possivelmente no próprio c. Suponha que $g'(x) \neq 0$ para todo x em (a, b), exceto possivelmente no próprio c. Se o limite de $f(x)/g(x)$ quando x tende a c produz a forma indeterminada $0/0$, então

$$\lim_{x \to c} \frac{f(x)}{g(x)} = \lim_{x \to c} \frac{f'(x)}{g'(x)}$$

desde que o limite à direita exista (ou seja infinito). Este resultado também se aplica se o limite de $f(x)/g(x)$ quando x tende a c produz qualquer uma das formas indeterminadas ∞/∞, $(-\infty)/\infty$, $\infty/(-\infty)$, ou $(-\infty)/(-\infty)$.

Você pode utilizar o Teorema do Valor Médio Estendido para provar a Regra de L'Hôpital. Dos vários casos diferentes dessa regra, é feita como exemplo a prova de apenas um deles. Os casos restantes, nos quais $x \to c^-$ ou $x \to c$, são deixados para você demonstrar.

Demonstração Considere o caso no qual

$$\lim_{x \to c^+} f(x) = 0 \quad \text{e} \quad \lim_{x \to c^+} g(x) = 0.$$

Defina as novas funções a seguir:

$$F(x) = \begin{cases} f(x), & x \neq c \\ 0, & x = c \end{cases} \quad \text{e} \quad G(x) = \begin{cases} g(x), & x \neq c \\ 0, & x = c \end{cases}.$$

Para todo x satisfazendo $c < x < b$, F e G são diferenciáveis em $(c, x]$ e contínuas em $[c, x]$. Podemos aplicar o Teorema do Valor Médio Estendido para concluir que deve existir um número z em (c, x) tal que

$$\begin{aligned} \frac{F'(z)}{G'(z)} &= \frac{F(x) - F(c)}{G(x) - G(c)} \\ &= \frac{F(x)}{G(x)} \\ &= \frac{f'(z)}{g'(z)} \\ &= \frac{f(x)}{g(x)}. \end{aligned}$$

Finalmente, fazendo x tender a c pela direita, $x \to c^+$, você tem $z \to c^+$ pois $c < z < x$, e

$$\begin{aligned} \lim_{x \to c^+} \frac{f(x)}{g(x)} &= \lim_{x \to c^+} \frac{f'(z)}{g'(z)} \\ &= \lim_{z \to c^+} \frac{f'(z)}{g'(z)} \\ &= \lim_{x \to c^+} \frac{f'(x)}{g'(x)}. \end{aligned}$$

Apêndice B
Tabelas de Integração

Fórmulas Envolvendo u^n

1. $\displaystyle\int u^n\,du = \frac{u^{n+1}}{n+1} + C,\ n \neq -1$

2. $\displaystyle\int \frac{1}{u}\,du = \ln|u| + C$

Fórmulas Envolvendo $a + bu$

3. $\displaystyle\int \frac{u}{a+bu}\,du = \frac{1}{b^2}\left(bu - a\ln|a+bu|\right) + C$

4. $\displaystyle\int \frac{u}{(a+bu)^2}\,du = \frac{1}{b^2}\left(\frac{a}{a+bu} + \ln|a+bu|\right) + C$

5. $\displaystyle\int \frac{u}{(a+bu)^n}\,du = \frac{1}{b^2}\left[\frac{-1}{(n-2)(a+bu)^{n-2}} + \frac{a}{(n-1)(a+bu)^{n-1}}\right] + C,\quad n \neq 1, 2$

6. $\displaystyle\int \frac{u^2}{a+bu}\,du = \frac{1}{b^3}\left[-\frac{bu}{2}(2a - bu) + a^2\ln|a+bu|\right] + C$

7. $\displaystyle\int \frac{u^2}{(a+bu)^2}\,du = \frac{1}{b^3}\left(bu - \frac{a^2}{a+bu} - 2a\ln|a+bu|\right) + C$

8. $\displaystyle\int \frac{u^2}{(a+bu)^3}\,du = \frac{1}{b^3}\left[\frac{2a}{a+bu} - \frac{a^2}{2(a+bu)^2} + \ln|a+bu|\right] + C$

9. $\displaystyle\int \frac{u^2}{(a+bu)^n}\,du = \frac{1}{b^3}\left[\frac{-1}{(n-3)(a+bu)^{n-3}} + \frac{2a}{(n-2)(a+bu)^{n-2}} - \frac{a^2}{(n-1)(a+bu)^{n-1}}\right] + C,\quad n \neq 1, 2, 3$

10. $\displaystyle\int \frac{1}{u(a+bu)}\,du = \frac{1}{a}\ln\left|\frac{u}{a+bu}\right| + C$

11. $\displaystyle\int \frac{1}{u(a+bu)^2}\,du = \frac{1}{a}\left(\frac{1}{a+bu} + \frac{1}{a}\ln\left|\frac{u}{a+bu}\right|\right) + C$

12. $\displaystyle\int \frac{1}{u^2(a+bu)}\,du = -\frac{1}{a}\left(\frac{1}{u} + \frac{b}{a}\ln\left|\frac{u}{a+bu}\right|\right) + C$

13. $\displaystyle\int \frac{1}{u^2(a+bu)^2}\,du = -\frac{1}{a^2}\left[\frac{a+2bu}{u(a+bu)} + \frac{2b}{a}\ln\left|\frac{u}{a+bu}\right|\right] + C$

Fórmulas Envolvendo $a + bu + cu^2,\ b^2 \neq 4ac$

14. $$\int \frac{1}{a+bu+cu^2}\,du = \begin{cases} \dfrac{2}{\sqrt{4ac-b^2}}\operatorname{arctg}\dfrac{2cu+b}{\sqrt{4ac-b^2}} + C, & b^2 < 4ac \\[2ex] \dfrac{1}{\sqrt{b^2-4ac}}\ln\left|\dfrac{2cu+b-\sqrt{b^2-4ac}}{2cu+b+\sqrt{b^2-4ac}}\right| + C, & b^2 > 4ac \end{cases}$$

15. $\displaystyle\int \frac{u}{a+bu+cu^2}\,du = \frac{1}{2c}\left(\ln|a+bu+cu^2| - b\int \frac{1}{a+bu+cu^2}\,du\right)$

Fórmulas Envolvendo $\sqrt{a+bu}$

16. $\displaystyle\int u^n\sqrt{a+bu}\,du = \frac{2}{b(2n+3)}\left[u^n(a+bu)^{3/2} - na\int u^{n-1}\sqrt{a+bu}\,du\right]$

17. $\displaystyle\int \frac{1}{u\sqrt{a+bu}}\,du = \begin{cases} \dfrac{1}{\sqrt{a}}\ln\left|\dfrac{\sqrt{a+bu}-\sqrt{a}}{\sqrt{a+bu}+\sqrt{a}}\right| + C, & a > 0 \\ \dfrac{2}{\sqrt{-a}}\operatorname{arctg}\sqrt{\dfrac{a+bu}{-a}} + C, & a < 0 \end{cases}$

18. $\displaystyle\int \frac{1}{u^n\sqrt{a+bu}}\,du = \frac{-1}{a(n-1)}\left[\frac{\sqrt{a+bu}}{u^{n-1}} + \frac{(2n-3)b}{2}\int\frac{1}{u^{n-1}\sqrt{a+bu}}\,du\right],\ n \neq 1$

19. $\displaystyle\int \frac{\sqrt{a+bu}}{u}\,du = 2\sqrt{a+bu} + a\int\frac{1}{u\sqrt{a+bu}}\,du$

20. $\displaystyle\int \frac{\sqrt{a+bu}}{u^n}\,du = \frac{-1}{a(n-1)}\left[\frac{(a+bu)^{3/2}}{u^{n-1}} + \frac{(2n-5)b}{2}\int\frac{\sqrt{a+bu}}{u^{n-1}}\,du\right],\ n \neq 1$

21. $\displaystyle\int \frac{u}{\sqrt{a+bu}}\,du = \frac{-2(2a-bu)}{3b^2}\sqrt{a+bu} + C$

22. $\displaystyle\int \frac{u^n}{\sqrt{a+bu}}\,du = \frac{2}{(2n+1)b}\left(u^n\sqrt{a+bu} - na\int\frac{u^{n-1}}{\sqrt{a+bu}}\,du\right)$

Fórmulas Envolvendo $a^2 \pm u^2,\ a > 0$

23. $\displaystyle\int \frac{1}{a^2+u^2}\,du = \frac{1}{a}\operatorname{arctg}\frac{u}{a} + C$

24. $\displaystyle\int \frac{1}{u^2-a^2}\,du = -\int\frac{1}{a^2-u^2}\,du = \frac{1}{2a}\ln\left|\frac{u-a}{u+a}\right| + C$

25. $\displaystyle\int \frac{1}{(a^2\pm u^2)^n}\,du = \frac{1}{2a^2(n-1)}\left[\frac{u}{(a^2\pm u^2)^{n-1}} + (2n-3)\int\frac{1}{(a^2\pm u^2)^{n-1}}\,du\right],\ n \neq 1$

Fórmulas Envolvendo $\sqrt{u^2 \pm a^2},\ a > 0$

26. $\displaystyle\int \sqrt{u^2\pm a^2}\,du = \frac{1}{2}\left(u\sqrt{u^2\pm a^2} \pm a^2\ln\left|u+\sqrt{u^2\pm a^2}\right|\right) + C$

27. $\displaystyle\int u^2\sqrt{u^2\pm a^2}\,du = \frac{1}{8}\left[u(2u^2\pm a^2)\sqrt{u^2\pm a^2} - a^4\ln\left|u+\sqrt{u^2\pm a^2}\right|\right] + C$

28. $\displaystyle\int \frac{\sqrt{u^2+a^2}}{u}\,du = \sqrt{u^2+a^2} - a\ln\left|\frac{a+\sqrt{u^2+a^2}}{u}\right| + C$

29. $\displaystyle\int \frac{\sqrt{u^2-a^2}}{u}\,du = \sqrt{u^2-a^2} - a\operatorname{arcsec}\frac{|u|}{a} + C$

30. $\displaystyle\int \frac{\sqrt{u^2\pm a^2}}{u^2}\,du = \frac{-\sqrt{u^2\pm a^2}}{u} + \ln\left|u+\sqrt{u^2\pm a^2}\right| + C$

31. $\displaystyle\int \frac{1}{\sqrt{u^2\pm a^2}}\,du = \ln\left|u+\sqrt{u^2\pm a^2}\right| + C$

32. $\displaystyle\int \frac{1}{u\sqrt{u^2+a^2}}\,du = \frac{-1}{a}\ln\left|\frac{a+\sqrt{u^2+a^2}}{u}\right| + C$

33. $\displaystyle\int \frac{1}{u\sqrt{u^2-a^2}}\,du = \frac{1}{a}\operatorname{arcsec}\frac{|u|}{a} + C$

34. $\int \frac{u^2}{\sqrt{u^2 \pm a^2}}\,du = \frac{1}{2}\left(u\sqrt{u^2 \pm a^2} \mp a^2 \ln\left|u + \sqrt{u^2 \pm a^2}\right|\right) + C$

35. $\int \frac{1}{u^2\sqrt{u^2 \pm a^2}}\,du = \mp \frac{\sqrt{u^2 \pm a^2}}{a^2u} + C$

36. $\int \frac{1}{(u^2 \pm a^2)^{3/2}}\,du = \frac{\pm u}{a^2\sqrt{u^2 \pm a^2}} + C$

Fórmulas Envolvendo $\sqrt{a^2 - u^2}$, $a > 0$

37. $\int \sqrt{a^2 - u^2}\,du = \frac{1}{2}\left(u\sqrt{a^2 - u^2} + a^2 \operatorname{arcsen}\frac{u}{a}\right) + C$

38. $\int u^2\sqrt{a^2 - u^2}\,du = \frac{1}{8}\left[u(2u^2 - a^2)\sqrt{a^2 - u^2} + a^4 \operatorname{arcsen}\frac{u}{a}\right] + C$

39. $\int \frac{\sqrt{a^2 - u^2}}{u}\,du = \sqrt{a^2 - u^2} - a \ln\left|\frac{a + \sqrt{a^2 - u^2}}{u}\right| + C$

40. $\int \frac{\sqrt{a^2 - u^2}}{u^2}\,du = \frac{-\sqrt{a^2 - u^2}}{u} - \operatorname{arcsen}\frac{u}{a} + C$

41. $\int \frac{1}{\sqrt{a^2 - u^2}}\,du = \operatorname{arcsen}\frac{u}{a} + C$

42. $\int \frac{1}{u\sqrt{a^2 - u^2}}\,du = \frac{-1}{a} \ln\left|\frac{a + \sqrt{a^2 - u^2}}{u}\right| + C$

43. $\int \frac{u^2}{\sqrt{a^2 - u^2}}\,du = \frac{1}{2}\left(-u\sqrt{a^2 - u^2} + a^2 \operatorname{arcsen}\frac{u}{a}\right) + C$

44. $\int \frac{1}{u^2\sqrt{a^2 - u^2}}\,du = \frac{-\sqrt{a^2 - u^2}}{a^2u} + C$

45. $\int \frac{1}{(a^2 - u^2)^{3/2}}\,du = \frac{u}{a^2\sqrt{a^2 - u^2}} + C$

Fórmulas Envolvendo sen u ou cos u

46. $\int \operatorname{sen} u\,du = -\cos u + C$

47. $\int \cos u\,du = \operatorname{sen} u + C$

48. $\int \operatorname{sen}^2 u\,du = \frac{1}{2}(u - \operatorname{sen} u \cos u) + C$

49. $\int \cos^2 u\,du = \frac{1}{2}(u + \operatorname{sen} u \cos u) + C$

50. $\int \operatorname{sen}^n u\,du = -\frac{\operatorname{sen}^{n-1} u \cos u}{n} + \frac{n-1}{n}\int \operatorname{sen}^{n-2} u\,du$

51. $\int \cos^n u\,du = \frac{\cos^{n-1} u \operatorname{sen} u}{n} + \frac{n-1}{n}\int \cos^{n-2} u\,du$

52. $\int u \operatorname{sen} u\,du = \operatorname{sen} u - u\cos u + C$

53. $\int u \cos u\,du = \cos u + u \operatorname{sen} u + C$

54. $\int u^n \operatorname{sen} u\,du = -u^n \cos u + n\int u^{n-1} \cos u\,du$

55. $\int u^n \cos u\,du = u^n \operatorname{sen} u - n\int u^{n-1} \operatorname{sen} u\,du$

56. $\int \frac{1}{1 \pm \operatorname{sen} u}\,du = \operatorname{tg} u \mp \sec u + C$

57. $\int \frac{1}{1 \pm \cos u}\,du = -\operatorname{cotg} u \pm \operatorname{cossec} u + C$

58. $\int \frac{1}{\operatorname{sen} u \cos u}\,du = \ln|\operatorname{tg} u| + C$

Fórmulas Envolvendo tg u, cotg u, sec u, cossec u

59. $\int \operatorname{tg} u \, du = -\ln|\cos u| + C$

60. $\int \operatorname{cotg} u \, du = \ln|\operatorname{sen} u| + C$

61. $\int \sec u \, du = \ln|\sec u + \operatorname{tg} u| + C$

62. $\int \operatorname{cossec} u \, du = \ln|\operatorname{cossec} u - \operatorname{cotg} u| + C$ ou $\int \operatorname{cossec} u \, du = -\ln|\operatorname{cossec} u + \operatorname{cotg} u| + C$

63. $\int \operatorname{tg}^2 u \, du = -u + \operatorname{tg} u + C$

64. $\int \operatorname{cotg}^2 u \, du = -u - \operatorname{cotg} u + C$

65. $\int \sec^2 u \, du = \operatorname{tg} u + C$

66. $\int \operatorname{cossec}^2 u \, du = -\operatorname{cotg} u + C$

67. $\int \operatorname{tg}^n u \, du = \dfrac{\operatorname{tg}^{n-1} u}{n-1} - \int \operatorname{tg}^{n-2} u \, du, \; n \neq 1$

68. $\int \operatorname{cotg}^n u \, du = -\dfrac{\operatorname{cotg}^{n-1} u}{n-1} - \int (\operatorname{cotg}^{n-2} u) \, du, \; n \neq 1$

69. $\int \sec^n u \, du = \dfrac{\sec^{n-2} u \operatorname{tg} u}{n-1} + \dfrac{n-2}{n-1} \int \sec^{n-2} u \, du, \; n \neq 1$

70. $\int \operatorname{cossec}^n u \, du = -\dfrac{\operatorname{cossec}^{n-2} u \operatorname{cotg} u}{n-1} + \dfrac{n-2}{n-1} \int \operatorname{cossec}^{n-2} u \, du, \; n \neq 1$

71. $\int \dfrac{1}{1 \pm \operatorname{tg} u} du = \dfrac{1}{2}\left(u \pm \ln|\cos u \pm \operatorname{sen} u|\right) + C$

72. $\int \dfrac{1}{1 \pm \operatorname{cotg} u} du = \dfrac{1}{2}\left(u \mp \ln|\operatorname{sen} u \pm \cos u|\right) + C$

73. $\int \dfrac{1}{1 \pm \sec u} du = u + \operatorname{cotg} u \mp \operatorname{cossec} u + C$

74. $\int \dfrac{1}{1 \pm \operatorname{cossec} u} du = u - \operatorname{tg} u \pm \sec u + C$

Fórmulas Envolvendo Funções Trigonométricas Inversas

75. $\int \operatorname{arcsen} u \, du = u \operatorname{arcsen} u + \sqrt{1 - u^2} + C$

76. $\int \arccos u \, du = u \arccos u - \sqrt{1 - u^2} + C$

77. $\int \operatorname{arctg} u \, du = u \operatorname{arctg} u - \ln\sqrt{1 + u^2} + C$

78. $\int \operatorname{arccotg} u \, du = u \operatorname{arccotg} u + \ln\sqrt{1 + u^2} + C$

79. $\int \operatorname{arcsec} u \, du = u \operatorname{arcsec} u - \ln\left|u + \sqrt{u^2 - 1}\right| + C$

80. $\int \operatorname{arccossec} u \, du = u \operatorname{arccossec} u + \ln\left|u + \sqrt{u^2 - 1}\right| + C$

Fórmulas Envolvendo e^u

81. $\int e^u \, du = e^u + C$

82. $\int u e^u \, du = (u - 1)e^u + C$

83. $\int u^n e^u \, du = u^n e^u - n \int u^{n-1} e^u \, du$

84. $\int \dfrac{1}{1 + e^u} du = u - \ln(1 + e^u) + C$

85. $\int e^{au} \operatorname{sen} bu \, du = \dfrac{e^{au}}{a^2 + b^2}(a \operatorname{sen} bu - b \cos bu) + C$

86. $\int e^{au} \cos bu \, du = \dfrac{e^{au}}{a^2 + b^2}(a \cos bu + b \operatorname{sen} bu) + C$

Fórmulas Envolvendo ln u

87. $\int \ln u\, du = u(-1 + \ln u) + C$

88. $\int u \ln u\, du = \frac{u^2}{4}(-1 + 2\ln u) + C$

89. $\int u^n \ln u\, du = \frac{u^{n+1}}{(n+1)^2}[-1 + (n+1)\ln u] + C,\ n \neq -1$

90. $\int (\ln u)^2\, du = u[2 - 2\ln u + (\ln u)^2] + C$

91. $\int (\ln u)^n\, du = u(\ln u)^n - n\int (\ln u)^{n-1}\, du$

Fórmulas Envolvendo Funções Hiperbólicas

92. $\int \cosh u\, du = \operatorname{senh} u + C$

93. $\int \operatorname{senh} u\, du = \cosh u + C$

94. $\int \operatorname{sech}^2 u\, du = \operatorname{tgh} u + C$

95. $\int \operatorname{cossech}^2 u\, du = -\operatorname{cotgh} u + C$

96. $\int \operatorname{sech} u \operatorname{tgh} u\, du = -\operatorname{sech} u + C$

97. $\int \operatorname{cossech} u \operatorname{cotgh} u\, du = -\operatorname{cossech} u + C$

Fórmulas Envolvendo Funções Hiperbólicas Inversas (na forma logarítmica)

98. $\int \frac{du}{\sqrt{u^2 \pm a^2}} = \ln\left(u + \sqrt{u^2 \pm a^2}\right) + C$

99. $\int \frac{du}{a^2 - u^2} = \frac{1}{2a}\ln\left|\frac{a+u}{a-u}\right| + C$

100. $\int \frac{du}{u\sqrt{a^2 \pm u^2}} = -\frac{1}{a}\ln\frac{a + \sqrt{a^2 \pm u^2}}{|u|} + C$

Apêndice C
Álgebra

Fatores e Zeros de Polinômios
Seja $p(x) = a_nx^n + a_{n-1}x^{n-1} + \cdots + a_1x + a_0$ um polinômio. Se $p(a) = 0$, então a é um *zero* do polinômio e uma solução da equação $p(x) = 0$. Além disso, $(x - a)$ é um *fator* do polinômio

Teorema Fundamental da Álgebra
Um polinômio de grau n tem n zeros (não necessariamente distintos). Embora todos estes zeros possam ser imaginários, um polinômio real de grau ímpar deve ter pelo menos um zero real.

Fórmula Quadrática
Se $p(x) = ax^2 + bx + c$, e $0 \le b^2 - 4ac$, então os zeros reais de p são $x = \left(-b \pm \sqrt{b^2 - 4ac}\right)/2a$.

Fatorações Especiais
$x^2 - a^2 = (x - a)(x + a)$

$x^3 - a^3 = (x - a)(x^2 + ax + a^2)$

$x^3 + a^3 = (x + a)(x^2 - ax + a^2)$

$x^4 - a^4 = (x^2 - a^2)(x^2 + a^2)$

Teorema Binomial
$(x + y)^2 = x^2 + 2xy + y^2$

$(x - y)^2 = x^2 - 2xy + y^2$

$(x + y)^3 = x^3 + 3x^2y + 3xy^2 + y^3$

$(x - y)^3 = x^3 - 3x^2y + 3xy^2 - y^3$

$(x + y)^4 = x^4 + 4x^3y + 6x^2y^2 + 4xy^3 + y^4$

$(x - y)^4 = x^4 - 4x^3y + 6x^2y^2 - 4xy^3 + y^4$

$$(x + y)^n = x^n + nx^{n-1}y + \frac{n(n-1)}{2!}x^{n-2}y^2 + \cdots + nxy^{n-1} + y^n$$

$$(x - y)^n = x^n - nx^{n-1}y + \frac{n(n-1)}{2!}x^{n-2}y^2 - \cdots \pm nxy^{n-1} \mp y^n$$

Teorema do Zero Racional
Se $p(x) = a_nx^n + a_{n-1}x^{n-1} + \cdots + a_1x + a_0$ tem coeficientes inteiros, então todo zero racional de p tem a forma $x = r/s$, onde r é um divisor de a_0 e s é um divisor de a_n.

Fatorando por Agrupamento
$acx^3 + adx^2 + bcx + bd = ax^2(cx + d) + b(cx + d) = (ax^2 + b)(cx + d)$

Operações Aritméticas
$ab + ac = a(b + c)$ $\qquad \dfrac{a}{b} + \dfrac{c}{d} = \dfrac{ad + bc}{bd}$ $\qquad \dfrac{a + b}{c} = \dfrac{a}{c} + \dfrac{b}{c}$

$\dfrac{\left(\frac{a}{b}\right)}{\left(\frac{c}{d}\right)} = \left(\dfrac{a}{b}\right)\left(\dfrac{d}{c}\right) = \dfrac{ad}{bc}$ $\qquad \dfrac{\left(\frac{a}{b}\right)}{c} = \dfrac{a}{bc}$ $\qquad \dfrac{a}{\left(\frac{b}{c}\right)} = \dfrac{ac}{b}$

$a\left(\dfrac{b}{c}\right) = \dfrac{ab}{c}$ $\qquad \dfrac{a - b}{c - d} = \dfrac{b - a}{d - c}$ $\qquad \dfrac{ab + ac}{a} = b + c$

Expoentes e Radicais
$a^0 = 1, \quad a \neq 0$ $\qquad (ab)^x = a^xb^x$ $\qquad a^xa^y = a^{x+y}$ $\qquad \sqrt{a} = a^{1/2}$ $\qquad \dfrac{a^x}{a^y} = a^{x-y}$ $\qquad \sqrt[n]{a} = a^{1/n}$

$\left(\dfrac{a}{b}\right)^x = \dfrac{a^x}{b^x}$ $\qquad \sqrt[n]{a^m} = a^{m/n}$ $\qquad a^{-x} = \dfrac{1}{a^x}$ $\qquad \sqrt[n]{ab} = \sqrt[n]{a}\,\sqrt[n]{b}$ $\qquad (a^x)^y = a^{xy}$ $\qquad \sqrt[n]{\dfrac{a}{b}} = \dfrac{\sqrt[n]{a}}{\sqrt[n]{b}}$

Apêndice D
Fórmulas da Geometria

Triângulo

$h = a \text{ sen } \theta$

$\text{Área} = \frac{1}{2}bh$

(Lei dos cossenos)

$c^2 = a^2 + b^2 - 2ab \cos \theta$

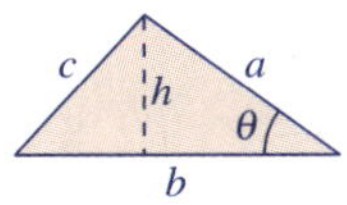

Triângulo Retângulo

(Teorema de Pitágoras)

$c^2 = a^2 + b^2$

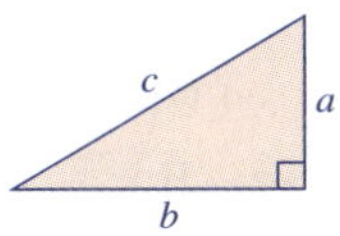

Triângulo Eqüilátero

$h = \frac{\sqrt{3}s}{2}$

$\text{Área} = \frac{\sqrt{3}s^2}{4}$

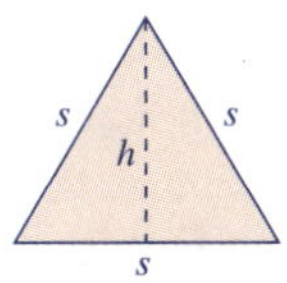

Paralelogramo

$\text{Área} = bh$

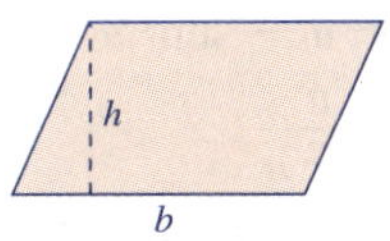

Trapézio

$\text{Área} = \frac{h}{2}(a + b)$

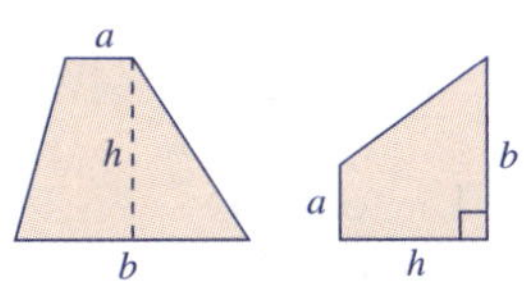

Círculo

$\text{Área} = \pi r^2$

$\text{Circunferência} = 2\pi r$

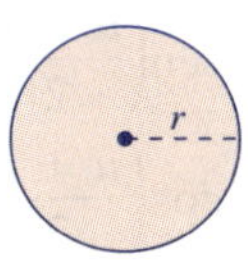

Setor do Círculo

(θ em radianos)

$\text{Área} = \frac{\theta r^2}{2}$

$s = r\theta$

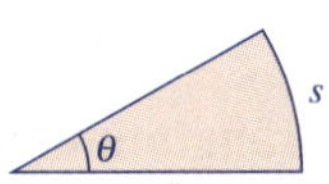

Anel Circular

(p = raio médio,
w = largura do anel)

$\text{Área} = \pi(R^2 - r^2)$
$= 2\pi p w$

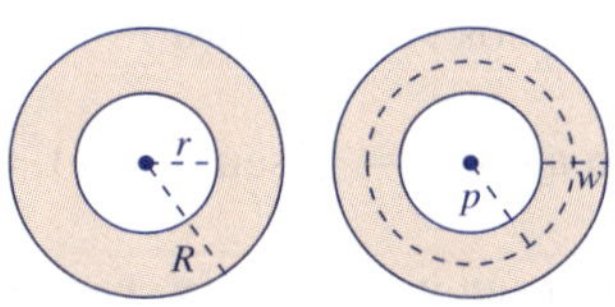

Setor do Anel Circular

(p = raio médio,
w = largura do anel,
θ em radianos)

$\text{Área} = \theta p w$

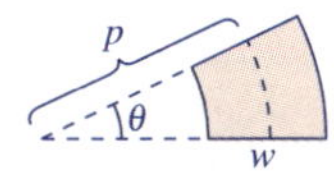

Elipse

$\text{Área} = \pi ab$

$\text{Circunferência} \approx 2\pi\sqrt{\frac{a^2 + b^2}{2}}$

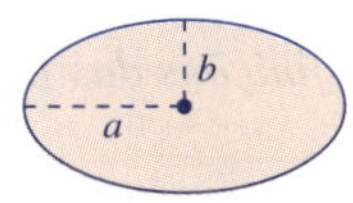

Cone

(A = Área de base)

$\text{Volume} = \frac{Ah}{3}$

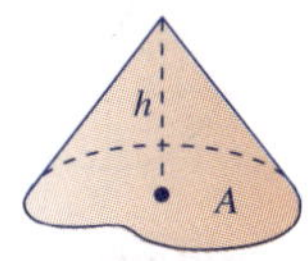

Cone Circular Reto

$\text{Volume} = \frac{\pi r^2 h}{3}$

$\text{Área da Superfície Lateral} = \pi r\sqrt{r^2 + h^2}$

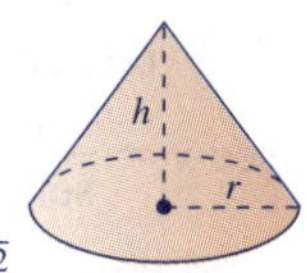

Tronco Do Cone Circular Reto

$\text{Volume} = \frac{\pi(r^2 + rR + R^2)h}{3}$

$\text{Área da Superfície Lateral} = \pi s(R + r)$

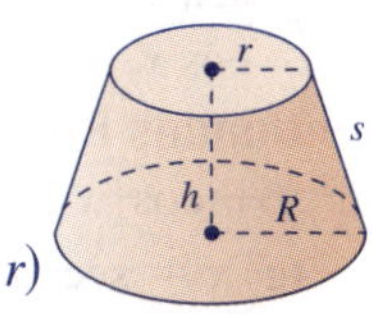

Cilindro Circular Reto

$\text{Volume} = \pi r^2 h$

$\text{Área da Superfície Lateral} = 2\pi rh$

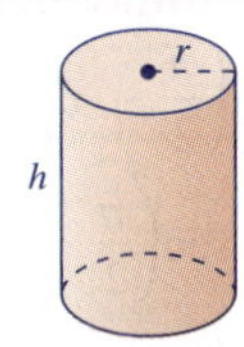

Esfera

$\text{Volume} = \frac{4}{3}\pi r^3$

$\text{Área Superficial} = 4\pi r^2$

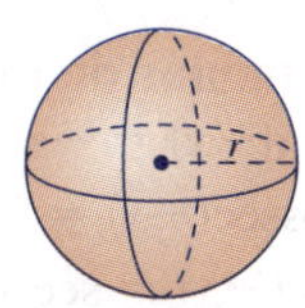

Cunha

(A = área da face superior,
B = área da base)

$A = B \sec \theta$

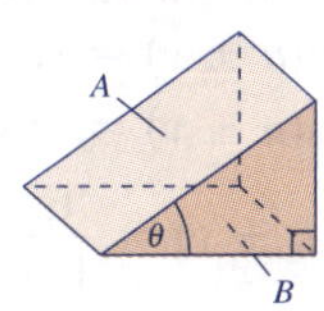

Apêndice E

Trigonometria

Definição das Seis Funções Trigonométricas

Definições a partir de um triângulo retângulo, onde $0 < \theta < \pi/2$.

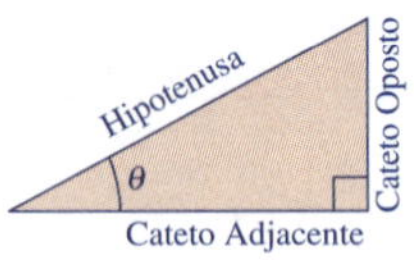

$$\text{sen } \theta = \frac{\text{opp}}{\text{hyp}} \qquad \text{cossec } \theta = \frac{\text{hyp}}{\text{opp}}$$

$$\cos \theta = \frac{\text{adj}}{\text{hyp}} \qquad \sec \theta = \frac{\text{hyp}}{\text{adj}}$$

$$\text{tg } \theta = \frac{\text{opp}}{\text{adj}} \qquad \text{cotg } \theta = \frac{\text{adj}}{\text{opp}}$$

Definições das funções circulares, onde θ é qualquer ângulo

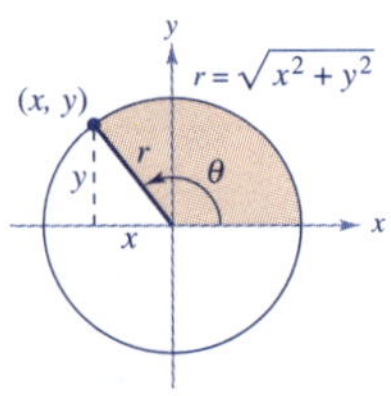

$$\text{sen } \theta = \frac{y}{r} \qquad \text{cossec } \theta = \frac{r}{y}$$

$$\cos \theta = \frac{x}{r} \qquad \sec \theta = \frac{r}{x}$$

$$\text{tg } \theta = \frac{y}{x} \qquad \text{cotg } \theta = \frac{x}{y}$$

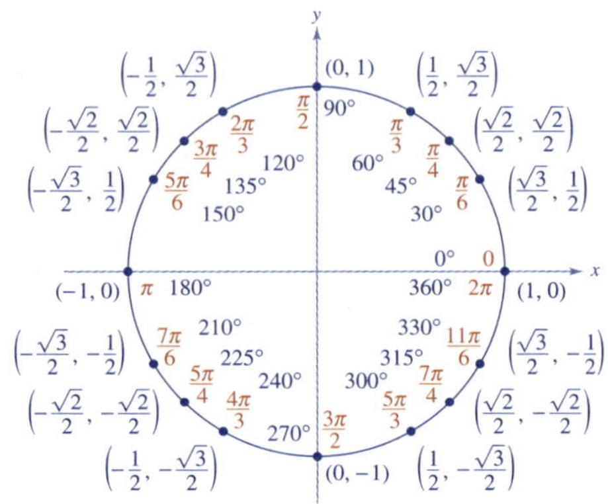

Identidades Recíprocas

$$\text{sen } x = \frac{1}{\text{cossec } x} \qquad \sec x = \frac{1}{\cos x} \qquad \text{tg } x = \frac{1}{\text{cotg } x}$$

$$\text{cossec } x = \frac{1}{\text{sen } x} \qquad \cos x = \frac{1}{\sec x} \qquad \text{cotg } x = \frac{1}{\text{tg } x}$$

Identidades da Tangente e da Cotangente

$$\text{tg } x = \frac{\text{sen } x}{\cos x} \qquad \text{cotg } x = \frac{\cos x}{\text{sen } x}$$

Identidades Pitagóricas

$$\text{sen}^2 x + \cos^2 x = 1$$

$$1 + \text{tg}^2 x = \sec^2 x \qquad 1 + \text{cotg}^2 x = \text{cossec}^2 x$$

Identidades das Co-funções

$$\text{sen}\left(\frac{\pi}{2} - x\right) = \cos x \qquad \cos\left(\frac{\pi}{2} - x\right) = \text{sen } x$$

$$\text{cossec}\left(\frac{\pi}{2} - x\right) = \sec x \qquad \text{tg}\left(\frac{\pi}{2} - x\right) = \text{cotg } x$$

$$\sec\left(\frac{\pi}{2} - x\right) = \text{cossec } x \qquad \text{cotg}\left(\frac{\pi}{2} - x\right) = \text{tg } x$$

Fórmulas de Redução

$$\text{sen}(-x) = -\text{sen } x \qquad \cos(-x) = \cos x$$

$$\text{cossec}(-x) = -\text{cossec } x \qquad \text{tg}(-x) = -\text{tg } x$$

$$\sec(-x) = \sec x \qquad \text{cotg}(-x) = -\text{cotg } x$$

Fórmulas da Soma e da Diferença

$$\text{sen}(u \pm v) = \text{sen } u \cos v \pm \cos u \text{ sen } v$$

$$\cos(u \pm v) = \cos u \cos v \mp \text{sen } u \text{ sen } v$$

$$\text{tg}(u \pm v) = \frac{\text{tg } u \pm \text{tg } v}{1 \mp \text{tg } u \text{ tg } v}$$

Fórmulas do Arco Duplo

$$\text{sen } 2u = 2 \text{ sen } u \cos u$$

$$\cos 2u = \cos^2 u - \text{sen}^2 u = 2\cos^2 u - 1 = 1 - 2\text{ sen}^2 u$$

$$\text{tg } 2u = \frac{2 \text{ tg } u}{1 - \text{tg}^2 u}$$

Identidade de Redução da Potência

$$\text{sen}^2 u = \frac{1 - \cos 2u}{2}$$

$$\cos^2 u = \frac{1 + \cos 2u}{2}$$

$$\text{tg}^2 u = \frac{1 - \cos 2u}{1 + \cos 2u}$$

Fórmulas de Transformação de Soma para Produto

$$\text{sen } u + \text{sen } v = 2 \text{ sen}\left(\frac{u + v}{2}\right)\cos\left(\frac{u - v}{2}\right)$$

$$\text{sen } u - \text{sen } v = 2 \cos\left(\frac{u + v}{2}\right)\text{sen}\left(\frac{u - v}{2}\right)$$

$$\cos u + \cos v = 2 \cos\left(\frac{u + v}{2}\right)\cos\left(\frac{u - v}{2}\right)$$

$$\cos u - \cos v = -2 \text{ sen}\left(\frac{u + v}{2}\right)\text{sen}\left(\frac{u - v}{2}\right)$$

Fórmulas de Transformação de Produto para Soma

$$\text{sen } u \text{ sen } v = \frac{1}{2}[\cos(u - v) - \cos(u + v)]$$

$$\cos u \cos v = \frac{1}{2}[\cos(u - v) + \cos(u + v)]$$

$$\text{sen } u \cos v = \frac{1}{2}[\text{sen}(u + v) + \text{sen}(u - v)]$$

$$\cos u \text{ sen } v = \frac{1}{2}[\text{sen}(u + v) - \text{sen}(u - v)]$$

Apêndice F

Derivadas e Integrais

Regras Básicas de Diferenciação

1. $\dfrac{d}{dx}[cu] = cu'$
2. $\dfrac{d}{dx}[u \pm v] = u' \pm v'$
3. $\dfrac{d}{dx}[uv] = uv' + vu'$
4. $\dfrac{d}{dx}\left[\dfrac{u}{v}\right] = \dfrac{vu' - uv'}{v^2}$
5. $\dfrac{d}{dx}[c] = 0$
6. $\dfrac{d}{dx}[u^n] = nu^{n-1}u'$
7. $\dfrac{d}{dx}[x] = 1$
8. $\dfrac{d}{dx}[|u|] = \dfrac{u}{|u|}(u'), \quad u \neq 0$
9. $\dfrac{d}{dx}[\ln u] = \dfrac{u'}{u}$
10. $\dfrac{d}{dx}[e^u] = e^u u'$
11. $\dfrac{d}{dx}[\log_a u] = \dfrac{u'}{(\ln a)u}$
12. $\dfrac{d}{dx}[a^u] = (\ln a)a^u u'$
13. $\dfrac{d}{dx}[\text{sen } u] = (\cos u)u'$
14. $\dfrac{d}{dx}[\cos u] = -(\text{sen } u)u'$
15. $\dfrac{d}{dx}[\text{tg } u] = (\sec^2 u)u'$
16. $\dfrac{d}{dx}[\text{cotg } u] = -(\text{cossec}^2 u)u'$
17. $\dfrac{d}{dx}[\sec u] = (\sec u \text{ tg } u)u'$
18. $\dfrac{d}{dx}[\text{cossec } u] = -(\text{cossec } u \text{ cotg } u)u'$
19. $\dfrac{d}{dx}[\text{arcsen } u] = \dfrac{u'}{\sqrt{1 - u^2}}$
20. $\dfrac{d}{dx}[\arccos u] = \dfrac{-u'}{\sqrt{1 - u^2}}$
21. $\dfrac{d}{dx}[\text{arctg } u] = \dfrac{u'}{1 + u^2}$
22. $\dfrac{d}{dx}[\text{arccotg } u] = \dfrac{-u'}{1 + u^2}$
23. $\dfrac{d}{dx}[\text{arcsec } u] = \dfrac{u'}{|u|\sqrt{u^2 - 1}}$
24. $\dfrac{d}{dx}[\text{arccossec } u] = \dfrac{-u'}{|u|\sqrt{u^2 - 1}}$
25. $\dfrac{d}{dx}[\text{senh } u] = (\cosh u)u'$
26. $\dfrac{d}{dx}[\cosh u] = (\text{senh } u)u'$
27. $\dfrac{d}{dx}[\text{tgh } u] = (\text{sech}^2 u)u'$
28. $\dfrac{d}{dx}[\coth u] = -(\text{cossech}^2 u)u'$
29. $\dfrac{d}{dx}[\text{sech } u] = -(\text{sech } u \text{ tgh } u)u'$
30. $\dfrac{d}{dx}[\text{cossech } u] = -(\text{cossech } u \text{ cotgh } u)u'$
31. $\dfrac{d}{dx}[\text{senh}^{-1} u] = \dfrac{u'}{\sqrt{u^2 + 1}}$
32. $\dfrac{d}{dx}[\cosh^{-1} u] = \dfrac{u'}{\sqrt{u^2 - 1}}$
33. $\dfrac{d}{dx}[\text{tgh}^{-1} u] = \dfrac{u'}{1 - u^2}$
34. $\dfrac{d}{dx}[\coth^{-1} u] = \dfrac{u'}{1 - u^2}$
35. $\dfrac{d}{dx}[\text{sech}^{-1} u] = \dfrac{-u'}{u\sqrt{1 - u^2}}$
36. $\dfrac{d}{dx}[\text{cossech}^{-1} u] = \dfrac{-u'}{|u|\sqrt{1 + u^2}}$

Regras Básicas de Integração

1. $\displaystyle\int kf(u)\,du = k\int f(u)\,du$
2. $\displaystyle\int [f(u) \pm g(u)]\,du = \int f(u)\,du \pm \int g(u)\,du$
3. $\displaystyle\int du = u + C$
4. $\displaystyle\int a^u\,du = \left(\frac{1}{\ln a}\right)a^u + C$
5. $\displaystyle\int e^u\,du = e^u + C$
6. $\displaystyle\int \text{sen } u\,du = -\cos u + C$
7. $\displaystyle\int \cos u\,du = \text{sen } u + C$
8. $\displaystyle\int \text{tg } u\,du = -\ln|\cos u| + C$
9. $\displaystyle\int \text{cotg } u\,du = \ln|\text{sen } u| + C$
10. $\displaystyle\int \sec u\,du = \ln|\sec u + \text{tg } u| + C$
11. $\displaystyle\int \text{cossec } u\,du = -\ln|\text{cossec } u + \text{cotg } u| + C$
12. $\displaystyle\int \sec^2 u\,du = \text{tg } u + C$
13. $\displaystyle\int \text{cossec}^2 u\,du = -\text{cog } u + C$
14. $\displaystyle\int \sec u \text{ tg } u\,du = \sec u + C$
15. $\displaystyle\int \text{cossec } u \text{ cotg } u\,du = -\text{cossec } u + C$
16. $\displaystyle\int \frac{du}{\sqrt{a^2 - u^2}} = \text{arcsen } \frac{u}{a} + C$
17. $\displaystyle\int \frac{du}{a^2 + u^2} = \frac{1}{a} \text{ arctg } \frac{u}{a} + C$
18. $\displaystyle\int \frac{du}{u\sqrt{u^2 - a^2}} = \frac{1}{a} \text{ arcsec } \frac{|u|}{a} + C$

Respostas dos Exercícios Ímpares

Capítulo P

Seção P.1 . (página 8)

1. b **2.** d **3.** a **4.** c

5. Há mais de uma resposta correta. **7.** Há mais de uma resposta correta.

x	-4	-2	0	2	4
y	-5	-2	1	4	7

x	-3	-2	0	2	3
y	-5	0	4	0	-5

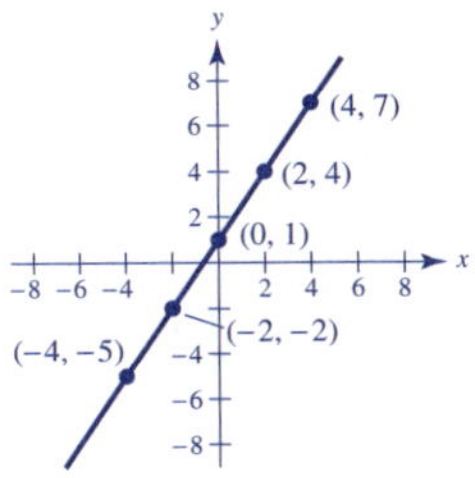

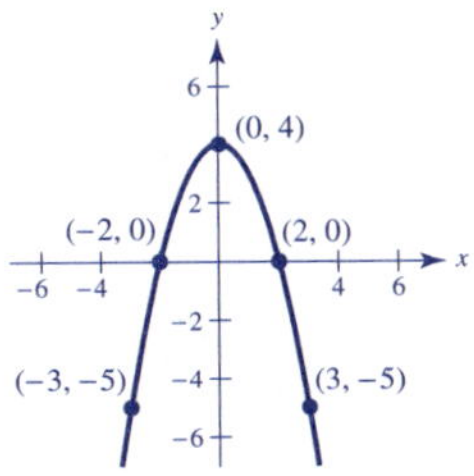

9. Há mais de uma resposta correta.

x	-5	-4	-3	-2	-1	0	1
y	3	2	1	0	1	2	3

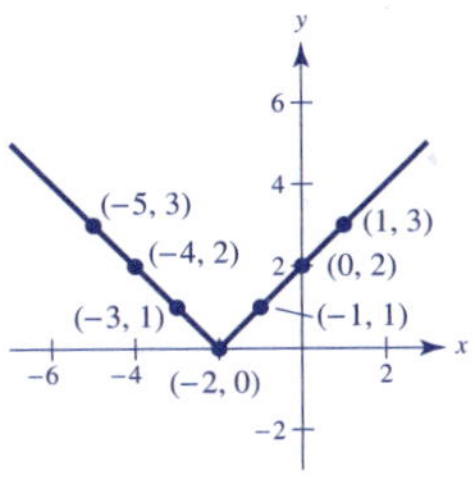

11. Há mais de uma resposta correta.

x	0	1	4	9	16
y	-4	-3	-2	-1	0

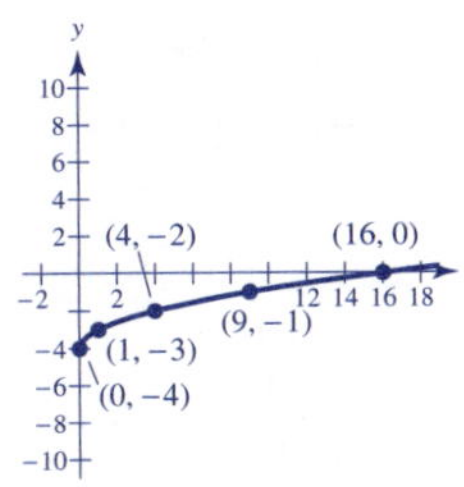

13. Há mais de uma resposta correta.

x	-3	-2	-1	0	1	2	3
y	$-\frac{2}{3}$	-1	-2	Indef.	2	1	$\frac{2}{3}$

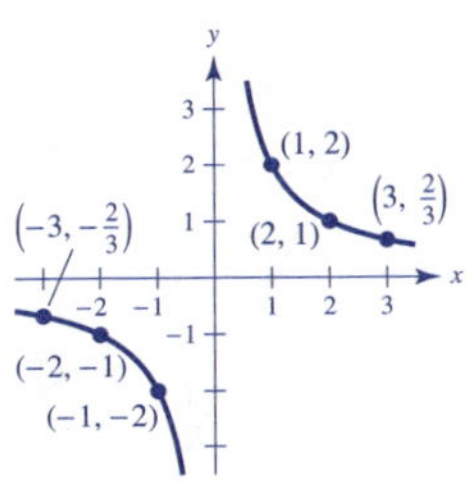

15.

Xmín = -3
Xmáx = 5
Xscl = 1
Ymín = -3
Ymáx = 5
Yscl = 1

17. $y = \sqrt{5 - x}$

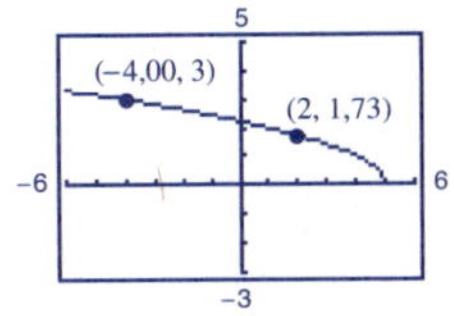

(a) $y \approx 1{,}73$ (b) $x = -4{,}00$

19. $(0, -2), (-2, 0), (1, 0)$

21. $(0, 0), (5, 0), (-5, 0)$

23. $(4, 0)$ **25.** $(0, 0)$

27. Simétrica com relação ao eixo y.

29. Simétrica com relação ao eixo x.

31. Simétrica com relação à origem.

33. Sem simetria.

35. Simétrica com relação à origem.

37. Simétrica com relação ao eixo y.

39. $y = -3x + 2$
Simetria: nenhuma

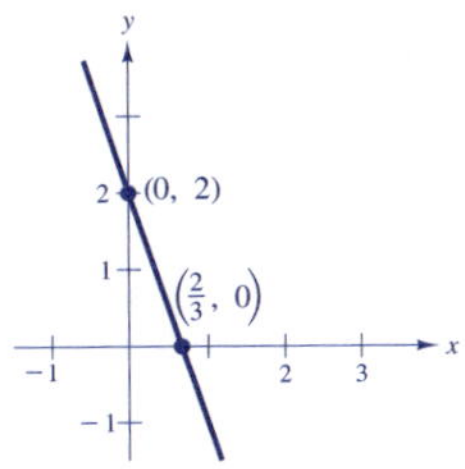

41. $y = \frac{1}{2}x - 4$
Simetria: nenhuma

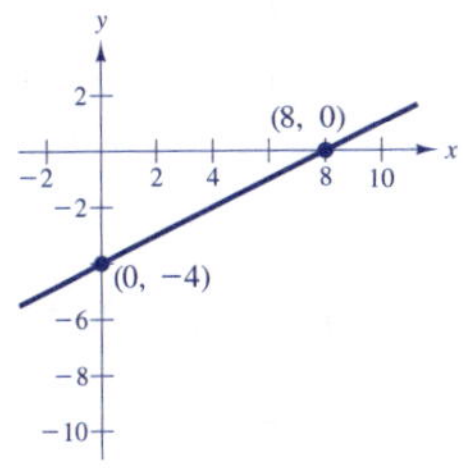

43. $y = 1 - x^2$
Simetria: eixo y

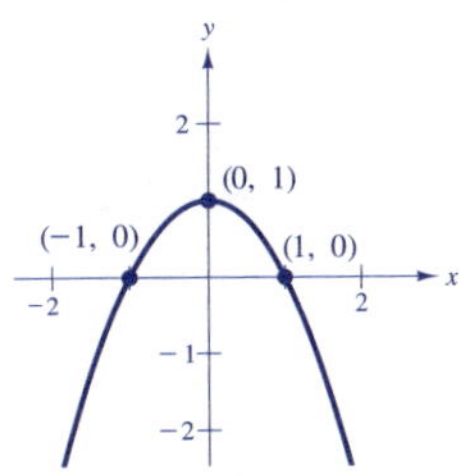

45. $y = (x + 3)^2$
Simetria: nenhuma

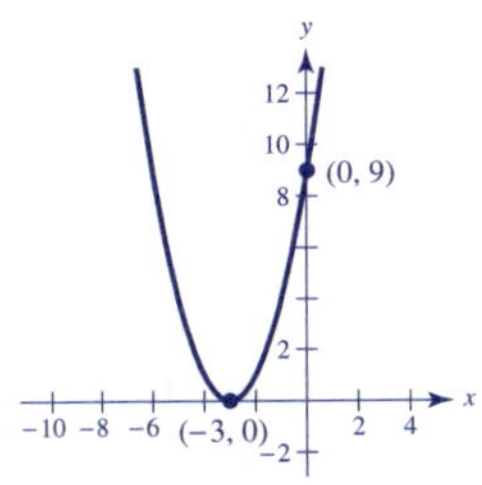

47. $y = x^3 + 2$
Simetria: nenhuma

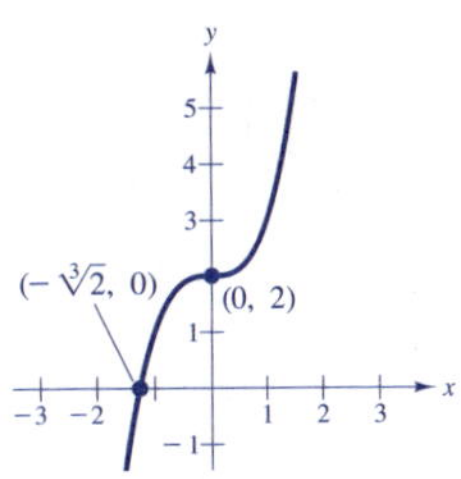

49. $y = x\sqrt{x + 2}$
Simetria: nenhuma

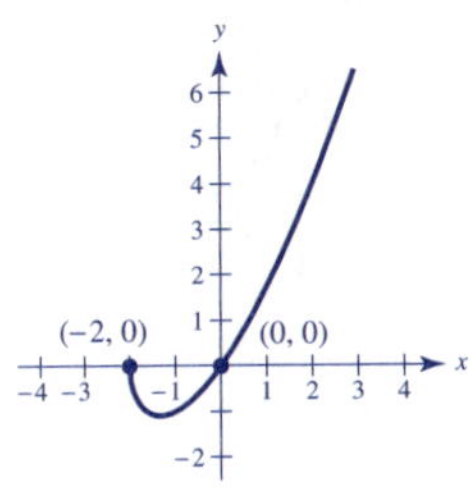

51. $x = y^3$
Simetria: origem

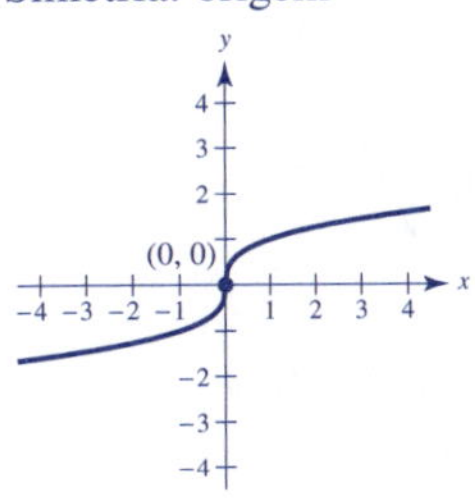

53. $y = 1/x$
Simetria: origem

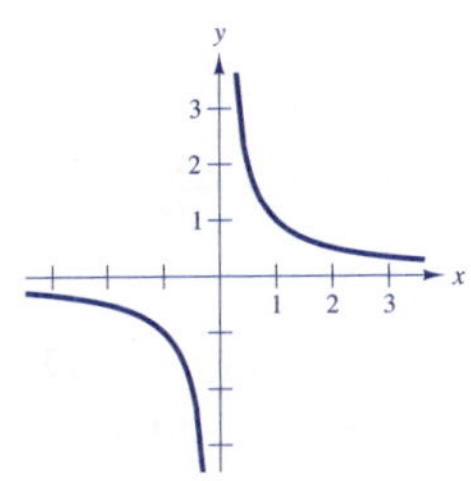

55. $y = 6 - |x|$
Simetria: eixo y

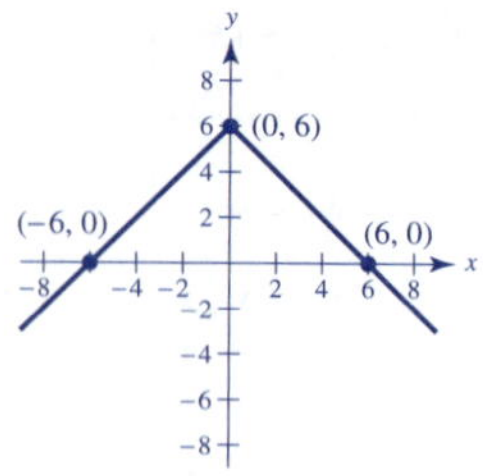

57. $y_1 = \sqrt{x + 9}$
$y_2 = -\sqrt{x + 9}$
Simetria: eixo x

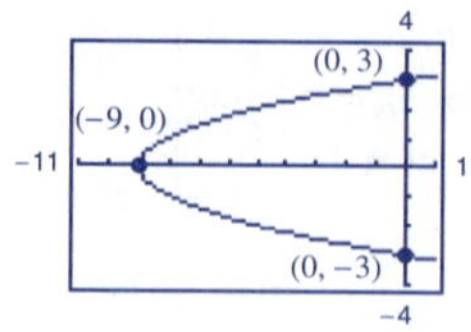

59. $y_1 = \sqrt{\dfrac{6 - x}{3}}$

$y_2 = -\sqrt{\dfrac{6 - x}{3}}$

Simetria: eixo x

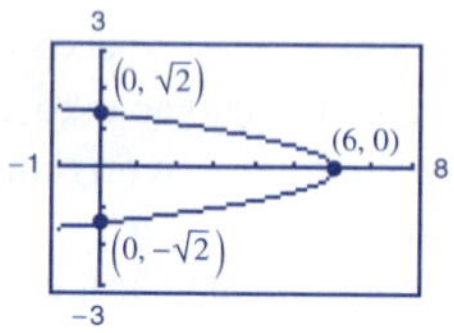

61. $(1, 1)$ **63.** $(-1, 5), (2, 2)$

65. $(-1, -2), (2, 1)$

67. $(-1, -1), (0, 0), (1, 1)$

69. $(-1, -5), (0, -1), (2, 1)$ **71.** $(-2, 2), \left(-3, \sqrt{3}\right)$

73. (a) $y = -0{,}007t^2 + 4{,}82t + 35{,}4$
(b)

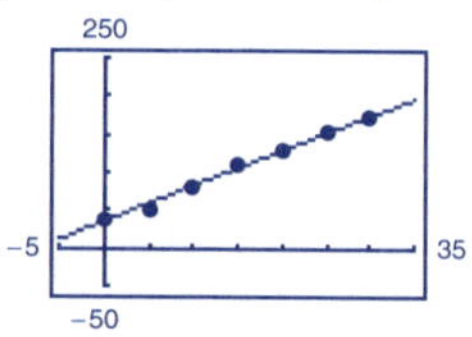

(c) 217

75. $x \approx 3.133$ unidades

77. $y = (x + 2)(x - 4)(x - 6)$

79. (i) b; $k = 2$ (ii) d; $k = -10$ (iii) a; $k = 3$
(iv) c; $k = 36$

81. Falsa. $(-1, -2)$ não é um ponto do gráfico de $x = \frac{1}{4}y^2$.

83. Verdadeira. **85.** $x^2 + (y - 4)^2 = 4$

Seção P.2 (página 15)

1. $m = 1$ **3.** $m = 0$ **5.** $m = -12$

7.

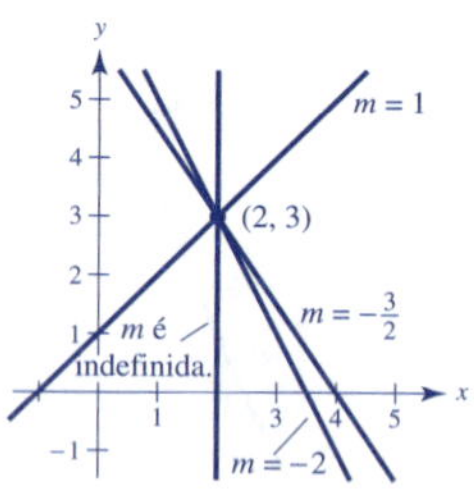

9. $m = 3$

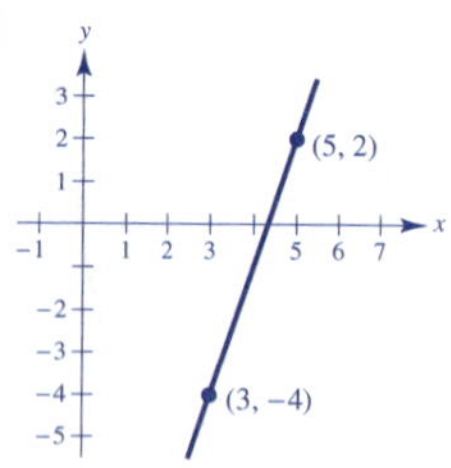

11. m é indefinida.

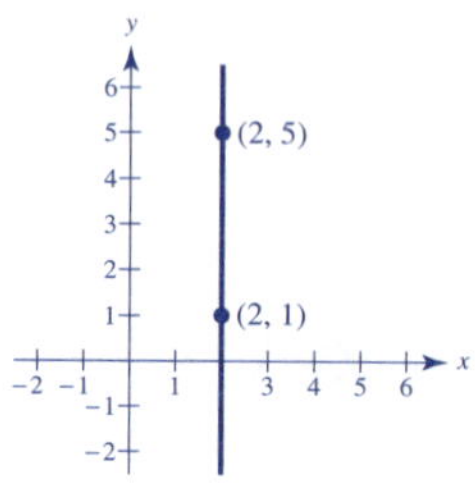

13. $m = 2$

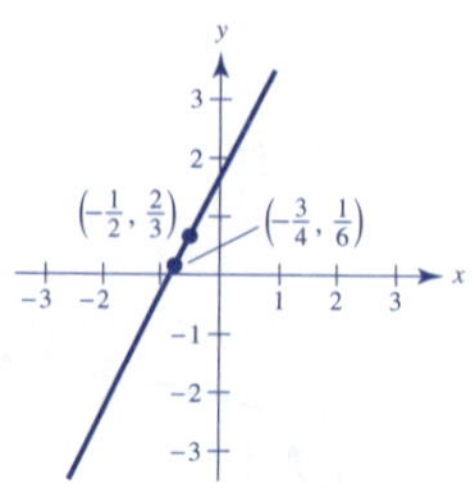

15. $(0, 1), (1, 1), (3, 1)$ **17.** $(0, 10), (2, 4), (3, 1)$

19. (a) $\frac{1}{3}$ (b) $10\sqrt{10}$ pés

21. (a)

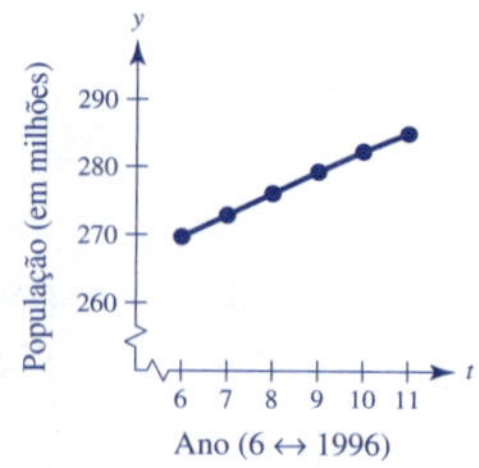

(b) A população aumentou menos rapidamente: 2000-2001.

23. $m = -\frac{1}{5}$, $(0, 4)$ **25.** m é indefinida, não há intercepto y.

27. $3x - 4y + 12 = 0$

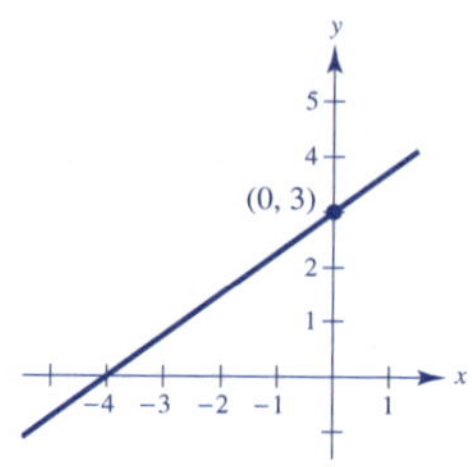

29. $2x - 3y = 0$

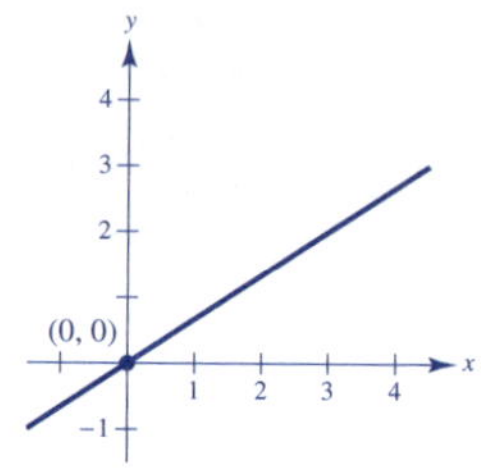

31. $3x - y - 11 = 0$

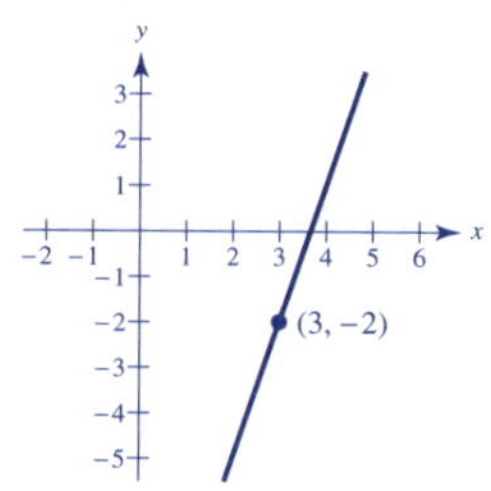

33. $3x - y = 0$

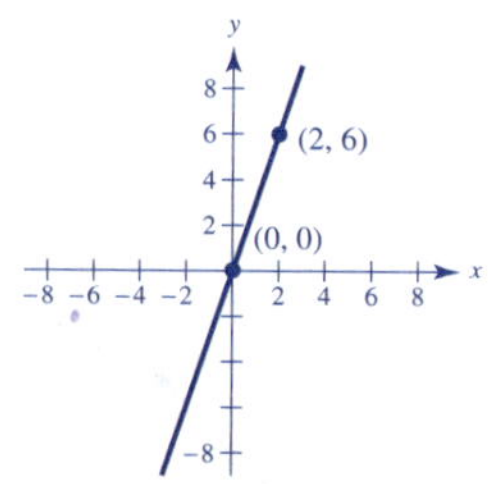

35. $2x - y - 3 = 0$

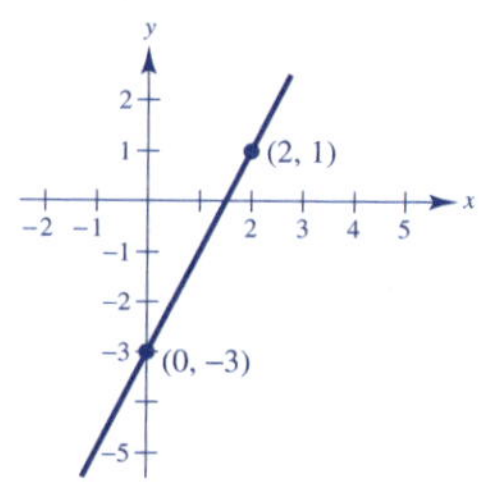

37. $8x + 3y - 40 = 0$

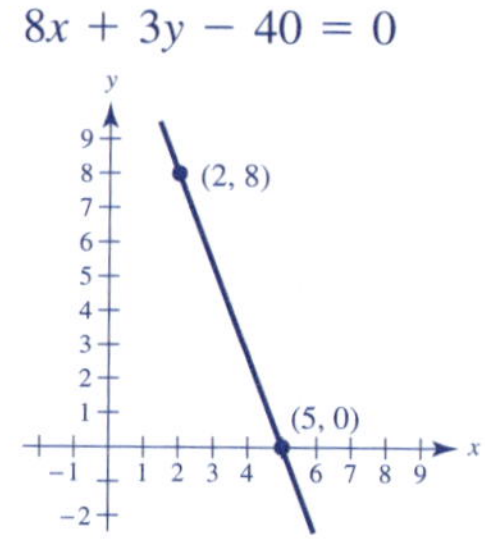

39. $x - 5 = 0$

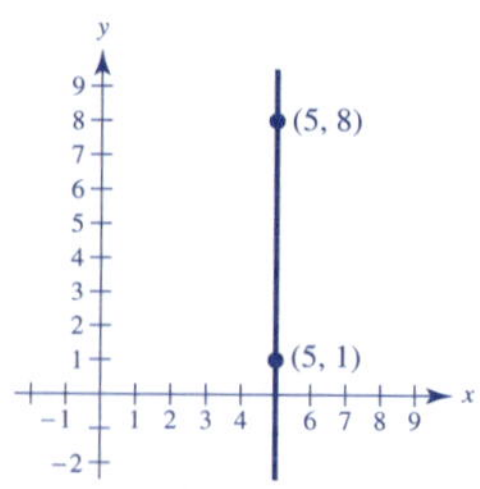

41. $22x - 4y + 3 = 0$

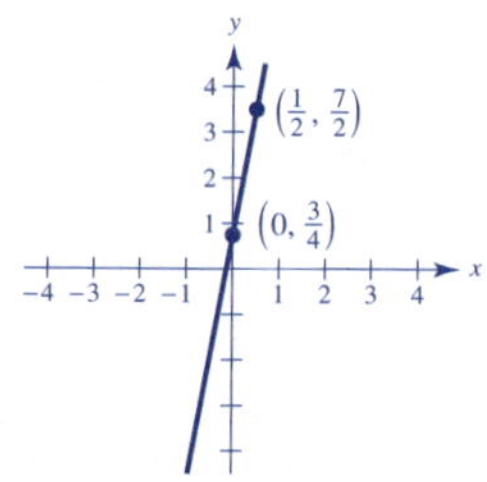

43. $x - 3 = 0$

45. $3x + 2y - 6 = 0$

47. $x + y - 3 = 0$

49.

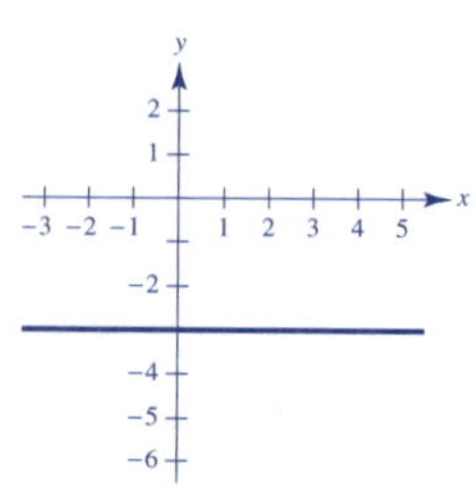

51.

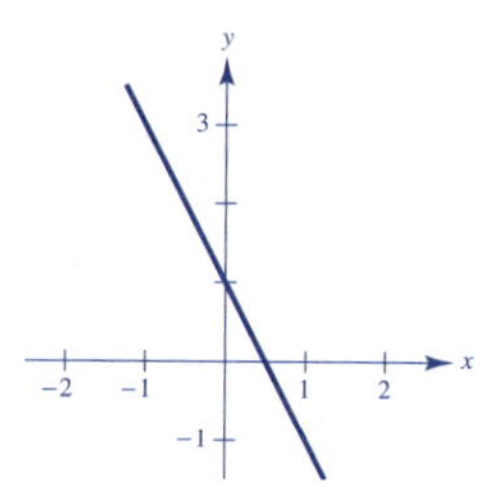

53.

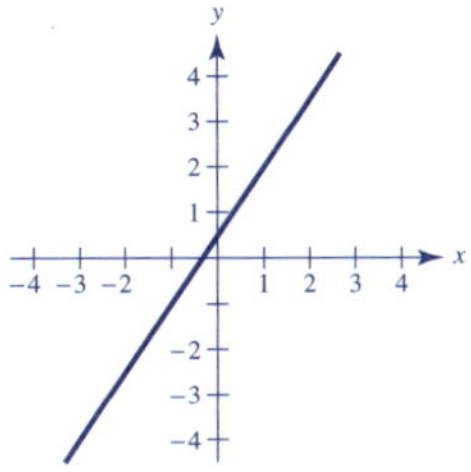

55.

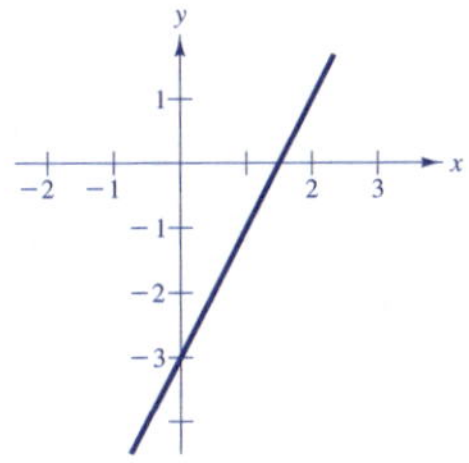

57. (a)

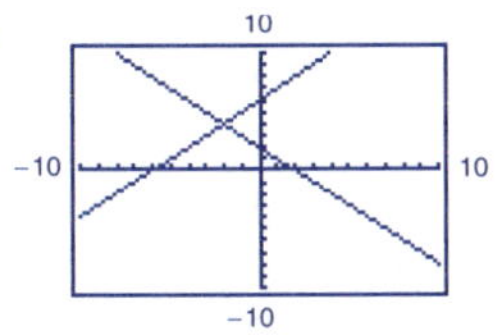

(b)

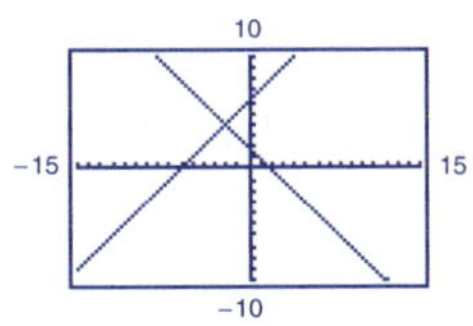

As retas em (a) não parecem ser perpendiculares, mas em (b) elas parecem pois é usado um arranjo quadrado. As retas são perpendiculares.

59. (a) $2x - y - 3 = 0$ (b) $x + 2y - 4 = 0$

61. (a) $40x - 24y - 9 = 0$ (b) $24x + 40y - 53 = 0$

63. (a) $x - 2 = 0$ (b) $y - 5 = 0$

65. $V = 125t + 2040$ **67.** $V = -2000t + 28{,}400$

69. $y = 2x$ **71.** Não colineares, pois $m_1 \neq m_2$.

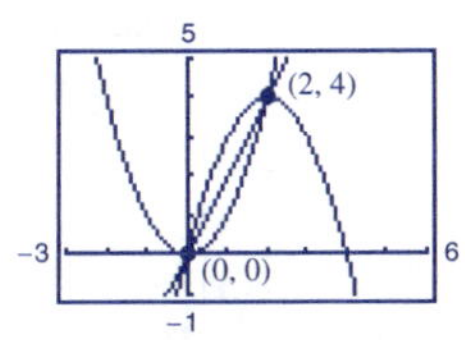

73. $\left(0, \dfrac{-a^2 + b^2 + c^2}{2c}\right)$ **75.** $\left(b, \dfrac{a^2 - b^2}{c}\right)$

77. $5F - 9C - 160 = 0$; $72°F \approx 22{,}2°C$

79. (a) $W_1 = 12{,}50 + 0{,}75x$; $W_2 = 9{,}20 + 1{,}30x$

(b)

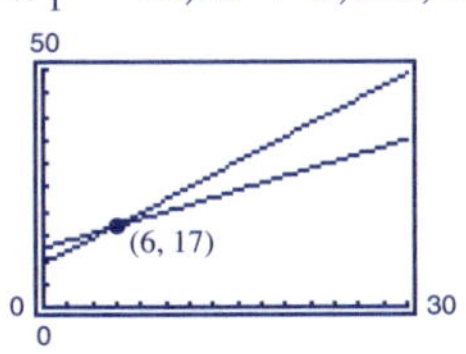

(c) Quando são produzidas seis unidades, as remunerações são de \$ 17,00 por hora. Escolha a opção 1 quando forem produzidas menos de 6 unidades e 2 se for o contrário.

81. (a) $x = (1.330 - p)/15$

(b)

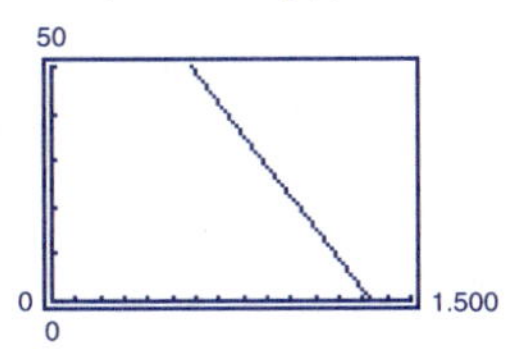

(c) 49 unidades

$x(655) = 45$ unidades

83. $12y + 5x - 169 = 0$ **85.** 2 **87.** $(5\sqrt{2})/2$ **89.** $2\sqrt{2}$

91. Demonstração **93.** Demonstração

95. Demonstração **97.** Verdadeira

Seção P.3 (página 26)

1. (a) Domínio de f: $[-4, 4]$; Imagem de f: $[-3, 5]$
Domínio de g: $[-3, 3]$; Imagem de g: $[-4, 4]$
(b) $f(-2) = -1$; $g(3) = -4$
(c) $x = -1$ (d) $x \approx 1$ (e) $x \approx -1, x \approx 1$, e $x \approx 2$

3. (a) -3 (b) -9 (c) $2b - 3$ (d) $2x - 5$

5. (a) 3 (b) 0 (c) -1 (d) $2 + 2t - t^2$

7. (a) 1 (b) 0 (c) $-\frac{1}{2}$

9. $3x^2 + 3x\,\Delta x + (\Delta x)^2$, $\Delta x \neq 0$

11. $\left(\sqrt{x-1} - x + 1\right)/[(x-2)(x-1)]$
$= -1/\left[\sqrt{x-1}\left(1 + \sqrt{x-1}\right)\right], x \neq 2$

13. Domínio: $[-3, \infty)$; Imagem: $(-\infty, 0]$

15. Domínio: todos os números reais tais que $t \neq 4n + 2$, onde n é um inteiro; Imagem: $(-\infty, -1] \cup [1, \infty)$

17. Domínio: $(-\infty, 0) \cup (0, \infty)$; Imagem: $(-\infty, 0) \cup (0, \infty)$

19. Domínio: $[0, 1]$

21. Domínio: todos os números reais tais que $x \neq 2n\pi$, onde n é um inteiro.

23. Domínio: $(-\infty, -3) \cup (-3, \infty)$

25. (a) -1 (b) 2 (c) 6 (d) $2t^2 + 4$
Domínio: $(-\infty, \infty)$; Imagem: $(-\infty, 1) \cup [2, \infty)$

27. (a) 4 (b) 0 (c) -2 (d) $-b^2$
Domínio: $(-\infty, \infty)$; Imagem: $(-\infty, 0] \cup [1, \infty)$

29. $f(x) = 4 - x$
Domínio: $(-\infty, \infty)$
Imagem: $(-\infty, \infty)$

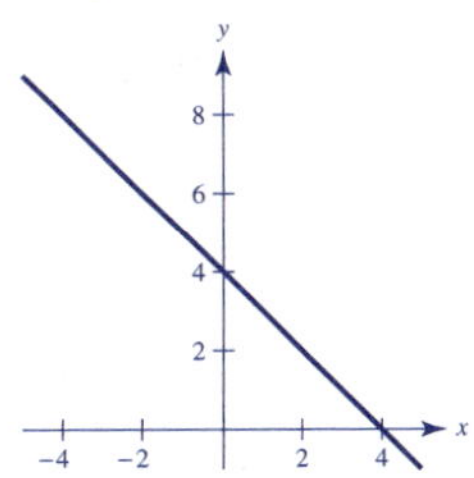

31. $h(x) = \sqrt{x - 1}$
Domínio: $[1, \infty)$
Imagem: $[0, \infty)$

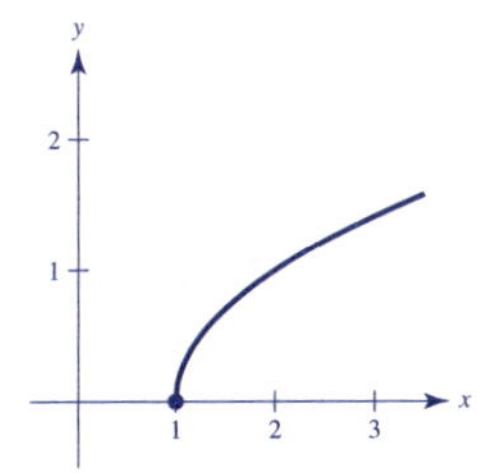

33. $f(x) = \sqrt{9 - x^2}$
Domínio: $[-3, 3]$
Imagem: $[0, 3]$

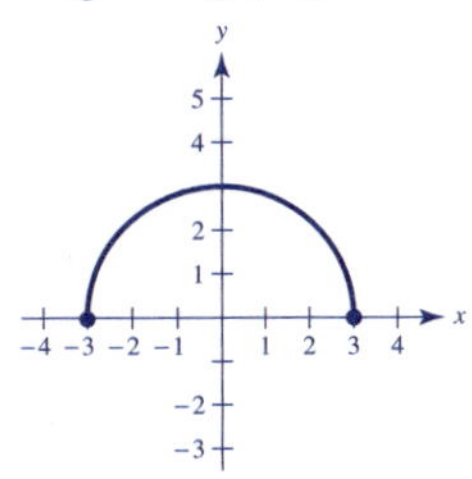

35. $g(t) = 2 \text{ sen } \pi t$
Domínio: $(-\infty, \infty)$
Imagem: $[-2, 2]$

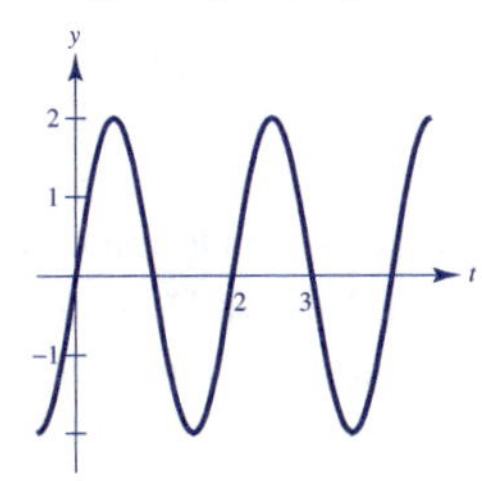

37. O aluno se desloca a $\frac{1}{2}$ milha por minuto durante os primeiros 4 minutos, fica em repouso pelos próximos 2 minutos, e se desloca a 1 milha por minuto durante os 4 minutos finais.

39. y não é função de x. **41.** y é função de x.

43. y não é função de x. **45.** y não é função de x.

47. d **48.** b **49.** c

50. a **51.** e **52.** g

53. (a)

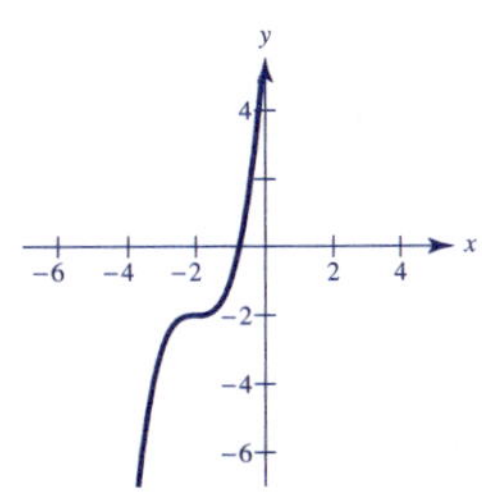

(b)

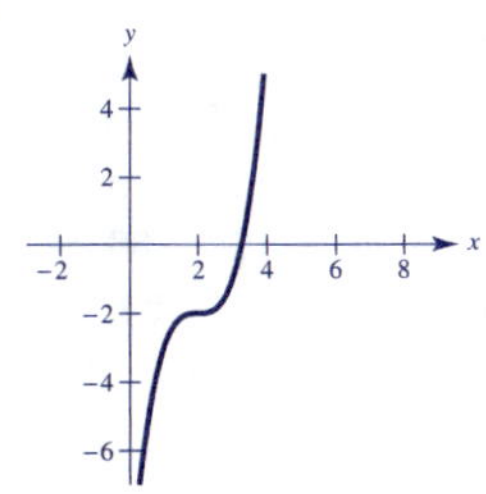

(c) 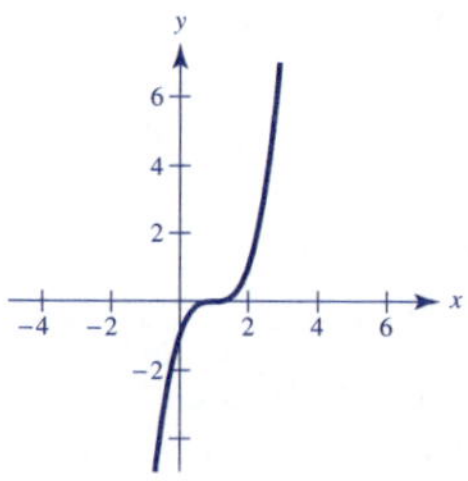 (d) 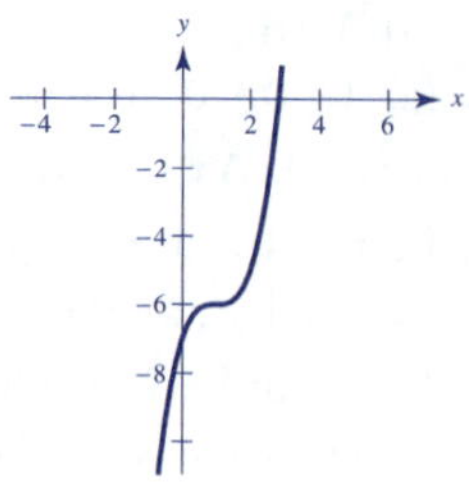

(e) 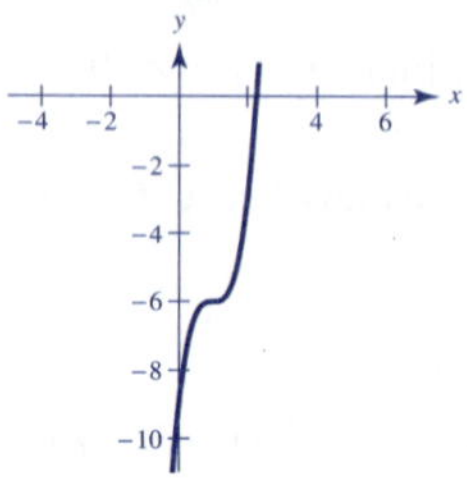 (f) 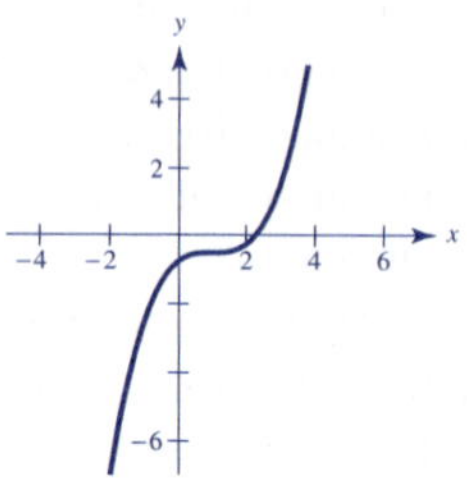

55. (a) Translação vertical. (b) Reflexão em torno do eixo x.

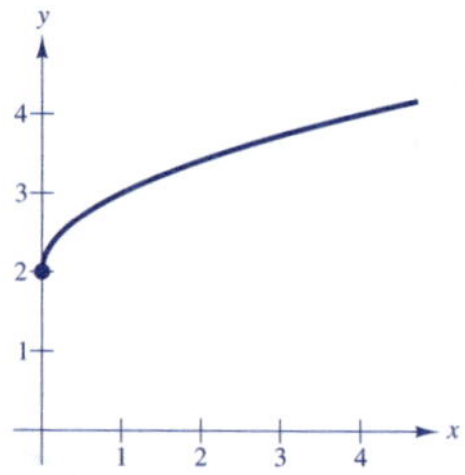 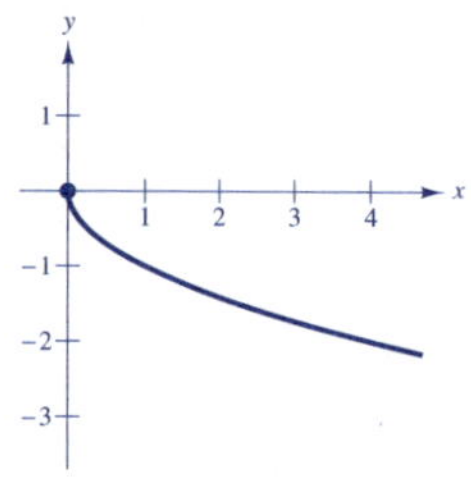

(c) Translação horizontal.

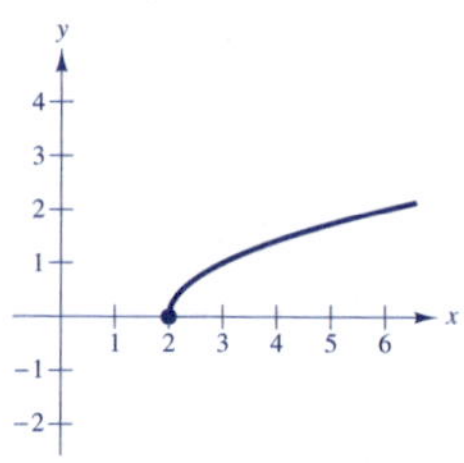

57. (a) 0 (b) 0 (c) -1 (d) $\sqrt{15}$
(e) $\sqrt{x^2 - 1}$ (f) $x - 1$ $(x \geq 0)$

59. $(f \circ g)(x) = x$; Domínio: $[0, \infty)$
$(g \circ f)(x) = |x|$; Domínio: $(-\infty, \infty)$
Não, seus domínios são diferentes.

61. $(f \circ g)(x) = 3/(x^2 - 1)$; Domínio: $(-\infty, -1) \cup (-1, 1) \cup (1, \infty)$
$(g \circ f)(x) = 9/x^2 - 1$; Domínio: $(-\infty, 0) \cup (0, \infty)$
Não.

63. (a) 4 (b) -2
(c) (c) Indefinido. O gráfico de g não existe em $x = -5$.
(d) 3 (e) 2
(f) Indefinido. O gráfico de f não existe em $x = -4$.

65. Várias respostas.
Exemplo: $f(x) = \sqrt{x}$; $g(x) = x - 2$; $h(x) = 2x$

67. Par **69.** Ímpar **71.** (a) $\left(\frac{3}{2}, 4\right)$ (b) $\left(\frac{3}{2}, -4\right)$

73. f é par. g não é par nem ímpar. h é ímpar.

75. $f(x) = -2x - 5$ **77.** $y = -\sqrt{-x}$

79. *ii*, $c = -2$ **80.** *i*, $c = \frac{1}{4}$

81. *iv*, $c = 32$ **82.** *iii*, $c = 3$

83. (a) $T(4) = 16°$, $T(15) = 24°$
(b) As mudanças na temperatura ocorrerão 1 hora mais tarde.
(c) As temperaturas serão 1° menores.

85. (a) 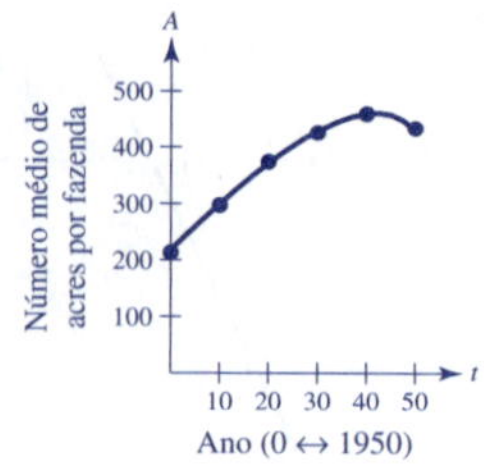

(b) $A(15) \approx 345$ acres por fazenda

87. $f(x) = |x| + |x - 2| = \begin{cases} 2x - 2, & \text{se } x \geq 2 \\ 2, & \text{se } 0 < x < 2 \\ -2x + 2, & \text{se } x \leq 0 \end{cases}$

89. Demonstração **91.** Demonstração

93. (a) $V(x) = x(24 - 2x)^2$, $x > 0$ (b) $4 \times 16 \times 16$ cm

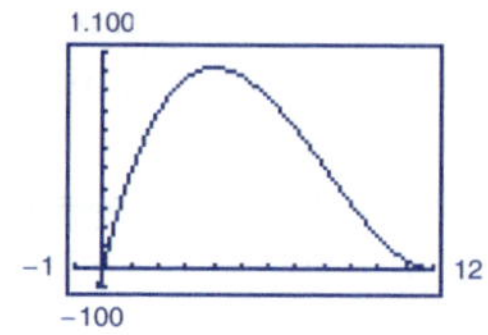

(c)

Altura, x	*Comprimento e Largura*	*Volume, V*
1	$24 - 2(1)$	$1[24 - 2(1)]^2 = 484$
2	$24 - 2(2)$	$2[24 - 2(2)]^2 = 800$
3	$24 - 2(3)$	$3[24 - 2(3)]^2 = 972$
4	$24 - 2(4)$	$4[24 - 2(4)]^2 = 1024$
5	$24 - 2(5)$	$5[24 - 2(5)]^2 = 980$
6	$24 - 2(6)$	$6[24 - 2(6)]^2 = 864$

As dimensões da caixa que produzem um volume máximo são $4 \times 16 \times 16$ cm.

95. Falsa. Por exemplo, se $f(x) = x^2$, então $f(-1) = f(1)$.

97. Verdadeira.

99. Problema Putnam A1, 1988.

Seção P.4 (página 33)

1. Quadrática **3.** Linear

5. (a) e (b)

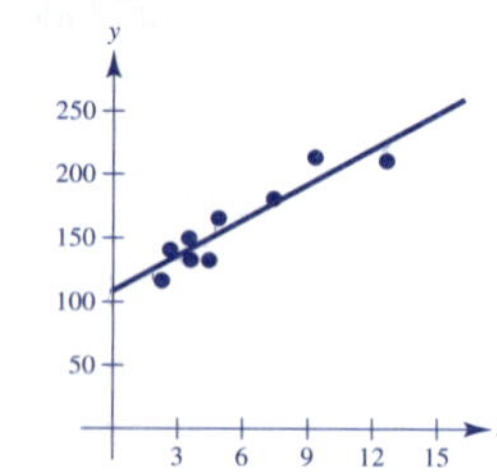

Aproximadamente linear

(c) 136

7. (a) $d = 0{,}066F$
(b) 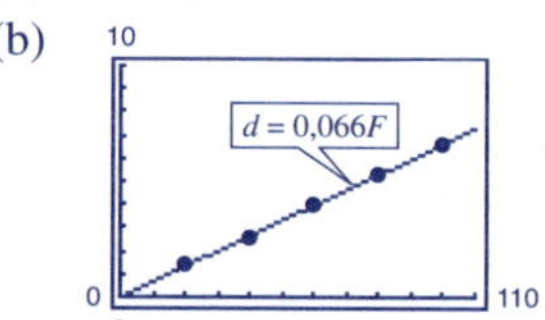

(c) 3,63 cm

9. (a) $y = 0{,}124x + 0{,}82$
$r \approx 0{,}838$

(b) 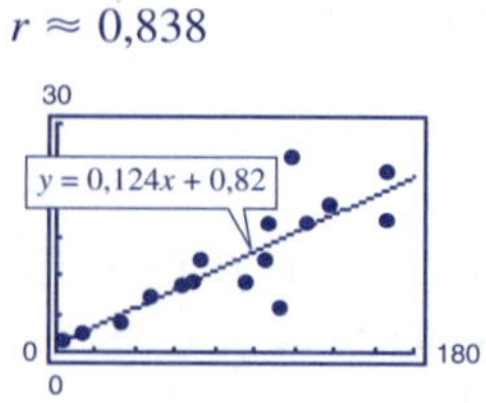

(c) Um maior consumo de energia *per capita* por um país tende a estar relacionado a um maior produto interno bruto *per capita*. Hong Kong, Venezuela, Coréia do Sul.

(d) $y = 0{,}134x + 0{,}28$
$r \approx 0{,}968$

11. (a) $y_1 = 0{,}03434t^3 - 0{,}3451t^2 + 0{,}884t + 5{,}61$
$y_2 = 0{,}110t + 2{,}07$
$y_3 = 0{,}092t + 0{,}79$
(b) $y_1 + y_2 + y_3 = 0{,}03434t^3 - 0{,}3451t^2 + 1{,}086t + 8{,}47$

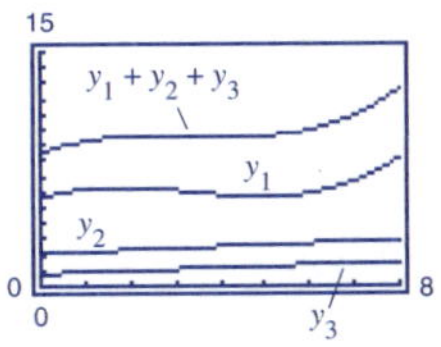

31,1 centavos por milha

13. (a) Linear: $y_1 = 4{,}83t + 28{,}6$
Cúbica: $y_2 = -0{,}1289t^3 + 2{,}235t^2 - 4{,}86t + 35{,}2$
(b)

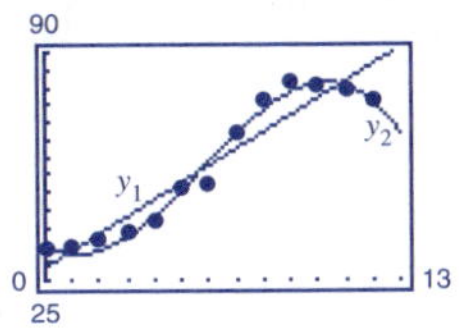

(c) Cúbica

(d) $y = -0{,}084t^2 + 5{,}84t + 26{,}7$

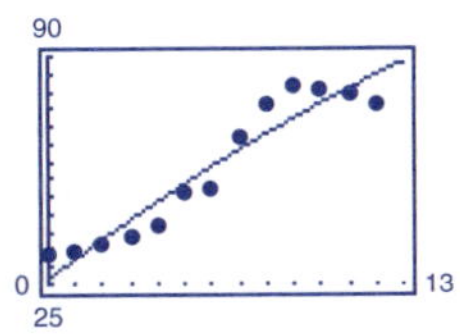

(e) Linear:
$N(14) \approx 96{,}2$ milhões de pessoas
Cúbica:
$N(14) \approx 51{,}5$ milhões de pessoas

(f) Há mais de uma resposta correta.

15. (a) $y = -1{,}806x^3 + 14{,}58x^2 + 16{,}4x + 10$
(b)

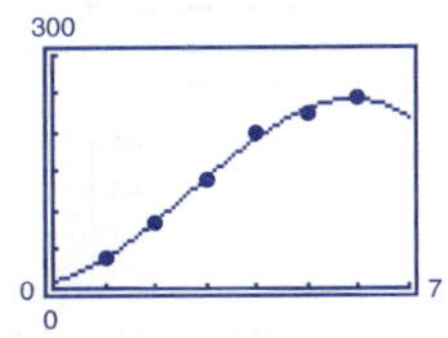

(c) 214

17. (a) Sim. No tempo t há um e apenas um deslocamento y.
(b) Amplitude: 0,35; Período: 0,5.
(c) $y = 0{,}35 \text{ sen}(4\pi t) + 2$
(d)

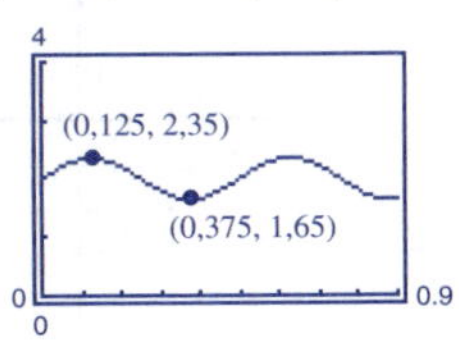

O modelo parece se adequar aos dados.

19. Há mais de uma resposta correta.

Exercícios de Revisão para o Capítulo P (página 37)

1. $\left(\frac{3}{2}, 0\right), (0, -3)$ **3.** $(1, 0), \left(0, \frac{1}{2}\right)$ **5.** Simetria no eixo y.

7.

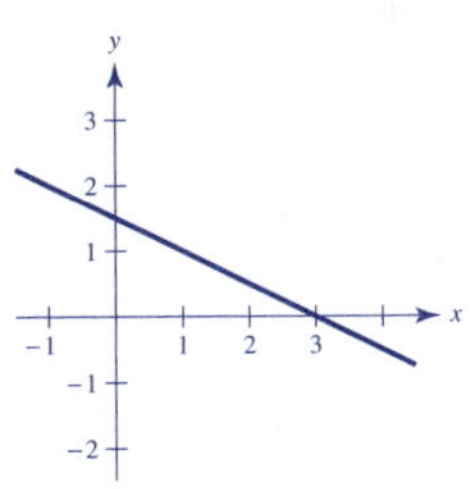

9.

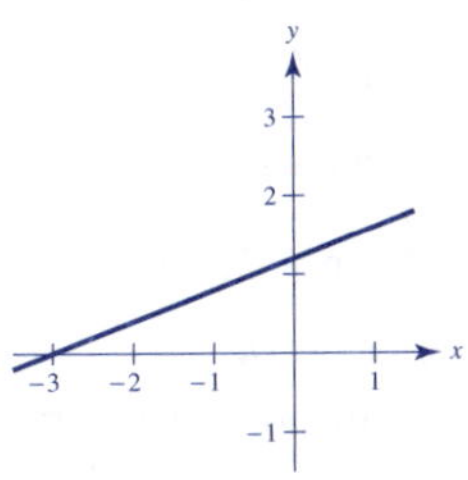

11.

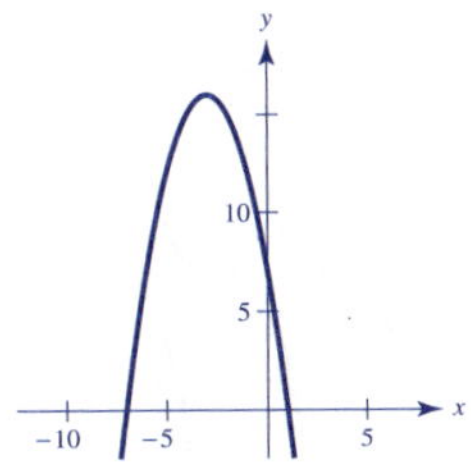

13.

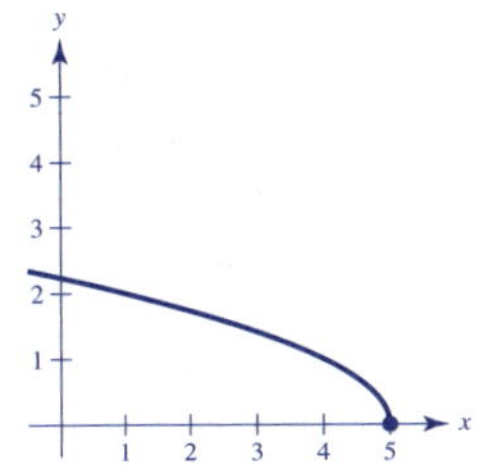

15.

Xmín = -5
Xmáx = 5
Xscl = 1
Ymín = −30
Ymáx = 10
Yscl = 5

17. $(4, 1)$ **19.** $y = x^3 - 4x$

21. $m = \frac{3}{7}$

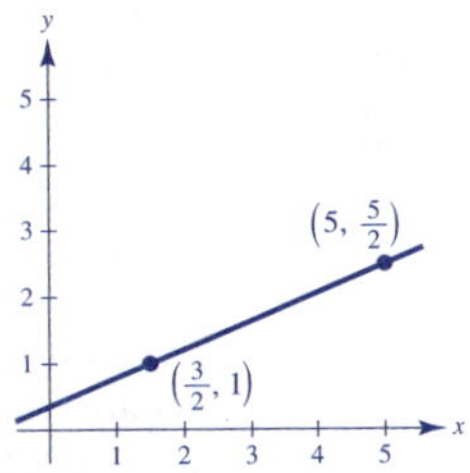

23. $t = \frac{7}{3}$

25. $y = \frac{3}{2}x - 5$ ou $3x - 2y - 10 = 0$

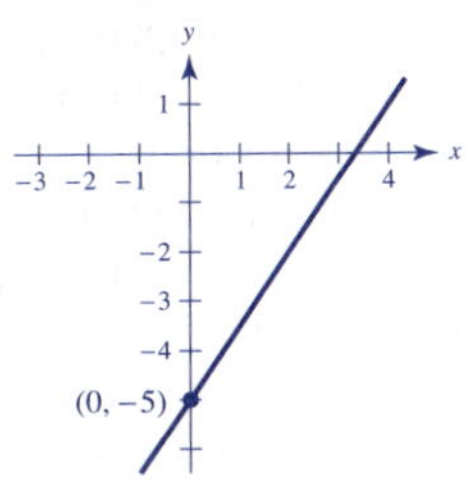

27. $y = -\frac{2}{3}x - 2$ ou $2x + 3y + 6 = 0$

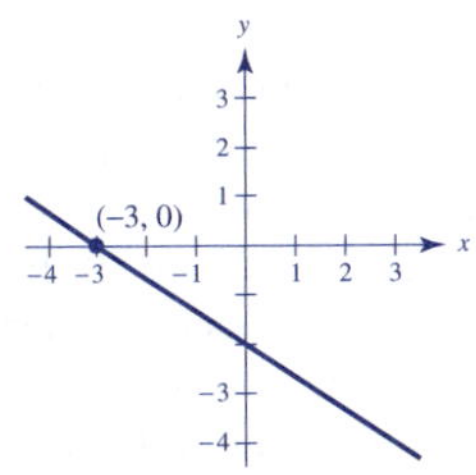

29. (a) $7x - 16y + 78 = 0$ (b) $5x - 3y + 22 = 0$
(c) $2x + y = 0$ (d) $x + 2 = 0$

31. $V = 12.500 - 850t$; \$ 9.950

33. Não é uma função.

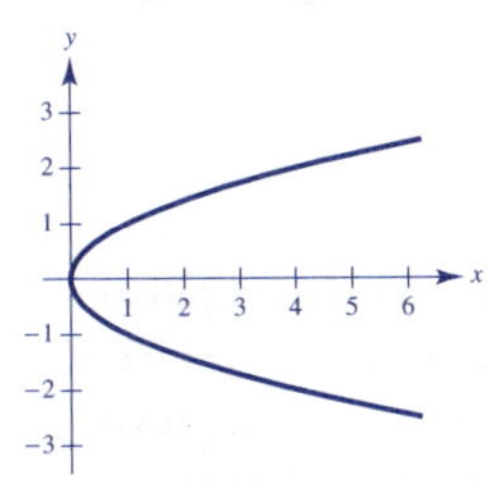

35. Função.

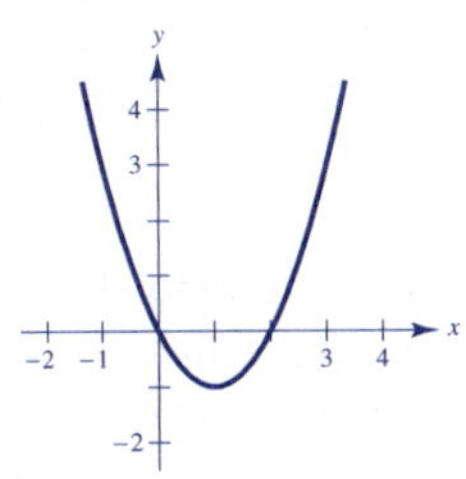

37. (a) Indefinida (b) $-1/(1 + \Delta x), \Delta x \neq 0, -1$

39. (a) Domínio: $[-6, 6]$; Imagem: $[0, 6]$
(b) Domínio: $(-\infty, 5) \cup (5, \infty)$;
Imagem: $(-\infty, 0) \cup (0, \infty)$
(c) Domínio: $(-\infty, \infty)$; Imagem: $(-\infty, \infty)$

41. (a)

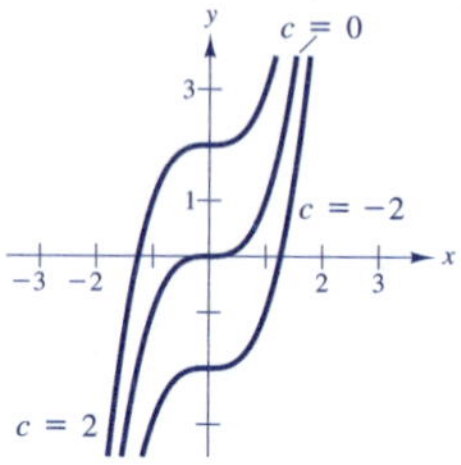

(b)

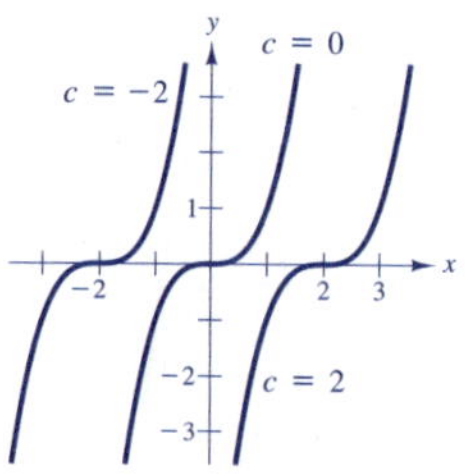

(c)

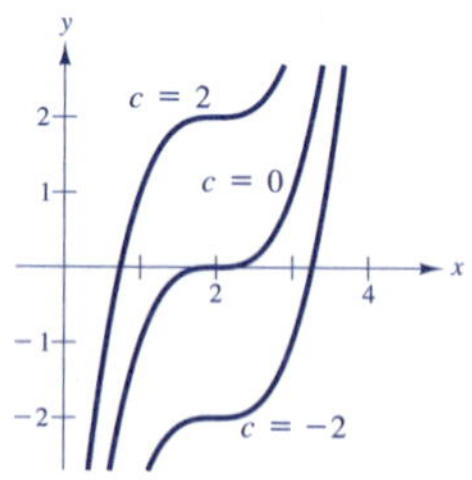

(d)

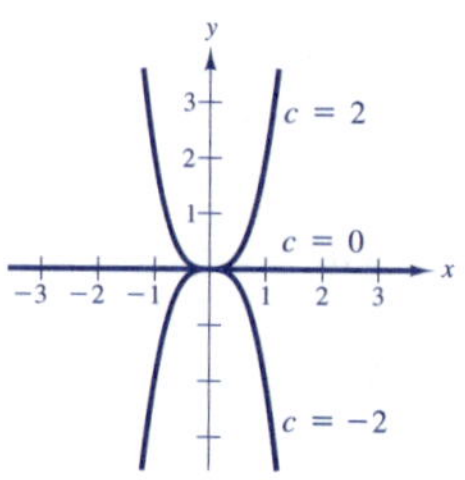

43. (a)

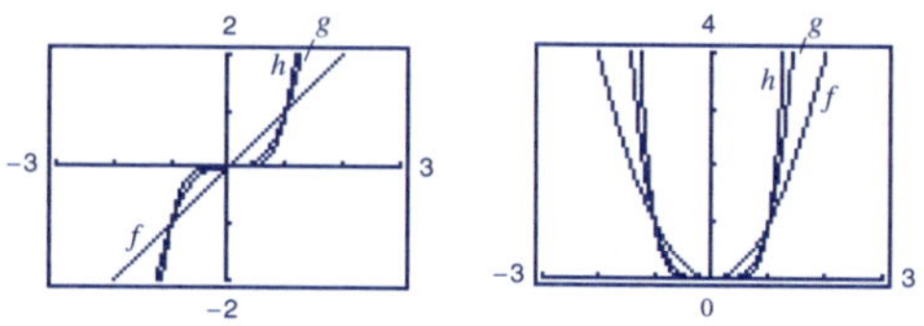

Todos os gráficos passam pela origem. Os gráficos de potências ímpares de x são simétricos em relação à origem e os gráficos das potências pares são simétricos em relação ao eixo y. Conforme as potências aumentam, os gráficos tornam-se mais achatados no intervalo $-1 < x < 1$. Os gráficos dessas equações com potências ímpares passam pelos quadrantes I e III. Os gráficos dessas equações com potências pares passam pelos quadrantes I e II.

(b) O gráfico de $y = x^7$ deveria passar pela origem e pelos quadrantes I e III. Ele deveria ser simétrico em relação à origem e ser bem achatado no intervalo $(-1, 1)$. O gráfico de $y = x^8$ deveria passar pela origem e pelos quadrantes I e II. Deveria ser simétrico em relação ao eixo y e ser bem achatado no intervalo $(-1, 1)$.

45. (a) $A = x(12 - x)$

(b) Domínio: $(0, 12)$

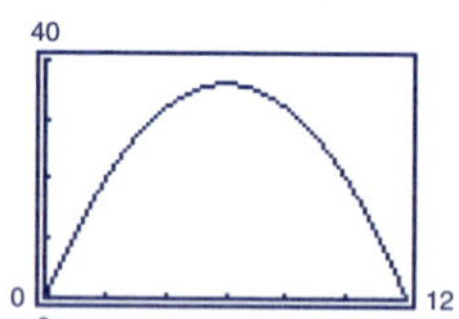

(c) Área máxima: 36 pol.^{2}; 6×6 pol.

47. (a) Grau máximo: 3; Coeficiente principal: negativo.

(b) Grau máximo: 4; Coeficiente principal: positivo.

(c) Grau máximo: 2; Coeficiente principal: negativo.

(d) Grau máximo: 5; Coeficiente principal: positivo.

49. (a) Sim. Para cada tempo t se corresponde um e apenas um deslocamento y.

(b) Amplitude: 0,25; Período: 1,1 (c) $y = \frac{1}{4}\cos(5{,}7t)$

(d)

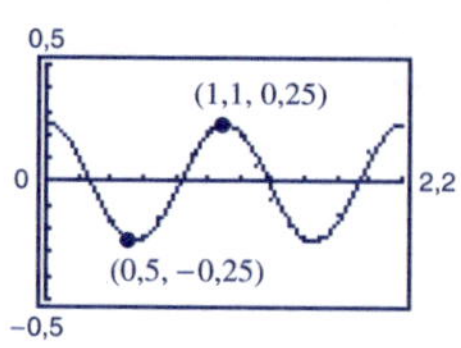

O modelo parece adequado aos dados.

P.S. Problemas Suplementares (página 38)

1. (a) Centro: $(3, 4)$; Raio: 5

(b) $y = -\frac{3}{4}x$ (c) $y = \frac{3}{4}x - \frac{9}{2}$ (d) $\left(3, -\frac{9}{4}\right)$

3.

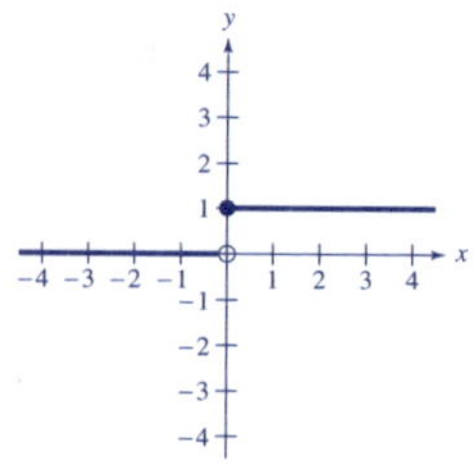

(a) $H(x) - 2 = \begin{cases} -1, & x \geq 0 \\ -2, & x < 0 \end{cases}$ (b) $H(x - 2) = \begin{cases} 1, & x \geq 2 \\ 0, & x < 2 \end{cases}$

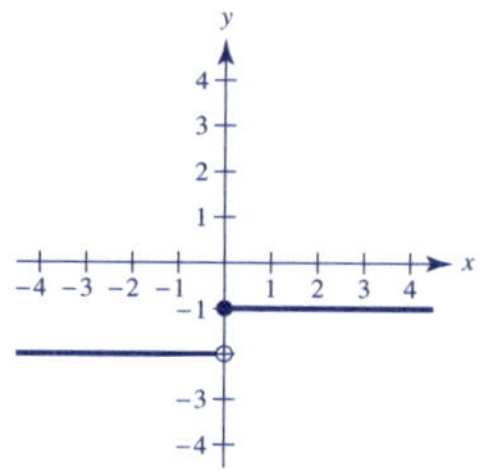

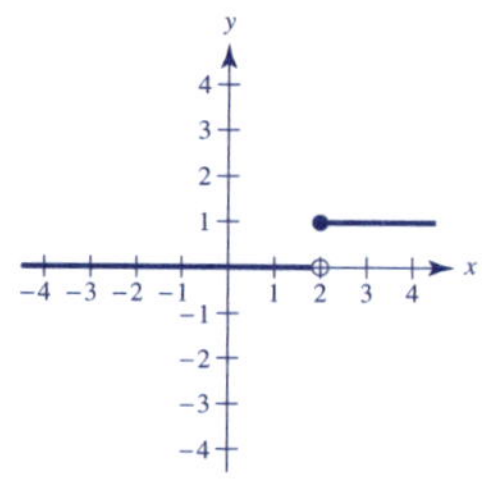

(c) $-H(x) = \begin{cases} -1, & x \geq 0 \\ 0, & x < 0 \end{cases}$ (d) $H(-x) = \begin{cases} 1, & x \leq 0 \\ 0, & x > 0 \end{cases}$

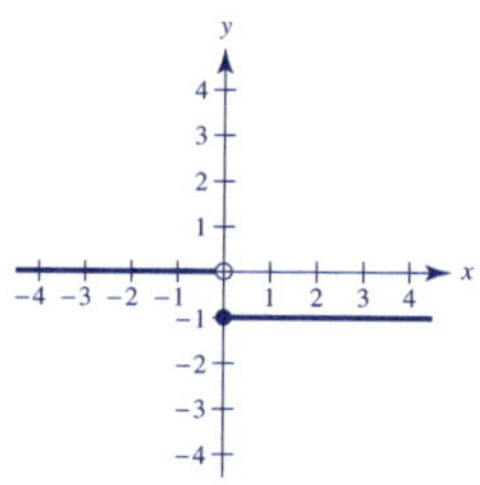

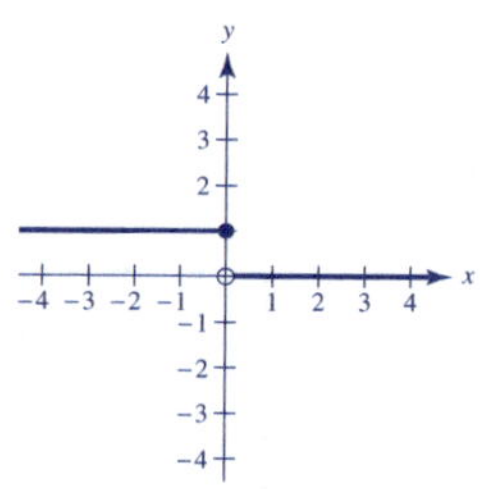

(e) $\frac{1}{2}H(x) = \begin{cases} \frac{1}{2}, & x \geq 0 \\ 0, & x < 0 \end{cases}$ (f) $-H(x - 2) + 2 = \begin{cases} 1, & x \geq 2 \\ 2, & x < 2 \end{cases}$

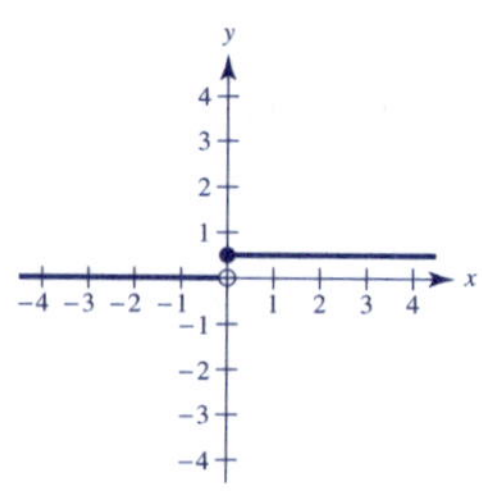

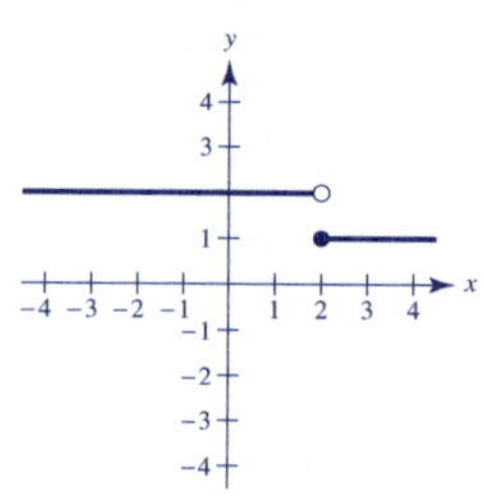

5. (a) $A(x) = x[(100 - x)/2]$; Domínio: $(0, 100)$

(b)

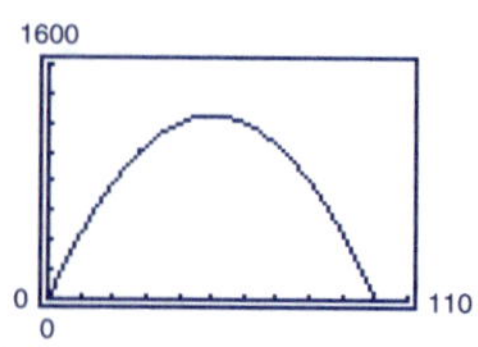

As dimensões 50 m × 25 m produzem a área máxima de 1.250 m^2.

(c) 50 m × 25 m; Área = 1.250 m^2

7. $T(x) = \left[2\sqrt{4 + x^2} + \sqrt{(3 - x)^2 + 1}\right]/4$

9. (a) 5, menor (b) 3, maior (c) 4,1, menor

(d) $4 + h$ (e) 4; Várias respostas.

11. (a) $x = -3 + \sqrt{18} \approx 1{,}2426$,
$x = -3 - \sqrt{18} \approx -7{,}2426$
(b) $(x + 3)^2 + y^2 = 18$

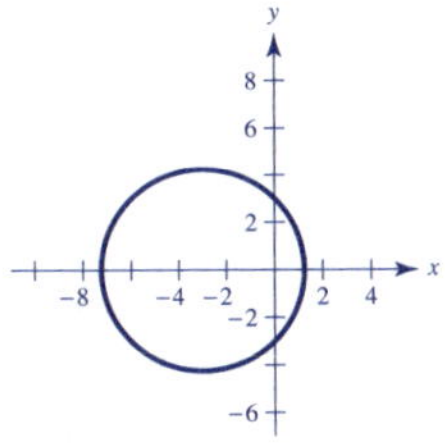

13. Várias respostas.

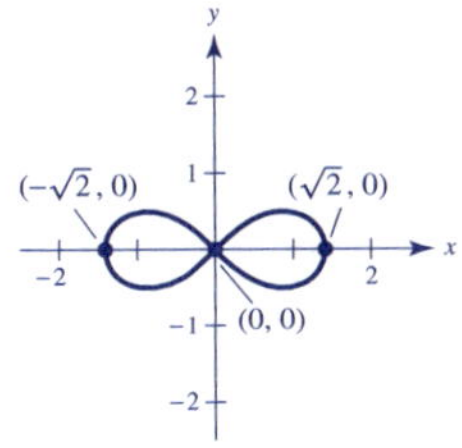

Capítulo 1

Seção 1.1 (página 46)

1. Pré-cálculo: 300 pés.

3. Cálculo: Inclinação da reta tangente em $x = 2$ é 0,16.

5. Pré-cálculo: $\frac{15}{2}$ unidades quadradas.

7. (a)

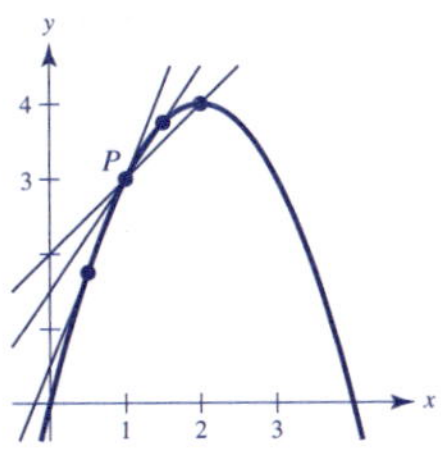

(b) $1; \frac{3}{2}; \frac{5}{2}$
(c) 2. Use pontos próximos a P.

9. (a) Área $\approx 10{,}417$; Área $\approx 9{,}145$ (b) Use mais retângulos.

11. (a) 5,66 (b) 6,11 (c) Aumente o número de segmentos de reta.

Seção 1.2 (página 53)

1.

x	1,9	1,99	1,999	2,001	2,01	2,1
$f(x)$	0,3448	0,3344	0,3334	0,3332	0,3322	0,3226

$$\lim_{x\to 2} \frac{x-2}{x^2 - x - 2} \approx 0{,}3333 \left(\text{Limite verdadeiro é } \frac{1}{3}.\right)$$

3.

x	−0,1	−0,01	−0,001	0,001	0,01	0,1
$f(x)$	0,2911	0,2889	0,2887	0,2887	0,2884	0,2863

$$\lim_{x\to 0} \frac{\sqrt{x+3} - \sqrt{3}}{x} \approx 0{,}2887 \left(\text{Limite verdadeiro é } \frac{1}{2\sqrt{3}}.\right)$$

5.

x	2,9	2,99	2,999
$f(x)$	−0,0641	−0,0627	−0,0625

x	3,001	3,01	3,1
$f(x)$	−0,0625	−0,0623	−0,0610

$$\lim_{x\to 3} \frac{[1/(x+1)] - (1/4)}{x - 3} \approx -0{,}0625$$

$$\left(\text{Limite verdadeiro é } -\frac{1}{16}.\right)$$

7.

x	−0,1	−0,01	−0,001	0,001	0,01	0,1
$f(x)$	0,9983	0,99998	1,0000	1,0000	0,99998	0,9983

$$\lim_{x\to 0} \frac{\operatorname{sen} x}{x} \approx 1{,}0000 \text{ (Limite verdadeiro é 1.)}$$

9. 1 **11.** 2

13. O limite não existe. A função tende a 1 pela direita de 5, mas tende a −1 pela esquerda de 5.

15. 0

17. O limite não existe. A função oscila entre 1 e −1 quando x tende a 0.

19. (a) 2
(b) O limite não existe. A função tende a 1 pela direita de 1, mas tende a 3,5 pela esquerda de 1.
(c) O valor não existe. A função é indefinida para $x = 4$.
(d) 2

21. $\lim_{x\to c} f(x)$ existe em todos os pontos do gráfico exceto em $c = -3$.

23.

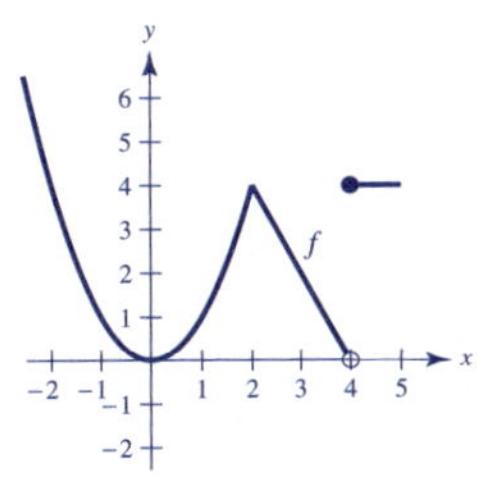

25.

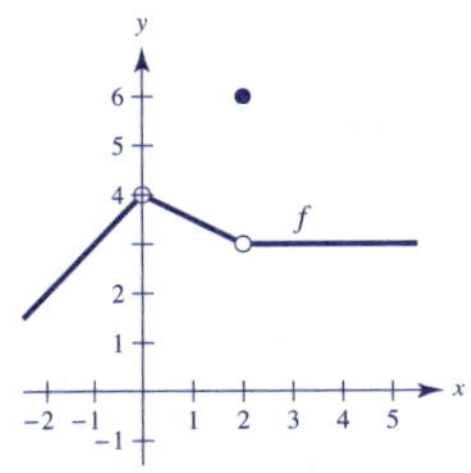

$\lim_{x\to c} f(x)$ existe em todos os pontos do gráfico exceto em $c = 4$.

27. (a)

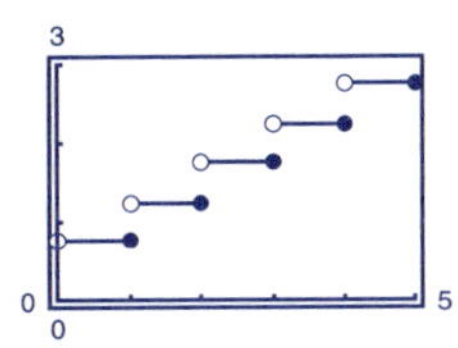

(b)

t	3	3,3	3,4	3,5	3,6	3,7	4
C	1,75	2,25	2,25	2,25	2,25	2,25	2,25

$\lim_{t\to 3.5} C(t) = 2.25$

(c)

t	2	2,5	2,9	3	3,1	3,5	4
C	1,25	1,75	1,75	1,75	2,25	2,25	2,25

O limite não existe, pois os limites à direita e à esquerda são diferentes.

29. $\delta = 0{,}4$ **31.** $\delta = \frac{1}{11} \approx 0{,}091$

33. $L = 8$. Seja $\delta = 0{,}01/3 \approx 0{,}0033$.

35. $L = 1$. Seja $\delta = 0{,}01/5 = 0{,}002$.

37. 5 **39.** −3 **41.** 3

43. 0 **45.** 4 **47.** 2

49.

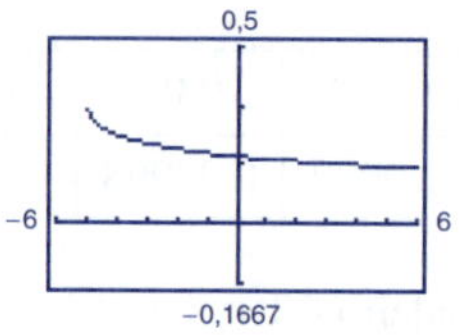

$\lim_{x \to 4} f(x) = \frac{1}{6}$

Domínio: $[-5, 4) \cup (4, \infty)$

O gráfico tem um furo em $x = 4$.

51.

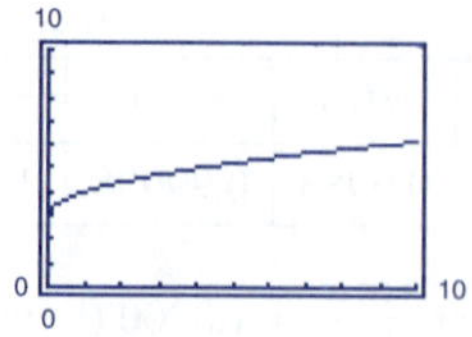

$\lim_{x \to 9} f(x) = 6$

Domínio: $[0, 9) \cup (9, \infty)$

O gráfico tem um furo em $x = 9$.

53. Várias respostas. Exemplo de resposta: Quando x tende a 8 por ambos os lados, $f(x)$ torna-se arbitrariamente próxima de 25.

55. Não. O fato de que $\lim_{x \to 2} f(x) = 4$ não tem relação com o valor de f em 2.

57. (a) $r = \frac{3}{\pi} \approx 0{,}9549$ cm

(b) $\frac{5{,}5}{2\pi} \leq r \leq \frac{6{,}5}{2\pi}$, ou aproximadamente

$0{,}8754 < r < 1{,}0345$

(c) $\lim_{r \to 3/\pi} 2\pi r = 6$; $\varepsilon = 0{,}5$; $\delta \approx 0{,}0796$

59.

x	$-0{,}001$	$-0{,}0001$	$-0{,}00001$
$f(x)$	2,7196	2,7184	2,7183

x	0,00001	0,0001	0,001
$f(x)$	2,7183	2,7181	2,7169

$\lim_{x \to 0} f(x) \approx 2{,}7183$

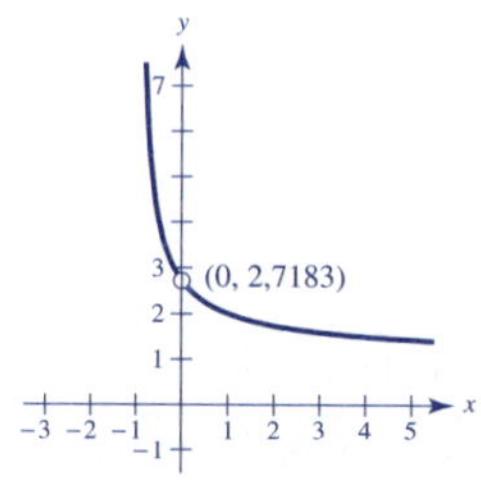

61.

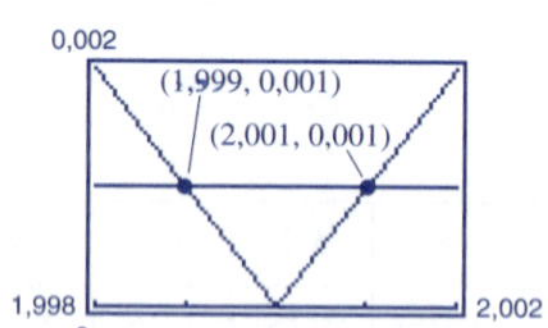

$\delta \approx 0{,}001$

$(1{,}999,\ 2{,}001)$

63. Falsa. A existência ou não-existência de $f(x)$ em $x = c$ não tem relação com a existência do limite de $f(x)$ quando $x \to c$.

65. Falsa. Veja o Exercício 11.

67. (a) Sim. Quando x tende a 0,25 por ambos os lados, $\sqrt{x}$ torna-se arbitrariamente próxima de 0,5.

(b) Não. $\lim_{x \to 0} \sqrt{x}$ não existe porque para $x < 0$, $\sqrt{x}$ não existe.

69–71. Demonstrações.

73. Há mais de uma resposta correta.

75. Problema Putnam B1, 1986.

Seção 1.3 (página 65)

1.

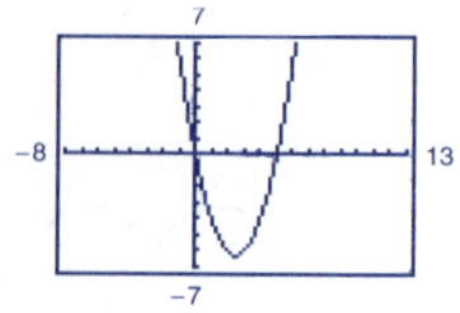

(a) 0 (b) 6

3.

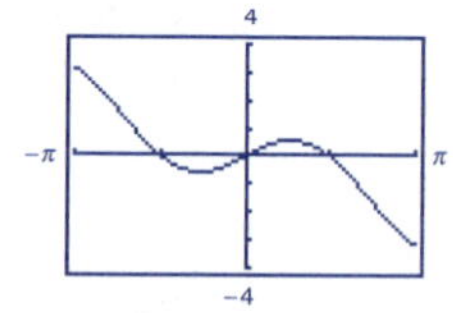

(a) 0 (b) $\approx 0{,}52$ ou $\pi/6$

5. 16 **7.** -1 **9.** 0 **11.** 7 **13.** $1/2$ **15.** $-2/5$

17. $35/3$ **19.** 2 **21.** 1 **23.** (a) 4 (b) 64 (c) 64

25. (a) 3 (b) 2 (c) 2 **27.** 1 **29.** $-1/2$ **31.** 1

33. $1/2$ **35.** -1 **37.** (a) 15 (b) 5 (c) 6 (d) $2/3$

39. (a) 64 (b) 2 (c) 12 (d) 8

41. (a) 1 (b) 3

$g(x) = \frac{-2x^2 + x}{x}$ e $f(x) = -2x + 1$ coincidem exceto em $x = 0$.

43. (a) 2 (b) 0

$g(x) = \frac{x^3 - x}{x - 1}$ e $f(x) = x^2 + x$ coincidem exceto em $x = 1$.

45. -2

$f(x) = \frac{x^2 - 1}{x + 1}$ e $g(x) = x - 1$ coincidem exceto em $x = -1$.

47. 12

$f(x) = \frac{x^3 - 8}{x - 2}$ e $g(x) = x^2 + 2x + 4$ coincidem exceto em $x = 2$.

49. $1/10$ **51.** $5/6$ **53.** $\sqrt{5}/10$ **55.** $1/6$ **57.** $-1/9$

59. 2 **61.** $2x - 2$

63.

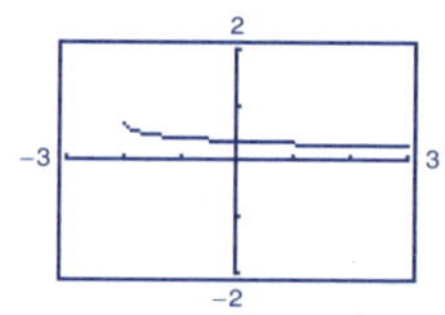

O gráfico tem um furo em $x = 0$.

Há mais de uma resposta correta. Exemplo:

x	$-0{,}1$	$-0{,}01$	$-0{,}001$	0,001	0,01	0,1
$f(x)$	0,358	0,354	0,354	0,354	0,353	0,349

$\lim_{x \to 0} \frac{\sqrt{x + 2} - \sqrt{2}}{x} \approx 0{,}354$

$\left(\text{O limite verdadeiro é } \frac{1}{2\sqrt{2}} = \frac{\sqrt{2}}{4}.\right)$

65.

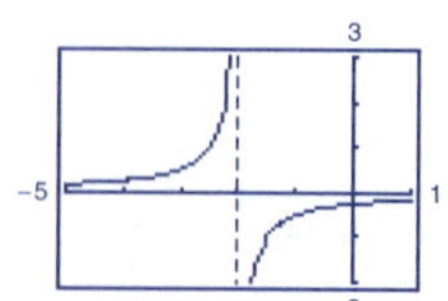

O gráfico tem um furo em $x = 0$.

Há mais de uma resposta correta. Exemplo:

x	$-0{,}1$	$-0{,}01$	$-0{,}001$
$f(x)$	$-0{,}263$	$-0{,}251$	$-0{,}250$

x	0,001	0,01	0,1
$f(x)$	$-0{,}250$	$-0{,}249$	$-0{,}238$

$$\lim_{x\to 0} \frac{[1/(2+x)] - (1/2)}{x} \approx -0{,}250$$

$$\left(\text{O limite verdadeiro é } -\frac{1}{4}.\right)$$

67. 1/5 **69.** 0 **71.** 0 **73.** 0 **75.** 1 **77.** 3/2

79.

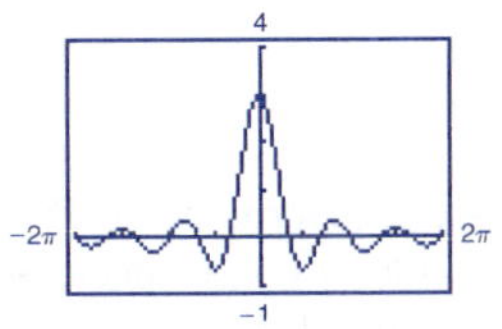

O gráfico tem um furo em $t = 0$.

Há mais de uma resposta correta. Exemplo:

t	−0,1	−0,01	0	0,01	0,1
$f(t)$	2,96	2,9996	?	2,9996	2,96

$$\lim_{t\to 0} \frac{\text{sen } 3t}{t} = 3$$

81.

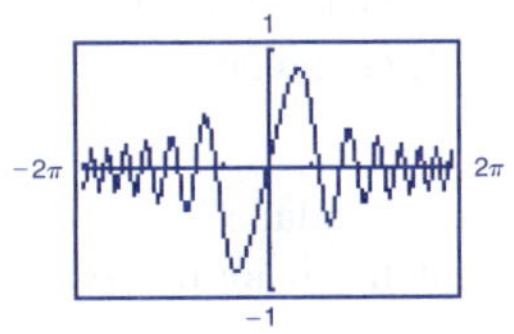

O gráfico tem um furo em $x = 0$.

Há mais de uma resposta correta. Exemplo:

x	−0,1	−0,01	−0,001	0	0,001	0,01	0,1
$f(x)$	−0,1	−0,01	−0,001	?	0,001	0,01	0,1

$$\lim_{x\to 0} \frac{\text{sen } x^2}{x} = 0$$

83. 2 **85.** $-4/x^2$ **87.** 4

89. 0

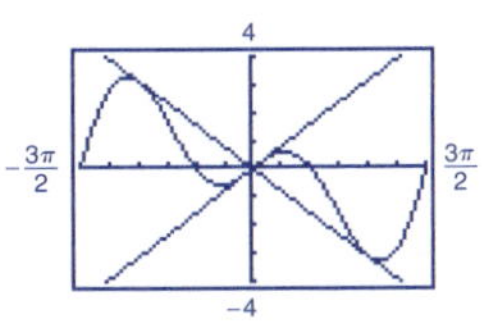

91. 0

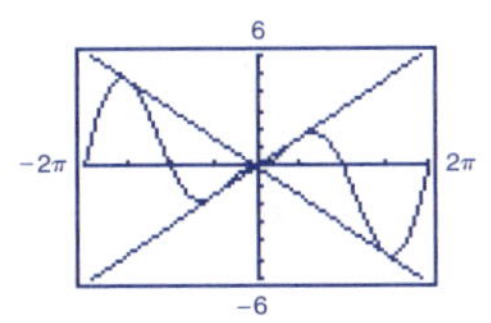

93. 0

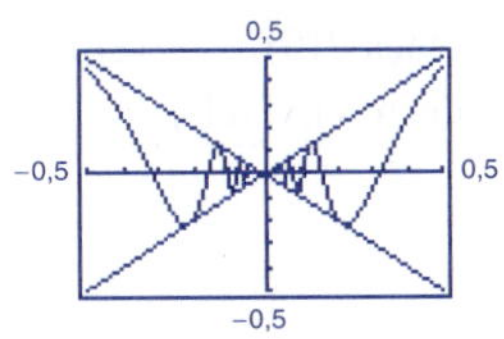

O gráfico tem um furo em $x = 0$.

95. f e g coincidem em todos os pontos exceto em um deles, se c é um número real tal que $f(x) = g(x)$ para todo $x \neq c$.

97. Uma forma indeterminada é obtida quando, ao se calcular um limite usando substituição direta, é produzida uma fração sem sentido como $\frac{0}{0}$.

99.

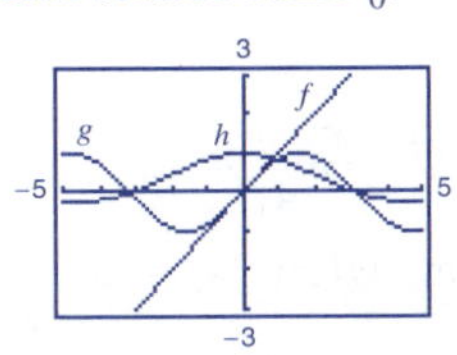

Os valores de $f(x)$ e $g(x)$ são aproximadamente iguais quando x está próximo de 0. Portanto, a razão entre elas é aproximadamente 1.

101. 160 pés/seg. **103.** −29,4 m/seg.

105. Sejam $f(x) = 1/x$ e $g(x) = -1/x$.

$\lim_{x\to 0} f(x)$ e $\lim_{x\to 0} g(x)$ não existem. No entanto,

$$\lim_{x\to 0} [f(x) + g(x)] = \lim_{x\to 0} \left[\frac{1}{x} + \left(-\frac{1}{x}\right)\right] = \lim_{x\to 0} 0 = 0$$

e, portanto, existe.

107–111. Demonstrações

113. Falsa. O limite não existe, pois a função tende a 1 pela direita de 0 e tende a −1 pela esquerda de 0. (Veja o gráfico abaixo.)

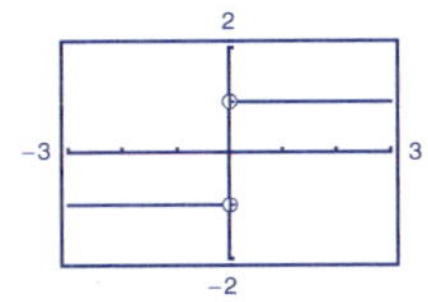

115. Verdadeira.

117. Falsa. O limite não existe, pois $f(x)$ tende a 3 pela direita de 2 e tende a 0 pela esquerda de 2. (Veja o gráfico abaixo.)

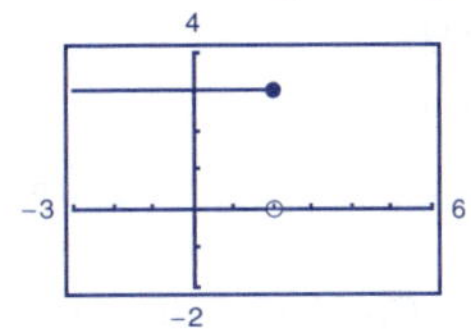

119. Seja $f(x) = \begin{cases} 4, & \text{se } x \geq 0 \\ -4, & \text{se } x < 0 \end{cases}$

$\lim_{x\to 0} |f(x)| = \lim_{x\to 0} 4 = 4$

$\lim_{x\to 0} f(x)$ não existe porque para $x < 0$, $f(x) = -4$ e para $x \geq 0$, $f(x) = 4$.

121. $\lim_{x\to 0} f(x)$ não existe pois $f(x)$ oscila entre dois valores fixos quando x tende a 0.

$\lim_{x\to 0} g(x) = 0$ pois, quando x se torna cada vez mais próximo de 0, os valores de $g(x)$ tornam-se cada vez mais próximos de 0.

123. (a) 1/2

(b) Como $\dfrac{1 - \cos x}{x^2} \approx \dfrac{1}{2}$, segue que $1 - \cos x \approx \dfrac{1}{2}x^2$

$\cos x \approx 1 - \dfrac{1}{2}x^2$ quando $x \approx 0$.

(c) 0,995 (d) **Calculadora**: $\cos(0{,}1) \approx 0{,}9950$

Seção 1.4 (página 77)

1. (a) 1 (b) 1 (c) 1; $f(x)$ é contínua em $(-\infty, \infty)$.

3. (a) 0 (b) 0 (c) 0; Descontinuidade em $x = 3$.

5. (a) 2 (b) −2 (c) O limite não existe. Descontinuidade em $x = 4$.

7. $\frac{1}{10}$

9. O limite não existe. A função decresce sem limitação quando x tende a −3 pela esquerda.

11. −1 **13.** $-1/x^2$ **15.** 5/2 **17.** 2

19. O limite não existe. A função decresce sem limitação quando x tende a π pela esquerda e aumenta sem limitação quando x tende a π pela direita.

21. 4

23. O limite não existe. A função tende a 5 pela esquerda de 3, mas tende a 6 pela direita de 3.

25. Descontínua em $x = -2$ e $x = 2$.

27. Descontínua em todos os inteiros.

29. Contínua em $[-5, 5]$. **31.** Contínua em $[-1, 4]$.

33. Contínua para todo x real. **35.** Contínua para todo x real.

37. Descontinuidade não removível em $x = 1$.
Descontinuidade removível em $x = 0$.

39. Contínua para todo x real.

41. Descontinuidade removível em $x = -2$.
Descontinuidade não removível em $x = 5$.

43. Descontinuidade não removível em $x = -2$.

45. Contínua para todo x real.

47. Descontinuidade não removível em $x = 2$.

49. Contínua para todo x real.

51. Descontinuidades não removíveis para inteiros múltiplos de $\pi/2$.

53. Descontinuidade não removível para todo inteiro.

55.

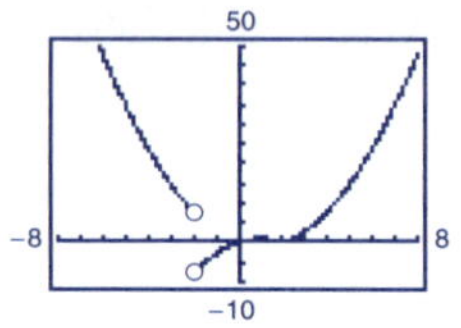

$\lim_{x \to 0^+} f(x) = 0$

$\lim_{x \to 0^-} f(x) = 0$

Descontinuidade em $x = -2$.

57. $a = 2$ **59.** $a = -1$, $b = 1$ **61.** Contínua para todo x real.

63. Descontinuidades não removíveis em $x = 1$ e $x = -1$.

65.

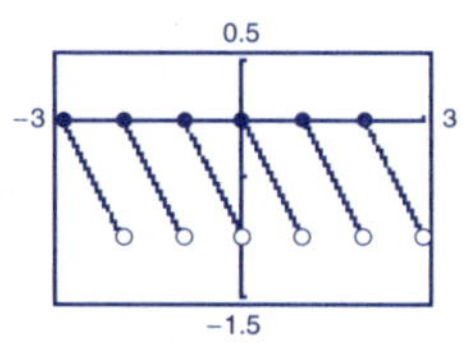

Descontinuidade não removível para todo inteiro.

67.

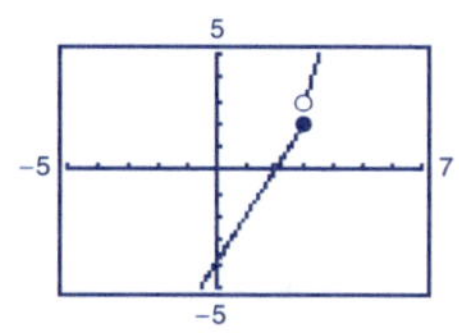

Descontínua em $x = 3$.

69. Contínua em $(-\infty, \infty)$

71. Contínuas em intervalos abertos . . . $(-6, -2)$, $(-2, 2)$, $(2, 6)$, . . .

73.

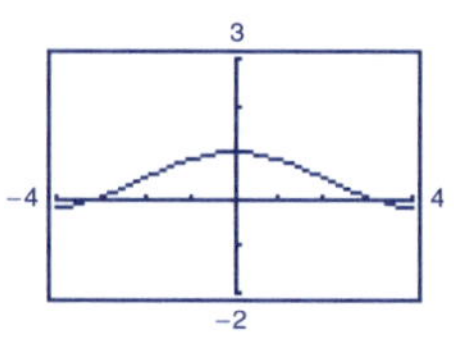

O gráfico tem um furo em $x = 0$. O gráfico parece ser contínuo, mas a função não é contínua em $[-4, 4]$. Não é óbvio pelo gráfico que a função tenha uma descontinuidade em $x = 0$.

75. Como $f(x)$ é contínua no intervalo $[1, 2]$ e $f(1) = 2{,}0625$ e $f(2) = -4$, pelo Teorema do Valor Intermediário existe um número c em $[1, 2]$ tal que $f(c) = 0$.

77. Como $f(x)$ é contínua no intervalo $[0, \pi]$ e $f(0) = -3$ e $f(\pi) \approx 8{,}87$, pelo Teorema do Valor Intermediário, existe um número real c em $[0, \pi]$ tal que $f(c) = 0$.

79. 0,68, 0,6823 **81.** 0,56, 0,5636

83. $f(3) = 11$ **85.** $f(2) = 4$

87. (a) O limite não existe em $x = c$.
(b) A função não está definida em $x = c$.
(c) O limite existe, mas não é igual ao valor da função em $x = c$.
(d) O limite não existe em $x = c$.

89.

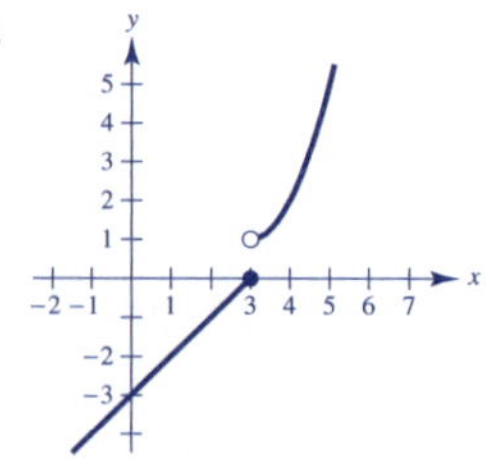

Não é contínua pois $\lim_{x \to 3} f(x)$ não existe.

91. Verdadeira

93. Falsa. Uma função racional pode ser escrita como $P(x)/Q(x)$ onde P e Q são polinômios de grau m e n, respectivamente. Pode haver, no máximo, n descontinuidades.

95. $\lim_{t \to 4^-} f(t) \approx 28$; $\lim_{t \to 4^+} f(t) \approx 56$

No final do dia 3, a quantidade de cloro na piscina é de aproximadamente 28 libras. No começo do dia 4, a quantidade de cloro na piscina é de aproximadamente 56 libras.

97. $C = \begin{cases} 1{,}04, & 0 < t \leq 2 \\ 1{,}04 + 0{,}36[\![t - 1]\!], & t > 2,\ t \text{ não é um inteiro} \\ 1{,}04 + 0{,}36(t - 2), & t > 2,\ t \text{ é um inteiro} \end{cases}$

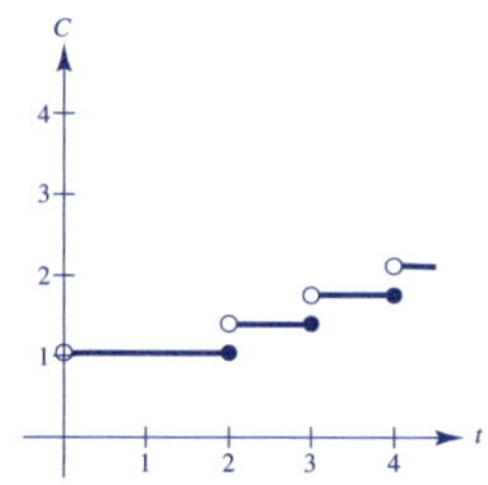

Descontinuidade removível em todo inteiro maior ou igual a 2.

99–101. Demonstrações **103.** Há mais de uma resposta correta.

105. (a)

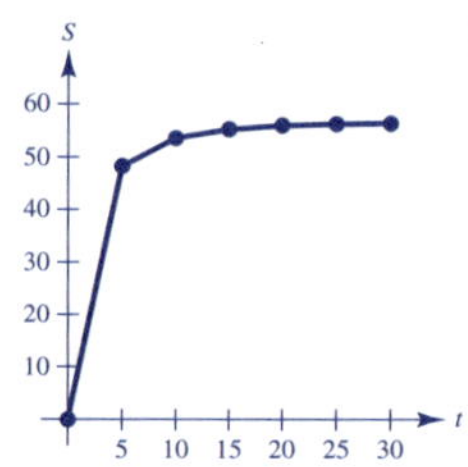

(b) Parece haver uma velocidade limite, e uma causa possível é a resistência do ar.

107. $c = \left(-1 \pm \sqrt{5}\right)/2$

109. Domínio: $[-c^2, 0) \cup (0, \infty)$; faça $f(0) = 1/(2c)$.

111. $h(x)$ tem uma descontinuidade removível para todo inteiro exceto 0.

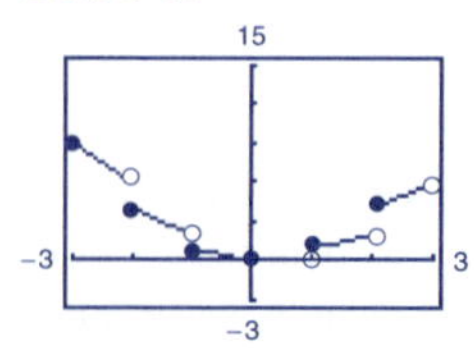

113. Problema Putnam B2, 1988.

Seção 1.5 (página 86)

1. $\lim_{x \to -2^+} 2\left|\dfrac{x}{x^2 - 4}\right| = \infty$ $\lim_{x \to -2^-} 2\left|\dfrac{x}{x^2 - 4}\right| = \infty$

3. $\lim_{x \to -2^+} \operatorname{tg}((\pi x)/4) = -\infty$ $\lim_{x \to -2^-} \operatorname{tg}(\pi x)/4) = \infty$

5.

x	$-3{,}5$	$-3{,}1$	$-3{,}01$	$-3{,}001$
$f(x)$	0,31	1,64	16,6	167

x	$-2{,}999$	$-2{,}99$	$-2{,}9$	$-2{,}5$
$f(x)$	-167	$-16{,}7$	$-1{,}69$	$-0{,}36$

$\lim_{x\to -3^+} f(x) = -\infty \quad \lim_{x\to -3^-} f(x) = \infty$

7.

x	$-3{,}5$	$-3{,}1$	$-3{,}01$	$-3{,}001$
$f(x)$	3,8	16	151	1501

x	$-2{,}999$	$-2{,}99$	$-2{,}9$	$-2{,}5$
$f(x)$	-1499	-149	-14	$-2{,}3$

$\lim_{x\to -3^+} f(x) = -\infty \quad \lim_{x\to -3^-} f(x) = \infty$

9. $x = 0$ **11.** $x = 2, \quad x = -1$ **13.** $x = \pm 2$

15. Nenhuma assíntota vertical.

17. $x = \pi/4 + (n\pi)/2$, n é um inteiro. **19.** $t = 0$

21. $x = -2, x = 1$ **23.** Nenhuma assíntota vertical.

25. Nenhuma assíntota vertical **27.** $t = n\pi$, n é um inteiro não nulo.

29. Descontinuidade removível em $x = -1$

31. Assíntota vertical em $x = -1$ **33.** $-\infty$ **35.** ∞ **37.** $\frac{4}{5}$

39. $\frac{1}{2}$ **41.** $-\infty$ **43.** ∞ **45.** 0 **47.** Não existe

49.

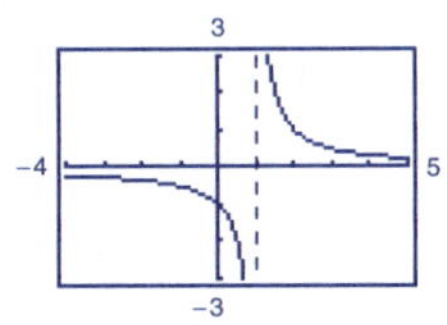

$\lim_{x\to 1^+} f(x) = \infty$

51.

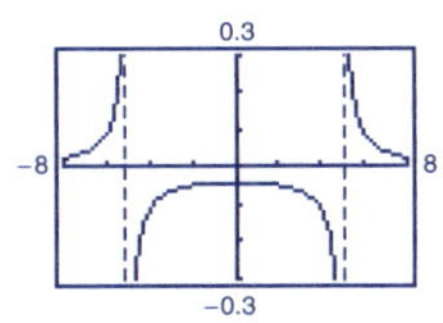

$\lim_{x\to 5^-} f(x) = -\infty$

53. Há mais de uma resposta correta.

55. Há mais de uma resposta correta.

Exemplo: $f(x) = \dfrac{x-3}{x^2 - 4x - 12}$

57.

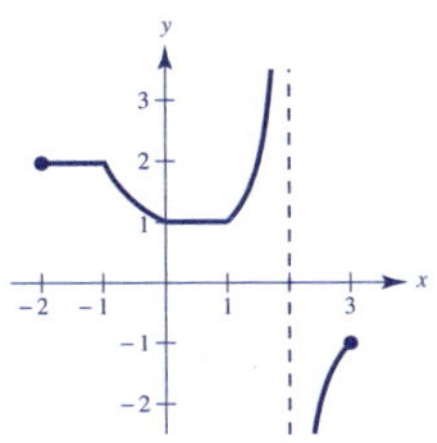

59. (a) $\frac{1}{3}(200\pi)$ pés/segundo

(b) 200π pés/segundo

(c) $\lim_{\theta\to(\pi/2)^-} [50\pi \sec^2 \theta] = \infty$

61. ∞

63. (a) Domínio: $x > 25$

(b)

x	30	40	50	60
y	150	66,667	50	42,857

(c) $\lim_{x\to 25^+} \dfrac{25x}{x-25} = \infty$

Quando x se aproxima de 25 mph, y torna-se cada vez maior.

65. (a) $A = 50 \text{ tg } \theta - 50\theta$; Domínio: $(0, \pi/2)$

(b)

θ	0,3	0,6	0,9	1,2	1,5
$f(\theta)$	0,47	4,21	18,0	68,6	630,1

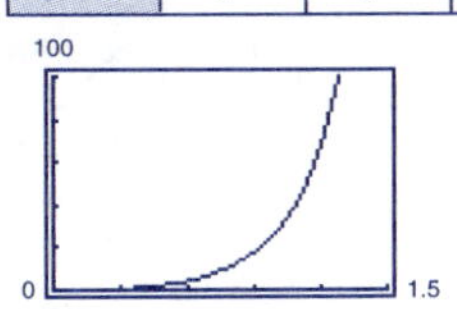

(c) $\lim_{\theta\to\pi/2^-} A = \infty$

67. Falsa; faça $f(x) = (x^2 - 1)/(x - 1)$. **69.** Verdadeira

71. Sejam $f(x) = \dfrac{1}{x^2}$ e $g(x) = \dfrac{1}{x^4}$, e $c = 0$. $\lim_{x\to 0} \dfrac{1}{x^2} = \infty$ e

$\lim_{x\to 0} \dfrac{1}{x^4} = \infty$, mas $\lim_{x\to 0}\left(\dfrac{1}{x^2} - \dfrac{1}{x^4}\right) = \lim_{x\to 0}\left(\dfrac{x^2-1}{x^4}\right) = -\infty \neq 0.$

73. Dado $\lim_{x\to c} f(x) = \infty$, faça $g(x) = 1$. Então $\lim_{x\to c} \dfrac{g(x)}{f(x)} = 0$ pelo Teorema 1.15.

75. Há mais de uma resposta correta.

Exercícios de Revisão do Capítulo 1 (página 89)

1. Cálculo

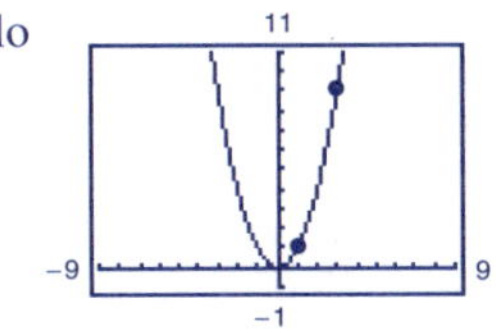

Estimativa: 8,261

3.

x	$-0{,}1$	$-0{,}01$	$-0{,}001$
$f(x)$	$-1{,}0526$	$-1{,}0050$	$-1{,}0005$

x	0,001	0,01	0,1
$f(x)$	$-0{,}9995$	$-0{,}9950$	$-0{,}9524$

A estimativa do limite de $f(x)$, quando x tende a 0, é $-1{,}00$.

5. (a) -2 (b) -3 **7.** 2; Demonstração **9.** 1; Demonstração

11. $\sqrt{6} \approx 2{,}45$ **13.** $-\frac{1}{4}$ **15.** $\frac{1}{4}$ **17.** -1 **19.** 75

21. 0 **23.** $\sqrt{3}/2$ **25.** $-\frac{1}{2}$

27. (a)

x	1,1	1,01	1,001	1,0001
$f(x)$	0,5680	0,5764	0,5773	0,5773

$\lim_{x\to 1^+} f(x) \approx 0{,}5773$

(b)

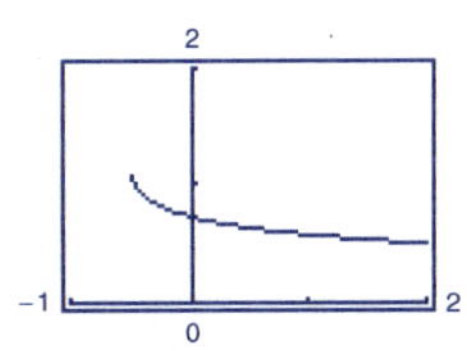

O gráfico tem um furo em $x = 1$.

$\lim_{x\to 1^+} f(x) \approx 0{,}5774$

(c) $\sqrt{3}/3$

29. $-39{,}2$ m/seg **31.** -1 **33.** 0

35. O limite não existe. O limite para t tendendo a 1 pela esquerda é 2, enquanto o limite para t tendendo a 1 pela direita é 1.

37. Descontinuidade não removível para todo inteiro, Contínua em $(k, k + 1)$ para todo inteiro k,

39. Descontinuidade removível em $x = 1$, Contínua em $(-\infty, 1) \cup (1, \infty)$,

41. Descontinuidade não removível em $x = 2$, Contínua em $(-\infty, 2) \cup (2, \infty)$,

43. Descontinuidade não removível em $x = -1$, Contínua em $(-\infty, -1) \cup (-1, \infty)$,

45. Descontinuidade não removível para todo inteiro par Contínua em $(2k, 2k + 2)$ para todo inteiro k,

47. $c = -\frac{1}{2}$ **49.** Demonstração

51. (a) -4 (b) 4 (c) O limite não existe,

53. $x = 0$ **55.** $x = 10$ **57.** $-\infty$ **59.** $\frac{1}{3}$

61. $-\infty$ **63.** $-\infty$ **65.** $\frac{4}{5}$ **67.** ∞

69. (a) \$ 14.117,65 (b) \$ 80.000,00 (c) \$ 720.000,00 (d) ∞

P.S. Problemas Suplementares (página 91)

1. (a) Perímetro $\triangle PAO = 1 + \sqrt{(x^2-1)^2 + x^2} + \sqrt{x^4 + x^2}$

Perímetro $\triangle PBO = 1 + \sqrt{x^4 + (x-1)^2} + \sqrt{x^4 + x^2}$

(b)

x	4	2	1
Perímetro $\triangle PAO$	33,0166	9,0777	3,4142
Perímetro $\triangle PBO$	33,7712	9,5952	3,4142
$r(x)$	0,9777	0,9461	1,0000

x	0,1	0,01
Perímetro $\triangle PAO$	2,0955	2,0100
Perímetro $\triangle PBO$	2,0006	2,0000
$r(x)$	1,0475	1,0050

(c) 1

3. (a) Área (hexágono) $= (3\sqrt{3})/2 \approx 2{,}5981$

Área (círculo) $= \pi \approx 3{,}1416$

Área (círculo) $-$ Área (hexágono) $\approx 0{,}5435$

(b) $A_n = (n/2)\,\mathrm{sen}(2\pi/n)$

(c)

n	6	12	24	48	96
A_n	2,5981	3,0000	3,1058	3,1326	3,1394

(d) 3,1416 ou π

5. (a) $m = -\frac{12}{5}$ (b) $y = \frac{5}{12}x - \frac{169}{12}$

(c) $m_x = \dfrac{-\sqrt{169 - x^2} + 12}{x - 5}$

(d) $\frac{5}{12}$; é a mesma inclinação da reta tangente encontrada em (b).

7. (a) Domínio: $[-27, 1) \cup (1, \infty)$

(b)

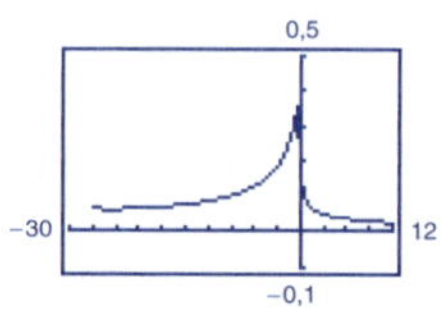

(c) $\frac{1}{14}$ (d) $\frac{1}{12}$

O gráfico tem um furo em $x = 1$.

9. (a) g_1, g_4 (b) g_1 (c) g_1, g_3, g_4

11.

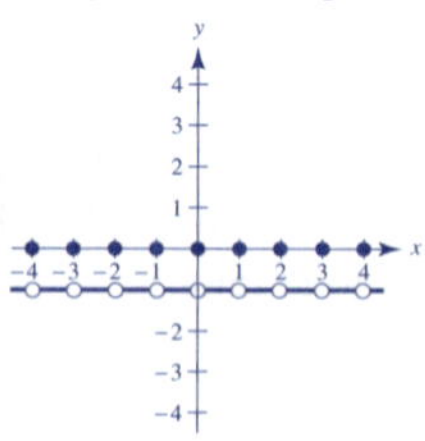

O gráfico salta em todo inteiro.

(a) $f(1) = 0$, $f(0) = 0$, $f(\frac{1}{2}) = -1$, $f(-2{,}7) = -1$

(b) $\lim_{x\to1^-} f(x) = -1$, $\lim_{x\to1^+} f(x) = -1$, $\lim_{x\to1/2} f(x) = -1$

(c) Há uma descontinuidade em todo inteiro.

13. (a)

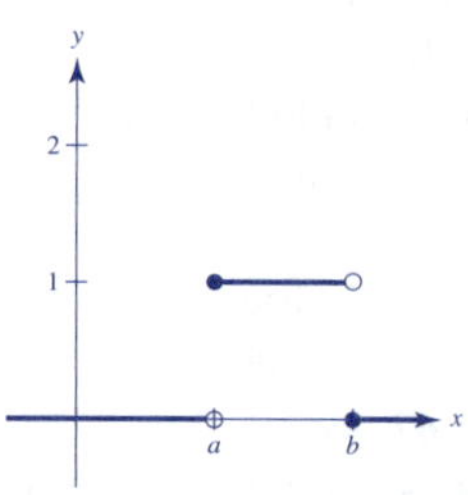

(b) (i) $\lim_{x\to a^+} P_{a,b}(x) = 1$

(ii) $\lim_{x\to a^-} P_{a,b}(x) = 0$

(iii) $\lim_{x\to b^+} P_{a,b}(x) = 0$

(iv) $\lim_{x\to b^-} P_{a,b}(x) = 1$

(c) Contínuo para todo real positivo exceto a e b.

(d) A área sob a curva vale 1.

Capítulo 2

Seção 2.1 (página 101)

1. (a) $m_1 = 0, m_2 = 5/2$ (b) $m_1 = -5/2, m_2 = 2$

3.

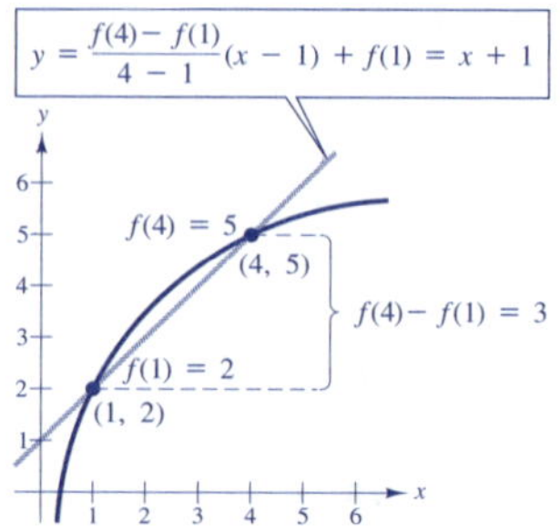

5. $m = -2$ **7.** $m = 2$

9. $m = 3$ **11.** $f'(x) = 0$ **13.** $f'(x) = -5$ **15.** $h'(s) = \frac{2}{3}$

17. $f'(x) = 4x + 1$ **19.** $f'(x) = 3x^2 - 12$

21. $f'(x) = \dfrac{-1}{(x-1)^2}$ **23.** $f'(x) = \dfrac{1}{2\sqrt{x+1}}$

25. (a) Reta tangente: $y = 4x - 3$

(b)

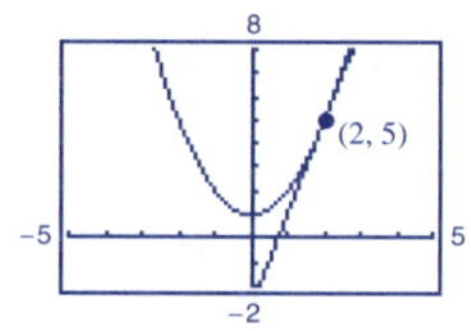

27. (a) Reta tangente: $y = 12x - 16$

(b)

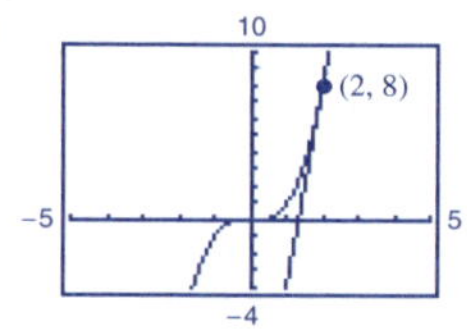

29. (a) Reta tangente: $y = \frac{1}{2}x + \frac{1}{2}$

(b)

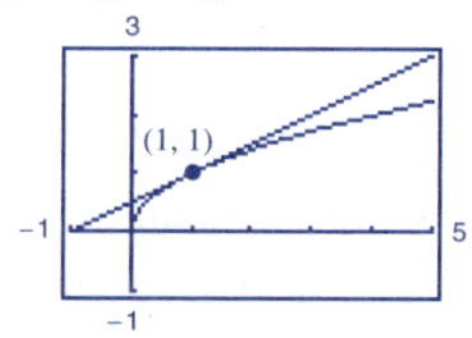

31. (a) Reta tangente: $y = \frac{3}{4}x + 2$

(b)

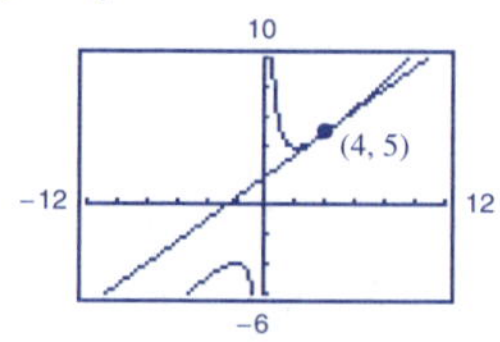

33. $y = 3x - 2$; $y = 3x + 2$ **35.** $y = -\frac{1}{2}x + \frac{3}{2}$

37. b **38.** d **39.** a **40.** c **41.** $g(5) = 2$; $g'(5) = -\frac{1}{2}$

43. $f'(x) = 1$

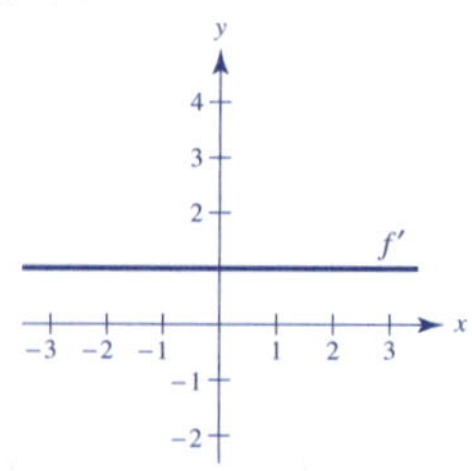

45. $f'(x) = 2x - 8$

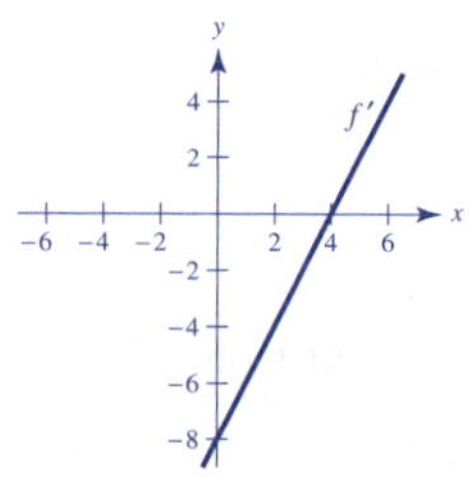

47. Há mais de uma resposta correta. Possível resposta: $y = -x$.

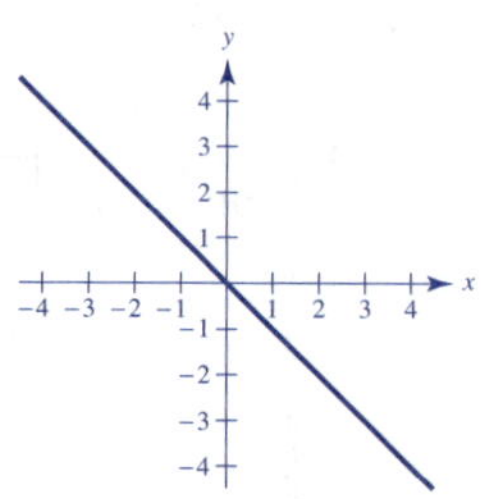

49. $f(x) = 5 - 3x$
$c = 1$

51. $f(x) = -x^2$
$c = 6$

53. $f(x) = -3x + 2$

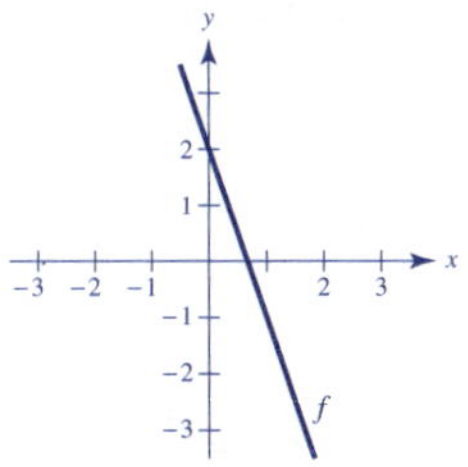

55. Há mais de uma resposta correta.
Possível resposta: $f(x) = x^3$

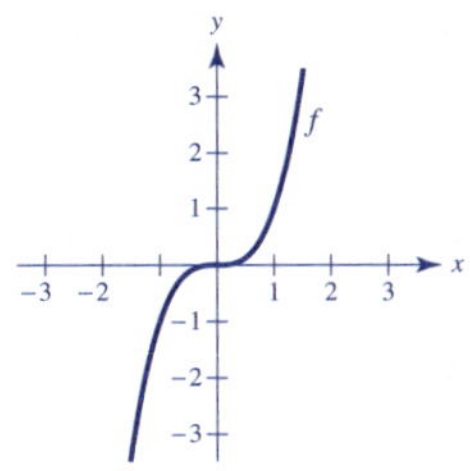

57. $y = 2x + 1$; $y = -2x + 9$

59. (a) -3 (b) 0
(c) O gráfico desce quando $x = 1$.
(d) O gráfico sobe quando $x = -4$.
(e) Positivo, pois sendo $g'(x) > 0$ no intervalo [3, 6], o gráfico de g está subindo.
(f) Não. Sabendo apenas o valor de $g'(2)$ não é suficiente. O valor de $g'(2)$ é o mesmo para qualquer translação vertical de g.

61.

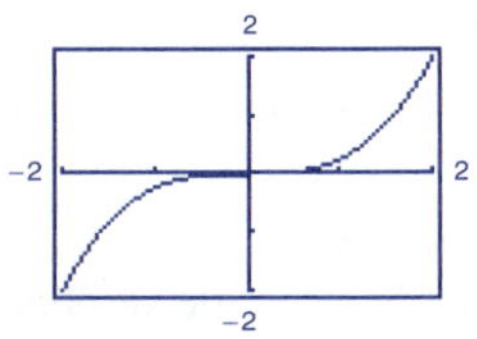

x	-2	$-1{,}5$	-1	$-0{,}5$	0	0,5	1	1,5	2
$f(x)$	-2	$-\frac{27}{32}$	$-\frac{1}{4}$	$-\frac{1}{32}$	0	$\frac{1}{32}$	$\frac{1}{4}$	$\frac{27}{32}$	2
$f'(x)$	3	$\frac{27}{16}$	$\frac{3}{4}$	$\frac{3}{16}$	0	$\frac{3}{16}$	$\frac{3}{4}$	$\frac{27}{16}$	3

63.

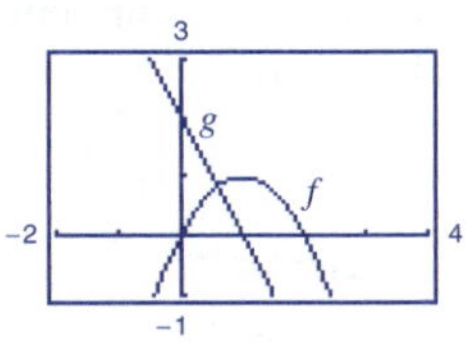

$g(x) \approx f'(x)$

65. $f(2) = 4$; $f(2{,}1) = 3{,}99$; $f'(2) \approx -0{,}1$

67.

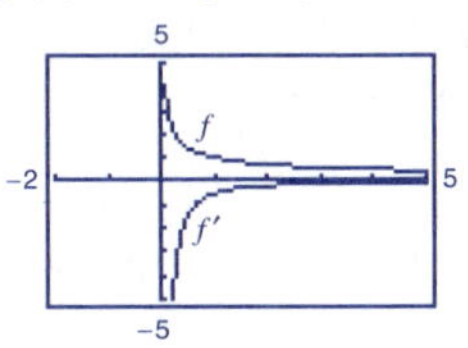

À medida que x se aproxima do infinito, o gráfico de f se aproxima de uma reta com coeficiente angular 0. Logo, $f'(x)$ se aproxima de 0.

69. (a)

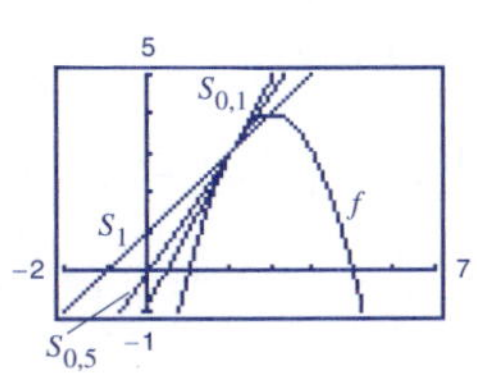

(b) Os gráficos de S para valores decrescentes de Δx são retas secantes que aproximam a reta tangente ao gráfico de f no ponto $(2, f(2))$.

71. 4 **73.** 4 **75.** A função $g(x)$ não é derivável no ponto $x = 0$.

77. A função $f(x)$ não é derivável no ponto $x = 6$.

79. A função $h(x)$ não é derivável no ponto $x = -5$.

81. $(-\infty, -1) \cup (-1, \infty)$ **83.** $(-\infty, 3) \cup (3, \infty)$ **85.** $(1, \infty)$

87. $(-\infty, -3) \cup (-3, \infty)$

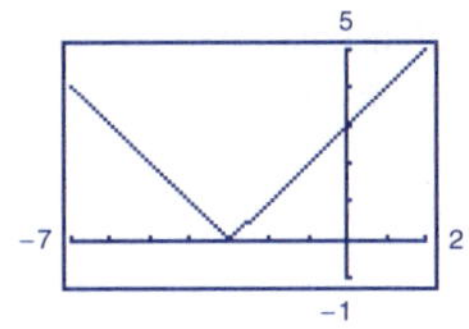

89. $(-\infty, 0) \cup (0, \infty)$

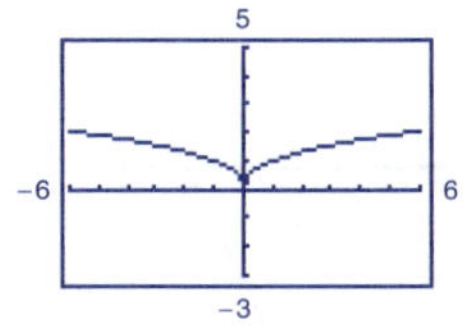

91. A derivada lateral da esquerda é -1 e a derivada lateral da direita é 1, logo f não é derivável no ponto $x = 1$.

93. As derivadas laterais da esquerda e da direita são 0, logo $f'(1) = 0$.

95. A função f é derivável no ponto $x = 2$.

97. (a) $d = \left(3|m + 1|\right)/\sqrt{m^2 + 1}$
(b)

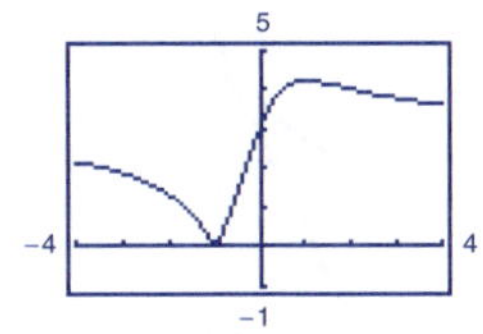

Não é derivável no ponto $m = -1$.

99. Falsa. A inclinação é $\lim_{\Delta x \to 0} \dfrac{f(2 + \Delta x) - f(2)}{\Delta x}$.

101. Falsa. Por exemplo: $f(x) = |x|$. As derivadas da direita e da esquerda existem, porém não são iguais.

103. Demonstração.

Seção 2.2 (página 112)

1. (a) $\frac{1}{2}$ (b) 3 **3.** 0 **5.** $6x^5$ **7.** $-7/x^8$ **9.** $1/(5x^{4/5})$

11. 1 **13.** $-4t + 3$ **15.** $2x + 12x^2$ **17.** $3t^2 - 2$

19. $\dfrac{\pi}{2}\cos\theta + \operatorname{sen}\theta$ **21.** $2x + \dfrac{1}{2}\operatorname{sen} x$ **23.** $-\dfrac{1}{x^2} - 3\cos x$

	Função	*Reescreva*	*Derive*	*Simplifique*
25.	$y = \dfrac{5}{2x^2}$	$y = \dfrac{5}{2}x^{-2}$	$y' = -5x^{-3}$	$y' = -\dfrac{5}{x^3}$
27.	$y = \dfrac{3}{(2x)^3}$	$y = \dfrac{3}{8}x^{-3}$	$y' = -\dfrac{9}{8}x^{-4}$	$y' = -\dfrac{9}{8x^4}$
29.	$y = \dfrac{\sqrt{x}}{x}$	$y = x^{-1/2}$	$y' = -\dfrac{1}{2}x^{-3/2}$	$y' = -\dfrac{1}{2x^{3/2}}$

31. -6 **33.** 0 **35.** 4 **37.** 3 **39.** $2x + 6/x^3$

41. $2t + 12/t^4$ **43.** $(x^3 - 8)/x^3$ **45.** $3x^2 + 1$

47. $\dfrac{1}{2\sqrt{x}} - \dfrac{2}{x^{2/3}}$ **49.** $\dfrac{4}{5s^{1/5}} - \dfrac{2}{3s^{1/3}}$ **51.** $\dfrac{3}{\sqrt{x}} - 5\operatorname{sen} x$

53. (a) $2x + y - 2 = 0$
(b)

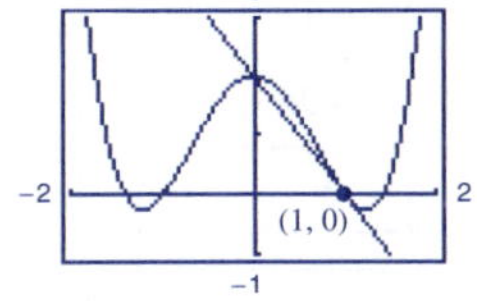

55. (a) $3x + 2y - 7 = 0$
(b)

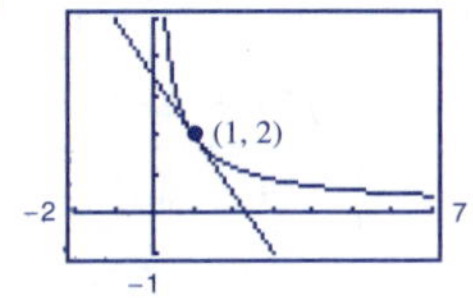

57. $(0, 2)$, $(-2, -14)$, $(2, -14)$

59. Não há retas tangentes horizontais.

61. (π, π) **63.** $k = 2$, $k = -10$ **65.** $k = 3$

67. (a) A e B. (b) É maior. (c)

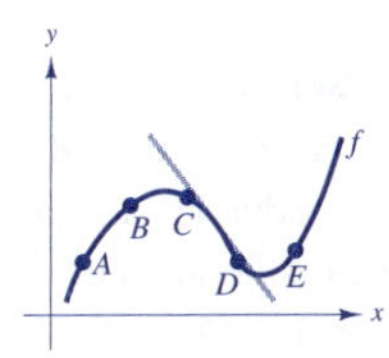

69. $g'(x) = f'(x)$

71.

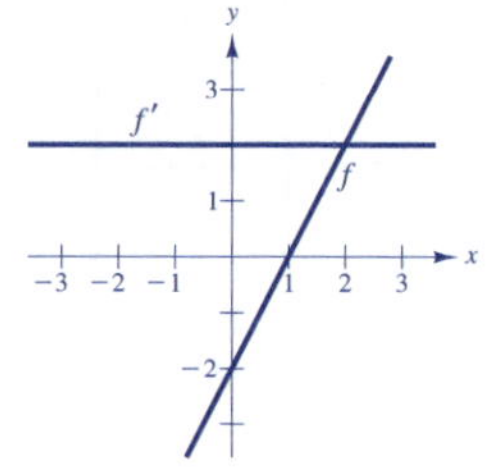

A taxa de variação de f é constante e, logo f' é constante.

73. $y = 2x - 1$

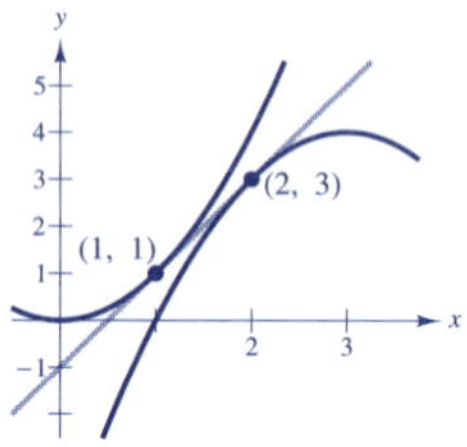

$y = 4x - 4$

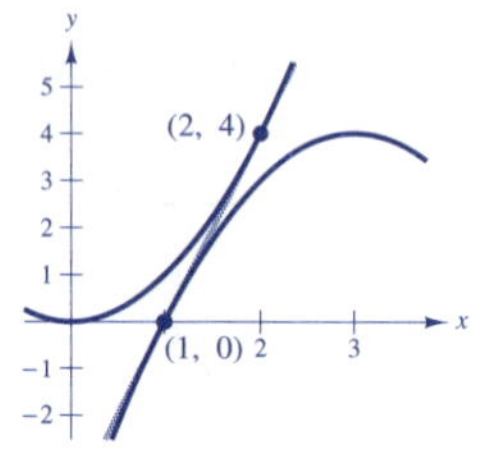

75. $f'(x) = 3 + \cos x \neq 0$ para todo x. **77.** $x - 4y + 4 = 0$

79.

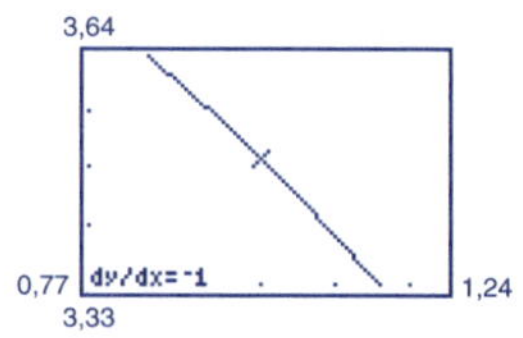

$f'(1)$ parece estar próximo a -1.

$f'(1) = -1$

81. (a)

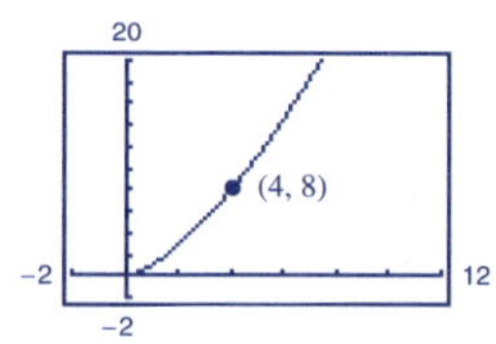

(3,9, 7,7019), $S(x) = 2{,}981x - 3{,}924$

(b) $T(x) = 3(x - 4) + 8 = 3x - 4$

O coeficiente angular (e a equação) da reta secante se aproxima ao da reta tangente no ponto (4, 8) à medida que se escolhem pontos mais próximos de (4, 8).

(c)

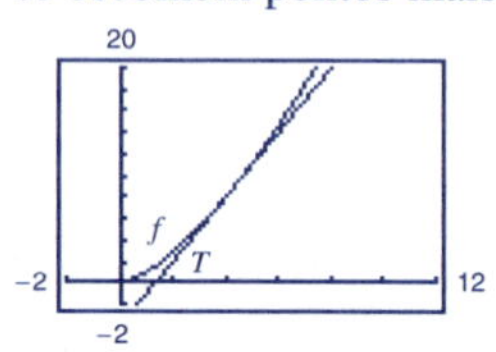

A aproximação se torna menos precisa.

(d)

Δx	-3	-2	-1	$-0{,}5$	$-0{,}1$	0
$f(4 + \Delta x)$	1	2,828	5,196	6,548	7,702	8
$T(4 + \Delta x)$	-1	2	5	6,5	7,7	8

Δx	0,1	0,5	1	2	3
$f(4 + \Delta x)$	8,302	9,546	11,180	14,697	18,520
$T(4 + \Delta x)$	8,3	9,5	11	14	17

83. Falsa. Seja $f(x) = x$ e $g(x) = x + 1$.

85. Falsa. $dy/dx = 0$ **87.** Verdadeira

89. A taxa média de variação é 2. A taxa instantânea é: $f'(1) = 2$; $f'(2) = 2$

91. A taxa média de variação é $\frac{1}{2}$. A taxa instantânea é: $f'(1) = 1$; $f'(2) = \frac{1}{4}$

93. (a) $s(t) = -16t^2 + 1362$; $v(t) = -32t$ (b) -48 pés/seg (c) $s'(1) = -32$ pés/seg; $s'(2) = -64$ pés/seg (d) $t = \dfrac{\sqrt{1362}}{4} \approx 9{,}226$ seg (e) $-295{,}242$ pés/seg

95. $v(5) = 71$ m/sec; $v(10) = 22$ m/sec

97.

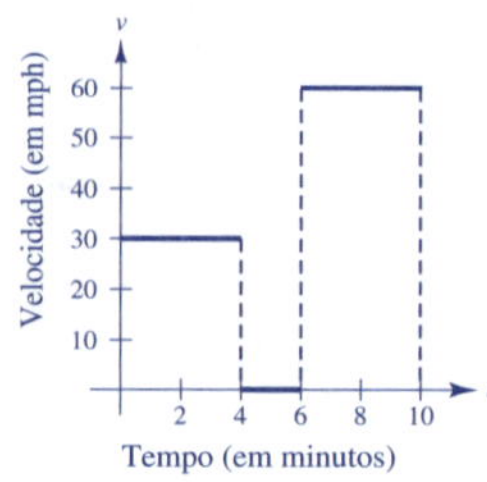

99.

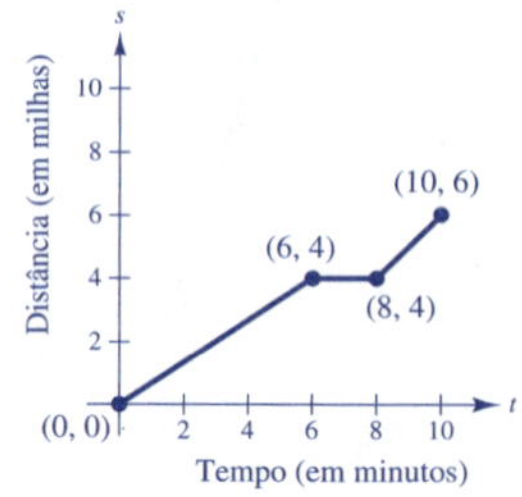

101. (a) $R(v) = 0{,}417v - 0{,}02$

(b) $B(v) = 0{,}0056v^2 + 0{,}001v + 0{,}04$

(c) $T(v) = 0{,}0056v^2 + 0{,}418v + 0{,}02$

(d)

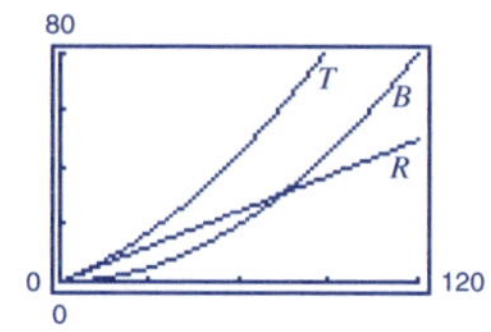

(e) $T'(v) = 0{,}0112v + 0{,}418$

$T'(40) = 0{,}866$

$T'(80) = 1{,}314$

$T'(100) = 1{,}538$

(f) A distância de frenagem aumenta a uma taxa cada vez maior.

103. $V'(4) = 48$ cm^2 **105.** Demonstração.

107. (a) A taxa de variação do número de galões de gasolina vendidos ao preço de R\$ 1,479.

(b) Em geral, a taxa de variação quando $p = 1{,}479$ deve ser negativa pois, ao subirem os preços, as vendas decrescem.

109. $y = 2x^2 - 3x + 1$ **111.** $y = -9x$, $y = -\frac{9}{4}x - \frac{27}{4}$

113. $a = \frac{1}{3}$, $b = -\frac{4}{3}$

115. $f_1(x) = |\text{sen}\, x|$ é derivável para todo $x \neq n\pi$, n um inteiro. $f_2(x) = \text{sen}|x|$ é derivável para todo $x \neq 0$.

Seção 2.3 (página 123)

1. $2(2x^3 - 3x^2 + x - 1)$ **3.** $(7t^2 + 4)/(3t^{2/3})$

5. $x^2(3\cos x - x\,\text{sen}\, x)$ **7.** $(1 - x^2)/(x^2 + 1)^2$

9. $(1 - 8x^3)/[3x^{2/3}(x^3 + 1)^2]$ **11.** $(x\cos x - 2\,\text{sen}\, x)/x^3$

13. $f'(x) = (x^3 - 3x)(4x + 3) + (2x^2 + 3x + 5)(3x^2 - 3)$
$= 10x^4 + 12x^3 - 3x^2 - 18x - 15$
$f'(0) = -15$

15. $f'(x) = \dfrac{x^2 - 6x + 4}{(x - 3)^2}$, $f'(1) = -\dfrac{1}{4}$

17. $f'(x) = \cos x - x\,\text{sen}\, x$, $f'\left(\dfrac{\pi}{4}\right) = \dfrac{\sqrt{2}}{8}(4 - \pi)$

	Função	*Reescreva*	*Derive*	*Simplifique*
19.	$y = \dfrac{x^2 + 2x}{3}$	$y = \dfrac{1}{3}(x^2 + 2x)$	$y' = \dfrac{1}{3}(2x + 2)$	$y' = \dfrac{2(x + 1)}{3}$
21.	$y = \dfrac{7}{3x^3}$	$y = \dfrac{7}{3}x^{-3}$	$y' = -7x^{-4}$	$y' = -\dfrac{7}{x^4}$
23.	$y = \dfrac{4x^{3/2}}{x}$	$y = 4x^{1/2}$, $x > 0$	$y' = 2x^{-1/2}$	$y' = \dfrac{2}{\sqrt{x}}$, $x > 0$

25. $\dfrac{(x^2 - 1)(-2 - 2x) - (3 - 2x - x^2)(2x)}{(x^2 - 1)^2} = \dfrac{2}{(x + 1)^2}$, $x \neq 1$

27. $1 - 12/(x+3)^2 = (x^2 + 6x - 3)/(x+3)^2$

29. $\left[2\sqrt{x} - (2x+5)\dfrac{1}{2\sqrt{x}}\right]/x = (2x-5)/2x^{3/2}$

31. $6s^2(s^3 - 2)$ **33.** $-(2x^2 - 2x + 3)/[x^2(x-3)^2]$

35. $(3x^3 + 4x)[(x-5)\cdot 1 + (x+1)\cdot 1]$
$+ [(x-5)(x+1)](9x^2+4)$
$= 15x^4 - 48x^3 - 33x^2 - 32x - 20$

37. $\dfrac{(x^2 - c^2)(2x) - (x^2 + c^2)(2x)}{(x^2 - c^2)^2} = -\dfrac{4xc^2}{(x^2 - c^2)^2}$

39. $t(t\cos t + 2\,\text{sen}\, t)$ **41.** $-(t\,\text{sen}\, t + \cos t)/t^2$

43. $-1 + \sec^2 x = \text{tg}^2 x$ **45.** $\dfrac{1}{4t^{3/4}} + 8\sec t\,\text{tg}\, t$

47. $\dfrac{-6\cos^2 x + 6\,\text{sen}\, x - 6\,\text{sen}^2 x}{4\cos^2 x} = \dfrac{3}{2}(-1 + \text{tg}\, x \sec x - \text{tg}^2 x)$
$= \frac{3}{2}\sec x(\text{tg}\, x - \sec x)$

49. $\text{cossec}\, x \,\text{cotg}\, x - \cos x = \cos x\,\text{cotg}^2 x$

51. $x(x\sec^2 x + 2\,\text{tg}\, x)$

53. $2x\cos x + 2\,\text{sen}\, x - x^2\,\text{sen}\, x + 2x\cos x$
$= 4x\cos x + (2 - x^2)\,\text{sen}\, x$

55. $\left(\dfrac{x+1}{x+2}\right)(2) + (2x-5)\left[\dfrac{(x+2)(1) - (x+1)(1)}{(x+2)^2}\right]$
$= \dfrac{2x^2 + 8x - 1}{(x+2)^2}$

57. $\dfrac{1 - \text{sen}\,\theta + \theta\cos\theta}{(1 - \text{sen}\,\theta)^2}$ **59.** $y' = \dfrac{-2\,\text{cossec}\, x\,\text{cotg}\, x}{(1 - \text{cossec}\, x)^2}, \; -4\sqrt{3}$

61. $h'(t) = \sec t(t\,\text{tg}\, t - 1)/t^2, \quad 1/\pi^2$

63. (a) $y = -x - 2$
(b)

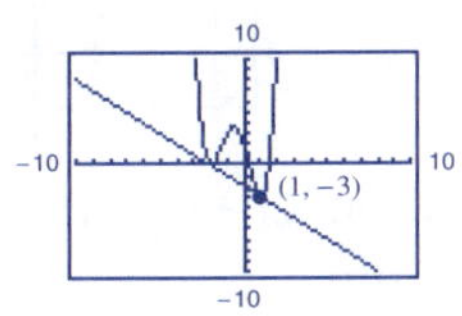

65. (a) $y = -x + 4$
(b)

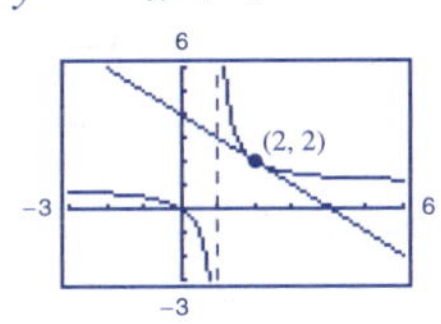

67. (a) $4x - 2y - \pi + 2 = 0$ **69.** $2y + x - 4 = 0$
(b)

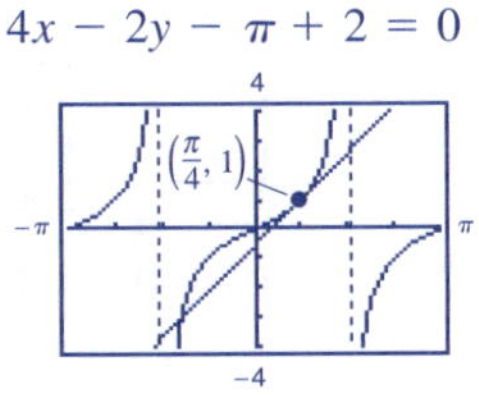

71. $25y - 12x + 16 = 0$ **73.** $(0, 0), (2, 4)$ **75.** $(1, 2)$

77. Retas tangentes: $2y + x = 7$; $2y + x = -1$

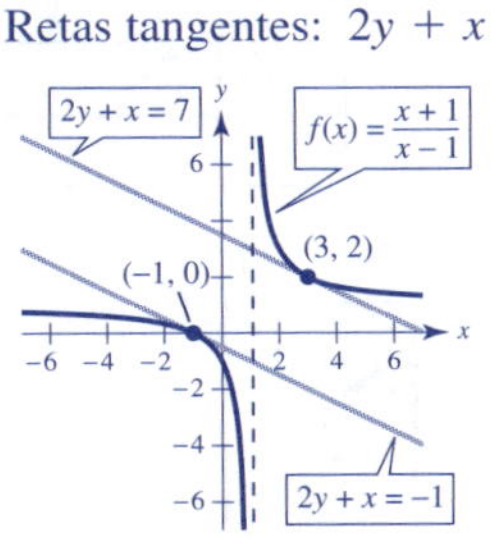

79. $f(x) + 2 = g(x)$ **81.** (a) $p'(1) = 1$ (b) $q'(4) = -1/3$

83. $(6t+1)/(2\sqrt{t})$ cm²/seg.

85. (a) $-\$\,38{,}13$ (b) $-\$\,10{,}37$ (c) $-\$\,3{,}80$
O custo fica menor com pedidos maiores.

87. 31,55 baterias. **89.** Demonstração.

91. (a) $n(t) = -3{,}5806t^3 + 82{,}577t^2 - 603{,}60t + 1667{,}5$
$v(t) = -0{,}1361t^3 + 3{,}165t^2 - 23{,}02t + 59{,}8$
(b)

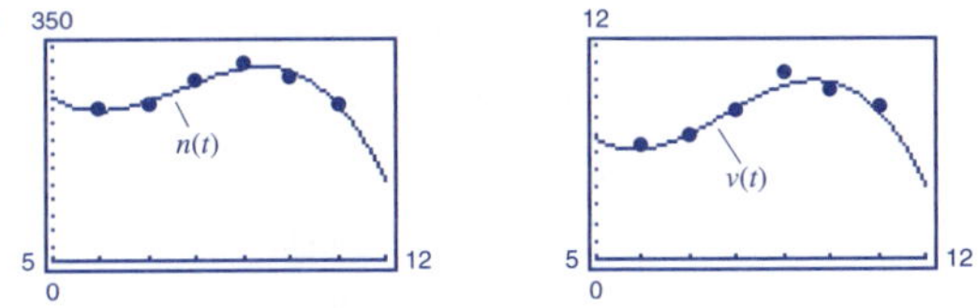

(c) $A = \dfrac{-0{,}1361t^3 + 3{,}165t^2 - 23{,}02t + 59{,}8}{-3{,}5806t^3 + 82{,}577t^2 - 603{,}60t + 1667{,}5}$

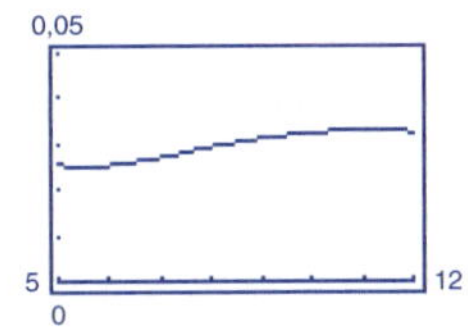

$A(t)$ representa o valor médio de revenda (em milhões de dólares) para cada 1.000 *trailers*.

(d) $A'(t)$ representa a taxa de variação do valor médio de revenda para cada 1.000 *trailers* para o ano em questão.

93. $3/\sqrt{x}$ **95.** $2/(x-1)^3$ **97.** $-3\,\text{sen}\, x$

99. $2x$ **101.** $1/\sqrt{x}$

103. Há mais de uma resposta correta. Uma possível resposta é: $(x-2)^2$

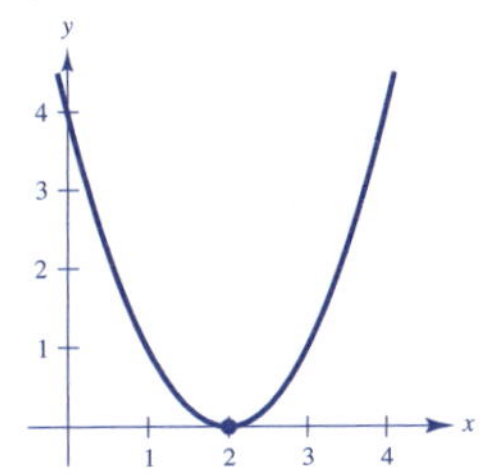

105. 0 **107.** −10

109.

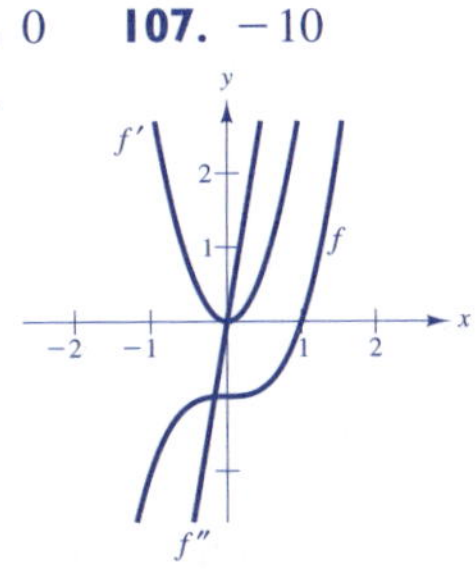

111.

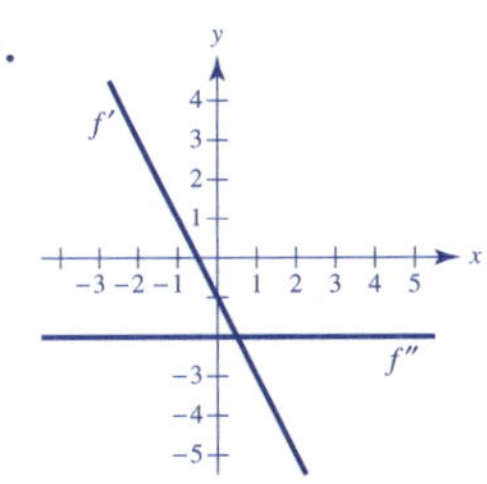

113.

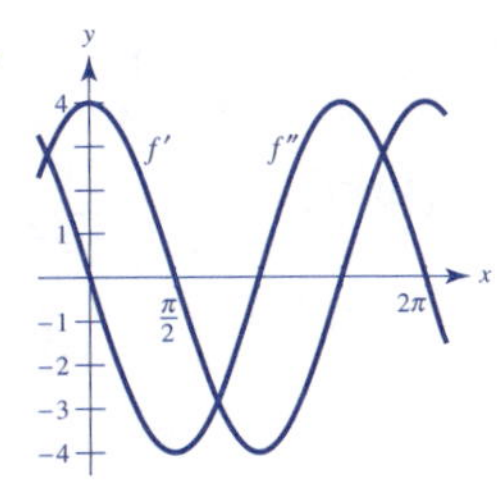

115. $v(3) = 27$ m/seg
$a(3) = -6$ m/seg²
A velocidade do objeto está diminuindo, porém a taxa desta desaceleração está aumentando.

117.

t	0	1	2	3	4
$s(t)$	0	57,75	99	123,75	132
$v(t)$	66	49,5	33	16,5	0
$a(t)$	−16,5	−16,5	−16,5	−16,5	−16,5

A velocidade média no intervalo [0, 1] é 57,75, no intervalo [1, 2] é 41, 25, no intervalo [2, 3] é 24, 75 e no intervalo [3, 4] é 8,25.

119. $f^{(n)}(x) = n(n-1)(n-2)\cdots(2)(1) = n!$

121. (a) $f''(x) = g(x)h''(x) + 2g'(x)h'(x) + g''(x)h(x)$

$f'''(x) = g(x)h'''(x) + 3g'(x)h''(x) + 3g''(x)h'(x) + g'''(x)h(x)$

$f^{(4)}(x) = g(x)h^{(4)}(x) + 4g'(x)h'''(x) + 6g''(x)h''(x) + 4g'''(x)h'(x) + g^{(4)}(x)h(x)$

(b) $f^{(n)}(x) = g(x)h^{(n)}(x) + \dfrac{n!}{1!(n-1)!}g'(x)h^{(n-1)}(x) + \dfrac{n!}{2!(n-2)!}g''(x)h^{(n-2)}(x) + \cdots + \dfrac{n!}{(n-1)!1!}g^{(n-1)}(x)h'(x) + g^{(n)}(x)h(x)$

123. $n = 1$: $f'(x) = x\cos x + \operatorname{sen} x$

$n = 2$: $f'(x) = x^2\cos x + 2x\operatorname{sen} x$

$n = 3$: $f'(x) = x^3\cos x + 3x^2\operatorname{sen} x$

$n = 4$: $f'(x) = x^4\cos x + 4x^3\operatorname{sen} x$

Fórmula geral: $f'(x) = x^n\cos x + nx^{(n-1)}\operatorname{sen} x$

125. $y' = -1/x^2$, $y'' = 2/x^3$,

$x^3y'' + 2x^2y' = x^3(2/x^3) + 2x^2(-1/x^2) = 2 - 2 = 0$

127. $y' = 2\cos x$, $y'' = -2\operatorname{sen} x$,

$y'' + y = -2\operatorname{sen} x + 2\operatorname{sen} x + 3 = 3$

129. Falsa. $dy/dx = f(x)g'(x) + g(x)f'(x)$ **131.** Verdadeira

133. Verdadeira **135.** $f(x) = 3x^2 - 2x - 1$

137. $f'(x) = 2|x|$; $f''(0)$ não existe.

Seção 2.4 (página 135)

	$y = f(g(x))$	$u = g(x)$	$y = f(u)$
1.	$y = (6x-5)^4$	$u = 6x - 5$	$y = u^4$
3.	$y = \sqrt{x^2-1}$	$u = x^2 - 1$	$y = \sqrt{u}$
5.	$y = \operatorname{cossec}^3 x$	$u = \operatorname{cossec} x$	$y = u^3$

7. $6(2x-7)^2$ **9.** $-108(4-9x)^3$

11. $\frac{1}{2}(1-t)^{-1/2}(-1) = -1/\left(2\sqrt{1-t}\right)$

13. $\frac{1}{3}(9x^2+4)^{-2/3}(18x) = 6x/(9x^2+4)^{2/3}$

15. $\frac{1}{2}(4-x^2)^{-3/4}(-2x) = -x/\sqrt[4]{(4-x^2)^3}$ **17.** $-1/(x-2)^2$

19. $-2(t-3)^{-3}(1) = -2/(t-3)^3$ **21.** $-1/[2(x+2)^{3/2}]$

23. $x^2[4(x-2)^3(1)] + (x-2)^4(2x) = 2x(x-2)^3(3x-2)$

25. $x\left(\dfrac{1}{2}\right)(1-x^2)^{-1/2}(-2x) + (1-x^2)^{1/2}(1) = \dfrac{1-2x^2}{\sqrt{1-x^2}}$

27. $\dfrac{(x^2+1)^{1/2}(1) - x(1/2)(x^2+1)^{-1/2}(2x)}{x^2+1} = \dfrac{1}{(x^2+1)^{3/2}}$

29. $\dfrac{-2(x+5)(x^2+10x-2)}{(x^2+2)^3}$

31. $\dfrac{-9(2v-1)^2}{(v+1)^4}$

33. $(1 - 3x^2 - 4x^{3/2})/[2\sqrt{x}(x^2+1)^2]$

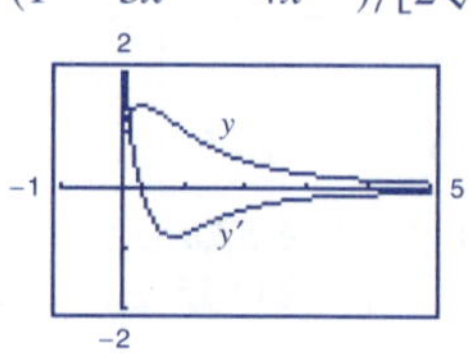

O ponto em que y' se anula corresponde ao ponto no gráfico da f onde a reta tangente é horizontal.

35. $-\dfrac{\sqrt{\dfrac{x+1}{x}}}{2x(x+1)}$

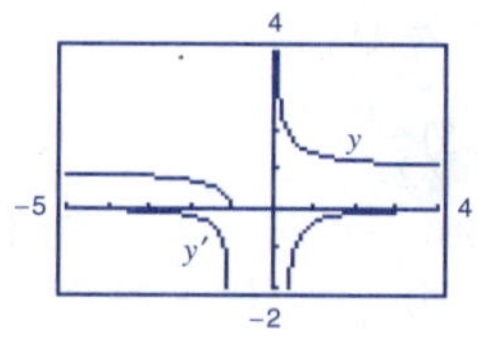

y' não se anula.

37. $-[\pi x\operatorname{sen}(\pi x) + \cos(\pi x) + 1]/x^2$

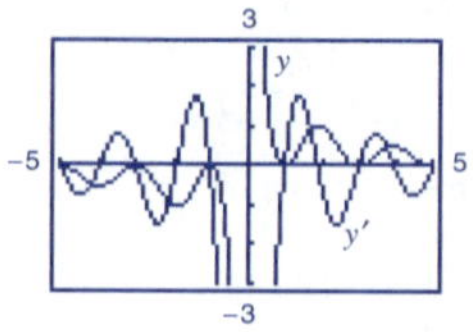

Os pontos em que y' se anula correspondem aos pontos no gráfico da f onde as retas tangentes são horizontais.

39. (a) 1 (b) 2; a inclinação de sen ax na origem é a.

41. $-3\operatorname{sen}(3x)$ **43.** $12\sec^2(4x)$ **45.** $2\pi^2 x\cos(\pi x)^2$

47. $2\cos(4x)$ **49.** $(-1-\cos^2 x)/\operatorname{sen}^3 x$

51. $8\sec^2 x\operatorname{tg} x = \dfrac{8\operatorname{sen} x}{\cos^3 x}$ **53.** $\operatorname{sen}(2\theta)\cos(2\theta) = \dfrac{1}{2}\operatorname{sen}(4\theta)$

55. $\dfrac{6\pi\operatorname{sen}(\pi t-1)}{\cos^3(\pi t-1)}$ **57.** $\dfrac{1}{2\sqrt{x}} + 2x\cos(2x)^2$

59. $s'(t) = \dfrac{t+1}{\sqrt{t^2+2t+8}}, \dfrac{3}{4}$ **61.** $f'(x) = \dfrac{-9x^2}{(x^3-4)^2}, -\dfrac{9}{25}$

63. $f'(t) = \dfrac{-5}{(t-1)^2}, -5$ **65.** $y' = -6\sec^3(2x)\operatorname{tg}(2x), 0$

67. (a) $9x - 5y - 2 = 0$

(b)

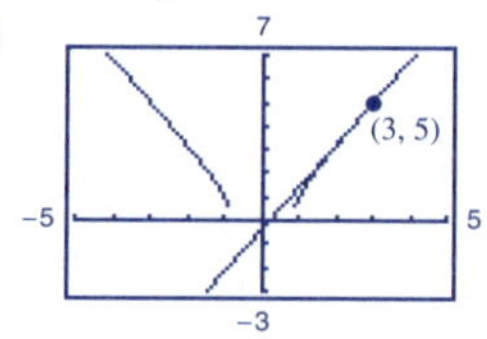

69. (a) $12x + y + 11 = 0$

(b)

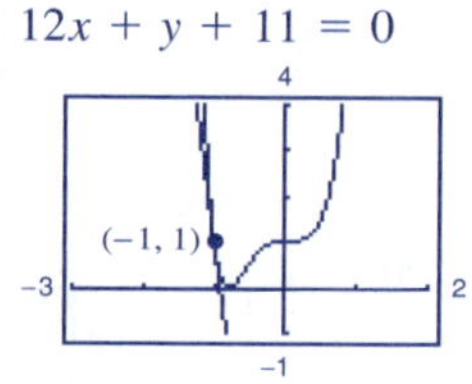

71. (a) $2x - y - 2\pi = 0$

(b)

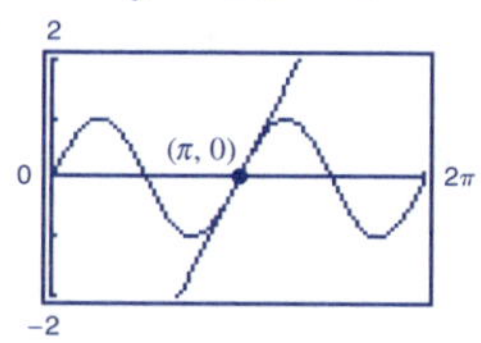

73. (a) $4x - y + (1 - \pi) = 0$

(b)

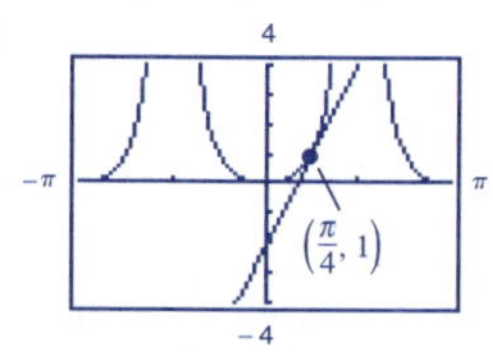

75. (a) $g'(1/2) = -3$

(b) $3x + y - 3 = 0$

(c)

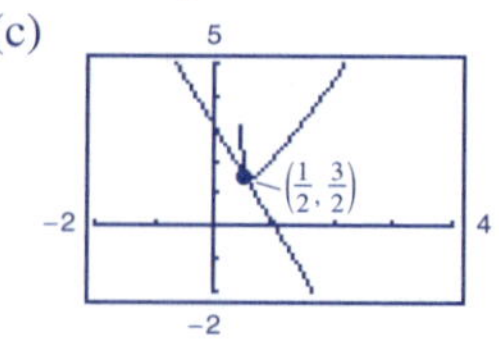

77. (a) $s'(0) = 0$

(b) $y = \frac{4}{3}$

(c)

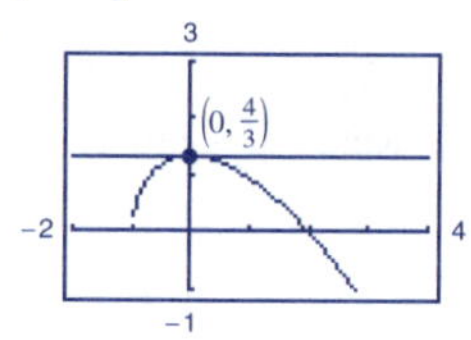

79. $3x + 4y - 25 = 0$

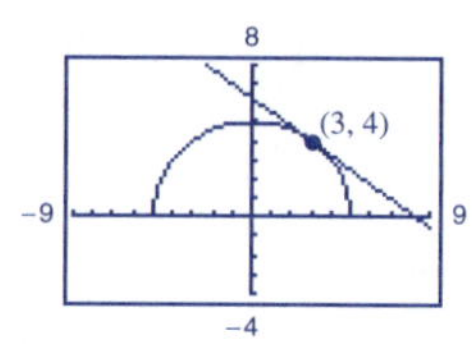

81. $\left(\dfrac{\pi}{6}, \dfrac{3\sqrt{3}}{2}\right), \left(\dfrac{5\pi}{6}, -\dfrac{3\sqrt{3}}{2}\right), \left(\dfrac{3\pi}{2}, 0\right)$ **83.** $12(5x^2-1)(x^2-1)$

85. $2(\cos x^2 - 2x^2\operatorname{sen} x^2)$ **87.** $h''(x) = 18x + 6, 24$

89. $f''(x) = -4x^2\cos(x^2) - 2\operatorname{sen}(x^2), 0$

91.

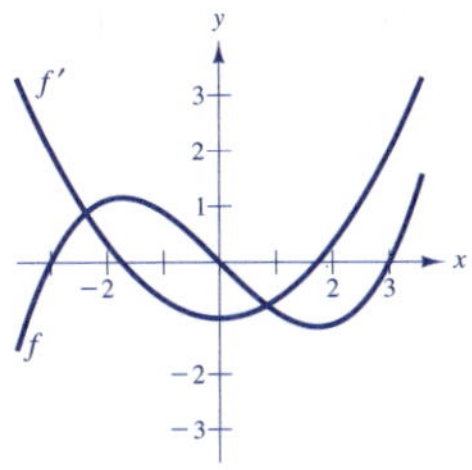

Os pontos em que f' se anula corresponde aos pontos do gráfico de f onde as retas tangentes são horizontais.

93.

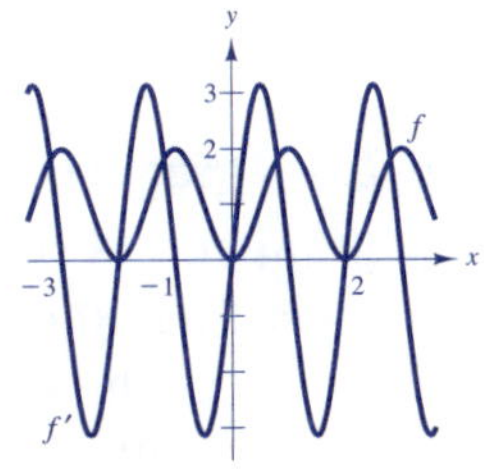

Os pontos em que f' se anula correspondem aos pontos no gráfico de f onde as retas tangentes são horizontais.

95. A taxa de variação de g será três vezes maior do que a de f.

97. (a) 24 (b) Não é possível pois $g'(h(5))$ não é dado.
(c) $\frac{4}{3}$ (d) 162

99. (a) $\frac{1}{2}$
(b) $s'(5)$ não existe pois g não é derivável no ponto 6

101. (a) 1,461 (b) $-1{,}016$

103. 0,2 radianos, 1,45 radianos/seg **105.** 0,04224 cm/seg

107. (a) $x = -1{,}637t^3 + 19{,}31t^2 - 0{,}5t - 1$
(b) $\dfrac{dC}{dt} = -294{,}66t^2 + 2317{,}2t - 30$
(c) Porque x, o número de unidades produzidas por hora, não depende linearmente do tempo t e, portanto, o custo também não é uma função linear do tempo.

109. $f(x + p) = f(x)$ para todo x.
(a) Sim, $f'(x + p) = f'(x)$, e isto mostra que f' também é periódica.
(b) Sim, seja $g(x) = f(2x)$, então $g'(x) = 2f'(2x)$. Sendo f' periódica segue-se que g' é periódica.

111. (a) 0
(b) $f'(x) = 2 \sec x \cdot \sec x \operatorname{tg} x = 2 \sec^2 x \operatorname{tg} x$
$g'(x) = 2 \operatorname{tg} x \sec^2 x = 2 \sec^2 x \operatorname{tg} x$
$f'(x) = g'(x)$

113. Demonstração **115.** $f'(x) = 2x\left(\dfrac{x^2 - 4}{|x^2 - 4|}\right),\ x \neq \pm 2$

117. $f'(x) = \cos x \operatorname{sen} x/|\operatorname{sen} x|,\ x \neq k\pi$

119. (a) $P_1(x) = 4\sqrt{3}(x - \pi/6) + 2$
$P_2(x) = 1/2(56)(x - \pi/6)^2 + 4\sqrt{3}(x - \pi/6) + 2$
$= 28(x - \pi/6)^2 + 4\sqrt{3}(x - \pi/6) + 2$
(b)

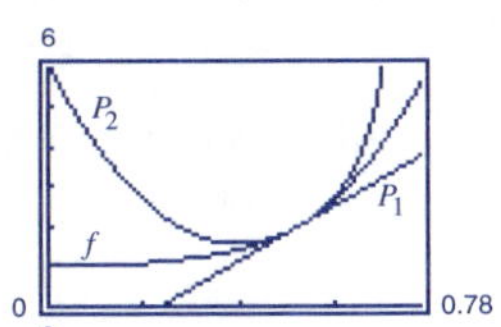

(c) P_2
(d) A precisão piora ao se afastar de $x = \pi/6$.

121. Falsa. Se $f(x) = \operatorname{sen}^2(2x)$, então $f'(x) = 2(\operatorname{sen} 2x)(2 \cos 2x)$.

123. Problema A1 do Desafio Putnam de 1967.

Seção 2.5 (página 144)

1. $-x/y$ **3.** $-\sqrt{y/x}$ **5.** $(y - 3x^2)/(2y - x)$

7. $(1 - 3x^2y^3)/(3x^3y^2 - 1)$

9. $(6xy - 3x^2 - 2y^2)/(4xy - 3x^2)$

11. $\cos x/[4 \operatorname{sen}(2y)]$ **13.** $(\cos x - \operatorname{tg} y - 1)/(x \sec^2 y)$

15. $[y \cos(xy)]/[1 - x \cos(xy)]$

17. (a) $y_1 = \sqrt{16 - x^2};\ y_2 = -\sqrt{16 - x^2}$
(b)

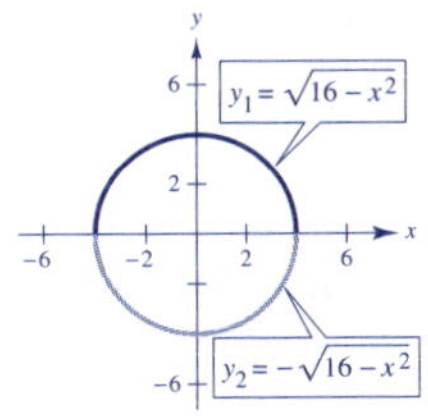

(c) $y' = \mp \dfrac{x}{\sqrt{16 - x^2}} = -\dfrac{x}{y}$
(d) $y' = -\dfrac{x}{y}$

19. (a) $y_1 = \frac{3}{4}\sqrt{16 - x^2};\ y_2 = -\frac{3}{4}\sqrt{16 - x^2}$
(b)

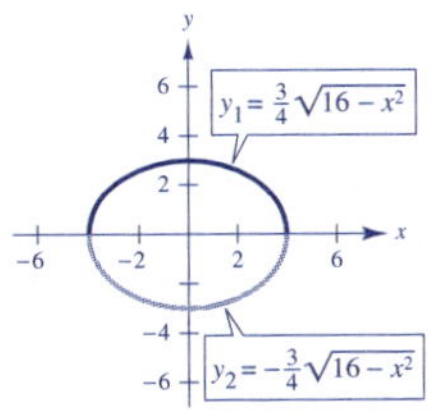

(c) $y' = \mp \dfrac{3x}{4\sqrt{16 - x^2}} = -\dfrac{9x}{16y}$
(d) $y' = -\dfrac{9x}{16y}$

21. $-\dfrac{y}{x},\ -\dfrac{1}{4}$ **23.** $\dfrac{8x}{y(x^2 + 4)^2}$, não está definida. **25.** $-\sqrt[3]{\dfrac{y}{x}},\ -\dfrac{1}{2}$

27. $-\operatorname{sen}^2(x + y)$ ou $-\dfrac{x^2}{x^2 + 1},\ 0$ **29.** $-\dfrac{1}{2}$ **31.** 0

33. $y = -x + 4$ **35.** $y = -x + 2$

37. $y = \sqrt{3}x/6 + 4\sqrt{3}$ **39.** $y = -\frac{2}{11}x + \frac{30}{11}$

41. (a) $y = -2x + 4$ (b) Há mais de uma resposta correta.

43. $\cos^2 y,\ -\dfrac{\pi}{2} < y < \dfrac{\pi}{2},\ \dfrac{1}{1 + x^2}$ **45.** $-36/y^3$

47. $-16/y^3$ **49.** $(3x)/(4y)$

51. $x + 3y - 12 = 0$

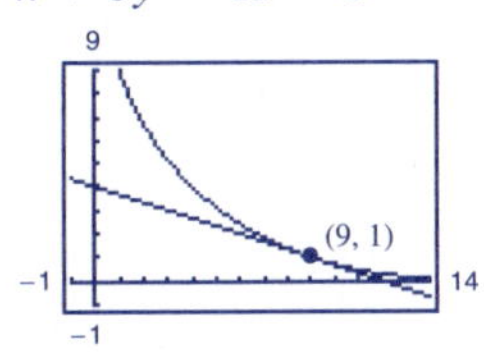

53. No ponto (4, 3):

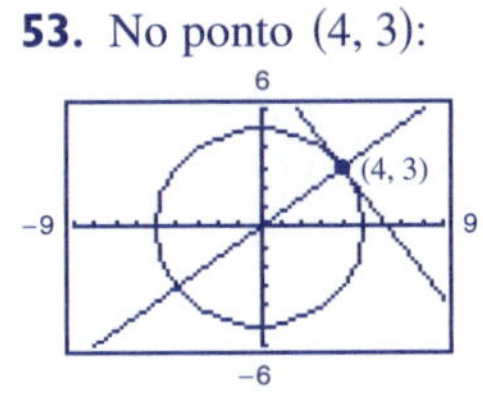

Reta tangente: $4x + 3y - 25 = 0$
Reta normal: $3x - 4y = 0$

No ponto $(-3, 4)$:

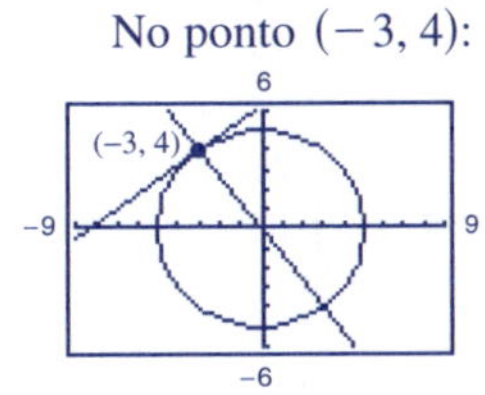

Reta tangente: $3x - 4y + 25 = 0$
Reta normal: $4x + 3y = 0$

55. $x^2 + y^2 = r^2 \Longrightarrow y' = -x/y \Longrightarrow y/x =$ coeficiente angular da reta normal. Portanto, para um ponto (x_0, y_0) do círculo, $x_0 \neq 0$, a equação da reta normal é $y = (y_0/x_0)x$, que é uma reta que passa pela origem. Se $x_0 = 0$, a reta normal é uma reta vertical e passa pela origem.

57. Retas tangentes horizontais: $(-4, 0), (-4, 10)$
Retas tangentes verticais: $(0, 5), (-8, 5)$

59.

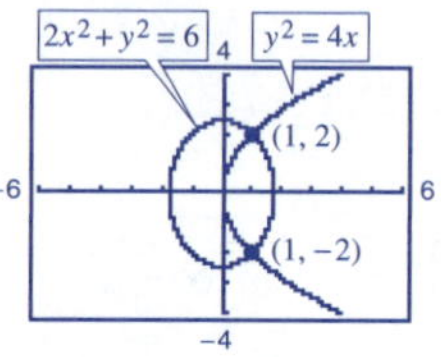

No ponto $(1, 2)$:
Inclinação da elipse: -1
Inclinação da parábola: 1
No ponto $(1, -2)$:
Inclinação da elipse: 1
Inclinação da parábola: -1

61.

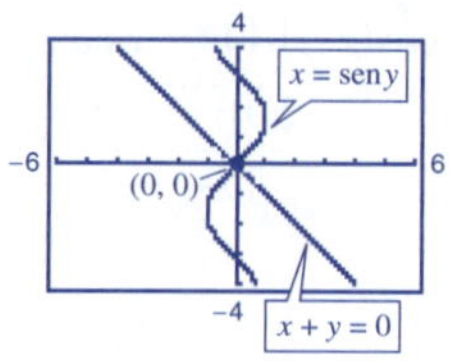

No ponto $(0, 0)$:
Inclinação da reta: -1
Inclinação da função seno: 1

63. Derivadas: $\dfrac{dy}{dx} = -\dfrac{y}{x}, \dfrac{dy}{dx} = \dfrac{x}{y}$

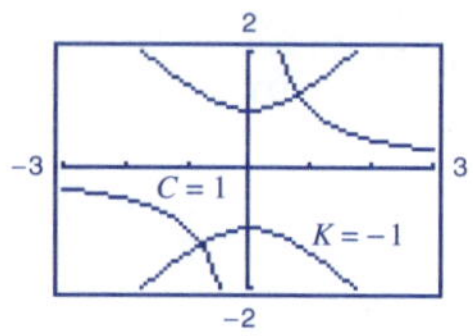

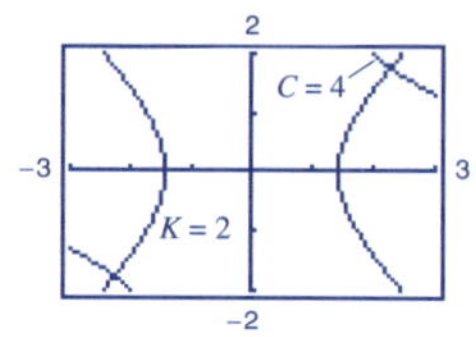

65. (a) $y\dfrac{dy}{dx} - 3x^3 = 0$ (b) $y\dfrac{dy}{dt} - 3x^3\dfrac{dx}{dt} = 0$

67. (a) $-\pi \operatorname{sen} \pi y\left(\dfrac{dy}{dx}\right) - 3\pi \cos \pi x = 0$

(b) $-\pi \operatorname{sen} \pi y\left(\dfrac{dy}{dt}\right) - 3\pi \cos \pi x\left(\dfrac{dx}{dt}\right) = 0$

69. Há mais de uma resposta correta. Na forma explícita de uma função, a variável é escrita explicitamente como função de x. Em um problema implícita a função é apenas dada por uma equação implícita. Um exemplo de uma equação implícita é $x^2 + xy = 5$. Na forma explícita seria $y = (5 - x^2)/x$.

71.

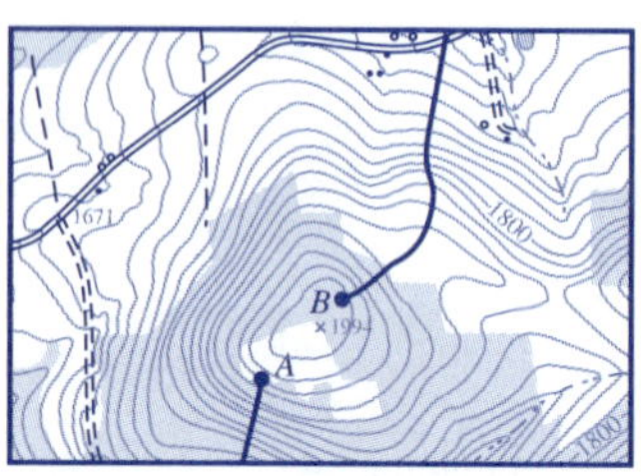

Use o ponto de partida B.

73. (a)

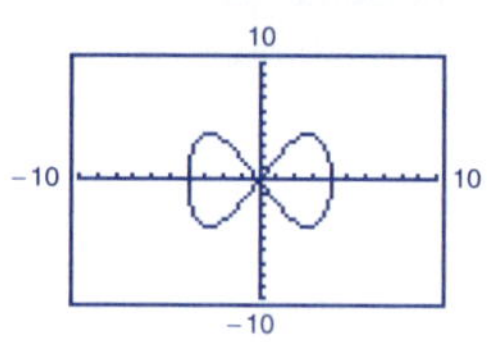

(b)

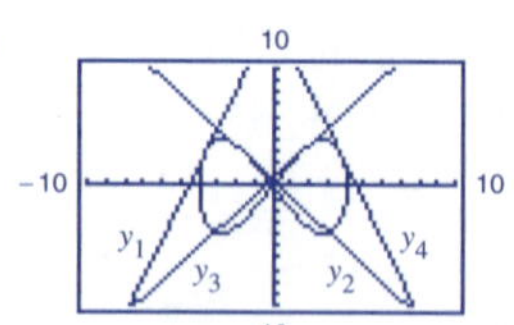

(c) $\left(\dfrac{8\sqrt{7}}{7}, 5\right)$

$y_1 = \frac{1}{3}\left[\left(\sqrt{7} + 7\right)x + \left(8\sqrt{7} + 23\right)\right]$
$y_2 = -\frac{1}{3}\left[\left(-\sqrt{7} + 7\right)x - \left(23 - 8\sqrt{7}\right)\right]$
$y_3 = -\frac{1}{3}\left[\left(\sqrt{7} - 7\right)x - \left(23 - 8\sqrt{7}\right)\right]$
$y_4 = -\frac{1}{3}\left[\left(\sqrt{7} + 7\right)x - \left(8\sqrt{7} + 23\right)\right]$

75. Demonstração. **77.** $(0, \pm 1)$ **79.** (a) 1 (b) 1 (c) 3
$x_0 = 3/4$

Seção 2.6 (página 151)

1. (a) $\frac{3}{4}$ (b) 20 **3.** (a) $-\frac{5}{8}$ (b) $\frac{3}{2}$

5. (a) -4 cm/seg (b) 0 cm/seg (c) 4 cm/seg

7. (a) 8 cm/seg (b) 4 cm/seg (c) 2 cm/seg

9. (a) Positivo (b) Negativo

11. Para uma função linear, se x varia a uma taxa constante então y também varia a uma taxa constante. Porém, a não ser que $a = 1$, as taxas de variação de x e de y não são iguais.

13. $[2(2x^3 + 3x)]/\sqrt{x^4 + 3x^2 + 1}$

15. (a) $36\pi\ \text{cm}^2/\text{min}$ (b) $144\pi\ \text{cm}^2/\text{min}$

17. (a) Demonstração.

(b) Para $\theta = \dfrac{\pi}{6}, \dfrac{dA}{dt} = \dfrac{\sqrt{3}}{8}s^2$. Para $\theta = \dfrac{\pi}{3}, \dfrac{dA}{dt} = \dfrac{1}{8}s^2$.

(c) Se s e $d\theta/dt$ são constantes, então dA/dt é proporcional a $\cos \theta$.

19. (a) $2/(9\pi)$ cm/min (b) $1/(18\pi)$ cm/min

21. (a) $36\ \text{cm}^2/\text{seg}$ (b) $360\ \text{cm}^2/\text{seg}$ **23.** $8/(405\pi)$ pés/min

25. (a) 12,5% (b) $\frac{1}{144}$ m/min

27. (a) $-\frac{7}{12}$ pés/seg; $-\frac{3}{2}$ pés/seg; $-\frac{48}{7}$ pés/seg

(b) $\frac{527}{24}\ \text{pés}^2/\text{seg}$ (c) $\frac{1}{12}$ rad/seg

29. Taxa de variação na direção vertical: $\frac{1}{5}$ m/seg

Taxa de variação horizontal: $-\sqrt{3}/15$ m/seg

31. (a) -750 mph (b) 20 min

33. $-28/\sqrt{10} \approx -8{,}85$ pés/seg

35. (a) $\frac{25}{3}$ pés/seg (b) $\frac{10}{3}$ pés/seg

37. (a) 12 sec (b) $\frac{1}{2}\sqrt{3}$ m (c) $\left(\sqrt{5}\pi\right)/120$ m/seg

39. A taxa de evaporação é proporcional a $S \Longrightarrow \dfrac{dV}{dt} = k(4\pi r^2)$

$V = \left(\dfrac{4}{3}\right)\pi r^3 \Longrightarrow \dfrac{dV}{dt} = 4\pi r^2\dfrac{dr}{dt}$. Portanto $k = \dfrac{dr}{dt}$.

41. $-V\dfrac{dp}{dt} = 1{,}3p\dfrac{dV}{dt}$ **43.** $\dfrac{1}{20}$ rad/seg

45. (a) $\frac{1}{2}$ rad/min (b) $\frac{3}{2}$ rad/min

(c) 1,87 rad/min

47. (a) $\dfrac{dx}{dt} = -600\pi \operatorname{sen} \theta$

(b)

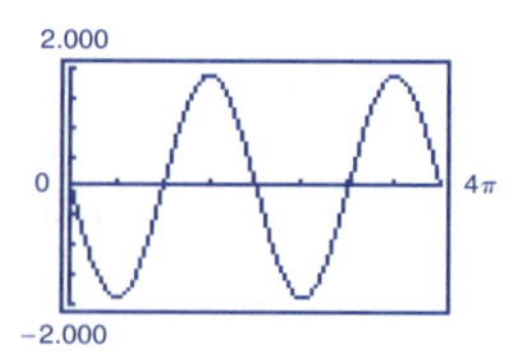

(c) $\theta = 90° + n \cdot 180°$;
$\theta = 0° + n \cdot 180°$

(d) -300π cm/seg;
$-300\sqrt{3}\pi$ cm/seg

49. $\dfrac{1}{25}\cos^2 \theta, -\dfrac{\pi}{4} \leq \theta \leq \dfrac{\pi}{4}$ **51.** $-0{,}1808\ \text{pés/seg}^2$

53. (a) $m(s) = 0{,}3754s^3 - 18{,}780s^2 + 313{,}23s - 1.707{,}8$

(b) $(1{,}1262s^2 - 37{,}560s + 313{,}23)\dfrac{ds}{dt}$; 1,12 milhões

Exercícios de Revisão do Capítulo 2 (página 156)

1. $f'(x) = 2x - 2$ **3.** $f'(x) = -2/(x - 1)^2$

5. A função f é derivável para todo $x \neq -1$.

7. 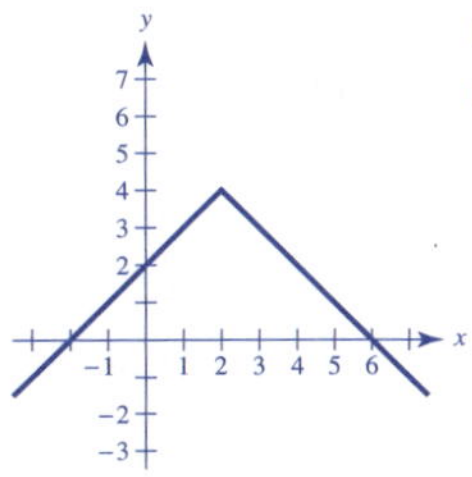

(a) Sim.
(b) Não, pois as derivadas da esquerda e da direita são diferentes.

9. $-\frac{3}{2}$

11. (a) $y = 3x + 1$
(b) 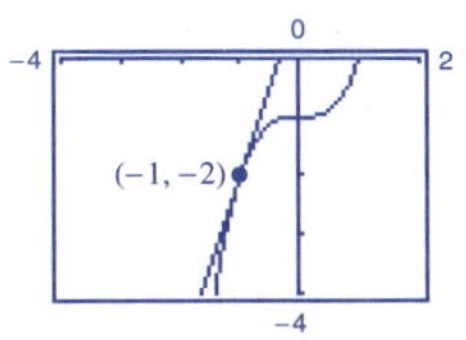

13. 8

15. 0 **17.** $8x^7$ **19.** $12t^3$ **21.** $3x(x - 2)$ **23.** $\dfrac{3}{\sqrt{x}} + \dfrac{1}{x^{2/3}}$

25. $-4/(3t^3)$ **27.** $2 - 3 \cos \theta$ **29.** $-3 \operatorname{sen} \theta - \cos \theta/4$

31. 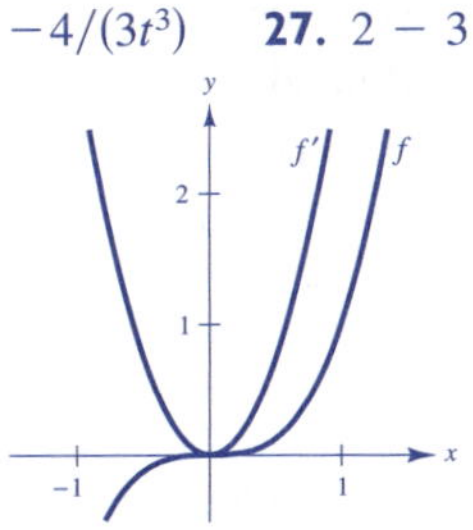

$f' > 0$ nos pontos em que o coeficiente angular das retas tangentes ao gráfico de f são positivos.

33. (a) 50 vibrações/seg/lb
(b) 33,33 vibrações/seg/lb

35. 414,74 m ou 1.354 pés

37. (a) 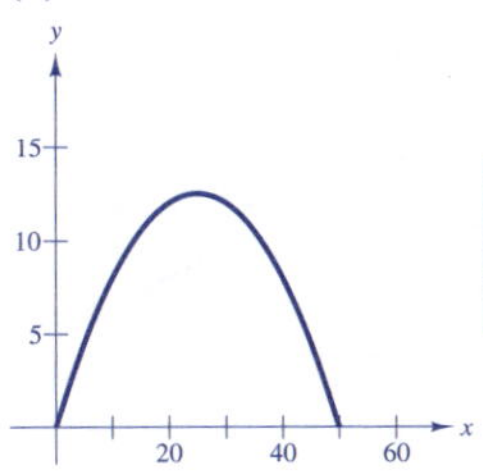

(b) 50
(c) $x = 25$
(d) $y' = 1 - 0{,}04x$

x	0	10	25	30	50
y'	1	0,6	0	−0,2	−1

(e) $y'(25) = 0$

39. (a) $x'(t) = 2t - 3$ (b) $(-\infty, 1{,}5)$ (c) $x = -\frac{1}{4}$ (d) 1

41. $2(6x^3 - 9x^2 + 16x - 7)$ **43.** $\sqrt{x} \cos x + \operatorname{sen} x / (2\sqrt{x})$

45. $-(x^2 + 1)/(x^2 - 1)^2$ **47.** $(6x)/(4 - 3x^2)^2$

49. $\dfrac{2x \cos x + x^2 \operatorname{sen} x}{\cos^2 x}$ **51.** $3x^2 \operatorname{seg} x \operatorname{tg} x + 6x \operatorname{seg} x$

53. $-x \operatorname{sen} x$ **55.** $y = 4x - 3$ **57.** $y = 0$

59. $v(4) = 20$ m/seg; $a(4) = -8$ m/seg^2

61. $6t$ **63.** $6 \operatorname{seg}^2 \theta \operatorname{tg} \theta$

65. $y'' + y = -(2 \operatorname{sen} x + 3 \cos x) + (2 \operatorname{sen} x + 3 \cos x) = 0$

67. $\dfrac{2(x - 3)(-x^2 + 6x + 1)}{(x^2 + 1)^3}$ **69.** $s(s^2 - 1)^{3/2}(8s^3 - 3s + 25)$

71. $-9 \operatorname{sen}(3x + 1)$ **73.** $\frac{1}{2}(1 - \cos 2x) = \operatorname{sen}^2 x$

75. $\operatorname{sen}^{1/2} x \cos x - \operatorname{sen}^{5/2} x \cos x = \cos^3 x \sqrt{\operatorname{sen} x}$

77. $\dfrac{(x + 2)[\pi \cos(\pi x)] - \operatorname{sen}(\pi x)}{(x + 2)^2}$ **79.** -2 **81.** 0

83. $(x + 2)/(x + 1)^{3/2}$ **85.** $5/[6(t + 1)^{1/6}]$

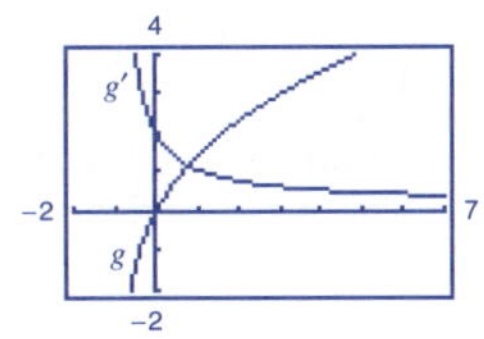

g' é diferente de zero para todo x.

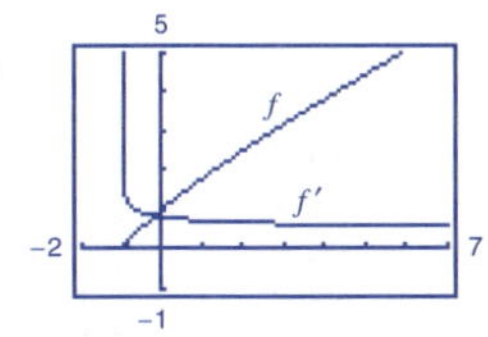

f' não se anula.

87. (a) $f'(2) = 24$ (b) $g(t) = 24t - 44$
(c) 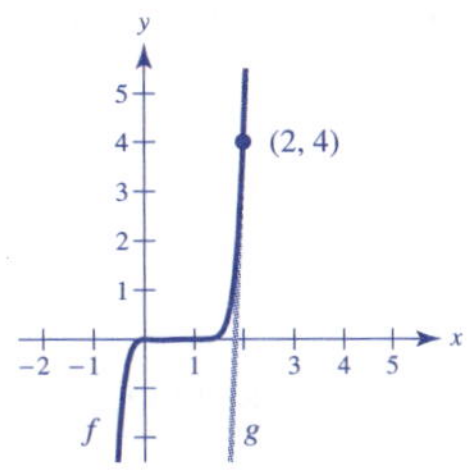

89. (a) $y'(-2) = -\dfrac{1}{2\sqrt{3} \cos^2 \sqrt{3}} \approx -11{,}1983$
(b) $y_1 = -\dfrac{(x + 2)}{2\sqrt{3} \cos^2 \sqrt{3}} + \operatorname{tg} \sqrt{3}$
(c) 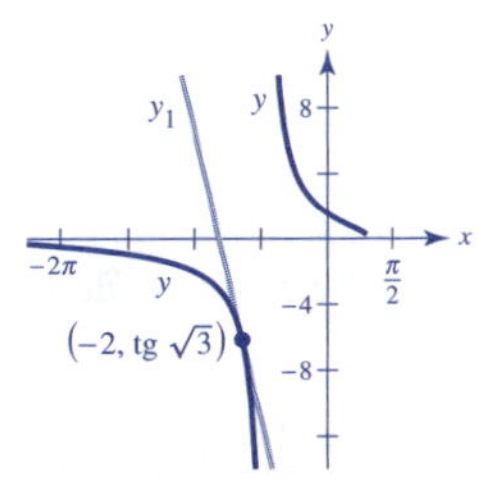

91. $4 - 4 \operatorname{sen} 2x$ **93.** $2 \operatorname{cossec}^2 x \operatorname{cotg} x$

95. $[2(t + 2)]/(1 - t)^4$

97. $18 \sec^2(3\theta) \operatorname{tg}(3\theta) + \operatorname{sen}(\theta - 1)$

99. (a) −18,667 graus por hora (b) −7,284 graus por hora
(c) −3,240 graus por hora (d) −0,747 graus por hora

101. $-\dfrac{2x + 3y}{3(x + y^2)}$ **103.** $\dfrac{2y\sqrt{x} - y\sqrt{y}}{2x\sqrt{y} - x\sqrt{x}}$ **105.** $\dfrac{y \operatorname{sen} x + \operatorname{sen} y}{\cos x - x \cos y}$

107. Reta tangente: $x + 2y - 10 = 0$
Reta normal: $2x - y = 0$

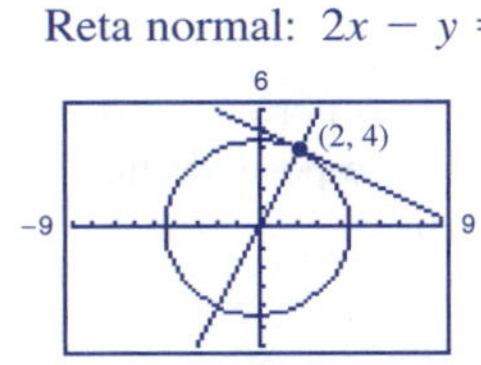

109. (a) $2\sqrt{2}$ unidades/seg
(b) 4 unidades/seg
(c) 8 unidades/seg

111. $\frac{2}{25}$ m/min

113. −38,34 m/seg

P.S. Problemas Suplementares (página 159)

1. (a) $r = \frac{1}{2}$; $x^2 + \left(y - \frac{1}{2}\right)^2 = \frac{1}{4}$
(b) Centro: $\left(0, \frac{5}{4}\right)$; $x^2 + \left(y - \frac{5}{4}\right)^2 = 1$

3. (a) $P_1(x) = 1$ (b) $P_2(x) = 1 - \frac{1}{2}x^2$

(c)

x	−1,0	−0,1	−0,001	0	0,001
$\cos x$	0,5403	0,9950	1,000	1	1,000
$P_2(x)$	0,5	0,995	1,000	1	1,000

x	0,1	1,0
$\cos x$	0,9950	0,5403
$P_2(x)$	0,995	0,5

$P_2(x)$ é uma boa aproximação de $f(x) = \cos x$ para x muito próximo de 0.

(d) $P_3(x) = x - \frac{1}{6}x^3$

5. $p(x) = 2x^3 + 4x^2 - 5$

7. (a) Gráfico $\begin{cases} y_1 = \dfrac{1}{a}\sqrt{x^2(a^2 - x^2)} \\ y_2 = -\dfrac{1}{a}\sqrt{x^2(a^2 - x^2)} \end{cases}$ como equações separadas.

(b) Há mais de uma resposta correta. Uma possível resposta:

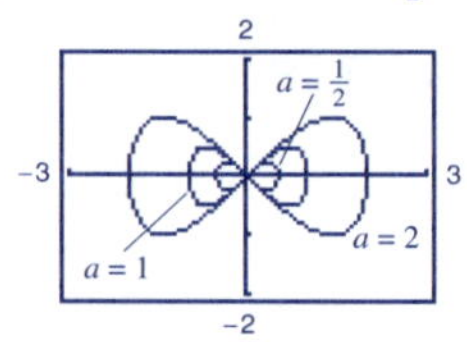

As interseções com o eixo dos x serão sempre (0, 0), (a, 0), e ($-a$, 0), e os valores máximos e mínimos de y aparentam ser $\pm\frac{1}{2}a$.

(c) $\left(\frac{a\sqrt{2}}{2}, \frac{a}{2}\right), \left(\frac{a\sqrt{2}}{2}, -\frac{a}{2}\right), \left(-\frac{a\sqrt{2}}{2}, \frac{a}{2}\right), \left(-\frac{a\sqrt{2}}{2}, -\frac{a}{2}\right)$

9. (a) Quando o homem está a 90 pés do poste de luz, a ponta da sua sombra está a $112\frac{1}{2}$ pés da luz. A ponta da sombra da criança está a $111\frac{1}{9}$ pés da luz, logo a sombra do homem se estende $1\frac{7}{18}$ além da sombra da criança.

(b) Quando o homem está a 60 pés do poste de luz, a ponta da sua sombra está a 75 pés da luz. A ponta da sombra da criança está a $77\frac{7}{9}$ pés da luz, logo a sombra do homem se estende $2\frac{7}{9}$ além da sombra do homem.

(c) $d = 80$ pés.

(d) Seja x a distância do homem até o poste de luz e seja s a distância da ponta da sombra até o poste de luz.
Se $0 < x < 80$, $ds/dt = -50/9$.
Se $x > 80$, $ds/dt = -25/4$
Há uma descontinuidade no ponto $x = 80$.

11. Demonstração. O gráfico de L é uma reta que passa pela origem (0, 0).

13. (a)

$z°$	0,1	0,01	0,0001
$\dfrac{\text{sen } z}{z}$	0,0174532837	0,0174532924	0,0174532925

(b) $\pi/180$ (c) $(\pi/180)\cos z$

(d) $S(90) = 1$, $C(180) = -1$; $(\pi/180)C(z)$

(e) Há mais de uma resposta correta.

15. (a) j seria a taxa de variação da aceleração.

(b) $j = 0$. A aceleração é constante e, portanto, não há variação na aceleração.

(c) a: função posição, d: função velocidade, b: função aceleração, c: função impulso

Capítulo 3

Seção 3.1 (página 166)

1. A: nenhuma das opções, B: máximo absoluto (e máximo relativo), C: nenhuma das opções, D: nenhuma das opções, E: máximo relativo, F: mínimo relativo, G: nenhuma das opções.

3. $f'(0) = 0$ **5.** $f'(3) = 0$ **7.** $f'(-2)$ não existe.

9. 2, máximo absoluto (e máximo relativo)

11. 1, máximo absoluto (e máximo relativo)
2, mínimo absoluto (e mínimo relativo)
3, máximo absoluto (e máximo relativo)

13. $x = 0, x = 2$ **15.** $t = 8/3$ **17.** $x = \pi/3, \pi, 5\pi/3$

19. Mínimo: (2, 2)
Máximo: (−1, 8)

21. Mínimos: (0, 0) e (3, 0)
Máximo: $\left(\frac{3}{2}, \frac{9}{4}\right)$

23. Mínimo: $\left(-1, -\frac{5}{2}\right)$
Máximo: (2, 2)

25. Mínimo: (0, 0)
Máximo: (−1, 5)

27. Mínimo: (0, 0)
Máximos: $\left(-1, \frac{1}{4}\right)$ e $\left(1, \frac{1}{4}\right)$

29. Mínimo: (1, −1)
Máximo: $\left(0, -\frac{1}{2}\right)$

31. Mínimo: (−1, −1)
Máximo: (3, 3)

33. Mínimo: $\left(1/6, \sqrt{3}/2\right)$
Máximo: (0, 1)

35. Mínimo: (2, 3)
Máximo: $\left(1, \sqrt{2} + 3\right)$

37. (a) Mínimo: (0, −3);
Máximo: (2, 1)
(b) Mínimo: (0, −3)
(c) Máximo: (2, 1)
(d) Nenhum extremo

39. (a) Mínimo: (1, −1);
Máximo: (−1, 3)
(b) Máximo: (3, 3)
(c) Mínimo: (1, −1)
(d) Mínimo: (1, −1)

41.

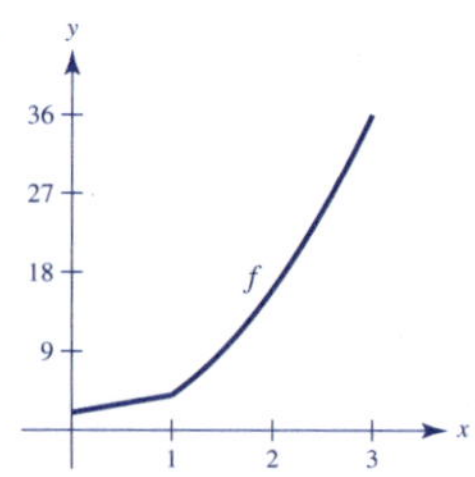

Mínimo: (0, 2)
Máximo: (3, 36)

43.

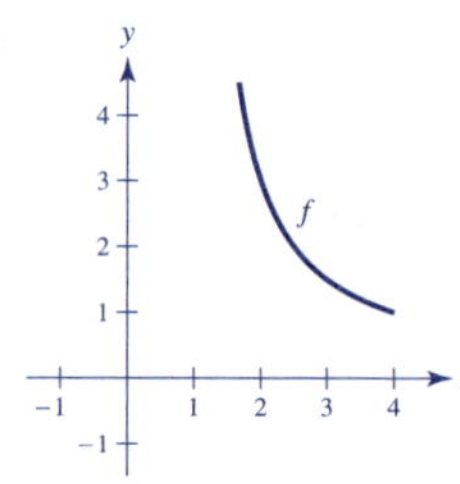

Mínimo: (4, 1)

45.

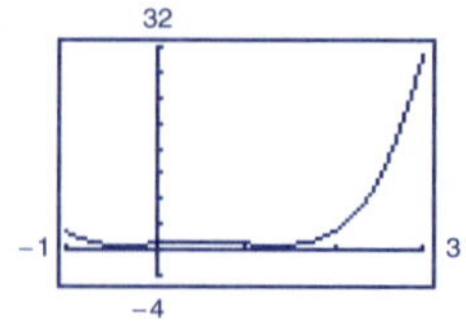

Mínima: $\left(\frac{-\sqrt{3}+1}{2}, \frac{3}{4}\right)$ e $\left(\frac{\sqrt{3}+1}{2}, \frac{3}{4}\right)$
Máximo: (3, 31)

47. (a)

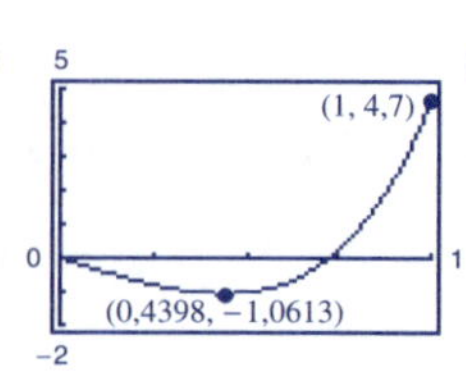

(b) Mínimo: (0,4398, −1,0613)

49. Máximo: $\left|f''\left(\sqrt[3]{-10 + \sqrt{108}}\right)\right| = f''\left(\sqrt{3} - 1\right) \approx 1{,}47$

51. Máximo: $\left|f^{(4)}(0)\right| = \frac{56}{81}$

53. Há mais de uma resposta correta. Exemplo:

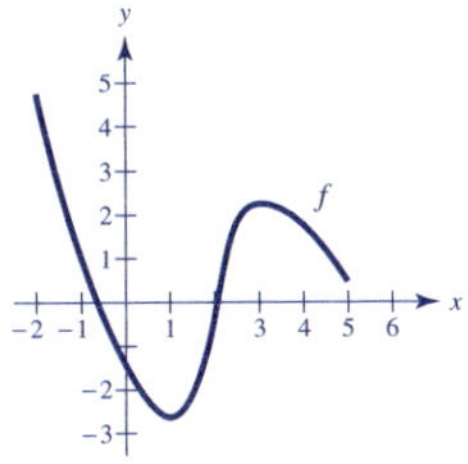

55. (a) Sim (b) Não **57.** (a) Não (b) Sim

59. Máximo: $P(12) = 72$ Não. P é decrescente para $I \geq 12$.

61. $\dfrac{dx}{dt} = \dfrac{v^2 \cos 2\theta}{16}\dfrac{d\theta}{dt}$

No intervalo $[\pi/4, 3\pi/4]$, $\theta = \pi/4, 3\pi/4$ são mínimos para dx/dt e $\theta = \pi/2$ é o máximo para dx/dt. Isto implica que o pulverizador rega mais tempo quando $\theta = \pi/4$ e $3\pi/4$. O gramado mais longe do pulverizador recebe a maior parte da água.

63. Verdadeira **65.** Verdadeira **67.** Demonstração

69. (a) $y = (3/40.000)x^2 - (3/200)x + 75/4$

(b)

x	-500	-400	-300	-200	-100	0
d	0	0,75	3	6,75	12	18,75

x	100	200	300	400	500
d	12	6,75	3	0,75	0

(c) Ponto mais baixo $\approx (100, 18)$; não.

Seção 3.2 (página 173)

1. $f(0) = f(2) = 0$; f não é diferenciável em $(0, 2)$.

3. $f(-1) = f(1) = 1$; f não é contínua em $(-1, 1)$.

5. $(2, 0), (-1, 0); f'\left(\frac{1}{2}\right) = 0$

7. $(0, 0), (-4, 0); f'\left(-\frac{8}{3}\right) = 0$

9. $f'\left(-\frac{3}{2}\right) = 0$ **11.** $f'(1) = 0$

13. $f'\left(\dfrac{6 - \sqrt{3}}{3}\right) = 0$; $f'\left(\dfrac{6 + \sqrt{3}}{3}\right) = 0$

15. Não é diferenciável em $x = 0$. **17.** $f'\left(-2 + \sqrt{5}\right) = 0$.

19. $f'(\pi/2) = 0$; $f'(3\pi/2) = 0$. **21.** $f'(0{,}249) \approx 0$.

23. Não é contínua em $[0, \pi]$.

25.

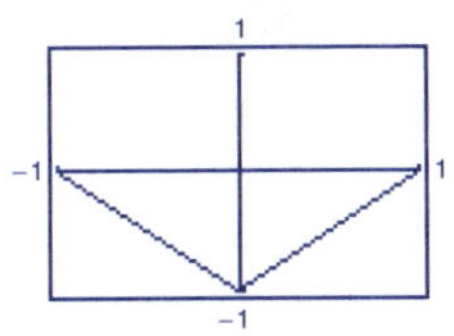

27.

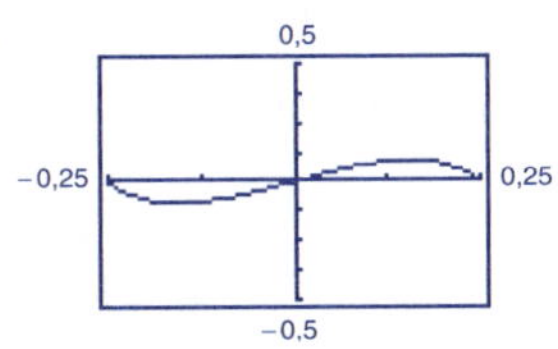

O Teorema de Rolle não se aplica. $f'(\pm 0{,}1533) = 0$

29. (a) $f(1) = f(2) = 64$

(b) Velocidade igual a 0 para algum $(1, 2)$; $t = \frac{3}{2}$ s.

31.

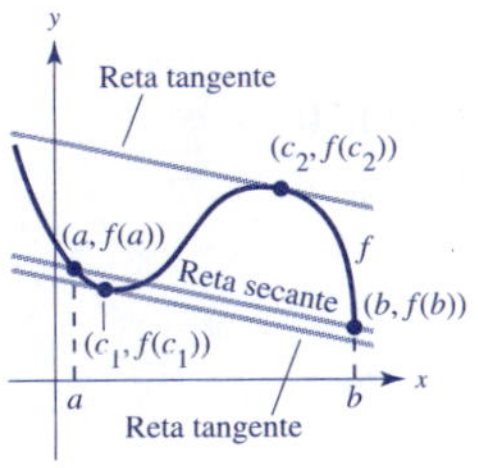

33. A função não é contínua em $[0, 6]$.

35. A função não é contínua em $[0, 6]$.

37. (a) Reta secante: $x - y + 3 = 0$ (b) $c = \frac{1}{2}$

(c) Reta tangente: $4x - 4y + 3 = 0$

(d)

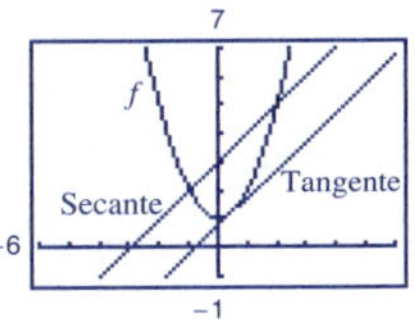

39. $f'(-1/2) = -1$ **41.** $f'(8/27) = 1$

43. $f'(-1/4) = -1/3$ **45.** $f'(\pi/2) = 0$

47. (a)–(c)

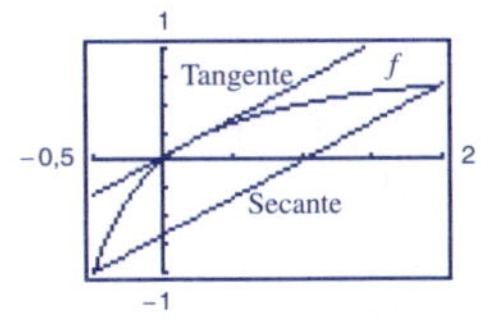

(b) $y = \frac{2}{3}(x - 1)$

(c) $y = \frac{1}{3}\left(2x + 5 - 2\sqrt{6}\right)$

49. (a)–(c)

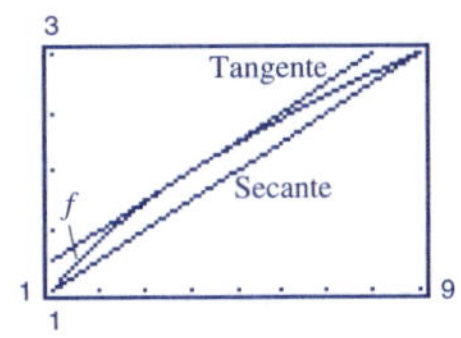

(b) $y = \frac{1}{4}x + \frac{3}{4}$

(c) $y = \frac{1}{4}x + 1$

51. (a) $-14{,}7$ m/s (b) 1,5 s

53. Não. Escolha $f(x) = x^2$ em $[-1, 2]$.

55. Não. $f(x)$ não é contínua em $[0, 1]$. Assim, ela não satisfaz as hipóteses do Teorema de Rolle.

57. Pelo Teorema de Valor Médio, existe um instante T no qual a velocidade do avião deve ser igual à velocidade média de 454,5 mph. A velocidade será 400 mph em algum instante entre a decolagem e o instante T, e em algum outro entre T e o pouso.

59. Demonstração

61. (a) f é contínua e muda de sinal em $[-10, 4]$ (Teorema do Valor Intermediário).

(b) Existem números reais a e b tais que $-10 < a < b < 4$ e $f(a) = f(b) = 2$. Assim, f' tem um zero no intervalo pelo Teorema de Rolle.

(c)

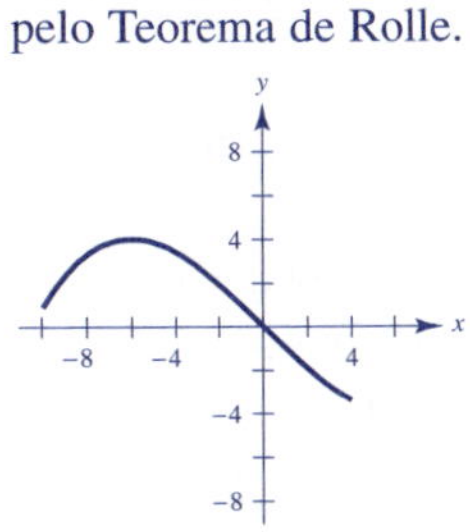

(d)

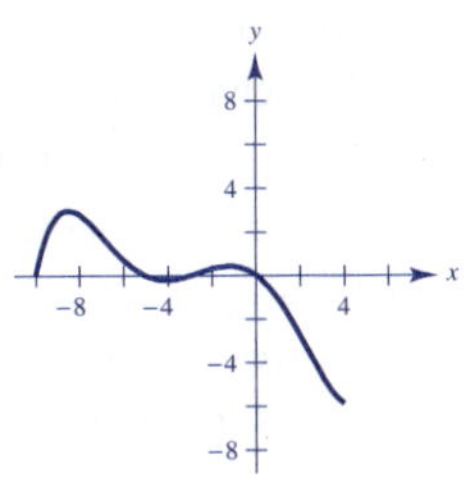

(e) Não, pelo Teorema 2.1.

63.

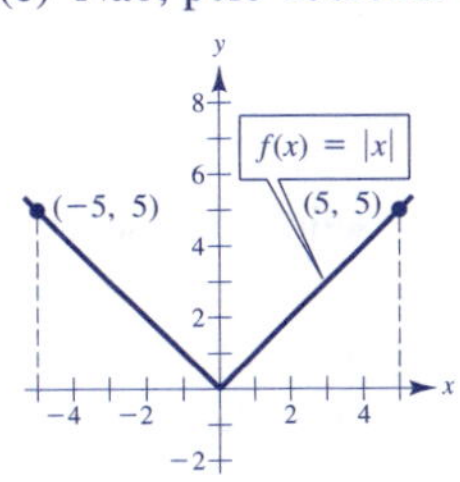

65. Demonstração.

67. $a = 6, b = 1, c = 2$ **69.** $f(x) = 5$ **71.** $f(x) = x^2 - 1$

73. Falsa. f não é contínua em $[-1, 1]$. **75.** Verdadeira

77–85. Demonstrações

Seção 3.3 (página 183)

1. (a) $(0, 6)$ (b) $(6, 8)$

3. Crescente em $(3, \infty)$; Decrescente em $(-\infty, 3)$

5. Crescente em $(-\infty, -2)$ e $(2, \infty)$; Decrescente em $(-2, 2)$

7. Crescente em $(0, \pi/2)$ e $(3\pi/2, 2\pi)$;
Decrescente em $(\pi/2, 3\pi/2)$

9. Crescente em $(-\infty, 0)$; Decrescente em $(0, \infty)$

11. Crescente em $(1, \infty)$; Decrescente em $(-\infty, 1)$

13. Crescente em $\left(-2\sqrt{2}, 2\sqrt{2}\right)$
Decrescente em $\left(-4, -2\sqrt{2}\right), \left(2\sqrt{2}, 4\right)$

15. Crescente em $(0, 7\pi/6)$ e $(11\pi/6, 2\pi)$;
Decrescente em $(7\pi/6, 11\pi/6)$

17. (a) Número crítico: $x = 3$
(b) Crescente em $(3, \infty)$; Decrescente em $(-\infty, 3)$
(c) Mínimo relativo: $(3, -9)$

19. (a) Número crítico: $x = 1$
(b) Crescente em $(-\infty, 1)$; Decrescente em $(1, \infty)$
(c) Máximo relativo: $(1, 5)$

21. (a) Números críticos: $x = -2, 1$
(b) Crescente em $(-\infty, -2)$ e $(1, \infty)$; Decrescente em $(-2, 1)$
(c) Máximo relativo: $(-2, 20)$; Mínimo relativo: $(1, -7)$

23. (a) Números críticos: $x = 0, 2$
(b) Crescente em $(0, 2)$; Decrescente em $(-\infty, 0), (2, \infty)$
(c) Máximo relativo: $(2, 4)$; Mínimo relativo: $(0, 0)$

25. (a) Números críticos: $x = \pm 1$
(b) Crescente em $(-\infty, -1)$ e $(1, \infty)$; Decrescente em $(-1, 1)$
(c) Máximo relativo: $\left(-1, \frac{4}{5}\right)$; Mínimo relativo: $\left(1, -\frac{4}{5}\right)$

27. (a) Números críticos: $x = 0$
(b) Crescente em $(-\infty, \infty)$
(c) Nenhum extremo relativo

29. (a) Números críticos: $x = 1$
(b) Crescente em $(1, \infty)$; Decrescente em $(-\infty, 1)$
(c) Mínimo relativo: $(1, 0)$

31. (a) Números críticos: $x = 5$
(b) Crescente em $(-\infty, 5)$; Decrescente em $(5, \infty)$
(c) Máximo relativo: $(5, 5)$

33. (a) Números críticos: $x = \pm 1$; Descontinuidade: $x = 0$
(b) Crescente em $(-\infty, -1)$ e $(1, \infty)$
Decrescente em $(-1, 0)$ e $(0, 1)$
(c) Máximo relativo: $(-1, -2)$; Mínimo relativo: $(1, 2)$

35. (a) Números críticos: $x = 0$; Descontinuidades: $x = \pm 3$
(b) Crescente em $(-\infty, -3)$ e $(-3, 0)$
Decrescente em $(0, 3)$ e $(3, \infty)$
(c) Máximo relativo: $(0, 0)$

37. (a) Números críticos: $x = -3, 1$; Descóntinuidade: $x = -1$
(b) Crescente em $(-\infty, -3)$ e $(1, \infty)$
Decrescente em $(-3, -1)$ e $(-1, 1)$
(c) Máximo relativo: $(-3, -8)$; Mínimo relativo: $(1, 0)$

39. (a) Números críticos: $x = \pi/6, 5\pi/6$
Crescente em $(0, \pi/6), (5\pi/6, 2\pi)$
Decrescente em $(\pi/6, 5\pi/6)$
(b) Máximo relativo: $\left(\pi/6, \left(\pi + 6\sqrt{3}\right)/12\right)$
Mínimo relativo: $\left(5\pi/6, \left(5\pi - 6\sqrt{3}\right)/12\right)$

41. (a) Números críticos: $x = \pi/4, 5\pi/4$
Crescente em $(0, \pi/4), (5\pi/4, 2\pi)$
Decrescente em $(\pi/4, 5\pi/4)$
(b) Máximo relativo: $\left(\pi/4, \sqrt{2}\right)$
Mínimo relativo: $\left(5\pi/4, -\sqrt{2}\right)$

43. (a) Números críticos:
$x = \pi/4, \pi/2, 3\pi/4, \pi, 5\pi/4, 3\pi/2, 7\pi/4$
Crescente em $(\pi/4, \pi/2), (3\pi/4, \pi), (5\pi/4, 3\pi/2), (7\pi/4, 2\pi)$
Decrescente em $(0, \pi/4), (\pi/2, 3\pi/4), (\pi, 5\pi/4), (3\pi/2, 7\pi/4)$
(b) Máximos relativos: $(\pi/2, 1), (\pi, 1), (3\pi/2, 1)$
Mínimos relativos: $(\pi/4, 0), (3\pi/4, 0), (5\pi/4, 0), (7\pi/4, 0)$

45. (a) Números críticos: $\pi/2, 7\pi/6, 3\pi/2, 11\pi/6$
Crescente em $\left(0, \frac{\pi}{2}\right), \left(\frac{7\pi}{6}, \frac{3\pi}{2}\right), \left(\frac{11\pi}{6}, 2\pi\right)$
Decrescente em $\left(\frac{\pi}{2}, \frac{7\pi}{6}\right), \left(\frac{3\pi}{2}, \frac{11\pi}{6}\right)$
(b) Máximos relativos: $\left(\frac{\pi}{2}, 2\right), \left(\frac{3\pi}{2}, 0\right)$
Mínimos relativos: $\left(\frac{7\pi}{6}, -\frac{1}{4}\right), \left(\frac{11\pi}{6}, -\frac{1}{4}\right)$

47. (a) $f'(x) = 2(9 - 2x^2)/\sqrt{9 - x^2}$
(b)

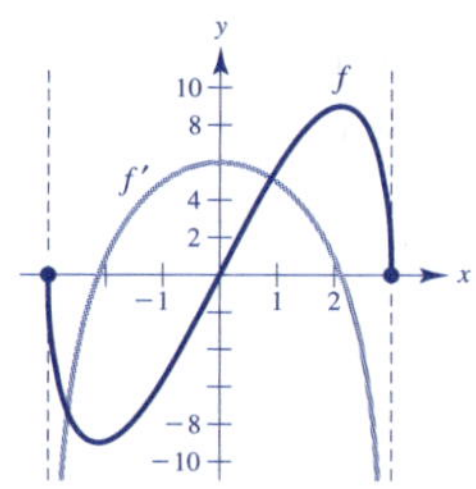

(c) Números críticos: $x = \pm 3\sqrt{2}/2$
(d) $f' > 0$ em $\left(-3\sqrt{2}/2, 3\sqrt{2}/2\right)$
$f' < 0$ em $\left(-3, -3\sqrt{2}/2\right), \left(3\sqrt{2}/2, 3\right)$

49. (a) $f'(t) = t(t \cos t + 2 \operatorname{sen} t)$
(b)

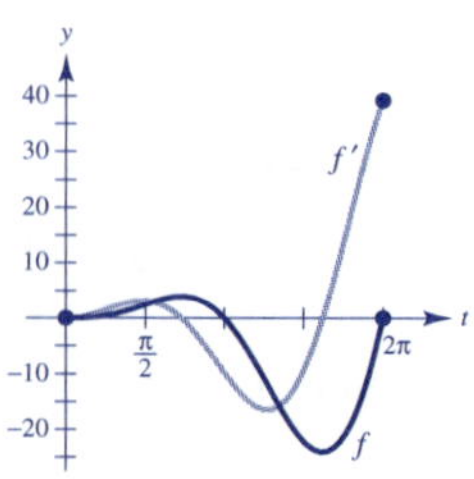

(c) Números críticos: $t = 2{,}2889, 5{,}0870$
(d) $f' > 0$ em $(0, 2{,}2889), (5{,}0870, 2\pi)$
$f' < 0$ em $(2{,}2889, 5{,}0870)$

51. (a) $f'(x) = -\cos(x/3)$

(b)

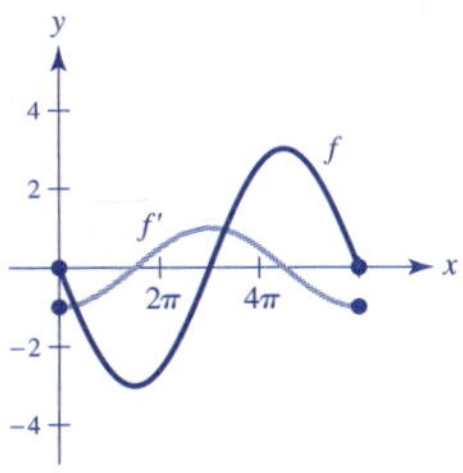

(c) Números críticos: $x = 3\pi/2, 9\pi/2$

(d) $f' > 0$ em $\left(\frac{3\pi}{2}, \frac{9\pi}{2}\right)$

$f' < 0$ em $\left(0, \frac{3\pi}{2}\right), \left(\frac{9\pi}{2}, 6\pi\right)$

53. $f(x)$ é simétrica com relação à origem.
Zeros: $(0, 0), (\pm\sqrt{3}, 0)$

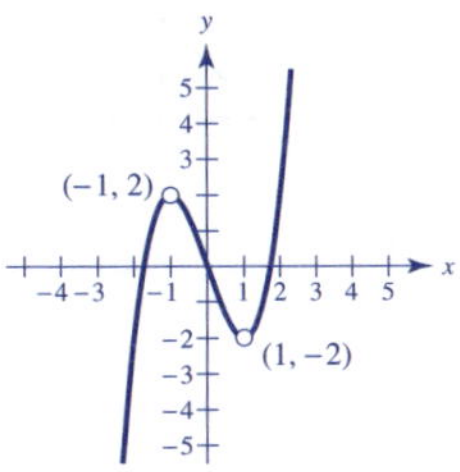

$g(x)$ é contínua em $(-\infty, \infty)$ e $f(x)$ não está definida em $x = 1$ e $x = -1$.

55.

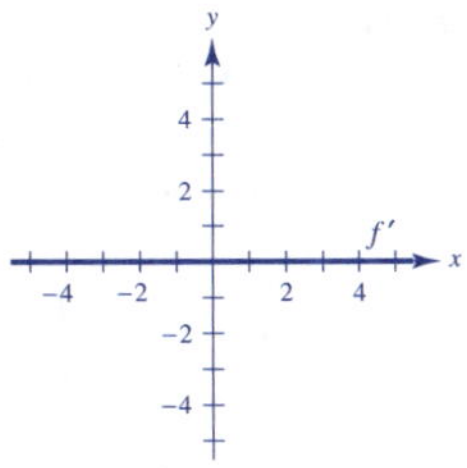

57.

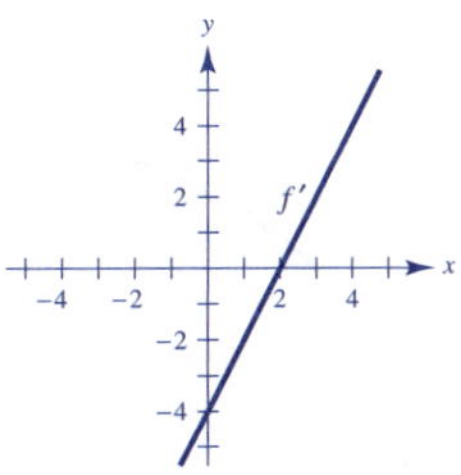

59.

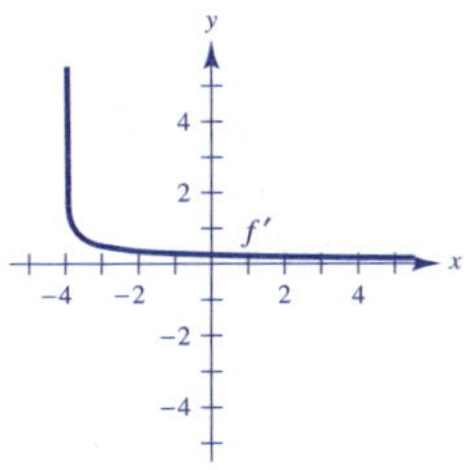

61. (a) Crescente em $(2, \infty)$; Decrescente em $(-\infty, 2)$
(b) Mínimo relativo: $x = 2$

63. (a) Crescente em $(-\infty, 0)$ e $(1, \infty)$; Decrescente em $(0, 1)$
(b) Máximo relativo: $x = 0$; Mínimo relativo: $x = 1$

65. $g'(0) < 0$ **67.** $g'(-6) < 0$ **69.** $g'(0) > 0$

71.

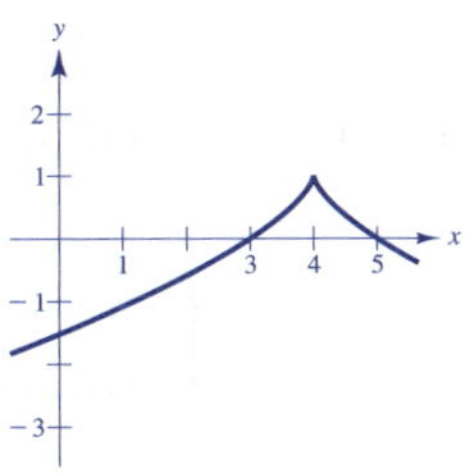

73.

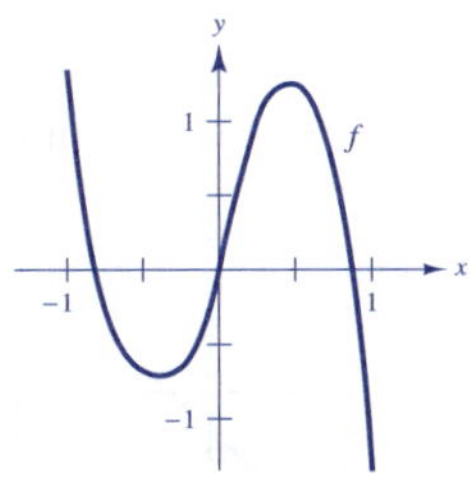

Mínimo relativo no ponto crítico localizado aproximadamente em $x = -0{,}40$;
Máximo relativo no ponto crítico localizado aproximadamente em $x = 0{,}48$

75. (a) $s'(t) = 9{,}8(\text{sen } \theta)t$; velocidade $= |9{,}8(\text{sen } \theta)t|$
(b)

θ	0	$\pi/4$	$\pi/3$	$\pi/2$	$2\pi/3$	$3\pi/4$	π
$s'(t)$	0	$4{,}9\sqrt{2}t$	$4{,}9\sqrt{3}t$	$9{,}8t$	$4{,}9\sqrt{3}t$	$4{,}9\sqrt{2}t$	0

A velocidade é máxima quando $\theta = \pi/2$.

77. (a)

x	0,5	1	1,5	2	2,5	3
$f(x)$	0,5	1	1,5	2	2,5	3
$g(x)$	0,48	0,84	1,00	0,91	0,60	0,14

$f(x) > g(x)$

(b)

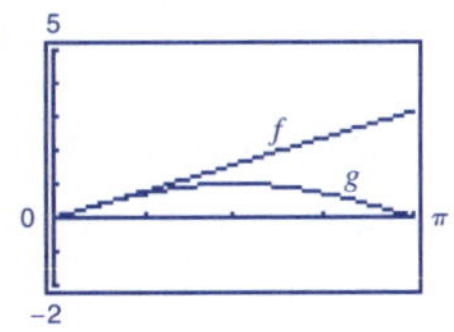

(c) Demonstração

$f(x) > g(x)$

79. $r = 2R/3$ **81.** Máximo quando $R_2 = R_1$

83. (a) $M = 5{,}267t^2 - 71{,}19t + 356{,}9$

(b)

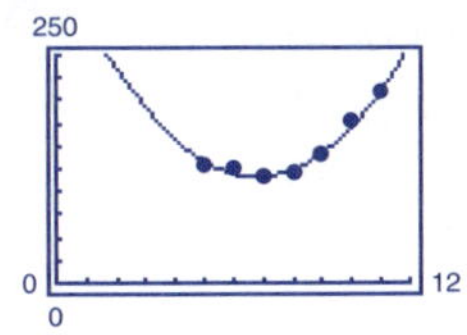

(c) $(6{,}8, 116{,}3)$

85. (a) $v(t) = 6 - 2t$ (b) $[0, 3)$ (c) $(3, \infty)$ (d) $t = 3$

87. (a) $v(t) = 3t^2 - 10t + 4$
(b) $[0, (5 - \sqrt{13})/3)$ e $(5 + \sqrt{13}/3, \infty)$
(c) $\left(\frac{5 - \sqrt{13}}{3}, \frac{5 + \sqrt{13}}{3}\right)$ (d) $t = \frac{5 \pm \sqrt{13}}{3}$

89. Há mais de uma resposta correta.

91. (a) 3
(b) $a_3(0)^3 + a_2(0)^2 + a_1(0) + a_0 = 0$
$a_3(2)^3 + a_2(2)^2 + a_1(2) + a_0 = 2$
$3a_3(0)^2 + 2a_2(0) + a_1 = 0$
$3a_3(2)^2 + 2a_2(2) + a_1 = 0$
(c) $f(x) = -\frac{1}{2}x^3 + \frac{3}{2}x^2$

93. (a) 4
(b) $a_4(0)^4 + a_3(0)^3 + a_2(0)^2 + a_1(0) + a_0 = 0$
$a_4(2)^4 + a_3(2)^3 + a_2(2)^2 + a_1(2) + a_0 = 4$
$a_4(4)^4 + a_3(4)^3 + a_2(4)^2 + a_1(4) + a_0 = 0$
$4a_4(0)^3 + 3a_3(0)^2 + 2a_2(0) + a_1 = 0$
$4a_4(2)^3 + 3a_3(2)^2 + 2a_2(2) + a_1 = 0$
(c) $f(x) = \frac{1}{4}x^4 - 2x^3 + 4x^2$

95. Verdadeira. **97.** Falsa. Escolha $f(x) = x^3$.

99. Falsa. Escolha $f(x) = x^3$. Existe um número crítico em $x = 0$, mas não um extremo relativo.

101–105. Demonstrações.

Seção 3.4 (página 192)

1. Côncava para cima: $(-\infty, \infty)$

3. Côncava para cima: $(-\infty, -2), (2, \infty)$
Côncava para baixo: $(-2, 2)$

5. Côncava para cima: $(-\infty, -1), (1, \infty)$
Côncava para baixo: $(-1, 1)$

7. Côncava para cima: $(-\infty, 1)$; Côncava para baixo: $(1, \infty)$

9. Côncava para cima: $(-\pi/2, 0)$; Côncava para baixo: $(0, \pi/2)$

11. Ponto de inflexão: $(2, 8)$; Côncava para baixo: $(-\infty, 2)$;
Côncava para cima: $(2, \infty)$

13. Ponto de inflexão: $\left(\pm 2\sqrt{3}/3, -20/9\right)$
Côncava para cima: $\left(-\infty, -2\sqrt{3}/3\right), \left(2\sqrt{3}/3, \infty\right)$
Côncava para baixo: $\left(-2\sqrt{3}/3, 2\sqrt{3}/3\right)$

15. Ponto de inflexão: $(2, -16), (4, 0)$;
Côncava para cima: $(-\infty, 2), (4, \infty)$; Côncava para baixo: $(2, 4)$

17. Côncava para cima: $(-3, \infty)$

19. Ponto de inflexão: $\left(-\sqrt{3}, -\sqrt{3}/4\right), (0, 0), \left(\sqrt{3}, \sqrt{3}/4\right)$
Côncava para cima: $\left(-\sqrt{3}, 0\right), \left(\sqrt{3}, \infty\right)$
Côncava para baixo: $\left(-\infty, -\sqrt{3}\right), \left(0, \sqrt{3}\right)$

21. Ponto de inflexão: $(2\pi, 0)$
Côncava para cima: $(2\pi, 4\pi)$; Côncava para baixo: $(0, 2\pi)$

23. Côncava para cima: $(0, \pi), (2\pi, 3\pi)$
Côncava para baixo: $(\pi, 2\pi), (3\pi, 4\pi)$

25. Ponto de inflexão: $(\pi, 0), (1{,}823, 1{,}452), (4{,}46, -1{,}452)$
Côncava para cima: $(1{,}823, \pi), (4{,}46, 2\pi)$
Côncava para baixo: $(0, 1{,}823), (\pi, 4{,}46)$

27. Mínimo relativo: $(3, -25)$

29. Mínimo relativo: $(5, 0)$

31. Máximo relativo: $(0, 3)$; Mínimo relativo: $(2, -1)$

33. Máximo relativo: $(2.4, 268.74)$; Mínimo relativo: $(0, 0)$

35. Mínimo relativo: $(0, -3)$

37. Máximo relativo: $(-2, -4)$; Mínimo relativo: $(2, 4)$

39. Não tem extremos relativos, pois f não é crescente.

41. (a) $f'(x) = 0{,}2x(x - 3)^2(5x - 6)$
$f''(x) = 0{,}4(x - 3)(10x^2 - 24x + 9)$
(b) Máximo relativo: $(0, 0)$
Mínimo relativo: $(1{,}2, -1{,}6796)$
Pontos de inflexão: $(0{,}4652, -0{,}7048)$, $(1{,}9348, -0{,}9048)$, $(3, 0)$
(c)

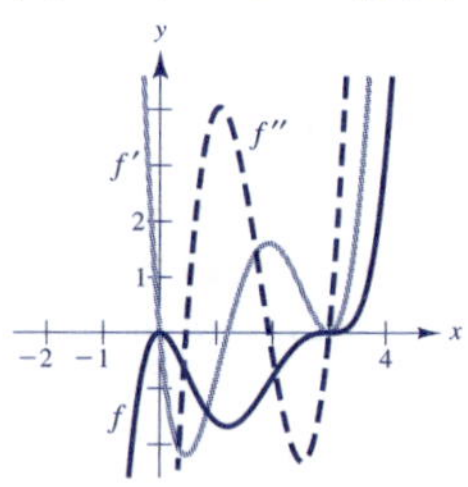

f é crescente quando f' é positiva, e decrescente quando f' é negativa. f é côncava para cima quando f'' é positiva, e côncava para baixo quando f'' é negativa.

43. (a) $f'(x) = \cos x - \cos 3x + \cos 5x$
$f''(x) = -\operatorname{sen} x + 3 \operatorname{sen} 3x - 5 \operatorname{sen} 5x$
(b) Máximo relativo: $(\pi/2, 1{,}53333)$
Pontos de inflexão:
$(0{,}5236, 0{,}2667), (1{,}1731, 0{,}9637)$,
$(1{,}9685, 0{,}9637), (2{,}6180, 0{,}2667)$
(c)

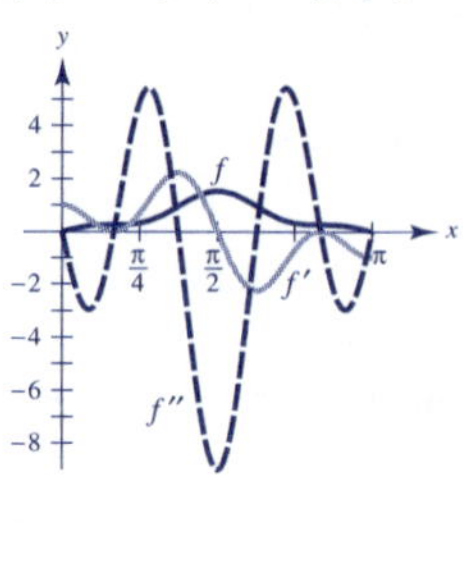

f é crescente quando f' é positiva, e decrescente quando f' é negativa. f é côncava para cima quando f'' é positiva, e côncava para baixo quando f'' é negativa.

45. (a) (b)

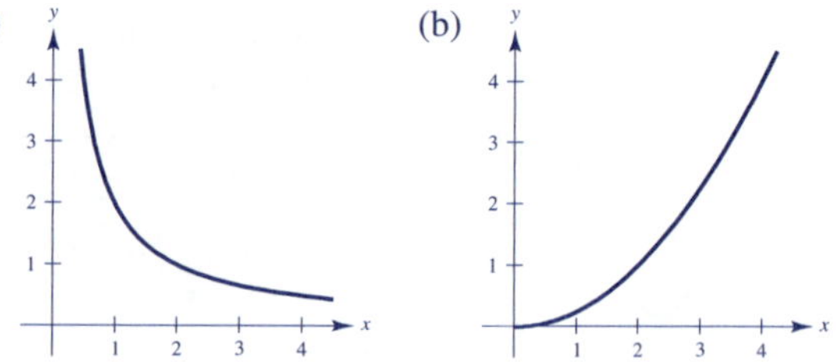

47. Há mais de uma resposta correta. Exemplo: $f(x) = x^4$; $f''(0) = 0$, mas $(0, 0)$ não é um ponto de inflexão.

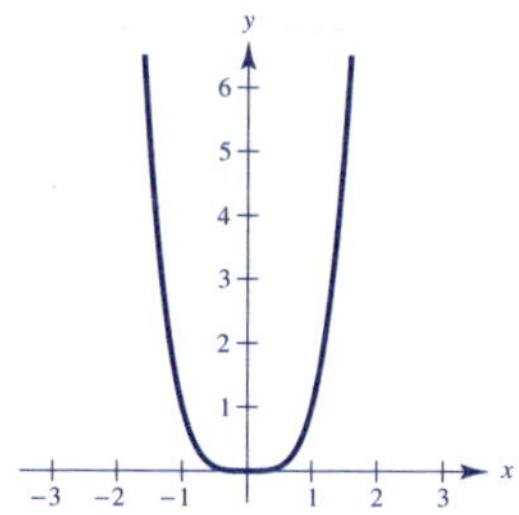

49.

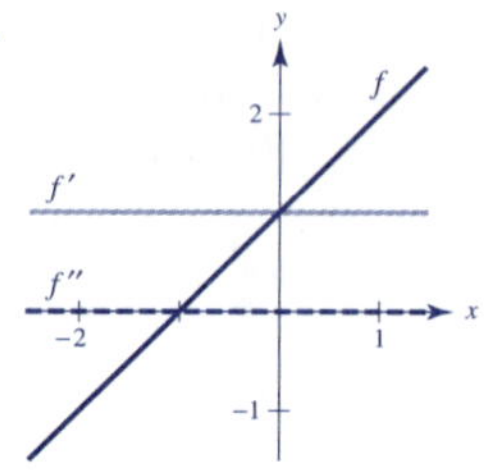

51.

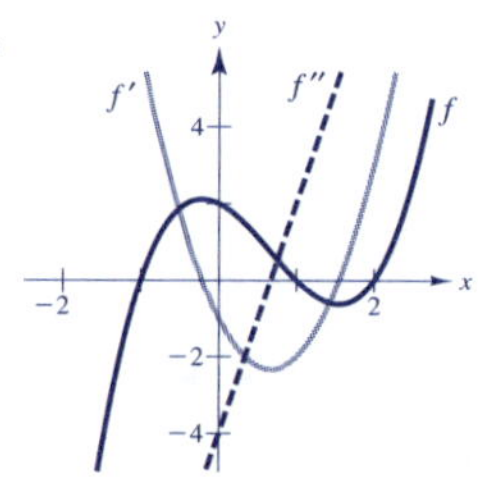

53.

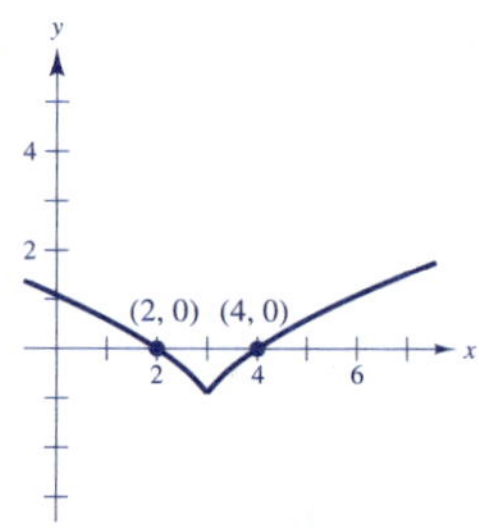

55.

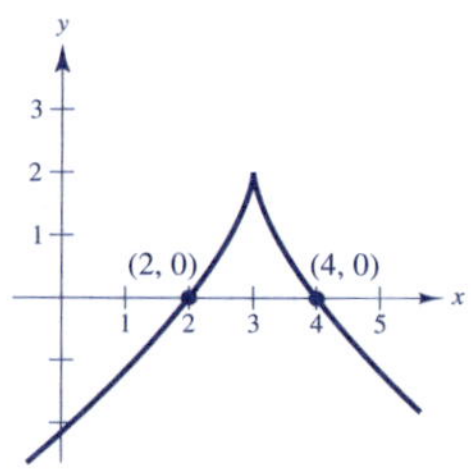

57. Exemplo:

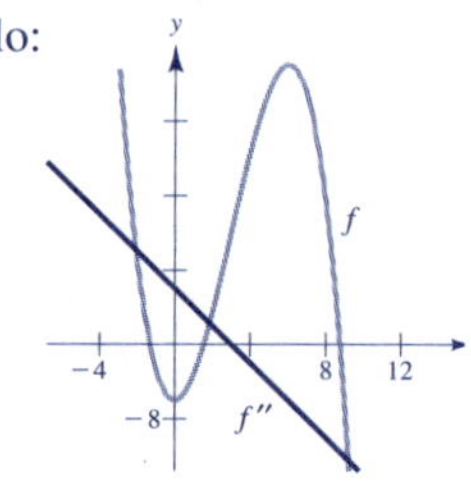

59. (a) $f(x) = (x - 2)^n$ tem um ponto de inflexão em $(2, 0)$ se n é ímpar e $n \geq 3$.

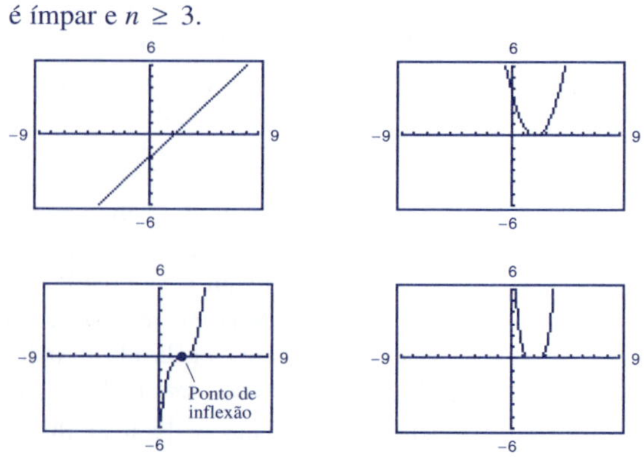

(b) Demonstração

61. $f(x) = \frac{1}{2}x^3 - 6x^2 + \frac{45}{2}x - 24$

63. (a) $f(x) = \frac{1}{32}x^3 + \frac{3}{16}x^2$ (b) A duas milhas do chão.

65. $x = \left(\dfrac{15 - \sqrt{33}}{16}\right)L \approx 0{,}578L$ **67.** $x = 100$ unidades

69. (a)

t	0,5	1	1,5	2	2,5	3
S	151,5	555,6	1097,6	1666,7	2193,0	2647,1

$t \approx 1{,}6$

(b)

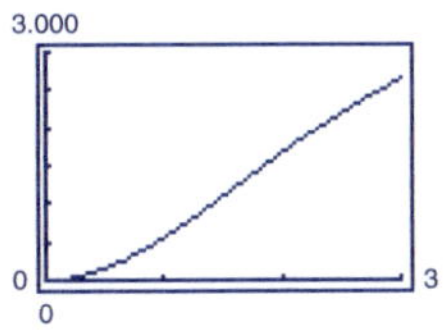

(c) $\approx 1{,}633$ anos

$1{,}5 < t < 2$

71. $P_1(x) = 2\sqrt{2}$

$P_2(x) = 2\sqrt{2} - \sqrt{2}(x - \pi/4)^2$

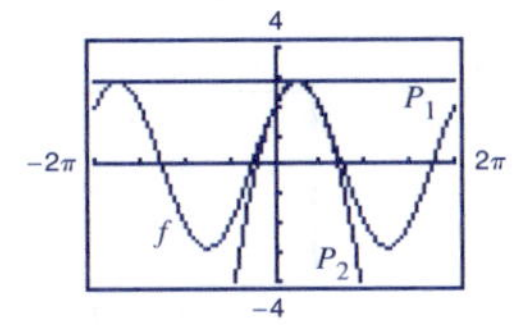

Os valores de f, P_1, e P_2 e suas primeiras derivadas são iguais quando $x = \pi/4$. A aproximação piora quando você se afasta de $x = \pi/4$.

73. $P_1(x) = 1 - x/2$

$P_2(x) = 1 - x/2 - x^2/8$

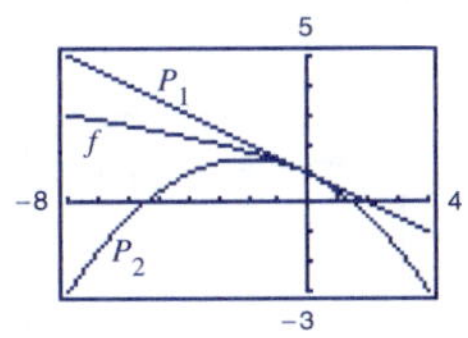

Os valores de f, P_1 e P_2 e suas primeiras derivadas são iguais quando $x = 0$. A aproximação piora quando você se afasta de $x = 0$.

75.

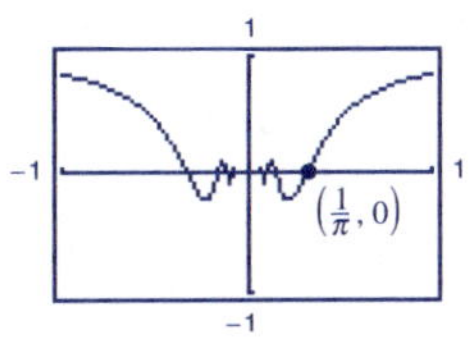

77. Demonstração **79.** Verdadeira

81. Falsa. f é côncava para cima em $x = c$ se $f''(c) > 0$.

83. Demonstração

Seção 3.5 (página 202)

1. Quando x fica grande, $f(x)$ se aproxima de 4.

3. f **4.** c **5.** d **6.** a **7.** b **8.** e

9.

x	10^0	10^1	10^2	10^3
$f(x)$	7	2,2632	2,0251	2,0025

x	10^4	10^5	10^6
$f(x)$	2,0003	2,0000	2,0000

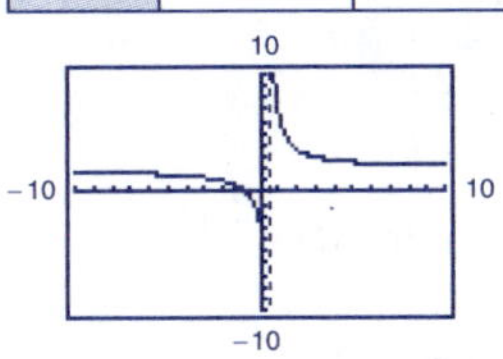

$$\lim_{x\to\infty} \frac{4x + 3}{2x - 1} = 2$$

11.

x	10^0	10^1	10^2	10^3
$f(x)$	-2	$-2{,}9814$	$-2{,}9998$	$-3{,}0000$

x	10^4	10^5	10^6
$f(x)$	$-3{,}0000$	$-3{,}0000$	$-3{,}0000$

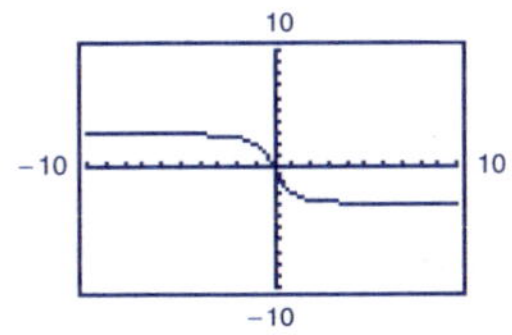

$$\lim_{x\to\infty} \frac{-6x}{\sqrt{4x^2 + 5}} = -3$$

13.

x	10^0	10^1	10^2	10^3
$f(x)$	4,5000	4,9901	4,9999	5,0000

x	10^4	10^5	10^6
$f(x)$	5,0000	5,0000	5,0000

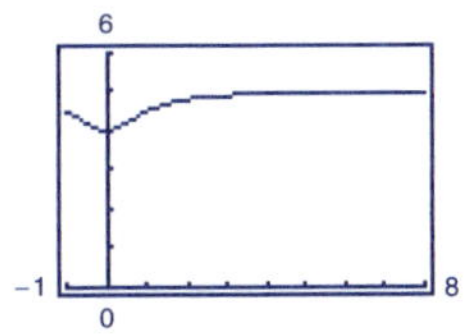

$$\lim_{x\to\infty} \left(5 - \frac{1}{x^2 + 1}\right) = 5$$

15. (a) ∞ (b) 5 (c) 0 **17.** (a) 0 (b) 1 (c) ∞

19. (a) 0 (b) $-\frac{2}{3}$ (c) $-\infty$ **21.** $\frac{2}{3}$ **23.** 0

25. $-\infty$ **27.** -1 **29.** -2 **31.** 0 **33.** 0

35.

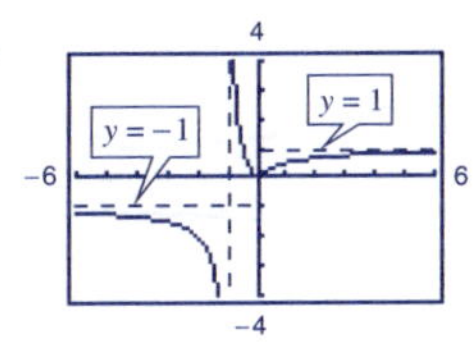

37.

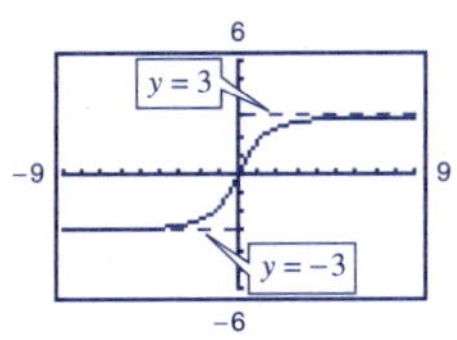

39. 1 **41.** 0 **43.** $-\frac{1}{2}$ **45.** $\frac{1}{8}$

47.

x	10^0	10^1	10^2	10^3	10^4	10^5	10^6
$f(x)$	1,000	0,513	0,501	0,500	0,500	0,500	0,500

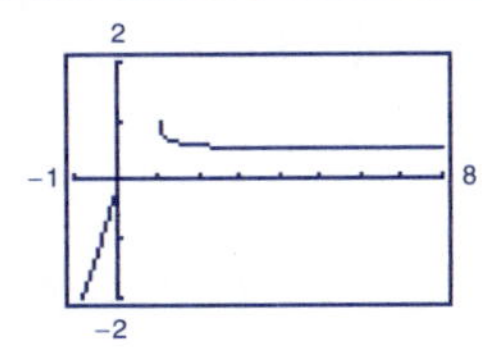

$$\lim_{x\to\infty} \left[x - \sqrt{x(x - 1)}\right] = \frac{1}{2}$$

49.

x	10^0	10^1	10^2	10^3	10^4	10^5	10^6
$f(x)$	0,479	0,500	0,500	0,500	0,500	0,500	0,500

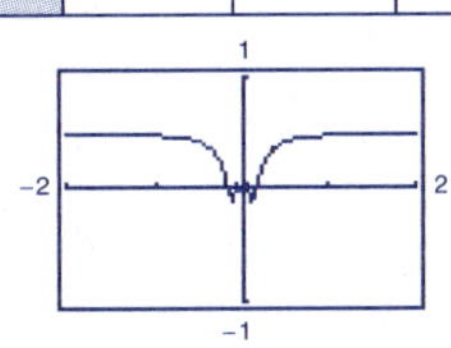

O gráfico não está definido em $x = 0$.

$$\lim_{x\to\infty} x \operatorname{sen} \frac{1}{2x} = \frac{1}{2}$$

51. (a)

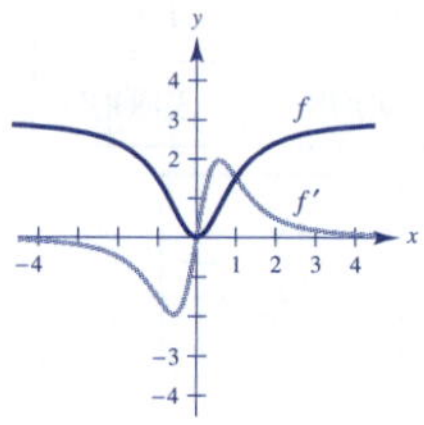

(b) $\lim_{x\to\infty} f(x) = 3$, $\lim_{x\to\infty} f'(x) = 0$

(c) $y = 3$ é uma assíntota horizontal. A taxa de crescimento da função se aproxima de 0 quando o gráfico se aproxima de $y = 3$.

53. Sim. Por exemplo, tome

$$f(x) = \frac{6|x-2|}{\sqrt{(x-2)^2+1}}.$$

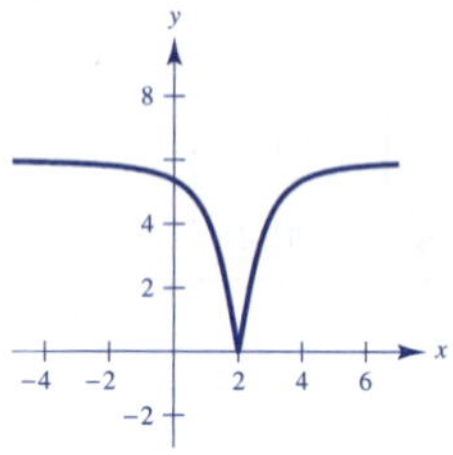

55.

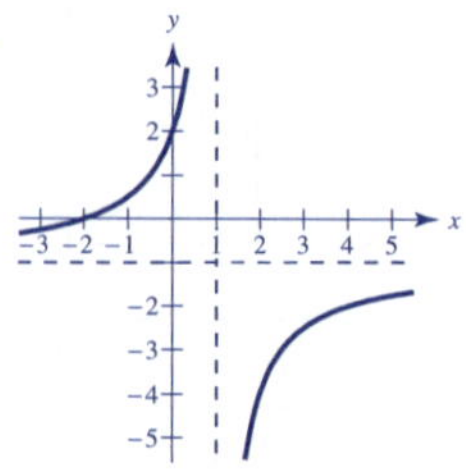

57.

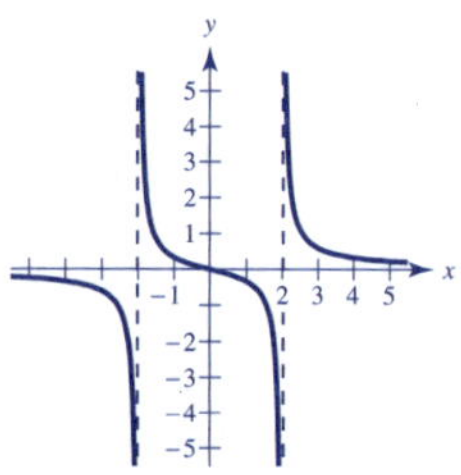

59.

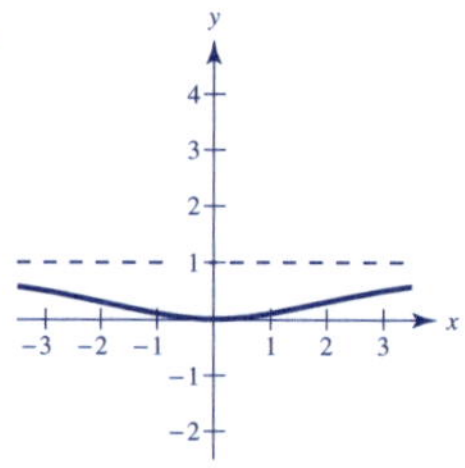

61.

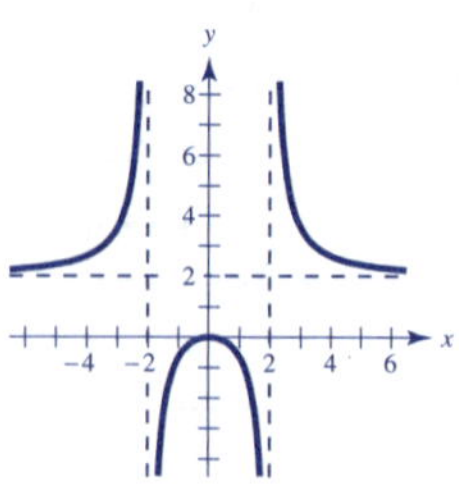

63.

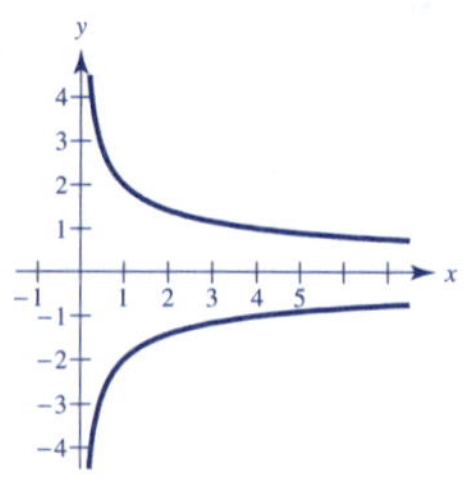

65.

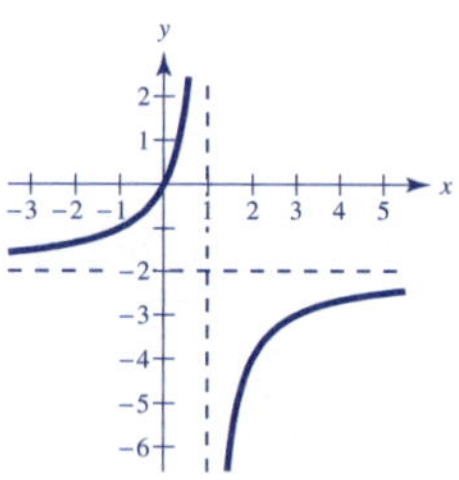

67.

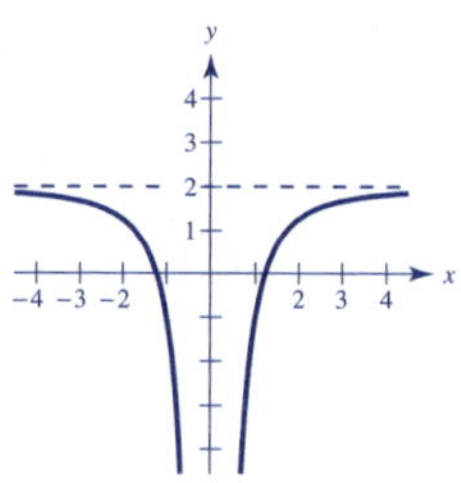

69.

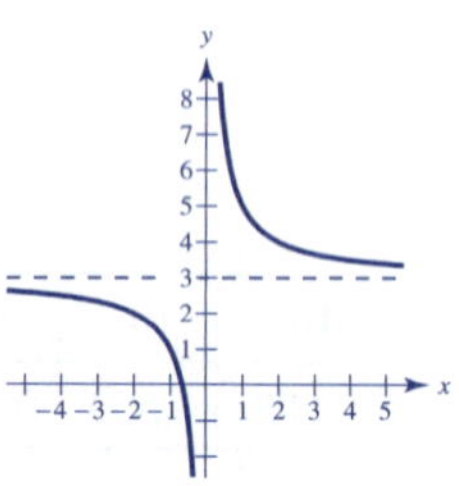

71.

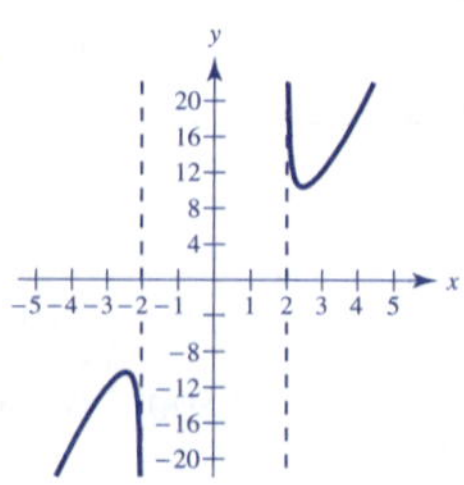

73.

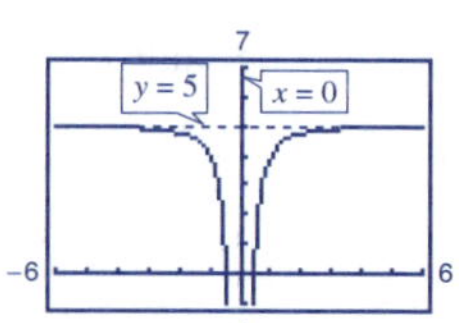

75.

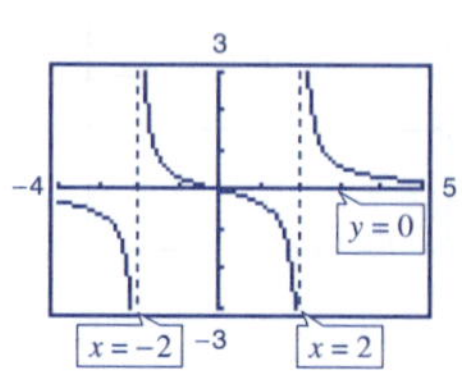

77.

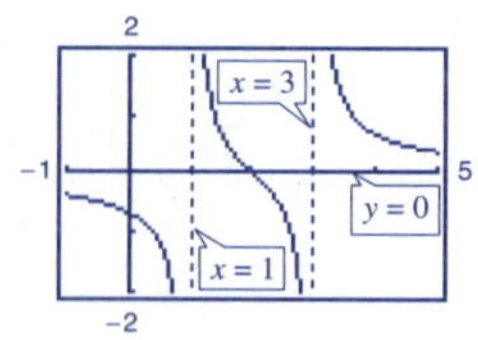

79.

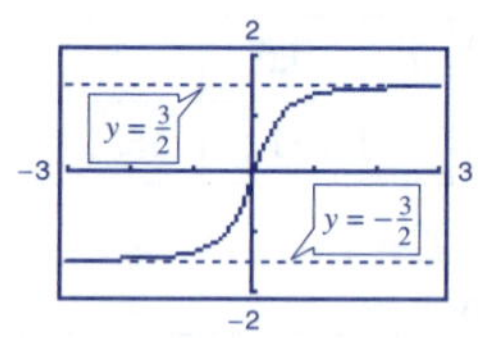

81.

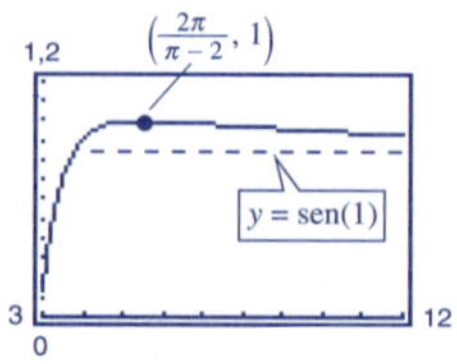

83. (a)

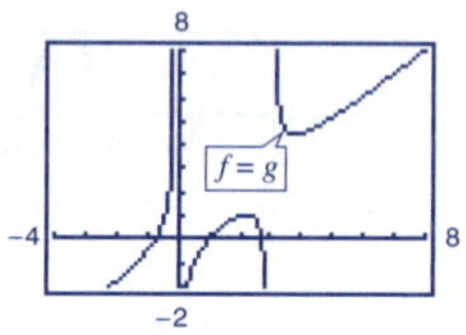

(c)

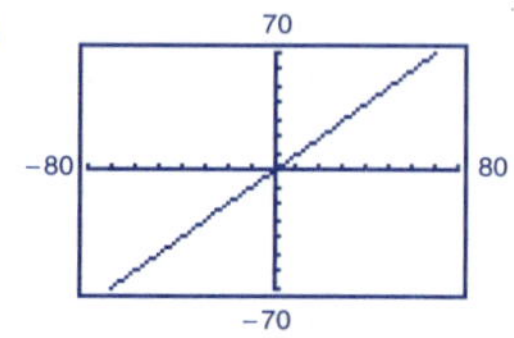

(b) Demonstração

A assíntota oblíqua $y = x$

85. $\frac{1}{2}$ **87.** $\lim_{t\to\infty} N(t) = +\infty$; $\lim_{t\to\infty} E(t) = c$

89. (a)

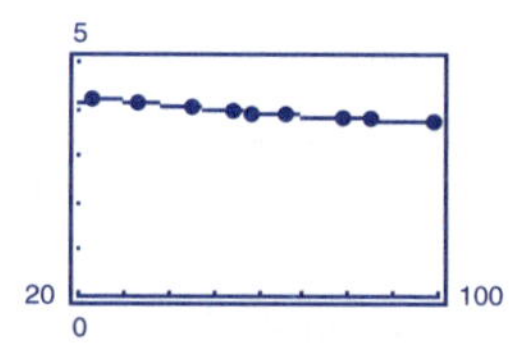

(b) Sim. $\lim_{t\to\infty} y = 3{,}351$

91. (a) $T_1 = -0{,}003t^2 + 0{,}68t + 26{,}6$

(b)

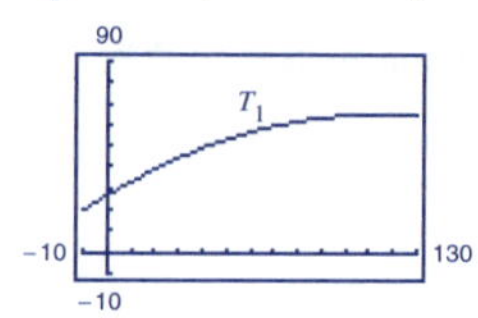

(c)

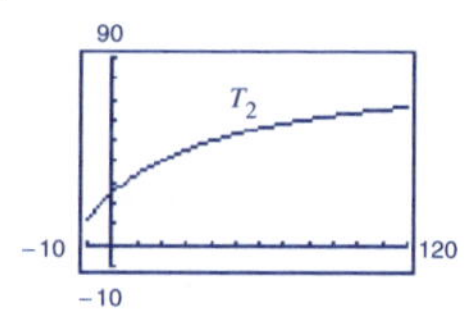

(d) $T_1(0) \approx 26{,}6°$, $T_2(0) \approx 25{,}0°$ (e) 86

(f) A temperatura limite é 86°.
Não. T_1 não tem assíntota horizontal.

93. (a) $d(m) = \dfrac{|3m+3|}{\sqrt{m^2+1}}$

(b)

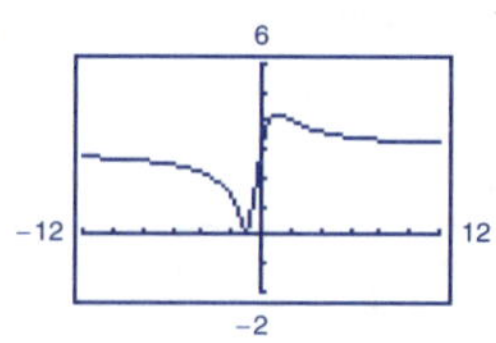

(c) $\lim_{m\to\infty} d(m) = 3$

$\lim_{m\to-\infty} d(m) = 3$

Quando m se aproxima de $\pm\infty$, a distância se aproxima de 3.

95. (a) $\lim_{x\to\infty} f(x) = 2$ (b) $x_1 = \sqrt{\dfrac{4-2\varepsilon}{\varepsilon}}$, $x_2 = -\sqrt{\dfrac{4-2\varepsilon}{\varepsilon}}$

(c) $\sqrt{\dfrac{4-2\varepsilon}{\varepsilon}}$ (d) $-\sqrt{\dfrac{4-2\varepsilon}{\varepsilon}}$

97. (a) Há mais de uma resposta correta. $M = \dfrac{5\sqrt{33}}{11}$

(b) Há mais de uma resposta correta. $M = \dfrac{29\sqrt{177}}{59}$

99–103. Demonstrações

105. Falsa. Escolha $f(x) = \dfrac{2x}{\sqrt{x^2+2}}$. $f'(x) > 0$ para todos os números reais.

Seção 3.6 (página 212)

1. d **2.** c **3.** a **4.** b

5. (a) $f'(x) = 0$ para $x = \pm 2$; $f'(x) > 0$ para $(-\infty, -2), (2, \infty)$
$f'(x) < 0$ para $(-2, 2)$
(b) $f''(x) = 0$ para $x = 0$; $f''(x) > 0$ para $(0, \infty)$
$f''(x) < 0$ para $(-\infty, 0)$
(c) $(0, \infty)$
(d) f' é mínima para $x = 0$.
f está decrescente com a maior taxa.

7.
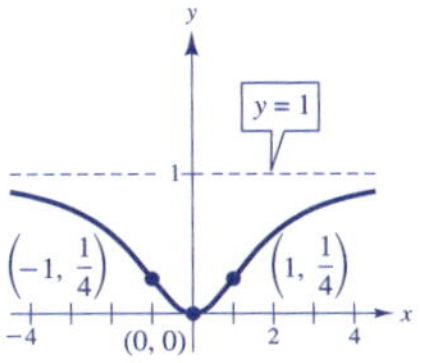

9.
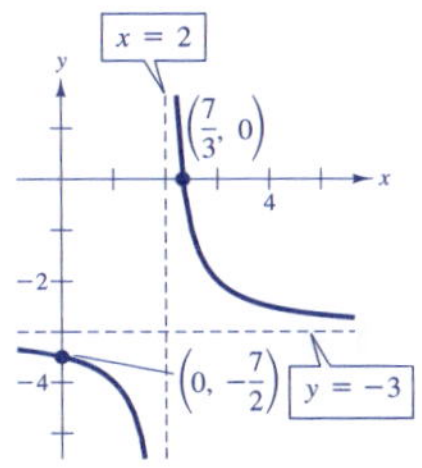

11.
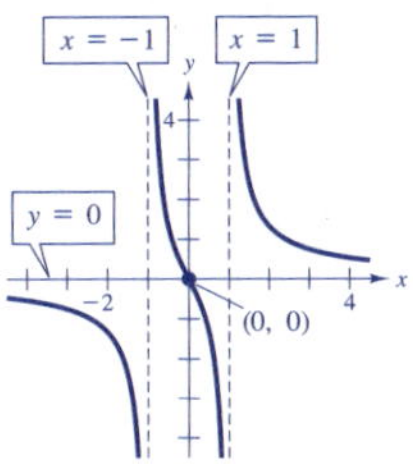

13.
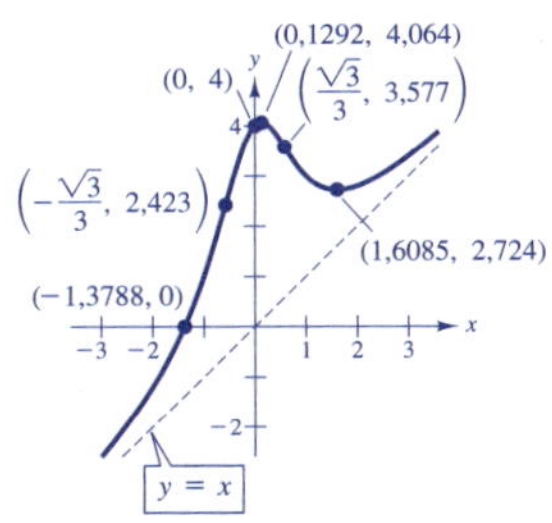

15.
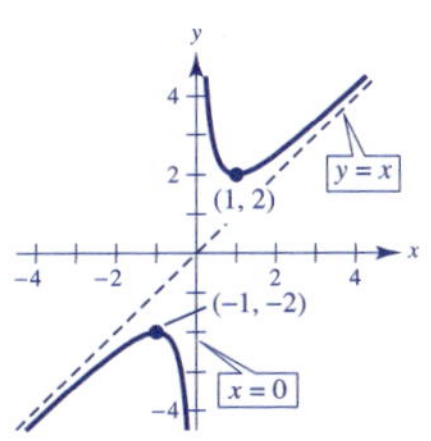

17.
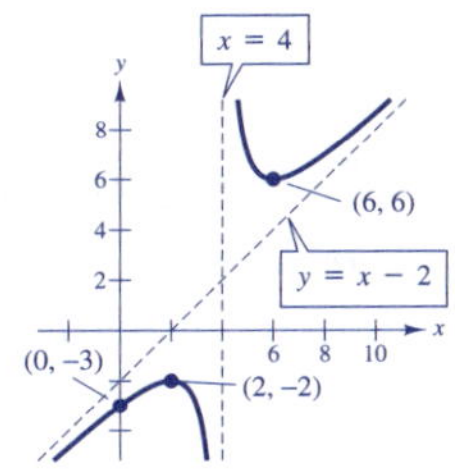

19.
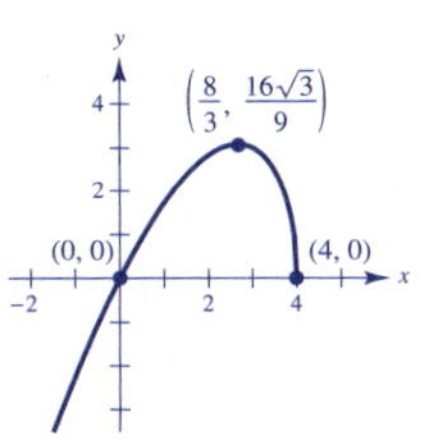

21.
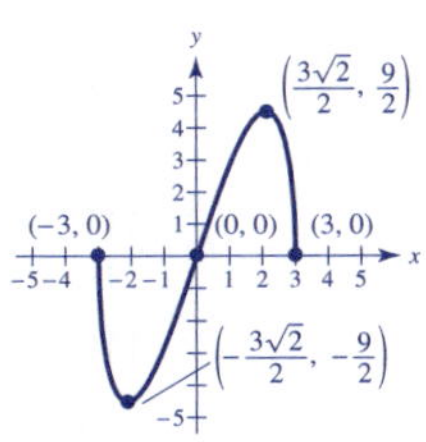

23.
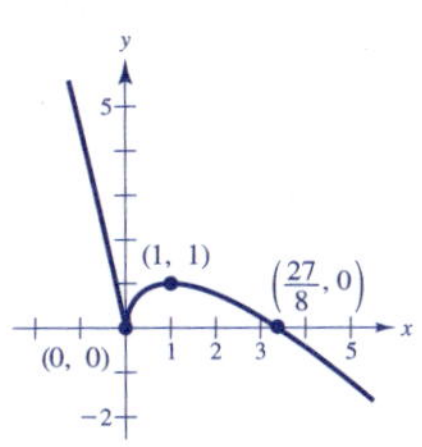

25.
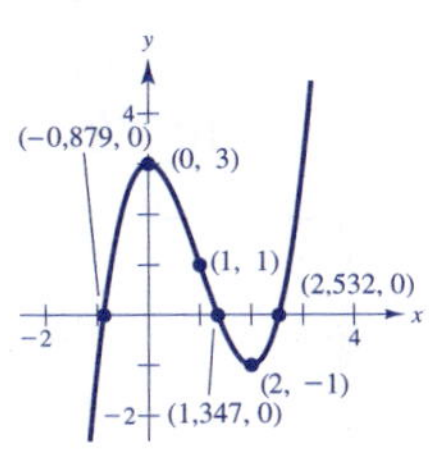

27.
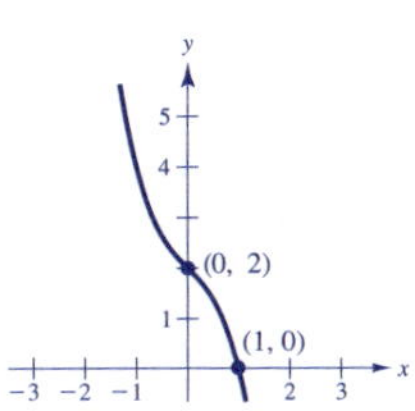

29.
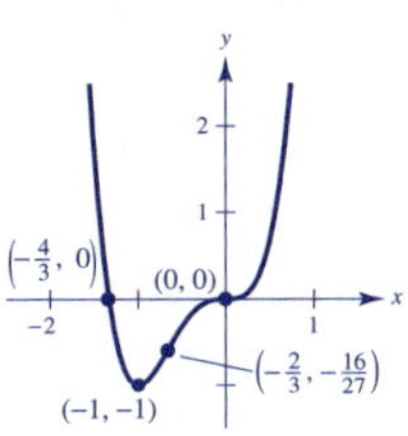

31.
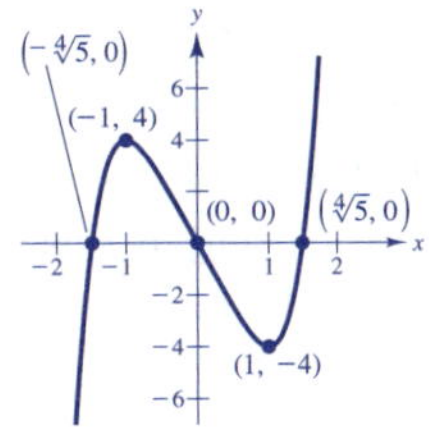

33.
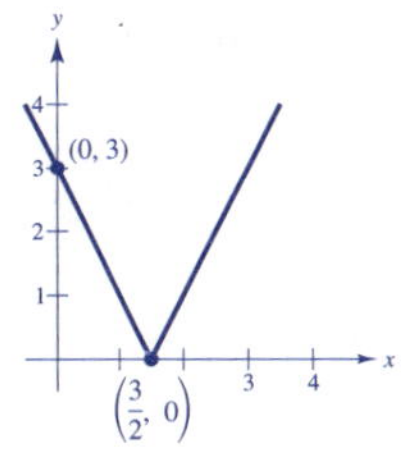

35.
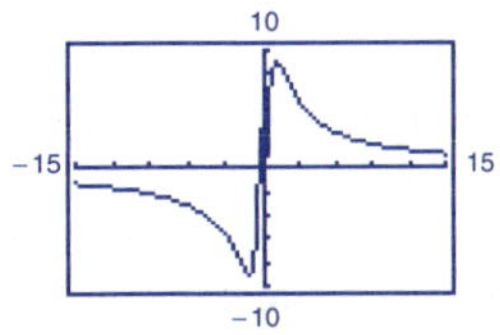

Mínimo: $(-1{,}10, -9{,}05)$
Máximo: $(1{,}10, 9{,}05)$
Pontos de inflexão:
$(-1{,}84, -7{,}86), (1{,}84, 7{,}86)$
Assíntota vertical: $x = 0$
Assíntota horizontal: $y = 0$

37.
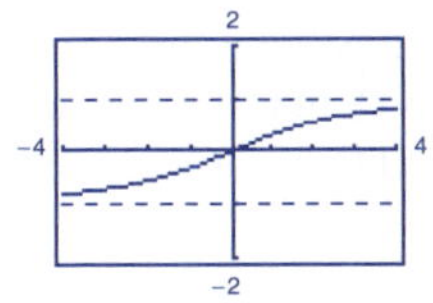

Ponto de inflexão: $(0, 0)$
Assíntota horizontal: $y = \pm 1$

39.
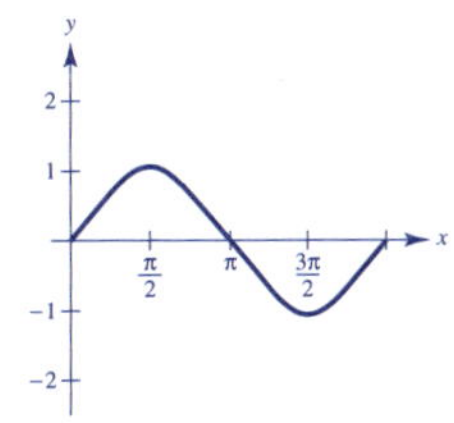

41.
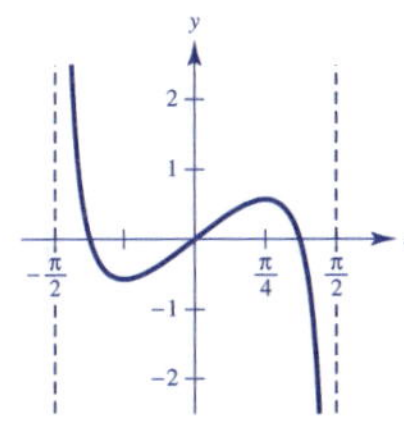

43.
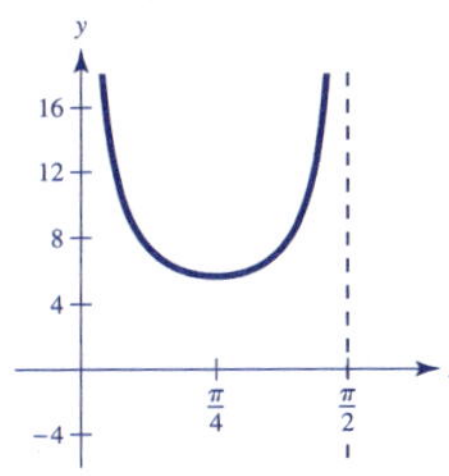

45.
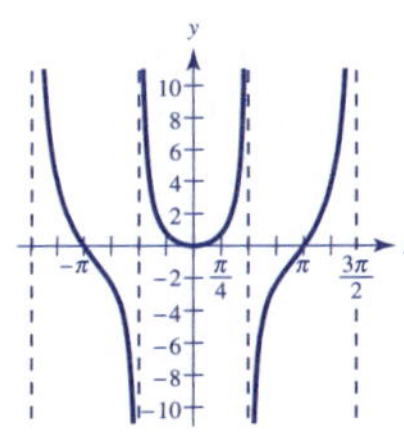

47.
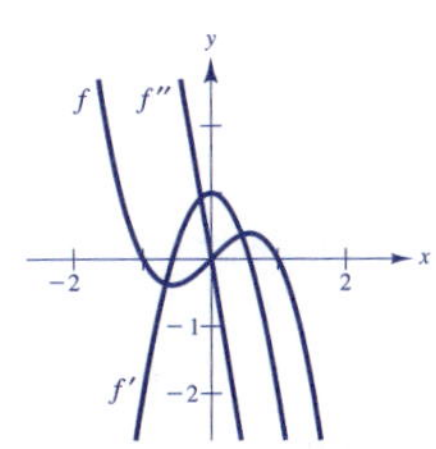

Os zeros de f' correspondem aos pontos onde o gráfico de f tem tangentes horizontais. O zero de f'' corresponde ao ponto onde o gráfico de f' tem uma tangente horizontal.

49.
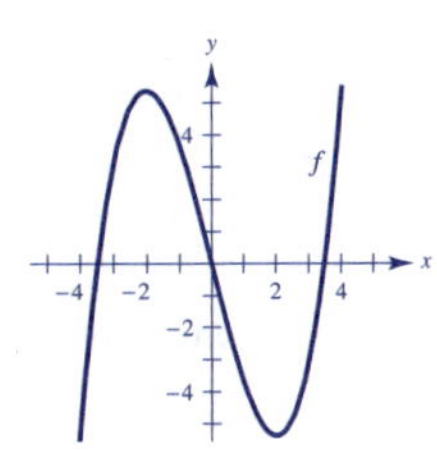

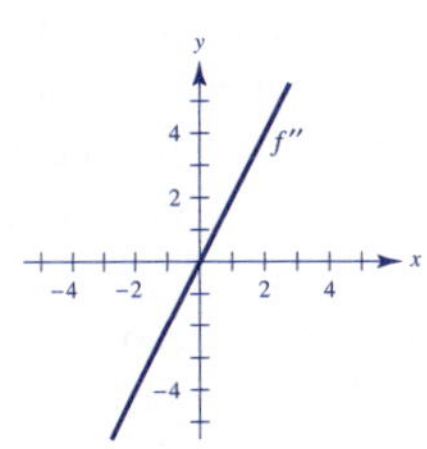

51.
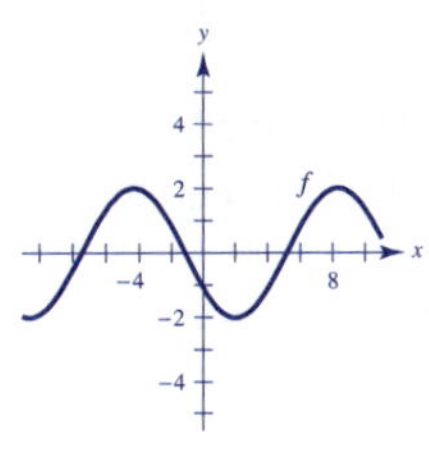

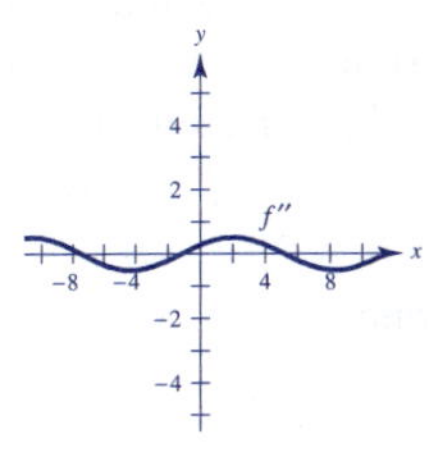

53. f é decrescente em $(2, 8)$ e portanto $f(3) > f(5)$.

55.

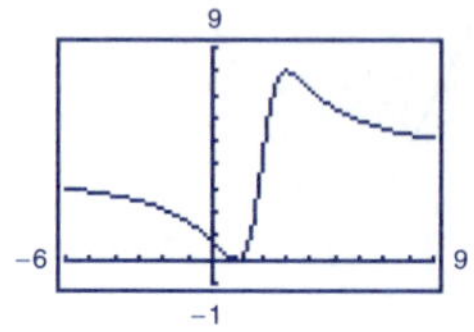

O gráfico intercepta a assíntota horizontal $y = 4$.

O gráfico da função f não intercepta sua assíntota vertical $x = c$, pois $f(c)$ não existe.

57.

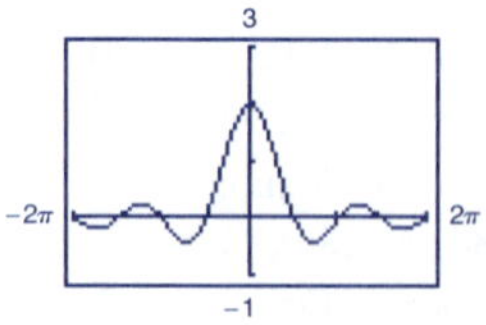

O gráfico tem um buraco em $x = 0$.

O gráfico intercepta a assíntota horizontal $y = 0$.

O gráfico da função f não intercepta sua assíntota vertical $x = c$, pois $f(c)$ não existe.

59.

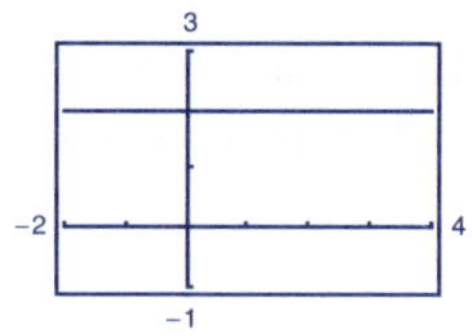

O gráfico tem um buraco em $x = 3$. A função racional não é o quociente de fatores irredutíveis.

61.

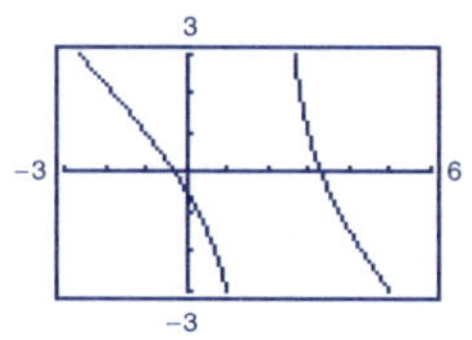

O gráfico parece se aproximar da reta $y = -x + 1$, que é uma assíntota oblíqua.

63.

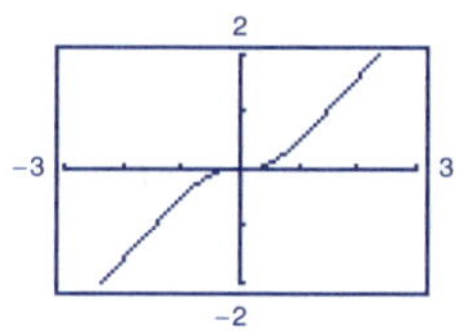

O gráfico parece se aproximar da reta $y = x$, que é uma assíntota oblíqua.

65. (a)

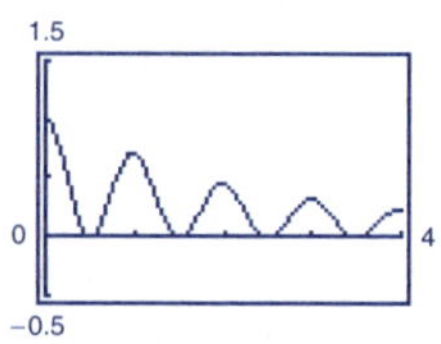

O gráfico tem buracos em $x = 0$ e em $x = 4$.

Aproximação visual dos números críticos:

$\frac{1}{2}, 1, \frac{3}{2}, 2, \frac{5}{2}, 3, \frac{7}{2}$

(b) $f'(x) = \dfrac{-x\cos^2(\pi x)}{(x^2+1)^{3/2}} - \dfrac{2\pi \operatorname{sen}(\pi x)\cos(\pi x)}{\sqrt{x^2+1}}$

Números críticos aproximados: $\frac{1}{2}$, 0,97, $\frac{3}{2}$, 1,98, $\frac{5}{2}$, 2,98, $\frac{7}{2}$

Os números críticos onde os máximos ocorrem parecem ser inteiros na parte (a), mas usando f' para fazer a aproximação percebemos que eles não são inteiros.

67. Há mais de uma resposta correta. Exemplo: $y = 1/(x - 5)$

69. Há mais de uma resposta correta. Exemplo $y = (3x^2 - 13x - 9)/(x - 5)$

71. (a) A taxa de variação de f muda quando a varia, o gráfico é refletido com relação ao eixo x.

(b) Os locais da assíntota vertical e do mínimo (se $a > 0$) ou máximo (se $a < 0$) variam.

73. (a) Se n é par, f é simétrica com relação ao eixo y.
Se n é ímpar, f é simétrica com relação à origem.

(b) $n = 0, 1, 2, 3$ (c) $n = 4$

(d) Quando $n = 5$, a assíntota oblíqua é $y = 3x$.

(e)

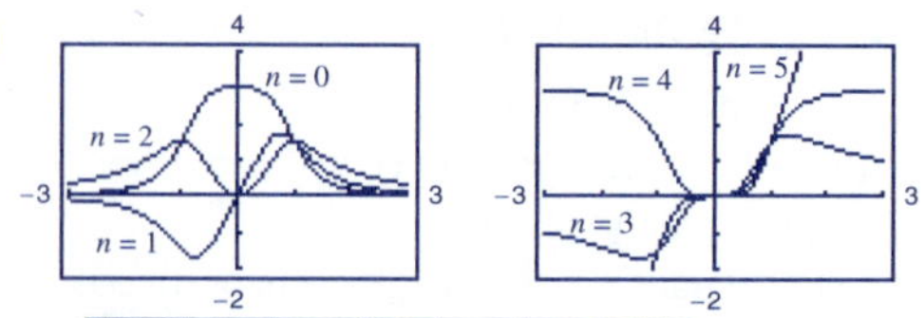

n	0	1	2	3	4	5
M	1	2	3	2	1	0
N	2	3	4	5	2	3

75. (a)

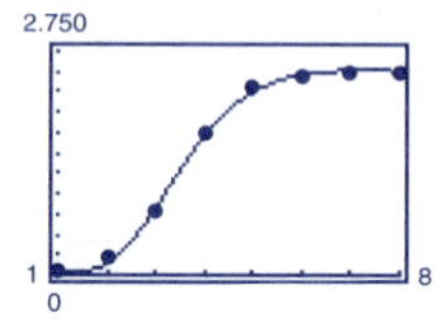

(b) 2434

(c) O número de bactérias atinge seu máximo no começo do sétimo dia.

(d) A taxa de crescimento do número de bactérias é maior aproximadamente no começo do terceiro dia.

(e) 13.250/7

77. $y = x + 3$, $y = -x - 3$

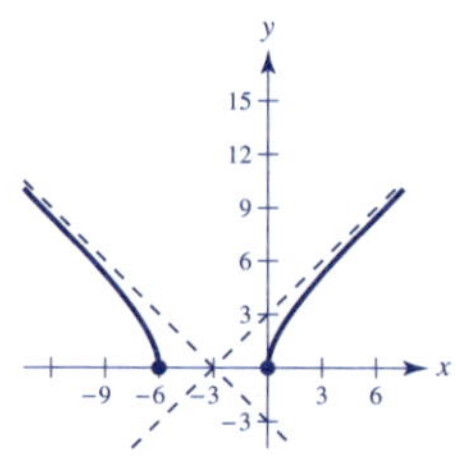

Seção 3.7 (página 220)

1. (a) e (b)

Primeiro Número x	*Segundo Número*	*Produto P*
10	110 − 10	10(110 − 10) = 1000
20	110 − 20	20(110 − 20) = 1800
30	110 − 30	30(110 − 30) = 2400
40	110 − 40	40(110 − 40) = 2800
50	110 − 50	50(110 − 50) = 3000
60	110 − 60	60(110 − 60) = 3000
70	110 − 70	70(110 − 70) = 2800
80	110 − 80	80(110 − 80) = 2400
90	110 − 90	90(110 − 90) = 1800
100	110 − 100	100(110 − 100) = 1000

(c) $P = x(110 - x)$

(d)

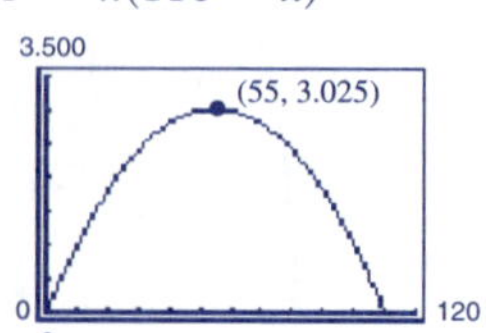

(e) 55 e 55

3. $S/2$ e $S/2$ **5.** 24 e 8 **7.** 50 e 25

9. $l = w = 25$ m **11.** $l = w = 8$ pés **13.** $\left(\frac{7}{2}, \sqrt{\frac{7}{2}}\right)$

15. $(1, 1)$ **17.** $x = Q_0/2$ **19.** 600×300 m

21. (a) Demonstração

(b) $V_1 = 99$ pol.^{3}, $V_2 = 125$ pol.^{3}, $V_3 = 117$ pol.^{3}

(c) $5 \times 5 \times 5$ pol.

23. Parte retangular: $16/(\pi + 4) \times 32/(\pi + 4)$ pés

25. (a) $L = \sqrt{x^2 + 4 + \dfrac{8}{x-1} + \dfrac{4}{(x-1)^2}}, \quad x > 1$

(b)

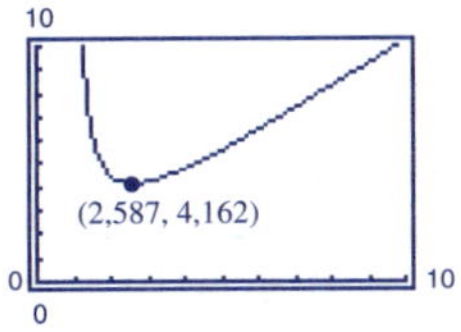

Mínimo quando $x \approx 2{,}587$.

(c) $(0, 0), (2, 0), (0, 4)$

27. Largura: $5\sqrt{2}/2$; comprimento: $5\sqrt{2}$

29. Dimensões da página: $(2 + \sqrt{30})$ pol. $\times$ $(2 + \sqrt{30})$ pol.

31. (a)

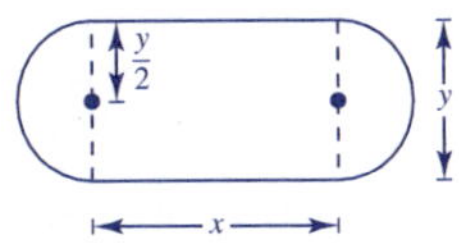

(b)

Comprimento x	Largura y	Área xy
10	$2/\pi(100 - 10)$	$(10)(2/\pi)(100 - 10) \approx 573$
20	$2/\pi(100 - 20)$	$(20)(2/\pi)(100 - 20) \approx 1.019$
30	$2/\pi(100 - 30)$	$(30)(2/\pi)(100 - 30) \approx 1.337$
40	$2/\pi(100 - 40)$	$(40)(2/\pi)(100 - 40) \approx 1.528$
50	$2/\pi(100 - 50)$	$(50)(2/\pi)(100 - 50) \approx 1.592$
60	$2/\pi(100 - 60)$	$(60)(2/\pi)(100 - 60) \approx 1.528$

A área máxima do retângulo é de aproximadamente 1592 m^2.

(c) $A = 2/\pi(100x - x^2), \quad 0 < x < 100$

(d) $\dfrac{dA}{dx} = \dfrac{2}{\pi}(100 - 2x)$

$= 0$ quando $x = 50$

O valor máximo é de aproximadamente 1.592 quando $x = 50$.

(e)

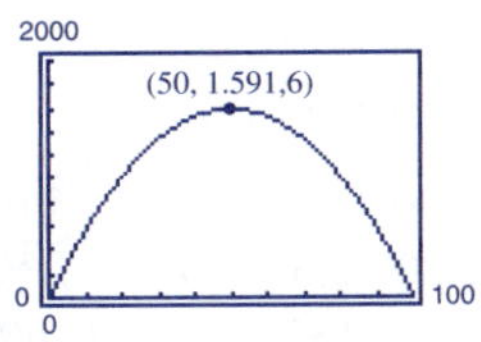

33. $18 \times 18 \times 36$ pol. **35.** $32\pi r^3/81$

37. Há mais de uma resposta correta. Se a área for expressa como função tanto do comprimento quanto da largura, o domínio possível é o intervalo (0, 10). Nenhuma dimensão produzirá a área mínima, porque a segunda derivada neste intervalo é sempre negativa.

39. $r = \sqrt[3]{9/\pi} \approx 1{,}42$ cm

41. Lado do quadrado: $\dfrac{10\sqrt{3}}{9 + 4\sqrt{3}}$; Lado do triângulo: $\dfrac{30}{9 + 4\sqrt{3}}$

43. $w = 8\sqrt{3}$ pol., $h = 8\sqrt{6}$ pol. **45.** $\theta = \pi/4$ **47.** $h = \sqrt{2}$ pés

49. A uma milha do ponto mais próximo da costa.

51. Demonstração

53.

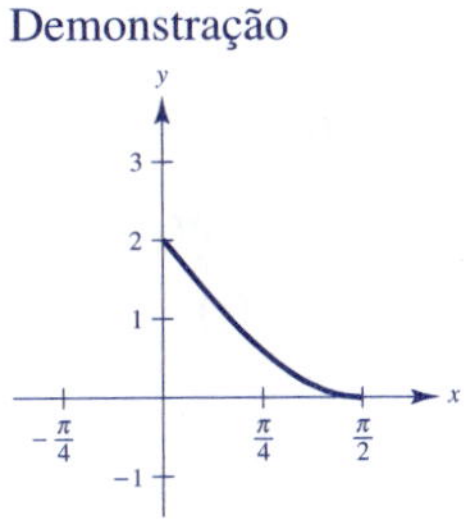

(a) Origem até intersecção com eixo y: 2

Origem até intersecção com eixo x: $\pi/2$

(b) $d = \sqrt{x^2 + (2 - 2\,\text{sen}\,x)^2}$

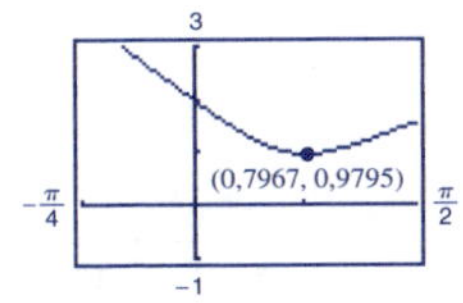

(c) A distância mínima é 0,9795 quando $x \approx 0{,}7967$.

55. $F = kW/\sqrt{k^2 + 1}$; $\theta = \text{arctg}\, k$

57. (a)

Base 1	Base 2	Altura	Área
8	8 + 16 cos 10°	8 sen 10°	≈ 22,1
8	8 + 16 cos 20°	8 sen 20°	≈ 42,5
8	8 + 16 cos 30°	8 sen 30°	≈ 59,7
8	8 + 16 cos 40°	8 sen 40°	≈ 72,7
8	8 + 16 cos 50°	8 sen 50°	≈ 80,5
8	8 + 16 cos 60°	8 sen 60°	≈ 83,1

(b)

Base 1	Base 2	Altura	Área
8	8 + 16 cos 10°	8 sen 10°	≈ 22,1
8	8 + 16 cos 20°	8 sen 20°	≈ 42,5
8	8 + 16 cos 30°	8 sen 30°	≈ 59,7
8	8 + 16 cos 40°	8 sen 40°	≈ 72,7
8	8 + 16 cos 50°	8 sen 50°	≈ 80,5
8	8 + 16 cos 60°	8 sen 60°	≈ 83,1
8	8 + 16 cos 70°	8 sen 70°	≈ 80,7
8	8 + 16 cos 80°	8 sen 80°	≈ 74,0
8	8 + 16 cos 90°	8 sen 90°	= 64,0

A área máxima da seção transversal é de aproximadamente 83,1 pés^2.

(c) $A = 64(1 + \cos\theta)\text{sen}\,\theta, 0° < \theta < 90°$

(d) $\dfrac{dA}{d\theta} = 64(2\cos\theta - 1)(\cos\theta + 1)$

$= 0$ quando $\theta = 60°, 180°, 300°$

O máximo ocorre quando $\theta = 60°$.

(e)

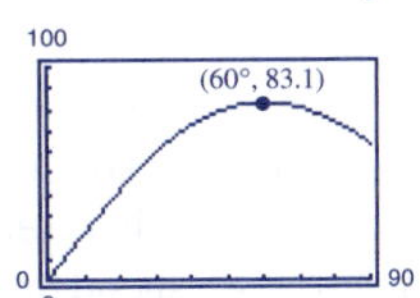

59. 4.045 unidades **61.** $y = \frac{64}{141}x$; $S_1 \approx 6{,}1$ mi

63. $y = \frac{3}{10}x$; $S_3 \approx 4{,}50$ mi

65. Problema Putnam A1, 1986

Seção 3.8 (página 230)

1.

n	x_n	$f(x_n)$	$f'(x_n)$	$\dfrac{f(x_n)}{f'(x_n)}$	$x_n - \dfrac{f(x_n)}{f'(x_n)}$
1	1,7000	−0,1100	3,4000	−0,0324	1,7324
2	1,7324	0,0012	3,4648	0,0003	1,7321

3.

n	x_n	$f(x_n)$	$f'(x_n)$	$\frac{f(x_n)}{f'(x_n)}$	$x_n - \frac{f(x_n)}{f'(x_n)}$
1	3	0,1411	−0,9900	−0,1425	3,1425
2	3,1425	−0,0009	−1,0000	0,0009	3,1416

5. 0,682 **7.** 1,146, 7,854 **9.** −1,442
11. 0,900, 1,100, 1,900 **13.** −0,489 **15.** 0,569
17. 4,493 **19.** (a) Demonstração
(b) $\sqrt{5} \approx 2{,}236$; $\sqrt{7} \approx 2{,}646$
21. $f'(x_1) = 0$ **23.** $2 = x_1 = x_3 = \ldots;\ 1 = x_2 = x_4 = \ldots$
25. Há mais de uma resposta correta.
Exemplo de resposta: Se f é uma função contínua em $[a, b]$ e diferenciável em (a, b), com $c \in [a, b]$ e $f(c) = 0$, o Método de Newton usa as retas tangentes para aproximar c. Inicialmente, estima-se um valor inicial x_1 próximo de c. (Veja o gráfico.) Então determine x_2 por $x_2 = x_1 - f(x_1)/f'(x_1)$.

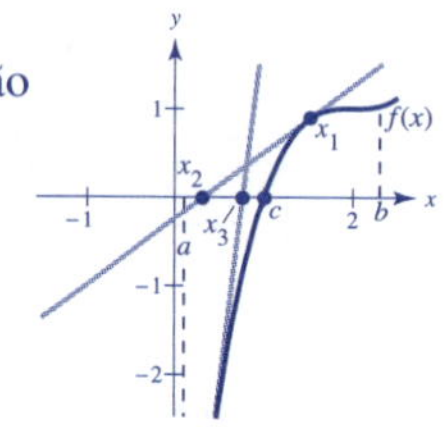

Calcule uma terceira estimativa por $x_3 = x_2 - f(x_2)/f'(x_2)$. Continue este processo até $|x_n - x_{n+1}|$ ter a precisão pedida e faça x_{n+1} ser a aproximação final de c.
27. 0,74
29. (a)

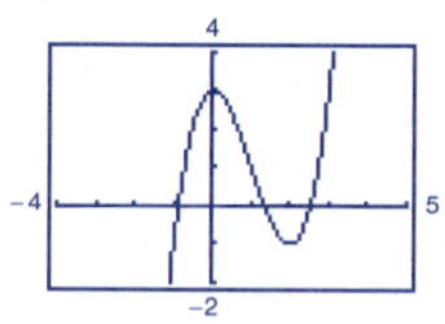

(b) 1,347
(c) 2,532

(d)

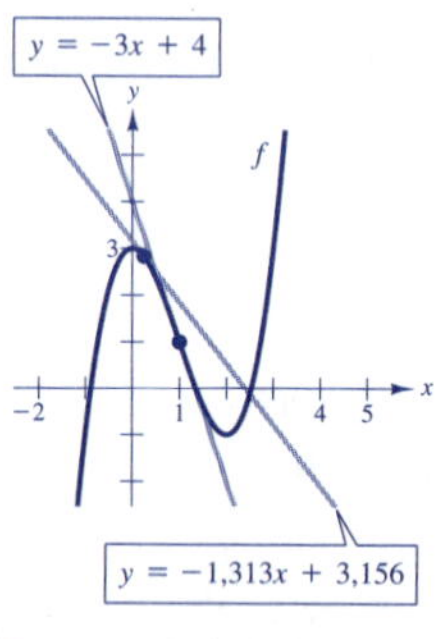

Intersecção de $y = -3x + 4$ é $\frac{4}{3}$. com o eixo x
$y = -1{,}313x + 3{,}156$
A intersecção de 2.404.

(e) Se a aproximação inicial $x = x_1$ não for suficientemente próxima do zero procurado da função, a intersecção com o eixo x da reta tangente à função correspondente pode se aproximar de um segundo zero da função.
31. Demonstração
33. 0,860 **35.** (1,939, 0,240)

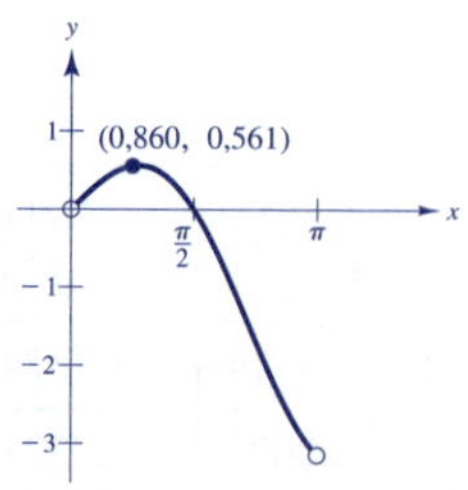

37. $x \approx 1{,}563$ mi **39.** $ 384.356
41. Falsa: escolha $f(x) = \dfrac{x^2 - 1}{x - 1}$. **43.** Verdadeira **45.** 0,217

Seção 3.9 (página 237)

1. $T(x) = 4x - 4$

x	1,9	1,99	2	2,01	2,1
$f(x)$	3,610	3,960	4	4,040	4,410
$T(x)$	3,600	3,960	4	4,040	4,400

3. $T(x) = 80x - 128$

x	1,9	1,99	2	2,01	2,1
$f(x)$	24,761	31,208	32	32,808	40,841
$T(x)$	24,000	31,200	32	32,800	40,000

5. $T(x) = (\cos 2)(x - 2) + \operatorname{sen} 2$

x	1,9	1,99	2	2,01	2,1
$f(x)$	0,946	0,913	0,909	0,905	0,863
$T(x)$	0,951	0,913	0,909	0,905	0,868

7. $\Delta y = 0{,}6305$; $dy = 0{,}6000$ **9.** $\Delta y = -0{,}039$; $dy = -0{,}040$
11. $6x\,dx$ **13.** $-\dfrac{3}{(2x-1)^2}\,dx$ **15.** $\dfrac{1-2x^2}{\sqrt{1-x^2}}\,dx$
17. $(2 + 2\cot x + 2\cot^3 x)\,dx$ **19.** $-\pi \operatorname{sen}\left(\dfrac{6\pi x - 1}{2}\right) dx$
21. (a) 0,9 (b) 1,04 **23.** (a) 1,05 (b) 0,98
25. (a) 8,035 (b) 7,95 **27.** $\pm\frac{3}{8}$ pol.^{2} **29.** $\pm 7\pi$ pol.^{2}
31. (a) $\frac{2}{3}\%$ (b) 1,25%
33. (a) $\pm 2{,}88\pi$ pol.^{3} (b) $\pm 0{,}96\pi$ pol.^{2} (c) 1%, $\frac{2}{3}\%$
35. 80π cm^3 **37.** (a) $\frac{1}{4}\%$ (b) 216 s = 3,6 min
39. (a) 0,87% (b) 2,16% **41.** 4.961 pés
43. $f(x) = \sqrt{x}$, $dy = \dfrac{1}{2\sqrt{x}}\,dx$

$f(99{,}4) \approx \sqrt{100} + \dfrac{1}{2\sqrt{100}}(-0{,}6) = 9{,}97$

Calculadora: 9,97

45. $f(x) = \sqrt[4]{x}$, $dy = \dfrac{1}{4x^{3/4}}\,dx$

$f(624) \approx \sqrt[4]{625} + \dfrac{1}{4(625)^{3/4}}(-1) = 4{,}998$

Calculadora: 4,998

47. $f(x) = \sqrt{x}$; $dy = \dfrac{1}{2\sqrt{x}}\,dx$

$f(4{,}02) \approx \sqrt{4} + \dfrac{1}{2\sqrt{4}}(0{,}02) = 2 + \dfrac{1}{4}(0{,}02)$

49. $y - f(0) = f'(0)(x - 0)$
$y - 2 = \frac{1}{4}x$
$y = 2 + x/4$

51. $y - f(0) = f'(0)(x - 0)$
$y - 0 = 1(x)$
$y = x$

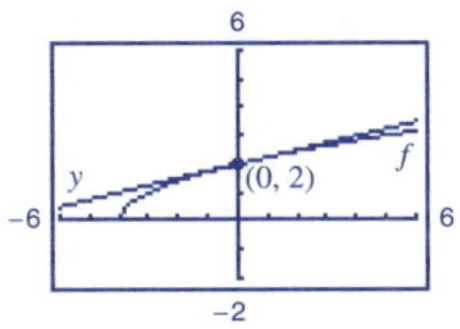

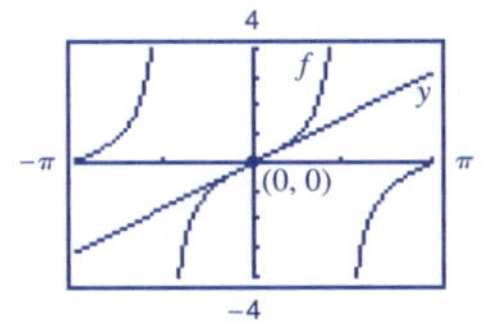

53. O valor de dy fica cada vez mais próximo do valor de Δy quando Δx diminui.

55. Verdadeira **57.** Verdadeira

Exercícios de Revisão do Capítulo 3 (página 239)

1. Seja uma função definida em c

Se $f'(c) = 0$ ou se f' não existir em c, então c é um número crítico de f.

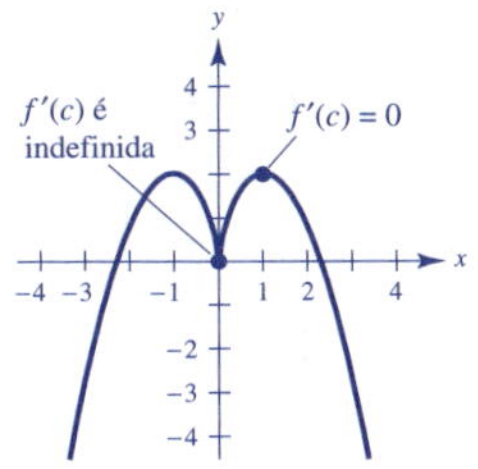

3. Máximo: $(2\pi, 17{,}57)$

Mínimo: $(2{,}73, 0{,}88)$

5. $f'\left(\frac{1}{3}\right) = 0$

7. (a)

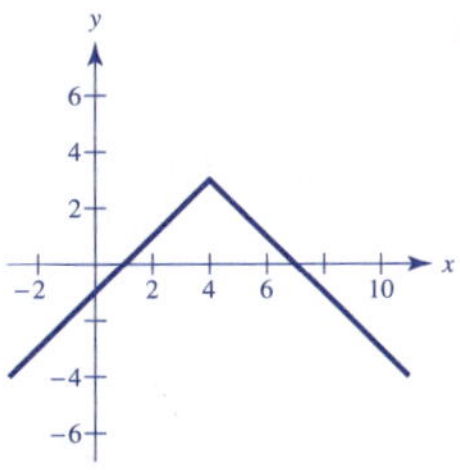

(b) f não é diferenciável em $x = 4$.

9. $f'\left(\dfrac{2.744}{729}\right) = \dfrac{3}{7}$ **11.** $f'(0) = 1$ **13.** $c = \dfrac{x_1 + x_2}{2}$

15. Números críticos: $x = 1, \frac{7}{3}$

Crescente em $(-\infty, 1)$, $\left(\frac{7}{3}, \infty\right)$; decrescente em $\left(1, \frac{7}{3}\right)$

17. Número crítico: $x = 1$

Crescente em $(1, \infty)$; decrescente em $(0, 1)$

19. Mínimo relativo: $(2, -12)$

21. (a) $y = \frac{1}{4}$ in.; $v = 4$ in./sec (b) Demonstração

(c) Período: $\pi/6$; Freqüência: $6/\pi$

23. $(\pi/2, \pi/2)$, $(3\pi/2, 3\pi/2)$; Côncava para cima: $(\pi/2, 3\pi/2)$

Côncava para baixo: $(0, \pi/2)$, $(3\pi/2, 2\pi)$

25. Máximos relativos: $\left(\sqrt{2}/2, 1/2\right)$, $\left(-\sqrt{2}/2, 1/2\right)$

Mínimo relativo: $(0, 0)$

27.

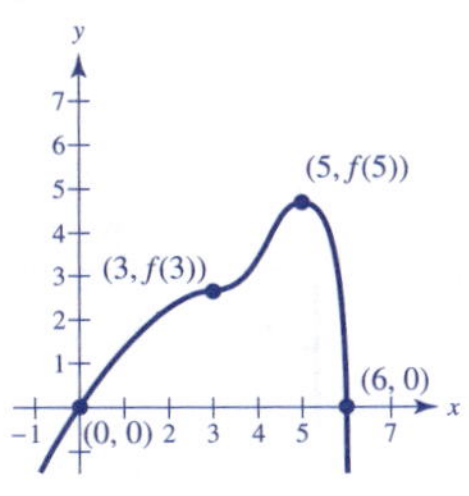

29. Crescente e côncava para baixo.

31. (a) $D = 0{,}00340t^4 - 0{,}2352t^3 + 4{,}942t^2 - 20{,}86t + 94{,}4$

(b)

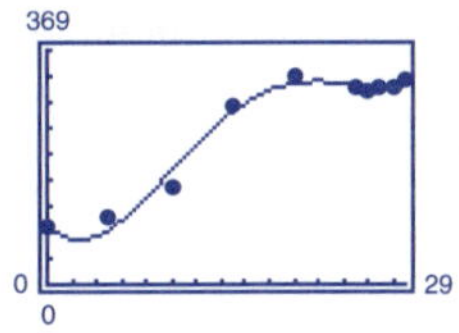

(c) O máximo ocorre em 1991; o mínimo ocorre em 1972.

(d) 1979

33. $\frac{2}{3}$ **35.** $-\infty$ **37.** 0 **39.** 6

41. Assíntota vertical: $x = 4$; assíntota horizontal: $y = 2$

43. Assíntota vertical: $x = 0$; assíntota horizontal: $y = -2$

45.

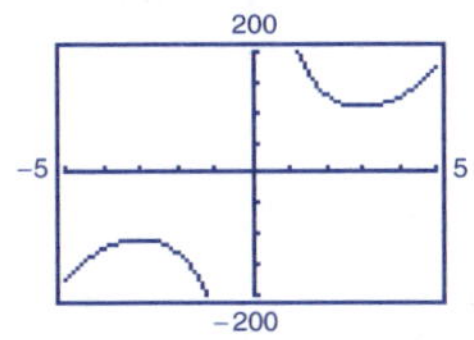

Assíntota vertical: $x = 0$

Mínimo relativo: $(3, 108)$

Máximo relativo: $(-3, -108)$

47.

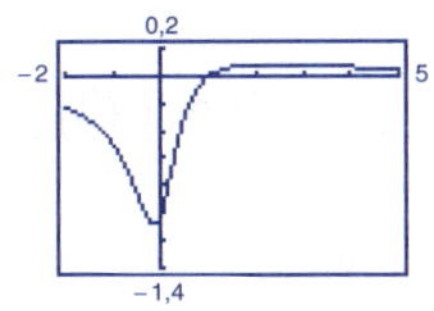

Assíntota horizontal: $y = 0$

Mínimo relativo: $(-0{,}155, -1{,}077)$

Máximo relativo: $(2{,}155, 0{,}077)$

49.

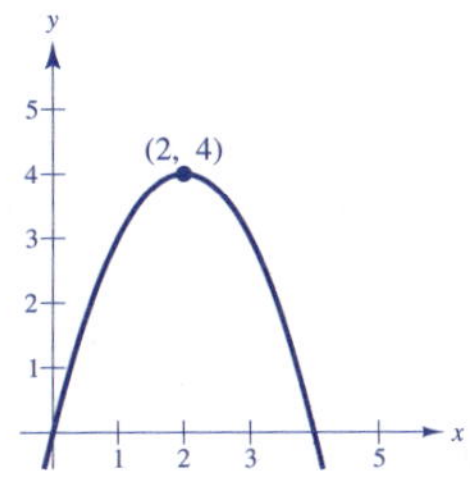

51.

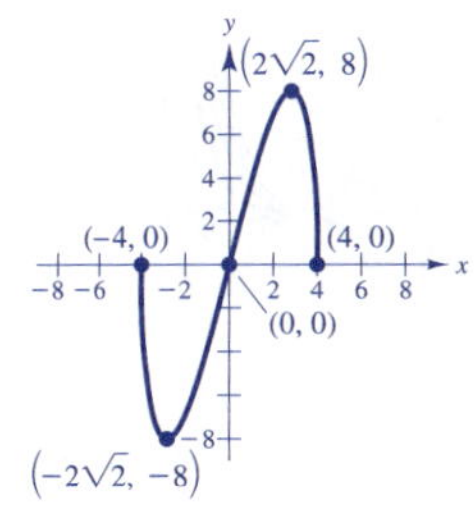

53.

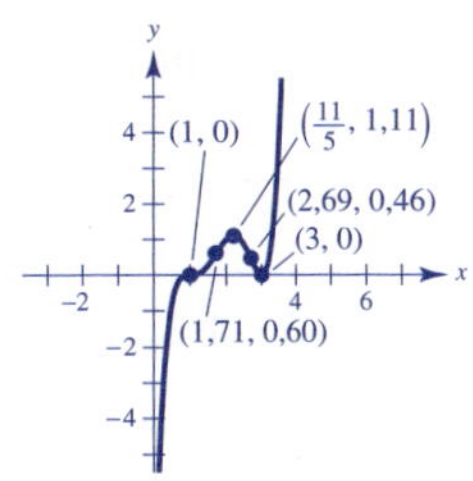

55.

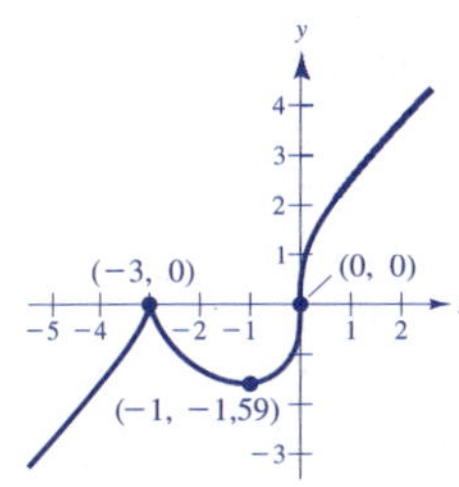

57.

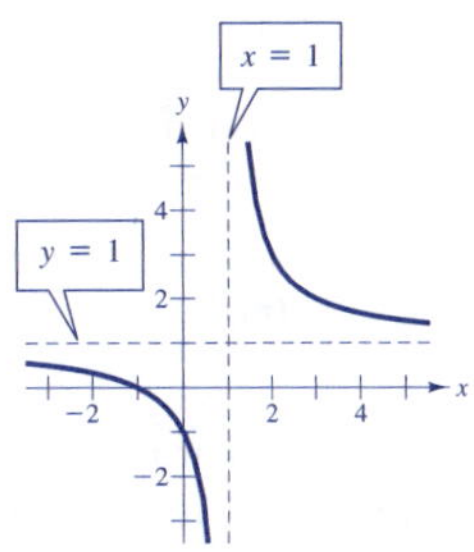

59.

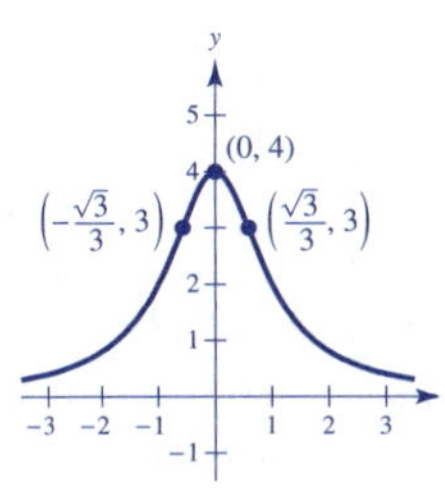

61.

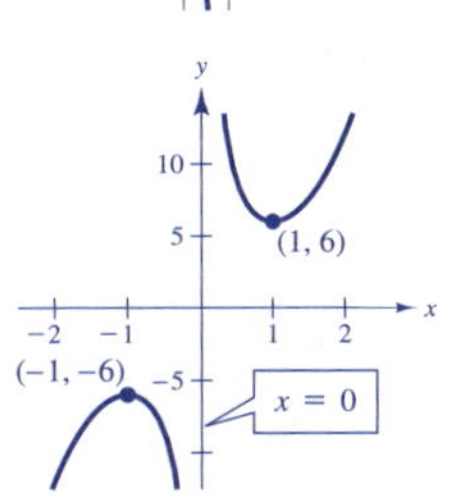

63.

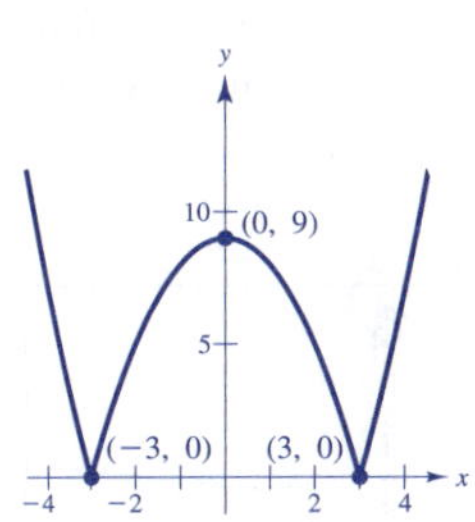

65.

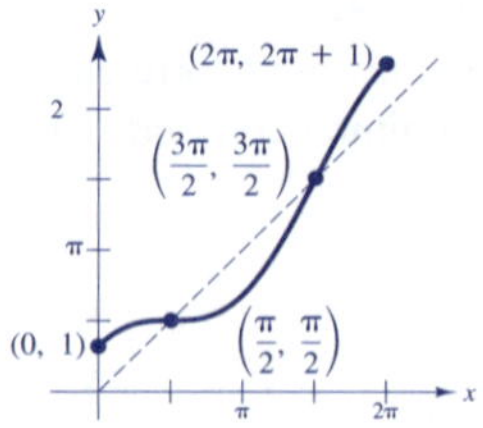

67. (a) e (b) Máximo: (1, 3)
Mínimo: (1, 1)

69. $t \approx 4{,}92 \approx$ 4:55 P.M.; $d \approx 64$ km

71. (0, 0), (5, 0), (0, 10) **73.** Demonstração **75.** 14,05 pés

77. $3(3^{2/3} + 2^{2/3})^{3/2} \approx 21{,}07$ pés **79.** $v \approx 54{,}77$ mph

81. $-1{,}532,\ -0{,}347,\ 1{,}879$ **83.** $-1{,}164,\ 1{,}453$

85. $dy = (1 - \cos x + x \operatorname{sen} x)\,dx$

87. $dS = \pm 1{,}8\pi \text{ cm}^2,\ \dfrac{dS}{S} \times 100 \approx \pm 0{,}56\%$

$dV = \pm 8{,}1\pi \text{ cm}^3,\ \dfrac{dV}{V} \times 100 \approx \pm 0{,}83\%$

P.S. Problemas Suplementares (página 242)

1. Os valores de a escolhido podem variar.

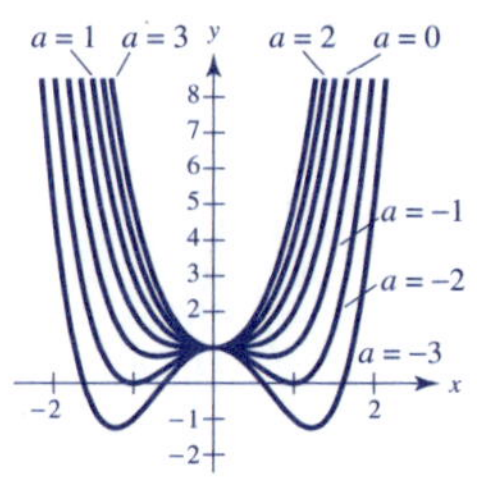

(a) Um mínimo relativo em (0, 1) para $a \geq 0$.
(b) Um máximo relativo em (0, 1) para $a < 0$.
(c) Dois mínimos relativos para $a < 0$ quando $x = \pm\sqrt{-a/2}$.
(d) Se $a < 0$, existem três pontos críticos; se $a \geq 0$, existe apenas um ponto crítico.

3. Todos os números reais c. **5–7.** Demonstrações

9. Aproximadamente 9,19 pés.

11. Mínimo: $(\sqrt{2} - 1)d$; não existe nenhum máximo.

13. (a)–(c). Demonstrações

15. (a)

x	0	0,5	1	2
$\sqrt{1+x}$	1	1,2247	1,4142	1,7321
$\frac{1}{2}x + 1$	1	1,25	1,5	2

(b) Demonstração

17. (a)

v	20	40	60	80	100
s	5,56	11,11	16,67	22,22	27,78
d	5,1	13,7	27,2	44,2	66,4

$d(s) = 0{,}071s^2 + 0{,}389s + 0{,}727$

(b) A distância entre a parte de trás do primeiro veículo e a parte da frente do segundo veículo é $d(s)$, a distância segura para parar. O primeiro veículo passa o ponto dado em 5,5/segundos, e o segundo carro leva mais $d(s)$/segundo. Assim,

$T = d(s)/s + 5{,}5/s.$

(c)

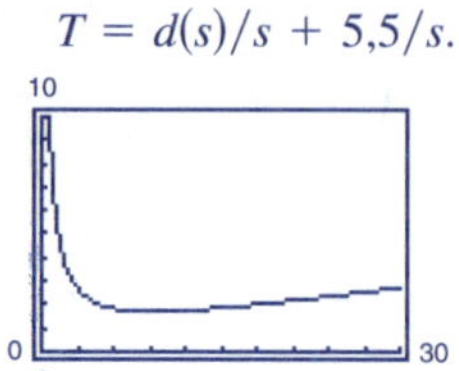

$s \approx 9{,}365$ m/s

(d) $s \approx 9{,}365$ m/s; 1,719 s; 33,714 kph (e) 10,597 m

19. (a) $P(x) = x - x^2$

(b)

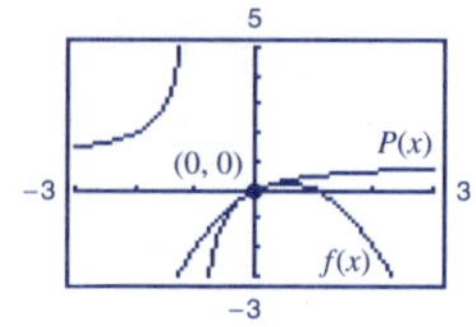

Capítulo 4

Seção 4.1 (página 253)

1–3. Demonstrações **5.** $y = t^3 + C$ **7.** $y = \frac{2}{5}x^{5/2} + C$

	Integral original	*Reescreva*	*Integre*	*Simplifique*
9.	$\int \sqrt[3]{x}\,dx$	$\int x^{1/3}\,dx$	$\dfrac{x^{4/3}}{4/3} + C$	$\dfrac{3}{4}x^{4/3} + C$
11.	$\int \dfrac{1}{x\sqrt{x}}\,dx$	$\int x^{-3/2}\,dx$	$\dfrac{x^{-1/2}}{-1/2} + C$	$-\dfrac{2}{\sqrt{x}} + C$
13.	$\int \dfrac{1}{2x^3}\,dx$	$\dfrac{1}{2}\int x^{-3}\,dx$	$\dfrac{1}{2}\left(\dfrac{x^{-2}}{-2}\right) + C$	$-\dfrac{1}{4x^2} + C$

15. $\frac{1}{2}x^2 + 3x + C$ **17.** $x^2 - x^3 + C$ **19.** $\frac{1}{4}x^4 + 2x + C$

21. $\frac{2}{5}x^{5/2} + x^2 + x + C$ **23.** $\frac{3}{5}x^{5/3} + C$ **25.** $-1/(2x^2) + C$

27. $\frac{2}{15}x^{1/2}(3x^2 + 5x + 15) + C$ **29.** $x^3 + \frac{1}{2}x^2 - 2x + C$

31. $\frac{2}{7}y^{7/2} + C$ **33.** $x + C$ **35.** $-2\cos x + 3\operatorname{sen} x + C$

37. $t + \operatorname{cossec} t + C$ **39.** $\operatorname{tg}\theta + \cos\theta + C$ **41.** $\operatorname{tg} y + C$

43. Há mais de uma resposta correta. Exemplo:

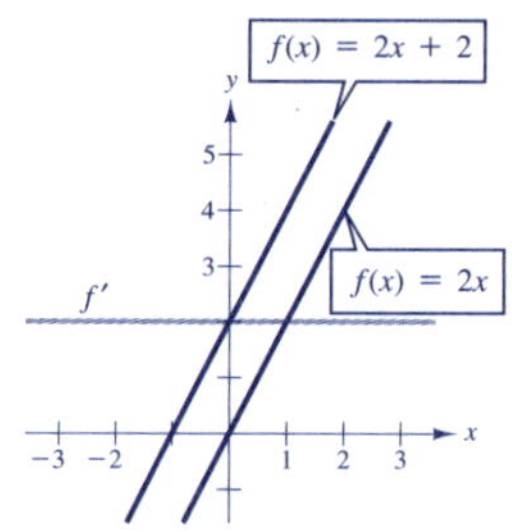

45. Há mais de uma resposta correta. Exemplo:

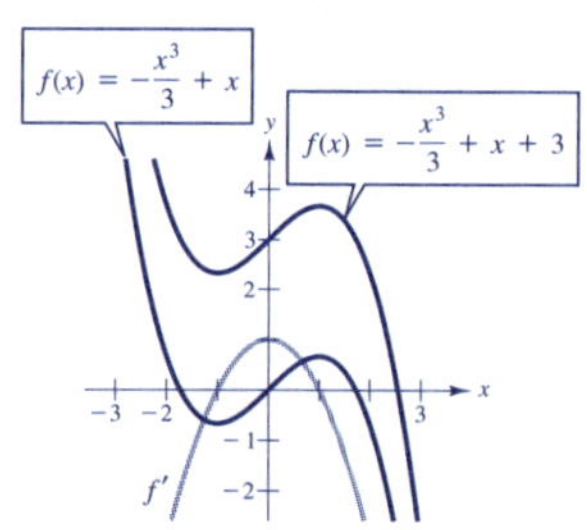

47. $y = x^2 - x + 1$

49. (a) Há mais de uma resposta correta. Exemplo:

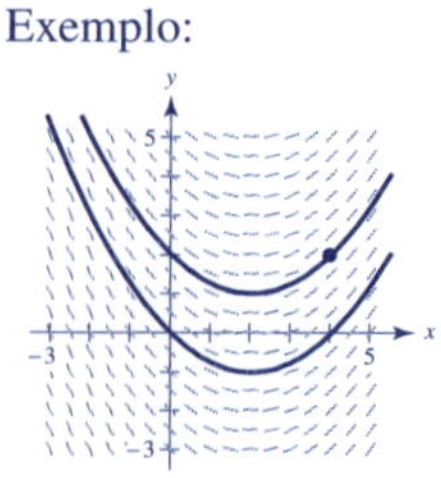

(b) $y = \frac{1}{4}x^2 - x + 2$

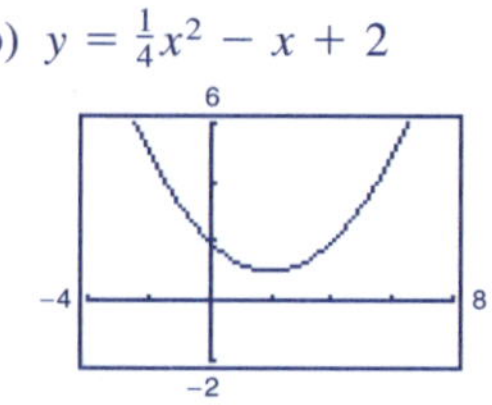

51. (a) Há mais de uma resposta correta. Exemplo:

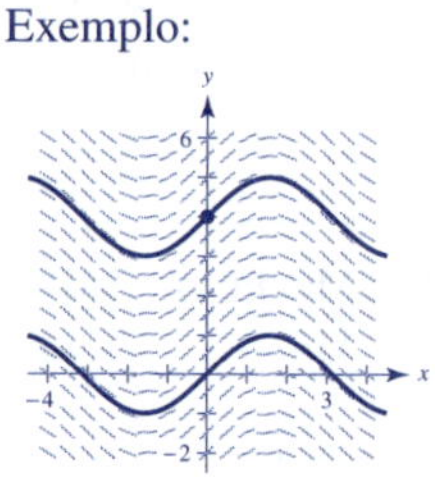

(b) $y = \operatorname{sen} x + 4$

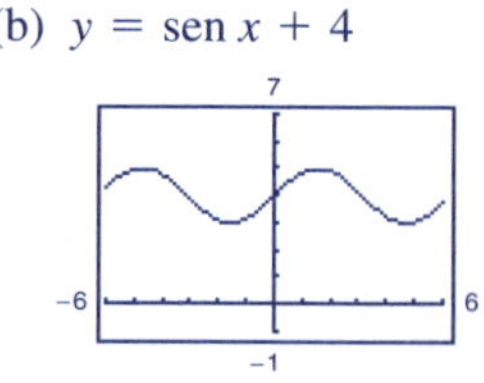

53. (a)

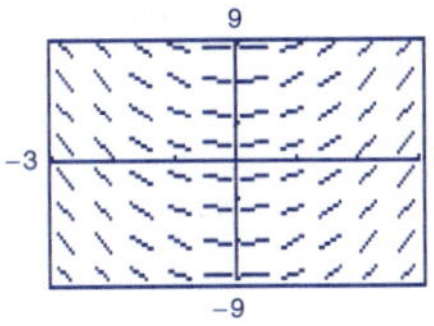

(b) $y = x^2 - 6$

(c)

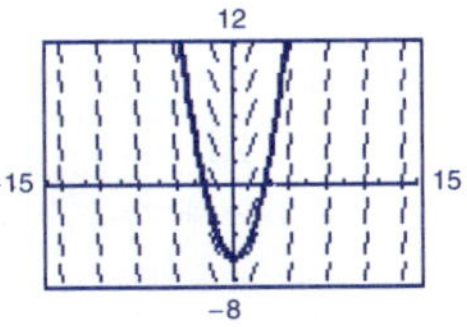

55. $f(x) = 2x^2 + 6$ **57.** $h(t) = 2t^4 + 5t - 11$

59. $f(x) = x^2 + x + 4$ **61.** $f(x) = -4\sqrt{x} + 3x$

63. (a) $h(t) = \frac{3}{4}t^2 + 5t + 12$ (b) 69 cm

65. (a) -1; $f'(4)$ representa a inclinação de f em $x = 4$.

(b) Não. As inclinações das retas tangentes são maiores do que 2 em $[0, 2]$. Assim, f deve crescer mais do que quatro unidades em $[0, 2]$.

(c) Não. A função é decrescente em $[4, 5]$.

(d) 3.5; $f'(3{,}5) \approx 0$

(e) Côncava para cima: $(-\infty, 1), (5, \infty)$

Côncava para baixo: $(1, 5)$

Pontos de inflexão em $x \approx 1$ e $x \approx 5$

(f) 3 (g)

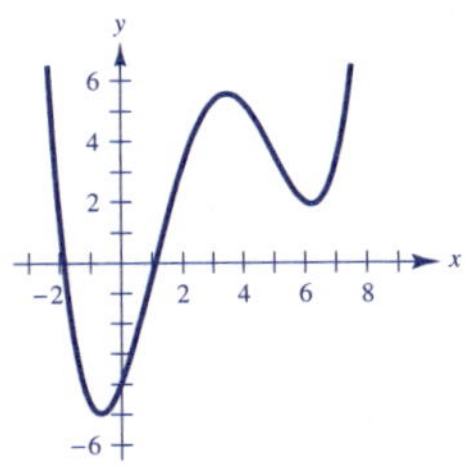

67. 62,25 pés

69. $v_0 \approx 187{,}617$ pés/seg

71. $v(t) = -9{,}8t + C_1 = -9{,}8t + v_0$

$f(t) = -4{,}9t^2 + v_0t + C_2 = -4{,}9t^2 + v_0t + s_0$

73. 7,1 m **75.** 320 m; -32 m/s

77. (a) $v(t) = 3t^2 - 12t + 9$; $a(t) = 6t - 12$

(b) $(0, 1), (3, 5)$ (c) -3

79. $a(t) = -1/(2t^{3/2})$; $x(t) = 2\sqrt{t} + 2$

81. (a) 1,18 m/s² (b) 190 m

83. (a) 300 pés (b) 60 pés/s ≈ 41 mph

85. 7,45 pés/s²

87. Verdadeira

89. Verdadeira

91. Falsa. Escolha $f(x) = x$ e $g(x) = x + 1$.

93. $f(x) = \frac{1}{3}x^3 - 4x + \frac{16}{3}$

95. $f(x) = \begin{cases} x + 2, & 0 \le x < 2 \\ \frac{3}{2}x^2 - 2, & 2 \le x \le 5 \end{cases}$

f não é diferenciável em $x = 2$, pois as derivadas à direita e à esquerda no ponto $x = 2$ não coincidem.

97. Problema Putnam B2, 1991.

Seção 4.2 (página 265)

1. 35 **3.** $\dfrac{158}{85}$ **5.** $4c$ **7.** $\displaystyle\sum_{i=1}^{9} \frac{1}{3i}$ **9.** $\displaystyle\sum_{j=1}^{8} \left[5\left(\frac{j}{8}\right) + 3\right]$

11. $\displaystyle\frac{2}{n}\sum_{i=1}^{n}\left[\left(\frac{2i}{n}\right)^3 - \left(\frac{2i}{n}\right)\right]$ **13.** $\displaystyle\frac{3}{n}\sum_{i=1}^{n}\left[2\left(1 + \frac{3i}{n}\right)^2\right]$

15. 420 **17.** 2.470 **19.** 12.040 **21.** 2.930

23. A área de região sombreada está entre 12,5 unidades² e 16,5 unidades².

25. A área de região sombreada está entre 7 unidades² e 11 unidades².

27. $A \approx S \approx 0{,}768$
$A \approx s \approx 0{,}518$

29. $A \approx S \approx 0{,}746$
$A \approx s \approx 0{,}646$

31. $\frac{81}{4}$ **33.** 9

35. $(n + 2)/n$

$n = 10$; $S = 1{,}2$

$n = 100$; $S = 1{,}02$

$n = 1.000$; $S = 1{,}002$

$n = 10.000$; $S = 1{,}0002$

37. $[2(n + 1)(n - 1)]/n^2$

$n = 10$; $S = 1{,}98$

$n = 100$; $S = 1{,}9998$

$n = 1.000$; $S = 1{,}999998$

$n = 10.000$; $S = 1{,}99999998$

39. $\displaystyle\lim_{n\to\infty}\left[8\left(\frac{n^2 + n}{n^2}\right)\right] = 8$

41. $\displaystyle\lim_{n\to\infty}\frac{1}{6}\left(\frac{2n^3 - 3n^2 + n}{n^3}\right) = \frac{1}{3}$

43. $\displaystyle\lim_{n\to\infty}[(3n + 1)/n] = 3$

45. (a)

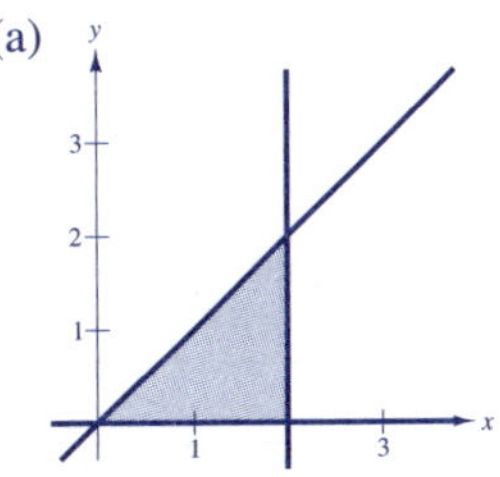

(b) $\Delta x = (2 - 0)/n = 2/n$

(c) $\displaystyle s(n) = \sum_{i=1}^{n} f(x_{i-1})\,\Delta x = \sum_{i=1}^{n}[(i - 1)(2/n)](2/n)$

(d) $\displaystyle S(n) = \sum_{i=1}^{n} f(x_i)\,\Delta x = \sum_{i=1}^{n}[i(2/n)](2/n)$

(e)

n	5	10	50	100
$s(n)$	1,6	1,8	1,96	1,98
$S(n)$	2,4	2,2	2,04	2,02

(f) $\displaystyle\lim_{n\to\infty}\sum_{i=1}^{n}[(i-1)(2/n)](2/n) = 2$; $\displaystyle\lim_{n\to\infty}\sum_{i=1}^{n}[i(2/n)](2/n) = 2$

47. $A = 2$

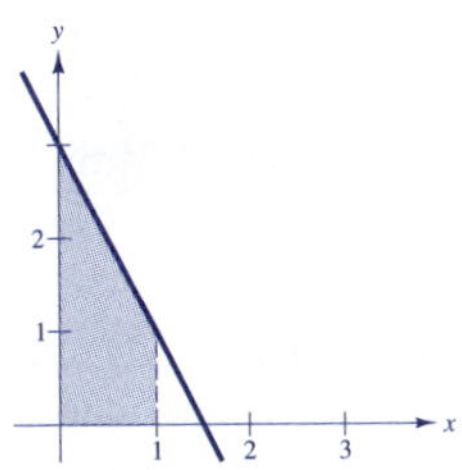

49. $A = \frac{7}{3}$

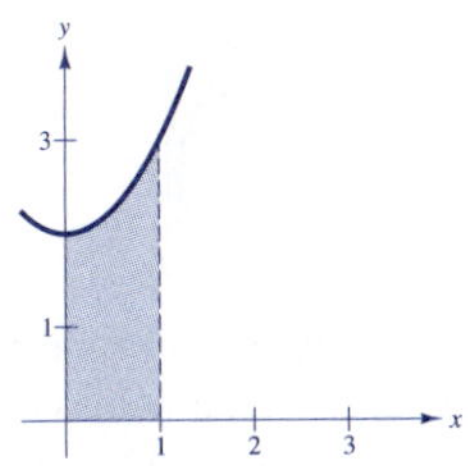

51. $A = \frac{70}{3}$

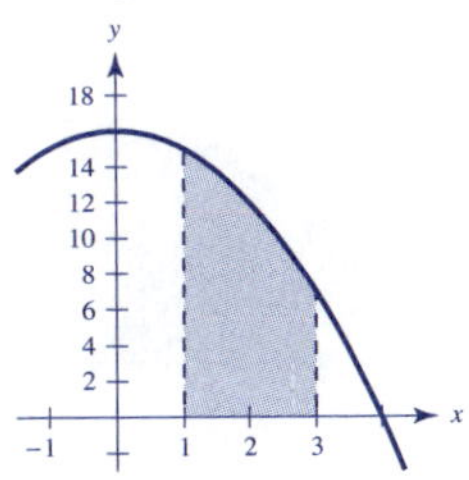

53. $A = \frac{513}{4}$

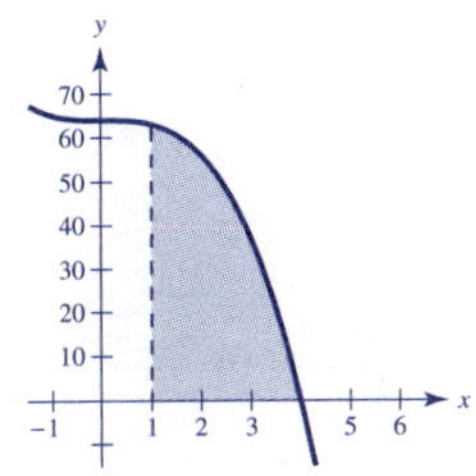

55. $A = \frac{2}{3}$

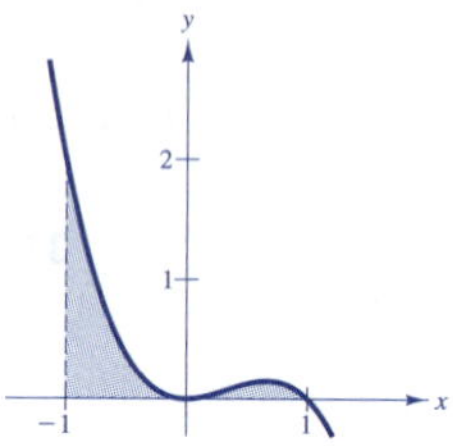

57. $A = 6$

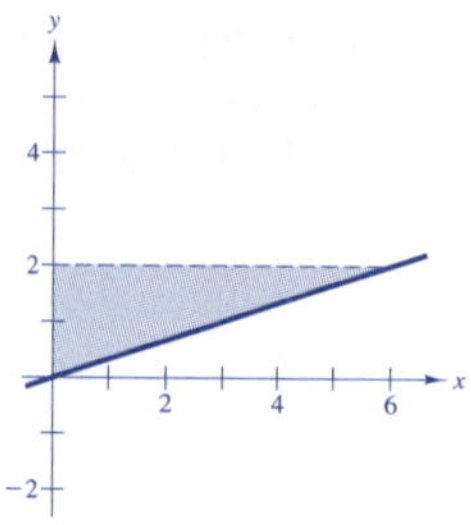

59. $A = 9$

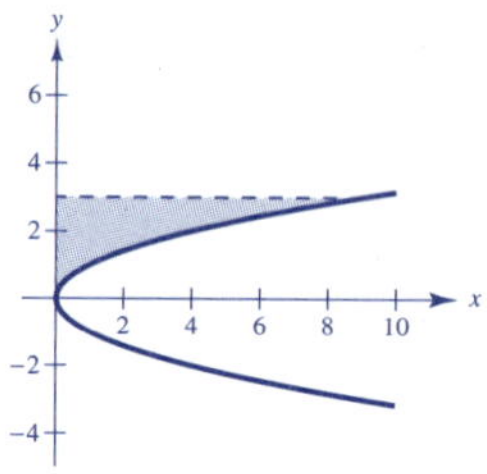

61. $A = \frac{44}{3}$

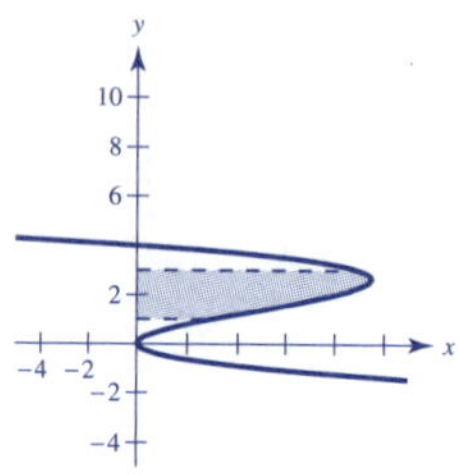

63. $\frac{69}{8}$ **65.** 0,345

67.

n	4	8	12	16	20
Área Aproximada	5,3838	5,3523	5,3439	5,3403	5,3384

69.

n	4	8	12	16	20
Área Aproximada	2,2223	2,2387	2,2418	2,2430	2,2435

71. b

73. Você pode usar a reta $y = x$ limitada por $x = a$ e $x = b$. A soma das áreas dos retângulos inscritos na figura abaixo é a soma inferior.

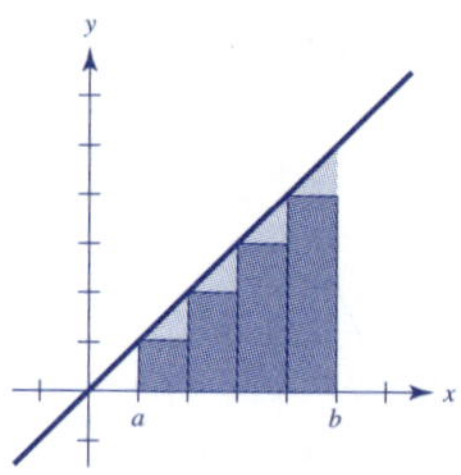

A soma das áreas dos retângulos circunscritos na figura abaixo é a soma superior.

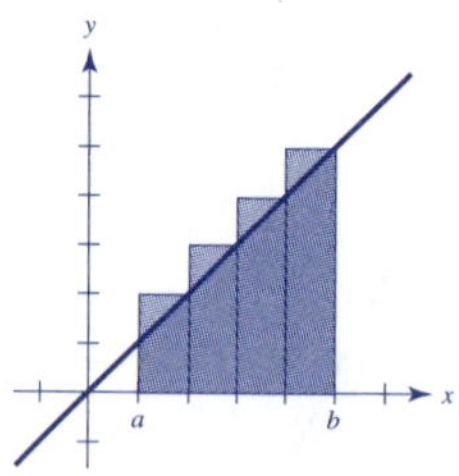

Os retângulos no primeiro gráfico não contêm toda a área da região, e os retângulos no segundo gráfico cobrem mais do que a área da região. O valor exato da área está entre essas duas somas.

75. (a)

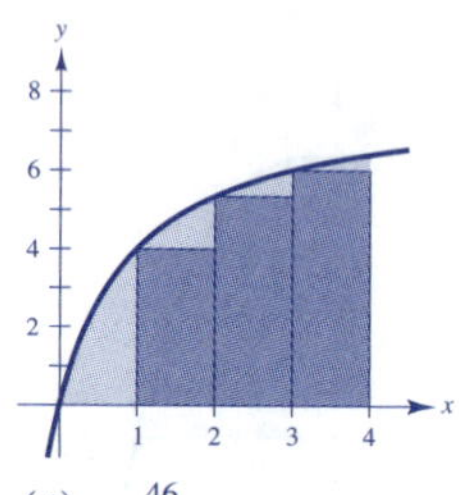

$s(4) = \frac{46}{3}$

(b)

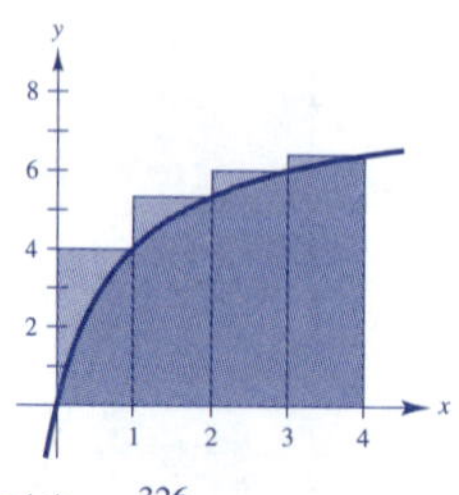

$S(4) = \frac{326}{15}$

(c)

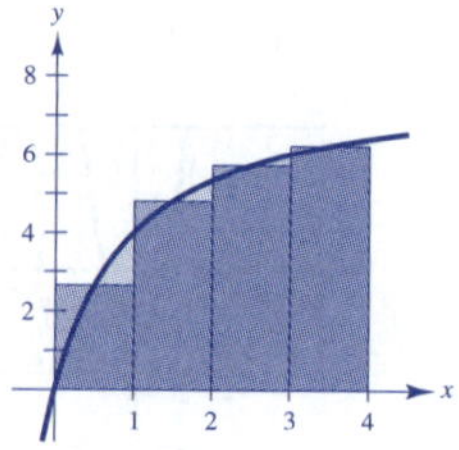

$M(4) = \frac{6.112}{315}$

(d) Demonstração

(e)

n	4	8	20	100	200
$s(n)$	15,333	17,368	18,459	18,995	19,060
$S(n)$	21,733	20,568	19,739	19,251	19,188
$M(n)$	19,403	19,201	19,137	19,125	19,125

(f) Como f é uma função crescente, $s(n)$ é sempre crescente e $S(n)$ é sempre decrescente.

77. Verdadeira

79. Suponha que existam n linhas na figura. O total de estrelas tanto à direita quanto à esquerda é $1 + 2 + \cdots 1\ n$. Existem $n(n + 1)$ estrelas no total. Assim, $2[1 + 2 + \cdots + n] = n(n + 1)$ $1 + 2 + \cdot \cdot \cdot + n = [n(n + 1)]/2$.

81. (a) $y = (-4{,}09 \times 10^{-5})x^3 + 0{,}016x^2 - 2{,}67x + 452{,}9$

(b)

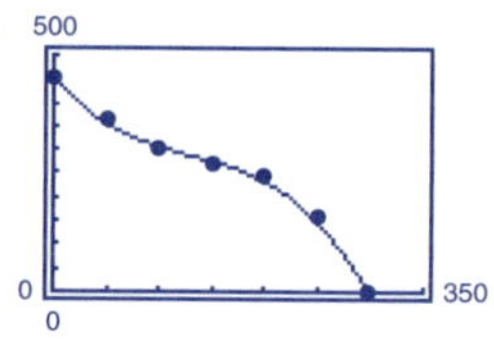

(c) 76.897,5 pés^2

83. Demonstração

Seção 4.3 (página 275)

1. $2\sqrt{3} \approx 3{,}464$ **3.** 36 **5.** 0 **7.** $\frac{10}{3}$ **9.** $\int_{-1}^{5} (3x + 10)\,dx$

11. $\int_0^3 \sqrt{x^2 + 4}\,dx$ **13.** $\int_0^5 3\,dx$ **15.** $\int_{-4}^{4} (4 - |x|)\,dx$

17. $\int_{-2}^{2} (4 - x^2)\,dx$ **19.** $\int_0^{\pi} \operatorname{sen} x\,dx$ **21.** $\int_0^2 y^3\,dy$

23.

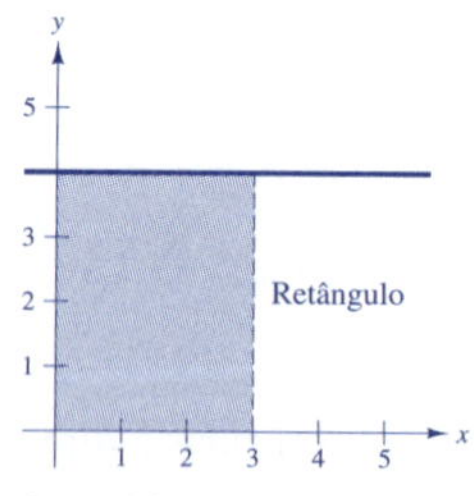

$A = 12$

25.

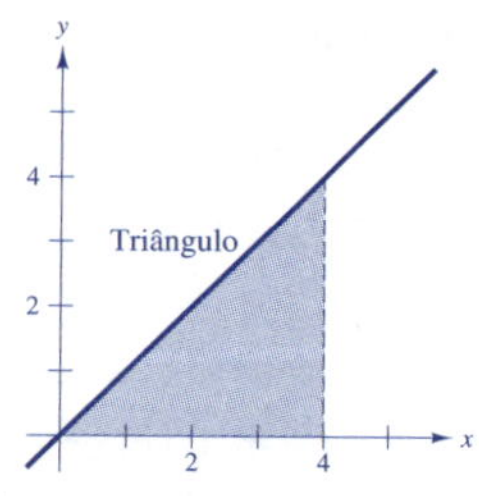

$A = 8$

27.

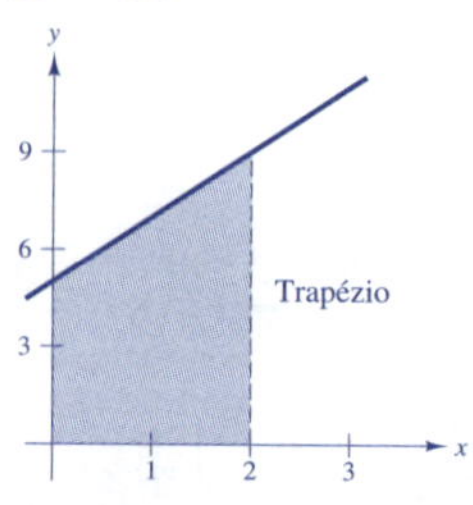

$A = 14$

29.

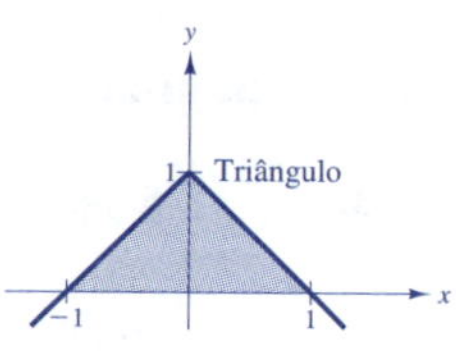

$A = 1$

31.

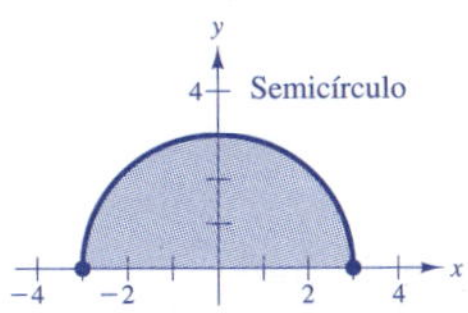

$A = 9\pi/2$

33. -6 **35.** 24 **37.** -10

39. 16 **41.** (a) 13 (b) -10 (c) 0 (d) 30

43. (a) 8 (b) -12 (c) -4 (d) 30 **45.** $-48, 88$

47. (a) $-\pi$ (b) 4 (c) $-(1 + 2\pi)$ (d) $3 - 2\pi$
(e) $5 + 2\pi$ (f) $23 - 2\pi$

49. (a) 14 (b) 4 (c) 8 (d) 0 **51.** $\sum_{i=1}^{n} f(x_i)\,\Delta x > \int_1^5 f(x)\,dx$

53. Não. Existe uma descontinuidade em $x = 4$. **55.** a **57.** d

59.

n	4	8	12	16	20
$L(n)$	3,6830	3,9956	4,0707	4,1016	4,1177
$M(n)$	4,3082	4,2076	4,1838	4,1740	4,1690
$R(n)$	3,6830	3,9956	4,0707	4,1016	4,1177

61.

n	4	8	12	16	20
$L(n)$	0,5890	0,6872	0,7199	0,7363	0,7461
$M(n)$	0,4076	0,5909	0,6551	0,7854	0,7854
$R(n)$	0,9817	0,8836	0,8508	0,8345	0,8247

63. Verdadeira **65.** Verdadeira

67. Falso: $\int_0^2 (-x)\,dx = -2$ **69.** 272 **71.** Demonstração

73. Não importa quão pequenos os subintervalos, a quantidade tanto de números racionais quanto de números irracionais em cada subintervalo é infinito e $f(c_i) = 0$ ou $f(c_i) = 1$.

75. $a = -1$ e $b = 1$ maximizam a integral. **77.** $\frac{1}{3}$

Seção 4.4 (página 288)

1.

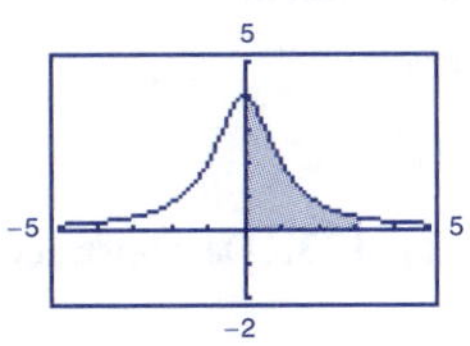

Positive

3.

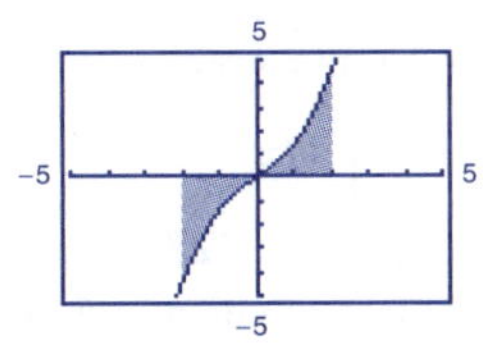

Zero

5. 1 **7.** $-\frac{5}{2}$ **9.** $-\frac{10}{3}$ **11.** $\frac{1}{3}$ **13.** $\frac{1}{2}$ **15.** $\frac{2}{3}$ **17.** -4

19. $-\frac{1}{18}$ **21.** $-\frac{27}{20}$ **23.** $\frac{9}{2}$ **25.** $\frac{23}{3}$ **27.** $\pi + 2$

29. $2\sqrt{3}/3$ **31.** 0 **33.** $\frac{1}{6}$ **35.** $12\sqrt{3}/5$ **37.** 1 **39.** 10

41. 6 **43.** 0,4380, 1,7908 **45.** $\pm\text{arccos}\,\sqrt{\pi}/2 \approx \pm 0{,}4817$

47. Valor médio $= \frac{8}{3}$
$x = \pm 2\sqrt{3}/3 \approx \pm 1{,}155$

49. Valor médio $= 2/\pi$
$x \approx 0{,}690,\ x \approx 2{,}451$

51. Aproximadamente 540 pés.

53. O Teorema Fundamental do Cálculo afirma que, se a função f é contínua em $[a, b]$ e F é uma primitiva de f em $[a, b]$, então $\int_a^b f(x)\,dx = F(b) - F(a)$.

55. $-1{,}5$ **57.** 6,5 **59.** 15,5

61. (a) $F(x) = 500\,\mathrm{s}^2 x$ (b) $1500\sqrt{3}/\pi \approx 827$ N

63. $\approx 0{,}5318$ L

65. (a) $v = -0{,}00086t^3 + 0{,}0782t^2 - 0{,}208t + 0{,}10$
(b)

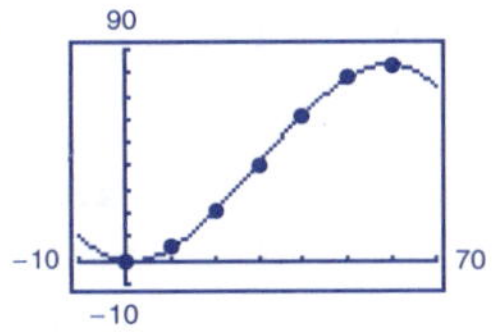

(c) 2.475,6 m

67. $F(x) = \frac{1}{2}x^2 - 5x$
$F(2) = -8$
$F(5) = -12\frac{1}{2}$
$F(8) = -8$

69. $F(x) = -10/x + 10$
$F(2) = 5$
$F(5) = 8$
$F(8) = 8\frac{3}{4}$

71. $F(x) = \text{sen}\,x - \text{sen}\,1$
$F(2) = \text{sen}\,2 - \text{sen}\,1 \approx 0{,}0678$
$F(5) = \text{sen}\,5 - \text{sen}\,1 \approx -1{,}8004$
$F(8) = \text{sen}\,8 - \text{sen}\,1 \approx 0{,}1479$

73. (a) $g(0) = 0,\ g(2) \approx 7,\ g(4) \approx 9,\ g(6) \approx 8,\ g(8) \approx 5$
(b) Crescente: $(0, 4)$; decrescente: $(4, 8)$
(c) Um máximo ocorre em $x = 4$.
(d)

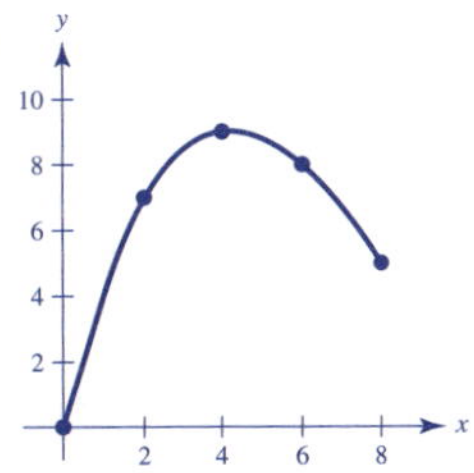

75. $\frac{1}{2}x^2 + 2x$ **77.** $\frac{3}{4}x^{4/3} - 12$ **79.** $\text{tg}\,x - 1$

81. $x^2 - 2x$ **83.** $\sqrt{x^4 + 1}$ **85.** $x \cos x$ **87.** 8

89. $\cos x \sqrt{\text{sen}\,x}$ **91.** $3x^2\,\text{sen}\,x^6$

93.

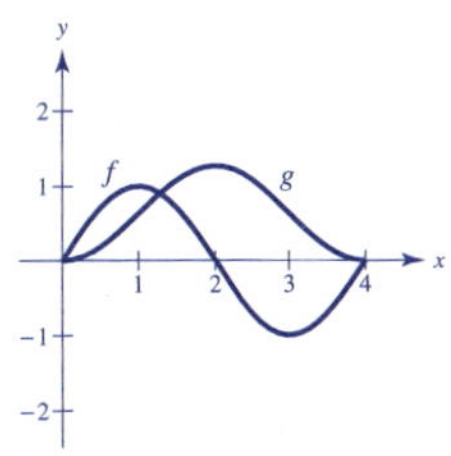

Um extremo de g ocorre em $x = 2$.

95. (a) $C(x) = 1.000(12x^{5/4} + 125)$
(b) $C(1) = \$\,137{,}000$
$C(5) \approx \$\,214{,}721$
$C(10) \approx \$\,338{,}394$

97. 28 unidades **99.** 2 unidades **101.** Verdadeiro

103. $f(x) = x^{-2}$ tem uma descontinuidade não removível em $x = 0$.

105. $f'(x) = \dfrac{1}{(1/x)^2 + 1}\left(-\dfrac{1}{x^2}\right) + \dfrac{1}{x^2 + 1} = 0$

Como $f'(x) = 0$, $f(x)$ é constante.

Seção 4.5 (página 301)

	$\int f(g(x))g'(x)\,dx$	$u = g(x)$	$du = g'(x)\,dx$
1.	$\int (5x^2 + 1)^2(10x)\,dx$	$5x^2 + 1$	$10x\,dx$
3.	$\int \dfrac{x}{\sqrt{x^2 + 1}}\,dx$	$x^2 + 1$	$2x\,dx$
5.	$\int \text{tg}^2\,x \sec^2 x\,dx$	$\text{tg}\,x$	$\sec^2 x\,dx$

7. $\frac{1}{5}(1 + 2x)^5 + C$ **9.** $\frac{2}{3}(9 - x^2)^{3/2} + C$

11. $\frac{1}{12}(x^4 + 3)^3 + C$ **13.** $\frac{1}{15}(x^3 - 1)^5 + C$

15. $\frac{1}{3}(t^2 + 2)^{3/2} + C$ **17.** $-\frac{15}{8}(1 - x^2)^{4/3} + C$

19. $1/[4(1 - x^2)^2] + C$ **21.** $-1/[3(1 + x^3)] + C$

23. $-\sqrt{1 - x^2} + C$ **25.** $-\frac{1}{4}(1 + 1/t)^4 + C$ **27.** $\sqrt{2x} + C$

29. $\frac{2}{5}x^{5/2} + 2x^{3/2} + 14x^{1/2} + C = \frac{2}{5}\sqrt{x}(x^2 + 5x + 35) + C$

31. $\frac{1}{4}t^4 - t^2 + C$ **33.** $6y^{3/2} - \frac{2}{5}y^{5/2} + C = \frac{2}{5}y^{3/2}(15 - y) + C$

35. $2x^2 - 4\sqrt{16 - x^2} + C$ **37.** $-1/[2(x^2 + 2x - 3)] + C$

39. (a) Há mais de uma resposta correta. Exemplo:

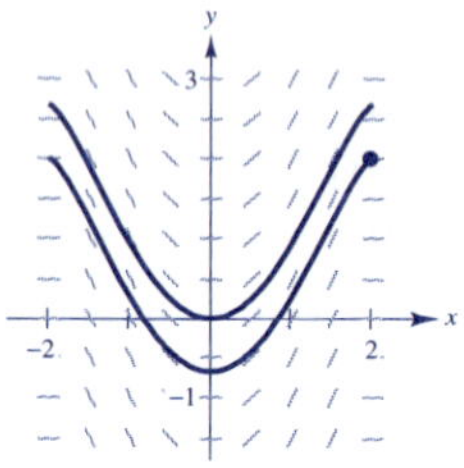

(b) $y = -\frac{1}{3}(4 - x^2)^{3/2} + 2$

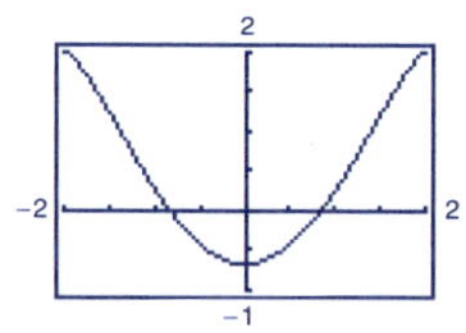

41. (a) Há mais de uma resposta correta. Exemplo:

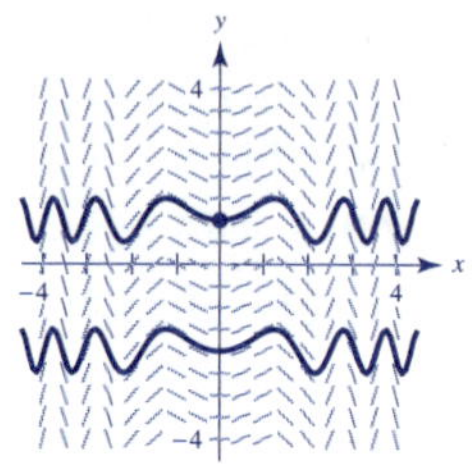

(b) $y = \frac{1}{2}\operatorname{sen} x^2 + 1$

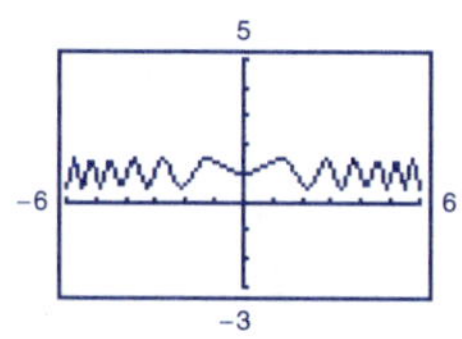

43. $-\cos(\pi x) + C$ **45.** $-\frac{1}{2}\cos 2x + C$ **47.** $-\operatorname{sen}(1/\theta) + C$

49. $\frac{1}{4}\operatorname{sen}^2 2x + C_1$ or $-\frac{1}{4}\cos^2 2x + C_2$ ou $-\frac{1}{8}\cos 4x + C_3$

51. $\frac{1}{5}\operatorname{tg}^5 x + C$ **53.** $\frac{1}{2}\operatorname{tg}^2 x + C$ ou $\frac{1}{2}\sec^2 x + C_1$

55. $-\operatorname{cotg} x - x + C$ **57.** $f(x) = 2\operatorname{sen}(x/2) + 3$

59. $f(x) = -\frac{1}{4}\cos 4x - 1$ **61.** $f(x) = \frac{1}{12}(4x^2 - 10)^3 - 8$

63. $\frac{2}{15}(x + 2)^{3/2}(3x - 4) + C$

65. $-\frac{2}{105}(1 - x)^{3/2}(15x^2 + 12x + 8) + C$

67. $\left(\sqrt{2x - 1}/15\right)(3x^2 + 2x - 13) + C$

69. $-x - 1 - 2\sqrt{x + 1} + C$ ou $-\left(x + 2\sqrt{x + 1}\right) + C_1$

71. 0 **73.** $12 - \frac{8}{9}\sqrt{2}$ **75.** 2 **77.** $\frac{1}{2}$ **79.** $\frac{4}{15}$ **81.** $3\sqrt{3}/4$

83. $f(x) = (2x^3 + 1)^3 + 3$ **85.** $f(x) = \sqrt{2x^2 - 1} - 3$

87. 1209/28 **89.** 4 **91.** $2\left(\sqrt{3} - 1\right)$

93. $\frac{10}{3}$

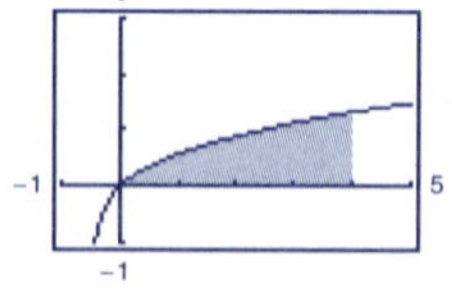

95. $\frac{144}{5}$

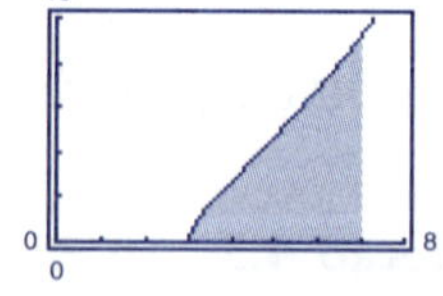

97. 7,38

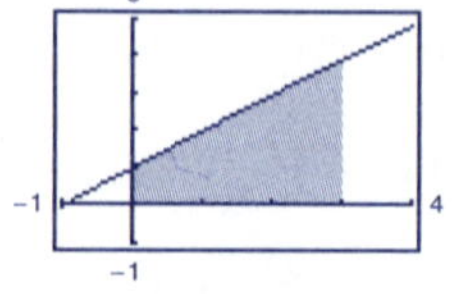

99. $\frac{1}{6}(2x - 1)^3 + C_1 = \frac{4}{3}x^3 - 2x^2 + x - \frac{1}{6} + C_1$
ou $\frac{4}{3}x^3 - 2x^2 + x + C_2$
As respostas podem diferir por uma constante: $C_2 = C_1 - \frac{1}{6}$.

101. $\frac{272}{15}$ **103.** $\frac{2}{3}$ **105.** (a) $\frac{8}{3}$ (b) $\frac{16}{3}$ (c) $-\frac{8}{3}$ (d) 8

107. $2\int_0^4 (6x^2 - 3)\,dx = 232$

109. Se $u = 5 - x^2$, então $du = -2x\,dx$ e
$\int x(5 - x^2)^3\,dx = -\frac{1}{2}\int(5 - x^2)^3(-2x)\,dx = -\frac{1}{2}\int u^3\,du$.

111. \$ 250.000

113. (a) Mínimo relativo: (6,4, 0,7) ou junho
Máximo relativo: (0,4, 5,5) ou janeiro
(b) 37,47 pol. (c) 4,33 pol.

115. (a)

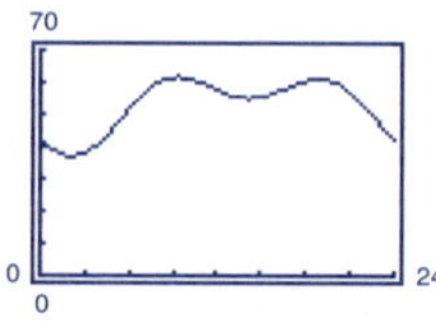

Fluxo máximo:
$R \approx 61{,}713$ em $t = 9{,}36$.

(b) 1,272 milhões galões

117. (a) $P_{50,\,75} \approx 35{,}3\%$ (b) $b \approx 58{,}6\%$

119. (a) \$ 9,17 (b) \$ 3,14

121. (a)

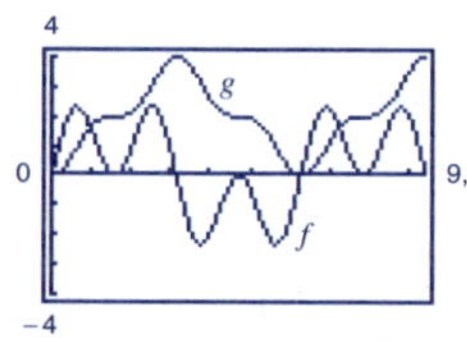

(b) g é não negativa pois o gráfico de f é positivo no início e, em geral, tem mais seções positivas do que negativas.

(c) Os pontos em g que correspondem aos extremos de f são os pontos de inflexão de g.

(d) Não, alguns zeros de f, tais como $x = \pi/2$, não correspondem a extremos de g. O gráfico de g continua a crescer depois de $x = \pi/2$, pois f permanece acima do eixo x.

(e)

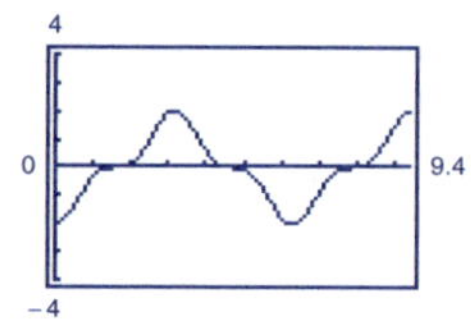

O gráfico de h é o mesmo que o de g transladado de duas unidades para baixo.

123. (a) Demonstração (b) Demonstração

125. Falsa. $\int (2x + 1)^2\,dx = \frac{1}{6}(2x + 1)^3 + C$

127. Verdadeira **129.** Verdadeira **131–133.** Demonstrações

135. Problema Putnam A.1, 1958.

Seção 4.6 (página 311)

	Trapézios	*Simpson*	*Exato*
1.	2,7500	2,6667	2,6667
3.	4,2500	4,0000	4,0000
5.	4,0625	4,0000	4,0000
7.	12,6640	12,6667	12,6667
9.	0,1676	0,1667	0,1667
11.	3,2833	3,2396	3,2413
13.	0,3415	0,3720	0,3927
15.	0,9567	0,9778	0,9775
17.	0,0891	0,0888	0,0891
19.	0,1940	0,1860	0,1858

21. A regra dos trapézios vai produzir um resultado maior do que $\int_a^b f(x)\,dx$ se f for côncava para cima em $[a, b]$, pois o gráfico de f estará dentro dos trapézios.

23. (a) 0,500 (b) 0,000 **25.** (a) 0,01 (b) 0,0005

27. (a) 0,1615 (b) 0,0066 **29.** (a) $n = 366$ (b) $n = 26$

31. (a) $n = 77$ (b) $n = 8$ **33.** (a) $n = 287$ (b) $n = 16$

35. (a) $n = 130$ (b) $n = 12$ **37.** (a) $n = 643$ (b) $n = 48$

39. (a) 24,5 (b) 25,67 **41.** Existem mais de uma resposta correta.

43.

n	$L(n)$	$M(n)$	$R(n)$	$T(n)$	$S(n)$
4	0,8739	0,7960	0,6239	0,7489	0,7709
8	0,8350	0,7892	0,7100	0,7725	0,7803
10	0,8261	0,7881	0,7261	0,7761	0,7818
12	0,8200	0,7875	0,7367	0,7783	0,7826
16	0,8121	0,7867	0,7496	0,7808	0,7836
20	0,8071	0,7864	0,7571	0,7821	0,7841

45. 0,701 **47.** 10.233,58 pés-lb **49.** 3,1416

51. 89.250 m^2 **53–55.** Demonstrações

Exercícios de Revisão do Capítulo 4 (página 313)

1.

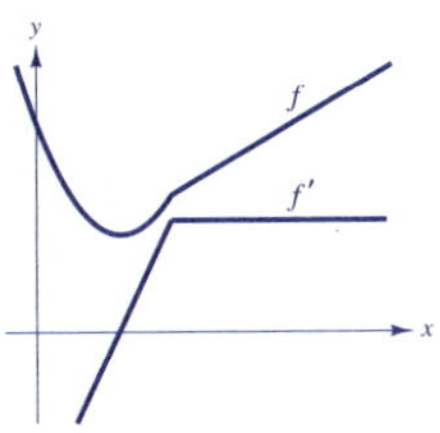

3. $\frac{2}{3}x^3 + \frac{1}{2}x^2 - x + C$

5. $x^2/2 - 1/x + C$ **7.** $2x^2 + 3\cos x + C$ **9.** $y = 2 - x^2$

11. (a) Há mais de uma resposta correta. Exemplo: (b) $y = x^2 - 4x - 2$

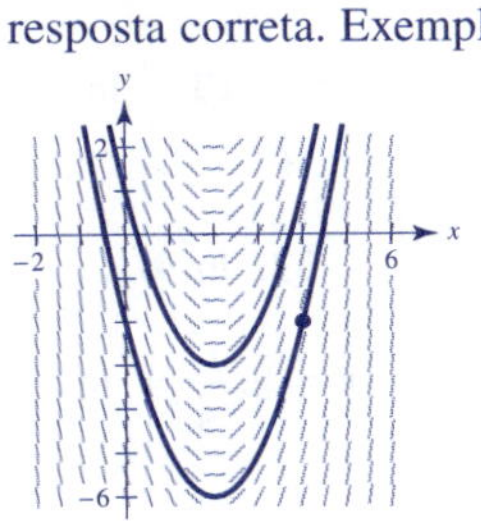

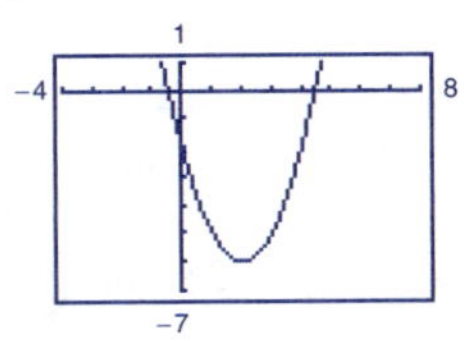

13. 240 pés/s **15.** (a) 3 s (b) 144 pés (c) $\frac{3}{2}$ s (d) 108 pés

17. $\sum_{n=1}^{8} \frac{1}{4n}$ **19.** $\frac{3}{n}\sum_{i=1}^{n}\left(\frac{i+1}{n}\right)^2$ **21.** 165 **23.** 3.310

25. (a) $\sum_{i=1}^{10}(2i - 1)$ (b) $\sum_{i=1}^{n} i^3$ (c) $\sum_{i=1}^{10}(4i + 2)$

27. 9,038 < (Área da região) < 13,038

29. $A = 16$ **31.** $A = 12$

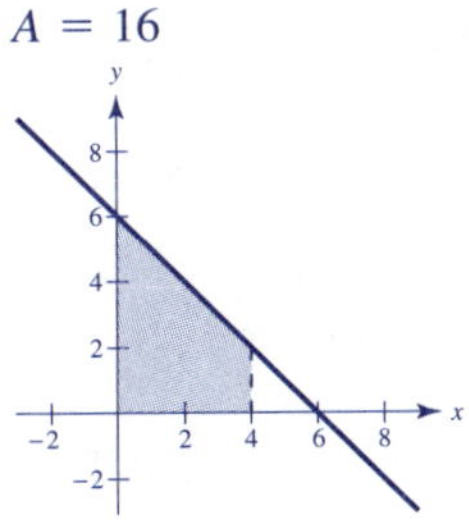

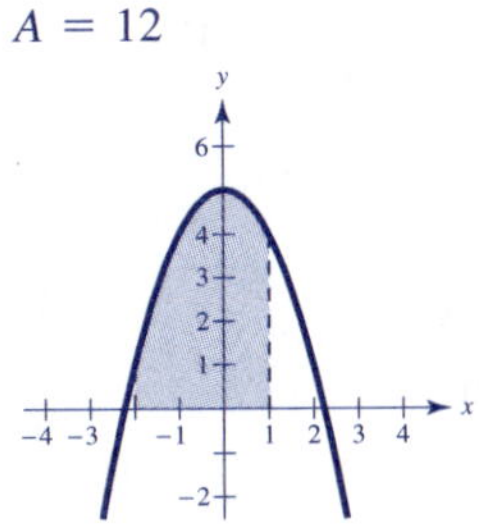

33. $\frac{27}{2}$ **35.** $\int_4^6 (2x - 3)\,dx$ **37.** $\int_{-2}^{0} (3x + 6)\,dx$

39.

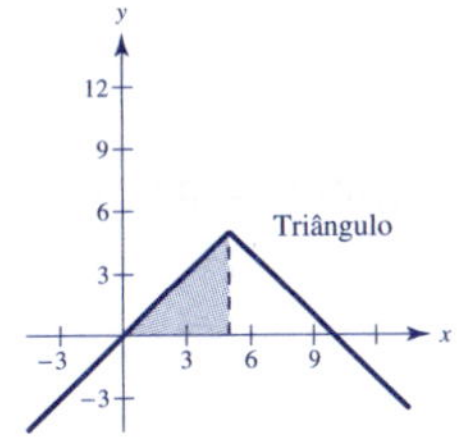

$A = \frac{25}{2}$

41. (a) 13 (b) 7 (c) 11 (d) 50

43. 16 **45.** 0 **47.** $\frac{422}{5}$ **49.** $(\sqrt{2} + 2)/2$

51.

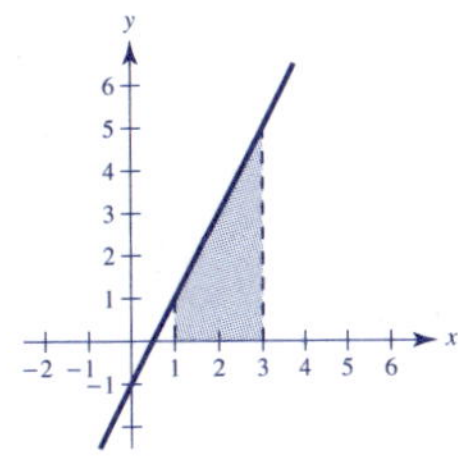

$A = 6$

53.

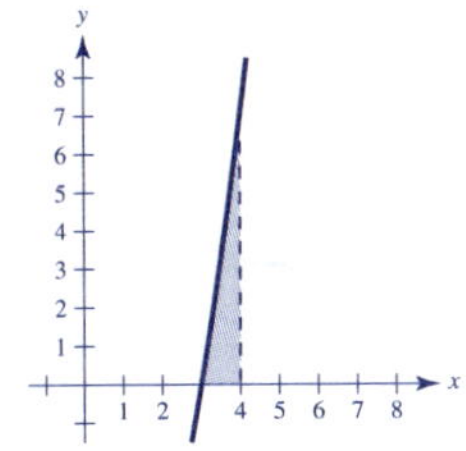

$A = \frac{10}{3}$

55.

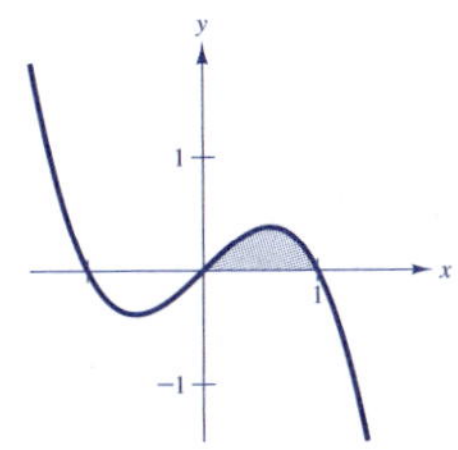

$A = \frac{1}{4}$

57. $-\cos 1 + 1 \approx 0{,}460$

59.

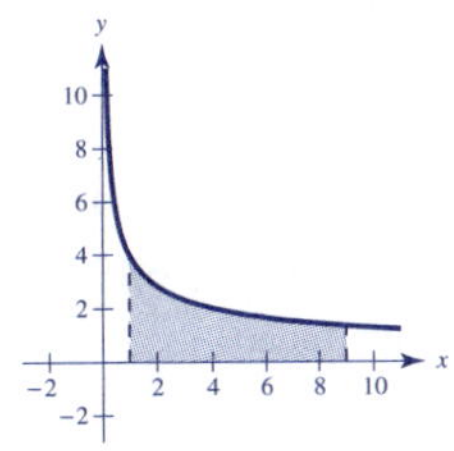

$A = 16$

61. Valor médio $= \frac{2}{5}$, $x = \frac{25}{4}$

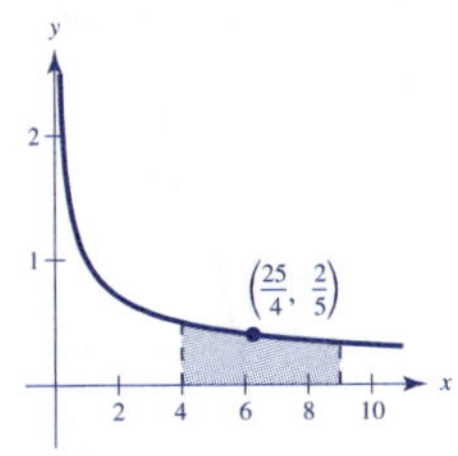

63. $x^2\sqrt{1 + x^3}$ **65.** $x^2 + 3x + 2$

67. $\frac{1}{7}x^7 + \frac{3}{5}x^5 + x^3 + x + C$ **69.** $\frac{2}{3}\sqrt{x^3 + 3} + C$

71. $-\frac{1}{30}(1 - 3x^2)^5 + C = \frac{1}{30}(3x^2 - 1)^5 + C$

73. $\frac{1}{4}\,\text{sen}^4\, x + C$ **75.** $2\sqrt{1 - \cos\theta} + C$

77. $\frac{\text{tg}^{n+1} x}{n + 1} + C$ **79.** $\frac{1}{3\pi}(1 + \sec \pi x)^3 + C$

81. $-9/4$ **83.** 2 **85.** $28\pi/15$ **87.** 2

89. (a) Há mais de uma resposta correta. Exemplo: (b) $y = -\frac{1}{3}(9 - x^2)^{3/2} + 5$

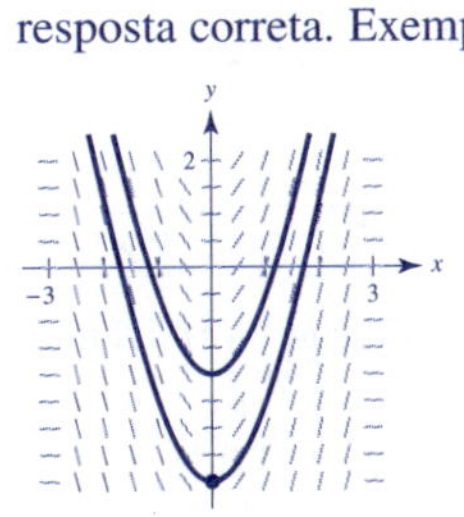

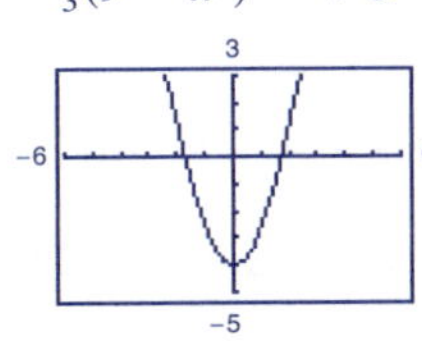

91. $\frac{468}{7}$ **93.** (a) $24{,}300/M$ (b) $27{,}300/M$

95. Regra dos Trapézios: 0,257
Regra de Simpson: 0,254
Ferramenta Gráfica: 0,254

97. Regra dos Trapézios: 0,637
Regra de Simpson: 0,685
Ferramenta Gráfica: 0,704

P.S. Problemas Suplementares (página 316)

1. (a) $L(1) = 0$ (b) $L'(x) = 1/x, L'(1) = 1$
(c) $x \approx 2{,}718$ (d) Demonstração

3. (a) $\lim_{n\to\infty}\left[\frac{32}{n^5}\sum_{i=1}^{n} i^4 - \frac{64}{n^4}\sum_{i=1}^{n} i^3 + \frac{32}{n^3}\sum_{i=1}^{n} i^2\right]$
(b) $(16n^4 - 16)/(15n^4)$ (c) $16/15$

5. (a)

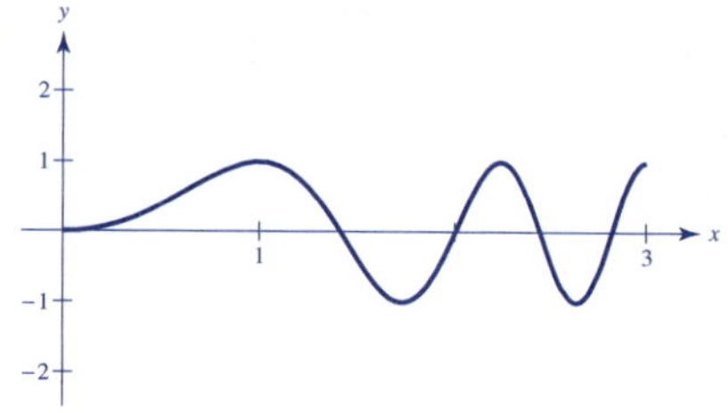

(b)

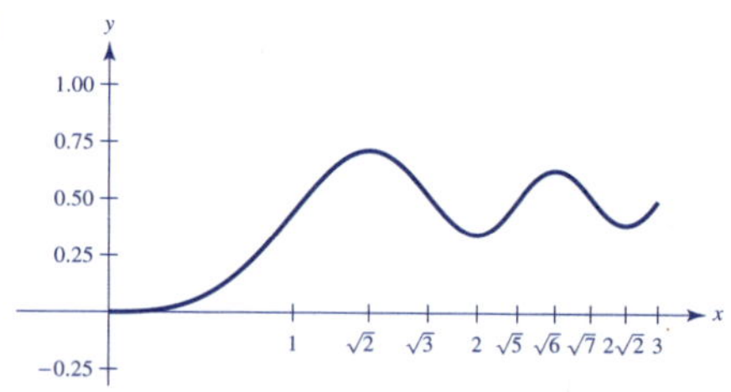

(c) Máximos relativos em $x = \sqrt{2}, \sqrt{6}$
Mínimos relativos em $x = 2, 2\sqrt{2}$
(d) Pontos de inflexão em $x = 1, \sqrt{3}, \sqrt{5}, \sqrt{7}$

7. (a)

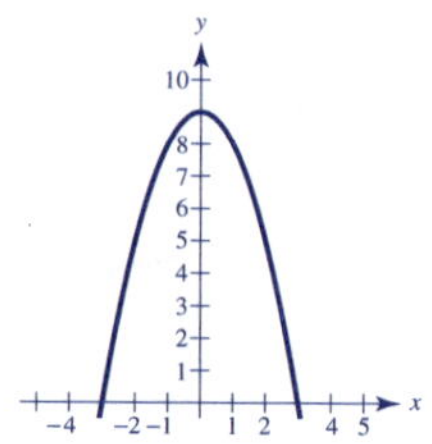

Área = 36

(b) Base = 6, altura = 9
Área $= \frac{2}{3}bh = \frac{2}{3}(6)(9) = 36$
(c) Demonstração

9. (a)

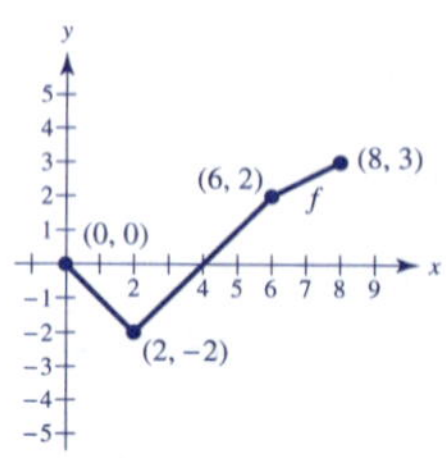

(b)

x	0	1	2	3
$F(x)$	0	$-\frac{1}{2}$	-2	$-\frac{7}{2}$

x	4	5	6	7	8
$F(x)$	-4	$-\frac{7}{2}$	-2	$\frac{1}{4}$	3

(c) $x = 4, 8$ (d) $x = 2$

11. Demonstração **13.** $\frac{2}{3}$ **15.** $1 \le \int_0^1 \sqrt{1 + x^4}\,dx \le \sqrt{2}$

17. (a) Demonstração (b) Demonstração (c) Demonstração

19. (a) $R(n), I, T(n), L(n)$
(b) $S(4) = \frac{1}{3}[f(0) + 4f(1) + 2f(2) + 4f(3) + f(4)] \approx 5{,}42$

Capítulo 5

Seção 5.1 (página 326)

1.

x	0.5	1.5	2	2.5
$\int_1^x (1/t)\,dt$	$-0{,}6932$	0,4055	0,6932	0,9163

x	3	3,5	4
$\int_1^x (1/t)\,dt$	1,0987	1,2529	1,3865

3. (a) 3,8067 (b) $\ln 45 = \int_1^{45} \frac{1}{t}\,dt \approx 3{,}8067$

5. (a) $-0{,}2231$ (b) $\ln 0{,}8 = \int_1^{0{,}8} \frac{1}{t}\,dt \approx -0{,}2231$

7. b **8.** d **9.** a **10.** c

11. Domínio: $x > 0$

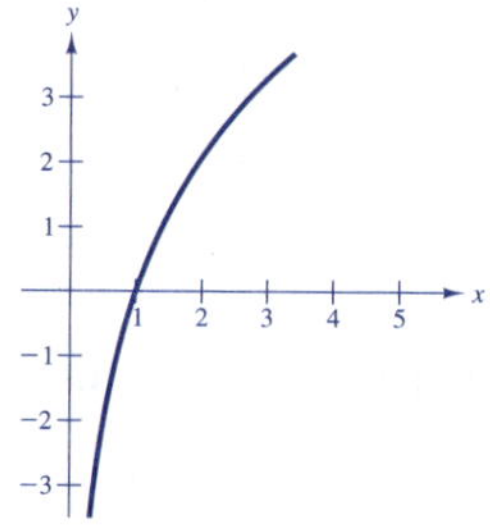

13. Domínio: $x > 0$

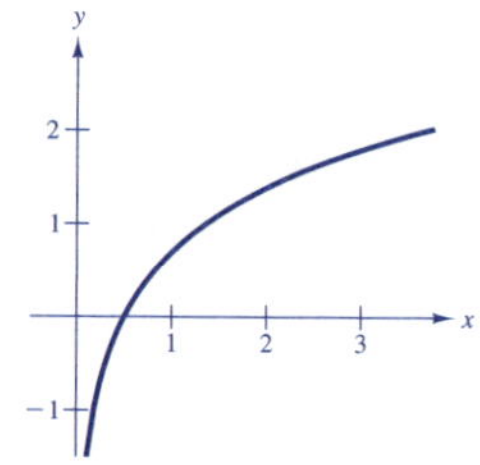

15. Domínio: $x > 1$

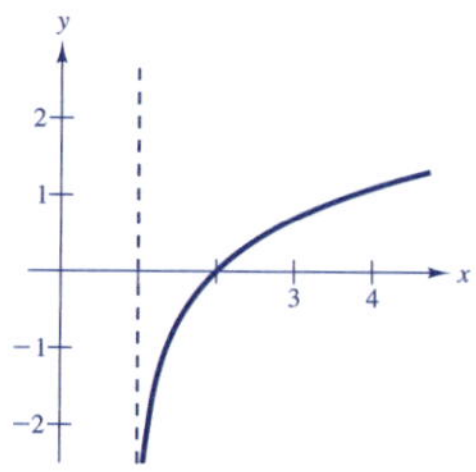

17. (a) 1,7917 (b) $-0{,}4055$
(c) 4,3944 (d) 0,5493

19. $\ln 2 - \ln 3$ **21.** $\ln x + \ln y - \ln z$ **23.** $\frac{1}{3}\ln(a^2 + 1)$

25. $3[\ln(x + 1) + \ln(x - 1) - 3\ln x]$ **27.** $\ln z + 2\ln(z - 1)$

29. $\ln\frac{x - 2}{x + 2}$ **31.** $\ln\sqrt[3]{\frac{x(x + 3)^2}{x^2 - 1}}$ **33.** $\ln\left(9/\sqrt{x^2 + 1}\right)$

35. (a)

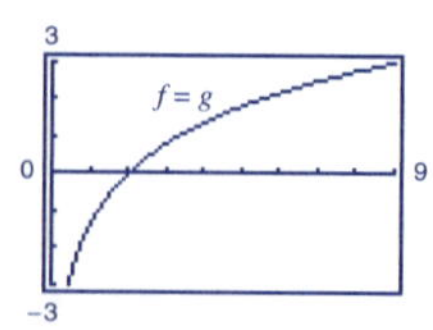

(b) $f(x) = \ln\frac{x^2}{4} = \ln x^2 - \ln 4$
$= 2\ln x - \ln 4$
$= g(x)$

37. $-\infty$ **39.** $\ln 4 \approx 1{,}3863$ **41.** $y = 3x - 3$

43. $y = 2x - 2$ **45.** $2/x$ **47.** $4(\ln x)^3/x$ **49.** $\frac{2x^2 - 1}{x(x^2 - 1)}$

51. $\frac{1 - x^2}{x(x^2 + 1)}$ **53.** $\frac{1 - 2\ln t}{t^3}$ **55.** $\frac{2}{x\ln x^2} = \frac{1}{x\ln x}$

57. $\frac{1}{1 - x^2}$ **59.** $\frac{-4}{x(x^2 + 4)}$ **61.** $\frac{\sqrt{x^2 + 1}}{x^2}$ **63.** $\operatorname{cotg} x$

65. $-\operatorname{tg} x + \frac{\operatorname{sen} x}{\cos x - 1}$ **67.** $\frac{3\cos x}{(\operatorname{sen} x - 1)(\operatorname{sen} x + 2)}$

69. $[\ln(2x) + 1]/x$

71. (a) $5x - y - 2 = 0$ **73.** (a) $y = \frac{1}{3}x - \frac{1}{12}\pi + \frac{1}{2}\ln\left(\frac{3}{2}\right)$

(b)

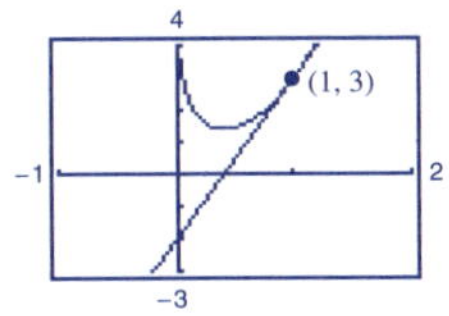

(b)

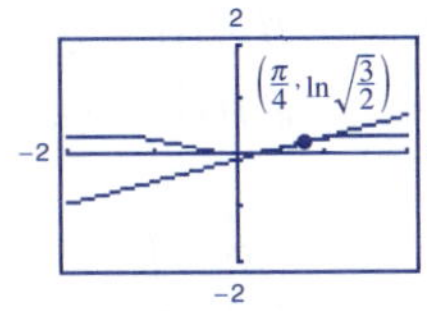

75. (a) $y = x - 1$

(b)

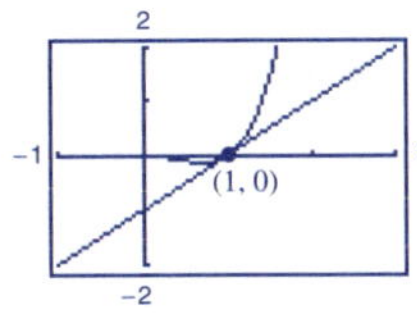

77. $2xy/(3 - 2y^2)$

79. $y = x - 1$ **81.** $xy'' + y' = x(-2/x^2) + 2/x = 0$

83. Mínimo relativo: $\left(1, \frac{1}{2}\right)$

85. Mínimo relativo: $(e^{-1}, -e^{-1})$

87. Mínimo relativo: (e, e); Ponto de inflexão: $(e^2, e^2/2)$

89. $P_1(x) = x - 1$; $P_2(x) = x - 1 - \frac{1}{2}(x - 1)^2$

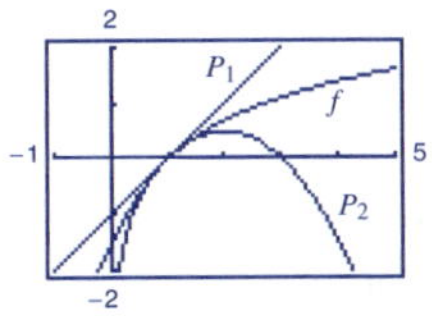

Os valores de f, P_1 e P_2 e suas derivadas de primeira ordem são iguais em $x = 1$.

91. $x \approx 0{,}567$ **93.** $(2x^2 - 1)/\sqrt{x^2 - 1}$

95. $\dfrac{3x^3 - 15x^2 + 8x}{2(x - 1)^3\sqrt{3x - 2}}$ **97.** $\dfrac{(2x^2 + 2x - 1)\sqrt{x - 1}}{(x + 1)^{3/2}}$

99. O domínio da função logaritmo natural é $(0, \infty)$ e a imagem é $(-\infty, \infty)$. A função é contínua, crescente e injetora e seu gráfico tem concavidade para baixo. Além disso, se a e b forem números positivos e n for racional, então $\ln(1) = 0$, $\ln(a \cdot b) = \ln a + \ln b$, $\ln(a^n) = n \ln a$, e $\ln(a/b) = \ln a - \ln b$.

101. (a) Sim. Se o gráfico de g é crescente, então $g'(x) > 0$. Como $f(x) > 0$, sabe-se que $f'(x) = g'(x)f(x)$ e, assim, $f'(x) > 0$. Portanto, o gráfico de f é crescente.

(b) Não. Seja $f(x) = x^2 + 1$ (positiva e com concavidade para cima) e seja $g(x) = \ln(x^2 + 1)$ (não tem concavidade para cima).

103. Falsa: $\ln x + \ln 25 = \ln 25x$.

105. (a)

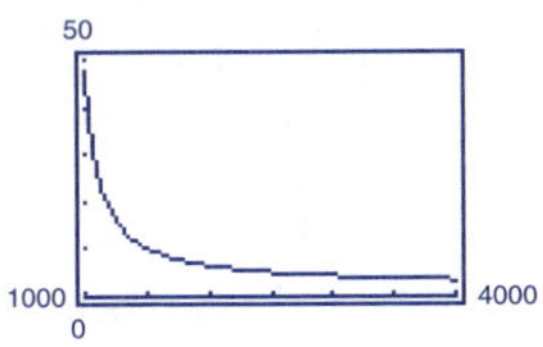

(b) 20 anos; \$ 280.178,40

(c) 30 anos; \$ 384.642,00

(d) Quando $x = 1167{,}41$, $dt/dx \approx -0{,}0645$.
Quando $x = 1068{,}45$, $dt/dx \approx -0{,}1585$.

(e) Existem dois benefícios óbvios de um pagamento mensal mais alto: 1. O termo é mais baixo.
2. O montante total pago é mais baixo.

107. (a)

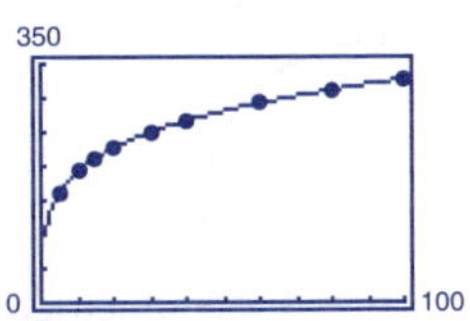

(c)

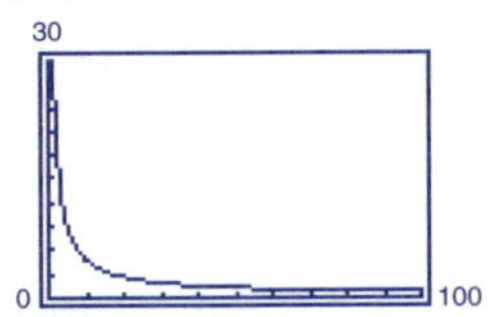

(b) $T'(10) \approx 4.75$ deg/lb/pol.^{2} $\lim_{p \to \infty} T'(p) = 0$

$T'(70) \approx 0.97$ deg/lb/pol.^{2} Hea várias respostas.

109. (a)

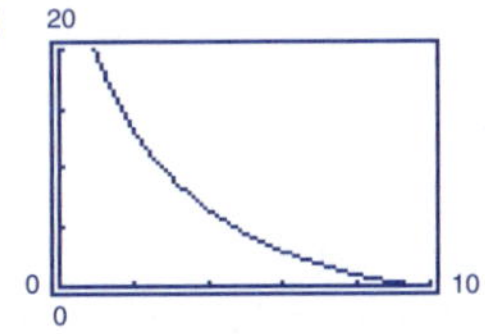

(b) Quando $x = 5$, $dy/dx = -\sqrt{3}$.
Quando $x = 9$, $dy/dx = -\sqrt{19}/9$.

(c) $\lim_{x \to 10^-} \dfrac{dy}{dx} = 0$

111. Demonstração

Seção 5.2 (página 335)

1. $5 \ln|x| + C$ **3.** $\ln|x + 1| + C$ **5.** $-\frac{1}{2} \ln|3 - 2x| + C$

7. $\ln\sqrt{x^2 + 1} + C$ **9.** $x^2/2 - \ln(x^4) + C$

11. $\frac{1}{3} \ln|x^3 + 3x^2 + 9x| + C$

13. $\frac{1}{2}x^2 - 4x + 6 \ln|x + 1| + C$ **15.** $\frac{1}{3}x^3 + 5 \ln|x - 3| + C$

17. $\frac{1}{3}x^3 - 2x + \ln\sqrt{x^2 + 2} + C$ **19.** $\frac{1}{3}(\ln x)^3 + C$

21. $2\sqrt{x + 1} + C$ **23.** $2 \ln|x - 1| - 2/(x - 1) + C$

25. $\sqrt{2x} - \ln\left|1 + \sqrt{2x}\right| + C$

27. $x + 6\sqrt{x} + 18 \ln\left|\sqrt{x} - 3\right| + C$ **29.** $\ln|\text{sen}\,\theta| + C$

31. $-\frac{1}{2} \ln|\text{cossec}\,2x + \text{cotg}\,2x| + C$ **33.** $\ln|1 + \text{sen}\,t| + C$

35. $\ln|\sec x - 1| + C$

37. $y = -3 \ln|2 - x| + C$ **39.** $s = -\frac{1}{2} \ln|\cos 2\theta| + C$

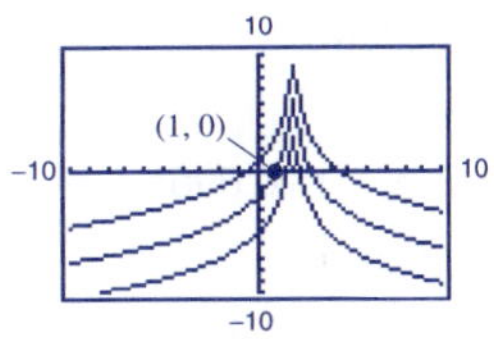

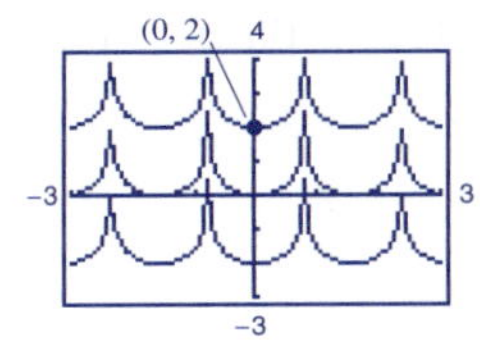

O gráfico tem um salto em $x = 2$.

41. $f(x) = -2 \ln x + 3x - 2$

43. (a)

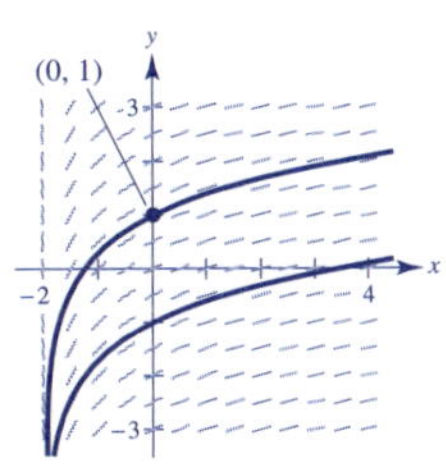

(b) $y = \ln\left|\dfrac{x + 2}{2}\right| + 1$

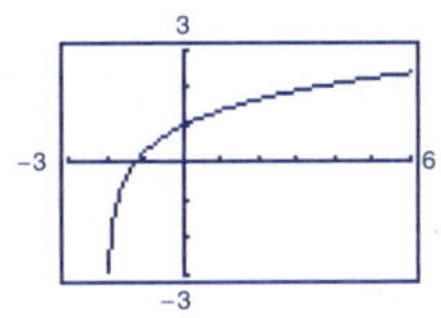

45. (a)

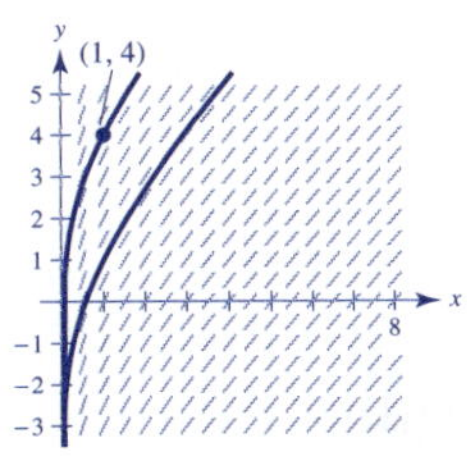

(b) $y = \ln x + x + 3$

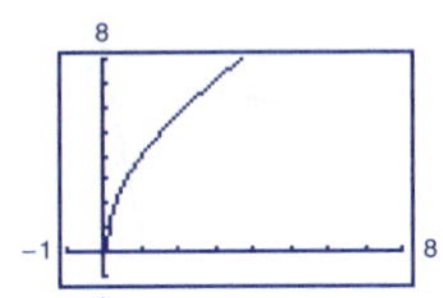

47. $\frac{5}{3} \ln 13 \approx 4{,}275$ **49.** $\frac{7}{3}$ **51.** $-\ln 3 \approx -1{,}099$

53. $\ln\left|\dfrac{2 - \text{sen}\,2}{1 - \text{sen}\,1}\right| \approx 1{,}929$ **55.** $2\left[\sqrt{x} - \ln\left(1 + \sqrt{x}\right)\right] + C$

57. $\ln\left(\dfrac{\sqrt{x} - 1}{\sqrt{x} + 1}\right) + 2\sqrt{x} + C$ **59.** $\ln\left(\sqrt{2} + 1\right) - \dfrac{\sqrt{2}}{2} \approx 0.174$

61. $1/x$ **63.** $1/x$ **65.** d **67.** $4 \ln 3$ **69.** $\frac{1}{2} \ln 2$

71. $\frac{15}{2} + 8 \ln 2 \approx 13{,}045$

73. $(12/\pi)\left[2 \ln\left(\sqrt{3} + 1\right) - \ln 2\right] \approx 5{,}03$

75. Regra dos Trapézios: 20.2
Regra de Simpson: 19.4667

77. Regra dos Trapézios: 5.3368
Regra de Simpson: 5.3632

79. Regra da Potência **81.** Regra Log

83. $-\ln|\cos x| + C = \ln|1/\cos x| + C = \ln|\sec x| + C$

85. $\ln|\sec x + \operatorname{tg} x| + C = \ln\left|\dfrac{\sec^2 x - \operatorname{tg}^2 x}{\sec x - \operatorname{tg} x}\right| + C$
$= -\ln|\sec x - \operatorname{tg} x| + C$

87. 1 **89.** $1/[2(e - 1)] \approx 0{,}291$

91. $P(t) = 1000(12 \ln|1 + 0{,}25t| + 1)$; $P(3) \approx 7715$

93. \$ 168,27

95. (a)

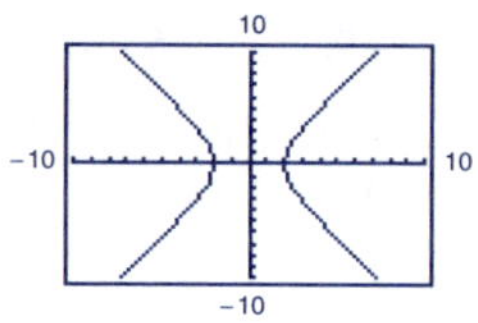

(b) Há várias respostas.
Exemplo:
$y^2 = e^{-\ln x + \ln 4} = 4/x$

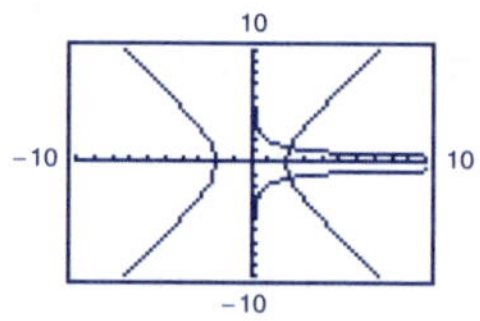

(c) Há várias respostas.

97. Falso. $\frac{1}{2}(\ln x) = \ln x^{1/2}$ **99.** Verdadeiro

101.

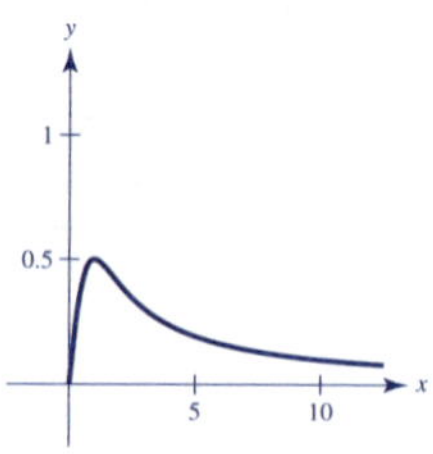

(a) $\frac{1}{2} \ln 2 - \frac{1}{4} \approx 0{,}0966$
(b) $0 < m < 1$
(c) $\frac{1}{2}(m - \ln m - 1)$

Seção 5.3 (página 343)

1. (a) $f(g(x)) = 5[(x - 1)/5] + 1 = x$
$g(f(x)) = [(5x + 1) - 1]/5 = x$
(b)

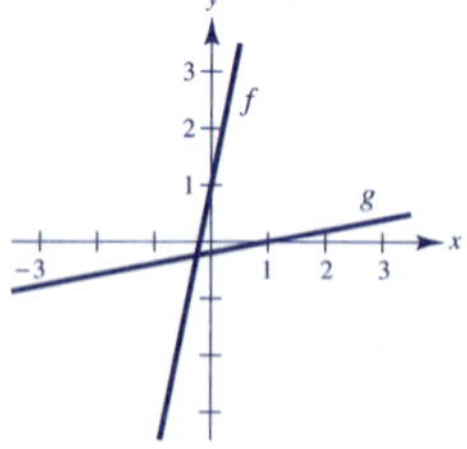

3. (a) $f(g(x)) = \left(\sqrt[3]{x}\right)^3 = x$; $g(f(x)) = \sqrt[3]{x^3} = x$
(b)

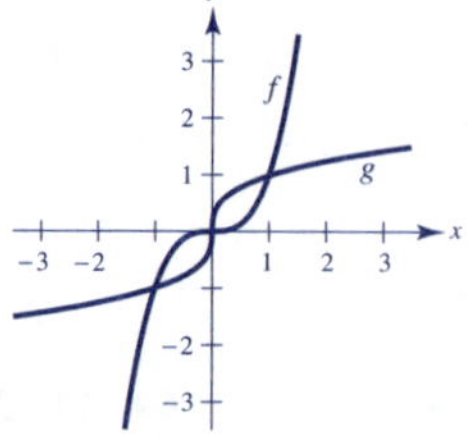

5. (a) $f(g(x)) = \sqrt{x^2 + 4 - 4} = x$;
$g(f(x)) = \left(\sqrt{x - 4}\right)^2 + 4 = x$
(b)

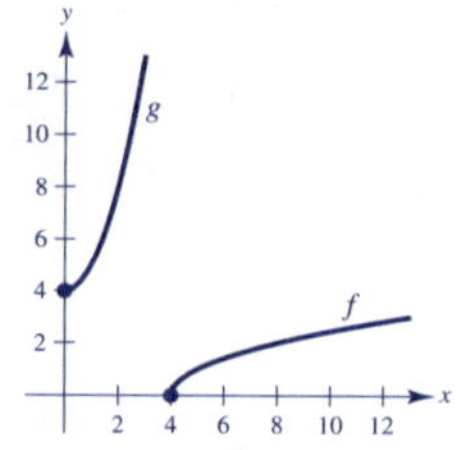

7. (a) $f(g(x)) = \dfrac{1}{1/x} = x$; $g(f(x)) = \dfrac{1}{1/x} = x$
(b)

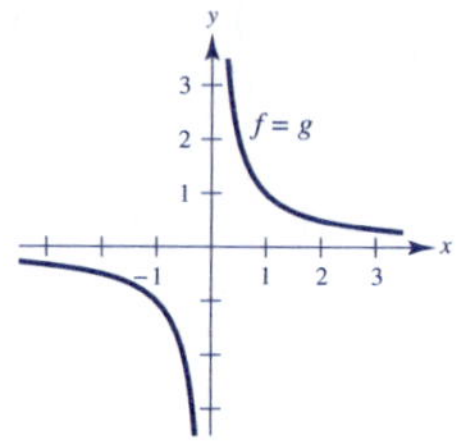

9. c **10.** b **11.** a **12.** d

13. Existe inversa. **15.** Não existe inversa.

17. Injetora

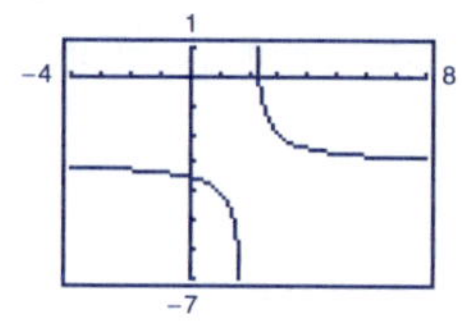

19. Injetora

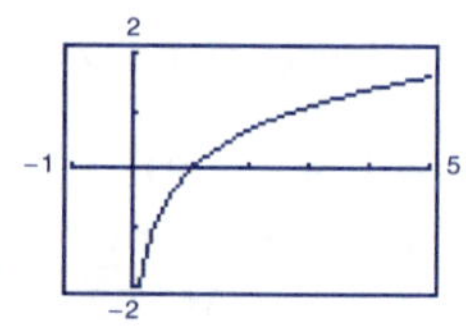

21. Injetora

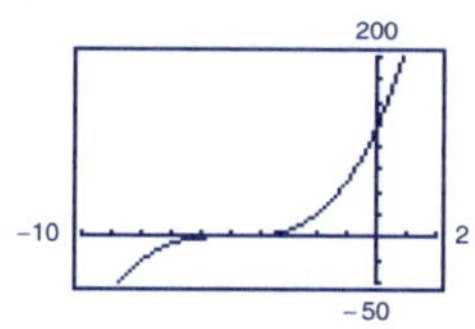

23. Não existe inversa.

25. Não existe inversa. **27.** Existe inversa.

29. $f^{-1}(x) = (x + 3)/2$

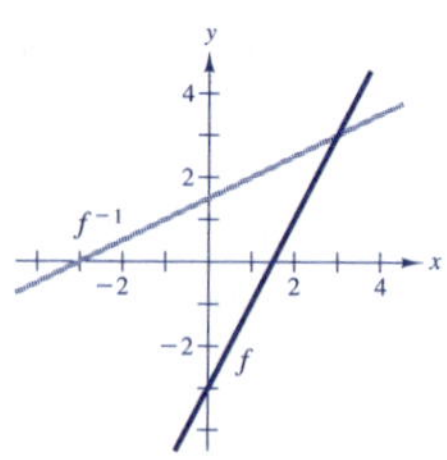

f e f^{-1} são simétricas em relação à $y = x$.

31. $f^{-1}(x) = x^{1/5}$

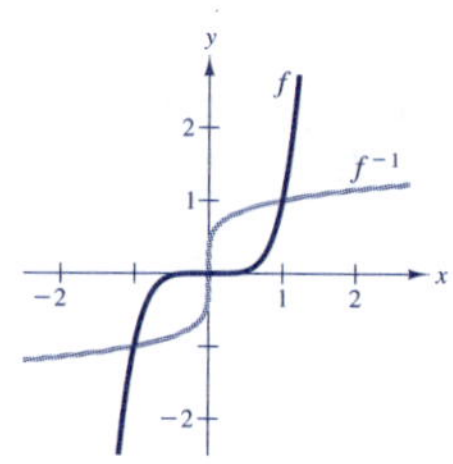

f e f^{-1} são simétricas em relação à $y = x$.

33. $f^{-1}(x) = x^2$, $x \geq 0$

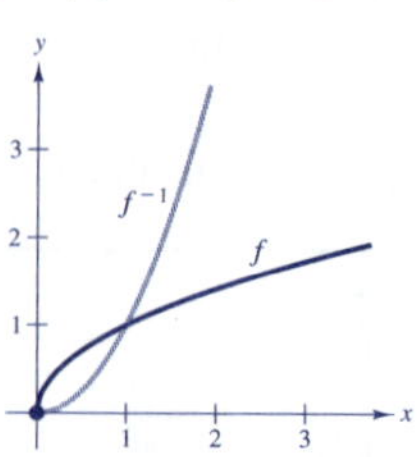

f e f^{-1} são simétricas em relação à $y = x$.

35. $f^{-1}(x) = \sqrt{4 - x^2}$, $0 \leq x \leq 2$

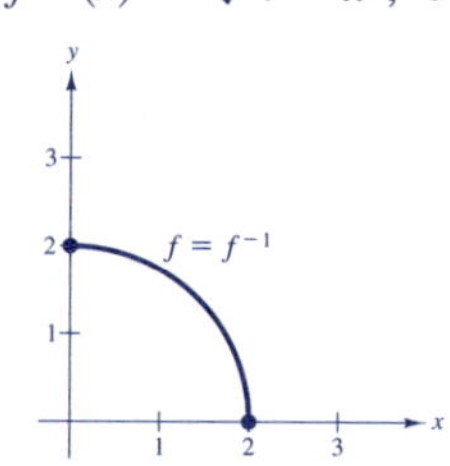

f e f^{-1} são simétricas em relação à $y = x$.

37. $f^{-1}(x) = x^3 + 1$

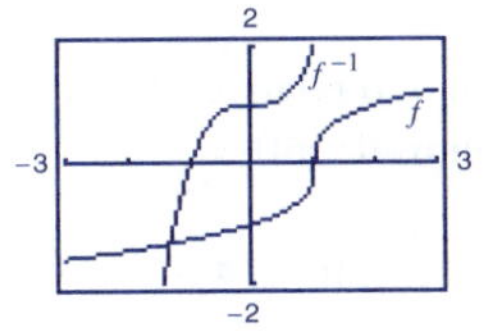

f e f^{-1} são simétricas em relação a $y = x$.

39. $f^{-1}(x) = x^{3/2}, x \geq 0$

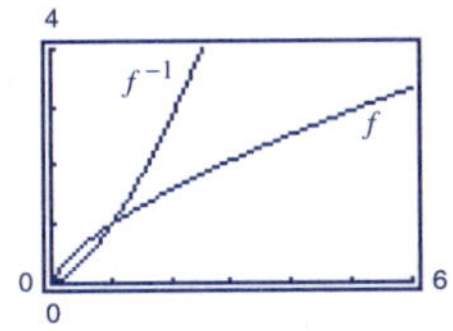

f e f^{-1} são simétricas em relação a $y = x$.

41. $f^{-1}(x) = \sqrt{7}x/\sqrt{1 - x^2}, -1 < x < 1$

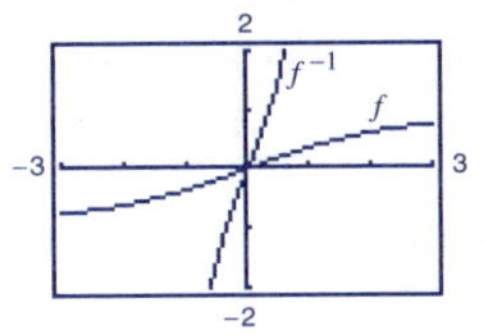

f e f^{-1} são simétricas em relação a $y = x$.

43.

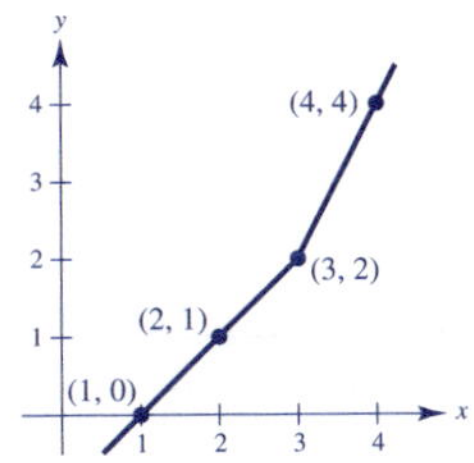

x	1	2	3	4
$f^{-1}(x)$	0	1	2	4

45. (a) Demonstração
(b) $y = \frac{20}{7}(80 - x)$
x: custo total
y: número de libras do produto menos caro
(c) $[62{,}5, 80]$ (d) 20 libras

47. $f'(x) = 2(x - 4) > 0$ em $(4, \infty)$

49. $f'(x) = -8/x^3 < 0$ em $(0, \infty)$

51. $f'(x) = -\text{sen}\, x < 0$ em $(0, \pi)$

53. $f^{-1}(x) = \begin{cases} \left[1 - \sqrt{1 + 16x^2}\right]/(2x), & \text{se } x \neq 0 \\ 0, & \text{se } x = 0 \end{cases}$

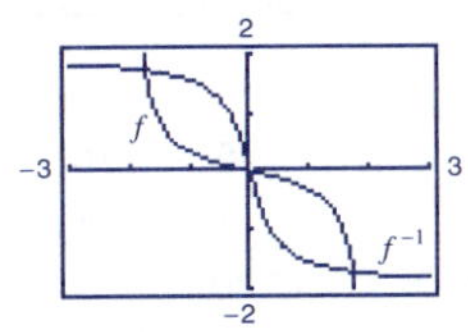

O gráfico de f^{-1} é uma reflexão do gráfico de f na reta $y = x$.

55. (a) e (b)

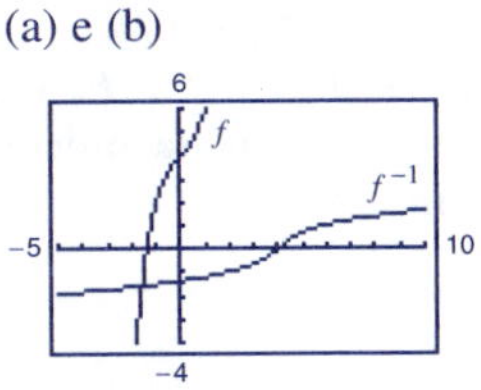

(c) f é injetora e admite uma função inversa.

57. (a) e (b)

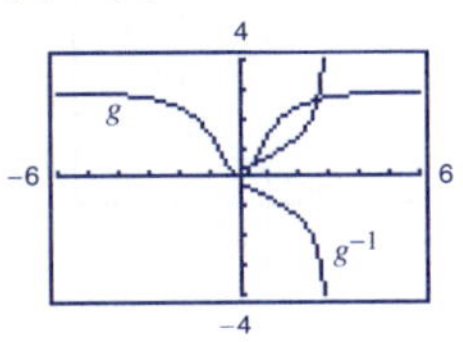

(c) g não é injetora e não admite uma função inversa.

59. Injetora
$f^{-1}(x) = x^2 + 2, x \geq 0$

61. Injetora
$f^{-1}(x) = 2 - x, x \geq 0$

63. $f^{-1}(x) = \sqrt{x} + 3, x \geq 0$ (A resposta não é única.)

65. $f^{-1}(x) = x - 3, x \geq 0$ (A resposta não é única.)

67. Existe inversa. O volume é uma função crescente e, portanto, injetora. A função inversa fornece o tempo t correspondente ao volume V.

69. Inversa não existe. **71.** $1/5$

73. $2\sqrt{3}/3$ **75.** $1/13$

77. (a) Domínio de f: $(-\infty, \infty)$
Domínio de f^{-1}: $(-\infty, \infty)$
(b) Imagem de f: $(-\infty, \infty)$
Imagem de f^{-1}: $(-\infty, \infty)$
(c)

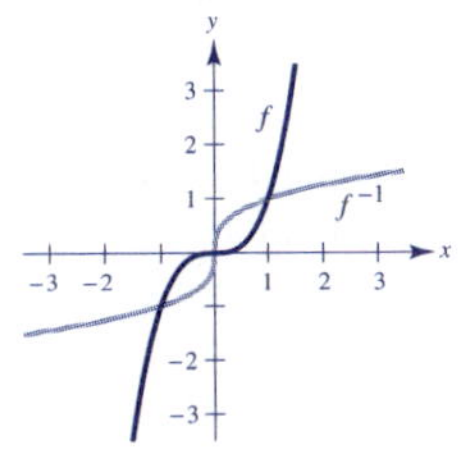

(d) $f'\left(\frac{1}{2}\right) = \frac{3}{4}, \left(f^{-1}\right)'\left(\frac{1}{8}\right) = \frac{4}{3}$

79. (a) Domínio de f: $[4, \infty)$
Domínio de f^{-1}: $[0, \infty)$
(b) Imagem de f: $[0, \infty)$
Imagem de f^{-1}: $[4, \infty)$
(c)

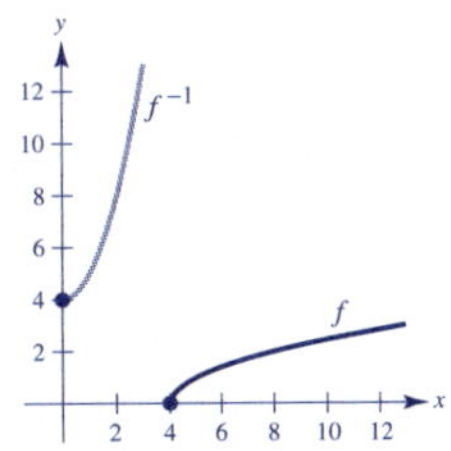

(d) $f'(5) = \frac{1}{2}, (f^{-1})'(1) = 2$

81. $-\frac{1}{11}$ **83.** 32 **85.** 600

87. $(g^{-1} \circ f^{-1})(x) = (x + 1)/2$ **89.** $(f \circ g)^{-1}(x) = (x + 1)/2$

91. Faça $y = f(x)$ injetora. Resolva em x como uma função de y. Troque x com y para determinar $y = f^{-1}(x)$. Faça o domínio de f^{-1} ser a imagem de f. Verifique que $f(f^{-1}(x)) = x$ e $f^{-1}(f(x)) = x$.
Exemplo: $f(x) = x^3; y = x^3; x = \sqrt[3]{y}; y = \sqrt[3]{x}; f^{-1}(x) = \sqrt[3]{x}$

93. Muitos valores de x produzem o mesmo valor de y. Por exemplo, $f(\pi) = 0 = f(0)$. O gráfico não é contínuo em $[(2n - 1)\pi]/2$ onde n é um número inteiro.

95. $\frac{1}{4}$ **97.** (a) e (b) Demonstrações **99.** Demonstrações

101. Falso. Faça $f(x) = x^2$. **103.** Verdadeiro

105. Não. Faça $f(x) = \begin{cases} x, & 0 \leq x \leq 1 \\ 1 - x, & 1 < x \leq 2 \end{cases}$.

107. $\sqrt{17}$

109. Demonstração

Seção 5.4 (página 352)

1. $x = 4$ **3.** $x \approx 2{,}485$

5. $x = 0$ **7.** $x \approx 0{,}511$

9. $x \approx 7{,}389$ **11.** $x \approx 10{,}389$ **13.** $x \approx 5{,}389$

15.

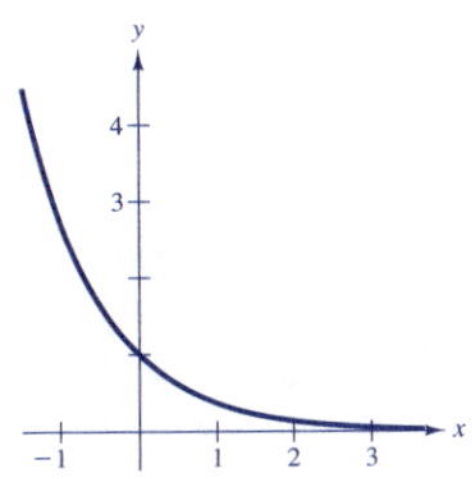

17.

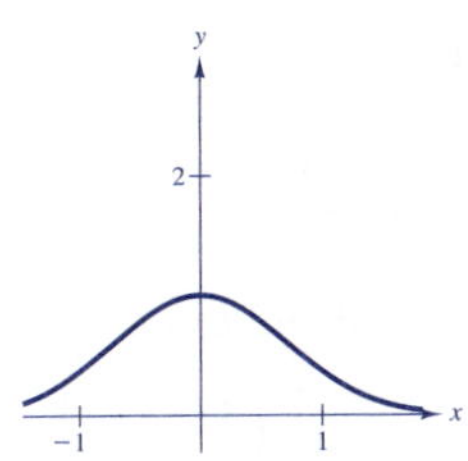

19. (a)

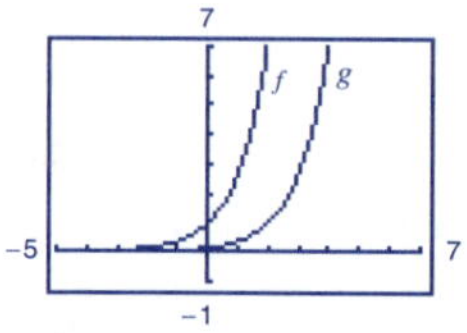

Translação de duas unidades para a direita.

(b)

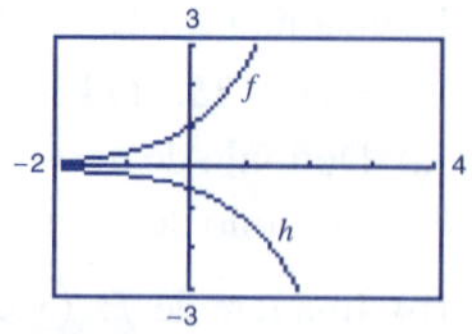

Reflexão no eixo x e um achatamento vertical.

(c)

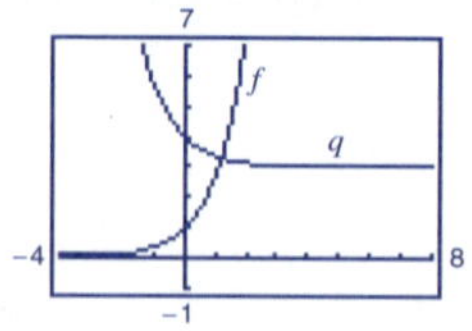

Reflexão no eixo y e uma translação de três unidades para cima.

21. c **22.** d **23.** a **24.** b

25.

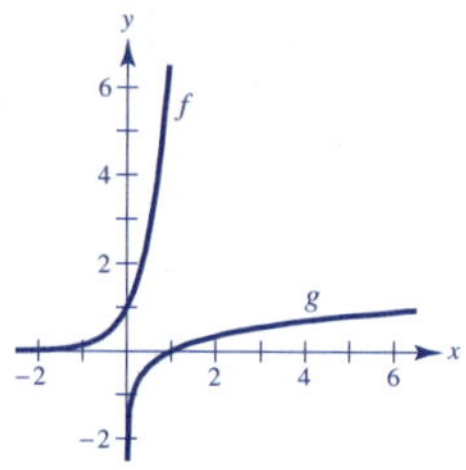

27.

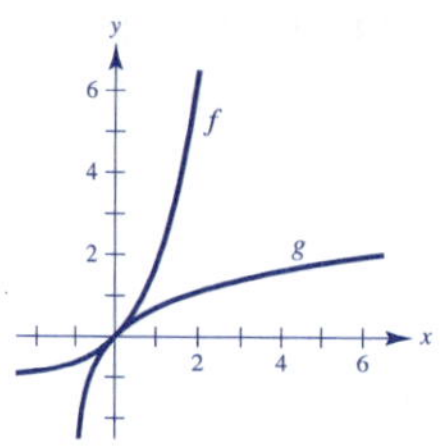

29.

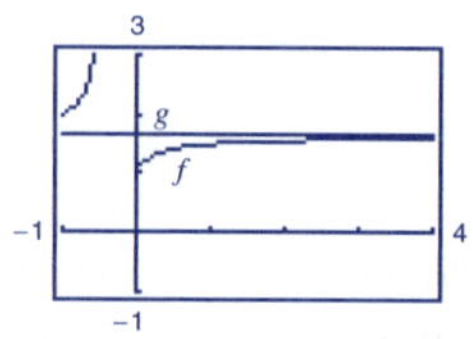

$\lim_{x\to\infty} f(x) = \lim_{x\to\infty} g(x) = e^{0.5}$

31. $2{,}7182805 < e$ **33.** (a) $y = 3x + 1$ (b) $y = -3x + 1$

35. $2e^{2x}$ **37.** $e^{\sqrt{x}}/(2\sqrt{x})$ **39.** $3(e^{-t} + e^{t})^2(e^{t} - e^{-t})$

41. $2e^{2x}/(1 + e^{2x})$ **43.** $[-2(e^{x} - e^{-x})]/(e^{x} + e^{-x})^2$

45. $2e^{x}\cos x$ **47.** $\cos(x)/x$ **49.** $y = -x + 2$

51. $y = -4(x + 1)$ **53.** $y = ex$

55. $y = (1/e)x - 1/e$

57. $\dfrac{10 - e^{y}}{xe^{y} + 3}$ **59.** $y = (-e - 1)x + 1$

61. $3(6x + 5)e^{-3x}$

63. $y'' - 2y' + 3y = 0$

$e^{x}\left[-\cos\sqrt{2}x - \operatorname{sen}\sqrt{2}x - 2\sqrt{2}\operatorname{sen}\sqrt{2}x + 2\sqrt{2}\cos\sqrt{2}x\right] -$
$2e^{x}\left[-\sqrt{2}\operatorname{sen}\sqrt{2}x + \sqrt{2}\cos\sqrt{2}x + \cos\sqrt{2}x + \operatorname{sen}\sqrt{2}x\right] +$
$3e^{x}\left[\cos\sqrt{2}x + \operatorname{sen}\sqrt{2}x\right] = 0$

$0 = 0$

65. Mínimo relativo: $(0, 1)$

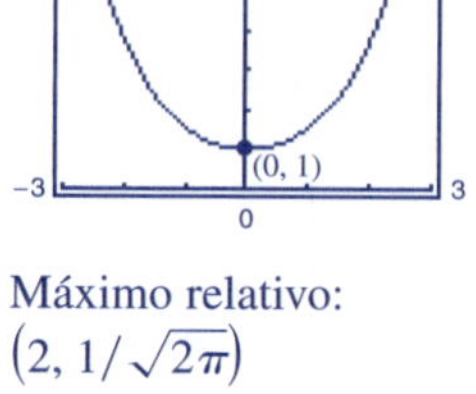

67. Máximo relativo: $\left(2, 1/\sqrt{2\pi}\right)$

Pontos de inflexão: $\left(1, \dfrac{e^{-0{,}5}}{\sqrt{2\pi}}\right), \left(3, \dfrac{e^{-0{,}5}}{\sqrt{2\pi}}\right)$

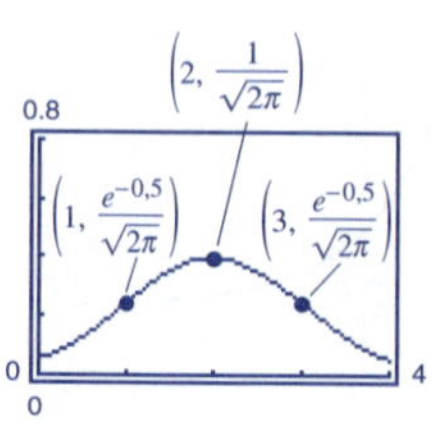

69. Mínimo relativo: $(0, 0)$

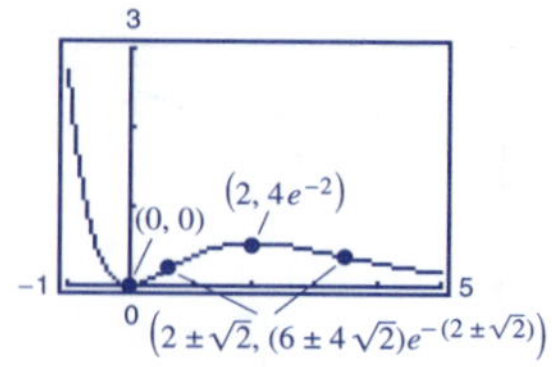

Máximo relativo: $(2, 4e^{-2})$

Pontos de inflexão:

$\left(2 \pm \sqrt{2}, \left(6 \pm 4\sqrt{2}\right)e^{-(2\pm\sqrt{2})}\right)$

71. Máximo relativo: $(-1, 1 + e)$

Ponto de inflexão: $(0, 3)$

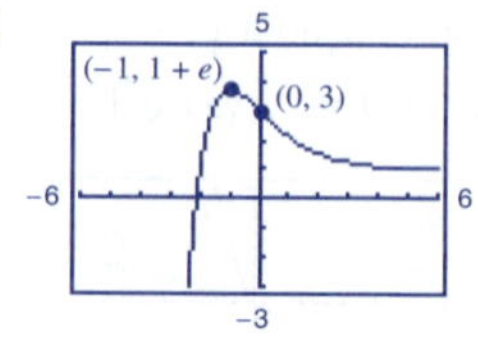

73. $A = \sqrt{2}e^{-1/2}$ **75.** Demonstração

77. $\left(\frac{1}{2}, e\right)$

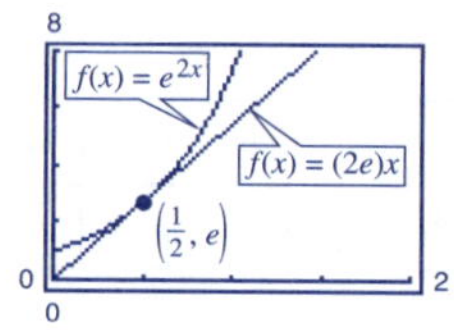

79. (a)

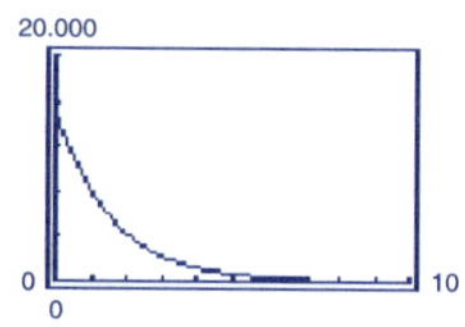

(c)

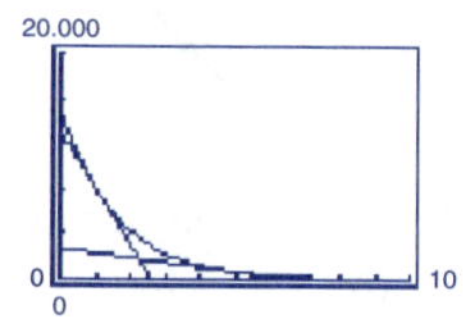

(b) Quando $t = 1$, $\dfrac{dV}{dt} \approx -5028{,}84$.

Quando $t = 5$, $\dfrac{dV}{dt} \approx -406{,}89$.

81. (a) $\ln P = -0{,}1499h + 9{,}3018$

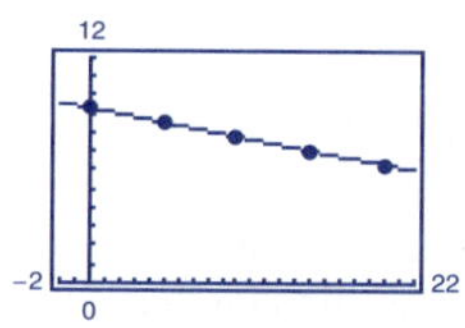

(c)

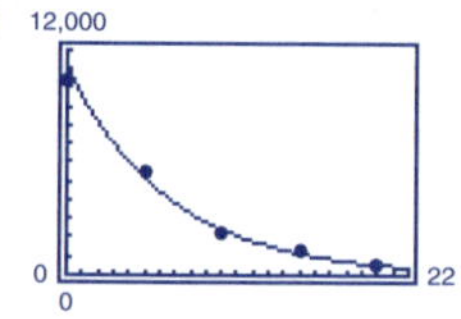

(b) $P = 10{,}957.7e^{-0{,}1499h}$

(d) $h = 5: -776$
$h = 18: -111$

83. $P_1 = 1 + \frac{1}{2}x$; $P_2 = 1 + \frac{1}{2}x + \frac{1}{8}x^2$

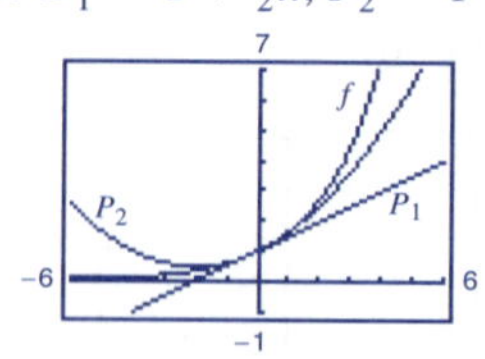

Os valores de f, P_1 e P_2 e suas derivadas de primeira ordem são iguais em $x = 0$.

85. $e^{5x} + C$ **87.** $2e^{\sqrt{x}} + C$

89. $x - \ln(e^{x} + 1) + C_1$ em $-\ln(1 + e^{-x}) + C_2$

91. $-\frac{2}{3}(1 - e^{x})^{3/2} + C$ **93.** $\ln|e^{x} - e^{-x}| + C$

95. $-\frac{5}{2}e^{-2x} + e^{-x} + C$ **97.** $\ln|\cos e^{-x}| + C$

99. $(e^2 - 1)/(2e^2)$ **101.** $(e - 1)/(2e)$ **103.** $(e/3)(e^2 - 1)$

105. $(1/\pi)[e^{(\operatorname{sen} \pi^2/2)} - 1]$ **107.** $[1/(2a)]e^{ax^2} + C$

109. $f(x) = \frac{1}{2}(e^{x} + e^{-x})$

111. (a)

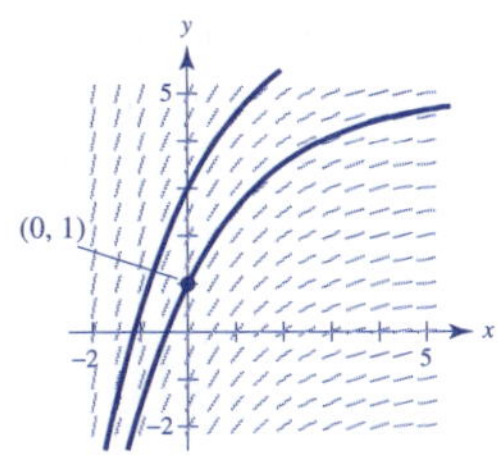

(b) $y = -4e^{-x/2} + 5$

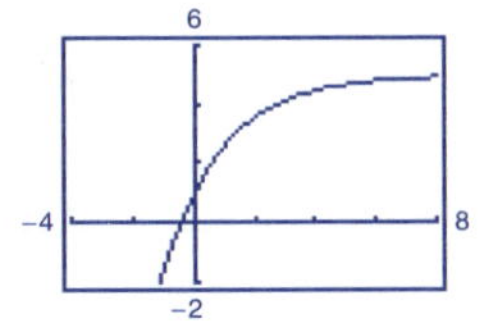

113. $e^5 - 1 \approx 147{,}413$

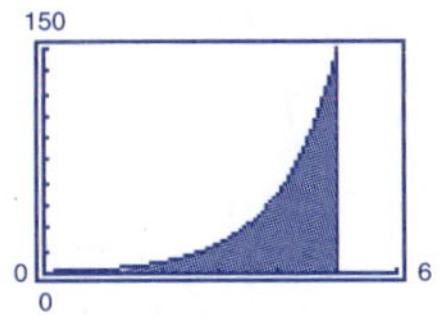

115. $2(1 - e^{-3/2}) \approx 1{,}554$

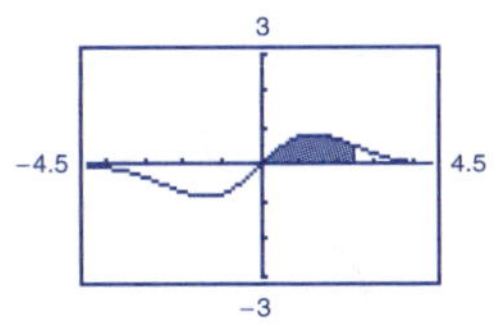

117. Regra do Ponto Médio: 92,190; Regra dos Trapézios: 93,837; Regra de Simpson: 92,7385

119. A probabilidade que uma determinada bateria dure entre 48 meses e 60 meses é de aproximadamente 47,72%.

121. $\int_0^x e^t\,dt \geq \int_0^x 1\,dt$; $e^x - 1 \geq x$; $e^x > x + 1$ para $x \geq 0$

123. $f(x) = e^x$
O domínio de $f(x)$ é $(-\infty, \infty)$ e a imagem de $f(x)$ é $(0, \infty)$. $f(x)$ é contínua, crescente, injetora e tem concavidade para cima no seu inteiro domínio.
$\lim_{x\to-\infty} e^x = 0$ e $\lim_{x\to\infty} e^x = \infty$

125. $f(x) = e^x = f'(x)$ **127.** $x \approx 0{,}567$ **129.** Demonstração

Seção 5.5 (página 362)

1. -3 **3.** 0 **5.** (a) $\log_2 8 = 3$ (b) $\log_3(1/3) = -1$

7. (a) $10^{-2} = 0{,}01$ (b) $\left(\frac{1}{2}\right)^{-3} = 8$

9.

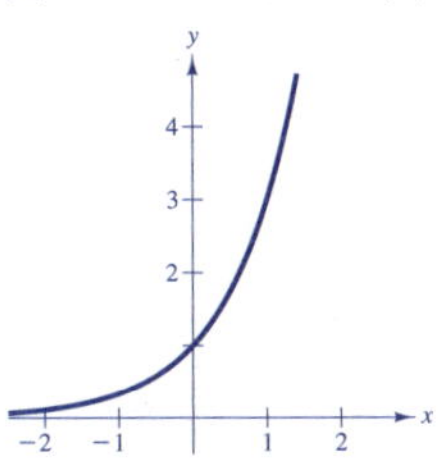

11.

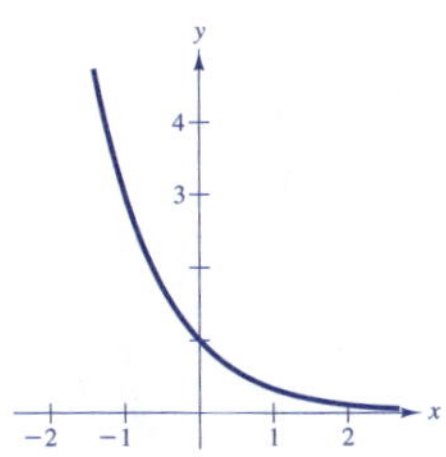

13.

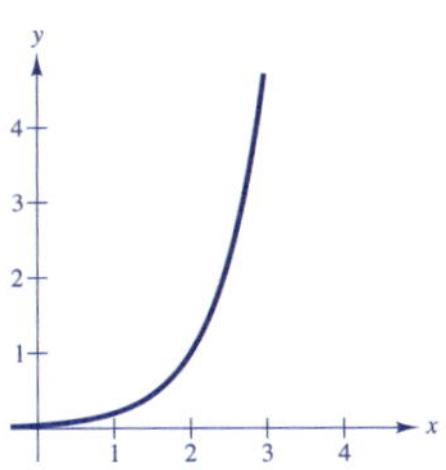

15. (a) $x = 3$ (b) $x = -1$

17. (a) $x = \frac{1}{3}$ (b) $x = \frac{1}{16}$ **19.** (a) $x = -1, 2$ (b) $x = \frac{1}{3}$

21. 1,965 **23.** $-6{,}288$ **25.** 12,253

27. 33,000 **29.** $\pm 11{,}845$

31.

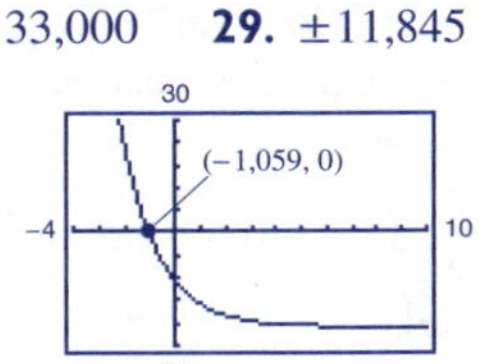

$(-1{,}059, 0)$

33.

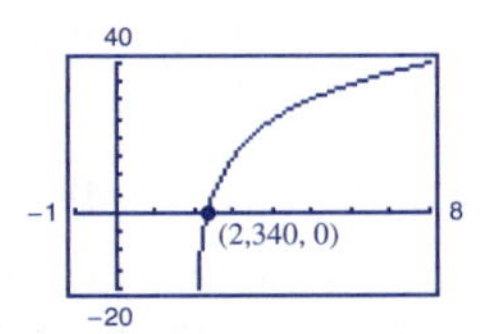

$(2{,}340, 0)$

35.

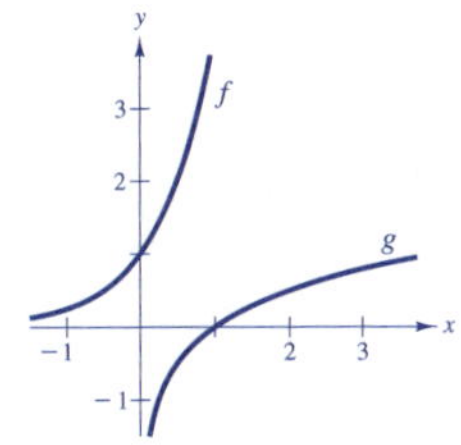

37. $(\ln 4)4^x$

39. $t2^t(t \ln 2 + 2)$ **41.** $-2^{-\theta}[(\ln 2)\cos \pi\theta + \pi \operatorname{sen} \pi\theta]$

43. $(x-2)/[(\ln 2)x(x-1)]$ **45.** $x/[(\ln 5)(x^2-1)]$

47. $5(1 - \ln t)/(t^2 \ln 2)$ **49.** $y = -2x\ln 2 - 2\ln 2 + 2$

51. $y = [1/(27\ln 3)]x + 3 - 1/\ln 3$ **53.** $2(1 - \ln x)x^{(2/x)-2}$

55. $(x-2)^{x+1}[(x+1)/(x-2) + \ln(x-2)]$

57. $y = x$ **59.** $y = \dfrac{\cos e}{e}x - \cos e + 1$ **61.** $3^x/\ln 3 + C$

63. $[-1/(2\ln 5)](5^{-x^2}) + C$ **65.** $\ln(3^{2x} + 1)/(2\ln 3) + C$

67. $7/(2\ln 2)$ **69.** $4/\ln 5 - 2/\ln 3$ **71.** $26/\ln 3$

73. (a)

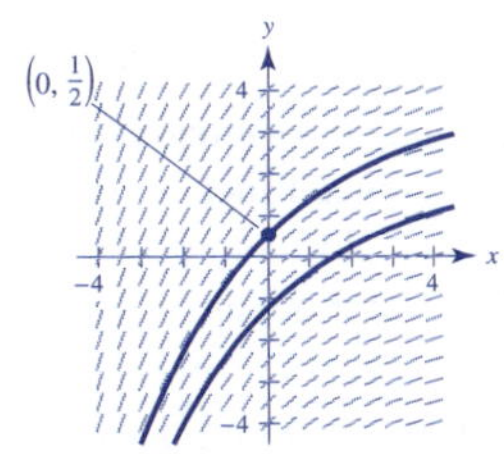

(b) $y = \dfrac{3(1 - 0{,}4^{x/3})}{\ln 2{,}5} + \dfrac{1}{2}$

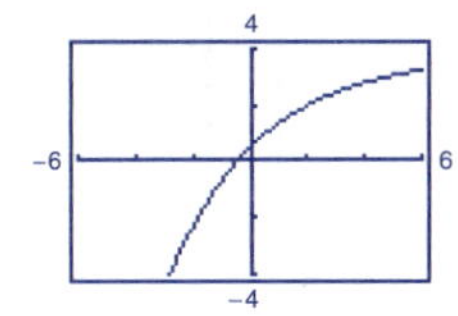

75. (a) Falsa. $y = a^x \Rightarrow 0 = a^1 \Rightarrow a = 0$, mas funções exponenciais não são definidas para $a = 0$.
(b) Verdadeira: $y = \log_2 x$ (c) Verdadeira: $2^y = x$
(d) Falsa. (1, 0), (2, 1), e (8, 3) não são colineares.

77. $g(x) = x^x$, $k(x) = 2^x$, $h(x) = x^2$, $f(x) = \log_2 x$

79. (a) \$ 40,64 (b) $C'(1) \approx 0{,}051P$, $C'(8) \approx 0{,}072P$ (c) $\ln 1{,}05$

81.

n	1	2	4	12
A	\$ 4.321,94	\$ 4.399,79	\$ 4.440,21	\$ 4.467,74

n	365	Contínua
A	\$ 4.481,23	\$ 4.481,69

83.

t	1	10	20	30
P	\$ 95.122,94	\$ 60.653,07	\$ 36.787,94	\$ 22.313,02

t	40	50
P	\$ 13.533,53	\$ 8.208,50

85.

t	1	10	20	30
P	\$ 95.132,82	\$ 60.716,10	\$ 36.864,45	\$ 22.382,66

t	40	50
P	\$ 13.589,88	\$ 8.251,24

87.

n	1	2	4	12
A	\$ 1.410,60	\$ 1.414,78	\$ 1.416,91	\$ 1.418,34

n	365	Continuous
A	\$ 1.419,04	\$ 1.419,07

89. c

91. (a) 6.7 milhões

(b) $t = 20$: $\dfrac{dV}{dt} = 0{,}073$; $t = 60$: $\dfrac{dV}{dt} = 0{,}040$

93. (a)

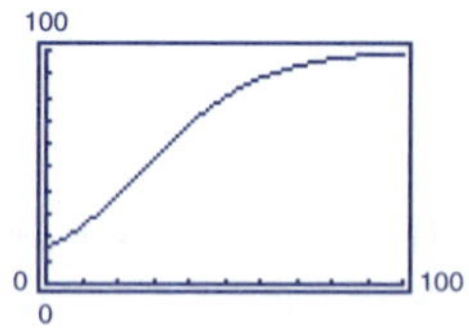

(b) 16.7%

(c) $x \approx 38{,}8$ ou 38.800 massas de ovo

(d) $x \approx 27{,}75$ ou 27.750 massas de ovo

95. (a) $B = 4{,}75(6{,}774)^d$

(b)

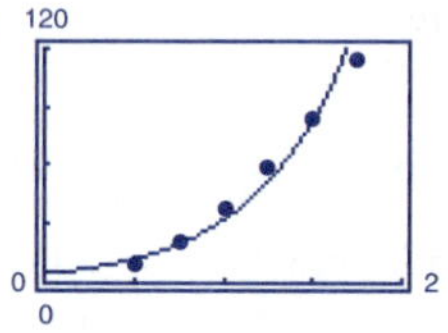

(c) Quando $d = 0{,}8$, a taxa de crescimento é de 41,99. Quando $d = 1{,}5$, a taxa de crescimento é de 160,21.

97. (a) 5,67; 5,67; 5,67

(b)

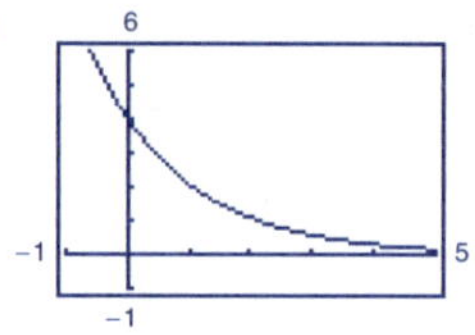

(c) $f(t) = g(t) = h(t)$. Não, porque as integrais definidas de duas funções sobre um intervalo dado podem ser iguais, embora as funções não sejam iguais.

99. $y = 1.200(0{,}6^t)$ **101.** Falsa: e é um número irracional.

103. Verdadeira **105.** Verdadeira **107.** Demonstração

109. (a) $\dfrac{dy}{dx} = \dfrac{y^2 - yx \ln y}{x^2 - xy \ln x}$

(b) (i) 1 quando $c \neq 0$, $c \neq e$ (ii) $-3{,}1774$ (iii) $-0{,}3147$

(c) $(0, 0)$, (e, e)

111. Problema A15 do Putnam, 1940.

Seção 5.6 (página 372)

1. (a)

x	-1	$-0{,}8$	$-0{,}6$	$-0{,}4$	$-0{,}2$
y	$-1{,}57$	$-0{,}93$	$-0{,}64$	$-0{,}41$	$-0{,}20$

x	0	0,2	0,4	0,6	0,8	1
y	0	0,20	0,41	0,64	0,93	1,57

(b)

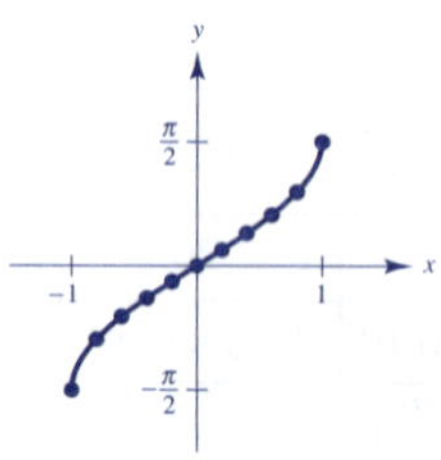

(c)

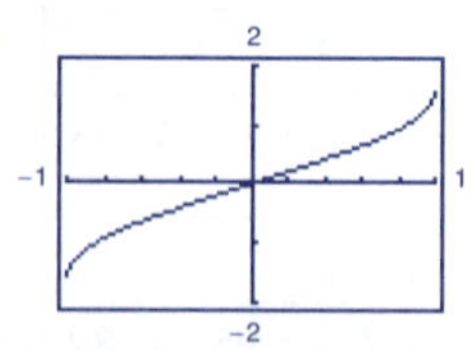

(d) Intercepto: (0, 0)
Simetria: Origem

3. $\left(-\sqrt{2}/2, 3\pi/4\right), (1/2, \pi/3), \left(\sqrt{3}/2, \pi/6\right)$

5. $\pi/6$ **7.** $\pi/3$ **9.** $\pi/6$ **11.** $-\pi/4$ **13.** 2.50

15. $\arccos(1/1{,}269) \approx 0{,}66$ **17.** (a) $3/5$ (b) $5/3$

19. (a) $-\sqrt{3}$ (b) $-\frac{13}{5}$ **21.** $\sqrt{1 - 4x^2}$ **23.** $\sqrt{x^2 - 1}/|x|$

25. $\sqrt{x^2 - 9}/3$ **27.** $\sqrt{x^2 + 2}/x$

29. (a)

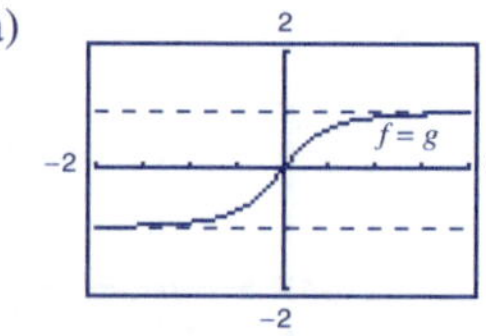

(b) Demonstração

(c) Assíntotas horizontais: $y = -1, y = 1$

31. $x = \frac{1}{3}\left[\text{sen}\left(\frac{1}{2}\right) + \pi\right] \approx 1{,}207$ **33.** $x = \frac{1}{3}$

35. (a) e (b) Demonstrações

37.

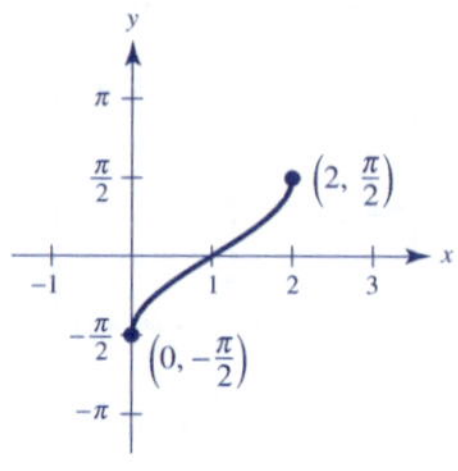

39.

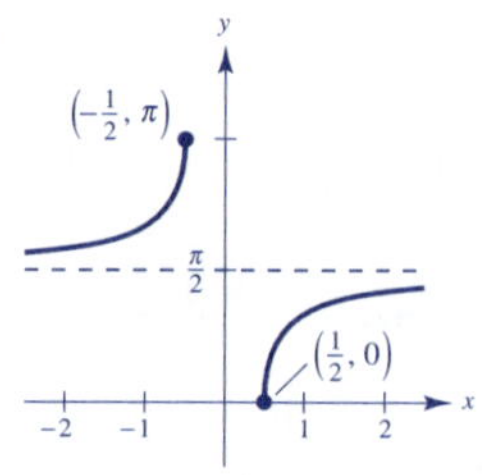

41. $2/\sqrt{2x - x^2}$ **43.** $-3/\sqrt{4 - x^2}$ **45.** $a/(a^2 + x^2)$

47. $\left(3x - \sqrt{1 - 9x^2} \text{ arcsen } 3x\right)/\left(x^2\sqrt{1 - 9x^2}\right)$

49. $-t/\sqrt{1 - t^2}$ **51.** $\arccos x$ **53.** $1/(1 - x^4)$

55. $\text{arcsen } x$ **57.** $x^2/\sqrt{16 - x^2}$ **59.** $2/(1 + x^2)^2$

61. $y = \frac{1}{3}\left(4\sqrt{3}x - 2\sqrt{3} + \pi\right)$

63. $y = \frac{1}{4}x + (\pi - 2)/4$ **65.** $y = (2\pi - 4)x + 4$

67. $P_1(x) = x$; $P_2(x) = x$

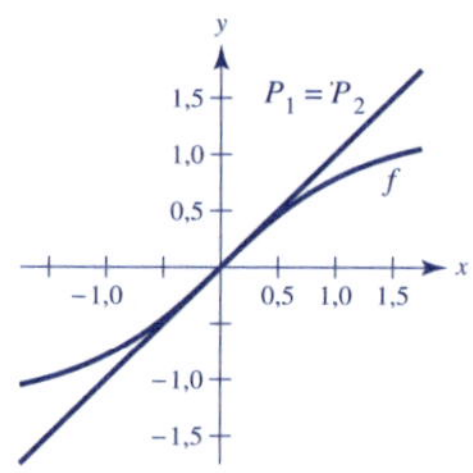

69. $P_1(x) = \dfrac{\pi}{6} + \dfrac{2\sqrt{3}}{3}\left(x - \dfrac{1}{2}\right)$

$P_2(x) = \dfrac{\pi}{6} + \dfrac{2\sqrt{3}}{3}\left(x - \dfrac{1}{2}\right) + \dfrac{2\sqrt{3}}{9}\left(x - \dfrac{1}{2}\right)^2$

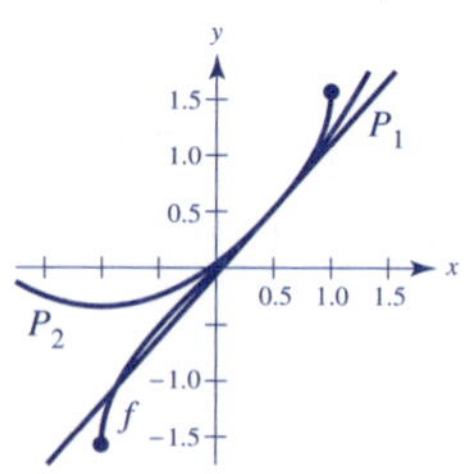

71. Máximo relativo: $(1{,}272, -0{,}606)$
Mínimo relativo: $(-1{,}272, 3{,}747)$

73. Mínimo relativo: $(2, 2{,}214)$

75. $y = -2\pi x/(\pi + 8) + 1 - \pi^2/(2\pi + 16)$

77. $y = -x + \sqrt{2}$

79. Se os domínios não fossem restringidos, então as funções trigonométricas não seriam injetoras e portanto não teriam nenhuma inversa.

81. Se $x > 0$, $y = \text{arccotg } x = \text{arctg } \dfrac{1}{x}$; Se $x < 0$, $y = \text{arctg } \dfrac{1}{x} + \pi$.

83. Falsa. A imagem do arccos é $[0, \pi]$.

85. Verdadeiro **87.** Verdadeiro

89. (a) $\theta = \text{arccotg}(x/5)$
(b) $x = 10$: 16 rad/h; $x = 3$: 58,824 rad/hr

91. (a) $h(t) = -16t^2 + 256$; $t = 4$ s
(b) $t = 1$: $-0{,}0520$ rad/sec; $t = 2$: $-0{,}1116$ rad/sec

93. (a) e (b) Demonstrações **95.** $k \leq -1$ ou $k \geq 1$

97. (a)

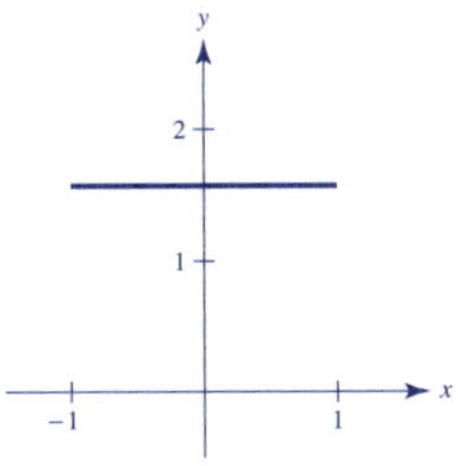

(b) O gráfico é uma reta horizontal em $\dfrac{\pi}{2}$.
(c) Demonstração

99. $c = 2$

101. (a)

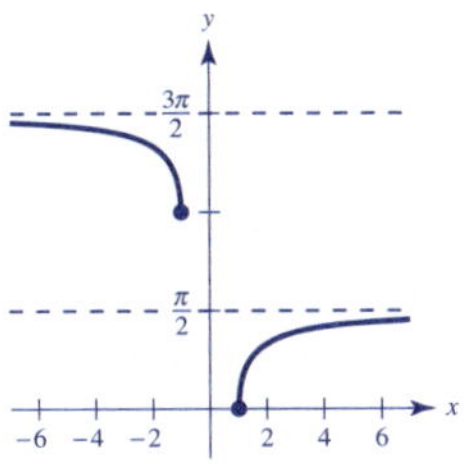

(b) Demonstração

Seção 5.7 (página 380)

1. $5 \arcsen \dfrac{x}{3} + C$ **3.** $\dfrac{7}{4} \text{arctg} \dfrac{x}{4} + C$ **5.** $\text{arcsec}|2x| + C$

7. $\frac{1}{2}x^2 - \frac{1}{2}\ln(x^2 + 1) + C$ **9.** $\arcsen(x + 1) + C$

11. $\frac{1}{2}\arcsen t^2 + C$ **13.** $\frac{1}{4}\text{arctg}\,(e^{2x}/2) + C$

15. $2 \arcsen \sqrt{x} + C$ **17.** $\frac{1}{2}\ln(x^2 + 1) - 3\,\text{arctg}\,x + C$

19. $8 \arcsen[(x - 3)/3] - \sqrt{6x - x^2} + C$ **21.** $\pi/18$

23. $\pi/6$ **25.** $\frac{1}{32}\pi^2 \approx 0{,}308$ **27.** $\frac{1}{2}(\sqrt{3} - 2) \approx -0{,}134$

29. $\pi/4$ **31.** $\pi/2$

33. $\ln|x^2 + 6x + 13| - 3\,\text{arctg}[(x + 3)/2] + C$

35. $\arcsen[(x + 2)/2] + C$ **37.** $-\sqrt{-x^2 - 4x} + C$

39. $4 - 2\sqrt{3} + \frac{1}{6}\pi \approx 1{,}059$ **41.** $\frac{1}{2}\text{arctg}(x^2 + 1) + C$

43. $2\sqrt{e^t - 3} - 2\sqrt{3}\,\text{arctg}(\sqrt{e^t - 3}/\sqrt{3}) + C$ **45.** $\pi/6$

47. a e b **49.** a, b e c **51.** c **53.** $y = \arcsen(x/2) + \pi$

55. (a)

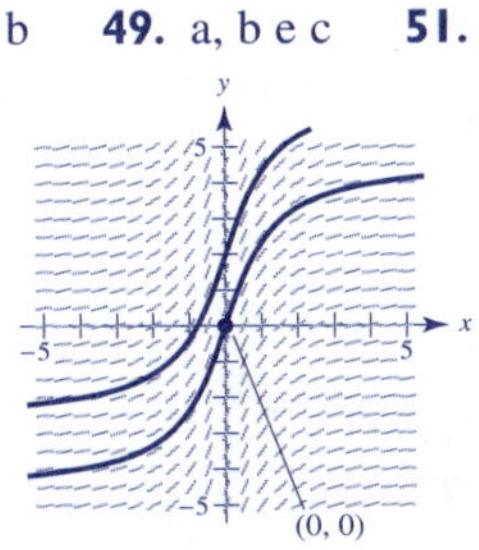

(b) $y = 3\,\text{arctg}\,x$

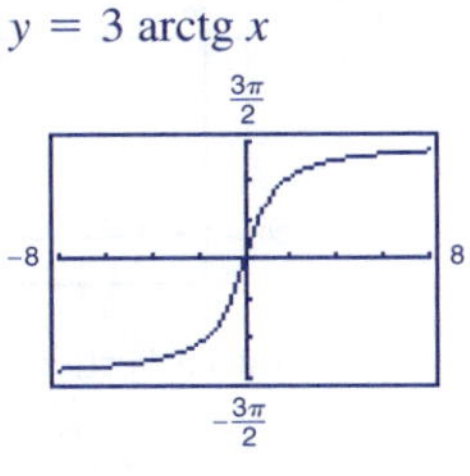

57. (a)

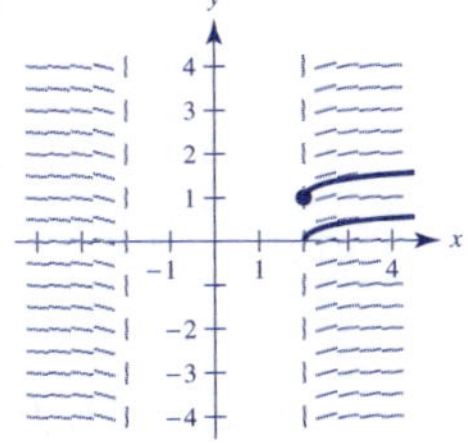

(b) $y = \frac{1}{2}\text{arcsec}\,(x/2) + 1$, $x \geq 2$

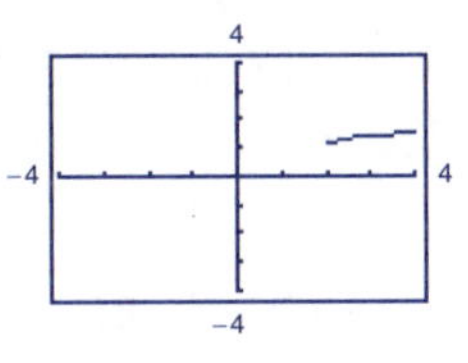

59.

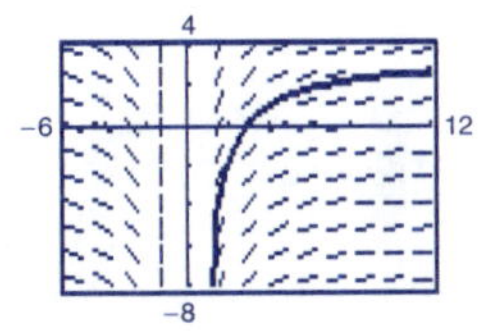

61.

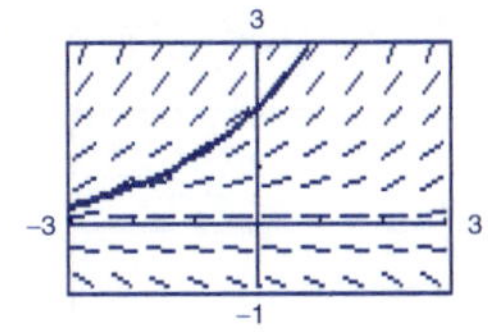

63. $\pi/8$ **65.** $\pi/6$ **67.** $3\pi/2$

69. (a) Demonstração (b) $\ln(\sqrt{6}/2) + (9\pi - 4\pi\sqrt{3})/36$

71. (a)

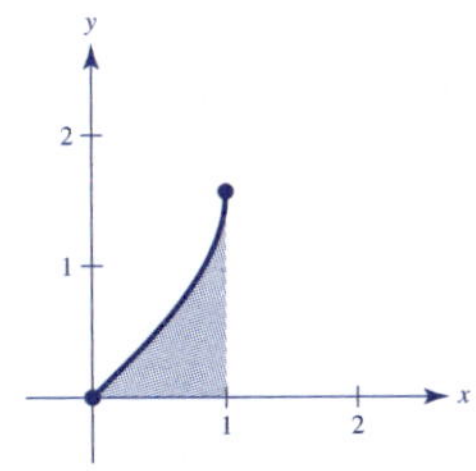

(b) 0,5708
(c) $(\pi - 2)/2$

73. (a) $F(x)$ representa o valor médio de $f(x)$ no intervalo $[x, x + 2]$. Máximo em $x = -1$.
(b) $x = -1$.

75. Falsa. $\displaystyle\int \frac{dx}{3x\sqrt{9x^2 - 16}} = \frac{1}{12}\,\text{arcsec}\,\frac{|3x|}{4} + C$

77. Verdadeiro

79–81. Demonstrações

83. (a) $v(t) = -32t + 500$

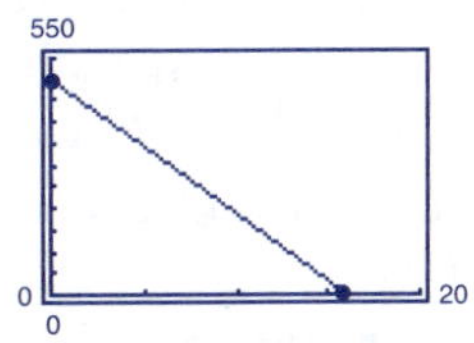

(b) $s(t) = -16t^2 + 500t$; 3.906,25 pés

(c) $v(t) = \sqrt{\dfrac{32}{k}}\,\text{tg}\left[\text{arctg}\left(500\sqrt{\dfrac{k}{32}}\right) - \sqrt{32k}\,t\right]$

(d)

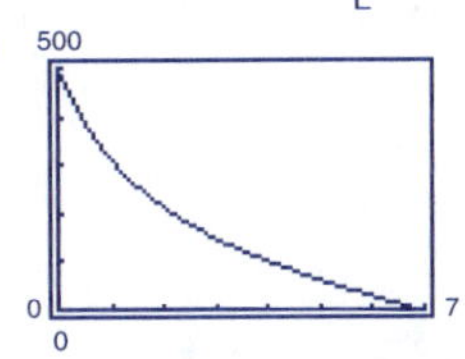

$t_0 = 6{,}86$ s

(e) 1.088 pés
(f) Quando a resistência do ar é levada em conta, a máxima altura alcançada pelo objeto é menor.

Seção 5.8 (página 391)

1. (a) 10,018 (b) $-0{,}964$ **3.** (a) $\frac{4}{3}$ (b) $\frac{13}{12}$

5. (a) 1,317 (b) 0,962 **7–11.** Demonstrações

13. $\cosh x = \sqrt{13}/2$; $\text{tgh}\,x = 3\sqrt{13}/13$; $\text{cossech}\,x = 2/3$;
$\text{sech}\,x = 2\sqrt{13}/13$; $\coth x = \sqrt{13}/3$

15. $-\text{sech}(x + 1)\,\text{tgh}(x + 1)$ **17.** $\coth x$ **19.** $\text{cossech}\,x$

21. $\text{senh}^2 x$ **23.** $\text{sech}\,t$ **25.** $y = -2x + 2$ **27.** $y = 1 - 2x$

29. Máximo relativo: $(\pm\pi, \cosh \pi)$; Mínimo relativo: $(0, -1)$

31. Máximo relativo: $(1{,}20, 0{,}66)$
Mínimo relativo: $(-1{,}20, -0{,}66)$

33. $y = a\,\text{senh}\,x$; $y' = a\cosh x$; $y'' = a\,\text{senh}\,x$; $y''' = a\cosh x$; Portanto, $y''' - y' = 0$.

35. $P_1(x) = x$; $P_2(x) = x$

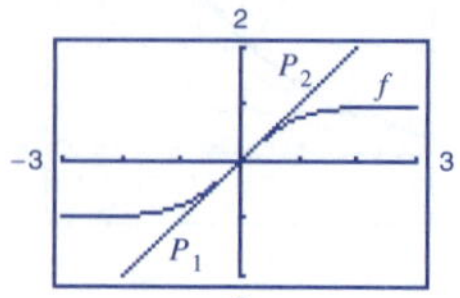

37. (a)

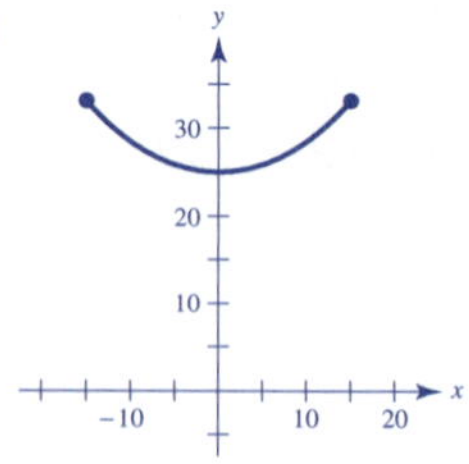

(b) 33,146 unidades; 25 unidades

(c) $m = \operatorname{senh}(1) \approx 1{,}175$

39. $-\frac{1}{2}\cosh(1 - 2x) + C$ **41.** $\frac{1}{3}\cosh^3(x - 1) + C$

43. $\ln|\operatorname{senh} x| + C$ **45.** $-\coth(x^2/2) + C$

47. $\operatorname{cossech}(1/x) + C$ **49.** $\frac{1}{2}\operatorname{arctg} x^2 + C$ **51.** $\ln 5 - 2\ln 2$

53. $\frac{1}{5}\ln 3$ **55.** $\pi/4$ **57.** $3/\sqrt{9x^2 - 1}$ **59.** $|\sec x|$

61. $2\sec 2x$ **63.** $2\operatorname{senh}^{-1}(2x)$ **65.** Há mais de uma resposta correta.

67. ∞ **69.** 0 **71.** 1 **73.** $\ln\left(\sqrt{e^{2x} + 1} - 1\right) - x + C$

75. $2\operatorname{senh}^{-1}\sqrt{x} + C = 2\ln\left(\sqrt{x} + \sqrt{1 + x}\right) + C$

77. $\dfrac{1}{4}\ln\left|\dfrac{x - 4}{x}\right| + C$ **79.** $\dfrac{1}{2\sqrt{6}}\ln\left|\dfrac{\sqrt{2}(x + 1) + \sqrt{3}}{\sqrt{2}(x + 1) - \sqrt{3}}\right| + C$

81. $\dfrac{1}{4}\operatorname{arcsen}\left(\dfrac{4x - 1}{9}\right) + C$ **83.** $-\dfrac{x^2}{2} - 4x - \dfrac{10}{3}\ln\left|\dfrac{x - 5}{x + 1}\right| + C$

85. $8\operatorname{arctg}(e^2) - 2\pi \approx 5{,}207$ **87.** $\frac{5}{2}\ln\left(\sqrt{17} + 4\right) \approx 5{,}237$

89. (a) $\ln\left(\sqrt{3} + 2\right)$ (b) $\operatorname{senh}^{-1}\sqrt{3}$

91. $\frac{52}{31}$ kg **93.** $-\sqrt{a^2 - x^2}/x$ **95–101.** Demonstrações

103. Problema 8 do Putnam, 1939.

Exercícios de Revisão do Capítulo 5 (página 394)

1. Assíntota vertical: $x = 0$

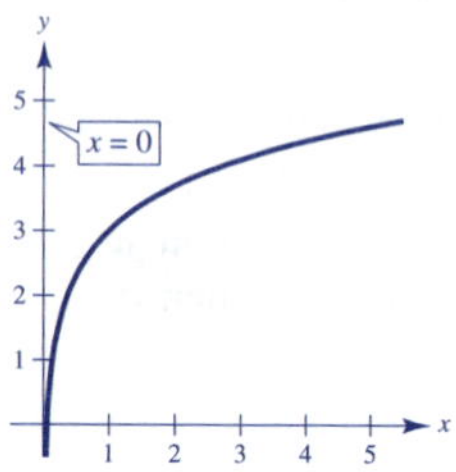

3. $\frac{1}{5}[\ln(2x + 1) + \ln(2x - 1) - \ln(4x^2 + 1)]$

5. $\ln\left(3\sqrt[3]{4 - x^2}/x\right)$ **7.** $e^4 - 1 \approx 53{,}598$

9. $1/(2x)$ **11.** $(1 + 2\ln x)/\left(2\sqrt{\ln x}\right)$

13. $\dfrac{dy}{dx} = \dfrac{1}{b^2}\left(b - \dfrac{ab}{a + bx}\right) = \dfrac{x}{a + bx}$ **15.** $y = -x + 1$

17. $\frac{1}{7}\ln|7x - 2| + C$ **19.** $-\ln|1 + \cos x| + C$

21. $3 + \ln 4$ **23.** $\ln\left(2 + \sqrt{3}\right)$

25. (a) $f^{-1}(x) = 2x + 6$

(b)

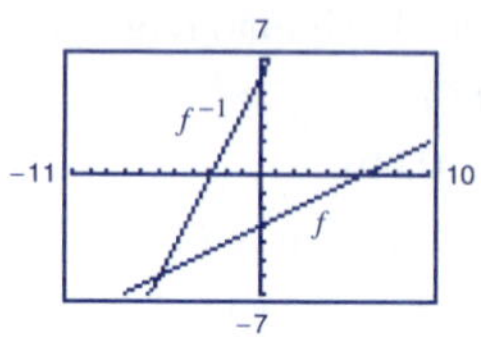

(c) Demonstração

27. (a) $f^{-1}(x) = x^2 - 1, \quad x \geq 0$

(b)

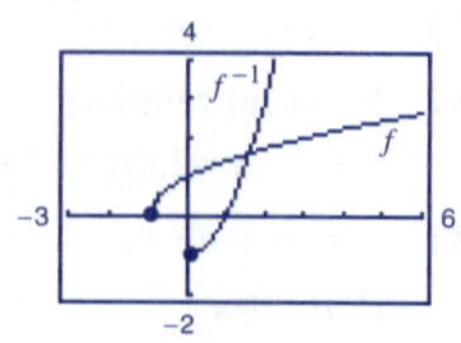

(c) Demonstração

29. (a) $f^{-1}(x) = x^3 - 1$

(b)

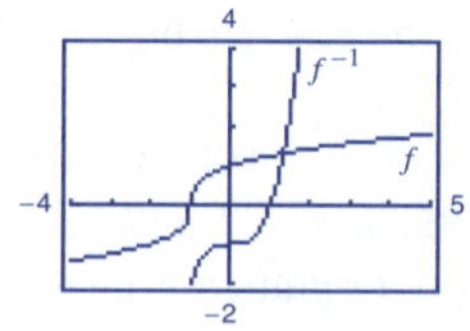

(c) Demonstração

31. $1/\left[3\left(\sqrt[3]{-3}\right)^2\right] \approx 0{,}160$ **33.** $3/4$

35. (a) $f^{-1}(x) = e^{2x}$

(b)

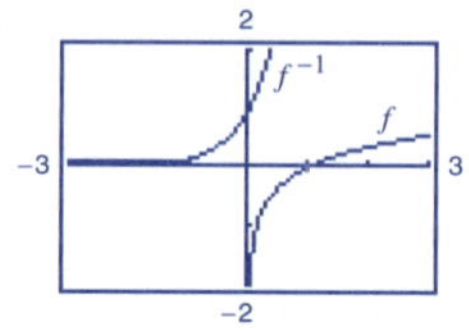

(c) Demonstração

37.

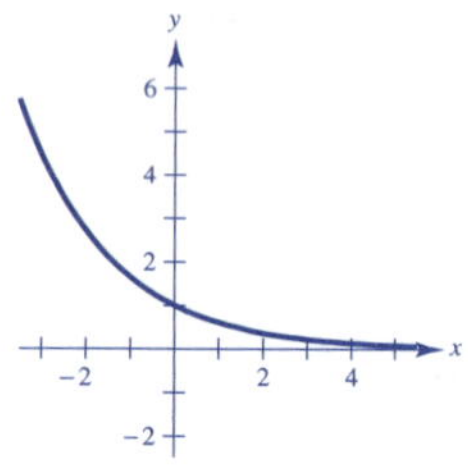

39. $te^t(t + 2)$ **41.** $(e^{2x} - e^{-2x})/\sqrt{e^{2x} + e^{-2x}}$

43. $x(2 - x)/e^x$ **45.** $y = -4x + 4$ **47.** $-y/[x(2y + \ln x)]$

49. $(1 - e^{-3})/6 \approx 0{,}158$ **51.** $(e^{4x} - 3e^{2x} - 3)/(3e^x) + C$

53. $-\frac{1}{2}e^{1 - x^2} + C$ **55.** $\ln(e^2 + e + 1) \approx 2{,}408$

57. $y = e^x(a\cos 3x + b\operatorname{sen} 3x)$

$y' = e^x[(-3a + b)\operatorname{sen} 3x + (a + 3b)\cos 3x]$

$y'' = e^x[(-6a - 8b)\operatorname{sen} 3x + (-8a + 6b)\cos 3x]$

$y'' - 2y' + 10y$

$= e^x\{[(-6a - 8b) - 2(-3a + b) + 10b]\operatorname{sen} 3x +$

$[(-8a + 6b) - 2(a + 3b) + 10a]\cos 3x\} = 0$

59. $-\frac{1}{2}(e^{-16} - 1) \approx 0{,}500$

61.

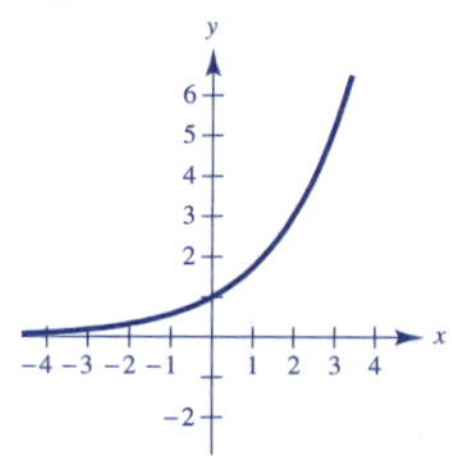

63.

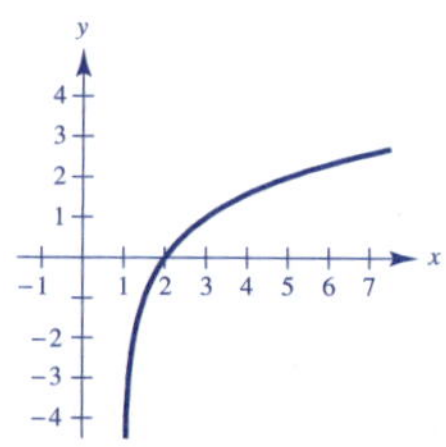

65. $3^{x-1}\ln 3$ **67.** $x^{2x+1}(2\ln x + 2 + 1/x)$

69. $-1/[\ln 3(2 - 2x)]$ **71.** $5^{(x+1)^2}/(2\ln 5) + C$

73. (a) Domínio: $0 \leq h < 18.000$

(b)

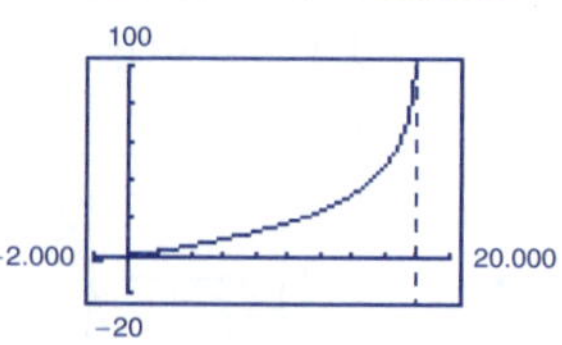

Assíntota vertical: $h = 18.000$

(c) $t = 0$

75.

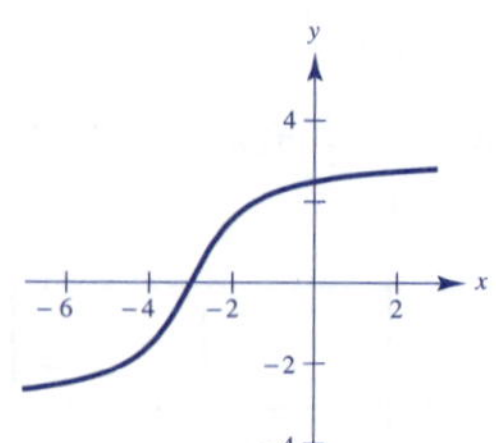

77. (a) $1/2$ (b) $\sqrt{3}/2$

79. $(1 - x^2)^{-3/2}$ **81.** $\dfrac{x}{|x|\sqrt{x^2 - 1}} + \operatorname{arcsec} x$ **83.** $(\operatorname{arcsen} x)^2$

85. $\frac{1}{2}\operatorname{arctg}(e^{2x}) + C$ **87.** $\frac{1}{2}\operatorname{arcsen} x^2 + C$

89. $\frac{1}{4}[\text{arctg}\,(x/2)]^2 + C$ **91.** $\frac{2}{3}\pi + \sqrt{3} - 2 \approx 1{,}826$

93. $y = \text{A sen}(t\sqrt{k/m})$

95. $y' = x\left(\dfrac{2}{1 - 4x^2}\right) + \text{tgh}^{-1}\,2x = \dfrac{2x}{1 - 4x^2} + \text{tgh}^{-1}\,2x$

97. $\frac{1}{3}\,\text{tgh}\,x^3 + C$

P.S. Problemas Suplementares (página 397)

1. $a \approx 4{,}7648$; $\theta \approx 1{,}7263$ ou $98{,}9°$

3. (a)

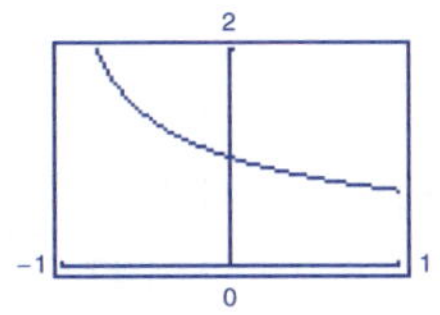

(b) 1 (c) Demonstração

5.

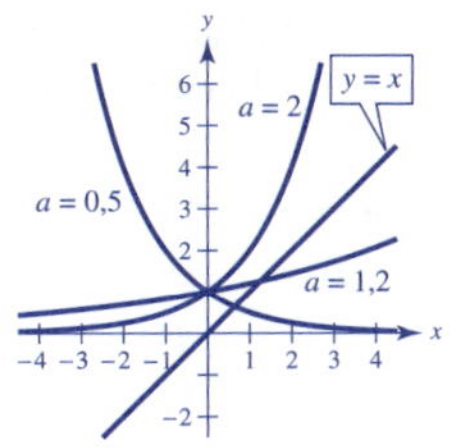

$y = 0{,}5^x$ e $y = 1{,}2^x$ interceptam a reta $y = x$; $0 < a < e^{1/e}$

7. (a) Área da região $A = (\sqrt{3} - \sqrt{2})/2 \approx 0{,}1589$

Área da região $B = \pi/12 \approx 0{,}2618$

(b) $\frac{1}{24}\left[3\pi\sqrt{2} - 12(\sqrt{3} - \sqrt{2}) - 2\pi\right] \approx 0{,}1346$

(c) 1,2958 (d) 0,6818

9. Demonstração **11.** 0,2318

13. (a)

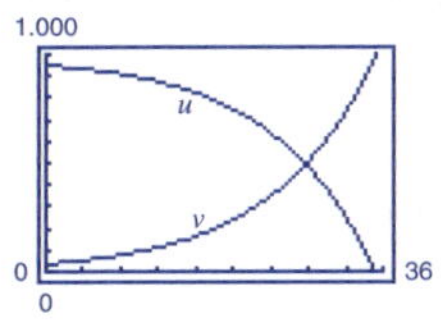

(b) Juros no balanço não pago; $t \approx 27{,}68$ anos

(c) As inclinações são negativas umas das outras; $u'(15) \approx -14{,}0572$; $v'(15) \approx 14{,}0572$

(d)

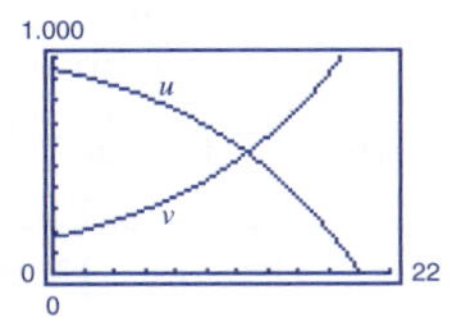

$t \approx 12{,}67$ anos. Há mais de uma resposta correta.

Capítulo 6

Seção 6.1 (página 405)

1–11. Demonstrações **13.** Não é solução. **15.** É solução.

17. É solução. **19.** Não é solução. **21.** É solução.

23. Não é solução. **25.** $y = 3e^{-x/2}$ **27.** $4y^2 = x^3$

29.

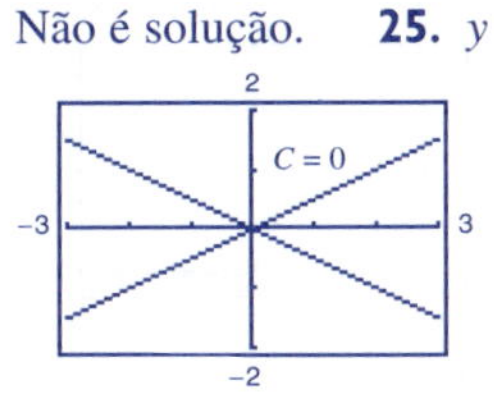

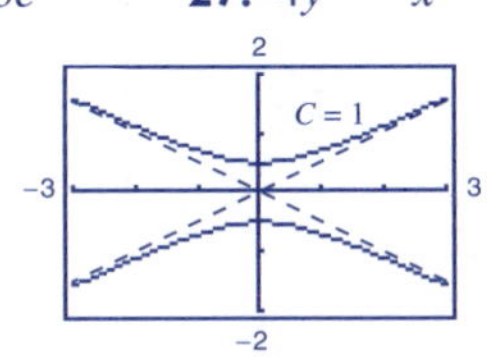

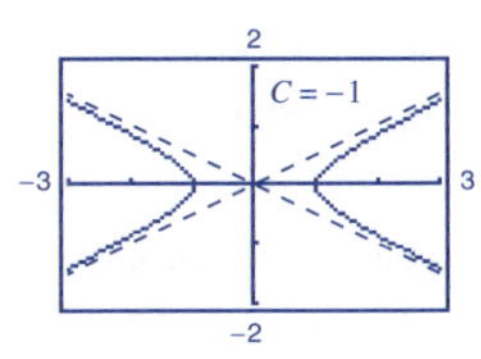

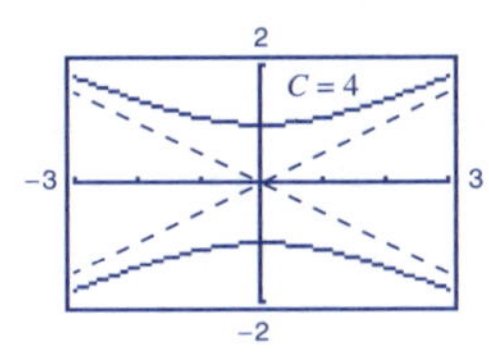

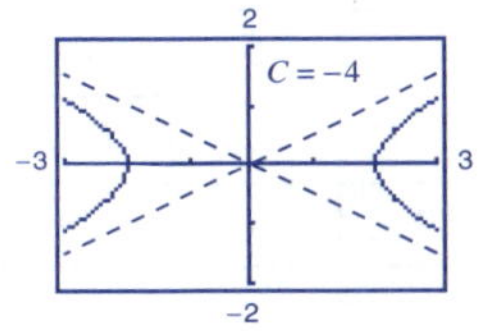

31. $y = 3e^{-2x}$ **33.** $y = 2\,\text{sen}\,3x - \frac{1}{3}\cos 3x$

35. $y = -2x + \frac{1}{2}x^3$ **37.** $y = x^3 + C$

39. $y = \frac{1}{2}\ln(1 + x^2) + C$ **41.** $y = x - \ln x^2 + C$

43. $y = -\frac{1}{2}\cos 2x + C$

45. $y = \frac{2}{5}(x - 3)^{5/2} + 2(x - 3)^{3/2} + C$

47. $y = \frac{1}{2}e^{x^2} + C$

49.

x	-4	-2	0	2	4	8
y	2	0	4	4	6	8
dy/dx	-2	Não def.	0	$\frac{1}{2}$	$\frac{2}{3}$	1

51.

x	-4	-2	0	2	4	8
y	2	0	4	4	6	8
dy/dx	$-2\sqrt{2}$	-2	0	0	$-2\sqrt{2}$	-8

53. b **54.** c **55.** d **56.** a

57. (a) e (b)

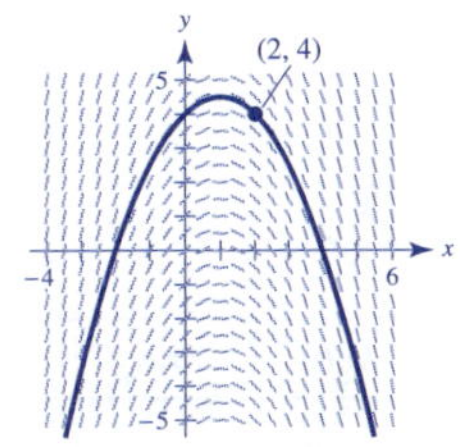

(c) $x \to \infty$ implica $y \to -\infty$; $x \to -\infty$ implica $y \to \infty$

59. (a) e (b)

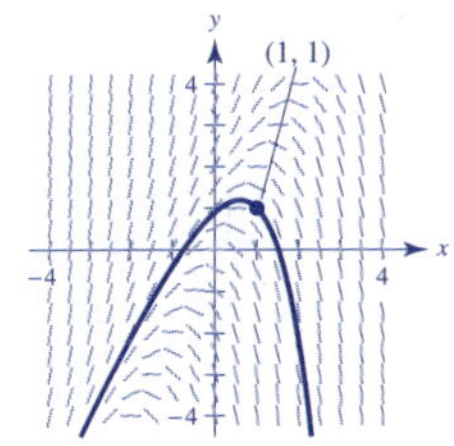

(c) $x \to \infty$ implica $y \to -\infty$; $x \to -\infty$ implica $y \to -\infty$

61. (a)

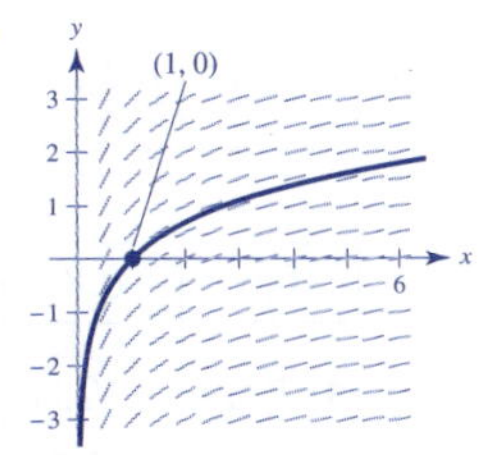

$x \to \infty$, $y \to \infty$

(b)

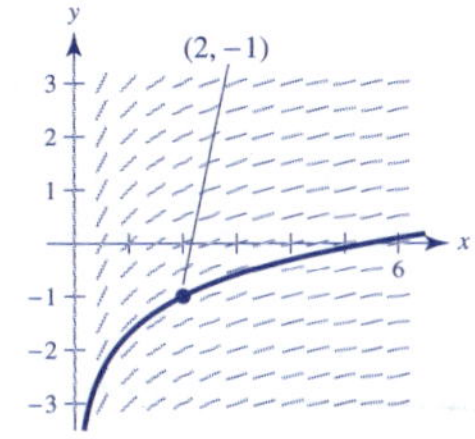

$x \to \infty$, $y \to \infty$

63. (a) e (b)

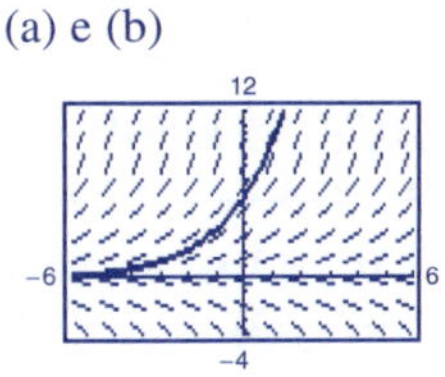

65. (a) e (b)

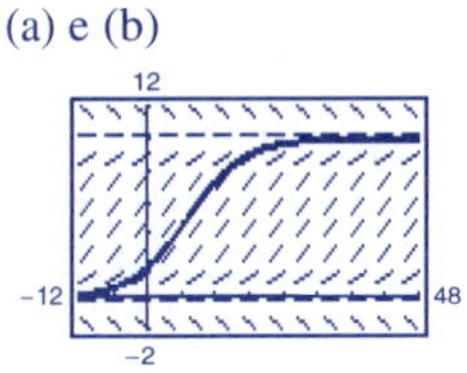

67. (a) e (b)

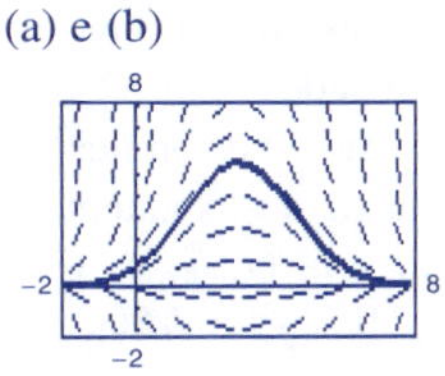

69.

n	0	1	2	3	4	5	6
x_n	0	0,1	0,2	0,3	0,4	0,5	0,6
y_n	2	2,2	2,43	2,693	2,992	3,332	3,715

n	7	8	9	10
x_n	0,7	0,8	0,9	1,0
y_n	4,146	4,631	5,174	5,781

71.

n	0	1	2	3	4	5	6
x_n	0	0,05	0,1	0,15	0,2	0,25	0,3
y_n	3	2,7	2,438	2,209	2,010	1,839	1,693

n	7	8	9	10
x_n	0,35	0,4	0,45	0,5
y_n	1,569	1,464	1,378	1,308

73.

n	0	1	2	3	4	5	6
x_n	0	0,1	0,2	0,3	0,4	0,5	0,6
y_n	1	1,1	1,212	1,339	1,488	1,670	1,900

n	7	8	9	10
x_n	0,7	0,8	0,9	1,0
y_n	2,213	2,684	3,540	5,958

75.

x	0	0,2	0,4	0,6	0,8	1
$y(x)$ (exato)	3,0000	3,6642	4,4755	5,4664	6,6766	8,1548
$y(x)$ $(h = 0.2)$	3,0000	3,6000	4,3200	5,1840	6,2208	7,4650
$y(x)$ $(h = 0.1)$	3,0000	3,6300	4,3923	5,3147	6,4308	7,7812

77.

x	0	0,2	0,4	0,6	0,8	1
$y(x)$ (exato)	0,0000	0,2200	0,4801	0,7807	1,1231	1,5097
$y(x)$ $(h = 0.2)$	0,0000	0,2000	0,4360	0,7074	1,0140	1,3561
$y(x)$ $(h = 0.1)$	0,0000	0,2095	0,4568	0,7418	1,0649	1,4273

79. (a) $y(1) = 112{,}7141°$; $y(2) = 96{,}3770°$; $y(3) = 86{,}5954°$
(b) $y(1) = 113{,}2441°$; $y(2) = 97{,}0158°$; $y(3) = 87{,}1729°$

81. A solução geral é a família de todas as curvas que satisfazem à equação diferencial. Uma solução específica é um membro desta família satisfazendo à condição dada.

83. Comece com um ponto (x_0, y_0) satisfazendo à condição inicial $y(x_0) = y_0$. A seguir, usando um pequeno deslocamento h, calcule o ponto $(x_1, y_1) = (x_0 + h, y_0 + hF(x_0, y_0))$. Continue gerando a seqüência de pontos $(x_n + h, y_n + hF(x_n, y_n))$ ou (x_{n+1}, y_{n+1}).

85. Falsa: $y = x^3$ é uma solução de $xy' - 3y = 0$, mas $y = x^3 + 1$ não é uma solução.

87. Verdadeira

89. (a)

x	0	0,2	0,4	0,6	0,8	1
y	4	2,6813	1,7973	1,2048	0,8076	0,5413
y_1	4	2,56	1,6384	1,0486	0,6711	0,4295
y_2	4	2,4	1,44	0,864	0,5184	0,3110
e_1	0	0,1213	0,1589	0,1562	0,1365	0,1118
e_2	0	0,2813	0,3573	0,3408	0,2892	0,2303
r	0	0,4312	0,4447	0,4583	0,4720	0,4855

(b) Se o deslocamento h é reduzido pela metade, então o erro também se reduz, aproximadamente, pela metade, pois r é aproximadamente 0,5.

(c) Novamente o erro será reduzido pela metade.

91. (a)

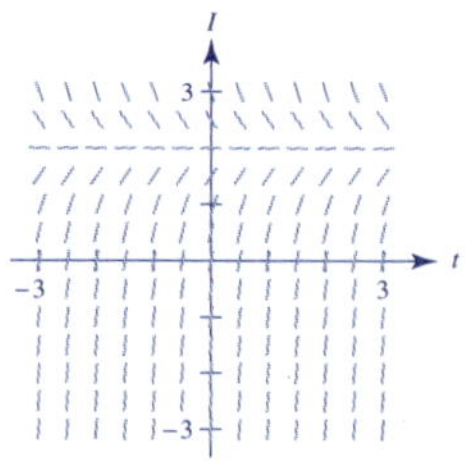

(b) $\lim_{t\to\infty} I(t) = 2$

93. $\omega = \pm 4$ rad/sec

95. Problema 3 do Desafio Putnam da seção matutina de 1954.

Seção 6.2 (página 414)

1. $y = \frac{1}{2}x^2 + 2x + C$ **3.** $y = Ce^x - 2$ **5.** $y^2 - 5x^2 = C$

7. $y = Ce^{(2x^{3/2})/3}$ **9.** $y = C(1 + x^2)$

11. $dQ/dt = k/t^2$
$Q = -k/t + C$

13. $dN/ds = k(250 - s)$
$N = -(k/2)(250 - s)^2 + C$

15. (a)

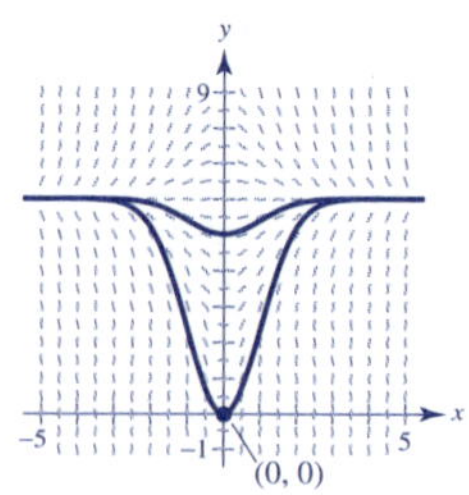

(b) $y = 6 - 6e^{-x^2/2}$

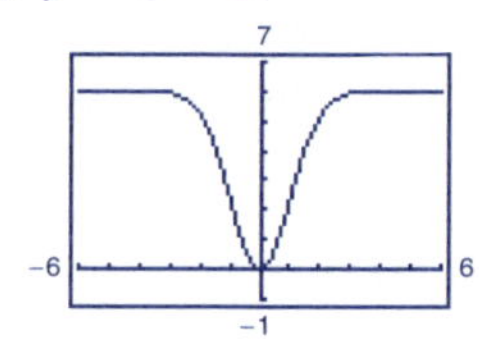

17. $y = \frac{1}{4}t^2 + 10$

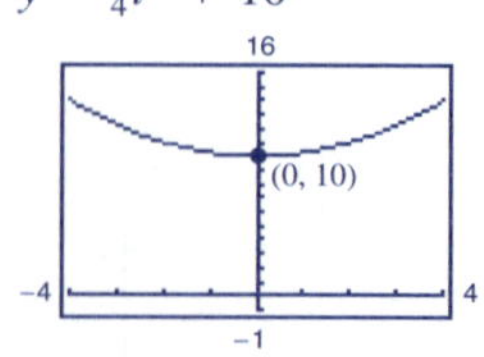

19. $y = 10e^{-t/2}$

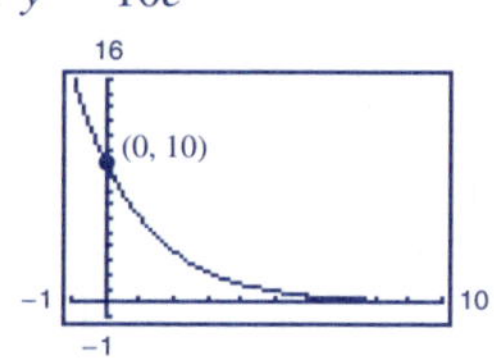

21. $dy/dx = ky$
$y = 4e^{0{,}3054x}$
$y(6) \approx 25$

23. $dV/dt = kV$
$V = 20{,}000e^{-0{,}1175t}$
$V(6) \approx 9882$

25. $y = \frac{1}{2}e^{0{,}4605t}$ **27.** $y = 0{,}6687e^{0{,}4024t}$

29. C é o valor inicial de y e k é a constante de proporcionalidade.

31. Os quadrantes I e III; dy/dx é positivo quando x e y são positivos (Quadrante I), ou quando x e y são ambos negativos (Quadrante II).

33. Montante após 1.000 anos: 6,48
Montante após 10.000 anos: 0,13g

35. Quantidade inicial: 38,16g
Montante após 1.000 anos: 24,74g

37. Montante após 1.000 anos: 4,43g
Montante após 10.000 anos: 1,49g

39. Quantidade inicial: 2,16g
Montante após 10.000 anos: 1,62g

41. 95,76%

43. Tempo necessário para dobrar: 11,55 anos; montante após 10 anos: R$ 1.822,12.

45. Taxa anual: 8,94%; montante após 10 anos: R$ 1.833,67.

47. Taxa anual: 9,50%; tempo necessário para dobrar: 7,30 anos.

49. R$ 112.087,09 **51.** R$ 30.688,87

53. (a) 10,24 anos (b) 9,93 anos (c) 9,90 anos (d) 9,90 anos

55. (a) 8,50 anos (b) 8,18 anos (c) 8,16 anos (d) 8,15 anos

57. (a) $P = 7{,}77e^{-0{,}009t}$ (b) 6,79 milhões
(c) Como $k < 0$, a população está diminuindo.

59. (a) $P = 5{,}07e^{0{,}026t}$ (b) 7,48 milhões
(c) Como $k > 0$, a população está diminuindo.

61. (a) $100{,}1596(1{,}2455)^t$ (b) 6,3 horas

63. (a) $N \approx 30(1 - e^{-0{,}0502t})$ (b) 36 dias

65. (a) $P_1 = 181e^{0{,}01245t}$ ou $P_1 = 181(1{,}01253)^t$
(b) $P_2 = 182{,}3248(1{,}01091)^t$
(c)

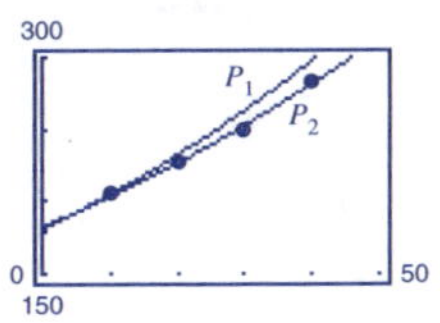

P_2 é uma melhor aproximação.
(d) 2.011

67. (a) 20 decibéis (b) 70 decibéis
(c) 95 decibéis (d) 120 decibéis

69. 2.014 ($t = 16$) **71.** 379,2°

73. Falsa. A taxa de crescimento dy/dx é proporcional a y.

75. Verdadeira

Seção 6.3 (página 424)

1. $y^2 - x^2 = C$ **3.** $r = Ce^{0{,}05s}$ **5.** $y = C(x + 2)^3$

7. $y^2 = C - 2\cos x$ **9.** $y = -\frac{1}{4}\sqrt{1 - 4x^2} + C$

11. $y = Ce^{(\ln x)^2/2}$ **13.** $y^2 = 2e^x + 14$ **15.** $y = e^{-(x^2+2x)/2}$

17. $y^2 = 4x^2 + 3$ **19.** $u = e^{(1-\cos v^2)/2}$ **21.** $P = P_0e^{kt}$

23. $9x^2 + 16y^2 = 25$ **25.** $f(x) = Ce^{-x/2}$

27. Homogênea de grau 3.

29. Homogênea de grau 3.

31. Não é homogênea.

33. Homogênea de grau 0.

35. $|x| = C(x - y)^2$

37. $|y^2 + 2xy - x^2| = C$

39. $y = Ce^{-x^2/2y^2}$

41. $e^{y/x} = 1 + \ln x^2$

43. $x = e^{\text{sen}(y/x)}$

45.

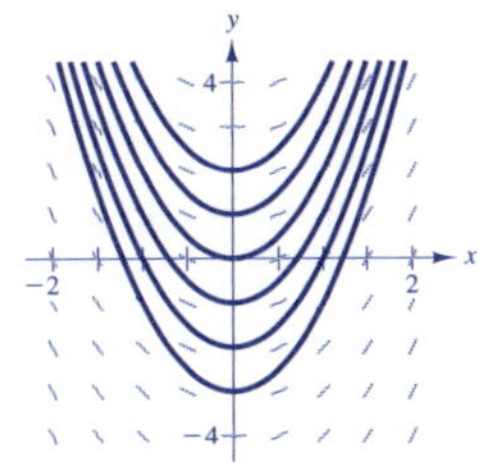

$y = \frac{1}{2}x^2 + C$

47.

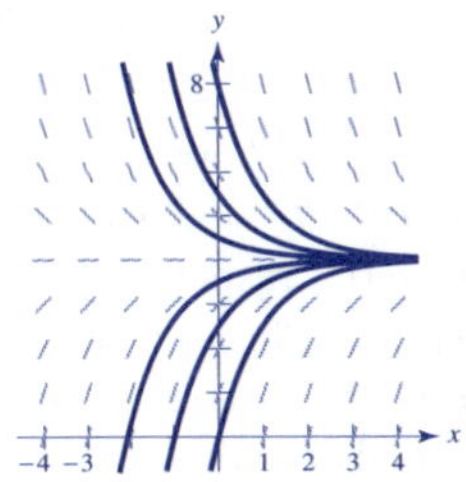

$y = 4 + Ce^{-x}$

49. (a) $y = 0{,}1602$ (b) $y = 5e^{-3x^2}$ (c) $y = 0{,}2489$

51. (a) $y = 3{,}0318$ (b) $y^3 - 4y = x^2 + 12x - 13$ (c) $y = 3$

53. 98,9% da quantia original

55. (a) $dy/dx = k(y - 4)$ (b) a (c) Demonstração

56. (a) $dy/dx = k(x - 4)$ (b) b (c) Demonstração

57. (a) $dy/dx = ky(y - 4)$ (b) c (c) Demonstração

58. (a) $dy/dx = ky^2$ (b) d (c) Demonstração

59. (a) $w = 1.200 - 1.140e^{-0{,}8t}$

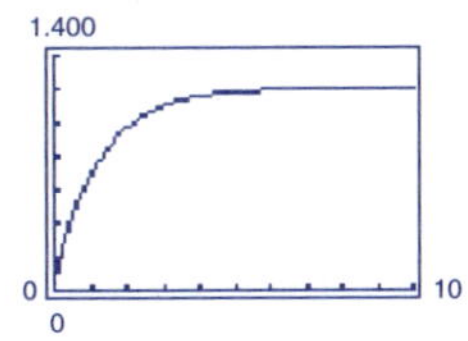

$w = 1.200 - 1.140e^{-0{,}9t}$

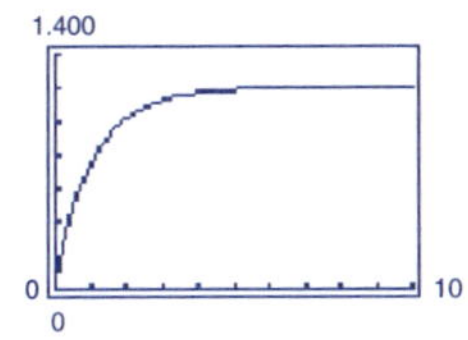

$w = 1.200 - 1.140e^{-t}$

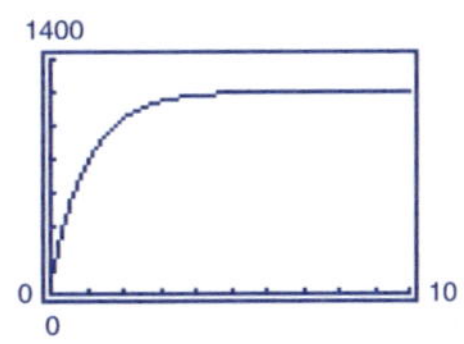

(b) 1,31 ano; 1,16 ano; 1,05 ano (c) 1.200 lb

61. Círculos: $x^2 + y^2 = C$
Retas: $y = Kx$
Haverá gráficos diferentes.

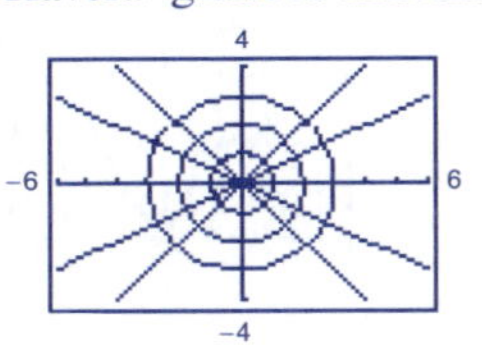

63. Parábolas: $x^2 = Cy$
Elipses: $x^2 + 2y^2 = K$
Haverá gráficos diferentes.

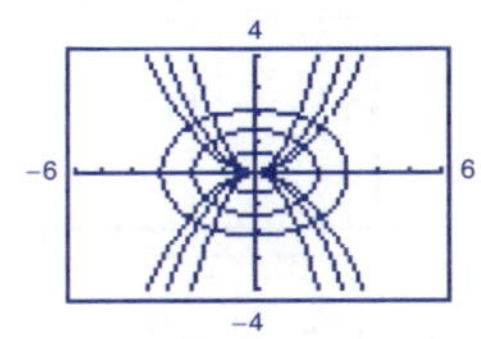

65. Curvas: $y^2 = Cx^3$
Elipses: $2x^2 + 3y^2 = K$
Haverá gráficos diferentes.

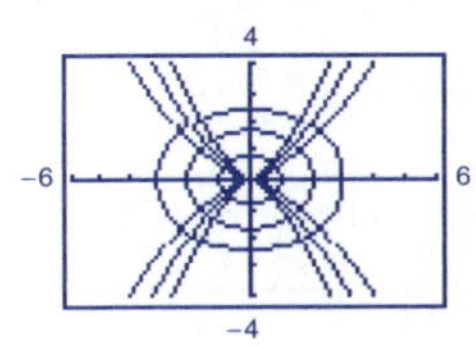

67. d **68.** a **69.** b **70.** c

71. (a) 0,75 (b) 1.500 unidades (c) 60 unidades (d) 4,24 anos
(e) $dP/dt = 0{,}75P(1 - P/1500)$

73. (a) 3 (b) 100 unidades
(c)

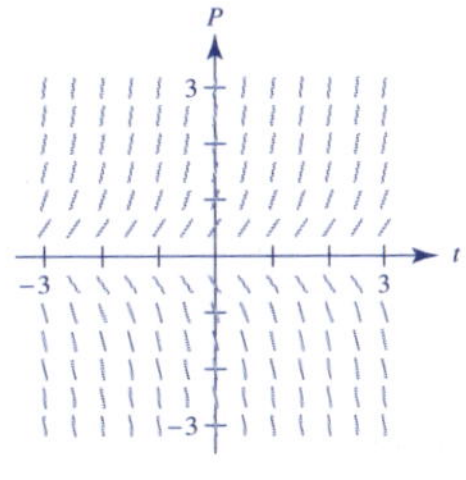

(d) 50 unidades

75. $y = 40/(1 + 4e^{-t})$ **77.** $y = 120/(1 + 14e^{-0.8t})$

79. (a) $P = \dfrac{200}{1 + 7e^{-0,2640t}}$ (b) 70 panteras (c) 7,37 anos

(d) $dP/dt = 0{,}2640P(1 - P/200)$; 65,6 (e) 100 anos

81. Há várias respostas.

83. Duas famílias de curvas são mutuamente ortogonais se cada curva da primeira família intersectar qualquer outra curva da segunda família ortogonalmente.

85. Falsa. $y' = x/y$ é de variáveis separáveis, porém $y = 0$ não é uma solução.

87. Falsa: $f(tx, ty) \neq t^n f(x, y)$. **89.** Demonstração

Seção 6.4 (página 437)

1. Linear; pode ser escrita na forma $dy/dx + P(x)y = Q(x)$

3. Não linear; não pode ser escrita na forma $dy/dx + P(x)y = Q(x)$

5. $y = x^2 + 2x + C/x$ **7.** $y = -10 + Ce^x$

9. $y = -1 + Ce^{\operatorname{sen} x}$ **11.** $y = (x^3 - 3x + C)/[3(x - 1)]$

13. $y = e^{x^3}(x + C)$

15. (a) Há várias respostas. (c)

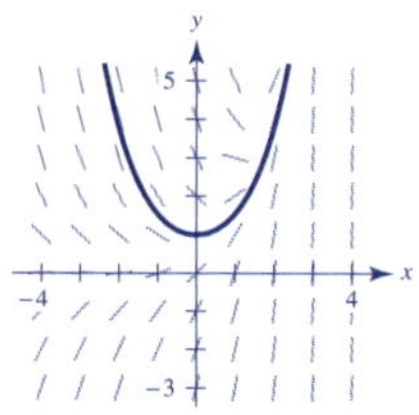

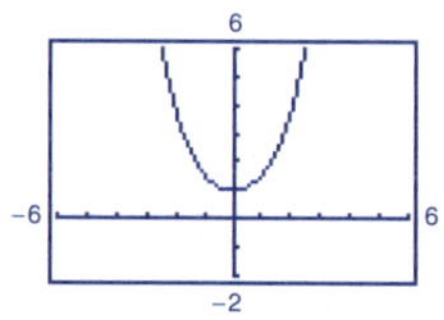

(b) $y = \frac{1}{2}(e^x + e^{-x})$

17. $y = 1 + 4/e^{\operatorname{tg} x}$ **19.** $y = \operatorname{sen} x + (x + 1)\cos x$

21. $xy = 4$ **23.** $y = -2 + x\ln|x| + 12x$

25. $1/y^2 = Ce^{2x^3} + \frac{1}{3}$ **27.** $y = 1/(Cx - x^2)$

29. $y^{2/3} = 2e^x + Ce^{2x/3}$

31. (a)

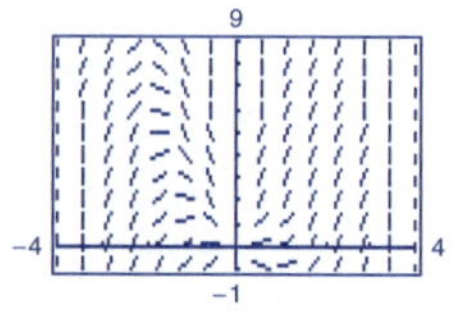

(c)

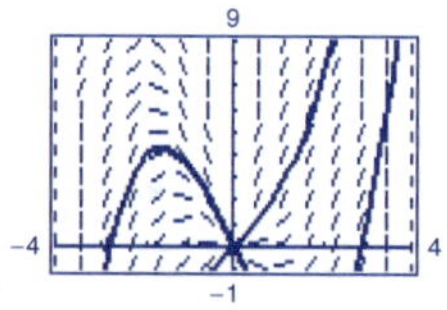

(b) $(-2, 4)$: $y = \frac{1}{2}x(x^2 - 8)$

$(2, 8)$: $y = \frac{1}{2}x(x^2 + 4)$

33. (a)

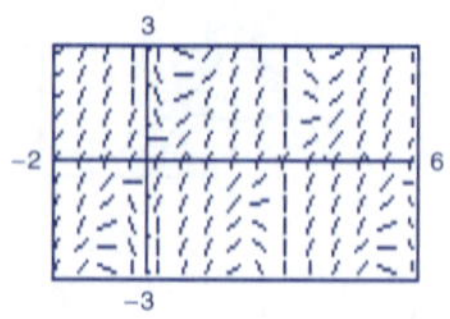

(b) $(1, 1)$: $y = (2\cos 1 + \operatorname{sen} 1)\operatorname{cossec} x - 2\operatorname{cotg} x$

$(3, -1)$: $y = (2\cos 3 - \operatorname{sen} 3)\operatorname{cossec} x - 2\operatorname{cotg} x$

(c)

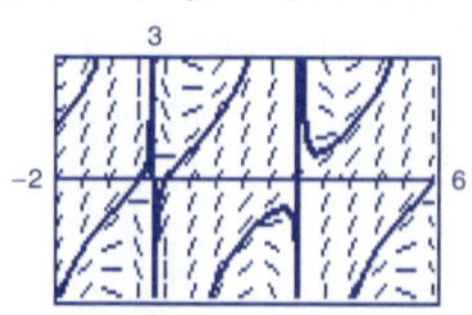

35. $P = -N/k + (N/k + P_0)e^{kt}$

37. (a) \$ 583.098,01 (b) \$ 3.243.606,35

39. (a) $\dfrac{dQ}{dt} = q - kQ$ (b) $Q = \dfrac{q}{k} + \left(Q_0 - \dfrac{q}{k}\right)e^{-kt}$ (c) $\dfrac{q}{k}$

41. Demonstração

43. (a) $Q = 25e^{-t/20}$ (b) $-20\ln\left(\frac{3}{5}\right) \approx 10{,}2$ min (c) 0

45. (a) $t = 50$ min (b) $100 - \dfrac{25}{\sqrt{2}} \approx 82{,}32$ lb

47. $V(t) = -159{,}47(1 - e^{-0,2007t})$; $-159{,}47$ pés/seg

49. $I = \dfrac{E_0}{R} + Ce^{-Rt/L}$ **51.** $\dfrac{dy}{dx} + P(x)y = Q(x)$; $u(x) = e^{\int P(x)\,dx}$

53. c **54.** d **55.** a **56.** b **57.** $2e^x + e^{-2y} = C$

59. $y = Ce^{-\operatorname{sen} x} + 1$ **61.** $x^3y^2 + x^4y = C$

63. $y = [e^x(x - 1) + C]/x^2$ **65.** $x^4y^4 - 2x^2 = C$

67. $y = \frac{12}{5}x^2 + C/x^3$ **69.** Falsa. $y' + xy = x^2$ é linear.

Exercícios de Revisão do Capítulo 6 (página 436)

1. Não **3.** $y = \frac{2}{3}x^3 + 5x + C$ **5.** $y = \frac{1}{2}\operatorname{sen} 2x + C$

7. $y = 4(x - 7)^{3/2}(3x + 14)/15 + C$

9.

x	-4	-2	0	2	4	8
y	2	0	4	4	6	8
dy/dx	-4	Não def.	0	1	$\frac{4}{3}$	2

11. (a) e (b)

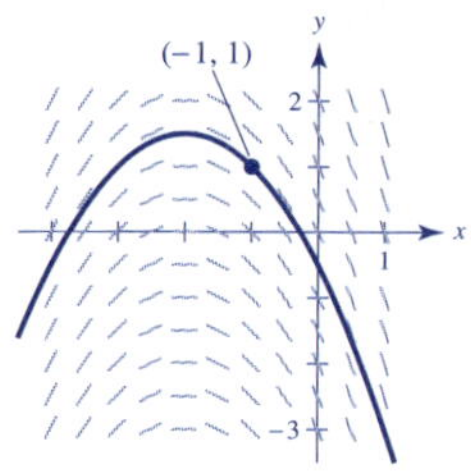

13. (a) e (b)

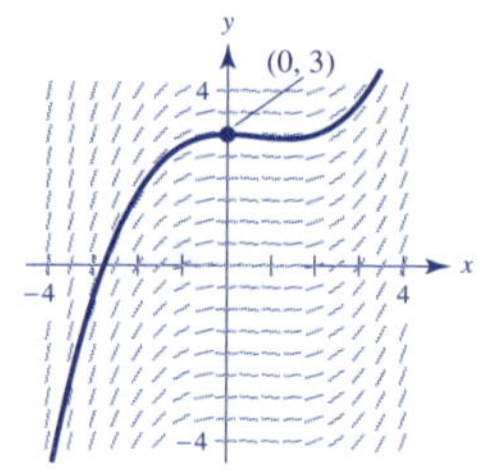

15. (a) e (b)

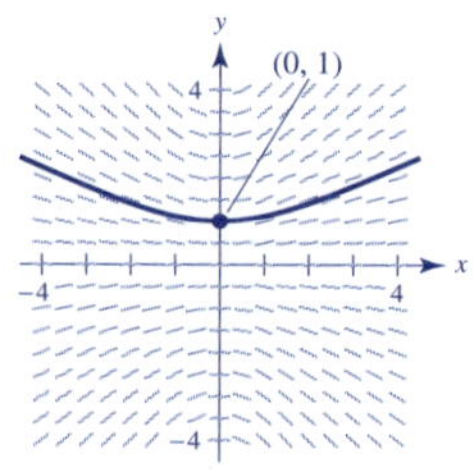

17. $y = 6x - \frac{1}{2}x^2 + C$

19. $y = -3 - 1/(x + c)$ **21.** $y = Ce^x/(2 + x)^2$

23. $y = \frac{3}{4}e^{0,379t}$ **25.** $y = 5e^{-0,680t}$ **27.** $\approx 7{,}79$ pol.

29. (a) $S \approx 30e^{-1,7918/t}$ (b) 20.965 unidades

(c)

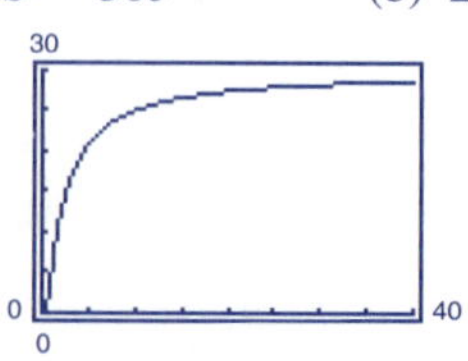

31. Aproximadamente 46,2 anos.

33. $y = \frac{1}{2}x^2 + 3\ln|x| + C$

35. $y = Ce^{x^2}$ **37.** $x/(x^2 - y^2) = C$

39. Demonstração; $y = -2x + \frac{1}{2}x^3$

41.

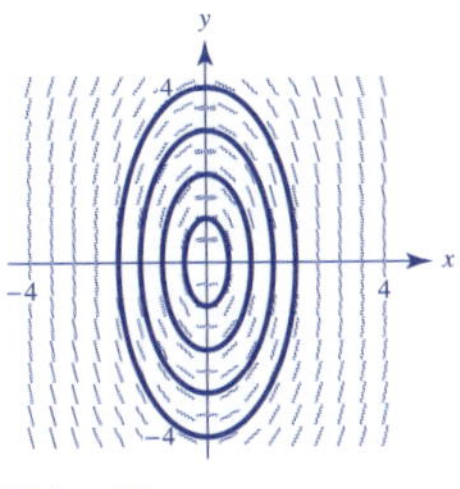

Há várias respostas.

$4x^2 + y^2 = C$

43. (a) 0,55 (b) 7.200 (c) 160 (d) 6,88 anos

(e) $\dfrac{dP}{dt} = 0{,}55P\left(1 - \dfrac{P}{7.200}\right)$

45. (a) $P(t) = \dfrac{20.400}{1 + 16e^{-0{,}553t}}$ (b) 17.118 trutas (c) 4,94 anos

47. $y = -8 + Ce^x$ **49.** $y = e^{x/4}\left[\frac{1}{4}(x + C)\right]$

51. $y = (x + C)/(x - 2)$

53. $y = Ce^{3x} - \frac{1}{13}(2 \cos 2x + 3 \operatorname{sen} 2x)$

55. $y = e^{5x}/10 + Ce^{-5x}$

57. $y = 1/(1 + x + Ce^x)$

59. $y^{-2} = Cx^2 + 2/(3x)$

61. Há várias respostas. Uma possível resposta:
$(x^2 + 3y^2)\,dx - 2xy\,dy = 0;\; x^3 = C(x^2 + y^2)$

63. Há várias respostas. Uma possível resposta:
$x^3y' + 2x^2y = 1;\; x^2y = \ln|x| + C$

P.S. Problemas Suplementares (página 438)

1. (a) $y = 1/(1 - 0{,}01t)^{100};\; T = 100$

(b) $y = 1\Big/\left[\left(\dfrac{1}{y_0}\right)^{\varepsilon} - k\varepsilon t\right]^{1/\varepsilon}$; há várias respostas.

3. (a) $dS/dt = kS(L - S);\; S = 100/(1 + 9e^{-0{,}8109t})$

(b) 2,7 meses

(c)

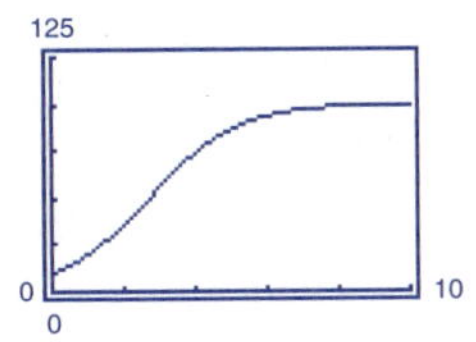

(d)

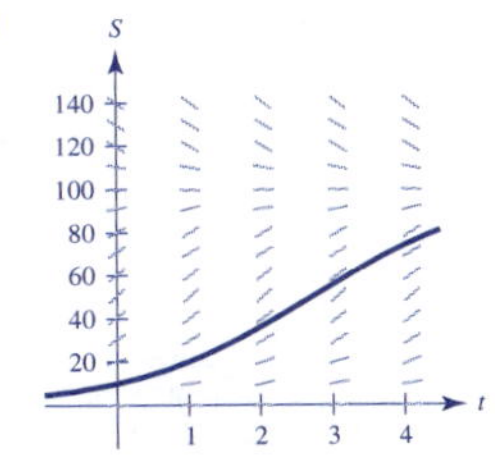

(e) As vendas diminuirão assintotando a reta $S = L$.

5. Demonstração **7.** (a) 9809,1 seg (b) 7,21 pés

9. (a) (1,155, 0) (b) $\left(\dfrac{h\sqrt{2 + h}}{2h + 4 - 3\sqrt{2 + h}} - 1, 0\right)$

(c)

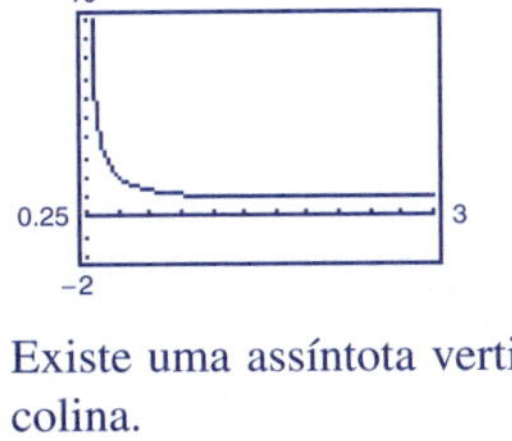

Existe uma assíntota vertical em $h = \frac{1}{4}$, que é a altura da colina.

11. (a) $C = C_0e^{-Rt/V}$ (b) $\lim\limits_{t\to\infty} C(t) = 0$

13. (a) $C = (Q/R)(1 - e^{-Rt/V})$ (b) $\lim\limits_{t\to\infty} C(t) = Q/R$

Capítulo 7

Seção 7.1 (página 448)

1. $-\displaystyle\int_0^6 (x^2 - 6x)\,dx$

3. $\displaystyle\int_0^3 (-2x^2 + 6x)\,dx$

5. $-6\displaystyle\int_0^1 (x^3 - x)\,dx$

7.

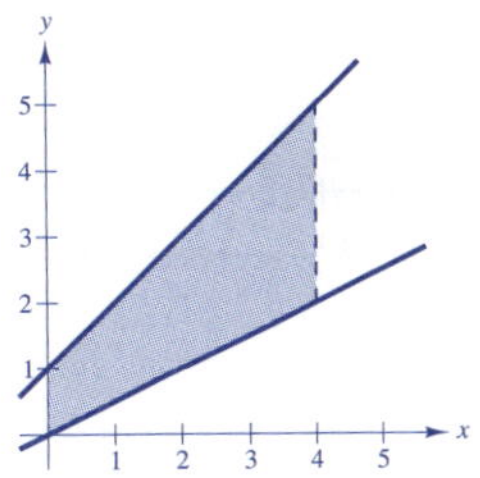

9.

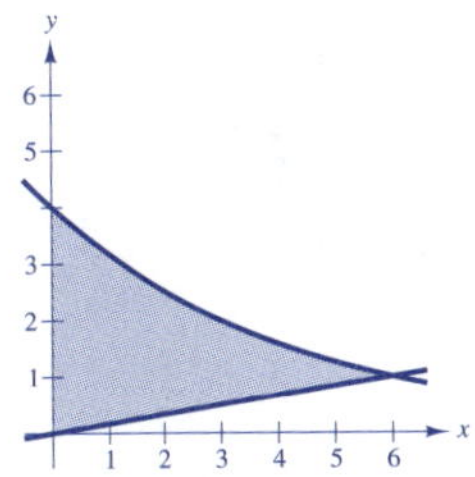

11.

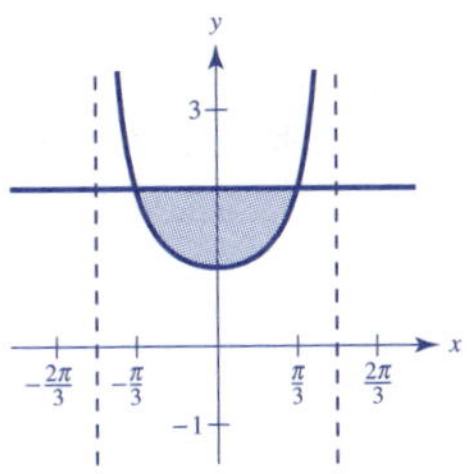

13. (a) $\frac{125}{6}$ (b) $\frac{125}{6}$ **15.** d

17.

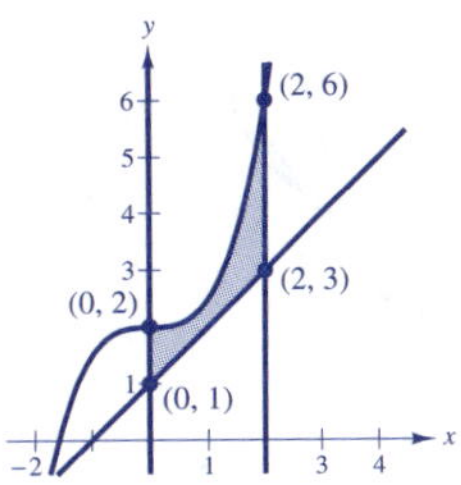

2

19.

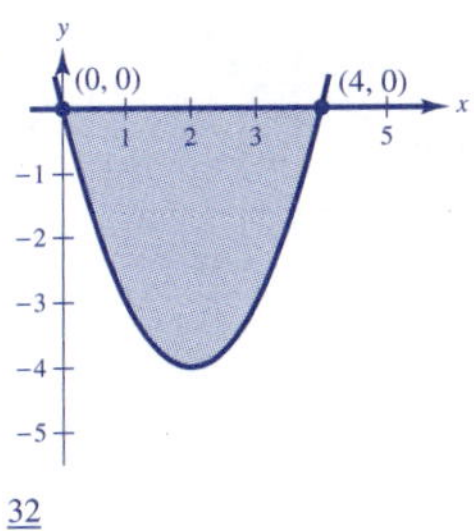

$\frac{32}{3}$

21.

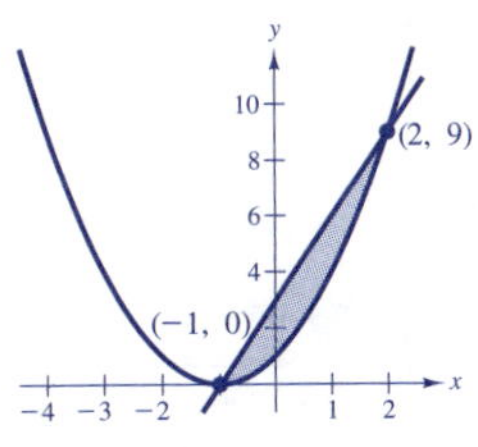

$\frac{9}{2}$

23.

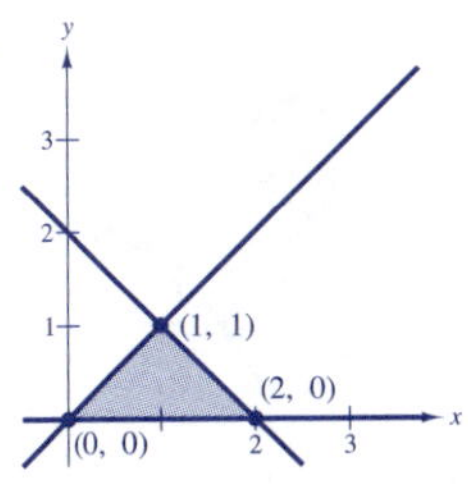

1

25.

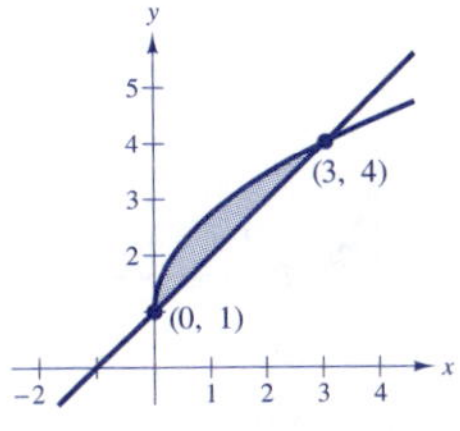

$\frac{3}{2}$

27.

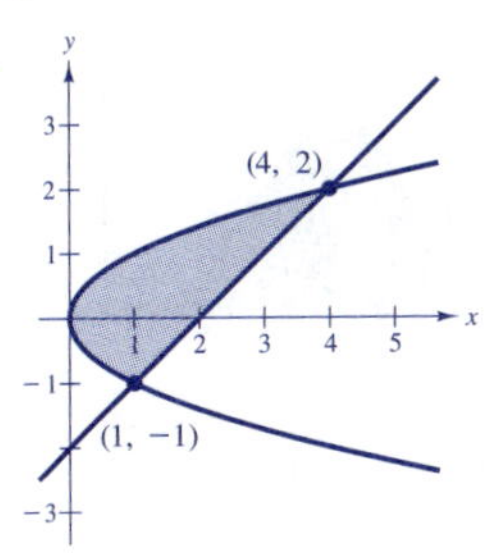

$\frac{9}{2}$

29. 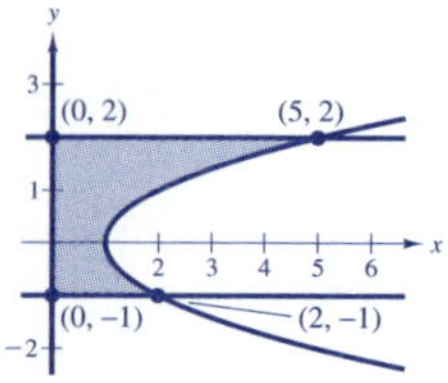

6

31. 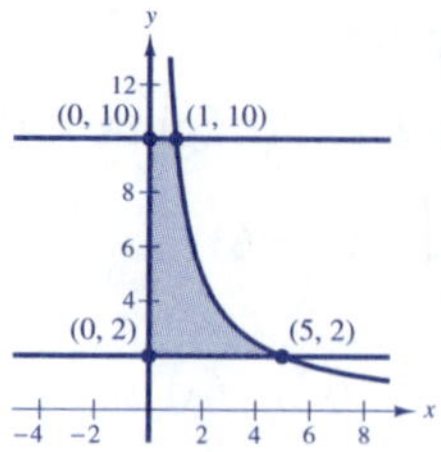

10 ln 5 ≈ 16,094

33. (a) 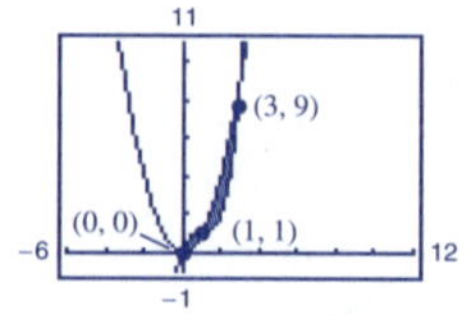

(b) $\frac{37}{12}$

35. (a) 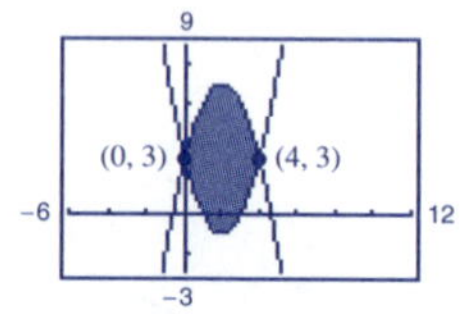

(b) $\frac{64}{3}$

37. (a) 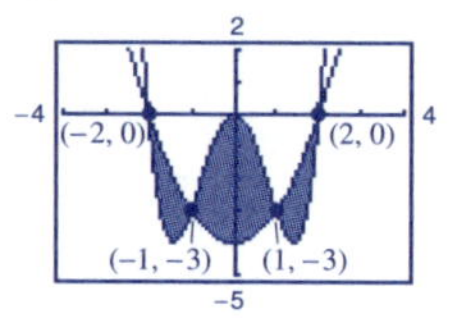

(b) 8

39. (a) 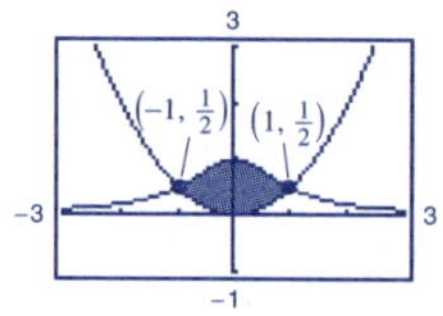

(b) $\pi/2 - 1/3 \approx 1{,}237$

41. (a) 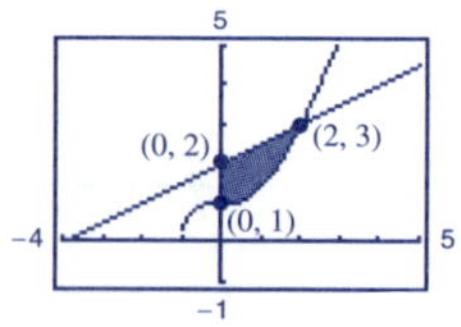

(b) ≈1,759

43. 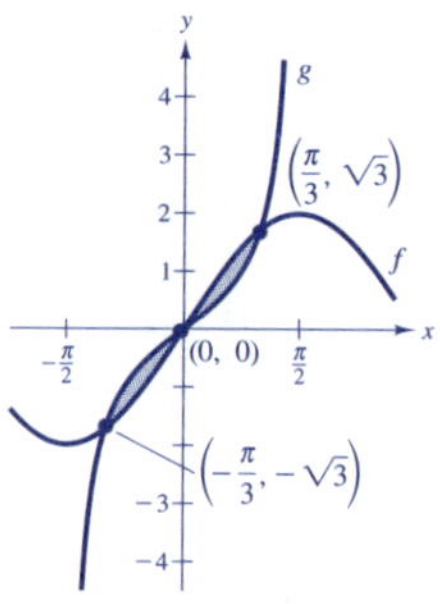

$2(1 - \ln 2) \approx 0{,}614$

45. 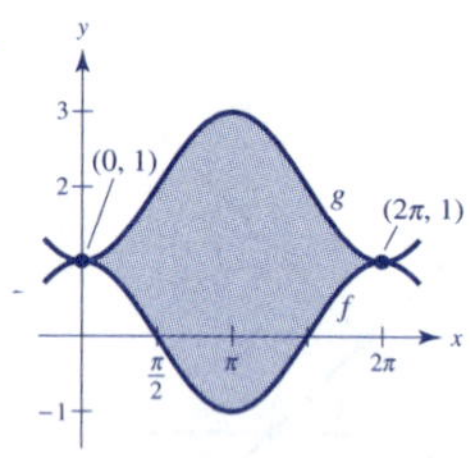

$4\pi \approx 12{,}566$

47. 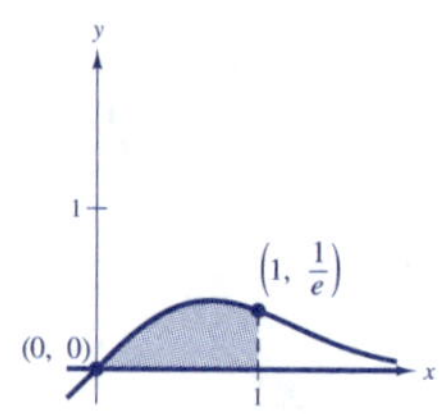

$(1/2)(1 - 1/e) \approx 0{,}316$

49. (a) 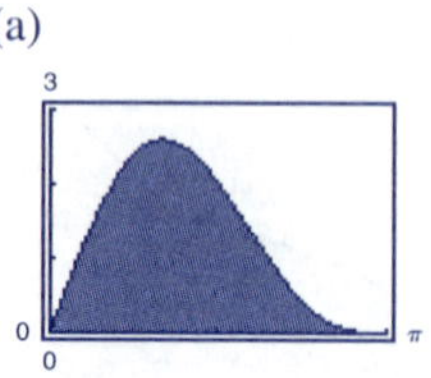

(b) 4

51. (a) 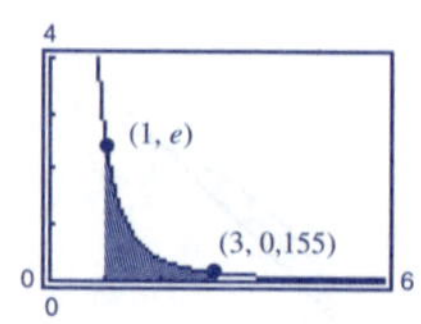

(b) ≈1,323

53. (a) 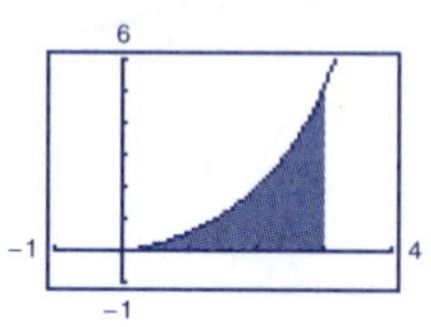

(b) Função de integração difícil.

(c) ≈4,772

55. (a) 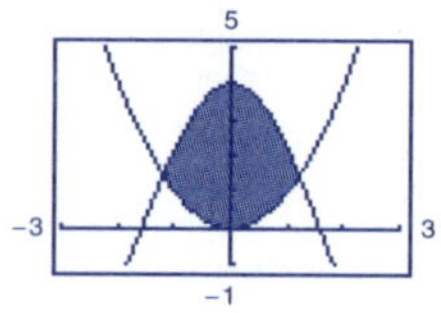

(b) Intersecções difíceis de encontrar.

(c) ≈6,304

57. $F(x) = \frac{1}{4}x^2 + x$

(a) $F(0) = 0$ 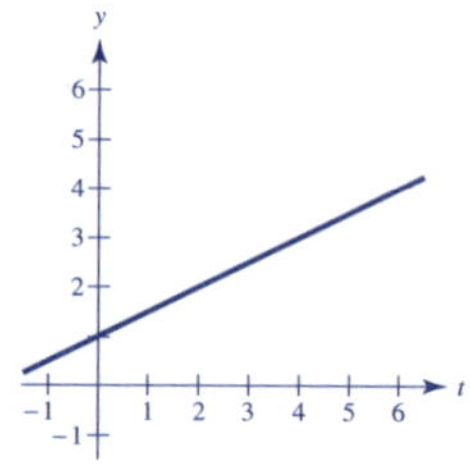

(b) $F(2) = 3$ 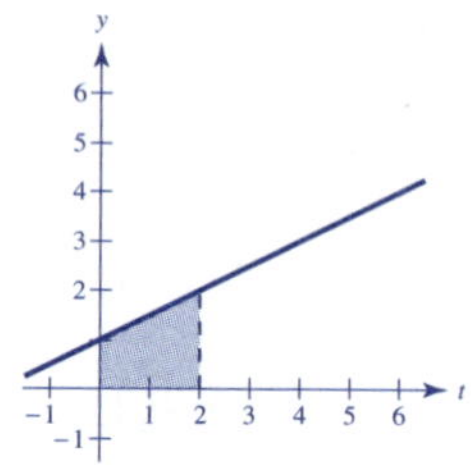

(c) $F(6) = 15$ 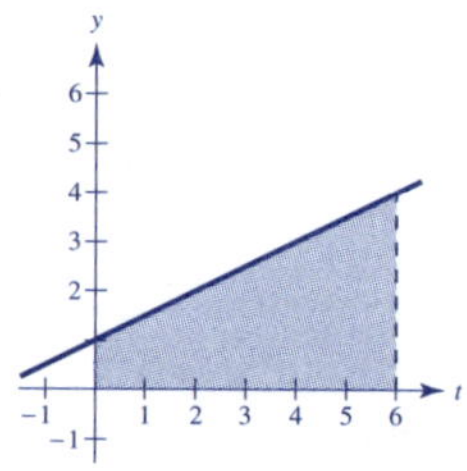

59. $F(\alpha) = (2/\pi)[\text{sen}(\pi\alpha/2) + 1]$

(a) $F(-1) = 0$ 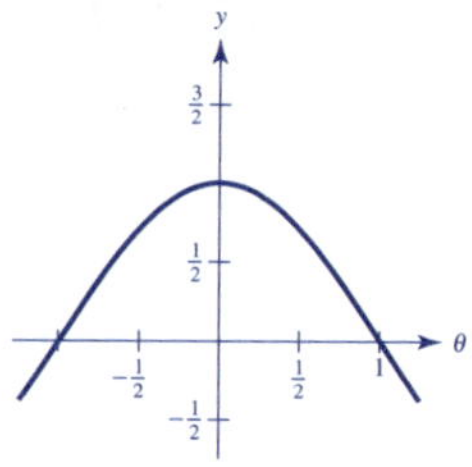

(b) $F(0) = 2/\pi \approx 0{,}6366$ 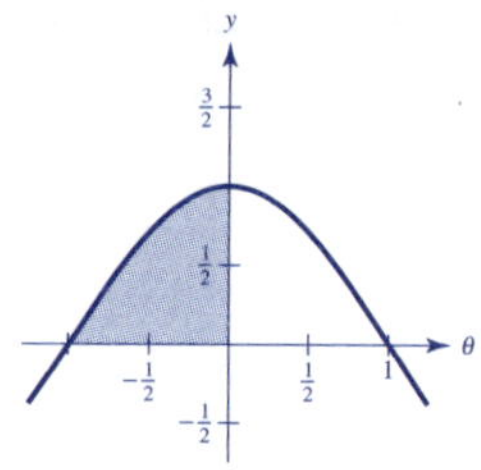

(c) $F(1/2) = (\sqrt{2} + 2)/\pi \approx 1{,}0868$ 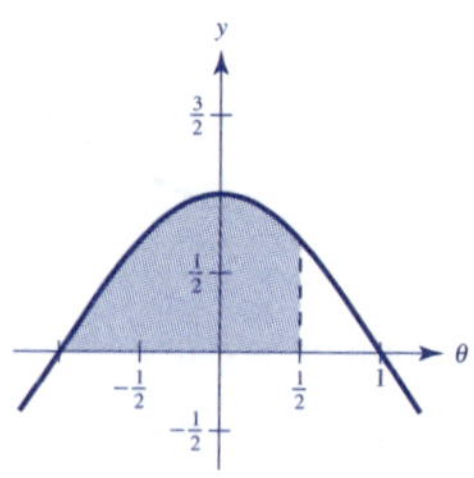

61. 14 **63.** 16

65. Há mais de uma resposta correta. Uma possível resposta:
(a) ≈846 pés^2 (b) ≈848 pés^2

67. $\int_{-2}^{1} [x^3 - (3x - 2)]\, dx = \frac{27}{4}$

69. $\int_{0}^{1} \left[\frac{1}{x^2 + 1} - \left(-\frac{1}{2}x + 1\right)\right] dx \approx 0{,}0354$

71. Há mais de uma resposta correta. Exemplo:
$x^4 - 2x^2 + 1 \le 1 - x^2$ em $[-1, 1]$

$$\int_{-1}^{1} [(1 - x^2) - (x^4 - 2x^2 + 1)]\, dx = \frac{4}{15}$$

73. Melhor é a oferta 2 porque o salário acumulado (área abaixo da curva) é maior.

75. $b = 9(1 - 1/\sqrt[3]{4}) \approx 3{,}330$ **77.** $a = 4 - 2\sqrt{2} \approx 1{,}172$

79. Há mais de uma resposta correta. Exemplo: $\frac{1}{6}$ **81.** \$ 1,625 bilhões

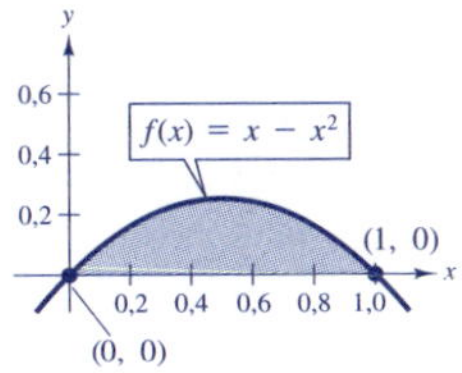

83. (a) $R = 270{,}32e^{0{,}057t}$ ou $R = 270{,}32(1{,}058^t)$ (b) $E = 239{,}97e^{0{,}040t}$ ou $E = 239{,}97(1{,}042^t)$

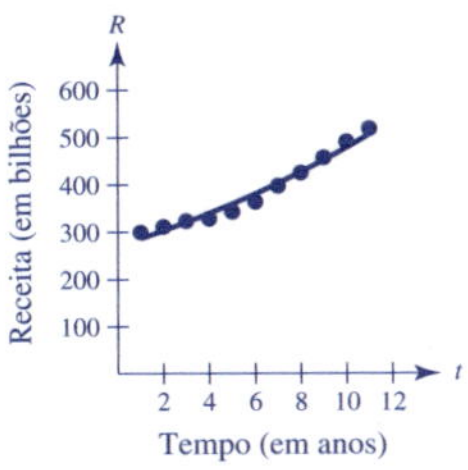

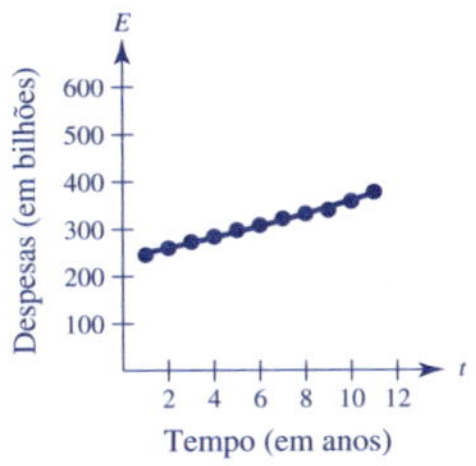

(c) Há mais de uma resposta correta. Exemplo de resposta: $\approx 931{,}6$ bilhões.

(d) Não. O modelo para as receitas totais está aumentando mais rapidamente do que o modelo para o total de despesas. Não.

85. Há mais de uma resposta correta. Exemplo de resposta: \$ 193.156

87. (a) $k = 3.125$ (b) 13,02083

89. (a) 5,908 m^2 (b) 11,816 m^3 (c) 59,082 lb

91. Verdadeiro **93.** $\sqrt{3}/2 + 7\pi/24 \approx 2{,}7823$

95. Problema do Exame Putnam A1, 1993.

Seção 7.2 (página 459)

1. $\pi\int_0^1 (-x+1)^2\,dx = \dfrac{\pi}{3}$ **3.** $\pi\int_1^4 (\sqrt{x})^2\,dx = \dfrac{15\pi}{2}$

5. $\pi\int_0^1 [(x^2)^2 - (x^3)^2]\,dx = \dfrac{2\pi}{35}$ **7.** $\pi\int_0^4 (\sqrt{y})^2\,dy = 8\pi$

9. $\pi\int_0^1 (y^{3/2})^2\,dy = \dfrac{\pi}{4}$

11. (a) 8π (b) $128\pi/5$ (c) $256\pi/15$ (d) $192\pi/5$

13. (a) $32\pi/3$ (b) $64\pi/3$ **15.** 18π

17. $\pi(16\ln 2 - \frac{3}{4}) \approx 32{,}485$ **19.** $208\pi/3$ **21.** $384\pi/5$

23. $\pi\ln 4$ **25.** $3\pi/4$ **27.** $(\pi/2)(1 - 1/e^2) \approx 1{,}358$

29. $277\pi/3$ **31.** 8π **33.** $\pi^2/2 \approx 4.935$

35. $(\pi/2)(e^2 - 1) \approx 10{,}036$ **37.** 1,969 **39.** 15,4115

41. Gráfico da função seno no intervalo $[0, \pi/2]$ que gira em torno do eixo x.

43. (a) O valor da área é próximo a 1, assim, o volume (Área$^2 \times \pi$) é de aproximadamente 3.

45. A parábola $y = 4x - x^2$ é a translação horizontal da parábola $y = 4 - x^2$. Assim, seus volumes são iguais.

47. 18π **49.** Demonstração **51.** $\pi r^2h[1 - h/H + h^2/(3H^2)]$

53. $\pi/30$ **55.** (a) 60π (b) 50π

57. Um quarto: 32,64 pés; três quartos: 67,36 pés.

59. (a) ii; cilindro circular reto de raio r e altura h

(b) iv; elipsóide cuja elipse geradora tem equação $(x/b)^2 + (y/a)^2 = 1$

(c) iii; esfera de raio r

(d) i; cone circular reto de raio r e altura h

(e) v; torus com secção transversal de raio r e outro raio R

61. (a) $\frac{81}{10}$ (b) $\frac{9}{2}$

63. (a) $1/10$ (b) $\pi/80$ (c) $\sqrt{3}/40$ (d) $\pi/20$

65. $V = \frac{4}{3}\pi(R^2 - r^2)^{3/2}$ **67.** $\pi/3$ **69.** $2\pi/15$

71. $\pi/2$ **73.** $\pi/6$

75. (a) Quando $a = 1$: representa um quadrado
Quando $a = 2$: representa um círculo

(b) $A = 4\int_0^1 (1 - x^a)^{1/a}\,dx$

Para aproximar o volume do sólido, forme n fatias cujas áreas das faces se aproximem do valor da integral acima. Some os volumes destas n fatias.

77. (a) Demonstração (b) $V = 2\pi^2r^2R$

Seção 7.3 (página 467)

1. $2\pi\int_0^2 x^2\,dx = \dfrac{16\pi}{3}$ **3.** $2\pi\int_0^4 x\sqrt{x}\,dx = \dfrac{128\pi}{5}$

5. $2\pi\int_0^2 x^3\,dx = 8\pi$ **7.** $2\pi\int_0^2 x(4x - 2x^2)\,dx = \dfrac{16\pi}{3}$

9. $2\pi\int_0^2 x(x^2 - 4x + 4)\,dx = \dfrac{8\pi}{3}$

11. $2\pi\int_0^1 x\left(\dfrac{1}{\sqrt{2\pi}}e^{-x^2/2}\right)dx = \sqrt{2\pi}\left(1 - \dfrac{1}{\sqrt{e}}\right) \approx 0{,}986$

13. $2\pi\int_0^2 y(2 - y)\,dy = \dfrac{8\pi}{3}$

15. $2\pi\left[\int_0^{1/2} y\,dy + \int_{1/2}^1 y\left(\dfrac{1}{y} - 1\right)dy\right] = \dfrac{\pi}{2}$

17. $2\pi\left[\int_0^8 y^{4/3}\,dy\right] = \dfrac{768\pi}{7}$ **19.** $2\pi\int_0^2 y(4 - 2y)\,dy = 16\pi/3$

21. 16π **23.** 64π

25. Método das cascas; é muito mais simples colocar x em função de y do que vice-versa.

27. (a) $128\pi/7$ (b) $64\pi/5$ (c) $96\pi/5$

29. (a) $\pi a^3/15$ (b) $\pi a^3/15$ (c) $4\pi a^3/15$

31. (a) Os retângulos devem ser verticais.

(b) Os retângulos devem ser horizontais.

33. As duas integrais fornecem o volume de um sólido gerado pela revolução da região limitada pelos gráficos de $y = \sqrt{x-1}$, $y = 0$, e $x = 5$ ao redor do eixo x.

35. (a)

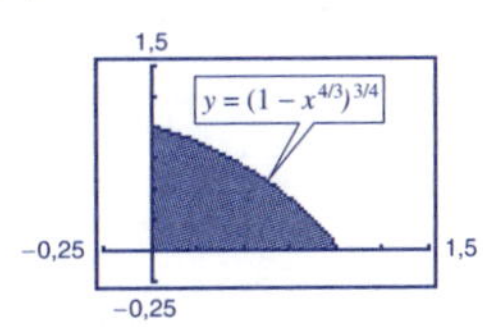

(b) 1,506

37. (a)

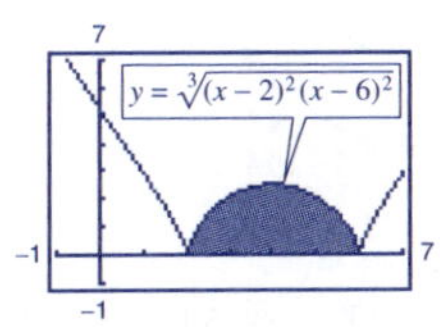

(b) 187,25

39. d **41.** Diâmetro $= 2\sqrt{4 - 2\sqrt{3}} \approx 1.464$ **43.** $4\pi^2$

45. (a) Demonstração (b) (i) $V = 2\pi$ (ii) $V = 6\pi^2$

47. (a) região limitada por $y = x^2$, $y = 0$, $x = 0$, $x = 2$

(b) girada em torno do eixo y

49. (a) região limitada por $x = \sqrt{6 - y}$, $y = 0$, $x = 0$

(b) girada em torno de $y = -2$

51. Demonstração

53. (a) $R_1(n) = n/(n + 1)$ (b) $\lim_{n\to\infty} R_1(n) = 1$

(c) $R_2(n) = n/(n + 2)$ (d) $\lim_{n\to\infty} R_2(n) = 1$

(e) Quando $n \to \infty$, o gráfico se aproxima da reta $x = 1$.

55. (a) $\approx 121{,}475$ pés³ (b) $\approx 121{,}475$ pés³

57. (a) $64\pi/3$ (b) $2048\pi/35$ (c) $8192\pi/105$ **59.** $c = 2$

Seção 7.4 (página 477)

1. (a) e (b) 13 **3.** $\frac{2}{3}(2\sqrt{2} - 1) \approx 1{,}219$

5. $5\sqrt{5} - 2\sqrt{2} \approx 8{,}352$ **7.** $779/240 \approx 3{,}246$

9. $\ln[(\sqrt{2} + 1)/(\sqrt{2} - 1)] \approx 1{,}763$

11. $\frac{1}{2}(e^2 - 1/e^2) \approx 3{,}627$ **13.** $\frac{76}{3}$

15. (a)

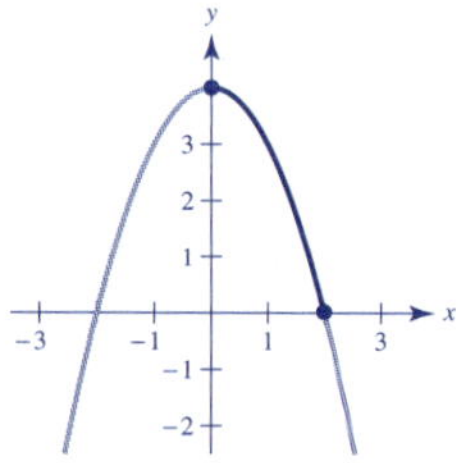

(b) $\int_0^2 \sqrt{1 + 4x^2}\, dx$

(c) $\approx 4{,}647$

17. (a)

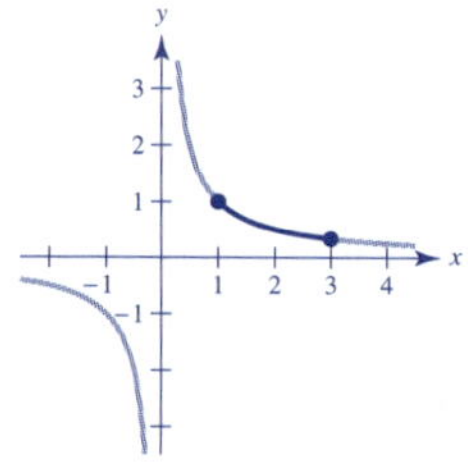

(b) $\int_1^3 \sqrt{1 + \frac{1}{x^4}}\, dx$

(c) $\approx 2{,}147$

19. (a)

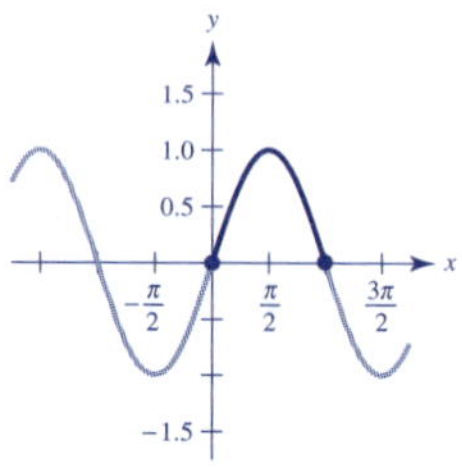

(b) $\int_0^\pi \sqrt{1 + \cos^2 x}\, dx$

(c) $\approx 3{,}820$

21. (a)

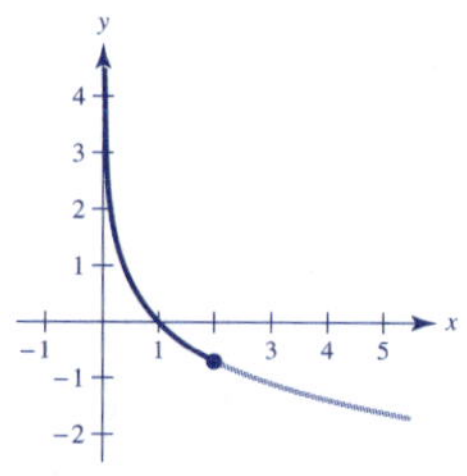

(b) $\int_0^2 \sqrt{1 + e^{-2y}}\, dy = \int_{e^{-2}}^1 \sqrt{1 + \frac{1}{x^2}}\, dx$

(c) $\approx 2{,}221$

23. (a)

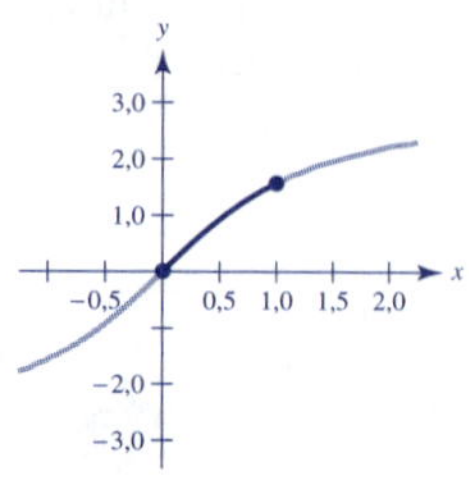

(b) $\int_0^1 \sqrt{1 + \left(\frac{2}{1 + x^2}\right)^2}\, dx$

(c) $\approx 1{,}871$

25. b **27.** (a) 64,125 (b) 64,525 (c) 64,666 (d) 64,672

29. (a)

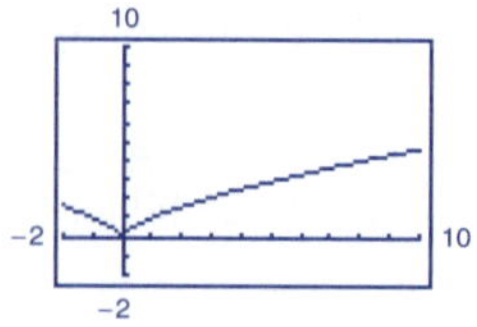

(b) Não; $f'(0)$ não está definida.

(c) $\approx 10{,}5131$

31. (a)

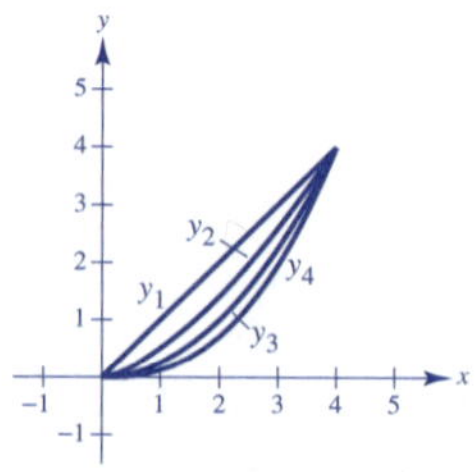

(b) y_1, y_2, y_3, y_4

(c) $s_1 \approx 5{,}657$; $s_2 \approx 5{,}759$; $s_3 \approx 5{,}916$; $s_4 \approx 6{,}063$

33. Objeto voador: $\frac{2}{3}$ unidade

Perseguidor: $\frac{1}{2}\int_0^1 \frac{x + 1}{\sqrt{x}}\, dx = \frac{1}{2}\left[\frac{2}{3}x^{3/2} + 2x^{1/2}\right]_0^1 = \frac{4}{3} = 2\left(\frac{2}{3}\right)$

35. $20[\operatorname{senh} 1 - \operatorname{senh}(-1)] \approx 47{,}0$ m **37.** $3 \operatorname{arcsen} \frac{2}{3} \approx 2{,}1892$

39. $2\pi\int_0^3 \frac{1}{3}x^3\sqrt{1 + x^4}\, dx = \frac{\pi}{9}(82\sqrt{82} - 1) \approx 258{,}85$

41. $2\pi\int_1^2 \left(\frac{x^3}{6} + \frac{1}{2x}\right)\left(\frac{x^2}{2} + \frac{1}{2x^2}\right) dx = \frac{47\pi}{16} \approx 9{,}23$

43. $2\pi\int_1^8 x\sqrt{1 + \frac{1}{9x^{4/3}}}\, dx = \frac{\pi}{27}(145\sqrt{145} - 10\sqrt{10}) \approx 199{,}48$

45. 14.424

47. Uma curva retificável é uma curva cujo comprimento do arco é finito.

49. A fórmula da integral para o cálculo da área da superfície de revolução é obtida da fórmula da superfície lateral de um tronco de cone circular reto. A fórmula é $S = 2\pi rL$, onde $r = \frac{1}{2}(r_1 + r_2)$, que é o raio médio do tronco de cone e L é o comprimento do segmento de reta que gera o tronco de cone.

51. Demonstração **53.** $6\pi(3 - \sqrt{5}) \approx 14{,}40$

55. Área da superfície $= \pi/27$ pés² $\approx 16{,}8$ pol.²

Quantidade de vidro $= (\pi/27)(0{,}015/12)$ pés³ $\approx 0{,}00015$ pés³ $\approx 0{,}25$ pés³

57. (a) Há mais de uma resposta correta. Uma possível resposta: 5.207,62 pol.³.

(b) Há mais de uma resposta correta. Uma possível resposta: 1.168,64 pol.².

(c) $r = 0{,}0040y^3 - 0{,}142y^2 + 1{,}23y + 7.9$

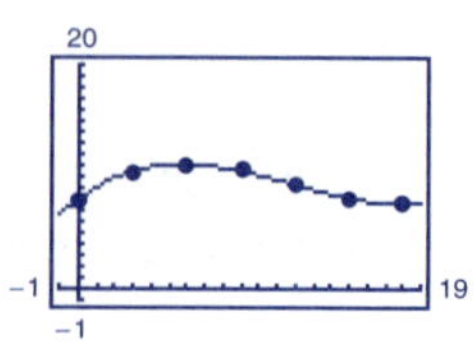

(d) 5.279,64 pol.³; 1.179,5 pol.²

59. (a) $\pi(1 - 1/b)$ (b) $2\pi\int_1^b \sqrt{x^4 + 1}/x^3\, dx$

(c) $\lim_{b\to\infty} V = \lim_{b\to\infty} \pi(1 - 1/b) = \pi$

(d) Como $\dfrac{\sqrt{x^4+1}}{x^3} > \dfrac{\sqrt{x^4}}{x^3} = \dfrac{1}{x} > 0$ temos $[1, b]$,

então $\displaystyle\int_1^b \frac{\sqrt{x^4+1}}{x^3}\,dx > \int_1^b \frac{1}{x}\,dx = \Big[\ln x\Big]_1^b = \ln b$

e $\displaystyle\lim_{b\to\infty} \ln b \to \infty$. Assim, $\displaystyle\lim_{b\to\infty} 2\pi\int_1^b \frac{\sqrt{x^4+1}}{x^3}\,dx = \infty$.

61. Há mais de uma resposta correta.
63. $192\pi/5$
65. Demonstração
67. Problema do Exame Putnam A1, 1939.

Seção 7.5 (página 485)

1. 1.000 pés-lb **3.** 448 N-m
5. Se um objeto se desloca uma distância D na direção de uma força constante aplicada F, então o trabalho W realizado é definido como $W = FD$.
7. c, d, a, b; a área abaixo das curvas cresce nesta ordem.
9. 30.625 pol.-lb $\approx$ 2.55 pés-lb **11.** 8.750 N-cm = 87,5 N-m
13. 160 pol.-lb $\approx$ 13,3 pés-lb **15.** 37,125 pés-lb
17. (a) 487,805 milhas-toneladas $\approx 5{,}151 \times 10^9$ pés-lb
(b) 1.395,349 milhas-toneladas $\approx 1{,}473 \times 10^{10}$ pés-lb
19. (a) $2{,}93 \times 10^4$ milhas-toneladas $\approx 3{,}10 \times 10^{11}$ pés-lb
(b) $3{,}38 \times 10^4$ milhas-toneladas $\approx 3{,}57 \times 10^{11}$ pés-lb
21. (a) 2.496 pés-lb (b) 9.984 pés-lb **23.** $470{,}400\pi$ N-m
25. $2.995{,}2\pi$ pés-lb **27.** $20.217{,}6\pi$ pés-lb **29.** 2.457π pés-lb
31. 337,5 pés-lb **33.** 300 pés-lb **35.** 168,75 pés-lb
37. 7.987,5 pés-lb **39.** $2.000\ln(3/2) \approx 810{,}93$ pés-lb **41.** $3k/4$
43. 3.249,4 pés-lb **45.** 10.330,3 pés-lb

Seção 7.6 (página 498)

1. $\bar{x} = -\frac{6}{7}$ **3.** $\bar{x} = 12$
5. (a) $\bar{x} = 17$ (b) $\bar{x} = -3$
7. $x = 6$ pés **9.** $(\bar{x}, \bar{y}) = \left(\frac{10}{9}, -\frac{1}{9}\right)$
11. $(\bar{x}, \bar{y}) = \left(\frac{5}{8}, \frac{13}{16}\right)$
13. $M_x = 4\rho, M_y = 64\rho/5, \quad (\bar{x}, \bar{y}) = (12/5, 3/4)$
15. $M_x = \rho/35, M_y = \rho/20, \quad (\bar{x}, \bar{y}) = (3/5, 12/35)$
17. $M_x = 99\rho/5, M_y = 27\rho/4, \quad (\bar{x}, \bar{y}) = (3/2, 22/5)$
19. $M_x = 192\rho/7, M_y = 96\rho, \quad (\bar{x}, \bar{y}) = (5, 10/7)$
21. $M_x = 0, M_y = 256\rho/15, \quad (\bar{x}, \bar{y}) = (8/5, 0)$
23. $M_x = 27\rho/4, M_y = -27\rho/10, \quad (\bar{x}, \bar{y}) = (-3/5, 3/2)$
25. $\displaystyle A = \int_0^1 (x - x^2)\,dx = \frac{1}{6}$

$\displaystyle M_x = \int_0^1 \left(\frac{x + x^2}{2}\right)(x - x^2)\,dx = \frac{1}{15}$

$\displaystyle M_y = \int_0^1 x(x - x^2)\,dx = \frac{1}{12}$

27. $\displaystyle A = \int_0^3 (2x + 4)\,dx = 21$

$\displaystyle M_x = \int_0^3 \left(\frac{2x + 4}{2}\right)(2x + 4)\,dx = 78$

$\displaystyle M_y = \int_0^3 x(2x + 4)\,dx = 36$

29.

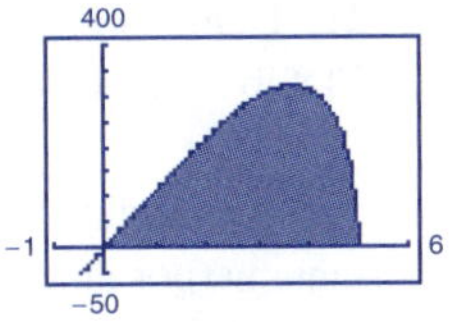

$(\bar{x}, \bar{y}) = (3{,}0, 126{,}0)$

31.

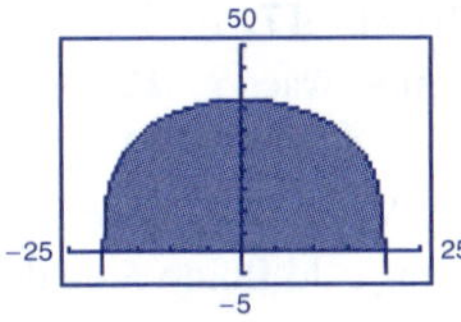

$(\bar{x}, \bar{y}) = (0, 16{,}2)$

33. $(\bar{x}, \bar{y}) = \left(\dfrac{b}{3}, \dfrac{c}{3}\right)$ **35.** $(\bar{x}, \bar{y}) = \left(\dfrac{(a + 2b)c}{3(a + b)}, \dfrac{a^2 + ab + b^2}{3(a + b)}\right)$
37. $(\bar{x}, \bar{y}) = (0, 4b/(3\pi))$
39. (a)

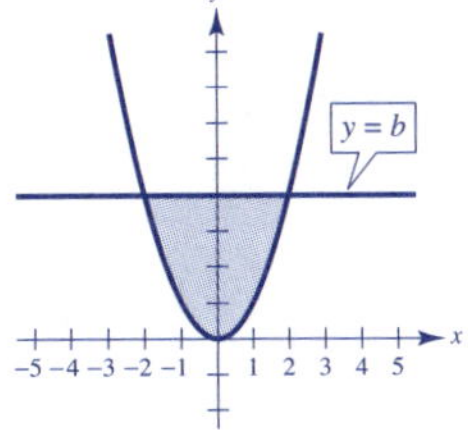

(b) $\bar{x} = 0$ por simetria
(c) $\displaystyle M_y = \int_{-\sqrt{b}}^{\sqrt{b}} x(b - x^2)\,dx = 0$ porque $x(b - x^2)$ é uma função ímpar.
(d) $\bar{y} > b/2$ porque a área é maior para $y > b/2$.
(e) $\bar{y} = (3/5)b$

41. (a) $(\bar{x}, \bar{y}) = (0, 12{,}98)$
(b) $y = (-1{,}02 \times 10^{-5})x^4 - 0{,}0019x^2 + 29{,}28$
(c) $(\bar{x}, \bar{y}) = (0, 12{,}85)$

43.

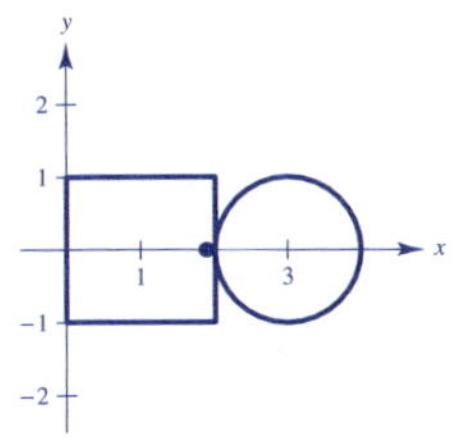

$(\bar{x}, \bar{y}) = \left(\dfrac{4 + 3\pi}{4 + \pi}, 0\right)$

45.

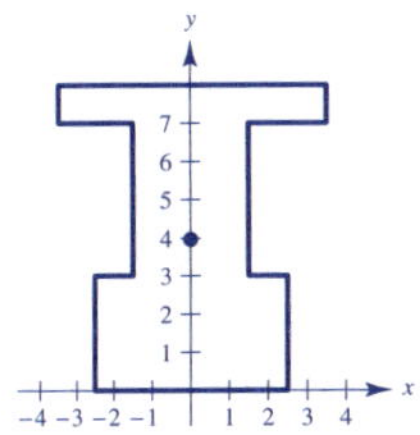

$(\bar{x}, \bar{y}) = \left(0, \dfrac{135}{34}\right)$

47. $(\bar{x}, \bar{y}) = \left(\dfrac{2 + 3\pi}{2 + \pi}, 0\right)$ **49.** $160\pi^2 \approx 1.579{,}14$
51. $128\pi/3 \approx 134{,}04$
53. O centro de massa $(\bar{x}, \bar{y})$ is $\bar{x} = M_y/m$ e $\bar{y} = M_x/m$, onde:
1. $m = m_1 + m_2 + \cdots + m_n$ é a massa total do sistema.
2. $M_y = m_1x_1 + m_2x_2 + \cdots + m_nx_n$ é o momento em relação ao eixo y.
3. $M_x = m_1y_1 + m_2y_2 + \cdots + m_ny_n$ é o momento em relação ao eixo x.

55. (a) $\left(\frac{5}{6}, 2\frac{5}{18}\right)$; a região do plano foi transladada 2 unidades para cima.
(b) $\left(2\frac{5}{6}, \frac{5}{18}\right)$; a região do plano foi transladada 2 unidades para a direita.
(c) $\left(\frac{5}{6}, -\frac{5}{18}\right)$; a região do plano foi refletida em relação ao eixo x.
(d) Impossível.
57. $(\bar{x}, \bar{y}) = (0, 2r/\pi)$
59. $(\bar{x}, \bar{y}) = \left(\dfrac{n + 1}{n + 2}, \dfrac{n + 1}{4n + 2}\right)$; quando $n \to \infty$, a região encolhe para o segmento de reta $y = 0$ para $0 \le x \le 1$ e $x = 1$ para $0 \le y \le 1$; $(\bar{x}, \bar{y}) \to \left(1, \dfrac{1}{4}\right)$.

Seção 7.7 (página 505)

1. 936 lb **3.** 748,8 lb **5.** 1.123,2 lb **7.** 748,8 lb
9. 1.064,96 lb **11.** 117.600 N **13.** 2.381.400 N

15. 2.814 lb **17.** 6.753,6 lb **19.** 94,5 lb **21.** Demonstração
23. Demonstração **25.** 960 lb **27.** 3.010,8 lb **29.** 6.448,7 lb
31. (a) $3\sqrt{2}/2 \approx 2{,}12$ pés.
(b) A pressão aumenta com o aumento da profundidade.
33. A força do fluido F de densidade constante w (por unidade de volume) contra uma região de um plano vertical submerso que vai de $y = c$ até $y = d$ é

$$F = w \lim_{\|\Delta\| \to 0} \sum_{i=1}^{n} h(y_i)L(y_i)\,\Delta y = w\int_c^d h(y)L(y)\,dy$$

onde $h(y)$ é a profundidade do fluido em y, e $L(y)$ é o comprimento horizontal da região em y.

Exercícios de Revisão do Capítulo 7 (página 507)

1.

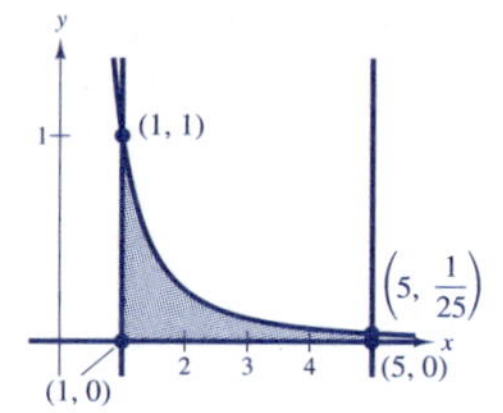

$4/5$

3.

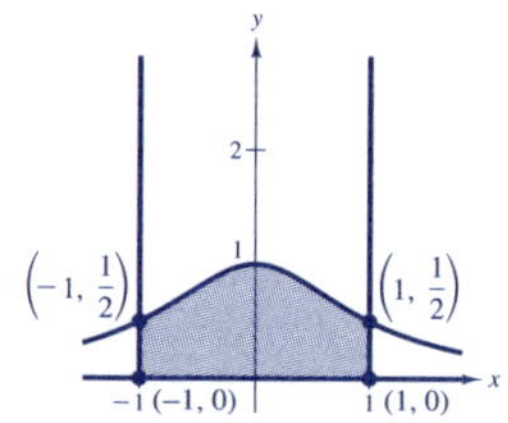

$\pi/2$

5.

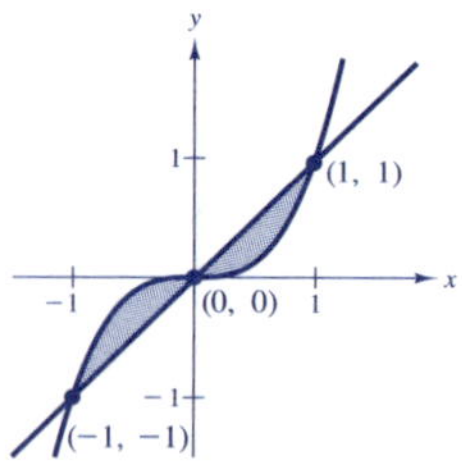

$\frac{1}{2}$

7.

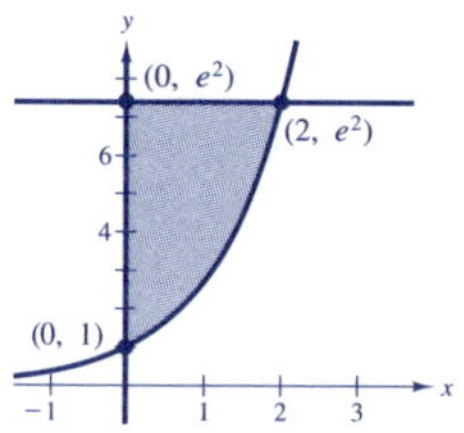

$e^2 + 1$

9.

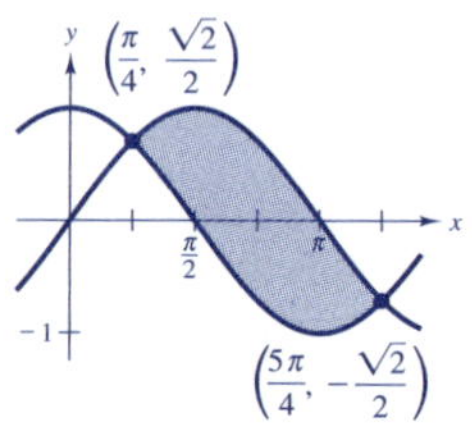

$2\sqrt{2}$

11.

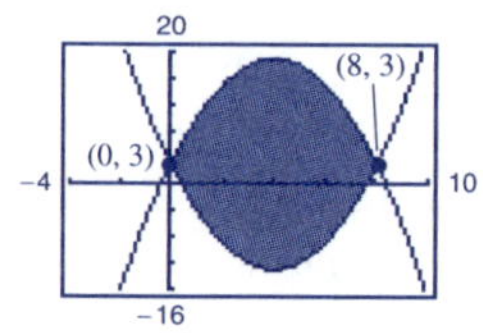

$\frac{512}{3}$

13.

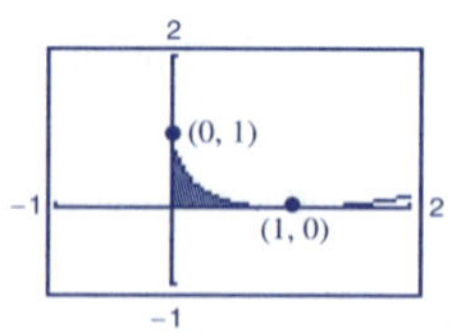

$\frac{1}{6}$

15. $\displaystyle\int_0^2 [0 - (y^2 - 2y)]\,dy = \int_{-1}^0 2\sqrt{x+1}\,dx = \frac{4}{3}$

17. $\displaystyle\int_0^2 \left[1 - \left(1 - \frac{x}{2}\right)\right] dx + \int_2^3 [1 - (x - 2)]\,dx$

$$= \int_0^1 [(y + 2) - (2 - 2y)]\,dy = \frac{3}{2}$$

19. Emprego 1. O salário para o emprego 1 é maior que o salário para o emprego 2, para todos os anos, exceto o primeiro e décimo anos.

21. (a) $64\pi/3$ (b) $128\pi/3$ (c) $64\pi/3$ (d) $160\pi/3$
23. (a) 64π (b) 48π **25.** $\pi^2/4$
27. $(4\pi/3)(20 - 9 \ln 3) \approx 42{,}359$
29. $\frac{4}{15}$ **31.** 1,958 pés
33. $\frac{8}{15}\left(1 + 6\sqrt{3}\right) \approx 6{,}076$ **35.** 4018,2 pés
37. 15π **39.** 50 pol.-lb $\approx$ 4.167 pés-lb
41. $104{,}000\pi$ pés-lb $\approx$ 163,4 pés-ton. **43.** 250 pés-lb
45. $a = 15/4$ **47.** $(\bar{x}, \bar{y}) = (a/5, a/5)$
49. $(\bar{x}, \bar{y}) = (0, 2a^2/5)$
51. $(\bar{x}, \bar{y}) = \left(\dfrac{2(9\pi + 49)}{3(\pi + 9)}, 0\right)$
53. Seja D = superfície do líquido; ρ = densidade.

$$F = \rho\int_c^d (D - y)[f(y) - g(y)]\,dy$$

$$= \rho\left[\int_c^d D[f(y) - g(y)]\,dy - \int_c^d y[f(y) - g(y)]\,dy\right]$$

$$= \rho\left[\int_c^d [f(y) - g(y)]\,dy\right]\left[D - \frac{\int_c^d y[f(y) - g(y)]\,dy}{\int_c^d [f(y) - g(y)]\,dy}\right]$$

$$= \rho(\text{área})(D - \bar{y})$$

$$= \rho(\text{área})(\text{profundidade do centróide})$$

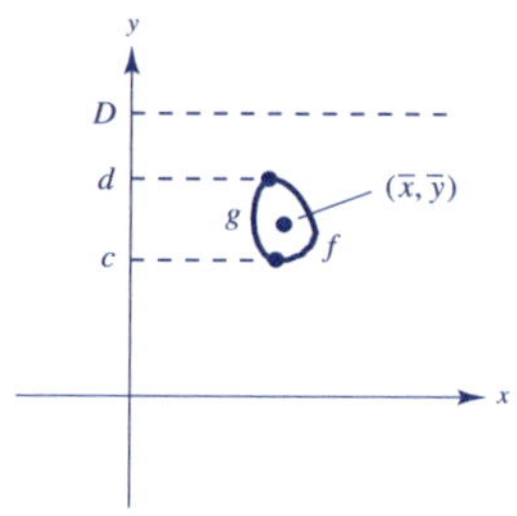

P.S. Problemas Suplementares (página 509)

1. 3 **3.** (a) $4\pi^2$ (b) $2\pi^2 r^2 R$ **5.** $\pi h^3/6$
7. (a) Área S é 16 vezes a área R.
(b) Seja o ponto $A = (a, a^3)$. A equação da reta tangente à curva $y = x^3$ em A é $y = 3a^2x - 2a^3$, e o ponto B é $(-2a, -8a^3)$. Área R é

$$\int_{-2a}^{a} (x^3 - 3a^2x + 2a^3)\,dx = \frac{27a^4}{4}.$$

Assim, a equação da reta tangente à curva $y = x^3$ em B é $y = 12a^2x + 16a^3$, e o ponto C é $(4a, 64a^3)$. A área S é

$$\int_{-2a}^{4a} (12a^2x + 16a^3 - x^3)\,dx = 108a^4.$$

Portanto, o valor da área S é 16 vezes o valor da área R.

9. (a) $\dfrac{ds}{dx} = \sqrt{1 + [f'(x)]^2}$
(b) $ds = \sqrt{1 + [f'(x)]^2}\,dx$; $(ds)^2 = (dx)^2 + (dy)^2$
(c) $\displaystyle\int_1^x \sqrt{1 + \tfrac{9}{4}t}\,dt$
(d) $s(2) \approx 2{,}0858$. Este é o comprimento de arco da curva.

11.

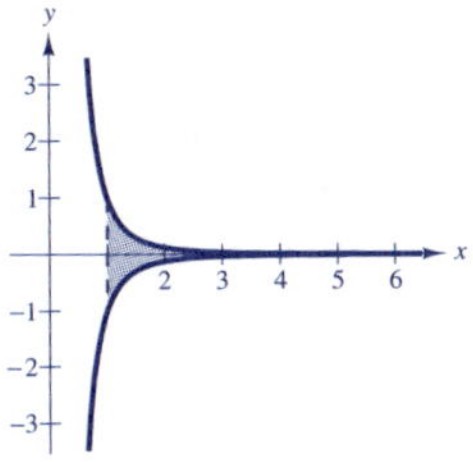

(a) $\left(\dfrac{12}{7}, 0\right)$ (b) $\left(\dfrac{2b}{b+1}, 0\right)$ (c) $(2, 0)$

13. (a) 12 (b) 7,5

15. Excedente de consumo: 1.600; Excedente de produção: 400.

17. Parede do lado raso: 9.984 lb.
Parede do lado profundo: 39.936 lb.
Paredes laterais: $19.968 + 26.624 = 46.592$ lb.

Capítulo 8

Seção 8.1 (página 517)

1. b **3.** c

5. $\int u^n\,du$, $u = 3x - 2$, $n = 4$ **7.** $\int \dfrac{du}{u}$, $u = 1 - 2\sqrt{x}$

9. $\int \dfrac{du}{\sqrt{a^2 - u^2}}$, $u = t$, $a = 1$ **11.** $\int \operatorname{sen} u\,du$, $u = t^2$

13. $\int e^u\,du$, $u = \operatorname{sen} x$ **15.** $(x - 4)^6 + C$

17. $-5/[4(z - 4)^4] + C$ **19.** $\frac{1}{2}v^2 - 1/[6(3v - 1)^2] + C$

21. $-\frac{1}{3}\ln|-t^3 + 9t + 1| + C$ **23.** $\frac{1}{2}x^2 + x + \ln|x - 1| + C$

25. $\ln(1 + e^x) + C$ **27.** $\frac{1}{15}x(12x^4 + 20x^2 + 15) + C$

29. $\operatorname{sen}(2\pi x^2)/(4\pi) + C$ **31.** $-(1/\pi)\operatorname{cossec} \pi x + C$

33. $\frac{1}{5}e^{5x} + C$ **35.** $2\ln(1 + e^x) + C$ **37.** $(\ln x)^2 + C$

39. $-\ln(1 - \operatorname{sen} x) + C = \ln|\sec x(\sec x + \operatorname{tg} x)| + C$

41. $\operatorname{cossec}\theta + \operatorname{cotg}\theta + C = (1 + \cos\theta)/\operatorname{sen}\theta + C$

43. $-\frac{1}{2}\operatorname{arcsen}(2t - 1) + C$ **45.** $\frac{1}{2}\ln|\cos(2/t)| + C$

47. $3\operatorname{arcsen}[(x - 3)/3] + C$ **49.** $\frac{1}{4}\operatorname{arctg}[(2x + 1)/8] + C$

51. (a)

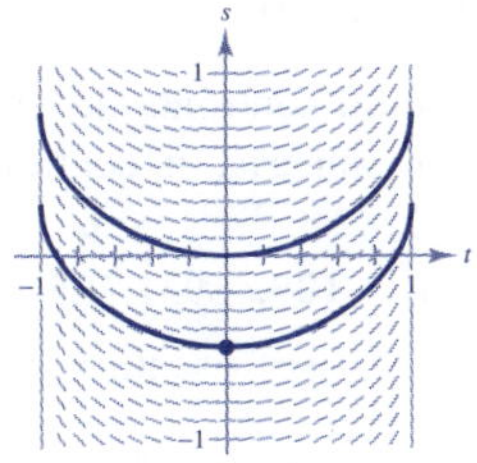

(b) $\frac{1}{2}\operatorname{arcsen} t^2 - \frac{1}{2}$

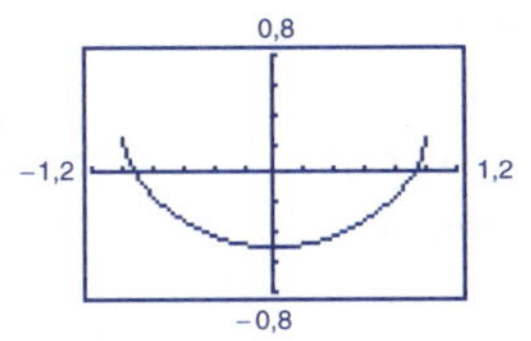

53.
(a)

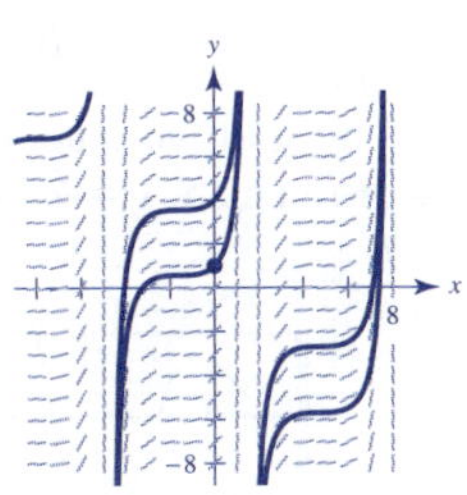

(b) $2\operatorname{tg} x + 2\sec x - x - 1 + C$

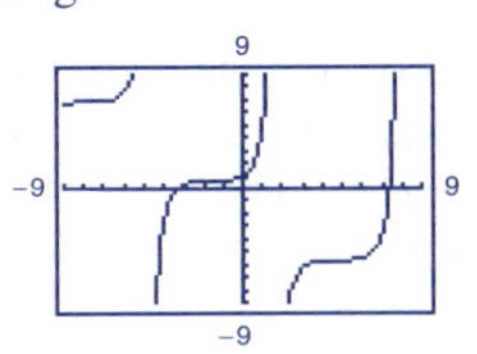

55. $y = 3e^{0.2x}$

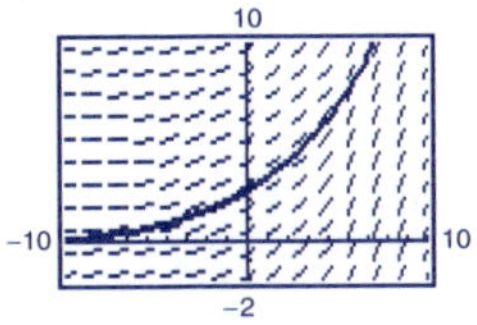

57. $y = \frac{1}{2}e^{2x} + 2e^x + x + C$

59. $y = \frac{1}{2}\operatorname{arctg}(\operatorname{tg} x/2) + C$ **61.** $\frac{1}{2}$

63. $\frac{1}{2}(1 - e^{-1}) \approx 0{,}316$ **65.** 4 **67.** $\pi/18$

69. $5\sqrt{5} \approx 11{,}18$ **71.** $\frac{3}{2}\ln\left(\frac{34}{9}\right) + \frac{2}{3}\operatorname{arctg}\left(\frac{5}{3}\right) \approx 2{,}68$

73. $\frac{4}{3} \approx 1{,}333$

75. $\frac{1}{3}\operatorname{arctg}\left[\frac{1}{3}(x + 2)\right] + C$
Haverá gráficos diferentes.
Exemplo:

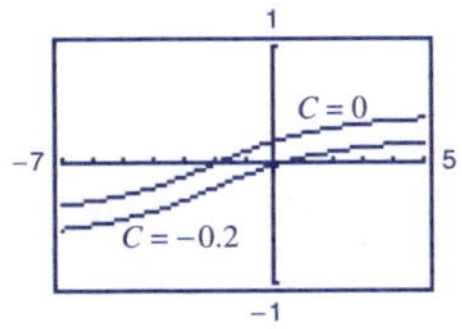

Um gráfico é uma translação vertical do outro.

77. $\operatorname{tg}\theta - \sec\theta + C$
Haverá gráficos diferentes.
Exemplo:

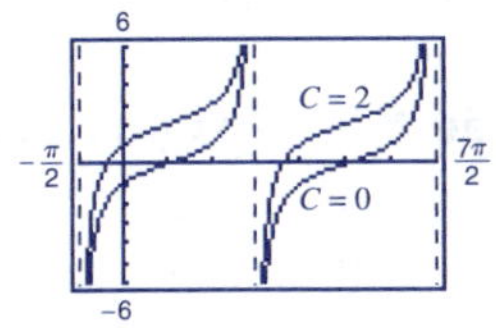

Um gráfico é uma translação vertical do outro.

79. Regra da Potência:
$\int u^n\,du = \dfrac{u^{n+1}}{n+1} + C$; $u = x^2 + 1$, $du = 2x$, $n = 3$

81. Regra do Log: $\int \dfrac{du}{u} = \ln|u| + C$; $u = x^2 + 1$, $du = 2x$

83. Usando as propriedades dos logaritmos, $y_1 = e^{x + C_1} = e^x \cdot e^{C_1}$, onde e^{C_1} é uma constante. Logo, e^{C_1} pode ser substituída por uma constante C, resultando em $y_2 = Ce^x$.

85. $a = \sqrt{2}$, $b = \dfrac{\pi}{4}$; $-\dfrac{1}{\sqrt{2}}\ln\left|\operatorname{cossec}\left(x + \dfrac{\pi}{4}\right) + \operatorname{cotg}\left(x + \dfrac{\pi}{4}\right)\right| + C$

87.

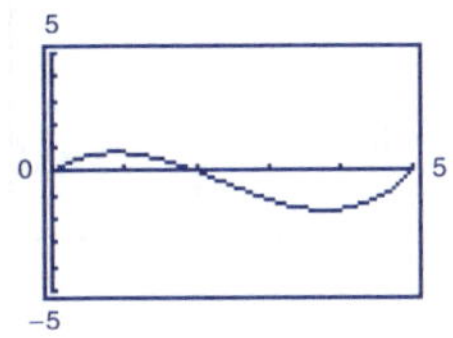

Negativa; a área é maior abaixo do eixo x do que acima.

89. a

91. (a)

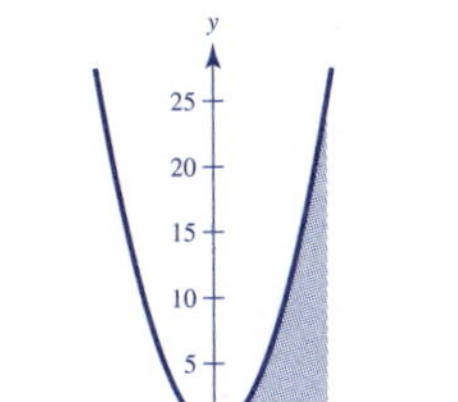

(b)

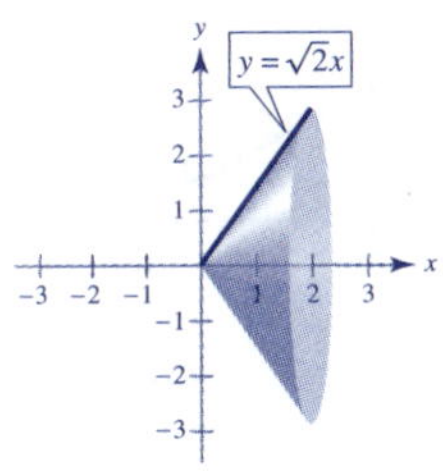

(c)

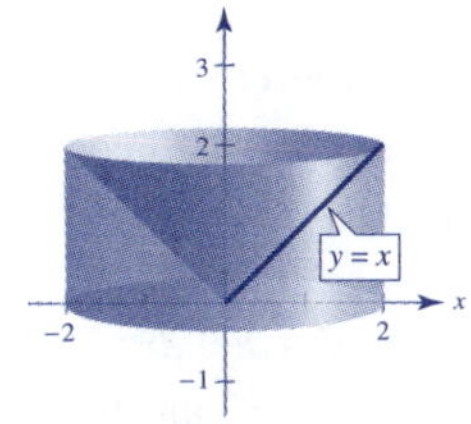

93. (a) $\pi(1-e^{-1}) \approx 1{,}986$ (b) $b = \sqrt{\ln\left(\dfrac{3\pi}{3\pi - 4}\right)} \approx 0{,}743$

95. $(8\pi/3)\left(10\sqrt{10} - 1\right) \approx 256{,}545$

97. $\frac{1}{3}\,\text{arctg}\,3 \approx 0{,}416$ **99.** $\approx 1{,}0320$

101. (a) $\frac{1}{3}\,\text{sen}\,x(\cos^2 x + 2)$

(b) $\frac{1}{15}\,\text{sen}\,x(3\cos^4 x + 4\cos^2 x + 8)$

(c) $\frac{1}{35}\,\text{sen}\,x(5\cos^6 x + 6\cos^4 x + 8\cos^2 x + 16)$

(d) Use a fórmula de redução de potência $\int \cos^n x\,dx = \dfrac{\cos^{n-1}\text{sen}^n x}{n} + \dfrac{n-1}{n}\displaystyle\int \cos^{n-2} x\,dx$ até que sua integral seja $\displaystyle\int \cos x\,dx$, a qual você pode então integrar.

103. Demonstração

Seção 8.2 (página 526)

1. b **2.** d **3.** c **4.** a **5.** $u = x,\ dv = e^{2x}\,dx$

7. $u = (\ln x)^2,\ dv = dx$ **9.** $u = x,\ dv = \sec^2 x\,dx$

11. $-(1/4e^{2x})(2x + 1) + C$ **13.** $e^x(x^3 - 3x^2 + 6x - 6) + C$

15. $\frac{1}{3}e^{x^3} + C$ **17.** $\frac{1}{4}[2(t^2 - 1)\ln|t + 1| - t^2 + 2t] + C$

19. $\frac{1}{3}(\ln x)^3 + C$ **21.** $e^{2x}/[4(2x + 1)] + C$

23. $(x - 1)^2 e^x + C$ **25.** $\frac{2}{15}(x - 1)^{3/2}(3x + 2) + C$

27. $x\,\text{sen}\,x + \cos x + C$

29. $(6x - x^3)\cos x + (3x^2 - 6)\,\text{sen}\,x + C$

31. $-t\,\text{cossec}\,t - \ln|\text{cossec}\,t + \text{cotg}\,t| + C$

33. $x\,\text{arctg}\,x - \frac{1}{2}\ln(1 + x^2) + C$

35. $\frac{1}{5}e^{2x}(2\,\text{sen}\,x - \cos x) + C$ **37.** $y = \frac{1}{2}e^{x^2} + C$

39. $y = \frac{2}{405}(27t^2 - 24t + 32)\sqrt{2 + 3t} + C$ **41.** $\text{sen}\,y = x^2 + C$

43. (a)

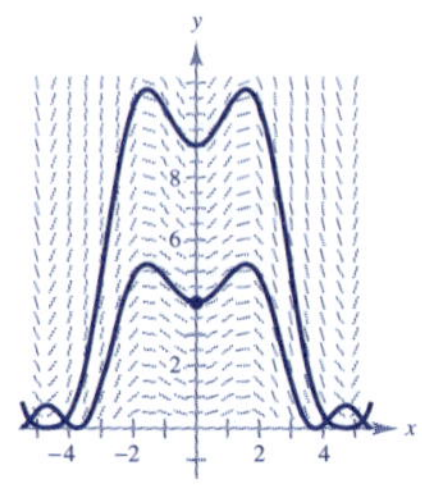

(b) $2\sqrt{y} - \cos x - x\,\text{sen}\,x = 3$

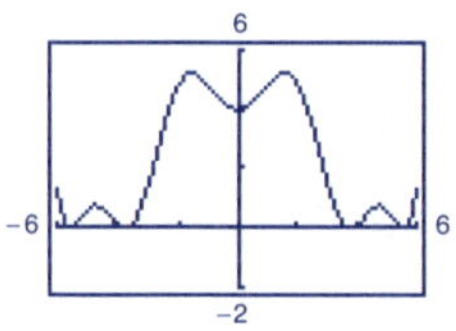

45.

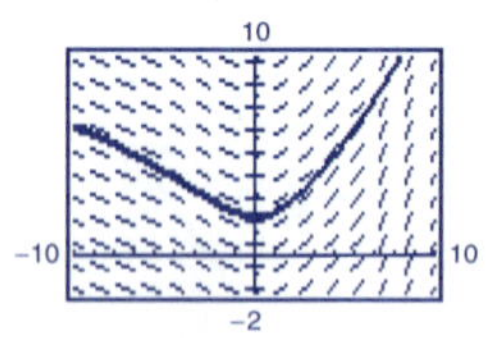

47. $4 - 12/e^2$ **49.** $\pi/2 - 1$

51. $\left(\pi - 3\sqrt{3} + 6\right)/6 \approx 0{,}658$

53. $\frac{1}{2}[e(\text{sen}\,1 - \cos 1) + 1] \approx 0{,}909$

55. $(24\ln 2 - 7)/9 \approx 1{,}071$

57. $8\,\text{arcsec}\,4 + \sqrt{3}/2 - \sqrt{15}/2 - 2\pi/3 \approx 7{,}380$

59. $(e^{2x}/4)(2x^2 - 2x + 1) + C$

61. $(3x^2 - 6)\,\text{sen}\,x - (x^3 - 6x)\cos x + C$

63. $x\,\text{tg}\,x + \ln|\cos x| + C$ **65.** $2\left(\text{sen}\sqrt{x} - \sqrt{x}\cos\sqrt{x}\right) + C$

67. $\frac{128}{15}$ **69.** $\frac{1}{2}x[\cos(\ln x) + \text{sen}(\ln x)] + C$

71. Regra do Produto

73. Não. **75.** Sim. Faça $u = x^2$ e $dv = e^{2x}\,dx$.

77. Sim. Faça $u = x$, $dv = \left(1/\sqrt{x + 1}\right)dx$. (Substituição também dá certo: $u = \sqrt{x + 1}$.)

79. (a) $-(e^{-4t}/128)(32t^3 + 24t^2 + 12t + 3) + C$

(b) Os gráficos vão variar. Exemplo:

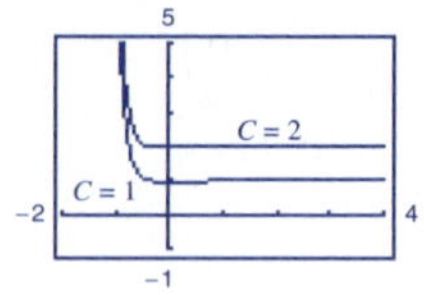

(c) Um gráfico é uma translação vertical do outro.

81. (a) $\frac{1}{13}(2e^{-\pi} + 3) \approx 0{,}2374$

(b) Os gráficos vão variar. Exemplo:

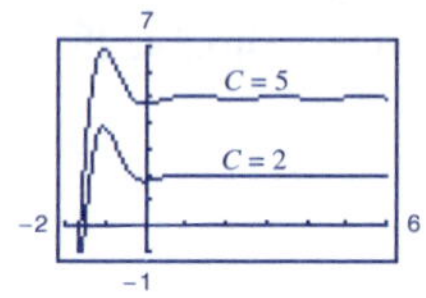

(c) Um gráfico é uma translação vertical do outro.

83. $\frac{2}{5}(2x - 3)^{3/2}(x + 1) + C$ **85.** $\frac{1}{3}\sqrt{4 + x^2}(x^2 - 8) + C$

87. $n = 0$: $x(\ln x - 1) + C$

$n = 1$: $\frac{1}{4}x^2(2\ln x - 1) + C$

$n = 2$: $\frac{1}{9}x^3(3\ln x - 1) + C$

$n = 3$: $\frac{1}{16}x^4(4\ln x - 1) + C$

$n = 4$: $\frac{1}{25}x^5(5\ln x - 1) + C$

$$\int x^n \ln x\,dx = \frac{x^{n+1}}{(n + 1)^2}[(n + 1)\ln x - 1] + C$$

89–93. Demonstrações

95. $\frac{1}{16}x^4(4\ln x - 1) + C$ **97.** $\frac{1}{13}e^{2x}(2\cos 3x + 3\,\text{sen}\,3x) + C$

99.

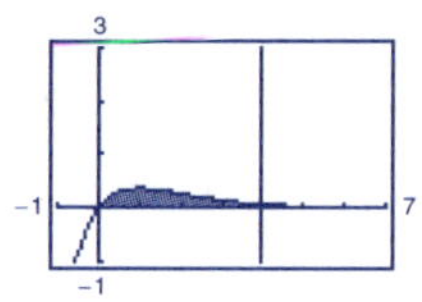

$1 - \dfrac{5}{e^4} \approx 0{,}908$

101.

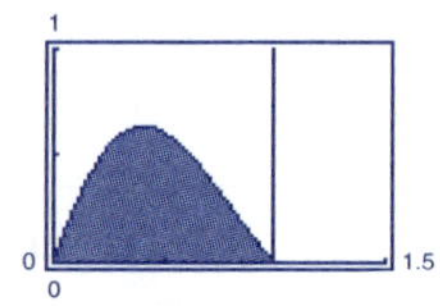

$\dfrac{\pi}{1 + \pi^2}\left(\dfrac{1}{e} + 1\right) \approx 0{,}395$

103. (a) 1 (b) $\pi(e - 2) \approx 2{,}257$ (c) $\frac{1}{2}\pi(e^2 + 1) \approx 13{,}177$

(d) $\left(\dfrac{e^2 + 1}{4}, \dfrac{e - 2}{2}\right) \approx (2{,}097,\ 0{,}359)$

105. No Exemplo 6, mostramos que o centróide de uma região equivalente era $(1, \pi/8)$. Por simetria, o centróide desta região é $(1, \pi/8)$.

107. $[7/(10\pi)](1 - e^{-4\pi}) \approx 0{,}223$ **109.** \$931.265

111. Demonstração **113.** $b_n = [8h/(n\pi)^2]\,\text{sen}(n\pi/2)$

115. Cascas: $V = \pi\left[b^2 f(b) - a^2 f(a) - \displaystyle\int_a^b x^2 f'(x)\,dx\right]$

Discos: $V = \pi\left[b^2 f(b) - a^2 f(a) - \displaystyle\int_{f(a)}^{f(b)} [f^{-1}(y)]^2\,dy\right]$

Ambos os métodos produzem o mesmo volume, pois $x = f^{-1}(y)$, $f'(x)\,dx = dy$, se $y = f(a)$ então $x = a$, e se $y = f(b)$ então $x = b$.

117. (a) $y = \frac{1}{4}(3\sin 2x - 6x\cos 2x)$ (b)

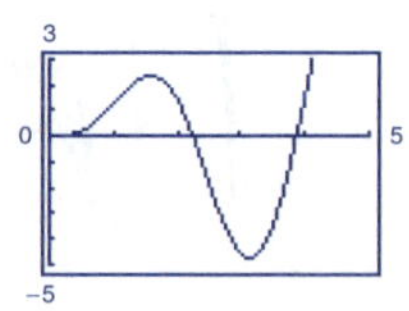

(c) Você obtém seguindo os pontos.

n	x^n	y^n
0	0	0
1	0,05	0,000250
2	0,10	0,001992
3	0,15	0,006689
4	0,20	0,015745
80	4,00	1,615019

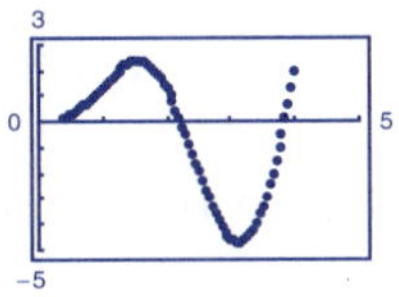

(d) Você obtém seguindo os pontos.

n	x^n	y^n
0	0	0
1	0,1	0,001992
2	0,2	0,015745
3	0,3	0,052081
4	0,4	0,119993
40	4,0	1,615019

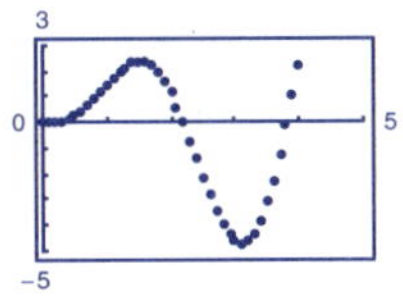

(e) Menor tamanho de passo, mais dados.

119. O gráfico de $y = x \operatorname{sen} x$ está abaixo do gráfico de $y = x$ em $[0, \pi/2]$.

Seção 8.3 (página 535)

1. c **2.** a **3.** d **4.** b

5. $-\frac{1}{4}\cos^4 x + C$ **7.** $\frac{1}{12}\operatorname{sen}^6 2x + C$

9. $-\frac{1}{3}\cos^3 x + \frac{2}{5}\cos^5 x - \frac{1}{7}\cos^7 x + C$

11. $\frac{2}{3}\operatorname{sen}^{3/2}\theta - \frac{2}{7}\operatorname{sen}^{7/2}\theta + C$ **13.** $\frac{1}{12}(6x + \operatorname{sen} 6x) + C$

15. $\frac{1}{8}(\alpha - \frac{1}{4}\operatorname{sen} 4\alpha) + C$ ou $\frac{1}{8}\alpha - \frac{1}{32}\operatorname{sen} 4\alpha + C$

17. $\frac{1}{8}(2x^2 - 2x \operatorname{sen} 2x - \cos 2x) + C$ **19.** $\frac{2}{3}$ **21.** $\frac{16}{35}$

23. $5\pi/32$ **25.** $\frac{1}{3}\ln|\sec 3x + \operatorname{tg} 3x| + C$

27. $\frac{1}{15}\operatorname{tg} 5x(3 + \operatorname{tg}^2 5x) + C$

29. $(\sec \pi x \operatorname{tg} \pi x + \ln|\sec \pi x + \operatorname{tg} \pi x|)/(2\pi) + C$

31. $\operatorname{tg}^4(x/4) - 2\operatorname{tg}^2(x/4) - 4\ln|\cos(x/4)| + C$

33. $\frac{1}{2}\operatorname{tg}^2 x + C$ **35.** $\frac{1}{3}\operatorname{tg}^3 x + C$ **37.** $\frac{1}{24}\sec^6 4x + C$

39. $\frac{1}{3}\sec^3 x + C$ **41.** $\ln|\sec x + \operatorname{tg} x| - \operatorname{sen} x + C$

43. $(12\pi\theta - 8\operatorname{sen} 2\pi\theta + \operatorname{sen} 4\pi\theta)/(32\pi) + C$

45. $y = \frac{1}{9}\sec^3 3x - \frac{1}{3}\sec 3x + C$

47. (a)

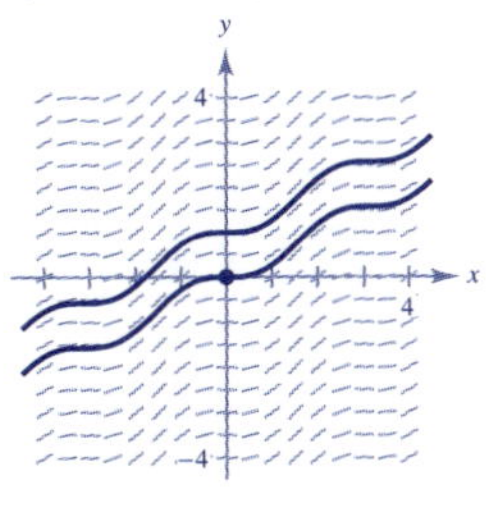

(b) $y = \frac{1}{2}x - \frac{1}{4}\operatorname{sen} 2x$

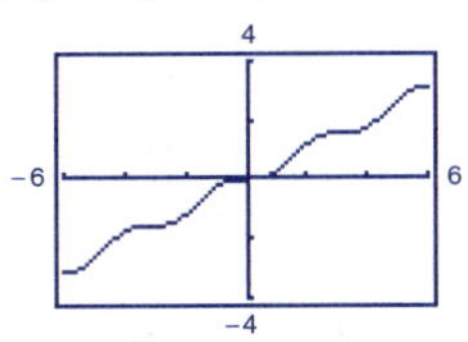

49.

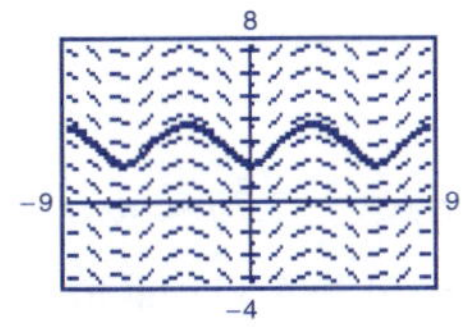

51. $-\frac{1}{10}(\cos 5x + 5\cos x) + C$

53. $\frac{1}{8}(2\operatorname{sen} 2\theta - \operatorname{sen} 4\theta) + C$

55. $\frac{1}{4}(\ln|\operatorname{cossec}^2 2x| - \operatorname{cotg}^2 2x) + C$

57. $-\operatorname{cotg}\theta - \frac{1}{3}\operatorname{cotg}^3\theta + C$

59. $\ln|\operatorname{cossec} t - \operatorname{cotg} t| + \cos t + C$

61. $\ln|\operatorname{cossec} x - \operatorname{cotg} x| + \cos x + C$ **63.** $t - 2\operatorname{tg} t + C$

65. π **67.** $\frac{1}{2}(1 - \ln 2)$ **69.** $\ln 2$ **71.** $\frac{4}{3}$

73. $\frac{1}{16}(6x + 8\operatorname{sen} x + \operatorname{sen} 2x) + C$

Haverá gráficos diferentes.

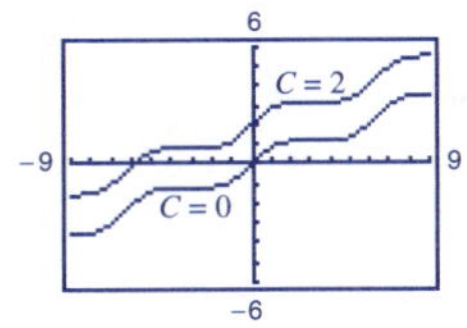

75. $\left[\sec^3 \pi x \operatorname{tg} \pi x + \frac{3}{2}(\sec \pi x \operatorname{tg} \pi x + \ln|\sec \pi x + \operatorname{tg} \pi x|)\right]/(4\pi) + C$

Haverá gráficos diferentes. Exemplo:

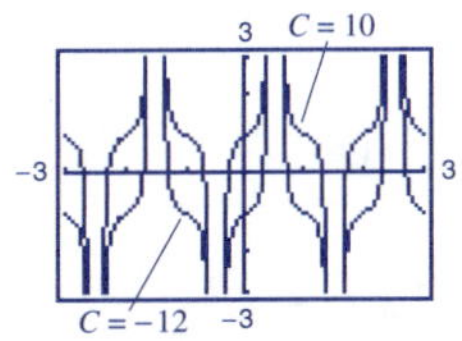

77. $(\sec^5 \pi x)/(5\pi) + C$ **79.** $3\sqrt{2}/10$ **81.** $3\pi/16$

Haverá gráficos diferentes. Exemplo:

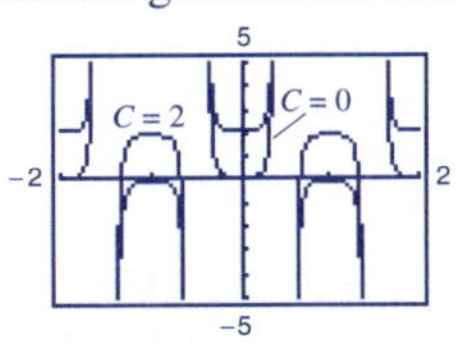

83. (a) Reserve um fator seno e transforme os fatores restantes em cossenos, depois, expanda a integral e integre.

(b) Reserve um fator cosseno e transforme os fatores restantes em senos, depois, expanda a integral e integre.

(c) Faça uso repetido das fórmulas de redução de potência para transformar o integrando em potências ímpares de cosseno. Proceda então como na parte (b).

85. (a) $\frac{1}{18}\operatorname{tg}^6 3x + \frac{1}{12}\operatorname{tg}^4 3x + C_1$, $\frac{1}{18}\sec^6 3x - \frac{1}{12}\sec^4 3x + C_2$

(b)

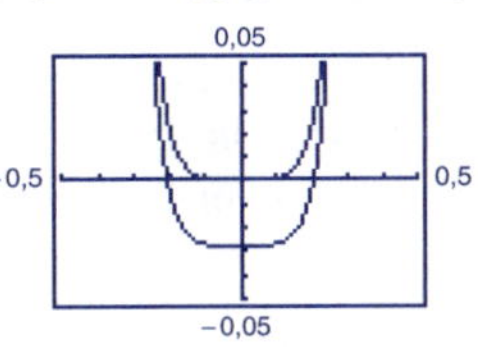

(c) Demonstração

87. $\frac{1}{3}$ **89.** 1 **91.** $2\pi(1 - \pi/4) \approx 1{,}348$

93. (a) $\pi^2/2$ (b) $(\bar{x}, \bar{y}) = (\pi/2, \pi/8)$

95–97. Demonstração

99. $-\frac{1}{15}\cos x(3\operatorname{sen}^4 x + 4\operatorname{sen}^2 x + 8) + C$

101. $\dfrac{5}{6\pi}\operatorname{tg}\dfrac{2\pi x}{5}\left(\sec^2\dfrac{2\pi x}{5}+2\right)+C$

103. (a) $H(t) \approx 57{,}72 - 23{,}36\cos(\pi t/6) - 2{,}75\operatorname{sen}(\pi t/6)$

(b) $L(t) \approx 42{,}04 - 20{,}91\cos(\pi t/6) - 4{,}33\operatorname{sen}(\pi t/6)$

(c)

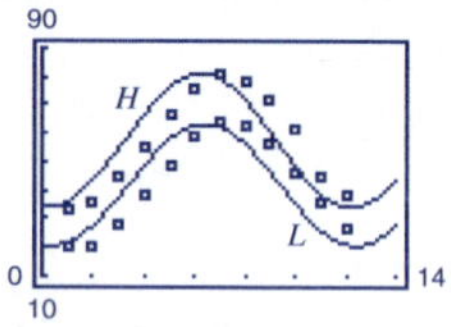

A diferença máxima é em $t \approx 4{,}9$ ou no início do verão.

105. Demonstração

Seção 8.4 (página 543)

1. b **2.** d **3.** a **4.** c **5.** $x/\left(25\sqrt{25-x^2}\right)+C$

7. $5\ln\left|\left(5-\sqrt{25-x^2}\right)/x\right| + \sqrt{25-x^2}+C$

9. $\ln\left|x+\sqrt{x^2-4}\right|+C$ **11.** $\frac{1}{15}(x^2-4)^{3/2}(3x^2+8)+C$

13. $\frac{1}{3}(1+x^2)^{3/2}+C$ **15.** $\frac{1}{2}[\operatorname{arctg} x + x/(1+x^2)]+C$

17. $\frac{1}{2}x\sqrt{4+9x^2}+\frac{2}{3}\ln\left|3x+\sqrt{4+9x^2}\right|+C$

19. $\frac{25}{4}\operatorname{arcsen}(2x/5)+\frac{1}{2}x\sqrt{25-4x^2}+C$

21. $\sqrt{x^2+9}+C$ **23.** $\operatorname{arcsen}(x/4)+C$

25. $4\operatorname{arcsen}(x/2)+x\sqrt{4-x^2}+C$ **27.** $\ln\left|x+\sqrt{x^2-9}\right|+C$

29. $-\dfrac{(1-x^2)^{3/2}}{3x^3}+C$ **31.** $-\dfrac{1}{3}\ln\left|\dfrac{\sqrt{4x^2+9}+3}{2x}\right|+C$

33. $5\sqrt{x^2+5}/(x+5)+C$ **35.** $\frac{1}{3}(1+e^{2x})^{3/2}+C$

37. $\frac{1}{2}\left(\operatorname{arcsen} e^x + e^x\sqrt{1-e^{2x}}\right)+C$

39. $\frac{1}{4}(x/(x^2+2)+\left(1/\sqrt{2}\right)\operatorname{arctg}\left(x/\sqrt{2}\right)+C$

41. $x\operatorname{arcsec} 2x - \frac{1}{2}\ln\left|2x+\sqrt{4x^2-1}\right|+C$

43. $\operatorname{arcsen}[(x-2)/2]+C$

45. $\sqrt{x^2+4x+8}-2\ln\left|\sqrt{x^2+4x+8}+(x+2)\right|+C$

47. (a) e (b) $\sqrt{3}-\pi/3 \approx 0{,}685$

49. (a) e (b) $9\left(2-\sqrt{2}\right)\approx 5{,}272$

51. (a) e (b) $-(9/2)\ln\left(2\sqrt{7}/3-4\sqrt{3}/3-\sqrt{21}/3+8/3\right)$
$+\,9\sqrt{3}-2\sqrt{7}\approx 12{,}644$

53. $\sqrt{x^2-9}-3\operatorname{arctg}\left(\sqrt{x^2-9}/3\right)+1$

55. $\frac{1}{2}(x-15)\sqrt{x^2+10x+9}$
$+\,33\ln\left|\sqrt{x^2+10x+9}+(x+5)\right|+C$

57. $\frac{1}{2}\left(x\sqrt{x^2-1}+\ln\left|x+\sqrt{x^2-1}\right|\right)+C$

59. (a) Faça $u = a\operatorname{sen}\theta$, $\sqrt{a^2-u^2}=a\cos\theta$, onde $-\pi/2 \le \theta \le \pi/2$.

(b) Faça $u = a\operatorname{tg}\theta$, $\sqrt{a^2+u^2}=a\sec\theta$, onde $-\pi/2 < \theta < \pi/2$.

(c) Faça $u = a\sec\theta$, $\sqrt{u^2-a^2}=\operatorname{tg}\theta$ se $u > a$ e $\sqrt{u^2-a^2}=-\operatorname{tg}\theta$ se $u < -a$, onde $0 \le \theta < \pi/2$ ou $\pi/2 < \theta \le \pi$.

61. $\ln\sqrt{x^2+9}+C$ **63.** Verdadeira

65. Falsa: $\displaystyle\int_0^{\sqrt{3}}\frac{dx}{(1+x^2)^{3/2}}=\int_0^{\pi/3}\cos\theta\,d\theta$

67. πab **69.** (a) $5\sqrt{2}$ (b) $25(1-\pi/4)$ (c) $r^2(1-\pi/4)$

71. $6\pi^2$ **73.** $\ln\left[\dfrac{5\left(\sqrt{2}+1\right)}{\sqrt{26}+1}\right]+\sqrt{26}-\sqrt{2}\approx 4{,}367$

75. Comprimento de um arco da curva de seno: $y = \operatorname{sen} x$, $y' = \cos x$

$$L_1 = \int_0^{\pi}\sqrt{1+\cos^2 x}\,dx$$

Comprimento de um arco da curva de cosseno: $y = \cos x$, $y' = -\operatorname{sen} x$

$$L_2 = \int_{-\pi/2}^{\pi/2}\sqrt{1+\operatorname{sen}^2 x}\,dx$$

$$= \int_{-\pi/2}^{\pi/2}\sqrt{1+\cos^2(x-\pi/2)}\,dx,$$

$u = x - \pi/2$, $du = dx$

$$= \int_{-\pi}^{0}\sqrt{1+\cos^2 u}\,du = \int_0^{\pi}\sqrt{1+\cos^2 u}\,du = L_1$$

77. (a)

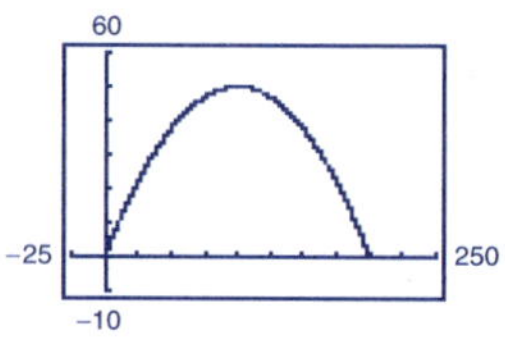

(b) 200

(c) $100\sqrt{2}+50\ln\left[\left(\sqrt{2}+1\right)/\left(\sqrt{2}-1\right)\right]\approx 229{,}559$

79. (0, 0.422) **81.** $(\pi/32)\left[102\sqrt{2}-\ln\left(3+2\sqrt{2}\right)\right]\approx 13{,}989$

83. (a) $187{,}2\pi$ lb (b) $62{,}4\pi d$ lb

85. Demonstração **87.** $12+9\pi/2-25\operatorname{arcsen}(3/5)\approx 10{,}050$

Seção 8.5 (página 553)

1. $\dfrac{A}{x}+\dfrac{B}{x-10}$ **3.** $\dfrac{A}{x}+\dfrac{Bx+C}{x^2+10}$ **5.** $\dfrac{A}{x}+\dfrac{B}{x-10}$

7. $\frac{1}{2}\ln|(x-1)/(x+1)|+C$ **9.** $\ln|(x-1)/(x+2)|+C$

11. $\frac{3}{2}\ln|2x-1|-2\ln|x+1|+C$

13. $5\ln|x-2|-\ln|x+2|-3\ln|x|+C$

15. $x^2+\frac{3}{2}\ln|x-4|-\frac{1}{2}\ln|x+2|+C$

17. $1/x+\ln|x^4+x^3|+C$

19. $2\ln|x-2|-\ln|x|-3/(x-2)+C$

21. $\ln|(x^2+1)/x|+C$

23. $\frac{1}{6}\left[\ln|(x-2)/(x+2)|+\sqrt{2}\operatorname{arctg}\left(x/\sqrt{2}\right)\right]+C$

25. $\frac{1}{16}\ln|(4x^2-1)/(4x^2+1)|+C$

27. $\ln|x+1|+\sqrt{2}\operatorname{arctg}\left[(x-1)/\sqrt{2}\right]+C$

29. $\ln 2$ **31.** $\frac{1}{2}\ln(8/5)-\pi/4+\operatorname{arctg} 2\approx 0{,}557$

33. $y = 3\ln|x-3|-9/(x-3)+9$

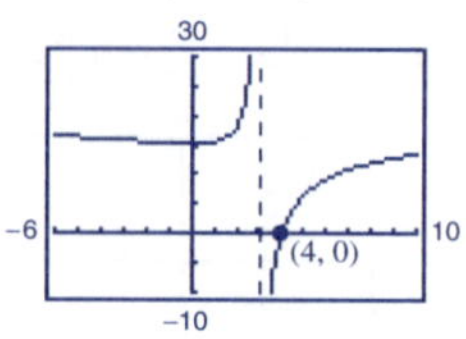

35. $y = \left(\sqrt{2}/2\right)\operatorname{arctg}\left(x/\sqrt{2}\right)-1/[2(x^2+2)]+5/4$

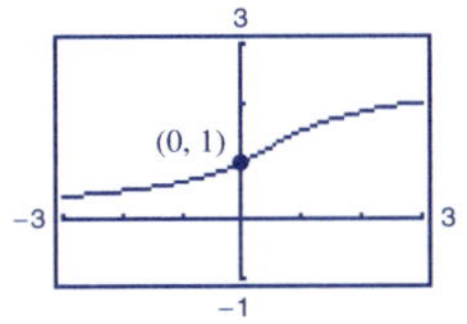

37. $y = \ln|x - 2| + \frac{1}{2}\ln|x^2 + x + 1| - \sqrt{3}\,\text{arctg}\left[(2x + 1)/\sqrt{3}\right] - \frac{1}{2}\ln 13 + \sqrt{3}\,\text{arctg}\left(7/\sqrt{3}\right) + 10$

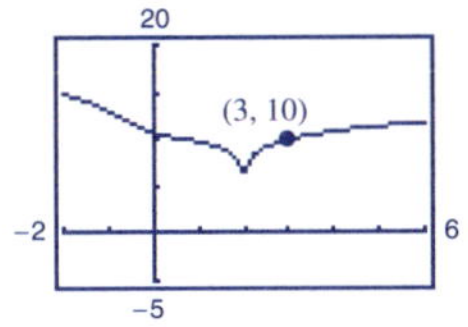

39. $y = \frac{1}{4}\ln|(x - 2)/(x + 2)| + \frac{1}{4}\ln 2 + 4$

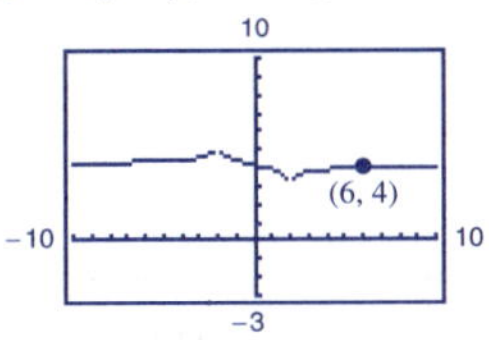

41. $\ln\left|\dfrac{\cos x}{\cos x - 1}\right| + C$ **43.** $\ln\left|\dfrac{-1 + \text{sen}\, x}{2 + \text{sen}\, x}\right| + C$

45. $\dfrac{1}{5}\ln\left|\dfrac{e^x - 1}{e^x + 4}\right| + C$ **47–49.** Demonstrações

51. $y = \dfrac{3}{2}\ln\left|\dfrac{2 + x}{2 - x}\right| + 3$ **53.** Primeiro divida x^3 por $(x - 5)$.

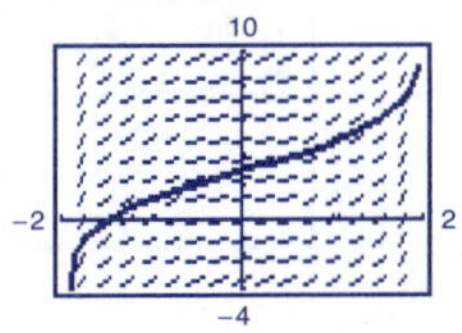

55. (a) Regra do Log (b) Frações parciais (c) Regra da Inversa da Tangente

57. $12\ln\left(\frac{9}{8}\right) \approx 1{,}4134$ **59.** 4,90 ou \$ 490.000

61. $V = 2\pi\left(\text{arctg}\, 3 - \frac{3}{10}\right) \approx 5{,}963$; $(\bar{x}, \bar{y}) \approx (1{,}521, 0{,}412)$

63. $x = n[e^{(n+1)kt} - 1]/[n + e^{(n+1)kt}]$ **65.** $\pi/8$

Seção 8.6 (página 559)

1. $-\frac{1}{2}x(2 - x) + \ln|1 + x| + C$

3. $\frac{1}{2}\left[e^x\sqrt{e^{2x} + 1} + \ln\left(e^x + \sqrt{e^{2x} + 1}\right)\right] + C$

5. $-\sqrt{1 - x^2}/x + C$

7. $\frac{1}{16}(6x - 3\,\text{sen}\, 2x \cos 2x - 2\,\text{sen}^3\, 2x \cos 2x) + C$

9. $-2\left(\text{cotg}\sqrt{x} + \text{cossec}\sqrt{x}\right) + C$ **11.** $x - \frac{1}{2}\ln(1 + e^{2x}) + C$

13. $\frac{1}{16}x^4(4\ln x - 1) + C$

15. (a) e (b) $e^x(x^2 - 2x + 2) + C$

17. (a) e (b) $\ln|(x + 1)/x| - 1/x + C$

19. $\frac{1}{2}\left[(x^2 + 1)\,\text{arcsec}(x^2 + 1) - \ln\left(x^2 + 1 + \sqrt{x^4 + 2x^2}\right)\right] + C$

21. $\sqrt{x^2 - 4}/(4x) + C$ **23.** $\frac{2}{9}[\ln|1 - 3x| + 1/(1 - 3x)] + C$

25. $e^x \arccos(e^x) - \sqrt{1 - e^{2x}} + C$

27. $\frac{1}{2}(x^2 + \text{cotg}\, x^2 + \text{cossec}\, x^2) + C$

29. $\left(\sqrt{2}/2\right)\text{arctg}\left[(1 + \text{sen}\,\theta)/\sqrt{2}\right] + C$

31. $-\sqrt{2 + 9x^2}/(2x) + C$

33. $\frac{1}{4}\left(2\ln|x| - 3\ln|3 + 2\ln|x||\right) + C$

35. $(3x - 10)/[2(x^2 - 6x + 10)] + \frac{3}{2}\,\text{arctg}(x - 3) + C$

37. $\frac{1}{2}\ln\left|x^2 - 3 + \sqrt{x^4 - 6x^2 + 5}\right| + C$

39. $-\frac{1}{3}\sqrt{4 - x^2}(x^2 + 8) + C$

41. $2/(1 + e^x) - 1/[2(1 + e^x)^2] + \ln(1 + e^x) + C$

43. $\frac{1}{2}(e - 1) \approx 0{,}8591$ **45.** $9\ln(3) - \frac{26}{9} \approx 6{,}9986$

47. $\pi/2$ **49.** $\pi^3/8 - 3\pi + 6 \approx 0{,}4510$

51–55. Demonstrações

57. $y = -2\sqrt{1 - x}/\sqrt{x} + 7$

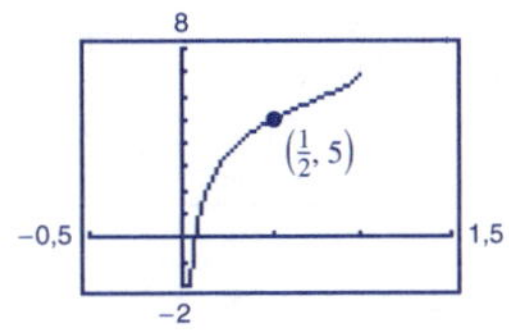

59. $y = \frac{1}{2}[(x - 3)/(x^2 - 6x + 10) + \text{arctg}(x - 3)]$

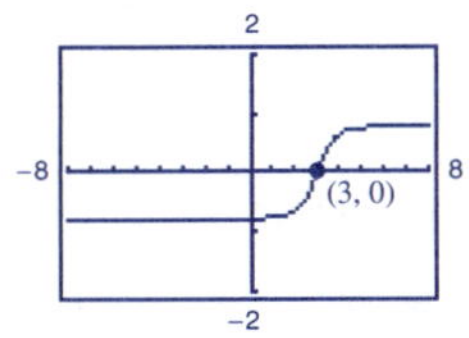

61. $y = -\text{cossec}\,\theta + \sqrt{2} + 2$

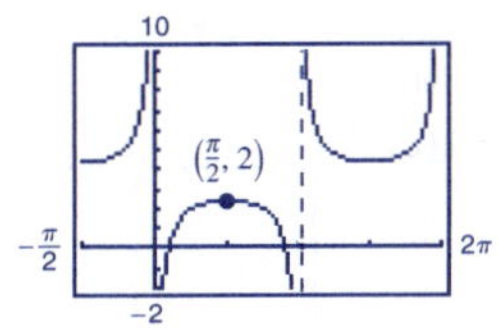

63. $\dfrac{1}{\sqrt{5}}\ln\left|\dfrac{2\,\text{tg}(\theta/2) - 3 - \sqrt{5}}{2\,\text{tg}(\theta/2) - 3 + \sqrt{5}}\right| + C$ **65.** $\ln 2$

67. $\frac{1}{2}\ln(3 - 2\cos\theta) + C$ **69.** $2\,\text{sen}\sqrt{\theta} + C$ **71.** $\frac{40}{3}$

73. Use a Fórmula 23 e faça $a = 1$, $u = e^x$ e $du = e^x\,dx$, pois está na forma $\displaystyle\int \frac{1}{a^2 + u^2}\,du$.

75. Use a Fórmula 81 e faça $u = x^2$ e $du = 2x\,dx$, pois está na forma $\displaystyle\int e^u\,du$.

77. Impossível. Não se adapta a nenhuma fórmula de integração.

79. (a) $\displaystyle\int x\ln x\,dx = \frac{1}{2}x^2\ln x - \frac{1}{4}x^2 + C$

$\displaystyle\int x^2\ln x\,dx = \frac{1}{3}x^3\ln x - \frac{1}{9}x^3 + C$

$\displaystyle\int x^3\ln x\,dx = \frac{1}{4}x^4\ln x - \frac{1}{16}x^4 + C$

(b) $\displaystyle\int x^n\ln x\,dx = x^{n+1}\ln x/(n + 1) - x^{n+1}/(n + 1)^2 + C$

81. Falsa. Pode ter de fazer primeiro algumas substituições para reescrever a integral na forma em que aparece na tabela.

83. 1919,145 pés-lb

85. (a) $V = 80\ln\left(\sqrt{10} + 3\right) \approx 145{,}5$ pés^3

$W = 11.840 \ln(\sqrt{10} + 3) \approx 21.530{,}4$ lb

(b) (0, 1,19)

87. (a) $k = 30/\ln 7 \approx 15{,}42$

(b)

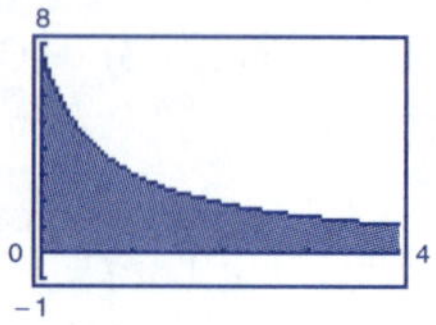

89. Problema Putnam A3, 1980.

Seção 8.7 (página 568)

1.

x	−0,1	−0,01	−0,001	0,001	0,01	0,1
$f(x)$	2,4132	2,4991	2,500	2,500	2,4991	2,4132

2,5

3.

x	1	10	10^2	10^3	10^4	10^5
$f(x)$	0,9900	90.483,7	$3{,}7 \times 10^9$	$4{,}5 \times 10^{10}$	0	0

0

5. $\frac{1}{3}$ **7.** $\frac{1}{4}$ **9.** $\frac{5}{3}$ **11.** 3 **13.** 0 **15.** 2

17. ∞ **19.** $\frac{2}{3}$ **21.** 1 **23.** $\frac{3}{2}$ **25.** ∞

27. 0 **29.** 1 **31.** 0 **33.** 0 **35.** ∞

37. (a) Não é uma forma indeterminada.
(b) ∞
(c)

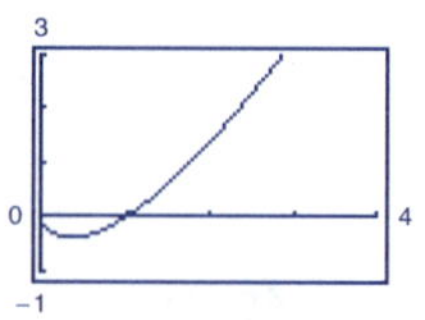

39. (a) $0 \cdot \infty$
(b) 1
(c)

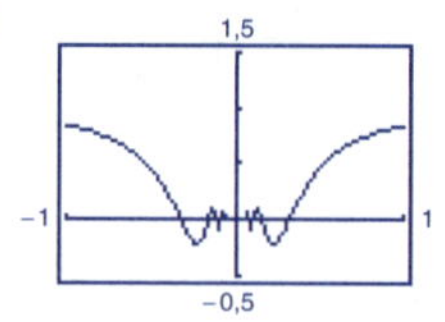

41. (a) Não é uma forma indeterminada.
(b) 0
(c)

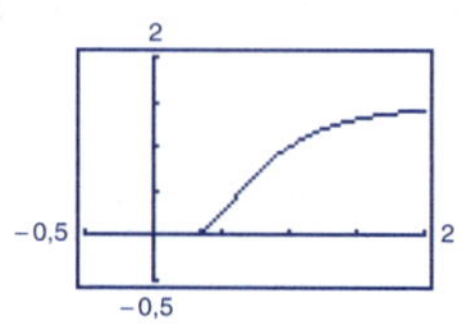

43. (a) ∞^0
(b) 1
(c)

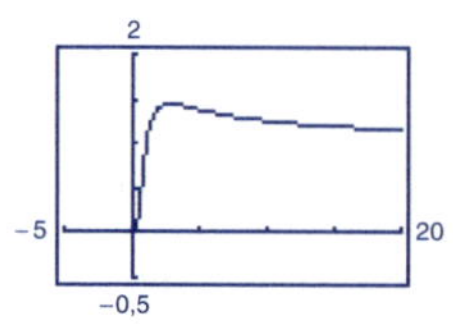

45. (a) 1^∞ (b) e
(c)

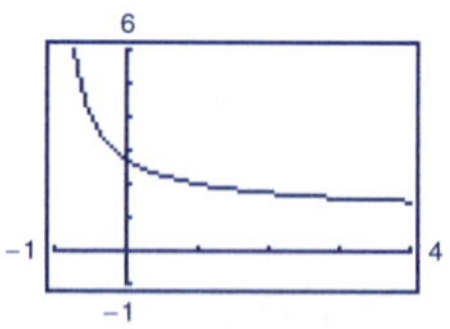

47. (a) 0^0 (b) 3
(c)

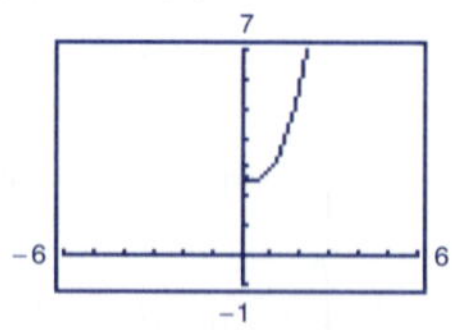

49. (a) 0^0 (b) 1
(c)

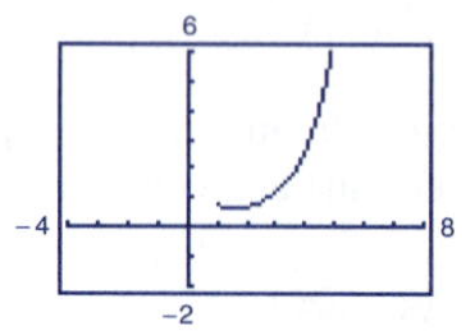

51. (a) $\infty - \infty$ (b) $-\frac{3}{2}$
(c)

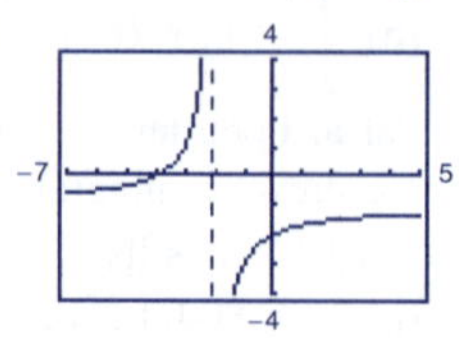

53. (a) $\infty - \infty$ (b) ∞
(c)

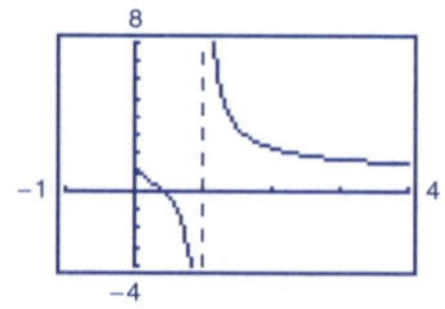

55. (a)

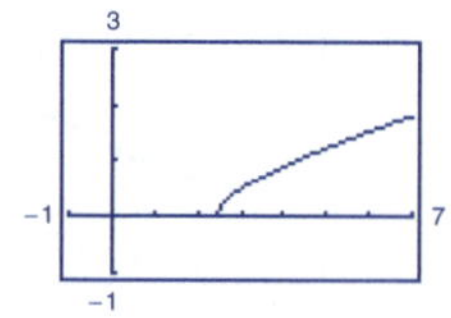

(b) $\frac{1}{2}$

57. (a)

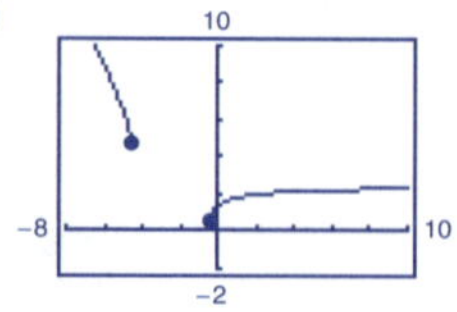

(b) $\frac{5}{2}$

59. $\frac{0}{0}, \frac{\infty}{\infty}, 0 \cdot \infty, 1^\infty, 0^0, \infty - \infty$

61. Há mais de uma resposta correta. Exemplos:
(a) $f(x) = x^2 - 25$, $g(x) = x - 5$
(b) $f(x) = (x - 5)^2$, $g(x) = x^2 - 25$
(c) $f(x) = x^2 - 25$, $g(x) = (x - 5)^3$

63.

x	10	10^2	10^4	10^6	10^8	10^{10}
$\frac{(\ln x)^4}{x}$	2,811	4,498	0,720	0,036	0,001	0,000

65. 0 **67.** 0 **69.** 0

71. Assíntota horizontal: $y = 1$
Máximo relativo: $(e, e^{1/e})$

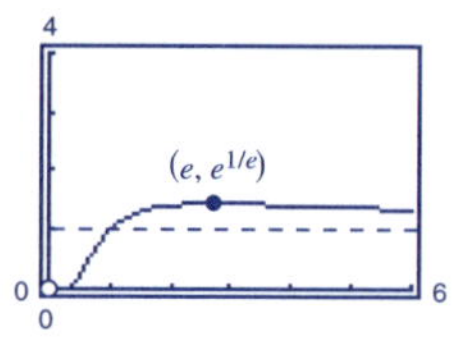

73. Assíntota horizontal: $y = 0$
Máximo relativo: $(1, 2/e)$

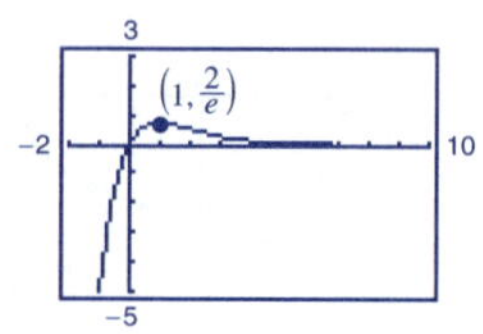

75. O limite não é da forma 0/0 nem ∞/∞.

77. O limite não é da forma 0/0 nem ∞/∞.

79. (a) $\lim_{x\to\infty} \frac{x}{\sqrt{x^2+1}} = \lim_{x\to\infty} \frac{\sqrt{x^2+1}}{x} = \lim_{x\to\infty} \frac{x}{\sqrt{x^2+1}}$
Aplicando-se a Regra de L'Hôpital duas vezes, volta-se ao limite original. Assim, a Regra de L'Hôpital não serve.
(b) 1
(c)

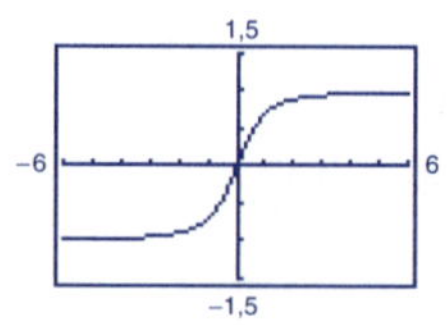

81.

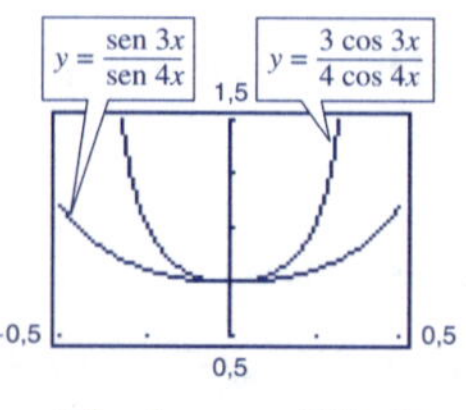

À medida que $x \to 0$, os gráficos ficam cada vez mais próximos.

83. $v = 32t + v_0$ **85.** Demonstração

87. $c = \frac{2}{3}$ **89.** $c = \pi/4$

91. Falsa: a Regra de L'Hôpital não se aplica, pois $\lim_{x\to 0}(x^2 + x + 1) \neq 0$.

93. Verdadeira

95. $\frac{3}{4}$ **97.** $\frac{4}{3}$ **99.** $a = 1, b = \pm 2$ **101.** Demonstração

103.

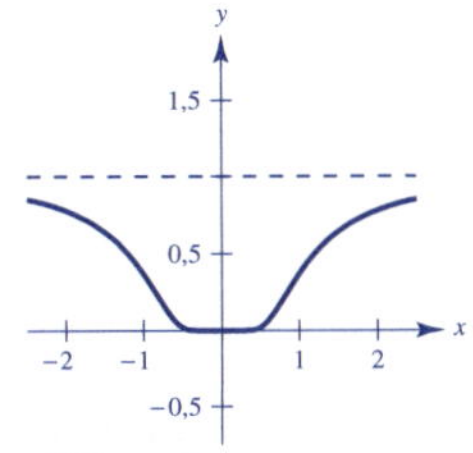

$g'(0) = 0$

105. (a) $0 \cdot \infty$ (b) 0

107–109. Demonstrações

111. (a)

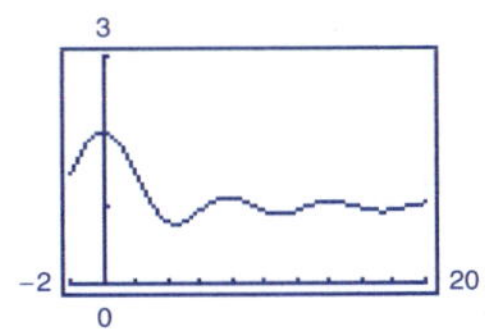

(b) $\lim_{x \to \infty} h(x) = 1$

(c) Não.

Seção 8.8 (página 579)

1. Imprópria; $0 < \frac{2}{3} < 1$.
3. Não é imprópria; contínua em $[0, 1]$.
5. Descontinuidade infinita em $x = 0$; 4.
7. Descontinuidade infinita em $x = 1$; diverges.
9. Limite de integração infinito; 1.
11. Descontinuidade infinita em $x = 0$; diverge.
13. Limite de integração infinito; converge para 1 **15.** 1
17. Diverge **19.** Diverge **21.** 2 **23.** $\frac{1}{2}$
25. $1/[2(\ln 4)^2]$ **27.** π **29.** $\pi/4$ **31.** Diverge
33. Diverge **35.** 6 **37.** $-\frac{1}{4}$
39. Diverge **41.** $\pi/3$
43. $\ln(2 + \sqrt{3})$ **45.** 0
47. $2\pi\sqrt{6}/3$ **49.** $p > 1$
51. Demonstração **53.** Diverge
55. Converge **57.** Converge
59. Diverge **61.** Converge
63. Uma integral com limites de integração infinito, uma integral com uma descontinuidade infinita em um dos limites de integração ou entre eles.
65. A integral imprópria diverge.
67. e **69.** π
71. (a) 1 (b) $\pi/2$ (c) 2π
73.

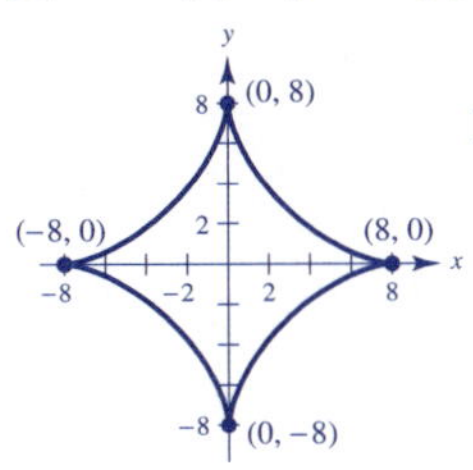

Perímetro = 48

75. $8\pi^2$
77. (a) $W = 20.000$ mil.-ton. (b) 4.000 mil.
79. (a) Demonstração (b) $P = 43{,}53\%$ (c) $E(x) = 7$
81. (a) \$ 757.992,41 (b) \$ 837.995,15 (c) \$ 1.066.666,67
83. $P = \left[2\pi NI\left(\sqrt{r^2 + c^2} - c\right)\right]/\left(kr\sqrt{r^2 + c^2}\right)$
85. Falsa. Tome $f(x) = 1/(x + 1)$. **87.** Verdadeira
89. (a) $\int_1^{\infty} \frac{1}{x^n}\,dx$ convergirá se $n > 1$ e divergirá se $n \le 1$.

(b)

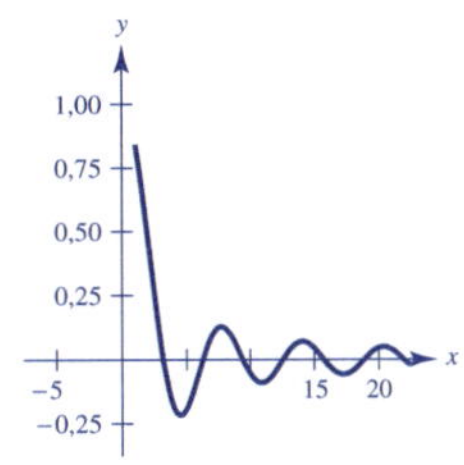

(c) Converge

91. (a) $\Gamma(1) = 1, \Gamma(2) = 1, \Gamma(3) = 2$ (b) Demonstração
(c) $\Gamma(n) = (n - 1)!$
93. $1/s,\ s > 0$ **95.** $2/s^3,\ s > 0$ **97.** $s/(s^2 + a^2),\ s > 0$
99. $s/(s^2 - a^2),\ s > |a|$
101. (a)

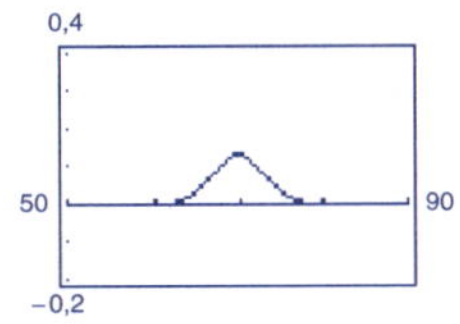

(b) $\approx 0{,}2525$
(c) 0,2525; o mesmo por simetria.

103. $c = 1$; $\ln(2)$
105. $8\pi[(\ln 2)^{2/3} - (\ln 4)/9 + 2/27] \approx 2{,}01545$
107. 0,6278
109. (a)

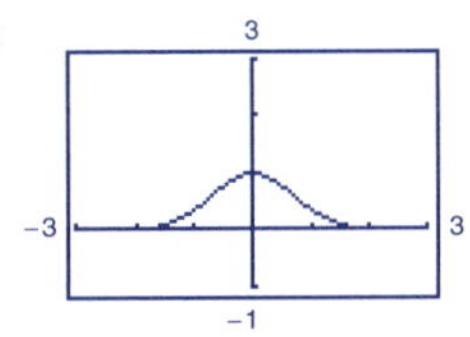

(b) Demonstração

Exercício de Revisão do Capítulo 8 (página 583)

1. $\frac{1}{3}(x^2 - 1)^{3/2} + C$ **3.** $\frac{1}{2}\ln|x^2 - 1| + C$
5. $\ln(2) + \frac{1}{2} \approx 1{,}1931$ **7.** $16 \operatorname{arcsen}(x/4) + C$
9. $\frac{1}{13}e^{2x}(2 \operatorname{sen} 3x - 3\cos 3x) + C$
11. $\frac{2}{15}(x - 5)^{3/2}(3x + 10) + C$
13. $-\frac{1}{2}x^2 \cos 2x + \frac{1}{2}x \operatorname{sen} 2x + \frac{1}{4}\cos 2x + C$
15. $\frac{1}{16}\left[(8x^2 - 1)\operatorname{arcsen} 2x + 2x\sqrt{1 - 4x^2}\right] + C$
17. $\operatorname{sen}(\pi x - 1)[\cos^2(\pi x - 1) + 2]/(3\pi) + C$
19. $\frac{2}{3}[\operatorname{tg}^3(x/2) + 3\operatorname{tg}(x/2)] + C$ **21.** $\operatorname{tg}\theta + \sec\theta + C$
23. $3\pi/16 + \frac{1}{2} \approx 1{,}0890$ **25.** $3\sqrt{4 - x^2}/x + C$
27. $\frac{1}{3}(x^2 + 4)^{1/2}(x^2 - 8) + C$ **29.** π
31. (a), (b), e (c) $\frac{1}{3}\sqrt{4 + x^2}(x^2 - 8) + C$
33. $6\ln|x + 2| - 5\ln|x - 3| + C$
35. $\frac{1}{4}[6\ln|x - 1| - \ln(x^2 + 1) + 6\operatorname{arctg} x] + C$
37. $x + \frac{9}{8}\ln|x - 3| - \frac{25}{8}\ln|x + 5| + C$
39. $\frac{1}{9}\left[2/(2 + 3x) + \ln|2 + 3x|\right] + C$ **41.** $1 - \sqrt{2}/2$
43. $\frac{1}{2}\ln|x^2 + 4x + 8| - \operatorname{arctg}[(x + 2)/2] + C$
45. $\ln|\operatorname{tg}\pi x|/\pi + C$ **47.** Demonstração
49. $\frac{1}{8}(\operatorname{sen} 2\theta - 2\theta\cos 2\theta) + C$
51. $\frac{4}{3}[x^{3/4} - 3x^{1/4} + 3\operatorname{arctg}(x^{1/4})] + C$
53. $2\sqrt{1 - \cos x} + C$ **55.** $\operatorname{sen} x \ln(\operatorname{sen} x) - \operatorname{sen} x + C$

57. $y = \frac{3}{2}\ln|(x-3)/(x+3)| + C$

59. $y = x\ln|x^2 + x| - 2x + \ln|x+1| + C$ **61.** $\frac{1}{5}$

63. $\frac{1}{2}(\ln 4)^2 \approx 0{,}961$ **65.** π **67.** $\frac{128}{15}$

69. $(\bar{x}, \bar{y}) = (0, 4/(3\pi))$ **71.** 3,82

73. 0 **75.** ∞ **77.** 1

79. $1.000e^{0{,}09} \approx 1.094{,}17$ **81.** Converge; $\frac{32}{3}$

83. Diverge; **85.** Converge; 1

87. (a) \$ 6.321.205,59 (b) \$ 10.000,000

89. (a) 0,4581 (b) 0,0135

P.S. Problemas Suplementares (página 585)

1. (a) $\frac{4}{3}, \frac{16}{15}$ (b) Demonstração **3.** ln 3

5. 2

7. (a)

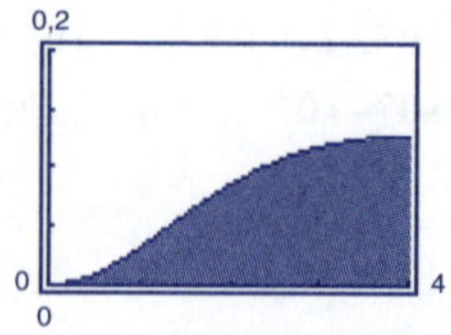

Área $\approx$ 0,2986

(b) $\ln 3 - \frac{4}{5}$

(c) $\ln 3 - \frac{4}{5}$

9. $\ln 3 - \frac{1}{2} \approx 0{,}5986$ **11.** Demonstração **13.** $\approx 0{,}8670$

15. (a) ∞ (b) 0 (c) $-\frac{2}{3}$

17. $\dfrac{1/12}{x} + \dfrac{1/42}{x-3} + \dfrac{1/10}{x-1} + \dfrac{111/140}{x+4}$

19. Demonstração **21.** $\approx$ 0,0158

Índice de Aplicações

Economia e Negócios

Engenharias e Ciências Físicas

Geral

Ciências Sociais e Comportamentais

Ciências da Vida

Índice Analítico

D

E

F

G

H

I

L

M

N

O

P

Q

R

S

T